现代科学技术知识词林

A TERMINOLOGICAL STOREHOUSE OF MODERN SCIENCE AND TECHNOLOGY

王济昌 主编

中国科学技术出版社

·北京·

《现代科学技术知识词林》

主　　编：王济昌
常务副主编：范秋菊　董忠志
副 主 编：乔 地　纪 红

执行编辑：
（按姓氏音序排列）

白献晓	陈恭恩	陈鹤归	陈 军	陈武新	陈延惠	崔光照	丁永刚
董忠志	段银田	樊志琴	范秋菊	方振乾	冯建新	高 宁	呼青英
姬成信	金人海	靳 蕾	乐金朝	李 原	李桂玲	李欢庆	李月华
刘保国	刘 伟	刘先卿	刘秀荣	刘艳萍	刘 震	刘忠臣	吕秀娟
马晓录	慕运动	牛青原	乔 奇	乔 旭	乔国宝	邱保国	曲绍厚
任巧玲	任顺成	单 虎	沈阿林	石 磊	宋景芳	孙会霞	万红友
王宏力	王济昌	王留生	王秦生	王士革	王守民	王西成	王 旸
魏 明	吴鸣建	谢 辉	徐永安	薛惠茹	杨 彬	杨建平	杨予勇
叶自立	张 欢	张 伟	张长富	张宏伟	张家卓	张君德	张瑞芹
张素革	张月兰	赵 阳	赵中胜	郑天勇	邹 涛		

特邀专家：

刘东生	刘耕陶	刘振兴	刘更另	欧阳自远	甄永苏	唐孝炎	葛昌纯
钟香崇	吴养洁	霍裕平	高登义	杨逸畴	李正风	卯晓岚	傅水根
杨承训	潘正运	高振升	王云龙	王世卿	张三川	卢克成	吕 新
罗再青	潘 微	苏善家	韩 捷	惠延波	刘新春	杨志敏	李新建
关绍康	汤克勇	丁长河	贾照林	刘忠侠	张怀涛	封签秋	刘跃军
法宪恩	张素智	贾小琳	刘胜新	张德恒	朱正峰		

文字编审：

董忠志	王济昌	范秋菊	赵中胜	李天才	左占海	侯跃进	张喜荣
张济波	高 宁	徐雪天	楚宪襄	胡少波	冉启芳		

英文翻译：

李长林	焦学瞬	刘溢海	蔡苏宁	赵海峰	王海珍	刘 振	赵 武
陈 伟	张 展	赵卫军	赵娜娜	郭 菲	姚文娟	郭 祺	王 侃
王 普	姚玉洁	郑 强	袁秀娟	陈俊彦	王利军	刘淑清	

前　言

在知识经济时代，现代科学技术进步，越来越深刻地影响着人类生活，全方位地提高着人的素质和能力，成为改造世界、推动历史前进的重要力量，显现出无穷魅力。科学知识、科学思想、科学方法、科学精神，是一个相互联系、相互作用的完整体系。知识是基础，思想是灵魂，方法是能力，精神是动力，精神、思想和方法又都贯穿在知识中，贯穿在学习运用知识、改造世界的实践活动中。

为便于人们对现代科学技术知识的学习和知识更新，提升其科学技术知识的综合运用能力，我们精心编纂了《现代科学技术知识词林》一书。

《现代科学技术知识词林》是一部涉及面广、知识性强、专业要求高的现代科学技术领域综合性专业知识科普读物。其主要对象定位于各级党政机关干部、企事业单位管理人员以及青少年学生等；收录内容侧重于现代科学技术诸多领域的实用及前沿知识；表现形式为分领域、分学科的知识词目的排列与组合。

《现代科学技术知识词林》共收录词目6987条，共计216万字。分为五个篇章及二十六个领域。五个篇章分别为基础学科篇、高技术篇、产（行）业科技篇、科技管理篇及附录。

为保证收词及其内容具有科学性、权威性，真实、准确地反映该领域科学技术的基础知识及最新科研成果，先后聘请百余名专家学者，作为《词林》的学术指导专家，并直接参与编纂工作，其中包括中国科学院、中国工程院的院士，以及北京大学、清华大学、中国科学院大气物理所等70余家大专院校和科研院所的上百位专业技术领域的专家、学者。

本书初审定稿后，又广泛地征集了社会各界的意见。读者一致认为本书具有以下特点：（1）系统性强。既有高新技术领域的科技知识，又有传统产（行）业的科技知识；既有科学技术的基础知识，又有科技发展的前沿知识。（2）内容丰富。既有专业技术类的内容，又有与行业科技发展相关的内容，如科技管理、科技活动、科技奖项等。（3）实用性强。语言简练流畅，通俗易懂，力求把复杂难懂的专业技术知识转化成可读、可懂、可学、可用的实用知识。（4）便于查阅。检索、参见、标注系统较完备，使用方便。

党的十七大把坚持科学发展观，提高科技自主创新能力，列为国家发展战略的核心，科技兴国，科技强国，已成为全民共识。大力普及科学技术知识，倡导科学方法，传播科学思想，弘扬科学精神，使广大群众通过学习现代科技知识，更深入地了解、掌握与运用它们，提高全民的科学文化素质，为建设创新型国家尽一份绵薄之力，这正是编纂《现代科学技术知识词林》的主旨和所要追求的目标。

由于自身水平和客观条件所限，粗陋失误之处在所难免，我们真诚希望读者在阅读使用后提出宝贵意见（读者反馈信息邮箱：wjc_book@163.com），以使其在今后的修订过程中得到更进一步的丰富和完善，更好地服务大众，造福社会。

最后，谨向在本书的编写过程中，给予我们指导、帮助的中国辞书学会、中国社会科学院语言研究所、中国科学技术出版社等方面的领导、专家和有关人员表示衷心的感谢！

王济昌

2007年12月

凡　例

编　排

一、本书共收录词目6987条，所收词目截止时间为2007年11月。

二、词目排列：按词目的汉语拼音字母顺序并辅以汉字笔画、起笔笔形顺序排列。

1．首字同音时按阴平、阳平、上声、去声的声调顺序排列；同音同调时，按汉字笔画由少到多的顺序排列；笔画相同的按起笔笔形横、竖、撇、点、折等的顺序排列。

2．首字相同时，按第二个字的音、调、笔画和笔顺排列，依次类推。

3．词目以阿拉伯数字开头的，按其习惯发音排在汉语拼音字母部的对应位置。词目以英文字母开头的，排在汉语拼音相应字母的词目的前面。

三、一个词目有两种以上常用叫法的，只列一个主词目。需要特别说明的，单列词目，不再附释文，用"见×××加句号"表示。如内水见内海。

词　目

四、词目多数是一个词。例如"科学"、"技术"；一部分是固定词组，例如"国防现代化"、"药品缓释技术"。

五、词目附有对应的英文，首字母一般为小写；若词目为人名、地名或专有名词时，则其英文的每个单词的首字母为大写；有英文缩写的，放在英文的后面，用逗号隔开；英文部分放在括号内；若无对应英文的，纯属中国内容的词目，则不附英文。

六、每一个概念具有多种从属关系时，为了有所区别，有的在词目的前面加限制词，有的则为简化文字或遵从习惯。例如"人体必需氨基酸"、"食品微胶囊技术"。

释　文

七、释文力求使用规范化的现代汉语。释文开始一般不再重复词目本身内容。

八、一个词目的内容涉及其他词目并需由其他词目的释文补充的，采用参见的方式。参见词目用"见×××加句号"表示。

九、词目释文中出现外国人名、地名的，必要时在其译文后括号内标注名字的英文（大写）全称。

十、词目释文不分段落，均排宋体。词义中需要分述的用（1）（2）（3）分项。

其　他

十一、本书正文后附有词目的汉语拼音索引。

十二、本书所用科学名词以全国科学技术名词审定委员会各学科及有关部门审定的为准；未经审定和尚未统一的，遵从习惯。

总目录

目　录

• 基 础 学 科 篇 •

二、物理学 ……………………………………………………………… (16)

三、化学 …………………………………………………… (42)

四、天文学 ·· (58)

五、地球科学 …………………………………………………………… (72)

六、生物学 ·············· (127)

·高技术篇·

三、新材料技术 ……………………………………… (202)

四、新能源技术 ……………………………………………………………… (259)

·产（行）业科技篇·

三、化学工程 ………………………………………………………………………… (496)

六、食品科学技术 ……………………………… （622）

七、环境科学技术 …………………………………………… (657)

八、军事科学技术 ………………………………………………………… (710)

十、交通运输工程 …………………………………………………………… (803)

·科技管理篇·

二、科技发展规划与计划 ……………………………………………………（871）

八、科技管理的理论与方法 ························ (895)

· 附 录 ·

· 索 引 ·

· 科技规划 ·

基础学科篇

(Basic Subject)

数学、物理学、化学、天文学、地球科学和生物学，是自然科学领域中的六大基础学科。这六大基础学科的发展，是其他学科发展的基础。了解这六大学科的基本知识，对提高全民的科学文化素质，促进科技进步，具有重要的意义。为此，本篇重点收录了相关知识条目990条，供读者参考。

一、数学
(Mathematics)

B

不定积分（indefinite integral）设 $F(x)$ 是函数 $f(x)$ 的一个原函数，我们把函数 $f(x)$ 的所有原函数 $F(x)+C$（C 为任意常数）叫做函数 $f(x)$ 的不定积分，记作 $\int f(x)\,dx=F(x)+C$。求已知函数的不定积分的过程叫做对这个函数进行积分。积分是知道了函数的导数，反求原函数。在应用上，积分作用不仅如此，它还被大量应用于求和，通俗的说是求曲边梯形的面积，该求解方法是积分特殊的性质决定的。

布丰投针问题（Buffon needle problem）是法国学者布丰（Buffon, G.L.L.de）于 1777 年给出的第一个几何概率的例子。是用试验方法逼近 π 值的著名的"投针问题"。平面上画有等距离为 a 的一些平行线，向平面任意投一长度为 l（$l<a$）的针，利用针与平行线之一相交的概率这一结果可近似计算 π 的值。其方法是投针 n 次，记录针与线相交的次数 m，以 $\frac{m}{n}$ 作为上述概率的近似值，得到 π 的近似值为：$\frac{ln}{am}$。

C

测量准确度（accuracy of measurement）测量结果与被测量的真值间的一致程度。测量准确度是一个定性的概念，不宜将其定量化。被测量真值，实质上就是被测量本身，它是一个理想化的概念，一般不知道，所以，准确度的值无法准确地给出。可以说准确度高低、准确度等级或准确度符合某标准等，而不宜将准确度与数字直接相连。有些情况下被测量真值的含义是明确的，这时，测量准确度可以用测量结果对被测量真值的偏移来估计。

抽屉原则（drawer principle）又称鸽笼原理，确定一些组合对象的存在性的基本定理。其简单形式：若把 $n+1$ 件东西分到 n 个抽屉里，则至少有一个抽屉里有 2 件东西。抽屉原理的一般形式是：设有 q_1, q_2, …q_n 是正整数，若把 $q_1+q_2+\cdots+q_n$ 共 $n+1$ 件东西放入 n 个抽屉里，则或者第一个抽屉里含有 q_1 件东西，或者第一个抽屉里含有 q_2 件东西……或者第一个抽屉里含有 q_n 件东西，以上情形必有一种成立。抽屉原则的简单形式是取 $q_1=q_2=\cdots=q_n=2$ 时的特例。

初等数学（elementary mathematics）数学中对象和方法较简单、较基础的部分。它以研究常量及不变空间形式为基本内容。通常认为初等数学包括算术、初等几何（平面的和立体的）、初等代数、平面三角、解析几何（平面的和空间的）、球面几何与球面三角等内容。它是一切数学学科的基础。数学包含初等数学和高等数学两大部分。这种分法只是相对的，它们之间并无严格的分界线。虽然初等数学的基本内容在 17 世纪微积分诞生之前已基本形成，其丰富的内容和理性思维方式也已体现了数学的基本特征，即它的抽象性、逻辑的严谨性和应用的广泛性，但其内涵和外延是随着时代的发展而改变的。在理论方面，初等数学是整个数学的"土壤"和源泉，许多高等数学分支都从这里发育成长。电子计算机和数字技术的发展，更使许多原来并非计算性的问题，可以用算术的计算——逻辑运算来解决，扩大了初等数学应用的范围。总之，初等数学是人类生存和发展不可缺少的一门学科。

存贮论（inventory theory）又称库存论，是研究物资存储最优策略的理论和方法的一门学科。它是运筹学最早获得成功应用的领域之一。存储是系统随机聚散现象，在许多情况下可直接用排队论的理论与方法求解，但存贮论更侧重于研究存储策略。存储的作用在于缓冲调节供求之间的不平衡，以避免由需求大于供应而造成的损失；但存储也有损失，需要支付存储费用。研究最优存储策略，有利于保持合适的库存水平。近年来，将存贮论应用于计算机管理，并在信息管理系统方面提出了许多新的研究课题。

D

代数基本定理（fundamental theorem of algebra）对于复数域，每个次数不少于 1 的复系数多项式在复数域中至少有一个根。由此推出，一个 n 次复系数多项式在复数域内有且只有 n 个根，重根按重数计算。高斯在 1799 年给出了这个定理第一个实质证明，但仍欠严格。后来他又给出另外三个证明。高斯研究代数基本定理的方法开创了探讨数学中存在性问题的新途径。20 世纪以前，由于代数学所研究的对象都是建立在实数域或复数域之上，因此代数基本定理在当时曾起到核心的作用。

单目标决策（single objective decision-making）见多目标决策。

导数（derivative）又称微商变化率，当自变量的增量趋于零时，因变量的增量与自变量的增量之商的极限。是由速度问题和切线问题抽象出来的数学概念。导数是微积分中的重要概念。一个函数存在导数时，称这个函数可导或者可微分。可导的函数一定连续。不连续的函数一定不可导。物理学、几何学、经济学等学科中的一些重要概念都可以用导数来表示。如，导数可以表示运动物体的瞬时速度和加速度，可以表示曲线在一点的斜率，还可以表示经济学中的边际和弹性。

第二次数学危机（the second mathematical crisis）由于无穷小概念的含糊不清而在数学界出现的混乱局面。在微积分的发展过程中，一方面是成果丰硕，另一方面是由于基础的不稳固而出现了越来越多的谬论和悖论。数学的发展又遇到了深刻的令人不安的危机，由微积分的基础所引发的危机在数学史上称为第二次数学危机。虽然在牛顿和莱布尼茨创立微积分之后的大约一百年中，很少注意到从逻辑上加强这门学科的基础，但绝不是对薄弱的基础没有人批评。著名的唯心主义哲学家贝克莱坚持认为，微积分的发展包含了偷换假设的逻辑错误。贝克莱说："在我们假定增量消失时，理所当然，也得假设它的大小、表达式以及其他，由于它的存在而随之而来的一切也随之消失。"这就是历史上著名的"贝克莱悖论"。历史要求给微积分以严格的基础。直到 19 世纪初，法国科学院以柯西为首的科学家们，对微积分的理论进行了认真研究，建立了实数理论，并在此基础上，建立起极限论的基本定理，从而使数学分析在实数理论的严格基础之上建立了极限理论。后来又经过德国数学家维尔斯特拉斯进一步的严格化，使极限理论成为微积分的坚定基础，从而化解了这次危机。

第三次数学危机（the third mathematical crisis）由于集合论的漏洞而导致在数学界出现的混乱局面。英国哲学家罗素提出来的一个著名的悖论。他把关于集合论的一个著名悖论用故事通俗地表述出来。故事讲述某位理发师给自己定了一条约定："我给并且只给所有不给自己刮胡子的人刮胡子。"那么他要不要给自己刮胡子呢？对于这个问题作肯定或否定的回答，都是违反上述约定的。由此可见，不管怎样的推论，理发师所说的话总是自相矛盾的。罗素悖论的提出，在当时的数学界与逻辑界内引起了极大震动。极限理论是以实数理论为基础的，而实数理论又是以集合论为基础的，而集合论又出现了罗素悖论，因而形成了数学史上更大的危机。这就是数学史上著名的第三次数学危机。危机产生后，众多数学家投入到解决危机的工作中去。1908 年，策梅罗提出公理化集合论，后经改进形成无矛盾的集合论公理系统，简称 ZF 公理系统。原本直观的集合概念被建立在严格的公理基础之上，从而避免了悖论的出现。这就是集合论发展的第二个阶段：公理化集合论。与此相对应，在 1908 年以前由康托尔创立的集合论被称为朴素集合论。公理化集合论是对朴素集合论的严格处理。它保留了朴素集合论的有价值的成果并消除了其可能存在的悖论，因而较圆满地解决了第三次数学危机。

第一次数学危机（the first mathematical crisis）由于无理数的发展而形成的数学界的混乱局面。公元前五世纪古希腊毕达哥拉斯学派的著名数学家希帕索斯发现了等腰直角三角形的斜边不能表示成整数或整数之比（不可通约）的情形，希帕索斯的发现导致了数学史上第一个无理数 $\sqrt{2}$ 的诞生。这一悖论直接触犯由毕达哥拉斯提出的著名命题"万物皆数"即该学派的哲学基石和"一切数均可表成整数或整数之比"即该学派的数学信仰，导致了当时认识上的危机，从而产生了第一次数学危机。200 年后，大约在公元前 370 年，欧多克索斯建立起一套完整的比例论。欧多克索斯的巧妙方法可以避开无理数这一"逻辑上的丑闻"，并保留住与之相关的一些结论，从而暂时解决了由无理数出现而引起的数学危机。到 18 世纪，当数学家证明了基本常数（如圆周率）是无理数时，拥护无理数存在的人才多起来。到19世纪下半叶，实数理论建立起来后，无理数本质被彻底搞清，无理数在数学园地中才真正扎下了根。无理数在数学中地位的确立，一方面使人类对数的认识从有理数拓展到实数，另一方面也真正彻底、圆满地解决了第一次数学危机，这次危机的产生和解决大大地推动了数学的发展。

定积分（definite integral）对定义在区间[a, b]上的函数，经过任意分割，然后取任意一点的函数值作乘积，求和、取极限而得到的具有特殊形式乘积和的极限，又称$f(x)$在[a, b]上可积或黎曼可积，并称该数值为$f(x)$在[a, b]上的定积分或黎曼积分，记为$A = \int_a^b f(x)\mathrm{d}x$。其中$x$称为积分变量，$f(x)$称为被积函数，$a$，$b$分别称为积分下限和上限，[a, b]称为积分区间，定积分是微积分学中重要概念，应用很广，如可求平面图形的面积、曲线的弧长、旋转体的体积等。

动态规划（dynamic programming）以多阶段最优化问题为研究对象的规划问题。在20世纪50年代初，美国数学家贝尔曼把多阶段决策问题表示成一系列子问题，而每一个子问题是易于寻优的，他们提出了解决多阶段决策问题的"最优性原理"，从而对许多线性规划和非线性规划不易处理的问题可以用动态规划去求解。对于解决离散性问题，它成为非常有用的工具。动态规划被广泛应用于工程技术、管理决策、国民经济及军事系统的各种实际问题。动态规划模型分为离散确定型、离散随机型、连续确定型和连续随机型四种。

对策论（game theory）又称博弈论，研究在相互具有竞争和对抗的体系中，按一定规则各方如何选择策略，以使最后能得到对己方最有利结果的一门学科。是运筹学的一个分支。对策论是在研究赌博问题的基础上发展起来的，后来不断扩展到军事、社会和经济领域，逐渐形成一门研究互动关系的数学理论。在中国，历史上著名的"齐王和田忌赛马"是对策的一个典型例子。1921年，德国数学家策梅洛用集合论的方法研究了国际象棋的着法，首次把对策问题置于严密的数学理论与方法的基础之上。同年法国的包瑞尔也研究了对策论的一些问题。美籍数学家冯·诺伊曼在1928年提出的"最大最小原则"奠定了对策论的理论基础。20世纪50年代，纳什和夏普利等在合作对策和非合作对策方面作出了重要贡献，使对策论的理论和应用研究发展到一个新的阶段。现在，对策论与线性规划、统计判决、管理科学、运筹学和军事计划等领域都有着密切关系。对策论按局中决策人数的多少可分为二人对策或多人对策；按局中人的合作态度可分为合作对策与非合作对策；按局中人支付函数的总和是否固定可分为零和对策与非零和对策。

多目标决策（multiple criteria decision making）又称为多目标最优化，系统方案的选择取决于多个目标的满足程度的一类决策问题。反之，系统方案的选择若仅取决于单个目标，则称这类决策问题为单目标决策，或称单目标最优化。多目标决策方法是从20世纪70年代中期发展起来的一种决策分析方法。决策分析是在系统规划、设计和制造等阶段为解决当前或未来可能发生的问题，在若干可选的方案中选择和决定最佳方案的一种分析过程。在社会经济系统的研究控制过程中我们所面临的系统决策问题常常是多目标的。多目标决策方法现已广泛地应用于工艺过程、工艺设计、配方配比、水资源利用、能源、环境、人口、教育、经济管理等领域。多目标决策方法主要有：化多为少法、分层序列法、直接求非劣解法、目标规划法、多属性效用法、层次分析法、重排序法、多目标群决策和多目标模糊决策等。

E

二进制（binary system）在计数时，每相邻两个单位之间的进率都是2，其基数为2，进位规则是"逢二进一"，借位规则是"借一当二"的一种特殊的计数进位制。二进制是计算技术中广泛采用的一种数制。二进制数是用0和1两个数码来表示的数。

F

泛函分析（functional analysis）是研究拓扑线性空间到拓扑线性空间之间满足各种拓扑和代数条件的映射的分支学科。作为一个独立的数学分支，它产生于20世纪30年代。是从变分法、微分方程、积分方程、函数论以及量子物理等的研究中发展起来的。它运用几何学、代数学的观点和方法研究分析学的课题，可看作无限维的分析学。

非欧几里得几何（non-Euclidean geometry）一般指罗巴切夫斯基几何（又称双曲几何和黎曼椭圆几何），简称非欧几何。它与欧几里得几何最主要的区别在于公理体系中采用了不同的平行公理。非欧几何学是一门大的数学分支，一般来讲，有广义、狭义、通常意义这三个方面的不同含义。所谓广义的非欧几何是泛指一切和欧几里得几何学不同的几何学；狭义的非欧几何只是指罗式几何；通常意义的非欧几何，就是指罗式几何和黎曼几何这两种几何。非欧几何有着广泛的应用，它不仅推动了几何学的概念，而且在物理学的发展和物理观点的更新中也起了重要作用。非欧几何在数学的一些分支中也有重要的作用，它们相互渗透，促进了各自的发展。

非线性规划（nonlinear programming）一类约束条件或目标函数中的函数有一个或多个是变量的非线性函数的数学规划问题。运筹学的一个重要分支。非线性规划研究一个 n 元实函数在一组等式或不等式的约束条件下的极值问题，且目标函数和约束条件至少有一个是未知量的非线性函数。目标函数和约束条件都是线性函数的情形则属于线性规划。非线性规划是 20 世纪 50 年代才开始形成的一门新兴学科。1951 年 H.W.库恩和 A.W.塔克发表的关于最优性条件（后来称为库恩－塔克条件）的论文是非线性规划正式诞生的一个重要标志。在 20 世纪 50 年代还得出了可分离规划和二次规划的 n 种解法，它们大都是以 G.B.丹齐克提出的解线性规划的单纯形法为基础的。20 世纪 50 年代末到 60 年代末出现了许多解非线性规划问题的有效的算法，70 年代又得到进一步的发展。非线性规划在工程、管理、经济、科研、军事等方面都有广泛的应用，为最优设计提供了有力的工具。

费马猜想（Fermat conjecture）又称费马大定理、费马最后定理，数论中的一个著名定理。用不定方程来表述的费马猜想是：当整数 $n > 2$ 时，不定方程 $x^n + y^n = z^n$ 没有 $xyz \neq 0$ 的整数解。这个猜想是 1637 年费马提出来的，1995 年才获得证明。在此之前，称它为费马猜想更为合适。许多优秀数学家为证明这个猜想，付出过巨大精力，都未能成功。经过 358 年的努力，这个著名的猜想终于得到证明。

G

概率（probability）随机事件出现可能性大小的度量，通常记为 $p(A)$。概率是一个没有量纲的数，其取值在 0 与 1 之间。随机事件是社会生活中常见的现象。它在一次试验中是否发生是无法事先肯定的偶然现象。当多次进行重复试验时，可以发现其发生的可能性的统计规律。具体地说，如果在相同条件下进行 n 次重复试验，随机事件 A 出现了 v 次，事件 A 在 n 次试验中出现的频率为 $\frac{v}{n}$；当 n 无限增大时，事件 A

的出现呈现出一定的稳定性。这一统计规律性表明事件发生的可能性是事件本身固有的、不依人们主观意志改变的一种客观属性。当试验的次数足够大时，可用事件的频率近似地表示该事件的概率，即 $p(A) \approx \frac{v}{n}$，此为概率的统计定义。

概率分布（probability distribution）随机变量取值概率的分布情况。如果随机变量 ξ 只能取有限个或可列个数值 $x_1, x_2, \cdots, x_n, \cdots$ 称 ξ 为离散性随机变量，记作 $p(\xi = x_k) = p_k$（$k = 1, 2, \cdots$）则 $\{p_k\}$ 为 ξ 的概率分布列；如果随机变量 ξ 是连续性随机变量，则它的取值不超过实数 x 的概率 $p(\xi \leqslant x)$ 称为连续随机变量的概率分布。

概率论（probability theory）从数量侧面研究随机现象规律性的数学学科。其目的是构造所研究的随机现象的数学模型，透过大量表面的偶然性发现内部隐藏的规律。概率论的系统研究始于 17 世纪中叶，是随着保险事业的发展而产生的。目前，概率论的理论与方法已广泛应用于自然科学、技术科学、社会科学与人文科学的各个方面。20 世纪末，随着科学技术的迅速发展，它在经济管理、工程技术、物理、气象、海洋、地质等领域中的作用愈加显著。随着计算机的发展与普及，概率论及数理统计已成为处理信息、进行决策的重要理论与方法，在理论联系实际方面，概率论是数学最活跃的分支之一。

高等数学（higher mathematics）相对于初等数学而言，数学的对象及方法较为复杂的一部分。一般认为，16 世纪以前发展起来的各个数学学科总是属于初等数学的范畴，17 世纪以后建立的数学学科基本上是高等数学的内容。由此可见，高等数学的范畴无法用简单的几句话或列举其所含分支学科来说明。19 世纪以前确立的几何、代数、分析这三大数学分支中，前两个都是原始初等数学的分支，其后又发展了属于高等数学的部分，而只有分析从一开始就属于高等数学。分析的基础——微积分被认为是"变量数学"的开始，因此，研究变量是高等数学的特征之一。高等数学除了有很多理论性很强的学科之外，也有一大批计算性很强的学科，如微分方程、计算数学、统计学等。

鸽笼原理（pigeonhole principle）见抽屉原则。

歌德巴赫猜想（Goldbach conjecture）数论中的一个著名问题。是指猜想：（1）每个不小于 6 的偶数都是两个奇素数之和；（2）每个不小于9的奇数都是3个奇素数之和。一般地，人们把猜想（1）称为关于偶数的歌德巴赫猜想，把猜想（2）称为关于奇数的歌德巴赫猜想。1742年，歌德巴赫在与欧拉的几次通信中，提出了几个关于素数之和的猜想。在笛卡儿的遗稿和华林1700年的《代数沉思录》中也出现同类猜想，后被综合称为歌德巴赫猜想。由于 $2n+1=2(n-1)+3$，所以，从猜想（1）的正确性就立即推出猜想（2）的正确性。但是，不能由猜想（2）的正确性推出猜想（1）也是正确的，所以，猜想（2）只是猜想（1）的一个特例。1937年，维诺格拉多夫用他自己创造的三角和法证明了对足够大的奇数，猜想（2）是正确的。所以，通常所说的歌德巴赫猜想是猜想（1）。为避免直接证明猜想的困难，退一步先证明它的一种减弱的命题：每一个大偶数都是两个素因子个数不太多的数之和。为简单起见，把"每一个大偶数可以表示为一个素因子个数不超过 a 个的数和一个素因子个数不超过 b 个的数之和"，这一命题记为 $(a+b)$，然后一步步的逼近，最后证明命题 $(1+1)$，即歌德巴赫猜想是正确的。1966年，中国数学家陈景润宣布他证明了 $(1+2)$，并于1973年发表了他的全部证明，在国际数学界引起了强烈反响。这就是陈氏定理。这也是迄今为止关于歌德巴赫猜想的最好结果。但是，至今仍未证明歌德巴赫猜想的真伪。

勾股定理（Pythagoras theorem）初等几何中的一个基本定理。即在直角三角形中，两条直角边的平方和等于斜边的平方。这个定理有着十分悠久的历史，几乎所有文明古国（古中国、古希腊、古埃及、古巴比伦、古印度等）对此定理都有所研究。勾股定理在西方被称为毕达哥拉斯定理，相传是古希腊数学家兼哲学家毕达哥拉斯于公元前550年首先发现的。中国古代对这一数学定理的发现和应用，远比毕达哥拉斯早得多。中国最早的一部数学著作——三国时期吴国的数学家赵爽在《周髀算经》中，用弦图证明了这一定理。中国古代数学家们对于勾股定理的发现和证明，在世界数学史上具有独特的贡献和地位。尤其是其中体现出来的"形数统一"的思想方法，更具有科学创新的重大意义。两千多年来，勾股定理由于应用的广泛性，吸引了历代众多的人，对它的证明已达数百种。

H

函数（function）是数学中的一种对应关系。简单地说，甲随着乙变，甲就是乙的函数。精确地说，设 A 是一个不空集合，B 是某个实数集合，f 是一个对应规则，若对 A 中的每个 x，按规则 f，有 B 中的一个 y 与之对应，就称 f 是 A 上的一个函数，记作 $y=f(x)$，称 A 为函数 $f(x)$ 的定义域，B 为其值域，x 叫做自变量，y 为因变量。函数的概念对于数学的每一个分支来说都是最基础的。

幻方（magic square）又称纵横图或魔方。一个 n 阶幻方是 n^2 个数 1, 2, …, n^2 排成的 n 阶方阵，使每一行元素的和，每一列元素的和，主对角线元素的和，以及反对角线元素的和均为常数。该常数为 $n(n^2+1)/2$，称为幻和。n 阶幻方存在的充分必要条件是 $n \geq 3$，它有许多种证法，它的神奇特点吸引了无数人对它的痴迷。从中国古代的"河出图，洛出书，圣人则之"的传说起，系统研究幻方的第一人，当数中国古代数学家杨辉。他在《数术记遗》一书中对此有如下记载："九宫者，二四为肩，六八为足，左三右七，戴九履一，五居中央。"杨辉研究出三阶幻方（也叫洛书或九宫图）的构造方法后，又系统地研究了四阶幻方至十阶幻方。在这几种幻方中，杨辉只给出了三阶、四阶幻方构造方法的说明，四阶以上幻方，杨辉只画出图形而未留下作法。但他所画的五阶、六阶乃至十阶幻方全都准确无误，可见他已经掌握了高阶幻方的构成规律。因此，在中国古代数学史和数学教育史上均占有十分重要的地位。

黄金分割（golden section）把一条线段分割为两部分，使其中一部分与全长之比等于另一部分与这部分之比。其比值是一个无理数，取其前3位数字的近似值是0.618。这是一个十分有趣的数字。以0.618来近似，通过简单的计算可以发现：$1/0.618=1.618$，$(1-0.618)/0.618=0.618$。2000多年前，古希腊雅典学派的第三大算学家欧道克萨斯首先提出黄金分割。而计算黄金分割最简单的方法，是计算斐波那契数列 1, 1, 2, 3, 5, 8, 13, 21, … 的后两数之比 2/3, 3/5, 4/8, 8/13, 13/21, … 的近似值。这个数值的作用不仅仅体现在诸如绘画、雕塑、音乐、建筑等艺术领域，而且在管理、工程设计等方面也有着不可忽视的作用。正因为它在建筑、文艺、工农业生产和科学实验中有着广泛而重要的应用，所以人们才称它为"黄金分割"。黄金分割不仅是一种数学上的比例关系，而且具有严格的比例性、艺术性、和谐性，蕴藏着丰富的美学价值。

回归曲线（regression curve）一种描述两个变量之间统计关系的曲线图形。利用回归曲线不仅能给出变量的点估计值，而且能给出估计值的置信区间。在分析测试中，应用最多的是线性回归，对于非线性回归曲线可以通过变量变换转化为线性回归曲线。

回归系数（regression coefficient）在回归方程中，表示自变量对因变量影响大小的参数。回归系数越大，说明自变量对因变量的影响越大，正回归系数表示因变量随自变量增大而增大；负回归系数表示因变量随自变量增大而减小。

J

积分学（integral calculus）微积分的一个重要组成部分。与微分学同时产生于17世纪。当时提出了两类问题：一类是已知物体的加速度 $a(t)$（t 为时间），求物体的速度 $v(t)$ 和路程 $s(t)$；另一类是求平面曲线所围图形的面积，曲线的弧长，曲面旋转所围空间立体的体积等。在研究以上两类问题中产生了积分学，积分学包括不定积分和定积分两部分，主要研究有关积分的理论、计算及其应用。

级数（series）一列数相加形成的表达式。即数学表达式 $\sum_{n=1}^{\infty} a_n$，其中 $\{a_n\}$ 为一数列，又称数项级数。

极值（extremum）极大值和极小值的统称。极大值点和极小值点统称为极值点。极大（小）值指函数 $f(x)$ 在包含 x_0 的某区间内有定义，在一个更小的区间内的任何点都有 $f(x_0) \geqslant f(x)$ 或 $f(x_0) \leqslant f(x)$，则称 $f(x_0)$ 为函数 $f(x)$ 的一个极大值或极小值。

集合（set）把一定范围的、确定的、可以区别的事物当作一个整体来看待，并将其集在一起。其中各事物叫做集合的元素或简称元。含有有限个元素的叫有限集；含有无限个元素的叫无限集；空集是不含任何元素的集，记做 Φ。集合的运算：（1）并集：以属于 A 或属于 B 的元素为元素的集合成为 A 与 B 的并（集）；（2）交集：以属于 A 且属于 B 的元素为元素的集合成为 A 与 B 的交（集）；（3）差：以属于 A 而不属于 B 的元素为元素的集合成为 A 与 B 的差（集）。集合的性质：（1）确定性：每一个对象都能确定是不是某一集合的元素。（2）互异性：集合中任意两个元素都是不同的对象。不能写成 $\{1,1,2\}$ 应写成 $\{1,2\}$。（3）无序性：$\{a,b,c\}\{c,b,a\}$ 是同一个集合。集合的表示方法，常用的有列举法和描述法。

几何三大问题（three famous problems in geometry）又称三大作图问题，指在2 400多年前，古希腊几何学家提出的尺规作图三大问题。即：（1）三等分任意角问题，即把任意一个已知角三等分；（2）立方倍积问题，即求作一个立方体，使它的体积等于已知立方体体积的2倍；（3）化圆为方问题，也称圆积问题，即求作一个正方形，使它的面积等于一已知圆的面积。这三个问题吸引了历代许多学者进行研究，长期未能解决，被称为几何三大问题，是几何学中的著名问题。直至1837年，旺策尔用代数方法首先证明了前两个问题均属尺规作图不能问题。1882年，林德曼证明了第三个问题也属于尺规作图不能问题。

几何学（geometry）简称几何，以研究空间形式及其相互关系的分支学科。几何学起源很早，并且与测量有密切关系。早在上古时期，中国就已利用规矩制作方圆。公元前7～8世纪，耕地面积、仓库容积的测量和计算方法传入希腊，通过柏拉图创立的Academia学园成员的系统研究，使几何从地积、体积测量和计算中抽象了出来，逐渐形成了一门系统的独立学科。特别是欧几里得将丰富而零散的几何材料，运用逻辑方法，采用公理化的方法加以系统整理，建立了一个完整的几何体系，撰写成一部《几何原本》流传至今，被人们称为欧几里得几何。文艺复兴之后的欧洲，代数学有了迅速的发展，几何学开始摆脱和代数学的隔离状态。18世纪，由于微积分在几何方面的应用，又开辟了微分几何这一领域。19世纪末，希尔伯特发表了《几何基础》。他用近代观点建立了严密的欧几里得几何公理体系，使得《几何原本》中的公理体系真正完善，并且使数学公理法基本形成，促使数理逻辑的发展。20世纪以来，几何学的迅速发展，产生和形成了众多的几何学分支，如射影微分几何、整体微分几何、仿射微分几何、一般空间微分几何、代数几何、计算几何和拓扑学等。

计算机辅助几何设计（computer aided geometric design, CAGD）以计算机几何为理论基础，以计算机软件为载体进行几何图形的表达、分析、编辑和求解等工作的一种技术方法。它是涉及数学及计算机科学的一门新兴的边缘学科，它研究的内容是在计算机图像系统的环境中曲面的表示和逼近。它主要侧重于计算机设计和制造（CAD/CAM）的数学理论和几何体的构造方面。随着CAGD理论及其应用的不断发展，从飞机、船舶、汽车设计、工程器件模具设计，到生物医学图像处理等都能看到其广泛的应用。

计算力学（computational mechanics）研究计算机和计算数学在力学中应用的计算性学科。它是以计算数学方法，并借助现代电子计算机解决力学中的各类实际问题的一门新兴学科。第二次世界大战后，电子计算机的出现使复杂的数字计算不再成为不可逾越的障碍，为计算力学的形成奠定了物质基础。与此同时，计算机的使用与电子计算机的各种计算方法也得到相应的发展。计算流体力学、计算结构力学是计算力学的两个重要研究分支。

计算数学（computational mathematics）主要研究数值计算方法的设计、分析和有关的理论基础与软件实现问题的学科。它是20世纪40年代随着计算机的诞生和发展，而逐渐引人注目并得到快速发展的一个数学分支。计算数学几乎与数学科学的一切分支有联系，它利用其他数学分支的成果来发展新的、更有效的计算方法及理论；反过来，又对数学学科本身产生愈来愈大的影响。在中国，计算数学从1956年开始，经过50余年的发展，在基础研究上已经取得一些卓越成果，在科学计算中解决了许多重要科学工程计算课题。其中最重要的有：20世纪60年代初期，冯康等人在大型水坝工程计算上，独立创造了有限元方法并最早奠定其理论基础。

计算物理学（computational physics）研究计算机和计算数学在物理学中应用的计算性学科。它是以电子计算机为工具，应用各种数值计算方法，解决物理学问题的一门新兴边缘学科，是物理学、数学和计算机三者相结合的产物。在第二次世界大战期间，美国在核武器研制过程中涉及很复杂的非线性微分方程组求解问题，对此用传统的分析方法求解是根本不可能的，求数值解又涉及大量复杂的计算，这就促使电子计算机的出现和发展，而计算机的发展又促进了可用于电子计算机的数值方法和技巧的发展。计算物理学正是在这种形势下应运而生的。从20世纪50年代以来，计算物理学得到了飞速的发展，在科学工程技术和国防科研中发挥了很大的作用。

假设检验（hypothesis）见显著性检验。

解析几何（analytic geometry）又称坐标几何，在坐标系中用代数方法研究图形性质的学科。一般认为笛卡儿和与他同时代的法国业余数学家费尔马是解析几何的创建者。17世纪，笛卡儿认为数与图形之间有着密切关系，采用代数方法研究几何问题，建立坐标系，创建了解析几何，并促进了微积分的发展。解析几何又分作平面解析几何和空间解析几何。平面解析几何，除了研究直线的有关性质外，主要是研究圆锥曲线（圆、椭圆、抛物线、双曲线）的有关性质；空间解析几何，除了研究平面、直线有关性质外，主要研究柱面、锥面、旋转曲面等。在解析几何中，首先是建立坐标系。坐标系将几何对象和数、几何关系和函数之间建立了密切的联系，这样就可以对空间形式的研究归结成数量关系的研究了。用这种方法研究几何学，通常就叫做解析法。解析几何运用坐标法可以解决两类基本问题：一类是满足给定条件点的轨迹，通过坐标系建立它的方程；另一类是通过方程的讨论，研究方程所表示的曲线性质。坐标法的思想促使人们运用各种代数的方法解决几何问题。

近似计算法则（approximate evaluation rule）在进行近似计算时应遵循的法则。即：（1）不超过十个近似值相加减时，要把位数较多的数四舍五入，使比小数位数最少的数多一位小数；计算结果保留的位数要与原近似数中小数位数最少者相同。（2）近似数相乘除时，各因子保留的位数应比有效数字位数最少的位数多一位，所得乘积（或商）的可靠数字的位数与原近似数中有效数字位数最少者的位数相等。（3）近似值乘方或开方时，原近似值有几位有效数字，计算结果就可以保留几位数字。（4）所取对数的位数应与真数有效数字的位数相等。另外还要注意：在进行近似计算的过程中，中间结果应比上述各法则所指示的位数多取一位，但在进入最后一次计算时，这一位"后备数字"仍要舍去；两个相近的数相减或把很小的数作为分母进行除法运算，都是计算结果产生较大相对误差的原因，因而应尽量避免。

近似算法（approximate algorithm）一种控制在给定误差之内、结果虽然达不到问题的最优解，但却可以使相对误差确保在一固定水平之上的算法。是解优化问题的一种算法。

精密度（precision）在规定的测试条件下，同一个均匀供试品，经多次取样测定所得结果之间接近的程度。用来表示测量结果中随机误差的大小，即精密度仅依赖于随机误差而与被测量的真值或其他约定值无关。精密度表示测定值之间的接近程度，准确度表示测定结果和真实值的接近程度。精密度是保证准确度的先决条件，只有在消除系统误差的前提下，精密度高准确度也高，精密度差，则测定结果不可靠。精密度通常用标准偏差或相对标准偏差表示，有时也用极差表示，少数情况下也用算术平均差表示。

决策论（decision theory）是研究依据问题的属性，从多个可供选择的方案中用数量方法如何寻找（选取）最好或满意的方案的学科。是运筹学的一个分支和决策分析的理论基础。在实际生活与生产中对同一个问题所面临的几种自然情况或状态，又有几种可选方案，就构成一个决策问题。决策者为对付这些情况所取的对策方案就组成决策方案或策略。决策论是在概率论的基础上发展起来的。随着概率论的发展，早在 1763 年贝叶斯发表条件概率定理时起，统计判定理论就已萌芽。1815 年拉普拉斯用此定理估计第二天太阳还将升起的概率，把统计判定理论推向一个新阶段。统计判定理论实际上是在风险情况下的决策理论。这些理论和对策理论概念上的结合发展成为现代的决策论。决策论在包括安全生产在内的许多领域都有着重要应用。决策问题根据不同性质通常可以分为确定型、风险型（又称统计型或随机型）和不确定型三种。确定型决策是研究环境条件为确定情况下的决策；风险型决策是研究环境条件不确定，但以某种概率出现的决策；不确定型决策是研究环境条件不确定，可能出现不同的情况（事件），而情况出现的概率也无法估计的决策。

绝对误差（absolute error）又称误差或观测误差，指测量值与真值之差。绝对误差按其性质可以分为随机误差、系统误差和过失误差；按其产生的原因可以分为仪器误差、方法误差、试剂误差、操作误差和环境误差。随机误差又称抽样误差，是由测试过程中诸多因素随机作用而形成的误差。

L

离散数学（discrete mathematics）以不连续（离散）现象为研究对象的数学，是现代数学的一个分支。它的内容主要包括：组合数学、算法的理论与分析、编码理论、数理逻辑中的命题逻辑（命题演算）、谓词逻辑（谓词演算）、集合代数、模糊集论；代数中的有限群、环论、域论、格论与布尔代数、有限几何；微分方程的计算理论；以及离散性概率等。离散数学的建立和形成与计算机科学的发展是密切相关的。随着现代科技的发展，特别是计算机的广泛应用，离散数学越来越受到重视，而且发展很快。

M

命题（proposition）具有真假意义的陈述句。也就是说能够确定或能够分辨其真假的陈述句，且真或假二者必居其一，也只居其一。命题是指一个判断的语义，而不是判断句本身。当不同的判断句具有相同的语义的时候，它们表达相同的命题。

模糊数学（fuzzy mathematics）运用数学方法研究和处理模糊性现象的一门学科。它是数学的一个新分支，它以模糊集合论为基础。模糊数学提供了一种处理不肯定性和不精确性问题的新方法，是描述人脑思维处理模糊信息的有力工具。它既可用于"硬"科学方面，又可用于"软"科学方面。所谓模糊现象，是指客观事物之间难以用分明的界限加以区分的状态。它产生于人们对客观事物的识别和分类之时，并反映在概念之中。外延分明的概念，称为分明概念，它反映分明现象。外延不分明的概念称为模糊概念，它反映模糊现象。模糊现象是普遍存在的，在人类一般语言以及科学技术语言中，都大量地存在着模糊概念。例如，在高与矮、好与坏、清洁与污染等这样一些对立的概念之间，都没有绝对分明的界限。

莫比乌斯带（Möbius strip）公元 1858 年，两位德国数学家莫比乌斯和 Johann Benedict Listing 分别发现，一个扭转 180° 后再两头粘接起来的纸条，具有魔术般的性质。与普通纸带具有两个面（双侧曲面）不同，这样的纸带只有一个面（单侧曲面），一只小虫可以爬遍整个曲面而不必跨过它的边缘。这一神奇的单面纸带被称为"莫比乌斯带"。作为一种典型的拓扑图形，莫比乌斯带引起了许多科学家的研究兴趣，并在生活和生产中得到应用。

O

欧几里得几何（Euclidean geometry）简称欧氏几何，以欧几里得平行公理为基础建立的几何学。是几何学的一个分支。公元前 3 世纪，欧几里得搜集当时所有已知的几何知识，按照严密的逻辑原则，编纂成历史上最早的几何著作——《几何原本》。它系统地总结了古代劳动人民在实践中获得的几何知识，把人们公认的一些事实列成定义和公理，以形式逻辑的方法，用这些定义和公理来研究各种几何图形的性质，从而建立了一套从公理、定义出发，论证命题得到定理的几何学论证方法，形成了一个严密的逻辑体系——几何学。用这些定理和公理研究图形的几何性质，就形成了欧几里得几何。相对于高等几何而言，常把它称为初等几何或度量几何；相对于解析几何而言，又常称它为综合几何或纯粹几何；按所讨论的图形在平面上或在空间中，分别称为平面几何或立体几何。刻画欧几里得几何最关键的性质是平行公理，否定这一公理就会得出非欧几里得几何。

P

P 问题和 NP 问题（P-problem and NP-problem）P 问题是指具有多项式算法的判定问题。如果一个问题可以找到一个能在多项式的时间里解决它的算法，那么这个问题就属于 P 问题。这里 P 表示 Polynomial 一词的第一个字母。这类问题的吸引力在于：对此类问题，在作替换时仍保持问题的多项式性，相对容易的计算算法的总步数，回答"是"与"不是"均具有多项式这一性质刻画。NP 问题是指具有非确定性多项式算法的判定问题。这里 NP 表示 Nondetermistic 和 Polynomial 两个词的第一个字母。这类问题只对正面回答"是"时，算法具有多项式性质，而对反面回答"不是"时，未作任何论断。如果把所有 P 类问题归为一个集合 P 中，把所有 NP 问题划进另一个集合 NP 中，那么，显然有 P 属于 NP。现在，所有对 NP 问题的研究都集中在一个问题上，即究竟是否有 P=NP。通常所谓的"NP 问题"，其实就是证明或推翻 P=NP。即在 NP 中有不是多项式时间可解的问题。它是 NP 中"最难的"问题。

排队论（queueing theory）又称随机服务系统理论，研究服务系统中排队现象随机规律的一门学科。是数学运筹学的分支学科。20 世纪初，丹麦工程师埃尔朗等人对电话通讯中的排队现象进行了研究，最早把排队论用于电话话务理论中。后来排队论逐渐应用于计算机网络、生产、运输、库存等各项资源共享的随机服务系统。排队论研究的内容有三个方面：（1）统计推断，根据资料建立模型；（2）系统的性态，即和排队有关的数量指标的概率规律性；（3）

系统的优化问题，其目的是正确设计和有效运行各个服务系统，使之发挥最佳效益。排队系统由输入过程、排队规则和服务机构三个基本要素组成。

排序问题（sequencing problem）又称工件加工日程表问题。设用 m 台机器加工 n 个工件。给定的加工每个工件所用机器的次序，以及每台机器加工每个工件所需要的时间。要解决的问题是，确定工件在每台机器上的加工次序，以使选定的目标函数达到最小。这是一类典型的组合优化问题。这个目标函数通常是完成时间、平均完成时间、机器的空闲时间等的一个非降函数。排序问题有两个类型：（1）流水作业，这时要求每个工件在机器上的加工次序都一样；（2）工件作业，这时每个工件在机器上的加工次序不必一致。流水作业可看作是工件作业的一种特殊情形。3 台或 3 台以上机器的排序问题多为 NP 完全问题。因此是很困难的。

庞加莱猜想（Poincaré conjecture）1904 年由法国数学家庞加莱提出，关于闭三维流形拓扑性质的一个猜想。庞加莱猜想属于数学中的拓扑学分支，通俗的解释是：任何一个封闭的三维空间，只要它里面所有的封闭曲线都可以收缩成一点，这个空间就一定是一个三维圆球。百余年来，数学家们为证明这一猜想付出了艰辛的努力。庞加莱当年只提出了三维猜想，后来被科学家推广为："任何与 n 维球面同伦的 n 维封闭流形必定同胚于 n 维球面。"被称为"高维庞加莱猜想"。2006 年 6 月 3 日，中国中山大学的朱熹平教授和曹怀东教授以一篇长达 300 多页的论文，以专刊的方式刊载在美国出版的《亚洲数学期刊》6 月号。运用汉密尔顿、佩雷尔曼等的理论基础，朱熹平和曹怀东第一次成功处理了猜想中"奇异点"的难题，从而完全破解了困扰世界数学家多年的庞加莱猜想。庞加莱猜想的证明意义重大，是人类在三维空间研究角度解决的第一个难题，也是一个属于代数拓扑学中带有基本意义的命题，将有助于人类更好地研究三维空间，其带来的结果将会加深人们对流形性质的认识，对物理学和工程学都将产生深远的影响，甚至会对人们用数学语言描述宇宙空间产生影响。

Q

千年难题（millennium problems）又称世界七大数学难题，2000 年 5 月 24 日，美国克莱(Clay)数学研究所的科学顾问委员会把庞加莱猜想、NP 完全问题、霍奇猜想、黎曼假设、杨－米尔斯理论、纳维－斯托克斯方程、BSD猜想列为七个"千年难题"。这七道问题被研究所认为是"重要的经典问题，经许多年仍未解决"。克莱数学研究所的董事会决定建立700万美元的大奖基金，每个"千年问题"的解决都可获得百万美元的奖励。这些问题涉及纯粹数学和应用数学中的拓扑学、数论到粒子物理学、密码学、计算理论甚至飞机设计领域。

曲率（curvature）表示曲线弯曲程度的数量。设C为一条光滑曲线，M_0和M为C上两点，$\overset{\frown}{M_0M}$的弧长记为$\triangle s$，M_0和M两点切线的夹角记为$\triangle\alpha$，当M沿曲线C趋向M_0时，极限$\rho=\lim\limits_{\triangle s\to 0}\left|\dfrac{\triangle\alpha}{\triangle s}\right|$就是曲线$C$在$M_0$点的曲率。例如圆$x^2+y^2=R^2$上任一点的曲率都是$\dfrac{1}{R}$，直线上任一点的曲率都是0。曲率半径指曲线在点曲率的倒数。曲率中心指曲线在点的法线上，在曲线凸向的另一侧到点距离等于曲率半径的点。

群论（group theory）研究关于群的理论的一门学科，代数学的一个分支。群是数学中广泛存在的一个重要概念，在物理、化学等学科中都有重要的应用。作为独立的数学分支的群论是在其他研究工作中逐渐形成的。由于群的抽象性，尽管群广泛存在，并且早在欧几里得时代，群的思想在《几何原本》中已经出现，但却迟至18世纪末才真正萌生群的概念。19世纪中叶是群论的孕育时期，在伽罗瓦关于代数方程的杰出研究中运用现代群论的这些基本思想与结论，显示了巨大威力，是数学史上的重要一页。1854年，凯莱首先给出了群的公理化定义后，1870年出版了由若当撰写的第一本有影响的群论著作，群论才真正成为一个独立学科。此后，克莱因从几何的角度考虑，发表了著名的埃尔朗根纲领，李由微分方程的研究引入李群。群已被广泛地应用，并独立地发展成为一个庞大的多方向的代数分支，至今仍长盛不衰。

S

实变函数论（theory of function of a real variable）以实变函数（以实数作为自变量的函数）作为研究对象的数学分支。它是微积分学的进一步发展。它的基础是点集论，即专门研究点所成的集合的性质的理论。也可以说实变函数论是在点集论的基础上研究分析数学中的一些最基本的概念和性质的。比如，点集函数、序列、极限、连续性、可微性、积分等。实变函数论还要研究实变函数的分类问题、结构问题。实变函数论的内容包括实值函数的连续性质、微分理论、积分理论和测度论等。

数理统计（mathematical statistics）研究和解释随机现象统计规律的一门数学学科。在科学试验中，测量值是一个以概率取值的随机变量，由于各种不可控制的偶然因素的影响，使得测量数据具有波动性，应用数理统计方法处理数据的目的就是要从这些参差不齐的、表面看来杂乱无章的数据中发现其中的统计规律性。数理统计在试验数据处理中有着广泛的应用。

数学（mathematics）研究现实世界数量关系和空间形式的科学。最早源于计数和度量，随着生产力的发展，越来越多地要求对自然现象作定量研究。同时由于数学自身的发展，使其具有高度的抽象性、严谨的逻辑性和广泛的适用性。现在数学大致分成基础数学（也称纯粹数学）和应用数学两大类。前者包括数理逻辑、数论、代数学、几何学、拓扑学、函数论、泛函分析和微分方程等分支；后者包括概率论、数理统计、计算数学、运筹学和组合数学等分支。从人类社会的发展史看，人们对数学本质特征的认识在不断变化和深化。早期，人们普遍认为数学是一门自然科学、经验科学，因为那时的数学与现实之间的联系非常密切。随着数学研究的深入，非欧几何、抽象代数和集合论等的产生，特别是现代数学向抽象、多元、高维发展，人们的注意力集中在这些抽象的对象上，数学与现实之间的距离越来越远，而且数学证明（作为一种演绎推理）在数学研究中占据了重要地位。因此，认为数学是人类思维的自由创造物，是研究量的关系的科学，是研究抽象结构的理论，是关于模式的学问。对数学更加广义的理解"数学是一种文化体系"，"数学是一种语言"，数学活动是社会性的，它是在人类文明发展的历史进程中，人类认识自然、适应和改造自然、完善自我与社会的一种高度智慧的结晶。数学科学已成为推进人类文明的不可缺少的重要因素，正越来越直接地为人类生活与物质生产作出更大的贡献。

数学归纳法（mathematical induction）通过递推归纳证明与自然数有关的命题的一种方法。数学中的一个重要证明方法。数学归纳法用下面两个步骤来证明命题的真实性：第一步，验证$n=0$时命题成立；第二步，假设当$n=k$（$k\geqslant 0$）时命题成立，并以此为据，

推证当 $n=k+1$ 时命题也成立。根据以上两步，断定对于所有自然数 n 命题都成立。上面的第一步称为归纳奠基。证明的起点 $n=n_0$ 可以换为，n_0 取何自然数，视命题的具体内容而定，有时甚至可以将其取值扩展到 0 和负数。第二步称为归纳递推，其中所做的假设 $n=k$（$k \geqslant 1$）时命题成立称为归纳假设，可直接用作证明 $n=k+1$ 时命题成立的依据。这种归纳法所能证明的，只是命题对大于或等于 0 的所有自然数 n 成立，不管 n 有多大，它仍是有限数（基数），不可能推出命题对超限基数成立，故这种归纳法称为有限数学归纳法。

数学基础（foundation of mathematics）是研究数学的对象、性质和方法的学科。它主要回答"数学是什么"，"数学的基础是什么"，"数学是否和谐"等一些数学上的根本问题。

数学期望（mathematical expectation）又称期望值，指随机变量按照其概率加权的加权平均值。是随机变量最重要的特征。它描述了随机变量取值的平均值，即表示一组测量值概率分布的中心位置。

四色猜想（four-color-conjecture）任何平面图 G 的色数均不超过 4，即 $x(G) \leqslant 4$。换句话说就是，每幅地图是否都可以用 4 种颜色着色，使得有共同边界的国家着上不同的颜色。它是图论中最著名的猜想之一，世界近代三大数学难题之一。阿佩尔和哈肯于 1976 年宣称他们已借助于计算机证明了这个猜想。四色问题最早是由英国格思里发现了并于 1852 年提出来的。凯莱于 1879 年在英国皇家地理学会的会刊上刊出了这个问题。不久，肯普发表了第一个"证明"。紧接着，泰特也提出来一个"证明"。前一个在 10 年后被希伍德否定，同时他用肯普的方法证明了五色定理：对于平面图 G，有 $x(G) \leqslant 5$。后一个则是在一个世纪之后被塔特否定。四色猜想的研究对于图论的发展已经产生并将继续产生深刻地影响。

素数（prime number）又称质数，指不存在真因数大于 1 的自然数。是一类重要的正整数。例如 2，3，5，7，11，…都是素数。在素数中只有唯一的一个偶素数 2，其他都是奇素数。欧几里得在他的《几何原本》中就已经证明，素数有无穷多个。但至今不能写出任意大的素数来，亦找不到一个表达素数的通式来。

算法复杂性（complexity of algorithm）对算法效率的度量。在评价算法性能时，复杂性是一个重要的依据。算法的复杂性的程度与运行该算法所需要的计算机资源的多少有关，所需要的资源越多，表明该算法的复杂性越高；所需要的资源越少，表明该算法的复杂性越低。算法复杂性的度量，包括计算复杂性、时间复杂性、空间复杂性等。计算复杂性描述算法从输入到输出结果，这个过程包含主要计算操作的次数所表现的数量及度量。时间复杂性是描述算法有效性的一个主要度量。从输入到输出结果，时间的长短与解决问题的规模直接相关，还有算法在实施过程中所涉及的初等操作的总数来度量。空间复杂性是算法从输入到输出所涉及存储的规模。问题的复杂性是指一类组合优化问题的复杂程度的度量。因此，它不能由此类问题的一个特别具体问题来度量，必须由此类问题中有效性最差的问题去度量。

随机试验（random experiment）结果具有偶然性的试验。是概率论的基本概念之一，人们通过它来观察随机现象。随机试验有如下特性：（1）试验可以在相同的条件下重复进行；（2）试验的所有可能结果是明确知道的，并且不止一个；（3）每次试验总是恰好出现这些可能结果中的一个，但在一次试验之前却不能肯定这次试验会出现哪一个结果。

随机现象（random phenomenon）又称偶然现象，是在相同的条件下重复观察同一对象时，其出现结果具有不确定性、无法确切预知的现象。是概率论的基本概念之一。随机现象可通过随机试验进行研究，所得到数据有两个基本特征：一是在同样的条件下测得的数据参差不齐，具有波动性；二是在大量重复试验中得到的数据又具有统计规律性。

T

梯度（gradient）一个体系中某处的物理参数(如温度、速度、浓度等)为 W，与其垂直距离的 dy 处该参数为 $W+dW$，称为该物理参数的梯度，也即该物理参数的变化率。梯度的数值有时也被称为梯度。如果参数为速度、浓度或温度，则分别称为速度梯度、浓度梯度或温度梯度。在向量微积分中，标量场的梯度是一个向量场。梯度一词有时用于斜度，也就是一个曲面沿着给定方向的倾斜程度。可以通过取向量梯度和所研究的方向的点积来得到斜度。

统计假设（statistical hypothesis）根据样本的观察结果对总体分布的某个命题的真伪做出判断的方法。它是统计推断的一种基本方法。如果随机变量分布形式已知，而仅涉及分布中的未知参数的统计假设称为参数假设。检验统计假设的过程，称为假设检验；检验参数假设的过程，称为参数检验。

统计检验（statistical test）检验和判别给定原假设是否成立的过程。常用的检验方法有 t 检验、F 检验、x^2 检验、狄克逊检验、Q 检验等。在分析测试中，用上述这些方法来检验系统误差、精密度的一致性、测量值的分布类型、校正曲线的意义和检验异常值等。

统计推断（statistical of inference）根据样本的测试结果，对样本源自总体的某个或某些特征从统计上做出的推断。包括参数估计与假设检验。前者是指随机变量分布函数已知，根据样本数据估计总体参数的值；后者是根据样本数据来检验关于总体参数的假设，以判断总体是否具有指定的特征。

图上作业法（graphical method transportation）一种在运输图上求解运输问题的方法。它是 20 世纪 50 年代初，中国粮食调运部门的调度人员从经验中发现的。交通运输以及类似的线性规划问题，都可以首先将交通网看成一个网络，画出流向图。假设供求平衡，即发量总和等于收量总和。每一条边都有一个容量限制，根据一定的规则进行必要调整，直至求出最小运输费用或最大运输效率的解。这种求解方法，就是图上作业法。图上作业法的内外圈流向箭头，要求达到重叠且各自之和都小于或等于全圈总程度的一半，这时的流向图就是最佳调运方案。20 世纪 50 年代末，中国数学工作者从理论上证明了这条经验的正确性。

拓扑学（topology）主要研究拓扑空间在拓扑变换下的不变性质和不变量的一个数学分支。起初是几何学的一个分支，研究几何图形在连续变形（允许伸缩和扭曲等变形，但不许割断和粘合）下保持不变的性质；现在已发展成为研究连续性现象的数学分支。由于连续性在数学中的表现方式与研究方法的多样性，拓扑学又分成研究对象与方法各异的若干分支。包括点集拓扑学（又称为一般拓扑学）、组合拓扑学、代数拓扑学、微分拓扑学、几何拓扑学。拓扑学与研究对象的长短、大小、面积、体积等度量性质和数量关系都无关。一般地说，对于任意形状的闭曲面，只要不把曲面撕裂或割破，它的变换就是拓扑变换，就存在拓扑等价。画的图形就不考虑它的大小、形状，仅考虑点和线的个数。这些就是拓扑学思考问题的出发点。

W

网络流（network flows）图论中的一种理论与方法，研究网络上的一类最优化问题。它是在研究铁路最大通量时首先提出的，即在一个给定的网络上寻求两点间最大运输量的问题。1956 年，L.R. 福特和 D.R. 富尔克森等人给出了解决这类问题的算法，从而建立了网络流理论。怎样安排才能使总运输量为最大的问题称为最大流问题。最大流问题的研究密切了图论和运筹学，特别是与线性规划的联系，开辟了图论应用的新途径。目前网络流的理论和应用在不断发展，出现了具有增益的流、多终端流、多商品流以及网络流的分解与合成等新课题。网络流的应用已遍及通讯、运输、电力、工程规划、任务分派、设备更新以及计算机辅助设计等众多领域。

微分（differential）指函数 $y=f(x)$ 在 x 点的某邻域内有定义，如果在 x 点取自变量一个改变量 Δx 时，函数的改变量 Δy 可表示为 $\Delta y=A\Delta x+o(\Delta x)$，其中 A 为一个不依赖 Δx 的常数，这时称 $A\Delta x$ 为函数 $y=f(x)$ 在 x 点的微分，记为 dy 或 df，即 $y=f(x)$ 函数在一点可微的充分必要条件是函数在该点可导。

微分方程（differential equation）是含有未知函数的导数或偏导数的方程。在微分方程中，如果未知函数是一元函数，称为常微分方程。常微分方程是数学的一个重要分支。它研究常微分方程的求解方法和解的性质。其主要内容有定性理论、稳定性理论、解析理论、摄动理论及初值问题、边值问题。如果未知函数是多元函数，就称为偏微分方程。微分方程中出现的未知函数的导数或偏导数的最高阶数，称为微分方程的阶。早在 16～17 世纪，几何学和力学的研究中就已经出现微分方程。随着生产力的发展和微积分的建立，在物理学、力学、工程技术以及其他数学分支中提出了大量的微分方程问题，从而推动了微分方程求解方法和关于解的性质的研究，并形成两个重要的数学分支：常微分方程和偏微分方程。

微分学（differential calculus）主要研究有关导数的理论计算及其应用的学科。在 17 世纪随着生产与科学的发展提出了三类数学问题需要解决。第一类是已知物体运动时路程和时间的关系，求物体运动的速度，加速度；第二类是光学研究中在研究透镜反射定律时要考虑光线和曲线的法线切线的夹角；第三类是在发射炮弹时如何取发射角能使射程最远，求行星与太阳的最短距离与最远距离等。在研究以上各类问题中产生了微分学。微分学的主要内容包括：极限理论、导数、微分等。

微积分（calculus）微分学和积分学的总称，是研究函数的微分、积分以及有关概念和应用的数学分支。微积分的系统发展是从 17 世纪开始的，通常认为牛顿和莱布尼茨是微积分的创始人。现在一般已习惯于把数学分析和微积分等同起来，数学分析成了微积分的同义词。

X

显著性检验（significance test）又称假设检验，统计学上对被检验参数之间是否存在显著性差异所进行的检验。即先假设总体具有某种统计特性（如具有某种参数，或服从某种分布等），然后再检验这个假设是否可信。它是检验事先所做出的关于总体参数的原假设 H_0 同随机样本之间是否存在显著性矛盾，如果由样本值计算的统计量值小于一定显著性水平 α 下的临界值而位于接受域内，表明 H_0 与样本值之间不存在显著的矛盾，就接受 H_0。反之，如果由样本值计算的统计量值超过一定的显著性水平 α 下的临界值而位于拒绝域内，则称被检验的参数之间在统计上有显著性差异，就拒绝 H_0，而接受另一个备择假设 H_1。

线性规划（linear programming）在线性不等式组或线性方程组约束条件下求线性目标函数的最大值或最小值的问题。满足线性约束条件的解叫做可行解，由所有可行解组成的集合叫做可行域。线性规划问题的数学模型的一般形式为：（1）列出约束条件及目标函数；（2）画出约束条件所表示的可行域；（3）在可行域内求目标函数的最优解。线性规划起源于 20 世纪 30 年代，第二次世界大战之后发展极为迅速。求解线性规划的单纯形法与计算机的结合使线性规划的应用非常广泛。在 20 世纪 60 年代之后，线性规划和组合优化、图论以及计算机科学的相互渗透，展现出广阔的发展图景。

相关系数（correlation coefficient）表示两个变量之间相关程度的一个参数。用 r 表示，r 没有单位，在 $-1\sim+1$ 的范围内变动，其绝对值越大，表示变量之间的相关程度越大。当一个变量随另一个变量增大而增大时，称它们为正相关，r 为正值；当一个变量随另一个变量增大而减小时，称它们为负相关，r 为负值。

Y

一笔画问题（unicursal problem）判断一个图形，能否不重复地由一笔画成的问题。是数学上一个重要的图论问题。即判断一个图，其上是否存在一条径，这条径包含该图的每一条边恰好一次。

优选法（optimum seeking method）又称试验最优化方法，以数学原理为指导，合理安排试验，以尽可能少的试验次数尽快找到生产和科学实验中最优方案的科学方法。实际工作中的优选问题，大体上分为两类：一类是求函数的极值；另一类是求泛函的极值。如果目标函数有明显的表达式，一般可用微分法、变分法、极大值原理或动态规划等分析方法求解（间接选优）；如果目标函数的表达式过于复杂或根本没有明显的表达式，则可用数值方法或试验最优化等直接方法求解（直接选优）。优选法在数学上就是寻找函数极值的较快较精确的计算方法。1953 年美国数学家 J.基弗提出单因素优选法、分数法和黄金分割法，后来又提出抛物线法。至于双因素和多因数优选法，则涉及问题较复杂，方法和思路也较多，常用的有降维法、瞎子爬山法、陡度法、混合法、随机试验法和试验设计法等。优选法的应用范围相当广泛，中国数学家华罗庚在生产企业中推广应用取得了成效。企业在新产品、新工艺研究，仪表、设备调试等方面采用优选法，能以较少的实验次数迅速找到较优方案，在不增加设备、物资、人力和原材料的条件下，缩短工期，提高产量和质量，降低成本等。

有效数字（significant figure）测量中实际能够测到的数字。由测量结果中所有可靠数字和一位存疑（或欠准）数字构成，即"有效数字＝测量结果中全部可靠数字＋1 位存疑数字"。它是测定结果的大小及精度的真实记录。用有效数字表示的测量结果，除最后一位的数字不甚确定外，其余各位数字必须确定无疑。如用最小分度值为 1mm 的米尺测量物体的长度，读数值为 5.63cm。其中 5 和 6 这两个数字是从米尺的刻度上准确读出的，可以认为是准确的，叫做可靠数字，末尾数字 3 是在米尺最小分度值的下一位上估计出来的，是不准确的，叫做欠准数。5.63 称为具有 3 位有效数位的有效数字。一个近似数据的有效位数是该数中有效数字的个数，指从该数左方第一个非零数字算起到最末一个数字（包括零）的个数，它不取决于小数点的位置。

运筹学（operational research）在实行管理的领域，运用数学方法，对需要进行管理的问题统筹规划并作出决策的一门应用科学。运筹学主要研究经济活动和军事活动中能用数量来表达的有关策划、管理方面的问题。它是近代应用数学的一个分支，主要是将生产、管理等事件中出现的一些带有普遍性的运筹问题加以提炼，然后利用数学方法进行解决。运筹学的思想在古代就已经产生了。敌我双方交战，要克敌制胜就要在了解双方情况的基础上，做出最优的对付敌人的方法，这就是"运筹帷幄之中，决胜千里之外"的说法。随着客观实际的发展，运筹学的许多内容不但研究经济和军事活动，有些已经深入到日常生活当中。运筹学的具体内容包括：规划论（包括线性规划、非线性规划、整数规划和动态规划）、图论、决策论、对策论、排队论、存贮论、可靠性理论等。运筹学的特点是：（1）其应用不受行业、部门之限制；（2）具有很强的实践性，最终能向决策者提供建设性意见，并应收到实效；（3）是一门优化技术，提供的是解决各类问题的优化方法。

运输问题（transportation problem）最早从物资运输中归纳出来的一个运筹问题。分为两类：一类是满足产销平衡条件的平衡运输问题；一类是不满足产销平衡条件的不平衡运输问题。此问题可以转化为线性规划问题，可以用单纯性法求解，也有更简便、更有效的图上作业法。

Z

整数线性规划（integer linear programming）一类要求问题中的全部或一部分变量为整数的线性规划。在线性规划问题中，有些最优解可能是分数或小数，但对于某些具体问题，常要求解答必须是整数。例如，所求解是机器的台数，工作的人数或装货的车数等。为了满足整数的要求，初看起来似乎只要把已得的非整数解舍入化整就可以了。实际上化整后的数不见得是可行解和最优解，而且增加要求变量为整数值之后，使问题发生了深刻的变化，所以应该有特殊的方法来求解整数规划。在整数规划中，如果所有变量都限制为整数，则称为纯整数规划；如果仅一部分变量限制为整数，则称为混合整数规划。整数规划的一种特殊情形是 0～1 规划，它的变数仅限于 0 或 1。

正态分布（normal distribution）又称高斯分布，或高斯误差定律，呈钟形曲线的连续概率分布。是法国科学家 De Moivre 于 1733 年提出的，1809 年德国数学家高斯在研究天文学的观测误差时，推导出正态分布曲线。若随机变量是由众多相互独立的各随机因素的微小影响叠加而成，则该随机变量表现为正态分布。在分析测试中，测量值是以概率取值的随机变量，在大量观测中所得到的测量值的概率分布遵循正态分布。

中国邮递员问题（Chinese postman problem）由中国数学家管梅谷在 1962 年首先提出和解决的一种典型的组合优化问题，在国际上称为中国邮路问题。即一个邮递员送信，要走完他所负责投递的全部街道，完成任务后回到邮局，应按怎样的路线走，他所走的路程才会最短。如果将这个问题抽象成图论的语言，就是给定一个连通图，连通图的每条边的权值为对应的街道的长度（距离），要在图中求一回路，使得回路的总权和最小。这个问题是 P 问题。

周期函数（periodic function）对任何 $x \in D$ 都有 $f(x+T) = f(x)$ 的函数。其中 D 函数的定义域，T 为一个正数并称为 $f(x)$ 的周期，如果 T 为 $f(x)$ 的周期，则 nT（n 为正整数）都是 $f(x)$ 的周期，$f(x)$ 的所有周期中如果有一个最小，则称其为 $f(x)$ 的最小周期（也简称周期）。

组合设计（combinatorial design）研究各种类型的组合设计的性质、存在性、构造方法及相互关系等问题的学科。它是组合学的主要分支之一。设计的构造方法基本上可以分为两类，即直接构造和递推构造。利用有限几何构造设计以及利用有限群构造设计是主要的直接构造方法。近二十多年来，这一分支正处于迅速发展时期，不仅积累了大量的材料，而且逐步形成了以平衡不完全区组设计为主线，将各种类型的组合设计加以统一的理论体系。

组合最优化（combinatorial optimization）在具有离散变量的问题中，从有限个解中寻找最优解的问题。即把某种离散对象按某个确定的约束条件进行安排，当已知合乎这种约束条件的特定安排存在时，寻求这种特定安排在某个优化准则下的极大解或极小解问题。组合最优化的理论基础含线性规划、非线性规划、整数规划、动态规划、拟阵论和网络分析等。它表现出两个突出的特点：一是它的广泛应用性；另一个是现实世界里的组合优化问题大部分都很难解决。组合最优化发展的初期，研究一些比较实用的基本上属于网络极值方面的问题，如广播网的设计、开关电路设计、航船运输路线的计划、工作指派、货物装箱方案等。自从拟阵概念进入图论领域之后，对拟阵中的一些理论问题的研究成为组合规划研究的新课题，并得到应用。现在应用的主要方面仍是网络上的最优化问题。组合最优化技术提供了一种快速寻求极大解或极小解的方法。

最优化方法（optimization method）为达到最优化目的，寻求使某一目标达到最优的解答所提出的各种求解方法。从数学意义上说，最优化方法是一种求极值的方法，即在一组约束为等式或不等式的条件下，使系统的目标函数达到极值，即最大值或最小值。从经济意义上说，是在一定的人力、物力和财力资源条件下，使经济效果达到最大（如产值、利润），或者在完成规定的生产或经济任务下，使投入的人力、物力和财力等资源为最少。用最优化方法解决实际问题，一般可经过下列步骤：（1）提出最优化问题，收集有关数据和资料；（2）建立最优化问题的数学模型，确定变量，列出目标函数和约束条件；（3）分析模型，选择合适的最优化方法；（4）求解，一般通过编制程序，用计算机求最优解；（5）最优解的检验和实施。上述 5 个步骤中的工作相互支持和相互制约，在实践中常常是反复交叉进行。最优化方法（也称作运筹学方法）是近几十年形成的一种科学决策方法。它主要运用数学方法研究各种系统的优化途径及方案，为决策者提供科学决策的依据。实践表明，随着科学技术的日益进步和生产经营的日益发展，最优化方法已成为现代管理科学的重要理论基础，被人们广泛地应用到公共管理、经济管理、国防等各个领域，发挥着越来越重要的作用。

二、物理学

(Physics)

α 衰变（alpha decay）不稳定的原子核自发放射出 α 粒子而转变成另一种核的衰变过程。α 粒子是电荷数为 2、质量数为 4 的氦核。不同核素 α 衰变的半衰期分布较广，从 $1 \mu s$ 到 $10^{17} s$，一般的规律是衰变能较大，则半衰期较短；反之，衰变能较小，则半衰期较长。α 衰变是量子力学隧道效应的结果。α 衰变主要限于一些重元素。α 衰变能谱的研究提供了核结构的信息。

β 衰变（beta decay）放射性原子核发射电子（或正电子）和中微子而转变成另一种核的过程。分为放出一个电子的 β^- 衰变、放出一个正电子的 β^+ 衰变和俘获一个轨道电子的电子俘获三种类型。最初以为 β^- 衰变仅放出电子，实际测量发现，放出的电子能量连续分布，曾困惑物理学家多年。1930 年泡利提出 β^- 衰变放出电子的同时还放出一个静质量为零、自旋为 1/2 的中性粒子，衰变能为电子和该粒子分享。该粒子后来被称为中微子，1952 年以后被实验确凿证实。β 衰变属于弱相互作用。1956 年李政道和杨振宁提出弱相互作用过程宇称不守恒，第二年吴健雄等人利用极化核 Co 的 β 衰变实验首次证实了宇称不守恒。这一发现不仅促进了 β 衰变本身的研究，也促进了粒子物理学的发展。李、杨二人因此获得了诺贝尔物理学奖。

γ 射线（γ -ray）波长小于 $0.2 \times 10^{-10} m$ 的电磁波。科学家维拉德发现，γ 射线是继 α、β 射线后发现的第三种原子核射线。γ 射线是因核能级间的跃迁而产生，原子核衰变和核反应均可产生 γ 射线。γ 射线具有比 X 射线还要强的穿透能力。当 γ 射线通过物质并与原子相互作用时会产生光电效应、康普顿效应和正负电子对三种效应。原子核释放出的 γ 光子与核外电子相碰时，会把全部能量交给电子，使电子电离成为光电子，此即光电效应。由于核外电子壳层出现空位，将产生内层电子的跃迁并发射 X 射线标识谱。高能 γ 光子（> 2MeV）的光电效应较弱。γ 光子的能量较高时，除上述光电效应外，还可能与核外电子发生弹性碰撞，γ 光子的能量和运动方向均有改变，从而产生康普顿效应。当 γ 光子的能量大于电子静质量的两倍时，由于受原子核的作用而转变成正负电子对，此效应随 γ 光子能量的增高而增强。γ 光子不带电，故不能用磁偏转法测出其能量，通常利用 γ 光子造成的上述次级效应间接求出，例如通过测量光电子或正负电子对的能量推算出来。此外还可用 γ 谱仪（利用晶体对 γ 射线的衍射）直接测量 γ 光子的能量。由荧光晶体、光电倍增管和电子仪器组成的闪烁计数器是探测 γ 射线强度的常用仪器。通过对 γ 射线谱的研究可了解核的能级结构。γ 射线有很强的穿透力，工业中可用来探伤或流水线的自动控制。γ 射线对细胞有杀伤力，医疗上用来治疗肿瘤。

γ 衰变（gamma decay）处于激发态的原子核通过电磁作用放射 γ 射线跃迁到基态或较低的激发态的过程。γ 是波长很短的电磁波。此衰变不涉及质量或电荷变化。它不导致元素的变化，只改变原子核的内部状态，是原子核同质异能跃迁。通常 γ 衰变同时伴随 α 衰变或 β 衰变。

A

安培定律（Ampere's law）关于载流导线在磁场中所受的作用力及电流相互作用的规律。安培定律与库仑定律相当，是磁作用的基本实验定律，它决定了磁场的性质，提供了计算电流相互作用的途径。

B

半导体（semiconductor）电阻率介于金属和绝缘体之间并有负的电阻温度系数的物质。半导体室温时电阻率约在 $10^{-5} \sim 10^{7}\ \Omega \cdot m$ 之间，温度升高时电阻率指数则减小。半导体材料很多，按化学成分可分为元素半导体和化合物半导体两大类。锗和硅是最常用的元素半导体；化合物半导体包括 III - V 族化合物（砷化镓、磷化镓等）、II - VI 族化合物（硫化镉、硫化锌等）、氧化物（锰、铬、铁、铜的氧化物），以及由 III - V 族化合物和 II - VI 族化合物组成的固溶体（镓铝砷、镓砷磷等）。除上述晶态半导体外，还有非晶态的玻璃半导体、有机半导体等。

半衰期（half-life）在放射性衰变过程中，放射性原子核衰减到原来数目的一半时所需的时间。是放射性元素的一个特性常数，一般不随外界条件、元素所处状态和元素质量多少而变化。放射性元素经历一个半衰期后其核数剩余一半，再经历一个半衰期仅剩余四分之一，依此类推。放射性元素的半衰期长短差别很大，短的千万分之一秒，长的可达数亿年。半衰期长的核稳定，半衰期短的核放射性强。

波（wave）振动的传播过程。一般的物体都是由大量相互作用着的质点所组成的。当物体的某一部分发生振动时，其余各部分由于质点的相互作用也会相继振动起来。这种机械振动在弹性媒质中的传播叫做机械波。机械波的产生需要两个条件：波源即振动的物体，以及能够传播机械振动的弹性物质即媒质，两个条件缺一不可。根据质点振动的方向和波的传播方向之间的关系，波可以分为横波和纵波。质点振动的方向跟波的传播方向垂直的波叫横波，质点振动的方向跟波的传播方向平行的波叫纵波。在波动过程中，媒质的各个质点只是在平衡位置附近振动，并不沿着振动传播的方向迁移，波是振动状态的传播，不是物质本身的传播。除机械波外，还有其他形式的波。例如电磁波，包括无线电波、光波、X 射线等。

波长（wavelength）沿着波的传播方向，相邻的两个振动状态一样的点之间的距离。在横波中波长通常是指相邻两个 波峰或波谷之间的距离。在纵波中波长是指相邻两个 密部或疏部之间的距离。波长是指介质中波动在一个周期内传播的距离，所以波的速度等于频率和波长的乘积。同一频率的波在不同的介质中传播时，波长是不相同的。波动过程中，相距一个波长的两点的振动状态情况是一样的，波长反映了波动的空间周期性。波长是波的一个重要的特征参量，其大小的不同会使波的传播特性有很大的变化。

波的叠加原理（principle of superposition of wave）描述波与波之间相互作用的规律。当两列或两列以上的波同时在媒质中传播时，几列波相遇之后，仍然保持它们各自原有的特征（频率、波长、振幅、振动方向等）不变，并按照原来的方向继续前进，好像没有遇到过其他波一样。在相遇区域内任一点的振动，为各列波单独存在时在该点所引起的振动位移的矢量和。

波的干涉（wave interference）在频率相同、振动方向平行、相位相同或相位差恒定的两列波相遇时，使某些地方振动始终加强，而使另一些地方振动始终减弱的现象。

波的衍射（wave diffraction）波在传播过程中当遇到障碍物时，能绕过障碍物的边缘而传播的现象（偏离了直线传播）。衍射的条件，一是相干波源，二是波的波长与障碍物相比拟。长波衍射现象明显，方向性不好；短波衍射现象不明显，方向性好。长波、短波是以波长与障碍物的线度相比较而言的。

波动光学（wave optics）以光的波动性为基础，研究光在媒质中的传播规律及光与物质相互作用规律的光学分支学科。在波动光学中，光被看作是一种电磁波，根据光的电磁理论，光和物质的相互作用应理解为经典电磁场与经典谐振子之间的相互作用。从这个前提出发，即能解释光的直线传播规律，也能解释光的干涉和衍射现象。对光的吸收、散射和色散等现象也能给出经典的解释。

波粒二象性（wave-particle duality）微观客体既具有粒子的特性又具有波动的特性。物理学中研究对象分为实体物质和波两大类，实体物质运动时有确定的轨道，动量等，波动具有干涉、衍射等特性。两类运动规律截然不同。但在微观世界里实物粒子质子电子等也能干涉衍射，光波也具有粒子的特性。所以微观客体有时像波那样运动传播，可以叠加产生干涉和衍射图形，不像粒子那样沿一条轨道运动。有时又像粒子一样表现出具体的动量能量。对微观客体描述时不能用简单的波或粒子的概念，微观客体既不是经典物理中的波，也不是经典物理的粒子，也不是二者简单的混合。

C

超导体（superconductor）超导态的物体的通称。荷兰科学家昂内斯用液氦冷却汞，当温度下降到4.2K时，水银的电阻完全消失，这种现象称为超导电性，此温度称为临界温度。根据临界温度的不同，超导材料可以分为：高温超导材料和低温超导材料。但这里所说的高温，其实仍然是远低于冰点0℃的，对一般人来说仍是极低的温度。后来发现，如果把超导体放在磁场中冷却，则在材料电阻消失的同时，磁感应线将从超导体中排出，不能通过超导体，这种现象称为抗磁性。经过科学家们的努力，超导材料的磁电障碍已被跨越，下一个难关是突破温度障碍，即寻求高温超导材料。

超声波（ultrasonic wave）频率大于20 000Hz，不能引起人耳听觉的弹性波。主要特性：波长短，近似直线传播，在固体和液体中的衰减比电磁波小，传播特性和介质的性质密切相关，能量集中，强度大，振动距离。故超声波具有方向性好，穿透能力强，易于获得较集中的声能，在水中传播距离远等特点，可用于测距，测速，清洗，焊接，碎石等。现在超声波

的应用范围很广，主要用在医疗诊断、化学反应、处理植物种子、探索鱼群、自动导航及测定液体流量等方面，同时也诞生了多个超声波应用学科。虽然说人类听不出超声波，但不少动物却有此本领。它们可以利用超声波"导航"、追捕食物，或避开危险物。

冲击波（shock wave）在流体中以高于声速的速度传播并对流体产生压缩作用的波。在爆炸、冲击、超声速流动等过程中会出现冲击波。在空气中飞行的飞行器，当其速度大于空气中声速时，即会产生冲击波，受到压缩的气体与未受到压缩的气体之间有一个很薄的波阵面隔开。这个波阵面的前后的压力不同，具有突然变化的特点。冲击波的破坏力很大，对建筑物、生物会有致命的损害。

磁场（magnetic field）在电流、运动电荷、磁体或变化电场周围空间存在的一种特殊形态的物质。由于磁体的磁性来源于电流，电流是电荷的运动，因而概括地说，磁场是由运动电荷或变化电场产生的。磁场的基本特征是能对其中的运动电荷施加作用力，磁场对电流、对磁体的作用力或力矩皆源于此。电磁场是电磁作用的媒递物，是统一的整体，电场和磁场是它紧密联系、相互依存的两个侧面，变化的电场产生磁场，变化的磁场产生电场，变化的电磁场以波动形式在空间传播。磁现象是最早被人类认识的物理现象之一，指南针是中国古代一大发明。磁场是广泛存在的，地球、恒星（如太阳）、星系（如银河系）、行星、卫星，以及星际空间和星系际空间，都存在着磁场。在现代科学技术和人类生活中，处处可遇到磁场，发电机、电动机、变压器、电报、电话、收音机以至加速器、热核聚变装置、电磁测量仪表等都与磁现象有关。甚至在人体内，伴随着生命活动，一些组织和器官内也会产生微弱的磁场。

磁场强度（magnetic field strength）由磁感应强度和磁化强度线形组合而成的物理量，常用符号H表示。其表达式$H = \dfrac{B}{\mu_0} - M$式中B为磁感应强度，M为磁化强度，μ_0为真空磁导率。在稳恒电流的磁场情况下，当均匀磁媒质充满磁场所在空间时，磁感应强度B与实际存在的所有电流（包括自由电流和磁化电流）的分布有关；磁化强度M仅与磁化电流的分布有关；磁场强度仅与自由电流的分布有关。

磁畴（magnetic domain）在铁磁质中存在的自发磁化的小区域。一个磁畴中的所有原子的磁矩（铁磁质中起主要作用的是电子的自旋磁矩）可以不靠外磁

场而通过一种量子力学效应（交换耦合作用）取得一致方向。磁畴和磁畴之间由"磁壁"隔开，磁畴的线度约为 $10^{-2} \sim 10^{-4}$ mm，其中包含约 10^{15} 个原子。在电解抛光的铁磁质表面，若涂一层含有铁粉的悬浮或胶状溶液，这些铁粉将聚集在畴壁处，这种现象在金相显微镜下可观察到。分子场使每个磁畴中各原子的磁矩排列在同一方向，但各个磁畴的磁矩方向彼此不同，因此在没有外电场时，整个铁磁质不呈现磁性。当外磁场不断增加时，起初自发磁化方向与外磁场方向接近一致的那些磁畴体积将扩大，而自发磁化方向与外磁场方向接近相反的磁畴体积将缩小，这个过程称为畴壁运动。当外磁场增加到一定程度时，磁畴中的自发磁化方向将转向外磁场方向，这个过程称为畴壁转向，直到最后全部磁畴方向都转向外磁场的方向，从而达到"磁饱和状态"。

磁体（magnet）具有或可使其具有外磁场的物体或器件。依照物质在磁场作用下所呈现的性质，可将物质分为顺磁性、抗磁性、铁磁性及反磁性等几大类，统称为磁体。物质在磁场作用下磁化后，内部产生了附加磁场。若附加磁场的方向和外磁场相同，则呈现顺磁性；反之，呈现抗磁性。实际上，这两类物质的附加磁场和导致磁化的磁场相比，都非常之弱，属于弱磁性物质。在电工和电子技术中，广泛应用的硅钢、磁钢等铁磁性物质，可用于制造机电设备或仪器仪表中的磁路、铁芯及永久磁铁等。铁氧体应用于高频场合及磁记录、磁记忆等领域，推动了电子计算机及智能机器人的发展。铁磁体磁化所产生的附加磁场远大于其他磁化的磁场，并且方向一致，从而导致铁磁体的强磁性。

次声波（infrasonic wave）频率小于20Hz的声波。虽然次声波看不见，听不见，可它却无处不在。地震、火山爆发、风暴、海浪冲击、枪炮发射、热核爆炸等都会产生次声波。次声波不容易衰减，不易被水和空气吸收。次声波的波长较长，因此能绕开某些大型障碍物发生衍射。次声波还具有很强的穿透能力，可以穿透建筑物、掩蔽所、坦克、船只等障碍物。7 000 Hz的声波用一张纸即可阻挡，而 7 Hz 的次声波可以穿透十几米厚的钢筋混凝土。地震或核爆炸所产生的次声波可将岸上的房屋摧毁。次声如果和周围物体发生共振，能放出相当大的能量，如 4 ~8 Hz 的次声能在人的腹腔里产生共振，可使心脏出现强烈共振和肺壁受损，对人体有很强的伤害性。

D

导体（conductor）具有能在电场作用下流动的自由载流子的物质。包括金属导体、非金属导体及超导体。其特点是内部含有在电场作用下能定向移动的带电粒子，通常是电子或离子。在电工技术中金属导体应用范围最广。主要用于制造传输电能或电信号的各种电线、电缆。此外，电热材料、电极材料、磁性材料、电阻材料、电机电器绕组都需用导体制作。

等离子体（plasma）由部分电子被剥夺后的原子及原子被电离后产生的正负粒子组成的离子化气体状物质。它是除去固体、液体和气体外，物质存在的第四态。等离子体是一种很好的导电体，利用经过巧妙设计的磁场可以捕捉、移动和加速等离子体。等离子体物理的发展为材料、能源、信息、环境空间，空间物理，地球物理等科学的进一步发展提供新的技术和工艺。等离子体可分为两种：高温和低温等离子体。现在低温等离子体广泛运用于多种生产领域。例如：等离子电视，婴儿尿布表面防水涂层，增加啤酒瓶阻隔性。更重要的是在电脑芯片中的蚀刻运用，让网络时代成为现实。

第二类永动机（perpetual motion machine of the second kind）从单一热源吸热使之完全变为有用功而不产生其他影响的热机。在热力学第一定律问世后，人们认识到能量是不能被凭空制造出来的，即第一类永动机是不能制造出来。于是有人提出，设计一类装置，从海洋、大气乃至宇宙中吸取热能，并将这些热能全部转化为功，这就是第二类永动机。第二类永动机不违反热力学第一定律，如能制成将解决地球上的能源问题，克劳修斯和开尔文在研究了卡诺循环和热力学第一定律后，提出了热力学第二定律。这一定律指出：不可能从单一热源吸取热量，使之完全变为有用功而不产生其他影响。热力学第二定律的提出宣判了第二类永动机的死刑，使人们走出幻想，并不断地去最有效地利用自然界所能提供的各种能源。

第一类永动机（perpetual motion machine of the first kind）不需要消耗任何燃料和动力即能源源不断地对外做有用功的理想动力机械。热力学发展初期，热和机械能的相互转化是人们研究的主题。在工业革命的推动下，工业上和运输上都相当广泛地使用蒸汽机。人们研究怎样消耗最少的燃料而获得尽可能多的机械能。甚至幻想制造一种机器，不需要外界提供能量，却能不断地对外做功，这就是所谓的第一类永动机。大量的实验表明，自然界的能量可以有多种形式，通过适当的装置，能从一种形式转化为另一种形式，在相互转化中，能量的总数量不变。能量守恒转换定律的建立，对制造永动机的幻想作了最后的判决，因而热力学第一定律的另一种表述为：不可能制造出第一类永动机。

电场（electric field）在电荷或变化磁场周围空间里存在的一种特殊形态的物质。电场的基本特征是能使其中的电荷受到作用力，电场是电作用的媒递物。电场具有能量、动量，但不具有静质量，场和实物粒子可以相互转化。电场是在一定空间区域内连续分布的矢量场，描述电场的物理量是电场强度矢量，可以用电力线形象地图示。静止电荷产生的电场称为静电场或库仑场。电场和磁场是紧密联系的，变化的电场产生磁场，变化的磁场产生电场，没有绝对不变的电场和磁场，因此电场和磁场是电磁场统一体中相互依存、相互制约的两个方面。

电场强度（electric field strength）表征电场对位于场中的电荷有作用力这一基本性质的物理量。常用符号 E 表示，是一矢量。电场中某点的电场强度（简称场强）的大小等于位于该点的单位正电荷(检验电荷)所受的电场力的大小，方向为该正电荷所受电场力的方向。通常，电场强度 E 的方向和大小随空间和时间而变化，因此它是空间位置 r 和时间 t 的函数。当 E 随时间变化时，称为交变电场；当 E 不随时间变化时，称为静电场。电场强度的单位是牛顿／库仑或伏特／米。

电磁波（electromagnetic wave）变化的电磁场在空间的传播。与弹性波不同，电磁波的传播并不依赖任何弹性媒质，它靠的是电磁场的内在联系和相互依存，即变化的磁场激发有旋电场、变化的电场（位移电流）激发磁场，因此，电磁波在真空中也能传播。电磁波的传播速度等于光速，光就是一种电磁波。无线电波、红外线、可见光、紫外线、X 射线、γ 射线等构成了不同频率和波长的电磁波谱。电磁波的传播伴随着能量和动量的传播，这不仅是电磁波的重要性质，也为电磁场的物质性提供了证据。电磁波是横波，其电矢量、磁矢量和传播方向构成右手螺旋。作为一种波动，电磁波有自身的反射、折射、散射以及干涉、衍射、偏振等现象。电磁波及其一系列性质已为大量实验所证实。

电磁辐射（electromagnetic radiation）是能量以电磁波的形式传播的过程。电磁辐射所衍生的能量大小，取决于频率的高低。频率愈高，能量愈大。频率极高的X光和伽马射线可产生较大的能量，这两种射线虽具医学用途，但照射过量将会损害健康。X光和伽马射线所产生的电磁能量，有别于射频发射装置所产生的电磁能量。射频装置的电磁能量属于频谱中频率较低的那一端，不能破坏分子的化学键，故被列为非电离辐射。电磁辐射源有天然辐射和人造辐射源两类。闪电是天然辐射源，频率高能量大，家用电器和电脑等都是人造辐射源，频率低，频率小，对人体影响不大。

电磁感应（electromagnetic induction）因磁通量的变化而产生感应电动势的现象。电磁感应现象是电磁学中最重大的发现之一，它显示了电、磁现象之间的相互联系和转化，对其本质的深入研究所揭示的电、磁场之间的联系，对电磁场理论的建立具有重大意义。电磁感应现象在电工技术、电子技术以及电磁测量等方面都有广泛的应用。

电磁学（electromagnetism）研究电磁现象规律的学科，经典物理学的一个分支学科。主要研究电荷、电流产生电、磁场的规律，电、磁场对电荷、电流作用的规律，电、磁场的相互联系和运动变化的规律，电路的导电规律，以及电磁场对物质的各种效应等。由于电磁现象的普遍存在和广泛应用，电磁学已经成为自然科学和技术科学的重要基础，电子学、电工学、材料科学等都是以电磁学为基础建立和发展起来的。

电光效应（electro-optic effect）电场施加在晶体上，会使晶体的折射率发生变化的现象。光和处在外电场中的媒质相互作用产生的光学现象。通常所说的电光效应有斯塔克效应、反斯塔克效应、克尔效应和泡克耳斯效应等。

电荷（electric charge）物质的某些基本粒子（如质子和电子等）所具有的固有属性之一。例如琥珀经摩擦后能够吸引轻小物体的现象是物体带有电荷的表现。电荷的数量称为电量，它的单位是库仑。电荷分正、负，同号排斥，异号吸引，正负结合，彼此中和，电荷可以转移，此增彼减，而总量不变。构成物质的基本单元是原子，原子由电子和原子核构成，原子核又由质子和中子构成，电子带负电，质子带正电，是正、负电荷的基本单元，中子不带电。电荷具有量子性，任何电荷都是电子电荷 e 的整数倍，e 的精确值（1986 年推荐值）为：$e = 1.602\ 177\ 33 \times 10^{-19} \mathrm{C}$。质子与电子电量（绝对值）之差小于$10^{-20}e$，通常认为两者的绝对值完全相等。电子十分稳定，估计其寿命超过10^{10}年，比迄今推测的宇宙年龄还要长得多。

电荷守恒定律（law of conservation of charge）在任何物理过程中，一个系统的正负电荷的代数和保持不变。它是电磁现象中的基本定律之一。

电介质（dielectric）电绝缘体的学名，一般指电阻率极大或者说导电性极差的物质。理想的电介质内部没有可以自由移动的电荷，因而不能导电。电介质分子可分为有极分子和无极分子两类。有极分子的正负电荷中心不重合，可看作电偶极子，在外电场作用下向电场方向偏转，产生取向极化；无极分子的正负电荷中心重合，在外电场作用下，正负电荷中心分开，形成电偶极子，即发生位移极化。电介质在工程上大量用作电气绝缘材料、电容器的介质和特殊的电介质器件等。

电介质物理学（dielectric physics）研究电介质的各种效应和性质的学科，是物理学的一个分支。电介质的电阻率一般都很高，因此往往被误认为电介质就是绝缘体，虽然绝缘体都是电介质，但是有些物质，它的电阻率并不高因而不是绝缘体，然而其中存在着电偶极矩，并且这些电矩的相互作用使物质产生某些介电性质，因此这些物质也是电介质。电介质除了可以有绝缘性能之外，还可以具有许多其他的性能和效应；例如：铁电性和反铁电性、压电性、热电性、电致伸缩效应、非线性光学效应、电致光学效应、铁弹性、驻极体效应等。

电离（ionization）中性原子或分子转化为带电的原子或分子（离子）的过程。电离也可延伸为已电离的原子获得净增电荷量的过程。当中性原子或分子从外界获得足够的能量，使某个电子获得的能量足以克服原子核的引力而成为自由电子，并留下带正电的离子时，就产生了电离。电离所需的能量称为电离能或电离电位，单位为ev（电子伏）或V（伏）。移去第二个电子所需的能量称为第二电离能或第二电离电位。强电磁辐射、电子束、离子束、中性离子束、宇宙射线、冲击波和高温等外界因素都会造成气体原子或分子的电离。按电离发生的机理可分碰撞电离、光电离和热电离。

电势（electric potential）又称电位，描写静电场性质的一个物理量。电场中某点的电势等于把单位正电荷自该点移至"零势点"过程中电场力所做的功，或电场中某点的电势等于单位正电荷在该点具有的电势能。由于静电场力在电荷移动过程中做的功与所取路径无关，所以场中各点的电势都具有确定的值，并可用它来描写静电场中各点处的特性。电势的单位与电势差的单位相同，都是伏特。

电晕（corona）带电体表面在气体或液体介质中局部放电的现象。常发生在不均匀场中电场强度很高的区域内（如高电压导线的周围，带电体的尖端附近）。其特征为：出现与日晕相似的淡淡光层，发出嗤嗤的声音，产生臭氧、氧化氮等。电晕引起电能消耗，可能会干扰通讯和广播。

电子（electron）带负电荷的粒子。物质的基本构成单元，质量为0.91×10^{-30}kg，电量1.60×10^{-19}C，常用符号e表示。1897年英国物理学家汤姆逊在研究阴极射线时发现，一切原子都是由一个带正电的原子核和围绕它运动的若干电子组成。物体带电是指当物体带有的电子多于或少于原子核的电量，导致正负电量不平衡的情况。当电子过剩时，称为物体带负电；而电子不足时，称为物体带正电。当正负电量平衡时，则称物体是电中性的。电子的定向运动形成电流。

电子电路（electronic circuit）由电子元件和电子器件组成的，能实现特定电功能的电路。电子电路有多种分类方法。按其信号的特点，分为低频和高频电子电路；按频率高低，分为低频和高频电子电路；按其电子器件的工作状态，分为线形和非线性电子电路；按其功能不同，分为整流、滤波、振荡、放大调制、计数等电路。

电子学（electronics）研究电子运动和电磁波及其相互作用和应用的一门学科。电子在真空、气体、液体、固体和等离子体中运动时产生的许多物理现象，电磁波在真空、气体、液体、固体和等离子体中传播时发生的许多物理效应，以及电子和电磁波的相互作用的物理规律，一并构成电子学的基础研究内容。电子学不仅致力于这些物理现象、物理效应和物理规律的研究，尤其更重视它们的应用。电子学是科学技术门类中的一门重要学科。电子学是为信息、能源和材料事业服务的。电子学发展中有重大意义的成就有广播、电视、通信、雷达、计算机等。从发明晶体管到集成电路问世，把电子学的发展推向微电子学时期，这是电子学发展中的一次重大飞跃。现代电子学按其性质可划分为4类：（1）系统技术。如通信、广播、电视、雷达、导航和计算机。（2）基础理论和基础技术。

如电子线路与网络分析、传播、测量技术、显示技术、信号处理、信息论、自动控制论。(3) 元件器件与材料工艺。如各种电子元件，电子材料及有关的工艺生产技术等。(4) 交叉学科和专业：如量子电子学、核电子学、生物与医学电子学、空间电子学、雷达和射电天文学等。电子学的"主角"是微电子技术。由于广泛应用引发了 3A 革命（工厂自动化、办公自动化和家庭自动化）和 3C 革命（通信、计算机和控制）以及信息社会化等。电子技术水平已成为衡量一个国家综合国力的重要标志之一。

电阻（resistor，R）导体对电流的阻碍作用。电阻是所有电子电路中使用最多的元件。电阻的主要物理特征是变电能为热能，也可说它是一个耗能元件，电流经过它就产生热能。电阻又是一个线性元件。在一定条件下，流经一个电阻的电流与电阻两端的电压成正比，即它符合欧姆定律：I=U/R。电阻在电路中通常起分压分流的作用，对信号来说，交流与直流信号都可以通过电阻。电阻都有一定的阻值，它代表这个电阻对电流流动阻挡力的大小。电阻的单位是欧姆，用符号"Ω"表示。欧姆定义是：当在一个电阻器的两端加上 1 伏特的电压时，如果在这个电阻器中有 1 安培的电流通过，则这个电阻器的阻值为 1 欧姆。除了欧姆外，电阻的单位还有千欧（kΩ）、兆欧（MΩ）等。电阻的种类很多，通常分为碳膜电阻、金属电阻、线绕电阻等。同时包含固定电阻与可变电阻、光敏电阻、压敏电阻、热敏电阻等。

电阻率（resistivity）又称电阻系数或比电阻，是用来表示各种物质电阻特性的物理现量，以字母 ρ 表示。单位为 $\Omega \cdot mm^2/m$。即用某种物质做的长 1 米截面积为 1 平方毫米的导线，在温度 20℃ 时的电阻值。电阻率越大、导电性能越低。由于电阻率随温度改变而改变，所以对于某些电器的电阻，必须说明它们所处的物理状态。如一个 220V，100W 电灯灯丝的电阻，通电时是 484 Ω，未通电时只有 40 Ω 左右。电阻率和电阻是两个不同的概念。电阻率是反映物质对电流的阻碍作用的属性；电阻是反映物体对电流阻碍作用的属性。

动力学（dynamics）研究物体运动状态变化与所受外界作用力之间关系的力学分支学科。它以牛顿运动定律为基础，研究物体受力时机械运动状态变化的规律。动力学是物理学和天文学的基础，也是许多工程学科的基础。动力学的基本内容包括质点动力学、质点系动力学、刚体动力学等。以动力学为基础而发展起来的应用学科有天体力学、振动理论、运动稳定性理论、陀螺力学、外弹道学、变质量力学，以及正在发展中的多刚体系统动力学等。目前动力学系统的研究领域还在不断扩大，例如增加热和电等成为系统动力学；增加生命系统的活动成为生物动力学等，这都使得动力学在深度和广度两个方面有了进一步的发展。

动量（momentum）物体质量与速度的乘积，是物质运动的一种量度。动量是物质机械运动状态的一个物理量，是一个矢量，其大小为质量与速度大小的乘积，其方向就是速度的方向。

动量守恒定律（law of conservation momentum）任何物质系统在不受外力作用或所受外力之和为零时，总动量保持不变。在所受外力之和不为零，但在某一方向上的分力之和为零时，总动量在该方向的分量保持不变。动量守恒定律是自然界中最重要最普遍的守恒定律之一，它既适用于宏观物体，也适用于微观粒子；既适用于低速运动物体，也适用于高速运动物体。它是一个实验规律，正确与否要靠实践来检验，到目前为止，仍然是一个高度精确的定律。

动能（kinetic energy）物体由于做机械运动而具有的能量。在一般条件下，物体的动能等于 $mv^2/2$（m 为物体的质量，v 为物体的速度），其单位是焦耳。物体在外力作用下，若机械运动发生改变，其动能的增加（或减少）值等于外力对物体（或物体对外界）所做的机械功。物体的速度越大，动能就越大，这是与物体运动相联系的能量，由于运动具有相对性，不同的参照系得到的速度也不同，故物体的动能也不同。在速度很大时，要用到相对论的动能公式。

短路（short circuit）电路中在正常情况下处于不同电压下的两个或多个点之间，通过比较低的电阻或阻抗偶然或有意形成的连接。在这种状态下，该支路两端的电压接近于零（理想情况下为零），支路中的电流值，基本上由外部电路参数所决定。在电力系统中，短路也常表示一种非正常的工作状态。如在运行中相与相之间或相与地之间发生的非正常连接，或由于设备绝缘击穿而造成的短路事故，都会引起很大的电流，使导线或设备损坏。因此，应力求避免短路事故。

对撞机（colliding beam machine）使两束高速、反向运动的粒子流相互碰撞的高能物理实验装置。是在高能加速器基础上发展起来的，其主要作用是积累并加速由前级加速器注入的两束粒子流，到一定能量时使其在相向运动状态下进行对撞，以产生足够高的相互作用反应率。目前，对撞机大多是用储存环包进行对撞的粒子加速到最终能量后储存在一个环内（对电荷相反的粒子）和两个环内（对电荷相同的粒子），以实现粒子间的对撞。对撞机分为：质子 - 质子对撞机、质子－反质子对撞机、电子－质子对撞机等。第一台对撞机是1961年投入运行的，以后各国建立了许多对撞机，中国于20世纪80年代末建立了北京正负电子对撞机，开展高能物理研究。

多普勒效应（Doppler effect）又称多普勒频移，当波源与观察者（接收器）间有相对运动时，观测到的波频率与波源发出的波频率不同的现象。多普勒效应有两种：（1）经典的多普勒效应。以经典理论处理多普勒效应问题，适用于以弹性介质为媒体的普通机械波。（2）光学多普勒效应。以相对论理论为基础处理光波（或电磁波）的多普勒效应。光波与机械波不同，不需要任何介质而能在真空中传播；根据光速不变原理，真空中的光速在任何惯性参考系中有相同数值，光学多普勒频移只决定于光源和观测者间的相对运动速度。根据多普勒效应的原理可测量运动物体的速度，如车速、船速、卫星速度和流体的流速等。根据光学多普勒频移可测定天体相对地球的运动。光源中发光原子的无规则热运动引起谱线增宽，称多普线增宽，根据频移公式可计算多普勒增宽与光源温度的关系。

F

发射光谱（emission spectrum）物体发光直接产生的光谱。它有如下几类：（1）稀薄气体发光是由不连续的亮线组成，这种发射光谱又叫做明线光谱。原子产生的明线光谱也叫做原子光谱。（2）固体或液体及高压气体的发射光谱，是由连续分布的波长的光组成的，这种光谱称作连续光谱。处于高能级的原子或分子在向较低能级跃迁时产生辐射，将多余的能量发射出去形成的光谱。要使原子或分子处于较高能级就要供给它能量这叫激发。被激发的处于较高能级的原子、分子向低能级跃迁放出频率为 ν 的光子在原子光谱的研究中多采用发射光谱，由于产生的情况不同，发射光谱又可分为连续光谱和明线光谱，例如电灯丝发出的光、炽热的钢水发出的光都形成连续光谱。

反粒子（antiparticle）某种粒子质量、寿命、自旋大小相同，而电荷、重子数、轻子数、奇异数异号

的粒子。除了某些中性玻色子外，粒子与反粒子是两种不同的粒子。一切粒子均有其相应的反粒子，如电子的反粒子是正电子，质子的反粒子是反质子，中子的反粒子是反中子。光子就是一种纯中性粒子，光子的反粒子就是光子自己。迄今，已经发现了几乎所有相对于强作用来说是比较稳定的粒子的反粒子。如果反粒子按照通常粒子那样结合起来就形成了反原子。由反原子构成的物质就是反物质。每一种粒子与其反粒子相遇会发生湮没现象，发出巨大的能量，这也是现在科学当中积极研究的新能源之一。

反射定律（law of reflection）确定光在反射现象中反射光线方向的定律。当光线经两种媒质的平滑界面发生反射时：（1）反射光线在入射光线和过入射点的法线所决定的平面内；（2）入射光线和反射光线分居法线的两侧；（3）反射角等于入射角。光的反射定律是从实验得出的，也可以从光的电磁理论推得。

反质子（antiproton）质子的反粒子。早在1928年，狄拉克便预言了反质子的存在，但证实它的存在却花了20多年的时间。根据狄拉克的理论，反质子的质量与质子相同，所带电荷相反，质子与反质子成对出现或湮没，用两个普通的质子碰撞便可获得反质子，但反质子的产生需很大的能量。1955年，张伯伦和塞格雷用加速器证实了反质子的存在。由于反质子出现的机会极少，大约每1 000亿高能质子的碰撞，才能产生数量很少的反质子，因而证实反质子的存在极为困难。

反中子（antineutron）中子的反粒子。不带电荷，它的磁矩对于其自旋是反号的。它是1956年发现的，是利用反质子与原子核碰撞，反质子把自己的负电荷交给质子，或由质子处取得正电荷，这样，质子变成了中子，而反质子则变成了反中子。反中子和中子相碰可湮没成 π 介子。

放大电路（amplifying circuit）一种能通过有源器件的控制作用，使输出信号的波形按照输入信号的波形加以放大的电路。放大电路的核心是晶体管（双极型晶体管和场效应晶体管）、电子管和以晶体管放大电路为基础的集成电路等有源器件。为了实现放大功能，还必须给放大电路提供直流电源。功率放大作用实质上是把直流能量转移给输出信号。输入信号的作用是控制这种转移。电信号的放大是电子电路的基础之一。集成放大电路的应用，加速了电子设备以及电

子电路小型化和微型化的进程。

放射性（radioactivity）某些元素自发的放射出各种射线的现象。发射的有 α 射线、β 射线和 γ 射线，有的会发射质子、中子等其他粒子。能自发的放出各种射线的元素叫放射性元素，也叫不稳定元素。自然界存在的元素的放射性成为天然放射性，而通过核反应由人工制造出的放射性成为人工放射性。放射性是由原子核内部的性质的变化引起的。放射性在工业、农业和医疗方面都有广泛的应用，但人类和其他生物受到过量的放射性辐射，可能引起各种疾病。

非晶态（amorphous state）固态物质原子的排列所具有的近程有序、长程无序的状态。非晶态固体与液态一样具有近程有序而远程无序的结构特征。非晶态固体宏观上表现为各向同性，熔解时无明显的熔点，只是随温度的升高而逐渐软化，黏滞性减小，并逐渐过渡到液态。非晶态固体又称玻璃态，可看成是黏滞性很大的过冷液体。晶体的长程有序结构使其内能处于最低状态，而非晶态固体由于长程无序而使其内能并不处于最低状态，故非晶态固体是属于亚稳相，向晶态转化时会放出能量。常见的非晶态固体有高分子聚合物、氧化物玻璃、非晶态金属和非晶态半导体等。

非晶体（noncrystal）组成物质的分子（或原子、离子）不呈空间有规则周期性排列的固体。它没有一定规则的外形，如玻璃、松香、石蜡等。它的物理性质在各个方向上是相同的，叫"各向同性"。它没有固定的熔点，所以有人把非晶体叫做"过冷液体"或"流动性很小的液体"。非晶态固体包括非晶态电介质、非晶态半导体、非晶态金属。它们有特殊的物理、化学性质。例如金属玻璃（非晶态金属）比一般（晶态）金属的强度高、弹性好、硬度和韧性高、抗腐蚀性好、导磁性强、电阻率高等。这使非晶态固体有多方面的应用。它是一个新的研究领域，近年来得到迅速的发展。

费马原理（Fermat principle）又称最小时间原理或极短光程原理，光在任意介质中从一点传播到另一点时，沿所需时间最短的路径传播。这是费马在几何光学中首先提出的一条重要原理。由此原理可证明光在均匀介质中传播时遵从的直线传播定律、反射和折射定律，以及傍轴条件下透镜的等光程性等。费马原理规定了光线传播的唯一可实现的路径，不论光线正向传播还是逆向传播，必沿同一路径。

傅里叶光学（Fourier optics）将电信理论中使用的傅里叶分析方法移植到光学领域而形成的现代光学的一个分支。在电信理论中，要研究线性网络怎样收集和传输电信号，一般采用线性理论和傅里叶频谱分析方法。在光学领域里，光学系统是一个线性系统，也可采用线性理论和傅里叶变换理论，研究光怎样在光学系统中的传播。两者的区别在于，电信理论处理的是电信号，是时间的一维函数，频率是时间频率，只涉及时间的一维函数的傅里叶变换；在光学领域，处理的是光信号，它是空间的三维函数，不同方向传播的光用空间频率来表征，需用空间的三维函数的傅里叶变换。20 世纪 60 年代发明了激光器，使人们获得了新的相干光源后，傅里叶光学无论在理论和应用领域均得到了迅速发展。傅里叶光学运用频谱分析方法对广泛的光学现象作了新的诠释。其主要内容包括标量衍射理论、透镜成像规律以及用频谱分析方法分析光学系统性质等；其应用领域包括空间滤波、光学信息处理、光学系统质量的评估、全息术以及傅里叶光谱学的研究等。

G

刚度（rigidity）又称刚性，是指材料、构件或结构在外力作用下抵抗变形的能力。刚度常用材料、构件或结构产生单位变形所需的外力或力矩来表示，其单位是 N/m 或 N/mm。各向同性材料的刚度取决于材料的弹性模量 E 和剪切模量 G。构件或结构的刚度还取决于其几何形状、边界条件、外力的作用形式等因素。由于弹性变形量超过一定数值后会影响机器或结构的工作质量或安全性，所以分析材料和结构的刚度是工程设计中的一项重要工作。对于一些须严格限制变形的结构（如机翼、高精度的装配件等），须通过刚度分析来控制变形。许多结构（如建筑物、机械等）也要通过控制刚度以防止发生颤震、振动或失稳。另外，如弹簧秤、环式测力计等，须通过控制其刚度为某一合理值以确保其特定功能。在结构力学的位移法分析中，为确定结构的变形和应力，通常也要分析其各部分的刚度。

刚体（rigid body）在外力作用下各部分体积和形状都不会发生变化的物体。刚体是力学中的一个科学抽象概念，即理想模型。事实上任何物体受到外力，不可能不改变形状。实际物体都不是真正的刚体。若物体本身的变化不影响整个运动过程，为使被研究的问题简化，可将该物体当作刚体来处理而忽略物体的体积和形状，这样所得结果仍与实际情况相当符合。例如，物理天平的横梁处于平衡状态，横梁在力的作用下产生的形变很小，可不予考虑。为此在研究天平横梁平衡的问题时，可将横梁当作刚体。

工程热力学（engineering thermodynamics）是研究热能与机械能和其他能量之间相互转换的规律及其应用的一门学科，是热力学的一个分支，也是机械工程的重要基础学科之一。其基本任务是：通过对热力系统、热力平衡、热力状态、热力过程、热力循环和工质的分析研究，改进和完善热力发动机、制冷机和热泵的工作循环，提高热能利用率和热功转换效率。它是关于热现象的宏观理论。其研究的方法是宏观的。它以热力学第一定律、第二定律和第三定律作为推理基础，通过物质的压力、温度、比容等宏观参数和受热、冷却、膨胀、收缩等整体行为，对宏观现象和热力过程进行研究，把与物质内部结构有关的具体性质当作宏观真实存在的物性数据予以肯定，不需要对物质的微观结构作任何假设。所以，其分析推理的结果具有高度可靠性。

功（work）量度能量转换的基本物理量。由"工作"一词发展起来的物理学概念。甲物体对乙物体做功的过程就是能量从甲物体传递到乙物体的过程。能量传递的多少就是做功的数值。功是标量。当物体在外力 F 作用下位置移动 s 距离时，外力所做机械功为 $Fs\cos\theta$（θ 是 F 和 s 两方向之间的夹角）。表示做功快慢的物理量是功率，指物体在单位时间内所做的功，单位是瓦特。各种机器都有一定的功率范围，功率大，表示做功的能力强，功率是日常生活中常用的一个物理量。

固体发光（luminescence of solids）固体吸收外界能量后部分能量以光的形式发射出来的现象。外界能量可来源于各种电磁波，包括可见光、紫外线、X射线和 γ 射线等，或带电粒子束。也可来自电场、机械作用或化学反应。当外界激发源的作用停止后，固体发光仍能维持一段时间，称为余辉。固体发光的机制与特征：固体吸收外界能量后很多情形是转变为热，并非在任何情况下都能发光，只有当固体中存在发光中心时才能有效地发光。发光中心通常是由杂质离子或晶格缺陷构成。发光中心吸收外界能量后从基态激发到激发态，当从激发态回到基态时就以发光形式释放出能量。固体发光材料通常是以纯物质作为主体，称为基质，再掺入少量杂质，以形成发光中心，这种少量杂质称为激活剂。激活剂是对基质起激活作用，从而使原来不发光或发光很弱的基质材料产生较强发光的杂质。有时激活剂本身就是发光中心，有时激活剂与周围离子或晶格缺陷组成发光中心。为提高发光效率，还掺入别的杂质，称为协同激活剂，它与激活剂一起构成复杂的激活系统。例如硫化锌发光材料 ZnS，Cu，Cl，ZnS 是基质，Cu 是激活剂，Cl 是协同激活剂。激活剂原子作为杂质存在于基质的晶格中时，与半导体中的杂质一样，在禁带中产生局域能级；固体发光的两个基本过程激发与发光直接涉及这些局域能级间的跃迁。

惯性力（inertial force）在非惯性系中所观察到的，由于物体的惯性而引起的一种力。它不是由物质间的直接相互作用所产生的，故不存在反作用力。例如前进中的车辆骤然停止时，惯性系中的观察者认为车厢中的乘客因具有惯性而向前倒去，但车内乘客却觉得自己好像受到一个力，使他向前倒去，这个力就是惯性力。又如，车辆在行经弯道时，乘客好像受一个使他离开弯道中心向外倒去的力，这个像似的力称为"惯性离心力"。惯性力的计算方法为，物体上任何一点惯性力的大小等于该点质量与其加速度的乘积，方向与加速度方向相反。

光的波动说（undulatory theory）由发光物体振动引起，依靠一种特殊的叫做"以太"的弹性媒质来传播的现象。物理学家惠更斯认为光是一种机械波。波动说不但解释了几束光线在空间相遇不发生干扰而独立传播，也解释了光的反射和折射现象。但是，假想的"以太"媒质并不存在。19世纪后期，麦克斯韦电磁理论的建立，以及赫兹在实验上对电磁波存在的证实，使人们确认光是以光频振荡的电磁波，而不是机械波。

光的偏振（polarization of light）光波电矢量振动的空间分布对于光的传播方向失去对称性的现象。只有横波才能产生偏振现象，故光的偏振是光的波动性的又一例证。在垂直于传播方向的平面内，包含一切可能方向的横振动，且平均说来任一方向上具有相同的振幅，这种横振动对称于传播方向的光称为自然光（非偏振光）。凡其振动失去这种对称性的光统称偏振光。偏振光包括：（1）线偏振光；（2）部分偏振光；（3）椭圆偏振光；（4）圆偏振光。人们利用光的偏振现象发明了立体电影，照相技术中用于消除不必要的反射光或散射光。光在晶体中的传播与偏振现象密切相关，利用偏振现象可了解晶体的光学特性，制造用于测量的光学器件，以及提供诸如岩矿鉴定、光测弹性及激光调制等技术手段。

光的散射（scattering of light）光通过不均匀介质时部分光偏离原方向传播的现象。偏离原方向的光称散射光。散射光一般为偏振光。散射光的波长不发生变化的有廷德耳散射、分子散射等，散射光波长发生改变的有拉曼散射、布里渊散射和康普顿散射等。廷德耳散射，是由均匀介质中的悬浮粒子引起的散射。分子散射是由于物质分子的热运动造成的密度涨落而引起的散射。瑞利研究了线度比波长要小的微粒所引起的散射，并提出了瑞利散射定律：特定方向上的散射光强度与波长λ的四次方成反比；一定波长的散射光强与$(1 + \cos \theta)$成正比，θ为散射光与入射光间的夹角，称散射角。凡遵守上述规律的散射称为瑞利散射。根据瑞利散射定律可解释天空和大海的蔚蓝色和夕阳的橙红色。只有当球形粒子的半径$a < 0.3 \lambda /2 \pi$时，瑞利的散射规律才是正确的。波长发生改变的散射与构成物质的原子或分子本身的微观结构有关，通过对散射光谱的研究可了解原子或分子的结构特性。

光的微粒说（corpuscular theory of light）关于光的本性的一种早期学说。牛顿认为光是由发光物体发出的遵循力学规律作等速运动的粒子流。一旦这些光粒子进入人的眼睛，冲击视网膜，就引起了视觉，这就是光的微粒说。牛顿用微粒说轻而易举地解释了光的直进、反射和折射现象。由于微粒说通俗易懂，又能解释常见的一些光学现象，所以很快获得了人们的承认和支持。但是，微粒说并不是"万能"的，比如，它无法解释为什么几束在空间交叉的光线能彼此互不干扰地独立前进，为什么光线并不是永远走直线、而是可以绕过障碍物的边缘拐弯传播等现象。

光的吸收（absorption of light）光在介质中传播时部分能量被介质吸收的现象。其与介质性质及波长有关。若介质对光的吸收程度与波长无关，则称为一般吸收；若对某些波长或一定波长范围内的光有较强吸收，而对其他波长的光吸收较少，则称为选择吸收。大多数染料和有色物体的颜色都是选择吸收的结果。多数物质对光在一定波长范围内吸收较少（表现为对光透明），而在另一些波段内则对光有强烈吸收（表现为不透明），例如对可见光透明的普通玻璃对红

外线和紫外线有强烈吸收。用具有连续谱的光照射物质，再把经物质吸收后的透射光用光谱仪展成光谱，就得该物质的吸收光谱。利用吸收光谱对物质结构进行分析是光谱学中的重要内容。

光电效应（photoelectric effect）光照射到金属上，有电子从表面逸出的现象。逸出的电子叫做光电子。光的波长小于某一临界值时方有电子逸出，即有极限波长。大于极限波长，无论光的强度多大，都没有电子逸出。极限波长取决于金属材料，逸出电子的能量取决于光的波长而与光强度无关。光电效应的另一特点是瞬时性，只要光的波长小于金属的极限波长，光的亮度无论强弱，光电子的产生几乎都是瞬时的。光电效应表现出来的特征用光的波动理论无法解释，爱因斯坦提出光子理论圆满解释了这些现象。并以此理论获得诺贝尔奖。光电效应由德国物理学家赫兹于1887年发现，对发展量子理论起了根本性作用。在近代技术中利用光电效应现象可以制成光控继电器、光电光度计、光电倍增管等，应用非常广泛。

光谱（spectrum）由光源所发出的光波经分光仪器分离后的各种不同波长成分的有序排列。分光仪器包括成像系统和色散系统两部分，前者可使狭缝成为实像，后者可使不同波长的光彼此分开。当用复色光照明狭缝时，就得到一系列由不同波长的光产生的狭缝的像，这些狭缝的像彼此分离，称为谱线，每一条谱线代表一种波长成分。单一波长的光称为单色光，由许多波长组合成的光称复色光。光谱分如下几种形式：（1）线状光谱。由狭窄谱线组成的光谱。单原子气体或金属蒸气所发的光波均有线状光谱，故线状光谱又称原子光谱。原子光谱按波长的分布规律反映了原子的内部结构。（2）带状光谱。由一系列光谱带组成，它们是由分子所辐射，故又称分子光谱，利用高分辨率光谱仪观察时，每条谱带实际上是由许多紧挨着的谱线组成。通过对分子光谱的研究可了解分子的结构。（3）连续光谱。包含一切波长的光谱，赤热固体所辐射的光谱均为连续光谱。同步辐射源可发出从微波到X射线的连续光谱，X射线管发出的轫致辐射部分也是连续谱。（4）吸收光谱。具有连续谱的光波通过物质样品时，处于基态的样品原子或分子将吸收特定波长的光而跃迁到激发态，于是在连续谱的背景上出现相应的暗线或暗带，称为吸收光谱。研究吸收光谱的特征和规律是了解原子和分子内部结构的重要手段。并据此确定了太阳

所含的某些元素。

光速不变原理（principle of invariance of light speed）在任何惯性参照系中观察，光在真空中的传播速度都是一个常数（3×10^5km/s），不随光源和观察者的运动而改变。光速不变原理是由联立求解麦克斯韦方程组得到的，并为迈克尔逊—莫雷实验所证实，是爱因斯坦创立狭义相对论的基本出发点之一。光速不变原理和人们的日常经验有很大的不同，像观察者顺风和逆风前进时，测出风速是不一样的。而真空中的光速却并不改变，无论观察者如何运动。由光速不变原理可以导出惯性系之间的洛仑兹变换，继而可以导出速度变换式，也和日常经验中速度变换不同。

光通量（luminous flux）人眼所能感觉到的辐射能量。它等于单位时间内某一波段的辐射能量和该波段的相对视见率的乘积。由于人眼对不同波长光的相对视见率不同，所以不同波长光的辐射功率相等时，其光通量并不相等。例如，当波长为 5.55×10^{-5}m 的绿光与波长为 6.5×10^{-5}m 的红光辐射功率相等时，前者的光通量为后者的10倍。光通量的单位为"流明"。光通量通常用 Φ 来表示，在理论上其功率可用瓦特来度计算。

光学（optics）是研究包括光的本性，光的发射、传播和接受，光和物质的相互作用（如光的吸收、色散和散射，光的热、电、压力、化学、生理等效应）等的一门学科。它是物理学中发展较早的学科。光学一般分为几何光学和物理光学两部分。物理光学又分为波动光学和量子光学。为适应不同的实际需要，人们建立了各种光学分支，如光谱学、发光学、光度学、分子光学、晶体光学、摄影光学、应用光学、大气光学、海洋光学、生理光学等。自20世纪中叶，特别是60年代激光问世以来，光学开始了一个新的发展时期，人们又建立了许多新的光学分支，如傅里叶光学、统计光学、电子光学、电光学、相干光学、强光光学、非线性光学、集成光学、薄膜光学、纤维光学、信息光学、光学全息术等。

光栅（diffraction grating）根据多缝衍射原理制成的一种分光元件。它能产生谱线间距宽的匀排光谱。所得光谱线的亮度比用棱镜分光时要小些，但光栅的分辨本领比棱镜大。光栅不仅适用于可见光，还能用于红外和紫外光波，常用在光谱仪上。衍射光栅有透射光栅和反射光栅两种，它们都相当于一组数目很多、排列紧密均匀的平行狭缝，透射光栅是用金刚石刻刀在一块平面玻璃上刻成的，而反射光栅则把刻缝刻在磨光的硬质合金上。

光折射效应（photorefractive effect）根据光强度的空间分布，通过一级光电效应局部地改变介质折射率的现象。光折射效应由阿斯金等人从 $LiNbO_3$ 及 $LiTaO_3$ 晶体中发现的。这效应产生的原因是空间光强梯度分布不同而引起的光学特性的变化。能引起该效应的光强度大约几个毫瓦每平方毫米，光强度小是它的特点。

光子（photon）电磁辐射的量子，传递电磁相互作用的粒子。其静质量为零，不带电荷，能量为普朗克常量和电磁辐射频率的乘积，$\varepsilon = h\nu$，在真空中以光速 c 运行。1905年爱因斯坦提出光波本身不是连续的而具有粒子性，光束可以看成是由微粒构成的粒子流，这些粒子称为光子。1923年，康普顿成功地用光量子概念解释了X光被物质散射时波长变化的康普顿效应，从而光量子概念被广泛接受和应用。量子电动力学确立后，确认光子是传递电磁相互作用的媒介粒子。带电粒子通过发射或吸收光子而相互作用，正反带电粒子对可湮没转化为光子。光子是光线中携带能量的粒子。一个光子能量的多少与波长相关，波长越短，能量越高。

广义相对论（general theory of relativity）爱因斯坦创立的关于引力和时空的相对性理论。是爱因斯坦于1915年以几何语言建立而成的引力理论，统合了狭义相对论和牛顿的万有引力定律，将引力描述成因时空中的物质与能量而弯曲的时空，以取代传统对于引力是一种力的看法。因此，狭义相对论和万有引力定律，都只是广义相对论在特殊情况之下的特例。狭义相对论是在没有重力时的情况；而万有引力定律则是在距离近、引力小和速度慢时的情况。广义相对论是建立在两个基本原理之上：（1）等效原理：引力和惯性力是完全等效的。（2）广义相对性原理：物理定律的形式在一切参考系都是不变的。广义相对论可以很好的解释行星近日点的进动、光线偏折和光谱在引力场中的红移。它预言了黑洞和宇宙的未来，成为近代宇宙论的基础。

H

核反应（nuclear reaction）入射粒子与原子核碰撞导致原子核状态发生变化或形成新核的过程。反应前后的能量、动量、角动量、质量、电荷与宇称都必须守恒。核反应按其本质来说是质的变化，它和一般化学反应有所不同。化学反应只是原子或离子的重新排列组合，而原子核不变。核反应乃是原子核间的转移，致使一种原子转化为另一种原子，原子发生了质变。核反应的能量效应要比化学反应的大得多。现代科技已经掌握了核反应技术，用途非常广泛。核反应在军事上可以用来制造原子弹、氢弹，工业中可利用来核能发电等。

红外线（infrared ray）波长介于可见光长波极限与微波波段之间的电磁辐射其波长范围约为 0.75～1 000 μm。波长靠近可见光的称为近红外区，靠近微波波段的称为远红外区。赤热固体和一切有一定温度的物体均能发射连续谱红外线；通过激发分子可得具有带状光谱的红外线；世界上普遍使用半导体发光管或激光器作为红外光源。红外线的频率接近于多数物质分子的固有振动频率，极易被物质所吸收并产生热效应，检测红外线就利用它的热效应，例如温差电偶、半导体热敏器件等。红外线的波长较长，有显著的衍射效应，能穿过可见光不易透过的雾或云。对可见光透明的普通玻璃不能透过离可见光较远的红外线，在红外波段使用的光学元件常用氯化钠、溴化钾和氟化钙等晶体作为透光材料，在较远的红外区还可用锗或硅等。夜间无可见光时，各种物体由于热辐射都会发射红外线，利用红外摄影可得景物的照片，用夜视仪可观察到肉眼看不到的目标。在卫星遥感、遥测技术中，红外线是一个重要波段。军事上常利用红外线制导导弹。红外线遥控技术已广泛应用于电视机、录像机和录音机等民用产品。在科学研究中，利用红外光谱来研究物质结构已成为光谱学的重要领域。

胡克定律（Hooke Law）在弹性极限范围内，物体所受应力与物体的形变成正比关系。是由胡克于1678 年提出而得名。胡克定律的表达式为 $f = kx$，其中 k 是常数，是物体的倔强系数。在国际单位制中，f 是力，单位是牛顿（N），x 的单位是米（m），它是形变量（弹性形变），k 的单位是 N/m。倔强系数在数值上等于弹簧伸长（或缩短）单位长度时的弹力。由胡克定律，物体形变越大，则弹力越大。弹簧秤就是利用胡克定律的原理制成的。

惠更斯—菲涅耳原理（Huygens-Fresnel principle）从光的波动性出发描述光的传播规律的普遍原理。惠更斯把波的传播归结为波前的传播，波前上的每个点都可看作是能发出球面次波的新波源，这些次波的包络面构成下一时刻的波前，这就是惠更斯原理。惠更斯曾根据这一原理正确地解释了光的反射定律、折射定律和双折射现象。要解释衍射现象实质上是要解决不同方向上的强度分布问题，但惠更斯原理并未涉及强度，也无波长概念，故仅靠惠更斯原理不能解决衍射问题。菲涅耳弥补了惠更斯原理的不足之处，他保留了惠更斯的次波概念，补充了次波相干叠加的概念，认为光场中任一点的光振动是这些次波在该点相干叠加的结果。从而形成了惠更斯—菲涅耳原理。

霍耳效应（Hall effect）当电流垂直于外磁场方向通过导体或半导体薄片时，在薄片垂直于电流和磁场方向的两侧产生电势差的现象。所产生的横向电势差称为"霍耳电势差"。霍耳电势差是由于运动载流子受到磁场的作用力而在薄片侧面积聚所致。实验表明，霍耳电势差 U_{ab} 与电流强度 I 和磁感应强度 B 的乘积成正比，与薄片的厚度 d 成反比，即 $U_{ab} = KIB/d$ 比例系数 K 称为"霍耳系数"。可以证明，霍耳系数 $K=1/nq$，其中 n 为载流子浓度，q 为载流子电荷。半导体的载流子浓度远比金属的小，所以半导体的霍耳效应显著，而金属的霍耳效应很小。根据霍耳系数的正负号可以判断半导体的导电类型。利用霍耳效应可以测量半导体中载流子的种类和浓度，还可用来测量磁感强度。

J

机械运动（mechanical motion）物体之间或物体内各部分之间相对位置发生变化的过程。是自然界中最简单、最普通的运动形式。机械运动有三种基本形式：平动、转动和振动。例如，物体下落、地球转动、弹簧伸长和压缩等都是机械运动。而其他较复杂的运动形式，如热运动、化学运动、电磁运动、生命现象中都含有位置的变化，但不能把它们简单地归结为机械运动。机械运动是研究其他运动形式的基础。

基本粒子（elementary particle）构成物质的最基本的单元。基本粒子种类在不断增加。过去认为基本的粒子只有电子、质子和中子，现在已发现了几百种基本粒子。随着科学的发展，现在已经认识到不能把它们看成物质最后的、最基本的组成单元。根据作用力的不同，粒子又分为强子、轻子和传播子三大类。强子就是所有参与强力作用的粒子的总称，轻子是参与弱相互作用和电磁相互作用的粒子，光子参与电磁作用。按照现在的认识，组成强子的夸克、轻子和媒介子属于物质结构的同一层次，它们可成为现阶段的基本粒子。基本粒子要比原子、分子小得多，质子、中子的大小，只有原子的十万分之一，而轻子和夸克的尺寸更小，还不到质子、中子的万分之一。

激光（laser）它是利用光照、加热、放电等手段激发特定物质，并在谐振腔的作用下，使物质内部发生受激辐射的振荡过程而获得的一类特殊的光。其特性有：（1）方向性强：激光几乎是一束定向发射的平行光。表征其发射程度的发散角很小，一般为毫弧度（1毫弧度等于3分26秒）数量级。现可得到发散角在1秒以下的激光束；（2）亮度大（即功率密度大）：激光的亮度可以达到太阳亮度的1百万万倍以上。如果用透镜将其会聚，可得到每平方厘米1万亿瓦的功率密度，以至在极小的局部范围内产生几百万度高温，几百万个大气压，每米几十亿伏的强电场；（3）单色性高：激光是近于单一频率的光。例如，氦－氖（He-Ne）激光器输出的 6.328×10^{-7}m激光谱线的线宽可达到 10^{-17}m。其单色性远优于以往的一般单色光源；（4）相干性好：激光的线宽窄，位相在空间的分布也不随时间变化，故具有良好的时间相干性和空间相干性。使以往用普通光源无法产生的光学效应、不能观察到的光学现象，正被激光逐一揭示出来。从而加深了对光和物质相互作用规律的认识，促进了基础学科理论的发展。激光的产生和发展对物理学和自然科学的其他学科（如生物、化学、天文学、地球物理学等）以及国防、工业、医学等部门都有较大的影响。

激光物理学（laser physics）研究激光的基本性质以及新型激光器及其发光机理的学科。激光物理学是激光科学与技术的学科基础。激光科学与技术在国民经济和国防建设上有着广泛的应用，例如：工业生产过程中的激光加工、激光检测；信息技术中的光通信；能源中的激光核聚变；军事上的激光武器、激光制导、激光测距、激光雷达；医学上的激光医疗以及激光在农业上、在科学研究中、在文化娱乐等方面的应用，都是有目共睹的。激光物理学在探索新的激光工作物质和新的激光产生机理以及开拓新的激光波段等方面，近年来都有很大的进展。激光的应用越来越广泛，在凝聚态物理中激光已经成为重要的工具和研究对象。激光物理主要研究激光原理、激光技术和激光器件，以及激光领域的最新发展动态。

集成电路（integrated circuit）用半导体晶体材料，经平面工艺加工制造，将电路和各种元件、器件和互连线集成在同一基片上的微小型化电路。英文简称IC。1958年美国开始研制混合集成电路，即将微型电阻、电容、晶体二极管和晶体三极管等装配到一个绝缘基片上，用基片上的金属线互连实现某种功能的电路组件。1960年由于半导体硅平面工艺和外延技术的发展，研制成功世界上第一块单片集成电路，即把电阻、电容、二极管、三极管和互连线等做在一块半导体硅衬底上。三十多年来，集成电路发展十分迅速。

几何光学（geometrical optics）撇开光的波动本性，而仅以光的直线传播性质为基础，研究光在透明介质中传播问题的光学。几何光学的理论基础是：光的直线传播定律、光的独立性定律及光的反射和折射定律。由实际观察和直接实验得到的这三个基本定律，仅是光的传播规律在一定条件下的近似，因此，几何光学也具有一定的近似性。如果研究对象的几何线度与光波波长相近，则由几何光学得出的结果与实际情况有显著的差别，此时必须用波动光学来研究。只有当研究对象的几何线度远大于光波波长，由此波长可视为零时，几何光学和波动光学的结论才一致。因此，几何光学是波动光学当波长趋近零时的极限。由于在实际应用中大多数光学元件的线度比波长大得多，因此，从实用观点来看，几何光学理论仍是严密的、正确的。它在应用上比波动光学简单、明了，是光学系统设计的理论基础。由于几何光学不考虑光的干涉、衍射等现象，因此对某些问题，如光学系统的像场分布、成像质量、光学仪器的分辨本领等，就不能完全依靠几何光学，必须同时应用光的波动理论，才能获得完满的解决。

加速度（acceleration）描述速度变化的快慢和方向的物理量。速度的变化及其所历时间的比值，称为这段时间内的"平均加速度"。如果这一时间极短（趋近于零），这一比值的极限称为物体在该时刻的加速度或"瞬时加速度"。加速度与速度无必然联系，加速度很大时，速度可以很小，速度很大时，加速度也可以很小。加速度是矢量，它的方向就是速度变化的极限方向，常用单位为 m/s^2、cm/s^2 等。

焦耳－汤姆逊效应（Joule-Thomsom effect）气体通过多孔塞时发生的温度变化现象。气体在管道中流动时，由于局部阻力，如遇到缩口和调节阀门时，其压力显著下降，这种现象叫做节流。实验发现，实际气体节流前后的温度一般将发生变化。造成这种现象的原因是因为实际气体的焓值不仅是温度的函数，而且也是压力的函数。大多数实际气体在室温下的节流过程中都有冷却效应，即通过节流元件后温度降低，这种温度变化叫做正焦耳－汤姆逊效应。少数气体在室温下节流后温度升高，这种温度变化叫做负焦耳－汤姆逊效应。焦耳－汤姆逊效应可以用于制冷、空气的液化等。

介子（meson）参与强相互作用其自旋为整数的粒子。包括 π 介子，η 介子和 κ 介子。介子的发现是从核力的研究开始的。两个荷电粒子之间的作用力是通过光子的交换来实现的。把这种观点应用到核子之间的作用力上去，核力是通过交换介子而实现的，根据实验测得的核力强度，计算的结果表明，如果核力是由于核子之间交换粒子而产生的话，那么这种粒子的静止质量的大小约为电子静止质量的 200～300 倍。1947 年从宇宙射线发现的 π 介子符合这种要求。介子类的基本粒子的静质量介于轻子和重子之间，所以取名为介子。介子都不能稳定存在，经历一定的寿命后会转变成其他粒子。近几年在高能加速器中使粒子相互碰撞，新的介子（共振态）续有发现。

金属物理（metal physics）研究金属和合金的结构（指电子状态及原子排列）成分、组织和相的大小、分布形成的理论，以及金属结构和组织对其性能影响的学科。在中国，金属物理常指其狭义的理解，即不包含电子状态部分。这种狭义的金属物理，在欧美称为物理冶金，在中国常称为金属学。具体说，金属物理狭义的内容包括：缺陷、合金相结构及其形成的理论，相图、凝固、固态相变、扩散和金属的力学性能等。

经典物理学（classical physics）19 世纪末已经发展的比较完整的研究宏观物理现象的物理学科。包括力学、热学、分子物理学和电磁学等。从内容来看，是与相对论和量子力学相对应。没有考虑量子现象和高速运动影响，所以经典物理适用于宏观和低速的物理运动形式。从 20 世纪开始发展起来的物理学称为近代物理。

晶胞（cell）是晶体结构的基本重复单位。将一个个晶胞上、下、前、后、左、右并置起来就构成整个晶体结构。晶胞是晶体的代表，是晶体中的最小单位。晶胞并置起来，则得到晶体。晶胞的代表性体现在以下两个方面：一是代表晶体的化学组成；二是代表晶体的对称性，即与晶体具有相同的对称元素（对称轴、对称面和对称中心）。一般说来，晶胞都是平行六面体。整块晶体可以看成是无数晶胞无隙并置而成。

晶体三极管（transistor）简称晶体管，由半导体材料制成的有源三端器件。是固态电子器件的一种。1948 年，巴丁等人发明了晶体三极管。次年，肖克莱提出 PN 结和面结型晶体管理论。此后随着半导体工艺技术不断成熟和发展，相继出现了不同结构的晶体三极管。晶体管按其内部导电机制分为双极型和场效应型两大类。双极型晶体管是一种电流控制器件，开关速度快，但输入阻抗低，功耗大。场效应晶体管是一种电压控制器件，输入阻抗高，功耗小，但开关速度较慢。晶体管几乎能完成电子管的所有功能，诸如放大、整流、振荡、开关等。同电子管相比，它具有体积小、重量轻、耗电少和高可靠等特点，广泛应用于各种电子电路中，是构成集成电路的基础元件。用于制作晶体管的半导体材料有锗、硅、砷化镓。硅晶体管平面工艺较成熟，常用于制造大规模和超大规模集成电路；砷化镓晶体管开关速度快，常用于制造超高速集成电路。锗晶体管发展较早，已不常用。

静电（static electricity）两种物质紧密接触后再分离或物质间相互摩擦而使物质带电的现象。虽然静电的电量不大，但电压较高，可能引起爆炸、大灾、人身伤害、电子器件失效和损坏，因此，需采取加速静电漏、进行静电中和，抑制静电产生等措施加以消除。其特点是：(1) 电量不大而电压极高，即静电电流很小，一般只在微安级至皮安级，而静电电压则高达数千伏或数万伏；(2) 绝缘体上静电消散很慢；(3) 存在感应现象，即金属导体在静电场中，其表面的不同部位可以感应出不同的电荷，或导体上原有电荷经感应后可重新分布，并可能产生很高的电压；(4) 静电能够被屏蔽。空腔导体在静电场中达到平衡时，空腔内电场强度为零。如果空腔内有电荷，且其外表面接地则其外表面上的感应电荷泄入大地，导体外部电场场强为零。这两种情况都叫做静电屏蔽。

静电场（electrostatic field）存在于静止带电体周围空间，以电场强度矢量表征的一种特殊形式的物质。静电场对静止电荷有作用力。在电工技术中，通常不必涉及个别原子的细微结构呈现的微观电场，只研究上亿个以至更多带电粒子的统计平均效应。因此上述静止带电体是指宏观上相对观察者没有运动的带电体。人们把静止电荷称为静电场的场源。在无限大的真空中，两个静止点电荷之间的作用力，可由库仑定律确定。描述电场的基本物理量是电场强度矢量 E 和电位移矢量 D。

K

康普顿效应（Compton effect）X 射线被物质散射后，出现比入射波长更长的散射波的现象。1920年，美国物理学家康普顿在观察 X 射线被物质散射时，发现散射波中有和入射 X 射线波长一样的，也有比入射 X 射线波长大的，而波长的改变与散射物质无关，只与散射角度有关。这种现象是一种反常的散射现象，根据波动理论，被物质散射的 X 射线应当和入射的波长一样。康普顿按照光子学说，认为这是光子和原子中的电子作用，在碰撞的过程中把能量转移给电子，从而使光子的能量减少，所以频率变小，波长变大。康普顿效应说明在光与物质作用时，其粒子性显著，同时也证明在微观世界里，动量守恒和能量守恒定律都是成立的。

科里奥利力（Coriolis Force）物体在相对转动参照系运动时出现的惯性力。由科里奥利首先确定。物体在作为参考系的转动物体上运动（方向不沿转轴）时出现。地球是一个转动体，北（南）半球上的物体在运动时，就受到向右（左）的科里奥利力的作用。因此，在北半球上的河流右岸受冲刷较厉害。地球表明的大气会受到科里奥利力的影响发生偏转。由科里奥利力的计算公式不难看出，在北半球大气流动会向右偏转，南半球大气流动会向左偏转。

可逆过程（reversible process）热力学系统在状态变化时经历的理想过程。热力学系统由某一状态出发，经过某一过程到达另一状态后，如果存在另一过程，它能使系统和外界完全复原，使系统回到原来状态，同时又完全消除对外界所产生的一切影响，则原来的过程称为可逆过程。反之，如果无论采用何种办法都不能使系统和外界完全复原，则原来的过程称为不可逆过程。无摩擦的准静态过程是可逆过程。若气缸与活塞间无摩擦，对于气体在准静态膨胀过程所经历的每一个平衡态，外界压强等于系统压强；而对于反向的准静态压缩过程所经历的每一个平衡态，外界压强也必然等于系统压强。这样，系统与外界在逆过程中的每一个状态都是原过程相应状态的重复，因而是可逆过程。实际的热力学过程既不可能完全无摩擦，又不可能是严格的准静态过程，所以自然界中与热现象有关的一切实际宏观过程，如热传导、气体的自由膨胀、扩散等都是不可逆过程。

夸克模型（quark model）1964年，美国科学家盖尔曼提出的关于强子结构的模型。该模型认为所有强子都有若干个夸克组成。"夸克"一词原指一种或海鸥的叫声。盖尔曼当初提出这个模型时，并不企求能被物理学家承认，因而就用了这个幽默的词。现代粒子物理学认为，夸克共有 6 种，分别称为上夸克、下夸克、奇夸克、粲夸克、顶夸克、底夸克。重子由三个夸克组成，如一个质子由两个上夸克和一个下夸克组成，一个中子由两个下夸克和一个上夸克组成，上夸克带 +2/3e 电荷，下夸克带 - 1/3e 电荷。介子由一个夸克和一个反夸克构成。1964年，格林伯格引入了夸克一种新自由度——"颜色"。当然这里的"颜色"并不是视觉感受到的颜色，它是一种新引入的自由度的代名词，与电子带电荷相类似。这样一来，每个夸克就有三种颜色，夸克的种类一下子由原来的 6 种扩展到 18 种，再加上它们的反粒子，那么自然界一共有 36 种夸克。自由的夸克至今无法发现。而夸克模型与实验有很好的符合。

L

雷达（radar）利用微波波段电磁波探测目标的电子设备。意为无线电检测和测距。雷达的工作原理，是设备的发射机通过天线把电磁波能量射向空间某一方向，处在此方向上的物体反射碰到的电磁波；雷达天线接收此反射波，送至接收设备进行处理，提取有关该物体的某些信息（目标物体至雷达的距离，距离变化率或径向速度、方位、高度等）。雷达分为连续波雷达和脉冲雷达两大类。脉冲雷达因容易实现精确测距，且接收回波是在发射脉冲休止期内，所以接收天线和发射天线可用同一副天线，因而在雷达发展中居主要地位。测量距离实际是测量发射脉冲与回波脉冲之间的时间差，因电磁波以光速传播，据此就能换算成目标的精确距离。目标方位是利用天线的尖锐方位波束测量。仰角靠窄的仰角波束测量。根据仰角和距离就能计算出目标高度。雷达的优点是白天黑夜均能探测远距离的目标，且不受雾、云和雨的阻挡，具有全天候、全天时的特点，并有一定的穿透能力。它既是军事上必不可少的电子装备，被广泛应用于社会经济发展（如气象预报、资源探测、环境监测等）和科学研究（天体研究、大气物理、电离层结构研究等）。星载和机载合成孔径雷达已经成为当今遥感中十分重要的传感器。其空间分辨力可达几米到几十米，且与距离无关。雷达在洪水监测、海冰监测、土壤湿度调查、森林资源清查、地质调查等方面也显示出巨大应用潜力。

理想气体（ideal gas）又称"完全气体"，严格遵从气体状态方程 $PV=nRT$ 的气体（式中，T-气体的热力学温度；P-气体的压强；n-气体的摩尔数；V-n 摩尔气体在温度 T 和压强 P 时所占的体积；R-通常气体常数）。从微观角度来看理想气体应该是这样的气体：分子体积与气体体积相比可以忽略不计；分子之间没有相互吸引力；分子之间及分子与器壁之间发生的是弹性碰撞，不造成动能损失。理想气体是理论上假想的一种把实际气体性质加以简化的理想模型，实际气体并不严格遵循这些定律，只有在温度较高，压强不大时，偏离才不显著。实际气体中，凡是本身不易被液化的气体，它们的性质很近似理想气体，其中最接近理想气体的是氢气和氦气。一般气体在压强不太大、温度不太低的条件下，它们的性质也非常接近理想气体。因此常常把实际气体当作理想气体来处理。这样对研究问题，尤其是计算方面可以大大简化。

力矩（moment of force）力对物体产生转动效应的物理量。较常用的是力对某一轴的力矩。当力在垂直于转动轴的平面内时，其大小等于力的大小与力的作用线与轴之间的垂直距离（称为"力臂"）的乘积。如果力的指向相反，转动方向亦相反，所以力对轴的力矩有正负之分。在一般情况下，可以该力在垂直于轴的平面上的投影计算。力对点的力矩为一矢量。它是点至力的作用点的矢量与力矢量的矢量积。它在三个相互垂直的轴上的投影分别等于该力对相应轴的力矩。

力偶（couple）大小相等、方向相反、作用线不在同一直线上的两个力。能使物体转动或改变其转动状态。例如汽车驾驶员双手转动方向盘时所施加的就常是一个力偶。其转动效应决定于力偶矩，力偶矩是一个矢量，其大小等于其中任一个力的大小和两力作用线之间垂直距离（力偶臂）的乘积，其方向垂直于两个力所在平面，指向由右手螺旋定则决定。

力学（mechanics）研究物体机械运动规律及其应用的一门学科。人类在古代通过在机械、建筑、军事等方面的实践和对天文、物理现象的观察，已对力学有了研究。17 世纪后，以牛顿运动定律为基础总结出牛顿力学体系或经典力学体系。根据所研究物体的性质，可分为质点力学、质点系力学、刚体力学和连续介质力学；根据问题的性质，又可分为静力学、运动学和动力学。力学已成为许多工程技术的重要基础，并已发展出很多应用力学的新分支，如固体力学、物理力学、计算力学、振动力学、流体力学、实验力学、航空航天器力学、多体系统动力学、旋转机械动力学、非线性动力学和空气动力学等。在物体的速度很大，可与光速相比较时，牛顿力学不再适用，须用相对论力学。对于微观粒子如电子、核子等，牛顿力学也往往不适用，而须用量子力学。

量子（quantum）能量非连续变化时的基本单元。普朗克在研究黑体吸收和发射电磁辐射能量时，提出不是经典物理所认为的那样可以连续地吸收或发射能量，而只能是某一基本单元的整数倍。这一基本单元为频率和普朗克常量的乘积，其中普朗克常数 $h=6.63 \times 10^{-34}\text{J} \cdot \text{s}$。宏观物体能量较大，量子的数值相对来说微不足道，可以依然认为能量是连续变化的。而在微观领域中量子就无法忽略，能量的非连续性表现得非常明显。

量子尺寸效应（quantum size effect）当限制微观粒子运动的空间尺寸不断减少时，其量子现象更加明显的现象。当粒子尺寸下降到某一数值时，费米能级附近的电子能级由准连续变为离散能级或者能隙变宽的现象。当能级的变化程度大于热能、光能、电磁能的变化时，导致了纳米微粒磁、光、声、热、电及超导特性与常规材料有显著的不同。同时处于分立的量子化能级中的电子的波动性给纳米粒子带来一系列特殊性质，如高的光学非线性，特异的催化和光催化性、强氧化性和还原性等。在实验上，共振光散射、远红外激发和磁阻振荡等方法已被用来验证量子尺寸效应。

量子力学（quantum mechanics）研究微观粒子运动规律的学科，物理学的分支之一。它主要研究原子、分子、凝聚态物质，以及原子核和基本粒子的结构、性质。量子力学诞生于 20 世纪 20 年代，是在深入研究量子效应的基础上建立起来的。早期的旧量子论包括普朗克的量子假说、爱因斯坦的光量子理论和玻尔的原子理论。在量子力学发展的初期，曾因表达方式的不同被称为波动力学和矩阵力学，以后两种发展道路殊途同归。它与相对论一起构成了现代物理学的理论基础。现在量子力学拓展到相对论量子力学、量子电动力学、量子场论等，对微观物理和相关学科、交叉学科的进展研究和对科学的发展起到了历史性的突进作用。尤其是在近代技术中得到了广泛的应用。

M

摩擦力（frictional force）相互接触的两物体在接触面上发生的阻碍相对滑动或相对滑动趋势的力。当物体间有相对滑动的趋势但尚无相对滑动时，作用在物体上的摩擦力称为"静摩擦力"。静摩擦力与使物体发生滑动趋势的力的方向相反，它的大小与该力相同，并随力的增大而增加，当力加大到物体即将开始运动时，静摩擦力达到最大值，称为"最大静摩擦力"。物体在滑动时受到的摩擦力称为"滑动摩擦力"，滑动摩擦力比最大静摩擦力小。最大静摩擦力和滑动摩擦力与接触面上的正压力成正比，比例系数分别称为"静摩擦系数"和"滑动摩擦系数"，通称"摩擦系数"，他的大小主要决定于接触面的材料、表面情况以及相对运动的速度等，通常与接触面的大小无关。摩擦力是普遍存在于自然界中，人们生活中时时刻刻，处处都有摩擦力。

摩尔（mole）物质量的单位，国际通用符号为mol。摩尔是一个系统的物质的量，该系统中所包含的基本单元（可以是原子、分子、离子、电子及其它粒子或这些粒子的特定组合）数与$12g^{12}C$的原子数目（约6.022×10^{23}个原子）。因此，在任何物质系统中的基本单位数达到6.022×10^{23}个时，则该系统的量就是1摩尔。

N

N型半导体（N-type semiconductor）半导体内因掺入极微量杂质元素而使其成为能产生许多带负电的电子的半导体。在这种半导体中，主要靠电子导电，也叫电子半导体。

内能（internal energy）物质系统由其内部状态决定的能量。热力学系统由大量分子、原子组成，储存在系统内部的能量是全部微观粒子各种能量的总和，即微观粒子的动能、势能、化学能、电离能、核能等的总和。由于在系统经历的热力学过程中，物质的分子、原子、原子核的结构一般都不发生变化，原子间相互作用能、原子内的能量、核能保持不变，可作为常量扣除。因此，内能通常是指全部分子的动能以及分子间势能之和，前者包括分子平动、转动、振动的动能，后者是所有可能的分子之间相互作用势能的总和。内能是状态函数，真实气体的内能是温度和体积的函数，理想气体的分子间无相互作用，其内能只是温度的函数。通过作功、传热，系统与外界交换能量，内能改变，其间的关系由热力学第一定律给出。

黏弹性（visco-elasticity）材料同时具有黏性和弹性，且其变形取决于温度和变形速率的特性。材料的黏弹性可用服从胡克定律的弹性元件和服从牛顿黏性定律（即应力和应变率成正比）的黏性元件来表征。基于黏弹性特征建立材料的应力－应变关系（本构方程）、研究材料力学特性的理论，称为黏特性理论。

凝聚态物理学（condensed physics）从微观角度出发，研究由大量粒子（原子、分子、离子、电子）组成的凝聚态的结构、动力学过程及其与宏观物理性质之间的联系的一门学科。凝聚态物理是以固体物理为基础的外向延拓。凝聚态物理的研究对象除晶体、非晶体与准晶体等固相物质外还包括从稠密气体、液体以及介于液态和固态之间的各类居间凝聚相，例如液氦、液晶、熔盐、液态金属、电解液、玻璃、凝胶等。目前已形成了比固体物理学更广泛更深入的理论体系。20世纪80年代，凝聚态物理学取得了巨大进展，研究对象日益扩展，更为复杂。一方面传统的固体物理各个分支如金属物理、半导体物理、磁学、低温物理和电介质物理等的研究更深入，各分支之间的联系更趋密切；另一方面许多新的分支不断涌现，如强关联电子体系物理学、无序体系物理学、准晶物理学、介观物理与团簇物理等。从而使凝聚态物理学成为当前物理学中最重要的分支学科之一，从事凝聚态研究的人数在物理学家中首屈一指，每年发表的论文数在物理学的各个分支中居领先位置。由于凝聚态物理的基础性研究往往与实用技术有着紧密的联系，凝聚态物理学的成果是一系列新技术、新材料和新器件，在当今世界的高新科技领域起着关键性的作用。近年来凝聚态物理学的研究成果、研究方法和技术日益向相邻学科渗透、扩展，有力地促进了化学、物理、生物物理和地球物理等交叉学科的发展。

牛顿运动定律（Newton Law of Motion）由牛顿创立的经典力学的基本定律。牛顿第一运动定律，亦称"惯性定律"：任何物体（指质点）在不受外力的作用时，都保持原有的运动状态不变，即原来静止的继续静止，原来运动的继续做匀速直线运动。物体固有的这种运动属性称为"惯性"。牛顿第二运动定律：任何物体在外力作用下，其动量随时间的变化率与其所受的外力成正比。在牛顿力学中，质量是一个不变的量，故又可表示为：物体的加速度与所受力外力成正比，与物体的质量成反比，加速度的方向与外力的方向相同。牛顿第三运动定律，亦称"作用力与反作用力定律"：当物体甲给物体乙一个作用力时，物体乙必然同时给物体甲一个反作用力，作用力与反作用力大小相等，方向相反，且在同一直线上。

O

耦合（coupling）又称交连，是指两个或两个以上的电路元件或电网络的输入与输出之间存在紧密配合与相互影响，并通过相互作用从一侧向另一侧传输能量的现象。概括地说，耦合就是指两个实体相互依赖于对方的一个量度。耦合电路分为电阻耦合、电容耦合、电感耦合、电阻容耦合和互感（变压器）耦合等多种形式。其中常用的有阻容耦合和互感耦合。

P

P-N结（P-N junction）同一块单晶半导体内部通过掺杂而彼此邻接的P型半导体和N型半导体相结合的特殊薄层叫P-N结。其基本特性是单向导电性。由于P-N结有单向导电性，故P-N结有整流作用。改变P-N结的杂质分布方式、结的形状、几何尺寸及偏置条件，可使P-N结完成许多不同的功能。P-N结是许多半导体器件的基本构成单元。

P型半导体（P-type semiconductor）半导体中因掺入极微量杂质而使之成为产生许多缺少电子的空位的半导体。我们把这些缺少电子的空位叫做空穴。这种半导体叫做空穴型半导体，也叫P型半导体，是另一类杂质半导体。

频率（frequency）物体在单位时间内完成振动的次数。常用f表示，频率的单位是赫兹（Hz），简称赫，也常用千赫（kHz）或兆赫（MHz）做单位。频率f是周期T的倒数，即$f = 1/T$。频率是描述系统振动快慢的物理量，频率越大，系统变化的就越快。生活中，人们经常用这一物理量。像我们使用的电是一种正弦交流电，其频率是50Hz，也就是它1秒钟内做了50次周期性变化。我们听到的声音也是一种有一定频率的声波。它的频率约为20～20 000Hz。在表示振动时，常用另一物理量圆频率，又叫角频率，用ω表示。圆频率与频率f的关系是$\omega = 2\pi f$。

Q

强度（strength）材料或结构在外力作用下抵抗永久变形和断裂破坏的能力。它是衡量材料或结构承载能力的重要指标，其单位是 N/m^2。材料强度是指试件从开始加载到破坏的整个过程中其横截面所

能承受的最大应力，故也称为材料的强度极限。而结构强度是指结构的极限承载能力。它不仅同材料的强度有关，而且同结构的几何形状、构件配置、外力作用形式等有关。强度按外力的作用形式分为：抵抗静态外力的静强度、抵抗冲击外力的冲击强度、抵抗交变外力的疲劳强度等。根据外力引起的材料内部的应力类型分为：拉伸（抗拉）强度、剪切强度、抗压强度。根据材料或结构承受的环境温度分为：常温强度，高温强度，低温强度。按发生强度破坏的形式分为：屈服强度（极限）、断裂强度（极限）、疲劳强度（极限）等。强度问题是工程设计中最重要的问题之一，飞机与飞船坠毁、高压容器爆破、机架断裂、轴的断裂、连接件破坏等，大都是因强度不够所致。

强子（hadron）参与强相互作用的粒子。发现的粒子绝大多数是强子，包括重子和介子两类。强子中质量比质子更重（包括质子）自旋为半整数的粒子，称为重子。重子是费米子，其反粒子称为反重子。所有重子和反重子都带有一个守恒量子数－重子数B，重子的重子数$B = +1$，反重子的重子数$B = -1$，在一切的反应中重子数守恒。除质子外，其他的重子都是不稳定的。它们会衰变成质子。强子中自旋为整数的称为介子。介子为波色子。强子除参与强相互作用外，还参与弱相互作用和电磁相互作用。强子的复合特性明显，有一定的大小，其半径约为10^{-15}m。

轻子（lepton）质量小于质子并参与弱相互作用与电磁作用而不参与强相互作用的费米子。其自旋为1/2，至今实验上还没有发现轻子有任何结构，所以通常被认为自然界最基本的粒子之一。已经发现的轻子包括电子、μ子、τ子三种带一个单位负电荷的粒子，以及它们分别对应的电子中微子、μ子中微子、τ子中微子三重不带电的中微子，加上以上六种粒子各自的反粒子，共计12种轻子。每个轻子都带有一个守恒的量子数－轻子数。用L表示，凡是轻子，$L = +1$；凡是反轻子，$L = -1$，在反应的过程中，轻子数守恒。

全息照相（hologram）一种记录被摄物体反射波的振幅和位相及其他全部信息的新型摄影技术。普通摄影是记录物体面上的光强分布，不能记录物体反射光的位相信息，因而失去了立体感。全息摄影采用激光作为照明光源，并将光源发出的光分为两束，一束直接射向感光片，另一束经被摄物的反射后再射向感

光片。两束光在感光片上叠加产生干涉，感光底片上各点的感光程度不仅随强度也随两束光的位相关系而不同。所以全息摄影不仅记录了物体上的反光强度，也记录了位相信息。人眼直接去看这种感光的底片，只能看到像指纹一样的干涉条纹，但如果用激光去照射它，人眼透过底片就能看到与原来被拍摄物体完全相同的三维立体像。一张全息摄影图片即使只剩下一小部分，依然可以重现全部景物。全息摄影可应用于工业上进行无损探伤、超声全息、全息显微镜、全息摄影存储器、全息电影和电视等许多方面。

R

热力学第二定律（second law of thermodynamics）关于实际的宏观过程进行的方向和条件的定律。定律有两种表述方式：（1）克劳修斯表述，不可能使热量自发地从低温物体传到高温物体而不引起其他变化；（2）开尔文表述，做循环过程的热机不可能从单一热源吸取热量，把它全部变为功而不产生其他任何影响。热力学第二定律是热力学的基本定律之一，它是关于在有限空间和时间内，一切和热运动有关的过程具有不可逆性的经验总结。该定律给出了实际过程的方向性，两种表述分别从传热和热功转化两个角度来说，实际上两种表述是等效的。热力学第二定律只能适用于由很大数目分子所构成的系统及有限范围内的宏观过程。而不适用于少量的微观体系，也不能把它推广到无限的宇宙。

热力学第三定律（third law of thermodynamics）不可能利用有限的步骤把物质系统的温度达到绝对零度，或者说绝对零度不可能达到。当绝对温度趋于零时，固体和液体的熵在等温过程中的改变趋于零，这样熵为一个常数而与压强、外磁场等无关，从而无法实现绝热的等熵过程来把温度降至绝对零度。在统计物理学上，热力学第三定律反映了微观运动的量子化。在实际意义上，第三定律并不像第一、二定律那样明白地告诫人们放弃制造第一种永动机和第二种永动机的企图。而是鼓励人们想方设法尽可能接近绝对零度。目前科学家已能达到 10^{-10}K，但永远达不到绝对零度。

热力学第一定律（first law of thermodynamics）系统吸收的热量等于系统内能的增量和系统对外所做的功之和。是普遍的能量转化和守恒定律在一切涉及热现象的宏观过程中的具体表现，是热力学的基本定律之一。其基本内容：热可以转变为功，功也可以转变为热；通过做功和传热，系统与外界交换能量，使内能有所变化，在变化的过程中要满足热力学第一定律所规定的关系。热力学第一定律的另一种表述是：第一类永动机是不可能造成的。

热量（quantity of heat）系统与外界之间由于存在温度差而传递的能量。其单位为焦耳（J），常用符号 Q 表示。当两不同温度的物质处于热接触时，它们便交换能量，直至双方温度一致，这里，所传递的能量数便等同于所交换的热量数。热量指的是内能的变化、描述能量的流动，而内能描述能量本身。从微观角度来看，热量的传递是分子无规则热运动的能量的转移，是一种无序的能量。物体质量为 m，某一过程温度变化量为 ΔT，它吸收（或放出）的热量 $Q = cm \cdot \Delta T$ 其中 c 是与这个过程相关的比热。

热容（heat capacity）物体在某一过程中升高或降低单位温度所吸收或放出的热量。其单位是焦/开。物体升高相同的温度所吸收的热量不仅与温度差及物体的性质有关，也与具体的过程有关。所以热容与过程有关，于是定义在等体过程热容称为定体热容，等压过程中的热容为定压热容。在等体过程中气体与外界功的交往，所吸收的热量全部用来增加内能。在等压过程中吸收热量除了增加内能外，还要膨胀对外做功，所以定压热容比定体热容要大。物体的热容还与物体的质量有关，质量越大，升高相同的温度吸收热量就越多，热容就越大。故定义单位质量的热容，称为比热容，又叫比热。

热学（heat）是指研究有关物质的热运动以及与热相联系的各种规律的科学。它起源于人类对冷热现象的探索。人类生存在季节交替、气候变幻的自然界中，冷热现象是他们最早观察和认识的自然现象之一。热学研究的对象是由数量很大的微观粒子组成的系统。热是同大量分子的无规则运动相联系的。热学理论有两个方面，一是宏观理论，即热力学；一是微观理论，即统计物理学。这两个方面相辅相成，构成了热学的理论基础。

蠕变（creep）材料在应力不变的条件下，应变随时间延长而增加的现象。它与塑性变形不同，（塑性变形通常是在应力超过弹性极限之后才出现），只要应力的作用时间相当长，在应力小于弹性极限时也能出现。蠕变可使材料、零件、构件在低于拉伸应力强度的情况下产生破坏。

S

声波（sound wave）物体发生振动在弹性介质中传播的机械波。在气体和液体中传播的声波是纵波，在固体介质中传播的是声波可以是横波、纵波或二者的复合。声波的产生和传播需要声源和介质。在自然界中，闪电源、雨滴、刮风、随风飘动的树叶、昆虫的翅膀等各种可以活动的物体都可能是声源体；空气，水、金属、木头等都能够传递声波，它们都是声波的良好媒质。在真空状态中声波不能传播。声音是指可听声波的特殊情形，例如对于人耳的可听声波，当那种波达到人耳位置的时候，人的听觉器官会有相应的声音感觉。人能感觉的声波频率在20～20 000Hz之间，大于20 000Hz和小于20Hz的都无法听到，分别称为超声波和次声波。

声呐（sonar）用水中声波进行探测、定位和通信的电子设备。声呐是各国海军进行水下监视使用的主要技术，用于对水下目标进行探测、分类、定位和跟踪；进行水下通信和导航，保障舰艇、反潜飞机和反潜直升机的战术机动和水中武器的使用。此外，声呐技术还广泛用于鱼雷制导、水雷引信，以及鱼群探测、海洋石油勘探、船舶导航、水下作业、水文测量和海底地质地貌的勘测等。按工作方式可分为主动声呐和被动声呐；按装备对象可分为水面舰艇声呐、潜艇声呐、航空声呐、便携式声呐和海岸声呐等等。影响声呐工作性能的因素除声呐本身的技术状况外，外界条件的影响很严重。比较直接的因素有传播衰减、多路径效应、混响干扰、海洋噪声、自噪声、目标反射特征或辐射噪声强度等，它们大多与海洋环境因素有关。

声全息术（acoustical holography）利用超声波的干涉原理记录和重现不透明物体的立体图像的声成像技术。其原理与光波的全息术基本相同，只是记录手段不同而已。用同一超声信号源激励两个放置在液体中的换能器，分别发射两束相干的超声波：一束透过被研究的物体后成为物波，另一束作为参考波。物波和参考波在液面上相干叠加形成声全息图。以后在用激光束照射声全息图，利用激光在声全息图上反射时产生的衍射效应而获得物的重现像。有时也可使两个步骤同时实现而达到实时成像。

声学（acoustics）研究媒质中声波的产生、传播、接收、性质及其与其他物质相互作用的学科。声音是自然界中非常普遍、直观的现象，它很早就被人们所认识，声学是物理学中很早就得到发展的学科。现代声学日益密切地多种领域的现代科学技术紧密联系，形成众多的相对独立的分支学科。从频率上看，频率在20～20 000Hz的可听声，有语言声学、音乐声学、房间声学，生理声学、心理声学和生物声学。频率超过20 000Hz的声音，有超声学、分子声学。频率低于20Hz的声音，有次声学。从振幅上看，有振幅足够小的线性声学，有大振幅的非线性声学。从传声的媒质上看，有以空气为媒质的空气声学，有以海水和地壳为媒质的水声学和地声学。从声与其他运动形式的关系来看，还有电声学等。

失真度（distortion）一个未经放大器放大的信号与经过放大器放大的信号做对比，被放大信号与原信号之比的差值。其数值以百分比形式表示。对多媒体音箱来说，有一定的失真度并不是什么坏事儿，不过要在合理的范围内。通常来说，多媒体音箱的失真度不应该大于1%，而低音炮不大于5%就可以了。

势能（potential energy）又称位能，物质系统由于各物体之间（或物体内各部分之间）存在保守力的相互作用而具有的能量。按作用性质的不同，可分为引力势能、弹性势能、电磁势能和核势能等。在一定的相互作用下，系统的势能由各物体的相对位置决定。例如，地面附近物体与地球之间存在万有引力作用，要把两者分开，就必须克服引力做功，因此物体在离开地面较远时，具有较大的势能。重力势能的大小由重力的大小和重物与地球的相对位置即重物与地球距离决定。一般来说，克服物体间相互作用力而发生位置变化时所做的功，会使系统的势能增大。由于势能与相对位置有关，为表示势能的大小，就必须规定一个作为标准的零点。

速度（speed）描述物体位置变化快慢和方向的物理量。位移和所历时间之比，称为这段时间内的"平均速度"。如果这一时间段极短（趋近于零），这一比值的极限称为物体在该时刻的速度或"瞬时速度"。速度是矢量，它的方向在直线运动中沿直线方向，在曲线运动中沿运动轨道的切线方向，常用单位为m/s、cm/s、km/h等。在其他研究过程中，各种量随时间变化的快慢、各种过程进行的快慢也称为速度。

塑性（plasticity）在给定载荷下，材料产生不可回复的永久变形的特性。工程上一般以延伸率或断面收缩率作为材料的塑性指标，通常将延伸率大于5%

的材料划分为塑性材料。对大多数工程材料来说，当其所受应力水平达到屈服极限之后，随即进入塑性变形阶段。像冲击韧性那样，塑性也是材料抵抗脆性断裂的主要指标之一。

塑性力学（plastic mechanics）研究物体超过弹性极限后所产生的永久变形及其作用力之间的关系以及物体内部应力和应变的分布规律的一门学科，是固体力学的一个分支。塑性力学和弹性力学的区别在于，塑性力学考虑物体内产生的永久变形，而弹性力学不考虑；和流变学的区别在于，塑性力学考虑的永久变形只与应力和应变的历史有关，不随时间变化，而流变学考虑的永久变形则与时间有关。塑性力学在工程技术中有广泛的应用。例如研究如何发挥材料强度的潜力；如何利用材料的塑性性质以便合理选材，制定加工成型工艺及塑性成型工艺；塑性力学理论还用于计算材料的残余应力等。

隧道效应（tunnel effect）粒子在其能量小于势垒高度仍然贯穿势垒的现象。按经典力学，由于粒子动能较小，绝对是无法越过势垒的，粒子是不可能穿过势垒的。对于微观粒子，量子力学却证明它仍有一定的概率穿过势垒，实际也正是如此。于是形象化认为是粒子通过"隧道"而通过的，故称隧道效应。这是一种没有经典类比的纯量子效应，原子核的 α 衰变、金属电子冷发射等就属于隧道效应。隧道效应有很多用途。如制成扫描隧道显微镜、原子力显微镜等，实现原子级表面观测。

T

弹塑性力学（plastoelasticity）研究弹性和弹塑性物体变形规律的一门学科，是固体力学的一个重要分支。它是分析和解决众多工程技术问题的基础和依据。研究弹塑性力学问题需要从几何学、运动学、动力学、物理学四方面来进行。工业生产和其他科学技术的发展对弹塑性力学提出了大量课题，从而推动了弹塑性力学的发展。同时也为力学的发展提供了更为可靠的测量方法和更为先进的计算工具。弹塑性力学现已在土木、机械、水利、航空、造船、核能、冶金、采矿、材料等工程领域得到了广泛的应用。

弹性（elasticity）物体在外力作用下产生形变，但在外力除去后形变随即消失的性质。

弹性力学（elastic mechanics）研究弹性物体在外力和其他外界因素作用下产生变形和内力的理论的学科，是固体力学的重要分支。它是材料力学、结构力学、塑性力学和某些交叉学科的基础。弹性力学所依据的基本规律有三个：变形连续规律、应力-应变关系和运动（或平衡）规律。它们有时被称为弹性力学三大规律。弹性力学中许多定理、公式和结论等，都可以从三大规律推导出来。它广泛应用于建筑、机械、化工、航天等工程领域。

弹性模量（elastic modulus）又称弹性模数，是材料在弹性极限内应力同应变的比值。"弹性模量"是描述物质弹性的一个物理量，是一个总称，包括"杨氏模量"、"剪切模量"、"体积模量"等。线应变：对一根细杆施加一个拉力 F，这个拉力除以杆的截面积 S，称为"线应力"，杆的伸长量 dL 除以原长 L，称为"线应变"。线应力除以线应变就等于杨氏模量。剪切应变：对一块弹性体施加一个侧向的力 f，弹性体会由方形变成菱形，这个形变的角度 α 称为"剪切应变"，相应的力 f 除以受力面积 S 称为"剪切应力"。剪切应力除以剪切应变就等于剪切模量。体积应变：对弹性体施加一个整体的压强 p，这个压强称为"体积应力"，弹性体的体积减少量 $(-dV)$ 除以原来的体积 V 称为"体积应变"，体积应力除以体积应变就等于体积模量。弹性模量反映了材料的性质，在工程建设和材料加工中具有重要的意义。

W

万有引力（universal gravitation）两物体之间由于物体具有质量而产生的相互吸引力。地面上物体所受的重力，就是地球与物体之间的这种吸引作用。地球、行星绕太阳运行，月球、人造卫星绕地球运行，也与它们之间的引力有关。牛顿在开普勒定律的基础上首先肯定了这样一种吸引力的存在，并确定了质量分别为 m_1 和 m_2，相距为 r 的两质点间，这力的大小为 $F=Gm_1m_2/r^2$，方向沿着两质点的连线，称为"万有引力定律"。其中 G 称为"万有引力常数"，等于 $6.672\,59 \times 10^{-11} \mathrm{m}^3/(\mathrm{kg} \cdot \mathrm{s}^2)$。地面上两物体间的万有引力，一般很小（从 G 是一个很小的常数可看出），但对质量大的天体，这个力就很大，所以在天文学和宇宙学研究中万有引力特别重要。

微波（microwave）波长约从 1m 到 1mm（1m 波长相应的频率约 300MHz）的电磁波。包括分米波、厘米波和毫米波等波段。现代一般认为短于 1 毫米的电磁波（即亚毫米波）属于微波范围，而且是现代微波研究的一个重要领域。当波长远小于物体的尺寸时，微波的特点和几何光学的相似。利用这个特点，在微波波段能制成高方向性的系统(如抛物面反射器)。当波长和物体的尺寸有相同量级时，微波的特点又与声波相近。在分子、原子与核系统所表现的许多共振现象都发生在微波的范围，因而微波成为探索物质的基本特性的手段。微波技术的形成以波导管的实际应用为其标志。在第二次世界大战中，微波研究的焦点集中在雷达上，并带动了微波元器件、高功率微波管、微波电路和微波测量技术的研发。微波振荡源的固体化以及微波系统的集成化是现代微波技术发展的两个重要方向，向更短波长推进仍是微波研究和发展的主要趋势。目前已能产生从微波到光的整个电磁频谱的辐射功率。微波的最重要应用是雷达和通信。射电望远镜，微波加速器等对于天文学、物理学等的研究具有重要意义。微波遥感已成为研究天体、气象和资源勘探等的重要手段。微波在工业、农业、生物学、医学等方面的应用与发展都很迅速。若干重要的边缘学科(如微波天文学、微波气象学、微波波谱学、量子电动力学、微波半导体电子学、微波超导电子学等)已趋成熟。微波声学已成为一个活跃的领域。微波光纤技术的发展具有技术变革的意义。

无线电波 (radio wave) 在自由空间 (包括空气和真空) 传播的射频频段的电磁波。其频率范围约在 3kHz～3 000GHz。无线电技术是通过无线电波传播声音或其他信号的技术。无线电技术的原理在于，导体中电流强弱的改变会产生无线电波。利用这一现象，通过调制可将信息加载于无线电波之上。当电波通过空间传播到达收信端，电波引起的电磁场变化又会在导体中产生电流。通过解调将信息从电流变化中提取出来，就达到了信息传递的目的。

物理光学 (physical optics) 研究光的属性及其在媒质中传播时各种性质的学科。以光是一种波动为基础的物理光学，称为波动光学；以光是一种粒子为基础的物理光学，称为量子光学。在物理光学中，认为光是一种电磁波。在光的电磁场理论基础上，研究光在介质中的传播规律，如光的干涉、光的衍射、光的偏振等物理现象，进而研究这些规律和现象的应用。它是一门经典理论与近代技术相结合的应用性很强的学科。

物理学 (physics) 是指研究自然界的物质结构、物体间的相互作用和物体运动最一般规律的自然科学。物理学研究对象的空间和是间跨度非常大：空间尺度从 10^{-15}～10^{28}m。时间范围：从 10^{-24}～10^{18}s。按

照所研究的物质运动形式和具体对象的不同，可分为力学、热学、分子物理学、电磁学、光学、原子和原子核物理学、量子力学等。随着科学技术的发展，逐渐形成了许多新的学科领域，如半导体物理学、凝聚态物理、激光物理、粒子物理等。并产生了许多高新技术，如新材料技术、核能技术、纳米技术等。物理学的基本理论和实验方法又为化学、地学生命科学、天文学、宇宙学等的发展提供了理论支持。物理学是所有自然科学的基础，所有自然科学的规律都不能违反物理学的理论定律。

X

X射线 (X-ray) 又称伦琴射线，其波长介于紫外线和 γ 射线间的电磁辐射。由德国物理学家伦琴于 1895 年发现。波长小于 0.1×10^{-10}m 的称超硬 X 射线，在 0.1×10^{-10}～1×10^{-10}m 范围内的称硬 X 射线，1×10^{-10}～10×10^{-10}m 范围内的称软 X 射线。实验室中 X 射线由具有阴极和阳极的真空管 (X 射线) 管产生，阴极用钨丝制成，通电后可发射热电子，阳极 (也称靶极) 用各种金属制成 (一般用钨，用于晶体结构分析的 X 射线管的靶材还可用铬、铁、铜、镍、钴、钼等材料)。用几万伏至几十万伏的高压加速电子，电子束轰击靶极，X 射线从靶极发出。电子轰击靶极时会产生高温，故靶极必须用水冷却，有时还将靶极设计成转动式的。X 射线谱由连续谱和标识谱两部分组成，标识谱重叠在连续谱背底上，连续谱是由于高速电子受靶极阻挡而产生的韧致辐射，其短波极限 λ_0 由加速电压 V 决定：$\lambda_0 = hc/(eV)$ 为普朗克常数，e 为电子电量，c 为真空中的光速。标识谱 (又称特征谱) 是由一系列线状谱组成，它们是因靶元素内层电子的跃迁而产生，每种元素各有一套特定的标识谱，反映了原子壳层结构的特征。因此可以通过 X 射线萤光光谱仪测定其特征波谱的波长可以制定其是何种材料。同步辐射源可产生高强度的连续谱 X 射线，现已成为重要的 X 射线源。X 射线具有很强的穿透力，医学上常用作透视检查，工业中用来探伤。长期受 X 射线辐射对人体有伤害。X 射线可激发荧光、使气体电离、使感光乳胶感光，故 X 射线可用电离计、闪烁计数器和感光乳胶片等检测。晶体的点阵结构对 X 射线可产生显著的衍射谱线，X 射线衍射法已成为研究晶体结构、形貌和各种缺陷的重要手段。

狭义相对论 (special theory of relativity) 由爱因斯坦创立的关于时空性质的理论。狭义相对论创立于

1905 年，是建立在两条基本原理之上的：(1) 狭义相对性原理：物理定律在所有的惯性系中都具有相同的表达形式，即所有的惯性系对运动的描述都是等效的。(2) 光速不变原理：真空中的光速是常量，它与光源和观察者的运动无关，即不依赖惯性系的选择。狭义相对论变革了从牛顿以来形成的时空概念，揭示了时间与空间的统一性和相对性，建立了新的时空观。空间和时间都与运动有关，否定了绝对时空的存在。能完美的解释物体在高速运动时的力学规律，预言了运动时钟变慢的时间膨胀效应和物体在运动方向收缩的效应。狭义相对论在原子、原子核和高能物理领域得到了广泛的应用。

相对论（relativity）关于时空和引力的基本理论，物理学的一个普遍理论。相对论主要由爱因斯坦创立，分为狭义相对论和广义相对论。相对论的基本假设是光速不变原理，相对性原理和等效原理。相对论和量子力学是现代物理学的两大基本支柱。奠定了经典物理学基础的经典力学，不适用于高速运动的物体和微观条件下的物体。相对论解决了高速运动问题；相对论极大地改变了人类对宇宙和自然的"常识性"观念，提出了"同时的相对性"、"四维时空"、"弯曲空间"等全新的概念。

像差（aberration）实际光学系统所成的像与理想光学系统所成的像之间的偏差。像差分单色像差和色像差两种。在初级像差理论中，单色像差又有球面像差（球差）、彗形像差（彗差）、像散、像场弯曲和畸变5种，它们都是由于非傍轴光线参与成像而造成。色像差（色差）是由于光学元件对不同波长的光有不同折射率引起。

信号（signal）电信号的简称，利用电流、电压和无线电波等传送信息时，带有信息的电流、电压和无线电波等。如广播信号、电视信号和雷达信号等。信号有三个基本指标：持续时间、频带宽度和强弱程度。

信息光学（information optics）是应用光学、计算机和信息科学相结合而发展起来的一门新的光学学科，是信息科学的一个重要组成部分，也是现代光学的核心。信息光学是近年来发展起来一门新兴学科，它已渗透到科学技术的各个领域，成为信息科学的重要分支，得到越来越广泛的应用。其知识范围为线系统分析、衍射理论、相干光理论、光学变换、光全息和信息处理。

信噪比（signal-to-noise ratio）音源产生最大不失真声音信号强度与同时发出噪声强度之间的比率，即有用信号功率与噪声功率的比值，通常以 S/N 表示，单位为分贝（dB）。其噪声主要有热噪声、交流噪声、机械噪声等。一般检测此项指标以重放信号的额定输出功率与无信号输入时系统噪声输出功率的对数比值分贝(dB)来表示。一般音响系统的信噪比需在 85dB 以上。信噪比越高表示产品的质量越好。

旋光现象（optical active phenomenon）偏振光通过某种物质后，其振动面将以光的传播方向为轴线转过一定角度的现象。能够产生旋光现象的物质叫做旋光物质。对着光的传播方向看，有些媒质能使振动面按顺时针方向转动，这种媒质称为右旋媒质；有些媒质能使振动面按逆时针方向转动，这种媒质称为左旋媒质。当旋光物质为液体时，振动面的旋转角度 $\Delta\theta = \alpha\rho l$，$l$ 为旋光物质的透光长度，ρ 为旋光物质的浓度，α 与旋光物质有关的常量。

Y

应力（stress）物体由于外因（受力、温度变化等）而变形时，在它内部任一截面的两方即出现相互作用的力，称为内力；单位面积上的内力，称为应力。应力为一矢量。同截面垂直的称为正应力或法向应力，同截面相切的称为剪应力或切向应力。

硬度（hardness）材料局部抵抗硬物压入其表面的能力。是衡量金属材料软硬程度的一项重要的性能指标。它既可理解为材料抵抗弹性变形、塑性变形或破坏的能力，也可表述为材料抵抗残余变形和破坏的能力。硬度不是一个简单的物理概念，而是材料弹性、塑性、强度和韧性等力学性能的综合指标。硬度的测定方法有静压法、划痕法（如莫氏硬度）、回跳法（如肖氏硬度）及显微硬度、高温硬度等多种方法。

宇称守恒（parity conservation）微观体系的运动或变化规律具有左右对称性，亦即体系变化前的宇称等于变化后的宇称。宇称守恒是与微观规律对空间反射不变性相联系，即一个物理过程和它的镜像过程规律完全相同时，该微观体系的宇称是守恒的，实验表明在强相互作用和电磁相互作用中宇称是守恒的。1956年李政道和杨振宁通过对宇称守恒材料的认真分析，提出弱相互作用下宇称不守恒的假设，并建议通过实验来检验。1957年吴健雄等人做的极化原子核 Co 的 β 衰变实验，证明了在弱相互作用下宇称是不守恒的。

宇宙射线（cosmic ray）来自于宇宙空间的一类具有相当大能量的粒子流。在地球大气层外的宇宙射线称为"初级宇宙射线"，其成分主要是质子，其次是 α 粒子及少数轻原子核，能量极高。进入大气层后，与空气中的原子核相互作用形成次级宇宙射线。宇宙射线可能伤害或影响到达大气层外的生物，同时它能引起许多目前无法用人工实现的核反应和粒子转变过程。今天，人类仍然不能准确说出宇宙射线是由什么地方产生的，但普遍认为它们可能来自超新星爆发、来自遥远的活动星系。人类对宇宙射线研究过程中采用的观测方式主要有三种，即空间观测、地面观测、地下（或水下）观测。

原子（atom）构成自然界各种元素的基本单位，由原子核和核外电子组成。原子的体积很小，直径只有 10^{-10}m。原子的中心为原子核，它的直径比原子的直径小很多。原子的质量很小，数量级在 $10^{-27} \sim 10^{-25}$kg，而核质量占原子质量的99%以上。原子核带正电荷，电子带负电荷，两者所带电荷相等，符号相反，因此，原子本身呈中性。原子一词来自希腊文，意思是"不可分割的"。公元前4世纪，古希腊物理学家德谟克利特提出这一概念，并把它当作物质的最小单元。近代物理观点看，原子是物质结构的一个层次，这个层次介于分子和原子核之间。原子的理化性质取决于它的结构和内部发生的过程。相同或不同原子的互相结合组成各种不同的分子。

原子核（atomic nucleus）原子中带正电的核。位于原子的核心部分，由质子和中子两种微粒构成。原子核极小，其直径 $10^{-16} \sim 10^{-14}$m，体积只占原子体积的几千亿分之一，在这极小的原子核里却集中了99.95%以上原子的质量，故原子核的密度极大。原子核的能量很大，构成原子核的质子和中子之间存在着巨大的吸引力，使原子核在化学反应中不发生分裂。当一些原子核发生裂变或聚变时，会释放出巨大的原子核能。英国科学家卢瑟福根据 α 射线照射金箔的实验中大部射线能穿过金箔，少数射线发生偏转的事实确认：原子内含有一个体积小而质量大的带正电的中心，这就是原子核。

跃迁（transition）微观粒子量子状态的一种变化。包括从高能态到低能态以及从低能态到高能态。当粒子由于受热、碰撞或辐射等方式获得了相当于两个能级之差的激发能量时，他就会从能量较低的初态跃迁到能量较高的激发态，但不稳定，有自发地回到稳定状态的趋势。在释放出相应的能量后，粒子自动地回到原来的状态，跃迁的过程严格遵守能量和动量守恒。同时遵守量子规则。其吸收或发射的能量都是基本能量的整数倍。跃迁中的能量一般以光的形式表现出来。

运动学（kinematics）研究物体或物体各部分之间相对位置变化规律的学科。通过位移、速度、加速度等物理量，描述和研究物体位置随时间变化的关系。它是运用几何学的方法来研究物体的运动，通常不考虑力和质量等因素的影响。运动学主要研究质点和刚体的运动规律。掌握了这两类运动，才可能进一步研究变形体(弹性体、流体等)的运动。运动学为动力学、机械原理提供理论基础，也包含有自然科学和工程技术很多学科所必需的基本知识。

Z

照度（luminosity）物体被照亮的程度。用单位面积所接受的光通量来表示。表示单位为勒[克斯]（Lux，lx），即 lx/m^2。1勒[克斯]等于1流[明]的光通量均匀分布于 $1m^2$ 面积上的光照度。照度是以垂直面所接受的光通量为标准，若倾斜照射则照度下降。

折射定律（law of refraction）是确定光在折射现象中折射光线方向的定律，几何光学的基本定律之一。当光由第一媒质（折射率 n_1）射入第二媒质（折射率 n_2）时，在平滑界面上，部分光由第一媒质进入第二媒质后即发生折射。实验指出：（1）折射光线位于入射光线和界面法线所决定的平面内；（2）折射线和入射线分别在法线的两侧；（3）入射角 i 的正弦和折射角 i' 的正弦的比值，对折射率一定的两种媒质来说是一个常数。简言之，就是光由光速大的介质中进入光速小的介质中时，折射角小于入射角；从光速小的介质进入光速大的介质中时，折射角大于入射角。

振动（vibration）描述系统状态的在某一范围内做周期性变化的过程。狭义的振动指机械振动，表示物体在一定位置附近所作的周期性往复运动。广义的振动也指电磁振荡等参量变化的运动形式。力学系统能维持振动，必须具有弹性和惯性。由于弹性，系统偏离其平衡位置时，会产生回复力，促使系统返回原来位置；由于惯性，系统在返回平衡位置的过程中积累了动能，从而使系统越过平衡位置向另一侧运动。

振动是自然界常见的现象。其消极方面是：影响仪器设备功能，降低机械设备的工作精度，加剧构件磨损，甚至引起结构疲劳破坏。振动的积极方面是：有许多需利用振动的设备和工艺如振动传输、振动研磨、振动沉桩等。

正电子（positron）又称阳电子，电子的反粒子。所带电量与电子相同，符号相反，质量与电子相同。它的存在最早由物理学家狄拉克所预言，1932年由物理学家安德森发现。正电子虽然单独存在是稳定的，但遇到电子会与之发生湮灭，放出两个伽马光子。当正电子与原子核接触时，就会与核外电子发生湮灭，所以不容易观测到。正电子的发现使人联想到是否存在反质子、反中子等，现在已经证实每种粒子都存在一种和它对应的反粒子。有人设想，用反粒子制造反物质，利用物质和反物质的湮灭，释放出大量的能量。未来宇宙飞船有可能携带某种物质和这种物质的反物质作为能源。

质子（proton）原子核内带正电荷的组成粒子。也是氢原子的原子核，是由卢瑟福首先发现并命名。质子静止质量 1.67×10^{-27}kg，是电子的 1 836 倍。带有 1.60×10^{-19} 库仑正电荷，量值与电子电荷绝对值相同。质子是稳定粒子，平均寿命大于 1 032 年。质子不是点粒子，而具有一定的结构。目前认为质子是由夸克的基本粒子构成，由两个 +2/3 电荷的上夸克和一个 −1/3 电荷的下夸克通过胶子在强相互作用下构成。质子与质子间，除了有电磁相互作用之外，还有强得多的强相互作用。在核物理中质子常在粒子加速器中加速到近光速后用来与其他粒子碰撞，这样的试验为研究原子核结构提供了极其重要的数据。质子也是宇宙射线中的主要成分。

中微子（neutrino）一种中型的轻子。中微子是组成自然界的最基本的粒子之一，常用符号 ν 表示。中微子不带电，自旋为 1/2，质量非常轻（小于电子的百万分之一），以接近光速运动。中微子是1930年德国物理学家泡利为了解释 β 衰变中能量似乎不守恒而提出的，20 世纪 50 年代才被实验观测到。中微子只参与非常微弱的弱相互作用，具有最强的穿透力。穿越地球直径那么厚的物质，在 100 亿个中微子中只有一个会与物质发生反应，因此中微子的检测非常困难。大多数粒子物理和核物理过程都伴随着中微子的产生，例如核反应堆中核裂变、太阳的核聚变、天然放射性、超新星爆发、宇宙射线等等。宇宙中充斥着大量的中微子，大部分为宇宙大爆炸的残留，大约为每立方厘米 100 个。中微子的质量和磁矩尚未测到，大小未知，此外还有大量谜团尚未解开。中微子研究已成为粒子物理、天体物理、地球物理的交叉与热点学科。

中子（neutron）原子核内不带电荷的组成粒子。查德威克实验确定，其质量为 1.67×10^{-27}kg，比质子的质量稍大。自由中子是不稳定的粒子，可通过弱作用衰变为质子。中子是组成原子核不可缺少的成分，虽然原子的化学性质是由核内的质子数目确定的，但是如果没有中子，由于带正电荷质子间的排斥力，就不可能构成除氢之外的其他元素。对于一定质子数的核，中子数可以在一定范围内取几种不同的值，形成一个元素的不同同位素。中子包含两个具有 − 1/3 电荷的下夸克和一个具有 +2/3 电荷的上夸克，其总电荷为零。

阻尼（damping）材料或结构阻碍物体作相对运动，并把运动的能量转变为热能的一种物理效应或能力。内阻尼是指材料内部的阻尼，是当振动的物体发生变形时，在材料内部产生的应力应变的弛豫现象（即应变落后于应力变化的现象）。材料或结构的阻尼的大小可用阻尼容量（振动系统每振动一个周期所损失的能量与总振动能量的比值）、损耗系数（振动一个弧度所损失的能量与总能量的比值）或阻尼系数（阻尼力与振动速率之比）与阻尼比（相对阻尼系数）等表示。阻尼效应高的材料，称为阻尼材料。它们被广泛应用于噪声控制和隔声技术及减震和隔振的阻尼器上。

阻尼振动（damped vibration）振动系统受到阻尼作用，造成能量损失而使振幅逐渐减少的振动。不论是弹簧振子还是单摆由于外界的摩擦和介质阻力总是存在，所以振动过程中要不断克服外界阻力做功，消耗能量，振幅就会逐渐减小，经过一段时间，振动就会完全停下来。能量减少的方式有两种。一种是由于摩擦阻力的作用使振动系统的能量逐渐转化为热运动的能量，例如单摆摆动的过程中振幅减小或停下来就是由于系统的阻力作用使摆的机械能转化为空气的内能。另一种是振动系统引起周围物质的振动，使能量以波的形式向四周发出。例如：琴弦发出声音不仅因为有空气的阻力要消耗能量，同时也因为以波的形式辐射而减少能量，最后琴弦会停止振动。

三、化学

（Chemistry）

B

苯并[α]芘（bengo [α] pyrene）无色或淡黄色针状晶体，一种有机化合物，熔点179℃，沸点495℃，不溶于水，微溶于乙醇、甲醇，溶于苯、甲苯、二甲苯、氯仿、丙酮。存在于一切含碳燃料和有机物热解过程的产物中。汽车尾气、香烟、熏肉、熏鱼以及多次重复煎炸食品的油脂中均含有。是一种强致癌物，会引起遗传，导致胎儿畸形。苯并[α]芘在国民经济与人民生活中毫无使用价值。其允许极限：居民区大气中为$0.001\mu g/m^3$；水中为$0.01\mu g/L$。

C

差热分析（differential thermal analysis, DTA）在程序控制温度下，通过测量未知物质和惰性参比物的温度差和温度关系，以鉴别未知物质的成分及物理化学性质的一种分析方法。在操作时，将不断发生相变化的惰性参比物和待测样品放在一个易导热的金属容器中，在相同的条件下升温或降温，利用热电偶记录两者的温度差别。当样品不发生相变时，两者温度是一致的；当样品发生相变时，伴随有热效应，两者的温度不同而产生温差；当相变过程结束后，两者的温差逐渐减小。根据物质的相变和化学反应所产生的吸热或放热现象，来鉴别样品（如硅酸盐、铁氧体、黏土、陶瓷、水泥等）的组成成分。此法也可用于测定物质的比热容、相转变、磁性转变和绘制相图，以及对聚合物、混合物的定性分析。热分析技术不断发展，为新材料的研究和开发提供热性能数据和结构信息，同时也推动了各学科领域中的热力学和动力学问题的研究。

超分子化学（super molecule chemistry）研究两种或两种以上的化合物通过分子间的弱相互作用（或称次级键）形成复杂而有序且有特定功能体系的化学。超分子化学研究超分子或分子超结构的形成、性质及应用分子组装和分子间键，重点探索分子间弱相互作用的本质，即研究范德华力的本质。它包括：分子识别原理、受体化学、分子自组装、超分子光化学、超分子电化学、超分子催化化学、超分子工程学、超分子生命科学等。其涉及的学科有：无机及配位化学、分析化学、有机化学、物理化学、生物化学以及材料科学等。超分子化学在分离金属混合物、增加抗癌药物的疗效等方面有许多应用。

次氯酸钙（calcium hypochlorite）俗称漂白粉，是一种弱酸弱碱盐，具有极强氯臭味，白色粉末，水溶液为黄绿色半透明液体。不吸湿，受热分解。一般约含有效氯28%~35%，常用作织物的漂白剂、去臭剂和杀菌剂，还常用作水质的净化消毒剂。

催化剂（catalyst）能够改变化学反应速度，或使化学反应在较低温度环境下进行，并使反应选择定向而其本身在整个反应过程中不会消耗的物质。催化剂分均相催化剂（与反应物同相）和非均相催化剂（与反应物异相）。使化学反应加快的催化剂，叫正催化剂；使化学反应减慢的催化剂，叫负催化剂。据统计，80%以上的现代化工过程都离不开催化剂。

萃取（extraction）利用溶质在两种互不相容且相对密度差异较大的溶剂中溶解度不同的原理，使溶质从一种溶剂中转移到另一种溶剂中以分离混合物中不同组分的方法。通常将利用溶剂分离液体混合物中的组分的萃取称液-液萃取，又称溶剂萃取。如用苯分离煤焦油中的酚；用有机溶剂分离石油馏分中的烯烃等。用溶剂分离固体混合物中组分的萃取称为浸取，又称固-液萃取。如用水浸取甜菜中的糖类；用酒精浸取黄豆中的豆油以提高油产量等；用水从中药中浸取有效成分以制取流浸膏叫"渗沥"或"浸沥"。习惯而言萃取仅指液-液萃取。萃取是有机化学实验中用来提纯和纯化化合物的常用手段之一，也是化工生产中的一个基本单元操作。萃取的主要作用是从固体或液体混合物中提取出所需要的化合物，应用极为广泛。

萃取剂（extractant；extracting agent）是在萃取中所用的对液体或固体混合物中的组分具有选择性溶解能力的溶剂。如果是液-液萃取，则要求萃取剂不溶或仅稍溶于被萃取的溶液中。此外，须具有较高的热稳定性和化学稳定性、较小的毒性和腐蚀性等。例如用烧碱水溶液为萃取剂以除去石油馏分中的硫化物，用苯为萃取剂以分离煤焦油中的酚等。

D

单晶硅（monocrystalline silicon）熔融的硅在籽晶上凝固生长而成的单晶体。它是一种性能优良、工艺比较成熟和应用广泛的元素半导体材料。常压下其晶体结构为金刚石型。与化合物半导体材料相比，单晶硅的热导率、熔点和硬度均较高，线膨胀系数小。它的电学性能优良，其导电性可以通过掺入微量的杂质来控制，这是它能够制成各种器件，从而获得广泛应用的一个重要原因。目前，用量最大的领域是集成电路。应用于二极管、晶体管、集成电路、电力电子器件、太阳电池、电荷耦合器件等。

单糖（monosaccharide）不能再水解为更简单形式的糖类，一般指含有3～6个碳原子的多羟基醛或多羟基酮。最简单的单糖是甘油醛和二羟基丙酮。按所含碳原子数目，单糖分为丙糖、丁糖、戊糖、己糖等。自然界中的单糖主要是戊糖和己糖。根据其构造，单糖又分为醛糖和酮糖。多羟基醛称为醛糖；多羟基酮称为酮糖。例如，葡萄糖为己醛糖，果糖为己酮糖。葡萄糖是生命体组织所利用的最主要的糖，来自淀粉、蔗糖、麦芽糖及乳糖的水解产物。

单质（elementary substance）由同种元素的原子组成的纯净物。同一种元素可以形成几种不同的单质，如磷元素可以形成白磷、红磷、黑磷；碳元素可以形成金刚石和石墨。由同种元素形成的不同单质互称同素异形体。目前，共发现300多种单质，有的由分子构成，如氧气（O_2）、氢气（H_2）、氮气（N_2）；有的由原子构成，如铁（Fe）、铜（Cu）、金刚石（C）、硅（Si）、硼（B）、氦（He）、氖（Ne）。单质是元素的存在形式之一，一种元素形成的不同单质，在物理性质和化学性质上明显不同。如氧气（O_2）和臭氧（O_3），同是氧元素组成的单质，但分子组成不同、性质不同。氧气无色无味，臭氧是淡蓝色有鱼腥臭味的气体；臭氧比氧气的氧化性更强。

碘价（iodine value）即碘值，是指在油脂上加成的卤素的质量（以碘计），即每100克油脂所能吸收碘的质量（以克计）。植物油脂中所包含的脂肪酸有不饱和脂肪酸与饱和脂肪酸之分，而其中的不饱和脂肪酸无论在游离状态或与甘油结合成甘油酯时，都能在双键处与卤素起加成反应，因而可以吸收一定数量的卤素。由于组成每种油脂的各种脂肪酸的含量都有一定的范围，因此，油脂吸收卤素的能力就成为它的特征指标之一。碘价的大小反映了油脂的不饱和程度。所以根据油脂的碘价，可以判定油脂的干性程度。例如，碘价大于130的属于干性油，可用作油漆；碘价小于100的属于不干性油；碘价在100～130之间的则为半干性油。各种油脂的碘价大小和变化范围是一定的，例如大豆油碘价一般为123～142，花生油碘价为80～106。因此，通过测定油脂的碘价，有助于了解它们的组成是否正常、有无掺杂使假等，还可以根据碘价来计算油脂氢化时能需要的氢量并检查油脂的氢化程度。

电催化反应（electrocatalysis reaction）在反应过程中包含两个以上的连续步骤，且在电极表面生成化学吸附中间物的反应。可分为：（1）离子或分子通过电子传递步骤在电极表面上产生化学吸附中间物，随后吸附中间物经过异相化学步骤或电化学脱附步骤生成稳定的分子；（2）反应物首先在电极上进行解离式或缔合式化学吸附，随后吸附中间物或吸附反应物进行电子传递或表面化学反应。

电负性（electronegativity）元素周期表中各元素的原子吸引电子能力的一种相对标度。元素的电负性越大，吸引电子的倾向越大，即得到电子能力越强，氧化性越强，非金属性也愈强。电负性大的原子束缚电子的能力强，倾向于得到电子，而难以失去电子，反之则倾向于失去电子。例如氟的电负性最高，约为4，说明它得电子能力强，氧化性强。一般金属元素的电负性小于2.0（除铂系和金外），而非金属元素（除硅外）大于2.0。两种不同元素的电负性差值大于1.7，容易形成离子键；小于1.7则容易形成共价键。电负性的定义和计算方法有多种，每一种方法的电负性数值都不同，较具代表性的有：（1）L.C.鲍林提出的标度，即根据热化学数据和分子的键能，指定氟的电负性为3.98，以此计算其他元素的相对电负性；（2）R.S.密立根从电离势和电子亲合能计算的绝对电负性；（3）A.L.阿莱提出的建立在核和成键原子的电子静电作用基础上的电负性。因此，利用电负性值时，必须是同一套数值进行比较。

电解质（electrolyte）（1）指在水溶液里或熔融状态下提供正、负离子，能够导电的化合物。有些离子晶体（如溴化钠NaBr、氯化铵NH_4Cl）的离子能直接溶化而进入溶液，这类物质称之为真实电解质。有些物质并非离子组成，但它们溶解时与溶剂发生化学反应（如乙酸溶于水），产生正、负离子，这类物质可称为潜在电解质；（2）指电池中的离子导体。它可以是固体电解质、电解质溶液或熔盐，作用是在电池中与电池导体形成界面，构成电极，同时参与导电，形成电池内部的电流回路，使电池得以工作。

电位滴定法（potentiometric titration）将标准溶液滴入被测物质的溶液中，从电极电位的突变来判断滴定终点的分析法，属电化学分析法的一种。滴定时由指示电极（如铂电极）、参比电极（如甘汞电极）和试液组成电化学电池，电位计测定的电位是两个电极的电位差。此法可用于中和反应、沉淀反应、络合反应和氧化还原反应，也可用于 pH 值控制和非水滴定等，特别适用于有颜色的溶液或无适当指示剂可用的溶液。

电子传递（electron transfer）生物体氧化还原反应中的电子移动。在一般的氧化还原反应中，有氧的传递、氢的传递和电子的传递，在生物体的氧化还原反应中也有同样的情况。加氧酶催化的反应即是氧的传递，氢的传递则认为是电子和氢离子的转移，与电子传递并无本质上的差别。在电子传递过程中与释放的电子结合并将电子传递下去的物质称为电子载体。参与传递的电子载体有四种：黄素蛋白、细胞色素、铁硫蛋白和辅酶 Q。其中除了辅酶 Q 以外，接受和提供电子的氧化还原中心都是与蛋白相连的辅基。在呼吸作用中分子态氧是通过细胞色素系统接受电子传递，与氢结合生成水。细胞色素间的氧化还原随着铁红血素中铁的二价、三价的变化而进行电子传递。

电子配对法（electron pairing method）见价键理论。

电子效应（electronic effect）由于不同原子之间存在电负性的差别所导致化学键的极化，并可沿着化学键传导，从而对分子本身的物理性质和化学性质产生的作用和影响。是有机化学理论的基本概念之一。电子效应分为两大类：一类是涉及 π 键的共轭效应，一类是涉及 σ 键的诱导效应和超共轭效应。

定量分析（quantitative analysis）定量测定物质中有关组分含量的实验方法，是化学分析的一个分支。在定量分析中，一般以质量分数表示被测组分在试样中的含量。根据其取样多少的不同，可分为以下几种类型：（1）当试样用量为 $0.1 \sim 1g$（或体积大于 10mL）时，通常称为常量分析；（2）当试样用量为 $10 \sim 100mg$（或体积为 $1 \sim 10mL$）时称为半微量分析；（3）当试样为 $0.1 \sim 10mg$（或体积 $0.01 \sim 1mL$）时称微量分析；（4）当试样为 0.01mg 以下（或体积小于 0.01mL）

时称为超微量分析，也称痕量分析。分析纯物质或超纯物质中的杂质时，由于被测物质含量非常低，常用 10^{-6} 或 10^{-9} 数量级表示。根据分析方法性质的不同，可分为化学分析法和仪器分析法。定量分析对测定物质的组成和检验原料或成品的纯度，有着重要的意义，因而应用很广。

定性分析（qualitative analysis）定性鉴定组成物质的元素、离子、官能团或化合物的实验方法，是分析化学的一个分支。根据分析条件的不同，可分为干法分析和湿法分析；根据其取样多少不同，可分为常量分析、半微量分析、微量分析和超微量分析等。对于组分不清楚的样品，应先进行定性分析，然后作定量分析。许多定性分析的反应，可加以控制或改进，作为定量分析的基础。

对映异构（optical isomerism）两个或多个分子由于构型上的差异而表现出不同旋光性能的现象。这些分子互为对映异构体，也叫旋光异构体，即两个有机化合物分子式相同，彼此互为物体与镜像关系的立体异构体（简称为对映体）。对映异构体都具有旋光性，其中一个是左旋体，一个是右旋体，例如甘油醛、酒石酸、乳酸等。许多天然有机物均存在对映异构，在生化和新药研究中具有重要价值。

对映异构体（enantiomer）见对映异构。

多晶硅材料（polycrystalline silicon material）以硅为原料经一系列的物理化学反应提纯后，达到一定纯度的由多重小晶体组成的硅材料。是硅产品产业链中的一个极为重要的中间产品，是制造硅抛光片、太阳能电池及高纯硅制品的主要原料，是信息产业和新能源产业最基础的原材料。

多糖（polysaccharide）经水解后可产生至少 6 分子单糖的有机物。主要包括：（1）淀粉，其水解后只产生葡萄糖，所以是一种同聚物；（2）肝糖，是动物体内的储存性多糖类，常被称为动物淀粉；（3）纤维素，是植物骨架的主要成分；（4）代糖，如由天门冬氨酸与苯丙氨酸所构成的人工甜味料，可作为糖的替代品。

E

二甘醇（diethylene glycol, diglycol）无色透明黏稠液体，具有吸湿性，学名为一缩二乙二醇。二甘醇有辛辣气味，无腐蚀性，易燃，与水、乙醇、丙酮、乙醚、乙二醇混溶，不溶于苯、甲苯、四氯化碳。主要用作防冻剂、气体脱水剂、增塑剂、溶剂及合成不饱和聚酯树脂等。二甘醇属于低毒类化学物质，进入人体后代谢排出迅速，无明显蓄积性，迄今未发现有致癌、致畸和致突变作用的证据，但大剂量摄入会损害肾脏。

F

放射化学（radiation chemistry）研究放射性物质的性能及其应用的一门学科。其主要研究内容是：天然放射性元素的分布、分离、纯化和富集等，人工放射性元素的生成，放射性元素及其化合物的性质和应用等。

非电解质（nonelectrolyte）在水溶液中或熔融状态下不能电离成正、负离子，不导电的化合物。例如糖、乙醇、甘油等。

分光光度分析（spectrophotometric analysis）测量一束单色光通过某种有色溶液后的吸光度并与标准溶液对比，从而确定被测物质含量的分析方法，这是光学分析的一种。在分析时，先将有各种波长（约为 $320\sim2\,500\,nm$ 可见光的波长）的混合光色散为各种单色光，使每种单色光依次通过某种物质的某一浓度的溶液，测定溶液对每种光波的透射比或吸光度，并绘出相应的吸收光谱曲线。根据光谱曲线，可进行定性分析和定量分析。分光光度法具有灵敏、准确、快速及选择性好等特点，因此几乎所有的无机物质和大多数有机物质都能用此法进行测定。

分析化学（analytical chemistry）研究对物质的化学组成和含量进行分析的方法及理论的化学分支学科，属化学中四大基础学科之一。分为定性分析和定量分析，其中包括化学分析和仪器分析。分析化学在化学、化工、冶金、矿物学、地质学、生理学、医学、药学、农业、环保及国防等方面起着"眼睛"的作用。

分子轨道理论（molecular orbital theory）采用相应的分子轨道波函数 ψ（音坡塞，称为分子轨道）描述分子中电子的空间运动状态的一种化学理论。1932年由美国化学家缪尔根和德国化学家洪特首先提出。该理论注意了分子的整体性，较好地说明了多原子的分子结构。分子轨道可以由分子中原子轨道波函数的线性组合而得到，几个原子轨道可组合成几个分子轨道。其中有一半分子轨道分别由正负符号相同的两个原子轨道叠加而成，两核间电子的概率密度增大，能量低于原来的原子轨道能量，有利于成键，称为成键分子轨道，如 σ、π 轨道；另一半分子轨道分别由正

负符号不同的两个原子轨道叠加而成，两核间电子的概率密度很小，能量较原来的原子轨道能量高，不利于成键，称为反键分子轨道，如 σ^*、π^* 轨道。

分子量分布（molecular weight distribution, MWD）在高分子化合物组成中，所含有的不同分子量聚合物的相对量。由于聚合反应的特性，使得在通常合成的高聚物中，其分子量或聚合度以及分子链长都是不均一的，即高聚物一般是由不同分子量的同系物组成的混合物。其分子量需要用统计平均分子量表示，因而存在着分子量分布问题。这种分布可以用分布函数或分子量分布曲线表示。因此，平均分子量相同的聚合物可能会有不同的分子量分布，也会表现出不同的性能。高分子材料的溶液性质、加工性能和使用性能均受分子量分布的影响。

G

甘油（glycerol；glycerin）学名丙三醇。是一种无色、无味的黏稠液体。能吸潮，可与醇、水混溶，不溶于氯仿、醚、油类。主要用于气相色谱固定液及有机合成，也可用作溶剂、气量计及水压机减震剂、软化剂、抗生素、发酵用营养剂、干燥剂等，在食品加工业中通常用为甜味剂和保湿剂。由于甘油可以增加人体组织中的水分含量和高热环境下人体的运动能力，所以可适量加入运动食品和代乳品中。甘油对健康也有一定的危害，吸入、摄入或经皮肤吸收后，对眼睛、皮肤有刺激作用，长时间接触会引起头痛、恶心和呕吐等症状。

高效络合催化剂（high efficiency coordination catalyst）又称高效聚烯烃催化剂，在原有聚合催化剂基础上，采用适当的方法把钛化合物（如 $TiCl_4$）分散在载体（如 $MgCl_2$）上，加入有效的活化剂（如三乙基铝），并采用适当的方法（如研磨法）加入第三组分改进，而制得的活性很高的催化剂。应用此类催化剂，以每克钛计，可得数十万克甚至百万克以上的聚合物。这样可使聚合物中催化剂的残留量甚微，可免去脱除催化剂工艺，使流程大大简化。另一类高效络合催化剂是选择性很高的铑络合物催化剂和邻配位基改性的铑络合物催化剂。它们主要用于低压法甲醇羰基化反应过程和从丙烯氢甲酰化制丁醛。高效络合催化剂已在化工生产中得到大规模利用，大大提高了生产效率。

共轭效应（conjugated effect）在有机分子结构中，由于共轭 π 键的形成而引起分子性质改变的效应。即

在共轭分子（例如单双键交替的共轭二烯烃）中任何一个原子受到外界试剂的作用，其他部分将立即受到影响，这种电子云通过共轭体系的传递方式，即为共轭效应。共轭效应的特点是电子云正负交替、大小不变沿共轭体系传递，不受距离的限制。共轭效应是有机化学理论中的重要概念之一，有着广泛的应用。

共振论（resonance theory）用共振结构式来表示分子的真实结构的一种分子结构理论。由美国化学家保利在20世纪30年代提出，认为分子的真实结构是由两种或两种以上的经典价键结构式共振而成的，某些分子、离子或自由基不能用某个单一的结构来解释其某种性质（能量值、键长、化学性能）时，就用两个或两个以上的结构式来代替通常的单一结构式，这个过程叫共振。用共振符号"↔"双向箭头表示。共振论可用来说明分子的极性（偶极矩）键长、离域键、键能，以及预测化学反应产物、比较化合物酸碱性的强弱、判断反应条件的稳定性、电荷的分布位置等。

固溶体（solid solution）在固态合金中，一种元素的晶格结构内包含有其他元素的合金相。在固溶体晶格上各组分的化学质点随机分布均匀，其物理性质和化学性质符合相均匀性的要求，因而几个物质间形成的固溶体是一个相。形成固溶体时，含量大者为溶剂，含量少者为溶质；溶剂的晶格即为固溶体的晶格。当溶质元素含量很少时，固溶体性能与溶剂金属性能基本相同。但随溶质元素含量的增多，会使金属的强度和硬度升高，这种现象称为固溶强化。适当控制溶质含量，可明显提高强度和硬度，同时仍能保证足够高的塑性和韧性。因此，固溶体一般具有较好的综合力学性能。对于要求有综合力学性能的结构材料，几乎都以固溶体作为基本相。

冠醚（crown ether）一类分子结构中含有如下-O-CH$_2$CH$_2$-重复单元的大环化合物。这类分子的结构特点是冠环中间有一空穴，分子结构不同，空穴的半径大小也不同。冠醚能与正离子，尤其是与金属离子络合，并且随环的变化而与不同的金属离子络合。例如，12-冠-4与锂离子络合而不与钾离子络合；18-冠-6不仅与钾离子络合，还可与重氮盐络合，但不与锂或钠离子络合。冠醚主要作为相转移催化剂用于有机合成，即将离子型化合物转移到有机相中，加快反应速率，可使许多在传统条件下难以反应甚至不发生的反应顺利进行。

光化学（photochemistry）研究物质因受光的作用而产生的化学反应的学科，是物理化学的一个分支学科。光化学所涉及的光的波长范围为100～1 000nm，一般指红外线、可见光和紫外线。光化学过程是地球上发生的最普遍、最重要的过程之一。绿色植物的光合作用、动物的视觉、人体在阳光下生成维生素D、涂料与高分子材料的光致变性，以及照相、光刻、有机化学反应的光催化等，无不与光化学过程有关。同位素与相似元素的光致分离、光控功能体系的合成与应用等，也属于光化学的领域。但从理论与实验技术方面来看，光化学目前还很不成熟。

H

海洋化学（marine chemistry）用化学原理和化学技术，研究海洋中物质的性质及其化学作用的一门科学。其内容主要包括：（1）海水化学；（2）海洋沉积物化学；（3）活体海洋生物化学；（4）海洋界面物理化学及与界面物相互作用的化学。主要研究和测定海水的同位素、元素及分子能级，即研究海洋中有机物和无机物的组成、基本特性、来源、构造模式及其在海洋地质、生物、物理、气象等领域中的特殊作用。当前，海洋化学已从研究海水中元素和物质的含量、组成、分布为主要内容的研究阶段，进入到以研究元素存在形式和化学性质的阶段，即海水化学模型研究阶段；从均相水体的研究，发展到非均相界面的研究。

核磁共振波谱法（nuclear magnetic resonance spectroscopy，NMR）将核磁共振现象应用于分子结构测定的一项技术。核磁共振现象是处于静磁场中的原子核在另一交变磁场作用下发生的物理现象，即某些有磁性的原子核（如 ^1H、^{13}C、^{19}F 等），在外磁场作用下可以吸收一定波长的无线电波而发生共振吸收。各种磁性核在不同的磁场条件下产生共振，由于在分子中所处的化学环境不同，同一种磁性核的共振位置（化学位移）也稍有差异，所以在不同频率处有不同强度的吸收，构成共振的吸收谱。这就是结构分析的基础。此外，谱峰的精细裂分又说明邻近磁核的数目与性质；谱峰的面积与共振核的数目成比例，这是定量分析的基础。核磁共振波谱法广泛用于有机分子及高聚物的定性与定量分析，如鉴定分子结构、基团分析、异构体分析及测定高聚物的组成、成分及序列，等等。

核化学（nuclear chemistry）全称为原子核化学，

研究原子核（稳定的和放射性的）的反应、性质、产物鉴定及其合成制备的一门化学学科。其主要研究核性质、核结构、核转变的规律以及核转变时的化学效应、原子化学及其研究成果在有关领域的应用。核化学、放射化学和核物理这三门学科，在内容上既有区别但又紧密相连。核化学研究成果已广泛应用于多个领域。例如，利用测定由中子俘获反应的中子活化分析，可较准确地测定样品中 50 种以上元素的含量，并且灵敏度很高。中子活化分析法已广泛应用于材料科学、环境科学、生物学、医学、地球科学、宇宙化学、考古学和法医学等领域。

痕量分析（trace analysis）见定量分析。

红外光谱法（infrared spectroscopy）将物质的分子在红外线（通常是指 $2 \sim 25 \mu m$ 波长范围的中红外区）的照射下选择性地吸收其中某些频率所形成一些吸收谱带，应用于分子结构测定的现代分析技术。红外光谱是由于分子吸收红外线激发到较高的振动能级而形成的。所吸收的红外线频率（能量）与分子振动能级间距相等。不同结构的分子具有不同的振动能级，因而能够测定出代表分子结构的各不相同的红外光谱。红外光谱除不能区别旋光异构体外，能对分子进行定性分析。有机物大多数基团相对独立地在红外光谱的一定频率范围，出现特征吸收峰。因此，它主要用于鉴定有机分子中的官能团，也能够用于定量分析。

化合物（compound）由多种元素组成的纯净物（区别于单质）。亦指从化学反应中所产生，由两种或两种以上元素构成的纯净物。化合物可以用对应的化学结构式或分子式表示，例如：氯化钠（NaCl）是一种通过盐酸（HCl）和氢氧化钠（NaOH）进行化学反应而成的化合物。化合物主要分为有机化合物和无机化合物以及高分子化合物等。

化学变化（chemical change）几种物质在一起，在一定条件下发生变化时，有新物质生成的变化类型。在发生化学变化时，物质的组成和化学性质都改变，还伴随有能量的变化：吸热或放热。化学变化以质变为其最重要的特征，如碳在空气中的燃烧生成二氧化碳，并发生热和光。化学变化一般分为化合、分解、取代（置换）、复分解等反应类型。

化学反应（chemical reaction）物质分子之间或分子内部在一定条件下进行原子的重新组合或排列，生成新物质的过程。属于化学变化。特点是物质的分子发生变化，有新物质的生成，而原子不发生变化。参加反应的物质称为反应物，反应生成的物质称为产物或生成物。

化学键（chemical bond）分子和晶体中相邻两原子或多个原子之间存在的强烈的相互作用。按成键时电子运动状态的不同，化学键可分为离子键、共价键（包括配位键）和金属键三种基本类型。能表征化学键性质的物理量称为键参数。共价键的键参数主要有键能、键长、键角及键的极性。

化学信息学（chemical informatics）研究化学信息的设计、制造、组织、处理、检索、分析、传播及在化学、生物化学领域中应用的学科。主要内容包括计算机与计算机网络如何利用互联网上的化学资源，计算机与互联基础、联机文献检索、网络图书与网络杂志、数据库资源、化学信息资源查询、化学信息的计算机管理与应用、化学信息的计算机模拟、多元校正与因子分析、人工神经网络、遗传算法和模拟退火算法、小波分析、免疫算法等。

化学元素（chemical element）简称元素，具有相同核电荷数的原子的总称。例如氢、碳、氧、硫、铁等都是元素。不论以单质还是化合物的形式存在，它们的核电荷数分别是 1、6、8、26 等。现在已发现的元素有 112 种，可分为金属元素、半金属元素和非金属元素三类，并没有绝对的界限。

环境友好化学（environmentally-friendly chemistry）见绿色化学。

混合物（mixture）由两种及两种以上单质或化合物混杂在一起（未经化学变化）所组成的物质。一般情况下，混合物无固定组成和性质，而其中的每种单质或化合物都保留着各自原有的性质。如：含有氧、氮、稀有气体、二氧化碳等多种气体的空气，含有各种有机物的石油（原油）、天然水、溶液、糖水、牛奶、合金等都是混合物。分离和鉴定混合物的成分是化学上最常碰到的问题。混合物可以采用物理方法如蒸馏、过滤、结晶、升华、萃取及层析等方法将所含物质加以分离。

活性中间体（reactive intermediate）在有机化学反应过程中生成的活性高、寿命短的中间体。它们一般都迅速变成反应产物，在常温下不易分离和检验，但其中有些在特殊的实验条件下或者使用特殊的仪器也可以分离和检验。活性中间体主要类型包括：碳正离子、碳负离子、自由基等。在有机反应机理研究中，首先需要确定某一反应是否有活性中间体。如果有，还需要说明反应物如何变成活性中间体，一个活性中间体如何变成另一个活性中间体，活性中间体的立体结构、电子状态和能量以及活性中间体如何变成产物等。活性中间体的确定是研究有机化学反应机理的重要步骤。

J

极谱分析（polarographic analysis）以滴汞电极为阴极的电解分析方法，是电化学分析的一种。用作指示电极的滴汞电极，是小面积的极化电极。它的电位随外加电压的变化而变化；而参比电极是大面积的去极化电极。电解要在支持电解质并消除了迁移电流的静止溶液中进行。通过测量电解过程中所得到的电流-电压（或电位-时间）曲线来测定溶液中被测物质的浓度。其操作简便，方法灵敏，尤为适合微量分析，且可同时测定几种组分。此法应用范围广，凡是能被还原或氧化的无机物质或有机物质，都可应用极谱分析。用于极谱分析的仪器称极谱仪。

计算化学（computational chemistry）用量子化学理论和计算数学来认识、理解、预言和发现新的化学现象的科学。它是理论化学的一个分支。其主要目标是利用有效的计算数学，近似预测分子的性质，即利用电脑程序预测分子的性质（例如总能量、偶极矩、振动频率、反应活性等）并用来解释一些具体的化学问题。计算化学有时也被称为计算机科学与化学的交叉学科。因为只有很少的化学体系可以进行精确计算，所以计算化学并不追求完美无缺或者分毫不差。但是，几乎所有种类的化学问题都可以采用近似的算法来表述。计算化学的发展方向是研究分子结构和性能的关系；研究化学反应是如何发生的；预测化学反应的产物及新化合物具有什么样的化学性质；研究生物大分子的空间结构、取向和形态；研究分子-分子体系的排列和相互作用；研究计算机对化学过程的模拟等。

加聚反应（addition polymerization）由不饱和或环状单体分子加成聚合生成聚合物的一种化学反应。反应中没有水或其他低分子副产物的释出，而且所生成的聚合物元素成分与原用单体的成分相同。按参加反应的单体种类和聚合物本身的构型，可分为均聚合反应、共聚合反应和定向聚合反应。均聚合反应是一种在不饱和或环状单体分子间进行的聚合反应；形成的聚合物有：聚乙烯、聚丙烯、聚氯乙烯

等；共聚合反应是指两种或多种单体共同参加的聚合反应；在形成的聚合物分子链中含有两种或多种单体单元，如 ABS 树脂等；定向聚合反应是在聚合过程中，控制反应条件，使单体聚合成具有定向而有规则结构产物的反应，即全同立构型或间立构型的聚合反应；形成的聚合产物叫定向聚合物。

价键理论（valence bond theory）又称电子配对法，是一种以获得分子薛定谔方程（量子力学的基本方程，揭示了微观物理世界物质运动的基本规律）近似解的处理方法来研究电子配对形成定域化学键的理论。价键理论是历史上最早发展起来的化学键理论，其中主要描述分子中的共价键和共价结合，其要点如下：(1) 在成键原子间由自旋方式相反的未成对价电子进行配对成键；(2) 形成共价键的原子轨道要进行最大重叠，成键原子间电子出现的概率密度越大，形成的共价键越牢固。根据上述基本要点可知共价键具有饱和性和方向性。价键理论与经典电子对键概念相吻合，一出现就得到迅速发展，对研究分子中的化学键及分子间的作用力，对了解物质的性质和变化规律都具有重要意义。

结构化学（structural chemistry）在原子、分子水平上研究物质分子结构与组成的相互关系，以及结构和各种运动相互影响的化学分支学科。它是阐述物质的微观结构与宏观性能的相互关系的基础学科，是一门直接应用多种近代实验手段测定分子静态、动态结构和静态、动态性能的实验科学。它的任务是从各种已知化学物质的分子结构和运动特征中，归纳出物质结构的规律性，还要说明某种元素的原子或某种基团在不同的微观化学环境中的价态、电子组态、配位特点等结构特征。结构化学一般从宏观到微观，从静态到动态，从定性到定量，分不同层次来认识客观的化学物质。演绎和归纳是结构化学研究的基本思维方法。

晶体（crystal）组成物质的微粒（原子或离子）在三维空间有规律地周期性平移重复排列形成具有各自构造的固体物质。每种结晶质物体（晶体）都具有固定的熔点、晶格能和固定的物理化学性质。大多数结晶质物体可在自然界形成自身固有的几何多面体外形。

聚合度（degree of polymerization）聚合物分子中重复结构单元的数目（亦称链节数），是衡量聚合物分子大小的指标。常用 n 表示。由于聚合物是由一组

不同聚合度和不同结构形态的同系物的混合物所组成，因此聚合度是统计上的平均值。聚合度不同，聚合物的性能不同。

聚合反应（polymerization reaction）由小分子单体合成高分子聚合物的反应过程。有聚合能力的低分子原料称单体，分子量较大的聚合原料称大分子单体。若单体聚合生成分子量较低的低聚物，称为齐聚反应，产物称齐聚物。只有一种单体参加的聚合反应称均聚反应，产物称均聚物；有两种或两种以上单体参加的聚合反应，称共聚合反应，产物称为共聚物。

聚合物（polymer）由一种或多种物质的单体经聚合反应而生成的分子量较一般有机化合物高得多的有机材料。一般化合物的分子量为几十至几百，合成高分子聚合物的分子量为近万甚至上百万，因此又称高聚物。高聚物可以是天然产物如纤维素、蛋白质和天然橡胶等；也可以是用合成方法制得，如合成橡胶、合成树脂、合成纤维等非生物高聚物以及合成生物有机高分子等。聚合物按其性能和用途分类，分为合成树脂、合成橡胶、合成纤维等；按主链结构分类，分为碳链、杂链和元素有机高分子三类；由一种单体合成的叫均聚物，由两种以上单体合成的分别叫二元、三元等共聚物。聚合物的特点是种类多、相对密度小（仅为钢铁的 1/7～1/8）、比强度大、绝缘性好、耐腐蚀性好、加工容易，可部分取代金属、非金属材料，因而在国民经济及日常生活中广泛应用。

L

离子交换色谱（ion exchange chromatograph）利用被分离组分与固定相之间发生离子交换的能力的不同来实现混合物分离的方法。离子交换色谱的固定相一般为离子交换树脂。树脂分子结构中存在许多可以电离的活性中心，待分离组分中的离子与活性中心发生离子交换，形成离子交换平衡，从而在流动相与固定相之间形成分配。固定相的固有离子与待分离组分中的离子之间相互争夺固定相中的离子交换中心，并随着流动相的运动而运动，最终实现分离。

离子液体（ionic liquid）由带正电的离子和带负电的离子构成的液体。与典型的有机溶剂不同，在离子液体里没有电中性的分子，100% 是阴离子和阳离子，在 -100～200℃ 之间均呈液体状态。热稳定性和导电性良好，表现出酸性及超强酸性质，一般不会成为蒸气；多数离子液体对水具有稳定性，易在水相中

制备得到；具有优良的可设计性，可通过分子设计获得特殊功能的离子液体；离子液体无味、无恶臭、无污染、不易燃、易与产物分离、易回收、可反复多次循环使用。它不仅可作为传统挥发性溶剂的理想替代品，还可用作某些反应的催化剂。

量子化学（quantum chemistry）应用量子力学的规律和方法来处理和研究化学问题的一门学科。随着计算机的发展，量子化学计算方法得到飞速发展，从 1960 年到现在的数十年内，涌现出了组态相互作用、多体微扰理论、密度泛函理论以及数量众多、形式不一的旨在减少计算量的半经验计算方法。现在已经有大量商用量子化学计算软件出现，其中很多都能够在普通个人计算机（PC）上实现化学的精度量化计算。量子化学理论现在已经成为化学家常用的理论工具。量子化学的理论方法包括分子轨道理论方法、价键理论方法和密度泛函理论方法等，研究的内容为分子结构、化学反应和分子性质。

绿色化学（green chemistry）又称环境友好化学，是指以"原子经济性"为基本原则，研究化学反应和化学过程在获取新物质的化学反应中，充分利用参与反应的每个原料原子，实现"零排放"的一门学科。旨在充分利用资源，不产生污染，并采用无毒、无害的溶剂、助剂和催化剂，生产有利于环境保护、社区安全和人身健康的环境友好产品。

轮烯（annulene）又称[n]轮烯，是一类具有单、双键交替的单环多烯类有机化合物。n 为环碳原子数，如苯就是[6]-轮烯。现已合成出的轮烯有[14]、[16]、[18]、[22]、[24]、[30]轮烯等。其中[18]轮烯、[22]轮烯和[26]轮烯有芳香性。轮烯的合成不仅是对环状化合物合成的有益探索，而且对于有机化学中的芳香性理论的研究与发展具有重要作用，并且已在光电池材料和生物传感器等领域显示出很好的应用前景。

M

毛细管气相色谱法（capillary gas chromatography）利用毛细管作为色谱柱以达到分离分析目的的一种分析方法。是气相色谱分析的一种。其固定相是附着于毛细管内壁上的一层液体薄膜。毛细管可用不锈钢、铜、玻璃、弹性石英和尼龙等制作，直径约 0.1～1mm，长度约 10～30 m（常制成螺旋形）。毛细管柱则又可分为空心毛细管柱和填充毛细管柱两种。空心毛细管柱是将固定液直接涂在内径只有 0.1～0.5mm 的玻璃或金属毛细管的内壁上。它是将某些多孔性固体颗粒

装入厚壁玻管中，然后加热拉制成毛细管，一般内径为 $0.25 \sim 0.5$ mm。

煤化学（coal chemistry）研究煤的成因、组成、结构、性质、分类、转化及其间的相互关系、阐述煤炭作为燃料和原料利用中的有关化学问题的一门学科。煤化学是研究和选择煤炭加工利用的理论基础，是一门实用性很强的应用科学。煤化学的研究涉及分析化学、有机化学、生物化学、胶体化学和物理化学及煤地质学、矿物学和地球化学等学科，因而它也是一门边缘性的综合性学科。煤化学的兴起和发展是与煤作为能源和化工原料利用的发展分不开的，特别是世界洁净煤技术的迅速发展更是与煤化学的发展密切相关。煤化学成为一个独立的学科，起源于18世纪后期的工业发展阶段。20世纪以后，煤化学的主要发展方向是煤的焦化、气化和液化等煤的转化技术和煤的燃烧等方面的特性以及对煤的各种洁净利用技术的基础性研究，从而为煤炭资源的合理利用和优化利用提供依据。

密度（density）某种物质的质量与其体积的比值，即单位体积的某种物质的质量。单位g/cm³或kg/m³，常用符号"ρ"表示，是有量纲的量。另有"相对密度"的概念，定义为该物质的密度和水在4℃时的密度的比值，是无量纲的量，常用符号"d"表示。

木糖醇（xylitol）一种五碳糖醇，从植物中提取的具有营养价值的天然甜味剂。分子式$C_5H_{12}O_5$。木糖醇是白色粉末状结晶，味凉，甜度相当于蔗糖，是人体糖类代谢的正常中间体之一。在自然界中，木糖醇广泛存在于各种水果、蔬菜中，但含量很低。商品木糖醇是用玉米芯、甘蔗渣等经过深加工而制得的。木糖醇可以抑制引发虫牙病的细菌（变形链球菌）的生长，阻止牙齿表面细菌膜的形成及细菌膜内酸性物质的产生，从而达到预防虫牙的效果。木糖醇是蔗糖和葡萄糖的替代品，可作为甜味剂、营养补充剂和辅助治疗剂，在食品、医药等工业中广泛应用。

N

黏度（viscosity）流体（液体或气体）在流动中所产生的内部摩擦阻力，是流体分子间因相互吸引而产生阻碍分子间相对运动的能力的量度。黏度是材料性能的一个参数。其大小由物质种类、温度、浓度等因素决定，随温度和压力的变化而急剧变化。黏度分为动力黏度、运动黏度、相对黏度，三者有本质区别，不能混淆。

凝胶色谱（gel permeation chromatography）利用交联葡聚糖凝胶、琼脂糖凝胶或聚丙烯酰胺凝胶填充的色谱柱以实现对混合物进行分离的方法。凝胶色谱的原理类似于分子筛。待分离组分在进入凝胶色谱后，会依据分子量的不同，进入或者不进入固定相凝胶的孔隙中。不能进入凝胶孔隙的分子会很快随流动相洗脱，而能够进入凝胶孔隙的分子则需要更长时间的冲洗才能够流出固定相，从而实现了根据分子量差异对各组分的分离。调整固定相使用的凝胶交联度能调整凝胶孔隙的大小；改变流动相的溶剂组成会改变固定相凝胶的溶胀状态，进而改变孔隙的大小，获得不同的分离效果。凝胶色谱是20世纪60年代初发展起来的一种快速、简单的分离分析技术。由于凝胶色谱技术所用设备简单、操作方便，不需要有机溶剂，对高分子物质有很好的分离效果，已被广泛应用于生物化学、分子生物学、生物工程学、分子免疫学以及医学等领域的科学研究，并已大规模用于工业生产。

P

pH万用试纸（universal pH test paper）用于测量溶液pH值的滤纸片。它是将滤纸浸入几种酸碱指示剂的混合溶液中，取出晾干，并切成条状制成的。pH试纸在不同的酸碱性溶液中显示出不同的颜色。一般在试纸盒上附有各种不同颜色的标准色版。如pH=1时，标准色版显深红色；pH=3时，标准色版呈橙色；pH=9时，显深草绿色；直到pH=14时，则显紫褐色。在测量某溶液的pH值时，撕下一条pH试纸，浸入溶液中，或取一滴溶液滴到试纸条上，半秒钟后取出与标准色版比较之，即可得到该溶液的pH值，就能知道该溶液的酸碱度强弱。有一些精密pH试纸可测准到小数点后一位数，如pH值为$0.5 \sim 5.0$；$5.5 \sim 9.0$等的试纸。

pH值（pH value）表示稀溶液中氢离子浓度大小的量值。氢离子浓度常用对数的负值表示，即$pH = -\lg[H^+]$。例如$[H^+] = 10^{-5}$ mol/L，即pH=5。pH值的应用范围通常在$0 \sim 14$之间。pH值是介于0和14之间的数。pH=7时，表示溶液呈中性，即溶液既不偏酸性，也不偏碱性。pH值愈小，表示溶液的酸性愈强；pH值愈大，碱性愈强。测定水质、土壤及其他溶液的pH值，可用pH试纸，也可用精确的pH计，即酸度计。

配位化学（coordination chemistry）一门研究金属的原子或离子与无机、有机的离子或分子相互反应形成配位化合物的特点及其成键、结构、反应、分类和制备的学科。它是无机化学分支学科之一，与有机化学、分析化学、物理化学、高分子化学等学科相互关联、相互渗透，与材料科学、生命科学以及医药等其他学科的关系也越来越密切。最早被记载的配位化合物是 18 世纪初用于颜料的普鲁士蓝 K〔Fe Ⅱ（CN）₆ Fe Ⅲ〕。1798 年，又发现了 $CoCl_3 \cdot 6NH_3$，是 $CoCl_3$ 与 NH_3 形成的稳定性强的化合物，对其组分和性质的研究开创了配位化学领域。1893 年，瑞士化学家 A.维尔纳首先提出这类化合物的正确化学式和配位理论，在配位化合物中引进副价概念，提出元素在主价以外还有副价，从而解释了配位化合物的存在以及它在溶液中的离解现象。

Q

气相色谱法（gas chromatography）一种以气体为流动相，采用洗脱法的柱色谱法。作为流动相的气体称为载气，如氦、氢、氮、二氧化碳等。如果柱内的填充固体（固定相）是固体吸附剂，称为气-固色谱法；若柱内填充物是表面涂有固定液的载体（填充色谱）或柱内壁涂有一层固定液（毛细管色谱），则称为气-液色谱法。气相色谱分析具有高选择性、高效能、高灵敏度和分析速度快、应用范围广等特点，适于微量和痕量分析，广泛应用于化学、化工、石油化工、农药残留量、生化物质、医药、卫生、环境保护等方面。

亲水亲油平衡值（hydrophile-lyophile balance）衡量一种物质亲水亲油程度的数值，简称 HLB 值。HLB 值越大，亲水性越强。HLB 值是用来选择乳化剂的有效参考指标。

R

热分析（thermal analysis）利用热学原理对物质的物理性能或成分进行分析的总称，即在程序控制温度下，测量物质的物理性质随温度变化的一类技术。其中"程序控制温度"是指用固定的速率加热或冷却；"物理性质"则包括物质的质量、温度、热焓、尺寸及机械、电学、磁学性质等。经过数十年的发展，热分析已经形成一类拥有多种检测手段的仪器分析方法。它可用于检测物质因受热而引起的各种物理、化学变化，参与各领域的热力学和动力学问题的研究，从而使其成为各领域的通用技术。

热重分析（gravitational thermal analysis，GTA）将样品置于程序控制的温度下，观察测定样品的质量

随温度或时间变化的函数的一种热分析方法。此法具有操作简便、精确度高、稳定性好等优点。广泛应用于塑料、橡胶、涂料、药品、催化剂、无机材料、金属材料与复合材料等各领域的研究开发、工艺优化与质量监控。

容量分析（volumetric analysis；volumetry）将一种已知浓度的试剂溶液加到被测物质的试液中，根据完成化学反应所消耗的试剂量来确定被测物质的量的方法。它是一种重要的定量分析方法。即将已知准确浓度的试剂溶液即标准溶液，滴加到一定体积的待测物的溶液中，直到待测组分恰好完全反应（这时加入标准溶液的物质的量与待测组分的物质的量符合反应式的化学计量关系），然后根据标准溶液的浓度和所消耗的体积，计算出待测组分含量的一类分析方法。滴加的标准溶液与待测组分恰好反应完全的这一点，称为化学计量点，亦称等当点。在等当点时，反应往往没有任何明显外部特征，通常在待测溶液中加入几滴指示剂（如酚酞等），利用指示剂颜色的突变来判断等当点的到达。在指示剂刚变色时，停止滴定，因此这一点称为滴定终点。容量分析与重量分析相比，具有反应迅速、操作简便、结果准确（可准确到 0.1%）等优点。根据反应类型的不同，容量分析可分为两类：（1）基于离子之间发生结合反应的滴定法，包括中和法、容量沉淀法、络合滴定法等；（2）基于离子间发生电子得失反应的测定法，包括各种不同的氧化还原滴定法，如高锰酸盐滴定法、铬酸盐滴定法等。它广泛用于常量组分测定和大批样品的例行分析。

S

三硝酸甘油酯（nitroglycerine；glyceryl trinitrate）又称硝化甘油，一种在低温时易冻结、轻微震荡即能引起爆炸的淡黄色黏稠液体。主要用于制造炸药和药品。最早由化学家 A.索布雷罗用浓硫酸、浓硝酸与甘油作用制得，后经瑞典化学家诺贝尔改进，用白色硅藻土吸收这种爆炸油，成为一种黄色的固体，即诺贝尔安全炸药。诺贝尔去世之后设立了诺贝尔奖，现已成为衡量世界上最高科学研究水平的权威标准。硝化甘油是重要的无烟火药，主要用于制造开山筑路的炸药，以及制作混合发射药和火箭推进剂。在医药方面，硝化甘油制成片剂，舌下给药或与乙醇配成 1% 的溶液，用于治疗心、胆、肾绞痛和雷诺氏病。其作用迅速，为常用药品之一。

熵（entropy）表示物质微观热运动时混乱程度的标志。是热力学中表征物质状态的参量之一，通常用符号 S 表示。单位质量物质的熵称为比熵。熵最初是根据热力学第二定律引出的一个反映自发过程不可逆性的物质状态参量。热力学第二定律有下述表述方式：（1）热量总是从高温物体传到低温物体，不可能作相反的传递而不引起其他的变化；（2）功可以全部转化为热，但任何热机不能全部地、连续不断地把所接受的热量转变为功（即无法制造第二类永动机）；（3）在孤立系统中实际发生的过程，总使整个系统的熵值增大，即熵增原理。摩擦使一部分机械能不可逆地转变为热，使熵增加。热量由高温（T1）物体传至低温（T2）物体，高温物体的熵减少，低温物体的熵增加，把两个物体合起来当成一个系统来看，熵的变化是增加的。

升华（sublimation）固态（结晶）物质不经过液态而直接转变为气态的现象。如冰、碘、硫、萘、樟脑、氯化汞和汞（水银）等都可在不同的温度下升华。由于汞可在常温下升华，所以应慎重处理废弃汞灯，以免使汞对人体造成损害。

生命有机化学（bio-organic chemistry）一门探索生命过程中有机化学问题的学科。主要以具有重要生理活性的有机天然小分子为研究对象，进行结构、全合成、创制类似物、构效关系以及在生物体内转化等方面的研究；并运用现代谱学，如 NMR（核磁共振）、MS（质谱）和 X-Ray（X 射线衍射）等，计算机模拟和各种生物学技术，研究天然有机小分子与生物大分子（蛋白质和核酸）的相互作用，从而在分子和原子水平上了解生命现象，研究其在生命过程中的作用机制，并通过研究调控这些生命过程，为医学、药学等学科的发展打下基础。

食品化学（food chemistry）一门研究食物的组成、性质、功能和食物在贮藏、加工、包装过程中可能发生的化学变化和物理变化的科学。其主要研究食品成分的特性、合成、贮存和加工中的变化及卫生和质量检验方法，以及添加剂与食品包装等。其内容涉及微生物学、化学、生物学和工程学等多个学科领域。

手性（chirality）实物与其镜像不能相互重合的现象。例如人的左手与右手互为镜像，但不能互相重合，也就是左手的手套戴在右手上是不合适的，因此称之为手性。具有手性的分子可以使透过偏振光的偏振面发生偏转，这种性质称为旋光性。

手性合成（chiral synthesis）在有机合成反应中，选择高效手性催化剂，进行立体选择性反应，合成手性分子的单一异构体的技术。自1968年诺尔斯实现第一例不对称催化反应以来，这一研究领域已取得了巨大的进展，成千上万个手性配体分子和手性催化剂已经合成。手性合成已应用到几乎所有的有机化学反应类型中，并成为工业上，尤其是制药工业合成手性物质的重要方法。手性合成不仅是当前有机化学研究的热点之一，还拓展到超分子化学和化学生物学的研究领域中。

水碱度（water alkalinity）水中所含能与强酸定量作用的物质总量。是水质质量的指标之一。影响碱度的盐类有碳酸盐类、碳酸氢盐类及氢氧化物等。碱度有3种表示单位，与硬度的单位一样，只是含义有所不同。（1）毫摩尔/升，用 1 升水能结合的质子的量表示，一般用 mmol/L 作单位；（2）毫克/升，用 1 升水中能结合 H^+ 的物质所相当的 $CaCO_3$ 的质量；（3）德国度，1升水中含10毫克的 CaO 称为 1 德国度。中国习惯上常用度（德国度）表示。碱度高，能中和饮料中的酸性，引起甜味变化，阻碍碳酸饮料对碳酸气的吸收，改变或失去新鲜味。水的碱度对水产养殖、农业灌溉等也有重要影响。

水解反应（hydrolysis reaction）水与另一化合物进行反应，得到两种或两种以上新化合物的反应过程。是中和或酯化反应的逆反应。大多数有机化合物的水解，仅用水是很难顺利进行的。根据被水解物的性质，水解剂可以用 NaOH 水溶液、稀酸或浓酸，有时还可用 KOH、$Ca(OH)_2$、$NaHSO_3$ 等的水溶液，即加碱水解和加酸水解。水解可以采用间歇或连续式操作，前者常在釜式反应器中进行，后者则多用塔式反应器。典型的水解包括：（1）卤化物的水解；（2）芳磺酸盐的水解；（3）胺的水解；（4）酯的水解等类型。工业上应用较多的是有机物的水解，主要生产醇和酚类。

水硬度（water hardness）水里含钙、镁离子浓度的总和。是水质质量指标之一。由于钙、镁碳酸氢盐煮沸可生成碳酸钙、碳酸镁沉淀，并放出 CO_2，所以把钙和镁的碳酸氢盐构成的硬度称为暂时硬度。而钙和镁的氯化物、硝酸盐、硫酸盐所构成的硬度称为永久硬度。通常把暂时硬度与永久硬度之和称为总硬度。含钾和钠的氢氧化物、碳酸盐、碳酸氢盐称为负硬度，其性质与总硬度相反。在中国使用的硬度表示法大致有两种，即度（1升水中含10毫克的CaO称为1度，亦称1德国度）和mg/L（1升水中含有1毫克的$CaCO_3$称1mg/L）。水的硬度对工农业生产和人们身体健康均有直接影响，例如，和肥皂反应时产生不溶性的沉淀，降低洗涤效果；钙盐镁盐的沉淀会造成锅垢，妨碍热传导，严重时还会导致锅炉爆炸；长期饮用过硬或者过软的水都不利于人体健康等。中国卫生部门把饮用水的硬度标准规定为25度。中国的水质按硬度值分为极软水（< 4.2）、软水（4.2~8.4）、硬水（16.8~25.2）、高硬水（25.2~40）。

酸价（acid value）在油脂中游离的脂肪酸的含量。通常用中和1克油脂中的游离脂肪酸所需的KOH的毫克数表示。油脂在氧化过程中可降解产生游离脂肪酸和低级脂肪酸。对其测定，可在一定程度上反映油脂发生的状况。油脂中的酸价比例超过了国家规定的质量标准称为酸价超标。当油脂酸价过高时，就会出现百姓常说的"哈喇"味。为了保证油脂的品质和食用安全，目前中国食用油标准中规定了油脂的酸价和过氧化值的限量。例如色拉油卫生标准规定：酸价要小于或等于3。酸价超标的食用油，一方面是营养价值降低，另一方面对健康造成影响，严重的还会引起食物中毒。引起酸价超标的原因有：（1）制造工艺不规范；（2）贮存时间过长。

缩聚反应（polycondensation reaction）单体分子间脱掉水成其他简单分子并合成聚合物的化学反应。其可分为均缩聚反应和共缩聚反应。均缩聚反应是带有两个官能团的一种单体进行的缩聚反应；共缩聚反应是两种或两种以上的双官能团单体进行的缩聚反应。缩聚反应是合成高分子化合物的基本反应之一，在有机高分子化工领域有着广泛应用。

T

碳水化合物（carbohydrate）由碳、氢、氧三种元素的原子组成的所有有机化合物。这类化合物数量庞大，其中氢和氧之比为2:1（比例与水相同），故称为糖类化合物。是自然界存在最多、分布最广的一类重要的有机物，是为人体提供热能的三种主要营养素中的一种。食物中的碳水化合物分为两类：（1）人体可以吸收利用的有效碳水化合物，如单糖、双糖、多糖；（2）人体不能消化的无效碳水化合物，如纤维素。主要生理功能包括：（1）提供热能；（2）调节食品风味；（3）维持大脑功能必需的能源；（4）调节脂肪代谢；（5）提供膳食纤维。

同分异构体（isomer）分子的组成和分子量完全相同而分子的结构即分子内各原子的连接方式和排列次序不同，物理性质和化学性质也不相同的化合物，如乙醇和甲醚。

同位素化学（isotope chemistry）研究同位素在自然界的分布、同位素分析、同位素分离、同位素效应和同位素应用的化学分支学科。同位素化学在应用上主要是利用化学合成法、同位素交换法和生物合成法等制备标记化合物，以及标记化合物在化学、生物学、医学和农业科学研究中的应用。

W

无氟制冷剂（freon-free refrigerant）不含有氟元素的制冷剂。其主要成分为异丁烷等。它是一种碳氢化合物，制冷效果好，蒸发温度低，又不会产生环境污染。同样规格的冰箱，使用无氟制冷剂，耗电量可以节约30%左右。可用作制冷剂的有80多种物质，其中最常用的是氨、氟利昂类、水和少数碳氢化合物等。

无机化合物（inorganic compound）简称无机物，除碳元素以外的各种元素的化合物。例如水、氯化钠、硫酸等。但也包括少数含碳化合物，如一氧化碳、二氧化碳、碳酸盐和碱式碳酸盐等。随着无机化学的发展，除酸、碱、盐、氧化物外，许多新型化合物，如金属羰基化合物、原子簇化合物、夹心化合物和层间化合物等，也被纳入无机化合物范畴。

无机化学（inorganic chemistry）研究元素、单质和无机化合物的来源、制备、结构、性质、变化和应用的一门学科。是化学学科中的四大基础学科之一。无机化学对矿物资源的综合利用、无机原材料及功能材料的生产和研究等都具有重大意义。无机化学处在发展的时期，研究范围不断扩大，许多边缘学科迅速崛起，已形成无机合成化学、丰产元素化学、配位化学、有色金属化学、无机固体化学、生物无机化学和同位素化学等。

物理变化（physical change）物质只有形态的变化而不发生质的改变的变化类型。在物理变化中，没有新物质的生成。如水汽$\rightleftharpoons$水$\rightleftharpoons$冰只有气态、液态和固态的变化，其分子组成都是H_2O。

物理化学（physical chemistry）以物理原理和实验技术为基础，研究化学体系的性质和行为，发现并建立化学体系中特殊规律的一门学科。是化学科学的四大基础学科之一。物理化学的研究内容为化学热力学、化学动力学、结构化学和量子化学。物理化学在内容上与物理学、无机化学、有机化学等基础学科存在着难以准确划分的界限，从而不断地产生新的分支学科，例如物理有机化学、生物物理化学、化学物理等。物理化学还与许多非化学的学科有着密切的联系，例如冶金学中的物理冶金，实际上就是金属物理化学。

X

X射线检测（X-ray test）利用X射线具有强烈穿透物质（特别是金属层体）的特性，通过其照射并在易感光的胶片上成像来判断被测物体是否存在缺陷的检测技术。是无损检测的一种。由于金属母体与存在其中的缺陷（如夹渣、空穴等）对X射线的吸收能力不同，使感光胶片上成像的黑白度也不相同，从而直接检测出被测物体内是否存在缺陷。它能有效地发现立体形的缺陷，如气孔、夹渣、未焊透、裂缝等多种问题。在机械制造与加工领域中有着广泛的用途。

X射线衍射分析（X-ray diffraction analysis）根据多晶物质的X射线衍射花样来鉴别其化学组成和物相的一种分析方法。在操作时，将被测物质的晶体放在X射线管的阳极上，晶体受X射线照射时，原子向四周散射X射线。由于晶体具有周期性结构，散射X射线相互干涉，在某些特定的方向上发生衍射，这种现象称为X射线衍射。各种不同的结晶物质具有不同的晶体结构，其衍射的方向和相对强度也各不相同。因此，各种结晶物质具有特定的衍射花样，如同指纹一样各不相同。这是X射线衍射法进行物相定性分析的基础。由于衍射强度与该物质的含量有关，X射线衍射法也可用于多晶物质的定量分析。此外，X射线衍射法还可用于测定晶体粒度和单晶取向，以及高聚物的结晶度、长周期、择优取向和点阵畸变等。

X射线荧光分析（X-ray fluorescence analysis）利用X射线荧光波长与强度对物质进行定性和定量的分析方法。以X射线为激发源激发物质，其原子的内层电子被击出，外层电子跃迁到内层补充空位，将过剩的能量以X射线的形式放出，所产生的X射线即为代表该物质元素特征的X射线荧光。不同元素的X射线荧光的波长各不相同，构成X射线荧光光谱。X射线荧光的波长取决于元素的种类，测定其波长即可对元素进行定性分析；元素的X射线荧光强度取决于该元素的含量，测定其强度可以进行定量分析。在一般条件下，此法可分析原子序数从11（钠）

至92（铀）的各种元素，可测浓度范围包括常量和微量。但对原子序数低于15的元素测定的灵敏度较低。被测物质可为固态或液态。X射线荧光分析具有简便快速、不破坏样品等优点，已被定为国际标准的分析方法之一。

吸附色谱法（adsorption chromatography）又称液－固色谱法，混合物随流动相通过所选吸附剂而使混合物分离的方法。这是最早期的色谱分离技术之一。其基本原理是在溶质和用作固定固体吸附剂上的固定活性点位之间的相互作用，可以将吸附剂装填于柱中、覆盖于板上、或浸渍于多孔滤纸中。吸附剂是具有较大比表面积的活性多孔固体，例如硅胶、氧化铝和活性炭等。活性点位例如硅胶的表面硅烷醇，一般与待分离化合物的极性官能团相互作用。分子的非极性部分（例如烃）对分离只有较小影响。常用的流动相有正己烷、正庚烷、异辛烷、氯仿、异丙醇、乙腈等。吸附过程是可逆的，被吸附物在一定条件下可以解吸出来，然后再吸附、再解吸，形成一个动态平衡。吸附色谱过程就是不断地产生吸附与解吸的矛盾统一过程，非常适合于分离不同种类的化合物，例如分离醇类与芳香烃等，以及磷脂、甾体化合物、脂溶性维生素、非极性石油烃类、农药残留量等。

稀土金属（rare earth metal）元素周期表ⅢB（第三副族）族中钪、钇、镧系17种元素的总称，常用R或RE表示。它们的名称和化学符号分别是钪（Sc）、钇（Y）、镧（La）、铈（Ce）、镨（Pr）、钕（Nd）、钷（Pm）、钐（Sm）、铕（Eu）、钆（Gd）、铽（Tb）、镝（Dy）、钬（Ho）、铒（Er）、铥（Tm）、镱（Yb）、镥（Lu），原子序数是21（Sc）、39（Y）、57（La）到71（Lu）。稀土元素是在18世纪末开始陆续发现的，当时人们常把不溶于水的固体氧化物称为土。稀土一般是以氧化物状态分离出来的，又很稀少，因而得名。由于稀土金属具有很多优异特性，已广泛应用于电子、石油化工、冶金、机械、能源、轻工、环境保护、农业等领域。应用稀土可生产荧光材料、稀土金属氢化物电池材料、电光源材料、永磁材料、储氢材料、催化材料、精密陶瓷材料、激光材料、超导材料、磁致伸缩材料、磁致冷材料、磁光存储材料、光导纤维材料等。

稀土金属有机化学（organic chemistry of rare earth metal）研究含有稀土金属－碳键的稀土金属有机配合物的化学，即研究稀土金属有机配合物的组成、结构及特性、稀土金属－碳键的形成及其化学转化的化学分支学科。稀土金属有机配合物有很多独特、重要的化学性质和物理性能。稀土金属有机配合物可以催化多种有机反应、催化烯烃聚合、催化极性单体聚合；稀土金属有机配合物在有机合成中作为 Lewis 酸催化剂，可以发展绿色化学。基于稀土金属有机化学研究对结构化学的发展和高科技材料的制备所具有的重大意义，稀土金属有机化学受到科学界的格外重视，成为当前金属有机化学研究的热点之一。

现代有机合成化学（modern organic synthesis chemistry）主要从事结构复杂及具有高生理活性的天然产物研究、合成的化学分支学科。如具有植物生长调节作用的油菜甾醇及其类似物、抗疟药物鹰爪素类天然产物、前列腺素类似物、白三烯、昆虫信息素和具有抗癌活性的埃坡霉素、吡嗪双甾体等的合成研究；在复杂分子合成中应用改良的 Sharpless 反应（以主要发明人 K.Barry Sharpless 名字命名的不对称环氧化反应）、光氧化反应、反 Diels-Alder 反应等立体选择性方法学的研究以及复杂分子的分离、结构鉴定方法的研究等。现代有机合成化学是近年来发展迅速的学科。进入 21 世纪以来，其最新进展主要有：有机合成方法学、自由基环合反应、多组分反应、串联反应、不对称催化反应、复杂分子全合成、组合化学与多样性导向的合成、光电材料导向的有机合成、微环境中的有机合成、有机合成反应和计算化学等。

相（phase）在物质系统内部物理、化学性质完全相同，但与其他部分具有明显分界面的均匀部分。即相与相之间在指定条件下具有明显的界面。在界面上宏观性质的改变是飞跃式的。体系中相的总数称为相数，用 P 表示。其特性包括两方面：其一是相与相之间有界面，各相可以用物理或机械方法加以分离，越过界面时性质会发生突变。其二是一个相可以是均匀的，但不一定只含一种物质。体系的相数 P 有如下特征：（1）气体，一般是一个相，如空气相，其组分复杂。（2）液体，视其混溶程度而定，可有若干个相。（3）固体，固态硫有单斜晶硫和正交晶硫两相；碳有金刚石和石墨两相；α 铁、β 铁、γ 铁和 δ 铁是铁的 4 个固相；混合物中有几种物质就有几个相，如水泥生料，但如果是固溶体时则为一个相。

相变（phase transition）物质系统不同相之间的相互转变，即物质从一种相转变为另一种相的过程。物质在固、液、气三相之间转变时，常伴有吸热或放热以及体积突变。单位质量物质在等温等压条件下，

从一相转变为另一相时吸收或放出的热量称为相变潜热。通常把伴有相变潜热和体积突变的相变称为第一类（或一级）相变。不伴有相变潜热和体积突变的相变称为第二类（或二级）相变，例如无外磁场时超导物质在正常导电态与超导态之间的转变；正常液氦与超流动性液氦之间的转变等。相变是有序和无序两种倾向相互竞争的结果。相互作用是有序的起因，热运动是无序的来源。在缓慢降温的过程中，当温度降低到一定程度，以致热运动不能再破坏某种特定相互作用造成的有序时，就可能出现新相。如果以系统的状态参量为变量建立坐标系，其中的点代表系统的一个平衡状态，就叫做相点，这样的图叫相图。

旋光性（optical activity）见手性。

Y

氧化还原（redox）见氧化还原反应。

氧化还原反应（oxidation-reduction reaction；redox reaction）氧化与还原同时发生且不可分开的两种反应。有狭义和广义的两种含义。狭义指物质与氧化合的反应是氧化。广义指物质失去电子的作用是氧化，得到电子的作用是还原。在氧化还原反应中一种物质失去电子，同时另一种物质必定得到电子。失去电子的物质是还原剂，得到电子的物质是氧化剂。氧化还原反应的本质是电子的传递。在反应中电子得失的数目必相等。

液晶（liquid crystal）在一定温度范围内呈现既不同于固态、液态，又不同于气态的特殊物质态。它是一类有机化合物，主要是芳香族化合物。它既具有各向异性的晶体所特有的双折射性、旋光性、磁化率和介电等各向异性，又具有液体的流动性。一般可分热致液晶和溶致液晶两类。液晶分子对电场的作用非常敏感，外电场的微小变化，都会引起液晶分子排列方式的改变，从而引起液晶光学性质的改变。因此，在外电场作用下，从液晶反射出的光线，在强度、颜色和色调上都有所不同，这是液晶的电光效应。该效应最重要的应用是在各种各样的显示装置上。在显示应用领域，使用的是热致液晶。超出一定温度范围，热致液晶就不再呈现液晶态，温度降低，出现结晶现象；温度升高，变成液体；液晶显示器件所标注的存储温度指的就是呈现液晶态的温度范围。

液相色谱法（liquid chromatography）流动相为液体的柱色谱法。按其分离机理可分为吸附色谱、分配

色谱、离子交换色谱和凝胶色谱四种基本类型。吸附色谱最宜于分离非极性物质、结构异构体以及从脂肪醇中分离脂肪族碳氢化合物；分配色谱最宜于分离非极性的非离子化合物的同系物；而对相对分子质量低的离子化合物的分离则应选用离子交换色谱；对于分离相对分子质量大于 2 000 的物质则用凝胶色谱为最佳。液相色谱法具有效率高、灵敏度高、速度快和操作自动化等特点，并能与红外光谱、质谱等联用对物质进行结构分析。

液相色谱法－质谱法联用（coupling liquid chromatography to mass spectroscopy，LC/MS）把具有高效、灵敏、快速特点的液相色谱法与具有高鉴别能力的质谱法在线联用技术。液相色谱法与质谱法联用是对复杂的有机化合物分离、鉴定和结构分析的一种强有力和多功能的手段，广泛应用于有机合成、石油化工、药物代谢研究、环境污染分析、食品香味分析等方面。中国拥有自主知识产权的高性能线性离子阱液相色谱－质谱联用仪和气相色谱－质谱联用仪已于 2007 年研制成功。

仪器分析法（instrumental analysis）使用比较复杂或特殊的仪器设备，通过测量能表征物质的某些物理或物理化学性质来确定其化学组成、含量以及化学结构的一类分析方法。包括光学分析、电化学分析、色谱分析、热分析、放射化学分析以及质谱法、能谱法等。与一般化学分析相比，仪器分析法所使用的仪器复杂昂贵，技术要求高，但操作迅速，灵敏度和准确度高，适用于试样众多或微量、痕量的分析。

有机合成（organic synthesis）由较简单的化合物或单质经化学反应合成有机物目标分子的反应过程，有时也包括由复杂原料降解成为较简单化合物的过程。其主要类型有：（1）基本有机合成，包括从煤炭、石油、水和空气等原材料合成重要化学工业原料，如合成纤维、塑料和合成橡胶的原料，以及溶剂，增塑剂等；（2）精细有机合成，包括从较简单的原料合成较复杂的目标分子化合物，如化学试剂、医药、农药、染料、香料和洗涤剂等。

有机化合物（organic compound）含有碳元素的化合物的总称。通常将碳氢化合物及其衍生物总称为有机化合物，简称有机物。人类已知的有机物超过 1 000 万种，远远超过无机物。有机物种类繁多，根据其分子中所含官能团的不同，又分为烷、烯、炔、芳香烃和醇、醛、羧酸、酯、胺等等。根据有机物分

子的碳架结构，还可分为开链化合物、碳环化合物和杂环化合物三类。

有机化学（organic chemistry）研究有机化合物的来源、命名、分类、制备、结构、性质、用途以及有关理论的化学分支学科。是高分子化学、生物化学及其他一些学科的基础。它与无机化学、分析化学、物理化学并称四大化学。

有色金属和黑色金属（non-ferrous metal and ferrous metal）前者是指除了铁（也包括锰和铬）和铁基合金以外的所有金属。共分为重金属、轻金属、贵金属、稀有金属四类。后者是指铁（包括铬和锰）和铁基合金。现在世界上有 86 种金属。有色金属有多种分类方法。比如，按照密度来分，铝、镁、锂、钠、钾、钙、锶等密度小于 $4.5g/cm^3$，叫做"轻金属"；而铜、锌、镍、汞、钴、锑、铋、镉、锡、铅等的密度大于 $4.5g/cm^3$，叫做"重金属"；按价格来分，金、银、铂、锇、铱等因其价格比较贵，叫做"贵金属"；按其是否有放射性来分，镭、铀、钫、钍、钋等具有放射性的，叫做"放射性金属"；按元素在地壳中的含量多少来分，铌、钽、锆、镥、金、镭、铪、钨、钼、锗、锂、铀等因为在地壳中含量较少或者比较分散，人们又称之为"稀有金属"。

诱导效应（inductive effect）在有机化合物分子中，整个分子中的成键电子云向某一方向偏移所产生的效应。其特征是电子云偏移沿着 σ 键传递，并随着碳链的增长而减弱或消失。常以氢原子为标准比较各种原子或原子团的诱导效应的强弱。吸引电子能力比氢原子强的原子或原子团（如-X、-OH、-NO$_2$、-CN 等）有吸电子的诱导效应称负的诱导效应，用-I 表示，整个分子的电子云偏向取代基；吸引电子的能力比氢原子弱的原子或原子团（如烷基）具有给电子的诱导效应称正的诱导效应，用+I 表示，整个分子的电子云偏离取代基。在诱导效应中，一般用箭头"→"表示电子移动的方向，并表示电子云的分布发生了变化。诱导效应是有机化学理论中的重要概念之一，在阐明有机分子结构和反应特性方面有广泛的应用。

元素有机化合物（elemento-organic compound）除氢、氧、氮、硫和卤素以外的元素与碳直接结合成键的有机化合物。其中包括：金属与碳成键的化合物、类金属（如硼、硅、砷等）与碳成键的化合物、有机磷化合物和有机氟化合物。前二者又统称为金属有机

化合物。许多元素有机化合物在研究实验和工农业等方面有重要的应用价值。

元素周期表（periodic table of elements）将已知的化学元素依照其内部结构和它们之间相互联系的规律排列成表，形成一个完整而严密的体系。是元素周期律的表现形式。元素在周期表中的位置决定于原子核外电子构型，特别是最外层电子的排布。周期表可分成短式和长式两种。最常用的是长式周期表。在长式表中共分 7 个横行，表示 7 个周期：（1）前 3 个周期为短周期，其中第 1 个周期为特短周期，只有 2 个元素；第 2、3 周期均有 8 个元素。（2）第 4、5、6、7 周期为长周期，第 4、5 周期均有 18 个元素；第 6、7 周期为特长周期，第 6 周期有 32 个元素；第 7 周期也应有 32 个元素，但至今只发现 26 个，所以称不完全周期。在长表中纵向共分为 18 列，其中 1～2 列和 13～18 列（即 I A- VII A 和 O 类）为主族元素，第 3～12 列（即 III B～ II B）为副族元素。在长表下另列两个横行，在第一横行中以 57 号元素镧（La）为首至 71 号元素镥（Lu），共 15 个元素，称为镧系元素；在第二横行中以 89 号元素锕（Ac）为首至 103 号元素铹（Lr），称为锕系元素。从 95 号元素镅（Am）开始及至后面的元素都是人造元素，即在自然界中尚未发现的元素。一般来讲，同一族的元素性质大致相同，根据某元素在周期表中的位置，可以推断出该元素的名称、符号、原子序数、原子量、电子结构、族数和周期数，还可判断出该元素是金属还是非金属及其化学活泼性等一系列信息。

元素周期律（periodic law of elements）元素的物理、化学性质随原子序数变化而变化的规律。元素周期律是俄国科学家门捷列夫（1837～1907）于 1869 年首先发现的。他根据此规律创制了元素周期表。近代根据原子结构理论，元素周期律可更准确地叙述为：元素的性质随着原子序数（即核电荷数）的递增呈周期性的变化。元素周期律揭示了自然界物质的内在联系，反映了物质世界的统一性和规律性。它指导对元素和无机化合物的性质的系统研究，成为发展现代物质结构理论和对元素进行分类的基础。

Z

杂环化合物（heterocyclic compound）在分子结构中含有杂原子，并且具有环状结构的一类有机化合物。构成环状结构的原子中的非碳原子称为杂原子，包括氧、硫、氮等。常见的杂环化合物是五元和六元杂环及苯并杂环化合物等。五元杂环化合物有：呋喃、噻吩、吡咯、噻唑、咪唑等。六元杂环化合物有：吡啶、吡嗪、嘧啶等。苯并杂环化合物有：吲哚、喹啉、蝶啶、吖啶等。杂环化合物广泛存在于自然界中。与生物学有关的重要化合物多数为杂环化合物，例如核酸、某些维生素、抗生素、激素、色素和生物碱等。此外，人工合成出多种多样具有各种性能的杂环化合物，其中有些可作药物、杀虫剂、除草剂、染料、塑料等。

皂化价（saponification value）皂化 1g 的油脂所需要的碱（即常用的氢氧化钾）的毫克数。在制作香皂时，必须准确掌握所用配方中各种油脂的皂化价，方可精确计算出需要使用碱的份量。碱含量的多少决定着皂类质量的高低。碱含量大对皮肤不适，碱含量小油脂反应不完全，去污力不强。

质荷比（mass charge ratio）带电粒子的质量与所带电荷之比值，以 m/e 表示。属于质谱学的基本概念之一。不同质荷比值的粒子在一定的加速电压和一定磁场强度下，所形成的一个弧形轨迹的半径与质荷比成正比。质荷比是质谱分析中的一个重要参数，即将被测物质离子化，按离子的质荷比分离，并测量各种离子峰的强度而进行结构分析。

质谱法（mass spectrometry）使样品中各组分在离子源中发生电离，生成不同荷质比的带正电荷的离子，经加速电场的作用，形成离子束，进入质量分析器而得到质谱图，从而进行化学成分分析和结构鉴定的仪器分析方法。在实际操作中，将样品转化成气态，置于高真空（$< 10^{-3}Pa$）的离子源中，受到高能电子流的轰击或强直流电场等作用，使样品分子失去一个外层电子而生成带正电荷的分子离子；或使化学键断裂生成各种碎片离子，在质量分析器中按质荷比分离、检测后即得质谱图。从质谱图可获得有关样品分子的相对分子质量和分子所含基团及连结次序等结构的信息。质谱法广泛用于化学分析，如可对多种有机物和无机物进行定性和定量分析、结构分析、微量杂质分析、样品中各种同位素比的测定、精确相对分子（原子）质量，为确定化合物的分子式和分子结构提供可靠的依据以及固体表面结构分析和生物大分子的序列分析等。

致癌烃（carcinogenic hydrocarbon）能引起人体内产生恶性肿瘤的一类多环或稠环类芳香烃。这类芳香烃多为蒽和菲的衍生物。当蒽的 10 位或 9 位上有烃基时，其致癌性增强。例如苯并芘、二苯并蒽、3-甲基胆蒽等化合物都有显著的致癌作用。煤、石油、木材和烟草等燃烧不完全时能够产生某些致癌烃。此外，煤焦油中也含有某些致癌烃成分。

重量分析（gravimetric analysis）通过天平称量化合物的质量，从而计算出被测化合物组分含量的分析方法。重量分析法适用于被测物质与试剂能生成一定组成的难溶化合物的情况。重量分析与滴定分析相比，精确度高，常作标准方法，但程序麻烦，时间较长。其操作步骤主要包括取样、溶解、沉淀、过滤、洗涤、干燥、灼烧、称量等。

紫外－可见分光光度法（ultraviolet-visible-spectrophotometry，UVB）利用紫外光或可见光照射物质时，其分子外层电子被激发而跃迁到较高的能级而发光，并根据出现光的不同吸收强度进行定性定量分析的方法。分子中不同的键合情况，在不同波长处会出现不同强度的光的吸收，从而构成吸收光谱，据此可以进行定性分析；在一定波长处测量吸光度，则可进行定量分析。紫外－可见分光光度法具有灵敏度高、快速、易于自动化等优点，适用于微量、痕量分析及动力学研究。它广泛用于含有双键、三键、芳香环、杂元素的有机化合物及金属络合物等的定性与定量分析。

自由能（free energy）表征物质系统在等温过程中最多能做多少功的物理量。热力学中一个重要的参数，常用 G 表示，计算公式为：$G = U - TS + pV = H - TS$，其中 U 是系统的内能，T 是温度，S 是熵，p 是压强，V 是体积，H 是焓。自由能的微分形式是：$dG = -SdT + Vdp + \mu\, dn$，其中 μ 是化学势。自由能的物理含义是：在等温等压过程中，除体积变化所做的功以外，从系统所能获得的最大功。换句话说，在等温等压过程中，除体积变化所做的功以外，系统对外界所做的功只能等于或者小于自由能的减小。也就是说，在等温等压过程前后，自由能不可能增加。如果发生的是不可逆过程，反应总是朝着自由能减少的方向进行。

四、天文学

(Astronomy)

A

矮行星（dwarf planet）太阳系内与行星具有同样的轨道、有足够的质量、呈圆球状、但不能清除其轨道附近其他物体的天体。2006 年 8 月 24 日，国际天文学联合会大会通过决议，规定具有以下四个特点的行星才能称为矮行星：（1）该天体绕太阳公转；（2）有足够大的质量，能依靠自身的重力作用，通过流体静力学平衡，使自身形状达到近似球形；（3）该天体在公转区域中，不具备支配性作用，受轨道相邻天体的干扰，可以存在轨道穿越现象；（4）不是某行星的卫星。其中"足够大的质量"是多少，目前还没有和行星区别的质量界限。根据这一标准，太阳系中原来的第九大行星冥王星从太阳系行星行列中退出，被定义为"矮行星"。太阳系中的卡戎星、谷神星、文娜星与冥王星一起，构成了太阳系中的"矮行星"家族。

B

白矮星（white dwarf）体积很小、光度很低的一类白色恒星。它是高温度和高密度的恒星，体积与行星相近，但密度却比行星高上万倍至千万倍，内部压力非常高。已发现的一千多颗白矮星中，其中最有名的是天狼星的伴星。其内部物质为简并态的电子气和原子核，密度高达 $10^5 \sim 10^7 g/cm^3$。有些白矮星表面磁场很强，被称为"磁白矮星"。

北极星（Polaris）又称"北辰"，指小熊星座 α 星。它是一颗星等从 1.97 到 2.12 的变星，也是一颗双星。离它 18″ 还有一颗九等星，所以北极星实际是由三颗星构成的聚星。北极星距地球 400 光年，其真实位置并不准确在天球北极，现距天球北极相差约 1°。天球北极每年向北极星接近约 15″。照此推算，到 2095 年，两者角距将达到最小（26′ 30″），之后将逐渐远离。

北京时间（Beijing time）中国通用的标准时间，即东 8 区区时。它的正午 12 时，相当于世界时同日的 4 时。

变星（variable star）光度一直在变化的恒星。在距离不变的条件下，其亮度和视星等在不断地变化着。银河系已发现的变星约有 3 万颗。它们大体上可以分为三种类型：食变星、脉动变星和爆发变星。食变星：又称"食双星"，是由两颗很接近的恒星相互掩食引起亮度变化的变星，已发现约 4 000 颗，也叫"交食双星"。脉动变星是体积作周期性膨胀和收缩的变星。已发现 14 000 余颗，主要分为四种类型：长周期造父变星，光变周期为 1～50 天，光变幅约 1 星等；短周期造父变星，光变周期为 0.05～1.5 天，光变幅约 0.2～2 星等；长周期变星，光变周期为 80～1 000 天，光变幅超过 2.5 星等；半规则变星，光变周期为几十天到几年，光变幅小于 1～2 星等。爆发变星是一种亮度突增的变星。在光度突变前，其星体处于相对稳定或缓变状态。这一类变星包括新星、超新星、矮新星和耀星等非几何因素引起的亮度突然增加的恒星。

标准时（standard time）以某一子午线的时间为邻近地区的共同时间。由于地球自西向东自转，经度不同的地方，时间便有差异。为了管理上的方便，便将整个地球分成 24 个时区，同一时区内部都采用统一的区时，即标准时。

C

超新星（supernova）一种爆发性变星。爆发时光度突然增加到原来的 1 000 万倍以上，能放出比新星爆发多几个数量级的能量。在爆发中，全部或大部分物质被抛散。已观测到的大约 1 400 颗超新星，绝大部分在银河系外的河外星系中。

D

地球（earth）太阳系的八大行星之一。距太阳平均距离为 1.496×10^8 km，即 8.3 光分。近日点距太阳 1.471×10^8 km，远日点距太阳 1.521×10^8 km，轨道偏心率为 0.017，轨道倾角 0°，黄赤交角 23°26′。公转周期为 365.256 日（恒星年），平均公转速度为 29.79km/s，总岁差每年 50.26″。自转周期为 23 时 56 分 4.1 秒（恒星日）。其质量 5.976×10^{27} g，赤道半径 6 378.140km，极半径 6 356.755km，平均密度 5.52g/cm³，表面重力加速度 980cm/s²，逃逸速度 11.2km/s。大气主要成分（按体积）为：氮气（N_2）78%、氧气（O_2）20.9%、氩气（Ar）0.9%，其他气体 0.2%。由于有空气、水分和适宜的温度，地球表面分布有大气圈、水圈和生物圈，是目前为止所发现的唯一一个适宜生命活动和人类居住的星球。

地球起源与演化（origin and evolution of the earth）地球的产生和发展过程。现在有多种学说研究这一问题，较为流行的是星云说。该学说认为，地球起始于 46 亿年前的太阳星云。在星云演化初期，首先在中心部分形成太阳，其余部分形成环绕太阳运行的星云盘。星云盘中的尘粒相互碰撞而吸积成星子。在万有引力作用下，星子的碰撞、结合，形成了行星的核心，进而演化成行星。地球就是其中的一颗。刚形成的地球基本上是各种石质物的混合物，平均温度不超过 1 000℃。之后，随着放射性元素蜕变和引力势能的释放，地球内部逐渐升温，局部熔融。在重力作用下，物质分异开始，最后就形成了今天地球的层状构造。再后，又演化出大气圈、水圈和生物圈。

地球与月球相互作用（interaction between the earth and the moon）地球和月球在万有引力作用下的互相影响。根据万有引力定律，两物体之间的引力与它们之间距离的平方成反比。地球上各点与月球的距离不同，所受月球的引力就不同。朝向月球的一面受到的引力大于背向月球的一面，由此造成了地球上海水水位的"潮"、"汐"变化。这种变化还会在地球大气层产生大气潮，在地球内部产生固体潮。在起潮力的作用下，地壳的升降可达数十厘米。这种引力对月球的作用也十分明显。在月球形成的早期，月球的自转比现在快得多。那时月球内部岩浆洋发育，在地球强大引力的作用下，月球上的潮汐摩擦使自转变慢，直至月球内部岩浆逐步冷凝固化。当自转周期等于公转周期后，月球就形成了目前以同一面面对地球的运动形式。这种相互作用的过程目前还在继续，它直接影响着地月系统的演变。由于地球上大气圈、水圈、软流圈和岩浆活动的存在，潮汐作用形成的摩擦会使地球自转变慢、地球变形、质量分布发生变化，导致月球运动加速，使月球的绕地轨道愈来愈大，公转周期愈来愈长，进而使月球逐渐螺旋式地远离地球。

地月系统（earth-moon system）地球和月亮组成的行星卫星系统。地球和月球又同时围绕地月系统的质心以恒星月（27.32 天）作周期运动。地月系统质心在地球内部，在地月质心的连线上，距地球质心 0.73 个地球半径处。由于月球的直径和质量均相当大，有时也有人把太阳系中的地月系统视为双星系统。地球运动的若干动力学特征都与月球有关，其中最为明显的是地球上的潮汐现象。

G

光年（light year）天文学上的一种距离单位。即光在一年内在真空中所走过的路程，相当于 $9.460\ 5 \times 10^{12}$ km，或 63 238 个天文单位距离。光年把距离同光行时间直接联系起来，适用于量度、表示恒星间的距离。例如，织女星与地球之间的距离为26.4光年。用光行时间作距离单位有时也用"光分"、"光秒"表示，如太阳到地球的距离是8.3光分或499光秒。

国际地球自转服务（International Earth Rotation Service, IERS）专门从事地球自转参数服务和参考系建立的国际组织。其总部设在巴黎，由国际天文学联合会、国际大地测量学和地球物理学联合会共同于1987年成立，1988年开始工作。其前身是"国际纬度服务（ILS，1899~1962年）"、"国际极移服务（IPMS，1962~1988年）"和"国际时间局（BIH，1919~1988年）"。国际地球自转服务观测系统运用甚长基线干涉测量、月球激光测距、人造卫星激光测距和导航卫星全球定位系统等空间测地观测资料，处理和确定世界时、地极坐标、地球参考系和天球参考系。该组织还定期出版周报、月报、年报和技术报告等刊物，供天文、大地测量和地球物理等学科的研究人员使用。

H

哈勃定律（Hubble's law）反映天体退行速度和天体与地球观测者之间距离关系的定律。1929年美国天文学家哈勃发现，由红移计算出的河外星系视向退行速度与河外星系的距离成正比，即距离越远，视向速度就越大。这种关系后来被称为"哈勃定律"，它在星系天文学和宇宙学研究中起着重要的作用。

哈雷彗星（Halley comet）英国天文学家哈雷于1758年发现的彗星。其彗核体积为15km×8.5km×8km，状如花生，轨道呈椭圆，偏心率0.967，周期约76年。彗核自转周期近53小时，进动7.4天1周。哈雷彗星1910年扫过地球，引起地球磁暴，彗星跨过天空100°以上。1986年再次靠近地球时，探测到彗星成分除水外，还有H_3O^+、Na^+等。彗核分裂时彗发增亮；等离子体彗尾有时出现扭折、断尾现象。

海王星（Neptune）太阳系的八大行星之一。距离太阳平均为30.06个天文单位距离，公转周期为164.8年，轨道倾角1.8°；自转周期17.8小时，赤道面与自转轴夹角28.8°。质量为地球的17.2倍，赤道直径为地球的3.9倍，平均密度为1.66g/cm³，表面重力加速度为地球的1.18倍，逃逸速度为23.6km/s。其大气层成分以沼气为主，含有微量氨。表面温度-200℃。已证实有12颗卫星和5条光环。光环外侧还有尘埃晕。其磁场类似天王星磁场。

河外射电源（extragalactic radio source）银河系以外有射电辐射的天体。主要有正常射电星系、特殊射电星系、类星射电源等。正常射电星系的射电功率为$10^{37}~10^{41}$W。特殊射电星系的射电功率比正常射电星系的射电功率强$10^2~10^6$倍。射电星系大多属椭圆星系，是星系团中亮度和质量都大的成员星系。类星射电源则指有射电辐射的类星体。这种类星体的星系核活动性极强、直径很小，可能为普通星系的1/10万或1/100万，但其辐射能量却相当于几百个星系的总和。

黑洞（black hole）广义相对论预言的一种特殊天体。由于一定质量的天体物质高度集聚到一个非常小的体积内，使它产生的引力场强大到使任何物质以致辐射都无法脱离这个天体，而周围的物质都会被这个天体所吸引。这个天体的边界被称为"视界"，指其内的任何物质及辐射都无法穿出洞外。

黑体（blackbody）又称绝对黑体，能全部吸收外来辐射而无反射和透射的物体。它对任何波长的吸收系数均为1，反射系数和透射系数均为零，所以被光照射时呈全黑色。但在自然界中，真正的黑体并不存在。为研究方便，人们常在一定条件下（如一定波长范围内），把某些物体近似地看作是黑体和灰体。物体的吸收率越大，辐射能量也越强。黑体的吸收率最大，与同温度的其他物体相比，其辐射能力也最强。黑体辐射是指某一物体单位面积在给定温度下所放射的电磁波的理论极大值。绝对黑体的总辐射能力（E）与它的绝对温度（T）的四次方成正比：

$$E = \lambda T^4$$

式中，λ为一常数，等于8.26×10^{-11}。

恒星光谱分类（classification of stellar spectrum）根据恒星发出的光谱特征对其进行的分类。最常用的是由哈佛大学天文台发展起来的哈佛分类系统。它根据谱线的相对强度和其他光谱特征，把恒星分为O、B、A、F、G、K、M七个类型。它是按恒星表面温度由高到低的序列进行分类的。其中：O型：表面温度30 000K，电离氦线强、氢线弱，有多次电离重金属线；B型：表面温度20 000K，中性氦线强，氢线较O型强，有一次电离重金属线；A型：表面温度10 000K，中性氦线很弱，氢线达到最强，有一次电离重金属线；F型：表面温度7 000K，有一次电离和中性金属线，氢线较强；G型：表面温度6 000K，有一次电离和中性金属线，氢线不如F型强；K型：表面温度4 000K，有一次电离重金属线，中性金属线强，氢线弱；M型：表面温度3 000K，中性原子谱线强，分子谱线较强，氢线很弱。

恒星年（sidereal year）地球绕太阳公转一周的恒星周期。在一个恒星周期内，地球公转360°，其长度为365天6时9分10秒。从太阳上看，地球中心从天空某一点出发，环绕太阳一周，又回到了同一点。但从地球上看，太阳中心从黄道上的某一点出发，运行周天，然后又回到了同一点。

恒星演化理论（stellar evolution theory）研究恒星形成、发展和演变过程的理论。观测表明，星际空间存在着许多由气体和尘埃组成的巨大分子云。这种分子云密度较高的部分在自身引力作用下逐渐聚集在一起变得致密。当内向引力大到克服向外的压力时，物质会迅速收缩落向中心。这一过程释放的引力能使温度升高。当中心温度达到 1×10^7℃时，内部的氢聚变为氦而发生热核反应。这样，一颗新恒星就诞生了。当聚变反应产生的压力与引力平衡时，恒星的体积和温度不再明显变化，进入相对稳定的演化阶段。当恒星核心部分的氢全部聚变成氦后，产能过程停止，辐射压力下降，星核在引力作用下收缩，使温度再次升高，直到引发氦燃烧，将三个氦核聚合成一个碳核。类似的过程将持续下去，将合成碳（C）、硅（Si）等愈来愈重的元素，直到合成最稳定的铁（Fe）为止。当恒星内部的核燃料耗尽后，星体在引力作用下再度收缩。多数恒星经不同程度的爆发阶段，抛射出大量物质，最后演变成密度很大、体积很小的白矮星、中子星或黑洞。恒星的变化过程，质量起着重要的作用。质量愈大，恒星演化速度也愈快。

红外星（infrared star）辐射能量集中在红外波段的恒星。红外星体积很大，可达太阳的几百至几千倍。但表面温度很低，只有几百摄氏度，是迄今所知最冷的恒星。一般认为，红外星有两种类型。一种是正在形成的处于引力收缩阶段，因而很年轻的星；另一部分是外壳膨胀走向灭亡的恒星。红外星主要包括有红超巨星、长周期变星、刚爆发的新星、老新星等。目前已发现的红外星约有 5 000 多颗。

红移（redshift）谱线向波长较长的一端（红端）移动的现象。其原因是多普勒效应，由万有引力引起。天文学中的红移指河外星系谱线随星系距地球的远近，而发生不同程度向红端移动的现象，离得愈远，红移愈大。

环形山（crater）月球等天体表面的一种环形隆起的特征结构。其周围高耸，中间低陷，中间平地上往

往又常有一个小山。在月球正面，直径大于 1 000m 的环形山有 30 万座以上。最大的环形山（支位维）直径达236km。最高的环形山高达9km，高过地球上的珠穆朗玛峰。以中国人命名的环形山有5座，分别是石申、张衡、祖冲之、郭守敬和万户。环形山的成因主要是由陨星撞击形成，因而它更确切的称谓应是"陨石冲击坑"。也有一小部分环形山可能由火山爆发形成。

黄赤交角（obliquity of the ecliptic）又称黄赤大距，地球轨道平面（黄道平面）同赤道平面的交角。交角的大小为23°26′（2000 年值）。其值以 40 000 年为周期，变化于22°与24°30′之间。由于有黄赤交角，太阳及其在地球上的直射点往返于地球南北回归线之间，并使得地球上各地正午太阳高度和昼夜长短发生季节性变化，造成地球上的四季变化和五个气候带的划分。

回归年（tropical year）又称太阳年，太阳视圆面中心相继两次经过春分点所经历的时间。它以四季更迭为一个周期，故称为回归年。回归年是阳历和阴阳历历年的标准，并与朔望月组合成历法的基础。回归年长365 天 5 时 48 分 46 秒。这个数值是变化的，每百年减少 0.53 秒。

彗星（Comet）围绕太阳运行的一种云雾状天体。其运行很特别，接近太阳时，分为彗头和彗尾。彗头又分为彗核、彗发和彗晕。彗尾则形如扫帚，故又名"扫帚星"。彗星的运行轨道各不相同，有抛物线、椭圆和双曲线之分。其中椭圆轨道的彗星被称为周期彗星，因为它过一段时间就会出现周期性的回归。彗星的质量主要集中在彗核。彗核多由冰组成。彗尾为极稀薄的气体和尘埃。彗星接近太阳时，彗尾背朝太阳方向延伸出去，长可达数千万至上亿千米，但质量很小，不足地球的 1/10 亿。彗星的质量会因彗发和彗尾的形成而逐渐减少，其寿命平均为几千个公转周期。

彗星撞击木星（Comet's collision with Jupiter）发生在 1994 年 7 月中旬彗星撞击木星的天文奇观。一颗碎裂的名叫苏梅克-利维九号的彗星，接二连三地撞击了木星。天文学家曾预测，由于该彗星距木星太近，当距木星 43 000km 时，彗核可能会被木星强大引力所产生的潮汐力撕裂并分解，使之成为碎片撞向木星。这种预言在 1994 年 7 月变成了现实。格林尼治时间 7 月 16 日 20 时 15 分，第一块彗核（直径约1km）撞击到木星，以后，分别间隔了7时、4时、6时20分和4时，其他彗核碎块也纷纷与木星相撞。最后一块

彗核撞击木星的时间是格林尼治时间 7 月 22 日 8 时，这是第 21 次撞击。科学家利用这次彗星撞击木星的机会，对彗星和木星大气层的化学成分进行了分析，并发现了钠、硫、氮、硫化氢、氰化氢及微量水分，但没有发现预期的大量的水汽。相撞后的木星南半球斑痕累累，撞击释放的能量相当于 500 万个氢弹同时爆炸。但撞击并未对木星造成重大破坏，木星自转速率和公转轨道都没有改变。

火星（Mars）又称荧惑，太阳系的八大行星之一。距太阳平均距离为 2.279×10^8 km，即 1.52 个天文单位距离，轨道偏心率 0.093，轨道倾角 1.9″。火星公转周期（也称火星年）687 天，平均公转速度为 24.13km/s；自转周期为 24 时 37 分 22.6 秒，自转倾角为 23°59′。其质量为 6.421×10^{26} g，相当于地球质量的 10.75%；半径 3 395km，体积为地球的 15%。火星平均密度为 3.96g/cm³，表面重力为地球的 38%，逃逸速度为 5.0km/s。其固体表面温度为 250K，有明显的四季变化。大气中，CO_2 占 95%，大气压力仅地球的 60%。表面常有尘暴发生。其核心可能由铁、镍组成。在火星上发现有氘，由它可测出过去岁月火星丢失水的数量。火星表面温度白昼赤道可达 28℃，夜间降至 −132℃。从地球上看，它颜色最红，所以叫火星。近年的研究表明，火星的白色极冠的主要成分可能是水冰及少量干冰。极冠大小随季节变化，夏季有时消失，冬季增大。火星表面有岩石、火山、沙漠区域，还发现有河床、沟渠、水道和山谷流域地形等，说明亿万年以前，火星上一度拥有过大量的水。21 世纪初以来，一系列的探测活动初步判断火星地表下有大量的水资源。因此，火星上是否有生命存在，已成为人们长期关注的课题。

火星尘暴（Mars dust storm）火星大气中特有的一种现象。形状如黄色的云雾，是由火星低层大气中裹卷着尘粒的风暴所形成。尘粒比普通针头还小，常被强劲的火星风暴裹卷到 50km 的高空。特大的尘暴能席卷整个火星。几乎每个火星年（相当于地球上 687 天）都要发生一次全球性的、激烈的大尘暴，并可持续几个星期，甚至数月之久。大规模的尘暴在地面上用较大的天文望远镜即可观测到。

火卫（Mars' satellite）火星的卫星，现已发现两颗。两个卫星都是火星的同步自转卫星。火卫一距火星较近，平均距离仅 9 400km，椭球体，三轴长分别为 13.5km、10.7km 和 9.6km，绕火星转动周期为 7 时 39

分。火卫二与火星的平均距离为 23 500km，椭球体三轴长为 7.5km、6.0km 和 5.5km，绕火星转动周期为 30 时 18 分。两颗卫星经测定均类似富碳小行星，因此判断它们可能都是火星俘获的小天体。

J

金星（Venus）又称太白、长庚和启明星，太阳系八大行星之一。金星在天球上位于太阳以西时、每日清晨日出前出现在东方天空。距太阳平均距离 1.081×10^8 km，即 0.72 个天文单位距离，相对于黄道，轨道倾角为 3.4°，轨道速度 35.03km/s。公转周期为 225 天，逆向自转，周期为 243 天，自转轴倾角为 3°。金星质量 4.87×10^{27} g，固体表面半径为 6 050km，云层表面半径为 6 100km，体积为地球的 85.6%，平均密度为 5.26g/cm³。金星表面重力加速度为地球的 88%，表面逃逸速度为 10.3km/s。表面有宽广的环形山。固体表面温度为 480℃，云层温度为 −20℃；大气的主要成分为二氧化碳（CO_2）。表面大气压强为地球的 90 倍。金星是天空中亮度仅次于太阳和月亮的天体。它离地球最近，表面为厚云覆盖，表面磁场为地球的千分之一，也有一个电离层。金星表面有山脉、峡谷和一条超过 2 000km 长的地裂缝。

金星大气（Venus' atmosphere）金星本体周围形成的大气圈。金星大气浓厚，主要成分为二氧化碳（CO_2）占 96.5%、氮气（N_2）占 3.5% 和极少量水蒸气、二氧化硫（SO_2）、氧气（O_2）和一氧化碳（CO）等。大气压达 9MPa；大气温度随高度而变化，高层冷，低层热，表面最高温度达 480℃，各处温差不超过 10℃。大气中有浓密的酸云层，几乎遮盖全球。但酸云不会变成酸雨。因下层气温高，下降后很快会再蒸发。金星有温室效应现象，使表面温度提高 350℃ 达到 480℃，成为太阳系中表面最热的行星。反照率约 0.72，有 28% 的太阳辐射被大气吸收。此外，在金星表面，还探测发现大气发光的气辉现象和闪电。

近地小行星（earth-approaching asteroid）运行轨道接近地球的小行星。现已发现一百多颗，包括阿莫尔型（轨道近日距略大于 1 个天文单位距离）、阿波罗型（轨道近日距略小于 1 个天文单位距离）和阿登型（轨道半长径小于 1 个天文单位，轨道远日距大于 0.9 个天文单位距离）三类小行星。这类小行星的直径从几百米到 20km 不等，多数为 1～3km。其中 1994 年 10 月掠过地球的一颗近地小行星与地球的距离仅为 1.05×10^5 km，几乎与地球相撞。近地小行星有与地球碰撞的危险，并时刻危及人造地球卫星和宇宙飞船的安全。但也有学者认为，可以利用其为宇宙飞船的载体，进行深空探测。

L

类星体（quasar）在活动星系核中活动性极强、谱线红移很大的一类星系。因其形态类似恒星而得名。其主要特征为除红移极大外，还有宽度较大的发射线，紫外辐射和红外辐射较强。光学辐射呈非热型，光度有周期性变化，周期从几天到几年。有的类星体还能发出很强的X射线。类星体直径较小，仅为普通星系的十万分之一到百万分之一。但其辐射能量却很大，可相当于几百个星系辐射能量的总和。目前已发现的类星体约8 000多个。

历法（calendar）根据天文周期安排年、月、日关系的法则。它规定平年和闰年、大月和小月的天数，使每一天都有一个日期表示，并使其从属于一定年份和一定月份。历法大体分三大类：阴历、阴阳历和阳历。阴历也称太阴历，是根据朔望月的长度安排历月，大月30天，小月29天，其日期有比较明确的月相意义。阴历积12个历月为1历年（太阴年）。但它同回归年有10天多的差值，其季节含义逐年不同。由于这一缺陷，此历早被废用。阴阳历介于太阴历和太阳历之间，为一种改良的太阴历，中国传统的夏历（也称农历），就是一种阴阳历。这种历法的日期，既有十分明确的月相意义，也有大体上的季节含义。太阳历也称阳历，是根据回归年的长度安排的历年，平年365天，闰年366天。其历日具有十分明确的季节性含义，但日期没有月相意义。

凌日（transit）在地球上看，地内行星（水星和金星）遮挡太阳的现象。这时，行星表现为太阳圆面上的一个圆形黑点。其原因与日环食相同。

M

脉冲星（pulsar）一种能有规律地发射无线电脉冲的特殊类型的恒星。具有一般恒星的质量，但半径很小，一般不大于地球。脉冲周期很短，约0.002～4s。其脉冲多呈单峰或双峰状，少数具有多峰结构。脉冲持续时间约为周期的几十分之一到十几分之一，脉冲辐射高度偏振，磁场强度也非常高。目前，绝大多数脉冲星只是在射电波段观测到脉冲辐射，少数脉冲星在光学、X射线和γ射线波段也可观测到脉冲辐射。多数天文学家认为，脉冲星就是具有很强磁场的快速自转着的中子星，可能是超新星爆发后的产物。

秒差距（parsec）天文学上的一种距离单位。如某一恒星的周年视差为1秒，则它对于太阳的距离为1秒差距，相当于3.086×10^{13}km，或3.26光年。秒差距把恒星的周年视差同距离直接联系起来，且其周年视差的角秒值同其距离的秒差距互为倒数，如某恒星的周年视差为0.5秒，则其距离为2.0秒差距。

木星（Jupiter）又称岁星，太阳系八大行星之一。是八大行星中质量最大、体积最大、自转最快的一颗行星。距太阳平均距离为7.78×10^8km，即5.20个天文单位距离。木星近日点距太阳7.4×10^8km，远日点8.2×10^8km，偏心率0.048，轨道倾角1.3°。公转周期11.86年，自转周期9时50分。赤道直径为地球的11.8倍，质量为地球的317.89倍，其体积和质量比其他七大行星的总和还大。木星辐射的能量是它所吸收能量的2.5倍，估计有内部热源。推测认为，木星中心为处于高压电离液相的金属氢，中心温度为30 000K。木星大气成分主要为氢（H_2）85%、氦（He）14%，云层温度约-150℃。大气中有明暗交错平行于赤道的云带，著名的大红斑是嵌在云带内的云团。木星被一个巨大磁层所包围，与地球磁层类似，但磁层内带电粒子辐射强度是地球的100万倍，磁场强度是地球的20～40倍。已证实木星有61颗卫星，是太阳系中卫星数量最多的行星。木星还有光环和极光。

木星大红斑（Jupiter's great red spot）在木星南半球视面上的卵形红色斑状物。美国20世纪70年代发射的"先驱者-10"号和"旅行者"号探测器对其进行了深入的探测，发现其颜色和亮度时有变化，但大小和形状却基本不变。大红斑位于赤道南侧，长达26 000km，宽约11 000km。大红斑的实质，多数人认为是一个巨大的椭圆形大旋涡，其根基深在表面云层之下的对流层，以逆时针方向在木星上空转动。由于气流中含有红磷化合物而呈现褐红色。大红斑的寿命可以维持几百年以上。

木星带纹（Jupiter's colorful latitudinal bands）木星大气中与赤道平行、明暗相间分布的系列云带，明的称为"亮带"，暗的称为"暗纹"。赤道南北各分布5～6条。据观测，认为是向东和向西交替出现的纬向环流，风速为50～130m/s，南北向的风则很弱。带纹中亮带多呈白色或淡黄色，是低温的高层云，有垂直上升运动；暗纹呈褐色，是温度较高的低层云，有垂直向下的气旋式运动。整个带纹，低纬度云带宽于高纬度云带。

Q

奇异滴（strangelets）宇宙间质量微小的夸克物质团块。有关它的研究涉及物理学的多个重要分支。世界的物质绝大部分都是由分子和原子构成的。而原子又是由质子、中子和电子构成的。质子和中子还可以进一步细分：质子由两个上夸克和一个下夸克构成，中子由两个下夸克和一个上夸克构成。奇异滴是直接由夸克构成的一团物质。它由上夸克、下夸克以及奇异夸克构成，密度极大，介于中子星和黑洞之间。一粒米大小的奇异滴物质就有千万吨质量。它与普通物质相遇会发生湮没，释放出巨大的能量。有实验结果显示，宇宙射线中含有奇异滴成分。研究宇宙射线奇异滴的产生、传播及其与地球大气的相互作用，对科技进步和地球的生态环境演化具有十分重要的意义。

R

日－地关系（solar terrestrial relationship）太阳活动对地球的影响及其相互间的关系。例如，太阳出现耀斑，地球上就会出现一系列电离层效应；太阳活动对地磁方面影响最大的是磁暴。此外，太阳活动与地球上的气候变化也密切相关，如太阳黑子与地球雨量的相关关系等。

日界线（date line）又称"国际日期变更线"、"国际改日线"，是日期变更的地理界线。该界线与经度180°子午线基本相合。地球上各处因东西位置的不同，日出时刻有早有晚。向东的人迎接太阳，向西的人追赶太阳。绕地球一周后，就会感觉增加或减少了一天。为避免这种日期上的混乱，1884年国际经度会议决定将经度180°子午线作为日期变更线。又考虑到日界线附近的国家和地区使用上的方便，日界线由北向南通过白令海峡和阿留申、萨摩亚、斐济、汤加等群岛而达新西兰的东边。向东航行过这一线时需减去一天，向西航行过这条线时应增加一天。

日食（solar eclipse）太阳被月球遮挡、在地球上看不到太阳的现象。其原因是地球表面的观测者进入月球的影子中，以致似乎全部或局部失去光明。根据太阳失去光明部分的情况，可进一步将日食划分为日全食、日偏食、日环食。其中日全食指太阳完全被月球遮挡；日偏食仅遮挡一部分；日环食则指太阳圆面的中央被月球遮掩，而四周依然保留有环带状光明部分。日环食发生的几率较日全食多，持续时间也较日全食为长。在同一地点观测，无论是日全食，还是日环食，其出现均始于日偏食也终止于日偏食。

S

射电天文学（radio astronomy）又称无线电天文学，是应用无线电技术观测、研究天体和其他宇宙物质的发射或反射的无线电波的科学。射电天文学创立于20世纪40年代。它与光学天文学相互配合、补充，解决了大量天文学问题。与光学天文学比较，射电天文学有以下特点：（1）无线电波可以通过光波不能透过的尘埃和气体，因此可不分昼夜阴晴对天体进行观测，而且还能达到更深远的空间，扩大了观测天体的范围；（2）对某些不发光的物质可用电磁波进行观测，因此射电天文学方法可以用来研究用光学方法无法研究的天文现象。"类星体"、"射电脉冲星"、"宇宙背景辐射"和"星际分子"的发现等，都是由射电天文观测发现的。

时间（time）物质运动过程的持续性和顺序性。就宇宙而言，时间是无限的，无始无终。其计量以地球自转和公转为标准，定出时间单位，如年、月、日、时、分、秒等。随着现代自然科学的发展，人们又利用物质原子的内部过程来更精确地定义时间单位。时间分为时刻和时段，前者指时间的迟早，后者指时间的间隔。时段通常用开始和终了的时刻来表示。

时区（time zone）按经度把全球分成的24个区。分别称为中区、东1～11区、西1～11区及12区。其标准经度一律是15°的整数倍，每区跨经度15°。1884年国际经度会议规定，以格林尼治子午线为中区的标准线，东西两侧各7.5°为中区，其他时区以此类推。时区的界线都是经线，其标准时叫"区时"，相邻两时区的区时差为完整的一小时。其中12区被日界线分割成两个半时区，即东12区和西12区。因地球自西向东自转，中区向东，每增加一时区，时间增加一小时，向西则相反。东12区的区时比西12区快24小时。

世界时（universal time）又称"格林尼治平时"，指相对于本初子午线的平太阳时。以地球自转为标准，通过天文观测确定的一种时间计量系统，以符号UT表示。由于受地极移动、地球自转季节性变化和其他不规则变化的影响，UT有三种形式：一是UT0，由天文台直接测定的世界时；UT1，修正了地极移动对经度影响后的世界时；UT2，对UT1再修正地球自转季节性变化影响的世界时。UT2仍然受某些不规则变化的影响。现在国际上采用协调世界时代替世界时。

授时（time service）相关单位进行的时间和频率服务的统称。天文台或时间频率实验室将由原子钟产生的标准频率、原子时时刻和由天文观测测定的世界时时刻，利用无线电播发出去，以供测量、航运、科学研究和日常生活使用。

双星（binary star）在天球上其位置比较靠近的两颗恒星。组成双星的两颗恒星都叫子星，较亮的子星叫主星，另一个叫伴星。在已知的恒星中，约有 1/3 是双星。双星又分"视双星"和"物理双星"两大类。视双星又叫"光学双星"、"假双星"，是指用望远镜或肉眼能够看到、在天球上的投影十分接近，但实际相距遥远，并无相互绕转关系的两颗恒星。物理双星又叫"真双星"，指两颗恒星异常接近，且因相互间的引力作用，互绕公共质量中心作周期性的轨道运动。其中，相距特别近的叫"密双星"，有相互掩食的叫"食双星"。

水星（Mercury）太阳系八大行星之一。是太阳系行星中距太阳最近的一颗行星。距太阳的平均距离为 5.79×10^7 km。水星在轨道上的平均运行速度为 48km/s，是太阳系中运动速度最快的行星；其公转周期为 88 天。水星自转速度很慢，相当于 58.646 个地球日。水星的质量为 3.33×10^{26} g，相当于地球质量的 5.58%；半径为 2 439km；其平均密度为 5.43g/cm³，略低于地球，是除地球外密度最大的一颗行星。根据水星的质量和密度，可以推测出水星有一个含铁丰富的致密内核；其直径超过水星直径的 2/3，其体积有整个月球那么大。水星外貌酷似月球，有许多大小不一的环形山，还有辐射纹、平原、裂谷、盆地等地形。水星上只有稀薄的大气层，大气压极小。其大气中含有氦（He）、氢（H₂）、氩（Ar）、氖（Ne）、氙（Xe）、碳（C）等元素。由于空气稀薄，水星表面白天和夜晚温差极大，白天太阳直射时温度高达 427℃，夜里可降到 -173℃。水星有微弱的磁场，其赤道上磁场强度为 4×10^{-7} T，是地球上的 1/100。其磁场与地球磁场类似，也是偶极性磁场。

T

太阳（sun）太阳系的中心天体，距地球最近的一颗恒星。太阳的直径为 1 390 000km，质量为地球的 33 万倍，平均密度为 1.43g/cm³，表面温度为 5 777K，是一个炽热的球体。由表及里，愈向内部温度愈高，中心温度可达 1.56×10^7 K。由氢核聚变成氦的热核反应提供的巨大能量，并以辐射的方式，由内部到表面，再发射到宇宙空间。我们肉眼见到的太阳，只是一个太阳光照射强烈的光球。太阳有自转，其周期在日赤道带约 25 地球天，在两极区约 35 地球天。太阳的化学组成和地球近似，但比例有差异。太阳作为一颗恒星，总体上是稳定的，但其大气层局部却有剧烈的运动，最明显的是太阳活动区黑子群的出没和各类日珥的发生、日冕物质抛射和耀斑的出现。这些都会给地球的环境和气候带来影响。

太阳常数（solar constant）表示太阳辐射能量的一个物理量。在地球大气层外在离太阳一个天文单位处，垂直于太阳光线每一平方厘米面积上一分钟内所接受的太阳辐射能量，其数量表示为 8.21J/cm²·min。太阳常数在太阳黑子活动期有微小变化，活动极大时比活动极小时有微量减小。

太阳电磁爆发（massive magnetic solar eruption）太阳电磁辐射急剧增加的现象。它主要发生在与太阳活动区有关的日面局部区域内。与宁静期相比，爆发期太阳电磁辐射流量可增加几倍到几十万倍，持续时间从几毫秒到几天十几天，爆发范围从长波到微波，还包括紫外线、X 射线和 γ 射线。太阳电磁爆发，主要由太阳耀斑产生，能引起地球电离层和高层大气变化，影响短波通讯、卫星表面涂层和太阳能电池帆板。

太阳风（solar wind）从日冕向星际空间辐射的等离子体微粒流。太阳风的物理参数随太阳活动相位而变化。在地球附近平均每立方厘米含质子 5～10 个。质子的温度可达 10^5 K。太阳风的风速为 250～450km/s 不等。研究认为，太阳风与日冕不断膨胀有关，日冕物质抛射所喷射的粒子也是太阳风的重要来源。每年太阳通过太阳风抛射出的太阳质量可达 3×10^{-14} 个太阳质量。

太阳黑子周期（sunspot cycle）太阳黑子活动变化规律的周期。其长度为两个极小值之间的时间，主要为 11 年一个周期，有时也出现长周期（14 年）和短周期（8.5 年）。一个周期来临，开始 4 年，黑子不断产生并增多，活动不断加剧；以后 7 年中，黑子和黑子群运动逐渐减弱、消失。国际上规定，第一个周期从 1755 年算起，往后依次排出 11 年周期的顺序号。除了 11 年的周期外，考虑到太阳黑子群磁场极性的变化，又有 22 年周期一说。此外，还有 80 年甚至更长周期的说法。

太阳活动（solar activity）太阳大气里一切活动的总称，包括太阳黑子、耀斑、日珥和日冕抛射物质等变化。太阳活动一般发生在太阳活动区内，多集中在太阳大气的局部地区。太阳黑子：指太阳光球层上的黑暗斑点，温度比光球层其他部分低1 000~2 000K。黑子常成对出现，具有相反磁极，磁场强度极高。大黑子周围还可有一些小黑子，形成复杂的黑子群，以后缓慢地消逝。黑子平均寿命一天，但少数可达数月甚至一年。大黑子群的出现，常和耀斑、日冕物质抛射等剧烈活动同时发生，并造成地球上的磁暴和电离层扰动。耀斑指太阳大气中局部区域亮度突然增加的现象。一般常用氢单色光和X射线观测。多数耀斑发生在低日冕区，多由活动区磁场相互作用引起，寿命从几分钟到十几小时。太阳黑子多时耀斑也多，也有11年的周期，出现时常抛射出大量的高能电子和质子，发射出很强的紫外线、X射线和射电爆发。其产生的高能粒子辐射和短波辐射对载人宇航有一定危害。日珥：太阳边缘的明亮突出物，具有篱笆、树枝、云彩、圆环等各式各样的形态。日珥的多少也与太阳活动有关，周期为11年，常根据运动形态分为宁静日珥和活动日珥。日冕物质抛射：日冕是指太阳大气层最外层最厚、最稀薄的一层，可延伸到几个太阳半径甚至更远，主要由质子、高度电离的离子和自由电子组成。物质抛射是指日冕中的剧烈活动现象，是局部高密度的磁化等离子体从日冕向外喷射的过程。一次物质抛射喷出的质量一般可达$10^{14}~10^{16}$g，速度为300~2 000km/s，其能量为$10^{23}~10^{25}$J。

太阳系（solar system）以太阳为中心天体的天体系统。万有引力把该系统所有的天体联结起来。太阳系大体上是一个球体，其半径在100 000个天文单位距离以上。太阳是这个系统的主体，其质量约占太阳系总体质量的99.86%，其他行星、小行星、流星、彗星以及星际物质的质量之和，仅占太阳系总质量的0.13%。太阳系中共有八大行星，从距太阳的距离排序分别为水星、金星、地球、火星、木星、土星、天王星和海王星。原第九大行星冥王星因其质量过小，与很多小行星类似，已于2006年被国际天文学联合会从太阳系行星中除名。地球化学年代测定表明，地球及整个太阳系的年龄大约为47亿年，即47亿年前，太阳系在银河系中诞生。

太阳系起源（origin of the solar system）太阳系的形成过程。有关太阳系起源的假说达几十种之多，但归结起来可分为三大类：星云说、灾变说和俘获说。星云说：认为太阳是由一个旋转的原始星云在收缩过程中逐渐形成的，即原始星云的初始自转和自吸引收缩，使中心部分形成太阳，外部聚合扁化为星云盘，盘中凝聚物逐渐凝聚成行星、卫星和太阳系内其他天体。灾变说：认为太阳系的形成是宇宙间某种偶然事件的后果。如一颗星体运行到原太阳恒星附近或与之相撞，使原太阳上产生了很大的引力潮，导致原太阳抛出大量物质形成太阳系等。俘获说：认为约20亿年前有一颗恒星运行到距太阳非常近的地方，由引力从太阳拉出大量物质，形成一个条状物，以后分裂成一些气块，并逐渐形成行星及其他太阳系天体。虽然上述学说各有差异，但近些年的观测与研究成果，各种学说在太阳形成年龄、太阳系的稳定性和各行星化学组成上的差异等问题上已有共识。截至目前，能被普遍接受、比较完整、能解释一些太阳系现象的是星云学说。

探测月球水资源（exploration of lunar water resources）探测月球上是否存在水体的活动。1961年，美国科学家沃特森等3人曾指出，在月球两极一些撞击坑的永久阴影区，有可能存在水冰。这个观点，直到1994年4月，才被美国"克莱门汀"号绕月卫星所证实。当卫星运行到月球南极上空200km时，雷达反射信号呈现出了冰的特征。但仅依这一点还不能肯定水的绝对存在。1998年，美国又发射了"月球勘探者"号探月卫星。探测结果表明，在月球两极撞击坑的永久阴影区中，月壤中水的含量为0.3%~1%，且富集在地下10cm处。这些水中有20%~50%以冰的形式存在。在某些地区（南极650km²、北极1 850km²）存在水冰的富集区。估计月球上水冰的总储量约为$66×10^8$t。为了进一步证实这一判断，美国航空航天局下令，在"月球勘探者"号即将结束任务之际，让卫星以6 115km/h的速度冲向月球表面，希望能撞出一团水蒸气。但结果是地基探测设备没有探测到任何水汽信息。此后的解释是，卫星撞到了岩石层上。到目前为止，有关月球上水的探测工作仍在继续。

天王星（Uranus）太阳系八大行星之一。距太阳平均距离为19.18个天文单位。天王星公转周期为84.01年，自转周期为17.9小时，赤道面与轨道面交角98°，质量为地球的14.6倍，赤道直径为地球的4.10倍，平均密度为1.24g/cm³，表面重力加速度为地球的1.17倍，逃逸速度为21.4km/s。大气层主要成分是氢，氦只占15%。表面温度为−180℃；有磁场，但强度仅为地球的1/10。有24颗卫星，还有宽窄不等的光环20条。

天文单位距离（astronomical unit）天文学上的一种距离单位，指从地月系质心到太阳的平均距离，相当于 1.495 978 70 × 10^8km，或 8.3 光分，或 499 光秒。天文单位距离通常用来表示太阳和行星之间的距离，如水星距太阳 0.387 个天文单位距离。

天文观测（astronomical observation）用肉眼和各种观测仪器设备对天体和各种天文现象进行观察、记录、测量和分析研究的工作。天文观测是整个天文学研究的基础。17 世纪以前，传统的天文观测全是靠肉眼进行的。直到 1609 年天文望远镜出现，人们才开始用光学望远镜进行天文观测。到了 20 世纪 40 年代，射电望远镜问世，天文观测又增加了新的手段。随着技术的进步，今天人们进行天文观测的手段和能力都有了划时代的进步。人们不仅能在地球，而且能在太空，不仅能在可见光波段，而且可在整个电磁波段对天体、天象进行观测。

天文台（observatory）从事天文观测和研究的机构。台中有各种天文望远镜，安装在圆顶室内，用以观测天体。还有各种测量仪器和电子计算机，用以分析观测资料。为减少地球大气干扰，天文台大多建造在山上。近年来，为了进一步克服地球大气对紫外线、X 射线、γ 射线和部分红外辐射的吸收，人们发射了围绕地球运行的轨道天文台（如美国的哈勃望远镜）和轨道空间站，进行自动的和载人的天文观测。

土卫（Saturn's satellite）土星的卫星，已发现 31 颗，其中 14 颗为不规则卫星。就与土星距离而言，土卫十五最近，平均距离为 13.8 × 10^4km，绕土星转动周期为 14 时 27 分；土卫九最远，平均距离为 1.295 × 10^6km，绕土星转动周期为 550 天，自东向西逆行。土星卫星中，有 5 颗直径超过 100km。其中土卫六最大，直径达 5 150km，其上还有大气层，厚达 2 700km，密度小于地球，主要成分是氮气。

土星（Saturn）又称镇星或填星，太阳系八大行星之一。距太阳 9.54 个天文单位距离。公转周期为 29.46 年，自转周期为 10 时 14 分。质量为 5.688 × 10^{29}g，为地球的 95.18 倍，赤道半径为 60 000km，体积为地球的 755 倍。平均密度 0.7g/cm^3，表面重力加速度为地球的 1.15 倍。逃逸速度为 35.6km/s。形态很扁，表面的云雾比木星更规则。大气层很厚，主要成分是沼气和少量的氨。土星上空闪电频繁，表面最高温度为 -150℃，有磁场，强度为地球的 1 000 倍。观测已证实，土星有 31 颗卫星，其中 14 颗为不规则

卫星。土星还有明显的草帽状光环。

土星大白斑（Saturn's great white spot）土星大气中出现的一种周期性的白色斑状物。它是土星彩色云带之一，经常出现在赤道上。大白斑叶卵形，长度可达土星直径的 1/5。大白斑出现后，不断被拉长、扩大，几乎蔓延至整个赤道。白斑的出现约 30 年为一个周期，这正好与土星绕太阳公转周期相一致。

土星辐射带（Saturn radiation zone）土星磁场俘获的高能带电粒子带。它由土星磁场与太阳相互作用而形成。其强度小于地球辐射带。在位于 7～8 个土星半径处的一个带区，那里的粒子被强烈吸收。据此判断，估计有一个等离子体云在环绕土星旋转。据测定，土星辐射带能量是它吸收太阳能的 2.5 倍。由此判断其与木星一样，有内在能源。

W

卫星（satellite）围绕行星公转的天体，本身不发光，只能反射太阳光，如月球是地球的卫星。太阳系八大行星中，除了水星和金星之外，其他行星都伴有卫星。卫星又分规则卫星和不规则卫星两种。前者运动特性规则，绕行星转动方向与行星自转方向基本一致，轨道偏心率较小或轨道面与行星赤道面交角小于 90°。这样的卫星如土卫一至土卫七，木卫一至木卫五等。后者具有不规则运动特性。卫星转动方向与行星自转方向不一致，轨道偏心率较大，轨道面与行星赤道面倾角也大，这样的卫星如木卫六至木卫十，土卫八、土卫九等。

X

小行星（asteroid）沿椭圆轨道绕太阳运行的一种小天体。其大多分布在火星与木星轨道之间，组成小行星带。其公转周期多为 3.3～5.7 年。最著名的小行星有谷神星（最早被发现的小行星，直径为 1 070km，质量为 1.17 × 10^{24}g）、智神星（第二个被发现的小行星，直径为 560km，质量为 2.6 × 10^{23}g）、灶神星（最明亮的小行星，直径为 550km、质量为 2.4 × 10^{23}g）、爱神星（直径不足 100km，公转周期为 642 日，自转周期为 5 时 16 分，为著名的变光小行星）。原来一直以太阳系第九大行星出现的冥王星（直径为 1 350km）现已从大行星中除名，只能作为矮行星与其他小行星为伍。目前正式编号的小行星有 5 万多颗。其中轨道半径约一个天文单位距离的近地小行星有可能与地球相撞，对地球有潜在威胁。现在有国际组织对这些近地小行星进行监测。

小行星带（asteroidal belt）太阳系内在火星与木星轨道之间的小行星密集区，其形状如带状。该带宽约1.6天文单位距离。太阳系中97%的小行星聚集在这里。其总数约50万颗，总质量可达 2.1×10^{24} g。

协调世界时（coordinated universal time）以原子时为基准的一种时间计量系统，简称"协调时"。其时刻尽量与世界时取得一致，符号以UTC表示。由于原子时秒长与世界时的不等，累积下去，两者的差别就会愈来愈大。因此，国际上规定，自1972年1月1日起，协调时与原子时只相差整秒数。当此值较大时，协调时就跳动1秒（即增加或减少1秒），称为"闰秒"。

新星（nova）一种爆发性的变星。该星在短时间内，光度有很大的增加，最大可以增加到几十万甚至几百万倍以上，并释放出巨大的能量。在爆发之后，仍然保持其恒星的形式和大部分质量。其光度增加阶段经过的时间不长，然后逐渐减弱，最终回复到原来的光度。此阶段一般可经历30年左右。在银河系中，目前至少已发现有200多颗新星。

星等（stellar magnitude）恒星的亮度等级。古代天文学家把天空中20颗左右最亮的恒星称为一等星，把北斗七星列为二等星，把肉眼能够看到的最暗的恒星叫做六等星。近代光学测得：一等星的平均亮度为六等星的100倍；星等相差一等，其亮度相差2.512倍。据此，天文学家重新测定了恒星的星等，并在星等数值中引入小数和负数。目前，天文学中使用的星等范围，从最亮的-26.74（太阳）到25等星。星等又分为"视星等"和"绝对星等"。视星等即恒星在地球上所测定的亮度等级。平常所说星等即指视星等而言。因其大小同恒星距地球距离有密切关系，故不能真实反映恒星本身的发光能力。绝对星等是指恒星在距离为10秒差距即32.6光年相同条件下的亮度等级。它真实地反映了恒星的发光能力。

星际物质（interstellar matter）又称星际介质，主要指星际气体和星际尘埃。前者占99%，后者仅占1%。星际物质在宇宙空间的密度为每立方厘米仅1～5个原子。星际气体是恒星际空间的寒冷气体，主要是氢气（H_2），温度为10～100K。星际尘埃为星际气体中的细小颗粒，主要是硅酸盐。其直径极小，温度为5～20K。星际气体只对一定波长的光线起作用，而星际尘埃则能吸收可见光的光子，并对蓝光有较强的散射，因而会使星光变暗变红。此外，星际物质还包括磁场和宇宙线。

星云（nebula）天空中一切具有云雾状外表的天体，即一切没有明晰轮廓的天体。在银河系空间，星云是指由气体和尘埃组成的云雾状天体。按其发光性可分为发射星云、反射星云和暗星云；按其形态可分为弥漫星云、行星状星云、超新星爆发后残剩物质云等。在银河系外的河外星云，实际上是与银河系同级的恒星系统，由大量恒星组成，只不过距离非常遥远，过去只能观测到模糊的云雾状。随着现代天文观测技术和手段的不断进步，现在人们已能十分清晰地观测到河外星云由数不清的河外天体组成的事实。现在人们已把河外星云改称为"星系"或"河外星系"。

行星（planet）环绕恒星运动的主要天体，特指太阳系中围绕太阳运行的天体。行星一般不发光，以表面反射太阳光而发亮。在太阳系中，按距太阳的远近，共有水星、金星、地球、火星、木星、土星、天王星和海王星8颗大行星。太阳系中还有大量的小行星。其中在火星和木星之间大量分布、按一定轨道围绕太阳运行的小行星群称为小行星带。小行星带以内的行星，包括水星、金星、地球、火星，称为"类地行星"或"内行星"；小行星带以外的行星称为"类木行星"或"外行星"。其他恒星也有类似太阳系一样的行星环绕。

行星运动定律（law of planetary motion）太阳系中各行星运行的规律，即开普勒行星运动定律。行星围绕太阳运动，遵循开普勒三定律，即：（1）行星在通过太阳的平面内沿椭圆轨道运动，太阳位于椭圆的一个焦点上；（2）行星绕太阳运动，其半径在相等时间内扫过的面积相等，即面积速度为一常数；（3）太阳系内所有的行星公转周期 T 的平方与行星轨道半径长度 a 的立方之比为一常数，即：

$$\frac{T_1^2}{a_1^3} = \frac{T_2^2}{a_2^3} = \cdots = \frac{4\pi^2}{GM}$$

式中，G 为万有引力常数，M 为太阳的质量。开普勒第三定律更精确的表达形式为：

$$\frac{T_1^2}{a_1^3(M+m_1)} = \frac{T_2^2}{a_2^3(M+m_2)}$$

式中，m_1、m_2 为两个相应行星的质量。

行星状星云（planetary nebula）恒星生命晚期形成的、围绕一颗中心热星的气体壳层星云。大多数天文学家认为，行星状星云是因红巨星演化到晚期不稳定阶段抛射出外壳所形成的。其外貌在低倍望远镜中具有像天王星或海王星那样略带绿色且有明晰边缘的小圆面。但在大望远镜下却显示出非常复杂的斑点、气流、纤维和小弧结构。因为抛出的气体云会被遗留在中心的热核聚变的微密星核发射出的辐射电离发光，所以行星状星云也是发射云的一种。行星状星云有许多著名的例子，如狐狸座的哑铃星云、宝瓶座的土星状星云等。

虚拟天文台（virtual observatory）利用先进的信息技术和网络技术将各种天文研究资料，包括天文数据、天文文献、计算资源、软件工具，甚至天文望远镜等集中统一在一起的透明服务系统。天文学家只需登陆到虚拟天文台系统之中，便可以享受到系统所提供的丰富资源和系统服务，使自己从数据收集、处理这些烦琐的事务中摆脱出来，把精力集中到科学研究和科学探索中去。虚拟天文台的建设，为研究者提供了一个全新的网络化研究平台，引领天文学进入数据密集型的在线科学研究新时代。同时，公众也可以利用这个平台的丰富资源和三维动画等可视化软件，以直观的形式直接显现每个人关注的内容，从而实现天文知识的普及。虚拟天文台是国际虚拟天文台联盟组织的一项国际合作计划。中国虚拟天文台作为国际虚拟天文台的有机组成部分。其构建的重点包括五个领域，即在国际虚拟天文台联盟标准指导下，进行平台建设、公众教育、国内外天文数据统一访问、现有天文工具和天文设备的虚拟集成。

Y

银河系（Galactic System）太阳系所在的恒星系统（星系）。它由包括太阳在内的恒星、星团、星际气体和尘埃聚集而成。外形呈扁平、中间稍凸的旋涡星系。除能朦胧看到像光斑一样的三个邻近银河系的河外星系外，夜晚晴空肉眼所见到的天体都是银河系的成员。银河系有银心、核球、银核、银盘、旋臂、银晕和银冕组成；其总质量约等于 2×10^{12} 个太阳。其中，恒星占90%，星际物质占10%，估计恒星有1 000亿颗以上。多数恒星集中在扁盘状的空间范围内，形似铁饼。银河系中心厚度约1.2万光年，扁盘密集部分直径8万光年。太阳距其中心距离约3万光年。整个银河系在转动着，但离中心距离不同转速也不同。太阳的转速约为250km/s，绕银河系中心转一周约需2.5亿年。

引力波（gravitational wave）宇宙间存在的引力异常和分布不均匀而形成的随时空变化的引力波动。其起因为爱因斯坦等物理学家所指出的宇宙天体间质量分布的不均匀和宇宙间存在大量大质量、高速度运动的天体所致。它是广义相对论的四大预言之一。截止到2007年，除了对PSR1913+16引力辐射阻尼的观测提供了引力波存在的间接证据外，限于人类目前的技术水平，科学家至今仍没有在实验室中证明引力波的存在。但根据爱因斯坦的理论，引力波处处存在，非常容易产生，许多加速运动的物体都可以产生引力波。但到达地面的引力波的能量非常微小，以致人们至今还无法观测出它的存在。引力波的出现，将使人们观察物体的角度发生革命性的改变。应用引力波去观测，周围的世界将变得更加绚丽多姿，所有的问题也更加明晰。

引力波透镜（gravitational wave lens）根据爱因斯坦的理论得出的由于质量分布不均匀所形成的弯曲空间透镜体。在1979年之前，关于空间弯曲在宇宙中形成庞大的引力透镜的观点，还只是爱因斯坦在理论上的推测。1979年，爱因斯坦的推测得到了证实。科学家首次观测到银河系外一个遥远明亮的类星体Q0597+561，被它前面一个较大的星系挡住了。这个巨大的星系对空间的弯曲使类星体穿过附近的空间，在转折、会聚作用下形成了另一个与Q0597+561一模一样的类星体影像。两者在宇宙空间看起来像一对双胞胎紧靠在一起，形成虚实莫辨的奇观。引力波透镜的出现，使天空各种星体的面貌更加离奇，有的星体被放大，有的星体被克隆，整个宇宙都呈现出虚幻的放大。它让星系光影交错，让星体虚实共存，让空间变得繁杂莫辨。

引力坍缩（gravitational collapse）恒星或其他天体在引力作用下急剧收缩的过程。其收缩程度可达原大小的几百分之一或几千分之一。恒星一般演化到后期，耗完了内部核燃料之后，可能通过引力坍缩形成致密星体。其中，质量大于2～3倍太阳质量的恒星，演化到晚期，会迅速坍缩到一个密度很大的"黑洞"。这样的天体被称为"坍缩星"。

宇宙（universe）天地万物的总称，指广漠无垠的空间和存在于其中的天体和弥漫物质。宇宙是由物质组成的，它不依赖于人的意识而客观存在。宇宙在时间上和空间上都是无限的，超出人类的想象。宇宙又是多样而又统一的。多样性表现在物质的表现形式的多样化：密集的天体、弥漫的星云和辐射物的连续状态等。统一性则表现为它的物质性。随着人类探测技术的不断提高，宇宙的可观测范围日益扩大。目前已观测到最远的天体距地球约 150 亿光年。

宇宙背景辐射（cosmic background radiation）来自无明显分立源天区的各向同性的电磁辐射。1965 年，美国射电天文学家彭齐亚和威尔逊在波长 7.35cm 的微波波段首先发现，后来许多研究者在从 0.5cm 到 70cm 波段上所作的观测，得出背景辐射的温度是接近 2.76K 的黑体辐射谱。因为是在微波波段上发现的，一般也称作"微波背景辐射"。在 X 射线和 γ 射线波段上也能观测到背景辐射，但量值很小，无法和微波段背景辐射相比较。宇宙背景辐射的发现为 20 世纪 60 年代天文学上的四大发现之一。彭齐亚和威尔逊二人也因此荣获 1978 年诺贝尔物理学奖。

宇宙大爆炸（universe detonation）阐释宇宙形成、结构和演化的一种理论，是现代宇宙学中影响最大的一种学说。该学说认为：宇宙曾经历过一次大规模爆炸，宇宙体系不断膨胀，物质从热到冷、从密到疏地演化着。支持这一学说的事实有：(1) 由同位素测定和球状星团推得的年龄值与理论预测相符，所有星体都是在宇宙温度降到几千度后才产生的，即星体的形成年龄不大于 150 亿年。(2) 许多天体中氦的丰度可达 30%，用恒星内部的热核反应无法解释这个现象，只能用宇宙大爆炸早期的高温来解释这么高的氦的产率。(3) 探测到宇宙的背景辐射为 3K，这个结果同大爆炸理论预言相符。(4) 河外天体有系统性的谱线红移，并且红移与距离成正比。若用多普勒效应来解释，则红移就是宇宙膨胀的反映。但此学说在解释星系形成、宇宙均匀各向同性起源方面还有尚未解决的难题。

月海（mare）月球表面比较平坦而阴暗的地区，曾被认为是月球上的海洋。实际上是宽广的平原地带，存在着大范围的熔岩流，故颜色较暗。多数月海呈圆形，周围是山脉。月球表面经观测共有 22 个月海，正面 19 个，背面 3 个。其中最大的风暴洋面积约 $2.28 \times 10^6 km^2$，其次较大的还有雨海（$8.9 \times 10^5 km^2$）、静海（$4.4 \times 10^5 km^2$）和莫斯科海（月球背面最大的月海，直径达 300km）。

月陆（lurain）月球表面高出月海较亮的区域。一般高出月面 2～3km，主要由浅色斜长岩组成。月球正面的月陆面积与月海面积大体相等，月球背面的月陆面积则大些。在月陆上还分布有山脉、峭壁、环形山、辐射纹和月谷等。

月球（moon）又称月亮，地球的天然卫星。沿椭圆轨道绕地球运动，与地球平均距离为 384 401km。月球本身不发光，因反射太阳光才被看见。月球直径为 3 476km，约为地球的 1/4，质量为地球的 1/81.3，密度为水的 3.3 倍，重力加速度为地球的 1/6，表面逃逸速度为地球的 1/5。月球自转周期与绕地球转动周期相等，都是 27.3 天，故永远只以同一面对着地球。人类通过飞越月球、绕月卫星、月球车、无人和载人登月探测与取样等探测手段，获得了大量有关月球的科学数据。对月球的主要科学认识有以下几个方面：(1) 精确测定了月球的形状、大小和运行轨道。(2) 月球表面基本上没有大气，表面气压仅为地球大气压的 10^{-14}。由于没有空气，月球是一个无声世界。月表平均温度白昼（120～150℃）和黑夜（−160～−180℃）温差可达 300℃左右。(3) 月球目前没有明显的磁场存在，但月球的岩石有极微弱的剩磁，表明月球过去曾经有过全球性偶极磁场。(4) 月球表面主要地形单元为月海盆地、高地和撞击坑。据统计，月表直径大于 1km 的撞击坑，总数在 33 000 个以上，约占月表总面积的 10%。(5) 月球表面没有水体，在其演化历史中也没有或只有极微量的水参与。但在月球的南北极由陨石撞击形成的撞击坑中的永久阴影区里，可能有水冰存在。(6) 月球有一个厚的月壳（60km）、一个岩石圈（60～1 000km）和一个部分液化的软流圈（1 000～1 740km）。软流圈底部可能存在一个小的铁核或硫化铁核。(7) 月球表面覆盖着一层由岩石碎屑、角砾、粉末和撞击形成的熔融玻璃组成的结构松散、成分复杂的风化层，即月壤。月壤平均厚度是：月海为 4～5m，高地为 10～15m。月壤中的氦−3 是地球上稀缺的、人类未来可以长期使用的、清洁、安全而廉价的核聚变燃料。(8) 月球上没有生命，没有活动的有机体、化石或有机体固有的有机化合物。(9) 月球和地球在成因上是相互联系的。它们都由相同的元素构成。但月球更富含难熔元素和亏损铁及挥发性元素。(10) 现在的月球是一个古老的、"僵死"的天体。月球内部的能量已近于衰竭，地温梯度很小，每年月震释放的能量仅相当于地球的 10^{-8}。自 31 亿年前起始，月球上没有发生过显著的火山活动和构造运动，月球的"地质时钟"早在 31 亿年之前已经停滞。

月球的起源（origin of the moon）月球何时以及以何种方式构成而后又如何演变的。有关月球的起源，有四种假说：(1) 俘获说。认为月球在绕太阳公转时被地球俘获而成。(2) 分裂说。认为月球是从早期自转很快的地球分裂而来。(3) 双星说。认为月亮一开始就是地球的伴星，两者同时产生和发展变化。(4) 撞击说。这是目前最流行的一种学说。至于月球的演化，根据探测资料，分析判断得出的结论认为，月球最初有一大半是熔融物，岩浆海冷却后结晶形成外壳。约44亿年前，月幔形成，其余物质喷发到外部形成月海玄武岩。月球早期受外来小天体撞击，形成月海盆地和环形山。近30亿年来，月球基本停止演化，再也没有剧烈的地质活动，仅有少量的陨石撞击和月震，以及太阳风和宇宙线的辐射。

月球内部结构（inner structure of the moon）月球内部的构造状态。月球内部为层状结构，可分为三层：月壳、月幔和月核。月壳是月球的外层，厚度不均匀，正面约50km，背面约75km，高地斜长岩月壳较厚，月海玄武岩月壳较薄。月幔位于月壳与月核之间，为硅酸盐构成。可进一步分为上月幔和下月幔。上月幔厚约185km，是玄武岩岩浆的源区；下月幔厚1 388km，可能是富橄榄岩的辉石岩原始物质。月幔是刚性的，上月幔刚性更高。月核是月球的中心区，直径约300~500km，质量占月球的1%，密度为6.0g/cm³，温度约1 600℃。月核似有可塑性，但不是一个熔融的铁核，可能由金属镍、铁或榴辉岩的半熔融物质组成，相当于地球的软流圈。月球没有地球那样的板块构造。

月球协定（agreement governing the activities of states on the moon and other celestial bodies）外层空间法之一，全称为《指导各国在月球和其他天体上活动的协定》。该协定于1979年12月5日在联合国大会通过，1984年7月11日生效。协定规定，人类的与月球有关的活动必须是和平的，禁止军事应用；月球探索应为全人类谋福利，月球资源属于全人类，各国不能据为己有；各国有权分享月球资源带来的利益；各国对其在月球上的宇航设备有管辖权和控制权。

月球演化（evolution of the moon）月球形成、发展、演变的过程。根据对月球岩石的成分、结构和形成年龄的研究，月球的演化历史可分为以下几个阶段：(1) 月球的形成年龄约为45亿年。月球形成后曾发生过较大规模的岩浆岩事件。通过岩浆的熔离过程和内部物质调整，41亿年前形成了月球独有的斜长岩月壳以及月幔和月核。(2) 在40亿~39亿年前，月球曾遭受到大量小天体的剧烈撞击，在月球表面形成

了广泛分布的月海盆地，称为雨海事件。(3) 在39亿~31.5亿年前，月球上发生过多次剧烈的玄武岩喷发事件，成为月海泛滥事件。大量玄武岩充填了月海，厚度达到0.2~2.5km。(4) 自31.5亿年以来，月球内部的能源逐渐枯竭，再也没有发生大规模的岩浆火山活动和构造运动，全球性磁场减弱以至消失。但小天体撞击仍频繁发生，形成大量撞击坑。月震和地表热流都十分微小，月球成了一个古老的、"僵死"的天体。

月食（lunar eclipse）月球因进入地球的影子之中而失去光明的现象。这时它的正面被地球遮掩，太阳光照不到，所以失去光明。月食时，地球位于太阳和月球之间，三者成一直线。月食可分为本影食和半影食。本影食又可进一步分为月全食和月偏食，通常所说月食指的是本影食。

月相（lunar phase）月球球面变化的圆缺状况。月球本身始终是一半光明（面向太阳）一半黑暗（背向太阳）。但在地球上看，月球的明暗和大小在不断变化着，有盈、亏、上弦、下弦、满月、残月之分。月相的变化取决于太阳、地球和月球三者之间相对位置的变化。这种变化是周期性的，其周期为塑望月：半个月由缺（上弦月）变圆（满月），半个月由圆变缺（下弦月），周而复始，轮番出现。

陨星（moteorite）流星体燃烧后溅落到地面上的残骸，有碎片和整片。按其化学成分可分为三大类：石陨星、铁陨星和石铁陨星。三者在陨星总数上分别占约92%、6%、2%。石陨星下落时比较容易崩裂。研究陨星，对于研究太阳系的形成和演化，以及生命起源和空间科学技术，都具有重要的科学价值。陨星的化学成分有的以硅酸盐矿物为主，有的由铁（Fe）、镍（Ni）金属组成，还有的两者混合而成，有时还极其稀少地出现陨冰现象。如1983年4月11日陨落到中国江苏省无锡市区的陨冰，直径达50~60cm，重约5~9kg。

Z

中子星（neutron star）一种比白矮星密度更大、主要由中子及少量的质子、电子所组成的超密恒星。其质量下限为太阳的10%，上限为太阳的150%~200%；半径为10~20km；平均密度为$10^{11}~10^{15}$g/cm³；磁场强度大，中心温度高，自转很快，可发出强烈的无线电脉冲；脉冲周期即自转周期。中子星的成因是在高温高压情况下，外围电子有足够的能量进入原子核，与质子合成中子星。

五、地球科学
(Science of the Earth)

（一）地理（Geography）

B

半岛（peninsula）伸入海洋或湖中的陆地。构成形式是三面临水，一面同大陆相连。从分布情况看，世界主要的半岛都在大陆的边缘地带。

包气带（aeration zone）地面以下潜水面以上的地带。是大气水、地表水和地下水发生联系并进行水分交换的地带。因为它是岩土颗粒、水、空气三者同时存在并相互作用的复杂系统，故称为包气带，也叫非饱和带。包气带具有吸收水分、保持水分和传递水分的能力，其中的植物根系活动层与外界也有强烈的水分交换。包气带可以进一步划分成三个亚带：土壤水带（毛细管悬着水带）、毛细管活动水带（由毛细管上升水形成的水带）和介于二者之间的中间带。地下水埋藏较浅时，土壤水带与毛细管活动水带可能相互衔接，这时中间带就会消失，整个包气带就会比较湿润。

北极科学考察（research and expedition in Arctic）在北极地区有组织的科学考察活动。北极泛指北极圈（北纬66°33′）以北的整个北半球高纬度地区，包括北冰洋和亚、欧、北美大陆在北极圈以内的地区。人类对北极的考察、探险活动始于1909年，先后经历了探险、科学考察和国际合作的不同阶段。根据中国政府1925年签署的斯瓦尔巴条约，中国人有权进入北极圈从事科学考察和生产活动。1999年以前，中国仅有若干学者和一些民间组织进入北极圈进行考察。中国政府组织的首次北极考察是在1999年7月至9月。科学家对北极地区的海洋学、气象学、生物学、海冰学、大气化学、高空物理学、地质学、地理学、测绘学、地球物理学以及环境与人文科学、水产资源等进行了调查，取得了多学科科研成果。2004年7月28日，中国政府在挪威北部海域的斯匹次卑尔根岛的新奥勒松镇建立了中国北极长年考察站——黄河站，重点开展围绕全球变化及其区域响应、极区空间环境与空间气候、极地环境中的生命特征与过程等方面的研究。中国的北极科学考察从此走上了正规化、常态化的道路。

冰川（glacier）在寒冷气候下由降雪累积而成的常年覆盖在陆地表面的并能运动的淡水冰体。在寒冷气候条件下，天然降雪经密实化、冰晶生长和重结晶作用而变为粒雪，粒雪经成冰作用变为冰川冰，它在自身和上方压力的联合作用下发生塑性流动，从而形成冰川。地球上97%的冰川分布在南北两极地区，其中南极冰盖的面积为$1.259 \times 10^7 km^2$，平均厚度2 450m，约占世界冰川总量的90%。格陵兰冰盖面积$1.73 \times 10^6 km^2$，平均厚度1 500m，约占世界冰川总量的7%。中低纬度的高山地区，包括中国青藏高原、欧洲阿尔卑斯山、北美洲落基山和阿拉斯加山脉、南美洲安第斯山以及非洲乞力马扎罗山等在内，虽然冰川数目较多，但规模小，长度一般在几千米至几十千米，其体积仅占世界冰川总量的3%。冰川中储存着过去的降水和气温及地表环境的信息，是研究地球气候与环境变化的重要信息库。冰川是巨大的固体淡水库，山岳冰川常是大江大河的发源地。中国是世界上中、低纬度山岳冰川最发达的国家。中国的冰川都是山岳冰川。在中国西部的高山和青藏高原，发育着成千上万条冰川，是内陆干旱区的重要水资源，也是亚洲一些大河的发源地。大陆性气候使中国西部雪线普遍高于世界同纬度其他山地，地区变动幅度也较大。中国冰川的分布范围北起阿尔泰山（北纬49°10′），南到云南省的玉龙山（北纬27°03′），东自四川松潘的雪宝顶（东经103°55′），西达帕米尔高原。冰川面积达$5 \times 10^4 km^2$，分布在喜马拉雅山、昆仑山等12个高山地区。中国的冰川类型主要有悬冰川、冰斗冰川、山谷冰川和平顶冰川。按气候类型分为大陆型冰川与海洋型冰川。前者数量多，分布广，占全国冰川面积的80%以上。海洋型冰川仅限于横断山脉和藏东南山区。

冰川作用（glaciation）冰川对陆地表面的改造作用。其结果产生的地表形态称为冰川地貌。冰川作用包括侵蚀作用、搬运作用和堆积作用。侵蚀作用形成冰川侵蚀地貌，如角峰（岩壁陡立的金字塔形山峰）、悬谷（以陡崖与主谷相汇的支谷）、刀脊（像刀刃或锯齿一样的山脊）、冰斗（由冰川侵蚀造成的三面环山、后壁陡峭的半圆形凹地）、U形谷（指冰川在山谷运动时，将山谷改造成的宽底谷地）等。堆积作用指把冰川侵蚀下来的物质堆积下来，形成冰川堆积地貌，如冰川侧碛（冰川暂时稳定时两侧形成的条状岗地）、冰川底碛（冰川底部因冰川融化形成的物质堆积）和冰川终碛（冰川末端的冰川侵蚀物堆积，常形成弧形垄堤）。

冰期与间冰期（ice age and interglacial period）冰期指有大面积冰川覆盖且有强烈冰川作用的重要地质时期。冰期有广义和狭义之分。广义的冰期又称大冰期，大冰期中气候较寒冷的时期称冰期，气候较温暖的时期称间冰期。在地质史中至少出现过三次大冰期。已知最早的大冰期发生于寒武纪的晚期，其次是石炭纪至二叠纪出现的大冰期，最后一次大冰期为第四纪冰期。

C

沧海桑田（interchange of sea and land）海洋变成陆地、陆地变成海洋的现象。海陆变迁是中国古代有关地表升降变化的卓越认识。东晋葛洪（约281～341年）的《神仙传》中记载有"已见东海三为桑田"、"海中皆扬尘"，更早的《诗经》中也有"百川沸腾，山冢卒崩；高岸为谷，深谷为陵"的诗句。唐代的颜真卿（708～784年）、北宋的沈括（1031～1095年）及南宋的朱熹（1130～1200年），均对海陆变化有过深刻的论述。中国古代先人们的这种科学见解和辩证认识，较西方国家至少早了1 000年。

草甸（meadow）在中度湿润条件下形成发育的、以多年生草本植物为主体的植物群落类型。草甸具有浓密的草群，土壤完全生草化，以地面芽植物占优势。草甸一般不呈地带性分布，属隐域植被或跨带植被，但高山草甸和亚高山草甸可组成植被垂直带。中国的草甸主要分布于北方温带平原低地及山地、高山上，青藏高原中东部高山草甸广泛分布。

草原（stepped grass land）温带半干旱气候条件下，由旱生、半旱生多年生草本植物组成的植被类型。植被主要成分有：旱生窄叶丛生禾草如羽茅、针茅，以及部分根茎禾草和莎草科、豆科、菊科植物等。草原植被结构简单、季相（不同植物群落在不同季节显示出的不同特点）明显。草原还可以根据水热条件，进一步分为典型草原、荒漠化草原、草甸草原等。

常绿阔叶林（evergreen broad leaved forest）亚热带湿润地区典型的木本植物群落。该林种的树木叶子多革质，具有光泽，叶片与光线垂直，群落层次结构清晰，藤本植物稀少。优势树种主要由壳斗、樟树、山茶、木兰等科树木组成，分布范围广。由于湿度、温度上的差异，还可进一步划分多种类型。

潮土（fluvo-aguic soil）河流深积物受地下水影响、经旱耕熟化而形成的土壤。潮土土层深厚、成土物质颗粒分选明显，耕作层上部沉积层理消失，结构改善，养分丰富，耕作层之下常有砂、黏土间隔层，中、下部有锈斑、锈纹。潮土呈中性至碱性反应，可进一步分为黄潮土与灰潮土，前者强石灰性，矿化度较高，主要分布在黄淮海平原及汾河、渭河谷地；后者石灰性弱，矿化度低，主要分布在长江中下游部分地区。

承压水（confined water）充满在上、下两个隔水层之间具有承压性能的地下水。是一种常见的地下水。上、下两个隔水层分别称为顶板和底板。承压水具有以下特点：（1）具有承压性能，当钻孔穿透顶板时，在静水压力作用下产生水位上升现象，水位上升到一定高度不再上升时，这个最终的稳定水位叫做承压水位，承压水位高于初见水位。承压水有时可涌出地表，这时又称自流水。（2）承压水一般埋藏较深，在松散沉积物及坚硬的基岩中都能存在。（3）承压水的分布区、补给区与排泄区常不一致。（4）承压水的水量、水质和水温都比较稳定，受气候影响较小，季节性变化不大。（5）由于承压水埋藏较深，受地表污染少，是良好的供水水源。

冲积平原（alluvial plain）由河流搬运的碎屑物因流速减缓而逐渐堆积所形成的平原。主要特征为地势平坦，沉积深厚，面积广大。河流上游有持续而丰富的泥沙供给及堆积地区地壳的不断沉降（或相对沉降）是其形成的必要条件。中国的华北平原主要由黄河、淮河和海河等大河合力堆积而成。黄河和海河的上游有黄土高原，每年经黄河下泄的泥沙近 $1.6 \times 10^9 t$。且华北平原地区从第三纪以来即持续沉降，故形成沉积层厚数百米乃至上千米、总面积超过 $3 \times 10^5 km^2$ 的大平原。冲积平原一般分为三部分：（1）山前平原。是从山区到平原的过渡带，地面仍具有一定的坡降。（2）中部平原。是冲积平原的主体，沉积物主要是冲积物，有时也夹有湖积物及风成堆积物。平原表面平坦，常有数条河流甚至几个水系流经。（3）滨海平原。其沉积物颗粒更细，沼泽面积大，有周期性海水侵入，并残留一些海岸地貌形态，如贝壳堤、湖、海湾等。

冲积扇（alluvial fan）山地河流流出山口后，因河床坡降骤减、水流搬运能力减弱、挟带的碎屑物堆积而形成的从出口顶点向外辐射的扇形堆积体。在纵向上，其剖面呈凹形，坡降上陡下缓，组成物质也由粗变细；但在横向上，剖面呈凸形。冲积扇的规模变化很大，小的纵向长度仅数十米，由于体小坡陡，形态上具明显的锥形。若干个小型冲积扇连成一体，在山麓成带状分布。大型冲积扇纵向长度可超过数十千米乃至上百千米，堆积物厚度也超过数百米，称为冲积扇平原。如中国的黄河冲积扇平原，永定河、滦河冲积扇平原等。冲积扇部位的地下水资源丰富，排水条件也好，常是发展农业生产的有利地区，许多城市也分布于此。

D

大陆架（continental shelf）靠近海岸浅水领域的海底平缓地形，是陆地向海洋的自然延伸部分，也曾称大陆棚。大陆架总面积占海洋面积的7.5%，地面向深海方向微微倾斜，坡度一般不超过2°，平均水深130m，有些地方可超过200m。大陆架宽窄不一，平均宽度78km。美洲太平洋沿岸的大陆架宽仅 30～40km，甚至没有大陆架，而亚洲北冰洋沿岸的大陆架竟宽达1 300km。大陆架的表面大多覆盖有厚度不一的松散沉积物，并广泛分布着在陆地上发育的地形，如有沉溺河谷、冰川谷和多级海成阶地等。在海洋环境下还发育有由潮流冲刷而成的深槽。有些大陆架主要由火成岩组成，沉积物很少。大陆架的外缘常有堤状隆起，称陆架边缘堤，堤外即为大陆坡。关于大陆架的成因有多种学说。多数学者认为大部分大陆架是冰后期由于海面上升淹没的大陆边缘部分。有些大陆架是由地壳下沉、海蚀平台被水淹没，或在

地壳下沉的基础上由海底沉积物堆积形成的。大陆架浅海自然资源十分丰富。现已发现大陆架海底蕴藏有石油、天然气、煤、铁、锰、锡、铜等多种矿藏。大陆架浅水部分，阳光可透过水层，营养物质丰富，对海洋植物和动物生长十分有利。全世界的大型海洋渔场，大多在大陆架海区。

大陆坡（continental slope）大陆架外缘向大洋更深部分下倾直到深海盆地或海沟为止的斜坡地带。其坡度范围为3°～6°，平均4°，深度100～800m至1 400～3 200m，宽度为20～100km。若以水深2 000m作为大陆坡的平均深度界线，则全世界大陆坡面积约占大洋面积的8.5%。在地质构造上，大陆坡是大陆地壳向海洋地壳的过渡地区，地壳厚度随水深增加而减薄。受板块运动影响，与深海沟相邻的大陆坡地带多火山、地震。

大陆型冰川（continental glacier）又称冷冰川，在大陆性气候条件下成冰过程以浸渗冻结成冰为主发育形成的冰川。主要标志为温度低、雪线附近年平均温度多在 −8℃ 以下，冰川内部温度终年处于负温状态。由于气候干燥、降雪、降水量少，温度低，冰川活动性弱，消融慢，尾端进退幅度小，冰川运动也缓慢，年移动量约为30～50m。冰川侵蚀作用较弱，堆积地形比侵蚀地形发育。中国西部以及中亚地区高山区的冰川多属大陆型冰川。

丹霞地貌（danxia landform）巨厚红色砂岩上发育的方山、奇峰、赤壁、岩洞和巨石构成的特殊地貌。在差异风化、重力崩塌、侵蚀、溶蚀等综合作用下，产状平缓的红色砂岩被塑造成城堡状、柱状、宝塔状、棒状、平顶山等不同的形态。此类地形在中国广东省仁化附近的丹霞山发育最为典型，故名为丹霞地貌。中国福建省的武夷山、浙江省的方岩、四川省的青城山等，均是比较典型的丹霞地貌。丹霞地貌所在地区常成为自然风光优美的旅游胜地。

岛弧（island arc）大陆边缘连绵呈弧状的一长串岛屿。岛屿以山地为主，外临深海沟。西太平洋岛弧最为典型，分南北两段：北段由千岛群岛、日本群岛、琉球群岛、台湾岛和菲律宾群岛构成，面向太平洋，为东亚太平洋岛弧；南段由安达曼群岛、尼科巴群岛、苏门答腊岛、爪哇岛和努沙登加拉群岛组成，向印度洋突出，称印度洋巽他岛弧。两段岛弧在苏拉威西岛衔接。西太平洋岛弧处在太平洋板块、亚欧板块和印度洋板块的嵌合带，地壳不稳定，多火山地震。据统

计，全世界有活火山500余座，一半以上集中在该岛弧带；全球地震能量的95%也在此释放。频繁的火山活动引起的岩浆喷发，使岛弧带成为世界上矿产最丰富的地区。岛弧可分为：（1）内岛弧。靠陆一侧，是大洋板块与大陆板块接触带，火山和地震集中于此。（2）外岛弧。近大洋一侧，无火山地震带。

岛屿（islands and islets）散布在海洋、河流或湖泊中的小块陆地。按地质成因，海上岛屿可分为大陆岛、泥沙岛、大洋岛和构造混杂岩岛。彼此相距较近的一群岛屿称群岛；呈弧形延伸或排列的岛屿或群岛称岛弧。海洋中的岛屿分布很不均匀，西太平洋大陆边缘外围的岛弧、西南太平洋的火山—珊瑚群岛、北美洲北部的群岛是几个相对集中区域。中国沿海岛屿众多。台湾岛是中国第一大岛，海南岛是中国第二大岛。

地表水（surface water）储存于陆地表面的各种水体。如江、河、湖、沼泽、冰川、积雪。地表水是人类生产、生活的重要资源之一。中国大小河流总长度约4.2×10^5km，流域面积在100km²以上的河流有5万多条，河川径流总量在$2.711\,5 \times 10^{12}$m³。中国的冰川总面积约5×10^4km²，年融水量约5×10^{10}m³。中国面积1km²以上的湖泊有2 800多个，人工湖泊、水库8.6万座，也储蓄有大量地表水。中国的河流除一小部分流入封闭的内陆湖沼或消失于沙漠外，大部分属于外流河，河水分别注入太平洋、印度洋和北冰洋。其中太平洋流域面积占全国总面积的56.7%；印度洋流域面积占6.5%，分布于青藏高原东南部、南部和西南一角；北冰洋流域面积只占全国总面积的0.5%，偏处于中国新疆的西北一隅。中国多年降水量平均值为$6.189\,9 \times 10^{12}$m³，折合平均降水深度为648mm。但年蒸发总量高达$3.477\,4 \times 10^{12}$m³，表明一多半降水均通过蒸发又重新回到大气中。

地带性植被（zonal vegetation）又称显域植被，分布在显域地境、能充分反映一个地区气候特点的植被类型。显域地境指排水良好、土壤组成适中的平地或坡地。与地带性因素相适应，地带性植被在地理分布上表现出明显的规律性：（1）纬度地带性。指因气温的差异，从赤道向极地依次出现热带雨林、亚热带常绿阔叶林、温带常绿阔叶林、寒温带针叶林、寒带冰原和极地荒漠。（2）经度地带性。指从沿海到内陆，因水分条件的不同，使植被类型在中纬度地区出现森林→草原→荒漠的更替。（3）垂直地带性。指从山麓到山顶，由于海拔的升高，出现大致与等高线平行并具有一定垂直幅度的植被带，表现出有规律的组合排列和顺序更迭。

地貌（geomorphy）又称地形，陆地和海底的起伏形态。按形态可分为山地、丘陵、高原、平原、盆地、荒漠等；按成因可分为构造地貌、气候地貌、堆积地貌、侵蚀地貌等。地貌由地球的内、外营力相互作用形成。内营力控制着地壳大的地貌类型，构成了地球表面的基本轮廓；外营力则塑造地貌的细节，并力图使地表起伏展缓夷平。按内、外营力作用的性质、强弱和时间的差异，地形的起伏有不同的规模，还可以进一步分出不同规模的地貌单元。

地下水（water underground）赋存于地表之下的水体。可分为气态水、吸附水、薄膜水、毛细管水、重力水和固态水等。按埋藏条件可分为上层滞水、潜水和承压水。按含水介质有孔隙水、裂隙水和岩溶水。地下水既可作为居民生活用水和生产用水，又是一种生态环境的重要资源，含有特殊组分或温度较高的地下水可用于医疗保健和地热能利用。但地下水也会影响工程建设的基础施工、引起土壤盐碱化、沼泽化等。无计划过量开采地下水会引起地面沉降、土层变形、海水入侵等人为地质灾害。由于中国独特的自然地理条件和地质构造特征，使中国各地的地下水形成了类型和分布上明显不同的特征。中国地下水的类型，按形成原因可分为四种类型：松散沉积物中孔隙水、碳酸盐岩类喀斯特（岩溶）裂隙溶洞水、浅层地下水和多年冻土地下水。松散沉积物中孔隙水主要分布在东部平原区、西北内陆盆地及山前倾斜平原、沙漠区及黄土高原区。岩溶裂隙溶洞水则主要分布在云贵高原、广东、广西及长江中下游碳酸盐岩分布地区，北方碳酸盐岩分布地区也有出露。浅层地下水主要指基岩裂隙水，全国各地均有分布。多年冻土地下水则主要分布于中国的黑龙江北部、新疆北部及青藏高原的常年冻土带。中国是世界上开发利用地下水最早的国家之一，水井的开凿利用可以上溯到5 700年前的仰韶文化时期。中国地下水年径流量约为8.288×10^{11}m³，不少地区已不同程度地开发利用了地下水作为城市生活用水和工农业生产用水的主要水源。地下水在解决缺水山区人畜用水、沙漠地区开发治理、西北黄土地区、南方红层地区以及喀斯特缺水地区工农业用水方面，将会发挥越来越大的作用。

第四纪冰期（Quaternary ice age）第三纪末至第四纪初的一段寒冷时期。地史上，在第三纪末气候开始转凉，第四纪初期寒冷气候带向南转移，结果使高纬度和高山地区进入冰期，导致冰盖或冰川广泛发育。第四纪冰期的规模很大，在欧洲，冰盖南缘可达北纬50°附近；在北美，冰盖前缘一直延伸到北纬40°以南。南极洲的冰盖也远比现在大得多。包括赤道附近在内的地区的山岳冰川和山麓冰川，都曾下降到较低的位置。中国第四纪冰川作用的范围，不仅包括东北、西北、西藏和西南等地的山地和高原，而且波及到东部山区和山麓平原。这次大冰期，至少可分四次冰期和三次间冰期。在最大的一次冰期中，全球大陆有32%的面积为冰川所覆盖，大量的水分停滞于大陆上，致使海面下降约130m。在第四纪冰期中，气温比现在低3~7℃左右，降雪量也比较大，不但高纬度地区为冰川覆盖，就是中低纬地区也出现寒冷气候，并在山区发育山岳冰川。

冻土（frozen earth）在0℃或0℃以下冻结、并含有冰的岩土。冬季冻结、夏季完全融化的称季节冻土。冻结状态持续三年或三年以上的称多年冻土。冻土是大气圈和地圈热量交换的产物，其分布具有纬度地带性和垂直地带性特征。冻土的分布类型可分为高纬度冻土和高海拔冻土两类。高海拔冻土的分布下界也随纬度而变化。中国喜马拉雅山（北纬28°）多年冻土的下界为海拔5 200m，而在阿尔泰山（北纬48°）多年冻土下界为海拔2 200m。每向北移动一个纬度，冻土下界高度大约下降150m。此外，高海拔冻土的下界和高纬度冻土的南界（北半球）还受当地的坡向、水文、地质和植被条件等的影响。世界多年冻土面积约$3.5 \times 10^7 km^2$，约占陆地面积的1/4。多年冻土主要分布在南极大陆、欧亚大陆北部和北美洲北部，以及中低纬度的高原和山地，如青藏高原、落基山、安第斯山、阿尔卑斯山和乞力马扎罗山等。中国的多年冻土面积约$2.15 \times 10^6 km^2$，占国土面积的22%，主要分布在青藏高原、东北大小兴安岭和西部高山地区。季节性冻土占到中国领土面积的一半以上，其南界可达长江流域及云贵高原。中国多年冻土属于温度较高、厚度不大的多年冻土。随着全球气候变暖的大趋势，加上季节性的冻结与融化，中国多年冻土处于缓慢的退化之中。多年冻土地区的冻土地质现象，如热融滑塌、热融沉陷、热融湖、冻胀丘、融冻泥流、多边形土、石海、石流、石冰川等现象发育普遍，对当地的生态环境和人类的生产、生活活动，带来一定的影响。

冻原（tundra）又称苔原、冰沼，位于泰加林与极地海滨之间或高山树线以上的沼泽型植被。由于气候寒冷，不能形成森林。植物群落主要由地衣、苔藓或低矮灌木到多年生禾本科、莎草科植物组成。冻原主要分布在高纬度及高海拔地区。在中国，海拔4 000m以上的青藏高原的上部，均属于冻原植被类型。

堆积地貌（accumulation landforms）由流水、风、冰、海流、潮水等各种搬运介质搬运的物质，在一定条件下沉积下来形成的地貌形态。当搬运介质所处的物理化学条件改变时，搬运能力减弱，携带的物质就会在新的环境下聚积（堆积）起来。根据沉积环境的不同，堆积地貌可分为由流水冲积作用形成的冲积地貌、由洪水冲积而成的洪积地貌、由风速减弱引起的沙土沉积的风积地貌、由冰川运动引起的冰碛地貌等。

F

非地带性植被（non-zonal vegetation）又称隐域植被，在一定的气候带或大气候区内，因受地下水、地表水、地貌部位或地表组成物质等非地带性因素影响生长发育的植被类型，如草甸植被、沼泽植被、水生植被等。其与隐域生境相联系，不是固定于某一植被带，而是出现于两个以上的植被带里，具有广布性特征。如草甸植被、从湿润区到干旱区，从寒带到热带，在山地的一定高度上及一些河床谷地都有可能发育。由于非地带性植被在生长发育过程中同时也受地带性因素的影响，使其在种类组成和生理生态方面，都在一定程度上打上了地带性的烙印，即地带性差别。在分布上，非地带性植被常受某一生态因素，如水分、基质等的制约，呈斑点或条状嵌入地带性植被类型中。

风化壳（weathering crust）由风化作用形成、分布于地表的风化产物所组成的不连续的疏松表层（薄壳）。狭义的风化壳指地壳表层岩石在风化作用下遭受破坏，在原地形成的散松堆积物。风化壳一般包括弱风化带、强风化带、残积层、残积土等。由于不同的气候条件及风化作用的因素、方式、强度及原始母岩岩性的差异，风化壳沿垂直方向常形成不同成分和结构的多层残积物，层与层之间没有明显的界限，但又具有一定的特征，反映了当时的物理、化学及生物作用的特征，是一定气候条件下风化作用发展到一定阶段的产物，其厚度也因上述条件的不同有较大的差异。风化壳按其物质成分可划分为岩屑型、砖红土型、硅铝黏土型、碳酸盐型及硫酸盐型。

G

高山植被（alpine vegetation）位于高山森林线（高海拔地区树木正常生长的最大高度）以上由高山灌丛、高山草甸和高山冻原植物组成的植被。也有的将亚高山地区的针叶林称为高山植被。高山植被的垂直界限，受纬度、坡向、地形等因素的变化而不同。

高原（plateau）海拔高度一般在 1000m 以上，一侧或数侧为陡坡而顶面相对平坦宽广的隆起地区。高原的形成是由于地壳运动强烈，当抬升速度超过外应力的剥蚀速度时，地表呈现为隆起的正地形，从而形成高原。按照形成原因，高原还可划分为堆积高原、切割高原和侵蚀高原。如果高原上分布很多山脉，也称山原。高原在全世界有广泛的分布，尤其在亚洲高原很多，如伊朗高原、青藏高原等。整个非洲可看成是一个大高原。南极大陆则是一个大的冰盖高原。高原（冰盖高原除外）约占地球全部陆地面积的 30%，位于南美洲的巴西高原为世界上最大的高原，总面积 $5 \times 10^6 km^2$。中国有青藏高原、黄土高原、云贵高原和内蒙古高原等四大高原，其中青藏高原为中国最大的高原。

戈壁（Gobi）由砾质、石质构成的荒漠、半荒漠平地。戈壁的主要特征为：（1）气候干旱，年降水量很少，寒暑变化剧烈，日照丰富，风力强劲；（2）地面物质组成以砾石或基岩为主；（3）地面平坦；（4）水源缺乏；（5）植被稀少。戈壁可分为剥蚀（侵蚀）和堆积两大类型。前者形成过程以剥蚀为主，中国内蒙古的中西部及其边缘地区的戈壁带属此类型。该地区成陆后长期处于剥蚀作用状态，地面物质组成较粗，基岩时有裸露，砾石堆积很薄，水资源稀少。后者形成过程以堆积为主，其形成系盆地周沿的高大山地经长期侵蚀产生的大量岩屑碎石，经坡积、洪积和冲积等地质作用，堆积在山麓及盆地边缘形成戈壁。塔里木盆地、准噶尔盆地、柴达木盆地及河西走廊等内陆盆地边缘及山麓地带的戈壁带属此类型。戈壁并非不毛之地，特别是堆积型戈壁，由于堆积过程中局部有泥沙的堆积，加上降水及地下水的作用，也有一定的植被发育，甚至可以开发成为绿洲，为人类造福。中国的戈壁广泛分布于内蒙古和新疆等西北地区，总面积约 $4.5 \times 10^5 km^2$。

耕种土壤（cultivated）自然土壤经人工开垦改造等农业活动后形成的土壤。耕种土壤结构合理，水分、养分、有机质含量高，适于耕作和农作物生长，是从事农业生产最重要的生产资料，也是人类农业活动的产物。根据不同地区的气候、地形、母土、耕作方式的不同特点，耕种土壤还可进一步细分出多种适合不同农业生产方式的土壤类型。

构造地貌（tectonic landform）在地质构造控制下或由构造运动起主导作用形成的地表形态。构造地貌可分为三个级别：第一级是由地球内部和宇宙性的动力作用下形成地球表面最大的地貌单元——陆地和海洋；第二级是由地球内力作用为主形成的地貌单元——山地和平原；第三级是由外力地质作用对地质构造的剥露和改造，是对第二级地貌单元的细分，如冲积平原、堆积平原、单面山、火山等。

H

海岸（coast）陆地与海洋的交接地带。海岸是受全球环境变化、海面变化、多种海洋灾害及人类活动影响面不断变化的地区。据联合国统计，世界上有大量的人生活在离海岸 30km 的地带。海洋与大陆相连的地方就是海岸线，它始终处于不断变化之中。海岸的类型很多，随划分依据不同而不同，通常分为岩岸、沙质海岸、泥质海岸、黄土海岸、生物海岸等。岩岸由基岩构成，受岩性和构造控制明显，其海岸线曲折、岬湾交错，多港湾和岛屿，具多姿的海蚀地形。沙质海岸主要由不同粒级的沙质物质组成，根据沙质颜色的不同，沙质海岸又可分为黄色沙滩（黄金海岸）、白色沙滩（银色海岸），以及黑色沙滩、红色沙滩等。有些地方的海滩非常宽阔，但那里的海岸是由非常细的淤泥组成，称为泥质海岸。中国渤海湾西岸、黄河三角洲一带，是典型的泥质海岸分布区。还有的海岸由黄土构成，形成黄土海岸。珊瑚礁海岸、红树林海岸则是典型的生物海岸。

海底地貌（seabed landform）海底表面各处起伏形态的总称。其空间尺度差异很大。整个海底可分为大陆边缘、洋盆和洋中脊等三大基本地形单元。大陆边缘为大陆与洋底两大台阶面之间的过渡地带，包括大陆架、大陆坡和海沟等。洋盆位于洋中脊与大陆边缘之间，洋盆底部发育着深海平原等地形。洋中脊是地球上最长最宽的环球性洋中山系，脊顶为新生洋壳，地形十分崎岖。海底地形是内营力和外营力作用的结果。例如，洋中脊是海底扩张中心，与板块构造活动息息相关；而海底较强的沉积作用塑造了深海平原。由于海水覆盖，海底地形难以直接观察。早期采用铅锤测深法，费时多，精度低。20世纪20年代后，舰、船在航行中运用回声测距仪，能够快速测出海底深度，结合精确定位，得以揭示海底地形真貌。

海沟（seabed trench）海底中幽深而狭长的槽状凹地。分布于大洋的边缘、大陆或岛弧的外侧，是洋壳板块向陆壳板块下方俯冲和弯曲下潜而形成的深槽形态。海沟一般长几千千米，两侧斜坡陡峻，上部宽仅几千米至上百千米，深度超过6 000m，有的可逾万米。最著名的海沟为马里亚纳海沟，位于太平洋中西部马里亚纳群岛东侧。这条海沟的形成据估计已有6 000万年，是太平洋西部洋底一系列海沟的一部分。它北起硫黄列岛、西南至雅浦岛附近。其北有阿留申、千岛、日本、小笠原等海沟，南有新不列颠和新赫布里底等海沟。全长2 550km，为弧形，平均宽70km，大部分水深在8 000m以上。最大水深在斐查兹海渊，为11 034m，是地球的最深点。

海洋型冰川（oceanic glacier）又称温冰川，在海洋气候条件下以暖渗浸重结晶为主发育而成的冰川。海洋型冰川的主要特点是：冰川主体温度较高，冰温 $-2\sim4℃$；补给充分，雪线附近年降水量多在1 000mm以上；雪线分布低，冰面消融量大；冰川运动速度快，每年约100m以上，冰川进退幅度也大。海洋型冰川活动性强，冰蚀作用明显，尾端常能延伸到较低海拔的森林中。中国藏东南、滇西北地区的一些冰川属于海洋型冰川。

河川径流（river current）汇集陆地表面水和地下水而进入河道的水流。包含大气降水和高山冰川积雪融水产生的动态地表水及绝大部分动态地下水。河川径流是构成水分循环的重要环节，是水量平衡的基本要素。

河流（river）流经陆地表面或地下的线形槽状洼地内的经常性或周期性水流。除了极地和高山为冰川所覆盖，以及沙漠内部没有或很少有河流外，地球陆地上到处有河流分布。河流的名称很多。一般把水量大、流程长的河流称作江、河，相反则称作溪或涧。一条河流一般可分为河源、上游、中游、下游和河口等五部分。河源是河流的发源地，往往是高山或高原。河流的上游大多穿行在山区，河道狭窄、水流湍急，常形成许多险滩或瀑布。中游是河流冲出山地流向平原的过渡地段。中游河面较宽，水流速度减缓，河道弯曲并开始出现滩地。下游的河道流经平原地区，河床开阔，有很多曲流，还时常出现浅滩和沙洲。河口是河流的入海处，河道散乱，多汊河，并有许多泥沙沉积在河口地区。

河流含沙量（sandiness of river）单位体积河水中所含泥沙的数量，单位为 kg/m^3。河流一年中最大含沙量出现在汛期，最小含沙量出现在枯水期。年际之间的含沙量也不一样。含沙量沿水深分布的特点是水面最小，河床底部最大。含沙量在河流断面上的分布是随断面水流情况而异。含沙量沿流程变化也有明显特点，通常在山区河段含沙量大，平原河段含沙量小。河流含沙量与流域环境也有密切关系，如在中国黄河中游及支流（黄土高原地区）中出现每立方米有数十千克至一千千克以上的高含沙水流。含沙量对河水水情和河道变迁影响很大。因此，防洪、灌溉、航运、水电等水利工程设施都需考虑含沙量的问题。

河漫滩（flood plain）平水期不被淹没、洪水期可能被淹没的平坦的河滩。平原区宽阔的河漫滩亦称泛滥平原。一般高出河面数米，较低的河漫滩可被常年洪水淹没，较高的河漫滩只在特大洪水时才被淹没。河漫滩的形成，是河床不断侧向移动和河水周期性泛滥的结果。在水流作用下，河床常常一岸受到侧蚀，另一岸发生堆积，于是河床不断发生位移。受到堆积的一岸，由河床堆积物形成边滩。随着河床的侧移，边滩不断扩大。洪水期间，水流漫到河床以外的滩面，由于水深变浅，流速减慢，便将悬移的细粒物质沉积下来，在滩面上留下一层细粒沉积。河漫滩就是这样形成的。

湖泊（lake）在陆地上由洼地积水形成的水域宽阔、水量交换缓慢的水体。为地表水的一个组成部分，以其水量交换缓慢和不与大洋发生直接联系而区别于河流和海。按成因分为构造湖、火山口湖、堰塞湖、河成湖、风成湖、冰成湖和人工湖（水库）；按补给条件分为有源湖和无源湖；按排泄条件分为外流湖和内流湖；按湖水含盐度分为淡水湖、咸水湖和盐湖、碱湖。湖泊蕴藏着大量的水能、水利、矿产、水生生物等资源，可用于灌溉、航运、发电、调节径流、化工生产、渔业生产和旅游观光等。湖泊是湖盆、湖水和水中物质相互作用的自然综合体，在外部因素和内部过程的持续作用下不断演变。入湖河流携带的大量泥沙和生物残骸逐年沉积，使湖盆淤浅成陆地；沿岸水生植物的大量生长，使湖泊逐渐变成沼泽；内陆湖往往因气候变异而引起盐分聚积浓缩，最终变成干盐湖。此外，地壳升降运动、气候变迁等其他因素的变化，也都会使湖泊面积发生变化。中国是一个多湖泊的国家，总面积约 80 000km²，其中淡水湖泊面积为 36 000km²。中国绝大部分湖泊属于中、小型，面积大于 1 000km² 的湖泊仅有 11 个。最大的淡水湖是鄱阳湖，面积 3 960km²；最大的咸水湖是青海湖，面积 4 635km²。西藏北部的青蛙湖湖面海拔 5 644m，是世界上海拔最高的咸水湖；海拔 5 386m 的森里错则是世界上最高的淡水湖；新疆吐鲁番盆地的艾丁湖，湖面海拔为 −155m，是中国境内海拔最低的湖泊。中国最深的湖泊为中朝两国的界湖、长白山主峰的天池，水深达到 312.7m。中国湖泊的分布明显受构造控制并具有地带性特征。中国东部平原属地壳下沉地区，区内淡水湖泊集中，分布有鄱阳湖、洞庭湖、太湖、巢湖和洪泽湖等中国著名的 5 大淡水湖。湖盆多呈盘形，平均水深 3m，为典型的浅水型吞吐湖泊，具有调节江河洪枯的能力，但河流泥沙对湖泊演变影响显著。西部地区为强烈地壳隆起区，海拔高，构造变动剧烈，区内湖泊类型多样，以沿断裂带形成的构造湖为主，并有冰川湖、岩熔湖及堰塞湖发育，湖泊水深多在数十米以上，多呈封闭或半封闭状态孤立分布，主要靠冰雪融化和降水补给。中国东部平原湖区入湖河流源远流长，补给水源丰富，且河、湖水体交换强烈，湖水矿化度低，大部分低于 200mg/L，属重碳酸钙型水。西部湖区则因干燥少雨，湖泊多为内陆河流的尾闾，湖水矿化度较高，多在 1～2g/L 以上，甚至发育有大量盐湖。中国最大的盐湖察尔汗盐湖就分布在柴达木盆地中。

花岗岩地貌（granite landform）在地表花岗岩体上发育的地貌形态。由于花岗岩坚硬、耐风化，常可形成丘陵状山地和峰林状山地。前者多由花岗岩体构成，具红色风化壳。风化壳剥蚀后，则露出球状或馒头状岩丘，形态独特，中国东南地区常见。峰林状山地则多由岩株构造（规模较大，但岩基较小的树干状向下延伸的岩体）的花岗岩体构成。地势高拔，岩石裸露，沿断裂和节理（成群出现、或平行或交错的岩块破裂构造）强烈风化及流水切割，形成奇峰深壑，如中国的黄山、华山。

荒漠（desert）气候干燥、降水量稀少、地面蒸发量巨大、地表植被极贫乏的地区。在荒漠地区，地表昼夜温差变化大，物理风化作用强烈，风力侵蚀、搬运、堆积活跃，地表多为砾砂质或石质，植物生长条件极差。根据地表物质组成，可以将荒漠划分为岩漠（地表为裸露的岩石，又称石质荒漠）、砾漠（地表几乎全部为砾石所覆盖）、沙漠（地表为沙丘覆盖）、盐漠（盐水浸渍的泥漠）、泥漠（地表主要由黏土、粉沙等泥质沉积物组成）、寒漠（地球南北极高纬度地区，由低温造成的气候干燥、植被贫乏的地区）等。

荒漠植被（desert vegetation）在极端大陆性干旱区由旱生植物组成的植物群落。旱生植物有盐生灌木、半灌木或肉质植物等。它们以各种生理机制和形态构造，适应大气干旱和生物干旱的生境。在高寒荒漠地区，植物矮化，植物具有适应低温及生理干旱的特性；在热带、亚热带荒漠，则由绿色多汁的肉质植物或有刺灌木组成荒漠植被；而在温带荒漠，植物的叶面缩小或退化，由绿色的枝茎代行光合作用。

J

季雨林（seasonal rain）分布于热带，有周期性干、湿季节交替地区的一种森林类型。植被有明显的季相变化。主要树种在旱季落叶，雨季复出新叶，大部分灌木和草本植物相继开花。由于开花期比较集中和某些植物具有大型花朵，季雨林的外貌较雨林华丽，群落结构比雨林简单，种类组成亦较贫乏。通常乔木分为 2～3 层，高度平均在 25m 左右；下层常有一些常绿树种，但具有旱生特征。林内藤本植物和附生植物少，尤其缺乏木本附生植物。季雨林在亚洲、非洲和美洲的热带地区呈现连续的带状分布，以东南亚地区最为典型。中国的季雨林主要分布在北回归线附近及以南地区，包括台湾、海南、广东、广西、云南和西藏的部分地区，是中国热带季风气候地带的代表性植被类型。

L

裂谷（rift valley）又称断裂谷、线状地堑，两条大致平行的断层间的地块下沉所形成的谷地。大陆地壳最大的断裂带东非裂谷带，长 6 000km，宽 50～80km，南起赞比亚河口以南，向北经马拉维湖分为东西两支。东支沿维多利亚湖东侧，经坦桑尼亚、乌干达，穿过埃塞俄比亚高原入红海，再北上入亚喀巴湾、死海、约旦河谷地抵加利利海；西支沿维多利亚湖西侧，循扎伊尔国界经坦噶尼喀湖、爱德华湖和蒙博托湖延伸到尼罗河上游谷地。两侧多为高峻陡峭的断层崖，底部为平坦的平原，底宽 50～60km，加之高差悬殊（一般数百米到两千余米），使整个裂谷带狭长深邃。东非裂谷带是一千多万年前地壳发生巨大断裂形成的断陷带。板块构造学说认为，东非裂谷带是陆地分离处，地壳热对流的上升流上举作用，使东非地壳抬升为高原；同时，分散作用又使地壳脆弱部分张裂，断陷成为裂谷带。它还是新大洋的胚胎，在其形成期间不断向两侧扩张，近200万年来平均扩张速度为每年2～4cm。按此速度1亿年以后，这里将出现一个新的"大西洋"。

凌汛（ice run）因河道里的冰凌对水流的阻碍作用而引起的涨水现象。凌汛成为灾害，一般多出现于解冻期，发生在上游冰雪先融化而下游河道尚未解冻的河段，因流动冰块大量堆积、阻塞形成冰坝，河水猛涨而发生决口。冰水泛滥成灾，并造成沿河水工建筑物的破坏。中国自南向北流的河段，如黄河山东段、内蒙古段、松花江依兰河段常发生凌汛。凌汛在河流封冻期也可发生，因不易卡塞形成冰坝，较少酿成重大灾害。

陆地（land）地壳表面露出海面以上的部分，是地壳长期演变到一定阶段的产物。其中，面积广大的叫大陆，小块的叫岛屿。习惯上认为，澳大利亚大陆是最小的大陆，而格陵兰岛是最大的岛屿。全球有六块主要的大陆，按面积大小依次为欧亚大陆、非洲大陆、北美大陆、南美大陆、南极大陆、澳大利亚大陆。大陆和它附近的岛屿总称为洲。全球有七大洲，按面积大小依次为亚洲、非洲、北美洲、南美洲、南极洲、欧洲和大洋洲。七大洲的总面积约 $1.5 \times 10^8 km^2$，占整个地球表面积的29%左右。北半球的陆地占地球总陆地面积的81%。

陆地环境地域差异（regional difference of land environment）在全球陆地环境统一的整体中不同地区经常表现出的极为显著的差别。地域差异在陆地环境中是普遍存在的，可以说陆地上不可能存在任何两个自然状况完全相同的区域。陆地上不同的地区，由于所处的纬度位置和海陆位置互不相同，分别具有一定的热量和水分组合。不同的气候，又产生了与之相应的、有代表性的植被和土壤类型，从而形成了具有一定宽度、呈带状分布的陆地自然带。从世界陆地自然带分布图中可以看出，陆地环境的地域差异具有明显规律性。（1）由赤道到两极的地域分异。受太阳辐射从赤道向两极递减的影响，地表景观和自然带沿着纬度变化的方向作有规律的更替。这种地域分异规律是

以热量为基础的。不同的热量条件又会引起水分条件的变化。不同热量带的水分条件不同，同一热量带内部的水分条件也有差异。因此，纬度方向上的地域分异实际上也是温度和水分条件共同作用下的产物。（2）从沿海向内陆的地域分异。受海陆分布的影响，自然景观和自然带从沿海向大陆内部也呈现出有规律的地域分异。这种地域分异规律是以水分为基础的。由于受海洋水汽影响的程度不同，从沿海向内陆，干湿度差异很大，自然景观呈现出森林带、草原带、荒漠带的有规律变化。这种变化在中纬度地区表现的最为明显。（3）山地的垂直地域分异。陆地上有许多高大的山脉。在高山地区，随着海拔高度的变化，从山麓到山顶的水热状况差异很大，从而形成了垂直气候带，自然景观也相应地呈现出垂直分布的规律。赤道附近的最高山岭，从山麓到山顶的自然分异同从赤道到两极的地域分异规律有些相似。

落叶阔叶林（deciduous broadleaved forest）又称夏绿林，分布在温带、暖温带的主要由冬季落叶树组成的森林。其优势树种主要有椴树、槭树、桦树、榆树及杨柳树等冬季落叶树种。落叶阔叶林群落层次结构及成分简单、季相（森林的季节特点）明显，林下灌木、草本植物稀疏，藤本植物不多。主要分布在北半球受季风影响的区域。在中国，主要分布于华北及淮河以南的亚热带山地。

N

内力作用（endogenetic process）由地球的内部作用力（又称内动力、内营力，指地球内部的能量—热能、化学能、放射形蜕变能量、重力能以及地球旋转所具有的动能—所产生的作用力）所引起的作用。它不仅作用于地表，改造着地表的形态，更作用于地球内部，改变着地壳的物质成分、结构构造，甚至作用于地幔，影响着地幔对流和板块运动。内力作用表现为地壳运动、岩浆活动、变质作用、火山、地震等。内力作用的总趋势是造成地貌的起伏和复杂化。

南极科学考察（expedition and scientific research in Antarctic）在南极地区有组织的科学考察活动。南极洲位于地球最南端，是地球上平均海拔最高、表面被冰雪覆盖的大陆，冰雪平均厚度为2 450m，最高厚度可达4 750m。世界上最早对南极的考察始于1772年，西方的探险家和学者为揭开南极的秘密进行了不懈的探索。截止到目前，约有67个国家进行过南极考察，共建有50多个科学考察站。中国的南极考察酝酿

于 20 世纪 20 年代，但在 1985 年前仅有少数科学家随某些国家的科学考察队赴南极考察过。1983 年，中国加入南极条约。1985 年 2 月 14 日，中国政府组织的第一个南极科学考察队登上南极大陆，并在南极半岛的北端南设得兰群岛的乔治王岛上建立了中国第一个南极考察站——长城站，揭开了中国南极考察的崭新一页。1989 年 2 月 26 日，在东南极的伊丽莎白公主地的拉斯曼丘陵上，又建立了中国第二个南极考察站——中山站。此后，中国政府每年都要组织大批科学家到南极进行科学考察和研究。截止到 2006 年底，中国先后组织了 23 次南极科学考察，取得了举世瞩目的科研成果，填补了中国在极地考察方面的空白，为中国在未来开发利用南极资源的活动中，争得了发言权。

《南极条约》（*The Antarctic Treaty*）1959 年 12 月 1 日由苏联、美国、英国、法国、澳大利亚、新西兰、挪威、比利时、日本、阿根廷、智利和南非等 12 个国家经过 60 多轮谈判之后，在美国华盛顿签订的有关南极问题的国际条约。条约全文 14 条，于 1961 年 6 月 23 日生效，美国为南极条约的保存国。条约的宗旨和原则规定了为了全人类的利益，南极应永远专用于和平目的，不应成为国际纷争的场所和目标。条约主要内容包括禁止在南极从事任何带有军事性质的活动，南极只用于和平目的；冻结对南极任何形式的领土要求；鼓励南极科学考察中的国际合作；各协商国都有权利到其他协商国的南极考察站上视察；协商国决策重大事务主要依靠每年一次的南极条约例会等。南极条约例会依各协商国国名英文字母顺序轮流主办会议并承担一切会议费用。中国于 1983 年 6 月 8 日加入南极条约组织，同日条约对中国生效。1985 年 10 月 7 日，中国被接纳为协商国。

泥石流（debris flow）山区沟谷中由暴雨、冰雪融水等水源激发的、含有大量泥沙石块的特殊洪流。泥石流的形成必须同时具备三个条件：陡峻的便于集水、集物的地形地貌，丰富的松散物质，短时间内有大量的水源。泥石流按其物质成分可分为三类：(1) 由大量黏性土和粒径不等的砂粒、石块组成的叫泥石流；(2) 以黏性土为主，含少量砂粒、石块，黏度大，呈稠泥状的叫泥流；(3) 由水和大小不等的砂粒、石块组成的叫水石流。泥石流对居民点、公路、铁路、水利水电工程、矿山等均会造成严重危害。中国是世界上泥石流多发的国家，遭泥石流不同程度危害的地区近 30 个省区。中国泥石流的区域分布和发育程度受控于地质构造和地貌组合，爆发频率和活动强度受控于水源补给类型和动力激发因素，而泥石流的性质和规模则受控于松散物质储量的多少。人类活动向山区的迅速扩展，破坏了山体的稳定结构，加剧了水土流失，促使滑坡崩塌频起，也成为泥石流活动日趋频繁的重要原因。在空间上，泥石流主要分布在断裂构造发育、新构造运动活跃、地震剧烈、岩层风化破碎、山体失稳、不良地质现象密集、正负地形高差悬殊、山高谷深、坡陡流急、降雨集中并多局部暴雨、水土流失严重的山区，以及现代冰川覆盖的高山地区。在时间上，泥石流大都发生在较长的干旱年头之后，出现多雨或暴雨强度大的年份。就季节而言，泥石流多发生在降雨集中和冰川积雪消融期的 6～9 月份。就日际变化而言，则泥石流多发于午后至夜晚。根据泥石流形成的自然环境，类型与活动特点，可将中国泥石流划为 6 个分布区：(1) 青藏高原边缘山区。是中国冰川泥石流最发育的地区。(2) 横断山区和川滇山区。是中国降雨类泥石流最发育的地区。(3) 西北山区。干旱少雨，泥石流暴发频率低，十几年几十年才发生一次。(4) 黄土高原区。常出现坍塌滑坡，经暴雨激发而成为浓稠的泥流。泥流向两侧扩散能力有限，停积时表面平整。(5) 华北和东北山区。有丰沛的地形雨，常发生凶猛的泥石流，有人称其为水石流。(6) 中国东南部山区，指秦岭、大别山以南，云贵高原以东的南方山地，降水丰富，暴雨或台风来势凶猛，常引起泥石流泛滥成灾。

P

盆地（basin）周围为山地或高原环绕的平坦低地。非洲的刚果盆地是世界上最大的盆地，总面积达 $3.37 \times 10^6 km^2$。中国的盆地较多，著名的有四川盆地、塔里木盆地、柴达木盆地、准噶尔盆地和吐鲁番盆地等。

平原（plain）近于平坦或地势起伏平缓的开阔陆地。绝大多数平原的海拔低于 200m，表面的相对起伏小于 50m。全世界现有平原面积约为 $1.972 \times 10^7 km^2$，约占全世界陆地面积的 12.5%。平原与人类关系密切，也是受人类活动影响十分强烈的地方。地壳持续沉降或地壳持续稳定是平原形成的基本条件。在地壳长期沉降的区域，地表不断接受从周围高处剥蚀和侵蚀下来的碎屑物质，地表原有的起伏被填平，最终形成平原。此类平原称为堆积平原。世界上绝大多数平原是由这种堆积作用形成的。中国的华北平原，自新生代以来一直在沉降，沉积物厚度达数千米。在地壳持续保持稳定的地区，原始地面可能较高，没有或很少有来自周围地区的碎屑物的堆积。但长期的侵蚀和剥蚀，使原来地势较高并有起伏的地面逐渐降低和夷平，最终形成平原。此类平原称为剥蚀平原或蚀余平原。

瀑布（waterfall）从河床纵断面陡坡或悬崖处倾泻而下的水流。在河流河床的纵断面发生急剧转折的地方，如石坡很陡或悬崖壁立处，流水从高处倾跌而下，水量越大，水势越猛，瀑布就越壮观。按照水流的大小，又被区分为瀑布和跌水两类，较大的称瀑布，较小的称跌水。水流与河床地形相互作用形成瀑布，主要有如下几种情况：（1）当地壳运动使某些河床的局部河段上升或者下降时，河床上便会产生陡坡或峭壁，流水经过这些地方时便形成瀑布；（2）如果河流正好流经火山活动的地区，火山喷发出来的熔岩堵塞河道，河水聚积成湖，并从坝顶漫溢出来也会形成瀑布；（3）不同岩性抵抗流水侵蚀的能力不一样，在流水天长日久的侵蚀下，河床上易于侵蚀的岩石便被逐渐侵蚀掉，而难于侵蚀的坚硬岩石则屹立在河床之上成为陡坡或高坎，这样流水也会出现急剧落差而形成瀑布；（4）在石灰岩充分发育的地区，由于石灰岩的主要成分是碳酸钙，容易被含有二氧化碳的水所溶解，流水能把石灰岩凿穿形成许多溶洞和地下河，当地下河流经这些溶洞时，水流坠落洞中，会形成地下瀑布；（5）大河水量丰沛，下切力强，而小支流水少力弱，所以有的大河与小支流相汇处，小河的水以瀑布的形式注入大河。瀑布并非一成不变，对一条河流而言，瀑布会不停地由下游向上游移动，甚至消失，有些地方则会有瀑布新生。利用瀑布水流垂直落差所产生的能量可开发出巨大的电能。瀑布也是人类最喜爱的自然景观之一，所在地区大多是旅游胜地。如北美洲的尼亚加拉瀑布和中国贵州的黄果树瀑布等。

Q

气候地貌（climatic landform）不同气候条件下形成的地貌形态。由于外力作用（风化、流水、冰川、风等）在很大程度上受气候条件控制，所以气候地貌具有区域性和地带性，不同的气候条件可形成不同的地貌类型。如冰川、冻土分布于高纬度和极高山区的寒冷地区，珊瑚礁、红树林分布在热带、亚热带沿海，沙漠、戈壁分布在干旱荒漠地区等。

潜水（phreatic water）埋藏在地表以下、第一稳定隔水层之上具有自由表面的重力水。潜水的自由表面称潜水面。潜水面的绝对标高称为潜水位。潜水面距地面的距离称为潜水埋藏深度。自潜水面向下到隔水层顶板之间的距离称为含水层的厚度。潜水是由大气降水或者地表水通过包气带直接补给，所以补给区与分布区常是一致的。在重力作用下，由潜水位较高处向潜水位较低处流动，形成潜流。潜水一般埋藏在第四纪疏松沉积物的孔隙中或出露地表基岩的裂隙中，它的埋藏深度及含水层厚度各处不一，有时相差很大。山区地表切割厉害，埋藏深，含水层厚度差异较大；平原地表切割微弱，埋藏浅，甚至出露地表，形成沼泽，含水层厚度差异小。同一地区，潜水埋藏深度及含水层厚度，有季节性变化。多雨季节，补给量较多，因而含水层厚度增大，埋藏深度变浅；干旱季节则相反。潜水一般埋藏较浅，分布较广，便于开采，广泛地用作供水水源。但由于含水层之上无稳定隔水层存在，所以容易受到污染。

侵蚀地貌（erosional landform）由侵蚀作用塑造形成的地貌形态。各种不同的外营力对地表的冲刷、磨蚀、溶蚀，形成了不同的侵蚀地形。同时，侵蚀地貌的不同形态还与地层的性质和地质构造关系密切。如有断层或断裂带的地区常出现峡谷、冲沟，黄土地区多出现沟壑纵横的黄土地貌，石灰岩地区多出现喀斯特地貌。

青藏高原（Qinghai-Tibet plateau）位于中国西部及西南部的世界海拔最高的高原。有"世界屋脊"之称，面积约为 $2.4 \times 10^6 \mathrm{km}^2$，平均海拔为 4 000～5 000m。青藏高原的表面由低山、丘陵和宽谷盆地组成。山地大多接近东西走向，从南到北分别为喜马拉雅山、冈底斯山、念青唐古拉山、喀喇昆仑山、唐古拉山、昆仑山、巴颜喀拉山、阿尔金山、祁连山等。山脉在东部逐渐转成南北走向，即横断山脉。这些山脉都是高耸的巨大山地。全世界海拔超过 8 000m 的 14 座高峰中有 10 座集中在青藏高原。高原上海拔5 000m以上的山峰大多终年积雪，冰川广布。青藏高原海拔很高，所以大多数山脉在其上呈现为低山的形态，但在高原的外缘，有许多数千米的高山环绕在周围。

丘陵（hill）地形起伏、但坡度较缓，海拔高度大于200m、小于500m的连绵不断的低矮山丘。多由山地或高原长期受到侵蚀和剥蚀后形成。丘陵地区相对高度一般都小于200m。

全球变暖（calefacient earth）全球气候转暖的现象。进入20世纪后，人类活动向大气中排放了大量的温室气体，全球气候已显示出变暖的迹象。联合国政府间气候变化委员会2001年的评估报告指出：20世纪全球地面年平均温度比19世纪末至少上升了0.6℃，其中1998年最暖。全球变暖现象高纬度地区比低纬度地区明显，陆地比海洋明显，冬季比夏季明显。全球变暖对自然环境产生多方面影响：(1)使海平面上升。全球变暖在一定程度上会使南北两极的冰川融化，冰川退缩，并使高山积雪慢慢消失，冰雪融水注入大海，以及海水水体变暖膨胀，使海平面上升。随着海平面的上升和海岸线退缩，大片陆地将被淹没。计算显示，如果海面升高1m，就将使几千万以上的人口无家可归，成为生态难民。(2)使各气候带发生剧烈变动。干旱在亚洲和非洲一些地区将很普遍，厄尔尼诺事件将更加频繁地发生，北极地区的多年冻土开始融化，寒冷气候区的湖泊、河流冰冻推迟而解冻提早。计算机模拟显示，升高的温度将导致海洋更大的蒸发，从而使世界范围的降水量增多，但地球上的大部分地区降水会更少。变暖带来的干旱和洪涝将对世界农业产生难以预计的后果，粮食产量将下降，从而可能带来世界性饥荒。(3)生态环境恶化。气候改变时，脆弱的生态无法与之适应，植物将无法产生种子，动物将无处栖身。植物和动物的生长区域向两极和高海拔地区移动，北极熊、蝴蝶和白鲸等动物的迁移规律也被打乱。珊瑚因海水过热而死去。传播疾病的鼠类和蚊子、虱等昆虫类的活动范围扩大，从而加大登革热、疟疾、脑炎等传染病的发病危险。

全球水循环（global water circulation）全球水圈范围内水的循环状态。地球表面广大的自由水面、潮湿地面、土壤表层和植物叶茎中的水分，在太阳光的作用下蒸发后以水蒸气的形式被送入大气中。这些水蒸气随着气流到处传播，碰到冷气团时，就凝结成高度分散的液态和固态的微小颗粒，聚集成云。云中的微小颗粒增大到一定程度后，便以雨或雪等形态降落到地面。这些降水一部分渗入地下，成为土壤水或地下水；另一部分被植物吸收，经蒸腾作用重返大气。还有一部分汇入江河湖泊，经地表径流注入海洋。而海水经蒸发后，水蒸气上升到大气中，再向陆地输送。这样循环往复，终年不断，形成了水在海洋与陆地间的循环运动，这种循环称为海陆水循环或大循环。由

海洋蒸发的水蒸气如果在空中凝结后又以降水形式回落到海洋，这种循环称为海洋水循环。陆地上的部分降水在陆地表面形成水体或被植物截留，通过土壤及植被的蒸发，其水分直接返回大气，经过凝结又以降水形式返回陆地，这种循环称为陆地水循环。人类社会用水量不断增加，使用后的水部分蒸发返回大气，另一部分以废污水形式回归地表或地下水体，形成另一种水循环，称为用水的侧支循环。大气是水分的主要运输载体，如果没有大气的循环运动把大量的水汽从海洋上空输送到陆地上空，整个海陆水循环就会停止，陆地就会成为一片荒漠。太阳辐射是水循环的原动力，没有它所有循环都将停止。地球上每年参加水循环的总水量平均为$5.77 \times 10^5 km^2$，而大气对流层中的水分总量约为$1.29 \times 10^4 km^2$。这些水分通过降水和蒸发每年平均更换48次，即更新周期约为8天。

全球碳循环（global carbon cycle）地球上的碳元素以不同形式（有机质、CII_3^+、CO、CO_2、CO_3^{2-}等）变化和循环的状态。地球上的碳元素广泛存在于化石燃料圈、生物圈、水圈、大气圈和岩石圈。在各种地质营力作用下，碳元素在各圈层之间进行着运移和赋存状态的改变。统计资料显示：岩石圈的碳主要以$CaCO_3$矿物形式存在；水圈（主要为海洋）主要以HCO_3^-、CO_3^{2-}、CO_2形式存在；生物圈中的碳主要以有机碳形式存在；化石燃料圈则主要指煤及石油、天然气等；大气圈中的碳主要为CO_2。大气圈是全球碳循环的敏感带，陆地生物量的大小则反映着生物圈固碳和储碳的能力。在较长的时间尺度上，海洋是全球碳循环的主要参与者，通过对CO_2的固化和释放的形式进行碳元素的运移。在自然条件下，$CaCO_3$参与碳循环的过程十分缓慢，作用方式为CO_3^{2-}、HCO_3^-、CO_2间的相互转换。岩石圈是地球上最大的碳元素的储库，在地质年代的尺度上，岩石圈碳储量的扰动左右着全球的碳循环。

泉（spring）地下水流出地表的天然露头。是地下水的一种重要排泄方式。在山区及山前地带出露普遍，平原地区罕见。按补给泉水的含水层性质，分为上升泉及下降泉两类。上升泉由承压含水层补给，下降泉由潜水或上层滞水补给。按涌出状态和不稳定系数可分为极稳定泉、稳定泉、变化泉、变化极大泉和极不稳定泉。根据温度差异可分为冷泉、温泉、热泉与沸泉等。

S

三角洲（delta）河流进入受水盆地因流速减缓、潮流顶托，河流携带的泥沙在河口区沉积下来形成的堆积体或堆积平原。由于其外形酷似三角形，故名三角洲。受水盆地包括海洋、湖泊、水库等多种类型，所以三角洲可划分为入海三角洲、入湖三角洲和入库三角洲。三角洲的形成有三个条件：（1）河流携带丰富的泥沙；（2）受水盆地水深较浅、便于泥沙沉积；（3）河口外没有强大的潮汐和波浪将河流带来的泥沙沉积物带走。如果上游带来的泥沙不多，或者来沙虽多但潮汐和波浪能将上游来沙充分带走，三角洲就无法形成，这一类型的河口区称三角江。中国钱塘江河口就是典型的三角江河口。如果入海河流含沙量高、河道有分汊并经常改道、河口外海域水深较浅，泥沙在河口就可以比较均匀地向海的方向不断堆积，从而形成扇形三角洲。在此类三角洲的形成中，河流径流作用占绝对优势。中国的黄河三角洲和滦河三角洲均属这一类。河流的大小和携带泥沙的多寡造成三角洲的面积差异。世界上人口稠密、经济发达的区域，都分布在大河的入海口，即入海三角洲一带。亚洲的恒河三角洲是世界上最大的三角洲，面积达 $5.7 \times 10^4 km^2$。

沙漠（desert）气候干燥、降水极少、蒸发强烈、植被缺乏、物理风化强烈、风力作用强劲的流沙、泥滩、戈壁分布的地区。全世界沙漠大体分布在南北纬15°～35°，尤其在大陆的西岸，由于吹送干燥的信风，形成许多著名的沙漠，如北非的撒哈拉沙漠、西亚的阿拉伯沙漠、西南非的卡拉哈迪沙漠、南美洲智利北部的阿塔卡马沙漠，以及澳大利亚的大沙沙漠、吉布森沙漠等。也有许多沙漠分布在远离海洋的大陆中心，如中国的塔克拉玛干沙漠。中国的沙漠总面积达 $1.3 \times 10^6 km^2$，其中沙质荒漠占45%，沙地占11%，戈壁占44%。绝大部分分布在西部内陆地区，除少数沙漠为固定、半固定沙丘外，大部分以流动沙丘为主。青藏高原及其周围的高山，阻挡了季风，造成沙漠分布区干燥少雨的气候特点。山间盆地的大量疏松的沙质堆积物，又为沙漠的形成提供了物质基础。人类的活动，过度的开发，也造成生态环境的破坏和沙漠化。中国的沙漠根据其特征和分布，可分出七种类型：（1）塔里木盆地的沙漠。是中国境内分布最大的沙漠。盆地中心是塔克拉玛干沙漠，流动沙丘占绝对优势，多系高大的复合型沙丘，一般高100～150m。（2）准噶尔盆地的沙漠，中央为古尔班通古特沙漠，系由固定、半固定沙垄为主。（3）新疆东部的沙漠与戈壁。这里是中国最极端干旱地区之一，年降水量不足30mm，以剥蚀残丘、低山、戈壁与风蚀沙丘、盐土平原相互交错为景观特色。（4）柴达木盆地的沙漠。中国地势最高的沙漠。沙丘分布零散，与戈壁、盐湖、盐土平原相互交错。（5）阿拉善地区的沙漠。分布在河西走廊以北，中、蒙国境线以南，新疆以东，贺兰山以西广大地区。自然景观以裸露沙丘与戈壁低山相间为特征。（6）鄂尔多斯沙地。分布在长城以北、河套以南，包括库布齐和毛乌素两块沙地及宁夏河东沙地。以流动沙丘与固定、半固定沙丘交错分布为特征，其间有不少下湿滩地、河谷和柳湾林地。（7）东北西部、内蒙古东部的沙地。包括呼伦贝尔、科尔沁、浑善达克和松嫩地区的零星沙丘。这一地区年降水较多，可达200～400mm，植被较好，沙丘零星片状分布。

沙生植被（sand vegetation）由生长在沙质基岩上、多具发达的根系及水平匍匐茎或有强大营养繁殖能力的耐盐耐旱植物组成的植物群落。简单地说，就是由沙生植物组成的群落。沙生植被具有抵抗沙埋、固定流沙、防止风蚀等功能。沿海地区沙生植被由蔓荆子、珊瑚菜以及藜科、禾本科、莎草科的植物等组成，内陆沙生植被常由沙竹、沙蓬、柽柳等组成。

砂岩地貌（sandstone landform）发育在砂岩出露地区的地貌形态。由于砂岩的矿物成分、硬度和胶结程度不同，发育的地貌也不相同。石英砂岩或由硅质胶结构成的砂岩，抗风化和侵蚀能力强，常形成相对高起的山岭和陡崖；而胶结不坚实的粗砂岩以及以长石为主的砂岩，则常形成丘陵或盆地。在中国的湖南省、江西省中部及安徽省南部、浙江省西部，都有分布广泛的红砂岩丘陵和红砂岩盆地。

山地（mountain land）由山岭、山间谷地与山间盆地构成的区域。其特点是具有较大的绝对高度和相对高度、切割深、切割密度大，常分布在构造运动和外营力剥蚀作用活跃的地区。根据绝对高度（海拔高度），中国学者常将山地划分为极高山（海拔 > 5 000m，相对高度 > 1 000m）、高山（海拔 3 500～5 000m，相对高度 100～1 000m）、中山（海拔 1 000～3 500m，相对高度 100～1 000m）、低山（海拔 500～

1 000m，相对高度100～500m）。海拔低于500m的山地属于丘陵地区的地貌类型。

山地灾害（mountain disaster） 山地特有的崩塌（包括雪崩、冰崩）、滑坡、泥石流等灾害。山地灾害常具有突发性强、来势凶猛的特点。由于山地高度、坡度较大，山地的其他自然灾害也有其特点。例如，山地的土壤侵蚀强度较大，洪灾一般局限在山谷中，但来势迅猛，人畜乃至车辆躲避不及便会造成伤亡和损毁，并危害道路、水利工程、工矿和其他建筑等设施。

山地资源（mountain resources） 山区蕴含的自然资源。主要包括：（1）水力资源。高山，特别是雪线以上终年不化的山地冰雪则是一种固态淡水资源。（2）生物资源。由于气温随海拔增高而逐渐降低，以及山体对气流的影响、地表坡度与坡向对地表接受太阳辐射的影响等因素，一个山体上往往形成多层垂直气候带，这种气候的垂直分布造成了山地生物资源和物种的多样性。（3）矿产资源。山地在地壳运动中形成，岩浆活动常伴随其中，其间会形成众多矿床。一些有色金属、稀有金属矿床大多产于山地。岩浆作用和火山活动不但给人类提供了硫黄、温泉和热水，金伯利岩火山颈还是金刚石的储存所在。（4）旅游资源。山地地表崎岖、形态独特，形成独特的景观，攀岩、登山、滑雪等运动常在山地进行，使山地成为一种重要的旅游资源。

湿地（wetland） 天然或人工造成的、长久或暂时的沼泽地、泥炭地或水域地带。它包括静止或流动的淡水、半咸水或咸水水体，以及低潮时水深不超过6m的浅海水域。湿地地表长期或季节性处在过湿或积水状态，生长有湿生、沼生、浅水生植物，生活着适应该特殊环境的生物和微生物类群，发育湿地独特土壤。全世界约有湿地 $5.14 \times 10^6 km^2$，其中加拿大的湿地面积最大，约有 $1.27 \times 10^6 km^2$；其次是美国、俄罗斯。中国居亚洲第一位，约有天然湿地和人工湿地 $6.3 \times 10^5 km^2$。湿地种类多种多样。根据湿地的分布及其性质，湿地公约缔约国将湿地分为三组：海洋与海岸湿地、内陆湿地和人工湿地。水塘、海湾、沼泽、三角洲、湖泊、浅湾、珊瑚礁、临海平原季节性河流等水陆相接的自然地域都是湿地。湿地具有巨大的资源潜力和环境调节功能。湿地的生物生产力很高，淡水沼泽的净初级生产力每年高达2 000g/m²（干物质）以上。湿地是天然储水库，对

江河起着重要的调节作用。湿地还是重要的物种基因库，是众多野生动物，特别是珍稀水禽的繁殖和越冬地。湿地有宝贵的淡水、生物、土地、旅游资源，而且在蓄洪防旱、调节气候、控制土壤侵蚀、促淤造陆、降解环境污染等方面都有重要作用。为了通过国际合作，保护重要湿地系统，特别是珍稀水禽重要栖息地，以挽救世界上急速消失的湿地及其濒临灭绝的水禽，早在1971年，苏联和英国、加拿大等6国在伊朗签署了《关于国际重要湿地特别是水禽栖息地的公约》，即《拉姆萨尔公约》。至2000年6月，该公约的缔约国成员已经发展到121个，列入国际重要湿地名录的湿地数目已经达到1 027个。中国于1992年成为《拉姆萨尔公约》的缔约国。黑龙江的扎龙、吉林的向海、湖南的洞庭湖、江西的鄱阳湖、青海的青海湖鸟岛、香港的米浦自然保护区等已列入国际重要湿地名录。

世界自然遗产（world natural heritage） 具有全球意义的自然形成的景物或现象。联合国教科文组织于1972年11月16日于巴黎通过《保护世界文化和自然遗产公约》，把具有全球意义的文化和自然遗产作为全人类的世界遗产的一部分加以特殊保护。公约第二条规定的自然遗产标准为：（1）从审美或科学角度看，具有突出的普遍价值的物质和物质结构群组成的自然景观；（2）从科学或保护角度评价，具有突出的普遍价值的地质和自然地理结构及明确划为受威胁的动物和植物生态环境区；（3）从科学、保护或自然美学角度看，具有突出的普遍价值的天然名胜或明确划分的自然区域。截止到2006年底，中国境内被批准的世界自然遗产共有8处，其中自然遗产有武陵源、九寨—黄龙、三江并流和四川大熊猫栖息地4处，文化和自然遗产有泰山、黄山、峨眉山—乐山和武夷山4处。

水生植被（aquatic vegetation） 生长在多水环境中的水生草本植物群落。自然界中，无论深水或浅水、咸水或淡水，凡有水且光线能透过的地方，均有水生植物的生长。按植物在水中生长的方式，可将水生植物分为漂浮水生植物、悬浮水生植物和漂叶固定水生植物（植物根系扎于水底淤泥中，叶子漂浮于水面之上）。水生植被有较大的一致性，故属于隐域性植被。

水系（water system） 河流的干流、支流和流域内的湖泊、沼泽或地下暗河等彼此连接组成的系统。

它汇聚全流域的地表水和地下水，最终注入海洋、湖泊或消失于荒漠。水系的名称通常以它的干流或以注入的湖泊、海洋命名，如长江水系、太湖水系、太平洋水系等。水系的特征主要包括河流长度（指河源到河口的轴线长度）、河网密度（是水系干支流总长度与流域面积的比值，即单位面积上的河流长度）、河流的弯曲系数（指某河段的实际长度与该河段直线长度的比值）等。它说明水系发育和河流分布疏密的程度。根据干支流平面形态差异，可将水系分为五种类型：扇状水系、羽状水系、树枝状水系、平行水系和格状水系。一般较大的河流，难以用一种类型概括，而多由两种或两种以上的水系类型组成。水系类型直接影响水情变化，尤其对洪水影响更大。扇状水系的支流洪水几乎同时汇入干流，易造成干流特大洪水，历史上海河多灾的原因之一即在于此。而羽状水系因支流洪水是先后汇入干流，洪水对干流威胁较小。

《斯瓦尔巴条约》（*The Svalbard Treaty*）1920 年 2 月 9 日，由英国、美国、丹麦、瑞典、挪威、法国、意大利、荷兰及日本等 18 个国家在巴黎签订的有关斯匹次卑尔根群岛行政状态的条约，即《斯瓦尔巴条约》。1925 年，中国、苏联、德国、芬兰、西班牙等 33 个国家也参加了该条约，成为条约的签约国。该条约使斯匹次卑尔根群岛成为北极地区第一个、也是唯一的一个非军事区，规定该地区"永远不得为战争的目的所利用"。但各缔约国的公民可以自由进入，从事正当的科研、生产和商业活动。北极科学考察的历史和规模都远远超过南极，但直到 1990 年以前，北极却没有能够形成类似于南极条约体系的统一有效的国际政治或科学框架和组织。直到 20 世纪 80 年代后期，随着北极科学研究活动国际化趋势的发展，在北极圈内有领土和领海的加拿大、丹麦、芬兰、冰岛、挪威、瑞典、美国和苏联，在经过 4 年的艰苦谈判之后，于 1990 年 8 月 28 日，在加拿大的雷宇柳特湾市最后签署了《国际北极科学委员会章程》，成立了第一个统一的非政府国际科学组织，国际上称为"八国条约"。北极科学委员会虽然是一个"非政府机构"，但章程条款明确规定，只有国家级别的科学机构的代表，才有资格代表所属国家参加该委员会。1991 年 1 月，该委员会在挪威奥斯陆召开了第一次会议，并接纳法国、德国、日本、荷兰、英国等 6 个国家为其正式成员国。至此，人类在北极

地区的国际科学合作，迈出了具有历史意义的一步。1996 年 4 月 23 日，国际北极科学委员会通过决议，接受已在北极地区开展过实质性科学考察的中国为其第 16 个成员国。

T

碳酸盐岩地貌（carbonate rock landform）又称地表喀斯特，在碳酸盐岩分布的地区发育的地貌形态。从空中俯瞰，地表喀斯特是由多崖壁陡坡分割的石山丘陵、嶙峋的石芽或石林、封闭的洼地、河流无出口的盲谷和喀斯特盆地组成，并叠套着众多的漏斗和落水洞，通过竖井与地下洞穴系统相连接。地表形态是通过与地下水流动力带相连接的各洼地、落水洞为动力中心塑造的。从分水高地到河谷盆地平原，依次又可分为峰林高原、峰丛洼地、峰林谷地和峰林孤峰平原，或滨海峰林。峰林在国外称为锥状与塔状喀斯特，是一种热带地区的喀斯特地貌。指高耸林立的锥状喀斯特山丘，相对高度为 $100\sim200m$，坡度大多在 $60°$ 以上，群体与多边形（星状）洼地伴生，组合成麻窝状喀斯特。而峰丛是未切割到底的联座峰林。云南石林县的喀斯特地貌则是典型的石林，属巨型石芽。它与马来西亚沙捞越穆鲁、巴布亚新几内亚凯正德、坦桑尼亚东部等地耸立在赤道热带雨林中的剑状喀斯特，属同一类热带喀斯特。在中国北方，喀斯特具有干谷和大泉的特征，如山东济南的四大泉群（总流量为 $3.5\sim4.0m^3/s$）和山西娘子关泉（流量 $12.6m^3/s$）。

天然植被（natural vegetation）覆盖一个地区的、自然形成的植物群落，与人工植被相对应。主要取决于该地区的气候和土壤条件，特别是水、热的组合状况。与一定的自然环境相适应，天然植被有森林、草原、荒漠、冻原、草甸、沼泽等几大类型。依照其是否受人类活动影响又分为未经人类破坏或改变的"原生植被"和受破坏后又自然恢复的"次生植被"。

土壤（soil）地球陆地表面岩石经长年累月的物理和化学风化而成的一层疏松物质。岩石由大块变成细小颗粒，岩石的成分和性质发生变化，形成成土母质，进而在生物等作用下变成具有肥力的土壤。由于岩石种类多种多样，植物类型丰富多彩，以及各地区气候、地形、成土时间和人类耕垦利用的程度不同，土壤的种类多种多样。中国自 20 世纪 90 年代开始，结合中国范围内土壤的特点，建立了适应中国特点的土

壤分类系统。该系统共分七个级别，分别是土纲、土亚纲、土类、土亚类、土属、土种和土亚种。土纲是分类系统中最高层阶，主要以土壤成土过程及重大环境因素的影响为依据，划分出铁铝土、淋溶土、干旱土、漠土、盐碱土、人为土等12个土纲；亚纲主要考虑成土过程水热条件，在土纲的基础上共分出28个亚纲。土壤分类最终是分到土种及土亚种（后者是土种的变种）。土种是土壤分类的基本单元，只有各方面特征均相同或相似，才能划入一个土种。受成土条件的制约，不同的土壤有特定的地理分布区。与地理分布区中的热量和水分条件严格相关的土壤称为地带性土壤；反之，则称非地带性土壤。中国自北向南依次分布着灰化土、暗棕壤、棕壤、褐壤（或黄褐土）、红壤与黄壤、砖红壤性红壤、砖红壤；由东向西依次为森林土壤、草原土壤、荒漠土壤。随着山地海拔的增加，土壤类型也有垂直地带性分布。

W

外力作用（exogenous process）由外部作用力（又称外动力、外营力，地球表面以太阳辐射能、重力能、日月引力能为能源，以大气、水、生物活动为介质所产生的作用力）引起的作用。外力作用发生在地壳表层，是在常温常压下发生的。它使地表形态发生变化，削平山岭，填塞低地，还使地壳表层的化学元素发生迁移、分散和富集，形成一些外生矿床。按照外营力的性质，外力作用可分为流水作用、波浪作用、海流作用、地下水作用、风力作用等；按照作用的方式也可分为风化作用、剥蚀作用、搬运作用、沉积作用、成岩作用等。

X

峡谷（gorge）由河流强烈下切而成的两坡陡峭的"V"字形谷地，通常分布在河流的上游。如果峡谷的上游有蓄水条件，地质基础良好，则可作为水库坝址。世界著名的峡谷有美国的科罗拉多大峡谷、中国的雅鲁藏布大峡谷、秘鲁的科尔卡峡谷、尼泊尔的喀里根德格峡谷，以及中国长江上游金沙江段的虎跳峡、重庆奉节至湖北宜昌的长江三峡和中国台湾的太鲁阁大峡谷等。峡谷内不一定常年都有流水，气候变化会使原来的河流消失而剩下一条干谷，如美国的布莱斯峡谷就属于这一类。还有一类纯粹由于地质构造而形成的裂谷，如著名的东非大裂谷。

玄武岩地貌（basalt landform）在火山喷出岩玄武岩地表上发育形成的地貌形态。玄武岩的裂隙式喷发常形成平坦桌状山体和熔岩台地；而中心式喷发，则形成火山锥，有的还在火山口形成火口湖，如中国吉林省的长白山脉白头山上的天池。中心式喷发的玄武岩火山往往成群出现，如中国山西省的大同火山群和云南省的腾冲火山群。

雪线（snow line）常年积雪的下界，即年降雪量与年消融量相等的平衡线。雪线以上年降雪量大于年消融量，降雪逐年加积，形成常年积雪（或称万年积雪），进而变成粒雪和冰川冰，发育成冰川。雪线是一种气候标志线，其分布高度主要决定于气温、降水量和地形条件。高度从低纬向高纬地区降低，反映了气温的影响。在中国西部，从青藏高原、昆仑山往北到天山、阿尔泰山，雪线高度由6 000m依次下降到5 500m、3 900～4 100m和2 600～2 900m。再往北到北极地区，雪线降至海平面。在气温相同的条件下，雪线高度取决于年降水量的多寡。在青藏高原，雪线附近的年降水量为500～800mm，雪线高5 500～6 000m；阿尔卑斯山脉雪线附近的年降水量达2 000mm，雪线高度仅2 700m左右。祁连山东段的年降水量大于西段，雪线由东（4 600～4 700m）向西（5 000m）升高。地形通过影响气温和降水而间接影响雪线高度。在喜马拉雅山，南、北坡的气温和年降水量相差极大，致使南坡雪线（4 500m）比北坡雪线（5 900～6 000m）低1 400～1 500m。雪线高度不仅有空间差异，在时间上也有一定变化。空气变冷、变湿，导致雪线降低；反之，引起雪线上升。这种变化有季节性的，也有多年性的。第四纪时期几次大的气候波动，出现冰期和间冰期，都引起雪线的大幅度升降。

Y

雅丹地貌（Ya dan landform）主要在干旱和半干旱区、干涸湖底或河、湖堆积阶地上，受定向风沿裂隙吹蚀而形成的与风向一致的风蚀垄槽。这种风蚀垄槽常平行排列，长数十米至数百米，垄高半米至数米，槽深数米至数十米，槽宽两米左右。雅丹地貌是干旱地区中一种典型的风蚀地貌，主要出现在中国西北部的干旱地区，这种支离破碎的地面称为雅丹，以中国新疆塔里木盆地的罗布泊地区最为典型。

盐湖（salt lake）湖水矿化度大于35g/L的湖泊。盐湖数量多，化学类型齐全，分碳酸盐类型、硫酸盐类型、氯化物类型及硫酸盐向氯化物过渡的类型。盐湖矿化度极高，一般在300g/L左右。既有干盐湖，又有水盐湖，也有介于二者间的过渡型盐湖。大部分盐湖正逐渐浓缩，随盐类析出，湖水的化学成分发生剧烈变化。湖水化学类型的变化规律是由碳酸盐类型顺次向硫酸盐类型和氯化物类型演变。中国盐湖分布于青藏高原和内蒙古、新疆地区，基本上与咸水湖分布一致。盐湖中资源丰富，中国内蒙古的盐湖盛产天然碱，新疆的盐湖盛产食盐和芒硝，青海的盐湖盛产钾（K）、硼（B）和锂（Li）等。

页岩地貌（shale landform）发育在页岩出露地区的地貌形态。由于页岩岩性软弱，容易遭受风化侵蚀而被剥蚀，地貌形态上多表现为谷地、盆地等负地形。由于页岩多由黏土矿物组成，颗粒细小、空隙度差，所以不易透水，常在低平地区形成湿地和沼泽。也有质地较硬的页岩（产状平缓，有钙质胶结物存在）可以形成山地。

雨林（rain forest）在高温多雨的热带气候条件下，由高大常绿阔叶林树种组成的植物群落。雨林成分复杂、树冠茂密、层次不明显，各种蔓生、附生植物丰富，并有老茎生花（树干上直接开花）和板状根等特征。中国的海南省、台湾省及云南省南部均有分布。

Z

栽培植被（artificial vegetation）又称人工植被，人类为利用、改造自然，在长期的生产活动中，经选择、引种、培育、驯化等措施而栽培的植物群落的总称。主要指各种农作物、人工林及人工牧场等。与自然植被一样，栽培植被具有一定的外貌、结构，并与一定的生态环境相适应。虽然种群的分布大大扩展，但仍有地带性表现。在能量流动、物质循环速率及光合作用效能、生产潜力、生物量等方面，都较同一地带的天然植被高，对人类社会具有更大的经济意义。

沼泽（mire）一种多水的陆域，是湿地的一种。沼泽的成因和类型随所在地区自然条件的不同而不同。一般认为，沼泽是地表经常过湿或有薄层积水、其上主要生长湿生植物和沼泽植物、土层严重潜育化或有泥炭的形成和积累的地理综合体。沼泽的形成和发展大致可以归纳成两种方式：一种是水体沼泽化，包括湖泊、河流和水库的沼泽化，另一种是陆地沼泽化，包括森林、草甸和冻土的沼泽化。

沼泽植被（swamp vegetation）生长在土壤过度潮湿、积水或有浅薄水层、排水不良的生境条件下，由沼生植物（生长在沼泽或湿土中的植物）组成的植物群落。沼泽植被以草本植物为主，木本植物较少，根均着生于淤泥中。沼生植物如泥炭藓、芦苇、香蒲等。沼泽植被分布较广，属于隐域植被。

针阔混交林（needle-broadleaved mixed forest）由针叶树和阔叶树混合组成的森林。一般分布在针叶林与落叶阔叶林分布区之间的过渡地带。某些地区原生的针叶林或落叶阔叶林遭到破坏后，也能单独形成针阔混交林。中国的这一林种主要分布在小兴安岭、长白山以及亚热带地区的一些高山上。

针叶林（coniferous forest）又称泰加林，由一种至多种能适应干旱和寒冷气候特点的针叶乔木树种组成的森林。主要优势树种有云杉、冷杉、铁杉、松及落叶松等。针叶林还可进一步分为阴暗针叶林（主要由云杉、冷杉组成）、明亮针叶林（主要由松、落叶松组成）等。世界上的针叶林主要分布在北美洲和欧亚大陆的寒温带。中国境内的大兴安岭和新疆阿尔泰地区，以及较低纬度的高山区也有分布。

植被（vegetation）某一地区内全部植物群落的总体。陆地表面分布着由许多植物组成的各种植物群落，如森林、灌丛、草原、荒漠、苔原、草甸、沼泽等，总称为该地区的植被。植被分为自然植被和人工（栽培）植被。植被是自然地理环境中最敏感的组成要素，对环境有强大的改造作用。组成植被的植物具有转化太阳能，提供第一级生产物的作用，在生态系统中决定着能量和物质的流动与循环。组成植被的单元是植物群落。植被是基因库，保存着多种多样的植物、动物和微生物，并为人类提供各种重要的、可更新的自然资源。

植物群落（plant community）在一定生境（生物种群所占据的特定地区的环境条件的总和）中植物种间以及植物与环境间的相互关系所联系着的植物组合。每一个植物群落，都有自己的植物种类并组成一定的外貌，群落内各种植物个体在数量比例和空间分布上也有一定规律。

自然土壤（natural soil）在自然条件下形成的土壤。自然因素包括成土母质、气候、生物、地形、时间等。在未经人类开垦利用的情况下，由上述因素综合作用形成的各类土壤总称为自然土壤，如生长自然植被的红壤、黄壤、盐土、沼泽土等。

（二）地质（Geology）

A

奥陶纪（Ordovician Period）古生代的第二个纪，地质年代名称。"奥陶"一名源于英国北威尔士一古代民族"Ordovices"。这个民族所在地区，奥陶纪地层发育较好。日文音译为"奥陶"。奥陶纪始于距今4.9亿年，延续时间约5 200万年。在地史上奥陶纪是一个海浸分布范围最广的时代，大部分地区为海水所覆盖。当时浅海广布、气候温和，海生无脊椎动物空前发展，除自寒武纪以来发生的生物种群外，又以笔石类和鹦鹉螺类十分繁盛为其特征。奥陶纪还出现了最早的脊椎动物无颚类。植物仍以藻类为主。奥陶纪可分为早、中、晚三个世，代表符号为"O"。

B

白垩纪（Cretaceous Period）中生代第三个纪，地质年代名称。"白垩"一词来自拉丁语"Creta"，意指极细的、富含钙质的白垩层。白垩纪始于距今1.37亿年，延续了7 200万年。这一时期是生物界又一次大变革的时期。植物界的变化是被子植物出现并逐步取代裸子植物而占据主要地位。脊椎动物、爬行动物由极盛到白垩纪末期大型爬行动物（恐龙）相继绝灭。这一时期出现了真正的鸟类。白垩纪时中国东南地区岩浆活动异常活跃，成为一个重要的成矿时期。白垩纪可分为早、晚两个世，代表符号为"K"。

搬运作用（transportation）各种外力风化和侵蚀形成的破碎物质在介质中的迁移过程。如流水搬运作用、风力搬运作用等，其中以流水搬运作用较为明显和普遍。流水搬运物质的方式和能量及流水的性质均与地面坡度有关。流水在平缓地面进行片状侵蚀或分散流动时，其势能与动能均较小。细小的薄层水流携带的侵蚀物质，只能沿坡向下滚动，运移的距离不远。而集中的线状流水搬运物质，或溶解于水中，或悬移，或沿底部推移与跃移。溶解物的颗粒极细，随水可运移极长距离；较细的碎屑物质在水的紊流作用下呈悬浮移动，紊流越强烈，悬浮物越多，水中搬运的碎屑物量也越大；较粗重的碎屑物质，水流的动力只能使其沿河床底部推移（滚动、滑动）和跃移（跳动）。根据水力学的艾里定律，水底推移的个体物质质量与水流速度的6次方成正比，即：$M=CV^6$。式中V为流速，C为砾石与河床的摩擦系数，M为砾石的质量。据此，若流速增加1倍，河流搬运的碎屑物重量可增加64倍。故平原河流只能搬运细小的砂粒，山区河流可推移巨大砾石。

板块构造（plate tectonics）把地球的岩石圈分成若干巨大的板块的一种大地构造学说。该学说认为，板块在具有塑性的软流圈之上作大规模水平运动，板块之间或相互分离，或相互汇聚，或相互平移，引起了地震、火山作用等构造活动。板块构造是一种阐述地球表层运动与演化的全球构造理论，囊括了大陆漂移、海底扩张、转换断层、大陆碰撞等概念，为解释全球地质作用和现象提供了极有成效的理论框架。20世纪60年代，板块构造说兴起。依照板块理论，板块的分离和会聚，导致大陆离合和大洋开闭，从而决定了海陆的分布和地球的外貌。板块碰撞抬升起的高原，可以改变大气环流的格局。大陆板块的离合，导致海水通道的开启和关闭，由此又会造成洋流格局的改变，进而影响到气候的变迁。一系列全球性地质过程和自然现象无不与板块构造活动相关。地球科学第一次对全球地质作用有了一个比较完善的总的理解。板块构造所阐明的地质构造背景和岩石圈活动规律，对于寻找金属、石油等矿产资源，以及预测地震、火山等地质灾害，具有一定指导意义。它被认为是地球科学上的一场革命。地球科学的许多分支学科也由此开始相互印证、相互联合，在研究方法上强调全球视野和跨学科的探索。

宝石（gemstone）自然界产出的，具有美观、耐久、稀少性、可加工成首饰等装饰品的矿物。绝大多数宝石为单晶体，如钻石、红蓝宝石、祖母绿、电气石（碧玺）等；也有少数非晶质体宝石，如欧泊（蛋白石）。随着技术的进步，大量物美价廉的人工宝石也出现在市场上。人工宝石完全或部分由人工制造，有合成宝石、人造宝石、再造宝石和拼合宝石四个类别。珠宝首饰行业往往将天然珠宝玉石和人造珠宝玉石合称为"宝玉石"。

背斜（anticline）岩层褶曲构造的一种基本形式，即核部为老岩层、翼部为新岩层的褶曲。正常情况下，背斜的外形是岩层向上的弯曲变形，岩层自核部向翼部倾斜。如果两翼岩层倒转，形成扇形褶曲，则岩层自翼部倾向核部，看上去外形好像向斜，但实际上仍是背斜。

变质岩（metamorphic rock）在岩石圈演化进程中早先形成的岩石，由于后期受主要由地球内应力作用引起的地质环境和物理化学条件的改变，而使其矿物成分、化学成分和结构发生变化而形成的一种新岩石类型。早先形成的各种岩石为变质岩的原岩，可以是火成岩、沉积岩或原已存在的变质岩，由它们转变而成的变质岩分别称为正变质岩、负变质岩和复变质岩。变质岩是组成岩石圈三大岩类之一，是深部地壳的主要组成部分，占地壳总体积的27.4%。研究变质岩不但可以了解深部地壳的组成和早期地壳演化历程，也有助于大陆造山带的研究及与变质岩有关的金属和非金属矿床的寻找。

标准剖面（standard section）又称典型剖面，能够反映一个地层单位所有主要特征的典型地层。标准剖面具有较大的厚度，地层出露齐全，化石含量丰富，顶底界线清楚，与上覆和下伏地层接触关系明晰。标准剖面是不同地区进行地层对比的依据。

剥蚀作用（erosion effect）又称侵蚀作用，岩石在太阳辐射、流水、冰川、风、波浪、海流和生物活动等外营力作用下，分解成碎屑并从高处向低处移动的作用过程。它包括岩石转变为疏松状的风化过程和把风化破碎物移去的搬运过程。剥蚀作用的破坏动力首先是太阳辐射能和生物能。它们使岩石分解破碎。然后，在重力作用下，通过水、空气、冰等运动介质，携带风化的疏松物质迁移，或岩体内部产生密度差异而形成突发性移动。剥蚀作用搬运松散物质运动的方式有线状（如河流、山岳冰川）和面状（坡流、土流、地滑、山崩、溶塌）两种，作用强度与重力或摩擦力有关。地面坡度愈陡、质量愈大，物质沿坡向下运动的强度越大；反之越小。剥蚀作用的结果是消除凸地。

C

长石（feldspar）矿物名称。长石族矿物的总称。包括钾长石、斜长石和钡长石等，是钾（K）、钠（Na）、钙（Ca）及钡（Ba）的无水架状结构的铝硅酸盐，成分中类质同像置换现象十分普遍。其中

钾长石（$K[AlSi_3O_8]$）为三个同质多像变体，是透长石（900℃以上高温的稳定变体）、微斜长石（低温变体）和正长石（低温下不稳定变体，会向微斜长石转变）的统称。斜长石是由钠长石（$Na[AlSi_3O_8]$）和钙长石（$Ca[Al_2Si_2O_8]$）两种矿物组分构成的连续类质同像系列矿物的总称，按钠长石和钙长石含量的不同比例可分为钠长石（钠长石分子占90%以上，钙长石分子占10%以下）、奥长石（钠长石分子70%～90%，钙长石分子10%～30%）、中长石（钠长石分子70%～50%，钙长石分子30%～50%）、拉长石（钠长石分子50%～30%，钙长石分子50%～70%）、培长石（钠长石分子30%～10%，钙长石分子10%～30%）和钙长石（钠长石分子10%～0.9%，钙长石分子90%～100%）。其中按SiO_2含量，可把钠长石、奥长石合称为酸性斜长石，中长石称为中性斜长石，拉长石、培长石和钙长石合称为基性斜长石，分别存在于酸性、中性和基性火成岩中。钠长石还能与钾长石一起共生构成碱性长石出现在碱性火成岩中。长石是自然界最重要的造岩矿物，分布极广，广泛出现在火成岩、沉积岩和变质岩中。特别是在火成岩中，长石几乎是所有火成岩的主要矿物成分，对岩石分类具有重要意义。富含钾或钠的长石可用作陶瓷、玻璃工业的原料。

沉积岩（sedimentary rock）由堆积的松散沉积物固结而成的岩石。沉积物主要为陆地或水盆地中的松散碎屑物，如砾石、砂、黏土、灰泥和生物残骸等。沉积岩是组成地壳三大类岩石之一，也是地球表面分布最广的岩石类型，洋底几乎全部为沉积物或沉积岩覆盖。沉积岩分布的厚度是不一样的，大陆沉积岩层平均厚度要比洋底厚。

沉积作用（aggradation）被搬运的物质因搬运介质性能改变，不能继续搬运而发生的沉淀或堆积的过程。堆积下来的物质称沉积物。固体状态被搬运物质，因搬运介质动能减小，或因被搬运物的量超过其搬运能力，受重力作用而沉积，称机械沉积，如河谷中的砂、砾石沉积；呈真溶液或胶体溶液状态的被搬运物质，因介质的物理化学条件改变而沉积，称化学沉积，如海水中的盐类物质通过海水的蒸发浓缩作用而发生沉积，及胶体溶液通过胶体的凝聚作用而沉积；通过生物的生命活动也能发生沉积，称生物沉积，如海水中生物吸取各种物质而生长繁殖，同时制造沉积物，或以其遗体堆积下来成为沉积物。

D

大理岩（marble）岩石名称。一种碳酸盐矿物含量占50%以上的变质岩。由石灰岩、白云岩（以含镁矿物白云石为主的碳酸盐岩）经区域变质或热接触变质形成。原岩中的碳酸盐矿物经重结晶等变质作用，可形成特殊的块状构造或条带状构造。大理岩根据碳酸盐矿物的种类，可进一步分出大理岩、白云质大理岩、条带状大理岩等。中国云南省大理市是最著名的大理岩产地，大理岩也由此而得名。

地层（stratum）在地壳发展过程中一定地质时期形成的各种成层的或非成层的岩石和堆积物。成层岩石是主要的，它包括沉积岩和变质岩；非成层岩石主要是指火成岩，它与成层岩石有一定穿插交错关系。地层与一般岩层的不同之处就在于它加进了时代的概念，有下与上、老与新、早与晚之分。17世纪，丹麦的斯泰诺提出了地层层序律，即成层积叠的岩石有新老之分。在未受剧烈地壳运动扰动的正常顺序下，下面的地层是较老的，上面的地层是较新的。18世纪末，英国的史密斯提出了与地层层序律相统一的化石顺序律，认为化石是与一定的地层层位相联系的。在正常层序下，下面地层内所含化石是时代较老的，上面地层内所含化石是时代较新的。化石顺序律为地质年表的建立奠定了基础。

地层序列（stratum series）地壳中岩石层依次排列的顺序。在切开地表的剖面上，可以发现地壳大部分岩石呈层状，其中常常会有不可重演的生物化石指示岩石生成的时代。地层是一层一层依次堆积的，新的地层总是盖在老的地层上。新的地层含有高级的生物化石，老的地层则含有低级的生物化石。地层序列可用于追溯某一地区的地质历史。如果地层未受到扰动，那么底部的地层总是最古老的，而顶部的地层则是最年轻的。层层相叠的地层代表着一个接一个的地质时段。但实际上经常会有地层的缺失和翻转，造成地层序列的不完整。地层之间的界面可以是明显的层面或沉积间断面，但也会因为岩性、所含化石、矿物成分、化学成分、物理性质等的变化导致地层界面不十分明显。

地核（earthcore）地幔以下的地球核心圈层。地表以下2 800～5 100km为外地核，5 100km到地心为内地核。在外核地震波横波消失，纵波变慢，可知其为液态物质。在内核地震波横波复现，纵波变快，可知其为固态物质。地核物质密度为9.7～13g/cm³。压力达135～362GPa。温度一般大约为3 000℃，最高也不超过10 000℃。地核质量占地球总质量的32.5%，占总体积的16.2%。其化学成分主要是重金属铁（Fe）和镍（Ni），可能还有少量的硅、硫等轻元素。关于地核的物质特性，由于研究它的技术难度过大，以现代的科学水平而论，还无法彻底弄清楚。

地幔（mantle）又称中间层，指地球莫霍面以下至2 900km古登堡间断面以上的圈层。可分为上地幔和下地幔。上地幔自莫霍面起向下至670km深处，其物质组成相当于橄榄岩或榴辉岩，铁（Fe）、镁（Mg）成分显著增加；下地幔为670～2 900km深处，其物质组成中二氧化硅（SiO_2）明显减少，铁、镍（Ni）含量增加，物质状态呈非晶质固态，还可能存在有塑性固态。地幔体积占地球总体积的82%，质量占总质量的67%，地震波在地幔中的传播速度与地壳有明显区别。上地幔中400km和670km深处，地震波波速有两个不连续面。下地幔中，地震波波速变化均匀。研究地幔，特别是研究上地幔的物质成分、相变和对流，对于揭示地壳岩浆活动的能量和物质来源以及有关矿产的形成和分布，都具有重要意义。

地壳（earth crust）地球固体圈层的最外层，以莫霍洛维奇间断面（简称莫霍面）为其下界面。地壳由各种岩石组成。上部主要由沉积岩、花岗岩类岩石组成，称硅铝层。它各处厚薄不等，平原区一般10km左右，高山区可达40km以上。海洋区硅铝层显著变薄，大洋底缺失硅铝层。地壳下部主要由玄武岩或辉长岩类岩石组成，称硅镁层。地壳是连续分布，在大陆区厚达30km，在缺失硅铝层的深海盆内玄武岩层仅厚5～8km。硅铝层与硅镁层之间以康拉德不连续面隔开。地震波在上下层之间传播速度有明显不同。地壳表层因受大气、水、生物及太阳辐射等作用，可形成土壤、风化壳和沉积层，且厚度不一。地壳的体积为地球总体积的1%，质量为总质量的0.4%。地壳岩石具有弹性和塑性，越到深处塑性越大，这对地壳的演变起了很大的作用。

地球化学勘探（geochemical exploration）又称化探，用地球化学的方法进行找矿勘查。地球化学是研究地球各部分（地壳、地幔、水圈、大气圈和生物圈等）中化学元素及其同位素的分布、存在形式、共生组合、集中、分散及迁移循环规律的学科。是系统地测量天然物质（如水、岩石、空气、生物或疏松覆盖物、沉积物等）中的地球化学性质，发现与矿化或测量目的有关的元素地球化学异常是地球化学勘探的基本方法。地球化学勘探可分为岩石地球化学测量、土壤地球化学测量、水体地球化学测量、气体地球化学测量及生物地球化学测量等。

地球圈层构造（stratum structure of the earth）地球组成物质的分层构造。地球从表及里具有一系列理化性质不同的圈层，这种垂直分层结构，叫做地球圈层构造。地球的圈层构造是以岩石圈的硬壳表面为界，在它的上面有磁圈、大气圈、水圈和生物圈，称之为外部圈层；在它的下面有地壳、地幔和地核，称之为内部圈层。各个圈层既彼此独立，又相互依存。每个圈层内部的物理性质和化学性质相对比较均一，具有各自的特点。

地球物理勘探（geophystcs exployating）又称物探，用物理的原理和手段来研究地质构造和进行找矿勘查。它是以各种岩石和矿石的密度、磁性、电性、弹性、放射性等物理性质的差异为研究基础，用不同的物理方法和物探仪器，探测天然的或人工的地球物理场的变化，并通过分析、研究获得物探资料，推断、解释地质构造和矿产分布情况。目前，主要的物探方法有重力勘探、磁法勘探、电法勘探、地震勘探、放射性勘探等。依据工作空间的不同，又可分为地面物探、航空物探、海洋物探、井中物探等。

地震（earthquake）在相当大的范围内发生的地面震动现象。这种地面震动是由地震波携带的巨大能量造成的。在地球内部激发出地震波的地方称为震源。震源在地球表面的垂直投影称为震中。震源深度不超过70km时称浅源地震，大于300km时称深源地震，介于两者之间的是中源地震。每年全球记录的地震达几百万次，但其中破坏性地震仅数十次。绝大多数地震对人不产生震感，只有灵敏的仪器才能察觉。地震波中包含着许多关于地球内部运动情况的信息。人工激发的地震波还可用来寻找石油、煤、金属矿和地下水等资源。中国是多地震的国家，又是最早发明地震仪并用以观测地震的国家。按地震活动强度和频度，中国的地震大致可分为三类地区：（1）强烈地区。包括台湾、西藏、新疆、甘肃、青海、宁夏、四川和云南等省区，这是中国地震活动最显著的地区。（2）中等地区。有河北、山东、山西、陕西关中地区、辽南、京津、皖中和吉林延边等地区。这些地区强震可达7级以上，但频度较低，地震分布也不如强烈地区密集。（3）微弱地区。除上述地区外的其他

地区。这些地区最大地震不超过6级，强震间隔时间均在百年以上。与世界上绝大多数地震一样，中国地震的孕育和发生也与活动断层密切相关。到目前为止，中国有记录的8级以上的地震均发生在延伸长度达数百千米以上的强烈活动大断裂带或断陷盆地内；7～7.9级的地震也均发生在延伸100km以上的活动断裂带上。

地质公园（geopark）以具有特殊地质科学意义、稀有的自然属性、较高的美学欣赏价值且有一定规模和分布范围的地质遗迹景观为主体，并融合自然景观和人文景观而构成的一种特殊自然区域。截止到2007年，中国建立的国家地质公园共139个，其中被联合国教科文组织世界地质公园专家评审会通过命名的世界地质公园共18个，分别是黄山（安徽省）、庐山（江西省）、云台山（河南省）、石林（云南省）、丹霞山（广东）、张家界（湖南省）、五大连池（黑龙江省）、嵩山（河南省）、雁荡山（浙江省）、泰宁（福建省）、克什克腾（内蒙古自治区）、兴文（四川省）、泰山（山东省）、王屋山—黛眉山（河南省）、雷琼（广东省、海南省）、房山（北京市、河北省）、镜泊湖（黑龙江省）、伏牛山（河南省）。地质公园的建立，对于提高人们对保护自然和生态环境的认识、实现人与自然和谐共处和社会经济可持续发展，都具有重要意义。

地质环境（geological environment）泛指由岩石圈、水圈和大气圈所组成的环境系统，是自然环境中的一种。在长期的地质历史演化过程中，随着各圈层之间不断进行的物质和能量的交换与转移，组成了一个相对稳定的开放系统。人类和其他生物则依赖着这一环境得以生存和发展。研究表明，在不影响人类健康和社会经济发展的前提下，一个特定的地质空间只对应着一定规模和一定发展水平的人类社会，即地质环境的容量或潜能是有限的。人类所有的生活和生产的消费物，都是直接或间接取自于地质环境，而人类活动产生的废弃物，又都直接或间接排入地质环境中。地质环境的优劣对于人类社会发展影响极大。评价地质环境质量的标准可由以下几方面考虑：自然地质条件的稳定性、地质环境抗人类干扰的能力、原生地球化学背景和地质环境当前的实际状况（受破坏或被污染的程度）等。

地质年代（geologic chronology）是指各种地质事件发生的时代。地质年代及相应动植物出现时代与进化程序见下表。

地 质 年 代 及 相 应 动 植 物 出 现 时 代 与 进 化 程 序 表

宙	代	纪	世	代号	距今大约年代（百万年）	主要生物进化	
						动物	植物
显生宙	新生代 Kz	第四纪	全新世	Q	1	人类出现	现代植物时代
			更新世		2.6		
		新近纪	上新世	N	5	哺乳动物时代 古猿出现	被子植物时代 草原面积扩大 被子植物繁殖
			中新世		23.5		
		古近纪	渐新世	E	37	灵长类出现	
			始新世		58		
			古新世		65		
	中生代 Mz	白垩纪		K	137	爬行动物时代 鸟类出现 恐龙繁殖	裸子植物时代 被子植物出现 裸子植物繁殖
		侏罗纪		J	205		
		三叠纪		T	250	恐龙、哺乳类出现	
	古生代 Pz	二叠纪		P	295	两栖动物时代 爬行类出现 两栖类繁殖	孢子植物时代 裸子植物出现 大规模森林出现 小型森林出现 陆生维管植物出现
		石炭纪		C	354	鱼类时代 陆生无脊动物发展和两栖类出现	
		泥盆纪		D	410		
		志留纪		S	438		
		奥陶纪		O	490	海生无脊椎动物时代 带壳动物爆发	
		寒武纪		∈	540	软躯体动物爆发	
隐生宙	元古代 Pt	新元古	震旦纪	Z	650	低等无脊椎动物出现	高级藻类出现 海生藻类出现
		中元古		Pt	1000 1800		
		古元古			2500		
	太古代 Ar	新太古		Ar	2800	原核生物（细菌、蓝藻）出现（原始生命蛋白质出现）	
		中太古			3200		
		古太古			3600		
		始太古			4600		

地质学（geology）研究地球的科学。主要研究内容有地球（主要指地球岩石圈）的物质成分、物理化学性质、结构构造、地球形状及表面特征、地球的形成和历史、地球上生命的发生及演化、地壳运动和发展，同时研究与上述各方面有关的科学技术。地质学包括的分支学科主要有：研究地球物质组成与结构的矿物学、岩石学、地球化学、地球物理学、同位素地质学及土壤学等；研究地球历史与变化的地史学、地层学、古生物学、前寒武地质学与第四世纪地质学；研究地壳运动的构造地质学、火山地质学和地震地质学；研究地表特征和地质作用的地貌学、冰川地质学、海洋地质学、动力地质学；研究开发利用能源及矿产资源的矿床学、煤田地质学、石油天然气地质学、地热地质学和水文地质学；研究人类生存环境和工程建设

的工程地质学、环境地质学、灾害地质学；研究和地质有关的相关技术的地球物理地质学、勘查地球化学、地质调查技术、探矿工程技术、物质成分及结构测试分析技术、地质测绘、遥感地质、数学地质等技术。

地质灾害（geologic hazard）由各种地质营力引发或因地质环境为主要原因的自然灾害。主要包括火山爆发、地震、滑坡、重力崩塌、地面沉降、地裂缝、雪崩、冰崩、泥石流、地面塌陷等。广义的地质灾害还包括水土流失、沙漠化、土地盐渍化、土地沼泽化、异常水土环境与地方病、港口淤积、河湖水库淤积与塌岸、堤防滑坡与塌陷、冻胀融陷、海侵、海底滑坡等。地质灾害的研究与防治关系到人民群众生命财产的安全，对国家建设和社会发展具有十分重要的意义。

地质作用（geologic process）引起地壳及其表面形态不断发生变化的作用。地质作用按其能量来源，可分为内力作用和外力作用。内力作用的能量来自地球本身，主要是地球内部的热能。它表现为地壳运动、岩浆活动、变质作用等。外力作用的能量来自地球外部，主要是太阳能。有了太阳辐射能，风才能吹，水才能流，生物才会生长等，从而引起地壳表层物质的破坏、搬运、堆积。地表形态就是在内外力相互作用下不断地发展、变化着。地质作用有些进行得很迅速、很激烈，有些则进行得十分缓慢，不易被人们觉察，但年长日久，会使地表形态发生更为显著的变化。在漫长的地质时期，许多大山被夷平，许多大海被填平。如今地球上最雄伟高大的喜马拉雅山脉和"世界屋脊"青藏高原，在几千万年前还是一片汪洋大海。

第四纪（Quaternary Period）是地质历史上最新的一个地质年代名称，也是地质历史上发生过大规模冰川活动的少数几个时代之一。它包括更新世和全新世，历时时间较短。过去一般认为它延续约100万年，但近年来由于古人类学的一些新发现和年代测定技术的新发展，目前认为第四纪的延续时间已远远超过100万年，大约在180万年、200万年或300万年，中国多以距今260万年作为第四纪更新世的下限。第四纪也称人类纪，人类的发生和发展是地球生命演化史上划时代的重大事件。第四纪的代表符号为Q。

断层（fault）地壳运动产生的强大压力或张力超过岩石所能承受的程度，使岩体产生破裂且沿断裂面两侧岩块有明显的错动、位移的现象。在地貌上，大的断层常常形成裂谷或陡崖，如著名的东非大裂谷、中国华山北坡大断崖等。断层一侧上升的岩块，常成

为块状山地或高地，如中国的华山、庐山、泰山；另一侧相对下沉的岩块，则常形成谷地或低地，如中国的渭河平原、汾河谷地。在断层构造地带，由于岩石破碎，易受风化侵蚀，常常发育成沟谷、河流。断层能发生在各种岩层中，并且规模大小相差很大。小的位置变化只有几毫米，大的可达到几千米，甚至几百、上千千米以上。根据断层面上下盘的相对运动关系，可把断层分为正断层（上盘下降、下盘上升）、逆断层（上盘上升、下盘下降）和平移断层（上下盘沿断层平移）三种主要类型。

堆积作用（accumulation）被搬运的泥沙和砾石等物质，因外力作用减弱或失去搬运能力，在重力作用下形成的聚积、堆积现象。常见的堆积作用有流水堆积、风成堆积、冰川堆积、重力堆积、火山喷出物堆积等。堆积与沉积两词可以通用，但堆积作用的含义比沉积作用更广一些。堆积作用的结果形成堆积地貌，使低地填平、增高。

E

二叠纪（Permian Period）古生代最后一个纪，地质年代名称。源自德文"Dyas"的意译，即二元的意思。"二叠"系德文的日文音译。二叠纪始于距今2.95亿年，延续了4 500万年。这一时期，由于地壳构造变动强烈，自然条件发生急剧变化，生活环境的剧变，极大地促进了生物的进化和变异。植物界除石炭纪延续下来的石松类、楔叶类和真蕨类外，还出现了松柏类、苏铁类植物，开始显现中生代植物的面貌。与石炭纪巨大而单纯的昆虫群不同，二叠纪昆虫体形变小，种属增多。脊椎动物中爬行动物开始出现。二叠纪时期，中国华北及东北地区处于陆地环境，形成陆相含煤地层。南方则大部分时间为海水浸没，形成以石灰岩为主的海相地层。二叠纪原只分为早、晚两个世，现国际上均已采用早、中、晚三个世的分类，代表符号"P"。

F

方解石（calcite）矿物名称。成分主要为碳酸钙（$CaCO_3$），常含有镁（Mg）、铁（Fe）、锰（Mn）、锌（Zn）。三方晶系，无色或白色，但常因杂质而染成各种颜色。集合体呈晶簇、粒状、鲕状、钟乳状或致密块状。玻璃光泽，硬度不高，密度为$2.6\sim2.8g/cm^3$。形成于各种地质作用中，在自然界分布极广，为石灰岩、大理岩的主要矿物成分。

非金属矿物（nonmetallic mineral）指导电性、导

热性差，不具有金属、半金属光泽，切成薄片时透明或半透明的矿物。包括绝大部分含氧盐及部分氧化物和卤化物。如硅酸岩矿物，它们大多是造岩矿物，部分则构成各种非金属、稀有金属和稀土金属矿床中的矿石矿物。如从绿柱石（$Be_3A_{12}[Si_6O_{18}]$）中提取铍（Be）、从磷灰石（$Ca_5[PO_4]_3(F, Cl)$）中提取磷（P）等。

风化作用（weathering）地球表面的岩石受太阳辐射、温度变化、氧、二氧化碳、水和生物等作用，发生崩解破碎、化学性质改变与元素迁移的过程。按其动力学特征，分为物理风化、化学风化和生物风化三类。风化作用受气候影响，具有一定的地带性规律。在苔原带，生物化学风化十分微弱，以冰劈机械风化作用为主，形成碎屑风化壳。在温带针叶林地区，气温较低，湿度较大，有机质腐殖酸参与风化过程，淋溶较强，氯（Cl）、钠（Na）、钙（Ca）、镁（Mg）等元素被淋失，三氧化二铝（Al_2O_3）和三氧化二铁（Fe_2O_3）移到下层，二氧化硅（SiO_2）堆积在表层，形成硅铝风化壳。在温带半干旱地区，温度、湿度较低，淋溶较弱，除 Cl、Na 部分淋溶外，Ca、Mg 等元素大量聚积，形成碳酸盐风化壳。在干旱沙漠区，生物风化极弱，蒸发强烈，碱溶液上升运动占优势，氯化物和硫酸盐类大量积累，形成氯化物—硫酸盐风化壳。在高温多雨的潮湿热带，物理、化学和生物风化均较强烈，元素淋溶与迁移很快，可移动元素多淋失，难移动的元素如铁（Fe）、铝（Al）氧化物相对富集，形成富铝风化壳。

G

橄榄石（olivine）矿物名称。其化学组成是镁橄榄石（$Mg_2[SiO_4]$）和铁橄榄石（$Fe_2[SiO_4]$）类质同像系列的总称。斜方晶系，晶体呈厚板状，橄榄绿至黄绿色，玻璃光泽，硬度为 6.5～7，密度为 3.2～3.5g/cm³。通常呈粒状集合体，主要产于超基性和基性火成岩中。透明、色泽优美的晶体可作为宝石。橄榄石为组成橄榄岩的主要矿物。

橄榄岩（peridotite）岩石名称。是一种超基性深成岩浆岩。主要由橄榄石和不定量的辉石组成，橄榄石含量可达 40%～90%，有时可含少量黑云母、角闪石及铬铁矿。橄榄岩中 SiO_2 含量小于 45%。橄榄岩常与其他超镁铁质岩石形成杂岩体产于造山带中，与之有关的矿产有铬（Cr）、镍（Ni）、钴（Co）、铂（Pt）、石棉、滑石等。

高温高压实验技术（megetemperature-highbaric experimental technique）用人工营造的高温高压环境进行科学实验的技术。地质学上常用这种技术在实验室控制的条件下，模仿从地表到地核的各种高温高压环境，进行岩石矿物体系相平衡和动力学机理的研究，探讨地球深部岩浆作用、变质作用的成岩过程、地幔及地核中物态和物相的转变、岩石在高温高压下的形变、磁、电、波传播等物性。目前的人工高温高压技术已能营造出从地表（常温常压）到地核（10 000℃，100～1 000GPa）各种条件下的高温高压环境。

古登堡面（Gutenberg discontinuity）地幔与地核的分界面。1914 年古登堡在研究地震波传播时发现，地震波从莫霍面向下传播，波速持续增大，到 2 900km 处，纵波波速增大到 13.6km/s，横波波速增大到 7.3km/s；但自 2 900km 往下，纵波波速下降到 8.1km/s，横波突然中止消失，不再向下传播。这一明显截然的分界面，被确定为地幔与地核之间的分界面。也被称为古登堡面。

古生代（Paleozoic Period）显生宙的第一个时代，地质年代名称。时间跨度距今 5.40 亿～2.50 亿年，分为早、晚古生代。早古生代包括寒武纪、奥陶纪和志留纪。晚古生代包括泥盆纪、石炭纪和二叠纪。

观赏石（ornamental stone）又称奇石、趣石、雅石、玩石等，有观赏、收藏和研究价值的天然石质品。有人将砚石、印章石也纳入观赏石范畴。中国有悠久的赏石历史，"人石合一"是中国石文化的核心。观赏石融天然性、科学性、人文性和功利性于一体，且与人的修养、品味和鉴赏能力密切相关。按传统的地质学观点，可将观赏石分为三大类：岩石、矿物和化石。按照鉴赏的特点和引申出的意蕴，又可分为造型石、纹理石、象形石、文字石、意境石、纪念石、文房石等。

H

寒武纪（Cambrian Period）古生代第一个纪，地质年代名称。"Cambrian"源自英国威尔士古拉丁文"Cambria"，"寒武"是日文音译。寒武纪始于距今 5.40 亿年，延续时间约 5 000 万年，以大量出现具有坚硬外壳、门类众多的海生无脊椎动物为其特点。其中，以三叶虫、笔石、珊瑚、腕足类、棘皮动物、鹦鹉螺最为繁盛，是生物发展史上的一次大发展。三叶虫作为寒武系地层的标准化石，是这一时期生物发展的重要标志。寒武纪植物群以藻类为主，还有一些微体古植物。寒武纪可进一步划分为早、中、晚三个世。寒武纪的代表符号为"ϵ"。

花岗岩（granite）岩石名称。一种分布很广的深成酸性火成岩。二氧化硅含量为 60%～75%，一般均在 70% 以上。主要矿物为石英和长石，石英含量在 20% 以上。次要矿物为少量深色矿物，如黑云母、角闪石等。花岗岩因结构均匀、质地坚硬、颜色美观而成为一种优质建筑材料。花岗岩分布极广，与之有关的矿产主要有钨（W）、锡（Sn）、钼（Mo）、铋（Bi）、汞（Hg）、锑（Sb）、金（Au）、铜（Cu）、铅（Pb）、锌（Zn）、铌（Nb）、钽（Ta）、铍（Be）以及放射性元素矿产。

化石（fossil）保存在地质历史时期的岩层或沉积物中的生物遗体、遗骸或生物活动所留下的遗迹。它是生物经受各种自然作用的产物。较多见的化石是茎、叶、树干、花粉、贝壳、骨骼、牙齿等生物坚硬部分，在地层或沉积物中经矿物质的填充或置换，遭受钙化、碳化、硅化或矿化，但仍保持了原有的形状、表面特征和结构。化石是确定所在地层的年代和古地理环境的重要依据。同时，化石作为珍贵的自然资源，还具有很高的科学和鉴赏价值。化石按照起源物质基础的不同可分为遗体化石、遗物化石、遗迹化石三种主要类型。

化学风化（chemical weathering）在大气条件下，地壳岩石在水或水溶液的化学作用下发生的破坏作用。化学风化不仅使岩石破碎，还使岩石的矿物成分、化学成分发生变化，产生新的矿物。化学风化的方式既取决于岩石的性质，又取决于风化物质的成分，主要有溶解、水解、碳酸盐化、水化、氧化等方式。如花岗岩中的正长石在水解作用下脱碱（带走钾、钠离子）去硅（带走 SiO_2），吸水后先变成高岭石（一种铝硅酸盐矿物），再进一步水解变成铝矾土（$Al_2O_3 \cdot nH_2O$）。岩石遭受化学风化的同时，常伴随有一定的物理风化，两者相互促进。在炎热、潮湿、多雨的气候条件下，岩石的化学风化最为显著。

辉长岩（gabbro）岩石名称，是一种深成基性岩浆岩。主要矿物成分为单斜辉石和基性斜长石，两者近于相等。次要矿物有角闪石、橄榄石和黑云母。辉长岩中 SiO_2 含量在 45%～52% 之间。辉长岩可形成较小规模的侵入体，有时与超基性岩构成杂岩体。与之

有关的矿产有铁（Fe）、钛（Ti）、铜（Cu）、镍（Ni）、磷（P）等矿产资源。

辉石（pyroxene）矿物名称。辉石族矿物的总称。分斜方辉石（斜方晶系）和单斜辉石（单斜晶系）两个亚族。斜方辉石又称正辉石，是由顽辉石（$Mg_2[Si_2O_6]$）和铁辉石（$Fe_2[Si_2O_6]$）两种矿物组分构成的完全类质同像系列。晶体呈短柱状，集合体成粒状或块状。玻璃光泽，硬度为 5～6，密度为 3.15～3.6g/cm³。颜色从无色到褐黑色，随铁含量增大而加深。出现在基性、超基性岩石和区域变质程度较深的变质岩中。单斜辉石又称斜辉石，是单斜晶系辉石矿物的总称。主要有透辉石（$CaMg[Si_2O_6]$）、钙铁辉石（$CaFe[Si_2O_6]$）、普通辉石（Ca（Mg，Fe，Al）[(Si，Al)$_2O_6$]）、霓石（又称锥辉石，$NaFe[Si_2O_6]$）、硬玉（$NaAl[Si_2O_6]$）等。辉石属链状结构的硅酸盐矿物，是主要的造岩矿物，主要产于火成岩中，也可见于深成变质岩和矽卡岩中。

活化石（living fossil）曾经繁盛于某一地史时期、种类多、分布广、形成化石而目前仍然存在的生物类别。它们在漫长的地质时期的进化过程中，进化缓慢、变化不大、至今仍然在个别地区残存有少数物种。如中生代繁盛一时的银杏树、水杉等，都是著名的活化石。

火成岩（igneous rock）见岩浆岩。

火山（volcano）地下深处的高温岩浆及伴生的气体、碎屑从地壳中喷出而形成的，具有特殊形态和结构的地质体。岩浆是来自地下深处的富含挥发分的高温黏稠的熔融物质。火山活动常伴有地震或气体逸出等先兆。火山按喷发方式可分为裂隙式和中心式两大类型。裂隙式火山沿地壳断裂分布，通常是黏度较低的玄武质岩浆，从裂隙宁静地、持续地溢出，形成广阔的火山岩平原和高原。喷发物沿火山通道喷出地面，平面上呈点状喷发的称为中心式喷发。中心式火山喷发形成的地形常呈锥状，称为火山锥。世界上较大的火山大都属于这种类型。正在喷发或在人类历史上经常作周期性喷发的火山称活火山。历史无喷发记载且火山构造已遭严重破坏的火山称死火山。年轻而形态完好，虽然不活动，但处于宁静期的火山称休眠火山。中国自新生代以来的火山及熔岩活动普遍，主要分布在东北地区、内蒙古及山西、河北两省北部、海南岛及雷州半岛、云南腾冲、藏北高原及台湾等地。主要受

华夏系（北东向）、新华夏系（北北东向）断裂及与之相交的北西向断裂的控制，为喜马拉雅造山运动的产物。其中，东北地区是中国新生代火山活动最活跃的地区，已发现有34个火山群，640多座火山，并分布有大面积的熔岩台地，主要分布在长白山地、大兴安岭和东北平原及松辽分水岭地区，具有活动范围广、强度高、喷发期数多、分布密度大等特点。著名的腾冲火山群位于滇西横断山脉南段，以腾冲县城为中心成一南北延伸的长条形，面积3 000km² 以上，计有火山锥70多座，火山口30多个。火山活动自上新世始至全新世，以其极为丰富的地热资源著称于世。区内遍布汽泉、热泉、沸泉，水声鼎沸，水汽蒸腾，数千米之外可见，仅90℃以上的热泉就多达10处。区内小震、群震、浅震频繁，具岩浆冲击型地震特点，表明热田下部存在有尚未溢出的残余岩浆体活动。目前该区仍处在火山微弱活动过程中。

J

机械风化（physical weathering） 见物理风化。

钾－氩法（Potassium-Argon dating method） 测定同位素年龄值的一种方法。主要利用含钾矿物中钾同位素（^{40}K）捕获电子形成氩同位素（^{40}Ar）的过程，进行定量分析，求出矿石及岩石形成的年龄。为了得到可靠的地质年龄值，矿物、岩石从形成起必须保持封闭状态，以免 K、Ar 的混入和丢失，造成年龄测定值的歪曲。最适宜进行钾－氩法年龄测定的矿物有云母、角闪石等，有时也可选用钾长石。

角闪石（amphibole） 又称闪石，矿物名称。角闪石族矿物的总称。角闪石也分斜方角闪石和单斜角闪石两个亚族。前者属斜方晶系，主要是直闪石，其化学式为 $(Mg, Fe)_7[Si_4O_{11}]_2 \cdot (OH)_2$，常呈放射状或纤维状集合体，颜色随铁含量增加而加深，有白、灰、绿及黄褐色。玻璃光泽，硬度为 5.5～6，主要产于富含镁（Mg）的变质岩中。单斜角闪石包括有透闪石（$Ca_2Mg_5[Si_4O_{11}]_2 \cdot (OH)_2$）、阳起石（$Ca_2(Mg, Fe)_5[Si_4O_{11}]_2 \cdot (OH)_2$）、普通角闪石（$NaCa_2(Mg, Fe, Al)_5[(Si, Al)_4O_{11}]_2(OH)_2$）等。透闪石晶体呈长柱状或针状，白色或浅灰色，由不纯的碳酸盐岩遭受接触变质形成。常与阳起石形成类质同像系列，隐晶质致密块状者即为著名的"软玉"。普通角闪石暗绿至黑色，是中性火成岩、角闪片岩、角闪岩等变质岩的主要造岩矿物。角闪石属链状结构硅酸盐矿物，成分中类质同像十分普遍，晶体呈长柱状，

集合体呈放射状、纤维状或粒状。其呈丝绢光泽的纤维状集合体又称角闪石石棉。

金属矿物（metallic mineral） 具有明显金属特性的矿物。其特征表现为导电性、导热性良好，呈金属、半金属光泽及各种金属色（金黄、铅灰、铁黑等）。金属矿物绝大多数是重金属元素的硫化物和少量氧化物，如黄铁矿（FeS_2）、辉钼矿（MoS_2）、方铅矿（PbS）、磁铁矿（Fe_3O_4）等。

K

喀斯特作用（karst effect） 降水在地面流动中沿着可溶性岩石裂隙下渗到地下进行的溶蚀、水力与重力侵蚀、搬运和沉积的作用。通过这种综合作用，地上与地下发生双重剥蚀现象。它使地下千孔百洞，并导致地面塌陷，造成星罗棋布的落水洞、喀斯特漏斗与洼地，甚至还可形成面积更大的"天坑"。地面则宛如漏勺漏失水土，土地干旱瘠薄，生态脆弱，形成"地表水贵如油，地下水滚滚流"的景象。地下水到下游又以泉的形式，或在陆上或在江、湖、海底泄出。这种情况有时可危及工程和矿山，影响建筑物基础的稳定性，引起水库渗漏、矿坑涌水等。喀斯特作用也形成了一些旅游风景，如桂林山水、路林石林、九寨沟高寒喀斯特、石灰华湖群，以及全球几千个供旅游的洞穴等。喀斯特还与矿产的形成关系密切，如中国云南个旧与广西富川、钟山、贺州的砂锡矿，沂蒙山的金刚石砂矿，渤海湾盆地的油气田，中国贵州中部、广西西部及意大利、法国等地的铝土矿都与喀斯特作用有关等。

科学钻探（scientific drilling） 以科学研究为目的而进行的深钻或超深钻。钻探的目的是为了了解地壳结构、物质成分、深部化学和物理作用过程，开发新能源和矿产资源，以及对深部地球物理资料进行验证。在钻探过程中可进行综合地质、地球物理和地球化学研究，建立地壳深部观测站和实验室。世界上第一口科学深钻于 1970 年 5 月 25 日在波罗的海前苏联（俄罗斯）的科拉半岛上开钻，1986 年 3 月钻探深度达到 12 300m。后因处理孔斜（钻孔发生倾斜），1993年 1 月在 10 000m 以下深度钻新井达 12 262m，成为世界上最深的钻井。中国大陆的科学钻探是中国的重大科学工程。第一口钻井位于中国东部苏鲁超高压变质带南部的连云港市东海县毛北村。钻井的科学目标为：孔深 5 000m，获取全岩心，气态和气态样品及原位测井数据全方位测量和综合研究，建立精细

剖面，揭示板块会聚边界深部三维物质组成及三维结构构造。钻井于 2001 年 6 月 25 日开钻，于 2005 年 1 月 23 日终孔，深度 5 118m，超额完成钻进目标。该项目在超高压变质带及大陆深俯冲带研究中，取得了一系列突破性进展。如在现代地壳作用研究、地下微生物的重大发现与研究及地下流体研究方面，都取得了许多重要的成果。第一口科学深钻的成功，开创了中国科学钻探的新纪元。科学深钻，作为"伸入地壳的望远镜"，正在为人们打开一个从未见过的未知世界。

矿物（mineral）由地质作用形成的天然单质或化合物。矿物具有一定的化学组成，呈固态者还具有固定的内部结构。矿物在一定的物理化学条件范围内稳定，是组成岩石和矿石的基本单元。目前地球上已发现的矿物约有 4 200 多种，绝大多数是固态无机物，液态的（如水银）、气态的（如氡）和有机物（如琥珀）矿物仅有数十种。而固态矿物中，绝大多数是晶体质，仅少数几种是非晶质体（如蛋白石等）。矿物按化学成分、形成环境以及生成顺序可以进行多种分类：天然矿物与合成矿物、金属矿物与非金属矿物、造岩矿物与造矿矿物、原生矿物与次生矿物、单质矿物与化合物矿物等。目前学术上多采用晶体化学分类方法，其分类层次是大类、类、族、种。凡晶体结构相同、且化学成分中类质同像呈连续变化的矿物个体，均属同一种矿物。矿物种是整个矿物分类的基本单元。晶体化学分类方法将矿物分为五大类，分别为：自然元素及其类似物、硫化物及其类似物、氧化物及氢氧化物、含氧盐及卤化物。其中含氧盐大类中的硅酸盐类矿物，因矿物种数多，按晶体结构的不同，又分出岛状、层状、架状、链状、环状及群状硅酸盐亚类。

L

老第三纪（Paleogene Period）又称古近纪、古第三纪、下第三纪，地质年代名称。始于距今 6 500 万年，延续至距今 2 350 万年的地史时期。这一时期动物界的基本特点就是哺乳动物迅速演化、辐射，除了适应陆地生活的各种哺乳动物类群外，还出现了适应海洋和空中的类群如鲸、蝙蝠等。植物中被子植物更趋繁盛，分布趋于现代。老第三纪分为古新世、始新世、渐新世三个世，代表符号"E"。

类质同像（isomorphism）晶体结构中本应有某种离子或原子的占位，却被介质中性质相似的其他离子或原子取代（占据）、共同结晶成均匀单一的混合晶体的现象。由类质同像构成的晶体，晶体结构并未发生质变。构成类质同像的两种组分可以以不同的含量比形成一系列连续变化的混晶，构成一个类质同像系列。晶体的物理性质均会随组分含量比的变化而呈现出线性变化。类质同像是矿物中十分普遍的一个现象，如橄榄石系列中的镁（Mg）与铁（Fe）离子、磷灰石系列中的氟（F）、氯（Cl）离子等。类质同像又可进一步分为等价类质同像、异价类质同像、极性类质同像、非极性类质同像等。不同类质同像其组分之间的置换各有自己的特点。

累进性地质灾害（growing geological disaster）又称渐变性地质灾害，发展过程缓慢，持续时间长，逐步累积形成的灾害。其原因常是地壳表层物质因机械的、物理的、化学的、生物的原因在交换迁移过程中引起环境异常变化的结果，主要有地面沉降、水土流失、土地沙漠化、水库或港口淤积、海岸侵蚀等。累进性地质灾害发展过程缓慢而漫长，人们通过勘查监测，比较容易预测，进而进行预防和治理。累进性地质灾害一般不会造成严重的人员伤亡，但常常严重破坏国土资源和生态环境，恶化人类生活、生产条件，削弱可持续发展的能力，对人类的影响更加广泛而深远。

M

莫霍洛维奇间断面（Mohorovicic discontinuity）又称莫霍面，地壳与上地幔的分界面，常用 M 表示。该间断面由奥地利地震学家莫霍洛维奇于 1909 年 10 月在研究地震波在岩石圈中传播时发现。该间断面的下层地震波纵波传播速度明显大于上层，显示下层物质明显有别于上层。该界面埋深各地不同，大陆区平均深度 30～40km，高山区可达 60～80km，而在大洋区仅有 5～15km。

N

泥盆纪（Devonian Period）古生代的第四个纪，地质年代名称。泥盆一词来源于英国西南部的泥盆郡（Devonshire）。由于泥盆纪地层的研究始于此地而得名。"泥盆"为日文音译。泥盆纪始于距今 4.10 亿年，延续了 5 600 万年。泥盆纪生物界发生了重大变化，植物界出现了原始石松类、原始楔叶类和原始真蕨类以及裸子植物。海生动物笔石、三叶虫大量减少以至灭绝，腕足类中的石燕类极为发育。特别是无颌类和盾皮鱼类等鱼形动物的大量繁殖，泥盆纪又称为鱼类时代。泥盆纪也分为早、中、晚三个世，代表符号为"D"。

黏土岩（clay rock）岩石名称。又称泥质岩，粒径小于 0.003 9mm、含大量黏土矿物的沉积岩。母岩风化后的极细粒碎屑物呈悬浮状态，经长途搬运后沉积下来，疏松的称为黏土，固结的称为泥岩、页岩。黏土岩因质点极细，肉眼与显微镜下均不能准确鉴定其矿物成分。进一步研究，常需在电子显微镜等高精密仪器下进行。

P

片麻岩（gneiss）岩石名称。含长石和石英较多、粒度较粗，且具明显片麻状构造（又称片麻理，岩石主要有粗粒粒状矿物组成且有一定数量定向排列的片状矿物或柱状矿物，片状矿物呈不均匀的断续分布）的区域变质岩石。片麻岩中长石和石英含量大于50%，长石含量又多于石英。根据原岩性质，片麻岩可分为正片麻岩（原岩为火成岩）和负片麻岩（原岩为沉积岩）。片麻岩主要是中高级区域变质作用或热接触变质作用的产物。

片岩（schist）岩石名称。具有明显片状构造的变质岩石。片状矿物多为云母、角闪石等，均呈定向排列。粒状矿物主要由石英和长石组成，含量大于30%，且石英含量大于长石。根据主要的片状矿物，片岩还可进一步分类，如云母片岩、角闪片岩等。

Q

千枚岩（phyllite）岩石名称。具典型千枚状构造（鳞片状矿物定向排列，但颗粒因细小，肉眼仅能在片理面上见有强烈的丝绢光泽）的浅变质岩石。由黏土岩、粉砂岩经低级区域变质作用（指大范围内低强度的变质作用）形成。变质程度比板岩稍高，原岩成分基本上全部重新结晶。根据矿物成分和颜色，千枚岩还可细分出多种岩石。

区域地质调查（regional geological survey）在选定的区域内，以地质填图为基本手段进行的综合性基础地质调查工作。其主要任务是通过地质填图、找矿和综合研究，查明区域内的岩石、地层、构造、地貌、水文地质的基本地质特征及相互关系，探索矿产的形成条件和分布规律，为国家建设、科学研究和进一步的地质找矿工作及资源开发提供基础地质资料。区域地质调查的范围，一般按经纬度进行分幅。具体工作中，按工作的详细程度可分为小比例尺（1∶100 万、1∶50 万）、中比例尺（1∶25 万、1∶20 万、1∶10 万）和大比例尺（1∶5 万、1∶1 万）区域地质调查。同一地区一般先进行小比例尺调查，以后逐步展开大比例尺的详细调查。区域地质调查是地质

工作的先行步骤，又是整个地质工作的基础，具有重要的战略意义。

R

人工宝石（artificial gem）完全或部分由人工制造的珠宝玉石。其可分为四大类：合成宝石、人造宝石、再造宝石和拼合宝石。

人为地质灾害（anthropogenic geological disaster）因人类活动，如工程建筑、环境改造等引发的地质灾害。人为地质灾害的形成，地质条件是背景，人类活动是诱因。随着科学技术的进步和经济建设的发展，人类活动的范围和强度都在不断加大，人为地质灾害逐渐增多，造成的破坏和损失日益严重。典型的人为地质灾害有：因水库蓄水、油田注水、矿井塌陷引起的地震；采矿和过量开采地下水引起的地面沉降、塌陷和地裂缝；因修路、采矿引起的崩塌、滑坡、泥石流；因滥伐林木、山坡垦耕、草场过度放牧造成的水土流失、土地沙漠化；以及海底采砂引起的岸线侵蚀等。防治人为地质灾害的有效途径是调整社会经济发展规划和人类活动方式，协调人与自然的关系，合理开发资源，科学施工，保护好地质环境。

S

4C 标准（4C standard）判别钻石质量的标准。决定一颗钻石品质的四个基本指标为：克拉重（carat）、颜色（color）、净度（clariy）和切工（cut）。四个英文单词的第一个字母均为"C"，所以称为"4C"标准。

三叠纪（Triassic Period）中生代的第一个纪，地质年代名称。三叠纪一名源自德文"Trias"的日文音译。三叠纪始于距今 2.50 亿年前，延续了约 4 500 万年。生物界与二叠纪相比有了显著变化。繁盛于晚古生代的鳞木、封印木和科达树都绝灭了，而裸子植物中的苏铁类占据了重要地位，真蕨类和木贼类也逐渐繁荣。动物界爬行动物迅速发展，恐龙开始出现；海生动物中菊石和双壳类进一步发展，成为重要的标准化石。三叠纪早、中期中国北方气候干燥，陆地上形成许多红色沉积物；晚期气候温暖湿润，生物繁盛，为生油和成煤创造了条件。南方多为海洋，形成石灰岩、白云岩、页岩等，但晚期受地壳上升影响，有些地区形成由砂页岩组成的海陆交互地层，并含有煤层。三叠纪可分为早、中、晚三个世，代表符号"T"。

闪长岩（diorite）岩石名称。一种中性深成岩浆岩。矿物成分主要为中性斜长石和角闪石，SiO_2 含量

一般在 55%~60%。次要矿物为黑云母及少量碱性长石。闪长岩在中国分布广泛，与之有关的矿产主要有铁（Fe）、铜（Cu）及其他金属矿产。

深部地质调查（deep geological survey）以地壳深部及上地幔地质特征为主要调查内容的一项综合性和基础性的调查工作。其主要任务是研究地壳和上地幔的结构、构造特征、物质成分及其物理化学性质和赋存状况、深部成矿作用，以及各种深部作用发生、发展和演化的动力学过程，确定深部结构与近地表地质的相互关系。深部地质调查的方法有地质、地球物理和地球化学方法，以及深钻、超深钻等多学科深部探测。

生物风化（biological weathering）由生物的生命活动引起的岩石的破坏作用。生物风化基本上有两种形式：一是以植物的根劈作用和动物的控据作用为主的对岩石的机械破坏作用；二是以生物生命活动中由新陈代谢产生出的有机酸或生物遗体腐烂后分解产生的各种腐蚀性物质，对岩石起到化学破坏作用，使岩石成分和结构发生变化而分解。人类活动在岩石风化过程中也起着十分重要的作用，常常可以在极短的时间内，大规模的改变岩石的面貌。它也是生物风化的组成部分。

石灰岩（limestone）岩石名称。以方解石为主要组分的碳酸盐岩（化学沉积岩）。岩石呈灰白色，性脆，硬度不大，滴稀盐酸会剧烈起泡。石灰岩常混有黏土、粉砂等杂质。石灰岩有多种成因，按成因可分为生物灰岩、化学灰岩、粒屑灰岩等。由于石灰岩易溶蚀，所以在其分布的地区常形成以峰林及溶洞为代表的喀斯特地貌，成为风景优美的旅游胜地。中国广西的桂林山水、云南的路南石林，都是驰名中外的石灰岩风景区。石灰岩是烧制石灰、水泥的主要原料，还是冶炼钢铁的熔剂，制化肥、电石的原料，在制糖、陶瓷、制碱、化纤、玻璃等工业中也有广泛的应用。

石炭纪（Carboniferous Period）古生代的第五个纪，地质年代名称。石炭纪一词最初源自于英国。由于这个时期地层中蕴藏着丰富的煤炭资源，故这一时代也称为成煤时代。石炭纪始于距今 3.54 亿年，延续了 5 900 万年。石炭纪陆生生物进一步发展，以植物界的空前繁盛为特点，其中以石松、楔叶、真蕨最为重要，是成煤的主要植物。由于森林广布，昆虫大量繁育，脊椎动物两栖动物出现。海生动物以蟆类出现和发展为其特征。石炭纪时期，中国南方为浅海环境。形成以石灰岩为主的海相地层；北方为滨海环境，形成一套含丰富煤层、铝土矿和铁矿的地层。石炭纪分为早、晚两个世，代表符号为"C"。

石英（quartz）矿物名称。一种化学成分为 SiO_2 的矿物。玻璃光泽，断口贝壳状，呈油脂光泽。硬度为 7，密度为 $2.65~2.66g/cm^3$。石英包括三方晶系的低温石英（α-石英）、六方晶系的高温石英（β-石英）和更高温度的鳞石英，三者在常压下的相变温度为 573℃和 870℃。一般石英均指低温石英，晶体呈六方柱，柱面有横纹。无色透明的石英晶体称为水晶。水晶还有多种颜色，是由所含杂质及包裹体引起。石英是自然界最主要的造岩矿物之一，分布极广。大的石英晶体，多出现在伟晶岩（构成岩石的矿物颗粒大）晶洞中，块状石英多见于石英脉内，粒状石英则是花岗岩、片麻岩和砂岩等众多岩石的主要矿物成分。

碎屑岩（clastic rock）岩石名称。一种沉积岩岩石。是母岩的机械及风化破碎物经搬运、沉积、成岩而形成的岩石。碎屑岩包括砾岩、角砾岩、砂岩、粉砂岩。岩石主要由四种基本组分组成：碎屑颗粒、杂质、胶结和孔隙。其中碎屑物是碎屑岩的主要组分，一般占岩石组成的 50% 以上。按碎屑颗粒的大小，可以把碎屑岩分成砾岩（粒径大于 2mm 的圆形、次圆形砾石经胶结而成的粗粒碎屑岩）、角砾岩（粒径大于 2mm 而未被磨圆的砾石经胶结而成的粗粒碎屑岩）、砂岩（粒径在 0.025~2mm 之间，还可按粒径大小分为粗粒、中粒、细粒砂岩）和粉砂岩（粒径为 0.003 9~0.025mm）。碎屑岩是沉积岩分布地区广泛出露的一类岩石，还可根据碎屑物成分划分出多种类型。

T

太古代（Archaeozoic Period）又称始生代，隐生宙的第一个时代。地质年代名称。时间跨度从原始地壳形成至距今 25 亿年前。太古代又可进一步划分为始太古代（距今 36 亿年前）、古太古代（距今 36 亿~32 亿年）、中太古代（距今 32 亿~28 亿年）和新太古代（距今 28 亿~25 亿年）。研究认为，地球上生物圈在距今 36 亿年之前已开始出现。

碳-14（^{14}C）**测年法**（radiocarbon dating method）又称放射性碳法，同位素地质年龄值的一种测定方法。自然界中的放射性碳同位素 ^{14}C 主要是在高空中的宇宙射线作用下生成的，同时它又以半衰期 5 568 ± 30 年的衰变速度衰变为 ^{14}N。自然界的 ^{14}C 的含量实际上处于动态平衡之中。与氧结合成 CO_2，通过大气的对流、生物的吸收以及溶解于水中的 CO_2，与大气中的 CO_2 不断进行同位素交换，使得 ^{14}C 均匀地分布于大气圈、水圈和生物圈之中。当生物死亡或水中的 CO_2 沉淀为碳酸盐之后，上述同位素交换过程即行终止。此后，生物遗体及碳酸盐中的 ^{14}C 因衰变而减少。生物死亡时间愈久，遗体中 ^{14}C 含量愈低。通过测定埋藏在地下的生物遗体或碳酸盐中的 ^{14}C 的放射性强度，并和现代同类生物中 ^{14}C 放射性强度进行对比，即可根据衰变方程计算出样品的年龄。^{14}C 测年法具有精度高、可测样品多、数据可靠等优点，适用于考古学和第四纪地质研究。常用的样品有木炭、泥炭、木材、贝壳、骨骼、纸张、皮革、衣服以及某些沉积碳酸盐等。

天然宝石（natural gem）有广义、狭义之分。广义天然宝石指自然界产出的珠宝玉石及其加工品；狭义的天然宝石仅指宝石原石——矿物单晶及其加工品，不包括玉石及有机宝石。

突发性地质灾害（paroxysmal geological disaster）突然发生的、并在较短时间内完成灾害过 程的地质灾害。主要有火山爆发、地震、崩塌、滑坡、泥石流、岩爆、地面塌陷、矿井突水、瓦斯突出等。由于这一类地质灾害发生突然，前兆现象不明显，且多数灾害活动强烈，所以预测、预防比较困难，常使人猝不及防，造成严重破坏和损失。

W

物理风化（physical weathering）又称机械风化、崩解作用，岩石在风化过程中只有物理状态的改变而没有明显的化学变化的破坏作用。地表岩石受太阳辐射能的影响，发生干湿、冷热、冻融长期反复交替的作用，使组成岩石的颗粒物质之间的结合遭到破坏，使之由大变小，由粗到细，直至松散破碎。随着岩石机械破碎程度的加强，岩石的力学性质（孔隙度、表面积、密度等）也会逐步发生变化。在气候干燥的高温及高寒地区，岩石的物理风化作用最为显著。物理风化又可分为热力风化（岩石因内部热应力作用而产生的机械破碎）、冻融风化（高寒地区因季节性气候和昼夜温差，使岩石中裂隙水发生冻融交替作用而使岩石机械破碎）。植物的根劈作用（高等植物的根系

随生长变粗使岩石裂隙扩大加深，以至崩解）和动物的挖掘作用也属于物理风化作用。

X

向斜（syncline）岩层褶曲构造的基本形式之一，核部为新岩层，翼部为老岩层的褶曲。正常情况下，向斜褶曲的外形是岩层向下的弯曲变形，岩层自翼部向核部倾斜。如果两翼岩层倒转，形成扇形褶曲，则岩层自核部倾向翼部，看上去外形好像背斜，但实际上仍是向斜。

新第三纪（Neogene Period）又称新近纪、上第三纪，地质年代名称。延续时间距今 2350 万～260 万年。自新第三纪始，生物界面貌与现代更为接近。中国除西部及东部个别地区有海相沉积外，其余地区均为陆相沉积，局部地区有岩浆活动及火山喷发。沉积矿产有石油、天然气、煤、硅藻土、石膏、岩盐、含铜砂岩等矿产。新第三纪分为中新世和上新世两个世，代表符号为"N"。

新构造运动（neotectonic movement）发生在新第三纪和第四纪的构造运动。它可发生于不同时代、不同类型、不同活动程度的构造单元中，对现代地貌的形成有重大影响。新构造运动的出现，表明地壳发展进入一个新的阶段。例如，珠穆朗玛峰中新世脱离海洋环境，第三纪末上升至海拔 2 000m，早更新世末达 2 500～3 400m，青藏高原上升约 1 000m。至中更新世末，珠穆朗玛升达 6 000m 以上，高原面达 3 000m，东亚与南亚季风环流才正式形成。中国长江中下游由亚热带荒漠草原发展为亚热带森林，西藏高原由热带亚热带森林草原向高寒荒漠发展，西北地区由干旱、半干旱荒漠草原向干旱荒漠发展。此外，新构造运动对地震活动也有控制作用，地震活跃区即新构造作用区，地震的强度与新构造运动幅度和性质有关。

新生代（Cenozoic Period）显生宙的第三个代，地质年代名称。新生代为地史上距今最近、也是最新、延续时间最短的一个代。始于距今 6 500 万年，延续至今。新生代生物界已与现代接近，植物界以被子植物为主，动物界哺乳动物及鸟类极为繁盛，故新生代有被子植物时代和哺乳动物时代的名称。新生代可划分为三个纪共七个世：老第三纪（古新世、始新世、渐新世）、新第三纪（中新世、上新世）和第四纪（更新世、全新世）。新、老第三纪有称为"第三纪"的说法。除第四纪从 260 万年延续至今外，其

余时间均为老第三纪、新第三纪延续的时间。第四纪是以人类出现为最重要的特征，故第四纪又称灵生纪。其更新世又是全球性的大冰期，故又有冰川世之称。

Y

岩浆岩（magmatic rock）岩浆冷却凝结而成的岩石。由于是在热状态下形成的岩石，又称为火成岩。由于岩浆固结时的化学成分、温度、压力以及冷却速度的不同，可以生成不同的岩石。大部分岩浆岩是结晶质的，少部分为玻璃质。岩浆岩在地壳圈层占主要地位，是组成地壳的主要岩石。目前常用的岩浆岩分类方法有三种：（1）按产出状态分类，可分出深成岩、浅成岩和喷出岩（火山岩）三类；（2）按矿物成分及含量分类，根据岩石中主要矿物、次要矿物和副矿物的种类和含量，对岩石进行分类命名；（3）按岩石的化学成分进行的分类。目前通用的分类方法是以矿物含量或矿物成分为基础进行的以二氧化硅（SiO_2）含量为标准的火成岩分类。该分类根据二氧化硅含量将火成岩分为超酸性岩（如白岗岩）、酸性岩（如花岗岩）、中性岩（如闪长岩）、基性岩（如辉长岩）、超基性岩（又称超镁铁质岩，如橄榄岩）和碱性岩（如霞石正长岩）六大类岩石。

铀—铅法（Uranium-Lead dating method）对同位素年龄值测定的一种方法。主要根据铀同位素（^{238}U 和 ^{235}U）衰变为铅同位素（分别为 ^{206}Pb 和 ^{207}Pb）的过程进行定量分析，求出地质体或地质事件形成时间的方法。铀—铅法测定的年龄值由于有自检性，比较可靠。利用铀—铅法测定年龄值的适宜矿物主要为岩石中含铀、钍而普通铅含量很低的副矿物，以锆石为主，目前用独居石、钛铁矿、榍石也可进行铀-铅法年龄值测定。

有机玉石（organic gemstone）含有机质、在其形成过程中与动植物生命活动相关联的宝玉石。如与动物活动相关的珍珠、珊瑚、贝壳、象牙等，与植物生命活动相关的琥珀、煤精等。它们的主要成分可为有机质（琥珀、黑珊瑚），也可为无机质（珍珠、红珊瑚）。

玉石（jade）自然界产出的，具有美观、耐久、稀少性和工艺价值的矿物集合体或非晶体。

元古代（Proterozoic peroid）又称原生代。属隐生宙第二个时代，地质年代的名称。时间距今25亿~5.4亿年间。元古代已发现了很多菌藻类植物化石和微古植物化石，因而有学者将元古代称为菌藻植物时代。元古代末期，除藻类大量繁育外，还出现有腔肠动物、环节动物、节肢动物和介壳动物的初级形态。元古代末期曾发生过全球范围的大冰期。元古代自老而新进一步划分为古元古代、中元古代和新元古代。

云母（mica）矿物名称。云母族矿物的总称。主要包括白云母、黑云母、金云母、锂云母、铁锂云母等。云母单斜晶系，呈假六方片状。晶体常呈柱状、板状或片状，集合体呈鳞片状。硬度为2~3，玻璃光泽，解理面呈珍珠光泽。沿解理可剥离出极具弹性的薄片。云母是分布很广的造岩矿物，常见于火成岩、沉积岩和变质岩中。

Z

造岩矿物（rock-forming mineral）组成岩石的矿物。它们大多是硅酸盐及碳酸盐矿物，还有少量氧化物。常见的造盐矿物有石英、长石、角闪石、辉石、云母、方解石等。岩石的分类常依据组成岩石的造岩矿物的形态和含量加以区分类，根据其在岩石分类命名中起的作用，划分出主要矿物、次要矿物和副矿物。

褶皱（fold）也叫褶曲，地球表面坚硬的岩层受到挤压产生的弯曲变形。当挤压很强烈时，或者受引张、扭动等力的作用时，岩层就要发生断裂，便形成了断层。褶皱和断层是地球上最基本的两种地质构造，它们是地球经历了亿万年动荡留下的痕迹。

志留纪（Silurian Period）古生代的第三个纪，地质年代名称。"志留"一名源自英国东南威尔士一个古代部族（Silures）居住的地方，这一地区志留系地层出露较好而得名。志留纪始于距今4.38亿年，延续了2 800万年。志留纪生物的特点是海生无脊椎动物仍占重要地位，但珊瑚类、腕足类大量繁育。最早的呼气动物板足鲎类出现并达到极盛。植物群类出现了原始陆生植物裸蕨。由于志留纪浅海广布，各海区互相沟通，使得海生动物种群之间发生混生现象，动物群分区现象不明显。志留纪可分为早、中、晚、末四个世，代表符号为"S"。

中生代（Mesozoic Peroid）显生宙的第二个代，地质年代名称。始于距今2.50亿年，延续了约1.85亿年，中生代包括三叠纪、侏罗纪和白垩纪。生物的主要特点是植物以裸子植物为主，故中生代有裸子植物时代之称。但到白垩纪，高度发育的被子植物已经出现并逐步取代裸子植物而占主要地位。动物则以爬行动物（最为典型的动物是恐龙）极度发育，故中生代也称为爬行动物时代。海生动物则以菊石的规律演化为共同特征。原始哺乳类和鸟类均出现于白垩纪早期。随着中生代的结束，恐龙和海洋中的菊石都绝灭了。中生代强烈的地壳运动，在中国称为印支运动和燕山运动。伴随出现的大规模岩浆活动，在中国东部地区形成了许多重要的内生金属矿床。

侏罗纪（Jurassic Period）中生代的第二个纪，地质年代名称。侏罗纪名字来源于法国与瑞士交界的侏罗山系。此地区侏罗系地层出露完好，化石丰富。"侏罗"是日文音译。侏罗纪始于距今 2.05 亿年，延续了约 7 000 万年。这个时期是地史上海水覆盖陆地比较广泛的一个纪，也是整个生物界变化最少的一个时期。整个生物界反映了典型的中生代面貌。无论是动物界的恐龙、陆上昆虫及海生生物菊石、箭石，还是植物界的苏铁、松柏及银杏，都极为繁盛。侏罗纪时期，中国东部为一广阔陆地，有含煤的陆相沉积及局部的岩浆活动及火山喷发；南部及西部地区有海相地层及相关沉积矿产。侏罗纪可分为早、中、晚三个世，代表符号"J"。

（三）海洋（Ocean）

B

闭海（enclosed sea）由两个或两个以上国家所环绕并有一个狭窄的出口连接到另一个海或洋的海域。典型的闭海如黑海，它由俄罗斯、乌克兰和土耳其等国的领土所包围，出口仅有博斯普鲁斯海峡与地中海连通。中国大陆东部的黄海，是中国、朝鲜、韩国三国的领海和专属经济区的共同海域，为三国所包围，但它西北部与渤海相连，南部与东海相通，属于半闭海。

滨海砂矿（seashore arenaceous mine）滨海地带海底沙滩上沉积的矿床。当陆上碎屑物质被径流搬运至河口、海滨地带，或者原地残存的物质和海底产物经波浪、潮流、沿岸流反复分选，其中一些化学性能稳定和密度较大的有用矿物，在特定地形部位，富集到具有经济意义时便成为滨海砂矿。它分为非金属砂矿、重金属砂矿、宝石及稀有金属砂矿三大类。

补偿流（compensation current）某海区海水因各种原因引起海面下降后，临近海区的海水流来补充而形成的海流。分垂直方向和水平方向两种。前者称"升降流"，后者称"坡度流"。升降流指海洋表层海水水平辐散或辐合造成表层之下的海水上升或表层海水下降的流动。下层海水一般水温较低，盐度较高，营养物质丰富，大量浮游生物繁殖，上升后容易形成鱼群集中的渔场。中国夏季著名的东海舟山渔场，就是由上升的补偿流形成的。

C

潮汐现象（tide phenomenon）海水在天体（主要是月球和太阳）引潮力作用下所产生的周期性运动。习惯上，把海水垂向涨落称为"潮汐"，水平方向的流动称为"潮流"。

赤潮（red tide）又称红潮，一些微小的浮游生物急剧繁殖、高密度分布导致海水变色和水质恶化的自然现象。多发生于晚春至晚秋季节。海水有黏性，有腥臭味，以红色、棕红色及棕黄色常见，也有呈黄色、绿色的赤潮。赤潮的产生多发生在近海。向海洋大量排放污水、使海水富营养化是诱发赤潮的重要因素。发生赤潮时，海水严重缺氧，加上有些赤潮生物产生的毒素，会造成鱼虾的大量死亡与中毒，威胁到渔业生产和人们的健康。中国沿海发现的爆发式生长的赤潮生物主要有甲藻、蓝藻、硅藻、裸藻、金藻等门类的单细胞藻类和原生动物如红色中缢虫等。控制污水排放是预防赤潮发生的主要方法。

D

大洋环流（ocean circulation）海水在大洋范围内形成首尾相接的独立海流系统。分为大洋表层环流和大洋深层环流。前者为风生环流，位于赤道南北低纬度海域。受东南信风和东北信风的影响，在赤道两侧形成自东向西的赤道海流。海流遇到大洋西边界陆地海岸的阻挡，主流分别向南北方向流动。到达中纬度海域遇到盛行西风驱动的由西向东的海流，一起向东流去，到大洋东边界再分成两支海流分别向赤道和极地流去。向赤道的海流在赤道附近与南北赤道海流汇合，构成一个首尾闭合的反气旋环流系统，称为"亚热带大洋环流"。后者为热盐环流，位于极地海洋中的海水，因表层冷却而下沉，之后流向各大洋，各自构成南北大洋的深层环流系统。大洋环流对各海区的水文气象要素有很大影响。

大洋中脊（mid-oceanic ridge）又称中央海岭、洋脊，大洋中伴有地震和火山活动的巨大海底山系。大洋中脊纵贯四大洋——太平洋、印度洋、大西洋和北冰洋，总长度约 70 000km，为地球上最大最长的山系。大洋中脊顶部地形平缓，称为"洋隆"。与洋盆的地壳相比较，大洋中脊处地壳较薄，其壳下有异常地幔存在。中脊内部发育有裂谷与断裂带。大洋中脊的岩石成分由地幔上升的超基性岩（SiO_2 含量少于45%、铁、镁含量很多的岩石，如橄榄岩、辉石岩等）和基性岩（SiO_2 含量 45%～52%、铁、镁含量较多的岩石，如辉长岩、玄武岩等）组成。大洋中脊是板块的主要扩张边界，也是大洋型地壳不断生长的地方。

地转流（geostrophic current）又称梯度流，不考虑海水的湍应力和其他能够影响海水流动的因素，只考虑由于海水密度分布不均匀使得海水的水平压强梯度力与科里奥利力取得平衡时产生的一种海流。一般情况下海洋上部流速较大，随深度增加而减少，直到底部无运动面处等于零。地转流流速不能直接测定，需根据海水密度的实际分布来计算求得。

多金属结核（polymetallic nodule）又称锰结核，由包围核心的铁、锰、氢氧化物壳层组成的核形石。多金属结核形成于深海海底表层，为球状、结核状自生沉积矿产，主要分布在大洋水深 2 000～6 000m 的海底，特别是大于 3 000m 的海区。结核往往处于半埋藏状态，有些结核完全被沉积物掩埋。结核的化学成分因锰矿的种类和核心的大小及特征不同而异。具有经济价值的结核，其主要成分为锰（Mn，29%），其次为铁（Fe，6%）和铝（Al，3%）。其中最有价值的金属分别为镍（Ni，1.4%）、铜（Cu，1.3%）和钴（Co，0.25%）。其他成分主要为氧（O）和氢（H），以及钠（Na）和钙（Ca），各约 1.5%；镁（Mg）和钾（K）各约 0.5%；钛（Ti）和钡（Ba）各约 0.2%。多金属结核在太平洋、大西洋和印度洋底均有分布，总面积达 $5.5 \times 10^7 km^2$，总资源量约 $3 \times 10^{13}t$，其中太平洋约 $1.7 \times 10^{13}t$。在目前经济技术条件下，具有商业开采价值的矿床约 $7.5 \times 10^{10}t$。开采方法有连续链斗式、水力升举式、空气升举式、穿梭式四种方法。

多金属软泥（polymetallic mud）含多种金属的未固结的海洋沉积物。多分布在水深 2 000～3 000m 的海底。沉积物来源为洋壳深处喷出的海底热液。热液与深海冷水相遇后，会发生一系列物理化学反应，形成多金属软泥沉积物，有时可堆积成金属含量很高的固体矿柱。多金属软泥所含金属有铁（Fe）、锰（Mn）、铝（Al）、锌（Zn）、铅（Pb）、金（Au）、银（Ag）、铜（Cu）、镍（Ni）等数十种，多以硫化物形式存在。多种金属含量已达工业开采要求。多金属软泥分布比锰结核浅，是十分有开发前景的一种海底矿产资源。

F

风暴潮（storm tide）又称气象海啸，由台风、温带气旋、冷锋的强风作用和气压骤变等强烈的天气系统引起的海面异常升降现象。它是一种重力长波，周期从数小时至数天不等，介于地震海啸和低频的海洋潮汐之间，振幅（即风暴潮的潮高）一般为数米。它是沿海地区的一种自然灾害，与狂风巨浪相伴会酿成更大灾害。通常分为温带气旋引起的温带风暴潮（多发于中国北方海区）和热带风暴（台风）引起的热带风暴潮（多发于中国东南沿海）两类。

风海流（wind-driven current）又称吹送流，盛行风对海面持续作用产生摩擦而引起的海流。海水在风的吹动下产生运动，海水的堆集和密度重新分布，产生水平压力梯度和湍流摩擦力，在与科里奥利力（地球自转时产生的偏转力）平衡后形成海流。在科里奥利力作用影响下，表层海水流向恒定偏离风向45°，在北半球偏右，在南半球偏左。这种偏离随深度增加而增大，但流速则随深度增加而减小。如果湍流混合到使海水密度趋于均匀，水平压力梯度可以忽略，海水铅直摩擦力与科里奥利力取得平衡，这时的风海流又称为"漂流"。漂流实质上就是只受单一的作用而不受其他因素影响的风海流。

负风暴潮（negative storm tide）引起海平面下降的风暴潮。风暴潮有正负之分。正的能引起海平面上升，负的则引起海平面下降。负风暴潮也会带来灾难。如果船只低潮时在浅水区航行，遇到负风暴潮，容易造成船只搁浅而发生灾难，因为水深比海图标明的低。

G

硅藻（diatom）又称矽藻，藻类植物的一个门类的统称。属单细胞植物，个体微小，体形多样，细胞壁由上、下两壳像小盒子一样套合在一起。硅质或果胶质，坚硬且透明，壁上有花纹。细胞内有一个核及色素体。色素体由叶绿素、硅藻素和叶黄素等组成，故细胞呈黄褐色到黄绿色。繁殖方式有分裂、卵生、同配、异配等。它分布极广，是鱼类和其他水生动物的食物。硅藻死后沉入水底，大量沉积后形成硅藻土。硅藻土主要矿物成分为蛋白石，多孔状，孔隙度达90%，是吸附能力很强的吸附剂，可供炼油、制糖业用作净化剂、助滤剂。硅藻土还是优良的隔音、隔热材料，也常用来作化学工业中催化剂的载体。

国际海底（the international sea-bed）又称国际海底区域，国家管辖海域（领海、毗连区、大陆架及经济专属区）范围以外的海底、洋底及底土。国际海底总面积 $2.874 \times 10^8 km^2$，约占全球总面积65%以上。国际海底蕴藏着丰富的矿产资源，有多金属结核、热液硫化物、富钴结壳、石油及可燃冰等，有巨大的开采前景。国际海底及其资源是全人类的共同财产，任何国家都无权对国际海底的任何部分及其资源提出主权权利并据为己有。国际海底由国际海底管理局代表全人类行使管理。

H

海岸带（coastal zone）由海岸线向海、陆两侧扩展到一定宽度的地带。即海陆相互接触和交互作用的地带。不同国家有不同的划分方法。中国在海岸带调查中，规定向陆一侧延伸10km、向海一侧延伸至水深10～15m为海岸带。

海岸线（coast line）海面与陆地接触的分界线。平均大潮高潮时水陆分界的痕迹线。世界海洋面积巨大，海岸曲折复杂，岛屿数量多、分布广，因此不可能精确计算海岸线。仅中国就有约18 000km的大陆海岸线和14 000km的岛屿岸线。从形态上看，海岸线有的弯曲，有的接近直线，而且还在不断地发生着变化。海岸线发生变化的主要原因是地壳的运动、海浪的冲刷、冰川的影响以及入海河流中泥沙的影响。

海底风暴（undersea storm）在海底发生的风暴。当海水和大气运动的能量集聚到一定程度时，会产生海底风暴。发生海底风暴时，海面首先出现的是漩涡，大面积的海水连续不断地作漩涡状运动。当海面上空大气风暴持续数日，海浪就越来越凶猛，传递到海底的能量就越来越大。海底风暴袭来时，海底也会发生类似陆地上沙漠尘暴的现象。海底风暴经过之处，无论是动物、植物，还是礁石和海底通讯电缆、测量仪器，都会被掩埋在沉积层之下。

海底火山（submarine volcano）在海底喷发的火山。露出海面者可形成火山岛，未出海面者则形成海山和海底丘陵。海底火山其山体有的相连则形成海山群和海岭。海底火山的喷出岩主要为拉斑玄武岩（一种基性火山岩）。太平洋中大约有10000多座海底火山，大部分为死火山，只有少数是活火山。有的火山岛或海底火山因沉降和侵蚀，可形成珊瑚礁和平顶海山。

海底热液硫化物（seabed hydrothermal sulfide）富含铜、铅、锌、金、银、锰、铁等多种金属元素的新型海底矿产资源，常与海底扩张中心热液体系相伴生。硫化物矿体一般呈小丘、烟囱和锥型体状成群出现。其形成机理是海水沿裂谷带张性断裂或裂隙向下渗透，被新生洋壳加热，形成高温海水。高温海水从玄武岩中淋滤出大量多种金属元素，当它们重新上升到海底与冷海水相遇时，导致矿物快速结晶，堆积成烟囱状。因组分和温度差异，可形成黑、白两种不同的烟囱。热液温度300～400℃时，形成黑烟囱，是暗色硫化物矿物（磁黄铁矿、闪锌矿、黄铜矿等）所致；温度100～300℃时，形成白烟囱，主要由碳酸盐（硬石膏、重晶石）及二氧化硅组成。热液通道被矿物填充堵塞后，就形成了死烟囱。

海底石油（submarine oil）埋藏于大陆架和大陆坡地区的石油。它形成于地质时期上的大陆边缘沉积。由于深海钻探技术的发展，海底石油正在成为人类社会发展的重要能源。时至今日，世界上几乎所有的邻海国家都在勘探开发海底石油。中国已发现的海底大型含油气盆地有：渤海盆地、东海盆地、南黄海盆地、北部湾盆地、莺歌海盆地、南海珠江口盆地等。

海浪（ocean wave）海洋中主要由风吹动海面而引起的波浪。海洋上最普通的一个现象，但有时它的破坏作用相当大。当海底发生地震或火山喷发时引发的海啸，经过浅水处时减速，能掀起高达几十米的滔天巨浪冲上海岸，所经之处会造成生命、财产的重大损失。1991年中国公布的国家标准，将海浪按有效波高分成10个级别，如下表：

级别	有效波高（m）	微级名称
0	——	无浪
1	< 0.1	微浪
2	0.1～0.5	小浪
3	0.5～1.25	轻浪
4	1.25～2.5	中浪
5	2.5～4.0	大浪
6	4.0～6.0	巨浪
7	6.0～9.0	狂浪
8	9.0～14.0	狂涛
9	> 14.0	怒涛

海流（ocean current）海水大规模相对稳定的流动。是海水普遍的运动形式之一。大规模，即空间尺度大，具有数百、数千千米甚至全球范围的流动。相对稳定，即在较长的时间内，如一个月、一季、一年或者多年，且其流动方向、速率和流动路径大致相似。按水体温度，海流可分为暖流和寒流。

海平面（sea level）海的平均高度。国际上通常将1975～1986年的平均海平面称为"常年平均海平面"。按观测时间的长短可将其分为日平均海平面、月平均海平面、一年或多年平均海平面。海平面在较长的时间内是相对稳定的，可作为高程测量系统的基准面。一般常用18.6年或19年里每小时的观测数据进行平均，求出该观测站的平均海平面。中国于1956年规定以青岛验潮站多年平均海平面为全国统一高程的起算面。中国地图上所指的海拔高度，及航海图上所标的深度，都是以青岛平均海平面（也叫"黄海基准面"）起算的。

海色（ocean color）人们直观海面时看到的海面所呈现出的颜色。通常反映了来自海洋内部向上的辐照度和海面反射自然光的合成光谱。与海色有关的因素有水色（由水分子和悬浮物质的散射光和反射光决定）、天空颜色、海面状况和海底底质。大洋中悬浮物少，颗粒粒径也小，白天自然光下蓝光散射能量大，故海水颜色呈蓝色；近岸海水悬浮物增多，颗粒变大，黄光散射增加，故海水呈黄色、浅蓝色或其他色调。

海水成分（constituents in sea water）海水中包含的物质的种类。根据物质的相态，可分为三大类：（1）溶解于海水中的物质，包括可溶性无机盐、有机化合物以及气体；（2）以悬浮状态存在于海水中的气态、液态和固态物质；（3）以胶体状态存在于海水中的无机和有机悬浮物。海水中溶解有80多种化学元素，除氢（H）和氧（O）外，其中以氯（Cl）、钾（K）、钠（Na）、镁（Mg）等11种元素含量最多，占海水全部元素含量的99%以上，为海水的主要元素；其他60多种元素含量很少，为海水的微量元素。

海水电导率（electrical conductivity of sea water）横截面为一平方米的海水水柱单位长度的电导。是表示海水导电能力的一个物理量。海水电导率是海水温度、盐度和压力的函数。温度、盐度越高，电导率越大。大洋海水电导率的分布和变化，是海水电性质的一种表现，它直接影响着电磁波在海洋中传输的衰减性质和相位变化。

海水氯度（chlorinity of seawater）海水中卤素离子（Cl^-、Br^-及I^-）的含量标度。1979年，国际海洋物理科学协会将海洋氯度定义为：沉淀海水样品中含有的卤化物所需标准纯银（Ag）的质量与海水质量之比值的0.328 523 4倍，以符号"Cl"表示氯度，以10^{-3}代替"‰"。利用氯度可以用来计算海水的盐度。

海水水质标准（water quality standard of sea water）国家对管辖海域的海水制定的水质评定标准。它是对被开发利用海域按用途制定的水质污染最高允许标准。中国制定的水质标准分为三类：（1）适用于保护海洋生物资源和人类安全；（2）适用于风景旅游景区和海滨浴场；（3）适用工业用水、海洋开发及海港水域。制定海水水质标准，是为了防止海水污染、保护海洋环境和海洋生态系统，以利于海洋资源的安全利用和海洋产业与事业的可持续发展。海水水质标准是判断海水是否受到污染的依据。世界各国制定的海水水质标准不是统一的。

海水盐度（salinity of seawater）表示海水中盐分的多少。1982年，国际上相关组织根据需要推出了实用盐度的标准，规定在15℃和一个标准大气压下，海水的盐度等于其电导率与标准海水电导率的比值。实用盐度与过去所采用的盐度的关系正好是1 000倍，即过去盐度为32.5‰，现在实用盐度为32.5度。实用盐度不仅方便了各种换算与计算，更重要的是它适应了各种现代测试仪器的要求，可以快速准确地进行海水盐度的测定，为生产、生活和科学研究服务。

海水营养盐（nutrients in sea water）能影响海洋浮游生物产量并被其摄入量最多的矿物盐类。如海水中一些较微量的活性磷酸盐、硝酸盐、亚硝酸盐、铵盐和硅酸盐等。这些由氮（N）、磷（P）、硅（Si）等元素构成的盐类，是海洋浮游生物生长和繁殖的必需成分，也是海洋初级生产力和食物链的基础。硫（S）、钙（Ca）、镁（Mg）虽然也是生物生长所必需的，但海水中含量较多。氮、磷、硅的无机盐类，浮游生物生长需要量大而海水中含量较少，反而成了浮游生物生长繁育的制约因素。所以营养盐仅指以上三种元素的无机盐类。海洋中的上升流、暖寒流交汇的海域，都是海水营养盐丰富的海区。

海水折射率（refractive index of sea water）光线在真空中的传播速度与在海水中传播速度的比值。该比值大约为1.33。不同波长的光线，其折射率不同。从紫外线到近红外线，海水折射率相差约4%。海水折射率还随海水温度和盐度的变化而变化，盐度的变化对折射率的影响更为明显。

海水总碱度（alkalinity of seawater）20℃时1kg海水中全部弱酸根离子被中和为不解离形式所需氢离子（H^+）的量。符号AlK，单位为毫摩/升（m mol/L），表示为$AlK = CHCO_3^- + 2CCO_3^{2-} + OH_2BO_3^- + COH^- - CH^+$。式中C表示各种离子毫摩/升的浓度，前两项称为"碳酸碱度"，后一项称为"硼酸碱度"。大洋海水的总碱度约为2.4m mol/L。海水的总碱度，既可以用来衡量海水中所含弱酸离子的多少，又可用来区分海流和不同海区海水的性质。

海湾（gulf）海或洋伸进陆地的部分。海湾的深度和宽度一般向内陆逐渐减小。其面积大小不一。

海啸（tsunami）由海水下地震、火山爆发或海水下塌陷和滑坡所激起的巨浪。海啸发生的条件是：（1）在地震构造运动中出现垂直运动；（2）震源深度小于20～50km；（3）里氏震级大于6.50。没有海底变形的地震冲击或海底弹性震动，可引起较弱的海啸；水下核爆炸也能产生人造海啸。尽管海啸的危害巨大，但它形成的频次有限，尤其在人们可以对它进行预测以来，其所造成的危害已大为降低。

海洋（ocean）海和洋的总称。洋是海洋的主体部分，具有深而广阔连续的水域、比较稳定的盐度，以及独自的潮汐和海流系统。太平洋、大西洋、印度洋和北冰洋为全球四大洋。海是海洋的边缘部分，面积相对小，深度浅，不能形成独自的潮汐和海流系统，

其温度和盐度受大陆影响较大。澳大利亚东北面的珊瑚海是世界上最大的海，面积约为$4.79 \times 10^6 km^2$。海有陆缘海、内海和陆间海三种。全球海洋面积约$3.61 \times 10^8 km^2$，覆盖了地球表面的70.8%。海洋平均深度为3 794m（包括洋、海和海峡），最大深度11 034m（太平洋的马里亚纳海沟）。全球海洋的容积约为$13.7 \times 10^8 km^3$，容纳了地球总水量的97%以上。海洋是海流活动的场所，也是多种生物生存的空间。海洋能调节全球的温度，影响着全球的气候变化。

海洋层结（ocean stratification）海水的密度、温度、盐度等状态参数随深度分布的层次结构。海洋是处于地球自转状态下受重力作用的含盐水体。由于海面受太阳辐射的不均匀加热，以及不同气候带在大气动力和大气热力的作用下，各海区海水的状态参数在水平分布上有明显的差异。海水的状态参数在铅直方向上也存在某种有规律的层次结构。如在海洋的上层，海水温度随深度增加而降低，密度随深度增加而增加。但这一层在太阳辐射和风及波浪搅动下，形成了一个基本均质的水层，其厚度约100m，通常称为"混合层"。混合层之下，有一个厚约1 000～1 500m的过渡层，其中海水状态参数的变化不是渐变的，可分出若干个跃层。过渡层之下的海水，海水状态参数的分布几乎处于均匀状态，称为"深层"或"下均匀层"。

海洋沉积（ocean sediment）覆盖于海洋底部的无机和有机未固结物质的统称。按物质来源可分为陆源沉积（沉积物来源于陆地）、生物沉积（沉积物来源于海洋生物活动）、火山沉积（陆地或海底的火山喷出物）和海洋自生沉积（鲕状结核、多金属结核等）。按沉积作用的性质可划分为物理沉积、化学沉积和生物沉积。研究海洋沉积物的类型、组成、分布和它的形成发展过程，不仅对认识海洋的形成与演化有重要意义，而且可为海洋开发的前期工程提供重要科学依据。海洋沉积按沉积深度划分为滨海沉积（水深0～20m）、浅海深积（水深20～200m）、半深海沉积（水深200～2 000m）和深海沉积（水深大于2 000m）。滨海沉积又称近岸沉积，由于备受河流、潮汐、波浪和海流的影响，所以是整个海洋沉积环境中侵蚀、搬运、堆积最活跃的地区。对滨海沉积物的调查，对海港及沿海军事工程建设，以及对滩涂开发和滨海找矿，都具有指导意义。浅海沉积又称陆架沉积，对其研究对了解海陆变迁及寻找油气富集区

有重要意义。半深海沉积（又称陆坡沉积）和深海深积（又称洋盆沉积）的沉积物主要为泥质细粒、火山灰、宇宙尘埃及生物碎屑。深海多金属结核则是近年来各国竞相研究开发的海洋矿产资源。

海洋地质调查（marine geological research）利用地质、地球物理和地球化学等多种手段，探测和查明海底地形、地质构造、沉积物、岩石和矿产资源分布状况的工作。海洋地质调查的技术手段主要有：利用人造卫星导航和全球定位系统以及无线电导航系统来确定调查船或观测点及测线在海上的位置；利用回声测深仪、多波束回声测深仪及旁侧声呐测量水深和探测海底地形地貌；用拖网、抓斗、箱式采样器、自返式抓斗、柱状采样器和钻探等手段采取海底沉积物、岩石和锰结核等样品；用浅地层剖面仪测海底未固结浅地层的分布、厚度和结构特征；用地震、重力、磁力及地热等地球物理方法探测海底各种地球物理场特征、地质构造和矿产资源；利用放射性探测技术探查海底砂矿等。

海洋动物（marine animal）终生或部分时间生活在海洋中的动物。海水的含盐量高，所以生活在海洋中的动物都具有适应高盐度海水的能力。所有的海洋动物都具有从海水中吸取淡水并排出多余盐分的能力，这是陆地上动物所没有的特点。按现行的动物分类标准，海洋动物可进一步划分为三大类：（1）海洋原生动物，如有孔虫、放射虫等；（2）海洋无脊椎动物，如水母、海蜇、虾、蟹、牡蛎、章鱼等；（3）海洋脊椎动物，如鱼类、鲸类、海象、海狮、海豹等。海洋动物不能进行光合作用，不会将无机物合成有机物，只能以摄食植物、微生物和其他动物为生。按生活方式，海洋动物还可分为浮游动物、游泳动物和底栖动物三大类。目前，已知的海洋动物大约有 20 万种。

海洋发光生物（marine luminous organism）自身具有发光器官、细胞或具有分泌发光物质腺体的海洋生物。已发现的海洋发光生物多达 24 纲 461 属，从细菌到海洋鱼类的许多门类，分布在世界各个海域。生活在水深 700m 以下的海洋生物，大多数都能发光。发光生物的发光方式分细胞内发光和细胞外发光。前一种较为普遍，当细胞受到刺激时，细胞质中丝状排列的发光颗粒收缩，发出淡蓝色闪光，常见的如夜光藻。细胞外发光是由生物腺体分泌排放出的内含物发光，如海萤。生物发光是生命活动的一种行为表现，往往

与这种生物的生存和繁衍有关，或作诱饵，或逃脱敌害，或求偶繁殖。生物发光不仅具有仿生学和生态学上的意义，也是生物物理和生物化学研究的对象。

海洋发声生物（marine sound animals）海洋中能发出性质不同的声音的动物。发声主要作为相互联系的信号或攻击、防御的手段。海洋中能发声的动物主要是鱼类、海兽和某些甲壳动物（虾、蟹等）。发声的方式有摩擦发声和鳔发声两种。对海洋发声生物的研究，有助于人类在开发海洋产业中进行海洋探测和海水通讯技术的研究。

海洋仿生技术（marine bionic technology）人类模仿海洋生物的形态结构和机能特点来设计、建造或改进机器、设备、器具、测试方法或药物的技术。该技术涉及到很多学科和众多领域，是目前十分活跃的一个学科领域。如军事部门根据鲸类的体形特征建造潜水艇，使航速提高、噪声降低；模仿沙蚕毒素的分子结构生产合成的生物农药"巴丹"，具有无毒、高效的特点。

海洋腐殖质（marine humus）海水中溶解的有机物的主要成分。性质与土壤中植物被分解生成的腐殖酸和富敏酸类似。

海洋附着生物（marine foul organism）见海洋污损生物。

海洋黑色食品（marine black food）在海洋产品中的几种常见的黑颜色食品，如海带、紫菜、海参、裙带菜等。经常食用这些食品对人体健康十分有益。海带含蛋白质 8%，富含碘（I）、钙（Ca）、磷（P）、铁（Fe）、维生素 B1、维生素 B2、维生素 C、维生素 A 和粗纤维、褐藻酸钠盐、甘露醇等。海带是一种碱性食物，味咸性寒，能软坚散结、消炎利水、去脂降压，可治瘿瘤、痰火、水肿等症，对保持人体血液呈正常的弱碱性有神奇功效。又是甲状腺肿大、高血压、冠心病患者的食疗佳品。所含的褐藻酸钠盐，可预防白血病、骨痛病。紫菜属高蛋白（含蛋白质 30%）、低脂、多矿物质、多维生素食物，最宜作肥胖、甲状腺肿大、高血压、冠心病、肾病、贫血等患者的食疗佳品，有"微量元素宝库"之称。海参富含蛋白质、钙、磷、铁、碘和多种维生素及海参素等，含脂极少，不含胆固醇，是动脉硬化、高血压、冠心病等患者的食疗佳品。所含的海参素，有抗霉菌作用。从海参中提取的黏多糖，则有抗癌功效。裙带菜属褐藻类，含蛋白质 14%，其中尤以蛋氨酸、胱氨酸为多。它含碘丰

富，易被人体吸收，常吃有护肤美发、减肥降压作用，并可防治甲状腺肿大、高血脂、高血压、冠心病、糖尿病、结肠癌等疾病。

海洋化学污染物（marine chemical contamination）污染海洋的化学物质。主要有：（1）碳氢化合物。主要发生在从石油产地到炼油厂和石油消费地之间海上运输过程中的泄漏和海上事故。（2）重金属。由工业生产、交通运输、生活污水排放而引起。（3）合成有机化合物（含农药）。（4）富营养化物质。当大量生活污水排入大海时，一些藻类迅速生长，形成"水华"，爆发赤潮。（5）放射性核素。

海洋化学资源（marine chemical resource）海水中所含的各种化学物质。地球表面海水的总储量为 $1.318 \times 10^9 t/km^3$，占地球总水量的97%。海水中含有大量盐类，平均每立方公里海水中含 $3.5 \times 10^7 t$ 无机盐类物质，其中含量较高的有氯（$1.9 \times 10^7 t/km^3$）、钠（$1.05 \times 10^7 t/km^3$）、镁（$1.35 \times 10^6 t/km^3$）、硫（$8.85 \times 10^5 t/km^3$）、钙（$4.0 \times 10^5 t/km^3$）、钾（$3.8 \times 10^5 t/km^3$）、溴（$6.5 \times 10^4 t/km^3$）、碳（$2.8 \times 10^4 t/km^3$）、锶（$0.8 \times 10^4 t/km^3$）和硼（$0.46 \times 10^4 t/km^3$）。这些盐类多呈化合物状态存在，如氯化钠、氯化镁、硫酸钙等，其中氯化钠约占海洋盐类总重量的80%。海洋化学资源开发利用历史悠久，主要包括：海水制盐及卤水综合利用（回收镁化合物等），海水制镁和制溴，从海水中提取铀、钾、碘以及海水淡化等。

海洋环境保护（marine environmental protection）依据海洋生态平衡的要求制定的有关法规和实行的保护行为。海洋环境保护要求运用科学的方法和手段来调整海洋开发和环境生态间的关系，以达到海洋资源的持续利用。

海洋环境质量标准（marine environmental quality standard）确定和衡量海洋环境好坏的一种尺度。具有法律的约束力，一般分为三类，即海水水质标准、海洋沉积物标准和海洋生物体残毒标准。制定标准时通常要经过两个过程。首先，要确定海洋环境质量的"基准"。经过调查研究，掌握环境要素的基本情况，如一定阶段内海水、沉积物中污染物的种类、浓度和生物体中各种污染物的残留量，考察不同环境条件下各种浓度的污染物的影响，并选取适当的环境指标。在此基础上，才能确定标准。其次，标准的确定要考虑适用海区的自净能力或环境容量，以及该地区社会、经济的承受能力。

海洋内波（ocean internal wave）密度稳定层结的海洋水体内部的波动。内波和表面波不同，最大的振幅发生在海面以下。它是一种重力波，或称为"内惯性重力波"。这种波动很缓慢，波速不足 1m/s。通常的内波，振幅为几米至几十米，波长近百米至几十千米，周期几分钟至几十小时。它是引起海水混合、形成细微结构的重要原因。内波是一种重要的海水运动，它将海洋上层的能量传至深层，又把深层较冷的海水连同营养物带到较暖的浅层，促进生物的生息繁衍。内波导致等密度面的波动，使声速的大小和方向均发生改变，对声呐的影响极大，有利于潜艇在水下的隐蔽。但内波对海上设施也有破坏作用。

海洋生态系统（marine ecosystem）海洋中由生物群落及其环境相互作用构成的生态系统。整个海洋就是一个大的生态系统，还可根据生物群落及其生存环境划分出不同等级的海洋生态系统。每一个海洋生态系统都占有一定的空间，包含相互作用的生物和非生物组分，通过系统内和系统外能量的流动和物质的循环构成具有一定结构与功能的统一体。海洋生态系统的组成主要有六大部分：（1）自养生物，为生产者，主要为能进行光合作用的海洋植物；（2）异养生物，为消费者，指各类海洋动物；（3）分解者，指海洋中的各类细菌和真菌；（4）有机碎屑物，指生物死亡后分解成的碎屑物和由陆地搬运来的有机碎屑物；（5）参加系统内物质循环的无机物，如碳、氮、硫、磷等的化合物；（6）海水的物理化学状态，如温度、压力、盐度等。

海洋生物毒素（marine biotoxin）海洋生物体内含有的对人和动物有毒的物质。分别来自于海洋有毒动物、有毒植物和有毒微生物。含有毒素的海洋动物主要是海洋无脊椎动物（300多种，如水母、水螅虫、海葵等）、有毒鱼类（600多种，如河豚、鬼鲉等）和有毒爬行动物（50多种，如海蛇）。有毒海洋植物主要是某些浮游藻类（甲藻、金藻、隐藻、硅藻、蓝藻门类的一些种）和底栖藻类（蓝藻、绿藻、红藻门类的一些种）。海洋有毒植物和有毒微生物的毒素常由自身合成。海洋有毒动物的毒素有的由自身合成，如海蛇、水母等，有的则通过食物链或共生关系由其他生物获得，如河豚毒素来自共生细菌、贝类毒素来自单细胞毒藻。某些生物毒素可以作为药用的麻醉剂或镇痛剂。

海洋生物药材（marine biological medicines）具

有医疗价值的海洋生物或其器官。中国古典医药名著《黄帝内经》、《本草纲目》、《伤寒论》中，均有以海洋生物作为药材的记录。不少海洋生物有抗菌、抗癌、治疗心血管疾病的作用，有的生物含有抗风湿、麻醉、镇痛、驱虫和保健的有效成分。已作药材使用的海洋生物或其器官主要有：乌贼骨、海星灰、鲍壳、杂色蛤、玳瑁、河豚肝、珊瑚、海带、石花菜、螺旋藻、马尾藻、七星鳗、鲸骨、球鱼肝、鸬鹚菜等。

海洋食物链（marine food chain）又称营养链，在海洋生物群落中，从植物、细菌或有机物开始，经植食性动物至各级肉食性动物，依次形成摄食者与被食者营养关系的全链状体系。

海洋微生物（ocean microorganism）海洋中个体微小、结构简单的单细胞、多细胞或非细胞结构的生物。主要包括各种病毒、细菌、放线菌、酵母菌及微小的真菌及单细胞微形藻类及原生动物。海洋微生物种类繁多，与海水的物质循环、海水净化、海水养殖、水质污染及海洋生物资源的开发利用关系密切。如光合细菌可净化水质，而病毒及有毒细菌则会污染海水、危害海水养殖业。

海洋污损生物（marine foul organisms）又称海洋附着生物，生长在船底和海中一切设施表面的动物、植物和微生物。世界上的海洋污损生物有近2 000种。

海洋无脊椎动物（marine invertebrate）背部没有脊椎骨的低等海洋动物。主要有原生动物、海绵动物、节肢动物等15个动物门类共14万种以上。其中腕足类、毛颚类、须腕类、棘皮类和半索类动物是海洋中的特有门类。海洋无脊椎动物是海洋生态系统的重要组成部分，也是海洋次级生产力的重要生产者。

海洋灾害（marine disaster）起源于海洋的灾害。主要有风暴潮、灾害性海浪、海冰、赤潮和海啸五种类型。它们主要威胁海上、海岸带甚至自岸向陆纵深地区的城乡经济及人民生命财产的安全。根据规定，造成30人以上死亡，或5 000万元以上经济损失，并对沿海重要城市或者50km²以上较大区域经济、社会和群众生产、生活等造成特别严重影响的称为"特别重大海洋灾害"；造成10人以上、30人以下死亡，或1 000万元以上、5 000万元以下经济损失，并对沿海经济、社会和群众生产、生活等造成严重影响的称为"重大海洋灾害"。

海洋藻类（marine algae）含叶绿素和其他辅助色素的低等海洋自养生物。为单细胞或多细胞植物体，但未分化成根、茎、叶，也没有维管束。藻类植物大部分依靠叶绿素和其他辅助色素以光合作用进行自养，也有少数靠寄生生存。藻类靠细胞分裂进行繁殖，除极少数体形较大外，绝大多数体型微小，甚至要用显微镜来观察。藻类植物整个藻体都有吸收营养、进行光合作用、制造营养物质的作用。无论其外形如何，从功能上说，整个藻体基本上就是一个简单的叶子，因而也被称为"叶状体"植物。根据所含光合色素、生殖方式、储存的物质等，可把藻类分为12个门类（其中11个门类有海生种），生活中常见的海洋藻类植物有海带、紫菜、石莼等。海洋藻类是重要的海洋生物资源。

海洋真菌（marine fungi）具有核结构、能形成孢子、营腐生或寄生生活的海洋生物。通常为菌丝状和多细胞状，除黏菌类以摄食方式获取营养外，其他真菌多以吸收方式获取营养。海洋真菌种类不多，有丝状高等真菌、海洋酵母菌类和藻状菌类共计不足600种。大多数海洋真菌依赖栖住基物而生活，只有少数能自由生活。按栖生习性可将其划分为木生真菌、寄生藻体真菌、寄生动物体真菌、红树林真菌和海草真菌。海洋真菌是海洋生态系统的重要组成部分，参与海洋有机物的分解和无机营养的再生过程，不断为海洋植物提供营养，在海洋食物链中占有重要位置。

海洋植物（marine plant）海洋中具有叶绿素、可以进行光合作用生产有机物的自养型生物。海洋食物链最基础的部分。海洋植物目前发现的共有13个门类共1万多种，从最低等的藻类到高等种子植物都有存在。但海洋植物以藻类为主，它们形态复杂，体形大小悬殊，从2～3μm肉眼难见的单细胞金藻到长达60m以上的多细胞巨型褐藻，海洋中都能见到。海洋中的高等植物——种子植物种类不多，均属被子植物，主要有红树和海草两类。海洋植物是海洋生物链最重要的初级生产者，它的发育程度，直接影响着海洋生产力的高低。

海洋自净能力（marine self-purification capability）海洋通过自身的物理化学和生物过程，对污染物进行改造和降低浓度的能力。按发生的机理，海洋的自净过程中可包括物理净化、化学净化和生物净化三种。但实际在海洋中发生的自净化过程是三种净化都同时在起作用，只不过某一种或两种净化作用更为突出一些。影响海洋自净能力的因素主要有地形、气候、海水运动、海水的盐度、温度、酸碱度、生物含量、海水氧化还原电位以及污染物本身的性质和浓度。

寒流（cold current）水温低于邻近海水的海流。发源于寒冷的高纬度海域，海水透明度较低，呈绿色。盐度低于邻近海水，但含氧量和营养盐类均较高，因而浮游生物丰富。水温沿流向逐渐升高，对沿途气候有降温和减湿作用。中国东部海域的冬季的沿岸流就是寒流的一种。著名的寒流有千岛群岛寒流和秘鲁寒流等。

黑潮（Kuroshio）又称日本暖流，北太平洋西部流势最强的一股暖流。发源于赤道北侧，自菲律宾群岛向北，流经中国台湾岛东岸、琉球群岛西侧向北，至日本东南岸太平洋流向东北。全长约6 000km，宽100～180km，深达1 000m，最大流速每昼夜约150km。流幅经常发生变化，不同地段海流的流速、深度也时有变化。海流的水温、盐度较高。夏季表层水温，台湾东岸海域达30℃，日本南部27～28℃；冬季台湾外海达22～23℃，日本南部为20℃左右。海流盐度在水深180～200m水层内最高，可达34.80～35.00。黑潮在中国台湾省东北海域分出的一条支流——台湾暖流，对中国东部沿海地区有较大影响。它越过中国台湾与日本与那国岛之间的海域，沿福建、浙江外海北上，可达长江口，受阻于长江口外的海底高地，并在浙江近海与沿岸流交汇形成良好的渔场。

L

蓝藻（cyanophyta）又称蓝绿藻，藻类植物中最低等的一个门类。藻体为单细胞、细胞群体或丝状体，细胞核物质集中分布在细胞中央，无核膜。除含有叶绿素和类胡萝卜素外，还含有藻蓝素，故藻体呈蓝色或蓝绿色。部分种类还含有藻红素。蓝藻为无性繁殖，主要繁殖方式为细胞分裂或藻体断裂，内生或外生孢子。其中的螺旋藻、苔垢菜可食用。

《联合国海洋法公约》（United Nations Convention on the Law of the Sea）各种海洋法中最重要的、为绝大多数邻海国家共同签署的国际公约。由联合国第三届海洋法会议于1982年12月9日通过，中国政府于1982年12月10日签署了该公约。《联合国海洋法公约》共分17个部分、320个条款和9个附件。17个部分为：（1）用语和范围；（2）领海和毗连区；（3）用于国际航行的海；（4）群岛国；（5）专属经济区；（6）大陆架；（7）公海；（8）岛屿制度；（9）闭海或半闭海；（10）内陆国出入海洋的权利和过境自由；（11）国际海底区域；（12）海洋环境保护和保全；（13）海洋科学研究；（14）海洋技术的发展和转让；（15）争端的解决；（16）一般规定；（17）最后条款。9个附件为：（1）高度洄游鱼类；（2）大陆架界限委员会；（3）控矿、勘探和开发的基本条件；（4）企业内部章程；（5）调解；（6）国际海洋法法庭规约；（7）仲裁；（8）特别仲裁；（9）国际组织的参加。《联合国海洋法公约》是目前国际上对海洋法制度最全面的总结，其中有关领海宽度、群岛水域、专属经济区、大陆架、国际海底区域的规定，体现了国际海洋法的最新发展，得到各签约国的认同。

领海（marginal sea）沿海国从其全部海岸的最低落潮线或选定一条基线，使（领海）基线向外延伸，而划出一定宽度属于其主权管辖之下的海域。它是沿海国家领土的重要组成部分，是大陆和内水以外的一定宽度的带状水域。中国的领海宽度是12海里（1海里=1.852km）。

领海基线（baseline of territorial sea）测算领海宽度或范围的基准线。可分为正常基线、直线基线和混合基线三种。正常基线采用低潮线为领海基线；直线基线是在大陆岸上和沿海外边岛屿上选定若干个基准点，划出直线沿着沿岸国构成一条折线，作为领海基线；混合基线是指沿岸国在海岸线较长、地形复杂时，可采用上述两种基线，交替使用来确定本国的领海基线。

陆缘海（epicontinental sea）位于大陆外缘、一般由岛屿或半岛与大洋隔开的海域。其面积与大洋相比小得多，通常具有广阔的大陆架及较厚的陆源沉积物。受陆地河流的影响，大陆河河口部分会发育有三角洲。海底地壳多为大陆型，显示出是大陆向海洋的延伸部分。中国的黄海、东海均属典型的陆缘海。陆缘海海底常蕴藏有丰富的矿产资源。

螺旋藻（spirulina）为蓝藻门、颤藻目下的一类藻类。藻体由许多细胞连接成细丝，并卷曲成螺旋状，故名螺旋藻。已发现的种类中仅有少数分布在海水中。它们与细菌一样，细胞内没有真正的细胞核，所以又称蓝细胞。科学家近年发现，螺旋藻是人类迄今为止所发现的最优秀的纯天然蛋白质食品源。螺旋藻蛋白质含量高达60%～70%，相当于小麦的6倍、猪肉的4倍、鱼肉的3倍，且消化吸收率高达90%以上。

它特有的藻蓝蛋白，能够提高淋巴细胞活性，增强人体免疫力，对肠胃病及肝病患者的康复具有特殊意义。螺旋藻对防止贫血也有积极的意义。

M

锰结核（manganese nodule）见多金属结核。

秘鲁寒流（Peru current）又称洪堡海流，南太平洋东部的寒流。该海流沿南美洲西海岸约南纬40°处自南向北流动，至南纬4°附近折向西行，具有补偿流的性质。海流流速不大，每昼夜10～12km，宽约900km，表层水温15～19℃，沿岸附近有下层海水上升现象。对处于热带、亚热带的南美洲低纬度沿岸地区有显著的降温和减湿作用。由于寒流内营养物质丰富，利于浮游生物生长和鱼类汇集，海流经过的洋面，形成了世界著名的渔场。

密度流（density current）相邻海区沿水平方向因密度差异而形成的海流。地转流的一种形式，由水平压强梯度科里奥利效应和湍流摩擦共同作用形成。在北半球，沿海流流动方向，左侧海水密度小于右侧海水密度，在南半球则相反。由于海水密度的水平分布随深度的增加而渐趋均匀，所以密度流随深度增加逐渐减弱以致消失。

密度跃层（pycnocline）海水的密度在铅直方向上短距离内存在显著差异的水层。海水密度的变化，主要取决于海水的温度和盐度。水温低，盐度高，海水密度就大；相反，海水密度就小。海水密度的突然改变可使声波在海水中的传播方向发生改变。高密度的密度跃层还能形成所谓的"液体海底"，供潜艇停坐在密度层上。

墨西哥湾暖流（Mexico warm current）又称湾流，从墨西哥湾开始，沿北美洲东岸北上，之后横贯大西洋至欧洲西北沿岸，再北上，经挪威海流入北冰洋的整个暖流系统。它是北大西洋西部最强的暖流。暖流宽约75～150km，深700～800m，流速每昼夜130～260km，表层水温25～26℃，流量达70×10^6～$150 \times 10^6 m^3/s$，是全世界所有河流总流量的100倍以上。暖流是热量的巨大传输器，每年向西北欧高纬度每千米沿岸地区输送的热量相当于燃烧6 000万吨煤燃烧释放出的热量，是西北欧地区气候温暖和湿度远高于其他同纬度地区的主要影响因素。

N

内海（inner sea）又称内水，领海基线向内一侧的全部海水。包括：（1）海湾、海峡、河口湾；（2）领海基线与海岸之间的海域；（3）被陆地所包围或通过狭窄水道连接海洋的海域。中国的内海海域包括直线基线与海岸之间的海域、直线划入的海湾、海峡、港口、河口湾等；包括琼州海峡、渤海湾，以及沿海分布的几百个商港、军港、渔港、工业港、专用港等港口在内的全部海域。

暖流（warm current）水温高于邻近海水温度的海流。发源于热带、亚热带海域，海水较透明，呈蓝色。盐度高于邻近海水，但含氧量和营养盐类较低，因而浮游生物较少。水温沿海流方向逐渐降低，对沿途气候有增温、增湿作用。在暖流与寒流交汇处，水温和盐度发生急剧变化，可形成生产力较高的鱼类聚集区。著名的暖流有黑潮和墨西哥湾暖流等。

P

毗连区（adjoining area）连接领海的一部分海域。它的出现可追溯到两百多年之前，但其作为一项公认的国际法制度载入国际公约只是近几十年的事。1958年的《联合国领海及毗连区公约》中规定："沿海国的毗连区不得延伸到从测算领海宽度的基线起12海里以外。"在1982年产生的《联合国海洋法公约》中，关于毗连区的范围有所扩大，即"毗连区从测算领海宽度的基线量起，不得超过24海里。"中国1992年颁布了《中华人民共和国领海及毗连区法》，真正建立起中国的毗连区制度，规定了中国的毗连区是在领海之外、邻接领海宽度为12海里的一带海域。在该海域内，为防止和惩处在中国陆地领土、内水或者领海内违反有关安全、海关、财政、卫生或者出入境管理法律、法规的行为，中国有权行使管制权。

漂流（drift current）见风海流。

Q

千岛寒流（Oyashio）又称亲潮，发源于北太平洋西北部的寒流。源自俄罗斯堪察加半岛，途经千岛群岛、北海道东侧南下与黑潮相遇，混合成低温、低盐的海流。千岛寒流水温较周围海域低，夏天也仅有3～7℃。主流流速每昼夜约90km。水体透明度小，营养盐分丰富，浮游生物大量繁殖，生产能力很高，起着海洋生物王国"母亲"的作用，所以又称为"亲潮"。

倾斜流（inclined current）又称坡度流，由各种原因（海面风力、气压变化、降水或河水注入等）引起海面倾斜、海水自高处向低处流动产生的海流。由于地球自转形成的科里奥利力的作用，在北半球流向偏右，在南半球流向偏左。

S

珊瑚礁（coral reef）又称生物礁，在热带、亚热带浅海区，由造礁珊瑚骨架和生物碎屑组成的礁石。大面积的礁体组合在一起就形成珊瑚岛。能够造礁的生物并不局限于造礁珊瑚，许多海洋生物，如珊瑚藻、多孔螅、海绵、苔藓虫、有孔虫等也参与造礁。珊瑚礁有岸礁、堡礁、环礁和点礁四个基本类型。靠近岸边发育的是岸礁，年轻的火山岛和湾海岸是其理想的发育场所。岸礁的宽窄与海岸地形有关，红海岸礁是世界上最长的岸礁。堡礁发育在离开海岸有相当距离的海底高地上，呈环形分布于火山岛周围。澳大利亚东北面的大堡礁是世界闻名的堡礁群。环礁在平面上呈环状，中间是礁环围成的潟湖。现代环礁分为在海底火山链上的大洋环礁和在大陆架或海底高原上的陆架环礁。太平洋上马绍尔群岛北部的比基尼环礁是典型的大洋环礁。点礁高出周围海底，中间没有湖，大多以沙洲和小岛形式出现。珊瑚礁是世界上很有价值的天然资源之一。珊瑚礁中蕴藏着丰富的矿产资源。礁灰岩是多隙岩类，渗透性好，有机质丰度高，是石油、天然气良好的生储层。礁区具有丰富的渔业、水产资源。

升降流（up and down current）见补偿流。

水团（water body）海洋中在一定条件下形成的规模宏大的水体。水团内海水的温度、盐度相对均匀，其物理、化学性质具有一定的稳定性和大体一致的变化趋势，与周围海水差异明显。海区的水团调查与分析，对海洋污染研究、海洋资源开发利用及国防建设有着密切关系。

死亡海域（dead sea）能导致大量海洋生物死亡的海区。死亡海域形成的原因有两种：（1）与气候变暖有关。气候变暖形成大风，促使海洋形成上升洋流，把深海中富含养分但低氧的冷水水体带到海洋表层，促进浮游生物大量繁殖。浮游生物死亡分解又消耗大量的氧。这样的海面就形成低氧区，从而导致大量海洋生物窒息死亡。（2）农用肥料排入江河，最后汇入大海，导致局部海域（河口附近）水体富营养化，海域污染形成了死亡海域。目前，这种现象已在多个沿海国家海域出现。

T

梯度流（gradient current）见地转流。

天文潮（astronomical tide）在月球和太阳等天体作用下所产生的潮汐。其中由月球引起的潮汐叫"太阴潮"，由太阳引起的叫"太阳潮"。每逢中国农历每月的初一和十五，这时太阳、地球和月球运行在同一直线上，太阳潮极大地加强了太阴潮，这时海水涨得高落得低，形成的潮汐叫大潮。由于海底的摩擦，大潮到达海岸的时间往往会靠后2～3天。农历每月初八和二十三，为上弦月和下弦月，这时太阳、地球和月球的位置形成直角，太阳引潮力作用和月球引潮力作用方向垂直，太阳潮最大限度的削弱了太阴潮，这时形成的潮汐叫"小潮"。天文潮是海洋潮汐的主要组成部分。

W

位温（potential temperature）海洋中某一深度的海水微团绝热上升到海面时所具有的温度。在研究深层、底层海水运动时，用位温分析比用现场水温分析更为合理。

温跃层（thermocline）海水温度在铅直方向上短距离内存在显著差异（达到或超过 $0.2℃/m$）的水层。产生温差的原因主要有：外界条件引起的跃层和不同性质水体叠置形成的跃层。在大洋中，无论在表层或中间过渡层，都存在有温跃层。

X

咸潮（salty tide）海水在涨潮时，沿河道自河口向上游上溯，受海水入侵的河流含盐量增加、带有咸味的现象。

潟湖（lagoon）浅水海湾被泥沙淤泥积成的沙嘴或沙坝所封闭或接近封闭而成的湖泊。有的在高潮时可以与海水相通。根据形成的地质构造特征，潟湖可分为两类：（1）海岸型潟湖，分布于堆积型海岸带或沿岸流比较强烈的地区。受海浪和沿岸流的作用，泥沙带被移动，在海湾湾口形成沙嘴或沙坝，将海岸封闭形成湖泊。（2）环礁潟湖，又称礁湖。指被珊瑚环礁堵截成的海湾，通常还有一个至若干个出口与大海相通。与海水不通的潟湖，与海洋隔绝后，随着时间的推移和长期的沉积作用，以及地表淡水的注入，湖中原有的咸水会逐渐淡化而成淡水湖，称为"残迹湖"，如中国杭州的西湖。

Y

沿岸流（coastal current）沿着海岸流动的海流。大多数海岸都存在由沿海岸吹动的风产生的海流。受季风和海岸形态的影响，不同季节沿岸流有不同的流向。如中国东部沿岸，夏季在西南季风作用下，在南海沿大陆海岸，有一股自西南向东北流动的海流。而冬季，在东北季风影响下，中国东部沿岸，有一股自北向南或向西南方向流动的海流。沿岸流对海岸升降流的形成和沉积物的运移有一定影响。

盐跃层（halocline）海水含盐度在铅直方向上短距离内呈现显著差异的水层。多发生在大洋表面水层被降水和融冰冲淡的海域。两种不同来源的水体重叠混合时，会产生大梯度的盐跃层。海水盐跃层的存在可导致海水密度的变化，还可影响声波在海水中的传播。

永久跃层（permanent thermocline）见主跃层。

涌浪（ground swell）海面上由其他海区传来的，或者当地风力迅速减小、平息，或者风向改变后海面上遗留下来的波动。其特征是波面比较平坦、光滑、波峰线长，周期、波长都比较大，在海上的传播比较规则。

跃层（spring layer）又称跃变层，在铅直方向上小尺度距离内海水状态参数（温度、盐度、密度等）存在显著差异的水层。在层结稳定的海洋中，海水的状态参数在铅直方向上通常不全是渐变的，而是有阶跃状的变化。跃层的存在，表明不同水层的海水特征值有明显的不同。按海水特征值的不同，跃层可分为温跃层、盐跃层和密度跃层。按成因与变化又分有主跃层、季节性跃层（随季节变化形成并变化的跃层）和周日跃层（昼夜间形成并变化的跃层）三种。

Z

灾害性海浪（disaster tide）对海岸带人类生命财产造成损害或严重影响航运的海浪。浪高6m以上的灾害性海浪是严重的海洋灾害。中国每年都因灾害性海浪造成人员伤亡和巨大的经济财产损失。

主跃层（main thermocline）又称永久跃层或永久温跃层，大洋热力结构的重要组成水层。其强度在经向和纬向都有变化。在纬向上，赤道附近的主跃层较强、较薄，其上界的深度也较浅。随着纬度增高，主跃层在中纬度逐渐变弱，上界的深度变深，厚度也稍微增加。在较高的纬度，主跃层重新变浅，厚度减小，强度加大。最后，在极锋区出现于海洋表层。在经向上，沿赤道一带的主跃层有着自西向东逐渐变浅的趋势。大洋主跃层的这种水平变化，主要取决于大洋环流和局部地区年平均海-气能量交换强度。大洋表面的风系和风生环流对主跃层也有重大影响。

（四）大气（Atmosphere）

B

雹（hail）以透明的球形或略呈圆锥形的冰状固体降水的现象。俗称雹子、冷子、冷蛋子、响雨等。小冰雹直径2～5mm，大的直径大于5mm，形成于猛烈发展的积雨云中。一般由于"霰"与"冻滴"在积雨云中随气流升降，不断与途中雪花和其他冷却小水滴合并，形成具有透明和不透明交替层状的冰块。其增大到上升气流无法支撑它的重量时就降落到地面。

北大西洋涛动（Northern Atlantic oscillation，NAO）大气中年代际尺度气候变化的一种特征类型。NAO是北大西洋地区海平面气压场南北方向上的持续反相振荡，通常用靠近冰岛和靠近亚速尔群岛的海平面气压场来描述，具有固定的基本空间型。作为三大涛动之一（其他二大涛动分别为南方涛动和北太平洋涛动），是由沃克在20世纪20年代首先提出的。近代的研究不仅进一步证实了它的存在，而且揭示了它与大范围海洋和大气状况的联系。一般用冰岛低压与亚速尔高压之间的气压差定义NAO指数。高指数时冰岛低压强，北冰洋冷气团对北美洲东岸影响增强，而较暖湿的偏西气流则大量进入欧洲，从而对大范围天气气候造成严重的持续影响。NAO指数具有明显的年代际变化特征，而且这种变化有增强的趋势。

北方涛动（northern oscillation，NO）北太平洋纬度带上人类以国际日期变更线为界东部与西部气压反相振荡的现象。20世纪80年代中国气象学者陈烈庭等在分析北太平洋各区海平面气压变化的关系时发现的这一现象。它反映了被太平洋副热带反气旋与菲律宾低压槽两个大气活动中心之间气压变化的内在联系。在国际上，他首先提出了北方涛动的概念，并对其进行了系统而深入的研究。在应用大量历史资料证实北方涛动存在的基础上，分析它的结构和时空变化特征，揭示了它与热带太平洋厄尔尼诺-南方涛动现象的关系，比较了南、北方涛动同北半球大气环流的遥相关以及对中国和北美气候异常影响的差异，探讨了南、北方涛动形成的过程和产生的物理原因。提出了一系列新的观点和研究结果。指出东赤道太平洋之所以是全球热带海洋中海温年际变化最大的地区，以及该地区的海-气相互作用之所以能够产生世界范围年际气候异常最强的信号，与南-北方涛动在3~7年这一周期存在强烈的耦合有密切的联系。

北太平洋涛动（Northern Pacific oscillation, NPO）北太平洋地区海平面气压场上南北方向的持续反相振动现象。主要与阿留申低压和北太平洋副热带高压的年际变化相联系。作为三大涛动之一，是由沃克在20世纪20年代首先提出的。最近有人根据较完整的资料进一步证实了它的存在，并分析了它与大范围气候变化的关系。当高压增强和低压加深时称为强涛动（相当于北太平洋高指数），这时北美北部气温偏高，太平洋北部到亚洲东岸的气温偏低。涛动弱（相当于北太平洋低指数）时，情况相反。

D

大气（atmosphere）围绕地球的气体其全部即称为大气圈或大气层。临近地球表面，大气有确定的化学成分，按体积有分子氮（78.03%）、分子氧（20.948%）和氩（0.934%）。大气还含有少量二氧化碳和水蒸气以及微量的甲烷、氨、氧化亚氮、硫化氢、氦、氖、氪、氙和其他气体，也有一些悬浮的固态（如尘埃、孢子、花粉等）与液态（如云滴、雾滴）颗粒。大气中的悬浮物常称为气溶胶粒子。大气的底界为地面，愈向上密度愈稀，最后极其稀薄地逐渐向星际空间过渡。大气总质量为 5.14×10^{18} kg，其中50%集中在6km以下，99.9%集中在50km以下。对地面气候有直接影响的大气厚度约为20~30km。大气按热力结构不同，在铅直方向上可分为近地层、边界层、对流层、平流层、中层、热层和外层等。大气圈与岩石圈、水圈、生物圈和冰冻（雪）圈共同组成了地球气候环境系统。

大气边界层（atmospheric boundary layer）又称行星边界层，由大气底层、地表以上约1~2km厚度受下垫面动力和热力等影响而湍流化了的大气层。该层的空气运动明显地受地面摩擦作用的影响，其性质主要决定于地表面的动力和热力作用。大气边界层与一般流体边界层不同，要考虑大气温度层结、地球重力场和地球自转等的影响。边界层大气中湍流是主要的运动形态。大气边界层的厚度与外层气流（远离地面的自由大气中气流）的速度有关，其厚度随地面动力学粗糙度和风速的增大或不稳定度的增强而增加，厚度从几百米到2km，平均约为1km。通过这一层的湍流交换实现地面和大气间的热量、能量和物质等的交换。通常，将大气边界层分成两层：内层或近地层[包括惯性副层和内界面（粗糙）副层]和外层或Ekman层。湍流运动和日照等热力作用是引起大气边界层强周日变化的主要原因。准确了解大气边界层结构和变化，为数值预报模式提供可靠的边界参数和初始场数据，从而为提高气象预报的准确率和预测气候变化奠定基础。大气边界层与自由大气的耦合作用也是数值预报及其后模式中非常关注的问题。

大气氮循环（atmospheric nitrogen cycle）含氮化合物从源地（地表和生物圈）进入大气，在大气中转换并从大气中被清除，然后返回源地的全过程。它是大气中的基本循环过程之一。大气中的主要含氮化合物可分为两大类，即氮氧化物和氮氢化合物。这两类物质，形成了两个子循环。氧化亚氮（N_2O）是含量较多的自然成分，其主要来源是地表土壤。它在对流层中比较稳定。一部分被干湿沉降过程送回地表，一部分被输送到平流层并在那里被光化学过程转化成氮氧化物（NO_x）。NO_x 可与氨等碱性物质反应生成硝酸盐。这些硝酸盐被干湿沉降过程送回地表，构成一个子循环。气相氨和铵盐粒子可被干湿沉降过程送回地表并构成另一个子循环。人为活动对全球氮循环的影响，目前还不明显。

大气电学（atmospheric electricity）研究在电离层以下大气中所发生的各种电现象及其相互作用规律的学科，是大气物理学分支学科之一。经典大气电学主要由晴天电学和扰动天气电学两部分构成。晴天电学主要研究晴空地区发生的电现象及其变化规律和原因。扰动天气电学主要研究云雨等扰动天气，特别是暴雨天气时伴随发生的电现象及其活动过程。它又可细分为：（1）云中起电：研究云中电荷生成、分离和形成一定分布的过程。（2）雷电物理学：研究自然闪电与雷的物理特性、形成机制和发展规律，它是大气电学中研究得最多且最集中的课题。（3）人工消除或诱发闪电。随着空间技术的发展，大气电学的研究范围得以扩大，尤其是最近20多年来发现了高层大气起源电场的重要性。因此，现代大气电的测量已从地面直到磁层（甚至磁层以上）的范围内进行所谓空间电的测量，并将这种范围内大气电学的研究称为大气电动力学。

大气动力学（atmospheric dynamics）用流体力学方法研究与天气、气候有关的大气运动的一门学科。在大气动力学中，流体被看成是连续的介质。按照热力学和流体力学原理把大气流体的速度、密度、气压和温度等用偏微分方程来表达。它从分析大气中的作用力入手，研究这些力与大气运动的关系，探索大气运动的基本规律和物理机制。大气运动的基本作用力主要有：重力、科里奥利力、气压梯度力和黏性力（摩擦力）。由于作用力的不同，所以大气运动的形式多样，不同的运动形式则有不同的特点。大气动力学的首要任务，在于区分不同类型的大气运动的主要因子和次要因子，然后根据不同情况，将大气动力方程组作合乎实际的简化，以求出方程组的解。这些解就反映了特定大气运动的基本状态，并反映了这些运动状态演变的物理过程。随着近代数学和电子计算机及计算技术的发展，大气动力学的研究已深入到更加广泛的领域，成为天气学、气候学和数值天气预报的基础。

大气化学（atmospheric chemistry）研究大气圈中各种大气成分的形成、输送、扩散、转化与沉降等的机制和变化规律的学科，大气科学的一个分支学科，也是环境科学的重要分支之一。它除了研究大气圈的复杂化学过程外，还研究影响大气圈化学过程的水圈、岩石圈、生物圈和冰冻（雪）圈等与之进行的复杂能量和物质交换过程，因此从严格意义来讲大气化学实质上是地球气候环境系统的大气化学。其主要研究领域包括：大气成分化学，主要研究地球大气的形成和演化；微量大气成分循环化学，主要研究大气中碳、氮、氢、氧和硫等化合物的自然循环过程以及人类活动对这些自然循环过程的冲击；气溶胶化学，主要研究大气气溶胶粒子的生成、演变过程及其在大气化学过程中的作用；大气光化学，主要研究大气中的光化学过程及其在微量气体循环过程中的作用；高层大气化学，主要研究平流层及其以上大气层中所发生的辐射吸收和光化学演变过程，特别是臭氧的光化学平衡过程；二氧化硫化学，主要研究二氧化硫在大气中的氧化转化途径和转化速率，此外还包括云、雾、降水化学和大气边界层化学等。大气化学领域包括外场观测、数值模拟以及实验室观测。

大气科学（atmospheric science）研究地球大气的成分、结构、物理和化学特性及其动力过程、地球大气中各种现象的学科。地球大气包括近地层、边界层、对流层、平流层、中间层、热层和外层，以及地球大气圈及相关的边界圈层即岩石圈、水圈、生物圈和冰冻（雪）圈等组成的地球气候环境系统。研究范围已把其他一些星体上的大气也包括在内。大气科学是一门古老的学科，到20世纪50年代以后，由于各种新技术特别是计算机、卫星和遥感的采用，使得大气科学有了新的发展，并使之发展成为包括大气探测、天气学、气候学、动力气象学、大气物理学、大气化学、大气电学、人工影响天气、应用气象等分支学科的一门科学，是气象学、气候学、大气探测、大气物理、大气化学、大气动力学以及高层大气物理学等学科的统称。

大气硫循环（atmospheric sulphur cycle）含硫化合物从源地（地表和生物圈）进入大气，在大气中转化并从大气中被清除，然后返回源地的全过程。硫是大气中的一种重要微量元素，主要以硫化氢、二氧化硫、硫酸盐以及少量的亚硫酸盐的形式存在。其源和汇都在地球表面，地表和生物圈不断向大气排放硫化氢和二氧化硫，海洋表面则通过复杂的交换过程向大气输送硫酸盐。进入大气的硫化氢，一部分被氧化成二氧化硫，另一部分通过一系列化学反应转换成硫酸盐。还有一部分则通过干、湿沉降过程加到地表。另外，有一小部分硫化氢和二氧化硫越过对流层顶层进入平流层，在那里逐步转化成硫酸盐并形成平流层硫酸盐层。平流层硫酸盐在大气动力作用下，有一部分回到对流层并随大气降水过程带回地球表面。

大气碳循环（atmospheric carbon cycle）碳以二氧化碳、碳酸盐及有机化合物等形式在自然界中的循环。含碳化合物由源地（地表和生物圈）进入大气，在大气中转化并从大气中被清除，然后又返回源地的全过程。大气中的碳化合物，主要是甲烷（CH_4）、一氧化碳（CO）、二氧化碳（CO_2）以及少量的有机或无机含碳颗粒。它们的源和汇都在地球表面。CH_4来自植被和土壤，在大气中被氧化变成CO和H_2；来自地表和大气化学过程产生的CO，一部分被氧化生成CO_2，另一部分则被地表吸收。地面生物呼吸、有机物的腐烂、燃料燃烧以及低纬度地区的海洋都是CO_2的源。它的汇是植物的光合作用和中、高纬度地区的海洋。在工业革命以前，大气中的碳化合物（主要是CO_2，占大气中碳化物的99.8%）的源和汇相当，且含量基本保持不变，对保护地面生态环境起了重要作用。在工业革命后，大量化石燃料的使用使这种平衡遭到了破坏。人为排放到大

气中的 CO_2 远远超过了自然界的吸收能力，因而大气中 CO_2 的含量逐年增加。这种持续上升的变化趋势极有可能引起全球气候变暖。

大气湍流（atmospheric turbulence）又称"大气乱流"，大气中气流无规则或随机变化的运动。湍流运动是极不规则的随机运动。其运动性质十分复杂，不能用一般的研究流体力学方法来研究，而是服从某种统计规律。大气湍流是大气的一种重要运动形式，在大气边界层、对流层和对流云内均可出现。大气湍流常导致气流强烈地垂直和水平扩散。其强度远大于分子扩散，不仅是大气中尤其是大气边界层各种物理量输送的主要过程，而且还对地表和海面水分蒸发、气温变化、气团变性有重要影响。此外晴空湍流对光、声、无线电的传播也有一定的影响。近地面湍流会破坏建筑物结构，导致飞机颠簸甚至发生意外，而对流云中的湍流则可促进、加快冰雹和雷暴的生成。因此研究大气湍流对于改进天气预报、治理大气环境和解决生态问题具有重要意义。

大气组成变化（the change of atmospheric composition）地球大气在其形成之后，漫长的岁月中的演变过程。目前这一演化过程仍在继续。但是，直到250多年以前的工业革命，这种演化主要是由自然原因支配的。之后，特别是最近几十年以来，由于人类生产和社会活动的急速发展，地球大气的组成已经发生并正在发生着引人注目的变化。目前地球大气组成仍然受着地质、生物和化学过程的控制。但是与过去相比，人为过程的影响愈来愈大，最突出的例子是大气 CO_2 和 CH_4 等温室气体以及硫酸盐气溶胶的增加。这种变化通过大气辐射过程有可能给未来的地球气候环境造成深刻的影响。

地基观测系统（surface-based observation system）采用多种观测技术以地面为传感器设置平台，对整个地球大气圈和相关圈层进行观测的综合性观测系统。地基气象观测是气象综合观测业务体系的重要组成部分，也是气候系统观测的主要组成部分。它是气象观测真实性检验和天基遥感探测校准的基础。地基观测系统可分为地面常规观测系统、地基高空观测系统、地基特种观测系统和地基移动观测系统等。

E

厄尔尼诺（El Nino）东太平洋大范围海表水温异常升高（连续6个月较常年偏高0.5℃）的现象。厄尔尼诺是西班牙语的译音，其原意为"圣婴"。西班牙文

中"圣婴"，音译"厄尔尼诺"，故把此现象称为"厄尔尼诺"现象。通常这种现象发生在圣诞节前后。而南方涛动原指发生在热带东太平洋和热带印度洋之间，海平面气压的一种行星尺度的"跷跷板"现象。它大约3～7年会重复发生，通常用南方涛动指数（SOI，即热带东太平洋和热带印度洋海表温度的差值）来表征。20世纪80年代初期，科学家认识到厄尔尼诺与南方涛动之间有着非常密切的相关关系，厄尔尼诺现象的出现是由于南方涛动减弱所致。赤道东太平洋海表温度持续升高（降低）时，SOI往往是负（正）值。从而把这一大尺度海气相互作用现象统称为厄尔尼诺-南方涛动（ENSO）。厄尔尼诺现象发生时，表层水温可比平时高出3～6℃，某些海域这种高温现象可持续1年以上，从而对全球和我国的天气气候变化产生重大影响。热带中、东太平洋海温迅速升高，直接导致该区域及南美太平洋沿岸国家异常多雨，引发洪涝灾害，同时使热带西太平洋降水减少，造成印度尼西亚、澳大利亚严重干旱。"厄尔尼诺"还经常引起巴西东北部和非洲东南部的干旱，抑制西太平洋和北大西洋热带风暴生成，使得东北大西洋飓风增多。厄尔尼诺年东亚季风减弱，中国夏季主要季风雨带偏南，长江及其以南地区多雨可能性较大，而北方地区特别是华北到河套一带少雨干旱。1982～1983年和1997～1998年两次严重厄尔尼诺事件期间，全世界各地极端天气、气候事件频发，使人类蒙受了巨大灾难。

F

风（wind）空气的流动现象。气象学中常指空气相对地面的水平运动，它是一个矢量，用风向和风速表示。气象上用一些特定名称的风，标明其形成的原因和形式，如梯度风、摩擦风、地转风、热成风、山谷风、海陆风、季风、信风以及飓风、阵风、龙卷风、焚风等。风向指风来的方向，习惯上以风的来向作为风向名，如东风，西风等。风向是经常变动的，气象观测中常以10分钟内平均风向作为实测风向。地面风多用8或16个方向表示。空中风则用360°水平方位表示，由北起点，按顺时针方向量度。风速指单位时间内空气流动的速度，常以m/s表示。地面气象观测，以安置在距离地面约10m高的风速计测得的数据为准。风速的变化显示气流运动的特征，有时为天气变化的先兆。

副热带高压（subtropical high）位于热带和温带之间（北纬20°～30°）暖性而稳定的高压，是大气

环流的重要组成部分。副热压因海陆不均匀分布而分成若干个中心，分别为"北太平洋副热带高压"、"北大西洋亚速尔高压"、"南太平洋高压"、"南印度洋高压"等。其中"北太平洋副热带高压"对中国天气影响极大。

G

干旱（drought）一段时间内降水量显著低于正常记录水平时出现的一种现象。它能造成严重的水文学不平衡和因长期无雨或少雨、土壤水分不足、作物水分平衡遭到破坏而减产的农业气象灾害。可分为土壤干旱、大气干旱和生理干旱三种类型。干旱是一个相对的概念，对降水不足的任何研究都会提及特有的与降水有关的活动。如在作物生长季节的降水短缺会导致作物灾害，农业干旱；在冬季的径流和渗漏也会影响水的供给，称为水文干旱。

H

黑炭（black carbon）由富含碳的物质例如化石燃料和生物质燃料不完全燃烧（如森林大火，生活和农业生产燃烧）产生的，多呈黑色颗粒或由颗粒凝结而成的絮状物质。燃烧的热力作用使黑炭升腾并悬浮于大气对流层，成为一种气溶胶。黑炭气溶胶在从可见光到红外的波长范围内对太阳辐射都有强烈的吸收效应，所以对区域气候和全球气候都有重要影响。一方面，黑炭颗粒可以强烈地吸收包括红外和可见光波段的太阳辐射，对其周围的空气加热，从而对大气有增温效应；另一方面，黑炭颗粒与其他固体气溶胶一样会对太阳辐射有反射作用，在一定程度上减少到达地表的太阳辐射，从而对地表有冷却效应。黑炭能影响云的反照率，从而影响云凝结核的生成，此外黑炭还能降低农作物的收成、降低大气能见度。黑炭是大气颗粒物的重要组成部分，尤其是在空气污染较重的区域。较细小的炭粒子（直径<1μm）能进入到人体的下呼吸道和肺泡长期滞留，并直接与血液接触，因此其潜在的健康隐患可能比较大的粒子更为严重。黑炭气溶胶一般能在环境大气中滞留6~10天，因此能传输到数百至上千千米之外。

洪涝（flood）由于降雨失调或排水不利给农业造成的一种灾害。洪涝灾害可分为洪水、雨涝和湿害等。其中雨涝是中国仅次于干旱的气候灾害，每年造成的粮食和经济损失约占气象灾害造成经济总损失的27.5%左右，个别严重雨涝年份损失更严重。

虹（rainbow）日光（或月光）直接照射到大气中的水滴时，经折射和反射在雨幕或雾幕上形成的彩色光弧。常见的有主虹和副虹两种，如同时出现，则主虹位于内侧，副虹位于外侧。主虹由日光射入空气中的水滴，经一次反射和两次折射被分解成各色光线，色带排列是外红内紫，依次为红、橙、黄、绿、青、蓝、紫七色；副虹由光线射入空气中的水滴，经两次反射和两次折射被分解成各色光线，色带不如主虹鲜艳，多呈淡色调。

J

极端气候事件和极端天气事件（extreme climate and extreme weather events）极端天气事件是指在特定地区的天气状态严重偏离其平均态，属于不易发生的事件。不易发生的事件在统计意义上就可称为极端事件或小概率事件。一般来讲，极端天气事件的出现概率都要等于或少于10%。按照定义，对于不同地区，极端天气也将会有不同的特征。极端气候事件是某一特定时期内许多天气事件的平均值，平均结果本身（如某个季节的降水）是极端的。例如，在夏季常常发生暴雨，但如果一次暴雨的强度接近或超过了历史最高纪录，就可以说这是一次极端天气事件。气候是天气状态的平均，如果一个月的总降水量接近或超过了该月份历史最高纪录，就可以说这个月的降水量属于极端气候事件。极端气候（天气）事件是小概率事件，但对人类环境和社会的影响很大。由于极端气候（天气）事件带来的影响制约着社会和经济的发展，直接威胁到人类赖以生存的环境，因而各国政府和国际机构高度重视并深入开展极端气候（天气）时间变化的研究。通过这项研究可以弄清极端气候（天气）事件的变化规律，弄清楚这种变化的原因是气候系统外部因素还是内部因素的作用，进而把握未来极端气候（天气）事件的变化规律，为提高灾害性气候（天气）事件的预测和为国家防御自然灾害提供科学依据。

季风（monsoon）由于海洋和陆地之间热力差异或行星风带随季节变化而引起的大范围盛行风。因其随季节改变而改变，所以称为季风。各地天气情况，会因季风的改变而改变。世界季风区域分布很广，以亚洲大陆季风最强盛。中国大陆冬季为高压控制，盛行偏北风；夏季亚洲大陆为低压控制，盛行偏南风。冬季风盛行时，气候表现为低温、干燥、少雨；夏季风盛行，中国大陆则多表现为高温、湿润和多降雨。

季风气候（monsoon climate）一种气候类型，指季风盛行地区的气候。中国大部分地区位于东亚副热带季风气候区，其主要气候特色是四季分明。夏季暖湿，也是主要的雨季，冬季干冷，春、秋是过渡季节。南亚的热带季风气候区，其气候特色却是干、湿两季十分明显。季风气候对于农业生产十分有利，特别是热带季风气候区，多是世界主要的粮食生产基地。但因季风气候的年际变化十分明显，所以季风气候区也易出现旱、涝等自然灾害。

K

空基观测系统（space-based observation system）以气球、飞机和火箭等作为携带传感器的平台，以边界层、对流层和中间层大气的物理、化学特性为观测对象，采用遥感、遥测技术的综合气象观测系统。空基气象观测业务是气象综合观测业务的重要内容。空基观测系统主要包括基于全球定位系统（GPS）的气球测风探空系统，实现对大气要素垂直分布的监测。其发展方向是：根据全球气候观测系统规范和常规高空观测规范要求，高空观测站网密度达到200km左右；发展无人驾驶飞机探空等技术，形成续航时间长、升限高、系列化的遥控气象探测系统，并使之成为无人区高空气象观测的主要手段之一；加快商业航空器气象观测业务体系建设，开展航空器气象资料下传的业务应用工作；使用微型无人驾驶飞机探空系统，与风廓线仪相配合进行近地面层、边界层气象观测。

空间天气（space weather）日地空间环境中由太阳活动引起的短时间的变化。在地球表面20km以外的空间，尤其在太阳和地球之间经常发生磁暴、太阳风等空间灾害性事件。这些事件就像地球上的狂风暴雨一样，不但会造成地球上的通信中断等问题，还会危及其间的航天器和航天员的安全。如太阳上出现的耀斑和日面物质抛射等剧烈活动，常常给地球磁层、电离层和中高层大气、卫星运行和安全，以及人类健康带来严重的影响和危害。从地球发射的航天器除了穿越地球低层大气、高层大气之外，还要依次经过内外辐射带、地球磁层、磁鞘区和弓激波等多个特性完全不同的空间天气区域。太阳爆发、太阳冕洞发出的高速太阳风引发磁暴并导致电离层暴和热压暴等均会构成对航天器飞行安全的严重威胁。研究空间天气变化的起源和规律，并做出预报的科学称为空间天气学。研究内容包括太阳活动驱动源的巨大能量和物质的突然释放，通过日冕和行星际空间的传输，在地球空间系统中的耗散、传输和转换，最终引起地球空间环境

的灾害等；涉及太阳物理、行星际物理、磁层物理、电离层物理、中高层大气物理、地球物理、等离子体物理、材料科学和计算机科学等多学科交叉的重大前沿科学领域；它跨越由物理性质不同的空间区域组成的日地耦合系统，是地面无法模拟的特殊实验室，是多种间断面、多种非线性和激变过程共存的系统，充满着自然科学经典理论无法解决的新问题，是有待探索的重大基础科学前沿。

L

拉尼娜（La Nina）反厄尔尼诺现象。拉尼娜是西班牙语"圣女"的译音。当赤道东太平洋持续出现较强的海温异常偏低（连续6个月较常年偏低0.5℃）的现象时，称为发生了拉尼娜事件。这是因为南方涛动的加强，导致海面信风增强，从而使赤道中、东太平洋海表水温下降。拉尼娜现象与厄尔尼诺现象相反，所以也称反厄尔尼诺现象。通常情况下，拉尼娜现象每隔3～5年发生一次，但也有间隔10年以上才出现的情况。拉尼娜现象多发生在厄尔尼诺现象之后，持续时间一般为6～60个月。拉尼娜事件发生后会对全球，当然也会对中国天气、气候产生某些灾害性影响。拉尼娜事件发生的当年秋季中国北方特别是黄河中游地区发生秋汛的可能性较大；冬季，中国大部分地区容易发生阶段性的严寒冻害，尤其可能给南方的越冬作物带来冻害。资料显示，1962年、1967年、1974年、1984年、1995年和1998年下半年都发生了拉尼娜事件。总体来看，这6次拉尼娜事件，前5次除河套地区和黄河下游部分地区降水偏少外，黄河流域其余大部分地区降水偏多。最后一次拉尼娜事件，当年秋季中国大部分地区降水偏少，北方地区降水并不多。厄尔尼诺年秋季中国降水多为北少南多，拉尼娜多为北多南少。但由于影响气候的因素是多方面的，并非每一次厄尔尼诺年或拉尼娜年都会完全重现上述的形势。

露（dew）凝结在地面及近地表各物体表面的水珠。其形成是由于近地表空气层内所含水气同辐射冷却的地面及近地表面接触而凝成。有露天气多发生在晴朗少风的夜晚。露水的量虽少，但在少雨的干旱地区或干旱季节，却有利于植物的生长发育。

M

霾（haze）悬浮在大气中的大量微小尘粒、烟粒或盐粒的集合体，使空气混浊，水平能见度降低到

10km以下的天气现象。霾一般呈乳白色，它使物体的颜色减弱，使远处光亮物体微带黄红色，而使黑暗物体微带蓝色。组成霾的粒子极小，不能用肉眼分辨。当大气凝结核由于各种原因长大时也形成霾。在这种情况下水蒸气的进一步凝结可能使霾演变为轻雾、雾或云。一般来说，能见度小于10km的就属于灰霾，5～8km属于中度灰霾现象，3～5km属于重度灰霾现象，小于3km则是严重的灰霾现象。机动车尾气排放和工业气体排放量日益加剧，是灰霾产生的主要原因。

N

南方涛动（southern oscillation, SO）热带东太平洋地区与热带印度洋地区气压场呈反相振荡的现象。"南方"是相对于北半球的变化而言，"涛动"意即振荡，因为这种振荡的现象大约3～7年会重复发生。它是低纬度地区大气与海洋间大型环流长期变化的一种重要特征。当南方涛动偏强时，太平洋和印度洋低纬度信风加大，导致秘鲁洋流增强，进而形成拉尼娜现象；当南方涛动衰弱时，近赤道的太平洋信风减弱，使秘鲁洋流水温明显上升，导致厄尔尼诺现象发生，并对中高纬度地区甚至全球天气及气候产生显著影响。所以，南方涛动的减弱与加强常是厄尔尼诺、拉尼娜发生的一种前兆。常用的南方涛动指数（SOI）是塔希提岛（法）和达尔文岛（澳）之间的标准海平面气压差。

能见度（visibility）大气透明度的鉴定值。能见度的好坏，是用目标物的能见距离来表示的。关于能见度的定义，主要有两种：（1）具有正常视力的人在当时的天气条件下还能够看清楚目标轮廓的最大距离；（2）目标的最后一些特征已经消失的最小距离。

Q

气候（climate）大气圈-水圈-冰冻（雪）圈-岩石圈-生物圈这个综合系统缓慢变化的状况，包括其平均状况和极端的变化。它以一段时间（比如一个月或更长时间）气候系统的一些适当的平均量来表征。同时，在对不同地区的气候进行分类时，还要考虑这些时间平均量在空间上的变化。世界气象组织规定1931～1960年的观测记录作为论述现阶段气候的统一年代。气候由能表征气候特点的气象要素表示。这些气象要素的平均值称为气候要素。狭义的气候要素有气温、湿度、降水量、云、风、日照等的多年平均值和极端状况值；广义的气候要素还包括有能量意义的大气特征值（如大气稳定度、大气透明度、紫外辐射强度等）的多年平均状况和极端状况。根据广义的气候要素，可以更深刻地理解当地的气候特征。以前的气候概念是局地气候，基本上就是地表温度和降水量的长期平均状况。几十年来，随着对决定气候及其变化率的下垫面过程的认识日益增多和深入，气候的概念已经大大拓展并且发生了变化。

气候变化的空间和时间尺度（spatial and temporal scales of climate change）气候在一个范围很广的空间和时间尺度上变化。空间尺度可以从局地（$<10^5 km^2$），到区域（$10^5 \sim 10^7 km^2$），甚至到洲际（$10^7 \sim 10^8 km^2$）。时间尺度可以从季节到地质年代（数亿年）。

气候带（climatic zone）区别气候地理分布的最大单元。环绕全球的气候带主要取决于太阳辐射随纬度的分布，故其分带指标以温度的季节分布为主，或以支配该分布的气团及与其有关的环流因子为基础。古希腊人以南北回归为准划分热带、温带与寒带；这是最早得出的气候带。19世纪下半叶苏本与柯本将温度实测资料与自然植物分布相结合提出自然气候带的划分。阿里索夫于1936～1949年间提出以盛行气团为主，海陆分布为辅的气候分类。这种分类法将每个半球上分出七带：（1）赤道带；（2）副赤道带；（3）热带；（4）副热带；（5）温带；（6）副北（南）极带；（7）北（南）极带。其中，1、3、5、7四个带全年为一种盛行气团所支配，称作主带；2、4、6三个带的盛行气团有冬夏季节性的交替，称作副带。每一带因海陆分布差异各分出两种或四种类型（南、北极带除外）。

气候分类（climate classification）将各地区不同的气候，按其主要特征归纳成若干类型。气候分类的方法很多，总的来讲有成因分类和经验分类两大类。成因分类：着眼于气候形成因子。以太阳高度角、回归线和极圈为基线，将全球划分为五个气候带：热带、温带和寒带。又进一步根据海陆位置的差异将每个气候带分成若干个气候类型，如大陆型、海洋型、大陆东岸型等。经验分类：根据自然地理因素（土壤、水文、植物群落等）的空间分布状况，再对照气温和降水分布特征及不同组合，将全球气候进行分类，如热带森林气候带、草原气候带、沙漠气候带、温带落叶林气候带等。此外，因分类应用目的的不同，尚可分出农业、水文、医疗等多种气候分类方案。

气候观测系统（climate observation system）国际间合作在全球范围内进行的所有气候观测、预测、计算和各种长期的、系统的、即时的气候资料的收集系统。1999 年在美国召开的世界气象组织陶森会议上批准实施。其目的是为了弥补常规观测和科学试验的不足。在大气观测方面，该系统包括世界气象组织（WMO）的全球地面网站 989 个，高空网站 150 个，大气网站 22 个，可提供大气成分、大气环流、云与辐射及地面气象要素等资料；在海洋观测方面，已与全球海洋观测系统（GOOS）合作，进行海洋气候观测，提供海温、盐度、海气通量、淡水收支、海洋环境、海平面高度等资料；在陆地观测方面，与全球陆地观测系统（GTOS）合作，共同制定陆地气象观测计划。该系统目前运行的有：世界水文观测系统、全球陆地冰川观测网、全球永冻带观测网、全球水圈与冰雪圈、生物圈观测网，以及全球地面网站臭氧观测，并发布当日臭氧总量图。此外还利用各国发射的气象卫星和地基观测资料，进行综合，以提供各种区域的或专题的观测资料。

气候模拟（climate modeling）应用电子计算机对模仿各种气候条件的不同数学模型进行试验，以求得揭示气候的形成及其变化规律的技术。由于气候系统的复杂性，在实验室里难以重现气候变化的物理过程，故对地球气候系统作了不同程度简化的数学模型并采用积分来重现。

气候模式（climate model）气候系统的数学表达方式。它以支配气候系统各分量的行为的数学方程式为依据，并且包括对关键的物理过程和相互作用进行处理。如根据所关心的时间尺度，大气模式可以与各种类似的模式相耦合，包括海洋模式（含时间尺度超过 1 年的深海模式）、陆面和生物圈模式、陆地冰雪模式和海冰模式。对于更长时间尺度的气候变化，外源强迫因子（太阳辐射）可能也非常重要，使其具有适合于做数值计算的形式。大多数气候模式都与数值天气预报模式密切相关。

气候区划（climatic regionalization）根据气候的不同类型，按一定的指标将全球或某一地区的气候进行区域划分。将各地区不同的气候，按其主要特征归纳成为若干类型，即对气候分类。以此为基础即可作出气候区划。如中国中央气象局（现中国气象局）1978 年编制的气候区划，运用 1951～1970 年的气候资料，根据湿润（A）、亚湿润（B）、亚干旱（C）和干旱（D）指标，将全国划分为北温带（Ⅰ）、中温带（Ⅱ）、南温带（Ⅲ）、北亚热带（Ⅳ）、中亚热带（Ⅴ）、南亚热带（Ⅵ）、北热带（Ⅶ）、中热带（Ⅷ）、南热带（Ⅸ）、

高原气候区域等九带一区。其中的带和区中又分若干小带或小区。

气候统计量（climatic statistics）将各种气象要素的多年观测记录按不同方式进行统计所得到的结果。它们是分析和描述气候特征及其变化规律的基本资料。常用的有平均值、总量、频率、极值、变率、各种天气现象的日数及其初终日、某些气象要素的持续日数等。气候统计量通常要求有较长年代的观测记录，以使所得统计结果比较稳定，一般取连续 30 年以上的记录。为了对全球或某个区域的气候作分析比较，必须采用相同年代的资料。为此，世界气象组织（WMO）建议把 1901～1930 年和 1931～1960 年两段各 30 年的资料作为全球统一的资料统计年代。但在一些气候变化不大的地区或年际间变化不大的一些气象要素，连续 10 年以上的资料统计结果也具有一定的代表性。

气候图集（climatological atlas）主要由气候图组成的一种图集。它专门提供某个特定区域在相当长时期内的主要气象要素逐月和逐年分布特征。常用的气候图集有：地面气候图集、高空气候图集、航空气候图集、海洋气候图集等。其中地面气候图集一般包括太阳辐射、热量、水分、流场、天气现象等图组；高空气候图集包括各等压面高度、温度、湿度、风向和风速等。气候图是揭示大气运动物理过程的时间变化规律和空间分布特征的重要手段。它在气候资源的开发利用、高空飞行和远洋运输的气象导航以及贸易、旅游和国际交往中都有重要用途。

气候异常（climate anomalies）气候要素值对气候平均值的巨大偏差。一般指大于两倍方差的距平。但在原序列与正态分布差别较大时，可先开立方，再求方差。例如干旱地区的降水量，就可以先开立方，然后求方差。当序列接近正态分布时，一般气候要素值有距平大于 2 个方差的频率约为 5%。

气候因子（climatic factor）形成气候的主导因子。主要有三个方面：辐射因子，进入大气的太阳辐射是地球气候的总能源，地-气系统的辐射过程决定着能量的分配；大气环流因子，它支配着不同时间、地点的热量、水分与质量的输送，起着能量的调剂、再分配作用；地理因子，包括地理纬度、海陆分布、海拔高度、陆面性质与地形方位等，它对前两个因子产生错综复杂的影响。

气候预报（climatic forecast）对某一区域未来气候的展望。在中国常指预测期在一年以上的超长期预

报。过去气候预报只是建立在充分收集、整编、分析历史气候资料的基础上，再用统计方法对未来气候状况作预报，即根据气候变量的长期平均在统计学的意义上去了解未来气候变化趋势。20世纪70年代以来，已将数学、流体力学、动力气象学等的成果，引入气候预报业务中，从而使预报准确率大大提高。虽然目前气候预报的准确率还不高，但因气候变化对粮食生产、能源供应以至人类活动等都有明显的影响。因此对未来气候变化的预测已引起人们的普遍重视。

气候灾害（climate damage）大范围、长时间的气候异常所造成的对人类生活和生产有较大不利影响的气候现象。如长时间气温偏高、偏低，或降水量偏多、偏少，或风力偏强等。这些气候异常会带来干旱、洪涝、低温、冷害和沙尘暴等灾害，对农业、工业、牧业、水利、交通等产生影响，造成巨大经济损失。在一般情况下，气象灾害造成的损失可占到国民经济生产总值的3%～6%；在异常年份，气象灾害造成的经济损失更加严重。气候灾害可占到气象灾害（包括气候和天气灾害）造成的经济损失的70%～80%。在中国气候灾害中，以干旱和洪涝两种气候灾害最为严重，约占气象灾害造成的经济总损失的78%。

气候振荡（climate oscillation）气候变化在平均状态附近的缓慢变动。它具有某种规律性但又不一定是周期性出现，即该事件的出现只具有准周期性。这只意味着事件在振荡的峰值附近比在谷区更有可能发生。现在，已经发现存在许多时间尺度（长到地质年代，短到几年）的气候振荡。

气候指数（climatic index）由两个或两个以上的气候要素组成的表示某种气候特征的量。它包括干旱指数、湿润指数、季风指数和大陆度等，主要用于气候分类和区划。干燥指数：又称干燥度，用可能蒸发量与降水量之比表示。湿润指数：又称湿润度，为干燥指数的倒数。季风指数：表示季风强弱和稳定度的量。大陆度：表示某地气候受大陆影响的程度。

气候资源（climate resource）泛指支持人类活动及整个生命系统的地球表层大气环境条件。气候资源是气象资源的主要组成部分。由人类生产、生活及整个生命系统所必需的光照、温度（热量）、降水（水分）、风、大气化学成分等气象要素或大气成分构成。气候资源是一种可再生资源，但是也会因气候变化或大气成分的变化而发生变化。气候资源的开发利用不应超过气候资源与环境的承载能力。气候资源是人类

生产和生活必不可少的主要资源，在一定的技术和经济条件下为人类提供物质和能量。气候资源对人类的生产和生活有很大的影响，甚至会成为决定性的因素。它的可再生性、普遍性、清洁性，奠定了其在可持续发展中的重要地位与作用。

气温（air temperature）表示空气冷热程度的物理量。气温实际上是空气分子运动的平均动能，习惯上以摄氏温度（℃）表示。理论研究中则常以热力学温度（K）表示。地面大气温度一般指地表以上1.25～2m之间的大气温度。

气象观测（meteorological observation）对地球大气圈及与其密切相关的水圈、冰冻（雪）圈、岩石圈、生物圈等的物理、化学、生物特征及其变化过程进行系统的、连续的观察和测定，并对获得的记录进行整理的过程。气象观测是天气、气候变化、自然灾害监测、生态和环境等业务、科研的基础，是地球科学发展之源。气象观测是气象科学的重要分支，是将基础理论与现代科学技术相结合，形成多学科交叉融合的独立学科，处于大气科学发展的前沿。气象观测信息和数据是开展天气预警预报、气候观测估计及气象服务、科研的基础，是推动气象科学发展的原动力。发展一体化的气象综合观测业务是气象事业发展的关键。

气象要素（meteorological element）构成和反映大气状态和大气现象的基本因素。主要指气温、湿度、气压、风、日照、能见度、云、雷电、降水、蒸发、辐射以及各种天气现象。气象要素随时间和空间而变化，具体数据通过气象台站的观测取得，是天气预报、气候分析和有关气象科学研究的基础。

气象资源（meteorology resource）气象信息资源、气候资源、云水资源的总称，也是重要的环境资源。气象资源是基础性自然资源，也是一种潜力巨大的经济资源。一方面体现为自然要素（大气、降水、风光等）的价值；另一方面作为信息存在的价值。它不但为社会经济发展提供资源和环境保障，而且可以促进相关行业投资和就业的增长。气象资源的开发利用既影响着人类对自然资源的利用效果，也会在一定程度上加速社会经济活动及其空间结构的演变，促进自然、经济、文化、技术和信息等资源的合理利用。

气压（atmospheric pressure）又称大气压强，指某一单位面积上所承受的空气总质量。气压不仅与地理位置有关，而且与高度和温度有关，气压的变化与天气和季节的变化密切相关。气象上规定，标准大气

压力相当于温度为0℃、重力加速度为9.806 65 m/s²、水银密度为$1.359\ 51 \times 10^4$kg/m³的条件下，760mm的汞柱高度对其底面单位面积（1cm²）上垂直作用的力。即1标准大气压力 = 101325Pa = 101.325kPa = 760mmHg。

R

日照（sunshine）表示太阳光的直接照射。有可照时间与实照时间之分。可照时间指一天内可能的阳光光照时数，即一天中太阳从东方地平线升起到从西地平线沉没的全部时间，单位为小时。一个地区的日照可照时间是由该地区所处的地理纬度和太阳赤纬决定。实照时间则是指太阳直射光线不受地物障碍以及云、雾、烟尘遮蔽时实际照射到地面的时间。实照时间与可照时间的比值常用日照百分率来表示，可用来比较不同纬度、不同季节的日照情况。测定日照时间常用各类日照计进行测定。

S

湿度（humidity）空气中所含水蒸气多少的物理量。常见的表示方法有相对湿度、绝对湿度、水气压、露点温度、比湿、混合比和饱和差等，可分别用相应的方法计算。

霜（frost）又称白霜，近地表空气中的水蒸气直接凝华在温度低于0℃地面上或近地物体上的白色松脆冰晶。有时先凝结成露，当温度降至0℃以下后又形成冰珠（冻露），也是霜的一种。霜通常出现在无云、静风或微风的夜间和清晨（有时傍晚和白天也出现）。按中国的习惯，出现在晚秋的霜称为"早霜"，出现在早春的霜称为"晚霜"。霜对农作物有害，无论早霜和晚霜，都需要认真预防。

水循环（hydrological cycle）又称水分循环，自然界中的水分在地球-大气系统内连续流通的循环。这个循环过程非常复杂，涉及水分从大洋经过大气到大陆再返回大洋的转移：从陆地表面之上或之下，通过蒸发、升华、蒸腾、降水、截流、渗滤、地下渗透、坡面流、径流以及其他各种复杂过程来进行。

T

天基观测系统（space-based observation system）以高、低轨道卫星作为携传感器如可见光、红外扫描辐射计、中分辨率成像光谱仪、合成孔径雷达和多通道扫描微波辐射计等平台，实现对大气圈、水圈、生物圈、冰冻（雪）圈和岩石圈五大圈层以及大范围自然灾害和生态、环境变化、全球气候变化等进行监测的观测系统。天基气象观测是气象观测的最重要的组成部分。天基观测系统包括：建立以极轨、静止两个系列气象卫星和气象小卫星为主的综合对地观测卫星系统，实现对地球进行全天候、多光谱、三维的定量探测；在风云一号极轨气象卫星基础上，发展中国第二代极轨气象卫星风云三号，建立由上午和下午两个轨道系统组成的极轨卫星星座，探索低倾角轨道卫星探测技术；在发展风云二号02批静止气象卫星的同时，发展第二代静止气象卫星风云四号，建立风云四号"光学星"系列和"微波星"系列；发展气象小卫星，使之成为大卫星的有效补充；不断提高卫星探测的使用寿命和可靠性，拓展卫星监测领域，提高卫星遥感应用水平和卫星资料的获取与共享能力，积极推进卫星遥感业务工作。

天气（weather）一定区域短时段内的大气状态（如干湿、晴阴、风雨、冷暖等）及其变化的总称。包括：大气中各种气象要素（如气温、气压、湿度、风、云雾、降水、能见度等）的空间分布及其伴随现象的综合状况；其随时间的变化，即天气变化；影响人类日常生活、生产的大气现象和状态，如阴、晴、冷、暖、干、湿等。在航空气象现象观测及有关方面，专指雨雪等降水现象。

天气过程（weather process）某种重要天气及其相应天气系统的发生、发展和消亡的全部演变过程，如寒潮天气过程、梅雨天气过程、暴雨天气过程、大风天气过程等。了解各种重要天气过程的发展规律，揭示其发展的物理机制，是天气学研究的重要内容，对于做好天气预报有重要意义。与天气系统相一致，天气过程具有不同的空间尺度和时间尺度。尺度较大的天气过程是较小的天气过程的背景，制约着尺度较小的天气过程的发展。反之，尺度较小的天气过程也可对尺度较大的天气过程产生反馈作用。

天气图（weather chart）反映一定时刻、一定地区的天气实况或天气形势的专用图，如地面天气图、高空天气图、雨量图等等。其中高空天气图又有850hPa、700hPa、500hPa、300hPa、200hPa、100hPa的不同高度的等压面天气图。它是把同一时刻各地气象站观测到的天气实况以相应的数字或符号填写在天气图底图上，并描绘出等值线、定出天气系统、标出降水、大风等天气区而成。它是综合分析、预测未来天气形势和天气变化的主要工具。

天气系统（weather system）大气中引起天气变化的各种尺度的系统。一般多指温度、气压和风等大气要素的空间分布而划分的具有典型特征的大气运动系统，如大气长波、气旋、反气旋、锋面、高压脊、低压槽以及台风、龙卷风等。各种天气系统有一定的空间范围，一定的产生、发展和消亡的过程以及伴随系统各阶段出现的天气现象。根据水平尺度的大小和生命史的长短，可以对天气系统进行分类。

天气形势（synoptic situation）大气中高、低空环流状况和高、低压及锋面等天气系统的分布状况。天气形势由各种不同的天气系统所组成，一般指比较大的范围或地区的形势。天气形势分为地面气压形势和高空环流形势。天气形势是一动态过程，每天每时每刻都在不停地运动和变化着。但就大范围而言，按其特征，仍可归纳出几种不同类型，如纬向环流型、经向环流型，而每种类型（天气型）都有相应的天气过程和天气分布。

天气预报（weather forecast）应用大气变化规律，根据当前及近期的天气形势，对未来某时段内一地区或部分空域可能出现的天气状况所作的预报。天气预报一般根据天气图进行分析，结合有关气象资料、地形及季节特点以及以往经验，经综合研究后作出天气形势判断。天气预报按预报时效长短通常分为临近预报（0～2小时）、短时预报（0～6小时）、短期预报（2～3天）、中期预报（3～15天）和长期预报（通常指1个月至1年时间）等。临近预报：预报时效：0～2小时；预报内容：灾害性天气警报，明确灾害性天气的种类、强度、影响区域和时间等。短时预报：预报时效：0～6小时；预报内容：灾害性天气及与气象相关灾害预报，明确灾害性天气的种类、强度、影响区域和时间等。短期预报：预报时效：0～72小时；预报内容：灾害性天气落区及与气象相关灾害预报（画落区线），明确灾害性天气种类、强度、落区和影响时间等。中期预报：预报时效：3～15天；预报内容：主要针对降水、气温和灾害性天气，转折性天气的变化。一般有3～5天的预报、周报、旬报等。长期预报：预报时效：10～15天以上；预报内容：有旱涝、冷暖、雨量、气温等天气趋势展望，形式上有月、季、汛期和年度预报等多种。此外，因特殊需要，还有时效超过1年甚至5～10年的超长期天气预报（也称作气候展望）。按天气预报范围的大小，也可将天气预报分为全国、省区及市县等不同区域的天气预报。随着计算机技术及探测技术的发展，除常规天气图方法结合数理统计方法制作预报外，又将气象雷达和卫星探测资料应用于预报业务，同时发展了数值预报方法。天气预报正向着全面数字化、自动化的方向发展。

天气预报专家系统（weather forecast expert system）将气象专家平时预报天气行之有效的各种可靠预报依据资料（如临界条件、判定标准、模式、方程等）综合整理，输入到计算机中并作出预报天气的计算机系统。在操作时，将当时实际气象资料和预报要求输入该系统，通过运算即可获得所需天气预报。

W

温室气体（greenhouse gas，GHG）大气中自然或人为产生的，对太阳辐射中的短波波谱透明，但却能够有效地吸收地气系统所发射的红外长波辐射的气体成分。这种能够吸收长波辐射的大气气体犹如温室的透明玻璃可透过太阳可见光但又能将反射的热能保持在温室内，故名"温室气体"。通常称温室气体使地球增温的效应为温室效应。水汽（H_2O）、二氧化碳（CO_2）、氧化亚氮（N_2O）、甲烷（CH_4）和臭氧（O_3）是地球大气中主要的温室气体。此外，大气中还有许多完全由人为因素产生的温室气体，如卤烃和其他含氯、含溴物质。除CO_2、N_2O和CH_4外，《京都议定书》还将六氟化硫（SF_6）、氢氟碳化物（HFCs）和全氟化碳（CF_4）定为温室气体。

无线电气候学（radioclimatology）研究无线电波在大气中的传播特性随地区和季节变化规律的学科。实际上是大气无线电折射率气候学，即从气候的观点来研究大气无线电波折射率的空间变化及其时间变化的平均特性。大气中折射率随时间和空间的变化，可以分成规律性及随机性分量。规律性分量，可以用对一定的空间和时间范围的统计平均求得。这是无线电气候学的主要研究内容，如折射率沿高度和水平的分布，日变化和季节变化等特性。无线电气候学在通信、定位测速等方面得到广泛的应用。

物候学（phenology）又称生物气候学，研究周期性重现的生物现象及其与气候特别是季节变化的关系的学科，是气候学与生物学的交叉学科。中国西周初期，已有不少物候知识的记载，到战国时代已有完整的一年72候的物候历。中国系统地物候观测始于1963年，比欧洲要晚。物候学按其研究对象可分为动物物候学、植物物候学和生活物候学。按其学科性质，物候学又可分为物候遗传学、物候生态学和物候地理学。

物理气候学（physical climatology）用物理学方法分析、研究气候的形成及其现象的学科，气候学的分支之一。主要研究辐射过程及大气同地球表面间物理量的垂直交换过程，其中强调揭示气候的因果关系，解释气候现象的物理规律，尤其是有关全球地气系统的辐射平衡、能量平衡与水分循环等问题。

雾（fog）悬浮于近地面大气中的大量微细水滴（或冰晶）的可见集合体。雾和云的区别仅仅在于是否接触地面。雾使地面的水平能见度显著降低。雾可通过两种途径形成：（1）空气温度的降低，从而产生平流雾、辐射雾、上坡雾等；（2）空气中水蒸气的增加，从而产生蒸发雾、锋面雾、生物雾等。雾按其微结构和温度可分为三种：（1）暖雾，由温度高于0℃的水滴组成；（2）过冷雾，由温度低于0℃的过冷水滴组成；（3）冰雾，由冰晶组成。

X

霞（twilight colours）在日出日落前后，天气或云层上出现的彩光。每天早晚，由于太阳高度角低，阳光接近地平线，这时光线通过的大气层最厚，阳光中波长较短的各色光几乎被水蒸气和尘埃散射掉，剩下光波较长的红、橙、黄等色反映在天空或云层上，这就叫霞。早上出现在东方天空的霞叫早霞，傍晚出现在西方天空的霞叫晚霞。

夏季低温（summer microtherm）夏季气温长时间偏低的现象。它也能造成灾害。东北地区是中国重要的粮食基地，一般说来，这里夏季温度较高，雨水丰沛，对一年一熟的作物适宜，但有的年份夏季出现低温就可能严重影响作物生长。夏季低温是造成中国东北地区粮食减产最重要的气候灾害。

信风（trade wind）低层大气中由副热带高压南侧吹向赤道附近低压区的大范围气流。副热带地区近地层，空气向赤道及极地两侧流动。其中，向赤道的气流，在地球自转作用的牵引下，在北半球形成东北风，在南半球形成东南风。其位置、范围和强度随副热带高压等作比较规律性的季节性变化。因为它在热带海洋上很有规律的稳定出现，故称为"信风"；又因古代海上贸易要靠它吹送商船，故又有"贸易风"之称。它是全球大气环流的重要组成部分——哈得来（Hadley）环流的下沉分支之一。信风带指终年吹着信风的地带，多指南北半球副热带高压赤道一侧为信风所占据的纬度带。这一带上信风持久、恒定，在太平洋和大西洋的洋面上表现得十分明显。

雪（snow）大量白色不透明的冰晶（雪晶）及其聚合物（雪团）组成的固体降水。雪大多降自雨层云和高层云。按降雪程度的大小，可将降雪分为：（1）小雪：下雪时，水平能见距离1 000m或以上，或24小时降雪量小于2.5mm。（2）中雪：下雪时水平能见距离500～1 000m之间，或24小时降雪量在2.5～5mm。（3）大雪：水平能见距离小于500m，或24小时降雪量大于5mm。（4）暴雪：降雪强度特别大的降雪。为灾害性天气之一。

Y

应用气候学（applied climatology）研究气候学与有关专业的相互关系，并把气候资料及气候学知识应用于有关专业的学科，气候学的主要分支之一。主要研究如何利用与各专业有关的气候资源，防御气候灾害，分析和区划大气环境。因其应用对象不同，可分为农业气候学、林业气候学、水文气候学与医疗气候学等。

雨（rain）从大气中降落到地面的液态水滴。其直径一般大于0.5mm。小于0.5mm的液态降雨叫毛毛雨。雨滴一般呈球形。根据降水量的多少和降水的强度，可将雨分为毛毛雨、小雨、大雨、暴雨和大暴雨。雨滴在云中的形成过程有两种途径：（1）暖雨过程：云滴通过凝结和碰撞形成雨滴；（2）冷云过程：在过冷云中的冰核上形成冰晶，通过凝华、淞附长大成雪、霰等固态降水粒子，下落到暖云区溶化成雨。

云（cloud）（1）悬浮在大气中的大量微小水滴或冰晶或两者混合的可见聚合体；（2）悬浮在大气中的任何微小粒子的可见聚合体，如烟云。云分成高云、中云、低云三族，再细分为卷云、卷层云、卷积云、高层云、高积云、层云、层积云、雨层云、积云和积雨云等十属，并进一步细分为二十九类。此外，还有贝母云、飞机尾迹云等特殊云。

云和降水物理（physics of clouds and precipitation）研究大气中云的物理特性及其演变、降水过程的学科。主要包括两个方面：（1）云和降水微物理学，研究云中水滴、冰晶的生成及其增长演变成为雨、雪、雹等降水粒子的微观物理过程。它是云和降水物理学的重要组成部分，又是人工影响天气的主要理论基础。（2）云动力学，研究云体和云系的热力、动力过程。广义地说，云和降水物理还包括云的辐射传输和光、电现象等的研究。它同中小尺度天气研究有密切关系。云和降水物理的研究开始很早，作为独立的一门学科，它的发展与人类生产和生活需要的增雨、消云、消雾、消雹以及减轻狂风暴雨等自然灾害有密切关系。由于云和降水过程是全球大气运动变化和天气气候中最活跃的因子，20世纪80年代以来云物理的研究已经朝着其作用的几个方面进一步深入。第一是风暴云动力学与物理学的进一步深入，为风暴灾害预测、人工消雹降雨等提供基础；第二是云物理研究结合对流层大气中化学过程特别是酸雨等环境问题；第三是云和气溶胶的辐射气候效应。

Z

灾害性天气 (disastrous weather) 对大自然和人类的生命、生产活动造成严重危害的天气。灾害性天气有：台风、暴雨、寒潮、大风、沙尘暴、霜冻、旱涝、干热风、冰雹、雷暴和龙卷风等。中国大气、水圈灾害主要包括暴雨洪涝灾害、干旱灾害、热带气旋灾害、风雹灾害以及低温霜雪冻害、高温酷暑灾害和大雾灾害等。

政府间气候变化专门委员会 (IPCC, intergovernmental panel for climate change) 1988年由联合国专门机构世界气象组织和联合国环境署共同组建的政府间气候变化专业委员会 (IPCC)。IPCC是一个政府机构，其工作职责对全球范围内有关气候变化及其影响、气候变化减缓和适应措施的科学、技术、社会、经济方面的信息进行评估，并根据需求向《联合国气候变化框架公约》缔约方大会提供咨询，为保护环境和国际社会在气候方面的工作提供科学技术咨询。截至2007年IPCC已经发布了4次评估报告。第一次评估报告 (1990年) 确认了气候变化问题的科学基础。报告指出，"近百年的气候变化可能是自然活动或人类活动或二者共同影响造成的。"它直接推动了1992年联合国气候变化框架公约的诞生。第二次评估报告 (1995年) 清晰地明确了人类活动已经对全球气候系统造成了"可以辨别"的影响。报告指出，"定量表达人类活动对全球气候的影响能力仍有限，且在一些关键因子方面存在不确定性。但越来越多的各种事实表明，人类活动的影响已被觉察出来。"第二次评估报告在1997年《京都议定书》的谈判中发挥了重要作用。第三次评估报告 (2001年) 报告指出，"新的、更强的证据表明，过去50年观测到的大部分增暖'可能'归因于人类活动。"为各国政府制定应对气候变化的政策，实现气候公约目标提供了客观的科学信息，成为推动公约谈判的重要依据。第四次评估报告 (2007年) 明确指出观测到气候变化和影响气候系统的变暖是不容置疑的；近50年来南极外各大陆都出现了显著的人为变暖；对气候变化及其影响作了预估；目前应对气候变化的适应和减缓方案还需要进一步完善；对未来气候变化作了长期展望。IPCC第四次评估报告综合、系统、全面地评估了气候变化的最新研究成果。尽管气候变化在科学上还存在许多不确定性，但IPCC第四次评估报告作为国际科学界和各国政府在气候变化科学认识方面形成的共识性文件，将成为国际社会应对气候变化的重要决策依据。

中国气候观测系统 (China climate observation system，CCOS) 全球气候观测系统中国委员会根据系统要求在中国境内建立的观测系统。旨在为世界各国提供中国陆海空、生物圈和地质时期各类气候观测资料。"中国气候观测系统"将充分利用现有与气候观测有关的多部门业务观测网，强化大气与海洋、陆地、生态、环境等相互作用的信息资源采集能力，努力开发气候环境变化研究及其气候系统模式所需的新的参数和信息；增强中国现有与气候系统观测有关的业务观测网，建立气象、水文、农业、环境、海洋、林业、中科院等多部门业务观测网及其管理系统，通过集成，形成统一、规范的中国气候系统业务观测网工程体系；建立有效的气候系统、观测体系、观测质量评价和反馈机制，建立规范化的气候系统观测资料存储、处理规程，促进气候系统观测和信息资源的全面、多层次共享系统。中国气候观测系统包括16个关键观测区，其中选择位于南方沿海、东部沿海、北方沿海与内陆盆地具有代表性城市群落经济区作为人类活动对环境影响及其区域气候效应重点观测区；选择代表中国农业三大粮仓东北、黄淮海、长江中下游地区旱地、水浇地与水田不同类型农业生态区、温带、亚热带森林生态区、陆地短期本底背景与三江源生态区作为气候变化对农业、草地、湿地、森林生态等影响重点观测区；选择环渤海、海南岛、西沙群岛作为全球变化与区域海洋响应重点观测区；选择高原荒漠、戈壁沙漠、冰川、草原作为典型陆面特征边界层结构与全球变化区域响应重点观测区。该系统在大气观测方面，有地面站2 409个、高空站120个、辐射站98个、大气成分站4个、民航站144个、农垦站260个；在海洋观测方面，有海洋站60个、浮标观测网3个、岸基测冰雷达站1个、海监飞机1架、观测船数艘；在陆地观测方面，初步建立了水文观测网和生态观测网；在冰雪圈观测方面，对雪深、冰川、冻土等资料，也相应建站进行观测和资料收集。

六、生物学

(Biology)

A

ABO 血型系统（ABO blood type）根据红细胞表面有无特异抗原（凝集原）A 和 B 来划分的血液类型系统。它是美籍奥地利科学家兰茨泰纳在 1900 年发现和确定的人类第一个血型系统。通常分为四种类型：红细胞上只有 A 抗原者为"A 型"，只有 B 抗原者为"B 型"，AB 抗原均有者为"AB 型"，AB 抗原均无者为"O 型"。此外还有亚型（如 A_1、A_2 型）MN、P、Rh 等十余个血型系统。人的血型终身不变，而且能遗传。ABO 血型抗原具有种族差异性。

癌基因（oncogene）能引起细胞癌变的基因。人和动物细胞基因组中的癌基因称为细胞癌基因。正常情况下，在没有受到致癌剂激活时，细胞癌基因并不能使细胞癌变，而且这些基因的正常表达是个体发育、细胞增殖、组织再生等生命活动所不可缺少的。因此，将这些没有活化的细胞癌基因称为原癌基因；只有当原癌基因发生突变或者激活后引起细胞癌变，才称其为癌基因。来自病毒基因组中的癌基因称为病毒癌基因。现已证明该基因并不是起源于病毒本身，而是这些病毒感染宿主细胞后，将宿主的细胞癌基因摄取至自身基因组中，经过某些突变，形成癌基因。当再次感染其他宿主细胞时，可将这些癌基因插入到宿主细胞基因组中使之发生恶性转化。目前已识别的原癌基因有 100 多个。

氨基酸（amino acid）含有一个碱性氨基和一个酸性羧基的有机化合物，是组成蛋白质的基本单位。氨基一般连在 α - 碳上，人（或其他脊椎动物）本身不能合成，需要从食物中获得的氨基酸（如赖氨酸、苏氨酸等），称为必需氨基酸；人（或其他脊椎动物）自己能合成，不需要从食物中获得的氨基酸称为非必需氨基酸。

暗修复（dark repair）照射过紫外线细胞的 DNA，不需要可见光的反应而使细胞的增殖能力得到恢复的过程。暗修复的机制有去除修复和重组修复。去除修复是经过一系列酶的作用将由紫外线照射作用所生成的嘧啶二聚体从 DNA 上除去，产生的缝隙通过修补合成而得到填补，从而变为完整的 DNA。重组修复是受损伤的 DNA 在复制后通过重组来进行的修复。由射线和化学物质所造成的损伤的修复也与此有关。

B

胞间连丝（piasmodesma）植物体内连接相邻细胞的管状结构。胞间连丝的直径 $40 \sim 50nm$，贯穿细胞壁与细胞膜。它不仅将相邻细胞的细胞膜、细胞质、内质网连接起来，而且也是植物细胞间物质运输和信息传递的重要通道。

边缘效应（edge effect）在某一生态系统的边缘、两个或多个生态系统的交界区域，能流、物流和信息流都远远大于生态系统内部的现象。如一个森林生态系统的边缘（林缘带）往往分布着比森林内部更为丰富的动植物种类，具有更高的生产力和更丰富的景观。

病毒（virus）一类个体微小，无完整细胞结构，含单一核酸（DNA 或 RNA）型，必须在活细胞内寄生并复制的非细胞型微生物。其结构类似染色体，但染色体控制着细胞的化学过程；而病毒一旦进入细胞内，就会建起它自己的反控制系统。病毒可以把所有的细胞机能都转向去执行形成更多病毒的任务。细胞往往在这个过程中被杀死。所有的病毒都是寄生的，它们缺乏独立生活的能力，仅仅能够在细胞内繁殖。

伯杰氏手册（Bergey's manual）伯杰氏鉴定细菌学手册。由美国宾夕法尼亚大学的细菌学教授伯杰及其同事于 1923 年为细菌的鉴定而编写。该书自问世以来，国际上的细菌分类学家不断地进行修订，近代版本反映了出版年代细菌分类学的最新成果，由此也逐渐确立了它在国际上对细菌进行全面分类的权威地位。20 世纪 70 年代以来，该书提出的分类系统已被各国普遍采用。

捕食（predation）一种生物（称捕食者）以另一种生物（称猎物）为食的现象。它包括：（1）传统捕食，指肉食动物吃草食动物或其他肉食动物；（2）草食，指动物取食绿色植物营养体、种子和果实；（3）拟寄生，指昆虫界的寄生现象，寄生昆虫常常把卵产在其他昆虫（寄主）体内，待卵孵化为幼虫以后便以寄主的组织为食，直到寄主死亡为止；（4）同种相残，这是捕食的一种特殊形式，指捕食者和猎物均属同一物种。

C

草本植物（herb plant）木质部不发达，茎、枝柔软，植株较小的植物。根据其生活周期的长短，可分为：一年生草本植物（如水稻、花生、玉米、大豆、番茄和春小麦等）、二年生草本植物（如萝卜、白菜、甜菜、蚕豆和冬小麦等）和多年生草本植物（如甘蔗、甘薯、马铃薯、万年青和麦冬等）。

层黏连蛋白（laminin，LN）一种具有多种生物学功能的基膜糖蛋白，与IV型胶原一起构成基膜，是胚胎发育中出现最早的细胞外基质成分。基膜是上皮细胞下方一层柔软的细胞外基质。它不仅起保护和过滤作用，还决定细胞的极性，影响细胞的代谢、存活、迁移、增殖和分化。

常染色体（autosome）在生物体细胞中，成对存在的与性别决定无关的染色体。如人体中除性染色体（X、Y）之外的其余双对染色体，均为常染色体。

常染色体显性遗传（autosomal dominant inheritance）一种性状或遗传病基因位于常染色体上，其性质是显性的，即在杂合状态下表现出相应症状的遗传方式。其所引起的疾病称为常染色体显性遗传病，如先天性软骨发育不全、Huntington 舞蹈病等。

常染色体隐性遗传（autosomal recessive inheritance）一种性状或遗传病基因位于常染色体上，其性质是隐性的，即在杂合状态下不能表现出相应症状的遗传方式。由它所引起的疾病称为常染色体隐性遗传病，如白化病等。

初级代谢（primary metabolism）能使营养物转化为结构物质、生理活性物质或提供生长能量的一类代谢。其产物有小分子前体物、单体、多聚体等生命必需物质。微生物通过代谢活动所产生的自身繁殖所必需的物质称为初级代谢产物。其中任何一种合成受阻都会影响微生物的正常生命活动，甚至导致其死亡。所以初级代谢产物的合成贯穿生命全过程。

次级代谢（secondary metabolism）某些微生物在一定生长时期出现的一类代谢。其产物有抗生素、酶抑制剂、毒素、甾体化合物等。它与生命活动无关，不参与细胞结构，也不是酶活性所必需，但对人类有用。次级代谢产物是微生物生长到一定阶段才产生的，对于该微生物没有明显的生理功能，并非其生长和繁殖所必需的物质，并且初级代谢和次级代谢两类代谢产物可在同一阶段产生。

重组 DNA 技术（recombinant DNA technique）在体外通过酶的作用将异源 DNA 与载体 DNA 重组，并将重组的 DNA 分子导入受体细胞内，以扩增异源 DNA，并实现其功能表达的技术。DNA 重组技术使生物技术中的转化环节更加优化，而且它所提供的方法不仅可以分离得到高产量的微生物菌株、原核生物细胞和真核细胞，还可以作为生物工厂来大量生产胰岛素、干扰素、生长激素、病毒抗原等外源蛋白。此外，DNA 重组技术还可简化许多化合物和大分子的生产过程。

D

DNA（deoxyribonucleic acid）又称脱氧核糖核酸，由含有糖、磷酸和四种碱基生物大分子形成的两个反向平行链组成，呈双螺旋结构的生命遗传物质。生物体的遗传信息主要定位在 DNA 分子上。DNA 分子上的核苷酸序列最终决定生命的遗传信息。

蛋白聚糖（proteoglycan）氨基聚糖（除透明质酸外）与核心蛋白质的共价结合物。蛋白聚糖多体的分子量巨大，其体积可超过细菌。在动物的各种组织中都有蛋白聚糖存在，而以结缔组织中居多，其次为细胞外基质、细胞核。氨基聚糖及蛋白聚糖在细胞运动、增殖、分化、信息传递、细胞间的识别和黏合、细胞与细胞外基质的黏着，以及胚胎发育中都具有重要作用。此外，氨基聚糖及蛋白聚糖还与某些病理过程，如关节炎、动脉粥样硬化及肿瘤等相关。

蛋白酶（protease）可催化蛋白质水解的酶类。它的种类很多，主要有胃蛋白酶、胰蛋白酶、组织蛋白酶、木瓜蛋白酶和枯草杆菌蛋白酶等。蛋白酶对所作用的反应底物有严格的选择性。

蛋白质（protein）由一条或多条肽链组成的构成生命物质的高分子有机化合物。组成蛋白质的基本单位是氨基酸，氨基酸通过脱水缩合形成肽链。组成蛋白质的多肽链，每一条皆有二十至数百个氨基酸残基不等。各种氨基酸残基按一定的顺序排列。蛋白质是构成生命的物质基础。

动物资源（animal resource）地球上生存的所有动物。动物资源按照其主要用途大致可以分为：珍贵特产动物、食用动物、药用动物、工业用动物、实验动物、害虫害兽的天敌动物、观赏动物和具有其他作用的动物等八类。

对数生长期（log phase）当微生物在一个密闭系统培养（分批培养）时，根据其生长速度和比生长速度的变化情况，而将微生物的生长过程所分的不同阶段。当微生物生长到一定阶段后，微生物的比生长速度达到最大，此时进入对数生长期。在对数生长期中，若没有抑制或限制微生物生长的因素存在，微生物得以保持一个恒定的最大的比生长速度，细胞数量呈指数递增状态。

F

翻译（translation）蛋白质合成期间，在核糖体、tRNA 和多种蛋白质因子的共同参与下，根据 mRNA 上代表一条多肽链的核苷酸残基序列，合成多肽链氨基酸残基的过程。它包括起译、接肽和终止三个阶段。

纺锤丝（spindle fiber）细胞在有丝分裂期组成纺锤体丝状结构的总称。在经过固定的细胞中，用电子显微镜能观察到许多丝状结构的纺锤体，可以发现它是由直径约 20nm 的微管所组成，着丝粒丝是由成束的微管组成。在光学显微镜下所能看到的固定细胞中的许多"纺锤丝"是微管次生聚合图像。

纺锤体（spindle）减数分裂和有丝分裂前中期，细胞质中出现的纺锤形结构。纺锤体由极间丝（又称连续丝或极间微管）、着丝点丝（又称染色体牵丝）、星体丝及区间丝四种微管组成，和染色体运动密切相关。一般在有丝分裂的晚前期或早中期出现。

分子生物学（molecular biology）在分子水平上研究生物大分子的结构与功能，以及以研究生命本质为目的的一门新兴边缘学科。所谓在分子水平上研究生命的本质，主要是指对遗传、生殖、生长和发育等生命基本特征的分子机理进行阐明，从而为利用和改造生物奠定理论基础提供新的手段。这里的分子指的是携带遗传信息的核酸和在遗传信息传递及细胞内、细胞间的通讯过程中发挥着重要作用的蛋白质等生物大分子。这些生物大分子均具有较大的分子量，由简单的小分子核苷酸或氨基酸排列组合以蕴藏各种信息，并且具有复杂空间结构以形成精确的相互作用系统，由此构成生物的多样化和生物个体精确的生长发育和代谢调节控制系统。阐明这些复杂的结构及结构与功能的关系是分子生物学的主要任务。

分子遗传学（molecular genetics）在分子水平上，研究生物遗传和变异机制的遗传学分支学科。主要研究基因的本质、功能及其变化等问题。分子遗传学的研究，特别是重组 DNA 技术，已经成为许多遗传学分支学科的重要研究方法。分子遗传学已经渗入到许多生物学分支学科中。以分子遗传学为基础的遗传工程，正在发展成为一个新兴的工业生产领域。

分子杂交（molecular hybridization）应用复性动力学原理和探针技术对在分子克隆中的一类核酸和蛋白质进行分析的一种方法。它被用于混合样品中对特定核酸分子或蛋白质分子是否存在及其分子量大小的检测。已成为遗传学和分子生物学等生命学科中最为普遍和重要的方法之一。分子杂交方法多种多样。其共同特点：（1）都是应用复性动力学原理；（2）都必须有探针的存在。所谓探针，就是用同位素或非同位素（如荧光染料、生物素等）标记的短片段特异 DNA 或 RNA。根据其检测对象的不同，分子杂交可分为 Southern 杂交、Northern 杂交和 Western 杂交，以及由此而衍化的斑点杂交、狭线杂交和菌落杂交等。

浮游生物（plankton）悬浮于水中的游泳能力微弱或无游泳能力的体型细小的水生生物。根据有机体的形态，可将其分为浮游细菌、浮游植物和浮游动物三大类。按其个体的大小又可分为以下六种类型：（1）巨型浮游生物。个体大于 1cm，最大可超过 1m，例如霞水母、海蜇、天翼箭虫、火体虫等。（2）大型浮游生物。个体在 5～10mm 之间，如太平洋磷虾、强状箭虫等。（3）中型浮游生物。个体在 1～5mm 之间，如枝角类、桡足类等。（4）小型浮游生物。个体在 0.05～1mm 之间，如硅藻、太阳虫类等。（5）微小浮游生物。个体在 0.005～0.05mm 之间，如蓝藻类等。（6）超微浮游生物。个体在 0.005mm 以下，如细菌类等。

辐射生物学（radiation biology）一门研究光、X 射线和核辐射等对生物体产生影响的学科，是生物物理学的分支学科。主要研究辐射对生物的作用过程、辐射的生物个体效应、辐射的细胞学效应和辐射的遗传学效应。它是辐射育种、辐射食品保藏和昆虫辐射不育研究与应用的理论基础。

G

光合作用（photosynthesis）绿色植物吸收光能，同化二氧化碳和水，制造有机物质并释放氧气的过程。光合作用对整个生物界产生巨大作用：一是把无机物转变成有机物；二是将光能转变成化学能，绿色植物在同化二氧化碳的过程中，把太阳光能转变为化学能，并蓄积在形成的有机化合物中；三是维持大气中氧气和二氧化碳的相对平衡。人类所利用的能源，如煤炭、天然气、木材等都是现在或过去的植物通过光合作用形成的。所以，绿色植物的光合作用是地球上有机体生存、繁殖和发展的根本源泉。

光呼吸（photorespiration）又称 C_2 循环，绿色细胞在太阳光下吸收氧气放出二氧化碳的过程。光呼吸是一种耗能过程，将光合作用已固定碳素的 $20\%\sim40\%$ 氧化释放。因此，降低光呼吸是提高光合作用效能的途径之一。光呼吸有很重要的细胞保护作用。

H

呼吸作用（respiration）生活在细胞内的有机物，在酶的参与下逐步氧化分解并释放能量的过程。呼吸作用的产物因呼吸类型的不同而有差异。依据呼吸过程中是否有氧的参与，可将呼吸作用分为有氧呼吸和无氧呼吸。

互利共生（mutualism）共同生活在一起的两种生物，相互依赖，彼此受益的现象。例如，地衣就是真菌和苔藓的共生体，靠真菌的菌丝吸收养料，靠苔藓的光合作用制造有机物。

J

基因（gene）具有遗传功能的DNA片段。它是编码一条多肽链或功能RNA所必需的全部核苷酸序列。生物的性状，如花的颜色、人的高矮、毛发颜色等，都是由基因与环境相互作用而决定的。人们对基因的认识有一个过程。最早孟德尔用颗粒性"遗传因子"对生物遗传现象作了解释，为了使"遗传因子"的概念更为准确方便，人们后来采用了丹麦遗传学家约翰逊在1909年提出的"基因"一词来代替孟德尔的"遗传因子"。

基因漂移（gene transfer）转基因植物在授粉时发生杂交，将转基因植物的基因转移到附近非转基因植物的体内，导致物种基因的变化，使环境发生不可预测后果的过程。转基因食品中的基因漂移对人是否有危害，科学界对此有两种不同见解：一种观点认为，尽管转基因只漂移到人体肠道细菌体内，还没有直接成为人体基因的一部分，但很快就有可能融入人体；然而，大多数微生物学家认为，迄今，还没有任何证据证明这种基因在细菌体内发挥作用，也无任何证据证明这种基因漂移对人体有副作用。

基因组（genome）生物细胞中整套染色体所包含的全部基因。如核基因组是单倍体细胞内的全部DNA分子；线粒体基因组是一个线粒体所包含的全部DNA分子。

基因组学（genomics）研究生物基因组的结构与功能，揭示生命现象本质的一门学科。它是近年来在基因组计划的基础上发展起来的新兴学科。基因组学的主要工具和方法包括生物信息学、遗传分析、基因表达测量及基因功能鉴定等。其提供的基因组信息以及相关数据系统的利用，试图解决生物、医学和工业领域的某些重大问题。基因组学能为一些疾病提供新的诊疗方法，还被用于食品和农业部门。

减数分裂（meiosis）DNA复制一次，而细胞连续分裂两次，形成单倍体的精子或卵子，通过受精作用又恢复二倍体的分裂方式。在减数分裂过程中同源染色体间发生交换，使配子的遗传多样化，增加了后代的适应性。因此，减数分裂不仅能够保证生物物种染色体数目的稳定，同时还可以使生物在新的环境条件下不断地进化。其分裂形式有下列三种：配子减数分裂、孢子减数分裂和合子减数分裂。

胶原（collagen）动物体内含量丰富的一类蛋白质。它存在于几乎所有组织中，具有高抗张能力，是决定结缔组织韧性的主要因素，也是机体必不可少的有机物，并在多种生命活动中发挥着极其重要的作用。胶原主要分布在皮肤、骨、肌腱、血管、角膜等组织中。人体皮肤组织中70%由胶原组成，它维持着皮肤的滋润和弹性。骨组织由1/3有机物质和2/3无机物质构成，胶原约占有机物质的 $80\%\sim90\%$，它维持着骨结构的完整及骨生物力学特征。血管壁也主要是由胶原组成，血管壁的胶原含量下降，血管壁就会变透明，它维持着血管壁的正常厚度和韧性。

姐妹染色单体（sister's chromatid）在细胞分裂间期，由同一条染色体经复制后形成的由一个着丝点连着的并行的两条染色单体。它在细胞分裂的间期、前期、中期成对存在，其大小、形态、结构及来源完全相同。细胞中每对姐妹染色单体之间的化学组成是一致的，DNA分子的结构相同，所包含的遗传信息也一样。在有丝分裂和减数第二次分裂后期，每对姐妹染色单体都随着着丝点的分裂而彼此分开。

K

抗体（antibody）机体内的淋巴系统细胞在抗原物质激发下合成的一种具有特异性免疫功能的免疫球蛋白。抗体与相应抗原在机体内结合后，可以通过吞噬、排泄而将抗原清除，或使抗原失去致病作用，故常用以防治某些疾病。如果抗体与相应抗原在体外结合，也可作为临床诊断的一种方法。

抗原（antigen）一类能刺激机体免疫系统使之产生特异性免疫应答，并能与相应免疫应答产物即抗体和致敏淋巴细胞在体内和体外发生特异性结合的有机物质。

抗原－抗体反应（antigen-antibody reaction）抗原和对应的抗体在一定条件下特异结合形成可逆性抗原-抗体复合物的过程。抗原-抗体反应是在免疫球蛋白分子上的抗原结合簇与抗原分子上的抗原决定簇相互吸引，以及多种分子间的引力参与下发生的。这种反应没有化学键的形成。由于抗原的物理性状、抗体的特点、参与反应的介质和实验条件的不同，抗原-抗体反应可分为凝集反应、沉淀反应、补体结合反应或嗜细胞反应等。这些反应已成为疾病诊断、病原微生物鉴定、流行病学调查以及科学研究工作中广泛应用的手段。

柯赫法则（Koch's postulates）关于细菌与病害关系的法则。它是德国科学家柯赫根据工作经验以及其前辈黑图的观点而提出的一套科学验证方法。其内容为：（1）病原微生物只出现于患病的个体上而不存在于健康的个体中；（2）病原微生物可以从寄主体内分离出来，并得到纯培养；（3）将分离得到的微生物回接到健康的寄主身上，可使其产生相同的疾病；（4）可以从患病寄主身上重新分离出相同的微生物。柯赫法则成功地验证了细菌与病害的关系。

L

流式细胞术（flow cytometry，FCM）对单个细胞进行快速定量分析与分选的一种技术。在分析或分选过程中，包在鞘液中的细胞通过高频振荡控制的喷嘴，形成包含单个细胞的液滴。在激光束的照射下，这些细胞发出散射光和荧光，经探测器检测，转换为电信号，送入计算机处理，输出统计结果，并可根据这些性质分选出高达99%纯度的细胞亚群。包被细胞的液流称为鞘液，所用仪器称为流式细胞计。

M

酶（enzyme）生物体产生的具有催化能力的蛋白质。是生物体内进行代谢反应不可缺少的物质。酶不改变反应的平衡，它只是通过降低活化能加快化学反应的速度。酶具有专一性、高效性、温和性的特征。

酶激活剂（enzymatic activator）能提高酶活性的一类物质。大多数的激活剂为金属离子，如Mg^{2+}、K^+等；少数为阴离子，如Cl^-等。还包括某些有机化合物，如胆汁酸盐等。激活剂的作用是能与酶　底物或酶—底物复合物结合反应，或参与酶活性中心的构成，加速酶促反应速度。

酶抑制剂（enzymatic inhibitor）能与酶分子上某些基团结合而使酶活性下降或丧失的一类物质。酶抑制剂与酶活性部位的结合是共价还是非共价结合，能否通过物理方法去除或通过增加底物排除抑制作用，把抑制作用分为可逆和不可逆抑制。

免疫细胞（immune cell）能识别抗原、产生特异性免疫应答的淋巴细胞等各种细胞。如T淋巴细胞、B淋巴细胞、K淋巴细胞、NK淋巴细胞等。

免疫学（immunology）研究生物体对抗原物质免疫应答及其原理与方法的生物医学学科。免疫应答是机体对抗原刺激的反应，也是对抗原物质进行识别和排除的一种生物学过程。机体的免疫功能是对抗原刺激的应答，而免疫应答又表现为免疫系统识别自己和排除异己的能力。免疫功能根据免疫识别发挥作用。现代免疫学逐步发展成为既有自身的理论体系，又有特殊研究方法的独立学科。目前，免疫学的研究已经达到细胞和分子水平。

木本植物（woody plant）根和茎因增粗生长形成大量的木质部，而细胞壁也多数木质化的植物。植物体木质部发达，茎坚硬，多年生。根据其植株高度及分枝部位等不同，可分为：乔木（如松、杉、枫杨、樟等）、灌木（如柑橘、月季、玫瑰和茶等）和半灌木（如牡丹）。

P

培养基（medium）人工地将多种营养物质按照各种微生物生长的需要配制而成的一种混合营养物质。按照培养基的物理状态，可将其分为：固体培养基、半固体培养基、液体培养基。在液体培养基中加入凝固剂，如琼脂、明胶、硅胶等，即可形成固体或半固体培养基。以琼脂为例，在一般的液体培养基中，加入 1.5%～2.0% 的琼脂可形成固体培养基；加入 0.2%～0.7% 的琼脂可形成半固体培养基。在液体培养基中，加入少量凝固剂，即为半固体培养基。一般琼脂只需要加入 0.2%～0.7%。已经配制好的培养基必须立即灭菌，以防止其中的微生物生长而消耗营养成分和改变培养基的 pH 值。

偏利共生（commensalism）又称共栖，生活在一起的两种生物，一方受益而另一方无利的现象。附生植物与被附生植物是一种典型的偏利共生，如苔藓、某些蕨类以及很多高等的附生植物（如兰花）附生在树皮上，借助于被附生植物支撑自己，获取更多的光照和空间资源。

葡萄糖效应（glucose effect）较慢代谢的碳源所需酶的合成被易分解的碳源所阻遏的现象。葡萄糖效应并不是由葡萄糖直接造成，而是葡萄糖某种分解代谢物引起，环腺苷酸（cAMP）是关键控制因子。葡萄糖的某种代谢产物降低了 cAMP 水平，即使有诱导剂存在，也不能合成分解其他糖的酶。只有葡萄糖消耗完，cAMP 水平上升，才能开始转录、合成。

Q

潜伏期（latent period）毒粒从吸附于细胞到受染细胞释放出子代毒粒所需的最短时间。病毒在复制过程中形成的完整而成熟的病毒颗粒称为毒粒。它有固定的形态和大小，而且一般都有浸染性。

R

染色体（chromosome）由核酸和蛋白质组成的复合体。生物的遗传物质是通过染色体的形式从亲代传给子代，从而保持物种的稳定性和连续性。不同生物的染色体数量是不一样的。例如，人类有 23 对共 46 条染色体，其中有一对染色体是决定性别的，称为性染色体，男性为 XY，女性为 XX。

人工被动免疫（passive artificial immunity）采用人工方法向机体输入由他人或动物产生的免疫效应物（免疫血清、淋巴因子等），使机体立即获得免疫力的免疫方式。它主要用于疾病的治疗和应急预防。其特点是产生作用快，输入后立即发生作用。但由于该免疫力非自身免疫系统产生，且易被清除，故免疫作用维持时间较短，一般只有 2～3 周。

人类脑计划（human brain project）共同研究脑、开发脑、保护脑和创造脑的一项重大研究计划。它是继人类基因组计划之后，又一国际性的科研计划。为了组织和协调全世界神经科学家和信息学家实施人类脑计划，1993 年，以美国为首的神经信息学工作组建立。根据规定，成员国之间可利用电子网络寻求研究协作伙伴，进行数据交换和科研协作，可以免费使用神经信息学数据库和信息工具，承担科研任务，共享科研成果和脑研究资源。2001 年 10 月 4～5 日，中国科学家赴瑞典参加了人类脑计划的第四次工作会议，成为参加此计划的第 20 个成员国。

S

生命科学（life science）利用现代化学和生物学的理论与方法，在分子水平上对生物体内的重要物质（如核酸、蛋白质、酶、糖等）的结构、性质、功能及其代谢、调控的机理等进行研究，从而揭示生命现象本质的科学。它是与化学、生物学、医学等学科紧密相关的一门综合性学科。

生物多样性（biodiversity）一个区域内生命形态的丰富程度，包括地球上生物圈中所有的生物，即动物、植物、微生物，以及它们所拥有的基因和生存环境。生物多样性是生物圈的一个显著特征，包含遗传多样性、物种多样性和生态系统多样性三个层次。生物多样性是生命在其形成和发展过程中与多种环境要素相互作用的结果，也就是生态系统进化的结果。生物圈或其部分区域中的某个物种过于强大时，会造成其他物种数量的减少甚至灭绝，从而损害生物多样性。因此，生物多样性还意味着生物种群在个体数量上的均衡分布。在地球的热带雨林中，生活着全世界半数以上的物种（约 500 万种），那里的生物多样性最为丰富。

生物圈（biosphere）又称生态圈，地球上所有生命与其生存环境的整体。生物圈包括地表上下 25～34km 内的区域，含大气圈的下层，岩石圈的上层，整个土壤圈和水圈。但是，大部分生物都集中在地表以上 100m 到水下 100m 的大气圈、水圈、岩石圈、土壤圈等圈层的交界处，这里是生物圈的核心。

生物信息学（bioinformatics）用数理学和信息科

学的观点、理论和方法研究生命现象，组织和分析呈指数增长的生物学数据的一门交叉学科。已成为基因组学研究中的基本手段。研究范围涉及 DNA 和蛋白质序列及结构的收集、整理、贮存、发布、提取、加工、分析和发现，识别和克隆人类新基因及预测其功能。

生物钟（biological clock）又称生理钟，生物体内的一种无形的"时钟"。生物钟实际上是生物体生命活动的内在节律性，它是由生物体内的时间结构序所决定的。生物通过感知外界环境的周期变化，调节本身生理活动的节律，使其在一定的时期开始、进行或结束，如睡眠周期、季节性冬眠、垂体的间歇性荷尔蒙分泌等。

生物资源（bioresource）通常指植物、动物和微生物，即可被人类利用的一切生命有机体的总和。生物资源不同于其他自然资源，有其特殊的性质，在整个自然资源中起着桥梁作用并占据中心地位。生物资源与非生物资源的本质区别在于生物资源可以不断地自然更新和人为繁殖扩大，而非生物资源则不能。利用生物资源的这一特性，必须保护生物资源本身不断更新的生产能力，从而才有可能达到长期利用的目的。联合国在 1980 年发表的《世界自然保护大纲》中提出了生物资源保护的三个目标：（1）维持基本的生态过程和生命维持系统；（2）保持遗传的多样性；（3）保证生态系统和生物物种的持续利用。为达到这些目标，提出国家和国际应承担的责任，并从政策、计划、立法、培训、科研、群众参与等多方面的综合措施探寻解决问题的途径。这种认识问题的观点和解决问题的对策，对 20 世纪 80 年代以来环境与发展的问题起了重要的指导作用。

食物链（food chain）在生态系统中，生物之间通过吃与被吃关系联结起来的链索结构。如在稻田生态系统中，常有稻飞虱吃水稻，青蛙吃稻飞虱，蛇吃青蛙，老鹰吃蛇，这就构成了"水稻→稻飞虱→青蛙→蛇→老鹰"的食物链。

食物网（food web）在生态系统中，一种消费者同时取食多种食物，而同一食物又可被多种消费者取食，这样形成的生态系统内多条食物链之间纵横交错、相互联结的网状结构。

T

体液调节（humoral regulation）机体内某些细胞产生的特殊化学物质，借助于血液循环的运输，到达全身各器官组织或某一器官组织，从而引起的某些特殊反应的生化过程。许多内分泌细胞所分泌的各种激素，就是借体液循环的通路对机体的功能进行调节的。例如，胰岛 B 细胞分泌的胰岛素能调节组织、细胞的糖与脂肪的新陈代谢，有降低血糖的作用。体内血糖浓度之所以能保持相对稳定，主要依靠体液调节。

突变（mutation）DNA 结构发生突然改变的一种遗传现象。任何一种突变都是因为 DNA 结构中碱基发生改变。突变的种类很多，根据 DNA 碱基序列改变的多少，可以分为单点突变和多点突变。前者只涉及一个碱基对的改变，后者则有两个或两个以上碱基对发生改变。点突变可以是碱基替换、碱基插入或碱基缺失。通常点突变特指碱基替换。能够引起突变的因素很多，既有物理方面的，也有化学方面的。常见的突变剂有碱基类似物、亚硝酸、丫啶橙类嵌合剂、紫外线等。使用突变剂处理生物体而产生的诱变叫诱发突变。诱发突变的频率很高，而且可以在离体条件下进行定向诱变。用离体定向诱变技术产生和分析突变的方法与经典的遗传学方法相反，称为反求遗传学。这种方法可以定向地产生缺失、插入、碱基替换、移码等不同类型的突变。这项技术在现代分子生物学、生物化学，尤其是蛋白质工程中发挥着极其重要的作用。

吐水（guttation）完整的植物在土壤水分充足、土温较高、空气湿度大的早晨，从叶尖或叶边缘排水孔吐出水珠的现象。

W

微生物（microorganism）广泛存在于自然界中的肉眼看不见、必须借助光学显微镜或电子显微镜放大数百倍、数千倍甚至数万倍才能观察到的一类微小生物的总称。它们具有体形微小、结构简单、繁殖迅速、容易变异，而且适应环境能力强等特点。按其结构、化学组成及生活习性等差异可分成三大类：（1）真核细胞型微生物。细胞核的分化程度较高，有核膜、核仁和染色体；胞质内有完整的细胞器（如内质网、核糖体及线粒体等）。真菌属于此类型微生物。（2）原核细胞型微生物。其细胞核分化程度低，仅有原始核质，没有核膜与核仁；细胞器不很完善。这类微生物种类众多，有细菌、螺旋体、支原体、立克次体、衣原体和放线菌。（3）非细胞型微生物。没有典型的细胞结构，亦无产生能量的酶系统，只能在活细胞内生长繁殖。病毒属于此类型微生物。

无丝分裂（amitosis）又称直接分裂，在真核细胞内没有出现纺锤丝和染色体变化的一种分裂方式。无丝分裂有多种形式，最常见的是横缢式分裂，细胞核先延长，然后在中间缢缩、变细，最后断裂成两个子核。另外还有碎裂、芽生分裂、变形虫式分裂等。无丝分裂在胚乳发育过程中以及植物形成愈伤组织时，常频繁出现。

无性生殖（asexual reproduction）不经过生殖细胞的结合由亲代直接产生子代的生殖方式。最常见的有：（1）分裂生殖，亲体纵裂或横裂成两个子体（如细菌、涡虫）；（2）孢子生殖，亲体产生一种细胞，称"孢子"，不经结合，直接形成新的个体（如各种孢子植物和孢子虫类）；（3）出芽生殖，亲体在一定的部位上长出芽体，逐渐长大，脱离母体而成为独立的个体（如酵母菌、水螅）。广义上的无性生殖，也包括农业与林业上应用的扦插、压条、嫁接等。

X

XY 型（XY-type）决定性别的一对染色体。其特点是：雌性动物体内有两条同型的性染色体 XX，雄性个体内有两条异型的性染色体 XY，如哺乳动物、果蝇等。

细胞免疫（cellular immunity）T 细胞受到抗原刺激后，分化、增殖、转化为致敏 T 细胞，当相同抗原再次进入机体时，致敏 T 细胞对抗原直接杀伤及致敏 T 细胞所释放的淋巴因子的协同杀伤的过程。细胞免疫的产生分为感应、反应和效应三个阶段。

细胞学说（cell theory）研究细胞构成、细胞发生与发展、细胞功能、细胞新陈代谢以及生物体与细胞关系的学说。细胞是动、植物有机体的基本结构单位、功能单位和发育基础，也是生命活动的基本单位。细胞学说的主要内容是：生物都是由细胞和细胞的产物所构成的，所有细胞在结构和组成上是相似的，各自执行特定的功能，并能独立存活，生命过程是有共同性的；生物体通过其细胞的活动而反映其功能；新细胞是由已存在的细胞一分为二形成的，各种细胞有其发生、发展过程；生物病害是其细胞新陈代谢和代谢失常所致。这样，就论证了整个生物界在结构上的统一性，细胞把生物界的所有物种都联系起来了，生物彼此之间存在着亲缘关系。这是对生物进化论的一个巨大的支持。细胞学说的建立有力地推动了生物学的发展，为辩证唯物论提供了重要的自然科学

依据。恩格斯对此评价很高，把细胞学说誉为 19 世纪自然科学的三大发现之一。

向光性（phototropism）植物感受光信号刺激而引起弯曲生长的现象。向光性是植物的一种生态反应。植物的向光性以嫩茎尖、胚芽鞘和暗处生长的幼苗最为敏感。生长旺盛的向日葵、棉花等植物的茎端还能随太阳而转动。燕麦、小麦、玉米等禾木植物的黄花苗以及豌豆、向日葵的上下胚轴，都常用作向光性的研究材料。

血红蛋白（hemoglobin, Hb）高等生物体红细胞负责运载氧的一种氧转运蛋白。它是由两个 α 亚基和两个 β 亚基构成的。在与人体环境相似的电解质溶液中，血红蛋白的四个亚基可以自动组装成 $\alpha 2 \beta 2$ 的四聚体形态。

Y

Y 连锁遗传（Y-linked inheritance）又称全男性遗传，控制某种性状或疾病的基因位于 Y 染色体上而随 Y 染色体传递的一种方式。其特点是：具有 Y 连锁者均为男性，亲代男方致病基因仅传递给儿子，女儿正常，即只出现男传男现象。Y 连锁基因较少，大多与睾丸形成、性别分化有关。

芽孢（spore）某些细菌在其生长发育后期，在细胞内形成的一个圆形或椭圆形、厚壁、含水量极低、抗逆性极强的休眠体。由于每一营养细胞内仅生成一个芽孢，故芽孢无繁殖功能。芽孢是整个生物界中抗逆性最强的生命体，特别是在抗热、抗化学药物、抗辐射和抗静水压等方面。一般细菌的营养细胞不能经受 70℃ 以上的高温，但其芽孢却有极强的耐高温能力。例如，肉毒梭菌的芽孢在 100℃ 沸水中要经过 5.0～9.5 小时才能被杀死，至 121℃ 时平均也要 10 分钟才能被杀死。

叶绿素（chlorophyll）存在于叶绿体中的一类极重要的绿色色素，是植物进行光合作用时吸收和传递光能的主要成分。高等植物叶绿体中的叶绿素主要有叶绿素 a 和叶绿素 b 两种。在颜色上，叶绿素 a 呈蓝绿色，叶绿素 b 呈黄绿色。

叶绿体（chloroplast）存在于绿色植物细胞中的一种有色质体。叶绿体由叶绿体膜、类囊体和基质三部分组成，它是绿色植物主要能量的转换者，是能量转换的细胞器。叶绿体能利用光能和二氧化碳进行光合作用，合成有机物，产生淀粉和油脂。

遗传染色体学说（chromosome theory of inheritance）

关于染色体和基因之间有平行现象，且基因是在染色体上的理论学说。染色体和基因之间的平行现象表现在以下四个方面：(1) 染色体可在显微镜下看到，有一定的形态结构。基因是遗传学的单位，每对基因在杂交中仍保持它们的完整性和独立性。(2) 染色体成对存在，基因也是成对的。在配子中每对基因只有一个，而每对同源染色体也只有一个。(3) 个体中成对的基因一个来自母本，一个来自父本，染色体也是如此，两个同源染色体也是分别来自父本和母本。(4) 不同对基因在形成配子时的分离与不同对染色体在减数分裂后期的分离，都是独立分配的。自1900年再次发现孟德尔的著作后，萨顿和鲍维里就在1903年提出了遗传染色体学说，认为基因是在染色体上。萨顿指出，如果基因在染色体上，那么就可十分圆满地解释孟德尔的分离定律和自由组合定律。

遗传图谱（genetic map）通过遗传重组所得到的基因在具体染色体上的线性排列图。它是通过计算连锁的遗传标志之间的重组频率，确定它们的相对距离，一般用厘摩（cM，即每次减数分裂的重组频率为1%）来表示。绘制遗传连锁图的方法有很多，但是在DNA多态性技术未开发时，鉴定的连锁图很少；随着DNA多态性的开发，使得可利用的遗传标志数目迅速扩增。早期使用的多态性标志有RFLP（限制性酶切片段长度多态性）、RAPD（随机引物扩增多态性DNA）、AFLP（扩增片段长度多态性）等；20世纪80年代后出现的有STR（短串联重复序列，又称微卫星）DNA遗传多态性分析和90年代发展的SNP（单核苷酸多态性）分析。

抑癌基因（tumor suppressor gene）又称肿瘤抑制基因，能够抑制机体组织细胞过度生长增殖、从而遏制肿瘤形成的一类基因。抑癌基因有对细胞周期或细胞生长设置限制的功能。当抑癌基因的一对等位基因都缺失或都失活时，这种功能随之丢失，于是细胞失去生长控制，从而导致癌变。由此可见，抑癌基因与癌基因之间的主要区别在于：癌基因只要有一个等位基因发生突变就可以引起癌变；而抑癌基因只要有一个等位基因是野生型时，就可以抑制癌变。

有丝分裂（mitosis）又称间接分裂，真核细胞内出现染色体和纺锤丝变化的一种分裂方式。通过有丝分裂，每条染色体精确复制成的两条染色单体均等地分到两个子细胞中，使子细胞含有同母细胞相同的遗传信息。细胞有丝分裂的过程可以分为：前期、中期、后期和末期。

有性生殖（sexual reproduction）又称配子生殖，经过两性生殖细胞的结合，产生合子，再由合子发育成新个体的生殖方式。这是生物界中普遍存在的一种生殖方式。有性生殖产生的后代具备两个亲体的遗传性，具有更大的生活力和变异性，因此，对于生物的进化很有意义。

Z

真菌（fungus）一类无叶绿素，进行吸收式营养的真核微生物。以孢子进行繁殖。腐生或寄生。多数种类的菌体为由单细胞或多细胞分枝的菌丝组成的菌丝体。真菌在自然界中分布极广，有数十万种。其中，能引起人或动物感染的仅占极少部分。很多真菌对人类是有益的，如面粉发酵，做酱油、醋、酒和霉豆腐等都要用真菌来发酵。工业上许多酶制剂，以及农业上的饲料发酵，也都离不开真菌。许多真菌还可食用，如蘑菇、木耳等。

脂蛋白（lipoprotein）由蛋白质与脂质组合而成的化合物。脂蛋白有多种功能，包括作为酶、氢离子泵、离子泵的功能，部分脂蛋白亦有运输功能，如血液里的低密度脂蛋白与高密度脂蛋白，以及在线粒体、叶绿体上的跨膜蛋白。

植物资源（plant resource）能提供物质原料以满足人们生产和生活需要的植物。植物资源从广义上说，也可包括农林栽培和利用的植物在内，但通常所指的是野生的原料植物。植物资源的分类方法有很多种，按其用途大致可划分为食用、药用、工业用、保护和改造环境用及种质资源用五大类。

中心法则（central dogma）在遗传学中，由DNA→RNA→蛋白质的信息传递过程。在英国人克里克继与沃森合作发现DNA的双螺旋结构之后，于1958年提出了有关遗传信息传递的法则。此法则表明，信息可由核酸传至核酸，或核酸传至蛋白质，但不能从蛋白质传至核酸。DNA、RNA与蛋白质的相互关系，克里克概括如下：(1) DNA链上的核苷酸有一定顺序，此顺序即是遗传信息；(2) DNA双链打开，以每条单链为模板，按照核苷酸的互补配对原则，合成新的互补链，而进行DNA复制；(3) 以DNA双链中的一条为模板，互补地合成mRNA，使遗传信息从DNA上转移到

RNA 上，即进行转录；（4）根据 mRNA 的核苷酸顺序，以三个核苷酸组成一个遗传密码决定一个氨基酸的方式合成多肽（蛋白质就是具有一定立体构型的多肽），这个过程称为翻译。克里克的中心法则发表后，到了 1970 年，特明等人发现，在一些 RNA 病毒感染的细胞中，出现了以病毒 RNA 为模板合成的 DNA。在这里，遗传信息由 RNA 传向 DNA，称为逆转录（或反转录）。促成这一反应的酶，称为逆向转录酶（反转录酶）。随后又发现只含 RNA 的病毒侵染细胞以后，它的 RNA 本身可以作为"模子"合成一条负链的 RNA，然后再由负链的 RNA 合成更多正链（即与原来的病毒 RNA 一样）的 RNA。以后人们又在真核细胞中发现了逆转录现象。这些情况说明，DNA、RNA 与蛋白质之间的关系是错综复杂的。因此，中心法则的式子可以加上新的内容：

种群（population）在一定空间范围内同时生活着的同种个体的集群。例如，同一鱼塘内的鲤鱼或同一树林内的杨树。广义的种群是指一切可能交配并繁育的同种个体的集群（该物种的全部个体），例如，世界上的总人口。种群是生态学所研究的最小的生态单位。

自发突变（spontaneous mutation）自然发生的突然变异。就其所产生的突变型特性来说，自然发生的和由人为突变所产生的，二者并无本质上的区别。在营养条件好时，自发突变主要是由 DNA 错误复制形成的，但当 DNA 复制不存在或明显降低时，通常认为它的形成与复制无关而与时间成正比（原因可能是自然发生的 DNA 损伤）。

自然被动免疫（natural passive immunity）一种由母体的特异性抗体通过胎盘或初乳进入胎儿或婴儿体内，并使之被动地获得母体抗体的方式。

自身免疫病（autoimmune disease）在长期感染或物理、化学因素刺激下，机体的免疫系统针对自身抗原发生免疫应答，形成自身抗体或自身致敏性淋巴细胞，所导致的免疫病理过程。只有自身免疫达到一定强度以致破坏机体正常组织或引起生理功能紊乱，并有相应临床表现时才发展为自身免疫疾病。

高 技 术 篇
(High Technology)

高技术，国内称高新技术。是指在一定历史阶段，代表当时科技发展的最高水平，能产生显著经济效益，并可向经济、社会领域广泛渗透，同时具有高风险的技术。高技术不仅成为当代经济、社会发展的驱动力，而且已经成为衡量一个国家或地区科技发展水平和经济实力的一项重要指标。根据当前国内外对高技术领域的界定，结合学科分类的特点，本篇重点收录了电子、通信与自动控制技术、计算机科学技术、新材料技术、新能源技术、生物技术、海洋工程与技术、航空航天技术等方面的词条共1745个，供读者参考。

一、电子、通信与自动控制技术

(Electronic，Information and Automatic Control Technology)

（一）电子技术（Electronic Technology）

C

超导材料（superconducting materials）在特定的温度（转变温度或临界温度T_c）下可转变为完全没有电阻的状态，并在零电阻性出现的同时还伴有完全抗磁性性质的材料。某些金属、合金和化合物，在温度降到绝对零度附近某一特定温度时，它们的电阻率突然减小到无法测量的现象叫做超导现象，能够发生超导现象的物质叫做超导体。超导体由正常态转变为超导态的温度称为这种物质的转变温度（或临界温度T_c）。现已发现大多数金属元素以及数以千计的合金、化合物都在不同条件下显示出超导性。如钨的转变温度为$0.012K$，锌为$0.75K$，铝为$1.196K$，铅为$7.193K$等。以液氮温区为界，超导材料分为低温超导体和高温超导体。判断超导材料性能的指标是临界温度（T_c）、临界磁场（H_c）和临界电流（I_c）。临界温度是指物质从有电阻变为无电阻的温度；临界磁场是指在一定的温度和无电流存在的情况下，超导体超导电性消失时的磁场阈值；临界电流是指能使超导体由超导态转变为正常态的电流密度值。T_c、H_c和I_c数值越大，超导体的性能越好。超导材料按其化学成分可分为元素材料、合金材料、化合物材料和超导陶瓷。

超导传输线（superconductive transmission line）由超导体和电介质构成的微波、毫米波和亚毫米波传输线，分为同轴线、带状线、微带和共面波导四种。目前，研究的重点是利用液氮温度下，高温超导体的微波表面电阻远低于相同温度下正常导体铜等的微波表面电阻这一优越性，开发高温超导传输线。高温超导传输线具有低损耗、高密度、响应快和无畸变等优点。高温超导传输线的研究已取得重要突破，各种传输线型无源微波器件，如滤波器、谐振器、延迟线等的性能已达到实用水平。许多用常规导体铜无法实现功能的微波器件，采用高温超导体之后可以得到实现。

超导电子学（superconducting electronics）超导体物理与电子技术相结合的一门学科。以超导体的约瑟夫森效应等为基础，主要研究物体处于超导状态下超导电子所具有一系列效应的理论、技术和应用。超导电子学的理论以超导体的两个基本特性即零电阻的理想导电性和迈斯纳效应（当金属处于超导状态时，超导体内的磁感应强度为零）的完全抗磁性为基础，以超导微观理论和超导约瑟夫森效应为核心。在超导基本理论的研究中，还发现有同位素效应和库柏对的重要规律和概念。

超导器件（superconductive device）用超导体材料制成的固态电子器件。这类器件可完成电子技术中最基本的功能（如检测、放大、逻辑、存储等）。在电磁频谱的最低端，可用于极高精度的电流比较仪、极低温度的测温技术、地磁与生物磁测量、引力波探测等。在频谱的中段（射频至微波），可用于功率和衰减的精密测量、超导稳频腔、快速瞬态信号波形的精密测量、模拟－数字变换器、逻辑与存储用集成电路等。超导器件的工作频率　直可延伸到毫米波、红外波段，并用于高灵敏度探测和接收、宽带频率综合、激光频率下的精密测量、基础研究等方面。超导器件的功耗低、集成度高，在灵敏度、精度、响应速率、分辨能力等方面一般比室温下最优的其他同类器件至少高$1\sim2$个数量级。超导器件的核心是超导隧道器件和超导量子干涉器件。

超导三极管（superconductive triode）又称超导三端器件，由超导体或超导体与半导体构成的类似于晶体管的具有电流或电压增益的超导有源器件。主要有约瑟夫森场效应管、准粒子注入超导三极管、超导基极三极管、超导基极热电子三极管、磁通流三极管等。具有功耗小、速度快的特点。这是近年来发展起来的器件，仍处于实验室研究阶段，已应用到超导电子学各个方面。

超导隧道效应（superconduct tunnel effect）又称约瑟夫森效应，指电子能通过两块超导体之间薄绝缘层的量子隧道效应。是超导电子学的理论基础。约瑟夫森效应分为直流约瑟夫森效应和交流约瑟夫森效应。当两块超导体通过一绝缘薄层（厚度为1nm左右）连接起来，绝缘层对电子来说是一势垒，一块超导体中的电子可穿过势垒进入另一超导体中，这就是特有的量子力学的隧道效应。当绝缘层太厚时，隧道效应不明显；太薄时，两块超导体实际上连成一块，这两种情形都不会发生约瑟夫森效应。当绝缘层不太厚也不太薄时称为弱连接超导体。两块超导体与夹在其中的薄绝缘材料的组合称S-I-S超导隧道结或约瑟夫森结。约瑟夫森效应在电子学领域获得了重要应用，形成了超导电子学这门新的分支学科。利用超导隧道效应制成的超导电子器件，具有功耗低、噪声小、灵敏度高、反应速度快等特点，可进行高精度、弱信号的电磁测量，也可用作超高速电子计算机元器件等。

超导现象（superconductiving）见超导材料。

传感器（sensor）一种以测量为目的，以一定精度把被测量的非电信号转换为与之有确定关系的、易于处理的电信号输出的一类感知器件。

D

电磁干扰（electromagnetic interference）影响电子线路、电子设备、电子元器件等电器装置，使之不能正常工作（中断、阻碍、降低设备效能）的某些电磁能量所产生的电磁噪声。电磁干扰分有线干扰和无线干扰两种形式，前者主要是由输电线、电网、各种电子和电气设备运行所引起的干扰，也称为工业干扰；后者主要是由大气中的无线电噪声或宇宙电磁辐射引起的干扰。

电磁泄漏（electromagnetic leakage）信息系统的设备在工作时信息通过地线、电源线、信号线、寄生电磁信号或谐波等辐射出去的现象。这些辐射出去的电磁信号如果被接收下来，经过提取处理，就可恢复原信息，造成信息失密。因此，具有保密要求的信息系统必须注意防止电磁泄漏。

电子工业（electronic industry）研制和生产电子设备及各种电子元件、器件、仪器、仪表的工业。由广播电视设备、通信导航设备、雷达设备、电子计算机、电子元器件、电子仪器仪表和其他电子专用设备等生产行业组成。

电子媒介（electronic medium）以电子作为信息存储、加工处理和传输的一种物质媒体和信息的电子化表达形式。是介于传播者与受传者之间表达信息的一种电子化形式。电子媒介是当今信息处理和网络通信领域应用最广泛的媒介之一。

F

仿真技术（simulation technology）以相似原理、信息技术、系统技术及其应用领域等有关的专业技术为基础，以计算机和各种专用物理效应设备为工具，利用系统模型对真实的或设想的系统进行动态试验研究的一种多学科综合性技术。应用仿真技术构成的仿真系统，不受气象条件等外界环境的限制，可多次重复，具有良好的可控性、无破坏性、经济性和安全性等特点。仿真技术可分为三大类：（1）数学仿真。在计算机上建立数学模型反复进行的试验。（2）含实物仿真，又称半实物仿真。系统的部分实物（如各种传感器、控制计算机、执行机构）接入回路进行的试验。（3）人在回路中的仿真。操作人员（如驾驶员、飞行员、宇航员）在系统回路中进行操纵的仿真试验。仿真技术广泛应用于方案论证、系统分析、设计、制造、试验、维护、训练、战场模拟、军事演习等多个方面。它既可用于连续动态系统仿真，也可用于离散事件系统仿真。随着仿真系统的规模扩大，复杂程度增加，人们对仿真系统的使用更加广泛。分布交互仿真及虚拟现实技术将是仿真技术发展的新方向。

H

红外传输（infrared transmission）一种以红外线传递信息的方式。与传统传输方式相比，红外传输更加方便快捷。能够快捷地在办公环境下实现无线方式的连接。使用红外传输方式时，先将计算机该端口与其他带有红外传输功能的外设端口相对，开启计算机内预装的 TRANX 软件，即可方便地通讯，快速传递信息。

滑觉传感器（slip sensor）检测机器人与抓握物体之间滑移程度的传感器。滑觉检测功能是实现机器人柔性抓握的必备条件。滑觉传感器的另一功能是识别功能，即检测被抓物体的表面特征，如表面粗糙度、硬度等。目前所开发出的滑觉传感器主要为了完成检测功能。

K

库柏对（Cooper pairs）在超导状态时，在交换虚声子所引起的吸引力作用下，按相反的动量和自旋两两结合成的电子对。

N

纳米生物芯片（nano-biochip）又称纳米芯片，是在很小的几何表面积上装配一种或集成多种具有生物活性的微型设备。它是一种仅用微量生理或生物采样即可以同时检测和研究不同的生物细胞、生物分子和DNA的特性，以及它们之间的相互作用，从而获得生命微观活动规则的微型设备。纳米生物芯片具有集成、并行和快速检测的优点。主要有基因（DNA）芯片和蛋白质芯片。基因芯片主要用于对生物样品进行快速、敏感、高效地定性分析（即测序）与定量分析（即基因表达研究）。蛋白质芯片可用于药物筛选、环境监控和食品检测等方面。

纳米芯片（nano-biochip）见纳米生物芯片。

S

射频（radio frequency，RF）又称射频电流，可以辐射到空间的频率范围在300kHz～30GHz之间的具有远距离传输能力的电磁波。是由每秒变化大于10 000次的高频电流形成的电磁波。射频技术在无线通信领域有着广泛的应用。

速度传感器（velocity sensor）用于检测物体运动（直线或旋转的运动）速度的传感器。目前，在机器人及其自动化技术中，速度传感器应用较多。直流测速发电机（又称测速机）是目前广泛使用的速度传感器。

W

微波器件（microwave device）利用微波波段的频率特性，研发和应用微波技术所采用的器件。微波器件按其工作原理和所用材料、工艺不同，可分为微波电真空器件、微波半导体器件、微波集成电路（固态器件）和微波功率模块。微波电真空器件包括速调管、行波管、磁控管、返波管、回旋管、虚阴极振荡器等。微波半导体器件包括微波晶体管和微波二极管等。微波集成电路主要有混合微波集成电路和单片微波集成电路两种。微波功率模块是通过采用固态功率合成技术，将多个固态微波功率器件组合形成的器件，具有效率高、使用方便等优点。微波的应用十分广泛，主要有微波通信、航空航天、能量输送、化学化工、环境保护、食品加工以及人类生活的各个领域。

位置传感器（position sensor）用于测量机器人自身位置（或位移）的传感器。它是机器人作业中位置设定与控制的关键部件。分为直线位移传感器与角位移传感器。

压觉传感器（pressure sensor）装在机器人手指内侧，以感知被接触物体压力值大小的传感器。压觉传感器可分为单一输出值压觉传感器及多输出值的分布式压觉传感器，后者经常作为判断被测物体几何形状的工具使用。

Y

约瑟夫森结（Josephson junction）见超导隧道效应。

约瑟夫森效应（Josephson effect）见超导隧道效应。

(二)光电子学与激光技术
(Optoelectronics and Laser Technology)

B

板条激光器（slab laser）采用激光工作物质作为板条形状的固体激光器。与普通固体激光器相比，在温度梯度上，板条激光器发生在板条厚度方向上，而光在厚度方向的两侧面上发生内全反射，呈锯齿形光路在两泵浦面之间传播，光传播方向近似与温度梯度方向平行，普通固体激光器发生在与光传播垂直方向上；在工作物质的几何形状上，板条激光器是板条形状，普通固体激光器是圆棒状；在热负荷条件下运转时，板条激光器可基本避免热透镜效应和热光畸变效应，极大地提高了激光输出功率，普通固体激光器将产生严重的热透镜效应和热光畸变效应，降低了光束质量，限制激光功率的进一步提高。板条激光器的缺点是技术要求高，结构复杂，发散角大。其单根板条激光器脉冲输出是已超过百焦耳，连续输出功率超过千瓦。板条激光器的研究发展方向是通过大功率半导体列阵激光器侧向泵浦面，进一步提升效率获得更好的光束质量。

半导体激光器（semiconductor laser）由 PNPN 肖克莱二极管和半导体激光二极管组合而成的一类半导体激光器。其伏安特性受 PNPN 二极管控制，具有负阻区；其激光发射特性由激光二极管来决定。好的 PNPN 半导体激光器，应该具有很低的阈值电流和在电学上完全导通的特性，以便在足够低的维持电压下给出足够大的通态电流并发射激光。PNPN 半导体激光器，不但可以作为光源，而且可以作为光增强器件、光开关器件、光双稳器件等，在光信息处理、光存储、光整形等方面具有广阔的应用前景。

表面发射半导体激光器（surface emitting semi-conductor laser）发射光束垂直于芯片表面的半导体激光器。它是唯一能够实现单片集成二维列阵的器件。按其腔体结构分为三种类型：弯折腔、水平腔和垂直腔表面发射半导体激光器。

C

超连续谱光源（source of supercontinuum）由激光器和光学非线性介质构成的新型光源。其特点是：具有超宽频带，输出超短脉冲。它是超高速大容量光纤传输系统的理想光源。超连续谱是在单色高强度超短脉冲通过光学非线性介质时产生的。具有连续光谱，而每个波长分量保持着超短脉冲性质。

弛豫振荡（relaxation oscillation）见固体激光器。

D

电子显微镜（electron microscope）根据电子光学原理，用电子束和电子透镜代替光束和光学透镜，使物质的细微结构在非常高的放大倍数下成像的仪器。它由镜筒、真空系统和电源柜三部分组成。镜筒主要有电子枪、电子透镜、样品架、荧光屏和照相机构等部件，它们通常是自上而下地装配成一个柱体；真空系统由机械真空泵、扩散泵和真空阀门等构成，通过抽气管道与镜筒相连接；电源柜由高压发生器、励磁电流稳流器和各种调节控制单元组成。电子显微镜的分辨能力以它所能分辨的相邻两点的最小间距来表示，是电子显微镜的重要指标，与透过样品的电子束入射锥角和波长有关。电子显微镜按结构和用途可分为透射式电子显微镜、扫描式电子显微镜、反射式电子显微镜和发射式电子显微镜等。通过电子显微镜能直接观察到某些重金属的原子和晶体中排列整齐的原子点阵。

电致发光显示（electro-luminescence display）发光材料在电场作用下，受电流和电场的激发而发光的现象。是一个将电能直接转化为光能的过程。电致发光显示属于固体平板化显示，具有轻、薄、小的特点，容易实现便携式显示，也容易扩展为大面积显示。电致发光材料，除按发光机理分为弱场和强场的两类外，还可以按材料性质分为无机和有机两类：前者主要有Ⅲ-Ⅴ族、Ⅱ-Ⅵ族和Ⅳ-Ⅵ族化合物；后者主要有蒽、铝-8羟基奎啉、聚对苯乙炔等。按激发方式，可分为直流和交流两类电致发光材料。按材料形态，可分为单晶、薄膜和粉末三类。按发光颜色可以分为红、黄、绿、蓝和白色的电致发光材料。电致发光主要用于动态图像、文字、数字信息和模拟显示，静态符号、标记识别显示以及特殊照明。例如，发光二极管阵列大屏幕显示器，可以实时显示电视图像和动态商业、交通、金融信息。薄膜和粉末型电致发光微机终端显示器，取代传统的显像管监视器以实现微机系统便携化。

动态单模激光器（dynamic single mode laser）在直接高速调制下仍然发射单模激光的半导体激光器。在普通半导体激光器中，虽然在直流注入下可以有单纵模，但是在高速调制下除谱线展宽外还会出现多纵模，而且还会发生纵模跳变。在动态单模激光器中，纵模在很宽的电流和温度范围内不会发生跳变，因而具有优越的低噪声特性。动态单模激光器主要用于大容量、长距离光纤通信系统，也可以作为高速光学测量系统的光源。

E

二氧化碳激光器（carbon dioxide laser）以二氧化碳气体作为工作物质的一种气体激光器。具有比较突出的优点：（1）比较大的功率和比较高的能量转换效率；（2）比较丰富的谱线，在 $10\mu m$ 附近有几十条谱线的激光输出，甚至可做到从 $9\sim10\mu m$ 间连续可调谐的输出；（3）输出波段正好是大气窗口（即大气对这个波长的透明较高）。除此之外，它还具有输出光束的光学质量高、相干性好、线宽窄、工作稳定等优点。二氧化碳激光器可应用于加工（焊接、切割、打孔等）、通讯、雷达、化学分析、激光诱发化学反应、外科手术等方面。

G

固体激光器（solid state laser）以掺有某些稀土元素（如钕、镨、铒、钆、铥、钐等）的固态电介质材料为工作物质的一种激光器。分为玻璃激光器和晶体激光器两大类。大多数玻璃激光器只能脉冲抽运或低脉冲重复率抽运，晶体激光器则可以脉冲抽运、高脉冲重复率和连续抽运。固体激光器工作物质单位体积内激活粒子的数目很大，单位体积存储的抽运能量很高。固体激光器的工作物质在吸收了抽运能量和在腔内部分激光辐射能量以后，温度升高，折射率发生变化。其中，因吸收抽运光能量而引起折射的变化称为热畸变；因吸收腔内激光能量而引起的变化称为热弥散；当光强度超过某一数值（称为自聚焦阈值）的激光束在介质传播过程中直径尺寸连续收缩，最终收缩成一个点时，此现象称为固体激光器的自聚焦；自由振荡的固体激光器输出的光脉冲是由一系列宽度为微秒量级的光脉冲组成的，这种现象称为固体激光器的弛豫振荡。弛豫振荡是共振腔内的激光辐射场与能级粒子数反转相互作用的结果。

光电技术（photoelectronic technology）以光电子学为基础，综合利用光学、精密机械、电子学和计算机技术解决各种工程应用问题的技术。信息载体由电磁波段扩展到光波段，从而使光电科学与光机电一体化技术在光信息获取、传输、处理、记录、存储、显示和传感等方面得到大规模的应用。

光接口（optical interface）将光信号和电信号在内部相互变换（光/电变换）并加以传输的模块。为了能够在公共传输网上传输信号，光接口提供了一个标准的光信号，通过光纤传输，与其他终端互联。用一个光接口就可以代替大量的电接口，因而通过SDH（同步数字体系）所传输的业务信息，可以不必经过常规准同步系统所具有的一些中间背靠背电接口，而直接经光接口通过中间节点，省去了大量相关电路单元和连线光缆，使网络可用性和误码性能都得到改善。由于光纤通信的网络容量大、速度快、性能好，使之成为通信网络的主要传输手段。

光纤激光器（optical fiber laser）把掺有稀土元素的玻璃光纤作为增益介质的一种激光器。与固体激光器和半导体激光器相比，具有无可比拟的优点。光纤激光器可实现 $800\sim2\,100$nm 波段的激光输出，最大功率已达到万瓦量级，应用也从光通信扩展到激光加工、图像显示、生物工程、医疗卫生等领域。未来光纤激光器的发展趋势主要有：光纤激光器本身性能的提高，即提高输出功率和转换效率，优化光束

能量，缩短增益光纤长度，提高系统稳定性并使其更加小巧紧凑等。

光纤器件（optical fiber unit）又称光源器件，是一类在光通信系统中，对光路起连接、转换和控制作用的电子器件。它可以是棒状透镜配以辅助器材装配而成，也可以是光导纤维经过研磨抛光、热熔拉锥或镀膜等工艺制成，还可以是用铌酸锂等作衬底材料，用半导体工艺制造的薄膜光波导器件。常用的光纤器件有：光连接器、光发射器、光接收器、光开关、复用器、解复用器、光耦合器、光衰减器和光环形器等。

H

红宝石激光器（ruby laser）以在蓝宝石晶体中掺入少量氧化铬（铬重量约占0.03%）制成的红宝石晶体作为工作物质的激光器。最早的红宝石激光器用螺旋形氙灯抽运，红宝石晶体放在螺旋轴上。红宝石棒的两端面抛光，相互平行，并镀上银膜。此后的红宝石激光器大多数是在工作物质两端外面放置高反射率反射镜构成共振腔，而在红宝石棒两端面涂增透膜，并且用直管式氙灯抽运。氙灯和红宝石棒分别放在一只抛光的长椭圆柱的两条焦线上，这样的结构可以把氙灯发射的绝大部分辐射能量都聚焦到红宝石棒上。脉冲红宝石激光器在工业上可用于对金属和非金属做精密焊接和打孔；在医学上用于修复视网膜；在科学研究中用于拍摄运动物体的全息照片。

化学激光器（chemical laser）用化学反应来产生激光的激光器。例如，氟原子和氢原子发生化学反应时，能生成处于激发状态的氟化氢分子。这样，当两种气体迅速混合后，便能产生激光，因此不需要别的能量，就能直接从化学反应中获得很强大的光能。这类激光器大部分以分子跃迁方式工作，典型波长范围为近红外到中红外谱区。最主要的有氟化氢和氟化氘两种装置。迄今唯一已知的利用电子跃迁的化学激光器是氧碘激光器，具有高达40%的能量转换效率，而其1.3 μm 的输出波长则很容易在大气或光纤中传输。

J

激光玻璃（laser glass）一种以玻璃为基质的固体激光材料。广泛应用于各类型固体激光器中，并成为高功率和高能量激光器的主要激光材料。激光玻璃由基质玻璃和激活离子两部分组成，其各种物理化学性

质主要由基质玻璃决定，光谱性质则主要由激活离子决定。由于基质玻璃与激活离子彼此间互相作用，所以激活离子对激光玻璃的物理化学性质有一定的影响，而基质玻璃对激光玻璃的光谱性质的影响还是相当重要的。

激光测距仪（laser ranging device）一种利用激光对目标距离进行准确测定的仪器。激光测距仪在工作时向目标射出一束很细的激光，由光电元件接收目标反射的激光束，计时器测定激光束从发射到接收的时间，计算出从观测者到目标的距离。若激光是连续发射的，测程可达40km左右，并可昼夜进行作业。若激光是脉冲发射的，一般绝对精度较低，但用于远距离测量，可以达到很好的相对精度。激光测距仪重量轻、体积小、操作简单速度快而准确，其误差仅为其他光学测距仪的五分之一到数百分之一，因而被广泛用于地形测量、战场测量，坦克、飞机、舰艇和火炮对目标的测距，以及云层、飞机、导弹以及人造卫星的高度测量等。

激光测速（laser velocity-measuring）利用激光技术测定某种物体移动速度的技术。对被测物体进行两次有特定时间间隔的激光测距，取得在该一时段内被测物体的移动距离，从而得到该被测物体的移动速度。激光测速具有有效距离远、测速精度高等优点，但是同时具有测速成功率低、难度大、只能在静止状态下应用、价格昂贵等缺点。

激光传感器（laser transducer）一种利用激光技术进行测量的传感器。它由激光器、激光检测器和测量电路组成。激光传感器是新型测量仪表，优点是能实现无接触远距离测量、速度快、精度高、量程大、抗光电干扰能力强等。

激光二极管（laser diode）一种可从PN结发出具有良好谱线的相干光——激光的特殊二极管。它本质上是一个半导体二极管。按照PN结材料来分，有同质结、单异质结、双异质结和量子阱等几种激光二极管。量子阱激光二极管具有阈值电流低，输出功率高的优点，是目前市场应用的主流产品。同其他激光器相比，激光二极管具有效率高、体积小、寿命长的优点，但其输出功率小（一般小于2mW）、线性差、单色性不太好。在双向光接收机的回传模块中，上行发射一般都采用量子阱激光二极管作为光源。

激光发射光学系统（laser launching optical system）将激光器发出的光束通过必要的变换，扩大到所需的口径并向目标发射的系统。它与捕获跟踪瞄准系统和自适应光学系统一起构成一个完整的光束控制系统。为了减小光束的发散角，降低传输通道的功率密度，激光发射系统的口径视功率的不同而异，最大的可达几米。

激光技术（laser technology）研究开发产生激光的方法并根据激光的特性对其加以应用的技术的总称。主要包括：调制与偏转技术、调Q技术、锁模技术、选模技术、放大技术、稳频技术、倍频与参量振荡技术、激光传输技术等。激光技术可用于光纤通信、激光制导、激光雷达、激光保鲜、激光育种、激光医疗等方面。

激光晶体（laser crystal）可将外界提供的能量通过光学谐振腔转化为激光的晶体材料。由发光中心和基质晶体两部分组成。大部分激光晶体的发光中心由激活离子构成，所用的基质晶体主要有氧化物和氟化物。它具有物理化学性能稳定、光学均匀性好，且价格便宜等特点。用该晶体制成的固体激光器可用于光谱学、生物医学、军事等诸多领域中。

激光器（laser device）利用受激辐射原理使光在某种受激发的工作物质中放大或发射的器件。由激励系统、激光工作物质和光学谐振腔三部分组成。目前使用的激励手段，主要有光、电和化学反应等。按工作物质的不同，可分为固体激光器、气体激光器、液体激光器和半导体激光器等类型。光机电一体化设备中主要采用固体激光器，金属零件加工中多采用的是气体激光器，而激光医疗中则主要采用气体激光器和半导体激光器。

K

空间光调制器（spatial light modulator）一种施加信息量于一维或二维光学数据场的器件。在时域电信号驱动下，或在空域光信号作用下，它可以空间地改变一维或二维光场的相位、偏振、强度，甚至波长分布，还可以实现非相干光和相干光的转换。空间光调制器可有效地利用光固有的高速度、并行性和互连能力，在光信息处理、光计算、光神经网络系统中发挥关键作用。空间光调制器有反射型和透射型之分。按其输入的控制信号的性质，可以分为光寻址（O-SLM）和电寻址（E-SLM）两类。在空间光调制器的诸多应用中，可以概括为几个方面：光信息处理、数据指令发送、数据输入以及信息的存储和显示。

M

脉冲光（impulse light）一种能够同时产生连续波长且高能量的脉冲闪光。脉冲光几乎涵盖了所有常用的激光波长（500～1 200nm 的波段，如染料激光595nm、红宝石激光694nm、紫翠玉激光755nm、铷雅克激光1 064nm 等），因而可以说脉冲光是各种激光的综合体。

密集型光波复用（dense wavelength division multiplexing，DWDM）将不同光波长的信道复用到一根光纤中，通过同一光纤传输不同波长、不同类型数据流的一项技术。此项技术通过密集型光波分复用器来完成，可实现用有限的光纤资源传输更大的信息量。例如，用一根光纤复用 8 个光纤载波则能将传输速率从 2.5Gb/s 提高到 20Gb/s。当前 DWDM 技术已能将单根光纤的传输速率提高到 1 600Gb/s，并实现了 3 000km 的超长距离传输。由于 DWDM 技术能大幅度提高数据的传输速率，加之能支持多种数据传输协议（IP 协议、以太网协议、ATM 协议、SONET/SDH 协议等），因而在各种光纤网络通信中得到了广泛的应用。

W

外腔半导体激光器（external cavity semiconductor laser）一种在普通激光二极管的端面之外加上光反馈元件而构成的激光器。与其他可调谐激光器（染料激光器、掺钛蓝宝石激光器等）相比，外腔半导体激光器具有能耗低、效率高、寿命长、可靠性好、使用方便、性能价格比高等优点。

微机电技术（micro-electromechanical technology）以微光机电系统加工技术和材料为基础制造出微电子器件、微型光学器件和微机械器件并组成微机电系统的技术。微机电系统将微电路、微机械功能要求集成在芯片或微模块中，具有重量轻、功耗低、尺寸小、价格低和耐用性好等优点。

Y

远红外半导体激光器（far-infrared semiconductor laser）发射波长为数微米至数十微米的半导体激光器。主要用于：（1）高分辨率激光光谱技术；（2）激光医疗和生命科学研究；（3）红外遥感和检测技术；（4）超长波长光纤通信技术。

（三）半导体技术（Semiconductor Technology）

B

半导体二极管（semiconductor diode）又称晶体二极管，由半导体掺入适当杂质后制成的一种器件，有正、负两个端子，正端称为阳极，负端称为阴极。二极管最重要的特性就是单方向导电性。在电路中，电流只能从二极管的正极流入，负极流出。按照所用的半导体材料，可分为锗二极管和硅二极管。根据其不同用途，可分为检波二极管、整流二极管、稳压二极管、开关二极管、隔离二极管、肖特基二极管、发光二极管等。按照管芯结构，又可分为点接触型二极管、面接触型二极管及平面型二极管。点接触型二极管是用一根细金属丝压在光洁的半导体晶片表面，只允许通过较小的电流（不超过几十毫安），适用于高频小电流电路，如收音机的检波等。面接触型二极管允许通过较大的电流（几安到几十安），主要用于把交流电变换成直流电的整流电路中。平面型二极管是一种特制的硅二极管，不仅能通过较大

的电流，而且性能稳定可靠，多用于开关、脉冲及高频电路中。二极管广泛应用于通信、广播和传媒等各种电子领域。

半导体光放大器（semiconductor laser amplifier）以半导体材料作为光增益介质的光放大器。在结构上与半导体双异质结构激光器相同。在一定的注入电流下，光增益介质因其内部出现载流子反常分布而提供光增益，因此可对外来的光信号进行放大。光放大器将在传输中衰减的光信号直接放大，能取代光纤通信系统中的光—电—光中继方式，可延长中继距离。半导体光放大器还具有体积小、重量轻、功耗低、能与其他半导体光电子器件（特别是半导体激光器）集成等优点。

半导体器件（semiconductor device）用半导体材料制成的具有一定功能的器件。主要有二端器件和三端器件两大类。利用不同的半导体材料、采用不同的工艺和几何结构，已研制出种类繁多、功能用途各异

的多种晶体二极管，可用来产生、控制、接收、变换、放大信号和进行能量转换。三端器件一般是有源器件，典型代表是各种晶体管（又称晶体三极管）。晶体管又可以分为双极型晶体管和场效应晶体管两类。在通信和雷达等军事装备中，主要靠高灵敏度、低噪声的半导体接收器件接收微弱信号。半导体器件还广泛应用于生活中各个领域。

C

CMOS 芯片（complementary metal-oxide semiconductor chip）又称互补金属氧化物半导体芯片，在其主板上有一块可读写的随机存取记忆芯片。用于保存当前系统的硬件配置信息和用户设定的某些参数。存储器 RAM 由主板上的电池供电，即使系统停电信息也不会丢失。对 CMOS 中各项参数的设定和更新可通过开机时特定的按键实现（一般是 Del 键）。进入基本输入输出系统（BIOS）设置程序可对 CMOS 进行设置。一般 CMOS 设置习惯上也被叫做 BIOS 设置。

场效应晶体管（field effect transistor，FET）根据场效应原理工作的晶体管。所谓场效应，即改变外加垂直于半导体表面上电场的方向或大小，以控制半导体导电层（沟道）中的多数载流子的浓度或类型。FET 的特点是输入阻抗高、功耗小、抗辐照能力强、功能多、制造工艺简单等。常用的有结型场效应晶体管、金属—氧化物—半导体场效应晶体管和肖特基势垒栅场效应晶体管三种。

超大规模集成电路（super-large-scale integration，VLSI）在一块芯片上集成的元件数超过 10 万个，或门电路数超过万门的集成电路。超大规模集成电路是 20 世纪 70 年代后期研制成功的，主要用于制造存储器和微处理器。64K 位随机存取存储器是第一代超大规模集成电路，大约包含 15 万个元件，线宽 3μm。用超大规模集成电路制造的电子设备，体积小、重量轻、功耗低、可靠性高。利用超大规模集成电路技术，可以将整个电子系统集成在一块芯片上，完成信息采集、处理、存储等多种功能。超大规模集成电路研制成功，是微电子技术的一次飞跃，已成为衡量一个国家科学技术和工业发展水平的重要标志。

超辐射二极管（super luminescence diode）产生超辐射的半导体 PN 结二极管。超辐射包含自发辐射和受激辐射，主要是受激辐射。超辐射二极管，无论在结构上还是在性能上，均介于半导体激光器和发光二极管之间。在超辐射二极管内，只产生光放大，而不建立光振荡。因此，它的光谱宽度比激光器的大而比发光二极管的小，其输出功率比激光器的小而比发光二极管的大。超辐射二极管主要用于光纤陀螺、光纤传感器和中小容量、中短距离的光纤通信系统。

D

多芯片模块（multi-chip module，MCM）把多块裸露的集成电路芯片直接安装在同一块多层高密度互连衬底上，再封装在一个外壳中而形成的一个功能组件。多用于高性能、高速、高密度封装电子设备。MCM 的主要问题是它的成本较高，测试与返修也都较困难。根据所用工艺和衬底的不同可以分为 MCM-C、MCM-L 和 MCM-D 三类。MCM-C 的衬底是利用厚膜技术和多层陶瓷或玻璃瓷作基板制作的；MCM-L 的衬底是叠层印制电路板；MCM-D 的衬底是应用薄膜技术把作为互连线的金属材料蒸发或溅射淀积到硅、氧化铝，或氮化铝等基板上，光刻出互连线，并依次做成多层基板。

E

二极管（diode）见半导体二极管。

F

发光二极管（light emitting diode，LED）一种用电致发光半导体材料制作的能发光的半导体二极管。基本结构是一块电致发光的半导体材料，其核心部分是由 p 型半导体和 n 型半导体组成的晶片，在 p 型半导体和 n 型半导体之间有一个过渡层，称为 PN 结。在某些半导体材料的 PN 结中，注入的少数载流子与多数载流子复合时会把多余的能量以光的形式释放出来，从而把电能直接转换为光能。可通过改变通入电流的大小来改变发光的颜色。LED 具有寿命长、耐冲击、光效高、发光颜色纯、成本较低等优点。广泛应用于光纤通信系统。

G

功率放大器（power amplifier）简称功放，用来对输入信号进行功率放大的一类器件。功率放大器的工作范围是晶体管的工作电压和电流接近晶体管的极限参数，如集电极最大允许耗散功率 PCM，集电极最大允许电流 ICM，集电极—发射极击穿电压 V（BR）CEO。这三个极限参数在晶体管的输出特性曲线上限定了一个工作范围。为了避免晶体管工作时由于过热和过电压等原因而损坏，一般不超过安全工作区所规定的界限。按主要用途来分，功放可以分为两大类别，即专业功放与家用功放；按电路所用的器材分类，功放可以分为电子管放大器、晶体放大器和集成电路放大器；按照功能分类，功放可以分为前级功放、后级功放和合并式功放。

功率集成电路（power integrated circuit，PIC）将输出功率器件与低压控制信号电路集成在同一芯片上的集成电路。输出功率器件是功率集成电路的核心，占整个芯片面积的 $1/2 \sim 2/3$。采用耐压较高（低）的输出功率器件的功率集成电路称作高（低）压功率集成电路。低压控制信号电路由数字电路、模拟电路及传感器组成。如果低压控制电路中具有输出功率器件的过热、过压、过流等的自动保护电路，则这种功率集成电路称为智能功率集成电路。随着微电子技术的发展，功率集成电路正越来越多地取代由集成电路块与功率器件组成的混合电路，为机电一体化开辟了新的途径。功率集成电路主要应用于集成稳压器、电机控制、工业控制、汽车电子、照相机控制（自动卷片、透镜聚焦、快门）、电视摄录像（装带）、显示驱动、机器人、玩具控制等电路中。

固态图像传感器件（solid-state image sensing device）一种用半导体材料制作的、能将图像信号转换为电信号输出的器件。其核心是 PN 结构成的二维像素单元阵列。固态图像传感器件根据信号读出方式的不同，分为电荷耦合器件（CCD）、电荷注入器件（CID）和金属—氧化物—半导体（MOS）器件三大类。与传统的摄像管相比，固态图像传感器具有体积小、功耗低、扫描精度高等优点。目前，固态图像传感器的研究主要集中在实现更高的灵敏度、分辨率、信噪比、系统集成和低成本等方面。以固态图像传感器为核心制作的微型摄像器件，在安防、自动化、图像采集、可视电话等方面有广泛的应用。

光电二极管（PIN photodiode）又称硅二极管，采用半导体材料硅制作的 PIN 光电二极管，其工作波长范围为 $0.5 \sim 1.1\ \mu m$。硅 PIN 光电二极管已经广泛地用于光通信、微光探测、光电转换、自动控制等领域。

光电集成电路（opto-electronic integrated circuit，OEIC）一种能完成光信息与电信息转换的集成电路。它可处理的光信息有红外光、可见光及激光。光电集成电路已广泛用于照相机、电视、摄像、工业自动控制、传真和光纤通信以及机器人与视觉传感器、平面显示、夜视、卫星通信和导航等领域。

光刻工艺（photolithographic process）利用类似照相制版的原理，在半导体晶片表面的掩膜层上面刻蚀精细图形的表面加工技术，是集成电路制造中的一项重要工艺。光刻工艺使用可见光和紫外光把电路图案投影"印刷"到覆有感光材料的硅晶片表面，再经过蚀刻工艺去除无用部分，所剩下的就是电路。光刻工艺的流程中有制版、硅片氧化、涂胶、曝光、显影、腐蚀、去胶等。光刻的曝光方法也有多种，如接触式、投影式、电子束、电子束投影、X 射线等。光刻工艺在极微观的条件下进行，要求环境必须是超净车间。光刻图形的质量直接影响集成电路的可靠性和成品率，是制作半导体器件和集成电路的关键工艺。国际上较先进的集成电路生产线是 $1\ \mu m$ 线，即光刻的分辨线宽为 $1\ \mu m$。

I

IC 卡（integrated circuit card）又称集成电路卡，在一块基片（如塑料薄片）上嵌置集成电路构成的卡片。集成电路芯片可以是存储器芯片，也可以是微处理器芯片，具有信息存储或信息处理功能。IC 卡具有体积小，方便携带，存储容量大，保密性能好，使用寿命长，制造成本低等优点。当前 IC 卡已在通信、交通、金融、商务、身份认证等多个方面得到广泛应用。

J

晶体二极管（crystal diode）见半导体二极管。

晶体管（transistor）严格地讲，泛指一切以半导体材料为基础的单一元件，包括晶体二极管、三极管、场效应管等。一般地讲，专指晶体三极管，对电信号有放大和开关等作用，是应用最广泛的器件之一，在电路中用"V"、"VT"、"Q"或"GB"表示。其内部含有两个 PN 结，外部通常为三个引出电极的导线。按晶体管使用的半导体材料可分为硅材料晶体管和锗材料晶体管；按晶体管的极性可分为锗 NPN 型晶体管、锗 PNP 晶体管、硅 NPN 型晶体管和硅 PNP 型晶体管；按结构及制造工艺可分为扩散型晶体管、合金型晶体管和平面型晶体管；按电流容量可分为小功率晶体管、中功率晶体管和大功率晶体管。此外，还可以按工作频率、功能和用途等分类。

S

SD 卡（secure digital memory SD）一种基于半导体快闪记忆器的新一代记忆器件。SD 卡的尺寸只有一张邮票大小，重量 2g 左右。但却拥有大记忆容量、快速数据传输率、移动灵活性以及很好的安全性。SD 卡通过 9 针的接口界面与专门的驱动器相连接，不需要额外的电源来保持其上记忆的信息，而且是一体化固体介质，没有任何移动部分，所以避免了机械运动的损坏。现在的 SD 卡容量由 8MB 到 4GB 不等。

W

微波／毫米波单片集成电路（micro-wave/milli-meter-wave monolithic integrated circuit，MMIC）把多个场效应晶体管和其他电路元件集成在一块砷化镓或磷化铟基片上的单片整体集成电路。与传统的微波/毫米波电路相比，具有体积小、重量轻、可靠性高、工作频带宽、耗电少等优点，可广泛用于武器系统、广播电视卫星接收机、卫星通信、微波通信、空间遥感等高技术领域。

微电子技术（microelectronic technology）一种使电子器件或电子设备微小型化的技术。其中心内容是集成电路和计算机，实质是精细或超精细的"微"加工技术。微型计算机就是微电子技术的产物，在军事、航天、医学、消费、计算机等领域有广泛的应用。

X

芯片（chip）又称集成电路芯片，是通过一系列特殊工艺把一些有源器件（三极管、二极管）和无源器件（电阻、电容）以及它们之间的电路连线集成在小块的硅质晶片上所组成的集成电路。按照摩尔定律，芯片的集成度每 18 个月就会翻一番。目前芯片的线宽由 0.13μm 向小于 90nm 的大小发展，集成的晶体管的数目也数以亿计。当今电子信息产业成为全世界的第一大产业，而集成电路芯片技术和软件技术被列为电子信息产业的两大支柱。以芯片为代表的电子信息技术已广泛应用于国防和经济社会的各个领域。

Z

专用集成电路（application specific integrated circuit，ASIC）按用户的具体要求（如功能、性能或技术等），为用户的特定系统定制的集成电路。分为全定制集成电路和半定制集成电路。专用集成电路的最大特点是设计开发周期短、功能强，可以取代某些中小规模集成电路，因而受到各类用户的极大关注。专用集成电路对电子设备开发的主要好处是：（1）设计开发周期短，可以大大缩短整机开发周期，提高整机性能和可靠性；（2）设计自由度大，用户可以参加设计，不仅使产品多样化，还可提高产品的保密性，有利于保护整机厂家的利益。专用集成电路已广泛应用于雷达、火控系统及消费类电子产品中。

（四）信息处理技术（Information Processing Technology）

C

超文本和超媒体（hypertext and hypermedia）通过超级链接组织和管理信息的一种技术。超文本的对象主要是文字，它不同于传统上的线性方式组织的文本，而是以非线性的方式链接组织文本中的内容，对信息的检索和利用更接近于人们的思维方式和工作方式。超媒体技术除了对文字表述的信息进行链接和组织之外，还包括对图形、图像、声音、动画和影视作品信息的链接和组织。它把各种媒体表达的信息集合为视频节点，通过节点间的有向链接把各种信息内容组织在一个非线性的网状结构中。该技术在与多媒体有关的软件系统研发中得到了广泛的应用。

D

DivX 格式（DivX form）又称 DVDrip 格式，是一种应用 MPEG-4 技术的数字视频编码（压缩）标准。它采用了 MPEG4 的压缩算法，又综合了 MPEG-4 与 MP3 各方面的技术，同时用 MP3 或 AC3 对音频进行压缩，然后再将视频与音频合成并加上相应的外挂字幕文件而形成的视频格式。其画质接近于 DVD 画质效果，且适合在互联网上传播。

DV 格式（digital video format）又称 DV-AVI 格式，是一种国际通用的数字视频标准。具有清晰度高，还原色彩绚丽和图像稳定等优点。数码摄像机就是使用这种格式记录视频信息的。通过 DV 格式可以通过电脑的 IEEE 1394 端口传输视频数据到电脑，也可以将电脑中编辑好的视频数据回录到数码摄像机中。

动态影像压缩（motion picture experts group, MPEG）又称动态图像专家组，一组视频和音频压缩标准。在1992年发布的编号为ISO/IEC11172的《码率约为1.5Mb/s用于数字存贮媒体活动图像及其伴音的编码》标准中，正式制定出MPEG格式，主要有MPEG-1、MPEG-2、MPEG-4、MPEG-7及MPEG-21等。因此，也常称MPEG-X为ISO视频、音频数据的压缩标准。该标准的建立推动音视频传播进入了数码电子时代。

多媒体信息检索（multimedia information retrieval）一项可对文字、图像、声音、动画等多媒体信息进行识别并获取所需信息的技术。主要有两类：一是以全文检索作为基本和主要的手段，在文字和其他媒体之间建立连接，非文字媒体的检索通过全文检索实现；二是根据各种媒体本身的特征进行检索。多媒体信息检索技术主要包括各种媒体的获取、压缩、存取（本地存取和网络存取）和输出（显示和打印）。

F

访问控制（access control）对进入计算机网络系统的合法用户的访问操作进行限制的一种技术手段，是计算机系统安全机制的核心。可实现对用户使用信息系统或信息系统资源的有效控制。它是防止非法用户进入计算机系统和合法用户对系统资源的非法使用的最主要的措施，是维护信息系统安全运行、保护系统信息资源的重要技术手段。目前，计算机系统的访问控制主要有用户识别代码、口令、登录控制、资源授权和审计等。

G

国家信息化（national informatization）在国家统一规划和组织下，在农业、工业、科学技术、国防及社会生活各个方面应用现代信息技术，深入开发、广泛利用信息资源，加速实现国家现代化的进程。实现国家信息化的前提是构建和完善信息化体系，主要包括六个方面，即开发利用信息资源，建设国家信息网络，推进信息技术应用，发展信息技术和产业，培育信息化人才，制定和完善信息化政策等。

国家信息基础设施（national information infrastructure）用于支持国家信息化建设和公共信息技术开发应用的带有根本性的重大设施。如高端系列仪器

设备，电话、电信设备、电缆、电线、通信卫星、光缆传输线路、微波通信网、广播电视等。它为信息时代的各种技术进步及其应用奠定基础。

J

交互式图形系统（interactive graphics system）操作者运用各种人机交互工具，实时输入、处理并显示图形信息的系统。是一种边操作边显示图形，并能随时按照操作者的意图进行增加、删除和修改，最终得到所希望的图形的作图系统。人机交互工具以屏幕字符选单、图标选单、对话框、鼠标器及键盘为主。此外，还有图形输入板、数字化仪、光笔、跟踪球和操纵杆等。其特点是将人的创造能力和计算机的高速运算能力、巨大存储能力、逻辑判断能力很好地结合起来，从而极大地提高出图的速度和质量。其工作过程与传统的手工绘图相近似，易于为人们所掌握，是当前计算机图形系统发展的主流。

镜像文件（mirror image）一类独立的由多个文件按照一定的格式，通过刻录软件或者专用镜像文件制作工具而制作的文件。其应用范围比较广泛，常用于数据备份(如光盘备份)。常见的镜像文件格式有ISO、BIN、IMG、TAO、DAO、CIF、FCD、CCD、CZD、DFI、CUE等。

K

扩频技术（spread spectrum technology）采用比发送信号带宽宽得多的频带宽度来传输信息的技术。码分多址（CDMA）技术的基础就是扩频技术。常见的扩频类型有：直接序列（DS）、跳频（FH）、跳时（TH）和线性调频脉冲（Chirp）等。

M

美国信息交换标准码（America Standard Code for Information Interchange, ASCII）又称ASCII码，美国国家标准局制定的一套标准化的信息交换码。其目的是让不同类型的计算机都能作为数据传输的标准码。早期使用7个位来表示英文字母、数字0~9及其他符号，现在则使用8个位，共可表示256个不同的文字与符号，是目前计算机系统中使用最普遍的英文标准码。

S

数码杂志（digital magazine）集声音、图像、动画、视频等元素综合而成的电子信息杂志。具有可视性、交互性、多样性、娱乐性、传播速度快、免费等特点。数码杂志是网络上新出现的杂志形式，

它依托于互联网，综合传统媒体与网络媒体的优势，呈现出强劲的发展势头。电子杂志因为依靠网络为传播媒介，具有时效性强、信息量大、内容自由等优点。

数字变焦（digital zooming）又称数码变焦，即通过数码相机内的处理器，把图片内的每个像素面积增大，从而达到放大目的的技术。即在数码相机内，把原来影像感应器上的像素使用"插值"处理手段，将部分画面放大到整个画面。其手法如同用图像处理软件把图片的面积改大一样。与光学变焦不同，数码变焦是利用感光器件垂直方向上的变化，而给人以变焦效果。感光器件的面积越小，视觉上看到的景物图像也越小。但是由于焦距没有变化，图像质量相对于正常情况下较粗糙。

数字水印（digital watermark）一种能把某些标志性信息（如版本、版权、作者等）或隐密信息直接嵌入到以单一媒体或多媒体制作的原有数字作品中，且不影响原有内容与使用价值的信息隐藏技术。鉴于数字水印具有不可见性的特征，已被广泛用于隐蔽信息传输、真伪识别、身份识别等领域。应用需求也推动了此项技术的迅速发展。

数字信号处理器（digital signal processor, DSP）用于快速处理数字信号的专用处理器。随着微电子技术的发展，数字信号处理器可以集成在超大规模集成电路芯片上，该处理器常简称为DSP。DSP因将相关的算法固化在芯片上，所以能够高速实时地完成某些由软件实现的数字信号处理，如快速傅里叶变换（FFT）等。数字信号处理器可分为两类：一类是专用数字信号处理器，专门为实现某种数字信号处理算法而设计，仅适用于专门领域；另一类是通用数字信号处理器，是可编程的，可以实现多种数字信号处理算法，适用于多个领域。

W

WMV 格式（windows media video）微软发布的一种采用独立编码方式并且可以直接在网上实时观看视频节目的文件压缩格式。WMV格式的文件能以高解析度还原视频节目。

万国码（UNICODE）又称统一码或单一码，在计算机或其他信息处理设备上使用的一种字符编码。为世界上各种语言文字中用到的每个字符规定一个唯一的进制编码，有利于在各种语言文字、各种信息处理平台之间实现文本转换。当前实际使用的万国码为UCS-2标准，采用双字节（16位）编码空间，最多可表示65 536个字符，可基本满足各种语言文字的需要。已经公布的UCS-4标准采用4字节编码空间，可表达上千万个字符编码。

X

系统故障诊断（system fault diagnostics）判断系统有无故障和确定故障位置的技术。其主要内容包括：分离出发生故障的部位，判别故障的种类，估计出故障的大小和时间以及对系统进行评价和决策。故障诊断通常与故障检测相结合，以改善系统的可靠性和可维修性。故障检测是指当系统发生故障时可以及时发现并报警。当有条件能比较准确地建立系统的动态数学模型时，可采用基于数学模型的诊断方法。它又可以分为线性系统的故障检测与诊断方法和非线性系统的故障检测与诊断方法两种。其优点是可以充分利用系统内部的深层知识，更有利于系统的故障诊断；其缺点是系统的建模误差和动态外部干扰将对系统的故障检测与诊断结果产生重大影响。

信道（channel）信源体与信宿体之间信息传输的路径，是衔接信源和信宿的桥梁。通信系统的信道就是电信号通过的路径，它分为有线信道和无线信道。信道具有如下特征：（1）具有一定的信息容量。信道容量由信道的频带（F）、可使用的时间（T）以及能通过的信号功率与干扰功率之比来决定。一般来说，频带愈宽，可使用的时间愈长，信号干扰比愈大，信道容量就愈大。（2）信道具有多向性和交叉性，如通过短波信道传输的信号是向四面八方传递的，地面微波中继信道和卫星信道在使用频率上有交叉。（3）信道具有存储信息的特点，信道携带着信息，是信息的传输和存储媒体。（4）各种信道由于物理上的原因，会使传输的信号产生衰减或失真。（5）信道中总有外加干扰，又称加性干扰，它们是各种无用的电磁信号，主要有随机噪声、脉冲干扰和正弦干扰等。

信宿（information sink）又称信宿体，信息传输的终点或目的地，即信息的接收者或利用者，是信息的归宿。信宿可以是人，也可以是设备。信宿有针对性地接收与之相关联的信源发出的信息，并具有存储、处理、反馈信息的能力。信宿对信息的处理和利用决定着信息的价值，信源发出的信息只有被信宿接收和利用，才能发挥作用。

信息（information）能使人的头脑中判断事物的不确定性消除或减少的消息。这种消息是接收者事先不知道的，事先知道的消息不能算作信息。当今信息已成为重要的资源。信息可借助一定的形式表示出来，如语言、文字、数字、图像、声音等。

信息安全（information security）信息传输和处理系统的安全与系统中信息自身的安全。根据国际标准化组织的定义，信息的安全性主要是指信息的完整性、可用性、保密性和可靠性。信息的完整性是指信息在存储或传输过程中不被修改、破坏和丢失；信息的可用性是指信息可被合法用户访问并按规定要求使用，信息的保密性是指信息不被泄露；信息的可靠性就是保证信息系统能为用户提供有效的信息服务。信息时代，信息安全面临着各种威胁，包括计算机病毒、网络入侵、预置陷阱、计算机犯罪等。目前，实现信息安全的手段和措施主要有加密、鉴别、控制、"筑墙"（防火墙）、防毒（防计算机病毒）、防漏（防电磁泄漏）、检测和管理等。

信息产业（information industry）以信息技术为手段，进行信息资源的研究、开发，对信息进行收集、生产、处理、传递、存储、经营和应用，为科学技术与经济发展及社会进步提供有效服务的综合性行业。信息产业不仅包括用于信息处理的元器件及软、硬设备的制造，还包括与信息内容的处理直接相关的领域，如信息科学技术人才的教育与培训、信息科学技术的研究与开发、各种领域的信息处理、各种信息媒体等。

信息处理技术（information processing technology）以电子计算机及其网络为手段，以信息为加工对象，实现对信息的有效收集、加工、存储和传输的技术。其中最重要、最核心的技术是芯片技术和软件技术。

信息化（informatization）培育、发展以智能化工具为代表的新的生产力并使之造福社会。智能化工具又称信息化生产工具，具有信息获取、传递、处理、再生及利用的功能。信息化包括四个方面：（1）信息网络体系，包括信息资源、各种信息系统及公用通信系统等；（2）信息产业基础，包括信息科学技术研究与开发、信息设备制造及信息咨询等；（3）社会运行环境，包括农业、管理体系、政策法规、文化教育和道德观念等；（4）效用积累过程，包括人口素质、国家现代化水平和人民生活质量等方面的不断提高，精神文明和物质文明不断进步等。

信息获取技术（information acquisition technology）采集、探测、测量和感知信息的各种技术。包括传感探测技术，如物理传感器、化学传感器、生物传感器；测量、遥感遥测技术，如遥感卫星、气象卫星、全球定位系统；电子侦察技术，如通信信号侦察和非通信信号侦察；信息融合技术，如传感器阵列和传感器融合技术等。

信息技术（information technology）关于信息的产生、发送、传输、接收、变换、识别、控制等应用技术的总称。即在信息科学的基本原理和方法的指导下扩展人类信息处理功能的技术。它主要包括传感技术、通讯技术、计算机技术和缩微技术等，其主要支柱是通讯技术、计算机技术和控制技术。信息技术是当代世界范围内新技术革命的核心技术，是现代科学技术的先导。

信息技术革命（information technology revolution）人类驾驭信息资源的能力所发生的划时代的巨大进步。包括信息表达、信息处理、信息存储、信息传输和信息应用的能力。迄今为止，人类社会已经发生了五次信息技术革命。第一次是口头语言的产生和应用，人类获得了交流信息的手段；第二次是文字语言的发明应用，使信息可以储存在文字里，超越时空界限，久远流传；第三次是造纸术和印刷术的发明和应用，扩大了信息交流和传递的容量和范围，使人类文明得以迅速传播；第四次是电报、电话、电视等电子媒介的发明和应用，使信息的传递手段发生了根本性的变革，大大加快了信息传输的速度，使信息能瞬间传遍全球；第五次是电子计算机及其网络的发明和应用，从根本上改变了人类驾驭信息的手段，突破了人类大脑及感觉器官加工处理信息的局限性，大大地增强了人类加工利用信息的能力。信息在当代已经成为发展科学技术、提高生产力、繁荣经济和发展社会的核心力量。以电子计算机及其网络技术为核心的现代信息技术，将使人类进入一个崭新的历史时代——信息社会时代。

信息科学（information science）以信息为研究对象，以信息运动规律为基本研究内容，以扩展人的信息处理能力为主要研究目的的跨越多种学科领域的科学。其研究的重要内容包括：信息的概念和度量、信息的表达、存储与传输；信息的处理与控制机制以及信息的组织与应用。

信息媒体（information media）包括感觉、表示、显示、存储和传输的五类媒体。感觉媒体是直接作用于人的感官，产生视、听、嗅、味、触等感觉的媒体，如数据、文字、语言、声音、图形、图像、视频等都是感觉媒体；表示媒体是为了对感觉媒体进行有效的传输，以便于进行加工和处理而人为地构造出的一种信息媒体，如语音编码、图像编码及文本编码；显示媒体是表现或显示感觉媒体的物理设备，它分为输入显示媒体和输出显示媒体两种类型，如话筒、摄像机、键盘、鼠标等是输入显示媒体，而扬声器、电视屏幕、电脑显示器、打印机等是输出显示媒体；传输媒体是传播信息的物理载体，如信使、报纸、电缆、光纤、无线电链路都是传输媒体；存储媒体是用于存储信息的媒体，如纸张、磁带、磁盘、光盘等。

信源（information source）又称信源体，是信息的发源地。信源中包含的信息，是人们要传、交流的对象。例如，人的发声系统就是语声信源，观看电视，被摄制的客观物体和人物就是图像信源；此外还有文字信源、数据信源、遥感信源等。从时间的连续性与否出发，也可将信源分为离散信源和连续信源两大类。

Y

语音处理（speech processing）又称语音信息处理，以语音学、语言学、信息学、神经生理学、数学等多种学科理论为基础，采用计算机技术对语言中所包含的各种信息成分进行提取、加工处理，研究其规律并加以应用的一门交叉性学科。语音处理技术的应用十分广泛，当前其主要研究和应用方面有：语音识别、语音合成、连续发音识别、语音编码、语音增强、语音信号恢复、语音噪声、发音校正、声音控制以及基于语音的信息安全等。

Z

ZV 技术（Zoomed Video technology）即 Zoomed Video技术，一种新型PC卡标准。能缩小笔记本电脑与台式机之间的多媒体性能差距。使用ZV解压卡或视频卡能够以 7 M B／s 的视频数据传送率，实现 MPEG－1压缩回放、MPEG－2全屏回放、全动视频、捕捉视频图像及视频会议等功能。它由 PC 卡总线直接从 PC 卡传输数据到视频及音频系统，这样可减少视频、音频信号通过CPU（中央处理器）与系统总线的次数，避免过度占用CPU、PCI（外设部件互联标准）总线资源，提高了视频数据传输的速度。

中文信息检索（Chinese information retrieval）以中文文献（文档）为主要处理对象，对其结构化和非结构化数据及其多媒体信息进行储存、索引、查询和管理的方法和技术。快速、准确是信息检索的研究重点。中文信息检索主要研究内容有：信息检索的数学模型、文献处理、提问和词汇处理、实现技术、检索效率、标准化、扩展传统信息检索的范围等。中文信息检索的应用领域十分广泛。

（五）通信技术（Communication Technology）

A

ADSL专线接入（asymmetric digital subscriber line，ADSL）一种具有固定IP地址和自动连接功能的类似于专线的接入方式。它预先在用户终端机中配置好 ADSL MODEM，并设置 TCP/IP 协议及相关网络参数，当开启终端机时，会自动建立起一条通信链路，是不同于用虚拟拨号方式接入的另一种接入方式，非对称数字用户环线ADSL是一种要求下载速度快、上传速度相对较慢的互联网接入技术。

安全审计产品（security audit product）又称网络安全审计产品，是对网络或特定信息系统的运行状态进行跟踪监控、记录证据，并能对某些非安全因素给出及时反映的工具性应用软件系统。产品主要有四种类型：（1）行为审计，针对网络应用中涉及人的各种行为；（2）内容审计，针对所采用的网上信息内容本身；（3）主机审计，针对主机资源的应用情况；（4）数据库审计，主要针对数据库的访问权限和操作。通过网络安全产品可提供计算机及其网络被非法入侵或违规操作的证据，并为维护网络安全提供有效的支撑。

安全协议（security protocol）又称密码协议，是建立在密码体制基础上的一种交互通信协议。它运用密码算法和协议逻辑达到认证和密钥分配的目的。安全协议可用于保障秘密信息在计算机网络系统中的安全处理与传输，确保网络用户能够安全、方便、透明地使用信息系统中的资源。随着网络化、信息化进程的加快，安全协议在金融、商务、政务、军事和社会生活等领域的应用也日益普遍，而安全协议的安全性分析验证仍是一个悬而未决的问题。尚有不安全的协议被人们作为正确的协议长期使用，会造成不可估量的损失。因此，对安全协议进行深入的研究与分析是一项重要的课题。

B

本地电话网（local telephone network）简称本地网，是依据行政或经济区划的需要，在城市电话网的基础上扩展而形成的、有统一长途编号的电话网。是一个由若干端局、局间中继线、长途中继线、市话中继线及端局用户线组成的电话网。在同一个本地网内的用户使用本地电话号码通话；当呼叫本地网以外的用户时则需在对方电话号码前加拨对方长途区号。中国本地电话网的类型有：（1）特大城市本地网（京、津、沪、穗）；（2）大城市本地网；（3）中等城市本地网；（4）小城市本地网；（5）县级本地网。

本地多点分配业务（local multipoint distribution services，LMDS）一种利用高容量微波宽带传输技术实现的点对多点无线通信业务。该项业务工作在28GHz附近的频段上，可在较近的距离双向传输话音、数据和图像等信息。LMDS把要服务的区域划分成若干小服务区，在每个小区内设立基站，通过基站到多点的无线链路与区内用户通信。该项服务的区域半径可由几公里至十几公里不等，区之间可相互重叠，用户可以接收到包括音频、视频在内的多媒体信息。组建LMDS无线网络方便快捷，投资较少，已经得到广泛应用。

C

CDMA2000标准（code division multiple access 2000 standard）以高速、宽带、多媒体数据传输为特征的第三代移动通信3G的技术标准集，是第三代移动通信的一种体系结构。3G是将无线通信技术、多媒体技术以及国际互联网等相结合的新一代移动通信模式。与第一代1G模拟移动通信和第二代2G数字移动通信相比，3G是具有覆盖全球的高传输率、高可靠性、高质量多媒体移动通信系统。

CDMA450（code division multiple access 450）以CDMA2000技术为核心，工作在450MHz频率上的一种无线通信技术。由于CDMA450技术方便和3G

衔接，加之具有频率低、容量大、覆盖范围广等优势，因此，在无线通信中将有更加广泛的应用。

长途电话网（long distance telephone network）简称长途网，用通信设备和通信线路把分散在各地电话局的电话交换设备相互连接起来的一种电话通信系统。该系统通常在每一个长途电话区号局处设立长途电话交换中心，负责汇集本区内的长途电话，完成与区内、外长途电话的接续与交换业务。

程控电话交换机（program controlled telephone switch）又称程控数字交换机，采用集成电路技术、信息技术、通信技术和软件技术，通过存储程序控制方式来完成电话接续线操作，以实现数字通信的电话交换设备。程控电话交换机以其具有信息处理速度快、容量大、服务项目多、体积小等优势，已成为当今电话交换机的主流设备。当前，由数字交换设备、数字传输设备和传输线路相结合组建的综合业务数字网（ISDN）所提供的服务已从单一语音服务扩展到文字、数据、图像和可视电话等综合服务。

D

大气光通信（atmospheric laser communication）通过光通信技术和无线通信技术相结合来实现的，以激光为载体的宽带光无线通信。宽带光无线通信的电子频谱位于光频段，具有抗电磁干扰的能力。此外，由于光无线通信还具有信息传输量大、保密性好、不需要铺设线路、建设成本低廉、建设周期短以及对环境不产生危害等优点，而备受关注。其未来的发展和应用有赖于激光器等光学设备和元器件性能在技术上的突破，且需要拥有克服诸多外部因素（如大气质量等）给大气光通信造成干扰的手段。

带宽（bandwidth）频带宽度的简称。在不同的应用场合，"带宽"概念的内涵并不尽相同，大体上有两种情况：一种是基于频率的概念，指的是能使电子线路、电子设备和网络通信业务正常工作的频率范围（单位：Hz）；另一种则是基于信息传输速度的概念，指的是在各类信息通道（有线、无线）中数据传输的速率（单位：bit/s或Byte/s），如计算机中的总线、内存、磁盘的带宽以及网络通信中的带宽等。在网络通信中人们习惯用"带宽"来表示数据传输速率。其实在网络通信中，带宽和数据传输速率并不是一回事，它们之间存在着一定的换算关系。对它们之间关系的精确描述，分两种情形：（1）对无噪声（理想情况）传输则由奈奎斯特（Nyquist）准则给出；（2）对于存在噪声干扰情形，则由香农（Shannon）定律给出。在有电子线路、电子设备和信息传输业务的地方，"带宽"一词被普遍使用。

单路单载波卫星通信系统（single-channel per-carrier satellite communication system, SCPC）每一个载波仅传送一路电视信号的卫星通信系统。SCPC技术与在人口聚集区使用频分复用（FDM）和频分多址（FDMA）技术相比，更加适合用于业务量小，路由稀少的农村和边远地区。地面站中的SCPC设备可以按模块方式根据需要扩充容量，组网灵活，经济实用。

低轨道卫星移动通信（LEO satellite mobile communication）又称"星座系统"，是由一组在低轨道（高度在700～1 500km）上运行的小卫星群（星座）组成的移动通信系统。主要采用时分多址（TDMA）和码分多址（CDMA）方式进行通信。低轨道卫星对地面形成了许多快速移动并不断进行切换的覆盖区。处在覆盖区里的用户可以接受到相应的移动通信服务。移动用户与一颗卫星能保持的通信时间约为10分钟。低轨道卫星信号传输衰减小、通信延时短，适合手机等轻便移动终端用户使用。

第一代移动通信系统（the first generation mobile communication system，1G）采用模拟式蜂窝电话标准、模拟调频制式和频分多址（FDMA）技术，仅能进行话音传输的模拟移动通信系统。出现于20世纪80年代，当前已经过时。

第二代移动通信系统（the second generation mobile communication system，2G）又称第二代数字移动通信系统，是采用蜂窝式电话标准和数字无线传输技术标准（如GSM、GPRS、IS-95CDMA等）相结合的，具有综合数字传输业务的数字移动通信系统。2G采用时分多址（TDMA）技术，每个频道可传输多路业务且有较高的传输速率。全球移动通讯系统GSM（Global System for Mobile Communications，俗称"全球通"）是目前应用广泛的具有代表性的第二代数字移动通信系统。

第三代移动通信系统（the third generation mobile communication system，3G）无线通信技术、多媒体技术和互联网技术相结合的宽带数字移动通信系统。采用码分多址（CDMA）技术，具有频道利用率高、话音质量好、保密性强、容量大等特点。除了能提供高质量的话音服务外，还能以数字方式全面实现文字、图像、音频和视频的无线传输，为用户提供高速率、大容量的视频多媒体综合服务（如网页浏览、电话会议、电子商务等）。

第四代移动通信系统（the fourth generation mobile communication system，4G）在3G技术的基础上为未来无线通信所研发的，以传输移动多媒体数据为主的无线通信系统。是为适应越来越庞大的用户群对高品质多媒体无线传输业务的需求而开发的。单就传输速率而言，4G的非对称数据传输能力将在3G传输速率2Mb/s的基础上提高到10～20Mb/s。

点对点隧道协议（point-to-point tunneling protocol，PPTP）建立在Internet两个重要的标准协议IP和PPP之上的、支持多协议虚拟专用网VPN（Virtual Private Networks）的网络通信隧道协议。是一种用于在提供有PPTP协议的客户机（Windows95，WindowsNT、Macintosh等）和服务器（Windows NT等）之间的加密通信协议。点对点隧道协议PPTP可将点对点协议PPP数据帧有效的传输数据经过加密、压缩后封装进IP数据包中通过IP网络进行传输。它可使远程用户通过Internet安全地访问公共网。

点对点通信协议（peer-to-peer communication protocol，PPCP）可以通过电话拨号方式连接到Internet的一种标准的点对点数据链路通信协议。该协议允许建立拨号服务器，为用户提供点对点拨号接入服务。PPP中包含有链路层控制协议（LCP）、网络层控制协议（NCP）和验证协议（PAP和CHAP）等。PPP通过在数据链路层中建立数据链路实现在信源端和信宿端之间传送报文。要实现点对点通信，须先在通信两端配置包括PPP在内的相关通信协议。信源方按照PPP对数据帧的要求组织数据，通过建立的数据链路发往信宿方。PPP支持各种数据终端设备（DTE）和数据电路终接设备（DCE）接口，如RS-232-C、RS-422、RS-423、V.35等。

电话网（telephone network）以传输话音信息为主的电信网络。电话网由交换机、传输设备、传输线路和用户终端设备（电话机）等部分组成。应用上可分为本地电话网、长途电话网和国际长途电话网三种。电话网经历了由模拟电话网向程控数字电话网的转变。当前，窄带综合业务数字网（N-ISDN）和宽带综合业务数字网（B-ISDN）已成为电话网的主流。综合业务数字电话网除传输话音之外还可以完成一些非电话业务（如文字、图像等）传输。

电力线通信技术（power line communication technology，PLCT）以电力线作为通信载体，通过在电力通信局（PLC局）端和用户端加装特制的调制解调器，将原有的电力网变成通信网的一种技术。由于电力线已经连接到千家万户，该项技术实质上是使用户家中的普通电源插座也能作为信息插座使用的一种技术。该技术为用户提供一种既经济又方便的互联网宽带接入方式。可省去专门为通信网络布线，并可方便地对各种家用电器进行整合，组成家庭智能化信息平台，提高生活的信息化、智能化水平。当前PLC技术已成为互联网宽带接入"最后一公里"的解决方案之一。

电路交换（circuit switch）通过人工或电话自动交换设备在通话前为用户接通话路，通话后为其断开话路的操作。事实上，用户每进行一次通话都伴随着一次电路交换。早期的电路交换是由人工操作完成的，现在的电路交换一般都由数字程控电话交换机自动完成。

电信业务网（telecommunication services network）利用电子信息技术和网络技术组建的提供电话、电报、传真、数据和图像传输的通信网络。通常由终端设备、交换设备、网络设备和信息传输媒体组成。随着数字程控交换机的普遍采用和3G技术的发展，无论采用有线方式还是无线方式组建电信业务网，网上传输的内容都在向多媒体综合信息方向发展，并提供越来越多的信息增值业务。

顶级域名（top-level domains，TLD）又称一级域名，即域名中最后一个圆点右边的词段。最后一个圆点左边的词段称为二级域名（SLD），在二级域名左边的词段是三级域名，以此类推，每一级域名控制它下一级域名的分配。域名是接入互联网的用户在互联网上的名称，一个完整的域名由两个或两个以上的词段构成，各词段之间用圆点（.）分开。"Internet国际特别委员会"（IAHC）把顶级域名分为三类：（1）国家顶级域名（nTLD）。比如.cn代表中国，.jp代表日本；（2）国际顶级域名（iTLD），即.int。如国际联盟、国际组织等；（3）通用顶级域名（gTLD）。如.com（代表公司、企业）、.net（代表网络服务机构）、.org（代表非盈利性组织）、.edu（代表教育机构）、.gov（代表政府部门）、.mil（代表军事部门）等。

短波通信（short wave communication）又称高频通信，是利用1.5～30MHz的电磁波进行的通信。短波通信的优越性是：（1）传输媒介是大气空间和电离层，省去了对传媒介质的投资；（2）短波通信设备体积小、重量轻，便于携带和移动；（3）可以用较小的功率，实现远距离通信。但短波通信也往往受到大气层状态和电离层电子密度与高度变化的影响。

F

防火墙（firewall）置于内部网与外部网之间，保护内部网不被外部未授权的用户访问，并提供从内部网到外部网安全连接的一种网络设备。也是一种建立在现代网络通信技术和信息安全技术基础上的信息安全隔离技术。防火墙是在两个网络通信时执行的一种准入性访问控制，是不同网络之间信息的唯一通路。将相关安全软件（如口令、加密、身份认证、审计等）配置在防火墙中，它能根据预先制定安全策略（允许、拒绝、监测）控制进出网络的信息流。防火墙具有日志功能，可提供网络使用情况的相关数据，以便对网络访问进行审计。当发生可疑信息或行为时，能提供网络是否受到监测和攻击的详细信息并发出报警。能有效地阻止黑客访问网络和内部机密泄露，极大地提高了内部网络的安全性。防火墙除了安全作用外，还支持具有互联网服务特性的企业内部虚拟专用网（VPN）。通过VPN，将企事业单位分布在全世界各地的局域网（LAN）或专用子网，有机地连成一个整体，既节省了专用通信线路，又可实现信息资源共享。

非对称数字用户线路（asymmetric digital subscriber line，ADSL）根据互联网用户在网上工作时，通常从网上下传的信息量远远多于上传信息量的特点，提供的一种数据下行速率（如8Mb/s）与上行速率（如1Mb/s）不同的互联网宽带接入方案实现宽带数据传输服务的技术。ADSL可以采用专线直接入网，也可以通过普通电话线拨号入网，其传输距离约为3～5km。其优势在于不一定要重新布线，只要在现有的线路两端加装ADSL设备即可为用户提供高速高带宽的接入服务，不仅可以降低入网成本，而且也大大提高了信息传输速度。

G

高速电路交换数据服务（high speed circuit switched data serves，HSCSD）通过多重分时方式进行数据传输来提高数据传输速率的一种电路交换技术。该项技术与单一时分技术相比可将传输速率提高2～3倍，已用于全球移动通信系统（GSM）中。

光传输（optical transmission）在发送方和接收方之间以光信号形态进行传输的技术。光传输是在光发射机、光纤和光接收机三者之间进行的。光发射机把要传输的信号变换成光信号，光信号由光纤传输到接收设备（光接收机）接收，光接收机把从光纤中获取的光信号变换还原成电信号。光传输信号的基理就是电/光和光/电变换的全过程，也称为光链路。光传输是解决带宽问题的最重要也是最有力的手段。

光功率计（optical power meter）用于测量绝对光功率或通过一段光纤的光功率相对损耗的仪器。光功率是在光纤系统中最基本的一种待测量，光功率计是一种重负荷常用表。通过测量发射端机或光网络的绝对功率，就能够评价光端设备的性能。将光功率计和稳定光源组合在一起被称为光万用表，用来测量光纤链路的光功率损耗，检验链路的传输质量。

光纤放大器（optical fiber ampler，OFA）一种在光纤通信线路中，用于实现信号放大的全光通信放大装置。OFA是实现全光通信的重要技术之一。全光通信是指信号在发送端与接收端之间的传输与交换全部采用光波技术，而不需要任何的光/电或电/光转换的通信。根据在光纤线路中的作用，光纤放大器主要分为中继放大器、前置放大器和功率放大器三种类型。光纤放大器的应用，克服了光纤通信传输距离受光纤线路损耗的制约，使全光通信的距离延长到数千公里，真正具有了实用价值。

光纤连接器（optical fiber connector）用来进行光纤与光纤之间可拆卸连接的器件。光纤连接器把光纤的两个端面精密对接起来，以使发射光纤输出的光能量能最大限度地耦合到接收光纤中去，并使其对系统造成的影响减到最小。光纤连接器在一定程度上影响光传输系统的可靠性和各项性能。按传输媒介的不同，光纤连接器可分为常见的硅基光纤的单模、多模连接器，还有其他如以塑胶等为传输媒介的光纤连接器。光纤连接器应用广泛，品种繁多。

光纤收发器（optical fiber transceiver）又称光电转换器，是一种将短距离的双绞线电信号和长距离的光信号进行互换的以太网传输媒体转换单元。一般应用在以太网电缆无法覆盖、必须使用光纤来延长传输距离的实际网络环境中，且通常定位于宽带城域网的接入层应用，同时在帮助把光纤最后1km线路连接到城域网和更外层的网络上也发挥了巨大的作用。

光纤通信（optical fiber communication）利用光导纤维作为信息传输媒介的通信方式。在发信端，电信号经由电/光转换器（光发信机）被调制成光波通过光缆传输到接信端，由光接收机获取并转换成电信号，经过处理、转换成为数字信息。其主要优点是：（1）通信容量大；（2）信号衰减小；（3）防干扰性能强；（4）体积小，重量轻。光纤通信系统主要由光缆以及光纤放大器、半导体激光器、光调制器、光发信机和光接收机等设备组成。随着光纤放大器、光波复用技术、光集成等新技术的发展，光纤通信将会有更进一步的发展与提高。

广域网（wide area network，WAN）又称远程网，把处于遥远地理位置上的计算机系统相互连接起来构成的计算机网络通信系统。距离可从数十公里到数千公里不等。可实现若干个城市、地区间甚至跨越国界的互联互通。

H

毫米波通信（millimeter-wave communication）利用波长在1～10mm之间，频率在30～300GHz之间的电磁波进行通信的一种方式。由于毫米波的波长介于微波和光波之间，因此兼有微波和光波的优点。采用毫米波通信可利用的频带宽；信息容量大；设备体积小；空间分辨力高，穿透等离子体能力强；天线方向性好；便于通信的隐蔽和保密。此外，毫米波在传播过程中受杂波影响小，在太空中毫米波的衰减小，适合卫星之间的通信及星地间通信，通信质量比较稳定。

互联网（internet）又称因特网，按照规定的网络协议把分布在世界各地的，各种不同类型和规模的计算机网络系统[包括局域网（LAN）、城域网（MAN）、广域网（WAN）等]相互连接起来所形成的全球性计算机网络系统。互联网主要通过传输控制协议（TCP）和互联网络协议（IP）构建和工作。

I

IP地址（internet protocol address）为每个连接在因特网上的主机分配的由32个二进制位组成的用于在TCP/IP通讯协议中标记每台计算机的唯一标识。IP协议依据这些地址访问联网的每一台主机，因此，IP地址是互联网得以运行的最基本条件之一。在IP地址中32个二进制位分成8位一组，组间以圆点隔开。每一组都是用8位二进制数表示的3位十进制数。对地址进行操作时，可以用十进制数。例如，32位IP地址的二进制表示为："11000001 10101001 00000010 00000111，则相应的十进制表示为：193.169.2.7。

IP 电话（internet protocol telephone）又称互联网电话，是利用信息技术和网络技术在互联网上实现的一种语音通信业务。使用IP电话的话费大大低于传统电话话费。

J

激光通信（laser communication）利用激光技术实现信息传送的系统。激光通信系统包括发送和接收两个部分。发送部分主要有激光器、光调制器和光学发射天线；接收部分主要包括光学接收天线、光学滤波器、光探测器。要传送的信息送到与激光器相连的光调制器中，光调制器将信息调制在激光上，通过光学发射天线发送出去。在接收端，光学接收天线将激光信号接收下来，送至光探测器，光探测器将激光信号变为电信号，经放大、解调后还原为原来的信息。激光通信的优点是：（1）通信容量大。在理论上，激光通信可同时传送1 000万路电视节目和100亿路电话。（2）保密性强。激光不仅方向性特强，而且可采用不可见光，因而不易被敌方所截获，保密性能好。（3）结构轻便，设备经济。由于激光束发散角小，方向性好，激光通信所需的发射天线和接收天线都可做的很小。激光通信的一些弱点是：（1）大气衰减严重。激光在传播过程中，受大气和气候的影响比较严重，云雾、雨雪、尘埃等会妨碍光波传播会严重影响通信的距离。（2）瞄准困难。激光束有极高的方向性，这给发射和接收点之间的瞄准带来不少困难。为保证发射和接收点之间瞄准，不仅对设备的稳定性和精度提出很高的要求，而且操作也复杂。激光通信的应用主要有：（1）地面间短距离通信；（2）短距离内传送传真和电视；（3）由于激光通信容量大，可作导弹靶场的数据传输和地面间的多路通信；（4）通过卫星全反射的全球通信、星际通信以及水下潜艇间的通信。

集线器（Hub）在局域网中连接多个计算机或其他设备的一种线路连接设备。也是实现对网络进行集中管理的一种工作单元。在开放式通信系统互联参考模型OSI中，集线器处于数据链路层。主要提供信号放大和中转的功能。集线器采用共享带宽的工作方式，在从一个端口在向另一个端口发送数据时，其他端口处于"等待"状态，数据传输效率低，在中、

大型的网络中已不多采用。Hub技术也在向多功能和智能化的方向发展，新一代Hub不仅具有传统Hub的功能，而且采用了模块化结构，可根据需要更加灵活地选择使用相应模块。Hub的使用可以优化网络布线结构，使得布线方便灵活，易扩展，易维护，可靠性高。

交换机（switch）在网络通信中完成信息交换的一种通信设备（有人工方式和自动方式），也是网络集线器的换代产品。集线器（HUB）是一种共享带宽的网络设备，它不能识别目的地址，而是采用广播方式发送信息。因此，不仅容易造成网络阻塞，降低传输效率，而且还存在信息安全隐患。而交换机拥有一条高带宽的背部总线和内部交换矩阵，不采用广播方式发送信息。因此，它的每一个端口都单独享有总带宽的一部分资源，而不是共享统一的带宽资源；对于接收到的信息，它通过查找网卡（MAC）地址对照表确定信息传输的目的地址，再通过内部交换矩阵直接将向目的节点发送信息，从而保证了每个端口的信息传输速率和整个网络的运行效率。当前交换机已成为网络通信的主要信息交换设备。

局域网（local area network，LAN）在若干平方公里范围内的一个企业、一个学校或一片楼宇内建立的计算机网络通信系统。一个局域网有网络协议、网络服务器、终端计算机、网络通信设备、通信线路和相应的软件系统组成。当前局域网在各个行业已得到越来越广泛的应用。

局域网网关（LAN gateway）在有不同通信协议的局域网之间完成协议转换和数据传送的网络通信设备。常见的有：AppleTalk协议与TCP/IP协议转换的网关和IPX协议与TCP/IP协议转换的网关。

K

空分多址（space division multiple access，SDMA）把空间分割构成不同的信道，通过对信道的增容来实现频率重复使用的一种技术。该项技术可使频率资源得到充分利用。例如，可通过在同一颗卫星上使用多个天线，每个天线的波束射向地球表面的不同区域。地面上不同的接收站，可在同一时间使用相同的频率进行工作。空分多址还常与时分、频分、码分等多址方式联合使用。

空间激光通信技术（air laser communication technology）用激光束作为信息载体进行空间包括大气

空间、低轨道、中轨道、同步轨道、星际间、太空间通信的技术。激光空间通信与微波空间通信相比，波长比微波波长明显短，具有高度的相干性和空间定向性。激光通信具有通信容量大、重量轻、功耗和体积小、保密性高、建造和维护经费低等优点。

宽带（broadband）在网络通信中，信号传输速率大于64Kb/s时的网络带宽。把拨号上网的信息传输速率64Kb/s及其以下速率的带宽称为"窄带"。"宽带"和"窄带"是一个相对的概念。也有人认为传输速率大于1Mb/s的网络带宽才为宽带。随着通信技术的进步，还会产生新的界定标准。

宽带综合业务数字网（broadband integrated services digital network，B-ISDN）在ISDN的基础上发展起来的、具有数据、图文、音频、视频等超媒体业务传输功能的网络。国际电信联盟（ITU-T）为适应高标准超媒体通信业务日益广泛的需求，制定了统一的异步传输模式ATM，并推荐其为宽带综合业务数据网B-ISDN的信息传输模式。

L

蓝牙技术（Bluetooth technology）把近距离（10m以内）的某些电子装置（移动电话、PDA、手提电脑等）用无线方式连接起来实现近距离无线通信的一种技术。蓝牙技术采用IEEE802.15国际标准，适用于建立短距离无线个人局域网（WPAN），工作频率为2.4GHz，带宽为1Mb/s。蓝牙技术克服了红外技术电子装置要在视线以内才能应用的限制，提高了人们与空间信息交互的能力。蓝牙技术是1998年由爱立信、IBM、英特尔、诺基亚和东芝等提出来的。"蓝牙"（Bluetooth）一词是借用10世纪一位北欧国王的名字，喻统一无线局域网技术之意。

路由器（router）为实现各类局域网（LAN）和广域网（WAN）互联互通，连接多个网络或网段并能选择数据传输路径，完成信息交换的一种网络设备。它适用于各类局域网和广域网接口。除了实现网络互联互通外，更重要的是它具有的路由选择、信息过滤与转发、信息加密与压缩、容错管理与流量控制等功能。与交换机不同的是，路由器工作在开放系统互联参考模型OSI/RM的网络层（第三层），而交换机则工作在链路层（第二层）。作为网络互联与通信设备，路由器由硬件和软件两部分组成。硬件主要有网络接口、存储器和相应的逻辑部件；软件主要有实现各种互联网络第三层协议的软件模块、

路由选择程序以及在多协议路由器中的协议转换模块等。

M

码分多址（code division multiple access，CDMA）采用为每一个移动终端分配一个唯一的序列码的方法来实现移动通信的一项技术。CDMA并不给每一个终端分配一个固定的频率，而是允许不同的移动终端可以使用相同的频率，其中序列码是区分不同用户的方法，从而使频率得到充分的利用，有利于增加通信的容量，提高信息传输的质量。

N

内联网（intranet）采用互联网技术组建的仅在一个单位内部使用的计算机网络。具体来说，内联网除采用客户机/服务器模式通过文件传输协议FTP与远程计算机实现文件传输外，还采用TCP/IP协议和Web技术，通过外部接口和防火墙等内、外网安全防护措施与互联网连接。

P

频分多址（frequency division multiple access，FDMA）把通信系统的总频段划分成若干个互不交叉重叠的等间隔的频道分配给不同的用户使用的一项技术。在数字移动通信中，频分多址可以单独使用也可以与时分多址和码分多址等混合使用。

Q

全光网络（all optical network，AON）信号只在进出网络时才进行电/光或光/电的变换，而在网络中其他传输和交换信息的环节始终以光的形式存在的一种网络。因为在整个传输过程中没有光和电不同传输介质间的转换与处理，有效地解决了数据传输的瓶颈问题。AON支持准同步数字系列（PDH）、同步数字系列（SDH）、异步传输模式（ATM）等多种传输协议。

全球定位系统（global positioning system，GPS）一种具有在海、陆、空全方位实现全天候、全时段、高精度定位的卫星导航系统。能为全球用户提供低成本、高精度的三维位置、速度和精确定时等导航信息。全球定位系统由空间星座、地面监控系统和用户信息接收设备三大部分组成。当前已普遍应用于大地测量、航空摄影测量、运载工具导航、地壳运动监测、资源勘察、地球动力学、军事等多种领域。

S

时分多址（time division multiple access，TDMA）

把每一个信道分成若干个时间间隙（简称时隙），每个时隙作为一个分信道为一个用户提供接收和发射服务的技术。TDMA 在应用中要满足定时与同步的要求。在此条件下，通信基站可以在不同的时隙段不受干扰地接收到各移动终端的信号，基站向移动终端发送的信息，也按顺序在规定的时隙中传输。TDMA 比 FDMA（频分多址）具有信号质量高、保密较好等优点，但在实现方面技术比较复杂。

数字光纤通信(digital optical fiber communication) 把携带数字信息的光波用光纤传输的通信方式。要使光波成为携带数字信息的载体，就必须先用数字信号对光波进行调制，然后再通过光纤传输。在接收端再把数字信息从光波中检测（解调）出来。

T

TCP/IP 协议（transmission control protocol/internet protocol） 又称传输控制/网间协议或网络通讯协议，是在互联网中实现计算机之间通信的一组基本的国际标准协议，是互联网的基础。TCP/IP 协议在结构层次上与 OSI 的七层参考模型不完全相同，它由四个层次组成，分别是：网络接口层、网间层、传输层和应用层。当前，世界上大部分国家和地区都已通过 TCP/IP 协议和国际互联网相连接。

TD-SCDMA 标准（TD-SCDMA standard） 由中国自主制定的 3G 标准。1999 年 11 月中国电信科学技术研究院向国际电联提交了 TD-SCDMA 技术标准方案并最终被国际电联批准为国际标准，成为迄今已被国际电联批准的关于 3G 的三个国际标准之一。其他两个 3G 标准分别为 WCDMA 和 CDMA2000。

U

USB 网络电话机（USB internet phone） 经由计算机 USB 端口接入，通过互联网可与任何网上用户进行语音通信的一种终端设备，是互联网为用户提供的一项廉价高效的语音通话业务，当前在全球范围内已得到迅速发展和广泛应用。

W

网络互联设备（internetworking equipment） 用来将两个或多个计算机网络或网段连接起来的一类设备。当若干个计算机网络需要互联时，必须通过中间的互联设备来实现。在开放系统互联参考模型（OSI/RM）或 TCP/IP 通信协议的每个层级上都需要不同的网络互联设备。除传输介质用的互联设备（线路接口设备）外，主要的网络互联设备有以下几种：

（1）物理层的中继器和集线器（Hub）；（2）数据链路层的网桥和交换机；（3）网络层的路由器；（4）应用层的网关等。

卫星通信（satellite communication） 把卫星作为设置在空中的通信中继站来进行多种信息传输业务的通信系统。卫星通信系统由通信卫星和通信地面站两大部分组成。卫星把从地面站发来的电磁波信号经过放大后再由卫星转发器发射到其覆盖区内的地面站。地面站再把接收到的信息通过与网络的接口经公网送入千家万户。由于卫星具有视野开阔、覆盖面大和经济实用等优点，因此卫星通信已在军事、电视传播、社会经济等领域得到了广泛的应用。

X

信息传输技术（information transmission technology） 通过信息传输介质形成的信道，快捷、高效、安全地把信息源体传送到信宿体的技术。包括以金属线和光纤材料等为介质的有线传输技术和以电磁波、红外线等为介质的无线传输技术。当今，信息传输技术已广泛应用于广播、电视、电话、电报以及各种计算机网络通信中。

信息高速公路（information expressway） 以光纤电缆作为信息传输的主干线，由支线光纤电缆、计算机系统、多媒体终端等硬件设备以及相应的软件所组成的实现信息高速传输的网络系统。具有高速度、大容量、交互式和多媒体的特性，可以使人们高速快捷地获取并享用所需的信息资源，被形象地比喻为信息高速公路。信息高速公路的概念最早由美国在 20 世纪 90 年代初提出来，现已被公认为各个国家信息化建设所必要的基础设施。

Y

移动电话（mobile telephone） 俗称手机，当今应用最广泛的一种无线通信终端设备。随着无线通信技术的发展，手机也经历了三个时期：（1）模拟移动电话，俗称"大哥大"，是第一代移动通信终端，基本上只能提供语音通话业务；（2）数字移动电话，如目前广泛使用的 GSM 数字移动电话"全球通"、"神州行"等属于第二代数字移动电话，除提供语音通话业务外，还可以提供较高质量的低速数据传输业务并实现国内国际信息漫游等；（3）通用分组无线业务 GPRS 是第 2.5 代数字移动通信技术，可提供基本通话和高速数据传输业务，用户可同时实现通话和上网；（4）采用宽带 CDMA 技术的第三代是多媒体移动电话，具有高带宽、高速率、多媒体和个性化等特点。

移动 IP 技术（mobile IP technology）为移动用户提供的、使其 IP 移动网络终端享有跨网漫游服务的技术。TCP/IP 网络是该项技术对应用环境的唯一要求。只要满足 TCP/IP 网络，用户就可以用原来的 IP 地址在网上漫游并仍然享有原来网络中的一切权限。

用户接入网（subscriber access network）又称用户环路，国际电信联盟（ITU-T）在 G.902 建议中给其的定义是，"由业务节点接口（SNI）和用户网络接口（UNI）之间一系列传送实体构成"的网络。其任务是把用户接入核心网（长途网或中继网）。接入网分有线接入网和无线接入网两种。前者有光纤接入网、铜缆接入网和光纤/同轴电缆混合接入网等；后者有基于集群无线电话的接入网、基于蜂窝移动通信的接入网和基于卫星通信的接入网。

域名（domain name）见顶级域名。

远距离临场感控制（telepresence using control of teleoperator）又称遥现技术控制，是利用计算机和电子技术，通过安装在现场的视觉和非视觉传感器，使远离现场的操作者获得视、听、触、力等感觉信息，形成对真实世界中客体和事件的实况遥现控制。临场感技术通常采用多台摄像机和图像处理技术模拟人的双目系统，以获取深度信息，理解三维景物。接触觉是被接触物体刺激人的皮肤时产生的感觉信息，即通过触觉信息，人可以感觉被接触物体表面的纹理、轮廓和形状等。临场感技术采用的触觉传感器主要有导电橡胶组成的开关阵列传感器、金属变形片压敏传感器、半导体压敏压力传感器、电容阵列传感器、光学阵列触觉传感器和压电传感器等。触觉传感器信号经计算机处理后以操作者便于接受和理解的形式呈现于人机界面。临场感技术采用力和力矩传感器使操作者获得力的感觉，如抓取物体的重力、移动物体时的阻力等。重现现场的声音也是临场感技术的一项内容。在带有临场感技术的遥控系统中，控制信息和传感器信息在两个方向上传递。当遥控距离足够远时，信号传输的时延对系统的操作有很大的影响。采用计算机预测时延技术，可以减少信号传输时延对遥控操作带来的影响。

（六）广播与电视工程技术（Radio and TV Engineering Technology）

D

等离子电视（plasma display panel TV）又称壁挂式电视，是利用惰性气体在一定电压的作用下产生气体放电，形成等离子体，发射真空紫外线进而激发三基色光致发光荧光粉而发射可见光的一种主动发光型平板显示装置。它不受磁力和磁场影响，具有机身纤薄、重量轻、屏幕大、色彩鲜艳、画面清晰、亮度高、失真度小、视觉感受舒适、节省空间等优点。

电视点播（video on demand，VOD）又称电视节目点播系统，是一种电视用户能和电视节目播放中心通过信息交互，有选择性地要求播放某个电视节目的系统。它改变了以往电视节目只能由播放中心向用户单向传输信息，用户只能被动观看电视节目的状况。VOD 是电子信息技术、多媒体技术和网络技术相结合的产物。通过电视点播系统，电视节目播放中心可以按照用户需要以个性化的方式为千家万户提供服务，大大增强了用户获取信息的能力。

G

高清晰度电视（high definition television，HDTV）一种能使具有正常视力的观众在距显示屏高度的三倍距离处所看到的图像质量与观看原始景物或表演时所得到的视觉效果相同的电视。与现有电视系统相比，高清晰度电视既改善了瞬时分辨率，又改善了色彩保真度。高清晰度电视的色差信号与亮度信号分开，有较大的幅型比。

J

机顶盒（set-top box，STB）一种能将数字电视信号转换成模拟电视信号的转换设备。它能把有线电视前端与网上传输的数字信号转变为模拟的音频和视频信号，用户只要安装一个 STB，就可在模拟电视机上观看数字电视节目。机顶盒凭借自身的软硬件配制还可作为多媒体终端，享受IP电影、电视点播（VOD）、通信等多种服务。

S

视频会议（video conference）利用计算机技术、多媒体技术和网络通信技术通过音频信息和视频信息的实时传输而实现的异地远程会议。必要时也可进行静止图像和文件的传送。它是一个实现远距离实时信息交流、协同工作的应用信息系统。当前，依据统一的H.323标准在各类网络上建立的视频会议系统正大量涌现。视频会议打破了传统会议的时空界限，不仅可以大量节省会议费用，而且在远程自动办公、紧急求援、现场调度指挥等许多方面有着广泛的应用。

W

网络电视（internet protocol television，IPTV）基于IP通信协议通过宽带网络传输音视频节目的数字电视传播形式。与以往的电视相比，观众除被动接收电视节目外，还可以随时点播那些预期的或已经播放过但想要重新播放的电视节目，并具有节目快进、慢放等调节和控制功能。此外，观众还可在节目播放过程中以文本方式进行互动。观众可用个人电脑或IP机顶盒＋普通电视机为终端设备来接收网络电视节目。

Y

液晶电视（liquid crystal display TV）又称LCD电视，是利用液状晶体在电压的作用下发光成像的原理，制成的电视显示器。液晶电视的优点为：（1）轻薄便携。液晶电视的重量大约是传统电视的1/3。（2）色彩丰富。液晶电视拥有16.7百万色，画面层次分明，颜色绚丽真实。（3）分辨率大，清晰度高。（4）绿色环保。液晶显示器没有辐射，只有来自驱动电路的少量电磁波，只要将外壳严格密封即可排除电磁波外泄。因此液晶显示器又称为冷显示器或环保显示器。（5）液晶电视不存在屏幕闪烁现象，不易造成视觉疲劳。（6）耗电量低，使用寿命长。液晶电视的使用寿命一般为5万个小时，比普通电视机的寿命长得多。

有线电视网（community antenna television，CATV）一种具有1GHz带宽，用于传输电视画面和声音的通信网络。具有频带宽、容量大、抗干扰能力强、成本低和连接到千家万户的优势。在有线电视宽带网中，采用光纤同轴电缆混合网HFC与电缆调制解调器相结合的技术来实现多媒体数字化通信。由于CATV存在单向传输和网络安全等问题，使得要实现通过CATV承担除电视业务以外的其他多媒体业务，尚需要解决一系列技术性问题。中国拥有世界上覆盖范围最广的有线电视网络。实现电话网、有线电视网和数据网的"三网合一"已成为人们关注的方向。

（七）自动控制技术（Automatic Control Technology）

B

表面安装技术（surface mount technology，SMT）一种把表面安装器件及其他适合丁表面贴装的电子元件，以自动化贴装后再焊接的形式，安装在印制电路板或陶瓷基板上的组装技术。它与原来使用的通孔插装技术相比，可使电路的尺寸减小，重量减轻，电性能改善，成本降低。这些优点使SMT已逐步成为电路组装技术的主流。

D

电器智能化（electric apparatus intelligentization）电器具有自动适应电网、环境及控制要求的变化，始终处于最佳运行状态的能力。电器智能化是现代社会生产和生活向电器领域提出的使用要求，也是现代科学技术与传统电器技术结合的产物。它融合了传统电器、计算机与数字控制、微电子技术、电力电子技术、工业自动化技术、现场总线技术、计算机通讯与网络及现代传感器技术等多门类的学科，可以组成全开放式系统，实现现场参数处理数字化、电器设备多功能化，从而满足分布式管理与控制。

G

光电编码器（optical encoder）一种通过光电转换将输出轴上的机械几何位移量转换成脉冲或数字量的传感器。是一种集光、机、电为一体的数字检测装置，广泛用于各种高精度速度、位移测量场合。具有精度高、响应快、抗干扰能力强、性能稳定可靠等优点。光电编码器由光栅盘和光电检测装置组成。光栅盘是在一定直径的圆板上等分地开通若干个长方形孔。由于光电码盘与电动机同轴，电动机旋转时，光栅盘与电动机同速旋转，经发光二极管等电子元件组成的检测装置检测输出若干脉冲信号，通过计算每秒光电编码器输出脉冲的个数就能反映当前电动机的转速。根据检测原理，编码器可分为光学式、磁式、感应式和电容式。根据结构形式可分为直线式编码器和旋转式编码器两种类型。根据其刻度方法及信号输出形式，可分为增量式、绝对式以及混合式三种。

光机电一体化（optical mechanical electronic integration）运用机械、微电子、激光等技术融汇在一起而形成的具有高自动化水平的产品或系统。光机电一体化领域覆盖面较宽，包括以数控技术为核心的制造装备、工业机器人和智能机器人、现代设计制造技术的软件工具和现代集成制造系统的应用及相关目标产品、现场总线智能化仪器仪表与全开放分散控制系统、现场总线智能化低压电器设备、重大新型成套设备、农业设施装备等，还包括以机械为主体、技术上有明显突破、创新力度大的研究开发成果。这一领域的成就，在很多方面已经成为促进国民经济发展、提高传统产业功效的新一代技术装备。

J

机器人（robot）具备一些与人或生物相似的智能能力，如感知能力、规划能力、动作能力和协同能力，具有高度灵活性的自动化机器。是一种在预定的领域、范围或作业面按照预先编制的程序执行某些操作或移动物品的自动控制机器。它是机械学与电子学、计算机科学和信息科学相互结合的产物。机器人一般由机械系统（包括动力系统、传动系统、运动系统、执行系统等装置）、控制系统和感知系统（各种传感器）等组成。按技术水平高低，机器人的发展已经历三代：第一代为可编程机器人，根据操作人员所编程序，完成一些简单的、重复性作业；第二代是带有感知系统、可离线编程的机器人，具有不同程度的感知周围环境和自行修正程序的功能，称为感知机器人；第三代为智能机器人，不仅具有感知功能，而且能根据人的命令，按所处环境自行决策和规划，按任务自行编程。机器人已开始在工业、核能、海洋开发、防灾、军事、康复以及各种极限作业环境中应用。

机器人机构学（theory of robot mechanisms）以机器人机械系统为对象，研究其各组成机构的基本运动规律及运动、动力分析、综合的理论和方法的学科。是机器人机械学的分支学科。主要研究内容有：（1）机器人新机型和新结构的研究，以使机器人总体结构简化，造价降低。（2）操作机构研究，以期生产出具有高定位精度、高承载能力和高刚度等特点的新型手臂及手腕系统。如弹性手臂系统与碳纤维增强复合材料手臂、用平行机构传动的仿人肌腱式手腕、直接驱动式球形手腕、带传感器或弹性机构的主动或被动式多自由度柔性手腕等已着手研制或已进入实施阶段。（3）周边或末端执行机构研究。（4）行步机构研究，以便研制出步态或步行机器人。

机器人控制语言（robot language）用在机器人编制程序中描述机器人运动的语言。现阶段的机器人还没有理解人的自然语言的能力。为了让机器人产生人们所希望的动作，必须预先设计机器人的运动过程和编制完成这种运动过程的先后顺序，即为机器人编制程序。对机器人控制语言的基本要求是：必须在实时处理时间（数毫秒）内，能使三维空间内机器人各构件的位置与姿态按要求发生物理性的变化。此外，机器人语言系统必须容易掌握。现有的机器人控制语言有很多种，但还没有形成国际通行标准。

机器人零定律补充（the zeroth law）又称机器人第零定律，即对机器人的不得伤害人类，或目睹人类将遭受危险不得袖手旁观的最基本要求。机器人第一定律：机器人不得伤害人类个体，或者目睹人类个体将遭受危险而袖手旁观，除非这违反了机器人学第零定律；第二定律：机器人必须服从人给予它的命令，当该命令与第零定律或者第一定律冲突时例外；第三定律：机器人在不违反第零、第一、第二定律的情况下要尽可能保护自己的生存。

机器人行走系统（robot walk system）一种能使机器人按程序发生位移的机械系统。最早的机器人行走系统是与地面连续接触的轮式和履带式系统，已被广泛采用。受仿生学的影响，各种与地面离散（非连续）接触的步行或步态行走系统正被大力地研究与开发。两足、四足与六足步行系统已相继问世。它们能自由行走于崎岖不平地带或松软地面，并可上下台阶，跨越较大的障碍。具有这种行走功能的步行机器人，适用于沼泽、沙漠、油田、矿山、海洋、灾区、战场和外星等无路场合的作业并完成相应的任务。机器人行走系统的深入研究，将为机器人的应用开拓更加广阔的天地。

机器人学三定律（robotics three laws）对所有机器人的基本要求。第一定律：机器人不得伤害人，也不得见人受到伤害而袖手旁观；第二定律：机器人应服从人的一切命令，但不得违反第一定律；第三定律：机器人应保护自身的安全，但不得违反第一、第二定律。

集散控制系统（distributed control system）针对大型主机和多辅机功能分布和地域分布的特点，通过工业局域网把分布于各现场的独立完成各种特定任务的计算机互联起来，以达到资源共享、协同工作、分散检测和集中操作管理的工业计算机网络系统。它采用分散控制和集中管理的设计原则，综合了计算机技术、控制技术、通信技术和图形显示技术。从功能上可分为过程控制层、操作监控层、生产管理层等。每层有多台计算机，通过通信网络连接起来构成分布式计算机控制系统。它具有安全可靠、功能完善、通用灵活和操作简便等特点，是工业过程计算机控制的先进形式，已被工业界广泛采用。

计算机数控（computer numerical control，CNC）用一台小型（或微型）通用计算机来控制单台数控机床的技术。在数控机床的发展初期，是用专用数控装置来控制机床的，即专用计算机数控。专用数控装置通用性差、代码不统一、价格昂贵，不能适应数控机床的发展。20世纪70年代初期，出现了小型通用计算机数控系统。在控制某一加工对象时，将事先编好的系统程序通过输入装置（如纸带光电输入机）输入计算机，存放在存储器里，由系统程序来实现数控机床的控制逻辑。专用数控装置控制机床由专用固定接线的硬件结构来实现数控，一经形成就难以改变，因此又称为连接数控。计算机数控由存放在小型计算机中的系统程序软件来实现，能方便地修改，因此又称为软联结数控。计算机数控的特点是：（1）软件功能强，能利用软件增强机床的功能，易于利用系统程序实现不同控制，具有柔性；（2）零件的全部加工程序可一次性地输入到计算机的存储器中；（3）简化了程序编制，修改方便；（4）易于设立各种诊断程序，进行故障诊断和检测；（5）能方便地实现数字伺服控制和可编程顺序控制。

Q

前馈控制（feedforward control）又称顺馈控制，即观察那些作用于系统的各种可以测量的输入量和主要的扰动量，分析它们对系统输出的影响，并在其不利影响产生之前，及时采取纠正措施，来消除不利影响的控制系统。与反馈控制相比，前馈控制以系统的输出或主要扰动的变化信息为馈入信息，在系统运行过程的输出结果受到影响之前就做出纠正，防止了所使用的各种资源在质和量上产生偏差，克服反馈控制中因时滞所带来的缺陷，改善控制系统的性能。

S

适应控制（adaptive control）一种能连续和自动调节控制参数，从而实现机器人操作性能接近最优的控制方法。它是在模型控制的基础上，增加一个适应控制规律部分。它不断地观测输出状态和伺服误差，并根据某种适应控制算法重新调整和更新非线性模型参数，直至消除伺服误差为止。采用适应控制，可以使机器人在较大的负载变动情况下消除伺服误差，从而改善机器人的动态性能。适应控制算法的分析与设计是机器人控制中的难点之一。目前已提出多种适应控制方案，如模型参考自适应控制、自校正控制、自回归模型自适应控制、自适应摄动控制和自适应阻抗控制等。

手臂机构（arm mechanism）能够实现或部分实现具有拟人手臂操作运动功能的机构。手臂机构包括臂机构、腕机构和手爪机构三部分，实际应用中根据需要进行组合。手臂机构决定机器人操作手可能的运动能力。手臂机构的运动能力通常用自由度、工作空间和可操作度等指标来衡量。手臂机构的原形来源于人的手臂，但其机构组成与人手臂的组成并不完全相同。仿生是发明新型手臂机构的主要源泉之一。

水下机器人（underwater robot）又称潜水器，是从事水下工作或活动的机器人。可分为有人和无人两大类：有人机器人机动灵活，能处理复杂的问题，但危险性大且价格昂贵；无人机器人就是水下无人潜水器，适于长时间、大范围的水下考察。按照无人潜水器与水面支持设备（母船或平台）间联系方式的不同，水下无人机器人可以分为两大类：一种是有缆水下机器人，习惯上称为遥控潜水器；另一种是无缆水下机器人，习惯上称为自治潜水器。有缆机器人按其运动方式分为拖曳式、（海底）移动式和浮游（自航）式三种。无缆水下机器人只能是自治式的，目前还只有观测型浮游式一种运动方式。

数控伺服系统（digital control servo system）又称位置随动系统，简称伺服系统，是一种以机械位移为直接控制目标的自动控制系统。数控机床伺服系统主要有两种：（1）进给伺服系统，控制机床各坐标轴的切削进给运动，以直线运动为主；（2）主轴伺服系统，控制主轴的切削运动，以旋转运动为主。伺服系统的控制方式主要分为开环、闭环和半闭环三种。

Y

预测控制（forecast control）一类适用于控制不易建立精确数字模型且工业生产过程比较复杂的新型的计算机控制算法。其特点是采用多步测试、滚动优化和反馈校正等控制策略，得到良好的控制效果。最早的预测控制是模型算法控制，首先在法国的工业控制中得到应用。现在比较流行的预测控制算法主要有：模型算法控制（MAC）；动态矩阵控制（DMC）；广义预测控制（GPC）；广义预测极点（GPP）控制；内模控制（IMC）；推理控制（IC）；灰色预测控制等。预测控制已在石油、化工、电力、冶金、机械等工业部门的控制系统得到应用。

运动学控制（kinematic control）根据机器人运动学关系式产生机器人驱动信号的控制方式。机器人系统的运动状态，通常可用运动学和动力学关系式进行描述。运动学关系式是描述关节变量与末端执行器位置、速度和加速度之间关系的数学模型，不考虑产生这些运动的力及质量因素。运动学控制方法适用于机械惯量及连杆间互相耦合较小，而工作速度和轨迹精度要求不高的机器人系统。它具有控制系统结构简单、容易实时控制等特点。运动学控制是基于静力状态下的位置和位置随时间变化所进行的控制，没有考虑产生运动所需要的力，以及机器人本身的质量和运动惯性等动态因素。当机器人高速运动时，系统的动态参数变化很大，会使基于运动学模型的反馈控制策略失败。要实现机器人的高速、高精度运动控制，则应考虑采用机器人系统动态特性的动力学控制方法。

Z

直接数字控制（direct numerical control，DNC）又称计算机群控系统，指由一台计算机直接控制和管理一群数控机床（或设备）的控制系统。在直接数字控制系统中，各台数控机床的零件加工程序都由计算机统一存储和管理，根据加工要求进行分时控制，并进行加工状态的管理和统计。计算机还可以对零件的加工程序进行编辑、修改，对操作者的指令进行处理。直接数字控制的方式有：（1）单级控制系统。由一台计算机同时直接控制和管理多台相同（或不相同）的数控机床，如柔性制造系统。在数控机床发展初期，由于专用数控装置功能差、代码不统一、价格昂贵，而通用计算机功能强、运算速度快，因此，出现了一台计算机控制多台数控机床工作这种单级直接控制方式。（2）多级控制系统。由上级计算机逐级控制和管理各级多台数控机床的计算机，形成分级递阶数控系统，如计算机集成制造系统中的递阶控制系统。这是直接数字控制的进一步发展，呈现出更高层次的形式。直接数字控制能够提高数控机床的利用率，扩大数控系统的应用范围，增强数控系统的功能，提高数控系统的稳定性，降低加工成本，在柔性制造系统、机械加工自动线、计算机集成制造系统中应用十分广泛。

智能一体化开关（intelligent integrated switch）将微处理器技术、电力电子技术、传感器技术、网络技术、通讯技术和新型开关制造技术在传统电器装置上进行有机融合，使其具备智能化核心的装置。相对于传统开关其具备如下特点：（1）高性能、高可靠性；（2）免维护；（3）硬件软件化；（4）具备在线监测和自诊断功能；（5）提供网络化远动接口；（6）功能自适应。

制造自动化协议（manufacturing automation protocol，MAP）基于 ISO 的 OSI（开放式系统互联参考模型）七层网络协议模型，实现把生产制造企业的信息系统、控制系统和自动化生产设备相互连接的网络协议。采用 MAP 可以方便地实现把不同厂家生产的各种控制系统相互连接形成一个统一的通信控制网络，以满足现代制造业对自动化生产设备和过程的某些新的控制要求。

最优控制（optimum control）研究从一切可能的控制方案中寻找最优解的控制方法，是现代控制理论的重要组成部分。最优控制理论的基本内容和常用方法有动态规划、最大值原理和变分法。动态规划是为解决多阶段决策过程而提出来的。最优控制方法的关键是建立在"最优性原理"基础之上的，该原理可归结为用一组基本的递推关系式使过程连续的最优转移。

二、计算机科学技术

(Computer Science and Technology)

(一)基础知识 (Basic Knowledge)

A

安全证书（security certificate）在进行网上交易时，交易实体唯一的一种身份证明，或者说是交易者开启交易业务的一把"钥匙"。为了防止安全证书被复制，确保证书自身的安全，有关部门在发放安全证书时不保留副本。在进行交易时，采用安全证书等信息加密技术不但可保证交易信息的机密性和完整性，而且还可保证交易实体的真实性和签名信息的不可否认性。

C

CA认证中心（certificate authority center）负责发放和管理数字证书的机构。数字证书是在网络通信过程中，用于标志通信双方身份的数字信息。认证中心的任务是负责受理证书申请、证书颁发、证书更新、证书查询、证书作废等方面的工作。

D

电子邮件过滤器（E-mail filter）安装在电子邮件服务器中的用于信息安全防范的一种软件。它根据邮件中的相关信息对其进行分类存放，并过滤掉来源不明的邮件（垃圾邮件）或用户设定拒绝接收的邮件。采用电子邮件过滤器技术，可有效地扼制垃圾邮件的泛滥。

电子邮件网关（E-mail gateway）实现两个不同通信协议网络间协议转换并对电子邮件提供安全保护的网络安全设备。可为电子邮件系统提供垃圾邮件过滤和病毒过滤。有些电子邮件网关还同时具备查找病毒和消灭病毒的功能。

G

公开密钥体系（public key infrastructure，PKI）一种遵循既定标准的密钥管理平台。是利用公钥理论和技术建立的提供安全服务的基础设施。它能为所有网络提供加密和数字签名等密码服务及所必需的密钥和证书管理体系。简单地说，在公开密钥体系中，加密密钥不同于解密密钥。人们把加密密钥公诸于众，任何人都可以使用，但解密密钥只有解密人自己知道。PKI的基础技术包括加密、数字签名、数据完整性机制、数字信封、双重数字签名等。完整的PKI系统必须由权威认证机构（CA）、数字证书库、密钥备份及恢复系统、证书作废系统、应用接口（API）等基本部分构成。

J

计算复杂性理论（computational complexity theory）用数学方法研究各种可计算问题在计算过程中资源（如时间、空间等）的耗费情况，以及在不同计算模型下，使用不同类型资源和不同数量的资源时，各类问题复杂程度的本质特性和相互关系的学科。主要研究内容为：某些求解问题的固有难度，评价某个计算模型的优劣，获取高效的计算模型。

计算机安全（computer security）计算机信息系统资源和信息资源不受自然和人为因素的威胁和危害。信息资源包括计算机采集、存储、传输和处理的信息；信息系统资源为计算机系统所包含的所有软、硬件设备。

计算机仿真（computer simulation）利用计算机建立校验、运行实际系统的模型，获取模型系统的行为特性，借以分析、研究相应实际系统行为特性的一种技术。模型系统包括工程系统和非工程系统。计算机仿真的基本内容是：建立系统数学模型，并转变为仿真模型；设计对模型的实验框架；运行模型，得到行为特性；对行为特性分析。计算机仿真主要用于系统论证分析、系统开发、系统运行和维护等。

计算机算法（computer algorithm）求解某类问题而形成的有限规则的运算序列。算法可用计算机能够接受的语言描述求解过程。一个算法必须具备以下基本条件：（1）必要的输入量；（2）必须的输出量；（3）确定性；（4）可行性；（5）有效性。

计算机系统可靠性（reliability of computer system）在规定的条件下和规定的时间间隔内，计算机系统能正确运行的概率。系统可靠性是评价计算机性能的一项重要指标，通常用平均故障间隔时间来表示。提高可靠性有两种方法：避错和容错。

计算理论（theory of computation）一门关于计算和计算机械的科学理论。主要内容包括算法、算法学、计算复杂性理论、可计算性理论、自动机理论和形式语言理论等。计算理论作为计算机科学的理论基础之一，其基本思想、概念和方法广泛应用于计算机科学的各个领域。

加密技术（encryption technology）利用技术手段保护机密数据在传输和使用时不被窃取或篡改的数据保密措施和方法。加密算法（或密钥算法）是加密技术的核心。随着加密技术的发展，已形成了一个独立的学科——"加密学"。按照加密密钥的不同类型，加密技术分对称加密算法（私密密钥加密）和非对称加密算法（公开密钥加密）两类。前者加/解密采用相同的密钥，后者则是采用不同的密钥。在发文端，加密算法把明文数据转换为密文数据传送到收文端，收文端再通过相应的密钥算法把密文还原成明文。使用加密技术有利于保证数据的私密性、完整性和数据占有者身份的合法性。

拒绝服务攻击（denial of service attacks）攻击者设法让被攻击的目标机器停止为用户提供服务或资源访问的攻击，使计算机网络无法提供正常服务。是黑客常用的攻击手段之一。常见的DOS攻击有计算机网络宽带攻击和连通性攻击。前者以极大的通信量冲击网络，使网络资源消耗殆尽，使用户合法请求无法通过；后者以连续不断的请求消耗计算机资源，使得无法处理合法用户的请求。

K

客户服务器计算（client server computing）通过网络把客户机和服务器（应用程序服务器、数据库服务器等）连接起来组成的一种具有层次结构的分布式计算模式。它是从早期计算机应用中的单机批处理计算模式和以一台主机为中心的集中计算模式发展演变而来的，也称C/S（client/server）模式。换句话说，它是一个由客户机和服务器组成的两层结构计算模式。

采用这种计算模式有利于实现信息资源共享，提高信息处理和应用程序的运行效率。随着信息技术和网络应用的发展以及中间应用程序服务器和Web服务器的加入，客户服务器计算模式已出现了两层以上的多层结构。

L

漏洞（leakage）信息产品（包括硬件、软件、系统、协议等）在研发、生产以及应用过程中存在的某些问题或缺陷。漏洞的存在会为网络的非法入侵者提供机会，使得信息系统中所有的软硬件设备都有可能成为被攻击的对象，从而对信息系统的安全运行构成严重的威胁。为减少漏洞的危害，人们常采用如防火墙、杀毒软件等措施来预防和补救由于漏洞可能造成的损失。信息产品的生产厂家常通过"打补丁"的方式来消除产品中的某些漏洞。

M

密码（secret code）按约定的规则对信息实施明密变换的手段，用以对明文进行加密处理，使之变为无意义的符号。密码由密码算法和密钥组成。密码算法是一些公式、规则、步骤、运算关系，是相对保持不变的；密钥可看作是算法中的可变参数。实施时，由密钥控制算法，加密时将明文变成密文；解密时，将密文变成明文。密码技术是对信息进行加密保护的重要手段，是保障通信安全、信息系统安全等的有力武器。密码技术与网络协议结合演变为鉴别、访问控制、电子签名、防火墙等技术。因此，密码技术被认为是安全技术的核心。

模糊逻辑（fuzzy logic）研究不确定性（特别是模糊性）推理与知识表示的逻辑基础及其应用的学科。目前主要包括三个方面：狭义模糊推理、广义模糊推理与模糊（近似）推理。狭义模糊推理是模糊集理论乃至模糊数学的逻辑基础；广义模糊推理为不确定性的处理提供较为完整的逻辑框架。模糊逻辑可应用于智能化电器产品的开发与工业过程控制。

摩尔定律（Moore's Law）芯片上集成的晶体管数量每18个月将翻一番的规律性现象。最早刊登摩尔定律的杂志是1965年4月19日出版的《电子学》，摩尔在文中预测，半导体芯片上集成的晶体管和电阻数量将每年翻一番。1975年，他又提出修正说，芯片上集成的晶体管数量将每两年翻一番。

R

入侵检测系统（intrusion detection system，IDS）

对在网络或操作系统上发现的可疑行为作出策略反应，及时切断信息入侵源，并通过一定方式通知网络管理员，最大限度地保障系统安全的网络检测系统。它是防火墙的合理补充，目的是帮助系统对付网络攻击，扩展系统管理员的安全管理能力（包括安全审计、监视、进攻识别和响应），提高信息安全基础结构的完整性，被认为是防火墙之后的第二道安全闸门。它在不影响网络性能的情况下，能对网络进行监测，从而提供对内部攻击、外部攻击和误操作的实时保护，最大限度地保障系统安全。入侵检测系统按照其数据来源可以分为：基于主机的入侵检测系统、基于网络的入侵检测系统及采用上述两种数据来源的分布式的入侵检测系统三类。按照采用的方法可以分为：基于行为的入侵检测系统、基于模型推理的入侵检测系统及采用两者混合检测的入侵检测系统。按照时间又可以分为：实时入侵检测系统和事后入侵检测系统两类。

S

身份认证（authentication）在实施网上交易或其他信息交互业务中，确认来访者身份的过程。身份认证是保证网络安全和信息安全的重要措施之一。主要形式为：（1）信息，如密码；（2）物品，如IC卡；（3）特征，如指纹。密码技术一直在身份认证中起到重要作用，根据所用密码体制的不同，可分为基于对称密钥技术的身份认证（如Kerberos）和基于公开密钥的身份认证（如CA）两类。

数据结构（data structure, DS）又称为复合数据，是由数据集合D和数据之间各种关系的集合S组成的二元组（D，S）。数据结构在数学上可以用适当的数学形式加以描述。一个算法所采用的数据结构适当与否对程序的质量影响极大。它包括程序的运行效率、数据所需用的存储空间大小及程序的易维护性等。数据结构有数据的物理结构（存储结构）和逻辑结构，逻辑结构又可分为线性结构、树结构和图结构等。数据结构设计是程序设计工作的重要部分。

数理逻辑（symbolic logic）又称符号逻辑，用数学方法研究的逻辑或形式逻辑。数学方法包括使用数学符号和公式，使用已有的数学成果和方法，特别是使用形式化的公理方法。数理逻辑采用完全形式化了的公理系统，即形式系统。模型论、公理集合论、递归论和证明论构成了现代数理逻辑的主要内容。从广义的角度看，数理逻辑还包括归纳逻辑、模态逻辑、多值逻辑、时态逻辑等。

数值计算（numerical computation）又称数值方法或计算方法，即求数学问题数值解（近似解）的方法。数值计算是一门实用性很强的学科，许多计算领域的问题，如计算力学、计算物理、计算化学、计算经济学等都有数值计算问题。数值计算的研究内容十分广泛，如数值逼近、数值微分与数值积分、数值代数、最优化方法、常微分方程数值解法、积分方程数值解法、偏微分方程数值解法等。

T

图灵机（turing machine）一种理想的解算机器的数学模型。现在已成为计算机科学中的可计算性理论和计算复杂性理论的基础。图灵机分为确定型与非确定型两大类。一台标准图灵机由一条双向、可无限长的被分为一个个小方格的磁带，一个有限状态控制器与一个读写磁头构成。只要提供足够的时间以及足够多的空间，图灵机足以代替目前的任何计算机。凡是可计算的函数都可以用图灵机来计算。

W

网格计算（grid computing）伴随着互联网迅速发展起来的、专门针对复杂科学计算课题的新型计算模式。是分布式计算的一种。这种计算模式利用互联网把分散在不同地理位置的电脑组织成一个"虚拟的超级计算机"。其中，每一台参与计算的计算机就是一个"节点"，而整个计算是由成千上万个"节点"组成的一个"网格"，因此称为网格计算。这样组织起来的"虚拟超级计算机"有两个优势：具有数据处理能力和充分利用网上的闲置资源的能力。充分利用网上的闲置处理能力是网格计算最大的优势。网格计算模式首先把要计算的数据分割成若干"小片"，而计算这些"小片"的软件通常是一个预先编制好的屏幕保护程序，然后不同节点的计算机可以根据自己的处理能力下载一个或多个数据片断和这个屏幕保护程序。当节点的计算机用户不使用计算机时，屏保程序就会工作，这样，这台计算机的闲置计算能力就能被充分地调动起来。网格计算受到需要大型科学计算部门，如航天、气象等部门的关注。

X

形式语言理论（formal language theory）用数学方法研究自然语言和人工语言的语法的理论。形式语言是一种数学工具，始于 20 世纪初，50 年代中期用于模拟自然语言，用来研究语言的组成规则。形式语言理论在自然语言的理解和翻译、计算机语言的描述和编译、社会和自然现象的模拟、语法制导的模式识别等方面有广泛的应用。

Y

有限状态自动机（finite state machine）为研究有限内存的计算过程和某些语言类而抽象出的一种计算模型。有限状态自动机拥有有限数量的状态，每个状态可以迁移到零个或多个状态，输入字串决定执行哪个状态的迁移。有限状态自动机是自动机理论的研究对象，可以分成确定与非确定两种。非确定有限状态自动机可以转化为确定有限状态自动机。有限状态自动机除了在理论上的价值，还在数字电路设计、词法分析、文本编辑器程序等领域得到应用。

运算放大器（operational amplifier）简称运放，指具有很大开环增益和深度负反馈的一类直流放大器。运放通常具有一个信号输出端和同相、反相两个高阻抗输入端以及反馈端，可以通过改变运放的反馈网络使输出信号是输入信号经某种数学运算的结果。可用运放制作同相、反相及差分放大器。运放的种类繁多，广泛应用于几乎所有的行业当中，可用作精密的交流和直流放大器、有源滤波器、振荡器、电压比较器、模拟电子电路、仪器以及模拟计算机中。

Z

中断（interrupt）CPU 对计算机内部或外部的非正常、非预期事件作出反应的一种机制。当中断请求发生时，CPU 就立即中断正在执行的程序，待转去处理中断请求事件后，再返回执行被中断的程序或转入新的进程调用。中断有三种基本情况：（1）外部设备请求中断（如键盘有信息输入）；（2）CPU 内部发生异常情况引起中断（如程序运行出错，电源异常等）；（3）由于预先设置的程序陷阱引起中断（如请求系统调用等）。

自动推理（automating reasoning）在计算机支持下实现推理、求解问题的过程。自动推理的研究内容有定理机器证明、程序正确性验证、程序自动生成、逻辑程序设计、非单调推理、模糊推理、约束推理、定性推理、类比推理、归纳推理、自然演绎法、归结方法和重写方法。

（二）人工智能（Artificial Intelligence）

C

触觉识别（haptic perception）通过广义触觉传感器与目标或环境接触，而获取触觉信息并进行处理，从而实现对目标或环境的识别或描述的技术。广义触觉是指机器人末端执行器与目标（或环境）接触（或触摸）时获取接触、压力、分布压力、力/力矩、滑动、纹理、温度等信息所需的感觉。广义触觉传感器包括能获取上述信息的各种传感器。触觉识别的研究始于 20 世纪 70 年代，至今仍处于发展的初级阶段。其理论基础为计算机视觉、人工智能和心理生理学。但由于目前触觉传感器的多样性、获取信息能力的局限性和机器人手爪功能及柔顺运动控制的局限性等原因，还没有成熟的理论和方法。通常，被动触觉信息的处理、分析是在计算机视觉方法的基础上，结合触觉低空间分辨率的特点进行的。统计模式识别是发展早、应用广的典型触觉识别方法。此外，还有基于模型或基于 CAD 或基于神经元网络等多种识别方法的研究。

J

机器人触觉系统（robot tactile system）一种使机器人具有类似人体皮肤感觉功能的系统。广义上说，触觉感受的信息包括接触信息、压力信息、分布压力信息、力信息和滑觉信息五种。机器人的触觉系统可以指以上任何一种信息的检测、处理和识别系统，也可以指多种信息、多种传感器构成的综合信息处理系统。已经研制出来的触觉传感器有很多种，大致可以分为集中式和分布式两类。集中式触觉传感器是用单个传感元件检测各种信息；分布式触觉传感器则检测分布在表面上的力或位移，并通过多个输出信号模式的解释得到各种信息。现在触觉系统的主要研究方向为分布式传感器的研究，以提高分辨率和提高信息处理速度为目标，并力争使其实现智能化，成为所谓"灵巧"触觉传感器。

机器人视觉系统（robot vision system）赋予机器人似人或动物的视觉功能的系统。视觉的感知对象是图像，对二维或三维图像进行感知、处理和理解是机器人视觉系统的任务。机器人视觉系统通常由四部分组成：（1）照明和光学系统，通常由照明光源、摄像镜头和滤光镜等组成。（2）图像输入系统，主要指视觉传感器。早期常采用摄像机作视觉传感器。后来出现的固态传感器，与摄像机相比，虽然灵敏度和分辨率稍差，但具有体积小巧、视觉残像少、空间畸变小和便于信息处理等优点。（3）图像处理系统，是对图像进行数字化处理的运算部件。在普通数字计算机上处理二维图像很费时间，为了加快速度，现在已经开发出专用的图形加速处理器。（4）图像的显示与存储系统，通常为 CRT 和磁盘存储器。

机器人听觉系统（robot auditory system）使机器人具有声音和语言感觉的系统。声音感觉是指机器人对声波信号的频率、强度、相位等物理量的测量能力，通常使用超声波作测量媒体，主要应用于机器人对周围环境和障碍物的识别、测距。语言感觉是指以声波为传播媒介的语言信息的接收、处理和解释能力。人类自然语言的识别是机器人听觉系统的关键技术，目前仅达到识别单个词汇的水平，称为单呼语言识别。在单呼语言识别系统中，对于每个被识别的对象单词都预先准备好其标准的特征向量序列，称为标准模式。识别时，首先把传感器接收的声音信号变换成单词的特征向量序列，然后将其与各单词的标准模式之间的相似性逐一进行比较，最后把相似性最高的单词作为识别的结果输出。

机器识图（machinery figure）基于人认识过程中视觉和语言的联系而建立的一种自动识图系统。机器识图的方法除了统计方法外，还有语言法，把图像分解成一些直线、斜线、折线、点、弧等基本元素，研究它们是按照怎样的规则构成图像的，即从结构入手，检查待识别图像是属于哪一类"句型"，是否符合事先规定的句法。按这个原则，若句法正确就能识别出来。机器识图具有广泛的应用领域，在现代的工业、农业、国防、科学实验和医疗中，涉及到大量的图像处理与识别问题。

机器学习（machine learning）研究计算机怎样模拟或实现人类的学习行为，以获取新的知识或技能，重新组织已有的知识结构使之不断改善自身的性能，

是人工智能的重要内容。机器学习的研究是根据生理学、认知科学等对人类学习机理的了解，建立学习模型，发展学习理论和方法，建立具有特定应用的学习系统。

计算机视觉（computer vision）对描述景物的一幅或多幅图像的数据经过计算机加工处理，以实现类似于人的视觉感知功能，是人工智能的重要组成部分。计算机视觉的应用范围很广，有条形码识别系统、指纹自动鉴定系统、信函分拣和办公自动化的文字识别系统，以及工业自动检验方面的有无损探伤系统和机器人等领域。

M

模式识别（pattern recognition）对表征事物或现象的各种形式的（数值的、文字的和逻辑关系的）信息进行处理和分析，以对事物或现象进行描述、辨认、分类和解释的过程。它是信息科学和人工智能的重要组成部分。模式识别主要是对语音波形、图片、照片、文字、符号、三维物体和景物，以及各种可以用物理的、化学的、生物的传感器对对象进行测量的具体模式进行分类和辨别。模式识别已经在天气预报、卫星航空图片解释、工业产品检测、字符识别、语音识别、指纹识别、医学图像分析等许多方面得到了成功的应用。

R

人工神经网络（artificial neural network）由大量处理单元互连组成的非线性、自适应信息处理系统。它是在现代神经科学研究成果的基础上提出的，试图通过模拟大脑神经网络处理、记忆信息的方式进行人工信息处理。人工神经网络本质上是通过网络的变换和动力学行为，得到一种并行分布式的信息处理功能，并在不同程度和层次上模仿人脑神经系统的信息处理功能。人工神经网络特有的非线性适应性信息处理能力，克服了传统人工智能方法对于直觉，如模式、语音识别、非结构化信息处理方面的缺陷，使之在神经专家系统、模式识别、智能控制、组合优化、预测等领域得到成功应用。

人工智能学（science of artificial intelligence）研究解释和模拟人类智能、智能行为及其规律的一门学科。其主要任务是建立智能信息处理理论，进而设计可以展现某些近似于人类智能行为的计算系统。它是计算机科学的一个重要分支。人工智能学研究的主要内容包括：知识表示、自动推理和搜索方法、机器

学习、知识获取、知识处理系统、自然语言理解、计算机视觉、智能机器人、自动程序设计等方面。人工智能学在专家系统、机器翻译、机器视觉和问题求解等方面的研究已经得到实际应用。

W

网络语言（network language）网络用户为言简意赅地表达事物与情感，通过谐音、寓意、拟形、幽默等方式演变出来的，在互联网上广为流行的一类非标准语言。可以形象地比喻作"网络方言"。网络语言多以单个词汇的形式出现。虽然它因拥有言简意赅和风趣幽默的特点而深受网民的喜欢，但也不乏有鱼龙混杂、良莠不齐的现象。因此，网民们在创造品位高雅的网络语言的同时，应当摒弃那些低俗的内容。

Z

知识工程学（science of knowledge engineering）研究知识信息处理的学科。可提供研制基于知识的智能系统的一般方法和基本工具。它是由人工智能、数据库、数理逻辑、认知科学和心理学等学科交叉发展起来的一门综合性学科。知识工程学研究的最典型的智能系统是专家系统。它是通过模仿专家的思维活动进行推理和判断，并能像专家那样求解专门问题的计算机软件系统。其他智能系统还包括智能决策支持系统、知识库系统和自然语言理解系统等。知识工程的研究内容主要包括知识表示、知识利用和知识获取。知识表示是设计一个智能系统的基础，常用的知识表示方法有逻辑表示产生式规则、框架、语义网和脚本等。知识利用的任务是利用已有知识解决问题，涉及搜索和推理两方面。知识获取是指将用于问题求解的专门知识，从人类专家或数据等知识源中总结和抽取出来而转化为知识库的过程，从获取方式上可将知识获取分为人工获取、半自动获取和自动获取三种类型。知识工程的概念是美国斯坦福大学的费根鲍姆（E.A.Feigen-baum）于1977年首先提出的。知识工程的研究使人工智能发生了重大改变，从探索广泛普遍的思维规律转向研究利用知识解决特定问题。

智能机器人（intelligent robot）可根据对环境的感知自动调整自身行为的机器人。智能机器人能靠触觉、视觉和听觉等感知和识别其工作环境、工作对象及有关状态，并根据任务和识别结果进行决策、规划和行动，完成预定的任务。一般的智能机器人是与环境有交互功能的自适应机器人，较高级的智能机器人具有类似人类的某些思维能力，如学习、规划、在线决策等。智能机器人在某些非结构环境下的作业，如海洋开发、宇宙探测等方面，可以发挥重要作用。

智能式变送器（smart transmitter）由传感器和微处理器组成并结合智能信号处理而制成的一种变送器。它利用了微处理器的运算和存储能力，可对传感器的数据进行处理，包括对测量信号的调理（如滤波、放大、A/D 转换等）、数据显示、自动校正和自动补偿等。微处理器是智能式变送器的核心，不但可以对测量数据进行计算、存储和数据处理，还可以通过反馈回路对传感器进行调节，以使采集数据达到最佳。由于微处理器具有各种软件和硬件功能，因而它可以完成传统变送器难以完成的任务。

专家系统（expert system）又称领域专家系统，是具有解决特定领域问题所需专门知识的计算机程序系统。专家系统主要由两部分组成：一个是知识库，它包括要处理问题的领域知识，另一个称为推理机的程序模块，它包含一般问题求解过程中专家所用的推理思维方法与控制策略。专家系统主要用来模拟人类专家的思维活动，通过推理与判断求解问题。

自然语言理解（natural language understanding）研究人类如何使用自身熟悉的本族语言与计算机进行信息交流，并探索人类自身的语言能力和思维活动的本质，是人工智能学的一个重要分支。主要应用领域有机助人译或人助机译系统、自然语言人机接口或人机对话、信息理解和自动文摘等。

（三）计算机系统结构（Computer System Structure）

B

并行程序设计（parallel programming）能同时执行两个以上运算或逻辑操作的程序设计。所谓并行性，有两种含义：一是同时性，即平行性，两个或多个事件在同一时刻发生；二是并发性，两个或多个事件在同一时间间隔内发生。程序并行性分为控制并行性和数据并行性。并行程序的基本计算单位是进程。并行程序有多种模型，包括：共享存储、分布存储（消息传递）、数据并行和面向对象。与并行程序设计相适应的硬件也有不同类型，如多处理机、向量机、大规模并行机和机群系统等，相应有不同的并行程序设计方法。

并行处理系统（parallel processing system）由多个可同时工作的处理部件或处理机构成的计算机系统。目前主要是指并行计算机系统或多处理机系统。在一个并行处理系统的不同处理机中或者同时运行同一程序内多个任务或过程，或者同时运行多个作业或大型计算问题的多个独立程序，以便提高系统的运算速度、吞吐量或有效地利用系统资源。在某些情况下，利用并行处理系统的不同处理机同时运行同一个程序，以便提高系统的可靠性。并行处理系统有多种形式，除共享存储多处理机系统外，还有消息传递并行处理系统、分布式共享存储并行处理系统、阵列处理机系统、多线程并行处理系统、数据流计算机系统等。并行处理系统能有效地用于数值天气预报、空气动力学计算、石油勘探、核反应模拟、基因分析与遗传工程研究、海洋动力学与天体物理计算、超大规模集成电路设计、模式识别与人工神经网络计算等应用领域。

并行传输（parallel transmission）在计算机之间或计算机和外部设备之间传送数据的一种方法。它传输速度快。常见的计算机与打印机的连接就是并行传输。

并行计算（parallel computing）把一个大型复杂的计算机或信息处理问题分解成若干较小的、可以独立进行计算机处理的问题，调用多台计算机及相关网络等资源，同时分别进行计算和处理的一种计算模式。并行计算可充分利用非本地资源，节约成本；能使用多个普通计算机资源取代大型计算机，同时克服单个计算机上存在的存储器限制等。并行计算是在串行计算的基础上演变而来的。它符合人类思维和自然界中某些事物的存在和运行状态。

并行接口（parallel interface）计算机与外围设备之间进行数据传送的一种接口。该接口具有在多条线上一次同时传输一组二进制数字位的能力，通常能将给定字节（或者字）中数据的所有位信息使用各自的数据线同时传输。并行接口常用于快速、近距离的设备与主机的连接，如打印机、扫描仪与主机的连接，并行接口速率高。

C

超导计算机（superconductive computer）一种采用约瑟夫森超导材料器件制成的具有高运算速度和低电能消耗等优越特性的下一代计算机。现在的高速计算机要求集成电路芯片上的元件和连接线密集排列，但密集排列的电路在工作时会发生大量的热，而散热是超大规模集成电路面临的难题。超导计算机中的超大规模集成电路，其元件间的互连线用接近零电阻和超微发热的超导器件来制作，不存在散热问题，同时大大提高计算机的运算速度。超导计算机运算速度比现在的电子计算机快 100 倍，而电能消耗仅是电子计算机的 1/1 000。如果目前一台大中型计算机，每小时耗电 10kW，那么，同样一台的超导计算机只需一节干电池就可以工作了。

F

分布式处理系统（distributed processing system）将不同地点的或具有不同功能的或拥有不同数据的多台计算机用通信网络连接起来，在控制系统的统一管理下，协调地完成信息处理任务的计算机系统。系统中的多台计算机除了可以相互通信和共享资源外，还能协同工作。

J

计算机兼容性（computer compatibility）一种计算机软件或计算机硬件可适用于另一种计算机的能力；或者说，一种计算机的软件或硬件与另一种或多种计算机的软件或硬件相兼容的程度。国家标准把兼容性定义为，计算机所具有的无需作明显更改，即能满足特定接口要求的性能。兼容性分硬件兼容和软件兼容两种。软件主要是以操作系统为代表的系统软件的兼容性和各种程序设计语言的兼容性。硬件兼容是指计算机及其外部设备的兼容性。

计算机流水线（computer pipeline）用于提高计算机运算速度和提高各个部件使用效率的一种技术。其实质是实现并行处理。在具体实现上，是把计算机的指令执行过程或一些费时的操作分解成若干个可独立执行的步，并设置一些执行部件（通常称为站）来分别完成这些步。这样，可在同一时间内重叠处理多条指令或多个操作步。这种结构类似于工业生产中流水线的概念。最初，流水线技术只用于昂贵的大型计算机或巨型计算机，到 20 世纪 80 年代以后，由于微电子技术的飞速发展，逻辑元件的成本大幅度下降，集成度大幅度提高，流水线技术已推广到各类计算机中，甚至微型计算机中也采用了流水线技术。

计算机体系结构（computer architecture）组成计算机的各种部件、各部件的功能、各部件之间的关系以及硬件系统和软件系统的关系。例如冯·诺依曼体系结构的计算机就包括运算器、控制器、存储器、输入和输出五大功能部件，采用存储程序自动运行的工作方式。

计算机网络（computer network）利用通信设备和通信线路把在地理上分散的计算机系统连接起来，再通过相应的软件系统（网络通信协议、网络操作系统等）在网络用户间实现软硬件资源共享和信息交换的系统。从总体功能上看，计算机网络是计算机的延伸。从这个意义上可以说"网络就是计算机"。计算机网络从地域上分有广域网（WAN）、城域网（MAN）和局域网（LAN）；从拓扑结构分有星形、总线、环形、树形、网状等类型。当今，计算机网络已广泛应用于各个领域、各个行业和各个部门。

镜像技术（mirror image technology）把某种存储介质上存储的数据或信息在另外的存储介质上形成一个完全相同的副本的技术。也是一种数据冗余技术。可通过镜像技术把原有的许多文件集成为一个镜像文件。"镜像文件"也是文件的一种类型。例如，一个计算机系统中包含有许多文件，可做成一个磁盘镜像文件，把它与GHOST软件（硬盘备份工具）放在一个盘里，当用GHOST软件打开后，又恢复成原有的一些文件。例如，把两台服务器的硬盘做成镜像，当一台服务器因故障停机时，另一台服务器可通过镜像文件恢复其正常工作。镜像技术主要用于数据备份。其对象可以是软件系统、磁盘、光盘、数据库、网站等。

V

VPN技术（VPN technology）一种在实际的（物理的）公共网络（如互联网、广域网、企业网等）上创建具有专用功能虚拟网的建网技术。VPN网络的任意两个结点之间并没有专门的物理链路，因此使得安全设计成为VPN技术的重要内容之一。但由于在该项技术中采用了多种安全机制，如隧道技术、加解密技术、密钥管理技术、身份认证技术等，就使得在VPN网络两端通过公共网络传输信息时，数据的完整性、真实性和私密性可以得到保证。采用VPN技术构建虚拟网，既可充分利用公网资源降低建网成本，又可以满足用户的个性化需求。

W

网络收藏夹（explore favorite）在互联网上为用户提供的一项在网上进行信息收藏的服务。网上用户可以把重要信息存储在由网络数据库提供的文件夹中，以防范采用普通文件夹存储时因计算机等信息设备发生故障造成的信息丢失，提高了信息存储的安全性。通常，网络文件夹采取会员登记制管理方式，具有信息分类统计、自动添加新网址、会员认证管理、信息导入和导出等功能。

网络协议（network protocol）在各类计算机网络中为满足对信息的管理、通信和交换的需要而制定的一系列规则。任何一台计算机只有在遵守共同协议的前提下，才能与网上其他计算机实现互联互通。常用的通信协议除了在互联网上广泛采用的TCP/IP网络通信协议外，尚有用户数据协议UDP、地址解析协议ARP、反向地址转换协议RARP、超文本传输协议HTTP、文件传送协议FTP、简单邮件传输协议SMTP等。

网络延长器（network extender）能够有效地延长网络线传输距离的设备。它可以将10BASE-TX双绞线网络的电信号传输距离扩展到数百米以上，并可以方便地和集线器、交换机、服务器、终端机等网络通信设备实现互联。

X

系统分区（system partitioning）Windows操作系统里常用的术语。用于计算机启动Windows的分区，通常该分区的根目录下，包含操作系统的启动文件和引导分区。引导分区指的是安装有Windows操作系统文件的分区。通常，系统分区总是C盘，而引导分区则可能是D盘或E盘等。如果在一台机器上安装了多个系统，使用多重启动方式，假设Windows安装在D盘，则C盘是系统分区，而D盘是引导分区。

系统集成（system integration）通过结构化的综合布线系统和计算机网络技术，将各个分离的设备（如个人电脑）、功能模块和信息等集成到相互关联的、统一的系统中，使资源达到充分共享，实现集中、高效、便利的管理。系统集成采用功能集成、网络集成、软件界面集成等多种集成技术。实现的关键在于解决系统之间的互联和互操作性问题，它是一个多产品、多协议和面向多种应用的体系结构。系统集成包括计算机软件、硬件、操作系统技术、数据库技术、网络通信技术等的集成，以及不同厂家产品选型、搭配的集成。系统集成所要达到的目标是集成后的系统达到整体性能最优。

下一代互联网（next generation internet）互联网的更新换代网络。由于其正在研究开发中，所以尚没有统一的定义。但根据人们普遍期望的研发目标，科技界对下一代互联网的主要特征具有代表性的看法是：（1）更大。下一代互联网将逐渐放弃 IPv4，启用 IPv6 地址协议，从 2 的 32 次方增加到 2 的 128 次方，有人形容世界上每一粒沙子都会有一个 IP 地址。现有 IPv4 地址将在近年迅速耗尽，世界互联网发展将受严重限制；（2）更快。在下一代互联网，高速强调的是端到端的绝对速度，至少 100 兆。至于具体能高到什么程度，还有赖于传输技术的不断发展；（3）更安全。目前的计算机网络因为种种原因，在体系设计上有一些不够完善的地方，下一代互联网将在建设之初就从体系设计上充分考虑安全问题，使网络安全的可控性，可管理性大大增强。

现场总线（field bus）安装在制造或过程区域的现场装置与控制室内的自动控制装置之间的数字式的、串行、多点通信的一种数据通信网络。它利用串行的数字数据通信链路，沟通了生产过程领域的基本控制设备（即现场级设备）与高层次自动控制领域的自动化控制设备（即车间级设备）之间的联系。现场总线特点为：（1）系统的开放性，即它可以与世界上任何地方遵守相同标准的其他设备或系统连接，通信协议一致公开；（2）互操作性与互用性；（3）现场设备的智能化与功能自治性；（4）系统结构的高度分散性，即构成一种新的全分散性控制系统的体系结构；（5）对现场环境的适应性。采用现场总线技术可以促进现场仪表智能化、控制功能分散化、控制系统开放化，符合现代工业控制系统领域的技术发展趋势。

现场总线控制系统（field bus control system，FCS）利用现场总线作为数据总线、以计算机局域网为基础的一种工业自动化控制系统。它以具有高度智能化的现场仪表和设备为基础，在现场实现彻底的分散，并以这些现场分散的测量点、控制设备点作为网络节点，将这些点以总线的形式连接起来，形成一个现场总线网络。一般来说 FCS 由控制部分（主站）、测量部分（从站）、软件（组态、管理等）以及网络的连接及集成设备组成。其特点主要体现在两个方面：一是体系结构上成功地实现了串行连接，一举克服了并行连接的不足；二是在技术上成功地解决了开放竞争和设备兼容两大难题，实现了现场设备的高度智能化、互换性和控制功能的彻底分散化。

校园网（campus network）在学校范围内，为学校教学、科研和管理等提供资源共享、信息交流和协同工作的计算机网络。它是相当于校园规模的一种局域网，可分为大学校园网、中学校园网和小学校园网等。校园网可为学校提供丰富的、可共享的公共教学资源，并实现办公自动化和对校内事务的综合管理。

虚拟局域网（virtual local area network，VLAN）充分利用实体（物理）网络的各种软硬件资源，发挥交换机等网络设备功能，把原有物理局域网内的某些用户重新组织，形成一个新的局域网。使用 VLAN 技术可以根据需要把具有物理实体性质的局域网组合成一些逻辑意义上的子网，提供给某些业务实体（如商店、车间、项目组等）使用。由于虚拟局域网的结构是通过软件定义的，所以具有组网灵活、数据相对安全、不受物理设备的地域等条件限制以及经济实用等优点，得到普遍的重视和应用。

嗅探器（sniffer）一种可以用来对网络的运行状态和网上数据流变化情况进行监视的软件。它可以通过网络监听方式截获大量明文形式的数据，因而也常被黑客用来嗅探网络用户的户口令字等信息，严重威胁网络安全，危害用户利益。但一项技术发明往往都是双刃剑。网络安全人员同样可以利用嗅探技术对网络上传输的数据包进行捕获并加以分析，为防范乃至进行反攻击提供有价值的信息。

Y

远程登录（remote login）计算机网络用户在自己的计算机（称为终端机）上通过网络与远程主计算机建立通信联系的一类操作。借助于此类登录操作，用户可以在自己的计算机上共享远程主机上的资源，并进行数据传输。当然，在远程登录过程中还要同时通过必要的安全检查和身份认证。

Z

自适应网卡（adaptive network card）可以根据网络设备与网线的实际情况自动调整传输速率的一种网卡。当前最流行的一种网卡是 10Mbps/100Mbps 自适应网卡。它可以在两种不同的速率间自动切换。

（四）计算机软件（Software）

A

Ada语言（Ada language）由美国国防部为解决计算机程序设计语言不统一和软件开发规模庞大等问题而研发的一种通用高级编程语言。先后成为美国国标、军标和国际标准（ISO 8652，1987）。新的国际标准 Ada 95 更加开放，更具可扩展性和灵活性，经过世界各国 Ada 专家们多年深入细致的讨论研究，反复修改完善，已作为世界上第一个面向对象语言国际标准公之于世。现在，Ada 语言应用已不仅限于军事，也用于民用行业，如波音 777 飞机的设计制造等。中国也正在把 Ada 95 作为国家军标（GJB 1383A 98），并推广使用。

B

BASIC语言（BASIC language）美国Dartmouth学院设计的一种高级语言，是微型计算机上常用的编程语言之一。BASIC 是 beginner's all-purpose symbolic instruction code（初学者的通用符号指令代码）的缩写。BASIC 语言最初是为初学计算机的人设计的。它小巧灵活，使用方便，既可作为批处理语言使用，又可作为分时语言使用；既可用解释程序直接解释执行，也可用编译程序编译成目标代码再执行。在程序执行过程中，人机可以交互，并可在程序执行暂停时插入新的语句执行。但BASIC不适用于编写较大的程序。后来，人们吸收其他语言的长处，对它作了多种扩充。目前的扩充涉及矩阵运算、图形处理、文件处理、字符串处理及结构化控制语句等。

编译系统（compiler system）把高级语言（如Ada，C，C++，FORTRAN 等语言）书写的程序翻译成汇编语言或机器语言的一种系统软件。高级语言的程序作为输入，称之为源程序；以机器语言或汇编语言表示的程序作为输出，称之为目标程序。这个翻译过程通常分成下列几个阶段：词法分析、语法分析、语义分析、代码优化和代码生成。编译技术已成为计算机软件特别是系统软件中的一项基本技术。由于计算机语言还在不断发展，作为实现相应语言功能的编译系统也在不断进步（特别是代码优化技术，以及并行编译技术等）。

C

C++语言（C++ language）在 C 语言基础上发展起来的面向对象的高级编程语言。用于设计、管理和维护大型软件的高级语言。它在 C 语言基础上主要增加了三个机制：（1）类和实例；（2）函数重载和操作符重载；（3）继承。另外还增加了虚拟函数、成员函数和内联函数等支持面向对象的机制。C++ 语言具有的软件新技术有：数据抽象和数据抽象类型；数据隐蔽；支持复用的类属机制；事前控制程序失败后的处理机制；支持并发程序设计；支持复用的继承机制以及支持模块通信的编程风格等。

COBOL语言（common business oriented language）一种具有严格语法规则、适合于数据处理的编程语言。广泛用于商业和文献检索领域。COBOL 程序的结构固定地分为四个部分：（1）标志部分是源程序的标志，还可包括编写日期、编译日期、程序名、作者名等；（2）环境部分说明编译和运行程序所使用的计算机名，以及要处理的数据文件被分配在什么设备上等；（3）数据部分描述目标程序中的各种数据，如输入数据、输出数据、内部操作用的数据等；（4）过程部分由说明和过程组成，包含算题所需的全部程序，程序由句子组成，句子由语句组成。

C语言（C language）一种计算机高级程序设计语言。由于它具有低级程序设计语言（汇编语言）的功能，所以也称为中级程序设计语言。C语言对操作系统和其他系统软件，以及需要对硬件进行操作的场合，明显优于其他高级语言，许多大型应用软件都是用C语言编写的。C语言具有绘图能力强、可移植性好等特点。适于系统软件开发，三维、二维图形和动画制作，以及数值计算等的程序设计。

操作系统（operating system，OS）综合管理计算机软、硬件资源、控制程序运行、为应用软件提供支持的一种系统软件。操作系统通常是最靠近硬件的一层软件，它把由硬件组成裸机改造成为功能更加完善的一台虚拟机器，使得计算机系统的使用和管理更加方便实用，计算机资源的利用效率更高、更合理。

层次数据库（hierarchical database）一种采用层次模型建立的数据库。模型用树形结构表示各类实体及其相互间的联系。在树形结构中，每个节点表示一个记录，节点之间的连线表示记录间的联系，这种联系只能是一对多联系。每个记录可包含若干个字段。记录用于描述实体，字段用于描述实体之属性。除根记录外，层次数据库中每个记录只有一个双亲记录，即从一个记录到其双亲记录的映射是唯一的。因此，对于每一个记录只需指出它的双亲记录，即可表示出层次模型的整体结构。在现实世界中，有许多实体间的联系就是层次关系，如学科体系、行政机构等，可以用层次模型进行描述，而当需要表示多对多联系或一个节点具有多个双亲的情形时，用层次模型方法就很不灵活。

程序（program）用计算机语言对算法的描述。在低级语言中，程序是一组指令和相关数据的集合。在高级语言中，程序是一组语句和说明的集合。程序是软件组成部分，程序的质量决定软件的质量。

程序设计（programming）以计算机可以识别和接受的语言和必要的数据结构描述算法（问题求解步骤）的过程。正如瑞士计算机科学家尼克劳斯·沃思（Niklas Wirth）所提出的著名论断：数据结构＋算法＝程序。程序设计通常分三步：（1）算法逻辑设计；（2）程序代码；（3）程序测试。

程序设计方法学（programming methodology）以程序设计方法为研究对象的学科。其主要内容是研究用于指导程序设计的基本原理和原则；研究各种方法的共性与个性及各自的特点等。程序设计方法学也致力于研究针对某一领域或某一领域的特定问题求解，所用的特定的程序设计方法。

程序设计语言（programming language）用计算机能够识别和接受的符号和规则书写计算机程序的语言。程序设计语言分低级、中级和高级三种类型。系统软件设计人员多用低级语言（如汇编语言）和中级语言（如C语言），一般用户多使用高级语言和中级语言。

"冲击波"（shock wave）一种利用Windows系统的RPC（远程过程调用，是一种通信协议，程序可使用该协议向网络中的另一台计算机上的程序请求服务）漏洞进行传播、随机发作、破坏力强的蠕虫病毒。它不需要通过电子邮件（或附件）来传播，更隐蔽、不易察觉。它使用IP扫描技术查找网络上操作系统为Windows 2000/XP/2003的计算机，一旦找到漏洞，就利用DCOM（分布式对象模型，是一种能够使软件组件通过网络直接进行通信的协议。）的RPC缓冲区漏洞植入病毒体以控制和攻击该系统。

D

Delphi语言（Delphi）一种可视化的软件开发编程语言。具有简单、高效、功能强、易于掌握的特点。和VC相比，Delphi具有以下特性：基于窗体和面向对象的方法，高速的编译器，有力的数据库支持，与Windows编程器结合紧密，成熟的组件技术。Delphi提供了各种开发工具，包括集成环境、图像编辑以及各种开发数据库的应用程序。此外，它还允许用户挂接其他的应用程序开发工具。

多道程序设计（multichannel programming）由多道可同时执行的程序组成程序模块的程序设计方法。在多道程序设计系统的支持下，若干道程序具有：（1）可同时置于内存中并处于运行状态；（2）从宏观上看各道程序并行运行，从微观上看各道程序实现穿插交替运行。多道程序的同时运行有利于实现时间资源（主要是CPU时间）和空间资源的复用（共享）。

多媒体数据库（multimedia database）包括文本、图形、图像、动画、声音、视频图像等多种媒体信息的数据库。它可以处理一般的数据库管理系统无法处理的大量非结构化的多媒体信息，广泛用于办公信息系统、商业营销系统、地理信息系统、计算机辅助设计和计算机辅助制造系统、医疗信息系统以及人类活动的诸多领域。

E

EPOC操作系统（EPOC operating system）一种能够让移动电话变成无线信息装置以满足使用者对于数据需求的操作系统。它支持信息传送、网页浏览、办公室作业、公用事业以及个人信息管理（PIM）等应用。其软件可以和个人计算机与服务器作同步的沟通。

恶意软件（malicious software）俗称"流氓软件"，在未明确提示用户或未经用户许可的情况下，在用户计算机或其他终端上安装运行，侵害用户合法权益的软件。恶意软件不同于法律法规规定的计算机病毒。具有下列特征之一的软件可以被认为是恶意软件：（1）强制安装：在未明确提示用户或未经用户许可的情况下安装；（2）难以卸载：未提供卸载方式；

（3）浏览器劫持：未经用户许可，修改用户浏览器或其他相关设置，迫使用户访问特定网站或导致用户无法正常上网的行为；（4）广告弹出：未明确提示用户或未经用户许可，利用安装在用户计算机或其他终端上的软件弹出广告；（5）恶意搜集用户信息；（6）恶意卸载：未经用户许可，欺骗用户卸载其他软件；（7）恶意捆绑：在软件中捆绑已被认定的恶意软件；（8）其他侵害用户软件安装、使用和卸载知情权、选择权的恶意行为。防止恶意软件入侵，要做到：（1）养成良好的上网习惯，不要访问一些内容不健康的小网站；（2）下载安装软件尽量到正规的下载站点；（3）定期对电脑作安全检查，使用一些安全类软件对恶意软件进行查杀，对电脑进行全方位诊断。

F

FORTRAN 语言（FORTRAN language）主要用于数值计算的高级编程语言。它是 formula translation（公式翻译）的缩写，于 1956 年问世。FORTRAN 语言包括常数、变量、数组、算术表达式、逻辑表达式等，语句分成赋值语句、输入输出语句、格式语句、控制语句、说明语句等几种。是最早引入模块化概念的语言，又由于 FORTRAN 语言出色的标准工作，促进了它的推广应用。FORTRAN 语言已由早年的 FORTRAN II、FORTRAN IV、FORTRAN77 发展到今天的 FORTRAN V6.6 和 Intel Visual Fortran8.1 和 9.1 版本，功能不断扩大。

服务程序（service program）对计算系统具有支持功能的公用程序。它是保障计算机用户顺利完成信息处理任务的各种标准例行程序，如监督程序、故障诊断程序、输入输出程序、自检程序和维护程序等。

G

高级语言（high-level language）不对应特定计算机体系结构的程序设计语言。其表示方法比低级语言（机器语言、汇编语言）更接近人类语言对待解问题的描述，换句话说，与具体机器无关，易学、易用、易维护，但比低级语言功效低。高级语言的基本成分有四种：数据成分，运算成分，控制成分和传输成分。

共享软件（shared software）一类可以通过网络在线服务、电子公告板（BBS）或者从用户的手里传给另一个用户等途径自由传播的软件。这种软件的使用说明，通常以文本文件的形式同程序一起提供。共享软件的主要特点是：（1）主要通过国际互联网、BBS 等远程手段进行传播；（2）针对主流操作系统的不足，对其功能进行完善、补充和扩展；（3）共享软件的价格较低。共享软件甚至是以"先使用后付费"的方式销售的享有版权的软件。根据共享软件作者的授权，用户可以从各种渠道免费复制，也可以自由传播它。

H

黑客软件（hacker software）能利用计算机和网络系统的软硬件缺陷和漏洞对系统实施攻击的一种计算机程序。黑客软件大致可分为四类：网络间谍、网络巴士、网络后门和网络漏洞。常见的黑客软件有：密码破解软件、Windows NT 及 Windows 9x 攻击软件、电子邮件炸弹等。为防患黑客软件的破坏，除了从技术上采用防火墙、安全扫描入侵检测和病毒防治等措施外，还应加强人员培训和加强管理制度。

后门程序（backdoor）某些绕过安全性控制而获取对程序或系统访问权的程序。在软件开发阶段，程序员常常会在软件内创建后门程序，以便修改程序设计中的缺陷。但是，如果这些后门被其他人知道，或是在发布软件之前没有删除，那么，它就成了安全隐患，容易被黑客当成漏洞进行攻击。

J

Java 语言（Java language）一种面向对象跨平台分布式语言。于 1995 年 5 月正式公开发布的新一代编程语言。不但通过浏览器使 Web 页面栩栩如生，而且作为一种新的计算概念影响到诸多方面，使其发生变化。Java 语言的出现给程序设计语言的发展带来了新的生机和活力。Java 语言的特点是：简单性、面向对象、编译和解释性、分布性、稳健性、安全性、中性的体系结构、可移植性、高性能、多线程和动态性等。

机器翻译（machine translation）又称自动翻译，是在计算语言学理论指导下，应用信息处理技术，实现从一种自然语言（源语言）到另一种或多种自然语言（目标语言）的信息处理技术。其实现方式大致有三种：直接方式、转换方式和中间语言方式。

即时信息（instant messaging，IM）互联网上提供的在网络用户之间进行在线信息交流的一项服务。IM 服务通常是免费的，目前已成为网上通信和网上聊天的工具。常用的产品有：ICQ、Yahoo 信使、MSN 信使、QQ、新浪 UC 等。

集成开发环境（integrated development environment，IDE）用于程序开发环境的应用程序。它可以独立运行，也可以和其他程序并用。一般包括代码编辑器、编译器、调试器和图形用户界面工具等。简单地说，集成开发环境就是将编辑、编译、调试等功能集成在一个操作平台上的编程开发软件。较早期程序设计的各个阶段，都要用不同的软件来进行处理，如先用字处理软件编辑源程序，然后用链接程序进行函数、模块连接，再用编译程序进行编译，开发者必须在几种软件间来回切换操作。

计算机病毒（computer viruses）在计算机程序中插入的能破坏计算机功能或者毁坏其数据、影响计算机使用并能自我复制的一组计算机指令或者程序代码。它可以附属在可执行文件或隐藏在系统数据区中，在开机或执行某些程序后悄悄地进驻内存，对其他的文件进行感染，并传播出去，然后在特定的条件下破坏系统或骚扰用户。目前，已有较成熟的清除病毒软件，但是新病毒还是层出不穷，成为使用计算机的一大危害。

结构化程序设计（structured programming）任何程序逻辑都可用顺序、选择和循环三种基本结构表示的一种程序设计方法。这是荷兰学者、著名计算机科学家 Edsgar W.Dijkstra（埃德斯加·狄克斯特拉）在 1968 年提出的著名论断。他的结构化程序设计思想对计算机软件技术产生了深远影响。他同时还提出自顶向下逐步求精的程序设计方法，即从直接反映问题功能体系的概念出发，逐步精细化、具体化，把这种程序思想和上面提出的三种基本结构相结合，就能设计出结构化的良好程序。现今又有了面向对象程序设计方法，这是程序设计方法的又一进步。

结构化语言（structured language）一种兼有自然语言的易理解性和程序设计语言的严格精确性的一种语言。用结构化语言描述算法时，只允许使用顺序、分支、循环这三种逻辑结构，限制转移语句的使用并具有程序和数据分离的特点。用这种语言编写的程序结构清晰、易于阅读、易于维护。

L

Linux 操作系统（Linux operating system）是一个符合 UNIX 国际标准的开源软件。源于 1991 年一位名叫 Linus Benedict Torvalds 的芬兰人，他基于 Intel 微处理器设计出一套类似于 UNIX 的操作系统，即 Linus 的 Minix。1991 年 10 月发布了 Linux 0.02 版，1993 年推出了 0.95 版。Linux 具有安装占用空间小、完全支持 TCP/IP 协议、开放性[遵循国际标准规范，特别是遵循开放系统（OSI）互联国际标准]、多用户（可以被不同用户各自拥有使用）、多任务（同时执行多个程序而且各个程序的运行互相独立）等特点。得到众多厂商及用户的支持，成为继 Unix、Windows 后被广泛采用的操作系统。典型的 Linux 系统有 Red hat Linux 和红旗 Linux。

联机辨识（on-line identification）又称在线辨识，在系统动态响应所允许的时间范围内，利用采样数据，通过调整参数不断修正系统模型的一种方法。要求在采样的过程中通过数学模型完成辨识的各个步骤。联机辨识主要用于各种自适应性系统。

联机检索（on-line retrieval）用户借助计算机网络，通过终端设备与检索系统相连所进行的信息检索。这种计算机系统一般设有多种数据库。检索到的题录、文摘或数据可以立即在终端上显示和打印或转储出来。联机检索的实现，为人类快捷地共享信息资源提供了有效手段。

领域信息化（field informatization）采用信息化的思路、技术和方法，打破部门和行业界限，综合解决宏观经济管理和社会发展重大问题的信息化建设。领域信息化重大工程主要包括：财税金贸、人口管理、地理信息系统、环境保护、科技教育、医疗保健等。

浏览器（browser）是一种可以用来查看互联网上各类信息的实用性工具软件。常用的浏览器有 IE、Netscap、火狐、遨游等。

M

面向对象方法（object oriented method）简称 OO 方法，是以任何事物为对象，通过直接描述这些对象和它们的相互关系，实现分析和求解问题的一种系统方法。首先抽象出每个对象要处理的数据和对它们所使用的操作，然后用一定的方法把它们封装（集成）起来，形成一个具有独立功能的对象模块，用户可以通过有关消息访问这些模块。相同类型对象的进一步抽象就产生了"类"。OO 技术具有对数据和方法的封装性；子类和父类有继承性，可自动共享父类的数据和方法；当同一消息作用不同的对象时所产生的结果具有多态性。OO 方法最初是针对面向过程的程序设计所提出来的方法，而今天已广泛应用于经济和社会生活等许多领域。

模糊数据库（fuzzy data base）能够表达和处理模糊数据的数据库。模糊数据库是在相关数据理论体系建立的基础上，通过数量来描述模糊事件进行模糊运算，把不完全性、不确定性、模糊性引入数据库中形成的。主要进行两方面的研究：（1）如何将模糊数据存放在数据库中。（2）定义各种相关的函数和运算规则。模糊数的表示形式分为模糊区间数、模糊中心数、模糊集合数和隶属函数等。

N

内网管理软件（management software for inner network）为保证企业或部门的局域网能安全、稳定、可靠地运行，提高网络的利用率而研制的一种软件。在网络时代，信息安全，特别是内网信息安全显得尤为重要。为保证内网的有效运行，一个好的内网管理软件应具备以下主要管理内容：（1）软硬件资源配置管理；（2）网络信息安全管理；（3）权限管理；（4）故障管理。

匿名文件传输协议（anonymous file transfer protocol）在匿名情况下使用的文件传输协议。FTP（文件传输协议）是实现在本地和远程计算机之间传输文件的一种方法。匿名的 FTP 被称为 anonymous，用户在访问文件前不用身份验证。在系统提示出用户名称时，只需键入"anonymous"，而用户对于密码部分可任意输入，如电子邮件地址或简单的"guest"即可。在很多 anonymous FTP 站点中，甚至连用户识别码及密码的提示符号都不显示。

P

PASCAL 语言（PASCAL language）一种最早的结构化的高级程序设计语言。由瑞士科学家沃思教授创建，为纪念法国数学家 Pascal 而得名。它由 Algol60 语言演变而来。其主要特点：（1）丰富的数据结构和构造数据结构的方法。除了整型、实型、布尔型和数组外，还提供了字符、枚举、子域、记录、集合、文件、指针等类型。由这些数据结构可以方便地描述各种事物对象。（2）简明灵活的控制结构。（3）编译运行效率高，可用于书写系统软件程序。

PROLOG 语言（PROLOG language）一种适用于人工智能领域的高级程序设计语言。一种逻辑处理能力很强的陈述性语言。PROLOG 语言有如下特点：（1）数据与程序无需区分；（2）计算也看成推理，有演绎能力；（3）有符号推理能力；（4）自变量有输入输出双重作用，可以双向计算；（5）有递归与回溯功能。

Q

驱动程序（driver）又称设备驱动程序，是操作系统（OS）和计算机硬件设备之间实现信息交互的一个接口程序。每一个硬设备都有一个相应的驱动程序。OS 通过驱动程序实现主机与各硬件之间的通信。驱动程序把设备的相关信息提供给 OS，当系统需要某个设备工作时，通过驱动程序完成 OS 或其他软件与设备的数据转换，实现设备所应提供的功能。驱动程序分两类。一类是使用频繁的设备（如 CPU、磁盘、内存等）驱动程序；另一类是某些新加入系统的硬设备或某些有更新要求的驱动程序。

R

人机交互技术（human computer interaction technique）通过计算机输入、输出设备，以有效的方式实现人与计算机对话的技术。它是人机界面设计中的重要技术之一。常用的交互技术可分为构造技术、命令技术、拣取技术和直接操纵技术。

人机交互系统（human computer interaction system）支持人和计算机系统直接进行交互作业的系统。其主要功能是完成人机之间的信息传递以提高计算机系统的友善性和效率。人机交互系统可以大致分为命令语言交互系统、选单驱动交互系统、直接操纵交互系统和多媒体交互系统。人机交互系统的研究内容主要有人机交互系统模型的建立与分析、工作方式、设计原理、设计方法等。

软件（software）计算机系统中程序、数据和文档的集合，是计算机系统的重要组成部分。一部没有软件的计算机称为"裸机"，"裸机"只有在软件的支持下才能成为能正常工作的信息处理机。因此，软件也可以视为人与"裸机"之间的接口。软件又分系统软件和应用软件两大类。系统软件（如操作系统）通常由计算机厂家提供，应用软件（如一个 MIS）多因用户的实际需求组织研发。

软件安全性（software safety）使软件所控制的系统始终处于不危及人的生命财产和生态环境的安全状态的特性。IEC 国际标准 SC 65 A—123（草案）把软件危险程度分成四个层次：灾难性、重大、较大和较小。人们把一旦发生故障就可能危及人的生命、财产和生存环境的软件称为安全第一的软件。

软件包（software package）为完成特定任务而设计的独立的软件集合（系统）。分为应用软件包和系统软件包两大类。软件包中的程序既可以是源代码形式，也可以是目标码形式。用户手册或指南等文档是软件包的重要组成部分。此外，软件包的使用也应取得一定的维护及技术支持。

软件复用（software reuse）为了提高软件生产效率和质量所采用的一种技术，即将已有软件的有关知识用于新软件的开发，以缩短软件开发和维护的费用。早期的软件复用主要是代码级复用，被复用的知识主要是程序，后来扩大到包括领域知识、开发经验、需求分析、设计程序、代码和文档等方面。

软件工程（software engineering）借助传统工程化的思想、原则和方法策划软件开发活动的一门学科。软件工程主要分软件开发过程和软件管理两部分。前者研究与软件开发的周期有关的内容（需求分析、系统分析、软件设计、程序编码、软件测试等）；后者主要是采用相关技术（如软件成熟度模型CMM等）对开发过程进行全面的质量控制。

软件开发工具（software development tool）一类用来对计算机软件的开发、运行、维护、管理等过程提供支撑的软件。使用软件开发工具可节省软件生产成本，提高软件生产率和质量。典型的软件工具有需求分析和概要设计工具、详细设计和编码工具、测试工具、维护和理解工具、项目管理工具和配置管理工具等。

软件开发环境（software development environment）支持软件产品开发的软、硬件集合。主要内容是软件工具集合和环境集成机制两部分。前者用以支持软件开发的相关过程、活动和任务；后者可集成一个适用的开发环境。较完善的软件开发环境通常有如下功能：软件开发的一致性及完整性维护，配置管理及版本控制，数据的多种表示形式及其在不同形式之间自动转换，信息的自动检索及更新以及项目控制和管理等。

软件语言（software language）用于书写计算机软件的语言。它主要包括需求定义语言、功能性语言、设计性语言、程序设计语言及文档语言等。需求定义语言用以书写软件需求定义；功能性语言用以书写功能规约；设计性语言用以书写软件设计规约；程序设计语言用以书写计算机程序；文档语言用以书写文档。

S

闪客（flash）用流行的电脑动画设计软件flash创作的动画作品或酷爱动画作品的人。flash原本是"闪光"的意思。在各种网络设备上显示的动画或卡通形象也称为flash。

手机病毒（cell phone viruses）一种和计算机病毒（程序）一样，具有传染性、破坏性的程序。利用发送短信、彩信、电子邮件、浏览网站和下载铃声等方式进行传播。手机病毒可能会导致用户手机死机、关机、资料被删、向外发送垃圾邮件、自动拨打电话等，甚至会损毁SIM卡、芯片等硬件。

数据库（database，DB）长期储存在计算机系统内、有组织、可共享的数据集合。整个数据库在建立、运用和维护时由一个名为数据库管理系统的软件统一管理、统一控制。数据库在对大量信息的有效储存和快速存取方面发挥了重要作用，成为大型信息系统的核心和基础。数据库中的数据类型由传统意义的数字、字符发展到正文、声音、图像、图形等多种类型。应用领域从传统的面向商业与事务处理扩展到科技、经济、社会、生活等各个领域。

数据库管理系统（database management system，DBMS）用于建立、使用和维护数据库的软件系统。它对数据库进行统一的管理和控制，以保证数据库的安全性和完整性。用户通过DBMS访问数据库中的数据，数据库管理员也通过DBMS进行数据库的维护工作。数据库管理系统大致分为六个部分：模式翻译、应用程序的编译、交互式查询、数据的组织与存取、系统运行管理、数据库的维护。

数据库计算机（database computer）专门对数据库进行存储、管理和控制的一种计算机系统。应用于大型数据库管理需要的计算机系统。

搜索引擎（search engine）能将在互联网上收集到的信息通过分类整理后为网上用户提供信息导航作用的检索服务系统。当按照网络地址启动搜索引擎时，就会出现一个信息搜索界面，用户只要在界面的搜索框中输入检索关键词，即可得到相关信息的一些提要，供进一步检索时选用。当前互联网上著名的搜索引擎有：Google（Http://www.google.com）、百度（Http://www.baidu.com）等。

U

UNIX操作系统（UNIX operating system）一种通用的交互式分时操作系统。它是20世纪70年代中期由美国AT&T公司贝尔实验室在（美国）数字（据）设备公司的等离子体显示器（PDP）机上实现的。主要发明者是 Kenneth Thompson 和 Dennis Ritchie。UNIX操作系统是用C语言编写的多任务、多用户操作系统。该系统主要特点：（1）有一个能编入可移动卷的分级树结构文件系统；（2）文件、设备和内进程输入输出可兼容，提供完善的进程控制功能和启动同步进程的能力；（3）为用户提供了功能完备、使用方便的命令语言shell；（4）高度可移植性；（5）配有多种实用程序和工具方便用户使用。

W

Windows 操作系统（Windows operating system）又称视窗操作系统，是 Microsoft 公司开发的多用户、多任务、图形化、窗口式操作系统。操作系统是计算机系统中最重要、最核心的系统软件。其任务是对计算机系统的软硬件资源进行全面的管理和分配调度。其主要功能有：存储管理、文件管理、设备管理和CPU管理等。

网络电话（network telephone）又称IP电话，通过互联网协定来进行语音传送的电话。网络电话是将声音通过网关（一个网络连接到另一个网络的关口）转换为数据信号，并被压缩成数据包，然后从互联网传送出去，接收端收到数据包时，网关会将它解压缩，重新转成声音给另一方聆听。

威客（witkey）在互联网上为他人提供技术支持等帮助的同时，通过出售无形资产（知识、技术、服务等）以获取报酬的人。威客通常在网上获取他人关于某项业务的需求信息，再以竞标方式或撮合方式来最终得到某项业务。

伪随机序列（pseudo-random sequence）一种既可以预先确定又可以重复生产和复制，并且具有某种随机序列的随机特性（即统计特性）的一种序列。它可以是由移位寄存器产生的确定序列，但却具有某种随机序列的随机特性。因为同样具有随机特性，无法从一个已经产生的序列的特性中判断是真随机序列还是伪随机序列，只能根据序列的产生办法来判断。伪随机序列系列具有良好的随机性和接近于白噪声（功率谱密度在整个频域内均匀分布的噪声）的相关函数，并且具有预先的可确定性和可重复性。

文件传输协议（file transfer protocal，FTP）用于在Internet上控制文件双向传输的协议，也是一个应用程序。用户可以通过它把自己的个人电脑与世界各地所有运行FTP协议的服务器相连，访问服务器上的大量程序和信息。FTP的作用就是让用户连接上一个远程计算机（这些计算机上运行着FTP服务器程序），查看它上面的文件，把需要的文件或信息从远程计算机上拷到本地计算机，或把本地计算机的文件或信息传送到远程计算机中去。

文件共享（file sharing）不同的计算机用户共同使用某些文件。文件共享是文件系统所提供的一项重要功能，它最早出现在分时多用户操作系统中。文件共享不仅是完成共同的任务所需要的，而且还能节省大量的空间，减少输入输出操作，为用户提供方便。文件共享从分时共享模式应用，演变为资源共享和客户－服务器模式应用。但为了系统的可靠和用户的安全，文件共享必须是有控制的共享。

X

系统兼容性（system compatibility）一种计算机系统软硬件可适用于其他计算机系统的能力。系统兼容性是系列计算机的基本特性，是避免用户在老产品型号上开发的软件遭受废弃的一种重要设计思想与技术措施。它保护了用户的已有资源，节约了厂商和用户的开发成本。兼容性表现在软件和硬件的许多方面。其实现方法有：机器语言程序兼容、汇编语言程序兼容、高级语言程序兼容、系统软件兼容、软件系统兼容、设备或部件兼容、整机兼容等。

虚拟现实建模语言（virtual reality modeling language，VRML）一种在Internet上构造3D多媒体虚拟世界的开放式语言。VRML的特点是：基于互联网；采用3D多媒体，有开放式标准；共享虚拟世界。

虚拟样机技术（virtual sample techniques）在产品设计开发过程中，将分散的零部件设计和分析技术糅合在一起，在计算机上建造出产品的整体模型，并针对该产品在投入使用后的各种工况进行仿真分析，预测产品的整体性能，进而改进产品设计，提高产品性能的一种新技术。

Y

演绎数据库（deductive database）具有演绎推理能力的数据库。通过一个数据库管理系统和一个规则管理系统来实现。演绎数据库主要研究如何有效地根据输入信息进行逻辑推理，对于通常不能利用关键字匹配方式查到的信息，演绎数据库还可以通过推理方式检索信息。演绎数据库是人工智能研究的内容之一。

遗传算法（genetic algorithm）根据生物进化的模型提出的一种优化算法。根据进化论，生物的发展进化主要有三个原因，即遗传、变异和选择。进化论的自然选择过程蕴含着一种搜索和优化的先进思想。遗传算法正是吸取了这种思想，从而能够提供一个在复杂空间中进行鲁棒搜索的方法，为解决许多传统的优化方法难以解决的优化问题提供了新的途径。

应用软件（application software）专门为某一项应用或某一专业领域的应用而研制的软件。如文字处理软件、信息管理软件、辅助设计软件、实时控制软件等。

用户界面（user interface）又称用户接口或人机界面，计算机系统中为实现用户与计算机的信息交互所需要的软件和硬件。用户界面的硬件部分包括计算机的输入、输出。用户界面的软件部分包括用户与计算机相互通信的协议、约定、操作命令及其处理软件。

Z

支撑软件（support software）在系统软件和应用软件之间，为应用软件设计、开发、测试、维护等提供支持的软件。它为应用软件的开发提供开发环境。各种接口软件与通用工具软件就属于此类软件。

指令系统（instruction set system）又称指令集，是为计算机所设计的所有指令的集合。程序员用各种语言编写的程序要翻译（编译或解释）成以指令形式表示的机器语言之后，才能在计算机上运行。计算机硬件完成各条指令所规定的操作，并保证按程序所规定的顺序执行指令。所以，指令系统反映了计算机的基本功能，是硬件设计人员和程序员都能见到的机器的主要属性。

智能软件（intelligence software）具有一定的人类智能和智能行为的计算机软件。智能软件的主要特征：一是能进行知识处理；二是可进行问题求解；三是能适应现场环境。按功能划分，现有的智能软件大致有以下六种类型：（1）智能操作系统；（2）人工智能程序设计语言系统；（3）智能软件工程支撑环境系统；（4）智能人机接口软件；（5）智能专家系统；（6）智能应用软件。

资源管理器（explorer）Windows 系统提供的计算机资源管理工具软件。通过它可查看电脑的所有资源。它还提供树形的文件结构，能更清楚、更直观地识别电脑的文件和文件夹。在资源管理器中，可以对文件进行各种操作，如打开、复制、移动等。资源管理器的"浏览"窗口包括标题栏、菜单栏、工具栏、左窗口、右窗口和状态栏等几部分。

组件对象模型（component object model，COM）由微软公司提出的用于开发组件软件的一种规范。具体来说，是一种实现信息组件制作和组件间跨语音、跨平台、跨系统运行、通信与互操作的二进制和网络标准。组件是用来表达对象的，所以也常被称为对象或组件对象。组件是以面向对象技术为基础开发的。一个实用的组件把从对象中抽象出来的数据（属性）和对数据的操作（方法）按照一定的规则封装（集成）起来，以实现对象应完成的功能。因此也常把"组件"视为一种软件开发的标准。利用组件技术可借助用户界面实现拖动编程，进行"真正的"面向对象程序设计工作。

（五）计算机工程（Computer Engineering）

B

便携式计算机（portable computer）一种重量较轻、便于携带的个人计算机。主要有笔记本型和掌上型。其功能与台式计算机相当，只是集成度更高，功耗更低，体积更小，重量更轻，便于携带。

不间断电源（uninterrupted power supply，UPS）当交流输入电源的变化（包括电压变化、频率变化及波形失真等）超出规定的范围时，仍能正常地继续向负载输送能量的供电设备。不间断电源主要由换能、储能和传输等部分构成，用于各种计算机和网络供电系统中。

C

CPU 内核（central processing unit）计算机的中央处理器中由单晶硅做成的芯片。所有的计算、接受和存储命令、处理数据都是在小小的芯片中进行的。目前绝大多数 CPU 都采用了一种翻转内核的封装形式，这样能使 CPU 内核直接与散热装置接触。由于所有的计算都要在很小的芯片上进行，所以 CPU 内核会散发出大量的热量，核心内部温度可以达到上百度，而表面温度也会有几十度。一旦温度过高，就会造成 CPU 运行不正常甚至烧毁。

处理器主频（main frequency）又称主频，CPU 的时钟频率，即 CPU 的工作频率的简称，单位是 Hz（赫兹）。它决定计算机的运行速度。随着计算机的发展，主频由过去 MHz 发展到了现在的 GHz。主频仅仅是 CPU 性能表现的一个方面，而不代表 CPU 的整体性能。它包括两部分：倍频与外频，外频是 CPU 的基准频率，单位也是 Hz（赫兹）。外频是 CPU 与主板之间同步运行的速度，而且目前绝大部分电脑系统中外频也是内存与主板之间的同步运行的速度。倍频即主频与外频之比。主频、外频、倍频满足关系式：主频＝外频×倍频。

触摸屏技术（touch screen technology）一种通过直接触摸显示屏实现人机交互的输入方式。与传统的键盘和鼠标输入方式相比，触摸屏输入更直观，配合识别软件，还可以实现手写输入。触摸屏技术本质上是一种传感器技术，它由触摸检测部件和触摸屏控制器组成。触摸检测部件安装在显示器屏幕前面，用于检测用户触摸位置，接受后送触摸屏控制器；触摸屏控制器的主要作用是从触摸点检测装置接收触摸信息，并将它转换成触点坐标送给 CPU，同时能接收 CPU 发来的命令并加以执行。

传感技术（sensing technology）涉及传感（检测）原理、传感器件设计、传感器开发和应用的综合技术。它是敏感功能材料科学、传感器技术、微细加工技术等多学科技术相互交叉而形成的新技术。

串行接口（serial interface）计算机与外围设备之间按顺序逐位进行数据传送的一种通信接口。它主要用于远程通信和低速输入输出设备。常用的串行通信接口是 RS－232C，这个接口的标准是 1969 年由美国电子工业联合会（EIA）制定公布的。在微型计算机系统中常使用串并交换电路，其数据与外设连接的一侧按串行传送，与中央处理器连接的一侧按字节并行传送。

串行外设接口（serial peripheral interface，SPI）一种同步串行外设接口，是满足某种服务标准的供应商提供的符合该标准的应用程序接口。它可以使 MCU 与各种外围设备以串行方式进行通信以交换信息。SPI 和该服务的应用程序接口（API）标准相兼容，应用程序基于 API 编写。SPI 的作用是提供一种途径可以让不同服务提供者提供自己的服务实现方案，通常 SPI 定义者一般会提供一个默认的服务实现方案。

磁带存储器（magnetic tape storage）利用数字磁记录原理，通过电磁变换传感器件（通常称为磁头）在稳速传动的带状磁性媒体表面进行数据记录的顺序存取存储设备。磁带驱动器广泛用于各类计算机中，保存不经常存取的带有永久性的文件资料；作为磁盘等直接存取存储设备的备份；用于计算机间的数据交换等。

磁卡机（magnetic card reader）可在磁性卡片上实现数据记录和读出的设备。磁卡片简称磁卡，是一种在纸基片或塑料基片上涂覆或粘贴条状磁性介质的卡片。条状磁性媒体称作磁条，用于存储数据。磁条宽度为 5～10mm。在磁条表面涂有一层保护膜，因此有时看不见磁条本身。磁卡的尺寸为 85.5mm×54mm，厚度有 0.30mm 和 0.76mm 两种。磁条的记录原理和磁带、磁盘基本相似。它采用双频制，以串行方式记录数据，磁条可有 1～3 条磁道，存储容量约为 78～106 个字符。磁卡记录方式分为两类：一类是只读式的，数据预先记录在磁条上，与条码相似，用于识别持卡人的身份，如信用卡就是一种常见的只读磁卡；另一类是读写式的，在磁卡上可随机读出或写入，如电话磁卡、车票磁卡等，磁卡上写入的数值在每次使用后均要改变，例如减去支出款后再将余款数写入。磁卡机可通过 RS－232C 接口与计算机相连接，作为一种专用输入设备使用。一张磁卡只要一秒左右的时间就可完成读写操作。磁卡输入速度快，使用简便，已在金融、商业、交通、保安等方面得到了广泛的应用。

磁盘（disk）在恒速旋转的圆形磁性媒体表面沿同心环形轨迹上，通过磁头电磁转换器进行数据记录的直接存取信息的磁性盘片。磁盘按基片材料分为硬磁盘（硬盘）与软磁盘（软盘）两类。

磁盘驱动器（disk driver）驱动磁盘片按一定转速旋转的装置。它驱动载有磁头的头臂，到达且稳定在指定的半径位置上，控制磁头在盘面磁层上按一定的记录格式和编码方式进行写入和读出。磁盘驱动器分为硬盘驱动器（又分固定磁头和可动磁头）和软盘驱动器，它和磁盘控制器构成了磁盘存储器。

磁盘阵列（disk array）由多台磁盘存储器和阵列

控制器构成的一种大容量、快速的联机存储系统。在阵列控制器的统一控制和组织下，各个磁盘存储器可并行运行，因此磁盘阵列可实现并行存取或交叉存取。与单台大容量磁盘存储器相比，磁盘阵列具有存储容量大、传输率高、吞吐量大、可靠性高、存取速度快等优点。磁盘阵列可由几台磁盘到几百台磁盘组成。它的性能价格比优于单台大容量磁盘存储器，因此发展很快。为满足存储容量大与速度高的要求，不但巨型计算机、大型计算机，而且小型计算机、工作站都广泛采用磁盘阵列。为了提高廉价磁盘冗余阵列（RAID）的容错能力及可靠性，采取了多种技术，例如，镜像容错技术、汉明检验码技术、奇偶检验码技术等。

存储器（storage）计算机用于存储指令和数据的部件。其有多种类型，分为内存储器（主存）和外存储器（辅存）两大类。中央处理器从内存储器中取出指令，按指令的地址从存储器中读出数据，执行指令的操作。外存储器有硬盘、软盘、光盘、磁带等。存储容量和存储器读写数据周期是存储器的两个基本技术指标。

D

打印终端接口（terminal interface）计算机上常用的连接打印机、扫描仪或者数字照相机的并行端口。LPT端口有LPT1、LPT2、LPT3等类型。每台计算机至少拥有一个LPT端口，更多的端口，可以通过安装并口卡来增加。

大容量光盘（ultra density optical，UDO）一种采用激光刻录装置生产的容量可高达数百GB的双面信息存储盘。大容量光盘分为防止数据更改的单次追加型碟片和可擦写1万次以上高稳定可擦写型两种，均采用了防灰尘、防指纹及防静电等保护措施。

待机（standby）系统将当前状态保存于内存中，然后退出系统的状态。此时电源消耗降低，仅需维持中央处理器（CPU）、内存和硬盘最低限度的运行需要。一旦移动鼠标或者敲击键盘就可以激活系统，电脑迅速从内存中调入待机前状态的信息进入系统运行，这是重新开机最快的方式，但是系统并未真正关闭。

单元控制器（cell controller）按某种要求来操纵或调节的一个独立整体装置。所谓控制器，是指按某种原理和方法对元件或系统的工作特性进行操纵或调节的装置。在电路系统中，控制器是指按照预定顺序转换电路或控制电路的接线或调节电路参数的开关电器。在计算机中，控制器是指控制信息输入输出、进行计算或访问存储器的处理器。所谓单元，是指性质相同或有内在联系、自成系统的独立整体。在电路系统中，伺服装置就是一个单元，它由伺服电机、电源、放大器、控制器等组成。小至元件、大至系统，都可称为单元。在计算机中，中央处理器就是一个单元，又称为中央处理单元。它由存储器、运算器、控制器和总线组成。单元控制器的内涵是很大的，不仅要从单元、控制器的概念本身来理解，而且要看到其控制方式也是多种多样的，有电动的、液压的、气动的、机械的等多种手段，并可分为硬件和软件控制两大类型。从狭义上讲，单元控制器是特指计算机集成制造系统中单元级的控制器。其主要功能有：（1）制订作业计划；（2）进行生产的静态调度和动态调度；（3）生产情况统计及报文；（4）加工过程控制；（5）工况监控与质量保证。

刀片服务器（blade server）又称母板，一块带有CPU、主存储器、辅助存储器和操作系统插槽的主板。母板可以插入专用机箱中，自身构成一个独立的计算机系统。管理员可以使用系统软件将数个母板集合成一个服务器集群，母板相互之间没有关联。刀片服务器能够最大限度地节约服务器的资源，并为用户提供灵活、便捷的扩展升级手段。

等离子体显示（plasma display）一种利用等离子气体放电发光的有源平板型显示技术。显示器一般由两块玻璃基板、导电电极、介质层等构成，玻璃板内充以氖、氩等混合气体。当电极两端电压高于着火电压时，气体被电离并发光，低于熄灭电压时熄火。等离子体显示有直流型和交流型两种。直流等离子体显示板的电极直接与气体接触，一般由外部电阻限流。交流等离子体显示板的电极与气体之间隔着介电层，并利用由此形成的电容限流，具有存储能力。等离子体显示具有亮度大、对比度高、寿命长、视角大、功耗低等优点，可用于计算机终端显示以及各种图形、符号、数字的显示，还可用于壁挂式彩色电视和大屏幕显示等。

点阵打印机（dot matrix printer）又称为针式打印机，通过安装在打印头上的若干打印针打击色带产生打印结果的打印设备。通常有9针和24针两种。

电脑辐射消除器（eliminator of computer radiation）一种消除电脑辐射的装置。当电脑开机后，包括30Hz、60Hz、120Hz、1KHz、10KHz、10～20MHz的各种低频电磁波都随之产生，对人体健康有危害。用电脑辐射消除器替换电脑机箱上原来的电源线后，即可从电源中除掉能产生辐射源的多种谐波，从根源上消除掉电脑对外所产生的辐射。

电子计算机（electronic computer）又称电脑，一种能自动、高速地完成数值计算、数据处理、实时控制等功能的电子设备。电子计算机可分为数字电子计算机和模拟电子计算机两大类。数字电子计算机是一种在机器内部以数字形式进行运算的计算机；模拟电子计算机是一种用连续变化的物理量表示运算变量，并用电子电路构成基本运算部件的计算装置，它处理和产生的是连续信号。人们大量应用的是数字电子计算机。

动态随机存取存储器芯片（dynamic random access memory chip）一种可以随机存取，但必须周期性地对其存储内容进行动态刷新，以防消失的一种存储器集成电路。第一个商用 DRAM 芯片是 Intel 1103，制造于1971年。DRAM 基本读写操作有：读出、写入和读—改写三种方式。

端口（port）在计算机中用于处理器与外围设备进行数据交换，把数据由处理器送出或接入的硬件设备。通常一个微处理器有多个数字端口，有的还有模拟信号端口。端口通过赋予它的地址及输入输出控制线进行寻址与控制。不同的端口承担不同的输入输出功能。端口可通过编程来控制，主机通过执行有关程序访问端口。在大型计算机中，打印机、调制解调器等设备常设有专用的端口。

F

分辨率（resolution）对显示器画面图像清晰度的描述。通常以水平显示的像素个数乘以垂直像素个数线数表示。如1 024 × 768指每帧图像由水平1 024个图素，垂直768个像素组成。

分支预测技术（branch prediction）一种预测分支程序执行结果的技术。由于条件分支必须根据等待处理后的结果再执行程序，使得有些电路单元处于空闲等待状态，出现时钟周期的滞留延长，如果将分支程序执行的结果能通过预测得到，那么就可提前执行相应的指令，提高 CPU 运算效率。当然，如果分支预测结果错误，那么就得将已经预测结果的指令全部清除，重新执行正确的指令，这样反而比不进行分支预测来得快，所以分支预测技术的准确性至关重要。

分子计算机（molecular computer）利用分子计算的能力进行信息处理的计算机。分子计算机的运行靠的是分子晶体可以吸收以电荷形式存在的信息，并以更有效的方式进行组织排列。凭借着分子纳米级的尺寸，分子计算机的体积将剧减。此外，分子计算机耗电少并能更长期地存储大量数据。

服务器（server）能够实现信息管理和信息传输的一种高性能、高可靠性的计算机系统。主要作为网络节点来使用。它在网络操作系统的控制下，把系统所拥有的软硬件资源（如网络、Web 应用、数据库、文件、打印等）提供给本网络节点上的所有客户机（终端）共享，还能为终端用户提供集中计算、信息发布及数据管理等多种服务。服务器的高性能和高可靠性主要体现在它具有的高速运算能力、长时间可靠运行的能力和海量的外部数据吞吐能力等。按照不同的体系结构，服务器主要有两类：一类是使用精简指令集处理器（RISC）芯片结构的服务器；另一类是使用复杂指令集处理器（CISC）芯片结构的服务器，是基于 PC 机体系结构的服务器，也就是常说的 PC 服务器。

G

高速缓冲存储器（cache）又称高速缓存，位于中央处理器和主存储器之间、对程序员透明的一种高速小容量存储器。在配有高速缓存的计算机中，每次访问存储器都先访问高速缓存，再访问存储器，并把有关数据放入高速缓存。若欲访问的数据在高速缓存中，则直接访问。如果大部分针对高速缓存的访问都成功，则存取速度将得到提高。

工业控制计算机（industrial control computer）按工业现场条件设计，适用于工业环境的计算机。包括过程控制计算机和产品加工控制计算机。可以是专用机，也可以是通用机。

工作站（workstation）一种拥有高档软基本配置、适应网络计算环境，并面向专业应用领域的高性能、高可靠性的计算机系统。和服务器类似，工作站按照 CPU 芯片结构的不同可分为基于复杂指令集计算机 CISC 结构的工作站和基于精简指令集计算机 RISC 结构的工作站两种类型。由于工作站软硬件配置相对较多，因此，在实际应用中，多以台式工作站为主。但随着技术的发展、设备的小型化和应用的需要，精简实用的移动式工作站也越来越受到重视。工作站主要应用于计算机辅助设计与制造（CAD/CAM）、科学计算、数据处理、图形图像处理、动画设计、系统仿真、GIS 等领域。

光磁软盘驱动器（floptical disk driver）一种采用光伺服定位技术的软磁盘驱动器。它与软磁盘驱动器的主要区别是采用光伺服定位技术来提高道密度、位密度和容量。其基本原理和一些重要技术仍沿用软磁盘驱动器技术，包括记录方式、记录技术、定位系统、校验技术、自同步技术等。光伺服定位技术有红外定位方式和激光定位方式两种。光磁软盘驱动器的主要特点是位密度高，可达 24 000 位/英寸（9 449 位/厘米），是普通 3.5 英寸软盘的 2 倍。

光存储器（optical storage）用光学方法从光存储媒体上读取和存储信息的一种设备。它对存取单元的光学性质（如反射率、偏振方向）进行辨别，并转化为便于检测的形式，即电信号。几乎所有的光存储器都使用半导体激光器，因而光存储器也称为激光存储器。广义上，光存储器还包括条码阅读器、光电阅读机等。在计算机领域，光存储器一般指光盘机、光带机、光卡机等设备，其中光盘机应用最广。

光电鼠标（optical mouse）在鼠标内安装一个发光二极管的一种新型鼠标。利用发光二极管发出的光线，照亮光电鼠标底部表面，然后将底部表面反射回的一部分光线，经过一组光学透镜，传输到一个光感应器件（微成像器）内成像而制成的一种鼠标。它与机械式鼠标最大的不同之处在于其定位方式不同。它是把鼠标的移动轨迹记录为一组高速拍摄的连贯图像，再利用光电鼠标内部的一块专用图像分析芯片对移动轨迹上摄取的一系列图像进行分析处理，通过对这些图像上特征点位置的变化进行分析，来判断鼠标的移动方向和移动距离，从而完成光标的定位。光电鼠标通常由以下部分组成：光学感应器、光学透镜、发光二极管、接口微处理器、轻触式按键、滚轮、连线、PS/2 或 USB 接口、外壳等。

光子计算机（photon computer）用光子元器件代替电子元器件组成的，利用光信号完成对信息的存储、处理和传输的信息处理设备。由于光子比电子在传输速度、抗干扰能力和稳定性方面都更具优势，因此光子计算机在信息处理速度、存储容量、传输速率和节约能源方面，性能会有大幅度的提高。对光的控

制技术和光子元器件的制造工艺和技术是生产光子计算机的关键。

H

海量存储系统（mass storage system，MSS）又称超大容量存储系统，一种特大容量的联机辅助存储系统。其存储容量在数十亿字节以上，比磁盘存储器大许多倍，存取时间也比磁盘存储器长许多倍。它在计算机联机存储层次中处于最低层，常与磁盘存储器配合使用。不常使用的数据存放在海量存储系统中，中央处理器不必频繁地访问它。海量存储系统有一次写多次读和可改写两种类型。该系统有如下几种形式：（1）以大量磁性软媒体为基本存储单元构成的存储系统，如由专用盒式磁带或通用盒式磁带卷构成的海量存储系统；（2）由多台高密度磁带构成的海量存储系统；（3）激光全息照相存储系统；（4）缩微胶卷照相存储系统；（5）由多台光盘存储器构成的存储系统等。

话路调制解调器（voice-band modem）又称话带调制解调器，简称 Modem，实现在两台计算机之间利用电话线路进行通信时完成信号转换的电子装置。它由调制和解调两部分功能组成。在信源端，通过调制功能把计算机发出的数字信号调制成能在电话频带（300～3 400Hz）内传输的模拟信号，通过电话线路传往信宿端；在信宿端，通过解调功能再把模拟信号转换成数字信号输入到计算机中，实现通过调制解调器和电话线完成计算机之间的数据通信。

缓存欠载（buffer underrun）由于某种原因导致系统传输停顿，致使缓存中的数据已被刻录完而不能及时补充有效数据，导致缓存中数据为空的现象。缓存是衡量光盘刻录机性能的重要技术指标之一，刻录时数据必须先写入缓存，在刻录的同时，后续数据继续写入缓存中。系统在传输数据到缓存的过程中，不可避免地发生传输停顿，如果这种停顿状态持续时间过长，就会造成缓存欠载现象。缓存欠载会直接导致废盘的产生。

J

激光打印机（laser printer）采用激光技术的打印机。在打印过程中，激光打印机使用激光束照射激光感光纸。这种纸得到粉粒或增色剂，以热量、压力或两者结合的方式使粉粒或增色剂固定在纸上。激光打印机具有较高打印速度。

即插即用（plug and play，PnP）在计算机内插入一个装置并使计算机确认此装置存在的操作。即插即用功能只有在同时具备以下四个条件时才可以实现：即插即用的标准 BIOS（基本输入输出系统）、即插即用的操作系统、即插即用的设备和即插即用的驱动程序（常见的 U 盘使用，即属于即插即用）。

寄存器（register）由触发器组成的构成存储单元的基本结构。一个触发器就是一个一位寄存器，存储器（分为只读存储器 ROM 和随机存取存储器 RAM）由寄存器组成，可以看作一个寄存器堆，每个存储单元实际上相当于一个缓冲寄存器。

加速图形端口（accelerated graphics port，AGP）Intel 公司设计与主导，应用于主机板上的全新图形插槽。AGP 最大的功能就是能更快速地处理及显示影像、图形，同时可使用部分的主存储器来充当显示内存，用以降低系统成本。因此，只要主机板上有 AGP 插槽，而且显示卡也为 AGP 规格，图形设计者就可以享受 AGP 带来的便捷。

键盘（keyboard）一种由一定数量的键组成的盘状输入设备。使用者通过击键向计算机输入程序、命令、数据等。是人对计算机进行控制的重要工具。计算机键盘的键数，少的有 83 个，多的可达 105 个。键盘有三个区：中央为打字键盘区，右侧为数字键区，第三个区是 10～12 个特殊功能键。由键盘输入的内容通常都在显示器屏幕上及时显示出来，使用方便，是重要的人机交互式输入设备。

交互输入设备（interactive input device）使用者用以直接和计算机进行信息交换的设备。这类输入设备常见的有键盘、鼠标器、触摸屏、数字化仪、光笔等。交互输入设备通常和显示器连用。使用者在输入时，从显示器的屏幕上可以看到输入的内容和计算机所做的反应。

静态随机存取存储器芯片（static random access memory chip）一种可以随机存取，不需要周期性刷新，能稳定保持其所存信息的存储器集成电路。但在电源中断时，所保存的数据仍会被破坏，是一种易失性存储器。

巨型计算机（super computer）一定时期在世界范围内运行速度最快、存储容量最大的一类计算机。也可以说，运算速度在每秒 1 万亿次以上的计算机才是巨型计算机。2007 年速度最快的巨型机已达到每秒 360 万亿次。

卷管理器（volume manager）又称为逻辑卷管理器，一种把硬盘空间划分成逻辑卷的方法。它提供虚拟设备机制（即逻辑卷），应用程序和文件系统无需直接管理物理设备，数据的安全性、完整性、I/O（输入 / 输出）性能的调整和设备在线扩展等均可由卷管理器机制实现。服务器进行在线管理时，不必因备份和维护而进行脱机。

L

连续无故障时间（mean time between failure，MTBF）硬盘从开始运行到出现故障的最长时间，单位是小时。一般硬盘的 MTBF 在 3 万～5 万小时。

联想存储器（associative memory）又称关联存储器，根据给定信息内容的特征而不是根据地址进行存取的存储器。与一般存储器不同之处在于，这种存储器除了有一般存储器存储信息的功能外，还有对信息进行处理的功能。它由存储单元阵列和一些逻辑电路组成。

量子计算机（quantum computer）根据原子所具有的量子力学特性以量子位（量子比特）为基础进行信息处理的计算机。量子计算机能够进行量子并行计算，用量子位存储数据，有与大脑类似的容错性，即当系统的某部分发生故障时，输入的原始数据会自动绕过损坏或出错部分，进行正常运算，并不影响最终的计算结果。它不仅具有极高的运算速度，极大的存储容量，而且有超低的功耗。

M

脉动阵列计算机（systalic array computers）一种阵列结构的计算机。在这种结构中，数据按预先确定的方式在阵列的处理单元间有节奏地流动。在数据流动的过程中，所有的处理单元同时并行地对流经它的数据进行处理，从而具有很高的并行处理速度。数据从流进处理单元阵列到流出处理单元阵列的过程中完成所有它应做的处理，无需再重新输入这些数据。由于阵列和处理单元的结构简单、规则一致、模块化程度高，非常适合超大规模集成电路的设计和制造。是一种适于以计算为主要应用课题的计算机。

模拟比较器（analogue comparator）用来监测模拟信号的变化情况的器件。如果超过某个限度，就输出一个对应的逻辑信号；如果需要对模拟信号进行更精细的分辨，必须采用 A/D 转换芯片或者内含 A/D 部件的单片机来进行 A/D 转换。当对模拟信号的

A/D 转换精度要求不是很高（如精度要求在 1% 左右）、每秒采样次数不超过 20 次时，利用内含模拟比较器的单片机来完成A/D转换将明显降低系统的硬件成本。模拟比较器在超限监测、直流信号的A/D转换、交流信号的 A/D 转换和传感器参量信号的 A/D 转换中有着广泛的应用。

模拟数字转换器（analog of digital convertor, ADC）又称编码器，把输入的模拟信号转换为相对应的适合数字信号处理要求的数字代码的电路。模拟数字转换器的种类很多，所采用的转换方法与工作原理各异。概括起来，它可归纳为直接转换型和间接转换型两大类。直接转换型是将模拟量变换成数字代码；间接转换型一般是先将要转换的模拟量转换为时间或频率量，再由时间或频率量转换为相对应的数字代码。模拟数字转换器的用途很广，例如，用于雷达信号的实时处理、频谱分析等采用 8 位超高速的模数转换器；数控系统、微处理机可用 8～12 位中速的模数转换器；12 位及更高位低速的模数转换器则用于精密测量仪表、数字音频信号处理、声呐等。

N

内部路由器（internal router）又称阻塞路由器，作用于内部网络与周边网（OSPF 协议划分的网络）之间的路由器。其作用是防止来自周边网络和互联网对内部网络的侵害。可为用户防火墙提供数据包过滤。换句话说，内部路由器为内部网与周边网或内部网与互联网提供了一种安全机制。

内部数据传输率（internal transfer rate）硬盘与缓存之间的数据传输率。单位一般采用 MB/s 或 Mbit/s。MB/s 的含义是兆字节每秒，Mbit/s 的含义是兆比特每秒，前者是指每秒传输的字节数量，后者是指每秒传输的比特位数。MB/s 中的 B 字母代表 Byte 的含义，虽然与 Mbit/s 中的 bit 翻译一样，都是比特，也都是数据量度单位，但二者是完全不同的。Byte 是字节数是位数，在计算机中每 8 位为 1 字节，也就是 1Byte = 8bit，是 1：8 的对应关系。因此 1MB/s 等于 8Mbit/s。

内存（memory）又称内存存储器，由一群芯片所组成的计算机的记忆单元。内存的数据存取时间影响计算机的处理速度，决定了计算机可同时执行程序的大小和能处理数据的多少。内存构成了计算机工作的主要空间，用于储存立即使用的数据。在计算机的发展过程中，内存容量的大小是决定计算机性能的主要参数之一。

P

喷墨打印机（ink jet printer）使用喷嘴把墨水喷射到纸上，展现输出内容的打印机。为了得到正确的结果，墨水受到一个阀门和一个或多个控制喷射流的垂直和水平位置的偏转器的控制。某些喷墨打印机还具有打印全彩色图像的能力。

屏幕（monitor）是计算机的标准输出单元。它可显示程序执行及操作的过程与实时性的输出结果，计算机屏幕的分辨率较电视机要高，可显示高质量的文字和图形图像，适合近距离观看，尺寸一般为 14 英寸（640 × 480 为适合的分辨率）、15 英寸（800 × 600 为适合的分辨率）、17 英寸（1024 × 768 为适合的分辨率）及专业绘图所使用 19 英寸～21 英寸的大尺寸屏幕。

R

RAMBUS内存（RAMBUS memory）一种高性能、芯片对芯片接口技术的新一代存储器。它可充分发挥处理器的运行效率。目前，RAMBUS 内存可提供 600、800 和 1066MHz 三种速度，主要有 64M、128M、256M、512M 四种规格。RAMBUS 内存的缺点是必须成对使用（单条不能用），而且使用的时候所有的空插口必须屏蔽掉，还有发热量大等。

RJ-45 端口（Registered Jack-45，RJ-45）用来实现集线器、交换机、路由器等网络设备之间互相连接的一种接口。也是路由器用来和计算机相连并借助于计算机完成对路由器配置的控制端口（console）。例如，若路由器和集线器都提供了 RJ-45 端口，则可用双绞线直接将两个端口连接起来。在快速以太网中端口间多采用双绞线连接。根据端口的通信速率不同，RJ-45 端口可分成 10Base-T 网 RJ-45 端口和 100Base-TX 网 RJ-45 端口两类。在路由器中，10Base-T 网的 RJ-45 端口以 "ETH" 为标识，100Base-TX 网的 RJ-45 端口则以 "10/100 bTX" 为标识。

柔性线路板（flexible printed circuit board，FPC）用柔性的绝缘基材制成的印刷电路板。具有许多硬性印刷电路板不具备的优点。柔性线路板可以自由弯曲、卷绕、折叠，可依照空间布局要求任意安排，并在三维空间任意移动和伸缩，从而达到元器件装配和导线连接的一体化。柔性印刷线路板有单面、双面和多层板之分。采用的基材以聚酰亚胺覆铜板为主。双面、多层印制线路板的表层和内层导体通过金属化实现内外层电路的电气连接。利用FPC可大大缩小电子产品的体积，满足电子产品向高密度、小型化、高可靠方向发展的需要。FPC还具有良好的散热性和可焊性以及易于装连、综合成本较低等优点，软硬结合的设计也在一定程度上弥补了柔性基材在元件承载能力上的略微不足。FPC在航天、军事、移动通讯、手提电脑、计算机外设、PDA、数字相机等领域或产品上得到了广泛的应用。

S

SC 端口（SC port）实现网络设备与光纤连接的一种接口。通常在需要与光纤连接的交换机或路由器中都提供这种接口，其标识为"100b FX"。

扫描仪（scanner）一种将图像信息输入计算机的设备。它将大面积的图像分割成条或块，逐条或逐块依次扫描，利用光电转换元件转换成数字信号并输入计算机。扫描仪是20世纪80年代中期才出现的光机电一体化产品，其应用最多的领域是出版、印刷行业。使用扫描仪可以不用手工录入而直接把整页信息输入计算机，不但可输入文字，还可输入图像、照片等，大大提高了输入效率。在办公自动化领域，扫描仪用于资料制作、资料管理、机械或其他工程图纸档案的管理等。此外，扫描仪还用于模式识别，如指纹识别等。

筛选路由器（screening router）具有连接两个网络（如内网和外网），对网之间传输的数据进行过滤的网络控制设备。此类路由器由于采用了包过滤技术，因此，也称为包过滤路由器。筛选路由器的主要功能是按照为网络策划的信息安全策略，对进出网络的信息进行分析，放行那些经过授权的数据，过滤掉那些未经授权的数据，提高网络的安全性。

神经计算机（neural computer）又称神经处理器，一种基于人工神经网络原理的非传统计算机。神经处理器具有在生物神经网络微观结构的层次上模拟其刺激—反应自适应调整的信息处理功能。理论模型是MP—模型。这一模型反映了生物神经元受刺激（兴奋或抑制）而作出的反应。比较现实的研究开发途径是把神经处理器作为协处理器，在计算机系统或控制系统中发挥其特殊作用。

生物计算机（biocomputer）利用蛋白质开关特性，通过生物工程技术产生的蛋白质分子生物芯片构成的计算机。生物计算机以蛋白质分子构成的生物芯片作为集成电路。蛋白质分子比电子元件小很多，可以小到几十亿分之一米，而且生物芯片本身具有天然独特的立体化结构，其密度要比平面型的硅集成电路高五个数量级。生物计算机芯片本身还具有并行处理的功能，其运算速度要比最新一代的计算机快10万倍，能量消耗仅相当于普通计算机的十亿分之一。生物芯片一旦出现故障，可以进行自我修复，具有自愈能力。生物计算机具有生物活性，能够和人体的组织有机地结合起来，尤其是能够与大脑和神经系统相连。这样，植入人体的生物计算机就可直接接受大脑的综合指挥，成为人脑的辅助装置或扩充部分，并能由人体细胞吸收营养补充能量，成为帮助人类学习、思考、创造和发明的最理想的伙伴。

声卡（sound card）多媒体计算机系统的基本配件之一。如各种有声电子词典及CD-ROM（光驱）版读物；解说、播放背景音乐；语音识别，实现人机对话；计算机网上的电话、电视会议等。

视频采集卡（video capture card）一种可以对模拟视频信号数字化并对数字化的信息进行采集、量化和编码的设备。按照用途可以分为广播级视频采集卡、专业级视频采集卡和民用级视频采集卡。主要的区别是采集的图像指标不同。绝大部分的视频采集卡可以在捕捉视频信息的同时录制伴音，还可以保证同步保存、同步播放。另外，很多视频采集卡还提供了硬件压缩功能，提高了采集速度，可以实现每秒30帧的全屏幕视频采集。利用视频采集卡，可以将原来的录像带转换为电脑可以识别的数字化信息，然后制作成VCD（视频压缩盘片），还可以直接从摄像机、摄像头中获取视频信息，从而编辑、制作视频节目。

适配器（adapter）一种支持在不同的系统之间进行通信的硬件设备。常插播在计算机中的外设卡，它提供从计算机总线到另一种诸如硬盘或网络的介质的接口，如网络适配器（即网关）、显示适配器（显卡）等。

输出设备（output device）将计算机处理过的信息，转变成人或其他机器能识别的形式并表示出来的设备。常见的输出设备有显示器、打印设备、绘图仪及语音输出设备、磁带机、磁盘驱动器、光盘驱动器、数模转换器等。

输入设备（input device）将待输入的各种形式的信息，转换成适宜于计算机处理的信息并送入计算机的设备。它可分为两类：采用媒体输入的设备和交互输入设备。采用媒体输入的设备有卡片输入机、光学字符阅读器（OCR）、光学标记阅读机（OMR）、磁带驱动器、软磁盘驱动器等。这些设备能把记录在各种媒体上的信息送入计算机。交互输入设备有键盘、光笔、鼠标器、触屏、跟踪球、控制杆等。这些设备不经过记录信息的媒体，而由使用者通过操作直接输入信息。20世纪90年代后，又出现了自然语言输入设备和文字输入设备等。

输入输出接口（input/output interface）又称输入输出设备接口或外围设备接口，完成计算机主机与外围设备之间或两个外围设备之间的连接并实现数据交换功能的部件。输入输出接口通常是由控制电路和相应的软件组成。随着大规模集成电路技术的不断发展，已将输入输出接口制作在一块芯片上，形成多种规范的接口。输入输出接口具有的基本功能：（1）在计算机系统中，一般要用多个外围设备，常用地址码选择外围设备接口。因此，接口本身具有地址译码的能力、并有数据缓冲和锁存功能。（2）具有数据转换功能。当外围设备以串行方式传送数据时，接口具备并行和串行转换的能力。当输入输出信号是模拟量时，接口具有数模和模数转换的能力。（3）具有传递控制命令和状态信息的能力，以便对外设备进行查询和控制。输入输出接口的种类也很多，如从主机规模来分，有微型计算机接口、小型计算机接口、大中型计算机接口、分布式计算机接口等。

输入输出通道（input/output channel）在计算机中，用于处理主存储器与外围设备之间数据传输的部件。它能连接多台外围设备并接受中央处理器的控制和管理，与主机并行或交叉地交换数据。输入输出通道有几种不同种类：选择通道、成组多路通道、多路转换通道和字节多路转换通道。成组多路通道可连接和控制多台高速外围设备，以成组交叉方式分时传送数据。当一台外围设备与主机交换数据时，允许其他外围设备做寻址或其他准备传输的操作，实现寻址和传送数据并行工作。多路转换通道采用数据交叉方式可同时传输多台低速外围设备的数据。字节多路转换通道连接和控制多台低速外围设备，如行式打印机、读卡机、远程终端等，都是以字节方式交叉传送数据。一个字节多路转换通道可连接多个子通道（如8、16、32、64个等），每个子通道又可连接多台外围设备。不同子通道可同时工作。但是，同一子通道内的外围设备每次只能有一台与主机交换数据。

鼠标（mouse）一种通过控制显示器屏幕上光标位置来完成输入的设备。在驱动程序的支持下，鼠标器能完成绘图等特殊功能。鼠标器与计算机连通时，在显示屏上就会出现一个光标，它是一个指向左上方的小箭头。当将鼠标器在一个平面上移动时，控制光标作相应的运动。移动光标对准显示在屏幕上的命令或图形，按下按钮即可方便地完成操作。

数据备份（data backup）将全部或部分数据集合从应用主机的硬盘或磁盘阵列复制到其他存储介质的过程。传统的数据备份主要是采用内置或外置的磁带机进行冷备份。比较常见的备份方式有：双机热备、磁盘镜像或容错、备份磁带异地存放、关键部件冗余等多种灾难预防措施。这些措施能够在系统发生故障后进行系统恢复。

数据流计算机（data-flow computer）一种以数据驱动方式进行信息处理的计算机。它的内部操作方式与传统计算机不同。在数据流计算机中，只有当一条或一组指令所需要的操作数据全部准备好时，才驱动相应指令执行操作，操作结果的输出数据将传送给下一条或下一组指令。而传统计算机则是先从主存储器取出指令，再按指令的地址取出操作数据，按指令的操作码对数据进行相应操作。数据流计算机是一种非冯·诺依曼结构的计算机。20世纪90年代研制的数据流计算机大多为商品化的、采用精简指令集计算机（RISC）技术的处理器和数据流混合体系结构。

数字电话（digital phone）一种采用数字技术的电话。它使信息接收、传输完全数字化，从而彻底克服了普通模拟电话无法克服的问题，可以有效地防窃听、防盗打、抗干扰，与模拟电话相比质量好、通话清晰度高、信噪比高、传输距离不受限制。数字电话的主要功能有：重拨最后10个号码、电话静默、来电显示功能、电话记录本、MSN号码、房间监听功能、回叫追拨、呼叫转移、部分呼叫限制、全部限制等。

数字计算机（digital computer）又称数字电子计算机，在计算机内部用于存储、传输和处理的对象都是用以电磁信号表述的数字的计算机。它是由硬件部分和软件部分共同组成的一台信息处理机。硬件部分由中央处理器（CPU）、主存储器（内存）和输入/输出设备包括磁盘等辅助存储器（外存）组成。软件部分由程序和文档组成。它规定了计算机的工作内容和工作次序。软件分为系统软件和应用软件两大部分。运算速度和存储容量是数字电子计算机的两个主要指标。半个多世纪以来它的运算速度从最初的每秒几千次提高到数万亿次以上，直至高达每秒 360 万亿次。世界上第一台数字电子计算机 ENIAC 于 1946 年诞生于美国。中国第一台数字电子计算机（103机）于1958年交付使用。中国现已跻身于可以制造每秒万亿次巨型机国家行列。

数字模拟转换器（digital-analog converter）能够将数字输入信号转换成与其数值成比例的模拟输入信号并以电流或电压的形式输出的转换器。数模转换一般分为主取样、保持、量化、编码四个程序。数模转换器可用于雷达的数据采集和处理，也可用于导弹和火箭的检测与控制、宇航和通信系统、人工智能和过程控制系统、传感器封装、卫星、通信设备数字报警器、自动目标辨识器、光纤通信、信号处理等设备。

双核服务器（dual-core server）采用双核处理器的服务器系统。即把两个同样功能的处理器核心集成在一个半导体基片上的处理器。双核技术在服务器中的应用不仅从整体上提高了服务器系统的信息处理能力，而且也增强了系统的安全性。

死机（dead halt）在使用计算机的过程中出现系统停止运行的情况。这种现象是由于应用程序与操作系统之间存在冲突，或是由于应用程序本身就有 bug（指电脑系统的硬件、系统软件或应用软件的错误隐患）以及外来信息的恶意攻击（如病毒、黑客）等原因造成的。

随机存取存储器芯片（random access memory chip，RAM）可随机地对给定地址的存储单元进行写入和读出操作的半导体存储器芯片。存储在存储单元的数据在断电后可能丢失。随机存取存储器由存储单元阵列和外围电路组成，前者存储数据，后者对给定地址所选择的存储单元进行读写操作控制。根据数据存储方式，RAM 主要有静态和动态两种。

T

投影幕（projector screen）又称投影屏幕，是投影机投射内容的显示屏幕。投影屏幕可分为反射式、透射式两类；反射式用于正投；透射式用于背投。从材质上分有玻璃幕、金属幕、压纹塑料幕等。

投影仪（projector）一种用来放大显示图像的投影装置。可应用于会议室演示以及在家庭中通过连接

DVD 影碟机等设备在大屏幕上观看电影，被用作面向硬盘数字数据的屏幕。它先将光线照射到图像显示元件上来产生影像，然后通过镜头进行投影。投影仪的图像显示元件包括利用透光产生图像的透过型和利用反射光产生图像的反射型。无论哪一种类型，都是将投影灯的光线分成红、绿、蓝三色，再产生各种颜色的图像。每个元件只能进行单色显示，需要利用三枚元件分别生成三色成分，再通过棱镜将三色图像合成为一个图像，最后通过镜头投影到屏幕上。

U

UPS 转换时间（UPS translator time）UPS（不间断电源）从市电切换到电池状态或从电池状态切换到市电所需要的时间。通常 UPS 的转换时间不能大于 10ms。UPS 转换时间的指标越小越好。如采用继电器开关，UPS 有 4～10ms 的转换时间。采用电子开关则短一些。转换时间的长短与 UPS 采用的技术有关。

USB 接口（universal serial bus，USB）能支持热插拔，即插即用，具有通用串行总线（USB）的端口。它共有两个规范，即 USB1.1 和 USB2.0。USB1.1 的传输速率为12Mb/s，低速方式的传输速率为 1.5Mb/s；USB2.0 规范是由 USB1.1 规范演变而来的，它的传输速率达到了 480Mb/s，即 60MB/s，足以满足大多数外设的速率要求。所有支持 USB 1.1 的设备都可以直接在 USB 2.0 的接口上使用。

U 盘（universal serial bus）又称 USB 盘，一种移动存储设备。U 盘是闪存的一种，因此也叫闪盘。最大的特点就是：外形小巧，便于携带，存储容量大，价格便宜。随着技术的进步，U 盘容量还会不断增大。

W

外部设备（peripherals）在电子计算机系统中，除计算机主板（包括中央处理器 CPU、内存、CPU 外围控制芯片）本身以外的设备。微机主机系统只有通过外部设备才能与外界交换信息。外部设备主要有输入设备、输出设备、存储设备、各种多媒体设备、终端设备和网络设备等。外部设备的主要作用是实现计算机系统、人及其信息设备的信息交换。

网关（gateway）又称协议转换器，在网络传输层上对两个不同通信协议的网络进行连接完成协议转换的网络设备。在一般情况下，网关用来连接两个具有不同的网络协议且物理上互相独立的网络，实现一对

一的协议转换。网关常用于电子邮件、文件传送、远程登录等不同协议之间的转换。

网卡（network interface card，NIC）又称网络适配器，在网络数据链路层实现计算机与网络互连的一种网络通信设备。无论采用何种方式（双绞线、同轴电缆或光纤）进行连接，均需要通过网卡。每一块网卡都有唯一的由网卡生产厂家置入的只读存储器芯片（ROM）中的称为MAC的网络节点地址（物理地址）。网卡的主要功能是：实现计算机的网络接入、向网上发送和接收信息、进行访问控制以及数字信号的编码、译码等。

网络附加存储（network attached storage，NAS）由文件服务器、网络通信设备和存储装置（网络存储器或网络磁盘阵列）组成的网络存储系统。它可以配置在各种不同的网络环境中。网络节点上的服务器或终端计算机可以用不同的格式跨平台在 NAS 上存取任意格式的文件，包括 SMB 格式、NFS 格式和 CIFS 格式等。网络附加存储只是网络存储的一种模式，网路存储还有其他模式，如 SAN(存储区域网络)等。网络存储大大提高了数据的备份能力，也为数据共享打下了良好的基础。

微处理器（microprocessor）具有中央处理器功能的大规模集成电路器件。它是微型计算机的核心部件。主要包括：运算部件(执行算术运算和逻辑操作)、寄存器（有多个，用来存放操作数、中间结果及标志工作状态的信息）和控制部件（包括控制操作的电路及用于定时的时钟脉冲发生器等）。1971 年第一个四位微处理器芯片 Intel 4004 问世，随后迅速发展。

微控制单元（microcontroller unit，MCU）又称单片微型计算机，将计算机的 CPU（中央处理器）、RAM（随机存储器）、ROM（只读存储器）、定时器和多种 I/O（输入/输出）接口集成在芯片上而构成的芯片级计算机。它可为不同的应用提供组合控制。MCU 按其存储器类型可分为 MASK（掩膜）ROM、OTP（一次性可编程）ROM、FLASHROM 等类型。MASKROM 的程序在出厂时已经固化，适合程序固定不变的应用场合；FALSHROM 的 MCU 程序可以反复擦写，灵活性很强，适用于技术开发；OTPROM 的 MCU 拥有一次性可编程能力，适合于要求一定灵活性的场合。

无源元件（passive component）一种不依靠外加电源（直流或交流）的存在就能独立表现出其外特性的元件。所谓"外特性"就是描述器件的某种关系量，可以是电压或电流，也可以是电场或磁场压力、速度等。外特性也可称之为端口特性，通常用端口特性来描述无源器件的内部性能。

X

系统总线（system bus）在多于两个模块（设备或子系统）间传送信息的公共通路。总线由传输信息的电路及管理信息传输的协议组成。保证信息在总线上高速可靠的传输是系统总线最基本的任务。系统总线的信号线可分五类：数据传输信号线、中断信号线、总线仲裁信号线、其他信号线和备用线。为使信息源与信息接收能同步，在总线上传送信息时必须遵守定时协议。通常有三种：同步总线定时、异步总线定时和半同步总线定时。

显存带宽（graphics memory bandwidth）显示芯片与显存之间的数据传输速率。它以字节/秒为单位。显存带宽是决定显卡图形性能和速度的重要因素之一。显存带宽的计算公式为：显存带宽＝工作频率×显存位宽/8。

显卡（video card）电脑主机的一个对于专业图形设计和游戏操作非常重要的部件。显卡的基本构成包括图形处理器和控制计算机图形输出的显示卡。显示卡中有显示芯片、显示内存、RAMDAC（随机数模转换记忆体）等，这些组件决定了计算机屏幕上输出信息的质量，包括屏幕画面显示速度、颜色以及分辨率。

显示器（display）由监视器和有关电路组成的用以显示数据、图形、图像的设备。一般由四部分组成：像素处理器、读写存储器、显示处理器和监视器。显示的信息种类可以是文字、图表、图形、图像等静止画面，也可以是活动画面或活动图像。

像素（pixel）单位面积中构成图像的点的个数。是最小的图像单元。像素越高，分辨率越高，图像的效果就越好。每个像素都有不同的颜色值；像素又称分辨率，是可以显示出的水平和垂直像素的数组。比如当分辨率为 1 024 × 768 时，是指在等离子屏幕的横向上划分了 1 024 个像素点，竖向上划分了 768 个像素点。

虚拟存储器（virtual memory）把一部分磁盘空间分出来充当物理内存使用的一项技术。虚拟内存技术的使用可以缓解物理内存不足的压力，可以运行规模较大的程序，使辅助存储器和主存存储器密切配合。对用户来说，好像计算机具有一个比实际物理主存容量大得多的主存可供使用。

Y

液晶显示（liquid crystal display）利用液晶的物理特性显示的技术。液晶是一种几乎完全透明的物质，具有独特的分子排列：当通电时，分子排列变得有秩序，使光线容易通过；不通电时分子排列混乱，阻止光线通过。大多数液晶都属于有机复合物质，由长棒状的分子构成。

液晶显示器（liquid crystal display，LCD）中间夹有液晶材料的两块玻璃板所构成的一种显示器。在此夹层的各个节点上通以微小的电流，就能够让液晶显现出图案，诸如计算器上的数字、笔记本电脑显示器上的文本、图形图像等。第一台液晶显示器诞生于1968年。

移动硬盘（mobile hard disk）一种便于携带的移动存储设备。它集固定硬盘与软盘的功能于一体，具有以下特点：保证数据安全，容量大，速度较高，防病毒传播，依赖操作系统。移动硬盘不宜用于长期保存档案存储，但适于存储现行文件和短期保存数据。

印刷电路板（printed circuit board，PCB）一种提供集成电路等各种电子元器件固定、装配机械支撑的集成电路板卡。它可实现集成电路等各种电子元器件之间的布线和电气连接，提供所要求的电气特性，为自动装配提供阻焊图形，为元器件插装、检查、维修提供识别字符和图形。除了固定各种小零件外，PCB 的主要功能是提供各项零件的相互电气连接。板子的基板由绝缘隔热、并不易弯曲的材质所制成。

硬件（hardware）构成计算机的各种物理设备。如 CPU、内存、显示屏、磁盘驱动器及各种计算机外部设备如打印机、扫描仪等。硬件的计算机称为"裸机"，或称硬件系统。计算机系统包括硬件系统和软件系统。

硬盘（hard disk）又称硬磁盘，计算机系统的主要外部存储器。它具有信息存储器量大、传输速率高和易于长期保存等优点。硬盘主要由存放信息的磁性盘片（简称盘片）、驱动器和接口三部分组成。盘片是由硬质材料制成的、双面涂有磁性物质的圆片，用于在上面存储程序、各类文件和数据。一部硬盘通常由若干个盘片组成，和驱动器装在一起。驱动器用于为硬盘提供动力和控制功能，它由驱动马达、磁头和磁头读/写控制部分组成。工作时在驱动盘片组高速旋转的同时，通过磁头从盘片上闭合的许多同心圆轨道上读/写信息。接口有电源接口和数据接口。前者用于从主机电源处获得动力，后者用于主机间转换和传输信息。

用户接口（user interface）又称用户界面，用户借以与计算机系统交互通信的程序和相关设备。用户接口有许多种，按计算机向用户提供的信息形式可分为：字符式用户接口（计算机以字符形式与用户进行通信）、图形用户接口（计算机以图形、文字并通过多窗口形式与用户通信）、多媒体用户接口（计算机以文字、声音、图像、图形、动画等多种信息的形式与用户通信）、多模态用户接口（具有基于语言、手势、听觉、触觉、眼球运动等进行人机通信的功能）。按用户使用计算机的方式划分又可分为如下三种：（1）命令行式用户接口，用户通过命令要求计算机执行有关任务；（2）图形用户接口，用户可通过屏幕上的图标发出操作命令；（3）选单（或称菜单）驱动式用户接口，用户可通过菜单选项向计算机发送命令。

有效像素数（effective pixel）真正参与感光成像的像素的数目。最高像素的数值是感光器件的真实像素，通常包含了感光器件的非成像部分。而有效像素是在镜头变焦倍率下所换算出来的值。数码图片储存，以像素为单位，像素越大，图片的面积越大。在像素面积不变的情况下，数码相机能获得最大的图片像素，即为有效像素。

运算器（arithmetic unit）又称算术逻辑部件，计算机中能完成算术运算和逻辑运算的部件。它是中央处理器的重要部件，完成二进制数的算术运算和逻辑运算。运算器的基本组成包括：算术逻辑运算单元、数据寄存器、累加器、数据总线等。在大型计算机中，为了提高运算速度，还设置了乘法器、除法器及其他快速处理部件。运算器按运算方式，可分为串行运算器和并行运算器两种。现代计算机通常采用并行运算器，使运算器的运算速度大大提高。

Z

阵列处理机（array processor）由多个相同处理单元构成的、适于进行数组计算的处理机。阵列处理机内的各个处理单元是在同一个控制器统一控制下同步工作的，是典型的单指令流多数据的计算机。

在阵列处理机中，指令由控制器译码，所有处理单元同时对不同的数据执行同样的操作。阵列处理机通常不是一台独立的计算机，它需要一台宿主计算机作为用户界面，并将程序和数据装入阵列处理机。在新一代的阵列处理机中，已将宿主计算机的功能集成在一个系统中。

只读存储器芯片 （read only memory chip） 存储内容只允许读出操作，不允许写入操作的半导体存储芯片。一旦写入数据后，即使切断电源，只读存储器（ROM）中的内容也不会消失。主板、显卡、网卡上的基本输入输出系统（BIOS）就是一种ROM芯片产品，因为它们程序和数据都是相对不变的。只读存储器是一种非易失性存储器，主要用来存放"固件"。

只读光盘机（compact disk reading only memory）又称只读光盘驱动器，控制并读出只读光盘（CD-ROM）上所存信息内容的设备。CD-ROM能存大量的信息，能获得高质量图像和高保真音乐，广泛应用于文献数据库、多媒体信息存储及计算机辅助教育等方面。

中央处理器 （central processing unit，CPU） 一般由逻辑运算单元、控制单元和存储单元组成的计算机器件。在逻辑运算和控制单元中包括一些寄存器。逻辑运算单元实现指令中的算术和逻辑运算，是计算机计算的核心。控制单元负责控制程序运行的流程，包括取指令、维护CPU状态、CPU与内存的交互等。存储单元用于暂存数据、地址以及指令信息等，为处理器提供了一定的存储能力。

终端设备 （terminal device）通过通信线路或数据传输线路向计算机发送数据或信息及接收计算机输出的数据或信息的设备。它作为计算机的输入输出设备（简称终端），应用十分广泛。终端通常设置在便于用户使用的地方。终端距计算机可近可远。终端与计算机较近时（如在同一楼内），可直接连接；若终端距计算机较远时，称为远程终端，可借助计算机网络连接。终端的品种繁多，按用途可分为通用终端和专用终端两种。

主板（main board）又称主机板，计算机系统中最大的一块电路板。主板的类型和档次决定着整个微机系统的类型和档次，其性能影响微机系统的性能。主板上安装有控制芯片组、基本输入输出系统（BIOS）芯片和各种输入输出接口、键盘和面板控制开关接口、指示灯插接件、扩充插槽及直流电源供电接插件等元件，将各种周边设备紧密地联系在一起。有了主板，CPU才可以控制诸如硬盘、软驱、键盘、鼠标、内存等周边设备，从而形成一个完整的微机系统。

字符输入设备 （character input device）将字符编码输入到计算机中的设备。它是计算机常用的一种外围设备。字符输入设备的种类很多，如键盘、触摸屏、鼠标器、光笔、字符识别系统等。其中使用最广泛的字符输入设备是键盘输入设备。由于计算机不能直接处理人们惯用的字符，因此需要采用字符输入设备将字符转换成计算机能接受的代码，这种转换称为编码。通常采用的标准编码是ASCII码。应用键盘可以将字符转换成ASCII码，并输入到主机。在输入字符时可以进行检查、修改、删除、增加等，操作十分方便。为了加快字符的输入速度，减小输入设备对主机的影响，常采用输入缓冲或分时技术。光学字符识别输入设备已进入实用阶段，它识别的对象是字符页或其他字符媒体。比如光学扫描系统将字符以图像方式输入到计算机，采用识别算法对字符图像进行切分，将局部图像逐个进行特征提取、比较、分类等操作，经与样板字库的反复比较，可得到结果，并在屏幕上显示或传输给相应的处理部件。这种输入设备可分为印刷体识别和手写体识别两类。

总线 （bus）在计算机中用于连接各种功能部件并在它们之间传送数据的公用线路或通路。按其所连接的对象可分为：（1）片总线，又称器件级总线，它是中央处理器芯片内部的总线；（2）内总线，又称系统总线或板级总线，它是计算机各功能部件之间的传输通路；（3）外总线，又称通信总线，它是计算机系统之间，或者是计算机主机与外围设备之间的传输通路。按信息传输的形式可分为并行总线和串行总线两种。并行总线对n位二进制信息用n条传输线同时传送，其特点是传输速度快，但系统结构较复杂，用于计算机系统内的各部件之间的连接；串行总线对多位二进制信息共用一条传输线，多位二进制信息按时间先后顺序通过总线。它的特点是结构简单，但传输速度较慢。总线必须有明确的规范：（1）总线定时协议；（2）总线的物理特性，包括信号、电源、地址的电气特性，以及连线、接插件的机械特性；（3）总线带宽，它是总线所能达到的最高传输率，单位是Mb/s。

（六）计算机应用（Computer Application）

B

办公信息系统（office information system）由工作人员和电子信息设备组成的，以提高办公效率为目的的人机信息系统。它所处理的数据已从单一的文本数据发展到包括文本、语音、图形、图像、动画、视频等在内的多媒体数据。通过数据的收集、存储、传递、处理等综合管理手段，为办公人员提供准确、高效、快捷的信息服务。办公信息系统从"办公自动化"一词演变而来。

闭路电视监控系统（closed circuit television monitoring system）一种使管理者坐在控制室中，就能观察到监控范围内所有重要地点的情况的综合系统。对管理、保安系统提供临场视觉效果，对监控范围内各种设备运行和人员活动提供直观监视手段。当前的闭路电视监控系统采用控制技术、监控摄像技术、通信技术和计算机技术，组成一个多功能、全方位监控的高智能化的处理系统。闭路电视监控系统因其能给人最直接的视觉、听觉感受，以及对被监控对象的可视性、实时性及客观性的记录，因而已成为当前安全防范领域的主要手段，被广泛应用于银行、教育、海关、监狱、智能小区等各种领域。一个完整的闭路电视监控系统主要由前端设备、传送信道、终端设备和控制设备组成。

播客（podcasting）借助互联网平台发布多媒体文件所采用的一种数字广播方式。网络用户一方面可以从网上选择所需要的多媒体文件下载到自己的播放设备中，例如，下载到 MP3 或具有视频功能的 iPod video 大容量（30G以上）播放器等便携设备上，以便在离线状态下享用文件的内容；另一方面，用户也可采用一种描述和同步其他网站内容的格式，如 RSS，来制作多媒体文件在网上发布与网友分享。因此，通常也把制作这种文件的人称为"播客"（podcaster）。"podcasting"一词来源于"iPod"和"broadcasting"。中文直接音译为"播客"。

博客（blog/weblog）一种以互联网为平台的个人信息发布方式。blog/weblog一词源于weblog（网络日志）。采用这种方式，任何人都可以把自己的思想观点、工作经历、创新见解、人生故事以及某些心得体会等通过一定的媒体形式制成作品，借助网络发布出去并运用超文本链接手段与网友实现信息互动、资源共享和更新。因此，blog 也可看成是为人们的个性化作品提供的一种简便易行的网络出版形式。

布告栏系统（bulletin board system，BBS）在互联网中，为用户面向某一主题提供一个寄存邮件、读取通告、参与讨论和交流信息的环境。其主要功能有通告、特殊兴趣组、文件传输、联机游戏等。它为用户提供了一个交流信息的手段，使用户能有效地获取所需要的信息。

C

测试管理系统（test-management system）生产中为了统一管理各类集成电路的测试程序，收集与处理大量测试数据和提高各类测试仪的利用率而实现测试集中管理的系统。该系统由主计算机完成测试程序的管理和测试数据的收集及处理，由测试仪完成电路的测试和必要测试数据的采集。测试仪将所需测试数据即时送至主机，由中央数据库收集、储存这些数据，以便随时进行对比、统计、分析和编制报表等处理；同时，还可通过主机随时检查各测试工位的作业情况和下达作业任务，达到监督和调度生产的目的。测试管理系统广泛应用于工业生产管理。

产品数据管理（product data management，PDM）以软件技术为基础，以产品为核心，实现对产品相关的数据、过程、资源一体化集成管理的技术。它提供产品整个生命周期的数据管理，并可在企业范围内为设计与制造建立一个并行化的产品开发协作环境。PDM主要提供以下九种功能：（1）电子仓库；（2）工作流或过程管理；（3）查看和圈阅；（4）产品结构和配置管理；（5）扫描与成像；（6）设计的检索和零件库；（7）项目管理；（8）电子协作；（9）工具与"集成件"。

产品造型系统（product modeling system）又称建模系统，采用形式化的方法，准确地描述人们对现实世界中感兴趣的那部分思想、事实或过程的信息，使之能被计算机高效地处理和传递的软件系统。产品造型系统处理的对象是产品数据，利用产品数据描述产品的事实、概念和要求，采用形式化描述方法，使之适合于人或自动化作业进行通信、解释或处理。为了实现信息集成，要求产品造型系统能够完整地提供各应用领域所要求的产品信息，即包含了产品整个生命周期涉及的信息，如几何、运动、分析、管理、加工、装配、包装、质量检测、材料明细表、工程图、方案、原型等数据。产品造型系统已成为研究开发的热点。国际标准化组织正在制定产品数据的表达与交换标准 STEP。随着 STEP 标准的不断完善，基于 STEP 的产品造型系统必将获得长足的发展。

超链接（hyperlink）能够把用超文本标识语言（HTML）标识过的文档对象与目标文档对象连接起来的技术和方法。当前，网页的制作大都采用 HTML语言。HTML 允许按照其语法规则，以标签的方式对文档对象的内容、特性等进行标识以形成超文本对象，并可通过语言中的 href 属性提供需要连接的目标对象位置（网页或网站地址等）。使用时，用户只需通过鼠标点击标识过的具有连接特性的超文本对象，就可以借助于安装在 Internet 上的万维网（WWW）这个基于超文本方式的信息检索服务工具识别并获取目标对象的位置，再通过访问遍布于 Internet 上的主机信息资源库查找到目标对象的内容（网页或网站等）并显示出来。

出入口管理系统（entry and exit management system）由硬件和软件组成的、对出入口进行控制、并对出入人员（车辆）进行记录的智能管理系统。包括三部分：底层是直接与人员打交道的设备，有读卡机、电子门锁、出口按钮、报警传感器和报警喇叭等，用来接受人员输入的信息，再将其转换成电信号送到控制器中，同时根据来自控制器的信号，完成开锁、闭锁等工作。中间层为控制器，接收底层设备发来的有关人员的信息，与存储的信息比较以作出判断，然后再发出处理的信息。单个控制器就可以组成一个简单的门禁系统，用来管理一个或几个门，多个控制器通过通信网络同计算机连接起来就组成了整个建筑的门禁系统。顶层为计算机，装有门禁系统的管理软件，它管理着系统中所有的控制器，向它们发送控制命令，对它们进行设置，接收其

发来的信息，完成系统中所有分析与处理。系统功能有：对已授权的人员，凭有效的卡片、代码或特征，允许其进入；对未授权人员将拒绝其入内。对某段时间内人员的出入状况、在场人员名单等资料实时统计、查询和打印输出。

D

地理信息系统（geographic information system，GIS）用来获取、储存、管理、分析和显示地理空间数据及空间实体属性数据的信息系统。是利用地理学、地图学、测量学、计算机技术和多媒体技术等现代科学技术，把尽可能多的信息集合在地理坐标上，构成一个完整的信息系统。地理信息系统由硬件、软件、数据、人员和方法五部分组成。硬件和软件为系统提供环境。数据是系统最重要的内容，数据组织和处理是系统建设的关键，方法为系统建设和使用提供解决方案，人员则是系统构成的能动部分。地理信息系统具有空间数据的获取、存储、显示、编辑、处理、分析、输出和应用等功能，在国防航空航天、城市交通、安全、防灾、市政工程、规划等方面已得到广泛应用。

电信管理网（telecommunication management network，TMN）一种用于对电信业务网实行有效管理和监控的独立的网络系统。是支撑电信业务网能正常运行的保障系统。TMN 与电信业务网连接，通过向其发送和接收信息实现对业务网的管理与监控。TMN 具有配置管理、状态管理、安全管理、故障管理等功能。当前采用国际标准化组织（ISO）制定的开放系统互联（OSI）7 层模型的网络理念来构造电信管理网络系统。

电子出版物（electronic publication）以磁、光、电介质或它们的某种组合形成的产品为存储装置（光盘、磁盘等），以计算机或其他电子信息设备为手段，对于用多媒体技术创作的作品（文本、图形、图像、音频、视频等）进行存储、拷贝、阅读，并借助传统方式或网络传输方式发行的出版物。电子出版物的问世和应用大大加快了科学技术的传播和大众文化的普及。

电子词典（electronic dictionary）将词典内容存储在半导体存储器、磁盘或光盘等非纸介质上，通过计算机查询的词典。其仍用自然语言解说，但提供灵活多变的检索手段。有一种是专供机器翻译、人机会话等自然语言处理系统使用的电子词典，具有

严格的形式化的表述方式，所记载的信息、知识都是代码化的。

电子地图（electronic map）存储在计算机存储介质上的地图。其内容通过数字来表示，需要通过专用的计算机软件对这些数字进行显示、读取、检索、分析。电子地图上表示的信息量远远大于普通地图，如公路在普通地图上用线条来表示位置，线的形状、宽度、颜色等不同符号表示公路的等级及其他信息。而在电子地图上，是通过一串 X、Y 坐标表示位置，通过线条的属性表示公路的等级及其他信息。比如，"1"表示高速公路、"2"表示国道等。电子地图上的线条属性可以有很多，如公路等级、名称、路面材料、起止点名称、路宽、长度、交通流量等信息都可以作为一条道路的属性记录下来，能够比较全面地描述道路的情况，这些是普通地图不可能表示出来的。电子地图种类很多，如地形图、栅格地形图、遥感影像图、高程模型图、各种专用地图等。

电子货币（electronic money）又称网络货币、电子通货或电子现金，以电子信息技术为手段实现资金支付和流通的一种电子化的货币产品，是一种全新的货币形式。当今电子货币已在经济流通领域得到越来越广泛的应用。如信用卡、储蓄卡、IC卡、消费卡、电子支票等都是常用的电子货币。电子货币在经济活动中，具有替代现金进行结算功能、储蓄功能和消费贷款功能。这些活动均通过计算机和通信网络来完成。

电子教案（electronic teaching plan）利用计算机、超媒体以及软件工具等信息技术把课程的教学目的、重点和难点、教学过程设计（课程引入、知识传授、实验演示、板书布局、交流互动、知识巩固等环节）等制备并存储在由磁、光、电等介质所形成的信息媒体上，必要时可以通过多媒体播放系统辅助演示的一种教学方案。电子教案具有制作手段多样，易于修订、整合、扩充、携带与传播方便等特点。一个好的多媒体电子教案还可以收到声形并茂和形象逼真的动感效果。电子教案不同于课件。前者是教师在备课过程中所形成的教学方案，主要的应用对象仍然是教师，后者则是从整体上为一门课程所设计的辅助教学软件，其应用对象主要是学生。但由于电子教案和课件的制作在采用的技术上和应用上存在着许多共性，所以优秀的电子教案也是相应课件的主要研发基础。

电子签名（electronic signature）数据电文中以电子形式所含、所附用于识别签名人身份或表明签名人认可其中内容的数据。通俗地讲，电子签名就是通过密码技术对电子文档的电子形式的签名，并非是书面签名的数字图像化。它类似于手写签名或印章，也可以说它是电子印章。

电子商务（electronic commerce，EC）又称互联网商务（internet commerce，IC），借助于数据处理、数据加密、电子签名、数据交换、网络传输等电子信息技术，在互联网（Internet）实现买卖双方以非面对面方式进行的一系列商贸活动。在一场完整的电子商务活动中，从市场开拓、客户洽谈、合同签订、在线支付、电子发票、电子报关直到电子纳税等活动的各个环节，均利用电子信息技术在 Internet 上实现。当然对于一项比较简单的电子商务活动，或在电子信息技术不完全具备的条件下，也往往只对某些环节开展电子商务活动。开展电子商务活动可以打破时空限制，大大缩短商务活动周期，减少中间环节，节约资源，降低成本，提高营运效率和服务质量。

电子巡更系统（electron cruising system）采用离线方式，设置在电子巡更路线各处的巡逻监控系统。该系统由计算机、巡更读卡器等组成。主要是为了监督和检查保安人员的巡更情况，方便内部管理，增强内部保安。借助电子巡更系统可建立一套主动的保安巡视机制，及时发现问题和潜在隐患。

电子邮件（electronic mail，E-mail）任何互联网用户通过计算机和专用软件向网上任何主机用户发送信息的一种通信方式。由于其性质和功能是常规邮递信件的延伸与扩充，故称为电子邮件。电子邮件不仅可以发送文本文件，而且可以发送超文本文件，并可同时携带大量附加文件；既可向单个对象发送信件，也可向多个对象群发信件；既可接收他人的信件，也可拒收他人的信件。它具有形式多样、信息量大、投递迅速、易于保存、使用简单和费用低廉等优点。每一个具有 Internet 账户的人，都可以通过网络向电子邮件服务部门申请一个格式为 abcd@qrst 的电子邮件地址。@之前的部分由用户选择，是代表用户自己的字符组合，@之后是为用户提供电子邮件服务部门的名称，如 user@zzu.edu.cn。

电子政务（e-government）以电子信息技术为手段使国家行政部门的管理工作流程和各类服务业务实现网络化、数字化的一项信息化工程。其主要目的是通过计算机和网络实现政府部门内部的办公自动化；实现部门内部和部门之间的信息资源共享；进行实时通信与数据检索；实现政府部门与非政府部门（如企、事业单位）乃至民间进行信息互动和交流，达到提高政府部门的工作的效率，改善服务质量的目的。

电子支付（electronic payment）从事商务交易的当事人（包括消费者、厂商和金融机构）使用具有安全机制的电子信息技术，通过网络进行的货币支付或资金流通活动。由于各种支付款项的资金流动都以数字化的方式在网上进行，所以必须有一个安全可靠的、确保完成支付业务的网络和软硬件工作环境。与传统支付方式相比，电子支付具有不受时空限制，方便、快捷、高效、经济的特点。

电子支票（electronic check）借助于电子信息技术在网上签发的一份完成资金转账的电子化报文凭据。是传统支票电子信息化的产物，是电子货币的主要形式之一。电子支票在形式上类似于传统纸质支票。当支票签发方使用时，它以电子表格的形式显示在网络终端设备的屏幕上，操作人员可在表中填写收款人姓名、账号、金额和日期等基本信息并加入数字签名，经自动验证其合法性之后，再以电子信函方式发往收款方。收款方接到后也以电子签名方式加以确认并发往银行，把资金转入自己账户。电子支票具有安全快捷操作简便的优点，可大大加快资金流通的速度。

多媒体技术（multimedia technology）能够对文字、声音、图形、图像及视频影像等信息形式进行综合处理，并能在计算机系统上输入、输出的软件和硬件技术。集计算机技术、声像技术和通信技术于一体，采用先进的数字记录和传输方式，研制的多媒体系统可以代替目前多种家用电器，为人们的生活提供方便。它在书籍杂志的出版发行、电信、电视广播、文化教育，乃至在人类日常生活领域有着广泛的应用。

F

付费浏览模式（pay-view mode）企业通过网页向消费者提供计次性收费的网上电子商务模式。它是为在各种信息产品（包括知识、软件、劳务等）经销商和信息产品用户间发生供需关系（信息浏览和下载）时，以特定网页为界面所提供的一种计费支付模式。消费者可根据自己的需要，在网上有选择地购买所需要的信息产品。

G

管理信息系统（management information system）以计算机设备、网络设备及信息技术为基础，针对

某一部门（企、事业单位，管理部门）的各类信息（人、财、物、知识、技术等）和运行管理机制建立数学模型、开发相应的软件，实现对部门信息的收集、存储、加工、传输、维护和利用的综合性计算机应用系统。系统的运行可加快单位或部门的信息处理速度，实现不同类型业务间信息资源共享，提供辅助决策支持等。

H

汉卡（Chinese character card）汉字编码输入方法的码表、有关程序及汉字字模数据固化在只读存储器（ROM）中的一种逻辑电路插件。每一种汉卡都是为某一种汉字系统专门制作的。它可插在计算机主板扩展槽中，主要作用是加快汉字显示速度，生成汉字字形及尽可能少地占用计算机内存空间。汉卡的功能多种多样，有些汉卡还具有加密的功能。使用汉卡的优点很多，但它最大的缺点是容易引起冲突。

汉语语音识别（Chinese speech recognition）计算机识别汉语语音的技术。语音识别应用于特定任务的口语理解系统、说话人辨识和说话人确认等场合。

汉字识别（Chinese character recognition）利用信息技术提取汉字特征，使其与机器中预先存放的特征集匹配判别，将汉字自动转换成相应汉字内码的一种技术。它是汉字信息处理的一种快速输入方法。汉字识别研究对建立汉字信息库、实现汉字信息处理系统自动化和计算机智能输入等具有重要意义。

J

激光照排系统（laser scanning phototypesetting system）激光扫描成像型照排系统的简称。由输入、电子计算机信息处理和激光扫描记录三部分组成。输入部分可以用磁带或磁盘等，也可接受由通信系统的输入。信息处理部分由操作控制台、电子计算机和硬磁盘驱动器组成，按照输入代码和操作控制指令，完成控制、编排、拼排和曝光四个主要程序，并对整机起着控制、指挥、调度和监视的作用。激光扫描记录部分是激光平面线扫描记录经计算机处理后输出的点阵字形信息。激光照排系统字符清晰度高，排出的不是单个字符而是整版。

集成框架（integrated framework）支持企业对计算机集成制造系统、并行工程和敏捷制造中的各类应用系统（产品设计与开发、经营管理、行政办公管理、后勤支持、生产制造、监测控制和团队工作等）

进行信息集成和过程集成的支撑软件系统。集成框架由应用集成框架和中件平台两部分组成。应用集成框架是实现工具和应用软件集成管理、过程管理以及优化管理的支持软件系统。其主要功能包括：（1）提供图形用户接口，和面向对象的软件开发工具；（2）应用软件的封装与启用；（3）建立过程模型及工作流程；（4）应用数据转换与翻译；（5）客户机/服务器分布计算环境下的分布对象处理；（6）支持多厂商网络和平台的运行。中间件平台由计算机硬件平台、系统软件、网络、数据库及其共性中间件组成。其主要功能包括：（1）分层次地实现信息集成；（2）提供分布数据的管理；（3）实现各站点间的相互通信；（4）支持多媒体（文本、图形、图像、声音等）应用；（5）在多媒体应用和异构数据库管理条件下，依靠表达管理来实现用户接口（输入和输出）中的表达或显示功能；（6）提供一组面向专业人员和非专业人员的功能软件，其中包括一致的用户界面、数据访问中间件、推理中间件等。

计算机辅助测试（computer-aided test，CAT）借助于信息处理系统对产品或零件所作的测试和检查。是计算机辅助质量保证的重要方面，广泛应用于机械、电子和航空设备等。在电子产品中，从大规模集成电路、电路印刷板、插件到整机都可以采用计算机进行测试。测试的目的是确定被测对象有无故障。如果有故障，则要指出故障的性质和可能的部位。判断有无故障的测试称为检测测试，能作出故障定位信息的测试称为诊断测试。常见的计算机辅助测试系统有逻辑分析仪、联机仿真器、微机开发系统。

计算机辅助工程（computer-aided engineering，CAE）从广义上讲，是计算机在工程中的应用技术的总称；从狭义上讲，是计算机在制造工程中的应用技术的总称。主要包括计算机辅助设计、计算机辅助工艺规划、计算机辅助制造、计算机辅助测试、计算机辅助质量保证、计算机辅助管理等一系列计算机辅助自动化单元技术（统称CAX技术）和计算机集成制造系统等自动化综合技术。

计算机辅助工艺规划（computer-aided process planning，CAPP）通过向计算机输入被加工零件的几何信息（图形）和加工工艺信息（材料、热处理、批量等），由计算机自动生成输出零件的工艺路线和工序内容等工艺文件的过程。随着计算机集成制造系统

的出现，它上与计算机辅助设计相接，下与计算机辅助制造相连，是连接设计与制造的桥梁，设计信息通过工艺规划生成制造信息，设计又通过工艺规划与制造实现功能和信息的集成。

计算机辅助绘图（computer-aided drafting，CAD）利用相关设备和软件，借助计算机屏幕绘制并输出图形的过程。随着计算机软、硬件技术的发展，更需要计算机辅助设计，而单纯使用计算机绘图还不能称之为计算机辅助设计；真正的设计是整个产品的设计，包括产品的构思、功能设计、结构分析、加工制造等。CAD也不再仅仅是辅助绘图，而是整个产品的辅助设计。CAD是CAE（计算机辅助工程）、CAM（计算机辅助制造）和PDM（产品数据管理）的基础。在CAD中对零件及部件所作的任何改变，都会在CAE、CAM和PDM中有所反应。如果CAD开展得不好，CAE、CAM和PDM就很难做好。

计算机辅助教学（computer-aided instruction，CAI）利用计算机和多媒体技术辅助各种教学活动。合理使用CAC可以增大教学的信息量，拓宽知识面，增强教学内容的直观性，创造一种新的有利于师生共同参与的教学环境。CAI的主要研究内容有：（1）CAI课件制作技术和课件开发环境；（2）CAI如何与多种传统教学模式实现合理的有机的融合。

计算机辅助决策支持系统（computer-aided decision support system）以管理科学、运筹学、控制论和行为科学为基础，以计算机技术、仿真技术和信息技术为手段，辅助中、高层决策者的决策活动，具有一定智能作用的人机系统。从总体上讲，其目标是提高决策的效率。其主要任务是：（1）分析和识别问题；（2）描述和表达决策问题以及决策知识；（3）形成候选的决策方案，包括目标、规则、方法和途径等；（4）构造决策问题的求解模型，如数学模型、运筹学模型、程序模型和经验模型等；（5）建立评价决策问题的各种准则，如价值准则、科学准则、效益准则等；（6）对多方案、多目标、多准则情况进行比较和优化；（7）综合分析，包括把决策结果或方案放到特定的环境中所作的"情景分析"，决策结果或方案对实际问题可能产生的作用和影响的分析，以及各种环境因素、变量对决策方案或结果影响程度的分析等。该系统由数据库管理软件、模型库管理软件及管理用户和系统接口软件组成。这是通常的二库系统。在二库系统上增加一个方法库称为三库系统。

在三库系统上增加一个知识库，称为四库系统，即知识化决策支持系统。

计算机辅助设计（computer-aided design，CAD）利用计算机辅助设计人员完成设计任务的理论、方法和技术。它可以帮助设计人员在计算机上完成设计模型的构造、分析、优化和输出等工作，也就是说，在设计过程中，人们可以把大量繁琐的计算、绘图、整理、修改等工作交给计算机去完成，而自己可多做些创造性的构思工作。其特点是大大提高设计的自动化程度和质量，缩短设计周期。更重要的是，人们借助计算机高速运算能力，能够完成一些以前难以完成的设计任务。计算机辅助设计应用领域非常广泛。例如：机电产品设计、电子产品设计、建筑设计、美术设计、广告设计、时装设计等。

计算机辅助制造（computer-aided manufacturing，CAM）通过计算机与生产设备的直接或间接联系，对制造工厂的作业进行设计、管理和控制的过程及其技术。计算机数值控制是 CAM 的核心，简称数控。其他支持技术有计算机辅助数控零件编程、计算机辅助工艺规划、计算机辅助进行生产进度安排、提供材料需求计划等。采用 CAM 技术，可以提高产品加工精度，实现操作过程自动化。其生产效率高，周期短，更加适用于生产对象形状复杂、精度要求高、设计更改频繁、生产批量小的情况。

计算机辅助质量保证（computer-aided quality assurance，CAQ）贯穿于产品生命周期各个阶段，针对过程、零件和产品的计划、监督和控制，采用计算机系统来实现其质量保证的方法。它包括从设计到使用特性和从生产现场到管理的质量报告系统。随着产品品种的增加，新的生产模式（如计算机集成制造系统、准时制造、并行工程等）的采用，这些都要求及时而正确地获取急剧增加的质量信息，以利于及时地发现质量问题并加以改进。该系统适应了上述需求，成为计算机集成制造系统的主要功能子系统之一。CAQ 系统多以企业本身的质量管理和质量保证模式为基础，实现主要环节的计算机化。今后的发展趋势是：标准化的 CAQ 系统，实现 CAQ 系统与计算机集成制造系统的其他功能子系统的集成和企业间的CAQ 系统的集成等，使 CAQ 系统在智能化和集成化方面迈上一个新台阶。

计算机过程控制（computerized process control，CPC）使用计算机系统实现生产过程的在线监视、操作指导、控制和管理的技术。20 世纪 50 年代，美国首先采用计算机自动完成对生产过程参数的巡回检测，并在此基础上构成闭环控制系统。计算机过程控制系统可应用于连续过程或批量过程中。

计算机图形学（computer graphics）利用计算机技术完成图形、图像并对其进行处理的一门学科。可生成现实世界中已经存在的物体的图形，也可生成虚构物体的图形。计算机图形学广泛用于计算机辅助设计、计算机仿真、计算机动画、自然景物模拟、电子出版及软件开发可视化等领域。

计算机应用技术（computer application technology）把计算机应用于各个领域时，带有共性的各种技术（包括相应的理论和方法）。涵盖的范围很广，包括网络应用技术、数据库应用技术、多媒体应用技术、软件建模技术、应用平台技术等。

监督控制系统（supervisory control system）在操作指导系统的基础上发展起来的、利用计算机对工业生产过程进行监督管理和控制的数字控制系统。随着自动化系统规模的不断扩大，复杂性日益提高，出现了计算机多级控制系统，通过信息交换和协同工作来提高效率。典型的计算机多级控制系统由直接数字控制系统、监督控制系统和管理信息系统组成。监督控制系统指挥直接数字控制系统的工作，或者对常规调节器的给定值进行整定。监督控制系统是一种闭环控制结构，其输出不经过系统管理人员的参与而直接通过过程通道按指定方式对生产过程施加影响。它可以根据生产过程的状态、环境、条件等因素，按事先规定的控制模型计算出生产过程的最优值，并据此进行系统整定；也可以进行顺序控制、最优控制以及适应控制计算，使生产过程始终处于最优工作状态。监督控制的内容极为广泛，主要有控制、操作、指导、管理和修正模型等。

决策支持系统（decision support system，DSS）以计算机及其网络为基础，通过数学模型把人的智力资源和计算机的信息处理能力结合起来，达到以提高决策质量为目的一个信息支持系统。所谓决策支持，只是一种辅助决策支持。一个好的辅助DSS可达到为部门节约能源，降低运营成本，提高工作效率等目的。此外，一个部门拥有数据有结构化数据（可以用二维逻辑表达的）和非结构化数据（文稿、图形、图像、音频、视频等）。因此，一个DSS通常也是结构化DSS与非结构化DSS相结合的混合型DSS。

K

科学计算可视化（visualization in scientific computing）将计算机进行的科学计算的中间数据和结果数据，以图形或图像形式显示在屏幕上的方法与技术。科学计算可视化的实现和应用可以加速数据的处理过程，使时时刻刻都在产生的庞大数据集合得到有效利用；可以随时以图形或图像形式显示计算机的运算或处理过程，使得科技人员有可能及时了解到在计算过程中发生的现象，并通过修改参数的办法，影响系统运行。科学计算可视化按其实现的功能，可分为如下几个层次：结果数据的后处理，即对计算数据或测量数据进行脱机处理，并用图像显示结果；中间数据或结果数据的实时跟踪处理和显示；中间数据或结果数据的实时跟踪处理和交互控制，可以交互式地修改原始数据、边界条件或其他参数，使计算结果更满意。科学计算可视化的应用领域，主要包括：计算流体力学、有限元分析、分子模型、数学、空间探测、地球物理、天体物理、医学图像、软件开发等。

L

联机事务处理系统（on-line transaction processing system，OLTP）一种实时处理某项业务请求的人机交互的计算机应用系统。它能对数据进行即时更新或其他操作，使系统内的数据保持在最新状态。用户可将一组保持数据一致性的操作序列指定为一个事务元，通过终端、个人计算机或其他设备输入事务元，经系统处理后返回结果。该系统广泛应用于飞机订票、银行出纳、股票交易、超市销售、饭店管理等。

乱码（disordered code）由于本地计算机系统的软件显示字库缺乏对某种字符编码的支持，而显示的不能正常阅读的杂乱符号。常见的错误有 GB 码和与台湾地区使用的 BIG5 码冲突或在日文、韩文显示中出现的问题等。修正乱码，可以使用系统内码转换工具，如"南极星"等，将系统内码转换为对应内码，字符即可正确显示。此外，密码学上把随机数也称为"乱码"。

P

胖客户端（fat client）在客户机／服务器计算模式下，具有丰富的实用软件（如DBMS、编程工具等）和丰富功能交互界面的客户端。它是相对"瘦客户端"而言的。由于胖客户端具有多种实用软件系统的支持，所以用户可以在终端上借助完善的用户界面完成大部分信息业务处理。而服务器主要承担数据管理业务和接受用户访问。随着信息技术的进步，胖客户端的功能特别是界面操作功能也在不断地向更加个性化、专业化的方向发展，已出现了所谓的"智能客户端"。

Q

企业资源规划（enterprise resource planning，ERP）一个用于对企业的全部资源，如顾客信息、物资采购、市场需求、运输仓贮、财务会计以及人力资源等进行有效组合的信息系统。是一个大型应用软件系统。其目的是最大限度地满足顾客需求，从而取得最佳效益。ERP系统不仅适用于传统制造业，而且也适用于金融业、高科技产业、电信业和零售业等。

S

三维计算机动画（three-dimensional computer animation）又称模型动画，是用计算机模拟三维空间中场景和各种形体随时间而演变的技术。它利用计算机构造三维形体的模型，并通过对模型、虚拟摄像机、虚拟光源运动的控制描述，由计算机自动产生一系列具有真实感的连续动态图像。三维计算机动画的主要工作有：形体造型、运动的控制描述和运动的同步处理、动画图像绘制、图像编辑和处理工具、系统界面设计及动画的输出等。在三维计算机动画中，三维场景由形体、摄像机和光源三种实体构成。每种实体均有一些按照一定的规律随时间而演变的特征。应用这些特征可以模拟形体的运动、变化等。

瘦客户端（thin client）在客户机／服务器计算模式中基本上不需要配备实用程序和具有一般用户界面的终端。它通过输入设备和网络把数据和信息处理业务上传到服务器中处理，待服务器处理完毕后，再把处理结果送回客户端。不同的客户端可以同时登录到一台服务器上，对每个终端用户而言，仿佛有一个单独占有的服务器工作环境。

数字地球（digital earth）采用空间科学技术、地球科学技术和信息科学技术对真实地球及其相关现象实现数字化重现的一个庞大的网络信息系统。"数字地球"具备的特征是：（1）是一个多信息源、多比例尺、多分辨率、拥有海量信息、数据类型繁多又高度集成化的、统一的开放性信息系统；（2）是一个是在虚拟现实技术支持下的多维网络系统。构建"数字地球"涉及的技术主要有：（1）科学计算技术；（2）海量存储技术；（3）卫星图像技术；（4）宽带网络技术；（5）多媒体技术；（6）元数据技术等。数字地球被应用于经济、社会、军事、科技等各个领域。

数字化远程监控传输系统（digital long-distance monitoring transmission system）采用数字图像压缩编解码技术，实现远程图像的实时传输，并把图像、音频和数据集成在一个信道中传输，是远程监控系统传输问题的全方位解决方案。与 HD300 系统和 HD500 闭路电视监控系统或其他监控系统相结合，可以组成远程图像监控系统。该系统还可以用于视频会议系统、远程教学、远程医疗、远程测控等领域。

数字会议系统（digital meeting system）一种集计算机、通讯、自动控制、多媒体等技术于一体的会务自动化管理系统。它将会议报到、发言、表决、摄像、音响、显示、网络等独立的子系统连接成一体，由中央控制计算机根据会议议程协调各个系统工作，为各种大型的国际会议、学术报告会及远程会议等提供准确、即时的信息服务。

数字图像处理（digital image processing）简称图像处理，在计算机软硬件设备的支持下，利用信息技术对数据化的图像进行修复还原、画质增强、提取特征以及分割截取等项作业所用到的方法和技术。与常规处理方法相比，数字图像处理方法灵活、方便，极大地提高了图像处理的效率。目前已被广泛应用于航空航天、遥测遥感、土地测绘、案件侦察、产品检测、医疗诊断以及视频通信等领域，具有科学和实用价值。

W

网络经济（network economy）以信息技术为手段，以网络特别是互联网为平台，在网上开展的经济活动。它是信息社会化所特有的一种经济现象和全新的经济运行模式。其影响力已从社会各阶层、各部门直到每一个人。经济活动的主要环节（生产、消费、分配和交换等）也将会越来越多地通过网络进行。网络经济的主要优势在于：（1）打破了传统的时空界限，缩短了时空距离，有利于降低各项经济活动的成本，提高经济运行效率和经济效益；（2）能更好地满足经济社会对产品和服务日益多样化、个性化的需求。

网络摄影机（network camera）把具有微处理器的摄影机直接接入到各种网络的摄影设备。也称为独立式网络摄影机。是一种集摄影技术、计算机技术、信息技术和网络技术为一体的摄影机。它可以有自己的 IP 地址，可以拥有 Web 服务、FTP 服务甚至具有可编程的能力；除能网上传输影像信息外，像一台入网的计算机一样也可获得网络提供的其他服务。

网络杂志（network magazine）又称电子杂志，是以信息技术、多媒体技术和网络技术为支撑而发展起来的一种数字化出版物。它是电子出版物的一种。

网上交易（online transaction）以计算机与信息技术为支撑，以网络为平台开展的金融、证券、产品、技术、服务等交易活动。网上交易是电子商务的一个组成部分，从交易对象来划分，有商家对商家型（B to B）、商家对顾客型（B to C）和顾客对顾客型（C to C）等。

网上银行（Internet bank）又称网络银行，以计算机软硬件系统、网络系统为技术平台，在互联网环境下运行的银行综合业务管理信息系统。网上银行可通过互联网向客户提供开户、销户、查询、对账、转账、跨行转账、信贷、网上证券、投资理财等传统服务项目。用户也可使用电子货币（信用卡、电子支票等）方便地完成自己的资金流通业务。网上银行打破了传统银行业务的时空界限，可以不受时间和空间的限制开展业务，其数字化的服务方式，可大大缩短资金流转的周期，提高工作效率和经济效益。

X

像素填充率（pixel filling rate）图形处理单元在每秒内所渲染的像素数量。是用来度量当前显卡的像素处理性能的最常用指标。单位是 Mpixel/s（每秒百万像素），或者 Gpixel/s（每秒十亿像素）。从显卡的像素填充率可大致判断出显卡的性能。一般情况下，显卡的像素填充率等于显示核心的渲染管线数量乘以核心频率。像素填充率是理论最大值，实际效果还要受管线执行效率的影响。因此像素填充率只能大致反映显卡的性能。

信息资源管理（information resource management）以现代信息技术特别是计算机和现代通信技术为核心的信息技术的应用所催生的一种新型信息管理理论。信息资源管理有狭义和广义之分。前者是指对信息本身即信息内容实施管理的过程；后者是指对信息内容及与信息内容相关的资源如设备、设施、技术、投资等实施管理的过程。

虚拟现实技术（virtual reality technology，VR）利用信息、图形学、仿真、传感器和软件等技术，通过构建数学模型，在相关硬件设备的支持下，于计算机系统上实现真实世界三维虚拟环境的技术。是一个多学科交叉的新兴学科。当前 VR 的研究分初级和高级两个层次。初级层次是一个以桌面为窗口的 VR 系统，借助于软件和专业眼镜等硬件形成的三维场景效果，参与者有一定的投入感，但容易受到周围环境的干扰。高级 VR 系统需要配置头盔显示器、舱形模拟器、主体投影仪和若干用于手控交互的模拟现实硬件设备。这种系统可以屏蔽周围环境，取得一种更加真实可信的仿真效果。此外，通过实景采集技术，利用完成真实场景的实境虚拟现实技术也在研究发展中。VR 在教育和娱乐、信息传输、航空航天、工程管理和旅游等领域有广泛应用。

Y

应用集成平台（integrated application platform）在一个复杂信息环境下支持计算机集成制造系统应用开发、集成和系统运行的软件平台。包括建立信息模型及过程模型，进行信息模式转换，完成信息传递，支持各应用领域软件的运行、控制和协调等功能。应用集成平台可在异构、分布式环境（不同的操作系统、不同的网络协议和分布式数据库）下工作，采用开放的系统体系结构，使用一致的使能技术，可快速集成新的应用软件，保护原有软件资源，降低系统维护费用，对各种异构、分布式环境有很好的适应性。应用集成平台技术为企业集成提供了一套体系结构和方法学。这一体系结构是开放的、能够适应各种环境。

Z

制造自动化系统（manufacture automation system，MAS）由物质流、能量流和信息流这三个相互作用和相互依赖的基本要素组成的、具有自动完成从原材料到产品全部制造过程的制造系统。按生产对象在制造过程中的时间、空间上的性态变化可分为离散型和连续型两种。前者，如机械加工自动化系统，工件在时空上的加工状态是间断的；后者，如化工自动化系统，生产对象在制造过程中的化学变化在时空上是连续的。制造自动化系统按产品品种数量和生产规模又可分为单一品种大批量生产和多品种小批量生产两大类型。前者可实现包括自动上下料等全部加工自动化的单台自动机床工艺系统、组合机床工艺系统和自动生产线等；后者如加工中心、柔性制造单元、柔性制造系统、计算机集成制造系统、计算机辅助制造系统等。从生产规模和应用范围来划分，制造自动化系统的模式可分为工厂、车间、单元、工作站和设备五级，形成自动化工厂、自动化车间、自动化工段、自动化工作站、自动化设备。制造自动化系统可以提高产品的制造质量、减轻劳动强度、提高劳动生产率、提高经济效益和社会效益，是先进制造技术的发展方向。

智能家居系统（smart home system）一种智能化的居住场所控制系统。主要包括三大功能单元，即家庭通信、家庭设备自动控制、家庭安全防范。每个功能单元又包括许多子功能模块。实现智能化必须具备周边的支持条件，如小区网络的建立，信息传输的通道，管理水平等。智能家居系统的出现使得人们可以通过手机或者互联网在任何时候、任意地点对家中的任意电器（空调、热水器、电饭煲、灯光、音响、DVD 录像机）进行远程控制；也可以在下班途中，预先将家中的空调打开、让热水器提前烧好热水。系统还可使家庭具有多途径报警、远程监听、数字留言等多种功能，如果出现某种险情，主人和 110 可以在第一时间得到通知以便进一步采取行动。

智能决策支持系统（intelligent decision support system）将人工智能技术引入决策支持系统而形成的一种新型信息系统。20 世纪 60 年代后期，面向模型的 DSS（决策支持系统）的诞生，标志着决策支持系统这门学科的开端；70 年代，DSS 的理论得到长足发展；80 年代前期和中期，实现了金融规划系统以及群体决策支持系统（group DSS）。80 年代中期，将 DDS 与知识系统相结合实现了智能决策支持系统（IDSS）。接着开始出现主管信息系统，联机分析处理（OLAP）以及商业智能。90 年代中期，发展基于 Web 的 DSS 成为活跃的研究领域，并产生了广泛的影响。智能决策支持系统智能化的三个方面是：（1）面向决策者的智能理论；（2）面向决策分析人员的智能理论；（3）面向信息管理人员的智能理论。

中文信息处理（Chinese information processing）用计算机对汉语的音、形、义等语言文字信息为对象，对字、词、短语、句、篇章的输入、输出、识别、转换、压缩、存储、检索、分析、理解和生成等进行处理的技术。应用于中文信息检索、机器翻译、自然语言理解、汉语人机接口和问答系统等领域。

三、新材料技术

(New Material Technology)

(一)基础知识 (Basic Knowledge)

B

表面技术 (surface technology) 通过施加覆盖层或改变表面的形貌、化学组分、相组成、微观结构及缺陷状态，达到提高材料抵御环境作用能力，或赋予材料表面某种功能特性的工艺技术。按照作用原理，表面技术分四种基本类型：(1) 原子沉积。沉积物以原子、离子、分子和粒子集团等原子尺度的粒子形态在材料表面上沉积形成外加覆盖层，如电镀、化学镀、物理气相沉积、化学气相沉积。(2) 颗粒沉积。沉积物以宏观尺度的颗粒形态在材料表面上形成覆盖层，如热喷涂。(3) 整体覆盖。例如包箔、贴片、热浸镀、涂刷、堆焊。(4) 表面改性。例如磷化、离子注入、离子渗、扩散渗、激光表面处理。由于表面技术可以在不改变材料基本组成、工艺的前提下，用较少的费用，大幅度提高材料的性能，因而在国民经济中的作用越来越重要，发展十分迅速。

C

材料 (material) 可以用来制造有用的构件、器件或物品的物质。材料对于人类和社会具有重要的影响，根据材料的组成与结构的特点，可分为金属材料、无机非金属材料、有机高分子材料和复合材料；根据材料的性能特征，可分为结构材料和功能材料两大类，前者以力学性能为主，后者以物理、化学、生物学等特性为主；还可根据材料的用途，分为建筑材料、能源材料、航空材料、电子材料等。材料是人类从事生产和生活的物质基础，是人类文明的重要支柱；材料的进步取决于社会生产力的水平和科学技术的进步；同时，材料的发展又会推动社会经济和科学技术的发展。

材料科学 (material science) 研究材料的组成、结构与性能的关系，探索其规律的学科。它是一种近年来形成的多学科交叉应用科学。材料科学与工程技术的联系密切。人们往往把材料科学与工程并列在一起，称之为"材料科学与工程"，又称为"材料科学技术"。

材料力学 (mechanics of materials) 关于各种类型构件的强度、刚度及其变化的计算、分析和实验的一门学科。它可以确定外力与构件的几何形状尺寸、应力和变形之间的关系。根据这些关系和材料的力学性能，为构件选择适当的材料和几何形状尺寸。材料力学还包括物体受力和变形，以及材料在不同受力情况和不同温度下力学性能的研究。

材料设计 (material design) 在材料科学的理论知识和已有实验的基础上，利用计算机技术，按照预定的性能要求，设计材料的组分和结构，并预测达到这一要求所应选择的工艺和参数的计算机设计方法，其目的是减少耗时费资的实验工作。这类设计可分为演绎法和归纳法两大类。演绎法是根据有关材料的基本理论，从第一原理出发，采用"从头算起"等方法进行理论计算。归纳法则是根据已有的经验，总结出规律，并利用数据库、知识库和推理机等工具，解决材料设计问题的计算机程序系统。它可以帮助研究人员获得所需的新材料。

材料数据库 (material database) 以存取材料性能数据为主要内容的数值数据库。计算机化的材料性能数据库具有如下优点：(1) 存储信息量大，存取速度快，查询方便，使用灵活；(2) 具有多种功能，如单位转换及图形表达等；(3) 应用广泛，可以与CAD、CAM配套使用，也可与知识库及人工智能技术相结合，构成材料性能预测或材料设计专家系统等。目前，中国国内已建立的材料数据库有：化学材料数据库、材料腐蚀数据库、材料磨损数据库、合金钢数据库、航空材料数据库、机械工程用材料数据库、稀土材料数据库以及新材料数据库等。当前，国际上的材料数据库正朝着智能化和网络化的方向发展。

材料信息源（material information source）从事材料研究、实验、生产和应用的科学技术工作者获取各种材料信息的渠道和来源。材料科学技术的迅猛发展是建立在及时和正确获取信息的基础上的。因此对于材料信息源的了解和熟练使用是保证材料科学技术发展的一个重要环节。

超分子纳米打印（supermolecular nanoprinting）重复DNA复制过程的纳米器件制造方法。DNA双螺旋之两股要分离，每一条链作为互补链的模板，两股一面分离，一面复制，直到新链合成。这种复制与主模板是相同的，故称"打印"。于是，它们自己制作了主模板，因此就能成指数地增加打印产量，实现了纳米尺度图形的复制。超分子纳米打印方法除应用于基因芯片之外，还能用于生产其他更复杂、难以制造，且成本昂贵的纳米器件，如单电子晶体管和光学生物传感器等。

超硬材料（super hard material）其硬度远远超过其他材料的一类材料。通常是指金刚石和立方氮化硼（CBN）。金刚石是目前已知的世界上最硬的物质（维氏硬度约10 000），CBN的硬度仅次于金刚石（维氏硬度约8 000）。而其他材料的硬度则低得多（硬质材料为800～3 000，普通材料在800以下）。金刚石有单晶、聚晶和薄膜。金刚石单晶有天然和人造之分，又有Ⅰ型和Ⅱ型之分。Ⅰ型占绝大多数，杂质较多，是绝缘体；Ⅱ型很少，很纯净，其中的Ⅱa型具有半导体性能。人造金刚石单晶是在高压高温和触媒作用下由石墨转变而成的。金刚石聚晶只有人造的，通常是由金刚石单晶微粉经高压高温聚结成的。金刚石单晶和聚晶用于制造现代加工业所必需的新型工具（如磨具、刀具、锯切工具、钻进工具等）。金刚石薄膜可用作具有特殊声、光、电、热性能的功能元件（如激光窗口、冷阴极、半导体、热沉电阻，航天防辐射材料等）。立方氮化硼没有天然的只有人造的，是采用类似于人造金刚石的高压高温技术，以六方氮化硼为原料，在触媒作用下制成的。立方氮化硼产品有单晶和聚晶两类。它可用作数控机床自动加工线上配套的新型磨具和刀具材料。CBN对过渡金属无化学作用，比金刚石更适合于加工各种硬而韧的合金钢。而金刚石则主要加工硬而脆的难以加工材料，如硬质合金、半导体、磁性材料、光学玻璃、陶瓷、玉器、石材等。此外，新近发现的富勒烯，硬度极高，与金刚石相当，也属于超硬材料。而且，富勒烯具有C_{60}笼形结构，其特殊的结构和性能在超导、催化、生物等领域应用前景十分广阔。

磁性材料（magnetic material）一切能显示磁性的物质或可由磁场感应或能改变磁化强度的物质。按照其磁性的强弱，可以分为抗磁性、顺磁性、铁磁性、反铁磁性和亚铁磁性等几类。铁磁性和亚铁磁性物质为强磁性物质，其余为弱磁性物质。在现代工程上使用的磁性材料多属强磁性物质。通常所说的磁性材料即指强磁性材料。磁性材料按磁性功能划分，有永磁、软磁、矩磁和旋磁材料；按化学成分划分，有金属和铁氧体；按结构划分，有单晶、多晶和非晶磁体；按形态划分，有磁性薄膜、塑性磁体、磁性液体和磁性块体。磁性材料通常是按功能分类的。

F

仿生材料（biomimetic material）人类模仿（模拟）生物系统的原理，来设计或建构的生物材料。仿生材料是发展生物材料的重要途径。它不仅仿效生物体的结构，更重要的是，能充分有效地仿效其特定功能，以研制特定的功能性材料。

复合材料（composite material）由两种或更多种性质不同的材料组成的多相材料。它具有比各单组分材料更好的或原来不具备的性能，组分之间有明确的界面。复合材料主要分为结构复合材料和功能复合材料两大类。结构复合材料是作为承力结构使用的材料，基本上由增强体和基体构成。增强体包括各种玻璃纤维、碳纤维、硼纤维、碳化硅纤维、聚芳酰胺纤维、金属以及天然纤维、织物、晶须、片材和颗粒等；基体则有树脂、橡胶、塑料、金属、陶瓷、玻璃、碳素和水泥等。由不同的增强体和不同的基体可组成名目繁多的结构复合材料。通常以所用的基体来命名，如高聚物（树脂）基复合材料等。功能复合材料则具有某种特殊的物理或化学特性。可根据其功能来分类，如导电、磁性、阻尼、摩擦、换能等。功能复合材料一般由功能体和基体组成，基体不仅起到构成整体的作用，而且能产生协同或加强功能的作用。复合材料广泛应用于航天器、飞机、火箭、导弹以及船舶、化工、汽车、电器设备、体育器材等方面。

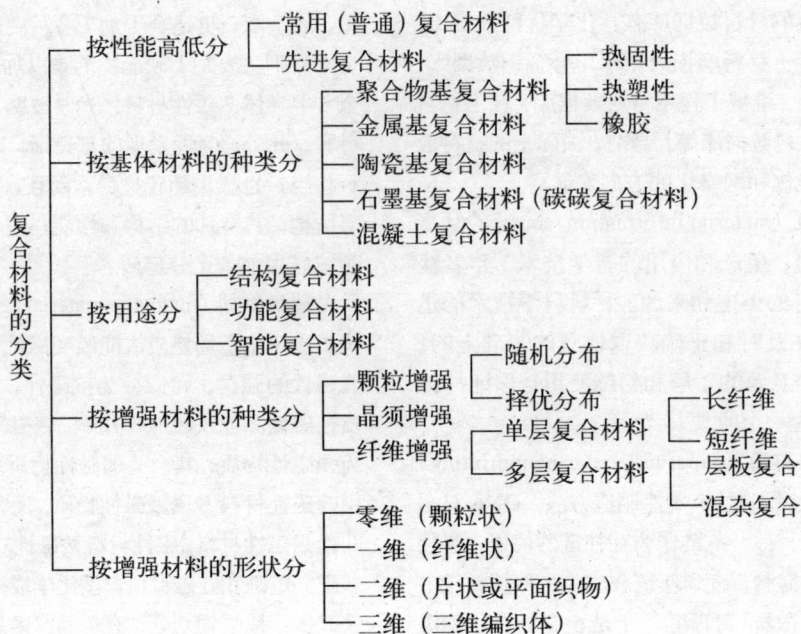

复合材料的分类
- 按性能高低分
  - 常用（普通）复合材料
  - 先进复合材料
- 按基体材料的种类分
  - 聚合物基复合材料
    - 热固性
    - 热塑性
    - 橡胶
  - 金属基复合材料
  - 陶瓷基复合材料
  - 石墨基复合材料（碳碳复合材料）
  - 混凝土复合材料
- 按用途分
  - 结构复合材料
  - 功能复合材料
  - 智能复合材料
- 按增强材料的种类分
  - 颗粒增强
    - 随机分布
    - 择优分布
  - 晶须增强
  - 纤维增强
    - 单层复合材料
      - 长纤维
      - 短纤维
    - 多层复合材料
      - 层板复合
      - 混杂复合
- 按增强材料的形状分
  - 零维（颗粒状）
  - 一维（纤维状）
  - 二维（片状或平面织物）
  - 三维（三维编织体）

G

感光材料（photosensitive material）具有光敏特性的一种半导体材料。一般来说，此种材料在无光的状态下呈绝缘性，在有光的状态下则呈导电性。而复印机的工作原理正是利用了这种特性。在复印机中，感光材料被涂敷于底基之上，制成进行复印时需要使用的印版（印鼓）。所以，也把印版称为"感光板"（感光鼓）。感光板是复印机的基础核心部件。复印机上普遍应用的感光材料有硒、氧化锌、硫化镉、有机光导体等。

高性能结构材料（high performance structural material）具有更高的强度、硬度、塑性、韧性等力学性能，并适应特殊环境要求的结构材料。包括新型金属材料、高性能结构陶瓷材料和高分子材料等。当前，高性能结构材料领域的研究热点包括：高温合金、新型铝合金和镁合金、高温结构陶瓷材料和高分子合金等。

功能材料（functional material）一类以物理性能为主的工程材料，即在电、磁、声、光、热等方面具有特殊性质，或者在其作用下表现出特殊功能的材料。从其功能上大体可分为：电功能材料、磁功能材料、光功能材料、热功能材料、化学功能材料、生物功能材料、原子核功能材料、力学（或机械）功能材料等。例如：磁性材料（硬磁、软磁、磁流体等）；电子材料（半导体、绝缘体、超导体、介电等材料）；信息记录材料（磁记录、光记录等）；光学材料（发光、感光、吸波，如特种光学玻璃、光纤、激光材料等）；敏感材料（压敏、光敏、热敏、湿敏、气敏等）；能源材料（核燃料、火箭推进剂、太阳能光电转换材料、储能材料、固体电池材料等）；还有阻尼材料、形状记忆材料、生物技术材料、催化材料、特种功能薄膜材料等。功能材料对制备技术、质量控制和性能检测等都有十分严格的要求，往往需采用高新技术和尖端设备，制造各种装备中具有独特功能的核心部件。功能材料在自动控制、电子、通信、能源、交通、冶金、化工、精密机械、仪器仪表、航空航天、国防等部门均有重要的用途。在科技高度发达的当代，某些高新技术的发展在很大程度上依赖于新的更高性能的功能材料。因此，功能材料在经济建设特别是在高新技术发展中占有重要的地位。

功能涂料（functional coating）除防护、装饰、标志等一般功能以外还具有特定作用的涂料。按其功能一般分为六大类：电、磁功能类（如绝缘涂料、导电涂料、磁性涂料）；热功能类（如耐热涂料、防火涂料、示温涂料）；电磁波功能类（如发光涂料、红外线辐射涂料、伪装涂料）；机械功能类（如防碎玻璃飞溅涂料、可剥离涂料、防滑涂料）；界面功能类（如防结露涂料、防冰雪涂料、防粘纸涂料）；生物功能类（如防霉杀菌涂料、杀虫涂料）等。

光学功能材料（optical functional material）在力、声、热、电、磁和光等外加场作用下，其光学性质发生变化，从而引起光的开关、调制、隔离、偏振等功能作用的材料。按其与外场强度的相互关系，可以分为线性和非线性两种。还可按材料凝聚状态分为气体、液体和固体（晶体、陶瓷、玻璃、薄膜或超晶格）等材料；按应用效应又分为激光频率转换材料、电光材料、声光材料、磁光材料和光感应双折射材料。光学功能材料具有利用光波自身强度和外加电、磁、机械场对光波的强度、频率、相位、偏振进行控制的能力。因此，在现代光电子技术中广泛用于实现激光频率转换，改善激光器的脉宽、模式，进行多种光学信息处理等。

H

化工新材料（new chemical material）应用在化工、石油等领域的新型的基础原材料。主要包括有机氟材料、有机硅材料、高性能纤维、纳米化工材料、无机功能材料、特种化工涂料等。纳米化工材料和特种化工涂料是近年来的研发热点。

J

基体（matrix）复合材料中的基本组分。基体按原材料的类别可区分为：高聚物（树脂）基、金属基、陶瓷基、玻璃与玻璃陶瓷基、碳基（包括石墨基）和水泥基等。其中，高聚物（树脂）基又可分为热固性高聚物基（如环氧树脂、不饱和聚酯和聚酰亚胺等）和热塑性高聚物基（如各种通用型塑料，以及聚醚酚、聚苯硫醚、聚醚酮等高性能品种）。

结构材料（structure material）以力学性能为主的工程材料。它主要用于制造工程建筑中的构件、机械装备中的支撑件、连接件、运动件、传动件、紧固件、弹性件以及工具、模具等。这些结构零部件都在受力状态下工作，因此力学性质（强度、硬度、塑性、韧性等）是其主要性能指标。在许多使用条件下，还必须考虑环境方面的特殊要求，如高温、低温、腐蚀介质、放射性辐照等。结构件均有一定的形状配合和精度要求。因此，结构材料还需有优良的可加工性能，如铸造性、冷（或热）成型性、可焊性、切削加工性等。近几十年来，作为结构材料使用的工程塑料占据日益重要的地位。结构复合材料在航空航天等高技术领域中也得到了广泛的应用。

晶须（crystal fiber）在人工控制条件下以单晶形式生长成的一种纤维。其直径非常小（微米数量级），不含有通常材料中存在的缺陷（晶界、位错、空穴等），其原子排列高度有序，因而，强度接近于完整晶体的理论值。用晶须增强的复合材料一般具有高强度的特征，因此晶须的研究和开发越来越受到重视。由于开发晶须材料往往会受到技术复杂、价格昂贵、实用价值小等诸多条件的限制，因此，其开发及实用速度一直进展缓慢。1975 年，从稻壳制备 β-SiC 晶须，为工业生产打开局面。20 世纪 80 年代后实现了大规模生产 SiC 晶须，又开发了 SiC 晶须的金属基、陶瓷基、树脂基的复合材料，发展了 Al_2O_3、Si_3N_4、TiN、TiB_2 等晶须新品种，晶须材料得到进一步发展。晶须除具有高强度性能外，还具有保持高温强度的性能。高温时晶须比常用的高温合金强度损失少得多。由于它还具有一些特殊的磁性、电性和光学性能，可开发为功能材料。晶须主要用作复合材料的增强剂，主要用于航空航天飞行器构件和部件；在机械、汽车、化工、生物医学和日用工业中也得到应用。

L

雷达波隐身材料（radar wave stealth material）由吸收剂、黏结剂及其他助剂或填料组成的可吸收雷达波的材料。雷达吸波剂有无机铁氧体、SiC 纤维、热塑性混编纱、吸波复合材料、聚合物吸波剂（如导电聚合物、有机金属络合物等）。

雷达吸波结构材料（radar wave absorbing structural material）是由吸波材料和能透过雷达波的刚性材料相组合而成的材料。它是将非金属蜂窝结构表面用碳或其他耗电磁能材料加以处理，然后再把金属蒙皮黏结在其表面而制成的刚性板料。它既能吸收高频雷达波，又能吸收低频雷达波。非金属透波蒙皮通常用玻璃纤维和芳纶纤维的树脂基复合材料制成，表面喷涂吸波材料，蜂窝芯网通常用含有碳粉类耗电磁能添加剂的树脂浸渍，从而得到特定的阻抗。雷达吸波结构材料与涂敷型雷达吸波材料相比，它除了有吸波和承载功能外，还有其他显著的特点，如有助于拓宽吸波频带，不增加飞行器的重量等。所以，它有逐步取代涂敷型雷达吸波材料的趋势。

M

敏感材料（sensitive material）一种能敏锐地感受被测量物体的某种物理量大小和变化信息，并将其转换成电信号或者光信号输出的材料。敏感材料按其功能分为热敏、压敏、温敏、气敏、力敏、磁敏、光敏、声敏、离子敏、射线敏、生物敏等类型。利用敏感材料制备的各种传感器，在自动控制、自动测量、机器人、汽车工业、计算机外部设备等方面有着广泛应用。

N

纳米材料（nanomaterial）由尺寸介于 $1\sim100nm$ 的超细颗粒构成的具有小尺寸效应的零维、一维、二维、三维材料的总称。纳米材料的概念形成于 20 世纪 80 年代。由于纳米材料会表现出特异的光、电、磁、热、力学、机械等性能，纳米技术迅速渗透到材料的各个领域，成为当前世界科学研究的热点。按物理形态分，纳米材料大致可分为纳米粉末、纳米纤维、纳米膜、纳米块体和纳米相分离液体等五类。尽管目前实现工业化生产的纳米粉主要是碳酸钙、白炭黑、氧化锌等纳米粉体材料，其他的基本上还处于实验室的初级研究阶段，大规模应用预计要到 $5\sim10$ 年以后。但是，以纳米材料为代表的纳米科技必将对 21 世纪的经济和社会发展产生深刻的影响。当前的研究热点和技术前沿，包括以碳纳米管为代表的纳米组装材料、纳米陶瓷和纳米复合材料等高性能纳米结构材料、纳米涂层材料的设计与合成及单电子晶体管、纳米激光器和纳米开关等纳米电子器件以及 C_{60} 超高密度信息存贮材料等。

纳米电子学（nanoelectronics）研究纳米电子元件、电路、集成器件和信息加工的理论和技术的新学科。它包括基于量子效应的纳米电子器件、纳米结构的光电性质、纳米电子材料的表征、原子操纵和原子组装等。量子器件的响应速度比目前器件高 $1\,000\sim10\,000$ 倍，而功耗却明显降低。由于器件尺度为纳米级，集成度大幅度提高，同时还具有器件结构简单、可靠性强、成本低等诸多优点。因此，纳米电子学的发展，可能会在电子学领域中引起一次新的电子技术革命，从而把电子工业技术推向更高的发展阶段。

纳米光催化技术（nanophotic catalyzing technology）利用纳米光催化剂有效清除污染物的技术。其作用机理是：纳米光催化剂在特定波长的光照射下受激生成"电子-空穴"对（一种高能粒子）。这种"电子-空穴"对和周围的水、氧气发生作用后，就具有了极强的氧化-还原能力，能将空气中甲醛、苯等污染物直接分解成无害无味的物质，以及破坏细菌的细胞壁，杀灭细菌并分解其丝网菌体，从而达到消除空气

污染的目的。采用此种技术 1 小时内对空气中的气体污染物的平均清除率可达 93% 左右。

纳米结构（nanostructure）以纳米尺度的物质单元为基础，按一定规律构筑的一种新的结构体系。它包括一维、二维、三维体系。这些物质单元包括纳米颗粒、稳定的团簇或人造超原子、纳米管、纳米棒、纳米丝及纳米尺寸的孔洞。它既具有纳米微粒的特性，如量子尺寸效应、小尺寸效应、表面效应等，又存在由纳米结构组合引起的新效应，如量子耦合效应和协同效应。

S

生态环境材料（biological environmental material）具有某种使用性能，同时又与生态环境相协调的材料。这类材料的特点是，消耗的资源和能源少，对生态和环境污染小，再生利用率高，而且从材料制造、使用、废弃直到再生循环利用的整个过程，都与生态环境相协调。它主要包括：环境相容材料，如纯天然材料（木材、石材等）、仿生物材料（人工骨、人工脏器等）、绿色包装材料（绿色包装袋、包装容器）、生态建材（无毒装饰材料等）、环境降解材料（生物降解塑料等）、环境工程材料（环境修复材料、环境净化材料）、环境替代材料（无磷洗衣粉助剂）等。生态环境材料的研究热点和发展方向包括再生聚合物（塑料）的设计、材料环境协调性评价的理论体系、降低材料环境负荷的新工艺、新技术和新方法等。

生物材料（biological material）广义的生物材料是指一切与生物体相关的应用性材料。按其应用可分为生物工程材料、生物医用材料和其他生物应用材料。按生物材料的来源可分为天然生物材料和人工生物材料。材料学的发展使有些材料兼具天然和人工合成的特性。狭义的生物材料是指能够用来制作各种人工器官和制造与人工生理环境相接触的医疗用具及制品的材料，即生物医用材料及生物包装材料。在生理环境约束下，行使功能是生物材料最主要的基本特征。

生物医学材料（biomedical material）一种和生物系统结合，以诊断、治疗或替换机体中的组织、器官或增进其功能的材料。它可以是天然材料，也可以是合成材料，或者是它们的结合，还可以是有生命力的活体细胞或天然组织与无生命的材料结合而成的杂化材料。生物医学材料不同于药物，其主要治疗目的无

需通过在体内的化学反应或新陈代谢来实现，而可以结合药理作用，起药理活性物质的作用。与生物系统直接接合是生物医学材料最基本的特征，如直接进入体内的植入材料，人工心、肺、肝、肾等体外辅助装置中与血液直接接触的材料等。除应满足一定的理化性能要求外，生物医学材料还必须满足生物学性能要求，即生物相容性要求。这是它区别于其他功能材料的最重要的特征。生物医学材料按材料组成和性质分为医用金属材料、医用高分子材料、生物陶瓷材料和生物医学复合材料等。金属、陶瓷、高分子及其复合材料是应用最广的生物医用材料。按其应用又可分为可降解与吸收材料、组织工程材料与人工器官、控制释放材料、仿生智能材料等。其研究和发展方向主要是：改进和发展生物医用材料的生物相容性评价、新降解材料、具有全面生理功能的人工器官和组织材料以及新药物载体材料和材料表面改性等。

T

梯度功能材料（functional gradient material）使用两种具有不同功能的材料，通过连续改变它们的组织，使其结合部位的界面消失，从而获得其功能随组织的变化而变化的非均质材料。研发此种材料的目的是最终达到减小结合部位的热应力。例如，金属和陶瓷制成的板块，从一面看是金属的，但从另一面看则是陶瓷的。从厚度角度看，板块材料是从金属侧渐渐地、连续不断地向陶瓷侧发生分子排列的变化。它的结构不像金属和陶瓷仅仅贴合在一起的那种复合材料，而是像上述那种分子排列变化的一种全新结构的材料。这种材料具有金属和陶瓷的性能。但由于其结构的特殊性，故又具有绝缘与导电、绝热与导热等双重性能。航天飞机超音速燃烧冲压式发动机燃烧室壁接触数千摄氏度的高温气体，它一面使用的是耐热性优良的陶瓷，赋予材料耐热性能；而用液态金属或液态氢冷却的另一面则采用金属材料，赋予材料导热性和机械强度。该材料应用领域广泛，可用于核领域、生物领域、传感器领域、发动机中金属与陶瓷部件的连接及民用等方面。

W

微晶超塑性（microcrystalline super plastic quality）在特定条件下由微细晶粒组成的合金所具有的超塑性。在通常情况下，金属的延伸率不超过90%，而超塑性材料的最大延伸率可高达 1 000%～2 000%，个别的甚至达到 6 000%。金属只有在特定条件下才显示出超塑性，如在一定的变形温度范围内进行低速加工时可能出现超塑性。

无机涂层（inorganic coating）用陶瓷或玻璃态物质以及部分金属，加涂在金属或陶瓷表面，以达到增效和延寿目的的一种膜层。例如，航空和航天方面应用的耐热、抗氧化涂层；卫星上应用的温控涂层；机械工业上应用的耐磨涂层；人工机体上应用的生物涂层，以及化学工业中应用的耐酸碱涂层等。

X

消气材料（getter material）简称消气剂，又称吸气剂或收气剂，在真空器件中，通过物理化学作用能有效地吸收活性气体的功能材料。在真空器件中，消气剂能维持并提高真空度，使器件性能稳定，工作可靠，使用寿命延长。消气剂分两类：（1）蒸散型消气剂。主要靠金属的蒸散和蒸散后形成的薄膜表面吸气，如钡镁、钡钽、钡钛、钡铝等合金。它们主要用于显像管、接收放大器、示波管、功率管、摄像管等。（2）非蒸散型消气剂。最常用的为锆铝消气剂，应用于各类电子管、特种灯泡及其他真空器件。锆铝合金制成的消气剂泵可获得超高真空，用于超高真空炉、高能加速器、核聚变等装置。锆铝合金制成的惰性气体净化器应用于激光器、半导体的生产中。另一种最常用的非蒸散型消气剂为锆石墨消气剂。它是室温使用的消气剂，也可制成间接加热的环型、片型和直接通电加热的热子型器件。它应用于不能或不宜使用蒸散钡膜的电子管及其他真空器件，特别适用于导弹、卫星、雷达等控制系统中需长期储存的电真空器件。

新材料（new material）那些新出现或正在发展中的、具有传统材料所不具备的优异性能或特殊功能的材料，是一个泛指名称。新材料与传统材料之间并没有截然的分界。新材料在传统材料基础上发展而成。传统材料经过组成、结构、设计和工艺上的改进，从而提高材料性能或出现新的性能，都可发展成为新材料。

新能源材料（new energy material）实现新能源的转化和利用，以及发展新能源技术中所用到的关键材料。新能源材料主要包括以储氢电极合金材料为代表的镍氢电池材料、以嵌锂碳负极和 $LiCoO_2$ 正极为代表的锂离子电池材料、燃料电池材料、以 Si 半导体材料为代表的太阳能电池材料，以及铀、氘、氚为代表的反应堆核能材料等。当前，研究热点和技术前沿包括高能储氢材料、聚合物电池材料、中温固体氧化物燃料、电池电解质材料、多晶薄膜太阳能电池材料等。

新型建筑材料（new type building material）区别于传统的砖瓦、灰砂石等建材的新建筑材料的总称。它包括的品种和门类很多。从功能上分，有墙体材料、装饰材料、门窗材料、保温材料、防水材料、黏结和密封材料，以及与其配套的各种五金件、塑料件及各种辅助材料等。从材质上分，不但有天然材料，还有化学材料、金属材料、非金属材料等。新型建材具有轻质、高强度、保温、节能、节土、装饰性等优良特性。采用新型建材，不但使房屋功能改善，还可以使建筑物内外更具现代气息，满足人们的审美要求。有的新型建材可以显著减轻建筑物自重，为推广轻型建筑结构创造了条件，推动了建筑施工技术现代化，加快了建房速度。新型建材的性能和功用各不相同，生产新型建材产品的原材料及工艺方法也各不相同。新型建材不断发展，如在花色多样化及提高性能等方面，都取得了明显成效。有的则通过深加工衍生出多个品种。

信息材料（information material）在现代信息技术中，用于信息的收集、存储和处理显示的材料。按其功能可分为：敏感材料、信息存储材料、信息运算与处理器件材料、信息传输材料、信息显示材料等。信息显示材料包括无机化合物所构成的荧光粉、化合物半导体材料、液晶等。信息材料发展的主要特点是质量要求高、技术发展快、材料更新快。

Y

隐身材料（stealth material）一种新近出现的具有隐蔽自己功效的材料。在飞机、导弹、坦克、舰艇上涂上一种能吸收无线电波、红外线、紫外线或声波的材料，雷达、声呐和红外探测器之类的侦察装备就会变成"瞎子"、"聋子"。隐身材料的应用方式有两种：将隐身材料固定覆盖在武器系统结构上的，称为"隐身涂层"；做成活动式的伪装网或伪装罩，或将结构材料做成兼有隐身和承载双功能的材料，称为"结构隐身材料"。现用的隐身材料均是多种材质复合和多种结构的。

隐身涂层（stealth coating）能使被涂目标与所处背景有尽可能接近的反射、透过、吸收（或发射）电磁波或声波特性的一类涂层。隐身涂层的种类很多，有防紫外侦察隐身涂层、防可见光侦察隐身涂层、防近红外侦察隐身涂层、防热红外侦察隐身涂层及吸声

涂层等。其多数采用涂料涂敷工艺施工。隐身涂层主要用于军事伪装，并向一种涂层具有两种以上隐身功效的多功能的方向发展。在高层建筑、微波炉等民用领域也有广阔应用前景。

永磁体（permanent magnet）一种不需要从外部施加电能便能够提供磁场的磁体。以 Nd-Fe-B 系磁体为代表的稀土系磁体，是生产量很大的永磁材料。而铁氧体磁体因其性能价格比高，所以在生产量上成为比稀土族磁体还多的永磁材料。与此相比，阿尔尼科铁镍铝钴系磁性合金等合金系磁体的优越地位在下降，并停止了对该类磁体的研究。Nd-Fe-B 系烧结磁体特性的提高，以及以 HDDR（高密度数字记录）、纳米合成磁体为代表的黏结磁体的进步已日益受到重视。另外，在铁氧体磁体中还有通过 La、Zn、Co 等置换的高性能铁氧体磁体。

Z

贮电材料（electric energy storage material）能够贮存电能的超导材料。由于超导磁体可以获得极高的电流密度和磁通密度，从而可达到极高的能量密度，因而超导磁体贮存电能具有很大的优越性，不仅可以改善电网的稳定性和调节峰值负载，而且可以把多余的电引入贮能装置的超导线圈，使之以磁场形式无损失地贮存起来。

贮机械能材料（mechanical energy storage material）能够贮存机械能的材料。即利用形状记忆合金具有超弹性的特点制作成贮能元件，安装在诸如汽车制动器上，将汽车减速或停车通过制动器消耗的能量回收起来用于下一个加速。这种装置也可安装在其他需反复进行加速—减速工作的机器上。

贮能材料（energy storage material）可用来直接贮存能量或通过能量转换来贮存其他能量的材料。贮能材料包括贮电材料、贮机械能材料、贮太阳能材料、贮氢材料等。

贮氢材料（hydrogen storage material）在一定的温度和氢气压力下，能多次吸收、贮存和释放氢气的材料。它是 20 世纪 60 年代末期发展起来的功能材料。由易与氢起作用生成氢化物的金属、合金制成。贮氢材料主要用作贮氢器回收废氢，分离和净化氢气。在核工业中可用于分离和贮存同位素氘氚。贮氢材料用来制作空调机、热压缩机、热泵等设备以及用来回收热能和利用太阳能。稀土系贮氢合金目前广泛用于电池极板。

贮太阳能材料（solar energy storage material）能够将太阳能贮存起来的材料。在非晶态的金属—类金属系合金材料中，具有很强的太阳能吸收特性。例如，Fe60Mo15W2Cr5Cl5Al3 和 Fe72Cr8P13C7 非晶合金，其电阻率比同类成分的结晶态材料的电阻率大得多，具有很好的太阳能吸收特性，同时还具有极好的耐蚀性。把这种非晶态合金的带材或丝材卷绕成螺旋状置于水流之中（作为回收热的介质），制成直接吸收太阳能装置。把这种非晶态薄膜包覆在铝管或铜管外表面上，而在管内通过水流即构成太阳能热水器。

（二）金属材料（Metal Material）

C

超纯金属（super pure metal）杂质总含量在百万分之几的金属的总称。一般来说，任何金属都不能达到绝对的纯。因此，"超纯"具有相对的含义，即是指在技术上需要达到的标准。由于技术的发展，也常使"超纯"的标准升级。例如，过去高纯金属的杂质为 10^{-6} 级（即百万分之几），而高超纯半导体的杂质达 10^{-9} 级（十亿分之几），并将逐步发展到以 10^{-12} 级（一万亿分之几）表示。广义的杂质是指化学杂质（元素）及物理杂质（晶体缺陷）。只有当金属纯度达到很高的标准时，物理杂质的概念才是有意义的。目前工业生产的超纯金属仍是以化学杂质的含量为标准，即以金属中杂质总含量为百万分之几来表示。其表示方法有两种：（1）以材料的用途来表示，如"光谱纯"、"电子级纯"等；（2）以某种特征来表示，如半导体材料用载流子浓度，即一立方厘米的基本元素中起导电作用的杂质个数（原子数 /cm³）来表示。而金属则可用残余电阻率表示。现代科学技术的发展对金属纯度要求越来越高。金属纯度越高，其特征才能更充分地表现出来。

超低温奥氏体沉淀硬化不锈钢（super cryogenic Austenitic ph-stainless steel）一种超低温、高强高韧的无磁不锈钢。这种不锈钢的使用温度可达 $-269℃$，并且具有良好的强韧性与无磁性。其典型代表是钢号为 A286 的不锈钢。它在超导磁体、磁流体发电机等方面有广泛的用途。

超低温马氏体时效不锈钢（super cryogenic Maraging stainless steel）一种具有良好的超低温强度和韧性的不锈钢。代表是钢号为 000Cr10Ni10Mo2TiA1 的不锈钢。它可在液氮甚至近于液氢下的低温条件下使用。超高洁净度、超细组织对这种不锈钢在超低温下的强韧性有重大影响。

超塑性合金（superplastic alloy）在一定温度和变形速率条件下，其伸长率可达百分之几百，甚至百分之几千，而所需要的流动应力却降低为通常变形的几分之一到几十分之一，且不出现颈缩和加工硬化现象的一类合金。这种超塑性的合金有铝合金、铜合金、钛合金、镍合金、合金钢等。由于此类合金易于加工成型，所以只要很小的压力就能获得形状非常复杂的制品，因而在合金零部件的加工中用途广泛。

磁电阻材料（magnetio-resistance material）具有显著磁电阻效应的一类磁性材料。强磁性材料在受到外加磁场作用时引起的电阻变化，称为"磁电阻效应"。不论磁场与电流方向平行还是垂直，该材料都将产生磁电阻效应。磁场与电流方向平行的情况称为"纵磁场效应"，磁场与电流方向垂直的情况称为"横磁场效应"。一般强磁性材料的磁电阻率（磁场引起的电阻变化与未加磁场时电阻之比）在室温下小于8%，在低温下可增加到10%以上。与利用其他磁效应相比，利用磁电阻效应制成的换能器和传感器，其装置简单，对速度和频率不敏感。磁电阻材料已用于制造磁记录磁头、磁泡检测器和磁膜存储器的读出器等。

D

低温金属材料（cryogenic metallic material）适合低温下（0℃以下至绝对零度）使用的金属及合金材料。它主要包括奥氏体不锈钢、镍钢、低合金铁素体钢、铝合金、铜及铜合金、钛及钛合金、铁镍基超合金、双相钢等。该类材料广泛应用于石油化工、制冷等行业，如石油与天然气深冷分离设备；贮存、处理及输运液化气的设备与装置；低温冷却装置、空分设备、冷冻设备；寒冷地区户外作业的机械设备与工程结构；采用液氢作冷却介质的超导磁体、超导机械；航天飞机、火箭及飞船的液体燃料储箱；磁悬浮列车；超低温贮能环等工程及高技术领域。

电性合金（electrical alloy）具有特殊电学性能的合金。它包括电阻合金（精密应变、热敏电阻合金）、电热合金、热电偶合金及电触头材料。精密电阻合金分 Cu-Mn 系（GB/T6145-1999 中 6J12、6J8、6J13）、Cu-Ni 系（6J40）、Ni-Cr 系改良型（6J22、23、24）；应变电阻合金为 Cu-Ni 系（6JYC-401、402、423、424）；电热合金分 Cu-Ni 系（GB/T1234-1995，3 个牌号）、Fe-Cr-A1 系（5 个牌号）、纯金属（Pt、Mo、W、Ta）。热电偶合金分铂铑、NiCr-NiSi 及低温热电偶合金。中国国内有 9 种列入国标，3 种正在制定国标专业标准。

多孔钛材（porous titanium product）用耐腐蚀的金属钛制成的一种多孔材料。这种材料具有优异的耐腐蚀性能，比重轻，采用等静压制工艺成型，因此具有强度高、透气均匀、孔隙度高、开孔率大、孔径分布均匀等特点。广泛用于环保、食品饮料、医药、石油化工、冶金等领域，如各种气体、液体的净化分离元件，各种气体在液体、固体中的分布元件。

F

发火合金（pyrophoric alloy）以粉末状态存在，与空气接触后能自燃的合金，和受到撞击或摩擦时能产生火花的合金的总称。发火合金有两种：（1）以粉末状态存在与空气接触能够自燃的合金，如稀土合金、锆合金等；（2）在一定角度受到金属（如钢）撞击或摩擦时能够产生强烈火花的合金。发火合金按其成分可分为稀土系和非稀土系两类。非稀土发火合金为早期使用的发火材料。发火合金主要用于制造发火武器及其他装置中的引火材料。

Fe-Ni-Cr 系耐蚀合金（corrosion-resistant Fe-Ni-Cr alloy）抗氧化性介质腐蚀的铁-镍-铬合金钢系列产品。例如，国家标准 GB/T15007-1994 中 NS111、NS112、NS113 等牌号的品种。其抗氧化性介质腐蚀好、抗高温渗碳性好。它主要用于加热管及核电站蒸汽发生器等。

非晶态合金（noncrystalline state alloy）原子排列为非晶态的合金。所谓"非晶态"是相对于晶态而言。晶态物质中的原子按面心立方、体心立方等晶体结构整齐地排列着。而非晶态物质中的原子不是有规律地排列，而是混乱地密堆在一起。这种状态称为无序。液态金属中的原子是处于无序状态。如果将此无序状态保存到固体状态，就可获得非晶态合金。非晶态合金具有许多普通金属不可比拟的优良

性能。即：（1）有良好的软磁特性，是目前最好的软磁材料；它既容易磁化，也容易去磁；与结晶磁性材料相比，具有导磁率高、矫顽力低、铁损小及电阻大等优点。（2）有良好的综合机械性能。不仅有极高的强度和硬度，同时又兼备良好的韧性和延展性，其强度几乎不发生尺寸效应，适用于制作精密仪器。（3）有极高的耐腐蚀性。如果把易形成钝化膜的少量元素加入非晶态金属中，便显示出极好的耐腐蚀性，无论在酸性、中性、碱性或含有氯原子的溶液中，均不易发生小孔腐蚀及应力腐蚀。（4）电阻率高（100～200μΩ/cm）而且温度系数小。有的非晶材料电阻系数从超低温到结晶温度大致为零。

粉末冶金摩擦材料（powder metallurgy friction material）以粉末冶金方法制备的用作摩擦件的材料。其特点是具有稳定的高摩擦系数和良好的耐磨性、耐热性、耐蚀性及较高的力学性能，在重型汽车、矿山机械、工程机械、航空、舰船等方面应用广泛。

G

高密度合金（high density alloy）一种以钨（约 90%～98%）为基并加入镍、铁、铜或其他组元，密度为 17～18.5g/cm³ 的一类合金。这种合金有良好的塑性、可切削性、导热性和导电性，对 γ 射线和 X 射线有良好的吸收能力。用于制造航天器陀螺仪转子、导向装置、减振装置等；机械制造用的压铸模、刀夹、镗杆；武器中的穿甲弹芯以及各种防射线的屏蔽部件等。

高镍超低温钢（super cryogenic steel with high nickel）一种含镍 95% 的特种钢。其使用温度可达 -196℃，正火组织为低碳马氏体、铁素体及少量奥氏体，回火组织为含镍的铁素体和少量金残马氏体。它有一定的回火脆性，因此一定要严格控制回火工艺。经过特殊处理的高结晶度、细组织的 6%Ni 钢，其工作温度也可达 -196℃。

高强高韧钛合金（high strength and high toughness titanium alloy）具有高强度和高韧性的用于航空航天的钛合金材料。用于飞行器记录仪壳体、航空螺栓螺钉、卫星连接带、卫星波纹壳体、发动机壳体等航空航天结构件。

高温合金（superalloy）是指在 600～1 200℃高温下能承受一定应力并具有抗氧化或抗腐蚀能力的合

金。按其基体元素可分为铁基高温合金、镍基高温合金和钴基高温合金；按其制备工艺可分为变形高温合金、铸造高温合金和粉末冶金高温合金；按其强化方式有固溶强化型、沉淀强化型、氧化物弥散强化型和纤维强化型。高温合金主要用于制造航空、舰艇和工业用燃气轮机的涡轮叶片、导向叶片、涡轮盘、高压气机盘和燃烧室等高温部件，还用于制造航天飞行器、火箭发动机、核反应堆、石油化工设备及煤的转化等能源转换装置。

贵金属材料（precious metal material）用贵金属制作的电接触材料、电阻材料、导电材料、测温材料、各种焊料等的统称。金、银和铂、钯、铱、铑、钌、锇 8 个元素为贵金属，其中后 6 个元素又是铂族金属。贵金属的共同特点：（1）储量少，提取困难，价格昂贵；（2）具有独特的抗氧化、耐腐蚀、热电稳定性和催化活性。它们广泛用于电子、电器、电讯仪表和设备；还用于电视机、录音机、洗衣机等家用电器及其他工业部门。

贵金属合金材料（precious metal alloy）由锇、铱、铂、钌、铑、钯、银、金等贵金属组成的一大类合金材料。主要有下列三类：（1）铂基系合金：①铂铑系合金，含铑 40%，具有优异催化活性和高温强度及抗蠕变性能，用作热电偶、催化剂、高温发热体、坩埚器皿、电接点及电极材料等。②铂铱系合金，含铱 30%，具有高熔点、高硬度、高耐蚀和低接触电阻。用于作弱电接触材料、氯碱电解工业电极、齿医材料、标准电阻等。③铂钨合金，含钨 10%，可作火花塞、催化剂和电阻应变材料。④铂钴合金，具有极强的磁性，是优异磁性材料。⑤铂钌合金，含钌 5%～10%，可用作电接点、电极、轴尖等。（2）金基系合金：①金银系合金，具有良好的导电、导热性和耐蚀性，接触电阻低而稳定。用于首饰、镶牙及电刷、电位器绕组等。②金铜系合金，含铜 20%～65%，具有良好耐蚀性、强度高、弹性好和接触可靠等特性。用作精密电位器、电刷材料及电真空焊料、装饰品及牙科材料等。③金镍系合金，含镍 5%～45%，具有较高硬度、强度、较低电阻温度系数、优良的化学稳定性、抗黏结、接触电阻低而稳定。用于轻负荷接头和电刷等。④金硅合金（含硅 6%）及金锗合金（含锗 5%）。用于电子工业中的低温烛料。（3）银基系合金：①银铜系合金，含铜 3.5%～25%，具有较好的耐磨性、抗熔性和良好的加工

性。可用作高压和大电流电器接点以及轻负荷继电器、接触器等。②银钯系合金，可用作精密电阻材料、电阻应变材料、厚膜导电浆料和电阻浆料及氢气净化设备等。③银铈合金，导电性好、接触电阻低而稳定，有熄弧作用，抗电侵蚀和抗熔焊性好，易加工，用作大、中负荷电接点。④银钨和银镍合金，硬度高、抗电侵蚀，抗黏着和熔焊。用作低压功率开关、起重开关、大电流开关，以及继电器、空气断路器等。

J

减振合金（high damping alloy）具有使振动能在材料内部消耗（也叫内摩擦或内耗）性能的合金材料。减振合金分为两大系列：（1）合金系列减振合金，包括复相型（如铸铁、铝锌合金）、铁磁性型（如高纯铁、高纯镍、高铬钢等）、位错型（如高纯镁、镁-镍、镁-锆合金等）、孪晶型（如铜-铝-钛系合金等）；（2）复合系列减振材料，包括束缚型（在金属材料之间夹入黏弹性物质）、非束缚型（将黏弹性物质贴敷或涂覆在钢板表面）。阻尼合金可用于火箭、导弹、喷气式飞机的控制盘或导航仪等精密仪器、汽车车体、发动机转动部件、削岩机、冲压机、车轮、铁轨、船舶推进器等。

金属玻璃（metal glass）液态金属以极快的速度冷却凝固时得到的具有类似玻璃结构特征的非晶态金属。金属是一种典型的晶体材料，其许多特性是由其内部结构决定的；而玻璃是一种非晶体材料，固态玻璃及液态玻璃内部原子呈无序紊乱排列。金属玻璃并不透明，拥有独特的机械和磁性特征，不易破碎和变形，是制造变压器、高尔夫球棒等产品的理想材料，也是一种有良好前景的新材料。

金属多孔材料（metal porous material）又称金属泡沫材料，含有泡沫状气孔的金属材料或具有微孔结构的金属功能材料。该类材料是 20 世纪 80 年代后期，国际上迅速发展起来的一种物理功能与结构一体化的新型工程材料。它所具备的多种优异物理性能，特别是阻尼性能已引起广泛关注，并在消声、减振、分离工程、催化载体、屏蔽防护、吸能缓冲等高技术领域获得了广泛应用。金属泡沫材料质轻、隔音、阻燃，又有很强的吸能本领和电磁屏蔽作用，因此受到国防工业部门的高度重视。

K

抗菌不锈钢（antibacterial stainless steel）在不锈

钢中加入适量的具有抗菌效果的元素，并经抗菌性热处理后，具有稳定的加工性能和良好的抗菌性能的材料。抗菌不锈钢具有不锈钢的优点和良好的抗菌性能，在厂房设备、食品工业的工作台及器皿、医疗器械、日常生活中的餐具及挂毛巾支架、冷藏柜的托架等领域大量使用。公共场所的一些设施，如公交汽车的扶手、楼梯扶手、电话亭、护栏等，为杜绝交叉感染也应使用抗菌不锈钢。钢丝行业应注重医疗器械用马氏体抗菌不锈钢丝、织网用奥氏体抗菌不锈钢丝和清洁球用铁素体抗菌不锈钢丝的开发。

快速凝固材料 (rapidly solidified material) 金属或合金熔液急剧冷却形成的材料。快速凝固时，材料的显微结构与相组成发生明显变化：固溶度增加、晶粒细化、偏析减少、亚稳相出现、非晶态形成。这些组织结构上的变化，使材料具有一系列优异性能，如高的强度（含钼的铁基非晶态合金断裂强度高达 4 900MPa）、硬度、韧性、耐磨性、抗氧化性、耐蚀性及良好的电化学性能和磁学性能。根据用途快速凝固材料可分为磁性材料、结构材料、耐蚀耐磨材料、特殊物理性能材料、化学活性及吸附材料、形状记忆合金及钎焊料。快速凝固 Fe、Mn、Co、Cu、Al 基合金已应用于电子、电力、宇航、通信、仪表、机械、化工等领域。

L

铝锂合金 (aluminium lithium alloy) 以锂为主要合金元素的新型铝合金。其最大特点是密度低、比强度与比刚度高、耐热性和抗应力腐蚀性能好，可进行热处理强化。它在军用飞机、民航飞机、航天器及其他工业部门中广泛应用。

M

钼合金 (molybdenum alloy) 一种以钼为主要成分的高温合金材料。钼合金具有良好的导热、导电性和低的热膨胀系数，在高温（1 100~1 650℃）下具有高的强度，且比钨容易加工。它可以用作高温炉加热元件、热屏、坩埚、导弹火箭的喷管、夹持板、宇航飞行器蒙皮、金属加工模具、穿孔顶头、电子管及电光源栅极等。

N

Ni-Cr-Mo 系耐蚀合金 (corrosion-resistant Ni-Cr-Mo alloy) 耐卤素腐蚀的镍-铬-钼合金系列产品。例如，国家标准 GB/T15007-1994 中之 NS331、332 及 335~337 系列品种。其中包括牌号为 331 的耐高温氟化氢、氯化氢气体及氟气腐蚀，牌号为 332 的耐含 Cl⁻ 的氧化-还原介质腐蚀，牌号为 335~337 的耐强氧化-还原介质腐蚀。Ni-Cr-Mo 系合金用于化工、核能、有色冶金等行业。

Ni-Cr系耐蚀合金 (corrosion-resistant Ni-Cr alloy) 具有良好抗高温氧化性能的镍-铬合金系列产品。例如，国家标准 GB/T15007-1994 中之 NS331~315 系列品种。NS315 产品抗高温、高压、水氯化物应力腐蚀，因而用于核电站热交换器；NS311 产品用于核燃料生产中。

镍基高温合金 (nickel-base high temperature alloy) 以镍为基材（含镍50%左右）的奥氏体合金。其使用温度在650~1 100℃范围内，是一种具有较高的强度和良好的抗氧化、抗燃气腐蚀能力的高温合金。它可用于制作在高温下承受应力较高（>10kg/mm²）的部件，如燃气轮机的涡轮叶片、涡轮盘等。

T

钍钨电极材料 (thorium tungsten electrode material) 在钨丝中加入1%~2.5%的二氧化钍（ThO_2）而制成的直热式阴极材料。它可以降低丝材的脆性，提高其强度及阴极电子发射能力。常用的品种有 WT7、WT10、WT15 三种牌号，主要用于制备抗震灯灯丝以及发射管、放电管、X光管和磁控管皮的直热式阴极及阴极栅丝等。

W

微晶合金 (microcrystalline alloy) 快速冷却得到的微晶结构的合金。它是在研究金属玻璃基础上发现的一种新型工程材料。金属熔液在冷凝过程中，冷却速度较慢时可得到树枝状晶体。在冷却速度较快（104~106℃/s）时，便可得到细胞状的微晶体。微晶合金的制作方法与非晶态合金相似。它是扩大非晶态材料的短程有序区域，并且可得到比多晶体更小的晶粒尺寸，但仍保持非晶态合金的许多优点。微晶合金的主要成分是过渡族金属元素（Fe、Co、Ni）和类金属元素（B、P、C、Si）。约含5%~13% 类金属元素，其中主要是 B。微晶合金的晶粒细，偏折小，故强度高，可用于制作高强度结构材料。微晶合金具有很高的热稳定性。有些微晶（如 Ni40Co10Fe10Cr25 Mo5B10 等）在 700℃、时效200 小时时，硬度仍无变化，是一种新型热模具钢和高速钢材料。微晶合金具有优异的耐蚀性。它将成为普通不锈钢和沉淀硬化不锈钢的良好代用品。

X

新型钴基高温合金（new type nick-base high temperature alloy）由三份钴对一份铝和钨组成的新型合金。三种元素组合后其性能呈现强化现象。这种合金耐热温度为1 100℃，比目前应用于喷气发动机和天然气燃气涡轮机的镍基耐热合金的耐热程度高50～100℃，且高温时硬度增加两倍。这种特殊的新型合金比以前的钴基耐热合金的高温强度有了飞跃性提高。该材料在飞机喷气发动机及企业用天然气燃气涡轮机等高温环境，以及热能高效化、消减二氧化碳排放等方面具有极高的应用价值。

形状记忆合金（shape memory alloy）一种具有形状记忆效应的新型功能材料。有些合金材料在较低温度下变形超过屈服极限时，去除外力后，仍保持变形后的形状。但在加热到较高温度时，能自动恢复到变形前的形状，似乎对自己的原形有记忆。这种现象称之为"形状记忆效应"。如果只能"记住"高温时的形状，就称合金具有单程形状记忆效应；如果合金材料不仅能"记住"高温时的形状，又能记住较低温度时的形状，并在温度发生反复变化时，合金材料会反复改变形状，这时我们称合金具有双程形状记忆效应。双向记忆合金，是在单向记忆合金的基础上通过训练获得的。形状记忆合金种类繁多，主要分三类：镍钛基、铜基和贵金属系。形状记忆合金又是超弹性合金。当变形大大超过屈服极限，如铜铝镍合金延伸率超过20%后，一旦去除载荷，它能返回原形。形状记忆合金已在航天、航空、机械、能源、电子、化工和医疗技术领域中广泛应用。例如，用Ni－Ti丝制成的抛物面状卫星天线，在较低温度折成团状，便于放入卫星中发射。

在卫星进入轨道后，在阳光照射下，天线温度升高，自动张开。形状记忆合金可用于热机械器件和恒温控制器。在要求确保管道质量、又不能进行焊接操作的地方，可用形状记忆合金制作紧固件和管接头。在医疗方面，形状记忆合金用作口腔和脊椎等的矫形器、接骨用的骨板等。

Y

易熔合金（fusible alloy）熔点低于232℃的合金。主要是由低熔点金属铋、铅、锡、镉、铟、汞等元素构成的二元系或多元系合金。易熔合金可分为：（1）共晶型合金。有确定的熔点，通常随组元数的增加而熔点降低。（2）非共晶型合金。其熔化温度有一个范围，因此在使用时必须确定失去强度的工作温度，即"屈服温度"。易熔合金主要用于电气设备、蒸汽设备的保险材料，以及火灾报警装置和消火栓的热敏元件。

引弧棉（initiating arc steel fiber）用优质钢材经特殊加工制成的焊接时引弧用的极细的钢纤维。其特点是：（1）起弧快、起弧稳、起弧成功率高达100%；（2）起弧电压小、起弧电流小，节省电能；（3）在某些场合，如平焊缝、角焊缝可不用起弧板，使用该材料直接起弧；（4）起弧时间短，提高功效，延长焊机寿命；（5）发生"断弧"现象后，进行"再起弧"时操作简单方便；（6）起弧电压、电流波动极小、波动时间短（不到1秒）；（7）能极大地减弱振荡电流对焊机元器件的损害，对焊机电流、电路有良好的保护作用。引弧棉型号为碳钢及低合金钢，其构成主要是直径$\phi \leqslant 0.003$mm的纤维丝。它主要应用于大型输油、输气管道、石油储罐、大型容器、船舶制造业中较厚尺寸材料的埋弧、气体保护及自动焊接工艺。

（三）无机非金属材料（Inorganic Nonmetallic Materials）

B

不定形耐火材料（unshaped refractories）由一定级配的骨料、粉料、结合剂和外加剂组成的无定形的、不经烧成可供直接使用的耐火材料。其耐火度一般应不低于1 500℃，有些隔热用不定形耐火材料的耐火度允许低于1 500℃。这类材料无固定

的外形，呈松散状、浆状或泥膏状，因而称为"散状耐火材料"；由于可以制成预制件使用或构成无接缝的整体构筑物，也称为"整体耐火材料"。不定形耐火材料具有生产工艺简单、周期短、节约能源、使用时整体性好、适应性强、便于机械化施工等特点。按使用类型分主要有耐火浇注料、耐火喷

涂料、耐火喷补料、耐火可塑料、耐火捣打料、耐火压注料、耐火投射料、耐火涂抹料、耐火泥浆和干式振动料。不定形耐火材料主要应用于冶金工业、机械工业、能源、化学工业和建筑材料工业的各种窑炉和热工构筑物。

C

弛豫铁电体（relaxion ferroelectric）具有复合钨钛矿结构、表现出不同于通常铁电体的介电特性，即具有扩散相变和频率弥散特性的铁电体。弛豫铁电单晶和陶瓷表现出优异的介电、铁电和压电性能，是重要的介质、压电和电致伸缩材料。典型的弛豫铁电体有 Pb（$Mg_{1/3}Nb_{2/3}$）O_3、Pb（$Zn_{1/3}Nb_{2/3}$）O_3 等。近年来，在铁电材料研究中取得的一个重大进展，是大尺寸弛豫铁电单晶材料的制备及其异常压电性能的发现。

磁性陶瓷（magnetic ceramics）具有亚铁磁性的铁氧体陶瓷材料。铁氧体磁性材料广泛应用于各种磁性元器件中。铁氧体磁性材料主要包括软磁材料、硬磁材料、矩磁材料以及微波铁氧体材料等。最常用的软磁铁氧体有 NiZn 铁氧体、MnZn 铁氧体。Ba 铁氧体是最常用的永磁材料。$Y_3Fe_5O_{12}$ 石榴石铁氧体是最重要的微波铁氧体材料。微波铁氧体广泛应用于环行器、隔离器、移相器等非互易器件以及滤波器等静磁波器件。

D

导电玻璃纤维（conductive fiber glass）采用玻璃镀金属技术和玻璃纤维表面处理技术相结合而开发出来的具有导电性能的玻璃纤维。它是在玻璃纤维表面镀上镍合金，或者在其上面包敷导电性能良好的金属，并在其最外层覆上耐腐蚀性能好的金属材料保护膜。它主要有导电性能好、比重小等特点，在集成电路和电磁设备上有广泛的应用。现已将导电玻璃纤维成功用于隐身材料。

电工陶瓷（electrical ceramics）用于生产高低压电力绝缘子的电瓷材料。它是最早使用的陶瓷结构材料和绝缘材料之一。随着现代陶瓷的发展和电力系统的需要，电工陶瓷已不仅仅限于传统意义上用于制造高低压绝缘子的电瓷制品，现已扩大到某些现代陶瓷制品，如用于制造避雷器的 ZnO 压敏电阻、SiC 压敏电阻、$BaTiO_3$ 高压陶瓷电容器、ZnO 线性电阻等。目前电瓷行业已从纯无机材料领域步入有机复合材料领域。

镀膜玻璃（coated glass）在其表面镀上金属或金属氧化物薄膜的玻璃。从工艺角度分为在线镀膜和离线镀膜。包括热反射玻璃、低辐射玻璃、减反射玻璃、吸热玻璃等。镀膜玻璃广泛应用于公共建筑、文化娱乐设施、商场门窗、幕墙、屏风、楼梯隔板的装饰等方面。它可以单片使用，也可以制成镀膜中空玻璃、镀膜夹层玻璃、镀膜钢化玻璃。其中低辐射玻璃必须制成中空玻璃后使用。制成中空玻璃时，两片玻璃可以选择不同种类的镀膜玻璃。用导电玻璃制成的电热夹层玻璃，能使落在上面的冰雪迅速融化，被用作汽车、火车、飞机的风挡玻璃，以保证驾驶员视野不受冰雪的影响。导电玻璃还是液晶显示器、太阳能电池的主要组成部分。

F

非线性光学晶体（nonlinear optical crystal）一种没有对称中心的晶体材料。当强度很高的激光通过这种材料时，它能够产生非线性光学效应。光通过晶体进行传播时，会引起晶体的电极化。当光强不太大时，晶体的电极化强度与光频电场之间呈线性关系，其非线性关系可以被忽略；但是，当光强很大时，如激光通过晶体进行传播时，电极化强度与光频电场之间的非线性关系变得十分显著而不能忽略。这种与光强有关的光学效应称为非线性光学效应。非线性光学晶体与激光紧密相连，是实现激光的频率转换、调制、偏转等技术的关键材料。当前，直接利用激光晶体获得的激光波段有限，从紫外到红外谱区，尚有激光空白波段。而利用非线性光学晶体，可将激光晶体直接输出的激光转换成新波段的激光，从而开辟新的激光光源，拓展激光晶体的应用范围。常用的非线性光学晶体有碘酸锂（α-$LiIO_3$）、铌酸钡钠（$Ba_2NaNb_5O_{15}$）、磷酸二氘钾（KD_2PO_4）、偏硼酸钡（β-BaB_2O_4）、三硼酸锂（LiB_3O_5）等。其中，偏硼酸钡和三硼酸锂晶体是中国于20世纪80年代首先研制成功的，具有非线性光学系数大、激光损伤阈值高的突出优点，是优秀的激光频率转换晶体材料。另一种著名的晶体是磷酸钛氧钾晶体（$KTiOPO_4$）。它是迄今为止综合性能最优异的非线性光学晶体，被公认为 1.064 μm 和 1.32 μm 激光倍频的首选材料。它可以把 1.064 μm 的红外激光转换成 0.53 μm 的绿色激光。由于绿光不仅能够用于医疗、激光测距，还能够进行水下摄影和水中通信等，因此，磷酸钛氧钾晶体得到了广泛的应用。

G

高温结构陶瓷（high temperature structural ceramics）在高温条件下承受静态或动态机械负荷的陶瓷。它具有高熔点、较高的高温强度和较小的高温蠕变性能，以及较好的耐热震性、抗腐蚀、抗氧化和结构稳定性等特点。这种陶瓷采用人工合成的高纯陶瓷细粉为原料，在严格条件下成型、烧结和加工而成。高温结构陶瓷按其使用原料划分，可分为氧化物和非氧化物两大类。高温氧化物结构陶瓷是指熔点高于 1 728℃的氧化物（如氧化硅晶体）或某些复合氧化物（如氧化铝、氧化锆、氧化镁，尤其是氧化钍等）。它们的特点是高温下化学稳定性好，尤其是抗氧化性能好。但弱点是脆性较大，耐机械冲击性差。利用氧化锆相变作用增韧的氧化物陶瓷，其抗压强度和断裂韧性都可大大提高。增韧氧化物陶瓷可以承受一定冲击而不碎裂，可用于制造锤子、水果刀、剪刀、轴和发动机部件等。高温氧化物陶瓷可用作高温炉衬、熔炼稀有金属的坩埚，以及磁流体发电装置的高温电极材料和热机材料等。高温非氧化物结构陶瓷包括氮化物、碳化物、硅化物、硼化物等。其中氮化硅、碳化硅和氮化硼等材料与氧化物的比较，其难熔化合物的热导率较高，热膨胀系数较低，具有良好的抗热震性。氮化硅与碳化硅具有较高的强度，硬度仅次于金刚石，耐磨性好，是很好的热机材料。采用氮化硅或碳化硅作为燃气轮机叶片和汽车用陶瓷无水冷却发动机，可以减轻重量，提高热效率，节约能源。它们还应用于导弹和航天飞机等。

高性能功能陶瓷（high performance functional ceramics）具有声、光、电、磁、热和机械力的转换、放大等物理、化学效应和功能的陶瓷材料。例如，氮化硼陶瓷，烧结后硬度不高，可方便地进行各种机械切削加工，并且具有优异的耐热性、高温绝缘性和导热性，在惰性气体中，工作温度可以达到 2 800℃。它可作高频绝缘材料和高温耐磨材料等。氧化铍陶瓷的强度高，导热性好，可用于大规模集成电路基片及大功率气体激光管散热片。氧化铝、氟化镁和硫化锌陶瓷，可透过红外线和微波。氧化钇陶瓷在 1 800℃高温下仍有优良的透明度。氧化锆基陶瓷对电子绝缘，又有良好的离子导电性。还有具有气敏、热敏、光敏、压敏、磁敏和半导体等效应的换能、传感等功能的陶瓷材料。这类

以金属氧化物和非氧化物为主的高性能功能陶瓷，已成为能源、空间技术、计算机技术等领域的重要功能材料。

功能陶瓷（functional ceramics）一类能感知电、磁、声、光、热等直接效应来实现某种使用功能的陶瓷。其特点是品种繁多，如电容器陶瓷、磁性陶瓷、压电陶瓷、电致伸缩陶瓷、热释电陶瓷、半导体陶瓷、导电陶瓷、透明和电光陶瓷等。功能陶瓷的发展趋势是：（1）材料的组成变得越来越复杂；（2）高纯、超细粉体的化学制备逐渐进入工业化规模生产；（3）烧结温度不断降低，微波烧结、自蔓燃烧结、快速烧结等新烧结工艺日趋成熟；（4）制备工艺洁净化的重要性日益突出；（5）低维材料、多层结构日益受到重视；（6）功能陶瓷的复合技术日益受到重视；（7）机敏陶瓷（灵巧陶瓷）进入研究和开发阶段。功能陶瓷在自动控制、仪器仪表、电子、通信、能源、交通、冶金、化工、精密机械、航空航天、国防等部门应用广泛。

H

红外陶瓷（infrared ceramics）对红外波段的电磁波具有透过、吸收或辐射功能的陶瓷材料。按其功能可分为：（1）红外透过陶瓷。通常称为红外光学材料，是用来制造红外光学仪器透镜、棱镜、滤光片、调制盘、窗口、整流罩等不可缺少的材料。其中包括硅酸盐玻璃、锗酸盐玻璃、碲酸盐玻璃、晶体、卤素化合物晶体、氧化物晶体及半导体晶体等。（2）红外吸收陶瓷。（3）红外辐射陶瓷。主要用于红外辐射加热器，其代表为碳化硅、锆英砂陶瓷等。

化工陶瓷（ceramics for chemical industry）在化学工业中应用的一类陶瓷材料。它具有耐腐蚀性能和耐磨性能、不易氧化、硬度与刚度良好以及耐压强度高等特点，除氢氟酸、氟硅酸和热浓碱外，几乎不受任何无机酸和有机酸的侵蚀。广泛应用于石油化工、化肥、制药、造纸、冶炼、化纤和电镀等行业。按使用状况可把化工陶瓷分为衬里材料、化学反应设备用材料、液体输送设备用材料和过滤材料等。化工陶瓷的使用温度一般在 15~100℃，温差不宜大于 50℃，属脆性材料。其缺点是冲击韧性和抗弯强度低、缺乏延展性、抗冲击强度差、耐急冷急热性能差等。但由于原料易得、加工成本低廉且性能可靠，仍然是现代化学工业中不可缺少的防腐蚀材料。

J

结构陶瓷（structure ceramics）具有机械、热、化学和生物等效能的一大类陶瓷。由于它们具有耐高温、耐磨、耐腐蚀、耐冲刷等一系列的优异性能，可以承受金属材料和高分子材料难以胜任的严酷工作环境，结构陶瓷按组分可分为以下几种：氧化物陶瓷、氮化物陶瓷、碳化物陶瓷、硼化物陶瓷。它们在能源、航天航空、机械、汽车、冶金、化工、电子和生物等方面具有广阔的应用前景及潜在的经济和社会效益。

介质陶瓷（dielectric ceramics）又称电容器介质陶瓷，具有离子位移极化和电子位移极化特性的氧化物陶瓷。这类功能陶瓷通常具有相对较高的介电常数、低的介质损耗及优异的温度和频率稳定性，因而被广泛用作高频电容器介质材料。按其温度特性的不同，可分为温度稳定型和温度补偿型介质陶瓷。工业上最常用的电容器介质陶瓷材料有金红石陶瓷、钛酸钙陶瓷、镁镧钛陶瓷、钙钛硅陶瓷、锆酸盐陶瓷等。

精细陶瓷（fine ceramics）又称高性能陶瓷，是一种在陶瓷坯料中加入一些特别配制的无机材料，经 1 360℃左右的高温而烧制成型的具有某种特殊性能的陶瓷。它与传统陶瓷最主要的区别是具有优良的力学、热学、电、磁、光、声等特性。精细陶瓷主要包括结构陶瓷和功能陶瓷两大类。它被广泛应用于国民经济的各个领域，是高技术产业发展的三大基础材料之一。

精细陶瓷粉料（fine ceramic powder）生产精细陶瓷用的粉料。它是粒径为 $10^{-4} \sim 10^{-6}$mm 的微细粒子。观察超微粉末要借助电子显微镜。用精细陶瓷粉制作的精细陶瓷可分为硬陶瓷和软陶瓷两大类。制作结构陶瓷（硬陶瓷）一般多以氮化硅（Si_3N_4）、碳化硅（SiC）、氮化铝（AlN）等非氧化物粉末为原料；制作功能陶瓷（软陶瓷）一般多以氧化锆（ZrO_2）、氧化铝（Al_2O_3）、碳化硅（SiC）、氧化铍（BeO）、氧化硅（SiO_2）、氧化镁（MgO）等氧化物粉末为原料。

精细陶瓷纤维（fine ceramic fiber）一种由精细陶瓷制成的特种陶瓷材料。特种陶瓷纤维必须满足如下要求：（1）在化学上，它应由稳定的单一物质构成。是由原子量较小的原子通过共价键结合成强共价键分子，通常为非氧化物系物质，如 SiC 和 Si_3N_4。（2）在物理上，此种纤维必须由细微粒子构成。其构成粒子的结晶化和晶体生长倾向要尽可能小。纤维直径要较小，通常小于 30 μm。能满足如上要求的特种陶瓷纤维已有多种，如碳化硅纤维、氮化硅纤维和氮化硼纤维等。从广义上讲，诸如氧化铝（Al_2O_3）和氧化锆（ZrO_2）等氧化物陶瓷纤维，由于其具有独特的高硬度、高耐磨、高耐温性能及强增韧作用，目前国内仍把这些归为特种陶瓷纤维的范围。特种陶瓷纤维，一般可分为作耐热材料用和作复合材料增强组分用两大类。其用途遍及冶金、环保、化工、原子能、汽车和航天等诸多领域。在具体应用时，可将纤维制成短切纤维、布、毡和纸等纤维的二次制品，以适应多种用途。

聚合物混凝土（polymer concrete）由有机聚合物、无机胶凝材料与集料有效结合而成的一种新型混凝土材料的总称。聚合物混凝土克服了普通水泥混凝土抗拉强度低、脆性大、易开裂、耐化学腐蚀性差等缺点，扩大了混凝土的使用范围。通常将含聚合物的混凝土材料分为三种类型：（1）聚合物改性混凝土，简称 PMC；（2）树脂混凝土，简称 PC；（3）聚合物浸渍混凝土，简称 PIC。

绝缘陶瓷（insulating ceramics）以离子键或共价键化合物为主晶相的功能陶瓷。它具有高电阻率、低高频损耗和高抗电强度的特性。因此被作为高频绝缘材料，如集成电路管壳、基片、绝缘子、密封件等，广泛用于各种电子电路和元器件的绝缘、支撑与封装等。最常用的绝缘陶瓷有氧化铝陶瓷、氮化铝陶瓷、堇青石瓷、橄榄石瓷、氧化铍瓷等。

L

立方氮化硼（cubic boron nitride）以六方氮化硼为原料，在高温高压下人工合成的、硬度仅次于金刚石的新型超硬材料。化学式 BN，具有立方结构，写作 cBN（指结构）或 CBN（指产品）。立方氮化硼不仅有着很高的硬度，而且具有宽带隙、高热导率、高稳定性等特性。其热稳定性极好，可耐 1 300℃高温。另外与铁族元素之间的高惰性，使得立方氮化硼在高速高精度机械磨削和切削方面具有金刚石无法比拟的优势，可用来切削或磨削硬而韧的材料，如高速钢、模具钢、耐热钢等。除了可用作高性能磨具和刀具以外，还可以用于制造精密机械部件的耐高温耐腐蚀防护涂层、冲压模具防护层、高通透高稳定性窗口、抽油泵与泥浆泵防护涂层等。作为优质的衬底材料，在高温大功率半导体器件制造、短波长和超短波长光电子器件研制方面也有广泛的应用前景。立方氮化硼是在高温高压（1 300~1 700℃和6万~7万大气压）和触媒作用下，通过六方氮化硼相转变得到的。

N

纳米陶瓷（nanoceramics）显微结构中的物相具有纳米级尺度的陶瓷材料。其晶粒尺寸度、晶界宽度、第二相分布及缺陷尺寸等都在纳米量级的水平上。这是陶瓷研究开发的第三个台阶。由于结构的纳米化，使陶瓷的原有性能发生很大的改善，以至发生突变或出现新的性能或功能。因为晶粒尺寸减小时硬度会明显提高，而且在一定的硬度下，晶粒越小，韧性越好，所以纳米陶瓷在硬度和韧性方面有望取得突破性进展。

耐火材料（refractory material）能够在高温环境中满足使用要求的无机非金属材料。其耐火度不小于1 580℃，可用作热工设备的内衬结构材料、高温容器材料、高温装置中的元件、部件材料等。这类材料的主成分为氧化物、非氧化物和碳素等。耐火材料是为高温技术与热工设备服务的基础材料。在一定条件下，耐火材料质量、品种对高温技术发展起着关键作用。例如，碱性氧气转炉成功的关键之一是开发了白云石质耐火材料。按化学-矿物组成，耐火材料可分为：（1）硅质制品，如硅砖、熔融石英制品；（2）硅酸铝质制品，如黏土砖、高铝砖等；（3）镁质和白云石质制品，如镁砖、镁铬砖、镁铝砖、镁白云石砖、白云石砖等；（4）碳质和碳化硅质制品，如碳砖、碳化硅制品；（5）锆质制品，如氧化锆砖、锆英石砖；（6）碳结合制品，如镁碳砖、铝碳砖等；（7）特殊制品，如某些纯氧化物、硼化物、硅化物等。

耐火浇注料（refractory castable）用浇注方法施工并无需加热即可硬化的不定形耐火材料。由耐火骨料、粉料、结合剂、外加剂、水或其他液体材料组成。一般在使用现场用浇注、振动或自流平的方法浇注成型，也可以制成预制件使用。耐火浇注料按结合剂分有气硬性结合、化学结合、凝聚结合三类。其特点为：生产工艺比较简单，不需要特殊设备，机械化程度高，施工简便，整体性好，节能，一般具有较高的常温强度，可以制成预制件在施工现场安装，如连铸中间罐用耐火浇注料堰板预制件

等。耐火浇注料主要应用于冶金工业，在石油、化工、建材、电力和机械工业的窑炉和热工设备中也得到广泛使用。

耐火原料（refractory raw material）包括天然和人工合成的耐高温无机非金属矿物原料。在生产、使用条件下既能使材料保持一定强度，又不损害其性能的各种结合剂、添加剂等则称为耐火材料的辅助原料。耐火原料可分为天然和人工合成两大类。天然耐火原料包括硅石、蜡石、黏土、高铝矾土、硅线石族矿物、菱镁矿、白云石矿、铬铁矿、锆英石矿、石墨等。人工合成原料主要有电熔镁砂、电熔尖晶石、电熔刚玉、电熔锆刚玉、海水镁砂、卤水镁砂、烧结刚玉、合成莫来石、碳化硅、氮化硅等。人工合成原料质地纯净，组织结构致密，化学成分可调节，用于制造各种优质高级耐火材料。

耐火制品（refractory product）用耐火原料制成的致密、定形的耐火材料产品。它主要用于钢铁、有色金属、玻璃、水泥、陶瓷、石油化工、军工等部门和高温技术领域。耐火制品的主要性能与其矿物组成密切相关。构成耐火制品的有单一氧化物、复合氧化物及非氧化物。按化学矿物组成，耐火制品可分为：（1）硅铝系耐火制品，包括 SiO_2-Al_2O_3 二元系（主成分含 $SiO_2$100% 至主成分含 $Al_2O_3$100%）的所有耐火制品；（2）碱性耐火制品，以碱性氧化物为主成分的耐火制品；（3）含锆耐火制品；（4）含碳耐火制品。

R

热释电陶瓷（pyroelectric ceramics）具有热释电效应的陶瓷材料。铁电体是最重要的热释电陶瓷。铁电体晶体的自发极化因温度而变化，导致电荷释放，称为"热释电效应"。热释电陶瓷在红外探测和热成像等方面有广泛的应用。

人工晶体（synthetic crystal）即人造晶体，是具有声、光、电、磁、热和力学等特殊性能的人造材料。最主要的人工晶体是半导体晶体，像 Ge 单晶、Si 单晶、砷化镓单晶等。它主要用于集成电路的芯片。激光晶体是制造固体激光器的关键材料。世界上第一台激光器就是用红宝石晶体做成的。激光医疗、激光打印，以及机械加工、精密测量、检测、电子工业、军事技术等都少不了激光晶体。非线性光学晶体，如铌酸锂、偏硼酸钡等晶体，可以把一种激光转变成另一种颜色和波长的激光。利用这种晶体可以制成简单、紧凑的频率转换器，扩展频率范围。它是光学高技术

的基础材料。压电晶体，如压电石英晶体（人造水晶）是制造频率元件的基本材料。由于它的高增益系数、高精密度和高稳定性，一直被广泛应用于通信、广播、雷达、导航、PC机和各种家用电器中。其他的重要人工晶体还有：闪烁晶体、光折变晶体、调制晶体和光波导晶体等。

柔性石墨（flexible graphite）一种以膨胀石墨为原料加压制成的具有柔性和回弹性的新型材料。由于传统石棉材料对人类健康有损害，所以石棉制品的使用量正在减少或被禁用，作为传统密封材料的压缩石棉纤维逐渐被柔性石墨等材料替代。柔性石墨具有优良的化学稳定性、耐辐射性和耐高低温性，现已广泛应用于化学、石油化工、电力或核电站等设备或管道的静密封。

S

石英玻璃（quartz glass）以天然水晶、优质硅石或者以四氯化硅为主要原料的单一组分（SiO_2）的工业技术玻璃。近年来研究成功的掺杂石英玻璃，是在石英玻璃中掺入少量稀土元素，以改变其线胀系数、滤光性能，但仍然以SiO_2为主要成分。石英玻璃具有一系列优良的光、声、电、热、化学特性。它的耐热性比一般玻璃高500℃，线膨胀系数仅有$5 \times 10^{-6} \cdot K^{-1}$，是一般玻璃的1/20。近年来研究成功的超低膨胀石英玻璃，线胀系数只有$3 \times 10^{-6} \cdot K^{-1}$，因此它具有特别好的耐温度急变性能。石英玻璃在紫外线、可见光和近红外区有很高的透过率。它的低温或高温绝缘性能都非常好，对全频率的介电损失微小。它也是良好的耐酸材料（磷酸和氢氟酸除外），其耐酸腐蚀性能相当于耐酸陶瓷的30倍、不锈钢的150倍。

T

碳化硅材料（silicon carbide material）一种以SiO_2含量不少于97%的天然硅石（硅砂）与焦炭（或无烟煤）为基本原料，加入少量食盐和木屑，用电阻炉在2 000～2 500℃下合成的材料。工业生产的碳化硅为n型和p型的混合物，颜色多为黑、绿两种，呈多角结晶状，有金属光泽，针状体越大越好。其优点是耐火度高，导热性好，热膨胀系数小，制成窑具有很高的荷重软化点（1 750～1 850℃），耐急冷急热性好，机械强度高。其缺点是在高温下易氧化分解，且颗粒越细越易氧化。碳化硅材料主要用于制造功能陶瓷、高级耐火材料、磨料及冶金原料等。

碳化硅纤维（silicon carbide fibre）由硅（Si）和碳（C）两种化学元素经特殊工艺制成的高比强度、高模量的复合材料的增强纤维。它与碳纤维相比具有更高的高温稳定性和优异的抗氧化性，并具有电磁波吸收特性。是航天、航空、兵器、能源、船舶等工业部门中有广泛应用前景的一种新材料。

陶瓷材料（ceramic material）非金属材料（包括单质和化合物）粉体经过成型、烧结工艺制备的多相多晶材料。陶瓷材料的发展经历了三个阶段。第一个阶段是传统的硅酸盐工业生产的陶瓷材料，是指将陶土或者瓷土粉体经过成型、烧结形成的传统陶瓷材料。传统陶瓷材料又可以根据原料划分为瓷器和陶器。根据粉体粒度大小不同及烧结程度的不同，又有瓷器和炻器之分。传统陶瓷具有耐腐蚀、耐高温的性能，但其物理性能单一，比较脆，机械强度不大。第二个阶段是近代科学技术的发展要求其具有特殊的机械性能，又要求有特定功能，因此在传统陶瓷工艺的基础上发展成为精细陶瓷。其主要改进是原料的变革，采用了有特殊物理或生物功能的粉体，通过成型和烧结得到了多晶材料。这个阶段得到的陶瓷不仅继承了传统陶瓷的一些优点，而且又具有了特殊的生物功能、光学功能和电学功能等。如何克服陶瓷的脆性是陶瓷材料的一个重要问题。解决它的方法有两个，一个是以特殊的陶瓷为基材，加入增强材料，制备复合陶瓷材料；另一个是改变陶瓷粉体的粒度，把粉体控制到纳米数量级，然后烧结，得到高性能、多功能陶瓷材料。其缺陷尺度在纳米数量级，这是陶瓷材料的一个革命，使陶瓷的强度及韧性都得到大幅度提高，标志着陶瓷材料的发展进入了第三个阶段。

特种陶瓷（special ceramics）在陶瓷坯料中加入特别添加物，且经过1 360℃以上高温烧结成型，从而获得稳定可靠性能的新型陶瓷。特种陶瓷按性质分类，通常分为结构陶瓷材料和功能陶瓷材料两大类。特种陶瓷材料已成为解决能源、资源问题的重要材料，同时也是微电子、激光、光纤、生物、医学、海洋、宇航、新能源、仿人机等尖端技术发展不可缺少的新材料。特种陶瓷按照化学组成可划分为：（1）氧化物陶瓷：如氧化铝、氧化锆、氧化镁、氧化钙、氧化铍、氧化锌、氧化钇、氧化钛、氧化钍、氧化铀及复合氧化物等；（2）氮化物陶瓷：如氮化硅、氮化铝、氮化硼、氮化铀等；（3）碳化物陶瓷：如碳化硅、碳化硼、碳化铀等；（4）硼化物陶瓷：如硼化锆、硼化钙、硼化镧等；（5）硅化物陶瓷：如硅化钼等；（6）氟化物陶瓷：如氟化镁、氟化钙、氟化镧等；（7）硫化物陶瓷：如硫化锌、硫化铈等。此外，还有砷化物陶瓷、硒化物陶瓷、碲化物陶瓷等。除了主要由一种化合物构成的单相陶瓷外，还有由两种或两种以上的化合物构成的复合陶瓷，以及在陶瓷中添加了金属而生成的金属陶瓷。为了改善陶瓷的脆性，在陶瓷基体中添加了补强陶瓷复合材料、金属纤维和无机纤维，并生产出了陶瓷家族中的新成员。为了生产、研究和学习上的方便，有时不按化学组成，而根据陶瓷的性能，把它们分为高强度陶瓷、高温陶瓷、高韧性陶瓷、铁电陶瓷、压电陶瓷、电解质陶瓷、半导体陶瓷、电介质陶瓷、光学陶瓷（即透明陶瓷）、磁性陶瓷、耐酸陶瓷和生物陶瓷等。

铁电陶瓷（ferroelectric ceramics）一种具有自发极化，且自发极化随外电场而取向的介电材料。铁电陶瓷呈现异常高的介电常数，是高比容电容器重要的介质材料。以改性 $BaTiO_3$ 为基的铁电陶瓷是当前应用最广泛的多层陶瓷电容器的介质材料。铁电陶瓷在电场下呈现的极化反转特性是铁电存储应用的基础，可用于非挥发性随机存取存储器；铁电陶瓷的可逆非线性可应用于相移器等可调谐微波器件。铁电体通常以薄膜形式用于铁电存储器和可调微波器件等，称为"铁电薄膜"。铁电薄膜是当前功能陶瓷领域最活跃的研究方向之一。

透明陶瓷（transparent ceramics）能够透过光线的陶瓷。陶瓷在一般情况下是不透明的，但适当控制合成工艺，可使某些陶瓷变得透明。透明陶瓷材料不仅具有较好的透明性，而且耐腐蚀，能在高温、高压下工作。它还有许多其他材料无可比拟的性质，如强度高、介电性能优良、低电导率、高热导性等，所以在照明技术、光学、特种仪器制造、无线电子技术及高温技术等领域获得日益广泛的应用。世界上许多国家先后开发出了氧化铝、氧化镁、氧化钙、二氧化钛等氧化物透明陶瓷，以及氮化铝、硫化锌、硒化锌、氟化镁、氟化钙等非氧化物透明陶瓷。与普通透明材料相比，透明陶瓷的优点是：高密度、无玻璃相、耐腐蚀、机械加工时具有更高的表面光洁度。透明陶瓷材料的应用领域比普通透明材料的范围要广得多。

W

微波介质陶瓷（microwave dielectric ceramics）应用于微波和毫米波频段的陶瓷材料。该类介质陶瓷通常在微波频段内具有较高的介电常数（10～100）、非常低的介质损耗（或高的品质因数）和接近零的谐振频率温度系数。它作为谐振器、滤波器、微波基板、微波电容等广泛应用于微波通信领域中。微波介质陶瓷按其介电特性通常分为高介电常数、中等介电常数和高Q（Q为高品质因子，即低损耗因子）微波陶瓷。最常用的高介电常数微波介质陶瓷主要有钨青铜结构的 Ba-La-Ti-O 系材料，中等介电常数材料有多钛钡（$BaTi_4O_9$、$Ba_2Ti_9O_{20}$）陶瓷和钛锡锆[(Zr, Sn) TiO_4]陶瓷，高Q材料有 Ba（$Mg_{1/3}Ta_{2/3}$）O_3、Ba（$Zn_{1/3}Ta_{2/3}$）O_3 等。

微晶玻璃（microcrystalline glass）以二氧化硅为主体成分，添加不同的金属氧化物而制成的具有微晶体的玻璃。微晶玻璃膨胀系数变化范围大，机械强度高，化学稳定性及热稳定性好。微晶玻璃按所用材料分为基础微晶玻璃和矿渣微晶玻璃。前者是用一般的玻璃原料制成的，后者是用炉渣、矿渣、灰渣等原料制成的。按晶化原理分为光敏微晶玻璃和热敏微晶玻璃；按微晶玻璃外观分为透明微晶玻璃及不透明微晶玻璃；按性能可分为耐高温、耐热冲击、高强度、高硬耐磨、可切削、耐腐蚀、低膨胀或零膨胀、低介电损耗、强介电性等各种微晶玻璃；按基础玻璃组成，一般分为硅酸盐、铝硅酸盐、硼硅酸盐、硼酸盐及磷酸盐等类型。它们已广泛地应用于国防、航空运输、建筑、工矿企业、日常生活等领域。

微孔陶瓷（microporous ceramics）在陶瓷内部或表面含有大量开口或闭口微小气孔的陶瓷体。其孔径一般为微米或亚微米级。它是一种功能型硅酸盐结构陶瓷，具有吸附性、透气性、耐腐蚀性、环境相容性、生物相容性等特征。目前，广泛应用于各种液体和气体过滤，以及固定生物酶和生物适应性载体。

无机非金属材料（inorganic nonmetallic materials）泛指无机材料中除金属材料以外的各种材料。传统的无机非金属材料又称为硅酸盐材料。它主要包括陶瓷、玻璃、水泥和耐火材料四大类，而这几大类材料就其化学组成和结构而言，均属硅酸盐类。在传统硅酸盐材料技术的基础上，一大批具有各种功能（机、电、声、光、热、磁、铁电、压电和超导等）和特性的材料相继出现，突破了传统意义上的四大类材料。人工晶体材料、非晶态材料、先进陶瓷材料（包括功能和结构）、无机涂层材料、碳材料、超硬材料和无机复合材料的相继涌现，逐步发展成为现今在材料科学研究前沿领域中最活跃、最具活力的新型无机非金属材料，从而赋予无机非金属材料以新的、更广泛的科学含义和内容。

X

先进陶瓷材料（electron porcelain material）采用精制的高纯、超细的无机化合物为原料及先进的制备工艺技术制造出的性能优异的陶瓷产品。根据工程技术对产品使用性能的要求，其产品可以分别具有压电、铁电、导电、半导体、磁性或高强、高韧、高硬、耐磨、耐腐蚀、耐高温、高热导、绝热或良好生物相容性等优异性能。先进陶瓷材料一般分为结构陶瓷、陶瓷基复合材料和功能陶瓷三类。大部分功能陶瓷在电子工业中应用十分广泛，通常也称为"电子陶瓷材料"，例如用于制造芯片的陶瓷绝缘材料、陶瓷基板材料、陶瓷封装材料以及用于制造电子器件的电容器陶瓷、压电陶瓷、铁氧体磁性材料等。当前的研究热点包括陶瓷材料的强韧化技术、纳米陶瓷材料的制备合成技术、先进结构陶瓷材料体系的设计以及电子陶瓷材料的高匀、超细技术。

新型玻璃（new type glass）采用精制、高纯或新型的原料，利用新工艺，在特殊条件下或严格控制形成过程而制成的具有特殊性能或功能的玻璃。按习惯，人们把能大规模生产的平板玻璃、器皿玻璃、电真空玻璃和光学玻璃称作"普通玻璃"，把二氧化硅含量在85%以上或55%以下硅酸盐玻璃、非硅酸盐氧化物玻璃以及非氧化物玻璃等称作"特种玻璃"。这种新型玻璃包括特种玻璃，如安全型玻璃、节能型玻璃等，具有广阔的应用开发前景。

新型硅酸盐水泥（new type portland cement）以适当成分的硅酸盐水泥熟料，加入适量石膏，磨细制成的具有中等水化热的水硬性胶凝材料。该类水泥的适用标准为GB200-2003。生产中热硅酸盐水泥时不允许掺加混合材料。水化热较低是中热水泥的主要特征之一。中热硅酸盐水泥主要适用于要求水化热较低的水利工程及大体积混凝土工程等。

Y

阴离子型层柱材料（anion-layer pillar material）一类具有特殊结构的层状晶体材料。其层板化学组成具有可调变性，通过离子交换可将一些具有光、电、磁、催化等功能的物质引入层内空间。阴离子型层柱材料是一类具有酸性、碱性和离子交换性能的层柱材料。它可以用作催化剂、催化剂载体、离子交换剂、吸附剂等；在医药上可以用作抗酸药；在功能高分子材料添加剂方面可以用作红外吸收材料、紫外吸收和阻隔材料、新型杀菌材料、新型阻燃材料、聚氯乙烯稳定剂等。目前已逐步发展成为一类国际上竞相开发的无机功能材料。

隐身玻璃（radar reflecting and absorbing glass）透明可视，具有反射雷达波、散射雷达波和吸收雷达波的功能，能有效阻断雷达波（频率范围1GHz～18GHz）透过的玻璃。这种玻璃在军事工业中广泛应用。

远红外粉（far-infrared powder）具有发射远红外功能的粉状材料。远红外粉的种类很多，有许多物质具有较强的发射远红外线的能力，如氧化物、碳化物、硼化物、硅化物、氮化物等。能用于织物的粉状材料是复合粉。这种粉的红外线发射能力高，能满足保健需求。在一些金属氧化物中，有的具有天然放射性，有的直接对人体有害，因此在使用时要特别注意。

Z

自流浇注料（self-flowing refractory castables）一种无需任何外力作用即可流动和脱气的可浇注施工的耐火材料。其特点是在不降低或不显著降低浇注料性能的条件下，适当加水，无需振动就可浇注成各种形状的施工体。自流浇注料尤其适合薄壁或形状复杂无法振动成型的部位使用。由一定粒度级配的耐火骨料、粉料和高效分散剂组成。浇注料能否具有自流和自动铺展升的功能，关键在于微粉品种、数量与高效分散剂的合理运用。自流浇注料与振动浇注料相比具有如下优点：（1）能在自重作用下流动而无需振动；（2）能自动铺展开并可达到振动浇注料无法达到的部位；（3）能较好地保证浇注料的性能在实际使用时得以充分体现；（4）可泵送施工，降低劳动强度，加快施工周期；（5）减少噪音污染。自流浇注料可用于连铸中间罐衬、电炉顶三角区、出钢口、盛钢桶、加热炉、高炉出铁沟、铸铁感应炉、锅炉保护管等多个领域。

（四）有机高分子材料（Polymer Material）

B

半透膜（semipermeable membrane）对溶液或气体混合物能选择地透过某种组分，一般指能透过溶剂而不能透过溶质的膜。例如，动物的膀胱，允许水透过，而不允许酒精分子透过；玻璃纸只允许水透过到蔗糖溶液中，而蔗糖分子不能透过；灼热的钯或铂允许氢分子透过，而氩、氖分子不能透过。现在人工制造的半透膜包括超滤膜、反渗透膜、透析膜等。半透膜可用多种高分子材料制成，可用以分离不同分子量的物质、测定渗透压和气体分压等。

C

磁性塑料（magnetic plastic）一种具有磁性的高分子功能材料，是重要基础材料之一。磁性塑料按组成可分为结构型和复合型两种。结构型磁性塑料是指聚合物本身具有强磁力的高分子材料，这类磁性塑料还处于探索阶段，离实用化还有一定的距离。复合型磁性塑料是指以树脂为黏合剂加工而制成的高分子材料。这类磁性塑料现已实现商品化。目前用于填充的磁粉主要是铁氧体磁粉和稀土永磁粉。磁性塑料的主要优点是：密度小、耐冲击强度大，制品可进行切割、切削、钻孔、焊接、层压和压花等加工，且使用时不会发生碎裂。它可采用一般塑料通用的加工方法（如注射、模压、挤出等）进行加工，易于加工成尺寸精度高、薄壁、复杂形状的制品。磁性塑料已广泛应用于电子、电气、仪器仪表、通信、文教、医疗卫生和日常生活中。

D

导电高分子隐身材料（conductive polymer stealth material）一种能够吸收雷达波的新型功能材料。主要是利用某些具有共轭主链的高分子聚合物，通过化学或电化学方法与掺杂剂进行电荷转移，实现阻抗匹配和电磁损耗，从而吸收雷达波。国内已研制出 3mm 波段，吸收达 −10dB、带宽 1GHz 左右的导电高分子吸波材料。导电高分子材料的研究刚刚开始，是高分子材料研究的新领域。此种材料主要应用于国防工业领域。

F

分离膜（separation membrane）是一种具有特殊选择性分离功能的无机或高分子材料薄膜。它能把流体分隔成不相通的两个部分，使其中一种或几种物质能透过而将其他物质分离出来。分离膜技术是环境保护和环境治理的首选技术。

氟系列材料（fluorine series material）分子结构中含有氟原子的一类热塑性树脂。它具有优异的耐高低温性能、介电性能、化学稳定性能、耐候性、不燃性、不黏性和低的摩擦系数等特性。氟树脂的主要品种有聚四氟乙烯、聚三氟氯乙烯、聚偏氟乙烯、乙烯四氟乙烯共聚物、乙烯-三氟氯乙烯共聚物、聚氟乙烯、四氟乙烯-全氟烷基乙烯基醚共聚物（可溶性聚四氟乙烯）、四氟乙烯-六氟丙烯共聚物（氟塑料 46）等。其中以聚四氟乙烯为主。聚四氟乙烯可在 260℃ 高温下长期使用，也可在 −268℃ 低温下短期使用。它的介电性能优异，不受工作环境的温度、湿度和工作频率的影响；在高温下也不与强碱、强酸、强氧化剂作用，即使在"王水"中煮沸也无变化，故有"塑料王"之称。对钢的摩擦系数小。其他有机氟材料高温性能好，但低温性能差。用有机硅与有机氟结合产生的氟硅材料，可以改善低温性能。氟树脂可作化工用管、阀、泵、贮槽的衬里；电子工业用耐热防腐蚀电线包皮等绝缘材料；飞机、航天器和电子计算机的配线；机械工业用耐磨、自润滑轴承、活塞环和垫圈等；造纸工业、印染和纺织工业、食品工业用辊筒和建筑用材等。聚四氟乙烯纤维可用于耐热防腐滤布、防护服、宇宙服和全氟离子交换膜衬布。此外，聚四氟乙烯还可用作人工血管、气管和心肺装置等医用材料。

G

高分子分离膜（polymer separation membrane）由高分子材料或高分子复合材料制成的具有分离流体混合物功能的薄膜。一般的薄膜仅起隔离的作用，而功能性薄膜除了隔离作用外，还有选择性传递能量和传递物质的作用。高分子分离膜按结构可分为致密膜、多孔膜、不对称膜、含浸型膜、增强膜。按分离特性和应用角度可分为反渗透膜（逆渗透膜）、超过滤膜、微孔过滤膜、气体分离膜、离子交换膜、有机液体透过蒸发膜、动力形成膜、镶嵌带电膜、液体膜、透析膜、生物医学用膜等多种类别。用于制备分离膜的高分子材料有许多种类，现在用的最多的是聚砜、聚烯烃、纤维素酯类和有机硅等。膜的形式也有多种，一般用的是平膜和中空纤维。功能性高分子膜除分离膜外，还有各种信息转换膜、反应控制膜、能量输送膜等。上述材料目前大都处在开发阶段。

工程塑料合金（engineering plastic alloy）工程塑料（树脂）的共混物的总称。主要包括以 PC（聚碳酸酯）、PBT（聚对苯二甲酸丁二醇酯）、PA（尼龙）、POM（聚甲醛）、PPO（聚苯醚）、PTFE（聚四氟乙烯）等塑料为主体的共混体系，以及在某些场合常被归属于工程塑料的 ABS（丙烯腈-丁二烯-苯乙烯共聚物）树脂改性材料。世界塑料合金的年均需求增长率为 10% 左右，而其中附加值最高的工程塑料合金的年均需求增长率高达 15%，成为积极开发的品种。在美国、欧洲、日本已实现工业化的塑料合金品种中，工程塑料合金占绝大多数。合金化已成为当前工程塑料改性的主要方法。

功能高分子材料（functional polymer material）用于工业和技术中具有特定的光、电、磁、声、热等特性的高分子材料。它主要包括分离性材料、化学功能材料、电磁功能材料、光学功能材料、生物医学功能材料及热功能材料。分离性材料包括高分子薄膜、离子交换树脂、吸水性高分子等。此类材料主要应用于海水淡化、浓缩制盐、蛋白质提炼、超纯水、医药及人工肾等筛离用途。化学功能材料还包括导电高分子、光电高分子等。利用高分子材料能把电能转换成机械、光、化学等能量。导电黏接剂可取代焊锡、电色材料制成的薄膜用于广告显示牌。日本还将聚乙炔二极管应用于塑料电池，体积为铅电池的 1/3，重量为铅电池的 1/10，能量密度为铅电池的 10～30 倍。光功能高分子材料包括光导纤维、光记录材料、发光高分子、光学用材料、偏光薄膜等。生物医学功能材料在骨科、牙科中用于人工器官等。在热功能材料方面，有形状记忆高分子等。

硅烷偶联剂（silicane coupling agent）具有两种官能团，而且与两种不同材料都有亲和力，从而能使它们联结起来的一类材料的统称。例如：（1）硅烷偶联剂 G-407（分子式：$C_{18}H_{42}O_6S_4Si$）能使两种不同材料偶联起来，明显提高其机械性能，改善复合

材料的电性能和耐蚀性，适用于橡胶等；（2）硅烷偶联剂 KH-602 可作氨基硅油产品原料，广泛应用于纺织、印染、化妆品行业。在织物整理中应用硅烷偶联剂后，可使之具有良好的柔软滑爽等效果。

H

海藻碳远红外纤维（alga carbon far-infrared fiber）将海藻碳掺入涤纶长丝等纤维中用共混纺丝法制成的功能纤维。首先采用特殊的工艺，将海藻碳化得到径粒达到 $0.4~\mu m$ 的海藻碳，再用共混纺丝法渗入到涤纶长丝内，制成远红外涤纶长丝。其织物在接近人体体温 35℃ 的情况下，能高效地放射远红外线（放射率高达 94%）。当织物中含海藻碳纤维的用量达到 15%～30% 时，就能获得充分的放射效果，而且海藻碳价格便宜，可降低远红外织物成本。这种织物对人体保暖和保健有一定积极作用。

活性碳纤维（activated carbon fiber）一种多微孔质的碳纤维。它在 20 世纪 70 年代开始迅速发展，现已进入工业化规模生产阶段。主要用于以下方面：（1）吸附废气，净化环境；（2）回收溶剂及有机化合物；（3）净化水；（4）化学防护；（5）高效电容和各种电极材料。它与活性碳相比，具有以下优点：（1）吸附量大；（2）吸附速度快；（3）脱吸附速度快；（4）可以制成多种织物，加工成多种形状，因此方便使用。

J

JQ-1 胶黏剂（JQ-1 polyisocyanate adhesive）即聚异氰酸酯胶（JQ-1 胶），学名：三苯甲烷三异氰酸酯，分子式：$C_{22}H_{13}N_3O_3$。JQ-1 胶是一种含有异氰酸基团（-NCO）的化合物。它可与多种化学基团（-OH、-H、-NH_2 或不饱和物质）起作用，借此可使物件牢固粘接在一起。其黏接力好，通常可达到或超过被黏结材料本身的强度。黏结后，在高温和潮湿的条件下仍可保持其固有的黏结力。现已广泛地应用于航空机械、石油化工、电子机械、交通运输、建筑、轻工等部门。

聚苯乙烯泡沫塑料（expanded polystyrene，EPS）在聚苯乙烯中加入发泡剂，加热时软化并产生气体所形成的一种硬质闭孔结构的泡沫塑料。它是一种轻型高分子材料。均匀的、封闭的空腔结构使 EPS 具有吸水性弱、介电性能优良、质量轻及力学强度较高等特点。EPS 施工简便，易于搬运，同时具有能充分抵抗交通荷载的强度。在日常生活中，EPS

早已作为仪器的外包装及新鲜食品的运输箱使用。在工程中，自1971年挪威道路研究所首次使用EPS代替普通填料，成功抑制了桥梁与桥头路堤间不均匀沉降以来，EPS作为一种新型工程材料，不断被用于各类土木工程，有效地解决了软基过度沉降和路堤与桥台连接处的差异沉降，以及建筑物的防潮、保温和水利设施的保温防冻、防渗等工程问题。

聚乳酸（polylactic acid）以乳酸为原料经缩合生产的新型聚酯材料。是一种在自然环境下"容易被生物分解"的塑料。所谓"容易被生物分解"，即这种塑料容易被微生物降解，变成水和二氧化碳等无害物质。微生物对聚乳酸所起的作用，同微生物在堆肥中所起的作用是一样的。传统塑料以石油和天然气为原料。它们在自然环境下很难分解，因而就会产生破坏生态环境的问题。使用能够被生物降解的聚乳酸塑料，为解决现代社会所面临的上述难题开辟了一个途径。聚乳酸的热稳定性好，加工温度170~230℃；抗溶剂性好，可用多种方式进行加工，如挤压、纺丝、双轴拉伸、注射吹塑。由聚乳酸制成的产品除能生物降解外，其生物相容性、光泽度、透明性、手感和耐热性也好，还具有一定的耐菌性、阻燃性和抗紫外性。因此其用途十分广泛，可用作包装材料、纤维和非织造物等。目前主要用于服装（内衣、外衣）、产业（建筑、农业、林业、造纸）和医疗卫生等领域。

聚乙烯异相离子交换膜（polyethylene heterogeneous Ion-exchange membrane）由苯乙烯磺酸型阳离子交换树脂、苯乙烯季铵型阴离子交换树脂以聚乙烯黏合剂，经混炼拉片，用尼龙网布增强并热压而成聚乙烯阳离子交换膜（简称阳膜）和聚乙烯阴离子交换膜（简称阴膜）。这种离子交换膜，具有交换容量大、膜面电阻小、选择透过率大、爆破强度大、易修复等优点。它主要应用于电渗析中分离各种不同离子、海水淡化、锅炉水软化制取超纯水。

R

热塑性动态硫化橡胶（thermoplastic vulcanizate rubber，tpv）既具有传统橡胶的性质，又能用热塑性塑料加工设备和方法进行加工的一类热塑弹性体。TPV是一种通过动态硫化工艺制成的高级合成橡胶。它成功地把硫化橡胶的一些特性，如耐压缩变形、耐热性与塑料的易加工特性结合在一起。TPV通常由塑料和橡胶两相组成，再加上合适的硫化/交联体系，配以适当的共混设备如双螺杆挤出机、密炼机，使橡胶在硫化不交联的同时被剪切成微粒并分散在连续的塑料相中。因此动态硫化所形成的化学交联将区别于苯乙烯类弹性体的物理交联，TPV能在更高的温度条件下保持橡胶状态，而不会像苯乙烯类弹性体在较高温度条件下，物理交联消失，材料开始塑性变形。它主要应用于汽车部件、机械工具、电子电器、运动器械、电线电缆、汽车密封条、建筑密封、玻璃幕墙等方面。

S

十溴二苯乙烷（decabromodipheny-lethane）一种新型的塑料阻燃剂。它具有阻燃效果好、热稳定性能高、抗紫外线能力强、对被阻燃材料的物理性能影响小、毒性低，在热解时不会产生致癌物、剧毒物等优点。广泛应用于各种热固性、热塑性塑料中，特别是在高温条件、对抗紫外线要求严格的高端应用场合，如电视机、计算机显示器外壳、印刷电路板等；也可用于生产薄壁元件的HIPS和ABS塑料阻燃。

塑料合金（plastic alloy）为提高塑料的某种性能，而采用两种或两种以上不同种类的树脂或橡胶，以一定的方式混合，而得到的一种新材料。典型的塑料合金，如PC（聚碳酸酯）综合性能好，具有优良的力学性能、电性能和较高的耐热及耐寒性，并且透明度高。其缺点是加工性能差，制品内应力大，易开裂，价格较高。而PC/ABS合金则具有更高的耐冲击强度和优异的耐热性，因而明显地改善了加工性能，避免了开裂现象，而且制品流动性和着色性优于ABS。这类高性能的通用型塑料合金是国际开发的热点。它可广泛应用于汽车仪表盘、内部装饰部件、办公机器，如复印机、计算机外壳、键盘等。又如，PA（尼龙），其优点是抗伸张度高、耐高温、耐磨擦、耐溶剂，但其在低温环境下韧性低，因而使用途受限。若加入马来酸改性后，与EPOM组成PA/EPOM合金，称为"超韧尼龙合金"。其低温冲击强度可比PA提高2~9倍，同时又保持了PA的耐化学性和耐磨性。它主要用于要求耐高温的电动工具外壳、体育用品等。

T

特种胶黏剂（special adhesive）一种可在超高温、超低温等条件下，用于导电、导磁、导热、点焊、应变、光敏等方面的黏接剂。它具有特殊的性能，用于特殊的场合，满足特殊的需要，粘接特殊对象的一类胶黏剂。该类胶黏剂大多以合成树脂为基料制成。

X

橡胶密封制品（rubber sealing product）为防止流体介质从被密封装置中泄漏及外界灰尘、泥沙和空气（对真空而言）进入被密封装置内部的橡胶制品。这类密封件虽小，但对保证各种装置和设施的性能、节约材料和能源、防止环境污染等具有重大作用。可广泛应用于各种机械、仪表、管道、家用电器、车辆和其他交通工具及建筑行业等。橡胶密封制品的橡胶材料，要根据工作条件选用，如耐油密封制品采用丁腈橡胶，耐高温和耐腐蚀介质的密封制品采用硅橡胶、氟橡胶、乙丙橡胶、丙烯酸酯橡胶等。橡胶密封制品的品种繁多，按工作状态可分为静态和动态密封用制品。O形圈广泛应用于静态和往复运动机件的密封；油封广泛应用于轴密封。O形圈和油封占密封制品总数量一半以上。橡胶密封件的作用，均通过橡胶与被密封件相接触而实现，故要求胶料的弹性高、耐油及耐老化性能好。

Y

有机硅材料（organic silicon material）学名聚硅氧烷树脂，是一种主链含有硅原子的高分子化合物。目前，主要的有机硅高分子材料是聚硅氧烷。它具有优良的电性能、防潮性和耐温性。由于聚合度和分子量的不同，有机硅材料的状态、性能和用途也不同，主要可分为三类：（1）硅油。为低分子量线型结构聚合物，无色或浅黄色透明液体，具有高的沸点和低的凝固点，对热分解和对水或氧化剂特别稳定，无毒，无腐蚀性；可用作液压油、高级润滑油、表面处理剂、脱模剂和破乳剂，也可以用作纺织物处理剂、纸胶料和其他多种物质的防水剂，还是良好的电绝缘体。（2）硅橡胶。是分子量很大的线型结构聚合物。具有良好的电绝缘性（其击穿电压为 $20\sim25kV/mm$）、高频损耗低，特别适于作灌注材料、高频高压电子器件包装绝缘材料；还具有良好的化学稳定性、生理惰性和耐候性等特点。可用于制造在高温或低温下使用的橡胶制品和整形术中需要的人造器官。（3）有机硅树脂。是含有活性基团、可进一步固化的中分子线型结构聚合物。具有优良的耐高温性和突出的介电性、耐电晕、耐电弧性。可用于制作耐 $180℃$ 的电动机绝缘材料，耐高温涂料，耐热塑料，密封、减震、阻尼材料，层压玻璃布和保护涂层，以及耐强电流、高电压的开关材料。

有机硅耐热漆（silicone heat-resistant paint）由硅的有机化合物制成的一种耐热漆。它具有优良的耐高温性能。主要用于涂敷高温设备的零部件，如发动机外壳、烟囱、排气管、热交换器、烘箱、火炉、暖气管等。

（五）复合材料（Composite Material）

B

玻璃钢（glass fiber reinforced plastic，GFRP）一种由玻璃纤维与一种或数种热固性或热塑性树脂复合而成的材料。常用的树脂有酚醛树脂、环氧树脂、聚酯树脂、聚酰亚胺树脂等。它们具有质轻、高强、防腐、保温、绝缘、隔音等诸多优点。普通玻璃是一种强度不高的脆性材料，如果将玻璃熔融并拉成很细的玻璃纤维之后，其性能就发生了很大变化。玻璃纤维很柔软，甚至可以织成布。同时，玻璃纤维越细，其强度越高。玻璃钢的强度可以与钢筋混凝土媲美。在钢筋混凝土中，承受外力的主要是钢筋，但混凝土却是不可缺少的，它将钢筋黏结为一个整体，不但赋予建筑构件以一定的外形，而且增加了强度。在玻璃钢中，玻璃纤维的作用犹如钢筋，而酚醛树脂起着混凝土的作用，两者的结合使玻璃钢具有很好的强度。玻璃钢还有优良的耐腐蚀性，是一种重要的耐腐蚀材料。铅曾经是一种耐腐蚀的金属材料，能耐硫酸的腐蚀。其原因，是铅和浓硫酸作用生成难溶解的硫酸铅，成为一种致密的保护膜覆盖在金属铅的表面，所以化工厂的反应釜和管道常用铅做衬里，也可用搪瓷做衬里。如果用玻璃钢来代替，耐腐蚀性都符合要求。玻璃钢还用于阀门、泵、风机，适宜做运输腐蚀性液体的汽车槽车和火车槽车，在化工厂制作贮腐蚀性液体的贮槽、废酸废液池衬里和大面积防腐蚀的地面。石油的腐蚀性也很强，玻璃钢可以代替钢管用来制造输油管、输油车，大大节约了钢材。

C

C/C复合材料（C/C composite material）即碳纤维增强碳基体复合材料。它全部是由碳元素组成的，既克服了一般碳—石墨材料强度低的缺点，又保持了石墨的耐高温性能和高的比强度。C/C复合材料由于晶体的结晶程度不同，即石墨化程度不同，超过2 000℃的热处理温度，开始发生三维层面的排列。这种转化，即石墨化过程，伴随着层面间距的减小，表观微晶尺寸增加。石墨化度就是用来表征这一转化过程进行程度的重要参数。石墨化度的高低，表明了碳结构离理想石墨结构的远近程度。在C/C复合材料的制备工艺中，石墨化度的高低决定材料的力学和热学性能。石墨化度升高，C/C复合材料力学性能值降低，韧性改善，热学性能提高；反之，则力学性能值升高，韧性变差，热学性能降低。适当地控制石墨化度，可以对材料性能进行调制，获得不同需求的C/C复合材料。最初这种材料是作为航天用高温结构材料和耐烧蚀材料，广泛用于固体火箭发动机喷管、喉衬、火箭重返大气层系统的保护罩。20世纪70年代后，随着高负荷飞机的出现，对刹车装置提出了严格的要求，传统的金属基刹车材料难以适应，C/C复合材料开始用作刹车材料，并表现出了良好的性能，现在已广泛用于干线飞机和军用飞机上。

D

氮化硅晶须补强碳化硅陶瓷基复合材料（silicon nitride whisker reinforced silicon carbide ceramic matrix composite）一种以碳化硅陶瓷为基体、以氮化硅晶须为增强体的复合材料。它既保留了碳化硅陶瓷优良的耐高温、抗蠕变、抗氧化、抗化学腐蚀、耐磨等性能，又具有比碳化硅陶瓷更高的强度和韧性。其最高使用温度可达1 400℃以上。氮化硅晶须与碳化硅陶瓷基具有较好的物理相容性，化学性质相近，界面的结合力较强。但该复合材料的烧结温度和界面控制困难，成本高。它主要用于航天领域的高温部件。

氮化铝－玻璃复合材料（nitrogen aluminum glass composite material）由氮化铝和玻璃两种材料组成的复合材料。其热导率是氮化铝-玻璃的5～10倍，烧结温度在1 000℃以内，可与银、铜等布线材料共烧，从而制造出具有良好导热和导电性能的多层配线板。氮化铝-玻璃复合材料热导率达到10.8 W/（m·K），很好地满足了大规模集成电路小型化、密集化的要求。现已成为当代电子封装材料领域的研究热点。

电磁流变液（electromagnetic flow fluid）一种由微米级的复合粒子作为悬浮粒子与合适的液体载体所组成的物料。复合粒子通常由两部分组成，其中一部分在电场作用下具有电流变性，另一部分则在磁场作用下具有磁流变性。因此，电磁流变液既具有电流变性又具有磁流变性，有可能同时兼顾两者的优点，是一类具有极高研究价值的智能材料。要制备高性能的电磁流变液，关键是制备高性能的复合粒子。由于Fe_3O_4纳米粒子具有矫顽力小、饱和磁化强度高等特点，可用来作为复合粒子中的磁性粒子。但是，Fe_3O_4纳米粒子极易被氧化，所以制备过程必须在隔绝空气的条件下进行，这就使制备工艺复杂化。利用有机—无机纳米复合技术，将酞菁镍（NiPc）与Fe_3O_4纳米粒子复合，制备微米级的NiPc-Fe_3O_4纳米复合粒子，简化了制备工艺。由于NiPc具有半导体性质，可组成电流变液。

J

机敏复合材料（smart composite material）具有感觉和调节双重功能，能检知环境变化并作出响应，使之与变化后的环境相适应的复合材料。机敏复合材料具有自诊断、自适应或自愈合等功能。例如，具有自诊断功能的机敏复合材料，是把光导纤维与增强纤维一同与基体复合，每根光导纤维均有独立的光源与检测系统。当复合材料发生破坏和应力集中时，可使该处光导纤维发生断裂或相应的应变，从而诊断出破坏部位的情况。再如，用于对振动产生自适应阻尼的机敏复合材料，是由压电材料和形状记忆材料丝与高聚物构成的执行材料复合在一起。当压电材料检知振动时，信号启动外接的电路使形状记忆材料发生形变，由于受高聚物基体约束的综合作用改变了材料的振动模态而减振。机敏复合材料已用于主动控制振动与噪声，主动探测复合材料构件的损伤，主动根据环境改变构件的几何尺寸，主动控制树脂基复合材料的固化工艺过程等。

金刚石聚晶（polycrystalline diamond, PCD）以金刚石与适当的结合剂（钴、镍、钛、硅、硼等）为原料，在高压高温下聚结而成的一种复合超硬材料。通常 PCD 还带有 YG（即 WC-Co 类）硬质合金衬底，并与之组成双层复合刀具材料。具有耐磨性高、抗冲击韧性强、热稳定性好和结构致密均匀等特点。金刚石聚晶广泛用于制造石油、地质钻头和机加工刀具。其刀具广泛用于切削硬而脆的非金属材料，以及硬质合金、冷硬铸铁等难加工材料。

金刚石锯片（diamond saw blade）以金刚石磨料为工作物质、与金属结合剂和基体共同组成的复合材料制品。金刚石锯片包括圆锯、排锯等多个类型。常用圆锯片的直径为 105～2 500 mm。其原料为人造金刚石和金属结合剂（多种铜粉末）组成的复合材料。制造方法：经过配混料、压制、烧结，或烧结后焊接，以及应力校正、修磨、开刃等工序制成。其用途是用来切割硬脆材料，如大理石、花岗石、耐火材料、混凝土、沥青路面等。金刚石锯片是应用最广、用量最大的一类金刚石工具。另外，超薄切割片也是一种金刚石锯片，刃口厚度只有 0.02～0.2mm，用于切割单晶硅等半导体和磁性材料。与金刚石锯片类似的，还有金刚石钻头和金刚石磨具（如青铜结合剂砂轮等），也是由金刚石和金属组成的复合材料。此外，还有树脂结合剂金刚石磨具，属于金刚石与树脂的复合材料；陶瓷结合剂金刚石磨具，属于金刚石与陶瓷的复合材料。这些工具都得到日益广泛的应用。

金属基复合材料（metal matrix composite material，MMCM）一种以陶瓷（连续长纤维、短纤维及颗粒）为增强材料，以轻合金（如铝、镁、钛等）为基体材料而制备的材料。根据复合材料基体可划分为铝基、镁基、钢基、铁基及铝合金基复合材料等。按增强相形态的不同可划分为颗粒增强金属复合材料、晶须或短纤维增强金属复合材料及连续纤维增强金属基复合材料。由于 MMCM 具有高的比强度、比模量、耐高温、耐磨损和热膨胀系数小、尺寸稳定性好等优点，以及无高分子复合材料常见的老化现象和在高真空条件下不释放小分子的特点，克服了树脂基复合材料在宇航领域中使用时存在的缺点，成为各国高新技术研究开发的重要领域。在 20 世纪 80 年代末期，出现了一系列新的复合材料制备技术。迄今为止，金属基复合材料已在航天、军事领域及汽车、电子仪表等行业中显示出了巨大的应用潜能。

金属陶瓷（cermet）由金属或合金与一种或几种陶瓷所组成的非匀质复合材料。常用的金属有铁、镍、铬、钴等；常用的陶瓷有耐高温的氧化物、硅化物、硼化物、碳化物和氮化物等等。金属陶瓷兼具金属和陶瓷的某些优点，如金属的韧性、延性、热导和强度等，陶瓷的高熔点、高强度、抗氧化和抗蠕变性能等。多数金属陶瓷硬度在 HR（洛氏硬度）C_{60} 以上，能经受 1 000℃ 的高温，抗磨性、抗蚀性良好，有导电性、可焊接性，韧性大大高于氧化物陶瓷，但低于金属材料。金属陶瓷的制备技术与陶瓷相似。将金属粉与陶瓷粉混合均匀后成型，再烧结致密化即成。也有采用陶瓷坯体浸渍金属等方法进行制备。在制造机械密封环、拉丝模、轴承等许多耐磨、耐腐蚀机械零件方面，得到广泛的应用。

K

颗粒弥散增强陶瓷复合材料（particle dispersion strengthened ceramic composite）将第二相颗粒引入陶瓷基体中，使其均匀弥散分布，并起到增强陶瓷基体作用的复合材料。陶瓷基体可分为氧化物陶瓷（如氧化铝、氧化锆、莫来石、尖晶石等）和非氧化物陶瓷（如碳化物、氮化物、硼化物等）；第二相颗粒可分为刚性（硬质）颗粒和延性颗粒，包括氧化物或非氧化物陶瓷粉末颗粒，以及金属粉末颗粒。陶瓷基体与第二相颗粒可进行不同的搭配组合。颗粒弥散强化可以使材料强度获得大幅度提高。具有制备工艺简单、第二相分散容易、价格低廉等特点，并且已在切削刀具、耐腐蚀、耐磨损以及高温结构材料等方面获得应用。

L

立方氮化硼聚晶（polycrystalline cubic boron nitride，PCBN）以 CBN（立方氮化硼）与适当的结合剂（镁、铝、钙等金属或其氮硼化合物）为原料，在高压高温下聚结而成的晶体。通常 PCBN 还带有硬质合金衬底，PCBN 与衬底组成双层复合刀具材料。立方氮化硼聚晶刀具可用来切削硬而韧的耐高温难加工的含镍、铬、钒、钛的合金钢，以及淬火钢、耐磨铸铁等。

铝碳化硅电子封装材料（Al-SiC electronic encapsulation material）以铝（Al）合金作基体，以碳化硅（SiC）为增强体，按一定比例经高温烧制而成的多相复合材料。它是将金属的高导热性与陶瓷的低热膨胀性相结合，能满足多功能特性及设计要求，具有高导热、低膨胀、高刚度、低密度、低成本等综合优异性能的电子封装材料。在国际上，铝碳化硅属于微电子封装材料的第三代产品，是芯片封装的最新型材料。

R

热固性树脂基复合材料（thermosetting resin based compound material）以热固性树脂如不饱和聚酯树脂、环氧树脂、酚醛树脂、乙烯基酯树脂等为基体，以玻璃纤维、碳纤维、芳纶纤维、超高分子量聚乙烯纤维等为增强材料制成的复合材料。具有质量轻、强度高、模量大、耐腐蚀性好、电性能优异、原料来源广泛、加工成型简便、生产效率高等特点，并具有材料可设计性及其他一些特殊性能，如减振、消音、透电磁波、隐身、耐烧蚀等特性的重要材料。是目前应用最广的一种复合材料。在热固性树脂基复合材料中，使用最多的树脂仍然是酚醛树脂、不饱和聚酯树脂和环氧树脂三大热固性树脂。其性能各有特点：酚醛树脂的耐热性较高、耐酸性好、固化速度快，但较脆，需高压成型；不饱和聚酯树脂的工艺性好、价格最低，但性能较差；环氧树脂的黏结强度和内聚强度高，耐腐蚀性及介电性能优异，综合性能最好，但价格较贵。

S

树脂基复合材料（resin based composite material）以树脂作基体的复合材料。常用的树脂体系有酚醛、环氧、聚酯等类型。其增强纤维有玻璃纤维、碳纤维、硼纤维、氧化铝纤维、碳化硅纤维及芳纶等。根据所用增强物不同，分别称为玻璃纤维复合材料（或称玻璃纤维增强塑料），碳纤维复合材料，芳纶复合材料，混杂纤维复合材料等。树脂基复合材料是快速发展的新型工程材料，与常用金属结构材料最明显的区别在于其各向异性，即可通过变动纤维排列方向和辅助次序来改变复合材料的性能，以获得最佳结构的制件。该材料具有重量轻、强度高，即比强度、比刚度高，有优异的耐腐蚀性、热绝缘性和抗振动阻尼等特点。但与金属材料相比，其耐热性、韧性、导电性、导热性差。该材料是目前最有广泛应用前途的复合材料。尤其是碳纤维、芳纶复合材料被用于飞机、航天器、火箭、导弹、汽车及其他运输工具，体育运动器械、化工等领域。

T

碳化硅晶须补强氮化硅陶瓷基复合材料（silicon carborundum whisker rein forced silicon carbide ceramic matrix composite）一种以氮化硅陶瓷为基体，以碳化硅晶须为增强体的复合材料。它具有很高的硬度、强度、优良的抗热震性和抗化学腐蚀性，但是断裂韧性较低。在 Si_3N_4 中引入碳化硅晶须的目的是提高其断裂韧性和高温强度。碳化硅晶须补强 Si_3N_4 复合材料的界面结合力较强，因此晶须拔出增韧效果不太显著。晶须的断裂偏转及桥联起主要增韧作用。碳化硅晶须补强陶瓷复合材料的室温强度为 $800\sim1\,000MPa$，具有高强度、高硬度、高断裂韧性，可以应用于 $1\,350℃$ 以上使用的燃气涡轮转子、叶片以及各种陶瓷发动机部件、陶瓷刀具、拉丝模具、轴承等。

碳纤维复合材料（carbon fiber composite material）碳纤维与树脂、金属、陶瓷等材料复合，经特殊工艺加工而成的复合材料。这类材料具有高比强度、高比模量、耐高温、耐腐蚀、耐疲劳、抗蠕变、导电、传热和膨胀系数小等优异性能，既可以作为结构材料承载重荷，又可作为功能材料发挥作用。因此，碳纤维复合材料属于新型复合材料，是典型的高新技术产品。碳纤维复合材料的基体可用树脂、炭、金属和无机材料等。由于碳纤维复合材料性能优异，目前已广泛用于飞机、卫星的结构材料、汽车的零部件、文体用品等各种工业及民用产品。

碳纤维增强陶瓷瓦（carbon fiber reinforced ceramic tiles）用碳纤维作为填充剂来制造的陶瓷瓦。碳纤维增强耐高温陶瓷瓦是确保航天飞机飞行安全的重要部件。碳纤维增强碳化硅陶瓷瓦可以反复经受 $1\,700℃$ 的高温，并具有很强的抗冲击性和耐化学性。新型陶瓷瓦的另一突出优点是，在大尺寸下性能稳定，没有裂纹。新型陶瓷瓦在俄罗斯发射的"联盟"号飞船火箭上首次使用，取得理想的效果。目前，美国宇航局已在美国新研制的"X-38"航天飞机上进行过试验。这种新型碳纤维增强陶瓷还可用于制造刹车系统中的耐高温陶瓷刹车片。

陶瓷基复合材料（ceramic based composite material）以陶瓷为基体，用氧化物、碳素等无机材料纤维增强的陶瓷。这种复合材料既具有陶瓷的耐高温、抗压强度大、弹性模量高、耐氧化性强等优点，又克服了陶瓷性脆的主要缺点，从而获得既耐高温、耐氧化而又有一定韧性，既耐超高压而又不变形，既耐腐蚀而又不易老化，既耐低温又耐烧蚀等综合性能优良的材料。例如，石墨增强的氧化镁，其抗冲击强度比纯氧化镁高15倍；硼纤维增强的氧化钛比钛合金轻33%；碳纤维增强的氧化铝比铝轻40%，而强度与钢接近。陶瓷基复合材料目前大多处于研究和试用阶段，在军用飞机、卫星、导弹及体育运动器械等方面用得较多，有的已作为正式商品用于飞机和汽车工业。

梯度复合材料（gradient composite material）采用材料复合技术，通过控制材料的组成、结构等，使材料呈现梯度变化，以减小和克服两种材料结合部位性能不匹配的新型材料。例如，隔热性耐热材料是在耐热金属表面涂覆一层耐高温陶瓷，在高温下由于二者热膨胀系数的差异很大而在界面处产生很大的热应力，该应力可能导致二者剥离。在二者之间通过连续控制内部组成和微细结构的变化，消除两者间界面，缓和热应力，使整体材料耐热性和机械性能均得到提高。该材料可用作航天飞机超耐热材料。在核能、电子、光学、化学、电磁学、生物医学乃至日常生活领域，都有着潜在的应用前景。

土工合成材料（earth synthetic material）以合成材料为原材料制成的，应用于岩土工程的各种产品的统称。因为它们主要用于岩土工程，故冠以"土工"两字，称为"土工合成材料"，以区别于天然材料。其原材料是高分子聚合物（由煤、石油、天然气或石灰石中提炼出来的化学物质制成），再进一步加工成纤维或合成材料片材，最后制成各种产品。制造土工合成材料的聚合物主要有聚乙烯、聚酯、聚酰胺、聚丙烯和聚氯乙烯等。将上述材料置于土体内部、表面或各种土体之间，发挥加强和保护土体的作用。

X

稀土陶瓷材料（rare-earth ceramic material）在陶瓷中添加稀土元素而制成的复合材料。有稀土功能陶瓷、稀土结构陶瓷等多种。稀土功能陶瓷包括绝缘材料（电、热）、电容器介电材料、铁电和压电材料、半导体材料、超导材料、电光陶瓷材料、热电陶瓷材料、化学吸附材料、固体电解质材料等。在传统的压电陶瓷材料，如 $PbTiO_3$、$PbZr_xTi_{1-x}O_3$（PZT）中，掺杂微量稀土氧化物，可以大大改善这些材料的介电性和压电性。用这些材料制作的各种电子元件已获得广泛应用。稀土高温结构陶瓷，主要指掺杂稀土的 Si_3N_4、SiC、ZrO_2 等耐高温、高强度、高韧性陶瓷，即工程

陶瓷。它可用于高温燃气轮机、陶瓷发动机、高温轴承等高技术领域。

纤维增强混凝土（fibre reinforced concrete）以混凝土（或砂浆）作基材，以非连续的短纤维或连续的长纤维作增强材质组合成的复合材料。由于在混凝土基体中均匀分散一定比例特定纤维，使混凝土的韧性得到改善，抗弯性和折压比得到提高。按纤维种类可分为钢纤维增强混凝土、玻璃纤维增强混凝土、合成纤维增强混凝土、天然纤维增强混凝土、碳纤维增强混凝土、混杂纤维增强混凝土等。纤维增强混凝土广泛应用于强度要求较高的大体积混凝土工程和抗折、抗拉强度要求较高及要求韧性较好的楼面混凝土柱、梁等结构混凝土工程及桩用混凝土，重要的设备底座，飞机场跑道等。

新型高热传导复合材料（new highly heat conductive composite material）由20%的铝粉加80%的碳纤维，并混合少量的多层碳纳米管，在 $500\sim600℃$ 的温度下，加压50MPa而合成的复合材料。加入多层碳纳米管后，与铝相比热膨胀率降低了30%，同时解决了提高热传导性和降低热膨胀率的难题。利用铝和碳纤维开发的另一种复合材料可用来制作幻灯机散热材料，使以前的幻灯机排风扇由五个减少到一个。

Y

延性颗粒弥散强化氧化物陶瓷（ductile particle dispersion strengthened oxide ceramics）以氧化物陶瓷为基体、以延性颗粒为弥散第二相，通过复合工艺所构成的复合材料。将延性颗粒增强体（主要为金属颗粒）加入到陶瓷基体和玻璃陶瓷基体中可以增强其韧性。延性颗粒弥散强化氧化物陶瓷主要有 Al_2O_3/Al、Al_2O_3/Ni、ZrO_2/Zr 及 ZrO_2/Ni 等。采用延性颗粒增韧，可使陶瓷基体的韧性增加1～9倍。例如，当铝体积百分数为20%时，Al_2O_3/Al 复合材料的断裂韧性为 $20MPa/m^2$，比 Al_2O_3 基体的断裂韧性提高8倍左右。此类复合材料可用于耐磨部件及航空航天等领域。

印刷电路板基布（basic fabric for printed circuit board）玻璃纤维经整经、浆纱、织造预处理、热清洗、后处理等工艺过程制成的绝缘布。它具有优良的电绝缘性能和加工性能，是电子计算机及家用电器等电子工业的基础材料。主要应用于印制电路板。

　　硬质合金（carbide）由难熔性金属钨（W）、钛（Ti）、钽（Ta）、铌（Nb）和钒（V）的碳化物以及作为黏结剂的铁族金属，用粉末冶金方法制备而成的特种合金。与高速钢相比，它具有较高的硬度、耐磨性和红硬性；与超硬材料相比，它具有较高的韧性。由于硬质合金具有良好的综合性能，因此在刀具行业得到了广泛应用。硬质合金通常可分为三类：（1）YG类（WC-Co类）。用此类硬质合金制造的刀具，具有良好的韧性、耐磨性、导热性等，主要用于加工铸铁、有色金属和非金属。（2）YT类（WC-TiC-Co类）。由于材料中加入了TiC，使材料的硬度和耐磨性有所提高，但抗弯刚度有所降低。该类硬质合金具有高硬度和高耐热性，抗黏结、抗氧化能力较好，适用于加工钢材，切削时刀具磨损小，耐用度较高。（3）YW类（WC-TaC-Co类）。在这种材料中加入TaC是为了提高刀具的强度、韧性和红硬性。此类硬质合金材料具有很高的高温硬度、高温强度和较强的抗氧化能力，特别适于加工各种高合金钢、耐热合金和各种合金铸铁。虽然近年来各种新型刀具材料层出不穷，但在今后相当长一段时间内，硬质合金刀具仍将广泛用于切削加工。因此，需要研究新的材料制备技术，进一步改善和提高硬质合金刀具材料的切削性能。

Z

　　增强体（reinforcement）复合材料中承受载荷的组分。按几何形状来分，增强体有颗粒状、线状、片状和立体结构。按属性来分有无机的和有机的，有合成的和天然的。主要的增强体是纤维状的，如玻璃纤维、碳纤维、碳化硅陶瓷纤维、芳酰胺纤维（芳纶）等。用玻璃纤性、碳纤性和芳纶制作的布和毡也是常用的增强体。正在发展立体结构的异形织物，以适合于各种复合材料型材和整体件的需要。天然的植物和矿物纤维、片材和颗粒也用来作增强体，但仅适合于低性能的复合材料。复合材料增强体发展较快，玻璃纤维、织物和毡的产量目前已逾千万吨级。

　　智能材料（intelligent material）模仿生命系统、能感知环境变化并能实时地改变自身的一种或多种性能参数、作出能与环境相适应反应的复合材料。它是同时具有感知功能即信号感受功能（传感器功能）、自己判断并自己作出结论的功能（情报信息处理机功能）和自己指令并自己行动的功能（执行机构功能）的材料（感知、反馈、响应是其三大基本要素）。它不但可以判断环境，而且还可顺应环境，即具有类似于活的生物机体组织那样的病变自诊断、外部伤口自愈合、环境自适应、预告寿命，甚至自分解、自学习、自增值、自组装、自恢复及应对外部刺激自身积极发生变化等功能效应。由于这种材料不是过去常见的单一的、简单的组织结构，因此常称之为智能材料系统。智能材料的基本组元有：光导纤维、压电材料、电磁流变体、形状记忆合金、磁致伸缩材料、各类半导体敏感材料和高分子智能材料等。所有这些都在智能材料和系统中有着广泛的应用。

　　智能复合材料（intelligent composite material）能够根据环境条件的变化程度非线性地使材料与之适应从而达到最佳效果的一种复合材料。由于机敏复合材料只能作出简单线性的响应，因此智能复合材料是机敏复合材料的高级形式。可以说，在机敏复合材料的自诊断、自适应和自愈合的基础上，增加了具有智能的自决策功能。它是材料学、电子学、信息科学、生命科学等众多学科与技术的交叉产物，具有旺盛的生命力。目前，此类材料正在研究发展之中。

（六）纳米材料（Nanomaterial）

C

　　插层复合法（inserting synthesis method）将塑料与片状硅酸盐在纳米尺度上复合而制备新型复合材料的技术。它是将单体或聚合物插入经插层剂处理后的层状硅酸盐（如蒙脱土，俗称黏土）之间，进而破坏片层硅酸盐紧密有序的堆积结构，使其剥离成厚度为1nm左右、长与宽均为30～100nm的层状基本单元，并均匀分散于塑料基体树脂中，使塑料与层状硅酸盐在纳米尺度上的复合而制备纳米材料的方法。它是目前制备纳米材料的主要方法。插层复合法可分为两大类：（1）插层聚合法，先将聚合物单体分散、插层进入层状硅酸盐中，然后原位聚合，并利用聚合时放出的热，克服硅酸盐片层间的作用力而使其剥离，从而使硅酸盐片层与塑料基体以纳米尺度复合。(2) 聚合物插层法，将聚合物熔体或溶液与层状硅酸盐混合，利用化学和热力学作用使层状硅酸盐剥离成纳米尺度的片层并均匀地分散于聚合物基体中。该法的优点是易于实现无机纳米材料能以纳米尺度、均匀地分散在塑料基体树脂中。

超微粒子直接分散法（ultracorpuscule direct decentralization method）利用共混技术将经过表面处理的纳米级粒子均匀分散、防止团聚的方法。包括乳溶共混法、溶液共混法、机械共混法、熔融共混法等。有实际意义的为熔融共混法，其他方法难于达到理想的分散效果，如机械共混法虽然简单，但很难使易团聚（或称自聚集）的无机纳米粒子在塑料基体中以纳米尺寸均匀分散。用捏合机、双螺杆挤出配混机将塑料与纳米粒子在塑料熔点以上熔融混合的难点和关键是要防止纳米粒子团聚，故一般要对纳米粒子进行表面处理。表面处理剂有相溶剂、分散剂、偶联剂。实际上要同时用两种以上表面处理剂。另外，要优化熔融共混装置结构参数，达到最佳分散效果。该法工艺简单，纳米粒子与复合材料制备分步进行，易于控制纳米粒子形态和尺寸。

F

分子复合法（molecular synthesis method）利用熔融共混或接枝共聚、嵌段共聚的方法，将液晶聚合物均匀地分散于柔性高分子树脂中的一种复合方法。其代表性的产品是液晶聚合物，属于纳米塑料。其尺寸比一般纳米复合材料更小，分散程度接近分子水平，因此称为分子复合法。其优点为可大幅度提高柔性高分子基体树脂的拉伸强度、弯曲模量、耐热性、阻隔性。

G

光触媒材料（optical-catalyst）由纳米级的二氧化钛（TiO_2）微粉均匀地喷涂在某种底材上所制成的一种产品。它是一种新兴的多用途材料，具有分解有害物质和杀灭细菌的作用。它产生这种作用的机理并不复杂，是紫外线和二氧化钛发生光催化反应的结果。在这种光催化反应中所产生的活性氧和氢氧自由基（OH）可分解有害物质和破坏细菌细胞膜，从而达到上述两种功效。因此，光触媒效力发挥得如何，取决于紫外线的强弱和二氧化钛喷涂的厚度及喷涂面积的大小。光触媒材料可以在工业与生活用品上得到广泛的应用。比如，光触媒抗菌除臭过滤网可用在汽车空调、家用电器等产品上，还可用这种材料制成自洁环境的抗菌瓷砖等。

N

纳米薄膜材料（nanostructure thin membrane）尺寸在纳米量级的晶粒（或颗粒）构成的薄膜或每层厚度在纳米量级的多层膜。按用途来分，纳米薄膜可以分为两大类，即纳米功能薄膜和纳米结构薄膜。前者主要是利用纳米粒子所具有的光、电、磁方面的特性，通过复合使新材料具有基体所不具备的特殊功能；后者主要是通过纳米粒子复合，提高材料在机械方面的性能。由于纳米粒子的组成、性能、工艺条件等参量的变化都对复合薄膜的特性有显著影响。因此，可以在较多自由度的情况下，控制纳米复合薄膜的特性，获得满足需要的材料。

纳米材料改性涂料（nanomaterial modified coating）将纳米粒子加入到涂料中并使之改性而制成的新型涂料。它是具有抗辐射、耐老化与剥离强度高或具有某些特殊功能的涂料。在涂料中加入纳米材料后，可以显著提高涂膜的机械强度、附着力、防腐性能、耐光性和耐候性或其他特殊性能。该涂料必须满足两个条件。(1) 至少含一相尺寸在 1~100nm 之间的颗粒物；(2) 由于纳米相的存在而使涂料性能得到显著提高或具有新功能。目前，在涂料工业中有较多应用的纳米材料主要有二氧化硅、二氧化钛、碳酸钙、氧化锌、氧化铁等。由于纳米材料的表面活性相当高，如何将其分散到涂料基体中并保持稳定性，是纳米材料在涂料中应用的技术关键。

纳米磁性材料（nanomagnetic material）一种由纳米级原材料制成的新型磁性复合材料。纳米磁性材料及应用大致上可分三大类型。(1) 纳米颗粒型。应用领域为磁性介质、磁性液体、磁性药物、吸波材料。(2) 纳米微晶型。应用领域为纳米微晶永磁材料、纳米微晶软磁材料。(3) 纳米结构型。人工纳米结构材料包括薄膜、颗粒膜、多层膜、隧道结、天然纳米结构材料和钙钛矿型化合物。

纳米磁性液体材料（nanomagnetic liquid material）纳米级磁性微粒分散在基液内形成的均匀胶体溶液。由于它同时具有磁体的磁性和液体的流动性，因而在电子、仪表、机械、化工、环境、医疗等行业领域得到广泛的应用。根据用途不同，可以选用不同基液的产品。磁性液体被称为"磁流体"，也称"磁液"。磁性液体应用最广泛的是磁性密封技术，尤其在要求真空、防尘、密封气体等特殊环境中的动态密封最为适用。在高保真扬声器、电机阻尼、磁性传感器、射流印刷用的磁性墨水、超声波发生器、X射线造影剂（代替钡剂）、磁控阀门、磁性液体研磨、磁性液体的光学与微波器件、磁性显示器、火箭和飞行器用的加速计、磁性液体发电机、定位润滑剂等方面均有广泛应用。

纳米多频谱伪装网（nanomultispectral camouflage net）由纳米隐身材料组成的网状结构物。伪装网是隐身材料中的一种产品。可见光、近红外两种功能的伪装网目前已进入产品制造阶段。它的制作工艺包括纳米粉体的制备工艺、纳米-纤维织物的互渗工艺、特殊的混纱纺纱工艺，以及印染、切剖、迷彩配制、编织等工艺。这种材料主要用在军事领域。

纳米多频谱隐身材料（nanomultispectral stealth material）以纳米雷达波吸收剂、纳米红外半导体填料（颜料）为基体而制成的隐身材料。纳米多频谱隐身材料组分的尺寸至少是一种或两种以上为纳米量级（1～100nm）的材料。可作为纳米多频谱隐身材料的主要材质是纳米金属、纳米合金粉体、纳米半导体颜料和纳米氧化物等。其制作工艺是将制备好的纳米吸收剂与高分子相混作底层，然后通过波阻抗匹配，将三色迷彩纳米颜料组成的涂料喷涂在底层上，即可形成纳米多频谱隐身材料。

纳米二氧化钛（nano-TiO_2）颗粒直径在1～100nm范围内的二氧化钛。它具有较大的比表面积，为光催化反应提供了大的活性表面，可与污染物更充分地接触，吸附能力强，分解速度快，分解能力强，分解完全，且自身不分解、不溶出，可长久地杀菌、降解污染物，是一种新型的对人体无害的光催化剂。它在紫外光照射下产生极强的空气净化功能。作为一种新型光催化剂、抗紫外线剂、光电效应剂等，以其特殊的功能，将在抗菌防霉、排气净化、脱臭、水处理、防污、抗老化、汽车面漆等领域显示广阔的应用前景。随着其产品工业化生产和功能性应用发展的日趋成熟，它在环境、信息、材料、能源、医疗与卫生等领域的技术革命中，将起到不可低估的作用。

纳米粉体（nanopowder）粒径在1～100nm范围内的粉末。由于纳米粉体的晶粒小，表面曲率大或

表面积大，所以在其磁性、催化性、光吸收、热阻和熔点等方面与常规材料相比显示出奇特的性能，因此得到人们的高度重视。纳米陶瓷原料的纳米粉体是制备性能优异的特种陶瓷的关键之一。开展纳米粉体颗粒物质结构与物理性质的研究，无论从基础理论还是从实际应用前景角度考虑都有重要的意义。

纳米复合材料（nanocomposites）分散相尺寸至少有一维小于100nm的复合材料。由于纳米尺寸效应，大比表面积和强界面结合，使其具有一般复合材料所不具备的优异性能，是一种全新的高技术新材料，具有良好的商业开发和应用前景。中国科学院化学所工程塑料国家重点实验室采用蒙脱石无机层状硅酸盐作为分散相，利用插层聚合技术并将其拓展到不同类型的单体和聚合过程中，成功地开发出了聚酰胺、聚酯、高抗冲击聚苯乙烯和超高分子量聚乙烯等黏土纳米复合材料。此类材料可用于高分子合金、工程塑料、电器材料等方面。

纳米复合陶瓷（nanocomposite ceramics）陶瓷基体中含有纳米粒子第二相的复合材料。主要有晶粒内弥散纳米粒子、晶粒间弥散纳米粒子及纳米晶基体和纳米粒子复合等三种类型。陶瓷晶粒内和晶粒间弥散纳米第二相复合材料，不但能够提高其室温力学性能及耐热性，而且改善了高温力学性能。纳米晶陶瓷基体和纳米粒子第二相复合材料具有可加工性和超塑性。可采用纳米级粉体烧结法和在基体中原位析出第二相纳米晶等方法制备。这种材料在航空航天等高技术领域应用广泛。

纳米改性材料钢塑复合管（steel-plastic-composed tube of nanomodified material）将纳米材料掺入塑料当中，利用其特殊韧性对超高分子量聚乙烯、聚氨酯、尼龙等工程塑料材料进行改性，使其具有更高拉伸强度的制品。将这些改性后的材料内衬于钢管内壁，使其不仅具有了高强度，同时大幅度地提高了内壁的韧性，并具有了弹性体特性。当固体和液体介质冲击复合层时，复合层只存在暂时的收缩，质量不会因受冲击而减少，磨损相当小。当外力消失后，复合层又恢复了原状，这种"以柔克刚"的特性，大大减轻了介质对管壁的强烈冲刷，从而减轻了介质对管道内壁造成的直接损耗。该产品在电力、煤炭、冶金、化工、矿山等行业和固体物质的运输中具有独特的优势。

纳米功能梯度涂层（nanofunctional gradient

coating）通过涂层方法（一层或多层）来制备的具有纳米结构和梯度结构的涂层。由于其独特的纳米和梯度功能结构，使其具有与骨组织的键合性、生物相容性、生物活性和物理相容性。它有利于细胞的贴附、爬行、生长及定向分化，且具有特殊识别性、功能诱导性等。其制备方法有等离子体喷涂法、化学气相沉积法、物理气相沉积法、溶胶-凝胶法和化学溶液法等。用这种涂层技术可制造更理想的人工骨、人工关节等。

纳米固体材料（nanosolid material）由粒度在100nm以下的颗粒组成的致密型固体材料。其主要特征是具有巨大的颗粒间界面，如由5nm颗粒所构成的固体，每立方厘米含10^{19}个晶界，从而使得纳米材料具有高韧性。例如，陶瓷材料具有高硬度、耐磨、抗腐蚀等优点，但又具有脆性和难以加工等缺点，而纳米陶瓷在一定程度上可增加韧性，改善脆性。因此，这种材料在机械、电子、航天飞机、生物医学等领域广泛应用。

纳米金刚石（nanodiamond）一种兼具纳米颗粒和超硬材料性质的新材料。它最早是苏联在军事实验中利用黑索金和TNT爆轰合成的直径为4～6nm的金刚石颗粒。这种金刚石粉自然界中不存在，只有通过人工方法合成。它具有金刚石的硬度和耐腐蚀性能，同时又由于晶粒细小、比表面积大而具有很高的表面活性和微观吸附作用，适用于抗磨减磨领域及复合材料改性增强等方面。目前，主要应用于国防、润滑材料、机械、电子复合材料、生物医学材料等领域。

纳米晶体管（nanometers transistor）大小接近1nm，以碳为基础，以包含氢和硫的有机半导体分子为晶体管材料，以金原子层为电极的晶体管。这种晶体管将在数年内实现商业化。

纳米颗粒材料（nanoparticle material）由纳米粒子组成的材料。纳米粒子也叫超细颗粒，一般是指尺寸在1～100nm间的粒子，是处在原子簇和宏观物体交界的过渡区域。从通常的关于微观和宏观的观点看，这样的系统既非典型的微观系统亦非典型的宏观系统，是一种典型的介观系统。它具有表面效应、小尺寸效应和宏观量子隧道效应。当人们将宏观物体细分成超微颗粒（纳米级）后，它将显示出许多奇异的特性，即它的光学、热学、电学、磁学、力学及化学的性质和大块固体相比时将会有显著的不同。

纳米铝粉复合系列涂层材料（series composite coating material covered by nanoaluminium powder）将纳米铝粉分别包覆在多组分合金化合物上面而制成的涂层材料。它指包括双组分中间化合物镍铝、三组分化合物镍铬铝、多组分化合物镍铬铝钴氧化钇、铁铬镍铝碳化钨等耐磨、耐蚀和耐高温的面层和底层材料。它已成功用于军工及民用的石化、锅炉、冶金、造纸和运输等大型装备。

纳米器件（nanodevice）利用具有半导体性质的纳米管与具有金属性质的纳米管，组装成具有隧道结构的纳米碳管。它很可能发展成为新型的纳米器件，在机械、电子、光学、磁学、化学和生物学上有着广阔的应用前景。依据纳米结构的各种新颖的物理性质，可以设计制作顺应21世纪高密度信息处理技术需要的新一代量子电子器件。这些器件包括共振隧道晶体管、超快速逻辑器件、大容量电子存储器、量子干涉器件等。随着信息革命的深入，高密度存储和传输技术发展十分迅速。高集成要求集成线路上所有器件和连接器件的接线高度微型化。这种微型化的器件及技术在纳米电子学、生物电子学和分子电子学领域及印刷技术、传感器技术、中子技术、纳米真空电子技术和纳米测量传感技术等方面有广阔的应用。

纳米羟基磷灰石（nanohydroxyapatite）由纳米级羟基磷灰石晶粒构成的材料。它与人骨和牙釉质的羟基磷灰石针状晶相似。它与胶原（或聚乳酸）复合制备的人工骨以及与聚胺高分子形成的复合材料是一种高强柔韧的仿生物活性材料，具有优异的生物相容性、力学相容性和生物活性。用它制备的人工骨不但能与自然骨形成生物键合，并可诱导新骨生成。它主要用于骨缺损填充和修复，制备磷酸钙生物活性骨水泥，或者与聚合物制成纳米生物复合材料等。

纳米羟基磷灰石与壳聚糖复合材料（nanohydroxyapatite and chitosan composite material）纳米羟基磷灰石与壳聚糖复合而制备的一种有机-无机复合材料。羟基磷灰石具有良好的生物相容性和生物活性，但其强度低、韧性差。壳聚糖是含游离氨基的碱性多糖，能溶于有机酸和强酸稀溶液而成透明胶体，具有良好的生物相容性和可降解性，二者相复合提高了材料的可降解性和塑性，可用于骨缺损的修复。

纳米人工骨（nanoartificial bone）将纳米羟基磷灰石与有机高分子复合或添加生长因子而制备的具有良好的生物相容性和生物活性的人工骨。模仿自然骨的结构，其中有纳米羟基磷灰石与胶原复合，纳米类骨磷灰石与聚酰胺高分子复合，可制得纳米人工骨。该材料具有高强、柔韧的特点，其各种特性几乎与人骨相当。

纳米生态染料（nanobiological dye）一种利用纳米技术制造的符合生态要求的新型染料。粒径小于100nm，其色牢度符合Oeko-TexStandardl00的要求。其产品粒子的三维尺寸均小于100nm，而普通染料粒径小于175μm。纳米生态染料有黏合剂成分，因而色牢度非常好。其生态含义是指染料本身、印染过程及印染产品均符合生态要求。由于该染料的特殊纳米结构，因而带来一系列的优良性能：色牢度优良，生态性能、工艺性能良好，对各种纤维无选择性。这些性能为产品应用提供了广阔的市场，也为利用纳米技术改造传统的印染工业提供了有力的技术支持。

纳米生物医用材料（nanobiomedical material）人工合成的从结构到功能均与天然生物材料类似的纳米材料。其组成包括细胞控制的生物矿化、基因控制的蛋白质纤维、酶催化合成的高分子材料、具有生物膜结构的功能材料等。此类材料在生物标记、生物检测、基因治疗等方面应用前景广阔。

纳米塑料（nanoplastic）无机填充物以纳米尺寸分散在有机聚合物基体中形成的有机/无机纳米复合材料。其制法主要有四大类：插层复合法、原位复合法、分子复合法和超微粒子直接分散法。纳米塑料中用作纳米无机相材料的蒙脱土，是中国盛产的一类天然黏土矿物。它是一种层状硅酸盐，其结构片层为纳米尺度，包含三个亚层，在两个硅氧四面体亚层中间夹含一个铝氧八面体亚层，亚层之间通过共用氧原子以共价键连接，结合极其牢固。有机蒙脱土能进一步与单体或聚合物熔体反应，在单体聚合或聚合物熔体混合的过程中，剥离为纳米尺度的结构片层，均匀分散到聚合物基体中，从而形成纳米塑料。

纳米碳管（carbon nanotube）由排列成圆柱形的碳原子构成的虚状物。在结构上跟"巴基球（C_{60}）"属于同一类。基准型纳米碳管的直径只有1.4nm，强度比钢铁高100倍，但重量只有钢的1/6。其导电性能大大超过铜，兼具金属和半导体的特性。纳米碳管韧性很高，被称为超级纤维。纳米碳管的潜在应用范围非常广泛，可以成为最佳超微导线，还可以作生物系统的电子探针，做成纳米级电子枪来点亮平面显示屏上的发光体等。

纳米碳酸钙（nanocalcium carbonate）一种物理粒径比较小（一般为0.03μm）的碳酸钙粉。其应用最成熟的行业是塑料工业，主要应用于高档塑料制品。它用于汽车内部密封的PVC增塑溶胶，可改善塑料的流变性，提高其成型性。用作塑料填料则具有增韧补强的作用，并能提高塑料的弯曲强度和弯曲弹性模量及热变形温度和尺寸稳定性，同时还赋予塑料滞热性。另外，纳米碳酸钙在印刷、造纸、橡胶及饲料等方面也有广泛的用途。

纳米铁纸（丝）（nanoiron sheets）熔融铁水以每秒钟温度下降106℃的速度快速冷却后得到一片薄得像玻璃纸一样的"铁片"和一根不到头发丝直径十分之一的"铁丝"。由于采用特殊工艺加工，在从铁水快速冷却到铁片（丝）时，其内部结构发生改变，原来的普通铁水变成了纳米材料，最终冷却后得到的"铁片"或"铁丝"不仅在外观上发生极大改变，在诸如电磁性和延展性等性能上也有质的改变。这种"纳米铁纸"极薄，只有几十个微米，可以像纸一样轻易地被撕开。将纳米晶材料做成块状体，可使它具有高强度、良好耐磨性和耐腐蚀性。它已在中国的"神舟"6号航天器、卫星等方面得到应用。由于它们优异的电磁性能且厚度极薄，所以非常适合用作电磁元器件的基本材料，不仅高效节能，还能大大缩减电磁元器件的体积。因此，非晶纳米晶材料在电子通信、计算机、汽车、空调、微波炉等家用电器，以及防盗防伪领域中，都有广泛的应用前景。

纳米稀土荧光生物标记系列新材料（series new material of biological fluorescence marked by nanorare earth）一种硅胶基质掺杂型纳米稀土荧光材料。中国在纳米稀土荧光生物标记材料的制备与生化分析应用研究工作中，成功研制出了一系列粒径在25～55nm的硅胶基质掺杂型纳米稀土荧光生物标记材料。它们包括表面带有活性氨基的掺杂型纳米稀土荧光生物标记材料及活性氨基的共价键合型纳米稀土荧光生物标记材料和氧化锆基质的掺杂型纳米稀土荧光生物标记材料。这些材料在荧光强度、光稳定性、生物亲和性、生物标记方法及时间分辨荧光测定灵敏度等方面，都表现出远优于稀土配合物荧光标记材料的良好性能。它们在生物标记、荧光生物成像、纳米生物传感器、生物芯片、纳米尺度下生物分子相互作用等研究领域有很好的应用前景。

纳米纤维（nanofiber）狭义的纳米纤维是指直径

为纳米尺度范围（1～100nm）的纤维，广义的纳米纤维是指材料中包含有纳米结构，而且又赋予纤维新特性的纤维。自然界中的纳米纤维为数不多，有代表性的就是蜘蛛丝。狭义的纳米纤维很难用传统的化学纤维加工方法来生产。目前，制取纳米纤维最重要的方法是静电纺丝，另一类制备方法是用分子技术制备，如单碳原子链纤维。纳米纤维具有极大的比表面积、表面积/体积比和纳米微孔。因此，有很强的吸附力以及良好的过滤性、阻隔性、黏合性和保温性以及显示微纤效应。它用以制作吸附材料、过滤材料及复合材料的增强体。

纳米相材料（nanophase material）由尺寸为1～50nm的超微粒子经压实和烧结而成的一类新材料。形成纳米相材料的超微粒子可以是晶体、准晶体或无定形态，也可以是金属、陶瓷或它们的复合材料。制取超微粒子的方法有破碎法、爆炸法、气相或液相化学反应法、电解法、在真空中或气体中蒸发法等。由于纳米相材料中界面比例增大，具有一系列特异的性能，如比热增大、熔点下降、热膨胀系数增大、断裂强度提高、化学活性提高等。纳米晶界的杂质偏析不像一般晶体那么高，在纳米材料中的扩散系数可提高100倍。溶质原子的溶解度也大为提高，如铋（Bi）在铜（Cu）中的溶解度为0.00 01%，而在纳米铜中的溶解度可提高到4%。纳米级铜的膨胀系数也成倍增加。在力学性质方面有更显著的变化，如纳米级陶瓷可以从脆性变化为1 100%的延性，有的出现超塑性。因此，利用纳米技术是解决陶瓷脆性的一个重要途径。纳米颗粒材料在电学方面也具特点。由于量子效应，可使导体变为非导体，吸收光子（或微波）而成为良好的吸波材料。纳米材料应用的领域很广泛，可用于微包覆、超级过滤、吸附、除臭、调湿、触媒、固定氧、传感器、光学功能元件、电磁功能元件；也可用作催化剂、过滤器、电池电极、检波器、热交换器等；还可用于使生活舒适化、改善环境等方面。但是，纳米复合材料要成为一种材料体系，还有待于解决微结构和功能的关系问题。这需要进一步研究纳米材料复合的机理问题。

纳米氧化锌（nanozinc oxide）其粒径为1～100nm的氧化锌。其产品活性高，具有抗红外、紫外和杀菌的功能。已被广泛应用于防晒型化妆品、抗菌防臭和抗紫外线的新型功能纤维、自洁抗菌玻璃、陶瓷、防红外与紫外的屏蔽材料、卫生洁具和污水处理等产品中。纳米氧化锌还是橡胶工业最有效的无机活性剂和硫化促进剂，且具有硫化速度快、反应温域宽、转化率高等特点。它能提高橡胶制品的光洁度、机械强度、耐温和耐老化性能，特别是耐磨性能。

纳米自组装技术（nanoselfassembly system）通过比共价键弱的和方向性较小的键，如离子键、氢键及范德瓦耳斯键的协同作用，自发地将分子组装成具有一定结构的、稳定的、非共价键结合的聚集体的技术。纳米自组装的关键技术主要有界面分子识别、驱动力，如氢键、范德华力、静电力、电子效应、光能团的主体效应和长程作用等。目前，纳米自组装的主要方法有模板合成法、自组织相变法、化学沉积法等。这种技术具有效率高、精确度高等特点，目前已应用于诸如铁氧体纳米带和硅纳米线等纳米尺度的线路中。

P

PET 纳米橡胶（polyethylene terephthalate nano rubber）由聚对苯二甲酸乙二酯（PET）和纳米橡胶经适当共混制成的新型高分子材料。将这种粉末状橡胶，以纳米的尺寸分布在PET基体中，起到良好的增韧效果。耐热的纳米橡胶加入PET后，在不降低PET强度模量的情况下，可以改善其韧性、耐冲击性、结晶速度、加工成型性。它可用机械熔融共混等方法制造，也可模塑成型。在加入一定的填料后可作为工程塑料应用。

W

微波照射法（microwave irradiation method）利用微波技术将特殊的化学原料合成为纳米棒和纳米线的方法，也是一种纳米材料合成新技术。利用微波的优点可以使能量直接传递给分子，而不是像一般的加热那样使所有的材料都被加热。另外，用这种方法制出的纳米棒和纳米线，可以自动组装成排列整齐的队列，每根纳米棒之间的距离也很好控制。这在测量每根纳米棒的导电性和荧光性时很重要。这种技术应用在医疗、药物输送、传感器、通信和光学器件等诸多领域，能极大地提高工作效率。

Y

药物和基因纳米载体材料（medicine and gene nano carrier material）以纳米颗粒作为药物和基因转移载体，将药物、DNA和RNA等基因治疗分子包裹在纳米颗粒之中或吸附在其表面，同时，也在颗粒表面耦联特异性的靶向分子而制成的材料。通过靶向分子与细胞表面特异性受体结合，在细胞摄取作用下进入细胞内，实现安全有效的靶向性药物和基因治疗。药物纳米载体具有高度靶向、药物控制释放、提高难溶药物的溶解率和吸收率的优点，可以提高药物疗效和降低毒副作用。纳米颗粒作为基因载体具有一些显著的优点：纳米颗粒能包裹、浓缩、保护核苷酸，使其免遭核酸酶的降解；比表面积大，具有生物亲和性，易于在其表面耦联特异性的靶向分子，实现基因治疗的特异性；在循环系统中的循环时间较普通颗粒明显延长，不会像普通颗粒那样迅速地被吞噬细胞清除，让核苷酸缓慢释放，有效地延长作用时间，并维持有效的药物浓度，提高转染效率和转染产物的生物利用度；代谢产物少，副作用小，无免疫排斥反应等。药物纳米载体（纳米微粒药物输送）技术是纳米生物技术的重要发展方向之一，必将给恶性肿瘤、糖尿病和老年性痴呆等疾病的治疗带来变革。

原位复合法（in sifu synthesis method）将纳米粒子溶解于单体溶液再进行聚合反应的方法。它包括原位聚合法和原位形成填料法。原位聚合法是将纳米粒子溶解于单体溶液再进行聚合反应的方法。其特点是纳米材料分散均匀。原位形成填料法也叫溶胶凝胶法，是近年来研究领域比较活跃且前景较为看好的方法。该法一般分两步：首先将金属或硅氧基化合物有控制地水解使其生成溶胶，水解后的化合物再与聚合物共缩聚，形成凝胶，然后对凝胶进行高温处理，除去溶剂等小分子即可得到纳米塑料。

（七）生物医学材料（Biomedical Material）

K

可吸收生物陶瓷（absorbable bioceramics）在生理环境作用下可被降解和吸收并随之被周围新生的组织所代替的生物陶瓷。20世纪60年代以来，多孔氧化铝陶瓷、玻璃碳和热解碳、羟基磷灰石陶瓷，以及单晶氧化铝陶瓷等无机生物材料和钴-铬基合金、不锈钢等金属材料作为骨替代材料的出现和临床应用取得了一定的治疗效果。但大部分材料是生物惰性材料，结构上比较稳定，分子中的键力都比较强，有比较高的机械强度、耐磨损性能及化学稳定性。这些材料与机体不发生反应，不能与骨组织结合，人体组织最后将其以异物包围起来，在体内作为异物永久存在，与正常组织隔离易发生松动。金属长期埋植在生物体内还易发生腐蚀，许多金属离子对人体有毒，金属磨屑会引起周围生物组织发生变化。另外，还会产生金属元素向各种器官转移、组织变态反应等问题而使其应用受到限制。因此，临床上需要有一种类似人体自然骨结构和成分的替代材料，植入人体后，在生理环境中产生一定的结构或物质的衰变，其产物被机体吸收利用或通过代谢系统排出体外，最终使缺损的部位完全被新生的骨组织所取代，植入的生物材料只起到临时支架作用。可吸收生物陶瓷（钙磷生物降解材料）是目前人工骨替代材料的第三代，具有广泛的应用价值和发展潜力。

N

凝胶纤维（gel fiber）由胶原等蛋白质构成的一种湿滑而柔软的功能性纤维。它作为生物活体的组成成分普遍地存在着，如构成动物体的神经纤维、肌肉纤维、筋腱纤维、血管纤维、骨骼纤维等。它不仅柔软坚韧，而且还具有固有的智能，呈现出生理活性。这种纤维的结构是一种半有序凝胶结构，如肌肉的滑动结构，是肌球蛋白和肌动蛋白串型高分子的交互组合，一层一层地堆积，一旦给予外部刺激就能形成收缩和松弛的动作。由于这类凝胶纤维的溶胀长度变化约为80%，而收缩响应时间不到两秒，因此可望作为人工肌肉。凝胶纤维涉及许多材质，具有不同的功能。一些在光、电、磁、热和化学刺激条件下能作出应答的凝胶纤维正在开发之中，它将被用作机械动作的智能控制元件。

S

生物材料表面改性技术（surface modification of biomaterial）又称表面修饰技术，是一种为使生物材料具有更适宜的表面性能或具有某些特定的功能而对其进行表面处理的技术。从材料类型划分，有金属材料表面改性、陶瓷材料表面改性、聚合物表面改性和组织工程材料表面改性等；按性能改善分，有表面活化改性、表面抗凝血改性、表面抗腐蚀改性和抗磨损改性等；从方法学角度可分为物理方法、化学方法、电化学方法、生物化学方法和形态学方法改性等。这种技术目前已在功能新材料制作中广泛应用。

生物惰性陶瓷（bio-inert ceramics）是指在生理环境中几乎不发生化学变化并引起组织反应、植入体内有尽量小的免疫反应并长期维持其功能的材料。典型的有氧化铝生物陶瓷、玻璃碳、低温各向同性碳和超低温各向同性碳等。

生物分子材料（bio-molecule material）采用生物技术在无外来因素条件下形成超分子结构并具有天然生物分子特征的生物材料。它有如下三大类：（1）将酶合成的含有非天然氨基酸的肽，通过残留的侧链交联而形成的具有三维蛋白质结构的基质；（2）用基因工程控制链长均匀性的多肽链集合而成的人造蛋白质；（3）模拟细胞外基质控制细胞生长、迁移和功能的带有配位基的衬底物等。生物分子材料可用于替换和再生人体的活体组织，发展基于细胞的人造器官及用作药物释放载体等。

生物钢（bio-biosteel）一种具有很高强度的特殊的蛋白质材料。其强度是钢材的5倍，而可塑性比钢材高30%，因而被称为"生物钢"。它可用于生产防弹背心、降落伞及其他方面。由于它具有耐低温性能，因而可在冰冻环境下使用。

生物工程钛合金（biological engineering titanium alloy）适用于植入人体内人工器官上的钛合金。作为一种生物工程材料，纯钛有三个突出的优点：（1）在人体组织内的耐腐蚀能力强；（2）与人体细胞组织的相容性好，不发生过敏反应；（3）既具有较高的强度、确保人工器官的安全系数，又具有较低的弹性模量，能够减少骨头对植入物的应力屏蔽效应。钛合金首先被用于制造心脏起搏器、人工关节和假牙托等受力较小的人工器官。对于受力较大的臂部修补和走动系统，曾采用过 Ti-6Al-4V 合金。但是，钒是个毒性很大的元素，会引起过敏反应。因此，一般采用不含有毒性元素的 Ti-5Al-2.5Fe 合金，制造要求较高强度的各种人工关节和器官。

生物活性材料（bioactive material）能诱出或调节生物活性的生物医学材料。它是一类增进细胞活性或新组织再生的材料。天然高分子材料、以及合成的多肽、仿酶、仿核酸等一些可降解的合成高分子材料等均属此类材料。由于它们的显微结构、表面电荷、链的形成而表现出生物活性，可以作为活性物质的载体；也可以从其自身构成的基体，以及通过酶解、水解等机制控制释放活性物质，起着诱出或调节生物活性的作用。生物活性材料具有的这些特殊的生物学性质，有利于人体组织的康复，已成为生物医学材料研究和发展的一个主要领域。

生物活性功能梯度涂层（bioactive functional gradient coating）在生物材料基体上，通过涂层方法制备的具有梯度结构的生物活性涂层材料。它对于提高涂层与基体的结合强度、赋予材料表面新功能具有独到的优越性。理想的功能梯度涂层，应该是从基体到涂层表面实现结构梯度变化。制备方法有等离子喷涂法、化学气相沉积法、物理气相沉积法、溶胶-凝胶法、化学溶液法等。在钛合金表面涂覆纳米羟基磷灰石的人工关节柄和人工齿根已广泛应用于临床。

生物活性金属（bioactive metal）通过对其表面氧化膜适当改性，在生理条件下类骨羟基磷灰石（B-HA）能自发在其表面生长，并与骨组织之间经由 B-HA 形成化学键性结合的金属。目前，生物活性金属有钛、铌、锆和钽等。B-HA 能在这些金属表面自发生长的一个前提，是其含有丰富的表面羟基（Me-OH）。即使这些金属通常不显示出生物活性，也可利用表面改性使 Me-OH 含量显著增加，从而使其具备生物活性。这种材料具有良好的生物相容性，因而有重要的医用价值。

生物活性颗粒增强骨水泥（bioactive particle reinforced bone cement）含生物活性颗粒的骨水泥。利用生物活性颗粒增进骨水泥表面骨传导能力，通过颗粒与长入基体的新骨键合，从而提高其固结力，增长寿命，并消除传统骨水泥原位聚合发热对组织的损伤。生物活性颗粒可以是生物活性陶瓷颗粒，可以是吸收的硫酸钙或磷酸三钙颗粒等，也可以是经消毒、脱去有机质后破碎的自然骨颗粒。

生物活性陶瓷（bioactive ceramics）能在陶瓷材料界面上诱出特殊生物反应，并导致组织与材料之间形成化学键合的材料。生物活性陶瓷在体内有一定溶解度，能释放对机体无害的某些离子，能参与体内代谢，对骨质增生有刺激或诱导作用，能促进缺损组织的修复，显示出生物活性，如生物玻璃、羟基磷灰石、生物活性玻璃陶瓷等。这类材料中含有磷灰石，与体液反应之后能与骨结合为一体，形成骨性结合界面，也可能含有能与人体组织发生键合的羟基（OH⁻）等基团。这种结合属于化学性结合，因此其强度高，稳定性好。界面结合强度随着时间增长而增强，与骨折愈合的情形相似。这类材料已在临床上应用。

生物活性纤维（bioactive fiber）能保护人体不受微生物侵害或具有某种保健疗效的纤维。其品种很多。根据纤维具有的生物活性特点，可分为抗细菌纤维、止血纤维、抗凝血纤维、抗烫伤纤维、抗炎症纤维、抗肿瘤纤维、麻醉纤维和含酶纤维等。它除满足医疗用品一般的性能要求外，还具有以下特点：（1）化学性质呈惰性，纤维的强度、弹性等物理机械性能不会因血液和生理液的影响而改变；（2）不发热、不产生异物反应，不干扰机体的免疫功能；（3）无毒性且不产生毒性，能经受消毒处理；（4）容易加工，便于使用。制取方法有：（1）药物与纤维进行化学结合，即纤维的化学改性法；（2）将药物固定在纤维的微细结构内，即纤维的物理改性法；（3）在形成纤维后的加工过程中，让药物通过某种媒介附着于纤维上。

生物陶瓷（bioceramics）与生物体或生物化学有关的新型陶瓷。包括精细陶瓷、多孔陶瓷、某些玻璃和单晶等。根据使用情况，生物陶瓷可分为与生物体相关的植入陶瓷和与生物化学相关的生物工艺学陶瓷。前者植入体内以恢复和增强生物体的机能，是直接与生物体接触使用的生物陶瓷；后者用于固定酶、分离细菌和病毒，以及作为生物化学反应的催化剂，是使用时不直接与生物体接触的生物陶瓷。

生物陶瓷复合材料（bioceramic matrix composite）由两种或两种以上不同的生物陶瓷材料复合而成的复合材料。它能否引起组织-材料反应，决定于其组成和结构。无论是生物医学金属材料、生物医学高分子材料或生物陶瓷等哪一种单一的材料，其力学性质或生物学性质，都不能很好地满足临床应用要求。而利用不同性质的材料复合而成的复合材料，不仅兼具组分材料的性质，而且可以得到组分材料不具备的新特征。例如，模仿自然骨结构制成的羟基磷灰石颗粒增强高分子量聚乙烯人工骨材料，可通过控制羟基磷灰石含量来调整材料的弹性模量、断裂强度和

断裂韧度，使之达到自然骨水平。同时，又因羟基磷灰石加入而使其具有表面生物活性。含生物活性物质的复合材料是在生物医学材料中引入活体组织、活体细胞、生长因子等生物活性物质，使得无生命的生物医学材料具有了生命活力，从而促进被损坏组织的康复。

生物医学高分子材料（biomedical polymer material）人工合成或来自天然产物的生物医学材料中的高分子材料及其复合材料。除应满足一般物理、化学性能要求外，还必须满足生物相容性要求。医用高分子材料，按性质可分为非降解型和生物降解型两种。非降解型高分子材料包括聚乙烯、聚丙烯、聚丙烯酸酯、芳香聚酯、聚硅氧烷、聚甲醛等。要求其在生物环境中能长期保持稳定，不发生降解、交联或物理磨损并具有良好的物理机械性能。虽然不存在绝对稳定的聚合物，但是可以要求其本身和降解产物不对机体产生明显的毒副作用，同时不发生灾难性破坏。生物降解型高分子材料包括胶原、线性脂肪族聚酯、甲壳素、纤维素、聚氨基酸、聚乙烯醇、聚己内酯等。它们可在生物环境下，发生结构破坏和性能蜕变，其降解产物能通过正常的新陈代谢被机体吸收利用或被排出体外。主要用于药物释放送达载体及非永久性植入装置。

生物医学金属材料（biomedical metal material）用作生物医学材料的金属或合金。它们是一类生物惰性材料。医用金属材料具有极高的机械强度和抗疲劳性能，是临床应用最广泛的承力植入材料。医用金属材料除应具有良好的力学性能及相关的物理性能外，还必须具有优良的抗生理腐蚀性和生物相容性。已应用于临床的医用金属材料，主要有不锈钢、钴基合金和钛基合金等三大类。此外，还有形状记忆合金、贵金属，以及纯金属钽、铌、锆等。

生物医用材料（biomedical material）又称生物功能材料，是用于对生物体进行诊断、治疗、修复或替换其病损组织、器官或增进其功能的新型高技术材料。它是研究人工器官和医疗器械的基础，已成为材料学科的重要分支。尤其是随着生物技术的蓬勃发展和重大突破，生物材料已成为各国科学家竞相进行研究和开发的热点。生物功能性和生物相容性是对生物医用材料要求的相互关联又各有侧重的两方面的性能。前者强调生物医用材料植入人体后行使功能的有效性，后者强调材料对机体的安全性和机体不引起材

料性质蜕变的基本属性。生物医用材料能否有效行使其预期功能，除了与自身的物理、化学性质相关外，还与其所处的生物环境，如植入位置、受体自身条件、手术设计及操作等因素有关。

生物医用复合材料（biological and medical compound material）由两种或两种以上不同材料复合而成的生物医学材料。主要用于修复或替换人体组织、器官或增进其功能，也用于人工器官的制造。它不同于一般的复合材料，除应具有预期的物理化学性能之外，还必须满足生物相容性的要求。为此，不仅要求组分材料自身必须满足生物相容性要求，而且复合之后，不允许出现有损材料生物学性能的情况。医用高分子材料、医用金属和合金及生物陶瓷，均既可作为生物医学复合材料的基材，又可作为其增强体或填料。它们相互搭配或组合形成性质各异的生物医学复合材料。利用生物技术，一些活体组织、细胞和诱导组织再生的生长因子被引入了生物医学材料，极大地增进了其生物学性能，并可使其具有药物治疗功能，已成为生物医学材料的一个发展方向。它们也是一类新型的生物医学复合材料。根据材料植入体后所引起的组织材料反应类型和水平，生物医学复合材料可分为近于生物惰性的、生物活性的和可生物降解与吸收的三种基本类型。

Y

药物纤维（medical fiber）将药物或中草药的提取物通过某种方式加入到纤维中而制成的纤维。通过织物与皮肤的接触或摩擦散发的味道，达到治疗保健的功效。因此，可避免和减轻全身药物反应，实现穿衣治病的目的。药物纤维的开发技术：（1）用共混的方法把药物掺入纤维内，这是开发药物纤维的最简单的方法，此方法主要适用于化学纺丝，而对于天然真丝纤维则不适用。（2）对纤维进行改性、浸药。通过对纤维的改性，使纤维形成多孔性，或具有亲油性，或具有化学结合能力，从而增加对药物的吸附性。（3）对纤维进行接枝，即选择具有反应基的纤维，或者在纤维中引入具有反应基的官能团，纺成纤维后则具有离子交换能力。当纤维浸入含药物功能组分的溶液时，官能团相互作用结合，聚合物纤维侧链上就会接上具有药物功能的基团。（4）采用微胶囊技术，即将药物制成微胶囊，再把微胶囊充填到中空纤维内部，利用微孔纤维填埋微胶囊的方法，开发微胶囊药物纤维。

医用胶黏剂（medical adhesive）用于医疗和生物组织的胶黏剂。常用的有以天然橡胶为基础的白胶布、透气胶带、齿科修补胶黏剂、皮肤和器官及组织黏接用的氰基丙烯酸高级酯胶黏剂等。该类胶黏剂要求严格，品种较少，随着医疗水平的提高，其需求量正在不断增加。

医用金合金（gold alloy for medical）作为生物医学材料应用的金及其合金。主要包括纯金与金银铜合金两大类。金银铜合金以金为基，按其质地软硬又分为Ⅰ型、Ⅱ型、Ⅲ型和Ⅳ型等四种。其中Ⅰ型合金的金含量高，质地软。通过提高银和铜的含量，并添加少量金属钯和铂，可制成质地较硬的Ⅱ型、Ⅲ型和Ⅳ型金合金。因具有良好的理化性能、加工成型性、抗生理腐蚀性和生物相容性，在临床上得到广泛应用。纯金多用于制作金色覆牙套。金银铜合金用于制作各种口腔金属修复体，如嵌体、人造冠、固定体、桥体、基托、杆、卡环和局部义齿支架等。

医用碳涂层（biomedical carbon coating）将碳氢化合物热解沉积于金属表面和气相沉积于聚氯乙烯、聚酯、尼龙等高分子薄膜上形成的用作生物医学材料的碳涂层。其耐磨性、生物相容性好，特别是血液相容性十分优良，并具有各向同性，是重要的心血管系统修复材料。它用于人工心瓣膜的阻塞体和瓣架等，也可用于肌肉-骨骼系统和其他软组织修复。

医用碳纤维增强高分子复合材料（biomedical polymer composite reinforced by carbon fiber）作为增强体的碳纤维与医用高分子复合形成的生物医学复合材料。它是最早发展的一类模拟自然组织结构的医用复合材料，主要用于骨水泥、人工关节臼和接骨板等。

医用涂层材料（biomedical coating）以固体材料为基体，在其表面形成一层同质或异质薄膜而构成的医用表面复合材料。医用金属和合金、医用高分子材料和生物陶瓷既可作为基体，又可作为涂层。制备方法主要有等离子喷涂、气相沉积、离子溅射、离子注入、浸渍、烧结、电泳和热解等。主要用于制备人工骨、关节柄、关节臼、关节头、人工牙根、人工心瓣膜、人造血管等，也用作电学植入装置导线的绝缘层及心血管导管引导钢丝的表面涂层等。

医用纤维（medical fiber）医学专用的纤维材料。它包括人体代用材料和医疗卫生材料等。例如，心脏瓣膜、碳纤维腱、韧带、人工骨和关节、人造皮、人工血管、中空纤维人工肾、肝、脾、肺和血浆分离器、吸收性缝合线、止血和吸血纤维、解毒纤维、绷带、卫生巾、口罩、手术衣和罩布、X射线板、光纤胃镜、消臭杀菌纤维和保健类功能纤维等。医用纤维及其制品，应具有与生物体类似的结构或与生物体器官相同的功能，同时要求对人体安全、无毒、无过敏反应、无致癌性、不产生血栓、不破坏血细胞和改变血浆蛋白成分等。它有为患者解除痛苦和延长寿命等作用。

它是将相应高聚物等制成中空纤维、超细纤维、单丝、非织造布、针织物、机织物和复合材料等，再进一步加工或组装而制得。

Z

折叠式人工晶体（folded artificial crystal）为了把人工晶体从很小切口植入从而设计制造的可以折叠或卷曲的晶体。现用可折叠式晶体的材料主要有硅酮、水凝胶、丙烯酸三种。这三种材料的生物相容性都很好，光学部直径6.0mm，但可由3.2～4.0mm切口植入眼内。植入折叠晶体者，术后效果良好。

（八）电子信息材料（Electronic Information Material）

B

半导式气敏元件（semiconductor gas sensitive component）由气敏陶瓷制成的元件。半导体陶瓷与某种气体接触，其电阻或功函数就发生变化，利用此特性来检测特定气体的陶瓷即为气敏陶瓷。半导式气敏元件可分为电阻式和非电阻式两种。电阻式是敏感元件，一接触气体，电阻就发生变化。这类敏感元件以金属氧化物为主。气敏陶瓷主要是电阻式。非电阻式用半导体硅元件加上用钯（Pd）制作的栅极，或用金属半导体二极管制成。电阻式元件的结构有烧结型、厚膜型、薄膜型和集成电路型数种。半导式气敏元件的主要缺点是气体选择性差、元件参数分散、特性易劣化及长期稳定性差等。主要采用较难还原的氧化物，通常还掺入少量钯（Pd）和铂（Pt）、铱（Tr）等贵金属作增感剂。最常用的是 SnO_2、ZnO 和 Fe_2O_3 三种对还原性气体及乙醇敏感的气敏陶瓷。

半导体材料（semiconductor material）导电性能介于导体和绝缘体之间的一类材料。半导体材料按其结构可分为单晶体、多晶体和非晶体三类。目前，使用最广泛的是硅和砷化镓等，特别是硅单晶及其外延片，是高技术信息产业——电子计算机制造业的核心材料。

半导体超晶格材料（semiconductor superlattice）将两种或两种以上组分不同或导电类型不同的极薄（几十纳米到上千纳米）半导体单晶薄膜交替地外延生长在一起而形成的周期结构材料。是一种人工改性新材料。广泛用于各种结构新颖、性能优良的半导体器件，如量子阱激光器、高电子迁移率晶体管、远红外器件、光学双稳态器件等。此外，利用超晶格的物理概念和超薄层材料，创造出了新一代半导体人工改性新材料和新器件。

半导体钝化玻璃（passivation glass of semiconductor）生长或涂覆在半导体表面，用以减少其表面氧化层内各种电荷而稳定其表面电特性及PN结电特性的玻璃。钝化玻璃具有防止半导体器件受到外部污染、损伤的作用。其原理是利用硼、磷等玻璃网络形成体或调整体与氧离子形成电价不平衡配位多面体结构而进入玻璃网络中，形成带负电荷的离子陷阱，使玻璃可吸收和捕获污染半导体材料的可动电荷（主要为钠离子），从而明显提高半导体器件的可靠性。

半导体功能复合材料（semiconductor functional composite）具有半导体性质的超薄多层复合材料。分子束外延技术的进步已可把薄膜的厚度控制到原子水平，而且直接在硅衬底上生长砷化镓及其有关化合物的极性、非极性复合半导体异质结已经获得成功，并已制成优质的器件。另外，用先进的金属有机化合物气相沉积方法可以在 GaAs 衬底上生长出 CdTe 薄膜单晶，也可以制备 GaAs/Al－GaAs/GaAs 多层复合结构的半导体材料。这些半导体性质的功能复合材料的优点在于具有范围较宽的禁带和迁移率，能满足某些半导体技术上的特殊要求，如制造霍尔效应的器件以及微波器等。目前，正在发展绝缘体-半导体、金属-半导体等复合体系。

半导体金刚石（semiconductor diamond）IIb型金刚石，即具有半导体性质且主要杂质是硼的非本征P型的半导体。这种金刚石外观呈蓝色或灰色，自然界中蕴藏量极少。它是一种间接带隙的宽禁带材料，室温下带隙（Eg）为5.45eV。与常规的半导体材料硅和砷化镓比较，其饱和电子速度快，介电常数低，有利于提高器件的工作频率。此外，它的介电击穿电场和热导率均比硅和砷化镓高数十倍，可提高器件的功率承受能力。金刚石器件的工作温度可达1 000℃，且抗辐射能力很强，能在空间和核反应堆等极端恶劣条件下正常工作。其晶体的制备十分困难，通常是采用高压、高温合成或化学气相沉积法生长。预计在紫外（UV）发射器件、微波功率晶体管，以及在微电机械系统（MEMS）等方面有潜在应用前景。

半导体膜（semiconductor membrane）由半导体材料形成的薄膜。大规模集成电路芯片上元件的集成度越来越高，元件的尺寸越来越小。半导体薄膜是构成这类器件的基本材料。因制备半导体薄膜的技术不同，其结构可分为单晶、多晶和无定形薄膜。同质或异质外延生长的Si、GaAs半导体薄膜是构成大规模集成电路的重要材料。由于单晶薄膜中载流子自由程长，迁移率大，通过扩散掺杂可以制得高质量的p-n结，因此可以制造高质量的微电子器件。在分子束外延技术中，可以交替外延生长周期排列的超晶格薄膜，成为量子电子器件的基础材料。多晶半导体薄膜是尺寸大小按某种分布的晶粒构成的。这些晶粒的取向是随机分布的。在晶粒内部原子按周期排列，在晶粒边界存在着大量缺陷，这样就形成了多晶半导体膜，具有不同的电学和光学特性。当膜中原子的排列短程有序而长程无序时，称为"无定形半导体薄膜"。例如，射频或微波等离子体化学气相沉积的非晶硅 $\alpha-Si:H$ 薄膜。它是非晶硅太阳能电池的主要材料。

半导体陶瓷（semiconductor ceramics）导电性能介于导体和绝缘体之间，电导率会因外界条件（如温度、光照、电场和湿度等）的变化而发生显著变化的陶瓷材料。它可以将外界环境的物理量变化转变为电信号，因此可用它制成各种用途的敏感元件，如用掺杂钛酸钡半导体陶瓷可制作PTC发热元件。PTC是"正温度系数"英文第一个字母的组合。PTC发热元件的一个显著特征，就是它有一个人为设计的相变温度。在这个温度区以下，PTC元件通电后电阻随温度的升高而上升，且电阻上升速度非常快。当温度高于相变温度之后，电阻随着温度的升高而急剧增加几个数量级。根据电阻增加的速度即曲线的斜率，PTC元件可分为平缓型和开关型，平缓型上升得慢，开关型上升得快。PTC元件取暖器大多采用开关型。也就是说，超过相变温度后电阻急剧增加，电流减小即发热功率减小，最后发热量维持在一个水平上。如果在通电的同时，给PTC元件及它所附带的散热片送风，则PTC元件温度下降，电阻下降，电流上升，发热功率增大；如果把送风量调节在一个最佳状态，使PTC元件处于电阻最小值即电流量最大时，则PTC元件功率发挥到最大，冷风经由与PTC元件一体的散热片变成热风。一般暖风机出口温度可达80℃，所以室内很快变暖。液体蚊香中用的PTC元件是使液体挥发的热源，通电后，温度可自动控制在120～130℃左右。PTC元件的用途十分广泛，还可根据它的特性，开发出许多二次产品。但是，PTC元件用作元器件也有它的缺点，就是容易老化，即随着使用时间的增加，发热功率下降，这是由它的内部结构决定的。但是如果质量控制得好，老化速率可以限制在较低的水平上。

半导体异质结材料（semiconductor heterojunction material）在界面上能够形成异质结构的材料。在禁带宽度为Eg1的半导体材料上生长禁带宽度为Eg2的材料时，这两种材料的交界面就形成异质结。异质结分为同型（p-p或n-n）异质结和异型（p-n或n-p）异质结。由于制备方法的不同，又分为突变异质结和缓变异质结。异质结材料在高速电子器件和高效光电子器件方面得到广泛的应用。半导体激光器是异质结成功应用的首例。由于异质结结构的特点，还在光波导、光开关、光调制、光放大、光电探测、光电池等方面得到广泛的应用。

半导体纸（semiconductor paper）电导率介于导体与绝缘体之间的新型纸状电工材料。虽叫半导体，但不同于单向导电的半导体材料，实际上它是超高压电缆及其他高压电气设备屏蔽的专用纸。可用于变压器、互感器、电缆等代替金属箔，在半导体橡胶、表面型半导体材料上具有屏蔽静电、均衡电场的功能。半导体纸要求质地均匀、耐折性好、电阻稳定且有良好的封闭性。用不同的原料配比及不同的加工方法，可以做成不同电导率的纸张，也可做成增加伸长率的皱纹型纸张。

表面保护压敏黏胶带（burface pressure sensitive tape）以聚烯烃（聚乙烯、聚丙烯）薄膜为基材和橡胶型胶浆为涂层所组成的压敏胶带。该种胶带透明度良好，使用方便。主要用于电子工业中印制电路板、金属抛光表面、标牌等的表面保护。其作用是防止产品在运输、施工、贮存中发生损害及提高使用周期。使用时将金属表面擦净，然后用手工或机械操作将表面保护压敏胶黏带贴上。

C

彩色液晶（color liquid crystals）含有显色染料的液晶。每种彩色液晶的每个单质化合物（包括液晶及液晶染料）都经过多个化学反应单元合成，经过高纯处理，再进行拼混，达到器件所需指标。适用于各类彩色液晶显示器，如汽车、眼镜、复印机、指示牌等。彩色屏幕用彩色液晶材料，可显示出无色及彩色。

传输光纤（transmission optical fiber）用石英制成的光纤。石英光纤的带宽大，衰减小，故其通信容量大，无中继距离长。单根石英单模光纤的极限通信容量可达 3 000Gb/s，无中继距离超过 200km。此外，石英光纤的尺寸小，重量轻，抗电磁干扰及耐化学腐蚀性强等特点，使得光纤有很强的环境适应性。但石英光纤的制造成本高，对光源的要求高。主要应用于局域网数据传输。

磁性液体（magnetic fluid）具有被磁铁吸引性质的液体。它是利用表面活化剂包裹直径为几个或几十个毫微米左右的铁磁性微粒，然后稳定分散在各种所需载液中的胶体溶液。国外已将磁性液体广泛用于航天、电子、遥控遥测、化工、能源、冶金、仪表、环保、医疗、卫生等多个领域。

重氮丝印感光胶（diazo silkscreen printing photosensitive emulsion）以重氮树脂为感光剂的一种感光胶。该胶由重氮树脂感光剂和乳胶 - 成膜主体（蓝色乳液）两部分组成。感光剂为光敏树脂，遇光分解，与乳胶混合后会产生光敏胶联。利用这一性能可作为制备丝网印制电路板或其他直接感光法制版用感光材料。由于用水显影，不会污染环境。

D

单晶硅抛光片（monocrystalline silicon polished wafer）单晶硅经抛光加工而成的半导体元件。它几何尺寸准确、精度高、内在质量好、表面洁净、无色斑、适用性能稳定。应用于可控硅整流元件、高压硅堆、硅钯摄像管、晶体管、电力电子器件、太阳能电池、集成电路等。

灯用三基色荧光粉（the phosphor of rare earth）利用稀土元素制成的能发出红、绿、蓝三基色的荧光灯用的粉末材料。稀土三基色荧光粉有铝酸盐、磷酸盐和硼酸盐等系列，使用较多的为铝酸盐系列。它由能发出红、绿、蓝三色的三种稀土离子激活的荧光粉组成。将这三种荧光粉按不同的比例混合均匀后可制成各种荧光灯。这类荧光灯具有发光效率高、显色性好、体积小等优点。用于紧凑型节能荧光灯、直管型节能荧光灯。

碲镉汞晶体（mercury cadmium telluride crystal）由 HgTe-CdTe 的二元系化合物制成的半导体合金材料。它具有光吸收系数大、热激发速率小、电子有效质量小、热膨胀系数与硅接近等特点。其禁带宽度 Eg 是组分 x 和温度 T 的函数，通过调节 x 和 T 可使 Eg 从半金属 HgTe 至半导体 CdTe 之间连续变化，从而使其覆盖波长为 $1 \sim 25 \mu m$ 的整个红外区域。用于制作各种波段的单元、多元、十字形、线列、面阵、双色和多谱等光导型和光伏型探测器，在军事侦察、制导、预警、飞机和坦克、舰艇上的前视仪和气象、资源、天文等卫星上，以及光纤通讯中都有广泛的应用。

电弧石英玻璃坩埚（arc quartz glass crucibles）拉制大尺寸单晶硅用的由石英制成的高纯专用容器。具有耐高温、热稳定性好、膨胀系数小等特点。用于半导体工业拉制单晶硅。

电真空用材料（material for vacuum tube）用于制造电真空器件用的结构和功能材料。包括：（1）热子材料：如不下垂钨丝、钨铼合金丝、电刚玉粉等；（2）阴极材料：如钨钍铼、钨铈、硼化镧、稀土钨、钡钨、氧化物阴极、碳酸盐等阴极材料；（3）栅极材料：如钼、覆铜铁镍合金（杜美丝）、镍钼铁合金以及热解石墨等；（4）阳板材料：如无氧铜、无磁不锈钢、石墨、覆铝铁等；（5）封接材料：如电真空玻璃、微晶玻璃、低熔点焊接玻璃粉、氧化铝陶瓷、镁橄榄石瓷、无磁封接合金、电真空焊料等；（6）吸气剂：如钡铝、钡钛、钡镍、锆-钒-铁、掺氮吸气剂和释汞剂等；（7）其他功能性材料：如软磁材料、铁镍合金、工业纯铁、永磁材料、稀土永磁、衰减瓷及荧光粉等。

电致变色材料（electrochromric material）在电场作用下，能发生瞬时反应而改变颜色的记录材料。通常采用的有无机类材料如金属氧化物，有机材料如联吡啶盐。这类材料的特点是反应速度快（<0.1s），能在很低电压（<0.5V）下引起变色，并且可多次重复使用（重复使用的理论次数可达10^7次）。可用在防伪、单色和彩色显示等方面。

电致变色显示材料（electrochromic display material）在外加电压或电流的作用下，可以改变其颜色的材料。它具有高的离子（如Li^+、Na^+、Ag^+等）和电子迁移率。其颜色的改变是可逆的。常用材料是氧化钨（WO_3）和氧化钼（MoO_3）。

电致发光材料（electro luminescent material）在直流或交流电场作用下，依靠电流和电场的激发使材料发光的现象。可将电能直接转换成光。目前常见的电致发光材料有三种形态：结型、薄膜型和粉末型。具有电致发光能力的固体材料很多，但达到实际应用水平的主要是半导体材料。其中有II-IV族、III-V族、IV-VI族两元或三元化合物。III-V族和IV-VI族发光材料是典型的半导体发光材料。II-IV族化合物以硫化锌基质材料为代表，它不仅是光致发光材料，而且是好的电致发光材料。它分为直流和交流电致发光两大类，又进一步分为粉末状直流或交流电致发光材料、薄膜直流或交流电致发光材料。主要用途是制造电致发光显示器件。

电致发光聚合物（electroluminescent polymer）具有荧光特性且在电场作用下可发光的共轭聚合物。其发光颜色可覆盖从红光到蓝光的整个可见光区。这些发光聚合物材料中最具代表性的有 PPV 及其多种可溶性衍生物（从橘红到绿光）、可溶性聚噻吩衍生物（红光）、聚对苯及其带烷氧基的衍生物（蓝光）等。电致发光聚合物的最直接应用就是制备聚合物发光二极管，也可以和电子受体 C_{60} 等复合制备聚合物太阳能电池，还可以利用其荧光特性用于生物检测。

电子材料（electronic material）电子工业所使用的具有特定要求的材料。是电子工业的重要基础之一。它包括的范围很广，分为半导体材料、高纯材料、光电材料、电真空材料、基板材料、封装引线材料、阻容材料、波导材料、隐身材料、敏感材料、磁性材料、钎焊材料、掩模材料、电子级试剂及气体、电子陶瓷、电子用塑料、电子用树脂等。电子材料的品种多、技术要求严格、技术发展与更新换代快、材料的增值高。因此，生产电子材料的资金投入高、技术密集。电子材料的发展速度基本与电子工业同步，但由于元器件的成品率不断提高，品种的更新换代有时略低于电子工业的增长速度。

电子传输材料（electron transport material）在有机电致发光材料中，能把电子（或空穴）输运到发光层的媒介层材料。许多发光材料兼具空穴（或电子）传输特性，这使发光器件结构的设计可大大简化。常用的电子传输材料为一些金属配合物，如八羟基喹啉铝等。

电子俘获光存储材料（electron trapping optical storage material）是电子在光的作用下可被陷阱俘获和释放的一种可擦除的光存储材料。主要为双掺杂的碱土硫化物。基质提供较宽的带隙，掺入的两种杂质分别作为电子和空穴俘获中心，它们能在光照下相互作用。由于这些陷阱足够深，因而电子能较稳定地保持在陷阱中，这样能量就被存储了，相当于写入过程。当用足够能量的近红外光子激励时，陷阱中的电子被激发到足够的能量而逸出陷阱，并通过空穴复合发出特定波长的光，这就是读出过程。擦除过程只要用适当强度的近红外光照射写入点，信息就被擦除了。在这种存储系统中，整个的写、读、擦过程只涉及材料中电子状态的变化，是纯电子过程。对光的响应速度很快（ns级），过程中不引起材料的热效应和结构的变化，反复使用性能不会退化。特别是它对光的响应具有很宽的线性特性，能进行模拟和多级记录，而且，也可以制成具有不同光谱响应的多层薄膜结构，使存储密度有更大的提高。此外，对激光功率要求不高，易于与可用的激光器匹配，但是需要解决与现在的计算机匹配、严格的光屏蔽及信息刷新等问题。

电子陶瓷（electronic ceranics）以电、磁、光、声、热、力、化学和生物等信息的检测、转换、耦合、传输及存储等功能为主要特征的陶瓷材料。它主要包括铁电、压电、介电、半导体、超导和磁性陶瓷等。电子陶瓷在信息的检测、转化、处理和存储显示中应用广泛，是信息技术中基础元器件的关键材料。

电子信息材料 (electronic information material) 在微电子、光电子技术和新型元器件基础产品领域中所用的材料。它主要包括以单晶硅为代表的半导体微电子材料、以激光晶体为代表的光电子材料、以介质陶瓷和热敏陶瓷为代表的电子陶瓷材料、以钕铁硼 (NdFeB) 永磁材料为代表的磁性材料、光纤通信材料、磁存储和光盘存储为主的数据存储材料、压电晶体与薄膜材料、贮氢材料和以锂离子嵌入材料为代表的绿色电池材料等。这些基础材料及其产品支撑着通信、计算机、信息家电与网络技术等现代信息产业的发展。电子信息材料的总体发展趋势是向着高均匀性、高完整性、薄膜化、多功能化和集成化方向发展。当前的研究热点和技术前沿包括柔性晶体管、光子晶体、SiC、GaN、ZnSe 等宽禁带半导体材料为代表的第三代半导体材料、有机显示材料及各种纳米电子材料等。

E

二氧化碲单晶 (telluriun dioxide single crystal) 一种无色透明的以二氧化碲为原料制成的单晶压电晶体。其结构有三种类型，只有四方晶系变形金红石结构的 γ-TeO$_2$ 可用人工制备。其传播声波速度低，折射率高，对可见光有高的透明度，光弹性系数大，声光品质因数大，是很好的声光介质材料。对称性决定了它独立的压电常数，即压电常数不因沿 Z 轴旋转而变化。利用这一特性可制作扭转谐振器。该晶体的弹性常数比一般晶体要大得多，多用于声光器件。

F

非晶硅薄膜 (amorphous silicon film) 元素硅的非晶态半导体。它的吸收系数比单晶硅大一个数量级。其吸收光谱更接近太阳光谱，有良好的光电特性。制备非晶硅时消耗原材料少，主要原料硅烷 (SiH$_4$) 成本低，可用玻璃、金属、聚合物和陶瓷等不同材料作衬底，衬底还可以是弯曲或柔性的。其制备工艺简单，易于沉积大面积薄膜。它能与硅集成技术兼容，易于实现集成化。因为优质的非晶硅中常含有较多的氢，又称为非晶硅氢合金或氢化非晶硅。应用于太阳能电池、光接仪器、光导摄像管、空间光调制器、光传感器、场效应器件等领域。

G

高性能多用焊锡丝 (universal tin solders wire with high performance) 一系列高性能锡焊丝产品的统称。

钎剂去膜能力强，钎料铺展速度快，焊点光亮、饱满，接头质量可靠，适用范围广。其 YH-K5 型具有良好的钎焊性能，接头质量可靠；84-1 型焊点光亮、饱满，接头质量可靠；FW 型具有良好的钎焊性能，焊点饱满且具有消光性能。钎焊时烟雾少，刺激小，焊后残留物少，可不必清洗；HQ 型焊接速度快，接头质量可靠。YH-K5 型适用于紫铜、黄铜、磷青铜和镀镍层材料的钎焊；84-1 型适用于可伐线、镀镁丝及镀镍层焊件的焊接；FW 型适用于镀镍层电子元器件引线的钎焊；HQ 型适用于铜、镀锌铁件、镀镍层的钎焊，以及电力电容、镀镍电子元器件的引线、灯头、电冰箱散热管与毛细管的钎焊。

光导板 (optical board) 由高透明无定型高聚物制作而成的一种板材。其基本结构是：板材由三层组成。中间一层叫芯层，是光的传导层，由高折射率的高聚物组成。芯层两面叫皮层，是反射层，由低折射率的高聚物组成。这种结构保证了光在板中是全反射传导。传导过程中光的衰减极小，并且具有在弯曲状态下传输光的优良特性。如果在板的横截面上提供一个条形光源，光就能在两皮层之间振荡传播，使整个板面充满了光。但是，光是封闭在里面的，只有在平面上将它刻破，才会在刻痕处透出光来。利用这种作用机理，就可以在板面上呈现各种文字、图案的光亮画面。

光导纤维 (optical fiber) 简称光纤，是一种能把光能闭合在纤维中，产生导光作用的光学复合材料。光导纤维是激光借以传输信息的导体。不管用何种方法制备光导纤维，它都是由两种或两种以上折射率不同的材料复合而成的，而且还必须使用保护材料。其基本类型是由实际起导光作用的芯材和折射率低于芯材而能将光能闭合于芯材之中的皮材构成。芯材和皮材的折射率相差越大越好。按其结构可将光导纤维分为多波的突变指数型、多波的渐变指数型、单波型三类。若按其材料分类又把光导纤维分为无机光导纤维和有机光导纤维两种。从组成上可分为多组分硅酸盐玻璃纤维、熔融石英玻璃纤维、氟化物玻璃纤维和单晶纤维。硅酸盐玻璃光导纤维主要作传输图像应用，如医用和工业用窥镜等；熔融石英光导纤维主要应用于光纤通信和传感器；氟化物玻璃光导纤维和单晶光导纤维，用于传光、传能以及激光器等。熔融石英光导纤维用化学气相沉积 (CVD) 法制备；多组分硅酸盐玻璃和氟化物玻璃用高温熔融法制备；单晶光导纤维用激光基座法拉制。光纤的特点是低损耗、信息传输容量大、抗干扰性与保密性强。另外，光导纤维重量轻、可绕性好、耐腐蚀、耐高温、电绝缘性好，主要应用于光通信技术、传输大功率激光能量、光纤传感器、光纤辐射剂量计、光纤大电流检测计、光纤温度计、光纤传像束、光纤面板及微通道板制像增强器等方面。

光电信息功能材料（functional material of photo-electric information）具有信息产生、传输、转换、检测、存储、调制、处理和显示等功能的材料。光电信息功能材料不仅是现代信息社会的支柱，也是信息技术革命的先导。光电信息功能材料的研究是当代科学的前沿，具有多学科交叉的特点，是一个极富创新和挑战性的领域。

光电子材料（optoelectronic material）应用于光电子技术的材料的总称，主要是光子和电子的产生、转换和传输的材料。在光电子技术中，信息的产生、处理和存储等功能，由光子和电子联合完成，信息的传输则由光子完成。光电子材料由七种材料组成：（1）光学功能材料；（2）光电探测材料；（3）激光材料；（4）光电信息传输材料；（5）光电存储材料；（6）光电显示材料；（7）光电转换材料。光电子材料主要应用于信息领域，在能源和国防建设上也有广泛应用。

光化学烧孔记录材料（photochemical hole burning optical recording material）在低温下经激光选频激发，通过光化学反应引起物质吸光度或荧光强度变化形成永久性光谱孔，并能编码记录信息的一种超高密度光学记录材料。通常由一种或多种具有光反应性能的物质，通过掺杂技术形成无机晶体或有机高聚物薄膜。分无机和有机材料两大类。其特点是利用选频激光的频率变化，在普通光盘技术二维平面记录信息的基础上，又增加了一个频率维（称频域光学存储），从而大幅度地提高信息存储密度。理论计算表明，其存储密度可达 $10^{11} \sim 10^{12}$ bit/cm^2。由有机光响应性分子和无定型高聚物组成的有机薄膜光化学烧孔材料，主要用于超大型计算机的外存设备中。

光激励发光材料（optically stimulated luminescent material）那些经放射线照射并吸收其辐射能，在电磁波激励下发出荧光的材料。光激励发光是一些荧光粉经 X 射线、阴极射线或紫外线辐照后，吸收穿过物体的辐射或吸收物体本身发射出的辐射能，并将部分能量存储起来。辐照停止后，再用可见光、红外光或紫外光等电磁波激励，将所存储的能量以荧光发射的形式释放出来。主要用于 X 射线辐射图像存储屏和光激励发光剂量计。要求激励光波长和发射光的波长距离较远，以利于信号的读取，减少激励光的干扰。同时，激励光波长应和材料的光激励峰相匹配，以获取最大的信号输出。光激励的光要有快的响应时间。

光敏电阻（light sensitive resistance）利用半导体光电导效应制成的一种对光线十分敏感的电阻器。是一种典型的光电导器件。光敏电阻瓷属半导体陶瓷，它在光的照射下，吸收光能，产生光电导或产生光生伏特效应。利用光电导效应来制造光敏电阻，可用于各种自动控制系统。利用光生伏特效应则可制造光电池或称太阳能电池，为人类提供新能源。与其他半导体光电器件相比，光敏电阻具有以下特点：（1）光谱响应范围宽。根据光电导材料的不同，光谱响应可从紫外线、可见光、近红外扩展到远红外，尤其对红光和红外辐射有较高的响应度。（2）工作电流大，可达数毫安。（3）所测强光范围宽。既可测强光，也可测弱光。（4）灵敏度高。光电导增益大于 1。（5）偏置电压低，无极性之分，使用方便。光敏电阻也有不足，如在强光照射下光电转换线性较差，光电弛豫过程较长，频率响应很低等。

光盘存储材料（optical disk storage material）用于光盘存储的光学介质。一种大容量信息存储技术。与传统的磁存储或半导体存储相比，它具有存储容量大、成本低等特点。目前用于光盘存储的基片材料是聚碳酸酯、聚甲基丙烯酸甲酯、改性双酚 A 环氧树脂和非晶态聚烯烃等高聚物光盘基片。其中聚碳酸酯是最重要的光盘基片材料。作为聚合物光盘基片材料，要求具有高的透光率、光学纯度、尺寸稳定性和热变形温度、较好的机械性能、低的双折射和低成本等。

光全息记录材料（recording material for optical holographic storage）在光全息技术中记录物体图像或数字信息的光介质材料。在光全息术（也称全息照相）中，光介质记录来自物体的光波与参考光波相干涉形成的图案。它是一组不规则的光栅，称为全息图，用参考光照明时就可"再现"出原物的三维图像。按记录介质中不规则光栅的形成，该材料可分为：卤化银乳剂材料、光折变材料、光色材料、光导热塑性高分子材料、光致抗蚀剂材料、光致聚合物材料等。全息记录材料应具有感光灵敏度高、记录分辨率高、能重复使用、复制方便、保存时间长等性质。各类光全息记录材料已分别在干涉计量、材料与元件的无损检测、制作防伪商标以及高密度信息存储等方面得到实际应用。同时，性能优良的全息记录材料仍然是研究的热点。

光学级铌酸锂晶体（optic lithium niobate crystal）无色或略带黄色的透明的电光晶体材料。其电光性能与钛酸钡类似，但容易生长出大尺寸晶体。沿 Z 轴加电场时，压电效应较小，在电光应用中更为优越。铌酸锂的非线性系数很高，双折射率较大，且随温度的变化发生很大变化，因而容易通过改变温度实现 90℃ 位相匹配。用在声光器件中，由于声衰减很小，品质因数与声衰减的比值很高，是制作高频声光器件的重要材料之一。适用于光波导器件、声光器件、电光器件、光存储器、激光倍频器等方面。

光学石英玻璃（optical quartz glass）可用作光学器件的石英玻璃。具有光学性能好、耐高温、抗腐蚀、热膨胀系数小、热稳定性好、抗辐射等特点。用于遥控系统、探测跟踪系统、空间技术、分析仪器等领域。

光子晶体（photonic crystal）具有介电函数的光学亚波长周期结构的晶体。当光入射到该晶体时，一定频率的光将被这些周期结构所散射而不能通过，使透过谱形成一定宽度的禁带。光子晶体由于具有光子带隙结构，产生了许多崭新的物理性质，如光子禁带、光子局域、光的超棱镜效应和负折射效应等。这些特性使得抑制自发辐射、无阈值激射和直角光波导、镜像折射等都可能在光子晶体中实现，这无疑开辟了凝聚态物理和量子电动力学新的研究领域。

硅酸铋单晶（bismuth silicate single crystal；BSO）具有与铌酸锂单晶同样的电光效应、压电效应和其他氧化物晶体所没有的光电导效应，并具有良好的对称性和优良的温度特性的一种茶黄色透明单晶压电材料。硅酸铋的暗电导类型为 p 型，光导载流子为 n 型，用 BSO 单晶制作的普克尔光调制器，不仅具有照相底版的功能，且在实时系统中能用电学方法反复进行信息的写入、存储、显示和擦除，可用于数码识别系统的相干光−非相干光转换器、傅立叶

平面滤波器、激光全息组页器等。应用于表面声波器件、电光开关、电光调制器、高速图像处理存储器、图像转换器、图像及文字识别、指纹识别、全息照相计测等。

H

化合物半导体材料（compound semiconductive material）由两种或两种以上无机物质化合而成的半导体材料。相对于元素半导体而言，化合物半导体的种类非常繁多，仅目前已知的二元化合物就有数百种。其中绝大多数还未能制备出单晶或外延材料。按化合物半导体的组成，可以分为 III-V 族、II-IV 族、IV-VI 族化合物等，以及由这些元素组成的各种三元、四元固溶体材料。化合物半导体材料主要在光电子器件、红外器件、光电集成、超高速微电子器件和超高频微波器件及电路等领域有重要应用价值。

J

聚酰亚胺涂层胶（polyimide coatings）高纯度的聚酰胺酸溶液，经适当的热固化处理后，所形成的具有耐高温、耐辐射、耐腐蚀、耐湿热以及优异力学性能和电绝缘性能的薄膜材料。该系列产品具有很好的黏接性能。适用于微电子工业中的半导体器件表面的密封、应力缓冲保护和芯片的表面钝化，以及粒子阻挡层、多层金属互联结构、多层基板的层间介电绝缘和液晶取向膜等。

L

类金刚石薄膜（diamond like coating，DLC）人工合成的由金刚石微晶体构成的薄膜状的新型功能材料。具有高硬度、低摩擦、高热导率（为铜的 5 倍）、低膨胀系数、良好抗热冲击性能、宽波段高透过率、声学保真性好、良好的医学相容性和化学惰性等多项复合性能。用于在金属、塑料、玻璃等材料表面生成金刚石膜，如电绝缘层、手表玻璃、光学玻璃、眼镜、首饰等防潮耐磨损保护层，航空航天材料、传感器、耐高温防辐射保护层、场声振动膜层、人工心脏瓣膜和人工关节耐腐蚀层等。

离子导电陶瓷（ion conductive ceramics）具有离子导电特性的一类陶瓷。可以应用在固态电池、传感器等方面。快离子导电陶瓷通常要求其离子电导率大于 10^{-2}S/cm，且电子电导很小，电导活化能应小于 0.5eV。目前，比较引人注目的快离子导电陶瓷主要有稳定 ZrO_2、$\beta-Al_2O_3$ 及 CeO_2 基固溶体

等陶瓷。

磷酸镓单晶（gallium phosphate single crystal; gallium orthophosphate）类似于人造石英晶体但耦合系数却比人造石英晶体高得多的新型压电单晶材料。它几乎具有人造石英晶体的所有优点，具有晶体震荡器和滤波器所需要的温度补偿特性和很高的电阻率。在温度高达933℃时，其物理特性也只有很小的变化。这使它在高温器件中得到广泛应用。

磷酸氧钛钾晶体（potassium titanyl phosphate crystal；KTP crystal）具有高的非线性光学系数，在室温下就能实现位相匹配的一种晶体材料。它在很宽的波长范围内是透明的，破坏阈值高，化学性能稳定，腔外倍频转换效率高达70%。这种晶体主要用于制作倍频器件、电光调制器件和光波导基片，在卫星测距、激光医疗、半导体微加工、水下通信、气象雷达和高功率激光器等方面有广泛的应用前景。

铝酸镧单晶（lanthanum aluminate single crystal）一种性能优良的高温超导薄膜和铁电薄膜衬底材料。分子式为 $LaAlO_3$，分子量为213.9。由铝酸镧单晶制成的用作衬底的材料，对多种薄膜材料晶格匹配好，制成的高温超导基片是制造高温超导电子元器件的基本材料。高温超导元器件广泛用于微波元器件、微型型号检测、雷达通信、超导电子、计算机、医疗仪器等领域。

N

铌酸钾晶体（potassium niobate crystal；KN crystal）铁电性很强的钙钛矿晶体。其光学品质因数、电光及光折变品质因数在所有氧化物晶体中都名列第一。该晶体化学性能稳定，非线性光学系数大，对半导体860nm激光直接倍频（101mw），已得到约40mw和430nm的蓝光。用铌酸钾倍频946nm获得473nm蓝光的小型全固态激光器正在商品化，广泛应用于激光倍频、电光调制、参量振荡及光折变等领域。

黏结钕铁硼磁体（bonded nd fe bmagnets）由钕铁硼黏结而成的一种永磁体。是既具有可塑性又有很高的磁性能的复合性永磁体材料。其尺寸和重量比烧结NdFeB磁体优越，尺寸精度高，形状自由度大，相对密度小，易批量生产。它主要用于主轴电机，并已占整个应用领域的90%。

钕铁硼永磁体（烧结）（Nd-Fe bmagnets (sintered)）是由钕铁硼烧结而成的一种永磁体。其剩磁、矫顽力和最大磁能积高，力学性能好，原材料丰富，价格便宜。但其耐热性能差，易氧化，尚有待改善。主要用于计算机磁存储装置音圈电机（VCM），医疗器械，核磁共振断层诊断装置，回转机器、通信、音响、传感器等。

P

硼酸铯锂晶体（cesium lithium borate crystal；CLBO crystal）由硼酸铯锂构成的新型非线性光学晶体材料。其短波截止波长180nm，对1 064nm的激光，在5倍频时仍能实现匹配。通过和频可获得185nm的深紫外光，且倍频转换效率在60%以上。由于在266nm处没有光折变损伤，特别适合于1 064nm激光的4倍频变换。该晶体光损伤阈值高，耐热冲击性强，走离角小，容易长成大块单晶。主要用于倍频器件，在集成电路、角膜切除术、工业机械加工及模具快速成型等领域有重要应用。

铍青铜箔材（beryllium bronze foil）用铍青铜合金制成的箔材。它具有高的强度、硬度，高弹性极限，耐疲劳，耐磨，耐蚀，无磁性，导电和导热性好，受冲击时不产生火花。在录音机、录像机磁头中用作隔磁材料。

S

三硼酸锂晶体（lithium triborate crystal；LBO crystal）由三硼酸锂构成的新型非线性光学晶体材料。其性能优异，尤其是破坏阈值高，位相匹配允许角大，透光范围宽，因此特别适宜在高功率密度、高稳定性、长时间运行的激光器中用作二倍频和三倍频器件。它对1 064nm激光倍频的转换效率达60%。该晶体用于激光倍频器，广泛应用于激光武器、激光焊接机、激光雷达、激光跟踪器、激光外科手术、激光通信等方面。

数据石英光纤（data quartz optical fiber）大芯径、大数值孔径的石英光纤。使用廉价、可靠和光功率大的发光二极管作为光源，具有高效、廉价、稳定可靠等方面的优点。其工作窗口在850nm和1 300nm之间，主要用于局域网的数据传输系统。

T

太阳能电池芯片（solar battery chip）具有光电效应的半导体器件。当光直射太阳能电池芯片时，其中一部分被反射，一部分被吸收，一部分透过电池芯片。被吸收的光激发被束缚的高能级状态下的电子，使之成为自由电子。这些自由电子在晶体内向各方向移动，余下空穴（电子以前的位置）。空穴也围绕晶体飘移，自由电子（－）在n结聚集，空穴（＋）在p结聚集，当外部环路被闭合时，电流产生。现在常用砷化镓半导体材料作发电元件。其光电转换效率高，耐温性优于硅质材料，批量生产成本低。

锑化铟晶体（indium antimonide crystal）III-V族金属化合物窄禁带本征半导体材料。属面心立方晶系闪锌矿结构。具有高电子迁移率和小的电子有效质量的特点，适合于制备光导型、光磁型和光伏型三种工作方式的探测器。光导型探测器可在室温和低温下工作；光磁型探测器可在室温下工作，而且响应速度快，不需偏置，但需要磁场，因此结构复杂，而且性能较低；光伏型探测器在直流和零偏压条件下工作。它的探测率很高，响应时间很长。该晶体材料剩余杂质少，晶体完整性好，是制作波长为 $3 \sim 5 \mu m$ 的红外探测器的重要材料。可用于制作光伏型或光导型单元、多元及焦平面红外探测器以及磁敏器件。

W

WORM 光盘存储材料（recording media of write once and read-many optical disk）一次写入多次读出的光学介质。主要依靠激光束加热时产生的不可逆变化记录信息。信息一经写入便不能擦除，因此属于档案存储形式。激光束加热所产生的热效应包括烧蚀、熔融、蒸发、晶态转换、合金化等多种。物理形态变化有凹坑、气泡、织构和相变等。所记录的比特尺寸应足够小（约1mm），记录能量适中，记录和非记录区信号对比度大，介质噪声小，介质物化性能稳定，信息存储寿命长。根据不同记录机制，可作 WORM 记录材料的有金属薄膜、合金化介质、掺银有机聚合物、半导体材料、碲碳混合物等。目前有机染料已成为 WORM 光盘记录介质的主流，用旋涂法制作在衬底上。为提高记录灵敏度、读出信噪比和减少噪声，WORM 光盘往往做成双层或三层结构，即除记录介质和衬底外，光盘结构中还夹入铝反射层和电介质层，以增强反射和干涉效果。

钨铈电极（W-Ce electrode）由钨铈合金制成的电极材料。与钍钨电极相比，钨铈电极材料的韧性好，加工时脆断少，易于加工成型。钨铈电极的着火电压比钍钨电极低 13%～16%，激活温度比钍钨电极低 400 ℃左右。钨铈电极的弧柱压缩程度比钍钨电极好，弧柱亮带狭长，弧光较明亮。钍钨电极的最小起弧电压为30V，而钨铈电极仅12V，相当于钍钨电极起弧电压的40%，而且不污染环境，对人体无害。用于氩弧焊、等离子弧焊接和切割、喷涂、熔炼、电光源和激光器等。

Y

压电陶瓷（piezoelectric ceramics）能够将机械能和电能相互转换的功能陶瓷材料。当它受到机械压力时，会产生压缩或伸长等形状变化。随着形状的变化，这种晶体的两面会产生不同的电荷，当声波作用在压电陶瓷上时，电荷就会变成电讯号。反过来，它在交流电压的作用下，不时伸长或缩短，变成振动，产生声音。这种现象在物理学上叫压电效应。20 世纪50年代，一种性能大大优于钛酸钡的压电陶瓷材料——锆钛酸铅研制成功。从此，压电陶瓷的发展进入了新的阶段。至20世纪60～70年代，压电陶瓷不断改进，如用多种元素改进的锆钛酸铅二元系压电陶瓷，以锆钛酸铅为基础的三元系、四元系压电陶瓷也都应运而生。这些材料性能优异，制造简单，成本低廉，应用广泛。

压敏陶瓷（voltage-sensitive ceramics）对电压变化敏感的非线性半导体陶瓷。压敏陶瓷材料主要有碳化硅（SiC）、氧化锌（ZnO）、钛酸钡（$BaTiO_3$）、氧化铁（Fe_2O_3）、二氧化锡（SnO_2）。其中 $BaTiO_3$、Fe_2O_3 利用的是电极与烧结体界面的非欧姆特性，而 SiC、ZnO、SnO_2 是利用晶界非欧姆特性。目前应用最广、性能最好的是氧化锌压敏半导体陶瓷。用这种材料制成的电阻称之为压敏电阻。ZnO 压敏电阻器的用途很广，主要用于各种大型整流设备、大型电磁铁、大型电机、通信电路等的过压保护，同时也用在彩色电视接收机、卫星地面彩色监视器、电子计算机末端数字显示装置中。其作用是用来稳定电压。

氧化锌压电电阻陶瓷（zinc oxide voltage-sensitive ceramics）以氧化锌为主晶相的半导体陶瓷。具有很好的电压-电流非线性，很宽的工作电压范围和良好的耐浪涌能力。用于晶体管、集成电路、电力变压、高压输变电线路等的过压及避雷保护装置。

液晶材料（liquid crystal material）其性能介于液体和晶体之间，既有类似液体的流动性和连续性，又有类似晶体的有序性的一种材料。在液晶中，原子或分子仅在一维或二维方向上规则排列。在光学、电学、力学性能上具有明显的各向异性，并可呈现出乳浊、双折射、彩虹、旋光等一系列奇特的现象。许多物理性能对外界刺激非常敏感，如电场、磁场、热能和声能的刺激都能引起它的光学效应。现已发现3 000多种有机化合物具有液晶形态，如芳香族、脂肪族、多环族和胆甾醇衍生的化合物等。按分子排列可分为近晶型的、向列型的和胆甾型的三种。分子结构随类型的不同而不同，如近晶型的，分子形状为棒状或圆柱状；向列型的，分子形状如雪茄烟，但与近晶型的有所不同；胆甾型的，分子形状是平板状。从制造上又可分为溶致液晶和热致液晶两种。前者是把某些有机化合物放在一定的溶剂中形成液晶，后者是把某些有机化合物加热熔化形成液晶。现在常说的液晶多指热致液晶。它具有工作温度范围宽、工作电压低、驱动功率小、响应速度快和化学稳定性好等特点，广泛用于电子手表、计算器、电视显示、投影显示、彩色显示等器件和装置上。

液晶屏（liquid crystal display，LCD）由中间夹有一些液晶材料的两块玻璃所组成的板材。在此夹层的各个节点上通以微小的电流，就能够让液晶显现出图案，诸如计算器上的数字、笔记本电脑显示器上的图像等。

液晶显示材料（liquid crystals for display）由多种单体液晶按一定比例混合而成的混合物显示材料。液晶是具有液体的流动性和晶体的各向异性的一类有机化合物的统称。液晶显示材料具有光学、介电、介磁等各向异性的物理性能。适用于各种类型的液晶显示器件，如：手表、计算机、仪器仪表、手机、商务通、电子记事本、笔记本电脑、液晶电视等。

远紫外正性光刻胶（deep ultraviolet positive photoresist）以叠氮萘醌磺酸酯-酚醛树脂为主要成分的光刻胶。其外观为琥珀色黏稠液体，可溶于酯、酮等溶剂，不溶于水、醇类等。受光照射光照区会发生分解，分辨率高。适用于紫外光刻技术制造掩模板、光栅、特种电子器件、液晶显示器件等领域。

Z

中子嬗变掺杂硅单晶（neutral tansmutation）采用中子嬗变掺杂技术制备的硅单晶。该材料具有电阻率高、掺杂均匀、径向电阻率分布均匀和可以避免常规掺杂时杂质条纹的产生等优点，故广泛用于制备电力电子器件等领域，如用于硅钯摄像管、射线探测器、静电感应晶体管、静电感应晶闸管、绝缘栅双极晶体管等材料中。

紫外正性光刻胶（ultraviolet positive photoresist）以邻重氮萘醌为主要成分的光刻胶。该胶为琥珀色透明液体，可溶于醇、酮、酯，遇水会析出固体，易燃，受光和热作用会发生分解反应。该胶对二氧化硅和金属有较好的黏附性，耐酸性较强，主要用于大规模及超大规模集成电路、半导体分立器件、液晶显示器、全息图像及光栅、声表面波器件及传感器等的微细加工，也用于掩模板、印刷电路板的光刻工艺中。

阻燃型彩色聚酯压敏胶带（flame resistant colored pressure sensitive adhesive tape）在聚酯薄膜上涂敷经超细处理的阻燃型彩色压敏胶而制成的产品。具有颜色多样（红、蓝、白、绿等）、色泽均匀、黏着力大、不易老化、绝缘性能优良、阻燃等特点。用于各种变压器的层间绝缘、铁氧体外包封及其他电视、电器的绝缘材料。

（九）生态环境材料（Eco-environmental Material）

H

环保胶黏剂（environmental benign adhesive）在胶接施工及应用过程中对环境或人体不产生不良影响，符合环保法规的胶黏剂。随着环保意识的增强，胶黏剂应向着环境友好、节能和经济的方向发展。溶剂和一些有毒的原料是胶黏剂污染的主要来源，因此，胶黏剂向水性化、无溶剂化、低毒化和高固含量方向发展。水基胶黏剂、热熔胶和无溶剂无毒双组分胶黏剂、单组分光固化胶黏剂和单组分湿固化胶黏剂相对比较符合环保要求，在今后一段时间内将会得到快速发展。

环保型材料（environmental protection material）无致癌性、无过敏性或无急性毒性的材料。材料中无游离致癌芳胺或因材料裂解产生的致癌芳胺。可萃取的重金属及甲醛含量在极限量以下。不含环境激素和变异性化学物质及持续性有机污染物。不产生污染环境的化学物质。该材料具有色泽鲜艳及高上染率、高固色率、高提升率以及匀染性能好等特性，已得到广泛应用。

环境净化材料（environment clean material）用于净化环境污染的材料的统称。常见的环境净化材料有大气污染控制材料、水污染控制材料及其他污染控制材料等。

环境替代材料（environmental replace material）可替代危害环境材料的一类环境材料。常用的环境替代材料有替代氟利昂的制冷剂材料、工业和民用的无磷化学品材料、工业石棉替代材料以及其他有害替代材料。

环境修复材料（environmental repairing material）能对已破坏的环境进行生态化治理及恢复的一类生态环境材料。常见的有防止土壤沙化的固沙植被材料、二氧化碳固化材料以及臭氧层修复材料等。

S

生态建材（ecological building material）可赋予优异环境协调性的建筑材料。所谓环境协调性好，即具有优异性能，有益于人体健康。具有优异的使用性能，即生产时不用或少用天然资源，大量使用废弃物作为再生资源；采用清洁的生产技术，废气、废渣和废水的排放量相对较少；使用过程中有益于人体健康，有利于生态环境改善及与环境相和谐；废弃后使之作为再生资源或能源加以利用或能做净化处理。

（十）新型建筑材料（New Type Building Material）

A

ABS 管材（acrylonitrile butadiene styrene pipe）由丙烯腈-丁二烯-苯乙烯三元共聚物粒料，经注射挤压成型的热塑性塑料管材。其特点是具有可燃性，强度较高，耐冲击性好。可作液压油管、输液用管道、高压视镜、普通视镜、照明灯管以及需要观察管内液体或气体流动情况的输送管道等。

B

白色硅酸盐水泥（white portland cement）以氧化铁含量低的石灰石、白泥、硅石为主要原料，经烧结得到的以硅酸钙为主要成分且在氧化铁含量低的熟料中加入适量石膏并共同磨细制成的水硬性胶凝材料。是一种白色装饰水泥。其适用标准为 GB2015-91。磨制白水泥时允许加入不超过水泥重量 5% 的石灰石或窑灰。水泥熟料中的氧化铁的含量一般要求小于 0.5%。在煅烧时最好采用天然气或重油作燃料。如用煤时，要求灰分中氧化铁含量低。在制造过程中须避免杂质混入。如在白水泥中掺入耐碱的颜料，可制得各种色彩的水泥。白水泥的常规物理性能和普通硅酸盐水泥相似，分为 325、425、525、625 四个标号。白水泥按白度（特级、一级、二级和三级）又可分为优等品、一等品和合格品。主要用于建筑装饰材料，如：地面、楼板、阶梯、庭柱等的饰面，也可用作雕塑工艺制品。

半钢化玻璃（semi-tempered glass）介于普通平板玻璃和钢化玻璃之间的一个玻璃品种。其生产过程与钢化玻璃相同，只是在淬冷时的风压较低，冷却效果比普通平板玻璃低，所以钢化程度较低。半钢化玻璃兼具普通平板玻璃和钢化玻璃的优点，强度高于普通平板玻璃，平整度介于两者之间，没有自爆现象。在破碎时，不像钢化玻璃那样整体粉碎，而是沿裂纹源呈现放射状径向开裂，一般无切向裂纹扩展，所以破坏后仍能保持整体不塌落。碎片相对较大，含有尖锐的边角。所以半钢化玻璃不属于安全玻璃。在建筑中只能用于幕墙和外窗，不能用于天窗和其他有可能产生人体撞击的场合。

钡水泥（barium silicate cement）以重晶石和黏土为主要原料，经烧结得到以硅酸二钡为主要矿物熟料，再加适量石膏，共同磨细而成的一种防辐射水泥。其密度较一般硅酸盐水泥高，可达 $4.7\sim5.2g/cm^3$。用钡水泥配制的生混凝土容重可达 $3.5\sim3.8t/m^3$，混凝土强度高，增匀性和密实度都较好。可与重质集料（例如重晶石等）配制成均匀、密实的防 γ-射线或 X-射线的混凝土。但钡水泥的热稳定性和热传导性较差，只适于制作不受热辐射的防护墙。

丙烯酸酯建筑密封膏（acrylic latex building sealant）以丙烯酸酯乳液为主要成分，掺以少量表面活性剂、增塑剂、改性剂及填充料和色料等配制而成的非定型密封材料。丙烯酸酯建筑密封膏具有黏结性能好、延伸率高等优点，适用于各种材料门窗的接缝密封以及建筑、装修等材料间的密封。

波形玻璃（corrugated glass）具有波形断面的板状玻璃制品。是将用连续压延法成型的、尚处于可塑状态的玻璃带，通过一对波形压辊或者一排球形压制装置压成单向波形制品。波形玻璃具有强度高、透光度好、安全、能减轻结构自重等特点，波形断面垂直方向上的刚度比一般平板玻璃大数倍，透光度在70%～75%之间。在建筑上，多用于需要采光的工业厂房的屋面、天窗以及墙面等。

玻璃钢装饰板（decorative plate of glass fiber reinforced resin）用玻璃纤维织物为增强材料，以不饱和聚酯树脂为胶黏剂，在固化剂、催化剂的作用下，经加工而成的一种建筑装饰板材。具有色彩丰富、美观大方、漆膜亮、硬度高、耐磨、耐酸碱、耐高温等性能，适用于粘贴在各种基层、板材上作建筑装饰和家具之用。

玻璃棉制品（glass woolly produce）把熔融的玻璃用火焰法、高整离心法或高压载能气体喷吹法等纤维化成型技术制成的棉絮状材料。具有很好的绝热保温性能，并具有化学稳定性较高、不燃和吸湿性极小的优点，是很好的高级建筑绝热材料。同时玻璃棉也可加工成吸声用玻璃棉制品，是极好的建筑吸声材料。

玻璃纤维增强水泥板（fiberglass reinforced cement wall panel）用玻璃纤维增强而成的轻质水泥墙体材料。它具有重量轻、板材薄、防潮、不燃、隔音、保温等优良性能，并且具有良好的加工性。适用于框架建筑的内外隔墙、各类建筑的非承重墙、卫生间、厨房等分隔墙，并适用于大开间内的任意分隔墙和旧房改造等。

玻璃纤维增强水泥聚酯波纹瓦（GRC polyester wave tile）又称玻璃钢波形瓦，是以玻璃纤维粗纱及其制品和不饱和聚酯树脂为主要原料加工而成的瓦。其截面近似正弦波。它具有重量轻、强度高、耐冲击、耐高温、耐腐蚀、介电性能好、透微波性好、不反射雷达波、透光率高、色彩鲜艳、成型方便、工艺简单等特点，适用于各种建筑的屋面、遮阳以及车站月台、凉棚及其他类似建筑物等处。

C

彩钢复合板（colored composite plate）在彩色钢板中加入保温、隔音、防火类的轻质材料而制成的建筑围护材料。彩色钢板是将有机涂料或塑料薄膜在连续生产线上涂覆或压合在镀锌板、冷轧板或镀铝板的表面而制成。夹层可采用岩棉或玻璃纤维毡等轻质保温无机材料。具有优良的装饰性、成型性、抗腐蚀性、耐气候性。可长期保持彩涂产品色泽鲜亮。已成为当今建筑业、运输制造业、轻工业、办公家具等行业理想的材料。

彩色硅酸盐水泥（colored portland cement）用白色硅酸盐水泥熟料、颜料和石膏共同磨细而制得的硅酸盐水泥。对颜料的性能要求是：在露置于光和空气中能耐久，分散度要细，颜料的化学组成既不会受到水泥影响也不会对水泥的组成和性能起破坏作用，并且不含可溶性盐。常用的无机颜料有氧化铁（可制红、黄、褐、黑色）、二氧化锰（黑、褐色）、氧化铝（绿色）、钴蓝（蓝色）、群青蓝（蓝色）、炭黑（黑色）等。有机颜料有：孔雀蓝（蓝色）、天津绿（绿色）等。还可以在生料中加入少量着色剂，直接煅烧成彩色熟料后再磨成水泥，如：加入氧化铬可得绿色，氧化钴在还原焰下可得浅蓝色，在氧化焰下可得玫瑰红等。彩色水泥主要用于建筑装饰材料。如：在粉磨水泥时，加入适量外加剂（滑石粉、硬脂酸镁等），可改善水泥浆的保水性和防水性。这种水泥称彩色粉刷水泥，可用于混凝土、砖石、水泥石等表面的粉刷饰面。

彩色涂层钢板（color coated steel sheet）以冷轧钢板、电镀锌钢板或热镀锌钢板为基板，经过表面脱脂、磷化、铬酸盐等处理后，涂上有机涂料经烘烤而成的产品。是一种复合材料，既有钢板的高强度和良好的加工成型性能，又有有机材料良好的耐腐蚀性和装饰性，广泛适用于建材、电器、家具、船舶、卫生间内装修、电器设备、汽车外壳、挡水板以及其类似构件和设备。

D

DSP水泥（densified systems containing homogeneously arranged ultrafine particle）以波特兰水泥、硅灰和超塑化剂为主要成分的超高强度材料。DSP含义为"含均匀分布超细颗粒的致密系统"。该水泥抗压强度可达120MPa以上，如果采用特殊集料，其抗压强度可达200MPa以上，弹性相当于普通混凝土的1.5～2倍，其强度/密度比值高于钢材。因此，用DSP材料有可能建造过去不可想像的巨大结构物。用DSP可制备具有不同塑性的混凝土，而且采用普通混凝土浇注技术即可处理。生产制品时也可采用塑料加工技术，如挤压成型、碾压成型等。

导电玻璃（conductive glass）电阻率较低的具有导电能力的玻璃。其主要产品为表面导电玻璃。表面导电玻璃是表面涂有金属或者金属氧化物薄膜，使其具有导电性能的玻璃。有透明、半透明、不透明等几个品种。其中透明导电玻璃应用最为广泛。透明导电玻璃的应用方式主要有三个：（1）直接作为发热体使用，当通电时，玻璃发热，能够防止在玻璃表面结露、结霜，提升周围温度。最重要的是制作飞机风挡玻璃，在恶劣天气中保持风挡玻璃的视野和光学性能，也可以制成电暖气工艺画框在家庭中使用，具有极好的装饰效果。（2）制作透明平板电极，在液晶显示、场致发光、硅太阳电池、等离子显示等领域中应用非常广泛。（3）制作屏蔽电磁波的门窗，防止信息泄密和干扰。

道路硅酸盐水泥（portland cement for road）将适当成分的生料烧至部分熔融所得到的以硅酸钙为主要组分和较多铁铝酸钙的硅酸盐水泥熟料，与0～10%活性混合材料和适量石膏磨细制成的水硬性胶凝材料。其适用标准为GB13693，共分425、525、625三个标号。水泥所用混合材料应为符合GB1596的一级粉煤灰、GB203的粒化高炉矿渣，或符合GB6645的粒化电炉磷渣。道路水泥的特殊技术要求有：道路硅酸盐水泥熟料中C4AF铁铝酸四钙大于等于16.0%，C3A铝酸三钙小于等于5.0%；道路硅酸盐水泥熟料中的游离氧化钙，旋窑生产不得大于1.0%，立窑生产不得大于1.8%。28天干缩率不得大于0.10%，磨损量不得大于3.60kg/m²。生产道路水泥时应控制水泥的细度为0.08mm方孔筛筛余物以5%～10%为宜。为提高道路混凝土的耐磨性，可加入5%以下的石英砂。其优点为早期强度高、耐磨性好、收缩小、水化热低、抗冻性好、抗冲击性能好、抗折强度高。用其配制的路面混凝土具有良好的施工性能和优良的耐久性。该类水泥适用于不同等级的公路路面，特别是高等级公路路面工程、重要交通公路路面工程、飞机机场道面工程、城市道路路面工程及其他水泥混凝土面板工程等。

低辐射玻璃（low emissivity glass）对近红外线辐射具有低反射率和对远红外辐射具有高反射率而又保持良好透光性能的平板玻璃。通过热喷涂镀膜法或真空磁控溅射镀膜法在玻璃表面上镀一层或几层金属、合金或金属氧化物薄膜而制得。一般用于制造中空玻璃，而不单片使用。配有低辐射玻璃的中空玻璃主要用来制作寒冷地区的工业与民用建筑的门、窗和幕墙等，能够起到保温作用，还可节省能源，降低采暖费用。

低热粉煤灰硅酸盐水泥（low heat fly ash Portland cement）由适当成分的硅酸盐水泥熟料，加入适量的粉煤灰和石膏，磨细制成的具有低水化热的水硬性胶凝材料。按其重量百分比计，水泥中粉煤灰掺加量约为20%～40%，允许用不超过混合材总量50%的矿渣或磷渣代替部分粉煤灰。主要用于要求水化热低的大体积混凝土工程。该水泥已在水利建筑工程中得到使用。

低热矿渣硅酸盐水泥（low heat slag Portland cement）以适当成分的硅酸盐水泥熟料，加入适量矿渣、石膏，磨细制成的具有低水化热的水硬性胶凝材料。水泥中矿渣选用量按重量百分比计为20%～60%，允许用不超过混合材料总量50%的磷渣或粉煤灰代替部分矿渣。该类水泥适用标准为GB200-2003，水泥标号为32.5MPa。该类水泥3天水化热不得超过197kJ/kg，7天水化热不得超过230kJ/kg。由于掺入了一定量的混合材料，低热矿渣硅酸盐水泥的水化热很低，特别适用于大体积混凝土的内部施工。此外，还具有抗硫酸盐性能好、收缩小、耐磨性能好等优点。

电磁屏蔽玻璃（radiation shielding glass）在平板玻璃表面镀覆透明的电磁屏蔽膜，或在夹层玻璃中敷设金属丝网而制成的玻璃。当电磁波经过这种玻璃时，被有效地衰减，达到对内防止信息泄漏，对外防止信息干扰的作用。在计算机房、演播室、工业控制系统、军事单位、外交部门、情报部门等有保密需求的或者防止干扰的场所，都可以使用屏蔽玻璃作为建筑门窗玻璃或者幕墙玻璃。

电热玻璃（electro-heated glass）通电后能发热升温的夹层玻璃制品。在夹层玻璃中间膜一侧嵌入极细的钨丝或者康铜丝等金属电热丝，或者在玻璃内表面涂覆透明导电膜，通电后使玻璃受热。在建筑上这种玻璃可以用于陈列窗、严寒地区的建筑门窗等，也可以制成各种电热玻璃工艺品、装饰品等，摆放或悬挂在室内，作为冬季的室内辅助热源。但更主要的是用在汽车、飞机、坦克、舰船的风挡玻璃上，可以防止玻璃表面结霜、结露、结冰。

电致变色玻璃（electrochromatic glass）随着施加电场强弱而改变其透光度的玻璃制品。在两层玻璃之间夹有类似液晶的材料，在电场的作用下，发生可逆的电化学反应，从而发生可见光吸收的显色效应。通过控制电流的大小，可以在较大的范围内任意调节可见光透过率，产生多种色彩的连续变化，实现透明与不透明的光调节作用。在两片玻璃内表面涂覆导电膜，形成两个平行导电板，在中间灌注液晶材料，或者夹装液晶胶片彩层制作成电致变色玻璃。用电致变色玻璃制成的窗玻璃相当于装有电控装置的窗帘一样，非常隐蔽和方便。主要用于需要保密的场所。也可以用在广告、显示屏、门窗、挡风玻璃上。

F

FLSA 快速堵漏剂（fast leak-stopping agent）以氟铝酸盐水泥熟料为基材，配合其他外加剂复合而成的无机粉末材料。其特点是凝结硬化快，初终凝时间间隔极短，终凝后迅速产生强度，可带水作业，并迅速止水、堵漏。施工简单，与基层黏结力强，不收缩、不脱落，可广泛应用于房屋、地下、水下、隧道等工程的堵漏止水、抢修、灌注等。

防 X 射线玻璃（X-ray protective glass）含有充足的铅和钡等重金属，能为生物体提供优良的 X 射线保护的玻璃。它可使操作者在靠近危险的辐射线时受到保护。防 X 射线玻璃强度较低且不能增强，因此在生产、运输、储存、安装和使用时应小心。

防弹玻璃（bullet-resisting glass）具有防弹功能的特殊夹层玻璃。其具有抵御枪弹射击而不发生穿透破坏的功能，可最大限度地保护室内物品及人身安全。防弹玻璃一般是采用多片强化玻璃和塑料胶片层合而成，依据防弹要求作适当调整，通常是三层结构。防弹玻璃一般用于前沿观察所、银行、珠宝店及重要部门的门窗玻璃。

防水宝（waterproof powder）固体粉末状建筑用刚性无机防水材料。它无毒、无味、不燃、耐化学腐蚀。该产品具有干涸快、黏结力好（＞1.8MPa）、强度高（＞20MPa）、抗冻（−20~+30℃50 个循环无变化）、抗渗性（＞0.5MPa）好等优异功能。加水调和即可使用。在湿润的表面上涂抹 1~2mm 涂层，即可收到抗渗堵漏效果，耐化学腐蚀性能也较好。该材料还有一个显著的特点是能在大面积渗漏的施工面上施工，达到很快止水的效果。适用于新旧建筑物的屋面、地下室、蓄水池以及隧道等的防水、防潮、防渗漏，还可用来粘贴瓷砖、马赛克等。

G

GRC 复合外保温板（GRC composite exterior panel）由玻璃纤维增强水泥面层与高效保温材料复合而成的外墙保温用板材。有单层板和双层板之分。将保温材料置于 GRC 槽型板内的是单层板，将保温材料夹在上下两层板之间的是双层板。具有墙体薄、重量轻、强度高、韧性好以及保温、防水、耐久、抗裂、加工简易、造型丰富、施工方便等特点。

钢塑复合管（steel-plastics composite pipe）由钢管内衬塑料制成的复合管。它兼有钢管和塑料管的优点。一般采用硬聚氯乙烯塑料管衬在钢管内，通过管件的螺旋凸缘设计可保证密封性能并防止管道端面锈蚀。塑料用作复合管的内壁具有良好的耐腐蚀性、不挂污、不结垢、使用寿命长、内壁光滑、流体阻力小。复合管的外壁采用钢管，较之塑料管的强度有很大提高，发挥了耐压、抗冲击、耐温度变化的长处。作为新产品具有环保优势，在工业与民用建筑的给排水系统和化工、食品、饮料等行业的液体输送管道中正在被广泛地应用。

高密度聚乙烯防水卷材（high-density polyethylene waterproof roll-roofing）以高密度聚乙烯为基料所制成的防水卷材。其中含有大约 97.5% 的聚合物和 2.5% 的炭黑以及抗氧剂和热稳定物质。断裂拉伸强度为 28MPa，断裂延伸率为 700%，变脆温度为 −80℃，抗水压能力为 1.12~7.94MPa，渗透系数为 2.7×10^{-13} cm/s，热老化（80±2℃）拉伸强度保持率为 92%，断裂伸长率保持在 90%。广泛应用于环保、冶金、建筑、市政、水利、化工、电力以及航天等部门的防污染、防渗漏及水处理等工程。建筑工程中适用于工业与民用建筑的平屋面、蓄水屋面、屋顶花园等的防水；还可用于酸碱或有毒品等场所进行防腐蚀、防毒、防渗工程，也适用于基层结构有振动或较大沉降的屋面；此外，还适用于地铁、人防地下室、水库、污水池、清水池等防水工程。

光致变色玻璃（photo chromic glass）随光照强弱而变色的玻璃。通常情况下是透明玻璃，但是在短波紫外线或者可见光的照射下，产生可见光域的光吸收，使玻璃发生透光度降低或者产生颜色变化，在光照停止后又能自动恢复到原来透明状态。其制造一般是在基础玻璃成分中引入光敏剂。这些光敏剂以微晶状态均匀地分散在玻璃中，在光照作用下分解，降低透光度，在暗处化合，恢复透明度。玻璃的着色和褪色是可逆的、永久的。这种玻璃主要用作变色眼镜玻璃原片，兼有光度眼镜和遮阳眼镜的优点。既可矫正视力，又可以自动调节光照强度，充分保护眼睛。另外，在建筑物门窗、银行柜台、交通车辆前风挡玻璃上也可以使用。

硅酸铝纤维制品（aluminum silicate fiber produce）以焦宝石为主要原料的一种新型节能无机纤维材料制品。经 2 100 ℃ 的高温熔化，高速离心法或喷吹法等工序而制成棉丝状无机纤维。具有耐高温、导热系数低、重量轻、热容量小、热稳定性高、抗化学腐蚀性好、与金属材料不相浸润、隔音性能好和电绝缘性好等特点。硅酸铝纤维和由其制作的复合材料目前已成功地应用于冶金、电子、石油、化工机械、陶瓷等工业部门的工业窑、炉及各管道等的保温隔热材料领域，还可做耐热补强材料和高温过滤材料等。

硅酸盐复合绝热涂料（silicate composite insulation coating）以硅酸盐纤维材料、轻质填料（石棉、海泡石等）为主要原料，加入少量黏结剂和助剂，经松解、混合制成的黏稠状涂料。在需要保温的物体表面上涂覆一定厚度，干燥后可形成良好的绝热层。其优点是便于不规则形状物体的保温施工，适用于建筑供热设备等。

H

混凝土多孔墙板（concrete hollow core panel）以普通水泥、粉煤灰、轻集料（陶粒、珍珠岩）与水等为主要原料，经螺旋挤压成型机制成的轻质空心板。其特点是墙面平整度高，墙体安装后不用再抹面，且施工快捷而方便。适用于民用建筑和规模较小的轻质工业建筑中的非承重内隔墙。

J

夹层玻璃（sandwich glass）在两片或多片平板玻璃之间夹有有机塑料透明膜，经过加热、加压黏和而成的玻璃复合制品。夹层玻璃的原片可以采用普通平板玻璃、钢化玻璃、镀膜玻璃、吸热玻璃、彩色玻璃等。夹层玻璃具有安全特性，建筑用夹层玻璃能抵挡意外撞击的穿透，减少破碎或玻璃掉落的危险，即使玻璃碎了，碎片仍会与 PVB（聚乙烯醇缩丁醛树脂）胶片粘在一起，可避免人身伤害或财产损失。夹层玻璃具有隔音特性。PVB 胶片具有对声波的阻尼功能，使建筑用夹层玻璃能有效地控制声音的传播，起到良好的隔音效果。建筑用夹层玻璃具有控制阳光和防紫外线特性，能有效地减弱太阳光的透射，防止眩光，而不致造成色彩失真，能使建筑物获得良好的美学效果，并有阻挡紫外线的功能，可保护家具、陈列品或商品免受紫外光辐射而发生褪色。由于夹层玻璃具有很高的抗冲击强度和使用的安全性，因而适用于建筑物的门、窗、天花板、地板和隔墙，或工业厂房的天窗、商店的橱窗、以及幼儿园、学校、体育馆、私人住宅、别墅、疯人院、银行、珠宝店、邮局等保存贵重物品建筑或玻璃易破碎建筑的门、窗等。通过设计与选材，夹层玻璃还可以用作电磁屏蔽玻璃、防火玻璃、防盗玻璃等。

夹丝玻璃（wied glass）在玻璃板内嵌有金属丝网的具有特殊功能的平板玻璃。因为玻璃体内部含有金属丝网，使玻璃和金属丝网连成了一个整体，与普通玻璃相比，提高了强度，改善了原来的易碎性质。在遭到破坏时，由于金属丝的牵拉作用，玻璃裂而不缺，不散，不会整体崩裂，可以保持相当的整体性。这使它具有一定的安全、防火、防震性能。由于玻璃破碎时整体完整，很少产生碎片飞溅的现象，减少了对人的伤害，可用于天窗、屋顶、室内隔断以及容易被碎片伤人的场合。另外，由于夹丝玻璃不容易被洞穿，用在门窗玻璃上也具有一定的防盗效果。夹丝玻璃在受热炸裂后并不会崩塌碎落，可以在相当程度上保持整体性，阻滞空气流动，减缓火灾蔓延的速度，争取宝贵的灭火时间。所以夹丝玻璃可以用作二级门窗防火材料。夹丝玻璃在震动较大的工业厂房的门窗、采光天窗等处，在需要安全防火的仓库、图书馆等场合也有广泛应用。

减反射玻璃（anti-reflection glass）在普通玻璃表面镀覆一层折射率比玻璃小的反射膜从而使其反射率很低的玻璃。可见光是一种复合光，波长有一个范围，所以将反射率降低到零是非常困难的，一般将玻璃的反射率降低到 2%～3% 即可满足使用要求。减反射玻璃一般用在临街店面的橱窗、博物馆的画框、展柜、商店柜面等场合。一些特殊行业，例如电视机、计算机显示器、仪表盘、眼镜玻璃等也使用减反射玻璃。

交联聚乙烯管材（crosslinking polyethyene

pipe）在普通聚乙烯原料中加入硅烷接枝料，添加引发剂、交联剂、催化剂等助剂，经预处理、混合、熔融、接枝挤出成型，使其线性分子结构改性成三维交联网状结构的塑性管材。交联聚乙烯管材不含增塑剂，不会霉变，不滋生细菌，不含有害成分，可应用于饮用水传输；耐热性好；耐压性能好；耐腐蚀性能好，能经受大多数酸性、碱性类化学药品的侵蚀；隔热效果好，节约能源，可任意弯曲，不会脆裂；在同等条件下，流体阻力小，水流量比金属管大；蠕变强度高，可配金属管材，可省去连接；使用寿命可长达50年。应用于建筑工程的冷热水和饮用水管道、地面或常规采暖系统、石油化工行业流体输送系统、制冷或纯水系统管道、地进式煤气管道等。

金属绝热材料（metal insulation material）将铝、不锈钢、铜、锡、钛等金属加工成厚度为0.2mm以下的薄板所制成的一种绝热材料。是利用金属的反射而使外来热（辐射热）传给空间从而取得隔热的作用。在低温工程及恒温建筑物围护结构中得到广泛应用。目前主要是核电站应用较多。

金属面聚氨酯夹芯复合板（metal sheet poly-urethane insulation sandwich panels）以彩色镀锌钢板为外表面用材，经过数道辊轧，使其成为压型板，然后与液体聚氨酯发泡复合而成的墙板。其外表面涂层为聚酯型、硅改性聚酯型、氟氯乙烯塑料型等高级彩色涂料。聚氨酯材料具有优越的黏结性能，可使泡沫芯材和面材间形成牢固的连接键，不需要其他黏结材料。金属面聚氨酯夹芯板重量轻、强度高，具有高效绝热性；施工方便、快捷；可多次拆卸，可变换地点重复安装使用；带有防腐涂层的彩色金属面夹芯板有较强的耐火性。金属面聚氨酯夹芯板可被普遍用于冷库、仓库、工厂车间、仓储式超市、商场、办公楼、洁净室、旧楼房加层、活动房、战地医院、展览场馆和体育场馆、候机楼等的建造。

金属面聚苯乙烯夹芯板（metal sheet polystyrene insulation sandwich panels）将彩色钢板压型后采用高强聚氨酯胶做胶黏剂，把内外两层0.5～0.8mm的彩色钢板与聚苯乙烯泡沫塑料加热和加压固化而形成的复合夹芯板。芯体材料是聚苯乙烯泡沫塑料。聚苯乙烯泡沫塑料是用聚苯乙烯颗粒在预发泡机中经蒸汽加热熟化，成型后成为聚苯乙烯泡沫塑料板块，将其按需要切成各种尺寸的板材待用。金属面聚苯乙烯夹芯板重量轻，强度高，具有高效绝热性；施工方便、快捷；可多次拆卸，可变换地点重复安装使用；带有防腐涂层的彩色金属面夹芯板有较好的耐火性能。金属面聚苯乙烯夹芯板可被普遍用于冷库。

锦玻璃（mosaic glass）以玻璃为基料经磨成细粉并加入氧化物乳蚀剂、氧化剂等添加剂，利用烧结法或压延法制作而成的一种小规格的彩色饰面玻璃。一面光滑，另一面带有槽纹以利于砂浆黏结。马赛克有透明、半透明、不透明、乳浊、砂化等各种类型，还有红、白、黄、蓝、绿、灰、黑、金色、银色等70余种颜色。马赛克可以单色排列，也可以按设计拼成不同颜色组合的复杂图案，甚至可以拼接成大型壁面。主要用于建筑物内外墙的墙面装饰。

聚氨酯建筑密封膏（Polysulphide sealant for building）以聚氨酯聚合物为主要成分的双组份反应固化型的建筑密封材料。产品按流变性分为两种类型：N型-非下垂型（下垂度不大于3mm）和L型-自流平型（5℃自流平）。按其技术性能分为优等品、一等品和合格品三种。聚氨酯建筑密封膏与多种建筑材料（如木材、金属、玻璃、塑料等）有很强的黏结力。适用于装配式建筑的屋面板、外墙板的接缝密封，混凝土建筑物的沉降缝、伸缩缝的密封，阳台、窗框、卫生间等部位接缝防水密封，给排水管道、蓄水池、水塔、桥梁等工程的接缝密封与渗漏的修补等。

聚苯模块混凝土复合绝热墙体（polystyrene module concrete composite insulation wall body）采用"绝热混凝土模板"技术制成的复合墙体。由加筋的聚苯乙烯泡沫塑料板连接组成模块，将其在建筑工地拼接组装成所需要的大模板，再在两模块中间插放钢筋与浇灌混凝土。此种模块既是永久性模块，又是墙体的高效绝热材料。最初主要用于建筑私人住宅，现在已愈来愈多地用于公共建筑。

聚丁烯管材（polybutene pipe）由1-丁烯合成的高分子惰性聚合物制成的热塑性塑料管。其特点是抗拉强度高、拉伸率很低、抗冲击性好、热降因子小、可塑性强、耐热、耐寒、无毒、无味、抗化学腐蚀性好、不受酸碱性溶液影响、熔融温度较低。主要用于给水、热水、饮用水的输送，建筑用水暖供热、中央空调、地板辐射采暖、太阳能热水器热水输送、电信电气用配管、电镀、石油、化工厂管道等领域。

聚氯乙烯弹性防水涂料（polyvinyl chloride (PVC)elastic waterproofing coating）以聚氯乙烯为基料，加入改性材料和其他助剂配制而成的弹性防水涂料。PVC防水涂料按施工方式分为热塑型和热熔型两种类型；按其耐热和低温性能分为801和802两个型号。801代表耐热温度为80℃，低温柔性温度为−10℃；802代表耐热温度为80℃，低温柔性温度为−20℃。该涂料的断裂延伸率不小于350%，加热处理、紫外线处理、碱处理后断裂延伸率均不小于280%，恢复率不小于70%，不透水性为0.1MPa水压30分钟不渗水，黏结强度不小于0.20MPa。该涂料适用于工业与民用建筑屋的渡槽、贮水池、蓄水屋面、水沟、天沟等的防水、防腐；还适用于建筑的伸缩缝、钢筋混凝土屋面板缝、水落管接口处等的嵌缝、防水、止水；也可粘贴耐酸瓷砖及化工车间屋面、地面的防腐蚀工程。

K

抗菌陶瓷制品（antibacterial ceramic produce）具有抗菌功能的陶瓷制品。在传统陶瓷上施抗菌釉，使产品具有杀菌、抗菌功能。抗菌釉是在釉中添加了抗菌剂钛、银等金属离子。TiO_2在光照条件下使其周围的空气中的水发生分解，表面生成OH^-、H_2O_2、O_2等物质，对细菌有杀伤作用；银离子可与蛋白质结合，抑制霉系统，破坏核物质，能抑制乃至杀灭微生物。抗菌陶瓷制品对大肠杆菌、绿脓菌、黄色葡萄球菌、霉菌都有抑制杀灭作用。用抗菌陶瓷制品不仅起装饰作用，更可防止细菌繁殖生长，减少细菌传染，提高公众健康水平。

抗菌陶瓷坐便器（antibiosis pottery water closet, WC）由抗菌陶瓷制作的坐便器。它是在陶瓷制品生产过程中加入抗菌剂，从而使制品具有抗菌作用的一种新型功能陶瓷。卫生洁具可将抗菌剂加在便器圈、便器盖、五金配件及塑料配件表面，制成成套的抗菌洁具。这种抗菌陶瓷坐便器除可用在家庭外，更广泛地应用在医院、公共场所、潮湿环境等。

快凝快硬硅酸盐水泥（rapid-setting and hardening portland cement）又称双快硅酸盐水泥，是一种含有快凝高强矿物的硅酸盐水泥。它是由石灰质原料、铝质原料和少量萤石、石膏配制成生料，在回转窑内煅烧成以硅酸三钙和氟铝酸钙为主要矿物组成的熟料，然后再加适量硬石膏、激发剂等磨细而成。由于熟料中引入了快硬高强矿物氟铝酸钙，其特点是凝结快和早期强度高。该类水泥比表面积一般应大于500m²/kg。常温凝结时间仅为几分钟，但可用缓凝剂按需用时间进行调节。其软练胶砂抗压强度在标准条件下1～2小时可达5.0～10.0MPa，4小时可达20.0～25.0MPa，5℃低温下硬化，6小时可达10MPa，1天可达30Mpa。这种水泥具有长期强度高、稳定性好、抗冻性好、耐蚀性能好、耐磨性能好、微膨胀性等特点。主要用于抢修工程、快速施工工程、补强工程、矿井锚固工程等。

快硬硅酸盐水泥（rapid-hardening portland cement）是在硅酸三钙和铝酸三钙含量较高的硅酸盐水泥熟料中适量掺入石膏粉末制成并以3天抗压强度表示标号的水硬性胶凝材料。该类水泥适用标准为GB199，对早期强度有严格要求，包括1天强度。生产中适当提高熟料中早强矿物的含量至55%～60%，同时适当地提高水泥比表面积，将其控制在330～450m²/kg之间，水泥中三氧化硫含量不得超过4.0%，生产中一般控制在2.5%～3.7%的范围内，其初凝时间不得早于45分钟，终凝时间不得迟于10小时。该类水泥的特点为早期强度增进较快，水化热较高，早期干缩率较大，不透水性和抗冻性往往优于普通水泥。这种水泥可用来配置早强、高标号混凝土及制作蒸养条件下的混凝土制品。主要适用于紧急抢修工程、军事工程、低温施工以及制造高标号混凝土预制构件等。

L

镭射玻璃（laser glass）在普通玻璃表面上复合高稳定性的光学结构材料层，并对其进行特殊工艺处理，形成全息光栅或者其他几何图形光栅的一种玻璃。在光源的照射下，产生物理衍射的七彩光。在任何光源的照射下，随着光源入射角的变化和人的视角的不同，所产生的图案和色彩也不同，呈现出五光十色的变幻，显得非常华贵、绚丽，装饰效果强烈。以普通平板玻璃为基材制作的镭射玻璃，主要用在墙面、窗户、顶棚等部位的装饰。镭射玻璃的性能优良。其中镭射玻璃夹层钢化地砖的抗冲击、耐磨、硬度等技术指标均优于大理石，接近花岗岩。主要用于酒店、文化娱乐设施、商店门面、大面积幕墙、柱面等装饰，也可以用在民用住宅的顶棚、地面、墙面和封闭阳台的装饰，还可以制作家具和灯饰等。

铝塑复合板 （aluminium-platic composite panel）以塑料为基材，通过热熔黏合剂与内外层铝板复合而成的并且面板表面施以装饰性或保护性涂层的复合板。产品分外墙板和内墙板两种。具有质量轻、色彩丰富、实用安全、抗震、隔音、抗老化、无毒、强抗腐蚀的性能。广泛适用于银行、宾馆、大厦、商场、办公、娱乐场所、高层建筑、广告装潢、电梯玄关、高档家具、器械外壳等领域作装饰材料。

氯丁橡胶防水卷材 （polychloroprene rubber waterproof roll-roofing）以氯丁橡胶与丙烯酸酯高聚物等添加复合材料及抗紫外线添加剂经混炼压延而成的防水卷材。具有重量轻、弹性大、拉伸强度高、耐高温、耐低温、耐化学腐蚀、绝缘性好、冷法施工、无污染、工程造价低、减轻屋面负荷等优点。抗老化在30年以上，老屋面维修无须拆除原防水层。广泛适用于各种屋面、厕浴间、地下设施、隧道及水利等一切建筑防水工程。是目前取代沥青基防水材料的最为理想的新型防水材料。

M

镁铝曲面装饰板 （curved magnesium-aluminum alloy）以优质酚醛纤维板、镁铝合金箔板及底层纸等为原料，经砂光、黏结和电热烘干、刻沟、涂沟而成的一种建筑装饰材料。可制成金、银、绿、古铜等多种颜色。具有耐热、耐磨、外形美观、耐污、耐水、耐光、可刨、可钉、可变、可剪、可卷、凹凸转角、平贴立黏、施工方便、容易保养等特点。适用于建筑物内隔间、天花板、门框、包柱、柜台、店面广告招牌、各种家具贴面的装潢与装修。

P

硼水泥 （boron containing cement）在高铝水泥熟料中加入适量硼镁石和石膏共同磨细而成的水泥。这种水泥早期强度增进率较大。由于组分中含有一定量的三氧化二硼及较多的化学结合水，前者所含的硼元素能吸收热中子，大量减少俘获辐射和屏蔽层的发热，后者结合水中的氢元素有慢化快中子的作用。可以和含硼集料、重质集料配制容重较高含硼较多的混凝土，具有防混合辐射（γ-射线和中子）的性能，适用于快中子和热中子防护的屏蔽工程，例如核反应堆、粒子加速器和中子应用实验室的生物屏蔽，以及防原子辐射的国防工程等。

膨胀硅酸盐水泥 （silicate expansive cement）由硅酸盐水泥熟料、膨胀剂和天然二水石膏按一定比例混合磨细而成的一种具有膨胀性能的胶凝材料。常用的膨胀剂为高铝水泥、矾土膨胀剂、瓷土膨胀剂等。硅酸盐水泥熟料强度要求不低于525MPa。该类水泥对石膏波动范围要求较严，天然二水石膏的SO_3不得低于40%，要求水泥中SO_3波动不得超过0.3%。比表面积对该类水泥性能影响较大。比表面积小时，水泥强度较低，早期膨胀较小，膨胀稳定慢，膨胀值较大，不透水性较差；比表面积大时则相反。生产中宜控制水泥比表面积大于420m²/kg。这种水泥主要用作防渗工程、浇灌机器底座、接缝和修补工程，也可用于制造自应力混凝土构件。

R

热弯玻璃 （bent glass）由平面玻璃加热软化并在模具中成型后经过退火制成的曲面玻璃。曲面玻璃一般采用间歇式或者连续式热弯工艺在电炉中进行加工。在建筑中，曲面形状的热弯玻璃具有强烈的艺术装饰效果，可以用在观光电梯、门堂大厅、旋转顶层、屋顶采光、过街通道、观景窗等场合。

S

释放负离子内墙涂料 （release the negative ion inner coating）在使用过程中能够释放负离子的装饰涂料。具有高强度、持久性和明显的装饰作用。在涂覆成膜后，空气中的水分子可以通过高分子膜的空隙与涂料中的负离子材料碰撞，在负离子粉体颗粒电极附近的强电场作用下，电离成氢氧根离子和氢离子。氢氧根离子进入空气，吸引空气中的水分子，形成水合羟基离子，即为空气负离子，如此就可以增加空气中负离子的浓度，达到改善环境的目的。

双快型砂水泥 （double fast sand casting cement）将适当成分的生料烧至部分熔融，所得以硅酸三钙为主料，氟铝酸钙为辅料的熟料，再加入适量的硬石膏共同粉磨制成的一种凝结快、硬化快、小时强度高的用于铸型砂的水硬性胶凝材料。为调节水泥性能，经实验后允许加入少量二水石膏或半水石膏。中国广泛用于铸造工业中代替传统的水玻璃和黏土类黏结剂胶结型砂。该水泥固化时迅速生成三硫型水化硫铝酸钙，数小时内就具有较高强高，凝结时间可用缓凝剂调节在15～45分钟内。其特点是浇铸后溃散性好，旧砂回收简单，清砂容易和不污染环境。因而有提高劳动生产率、减低劳动强度、改善劳动条件、降低生产成本和提高铸件质量等优点。

水性丁苯橡胶改性沥青防水涂料（water borne tyrene-butadiene rubber modified asphalt waterproof coating）以石油沥青为基料，以丁苯橡胶等为改性材料共混配得改性沥青，再以膨润土为分散剂经乳化而制成的冷作业防水涂料。按产品的低温柔度分为 I 型（－10℃）和 II 型（－15℃）。该涂料固体物含量大于等于55%，耐热性好（85℃不流淌、无起泡），不透水性0.1MPa水压30分钟合格，黏结强度大于等于0.2MPa，延伸性大于等于10mm。可广泛用于厕浴间、地下室、隧道等的防水及屋面补漏，也可与油毡配套使用形成复合防水层。

水性再生橡胶改性沥青防水涂料（emulsive reclaimed rubber modified asphalt waterproofing coating）以阴离子型再生胶乳和沥青乳液混合而成的黑色黏稠乳液状防水涂料。该涂料耐热性好（80℃，5小时不流淌，无起泡），黏结力不小于0.2MPa，不透水性0.1MPa水压30分钟合格，能在各种复杂表面形成无接缝防水膜，有一定的柔韧性；以水作分散介质，具有无毒、无味、不燃的优点，可在常温下冷施工，并可在稍潮湿而无积水的表面施工。它属于薄型涂料，一次涂刷成膜较薄，要经多次涂刷才能达到要求厚度。该涂料一般要加衬玻璃纤维布或合成纤维毡构成防水层，施工时再配以嵌缝密封材料，以达到良好的防水效果。该涂料适用于工业与民用建筑屋面及地下室、洞体、冷库、地面等防水、防潮和隔气，也可用于旧油毡屋面的翻修和刚性自防水屋面的维修。

T

特快硬调凝铝酸盐水泥（ultra-rapid hardening and regulated set aluminate cement）以铝酸钙为主要组分的水泥熟料，加入适量硬石膏和促凝剂，经磨细制成的一种铝酸盐水泥。该水泥具有凝结硬化快、小时强度高、微膨胀、抗冻和长期稳定性好的特性。这种水泥三氧化硫含量不得低于7.0%，不得高于11.0%；水泥的比表面积不得低于500m²/kg；初凝不得早于2分钟，终凝不得迟于10分钟；当加入0.2%酒石酸钠时，初凝不得早于15分钟，终凝不得迟于40分钟。磨制该类水泥时可加入不超过水泥重量1.0%的木炭作为助磨剂。该类水泥标号以2小时抗压强度表示。这种水泥主要用于抢建、抢修、桥梁和海港工程以及堵漏、喷射施工等工程。

特种油井水泥（special oil well cement）具有特定组成和性能的油井水泥。能满足固井施工的要求。包括超深井水泥、地热水泥、抗盐水泥、堵漏水泥、矿渣砂质水泥、赤泥砂质水泥、膨胀油井水泥和耐热油井水泥等。这类水泥一般没有统一的技术标准，主要以满足实际工程需要为标准。

W

微晶玻璃砖（glass-ceramics brick）用陶瓷和微晶玻璃组合成的一种砖。底层为陶瓷材料，面层为微晶玻璃。采用二次布料成型技术，先将微晶玻璃加入模具内，再加陶瓷材料压制而成。其特点是底部是陶瓷原料，可以直接放在辊道窑内烧成，不用垫板，不会粘辊，大大降低成本，并可克服微晶玻璃铺贴的不便。

无收缩快硬硅酸盐水泥（non-shringkage and rapid-hardening portland cement）以硅酸盐水泥为熟料，与适量的二水石膏和膨胀剂共同粉磨制成的具有快硬、无收缩性能的水硬性胶凝材料。该类水泥适用标准为ZBQ11009，对早期强度有要求。凝结时间：初凝不得早于30分钟，终凝不得迟于6小时。水泥净浆试体水中标准养护时，自由膨胀率一天不得小于0.02%，28天不得大于0.3%。该类水泥膨胀性能与水化硬化初期的环境湿度有密切关系，湿度越大，膨胀率越大；反之，则膨胀率越小，还可能产生收缩现象。因此，使用时必须加强早期养护。该水泥具有早期强度增长快、微膨胀、后期强度高的特点，而其他的性能与硅酸盐水泥相似。这种水泥适用于配制装配式框架节点的后浇混凝土工程及各种现浇混凝土工程的接缝工程、机器设备安装的灌浆，以及要求快硬、高强、无收缩的混凝土工程。还可用于抢修、修补及补强工程等。

X

吸热玻璃（heat absorbing glass）能吸收大量红外线辐射能而又保持良好可见透过率的平板玻璃。这是一种特殊的颜色玻璃。吸热玻璃有本体着色和表面镀膜两大类产品。本体着色玻璃是在无色透明平板玻璃的配合料中加入特殊着色剂，采用浮法、垂直引上法、平拉法等工艺生产；表面镀膜产品是在玻璃表面喷镀吸热层的氧化物薄膜形成吸热玻璃。吸热玻璃能吸收红外线，一般使用吸热玻璃后可将进入室内的太阳热能减少20%～30%，降低空调负荷，是一种建筑节能玻璃。吸热玻璃也吸收可见光。另外吸热玻璃还可以显著减少紫外线的透射，减轻对人体的损害，同时可以防止紫外线对室内用品造成褪色和变质影响。吸热玻璃多在炎热地区或空调建筑物中使用，用作一般建筑物的外墙和高层建筑的玻璃幕墙、门窗玻璃、玻璃镜，既能吸热又能起到颜色玻璃的装饰作用。还可以制作玻璃家具、汽车玻璃、灯具等。

Y

隐形玻璃（invisible glass）经过加工处理的，能将反射影响移到人的视野之外或者不反射的玻璃制品。将玻璃弯曲成适当的曲面，或者利用镀膜的方法镀以多层干涉膜，达到无反射的程度，使人察觉不到玻璃的存在。

Z

憎水玻璃（water repellent glass）在普通玻璃上涂了一层硅有机化合物薄膜而成的一种玻璃。它不沾雨水，落到其上面的水滴形成圆珠自动滚落下去。汽车前风挡玻璃采用这种玻璃，就可省去刮水器。

珍珠岩吸音装饰板（pearlite absorbent decorative board）以膨胀珍珠岩为骨料，加入适量的胶结剂，经搅拌、成型、干燥、焙烧或养护、表面处理后制成的多孔性吸音材料。按其所用胶黏剂不同可分为水玻璃类、水泥类和聚合物类等；按其表面结构形式可分为不穿孔、半穿孔和穿孔板等。其优点是重量轻、防火防潮、施工方便。用于人流较多的公共场所或工矿厂房吊顶隔音材料领域。

真空玻璃（vacuum window glassing）在玻璃之间保持真空状态的玻璃制品。具有非常好的保温性能，保温原理和热水瓶接近。玻璃周边密封材料的作用和瓶塞一样起到阻止空气对流的作用，其真空的双层玻璃构造隔绝了传导传热。如果使用热反射玻璃就能降低辐射传热，从而取得更好的结果。作为一种高效的透明保温材料，真空玻璃在建筑市场上具有广阔的应用前景。真空玻璃是中国玻璃工业为数不多的具有自主知识产权的前沿产品，它的研发及推广符合国家鼓励自主创新的政策，也符合国家大力提倡的节能政策，是有良好的发展潜力和前景。但是，现在受到生产成本和玻璃板面的限制，仅在一些特殊场合应用。

蛭石壁纸（vemiculite wall paper）以蛭石颗粒为面层材料，以纸、无纺布、玻纤毡等为基层复合而成的壁纸。是集装饰性和功能性为一体的一种新型墙面装饰材料。蛭石表面色彩斑斓，有淡绿、深绿、黄铜、青铜、银灰、金黄等，并闪烁着珍珠光泽，使蛭石壁纸既有原始的粗犷感，又有现代感，还具有一定的保温、吸音、吸湿等性能。适用于宾馆、饭店、商场、办公楼等建筑室内墙面、顶棚装饰。

中空玻璃（insu lating glass）具有中空结构的节能玻璃。包括双层中空玻璃和多层中空玻璃。双层中空玻璃是指在两片平板玻璃中间充以干燥空气，四周密封而制成的玻璃构件。多层中空玻璃是指有三片或四片平板玻璃构成两个或三个空腔的玻璃构件。它有良好的隔热、隔声性能。还可用吸热玻璃或热反射玻璃作外层原片，进一步改善采光和隔热效果。广泛应用于建筑物窗、冷藏库、冷藏柜和铁路车辆等方面。

中密度纤维装饰板（secondary density fiber decorative board）以木质纤维或其他植物纤维为原料，施加脲醛树脂或其他合成树脂，在加热加压条件下压制而成的一种板材。是各种人造板中最接近天然木材的一种人造板。其结构均匀，密度适中，板面平滑细腻，容易进行各种饰面处理，尺寸稳定性好，芯层均匀，板材的表面和边缘同时具有良好的机械加工和成型性能；厚度尺寸规格变化多，可以满足多种需要。中密度纤维板的许多物理力学性能都超过刨花板，甚至比天然木材更加坚固，因此它的用途非常广泛，如中高档家具制造、室内装修、音响壳体、乐器、车船内装修、建筑等行业等。

竹胶合板（bamboo glued board）以竹片为原料，将其加工成篾并编制成席，再经干燥、施胶，以不同厚度要求进行数层叠合，并按其单位压力 2.5～3.0MPa 进行加压固结形成的板材。竹胶合板具有强度高、韧性好、弹性好、防火、耐侵蚀、耐磨、耐冲击等特点。适用于高层建筑中的水平模板、剪力墙、垂直墙板、高架桥、立交桥、大坝、隧道和梁柱模板等。

自黏性橡胶密封带（self-adhesive sealing ribbon）以丁基橡胶和三元乙丙橡胶为基料，加入防老剂和无机填料等，经混炼压延制成的密封材料。优点是黏性好、延伸率大、密封效果好；有良好的耐候性、耐久性及耐腐蚀性；材料无毒，无气味，使用简便，保管容易。用于水渠、贮水槽、卫生洁具与墙面的接缝密封等。

四、新能源技术

(New Energy Technology)

(一)能源地理 (Energy Geography)

H

核能地理学 (geography of nuclear energy) 研究在一定空间范围内，核能在能源结构中地位的演变及其对国民经济发展和生产力布局的影响的一门学科。核能已成为一种新的重要能源。所用原料量小体轻、运输方便，但设施建设成本昂贵，技术要求很高，还须具备严格防止核污染的设施。这是核能地理学需要探讨的问题。

M

煤炭地理学 (geography of coal) 研究在一定空间范围内，煤炭在能源结构中地位的演变及其对国民经济发展和生产力布局的影响的一门学科。目前煤炭在世界能源结构中仅次于石油，占第二位，在中国等国家的能源结构中仍占首位。煤炭地理学研究的主要内容有：从煤炭的生成原因和过程论述煤田的地质地理问题；对储煤的数量、质量、潜力和地理环境作出评价，分析其发展和布局的特点和规律；分析煤炭在动力、钢铁、化工等工业部门和铁路、水运等运输部门中的作用，及其综合利用的现状和前景对于开发和加工布局的意义；研究煤炭的开采、加工、运输的地理分布、形成条件，以及在一定空间范围内的相互联系和制约等；从分析地理条件的角度，研究世界或地区煤炭业的前景。

N

能源资源量 (energy resource volume) 自然界赋存的已查明和推断的资源的数量。这些资源已经证明在经济上有开采价值，或在可预见的时期内有开采价值。资源量会随着勘探程度的加深、经济条件的变化而变化，一般是增加的。需要指出的是，中国石油、天然气等能源资源量 (石油 1.02×10^{11} t，天然气 4.72×10^{13} m^3)，与上述定义中有较大差异，因为其中很大一部分到 2020～2030 年仍无法开发和采出。国际上的资源量是指在近中期的技术和经济条件下可以开采出来的数量。因此，可以把中国的"资源量"称为"地质资源量"，国际上所称的"资源量"称为"可采资源量"。

S

石油地理学 (geography of petroleum) 研究在一定空间范围内，石油在能源结构中地位的演变及其对国民经济发展和生产力布局的影响的一门学科。首要研究的内容是石油储藏的地质基础和油田分布，然后分析产油区的生产条件，评价其数量、质量，推测其发展前景；研究世界或地区的炼油能力、加工深度、各种油品生产的结构、布局规律的演化；从原油和油品的消费数量、结构和布局出发，分析世界或地区的石油储、产、消比例，研究其空间供需联系，进而探讨石油的运输线路、港口、进出口的地理分配、贸易动向等。

石油天然气地质勘探 (geological exploration of petroleum and natural gas) 简称油气勘探，寻找工业油气田，确定其含油气面积、深度和油气储量，取得开发油气田所需资料、数据和图件的工作。它分两种：一种是间接找油 (气)，即以石油地质为核心，通过地面地质测量等各种地球物理方法，寻找可能聚集油气的圈闭，经钻井测试，寻找油气田。二是直接找油 (气)，如分析地表土壤中的微量烃类与地下油 (气) 田联系起来的地球化学勘探和放射性勘探；测量无线电波传播强度，揭示油气矿化"晕"的无线电波勘探；此外还有利用"亮点"振幅分析，预测油气藏的地震勘探。

水能地理学 (geography of hydropower) 研究在一定空间范围内，水能在能源结构中地位的演变及其对国民经济发展和生产力布局的影响的一门学科。水能主要用于水力发电，其优点是成本低、可连续再生、无污染。缺点是其分布受水文、气候、地貌等自然条件的限制。水能地理学的主要任务是广泛地联系水文、气候、地貌和电力的区域供需情况，研究水力发电的地理分布条件、特点及其发展前景。受地理条件的限制，世界上大水电站往往远离工业中心地区，输电线路长，损耗大，也需计入发电成本内，成为其地理布局的特殊因子之一。而另一方面，能源密集型的工业（如钢厂、铝厂及化工厂等企业）也常常集中分布于大水电站附近。

T

天然气地理学（geography of natural gas）研究在一定空间范围内，天然气在能源结构中地位的演变及其对国民经济发展和生产力布局的影响的一门学科。

多数天然气与石油共生成为油气田，但也有单独的气田。第二次世界大战后，随着采油、采气及其炼制和输送技术的进步，天然气不再被废弃，天然气地理的研究也随之展开。天然气地理学包括研究天然气的采集、运输及储运等。天然气的采集和运输要求建立长里程的集气管系统和输气管系统，以联系产区和用户市场。天然气可加工成液化天然气以便于储运。

X

新能源地理学（geography of new energy sources）研究在一定空间范围内，新能源在能源结构中地位的演变及其对国民经济发展和生产力布局的影响的一门学科。新能源包括太阳能、地热能、风能、海洋能及核能等。

（二）一次能源（Primary Energy Source）

B

伴生气（associated gas）又称油田伴生气或石油伴生气，与石油沉积一起而存在的天然气。它是原油的挥发性部分。凡是有原油的地方都有伴生气，只是比例不同而已。伴生气通常以气顶的形式存在于含油层之上或溶解在原油中，分别称为气顶气或溶解气。伴生气的存在表示石油是处在压力之下，许多油区为提高采油效率而将伴生气重新注入地下。伴生气的组成一般为甲烷至戊烷的饱和烃，可作为优质燃料和化工原料。

变速恒频发电系统（variable speed-constant frequency system）一种能调节风力发电机组的输出频率和电压，并使之保持恒定的发电系统。它可以有多种不同的方案，如交流－直流－交流系统、交流整流子发电机、磁场调制发电机、双馈感应发电机等。与恒速恒频发电系统相比，它不需要采用复杂的机械控制装置来调整风力机的转速，允许风力机转速可以在较宽的范围内改变，并能在运行范围内保证风力机有最佳的风轮功率系数。

波浪能（wave energy）又称海浪能，是海浪所蕴藏的动能和势能。波浪的高度产生势能，波浪的运动产生动能。波浪能的大小与波浪的高度、波浪的运动速度和运动周期以及波面的宽度有关，是海洋能源中最不稳定的一种能量。

波浪能发电（wave power generation）把波浪能收集起来转换成电能的一种方式。波浪能转换系统一般有三个环节：第一级是集能，吸入入射波能，利用聚波和共振的方法将分散的入射波聚集到较小的区域，提高波浪的强度和能量密度。第二级是能量的传递过程，将低速头和低压头的波浪能转换成高速和高压的机械能，有的伴随着远距离传输、稳压、稳速和贮能过程，一般可归纳为四种方式：（1）机械式。采用曲柄联杆或齿轮转动机构。（2）气动式。产生高压、高速气流驱动空气涡轮机。（3）液压式。采用液压传动的方式驱动油马达。（4）水力式。获得一定水头的海水驱动水轮机。第三级是最终驱动发电机发电。波浪能发电装置主要有波面筏式、点头鸭式、整流器式、海蚌式、气袋式、浮子式、振荡水柱式、摆板式、波流式和环礁式等10余种。由于输入的波浪能的随机性变化大，波浪能发电的输出电压不稳定。

C

潮汐动力发电（tidal power generation）一种利用潮汐能发电的技术。潮汐发电的原理与水力发电一样，都是选择潮差大、地形条件好的海湾（或河口）构筑大坝，将海湾（或河口）与海洋隔开，构成水库，利用潮汐涨落使水库与海面形成落差即水头，使潮水流过安装在坝体内的水轮机，带动发电机发电。由于潮水的方向周期性变化，出现了几种不同类型的潮汐发电：（1）单库单向型。构筑一座大坝，形成一个水库，涨潮时打开闸门向水库充水，平潮时将闸门关闭，等潮水退下去，水库内外有了一定水位差时，开启闸门，启动水轮机发电。这种方式发电间歇时间长，但水工建筑和水轮发电机组的结构简单，投资少，属单向发电。小型潮汐电站都采用这种方式。（2）单库双向型。特点是在涨潮和退潮时都发电。实现单库双向发电的方法有两种。第一种是采用普通的单向旋转的水轮发电机组，设两条引水管道，两个闸门。涨潮时，海水从一条管道进入转轮室，退潮时，海水从另一条水道进入转轮室，使水轮机向同一个方向旋转。这种方式水工建筑比较复杂。另一种是采用双向水轮发电机组，正反转都能正常运行发电，适应潮汐涨落时水流方向的变化。这种方式发电时间比单向发电长30%～40%，但相应投资大。

潮汐能（tidal energy）从海水面昼夜间上涨和降落中获得的能量，即由于月亮和太阳的引潮力使海水发生位移，因而做功，并转移到海洋潮汐中的能量。

醇类燃料（alcohol fuel）可以替代石油燃料用于汽车等动力发动机的醇类物。醇类燃料一般与石油燃料掺合使用，常用的掺合比例为3%～20%。掺和后仍保持原石油燃料的基本性质，不必改造发动机。

D

大地热流（terrestrial heat flow）又称大地热量，指单位时间内，从地球内部向单位面积的地表传播的热量。单位是 $\mu J/cm^2 \cdot s$。大地热流量与地壳运动、构造单元、岩石圈厚度等地质因素之间有明显关系。

灯泡贯流式水轮机（bulb turbine）一种半贯流式、适用于低水头发电的水轮机组。发电机装于灯泡形壳体内，与水轮机直连或通过增速齿轮与水轮机连接，水流与机组平行或成一倾角。按灯泡体的设置位置，灯泡贯流式水轮机组分为上游灯泡式和下游灯泡式；按发电性能又可分为单向式和双向式。

地热发电（geothermal generation）利用高温地热能或中温、低温地热流体（水、汽、热）闪蒸扩容得到蒸气，并用于生产电力的技术。地热发电具有极低的 CO_2、NOx、SOx 和粉尘排放（甚至没有粉尘），发电后的尾水既可综合利用，又可回灌到地下原生产储层，以保护热储体，延长开采寿命，避免污染环境。

地热干燥（geothermal drying）利用地下热能烘干物料或烘干工农业产品的一项技术。地热流体在空气加热器的翅片管内流过，将热量传给管外横向掠过的冷空气，加热后的空气通过管道送至干燥室，将待干燥的物料或工农业产品烘干。作为干燥用的地热流体，一般要求其温度较高，不然会使干燥过程时间太长或达不到工艺要求。

地热回灌（reinhection）将开发利用后但未被污染的地热弃水回灌到地下。由于地热田的大量开采而造成地下水位下降、热储寿命缩短，并导致地面沉降，采用回灌技术可以大大减轻上述弊端并控制地热水对地面的化学污染和热污染。回灌方法主要有混杂排列和边对边排列两种形式。混杂排列是生产井和回灌井穿插排列，保持一定的距离。边对边排列是生产井在一边，回灌井在另一边，最好是在热田边部，深部温度与弃水温度相近的地段。

地热流体（geothermal fluid）存在于地下，温度高于常温值的各种载热流体的总称。包括地热蒸气、地热水、载热气体和含有多种成分且浓度很大的热液。常见的载热气体有二氧化碳、硫化氢、氢、氧、氮、甲烷等气体。地热流体通常以地下热水和地热蒸气为主。

地热能（geothermal energy）地下热水或地下蒸气以及用人工方法从干热岩体中获得的热水与蒸气所蕴藏的能量。据估计，从地球内部每年传到地球表面的热量，相当于 3.7×10^{10}t 煤燃烧时发出的热量。根据地热资源温度的不同，地热能有不同的用途。温度较高的地热资源（150℃以上）可以用来发电；温度较低的地热资源，即一般所说的中低温地热资源（150℃以下），由于发电转换效率低，经济性差，适宜于直接热利用，主要有工业利用（干燥、印染、空调、洗涤等）、农业利用（温室种植、水产养殖、孵化育雏等）、建筑物采暖、医疗、洗浴以及游泳、温泉、娱乐等。地热能具有量大、面广、利用范围大的特点，是一种有利用前途的新能源。

地热梯度（geothermal gradient）通过地壳和地幔上层朝地心方向每单位深度的温度增加值。各地的地热梯度差别较大，与地质构造、岩石导热性能、火山与岩浆活动情况以及水文地质等因素有关。

地热田（geothermal field）在一定技术经济条件下可以采集的深度内，富含可经济开发利用的地热能及载热流体的地域。地热田分为主要含高温天然水蒸气的蒸气田、含热水的热水田、干热岩地热田及岩浆型地热田等。

地热异常（geothermal anomaly）地温梯度或热流值显著高于区域正常值的现象。这种地区称为地热异常区或带。它是地壳中地热能局部集中的一种表现。为了圈定出更有利的开采地段，常将异常区中的高异常区划出来。

地热制冷（geothermal refrigeration）利用地热提供空调所需冷量或为生产工艺提供所需的低温冷水的制冷过程。是地热能直接利用的一种有效途径。地热制冷，是以一定温度的地热水驱动制冷系统，制取高于7℃的冷冻水，用于空调或生产。此时，一般要求地热水温度在65℃以上。用于地热制冷的制冷机有两种，一种是以水为制冷剂、溴化锂溶液为吸收剂的溴化锂吸收式制冷机，另一种是以氨为制冷剂、水为吸收剂的氨水吸收式制冷机。与太阳能等温度波动较大的能源相比，地热水温度相对稳定，可以制取温度相对稳定的冷冻水，稳定地提供空调或工业用冷。

地热资源（geothermal resources）简称地热，在当前或未来技术经济条件下，能够被人类开发利用的地下岩石或地下水中的热能。地热资源可分为远景地热资源、推测地热资源和已查明地热资源。

地源热泵（geothermal heat pump）以地下浅层地热资源（也称地能，包括地下水、岩石、土壤或地表水等）为低温热源，由水源热泵机组、地能采集系统、室内系统和控制系统组成的，既可供热又可制冷的高效节能空调系统。地源热泵通过输入少量的高品位能源（如电能），实现热能由低温位向高温位的转移。由于地源热泵的热源温度全年较为稳定，一般为10～25℃，通常地源热泵消耗1kW·h的能量，用户可以得到3～6kW·h的热量或冷量。与传统的空气源热泵相比，其效率有极大的提高。作为可再生能源的主要应用方向之一，地源热泵系统可利用浅层地能资源进行供热与制冷。这是改善大气环境和节约能源的一种有效途径。根据地热能交换系统形式的不同，地源热泵系统分为地埋管地源热泵系统、地下水地源热泵系统和地表水地源热泵系统等。

E

二甲醚（dimethyl ether，DME）又称木醚、氧二甲或甲醚，是一种无色无毒具有轻微醚香味的气体（一般压缩成液体状）。分子式C_2H_6O，结构式CH_3-O-CH_3。二甲醚具有储运安全、燃烧性能好、热效率高、燃烧过程中无残渣、无黑烟、CO和NO排量低的特点。二甲醚掺入石油液化气、煤气或天然气后混烧，能提高热量。它是取代液化气的一种理想的清洁燃料。

F

乏燃料（spent fuel）由反应堆取出的已消耗的燃料组件。乏燃料内含有多种高放射性的元素。在运输或贮存时，须使用专用运输工具和专用容器。

非商品能源（non-commercial energy）农作物秸秆、人畜粪便等就地利用的能源。非商品能源在发展中国家农村地区的能源供应中占有很大比重。

沸水反应堆（boiling water reactor）轻水核反应堆的一种。它以轻水（经净化的普通水）作冷却剂和慢化剂，允许一回路水在堆内发生一定程度的沸腾。沸水堆本体由反应堆压力容器、堆芯、堆内构件、汽水分离器、蒸气干燥器、控制棒组件及喷泵等部分组成。堆芯处在压力容器中心，由若干单元组成，每单元有四盒燃料组件和一根十字形控制棒。每盒燃料组件上部靠上栅板定位，下部安放在下栅板上，并坐在控制棒导向管顶部和燃料支撑杯中。燃料组件由燃料元件、定位格架及元件盒组成。燃料元件采用二氧化铀燃料芯块，以锆－2合金做包壳，内部充氦气，端部加端塞焊接密封。堆内构件包括上栅板、下栅板、控制棒导向管及围板等部件。气水分离器用来将蒸气和水分离开来，蒸气通过蒸气干燥器除湿，以达到汽轮发电机的工况要求。

风力（wind power）又称风压，即风作用在垂直于风向的单位面积上的总压力。按国际通用标准，风力分为0～17级，风速相当于0～61.2m/s。

风力发电（wind power generation）将风能转换为电能的发电系统。现代风力发电系统由风、风力发电机组、监测显示装置、控制装置、储能装置和电能负荷组成，有的还包括备用电源，如柴油发电机。风力发电的原理是风力驱动桨叶，把风能转变成机械能，再通过传动机构带动发电机转变为电能。风力发电作为可再生的清洁能源受到重视。美国、西欧等发达国家均制定了发展风力发电的规划。

风力发电场（wind power plant）安置多台并网风力发电机组组成机群，向电力网输送电力的场址。其场址应选择在强风区，在风能资源丰富的场地上。

风力发电机组（wind generating set）一种利用风能发电的成套装置。风力发电机组以功率等级来分类，一般按机组额定功率分为小、中、大三类。大中型风力发电机组并网发电，已经成为世界风能利用的主要形式。中国研制的风力发电机组主要有微型风力发电机组、独立供电风力发电机组和并网风力发电机组。水平轴风力发电机组是传统型式，技术成熟，生产批量大，已成为当今普遍推广的机型。

风力机（wind turbine）将风的动能转换成其他形式能量（电能、机械能、热能等）的机械。按其输出功率的大小，风力机可分为微型（1kW以下）、小型（1~10kW）、中型（10~100kW）和大型（100kW以上），1 000~2 000kW以下称为兆瓦（MW）级，2 000kW及以上称为多兆瓦级；按其风轮转轴的位置，风力机可分为水平轴风力机和垂直轴风力机；按其风轮转速的大小，风力机可分为低速型风力机（尖速比小于3）和高速型风力机（尖速比大于3）；按其使用方式，风力机可分为风力提水机组和风力发电机组等。

风力-太阳能发电联合系统（winded system of wind power-solar energy generation）一种由风力发电系统与太阳能发电系统联合运行的系统。能更高效地利用可再生资源，实现风力发电与太阳能发电的互补，在风力强的季节或时间内以风力发电为主，以太阳能发电为辅向负荷供电；反之，则以太阳能发电为主。中国西北、华北地区冬、春季风力强，夏秋季风力弱，但太阳辐射强，从资源的利用上恰好可以互补。因此，在电网覆盖不到的偏远地区或海岛，利用风力－太阳能发电系统是一种合理可靠的获得电力供应的方法。

风力提水（water pumping of wind power）利用风力驱动风力机等装置从江、河、湖、海或地下汲水。人类有效利用风能的主要形式之一。早在1 000多年前，中国就出现了提水风车。从13~19世纪中叶，斜杆式传统风车在中国沿海地区普遍用于农田排灌和盐场的提水作业。近年来由于风力发电技术日益成熟，实现了风电提水，即先将风能转换为电能，再用电能驱动水泵进行提水作业。

风能（wind energy）流动空气所具有的动能。风能技术是利用风力将风的动能转化为机械能或电能的一种技术。目前风能技术的主要形式是风力机发电。

风能资源（wind energy resource）在某一地区或领域内，单位时间内风能的总量。其大小决定于风的密度及其可利用的年累积小时数。风能密度是单位迎风面积可获得的风的功率，与风速的三次方和空气密度成正比关系。风能资源受地形的影响较大，多集中在沿海和开阔大陆的收缩地带。风能资源的开发利用，当前主要在风力发电上。中国风能资源丰富，储量3.2×10^9kW，可开发的装机容量约2.53×10^8kW，居世界首位。

G

干热岩地热资源（hot dry rock geothermal resource）具有致密性高、渗透性低等特点的深层热岩地热资源。该类型热岩可采用水热置换法抽取地热能量。通常采用爆破的方法，在热岩层中开辟裂隙通道，并往裂隙中灌入冷水使其产生蒸气或热水，再抽取热水或蒸气进行发电、供热等。

高温气冷堆（cooled reactor of high temperature gas）一种用氦气作冷却剂，出口温度高的核反应堆。高温气冷堆采用涂敷颗粒燃料，以石墨作慢化剂。堆芯出口温度为850~1 000℃，甚至更高。核燃料一般采用高纯度二氧化铀，亦有采用低纯度二氧化铀的。根据堆芯形状，高温气冷堆分球床高温气冷堆和棱柱状高温气冷堆。高温气冷堆具有热效率高、燃耗深、转换比高等优点。由于氦气化学稳定性好，传热性能好，而且诱生放射性小，停堆后能将余热安全带出故安全性能好。

惯性约束聚变（inertial confinement fusion, ICF）利用驱动器提供的能量，引发热核燃料产生热核聚变反应并利用物质惯性延续一段时间的方法。惯性约束聚变系统主要由驱动器、靶室、球形燃料靶丸和实验诊断设备组成。球形燃料靶丸置于靶室的中央，靶丸一般内充氘氚燃料，半径约为几百微米至毫米量级。驱动器包括高功率激光器和粒子束两大类，目前主要采用高功率激光器。激光器输出的激光脉冲要求形状和宽度可调，多路输出。各路输出的功率达到高度平衡，并具有高的瞄准精度特点。驱动方式主要有两种：直接驱动和间接驱动。直接驱动要求多路激光尽量均匀地辐照靶丸；间接驱动则是先将激光能量转变为软X射线能量，由后者均匀驱动内爆靶丸，故又称辐射驱动。氢弹也是依靠热核燃料和它周围物质的惯性将高温高密度的等离子体状态维持一段相当短的时间而实现热核点火和热核燃烧的。但是，氢弹爆炸是不可控的热核聚变反应，而惯性约束聚变则是人工可控的热核聚变反应。将来可以利用一系列的可控的微型热核爆炸，建造驱动源干净、安全的理想聚变电站。

光伏电站（photovoltaic power station）见太阳能电站。

广东大亚湾核电站（Dayawan nuclear power plant in Guangdong）中国引进国外资金、设备和技术在广东大亚湾建设的第一座大型商用核电站。大亚湾核电站有两台装机容量为984MW的压水堆机组，设计寿命40年。投产以来，两台机组安全稳定运行，三废与环保处理设施运转正常，从未发生向环境异常排放事件。其排放指标均大大低于国家规定限值，核电站周围环境的辐射水平一直保持在投产前所测的本底水平。

国际热核反应堆合作计划（international thermonuclear experimental reactor，ITER）由中国、美国、欧盟、日本、俄罗斯、韩国参加的被称为"人造太阳"的热核反应堆计划。"人造太阳"的核心是受控核聚变。在其装置的真空室内加入少量氢的同位素氘或氚，通过类似变压器的原理使其产生等离子体，然后提高其密度、温度使其发生聚变反应，反应过程中产生巨大的能量，相当于一个"人造太阳"。ITER计划目前还处于筹备与起步阶段，一旦成功运行，将给人类带来大量的绿色清洁能源。

H

海流能发电（ocean power generation）将海流中蕴藏的动能转换成电能的发电方式。海流中蕴藏有巨大的动能，利用海流的冲击力，使水轮机的叶轮高速运转，驱动发电机发电，是利用海流发电的基本原理。目前采用的试验设计方案有降落伞式和贯流式。降落伞式是利用数十只降落伞串缚在一根长长的、首尾相连的绳子上，固定在船尾轮子上。海流中，海水将降落伞冲开，串缚降落伞的绳子在降落伞的带动下驱动船上的轮子不停地转动，再进一步通过变速（增速）系统带动发电机发电。贯流式发电装置设置在海面上，进出水口均采用喇叭形，以提高水轮机的效率，直接利用海流的动能带动发电机发电。

海能（ocean energy）又称海潮能，海水流动的冲动力形成的能量。主要指海底水道和海峡中较为稳定的流动以及由于潮汐能导致的有规律的海水流。海流能的能量与流速的平方和流量成正比。相对波浪能而言，海流能的变化要平稳且有规律得多。海流能

随潮汐的涨落每天两次改变大小和方向。一般来说，最大流速在2m/s以上的水道，其海流能都有实际开发的价值。

海上风电场（offshore wind plant）安装风力发电机组的近海海域。与陆地风电场相比，海上风电场风能资源储量更大而且品质更好，风速高湍流强度小，可以增加年发电量和机组寿命，并减少对景观环境的影响。但是目前海上风电场的建设成本较高。随着技术的成熟和大规模发展，海上风电成本可以接近陆地风电。

海水温差发电（ocean thermal gradient power generation）利用海洋表层与深层（1 000m左右）的海水之间存在约20℃的温差产生电能的发电方式。海水温差电站分为陆基电站和漂浮电站。在发电过程中，可副产淡水，抽吸上来的富于营养的深海水还可以用于促进海洋生物的养殖。高效的热交换器和大直径的深海冷水水管是海水温差发电的关键部件。

海洋能（marine energy）蕴藏在海洋中的可再生能源。包括海洋温差能、潮汐能、波浪能、海流能以及盐浓度梯度中的能量等。它们几乎都属于间接的太阳能。其特点是能量密度低，总蕴藏量大，能在同一地点进行综合利用。海洋能源十分丰富。

海洋热梯度（ocean thermal gradient）海洋表层与深层之间自然出现的随深度增大逐渐加大的温差现象。在热带和亚热带海域，由于太阳强烈辐射，海洋表面收集和储存了大量的辐射能，使海水温度升高，一般可达到25℃以上，而1 000m以下深层海水温度只有4℃以下。当海洋表层和深层的温差大于18℃时，不但具有工业开发利用价值，而且这一能量十分稳定。

海洋温差能（ocean thermal energy）又称海洋热能，利用海洋中受太阳能加热的暖和的表层水与较冷的深层水之间的温差进行发电而获得的能量。在南北纬30°之间的大部分海面，表层和深层海水之间的温差在20℃左右；在赤道附近海区，温差达30℃左右，储存的能量很大。如果在南、北纬20°的海面上，每隔15km建造一个海洋温差发电装置，理论上最大发电能力估计为5×10^{10}kW。全球可开发的海洋温差能约在10^{10}kW数量级，在各种海洋能量中居首位。

核电安全（nuclear power security）核电工业中完成正确的运行工况、事故预防和缓解事故后果，从而实现保护厂区人员、公众和环境免遭过量辐射危害

的要求。一般认为核电安全有三个目标：（1）总目标，即在建立并维持一套有效的防护措施，以保证人员、社会及环境免遭过量放射性危害；（2）辐射防护目标，即确保在正常运行时核电站内及从电厂释放出的放射性物质引起的辐射保持在合理可行和尽量低的水平，或低于国家规定的限值，并确保事故引起的辐射的程度得到缓解；（3）技术安全目标，即有很大把握预防核电站事故；对于核电站设计中考虑的一切事故，甚至对于那些发生概率极小的事故都要确保其放射性后果是小的；确保那些会带来严重放射性后果的严重事故发生的概率非常低。

核电站（厂）（nuclear power plant）利用在核反应堆内裂变链式反应或聚变反应产生的热能转化为电能的发电站（厂）。核电站通常由核岛、常规岛和配套设施三部分组成，包括核反应堆、冷却剂循环泵和蒸气发生器（或热交换器）的供热侧等组成的一回路系统，蒸气发生器的受热侧、汽轮发电机组等组成的二回路系统和其他辅助系统与配套设施。世界上第一座核电站是苏联于1954年建成的。现在，世界上正在运行的核电厂的装机总量为327.5GW，占总发电量的17%。中国自行设计建造的300MW秦山核电厂已于1991年12月并网发电。中国台湾省也有核电厂在运行，装机总量为4.9GW。核电是一种安全、经济和清洁的能源。

核反应堆（nuclear reactor）又称原子反应堆，通常指裂变反应堆，一种以可控和自持的方式利用核裂变的装置。核燃料在堆内因吸收中子而发生核裂变。裂变反应不仅产生能量和辐射线，同时还产生新的中子，维持核燃料的链式反应。核反应堆内装有必要数量的燃料组件、慢化剂、吸收剂、冷却剂以及必需的结构材料，以便控制和维持链式反应，并保证及时而适当地载出裂变反应所产生的热量，同时提供必要的安全措施，以防范核反应堆运行中所产生的放射性和放射性物质逸出。核反应堆有各种用途，如用作能源、核辐射源，或核燃料生产装置，以及用于专门的试验等。核反应堆按其用途可分为动力堆（发电用或供给能量用）、生产堆（利用其富余中子生产核裂变物质用）及研究堆（各种专门研究用）等，又可根据所用中子的能量分为快中子反应堆和热中子反应堆等。

核技术（nuclear technology）以原子核科学理论为基础，利用原子核反应或衰变释放的射线和能量为

国民经济、国防等服务的技术。由于核反应过程伴随着核辐射的特殊性，因而涉及核装置和核设施的新材料及工艺生产过程涉及的新技术，以及为保证设备可靠、人员安全有特殊的规范和标准。和许多其他新技术一样，核技术也是先军用后民用（即和平利用）。核技术的主要内容包括：（1）核能技术；（2）核动力技术；（3）同位素技术；（4）辐射技术；（5）核燃料技术；（6）核安全防护技术。

核聚变（nuclear fusion）由质量小的原子，主要是指氘或氚，在一定条件下（如超高温和高压）发生原子核互相聚合作用，生成新的质量较重的原子核，并伴随着巨大的能量释放的一种核反应形式。原子核中蕴藏着巨大的能量。原子核的变化（从一种轻原子核聚变为另外一种重原子核）往往伴随着能量的释放，即产生聚变能。相比核裂变，核聚变几乎不会带来放射性污染等环境问题，而且其原料可直接取自海水中的氘，来源几乎取之不尽，是理想的能源方式。

核裂变（nuclear fission）由一个原子核裂变为几块碎片的过程。核裂变过程通常伴随着大量的能量释放。后者被称为裂变能。核裂变通常发生于较重的核（如铀、钚的同位素的核）。核裂变可分为自发和感生两种。自发核裂变指自发地不断发生，是重核不稳定性的一种表现，其半衰期大都很长，如铀-238的自发裂变半衰期约为106年。感生核裂变指某些原子核在受到其他粒子（如中子、带电粒子、γ射线等）轰击时产生的分裂反应，如铀-235在受到热中子轰击时原子核发生的分裂。铀-235的核裂变是由一个铀-235的原子核分裂成几个较轻的核（裂变碎片）和一些中子，并释放出大约200MeV的裂变能。裂变能是一种重要的新能源。1kg裂变物质完全裂变所产生的裂变能约相当于2 500t标准煤所包含的热值。

核能（nuclear energy）俗称原子能，即在原子核结构发生变化（核反应和核衰变）的过程中放出的束缚在原子核内的部分能量。在习惯上指重元素的原子核裂变、轻元素的原子核聚变和放射性同位素的核衰变所放出的能量。核能来源于核子（质子和中子）在核力的作用下凝聚成原子核时的结合能。核裂变反应释放出的能量至少要比化学能大100万倍。其大小由原子核的结合能，即核子结合状态的能量与其自由状态（核子相互分开并无限地相互远离）下的能量之

差来确定。例如1 000g铀－235的原子核裂变时可释放出81TJ的能量，相当于燃烧2 700t标准煤所产生的能量。轻原子核聚变反应时放出的能量，在相同的质量情况下，约为重原子核裂变反应放出能量的3～4倍。核能的开发和利用是在1938年发现了铀核的裂变后开始的。最先是制造原子弹、氢弹等核武器以及核潜艇、核动力航空母舰等军用动力装置。迄今，在民用方面已取得了很大的成就，主要是利用核裂变能发电和同位素小功率电源。

核燃料（nuclear fuel）能产生原子核裂变或聚变反应并释放巨大核能的物质。核燃料包括裂变燃料和聚变燃料（或称热核燃料）。裂变燃料主要指会裂变的同位素铀－235或钚－239或铀－233的物质。铀－238和钍－232是转换成易裂变核素的原料且它们本身也可以产生少量裂变。铀是最基本的裂变燃料。聚变燃料有氘、氚、锂－6和化合物氘化锂－6等。核燃料最早用于军事，作为原子弹、氢弹等核武器的装药和核动力潜艇中反应堆和生产堆的燃料元件，现已广泛用于核电站反应堆和各种试验堆中。

核燃料循环（nuclear fuel cycle）核燃料从开采、冶炼、加工、使用、处理、回收和再使用的过程。以铀燃料循环为例，它包括以下环节：铀矿石从矿山运至水冶厂，经研磨成细末，然后经过一系列化学过程，分离出铀的化合物，最后浓缩成氧化物混合物，一般称它为黄饼；在加工厂和浓缩厂里进行第一道工序，即对黄饼进行提纯，达到核纯要求；根据核反应堆需要，通过浓缩厂来生产浓缩铀；再在核燃料元件加工厂制成燃料元件，最后装入核反应堆中燃烧；燃烧过的核燃料，通过后处理，将剩余的铀－235和新生的钚－239分离开来；将钚－239重新制成燃料元件，再放入反应堆中作燃料；产生的放射性废物，经处理后最终处置。

J

江苏田湾核电站（Tianwan nuclear power plant of Jiangsu province）中俄两国合作，由中国核工业集团公司控股在江苏田湾建设的核电站。田湾核电站的安全设计优于当前世界上正在运行的绝大部分压水堆核电站。其安全设计在某些方面已接近或达到国际上第三代核电站水平。田湾核电站于1999年10月20日正式开工。2006年5月12日1号机组首次并网成功。在首次并网试验过程中，各项技术指标均符合设计要求。2号机组于2007年5月14日并网发电。两台机组全部投入商业运行后，为华东电网新增2.12×10^6kW的发电能力。

洁净煤发电技术（coal cleaning generation technology）关于提高发电机组的效率和控制因燃煤而引起的污染物的排放的技术。洁净煤发电技术有四种，即常规电站尾部脱SO_2和NO_x技术、循环硫化床发电技术、煤气化联合循环发电技术、增加硫化床联合循环发电技术。洁净煤发电技术的优点为：（1）提高供电效率；（2）单机容量接近规模经济水平；（3）基本技术已趋于成熟，可用率高，已具备商业化运行的条件；（4）污染问题解决得比较彻底；（5）耗水量少；（6）废物处理量最少，可以回收元素硫；（7）除发电外，还能生产甲醇等化工产品，使煤得以综合利用。

洁净煤技术（coal cleaning technology）煤炭在开发和利用的过程中，采用的旨在减少污染、提高利用效率的加工、燃烧及污染控制的技术。它使煤炭的潜能在最大限度利用的同时，释放的污染物被控制在最低水平。洁净煤技术是一项庞大而复杂的系统工程。其主要领域包括：（1）选煤技术；（2）型煤加工技术；（3）水煤浆技术；（4）先进的燃烧器；（5）循环流化床燃烧技术；（6）烟气净化技术；（7）燃煤炭联合循环技术；（8）煤炭气化技术；（9）煤炭液化技术；（10）磁流体发电和燃料电池等一些新的先进的发电方式。洁净煤技术以选煤炭技术为基础，即在把煤炭运送到使用场所之前，力争除去或减少原煤炭中所含的灰分、矸石和硫分等杂质。

金属燃料（metal fuel）金属铀和铀合金型的核燃料。金属铀核燃料导热性能好，密度高，易加工，是石墨水冷堆、石墨气冷堆和重水堆等类型核反应堆的常用燃料。铀合金型核燃料熔点低、化学性质活泼、高温性能差、辐照稳定性差，一般作为材料试验堆和钠冷快堆的核燃料。

井下换热器（downhole heat exchanger）将一组很长的U形管换热器置于地热井内，将冷水用泵从露出地面的U形管一端送入U形管内，吸收管外地热水中的热量后成为热水，再从U形管的另一端输出，供用户使用的一种装置。井下换热器的优点是只取热不抽水，不会造成水位下降，也不必回灌就可保护地热资源，还能防腐、防垢、除砂、除铁及尾水排放等问题。井下换热的主要缺点是只适用于透水性好、深度不超过300m的浅层热储，获得的热量要比一般泵抽地热井小很多，只能用于中小型建筑物采暖或为区域提供生活热水。

聚变靶丸（target capsule of fusion）惯性约束聚变中包容氘氚（DT）热核燃料的微型小球。其基本结构为外面一层固体外壳，由玻璃、金属或塑料组成，作为烧蚀层和推进层；里面一层是燃料层，由氘氚冰或其他含氘氚的材料组成；最里面充以氘氚气体。聚变能量即由氘氚燃料产生。

聚变能（fusion energy）见核聚变。

聚变燃料（fusion fuel）可发生热聚变反应的核燃料，主要有氘、氚、锂等。氘在海水中含量丰富，约占其总量的 1/65 000。海水中的氘容易提取，是相对廉价的核燃料。若将海水中的氘全部提出来作为聚变燃料，可供人类使用几百万年。氚在自然界里存在很少，靠氘–氘、中子–锂反应产生。氚是放射性元素，半衰期为 12.3 年。锂在自然界分布甚广，容易提炼，蕴藏量较丰富。氘–氚作为聚变燃料，可在不太高的温度下实现核聚变反应；氘–氘作为聚变燃料，点火条件比氘–氚燃料要高些。

K

可燃冰（flammable ice）又称天然气水合物，是甲烷类天然气被包进水分子中，在海底低温与压力下形成的一种类似冰的透明结晶体。由于其外观与冰类似，遇火即可燃烧，俗称可燃冰。它可用 MnH_2O 来表示，M 代表水合物中的气体分子，n 为水合指数（也就是水分子数）。天然气水合物在自然界广泛分布在大陆、岛屿的斜坡地带、大陆边缘的隆起处、极地大陆架以及海洋和一些内陆湖的深水之中。在标准状况下，一单位体积的可燃冰分解最多可产生 164 单位体积的甲烷气体，是一种重要的潜在资源。

可燃冰保真取样器（neat sampler of flammable ice）一种特殊的海底样品提取样装置，主要用于可燃冰的提取。由于借鉴了重力活塞式取样器结构，它可直接插入海底采集样品，并对样品进行保温保压处理。

空气涡轮波力发电机（air turbine wave power generator）在气动式波能转换系统中，利用波浪运动产生的高速气流驱动空气涡轮，带动发电机发电的装置。包括气袋式、海蚌式和振荡水柱式波能装置。其中振荡水柱式波能转换系统发展最快，已进入实用阶段。该装置的底部或侧面开口，固定或漂浮的箱体半潜在水中。波浪运动时，箱体空腔里的水柱上下振荡，振荡水柱吸排空气，产生高速气流，驱动空气涡轮旋

转做功，不需要增速机构，且结构简单。当振荡水柱的固有频率与波浪运动的频率相同时，水柱与波浪运动共振，具有聚波增强波能的特性，此时的波能转换效率最大。

快中子反应堆（fast neutron reactor）又称快中子增殖反应堆，简称快堆，是由快中子引起原子核裂变链式反应，并可实现核燃料增殖的核反应堆。它能够使铀资源得到充分利用，还能处理热堆核电站产生的长寿命放射性废弃物。

快中子增殖反应堆（fast neutron breeder reactor）见快中子反应堆。

扩容法地热发电系统（geothermal power system）见闪蒸法地热发电系统。

L

联网太阳能光伏系统（solar energy light volt network system）利用太阳能光伏效应，并通过计算机网络控制的一组由太阳能电池组件、蓄电池、控制器、逆变器、负载等组成的系统。其效率是由上述各个部件的效率所决定的。目前有集中式大型联网光伏系统（简称大型联网光伏电站）和分散式小型联网光伏系统（简称住宅联网光伏系统）两大类。大型联网光伏电站的主要特点是所发电能被直接输送到电网上，由电网统一调配，向用户供电。建设大型联网光伏电站，投资大，周期长，需要复杂的控制和配电设备，并要占用大片土地，同时目前发电成本要比市电贵数倍，所以发展不是很快。住宅联网光伏系统，特别是与建筑结合的住宅屋顶联网光伏系统，由于具备建设容易、投资小等优点，因而在发达国家备受青睐，发展迅速。

裂变能（fission energy）见核裂变。

裂变燃料（fission fuel）在中子轰击下能发生裂变的元素材料。自然界中铀–235 属于裂变燃料。它在天然铀中只占 0.712%，但可通过铀浓缩的过程来提高其比例。另两种裂变燃料是通过核反应堆生产的，即由钍–232 生产铀–233，由铀–238 生产钚–239。

轮缘式水轮发电机（flange hydrogenerator）见全贯流式水轮机。

M

煤层气（coalbed gas）又称煤层甲烷气，一种储存于含煤岩层中的煤成气。多为未运移出煤层的天然气藏，也可能是来自煤系以外的非煤成气。由于煤层

致密性好，透气性差，吸附性强，煤层气一般不易析出。煤层气是以甲烷为主的烃类气体，另有少量的非烃类气体，如氮气、二氧化碳气、一氧化碳气和硫化氢气等。因甲烷的含量最多，所以它比空气轻。煤层气燃烧时热值很高，且无污染，可以用作工业燃料或居民生活燃料，或用于发电、或作为化工原料。煤层气的开采一般有两种方式：一是地面钻井开采；二是井下抽放。中国煤层气资源丰富，居世界第三位。

煤成气 (coal gas) 含煤岩系中的煤层（主要为腐殖煤）和腐殖型分散有机质在煤化过程中演化形成的以甲烷为主要组分的烃类天然气体。一般含90%以上的烃类气（甲烷及其同系物），以及氮气、二氧化碳等。是天然气的重要组成部分。赋存于含煤岩层中的煤成气称煤层气，运移到非煤系储层中的煤成气称煤生气。

煤成油 (coal-genetic oil) 含煤岩系中的煤层和岩层中的腐殖型分散有机质在煤化过程中生成的原油。在特定地质条件下，部分煤成油从原生岩层中渗透、储存于适宜的岩层中。煤成油是具有低密度、低黏度、低含硫、中高含蜡、低凝固点等特点的轻质油。其密度、黏度、含硫量及凝固点因产地不同而有区别。

煤基活性炭 (active carbon from coal) 以炭为主体且具有良好吸附性能的一种广谱吸附剂。广泛用于石油、化工、医疗、纺织、冶金、轻工、造纸、印染、环保及食品等各个领域，尤其是脱色、精制、回收、分离、废水及废气处理、饮用水深度净化、催化剂及其载体等都离不开活性炭。制造活性炭的原料很多。木材、椰壳、核桃壳、石油渣、石油焦及煤等都可用作制造活性炭的原料。以煤为原料生产的活性炭称为煤基活性炭。无论是褐煤、烟煤或无烟煤都可用来制造活性炭，但必须是低灰、低硫煤，而且灰分以3%以下的最好。

煤炭脱硫 (coal desulfurization) 通过物理、化学等方法把煤中的硫分降低的技术。物理脱硫的方法主要有淘汰选煤和重介质选煤，可以脱除煤中的无机硫（硫铁矿硫和硫酸盐硫）等，一般可脱除50%~70%左右的硫铁矿硫。化学脱硫的方法主要有碱处理法、氯化法、溶剂萃取法、热解法和微波处理法等，可脱除煤中的有机硫。

弥散燃料 (dispersion fuel) 裂变燃料均匀分散于不裂变材料基体中制成的燃料。通常是将裂变燃料二氧化铀的细小粒子均匀分散于不锈钢基体或石墨基体上。弥散燃料辐照损伤小，使用安全，是高温气冷堆的主要燃料。

N

能源植物 (energy plant) 可全部或部分利用其能量的植物。光合作用过程使植物将太阳的辐射能以碳水化合物的形式贮存在植物体内。因此，可把植物看成将太阳能转变为生物质能的转换器。能源植物的光合作用效率高，生长发育快，其能量利用率也较高。能源植物包括陆生植物和水生植物。目前作为能源的植物有含油植物、热带草类、谷类、甘蔗、木薯、藻类和海草等。

浓缩铀 (enriched uranium) 又称富集铀，同位素铀-235的丰度大于其天然丰度 (0.71%) 的铀。铀-235的丰度小于10%的浓缩铀称为低浓缩铀；等于或大于10%的称为高浓缩铀。动力反应堆中使用的核燃料多为低浓缩铀，高浓缩铀大多用于军事和少数研究试验堆。制取浓缩铀的方法主要有气体扩散法和气体离心法。

Q

秦山核电站 (Qinshan Nuclear Power Plant) 中国第一座自行设计、建造、营运的核电站，位于浙江省海盐县东南秦山。是压水堆核电站，反应堆额定热功率为966MW，额定发电功率为300MW。是带基本负荷的电站，设计寿命为30年。

轻核聚变 (light nuclear fusion) 又称热核反应，指在高温下（几百万度以上）重氢核（氘核）与超重氢核（氚核）结合成氦放出大量能量的过程。是取得核能的重要途径之一。由于原子核间有很强的静电排斥力，因此在一般的温度和压力下，很难发生聚变反应。而在太阳等恒星内部，压力和温度都极高，所以就使得氢核有了足够的动能克服静电斥力而发生持续的聚变。氢弹是利用氘、氚原子核的聚变反应瞬间释放巨大能量这一原理制成的，但它释放能量有着不可控性。

轻水反应堆 (light water reactor) 简称轻水堆，用轻水作为慢化剂和冷却剂的核反应堆。包括沸腾水堆和加压水堆。轻水也就是一般的水，广泛地被用于反应堆的慢化剂和冷却剂。与重水相比，轻水能降低成本，但由于它的中子吸收截面比重水大，不能用天然铀作燃料，只能用低浓铀作燃料。轻水与液态金属钠相比，沸点较低，要得到高温就要求压水堆保持 $15 \times 10^6 \sim 16 \times 10^6$ Pa 的压力。

清洁柴油（clean diesel fuel）含硫量小于$3.5×10^{-4}$的柴油。车用柴油在燃烧过程中，大部分的硫被氧化为SO_2，部分SO_2再次氧化，并与水化合，生成硫酸盐等固体颗粒物。对装有三元催化转化器的汽车来说，柴油中的硫分会降低催化剂的活性，并导致其失效。采用低硫柴油，可减少颗粒物排放，减少碳氢化合物、CO、NOx以及苯、丁二烯、甲醛、乙醛等有毒有害物质的排放量。发达国家正在推广使用超低硫（硫分小于$5.0×10^{-5}$）柴油。中国柴油硫分普遍停留在$8.0×10^{-4}$，为实施欧洲Ⅲ号排放标准，下一步将要求硫分低于$3.5×10^{-4}$。

全贯流式水轮机（straight flow turbine）又称轮缘式水轮发电机，指流道平直、水流直贯转轮的水轮机。其发电机转子装在水轮机转轮的外缘，定子固定在水轮机流道的外围。全贯流机组结构紧凑、水力性能好、电机容易冷却、发电机转动惯量大、机组运行稳定性好，适用于低水头大流量的河川和潮汐电站。

R

燃料乙醇（fuel ethanol）将乙醇脱水后加入适量变性剂形成可替代汽油的燃料。燃料乙醇和一定比例的汽油混合后，可形成车用乙醇汽油。目前，生产燃料乙醇主要以陈化粮为原料。

燃料贮存（storage of spent fuel）将从反应堆卸出的乏燃料收集起来存放在有冷却措施的设施中，以备后用。

热储（thermal reservoir）地热流体相对富集，具有一定渗透性并含载热流体的岩层或岩体破碎带。热储分为孔隙热储和裂隙热储。砂层、砂卵砾石层、胶结较差的砂砾、砾岩和部分碳酸盐岩等属孔隙热储；火成岩、变质岩、部分碳酸盐岩和致密砂岩、砾岩属裂隙热储。它们以储存热流体的形式而加以区别。如二者并存时，则按孔隙热储考虑。热储周常是较凉的渗透性岩石，它们与热储具有水力联系。因此，在天然状态下，水可在热储和围岩之间流动，形成一个大的地热系统。热储仅是地热系统的一部分。

热堆（thermal reactor）见热中子反应堆。

热核反应（thermonuclear reaction）见轻核聚变。

热中子反应堆（thermal neutron reactor）又称热堆，指由热中子引起裂变的核反应堆。能量为$0.025～0.1eV$的中子称为热中子。热中子堆与快中子堆的最大区别是没有慢化剂，裂变产生的快中子经慢化剂减速变为热中子，从而维持链式裂变反应。热中子堆的优点是裂变燃料装量少，可用天然铀作燃料，技术已经成熟，应用广泛。缺点是铀的利用率较低（只有$1\%～2\%$）。

S

闪蒸法地热发电系统（flash vaporization systemic geothermal generation）又称扩容法地热发电系统，把$100℃$以下的地下热水送入一个密闭的容器中抽气降压，使之因气压降低而沸腾，变成蒸气用来发电的系统。热水降压蒸发的速度很快，是一种闪急蒸发过程。闪蒸法地热发电系统又分为单级闪蒸法发电系统、两级闪蒸法发电系统和双流法发电系统等。

生化转换技术（biomass gasification technology）用微生物发酵的方法，将生物质转换成高品位燃料的技术。其主要分两类：一类是通过沼气发酵装置即厌氧消化法，利用秸秆、畜禽粪便及有机废弃物等为原料，制取沼气；另一类是以甘蔗渣、玉米、甜高粱秆汁液、纤维素、半纤维素等为原料，采用发酵工程和酶工程技术，制取酒精、甲醇等液体燃料。

生物柴油（bio-diesel oil）主要成分为通过动植物油脂转化而来的高级脂肪酸的低碳烷基酯混合物。是生物质能的一种形式。以其物化性能与普通柴油相近，并可以直接代替石化柴油或与普通石化柴油以任意比例互溶代替石化柴油使用而得名。其可以大大减少发动机工作时排放的硫化物、碳氢化合物、一氧化碳和烟尘。生物柴油是一种优质可再生能源，是一种绿色燃料。

生物炭（biocarbon）固体生物质经过高温热加工（如生物质气化、热解、干馏等），其分子破裂，释放出一氧化碳、氢气等可燃烧气体后而形成的固体炭。生物炭密度小、表面积大，热值较高，容易燃烧，是良好的固体燃料。另外，它可吸附污水中的固体悬浮微粒和有毒物质，常用于净化污水。木炭是生物炭的主要种类。

生物质（biomass）绿色植物通过光合作用将太阳能转化成化学能，并以有机质的形式固定贮存起来的、可作为制取生物质能的原料。它包括植物和动物两大类（动物通过食用植物间接获得太阳能）。各种生物质间存在着相互依赖和相互作用的关系。生物质对人类有着广泛而重要的用途。

生物质催化气化（biomass catalytic gasification）通过催化剂来降低气化反应活化能，并改变生物质热处理过程的一种化工技术。采用该技术可以使分解气化副产物——焦油成为小分子的可燃气体，以增加煤气产量，提高气体热值，同时降低气化温度，提高气化速度和调整生物质气体组成，以便进一步加工制取甲醇或合成氨。

生物质干馏（carbonization of biomass）将生物质原料在缺氧条件下，以高加热速率加热到 $400\sim500℃$，使生物质直接热解。热解产物经快速冷却，可使中间液态分子在进一步断裂生成气体之前冷凝，从而得到高产量的生物质液体油。生物质干馏产生的生物油可通过进一步的分离和提取制成燃料油和化工原料。

生物质固化成型技术（densification and molding of biomass）利用各类生物质物料，如农业的秸秆、稻壳，或林业废弃物的锯末、木屑等，经粉碎后，在一定温度（加热或不加热）和压力作用下，将原来松散、细碎和无定形的生物质原料，压缩成较高密度的棒状、粒状、块状的各种细密成型燃料的技术。其工艺是把自然状态下散抛物料挤压后，使其体积密度由 $100kg/m^3$ 以下增大到 $1\,100\sim1\,400kg/m^3$，即将同样重量的物料体积缩小到 $1/14\sim1/10$。使其储存、运输、燃烧稳定性和持久性发生了质的变化，接近于中质煤，故又称生物煤。该技术使用专用设备，在农村有很大的推广价值。在商用领域中，已有螺杆预热压缩成型、活塞冲压成型和黏结滚压颗粒成型几种固化成型技术。

生物质合成燃料（biomass synfuel）通过先进的生物质气化工艺，生产出高质量的生物质合成气，并经过调整其中的 CO/H_2 比和合成过程，精制成的液体燃料。通过控制反应条件，如温度、压力、CO/H_2 比等，在选择性催化剂的作用下，可以生产出不同的燃料产物。后者主要包括甲醇、二甲醚和烷烃（柴油）等。

生物质化学水解技术（chemical hydrolyzation of biomass）通过化学方法将生物质中的纤维素最终降解为可发酵的葡萄糖，把半纤维素降解为戊糖，然后通过生物技术将它们转化为燃料乙醇的技术。包括生物质的稀酸水解技术、生物质的浓酸水解技术、生物质的有机溶剂快速糖化技术。

生物质加压液化（high pressure liquefaction of biomass）在较高的压力下，通过热化学或生物化学方法将生物质部分或全部转化为液体燃料。液化方法主要有热分解法、直接液化法、水解发酵法和植物油脂化法等。

生物质能（biomass-energy）绿色植物通过叶绿素将太阳能转化为化学能而储存在生物质内部的能量。树木茎叶、作物秸秆、人畜粪便和有机物垃圾都是生物质能资源。地球上的生物质能资源非常丰富。其中陆地上每年的干有机物净产量为 $1.2\times10^{11}t$，能量总值相当于目前全世界总能耗的 5 倍以上。中国每年生物质的生产量约为 $5\times10^{10}t$ 干物质，相当于年耗能总量的 2.5 倍。全世界实际利用了生物质总量的 10% 左右，所以开发利用的潜力十分巨大。

生物质能转换（biomass conversion）利用物理、热化学或生物化学的方法将生物质能转换成二次能源和高品位能源的技术。即对生物质能进行深加工，使之成为高效的固态、气态和液态燃料。生物质能转换主要有直接氧化（燃烧）、物理转换、热化学转换和生物转换。（1）直接氧化。即通俗所讲的直接燃烧，是最简单、最原始的转换技术。通过直接燃烧可获得热能。（2）物理转换。利用物理的方法（压缩成型），改变生物质的容积，使其成为质地坚硬、结构致密的固体成型材料。（3）化学转换。用化学方法将生物质转换成可利用的能源。其常用的方法有气化法、热分解法、溶剂提取法等。（4）生物转换法。利用微生物分解技术，将生物质原料转换成为另一种形式的能源，常见的有生物质沼气转换技术、生物质制造酒精技术等。

生物质气化（biomass gasification）生物质物料在完全隔离氧气或部分供氧条件下，被加热发生分子解离，挥发物逸出，或物料部分燃烧引起氧化还原反应，使低碳分子产生高温分解的过程。其产物为不同成分、不同热值的可燃气体。按气化反应机理，生物质气化分为两大类：（1）高温分解煤气，也称发生炉煤气；（2）低温热解煤气，也称干馏煤气。在完全隔离空气（绝氧）或接触部分空气（缺氧）条件下，产生均相与非均相的不同类型煤气。

生物质气化发电技术（biomass gasification power generation）将农业、林业和工业废弃物等生物质原料经过气化，转化为可燃气体，并使之在锅炉内燃烧产生蒸气发电，或者直接推动燃气发电设备进行发电的技术。

生物质气化联合循环发电系统（integrated gasification combined cycles）由生物质原料预处理、循环流化床气化、裂解净化、燃气轮机发电、蒸汽轮机发电等设备组成的发电系统。其特点是：原料处理量大、自动化程度高、系统效率高、适合工业化生产。

生物质热化学转换技术（thermochemical conversion technology of biomass）在加热条件下，用化学手段将生物质转换成燃烧物质的技术。分为直接燃烧、汽化、生物质热裂解和生物质加压液化四种技术。

生物质热裂解（biomass pyrolysis）生物质在完全没有氧或者缺氧条件下热降解，通过化学转换，最终生成生物油、木炭和可燃气体的过程。一般说来，低温慢速热裂解（小于500℃），产物以木炭为主；高温闪速热裂解（700～1 100℃），产物以可燃气体为主；中温快速热裂解（500～650℃），产物以生物油为主。

生物质炭化（biomass carbonization）在隔绝空气的条件下，低温加热（250～450℃），物料受热分解，产生低温煤焦油和可燃煤气的过程。在低温挥发物蒸馏出后，生成含碳80%以上的炭化物。成型炭是密实度大的生物质炭化产物，即密度接近于1或大于1的小径林木或机械压制的固化棒料。

生物质液化（biomass liquefacation）将固体生物质转化为液体燃料的过程。它包括间接液化和直接液化两种。间接液化是指通过微生物作用或化学合成方法生成液体燃料，如乙醇、甲醇；直接液化则是采用机械方法，用压榨或提取的工艺获得可燃烧的油品。如棉籽油等植物油，经提炼成为可替代柴油的燃料。

生物质直接燃烧技术（combustion technology of biomass）将生物质直接作为燃料燃烧所产生的能量，用于发电或集中供热的技术。生物质直接燃烧主要分为炉灶燃烧和锅炉燃烧。其特点如下：（1）生物质燃烧所释放出的CO_2大体相当于其生长时通过光合作用所吸收的CO_2，因此可以认为是CO_2的零排放，有助于缓解温室效应；（2）生物质的燃烧产物用途广泛，灰渣可加以综合利用；（3）生物质燃料可与矿物质燃料混合燃烧，既可以减少运行成本，提高燃烧效率，又可以降低SO_x、NO_x等有害气体的排放浓度；（4）采用生物质燃烧设备可以最快速度实现各种生物质资源的大规模减量化、无害化、资源化利用，而且成本较低，因而生物质直接燃烧技术具有良好的经济性和开发潜力。

石油天然气储运（storage and transport of petroleum and natural gas）将从地下开采出来的油、气，进行预加工处理、储存和输送到消费地，并保证不间断地供应给用户而构成的独立工业体系和作业系统。它是沟通石油、天然气产地与用户之间联系的中间环节。

收缩水道波流电站（tapered channel wave power station）利用面向大海并带有喇叭形边墙的收缩水道将迎面来的波浪引入高于海平面的水库中，再利用水库与海面的落差，使水库中的水通过水轮机发电的电站。由于水深的变化，在浅水中行进的波浪的波长短于深水中的波长，而浅水中波高大于深水中的波高。波浪的折射，加上收缩水道两边的喇叭口护墙产生的反射，使水质点积聚，波峰升高，沿水道涌入高位水库，再利用水电站常规技术发电。采用这种方式发电需要有特殊的地形环境和大面积的贮水池。因为水位提升高度有限，要采用低水头大流量的水轮机发电机组。同时，站址所在海域的潮差要小，否则在低潮位时，波能不能得到有效利用。

受控核聚变（controlled nuclear fusion）把核聚变反应变成一个可控过程，使核聚变能够持续受控地进行，并且把生产的能量变成电能或其他形式能量的一种核反应过程。

双流地热发电（dual flowing geothermal generation）通过热交换器利用地下热水来加热某种低沸点的工质，使之变为蒸气，然后以蒸气去推动汽轮机，并带动发电机发电。它不直接利用地下热水所产生的蒸气进入汽轮机做功。在这种发电系统中，采用两种流体：一种是采用地热流体作热源，另一种是采用低沸点工质流体作为一种工作介质来完成。是20世纪60年代以来在国际上兴起的一种地热发电新技术。

水煤浆（coal water slurry）一种煤基流体燃料。由70%左右的煤、1%的化学添加剂和29%的水经过一定的加工方法制成。与煤相比具有流动性好、贮存稳定、运输方便等优点。水煤浆有类似于重油的燃料特征，在雾化状态下可稳定燃烧，燃烧效率可达到98%以上，烟气中SO_2的排放量相当于燃用低硫油，NO_x的排放量只有燃油的50%。每2.2t水煤浆可替代1t重油。

T

太阳池（solar pond）深3m左右的可利用太阳能的盐水池。它从上到下形成稳定的盐的浓度梯度，在中部存在一个完全不发生对流的盐水层，起到绝热保温作用。阳光透过不对流层而被下层的浓盐水吸收，使浓盐水温度提高，之后再通过换热器将热量取出。这是一种将来大规模利用太阳能的途径。

太阳房（solar house）利用太阳辐射能代替部分常规能源，使室内升温的建筑物。太阳房可分为主动式和被动式两类。主动式太阳房是由太阳能集热器收集太阳能，经蓄热系统贮存并通过常规采暖系统供暖的建筑物。被动式太阳房是加大建筑物的朝阳窗户或附加温室等来收集太阳能，以达到供暖目的的房屋。

太阳辐射（solar radiation）太阳能以直射、漫射或反射光的形式从太阳传播到地球上的能量。其辐射强度以单位面积在单位时间内所接受的太阳能数量来计算。

太阳炉（solar stove）一种将太阳光高倍聚焦，在焦斑处获得最高达 3 500℃ 左右高温的装置。太阳炉按其聚光方式可分为直接入射型和定日镜型两类。直接入射型太阳炉利用聚光器跟踪太阳，使太阳辐射直接投射在聚光器上；定日镜型太阳炉借助于跟踪太阳的定日镜，将太阳辐射反射到固定的聚光器上。定日镜型太阳炉按其聚光器的光轴位置又可分为水平光轴式和垂直光轴式。目前，大型太阳炉一般都采用水平光轴的定日镜型。利用太阳炉能进行冶金、耐火材料、高温化学反应等实验。

太阳模拟器（solar simulator）模拟太阳辐射的一种人工辐射源。由一组电光源和配套设备组成的发光装置。能在一定的受光面积上产生平行、均匀、稳定的辐射，且其辐射值和光谱分布接近规定的大气质量下相应的太阳辐射值。太阳模拟器主要应用于对太阳集热器和太阳能电池的性能测试。

太阳能（solar energy）在太阳内部连续不断的核聚变反应过程中所产生的能量。地球轨道上平均太阳辐射强度为 1 367kW/m²，海平面上标准峰值强度为 1kW/m²。尽管太阳辐射到地球大气层的能量仅为其总辐射能量（约为 3.75×10^{26}W）的 2.2×10^{-9}，但已高达 1.73×10^{17}W，即太阳每秒钟照射到地球上的能量相当于 5×10^6t 标准煤。地球上的风能、水能、海洋温差能、波浪能和生物质能及部分潮汐能都来自于太阳，地球上的化石燃料（如煤、石油、天然气等）也是远古以来贮存的太阳能。太阳能既是一次能源，又是可再生能源，资源丰富，既可免费使用，又无需运输，无环境污染。但太阳能也有两个主要缺点：一是能流密度低，二是其强度受各种因素（季节、地点、气候等）影响较大，因而大大限制了它的有效利用。人类对太阳能的利用已日益广泛，包括太阳能的光热利用、光电利用和光化学利用等。

太阳能采集（solar energy collection）利用一定器件或装置接收太阳辐射能的技术。通常在太阳能热利用中将接收太阳辐射的装置称为集热器。由于地球表面的太阳辐照度比较低，为了获得一定数量的太阳能，需要有较大的采光面积。

太阳能传输（solar energy transmission）将太阳辐射能从接收处输送到用能地点的技术。太阳能传输分为直接传输和间接传输。直接传输适用于较短距离，可以通过反射镜和其他光学元件组合、光导纤维以及表面镀有高反射涂层的光导管来实现。间接传输适用于各种不同距离，将太阳能转换成其他能量形式再进行传输，如将太阳能转换成热能用热管传输，转换成电能用导线传输，转换成氢能或其他载能化学材料，用车辆、管道等传输。空间太阳电站通过微波或激光可以将太阳能传输到地面。

太阳能电池（solar cell）将太阳光能直接转变为电能的装置。属物理电池的一种。其原理是利用半导体受光照射时产生自由电荷的光生伏打效应。目前作为商品最为普及的是硅系太阳能电池，此外，还有 GaAs（砷化镓）、CdS（硫化镉）、CdTe（碲化镉）等太阳能电池。由于太阳能是取之不尽的能源，且无污染，所以太阳能电池有着很好的发展前景。但由于价格较贵，因此目前它主要应用于宇航飞行器、无人中转站、无人灯塔及小型计算器等。

太阳能电站（solar power station）利用太阳能发电的电站。从广义上说，太阳能电站包括使用太阳能的光能和热能发电的电站。但由于目前世界上以热能发电的太阳能电站数量很少，所以太阳能电站主要是指利用太阳能光能发电的电站，也称为光伏电站或光电站。光伏电站与光伏系统在名称上通用。一般电站功率为几千瓦，大的达到几兆瓦。太阳能电站按其供电方式可分为独立电站和并网电站。其发展前景是建立大的并网电站。另外，卫星太阳能电站已在进行探索性研究。它应用大的太阳电池方阵在空间接收太阳光，并将其能量以微波束方式送回地面，供用户使用。

太阳能辅助热泵（solar energy assistant heat pump）作为太阳能热利用系统辅助装置的热泵系统。包括独立辅助热泵和以太阳辐射热能作为蒸发器热源的热泵。其多数以供热为主，涉及建筑采暖、生活热水供应及工业用热等应用领域。该系统对太阳能集热温度要求不高，而且具有灵活多样的系统形式、合理的经济技术性能和良好的商业应用前景。

太阳能干燥器（solar dryer）利用太阳能对物料进行干燥的装置。有多种类型：（1）温室型。集热器和物料干燥室合为一体的太阳干燥器。（2）集热器型。集热器与干燥室分离的太阳干燥器，用风机进行空气循环。（3）聚光型。利用线聚焦聚光集热器干燥物料的太阳干燥器。（4）混合型。太阳能和辅助能源联合供能的太阳干燥器。

太阳能固体吸附式制冷（refrigeration of solar energy solid adsorption）利用吸附制冷原理，以太阳能为热源，利用太阳能集热器吸附床加热后用于脱附制冷剂，通过加热脱附、冷凝、吸附、蒸发等几个环节实现制冷的系统。

太阳能光电幕墙玻璃（solar photoelectric wall glass）一种集发电、隔音、隔热、安全、装饰于一体的新型生态建材。它用特殊的树脂将太阳能电池粘贴在玻璃上，镶嵌于两片玻璃之间，通过电池将光能转化成电能。除发电之外，光电幕墙还具有很明显的隔热、隔音、安全、装饰等功能。

太阳能光－电转换（light-electricity transformation of solar energy）利用光电效应，将太阳辐射能直接转换成电能的过程。它包括太阳能光伏电池发电和太阳能热动力发电及太阳能热化学发电等。太阳能光伏电池发电是利用了部分半导体材料在光照射下产生光伏效应的直接光电转换。热动力发电是利用集热装置收集太阳的辐射能并用来加热工质，推动热力机械进行循环做工来发电的间接光电转换。

太阳能光伏发电（light volt generation of solar energy）利用某些半导体材料的光伏效应，将太阳光辐射能直接转换为电能的一种新型发电系统。它有独立运行和并网运行两种方式。独立运行的光伏发电系统需要有蓄电池作为储能装置，主要用于无电网的边远地区和人口分散地区，整个系统造价很高。并网运行是指在有公共电网的地区，光伏发电系统与电网连接并网运行，省去蓄电池。这种形式不仅可以大幅度降低造价，而且具有更高的发电效率和更好的环保性能。

太阳能光伏效应（solar photovoltaic effect）以太阳光辐射到半导体材料上产生电动势为特征的光电效应。其原理是在两种不同导电类型（n型和p型）的半导体相互接触时在交界面（即p-n结）附近形成内建电场，太阳光辐射到半导体后使半导体原子释放出电子，相应出现空穴并产生电子－空穴对，形成电动势，即产生光伏效应。

太阳能光－热利用（light and heat utilization of solar energy）将太阳辐射能收集起来，并通过与工质（主要是水或者空气）的相互作用转换成热能，而用来驱动汽轮机发电的技术。目前，应用最多的太阳能收集装置主要有平板型集热器、真空集热器和聚焦集热器三种。

太阳能光－生物质转换（light-biomass conversion of solar energy）地球上植物通过光合作用，将太阳辐射能转化为生物质能的过程。树木茎叶、荆棘杂草及农作物秸秆都是生物质能源。

太阳能加热系统（solar heating system）将太阳能转换为热能，并在必要时与辅助热源配合使用，以提供热源的系统。其中主要包括集热器子系统与输配子系统。

太阳能利用（solar utilization）将太阳能直接或间接转换为其他能量形式并加以利用的技术。直接利用是指太阳能将转换成热能、电能、化学能等加以利用；间接利用是指太阳能转换成生物质能、风能、海洋能等后再加以利用。通常所说的太阳能利用是指直接利用，如太阳能热水、太阳能采暖、太阳能干燥、太阳能发电等。随着人们环保意识和可持续发展观念的增强，太阳能的利用将越来越广泛。

太阳能驱动热泵（solar energy power heat pump）由太阳能光电或热电驱动的压缩式热泵，以及以太阳能辐射热直接驱动的吸收式、吸附式、喷射式和化学式热泵等。大多以实现太阳能制冷空调为主要目的。对太阳能集热温度要求较高，而且普遍存在体积大、成本高、效率低等问题，难以实现小型化和商业化。

太阳能热发电（solar heat generation）将太阳能转换成热能进行发电的技术。太阳能热发电站由集热、输热、储热、热交换系统和汽轮发电机组成。一些工业发达国家对太阳能热发电进行了开发研究，建立一批试验电站，其中容量最大的为10MW。太阳能热发电站投资大，技术尚不成熟，目前还未投入商业运行。

太阳能热水器（solar water heater）利用集热器

接收太阳能并产生热水的装置。集热器上面有一层玻璃，下面是集热板。集热板表面涂上选择性吸收涂料，以最大限度地吸收太阳光谱中的辐射能。玻璃对波长较短的太阳光几乎是全透过，而对波长较长的红外辐射几乎是不能透过。阳光透过玻璃被集热板下的水吸收，水温升高后向外辐射的红外线又被玻璃挡回，从而产生热水。

太阳能烟囱发电系统（solar energy funnel electricity generation system）利用太阳能集热，以及烟囱效应驱动风力涡轮，带动发电机发电的系统。由太阳能集热棚、太阳能烟囱和涡轮机发电机组三个基本部分构成。太阳能集热棚建在一块太阳辐射强、绝热性能比较好的土地上，集热棚中间离地面一定距离处装着烟囱，在烟囱底部装有涡轮机。太阳光照射集热棚，集热棚下面的土地吸收透过覆盖层的热量，使集热棚内空气温度升高，密度下降，并沿烟囱上升，集热棚周围的冷空气进入系统，从而形成空气循环流动。由于集热棚内的空间足够大，当集热棚内的空气流到达烟囱底部的时候，在烟囱内形成强大的气流。利用这股强大的气流推动烟囱底部的涡轮机，带动发电机发电。

太阳能蒸馏器（solar energy distiller）将太阳辐射能变成热能直接加热海水或咸水，经蒸发、冷凝，制取淡水或蒸馏水的装置。是太阳能海水淡化技术最常用的设备。它分为浅盆型（也称为顶棚式、水平型）、倾斜型和多效型（含热扩散型）三种。

太阳能制冷（solar refrigeration）利用太阳集热器为吸收式制冷机的发生器提供所需热媒水的系统。热媒水的温度越高，则制冷机的性能系数越高，制冷效率也越高。

太阳能转换（solar energy conversion）利用能量转换器件或装置将太阳能转换成其他形式能量的技术。太阳能转换分为直接转换和间接转换。如太阳电池可以将太阳能直接转换成电能，而太阳能热电站要先将太阳能转换成热能、机械能，才能转换成电能。风能、生物质能、海洋能等也都是太阳能经过能量转换而产生的。

太阳灶（solar cooker）一种供炊事使用的太阳能集热器。目前，已开发应用的有聚光式、箱式和平板式几种，但应用最多的是聚光式。聚光式太阳灶是将太阳辐射由旋转抛物面反射到一个焦点上产生高温，并将锅或水壶置于焦点上就可以炒菜、烧水、做饭。

陶瓷燃料（ceramic fuel）以铀、钍等元素为主制成的氧化物，属核燃料的一种。常用的陶瓷燃料有二氧化铀和二氧化钍，具有耐高温、耐辐照等特点。它们在不同核反应堆中均有应用。

天然气（natural gas）概念有狭义和广义之分。（1）狭义的是指储藏于地下或溶解于地下原油中的气相石油或气相烃。是古生物在长时间的高温和高压等条件下形成的可燃气。主要成分是甲烷，含有 CO_2 和 H_2S 等非烃类气体。是一种无色无味无毒、热值高、燃烧稳定、洁净环保的优质能源。其应用领域非常广泛，除了用于炊事外，还可广泛作为发电、石油化工等燃料或原料。（2）广义的是指从大气圈到地壳深层范围内，所有的气态元素和气态化合物。

天然气凝析液（natural gas condensate liquid）天然气在进行深度冷却时，碳原子数大于甲烷的气态烃类变成的液体。天然气凝析液的组成与天然气的来源及其分离时的温度、压力等条件有关，其主要成分是乙烷、丙烷、丁烷等。天然气凝析液是裂解制取乙烯、丙烯等化工产品的理想原料，也可作为气体燃料。

天然气水合物（hydrate of natural gas）见可燃冰。

天然铀（natural uranium）在自然界中天然存在的铀。它是铀的三种同位素的混合物。其中铀-238占99.28%，铀-235占0.71%，其余为铀-234。天然铀存在于岩石和海水中。少数富铀矿约含1%～4%的铀。利用水冶法和化学转换法可从铀矿石中提取和转换成六氟化铀（UF_6）或金属铀。天然金属铀可制成燃料元件用于重水堆和石墨堆，生产电力及新的核燃料和同位素。

W

瓦斯（gas）主要由煤层气构成的以甲烷为丰的可燃性气体。有时单独指甲烷（沼气）。是一种无色、无味、无臭的气体，难溶于水。当它在空气中的含量达到一定浓度时，会使人因缺氧而窒息，并能发生燃烧或爆炸。瓦斯燃烧及瓦斯爆炸是矿井的主要灾害之一。瓦斯在煤体或岩层中以游离状态和吸着状态存在。游离状态也称为自由状态，是指瓦斯以自由气体状态存在于煤体或围岩的裂缝、孔隙之中；吸着状态又称结合状态，是指瓦斯与煤或某些岩石结合成一体，不再以自由气态形式存在。瓦斯的开采一般有两种方式：一是地面钻井开采；二是井下抽放。

X

小型核热电能量转换技术（portable energy conversion technology of nuclear energy）通过温差电堆或热光伏系统将由同位素或核反应堆源源不断放出的热能直接转变为电能的技术。其相应的产品也属物理电源范畴。该领域内的技术发展趋势是高转换效率温差堆技术和新型热光伏系统技术。

新概念型风能转换系统（innovative wind energy conversion system）区别于传统的水平轴风力机和垂直轴风力机的风能转换系统。其特点是通过较小的风轮扫掠面积来收集较多的风能，以提高有效的风功率密度。目前新概念型风能转换系统尚处在研究阶段，主要有可变几何型直叶片垂直轴风力机、环量控制型直叶片垂直轴风力机、扩压型风能装置、扩压—引射型风能装置、旋风型风能装置等。

Y

压水反应堆（pressurized water reactor）一回路冷却水在高压（$15 \times 10^6 \sim 16 \times 10^6$Pa）下通过反应堆容器循环运行，温度达320℃左右，仍保持液体不沸腾的反应堆。压水堆以低浓度二氧化铀作燃料，净化的核纯轻水作冷却剂和慢化剂。一回路的冷却剂将堆芯发出的热量通过蒸气发生器传递给二回路水，并产生蒸气推动汽轮发电机发电。压水堆的燃料浓缩度为3%，以锆合金作包壳，由200多根燃料元件组装成方形截面燃料组件，安装在堆芯中。

压缩天然气（compressed natural gas）经加压后的天然气，额定压力一般大于25MPa。压缩后的天然气体积密度增加，便于储存、使用及运输。压缩天然气可替代石油燃料用于汽车，是一种比较理想的清洁燃料。

盐差能（salty difference energy）一种以化学能形态出现的海洋能。是海水和淡水之间或者两种含盐度不同的海水之间的化学电位差能，主要存在于河海交接处。同时，淡水丰富地区的盐湖和地下盐矿也蕴藏着盐差能。盐差能是海洋能中能量密度最大的一种可再生资源。

盐差能发电（salty difference generation）利用不同盐浓度的海水（或咸水与淡水）之间的电势差能转换成水的势能，再利用水轮机转化为电能。其形式主要有渗透压式和机械-化学式等，以渗透压式最为常见。当两种不同盐浓度的海水被一层只能通过水分而不能通过盐分的半透膜相分隔时，两边的海水就会产生渗透压，促使水从浓度低的一侧向另一侧渗透，使浓度高的一侧水位升高，直到膜两侧的含盐量相等为止。

液化石油气（liquefied petroleum gas，LPG）简称液化气，是炼油精制过程中产生并回收的气体，在常温下经过加压而成的液态产品。主要用途是石油化工原料，脱硫后可直接做燃料。

液化天然气（liquefied natural gas）在高压和深度冷却的条件下将天然气由气态变为液态。其主要成分是甲烷，密度约0.43g/cm³，沸点为-160℃左右，使用时通过减压即可重新变为气态。液化天然气的单位体积的能量密度较气态提高几百倍，便于储存和长距离运输。

Z

增殖反应堆（breeder reactor）烧掉一个裂变原子，可产生一个以上的新裂变燃料原子的核反应堆。利用增殖堆可把不能直接作为裂变燃料用的铀-238和钍-232变成新的裂变燃料钚-239和铀-233，可利用天然铀的60%～70%，也可把储量丰富的钍资源利用起来，以补充天然铀的不足。增殖堆分为热中子增殖堆和快中子增殖堆。热中子增殖堆又分为轻水增殖堆和熔盐堆等。快中子增殖堆主要采用钠冷快堆。热中子增殖堆一般用铀-233作燃料，以钍作增殖材料。快中子增殖堆用钚-239作燃料，用铀-238作增殖材料。

直接辐射（direct radiation）由太阳直接发出而没有因大气和地面介质反射和折射而改变投射方向的辐射。

重核裂变（heavy nuclear fission）由一个重原子核分裂成两个或多个中等原子量的原子核，引起链式反应，从而释放出巨大能量的核反应。例如，当用一个中子轰击铀-235的原子核时，它就会分裂成两个质量较小的原子核，同时产生2～3个中子和β、γ等射线，并释放出约200MeV的能量。新产生的中子轰击另一个铀-235原子核，引起新的裂变，以此类推，使裂变反应不断地持续下去，从而形成了裂变链式反应，与此同时，核能也连续不断地释放出来。

重水（heavy water）又称氧化氘（D_2O），一种与水类似，在常温常压下无色无味的液体，分子量比水大。由于氘的中子吸收截面比轻水小，中子慢化性能比轻水好，因此重水被用作重水堆的慢化剂和冷却剂。重水电解后制得的氘可作为聚变堆的燃料和氢弹的装料。通常是从天然水中分离的办法制取重水。以硫化氢和水进行双温交换的化学交换法，是目前工业规模生产低浓度重水的主要方法，

此外，还有液氢精馏法、水电解法、水蒸馏法等。

重水反应堆（heavy water reactor）简称重水堆，用重水即氧化氘（D_2O）作为慢化剂的核反应堆。

（三）二次能源（Secondary Energy Source）

B

波浪发电站（wave power station）利用海洋波浪能发电的电站。波浪能是海洋能中的主要组成部分。波浪能的大小主要取决于波高和波速。这两者同风速、吹程和吹达时间等多种因素密切相关，致使波浪发电的长期变化和短期变化都很大。因此，波浪发电站至今仍停留在小型的试验阶段。

玻璃微球储氢器（glass globe storage of hydrogen）一种储存氢气的中空玻璃球（直径在几十至几百微米之间）。在高压（$10 \sim 200$MPa），将加热至$200 \sim 300$℃的氢气扩散进入玻璃球空心内，然后等压冷却，由于氢的扩散性能随温度的下降而大幅度下降，从而使氢稳固地储存于空心微球中。

C

超超临界发电机组（ultra supercritical pressure unit）蒸气压力高达30MPa左右的火力发电机组。它比技术已经成熟的蒸气压力为24MPa左右的超临界机组技术要求更高。由于蒸气压力提高，其温度也相应提高到600℃左右或更高，并采用二次中间再热。截止2007年这种机组尚处于发展中。

抽水蓄能电站（pumped storage power station）将电能与水位能互相转换的一种设施。它设有上下水库。当电力系统中出现多余的电能时，利用电能把下水库的水抽到上水库。当系统需要电力时，再从上水库放水至下水库进行发电。在抽水和发电的能量转换（由电能变为水位能，再由水位能变为电能）过程中有一定的能量损耗。一般发电所得电能与抽水所用电能之比在75%左右。抽水蓄能电站按水流情况可分为三类：（1）纯抽水蓄能电站，抽水与发电的水量相等，循环使用；（2）混合式抽水蓄能电站，上水库有天然径流来源，既利用天然径流发电，又利用由下水库抽水蓄能发电；（3）调水式抽水蓄能电站，即从位于一条河流的下水库抽水至上水库，再由上水库向另一条河流的下水库放水发电。

磁流体发电厂（magnetic fluid power plant）又称等离子体发电厂，采用温度极高并高度电离的气体高速流经强磁场直接发电的新型发电工厂。将燃烧石油、煤粉或天然气等化石燃料所得的2 327℃以上的高温等离子气体，以1m/s的高速流过强磁场，气体中的电子受磁力作用和气体中的活化金属粒子(钾、铯)相互碰撞，并沿着与磁力线垂直的方位流向电极而发出直流电，再经交直流变换送入电网。其特点是没有旋转部件。从磁流体出来的气体可送往常规火力发电设备的锅炉，加热水产生蒸气，驱动汽轮发电厂发电，组成高效率的联合循环，总的热效率可以接近50%。

等离子体发电厂（plasma power plant）见磁流体发电厂。

G

高炉炉顶煤气余压发电（top gas Pressure recovery turbine，TRT）回收高炉炉顶煤气余压，并将其转换成电能的技术。为提高高炉煤气在高炉冶炼中化学反应效率，现代高炉都采用高压操作，炉顶压力为$0.1 \sim 0.2$MPa，最高为0.25MPa。但煤气用户要求的压力仅为0.01MPa。从高炉炉顶排出的煤气，以往采用减压阀组降压，大量能量被减压阀组白白释放掉，TRT机组则回收这部分能量，并使之转化为电能。高炉炉顶煤气余压发电是一种有效的节能技术。

光化学制氢（hydrogen production by photo-chemistry）以水为原料，利用光催化分解技术制取氢气的方法。光催化过程是在含有催化剂的反应体系中，利用入射光的能量促使水分子分解或水化合物的分子通过合成产生出氢气的过程。在太阳的光谱中，紫外光具有分解水的功能。若选择适当的催化剂，可提高制氢效率。有的还将光电、光化转换同时进行，以获得直流电和氢、氧。截止2007年，尽管

尚处于实验室研究阶段,但光化学制氢具有很大的发展前景。

L

"零排放"汽车（zero emission vehicle）采用氢燃料电池为动力的汽车。与采用含碳燃料（如汽油、柴油、天然气等）为动力的汽车相比,第一没有引起温室效应的 CO_2 排放;第二燃烧温度只有 80℃,没有高温燃烧所形成的 NO_x 排放。因而称为"零排放"汽车。

M

煤气化（coal gasification）煤与气化剂在一定的温度、压力等条件下,发生化学反应而转化成煤气的工艺过程。煤气化制氢曾是主要的制氢方法。煤气化技术按气化前煤气是否经过开采,分为地面气化技术（将煤放在气化炉内气化）和地下气化技术（让煤直接在地下煤层中气化）。

煤气化联合循环发电厂（integrated gasification combined cycle plant）以煤气为燃料的燃气轮机和汽轮机联合在一起的大型发电厂。用煤炭气化后的燃气代替石油或天然气作为联合循环发电机组的燃料,具有如下优点:（1）提高电站热经济性。截至 2007 年,燃煤的试验机组的效率已达 40% 以上。（2）能解决燃煤发电的环保问题。燃煤联合循环分为两类:一是煤气化联合循环;二是沸腾燃烧联合循环。它们将高硫、高灰分、低热值的劣质煤气化（或沸腾炉燃烧）,经脱硫、除尘净化成清洁燃料,供联合循环发电用。这是一种对环境污染极小的发电装置。（3）可充分利用中国储量丰富的煤炭资源。（4）适宜在少水或缺水的地区应用。（5）除了发电外,也可热电联供,甚至供给化工原料——煤气。截至 2007 年,全球约有 15 座煤气化联合循环发电厂在运行。

N

镍氢电池（nickel-hydrogen battery）又称 Ni-MH 电池,用金属氢化物为阴极、镍的氧化物为阳极,用氢氧化钾为电解液组成的二次电池。阴极采用镧镍或钛镍贮氢合金,当充电时水电解产生的氢气为贮氢合金所贮存,氧气则变成氧化镍的形态贮存。当电池放电时,贮氢材料的阴极放出氢气,贮氧的阳极放出氧气,氢气与氧气发生反应生成水,并放出能量,实现化学能转变为电能。镍氢电池与目前大量使用的 Ni-Cd（镍镉）电池相比有以下特点:能

量密度高,具有良好的充放电性能,无污染,循环寿命长,应用面广。另一类高压型镍氢电池是用钯合金膜作透氢电极（阴极）,氧化镍为阳极,电解液为氢氧化钾。钯合金膜的一侧（电解液侧）,其表面用钯、铂黑为催化剂。另一侧（气体侧）充有高压氢,其表面为铂黑作催化剂。高压镍氢电池主要用于卫星、宇航,作为空间电源使用。

Q

气化（gasification）将树枝、秸秆等生物质或煤炭放入密闭容器中,以空气、水蒸气为气化介质,在高温条件下,经干燥、干馏、氧化、还原热化学反应,产生可燃混合气体的过程。混合气中的主要可燃成分为 CO、H_2、CH_4,不可燃成分为 CO_2、N_2 和水蒸气等,此外还有大量由挥发物热解形成的煤焦油。不同种类生物质气化后产生的可燃气体成分及含量不同,与矿物煤气化产生的可燃气体成分比例也有差异。

气化炉（gasifier）将生物质或煤在不完全燃烧条件下热解,产生以一氧化碳为主的可燃混合气的装置。

氢的储存（storage of hydrogen）采用物理的或化学的方法,将氢气储存于某种容器或介质的技术。物理储存方法主要包括液态氢储存、高压氢气储存、活性炭吸附储存、碳纤维和纳米管储存、玻璃微球储存、地下岩洞储存等。化学方法又分为金属氢化物储存、有机液态氢化物储存、无机物储存、铁磁性材料储存等。

氢浆（hydrogen slush）向液态氢中加入 50% 以上、能量密度比液态氢高 15%～20% 的固体氢。氢浆可在管道中输送,比固体氢输送更方便。用氢浆作为燃料替代液态氢用于航天飞机,可使其起飞重量减轻 30%。氢浆是一种新形式的氢能。

氢能（hydrogen energy）氢与氧反应时所放出的能量。氢能是替代化石燃料的清洁能源,具有以下主要特点:（1）能量高。除核燃料外,氢的发热值是所有燃料中最高的。（2）燃烧性能好,点燃快。（3）无污染。氢本身无色、无臭、无毒,十分纯净,燃烧后只生成水和少量的氮化氢,而不会产生一氧化碳、二氧化碳、碳氢化合物、铅化物和颗粒尘粉等对人体有害的污染物质。少量的氮化氢稍加处理后也不会污染环境,而且它燃烧后所生成的水,还可继续制氢,循环使用。（4）利用形式多。可以以气态、液态或固态

金属氢化物出现，能适应贮运及各种应用环境的不同要求。

氢能飞机 (hydrogen energy aircraft) 以液氢为燃料的飞机。有亚声速、超声速以及航天飞机式等。氢能飞机的特点是噪音小、无污染、速度快、起飞重量小。

氢能汽车 (hydrogen-power automobile) 采用氢燃料作为动力的汽车。氢是一种能替代石油的燃料。现有的汽、柴油机不需很大变动就可改用氢作燃料。其输出功率与原有功率大体相当。用气态氢下降20%，而喷液氢可提高20%。推广氢能汽车需要解决三个关键技术问题：（1）需找到大量生产廉价氢的方法。现有方法如电解水、热裂水、煤及天然气制氢等，价格昂贵，不仅要耗用大量其他能源，而且有的还有大量二氧化碳污染。（2）储运问题。30MPa的高压下贮存的气态氢的容积是等能量汽油的10倍，液氢的体积是等能量汽油的3倍。因此，其贮箱占地、安全、密封以及耐高压、超低温材料都需进一步解决。（3）发动机所需的高性能、低价格的氢供给系统。

氢气催化燃烧炉 (catalytic hydrogen burning cooker) 采用金属铂、钯为催化剂的氢气燃烧炉。将氢气作为燃料进行燃烧时，由于火焰温度较高，容易产生污染大气的NO_x。采用铂、钯等贵金属催化，可以降低燃烧温度，减少NO_x的排放。由于铂、钯为贵金属，可以用Co、Ni、Cu的氧化物替代，以降低成本。

氢氧燃料电池 (hydrogen-oxygen fuel cell) 一种氢气与氧气（或空气）在有催化剂存在的条件下，直接进行电化学反应而产生电能的装置。属燃料电池的一种。氢氧燃料电池为水电解制氢反应的逆过程。根据所用电解质的不同，氢氧燃料电池有以下几种：（1）碱性水溶液电解质燃料电池（AFC）；（2）磷酸电解质燃料电池（PAFC）；（3）熔融碳酸盐电解质燃料电池（MCFC）；（4）高温固体氧化物燃料电池（SOFC）；（5）质子交换膜燃料电池（PEMFC）。

R

燃料电池 (fuel cell) 一种直接将储存在燃料和氧化剂中的化学能高效地转化为电能的发电装置。根据所使用的电解质种类的不同，燃料电池可分为：（1）低温燃料电池。诸如固态高聚物电解质燃料电池（PEMFC）及碱性燃料电池（AFC）。（2）磷酸性燃料电池（PAFC）。（3）熔盐碳酸盐燃料电池（MCFC）。（4）固体氧化物燃料电池（SOFC）等。SOFC是继PAFC、MCFC之后能量转换效率最高的第三代燃料电池系统，被认为是最有效率的和万能的发电系统。它将燃料和氧化剂气体，通过一种离子传导陶瓷产生电能，所以又被称为"陶瓷燃料电池"。燃料电池具有燃料多样化、排气干净、噪音低、对环境污染小、性能可靠及易维修等优点。

燃气电厂 (gas plant) 以天然气为燃料的火力发电厂。燃气电厂与燃煤电厂、燃油电厂的主要差别是锅炉结构以及燃料供应系统的不同。燃气电厂是随着天然气的大规模开发利用而兴起的。在火力发电中燃气发电的地位因不同国家和不同时期而异。在一些工业发达国家和盛产天然气的国家，燃气电厂的装机容量和发电量均超过燃油电厂，居第二位。中国的火电厂绝大多数是燃煤电厂，燃油电厂和燃气电厂所占比例很小。

燃气－蒸气联合循环 (fuel gas-steam circulation) 由燃气轮机与汽轮机共同组成的联合循环系统。在此循环中，汽轮机的蒸气通常是以燃气轮机的排气作为高温热源加热产生的。

热电厂 (thermal power plant) 见热电联产。

热电联产 (cogeneration of heat and power) 同时生产电能和热能（蒸气或热水）的能量转换生产过程。在中国，主要在装备有蒸气锅炉及汽轮发电机组的火力发电厂内实现。这种火力发电厂也称为热电厂，利用柴油发电机组、燃气轮机发电机组及它们的排气进行热电联产。在核电站中配置相应的汽轮发电机组也可以实现热电联产过程。热电联产的主要特点是，可以提高能源利用率，避免或减少热能转换成机械能（电能）时的能源损失。

S

生化法制氢 (bio-chemical process for hydrogen production) 利用微生物的产氢功能而制取氢气的技术。微生物产生分子氢的机理是酶催化反应。自然界有多类化能营养微生物和光合营养微生物具有释放氢气的能力。化能营养微生物包括各种发酵类型的某些严格厌氧菌和兼性厌氧菌。光合营养微生物包括藻类和光合作用细菌等。光合作用细菌在黑暗厌氧条件下，可分解有机物放出少量氢，但在光照条件下，氢的产量明显增长。这种产氢过程与光合作用相联系，故称为光合产氢。

生物质制氢技术（hydrogen production from biomass）利用植物的光合作用制氢和微生物分解有机物制氢的方法。如将生物质原料如薪柴、锯末、麦秸、稻草等压制成型，在气化炉（或裂解炉）中进行气化或裂解反应来制得含氢燃料气。而微生物制氢，已发现有类似甲烷菌的制氢菌，只是其菌种繁育不如甲烷菌那样简单。若能建立合适的菌种群落，制造氢气就能像制造沼气一样简便。生物质制氢技术也是得到理想的清洁能源——氢气的很有潜力的途径之一，具有很大的发展前景。

T

太阳能分解水制氢（hydrogen production of solar energy water decomposition）利用阳光辐射中的紫外光和可见光来分解水制取氢气的技术。太阳能分解水制氢可以通过三种途径来进行：（1）光电化学池法；（2）光助络合催化法，即人工模拟光合作用分解水的办法；（3）半导体催化法，即将 TiO_2（二氧化钛）或 CdS（硫化镉）等光半导体微粒直接悬浮在水中进行光解水反应。

碳质储氢（storage technology of carbon hydrogen）利用活性炭和碳纳米材料吸附储氢的技术。是根据吸附理论发展起来的物理储氢方法。

Y

氧吹煤气化多联产能源系统（polygen-eration energy system based on oxygen-blown coal gasification）用煤或其他含碳原料气化生产合成气（主要是 CO 和 H_2），以此为基础联产化工产品（如合成氨、烯烃）、液体燃料（如甲醇、F-T 合成燃料、二甲醚）、城市燃气与氢气，以及热和电等的一种系统。采用的原料包括煤、渣油（石油焦、沥青）、生物质和城市垃圾等。化工产品和合成燃料的生产取决于所采用的催化剂和运行条件。氧吹气化技术是把煤转换成超洁净能源产品的关键技术，多联产则是使超洁净能源产品能与常规能源竞争的关键途径。

液态氢（liquid hydrogen）即液体状态的氢。当氢气作为能源利用时，往往先将其液化为液态氢。液氢是一种优质高能燃料，在空间技术领域中得到应用，如作为火箭发动机燃料。

Z

沼气（biogas）甲烷、二氧化碳和氮气等的混合气体。它具有较高的热值，可用于做饭、照明，也可作内燃机和发电机的燃料。1m³沼气相当于1.2kg煤或

0.7kg汽油，可供3t卡车行驶28km，相当于60～100W灯泡的沼气灯照明6小时。沼气是由生物质能源转换而来。植物在生长过程中，吸收太阳能贮藏在体内。植物死亡之后，在微生物的作用下，有机质发酵分解，产生蕴藏着大量能量的沼气。当沼气燃烧时，就转变为光和热而被利用。沼气燃烧后的产物是二氧化碳和水，不污染空气，不危害农作物和人体健康。

沼气池（biogas pond）又称厌氧消化器或沼气发生器，用于制取沼气的厌氧消化装置。主要由发酵间、储气间、进料口、出料口、导气管等部分组成。按沼气的收集和储存方式的不同，沼气池大体分为三种：（1）发酵间与储气间为同一个组合体的沼气池，它又分为固定拱盖型和软袋型；（2）浮罩式沼气池；（3）发酵间与储气间（或集气器）分离式的沼气池。沼气池可建在地上、地下，或一部分在地上、一部分在地下。在中国农村、小型沼气池的建筑材料通常为砖石、混凝土、钢筋混凝土等。沼气池的形式和结构应满足使用方便、受力性能好、密闭性好、便于施工和符合发酵工艺等要求。

沼气灯（biogas lamp）以燃烧沼气取得光源的一种装置。沼气灯主要由喷嘴、引射器、泥头、纱罩、反光罩等部分组成。在一定的压力下，沼气由喷嘴喷入引射器，同时吸入燃烧所需的空气，经引射器充分混合，由端部小孔逸出，遇火燃烧产生的炽热火焰，将套在灯头上预浸过硝酸钍溶液的纱罩加热，氧化成氧化钍而发出白光。沼气燃烧产生的温度越高，辐射光强度越大，光的颜色也越白。由于沼气灯光存有少量紫外线，而许多害虫有紫外线趋光性，因此沼气灯也可用于捕杀蚊虫。

沼气发电（biogas generation）利用燃气发动机或双燃料发动机，以沼气作为燃料产生动力来驱动发电机产生电能。沼气发电系统主要由沼气发动机、发电机、沼气脱硫器、输配电设备、余热利用设备等部分组成。以沼气为燃料的燃气发动机，一般有两种形式：一种是火花点火式燃气发动机；一种是压缩点火式双燃料发动机。中国农村的沼气发电系统一般采用小容量发电设备。

沼气灶（biogas stove）将沼气的化学能转变为热能的炉具。沼气灶通常由金属材料制成。主要由沼气喷嘴、沼气进孔、空气进孔、气体混合道、燃烧器头部和炉座等部分组成。当沼气在一定压力下从喷嘴射

入沼气进孔后，空气从空气进孔被吸入气体混合道，在燃烧器头部燃烧产生热能。

蒸气压差发电（steam pressure variance generation）利用工业锅炉排出蒸气的压力与用户要求压力之差发电的技术。工业锅炉压力，一般为1.3MPa、2.5MPa甚至3.9MPa，而工业生产或生活用户一般只要求0.3~0.5MPa。利用高压力的蒸气先通过背压式汽轮机发电后，再将汽轮机排出的已经降低了压力的蒸气供应用户。这样既利用了蒸气的余压能，又提高了能源利用效率，节约了能源。

制氢技术（technology of hydrogen production）从含氢物质，如化石燃料（天然气、石油、煤）、水等制取氢气的技术。目前已实现工业化过程的主要有天然气、轻油水蒸气催化转化制氢法、重油部分氧化法制氢法、煤炭焦化或煤炭气化制氢法、水电解制氢法等。尚有多种制氢方法在研究过程中，如热化学循环法、光催化分解水法及生化法制氢等。从某些化工过程的副产物，如食盐电解氯碱生产过程、炼油厂原油加工过程的副产物也可得到氢气。此外，氢气还可以从甲醇分解中制得。

致密能源（compact energy）又称高能量密度电能源，功率高、寿命长、小型化、轻型化及智能化的电能源。分为化学致密电源和物理致密电源两种。化学致密电源将化学能通过化学反应直接转换为电能，或将电能以化学能的形式贮存起来，常见的有各种干电池和蓄电池；物理致密电源通过物理方式将其他形式的能量转换为电能，常见的有光伏器件，即太阳电池。致密能源常用于通信设备、微型卫星、汽车等。

（四）储能技术（Storage Technology）

D

低压储气罐（low-pressure gas tank）见低压湿式储气罐。

低压湿式储气罐（LP wet gas holder）又称湿式气柜，利用水作为密封介质的低压储气罐。低压储气罐的工作压力接近于大气压，其储气压力范围一般为1~4kPa，最大不超过6kPa，是城市燃气行业中常用的储存设施。低压湿式储气罐的结构是在一个圆形水槽内放置一个钟罩和若干个塔节，钟罩和塔节随着燃气储存数量增减而升降。根据塔节的数目，湿式储气罐分为单节罐和多节罐。单节罐没有塔节，它的容量一般小于3000m³，其钟罩高度等于水槽高度。当罐容较大时，通常采用多节储气罐，其每节的高度等于水槽高度。根据钟罩和塔节的升降方式，可分为直立罐和螺旋罐。直立罐又称为垂直导向罐，它的升降运动是通过导轮和导轨立柱进行的。螺旋罐又称为螺旋导向式罐，是靠罐侧板上的螺旋形导轨与钟罩和塔节底部平台上的导轮相对滑动而升降的。螺旋罐可以比直立罐节省金属15%~30%。

G

高压储气罐（high pressure gas tank）储气压力一般在0.8~2MPa范围内的储气罐。它的储气空间是固定的，其储气量的变化是通过储气压力的变化实现的。高压储气罐有圆柱形和球形两种，当容量较大时一般采用球罐。圆柱形储气罐大多建造成卧式，而且在储气库中通常是成组建造的，其中每个罐的容量一般为500~5000m³。与球罐相比，圆柱形罐的优点是易于建筑，且其支架结构简单。与低压储气罐相比，高压储气罐的主要优点是结构简单、没有活动部件、单位储气容量的耗钢量小。

S

湿式气柜（wet gas-holder）见低压湿式储气罐。

T

太阳能储存（solar energy storage）将接收到的太阳能转换成其他形式的能量（如热能、电能、化学能等）并进行储存的技术。其目的是克服太阳能因天气、昼夜、季节等影响造成的不稳定问题。是大规模利用太阳能的重要保证。目前，大容量、长时间、经济地储存太阳能，在技术上还有困难，需要继续进行研究。各种固体、液体和气体化石燃料是由太阳能经过光合作用转换成生物质能，再经过长期的地质作用形成的能源。就此而言，固体、液体和气体化石燃料也是太阳能的一种储存形式。

太阳能集热器（solar heat collector）一种可以拼装合成不同采光面积的集热装置。主要有干法热管式太阳能集热器、U形管式太阳能集热器及联集管式太阳能集热器几种。

太阳能热储存（solar thermal energy storage）将太阳辐射能以热能的形式储存起来的技术。以其储存时间可分为：(1) 短期，一般为16小时左右；(2) 中期，一般为3～7天；(3) 长期。按储热温度分类：(1) 低温，储热温度≤100℃；(2) 中温，储热温度在100～200℃；(3) 高温，储热温度在200～1 000℃。

太阳能蓄热器（solar heat keeper）包括供工作流体容置的中空内壳体，以及罩设于该内壳体外中空的外壳体的装置。外壳体与内壳体相间隔而界定出一蓄热空间。自外壳体射入的太阳光，所携带的辐射热滞留于蓄热空间中，而使蓄热空间中工作流体的温度升高；热能透过内壳体持续地传导至工作流体，不断地对工作流体进行加热。

Y

岩洞型储气库（gas storage in mined cavities）在地下岩石中开挖出的专门用于储存天然气的洞穴储气库。它可以建在大多数岩石中，选择库址有很大的灵活性。由于施工费用高而且密封难度大，迄今为止世界上还没有一座岩洞型储气库投入工业运行。

（五）节能技术（Energy Conservation Technology）

D

单位产值能耗（consumption of energy per unit of output value）见能源强度。

J

结构能源（structural energy saving）国民经济中各种指标因素的纵向或横向数量总和合理变化而少用的能源量。具体地说，是计算年（考核年）和基准年相比完成相同产值或产量，靠合理改变经济结构而减少的能耗总量，或是与基准年的总耗相同，经济结构合理改变使产值或产量显著增加。对结构能源计算分析，一般按五个层次进行：部门结构能源、工业结构能源、行业结构能源、企业结构能源、产品结构能源。通过结构能源分析可得出全国工业产值结构节能量，为新的计算年结构能源更趋合理提供依据。

N

能源计算（energy accounting）以分析投入与产出为对象，建立计算方法和编制程序，用来分析用能系统或装置获得的净能量。是能源管理和节能的重要手段。在计算过程中，各种能源的量采用统一的单位。能源计算还包括采用能源数据库，对各种关键量进行检索、分类、管理，以及应用计算机编制能源平衡表、能源投入产出表、绘制网络流程图等。分析一种设备产生的能源消耗过程，可获得该设备的最小理论能耗，从而制定有效的节能措施。

能源节约量（amount of energy saving）又称节能量，即在一定时期内节约和少用能源的数量。是评价和考核节能工作好坏的重要指标。其内容包括：(1) 直接节能量。由于提高能源管理水平或进行节能技术改造或采用先进节能新设备、新技术、新工艺，使单位产品能源消耗降低而节约的能源数量。(2) 间接节能量。由于调整产业结构、产品结构等使产值能耗降低而少用的能源数量。节能量的计算，可以有多种形式。无论采用何种形式，节能量都是一项相对值。节能的相对目标，可以按基准年、上年度、当年计划或设计指标等来确定；节能的对比基础，可以是产品产量，也可以是产值或净产值。由于对比的目标和基础不同，计算所得的节能量会有很大的差别。

能源强度（energy intensity）又称单位产值能耗，一个国家或地区、部门或行业单位产值在一定时间内消耗的能源量。通常以吨（或千克）油当量（或煤当量）/美元来表示。一个国家或地区的能源强度，通常以单位生产总值耗能量来表示。它受一系列因素的影响，包括经济结构、经济体制、技术水平、能源结构、人口等。能源强度反映了经济对能源的依赖程度。

Q

气象节能（meteorological energy conservation）在掌握大量数据和气象资料的基础上建立节能查算表

和节能曲线图等，实现节约使用能源的技术。气象节能常用于指导冬季取暖，还用于指导热机（含热电机）的做功及供热管道、石油输送管道的保温防寒等。

R

热泵（heat pump）一种把热量从低温端送向高温端的专用设备，节能的新装置。它由蒸发器、空气压缩机、冷凝器等部分组成。可以利用少量的工作能源，以吸收和压缩的方式，把特定环境中低温而分散的热聚集起来，成为有用的热能。

X

系统节能（system energy saving）利用系统工程的原理，全面考虑能源转换、传递和利用整个系统的用能，使之整体优化，以达到整个系统的节能。按照系统划分的范围不同，有企业系统节能、行业系统节能、城市或地区系统节能和国家系统节能等。

（六）其他（Others）

B

不可再生能源（non-renewable energy）又称非再生能源，随着人类的开采、使用，总量不断减少、且不能再生成或补充的能源。如煤炭、石油、天然气等。一般来讲，非再生能源基本上都是地球上储存的能源，因其储量有限，总有一天会被耗尽。

C

常规能源（conventional energy）又称传统能源，在现有技术条件下，已经大规模地生产及得到广泛使用的能源。包括煤炭、石油、天然气、水能等。常规能源按性质分为不可再生能源和可再生能源。

E

二次能源（secondary energy source）不能直接从自然界获取，而必须经过一次能源的加工转化为其他形式的能源。比如电能是从其他形式的一次能源（煤炭能或水能等）转化过来的二次能源。它是世界上最主要的二次能源。

F

非燃料能源（non fuel energy）不作为燃料使用，直接产生能量用来供人类使用的能源。如风能、潮汐能、海洋能、激光能等。其中，多数包含着机械能，有的也包含着热能、光能、电能。

分布式能源（distributed energy）根据用户的不同能源需求，以及资源配置状况进行系统整合优化，采用需求应对式设计和模块化配置的新型能源系统。在需求现场根据用户对能源的不同需求，采用对口供应能源，将输送环节的损耗降至最低，从而实现能源利用效能的最大化。分布式能源是以资源、环境效益最大化确定方式和容量的系统，根据终端能源利用效率最优化确定规模。分布式能源采用先进的能源转换技术，尽可能减少污染物的排放，并使排放分散化，便于周边植被的吸收，同时利用其排放量小、排放密度低的优势，可以将主要排放物实现资源化再利用，例如，排放气体肥料化。

H

合成气（synthetic gas）用于制造合成氨、合成甲醇、合成汽油或其他含氧化合物的原料气。其主要成分为 CO 与 H_2。对于不同用途的合成气，其合成比例有特定要求。合成气一般由煤、石油或天然气转化而得。

合成液体燃料（synthetic liquid fuel）将煤、油页岩、油砂、天然气等含有碳或碳氢化合物的物质，经过高压、加热、提取等方法使其状态得到改变而制成的液体燃料。是天然石油的替代和补充。合成液体燃料的生产方式与资源的种类和来源有关。如油砂资源丰富，可采用提取焦油再加工成轻油的方法；如天然气资源丰富，可将其合成各种轻质油品。中国、巴西、爱沙尼亚、俄罗斯、澳大利亚等国家常以油页岩干馏制取页岩油作为燃料油，或进一步加工成轻质油品和化工产品。世界上许多国家开展合成液体燃料的科学研究和工业试验。随着天然石油资源的逐渐减少，合成液体燃料作为一种替代或补充能源有广阔的发展前景。

后续能源（following energy）又称替代能源，技术上可行、经济上合理、环境和社会可以接受、能确保供应和替代常规化石能源的可持续发展能源体系。主要包括可再生能源（风能、太阳能、生物质能、水能、海洋能等）、地热能、核能、氢能等。它覆盖了除矿物能源以外的几乎所有能源领域。

环境能源（environment energy）储存在地球环境中的能流、太阳能、地球内的放射性源，以及太阳星系运行所产生的能量。它是世界所有能源的初始能源。

J

洁净能源（clean energy）大气污染物和温室气体零排放或排放量很少的能源。主要有三类：可再生能源、氢能和核电。

K

可再生能源（renewable energy）可以再生、能够供人类长期使用且总量不会减少的能源，如太阳能、海洋能、潮汐能及生物质能等。这类能源取之不尽，大都直接或间接来自太阳能。

N

能源（energy）人类从自然界获取能量的自然资源。按其产生的方式可分为一次能源、二次能源和终端能源；按其能否可再利用分为可再生能源和不可再生能源；按其加工技术的难易程度分为常规能源和新能源；还可以按其用途分为商品能源和非商品能源。自然界的能量可分为6大类：机械能、热能、电能、化学能、电磁能、原子能。机械能包括势能和动能；热能是原子及分子运动产生的能；电能是与电荷运动有关的一种；化学能存在于物质各组分之间连接键内的能量，随着化学反应而产生；电磁能是和电磁辐射有关的能；原子核能是粒子相互作用而释放的能，包括放射性衰变、裂变和聚变等。

能源安全（energy security）保障对一个国家或地区经济社会发展和国防安全至关重要的能源（主要是石油）的可靠而合理的供应。能源供应的暂时中断、严重不足或价格暴涨，对一个国家经济的损害，主要取决于：经济对能源的依赖程度、能源价格、国际能源市场以及应变能力（包括战略储备、备用产能、替代能源、能源效率、技术能力等）。为确保能源安全所付出的代价，即外部成本，有时远远超过能源本身，如"海湾战争"。

能源供应密度（energy supply density）生产单位能源量需要占用的土地面积，可用 W/m² 表示。是评价可再生能源开发利用对生态环境影响的一项指标。

能源危机（energy crisis）因能源供应短缺而影响经济发展的现象。能源短缺是人为造成的。其主要表现为：能源枯竭、能源供不应求或能源价格上涨等。能源危机造成企业不能开展正常的生产活动，引发社会经济停滞不前，甚至休克。与能源危机关系密切的行业有航空、运输、矿产和石化等。

R

燃料能源（fuel energy）作为燃料使用，主要提供热能的能源。燃料是燃烧时能产生热能、光能的物质。燃料能源有矿物燃料，如煤、油、气等；生物燃料，如藻类、木料、沼气、各种有机废物等，以及核燃料如铀、钍等。燃料能源也可分为固体（煤、木料、铀等）、液体（油、酒精）和气体燃料（天然气、氢气）三种。除核燃料包含原子能以外，其他燃料都包含着化学能，有的还同时包含着机械能。燃料能源是人类目前和今后相当长时期内的基本能源。

S

商品能源（commercial energy）作为商品经济流通用于消费的能源。商品能源主要有煤炭、石油、天然气、水电和核电等。

X

新能源（new energy sources）采用新技术开发利用的能源。如太阳能、海洋能、风能、氢能、核能、地热能和生物质能等。新能源是天然的和可再生的能源，是未来世界的持久性能源系统。

Y

一次能源（primary energy source）从自然界取得的未经任何改变或转换而得到的能源，如采出的原煤、原油（石油）、天然气、水力和天然铀矿等。

余热（waste heat）在某一热工艺过程中未被利用而排放到周围环境中的热能。按其载体形态可将余热分为固态载体余热、液态载体余热和气态载体余热。主要来源为锅炉和工业炉窑排出的高温烟气、可燃性废气、可燃性废液、高温炉渣、高温固体、液体产品（包括中间产品）、冷凝水、冷却水以及化学反应余热等。

Z

终端能源（final energy）经过输送和分配，在各种用能设备中使用的能源。是消费者最终消耗的能源，如供居民供热、制冷的电力、煤炭和天然气等。

五、生物技术

(Biotechnology)

（一）细胞工程（Cell Engineering）

C

传代（passage）传代培养的简称，将细胞从一个培养瓶转移到另外多个培养瓶的过程。培养细胞的"一代"，不表示细胞分裂一次，而是指培养细胞从接种到再次转移培养的过程。

D

单克隆抗体技术（monoclonal antibody technique）用预定抗原免疫的小鼠脾细胞与能在体外培养中无限制生长的骨髓瘤细胞融合，形成 B 细胞杂交瘤的技术。这种杂交瘤细胞具有双亲细胞的特征，既像骨髓瘤细胞一样在体外培养中能无限地快速增殖且永生不死，又能像脾淋巴细胞那样合成和分泌特异性抗体。通过克隆筛选可得到来自单个杂交瘤细胞的单克隆系，即杂交瘤细胞系。它所产生的抗体是针对同一抗原决定簇的高度同质的抗体，即所谓单克隆抗体，简称"单抗"。

单细胞培养（single cell culture）又称游离细胞培养，指酵母菌、细菌等单细胞生物的培养，或取多细胞生物体上的一个细胞的无菌培养。从多细胞生物中得到单细胞的办法是，对切离组织的初始培养物进行振荡培养，然后在连续培养中用适当的筛孔将游离的细胞分筛出来，再将收集起来的游离单细胞悬浮在液体培养基中，最后用微量吸管吸取一个细胞。在对动物细胞的单细胞培养时，要适当稀释接种。为使得到的单细胞增殖，可以采用微量培养法和保护培养法，对浮游的单细胞群进行平面培养。单细胞培养可以得到来自单个细胞的细胞群的无性繁殖系。

G

干细胞工程（stem cell engineering）利用干细胞增殖特性、多分化潜能及其增殖分化的高度有序性，通过体外培养干细胞、诱导干细胞定向分化或利用转基因技术处理干细胞改变其特性的工程技术。主要内容：（1）胚胎干细胞的研究；（2）成体干细胞的研究，主要包括成体组织干细胞的分离培养和植入体内、更新机体病变的组织器官使之恢复正常功能。

固定化培养（immobilization culture）在无菌条件下将细胞定位于特定支持物表面或限制在特定的液相空间，模拟机体内生理状态下生存的基本条件，使细胞在培养容器中生长、增殖的体外培养方法。固定化培养既适用于贴壁依赖性细胞，也适用于非贴壁依赖性细胞。与细胞悬浮培养比较，主要优点：（1）易于灌注技术的实施和细胞培养环境的优化控制，减少或消除高灌注速率下的细胞流失；（2）培养体系中的细胞生长密度高，单位体积细胞表达产物的产率高；（3）方便可溶性细胞表达产物的收获和纯化，培养液利用效率高，培养系统所占面积和空间小。细胞固定化培养的方法可分为：微载体培养、巨载体培养、中空纤维培养、微囊化培养和细胞团培养。

灌流式操作（perfusion culture）把细胞和培养基一起加入反应器后，在细胞增长和产物形成过程中，不断地将部分培养基取出，同时又连续不断地灌注新的培养基的操作方式。灌流式操作的优点：（1）细胞截流系统可使细胞或酶保留在反应器内，维持较高的细胞密度，一般可达 $10^7 \sim 10^9/mL$，从而较大地提高产品的产量；（2）连续灌流系统，使细胞处于较好的营养环境中，有害代谢废物浓度积累较低；（3）反应速率容易控制，培养周期较长，可提高生产率，目标产品回收率高；（4）产品在罐内停留时间短，可及时回收到低温下保存，有利于保持产品的活性。

L

裂殖（schizogenesis）由一个母体分裂成两个或多个子体的一种生殖方式。单细胞生物，如细菌、单胞藻和原生动物的裂殖，实际上是一次细胞分裂。

流加式操作（fed-batch culture）根据细胞对营养物质不断消耗和需求，采用流加浓缩营养物或培养基，促进细胞生长至较高密度的细胞培养操作方式。流加式培养有以下特点：（1）根据细胞生长速率、营养物消耗和代谢产物抑制情况，流加浓缩营养培养基；（2）培养过程以低稀释率流加，细胞在培养系统中停留时间长，总细胞密度高，产物浓度高；（3）在工业化生产中，悬浮流加培养工艺过程控制比其他培养系统易掌握，可采用工艺参数的直接放大。流加式操作分为两种类型：单一补料分批式操作和反复补料分批式操作。

K

克隆动物技术（cloning animal technique）又称细胞核移植技术，将胚胎细胞或成体细胞核，移植到同种或异种去核的卵母细胞中，构成重组胚胎细胞核的技术。来源于同一胚胎或同一体细胞的核移植众多个体，遗传性相同。应用第一代重组胚胎细胞核，进行第二代细胞核移植，可以获得第二代克隆动物。以此类推，可以获得第三、第四或更多代的克隆胚胎或动物。该项技术是研究核质互作、核物质逆转性发育持续重排、探讨胚胎发育机制的技术平台，是加速优质种畜或珍贵野生动物繁殖和用于人类治疗性克隆的很有潜力的技术。

克隆载体（cloning vector）在基因工程中把外源DNA片段送入生物细胞的运载工具。载体的本质是DNA。经过人工构建的载体，不但能与外源基因相连接，导入受体细胞，还能利用本身的调控系统，使外源基因在新细胞中复制以及功能的表达。在基因工程中所用的载体，主要有五类：（1）质粒，主要指人工构建的质粒；（2）噬菌体的衍生物；（3）Cosmid（柯斯质粒）；（4）单链DNA噬菌体M13；（5）动物病毒。各类载体的来源不同，在大小、结构、复制等方面的特性差别很大。以下三方面是作为基因工程用的载体共有的特性和基本要求：（1）在宿主细胞中能独立自主地复制，即本身是复制子；（2）容易从宿主细胞中分离纯化；（3）载体DNA分子中有一段不影响它们扩增的非必需区域，插在其中的外源基因可以像载体的正常组分一样进行复制和扩增。克隆载体按材料可分为质粒克隆载体、病毒（噬菌体）克隆载体、质粒同病毒（噬菌体）DNA组成的克隆载体、质粒同染色体DNA组成的基因整合克隆载体、叶绿体或线粒体DNA构建的克隆载体等；按用途分为通用克隆载体、大片段DNA克隆载体、cDNA克隆载体、表达克隆载体等；按受体分为大肠杆菌克隆载体、植物克隆载体、动物克隆载体等。各类载体具有自己独特的生物学特性，可以根据基因工程的需要，有目的地选择合适的载体。

P

批式操作（batch culture）将细胞扩大培养后放在不添加任何成分的生物反应器内进行培养并一次性收获的操作方式。它是动物细胞规模培养发展进程中较早采用的方式。该方式采用机械搅拌式生物反应器，将细胞扩大培养后，一次性转入生物反应器内进行培养。在培养过程中，其体积不变，不添加其他成分，待细胞增长和产物形成积累到适当的时间，一次性进行收获。批式操作的特点：（1）操作简单、培养周期短、染菌和细胞突变风险小；（2）直观反应细胞生长代谢过程；（3）可直接放大。

T

体外受精（in vitro fertilization）哺乳动物的配子（精子和卵子）于体外完成的受精过程。在自然条件下，哺乳动物的受精过程是在体内完成的；若将其配子置于体外，人为地使之在体外环境中完成受精的技术称之为"体外受精技术"。

贴壁培养（anchorage-culture）让细胞贴附在某种基质上进行增殖的培养方法。主要适用于一切贴壁细胞，也适用于兼性贴壁细胞。主要优点：（1）细胞可贴附于培养介质内外表面，能有效地表达产品；（2）容易进行培养液更换，采用灌流培养模式，不断添加新鲜培养液，去除代谢产物，使单位体积内细胞密度增高；（3）与悬浮培养相比可维持的培养周期相对较长。贴壁细胞培养主要是解决培养工艺的放大问题。

W

外植体（explant）在组织培养过程中所用的包括动植物的胚胎、器官、组织、单细胞和原生质体等材料的总称。从植物体切取的外植体可以是植物体各个部位的组织块，诸如分生组织、形成层、木质部、韧皮部、表皮、皮层、胚乳组织、薄壁组织、髓部组织以及经诱导产生的愈伤组织等，也可以是来自种子萌发所形成的小苗、植物芽、叶和茎的切段器官等。由于种子与植物的各部分器官、组织一般都是暴露在自然环境之中，故在制备外植体之前，必须对这些材料进行表面灭菌处理。

无性繁殖（clonic breeding）又称营养繁殖，无需经过两性生殖细胞的结合，直接利用植物体上的营养器官来繁殖后代的技术。如用根、茎、芽和叶等组织，通过扦插、压条、分株、嫁接、组织培养和细胞工程等技术繁殖后代。无性繁殖由于利用了细胞培养等技术，亲代与子代的 DNA 基本上是完全相同的（有丝分裂的时候有可能产生突变，但几率非常小），亲代的性状会完全遗传给后代，所以进化的几率就很小。

X

细胞（组织）化学染色（cytochemical staining or histochemical）利用染色剂可同细胞的某种成分发生反应而着色的原理，对某种成分进行定性或定位研究的技术。利用这种方法对细胞的各种成分几乎都能显示，包括无机物、蛋白质、糖类、脂类、核酸、酶等。

细胞工程（cell engineering）应用细胞生物学和分子生物学的原理与方法，按照人们的设计蓝图，在细胞水平上研究改造生物遗传特征，以获得具有目标性状的细胞系或生物体的工程技术。通过细胞工程可以生产有用的生物产品或培养有价值的植株，并可以产生新的物种或品系。细胞工程是现代生物技术的重要组成部分，同时也是现代生物学研究的重要技术工具。其研究涉及细胞器、细胞、组织和器官水平上利用工程技术原理和手段所进行的各类体外操作。

细胞库（cell bank）用来培养生产连续多批制品的细胞系。该细胞系来源于经充分鉴别和证明无外源因子的一个原始细胞库和一个主细胞库。工作细胞库是从主细胞库中取一定数量的细胞制备的。

细胞培养（cell culture）将动植物组织或细胞从机体内取出，分散成单个细胞或直接培养单细胞生物，使其在含有必要生长条件的培养基或培养瓶中继续生长与增殖的过程。包括微生物细胞、植物细胞和动物细胞培养。大规模的细胞培养为营养品、疫苗生产，以及药物研究、开发与肿瘤防治提供了全新的手段。

细胞融合（cell fusion）又称细胞杂交，通过培养和诱导，使两个或多个细胞合并成一个双核或多核细胞的过程。细胞融合分自发融合和诱发融合两种。

细胞系（cell line）原代培养物成功传代后形成的细胞群体。如细胞系的生存期有限，则称之为"有限细胞系"；已获无限繁殖能力，并能持续生存的细胞系，称"连续细胞系"或"无限细胞系"。无限细胞系有的只有永生性（或不死性），但仍保留接触抑制和无异体接种致癌性；有的不仅有永生性，异体接种也有致癌性。

细胞株（cell strain）通过选择法或克隆形成法从原代培养物或细胞系中获得的具有特殊性质或标志的细胞群。细胞株的特殊性质或标志必须在整个培养期间始终存在，再由原细胞株进一步分离培养出与原株性状不同的细胞群，亦可称之为"亚株"。

悬浮培养（suspension culture）细胞自由悬浮于培养液内生长增殖的培养方法。适用于悬浮培养的生产细胞有杂交瘤和小鼠骨髓瘤细胞，对适于贴壁生长的细胞可进行细胞生长形式的驯化，使其适应悬浮培养。悬浮培养在大规模培养中常采用机械搅拌式生物反应器。主要优点：（1）细胞传代时无需胰蛋白酶消化分散，免遭酶类、EDTA（乙二胺四乙酸）及机械损害，种子细胞制备和传代放大较易控制；（2）细胞收率高，并可即时在线直接监测细胞生长情况，工艺可控性强；（3）操作简便，传质和传氧较好，可连续收集部分细胞进行传代放大，培养条件均一，容易放大培养。悬浮培养过程依据适用培养模式的不同分为：批式再灌注培养、流加补料培养和灌流培养。

Y

营养饥饿法（nutritional deficiency method）在细胞生长过程中，人为设计的营养生长、饥饿静止、重新培养、恢复生长的方法。培养物中的营养物质消耗殆尽后，细胞生长进入静止期，重新加入新鲜培养液，细胞恢复生长并达到同步化。培养液中磷和糖类物质的饥饿能使分裂期细胞阻止在 G1 期（DNA 合成前期）和 G2 期（DNA 合成后期），氮源饥饿的细胞仅积累在 G1 期。其方法是：（1）让细胞在缺少某一种营养元素的培养液中至静止期；（2）继续培养 1～2 周，这时细胞处于饥饿状态；（3）将细胞转移到 10 倍体积的新鲜完全培养液中，该细胞培养物能同步生长 2～5 个细胞周期。

有性繁殖（sexual breeding）又称种子繁殖，不同植物个体的雌雄生殖细胞，或同一个体的不同雌雄生殖细胞相结合后形成植物个体的方式。它保持了基因多样性，有利于基因交流，会产生更能适应环境的后代，但是不利于优良性状的遗传。它还能够促进有利突变在种群中的传播。如果一个物种有两个个体在不同的位点上发生了有利突变，在无性生殖的种群内，这两个突变体必将竞争，直到一个消灭为止。但在有性生殖的种群内，通过交配与重组，可以使这两个有利的突变同时进入同一个体的基因组中，并且同时在种群中传播。

原代培养（primary culture）又称初代培养，直接从生物体内取出细胞、组织和器官进行第一次培养的技术。一旦进入传代培养的细胞，便不再称为原代培养，而改称为细胞系。

原生质体（protoplast）脱去细胞壁的细胞。如植物细胞和细菌（或其他有细胞壁的细胞）通过酶解使细胞壁溶解而得到的具有质膜的原生质球状体。动物细胞就相当于原生质体。

原生质体融合（protoplast fusion）将遗传性状不同的两种菌（包括种间、种内及属间）融合为一个新细胞的技术。原生质体融合技术的实际应用，关键是准确选出具有优良性能的融合子，而这个选择往往需要种间、种内及属间融合几种方法相互配合使用。它

为微生物育种开辟了一条新途径，成为重要的育种手段之一。

Z

杂交瘤技术（hybridoma technology）将具有无限繁殖能力、不能分泌抗体的骨髓瘤细胞，与具有抗体分泌能力、不能无限繁殖的B细胞，在一定条件下进行细胞融合，产生既能无限繁殖，又能分泌抗体的杂交瘤细胞的技术。

脂质体（liposome）一种呈双层脂分子结构的球形人工膜。其直径为25～1 000nm不等。脂质体可用于转移基因或制备药物。利用脂质体可以和细胞膜融合的特点，将药物送入细胞内部。

组织工程（tissue engineering）应用细胞生物学和细胞工程学的原理，研究开发能修复和改善损伤组织结构与功能的生物替代物的一门学科。它利用细胞培养技术，在体外人工控制细胞分化、增殖并生长成需要的组织，且使之工业化批量产出，用来修补或修复由于意外损伤等引起的功能丧失的体内组织，满足临床和康复的需要，并有可能对一些尚没有根治办法的疾病，如恶性肿瘤、糖尿病、心脏病、早老性痴呆症、帕金森氏症、中风和其他疾病提供解决方案。

（二）基因工程（Genetic Engineering）

C

cDNA 文库（cDNA library）足够数目重组 DNA 克隆细胞的 mRNA 的全部信息。以 mRNA 为模板，在逆转录酶的作用下在体外被逆转录为第一链，再以第一链为模板，由大肠杆菌 DNA 聚合酶 I 合成第二链，得到双链 DNA。由于组织或细胞的总 RNA 或 mRNA 中，含有该细胞的全部 mRNA 分子，因而合成的 cDNA 产物将是含有各种 mRNA 拷贝的群体。当它们与质粒重组并转化至宿主细胞后，将得到一系列克隆群体，每个克隆体仅含有一种 mRNA 信息，所有克隆体的总和则包含细胞内全部 mRNA 的信息，这种克隆群体则为 cDNA 文库。cDNA 文库的构建是分子生物学领域的一项重要技术。

测交（test cross）见回交。

D

DNA 测序（DNA sequencing）DNA 一级结构的测定。它是现代分子生物学中的一项重要技术。目前应用的两种快速序列测定技术是双脱氧链终止法和化学降解法。其中，双脱氧链终止法是目前应用最多的技术。

DNA 指纹（DNA fingerprint）利用现代技术对提取到的人（动物）的总 DNA 进行放射显影后显示出的个体杂交带型。一个人或一个哺乳动物的总 DNA 被提取后，用限制性内切酶切成不同长度的片段，然后用特异探针和酶切片段进行 Southen 印迹杂交，经放射自显影产生大量的杂交带，不同人（或哺乳动物）各有自己的杂交带型，如同每个人各有自己的指纹图形环境。DNA 指纹可用于家系

分析、亲子鉴定、法医鉴定等方面。血液和精液都可以用作检测物，甚至极少量的标本，如一根头发上的毛囊细胞，其DNA经聚合酶链式反应（PCR）扩增后也可用来检测。

定位突变（orientation mutation）通过改变某个特定位置的氨基酸来研究蛋白质的结构及其稳定性或催化特性的研究过程。蛋白质中的氨基酸是由基因中的三联密码决定的，只要改变其中的一个或两个，就可以改变氨基酸的结构。

H

回交（backcross）子一代和两个亲本的任一个进行杂交的方法。这种杂交所得的后代称为"回交杂种"。被用来回交的亲本称为"轮回亲本"，未被用来回交的亲本称为"非轮回亲本"。用双隐性亲本来进行回交，便是测交。测交是遗传学上用以确定生物基因型的重要方法。在育种实践中通过连续回交，可以加强杂种后代对某一亲本性状的表现，是动、植物育种工作中的一种常用方法。

J

基因靶向技术（gene targeting）在生物体内诱发精确、定向的基因删除或替代，而不累及其他基因的生物技术。它使人们能按照设计对哺乳动物细胞基因组进行定点、定量的改变，从而改变细胞或整体的遗传结构和特征。已经证明，基因靶向是精确修饰基因组的最有效方法。中国科学家已掌握基因靶向技术，并将其应用于凝血调节机制的研究，建立了蛋白质Z缺失和凝血因子突变的动物模型。

基因工程（genetic engineering）20世纪70年代以后兴起的一门以DNA重组技术为核心的新技术。狭义上讲，它是应用人工方法把生物的遗传物质，即DNA分离出来，在体外进行切割、拼接和重组。然后将重组了的DNA导入某种宿主细胞或个体，从而改变它们的遗传品性，以实现其特殊功能的过程。有时还使新的遗传信息在新的宿主细胞或个体中大量表达，以获得基因产物（多肽或蛋白质）。广义上讲，它可定义为DNA重组技术的产业化设计与应用，包括上游技术和下游技术两大组成部分。上游技术指的是外源基因重组、克隆和表达的设计与构建（即狭义的基因工程）；而下游技术则涉及含有重组外源基因的生物细胞（基因工程菌或细胞）的大规模培养及外源基因表达产物的分离纯化过程。

基因库（gene pool）在一定的地域内，一个物种的全体成员构成的一个种群内的全部个体所带有的全部基因的总和。对二倍体生物来说，有n个个体种群的基因库由$2n$个单倍体基因组所组成。因此，在一个有n个个体的群体基因库中，对每个基因组来说，各有$2n$个基因，共有n对同源染色体。例外的是，性染色体和性连锁基因，在异型配子的个体中只有单份剂量存在。生物的表型是可以直接观察的，但基因型和基因无法直接观察，基因库中的变异可用基因型的频率或基因频率来研究。如果我们知道特定基因型与其相应的表型之间的关系，就能将表型的频率转换成基因型的频率。

基因污染（genetic contamination）经过基因改造后的生物回到自然环境中较快繁殖并扩散而危及原有种群的现象。生物经过基因改造后，由于具有"杂交"优势，当它们回到自然环境中时，往往会获得更多的生殖机会，同时还有可能对与其相关和相互依存的生物产生影响，破坏原有的生态平衡，进而使被改造过的基因，较快地扩散到它的后代中去，使原有种群面临绝种的危险。

基因芯片（gene chip）利用核酸双链的互补碱基之间的氢键作用，形成稳定的双链结构，并通过检测目的单链上的荧光信号，来实现样品检测的系统。目前比较成熟的产品有检测基因突变的芯片及检测细胞基因表达水平的表达基因芯片。

基因组"精细图"（genome fine chart）确定了基因在染色体上的分布和定位，以及基因多态性为基础的可用于育种的遗传标记。中国水稻基因组"精细图"是全世界第一张农作物的基因组精细图谱，也是一项令世界瞩目的科学研究成果。它为阐明水稻基本生物学性状的遗传基础，以及识别、筛选具有经济价值的遗传基因打下了坚实基础。

近等基因系（near isogenic line）一系列在基因型上与同一轮回亲本相似而个别主基因又有差异的品系。理论上，每回交一次后代个体中来自授予亲本（非轮回亲本）的遗传组成在上代基础上减少50%，来自轮回亲本的基因相应地递增。通过不断回交、选择，可以育成基因型和轮回亲本相似而又具有来自不同授予亲本个别性状的一系列品系。多次回交也无法完全恢复轮回亲本的原有遗传组成，只能基本相似。可用以研究个别基因在同一遗传背景下的差异与作用。育种上则利用近等基因系间杂交，在高产遗传背景上再获得具有综合抗病性（或其他性状）的优异新品种。

L

轮回亲本（recurrent parent）又称回交亲本，是回交过程中屡次与杂交种回交的一个亲本。回交育种上常选综合性状较好而仅有个别缺点需要改造的种质资源作轮回亲本。

R

人工染色体（artificial chromosome，AC）用酵母染色体的组成成分构建的含有大片段的人类染色体。构建酵母人工染色体所需要的元件包括：克隆的端粒（位于染色体末端的特化的 DNA 序列）、着丝粒（保证每次细胞分裂正确进行）和携带 DNA 复制原点的基因片段（使染色体上的 DNA 可以从正确位点开始合成）。酵母人工染色体在有丝分裂和无丝分裂过程中都非常稳定，它对于人类基因组计划中装配 DNA 重叠克隆的工作具有无法估量的价值。酵母人工染色体也是探索和分离酵母染色体正常功能所需片段（比如端粒和着丝粒）的关键环节。除了酵母人工染色体外，还有细菌人工染色体和人类人工染色体。

人类基因组计划（human genome project，HGP）对人类基因组 30 亿个碱基对全部序列的测定、识别，并完成其草图绘制的工程。人类基因组计划于 1990 年正式启动，计划拨款 30 亿美元，用 15 年（1990～2005 年）时间，完成人类基因组 30 亿个碱基对全部序列的测定，而且要在 2001 年完成全部染色体的"工作草图"。经过参与该项目的一千多名各国科学家的通力合作，人类基因组的工作草图已经在 2000 年 6 月 26 日绘制完成。该工作草图包含人体 90% 以上碱基对的位置信息。中国作为完成该项工作的六个国家之一，参与完成了 1% 的任务。人类基因组草图的绘制完成，极大地促进了生物信息学、生物功能基因组和蛋白质等生命科学前沿领域的发展，也将为世界基因资源开发利用、医药卫生、农业等生物高技术产业的发展开辟更加广阔的前景。

S

生物芯片（biochip）为实现对细胞、蛋白质、DNA 以及其他生物组分的准确、快速、大信息量的并行检测，通过微加工技术和微电子技术在固相芯片表面构建的微型生物化学分析系统。它是 20 世纪 80 年代在生命科学领域中迅速发展起来的高新技术。常用的生物芯片分为三大类：基因芯片、蛋白质芯片和组织芯片。生物芯片的主要特点是高通量、微型化和自动化。

芯片上集成的成千上万的密集排列的分子微阵列，能够在短时间内分析大量的生物分子，使人们快速准确地获取样品中的生物信息。

水稻基因组计划（rice genome project）对水稻基因组测序研究工作的部署与安排。它是继"人类基因组计划"后研究水稻基因组的重大国际合作的基因组研究项目。水稻是重要的粮食作物之一，全世界一半以上的人口以水稻为主食。1997 年 9 月，水稻基因组测序国际联盟在新加坡举行植物分子学大会期间成立。1998 年 2 月，中、日、美、英、韩五国代表制订了"国际水稻基因组测序计划"，预计到 2008 年完成目标。水稻共有 12 条染色体，其中蕴藏着高产优质、美味色香，以及与抗病抗虫、抗逆等性状相关的遗传信息。水稻"基因天书"破译之后，科学家将进一步寻找水稻的遗传"秘密"和重要功能基因，从而引领基因育种新时代的到来。过去靠人工经验，10～15 年才能育成一个水稻新品种，而依靠先进的分子育种技术，有望缩短为 3～5 年，对于满足全世界日益增长的粮食需求具有重要意义。

W

无性杂交（asexual hybridization）又称营养杂交，通过营养器官的结合，使不同个体交换营养物质以产生杂种的杂交方式。植物通常采用嫁接的方式，使砧木同接穗相互影响而产生杂种。用无性杂交方法产生的杂种，称"无性杂种"。

X

细菌接合（bacterial conjugation）通过细胞与细胞间的直接接触而产生的遗传信息的转移和重组过程。它是美国遗传学家莱德伯格和生化学家塔图姆于 1946～1947 年在大肠杆菌 K12 品系中发现并证实的。细菌接合时，供体细胞通过细胞表面的性伞毛与受体细胞相连接，同时，供体细菌的染色体 DNA 单链向受体细胞转移，并和受体细菌染色体 DNA 发生重组。细菌接合的生物学意义相当于高等动植物的有性生殖。二者的重要区别是：（1）细菌接合中的两个细胞是一般的营养细胞，而不像高等生物经减数分裂形成雌雄配子；（2）细菌接合过程中两细胞只是暂时沟通，而不是融合成一个合子细胞；（3）细菌接合后形成的是部分合子，而不是雌雄配子的两套染色体；（4）细菌的部分合子中发生重组的部分只限于进入受体细菌的染色体片段，而不是任何一个染色体部位；（5）基因重组的方式不同。细菌接合现象的发现，使人们更为明确地认识到微生物和高等生物在遗传规律上的一致性。通过基本相同的方法，后来在霉菌、放线菌中也发现了遗传重组现象，从此遗传学研究遍及几乎任何一种生物，遗传学研究的手段也因此大为扩充，推动了分子遗传学的发展。

Y

遗传标记（genetic marker）基因型特殊的易于识别的一种表现形式。它一般具有较强的多态性、表现的共显性、不影响农艺性状、经济方便、易于观察记载等优点，在遗传学的建立和发展过程中起着重要作用。随着遗传学研究的逐步深入，遗传标记也在不断地发展。从遗传学的建立到现在，遗传标记的发展主要经历了四个阶段，表现出了四种类型：（1）以生物的外部特征特性作为标志的形态标记；（2）以染色体组型和带型作为标志的细胞标记；（3）以生物的生化特征特性主要包括同工酶和贮藏蛋白两种标记作为标志的生化标记；（4）以能反映生物个体或种群间基因组中某种差异特征的DNA片段作为标志的DNA分子标记。遗传标记可以明确反映遗传多态性的生物特征。它可以帮助人们更好地研究生物的遗传与变异规律。在遗传学研究中，遗传标记主要应用于连锁分析、基因定位、遗传作图及基因转移等。在作物育种中，通常将与育种目标性状紧密连锁的遗传标记用来对目标性状进行追踪选择。在现代分子育种研究中，遗传标记的应用已成为基因定位和辅助选择的主要手段。纵观遗传学的发展历史，每一种新型遗传标记的发现，都推进了遗传学的发展。

遗传病筛查（genetic disease screening）研究群体中各成员某一或某些基因类型的一项普查。通过筛查可以及早发现遗传病患者和带有致病基因的个体（即携带者），以便及时采取预防和治疗措施。筛查能获得一套较完整的群体遗传数据，用于探讨遗传病的发病规律和流行特点。它包括婚前遗传病筛查、产前遗传病筛查与新生儿筛查。婚前遗传病筛查的目的是通过筛查，发现隐性遗传病基因的携带者，并通过遗传咨询，避免携带相同隐性致病基因的两个个体间的婚配，从而达到预防重症遗传病患者出生的目的。产前遗传病筛查的目的是通过筛查，发现患遗传病高风险的胎儿，并通过遗传咨询与产前诊断，以达到减少重症遗传病患儿出生的目的。新生儿筛查的目的是通过筛查，早期发现某些遗传病的患儿，采取适当措施，以达到防止遗传病对机体造成进一步损害的目的。

遗传工程（genetic engineering）又称遗传操作，广义上是把一种生物的遗传物质（细胞核、染色体、脱氧核糖核酸等）转移到另一种生物的细胞中去，并使之所带的遗传信息在受体细胞中表达的一种技术。广义的遗传工程包括细胞核工程、染色体工程和基因工程。狭义的遗传工程专指基因工程或重组脱氧核糖核酸工艺。遗传工程在培育动植物和微生物新品种、控制遗传性疾病和癌症等方面提供了新的可能，也是分子遗传学研究的一种有效手段。

营养杂交（nutritional crossbreed）见无性杂交。

原位杂交（in situ hybridization，ISH）应用标记探针与组织细胞中的待测核酸DNA或mRNA杂交，再用与标记物相关的检测系统，在核酸原有的位置将其显示出来的一种检测技术。属于分子杂交的一种。其本质就是，使具有特异序列的探针遵循碱基互补规则，与组织细胞内待测的核酸片段结合，而使组织细胞中的特异性核酸得到定位，并通过探针上所标记的检测系统，将其在核酸的原有位置上显示出来。

Z

质粒（plasmid）在染色体外能够进行自主复制的遗传单位。它包括真核生物的细胞器和细菌细胞中染色体以外的DNA分子。现在习惯上用来专指细菌、酵母菌和放线菌等生物中染色体以外的DNA分子。在基因工程中，质粒常被用作基因的载体。目前，已发现有质粒的细菌有几百种。已知的绝大多数的细菌质粒都是闭合环状DNA分子（简称cccDNA）。细菌质粒的相对分子质量一般较小，约为细菌染色体的0.5%～3%。根据相对分子质量的大小，大致上可以把质粒分成大小两类：较大一类的相对分子质量是4×10^7以上，较小一类的相对分子质量是1×10^7以下（少数质粒的相对分子质量介于两者之间）。在基因工程中，常用人工构建的质粒作为载体。人工构建的质粒可以集多种有用的特征于一体，如含有多种单一酶切位点、抗生素耐药性等。

转导（transduction）由病毒介导的细胞间进行遗传交换的一种方式。其具体含义是指一个细胞的DNA或RNA通过病毒载体的感染转移到另一个细胞中，能将一个细菌寄主的部分染色体和质粒DNA带到另一个细菌的噬菌体称为"转导噬菌体"。转导可分为普遍性转导和局限性转导两种类型。在普遍性转导中，噬菌体可以转导染色体的任何部分到受体细胞中，而在局限性转导中，噬菌体总是携带特定的片段到受体细胞中。后者与前者的主要区别在于：（1）被转导的基因共价地与噬菌体 DNA 连接，与噬菌体 DNA 一起进行复制、包装以及被导入受体细胞中；（2）局限性转导颗粒携带特殊的染色体片段并将固定的个别基因导入受体，故称为"局限性转导"。

转化（transformation）同源或异源的游离 DNA 分子（质粒和染色体 DNA）被自然或人工感受态细胞摄取，并得到表达的水平方向的基因转移过程。根据感受态建立方式，转化可以分为自然遗传转化和人工转化。前者感受态的出现是细胞一定生长阶段的生理特性；后者则是通过人为诱导的方法，使细胞具有摄取 DNA 的能力，或人为地将 DNA 导入细胞中。

转基因（transgene）把 DNA 分子转接到另外生物体内的一项生物技术。就是将不同来源的 DNA 分子进行重组，克服天然物种生殖隔离屏障，将具有某种特性的基因分离和克隆，再转接到另外的生物细胞内，从而可以按照人们的意愿，创造出自然界中原来并不存在的新的生物类型和功能。由于染色体遗传物质的交换而使其表现形态得以改变，该过程通过有性生殖来实现。转基因是大自然中每天都在发生的事情，只不过在自然界中，基因转移没有目标性，好的和坏的基因都可以一块转移到不同的生物个体中。

转基因动物（transgenic animal）以人工方法将外源基因导入动物受精卵（或早期胚胎细胞），使外源基因与动物本身的基因组整合，并随细胞的分裂而增殖，从而稳定地遗传给下一代而产生的动物。

转基因生物（transgenic biology）将外源基因转入动物或植物，使其表达出原来没有的某种新性状的新型生物。

转基因植物（transgenic plant）通过采用基因工程技术对植物进行基因转移，使之获得新的优良品性的生物体。植物转基因的目的就是培育出具有抗旱、抗盐碱、抗病虫害等抗逆特性或品质优良的作物新品种。

自杀基因（suicide gene）能控制细胞"自杀身亡"过程的基因。正常细胞的繁殖是受控制的。细胞在达到机体要求后，繁殖就会停止。为了维持一部分组织细胞的正常数量，多余的细胞会"自杀身亡"。这种现象表明了机体的集中控制体系。如果受损伤的细胞不能正确启动凋亡机制，就有可能导致肿瘤。人们将细胞凋亡形象地称为"细胞自杀"。

（三）蛋白质工程（Protein Engineering）

C

超氧化物歧化酶（superoxide dismutase，SOD）一类广泛存在于生物体内能催化超氧阴离子歧化反应的金属酶。它是超氧阴离子自由基（O^{2-}）专一清除剂，在维持生物体内阴离子自由基产生与消除的动态平衡中起着重要作用。可以抵抗大脑或心脏由于缺血后再灌注造成的损伤，是一种具有重要药用价值的药用酶。它具有抗衰老和消炎效果，但是具有半衰期短和异体蛋白质抗原性的缺点，限制了临床应用。

D

蛋白质分子设计（protein molecular design）为有目的的蛋白质工程改造提供设计方案。蛋白质分子设计可分为两个层次：（1）在已知立体结构基础上进行的立体结构信息与蛋白质功能相关联的高层次的设计工作；（2）在未知立体结构的情形下借助于一级结构的序列信息及生物化学性质所进行的分子设计工作。蛋白质分子设计又可按照改造部位的多寡分为三类：（1）"小改"，可通过定位突变或化学修饰来实现；（2）"中改"，对来源于不同蛋白质的结构域进行拼接组装；（3）"大改"，即完全设计全新的蛋白质。蛋白质分子的设计过程为：首先建立所研究对象的结构模型，在此基础上进行结构-功能关系研究；然后提出设计方案，通过实验验证后进一步修正设计，往往需要几次循环才能完成。

蛋白质工程（protein engineering）是根据蛋白质的结构与其生物活性之间的关系，利用基因工程的手段，按照人类自身的需要，定向地改造天然的蛋白质，甚至于创造新的、自然界本不存在的、具有优良特性的蛋白质分子的工程技术。天然蛋白质都是通过漫长的进化过程自然选择而来的，而蛋白质工程对天然蛋白质的改造，好比是在实验室里加快进化过程，能更快、更有效地为人类的需要服务。

蛋白质剪接（protein splicing）蛋白质内含肽介导的一种在蛋白质水平上翻译后的加工过程。它由一系列分子内的剪切-连接反应组成。

蛋白质结构数据库（protein data bank，PDB）以文件形式记录蛋白质结构基本信息的软件系统。它是由美国 Brookhaven National Laboratory 开发的。到2002年1月，PDB中已记录17 082个蛋白质结构。PDB数据库中的蛋白质结构是以文件形式记录的，一个文件包含了蛋白质结构的名称、物种、参考文献、序列、二级结构和原子坐标等基本信息。

蛋白质内含肽（intein）存在于前体蛋白质中的一段多肽链。它是靠自我剪切的方式从前体蛋白中释放出来的。蛋白质内含肽的发现，不仅在理论上丰富了遗传信息翻译后加工的理论，而且在实践上有重大的生物学意义，在蛋白质纯化方面有着广泛的应用前景。

蛋白质融合（protein fusion）将不同蛋白质基因的片段组合在一起，经基因克隆和表达所产生的新的蛋白质的技术。这种方法可以将不同蛋白质的特性集中在一种蛋白质上，显著地改变蛋白质的特性。现在研究较多的"嵌合抗体"和"人源化抗体"等，就是采用的这种方法。

蛋白质外泌（protein export）很多外源蛋白质与细菌细胞的外泌系统相容，穿过细胞质膜进入周质的过程。外源蛋白外泌到周质中有以下好处：（1）革兰氏阴性菌周质中的内环境比细胞质内氧化性强，适于含二硫键蛋白质的正确折叠；（2）从细胞质中外运到周质中克服了外源毒性蛋白，如水解酶及DNA结合蛋白对细胞的损害；（3）通过信号肽酶加工，使外源蛋白有正确的N端；（4）蛋白的外泌，特别是分泌到培养基中，使其后的纯化更简化。

蛋白质芯片（protein chip）以生物分子作为配基，将其固定在固相载体的表面而形成的蛋白质微阵列。根据其固定生物分子的不同，可以分为受体配体检测芯片、抗原芯片、抗体芯片等。根据芯片载体的不同，分为普通玻璃载玻片、多孔凝胶覆盖芯片、微孔芯片等主要形式。目前，应用最普遍的是玻璃载玻片。蛋白质芯片是继基因芯片之后发展起来的，具有高通量、微型化、集成化等特点。它作为检测蛋白质存在和变化的高效工具，为蛋白质组学的研究提供了新的有效手段。

蛋白质折叠（protein folding）蛋白质凭借相互作用在细胞环境（特定的酸碱度、温度等）下自己组装自己的组装过程。蛋白质折叠问题被列为"21世纪的生物物理学"的重要课题，它是分子生物学中心法则尚未解决的一个重大生物学问题。从一级序列预测蛋白质分子的三级结构并进一步预测其功能，是极富挑战性的工作。

蛋白质组学（proteomics）在大规模水平上研究蛋白质特征，包括蛋白质表达水平、翻译后的修饰、蛋白与蛋白相互作用等，由此获得蛋白质水平上关于疾病发生、细胞代谢等过程的学科。其主要内容是在建立和发展蛋白质组研究的技术方法的同时，进行蛋白质组分析。即通过二维凝胶电泳得到正常生理条件下的机体、组织或细胞的全部蛋白质的图谱，相关数据将作为待检测机体、组织或细胞的二维参考图谱和数据库。

G

钙调蛋白（calmodulin）真核生物细胞中的胞质溶胶蛋白。它由148个氨基酸组成单条多肽，相对分子质量为 1.67×10^4。钙调蛋白的外形似哑铃，有两个球形的末端，中间被一个长而富有弹性的螺旋结构相连，每个末端有两个Ca2结构域，每个结构域可以结合一个Ca2。这样，一个钙调蛋白可以结合4个Ca2，钙调蛋白与Ca2结合后的构型稳定。在非刺激的细胞中钙调蛋白与Ca2结合的亲和力很低。如果由于刺激使细胞中Ca2浓度升高时，Ca2同钙调蛋白结合形成钙-调蛋白复合物，就会引起钙调蛋白构型的变化，增强了钙调蛋白与许多效应物结合的亲和力。

谷胱甘肽（glutathione）能保护红细胞等不被氧化损伤的一种生物还原剂。一般还原型与氧化型的比值为500。谷胱甘肽与过氧化物反应可解毒。谷胱甘肽还参与氨基酸的转运。

H

活性肽（active peptide）又称低聚肽、小肽、寡肽，一般是指含有2~10个氨基酸、具有重要生理功能的活性的多肽。例如干扰素、胸腺肽等均属活性肽。活性肽在人体激素、神经、细胞生长和生殖等领域起重要的调节作用。活性肽具有蛋白质或其组成氨基酸所没有的重要生理功能。

K

抗体工程（antibody engineering）利用重组 DNA 和蛋白质工程技术，对抗体基因进行加工改造和重新装配，经传染适当的受体细胞后，表达抗体分子或用细胞融合、化学修饰的方法改造抗体分子的技术。经抗体工程手段改造的抗体分子，是按人类设计后重新组装的新型抗体分子，可保留（或增加）天然抗体的特异性和主要生物的活性，去除（或减少、替代）无关结构，比天然抗体更具有潜在的应用前景。

抗体酶（abzyme）又称催化抗体，是具有酶的催化功能的抗体。抗体和酶都具有高度特异结合能力的蛋白质，以十分相似的方式分别与抗原或底物结合，获得酯酶活性抗体，抗原分子促使其产生大量新的酶。目前，抗体酶的制备主要采用化学和免疫相结合的方法。首先模拟酶作用于底物时的过渡态结构，化学合成出相适应的类似物，即半抗原，用以免疫动物；再用单克隆技术，筛选、分离获得单克隆抗体。对催化抗体的研究开创了一条人工设计酶的新途径。

M

酶反应器（enzyme reactor）根据酶的催化特性而设计的反应设备。其设计的目标是具有生产效率高、成本低、耗能少、污染少的特点，以获得最好的经济效益和社会效益。酶反应器的种类：常用于饮料和食品加工工业的搅拌罐型反应器，使用最广泛的固定化酶反应器、固定床型反应器，适用于生化反应的膜式反应器等。

酶分子工程（molecular engineering of the enzyme）用化学或分子生物学方法对酶分子进行改造的工程技术。随着人们对酶结构、酶功能的了解和基因工程及固定化技术的普及，酶的分子改造工程逐步进入使用阶段。酶分子工程主要有两个部分：（1）分子生物学水平，即用基因工程方法对 DNA 进行分子改造，以获得化学结构更合理的酶蛋白；（2）对天然酶分子进行改造，包括酶一级结构中氨基酸置换、肽链切割、氨基酸侧链修饰等。

酶化学修饰（enzyme modification）为达到改构和改性的目的在分子水平上对酶进行的改造。即：在体外将酶分子通过人工的方法与一些化学基团（物质），特别是具有生物相容性的物质进行共价连接，从而改变酶的结构和性质。这种物质被称为修饰试剂。化学修饰酶主要用于基础酶学的研究和疾病治疗。医疗用酶要求酶的稳定性高、纯度高、无免疫原性。酶分子的修饰方法有：酶的表面修饰、酶分子的内部修饰、与辅因子相关的修饰。

酶结晶技术（enzyme crystalization technology）酶以晶体的形式从酶溶液中析出的技术。它是酶分离纯化的一种手段。不仅为酶的结构与功能研究提供了适宜样品，而且为高纯度酶的获得创造了条件。酶在结晶之前，酶液必须经过纯化达到一定程度（酶的浓度＞50%）。酶的浓度越高，越容易结晶。酶的结晶方法主要是缓慢改变酶蛋白的溶解度，使其略处于过饱和状态。主要方法有：盐析结晶法、有机溶剂结晶法、透析平衡结晶法、复合结晶法和等电点结晶法。

酶体外定向进化（directed evolution of enzyme in vitro）又称实验分子进化，通过人为创造特殊条件，模拟自然进化机制（随机突变、重组和自然选择），在体外改造酶基因，并定向选择（或筛选）出所需性质突变酶的技术。它属于蛋白质的非合理设计，不需事先了解酶的空间结构和催化机制。酶的体外定向进化技术拓展了蛋白质工程学的研究和应用范围，能够解决合理设计所不能解决的问题，为酶的结构与功能研究开辟了崭新途径。目前正在工业、农业和医药等领域逐渐显示其生命力。

模拟酶（mimetic enzyme）又称人工酶，根据酶的作用原理，用化学合成方法制备出的高效高选择性、结构简单且稳定性强的具有酶功能的催化剂。模拟酶研究从两条途径进行：（1）模拟酶活性中心的功能团，如用三乙撑四胺模拟过氧化氢酶的辅基铁卟啉，用含有天门冬氨酸、丝氨酸及组氨酸的十六肽模拟 α-胰凝蛋白酶活性中心催化血清蛋白的水解；（2）模拟酶的作用方式，是利用高分子化合物作为模型化合物的骨架，引入活性功能基因来模拟酶的高分子作用方式。

S

生物传感器（biosensor）对生物物质敏感，以浓度转换为电信号并对其进行检测的仪器。生物传感器具有接受器与转换器的功能。酶膜、线粒体电子传递系统粒子膜、微生物膜、抗体膜对生物物质的分子结构具有选择性识别功能，只对特定反应起催化活化作用，具有高选择性。生物传感器主要用于临床诊断检查、治疗时实施监控、发酵工业、食品工业、环境和机器人等方面。

噬菌体显示技术（phage display）外源 DNA 片段与噬菌体结合后编码的氨基酸序列与外被蛋白以融

合的形式在噬菌体表面上显示的技术。基本原理是：外源DNA片段（基因）插入到丝状噬菌体基因组的外被蛋白的基因中，这个外源DNA片段所编码的氨基酸序列可与外被蛋白一起以融合蛋白的形式表达，并显示在噬菌体的表面。该技术以基因重组为起点，通过对表现型（肽或蛋白）的有效筛选，获得所要的基因型，因此，噬菌体显示技术在表现型和基因型之间架起桥梁。

X

修饰酶（modification enzyme）对某些酶分子结构进行修饰后才具催化活性的酶。其中以共价修饰为多见，如酶蛋白的丝氨酸、苏氨酸残基的功能基团可被磷酸化，这时伴有共价键的修饰变化生成。体内最常见的共价修饰是酶的磷酸化与去磷酸化，还有酶的乙酰化与去乙酰化、尿苷酸化与去尿苷酸化等。由于共价修饰反应迅速，具有级联式放大效应，所以也是体内调节物质代谢的重要方式。如催化糖原分解第一步反应的糖原磷酸化酶存在有活性和无活性两种形式，有活性的称为"磷酸化酶a"，无活性的称为"磷酸化酶b"，这两种形式的互变就是通过酶分子的磷酸化与去磷酸化的过程来实现的。

Z

杂合酶（hybrid enzyme）把来自不同酶分子中的结构单元（二级结构、三级结构、功能域）或整个酶分子进行组合或交换，生成的优化酶杂合体。生成杂合酶的主要途径有定位诱变、DNA重组、不同分子间交换功能域及整个分子融合等。杂合酶可用于改变酶学或非酶学性质，是了解酶的结构-功能关系以及相关酶的结构特征的有力工具，还可以扩大天然酶的潜在应用，产生催化自然界不存在的反应的新酶分子。

（四）发酵工程（Fermentation Engineering）

B

补料分批培养（fed-batch culture）又称半连续发酵，在分批培养过程中，间歇或连续地添加新鲜培养基的一种培养方式。它是介于分批培养和连续培养之间的一种过渡培养方式。这种间歇或连续地添加新鲜培养基的方式，在发酵工业中早已被采用。但"补料分批培养"的术语1973年才由日本学者Yoshida等人首次提出，并提出了一个简单的数学模型。此后，Pir又提出了准恒定状态的理论，使补料分批培养进入理论研究阶段。

D

代谢控制发酵（metabolite controlled fermentation）利用生物化学和遗传学的原理，控制培养条件使微生物的代谢朝着人们希望的方向进行的发酵技术。有很多的环境条件，如营养物的类型和浓度、氧的供应、pH值的调节和表面活性剂的存在等，都需要控制微生物细胞的生理和代谢。

代谢控制育种（metabolic control strategy for breeding）通过遗传变异来改变微生物的正常代谢，使某种代谢产物形成和积累的一种育种方法。在代谢调节控制育种中，通过特定突变型的选育，人为地打破微生物细胞内代谢的自动调节，改变代谢流向，减少或切断支路代谢产物的形成以及提高细胞膜的通透性，使目的代谢产物大量积累。从细胞生理的角度上看，选育获得的都是代谢异常的突变株。

F

发酵（fermentation）微生物细胞将有机物氧化释放的电子，直接交给底物本身未完全氧化的某种中间产物，同时释放能量并产生各种不同代谢产物的过程。在发酵条件下，有机化合物只是部分地被氧化，因此，只释放出一小部分能量。工业上的发酵是指运用生物体，包括微生物、植物细胞、酵母菌等，使有机物分解的生物化学反应过程。常见的发酵技术用于制酒、豆类发酵食品制作等。

发酵工程（fermentation engineering）利用发酵原理和工程学理论研究由生物细胞（包括微生物、动植物细胞）参与的工艺过程原理的一门学科。也可以说是研究利用生物材料生产有用物质，服务于人类的一门综合性技术。这里所指的生物材料包括来自自然界的微生物、基因重组微生物等各种动物细胞和植物细胞。除天然微生物菌种和变异微生物菌株外，还有用基因工程手段所制成的基因工程菌、细胞融合菌以及动物细胞株和植物细胞株。

分批培养（batch culture）一次性配好料，经过杀菌、冷却、接种和培养发酵后，再一次性放料进行产物提取的发酵方式。分批培养所培养的细胞，通常经过了停止期、对数期、静止期的生长过程，将静止期的细胞移植于新的培养基中再反复继续生长、循环。在培养过程中，常有因培养基成分、细胞密度等发生变化，使细胞环境不能保持一定的欠缺，但所使用的装置和方法均较连续培养法简便，所以被广泛使用。

复壮（rejuvenation）狭义的复壮是在菌种已经发生退化的情况下，通过纯种分离和筛选，从已经退化的群体中筛选出尚未退化的个体，以达到恢复原菌株固有性状的措施。而广义的复壮则是在菌种的典型特征或生产性状尚未退化前，经常有意识地进行纯种分离和筛选，以期从中选择到自发的正突变个体的措施。狭义的复壮是一种消极的措施，而广义的复壮是一种积极的措施。

富集培养基（enrichment medium）又称增殖培养基，按照需要在普通培养基中增加营养物，从而加快所需微生物的繁殖速度，并淘汰其他微生物的一种技术。在自然界中，不同种类的微生物常生活在一起，为了分离所需要的微生物，在普通培养基中，加入一些微生物特别喜欢的营养物质，以增加这种微生物的繁殖速度，逐渐淘汰其他微生物。这种技术常用于菌种筛选和选择增菌等。从某种程度上讲，富集培养基也是一种选择培养基。

G

干热灭菌（dry-heat sterilization）物质在干燥空气中加热达到杀灭细菌的一种方法。空的玻璃器具、金属制容器、纤维制品、固体试剂，以及若干湿热不易穿透的物质，如甘油、液状石蜡、脂肪油等均可用本法灭菌。用本法灭菌的物品必须是洗净且不沾染有机物质，外面应有适宜的包皮宽松包裹，或装入封闭的金属容器内。烧瓶、试管等容器的塞子应有金属箔或纱布包裹，并用适宜的方式防止脱落。放入干热灭菌箱内时，排列不可过密。通常可在 $160\sim170℃/2h$ 以上、$170\sim180℃/1h$ 以上、$250℃/45min$ 以上等条件下灭菌。

固定化发酵（immobilized fermentation）从微生物细胞中提取出的酶用固体支持物（称为载体）固定，使其成为不溶于水或不易散失且可多次使用的生物催化剂的发酵过程。利用它与底物作用制造产品，也可以将微生物细胞用载体固定，将反应物与其作用，制

造产品或作其他用途。固定的酶称为"固定化酶"，固定的微生物细胞称为"固定化细胞"。固定化酶（细胞）用于发酵可称为"固定化酶（细胞）发酵"，或简称"固定化发酵"。

固态发酵（solid state fermentation）微生物在没有或基本没有游离水的固态基质上的发酵方式。固态基质中气、液、固三相并存，即多孔性的固态基质中含有水和水不溶性物质。与液态发酵相比，固态发酵具有水分活度低、基质水不溶性高、微生物生长易、酶活力高、酶系丰富、发酵过程粗放、不需严格无菌条件、设备构造简单、投资少、能耗低、易操作、后处理简便、污染少、基本无废水排放等优点。因此，固态发酵成为发酵工业中最为广泛应用的发酵形式。但是，固态发酵因微生物在不溶于水的底物界面上生长繁殖，其营养物质的输送、热量传递及微生物生长等不均匀性，使发酵物传质、传热困难，发酵过程中温度、湿度和需氧量等参数不易监控，生产过程难以实现机械化、自动化。

过滤除菌（filtration sterilization）利用膜分离技术把细菌、杂质截流在膜上的一种除菌方法。它实际上是一个膜分离的过程。膜分离过程是一种被透过或被截留于膜的过程，近似于筛分过程，依据滤膜孔径的大小而达到物质分离的目的。在膜分离过程中，由于膜具有选择透过性，当膜两侧存在某种推动力（如压力差、浓度差、电位差等），原料侧组分选择性地透过膜以达到分离提纯的目的。其传递过程极为复杂，通过多孔型的膜有孔模型、微孔扩散模型、优先吸附—毛细管流动模型；通过非多孔膜的主要是溶解—扩散模型等。因而不同的膜过程使用的膜不同，推动力不同，其传递机理也不同。

H

合成培养基（synthetic medium）采用成分已知的化学试剂配制而成的培养基。其优点是营养成分含量准确，实验的可重复性强。缺点是配制烦琐、成本较高、微生物生长缓慢。合成培养基一般用于实验室进行的营养、代谢、遗传育种、鉴定和生物测定等定量要求较高的研究。

恒化器法（chemostat process）把微生物增殖所必需的一种营养源（如碳源、氮源、无机盐类和溶解氧等）作为限制条件（单一的限制性基质），通过控制其供给速度来限制微生物的增殖速度，从而实现连续培养的方法。由于营养物的最适供给速度比较难

求，因而常以自控系统进行调节。在恒化器中进行连续培养时，在预定的培养基中，除了一种营养物外，其余都通过用于合成所要求浓度的细胞所需要的量，这一种营养物质叫限制性基质。生长所需要的任何一种营养物，都可以作为限制性基质。

恒浊器法（turbidostat process）为保持培养器中微生物细胞的密度，通过流加新鲜培养基而实现连续培养的方法。微生物的密度若能表现为培养液的浊度，而浊度可以转变为光电信号，此信号与对应于预定浊度的光电信号比较，即可发出控制信号，使流加新鲜培养基的电磁阀开或关。此法不适用于霉菌、放线菌等形成菌丝的微生物。

化学灭菌（chemical sterilization）利用化学物质杀灭细菌的一种方法。通常用于不耐高温的物品，如生物制品、器械等。可以是水溶液形式，如常见的消毒剂，也可以是蒸汽形式，如环氧己烷等。

J

间歇灭菌（fractional sterilization）在一定的间隔时间内，连续三次杀死培养基内杂菌的一种灭菌方法。各种微生物的营养体在100℃温度下，30分钟即可被杀死，而其芽孢和孢子在这种条件下却不失去生活力。间歇灭菌方法：在100℃温度下，用30分钟杀死培养基内杂菌的营养体，然后将含有芽孢和孢子的培养基在温箱内或室温下放置24小时，使芽孢和孢子萌发成为营养体。这时再以100℃处理30分钟，再放置24小时，如此连续灭菌3次，即可达到完全灭菌的目的。间歇灭菌通常在流动蒸汽的灭菌锅中进行，也可用普通铝锅代替。这种灭菌方法多用于明胶、牛乳等物质的灭菌，这类物质在100℃以上的温度下，处理较长时间会被破坏；而用间歇灭菌法既起到了杀菌作用，又使被处理的物质免遭破坏。

鉴别培养基（differential medium）往培养基中加入某种试剂或化学药品，使难以区分的微生物经培养后呈现出明显差别，使之成为有助于快速鉴别某种微生物的培养基。例如，用以检查饮水和乳品中是否含有肠道致病菌的伊红美兰培养基，就是一种常用的鉴别性培养基。

L

连续培养（continuous culture）又称连续发酵，以一定的速度向发酵罐内添加新鲜培养基，同时以相同的速度流出培养液，从而使发酵罐内的液量维持恒定，使培养物在近似恒定状态下生长的培养方法。

恒定状态可以有效地延长分批培养中的对数期。在恒定的状态下，微生物所处的环境条件如营养物浓度、产物浓度、pH值以及微生物细胞的浓度、比生长速率等可以始终维持不变，并可根据需要来调节生长速度。

临界氧浓度（limited dissolved oxygen）不影响菌体呼吸所允许的最低的氧浓度。对于好氧发酵溶解氧浓度是最重要的参数之一，好氧微生物深层培养时，需要适量的溶解氧维持其呼吸代谢和某些产物的合成，氧的不足会造成代谢异常，产量降低。现在已可采用复膜氧电极来检测发酵液中的溶解氧浓度。要维持一定的溶氧水平，需从供氧和需氧两方面着手。在供氧方面，主要是设法提高氧传递的推动力和氧传递系数，可以通过调节搅拌转速或通气速率来控制。同时要有适当的工艺条件来控制需氧量，使菌体的生长和产物形成对氧的需求量不超过设备的供氧能力。

P

啤酒酵母（brewers yeast）经过人工培养的用来酿制啤酒的专用酵母。啤酒酵母又可分为上面发酵酵母和下面发酵酵母。用上面发酵酵母酿造的啤酒，在发酵过程中，温度比较高，发酵时间比较短，发酵完毕以后，酵母大多漂浮在上面；相反，使用下面发酵酵母在酿制啤酒的发酵过程中，温度比较低，发酵时间比较长，发酵完毕之后，酵母大多沉聚在底部。用来酿酒的酵母，均含有大量的蛋白质和多种氨基酸、维生素及矿物质，特别是核酸，更具有抗老防衰的独特作用。

R

热致死时间（thermal death time）在一定温度下杀死所有某一浓度微生物所需要的时间。

S

生物反应器（bioreactor）利用酶或细胞在常温常压下进行化学反应的装置，是发酵工程和酶工程中进行生物化学反应的主要设备。应用于发酵工程的生物反应器叫"发酵罐"。发酵罐正在向大型化和自动控制发展。现在，世界上最大的发酵罐装量达到1 500t，采用连续发酵并用电子计算机进行优化研究和程序控制。较先进的商品发酵罐，配置有温度、搅拌转速、空气流量、罐压、酸碱度、溶氧和消沫等项目的测量和控制仪表。用于酶工程的生物反应器，是一种特殊的细胞反应器和酶反应器。细胞反应器是一种圆柱形的装置，中间有许多带孔的隔板，隔板上放着用载体固定起来的细胞。参加生化反应的物质，通过这些被载体固定起来的细胞，在细胞酶的催化下，生成人类需要的产品。

湿热灭菌（moist heat sterilization）物质在灭菌器内利用高压蒸汽或其他热力学灭菌手段杀灭细菌的方法。是热力学灭菌中最有效及用途最广的方法之一。药品、药品的溶液、玻璃器械、培养基、无菌衣、敷料，以及其他遇高温与湿热不发生变化或损坏的物质，均可用本法灭菌。

T

同步生长（synchronous growth）把处于分裂状态的细胞群体通过同步培养实现步调一致生长的方法。获得细菌同步生长的方法主要有两类：（1）通过环境条件来诱导同步性；（2）通过物理学方法，从随机的、不同步细菌群体中选择出同步的群体。它一般可用选择性过滤或梯度离心法来实现。

W

微生物培养（microorganism culture）利用培养装置给微生物提供丰富而均匀的营养物质，保证微生物获得适宜的温度和良好的通气条件，从而使其能够大量繁殖的方法。

微生物转化（microorganism transformation）利用生物细胞对一些化合物某一特定部位（基团）的作用，使其转变成结构类似且具有更大经济价值的化合物的一项技术。其最终产物是由微生物细胞的酶或酶系对底物某一特定部位进行化学反应而形成的。其优点是不需要酶的分离纯化和辅酶再生；缺点是副产物可能较多，产物的分离纯化比较麻烦。微生物生物转化法已在一些有机酸、氨基酸、核苷酸、抗生素、维生素和甾体激素等方面实现了工业化生产。

X

需氧发酵（aerobic fermentation）需氧菌在有分子氧存在的条件下进行的发酵过程。在需氧发酵过程中要不断地向发酵液中通入无菌空气，以满足微生物对氧的需求。氧在微生物的需氧呼吸中作为最终的电子受体。这类发酵包括绝大多数的抗生素、氨基酸以及其他代谢产物的发酵。

选择培养基（selective medium）从微生物群中选择具有特定表型的细胞并使之进行繁殖所用的培养基。例如，从大肠杆菌群中用不含苏氨酸的选择培养基培养苏氨酸营养缺陷型时，只有少数变异恢复型才能生长。在含链霉素的培养基中，若接种对链霉素敏感的大肠杆菌，则只有混在其中的少数对链霉素有抗性的菌株才会生长。如在加有抗菌素的培养基中分离对抗菌素有抗性的细菌那样，在表现显性性状时，一般利用选择培养基较为容易。配制分离表现隐性性状的选择性培养基则比较困难，这种例子是很少的。除用于分离恢复突变株和药剂抗性菌株之外，也广泛用于选择重组型。它是微生物遗传学中的一个非常重要手段。

Y

厌氧发酵（anaerobic fermentation）厌氧微生物在隔绝空气不与分子态氧接触的情况下进行的发酵过程。一般适用于微生物作用于有机化合物的分解代谢，反应时放出气体同时产生热量。例如，发酵工业中的丙酮丁醇发酵，以及把有机废渣、垃圾密封在池中进行发酵以产生沼气等，都属于厌氧发酵。

（五）其他（Others）

D

多肽疫苗（polypeptide vaccine）按照病原体抗原基因中已知或预测的某段抗原表位的氨基酸序列，通过化学合成技术制备的疫苗。由于多肽疫苗完全是合成的，不存在毒力回升或灭活不全的问题。这种制备疫苗的方法，特别适合那些还不能通过体外培养方式，获得足够量的抗原微生物病原体。有些虽能进行体外培养，但这些病原体有潜在致病性和免疫病理作用等涉及安全性与有效性的问题。多肽作为体内引起效应细胞免疫应答形成的免疫原，将成为一种新型的疫苗，但还有很多理论和技术问题需要继续研究。

F

放射自显影术（autoradiography）用于研究标

记化合物在机体、组织和细胞中的分布、定位、排出，以及合成、更新、作用机理、作用部位等方面的技术。其原理是将放射性同位素（如 ^{14}C 和 ^{3}H）标记的化合物导入生物体内，经过一段时间后，将标本制成切片或涂片，涂上卤化银乳胶，经一定时间的放射性曝光，组织中的放射性即可使乳胶感光。然后经过显影、定影处理显示还原的黑色银颗粒，即可得知标本中标记物的准确位置和数量，放射自显影的切片还可再用染料染色，这样便可在显微镜下对标记上放射性的化合物进行定位或相对定量测定。

G

工业生物技术（industrial biotechnology）以微生物或酶为生物催化剂，通过生物过程大规模生产医药、能源、材料的工程技术。它是解决人类目前面临的资源、能源及环境危机的有效手段。工业生物技术为医药生物技术提供下游支撑，为农业生物技术提供后加工手段。

H

海洋生物基因工程（marine biological genetic engineering）决定某一性状的外部基因（DNA 片段）转移到海洋生物受精卵、胚胎或体细胞内，以获得具有新的遗传性状个体的技术。例如把鱼的生长激素基因注射到鱼的受精卵中，培育出的超级鱼个体（转基因个体）比普通鱼大许多倍。

海洋生物技术（marine biotechnology）利用海洋生物及其组成部分，生产出有用的生物产品，以及定向改良海洋生物的某些遗传特性的综合性科学技术。它是现代生物技术与海洋生物学交叉研究的产物。

海洋生物细胞工程（marine biological cytogenesis）采用细胞培养、核移植或改变染色体数来改变海洋生物的性状、性别或培育新品种的技术。常用的方法有单倍体育种、三倍体育种和鱼类性别控制。绝大部分海洋生物的体细胞均含有两组染色体，称为"双倍体"。研究人员用物理、化学或生物手段能使体细胞染色体数变为一组（叫单倍体）和三组以上（多倍体）。单倍体生物通常生长不好且不育，但使单倍体生物的染色体加倍后便可获得纯合二倍体，进而获得无限期生长的单倍体无性繁殖系。三倍体生物生长较快，产量较高，多不育，有重要的经济价值。鱼类性别控制则指根据不同性别鱼类不同时期的生长差异，用生物

细胞技术培育出全雄鱼和全雌鱼种苗，分别饲养以提高鱼的产量。

环境生物技术（environmental biotechnology）直接或间接利用生物体或生物体的某些组成部分或某些机能，建立降低或消除污染物产生的生产工艺，或者能够高效净化环境污染及同时生产有用物质的人工技术系统。主要由生物技术、工程学、环境学和生态学组成。环境生物技术不仅适用于环境污染治理，而且已广泛地应用于环境监测。生物技术的开发应用，为环境领域提供了新的监测技术。

活疫苗（live vaccine）用人工定向变异方法，或从自然界筛选出毒力减弱或基本无毒的活微生物制成的疫苗制剂。常用的活疫苗有卡介苗（BCG）、麻疹疫苗、脊髓灰质炎疫苗等。活疫苗接种后在体内有生长繁殖能力，接近于自然感染，可激发机体对病原的持久免疫力。活疫苗用量较小，免疫持续时间较长。

J

基因疫苗（gene vaccine）含有编码某种蛋白抗原基因的真核表达质粒。直接将此疫苗注入机体，目的基因可在活体细胞内表达而产生蛋白质抗原并诱生机体的免疫应答。基因疫苗纯度高、价格廉，生产过程快，疫苗安全可靠，且可进行大规模生产。

L

联合疫苗（combined vaccine）含有两个或多个活的、灭活的生物体或者提纯的抗原的疫苗。它是由生产者联合配置而成，用于预防多种疾病，或由同一生物体的不同种类、不同血清型引起的疾病。研制联合疫苗的目的，是用较少的接种次数预防更多的疾病。联合疫苗与疫苗联合使用的区别在于：前者是把多种疫苗同时制备于一个针剂里。现有联合疫苗可分为两大类：（1）多种疾病联合疫苗。它包含多种单个疫苗来预防多种疾病。组成这种联合疫苗的单个疫苗通常是分别开发在先，联合在后（无细胞百日咳除外）。（2）多价联合疫苗。包含了同一种细菌或病毒的不同亚型或血清型。这些血清型在疫苗开发时就联合在一起。

N

农业生物技术（agricultural biotechnology）运用现代遗传学的手段增强植物有益性状，促进农业生产的工程技术。运用现代生物技术，选择某一特定性状，将带有这一性状的基因转移到另一植物中，既准确又

快捷。在不牵动其他基因的情况下，移动某个单一基因即能达到可预测和安全的结果。在植物育种中，运用生物技术可以对培育植物有益性状的过程有更强的控制力，从而消除由于随机交换基因带来的无法预期的结果。

S

生物产业（bioindustry）运用生物工程技术、生物细胞或其代谢物质来制造产品及改善人类生活的技术产业化。其适用领域涵盖农业、食品、制药、化工、医疗仪器、卫生环保乃至服务业等方面。分子生物学、遗传、基因重组、细胞融合等新技术的重大突破，使生物产业被公认为未来新世纪的重要产业。

生物技术（biotechnology）以生命科学为基础，利用生物或生物组织、细胞及其他组成部分的特征和功能，设计、构建具有预期性能的新物质或新品系，以及与工程原理相结合加工生产产品或提供服务的综合性技术。它包括基因工程、细胞工程、蛋白质工程（包括酶工程）和发酵工程。

生物药物（biopharmaceutics）由生物体、生物组织、细胞、体液等制造的一类用于预防、治疗和诊断疾病的制品。生物药物原料以天然的生物材料为主，包括微生物、人体、动物、植物、海洋生物等。随着生物技术的发展，有目的的人工制得的生物原料成为当前生物制药原料的主要来源，例如用免疫法制得的动物原料、改变基因结构制得的微生物及其他细胞原料等。生物药物的特点是药理活性高、毒副作用小、营养价值高。

生物医学工程（biomedical engineering）综合利用工程学、生物学和医学的理论和方法，研究生物体特别是人体的构造、功能、状态和变化等生命现象，以及研究诊断、防病治病及人体功能辅助的人工装置和系统的一门学科。它是在电子学、微电子学、现代计算机技术、化学、高分子化学、力学、近代物理学、光学、射线学、精密机械和近代高技术发展的基础上，与医学结合发展起来的一门边缘学科。

生物制品（biological product）利用生物技术及其产生的代谢产物生产用来预防、治疗某些疾病的各种产品。它包括生物农药、生物肥料、生物保健品等。这类产品一般具有天然性、安全性、无副作用等特点。如将某些能够致病的细菌、病毒、立克次氏体及产物，经过培养、化学及物理方法的减毒处理，使之能够成为治疗疾病的保健药物及预防疾病的疫苗（如卡介苗、乙型肝炎疫苗）等。也包括用人及动物的血清、组织等经过特殊加工、制造而成的能够治疗疾病、诊断疾病的各种制品。生物制品用途广泛，有些能预防疾病，有些能治疗疾病，还有些是诊断疾病用的。生物制品有注射液，也有口服剂。

生物治疗（biotherapy）利用生物方式治疗疾病的技术。它包括细胞素治疗、抗细胞素治疗、免疫保护治疗、毒素导向治疗、基因转录因子作为药物治疗、单克隆抗体治疗、寡核苷酸药物治疗、基因治疗及基因疫苗等多个方面。与传统的化学、放射疗法等相比，生物治疗有许多优越性：（1）生物治疗所用的一般是来源于人体的天然蛋白，其毒性较低，副作用小。（2）很多用于细胞素治疗的药物，其制作成本比提取天然药物的成本要低得多，并且投资少，产值高，周期短，见效快。（3）基因工程药物可以治疗过去难以治疗的疾病。如，α-2干扰素治疗乙型肝炎和丙型肝炎等。（4）由于细胞素的功能是网络性的，一种细胞素在功能上往往可引起连锁反应。如，白细胞介素-2不仅对治疗某些肿瘤有一定的效果，而且对麻风病也有疗效。（5）原则上说，绝大多数人体蛋白质在适当条件下都有某些医用价值，所以开发生物治疗制剂的风险性比化学合成药物小得多。

食品生物技术（food biotechnology）生物技术（基因工程、细胞工程、蛋白质工程、发酵工程）在食品工业中的应用。它包括为食品工业提供基础原料、食品添加剂、保健品的功能性基料，以及在食品加工工艺和技术、包装、检测和污水处理等方面的应用。

Y

疫苗（vaccine）将病原微生物（如细菌、立克次氏体、病毒等）及其代谢产物，经过人工减毒、灭活或利用基因工程等方法制成的，用于预防传染病的主动免疫制剂。疫苗保留了病原菌刺激动物体免疫系统的特性。当动物体接触到这种不具伤害力的病原菌后，免疫系统便会产生一定的保护物质，如免疫激素、活性生理物质、特殊抗体等；当动物再次接触到这种病原菌时，动物体的免疫系统便会依靠其原有的记忆，制造更多的保护物质来阻止病原菌的伤害。传统疫苗主要有减毒活疫苗和灭活疫苗，新型疫苗则以基因疫苗为主。

六、海洋工程与技术

(Ocean Engineering and Technology)

(一)海洋探测 (Ocean Survey)

B

饱和潜水（saturation diving）在一定深度下，人体内溶解的氮气或氦气达到一定程度后处于饱和状态的潜水活动。潜水员在水下工作一段时间后，高分压氮气或氦气会随血液循环进入体内。当体内溶解的气体处于饱和状态时，人就可在深水高压下长期生活。潜水人员返回海面时，需经过减压过程，使体内溶解的氮气或氦气慢慢析出。析出过快会在人体组织和血液内形成气泡，阻塞血管和压迫神经，从而导致潜水减压病。减压时间随潜水深度和时间增加而增加。达到饱和潜水时，减压总时间就不再随水下停留时间的延长而增加。饱和潜水可分为空气、氮氧、氦氧、氦氮氧、氢氧等方式。1992年，在饱和潜水方面，人体最大模拟实验深度已达701m。

C

侧扫声呐（side-scan sonar）用海洋声学方法探测海底地形、地貌及水下物体的设备。设备安装在船上或拖曳体中，船在航行时以一定倾角向两侧发射水平开角很窄和垂直开角很宽的扇形声脉冲波束。声波接触海底后产生回波，回波信号的强弱与地形有关。接收换能器接收回波信号，放电或热敏记录纸上的灰度随回波信号强度而变，随着船舶在待测海域航行用声脉冲波束扫描海底并记录，就构成海底地貌声图。经识别，可分辨出海底表层结构、礁石、沉船、沙丘等。就其探测能力而言，又分为近、中、远程三类。近程侧扫声呐作用距离约2×（50~100）m范围；中程侧扫声呐作用距离约2×（500~1 000）m范围；远程侧扫声呐作用距离约20~30km。

常规潜水（conventional diving）见非饱和潜水。

D

动力定位（dynamic positioning）不用抛锚、而由船载计算机自动控制推进器来保持船舶或浮动平台位置的技术。它是目前最先进的固定船舶或浮动平台位置的技术之一。它使用精密、先进的仪器来测定船或平台因风、浪、海流作用而发生的位移和方向变化；通过计算机等自动控制系统对信息进行实时处理、计算，并自动控制若干个不同方向的推进器的推力大小和力矩，使船舶或平台回复到原有位置。这种技术已广泛应用于深海钻探船、海上石油钻井船或钻井平台、海上铺管船、海洋调查船和潜水工作船等海上设施中。

多波束测深仪（multibeam echosounder）用多个窄波束声脉冲测量大面积海域水深，绘制出海底地形图的船用仪器。其原理是用相控换能器基阵产生大量窄方向性开角的声波波束（可多达151个），在船航迹两侧垂直于航迹排列形成扇形，这些声信号到达海底后，由海底界面反射。根据到达时间与声速，可得到海底的深度。接收的声脉冲信号经过滤波、数据处理后可以存储或三维显示，可探测宽达水深10倍的带内各点的水深。

多波束微波辐射扫描仪（special sensor microwave imager，SSMI）由七个不同的微波功率辐射计组成的扫描仪。主要用于获取全球海面风速分布、降雨、云中水量、积分水汽及海冰等海洋环境参数。它以1 400km的扫描宽度对地观测，每三天可对全球观测一次。

F

非饱和潜水（non-saturation diving）又称常规潜水，潜水员潜入水下短时间作业后便减压回到水面的潜水。其供气装具有水面供气式和自携式两种。水面供气式潜水由水面通过软管向潜水员输送呼吸气体，随下潜深度增加，输送的呼吸气体成分不同，有氧气、压缩空气、氦氧或氦氮氧混合气体；自携式潜水，由潜水员自己携带呼吸气体下潜。潜水员呼出的气体有三种处理方式：（1）开放式，直接排出装具；（2）密闭式，全部回收、经净化和补充氧气后继续使用；（3）半密闭式，少量排出，大部分回收。密闭式和半密闭式一般用于提供氦氧或氧气的潜水装具。自携式潜水，潜水员在水下能自由活动、作业范围广、潜水深度大。非饱和潜水广泛用于国防、科研、海洋开发和打捞救助等领域。

风暴潮预报（storm surge）根据风暴潮形成的规律和当前及近期的海况及天气形势，对未来某段时间内的一定海域可能发生的风暴潮所作的预报。风暴潮预报分消息、预报、警报三种。这三种预报主要是以时效来划分的。（1）风暴潮消息一般在该次风暴潮影响沿岸最严重时刻前24～36小时发布，主要内容是告诫沿海某一岸段在未来24小时内将受到风暴潮的影响，同时给出影响的范围和量值。（2）风暴潮预报一般在12～24小时内发布，预报主要修正消息中的内容，给出更精确的量值和各种可能的发展变化。（3）风暴潮警报，是预计潮位接近或超过当地警戒水位并可能受灾时才发布，时效一般在6～12小时之内，内容更为精确，一般包括具体时间地点的潮位高度值。风暴潮警报分四级：Ⅰ级紧急警报（红色）、Ⅱ级紧急警报（橙色）、Ⅲ级紧急警报（黄色）和Ⅳ级紧急警报（蓝色）。其中风暴潮Ⅰ级紧急警报指受影响区域内有一个或一个以上验潮站将出现达到或超过当地警戒潮位80cm以上的高潮位。Ⅰ级紧急警报是最高级别风暴潮警报。

H

海底地层剖面仪（sub-bottom profiler）利用声波在海底沉积物内传播和反射的特性来探测海底地层的仪器。它主要由接收器、发射器、换能器和记录器构成。换能器装在调查船上或拖曳体中。在船只航行中，发射器垂直向海底发射大功率低频脉冲声波，声波遇到海底及其以下的地层界面时产生反射回波。反射界面的深度不同，回波信号到达接收器的时间不同；地层介质不同，回波信号的强弱不同。反射回来的信号，由换能器接收并转换成电脉冲，经过放大、过滤等处理后，输送到记录纸上以扫描方式记录，并绘制出海底地层剖面结构图。这种图能反映海底地层不同层面的形态及不同类型沉积物的剖面。海底地层剖面仪广泛用于海洋工程地质、海

底沉积物和海滨砂矿调查以及海底管线铺设等方面。这种仪器具有操作方便、探测速度快、记录图像连续等优点。

海底地热仪（undersea geothermometer）测量海底热流量的仪器。它主要由热敏探针和记录器两部分组成。测量时，将热敏探针插入海底沉积物中，记录器测得该点的地热梯度，同时采集该点的沉积物样品，测量其热导率，并计算出热流量。目前，海底地热仪有两种类型：（1）将热敏元件和海底取样管安装在一起组成一套仪器；（2）将热敏探针安装在其他海底柱状取样管上。用海底地热仪测定的热流值，为了解地球内部的热力活动、研究海底区域构造及其形成机制提供了有力的依据。

海色扫描仪（ocean color scanner）卫星或航空遥感飞机携带的一种10通道海洋水色扫描辐射计。该仪器主要用于海洋生物生产力、沉积物搬运、油污染、赤潮等方面的研究。通常，这种仪器安装在长75cm、直径25cm的半圆形壳体内，重约34kg。望远镜直径12.5cm，光栅分光计的焦面上有24束玻璃纤维，其中10束位置固定。光经过光栅分光计后，分别进入指令隔离滤波器、光学中继装置和硅光电二极管而形成海面图像。目前，国际上已经发射搭载海色扫描仪的海洋水色卫星。中国从20世纪80年代末开始也进行了海洋水色遥感和实际应用的研究。

海色卫星遥感（sea color satellite remote sensing）获取海中叶绿素浓度及悬浮物含量等海洋环境要素的卫星海洋遥感技术。它通过利用星载可见红外扫描辐射计接收海面向上光谱辐射，经过大气校正，根据生物光学特性以完成此功能。它是唯一可穿透海水一定深度的卫星海洋遥感技术。

海上自动观测站（offshore auto-observation station）见海洋浮标。

海洋磁力仪（sea magnetometer）测量海洋区域地球磁场强度的仪器。它分饱和式磁力仪、质子旋进磁力仪和光泵磁力仪三种。饱和式磁力仪目前很少使用。质子旋进磁力仪，是利用氢质子磁矩在地磁场中自由旋进的原理，来测量地磁场总矢量的绝对值。它构造简单，操作容易，精度高，传感器不用定向，现已被国际公认为地磁绝对值的标准测量仪器。光泵磁力仪是利用化学性质极为活泼的铷，在光的作用下易放出电子的特性，并联合应用自旋运动原理和光泵抽运以及光监测来测定、记录总

地磁场的强度，精度更高。根据海洋磁力仪测量获得的磁异常场的特征及其分布规律可以了解海底岩石磁性不均匀性，进而推断地壳结构和构造，推断洋底生成和演化历史，为勘探海底矿产资源服务。

海洋地震仪（marine seismograph）利用人工激发所产生的弹性波（反射波和折射波），来探测海底地壳和地球内部结构的设备。它是海洋地球物理测量仪器中最重要的一种仪器。它由震源、检波器和电缆、地震记录器三部分组成。现多使用气枪、水枪、电火花、气爆、电磁振荡和水脉冲等作震源。检波器多采用压电陶瓷做成。电缆多采用漂浮组合电缆。记录器早期为光点地震仪、笔录地震仪、模拟磁带地震仪。由于应用了计算机技术，现已发展成数字地震仪。由于使用了三维地震技术，使详细查清海底含油气构造成为可能，提高了寻找石油和天然气的命中率。

海洋浮标（ocean ographic buoy）又称海上自动观测站，载有探测海洋环境用的各类传感器的海上平台。它是现代化海洋立体监测系统中的重要组成部分，具有在海洋的任何区域都能自动或连续地收集海洋环境资料的特点。

海洋航空遥感技术（ocean aerial remote sensing）以专用遥感飞机为工作平台在空中观测、记录海洋特性的技术，是海洋遥感技术的一个分支。海洋航空遥感原理类似于卫星遥感，但机载系统较小，飞行高度低，适合于区域性海洋目标探测。这种技术具有机动性好、分辨力强、便于海空配合等优点。海洋航空遥感源于第二次世界大战军事摄影侦察。自20世纪50年代初，美国开始将航空遥感技术用于海洋测绘及海岸制图。其发展速度很快，现已能用于穿过台风眼、探测台风内部的海气过程，以及应用于海岸带与河口动态过程调查、海冰详查与制图、海洋渔场海况速报与鱼群侦察、海洋执法管理、海洋环境监测等方面。

海洋激光雷达（marine radar）应用于海洋探测的激光雷达。它一般发射单色激光，根据不同探测机制接收不同的返回光，从而获取海洋各种信息。该雷达已被广泛应用于海洋科学研究，如对浅海水深、海洋叶绿素浓度、海表油污、海洋污染及海浪特征等进行测量研究。海洋激光雷达的测量机制主要包括：海水的粒子散射、喇曼散射、布里渊散射、荧光、海水吸收等。

海洋声层析技术（marine acoustic tomography technology）利用声学原理在大范围海域迅速同步测量海洋动力特性的一种遥感技术。海水的温度、盐度、流速和流向均对声波在海水中的传播速度有影响，因此可利用声波在海水中的传播速度，来反推声波经过水域的温度和盐度，以及利用声波往返传播的时间差，反推测量水域的流向和流速。具体的方法是在大面积（$100\sim300km^2$）海域的边缘布设若干水声发射器和接收换能器，测量各点之间声信号传播时间和往返传播时间差，再采用反演理论获得海洋声速的重现图像，把这种图像与相关的海洋物理特征结合起来，就可编制出所测水层内的海洋三维图像。这种技术类似于医疗诊断中用X射线或者其他射线穿透人体，经计算机处理得出的断层扫描（CT）。海洋声层析技术自问世以来，受到世界各海洋大国的重视，并相继开展了研究实验活动。

海洋声学定位系统（marine acoustics positioning system）利用海洋声学技术对海洋中的船舶或平台进行定位的系统。当前实际应用的有两类：（1）靠测量被测对象到基准点之间的声传播时差定位，又称为"双曲线定位"。使用这种定位方法的有长基线、短基线和超短基线定位系统。具体方法是布设基阵后，先由母船在控制的海域扫描航行，用卫星定位系统确定船位，据此先定出基阵信标元各点的坐标，再用此坐标为待定的船舶、平台定位。（2）测量被测对象到基准点之间的传播时间，可使用应答式，也可使用同步钟。目前，前一种技术使用更为普遍。中国研制的海洋大地测量水声定位系统，系采用超短基线和长基线相结合的定位技术和微机技术。其工作方便可靠，可用于建立水下大地测量的控制点和水下目标识别以及海底电缆、石油管道的铺设等。

海洋声学技术（marine acoustics technology）利用声波在海洋中的传播规律探测海洋特征的技术。声波在海水中的能量衰减比光波和电磁波小得多，传播距离远，速度快（1 500m/s）。迄今，海洋探测和开发主要依靠声学技术。海洋声学技术的原理是用水声发射器基阵向海水中定向发射声脉冲信号，形成一定宽度的波束。脉冲信号可根据需要，调制成低频（数百赫）或高频（数百千赫）。低频在海水中传播距离远，但分辨力低，所用发射器的体积大；高频传播距离近，但分辨力强。通常多用单频短脉冲或调频长脉冲，也可根据非线性声学原理，同时发射频率相近的两个高频脉冲，用差频法产生穿透力较强的低频且不需增大发射器的体积。接收器（水听器）基阵用波束形成技术，形成需要的有方向性的波束，如宽波束、窄波束、水平垂直面对称、水平面宽、垂直面宽等，也可形成多个波束。接收器既可与发射器合置，也可分置；可安装在船壳上，也可定深拖曳在船后。接收到的声信号根据需要用计算技术进行自适应滤波、脉冲压缩、快速傅立叶变换、相关处理等方法提高信噪比。其结果可用模拟记录器记录，也可数字化后存储以备后处理。为了提高图像的识别能力，有时用伪彩色显示、图像增强或加装专家判断系统等。海洋声学技术是由于水下战争的需要而发展起来的，第二次世界大战后逐渐由军用转向民用。如今海洋声学技术已广泛应用于海洋科学研究和海洋资源开发利用的各个领域。随着计算机技术、光纤技术的发展及新材料的出现，海洋声学技术已成为当今发展迅速的高新技术之一。

海洋卫星（ocean satellite）专门从事海洋监测和研究的人造地球卫星。包括海洋水色卫星、海洋环境卫星、海洋地形卫星等。它们可以提供大范围的海面瞬间信息，结合海洋空间特征，获取用其他方法无法获得的各种海洋要素，是发展"蓝色经济"的重要保证。海洋卫星可提供准确的海浪预报，不仅对海洋渔业生产、钻探、海上作业等提供帮助，还将有力地避免和减少海上航行灾难性事故的发生。海洋卫星所获得的海洋内波资料对潜艇的活动、海上石油平台设计、指导海洋调查船现场作业等都有巨大的作用。海洋卫星对海冰的测量，是海上航行和生产的重要保证；利用星载合成孔径雷达，进行浅海水深和水下地形探测，具有重要的经济和军事意义；利用海洋卫星图像资料可以发现海洋上油类污染，估算污染的范围，监测污染的扩散；利用海洋卫星图像资料，还可以确保海洋减灾。

海洋预报（oceanographic forecast）又称海洋环境预报，根据所预报海区的历史资料及实时观测资料，应用理论的或经验的方法，通过计算机处理和分析，对海洋环境各要素未来一天、几天或更长时间的变化所作的预测。预报内容主要有海浪、潮位、潮流、风暴潮、水温、盐度、海冰等海洋水文要素预报和海洋气象预报及渔情预报等。

海洋重力仪（marine gravimeter）测量海洋区域地球重力场变化的仪器。它分海底重力仪、水中重力仪和船上重力仪三种。船上重力仪在海洋重力测量中应用最广。它是通过弹簧的伸缩量、水平摆杆的偏角、振弦的频率变化等测量重力的相对变化。由于这种重力仪安装在船上，因此实现了船在航行中的连续观测。由于船上的水平干扰加速度、垂直干扰加速度、震动和航行方向等均对仪器的测量精度有很大影响，所以克服和消除这些干扰效应始终是提高仪器观测精度的关键。海洋重力仪所测得的重力异常分布特征和变化规律，为研究地质构造、地壳结构、地球形状和勘探海底矿产资源作出了重要贡献。

M

锚泊定位（anchored positioning）采用锚及锚索（链）将船或平台等漂浮物系于海底，使之不因风、浪、海流等诸外力而引起漂移的技术。它是一种最常见、最普通的定位方式。海上石油钻井船或钻井平台多采用锚泊定位。因为钻井允许的线位移或角位移都有严格的限制，且其隔水管与海底相连接，所以若产生过大的位移就会引起隔水管承受过大的弯矩与扭矩而损坏。

锚泊浮标（anchor buoy）又称海洋资料浮标或海洋遥测浮标，指用锚在预定的海域系留的浮标。这种浮标由浮标体、传感器系统、数据采集和处理系统、通信系统、电源和锚泊系统组成。它可观测风速、风向、气压、气温、水温、湿度、盐度、海流、海浪和浮标方位等参数，且可以进行长期连续地观测。

模拟潜水（simulated diving）在加压舱里用人工方法创造一个高压条件，模拟一定深度的海洋环境，潜水员在此环境下所进行的各种潜水活动。其目的主要用于训练潜水员和进行潜水医学、潜水生理学的实验研究。模拟潜水时，潜水员进入过渡舱加压，然后进入干加压舱着装，再进入湿加压舱，然后再在水中潜游和作业。水中作业结束后，潜水员回到干加压舱脱装，经减压后返回大气环境。由于模拟潜水在陆地上进行具有方便、安全、费用低的特点，因而得到广泛应用。1992年，饱和潜水人体最大模拟实验深度已达701m，实海实验深度达530m。目前世界上只有美、英、法、德、挪威、俄罗斯、日本和中国等少数国家可以进行300m以上的大深度饱和潜水实验。

P

漂流浮标（drifting buoy）在海上随波逐流的浮标。它由浮体、传感器、数据传输、系统控制及电源等组成。在漂流过程中，用微处理机控制整个系统，边观测边发报，用卫星转播所观测的资料，并由卫星确定漂流浮标的位置。

Q

潜标系统（submerged buoy system）水下定点、垂直剖面、长期连续测量海流的重要设备，也是海洋立体监测网的重要组成部分。由水下测量系统和布放在回收船上的信号发射接收设备两部分组成。水下测量系统包括主浮体、示踪信标、系留装置、转环、玻璃浮球、海流计、声学应答释放器和锚；布放在回收船上的信号发射接收设备，由声学应答释放器指令发送系统、示踪信标信号接收设备、海流计数据处理系统等组成。目前，美国的潜标系统较先进，标志其水平的潜标回收率和数据获取率分别为95%～98%和90%。中国的潜标系统近年有一定的发展，在浅海应用的潜标系统技术已成熟，系统的回收率和有效数据获取率可达100%。这种潜标系统为中国近海资源开发、海洋环境监测提供了重要的水下仪器载体。

潜水加压舱（diving compression chamber）简称加压舱，又称潜水减压舱，通过注入压缩空气或人工混合气体，形成舱内高压环境条件，供潜水减压、科学研究、模拟潜水及医疗救治之用，而后又能逐渐减压的钢质耐压容器。其工作压力最高可达9 807kPa。其结构大多采用圆筒形或球形。小型加压舱由主舱和过渡舱组成；大型加压舱由主舱、过渡舱、湿舱和干舱组成。主舱主要是用于潜水减压或饱和潜水时供潜水员居住的舱室，是潜水加压舱的主体。过渡舱是从大气环境进入主舱的通道，可以调压，当压力与主舱相等时，人员可进出主舱，又称出入舱或闸室。湿舱是注水的加压舱，可模拟一定深度的海洋环境，供潜水员训练、试验水下仪器设备等用途。干舱是不注水加压舱的统称，是用作潜水减压或潜水员居住的舱室。根据用途不同，潜水加压舱的种类也不相同。例如，安装在陆上的、主要用于模拟潜水的，称模拟潜水加压舱；主要用于救治病人的，又称医疗救护加压舱；安装在潜水工作船、打捞船或钻井平台甲板上的潜水加压舱，又称甲板加压舱。潜水加压舱配备有加减压系统、

生命支持系统、照明系统、通信系统、递物筒和其他附属设备。潜水加压舱及其组成系统比较复杂，技术要求很高，对于潜水实践和潜水科研都有重要作用。

潜水减压（diving decompression）为避免潜水员因上升（减压）速度太快、幅度太大发生减压病，而采用逐步或缓慢上升（减压）的方法，使溶解在人体内的中性气体顺利地通过血液循环释放出体外的过程。它可分为等速减压、阶段减压、水面减压及吸氧减压等。不论采用何种方式减压，均应根据潜水深度和水下工作时间的不同，预先从减压表中选择某种减压方案。

潜水减压舱（diving pressure-relief tank）见潜水加压舱。

潜水器（submersible）又称深潜器、可潜器、调查潜艇，具有水下观察和作业能力的活动深潜水装置。它主要用于水下考察、海底勘探、海底资源开发及打捞救生等，并可以作为潜水员活动的水下作业基地。现有的潜水器分载人潜水器和无人潜水器两类。

R

人造鳃（artificial gill）模拟鱼鳃功能，将氧气从水中分离出来供人体进行呼吸的设备。鱼鳃鳃片上排列着梳齿状的鳃丝，鳃丝上密布着毛细血管。当水通过鳃丝时，毛细血管就会摄取水中溶解的氧气，同时将二氧化碳排到水中。潜水员戴上人造鳃，就可以像鱼类一样在水底自由自在地畅游，确保潜水员的人身安全。如将人造鳃的尺寸缩小，可以绑在潜水员的胸膛上。

S

鲨鱼形潜艇（shark shape submarine）一种近距离观察大白鲨活动的水下密封装置。装置内正好能容下一个人。它由一个来回摆动的"尾"推动向前外面覆盖了一层弹性极强、皮肤似的材料，里面充满了水，人只能穿着潜水衣趴在其中，使用呼吸装置呼吸。

声浮标（sound buoy）一种能发出声频和接收声频的浮标。它用于定位系统精确定位。浮标内装有高精度铷钟作为控制发射接收计时用，并有自动处理和存储信号芯片。

声学多普勒海流剖面仪（acoustic Doppler current profiler，ADCP）一种利用多普勒效应测量海流的声学仪器。其工作流程是换能器通过海阀门或

声响井伸出船底水中，按一定角度向斜上方发射声脉冲信号，接收器收到声波在不同深度的海水中的散射及海水散射回来的时间不同，在电路中区分出海流状况，即测量出各层海水的流速。多普勒海流剖面仪的优点是能同步测量海流的垂直剖面，提供调查和研究用的海流结构，也可用来实时监测近海平台附近的海流，监测海湾、河流排水口和河口区的潮流。

水声通信（underwater acoustic communication）利用声波在水中传递信息的方式进行的通信。有语言通信（水声电话）和编码通信（水声通信机）两种工作方式。水声电话类似于无线电话，把讲话的低频信号调制在高频的超声波之上传送出去，接收机将信号检波，恢复成为讲话声。超声波载频一般在40～50kHz，作用距离可达200～800m，多用于潜水员与潜水员之间的互相联系。水声通信机由发射机、接收机和换能器组成，使用低频（几千赫至几十千赫）窄频带声脉冲信号作载波，作用距离远，多用于潜艇与潜艇、潜艇与水面舰船的联络。

水下电视监测系统（underwater television system）一种利用遥控电视设备显示水下图像的设备。主要由电视摄像机、水下照明灯、电缆、控制器、显像管和录像机等构成，还配备有深度仪、方位指示器、声学测距仪等附属设备，以应付复杂的水下环境。照明灯和电视摄像机放置在水下，其他部分均安放在船上。水下电视监测系统分深海型和浅海型两类。深海型工作深度大于300m，浅海型工作深度小于300m。按其工作方式又分为便携式、固定式、拖曳式和自航式等。水下电视监测系统主要用于对沉船、海底资源等进行探测和研究。

水下激光测量系统（underwater laser surveying system）用激光作脉冲发射源的水下测量系统。测量时采用激光发射器向海底发射光脉冲，光电管接收海底反射光波，根据光脉冲到达海底并返回的传播时间，使用专门程序分析的信息处理系统，就可计算出所需的测量数据。由于激光在水中的透射率较高，但在水中衰减较快，因此激光测量系统可以在水中进行多项近距离高精度测量及水下作业的定位及导引等。若与水下电视结合起来，可以直接显示海中景物。

W

微波散射计（microwave dispersion apparatus）通过测量风引起的粗糙海面对微波的回向散射特性来推算风场的仪器。在海面上，毛细波叠加在重力波上，风的变化引起海表面粗糙度的变化，使接收到的回向散射随之变化。根据回向散射与风矢量之间的相关模式，经过地球物理定标后就能得出海面风场。卫星微波散射计风场数据对于海洋环境数值预报、海洋灾害监测、海气相互作用、气象预报、气候研究等具有重要意义。

卫星高度计（satellite altimeter）由一台脉冲发射器、一台灵敏接收器和一台精确计时器构成的高度测量仪器。它通过对海平面高度、有效波高、后向散射的测量，可同时获取流、浪、潮、海面风速等重要动力参数。它还可应用于地球结构和海域重力场研究中。目前使用的卫星高度计主要是激光度计。安装于卫星测试平台上的激光高度计主要由激光发射、激光接受和数据处理三个模块组成。激光发射模块射出的激光束首先打到海（洋）面、冰块等探测目标上，海面等探测目标反射的激光信号被激光接受模块接受并把它转换成信号，处理模块就可精确地测量出被测目标的高度。

卫星海表温度遥感（satellite remote sensing of sea surface temperature）利用海面热红外辐射测量海面温度的技术。它是卫星海洋遥感中最成熟且用途最广泛的技术。该技术通过卫星海表温度系统，可从卫星上获取海洋环境参数。

卫星海洋遥感系统（marine satellite remote sensing system）利用电磁波与大气和海洋的相互作用原理，从卫星平台观测和研究海洋的遥感系统。其系统由空间平台及轨道、卫星传感器、数据传输、卫星地面接收站、图像处理与数据处理、海洋卫星资料的反演六部分组成。中国的卫星海洋遥感工作起步较晚，直到2002年才发射了第一颗海洋卫星。海洋遥感技术研究基础薄弱，技术队伍相对年轻，对海洋遥感究竟数据的综合分析处理能力明显不足，与先进国家还有明显的差距。但中国海洋卫星的研制方面有着自己的特色。随着政府重视和这方面工作的加强，这一差距已大大缩小。

无人驾驶深海巡航探测器（unmanned marine cruising detector）一种无人驾驶、能在深海进行探测作业的潜航设备。探测器用高能电池作动力，安装有高精度的导航装置及观测仪器，可以完成设定的各项探测任务。

(二)海洋工程（Ocean Engineering）

B

半潜式平台（semi-platform）平台主体部分沉没于海面以下的钻井平台。它由平台甲板、立柱和下体(或沉箱)组成。平台甲板为钻井工作场所，立柱连接平台甲板和下体，起到支撑作用，下体控制平台沉没水下。钻井作业时，沉箱中注入压载水，使平台大部分沉没于水面以下，以减小波浪的扰动力；作业结束时，抽出沉箱中的压载水，平台上升，浮至水面，进入自航或拖航状态。这种平台在钻井作业时还需要锚泊定位或动力定位，以增加其稳定性。它适宜在 300～600m 水深的海域钻井作业，是发展前景很好的一种石油钻井平台。

C

重返井口装置（reentry well-head assembly）又称再进钻孔装置，钻探作业的船只在一个钻井位置更换磨损钻头后再次返回到原来钻孔位置的技术装备。它由一个安放在海底的再进钻孔漏斗（又称导向喇叭口）、三个安放在导向盘四周的被动式声呐反射器、一根连接钻孔漏斗下部的钻探导管和一个声呐扫描器等组成。钻探导管通过自动锁紧装置连接在钻孔漏斗下部。声呐扫描器安装在钻头的前端，它能接收声呐反射器的回波，寻找钻孔位置。重返井口作业时，先操纵船只，用动力定位设备调整船位，通过声呐扫描器进行扫描，声呐反射器对钻头和钻杆导向，依靠安装在钻杆上的液体喷嘴喷射水流，使钻头和钻杆向再进钻孔漏斗上的声呐反射器的中部移动，对准漏斗的中心，钻头和钻杆便巧妙地再次进入原有钻孔，继续钻井作业。

G

港口工程（port engineering）在海岸或入海河口修建的供人员及货物中转运输的建筑工程。它常由码头、防波堤、航道、航标、锚泊地及陆上配套设施（道路、仓库、装卸及运输设备、通信、水电供应等）组成，是一个综合性的系统工程。一般大型港口工程多与交通枢纽、海军基地和大城市配套建设，对推动地方经济建设和社会发展、巩固国防安全，具

有重要作用。

工矿用海（mineral sea）开展工业生产、工程建设及勘探开采矿产资源所使用的海域。包括盐业用海、临海工业用海、工程建设用海、固体矿产开采用海和油气开采用海。

固定式海上平台（fixed structure above sea platform）一种固定于海上的施工（主要指海上钻探施工）平台。其主要结构物下端固定在海底。常用的固定式海上平台有重力式平台和导管架桩基海上平台。前者用钢筋混凝土建造，依靠自身重量直接支撑在海底。通常由一个基座上支撑的数根桩柱使甲板高出水面，为施工人员提供施工场地。导管架桩基海上平台由上部结构、导管架和支承钢桩组成。导管架支撑平台甲板，提供施工场地，下部钢桩固定于海底。其特点是平台结构整体稳定性较好，可在陆地上分块制作，再进行现场组装，有利于保证施工质量，并省去造架。有的国家还使用一种拉索式海上平台，即采用绷绳（钢索）将海上平台固定。其特点是海上平台具有较大的柔性，作用于其上的波浪荷载小于同样海况下的刚性支撑结构。

H

海岸工程（coastal engineering）为防护海岸或为开发利用海岸带资源而在海岸兴建的各种建筑物。根据其目的和用途的不同，可分为海岸防护工程、围海工程、河口整治工程、海底疏浚工程、海港工程等。在对海岸工程的建筑进行设计时要充分了解海岸水文、海岸气象、海岸地质等方面的情况。

海底电缆（undersea cable）铺设在海底、远距离连接两块陆地，或将海中建筑物与陆地相连的电缆。电缆是用绝缘外皮包裹的由一根或多根相互绝缘导电铜芯组成的电线，用以传输电能或进行通信。海底电缆作为一项海洋工程，施工中依据设计路径的海底地质条件，或将电缆埋入海底一定深度，或直接铺设在海底。在近岸地区，海底电缆经过的地方，还必须设置警戒标志，以防电缆受到人为损坏。海底电缆施工时，一定要按规范要求进行施工操作，

特别是要确保电缆接头在海底水压条件下有良好的密封性能。

海底工程用海（floor engineering sea）建设海底工程设施所使用的海域。包括电缆管道用海、海底隧道用海、海底仓储用海以及海底国防工程用海。

海底管道（subbottom tube）在海底铺设的具有输送功能的管道。它主要用于输送物资，常见的有输送海上油气田生产的石油天然气的海底油气管道，用于输送淡水资源供缺乏淡水的近岸海岛军民使用的输水管道。海底管道多由海上铺管船铺设。管道或铺设在海底、或埋设在海底松散沉积物之下，也可以全部或部分悬跨在海床上。对于长距离铺设的海底管道，由于所处环境变化较大，设计、施工和维护中都应精心，以确保海底管道的工程质量和使用寿命。

海底光缆（undersea optical cable）由光导纤维构成的铺设在海底可传输电报、通话、传输数据和图像的通信缆线。它具有传输容量大、抗干扰性好和保密性强等优点。每对线路每秒钟可传递2.8Mbit信息。它适用于多路通信、电视和高速数据传输等。

海底核电站（undersea nuclear power plant）建筑在海底、利用核能发电的电站。其发电的原理和设备与陆地核电站一样，但由于地处海底，工作环境和条件比陆地核电站恶劣。它不但要承受海水的巨大压力，还必须有很好的密封性和抗海水腐蚀的能力。因此，海底核电站均是在陆地或海面上进行建造和整体安装之后，将整个电站设备安置在圆桶形或球形耐压舱室中，再沉入海底，定位于预先在海底建好的基础上，采用无人管理的自动控制系统进行发电。

海底军事基地（undersea naval base）建造在海底的军事设施。海底军事基地有固定式和非固定式之分。固定式一般建造在海底地下开凿的岩洞、隧道之中，非固定式多设在海底表面，由沉放于海底的或在海底现场组装的金属构筑物组成。海底军事基地具有良好的隐蔽性。目前世界上已建成的海底军事基地有海底导弹和卫星发射基地、水下潜艇补给基地、水下观测和反潜系统、水下作战指挥控制中心、水下武器试验场等。

海底隧道（subbottom tunnel）位于海峡、海湾或河流入海口等处、在海底建造的沟通两岸联系的工程构筑物。它一般都由引道、海底段和海岸段组成，具有通行能力大、不受天气变化影响、可防空和不占用海域空间等优点。其施工方法为：（1）在海底的地下采用钻机钻洞；（2）将预制好的钢筋水泥管道铺设在海底地面之上，用特制钢架固定在海床上。目前世界上已建成的跨海隧道有沟通英国与欧洲大陆的英法海峡海底隧道、沟通日本国本州岛与北海道岛的青函海底铁路隧道。

海底完井装置（subsea completed well unit）钻井平台完成钻井作业后直接在海底井口处安装的采油装置。即采油时用管线直接把海底开采出的油气送往陆上或水面的单点系泊采油系统。水下完井装置可分为干式和湿式两种类型。干式水下完井装置是一种安装在常压井口罩内的井口装置，一般由底部导管架、中部的井口房及上部的工作舱组成。其工作舱平时装在水面工作船上。修井时，利用井口房顶端所设的钢缆呼唤浮标，载人工作舱由水面沿钢缆下潜到海底与井口对接，这样工作人员可以在常压的环境条件下对井口装置进行修井作业。湿式水下完井装置的海底采油树及所有组件都暴露在海水中。海底采油树由钻井平台进行安装，同时需要通过潜水员或由水面控制的操作机把出油管线连到采油树的出口管道上。利用完井装置可以大大节省油气的开采费用，提高油气开发的经济效益。

海上公园（offshore park）在风景优美的海滨或海岛建造的文化娱乐和休闲场所。海上公园有两层含义：（1）指由国家划定的保护海洋景观和海洋生物资源的自然保护区，那里海流、波浪、潮汐平稳，海洋动植物资源丰富，海中景观变化丰富且保留有原始性；（2）指在自然景观优美的海岸带进行深度开发，建设海水浴场、海洋博物馆、海底世界，进行沙雕、沙滩体育、海洋观光等各种游乐活动，为民众提供陆地公园无法实施的种种休闲观光方式。

海上航空港（maritime airport）见海上机场。

海上机场（offshore airport）又称海上航空港，指在海上建设的浮动式或固定式机场。浮动式机场利用半潜式海洋建筑物（浮箱）拼接构成，不受海水深度限制。固定式机场由多种方式建造：（1）填海式，即把机场建筑在人工填海形成的人工岛上；（2）围海式，即在靠岸的地方围圈一片海域建造；（3）栈桥式，也叫桩基式，即把基桩打入海底，整个机场建筑由桩墩支承。固定式机场无论以哪种方式建造，都只能建筑在沿岸的浅海水域。海上机场有很多优点，不仅地价低廉、建造方便，而且对城市的噪声影响小，能使气体污染物排放减少。海上机场适用于土地供应紧张的沿海城市。

海上平台（maritime platform）高出海面且具有水平台面的一种桁架构筑物。按其结构特点和工作状态可分为固定式、半固定式和浮式三大类。固定式平台是指平台下端固定于海底的工程设施。这种平台稳定性能好，但造价随水深成指数倍增加，适用的水深会受到限制。浮式平台是指漂浮于海面并可移动的平台，如坐底式平台、自升式平台、半潜式平台和船式平台（钻井船）。半固定式平台介于上述两者之间，如张力腿平台等。按平台的用途可分为钻井平台、采油平台、储油平台、修井平台、施工平台、供应平台、生活平台等。按作业区域的不同可分为浅水平台、深水平台、极区平台等。海上平台的建造需要先进的技术、高性能的材料和高额的投资，目前已广泛应用于海洋油气的钻探和生产中。

海上桥梁（maritime bridge）跨越海面，连接海峡、海湾或陆地与岛屿、海上建筑物之间的架空建筑物。随着建桥技术的发展，大跨度桥梁结构为海上桥梁的建设提供了可靠的技术支持。梁式桥、悬索桥、刚架桥、斜张桥等各式海上桥梁在世界各地层出不穷。

海上油库（offshore oil depot）建筑在海上的石油原油或燃油的储存设施。海上石油生产所采的原油多需要中转储存的油库才能转运到陆地上的炼油厂进行加工。特别是远离海岸、海水较深的海上油田，海上储油设施的建设更是必不可少。目前常用的海上油库主要有两类：（1）由相互隔离的油箱组合而成的饭盒式油库；（2）由报废或闲置的大型油轮改造成的储油船。一些沿海城市，为了安全及降低储运成本，也常采用建筑海上油库的方式来储存城市用燃油。常见的方式就是用锚链将储油罐固定在海中。

海洋工程（ocean engineering）海岸带或海上为开发利用海洋资源的各种建筑物、工程设施和技术的总称。它是应用海洋基础科学和电子工程、船舶工程、材料工程及军事工程等有关技术学科的原理，在开发利用海洋中形成的一门新兴的综合技术学科。它也是在沿海为控制和利用海水而兴建的各项设施的统称。海洋工程的范围通常包括海岸工程、离岸工程或近海工程、深海工程。

海洋工程环境（ocean engineering environment）与海洋工程设计、建造及运营管理有关的海洋环境条件。包括海洋气象条件（气温、气压、风力等）、海洋水文条件（海流、海浪、潮汐、海啸、风暴潮、海水等）、海洋地质条件（海岸地质地貌、海底地基结构特征与力学性能、海岸侵蚀、海底泥沙堆积与运移等）。除此之外，海洋工程设计与建设还要考虑工程所处的海洋化学环境和海洋生物活动情况，并确保海水的化学腐蚀及海洋生物活动不会给海洋工程带来较大的安全隐患。

海洋功能区划（classification of marine function）根据海域的地理位置、自然资源、环境条件和社会需求等因素对海域进行的不同功能类型的划分。划分海洋功能区可以指导、约束海洋生产实践活动，保证海洋开发的经济、环境和社会效益。海洋功能区划是海洋管理工作的基础。

海洋建筑设计（design of marine construction）为开发利用海洋空间及资源而进行的海洋建筑物设计。包括各种永久型、半永久型海中或海底建筑物。由于所处海洋环境的特殊性，海洋建筑物的设计要充分考虑以下因素：（1）建筑物所处环境条件。如海风、海浪、海流、地质、地貌、地震等因素。通过观测统计、数值计算和模拟实验，求出结构承载能力、抗震和减摇的可靠数据。（2）结构极限承载能力。在最大设计荷载条件下，设计结构应确保整体和局部均不发生受力屈服、变形和开裂。（3）结构动力响应。建筑物设计能有效消除来自风、浪、海流和地震等激震力引起的建筑物总体与局部结构间的耦合效应，防止结构产生疲劳和断裂破坏。

海洋开发利用（ocean exploitation and utilization）应用海洋科学和相关工程技术进行海洋资源的开发和利用的各种活动。它主要包括三个方面：（1）对海洋物质资源的开发利用，如对海水资源、生物资源和矿产资源的开发利用；（2）对海洋空间的开发利用，如海上航运、海上工程、海底隧道、海底军事基地等；（3）对海洋能的开发利用，如波浪能、潮汐能发电、海水温差发电等。海洋开发利用，还可按所处位置分为海岸工程、近海工程和深海工程。

海洋科学调查船（marine scientific research ship）调查研究海洋环境和海洋资源的船只。它调查的主要内容有海面与高空气象、海洋水深与地貌、地球磁场、海流与潮汐、海水物理性质与海底矿物资源（石油、天然气、矿藏等）、海水的化学成分、生物资源（水产品等）、海底地震等。大型海洋科学调查船可对全球海洋进行综合调查，它的稳定性和适航性能好，能够经受住大风大浪的袭击；船上的机电设备、导航设备、通信系统等十分先进，燃料及各种生活用品的装载量大，能够长时间坚持在海上进行调查研究。同时，这类船还具有优良的操纵性能和定位性能，能适应各种海洋调查作业的需要。

海洋空间利用（utilization of ocean space）对某个海域空中、海中及海底空间进行资源开发和利用的活动。对海洋空间的开发利用可分为三个方面：(1) 海上交通和通信，如港口航道、桥梁隧道、海底电缆、海底管道等；(2) 生产和生活，如海上公园、海底酒店、海上城市、人工岛、海上工厂等；(3) 海底军事基地，如水下兵工厂、海底潜艇基地、水下军事指挥中心、导弹发射基地等。按海洋工程结构，可以将海洋空间利用分为两种类型：(1) 建造在海底的、或潜于水中或露出水面的固定建筑物；(2) 用锚链锚固的海上浮体式建（构）筑物。

海域管理（marine management）对海域空间资源的管理及对海域使用权属的管理。它涉及多方面的内容和多部门的工作，具有广泛性和综合性。中国海域管理的职能部门是国家海洋局。其管理内容很多，如海洋石油勘探开发过程中的环境保护、海洋倾废、海底电缆管道铺设、国家海域使用和海洋自然保护区管理等，依法行使海洋监察权，包括实施监视执法和监督管理。还可对其他海洋管理部门主管的工作，如防止和防治船舶污染、陆源污染和海岸工程建设等的污染损害，以及对海洋资源开发、海域管辖权等涉及维护海洋权益、保护海洋资源和环境方面的问题，依法进行海上监察等。

J

交通运输用海（transportation sea）为满足港口、航运、路桥等交通需要所使用的海域，包括港口用海，航道、锚地和路桥用海。

近海工程（offshore engineering）又称离岸工程，指为开发利用近海资源而在近岸水域兴建的各种建筑物。它包括多个产业，如航运、渔业、养殖、采矿、波浪能利用、浅海油气开发等。其中油气开采、海洋能利用和海水增殖、养殖业发展，是目前各沿海国家最为重视和优先发展的近海工程。

L

蓝色革命计划（blue revolution plan）利用大洋深处海水的计划。在大洋深处，深层水温只有4～

5℃，氮和磷分别是表层海水的200倍和15倍，极富营养。将深层水抽上来，给以充足的阳光，就会形成一个产量倍增的新的人工生态系统。温差还可以用来发电或直接用于农业生产。美国和日本已经在进行这种人工上升流试验，并认为将引发一场海水养殖的革命。

离岸工程（offshore engineering）见近海工程。

旅游娱乐用海（entertainment sea）开发利用滨海和海上旅游资源、开展海上娱乐活动所使用的海域。包括旅游基础设施用海、海水浴场和海上娱乐用海。

P

排污倾倒用海（pollutant dumping sea）用来排放污水和倾废的海域。包括污水排放用海和废物倾倒用海。排污倾倒用海一般选择在海流强、自净能力大的海域。

Q

全球海洋观测系统（global ocean observing system, GOOS）通过科学设计，用于收集、处理和分析持续观测的海洋学数据和散发数据产品的永久性国际系统。由布设在全球海洋现场及卫星运载仪器上的高技术设备构成，主要有用于海洋物理学和海洋生物学的声光遥感技术、用于海洋化学及生物取样的自动智能型潜水载体、用于生态系统分析和船舶航线预报的浮游动物生物量剖面仪和声学多普勒海流计，以及在特定海域进行多参数、长时间序列观测的大洋平台和沿岸海域的航空遥感仪器等。该系统观测网络由空间、海面和水下三方面构成。为保证该系统收集海洋数据的精确度和可靠性，一般采用水声遥测通信技术和现代卫星控制的次表层声学系统进行定位和导航。

R

人工岛（artificial island）用人工方法建造的海上陆地。目前世界各沿海国家多用这种办法解决城市用地的不足。按用途可将其分为工业用人工岛、石油开采用人工岛和居住型人工岛；按所处位置可分为内湾型（海湾内）人工岛和外海型人工岛两种。它常建在水深20m以内的近岸浅水海域，由基础与主体部分构成，并带有通道（桥梁或海底隧道）与陆地相连。它还筑有各种防护工程以防止海风、波浪、海流、潮汐和海冰对人工岛的侵蚀。

人工育滩（beach nourishment）用人工方法维护和改造海滩、使其具有开发利用价值的工程措施。这种措施既可以有效保护陆区和岸坡的稳定，又可在此基础上经过精心设计，使海滩具有一定的开发利用价值。人工育滩的主要方法有修筑海堤、修筑顺坝（垂直海岸线的矮坝）和丁坝（"丁"字形矮坝）、人工固沙、培育植被和人工补沙等。中国沿海一些海滨浴场的开发大多是人工育滩的结果。

S

深海工程（deep sea engineering）为开发利用深海资源和深海空间（水体及海底）而在深海水域兴建的各种建（构）筑物。如深海油气资源、矿产资源开采、海底电缆通信工程、核废料深海储存工程、深海军事工程等。深海工程处于水深浪大且易受海流及海洋气候影响的环境，故对工程材料的选用以及工程设施的设计和施工都提出了很严格的质量与技术要求。

世界海洋环流实验（world ocean circulation experiment，WOCE）一项大型的全球国际合作海洋学研究计划。世界海洋环流实验（WOCE）进行为期十年（1990～2000年）的全球海洋准同步观测，通过数值模拟、经常性监测、专题调查三者有机结合，建立了解全球海洋环流变化及其对全球气候影响的机制。WOCE的总目标是建立可用于预报气候变化的模式，收集检验模式所需的资料，确定海洋长期动态的WOCE专题数据集的代表性，寻找确定大洋环流长期变化的方法。为达到总目标，WOCE实施七个现场观测计划，即水文观测计划、卫星观测计划、现场海平面观测计划、漂流浮标和表层漂流器观测计划、定点测流计划、志愿观测船计划和声学多普勒海流剖面仪观测计划。

水下居住实验室（underwater dwelling lab）又称水下居住舱或水下实验室，应用饱和潜水原理在水下设置的供科学家和潜水员工作、休息和居住的活动基地。其结构大多是钢质的圆筒、圆球或椭圆球，也有用尼龙橡胶等材料制成的充气结构。它大多固定在海底上，少数漂浮于一定深度或可移动。水下实验室通常由水面补给船、人员运载舱和水下实验室三部分组成，被称为"水下实验室系统"。水面补给船的任务是进行指挥、通信、安全保障和各种物资供应。人员运载舱是水下实验室同水面补给船之间的运载工具。水下实验室是潜水员工作、生活和休息的场所。在坐落于海底的水下实验室进行测量，不受外界环境，特别是天气状况和风浪的影响，测量精度高。由于水下实验室能在水下有效地完成海洋生物、地质、污染、考古、湖沼或海洋药物等研究，所以是海洋科学研究的现代化工具。

T

特殊用海（special sea）用于科研教学、自然保护区、海岸防护工程等海域。包括科研教学用海、自然保护区用海和海岸防护工程用海。

W

围海工程（sea reclamation works）将成片的海域用封闭的围堤包围起来改做他用的工程。围海工程除了海堤外，还包括闸门及专用附属建筑物。按用途划分，围海工程可分为围海用海工程和围海造陆工程。前者仍作海区使用，多用于海产品的养殖；后者则为造成供建设或其他目的用地，如港口、农田、居民区、市政工程用地。无论哪种用途，围海工程都要满足防护要求。

围海造地用海（land-making sea）在沿海筑堤围割滩涂和港湾、填海成地使用的海域。包括城镇建设用海、围海造田用海。

无人无缆潜水器（underwater and unmanned diving device）既不载人、又没有脐带电缆的潜水装置。它与工作母船没有机械上的联系，自己提供动力，具有在三维空间里自由运动的能力。根据其控制方式，可分为声控式、自控式和混合式三种。它在军事、海洋工程及海洋学研究中发挥了重要的作用，是一种很有发展前途的潜水器。中国2006年研制的世界最大潜深的无缆载人潜水器（潜深7 000m）实现了载体性能和作业要求一体化。与世界上现有的5台最大潜深6 000～6 500m的载人潜水器相比，它具有7 000m的最大工作深度和悬停定位能力，可达到世界99.8%的洋底。此外，它还具备先进的水声通信和海底地貌地形探测、高速传输语音和图像以及探测海底小目标的能力。

Y

移动式海上平台（movable maritime platform）施工完成后可以在海上移动的施工平台。它有自己的浮力结构，可以由拖船拖拽着在海上移动，有的自身具有移动动力装置，可以自航。移动式海上平台钻井施工时要用桩、锚或停泊系统和定位系统，在一定时间内固定在一个位置上，完成作业后方可移动。它可以在较深海域开展作业，但稳定性相对较差。常见的移动式海上平台有自升式、坐底式和半潜式平台。海上钻探船也是一种有动力、可以自航的移动式海上平台，它是有良好的定位系统和锚固系统，可以在海水深度达600m及更深的海区开展海上钻探工作。

渔业用海（fishery sea）为开发利用渔业资源、开展海洋渔业生产所使用的海域。包括渔业基础设施用海、增养殖用海和人工鱼礁用海。

Z

张力腿平台（tension leg）又称张力腿式平台，利用绷紧钢索或较细钢管的张力来固定井位的平台。它是将钢索或钢管的一端用桩或注水泥的方法固定在海底，另一端穿过平台立柱连接到张紧机上，当操作张紧机时，能使多条钢索或钢管拉紧，平台相对稳定。这种方法适宜深水作业，是具有较大发展前景的深海采油平台。

自升式平台（jack-up platform）又称起重型平台或桩脚型平台，桩腿能够升降的钻井平台。整个平台由甲板和桩腿组成。作业时升降机放下桩腿，插入海底一定深度固定，把平台甲板升出海面之上，不受波浪的影响。钻井作业结束后，利用升降机先使甲板降至海面，然后利用平台浮力用升降机把桩腿从海底中拔出来，使平台浮出海面，进入拖航或自航状态，移向新的钻井位置。这种平台稳定性好，能在水深10～110m的海域作业，是目前世界上应用最广、数量最多的海洋石油钻井平台。

坐底式海上平台（bottom-supported maritime platform）主要由甲板、沉垫和中间连接的支撑构件组成的移动式海上平台。执行钻井工作时，先向沉垫（压载水舱）灌水，使其沉坐于海底形成支撑，平台甲板则露出海面成为钻井施工场地。完成钻井作业后，排出压载水舱内的海水，使沉垫脱离海底上浮，整个平台可以实施平移。坐底式海上平台适宜在水深不大（10～30m）的浅海海域工作，本身无动力装置，移动时要有拖船拖拽。

（三）海洋资源开发与利用（Development and Tapping of Marine Resources）

B

波浪动力船（wave dynamic ship）以海洋波浪能为推进动力的船舶。其原理是：航船在波浪作用下起伏运动，依靠设在船两侧的鳍板，将船体升降的势能转换成推动船只前进的动能。但由于海洋波浪的随机性，单纯以波浪能为动力推进的船舶目前还难以实用。当前的研究，多是围绕利用波浪能为船舶提供助航动力。

G

钴结壳开发技术（exploitative technology of cobalt crusts）又称钴结壳、富钴锰结壳开发技术。采掘海底钴结壳的技术，钴结壳中含有钴、镍、铂、锰、铜、铝等50多种元素。一般钴金属含量为0.8%，有的地区高达2.5%。它主要分布在水深1 000～3 000m的中太平洋海山区，南、北纬5°～15°之间，坡度小于20°，沉积在基岩长期裸露的海山、海台和海岭的顶部或上部斜坡上，平均厚度3cm，在有些地区则厚8～10cm，覆盖率一般超过50%。中太平洋的莱恩群岛、夏威夷群岛、马绍尔群岛、帕尔米拉群岛、约翰斯顿环礁、土阿莫土马克萨斯群岛、波利尼西亚岛

等海山上均覆盖有钴结壳。在西太平洋上，钴结壳则分布在北马里亚纳群岛、关岛、威克岛、萨摩亚岛、贝克岛和豪兰岛等岛上。海底钴结壳的资源总量已超过10^9t。其中，仅夏威夷群岛、约翰斯顿环礁和帕尔米拉群岛海山上分布的钴结壳至少含有钴金属10^7t、镍6×10^6t、铜10^6t和锰3×10^7t。由于钴金属目前市场价格是镍的5倍、铜的15倍，所以具有很高的开采价值。

H

海底采矿（submarine mining）利用专门的海上技术装备，从海底表层沉积物或岩层中获取矿藏。20世纪60年代以来，海底采矿已有迅速的发展，能在较深的海域进行大规模的勘探与开发。目前，海底油气采矿发展最快，产值占全部海底采矿总产值的90%以上；其次是煤，占3%～5%；再次是砂、砾石和海滨砂矿，占2%左右。底表层矿开采，根据浅海与深海采矿难度不同分为两种：（1）海滨砂矿和沙砾开采。露出水面的砂矿，通常采用露天开采方法。水面以下砂矿开采使用链斗式采矿船、吸扬式采矿船、抓斗式采矿船和空气提升式采矿船。（2）深海

采矿。目前最具有开采前景的深海表层矿有海底锰结核、钴结壳、多金属软泥和硫化矿床。开采方式多采用集矿机器人或深海采矿技术进行开采。

海上油气勘探（exploration of maritime oil and gas）应用海洋地质、地球物理方法和钻探等手段，探明海底岩层中石油、天然气资源的分布与储量的整个过程。在海上油气勘探中，使用得最多的方法是对调查海区进行人工地震、重力、磁力等地球物理勘探。此外，海底地形测量、沉积物取样、浅地层剖面测量等方法，以及地球化学勘探、卫星遥感等技术也使勘探油气的能力有了较大的提高。但是，在海上油气勘探中，花钱最多、最重要的勘探手段，还是使用海上钻井平台或钻井船在海上进行钻探作业。

海水淡化技术（desalination technology of seawater）又称原水脱盐技术，指脱除原水中的大部分盐类、使处理后的原水变为符合规定用水标准的淡水的技术。淡化所用的原水主要有海水和苦咸水，此外还有河水和废水等危险水。海水淡化技术是由海洋科学、新材料、信息技术、化工等当今世界众多学科的尖端技术交叉渗透而成的技术集成。它具有不受时空和气候影响、水质好、供水稳定等特点。淡化后的水质清洁无菌，犹如纯净水，含盐量远低于普通饮用水。海水淡化技术的种类很多，目前使用较广的主要有反渗透法、蒸馏法和电渗析法。

海水防腐技术（marine anticorrosion technology）防止海洋设施被海水腐蚀以延长其使用期限的措施和方法。海洋是自然界中腐蚀最严重的场所，所涉及的防腐技术既广泛又复杂。通常把海洋环境分为海洋大气区、浪花飞溅区、潮差区、海水全浸区及海底泥土区。在海洋大气区常采用氯化橡胶、环氧沥青、乙烯基涂料等进行防腐处理；在浪花飞溅区及潮差区除采用涂料外，还采用蒙乃尔合金和不锈钢等金属覆盖层及橡胶、环氧玻璃钢等有机覆盖层进行防腐处理；在海水全浸区常采用耐海水钢、涂层和阴极保护联合的综合保护法；在海底泥土区多应用厚膜型涂料。海洋防腐技术发展的总趋势是在考虑长效又不影响生态环境的情况下，大力发展重防腐涂料、微泡沫涂层技术、有机无机复合型防腐涂料，以及涂料与电化学保护配套技术等。

海水农业（sea water agriculture）直接用海水灌溉农作物，开发沿岸带的盐碱地、沙漠和荒地的农业。人类为了获得耐海水的植物正在进行艰苦的探索，除了采用筛选、杂交育种外，还采用了细胞工程和基因工程育种。目前，采用品种筛选和杂交等传统方法，已经获得了可以用海水灌溉的小麦、大麦及多种蔬菜。

海水鱼养殖（marine fish breeding）利用浅海、港湾或人造设施养殖海水鱼类的生产活动。主要养殖品种有真鲷、黑鲷、石斑鱼、牙鲆、大黄鱼、小黄鱼、鲈鱼、梭鱼等。海水鱼养殖常用以下方法：（1）港湾养殖。将港湾或潮间带滩涂筑堤围坝、蓄水放苗养殖，要注意及时投放饲料。（2）围栏（网围）及网箱养殖。主要利用浅海水域进行海水鱼养殖。两种方式都必须精心照料，还要随时注意气候及海浪对养殖环境及鱼类生长的影响。

海水增养殖（marine breeding and stock enhancement）是海水养殖和海水增殖的合称。海水养殖是指在浅海、滩涂的某一限定水域中用人工孵化、饲养及人工管理的方法把鱼、虾、贝、藻类培养成熟的过程；海水增殖则是指先用人工的办法孵化、育苗、进行中间培养，当幼苗（如鱼、虾苗）长到一定大小后，再把它们放入天然的海域中，让其自然生长，最后进行捕捞的过程。用海水增殖的办法可以大大增加自然海区的资源量。通过海水增养殖发展起来的水产业叫海水增养殖业，也有人称之为海洋农牧业或海洋牧场。

海水综合利用（comprehensive utilization of sea water）又称海水资源综合利用，使海水资源得到充分、合理利用，获得较好的社会、经济和生态效益的海水资源开发模式。即在一定条件下，通过适当的流程，把海水淡化、海水化学资源提取、海水直接利用等方式方法中的两个或多个结合起来。例如，在海水淡化过程中，除生产大量的淡水外，还可用浓缩后的卤水生产食盐和提取钾、溴、镁、锂、铀等化学产品，比直接采用海水提取这些资源效率更高、更经济。

海洋贝类养殖（marine shellfish breeding）利用海滨滩涂、浅海及网笼等设施养殖海洋贝类的生产活动。主要养殖品种有鲍、扇贝、珠母贝、贻贝、毛蚶、青蛤、泥螺、红螺等。其中以鲍最为名贵。鲍多用工厂法养殖，在室内建长10m左右、宽深均不大（小于1m）的水槽，用网片及支架制成能放入水槽中的网箱置于海水中，放入鲍苗。饲料由海带等海藻及人工饲料配合而成。其他贝类除扇贝、珠母贝用网笼悬挂于海中浮筏下进行养殖外，毛蚶、泥螺、青蛤、红螺等多在海滨潮间带滩涂上直接播苗养殖。

海洋初级生产力（marine primary productivity）单位面积或体积的海域在一定时间内浮游生物、底栖生物（包括固定生长的海藻和红树、海草等植物）以及自养细菌等生产者，通过光合作用或化学合成制造有机物或固定能量的能力。它有总初级生产力和净初级生产力之分。总初级生产力是指植物所固定的能量或所制造有机碳量，包括植物呼吸消耗在内的全部生产量或能量；净初级生产力是指从总初级生产量中减去植物呼吸所消耗的生产量的差值。

海洋次级生产力（marine secondary productivity）单位面积或体积的海域，在一定时间内异养生物（非自养生物，主要指动物）利用自然条件下的有机物合成自身物质的总量。常用有机碳总量来表示。不同的海区，由于所处位置及环境条件的不同，次级生产力差别很大。沿岸地区、上升流地区海洋次级生产力较高（初级生产力也高）；而在大洋海区、深海，动物的数量明显减少，次级生产力较低。

海洋高技术（marine high technology）用于海洋环境探测及海洋资源开发利用的高新技术。它是建立在现代海洋科技理论和其他技术领域最新技术成就基础上的跨学科的综合技术体系。它包括海洋遥感、深潜技术、水声技术、深海油气开发技术及采矿技术、海洋生物技术等。中国将海洋监测技术、海洋生物技术、海洋探查与资源开发技术等列入海洋高技术发展计划，总体目标是在这些领域达到国际先进水平，并把主要技术成果应用于海洋产业和相关产业，实现并促进海洋高技术的产业化。

海洋经济（marine economy）为开发海洋资源和依赖海洋空间而进行的生产活动。直接或间接为开发海洋资源及空间的相关服务性产业活动的经济集合，也被视为海洋经济。在世界范围内已发展成熟的海洋产业有：海洋渔业、海水增养殖业、海水制盐及盐化工业、海洋石油工业、海洋娱乐和旅游业、海洋交通运输业和滨海砂矿开采业等。现代海洋经济强国的主要特征是：海洋经济对国民经济有较高的贡献率；海洋经济总量居世界海洋国家前列；有能力参与国际海洋开发的重大事务；海洋生态系统良性循环、海洋开发体系科学合理。中国拥有相当面积的海洋国土和依法可利用的公海区域资源和方便的海上通道，地理区位条件重要或较好，海洋自然环境条件相对稳定、自然资源种类丰富、数量巨大，国民经济总体经济基础较强、具有一定规模的海洋产业基础和较高水平的海洋科技队伍和研究、开发能力以及实力较强的海洋专业教育能力，国民具有一定的海洋开发与保护意识，具有建设海洋经济强国的基本条件。

海洋农牧化（marine stockbreeding）通过人为干涉改造海洋环境，以创造经济生物生长发育所需的良好环境条件，同时也对生物本身进行必要的改造、以提高它们的质量和产量的科学实验和生产活动。具体就是建立育苗场、养殖场、增殖站，进行人工育苗、养殖、增殖和放流，使海洋成为鱼、虾、贝、藻的农牧场。中国目前已是世界第一海水养殖大国。随着海洋生物技术在育种、育苗、病害防治和产品开发方面的进一步发展，海水养殖业将加速向高技术产业转化。

海藻养殖（algae breeding）指利用海滨滩涂及浅海养殖海洋经济藻类的生产活动。主要养殖品种有海带、裙菜、紫菜、螺旋藻等。不同的藻类有不同的养殖方法。人工养殖海带、裙菜，将幼苗的假根固定在苗绳上，将苗绳悬挂在浮筏上，使其叶片向下生长，水深应保持在 5m 以上以使藻类有足够的生长空间。紫菜养殖则将幼苗附着于网帘，再将网帘悬挂于潮间带水面的浮筏上。螺旋藻的养殖则需要含藻种的海水在光照和养料充足的条件下循环流动，以促使其快速生长。

S

深海钻探技术（deep-sea drilling technology）能在深海区进行钻井作业的各种先进技术。这些设备主要有动力定位设备、重返井口装置、液压活塞取芯装置和起伏补偿装置等。动力定位设备是一种在 6 000 多米的深海，不用抛锚，而由船载计算机自动调节和固定船位的先进装置。它除了在船后安装两个主推进器外，还在船两侧各安装了前推进器和后推进器，使船只可以前后左右移动。船底部装有四个水听器，海底钻孔周围安装有声呐信标。船只到达钻探地点后，船上水听器能够接收声呐信标发回的信号，通过计算机等设备可随时得知船只偏离井位的距离，同时自动向有关推进器下达指令，调整船位，使船只始终保持在钻孔上方钻探活动允许的范围内。使用深海钻探技术的钻进船只可在风速九级、表层海水流速 3 节的海况下保持船位，进行正常钻井作业。

Y

原水脱盐（raw water desalination）见海水淡化技术。

七、航空航天技术

(Aerospace Technology)

（一）基础知识（Basic Knowledge）

A

"阿波罗"载人登月飞行（Apollo manned lunar landing flight）美国的载人登月计划。1969～1972年，"土星－5"号运载火箭载"阿波罗"号宇宙飞船，共进行了17次发射，先后有7次、共12名宇航员顺利登上月球进行实地探测。飞船总高25m，总质量50t，由四部分组成：（1）登月舱。分上升段（有可载2人的密封加压舱、仪器设备和上升发动机）和下降段（有月球车、仪器和下降发动机）。（2）指令舱。可载3名宇航员。（3）辅助舱。装有飞船主发动机、氢气和氧气、水及推进剂。（4）发射逃逸装置。连接在指令舱顶部。运载火箭发生故障时，启动自身小火箭可将飞船拉离运载工具逃生。"土星－5"号运载火箭为三级火箭，总高110m，起飞质量3 200t。登月飞行的整个过程分为六个阶段：（1）把飞船送入180km的环地球停泊轨道。（2）变轨进入距月表面110km的环月球停泊轨道。（3）登月。2名宇航员进入登月舱。登月舱与指令舱分离后在月球表面软着陆，指令舱与辅助舱继续在月球停泊轨道上飞行。（4）月面活动。2名登月人员离开登月舱，在月面进行各项探测和试验活动。（5）飞回环月轨道。完成采样探测任务后，2名宇航员乘登月舱上升段飞离月面，上升到月球停泊轨道与指令舱对接。（6）返回地面。指令舱飞往地球。接近地表时降落伞打开，在地表（海洋）降落。自世界时1969年7月20日22时56分20秒（北京时间21日12时56分20秒），美国宇航员阿姆斯特朗的左脚在月面上印上第一个脚印起，人类迎来了探测月球的新纪元。

B

"北斗"卫星导航系统（Beidou navigation system）中国自主建立的有源三维卫星导航定位和通讯系统。该系统由卫星网（卫星组成）、地面中心控制站、校标站和众多的用户机组成。卫星网由5颗静止轨道卫星和30颗非静止轨道卫星组成，提供开放式和授权式两种服务方式。开放式服务是在服务区免费提供定位、测速和授时，定位精度10m。北斗卫星导航定位系统有三大功能：（1）快速定位。在服务区为用户提供全天候、高精度、快速实时定位服务。（2）短文通信。系统具有双向通信功能，一次可传送40～60个汉字短文信息。（3）精密授时。可向用户提供精度为20～100ns的时间同步服务。系统的五大优势为：（1）同时具备定位与通信功能；（2）24小时全天候服务，无通信盲区；（3）特别适合集团用户大范围监控与管理；（4）同时解决"你在哪"和"我在哪"问题；（5）高强度加密设计。安全、可靠、稳定，适合关键部门应用。

C

"嫦娥"工程（Chang'e Project）中国第一个月球探测工程。2004年2月工程立项并开始实施。工程主要分"绕、落、回"三个阶段。2004～2007年为"绕"阶段，发射中国第一颗月球探测卫星。2007年10月24日，中国第一颗月球探测卫星"嫦娥1号"已经顺利升空并准确进入绕月轨道。2008～2012年为"落"阶段，即发射月球软着陆器，突破地外天体的着陆技术，并携带月球车对月面进行自动巡视探测，进行月岩现场探测和采样分析，进行日－地－月空间环境和月基天文观测。2013～2017年为"回"阶段，突破自地外天体返回地球的技术，进行月球样品自动取样并带回地球分析研究，为载人登月进行技术准备。

D

大气飞行环境（atmospheric flight environment）

航空器周围的大气环境。包围地球的大气层是航空器唯一的飞行环境。大气在地球引力作用下聚集在地球周围,其总质量的99.5%集中在地球表面50km高度以内。在地表2000km的高空,大气极为稀薄,并逐渐向行星际空间过渡。大气层没有上限,它的各种特性沿铅垂方向上变化很大。根据大气中温度随高度变化的情况,可将大气层分为对流层(距地表10km左右)、平流层(距地表10～50km)、中间层(距地表50～85km)、热层(距地表在中间层之上约至800km)和散逸层(距地表超过800km)。航空器主要在对流层和平流层中飞行。

大迎角空气动力学(aerodynamics of big angle of attack)研究飞行器大迎角飞行时气动特性的一门学科。是空气动力学分支之一。大迎角空气动力学是伴随着尾旋的研究开始的。20世纪70～80年代机翼摇滚成为危害飞行安全的大敌,促使人们深入研究大迎角下空气的绕流问题。其研究的主要内容有:(1)体涡的不对称发展及其效应;(2)翼前缘涡的不对称和破裂;(3)体涡、翼涡相互干扰,涡与壁面干扰;(4)物体运动和流动的耦合效应;(5)控制、飞机动力学耦合效应;(6)非定常涡控制。大迎角空气动力学研究、实验和数值模拟的难度极大,但实际意义更大。它是保证战斗机高机动性、良好的飞行品质和飞机稳定与安全的最主要的关键技术。

导航星测时测距全球定位系统(navigation satellite timing and raging global positioning system,GPS)又称导航星全球定位系统,美国的卫星导航系统。系统由三部分组成:(1)卫星网。由布设在均匀间隔的6个轨道平面半同步轨道上的24颗卫星组成,轨道高度20200km,运行周期12小时,倾角55°。(2)地面控制网站。由设在美国的主控站和分布在世界各地的5个监控站、3个注入站组成。(3)用户设备。即接收机。该系统分精码(PC码)和粗码(C/A码)两种信号。精码供美国军用,定位精度1m,粗码供民用,精度为100m。系统测速精度0.1m/s,授时精度1μs。其特点主要有:(1)精度高,速度快;(2)被动接受,隐蔽性好;(3)用户数量不受限制;(4)具有统一坐标和时间标准;(5)提供全球范围、全天候授时和定位服务。

低轨道(low orbit)离地球表面约在200km以上、1000km以下的航天器运行轨道。目前在轨的空间站、载人飞船、航天飞机和部分对地观测的卫星都在低轨道上运行。由于轨道较低,发射航天器的航天运输系统的运载能力可以较低。低轨道也便于对地球观测。但在低轨道上运行的航天器比在高轨道上运行时,要承受较大的大气阻力。因此,为了保持轨道高度,必须带有较多的推进剂,通过轨道机动发动机的工作来维持运行轨道。

低温风洞(low-temperature wind tunnel)利用低温介质产生接近或达到实际飞行环境的雷诺数的风洞。主要优点是:动压和驱动功率低,建设投资少,最大功率和总能耗低,运转特性好,试验段气流噪声较低,试验时间长。其缺点是:运行成本高,存在真实气体效应问题,以及由于低温带来的一系列问题。20世纪40年代以前,就有人提出通过降低气流温度来提高风洞雷诺数、减少驱动功率的设想;但由于如何使风洞介质冷却到很低的温度的问题没有解决,风洞结构也存在问题,致使低温风洞当时未能投入使用。1971年,美国宇航局兰利中心研制了一座0.28m×0.18m低温风洞,并在此基础上,又于1973年建造了一座0.3m低温跨声速风洞,为低温风洞研制积累了经验。20世纪80年代以后,其他国家也纷纷开始研制低温高雷诺数风洞。中国也建成有自己的低温风洞。早期的低温风洞,采用注入氟利昂的技术使气流温度降低,后来又发展到注入液氮技术。

地球空间环境(earth space environment)地球平流层之上,距地球表面约50km以上的大气环境。包括地球高层大气环境、电离层环境和磁环境。高层大气密度和压强随高度增加按指数规律下降,最后接近真空。电离层距地表60～1000km,分为许多层。在太阳辐射作用下,大气中的原子电离成自由电子和正离子。离子浓度随高度、昼夜、季节、纬度和太阳活动变化着。地球的磁场从距地表600～1000km开始向远处空间延伸,最远可达数万千米。磁层中还存在有密集的高能带电粒子辐射带,可能会引起航天器材、器件和人体的辐射损伤。

地球同步轨道(geosynchronous orbit)运行周期与地球自转周期(23小时56分4秒)相同的顺行人造地球卫星轨道。倾角为零的圆形地球同步轨道称为"地球静止卫星轨道",其星下点轨迹是赤道上的一点。对地面观测者来说,在这种轨道上运行的卫星是静止不动的。其实这种卫星并非不动,只是它绕地轴转动的角速度和地球自转角速度大小相等、方向相同。它距地面的高度为35786km,运行速度为 3.07km/s。一颗静止卫星可以覆盖地球大约 40% 的面积。卫星相对于地面不动，地面测控站容易跟踪。通信卫星、广播卫星等选用这样的轨道极为有利。因为地球静止轨道卫星位于赤道上空，所以它的发射场选择的越靠近赤道越好，以便节省发射地球静止轨道卫星所消耗的能量。

地外文明（extraterrestrial civilization）地球外的其他天体上可能存在高级生命的文明。任何天体只要条件适宜，都可能诞生原始形态的生命，并逐渐进化为高级形态的智慧生命，甚至形成文明。多数科学家认为，在银河系中拥有文明的天体至少以 10 万计。利用航天器直接探测太阳系内诸行星和它们的卫星，除地球外，至今尚未在其他天体上找到任何形态的生命，太阳系外的天体目前还无法直接利用航天器进行探测。但是，地球上的人类已先后发射了"先驱者" 10 号和 11 号、"旅行者" 1 号和 2 号共四艘探测器，并携带表征人类在宇宙中的地位和人类文明现状的实物信息，在越出太阳系后，继续飞往太空深处寻找地外文明。地外的智慧生物一旦截获这些信息，就有可能对人类文明的现状有所了解。另一方面，自 20 世纪 60 年代以来，美国、苏联等国的天文学家曾多次利用大型射电望远镜，监测可能由地外文明发来的微波信号，但至今尚无确切的结果。

F

返回轨道（back orbit）航天器在返回地球并降落到地球表面的过程中其质心的运动轨迹。返回轨道分四个阶段：(1) 离轨段。即在制动火箭的推力作用下，航天器离开原来的轨道。(2) 过渡段。即进入大气层以前的被动段。在这一阶段一般要经过多次轨道修正，以便准确、准时进入再入走廊。(3) 再入段。即从进入大气层到距地面 1020km 处。这一阶段是返回轨道的重点，航天器要经受高温和较大过载的考验。(4) 着陆段。即利用降落伞和其他减速装置使航天器安全降落在地球表面。航天器返回轨道的设计是航天器总体设计的一部分。它与防热设计、结构设计、控制系统设计和外形设计都有密切的关系。返回轨道的再入段可分为弹道式再入、滑翔式再入、跳跃式再入和椭圆轨道衰减式再入四种类型。

飞行环境（flight environment）飞行器周围的空间环境。空间环境指大气密度、压强、温度、磁场强度、环境辐射、电离状态等。飞行环境对飞行器的结构、材料、机载设备和飞行性能都有着非常重要的影响。只有了解和掌握了飞行环境的变化规律，并设法克服或减少飞行环境对飞行器的不利影响，才能保证飞行器安全可靠地飞行。飞行器环境包括大气飞行环境和空间飞行环境。

非定常空气动力学（unsteady aerodynamics）一门研究物体相对于空气的运动随时间变化时的空气动力变化规律的学科，是空气动力学分支之一。20 世纪 20 年代，随着机翼颤振现象的深入研究，非定常空气动力学也随之兴起。20 世纪 70 年代以前，非定常空气动力学主要研究的问题是与飞行安全和飞机结构等有关的颤振、飞机抖振、导弹风载、发动机噪声等气动弹性现象。飞机在大迎角飞行时，前体涡会发生突变，这是典型的非定常气动问题。

风洞（wind tunnel）在一个按一定要求设计的管道内产生控制流动参数的人工气流以供作空气力学实验的设备。现代化的飞行器设计、制造，无论是飞机、火箭或导弹，都需要先用模型进行风洞实验，以求得最佳空气动力学特性。按实验气流速度的大小，风洞可分为：(1) 低速风洞。风洞实验段气流马赫数小于 0.4（等于 1 为声速）。(2) 跨声速风洞。风洞实验段气流马赫数在 0.4~1.4 之间。(3) 超声速风洞。风洞实验段气流马赫数在 1.4~5 之间。(4) 高超声速风洞。风洞实验段气流马赫数在 5~14 之间。

G

过渡层（transition layer）过渡高度或过渡高至过渡高度层之间的空间。当航空器下降通过过渡层时，要将气压高度表拨正至机场的修正气压或场面气压；当航空器上升通过过渡层时，要将气压高度表拨正至标准气压高度，其拨正值为 101.32kPa。

过渡轨道（transitional orbit）航天器在脱离原先飞行的轨道后进入另一条轨道的过程中所采用的轨道。最著名的过渡轨道是霍曼轨道。它是两条同心共面圆轨道之间的一条椭圆轨道，既与内圆外切又与外圆内切。为了使航天器在这两条轨道之间过渡，只需在这条椭圆轨道与两条圆轨道的两个切点上施加两个切向速度脉冲增量（同为加速或同为减速）便可实现。在两条不同轨道之间的过渡轨道并不是唯一的，过渡轨道最佳化理论就是要寻找在某种条件下消耗能量最省的过渡轨道。在航天工程中，过渡轨道的选择要综合考虑能量消耗、飞行时间、制导精度、测量和控制条件等因素。

H

航程（voyage）一般指实用航程，涉及风向、留有一定飞行时间的储备燃油并给出载重条件下飞机所飞的最大距离。

航空技术（aviation technology）应用各种基础科学和技术科学实现在大气层内航行和指导航空工程实践的综合性技术。航空技术是20世纪人类认识和改造自然过程中最活跃、最有影响的科学技术领域之一，也是表征一个国家科学技术先进性的重要标志。航空技术的发展与军事应用密切相关，其巨大进展对国民经济和社会生活都产生了重大影响。航空技术用于军事，使军事装备和军事技术发生根本性变化，使战争从平面向立体转化。航空技术用于交通，也改变了交通运输的结构，为人们提供了一种快捷、方便、安全、舒适的交通运输工具。飞机和直升机还广泛用于空中摄影、大地测绘、地质勘探、森林防火、农业作业、环境保护，以及在高空进行各种科学研究工作。随着科学技术的不断发展，航空技术将继续沿着提高航空器飞行性能，降低其生产、使用成本，提高其安全性、可靠性的方向发展，并努力使航空器的结构、动力装置和控制系统智能化，以提高其自适应能力。

航天技术（space technology）又称空间技术，探索、开发和利用太空及地球以外天体的技术。它主要包括航天器和航天运输系统的研制、试验、发射、运行、返回、控制、生命保障及应用技术等。航天技术在军事上的应用十分广泛，对军事战略和武器的发展有着深远的影响。

航天器运行轨道（spacecraft orbit）航天器围绕地球（或其他天体）运行时其质心运动的轨迹。它由入轨点位置及入轨点速度大小和方向决定。航天器绕地球飞行遵循开普勒三大定律，其运行轨道通常是一条与开普勒椭圆十分接近的复杂曲线，地球在它的一个焦点上。航天器绕地球飞行的运行轨道通常用一组轨道要素来描述，包括倾角（即运行轨道平面与地球赤道平面的夹角）、半长轴（即近地点和远地点之间距离的一半）、偏心率、近地点幅角、升交点赤经（航天器由南向北经过赤道时的交点称"升交点"，由春分点沿赤道向东度量到升交点的这一段弧线叫"升交点赤经"）和过近地点时刻。

航宇技术（astronautic flight technology）探索、研究太阳系以外的宇宙空间活动的空间技术。目前，火箭仍然是航天活动的唯一运载工具。要跨越遥远的距离作航宇飞行，必须提高火箭的速度。但化学燃料火箭受喷射气流速度的限制，效能低，耗量大，不能胜任航宇飞行。因此，许多国家都把电火箭、太阳能火箭、激光火箭和核能火箭的研究放在重要位置。有科学家认为，宇宙航行的根本出路在于利用宇宙空间本身的能场。宇宙中存在引力场，它是宇宙中全部天体引力的综合。引力是引力粒子形成的，有引力粒子就必然会有反引力粒子。如果让宇宙飞船用反引力粒子把引力场能屏蔽掉，则飞船只要微小的动力就可瞬息到达遥远的地方。没有了引力场场能，也就没有了惯性，任凭飞船加减速，宇航员也没有了超重之苦。也可只留下一个方向的场能，让其吸引飞船迅速航向远方。还有科学家认为，宇宙中的引力场、电场和磁场等形成一个统一能场。所谓时间，是能量在时空中高频振荡的结果，宇宙间各时空点的性质取决于各点能场的结构特性。如果让遥远两点的时空特性相同，就会产生共振，形成一个时空隧道。在这个时空隧道中，飞船可以在瞬息之间到达遥远的地方。但在目前的技术水平下，跨越遥远的时空作宇宙远航，还只能是一种理想。

恒星际飞行（inter-star flight）跨恒星尺度的载人或不载人航天飞行。恒星际飞行最大的困难是巨大的距离障碍。为使恒星际飞行有实际意义，最重要的是提高飞行速度。一般应达到光速的1/10以上。速度快可以缩短飞行时间，并且可以利用相对论效应。恒星际飞行研究的主要内容集中在设计各种推进系统上。已经提出的推进方案主要有：核裂变推进、核聚变推进、太阳光压推进、反物质推进、星际物质冲压推进等。恒星际飞行尽管异常困难，但至少在科学原理上是可能的。

活动半径（radius of activities）飞机携带正常作战载荷，在无风和不进行空中加油并考虑安全备用燃油和其他用油的条件下，自机场起飞，沿给定航线飞行，执行完指定任务后，返回原机场所能达到的最远水平距离。一般情况下，活动半径不等于航程的一半而小于航程的一半。对战斗机、攻击机、轰炸机等军用飞机来说，活动半径又称为"作战半径"。

J

极轨道（polar orbit）又称极地轨道，倾角为90°的人造地球卫星轨道。在工程上，常把倾角大约为90°且能经过两极地区的轨道（如太阳同步轨道）称为极轨道。只有在极轨道上运行的卫星才能每圈都经过地球南北两极上空。卫星选用极轨道往往是为了达到覆盖整个地球的目的。气象卫星、照相侦察卫星、地球资源卫星等常选用极轨道以俯瞰包括两极地区在内的整个地球表面。

近地轨道（near-earth orbit）从临界轨道高度至1 000km 高度的低空间轨道。航天器能保持在空间围绕地球自由飞行的最低轨道高度（约110～120km），称为"临界轨道高度"。近地轨道对军事航天活动有特殊的意义。军用航天器部署在距地面很近的近地轨道上，可以很方便地探测敌方目标的活动情况。如侦察卫星一般运行在200km 或更高的近地轨道上，以获取高分辨率的地面目标照片和图像。地球资源卫星、气象卫星、航天飞机和空间站等也多采用近地轨道。

K

空间材料科学（space material science）研究在空间微重力条件下材料制备的原理、方法、过程和性能的一门新兴科学。在近地空间作圆周轨道飞行的航天器，其质心位置的有效重力为零，所以可以在空间获得零重力条件。但实际上，由于航天器会受到潮汐力、摩擦力、空气阻力和辐射的影响，很难实现零重力环境，但达到微重力水平则是可能的。自20 世纪60 年代以来，人类开始在航天器上作空间材料加工实验。进入20 世纪70 年代和80 年代，基于空间平台、天空实验室和空间站的建造和多种材料加工硬件（诸如多功能晶体炉和溶液晶体生长装置等）的运行，使空间材料科学和加工技术得到迅速发展。随着欧洲空间局的"尤里卡"、"D-2"和"国际微重力实验室"等一系列空间实验计划的成功，又使空间材料科学的研究进入新的阶段。截至21 世纪初，空间微重力实验的时间已达数千小时，研究过的材料品种逾千种。品种集中在以半导体晶体为主体的晶体材料、金属合金和玻璃陶瓷上。空间材料科学研究不仅可以揭示物质运动的新现象和新规律，而且有潜在的巨大应用前景，诸如生长优质单晶体、制备优质复合材料、研制新型材料，以及利用空间实验的知识改良地面设备和工艺等。

空间飞行环境（space flight environment）主要指真空、电磁辐射、高能粒子辐射、等离子体及微流星体等所形成的飞行环境。分为地球空间环境和行星际空间环境。空间飞行环境主要指各种航天器周围的飞行环境。

空间辐射生物学（space radiation biology）一门研究空间辐射的生物效应及其作用机理的学科。空间辐射是行星际空间中来自太阳喷射高能粒子、太阳风等离子体流及行星际射线辐射的总称。空间辐射被视为载人航天的主要潜在危险。实际上空间辐射生物学主要以高能重粒子为研究对象。研究的目的是探索空间辐射的防护和探索空间育种的新途径。

空间工业（space industry）又称太空工业，利用空间环境进行工业生产和提供各种服务的空间产业。狭义的太空工业指那些能直接带来商业利润、利用太空环境进行生产加工的工业，如太空材料加工、太空特种制品加工、太空制药、太空育种等；广义的太空工业包括太空信息服务产业、文化与教育传播业、太空旅游业等。从发展的观点看，太空工业还涉及开发和利用空间能源资源、空间物质资源等。进入21 世纪，太空信息服务业已经成熟，卫星通信、卫星气象、卫星遥感、卫星导航定位已带来可观的商业利润和社会效益；太空旅游也已起步；空间产品生产加工业还处在太空中的实验室研究阶段，但前景十分广阔。空间工业的发展主要取决于四个因素：太空运输系统、大型空间结构、人在太空的存在和空间科学技术。

空间加工技术（space processing technology）利用空间特殊环境进行生产加工的技术。在太空微重力环境下，可以制造特种合金、特种材料和特种产品，能形成新的合金结构，还会改进合金系统的许多特性。空间熔炼和加工有以下几方面优点：（1）密度不同的成分可以很好地混合；（2）能够削弱对流对界面的影响；（3）可避免增加锅壁对材料的污染；（4）可以利用表面张力和失重，生产球形制件；（5）可以利用高低温、高压以及微磁场环境；（6）可以采用特种加工方法。在太空生产泡沫金属，它的密度比水还小，轻如木材但坚如钢铁。在太空中加工生产圆度极高的精密实心或空心滚珠轴承，可使其寿命提高5～8 倍。在空间制造钢筋混凝土不但质量很轻，而且具有良好的强度和绝热特性。在太空中可以制造出性能优异的铸件、超薄薄膜、高纯材料、耐酸腐蚀材料、多性能材料（如可锻钨）等。空间加工采用的设备有：材料熔化与固化装置、金属晶体生长装置、球晶生长装置、温度梯度型电炉、声悬浮炉、扩散炉、反作用炉等。

空间晶体生长技术（technology of crystal growth

in space)利用空间环境生产半导体和蛋白质晶体的技术。空间微重力环境对晶体生长具有如下重要价值：流体内部因不同密度、不同成分、不溶液滴、气泡等的对流现象消失；不同密度组分的分离、漂浮、沉淀等分层现象不复存在，容器壁对其中物体不起摩擦和限制作用。微重力和超真空提供了制造纯度极高的大块半导体和蛋白质晶体的可能性。形成的半导体晶体不仅块大，而且均匀度极好，几乎是无瑕的。在太空生产半导体晶体，设备工艺较简单，产量高，成本低。空间晶体生长采用的方法有：溶液生长、气相生长、熔体生长和区熔生长。空间生产的半导体晶体、金属晶体和蛋白质晶体种类很多，可用于科技、军事、工业和医学等领域中，对科学、经济和社会产生巨大影响。

空间科学（space science）利用地外空间观测、研究诸如地球、太阳系、星系、宇宙和生命物质等空间客体的演化，以及在地外空间进行生理学、生物学及微重力科学等基础研究的科学。空间科学研究包括理论分析和实验研究两个方面。其学科领域大体上可以分为空间天文学、行星探测和日地科学、空间地球科学、空间生命科学和微重力科学等。人造地球卫星上天以后，极大地拓宽了人类的科学视野。人们可以直接探测地球空间和行星际空间的状态，可以全面而细致地观测宇宙天体，可以从外层空间对地球进行全球观测。随着载人航天技术的发展，空间科学的领域从观测宇宙天体发展为利用地外空间进行生命科学和微重力科学实验。空间科学的目的在于更好地理解天体和生命物质等空间客体的演化规律，以及利用空间环境的特定条件来发展自然科学的有关学科。

空间生命科学（science of space life）研究空间环境对生命活动过程影响的科学。其主要研究领域有重力生物学、辐射生物学、人体生理学和航天医学，以及受控生态生命保障系统和地外生物学与生命起源。在 20 世纪 60～70 年代，空间生命科学还只限于研究地球生物，包括动物、植物和微生物对空间环境的反应，目的是为航天员进入空间和在空间长期工作、生活的可能性进行试探性研究。到了 20 世纪 80 年代，为了适应空间开发和利用的需要，空间生命科学发展十分迅速。推动空间生命科学发展的动力主要有：（1）增强人在空间的自主能力。建立永久性空间站和月球站，实现空间移民，开发空间资源；（2）近地轨道空间微重力环境，从失重到超重的操作能力可以作为研究地球重力在生物进化过程中作用的实验工具；（3）有发展微重力生物技术工业、开展空间生物加工技术的前景。

空间生物加工（space biological processing）利用空间微重力环境进行生物技术产品开发的过程。由于这种加工技术及其产品大多与细胞和生物活性物质分离制备有关，故称之为"生物加工"，也称之为"微重力生物技术"。空间生物加工的关键技术有四个方面：（1）生物大分子的晶体生长。微重力环境中，由于没有沉降和密度差别引起的对流，晶体可在接近各向同性和在接近纯扩散的条件下生长。由于没有静压梯度，晶体有序结构也比地面有明显改进。（2）生物分离。蛋白质、核酸、细胞器和细胞，在空间可进行自由悬浮介质的电泳分离，除电动力学问题外，重力的副作用基本消除，可以大大地提高生物大分子的分离效率。（3）细胞融合。两种不同类型亲本细胞融合缺少因重力沉降引起的分离倾向，可降低高频电场强度和排列时间，杂种细胞获得率和活力都大大提高。（4）细胞培养。细胞悬浮培养生产内源性药物，是生物技术产品商业化的关键性步骤。在空间微重力环境中，细胞可进行高密度培养，有可能降低原材料消耗和增加生物活性物质产量。

空气动力学（aerodynamics）研究物体与空气作相对运动时彼此之间相互作用规律，并应用其规律解决实际问题的学科。空气动力学是航空航天的理论基础，按实际研究方向又可分出多个分支学科，如大迎角空气动力学、非定常空气动力学等。

M

马赫数（Mach number）流场中某点的速度与该点处声速的比值，常用符号 Ma 表示。飞行器飞行速度越大，马赫数就越大，飞行器前面的空气就压缩得越厉害。从飞行实践中可知，当 Ma ≤ 0.4 时，对空气压缩性影响不大，可以认为这时的空气是不可压缩的，其密度保持不变。当 Ma ≥ 0.4 时，就必须考虑空气可压缩性的影响，特别是进入跨声速飞行后，空气被压缩而产生的激波会对飞行器的空气动力特性和外形设计带来重大影响。根据马赫数的大小，通常把飞行器飞行速度划分为如下区域：Ma ≤ 0.4 时，为低速飞行；0.4 ≤ Ma ≤ 0.85 为亚声速飞行；0.85 < Ma ≤ 1.3 为跨声速飞行；1.3 < Ma ≤ 5.0 为超声速飞行；Ma > 5.0 为高超声速飞行。

脉冲风洞（impulse wind tunnel）主要用于模拟

飞行器的高超声速绕流的风洞。工作时间为毫秒级，根据压缩和加热气体的方法不同，脉冲风洞有许多类型。例如，利用激波压缩和加热气体的激波风洞；利用电弧脉冲放电等容压缩和加热气体的热冲风洞；利用活塞压缩和加热气体的多种型号风洞（如炮风洞、自由活塞风洞和长冲风洞等）。脉冲风洞的发展趋势是提高前室的压力和温度，延长工作时间，发展毫秒级的测压、测热流和测力技术，以及各种非接触测量技术。

目视飞行（visual flight）在可见天地界线、地标的天气条件下能够判明航空器飞行状态和目视判定方位的飞行。目视飞行时机长对航空器间隔、距离及安全高度负责。

N

逆行轨道（retrograde orbit）见顺行轨道。

P

爬升率（climbing rate）又称爬升速度或上升率，定常爬升时，飞行器在单位时间内增加的高度（其计量单位为m/s）。各型飞机尤其是战斗机的重要性能指标之一。飞机在某一高度上，以最大油门状态，按不同爬升角爬升，所能获得的爬升率的最大值称为该高度上的"最大爬升率"。以最大爬升率飞行时，对应的飞行速度称为"快升速度"。飞机的爬升性能与飞行高度有关。高度越低，飞机的最大爬升率越大；高度增加后，发动机推力一般将减小，飞机的最大爬升率也相应减小；达到升限时，爬升率等于零。

迫降（forced landing）飞机在存在安全隐患或者被劫持的情况下所做的被迫降落。迫降时一般要求飞机燃油保持基本耗尽状态，以避免发生大火和爆炸。陆地迫降的着陆场地在陆地，水上迫降的着陆场在海洋、湖泊等水面上，水上迫降要求尽可能地靠近陆地，水上迫降的危险性高于陆地迫降。

S

升限（ascending limitation）航空器所能达到的最大平飞高度。随着高度的逐渐增加时，空气的密度会逐渐降低，从而影响航空器发动机的进气量。进入发动机的进气量减少，其推力一般也将减小。达到一定高度时，航空器因推力不足，已无爬高能力而只能维持平飞，此高度即为航空器的升限。升限可分为理论升限和实用升限两种。理论升限指发动机在最大油门状态下飞机能维持水平直线飞行的最大高度。实用升限是发动机在最大油门状态下，飞机爬升率为某一规

定值（如5m/s）时所对应的飞行高度。在实际飞行中，由于受载油量等因素的影响，航空器的理论升限无法达到。因为要想爬升至理论升限需用很长的时间，且越往上越慢，尚未达标，燃油便耗尽了。所以，通常使用实用升限来反映飞机的性能。提高飞机升限的措施主要有：增大发动机在高空时的推力、提高飞机的升力、降低飞行阻力、减轻飞机重量等。

失重生理学（weightlessness physiology）研究失重对生理机能的作用和机理的一门学科。航天飞行中，人处于失重（微重力）状态，与生活在地面上有很大不同，生理功能会发生一系列变化。为了探索失重对机体的影响，为人类进入太空做准备，美国在1946年首先利用生物火箭进行失重生理研究。苏联也于1949年开始进行类似试验。中国于1964年开始利用生物火箭开展了这类研究。当人类实现太空飞行后，可直接利用航天员开展失重生理的研究。经过长期大量的动物和人体试验，现在已经了解失重对各生理系统都会有影响，但比较明显的有心血管系统、神经系统、骨骼肌肉系统、血液体液和电解质等的变化。长时间的太空飞行（如数天以上），若不采取相应的防护措施，航天员将不能坚持太空飞行。一旦航天员返回到地面，还会引起不适应的反应。如何减轻这些反应，也是失重生理学所要研究的问题。

时间统一系统（time unified system）又称时统，为航天测控系统提供标准时间信号和标准频率信号的整套电子设备。测控系统在对航天器进行测量和控制时，时统使整个测控系统在统一的时间尺度下进行工作。常用的时间尺度有两类：（1）以航天器发射时刻作为起点的相对时间尺度；（2）绝对时间尺度。常用的绝对时间尺度，是协调世界时。它的时间尺度单位是原子时的秒长，时间间隔极为均匀和准确，其时刻与世界时的时刻相差不大于0.9s，采用跳秒方式调节。由于绝对时间尺度同步容易、使用方便、有利于实时或事后数据处理和交换，被广泛采用。

顺行轨道（antegrade orbit）从北极看，卫星飞行方向与地球自转方向相同的轨道。此时卫星从西北向东南或从西南向东北飞行，倾角小于90°。逆行轨道则正好相反，倾角大于90°。从运载火箭发射方向看，凡向东北或东南方向发射航天器将形成顺行轨道，而向西北或西南方向发射则形成逆行轨道。

T

太空城（space city）在地球之外的轨道上运行，

并适合于人类长期生活、工作、居住的大型太空设施。美国普林斯顿大学教授奥尼尔1974年在美国《今日物理》杂志上发表文章，首次阐述太空城设计思想。最初设计的太空城，是由一对圆筒组成的，以相反的方向旋转，提供类似于地球表面的重力环境。居民就住在太空城的圆筒里。圆筒内壁上建成一种适于植物生长的自然环境，上面种上百种草和树木，并且有给水装置、河流和湖泊。除人工自然环境外，太空城内还有道路、居住区、娱乐区、商业区、工作区等。太空城外有太阳光反射板，用计算机控制进入太空城内的光量，使内部同时具有与地球相似的白天和黑夜，以及四季交替的感觉。太空城一端有一个大型太阳能发电站，另一端是供航天飞机或宇宙飞船停泊的舱口。太空城最大的直径6.4km，长32km，可容纳2 000人居住。奥尼尔的太空城设想引发了一场太空城热，后来又出现了许多设计方案。但因为建造太空城有许多未知的因素，耗资极大，20世纪80年代后期，太空城研究陷入低潮。

太空移民（space immigrant） 一种将人类移居到地球之外的设想。齐奥尔科夫斯基在20世纪初就曾提出太空移民设想。1928年，英国科学家贝尔纳也提出过类似设想。1974年，美国科学家奥尼尔提出太空城和太空移民设想后，太空移民曾引发了一场研究热潮，研究的范围越来越宽。其主要课题有：太空城、太空基地、月球基地、火星基地、恒星际飞行，以及与之相关的技术，如生物医学、社会学、哲学、伦理学等诸多问题。20世纪80年代后，美国和苏联都进行了人工生物圈试验，以检验创建适于人类生活和工作的人工环境的可能性。美国的"生物圈2号"计划经过10年的试验得出的结论是：人类目前对生物圈和生态系统还缺乏深入的认识，以目前的科学技术水平，人类还无法建造完全自给的、适于长期甚至是永久居住的人工生物圈。这个结论对太空移民投下了阴影，但不排除可建造供人类短期居住的太空系统的可能性。

太阳同步轨道（sun synchronous orbit） 轨道面向东转动，且转动角速度（方向和大小）与地球公转平均角速度（0.9856°/日或360°/年）一致的卫星轨道。太阳同步轨道倾角大于90°（属逆行轨道），最大为180°，轨道高度最高不超过6 000km。太阳同步轨道的特点是卫星以相同方向经过同一纬度的当地时间相同。

推进风洞（propulsive wind tunnel） 一种可放置整个推进系统和飞行器机体的有关部分的大型风洞。它能模拟飞行器机体的有关部分（内部和外部），以及模拟飞机推进系统在飞行条件下在流动的亚声速、跨声速或超声速气流中的动力学特征。

W

外层空间条约（Treaty of Outer Space） 1966年12月17日由联合国大会通过、1967年10月10日生效的有关外层空间活动的基础性条约。全称为《关于各国探索和利用外层空间包括月球其他天体在内的外层空间活动应循原则的条约》。条约规定了各国航天活动应遵守的10项原则为：（1）为所有国家谋福利；（2）自由探索和利用空间；（3）不得将空间据为己有；（4）不在空间布设核武器和大规模毁灭性武器；（5）各国承担空间活动的国际责任；（6）载人航天发生事故时求援宇航员并送还发射国；（7）发射国对其所登记的航天器有管辖权和控制权；（8）航天器登记；（9）保护空间环境；（10）国际合作互助。

微重力科学（microgravity science） 研究微重力环境中物质运动规律的一门学科。它是空间科学的一个前沿领域。在地面实验室中，物质的运动都受到地球重力的影响。重力是一个体积力，可以使物体产生运动，也可以使物体中产生应力；可以在流体中产生热对流，也可以使不同密度的流体倾向于分层，造成压力梯度等。在微重力环境中，物体受到的与质量成正比的体积力极大地减小了。这时，物体可以自由地悬浮在空间，处于无应力状态。由温度不均匀引起的热对流也几乎消失了，不同密度物质能均匀地混合，在相当大的空间可维持均匀的压强。这种极端的物理条件为科学发展和应用提供了新的机遇。微重力科学包括许多分支学科领域。目前的研究侧重于基本规律探讨。但随着研究工作的深入，应用研究和商业开发提上日程。

卫星照明技术（satellite illumination technology） 在人造卫星上利用反射太阳光形成的"人造小月亮"或"人造小太阳"的照明技术。人们设想在地球静止轨道上配置一颗人造地球卫星，它由直径为数百米的十几个反射镜组成。反射镜面用镀铝涤纶薄膜等材料制成，能百分之百地反射太阳光，在夜间把太阳光反射到地面，为城市和野外活动提供照明。它的亮度可达满月的10倍。"人造小月亮"反射到地面上来的光和月光一样为"冷光"，由它带到地面上来的热量很少，它照亮的地球表面积也不大，不会破坏地球的生态平衡。

X

现代风洞测试技术（modern wind tunnel measurement technology）风洞实验中测量气流和模型的各种参数的现代测试技术。一般以计算机为中心，自动采集、检测和处理各种数据，适时输出实验结果。由于风洞实验耗费动力很大，要求实验目的尽量综合，时间尽量短。对测试仪器要求精确度和灵敏度高，响应快，有良好的抗干扰、抗冲击和抗过载能力。现代风洞测试技术的测试手段有：（1）模型气动力测量；（2）压力测量；（3）气流速度测量；（4）流动图像显示和数字化。

行星地球使命计划（program of planet earth mission）由美国提出并负责、多国联合实施的大规模地球生态系统观测研究计划。其目的是通过全面认识地球生态系统，监视这一系统的变化，研究保护地球环境的措施。该计划将在海上、天空和空间同时进行。为了执行这个计划，各国集中发射了一系列空间平台和各种专用卫星，并组成地球环境观测网。这个观测网第一次把地球作为一个复杂的大系统，对太阳、陆地、海洋和大气在系统中的相互作用进行协同观测。行星地球使命计划获得的资料、数据和成果，可对人类社会未来可持续发展产生深远的影响。

行星际空间环境（interplanetary space environment）存在于地球之外行星间、真空度极高的环境。这个环境里存在着太阳连续发射的电磁辐射、爆发性的高能粒子辐射和等离子流（太阳风）和来自银河系的宇宙线和微流星体。太阳连续发射的电磁波除可见光外，还有红外线、紫外线和X射线等。当太阳耀斑发生爆炸时，爆发性的高能粒子流较平时可增强一万倍，持续几个小时，可导致地球上短波无线电通信中断，并对航天器机载系统造成影响。

续航时间（uninterrupted flight time）又称航时，飞机在不进行空中加油的情况下耗尽其本身携带的可用燃料所能持续飞行的时间。续航时间是飞机最重要的性能指标之一，它直接表明飞机一次加油后的持久飞行能力。续航时间与飞行速度、飞行高度、发动机工作状态等多种参数有关。合理选择飞行参数，使得飞机在单位时间内所耗燃料量最少，飞机就能获得最长的续航时间。

巡航速度（cruise speed）飞机发动机在每千米消耗燃油最小情况下的飞行速度。在航空界，一般把适宜于持续进行的、接近于定常飞行的飞行状态称之为"巡航"。在此状态下的参数称为"巡航参数"，如巡航高度、巡航推力等。巡航速度也是飞机的巡航参数之一。巡航状态不是唯一的，每次飞行的巡航状态都取决于许多因素，如气象条件、装载、飞行距离、经济性等。因此，各次飞行所选定的巡航参数（包括巡航速度）常有所不同。同样是巡航，由于任务要求不一样，选定的巡航速度也不一样。航程巡航要求飞机能以航程最远的巡航速度飞行；航时巡航则要求飞机能以留空时间最长的巡航速度飞行。为此，巡航速度又可细分为"远航速度"和"久航速度"等。

Y

遥科学体系（telescience system）天地结合的实验研究系统。它是20世纪80年代航天技术朝空间工业化方向发展时提出的新概念。遥科学体系包括天、地两部分，都有相同的研究、实验、加工和分析系统。利用在太空中的宇航员，可以实现实时与地面交换信息。不断利用太空中的实验数据和结果指导地面上的类似实验；地面实验人员也可以不断向太空中的有效载荷专家提出问题并设计新的实验项目。通过地面与太空中的对比实验，可以更深入地认识空间环境下的物理、化学现象，并为空间产品加工生产开辟新途径。

宇宙空间环境（space environment）宇宙空间及空间内所含的一切物质。宇宙空间环境是与人类生活的近地空间环境完全不同的一种严酷环境。以太阳系为例，宇宙空间首先是超高度真空。其间每立方厘米仅有0.1个氢原子和氢分子等物质构成的星际气体。其次是极端温度。受太阳光直接照射，可以产生极高温度，背向太阳光，则可以是接近绝对零度的低温。宇宙空间的高真空、极高和极低温度，对航天器的设计和材料的选择等提出很高的要求。第三是宇宙线辐射和各种高能带电粒子、等离子体。除太阳系外宇宙线的高能带电粒子因通量较低对航天器影响很小外，其他辐射及高能粒子流对航天器的运行轨道、姿态、表面材料、内部器件及电位等都会产生显著的影响。

宇宙速度（cosmic velocity）在理想状态下从地球表面发射的航天器达到环绕地球、脱离地球和飞出太阳系等目的所需要的最小速度。这三个速度分别称为"第一宇宙速度"、"第二宇宙速度"和"第三宇宙速度"。第一宇宙速度为7.9km/s。当航天器达到第一宇宙速度后，不需要动力就可以环绕地球运动，此时航天器就成为环绕地球运动的人造卫星。第二宇宙速度多为11.2km/s。航天器达到第二宇宙速度后，就能沿着一条抛物线轨道脱离地球。第三宇宙速度为16.6km/s，即航天器飞出太阳系所需的最小速度。

圆轨道和椭圆轨道（circular orbit and elliptical orbit）航天器运行时的轨道形状。航天器的每一个轨道高度都有一个圆轨道速度，又称"环绕速度"。如500km高度环绕速度正好是7.613km/s。如果航天器水平方向的入轨速度与此相等，就形成圆轨道；速度大于该速度就会形成椭圆轨道。随着速度的进一步增加，还会形成抛物线轨道、双曲线轨道，直至脱离地球引力的控制。速度小于环绕速度或偏离水平方向则不能进入轨道，甚至坠入大气层中陨毁。

月球基地（moon base）在月球表面建立的可供人类居住、研究、实验和生产的大型设施。20世纪80年代以来，曾出现了一些月球基地的设想。国际宇航科学院建议在今后一定时间内，各国共同努力在月球上建立一个永久的生活区和工作站。这个基地既是一个可供50～100人居住的生活区，同时也是一个科研站、天文台和生产基地。它可进一步扩展成包括封闭式工作区、生活区、交通网、农业区、工业区以及娱乐区的大型月球设施。月球基地也将是人类探索火星的中转站。月球基地建设难度极大，目前还只是一种设想。

Z

载人航天（manned space flight）人类驾驶和乘坐载人航天器在太空中从事各种探测、研究、试验、生产和军事应用的往返飞行活动。其目的在于突破地球大气的屏障和克服地球引力，把人类的活动范围从陆地、海洋和大气层扩展到太空，更广泛和更深入地认识整个宇宙，并充分利用太空和载人航天器的特殊环境进行各种研究和试验活动，开发太空极其丰富的资源。

载人火星飞行（manned Mars flight）发射载人飞船飞往火星考察并安全返回地球的航天飞行活动。1989年美国宇航局曾提出载人火星飞行的目标。1989年美国提出应当实现在阿波罗登月50周年（2019年）前载人登上火星的目标。宇航局抽调几百名专家经过调研，提出了多种可供选择的方案。美国宇航局开始对食物问题、封闭农业问题、动力技术问题、可靠的保障问题、心理学问题、社会学问题进行认真地研究。1991年6月26日，美国斯坦福大学与苏联航天工程界联合提出了一项在2012年将人送上火星的计划方案。该计划的第一步是在20世纪90年代中期发射几个火星漫游者自动取样返回飞行器。它们到达火星后，将对其进行广泛的勘察研究，然后取样返回地球，为载人登上火星选择地点提供依据。第二步是在正式登火星前两年，将带有火星车的"火星住宅"和配有发动机的航天器送往火星，为载人着陆做准备。第三步是在2012年把第一批宇航员送往火星工作一年，以后要不断轮换。这项计划目前只是一种设想。

最大平飞速度（maximum level flight speed）飞机在水平直线飞行条件下，把发动机推力加到最大时所能达到的最大飞行速度。一般喷气飞机的最大平飞速度都是在11 000m以上的高空达到的。对于军用飞机来说，低空飞行能力具有重要的意义。低空最大平飞速度是衡量多用途战斗机、攻击机和轰炸机的重要性能指标。

最小速度（minimum speed）飞机在某一高度上可以维持等速水平飞行的最低速度。此值越低，则飞机的起飞、降落速度越小，所需的机场跑道越短。同时飞机的安全性和机动能力越强。飞机的最小速度一般是在海平面高度上获得的。

（二）飞行器及其构造（Aerocraft and Its Stracture）

A

爱因斯坦观测台（Einstein observatory）又称高能天文观测台2号，由美国宇航局研制和发射的X射线天文卫星。1978年11月13日，爱因斯坦观测台发射升空，进入到一条355km×364km的轨道。1982年3月25日再入大气层。这是继"小型天文观测台"之后制定的"高能天文物理观测台"计划的一颗卫星。它的主要探测仪器是一台大型X射线望远镜，焦距长达3.4m，口径0.6m。其他仪器还有：高分辨率成像器、晶体分光计、成像正比计数器和固体分光计。它的主要任务是：测绘X射线源天图，并测定其能谱、强度和时间变化；测量弥漫X射线的辐射与吸收；对选定的 X 射线源进行位置、结构和大小的精确测定；对硬 X 射线源和 γ 射线源位置、强度、能谱和时间变化等特性进行研究。它在数年的工作中，获得了一系列重要成果：完成了第一幅 X 射线图像，观测到极弱的 X 射线源，观测到大量大质量年轻的恒星的 X 射线流；拍摄到一些快速爆发的 X 射线源。它的发现成果修改了以前关于恒星 X 射线产生的模型，它还对许多超新星遗迹进行了详细观测。

B

暴风雪号航天飞机（Buran space shuttle）苏联研制的部分可重复使用的航天运输系统。1988 年 11 月 15 日进行了首次不载人飞行，1993 年俄罗斯政府宣布停止该计划。与美国的航天飞机相比，其特点为：（1）与发射它的能源号火箭系统相互独立，能降低事故率，提高可靠性和安全性；（2）没有主发动机，降低了发射重量，安全性高，发射和回收载荷能力强，准备及运行工作得到简化；（3）进场着陆相对比较容易，横向机动距离较大，可进行二次着陆；（4）能源号火箭全部使用液体推进剂，能做到带故障飞行，安全性有所提高；（5）在大气层滑翔时，能像普通飞机那样借助副翼、操纵舵和减速板来控制。

C

测地卫星（geodetic satellite）专门用于大地测量的人造地球卫星。属于卫星测地系统的空间部分。它可作为地面观测设备的观测目标或定位基准，能精确测量地球的形状、大小、重力场和地磁场分布，地球表面诸点的精确地理坐标和相对位置，以及地球板块运动和极移等。按照卫星上是否载有专门的有源测地系统，测地卫星可分为主动式和被动式两类，目前大多是主动式测地卫星。按照测地任务和方法的不同，测地卫星又可分为几何学测地卫星和动力学测地卫星。卫星几何学测地是用卫星作为基准点或控制点来进行大地测量。卫星动力学测地是利用已知卫星轨道参数或卫星瞬时位置，根据轨道摄动理论来获得地球引力参数，从而定出观测点位置的地心坐标。

超大型客机（super airliner）由欧美几大飞机公司在 20 世纪 90 年代初提出并研制的巨型客机，其基本数据为：载客量 550～800 人，航程 13 000～18 500km。波音公司的波音 787 客机、空中客车公司的 A380 客机均为超大型客机。

超高空飞机（super high-altitude aircraft）能在数万米高度持续飞行几天到几个月的无人驾驶飞机。超高空飞机是 20 世纪 80 年代中期提出的设想，主要用于军事侦察、气象监测、对地观测以及大地测量等。它的速度为 400～600km/h，载重量 90kg 左右。超高空飞机最主要的技术要求是长时间飞行，为此发动机和结构材料必须是超轻型的。与此有关的关键技术问题有：轻型发动机、超轻结构和材料、能量贮存器。

乘波飞机（waverider aircraft）利用激波产生升力的飞机。20 世纪 90 年代乘波飞机已由理论研究转向设计、试验甚至试飞研究。美国已提出了几项乘波试验机计划，用于验证乘波飞机的关键技术。乘波飞机飞行原理是：当超声速气流流过乘波飞机底部时，会产生一个从前缘开始的激波面，激波骤然升高的压力会产生向上的升力，从而使飞机上升。乘波飞机有许多优点：升阻比高，不会发生分离和失速现象，外形布局简单，防热方法简易，以及速度高、航程远等。乘波飞机最适于高超声速飞行，其巡航速度可达声速的 4～8 倍，最大可达声速的 12 倍。作为高速洲际民航机使用，它可在 4 小时内完成环球飞行，航程可达 20 000km 以上。

垂直和短距起落飞机（vertical and short fast take-off and landing airplane）能垂直或接近垂直和在短距离内起飞和着陆的飞机。飞机从停机点开始起飞，能在 15m 距离内飞越 15m 高度的障碍为垂直起飞；能在 150m 或 150～900m 距离内飞越 15m 障碍高度的为短距起飞。垂直起落飞机水平飞行时与常规飞机相同，但起飞和着陆时，不靠机翼升力，而是直接由动力装置或动力装置驱动的旋翼、螺旋桨、风扇等产生垂直于地面的向上推力，实现垂直起飞或着陆。这类飞机能完成常规飞机不能完成的一些机动飞行，如垂直机动、空中悬停、后退飞行和原地转向等。短距起落飞机主要采用各种增升方法（空气动力增升装置或偏转推力方向提供部分升力）来缩短起降距离。垂直起落和短距起落飞机降低了对机场的要求，起降方便。

D

导航卫星（navigation satellite）为地面、海洋、空中和空间用户导航定位的人造地球卫星。导航卫星的无线电导航设备由高稳定度时钟、播发导航信号的双频发射机、定向天线、遥控接收机和导航电文存储器（或计算机）组成。由数颗导航卫星构成的导航卫网，具有全球和近地空间的立体覆盖能力。导航卫星按轨道高度分为近地轨道导航卫星、中高轨道导航卫星和地球静止轨道导航卫星；按用户是否需要向卫星发射信号分为主动式导航卫星和被动式导航卫星；按用途可分为军用导航卫星和民用导航卫星等。美国的 GPS 全球定位系统、中国的"北斗"卫星导航系统，都是正在运行的导航卫星网。

地球同步卫星（geosynchronous satellite）又称对地静止卫星，运行在地球同步轨道上的人造卫星。地球同步轨道是运行方向与地球自转方向一致，运行周期等于地球自转周期并位于地球赤道平面上的圆形轨道。其高度约 35 860km，卫星在轨道上的绕行速度约为 3.1km/s，角速度等于地球自转的角速度。在地球同步轨道上布设三颗通讯卫星，即可实现除两极外的全球通信。地球同步卫星常用于通信、气象、广播电视、导弹预警、数据中继等方面。

地球资源卫星（earth resources satellite）用于勘测和研究地球自然资源的人造地球卫星。它利用星载多光谱遥感器获取地物目标辐射和反射的多种波段的电磁波信息，并将这些信息发送给地面接收站。地面接收站根据事先掌握的各类物质的波谱特征对这些信息处理和判读，从而得到各类资源的特征、分布和状态等资料。根据观测重点的不同，地球资源卫星分为陆地资源卫星和海洋资源卫星。目前，地球资源卫星已广泛用于农业、林业、海洋、水文、地形、地貌、地质、探矿、城市规划和环境保护等各个方面。

地效飞行器（ground-effect aircraft）利用地表效应，贴近水面、冰面或平坦地面飞行的飞行器。与高空飞行相比，地表效应能提高飞行器的升阻比。地效飞行器应在地效区飞行，地效区高度约等于其翼弦长度。当距地表高度小于 0.2 弦长时，地表效应增强。为了避开水浪的撞击，飞行器距地表高度在 1/3～1/2 弦长时较为适当。地效飞行器有向大型发展的趋势，以期有足够的飞行高度。地效飞行器有气动效率高、燃料消耗率较低，以及在贴地飞行时不易被对方雷达发现等优点。

F

飞行模拟器（flight simulator）在训练中，飞行员用来模拟飞行的设备装置。飞行模拟器配备了与飞机一样的驾驶舱，并给飞行员提供有关飞行中所体验的视野、声响、动作的实况仿真。飞行模拟器分地面和空中两种。前者是地面飞行模拟设施的总称。它比

空中飞行模拟器经济性好、安全性强，而且不受气象条件限制，但很难在地面上造就非常逼真的"飞行"条件。地面飞行模拟器按其功能还可以分为工程飞行模拟器、研究用飞行模拟器和训练飞行模拟器。后者又称"空中飞行模拟试验机"。它实质上是一个实现空中飞行模拟的通用飞行实验平台。空中飞行模拟比地面模拟具有更多的优点，特别是在运动、视觉、感觉和飞行心理方面更为突出，但其经济性、安全性和出勤率都不如地面模拟高。

飞行前规定试验（preliminary flight rating test, PFRT）发动机首次装机飞行试验前，为了根据型号规范规定满意地完成飞行而提前进行的规定项目试验。在获得订货部门批准后，方可装上飞机做首次飞行试验。

副翼（aileron）机翼翼梢后缘的一小块可动的翼面。飞行员操纵左右副翼差动偏转所产生的滚转力矩可以使飞机做横滚机动。

副油箱（droppable fuel tank）挂在机身或机翼下面的中间粗、两头尖的燃油箱。挂上副油箱可以增加飞机的航程和续航时间，而飞机在空战时又可以扔掉副油箱，以较好的机动性投入战斗。

G

伽马射线观测台（γ-ray observatory）又称康普顿观测台，由美国研制和发射的 γ 射线天文观测卫星。1990 年 4 月 5 日，航天飞机亚特兰蒂斯号将其送入高 445km × 459km、倾角 28.45° 的近地轨道上。其基本任务包括：（1）探测奇特的 γ 射线爆发现象，弄清这一现象的起因；（2）超新星观测，获得超新星核合成过程的详细数据，检验关于宇宙线是超新星产生并由振动波加速的理论；（3）研究中子星和脉冲星以及旋转的中子星将能量变成 γ 射线的过程；（4）观测类星体并研究其本质；（5）活动星系观测和黑洞研究。伽马射线观测台从 1991 年 5 月 16 日开始，进行了为期一年半的全天搜寻。到 1993 年，它一共记录到 1000 次宇宙 γ 射线爆发事件，还通过成像方法拍摄到许多重要的 X 射线源图像。

高超声速飞机（hypersonic aircraft）依靠气升动力，以 5 倍声速以上的速度长时间在大气中稳定飞行的飞机。高超声速飞机领域研究的重点是高超声速吸气式推进系统和高温材料。

高能天文物理观测台 3 号（high energy astrophysic observatory Ⅲ）由美国研制和发射的 γ 射线天文卫

星。1979年9月20日发射入轨。它是第一颗利用 γ 射线分光计进行观测研究的卫星。它带有一台 γ 射线分光计和两个宇宙线计。分光计上装有四个固态锗探测器。高能天文物理观测台3号在1979年底和1980年观测到银河系中心处因电子与质子湮灭产生的 0.511MeV 的 γ 辐射，获得了银河系中心可能是一个黑洞的证据；探测到铝的同位素衰变成镁发出的 1.81MeV γ 辐射；观测到包含黑洞的双星系统发出的 1.2MeV γ 辐射和 1.5MeV γ 辐射。

工厂试车（factory testing）又称验收试车，指发动机首次装配后，发动机制造部门在地面试车台上进行的试车。工厂试车的目的在于磨合发动机零部件、检查发动机各部分和附件的工作情况及制造和装配质量。

轨道器（orbiter）又称太空飞船。专门往来于航天站与空间基地之间的载人或无人飞船。它的主要用途是更换、修理航天站上的仪器设备，补给消耗品，从航天站取回资料和空间加工的产品等。

国际空间站（international space station）在国际合作的基础上建造的迄今为止最大的空间站，是建造中的新一代空间站。它由美国和俄罗斯牵头，联合欧洲空间局11个成员国和日本、加拿大、巴西等16国共同建造运行。空间站从1994年开始分多个步骤建设安装，建成后空间站长110m，宽88m，质量超过400t，是有史以来规模最庞大、设施最先进的人造天体。可供 6~7 名宇航员同时在轨工作。

国际紫外勘察者（international UV detector）由国际合作研制的紫外天文卫星。1978年1月26日，国际紫外勘察者由"德尔它"火箭发射到同步轨道上。它在轨道上工作了9年多，获得了以下观测成果：（1）观测到26颗彗星；（2）测量到来自彗星的氢氧辐射；（3）对小行星的元素组成进行了确定；（4）研究了几大行星大气的化学成分。对恒星的观测取得的成果，证明了大质量恒星会辐射强大的恒星风。国际紫外勘察者对正在形成的新恒星也进行了细致观测，研究了一些冷恒星的表面气体光谱辐射，研究了白矮星和行星状星云，研究了超新星及其遗迹，分析了麦哲伦星云的元素丰度，探测并研究了活动星系和类星体发出的紫外辐射，尝试估计了黑洞的质量，确定在 NGG4151 星系中可能存在一个黑洞。

H

哈勃空间望远镜（Hubble space telescope，HST）由美国航空航天局发射的大型空间天文台。1990年4月4日由"发现"号航天飞机送入轨道。其主体是一个口径为 2.4m 的光学望远镜，镜面成像的质量极高。由于空间优越的环境，它在可见区的灵敏度比地面上现有最好的望远镜要高出 50 倍以上。望远镜焦平面配置了以下多个测量仪器：广角行星照相机、暗天体照相机、暗天体摄谱仪、高分辨率摄谱仪、高速光度计、精密导星系统。望远镜设计寿命为15年，每3年左右用航天飞机对它进行一次检修或更换部件。利用哈勃空间望远镜已经取得了一系列重大成果。

航空器结冰（aircraft icing）大气中不同形态的水在航空器部件表面上冻结的现象。冰晶堆积在表面上的结冰称"干结冰"，水蒸气未经液相直接冻结在表面上的结冰称"凝华结冰"，过冷水滴撞击在表面上的结冰称"水滴结冰"。

航天飞机（space shuttle）又称太空穿梭机，能重复使用的往返于地球表面和近地轨道之间运送人员和货物的飞行器。它使用空气喷气发动机像飞机一样从地面水平起飞，在 30km 以上高度达到 5~6 倍声速时，使用冲压空气喷气发动机，在 90km 左右高度时达到 25 倍声速，在大气层内做洲际飞行。目前的航天飞机是使用火箭发动机进入太空轨道，返回时像飞机一样水平着陆。

航天器（spacecraft）在地球大气层以外的宇宙空间执行探索、开发和利用太空等航天任务的飞行器。包括军用卫星、载人飞船、航天飞机以及未来的军用空间站、航空航天飞机(简称"空天飞机")和空间武器等。其中最常见的是各种军用卫星。

和平号空间站（Mir space station）由苏联研制的第三代空间站。1976年制订计划，1986年4月12日空间站主体发射升空。它是为弥补礼炮系列空间站的不足而研制的，目的是增大有效空间、延长运行时间、完成专业性更强的空间科学技术任务。其主要改进有：（1）对接舱口由两个增加到6个；（2）首次使用大面积砷化镓高效太阳电池板；（3）装有多台计算机，设备自动化程度大大提高；（4）装有遥控机械臂，解决了实验舱在侧向停泊归位的问题；（5）能通过数据中继卫星与地面实时通信；（6）采用积木结构，可与5个大型专业实验舱对接，实验的规模和范围更大、更灵活。"和平号"空间站原设计寿命5年，到1999年它已在轨工作了12年。但由于和平号设备老化，加之俄罗斯资金匮乏，从1999年8月28日起，"和平号"进入无人自动飞行状态。2001年3月23日，"和平号空间站"最终在人工控制下再入大气层焚毁，碎片坠入太平洋。

赫尔墨斯号航天飞机（Sermes space shuttle）欧洲空间局研制的航天运输系统。1985年11月，欧空局正式宣布将"赫尔墨斯号"航天飞机纳入欧空局的项目中。1988年研制工作正式开始，1992年宣布停止发展。"赫尔墨斯号"属小型航天飞机，上面没有主发动机，而是在航天飞机与火箭连接的裙部装有两台发动机，提供入轨和机动推进。1986年"挑战者号"失事后，欧空局重新审查"赫尔墨斯"的安全问题。20世纪90年代初由于欧洲航天政策和发展重点的变化，"赫尔墨斯号"航天飞机计划随之中止。

红外空间观测台（infrared space observatory）由欧洲空间局研制发射的红外天文观测卫星。1995年11月16日，这颗卫星由阿丽亚娜运载火箭发射，进入远地点71 000km的大椭圆轨道。其主体呈圆柱形，总长5.3m，直径2.3m，总重2 500kg。它带有多达2 140L的液氦，可将望远镜等仪器冷却到接近绝对温度零度。主要仪器是一台大型红外望远镜，能够对特定目标进行红外成像。望远镜后有双通道的红外探测器，由许多细小的半导体探测元件组成阵列。其他探测仪器有：成像光度计、短波光度计和长波光度计。红外空间观测台取得了一些重要新发现：（1）对深空的冷氢分子进行了红外观测，直接观察到暗物质；（2）发现了深空天体产生的水蒸气；（3）拍摄到两个星系剧烈碰撞的图像；（4）观察到正在形成的新恒星；（5）拍摄到远离地球2 000万光年的旋涡星系的图像；观察到恒星消亡的细节等。

红外天文卫星（infrared astronomy satellite）在宽波段上进行全天搜巡、建立红外辐射源星图并对选定的特殊目标进行详细观测研究的天文观测卫星。它由荷兰首先提出，后成为荷、美、英联合研制项目。1983年1月25日发射到900km高的近圆形太阳同步轨道上。卫星重约840kg，安装的主要探测仪器是一台大口径望远镜、一组62个半导体红外探测器阵列、一个低分辨率摄谱仪、光度计，以及8个可见光探测器。红外天文卫星在不足一年时间里，共观测到25万个红外辐射源，发现了6颗新彗星，在织女星附近探测到比预计强得多的红外辐射。红外天文卫星获得了大量关于恒星诞生初期的信息，观测到大量正在走向

死亡的恒星。在它观测到的上万个星系中，有的星系发出的红外线竟占全部辐射能量的90%。

火箭（rocket）能使物体达到宇宙速度、克服或摆脱地球引力、进入宇宙空间的运载工具。火箭的速度是由火箭发动机工作获得的。火箭有单级火箭与多级火箭之分。多级火箭各级之间的联结方式，有串联、并联和串并联几种。串联是把几枚单级火箭串联在一条直线上；并联是把一枚较大的单级火箭放在中间，叫芯级，在它的周围捆绑多枚较小的火箭，一般叫助推火箭或助推器，即助推级；串并联式多级火箭的芯级是一枚多级火箭。

火星探路者探测器（Mars Pathfinder）由美国研制和发射的火星探测器。于1996年12月4日用"德尔它"火箭发射。其目的是探索研制新一代低成本火星探测器，验证适于频繁发射的火星科学探测计划方案，寻找火星上水、生命的迹象，研究火星土壤及岩石成分。探测器重890kg，带有一台重11.5kg的小型火星漫游车。漫游车上带有成像仪、光谱仪和大气结构仪。它有一部自主式导航系统和可使车体就地转弯的独立操纵的前、后轮。1997年7月4日，火星探路者号探测器到达火星，开始了新一轮火星探测。火星漫游车在探测器着陆点周围漫游，进行了大量科学探测，对火星环境、岩石和土壤进行了前所未有的考察和研究，获得了具有重要意义的新发现。

霍托尔空天飞机（Hotol space plane）英国航宇公司和罗·罗公司提出并研制的水平起降、单级入轨空天飞机。该计划的背景是国际上日益扩大的卫星发射市场和寻求降低发射成本、提高竞争力的途径。研制"霍托尔"的直接目的是把人造卫星和空间站部件送入太空，为未来的高超声速民航机提供必要的技术储备，其本身还可以作为一种高超声速洲际轰炸机使用。

J

极远紫外勘察者（universal UV detector）由美国研制和发射的紫外天文卫星。20世纪80年代后期提出计划，1992年6月7日，用"德尔它"火箭将极远紫外线勘察者送入514km × 529km的低倾角轨道上。其主要目的是观测过去未详细研究的天体辐射的紫外线与X射线之间的电磁波频段，对某些大质量、高温度恒星辐射的更短的紫外线进行观察，包括白矮星软辐射中的极远紫外线。

伽利略号探测器（Galileo mission detector）由美

国研制和发射的木星探测器。1989年10月18日航天飞机亚特兰蒂斯号将伽利略号木星探测器送入太空。其目的是对木星进行详细观测研究。其主要任务有：探测木星的等离子分布、高能粒子分布、能源及其组分、木星磁层的相互作用；测定木星大气的化学成分、大气中云粒子性质和云层位置、大气的辐射热平衡；研究大气环流和动力学；研究高层大气和电离层。探测器重约2 550kg，它上面除有通信、数据传输等系统外，还装备有15个探测仪器。整个探测器由轨道舱和下降舱两大部分组成。探测器发射后，利用自身的发动机推进飞向金星，经金星一次加速，地球两次加速后朝木星飞去。1995年12月，伽利略号探测器到达木星。下降舱冲入木星大气过程中获得了木星大气的第一手资料，许多发现改写了过去对木星的间接认识。轨道器分离后在木星及其卫星的引力作用下，在木星系统周围运行，进行为期两年的考察。

加速任务试车（accelerated mission test，AMT）在地面试车台上使发动机按照预先制订的能充分反映外场使用情况下的加速任务而进行的试车。它为使发动机在地面试车台上试车时能提早暴露发动机在外场使用时可能出现结构上的故障和缺陷而进行的一种试车。

襟翼（flap）安装在机翼后缘附近的翼面，也是后缘的一部分。襟翼可以绕轴向下方偏转，从而增大机翼的弯度，提高机翼的升力。襟翼的类型有很多，如简单襟翼、开缝襟翼、多缝襟翼、吹气襟翼等。

K

卡西尼探测器（Cassini detector）由美国宇航局和欧空局联合研制和发射的土星探测器。1997年10月15日由大型"大力神4B"火箭发射升空。其目的是弥补先驱者号和旅行者号系列探测器的不足，对土星进行深入观测研究。该探测器重5 670kg，呈模块化结构，研究和观测的主要内容是：重点探测土星最大的卫星土卫六（泰坦），有九项实验，包括它的地形地貌、固体和液体、火山以及磁场、大气等。另外，它还有15项任务，包括对土星及其卫星进行拍照，对土星光环系统进行详细勘察等。在飞近土星系统后，探测器将释放欧空局研制的"惠更斯号"小型着陆器到土卫六表面对它进行实地考察。卡西尼探测器将两次掠过金星，一次掠过地球，最后掠过木星，经加速后正式飞往土星。

空间平台（space platform）一种有人或无人照料、可定期访问或补给的自主航天器。它属于一种介于人造卫星和空间站之间的航天器。苏联和美国等国于20世纪70年代中期提出了研制和发射空间平台的设想。至20世纪80年代，苏联与西欧成功地发射了小型空间平台，取得了较为满意的成果。空间平台克服了人造卫星功能单一、规模小、适应性差及回收、修理和更换载荷困难的缺点，比载人航天器更安全、廉价、长寿，微重力水平高。空间平台具有自主电源、数据管理、通信、热控制、姿态控制和机动变轨能力，并且设有各类有效载荷舱。空间平台可广泛用于微重力实验、空间材料加工和药物生产、地球观察、天文观测、生命科学研究、军事应用，并为空间工业化、商业化铺平道路，为空间站建设积累经验或直接成为空间站的组成部分。

空间实验室（space laboratory）由航天飞机携带入轨进行科学技术实验的非自主航天器。空间实验室是一种多功能、多用途的轨道研究设施。它能完成各种空间科学与应用科学研究任务。按照设计，空间实验室能在近地轨道上完成对地观测、天文观测、生命科学研究、生物医学实验和工业技术研究。空间实验室采用模块式组合结构，组成单元主要有两个：增压舱和U形台架，为适应不同的研究任务可采取不同的组合。1983年11月28日，空间实验室1号由哥伦比亚号携带入轨进行了首次实验飞行。截止到1995年，空间实验室共飞行了16次。它们的实验和研究涉及材料、医学、生物、对地观测、大气科学、太阳研究、天文观测和技术开发等各个方面，取得了丰富的空间科学技术成果，但与预定目标还有一些差距。

空间站（space station）又称轨道站、太空站、航天站，可供多名宇航员巡航、长期工作和居住的载人航天器。1971年苏联发射了世界上第一个空间站"礼炮1号"，1986年苏联又发射了更大的太空站"和平号"。美国于1983年利用"阿波罗"登月计划剩余物资发射了"天空实验室"空间站。空间站的用途包括天文观测、地球资源勘测、医学和生物学研究、新工艺开发、大地测量、军事侦察和技术试验等。空间站还可以作为人类造访火星等其他行星的跳板，并试验载人行星际探索技术。从1971年迄今，世界上共发射成功10个空间站，并已发展到第三代。苏联"礼炮一号"至"礼炮五号"共5个空间站和美国的"天空试验室"为第一代空间站；

"礼炮六号"和"礼炮七号"为第二代空间站，"和平号空间站"和"国际空间站"为第三代空间站。目前，这些空间站，除国际空间站正在建设和在轨工作外，其余八个空间站在大气的作用下坠落，"和平号"空间站被人工销毁。

空天飞机（space plane）集航空、航天技术于一身，兼有航空和航天两种功能，既能民用运输，又能执行军事任务的一种载人航天器。现在的航天飞机经改装高超声速发动机后，就变成了空天飞机。它能像普通飞机一样起飞，以5倍以上声速在大气层内飞行，可自由往返于太空和大气层之间。

L

伦琴卫星（Roentgen satellite）由德国、英国和美国联合研制的X射线观测卫星。20世纪80年代初期提出研制计划，1990年6月1日，伦琴卫星由美国的"德尔它"火箭发射升空，进入一条580km × 584km的轨道。这颗卫星呈柱形，长2.4m × 2.15m × 4.5m，重2 426kg。它的主要仪器是一台焦距2.37m、口径0.84m的X射线望远镜。利用伦琴卫星，可望能观测到10万个X射线源。它将绘制全天X射线源详图，并对1 400个特别感兴趣的X射线源进行详细观测。

M

麦哲伦号探测器（Magellan detector）由美国研制和发射的金星探测器。1989年5月4日，航天飞机亚特兰蒂斯号将麦哲伦号探测器送入太空。其目的是对金星表面进行详细测绘。苏联20世纪80年代初发射的金星15号和金星16号探测器测绘了金星表面25%的地区，麦哲伦计划测绘整个金星表面地形。该探测器由美国喷气推进实验室研制，重3.37t。它的使命非常单一，只进行金星表面地理面貌的测绘工作，上面携带的最主要探测器是一部合成孔径雷达。雷达发射的电磁波能穿透金星的浓厚云层，获得金星表面的高度信息。麦哲伦号探测器进入地球轨道后，利用自身携带的发动机推进飞往金星。1990年8月10日，麦哲伦号探测器进入金星轨道，9月15日开始对金星表面进行测绘。1991年底，美国宇航局根据它发回的资料，绘制出第一张完整的金星地图，覆盖金星表面超过90%。该探测器还获得了其他一些重要信息，包括金星的高山和大峡谷。由于探测器损坏，原定拍摄立体图像和重力测定的任务未能完成。

美国航天飞机（U. S. space shuttle）又称航天运输系统，美国研制的部分可重复使用的航天运输系统。1981年4月12日首次轨道飞行成功。美国航天飞机是针对运载火箭发射费用高、准备时间长、灵活性差及不能回收载荷等缺点提出研制的。设计方案几经变化，最后确定为两枚固体助推器、外贮箱和轨道器三位一体方案。航天飞机投入使用后，既能发射载荷，也能回收载荷，还能像航天器一样开展空间实验和研究活动。它利用自身的仪器进行了大量天文观测、天文物理研究、对地观测、资源普查、生物医学研究、材料加工及其他微重力实验；多次完成轨道修理工作并与和平号空间站进行了对接和联合飞行。

密封舱（pressurized cabin）飞行器中用以保证人在高空或宇宙空间正常生活和工作的安全设备。密封舱是一个封闭系统，外表面覆有绝热保护层，座舱设有快速开启的舱门和用耐热玻璃保护的舷窗。舱内采用再生式供气，并有环境调节系统。高空飞行飞机的密封舱，又称"气密舱"或"增压舱"，由增压调压系统向舱内输入增压空气，大型飞机还有湿度调节装置。

P

配平片（trim tab）操纵面当中的一部分方形的调整片。用于飞行路径的微调，通常位于各个操纵面上，配平片可以作长期的飞行姿态调整，以减轻飞行员操作驾驶杆的负担。通常大型飞机会有副翼及方向舵、升降舵的配平片，配平齐全。

Q

气动／隐身一体化设计（pneumatic and stealthy integration design）根据战术技术要求，综合考虑飞机的气动特性与隐身特性的设计方法。20世纪70年代后期，美国在隐身技术探索的同时，开始研制全隐身战斗机和轰炸机。隐身技术的最重要对象是对雷达隐身。降低雷达反射截面积的方式有：（1）采用吸波材料涂层；（2）采用特殊的外形设计。第一代全隐身飞机着重强调隐身性能，因而在一定程度上破坏了飞机气动特性。F-ll7战斗机只能以高超声速飞行，机动性能也很差，不适于空战。美国在20世纪80年代初研制第四代战斗机时，提出了采用气动／隐身一体化设计，以达到超声速巡航能力、高机动性和隐身性能。气动／隐身一体化设计的基本原则和技术方法有：（1）采用尽可能小的垂直安定面；（2）采用翼身融合体技术；（3）采用小展弦比和有一定后掠角的机翼和尾翼；（4）机身、机翼前后缘设计成平行状；（5）发动机进气道、喷管及座舱尽可能采用埋入式并进行遮蔽；（6）在飞行性能和隐身性能出现矛盾时进行适当折中。美国的F-22战斗机采用气动／隐身一体化设计后，在满足战术技术和性能指标的前提下，具有很好的隐身性能。

气动布局（pneumatic layout）飞机主要部件的数量以及它们之间的相互安排和配置。不同类型、不同速度的飞机有不同的气动布局。飞机的气动布局按机翼和机身连接的上下位置来分，可分为上单翼、中单翼和下单翼；按机翼弦平面有无上反角来分，可分为上反翼、无上反翼和下反翼；按立尾翼数量来分，可分为单立尾、双立尾和无立尾（无立尾时平尾翼变成"V"字形）。通常所指的气动布局指平尾翼相对于机翼在纵向位置上的安排，有正常式、鸭式和无尾式之分。不同的气动布局型式，对飞机的飞行性能、稳定性和操纵性有重大影响。

气象卫星（weather satellite）用于气象观测的卫星。它从外层空间对地球及其大气层进行气象观测，拍摄云图，获取气象数据。它通常由观测专用系统和保障系统组成。专用系统是气象卫星的有效载荷，保障系统则支持卫星正常工作。军用气象卫星则按照军事上的特殊需要，搜集全球或特定地区上空的气象信息，预报天气形势。它具有保密性强和图像分辨率高的特点，能为全球各战略地区、战场和各军兵种提供实时气象资料，为制定军事行动计划提供必要的气象支持。

乔托号探测器（Giotto detector）由欧空局研制并发射的哈雷彗星探测器。1985年7月1日，乔托号探测器由"阿丽亚娜1号"火箭发射升空。"乔托号"总高度2.848m，直径1.867m，发射时重960kg。"乔托号"于1986年3月14日从距彗核590km处掠过，顺利地完成了对哈雷彗星探测的任务。它在距离哈雷彗星大约两万千米时，就已发回了彗核的清晰照片。在深入到哈雷彗星的中心区期间，对它进行了详细探测，包括等离子体分布、尘埃、电磁场、彗星组成成分、彗核与彗尾的结构及特性等。

倾转旋翼航空器（tilt rotor aircraft）旋翼系统可随飞行状态倾转以改变其功能和产生升力的航空器。和普通飞机相比，它具有垂直起落能力；和直升机相比，其速度和航程较大，但重量效率较低。该航空器按其旋翼载荷的大小可分为重载旋翼和轻载旋翼两类。倾转旋翼航空器的旋翼应在直升机状态和飞机状态两个状态下工作。直升机状态需要大直径、小扭转和桨盘载荷较小（轻载）的旋翼，而飞机状态对拉力螺旋桨的要求则相反，因而要按使用条件和用途选择折中的参数。

R

人造卫星（satellite）简称卫星，人工发射的围绕地球运转的人造天体。

任务适应机翼（adaptive wing）又称自适应机翼，能够根据飞行条件的变化改变弯度或几何形状的机翼。任务适应机翼是20世纪80年代初提出的新概念。该机翼能够在飞行中改变弯度，使空气流动发生变化，并通过精确控制，可使气动特性在各种条件下达到最佳状态。美国、日本、欧洲对这种机翼进行了大量研究。最庞大的研究计划是美国空军和宇航局联合提出的ATFI/F-111验证机计划。它在F-111战斗机上面安装了一副试验性任务适应机翼，外表是一块完全连续的光滑表面，机翼内装有传感器和操纵机构，机翼中间部分是不动的，前后缘能够连续偏转，从而达到柔性地改变弯度的目的。ATFI／F-111验证机曾于1985年、1986年进行了两次阶段试飞。试验结果表明，飞行性能达到或超过了风洞试验结果。其飞行速度、航程、盘旋能力和无抖振可用升力都有较大提高。任务适应机翼还能提高飞机的机动能力、控制机动载荷、控制阵风减缓，对提高飞机的机动性、航程和续航时间，提高机翼寿命和承载能力，以及改善飞行品质等，都具有重要意义。

S

上反角（dihedral angle）机翼基准面和水平面的夹角。当机翼扭转时，则是指扭转轴和水平面的夹角。当上反角为负时，就变成了下反角。

"神舟"号宇宙飞船（Shenzhou spacecraft）中国第一个宇宙飞船系列。中国跨世纪大规模的航天工程。自1999年～2007年，共成功发射了6艘飞船。"神舟"号飞船由轨道舱、推进舱和附加段组成，可完成各种科学探测和技术试验任务。"神舟"1～4号为无人试验飞船，分别于1999年11月、2000年1月、2002年3月和2002年12月成功发射。"神舟"5号和"神舟"6号为载人飞船，分别于2003年10月和2005年10月发射，成功完成了载人飞船试验，为中国的载人航天工程打下了坚实的基础。

矢量化飞机（vector aircraft）部分或完全依赖发

动机推力产生飞行控制力的飞机。完全矢量化飞机，其发动机除产生前向推进力外，还可在偏航、俯仰、横滚等各个方向同时或分别产生控制力和力矩，实现完全推力矢量操纵。它可取消全部的气动操纵面，简化飞机外形和结构设计，达到更高的操纵效能，并能在各种条件下有效进行操纵。当前着重研究的是部分矢量化飞机，它在完全矢量飞机中略去一种或几种推力矢量模态。部分矢量化飞机试验机的设计与试验在20世纪80年代中期已经开始。美国的F-15S/MTD技术验证机试验项目之一就是推力矢量化。它于1988年9月7日进行了首次试飞，其战术性能比F-15战斗机有了较大提高。推力矢量化是未来超高机动性战斗机的关键技术，F-22战斗机也采用了这一技术。

水上飞机（sea plane）能在水面上起飞、降落和停泊的飞机。有些水上飞机分为船身式（按水面滑行要求设计的特殊形状的机身）和浮筒式（把陆上飞机的起落架换成浮筒）两种。也能在陆地机场起降的水上飞机则在船身或浮筒上装可收放的起落架，在水上起降时收上，在陆上起降时放下。水上飞机的主要优点为：（1）可在水域辽阔的河、湖、江、海水面上使用；（2）安全性好；（3）地面辅助设施较经济；（4）飞机吨位不受限制。其缺点为：（1）受船体形状限制不适于高速飞行；（2）机身结构重量大；（3）抗浪性要求高；（4）维修不便，制造成本高。水上飞机在军事上用于侦察、反潜和救援活动；在民用方面可用于运输、森林消防等。

T

太阳及日球观测台（solar observatory）由欧洲和美国共同研制的太阳观测卫星。1995年12月2日，由美国宇宙神-2AS发射升空。太阳及日球观测台呈六面体结构，重量为1 875kg。它的主要探测对象是太阳色球、日冕、太阳表面、太阳风和太阳内部结构。其研究内容包括：太阳风是如何影响地球磁场并引起导航通信中断；研究太阳的色球、日冕等外层结构和特性；探测太阳内部结构。它于1996年3月14日到达距地球约150万千米的第一个拉格朗日点。在这个点上，地球、太阳和月球的引力相抵消。太阳及日球观测台进入一条绕拉格朗日点旋转、并与地日轴线垂直的轨道上。太阳及日球观测台取得了许多重要成果，包括拍摄了大量太阳风、太阳外层、太阳耀斑爆发、太阳黑子照片；观测到太阳表面的振动、物质抛射；研究了太阳辐射特性、星际物质的化学组成、太

阳风对地磁的影响，获得了大量清晰照片。

太阳能飞机（solar-powered airplane）以太阳辐射能作为推进能源的飞机。飞机的动力装置由太阳能电池组、直流电动机、传动装置、螺旋桨和控制系统等组成。为了得到足够的能量，飞机上需要安排较大的采光面积以便铺设太阳能电池组。这类飞机还处于试验研究阶段。把太阳能飞机作为高空无人驾驶飞机来使用，在军用、民用方面都有巨大的潜力。

探测器（detector）探测地球以外太阳系天体的无人航天器。如绕太阳飞行并进行探测的为太阳探测器；绕月球飞行并进行探测的为月球探测器；绕金星飞行并进行探测的叫金星探测器。绕金星飞行并进行探测的"麦哲伦"号、绕火星飞行并进行探测的"海盗"号、"勇气"号和"机遇"号、绕木星飞行并进行探测的"伽利略"号等探测器其实也是金星、火星或木星的人造卫星；探测太阳的"尤利西斯"号探测器、探测多颗行星后又飞出太阳系的"先驱者"号和"旅行者"号探测器，也是一种无人飞船。

通信卫星（communication satellite）用作无线电通信中继站的人造地球卫星。由专用系统(有效载荷)和保障系统组成。通常分为军用通信卫星、海事通信卫星、电视广播卫星、跟踪和数据中继卫星等。军用通信卫星又分为战略通信卫星和战术通信卫星。利用卫星通信，具有通信距离远、传输容量大、覆盖区域广、通信质量好、经济效益高等优点。

W

尾翼（empennage）安装在飞机后部的起稳定和操纵作用的装置。它一般分为垂直尾翼和水平尾翼。垂直尾翼简称"垂尾"或"立尾"，由固定的垂直安定面和可动的方向舵组成，它在飞机上主要起方向安定和方向操纵的作用。根据垂尾的数目，一般可将飞机分为单垂尾、双垂尾、三垂尾和四垂尾。水平尾翼简称"平尾"，由固定的水平安定面和可动的升降舵组成，主要起纵向安定和俯仰操纵的作用。

涡襟翼（vortex flap）用于进行涡控制的特殊襟翼装置。美国兰利中心于20世纪70年代中期提出涡襟翼概念，以适应不同飞行状态的要求。涡襟翼的特点是：在低速、跨声速、超声速情况下，在前缘涡襟翼上的诱导压强会产生更大的吸力，从而产生大的推力而使阻力下降。采用涡襟翼后，可以推迟主涡的破裂。涡襟翼能在有效利用涡升力的前提下，降低阻力。

设计良好的涡襟翼可减小阻力 30%。

无人机系统（unmanned vehicle system, UVS）无驾驶员或"驾驶"（控制）员不在其内的一大类各具特定功能的现代飞行器系统。无人机又称无人驾驶飞机、空中机器人。它可以是专门设计的，也可以用已有的飞机或导弹改装而成。无人机系统是包含无人机本身、机外遥控（通信）站、起飞（发射）和回收装置及检测等系统在内的复杂技术系统。它本身包括机体、机载飞行控制系统、导航通信系统、动力装置、回收系统和与无人机功能有关的有效载荷。

无尾桨直升机（tailless helicopter）没有尾桨系统的直升机。在直升机取消尾桨后，它平衡旋翼力矩的方式是：在起飞和悬停阶段利用尾梁前端安装的风扇增压气体喷射产生平衡力矩，飞行阶段依靠风扇装置排气和垂直尾翼的气动力矩共同平衡；偏航运动则靠尾梁后端安装的喷气舵或喷气口排出增压气体产生的侧向力实现。安全性、维护性好，结构简单，部件少，气动效率高，噪声低，是无尾桨直升机的发展方向之一。

X

希帕克卫星（Xipake satellite）欧洲联合研制和发射的恒星观测卫星。研制设想最初是法国天文学家皮埃尔·洛克路德于 1966 年提出的，后成为欧空局的项目。它于 1993 年 8 月 15 日由阿丽亚娜运载火箭发射到同步轨道上。其目的是对选定的 12 万颗恒星进行详细观测，并测量它们的亮度、位置和视差。希帕克卫星重 1 140kg，装有口径为 290mm 的视差望远镜。其精度比地面的望远镜高 10～100 倍。卫星呈六棱柱体，带有三块太阳电池板。它的方向稳定性极佳。利用它可对恒星进行精确定位和视差测定。除对这些特选恒星进行精确测定外，它还将对 40 万颗恒星进行中等精度测定，其精度将与地面测量的最大精度相当。它还将对更多的恒星进行粗测。预计在任务期间，它将对两千多亿颗恒星进行测量。获得的数据和全新的星图将成为天文学研究的基本工具。

希望号航天飞机（Hope space shuttle）日本研制的航天运输系统。1987 年制定研制计划。"希望号"航天飞机是一种用 H-2 运载火箭发射、不载人、有翼、可重复使用的轨道器。它的基本任务是：（1）从空间站、日本实验舱及其他空间平台上回收有效载荷；（2）飞行期间可在货舱内完成各种实验；（3）为研制空天飞机建立技术基础，获得发展空天飞机的

关键技术。在任务发射过程中，H-2 火箭先将"希望号"送入 200km 高的轨道，与空间站交会并对接。任务完成后，希望号再入大气层自动在机场上着陆。整个飞行过程全部由地面人员控制进行。1994 年 4 月，H-2 火箭发射成功后，"希望号"的模型进行了多次发射，目的是试验气动防热系统和载人回收技术。日本原计划在 1999 年进行首次"希望号"技术验证飞行，以对航天飞机进行进一步研究，但至今也未实施。

星际火箭（interplanetary rocket）把航天器发射到星际轨道的火箭。星际火箭一般由多级火箭组成，首先由一至两级化学火箭把航天器送入绕地球的停泊轨道，等待合适的发射窗口，然后再由上一级火箭把航天器送入星际轨道。由于在星际轨道上飞行的时间很长（往往以年计），而且需要的推力不是很大，因此上一级火箭要用核动力发动机、电火箭等高性能非化学火箭。星际航行包括太阳系内的行星际航行及太阳系以外的恒星际空间的飞行，用现代火箭技术所能达到的速度（20km/s 左右）可以飞出太阳系，但不能实现恒星际航行。航天器只有达到接近光速的速度，恒星际航行才有实际意义。要使航天器接近光速，必须把火箭的喷气速度提高到接近光速的水平。也有人把这种火箭称为"光子火箭"。

Y

鸭翼技术（canard technology）又称前翼技术，应用鸭翼起水平尾翼作用以提高飞机可操控性能的技术。鸭翼指于飞机机翼前方机身两侧的小翼面。现代制空作战飞机、特别是歼击机的设计，多采用鸭翼技术以提高飞机的作战能力。

验证机（demonstration engine）为在型号研制之前，验证发动机总体方案的性能、结构强度及加力燃烧室与主发动机之间和高低压压气机之间的匹配、各系统之间的协调性、初步的耐久性和可靠性的验证发动机。

翼身融合技术（blended wing-body configuration technology）飞机设计中将机翼与机身连接处的轮廓线设计成连续曲线的技术。翼身融合技术要求机翼与机身连接处的外形，无论纵向或横向截面，其轮廓线均为圆滑连续曲线，以提高飞机的空气动力学性能。

翼身融合体（amalgamation of body and wing）把飞行器的机翼和机身合成一体来设计制造，并使

二者之间没有明显界限的装置。一般的翼身组合体是由机翼与机身两个部件接合而成的。在机翼与机身的交接处，机身的侧面与机翼表面构成直角（或接近于直角），这样的组合，浸润面积大，阻力也较大。为了减少翼身组合体的阻力，有些飞机在机翼与机身的交接处增装了整流带（又称整流包皮），使二者间圆滑过渡。翼身融合体的优点是结构重量轻、内部容积大、气动阻力小，可使飞机的飞行性能有较大改善。由于消除了机翼与机身交接处的直角，翼身融合体也有助于减小飞机的雷达反射截面积，改善隐身性能。翼身融合体的缺点是外形复杂，设计和制造比较困难。

翼载（wing loading）飞机的满载重量（W）和飞机的机翼面积（S）的比值（W/S）。翼载的大小直接影响到飞机的机动性能、爬升性能及起飞着陆性能等。

隐身飞机（stealth aircraft）利用种种技术减弱雷达反射波、红外辐射等特征信息，使自己不被敌方探测系统探测到的飞机。目前，飞机隐身的方法主要有以下三种：（1）减小飞机的雷达反射面。从技术角度讲，其主要措施有使用设计合理的飞机外型、使用吸波材料、主动对消、被动对消等。（2）降低红外辐射，主要是对飞机上容易产生红外辐射的部位采取隔热、降温等措施。（3）运用隐蔽色降低肉眼可视度。

迎角（angle of attack）又称攻角，机翼的前进方向（相当于气流的方向）和翼弦（与机身轴线不同）的夹角。它是确定机翼在气流中姿态的基准。对于直升机和旋翼机，迎角的表示方法与固定翼飞机略有不同，是指与前进方向垂直的轴和旋翼的控制轴之间的夹角。

尤利西斯太阳探测器（Ulysses solar detector）由美国和欧洲联合研制的太阳极区探测器。研制始于20世纪80年代初。1990年10月6日，美国航天飞机"发现号"将其送入太空。其目的是立体观测研究太阳，考察太阳极区的情况。探测器重385kg，装有一台核发电机和九台专门用于观测太阳表面现象以及特性的科学仪器。1994年6～10月，"尤利西斯"探测器首次飞越太阳的南极上空，观测到太阳极区景观。它发回的信息有：观测到几个巨大的冕洞，发现太阳风的速度高达800km/s，比赤道区高出2～3倍；太阳南极的物质喷发所产生的震波宽度约 1×10^7km；太阳极区的宇宙线密度比预计的低，星际尘埃的质

量比预计的大；极区太阳风和磁场均与赤道有明显的不同；极区日冕有巨大的扰动等。1995年6～9月，"尤利西斯"探测器又首次飞越太阳北极，实现了首次对太阳的立体观测。

宇宙背景探测器（cosmic background explorer）又称宇宙微波背景辐射探测器，用于探测宇宙微波背景辐射的天文卫星。1989年11月18日，美国用"德尔它"火箭将这个探测器发射到太阳同步轨道上。其主要任务是验证宇宙大爆炸学说提出的关于宇宙背景辐射的预言，寻找微波背景辐射可能留下的微小涟漪，以解释星系的起源。

宇宙飞船（spacecraft）往返太空与地面的航天器。它是人类最早的航天器，也是技术较简单的一种航天器。宇宙飞船又分为载人飞船、货运飞船和无人飞船。货运飞船主要用于运送货物，因此没有生命保障系统，也不回收。无人飞船主要为载人飞船做技术试验，其结构与载人飞船基本一致。一般情况下，宇宙飞船多指载人飞船。

运载火箭（carrier rocket）能够把人造卫星、载人飞船、空间站或其他空间探测器送入轨道的单级或多级火箭。运载火箭多数为两级以上多级火箭。每一级都有推进剂箱、火箭发动机和飞行控制系统，末级有仪器舱和有效载荷，级与级之间有级间段连接。为了增大运载能力，大部分运载火箭的第一级捆绑助推火箭，数量根据需要而定。运载火箭的技术指标包括运载量、入轨精度、火箭对不同有效载荷的适应能力和可靠性。

Z

智能结构（intelligent structure）将具有仿生功能的材料融合于复合材料中制成的具有人们期望的智能功能的结构。即将传感元件、驱动元件和信号处理控制系统融合在基体材料中，使得结构不仅具有承受载荷的能力，还具有识别、分析、判断、动作等额外功能。具体地讲，就是具有检测（应变、损伤、温度、压力及各种制导光源）、通信（数据传输）、动作（改变结构外形和结构应力分布、改变电磁场及光学反射能力和化学选择能力、改变透气性和通风）等功能，对于结构件本身还具有自诊断、自适应、自修复等功能。目前，埋入结构中的传感元件有光导纤维、压电元件、电阻应变丝等；埋入结构中的驱动元件有形状记忆元件、压电陶瓷、电流变材料、磁流变材料、磁致伸缩材料和电致伸缩

材料等。其信息处理方法通常采用模式识别和人工神经网络。智能结构将向着材料微结构内部具有传感、驱动和信号处理控制等功能方向发展。

智能蒙皮（intelligent）有智能功能的航空器蒙皮。即在航空器复合材料蒙皮中嵌入或在其表面上附着安装各种航空电子器件，使之具有信号检测、处理及传输的功能。

中继卫星（relay satellite）主要用于数据传输的一种通信卫星。其特点是数据传输量大。随着航天器种类和数量的增多，航天器的跟踪和控制任务越来越重，数据传输量也越来越大，单靠地面测控站难以胜任。为及时有效地完成对航天器的管理和数据收集工作，中继卫星应运而生。中继卫星是天基测控站。它引发地球站对中低轨道航天器的跟踪测控信号中继从航天器发回地面的信息，完成航天器跟踪和数据传输任务。中继卫星的使用，减少了地面测控台站的数量，降低了地面支持费用，并且依靠空间的高远位置完善了测控手段。

自动式前缘缝翼（automatic front slat wing）用滑动机构与机翼相连，并可以根据迎角的变化而自动开闭的装置。在小迎角情况下，空气动力将它压在基本机翼上，处于闭合状态。当迎角增大到一定程度，机翼前缘的空气动力变为吸力，将前缘缝翼自动吸开。自动式前缘缝翼的应用十分广泛。在机翼上安装襟翼可以增加机翼面积，提高机翼的升力系数。襟翼的种类很多，常用的有简单襟翼、分裂襟翼、开缝襟翼和后退襟翼等。一般的襟翼均位于机翼后缘，靠近机身，在副翼的内侧。当襟翼下放时，升力增大，同时阻力也增大。因此，一般用于起飞和着陆阶段，以便获得较大的升力，减少起飞和着陆的滑跑距离。

自适应结构（self-adaptive structure）随使用条件变化能自动改变飞机几何形状的结构。20世纪80年代以来，美国、日本、德国和加拿大等国都对自适应结构进行了大量研究，出现了变弯度机翼、层流控制、机敏起落架、智能蒙皮，以及机翼、机身、发动机进气道一体化新概念和新技术。自适应结构技术可分成两大类：（1）在制造复合材料结构时埋入传感器、微处理器、驱动器系统。这种结构将使自身具有随使用条件和环境变化而改变应力状态、振动特性的能力，以及能够提高结构承载能力、寿命和阻尼特性，能自动监测结构的完整性，防止结构破坏，提高结构可靠性和生存力。（2）直接使用智能材料和结构。这种结构能够发挥飞机结构的最大潜力，能在接近结构极限的状态下飞行，而不必担心结构的疲劳。

（三）飞行器动力系统（Aircraft Power System）

B

波阻（wave drag）激波阻滞气流而产生的阻力。因为激波是一种强压缩波，因此气流通过激波时产生的波阻也特别大。由于正激波波面与气流方向垂直，空气被压缩的最厉害，激波强度也最大。当超声速气流通过它时，空气微团受到的阻滞最强烈，速度迅速降低，产生的波阻最大。波阻的大小受超声速度条件下物体形状的影响，物体前缘越尖，气流受阻滞越小，产生的波阻越小。某些超声速飞机的机身、机翼的前缘设计成尖锐的形状，就是为了减少激波强度，进而减少波阻。

C

测试发－控系统（test sending-control system）火箭发射前人机对话的主要接口系统。通过箭地通讯，可掌握箭上设备的工作情况和各种参数，也可将飞行参数装入箭上设备，最后控制火箭发射。

超温试车（over-temperature test）为考核发动机转子结构的完整性在完成超转试车后的超稳态试车。试车时用同一台发动机在超过最高允许稳态气体，在一定温度值上，并在不低于最高允许稳态转速下继续进行一定时间的试车。

冲压喷气发动机（ramjet engine）靠飞行器高速飞行时相对气流进入发动机进气道后减速、将动能转变成压力能，进而使空气静压提高的一种空气喷气发动机。它与燃气涡轮发动机的不同在于它没有专门的压气机和涡轮，因此结构简化。冲压发动机产生的推力与进气速度有关。飞行速度越大，冲压越大，产生的推力也越大。冲压发动机在静止时不能产生推力，要靠其他动力装置将其加速，达到一定速度后才能正常工作。所以冲压发动机通常要和其他发动机组合使用，形成组合式动力装置。

垂直起落发动机（engine of vertical takeoff and landing）一种可转动发动机喷口方向的涡轮风扇发动机。安装这种发动机的飞机，可以垂直起落。其结构的主要特点是发动机装有 4 个可转喷口和阀门机构，能改变发动机的推力方向。在垂直起落时，喷口逐渐旋转向下，燃气向下喷出，产生向上推力，克服地球的引力，使飞机垂直起落。巡航飞行时，喷口可转向后面，产生向前的推力。这种发动机的优点是一台发动机即可同时满足升力和推力的要求，发动机利用率高，使用维护方便；其缺点是起飞升力较小。

D

电火箭发动机（electrically-powered rocket engine）用电作能源，用氢、氮、氟或汞、钾等碱金属蒸气作工质，利用电能加速工质，形成高速射流喷出而产生推力的火箭发动机。

F

发动机堵塞技术（engine plug technology）一种扩大发动机试验范围的技术。它利用气动力学中扰动不能逆着超声速气流向前传播的特性，能在高空模拟试验设备上，保持尾喷管始终处于临界条件下并尽量提高试验舱中模拟的静压，以减小抽气系统的规模，或在给定抽气能力下，扩大发动机的试验范围。

发动机高空模拟试车台（simulated altitude engine test facility）能模拟高空环境的发动机试车设备。为测取发动机性能和功能，并考核发动机的工作适用性及其系统的工作可靠性等，设计了有装入被试发动机并具有控制进气条件和模拟高空环境压力、温度等参数能力的高空舱等的试验设备。

发动机结构完整性大纲（engine structure integrity program, ENSIP）关于发动机结构设计、分析、定型、投产和寿命管理的一整套计划文件。目标是保证发动机结构的安全和耐久性，降低寿命期费用和提高出勤率等。1984 年 11 月，美国正式颁发美国军用标准《发动机结构完整性大纲》，为发动机的结构设计提供统一的方法，也为结构的研究与发展提供基础。其指导思想已为各国发动机设计部门所采纳。

飞行器发动机（aircraft engine）安装在各种飞行器上的动力装置。飞行器发动机种类很多，其用途也各不相同。按发动机产生推力原理的不同和发动机工作原理的不同，分为四大类：（1）活塞式发动机；（2）空气喷气发动机；（3）火箭发动机；（4）组合发动机。飞行器发动机是飞行器的动力源，相当于飞行器的心脏，它的性能对飞行器的发展有着非常重要的影响，飞行器发展的每一个里程碑都与发动机的发展直接相关。

G

固体火箭发动机（solid rocket engine）使用固体推进剂的化学火箭发动机。其组成部分包括固体推进剂药柱、燃烧室壳体、喷管和点火装置。固体推进剂药柱是决定发动机推力大小和工作时间的核心部件。目前使用最多的固体推进剂是复合推进剂，由氧化剂（主要是高氯酸铵）、黏合剂（燃料）和添加剂（铝等轻金属粉）组成。燃烧室壳体是贮存推进剂药柱并使之在其内燃烧的装置，内壁附有绝热层。喷管处于发动机尾部。它是将燃烧室内的高温高压燃气的热能和压力势能转变为动能的变截面管道。其主要功能是将燃气（流体工质）加速喷出产生反作用推力。点火装置用于点燃固体药柱。

过失速技术（poststall technology）飞机超过失速迎角后仍能实施机动的技术。这是美国空军为保持空中优势于 20 世纪 80 年代初提出的新概念。机翼升力和阻力都随迎角的变化而变化。当迎角超过一定范围，机翼升力会急剧下降甚至完全丧失，从而引起失速。此时气动操纵面将失去操纵能力。未来战斗机要求具有在更大的迎角下实施机动的能力，甚至能超过 90°，以便迅速指向敌机并进行攻击。为满足这一战术要求，飞机必须具有过失速机动能力。战斗机过失速技术将依赖推力矢量技术，利用发动机部分或全部推力实现飞机俯仰、横滚、偏航的控制。过失速技术对提高战斗机的机动能力、攻击能力和生存能力至关重要，是未来战斗机的发展方向。

H

航空火箭（aviation rocket）提高直升机火力的一种相对简单而又廉价的武器。由于能在一个较短的时间里向目标投放大量的弹药，所以是武装直升机对地面部队实施火力支援的重要武器。航空火箭具有射速高、火力强、射程比航空机关炮远、结构简单、不受干扰、不受气象条件的影响、成本低、可大量使用等优点。其缺点是命中率低。

航天器推进系统（spacecraft propulsion system）利用反作用原理为航天器飞行姿态和轨道的保持或改变提供动力的系统装置。推进系统通过排出高速气体或离子流产生反作用力来推动航天器运动。这个反作用力一般成为其推动力。推进系统要产生推力，必须有能源、工质和动力装置。航天器推进系统可用的能源有压缩气体、化学能、太阳能和核能。其中压缩气体和化学能是最常用的能源。太阳能和核能在航天器推进方面的应用尚处于研究、开发阶段。虽然它们的比冲高，但使用时受到航天器供电结构和辐射危害等限制，通常用于高轨道和星际探测航天器。

核能火箭发动机（nuclear powered rocket engine）用核燃料作能源，用氢作工质，由核反应或放射性衰变释放热能加热工质，经喷管膨胀加速后高速排出而产生推力的发动机。核能发动机目前还处在研制阶段。

活塞式发动机（piston engine）一种把燃料烧后产生的热能转化为带动螺旋桨转动的机械能的动力装置。安装在飞行器上的螺旋桨高速旋转时，使空气加速向后流动，空气对螺旋桨产生反作用力，从而推动飞行器前进。活塞式发动机是一种往复式内燃机，主要由气缸、活塞、连杆、曲轴、进气出气阀门等组成，一般以汽油作燃料，靠曲轴将活塞的往复运动变成自身的旋转，带动螺旋桨转动，使飞行器产生推力。活塞式发动机有效率高、耗油低和价格低廉等优点，对环境污染也较小，目前多安装在小型低速飞机上。但由于活塞发动机功率小、重量大，外形阻力大，螺旋桨桨尖易产生激波，限制了螺旋桨高速旋转时的效率。活塞式发动机的飞机在 1 000m 的高空，816km/h 的飞行速度已经是飞机的速度极限。

火箭发动机（rocket engine）不需要利用大气中的氧气、自带燃烧剂和氧化剂的动力装置。火箭发动机既能在大气层内、又可在大气层外工作，是火箭、导弹和航天器飞行的主要动力装置。火箭发动机与其他喷气发动机的不同之点在于：飞机等其他各种喷气发动机只自带燃料，而燃料燃烧所需的氧由大气中获得，所以其他喷气发动机只能在大气层内使用；火箭发动机既能在大气层内使用，也能在大气层外使用。火箭发动机将能源转化为工作介质（工质）的动能，形成高速射流排出而产生推力。按加速工作介质（气流）的能源不同，火箭发动机可分为化学能发动机和非化学能发动机。目前使用最多的是化学能火箭发动机。按推进剂（燃烧剂和氧化剂的统称）的不同，火箭发动机又可分为液体火箭发动机、固体火箭发动机和固－液混合发动机三大类。

J

激波（shock wave）受到强烈压缩的一层薄薄的空气，其厚度只有 $10^{-4} \sim 10^{-5}$mm。激波是由飞行器在地球大气层中作超声速飞行时，在其正前方产生的。激波并不是由固定的空气微团组成，随着飞行器的高速运动，不断有旧的空气微团被排出，同时又有新的空气微团补充进来。激波始终随着飞行器飞行以同样的速度向前运动。根据激波面与气流方向夹角的不同，可把激波分为正激波（波面与气流方向接近于垂直）和斜激波（波面沿气流方向倾斜）。激波的存在导致飞行器的飞行阻力增加。

K

空气喷气发动机（aerojet engine）利用大气层中的空气与所携带的燃料燃烧产生的高温气体向后高速喷射、直接产生向前的反作用力的动力装置。因为它依赖于空气中的氧气作为氧化剂，所以只能作为航空器的发动机。按具体结构的不同，空气喷气发动机又可分为燃气涡轮发动机和冲压喷气发动机。衡量空气喷气发动机的性能指标有：（1）推力。即发动机总推力。（2）单位推力。即每单位流量的空气进入发动机所产生的推力。（3）推重比。即发动机总推力和其结构重量之比。（4）单位油耗率。即产生单位推力每小时所消耗的燃油量。

空中停车率（in-flight shutdown rate）飞机发动机在平均每 1 000 飞行小时中空中停车的次数。它是表征其可靠性的主要指标。只有发动机停车是由于零件损坏、滑油中断、振动过大、超温等发动机本身原因造成的停车方能计入空中停车率。

Q

气动／推进一体化设计（pneumatic and promotive integration design）在飞机性能要求与约束条件下，寻求最优的发动机和机体整体布局，以便在整个飞行包线内获得有效的外流气动特性的设计方法。从第一代喷气式战斗机开始，发动机就安装在飞机机身内，进气道与前机身、尾喷管和后机身存在相互影响和干扰。由于这些原因，20 世纪 70 年代出现的第三代战斗机，已初步应用了气动／推进一体化设计思想。由于对飞机性能的要求越来越高，加之推力矢量／反向技术的发展，对气动／推进一体化设计的要求与日俱增。气动／推进一体化设计要考虑的主要因素有：（1）进气道的形式和位置；（2）前机身流场设计；（3）减小尾部阻力；（4）后机身的综合设计；（5）内外流一体化分析与设计。气动／推进一体化设计能提升较大的性能，如降低飞机总阻力、改善飞行品质、提高发动机推力和工作范围，对高性能战斗机设计具有重要意义。

R

燃气涡轮发动机（gas turbine engine）主要用于时速800km以下的运输机、支线客机和公务机的一种空气喷气发动机。它是目前应用量最广泛的航空发动机，主要由压气机、燃烧室和涡轮组成。空气在压气机中被压缩后进入燃烧室，遇喷入的燃油燃烧，产生高温高压气体。气体在膨胀过程中涡轮做高速旋转，将部分能量转变为涡轮的机械能。涡轮又带动压气机不断吸进空气并进行压缩，使发动机能够连续工作。而高速喷出的气流则推动航空器高速运动。压气机、燃烧室和涡轮这三大部件组成了燃气涡轮发动机的核心机。按核心机出口燃气可用能量的利用方式不同，可进一步分为涡轮喷气发动机、涡轮风扇发动机、涡轮螺桨发动机、涡轮桨扇发动机、涡轮轴发动机和垂直起落发动机等。

热障（thermal barrier）当飞行器在稠密大气中作超声速飞行时受激波与机体间高温压缩气体的加热和机体表面与空气强烈摩擦的影响，飞行器蒙皮的温度会随马赫数的提高而急剧上升的现象。飞行马赫数为2.0时，机头处的温度略超过100℃；而当马赫数为3.0时，飞行器表面的温度则升至350℃左右，超过了铝合金的极限温度，使其强度大大削弱。一般把马赫数2.5作为"热障"的界线。低于这一值，气动加热不严重，可用常规的方法和材料设计、制造飞机；高于该值，则必须采取克服气动加热问题的措施，如用耐高温的钢或钛合金制造飞机的蒙皮和框架等。宇宙飞船和返回式卫星在重返大气层时，马赫数更高，外表温度可达1 000℃以上。为保证其不致被烧毁，飞船和返回式卫星的头部得用烧蚀材料包上一层，让它在高温时烧掉，以吸收气动加热时产生的热能。

S

声爆（sound explosion）飞机在超声速飞行时，在飞机上形成的激波传到地面时形成的如同雷鸣般爆炸的现象。飞机超声速飞行时会在头部和尾部产生激波，传到地面时，使地面的压强在极短的时间内（0.1s）发生急剧变化，产生压力脉冲形成爆炸声。

其声爆强度同飞机的飞行高度、飞行速度、飞机重量、飞行姿态及飞行环境都有关系。如果飞机的飞行高度比较低，激波在地面上的压强变化会很猛烈，从而造成房屋玻璃甚至结构的破坏。为了防止噪声扰民和声爆危害，一般规定飞机在城市上空10km高度之下不得作超声飞行。

声障（sonic barrier）飞机接近声速飞行时，进一步提高飞行速度时阻力急剧增加的现象。飞机突破声障时，不仅会遇到阻力激增，而且还会出现升力下降、力矩不稳定以及飞机机翼和尾翼出现抖动振颤的现象。声障是飞机设计和飞行时必须考虑的一个问题。

失速速度（stalling speed）失速时飞机的速度。飞机的升力系数随飞机迎角的增加而增大。当迎角增加到某一数值后，升力系数不升反降，导致飞机升力迅速小于飞机重力，飞机便很快下坠。这种现象称为失速。

T

湍流减阻（turbulent drag reduction）通过改变湍流边界层结构降低摩擦阻力的技术。其基本思想是通过设计特殊的机翼形状或安装特殊部件，改变湍流结构，减小剪切应力，达到减阻的目的。目前，集中研究的湍流减阻技术主要有沟槽减阻和横向小肋减阻。沟槽减阻是沿机翼表面弦向（顺气流方向）开一系列有规则的V形沟槽。沟槽的深度和宽度为十万分之几毫米到几百万分之几毫米的量级。沟槽的存在，抑制了气流的横向扩展和湍流的运动，有利于减弱边界层内的动量交换，起到理顺流畅的作用，从而达到减阻目的。横向小肋是在机翼表面，沿气流方向安装一条或几条小翼片，可设计成机翼形状，高度约为边界层厚度的80%。这种小肋，可以打碎边界层内大涡结构，使流动变得规则，达到减阻目的。湍流减阻技术能显著降低摩擦阻力。目前比较成熟的湍流技术是沟槽减阻。这项技术已经进行了飞行试验。空中客车A320飞机采用纵向沟槽减阻技术，净阻力减少了1.5%～2%，从而降低了油耗。湍流减阻技术遇到的最大困难是对湍流还缺乏深入的认识，影响到减阻技术措施的改进和完善。

推进升力技术（lifting force technology）利用发动机推力产生气动升力的技术。在传统飞机设计中，发动机只用于产生推进力。在战斗机机动性、起降性能不断提高的情况下，人们又探索利用发动机的推力和内流产生操纵力和高升力的技术。利用喷气发动机产生附加升力的设想提出得很早。进入20世纪80年代以后，许多推进升力的设想和技术问世。其中比较典型的有：（1）机翼展向吹气；（2）机翼弦向吹气；（3）喷气襟翼；（4）切向边界层控制；（5）翼上矢量可调发动机；（6）上表面吹气；（7）外部吹气襟翼；（8）横向推进升力放大等。推进升力技术中应用的原理是：利用从发动机引出的部分气量，向升力面或襟翼吹气，使之改变气动弯度而产生高升力。推进升力技术目前仍处在探索和试验阶段，尚未达到实用状态。推进升力技术对提高飞机机动性、改善起降性能具有重要意义。

推力矢量控制（thrust vector control）发动机系统除为飞机提供前进推力外，尚能同时或单独为飞机俯仰、偏航、横滚和反推力方向提供发动机内部推力的技术。推力矢量控制可采用矩形二元喷管或圆形轴对称喷管，利用喷管转向、安装喷管出口调整片、沿喷管侧部开口或在管口安装燃气舵等方式，使发动机推力方向偏转，实现推力矢量控制。推力矢量控制具有以下优点：（1）改善大迎角和低动压条件下飞机的机动性和操纵性；（2）降低超声速和跨声速下的尾部阻力；（3）可大角度俯冲，提高投射武器精度；（4）有利于降低红外特性和雷达信号特征，对隐身有利；（5）可大大缩短飞机起飞和着陆滑跑距离。目前，二元推力矢量喷管只能实现俯仰和反推力矢量控制，发展全功能或全向矢量推力喷管技术是今后的发展目标。

推力重量比（thrust to weight ratio）简称推重比，发动机单位重量与所产生的推力的比值。它是衡量发动机性能优劣的一个重要指标。推重比越大，发动机的性能越优良。当前，先进战斗机的发动机推重比一般都在10以上。

W

涡轮风扇发动机（turbofan engine）一种由喷管排出燃气、由风扇排出空气共同产生反作用推力的航空发动机。它是在涡轮螺桨发动机基础上改进发展起来的一种燃气涡轮发动机。它克服了涡轮螺桨发动机螺旋桨过大带来的缺点，将其直径大大缩短，增加桨叶的数目和排数，并将所有桨叶叶片包在机匣内，形成了能在较高速度下很好地工作的"风扇"。涡轮风扇发动机的涡轮分高压涡轮和低压涡轮，前者带动压气机转动，后者带动风扇转动。涡轮风扇发动机排出

的燃气速度比较低，动能损失较小，噪声也小，在亚声速飞行时具有经济性，适合民航机使用。对于超声速飞行的歼击机，为了提高其使用性能，常采用加力涡轮风扇发动机以提高飞机的加速性能。

涡轮桨扇发动机（turboprop fan engine）可以用于800km/h以上速度飞行的一种燃气涡轮螺旋桨风扇发动机。这种发动机介于涡轮螺旋桨发动机和涡轮风扇发动机之间，产生推力的装置是桨扇。桨扇无外罩壳，一般有8～10片桨叶，桨叶薄而后掠，桨盘直径仅为普通螺旋桨的40%～50%，质量减轻到原来的50%～60%，可以有效提高桨扇的转速。涡轮桨扇发动机的优点是油耗低、推进效率高，与涡轮风扇发动机相比，可节约油耗20%。

涡轮螺桨发动机（turboprop engine）一种主要由螺旋桨提供拉力和燃气喷气提供推力的燃气涡轮发动机。其结构与涡轮喷气发动机相似，只不过在此基础上增加了减速装置和螺旋桨。发动机启动后，涡轮除了带动前面的压气机工作外，还要带动发动机前部的螺旋桨旋转。由于螺旋桨转速比较低，所以发动机上还要安装一套减速装置，使高速旋转的涡轮和螺旋桨的转速匹配。发动机的前进的动力主要由螺旋桨旋转产生的拉力提供，约占90%，而尾喷管高速气流产生的推力只占10%。与活塞式发动机相比，涡轮螺桨发动机具有重量轻、推重比大、油耗低、振动小和高空性能好的优点。但与涡轮喷气发动机相比，它在亚声速飞行时效率较高，当飞行速度提高到800km/h时，螺旋桨高速下的缺点（产生激波和波阻）就显现出来，具有的优势就有所降低。

涡轮喷气发动机（turbojet engine）一种主要由燃气喷气提供推力的燃气涡轮发动机。涡轮喷气发动机由进气道、压气机、燃烧室、涡轮和尾喷管等部件组成。其工作过程为：空气由进气道进入发动机，空气流速降低、压力升高，经压气机后压力可以提高几倍到几十倍。具有较高压力的空气进入燃烧室与从喷嘴喷出的燃油充分混合燃烧，产生高温高压气体驱动涡轮工作。涡轮出口燃气直接在尾喷管中膨胀，使燃气可用能量转变为高速喷流产生反作用力。涡轮喷气发动机速度高、推力大，适用于较高速飞行的飞机。其主要推力是靠由尾喷管高速喷射出来的高温高压燃气气流产生的反作用力形成的。其缺点是油耗较高，在较低速度下飞行，很不经济。

涡轮轴发动机（turboshaft engine）安装在现代直

升飞机上的燃气涡轮发动机。其结构与涡轮螺桨发动机相似，所不同的是燃气的可用能量几乎全部转变成涡轮的轴功率，用于通过减速器带动直升机的旋翼和尾桨转动。涡轮轴发动机与活塞式发动机相比，其优点是功率大、质量轻、体积小。由于没有活塞往复运动，所以振动小、噪声低，经济性也好。

Y

液体火箭发动机（liquid rocket motor）由液体推进剂在燃烧室中进行化学反应，产生高温、高压燃气，并以高速气流经过喷管向后喷出而产生反作用推力的发动机。液体火箭发动机通常包括推力室、推进剂供应系统和发动机控制系统等组成部分。推力室用来将推进剂的化学能转化为动能；推进剂供应系统的作用是贮存并按要求的流量和压力向推力室输送推进剂；发动机控制系统用来调节发动机的工作程序和工作参数。

（四）飞行器机载设备（Airborne Equipment）

B

半球谐振陀螺（hemispherical resonantor gyroscope）利用半球谐振原理而使运动体转动的一种惯性传感器。所谓半球谐振，是半球形的杯体绕着杯的中心旋转时，其四波幅振动图案将发生偏转。其原理是采用静电吸力对薄壁半球形振子进行激振，进动角与基座转角成比例关系，用电容传感器可检测进动角，从而获得基座及运动体的转角。20世纪90年代半球谐振陀螺开始装在惯性导航系统上使用。

C

舱外活动（extravehicular activity，EVA）航天飞行中，航天员身着舱外航天服走出航天器的密闭座舱进入宇宙空间，从事航天器的检修、装配、试验、生产、回收及对人员的救援和空间探险与考察等方面的活动。舱外活动尽管是一种危险性很大的活动，但它是载人航天一种重要的活动和工作方式。进行舱外活动首先应该满足人的基本生理要求，必须提供加压航天服系统。它应具有合适的压力、氧分压和消除二氧化碳能力，要有足够的通风散热能力以排除航天员所产生的热量和湿气。必须提供6～7小时以上保障生命安全的便携式环境控制与生命保障系统。对于压力较低的航天服，必须提供在出舱前进行吸氧排氮的设备和措施，避免或减少航天员发生减压病的危险。出舱活动时必须提供实时而有效的医学监测手段（包括生理指标遥测、通信和电视摄像）。在舱外活动时，除了配备必需的舱外活动航天服和生命保障系统外，还必须有气闸舱及其泄压和复压设备、吸氧排氮设备、便携式生命保障系统的充气和充电设备、空间行走支持设备、通信和监测系统以及舱外活动使用的工具等。

舱效应（cabin effect）受机舱影响使发动机测量推力小于试车推力的现象。由于机舱的直径限制及机舱内支架设备设施等，使舱内气流受阻产生阻力损失，从而使得在高空模拟试车台的高空舱内，发动机测量推力要比在大气条件下试车测得的推力小。

层流控制（laminar flow control）在边界层控制中尽可能推迟湍流而保持层流的各种技术。它包括被动式控制和主动式控制两类。层流翼型是被动式层流控制的典型技术，20世纪40年代初首次用于P-51战斗机上，之后已广泛应用于超声速飞机上。20世纪60年代，主动层流控制进入初步实用阶段。主动层流控制技术有吹气法和吸气法。吹气襟翼是研究较早、较成熟的一种，已在一些轻型战斗机上得到应用。20世纪90年代，美国利用F-16战斗机开始试验新的微孔吸气技术。其原理是在机翼前缘局部、后襟翼或全翼表面钻大量微孔，利用机翼内的抽气管路不断地将机翼上的边界层吸入，从而达到边界层控制保持层流的目的。利用层流控制技术，可提高飞机的经济性，使燃油效率提高45%。其研究方向是：吸气式层流控制、优化被动层流控制、吸气与吹气组合、超声速层流控制。

乘员舱大气环境（atmospheric environment of crew cabin）载人航天器密封舱内为航天员创造的适于生存的大气环境条件。乘员舱大气环境条件主要包括舱内气体成分、压力、温度和湿度等。通过航天医学研究对乘员舱大气环境参数规定允许限值，工程上由密封舱结构和环境控制与生命保障系统来保证和维持。乘员舱的气体成分控制主要包括保证合适的氧分压，控制二氧化碳及其他有害气体和化学污染物在人体允许的安全限值内。从人体生理学的角度，氧分压的最佳值为21.2kPa（地球表面标准大气氧分压）。现代航天器乘员舱的氧分压一般控制在20.0~26.0kPa。温度和湿度也是乘员舱大气环境的重要参数。一般规定舒适的舱温为20~26℃。人还会通过呼吸和出汗排出大量的水汽，舱内的供水和食品系统等也会散发出水汽，必须设法排除，维持舱内合适的湿度水平。一般规定舱内相对湿度为30%~70%。

D

电传操纵系统（fly-by-wire system）将飞行器驾驶人员的操纵动作通过微型操纵杆转变为电指令信号，由电缆传输到信号处理系统处理后，再由控制执行机构输出力和位移，操纵气动舵面来驾驶飞行器的操纵系统。电传操纵系统主要由电子器件（传感器、信号放大器、信号处理器、计算机等）构成。它克服了机械操纵系统的间隙、摩擦和变形的缺点，改善了操纵品质，大大减轻了操纵系统的尺寸和重量。

动力调谐陀螺（dynamic tuned gyroscope）陀螺转子由两对正交扭杆和平衡环架组成的挠性接头支撑的陀螺仪。其原理是：利用动力效应产生的负弹性力矩，抵消掉弹性扭杆的正弹性力矩，使转子处于无力矩作用的自由转子状态，从而提高了陀螺仪的精度。

F

发动机显示器（engine display）又称发动机参数显示器，能显示发动机多种主要参数（如压力比、进气压力、转速、排气温度、燃油流量等）的下视显示器。它是发动机指示和空勤告警系统的组成部分。

飞行控制系统（flight control system）控制火箭的质心按预定的轨迹运动、控制火箭的飞行精度、保证所运载的航天器准确入轨的控制系统。其核心是导航系统。它代表着控制系统的水平。目前的主要导航方式有位置捷联惯性导航、速率捷联惯性导航和平台计算机惯性导航等。

G

高度表（altimeter）安装在驾驶舱仪表板上，为飞行员显示测量航空飞行器距某一选定的水平基准面垂直距离的仪表。航空飞行器上常用的高度表主要有气压式高度表和无线电高度表。气压式高度表实际上是一种气压计，通过它测量航空器所在高度的大气压力，间接测量出飞行高度。无线电高度表实际

上是一种以地面（海平面）为探测目标的测距雷达，它所指示的高度即为真实高度。

高度空穴效应（altitude hole effect）在脉冲或调频多普勒雷达中，由于周期性封闭接收机或接收信号强度随飞行高度作周期性变化，在一系列相应高度上，接收信号强度为零或很弱致使雷达不能工作的现象。

惯性／地形参考组合导航（inertial and terrain reference integrated navigation）惯性导航与地形参考导航互补的组合式导航。地形参考制导于20世纪70年代开始用于巡航导弹和弹道导弹。其特点是精度高（可达10m量级），且制导或导航精度与时间无关并完全自主，精度可与全球卫星定位系统相比；缺点是作用距离短。20世纪80年代，出现了把惯性导航和地形参考导航相结合以提高精度和扩大作用范围的组合导航方案。到20世纪80年代末，研制的系统进入试飞阶段，现已达到实用状态。该导航系统的工作原理是：系统内装有大容量数字式数据库，内存有飞行器需飞临地区的三维地形图。飞行器飞过该地区上空时，通过惯导系统、雷达高度表和气压高度表测量三维地形，并把测量的地形图与贮存的数字地图进行比较，根据误差决定修改航线或进行攻击。其实质也是利用地形参考导航的高精度去修正惯性导航的误差。惯性／地形参考组合导航的自主性强，精度高，特别适用于进行低空攻击的作战飞机。

惯性／全球定位系统组合导航（inertial and global positioning system integrated navigation）由惯性导航系统与全球卫星定位系统（GPS）作为两个具有互补特性的子系统组合而成的导航系统。惯性导航是通过飞行器上的惯性测量装置测量飞行器的加速度，并自动进行积分运算获得飞行器瞬时速度和瞬时位置的技术。由于惯性导航系统的设备都装于飞行器内，工作时不依赖外界的信息也不向外界辐射能量，不易受干扰，是一种自主式导航系统。全球卫星定位导航是在飞行器上接收多个卫星发出的导航信息，由于卫星的位置是事先知道的，所以可推算出飞行器空间位置的信息。卫星定位有伪距测量与载波相位测量两种测量方法。用前者时定位误差为30~50m。如果再引入参数接收机并用差分方法，误差可减少到5m左右。用后者再用差分方法，误差可小到10~20cm。GPS虽有高定位精度的优点，但不能保证连续给出导航信

息。飞行器的机动飞行会影响接收机对信号的捕获。惯性导航系统虽然其定位误差随时间的累积而加大，但可连续给出导航信息。因此，可用GPS修正惯性导航系统，即将GPS的高精度和惯性系统不易干扰和自主工作能力综合起来，提供长时间连续高精度的导航信息。

惯性导航系统（inertial navigation system）测量飞行器的加速度、经运算处理得到飞行器当时的速度和位置的一种综合性导航技术。它的主要功能是：自动测量飞行器各种导航参数及飞行控制参数，供飞行员或与其他控制系统配合，完成对飞行器的自动控制。惯性导航系统主要由惯性敏感元件（加速度计）、角度测量设备（陀螺仪）和数字计算机及显示设备组成。其所有设备都安装在飞行器上，它们的工作不依赖于外界的信息，也不向外界辐射能量，是一种完全自主性的导航系统，由于系统误差会随时间积累，除采用高精度元器件外，目前主要采用其他导航方式校正惯性导航系统的误差，以提高导航精度。惯性导航系统广泛应用于各类飞行器，如飞机、导弹、火箭、宇宙飞船等航空航天飞行器上。

光传操纵系统（optical control system）利用光导纤维传递数字式指令信号以操纵飞机的系统。光传操纵技术始于20世纪80年代初，最初用在飞艇上。1984年，美国在"黑鹰"直升机上试验先进数字式光传操纵系统并获成功。光传操纵系统是针对电传操纵系统存在的问题提出的新一代操纵系统。电传操纵系统用导线传递操纵指令，既易受到干扰，也会干扰其他电子设备，还会受到雷电的威胁。光传操纵系统克服了上述缺点。它由微型操纵杆、敏感元件、计算机、光纤传输系统、模数转换装置、伺服机构和助力器组成。它不是简单地用数字信号代替机械传动，而是把操纵系统与自动控制系统结合起来，便于和飞机上其他系统交联，能操纵更多的操纵面。光传操纵系统具有结构简单、体积小、重量轻、易于安装和维护、抗干扰性好等特点。

光纤陀螺（optical fiber gyroscope）利用光纤中两反向传播的光束的光程差或相位差测量机体运动或旋转角速度的敏感装置。光纤陀螺依据的原理同激光陀螺一样，都源于1913年法国物理学家萨格奈克发现的萨格奈克效应。与其他陀螺仪相比，光纤陀螺具有尺寸小、重量轻、功耗低、坚固、价格低等优势，适用于对精度要求不高的低速和短程飞机，以及导弹的

中等精度惯性导航系统。光纤陀螺具有很大的发展潜力，将来其精度可望达到激光陀螺的水平。

H

航空地平仪（flight-altitude instrument）又称陀螺地平仪，用于测量和显示飞机俯仰及倾斜姿态的一种陀螺仪表。它主要由双自由度陀螺、摆式地垂修正器、随动机构、启动装置、指示装置等部分组成。其用途是保证飞行员及时了解和掌握飞机俯仰、倾斜的角度，以便正确操纵飞机。

航空器安全救生技术（aircraft emergency life-saving technology）从发生事故的航空器中将乘员安全救出并使之生还的技术。包括乘员应急离机、安全着陆、生存待救及营救生还的全过程。除飞机空中失事救生外，地面迫降时拦阻网救生、民航机旅客应急撤离以及直升机坠毁救生等均属航空救生。军用飞机救生技术的发展仍以空中逃生的弹射坐椅技术为代表，并体现在坐椅总体性能和各子系统的改进发展上。低空不利姿态救生是未来20年内军用飞机航空救生技术发展的主要课题。它要求救生系统能自动选择和控制人／椅轨迹，完成全部救生过程，保证乘员安全着陆。

航空器个体防护技术（aircraft self-protection technology）研究和制造在乘员身上佩戴，用来防御飞行和应急救生过程中可能遭遇到各种伤害因素的装备技术。它包括防护高空缺氧、高过载、碰撞、眩光、过冷和过热、高速气流吹袭、应急离机及降落后的生存待援等问题。正常飞行时，气密座舱为乘员提供良好的防护而个体防护装备仅起辅助作用。当座舱发生故障或应急离机时，人员直接暴露在外界环境中，佩戴在乘员身上的个体防护装备即可提供全部防护。它包括供氧装备、头盔、防护服和救生装备。

航天服（spacesuit）航天飞行中用于航天员抵御外界恶劣环境的危害，在人体周围创造必要的大气压力、气体成分、温度、湿度等生活环境和条件以保证航天员具有一定的活动性和操作性的个人防护装备。航天服的研制大约始于20世纪50年代中期，是在航空高空飞行压力服的基础上发展起来的。1961年4月12日，由苏联航天员加加林在航天飞行中首先使用。随着载人航天事业的发展，航天服在技术上取得了进步。航天服一般由服装、头盔、手套和靴子等组成。按其用途可分为弹射救生服、舱内航天服和舱外航天服；按其结构可分为软式、硬式和软硬结合式；按服

装内的压力可分为低压式和高压式两种。

航天雷达（space radar）装在卫星或航天飞行器上的雷达。其主要功能，是对极大的地域范围内的目标和低空飞行的目标进行侦察和探测。对于敌方远程导弹和低空飞行的进攻飞机能够提前探测到，从而通知有关作战部门作好拦截准备。航天雷达还能够引导己方的作战单元对敌方目标进行远程攻击。

航天器交会对接技术（junction technology of the spacecrafts）使两个或两个以上的航天器在轨道上预定的位置和时间相会合并在结构上连接起来的技术。交会对接涉及航天器轨道控制和航天器姿态控制，主要由航天器控制系统完成。交会是一个航天器与另一个航天器在同一时间，以相同速度到达空间同一位置的过程。对接是通过专门的对接装置使受控航天器与对接目标相互接触，并通过对接机构把两者连接成为一个整体。对接通常都是在航天员的指挥和操纵下进行的。交会与对接，是航天活动中的一项基本技术，对载人航天、深空探测和今后的大型航天活动都有十分重要的意义。

航天食品（space food）航天员从事航天活动时所用的食品。为了保证航天员的健康，必须根据飞行任务的需要为航天员制定所需热量和营养成分标准，提供符合营养标准和卫生学要求，并在失重状态下食用方便、可口的食品。失重时航天员丢失大量体液和电解质，中长期飞行由于肌肉萎缩和骨钙丢失，造成蛋白氮丧失和钙磷排出增加，应该从航天食品中加以补充。服用维生素、氨基酸和矿物质有利于保持体液，可以缩短返回地面后的再适应过程。在膳食中补充钾可以减少航天员出现心律不齐。失重时航天员口渴感减弱，按时定量补充水分是很重要的。航天食品还应具有良好的可接受性。初期的航天食品因可接受性差而造成浪费。现在在中长期飞行中开始增加食品和饮料花样，并根据航天员不同饮食习惯制定食谱，鼓励航天员选择性进食，尽量使航天食品在花样和质量上和地面相同。航天食品类型可分为：（1）不用制备即可食用的即食食品，包括一口大小的食品；（2）加水复原后食用的冷冻干燥食品；（3）加热杀菌后的软包装和罐头类食品；（4）冷冻冷藏食品；（5）新鲜水果、蔬菜、面包等自然型食品；（6）复水饮料等。除正常食品外，航天食品还包括在压力应急时穿航天服食用的应急食品、舱外活动用食品和陆上、海上救生用的救生食品等。

航天遥感系统（astronautic remote sensing system）由遥感器、信息传输设备以及图像处理设备等组成的系统。装在航天器上的遥感器是航天遥感系统的核心，它可以是照相机、多谱段扫描仪、微波辐射计或合成孔径雷达。航天遥感可分为可见光遥感、红外遥感、多谱段遥感、紫外遥感和微波遥感。信息传输设备是航天器内的遥感器向地面传递信息的工具，遥感器获得的图像信息也可记录在胶卷上直接带回地面。图像处理设备对接收到的遥感图像信息进行处理（几何校正、辐射校正、滤波等）以获取反映地物性质和状态的信息。判读和成图设备是把经过处理的图像信息提供给判读、解译人员直接使用，或进一步用光学仪器或计算机进行分析，找出特征并与典型地物特征作比较，以识别目标。地面目标特征测试设备测试典型地物的波谱特征，为判读目标提供依据。随着遥感技术的发展，航天遥感已在军事和国民经济上得到广泛的应用。

航向陀螺仪（directional gyro）利用陀螺的特性来测量飞机航向的飞行仪表。它分为直读式和远读式。直读式航向陀螺仪又称陀螺半罗盘；远读式航向陀螺仪输出飞机航向角变化的信息，供指示器指示，或作为陀螺磁罗盘和航向系统等飞行仪表设备的一个主要部件。为了避免飞机机动飞行时陀螺方位轴因偏离地垂线而引起倾侧支架误差，有的陀螺航向螺仪的外环（方位环）外面还附加了1~2个随动环，随动环由垂直陀螺仪输出的俯和倾侧信息控制，可使外环（方位环）不受飞机姿态的影响而始终保持垂直方向，以提高测量精度。

J

激光陀螺（laser gyroscope）一种无质量的光学陀螺仪。它是利用环形激光器在惯性空间转动时正反两束光随转动而产生光程差的效应，灵敏感应物体相对于惯性空间的角速度或转角，从而精确确定运动物体的方位。

驾驶员助手系统（pilot assistant system）应用人工智能中专家系统技术协助驾驶员提高完成飞行任务水平的系统。科学技术的发展，要求飞行器完成的任务日趋复杂，要求完成任务的质量日益提高。对歼击机驾驶员，要求他同时完成驾驶飞机、控制推力、通信、导航、发现跟踪目标并进行攻击，以及观察座舱内其他显示器等繁多的任务，使驾驶员处于难以应付的局面。为此，应设法减轻驾驶员的工作负担，改善安全性并提高完成飞行任务的水平。驾驶员助手系统可实现上述要求。

阶跃操纵（step-control）航空器稳定性与操纵性试飞中的一种操纵动作。特点是在给定的试验状态，迅速地将操纵面（平尾、副翼、方向舵）操纵至一定位置并保持不变，让航空器自由运动。

K

空间救生艇（space emergency boat）又称轨道救生艇，载人航天中用于营救或应急撤离在空间轨道上工作的航天员的一种载人航天器。空间救生艇类似海上舰船的救生艇，通常对接停靠在载人空间站上。空间救生艇的配备形式取决于载人航天系统的具体情况。它通常有两种形式：（1）当轨道上居住与工作的航天员人数比较多，或者所用天地往返运输系统中的载人飞船不能长期停靠在空间站上等待时（如航天飞机），通常配备专用空间救生艇；（2）对规模较小，航天员人数不多的空间站来说，则采用由载人飞船兼作空间救生艇的形式。

空速表（air speed gauge）安装在驾驶舱仪表板上，为飞行员测量和指示航空飞行器相对周围空气的运动速度的仪表。飞机上常用的空速表主要有指示空速表、真空速表、马赫数表和组合式空速表等。指示空速表利用开口膜盒等敏感元件，通过测量空速管处的总压与静压的压差，间接测出空速。真空速表由指示空速表增加真空膜盒等附件组成，这些附件主要用于修正因大气条件变化带来的误差，经修正的空速，接近于真实空速。马赫数表的工作原理与真空速表相似，主要为飞行员测量、显示真空速与声速的比值。组合式空速表则可综合测量显示上述参数及与飞行安全相关的参数。

M

脉冲操纵（pulse-control）航空器稳定性与操纵性试飞中的一种操纵动作。其特点是在给定的试验状态，迅速将操纵面（平尾、副翼、方向舵）操纵至一定行程并立即回至原来平衡位置，保持不动，让航空器自由运动。

敏捷性（agility）飞机迅速和精确改变其状态的能力。敏捷性是20世纪80年代伴随未来战斗机性能要求预测提出的衡量战斗机格斗机动性能的一项指标，后成为先进战斗机性能研究的热门课题。敏捷性与传统战斗机的机动性不同，它描述的是飞机从一种状态变化到另一种状态的瞬间特性。战斗机的敏捷性可用它在空战中的三种任务和能力来形象描述：（1）在敌机指向本机之前首先指向敌机；（2）可以长时间连续地以高转弯速率转弯，以获得多次攻击的有利地位；（3）可以极快地加速前飞达到某点，再次获得所需机动速度或跟踪一个即将离开的目标。敏捷性不仅与结构、气动特性和发动机有关，而且与飞行控制系统及其控制能力有密切关系。提高飞机的敏捷性采取的主要技术措施是推力矢量技术和涡流控制技术，但二者难度都很大。

P

平视显示器（head-up display）一种由电子组件、显示组件、控制器、电源等组成的综合电子显示设备。它能将飞行参数、瞄准攻击、自检测等信息，以图像、字符的形式，通过光学部件投射到座舱正前方组合玻璃上的光电显示装置上。飞行员透过组合玻璃观察舱外景物时，可以同时看到叠加在外景上的字符、图像等信息。过去，飞行员在空战中，需要交替观察舱外目标和舱内仪表，易产生瞬间视觉中断，会导致反应迟缓、操作失误，并有可能贻误战机。采用平视显示器可克服这一缺点。

Q

起飞和降落性能（taking off and descending performances）包含飞机起飞及降落距离、起飞及降落滑跑距离、离地速度和接地速度的性能指标。起飞距离指飞机在机场起飞跑道上的起飞线处开始，松开刹车，经过地面滑跑，离地爬升至25m高度所经过的地面距离。降落距离是指飞机进入机场着陆下降至25m高度算起，经过下滑、平飞减速、飘落接地、地面滑跑等阶段直至停机所经过的地面距离。起飞和降落滑跑距离则只算到离地或从接地开始。离地速度是指飞机在起飞过程中，飞行员向后拉杆使飞机抬头离地的瞬间速度。此值越小，则飞机的地面滑跑距离越短。接地速度是指飞机在降落过程中，飞机落地的瞬间速度。此值越小，降落过程越短。

全电式飞机系统（all-electric aircraft system）仅以电能为二次能源、没有液压能源和气压能源的飞机系统。它是一个包括电能产生、转换、调节、控制、传输、分配、应用和保护等环节的完整系统。全电式飞机系统用电量大，要求供电电源容量达数百至数千千瓦，所以提高电源效率是十分突出的问题。该系统还要求实现余度供电、不中断供电以及提供多种形式的电能，这就使低压直流电源、恒速恒频交流电源和变速恒频电源均不能应用。高压直流电源效率高，平均故障间隔时间长，易实现不中断供电和电能形式的变换，是一种较好的适用于全电式飞机系统的电源体制。全电式飞机系统的主要优点有：（1）飞机和发动机设备简化、发动机迎风面积减小；（2）空气动力特性改善；（3）重量轻，飞机和发动机性能提高；（4）燃油消耗量减少，飞机可靠性和生存力提高；（5）使用维修方便，成本降低；（6）地面支援设备减少，飞机自足能力提高。全电式飞机系统是航空技术的发展方向。

R

人机环境系统工程（man-machine-environment system engineering）运用系统科学理论和系统工程方法，正确处理人、机、环境三大要素的关系，深入研究人-机-环境系统最优组合的一门科学。

容错技术（fault-contained technology）容忍不希望事件（失效、故障、错误、失败），使系统的正常功能得以保证从而提高系统可靠性的技术。容错的基本思想是精心设计系统体系结构，利用外加资源的冗余技术来达到掩蔽故障的影响以保证系统正常运行。容错技术包括对不希望事件的检测、损坏估价、不希望事件的恢复、不希望事件的处理和继续正常运行。这四个方面构成了所有容错技术的基础，也是设计和制造容错系统的基础。容错技术广泛地应用于可靠性、安全性要求高的航空航天领域、核工业领域、重要的信息系统和运输系统中。

S

设计点-非设计点（design point and off-design point）设计发动机时，被确定发动机及其部件的气动热力参数及几何尺寸对应的一个特定飞行条件和发动机工作状态，称为设计点（发动机设计点可不同于其部件的设计点）。发动机在使用中所遇到的不在设计点的飞行条件和工作状态，称为非设计点。

数字式航空电子信息系统（digital avionic information system，DAIS）美国空军于1973年7月制定的一项预先研究计划。这个计划从系统工程角度把航空电子系统作为一个整体来考虑，从信息出发，着重解决信息处理、信息传输和信息显示三个环节上的问题，构成完整的航空电子数字化、综合化系统。

T

太空居住舱（space living capsule）用航天飞机携带入轨进行实验，扩大轨道器货舱用于科研和宇航员活动空间的非自主航天器。太空居住舱的目的是开展微重力下的科学研究和技术实验活动，任务和运行方式与空间实验室相似，但规模较小，不进行对地观测和天文观测，研制费用较低。

太阳能电池帆板（solar panels）简称太阳能帆板，将太阳的光能转换成电能的装置。航天器上的一种太阳能源装置。航天器上的能源有电池、核发电和太阳能三种。太阳能是航天器上广泛应用的能源。航天器上的仪器设备，多数是靠电来工作的。它的面积很大，像翅膀一样在航天器的两边展开，所以叫作太阳能帆板或太阳翼。其上贴有半导体硅片或砷化镓片，依靠它们将太阳光的光能直接转换成电能。太阳能电池帆板，实际上就是太阳能电池阵。早期航天器上的太阳能电池阵是设置在航天器的外表面上，后来由于航天器用电量需求的增加，才发展为巨大的帆板，而且这种帆板的面积仍在不断增大。

天文导航系统（celestial navigation system）通过观测天体来确定飞行器位置和航向的导航系统。天文导航根据天体的辐射能（可见光、红外线等）进行工作，是一种自主导航技术。主要使用一种高精度的自动星体跟踪仪来实现。自动星体跟踪仪能从天空背景中搜索和跟踪天体，将星空影像与已知的星空图比较，从而达到导航的目的。天文导航易受天气条件的影响，因此比较适合于高空飞行的飞机及在外太空飞行的各种航天器，如宇宙飞船、航天飞机等。

天文罗盘（celestial compass）靠太阳或星体定向而获得飞行器真实航向的导航仪表。航空天文罗盘是在航海天文罗盘的基础上发展起来的。按测量方法的不同，可将天文罗盘分为地平式和赤道式两种。前者的定向面与天体地平经圈重合，后者的定向面与天体的赤经圈重合。

头盔显示器（helmet display）固定连接在头盔上，把视频图像及字符信息垂直投影到透明显示媒体（如半反光镜、护目镜）上并显示给驾驶员的光电显示装置。

图像匹配导航系统（image matching navigation system）利用地表特征信息和数字地图进行对照进行导航的一种导航技术。其原理是预先将飞行器经过的地域，通过各种测量方式或已有地形图，将地形数据

（主要指地形位置和高度数据）制成数字化地图，存储在飞行器中。飞行器在飞越已经数字化的预定空域时，其携带的探测设备再次对该地域进行实测，取得实际的地表特征图像，与预存的数字地图进行比较，由此达到确定飞行器的位置，对飞行器进行导航。图像匹配导航系统分为地形匹配导航和景象匹配导航两种方式。前者以地形高度为轮廓特征，通过无线电高度表测量沿航线的高度数据达到导航目的；后者采用摄影摄像等成像装置录取航迹周围或目标附近的地物地貌特征，达到导航目的。

陀螺仪（gyroscope）能够精确地确定运动物体方位的仪器。它是现代航空、航海、航天和国防工业中广泛使用的一种惯性导航仪器。

W

卫星导航系统（satellite navigation system）由专用的导航卫星取代地面导航台发射导航信号的导航系统。卫星导航系统主要由导航卫星、地面站组和用户设备三部分组成。它充分利用卫星的高度高、信号覆盖面广的特点，可具备地面导航台无法实现的功能。卫星导航系统通过用户设备接收到多颗导航卫星发出星历（信号），通过计算机运算即可确定用户的位置和各项运动参数，从而达到导航的目的。卫星导航系统可以全天候工作，用户数量不受限制，用户设备是被动式工作，便于隐蔽。目前世界上卫星导航系统有美国的卫星全球定位系统和俄罗斯的全球导航卫星网，欧洲空间局的"伽利略"导航卫星系统和中国的"北斗"导航卫星系统也正在加紧建设之中。

卫星摄动运动（satellite perturbing motion）卫星偏离设计轨道或长或短的周期性扰动。由于地球为不规则的椭球体，作用于卫星的地球引力不通过地心，还有月球及太阳引力、地球大气阻力、太阳光压等作用于卫星，使其运动轨道偏离开普勒轨道形成周期性扰动。

稳定转弯法（steady turning method）在水平面内，驾驶员按不同要求（构形、重心、高度、速度等）和预定过载完成等速、等过载的稳定转弯飞行时，测定松（握）杆机动点及杆力、杆位移、平尾偏度对过载的梯度和过载对迎角梯度的方法。

无线电导航系统（radio navigation system）利用地面导航台发射的无线导航信号，通过飞行器上的接收设备以测定飞行器的飞行参数，并通过显示器提供给飞行员或自动驾驶仪，完成飞行的过程的导航系统。根据导航方式的不同，无线电导航可分为测向无线电导航、测距无线电导航、测距差无线电导航和测速度无线电导航等几种类型。

X

先进探测技术（advanced detection technology）用以搜索、发现、跟踪空中、地面和海上各种运动或固定目标的先进技术。探测技术发展到今天已经相当完善，但随着各种新技术和新武器的运用，以及来自飞行环境（风、雨、雷、电）的威胁，要求不断开发探测新技术。目前研究和改进的重点探测技术有：（1）脉冲多普勒雷达技术；（2）相控阵雷达技术；（3）逆合成孔径技术；（4）低观测特征目标探测技术；（5）地形跟踪和地形回避技术；（6）机载雷达多目标探测和跟踪技术；（7）机载光、电搜索和跟踪技术；（8）多探测数据融合技术；（9）风切变探测技术。探测能力是军用飞机完成进攻和防御任务的重要因素之一，对飞行安全也起着至关重要的作用。随着电子技术的发展，机载探测技术将获得更大的发展。

旋涡控制技术（vortex control technology）使脱体涡保持稳定、提供更大涡升力的各种技术。实现涡破裂控制的基本思想是利用机械的或物理的手段，通过改变涡核外部的流场条件，特别是压强分布，向涡核内部输送能量，达到推迟破裂的目的。20世纪70年代以来，先后提出了几种涡控制方法，包括涡襟翼、展向吹气、扉斗式滚动前缘增升装置、分隔、边条等。分隔部件包括导流片、缝翼和挂架涡发生器等。它们产生局部扰动，具有阻止分离区扩展的效能，能使边界层中的流动能量增加，防止过早出现随机涡流，可避免力矩特性发生突变，同时还可增加升阻比。边条翼也有控制涡破裂的作用。利用铰链式边条并将边条偏转一定的上反角，能使大迎角下涡破裂现象大为减弱。导流片的存在使气流的能量向涡核区集中，可以抵抗逆压梯度，使破裂点向后推迟。选择合适的导流片形状、大小和位置，可使涡破裂点推迟35%，甚至在整个翼面上都不发生涡破裂现象。旋涡控制产生的效益十分明显，包括能产生更大的升力，大大降低阻力，改善大迎角飞行品质，对过失速机动飞机具有很大的应用潜力。

Y

仪表飞行（instrument flying）完全或部分按机载飞行仪表、导航设备判定航空器飞行状态及其位置的飞行。

有效感觉噪声水平（effectively per ceived noise level，EPNL）对感觉噪声级（即根据测试者判断，具有相等噪度的来自下前方的中心频率为1 000Hz的倍频带噪声的声压级）进行纯音和持续时间修正后所得噪声声压级。它是航空器噪声审定时使用的法定国际计量单位，以有效感觉噪声分贝表示。

月球车（lunar rover）在月球表面行驶并对月球进行考察和收集分析样品的专用车辆。月球车分为：（1）无人驾驶月球车。由轮式底盘和仪器舱组成，用太阳能电池和蓄电池联合供电。这类月球车的行驶依靠地面遥控指令。1970年11月17日，苏联发射的"月球"17号探测器把世界上第一台无人驾驶的月球车——"月球车一号"送上月球。此车约重1.8t，在月面上行驶了10.5km，考察了80 000m²的月面。此后苏联送上月球的"月球车二号"行驶了37km，并向地球发回了88幅月面全景图。（2）有人驾驶月球车，这是由宇航员驾驶在月面上行走的车。这类月球车有利于扩大宇航员的活动范围，可随时存放宇航员采集的岩石和土壤标本。这类月球车的每个轮子各由一台发动机驱动，靠蓄电池提供动力，轮胎在-100℃低温下仍可保持弹性，宇航员操纵手柄驾驶月球车，可向前、向后、转弯和爬坡。1971年9月30日，美国"阿波罗15号"飞船登上月球，两名宇航员驾驶月球车行驶了27.9km；"阿波罗"16号、17号携带的月球车，分别在月面上行驶了27km和35km，并利用月球车上的彩色摄像机和传输设备，向地球实时地发回宇航员在月面上活动的情景及离开月球返回环月轨道时登月舱上升级发动机喷气的景象。科学家对经由月球车月面的实地考察所带回的宝贵资料进行了分析研究，深化了人类对月球的认识。

Z

直达干扰（direct interference）在简单连续波多普勒雷达和调频无线电高度表中，因发射机和接收机同时工作，部分发射信号由振动的机身、天线罩及发动机的湍流反射、散射，输入到接收机中的类似噪声的直漏信号。

主动控制技术（active control technology）在设计航空器时采用反馈控制技术与结构设计、气动设计及动力装置设计等综合协调以获得布局合理、性能先进的航空器设计技术。现代飞机设计一般均采用主动控制技术。

主飞行显示器（primary flight display）又称垂直状态显示仪，能综合显示俯仰、倾斜和飞行高度、速度、马赫数、升降速度、航向等多种重要飞行参数的下视显示器。

姿态控制系统（posture control system）控制火箭绕质心飞行（俯仰、偏航和滚动）并保证火箭按规定的姿态飞行的控制系统。

自动过渡控制（automatic transition control）在直升机飞行中，可自动调整其高度和速度的一种控制方式。分向上和向下过渡两种形式。通过该系统将直升机自动地从巡航状态某一高度和速度的初始点，平滑精确地减速下降到较低预定悬停高度点上，称为"向下自动过渡控制"；反之，则称"向上自动过渡控制"。

自修复飞行控制系统（self-repair flight control system）在飞行控制系统（包括气动操纵面）出现故障的情况下能够自动根据损坏程度重构控制系统、保证飞机正常工作和安全飞行的控制系统。自修复飞行控制系统是在主动控制技术广泛用于作战飞机后开始研究的新技术。该系统包括一套软件系统，存有正常状态下的飞机性能模型，具有故障检测、辨识、重构功能。当飞机运行出现故障时，系统利用检测和隔离软件识别实际数据与模型数据的差异，重构控制综合器，根据差异计算出将飞机恢复到完好状态所需要的舵面偏转量，保证飞机正常飞行或使飞行员安全救生。安装自修复飞行控制系统后，飞机的生存力可有四级：（1）理想情况：飞机能从损伤中恢复，完成任务；（2）飞机在降低性能的情况下，执行其他可供选择的任务；（3）能安全抵达友邻基地着陆；（4）飞到友邻上空后跳伞。

综合航空电子系统（integrated avionics system）综合飞机的所有航空电子功能的一体化系统。20世纪70年代初，美国在发展数字式航空电子信息系统时开始考虑综合性设计。20世纪80年代中期提出"宝石柱"综合航空电子系统计划。20世纪90年代初又提出更为完善的"宝石台"综合航空电子系统计划。综合航空电子系统结构形式经历了分立式、集中式、集中分布式和资源共享式的演变和发展过程。"宝石柱"计划实现了电子系统的高度综合，其主要特点是：（1）从系统结构上进行了变革；（2）采用了标准电子模块设计；（3）采用了高速数据总线；（4）所有任务软件都用Ada语言编写。综合航空电子系统提高了容错性、通用性和可靠性，提高了故障探测和隔离能力，简化了维修工作并减少了维护费用。"宝石台"计划采用人工智能和神经网络等技术，进一步扩大了任务功能范围，提高了系统处理能力，使通信、导航、识别、雷达、电子战等系统在功能和性能上又有一个飞跃。

综合控制系统（integrated control system）将飞机的分系统和飞行控制系统结合在一起的战术飞行管理系统。综合控制系统可包括综合飞行／火力控制和综合飞行／推进控制。综合飞行／火力控制系统是通过能进行解耦操纵的飞行控制系统把飞行平台与火力控制系统综合在一起的攻击操纵系统。该系统可以扩大攻击范围，提高命中精度，提高生存力，缩短攻击时间，增加攻击机会，改善战斗机整个武器系统的空对空和空对地作战效果。自动机动攻击系统是综合飞行／火力控制系统的新阶段，已用于美国第四代战斗机F-22上。综合飞行／推进控制系统研究始于20世纪70年代中期，在F-111E上试飞了自动油门控制与发动机数字控制系统的交

联。20世纪80年代利用F-15和F-18飞机进行了短距起落、地形跟踪与回避、格斗机动条件下的综合飞行／推力控制系统的试飞与仿真。综合控制系统的高级阶段是飞机系统和飞机控制系统的综合。它将飞行控制、推力控制、动力管理与控制、热管理、燃油管理、航空电子及火控系统综合在一起，提高了飞机系统的管理水平。

综合控制与显示系统（integrated control and display system）运用计算机、电子显示和控制，以及多路传输总线技术，把机载航空电子设备的显示器和控制器按功能横向综合成的空勤人员与综合航空电子系统之间的人机接口系统。1978年，美国F-18战斗机的首飞，标志着飞行器控制器与显示器进入综合控制与显示系统时代。现役战斗机综合控制与显示系统采用的主要技术有全息平视显示器和彩色多功能显示器，开始采用彩色阴极射线管并能显示数字地图及传输战术信息。未来综合控制与显示系统的发展方向是：大屏幕全景显示器、虚拟现实头盔以及多媒体多通道综合控制与显示。

（五）地面设施和保障系统（Ground Equipment and Support System）

B

备用着陆场（alternate landing site）又称副着陆场，航天器主着陆场的气象备份着陆场。根据返回舱着陆安全要求，一般规定：当主着陆场出现雷电或风力大于某一速度的天气情况时，返回舱就不能在主着陆场着陆，而需转至备用着陆场。备用着陆场的场区选择条件和技术装备规模应基本和主着陆场相同，但考虑到其使用概率相对较小，某些要求可以适当放宽，装备规模可适当从简。备用着陆场的选址，应使其和主着陆场不同时受到同一有害天气系统的影响，即两着陆场区的气象相关性要小。因此，往往要求备用着陆场远离主着陆场一定距离。此外，备用着陆场最好选在与主着陆场同一返回轨迹上，以便尽可能地部分综合利用为返回制动、舱段分离和返回舱等关键飞行段而设置的地面测控设施。

D

导航时钟（navigation clock）飞行器上供领航计算用的计时仪器。它能指示地方时间或法定时间（如

北京时间）以及飞行时间。在绕地球飞行的载人飞船上，时钟指示格林威治时间、已飞行时间和法定时间。老的导航时钟都是机械式的，现代飞行器上已采用了精度很高的电子钟。导航的工作原理上与地面上使用的普通时钟无异，但其结构要保证其能经受得住航空和航天的恶劣环境条件。导航时钟应具有年、月、日、星期等显示功能，还应有按规定时间报时的功能，以便于航天员安排休息。

导航台（navigation station）见导航定位系统。

导航系统（navigation system）用以确定运动平台在某一坐标系中的位置并引导它按预定路线运动达到目的地的电子信息系统。导航是一个技术门类的总称。它最基本的作用是引导飞机、舰船、车辆（总的称作运载体）和个人，安全准确地沿着所选定的路线，准时到达目的地。导航由导航系统完成。导航系统中包括有装在运载体上的导航设备，驾驶员或自动驾驶仪根据导航设备的仪表指示或输出的信号，便能在天上、海上以及在任何陌生的环境中，操纵运载体正确

地向目的地前进。这种指示或信号的内容称为导航信息。如果装在运载体上的设备可单独产生导航信息，便称它为自主式导航系统。但现在更多使用的导航系统是，除了要有装在运载体上的导航设备之外，还需要有设在其他地方的一套设备与之配合工作，才能产生导航信息。此时装在运载体上的设备分别称作机载、船（舰）载或车载导航设备，而设在其他地方的叫做导航台。导航台不输出导航信息，一般设在陆上，也有设在舰上的，个别情况也有设在飞机上的。导航台与运载体上的导航设备用无线电波相联系，形成一个导航系统，称作陆基导航系统或它备式导航系统。运载体（可以是许多）进入导航台所发射的电磁波的覆盖范围，其导航设备便能输出导航信息。如果导航台设在人造地球卫星上，便是卫星导航系统。

地面发射（ground launching）在航天发射场借助运载火箭，载运航天器起飞、加速并实施控制，使其进入预定轨道的发射系统。航天发射场通常由发射区、技术区、测控系统、技术保障系统和后勤保障系统五大部分组成。地面发射应在完成运载火箭和航天器的综合技术准备、发射准备、航天测控系统及各种技术保障准备并满足发射条件之后，按照预定程序进行。

地月平衡点（自由点）[balancing point of the moon and the earth (free point)]理想中的地球与火星之间最低能量的转运站，是建设火星基地的重要跳板。在其上面应设有旅馆、加油站、仓库、餐厅和机库，有封闭循环的生命保障系统和人工重力。

F

发射窗口（launch-ing window）又称发射时机，满足预定飞行条件和任务要求、允许发射航天器的时间范围。发射窗口分为年计窗口、月计窗口、日计窗口三种发射窗口。发射航天器通常要同时计算二种或两种发射窗口，但最终决定于日计窗口。

发射指挥控制中心（launch command and control center）对航天器等进行指挥、监控和管理的机构。包括发射控制室、指挥控制室、安全控制室、计算中心和设备保障室等。

H

航空生理训练（avigation physiological training）用离心机、低压舱和飞行模拟器等地面模拟设备，使受训对象了解、体验加速度、低压、缺氧、空间定向、夜间视觉等飞行特殊环境因素并掌握飞行操作技术的训练活动。生理训练可提高受训者对飞行环境因素的耐力和适应能力，提高应急处置能力。

航天港（space port）星际飞船为了避免直来直往而建造的停靠和转运中心。飞船起飞时的加速和降落时的减速，需要消耗大量能源。月球和火星基地建成后，在地球、月球和火星周围应建起一些航天港，作为航天运输飞行器的停靠和转运中心。现今的空间站可以发展成未来的近地轨道航天港，作为保障空间运输作业的永久性中心。到那时，飞往月球航天港的转运飞船，将在这里补充燃料和其他供应品，进行维护修理，也可作为其他在轨机动飞行航天器的存放和发射基地。在近地轨道航天港上，有动力设施、服务车间、机库、推进剂存放、加注和其他服务设施，还有供人员居住和工作的设施。

航天器发射场（space launch site）发射航天器的特定场区。通常由技术测试区、发射区、发射指挥中心、航区测控站、发射勤务保障设施和管理服务部门等组成。某些航天器发射场，还包括助推火箭或运载火箭第一级工作结束后的降落区和航天器回收着陆场。

航天系统全寿命费用（life cycle cost of space system）航天系统在寿命周期内的总费用。全寿命费用一般包括研制费、产品费和运行费。近年来，力求全寿命费用最小已成为航天系统，如空间站系统、航天运输系统设计和管理的重要原则。在传统的航天飞行器设计中，设计阶段主要进行性能优化，设计完成后，再进行全寿命费用的预测。而新的设计方法，则从设计一开始就把全寿命费用最小作为设计准则。利用全寿命费用的预测结果，可以分析航天系统的主要设计参数对全寿命费用的影响，并根据全寿命费用最小的原则，选择这些设计参数。由于设计的准则不同，优选的技术方案也就大相径庭。从全寿命费用最小的观点出发，性能高、技术复杂、风险大的方案往往费用较高；而性能适中、技术相对成熟、可靠性高、运行性能好的方案就可能被选中。从这种新的设计思想出发，在评估一些航天发展中涌现出的新技术概念时，也应把重点放在能否降低全寿命费用上。

火箭垂直发射技术（rocket vertical launch technology）火箭竖立在发射台上，运送有效载荷（如卫星、飞船、弹头等）起飞、加速、送入预定轨道的技术。采用垂直发射，可以简化发射设备，发射台上可以设计得很紧凑，并且能够很方便地使竖立在发射台上的火箭在 360° 范围内移动，从而满足改变射向的需要，并保证火箭系统的稳定性和隐蔽性。大型运载火箭所用的推进剂一般都是液体的，因此，垂直状态发射便于推进剂的精确加注或泄出。

火箭级间分离技术（rocket stage separation technology）将联结成一个整体的多级火箭按预定程序进行分离的技术。目前，世界各国的运载火箭，多数是二级或三级，少数为四级。原因是单级火箭的最大速度超不过 7km/s，无法将航天器送入地球轨道，因而，只能采用多级火箭。为了联结和分离的方便，有些火箭还有级间段。各级的联结一般采用爆炸螺栓、爆炸索、定位销等联结件。火箭飞行过程中，各级按程序指令启动、关闭发动机，然后依次把它们抛掉，从而降低了用于继续加速所需的能量消耗。多级火箭的分离既不能过早，也不能过迟，更不允许该分离而不分离。这就要求火箭的级间分离要及时、准确、可靠、安全。常有热分离和冷分离两种办法。

火星航天港（Mars spaceport）未来对火星表面进行科学研究的中转基地和接待来往飞船的交通枢纽。火星的两颗卫星火卫一和火卫二，靠近火星，引力又小，飞往火星的航天器不需着陆，只需与它们对接，可节省能量。在火卫一和火卫二表面和附近的大气层中，可能有水、氮和碳氢化合物，可用作生命保障和火箭燃料，是两个天然的火星轨道航天港。

J

救生塔（escaping tower）载人飞船的发射初始阶段，为应急救生而设在飞船顶端的塔形逃逸装置。它是载人飞船发射救生系统的主要设备。如载人飞船采用低温推进剂的运载火箭，在发射初始阶段发生紧急情况时须采用分离座舱救生方式，使整个返回座舱飞离危险区，再利用返回座舱本身的回收系统返回地面而使航天员获救。救生塔主要由塔架、逃逸固体火箭发动机和分离固体火箭发动机组成。1983 年 9 月 27 日，苏联联盟 T-10 号飞船发射时，运载火箭第一级点火后即爆炸。但在临爆炸前，救生塔将飞船拖离危险区使两名航天员获救。这是载人航天史上第一次使用救生塔救生的记录。

K

空间碎片（space debris）在空间运行中因意外（如相互碰撞或与陨星碰撞）或有意爆炸废弃的人造天体的碎片。这些人造天体包括工作寿命终止或因故障不再工作的航天器，用过的运载火箭末级，航天器抛弃

的整流罩等。目前，地面跟踪站已跟踪到的直径超过 4cm 的空间碎片数以万计，并以每年 10% 的速度增加。随着空间碎片的增加和航天器尺寸的增大，航天器和空间碎片碰撞的概率大大增加。由于航天器和空间碎片的相对速度很大，一般在每秒几千米至每秒几十千米，即使轻微碰撞也会造成航天器的严重损伤，如俄罗斯的"和平号"空间站就曾被碎片碰伤。近年来，研究如何限制空间碎片的产生和清除空间碎片的方法，已成为十分重要的课题。

R

软着陆（soft landing）通过减速使航天器在接触地球或其他星球表面瞬时的垂直速度降低到很小，从而实现安全着陆的技术。人造卫星、宇宙飞船等利用这种装置，可改变运行轨道，逐渐减低降落速度，最后不受损坏地降落到地面或其他星体表面上。

W

卫星地面测控（satellite ground observation）由测控中心和分布在各地的测控台、站（测量船和飞机）对卫星进行测控的整个工作。例如在卫星发射过程中，在卫星与运载火箭分离的一刹那，测控中心要根据各台站实时测得的数据，算出卫星的位置、速度和姿态参数，判断卫星是否入轨。入轨后，测控中心要立即算出其初轨根（参）数，并根据各测控台站发来的遥测数据，判断卫星上各种仪器工作是否正常，以便采取对策。卫星在正常工作后，测控中心和各测控台站需要做的工作有：（1）不断地对其速度姿态参数进行跟踪测量，不断地精化其轨道根数；（2）是对星上仪器的工作状态进行测量、分析和处理；（3）是接收卫星发回的科学探测数据；（4）是由于受大气阻力、地球形状和日月等天体的影响，卫星轨道会发生振动而离开设计的轨道，地面测控中心要对此加以测量和调控。测控中心有它的神经网络，即通信系统，它通过载波电路、专向无线电线路、各向都开通的高速率数据传输设备，把卫星发射场、回收场以及各测控台站等联系起来。

卫星回收程序（satellite recycling process）回收卫星的步骤。第一步，精确测算出卫星的飞行轨道，确定开始回收程序的时间。第二步，地面遥控站发出返回指令，卫星调整姿态。姿态不正确，不可能返回预定地点，甚至飞往高空。第三步，抛掉多余舱段。第四步，反推火箭点火，卫星进入返回轨道。第五步，在一定高度上抽出并打开降落伞，使卫星进一步减

速。第六步，用飞机、舰船、车辆等将卫星收回。

卫星回收方式（satellite recycling method）回收卫星上回收舱的各种方式。卫星回收方式有三种：（1）在空中，从飞机上用钩子钩住卫星降落伞的绳子（美国早期采用这种回收方式）；（2）在陆地上，降落伞使卫星以每秒几米的速度落地（中国和苏联常用这种方式）；（3）在海上，卫星用降落伞在海面降落，借助密封装置在水上漂浮，并施放海水染色剂，舰船和飞机遁迹将卫星收回。

卫星回收技术（satellite recycling technology）使卫星按预定时间、预定地点、预定路线返回地面的技术。所谓卫星的回收，实质上指的是卫星上回收舱的回收。卫星回收技术是载人航天的基础技术，要使卫星在预定时间、预定地点返回，必须具备几个基本条件：（1）要求运载火箭有很高的导航精度，能准确地把卫星送到预定的轨道，使卫星飞行的最后一圈，正好经过预定回收地区的上空。即使卫星进入了预定轨道，由于回收卫星一般是低轨道卫星，受大气阻力和地球形状等因素的影响，轨道也会发生偏离（摄动）。因此，必须精确测算出卫星的实际轨道，才能确定在几时几分几秒向卫星发出返回指令，使卫星能准确地转变成返回的姿态，这是能否返回的关键。（2）执行返回使命的各种仪器设备必须准确无误地工作，不得有一丝一毫的差错。卫星的返回要经受许多恶劣环境条件的考验。由于卫星要在几分钟之内走完数千千米的航程，以接近 8km/s 的速度进入稠密大气层，强大的气动阻力和反推火箭点火、熄火，会产生剧烈的冲击、振动和过载，卫星的结构和仪器设备必须结实，才能不被损坏。（3）卫星以 20 多倍于声速的速度在大气层中穿行，周围的空气因受到剧烈的压缩和摩擦，温度高达 8 000～10 000℃，卫星表面也有几千摄氏度。因此卫星表面必须有很好的烧蚀和耐热防热层，否则，整个卫星都会被烧成灰烬。（4）卫星接近地面时，仍有每秒几百米的速度，降落伞等减速装置必须绝对可靠。否则，卫星落地时会被撞得粉碎。（5）信号装置必须可靠，以便于尽快发现它的踪迹。

Y

一箭发射多星技术（technology of multisatteliter launching by one rocket）用一枚运载火箭同时或先后将数颗卫星送入地球轨道的技术。如在近似同一地球轨道上，需要两颗以上卫星，彼此相隔一定距离，互相配合地进行一种探测，那么一箭多星就是最好的发射方式。一箭多星发射技术，是发射技术和火箭与卫星分离技术上的新突破。一箭多星的发射常用两种方式：（1）把几颗卫星一次送入一个相同的轨道上；（2）分次分批释放卫星，使各颗卫星分别进入不同的轨道。后者是运载火箭达到某一预定轨道速度时，先释放第一颗卫星，使卫星进入第一种轨道运行，然后火箭继续飞行，达到另一种预定的轨道速度时，再释放第二颗卫星。依此类推，逐个把卫星送入各自的运行轨道。

仪表着陆系统敏感区（sensitive area of instrument landing system, ILS）在仪表着陆系统运行过程中所有航空器和车辆的停放和活动都必须受到管制的区域。管制区包括关键区和敏感区，敏感区是由关键区向外扩展的一个区域。保护敏感区，是防止位于关键区之外，但仍在机场围界以内的大型物体的干扰。

硬着陆（hard landing）航天器未经专门减速装置的减速，而以较大速度直接冲撞地表的着陆方式。由于着陆速度过大，航天器将完全或大部损坏，因此航天器硬着陆就是毁坏性的着陆。硬着陆与一般航空器的"着陆"概念不同。苏联的"月球"2 号、5 号、7 号、8 号探测器曾在月球上硬着陆；"金星"3 号探测器曾在金星上硬着陆。

Z

针对性维修（targeted maintenance）根据同型航空器出现某个特殊或重要的故障缺陷或失效部件进行的维修工作。由适航指令或维修工程部门发布维修通告，针对该问题规定进行的专门检查和维修，以及对航空器经历了特殊飞行环境或特殊使用条件、任务后所规定进行的某些特定检查和维修。

着陆场（landing field）航天器预定在地球表面着陆的区域。地表的着陆区主要根据航天器的运行规律，选择在内陆人烟稀少地势平坦的地区或远离航道、渔场的公海海域。着陆区内应配备有搜索、捕获、跟踪测量目标运行轨道和落点位置等的光学测量、雷达测量和遥测设备，以及必要的通信、运输和救护力量。

产（行）业科技篇
(Industry Technology)

在人类社会进入知识经济和信息化时代的今天，科学技术已渗透到国民经济的各个行业，成为推动经济迅速发展的强大动力。本篇重点收录了农业、机械、电气工程、化学工程、纺织、食品、医药卫生、交通运输、土木建筑、环境科学、军事科学11个领域里的科技知识词条3789个，供读者参考。

一、农业

（Agriculture）

（一）基础知识（Basic Knowledge）

C

产量构成因素（yield component）又称产量结构、产量组分，构成作物单位面积生物产量和经济产量的各个因子及其组合，为计算理论产量的根据。不同作物有不同的产量构成因素，如稻、麦、玉米、高粱、粟等禾谷类作物，由单位面积穗数、每穗粒数和粒重组成产量因素。甘薯、马铃薯等薯类作物由单位面积株数、每株薯块数和单薯重构成产量因素。棉花由单位面积株数、每株有效铃数、单铃籽棉重和衣分（籽棉加工成皮棉的比例）构成产量因素。

催芽（accelerating germination）通过机械擦伤、酸蚀、水浸、层积或其他物理、化学方法，解除种子休眠，促进种子萌发的措施。种子催芽方法很多，常规的有浸种催芽、层积催芽、药剂催芽等。浸种催芽是用水或某些溶液在播种之前浸泡种子，使种子吸水膨胀加速发芽的措施，适用于强迫休眠的种子。层积催芽是将种子与湿润物（河沙、泥炭、锯末等）混合或分层放置，解除种子休眠，促进种子萌发的一种催芽方法，适用于生理休眠的种子，也广泛用于强迫休眠的种子。药剂催芽是通过采用某种化学约剂浸泡播种前的种子，促其萌发的方法。因药剂可能污染种子，此法在生产上一般不用。

D

单位面积产量（yield per unit area）简称单产，又称收获率，平均单位面积上收获的农产品数量，等于总收获量除以播种面积或收获面积。按播种面积计算的单位面积产量，可用来说明计划的完成情况和工作的好坏。按收获面积计算的单位面积产量，可用来说明在没有严重自然灾害的情况下能达到的单位面积产量水平。此外，还有按耕地面积计算的单位面积产量，是指某类作物全年各级收获量之和除以该类作物所占用的耕地亩数所求得的平均收获量，如粮食亩平均年产量等。

G

高能农业（high-energy agriculture）见无机农业。

灌溉农业（irrigated farming）泛指用水浇田的农业；特指在降雨量极少的地区，靠灌溉才能存在的农业。其特点是通过灌溉措施，满足植物对水分的需要，调节土地的温度和养分，以提高土地生产率。

H

旱作农业（dry farming）又称旱地农业，干旱、半干旱地区通过各种技术的综合运用，提高农业产出的生产模式。其关键技术环节为蓄水、保墒、品种和农艺。蓄水，即建立土壤水库，通过梯田建设、深耕等措施充分接纳雨水并将之蓄积于土壤中，供来年作物生长利用；保墒，即通过保持性耕作和覆盖等技术，尽量减少土壤水分的蒸发损失；品种改良和农艺技术的主要作用，是合理利用土壤水分，提高产量。

核农学（nuclear agricultural science）一门以放射生物学和核素示踪学为理论基础，以射线辐照技术和示踪核素分析技术为手段，与农业科学相结合，研究核技术农业应用的边缘学科。它是生物物理学的重要组成部分。核技术的农业应用在中国始于20世纪50年代。目前，辐射技术已广泛应用于辐射育种、辐射食品保鲜、辐射灭菌、低剂量辐射刺激生长和昆虫辐射不育等。同位素示踪技术已遍及土壤肥料、动植物营养代谢、植物保护、生物固氮、果蔬栽培、特产栽培、水产养殖、草场管理、标记化合物合成和示踪方法学等领域。

J

节约型农业（resource-saving agriculture）通过改善农田生产条件，提高农田综合生产力，使粮食生产、农村清洁能源（主要是指沼气、太阳能和液化气）被充分利用的新型农业。节约型农业须做好节地、节水、节肥、节药、节种、节工、节能七大重点技术的研究和推广。节地，从强化耕地质量管理、加强耕地质量建设入手，提高耕地的高效集约利用水平；节水，即发展节水应用新技术；节肥，即加快建立科学施肥的测土、配方、示范、推广体系，提高肥料利用率；节药，即遏制不合理地过量使用化学农药；节种，即提高种子质量，推广精量半精量播种、穴盘育苗等技术；节工，即大力推广少耕免耕等轻简栽培和机械化生产技术，减少手工作业量，促进农村劳动力的转移和农民增收；节能，即大力推广沼气发电、炊事用能、秸秆发电、燃料乙醇、生物柴油等生物能源，节约广大农村的生产和生活用电。

浸种催芽（seed soaking and pregermination）见催芽。

K

开发性农业（development agriculture）以荒地、荒山、荒水、滩涂等自然资源为对象，用垦殖、养殖等方法进行开发，以充分利用资源，生产更多农产品的农业。

N

农村信息化（rural information）利用信息技术促进农村经济和社会发展的过程。主要包括农村行业信息化、农村行政管理信息化、农村生活消费信息化和农村社会资源信息化等内容。主要采用提高农村网络普及率、整合涉及农村的信息资源、规范和完善公益性信息中介服务、建设城乡统筹的信息服务体系等多种手段，为农民提供适用的市场、科技、教育、卫生保健等信息服务，支持农村富余劳动力的合理有序流动。

农机"三化"（3-S in agricultural machinery）农机产品标准化、通用化、系列化的简称。标准化即农机产品应根据国家制定的统一标准进行生产，以保证产品质量；通用化即农机产品应尽量采用机械产品通用的零件，以提高零件的互换性程度，降低农机产品的成本；系列化即同一类型的农机产品，在满足农业生产的前提下，规格、品种应尽量减少，在同系列产品中，还应做到大部分零部件可以通用、互换，这既有利于产品管理，也有利于农户选用与购买。

农民专业合作经济组织（farmer specialized cooperative economy organization，FSCEO）由从事同类产品生产经营的农户自愿组织起来，在技术、资金、信息、购销、加工、储运等环节实行自我管理、自我服务、自我发展，以提高产品的竞争能力、增加农民收入为目的的专业性合作组织。

农牧结合（combination of farming and grazing）将种植业与畜牧业结合的生产经营方式。例如太湖地区盛产蚕桑，农牧结合可采取蚕桑-蔬菜-湖羊-稻麦的方式，即指养蚕，桑园冬季种蔬菜，利用残余桑叶、蚕沙和野草来养牛、羊，以厩肥肥田。

农田基本建设（farmland fundamental construction）为促进农业的发展，在农用地上进行的综合治理措施。它是农业基本建设的重要组成部分。其目的是改善农业生产条件，把低产农田改造成稳产、高产农田。其特点是把建设过程中耗用的物化劳动和活劳动比较长期地固定在土地上，并能长期起作用。其主要内容包括：平整土地、修筑梯田、改造坡耕地、改良土壤、营造农田防护林和兴修农田水利等。为了提高农田基本建设效益，在实施中需要多项目的配合，坚持山、水、田、林、路综合治理。

农药污染（pesticide pollution）在农业生产及其产品的贮藏过程中，因使用农药而造成的对农业生产环境和农产品的污染。农药污染的范围包括空气、土壤、水域、农副产品，也包括并不需要杀死或除去的动植物和人类自身。

农业"110"（agricultural plan "110"）即通过建立市、县（区）、乡（镇）三级农业信息网络，以互联网、热线电话、"农信通"及"三农服务车"现场服务等手段，为农民提供技术、信息、政策等各项服务的措施。

农业保险（agricultural insurance）专门为农业生产者在从事种植业和养殖业生产过程中，因遭受自然灾害和意外事故所造成的经济损失提供保障的一种保险。按农业种类不同分为种植业保险、养殖业保险和林木保险；按危险性质分为自然灾害损失保险、疾病死亡保险、意外事故损失保险；按保险责任范围不同，可分为基本责任险、综合责任险和一切险。中国开办的农业保险的主要险种有：农产品保险，生猪保险，牲畜保险，奶牛保险，耕牛保险，山羊保险，养鱼保险，养鹿、养鸭、养鸡等保险，对虾、蚌珍珠等保险，家禽综合保险，水稻、蔬菜保险，稻麦场、森林火灾保险，烤烟种植、西瓜雹灾、香梨收获、小麦冻害、棉花种植、棉田地膜覆盖雹灾等保险，苹果、鸭梨、烤烟保险等。

农业标准化（agricultral standardization）通过农业产前、产中、产后各个环节标准体系的建立和实施，把先进的科学技术和成熟的经验推广到各个农户，转化为现实的生产力，从而取得经济、社会和生态的最佳效益，达到高产、优质、高效目的的技术经济体系。农业标准化融技术、经济、管理于一体，是科技兴农的载体和基础，是农业增长方式由粗放型向集约型转变的重要内容之一。它还能使农业生产走向科学化、系统化，有利于形成规模生产能力，提高"一优两高"（即优质、高产、高效益）农业的比重，对于发展农业经济有着重要的作用。

农业补贴（agricultural subsidy）即当出口国的农产品由于成本劣势，其价格高于国际市场时，出口国为了鼓励出口、平衡贸易，常常通过补贴等其他非关税措施来保护其农业利益的一种贸易政策。根据WTO的规定，发达国家有权对其农业提供5%的补贴；对发展中国家，这一数字上升到10%。作为发展中国家，目前中国的农业补贴仅为2%。

农业产业化（agricultural industrialization）在市场经济条件下，将农业生产的产前、产中、产后诸环节整合为一个完整的产业系统，实行种养加（种植、养殖、加工）、产供销、贸工农一体化经营，提高农业的增值能力和比较效益，形成自我积累、自我发展、良性循环的发展机制的生产经营方式。在实践中，它表现为生产专业化、布局区域化、经营一体化、服务社会化、管理企业化的特征。

农业发展基金（agricultural development funds）中国国家财政部门为确保农业投入有稳定的资金来源而建立的一项专门资金。其来源包括：（1）从国家提高能源交通重点建设基金征收比例中拿出一个百分点；（2）乡镇企业税收比上年实际增加部分；（3）耕地占用税收入的全部；（4）农林特产税收入的大部分；（5）农林个体工商户及农林私营企业税收比上年增加部分；（6）从粮食经营环节中提取的农业技术改进费；（7）世界银行贷款的25%及其他国外贷款。农业发展基金主要用于农田水利基本建设、服务配套建筑设施、补农贴农等。

农业发展战略（development strategy of agriculture）国家或地区在一定时期内制定的具有全局性、决定性、长远性的有关农业发展重大问题的筹划与决策。通常包括战略目标、战略重点、战略步骤、战略措施等方面的内容。在实际应用中，农业发展战略就是农业发展的长期规划。

农业工程（agricultural engineering）将现代工程技术的理论和方法应用于农业的综合技术体系。其任务是选用各种工程和新兴技术来开发、利用和保护自然资源（生物资源、土地资源、水资源、农村能源等），以提高农业（包括农、林、牧、副、渔）生产力和改善农村环境，推进农业现代化的进程。农业工程所涉及的领域包括农业机械化、农业电气化与自动化、农田水利与水土保持、农业生物环境与农业建筑、土地开发利用、农村能源、农产品加工、农业系统工程，以及计算机、遥感、电子、激光等新技术在农业生产中的应用等。随着现代科学技术的发展，农业工程的内容也将不断地发生变化。

农业工程学（agricultural engineering science）研究工程技术应用于农业生产、满足农业生产需要、促进农业不断发展，以获得最大经济效益、生态效益和社会效益的一门新兴学科。它具有综合性、跨学科、系统整体性等特点，即解决一项农业工程技术问题，不是简单地将各种工程手段（如机械、电气、土木、水利、化工等）引用到农业中，而必须同时考虑生物、环境与管理方面的条件和因素，并把它看作是系统整体的一个组成部分，才能收到较好的效果。再者，农业工程主要服务的对象是农业，而农业本身就涉及生物学科、物理学科、经济学科等多个领域。因而，在解决一项具体的农业工程时，也要涉及多种工程学科及高科技的应用。由于各国的自然条件和经济条件不同，因而，农业工程学应从各国的具体条件出发，优先发展本国急需发展的领域，以促进农业现代化的进程。

农业国际化（agriculture internationalization）即主张农产品贸易自由化，取消对农业领域特别是农产品贸易领域的由一切干预造成的竞争和贸易的扭曲，在充分发挥本国经济的比较优势、提高国内资源配置整体效益的基础上，实现国内农业生产、流通、消费与国际的对接，从而使全球农业资源配置最优、经济福利增长最多的生产经营方式。它是20世纪90年代以来伴随着经济全球化而出现的一个崭新的概念，是世界经济一体化在农业领域的直接体现。其理论内涵主要包括：参加农业国际分工、农产品国际交换（包括开放国内市场）、农业资源在世界范围内流动与配置等。

农业环境（agricultural environment）农业生态系统中的非生物因素，即农作物、林木、果树、畜禽和鱼类等农业生物赖以生存、发育、繁殖的自然环境。它包括农田土壤、农业用水、空气、日光和气候等。

农业集约经营（agricultural intensive operation）在一定土地面积上集中投入较多的生产资料和劳动，并采用新的技术措施进行精耕细作的经营方式。它不仅发展高价值的种植业和养殖业，而且要实行产加销一体化经营，由提供初级产品延伸到农产品加工，创造更高的附加值。

农业企业（agricultural corporation）从事农、林、牧、副、渔业等生产经营活动，具有较高的商品率，实行自主经营、独立经济核算，并具有法人资格的营利性经济组织。它是在农业生产力水平和商品经济有了较大发展，以及资本生产关系进入农村以后的产物。随着农村商品经济的发展，农业企业出现了多种形式。按其所有制性质不同，有国有农业企业、集体所有制的合作企业、股份制合作企业、联营企业、私营企业、中外合资企业、中外合作经营企业等；按其经营内容不同，有农作物种植企业、林业企业、畜牧业企业、副业企业、渔业企业，以及生产、加工、销售紧密结合的联合企业等。

农业区划（agricultural regionalization）依据农业生产地域分布规律，对农业的区域进行划分的系统工程。即在农业资源调查的基础上，根据各地不同的自然条件与社会经济条件、农业资源和农业生产特点，按照区内相似性、区间差异性和保持一定行政区界完整性的原则，把全国或一定地域范围划分为若干不同类型和等级的农业区域；并分析研究各农业区的生产条件、特点、布局现状和存在问题，指明各农业区的生产发展方向及其建设途径。它既是对农业空间分布的一种科学分类方法，又是实现农业合理布局和制定农业发展规划的科学手段和根据，是科学地指导农业生产，实现农业现代化的基础工作。

农业设施（agricultural facilities）广义上是指具有建筑物的农业生产系统。如各种类型的温棚、畜禽舍、农产品干燥及贮藏设施、果品、蔬菜分级及包装设施等。它是设施农业的基础和硬件。设施农业是利用农业设施进行的农业生产。

农业生产模型（agricultural production model）应用数学模型方法和计算机技术分析影响农业生产的主要因素（如气候、土壤、作物、社会、经济等），从而对农业生产进行定量研究的一种模式。通过模型研究，可以在较短时间内，用较少的人力、物力和财力，得到可靠而优化的结果。农业生产模型研究已有二十多年的历史。世界各国开发的农业生产模型，牵涉到农业多方面的问题，如人口增长、资源利用、能源消耗、农业生态、农业结构、作物管理、畜禽饲养、病虫测报、农田灌溉和环境控制等。

农业生产专业化（specialization in agricultural production）农业生产按照农产品的不同种类、生产过程的不同环节，在地区之间或农业企业之间进行分工协作，向专门化、集中化方向发展的过程。这是社会分工深化和经济联系加强的必然结果，也是农业生产发展的必由之路。其通常有三种表现形式：农业地区专业化或农业生产区域化；农业企业专业化或农场专业化；农业作业专业化或农艺过程专业化。实现农业生产专业化，有利于充分发挥各地区、各企业的优势，提高农业经济效益，有利于提高农业机械化水平和农业科学技术水平，有利于提高劳动者的素质。在具体实践中应注意与多种经营正确结合起来，防止过于单一化与片面化。

农业生态系统（agricultural ecosystem）在一定时间和地区内，人类从事农业生产，利用农业生物与非生物环境之间，以及与生物种群之间的关系，在人工调节和控制下，建立起来的各种形式和不同发展水平的农业生产体系。与自然生态系统一样，农业生态系统也是由农业环境因素、绿色植物、各种动物和各种微生物四大基本要素构成的物质循环和能量转化系统，具备生产力、稳定性和持续性三大特性。与自然生态系统相比，农业生态系统有如下特点：（1）为提高农业生态系统生产力而加入的辅助能源是经过加工的燃料，并非自然能量；（2）人的管理使农业生态系统多样性大为降低，而使系统产物中特定的食物产量达到最大；（3）农业生态系统中的主要植物和动物并非是自然选择，而是在人工选择下形成的；（4）农业生态系统受到来自外部的有目的的控制，并非像自然生态系统那样通过内部的反馈实现。实质上，它是一个由人参与、主宰的，由社会、经济、自然相结合而成的复合生态系统。

农业污染（agricultural pollution）在农业生产过

程中所产生的有害物质危害人类的生产和生活的现象。它是人为因素引起的一种污染。其形成的原因主要是农药、化肥等使用不当和废弃物堆放不当，使土壤、水源、大气等自然环境要素和农产品受到污染，从而直接或间接危害人类的生产和生活。

农业系统工程（agricultural systems engineering）运用现代科学方法和技术手段，对农业系统进行分析和综合平衡，为选择最优设计提供定量、定性依据的工程技术。它是介于农业科学和系统科学之间的一门边缘科学，以研究农业的战略目标为主，并运用系统工程的思想方法解决农业领域中某一方面的问题。它采用模型化的研究方法和电子计算机技术，在现代农业的组织管理中，找到人们需要的高效能生态系统的最佳发展途径，达到最优综合效果。作为一门综合性的管理工程技术，它除了应用现代数学方法（如运筹学、统计数学、计算数学、模糊数学、逻辑数学、组合数学等）外，还涉及模拟、通信系统，以及农业经济学、经营管理学、社会学、心理学等多种学科。研究农业系统工程的目的，就在于对复杂系统的内外各方面、各因素之间的关系进行分析，从中找出内在的规律，以便采取各种措施（包括规划、预测、计划、设计、组织、管理等），使农业的发展能满足人类社会发展的需要。

农业资源评价（agricultural resource evaluation）一项对农业资源的状况进行调查、分析与评估的工作。其主要内容包括：查明农业资源的种类、分布、数量、历史演变；综合分析农业资源的内在联系，识别发展农业生产的有利和不利因素；从技术和经济上评价利用改造措施的可能性和效果。其评价方法主要有：（1）调查法。包括实地调查和对有关资料的收集、整理。实地调查又分为全面普查和典型调查两种。（2）分析法。常用的有对比法、分组法、平均数法、投入产出法和线性规划法等。（3）地图法。把各自然要素和经济因素的数量、质量及分布情况，在地图上反映出来，探索其规律和特点。它是开发利用农业资源、制定农业区划方案、改造农业生产组织管理的重要依据。

农业自然资源（agricultural natural resource）自然界可被利用于农业生产的物质和能量来源。一般指各种气象要素和水、土地、生物等自然物，不包括用以制造农业生产工具或用作动力能源的煤、铁、石油等矿产资源和风力、水力等资源。查明不同地区农业自然资源的状况、特点和开发潜力，加以合理利用，

不但对发展农业具有重要战略意义，而且有利于保护人类生存环境和发展国民经济。

农艺性状（economical character）又称农作物的经济性状，农作物所具有的与生产有关的特征和特性。它是鉴定作物品种生产性能的重要标志。实践中，常把某一个或几个农艺性状作为育种的主攻目标，以培育新的优良品种。抗病性、抗倒性、抗寒性、耐旱性、耐涝性、成熟期、株高、株型、穗形、分蘖力、分枝性和籽粒品质等都是农作物的农艺性状。

P

喷灌（sprinkling irrigation）利用机械和动力设备，使水通过喷头（或喷嘴）射至空中，以雨滴状态降落田间的节水灌溉方法。喷灌设备由进水管、抽水机、输水管、配水管和喷头（或喷嘴）等部分组成，可以是固定的，也可以是移动的。它具有省水、省土、省工、提高土地利用率、不破坏土壤结构、可调节地面气候且不受地形限制等优点。

R

日灼（sunscald）果树在其生长发育期间，由于强烈的日光辐射增温所引起的果树器官和组织被灼伤的现象。冬季日灼多发生在寒冷地区的果树向西南面的主干和大枝上。由于冬春白天太阳照射枝干温度升高到0℃以上，使处于休眠状态的细胞解冻，夜间温度骤然下降到0℃以下，细胞再次冻结。如此反复冻融交替使皮层细胞受破坏。开始受害时树皮变色横裂成块斑状，严重时韧皮部与木质部脱离。急剧受害时，树皮凹陷，日灼部位逐渐干枯、裂开或脱落，枝条死亡。夏季日灼与干旱和高温有关，主要危害向阳的果实和枝条皮层。果实日灼处表现淡紫色或浅褐色干陷斑，严重时果皮曝裂。枝条日灼使皮层裂开或灼伤。这主要是由于温度高、水分不足、蒸腾作用减弱，致使树体温度难以调节，而造成枝干的皮层或果实的表面局部温度过高而灼伤，严重者能引起局部组织死亡。

T

土地托管（land trusteeship）把土地承包给种粮大户集中经营，或者交由村集体统一规划开发，以腾出劳动力经营其他产业的经营方式。

W

无机农业（inorganic agriculture）又称高能农业，主要靠输入农业以外的无机能量和无机物质，以推动农业生产中物质能量循环的速度，来提高产量的农业

生产技术体系。其特点是：以石油、煤等作为能源和原料，大量生产和使用人工合成的化学肥料、农药、生长调节剂及机电动力。无机农业对提高土地生产率和劳动生产率有显著的作用。但如果使用化肥、农药过量，忽视有机肥料，会使生产成本上升，不仅易造成土壤、大气、水源和农产品的污染，使一些地区的生态环境变坏，危害人畜健康，而且对水土保持、土壤结构、土壤肥力等造成不良后果。所以，一些学者强调，无机农业要与有机农业相结合。

X

星火人才培训工程（spark training project）中国围绕农业星火计划的实施与扩散，在农村组织实施的人才培训计划，包括面授、函授和岗位培训等多种方式的技术培训、管理培训和师资培训。培训的主要目的是推广星火技术、提高经营管理水平、提高农村劳动者整体素质。培训工作的重点是培养和造就一大批农民企业家、技术人才和技术能手。

Y

药剂催芽（pharmacy pregermination）见催芽。

阳光工程（sunshine project）由中国政府运用公共财政支持，农业部、财政部、劳动和社会保障部、教育部、科技部、建设部从 2004 年起共同组织实施，主要在粮食主产区、劳动力主要输出地区、贫困地区和革命老区开展的农村劳动力转移到非农领域就业前的职业技能培训示范项目的一项工程。其按照"政府推动、学校主办、部门监管、农民受益"的原则组织实施。旨在提高农村劳动力素质和就业技能，促进农村劳动力向非农产业和城镇转移，实现稳定就业和增加农民收入的目的，以推动城乡经济社会协调发展，加快全面建设小康社会和社会主义新农村的步伐。

有机农业（organic agriculture）主要或完全依靠来源于生物的有机物质和有机能量来提高产量的农业生产技术体系。其特点是尽量减少非再生资源的投入，主要靠改善植物和动物的内在生育力以及外在生育环境来提高土地生产率。如建立用地养地相结合的耕作制度、实行轮作、种植豆科作物及绿肥、秸秆还田、增施有机肥、注重水土保持、采取生物防治等。有机农业对节约能源、降低成本、减少污染、提高土壤肥力和农产品品质有良好效果。但由于有机农业全靠生物本身的物质循环和能量转换，转换效率较低，如果无大量土地或其他措施提供有机物质，则难以大幅度地提高农产品产量。因此，有机农业应该和无机农业相互结合，协调发展。

原产地认证（origin certificate）由国家权威部门颁发的承认具有特定品质特征的商品是来自原有特定生产区域的标志认证。原产地标记包括原产国标记和地理标志。在中国原产地标记的使用范围包括：标有"中国制造／生产"等字样的产品；名、特产品和传统的手工艺品；申请原产地认证标记的产品；涉及安全、卫生、环境保护及反欺诈行为的货物；涉及原产地标记的服务贸易和政府采购的商品；根据国家规定必须标明来源地的产品。中国规定原产国标记是指用于指示一种产品或服务来源于某个国家或地区的标记、标签、标志、文字、图案以及与产地有关的各种证书等。地理标志是指一个国家、地区或特定地方的地理名称，用于指示一种产品来源于该地，且该产品的质量特征完全或主要取决于该地的地理环境、自然条件、人文背景等因素。地理标志仅仅指向产品，不包括服务。

Z

蒸腾作用（transpiration）水分从活的植物体表面（主要是叶子）以水蒸气状态散失到大气中的生理过程。成长植物的蒸腾部位主要在叶片。叶片蒸腾有两种方式：（1）通过角质层的蒸腾，为"角质蒸腾"；（2）通过气孔的蒸腾，为"气孔蒸腾"。气孔蒸腾是植物蒸腾作用的主要方式。蒸腾是植物吸收和运输水分的主要动力，可加快无机盐向地上部分运输的速率，可降低植物体的温度，使叶子在强光下进行光合作用而不致损伤。植物蒸腾散失的水分量是很大的。自养的绿色植物在进行光合作用过程中，必须和周围环境发生气体交换。因此，植物体内的水分就不可避免地要顺着水势梯度流失，这是植物适应陆地生活的必然结果。适当地抑制蒸腾作用，不仅可减少水分消耗，而且对植物生长也有利。

植物休眠（plant dormancy）植物体或其器官的生长出现暂时停顿的现象。这种现象通常是由植物内部生理原因决定的，即使外界条件（温度、水分）适宜也不能使其萌动和生长。种子、茎、芽都可处于休眠状态。按其器官分，主要有种子的休眠、芽的休眠和木本植物的整体休眠。植物休眠是一种保护性防御机制。休眠期植物有较强的抗寒、抗高温、抗干旱、抗病虫害的能力。对于一些植物，如马铃薯、洋葱、大蒜，用人工方法，延长休眠期，有利于贮存。农业生产中，常需要用不同方法，解除种子休眠，以保证适时播种，不误农时。掌握植物休眠的规律，可以按照人类的需要利用促进休眠、解除休眠、延长休眠等方法控制花期。

种植指数（cropping index）见复种指数。

种子呼吸（seed breathing）种子形态成熟并进入休眠状态，仍进行微弱呼吸作用的生理现象。种子通过呼吸作用促进内部物质的转化和分解，释放能量维持其生命活动。种子呼吸会使种子的含水量、重量、品质发生变化，从而影响到储藏时的稳定性。种子呼吸分为两种：有氧呼吸和无氧呼吸。有氧呼吸放出二氧化碳和水，同时产生热能供种子生理活动的需要。但当种子储藏条件不良时，呼吸作用所产生的热能及水很大部分积聚在种子周围，使储藏的种子发生自热自潮现象，成为进一步促进种子呼吸的因素（温度高、潮湿）。随着呼吸强度的增加，储藏的营养物质消耗得越快、越多，放出的水分和热量越多，越易产生自热自潮现象，形成恶性循环。另外，产生的大量二氧化碳如果不能及时排出，势必隔绝氧气的供应，使种子的有氧呼吸转变成无氧呼吸。无氧呼吸释放的能量较少，消耗的营养物质较多，同时产生酒精、乳酸等有害物质。种子储藏的关键就是控制种子呼吸作用的性质和强度，使种子进行微弱的有氧呼吸。

种子萌发（seed germination）在某种外界条件下，胚恢复活跃生长，突破种皮，进而完成自养生长前的生长过程。种子萌发过程可分为吸水、萌动和发芽三个阶段。首先是吸水膨胀，软化种皮；随后酶的活动加强，导致呼吸作用、同化作用加剧，营养物质转化为种胚所能利用的状态，并输送到生长部位；生长素增加，抑制物质减少或消失，细胞分裂，分生组织（具有持续分裂能力的细胞群）分化出胚根并突破种皮，发芽生长。种子萌发最重要的环境因子是水分，温度和氧气。

种子寿命（seed longevity）种子在常温下维持其生命力的时间。其关键是保持种子胚的生命力。各种植物种子的自然寿命不同。种子外表的蜡质和厚厚的角质层都能使种子具备不透性而难以萌发，而长寿种子常具备不易透水、不易透气的坚硬、致密的种皮。种子的胚得不到充足的水分和氧气，生理活动就会变弱，继而进入休眠状态而成为长寿种子。一旦种皮被破坏，胚得到萌发的条件，种子就会打破休眠状态而萌动。

种子休眠（seed dormancy）具有生命力的种子，由于种皮障碍、种胚尚未成熟或种子内含有抑制物质等原因，在适宜萌发条件下，也不能萌发的现象。种子休眠有两种情况：（1）由于芽得不到所需要的基本条件，如水分、温度和氧气等，致使种子不能萌发。若能满足这些基本条件，种子就能很快萌发。这种处于被迫情况下的种子休眠，称为"强迫休眠"或"浅休眠"。如杨、榆、桑、栎、油松、落叶松等种子。（2）种子成熟后，即使有了适宜发芽的条件，也不能萌发或发芽很少，这种情况称为"生理休眠"或"深休眠"。如红松、白皮松、杜松、椴树、水曲柳等种子。种子成熟后便进入休眠状态，这是种子适应不良环境的自我保护措施。通常所说的种子休眠，实际上是指生理休眠。根据引起种子休眠的原因，可把林木种子生理休眠分为外源休眠类型、内源休眠类型和综合休眠类型。

自然休眠（dormancy）即使给予植物适宜生长的环境条件仍不能使其萌芽生长，需要经过一定的低温条件，解除休眠后才能正常萌芽生长的休眠。落叶果树冬季落叶休眠属于这种休眠。落叶果树只有正常进入自然休眠状态才能进行以后的生命活动，完成各个生命。果树在休眠状态可安全地度过寒冬、干旱等恶劣自然环境条件。北方落叶果树进行设施栽培时，就必须考虑其自然休眠特性。

（二）作物遗传育种（Plant Genetic Breeding）

A

矮败小麦育种技术（breeding technology of abortive dwarf wheat）利用大群体测交筛选和现代细胞遗传学技术，将中国独有的太谷核不育小麦的Ms2败育基因与矮变一号小麦的Rht10矮秆基因紧密连接，以创造具有矮秆基因标记的太谷核不育小麦的技术。应用这项技术降低了育种成本，缩短了小麦品种的育成时间和更新时间，能够获得常规方法不能获得的大规模优良基因群体。中国科学家于 2002 年 7 月 15 日宣布，育成的世界首例矮败小麦，是在中国首创的小麦高效育种技术新体系下完成的。中国农业科学院完成的这项成果已经通过国家鉴定。

C

彩色小麦育种技术（breeding technology of colored wheat）采用化学诱变、物理诱变、远缘杂交三结合育种方法培育出黑色、紫色、绿色、咖啡色、蓝色小麦的育种技术。新培育出来的绿色小麦较罕见。彩色小麦因富含碘、硒、钙、铁、锌等多种微量元素，因此种皮呈现不同色彩。由于微量元素能起到保健作用，因而又被称为"保健小麦"。

超级稻（super rice）通过理想株型塑造与杂种优势利用相结合，选育出的单产大幅度提高、品质优良、抗性较强的新型水稻品种。其具有产量高、品质优、抗性强等综合优势。1996 年，中国第一个超级稻品种沈农 265 诞生。到 2005 年，确定推广超级稻 28 个品种。

雌核生育技术（gynogenesis technology）见单倍体育种。

D

DNA 分子标记辅助育种（deoxyribonucleic acid molecule—tagged supporting breeding）在基因水平采用的直接反映种质资源遗传多样性的一种育种技术。它具有标记位点、已知多态性高等优点，因而是研究核心种质的新工具。目前，世界上许多国家都正在用这一新方法进行核心种质构建。利用分子标记技术和已绘制的作物遗传连锁图，可以在较短时间内找到目标基因，对数量性状基因位点（QTL）进行研究。如水稻的千粒重、穗粒重、株高；小麦的抽穗期、分蘖数、穗数等重要形状的 QTL 均已有报道。

单倍体育种（haploid breeding）一种利用组织或细胞离体培养进行育种的技术，即将植物的花药（花粉）、未受精的子房、胚珠进行培养，获得单倍体植株再进行育种。在一般情况下，自然界存在的动物大都是二倍体，即染色体是以两套染色体组的形式存在。使染色体组减半，即细胞中仅含有一套染色体，叫做单倍体。目前，单倍体育种的方法是应用现代技术因素（如用紫外线等）处理精子，使精子的遗传物质失去活性，再用失去活性的精子授精，就不会发生通常的精卵核结合的受精过程，只是卵核单性发育成单倍体胚胎。例如，利用该技术培育的幼鱼的染色体

组成都是 XX，即全是雌性，因此这项技术也称为"雌核生育技术"。

单交种（single cross hybrid）两个自交系杂交产生的杂交种。其群体是同质的，而个体基因型是杂合的，所以具有最大的杂种优势。如玉米单交种，是中国主推的玉米杂交种。

多倍体育种（polyploid breeding）将二倍体作物经过特殊的理化因素处理后，使染色体加倍成双二倍体（或叫四倍体），再利用四倍体与二倍体杂交，产生三倍体的后代以获取新品种的方法。多倍体育种的作用不仅用于选育丰产、优质的新品种，获得无籽果实和创新物种，还作为克服远缘杂交不育性的有效手段。多倍体材料可通过秋水仙碱处理和辐射处理等手段获得。三倍体无籽西瓜选育的成功是果蔬多倍体育种中最为突出的成绩。

F

辐射育种（radioactive breeding）利用 γ 射线、X 射线、β 射线、中子、紫外线和激光照射等物理因素处理农作物种子、植株或其他器官，改变其遗传性，使其产生各种变异，并经过选择，培育成新品种的一项育种技术。它是原子能在农业上应用的一个重要方面。辐射育种的优点：（1）产生的变异类型多，变异范围广，其突变率比自然突变率高 100～1 000 倍；（2）育种时间短，见效快，后代稳定较快；（3）对改良作物品种的某单一性状比较有效。缺点是有利突变几率较低。

G

高光效育种（high luminous effect breeding）筛选低光呼吸类型植株，并将其培养成作物品种的方法。光呼吸的强弱常用二氧化碳补偿点高低表示。光呼吸强度高，二氧化碳补偿点较高，则光合作用强度小，光合效能较低；反之，则光合效能较高。高光效育种就是通过杂交、辐射引变，将低光效植物改造成高光效植物；或从低光效植物中大量筛选，以选出补偿点低或相对较低的个别植株或品系，从而培育成高光效新品种。

光敏核不育（photosensitive）在不同光照周期条件下，植物的雄性育性可发生反向转换，从而导致雄性败育的现象。这是植物的一种遗传特性。1973 年，中国学者在湖北省种植的水稻晚粳品种"农垦 58"大田中发现了一株不育水稻。经过研究，证明这种自然突变体，具有在长日照条件下不育，而在

短日照条件下可育的特点，育性由一对对光照长度敏感的隐性核不育主基因控制，属光敏核不育类型，并将此稻命名为"湖北光敏核不育水稻"。这一研究的成功，突破了雄性核不育植物不能自身简便繁殖的难题，加之不育性的恢复谱广，为杂交稻制种由"三系法"转为"两系法"的研究奠定了基础，也为其他作物雄性核不育的研究利用提供了先例。

H

花药培养（anther culture）一种在离体条件下，培养花药以诱导单倍体细胞系或单倍体植株的技术方法。其培养过程包括取材、消毒、接种和培养等一系列步骤。在培养过程中，花粉转向孢子体发育途径，通过细胞分裂、增殖，最后以胚状体或愈伤组织分化形式，形成单倍体的花粉植株。花粉植株经自然或人工处理染色体加倍后，即为纯合二倍体。应用这种方法可克服杂种分离，缩短育种周期，提高育种效率。它作为单倍体育种的一种有效技术，促进了生理、遗传研究工作的深入，对认识植物细胞全能性和控制花粉发育途径有重要理论意义。

K

空间育种（space breeding）利用空间环境来培育作物新品种。20世纪70年代以来，美国、苏联相继开展了空间育种试验研究。中国在20世纪80年代中期也进行了试验，并取得了重大成果，已培育出多种优良作物品种。经过太空旅行的作物种子受太空环境的作用，强宇宙线辐射、微重力和高真空，可诱发植物种子产生某些变异，通过地面试验和选种，使有利于作物提高产量、抗病性和品质的变异特性遗传保留下来，从而在第三代后培育出新的优质品种。空间育种方法与地面杂交育种方法比较，具有诱变几率高、变异幅度大、周期短和稳定快等优点，对农业生产具有巨大的价值。目前，中国已在返回式卫星上搭载了多种植物种子，试验取得了重要成果。

L

离体培养（isolated culture）将一部分组织或器官剥离植物体，在人工培养基（液）上培养的技术。在育种工作中采用的花药培养以及生长点培养、髓部组织培养等均属离体培养。离体培养能缩短育种周期，加速育种进程，提高选择的准确性。

良种繁育和推广（breeding and promotion of fine seeds）即通过一定的手段，如稀播繁殖、温室、异地加代、地膜覆盖栽培等，尽可能大地提高种子繁殖系数、扩大种子量、满足生产用种、加快良种推广的进程。良种繁育的有效途径是选择有条件的地方作为基地，进行集中、规模化生产，以保证繁育的数量和质量。

轮回选择（recurrent selection）作物群体改良中一种新的混合选择方法。从原始群体中选择优良单株进行自交和测交，并根据测交结果，选择配合力高或表现型优良的单株，混合种植，相互交配，形成第一轮选择的改良群体。第一轮改良群体继续选择，可形成第二轮选择的改良群体。通过多轮的选择和重组，可以提高群体中的有利基因频率和优良基因型比例，进而增加群体中的性状平均值，并保持其一定的遗传变异度。

N

农业基因组学（agricultural genetics）一门研究植物基因组和以植物生长发育特定生命活动为对象的结构和功能基因组，进而阐明植物生命活动的基因控制网络和机制的学科。

P

品种更换（variety replacement）即在农业生产上，以新的优良品种替换与栽培条件和经济要求已不适应的原有品种的一种措施。任何作物品种经过一段时间的利用后，由于混杂、退化等原因，其原有的优良特性可能降低或退化；随着育种水平的提高，产量高、品质优的新品种不断出现，生产用种不断用优良品种替代原来的品种是农业生产发展的需要。品种更换能使作物产量水平有较大幅度提高。

品种区域试验（cultivar regional test）又称品种区域适应性试验，育种单位在品种比较试验中选出的新品种，在品种审定机构统一布置下，于一定区域范围内所进行的多点试验。它包括多点品种比较试验和生产试验。其主要目的是评定新品种的产量能量、稳定性、推广价值和适于推广的地区范围。参试品种数不宜少于10个，不得多于20个。常用随机区组设计，重复3~4次。在对试验结果进行联合方差分析时，须先进行精确度分析，并将没有达到精确要求的试点资料剔除，除着重于比较产量能力外，还需要进行产量稳定性和品种适应性分析。

品种审定（variety certification）在作物育种过程中，对新育成或引进的品种，由相应的审定组织根据品种区域试验结果和其他生产表现，审查评定其推广价值和适应范围，并批准认可为品种的工作。实行品种审定，可加强作物品种的管理，加速育种新成果的利用和有计划地推广品种，避免盲目引种和不良播种材料的扩散。审定时，根据各参试品种在不同年份和不同地区的综合表现，分区择优评选出适合在各地区推广的优良品种，并提出分区进行种子生产的计划，以便因地制宜地推广品种，达到品种区域化的目的。

品种生产试验（cultivar production test）简称生产试验，对在品种区域试验中已通过多点比较试验的参试品种，进一步在较大面积和接近大田生产条件下所进行的栽培试验。其目的在于了解新品种在大面积生产水平中的特性表现，并提出一套与之相应的栽培技术。品种生产实验同时也有示范推广和繁殖的作用。

品种退化（variety degeneration）品种群体经济性状在生产过程中发生劣变的现象。凡是会打破品种原有的遗传平衡，导致群体向不符合人类需要的方向变异的直接和间接因素，都可能是品种退化的原因。作物品种退化的主要原因有：机械混杂、天然杂交、遗传基因的继续分离、不良突变的累积、逆向选择和病虫污染等。

品种资源（variety resource）见种质资源。

Q

全息生物学选种（holographic biology selection）包括远缘杂交在内的一系列细胞遗传技术和分子标记辅助育种技术。这种育种技术可以实现染色体的附加、易位、交换，将存在于野生亲缘种中的大量有益基因转移到受体植物中，丰富其遗传基础，创造新物种、新种质，育成新品种。染色体工程技术将被应用于种间和属间有益基因的转移。野生亲缘植物长期经受各种恶劣环境的考验，积累了大量栽培品种所不具备或早已丢失的优异基因，因而是一个巨大的资源宝库。

R

人工辅助授粉（artificial pollination）一种把人工收集花粉授于母本柱头上或用其他人工辅助方法增加作物传粉机会的技术措施。对玉米而言，人工收集混合花粉或抖动其雄花序，使花粉充分授到雄花序的花丝上，可减少其秃顶、缺粒，有利于提高结实率而达到增产的目的。玉米、水稻等配制杂交种时，母本行拔去雄花序或用雄性不育系，抖动父本行植株，促使花粉散发，可增加父本花粉传到母本柱头的机会，从而提高杂交制种的产量和质量。

人工授粉（artificial pollination）用人工采集花粉和人工辅助授粉，以提高坐果率和产量，并改善果实品质的方法。由于很多园艺植物有自花不实的现象，需要异花授粉，尤其在花期遇到阴雨、低温、大风及干热风等不良天气时会造成严重授粉不足，此时就需要对其进行人工授粉。采集花粉的具体方法为：在主栽品种开花前，选择适宜的授粉品种并采集含苞待放的铃铛花或刚开的花，采花药并去除花丝、花瓣等杂物。将花药均匀摊在光滑洁净的纸上，放在相对湿度为60%～80%、温度为20～25℃、通风的条件下散粉。授粉可以人工逐个花朵点授或将花粉溶于液体中利用喷雾器喷粉。

人工种子（artificial seed）将细胞培养所产生的体细胞胚或其类似物，经过有机化合物的包埋，而形成的能在适宜条件下发芽的、类似于天然植物种子的颗粒体。它通常由三部分组成：体细胞胚、人工胚乳和人工种皮。人工种子的研究在农业生产上有重要意义。它在固定杂种优势、快速繁殖良种和不育材料、节约用种、工厂化生产方面都有潜在价值。对木本植物来说，用人工种子不必等待漫长的有性世代，即可快速繁殖优良性状的基因植物，并推广到生产上去。此外，人工种子体积小，便于运输。

S

试管苗（plantlet in test tube）采用细胞培养和组织培养的方法，在玻璃试管中获得的幼苗。迄今，全世界已有1 000多种植物经细胞培养或组织培养获得了植株，其中已有大批的农作物和花卉树木的培养技术进入了实用化阶段，形成了商品化苗木输出工业。试管庄稼即采用组织培养技术，在灭菌培养基上，将植物的一个或多个细胞或一小部分组织进行培养，再生成多株完整的小植株。试管植物可以通过多次分割继代培养，实现一个细胞生产出几万乃至几十万小植株，从中培育出符合人类愿望的理想型新品种。目前，植物组织培养技术已发展为工业化生产规模，采用生殖反应器大量培养植物细胞以获取重要部位（器官）或其他有用成分。应用最普遍的是花卉业，其次是蔬菜、果树、林木和粮食作物，特别是一些名贵花卉、瓜果或草木。

双交种（double cross hybrid）将4个自交系先两两杂交产生单交种，进而使两个单交种再杂交产生双交种的杂交方式。这是杂种优势利用的方式之一。其杂种优势低于优良单交种，但制种成本较低。

T

突变育种（mutation breeding）见诱变育种。

X

系统育种（line breeding）又称选择育种，从现有品种或引进品种中，选择优良的变异个体，通过鉴定、比较和繁殖，培育成新品种的一种育种方法。包括个体选择法和混合选择法。混合选择法，又分为混合单株选择法、单株混合选择法和集团选择法。系统育种方法选得的优良变异个体易于稳定，只要育种目标明确，从严选择，就容易收到良好的效果。

细胞融合育种（cytomixis breeding）将一种生物细胞中携带遗传信息的细胞核或染色体整体地转移给另一种生物细胞，使新细胞产生具有所需要的新功能，从而改变体细胞遗传性状的育种方法。广义地讲，它也包括细胞核和卵移植、动物和植物组织培养技术等。美国科学家采用细胞融合技术将番茄和马铃薯的细胞融合在一起，培育出称为"番茄薯"或"薯番茄"的新型植物。植株的地上部分结番茄，地下部分生长根茎，产量高，品质好。获得成功的属间体细胞杂种植物还有：烟草×大豆、甘蔗×高粱等。这些属间杂种难以通过采用有性杂交的方法得到。中国科学家利用细胞融合技术已培育出普通烟草与黄花烟草、普通烟草与粉蓝烟草、烟草与矮牵牛、烟草与天仙子等种间和属间体细胞杂种植株，为远缘杂交育种开辟了新途径。

显性核不育（dominance sterility）由控制花粉正常育性的核基因发生显性突变而引起的雄性不育现象。即正常可育的基因型为msms，经显性突变后产生杂合基因型Msms，由于Ms的显性作用而表现的雄性不育。当显性核不育株接受正常育性株花粉受精结实时，其子代按1∶1的比例分离出显性不育株和隐性可育株，并以此方式代代相传，永远以杂合体形式存在于自然条件下。1972年，在中国山西省发现的太谷小麦核不育系即属此类。但现在还只能作为常规育种中开展轮回选择、建拓基因库和回交亲本利用。

雄性不育保持系（maintainer line）简称保持系，给不育系授粉后能使其后代仍保持雄性不育的父本品系。保持系雌雄蕊均发育正常，能自交结实。生产上利用的保持系都与不育系是同一品种。这种同名或同型保持系一方面可保持雄性不育，另一方面又可保持不育系其他优良性状相对稳定。

雄性不育恢复系（male sterile restorer）简称恢复系，又称育性恢复系，给不育系授粉能使其后代雄蕊发育恢复正常、自交结实的父本品系。优良的恢复系与不育系杂交可产生具有强大杂种优势杂交种，具有显著的增产效果。

雄性不育系（male sterile line）简称不育系，具有可遗传的雄性不育性的植物品系。它主要指雄蕊发育不正常失去授精能力、雌蕊发育正常能接受外来花粉进行受精的品系。配制杂交种时，以不育系作母本，可省去去雄手术，便于杂种优势的利用。

选择育种（breeding by selection）见系统育种。

Y

遗传资源（genetic resources）见种质资源。

异地育种（allopatric breeding）一种把育种材料拿到不同的地理生态条件下进行选育的方法。在不同的生态条件和栽培条件下育种，可以育成既有一定的丰产性，又有较广泛的抗逆性、抗病性，既能适应长日照又能适应短日照，还可缩短育种年限的品种。

异花传粉（cross pollination）同株或异株的两花之间的传粉过程。在实际应用中，人工实施的异花传粉和自然界的异花传粉植物均为异株间进行传粉。异株传粉能提高后代的生活力和建立新遗传性。异花传粉必须依赖昆虫、风、水、鸟、小型哺乳动物等为媒介，这是植物界比较普遍的现象。

引种（introduced variety）一种将异地的优良品种、品系或具有某些优良特性的类群引入本地，作为育种材料或直接推广利用的育种措施。引种的基本原则：（1）本地缺乏这种品种，引入后对改良该地品种或发展生产都有促进作用；（2）被引入的品种能适应本地自然环境和饲养栽培管理条件；（3）没有严重危害性的疾病。品种引入后，要为它的生活创造良好的环境条件，使其特性得以充分发挥，同时要重视对引入品种的保存选育提高，使其发挥更大的作用。

诱变育种（mutation breeding）又称突变育种，利用物理或化学物质处理农作物种子或其他器官，诱导遗传物质产生变异，使生物体性状发生突变，从中选育新品种的一种育种方法。其特点是：（1）变异频率比自然突变高；（2）增加打破连锁的机会；（3）能较为有效地改良如早熟、矮秆、抗病性、品质等个别性状；（4）诱发的变异较易稳定。目前利用的物理物质有X射线、γ射线、中子流、激光和微波等；化学物质有秋水仙碱、甲基磺酸乙酯和硫酸二乙酯等。

育性恢复系（restoring line）见雄性不育恢复系。

育种家种子（breeder's seeds）由育种者直接生产、保持和控制，能代表该品种纯系后代的原始种子或亲本的最初一批种子。该品种具有典型性、遗传稳定性，品种纯度为100%，世代最低，产量及其他主要性状符合确定推广时的原有水平。除技术转让外，其一般不作为商品，仅为繁殖原种提供种源。

原种（foundation seed）育种家种子繁殖的第一代至第三代，或按原种生产技术规程生产的达到原种质量标准的种子。它是用于进一步繁殖良种的种子。原种在种子生产中起着承上启下的作用。各国对它的繁殖代数和商品质量都有一定的要求。中国对各类作物原种的质量标准主要是根据其纯度、净度、发芽率和水分4个指标来确定的。搞好原种生产是整个种子生产过程中最基本的环节，是影响种子生产成效的关键。

远缘杂交（distant hybrid）在植物分类学上用于不同种、属或亲缘关系更远的植物类型间所进行的杂交。它又可分为：（1）种间杂交，如普通小麦×硬粒小麦、陆地棉×海岛棉、甘蓝型油菜×白菜型油菜、栽培花生×野生花生等；（2）属间杂交，如玉米×高粱、普通小麦×山羊草或偃麦草等。也有不同科、纲植物间的杂交。种内不同类型或亚种间的杂交称为"亚远缘杂交"，如籼稻×粳稻等。随着生物技术的发展，在品种间杂交难以完全满足育种目标要求的情况下，远缘杂交越来越被广泛利用，并成为各项育种技术相互渗透、综合的结合点。实践表明，要使育种工作有所突破，必须打破种间界限，通过远缘杂交，充分利用野生资源所蕴藏的特征、特性，扩大基因重组和染色体间相互关系变化的范围，创造出更加丰富的变异类型。

Z

杂交棉分子育种技术（molecular breeding technology of hybrid cotton）将基因工程与杂种优势利用相结合而培育棉花新品种的技术。该技术攻克了三系杂交棉恢复系狭窄、抗虫性缺乏、可育性不稳以及杂种优势不明显等一系列重大难题，取得了以下六个方面的重要创新：（1）采用基因工程技术，成功研制融合抗虫基因及其高效表达载体，有效地解决了转基因棉花中两个抗虫基因难以同步高效表达的问题；（2）通过农杆菌介导和花粉管通道技术途径将抗虫基因导入优良棉花品种，获得了抗虫性达90%以上的新种质材料和新品种（系）40多个，为三系杂交棉的选育提供了丰富的抗虫保持系材料；（3）以大量抗虫保持系和陆地棉常规不育系26A为基础材料，通过回交转育和分子鉴定，育成了27个（单价7个、双价20个）抗虫性稳定、不育率和不育度均达100%的陆地棉细胞质雄性不育的抗虫不育系；（4）采用基因工程技术和回交转育方法，将抗虫基因导入产量、品质优异的常规恢复系18R、19R、20R中，育成了7个（3个单价、3个双价、1个融合）恢复率达100%的抗虫强恢复系。（5）用3个常规优异恢复系和7个转抗虫基因的强恢复系与抗虫不育系组配，选育出一批比对照常规抗虫棉增产显著或品质优良、抗虫性强的新组合；（6）转抗虫基因三系杂交棉制种比其他杂交棉制种成本一般可降低50%，制种纯度可达100%，制种程序简便，制种效率和制种产量均高，有利于抗虫杂交棉的大面积推广应用。

杂交优势利用（application of heterosis）利用两个遗传种系的杂交一代优势获得高产的措施。其在生长势、生活力、抗逆性、产量和品质等方面优于亲本，能达到生产要求。杂交优势表现在三个方面：（1）杂交后代的营养体大小、生长速度和有机物质积累强度均显著超过双亲。这类优势有利于农业生产的需要，但对生物自身的适应性和进化来说并不一定有利。（2）杂交后代的繁殖器官优于双亲，如农作物结籽多，产量高；家畜产仔多，成活率高等。（3）表现为进化上的优越性，如杂交种的生活力强，适应性广，有较强的抗逆力和竞争力。一般说来，上述三种优良性状，即杂交优势都表现在杂交第一代，从第二代起杂交优势就明显下降。因此，农业生产上主要是利用杂交第一代的增产优势。

杂交育种（cross breeding）又称常规育种，在不同品种间杂交获得杂种，继而在杂种后代中进行选择以育成符合生产要求的新品种的育种方式。现在各国用于生产的主要作物的优良品种绝大多数是用此方法育成的。杂交育种通过杂交、选择和鉴定，不仅能够获得结合亲本优良性状于一体的新类型，而且由于杂种基因的超亲分离，尤其是那些和经济性状有关的微效基因的分离和累积，在杂种后代群体中还可能出现性状超越任一亲本，或通过基因互作产生亲本所不具备的新性状的类型。

植物细胞培养（plant cell culture）把高等植物的细胞从植物体内分离出来，并在比较简单的培养基中进行培养以达到某种目的的技术。它包括分离、培养、再生以及一系列相关的操作。植物细胞培养的意义在于：（1）可以保存每一栽培品系的优良性状；（2）培养用于无性繁殖，大大增加了无性繁殖的范围和潜力，同时能够提高繁殖速度，一个优良品种，用细胞培养再分化植株的方法，在几个月内就能大面积种植，而用常规的育种法需要好几年；（3）细胞培养能使以前不能进行无性繁殖的植物易于繁殖；（4）植物细胞培养在生物科学研究以及提供医药产品等方面也有着广阔的前景。根据不同的目的，植物细胞培养可以从不同器官取材。常用的植物细胞培养有花粉培养和原生质体培养两大类。

植物引种驯化（plant introduction and domestication）在人类的选择培育下，使收集的野生植物成为栽培植物，引进的外地作物品种成为本地作物品种的措施和过程。植物引种驯化都至少要经由种子（播种）到种子（开花结实）的过程。但有些只开花不结果的花卉植物，只要能正常生长、开花、繁殖，也可认为已达到了引种驯化要求。

植物转基因技术（transgenation modifield technology）通过体外重组 DNA 技术，将外源基因转入到植物的细胞或组织中，从而使再生植株获得新的遗传特性的技术。转基因技术可将任何来源的基因转入植物，这不仅扩大了重要农艺性状相关基因的来源，而且可达到定向改良植物的目的。这一特点使转基因技术在作物品种改良上具有巨大的应用潜力。转基因技术目前在植物品种改良方面应用的主要领域有：（1）抗虫基因工程；（2）抗除草剂基因工程；（3）抗病基因工程；（4）抗逆基因工程；（5）延熟保鲜基因工程；（6）品质改良基因工程；（7）杂种优势利用基因工程。转基因技术的应用对人类健康和生态环境会带来潜在的不良影响，主要表现在以下几方面：（1）转基因生物可能对人类产生不良影响；（2）转基因生物可能对农业生产带来不良影响；（3）转基因生物可能会影响生态平衡；（4）转基因产品还可能引起社会问题以及食品安全性问题。

植物组织培养（plant tissue culture）根据植物细胞具有全能性的理论，利用植物离体的器官（如根、茎、叶、茎尖、花、果实等）、组织（如形成层、表皮、皮层、髓部细胞、胚乳等）或细胞（如大孢子、小孢子、体细胞等）以及原生质体，在无菌和适宜的人工培养基及光照、温度等人工条件下，能诱导出愈伤组织、不定芽、不定根，最后形成完整的植株的技术。它具有培养周期短、繁殖率高、便于自动化管理的特点。目前这项技术已在花卉和果树的快速繁殖、培养无病毒植物等方面得到了广泛应用。狭义的植物组织培养即离体培养。

制种田（seed farm-land）用来大量配制杂交种子的田块。例如配制杂交水稻、高粱等作物时，制种田按比例相间种植不育系和恢复系，使其产生杂交种。由不育系上收的种子，就是杂交一代种子，供下年大田种植；恢复系上的种子，仍是恢复系，供下年制种田用。又如玉米自交系配制单交种时，制种田按比例相间种植两个自交系，母本自交系进行人工去雄，让其杂交。由母本自交系上收的种子，就是单交种，供下年大田种植；由父本自交系上收的种子，供下年制种田作父本用。制种田要设置隔离区和搞好父母本花期相遇，成熟时要特别注意母本和父本分收，因为母本上结的种子才是杂交种。

种质资源（germplasm resources）又称遗传资源或品种资源，携带各种种质的材料。种质是指农作物亲代传递给子代的遗传物质。古老的地方品种、新培育的推广品种、重要的遗传材料及野生近缘植物等，都属于种质资源的范围。随着现代科学的发展，科学家已经将世界上大部分植物的有用基因收集起来，储存在一个"仓库"中，这个仓库为"基因库"，俗称"种质库"。迄今为止，全世界已建成各类种质库 500 多座，收藏种质资源 180 多万份。其中，禾谷类 120 万份、豆类 35 万份、根茎类 8 万份、饲料类 20 万份。设置于北京的中国农业科学院国家种质库，收藏种质 7 万多份。

种质资源表现型（germplasm resource phenotype）种质资源的形态，如株植的高矮、成熟期早晚、抗病或感病状况等。其不仅受外界环境条件的影响，而且往往是多个基因共同作用的结果，因此，表现型不能反应基因类型。

种质资源基因型（germplasm resource genotype）种质资源中控制其性状的基因数目、显隐性、纯合或杂合等。

种子更新（seed rebirth）农业生产上用经过提纯复壮的原种种子更替同一品种中已退化的种子的工

作。它是种子工作的内容之一，由各地管理种子的部门负责，并有一定的制度。有的地区规定三年更新一次，有的年年更新。

种子质量标准化（seed quality standardization）在种子生产中，不同级别的种子品质必须符合国家质量标准的一种规定。凡不符合一定质量标准的种子，不得作为该级种子出售，将根据其实际质量，令其降级或禁止作种。种子质量标准化，可以防止伪、劣、杂种的扩散，保证农业生产者获得符合一定质量标准的良种。

转基因育种（transgenation breeding）根据作物的育种目标，从供体生物中分离目的基因，经DNA重组与遗传转化或直接运载进入受体作物，经过筛选获得稳定表达的遗传工程体，并经过田间试验与大田选择育成基因新品种或种质资源的育种方法。它涉及以下基本内容：（1）目的基因的分离与改造、载体的构建及其与目的基因的连接等DNA重组技术；（2）通过农杆菌介导、基因枪轰击等方法使重组体进入受体细胞或组织，以及转化体的筛选、鉴定等遗传转化技术和相配套的组织培养技术；（3）获得携带目的基因的转基因植株（遗传工程体）；（4）遗传工程体在有控条件下的安全性评价以及大田育种研究直至育成品种。

自交不亲和性（self-incompatibility）又称自交不育性，某些植物在自然条件下，虽然两性器官都正常，但以本花、本株或同一品系的异株花粉授粉时，其不能受精或不能正常结实的现象。常见于某些雌雄同株植物。它给作物种子防杂保纯带来了困难，但某些作物可利用这一特性育成自交不亲和系，简化去雄手术，产生杂交种子，发挥杂种优势，如大白菜的自交不亲和系。苹果、梨等果树中自交不育的某些品种，适当配制与主栽树同时开花、花粉发育正常、所结果实的经济价值较高的品种作授粉树，可使主栽树增加结果，如茌梨用鸭梨，青香蕉苹果用红香蕉苹果作授粉树等。

作物良种繁育学（stock breeding）一门研究在作物良种推广繁殖过程中保持种子品质和不断提高品种种性的学科。其主要内容有：良种繁育制度、品种退化的原因及其防止方法、种子防杂保纯和提高繁殖系数措施、种子检验等。

作物品质（crop quality）某作物产品质量的优劣。它直接关系到产品对某种特定最终用途的适合性及其经济价值。评价产品品质，一般采用如下两种指标：（1）反映经济产量品质的化学成分，以及有害物质如化学农药、有毒金属元素的含量等；（2）物理指标，如产品的形状、大小、色泽、纤维长度和强度、面筋的拉力与强度等。每种作物都有一定的品质指标体系。

作物品种（crop variety）人类在一定的生态条件和经济条件下，根据人类的需要所选育的某种作物的一定群体。这种群体具有相对稳定的遗传特征，在生物学、形态学及经济性状上的相对一致性与同一作物的其他群体在特征、特性上有所区别。这种群体在相应地区和耕作条件下种植，在产量、抗性、品质等方面都能符合生产发展需要。作物品种是育种的产物，是重要的农业生产资料。作物品种有其所适应的地区范围和耕作栽培条件，而且都只在一定历史时期起作用，所以优良品种一般都具有地区性和时间性的特点。随着耕作条件和其生态条件的改变，以及经济的发展与生活水平的提高，对品种的要求也会提高，所以必须不断地选育新品种以更替原有的品种。作物品种除了纯系品种外，还有其他不同类型，如杂种品种、综合品种、无性系品种等。所有类型的品种都应具有上述的基本性能和作用。

作物育种学（scienve of plant breeding）一门研究选育及繁殖作物优良品种的理论与方法的学科。其基本任务是在研究和掌握作物性状遗传变异规律的基础上发掘、研究和利用各有关作物资源，并根据各地区的育种目标和原有品种基础，采用适合的育种途径和方法，选育适于该地区发展需要的高产、稳定、优质、抗（耐）病虫害及环境胁迫、生育期适当、适应性较广的优良品种或杂交种以及新作物；此外在其繁殖、推广过程中，保持和提高其种性，提供数量多、质量好、成本低的生产用种，以促进高产、优质、高效农业的发展。作物育种学涉及植物学、植物生态学、植物生理学、生物化学、植物病理学、农业昆虫学、农业气象学、生物统计与实验设计、生物技术、农产品加工学等领域的知识与研究方法。作物育种学与作物栽培学有密切的联系，是作物生产科学的两个不可偏缺的学科。

（三）作物栽培（Crop Cultivation）

B

保护地栽培（protected culture）见设施栽培。

薄膜育秧（raising seedlings with membrane）落谷后，在秧田畦面搭支架，覆盖塑料薄膜的一种水稻保温育秧方式。这种方式可对水稻起到透气、保温、保湿作用，可促进秧苗生长，防止烂秧死苗现象的发生，有利于早播、早栽、早熟、增产。它多用于早稻育秧。使用这种育秧方式时应注意做到：（1）落谷至二叶期要密闭保温，膜内温度保持在28～35℃，超过时，需通风降温；（2）畦面保持湿润，促使扎根立苗；（3）二至三叶期，膜内温度应保持在20～25℃，不超过30℃，注意灌水，促使秧苗健壮生长，防止死苗；（4）三叶期后，逐步加大通风，揭膜炼苗，遇寒流时仍需盖膜防冷，并保持浅水灌溉。

D

稻田养殖（paddy fields aquaculture）根据蟹、鱼、鸭可与水稻互利共生的生态学原理而设计的一种稻田养蟹、养鱼、养鸭等立体种养模式。实施稻田养殖可充分利用自然资源，显著增加经济效益。稻田养殖与绿色食品稻米生产相结合，有利于减少水稻病、虫、草害。稻田养殖一般选择灌水畅通、水质清新、地势平坦、盐碱较轻、保水性好、无污染的地块；选择株型较好、耐深水、抗病、抗倒的水稻高产优质品种。

地膜棉（cotton grown under plastic mulching）以地膜覆盖来种植棉花的一种方式。它分全期覆盖和前期覆盖中期揭膜两种方式。采用这种方式主要起增温、保墒作用，因而可比直播棉提早5～7天播种。采用这种方式种植的棉花，由于比直播棉早播种、早出苗、早发育，所以前期生长快，而后期易早衰，栽培上宜适当降低密度，加强中后期肥水管理。它适于生长季节短、干旱或盐碱土地区采用。

多熟制（multiple cropping system）在一年内于同一田地上连续种植两季或两季以上作物的一种种植制度。如麦—稻一年两熟，蚕豆—稻—稻一年三熟，冬小麦—夏玉米或大豆—冬闲—棉花二年三熟制等。它多用于积温丰富、降水较多或灌溉条件好的地区，是提高单位面积产量的有效措施。中国有2000年前关于粟收种麦、麦收种粟和豆的多熟制的记载。它在埃及和东南亚、南美及其他热带、亚热带地区也被广泛采用。

F

仿生栽培（bionic cultivation）一种模仿生物自然规律来栽培植物的方法。现代农业在模仿工业的基础上，发展到模仿生物的自然规律，以改善植物生态和生理状况，进一步提高栽培效益。如根据果树发育阶段多、周期长、对生态要求高等特点进行集约栽培；模拟野生果林的结构和组成，进行密植综合经营、加厚耕作层、覆盖免耕、综合防治病虫害；模拟生态系统物质循环，合理增施化肥、有机肥和生理活性物质及二氧化碳肥；根据植物异株克生（微生物和植物各自之间的促进或抑制影响的生物化学作用）进行合理间作、轮作、套作；根据实生复壮规律进行柑橘品种实生复壮等。

复种指数（multiple cropping index）又称种植指数，在某一地区内全年播种或移栽作物的总面积占该地区耕种总面积的百分率。其计算式：复种指数＝全年播种（或移栽）作物的总面积/耕地总面积×100%。它是复种程度高低的指标。复种程度受当地热量、土壤、水利、肥料、劳力等条件的制约，生产上可根据当地的自然条件和生产条件确定可能的复种程度和适宜的复种方式。20世纪80年代，中国的平均复种指数在150%以上，而长江以南各省平均在200%以上。

G

甘薯育苗（sweet potato seedling）即用苗床培育甘薯秧苗的方法。一般包括以下三种方式：（1）火炕育苗，即烧炕加温，在炕上育苗，分室内、室外两种；（2）温床育苗，选背风向阳、排水良好的地块作床，利用马粪等酿热物加温、塑料薄膜保温；（3）露地育苗，不加保温增温措施而于露地生产薯苗的一种甘薯育苗方法。育苗技术的关键是掌握好苗床的温湿度，使秧苗早发、健壮。

工厂育秧（plant seeding）在有一定机械设备的车间内，在人工控制的条件下培育稻秧的一种方式。这种方式在日本应用较普遍。中国北方已用于配套机械移栽，南方稻区除用于直接移栽外，多于晚茬田及迟熟品种的两段育秧上采用。如一种PH100型育秧工厂，有不透光车间先进行选种、种子处理、准备育秧盘及播种等作业，并有出芽室催芽出苗；透光车间是一个绿化室，有自动控温、控湿和调气装置，专为培育秧苗而设。同时，附设硬化室，进行炼苗，全部育秧工序都可在工厂内完成。

H

旱地栽培（dryland cultivation）在干旱、半干旱或半湿润易旱地区完全依靠天然降水从事作物生产的一种栽培方式。它包括最大限度地蓄水保墒和提高水分利用率两方面。围绕蓄水用水过程，形成了以纳雨蓄水为主的耕作保墒技术和以培肥地力为主的施肥养地轮作技术，以及以培育壮苗为主的选用良种和适时适量控制作物群体生长的技术。将以上各种方案密切配合，以土蓄水，地肥保水，水肥保苗，苗壮根深，以根调水，开发土壤深层水，提高自然降水利用率，从而实现旱地农业高产的目的。

J

间作（intercropping）在同一块田地上，将两种或两种以上生育季节相近的作物，同时或同一季节成行或成带相间种植的一种种植方式。间作时不同作物间存在对光、水、肥的激烈竞争，宜选株型高矮不同、生育期稍有参差、根系差异较大的作物合理配制。不同作物隔行种植者称"条状间作"，如1行甘薯间种1行玉米；不同作物多行一组间隔种植者称"带状间作"，如4行玉米3行大豆间作。合理间作可提高土地和光能的利用率，增加单位面积产量。

节水栽培（water saving cultivation）以浇灌最少量的水得到最大经济效益的作物产量为目标的栽培技术。其任务是在作物增产、稳产的前提下，探求最充分地利用天然降水和土壤蓄水，减少灌溉用水量的技术措施。

经济产量（economic yield）即按作物栽培目的所收获的可利用的主产品的总量。由于作物种类和栽培的目的不同，它们被用来作为主产品的部分也不同，如子粒、块根、种子、纤维等。经济产量一般以单位面积作为主产品的鲜重或风干重表示。它体现了作物的有效生产力。

精播高产栽培技术（cultivation technology of precise quantity seeding）简称精播，一套小麦产量高、经济效益高、生态效应好的高产与高效栽培技术的总称。它的基本内容是在地力高、土、肥、水条件好的土地基础上，通过减少基本苗数，依靠分蘖成穗等而

实现高产的一套综合技术。该技术较好地处理了群体与个体的矛盾，使麦田建立起合理的群体动态结构，从而改善群体内的光照条件，促进个体生长健壮，提高分蘖成穗率。单株分穗多，每一单茎的光合同化量高，从而就能保证作物穗大、粒饱。在每公顷产5250kg以上的地力条件下运用这一栽培技术，一般每公顷可产小麦7500kg以上。

精密栽培（precision cultivation）根据市场对农产品的需求，对农作物生产特性及相关因素进行科学分析，并组织实施的作物栽培方法。这种栽培方法省工、省物，能提高经济效益。例如，利用电脑分析市场趋势和经济效益，确定栽培种类、品种和面积，机械配合激光做到严格按预定比例平整土地；利用精密播种机进行精细播种；根据对植物叶中各种有效成分与水分含量的分析，以及对土壤中含水量及肥力的分析，进行配方施肥和适时适量灌水；利用遥感技术预报病虫害、产量和天气等。

L

连作（continuous cropping）在同一块土地上，一年或连续几年内重复种植相同作物的种植制度。连作往往容易造成相同病虫害的猖獗，产量会出现逐年下降的现象。连作后，根系在生长发育过程中分泌的有机酸以及有毒有害物质积累过多，会使根系产生自毒现象。同时连续种植一种作物，根系的分布范围一致，吸收的营养元素相同，会导致某一根系范围内某些元素的缺乏，使植物生长不良。因此，提倡合理轮作，以避免连作造成的不良影响。

M

麦套棉（wheat cotton relay cropping system）在大麦或小麦生长后期，套种于其行间的一种棉花栽培方式。中国南方和华北棉区普遍采用此种栽培方式。它可比麦后棉早播30～40天，既不影响小麦生长，又能使棉花早播，有利于增产和提高品质。但使用这种方式时，需选用适宜的品种和套种期，并加强共生期的田间管理。

免耕法（no-tillage way）又称零耕、板田耕作、留茬耕作，在前茬作物收获后，不单独进行土壤耕作，而在茬地上直接播种后茬作物的一种耕作方式。一般用联合作业免耕播种机在前茬地上一次完成切茬、开沟、喷药除草、施肥、播种、覆土等多道工序。广义的免耕法也包括少耕。这种耕作方式能尽量减少土壤耕作次数、减少土壤压实程度，保护和改善土壤

结构，防止土壤侵蚀和水土流失；多雨地区可避免因滥耕而影响播种质量。但残茬覆盖，在土温较低时会影响作物生长；在其分解过程中会产生有毒物质，连作时不利于种子萌发和根系生长；会出现除草剂和杀虫剂耗费较多，其防治效果有时也不太显著的现象。长期免耕也会带来土壤板结和加重病、虫、草害等问题。低洼易涝、土质黏重坚实和耕层构造不良的田地不宜免耕。

N

农业大棚设施（agricultural greenhouse facility）在不适宜作物（根、茎、叶、花、果）生长发育的寒冷或炎热季节，利用保温、防寒或降温、防雨大棚设施与设备，人为地创造适宜作物生长发育的小气候环境，不受或少受自然季节的影响而进行作物生产的农业设施。其主要类型有风障、阳畦、温床、薄膜覆盖、荫棚、温室。其主要生产用途有：（1）育苗；（2）越冬栽培；（3）早熟栽培；（4）延后栽培；（5）越夏栽培；（6）促成栽培；（7）软化栽培；（8）假植栽培；（9）无土栽培；（10）采种栽培。

农作物规范化栽培（crops standardized cultivation）在农作物栽培中实行的完整的试验、示范、推广三结合的综合技术体系。目前，中国农作物栽培的现状是：从以经验指导为主，转向以科学指导为主；从侧重单项技术，转向运用综合栽培技术；从以定向性研究为主，转向定性与定量研究相结合，注意宏观控制与微观调节相结合。它使农作物栽培管理进入指标化、规程化、模式化。

农作物化控栽培（crops chemically controlled cultivation）根据所取植物部位的不同，利用植物生长调节剂来调节和控制植物的生长发育，以获取较高产量（根、茎、叶、果、种子等）的栽培技术。如玉米去雄、大豆摘心、棉花整枝、烟草打尖、果树疏花、抑制水稻分蘖等。在实施此种栽培技术时要根据化控对植物器官的影响、生理过程的变化、促进和控制的机理以及生长调节剂对作物专属性的筛选，将化控调节与作物品种、株行配置、肥水管理等结合起来。植物生长调节剂作为一项常规措施导入种植业，使之与良田、良种、良法等诸多因素组成新的农业技术体系。它是通过根外施入，调节农作物的生长发育，增加产量，改善品质。例如，使植株矮健，控制徒长，预防倒伏，去叶疏花，抑制衰老，减少花荚脱落及储藏保鲜等。

农作物经济性状（crop economical character）见农艺性状。

农作物学（crop science）一门研究农作物形态、生理、遗传与育种、栽培技术、病虫害防治、生产经济等方面的学科。其主要研究内容是：（1）探讨农作物的起源、分布和分类；（2）研究农作物本身的特征、特性，阐明其生长发育与环境条件的关系；（3）了解限制农作物生长的诸因素及其与产量形成的相互关系；（4）改良农作物的品种，提高产量，改善品质，以及开拓农作物产品的应用途径和加工工艺技术等。

P

抛秧稻（rice of throwing cultivation）在钵盘育苗后将水稻秧苗抛于水田，使其依靠自身生长功能而直立的一种栽植技术。因其可减少水稻移栽的用工成本，故其发展很快，目前已形成较完整的抛秧稻栽培技术体系。

R

日光温室（sunlight greenhouse）一种以塑料薄膜为采光材料，以太阳能为主要能源，依靠白天积蓄的太阳能进行夜间保温而创造植物体生长发育条件的设施类型。其结构包括保温良好的单、双层北墙，东西两侧山墙和正面坡式倾斜骨架。骨架上覆盖塑料薄膜，降温时上盖草帘保温，俗称"三面墙一面坡"塑料薄膜日光温室。

S

设施栽培（facility cultivation）又称保护地栽培，在不适于作物生长的季节或环境下，采用人工建造的保护性设施，为作物的生长提供适宜的条件，从而进行农产品生产的一种栽培方式。按照其外形，可分为阳畦、拱棚和温室三种类型；按照其透明覆盖物的种类，可分为玻璃和塑料薄膜两种类型；按照其作业的自动化程度，可分为自动化、半自动化和普通形三种类型；按照其有无加温设备，又可分为日光型和加温型两种。

生物产量（biological output）作物在生长发育过程中积累的干物质（植物体除去水分后留下的固体物质）总量。它常用单位土地面积上生产的干物重（植株除去水分后的重量）或风干重（植株在自然条件下晾干或晾干后的重量）来表示。如禾谷类作物的生物产量包括秸秆和子粒的产量。生物产量体现了作物的总生产力。

生育规律（fertility rule）又称生育特性，作物生育对外界环境条件的要求及外界环境条件变化对作物生育的影响所表现出来的规律性。作物生育规律有其共同性，也有其特殊性。例如所有绿色植物都需要先进行光合作用，但对光照强度要求、日照长短反应、光合效率高低却各不相同。通过科学试验和长期观测，可以逐步掌握每个作物品种的特殊的生育规律性。

水稻旱种（dry-seeded rice）在水源不足或灌溉不便的情况下，采用旱地旱播、苗期旱长、后期间歇灌溉的种稻方法。采用此种种稻方法应做到：（1）一般是选用分蘖力强、耐旱、长势旺的品种；（2）根据降水情况安排播种期；（3）化学除草，保证稻苗正常生长；（4）四叶期以前可不灌水，进入雨季间歇灌溉。

T

套种（relay cropping）又称套作，在前季作物生长后期的株、行或畦间播种或栽植后季作物的一种种植方式。不同作物的共生期只占其生育期的一小部分时间，如小麦行间套种玉米、水稻行间套播绿肥等。它是解决前后季作物间季节矛盾的一种复种方式，可争取时间提高光能和土地利用率；有利于后季作物的适时播种和栽培；有些地区可避旱、涝或冷害；能缓和农忙期间的用工矛盾。套种共生期间作物也存在激烈竞争，应选配适当的作物，采取适当的田间配制方式（预留套种行的宽窄、作物的行比等）和合适的套种时间，以协调其相互间的关系。

W

温室无土育秧（soilless rice nursery in greenhouse）简称无土育秧，在育秧盘内垫纸或塑料薄膜，不铺泥土，将稻种均匀播于其上，并将秧盘平放于温室内的层架上而培育稻秧的一种育秧方式。此法要求保持秧盘内湿润而不积水，并每日变换其在层架上的位置，使其均匀接受光温。

无土栽培（soilless culture）又称营养液栽培，一种利用营养液栽培植物的方法。它是一种现代先进的作物栽培方式。它能提供植物生长所需的营养、水分和氧，并能固定植物。无土栽培分为无基质栽培（以水培为主）和基质（固体基质）栽培两大类；主要用于蔬菜和花卉的栽培。无土栽培法有以下优点：（1）产量高。水培法比耕地栽培的作物或蔬菜，单位面积产量要高出几倍乃至几十倍。（2）品质好。水培法可以根据作物的需要施用各种矿质营养元素。无土栽培营养液含有植物生长发育所需的各种营养元素。它可以使离子浓度始终处于相对平衡状态，可以使用无底孔容器，解决了一般容器渗漏的问题。使用无土栽培技术，不仅可以使植物生长迅速、健壮，还可以节约用水，既不污染环境，也不被环境污染。（3）不受自然条件的约束。无土栽培向空间立体发展，只要保持适宜的阳光和温度，均可应用此法。

X

小麦前氮后移技术（technology of postponing Nitrogen fertilizer application to wheat）又称氮肥后移技术，在小麦全生育期所施的氮肥中，根据土壤肥力水平确定氮肥的底肥和追肥比例，同时，将春季追肥的时间后移至拔节期的使小麦优质高产的新技术。它特别适宜于中国北方冬麦区和黄淮海冬麦区土壤肥力较高的中筋和强筋小麦生产。其技术要点是：在中等肥力麦田，底氮肥减少到50%，追氮比例可增加到50%；土壤肥力高的麦田，底氮肥可减到30%，追氮比例可增至70%。此技术能显著提高小麦产量，较传统施肥方法增产10%～15%，并且稳定性显著增强。它能明显改善小麦品质，不仅可以提高小麦子粒中蛋白质和湿面筋的含量，还能延长面团形成时间和面团稳定时间，最终显著改善优质强筋小麦的营养品质和加工品质；并将氮肥的利用率提高10%以上，从而减少氮肥对环境的污染。

穴播地膜小麦栽培技术（wheat hole planting film cultivation technology）采用覆膜穴播机，改旱地条播小麦为覆膜穴播的栽培方法。该技术能够增强小麦的抗旱能力，加快小麦发育进程，提高出苗率和分蘖成穗率，增加穗粒数和亩穗数，提高千粒重，增加产量。穴播地膜小麦适合于与其他粮油菜的间套复种。具体模式为：（1）地膜小麦、玉米带状种植。地膜小麦套种一或两行露地玉米。（2）地膜小麦套种花生、豆类。（3）地膜小麦套种马铃薯。（4）地膜小麦复种蔬菜。（5）地膜小麦、玉米带状种植，小麦收后复种蔬菜。

Y

营养钵育苗（seedling in soil block）采用小型钵状容器育苗的一种技术。这种技术广泛用于蔬菜、瓜类、花卉、棉花等育苗或苗木繁殖。其优点是：营养条件好，栽培时能减少伤根，提高成活率，有利于提早成熟和增产，且操作方便。可用培养土压制成钵，或在各种育苗钵如塑料钵、纸钵等中装入培养土制成营养钵。钵的口径大小一般为6～10cm。

优质棉（high quality cotton）纤维品质较好的棉花。优质棉的标准多种多样，宏观上认为必须适销对路，能达到不同棉织物用纱的质量指标，并能获得最大的经济效益。现阶段的指标是：绒长27～29mm，单纤维强度3.8～4.0g，细度5 000～6 000m/g，断裂长度23～24km，成熟度1.6以上。栽培上则要求其霜后死、僵瓣少、烂铃少。

Z

作物布局（crop allocation）一个生产单位的作物种类安排。例如，水田、旱地作物的布局，粮食、工业原料、饲料、绿肥和蔬菜等作物的布局。它是根据季节、劳力、水、肥、土壤等条件和后茬作物的茬口来安排不同作物的种植比例，以便做到因时因地因作物制宜。它也可指一县、一省乃至全国的作物区域化，确定适应该地区的主要作物及其产业化比重。

作物产量（crop yield）由个体产量和产品器官数量所构成的单位土地面积上的作物群体产量。作物的产量（经济产量）构成因素是指构成主产品（经济产量）的各个组成部分，通常可分为单位面积株数、单株产品器官数（如禾谷类作物的每株穗数和每穗粒数，棉花的每株铃数，花生的每株荚果数）、产品器官重量（粒重、单铃重、果重等）。

作物产量指数（index of crop yield）在一定地区范围内，某种作物的总产量或经济产量占全部作物总产量的比值。统计作物产量指数，可以了解各种作物在该地区农业生产上的相对重要性。

作物的"源、流、库"（"source-transportation-sink" of crop）作物的源是指生产和输出光合同化物的器官。就作物群体而言，是指群体光合部位的面积及其光合能力。流是指作物植株体内输导系统的发育状况及其运转速率。从产量形成的角度看，库主要是指产品器官的容积和接纳营养物质的能力。从源与库的关系看，源是产量库形成和充实的物质基础。源、库器官的功能是相对的，有时同一器官兼有两个因素的双重作用。从源、库与流的关系看，库、源的大小对流的方向、速率、数量都有明显的影响，起着"拉力"和"推动"的作用。源、流、库在作物代谢活动和产量形成中构成统一的整体，三者的平衡发展状况决定作物产量的高低。国内外在近代作物栽培生理研究中，特别是在作物产量和品质形成的理论探讨中，常用源、流、库三因素的关系研究与阐明其形成规律，探索实现高产、优质的途径，进而挖掘作物产量的潜力。

作物栽培学（crop growing）一门研究农作物生长发育的规律和提高产量、改进品质、降低消耗的综合农业技术措施的学科。其主要内容包括各种作物在国民经济中的意义、生产形式、地域分布、栽培制度、作物的形态特征、生物学特性、类型和品种选用、各个生育时期对外界环境条件的要求和各项栽培技术措施等。

（四）土壤肥料（Soil and Fertilizer）

A

螯合肥料（chelate fertilizer）具有螯合能力的有机化合物与作物营养元素发生作用而形成的螯合物肥料。它施入土壤后，能减少营养元素被土壤固定的几率。螯合态营养元素肥料是水溶性的，对作物有效性较高。最常用的螯合剂是乙二胺四乙酸，此外还有羧乙基乙二胺三乙酸、乙二胺二邻位苯酚乙酸等。这些螯合剂可以与铁、锌、铜、锰等微量元素形成螯合物。螯合态肥可作为土壤基肥施用，效果比普通无机盐类肥料好，同时适宜根外追肥。

B

保护性耕作（conservation farming）通过少耕、免耕、地表微地形改造技术及实施地表覆盖、合理种植等综合配套措施，来减少农田土壤侵蚀，保护农田生态环境，并获得生态效益、经济效益及社会效益协调发展的可持续农业技术。根据对土壤的影响程度可以将其划分为三种类型：（1）以改变微地形为主。包括等高耕作、沟垄种植、垄作区田、坑田等。（2）以增加地面覆盖为主。包括等高带状间作、等高带状间轮作、覆盖耕作（包括留茬或残茬覆盖、秸秆覆盖、砂田、地膜覆盖等）等。（3）以改变土壤物理性状为主。包括少耕（含少耕深松、少耕覆盖）、免耕等。

保水剂（protectant）吸水聚合物的统称。它是一种强吸水性树脂，主要成分为聚丙烯酰胺，具有抗旱、节水、保水、调理土壤等功效。它主要有四种类型：（1）以有机单体（丙烯酸、丙烯酰胺）为原料的全合成型；（2）以纤维素为原料的纤维素接枝改性型；（3）以淀粉为原料的淀粉接枝改性型；（4）以天然矿物质等（如蛭石、蒙脱石、海泡石等）为原料的天然型。它可在植物根部土壤及其周围吸水形成水凝胶，并可几百甚至上千倍地提高土壤对水的保持性，防止植物根系腐蚀，改善干旱地区土壤蓄水能力及土壤结构，从而促进植物生长。同时，土壤水流失量的降低也使用水量和浇水次数减少，提高水分利用率。

不完全肥料（incomplete fertilizer）相对于完全施肥而言的一类肥料，尤指其中含氮、磷、钾三要素中一种或两种的肥料。绝大多数化学肥料是不完全肥料；个别的有机肥料，如骨粉，属不完全肥料。

C

测土配方施肥（testing soil for formulated fertilization）国际上通称平衡施肥，根据测定的土壤养分含量，按照不同作物需要的营养，开出施肥配方的方法。这项技术是联合国在全世界推行的先进农业技术。概括来讲，其技术实施步骤为：（1）测土，即取土样测定土壤养分含量；（2）科学配方，即经过对土壤的养分诊断，按照庄稼需要的营养"开出药方，按方配药"；（3）合理施肥，即在农业科技人员指导下，科学施用配方肥。

测土施肥（soil testing for fertilizer recommendation）根据土壤有效养分的测定结果而推荐施肥的方法。其具体做法是分析土壤样品，然后根据土壤有效养分的测定结果，按已经规范化的施肥推荐表确定施肥量。这种方法提供的施肥量是一个比较科学的施肥量，但不是优化经济最佳施肥量。

长效肥料（enduring effect fertilizer）又称缓效肥料，由于其化学成分改变或表面有了包膜，而溶解慢、肥效长的肥料。由于易溶养分不直接与水接触，养分溶解释放慢、流失少，因此，长效肥料利用率往往较高，并能有效防止作物的后期脱肥。例如，普通氮肥施后7～10天见效，肥劲猛，肥效持续仅10～15天，肥料利用率仅为35%～40%；而长效肥料施用后

10～20天见效，肥效可持续一两个月，甚至更长，肥料利用率可达75%左右。

冲施肥料（fluid multinutrient fertilizer）可溶于水并可随之施用，具有使用简便、肥效迅速等特点的一类肥料。其一般在作物生长期作为追肥品种应用，主要在一些经济作物如各种蔬菜、果树等速长或大量结果期需要养分多时施用。适合作冲施肥的原料一般都是水溶性较好、营养成分不易被土壤固化、不板结土壤、易被植物吸收、肥效体现快且无毒害残留的原料。如今的冲施肥一般都属于含有多种营养成分的复合制剂。

D

大量元素肥料（macroelement fertilizer）可为植物提供氮、磷、钾三要素的肥料。按其养分元素的多寡，分为单元肥料和复合肥料。

氮素肥料（nitrogen fertilizer；nitrogenous fertilizer）简称氮肥，以氮为主要养分的肥料。其肥效的大小取决于氮的含量。根据其来源可分为：（1）天然氮肥，如粪尿、厩肥、堆肥和饼肥等；（2）化学氮肥，如硫酸铵、硝酸铵、氯化铵、碳酸氢铵、液氨和尿素等。根据氮的化合形态又可分为：（1）铵态氮肥，如硫酸铵、氯化铵、碳酸氢铵、液氨等；（2）硝酸态氮肥，如硝酸钠、硝酸钙等；（3）酰胺态氮肥，如尿素、人尿等；（4）氰氨态氮肥，如氰氨（基）化钙，（5）蛋白质态氮肥，如腐熟粪尿、鱼肥、饼肥、毛屑等。施用氮肥适量时，能促进作物茎叶繁茂、分蘖增多、籽实饱满，提高作物的产量及其蛋白质含量；过量时会使茎叶嫩弱，较易生虫、生病、倒伏及延迟成熟。

单元肥料（single element fertilizer）仅含氮、磷和钾等其中任一营养成分的肥料。此类肥料养分单一，一般根据作物与土壤实际情况，与其他肥料配合使用，以最大限度地发挥肥效。

堆肥（compost）以植物性材料为主，添加促进有机物分解的物质并经堆腐而成的肥料。按堆腐材料的不同，可分为泥炭堆肥、秸秆堆肥、垃圾堆肥、青草堆肥；因堆腐条件不同，又可分为普通堆肥与高温堆肥。堆制时添加的促进有机物分解的物质一般为人粪尿、牲畜粪尿或厩肥、污水等。堆肥堆内有机物料经中温型或高温型微生物更替作用腐解后，能形成一部分速效养分或合成新的腐殖质，减小碳氮比。高温堆肥还可以利用堆内高温（约65℃）消灭某些病菌、

虫卵和杂草种子。堆制时需用速效性氮肥或石灰等，调节堆内的碳氮比和酸碱度，或采取翻堆、加水、压紧等措施调节水分与通气状态，以利于微生物活动。堆腐时间因材料、季节和堆制方法不同而异。普通堆肥一般含水分60%～75%，有机质15%～25%，氮（N）0.4%～0.5%，磷（P_2O_5）0.18%～0.26%，钾（K_2O）0.45%～0.70%，碳氮比（C/N）16～24；高温堆肥的养分含量更高些。堆肥一般作基肥，每公顷施22.5～37.5吨。因其肥效迟缓，需配合速效氮肥施用。腐熟的堆肥也可作追肥和种肥。在储、运、施时，均应防止养分损失。

F

肥力评价（fertilizer grade）对土壤肥力高低作出的评定。它依据拟定的土壤肥力指标，来对土壤肥力水平评定等级。分级的目的是掌握不同土壤的增产潜力，揭示出它们的优点和存在的问题，为施肥、改良土壤提供科学的依据。参评项目一般包括土壤的环境条件（地形、坡度、覆被度、侵蚀度）、土壤的物理性状（土层厚度、耕层厚度、质地、障碍层位）、土壤养分（有机质、全氮、全磷、全钾）储量指标、养分的有效状态（C/N、速效磷/全磷、速效钾/全钾）等。项目的具体选择，可根据土壤类别而定。评级的方法有累计积分法、斯托利指数法和数理统计法等多种。评定的结果可划分为瘦土、熟土、肥土和油土等级别。

肥料（fertilizer）施入土壤中或喷洒于植物的上部，能直接（或间接）供给植物所需养分，或改善土壤的物理、化学和生物性状，以提高植物产量和品质的物质。按其性质和来源可分为有机肥料（如厩肥）、无机肥料（如硫酸铵）和生物性肥料（如根瘤菌肥）；按其作用可分为直接肥料和间接肥料，前者以直接营养植物为主，后者则以改善植物的生长环境条件（如土壤结构、土壤反应）为主；按其施用技术可划分为基肥、种肥、追肥和根外追肥。

肥料配方（fertilizer formula）用来说明复合肥料中氮、磷、钾含量比例的标记。复混肥料中营养元素成分和含量，习惯上按氮（N）-磷（P）-钾（K）的顺序，分别用阿拉伯数字表示，"0"表示无该营养元素成分。如18-46-0表示含N18%，含$P_2O_5$46%，总养分64%的氮磷二元复混肥料；15-15-15表示含N、P_2O_5、K_2O各15%，总养分为45%的三元复混肥料。复混肥料中含有中、微量营养元素时，则在后面的位置

上表明含量并加括号注明元素符号。如18-9-12-4（S）为含中量元素硫的三元复混肥料。

肥料三要素（three elements of trielement）又称植物营养三要素，即植物所必需的氮、磷、钾三种营养元素。植物在生长发育过程中，对上述养分的需要量较多，而一般土壤可供给的这些有效养分含量较少。为确保植物正常生长发育，以获得一定的产量和质量，必须以肥料的形式向土壤补充三要素。不同土壤中三要素的含量和有效含量有差异，如在红色黏土质上发育的红壤区，全钾量（K_2O）平均为1.15%，缓效钾为10～30 mgK_2O/100g，速效钾为5～15mgK_2O/100g；紫色砂质岩母质上形成的紫色土区，全钾量平均为2.24%，缓效钾和速效钾分别为50～70 mgK_2O/100g和8～30mgK_2O/100g。不同作物及其在不同生长发育时期，所需三要素的数量和比例也不相同。施肥时，必须根据具体情况，确定三者的适宜用量，进行合理配合施用。

肥料学（fertilizer science）一门研究肥料的性能、机制和施肥等理论和技术的学科。其研究内容包括：肥料与作物营养和土壤肥力的关系；各种肥料的成分、性质和用法，积肥、保肥、种绿肥以及施肥原则、施肥制度，各种作物的施肥方法等。

肥料增效剂（fertilizer enhancer）又称土壤改良增效剂，一种以粉煤灰为主要原料、外表坚硬、内部连续多孔的人造圆形颗粒物质。它具有比表面积大、吸附能力强的特征和很大的吸附气体和水的能力，浸在水中不崩解的力学特性。它可作为各种复合肥和化学肥料的保持剂，又可防止化学肥料结块，并且具有离子交换能力。肥料增效剂的原料中含有硅、铝等化学元素，经过造盐反应过程，产生结晶的无机结构，具有多种多元框架结构，有各种各样形态大小不一的细孔。它与复合肥料混合施用，不仅能吸附水、氮、磷、钾等进入结晶框架的毛细管中，成为吸附离子；同时还有很强的阳离子交换性能，使不易吸收的元素成为易被吸附的状态被植物利用。这些养分在一定的条件下逐步释放出来，供作物生长所需。

腐殖质（humus）动植物残体经微生物分解转化又重新合成的复杂的有机胶体。它是土壤有机质的主要成分，占土壤有机质的50%～70%。其整体呈黑色或褐色，无定形，具有适度的黏结性，能使黏土疏松、砂土黏结，是形成团粒结构的良好胶结剂。腐殖质含

有多种养料，又有较强的吸收性，能提高土壤保肥、保水性能，也能缓冲土壤酸碱度变化，有利于微生物活动和作物生长。通过合理轮作和施用有机肥料等，增加土壤中的腐殖质，是提高作物产量的一项重要措施。

复合肥料（complex fertilizer）简称复合肥，同时含有氮、磷、钾三要素或其中任何两种要素的肥料。含有两种要素的称"二元复合肥料"，如磷酸铵等；含有三要素的称"三元复合肥料"，如硝酸磷钾肥等；若在上述复合肥中再添特需的一种或数种中量营养元素或微量营养元素，就成为"多元复合肥"。因制造方法不同，复合肥料又可分为化成复合肥料、配成复合肥料和掺合复合肥料。复合肥料，特别是高浓度复合肥料具有含量高、副成分少，以及储存、运输和施用方便等特点，是近代化肥发展的主要方向。

G

膏状肥料（paste fertilizer）采用生物技术和新工艺生产的，介于固体肥料和液体肥料形态之间的肥料。它具有高含量、高营养、高溶解、高吸收、高效能等性能，随着含水量的增加其流动性亦会增大。它的养分含量一般低于同类固体肥料但高于相应的液体肥料。其优点为：（1）克服了固体肥料易吸潮结块、使用时溶解的缺点；（2）克服了液体肥料养分含量低、易结晶析出的缺点；（3）可以较容易地调配养分比例；（4）可加入各种营养助剂以适应不同作物的生长、生理需要；（5）能与农药、植物生长调节剂等配合使用，提高作物的生长或抗病能力。它多用于作物追肥，尤其是侧条施肥，可以提高工效、节约劳力和防止肥害。其在规模化农作物生产中的应用，正日益受到重视。

固体肥料（solid fertilizer）即呈固体形状的化学肥料。分为粉状和粒状肥料。

H

环境友好型肥料（environment-friendly fertilizer）见纳米包膜肥料。

缓控释肥料（slow release fertilizer）缓释肥料是指所含的氮、磷、钾养分能在一段时间内缓慢释放并供植物持续吸收利用的肥料；控释肥料则是指通过不同的工艺技术，控制肥料中养分按作物的需要或按一定的释放速度，供应植物吸收利用的肥料。缓控释肥料具有以下优点：（1）使用安全。由于它能延缓养分向根域的释出速率，即使一次施肥量超过根系的吸

收能力，也能避免高浓度盐分对作物根系的危害。（2）省工省力。肥料通过一次性施用能满足作物整个生育时期对养分的需要，不仅节约劳力，而且降低成本。（3）提高养分效率。能减少养分与土壤间的相互接触，从而能减少因土壤的生物、化学和物理作用对养分的固定或分解，提高肥料的利用效率。（4）保护环境。可使养分的淋溶和挥发降低到最小程度，有利于环境保护。

J

钾素肥料（potassium fertilizer）简称钾肥，以钾为主要养分的肥料。肥效大小取决于其氧化钾含量。主要有氯化钾、硫酸钾、草木灰、钾泻盐等。其肥效较大，大都能溶于水，并能被土壤吸收，不易流失。钾肥使用适量时，能使作物茎秆长得健壮，不易倒伏，且能增强其抗旱、抗寒、抗病虫害能力，促进其开花结实。

秸秆还田（straw turnover）一种将作物秸秆作为后茬作物的肥料直接掩埋入土的措施。由于秸秆中含有多糖类物质，直接耕翻后培肥改土的效果优于堆（沤）腐后施用的效果。秸秆在土壤中的矿质化和腐殖质化是有微生物参与的生物化学过程，而微生物的正常生命活动需要一定的水热条件和适宜的碳氮比（C/N），因此，耕翻后应注意保蓄土壤水分，旱地应保持田间持水量的60%～80%，水田要浅水勤灌，并配施适量速效性氮肥，调节碳氮比，以防微生物与作物竞争氮素。秸秆还田作业通常是边收边翻，中国南方水田应在稻谷脱粒后将切碎的稻草撒在田面，浸泡3～4天再耕翻，5～6天后耙平插秧，避免分解产物（如有机酸、植物毒素等）在嫌气条件下对植物根产生危害。耕翻前应切碎秸秆，每公顷用量一般以4.5～6.0t为宜，耕翻时将其全部埋入土中。带病的秸秆不宜直接还田。

节水灌溉（water-saving irrigation）以最低限度的用水量获得最高产量或经济收益的灌溉方法。其主要措施有：渠道防渗、低压管灌、喷灌、微灌，并辅以严格的灌溉管理制度。

经济施肥（economical fertilizer application）以经济效益为主要目标的施肥方法。在确定施肥量时，根据肥料报酬递减率原理，应选择产投比较大、经济效益最大的施肥量，而不能选择作物达到最高产量时的施肥量；并通过合理的施用技术，实现化学肥料的最高增产效果。

精准施肥（precious fertilization）按照每一操作单元的具体条件，精细准确地调整各种土壤施肥量，最大限度地投入肥料以获得最高产量和最大经济效益，同时保护农业生态环境、土地等自然资源的施肥新技术。是精准农业的重要组成部分。它是根据作物生长中的土壤性状，分析作物的需肥规律，调节肥料的投入（包括施肥量、比例和时期），充分利用土壤生产力，以最少的肥料投入达到更高的收入，从而提高化肥利用率，改善农田环境，增加农业种植效益。

K

矿质肥料（mineral fertilizer）见无机肥料。

L

磷素肥料（phosphorus fertilizer）简称磷肥，以磷为主要养分的肥料。其肥效的大小和快慢，取决于有效的五氧化二磷含量、土壤性质、施肥方法、作物种类等。根据其来源可分为：（1）天然磷肥，如海鸟粪、兽骨粉和鱼骨粉等；（2）化学磷肥，如过磷酸钙、钙镁磷肥等。根据其所含磷酸盐的溶解性能可分为：（1）水溶性磷肥，如普通过磷酸钙等；（2）微溶性磷肥，如沉淀磷肥、钢渣磷肥、钙镁磷肥、脱氟磷肥等；（3）难溶性磷肥，如骨粉和磷矿粉。根据其生产方法，磷肥又可分为湿法磷肥和热法磷肥两种。磷肥使用适当时，能促进作物分蘖和早熟，增加其抗寒能力，提高产量和质量。

绿肥（green manure）直接施入土壤或经堆沤作肥料用的绿色植物。一般分为豆科绿肥、栽培绿肥与野生绿肥、一年生（或越年生）绿肥与多年生绿肥、春季绿肥、夏季绿肥、冬季绿肥、旱地绿肥与水生绿肥等。绿肥富含有机质与矿质营养元素，施入土壤中易分解。直接耕翻的绿肥在土壤中经微生物分解后，可为作物提供有效养分，提高或更新土壤有机质，促进土壤潜在养分的矿化，改良与培肥土壤，改善作物生长的土壤物理、化学与生物化学环境。与其他肥料配合施用时，它对粮、棉、油等作物均有明显的肥效，也适于在果园、茶园、桑园中栽培和施用。有些绿肥还可用作动物饲料。

N

纳米包膜肥料（nanocoated fertilizers）又称环境友好型肥料，把农业生产中通常使用的氮、磷、钾等肥料按比例配好，制成粉末，再与纳米级的黏合剂混合均匀，用造粒机造粒，形成颗粒肥，然后分别包上不同种类的包膜剂而制成的肥料。由于包膜剂是纳米材料，能更精确地控制肥料的释放速度，不同包膜的颗粒肥释放养分的起始时间和周期不同（分快、慢和暂时不释放三种）。这样的组合满足了植物在整个生长周期对养分的需求。这种新型肥料可使水稻、玉米、小麦和蔬菜增产7%～40%，使肥料利用率提高15%～20%。它不仅对作物没有毒害，还能使蔬菜和水果的糖分和维生素C含量明显提高。

S

生物肥料（biological fertilizer）又称菌肥，即利用有益微生物活体或其代谢产物所制备的一种辅助性肥料。即从土壤中分离出有益微生物，经过人工选育与繁殖后制成的菌剂。其作用为：施用后通过微生物的生命活动，借助其代谢过程或代谢产物，以改善植物生长条件，尤其是营养环境，如固定空气中的游离氮素，参与土壤中养分的转化，可增加其有效养分，使分泌激素刺激植物根系发育，抑制有害微生物活动等。它包括有根瘤菌剂、固氮菌剂、磷细菌肥料、硅酸盐细菌肥料、抗生菌肥料以及菌根真菌接种剂等。一般作种肥料用（包括拌种等），有的如抗生菌肥料、磷细菌肥料也可作基肥与追肥。与化学肥料、有机肥料配合施用，可以提高其增产效能。

速效肥料（readily available fertilizer）即其养分易为植物吸收利用而见效快的肥料。其大多为水溶性的化学肥料，如尿素、氯化钾、重过磷酸钙等；有些弱酸溶性磷肥（如沉淀磷肥）在酸性土壤上施用，肥效较快，也属于这类肥料；易于分解腐熟的有机肥料，如人粪尿、饼肥等亦属速效肥料。它们的肥效持续时间一般较短，可作基肥和追肥。硫酸铵等化学肥料还可作种肥。尿素、磷酸二氢钾和水溶性微量元素肥料又可作根外追肥。

T

土壤调查（soil survey）对一定地区的土壤类型及其成土因素进行实地勘察、描述、分类和制图的全过程。它是认识和研究土壤的一项基础工作和手段。通过调查了解土壤的一般形态、形成和演变过程，查明土壤类型及其分布规律，查清土壤资源的数量和质量，可为研究土壤的发生与分类，以及合理规划、利用、改良、保护和管理土壤资源提供科学依据。按调查目的和要求，它通常分为详查与概查。土壤详查是指在一定区域范围内用大比例尺地形图

（≥1/2.5万）为底图的土壤调查。它具有调查范围较小、成图精度要求高的特点，通常采用航片结合地形图的方法进行。土壤概查是在县以上区域或中小河流域范围内，以中、小比例尺地形图（≤1/5万）为底图的土壤调查。它具有区域范围广、工作流动性大、综合性强等特点，多采用卫星图片结合地形图的方法进行。

土壤调理剂（soil conditioner）简称土壤改良剂，又称土壤结构改良剂，即可以改善土壤物理性状的一种物质。它既可以促进土壤团粒结构的形成，改善土壤内部空隙间关系，提高土壤的总空隙度，增加通气性空隙度，协调土壤中固、液、气三相比例；还可以增强土壤微生物的活动，提高土壤的生物学活性，增加速效养分的释放；还能使土壤有适宜的坚实度、酸碱度、温度和水分条件，有利于作物根系的生长，促进作物的生长发育，为农业优质高产稳产创造良好的环境条件。

土壤改良（soil amelioration）针对土壤的不良性状和障碍因素，采取相应的农业、水利、生物等措施，改善土壤性状，提高土壤肥力，增加作物产量，以改善人类生存的土壤环境的过程。其具体措施有：（1）通过适时耕作、增施肥料（特别是有机肥），改良贫瘠土壤；（2）通过客土、漫沙、漫淤、施用有机肥等，改良过砂过黏土壤；（3）通过平整土地、设立灌和排渠系、排水洗盐、种稻洗盐等，改良盐碱土以及通过种树种草、营造防护林、设立沙障、固定流沙等，改良风沙土。

土壤普查（general detailed soil survey）即以全面清查土壤资源，合理利用和改良土壤为目的，由专业队伍和群众相结合进行的土壤调查。它是在全国或某一地区范围内，有统一的组织领导，按统一的调查规程，从行政区由下而上逐级实施土壤调查、制图、编制汇总土壤资料和成果验收的过程。

土壤退化（soil degradation）又称土壤衰竭，即因土壤肥力衰退而导致其生产力下降的过程。它是土壤环境和土壤理化性状恶化的综合表征。其表现为有机质含量下降，营养元素亏缺，土壤结构破坏，土壤遭受侵蚀，土层变浅，土体板结，土壤盐化、酸化、沙化等。其中，有机质含量下降，是土壤退化的一项重要标志。如在干旱、半干旱地区，原来稀疏的植被遭受破坏，土壤沙化，大风卷起尘暴侵袭农田、道路和村庄，就是严重的土壤退化现象。

土壤微生物（soil microorganism）在土壤中生活的细菌（包括蓝细菌）、放线菌、真菌、藻类和原生动物的总称。每克农田土壤中含有几亿至几十亿个微生物。聚居于土壤中的这些微生物，不停地生长、繁殖和消亡，不断地与周围环境进行物质交换。其代谢活动不仅影响自然界的物质循环和生态平衡，而且会推动土壤肥力的变化和植物营养元素的转化。有些土壤微生物还是人类或动、植物的病原体。土壤微生物按其区系的稳定性分为土著性和发酵性两大类。前者数量比较稳定，不受加入土壤的新鲜有机质的影响；后者数量波动较大，受加入有机质的影响。在一定生态环境中，土壤微生物的组成和数量处于动态平衡之中。当新鲜有机质存在时，发酵性土壤微生物会爆发性地旺盛发育，随着新鲜有机质的逐步消失，土著性土壤微生物又占优势。各种土壤微生物有不同的生活习性，并且有着错综复杂的群社关系。

土壤学（soil science）一门研究土壤的发生、分类、分布，以及与植物生长有关的土壤的物理、化学、生物等特性的综合性学科。它与数学、物理学、化学、生物学等基础学科和作物学、园艺学、草地学、森林学、水利学、肥料学、耕作学等应用学科都有密切关系。它包括土壤化学、土壤物理学、土壤微生物学、土壤调查与制图、土壤发生分类学、土壤微形态学、土壤矿物学、土壤生态学、土壤管理和土壤改良等分支学科。

土壤遥感（soil remote sensing）对应用空间运载工具（飞机、卫星等）和现代光学、电子仪器所获土壤的遥感图像进行处理和识别的技术。它包括以下两个部分：（1）遥感土壤调查制图。分航片土壤判读制图和卫片土壤解译制图。基本的判读技术有目视判读和计算机数字图像自动分类识别两种。目视判读的主要程序为：资料和物质装备准备、野外建立判读标志、室内判读勾绘草图、野外校核修正草图，直至转绘成图；数字图像自动分类识别的内容为：图像恢复和校正、信息增强和提取、非监督分类和监督分类。（2）遥感土壤定位监测。即利用不同时间的遥感图像对同一地区的某些土壤性状进行连续的观测，以掌握其变化动态，对出现的问题（如土壤侵蚀、次生盐渍化等）及早采取对策。

土壤有机质（soil organic matter）土壤中各种有机物质的总称。包括：暂保持形态学特征的动、植物残体；微生物及其分解动植物残体的产物和代谢产物（如肽、简单有机酸、脂蜡和碳水化合物）；动、植物残体经复杂的腐殖化过程所形成的腐殖物质。在土壤有机质中，腐殖物质是主要成分，占有机质总量的50%~85%。土壤有机质是土壤中最活跃的成分，矿质土壤的有机质含量一般在1%~5%。土壤有机质是土壤肥力的重要物质基础，对土壤的物理、化学性状和生物特性的影响极大。增施有机肥料、种植绿肥、合理轮作和换茬，是更新、提高和调节农田土壤有机质的有效途径。

土壤资源（soil resource）具有农、林、牧业生产能力的各种类型的土壤。它包括森林土壤、草原土壤、农业土壤等分布面积和质量状况，是供人类开发利用而不断地创造物质财富的一种自然资源。土壤资源具有再生性、可变性、多宜性和最宜性等多种属性。再生性又称"可更性"，即土壤中养分和水分被植物不断吸收，同化为植物有机体，其残体再归还到土壤中，如此不断循环、演替更新，使土壤保持永续生产的活力。可变性是指土壤经过人们的利用管理，可以向好的方向转化；但利用管理不当，也可使土壤退化，成为一种可变的自然资源。多宜性是指某些土壤的适应能力较强，能够适应多种利用方式和适宜种植多种作物。最宜性，即按土壤属性的特点，最适宜于某一种利用方式或种植某些作物。

W

完全肥料（complete fertilizer）同时含有植物所必需的各种营养元素的肥料。有机肥料，如牲畜粪尿肥、绿肥、堆肥是完全肥料；化肥中，氮、磷、钾俱全的复（混）合肥料或兼含中量元素（如钙、镁、硫）和添加锌、硼等微量元素的肥料，也属完全肥料。

微量元素肥料（micronutrient fertilizer）含铜、锰、锌、钼、硼、铁、稀土等微量元素的肥料。由于微量元素在土壤中的含量较低，且其对作物的生长发育又有着极为重要的作用，所以在农业生产中应根据土壤肥料的缺乏程度和植物需求，适时合理地施用此类肥料，以获得理想的作物产量和质量。

无机肥料（inorganic fertilizer）又称矿质肥料，即采取提取、机械粉碎和合成等工艺加工制成的无机盐态肥料。除尿素、石灰氮及某些缓释氮肥（如脲甲醛）外，绝大多数化学肥料均属于无机肥料，如硫酸铵、过磷酸钙、氯化钾等。这种肥料大多能溶于水或弱酸中，呈离子态。施入土壤后，一部分被植物吸收利用；另一部分被土壤胶体所吸附固定或随土壤溶液迁移。无机肥料所含的养分量一般比有机肥料高，但不含有机质，可与有机肥料配合施用。

Y

叶面施肥（foliar application）将水溶性肥料或生物活性物质的低浓度溶液喷洒在生长中的作物叶子上的一种施肥方法。可溶性物质通过叶片角质膜经外质连丝到达表皮细胞原生质膜而进入植物体内，用以补充作物生育期中对某些营养元素的特殊需要或调节作物的生长发育。叶面施肥的特点是：（1）作物生长后期，当根系从土壤中吸收养分的能力减弱或难以进行土壤追肥时，叶面施肥能及时向植物补给养分；（2）叶面施肥能避免施后土壤对某些养分（如某些微量元素）所产生的不良影响，并及时矫正作物缺素症；（3）在作物生育盛期当体内代谢过程增强时，叶面施肥能提高作物的整体机能。叶面施肥可以与病虫害防治或化学除草剂相结合。在药、肥混用时，应以混合后不产生沉淀为原则，否则会影响肥效或药效。其施用效果取决于多种环境因素，特别是气候、风速和溶液持留在叶面的时间。因此，叶面施肥应在天气晴朗、无风的下午或傍晚进行。

液体肥料（liquid fertilizer）又称流体肥料，即成品为液态的化肥。它包括以下两类：（1）液体氮肥。如无水液氨、氨水和含氮溶液。（2）液体复合肥料。常为氮肥、磷肥和钾肥盐类的混合水溶液，或是含有肥料固体盐类的悬浮体，如多磷酸铵等。其优点是生产过程中不需干燥的工艺流程，且储存、运输和装卸方便；易于掺混农药，便于管道化运输和机械施肥。

有机肥料（organic fertilizer）能直接供给作物生长发育所必需的营养元素并富含有机物质的完全肥料。如粪尿肥、堆沤肥、绿肥、饼肥、草炭、海肥、杂肥等。这类肥料种类多，来源广，用量大，并含有植物所必需的各种营养元素、生物活性物质和有机胶体。施用有机肥料不但可补给或更新土壤有机质，培肥改土，而且还能为作物提供多种养分，从而提高产量，改善品质。但有机肥料养分含量低，碳氮比（C/N）较大，施入土中后分解慢，肥效迟缓，其中的氮素当季利用率低，在作物需肥最多的生育期有机肥还不能及时满足作物对养分的大量需要。因此，在农业生产中有机肥料与化学肥料一般配合施用。

Z

植物营养元素（nutrient elements of plant）植物生长所需要的多种化学元素。它们构成了植物体的各种物质，并维持其生命活动。植物体内含有几十种化学元素，一般把含量占植物干重千分之几以上的营养元素，称为"大量元素"；含量在万分之几到十万分之几的，称为"微量元素"；含量更低的称为"超微量元素"。目前已经确定的植物必需的营养元素有：碳、氧、氢、氮、磷、硫、钾、钙、镁、铁、锰、铜、锌、钼、硼、氯。

中量元素肥料（second element fertilizer）含钙、镁、硫、氯等元素的肥料。由于中量元素在土壤中的含量一般低于临界值，施用此类肥料将使粮食作物增产40%左右。这类肥料既可提供作物养分，又可改善土壤的物理形状。因此，当某种中量元素严重缺失时，这种元素将成为粮食作物最大的减产因素。

专用复合肥料（specific fertilizer）简称专用肥料，主要指最适合某种或某类经济作物和园艺作物的复合肥料。作物配方施肥技术是开发这种肥料的关键技术。此项技术运用经田间施肥试验的土壤、生物测试诸参数来确定作物施肥的养分搭配和数量。由于施肥定量的科学化，从而克服了传统经验型施肥技术难以避免的片面性和盲目性，因而能提高肥料效益，节约资源，降低成本，有利于环境保护。研究开发专用复合肥料既可收到施肥技术具有的效益，又可免除农户混配肥料的劳作，并可防止混配失误。

作物平衡施肥（balancing fertilization of crops）根据土壤的供肥能力和作物的需肥特征，在作物的整个生长发育期内，全面均衡地对其供应各种必需的营养素，实现高产、优质、高效目的的施肥方法。植物生长发育需要16种必需的化学元素，缺少其中任何一种，植物均不能完成其生命周期。在这16种元素中，碳、氢、氧为非矿质营养元素，存在于大气和水中；其他13种为矿质营养元素，主要来自土壤。根据植物对矿质营养元素的需要量，把它们分为大量营养元素、中量营养元素和微量营养元素。大量营养元素有氮、磷、钾；中量营养元素有钙、镁、硫；微量营养元素有硼、氯、铜、铁、锰、钼和锌。农作物施肥是解决土壤养分不能满足作物高产需求的问题。平衡施肥主要是使土壤各养分间的供给均衡，满足作物对各种养分的需求，较好地克服土壤中的主要最小养分对作物高产的限制。

（五）植物保护（Plant Protection）

B

Bt杀虫剂（Bt insecticide）一种对人畜安全、不污染环境的微生物杀虫剂。它在农、林及卫生害虫的防治中能发挥重要作用，是国内外开发应用最成功的一种生物农药。Bt是苏云金芽孢杆菌的简称，为一类非常重要的病原性细菌，广泛分布于世界各地。苏云金杆菌在芽孢形成过程中产生蛋白质，并以结晶方式出现。这些蛋白质具有特异性的杀虫活性，通常被称为"杀虫结晶蛋白"或"δ-内毒素"或"苏云杆菌毒蛋白"。目前已发现Bt杀虫蛋白对许多重要的农作物害虫，包括鳞翅目、鞘翅目、双翅目、膜翅目等都具有特异性的毒杀作用，而对人、畜、哺乳动物和农作物害虫的天敌无害。

病虫害预测预报（forecast of plant disease and pest）用来估计病虫害未来发生趋势，并提供情报信息和咨询服务的一种应用技术。按预测预报的内容可分为发生期预测、发生量预测、分布预测和估计损失预测；按预测期限长短可分为短期预测、中期预测和长期预测；按预测的空间范围可分为本地病虫源预测和外地病虫源预测。

C

除草剂（herbicide）专门用于防除农田杂草，但不影响农作物正常生长和人畜安全的药剂。按其作用方式可分为内吸传导型除草剂、触杀型除草剂；按其对植物的选择性可分为选择性除草剂和灭杀型除草剂；按其作用方式可分为土壤处理剂和茎叶处理剂；按其化学成分和化学结构可分为无机除草剂和有机除草剂。无机除草剂由于选择性差、用量大，目前已趋淘汰；有机除草剂选择性强，用量少，除草活性大。有机除草剂可分为苯氧羧酸类、均三氮苯类、取代脲类、酰胺类、二硝基苯胺类、氨基甲酸酯类、酚类、二苯醚类、苯甲酸类、季胺盐类、脂肪酸类、有机磷类和杂环类等。

D

动物源农药（pesticide original from animal）一类来源于动物或直接利用天敌动物进行害虫防治的产品。它主要包括昆虫性信息素、动物毒素、昆虫激素、天敌动物和昆虫神经肽等。昆虫信息素又称昆虫外激素，是昆虫产生的作为种内或种间个体间传递信息的微量活性物质，具有高度专一性，可引起其他个体的某种行为反应，包括引诱、刺激、抑制、控制摄食或产卵、交配、集合、报警、防御等功能。动物毒素是动物产生的对有害生物具有毒杀作用的活性物质，如蜘蛛毒素和黄蜂毒素。昆虫激素是由昆虫内分泌腺体产生的具有调节昆虫生长发育功能的微量活性物质，主要有脑激素、蜕皮激素和保幼激素三类。天敌动物是指对有害生物具有寄生性或捕食性的昆虫，通过商品化繁殖、施放而起防治作用，主要种类有赤眼蜂、丽蚜金小蜂、草蛉、瓢虫、螳螂、小花蝽、捕食螨等。昆虫神经肽是一个比较活跃的研究领域，目前其主要处于基础性研究阶段，离实用化还有一定距离。

F

仿生农药（bionic pesticide）由人工仿制自然界化合物而制成的农药。当发现自然界中某种动、植物体内含有的物质，对病、虫、杂草具有毒杀作用时，人们便研究这些物质的生物活性、有效成分、化学结构，再用人工合成方法仿制这些化合物或它的类似物用作农药。

H

化学防治（chemical control）又称药剂防治，一种用农药防治植物虫害、病害和杂草等有害生物的方法。化学防治是植物保护的主要措施之一。特别是在有害生物大量发生而其他防治方法又不能立即奏效的情况下，能在短时间内将种群或群体密度压低到经济损失允许的水平以下，防治效果明显，且很少受地域和季节的限制。化学防治的策略是与综合防治中的其他防治方法相互配合，以取得最佳效果。其基本策略包括两方面：（1）对作物及其产品采取保护性处理，力求将有害生物消灭在发生之前；（2）对有害生物采取歼灭性处理。化学防治遇到的问题有：（1）广谱性农药的广泛、大量和长期使用，已经给人与畜的健康、环境和农田生态系统带来了不良影响；（2）有害生物也逐渐产生抗药性。因此，选用安全的化学农药，淘汰剧毒高残留农药，并改进施药技术，以求把农药准确地送达生物靶体，已成为化学防治研究的重要课题。此外，由于各种有害生物的生命活动都可由于某些生物化学反应受到干扰而发生变化，或被阻断，因此应用生命科学的最新成就指导农药品种的开发和使用，也是化学防治研究的新方向。

化学合成农药（chemical composition pesticide）由化学工业生产的人工研制合成的一类农药。其中以天然产品中的活性物质为母体，进行模拟，或作为模板进行结构改造而研究合成的效果更好的类似化合物，称为"仿生合成农药"。其分子结构复杂，品种繁多，生产量大，主要原料为石油化工产品。它应用范围广，很多品种的药效很高，是现代农药中的主体。

K

矿物源农药（mineral pesticide）起源于天然矿物原料的无机化合物和石油的农药的总称。它包括砷化物、硫化物、铜化物、磷化物和氟化物，以及石油乳剂等。其可以用作杀虫剂、杀鼠剂、杀菌剂和除草剂。矿物源农药为农药发展初期的主要品种，随着化学合成农药的发展，矿物源农药的用量逐渐下降。其中部分毒性高、药效差、药害重的已停产。如砷酸铅、砷酸钙等已停止使用。目前使用较多的品种有：硫悬浮剂、石灰硫黄合剂（液体的或固体的）、王铜（氧氯化铜）、氢氧化铜、波尔多液（其主要成分为碱式硫酸铜）、磷化锌、磷化铝以及石油乳剂。用矿物源农药防治有害生物的浓度与对作物可能产生药害的浓度较接近，稍有不慎就会引起药害。喷药质量和气候条件对药效和药害的影响较大，使用时要多加注意。

昆虫性信息素（sex pheromone of insects）又称性外激素，是昆虫分泌并释放到体外引起同种昆虫的个体产生行为反应的化学物质。它属于外激素或种内信息素。由昆虫在交配过程中释放到体外，以引诱同种异性昆虫去交配。在自然界，昆虫与昆虫、昆虫与植物之间的联系在很大程度上是依靠化学物质传递信息，例如昆虫求偶、寻找食物、定向栖息场所、搜索寄主、受到侵扰时向同伴告警等过程中都存在着化学物质的作用。昆虫种间作用的化学生态是极其多样和复杂的。在生产上应用的人工合成的昆虫性信息素一般叫"性引诱剂"，简称"性诱剂"。用性诱剂防治害虫是一种无公害治虫新技术，高效、无毒、没有污染。

L

绿色农药（green pesticide）能高效防治病菌、害虫，而对人、畜、害虫天敌和农作物均无危害，且在环境中易分解及在农作物中低残留或无残留的农药。其主要发展方向为生物农药、现代化学农药、光化学农药和矿物质农药等。其中，生物农药包括微生物农药、植物源农药、动物源农药等；现代化学农药是选择性强、安全性高、与环境相容性好的化学农药；光化学农药虽然本身对害虫无毒，且杀活性或毒性很小，但害虫取食后，在光照条件下，其对害虫的毒杀效果可以提高几倍、几十倍甚至上千倍，而对不取食作物的昆虫或其他一些天敌几乎不存在直接的杀伤作用。

N

农田杂草（weed in farmland）目的作物以外的、妨碍和干扰农业生产的各种植物类群。其主要为草本植物，也包括部分小灌木、蕨类及藻类。全世界约有杂草 8 000 种，与农业生产有关的只有 250 种。农田杂草除可按植物学方法分类外，还可按其对水分的适应性分为水生、沼生、湿生和旱生；按化学防除的需要又分为禾草、莎草和阔叶草。此外还可根据杂草的营养类型、生长习性和繁殖方式等进行分类。其生物学特性表现为：传播方式多、繁殖与再生力强、生活周期一般都比作物短、成熟的种子随熟随落、抗逆性强、光合作用效益高等。其主要危害为：与作物争夺养料、水分、阳光和空间，妨碍田间通风透光，增加局部气候温度。有些则是病虫中间寄主，会促进病虫害发生。寄生性杂草直接从作物体内吸收养分，从而降低作物的产量和品质。此外，有的杂草的种子或花粉含有毒素，能使人、畜中毒。

农药（pesticide）用来防治危害农林牧业生产的有害生物和调节植物生长的化学药品。它主要包括杀虫剂、杀螨剂、杀菌剂、除草剂、杀鼠剂和植物生长调节剂等。通常也把能改善作物有效成分的物理、化学性状的各种助剂包括在内。农药的含义和范围，在不同的时代、不同的国家和地区有所差异。如美国，早期将农药称为"经济毒剂"，欧洲则称之为"农业化学品"，还有的书刊将农药定义为"除化肥以外的一切农用化学品"。在 20 世纪 80 年代以前，农药的定义和范围偏重于强调对有害生物的"杀死"。但从 20 世纪 80 年代以来，农药的概念发生了很大变化，施用农药不再只注重对有害生物"杀死"，而是更注重于"调节"。因此，将农药定义为"生物合理农药"、"理想的环境化合物"、"生物调节剂"、"抑虫剂"、"抗虫剂"、"环境和谐农药"更为合理。

农药残留（pesticide residue）残存在环境及生物体内的微量农药。它包括农药原体、有毒代谢物、降解物和杂质。施用于作物上的农药，其中一部分附着于作物上，一部分散落在土壤、大气和水等环境中，环境残存的农药中的一部分又会被植物吸收。残留农药直接通过植物果实或水和大气到达人、畜体内，或通过环境、食物链最终传递给人、畜。食用含有大量高毒、剧毒农药残留的食物，会导致人、畜中毒。农业生产环境中农药残留量过高会引起农作物减产甚至绝产。合理使用农药、加强农药残留监测、加强法治管理等是减少农药残留的有效途径。

农药助剂（pesticide auxiliary）凡在农药加工过程中，与农药原药混合时，能改变农药制剂的理化性状，提高农药防治病、虫、草害的效果，或使农药便于加工的物质的总称。农药中常用的助剂有填充剂、湿润剂、乳化剂、溶剂、黏着剂、稳定剂和增效剂等。

农业防治（agricultural control）为防治农作物病、虫、草害所采取的综合措施。其中包括调整和改善作物的生长环境，以增强作物对病、虫、草害的抵抗力，创造不利于病原物、害虫和杂草生长发育或传播的条件，以控制、避免或减轻病、虫、草的危害。其主要措施有选用抗病、虫品种，调整品种布局，选留健康种苗，轮作，深耕灭茬，调节播种期，合理施肥，及时灌溉排水，适度整枝打杈，搞好田园卫生和安全运输储藏等。农业防治若同物理、化学防治等配合进行，可取得更好的效果。

农业昆虫学（agricultural entomology）一门研究农业害虫及其环境，以及害虫防治的理论和技术的学科。其任务是：（1）维护生态平衡，控制害虫种群，防止虫灾的发生或最大限度地减少虫灾的损失；（2）在保护环境、促进农业生产持续发展的同时，提高农作物的产量和品质，以求得最大的社会效益和经济效益。其研究内容包括：（1）害虫的种类及其形态特征；（2）害虫的生活习性和发生规律；（3）害虫与环境，包括气候、食物、天敌等的关系；（4）害虫及其危害的监控、预测和防治。

S

杀虫剂（insecticides）用于防治农业害虫的一类农药。一部分杀虫剂也可用于卫生防疫，以及畜牧业和工业原料、产品等的害虫防治。其按作用方式可分为：（1）胃毒剂。经虫口进入其消化系统起毒杀作用，如敌百虫等。（2）触杀剂。与表皮或附器接触后渗入虫体，或腐蚀虫体蜡质层，或堵塞气门而杀死害虫，如除虫菊酯、矿油乳剂等。（3）熏蒸剂。利用有毒的气体、液体或固体的挥发而产生蒸气毒杀害虫或病菌，如溴甲烷等。（4）内吸杀虫剂。被植物种子、根、茎、叶吸收并输导至全株，在一定时期内，以原体或其活化代谢物随害虫取食植物组织或吸吮植物汁液而进入虫体，起毒杀作用，如乐果等。按其毒理作用，可分为神经毒剂、呼吸毒剂、物理性毒剂等。按其来源又可分为无机和矿物杀虫剂、植物性杀虫剂、有机合成杀虫剂、昆虫激素类杀虫剂等。

杀菌剂（fungicides）对植物病原菌具有毒杀或抑制生长作用的农药。通常也把杀线虫剂划为杀菌剂范围。按其化学成分和化学结构可分为无机杀菌剂、有机杀菌剂、微生物杀菌剂和植物杀菌剂等；按其作用方式可分为保护性杀菌剂、治疗性杀菌剂和内吸性杀菌剂；按其使用方式可分为种子处理剂、土壤消毒剂和茎叶处理剂等；按其防治对象可分为杀真菌剂、杀细菌剂、杀病毒剂和化学诱抗剂等。

杀螨剂（acaricide）专门用来防治有害螨类的农药。它可分为两类：（1）专用杀螨剂。只对螨类有效，对其他虫害无效，即通常所称的"杀螨剂"。（2）兼性杀螨剂。即以防治害虫和病菌为主、兼有杀螨活性的农药，又称为"杀虫杀螨剂"或"杀菌杀螨剂"，如氧化乐果、甲胺磷、水胺硫磷、甲氰菊酯、石硫合剂、硫悬浮剂等。按其物质类别，分为化学杀螨剂和生物杀螨剂两类，生产上使用的以化学杀螨剂居多；按其化学成分和化学结构，可分为有机氯类、有机硫类、有机锡类、硝基苯类和杂环类等。

杀鼠剂（rodenticide）用于控制鼠害的一类农药。狭义的杀鼠剂仅指具有毒杀作用的化学药剂，广义的杀鼠剂还包括能熏杀鼠类的熏蒸剂、防止鼠类损坏物品的驱鼠剂、使鼠类失去繁殖能力的不育剂、能提高其他化学药剂灭鼠效率的增效剂等。这类农药使用时一般和以饵料，鼠取食后中毒致死。按其杀鼠作用的速度可分为：（1）速效性杀鼠剂，如磷化锌、安妥等；（2）缓效性杀鼠剂，如杀鼠灵、敌鼠钠、鼠得克、大隆等。按其来源可分为：（1）无机杀鼠剂，如黄磷、白砒等；（2）植物性杀鼠剂，如红海葱等；（3）有机合成杀鼠剂，如杀鼠灵、敌鼠钠等。其使用方法因药剂品种、使用剂量大小和鼠类栖息地等情况而异。

生物防治（biological control）利用有益生物或其他生物来抑制或消灭有害生物的一种防治方法。生物防治的主要方法有：（1）利用天敌防治；（2）利用作物对病虫害的抗性防治；（3）利用耕作方法防治；（4）利用不育昆虫和遗传方法防治。其中利用天敌防治有害生物的方法，应用最为普遍。每种害虫都有一种或几种天敌，这些天敌能有效地抑制害虫的大量繁殖。利用作物对病虫害的抗性，选育具有抗性的作物品种防治病虫害。耕作防治是改变农业环境，减少有害生物的发生。不育昆虫防治是收集或培养大量有害昆虫，用 γ 射线或化学不育剂使它们成为不育个体，再把它们释放出去与野生害虫交配，使其后代失去繁殖能力。此外，利用一些生物激素或其他代谢产物，使某些有害昆虫失去繁殖能力，也是生物防治的有效措施。

生物防治技术（biological preventing and controlling technology）以虫治虫和以菌治虫的技术。其主要措施是保护和利用自然界害虫的天敌、繁殖优势天敌、发展性激素防治虫害等。保护、培养和利用天敌防治农作物虫害，是一项成本低、效果好、节省农药、保护环境的良好措施。20 世纪 80 年代，人工繁殖害虫天敌是防治害虫的重要措施，采取了工厂化养殖害虫天敌技术。以菌治虫也是20 世纪80 年代新兴的生物防治技术。它是利用昆虫的病原微生物杀死害虫。病原微生物包括细菌、真菌、病毒、原生物等，对人畜均无影响，使用时比较安全，无残留毒性，害虫对病原微生物也无法产生抗药性。

生物源农药（biological original pesticide）利用生物资源开发的农药。它比化学合成农药更适合在有害生物综合防治中应用。因为生物源农药一般在环境中较易降解，其中的不少品种具有靶标专一的选择，使用后对人畜和非靶标生物相对安全。因某些生物源农药的作用方式是非毒杀性的，包括引诱、驱避、拒食、绝育、调节生长发育、寄生、捕食、感染等，所以比化学合成农药的应用范围广泛。生物源农药分为动物源农药、植物源农药和微生物源农药三大类。在学术界对生物源农药的含义和范围的认识大体趋于一致：（1）直接利用生物产生的天然活性物质，经提取加工作为农药；（2）鉴定生物产生的天然活性物质的化学结构之后，用人工合成方法模仿其化学结构生产的农药；或以天然活性物质作先导化合物的模型，进行衍生物的类似物合成，开发出比天然活性物质性能更好的仿生合成农药；（3）直接利用生物活体作为农药。

T

天敌昆虫（natural enemy of pests）一类寄生或捕食其他昆虫的昆虫。捕食性天敌昆虫包括鞘翅目、脉翅目、膜翅目、双翅目、半翅目、蜻蜓目中的捕食性昆虫。其虫体较寄主（猎物）大，吞噬猎物肉体或吸取其体液，猎物被破坏速度较快。典型的捕食性昆虫常需取食多只害虫才能完成个体发育（例如一只瓢虫可取食几百只蚜虫）；幼虫和成虫常常同为捕食性，甚至捕食同一猎物。寄生性天敌昆虫主要包括膜翅目和双翅目中的寄生性昆虫。寄生性昆虫几乎都是以其幼体寄生，并且只需一只寄主就可完成个体发育，寄主被破坏一般较慢；寄主昆虫成虫在大多数情况下自由生活，以花蜜、蜜露，有时以寄主昆虫体液的食料为食。天敌昆虫来源的主要途径有：（1）自然天敌的保护利用；（2）人工大量繁殖释放；（3）国外引进或国内移植。

脱毒植株（virus-free plant）见植物脱毒技术。

W

微生物农药（microbial pesticide）微生物及其代谢产物，以及由它加工而成的，具有杀虫、杀菌、除草、杀鼠或调节植物生长等活性的物质。与化学农药相比，它有着诸多方面的优点：（1）研发的选择余地大，开发利用途径多；（2）无公害、无残留，安全环保；（3）特异性强，不杀伤害虫天敌及有益生物，有利于维持生态平衡；（4）不易产生抗药性；（5）环境相容性好；（6）生产工艺简单。根据其用途或防治对象不同，微生物农药可分为微生物杀虫剂、微生物杀菌剂、微生物除草剂、微生物杀鼠剂和微生物植物生长调节剂。细菌杀虫剂是应用得最早的微生物农药。

物理防治（physical control）通过创造不利于病虫发生但却有利于或无碍于作物生长的生态条件的防治方法。它可通过病虫对温度、湿度、光谱、颜色、声音等的反应能力，用调控办法来控制病害发生，杀死、驱避或隔离害虫。物理防治与化学防治相比具有

环境污染小、无残留、不产生抗性等特点，能顺应有机农业生产的需求。因而采用物理方法防治农作物病虫害是一种较理想的无公害防治方法。物理防治采取的主要方法有：光、高温、电磁波、物理阻隔和人工器械防治等。其他的防治方法有：气调杀虫法、低温冷藏法、湿度处理法、土壤消毒、扣紫外线阻断膜、遮阳网和喷高脂膜等。

Y

有害生物综合治理（integrated pest management）以互不矛盾为原则，采用一切适当技术防治有害生物，使有害生物种群减少到经济损失允许水平以下的管理系统。这一管理系统中，植物有较高的产量，野生生物资源和植物生态环境不发生明显改变，对人类健康不造成危害，能使经济、社会和环境三个方面的总效益达到最优化的水平。有害生物包括对农作物生产有害的各种害虫、真菌、细菌、线虫、病毒、害鸟、害兽、杂草和寄生杂草等。综合治理包括农业、法规、生物、物理和化学等方法。综合治理是 20 世纪 60 年代首先由昆虫学家提出，而后逐渐被植保学界所接受并不断发展、完善起来的一个新概念。

Z

植物保护（plant protection）综合利用多学科知识，用经济、科学的方法，保护人类目标植物免受生物危害，提高植物生产投入的回报，维护人类的物质利益和环境利益的科学。早期植物保护仅是服务于作物栽培的一项技术措施，专业范围主要局限在田间作物病、虫害的诊断与治理。随着高产优质农业的发展，农业对植物保护的要求越来越高。为了确保农业高产、稳产，植物保护还必须了解各种可能发生的有害生物，弄清其发生流行规律，预测灾害的发生及危害程度，制定经济有效的措施与对策，及时进行预防和治理。植物保护不断向相关学科渗透，并形成了许多基础研究和应用研究分支学科，并正逐步发展成为一门综合性的植物保护学科。

植物病毒（plant virus）见植物病毒病害。

植物病毒病害（plant disease and virus）由病毒引起的植物病害。植物病毒是能在植物活细胞组织内生长繁殖的一类具有无细胞结构的核酸蛋白质寄生物，也是一类具有生命特征的遗传单位。从引起的病害数量和危害性来看，病毒是仅次于真菌的重要病原物。大田作物和果树、蔬菜上的许多病毒病都是农业

生产上的突出问题，如水稻条纹叶枯病、小麦梭条斑花叶病、大麦黄化花叶病、玉米粗缩病、大豆花叶病、烟草花叶病等。植物病毒病害症状往往表现为花叶、黄化、矮缩、丛枝，少数为坏死斑点。在田间，一般心叶首先出现症状，然后扩展至植株的其他部分。植物病毒主要通过昆虫等生物介体传播。因此，植物病毒病害的发生、流行及其在田间的分布，往往与传毒昆虫密切相关。

植物病害（plant disease）植物遭到外来有害生物或不利因素的影响，使生命活动过程受到干扰，导致其不能正常发育或发育不良、形态异常、枯萎或死亡等现象的通称。有害因素包括两类：（1）具有寄生性和侵染能力的有害生物（即病原物），侵染植物后引起侵染性病害；（2）有害的环境因素和植物的遗传性障碍等，引起非侵染性病害。从寄主植物方面看，两者都影响或干扰了植物正常的生长发育，均为病害。但从人类的需要或经济价值来看，有些植物受到病原物侵染所表现的异常状态对植物是有害的，但对人类是有益的，如茭白受到黑粉病侵染而使嫩茎膨大可供人食用。

植物病害流行（plant epiphytotic）植物侵染性病害在植物群体中的快速侵染和大量发生的现象。植物传染病只有在具备以下三方面的因素时才会流行：（1）寄主的感病性较强，且其大量栽培，密度较大；（2）病原物的致病性较强，且数量较大；（3）环境条件，特别是气象土壤和耕作栽培条件有利于病原物的侵染、繁殖、传播和越冬，而不利于寄主的抗病性。植物侵染性病害的流行，需要在其发生发展全过程的各个阶段依次都遇到适宜的环境条件。环境条件不仅影响植物病害在一个发病季节中的发生程度，还决定着病害的地理分布。植物病害的大流行，大多是人为的生态平衡失调的结果。农业生产活动使这种生态平衡受到干扰。尤其是在现代农业中，不仅大面积种植的植物种类愈来愈少，而且品种的单一化、遗传的单一化以及抗病基因的单一化趋势日益加强，寄主群体的遗传弹性愈来愈小。同时，密植、高水肥的农田环境加大了病害的流行潜能，新技术措施不断改变着植物病害的生态环境，引种和农产品贸易活动不断地将病原物引入新区（无病区）。在这样的情况下，就必然导致一些病害的流行波动幅度增大，流行频率增高，流行程度加重。

植物病理学（plant pathology）一门研究植物病害症状、致病机制、发生发展规律、防治原理和措施的学科，是农业科学的重要分支学科之一。其研究目的在于保护植物并使之免受或少受病虫危害，满足农业优质、高产和稳产的需求。植物病理学以植物学、微生物学和生态学等为基础，同时又和作物栽培学、育种学、土壤学、农业气象学、农业昆虫学、农业药物学、生物统计学等有着密切的联系。

植物检疫（plant quarantine）简称植检，检验输出或输入的种子、苗木、薯块、果实等农产品及其包装填充物料和运输工具是否带有植物检疫对象的工作。它是植物保护的主要措施之一。其目的在于肃清和杜绝检疫对象的传播。这项工作是根据国家和地方法令进行的。国际间的检疫为"对外植物检疫"，国内地区间的检疫为"国内植物检疫"。

植物检疫对象（object of plant quarantine）国家规定的禁止从国外或在国内地区间传播蔓延的植物危险性病、虫、杂草等有害生物。其主要针对检验性有害生物、植物及其产品两大类。确定为植物检疫对象的原则是：（1）能随植物及其产品传播；（2）国内尚无发生或仅局部发生；（3）对农业生产造成严重危害。

植物抗病虫基因工程（genetic engineering of plant pest control）一种用基因工程的手段提高植物的抗病虫能力，获得转基因植物的方法。植物抗病虫基因工程主要包括以下内容：（1）抗病、抗虫及其他相关基因的分离和克隆；（2）与合适的载体及标记基因构成适于转化的重组质粒；（3）用不同的转化方法向受体植物导入重组质粒；（4）筛选转化子并鉴定转基因植株。此外，还有一种可以获得抗病虫转基因植物的方法，即将具有抗病虫能力的植物或微生物的 DNA 直接导入受体植物，从后代中筛选具有抗病虫能力的个体，得到转基因抗病虫植株。植物基因工程是细胞水平和分子水平上的遗传操作。其最大优点是能最大限度地利用人们所感兴趣的外源基因，使工作更具目的性，给植物抗病虫育种提供了一条有效的途径。而且这些转基因作物能减少杀虫剂和农药的用量，降低杀虫剂和农药及其残留物对食物链、水体造成的污染，从而有利于保护生态环境。

植物抗除草剂基因工程（genetic engineering for herbicide resistance in plant）用基因工程的方法分离得到抗某一种除草剂的基因，并人为地将它构建到合适的表达载体上，导入到植物中，培育出抗某种除草剂的转基因植物方法。植物抗除草剂基因工程有两方面的重要用途：（1）利用抗除草剂基因作为遗传转化的筛选标记基因，将某一抗除草剂基因与某一目的基因（如抗病虫基因、改善植物品质的基因等）串联构建到同一载体上，转化表达抗除草剂的特性。在转化初期只要在培养基中加入一定量的除草剂，就会杀死非转化体。（2）分离抗某一种或几种除草剂的基因，将其导入目的植物中，培育出抗除草剂转基因植物，降低植物对某类除草剂的敏感性，拓宽一些重要的常规除草剂的使用范围。

植物免疫学（plant immunology）一门研究植物抗病性原理及其应用的学科。其主要研究内容包括：（1）植物抗病性的性质和分类；（2）植物抗病性和病原物寄生性的起源和演化；（3）植物病原物的寄生专化性；（4）植物抗病性和病原物致病性的遗传与变异；（5）环境因素对植物抗病性的影响；（6）植物抗病性的机制；（7）抗病育种和抗病性鉴定的原理和方法；（8）抗病品种的合理使用。植物免疫学为抗病育种和合理使用抗病品种提供基础理论和基本方法。其主要相关学科有植物病原学、植物解剖学、植物生理学、生物化学、遗传学、生态学、分子生物学和植物育种学等。

植物生长调节剂（plant growth regulators）一种与植物激素具有相似生理和生物学效应的、具有调控植物生长和发育功能的物质。已发现的有生长素、赤霉素、乙烯、细胞分裂素、脱落酸、油菜素内酯、水杨酸、茉莉酸和多胺等，被应用在农业生产中的主要是前六大类。植物生长调节剂具有以下作用和特点：（1）作用面广，应用领域多；（2）用量小、速度快、效益高、残毒少；（3）可对植物的外部性状与内部生理过程进行双调控；（4）针对性强，专业性强；（5）植物生长调节剂的使用效果受多种因素的影响。

植物脱毒技术（detoxificating technology of plant）去除植物体内的病毒，培育无病毒植株的技术和方法。病毒感染寄主植物特别是感染无性繁殖植物后，病毒就会在植物体内不断繁殖、积累，使病害逐代加重，造成农作物产量降低和种性退化。植物脱毒所依据的原理是植物茎尖分生组织不带病毒或病毒含量较少，以及植物细胞的全能性。具体的脱毒方法为：切取感染病毒的植物茎尖，在合适的条件下离体培养，使其再生为完整的植株，再通过病毒检测，筛选出不含病毒的植株。这类不含病毒的植株就是脱毒植株。脱毒植株经过快速繁殖就可在生产中应用。目前，马铃薯、甘薯、草莓等作物已普遍采用脱毒种苗。

植物细菌病害（plant disease originated from bacteria）由病原细菌引起的植物病害。细菌的种类很多，但所致植物病害的数量和危害性远不如真菌。尽管如此，有些细菌病害仍是农业生产上的严重问题，如水稻白叶枯病、茄科植物青枯病、大白菜软腐病等。植物细菌病害的症状主要有坏死、腐烂、萎蔫和瘤肿等。这些症状在田间往往有以下特点：（1）受害组织表面常为水渍状和油渍状；（2）在潮湿条件下，病发部有黄褐色或乳白色、黏稠、似水珠状的菌脓；（3）腐烂型病害患部往往有恶臭味。

植物新品种（new varieties of plants）经过人工培育或者对发现的野生植物加以开发，使之具备新颖性、特异性、一致性和稳定性，并给予适当命名的植物品种。它作为人类智力劳动成果，在农业增产、增效和品质改善中起着重要的作用。

植物新品种保护（protection of new varieties of plants）又称植物育种者权利，完成育种的单位或者个人对其授权品种享有排他的独占权。它同专利、商标、著作权一样，是知识产权保护的一种形式。任何单位或者个人未经品种权所有人许可，不得因商业目的生产或者销售该授权品种的繁殖材料，不得因商业目的将该授权品种的繁殖材料重复使用于生产另一品种的繁殖材料。植物新品种保护制度在中国的建立和实施，标志着中国知识产权保护事业进入了一个新的发展阶段。

植物育种者权利（the rights of plant breeder）见植物新品种保护。

植物源农药（pesticide originated from plant）有效成分来源于植物体的农药。它是取代化学农药，生产无公害农产品优先选用的农药品种。其突出优点为：（1）降解途径顺畅，对环境污染小；（2）成分较多、作用方式独特，害虫较难对其产生抗药性；（3）选择性强，对人、畜及昆虫天敌毒性低，开发和使用成本相对较低。其对害虫的作用独特，作用方式多样化，作用机理比较复杂，归纳起来主要有毒杀作用、拒食和忌避作用、干扰正常的生长发育作用和光活化毒杀作用等。同时，这类农药对作物还具有营养作用，可提高农产品的营养价值。

（六）果树蔬菜（Fruit and Vegetable）

A

矮化栽培（dwarfing culture）利用多种措施促进果树等作物矮化，以便进行密植的一种栽培方法。它有利于作物提早结果，增加产量，改善品质，减少投入，提高土地利用率。它常采用矮化砧、矮生品种、改变栽植方式和树形、控制根系、控制树冠、生长调节剂控制等措施。其在苹果栽培上应用较多，梨、桃、柑橘、香蕉、椰子、番木瓜等的栽培也常采用此法，已成为现代果园集约栽培的方法。

矮化砧（dwarfing rootstock）能使果树品种的树冠矮小和长势较弱的砧木，如苹果的乐园苹果砧、洋梨的温悖砧等。使用矮化砧能使果树结果早、便于密植、易于管理等。它们通常用无性繁殖成为砧木无性系。苹果和洋梨已有许多无性系矮化砧，如苹果的M9、M27，洋梨的温悖无性系砧QA，QB和QC等。

B

保花保果（technology of protecting the growth of flower and fruit）在果树生产中，当果树出现花芽数量较少、有些品种坐果率较低、落花落果现象普遍存在时，为提高坐果率，大幅度提高产量，所采取的技术措施。其主要内容有：（1）搞好头年果园管理，形成饱满花芽。（2）加强来春管理，保证授粉受精。其具体做法为：①花前施肥、灌水；②搞好人工授粉和果园放蜂；③花期环剥、喷肥和使用调节剂；④预防花期冻害。（3）控制新梢生长，防止幼果脱落。（4）喷生长促进剂，防止采前落果。（5）注意防治病虫害。

被迫休眠（forced to dormancy）植物由于不利的外界环境条件（低温、干旱等）的胁迫而暂时停止生长的现象。消除逆境后，植物即可恢复生长。落叶果树的根系休眠属于被迫休眠。落叶果树的芽在自然休眠结束后，由于当时的温度较低而不能萌发生长时处于被迫休眠状态。

C

草地果园（grassland orchard）一种栽培密度极高、应用生长调节剂控制营养生长、促进开花结果的试验性果园。草地果园的得名除了栽培密度大之外，还因为采果后需要在一定的高度剪留主干，仅留短桩，像收割牧草一样。草地果园起源于英国朗艾什顿果树试验站。

D

地面压条法（ground layering）利用植株根系周围地面的土壤，在枝条与母体不分离的状态下将枝条压入土中，促使其在压土部位发根，成活后剪离母体成为独立植株的繁殖方法。它包括培土压条法、水平压条法、曲枝压条法。

盾状芽接（scutiform grafting）见 T 形芽接。

G

高接（top-grafting）在已形成树冠的大树上进行嫁接的方法。为了更换品种，在已成年的果树上换接不同品种，以代替原有品种的方法，称为"高接换种"。一般在骨干枝的分枝上部20~30cm处用腹接、劈接、切接、芽接等方法接上若干接穗，嫁接数较多时，称为"多头高接"。为防止接合部干燥、病虫侵染，对大切口需要加塑料薄膜、湿土包裹或涂布接蜡。高接主要应用于树木受到各类灾害的善后处理：如冻害、风害损失大枝的修缮，弥补树冠的残缺；利用野生果树砧木资源，如酸枣、野板栗等就地嫁接栽培品种；补救授粉不良而在大树上嫁接授粉品种等。

高枝压条法（air layering）简称高压法，即在植株上选择适当部位的枝条，在其基部环剥或刻伤，并在刻伤处包以保湿生根材料，促使生根，待生根后再将其从母体上分离，成为独立单株的繁殖方法。该法具有成活率高、技术易掌握等优点，但繁殖系数低，对母株损伤大。高压在整个生长期都可进行，但以春季和雨季进行较好。高压时应选用充实的2~3年生枝条，在枝条接近基部处环剥，宽度为2~4cm，注意刮净皮层和形成层，并于剥皮处包以保湿生根材料；用塑料薄膜或棕皮、油纸等包裹保湿。高压柑橘枝条约2个月后即可生根，8~9月间即可剪离母树，连同生根材料假植一年，待根系发育强大后定植。

割接（cut over）见劈接。

根插法（root grafting）利用植物的根端进行扦插育苗的方法。对枝插不易成活或生根缓慢的树种，如枣、柿、核桃、长山核桃、山核桃等，用根插法较易使其成活。李、山楂、樱桃、醋栗等根插较枝插成活率高。杜梨、秋子梨、山定子、海棠果、苹果营养系矮化砧等砧木树种，可利用苗木出圃剪下的根段或留在地下的残根进行根插繁殖。根段粗0.3～1.5cm为宜，剪成10cm左右长，上口平剪，下口斜剪。根段可直插或平插，直插容易发芽，但切勿倒插。

果树三基点温度（three basic temperature of fruit）即维持果树生命和生长发育所要求的最低点、最适点和最高点温度。果树维持生命与生长发育皆要求在一定的温度范围内。在最适温度下，果树生长发育正常、速率最快、效率最高。最低温度与最高温度常常成为生命活动与生长发育终止时的下限与上限温度。

果树栽培学（science of fruit growing）一门以生物科学理论为基础的，主要研究果树生长发育规律与果树同环境条件的关系，并运用栽培技术解决果树生产上的问题，达到果树与环境、生长与结果的统一，从而有效地提高果树产量和质量的综合性技术学科。其内容包括：从苗木繁育和建园一直到果实收获之间的果树生产全过程中各个生产环节的基本理论、基本知识和基本技术。

果树整形修剪（fruit pruning）以生态和其他相应农业技术措施为条件，以果树生长发育规律、树种和品种的生物学特性及对各种修剪反应为依据的一项技术措施。果树整形是通过修剪，把树体建造成某种树形，也叫"果树整枝"。修剪不仅指剪枝或梢，还包括一些直接作用于树体上的修剪手法和化学药剂处理，如刻伤、曲枝、环剥和施用植物生长调节剂等。整形与修剪的结合，称为"果树整形修剪"。整形依靠修剪才能达到目的；而修剪只有在合理整形的基础上，才能充分发挥作用。

H

花芽分化（flower bud differentiation）即植物的芽由叶芽状态开始转化为花芽状态的过程。果树的花芽形成是开花结果的前提，枝条上的芽从花芽与叶芽开始有区别的时候起，逐步分化出萼片、花瓣、雄蕊、雌蕊，以及整个花蕾和花序原始体，待条件满足时即可开花结果。

环状剥皮（ring barking）简称环剥，即将枝干韧皮部剥去一圈，以改变树体或枝条营养物质的运输状况，达到抑制营养生长、促进花芽分化和提高坐果率的一种夏季修剪方法。其作用原理是环剥暂时中断了有机物质向下运输，促进地上部分碳水化合物的积累，生长素、赤霉素含量下降，乙烯、脱落酸、细胞

分裂素增多，同时也阻碍有机物质向上运输。环剥后必然抑制根系的生长，降低根系的吸收功能，同时环剥切口附近的导管中产生伤害充塞体，阻碍了矿物质营养元素和水分向上运输。因此，环剥具有抑制营养生长、促进花芽分化和提高坐果率的作用。根据环剥特点，操作时应注意环剥时间，环剥宽度与深度要合适，并要保护好环剥切口。

J

积温（accumulated temperature）即高于一定温度的日平均温度的总和。植物在达到一定的温度总量时才能够完成生活周期。在综合外界条件下能使果树萌芽的日平均温度称为"生物学零度"，即生物学有效温度的起点。不同果树的生物学零度是不同的，落叶果树为6～10℃，常绿果树为10～15℃。生长季中生物学有效温度的累积值为生物学有效积温，简称"有效积温"或"积温"。如果生长期内温度低，则生长期延长；如温度高则生长期缩短。在某些地区，由于生长期的有效积温不足，则果实不能正常成熟，即使年平均温度适宜，冬季能安全越冬，该地区也不具备该种果树的栽培价值。

嫁接（grafting）人们将植物的芽或茎段等接到另一植株的干、枝或根的一定部位上，并使之愈合在一起，形成新的植株的过程。植物的芽或茎段被称为"接穗"，承受接穗的部分称为"砧木"。嫁接的方法为：（1）芽接法。在砧木上嫁接单芽，是应用最广泛的嫁接方法。最常用的是T形芽接，此外还有方块形芽接、嵌芽接等。此方法的优点是操作简便快速、伤口小、接合牢固、适宜嫁接期长、节省接穗、成活率高。芽接时不需剪砧木，芽接未活还可以补接，可用于大量繁殖。（2）枝接。指砧木上嫁接一段枝条（含1个或多个饱满芽）的嫁接方法。其中应用较多的方法就是腹接、切接和劈接。此外还可以采用皮下接、舌接、靠接、桥接等。

接穗（scion）见嫁接。

K

抗病育苗（seeding for disease resistance）见蔬菜嫁接育苗。

L

冷床（cold bed）又称阳畦，无人工加热设备，白天依靠太阳光的辐射获得床内温度，且昼夜保温，为蔬菜提供较适宜的生长条件的育苗设施。它是蔬菜育苗所用的苗床的一种，由床框、风障、覆盖物等保温

设备组成。冷床的床框是由土、砖、木材、草等制成，覆盖物包括塑料薄膜、玻璃等透明覆盖物和草苫等不透明覆盖物。

绿枝扦插（green wood cutting）又称软枝扦插，树木生长季节，剪取未木质化或半木质化的新梢作插穗的扦插方法。它比硬枝扦插易生根，可缩短育苗期，但技术要求较高。在扦插时，应注意保持空气和土壤湿度。一般在当地雨季来临时进行，最好在早晨随采随插。插穗长10~15cm，入土为宜，留上部或顶部2~3叶露出地面。插后遮阴和浇水保湿，生根和抽梢后逐渐去除遮阴设备。生产上用于柑橘类、茶花、苹果、桃、葡萄、猕猴桃、月季等的繁殖。

P

培土压条法（mound layering）又称直立压条，压条育苗的方法之一。即在早春萌芽前，对供压条的植株在其离地面20cm左右剪断，促进发枝，待新梢长到20~30cm时将枝条基部刻伤培土，厚度为10~15cm，新梢长到40cm左右时再培一次土，秋季从新根处剪断成为一新的植株。

劈接（cleft grafting）又称割接，枝接的一种方法。其操作方法是：（1）先把砧木上部截去，从横断面中心垂直纵切，切口长2~3cm，使之成一切缝；（2）再将接穗下端两侧切削成楔形，切口长2~3cm；（3）随即将接穗插入砧木切口内，接穗的形成层与砧木的形成层一侧相吻合，砧木粗壮的可在两侧同时插入2个接穗；（4）最后用塑料薄膜牢固绑缚接口，并用接蜡封口。此法常用于果树高接换种。

皮下接（bark grafting）枝接的一种方法。采用此种方法应在砧树液流动旺盛时进行。把接穗基部削成长3~5cm舌状削面，也可再在对面下部略削去皮层；在砧木适当高度截断削平，选择平滑部位先纵切一刀，深达木质部，也可再用竹签把伤口部的树皮稍剥开；然后将接穗大斜面插入砧木剥皮部位的木质部（砧木粗的可接2~3条），接穗削面上方稍露一线，再加绑缚。此法操作简便，成活率较高。

Q

扦插（cutting）取植物营养器官的一部分插入土中或沙中，利用其再生能力，生根抽枝后成为新植株的繁殖方法。它是植物无性繁殖方法之一。按其所取用的器官不同，分为枝插、根插、叶插和芽插。在扦插时，要求土壤有适宜的湿度、温度，且通气良好。在夏季扦插时，要注意遮阴和增加空气湿度；在霉雨期要注意排水；用萘乙酸、吲哚乙酸等药剂处理插穗，可促进生根。常用于扦插容易生根并生育良好的植物，尤其是不易获得种子或砧木的植物。扦插苗能保持母株遗传性。其技术简便，繁殖系数较分株、压条等为高。但新植株的根系较浅，寿命较短。

嵌芽接（chip grafting）对枝梢具有棱角或沟纹的树种，或在砧木不离皮时，采用的带木质部芽接的方法。在削取接芽时，先在接穗的芽上方0.8~1cm处斜削一刀，长约1.5cm。然后在芽下方0.5~0.8cm处斜切成30°角到第一刀口底部，取下芽片砧木的切口比芽片稍长，插入芽片后应保证芽片上端必须露出一线砧木皮层，最后绑紧。

切接（cut grafting）枝接的一种常用方法。接穗长5~8cm，具1~2个芽，下部削成两个长短切面；在上芽背侧下方削成2~3cm长切面，再在其背面基部削成锐角形短切面。将砧木距地表4~10cm的上部剪去，伤口修平。选择光滑平整侧面，先在切断的肩部斜削一刀，再对准形成层的内侧向下垂直切下2~3cm，切口和接穗长切面大小相当。将接穗长切面与砧木内侧切面的形成层对齐，微露一线接穗的削面；再将砧木切口的皮部包于接穗外面，用塑料薄膜等加以绑缚，并培土保湿。

曲枝压条法（bowed-branch layering）将生长季的植株上离地面较近的枝条弯曲压入土中，促使其生根，待冬季将其从母株上分离成为独立苗木的育苗方法。此法属于地面压条法。蔓性果树（葡萄、猕猴桃等）、某些灌木果树（醋栗、穗醋栗、黑树莓等）、乔木果树（苹果和梨的矮化砧、樱桃等）均可采用此法繁殖。多在春季萌发前进行，也可以在生长季节枝条已半木质化时进行。其具体方法是：早春选母株上离地面近的1~2年生枝条，将其向下弯曲，用钩等固定于土中并埋土，使其土外的节芽向上生长。埋入土中的部分用刀削一个伤口，促使生根。等待冬季发根后从母株上切离，成为一株独立的苗木。为提高繁殖系数，对较长的枝条可以多次弯曲成波状压条。

R

软化栽培（blanching culture）一种将蔬菜栽培在黑暗或弱光、温暖湿润的环境条件下，生长出的蔬菜产品含有较少的叶绿素，大多呈现白绿、黄、黄白或紫红等颜色，组织柔软、脆嫩，具有较高的商品价值的栽培方式。它是蔬菜栽培中常用的一种保护地栽培方式。用此种方式生产的蔬菜是冬春季上市的新鲜蔬菜之一。适宜软化栽培的蔬菜有很多。中国的软化产品主要有韭黄、蒜黄、芹菜、豌豆、萝卜、紫苏、薄荷、竹笋、土当归、石刁柏、蒲公英等。

软枝插 (green cutting propagation) 见绿枝扦插。

S

舌接 (whip grafting) 枝接的一种方法。在果树休眠期进行，适用于露地接和掘接。砧、穗粗细应相等或差别不大。将接穗削成约30°的马耳状斜面，在斜面上端1/3处与切面成30°切入一刀，深度接近斜面的终点，成舌状。砧木也作相应的斜面和切口。把两者斜面的切口相互插合，使形成层密接，随后扎缚。舌接因砧、穗间接触面较大，容易成活。葡萄、铁线莲等应用此法枝接。

疏花疏果 (flower and fruit thinning) 一种在果树生产中，当花果量过大、坐果过多、树体负担过重时，运用疏除部分花果的方法，控制坐果数量、使树体合理负担、调节大小年和提高果实品质的技术措施。其主要作用是：(1) 适当疏除花果，调节生长与结果的关系，从而达到连年丰产的目的；(2) 节约养分，减少无效花，增加有效花，提高坐果率；(3) 疏果减少了果数，促进留下果实的肥大，同时疏果时疏掉了病虫果、畸形果，因此提高了好果率和整齐度；(4) 避免大量地消耗树体储藏的养分，使树体健壮，提高了其抗冻、抗病能力。

蔬菜分类 (classification of vegetables) 根据蔬菜栽培、育种和利用等需要，对种类繁多的蔬菜作物进行归类、排列的方法。常用的分类方法有植物学分类、农业生物学分类、生态学分类、食用器官分类等。按植物学分类，中国栽培的蔬菜有35科180多种；按农业生物学分类，可将其分为白菜类、甘蓝类、根菜类、绿叶菜类、葱蒜类、茄果类、豆类、瓜类、薯芋类、水生蔬菜、多年生蔬菜、野生蔬菜和食用菌13类；按食用器官则可分为根菜、叶菜、茎菜、花菜和果菜5类；按其对温度的要求分为耐热、喜温、耐寒、半耐寒和耐寒且适应广5类；按其光周期反应则可分为长光性、中光性和短光性蔬菜等。

蔬菜工厂化育苗 (vegetable industrialization of sprout cultivation) 在现代温室中，人工控制环境条件，采用规范化技术措施和机械化操作，进行大批量专业化集中繁育菜苗的方式。它一般包括土壤粉碎和消毒、培养土配制、装土或制钵、播种、移苗等操作过程。应配备自动操作设施，如浇水、施肥、病虫害防治、运输等。采用这种方式不受自然条件的不良影响，可高密度、快速培育优质菜苗。

蔬菜嫁接育苗 (raising vegetable transplants bygrafting) 又称抗病育苗，用嫁接法培育菜苗以增强蔬菜抗病能力的育苗方式。它多用于黄瓜、西瓜、甜瓜、茄子、番茄等的育苗。其主要是用来预防土壤传染病害，如枯萎病、青枯病等，可使黄瓜、番茄等蔬菜在保护地中进行连作栽培时也能稳产高产；又可以增强菜苗耐低温的能力。使用这种育苗方式时，应选用抗病力强、与接穗亲和力强的砧木。例如：将黄瓜嫁接于黑籽南瓜上，或将西瓜嫁接于瓠瓜上。使用这种方式，应于小苗期嫁接，并根据不同的蔬菜种类，分别采用插接、靠插接、劈接法进行嫁接。

蔬菜生态型 (ecotype of vegetable) 同种蔬菜长期受不同环境影响所形成的具有不同遗传性的类型。这些类型的蔬菜在其形态、生理生态特性上有差异。通常分为气候生态型和土壤生态型，以前者为主。生态型的研究为蔬菜的引种、选种和育种提供了理论依据。

蔬菜无土育苗 (cultivating vegetables without soil) 一种用营养液培育菜苗的育苗方式。即将种子播于非土壤的基质中，控制苗期适应的环境条件，定期施浓度较稀的营养液，以培育成苗。常用的基质有蛭石、泥炭、稻炭、岩棉等。无土育苗可减少土壤传染的病害，且能使蔬菜根系发达，有利于育成壮苗。它适于专门的工厂化育苗，不仅为无土栽培提供所需菜苗，并可供一般菜田用苗。

蔬菜育种学 (vegetable breeding) 一门研究蔬菜育种和良种繁育原理与方法的应用学科，是蔬菜园艺学的一个分支学科。它以生物学和遗传学为理论基础，研究改良蔬菜品种、创新品种及改进良种繁育技术的原理与方法。其主要研究内容包括：蔬菜种质资源研究、引种驯化、杂交技术、人工诱变（包括生物技术、遗传工程等方法的应用）、培育及选择方法、性状鉴定、育种程序和良种繁育技术等。

蔬菜园艺学 (vegetable horticulture) 简称蔬菜学，一门研究蔬菜的栽培、育种、采后处理、产品流通销售的技术与管理的应用学科。它是园艺学的一个分支。自20世纪80年代以来，蔬菜园艺学的发展非常迅速，例如：蔬菜育种已从常规育种向采用生物技术、基因工程的方向发展；栽培技术原理以性状描述向采后生理生态理论发展；产品采后与储藏加工，已从简易包装向采后生理控制方向发展。总之，随着现代科学技术的飞速发展，蔬菜科学也由传统的经验科学阶段上升到实验室科学阶段，它将进一步促进蔬菜生产的发展。

蔬菜栽培学（vegetable growing）一门以生物科学为理论基础并与应用技术相结合，研究蔬菜作物生长发育规律及与之相适应的栽培管理技术和原理的学科。它以探索蔬菜作物生长发育规律为主要内容，把了解并掌握土壤、气象条件的变化规律及其控制原理，利用现代化的生物科学理论和先进的管理技术来协调蔬菜、土壤、气象三者的关系，以及努力创造适宜蔬菜生长的环境条件作为主要任务。其最终目的是获得高产优质、无污染的蔬菜产品。

树冠覆盖率（rate of crown coverage）树冠的垂直投影面积与栽培面积之比，以百分率表示。在一定范围内，覆盖率越高，产量越高。但覆盖率过高，树冠交接，树冠之间互相影响光照，会导致冠内光照条件变差，果品质量下降，同时也会妨碍果园的操作管理。在普通果园内，树冠的覆盖率以70%~80%为宜；机械化程度高的果园，树冠覆盖率通常在60%~70%。

水平压条法（horizontal layering）压条繁殖方法之一。将要繁殖的枝条截去过长部分，春季时在树旁掘约5cm浅沟，将枝条水平压入浅沟内，用枝杈固定，使其生根和发梢，以后随着新梢的伸长加深覆土，及时抹去枝条基部强旺萌蘖，秋后剪离分植。靠近母株基部保留1~4根枝条，供来年再行水平压条之用。此法能使同一枝条上得到多数植株。葡萄、苹果矮化砧、紫藤、蔓越橘、蔓性蔷薇等常用此法繁殖。

T

T形芽接（T-budding）又称盾状芽接，植物芽接的常用方法之一。这种芽接的方法为：（1）在事先采集的接穗上，选充实饱满芽为接芽；（2）在选定芽的上方略带木质部向下平削至芽下方，并在此处横切一刀；（3）砧木多用1~2年生幼苗，在离地约10cm光滑处用芽接刀割切一T字形；（4）将削好的接芽自上徐徐插入撬开的切口，令芽上部与砧木所切横线平齐，并进行扎缚。

童期（juvenile phase）从种子播种后萌发开始，到实生苗具有分化花芽潜力和开花结实能力为止需要经历的时期。童期是有性繁殖果树个体生长必须度过的性发育成熟前的一个时期。在这一时期，植株只营养生长而不开花结果。对处于童期的果树，无论采取任何措施也不能使其开花结果。但可以采用一些方法来缩短童期，促使实生树提前开花。也有人认为童期结束时，实生苗应具有在正常的自然条件下稳定持续开花的能力。

W

物候期（phenological phase）在果树年生长周期中，植物生长发育有规律的形态变化与季节性气候变化相适应的时期。在生产和科研上，常用的果树生长季重要物候期包括萌芽期、开花期、新梢生长期、花芽分化期、果实发育期、落叶期。地下部根系物候期包括根系开始活动期、生长高峰期、生长缓慢期、停止活动期。温度是影响果树物候期变化的主要因子。在高纬度和高海拔地区以及山地的北坡，均因为温度低，春季果树的物候期会延迟出现。

X

相关休眠（dormancy）果树上除芽以外的其他器官的存在使得部分芽不能萌发生长，处于休眠状态的现象。例如，枝的顶端优势抑制侧芽的萌发，果实也能影响侧芽萌发。这种休眠多在生长季发生，采用修剪方法或使用生长调节物质便可解除。

Y

压条法（propagation by layering）在枝条不与母体分离的状态下将其压入土中，促使压入部位发根，然后将其剪离母体成为独立新植株的繁殖方法。可用于扦插不易生根的树种。如在培土前对压条的各个节位进行刻伤，以促进发根。压条方法有地面压条和高枝压条两种。

芽潜伏力（bud incubative ability）果树进入衰老期后，能由潜伏的隐芽萌发抽生新梢的能力。芽潜伏力强的果树，枝条恢复能力强，容易更新复壮，如仁果类、柑橘、柿、石榴等。芽潜伏力也受营养条件和栽培管理的影响。如相关的条件好，隐芽的寿命就长。

芽早熟性（bud prematurity）当年所形成的新梢上的芽，当年又能萌发成二次枝以及三次枝的现象。桃、葡萄、石榴、枣等都具有这种现象。具有早熟芽的果树，一年能发出多次枝，所以树冠形成快，进入结果年龄早，有早果性。

阳畦（cold frame）见冷床。

叶面积指数（leaf area index）即果树叶面积总和

与所占土地面积之比。叶面积指数能反映树体的光合面积与效能，是果树产量形成的基础。一般果园适宜的叶面积指数为3～4.5。适宜的 叶面积指数既能最大限度地截获太阳光能，又能保证叶片具有较高的光合效率。在叶面积指数低的果园，果树截获的太阳光能少；叶面积指数过高时，则会使树冠郁闭，叶片的光合效率降低，甚至使部分叶片成为无效叶。

硬枝扦插（grown up cutting）用充分成熟的1年生枝条进行扦插的方法。落叶果树于早春休眠期进行硬枝扦插，常绿果树于生长期进行硬枝扦插。其方法简单容易，而且成本低。当前果树生产上应用硬枝扦插最广的是葡萄、石榴，其次为油橄榄、无花果等。葡萄落叶后结合冬剪采集插条，按长度要求剪成约50cm长，分层埋在湿沙中，温度保持在1～5℃。扦插前将枝条剪成具2～4个芽的插条，长20～25cm（珍贵品种或插条较少，也可剪成一芽一条），剪截插条应在下端近节部成45°角斜剪，节部具横隔膜，储藏营养物质较多，有利于发根。插条上端距最上芽2cm左右剪截，以便扦插时识别插条的倒、正。

优果工程（superior fruit project）保证果树高产、优质的规范化的栽培管理技术体系。它主要包括高接换头、规范树形、疏花疏果、果实套袋、病虫综合防治、果园除草和果园覆盖、合理施肥、节水灌溉、化学控制、适期采收十大规范化管理技术。

游离小孢子培养（dissociating microspore culture）不经过任何形式的花药培养，直接从花蕾或花药中获得游离的、新鲜的小孢子群体而进行培养的方法。小孢子是高等植物生活史中雄配子体发育过程中短暂而重要的阶段，是减数分裂后四分体释放出的单核细胞。通过小孢子培养可以得到单倍体再生植株。这是进行单倍体相关遗传研究及遗传转化的理想材料。加倍以后得到的双单倍体（DH）纯系是遗传育种的重要种质资源。由DH系构成的DH群体是理想的永久性作图群体。科学研究发现，单核晚期和双核早期是培养小孢子诱导发育成胚的最佳时期。培养小孢子圆形和椭圆形态是游离小孢子培养中的一个关键特征。对不同基因型的大白菜品种（系）进行游离小孢子培养的结果表明，不同的基因类型其胚诱导效率差异很大。对大白菜游离小孢子培养中温度处理的作用机制、最佳温度选择及处理时间试验结果表明，高温处理能够防止小孢子沿自然发育途径发育成椭圆形成熟花粉粒。通过高温改变诱导其发育途径，转化为胚胎发生，最后产生小孢子胚。不同温度和不同时间处理的胚诱导效率比较表明：大白菜游离小孢子培养，以35℃处理24h胚诱导效果最佳。

（七）林业（Forest Industry）

C

采穗圃（cutting orchard）提供优质插穗或接穗的林木良种基地。它和林木种子园同为良种繁殖的主要场所。它包括普通采穗圃和改良采穗圃。前者是无性系只经表型选择而未经子代测定的园圃；后者是经过测定后选择的无性系培育苗木的园圃。采穗圃宜建在气候适宜、土壤肥沃、地势平坦、便于排灌、交通方便的地方，一般尽可能设在苗圃附近。若在山地设置，宜选坡度缓小、光照不强、冬季可避寒风之处。采穗圃不需隔离，但要按品种、品系或无性系分区，使同一个品种、品系或无性系栽在一个小区里。采穗圃营建面积根据需要确定，一般按苗圃育苗面积的1/10设置。采穗圃生产的穗条生长健壮，粗细适中，发根率较高，遗传品质有保证；采穗圃的集约管理方式可提高产量，降低成本。

插干造林（planting trunk afforestation）一种利用易萌芽生根树种（杨、柳、榕树等）的粗枝或幼树树干，直接插植于宜林地的造林方法。它是分殖造林法的一种。其所用插穗规格长而粗，多用2～4年生粗枝或幼树树干，干长视树种和立地条件而定，需深栽至地下水位。此法适用于"四旁"绿化、绿篱、河滩造林及薪炭林的营造。为防止失水，可在其顶端切口涂蜂蜡或沥青。

城市林业（urban forestry）以服务城市为宗旨，将园林与林业融为一体，城郊一体化，且集生态、经济、社会效益为一体的林业。它既是园林的扩大和延伸，又是传统林业的凝练与升华。目前，对于城市林业的范畴的基本观点是：凡是城市范围内森林、树木及其他植物生长的地域，以及地域内的野生动物与必需相关设施等都属于城市林业的范畴。它主要包括城市水域、野生动物栖息地、户外娱乐场所、城市污水处理场、公园、花园、植物园、城市街道、路旁的树木及其他植物；居民区、机关、学校、医院、厂矿、部队等庭院绿化；街头绿地、林带、片林、郊区森林、风景林、森林公园，以及为城市造林绿化提供苗木与花草的苗圃、花圃、草圃等生产绿地等。城市林业的功能与作用主要是：吸收有害气体、维持二氧化碳平衡、净化城市空气；调解和改善小气候；吸滞烟尘和粉尘、监测有害气体；减菌、杀菌、减弱和消除噪声；防风固沙、美化环境；涵养水源、防止土蚀；维护生物多样性；产生经济效益、社会效益。

丛枝病（witch's broom）即发病时发病枝条不断长出侧条，形似扫帚或鸟巢的木本植物特有的一类病害。此病多发生在多种针、阔叶树种和竹类上，主要由类菌原体和真菌所致。前者引起的丛枝病是系统性的，病害由个别枝条开始，逐渐扩及全株；后者所致病害只在局部扩展，丛枝症状仅表现在直接受侵染的个别枝条上。枝条受害后，因顶芽生长受到抑制而刺激侧芽提前萌发成小枝。小枝不仅生长缓慢，且其顶芽在受到病原物的抑制下，又刺激其侧芽再萌发成小枝。如此反复进行，使枝条呈丛生状。有些真菌中的锈菌侵害枝条后，先是引起局部肿瘤，其上形成许多不定芽，并萌发成小枝而呈丛枝状。各种枝丛远看似大小鸟巢，故丛枝病又称"鸟巢病"。丛枝病的危害程度因病原性质而异。类菌原体所致丛枝病往往是致命的。枣疯病和泡桐丛枝病是中国栽培这两树种最严重的障碍，桑萎缩病也是桑树栽培的大害。真菌性丛枝病通常对林木无大影响，但过分严重的感染会引起树木衰弱甚至死亡。真菌性丛枝病可通过剪除病枝的途径来防治。类菌原体所致丛枝病主要通过选育抗病品系、选用无病繁殖材料加以防治。

F

防护林（protective on forest）以发挥森林的防风固沙、护农护牧、涵养水源、保持水土等防护效益为主要目的的森林。防护林可按其主要功能进一步划分为农田防护林、牧场防护林、海岸防护林、护路林、防风固沙林、水源涵养林、水土保持林等次级林种。营造防护林不仅对农业和牧业，而且对交通运输、水利设施和国防建设都有重要意义。在流沙和泥石流威胁下的厂矿企业和居民点，营造防护林是必不可少的措施。

分殖造林（planting by vegetative propagation）利用树木的营养器官（如枝、干、根、地下茎等）作为造林材料进行造林的一种方法。此法具有营养繁殖的一般特点，即幼林初期生长较快，能提早成林和迅速发挥防护效能；可保持母树的优良特性；造林技术简单，无需采种、育苗，造林成材快。但其受树种和立地条件的限制大，林分生长衰退较早，分殖材料来源比较困难，不适于大面积造林。分殖造林要求造林地土壤湿润疏松，因此地下水位较高、土层深厚的河滩地和潮湿沙地、渠旁岸边适宜采用此方法。分殖造林仅适用于无性繁殖能力强的树种，如杉木、杨树、柳树、泡桐、漆树、柽柳和竹类等。

封山育林（closing the land for reforestation）对疏林地与具有一定数量的伐根萌芽、具有根蘖更新能力和天然下种母树条件的地区，实行不同形式的封禁，并借助林木的天然更新能力辅以抚育管理措施，来逐渐恢复和改造次生林的一种有效方法。这一方法具有用工省、成本低、收效快、应用面广，并且综合效益高的显著特点。采用此方法，不仅扩大了次生林的面积，而且在改造残、疏低价值林分方面也能起到很好的作用。封山育林，既借助于自然力，又辅以人力，既可使次生林由稀变密，又可使次生林由纯林变混交林。封山育林方法有死封（即全封）、活封（即半封）和轮封（将整个封育地区划分成片，进行轮封轮放）。要使封山育林取得较好的效果，必须死封与活封相结合，封与育相结合，乔、灌、草相结合；必须对次生幼林进行补播、补植与抚育，使林分有适量的密度与合理的结构。

G

灌木（shrub）没有明显主干、常在基部发出多个枝干的木本植物。灌木多呈丛生状态，一般可分为观花、观果、观枝干等几类。常见灌木有玫瑰、杜鹃、牡丹、龙船花、映山红、女贞、小檗、黄杨、沙地柏、铺地柏、连翘、迎春、月季等。

H

混交林（mixed forest）由两个或多个树种组成的森林。按所起作用可分主要树种、次要树种和灌木树种。主要树种是经营对象，也称"目的树种"；次要树种起辅佐作用，又称"伴生树种"；灌木树种主要起护土和改良土壤的作用，有时也起辅佐作用。其中主要树种以外的其他混交树种一般不能少于总株数（或断面积或材积）的20%。选择适宜混交树种，是调节树种间关系的重要手段，也是保证混交林具有稳定性和速生丰产的重要措施。混交林能充分利用空间和营养，改善立地条件，提高林产品的数量和质量，更好地发挥森林的防护效益。它有较强的抗御外界不良环境的能力，但营造技术复杂，单位面积上目的树种的蓄积量较小，不宜于特殊的立地条件。混交方法有株间混交、行间混交、带状混交、块状混交和植生组混交等。

J

假植（heel in）在起苗分级后，不立即造林，而是把苗木集中起来，埋藏在湿润的土壤中的一种技术。时间较短的假植称为"临时假植"。其做法为：选择避风阴湿、排水良好、便于管理的地方，把苗木的根系和茎的下部用湿润的土壤埋好，踩实。如只假植三五天，只需将苗木根部浸水或用湿土遮盖即可。凡秋后起苗当年不造林、需要假植越冬的，称为"长期假植"。长期假植应开掘假植沟，沟为东西向，沟深视苗木大小而定，沟一边成45°斜坡，将苗木单株或扎成小捆摆在假植沟中，苗梢朝南、壅土踏实，然后再放第二行，直到苗木放完为止。若苗根较干，应将苗根用水浸一昼夜后再假植。若土壤干燥，假植前应灌溉，但不宜太多。假植时应遵从"疏排、深埋、踩实"的原则。面积较大的假植地要分区、分树种、定数量（每一定数量做一标记），并在地头插标牌，注明树种、苗龄、数量、假植时间等。假植期间要经常检查，发现覆土下沉时要及时培土。春季化冻前要为假植苗木清除积雪。早春时，若苗木不能及时栽植，为抑制苗木萌发，可进行遮阴处理。

经济林（non-timber product forest）以生产除了木材以外的其他林产品为主要目的的森林。经济林产品也是重要的外贸出口创汇产品。经济林以其周期短、效益高、适宜农户经营的优势，在丘陵山区农村产业结构的调整中，作为开展多种经营的骨干项目，有力地推动了农村商品生产的发展。

L

林分（stand）树种组成、森林起源、林相、林龄、

疏密度、地位级等大体一致，但与邻近林地有明显区别的森林地段，也泛指任一长有森林的地段。它是由树种的生长习性、环境条件和经营活动等因素的影响而形成和发展的结果。它是组成森林的最小地域单位。按其起源分为人工林和天然林；按其树种组成分为纯林和混交林；按其树木年龄和结构分为单层林和复层林等。一般可概括为同龄单层纯林和混交复层异龄林两大类型。林分是森林经营的具体对象，不同林分，需采取不同的经营措施。

林分结构（stand structure）构成林分群体的各树种的时空分布格局。完整的林分结构又可以分解为三维元素结构，即水平结构、垂直结构和年龄结构。水平结构主要取决于林分密度和种植点配置；垂直结构主要取决于人工林树种组成和年龄结构；年龄结构主要取决于林木起源或营造时间。

林分密度（stand density）单位面积林地上的林木数量。它具有动态的特点。森林起源时的密度称为"初始密度"（或造林密度）；造林以后各时期的密度称为"经营密度"。立木的单株材积取决于树高、胸高断面积和树干形数三个因子。密度对这几个因子都有一定的作用。密度对树高的作用较弱；形数随密度的加大而加大（刚生长达到胸高的头几年除外）；直径受密度的影响最大，断面积又和直径的平方成正比，因而它就成为不同密度下单株材积的决定性因子。林分密度越大，其平均单株材积越小，而且较平均胸径降低的幅度要大得多，其原因基本上来自于个体对生活资源的竞争。这些在干材林及中龄林阶段表现最为突出。

林木病虫害遥感（remote sensing of tree diseases and pests）应用遥感手段，及时发现危害林木的因子，并提供其受害范围和等级信息的技术。受害森林的形态变异包括叶形、冠形变化，部分或全部落叶。其生理损害表现为光合作用降低，叶绿素衰减，导致反射光谱变化。这些现象可为遥感所揭示。常用的遥感探测手段有：（1）航空目视法。乘坐轻型飞机低空飞行，在相片上目视勾绘病虫害分布及其受害类型。（2）航空摄影法。利用彩色红外片探测受害森林在红外辐射能力方面的变化，以确定受害地区和受害程度。（3）多阶抽样法。用航空视察、高空摄影、卫星图像做受害分析，利用抽样方法估测出受害林木株数、面积、蓄积量等。

林木病害（tree diseases）由环境中各种不利因素

引起的林木生理机能、解剖结构及外部形态等发生一系列不正常的改变，使其生长、发育或生存受到影响，并造成一定经济损失的现象。引起林木病害的原因有生物的（侵染性的）和非生物的（非侵染性的）因素，总称为"病原"。非侵染性病原包括不适宜的土壤或气象条件和环境污染，由它们引起的病害称"非侵染性病害"或"生理性病害"；侵染性病原包括真菌、细菌、病毒、类菌质体、线虫和寄生性种子植物，常称为"病原物"，由它们引起的病害称"侵染性病害"或"寄生性病害"。受病原物侵害的植物称"寄主"。病原物在寄主体表或体内生长、发育和繁殖，不但从寄主体中吸取营养物质，而且其代谢产物常对寄主产生刺激或毒害。寄主受病原物侵染时，会产生各种不同的抗病或感病反应，并在生理上、解剖上和形态上发生一系列的病理变化，然后表现出具有特征性的症状。

林木种子园（tree seed orchard）简称种子园，即繁育林木良种种子的园地。它是由选择的优良无性系或家系组成的人工林。为杜绝或减少外界花粉的污染，保证高产、稳产和便于种子采集，须采取隔离措施和集约经营措施。它比母树林更能生产遗传品质和播种品质兼优的林木种子。按其繁殖方法可分为无性系种子园和实生苗种子园。前者是由优树或原种母树的嫁接苗或其无性繁殖苗建成的园圃，采用较普遍；后者是用优树控制授粉或自由授粉的种子育出苗木的园圃。按其繁殖材料的改良程度可分为初级种子园和改良种子园。前者又称普通种子园，是用未经子代测定的繁殖材料建立的园圃；后者是由经过改良的繁殖材料建立的园圃。还可按其树种的亲缘关系分为目的在于获得杂种优势种子的杂交种子园（在落叶松树种中利用较多）和以生产不同种源的杂种为目的的产地种子园，其建园材料属同一树种的不同地理型。此外，在气候条件差的地区或因提早开花结实的需要，近年来还发展了室内种子园。

林学（forestry）研究森林生长发育规律和结构功能，以及对森林进行培育、管理、保护和利用的科学。它属于自然科学范畴，是在其他自然学科发展的基础上，形成和发展起来的综合性学科。林学一级学科下涵盖林木遗传育种、森林培育、森林经营管理、园林植物与观赏园艺、野生动植物资源保护与利用、水土保持与荒漠化防治、森林保护7个二级学科。人类只有研究掌握了自然界的自然特性

和规律，才能培育、管理、保护与利用好森林，才能发挥森林的多种效能。

林业生态工程（ecological project of forestry）根据生态学、林学与生态控制论原理，设计、建造与调控以木本植物为主体的人工复合生态系统的工程技术。其目的在于保护、改善和持续利用自然资源与环境。林业生态工程不仅是从单一的水土保持林草措施来研究水土保持的生物措施，而且是从生态、环境与区域经济、社会可持续发展的角度研究林业发展的理论与技术措施。其核心是在对生态理论充分理解的基础上，通过工程措施进行以生态环境改善为目标的林业生态建设，并根据生态理论进行系统设计、规划和调控人工生态系统的结构要素、工艺流程、信息反馈关系及控制机构，以在系统内获得较高的生态与经济效益。林业生态工程与森林培育的差别有：（1）经营对象不同；（2）关注对象的结构与功能不同；（3）经营目的不同；（4）采用的综合技术措施不同。

M

苗圃（nursery）为移植或出售而专门用来培育幼苗的场所。按其生产任务的不同，可分为森林苗圃、园林苗圃、果树苗圃、经济林苗圃和实验苗圃等；根据其使用年限长短，又可分为固定苗圃和临时苗圃；根据其面积大小可分为大（>20hm²）、中（7~20 hm²）、小（≤7 hm²）型苗圃。苗圃地一般建在地理位置优越、交通便捷、地势平坦、土层肥厚、水源充足、适合各类苗木繁育、符合苗圃建设等立地条件的地方。苗圃地建设工作主要包括土地平整、围墙、管理房、仓库及操作房、道路、排灌系统、生产供电、供水设施等非生产用地建设，以及大型日光温室、组培室、播种苗区、营养繁殖苗区、移植苗区、采穗圃区等生产用地的建设。另外还需配备有运输车、园林机械、工具等，使苗圃实现苗木生产现代化，提高苗圃生产效率，降低生产成本。在苗圃的区划中，非生产用地要控制在总面积的25%以下。

母树林（seed production stand）选择优良天然林或种源清楚的优良人工林，通过留优去劣疏伐，或用优良种苗造林方法营建的用以生产优良种子的林分。在其建造中应注意：（1）建在优良种源区或适宜种源区内，气候生态条件与用种区相接近的地区；（2）地形平缓，背风向阳，光照充足，不易受冻害的开阔林地；（3）排水良好，海拔适宜，交通方便，周围100m

范围内没有同树种的劣等林分，面积相对集中，天然林在 7hm² 以上，人工林在 4hm² 以上。

Q

乔木（tree）树身高大的树木。它树体高大（通常 6～10m），具有明显的根部，树干和树冠有明显区分。通常见到的高大树木都是乔木，如木棉、松树、玉兰、白桦等。按其冬季或旱季落叶与否，又分为落叶乔木和常绿乔木；按其高度，可分为伟乔（31m 以上）、大乔（21～30m）、中乔（11～20m）、小乔（6～10m）等四级。

R

人工林（forest plantation）由林业人员采用林业技术与方法，配合林木生长机制建造的森林。一般在地形坡度较小、环境敏感度低，且易实行人工经营的地区，建造这类森林。人工林可依立地环境条件与生态要求，建造成单纯人工林、人工复层林、混交林等。这类森林是用材林的主要经营对象，也是提供民生及工业用木材的主要来源。世界各国的经济林都是这类森林。

S

森林（forest）以乔木为主体的具有一定面积的植被类型。俄国林学家 G.F.莫罗佐夫 1903 年提出森林是林木、伴生植物、动物及其与环境的综合体。森林在林业建设上是保护、发展，并可再生的一种自然资源，具有经济、生态和社会三大效益。现代森林的形成和发展，经历了一个漫长的演化过程，一般分为三个阶段：（1）蕨类古裸子植物阶段。在晚古生代的石炭纪和二叠纪，由蕨类植物的乔木、灌木和草本植物组成大面积的滨海和内陆沼泽森林。其中鳞木和封印木高可达 20～40m，直径 1～3m，是石炭纪重要的造煤植物。现在热带地区还有孑遗的树蕨。（2）裸子植物阶段。中生代的晚三叠纪、侏罗纪和白垩纪为裸子植物的全盛时期。苏铁、本内苏铁、银杏和松柏类形成地球陆地上大面积的裸子植物林和针叶林。（3）被子植物阶段。在中生代的晚白垩纪及新生代的第三纪，被子植物的乔木、灌木、草本相继大量出现，遍及地球陆地，形成各种类型的森林，直至现在仍为最优势、最稳定的植物群落。

森林防火（forest fire prevention）防止森林火灾的发生和蔓延的各项预防、控制措施，即对森林火灾进行预防和扑救。为预防森林火灾的发生，就要了解森林火灾发生的规律，采取行政、法律、经济和工程相结合的办法，运用科学技术手段，最大限度地减少火灾发生次数。为了扑救森林火灾，就要了解森林火灾燃烧的规律，建立严密的指挥系统，组织有效的救火队伍，运用科学、先进、有效的救火设备和方法扑灭火灾，最大限度地减少火灾造成的损失。

森林培育学（silviculture）又称造林学，一门研究森林培育的理论和实践的学科。森林培育是在从林木种子、苗木、造林到林木成林与成熟的整个培育过程中，按既定培育目标和客观自然规律所进行的综合培育活动。它是森林经营活动的主要组成部分，也是其不可或缺的基础环节，是林学专业的主要课程。

森林生产力（productivity of forest）单位林地面积上单位时间内所生产的生物量。森林生产力的高低取决于一系列自然因素和人为因素。为了分析方便起见，可以把森林生产力区分为森林的潜在生产力和现实生产力两个概念。森林的潜在生产力可以理解为在一定的气候条件下，森林植物群落通过光合作用所能够达到的最高生产力，也可称为"气候生产力"。但因在同一种气候条件下存在着不同的与地质、土壤、水文有关的立地条件，森林生产力必然受立地条件的制约。因此，又可进一步从气候—立地结合的角度来分析森林的生产潜力，即"气候—立地生产力"。其现实生产力是指现存的森林植被所具备的实际生产力。它往往低于气候—立地生产力。这个差距的存在也表明，这正是通过人为的培育措施提高森林生产力的潜力所在。有时候，一些速生树种经过遗传改良可生产出高于气候生产力的现实生产力。这表明在提高光能利用率方面高新技术与传统技术的结合还大有可为。

森林永续利用（sustained yield of forest）又称森林永续作业，均衡、持久、合理地利用森林的方式。它是森林经营管理工作的基本原则。其目的是使森林资源能续用不竭。其主要内容包括：（1）合理利用林地，不断提高其生产力；（2）持久均衡地供应木材，并在森林资源扩大再生产的基础上适当扩大采伐量；（3）合理经营利用其他林副产品及森林动物；（4）保持森林生态平衡；（5）逐步提高林业生产的经济效果，增加林业收益等。

森林主伐（final cutting）简称主伐，对成熟林分或部分成熟林木进行的采伐。森林主伐方式可分为皆伐、择伐和渐伐三类。森林效益随年龄发生变化，当达到成熟龄（肉眼看到森林成熟）后，林木生长的质和量都会逐渐降低，各种生态效益也日趋削弱。这时应伐去老林，培育新林。因此主伐的目的不仅在于获取木材，更重要的是为了保证主伐后森林得到更新，以实现森林的永续利用。主伐后，森林能否及时更新，是验证采伐是否合理的重要指标。

森林资源经营管理（forest management）对森林资源进行区划、调查、分析、评价、决策、信息管理等一系列工作的总称。世界各国森林经营管理的内容不完全相同，但主要内容是相同的。森林经营管理的主要内容包括对森林资源进行的区划、调查、编制计划（或规划）、森林的经营决策和森林资源信息管理等。森林经营管理的对象是森林资源，宗旨是实现森林可持续经营。比较系统和完善的森林经营管理理论出现在工业革命之后，作为一门学科最早产生于德国，到18世纪中期，已经形成完整的体系。

生态林（ecological forest）为维护和改善生态环境、保持生态平衡、保护生物多样性等，而栽植的以满足人类生态、社会需求和可持续发展为主导功能的森林、林木和灌木丛。在退耕还林工程中，营造的以减少水土流失和风沙危害等生态效益为主要目的的林木，主要包括水土保持林、水源涵养林、防风固沙林和竹林等。营造的乔木树种生态林，造林密度下限为1800株/公顷（杨树为750株/公顷）；营造的灌木生态林，下限为2550株/公顷。生态和经济兼用林是指既能减少水土流失和风沙危害，发挥一定的生态效益，又能生产果品、食用油料、饮料、调料、工业原料和药材，产生一定的经济效益的林木。城市生态林是指在城市规划区内充分利用人行道、街头游园、绿化点、绿化广场、立交桥等自然地形和条件，栽植以乔木为主，乔、灌木与地被植物相结合，面积较大（成片、成块、成线）的集生态、景观、保健三大功能为一体的城市绿地形态。

适地适树（matching species with the site）根据因地制宜的原则在某种土地上，选择适宜在其种植林木的一种理念。它使造林树种的生态学特性和造林地的立地条件相适应，以充分发挥其生产潜力，达到该立地在当前技术条件下可能取得的高产水平。在现代的"适地适树"概念中的"树"，已经不再停留在树种的水平上，还应做到与同一树种中的类型（地理种源、生态类型）、品种、无性系相适应。

树木学（dendrology）一门研究树木的形态、分类、地理分布、生物学特性与生态学特性、资源利用及其在林业生态工程和经济开发中的地位与作用的学科。树木是乔木、灌木、木质藤本的总称。树木学是林学的一门专业基础课程。现在已由树木分类学发展成一门综合性学科。其研究内容涉及树木的各个方面，而且还在不断地向纵深发展。树木学是既重视树木的基础理论，且实践性又很强的一门学科。由于林业的兴起，树木学才独立成为一门学科。树木学作为一门独立学科是从欧洲开始的，词源来自希腊文dendro（树木）logos（学理），最早出现于1708年。中国树木学成为一门独立学科起步较晚，直至20世纪初期才逐渐发展起来。

数字林业（digital forestry）以林业空间数据为依托，用宽带网连接各分布式数据库，以虚拟现实技术为特征，具有三维显示和无边无缝多级分辨率浏览的开放林业信息系统。它是指对林业资源及其工程建设等相关现象的统一的数字化表达与认识。数字林业系统在县、市、省，乃至国家当前的生态环境建设和将来的知识经济社会中具有重大的作用。它可以将空间数据和应用领域数据有机地结合在一起。它提供的数据和信息将在政府宏观决策和科学管理、林业资源利用、生态环境规划及建设、灾害监测、全球变化、生态系统及水文循环系统等方面得到广泛的应用。

T

特种用途林（forest for special use）以国防、环境保护、科学实验和生产繁殖材料等为主要目的的森林。它包括国防林、实验林、母树林、风景林、环境保护林、名胜古迹和革命纪念地的森林和林木。从森林培养的角度看，就是要根据具体的用途确定其培育特点，并采取相应的培育技术对其进行繁育。

藤本（vine）茎细长、依靠缠绕或攀缘他物上升的植物。茎木质化的植物称为"木质藤本"，如北五味子、葛、木通等；茎草质的植物称为"草质藤本"，如何首乌、葎草、栝楼、丝瓜和白扁豆等。

天然林（natural forest）自然繁殖和变异形成的森林。其特点是环境适应力强，森林结构分布较稳定，但成长时间较长。它分为原始林和次生林。原始林是未经开发利用，仍保持自然状态的森林；次生林是经人为采伐和破坏后，天然恢复起来的森林。天然林在保持水土、涵养水源、防止荒漠化、保持生物多样性等方面有着人工林无可替代的作用。目前，中国的天然林面积约为 8 726hm²，占全国森林面积的 65.3%；大部分是次生林，原始林仅占 2%。主要分布在内蒙、川、藏一带。

天然林保护工程（natural forest protection engineering）实施保护天然林生物生态系统的工程。实际是指保护人类生产所需的物资与环境条件的工程。中国实施天然林资源保护工程的目标，是根治江河水患、改善生态环境状况。实施天然林保护工程对改善农业生产条件，促进农业可持续发展，实现粮食生产的良性循环具有重要作用。

退耕还林工程（engineering of returning farmland to forest）中国为解决重点地区的水土流失问题、减弱北方地区风沙危害、保障国土生态安全而实施的工程。该工程覆盖了中西部所有省（自治区）、市及部分东部地区。其具体规划是：2001～2010 年，退耕还林 $1.47 \times 10^6 hm^2$，宜林荒山荒地造林 $1.73 \times 10^6 hm^2$。该工程建成后，在工程区将增加林草覆盖率五个百分点，水土流失控制面积达 $8.67 \times 10^6 hm^2$，防风固沙控制面积为 $1.03 \times 10^7 hm^2$。

X

薪炭林（firewood forest）以生产燃料木材（薪材）为主要经营目的的森林。它是中国五大林种之一。其具有生长快、适应性和抗逆性强、热能高、易燃、无臭味等特点。多栽植在土地较贫瘠的地区。

Y

营养繁殖（vegetative propagation）见无性繁殖。

用材林（timber forest）以生产木材（包括竹材）为主要目的的森林。它是中国五大林种之一。木材是森林的主产品。按其生产木材的用途和规格的不同，可划分为一般用材林和专用用材林。当前中国的森林资源严重不足，木材的供需矛盾相当突出。由于经济实力和国际市场限制等方面的原因，大量营造用材林是解决这个矛盾的主要途径。用材林的营造是森林培育工作者最基本的任务。

幼林抚育管理（tending and management after young plantation）造林后到郁闭成林前的各种管理保护工作。其主要内容包括土壤管理、幼林管理和幼林保护。土壤管理的主要内容包括松土除草、排灌施肥和林农间作等；幼林管理的主要内容包括间苗、平茬、除蘖、抹芽和修枝等；幼林保护的主要内容包括封山

护林、防火，防治病、虫、鼠、鸟、兽害，防除寒害、日灼、冻拔、雪折，以及人畜破坏等。

园林（park and garden）在一定的地域运用工程技术和艺术手段，通过改造地形（或筑山、叠石、理水）、种植树木花草、营造建筑和布置园路等途径创作而成的优美自然环境和游憩境域。它包括庭园、宅园、小游园、花园、公园、植物园和动物园等。随着园林学科的发展，它还包括森林公园、风景名胜区、自然保护区或国家公园的游览区以及休养胜地。园林还兼具保护和改善环境的功能。

园林学（landscape architecture）一门研究合理运用自然因素与社会因素来创建更为舒适和促使生态平衡的人类生活境域的学科。园林学科的知识结构涉及人文、工程技术、生物与环境等方面的知识。园林学的研究范围是随着社会生活和科学技术的发展而不断扩大的，目前包括传统园林学、城市绿化和大地景物规划 3 个层次。传统园林学主要包括园林历史、园林艺术、园林植物等分支学科。现代园林学是在园林开始与整个城市规划发生了联系时产生的。其基本的宗旨是在人类居住环境和更大的郊野范围内创造和保存自然景色的美。

园林植物（landscape plant）适用于园林绿化的植物树种。其中包括木本和草本的观花、观叶或观果植物，以及适用于园林、绿地和风景名胜区的防护植物与经济植物。室内花卉装饰用的植物也属园林植物。从植物特性、园林应用、生态方面进行综合分类，可以分为以下三类：（1）园林树木。适于在园林绿地及风景区中栽植应用的木本植物，包括乔木和灌木、藤本。（2）露地花卉。包括一二年生花卉，宿根花卉，球根花卉，岩生花卉（岩石植物），水生花卉，草坪植物和园林地被植物等。（3）温室花卉和室内植物。一般指温带地区须常年或一段时间在温室栽培者，又可分为热带水生植物、秋海棠类植物、天南星科植物、凤梨科植物和柑橘类植物、仙人掌类与多浆植物、食虫植物、观赏蕨类、兰花、松柏类、棕榈类植物，以及温室花木、温室盆花和盆景植物等。

Z

植苗造林（tree planting）以苗木作为造林材料进行栽植的造林方法。这是目前生产上应用最普遍的一种造林方法。植苗造林所用的苗木，是在条件较好的苗圃中度过的。这类苗木具有较完整的根

系，对造林地环境条件要求不严，抵抗外界不良环境因子的能力较强，幼林能较早郁闭，可以缩短幼林抚育年限。此外，植苗造林比播种造林节省种子。但植苗造林的工序比较复杂，费用大，特别是大苗带土栽植。植苗造林方法一般不受树种、立地条件的限制，适用于绝大多数树种和立地条件。尤其在干旱地区、流动沙地或半固定沙地，杂草丛生，容易发生冻拔害及鸟兽害严重的地区，采用植苗造林更为可靠。

中性树种（neutral species）介于喜光和耐阴树种之间的树种。中性树种随年龄、环境条件的不同，表现出不同程度的偏喜光或偏耐阴特性。喜光树种是指那些只能在全光照条件下正常生长发育，不能忍耐庇荫，且树冠下不能完成更新过程的树种；而耐阴树种则是指那些能忍耐庇荫，树冠下可以正常更新的树种。

种植点配置（spacing of planting spots）在一定造林密度的基础上，种植点在造林地上的排列形式。造林密度只表示在单位面积上种植株数的多少，而配置是表示这些株数以什么样的方式排列在造林地上。其关系是造林密度通过种植点的配置得到表现，而种植点的配置又以一定的造林密度为基础。不同的配置方式对林木之间的关系、树冠发育、资源利用率（土地利用率、光能利用率）以及幼林抚育都有影响。造林地上种植点的配置通常采用正方形、长方形和三角形三种配置形式。

种子贮藏（seed storage）对不需要随采随播的种子进行储藏，以延长其生命力的措施。在储藏期间，外界条件的变化，往往使种子变质，影响种子的生命力。同时，树种结实还有大小年现象，间隔期有的可以达到3～5年。而造林工作是长期工作，这就需要在大年时尽量采集，以备小年时造林用。这就需要研究储藏种子的方法，以保证种实的生命力，延长寿命。储藏方法与种子生命力有密切关系。如杨柳等短命种子，采种后1～2周就丧失了发芽能力，一个月之后就根本不能发芽。而得当的储藏方法可以延长种子寿命2～3年，发芽率仍达90%。根据种子的安全含水量的高低，可以把种子储藏方法分为：（1）干藏法，即所有安全含水量低的种子，在经过充分干燥的环境里贮藏；（2）湿藏法，即安全含水量高的种子存放在经常湿润而又低温通气的环境里。

自然稀疏（self thinning）在个体密度非常高的植物群落中，随着个体生长差异逐渐变大，个体间对光、水和营养物质等条件的竞争逐渐加剧，引起的处于劣势的个体逐渐枯死、个体密度逐渐降低的现象。它是植物群落所具有的自我调节的机能之一。

坐果率（fruit setting rate）又称着果率，果树实际结果数占总开花数的百分率。着果率一般统计为采收时着果的百分率，有时也调查果实发育过程中某一时期的着果率，以便研究和解决早期生理落果、采前落果、异常落果等问题。在果树开花结果过程中，常因授粉受精不完全，外界环境条件不良和栽培管理不当等原因而引起落花落果，造成实际着果率较低。提高着果率应加强综合管理，如合理保花保果、选用良种等。

（八）畜牧兽医（Farming Veterinary）

A

氨化秸秆（animated straw）用氨水、无水氨、尿素等溶液处理过的秸秆。氨化法是一种化学处理秸秆及其他粗饲料以提高其营养价值的有效方法。氨化秸秆饲料常用堆垛法或氨化炉法制取。氨还可分解秸秆中连接在木质素上的部分酯键，软化植物纤维，从而提高适口性和可消化性，尤其可改善粗蛋白质和粗纤维等有机物质的消化率及能量利用率。氨化秸秆含大量的非蛋白质氮，可较大幅度地提高反刍家畜的生产性能。

B

保健添加剂（health additives）在家畜饲料中人工加入的低浓度抗菌或驱虫保健药物。保健添加剂可预防疾病，提高家畜抗病能力，还兼具促进家畜生长的作用。常用的磺胺类和呋喃类药物用于防治猪的菌痢、流行性肺炎、鸡的慢性呼吸道病、沙门氏菌病等。抗球虫的有氨丙啉、氯苯胍、莫能菌素和盐霉素等药物。驱除寄生虫的哌嗪、吩噻嗪等药物，亦可作为这类添加剂使用。

闭锁繁育（atresia breeding）将畜群严加封闭，并在相当长时间内不从外引进种畜的一种繁育方法。当采用群体继代选育法建系时，所选的基础群必须严格封闭至少4～6个世代不能引入任何其他来源的种畜，更新用的后备畜禽，都应从基础群的后代中进行选择。这是因为引入种畜必然会影响畜群遗传性的稳定，不利于品系的建成。

C

超数排卵技术（superovulation technology）应用外源性促性腺激素诱发卵巢多个卵泡发育，并排出具有受精能力的卵子的方法。它是进行胚胎移植时，对供体母畜必须进行的工作。其目的是为了得到多数量的胚胎。诱使单胎家畜产双胎也是超数排卵的目的之一。

畜禽预防接种（domestic animal and poultry vaccinate）用菌苗、疫苗或类毒素等兽医生物药品，定期地给健康家畜（或家禽）进行接种的一项技术措施。其目的是经常保持家畜、家禽的免疫力，以预防传染病的发生。

D

蛋白质周转代谢（Protein Turnover）机体组织在合成新的蛋白质时，不断更新旧的组织蛋白质的合成和降解的可逆过程。动物机体蛋白质的合成和分解是同时进行的，被更新的组织蛋白质降解为氨基酸，其中大部分又重新合成组织蛋白质，少部分通过其他途径进行转化。蛋白质周转代谢的生物学意义在于：（1）可以及时清除动物生命过程中翻译错误的蛋白质；（2）在异常环境条件或特定生理功能下，通过蛋白质周转代谢，能优先满足动物某些组织或特定生理功能对氨基酸的需要；（3）通过蛋白质周转代谢能及时降解和清除参与机体代谢作用后的某些活性物质如蛋白质、酶、激素等。

动物必需氨基酸（essential amino acid）动物自身不能合成的必须从食物中摄取的氨基酸。动物必需的氨基酸有：L型赖氨酸、色氨酸、甲硫氨酸、苯丙氨酸、缬氨酸、亮氨酸、异亮氨酸、苏氨酸、L型精氨酸和组氨酸。食物中若缺少其中的任何一种，动物体内的一些蛋白质就无法合成，旧的蛋白质就要发生分解，从而会使动物出现生长发育不良、消瘦等病态。蛋白质中必需氨基酸的种类和含量是决定其营养价值的重要标准。

动物必需脂肪酸（essential fatty acid）动物体本身不能合成的必须从天然食物中摄取的多不饱和脂肪酸。其在动物体内的作用机制尚未弄清，已知有两方面功能：（1）作为动物细胞膜脂蛋白结构的重要成分；（2）作为广泛分布在动物生殖器官及其他组织中的激素的重要组成成分。动物缺乏必需脂肪酸可使细胞线粒体结构发生改变，导致代谢紊乱。最初症状是皮肤病变、生长受阻、生殖机能障碍和器官病变，严重时导致死亡。成年反刍家畜瘤胃中微生物能合成必需脂肪酸。必需脂肪酸中亚油酸和亚麻酸尤为重要，因为其他不饱和脂肪酸能以这两种脂肪酸作为前体进行合成。

动物检疫（animal quarantine）国家兽医机构根据国家兽医法规对各种动物及其产品进行疫病检查，并采取相应的防疫措施的过程。由国外输入或由国内输出动物及其产品，在到达国境时所进行的检疫，称为"进口检疫"或"出口检疫"；在国内各省（区）、市、县（旗）、乡进行的检疫，称为"国内检疫"；在国内检疫中，凡往外输出动物及其产品，在运输前、运输中和达到目的地后的检疫，称为"运输检疫"；在产品收购时所进行的检疫，称为"收购检疫"或"产地检疫"。

动物微生态营养学（animal microecosystem nutriology）一门研究动物微生态环境与动物营养之间关系的学科。它既研究动物消化道微生态环境与菌群代谢效应，及其产物与动物对营养物质消化吸收代谢和其正常营养生理状态之间的关系，同时又研究营养与非营养因素对动物消化道微生态环境的调控，并维持和促进动物正常微生态平衡，促进动物正效应的发挥。它是动物营养与环境研究的一个新领域。

动物性蛋白质饲料（animal protein feed）主要用水产品、肉类、乳类和蛋白加工的副产物，以及屠宰厂、皮革厂的下脚料与缫丝厂蚕蛹等作饲料。其突出特点是不含粗纤维，无氮浸出物也较低。由全动物制得的此类饲料粗灰分含量较植物性饲料高，其中钙和磷含量高，比例又合适。动物性蛋白质中的各种维生素和微量元素均很丰富，特别是在植物性饲料中缺乏的维生素B12和微量元素硒含量很高。鱼粉是最优质的动物性蛋白质饲料。

动物营养学（animal nutrition）研究营养物质（水、蛋白质、碳水化合物、脂肪、维生素和矿物质）与动物体相互关系的学科。其内容包括：（1）营养物质在动物体内消化、吸收、运转和废物排泄的全过程；

（2）它们在动物体内生理过程中的作用；（3）各种营养物质之间及营养物质与非营养物质之间的相互关系；（4）动物对各种营养物质的需求量等。它汇集了化学、生物化学、物理学、数学、生理学、微生物学、医学、遗传学、内分泌学、动物行为学、生态学和细胞生物学等许多学科的知识。

F

反刍（rumination）动物采食时不充分咀嚼，就将食物吞咽入瘤胃，休息时再将经瘤胃浸泡软化的食物返回口腔仔细咀嚼，然后再吞咽的过程。它包括逆呕、再咀嚼、再混合唾液和再吞咽4个步骤，是反刍动物的一种特殊行为。

反刍动物（ruminant）具有复杂的反刍胃、能反刍食物的草食动物。这类动物的胃大多数分4室，即瘤胃、网胃、瓣胃和皱胃。它们上鄂无门齿，一般亦无犬齿，唯有坚硬或角质化的齿垫，有角，四肢第3、4趾发达，具蹄，两侧趾小或退化。如牛、羊、鹿等。少数反刍动物的胃分3室，即无瓣胃与皱胃之分。它们无角，蹄小如爪，不着地，蹄下有宽大的胼胝肉垫，适于沙漠行走，如骆驼等。采食后未经细嚼即可咽下，可以缩短动物采食和暴露的时间，然后在较隐蔽和安静处进行反刍。反刍和瘤胃微生物活动在消化过程中起重要作用。反刍动物多以一雄多雌的形式大群体生活，对畜牧业经营和防御敌害有重大意义。

非营养性饲料添加剂（non-nutritive feedstuff additive）加入饲料中用于改善饲料利用效率，保持饲料质量和品质，有利于动物健康或代谢的一些非营养物质。它主要包括饲料药物添加剂、益生素、酸化剂、中草药及植物提取成分、防霉剂、饲料调制和调质添加剂。

分子营养学（Molecular Nutrition）一门应用现代分子生物学技术，在基因表达调控和蛋白质组学的水平上，研究营养与基因表达间的相互关系的学科，是营养科学的一个分支。其主要任务在于阐明营养素或营养调控因子对动物（或人）生理机能的调控机理，为有效地、经济地促进动物（或人）生长发育，提高动物（或人）抗病力，最大限度地实现遗传潜力提供理论依据。广义上的分子营养学也指一切进入分子领域的营养学研究。

J

继代选育（selection in successive generations）即在一定的家畜群体中，连续几个世代内继续保持一致的选种标准和选种方法来建立家畜品系的方法。采用这种方法应先建立基础群，后封闭畜群，并在闭锁小群内逐代根据生产性能、体质外形、血统来源等进行相应的选种选配，以培育出符合预定品系标准、遗传性稳定、整齐均匀的畜群。选集基础群是决定品系质量的起点。基础群由若干头公畜和一定比例的母畜所组成。它们可以是异质的，也可以是同质的。通常情况下，当预期的品系要求同时具有几方面的特点时，则基础群以异质为宜；当预期的品系只需要突出个别少数性状时，则基础群以同质为好。基础群各个体的近交系数最好都为零，尤其是公畜间应无亲缘关系。基础群应有一定数量的个体。基础群组建后，至少在4~6个世代内，不得引入外来畜种。具体的选配方式，视情况而定。每个世代在出生时间、饲养条件和选种标准上保持一致；坚持多留精选；要特别照顾家系，要缩短世代间隔。

家禽（poultry）家养动物中用以生产蛋、肉、羽绒以及用作药物和玩赏的禽类。鸡、鸭、鹅和火鸡是主要的家禽，此外还有鸽、鹌鹑和珠鸡。

家畜（livestock）能满足人类对肉、乳、蛋、毛皮的需要，且能分担人类一定的劳役、经过长期驯养和驯化了的各种动物，如狗、猪、羊、牛、马等。它既是一种生活资料，又是一种生产资料。经过人类长期的驯养和驯化，以及精心的培育，其体型和生理机能与野生时期有很大差异。生物性能（如产肉、乳、皮、毛和繁殖力等）比野生时期要高得多，性情也温顺得多。

家畜产科学（obstetrics of domestic animals）一门研究母家畜生殖器官解剖、生殖、生理，以及怀孕期、分娩期、产后期疾病、乳房疾病、新生仔畜疾病的学科。它与解剖学、生理学、组织胚胎学、内分泌学、生物化学、遗传学、营养学、病理学、外科学以及繁殖学等诸多学科关系密切且相互渗透。

家畜传染病学（infections disease of domestic animals）一门研究家畜、家禽传染病发生和发展的规律，以及研究预防和消灭这些传染病方法的学科。它是兽医科学的重要临床学科之一。其研究的主要内容是：家畜传染病发生和发展的规律，预防和消灭传染病的一般原则，以及各种畜禽传染病的分布、病原、流行病学、发病机理、病理变化、临床症状、诊断技术、免疫预防、治疗和综合防治措施等。

家畜繁殖年限（domestic animal breeding age）家畜保持正常繁殖能力的年数。健康家畜到衰老期，母畜发情周期停止，公畜无交配能力。繁殖年龄随品种、营养、气候等条件不同稍有差异。一般母马为20～25年，母猪为8～12年，母黄牛为18～28年，母水牛为20～25年，母绵羊为8～9年；公畜繁殖年限比母畜稍长。

家畜繁殖学（reproduction in domestic animals）一门主要研究家畜繁殖的自然规律，并用相应的技术措施，保持家畜具有正常生殖机能和较高的繁殖能力的学科，是畜牧科学的一个分支学科。它也可包含对实验动物如小鼠、大鼠、兔、猫、狗等的繁殖研究。其主要研究内容包括：家畜生殖器官的解剖及功能、生殖激素、公畜的生殖生理、母畜发情、人工授精、自然受精、妊娠与妊娠诊断、分娩与助产、发情控制、胚胎移植和提高繁殖力的措施等。研究现代繁殖科学技术的目的，在于提高家畜的受精率和保胎，提供更多的仔畜，促进畜牧业生产发展。

家畜紧急接种（emergency vaccination for domestic animal）在发生传染病时，为了迅速控制传染病的流行，而对尚未发病的家畜临时进行的预防接种。紧急接种使用免疫血清比较安全，注射后立即生效。而疫（菌）苗一般只用来预防接种，用于紧急接种则很不安全。

家畜胚胎学（domestic animal embryology）一门研究家畜个体发育规律的学科。其研究内容主要包括：生殖细胞的发生和发展、受精和卵裂、囊胚、胚层形成和分化、组织发生和器官原基形成、器官系统的发育等。广义上，它还包括动物从出生到成年的器官系统发育过程。

家畜生殖生理学（reproduction of domestic animal）又称繁殖生理学，一门研究公母畜生殖细胞生长发育、发情周期、配种、受精、怀孕、分娩及泌乳等生殖生理活动的学科。

家畜饲养学（livestock feeding）一门研究饲料与家畜之间供求关系的学科。在这个供求关系中，把饲料作为"供"的一方，研究饲料所提供的营养物质在家畜体内的生理功能、饲料营养价值的评价方法和指标、各种饲料的营养特性和利用方法；把家畜作为"求"的一方、研究不同种类、不同生产目的和生产水平的家畜对各种营养物质的需求量，从而为家畜制定合理的饲养制度和提供最佳的饲料配方。家畜饲养学以多种学科为基础，诸如动物营养学、动物生理生化生态学、家畜行为学和生物统计学等。它们均为家畜饲养学提供了理论依据，增加了新的内容。特别是对有关维生素、矿物质、纤维素、氨基酸和饲料添加剂的研究和应用，更是推动了饲养科学的发展。

家畜卫生学（domestic animal hygiene）一门研究家畜机体与外界环境相互关系与作用规律的学科。其目的在于保持与增进家畜健康，最大限度地提高其生产力。其任务是通过人为的方法，大力消除不利因素，充分利用有利因素，并制定出各种科学实用的卫生措施、标准和规则，以促进畜牧业的发展。

家畜育种（domestic animal breeding）通过改良家畜本身从而提高畜牧生产力的一项综合措施。即通过选择、培育、杂交等手段提高家畜的种质，扩大和改良现有家畜品种，创造新的高产品种、品系，合理利用杂交优势等。

家畜育种学（domestic animal breeding science）一门以遗传学理论为指导，研究家畜品种的形成、保存、利用、提高、培育的学科，是畜牧科学的分支学科之一。其主要内容包括家畜起源、品种形成、品种改良的理论与技术方法、种畜选择原理、选配方法、杂种优势利用原理与方法，以及与此有关的保证家畜育种工作高效进行的组织措施和现代分子育种理论等。

精液冷冻（deep freezing of semen）把精液保存于－79℃或－196℃，使其能够长期保存，从而使优良种畜精液得到充分利用，加速畜种改良的技术。在冷冻过程中，先用含甘油的保存液将精液逐渐降温至0～5℃，静置几小时，再进行降温冷冻。降温速度是精液冷冻的关键。有的由5℃至－15℃采取缓慢降温；有的从－15℃（猪为5℃）至－79℃或－196℃采取快速降温，这样能使精子原生质发生玻璃样硬化，而不发生水结晶。玻璃样硬化的精子解冻后能恢复活力。

L

理想蛋白质（ideal protein）饲料中潜在的可完全被动物利用的那部分蛋白质。即该种蛋白质氨基酸组成在数量和比例上均与动物所需的蛋白质氨基酸一致，包括了必需氨基酸之间及必需氨基酸与非必需氨基酸之间的数量和比例。在理想蛋白质条件下，动物可以实现最高饲粮蛋白质利用率，同时饲粮中的必需氨基酸具有同等限制性。动物对该种蛋白质利用率为100%。

N

能量饲料（energy feed）干物中能量含量高、粗纤维含量低于18%、粗蛋白质含量低于20%、天然水分低于45%的一类饲料。这类饲料属精料，富含糖类，能量高，每千克饲料干物质含 12 540kJ 以上消化能，或 10 450kJ 以上代谢能，或 5 016kJ 以上的净能。能量饲料中可消化营养物质丰富，是家畜配合饲料中的基本组成原料。它主要包括禾谷类籽实及其加工副产品，以及某些块根茎和瓜类及其加工副产品等，主要为家畜提供能量。但其所含养分不平衡，单一使用易造成营养失调。

P

胚胎移植（embryo transplantation）又称借腹怀胎，是将两种母畜配种后的早期胚胎取出，移植到同种的生理状态相同的母畜体内，使之继续发育成新的个体的一种技术。提供胚胎的个体为"供体"，接受胚胎的个体为"受体"。胚胎移植是提高良种家畜繁殖力的新技术。

配合力（combining ability）种群通过杂交能够获得杂种优势的程度。即杂交效果的好坏和大小。它包括一般配合力和特殊配合力。要选出较理想的杂交组合，通过杂交实验进行配合力测定是一种必要的方法。

配合饲料（formula feed）即全价配合饲料，能直接用于饲喂动物的全价日粮配合饲料。它作为工业化生产的新产品，含义较广。凡按动物营养要求，由多种饲料原料科学配合而成的新产品均称为配合饲料。因此，它既包括最终新产品能直接用于饲喂的全价配合饲料，也包括最终新产品为中间类型的配合饲料，如预混合饲料、精料补充饲料及浓缩饲料。

Q

青贮饲料（silage）把新鲜的青饲料填入密闭的青贮窖内或塔里，经过微生物发酵而得到的一种多汁、具有特殊气味、耐贮藏的长年饲料。青贮饲料的原料较广泛，如一般青饲料、多汁饲料、菜叶、野草、树叶均可制作，特别是对某些本来不为家禽喜食的饲料或有毒的植物进行青贮（牧草、饲料作物或农副产品等在密封条件下，经过物理、化学、微生物等因素的相互作用后，在相当长的时间内仍能保持将其质量相对不变的一种保鲜技术），可使其变为可以利用的好饲料。

全价饲料（complete feed）即所含营养物质的种类、数量及其相互比例均能符合家畜营养需要的饲料。全价饲料的研究除包括其能量、蛋白质、粗纤维、钙、磷、食盐和胡萝卜素等的需要量外，还规定了各种必需氨基酸、多种微量元素以及多种维生素的需要量。全价饲料组成的日粮称"全价日粮"，又称"平衡日粮"。

R

人工授精（artificial breeding）用假阴道采集公畜精液，经检查和稀释，再用输精管将精液输到发情母畜的子宫颈或子宫内，以达到受精效果的过程。这样做可提高公畜的配种效率，充分扩大优良公畜的育种作用。

人畜共患病（zoonosis）人和家畜可相互传播的疫病，如炭疽病、布氏杆菌病、结核病、马鼻疽、狂犬病、猪丹毒、钩螺旋体病、血吸虫病等。人畜共患传染病主要在家畜间流行，但直接接触病畜及其分泌物、排泄物、畜产品，或在昆虫媒介的传播下，人亦可感染此病。

S

设施畜牧业（equipment stockbreeding）依托现代工程技术、材料技术、生物技术和生态技术，在系统工程原理的指导下以最小资源投入，营造可供动物生长的特定环境，以自动化或半自动化的工厂方式进行动物生产的高效集约型畜牧业生产活动。

兽医病理学（veterinary pathology）又称动物病理学，一门研究动物患病机体的机能、代谢和形态变化，从而探讨病畜的生命活动规律的学科。它包括兽医病理生理学和病理解剖学。

兽医寄生虫学（veterinary parasitology）一门研究寄生于动物的寄生虫及其所引起的疾病与如何防治的学科。其研究范围包括：寄生于家畜、家禽、鱼类、蜂、蚕、野生动物的寄生虫的形态学、分类学、发育史、生理生化、流行病学、致病机理及其所引起的疾病和防治措施等。寄生虫种类繁多，已发展为三个分支学科：兽医蠕虫学、兽医昆虫蜱螨学、兽医原虫学。它的基础理论学科是寄生虫的分类学、形态学、生态学；寄生虫的生理学和生物化学。

兽医解剖学（veterinary anatomy）一门主要研究家畜、家禽机体形态、结构及其与功能的关系和发生规律的学科。它是兽医学的重要基础学科，分为系统解剖学和局部解剖学。系统解剖学将全身构造依据功能分若干系统，并按系统顺次叙述所属各器官的形态结构与功能关系；局部解剖学则按机体的各个部位，由表及里、由浅入深叙述该区域所有构造的综合位置关系。

兽医内科学（veterinary medicine）一门研究动物非传染性内部器官（生殖器官除外）疾病为主的综合兽医临床学科。其研究内容包括：消化、呼吸、心脏、血管、血液及造血、神经、泌尿、内分泌等器官，营养与代谢，遗传免疫和中毒等疾病的病因、发病机理、病理学变化、临床症状、病程、预后、治疗和预防措施等。由于畜牧业的发展，兽医内科学在传统个体医学（散发病）的基础上，正向群体医学（群发病）发展。

兽医外科学（veterinary surgery）一门研究动物外科疾病的发生与发展规律、临床特征、诊断和防治的学科。它是兽医临床的重要组成部分。它的范畴在整个兽医学发展过程中不断变化，只用简单的内和外来分已没有实际意义。兽医外科学已有效地用于治疗许多内部疾病。当前，兽医外科病大致可分为：炎症、创伤、外科感染、肿瘤、眼病、四肢疾病、蹄病及护蹄，以及其他如肠胃阻塞、扭转和变位、尿路、闭塞和结石、创伤性心包疾病等。为了探讨研究疾病的发生发展规律，兽医外科应具备多方面的科学基础。

兽医微生物学（veterinary microbiology）一门研究引起畜禽疾病的致病性微生物的生物学特性，并利用微生物学和免疫学的知识和技术来诊断、预防和治疗畜禽传染病和人畜共患病的学科。它是传染病、卫生检查、生物制品、基因工程等学科的重要基础。

兽医学（veterinary medicine）又称动物医学，一门以生物学为基础，研究动物生命活动的规律，疾病的发生发展规律，并在此基础上对疾病进行诊断和防治的综合性学科。其基本任务是有效地防治家畜、伴侣动物、医学实验动物及其他观赏动物疾病的发生。它是生物医学及社会预防医学的重要组成部分。其分支学科包括：兽医解剖学、兽医组织学、兽医胚胎学、兽医生理学、兽医病理学等。

兽医药理学（veterinary pharmacology）一门研究药物与动物机体或病原体相互作用的学科。当药物进入机体或与病原体接触时，就会发生机体与药物之间的相互作用，一方面药物影响机体或机体内的病原体，表现出各种作用；另一方面机体也不断作用于药物，使之在体发位置上（如吸收、分布、排泄）和药物结构上的变化，失去或改变药物的作用而排出体外。

兽医诊断学（veterinary diagnostics）一门研究诊断畜禽疾病基本方法和理论的学科。其基本任务是对有关某种传染病的流行资料进行分析与综合，应用统计学的方法总结出其中诸如发病率、感染率、患病率、死亡率、致死率、带菌率、季节性、周期性，以及在年龄、性别、畜种等方面表现的特点，然后根据这些特点作出正确诊断。

饲料报酬（fodder returns）又称饲料转化率、饲料增重比，是指家畜体重每增加一公斤所消耗的饲料量或饲料单位量。可用下列公式计算：（1）饲料报酬＝饲料消耗重（kg）/畜体增重（kg）；（2）饲料报酬＝饲料单位消耗量/畜体增重（kg）。公式（2）更为精确。家畜每增加体重1kg所消耗的饲料量或饲料单位量越少，则饲料报酬越高；反之，则越低。

饲料添加剂（feed additive）在天然饲料的加工、调制、贮存和喂饲过程中，加入的各种微量营养性或非营养性物质的总称。其主要功能是促进家畜生长发育，完善饲料营养的全价性，改善饲料的适口性，提高饲料的利用率，保健防病，防止饲料贮存期品质劣化和改进畜产品的品质等。按照动物营养学观点，一般将饲料添加剂分为营养性添加剂和非营养性添加剂。前者包括微量元素、维生素和氨基酸添加剂等，后者包括生长促进剂、驱虫保健剂、着色剂、防霉剂和黏结剂等。

饲料学（feeding study）一门应用动物营养学原理，研究可饲物质的理化特性、生物学效价、生产、加工、贮存、卫生、质量控制、标准、法规、饲料数据库管理以及饲料经济等问题的学科。它是畜牧业与饲料工业的主要科学支柱。其任务在于阐明饲料的分类、物理化学特性、营养价值及其评定方法与原理、饲料营养成分分析方法与原理。

饲料转化率（feed conversion rate）又称饲料转化比，生产单位重量畜产品所需要的饲料消耗量，用比率作为度量单位。它是商业常用的生产指标。其表示公式为：饲料转化比＝饲料耗用量（kg）/增重或产蛋量（kg）。

W

微生物饲料（microorganism feed）在淀粉渣和其他饲料中培养曲霉、乳酸菌或其他霉类、细菌及酵母等，然后再进行加工处理而成的饲料。通过这种方法可增加饲料中蛋白质的含量及适口性。

X

畜牧业（animal husbandry）又称动物饲养业，利用动物自身的生长机能，用人工饲养、放牧、繁殖的方法以取得畜禽产品和役畜等的农业生产部门。它可为人民生活提供肉类、蛋品、乳品等副食品，为工业提供皮、毛、羽、骨等原料，以及在特定需要下提供役畜供人们役使。它分为放牧畜牧业、农区畜牧业和城郊畜牧业三大类型。

Y

易感动物（susceptible animal）对某种传染病病原体具有感受性的动物。家畜易感性的高低主要由畜体的遗传特征、特异免疫状态以及病原体种类和毒力强弱等因素决定。外界环境条件如气候、饲料、饲养管理卫生条件等因素都可能直接影响到畜禽的易感性。

营养性饲料添加剂（nutritive feedstuff additive）添加到配合饲料中的直接对动物发挥营养作用的少量或微量物质。它主要包括氨基酸、维生素、微量元素，还有一些具有特殊生理功能的其他营养性添加剂。

育种值（breeding value）即基因的加性效应值，控制一个数量性状的所有基因座上基因的加性效应总和。因其无法直接度量，一般只能根据表型值进行估测。可依据本身纪录，或祖先纪录、同胞纪录和后裔纪录的任一种资料单独测算，也可利用上述多种信息合并估计。依据的资料愈多，估计的结果愈接近正确，对提高育种效率的作用也愈大。在动物育种中，一般只对群体中头数少、作用大、后裔多、资料来源广的雄性个体估计育种值。

Z

中兽医学（traditional Chinese veterinary medicine）又称中国传统兽医学，研究中国传统兽医的理、法、方、药及针灸技术，以防治家畜疾病为主要内容的一门学科。中兽医学具有独特的理论体系。它从整体观念出发，以阴阳五行、脏腑、经络、病因病理学等基础理论为依据，通过四诊八纲，分析辩论，确定防治法则，因时因地选用植物药、动物和矿物药组成方剂，或在畜体上选用穴位，采用不同刺激方法防治家畜内科、外科及胎产疾病。随着中国畜牧业的发展，中兽医学已成为家畜病症防治的综合性学科。

（九）水产（Marine Products）

C

产卵洄游（spawning migration）又称生殖洄游，即鱼类每年在其性成熟发育过程中，按一定的路径向适宜于产卵的水域所做的集群移动。这种洄游一般有以下几种情况：(1)大黄鱼、小黄鱼、鲳鱼、鲐鱼等鱼类由外海游向近海或近岸的产卵洄游；(2)大马哈鱼、鲥鱼、银鱼、鲚鱼等鱼类由海洋游向江河的产卵洄游；(3)河鳗等鱼类由江河游向海洋的产卵洄游。另外，对虾等也有产卵洄游的习性。

池塘养殖（pond culture）利用人工开挖的或天然的池塘进行水生经济动、植物养殖的一种生产方式。池塘养殖在中国已有3000多年的历史。这种静水养鱼方式具有投资小、收益大、见效快、生产稳定、水体不易流失等特点，适宜不同习性和食性的鱼类品种进行混养，以便充分利用水体和饵料资源。中国池塘养殖面积约占水产养殖总面积的35%左右，而其产量约占总产量的65%以上。中国的池塘养殖对象主要是鲤科鱼类（如鲤、鲫、鲂、鲢、鳙等），也有一些鲻科（如鲻鱼、梭鱼等）、鲑科（如虹鳟）、丽鱼科（如罗非鱼）、鳗鲡科（如鳗鲡）、鳢科（如乌鳢）等鱼类。其中大部分属于温水性鱼类，也有少数是热带（罗非鱼）或冷水性鱼类（虹鳟）。

垂直洄游（vertical migration）水产动物为追逐饵料或适应不同生活阶段的要求及本身的生活习性所做的昼夜垂直移动。如东海的绿鳍马面鲀在产卵季节白天上浮，夜晚下沉，而产卵阶段的带鱼却相反。

F

发塘（cultivating fish fry）在池塘中将鱼苗饲养到夏花或乌仔（全长5～8cm的鱼苗）的过程。它包括清塘、肥水、鱼苗下塘、投饵及日常管理等。培育鱼苗的技术要求要比养殖成鱼高。这是由鱼苗体小、游动力弱、取食能力低、对外界环境条件和敌害生物侵袭的抵抗力差、新陈代谢水平高等特点所决定的。鱼苗培育方法多是采取肥水下塘，并投喂豆浆的养殖方式。发塘最重要的环节是培育基础生物饵料（即肥水），所以也有人把发塘称为在育苗池中培养饵料生物的生产过程。培养饵料生物要掌握科学的方法和时间。鱼苗下塘应正值轮虫繁殖高峰期，这样才能提高鱼苗的成活率和生长速度。

泛池（suffocation）又称泛塘，因水中严重缺氧而引起水生动物窒息死亡的现象。鱼类泛池主要是由于水中溶氧不足引起的。其具体原因有以下几点：（1）放养密度过大，水中溶氧供不应求。不同种类的鱼在不同生长阶段和不同水温条件下，对溶氧需求量各不相同。每种鱼类对溶氧的需求都有一个最低极限，当溶氧降至1mg/L时，草、鲢、鳙鱼就会浮头，降至0.4～0.6mg/L时就会窒息死亡。因此，要根据水中溶氧情况确定放养密度。（2）雷雨过后，由于池底水温比表层高，产生池水的急剧对流，使池底的腐殖质随之翻到上层，加速分解，消耗大量氧气造成池水严重缺氧。（3）投饵和施肥过量，造成水质过肥，浮游生物大量繁殖、耗氧量过大。（4）夏秋闷热季节，气压低、空气流通少，使氧气较少溶解到水中。（5）在浮游生物大量繁殖季节，大量浮游动物和鱼类争氧造成缺氧。

浮头（gasping for air）由于水域环境的变化，造成含氧量急剧下降，致使鱼类因缺氧而浮在水面吞食空气的现象。轻微的浮头可影响鱼类生长速度，严重浮头会造成大批鱼类死亡。对鱼类浮头发生的可能性进行预测的方法有以下几种：（1）天气闷热，水温升高，水质较肥，可能在下半夜发生浮头；（2）天气闷热，整日有雨或阵雨，气压低，可能在上半夜开始浮头；（3）鱼体无病，摄食突然减少或不愿吃食，可能要浮头；（4）水色突变，池底有机物大量分解或浮游生物大量死亡，也会引起鱼类浮头。鱼类从开始浮头到严重浮头要经历一段时间。这段时间的长短与水温的高低有关，若水温处于25～30℃，开始浮头后2～3小时之内不会有大的

危险；若水温在30℃以上时，开始浮头后一小时左右便会发展为严重浮头甚至泛池，有条件时最好用速氧精来缓解浮头。对于较大的池塘，增氧机开机之后不能停机，待日出、池水溶氧量上升后方能停机。水泵冲水增氧的能力也很有限，采用水泵冲水救鱼时，必须把水泵出水口贴于水面使新鲜水沿水平方向冲出，在池中形成一个高溶氧的区域，让浮头的鱼类聚集于此而获救。

G

工厂化养殖（industrial aquaculture）一种利用机械、生物、化学和自动控制等现代技术装备起来的车间进行水生动植物养殖的生产方式。它一般有循环过滤水式、温排水式、普通流水式和静水式等几种主要类型。中国海水鱼类的工厂化养殖是在潮上带建设的水、电、暖配套的陆基室内养殖系统，一般使用水泥池或玻璃钢水槽等进行高密度、集约化的养鱼生产。其优点在于技术先进、有利于保护环境、适应市场需求、高产高效，因而是一种科技型产业。中国的工厂化养殖主要集中在环渤海地区的山东、河北、辽宁、天津等省市。工厂化养殖的种类主要有牙鲆、星鲽、石鲽、半滑舌鳎、真鲷、黑鲷、鲈以及河豚等。

H

湖靛（blooming）池塘、湖泊等水体中的蓝藻大量繁殖，在水面形成的翠绿色的水花或薄层，有时在水体的下风处可形成厚厚的一层的现象。最常见的为铜绿色微藻及水花微囊藻。微囊藻在水温28～30℃、pH值8～9时繁殖很快，所以多发生在夏季和初秋季节。微囊藻是一种小细胞密集而成的群体，富含蛋白质，但外表有一层胶质膜包裹着，草、青、鲢、鳙鱼吃了不能消化，影响生长。尤其是大量的藻类死后，蛋白质很容易分解并生成羟胺和硫化氢等有害物质。这些有害物质在水中积累多了，不仅能毒死鱼类，就是牛、羊饮了这种水也会被毒死。当蓝藻大量繁殖时，在晚上会产生大量的二氧化碳，消耗大量的氧气，而且当蓝藻强烈进行光合作用，pH值上升到10左右时，可使鱼体中硫胺酶活性增加。在硫胺酶的作用下，鱼体中维生素B_1迅速发酵分解，导致鱼的中枢神经和末梢神经系统失灵，兴奋性增加，急剧活动，痉挛，身体失去平衡。

洄游（migration）水产动物所进行的周期性定向的长距离集群迁移。它主要分为产卵洄游（生殖洄

游)、索饵洄游、越冬洄游（季节性洄游）三种。此外，有些鱼类由于追索饵料，或为适应不同生活阶段的要求，也会做昼夜短距离的垂直洄游。鱼类在洄游的过程中常集合成群，定期在一定水域大量出现，形成某种鱼的渔期或可集中捕捞的渔场。掌握鱼类的洄游规律，可对渔情预报、渔场位置的预测、渔期始终的确定以及渔业资源的保护等提供重要的生物学依据。

J

季节洄游（seasonal migration）见越冬洄游。

集约化养殖（intensive culture）又称精养，一种在单位水体中苗种密度高、物质和能量投入多、管理精细、产出高的水生经济动植物的生产方式。它以"集中、密集、约制、节约"为前提，综合应用了现代科学技术的发展成果，以工业化生产方式安排生产，充分发挥了养殖群体的潜力。集约化、规模化的饲养方式，不但需要非常大的资金投入，而且必须具备科学的饲养知识。集约化水产养殖的方式主要有工厂化养鱼、流水养鱼、池塘循环流水养鱼和网箱养鱼等。不同的养殖对象所需要的集约化养殖条件和技术各有不同。目前，工厂化养鱼、流水养鱼和网箱养鱼的集约化程度和单产水平已高出一般池塘养殖的十多倍。

健康养殖（healthy aquaculture）一种采用投放健康苗种、投喂质量安全的全价饲料及人为控制养殖环境条件等技术措施，使养殖生物保持最适宜生长和发育的状态，以减少养殖病害发生、提高产品质量和养殖效益的养殖方式。实施健康养殖主要包括以下几个方面含义：（1）旨在实现安全高产；（2）改造养殖对象的生存环境；（3）使养殖对象的健康得到保障；（4）选择适宜的养殖模式，以混养轮养等生态养殖为主。根据不同水生动物的不同习性，利用养殖物不同的生理特征，合理利用水体的空间，保持良好的空间环境、水体环境和生态环境，进行生态防治，并按无公害标准要求生产，进行科学养殖，可保持持续发展。

降海洄游（catadromous migration）某些在淡水中生长的水产动物，在一定时期向海洋所做的洄游。例如鳗鲡，在淡水中生长，到成年（性成熟时）向江河下游移动，最后到深海产卵。

禁渔期（closed season）在规定水域内禁止对某种渔业资源的捕捞，或禁止某类渔具作业的时期。一般是对重要经济水产动物的产卵场、越冬场及产卵洄游的重要场所，以及幼体集中分布的水域或藻类自然繁殖场所，通过国家和地方政府的法令，或国际间的渔业协定，来规定某一时间内禁止捕捞。

禁渔区（closed area for fishing）全面禁止一切捕捞生产或某类渔具作业的水域。它和禁渔期的性质相同，只是禁渔期是对时间而言，禁渔区是对水域而论。

精养（intensive aquiculture）见集约化养殖。

K

糠虾幼体（mysis）某些甲壳类（部分十足目）个体发育中的后期幼体。它由蚤状幼体发育而成。体形似糠虾，故名。眼和背甲更为发达；头胸甲具额剑。胸肢为双肢型，游泳用。腹部发育完全，且有腹肢原基出现。如对虾，为发育中最后一期幼体，不久就蜕皮发育为幼虾。

扣蟹（juvenile crab）见蟹种。

L

轮捕轮放（catching and stocking in rotation）一种一年中分期分批捕捞大鱼，同时适当投放鱼种，以充分利用池塘来提高产量的养殖方法。轮捕轮放的方法有多种：（1）一次放足，分期捕捞，捕大留小。在冬季或初春有计划地投放各种不同规格鱼种，在一年中分2～3次捕捞，捕大留小。（2）分次放养，分次轮捕。每捕大鱼一次，同时放入相当于捕出数量的鱼种。（3）轮捕成鱼，套养鱼种。在每年7月份起捕一批商品鱼后，及时补入一定数量的夏花，可解决鱼池不足的情况。轮捕轮放有利于提高产量，充分利用水体，亦可减轻浮头，减少疾病。

Q

清塘（pond preparation）即在水产养殖动物放养前，用生石灰或其他消毒剂杀灭水体中的有害生物，改良水体环境，以提高水产养殖动物成活率和产量的技术措施。清塘的方法有干池清塘和带水清塘两种。实践中常用以下方法：（1）生石灰清塘。一种是利用干池清塘的方法，即先将塘水排干或留水深度5～10cm，每平方米水面用生石灰0.09～0.11kg。清塘时在塘底先挖几个小潭，然后把生石灰放入溶化，趁热均匀泼洒全池。第二天早晨再用长柄泥耙耙动塘泥，充分发挥石灰的消毒作用。清塘后经7～8天，药力消失，即可放鱼。另一种是用带水清塘的方法，每平方米水面每米水深用生石灰0.23kg，将生石灰放入容器中溶化后立即向全池泼洒。（2）漂白粉清塘。一般漂白粉含有效氯30%左右，其用量可按20g/m³左右计算，先将漂白粉加水溶化后，立即用木瓢全池泼洒，一般药力4~5天即可完全消失。药物清塘后的鱼池，无论使用哪一种药物，在鱼种下池前，先放试水鱼，防止发生死鱼事故。

S

设施渔业（installation fisheries）一种将工程技术、机械设备、监控仪表等现代工业技术用于渔业生产，实现高密度、高产值、高效益的标准化养殖模式。设施渔业是在20世纪中期发展起来的。其产业形式主要包括工厂化养殖、大水体循环养殖、网养（网箱、网围、网拦等）。

生态养殖（ecosystem culture）在一定的养殖空间和区域内，通过相应的技术和管理措施，使不同生物在同一环境中共同生长，实现保持生态平衡、提高养殖效益的一种养殖方式。其模式有：(1) 虾—鱼—贝—藻多池循环水生态养殖模式。该系统包括4个功能不同的养殖区，1个水处理区及1个应急排水渠。通过在封闭循环系统内不同池塘中放养生态位互补的经济动植物，对虾池水质环境进行生物调控。(2) "猪—沼—鱼"生态养殖模式。选址要考虑就近鱼池，便于沼肥施用。沼肥养鱼适用于以白花鲢为主要品种的鱼池，其他混养鱼（底层鱼）比例不超过40%。根据水体透明度掌握施肥量，水体透明度大的，浮游生物数量少的鱼池可增加施肥次数。其办法是每两天施一次沼液。当水体透明度回到25~30cm时，转入正常投肥。(3) 鱼鸭生态养殖模式。有直接混养、塘外养鸭、架上养鸭三种方式。

生物操纵技术（biomanipulation）对湖泊中的生物及其环境采取的一系列的控制措施。即对藻类特别是蓝藻的生物量的下降进行管理的技术。生物操纵也指以改善水质为目的对有机体自然种群的水生生物群落的控制管理。这种控制管理有如下两种理论：(1) 经典生物操纵理论：放养食鱼性鱼类以消除食浮游生物的鱼类，或捕除（或毒杀）湖中食浮游生物的鱼类，借此壮大浮游动物种群，然后依靠浮游动物来遏制藻类；(2) 非经典生物操纵理论：控制凶猛鱼类及放养食浮游生物的滤食性鱼类直接牧食蓝藻水华。

水产捕捞业（fishing industry）即在海洋或内陆水域中，利用网具、钓具、猎具以及其他捕捞工具，捕获野生的鱼类及其他水产经济动物的水产部门。它

是渔业的主要组成部分。按其生产的水域不同，分为远洋渔业、近海渔业、内陆水域捕捞业；按其捕捞对象所栖息的水层不同，可分为中上层渔业、底层渔业、深海渔业；按其捕捞所使用渔具的不同，可分为拖网渔业、围网渔业、流刺网渔业、钓渔业、定置网渔业等。某些捕捞对象，因在捕捞技术上具有特殊专业性，因此常用捕捞对象的名称来称谓，如捕鲸业、金枪渔业等。在科学技术和现代工业的支持下，水产捕捞生产装备了各种先进机械、仪器和动力装置，能适应各种海区和海况的作业。水产捕捞业的发展，必须保持资源的消长平衡，使资源得到保护和增殖，保持最大持续产量和最大经济效益。

水产养殖业（aquaculture）利用各种水域或滩涂从事养殖或栽培水产经济动植物的生产部门。它是渔业的组成部分。按其所利用的水域不同，分为淡水养殖业和海水养殖业。淡水养殖业中又可以分为池塘养殖业、天然大水面（湖泊、水库）增养殖业、工厂化养鱼业。按其养殖的对象不同，可以分为鱼类养殖、贝类养殖、虾类养殖、蟹类养殖和藻类栽培等。在渔业发展中，水产养殖业比水产捕捞业形成晚。

水产业（fishery）又称渔业，开发和利用水域，采集、捕捞与人工养殖各种有经济价值的水生动植物以获取水产品的生产部门。其开发利用的对象主要为鱼类，其次为虾、蟹、贝、藻、海兽以及其他水生经济动植物。它是广义农业的重要组成部分。按其水域可将其分为海洋渔业和淡水渔业；按其生产特性可分为养殖业和捕捞业。广义的水产业包括：(1) 直接渔业生产前部门：渔船、渔具、渔用仪器、渔用机械及其他渔用生产资料的生产和供应部门。(2) 直接生产后部门：水产的贮藏、加工、运输和销售部门。渔业生产的主要特点是以各种水域为基地，以具有再生性的水生经济动植物资源为对象，具有明显的区域性和季节性，初级产品具有鲜活、易变腐和商品性的特点。渔业是国民经济的一个重要部门。它所提供的蛋白质占世界蛋白质总消费量的6%。它所提供的动物性蛋白质占世界动物性蛋白质总消费量的24%。它还可以为农业提供肥料和饲料，为畜牧业提供精饲料，为食品、仪器、化工、医药等工业提供原料。

水产资源增殖保护（reproduction and protection of fishery resources）为增加群体的数量，而对水产经

济动植物所采取的合理利用、增殖和保护的措施。保护对象主要是那些产量大、价值高，资源数量易受人类生产活动影响的鱼、虾、蟹、贝、藻类等渔业资源。重点是保护仔、幼鱼。增殖保护的方法分为直接和间接两类。直接的方法有人工增殖、放养、人工移植驯化等。间接的方法有设置禁渔区与禁渔期、防止水质污染、实行轮捕制、限制不适当的作业形式、规定网目大小和捕捞长度及捕捞定额等。近年来，中国已陆续在近海及大江、大河、湖泊、水库等重要水域实行了夏季休渔制度，规定了禁渔期和禁渔区，对重要水生动物进行了增殖放流等保护措施。

水体透明度（transparency）光透入水体的程度。通常用透明度盘（萨氏盘）测定，即将直径 20cm 的黑白相间的圆盘沉入水中时所能看到的最大深度。其计量单位用 cm 表示。养殖水体透明度的高低，主要取决于水中悬浮物尤其是浮游植物的多少。故透明度大小不仅能影响水中浮游植物的光合作用，而且还能大致反映水中饵料生物丰歉程度和水质肥度。透明度越大，说明水体越瘦，水中浮游植物越少，光合作用也越弱。池塘中溶氧含量的绝大部分来自浮游植物的光合作用。透明度大时，光合作用的产氧量就会减少，会经常出现缺氧或低氧状态，影响生产力。一般养殖池塘的透明度在 20~40cm，超过 40cm 时就要适当施加肥料，使水体有一定量的浮游植物，以维持光合作用增氧的强度。

饲料系数（feed coefficient）又称增肉系数，即生产每单位重量水产品所需饲料数量的比值。如在一定时间内对鱼类投喂的饲料或混合饲料的总重量与鱼体在这段时间内增重量的比值。其计算公式为：饲料系数＝总投饲量/总增重量＝总投饲量/（起捕时鱼的总重量－放养时的总重量）。饲料的营养效果，还可用饲料效率来表示。其公式为：饲料效率＝鱼体增长的重量/所食饲料的重量×100%。饲料营养价值高，配比合理，其饲料系数即低，饲料效率就较高。某一种成分固定的饲料，随外界条件（水温、溶解氧）的不同，加工投喂方法的不同，鱼类种类及年龄等的不同，其饲料系数或饲料效率也会相应变化。

溯河洄游（anadromous migration）某些水产动物在性成熟时，从海中向原出生的江湖水域所做的洄游。部分海产鱼类性成熟时，在性激素刺激作用下，为寻求适宜的产卵场，常集成大群，在一定季节，沿一定路线，进入江河进行生殖。生殖结束后，部分种类仍回归海洋，部分旋即死去（香鱼等）。在溯河洄游季节，常形成重要的渔汛期。中国重要的溯河洄游鱼类逐渐减少，主要有银鱼、香鱼、鲚、鲥和鲑鱼等。

索饵洄游（feeding migration）即鱼类在肥育阶段向饵料生物丰富的水域所进行的移动。它一般发生于产卵洄游之后与越冬洄游之前。某些水产经济动物如鲸、对虾等也有索饵洄游的习性。人们掌握了鱼类索饵洄游的路线和场所后，就可以进行有效的捕捞。

W

网箱养殖（culture in net cage）一种利用网箱进行水生动物养殖的生产方式。网箱一般由合成纤维网线编织而成，装置在网箱架上，有浮动式、固定式、沉水式等。形状有长方形、方形、八角形、圆形等。面积一般为数平方米到数十平方米，大的也有达到几百平方米的。网箱的高度在淡水中一般为 2.5m，而在海水中可达 30m。适宜网箱养殖的水生动物品种包括池塘可养的种类（鲫、鳊、鲤、鳙）、引进种（虹鳟、罗非鱼、斑点叉尾）、肉食性鱼类（鲈、鳜、鲌），以及海水养殖品种等。由于网箱内外水体能不断交换，因此适于高密度放养，从而获得很高的产量。如网箱养鲤可达 $200kg/m^3$。

无节幼虫（nauplius stage）某个甲壳类个体发育中最早的幼虫形态。如对虾的发育过程，有 6 个幼虫期，即：无节幼虫、后无节幼虫、前蚤状幼虫、中蚤状幼虫、后蚤状幼虫、糠虾期等。无节幼虫为孵化后第一个极重要的幼虫形态。其体不分节，有 3 对简单的附肢，有单眼。幼虫需经蜕皮 6 次才变为前蚤状幼虫。

X

夏花（fry）又称鱼秧或乌仔，泛指春季孵化的鱼苗，经 20~30 天饲养后，体长达 3cm 左右的在夏季出池的鱼苗或鱼种。其主要取食浮游生物，也能食饲料，在放养前必须培肥水质，以繁殖天然饵料。放养后仍需投喂饲料。施放的肥料有人畜粪、水草以及无机肥料等。投喂的饲料有豆饼、糠麸、酒糟、芜萍、浮萍等。夏花在放养或运输前，常经过 1~2 次拉网锻炼，使其体质健壮，能经受搬运等操作。

蟹种（larval crab）又称扣蟹，在天然水体中成长或经人工培育数月，规格达 60~200 只/千克的性腺未成熟的幼蟹。幼蟹是成蟹养殖的苗种来源。判断蟹种的优劣的主要方法是一看、二爬、三查。

一看，即看蟹种的规格和外观。规格均匀、爪尖完整、内脏和鳃部无病变的为优质蟹种；规格不均匀、外观差、爪尖磨断或有焦点的为劣质蟹种。二爬，即将蟹种放在塘口的堤上让它爬。能自己爬下水的是优质蟹种，爬不走的蟹种是劣质蟹种。三查，即在一批蟹种中随机抽取10只进行检查。如果发现有1只蟹的肝脏发生病变，或有2只蟹鳃部发生病变，或有一只蟹的爪尖磨断或发焦，或有3只蟹有缺肢、断肢痕迹，或有2～3只蟹全身呈浅茶褐色，这批蟹种便是劣质蟹种，不能购买。否则，第一批蟹蜕壳时会大量死亡。

循环水养殖（circulating water aquaculture）即从鱼池排出的污水，通过净化系统，除去水中的代谢产物和残饵后，重新作为水源进入鱼池的一种封闭式的流水养鱼系统。它是工厂化养鱼的一种类型。循环水养鱼系统，1882年起源于荷兰水族馆。20世纪60年代，在不少国家受到工业污染的影响下，它得以发展到用来进行鱼、虾等的苗种培育和商品鱼的饲养。目前，采用这种养鱼系统的历史最高月产量可达150kg/m³左右。

Y

养鱼八字经（aquaculture experience）即科学养鱼，实行"水、种、饵、管、密、混、轮、防"八字精养的方法。它是中国池塘养鱼经验的科学总结。其中水、种、饵是水产养殖的基本条件。"水"是鱼类的生活载体，包括水源、水质、面积、水深、水温；"种"是指种苗的品质、规格、体质；"饵"是指要保证鱼类营养需要的饵料，包括饵料的质地、适口性、数量等；"密"是指成鱼养殖中鱼种放养要掌握好合理的密度；"混"是指要将多品种、多规格鱼类放在同一池中养殖，以此来发挥池塘立体效益；"轮"是指要实行轮捕轮放，提大养小、捕大放小，使鱼池保持稳定载鱼量；"防"是指要做好鱼病的防与治；"管"是指搞好日常管理工作。

幼鱼（juvenile fish）具有与成鱼相同的形态特征，但性腺尚未发育成熟的鱼类个体。它们的造型宛若成年鱼的微缩品。各鳍性状明显，鱼体色泽基本明朗，与成年鱼外形并无较大差别。一般来说，仔鱼经4～5周的饲养后可生长成理想的幼鱼个体。幼鱼的活动和体质状况都已经明显地超过了仔鱼，求食欲望强烈，食量也大，饵料和成年鱼接近。身体的增长和骨骼的生长发育速度是鱼一生中最快的阶段，一般经历4～5个月的饲养，幼鱼就基本可发育成大鱼的模样。

鱼苗（fry）又称鱼花，受精卵发育出膜后至卵黄囊基本消失、鳔充气、能平游和主动摄食阶段的仔鱼。即从鱼卵孵出不久的小鱼。其体长一般为6～9 mm。依其孵出时间的长短，可分为嫩口鱼苗和老口鱼苗。嫩口鱼苗为孵化后0.5～2天的个体，它的鳃尚未出现，鱼体透明，色素较少，尾鳍和背鳍尚未分化。老口鱼苗为孵出3～7天的个体，鳍已形成，可在水中作水平游动，体上出现较多色素，尾鳍和背鳍分化。养殖鱼苗的来源有采捕天然鱼苗和进行人工繁殖两种。健壮的鱼苗一般体色鲜嫩，体形肥满匀称，大小齐一，游动活泼。

鱼种（fingerling）鱼苗生长发育至体被鳞片、长全鳍条且外观已具有成体基本特征的幼鱼。它是用以养殖成鱼的幼鱼。由鱼苗经一段时间饲养而成。因出塘季节的不同，有多种名称。在夏季出塘，体长3 cm左右的鱼种称"夏花"。夏花继续培育至6～18cm，在冬季出塘，此时的鱼种称"冬花"（冬片）。越冬后春季出塘的鱼种称"春花"（春片）。冬花及春花又称"仔口鱼种"。仔口鱼种再经一年左右培育，体重长至0.25kg左右的称"老口鱼种"或"过池鱼种"。培育鱼种，需经彻底清塘，并进行合理的混养。选择的鱼苗应规格整齐，个体肥壮，游动活泼。饲养过程中应注意投饵、施肥和防病。对越冬的鱼种，需在冬季前进行并塘处置。

渔法（fisheries act）泛指捕捞过程中的生产操作技术。狭义的渔法，仅指操作渔具达到捕捞目的。广义的渔法，还包括作业前的准备、寻找渔场、掌握渔场和渔群探测以及渔船捕捞操作技术等。由于捕捞对象、渔场环境和使用工具不同，渔法在不同情况下有很大差距。

渔业许可制度（license system of fishery）国家为保护与合理利用渔业资源、控制捕捞强度、调整渔业生产结构、维护渔业生产秩序等所实施的禁止自由渔业活动的一系列规章制度。捕捞许可制度是渔业许可制度的一种，是指凡欲从事渔业捕捞生产，必须事先向渔业行政主管部门及其渔政渔港监督管理机构提出申请，经审核批准并取得许可证后方能从事捕捞生产的制度。

渔业资源（fishery resources）在天然水域中蕴藏的经济动植物的种类及其数量。它包括幼体与成体两部分。水产资源蕴藏量的颤动及种群的消长，除了与自然环境、海流、水温、底质、有机盐类等的影响有关外，同时也与人们的合理采捕、亲幼体保护、水域生态系统的平衡等因素有密切关系。约占地球表面积71%的海洋蕴藏着丰富的鱼类和其他经济水产动物。已知生活在海洋中的生物种类约有17万种，其中动物有15万种左右，植物2万种左右。

越冬洄游（winter migration）又称季节洄游，即鱼类在冬季为寻求适宜的水温、海底地形等所做的移动。它通常在索饵洄游之后进行，洄游路径和地点，主要受水温和海流的影响。栖息于外海、大洋的鱼类，如金枪鱼、鲐鱼、鲹鱼等，在春夏季节常向水温较低的北方海区洄游，到秋冬季节又向水温较高的南方海区洄游。栖息于近海的鱼类，如大黄鱼、带鱼，在春夏季节也常向较浅海区洄游，秋冬季节向较深海区洄游。

Z

蚤状幼体（zoea stage）系高等甲壳类，主要是十足目继前水蚤幼虫之幼体。在形成有柄眼后，于背甲（头胸甲）的前方中央生出喙状突起。头胸部附肢共计3+5对，腹肢前方的5对刚萌出，第6对在此之前已接近完成，继而构成尾叉和尾扇。一般认为，蟹在蚤状幼体期孵化，但此时已可以发现后方胸肢的痕迹，故应以在后水蚤幼虫期孵化为正确。除具前端的喙状突起（前刺）外，还具有背部突起（中背刺）和左右之突起（侧刺），这是虾的蚤状幼体之特征。触角极短，与运动无关，利用2对叉型的颚足和腹部的伸屈运动进行游泳。

增肉系数（conversion coefficient）见饲料系数。

综合养殖（comprehensive culture）以水产养殖为主，兼营作物栽培和畜禽饲养，实行综合经营（如都市休闲渔业、垂钓渔业、观光度假等）与综合利用的生产方式。渔业是综合渔业的主体，它同农业、果林业、畜禽业、虫菌及工副业一起，构成综合渔业的第一层次；渔业内部的鱼类养殖与虾、蟹、贝等名贵水产品构成生产结构的第二层；鱼类养殖中苗种繁殖与养捕结构，构成了综合渔业结构的第三层次。综合渔业可以建立没有废弃物的人工生态体系；可以根据市场需要，调整生产结构；可以降低水产养殖成本，提高经济效益。

（十）特色农业（Distinctive Agriculture）

B

白色农业（white agriculture）微生物资源产业化的工业型新农业。包括高科技生物工程的发酵工程和酶工程。因其生产环境高度洁净，生产过程不存在污染，产品安全、无毒副作用，以及工作人员在车间穿戴白色工作服、帽从事劳动生产，故形象地称之为"白色农业"。其研究应用领域包括：微生物食品、微生物饲料、微生物肥料、微生物农药、微生物兽药、微生物能源和微生物生态环境保护剂等。

C

草地农业（grassland farming）又称有畜农业，以土地—植物—动物三位为一体，草地、农田、林地相结合的农业生产活动。具有生产的系统性、稳定性和丰富性。这种农业以草地为主体，以畜牧为纽带，以土地为基础，能充分发挥牧草特别是豆科牧草的作用。它把草地牧草、农作物产品和副产物、林地牧草、树木嫩枝叶等有机物质，通过家畜转化为人们必需的畜产品。它通过农业系统本身的物质能量循环、流动，以维护系统的生态环境，提高土壤肥力，充分发挥自然资源的优势，获取最大的经济效益和最佳生态效益。典型草地农业模式，人工草地面积不少于农用面积的25%，畜牧生产比重占农业总产值的50%左右，并有与不同生产部门结合联系的功能。

层状农业（stereo farming）见立体农业。

产地认定（origin certificate）商品生产主管部门对特定产品的产地进行认证的一种活动。它是国家主管部门对特定商品进行跟踪监管的一种方式。产地认定后，颁发产地认证证书，证明该产品具有某种品质特性。中国在安全食品生产中，各省均制定了安全食品产地认证办法和标准，实施了产地认定管理制度。

城郊型农业（suburb agriculture）在城市周围，专为城区市民提供蔬菜、肉、蛋、奶等副食品，并受城区市民收入水平制约的农业。它具有机械化、集约化、设施化及高效化的鲜明特点。

D

大都市农业（metropolis agriculture）一种在大都市特殊地域和特殊社会经济背景下，所产生的现代化农业。它融合了现代都市的高新技术和企业化的经营管理模式，不仅具有生产性功能，还具有生活性功能、生态性功能和教育性功能等，集中体现了大农业的思想。它要实现多元化拓展，除了要具备最基本的商品生产功能以外，还应当具备生态建设、休闲旅游、文化教育、出口创汇、示范辐射等直接和间接的多重功能。

滴灌（drip irrigation）一种以微灌系统尾部毛管上的灌水器为滴头，或滴头与毛管制成一体的滴灌带，将有一定压力的水消能后，滴入作物根部进行灌溉的方法。在使用中，可以将毛管和灌水器放在地面上，也可以埋入地下 30～40cm 处。前者称为"地表滴灌"，后者称为"地下滴灌"。滴头的流量一般为 2～12L/h，使用压力为 50～150kPa。

电脑农业（computer agriculture）即智能化农业信息技术应用示范工程。它是运用人工智能理论和技术，通过软件工程师编制出来能够指导农业生产的程序系统。它能模仿专家的思维过程进行推理判断、解答问题，能在农业活动中起到类似农业专家的作用。它可应用于农业的各个领域，如作物栽培、植物保护、配方施肥、农业经济分析和市场销售管理等。

订单农业（order form agriculture）在农业生产之前，农民与企业或中介组织签订具有法律效力的产销合同，由此来确定双方相应的权利与义务，农民根据合同组织生产，企业或中介组织按合同收购产品的农业经营形式。订单农业主要有以下几种形式：（1）农户＋龙头企业：主要依托龙头企业或引入外资，由公司牵头，与农户签订产销合同；（2）农户＋中介组织或经纪人：依托中介组织发展农业生产与经营；（3）农户＋专业批发市场：主要依托专业批发市场进行农产品的生产与销售；（4）农户＋科研单位：主要依托科研技术服务部门签订农作物种植合同，发展种植业生产与营销；（5）农技部门、企业或客商通过反租倒包耕地，组织生产订单农产品。

G

高产优质高效农业（high productivity quality and efficiency agriculture）单位产出多、产品质量优、综合效益高的农业体系。其遵循自然规律和社会经济规律的要求，在农、林、牧、副、渔业及农产品加工、储运、服务等行业中，运用先进的生产技术和科学管理手段，综合开发利用自然资源和社会资源，合理配置生产要素，以市场为导向，实行劳动和技术密集型生产经营，以改善生态环境、增加单位产出，达到提高产品质量和经济效益、社会效益、生态效益的目的。发展高产优质高效农业，是建设现代化农业的根本途径。它对于改造传统农业、调整农村产业结构、保证农产品的社会有效供给、增加农民收入等，具有重要意义。

工程农业（engineering agriculture）以生物技术和工程技术为支撑，利用独特的生产设施进行农业生产的农业形式。它包括设施农业、节水农业、旱作农业、精准农业等。以色列节水农业和荷兰设施农业就是工程农业模式的典范。近年来，美国、加拿大、法国等发达国家出现的精准农业，主要是应用全球定位系统、地理信息系统、遥感技术等高科技手段开展田间管理。中国依据开源与节流并举的原则，长期推广旱作农业技术。

H

"黄箱"政策（Yellow Box Policy）世界贸易组织在《农业协议》中要求各国作削减和约束承诺的国内支持与补贴措施，主要指那些容易引起农产品贸易扭曲的政策措施。它包括政府对农产品的直接价格干预和补贴，种子、肥料、灌溉等农业投入品补贴、农产品营销贷款补贴、休耕补贴等。属于"黄箱政策"范围的农业补贴，叫"黄箱政策"补贴。《农业协议》规定用综合支持量来衡量"黄箱政策"补贴的大小，并要求在约束该类补贴的基础上，逐步予以削减。《农业协议》规定需要削减承诺的"黄箱"政策包括下述范围：价格支持；营销贷款；面积补贴；牲畜数量补贴；种子、肥料、灌溉等投入补贴；某些有补贴的贷款计划。发展中国家的一些"黄箱"政策也列入免予削减的范围，主要包括：农业投资补贴；对低收入或资源贫乏地区生产者提供的农业投入品补贴；为鼓励生产者不生产违禁麻醉作物而提供的支持。《农业协议》规定，本来应属于"黄箱政策"的一些补贴，如果与农产品限产计划有关的（如休耕补贴等）可纳入"蓝箱政策"，列入基期总综合支持量的计算，但免予削减承诺，不受《农业协议》的约束和限制，有关国家可以自行决定政策的调整以便按要求削减综合支持量。

J

集约农业（intensive agriculture）依靠各种要素的提高，在资源配置和管理更加科学合理的前提下，来提高单产，从而实现增产目标的农业生产活动。它包括农产品加工、储藏、保鲜、运输、销售等环节。

节水农业（water-saving agriculture）在加强管理、保护水质、防止污染的基础上，科学用水、节约用水的农业。在保证效果的前提下，尽可能节约农业用水，是节水农业的宗旨。它要求对传统的灌溉技术进行改革。

精品农业（excellent agriculture）就是以生产高质量的农产品为目的，打造出优质农产品品牌的农业生产方式。发展精品农业就是要发展优质、品牌、高效农业。

精准农业（precision agriculture）根据空间变异，定位、定时、定量地实施一整套现代化农事操作技术与管理的系统。它由现代信息技术支持的全球定位系统、农田信息采集系统、农田遥感监测系统、农田地理信息系统、农业专家系统、智能化农机具系统、环境监测系统、土壤养分信息管理、网络化管理系统和培训系统等10个系统组成。其核心意图是实时测知作物（畜禽）个体或小群体或微小地块上生产及病情的实际情况，进而确定其针对投入（肥、水、药、料等）的最佳量、质和时机，以求最低投入换取最优效果。如利用计算机分析市场趋势和经济效益，确定栽培种类、品种和面积；根据叶片分析和土壤、植物含水量进行配方施肥和适时适量浇水等。

K

可持续农业（sustainable agriculture）一种综合兼顾了产量、质量、效益和环境等因素的农业生产模式。即在不破坏环境和资源、不损害后代利益的前提下，实现当代人对农产品供需平衡的农业发展模式。关于可持续农业的概念，最初农学家多从农业，特别是粮食的生产考虑，认为可持续农业就是粮食产量的持续稳定增加；环境学家则认为可持续农业就是农业发展与生态环境的协调发展，实现对资源的永续利用；经济学家则关注农业短期经济效益与长期效益的统一；社会学家则更多地关心农业传统文化和技术的保存与发展等。随着理论和实践的发展，可持续农业的概念主要集中在两方面：

（1）保护人类及其后代能够在地球上继续生存与发展；（2）保持资源的供需平衡和环境的良性循环。

可控农业（controllable agriculture）见设施农业。

L

"蓝箱"政策（Blue Box Policy）世界贸易组织在《农业协议》中对一些与限制生产计划相关，不计入综合支持量的补贴。《农业协议》规定与限产计划相关的支付，如休耕地差额补贴，可免予减让承诺。中国因财力有限，目前还没有实施这类政策。

立体绿色农业（multi-storied green agriculture）其定义主要有三种观点：（1）立体绿色农业是利用农业方面的现代科学技术成果，在继承和发展传统生态农业精华的基础上形成的新型农业。它着眼于方法创新，将光、热、水、气、土等自然环境资源和社会资源的多梯度利用集于一体，防治污染，崇尚自然，将尽可能多的资源转化为安全的生物产品，从而扩大土地和空间的利用，提高农业生态系统的绿色生产力，改善乡村的生态环境。（2）立体绿色农业是利用植物、动物和微生物对外界环境要求的时间差、空间差和生物差的特点，在一定土地（或水域）或一定区域内建立起来的多物种和谐共处、多层次协调配置、多级质良性循环、农产品绿色度高（无污染物介入）的新型农业生产结构。（3）立体绿色农业是指在生物种植或饲养过程中，根据生物群落对气候、土质、雨量、阳光、温度等有不同的需求而建立的充分利用空间、资源来生产安全农副产品，借以提高农业生产效益的农业模式。以上三种观点虽有差别，但其中心都是优化生产结构，有效利用资源，综合防治污染，生产安全食品。立体绿色农业是立体设计与绿色思维在农业中的应用。

立体农业（multi-storied agriculture）又称层状农业，在一定的区域范围内，或在一定的土地、水域面积内，充分利用空间、时间、光热等条件，建立多层次配置与多生物共处的一种立体种植、立体养殖或养加工结合经营的高产高效农业的生产方式。其主要内容包括：（1）根据不同生物物种的特性进行垂直空间的多层配置；（2）自然资源的深度利用，主产品的多级、深度加工和副产品的循环利用；（3）技术形成的多元复合。它可分为以下两种基本类型：一是异基面立体农业，是指不同海拔、地形、地貌条件下呈现出的农业布局差异。如云贵高原在河谷地带和低山区水田以农作物—水稻一年二熟为主，旱地以小麦—玉米—甘薯一年三熟或二熟为主，还可以种植热带、亚热带瓜果；半山区以一年一熟水稻或一年二熟旱作物为主；高山区只种植玉米、马铃薯、荞麦等一年一熟旱粮。二是同基面立体农业，是指同一块地上的间混套作及兼养动物、微生物的立体促养系统。如林粮或粮菜间作、稻田养鱼、农田插种食用菌等。

旅游农业（tourism agriculture）与旅游相结合的一种消遣性农事活动。农民利用当地有利的自然条件开辟活动场所，提供生活设施，招揽游客，以增加收入。旅游活动的内容除游览风景外，还有林间狩猎、水面垂钓、采摘果实等农事活动。有的国家以此作为农村综合发展的一项措施。

绿色农业（green agriculture）生产并加工销售绿色食品的农业生产经营方式。它以"绿色环境"、"绿色技术"、"绿色产品"为主体，促使过分依赖化肥、农药的化学农业向生态农业转变。它涉及两个基本内容：（1）农产品质量安全：涉及有机、绿色、无公害和转基因食品；（2）三绿工程：即开辟绿色通道，提倡绿色消费，培育绿色市场。

绿色企业（green enterprises）按照国内、国际标准和有关法律、法规，从事生产经营无污染、无公害、优质安全、保证人类身体健康和有利于保护生态环境，造福子孙后代，实施可持续发展战略，生产出适于人类生活所需要的生产资料和生活资料的营利性的经济组织。绿色企业应具备的条件：（1）生产绿色产品的原料必须无污染，无污染原料应来源于最佳生态环境，特别是绿色食品和有机食品的生产，应在具备经过监测合格的高科技原料基地进行。（2）绿色企业必须具备生产绿色产品的厂房、车间、设备，以及环境监测、化验、分析等方面的手段和必要的科技人才。（3）绿色企业除按国家规定向工商行政管理部门注册登记，向税务部门进行税务登记，向卫生部门进行登记外，还应按不同绿色产品分别取得"环保标志"、"绿色食品标志"和"有机食品标志"。必要时进行国际ISO14000与ISO9000国际认证。（4）绿色企业的包装必须具备绿色包装条件，其包装废弃物不能对环境造成污染。（5）绿色企业应具备绿色产品生产的高科技、现代化管理体制和拥有企业运行资金并取得法人资格。（6）绿色企业应具备科学化、集约化、运营机制和产品高科技、高附加值、高市场占有率、产品成本低和产品无污染、无公害及实现可持续发展等优势条件。

绿色证书（green certificate）农民达到从事基本

农业技术工作应具备的基本知识和技能要求时，经当地政府或行业管理部门认可后所发的从业资格凭证。它是农民从业的岗位合格证书。不同的岗位，颁发证书名称不尽相同，如农民技术资格书、农机驾驶证、农村会计证等。

绿色证书工程（Green Certificate Project）通过培养千万农民技术骨干，全面提高农民的科学文化素质，广泛地推广农业科技成果，依靠科技进步和提高劳动者素质，全面振兴农村经济的系统工程。有关部门在借鉴国外农民培训经验和总结中国农民职业技术教育实践的基础上，从1990年起，开展"绿色证书"制度试点工作。1994年，开始全面组织实施"绿色证书"工程，主要是按农业生产岗位规范要求，对广大农民开展技术培训，培养农民技术骨干。通过大力开展"绿色证书"培训，在农村培养建立一支觉悟高、懂科技、善经营、会管理的农民技术骨干队伍，使之成为社会主义新农村建设的中坚力量。

绿色证书制度（green certificate system）中国政府以立法、行政等手段确立的，以全面提高农民技术业务素质、广泛推广应用农业科技成果、振兴农村经济为目的的专业培训之后持证上岗的制度。

"绿箱"政策（Green Box Policy）世界贸易组织在《农业协议》中不要求约束和削减承诺的国内支持与补贴措施。《农业协议》规定政府执行某项农业计划时，其费用由纳税人负担而不是从消费者转移而来，没有或仅有最微小的贸易扭曲作用。对农产品生产影响很小的支持措施，以及不对生产者提供价格支持作用的补贴措施，均被认为是"绿箱"措施。属于该类措施的补贴被认为是"绿箱补贴"，任何国家均可免除削减义务。"绿箱"政策措施主要包括：一般农业服务，如农业科研、病虫害控制、培训、推广和咨询服务、检验服务、农产品市场促销服务、农业基础设施建设等；粮食安全储备补贴；粮食援助补贴；与生产不挂钩的收入补贴；收入保险计划；自然灾害救济补贴；农业生产者退休或转业补贴；农业资源储备补贴；农业结构调整投资补贴；农业环境保护补贴；地区援助补贴。

N

农产品质量安全绿色行动（green action of the quality and safety of farm products）2006年由中国农业部组织实施的旨在为加快农业标准化，健全农产品市场、农产品质量安全体系，发展高产、优质、高效、生态、安全农业的重大行动。中国农业部决定，从2006年起组织实施农产品质量安全绿色行动。其重点工作目标有：加强农资产品质量监管工作，加快农业标准化示范和认证工作，加强与WTO相关的技术性贸易措施（如SPS/TBT等）研究工作，抓紧启动《全国农产品质量安全检验检测体系建设规划》，强化对农产品质量安全监测监控，搞好农产品批发市场改造，扩大农业部定点市场规模，推进农产品营销促销工作和启动农产品品牌化工作。

农田生态控制（farmland ecology control）利用生态学原理，充分认识与理解不同农田生态系统的主要特征与规律，并使之健康运行的系统工程。即在农田生态系统整体水平上，充分利用作物、有害生物（病、虫、草、鼠）和有益生物（天敌）之间的相互依存、相互制约关系，采用生态学手段，创造有利于天敌或有益微生物增殖和不利于害虫或病原微生物生存的环境条件，尽可能地发挥有益微生物的自然控制作用，将有害生物控制在经济危害水平以下，从而优化农田生态系统的结构和功能。在生态控制中，应特别重视作物自身抗性、农业防治（国外称栽培防治）和生物防治等调控技术的灵活应用。

农业现代化（agricultural modernization）以保障农产品供给、增加农民收入、促进可持续发展为目标，以提高农业劳动生产率、资源产出率和商品率为途径，以现代科技和装备为支撑，在家庭承包经营的基础上，在市场机制和政府调控的综合作用下，建成农工贸紧密衔接、产加销融为一体、多元化的产业形态和多功能的产业体系。

Q

区位农业（location agriculture）按照不同区域的地理特征和区位条件，进行科学的生产分工和区域布局，发展具有比较优势的农产品生产，从而实现区域生产专业化，形成具有特色的专业化产业带的农业生产方式。中国地域广阔，区域差异显著，目前已基本形成了如下格局：南方双季稻、黄淮冬小麦和夏玉米、东北春玉米和大豆、西北和华北杂粮等粮食主产区；新疆内陆、长江流域、黄河流域三大棉区；长江油菜带、黄淮花生等油料产区；华南和西南甘蔗、东北西北甜菜糖料产区；长江柑橘带、黄河故道苹果带等。

R

软管滴灌法（hose drip irrigation method）即温室灌溉技术，一种将软管直接铺设在作物畦面上，并利用其双上孔滴罐带灌水的节水增产灌溉技术。它是专为大棚温室生产而开发的，属于局部灌溉，使地面局部湿润，无积水且水汽蒸发较少，能为棚内作物生长提供良好的环境。

S

设施农业（facility agriculture）又称可控农业，通过采用现代化农业工程和机械技术，来改变自然环境，为动植物生存、发育提供相对可控制甚至最适宜的温度、湿度、光照、水肥和气候等环境条件，而在一定程度上能在摆脱对自然环境的依赖下进行有效生产的农业。它具有高投入、高技术含量、高品质、高产量和高效益等特点，是最具活力的现代新农业。它是涵盖建筑、材料、机械、自动控制、品种、园艺技术、栽培技术和管理等学科的系统工程。其发达程度是体现农业现代化水平的重要标志之一。它包括设施栽培、设施饲养、各类型玻璃温室、塑料大棚、连栋大棚、中小型塑棚及地膜覆盖，还包括所有进行农业生产的保护设施。设施栽培可充分发挥作物的增产潜力，增加产量。由于其有保护设施，因而防止了许多病虫害的侵袭；在生产过程中不需要使用农药或很少使用农药，从而改善商品品质，并能使作物反季节生长，在有限的空间中生产出高品质的作物。

设施园艺（facility horticulture）综合运用现代新技术、新设备和管理方法而发展起来的全面机械化、自动化的技术密集型园艺业。它主要是利用覆盖塑料薄膜或建造玻璃温室，来人工调节阳光、温度和水分，创造适宜农作物生长的环境，变"春种秋收，夏管冬藏"为"四季常青，全年收获"的农事程序，在人工控制环境条件下连续作业。试验表明，各类蔬菜采用岩棉栽培、袋培、水培、营养液膜栽等方式，通过电脑调节环境因素和栽培措施，进行监控和管理，并根据蔬菜生长的需要，电脑指令整个系统调节适宜的光、温、水和二氧化碳及营养成分的浓度等，完成育苗、移栽、收获、清洗、包装等全部生产程序。

渗灌（porous irrigation）将微灌系统尾部的灌水器埋入地表下 $30\sim40\mathrm{cm}$ 处，使低压水通过渗水毛管管壁的毛细孔，以渗流的形式湿润其周围土壤的一种灌溉方法。由于它能减少土壤表面水分蒸发，因而是用水量最省的一种微灌技术。其渗灌毛管的流量为 $2\sim3\mathrm{L/h}$。

生态农业（ecological agriculture）以生态经济系统原理为指导建立起来的资源、环境、效率、效益兼顾的综合性农业生产体系。即按照生态学原理，建立和管理一个生态上自我维持的低输入、经济上可行的农业生产系统。该系统能在长时间内不对其周围环境造成明显改变的情况下具有最大的生产力。中国生态农业包括农、林、牧、副、渔和某些城镇企业在内的多成分、多层次、多部门相结合的复合农业系统。生态农业以保持和改善该系统内的生态动态平衡为总体规划的主导思想，合理安排生产结构和产品布局，努力提高太阳能的固定率和利用率，促进物质在系统内部的循环利用和多次重复利用。它能尽可能地减少燃料、肥料、饲料和其他原料的输入，以求得尽可能多的农、林、牧、副、渔产品及其加工制品的输出，从而获得生产发展、生态环境保护、能源再生利用、经济效益良好四者统一的综合性效果。

生物农场（biological farm）由社区居民交钱入股兴办，并将生产出来的无公害产品，定期分配给居民的一种农场。在生物农场的耕作中从不施用化肥，仅施用专用有机肥。这些有机肥是将畜禽粪便、人类粪便和绿肥、剩饭剩菜等混合在一起，加上催化剂后发酵所形成的。施用此类有机肥，不但能提高农作物营养，促进农作物生长，而且能减少化肥对环境的污染。在生物农场中，禁止施用杀虫剂。生物农场着力于对病虫害的预防，如依靠田园里多种植物吸引各种各样的昆虫，使农场昆虫间互有制约，并种植抗病虫害的品种等措施，来有效减少农作物病虫害的发生。

数字农业（digital agriculture）将遥感、地理信息、全球定位系统，以及电脑、通讯和网络、自动化设备等高新技术，与地理学、农学、生态学、植物生理学、土壤学等基础学科有机结合起来的一个系统。它对农作物生长发育、病虫害发生、水肥状况变化及相应的环境因素进行实时监测，并定期获取信息，建立动态空间多维系统，从而模拟农业生产过程中的耕种现象，达到合理利用农业资源、降低生产成本、改善生态环境、提高农作物产量和质量的目的。事实上，数字农业是一个学术性很强的综合概念。目前，与数字农业技术体系有关的理论基础与应用技术研究，已经成为主要发达国家发展农业高新技术的侧重点，成为极其活跃的领域。

T

特色农业（characteristic agriculture）其生产方式与传统的、自然的、普通的农业相比，某些特点别具特色的农业。其范畴为：利用农业设施进行生产的设施农业、实行农产品无公害生产的无公害农业、保持生态及生物动态平衡的生态农业、讲求可持续发展的可持续农业、进行立体种养的立体农业、追求高投入高产出的集约农业、以观光旅游为主要目的的观光旅游农业、以生产农产品中之精品的精品农业、进行精密种养的精准农业、订单农业、信息农业等。

庭院经济（courtyard economy）农户充分利用家庭院落的空间和多种资源，来从事高度集约化商品生产的一种经营方式。它主要包括种植业、养殖业、加工业。有的以其中一业为主从事专业化生产；有的种、养、加并举，综合经营；有的利用有限空间发展立体种养业。其重要作用有：（1）经济性。可以利用院落占用的土地资源、利用闲散劳力和不宜到大田劳动的劳力，通过系统组合，使生产中的各种废弃物得到充分利用，用较少投入获得比较高的效益。（2）满足社会的各种需求，增加农户的经济收入。庭院经济通过适当改造，能尽快生产出各种名、优、特产品。一个普通庭院通过3～5年的时间就可以较快地转变成为高效的院落生态系统。（3）美化居住环境。庭院经济可以把经济建设和环境建设有机地结合起来，既可获得较高的经济效益，又美化了生活环境，使经济效益、生态效益和社会效益实现高度统一。（4）庭院经济还为新技术在农村的推广提供了一个有效的试验点。

W

外向型农业（agriculture for export）国家或地区面向国际市场，借助国际分工来实现扩大再生产的农业。其发展的出发点、立足点是同国际市场进行广泛的生产要素和最终产品的双向交流，借助于国际市场来完成再生产的循环活动，建立起同国际市场需求变化相适应的生产结构、产品结构、技术结构和组织结构，形成符合国际规范、有利于双向交流的农业运行机制和宏观管理机制。

微灌（micro-irrigation）即微水灌溉，按照作物需水要求，通过低压管道系统与安装在尾部（末级管道上）的特制灌水器（滴头、微喷头、渗灌管和微管等），将作物生长所需的水和养分以较小的流量均匀、准确地直接输送到作物根部附近的土壤表面或土层中，使作物根部的土壤经常保持最佳水、肥、气状态的一种灌水方法。其特点是灌水流量小，一次灌水延续时间长，周期短，需要的工作压力较低，能够较精确地控制灌水量，把水和养分直接输送到作物根部附近的土壤中，满足作物生长发育需要。按灌水时水流出流方式的不同，微灌可分为滴灌、微喷灌和渗灌等。其中滴灌应用最为广泛。

微喷灌（micro-spray irrigation）以微灌系统尾部的灌水器为微喷头，将具有一定压力的水（一般200～300kPa）以细小的水雾状喷洒在作物叶面或根部附近的土壤表面的灌溉方法。它有固定式和旋转式两种。前者喷射范围小，后者喷射范围大，水滴大，安装间距也大。其流量一般为10～200L/h。

无公害标准化生产（non-pollution standardization production）按照无公害农产品标准组织生产、加工、贮藏、运销，以达到农产品无公害化的过程。无公害是指农产品在生产或加工过程中，没有污染或有毒有害物质含量（残留量）控制在安全允许的范围内。无公害农产品标准，是指国家或地区制定的旨在保证农产品质量安全的标准体系。它一般由三部分组成，即《无公害农产品（或原料）产地环境标准》、《无公害农产品操作技术规程》和《无公害农产品质量标准》。这三部分构成了"从土地到餐桌"的全过程质量控制标准体系，贯穿了无公害农产品生产的产前、产中、产后全过程。

无公害鸡蛋国家标准（national standard of non-pollution eggs）于2006年出台且已于2007年正式实施的针对鸡蛋市场的准入和准出制度。按照该标准的要求，鸡蛋生产企业必须要强制执行无公害鸡蛋国家标准，市民可放心购买贴有"有机鸡蛋"或"无公害鸡蛋"标志的产品。判断鸡蛋里是否存在有毒、有害物质，是这个标准的核心。此外，标准还要求鸡蛋里不得含有对人体危害较大的氯霉素及沙门氏菌。对鸡蛋里的抗生素、重金属、农药等有毒、有害物质，规定了最高限量标准。新标准还将制定严格的生物安全制度。此外，还将作出工作人员进入生产区要严格通过紫外线消毒、保证每年定期进行体检、传染病患者不得从事养鸡工作的规定。新国家标准要求鸡吃的饲料来源无污染，用药方面也有限制；鸡的"居住环境"方面要空气清新、干净。鸡蛋国家标准实施后，将采取国际普遍认可的身份识别标志，在鸡蛋上喷涂食用级红色油墨。

无公害农产品（pollution-free agricultural products）其产地环境、生产过程、产品质量符合国家有关标准和规范的要求，经认证合格获得认证证书并允许使用无公害农产品标志的未经加工或初加工的食用农产品。无公害农产品既要有优质农产品的营养品质，又要有健康安全的环境品质。这种特殊性就是无公害农产品的商品特殊性。无公害农产品是一种具有独特标志的专利性产品，严格有别于其他农产品。而这种独特标志包含了生产技术的独特性、管理办法的独特性。因此，开发无公害农产品必须有自己的一套完善的运作机制，并能很好地适应现代市场经济的发展环境。其开发必须遵循以下基本原则：（1）统一完善的系统管理原则；（2）严谨规范的生产技术原则；（3）循序渐进的产品开发原则。

无公害农产品生产过程控制技术（process control technology of the non-pollution agricultural products）主要是指农用化学物质使用限量的控制及其替代的技术。其重点是生产环节的病虫害防治和肥料施用。病虫害防治要以不用或少用化学农药为原则，强调以预防为主，以生物防治为主。在肥料施用中，强调以有机肥和底肥为主，按土壤养分库动态平衡需求调节肥量和用肥品种。在生产过程中，要求制定相应的无公害生产操作规范，建立相应的文档，备案待查。

无公害农产品生产基地环境控制技术（environment control technology of the non-pollution agricultural productions base）控制无公害农产品生产基地在土壤、大气、水质等方面必须符合无公害农产品产地环境的标准的技术。其中，对土壤而言，主要是指其重金属含量指标；对大气而言，主要是指其硫化物、氮化物和氟化物等指标；对水质而言，主要是指其重金属、硝态氮、含盐量、氯化物等含量指标。无公害农产品产地环境评价，是选择无公害农产品基地的标尺。只有通过环境评价，才具有生产无公害农产品的条件和资格。

无公害农产品质量控制技术（quality control technology of the non-pollution agricultural products）为保证无公害农产品的质量，在其收获、加工、包装、贮藏、运输等后续过程中，所制定的相应技术规范和执行标准。产品是否无公害要通过检测来确定。营养品质可以依据相应检测机构的结果，而环境品质、卫生品质检测要在指定机构进行。

无公害农药（green pesticide）对人畜及各种有益

生物毒性小或无毒、易分解、不造成对环境及农产品污染的高效、低毒、低残留、安全的农药。无公害农药包括生物农药和矿物源农药。

无公害农业（green agriculture）所生产的蔬菜、畜牧品等农产品中残留的对人体有害的物质低于国家规定的允许量，或不含有有害物质的农业。即具有安全、优质、无污染的特点的农业。随着现代工业的发展，工业"三废"的排放，农田大量施用农药、化肥、激素、除草剂等，致使农田、养殖场等生产环境的空气、水质和土壤受到严重污染，在所生产的农产品中农药、重金属、硝酸盐及亚硝酸盐含量超标，严重危害了人体健康。为了呵护人体健康、保护环境，为了遵从农业可持续发展的要求，发展无公害农业势在必行。

物理农业（physical agriculture）又称阳光农业，是以物理的技术和方法提高光合作用的效率，促进植物生长，减少化肥、农药的使用量，从而保持作物稳定增产，恢复耕地质量，阻止环境恶化与生态退化，能实现农业持续发展的农业生产方式。这里所说的农业是广义的，包括农、林、草、花、园林等人工栽培和种植业。物理农业涉及物理学（如激光、电磁、纳米）和材料科学等领域的诸多方面，是与植物学、农学领域的育种、栽培、土壤和遗传等多学科交叉和综合产生的一门新兴学科。物理农业的探索内容有：通过用磁场或激光处理水和种子、采用磁性肥料添加剂、研制农用电磁机械，促进植物发芽、出苗、生长，以达到增产、增效的效果等。

雾灌（mist irrigation）一种以喷雾的形式实施农田灌溉的节水灌溉方法。其特点是喷洒水的雾化程度高，水滴直径仅为0.5mm，可以增加农作物的棵间湿度，调节棵间温度，同时也增加了土壤水分。它耗能低，对地形适应性广，平地、坡地均可使用。雾灌兼具喷灌、滴灌技术之长，且更能省水、节能，投资和运行费用也较低。雾灌多用于果树和茶叶等经济作物，一般能增产20%～80%，是坡岭地经济作物理想的灌溉技术之一。

X

现代农业（modern agriculture）以生物技术和信息技术为先导，面向全球经济和农工贸一体化经营的资源节约和可持续发展的绿色产业。其核心是科学化，特征是商品化，方向是集约化，目标是产业化。它具有以下特点：（1）实现了种养加、产供销、贸工农一体化生产，使得农工商的结合更加紧密；（2）实现了城乡经济社会一元化发展、城市中有农业、农村中有工业的协调布局，科学合理地进行资源的优势互补，有利于城乡生产要素的合理流动和组合；（3）实现了按照市场经济体制和农村生产力发展要求，建立一个全方位的、权责一致、上下贯通的管理和服务体系；（4）发挥资源优势和区位优势，实现了农产品优势区域布局、农产品贸易国内外流通。

信息农业（information agriculture）以农业信息技术、空间信息技术和计算机网络技术为基础，集与农业生产有关的信息采集、传输、处理和应用为一体的集成农业生产技术。它是随着计算机技术、通讯技术和农业技术的不断发展而形成的。因此，信息农业也可以理解为信息化农业，是将农业信息学理论及各种信息技术应用于整个农业生产全过程所产生的一项新型产业。换言之，信息农业就是将各种信息化技术应用于农业生产、管理及服务等各个环节，使农业生产以数字化、精确化形式运行。信息农业与传统农业相比，具有明显的技术优势和客观化、科学化的特点；与精确农业相比，其信息技术基础更为强大，涉及的信息面也更为广泛。

循环农业（cycle agriculture）一种以资源的高效利用和循环利用为核心，以"减量化、再利用、资源化"为原则，以低消耗、低排放、高效率为基本特征的农业发展模式。它运用生态学、生态经济学、生态技术学原理及其基本规律为指导的农业经济形态。通过建立农业经济增长与生态系统环境质量改善的动态均衡机制，并以绿色GDP核算体系和可持续协调发展评估体系为导向，将农业经济的各种资源要素视为一个密不可分的整体加以统筹协调。

Y

阳光农业（Sunshine agriculture）见物理农业。

Z

知识农业（knowledge agriculture）以知识资源的占有、配套、生产和消费（使用）为主导因素的农业。它是知识高度密集、多学科高度渗透的可持续发展的高效农业。技术创新是知识农业的基础。

二、机械工程

(Mechanical Engineering)

（一）基础知识（Basic Knowledge）

A

奥氏体（Austenite）碳溶解在 γ-Fe 中的间隙固溶体，常用符号 A 表示。它仍保持 γ-Fe 的面心立方晶格。其溶碳能力较强，在 727℃ 时为 $\omega_c = 0.77\%$，1 148℃ 时为 2.11%。奥氏体是在大于 727℃ 高温下才能稳定存在的金相组织。奥氏体塑性好，是绝大多数钢种在高温下进行压力加工时所要求的金相组织。

B

背压（back pressure）又称塑化压力，螺杆式注塑机螺杆头部的熔料在螺杆转动后退时所受到的压力。压力的大小，通过液压系统中的溢流阀调整。背压的大小，依据螺杆的设计、塑件质量的要求以及塑料的种类而确定。如果这些情况和螺杆的转速都不变，增加背压即可提高熔体的温度，并使熔料的温度均匀、色料混合均匀、排除熔料中的气体。但增加背压会降低塑化速率、延长成型周期，甚至可能导致塑料的降解。

变胞机构（metamorphic mechanism）具有可变自由度和可变构件数目的机构，是空间多自由度多环机构的新分支。该概念自从 1998 年被提出来之后，改变了传统的机构概念和机构设计方法，开始运用变胞机构理论讨论变胞机构的结构模型、自由度、构型变换及相关的矩阵运算。研究和分析变胞机构的数学工具是拓扑学、图论、李代数、矩阵、旋量等。变胞机构在卫星天线、太阳能阵列接收板、发射架、折叠臂等，特别是在运载工具载荷仓的受限几何空间中获得了较好的应用，并有望在海底勘探、传统食品的机械化自动化生产、农业收获机械等方面获得应用。

并联机构（parallel mechanism）在运动平台与固定平台之间由两个或两个以上的分支机构相连，且运动平台自由度大于等于 2，并以并联方式驱动的机构。根据驱动方式和分支机构的不同，并联机构可分为完全并联机构和非完全并联机构。若运动平台与固定平台之间由若干个分支相连接，每个分支上仅有一个驱动力或驱动力矩，则该机构称为完全并联机构，否则称为非完全并联机构。此外，将多节并联机构经串接而构成的机构称为串并联机构，也属于并联机构的研究范畴，是超多自由度系统。并联机构虽形式各异，但它们具有共同的特点：刚度好、负载能力强、微动精度高、工作空间小。并联机构典型的应用实例是飞行模拟器和并联结构数控机床。

C

材料安全系数（material safety factor）材料在工作温度下的强度性能指标与构件工作时允许产生的最大应力之比值。在机械设计过程中，必须保证构件、机构、装置在载荷作用下所产生的应力不会达到材料的强度指标，即必须留有适当的安全裕量。安全系数一旦选定，即可根据材料的强度指标除以相应的安全系数来确定构件的许用应力。确定安全系数需考虑几个因素：（1）材料性能的稳定性可能存在的偏差；（2）估算载荷状态及数值的偏差；（3）计算方法的精确程度；（4）制造工艺及其允许偏差；（5）检验手段及其要求严格程度；（6）使用操作经验等。

残余应力（residual stress）外界因素消除后，在零件内部或表面仍然存在着的应力。例如，热加工、机加工、冲裁和冲压、以及冷弯等过程中，由于工件各部分受热程度不同、冷却速度不同、受力不同、变形不同，都会使工件内产生不同程度的残余应力。残余应力会影响机械零件的热变形、加工后的形状与尺寸、以及零件的承载性能。其影响程度取决于残余应力的大小、方向及材料弹性模量及其温度系数。残余应力过大，会使加工后工件的变形过大，甚至断裂。常用退火、回火、时效等方法消除残余应力。

超速传动（overdrive）变速箱的输出轴转速超过引擎转速，燃料消耗量、噪音、震动均随之减少的传动系统。一般称为 O/D 档，即第五档。有的自动变速箱加装此装置。

冲击韧性（impact toughness）简称韧性，材料或构件抵抗冲击载荷的能力。它是衡量材料或结构抵抗脆性断裂的主要指标之一，单位为：J/cm^2。

传动机械学（transmission mechanology）以传动机械为对象进行综合研究的一个分支学科。主要研究传动机械的基本理论与基本技术，包括传动机械的几何学、运动学、动力学、摩擦学、失效机理、承载能力、结构、设计与实验方法、控制及制造等有关理论和技术问题。传动分为机械传动、流体传动和复合传动三类。机械传动包括齿轮、带、链、螺旋、摩擦传动等，以及由它们组成的各种机械传动；流体传动包括液压传动、气压传动、液力传动、液体黏性传动和电控流变传动等形式；复合传动包括机-电结合传动、机-液结合传动，如电磁谐波传动、非圆行星齿轮液压电机传动等形式。其发展趋势为：（1）传动机械设计方法的现代化，逐步采用动态设计、优化设计、可靠性设计、摩擦学设计等新方法和计算机辅助设计、计算机辅助制造、计算机辅助测试等新技术；（2）开拓新型的传动方式；（3）传动机械转矩和转速的调节趋向无级化、自适应化、微机控制化和智能化；（4）开发复合传动新装置；（5）采用组合技术实现传动产品系列化。

纯水液压传动技术（hydraulic control system with water power）以纯水为液压传动工作介质的液压传动技术。它具有清洁、阻燃性高、安全性好、可避免污染环境或产品、有利于工作人员身体健康等特点。该技术的使用有利于解决矿物型液压油存在的环境污染、易燃烧、价格高、资源浪费等问题。新材料的发展、精密加工技术的进步和新结构液压元件的研制成功，基本克服了纯水液压介质存在的易腐蚀、易产生气蚀、易磨损、泄漏大、效率低等缺点，使其进入了现代液压传动的应用范畴。

磁浮轴承（magnetic bearing）利用磁力实现无接触的新型轴承。主要由被悬浮物体、传感器、控制器和执行器四部分组成。其执行器包括电磁铁和功率放大器两部分。在外力作用下，一旦被悬浮件（轴）偏离平衡位置，传感器就会测出位移偏离参考值，并反馈给控制器。控制器随即将该位移信号变换成控制信号，通过功率放大器改变流过电磁绕组上的电流，使电磁铁的吸力相应改变，从而驱动被悬浮物体回到原来的平衡位置。磁浮轴承从原理上可分为两种：（1）主动磁浮轴承，简称 AMB；（2）被动磁浮轴承，简称 PMB。磁浮轴承具有无接触、不需要润滑和密封、振动小、使用寿命长、维护费用低等优良性能，可满足高转速的要求。

从动件（driven member）机构中除机架和主动件之外的被迫作强制运动的构件。如曲柄压力机的滑块。

D

点腐蚀（pitting corrosion）金属材料接触某些溶液时，表面上产生点状局部腐蚀甚至穿孔的现象。这种局部腐蚀主要是电化学反应不均匀性导致的。通常点蚀的蚀孔很小，直径比深度小得多。蚀孔的最大深度与平均腐蚀深度的比值称为点蚀系数。此值越大，点蚀越严重。一般蚀孔常被腐蚀产物覆盖，不易发现，因此往往由于腐蚀穿孔，造成突发性事故。许多金属材料都能产生点蚀。不锈钢、铝合金等金属材料，当存在某些缺陷或薄弱点（如夹杂物、晶界、位错等）时，也易产生点蚀，尤其是在含氯离子的溶液环境下。

断裂力学（fracture mechanics）研究材料、零件或构件的裂纹现象和断裂规律的新学科。根据材料可能产生的失效形式，现已建立了线弹性断裂力学、弹塑性断裂力学等。

F

分离因数（separating factor）被分离物料在转鼓内所受的离心力与其重力的比值。它是衡量离心分离机分离性能的重要指标。分离因数越大，分离越迅速，分离效果也越好。工业用离心分离机的分离因数一般为 100~20 000；超速管式分离机的分离因数可高达 62 000；分析用超速分离机的分离因数最高达 610 000。离心分离因数和转鼓的工作面积决定着离心分离机的处理能力。这是选择离心机的重要依据。

缝隙腐蚀（crevice corrosion）在两个连接物之间的缝隙处发生的腐蚀。它是由缝隙内外介质间物质移动困难所引起的。金属和金属间的连接（如铆接、螺栓连接）缝隙、金属和非金属间的连接缝隙，以及金属表面上的沉积物和金属表面之间构成的缝隙，都会出现这种局部腐蚀。缝隙腐蚀和点腐蚀产生条件类似，属于电化学腐蚀。金属表面的电化学反应不均匀性是导致这类局部腐蚀的重要原因。

G

构件（component）机器中的或组成机构的独立运动单元。构件和零件是两个不同的概念。构件是运动单元，而零件是制造单元。在机构中给定运动的构件称为输入构件，又称原动件；完成执行动作的构件称为输出构件，又称从动件。

H

含油轴承（oil-retaining bearing）以金属粉末烧结的方法制造的、具有多孔性、并浸含 $10\% \sim 40\%$ 体积分数润滑油的滑动轴承。由于在制造过程中可自由地调节孔隙的数量、大小、形状及分布，故可调节轴承的含油量。设备运转时，轴承温度升高，由于油的膨胀系数比金属大，因而可自动进入滑动表面以润滑轴承。含油轴承加一次油可使用较长时间，所以常用于加油不方便的场合，广泛应用于汽车、家电、音响设备、办公设备、农业机械、食品机械与包装机械、精密机械等。

滑块（slide block/slipper）在模具的开模动作中能够按垂直于开合模方向或与开合模方向成一定角度滑动的模具组件。当产品结构使得模具在不采用滑块不能正常脱模的情况下就得使用滑块。滑块材料要求具备适当的硬度。滑块上的型腔部分或型芯部分硬度要与模腔模芯其他部分同一级别。

J

机构（mechanism）两个或两个以上的构件通过活动连接以实现规定运动的构件组合。它只产生运动的传递或变换。机构的运动特性主要取决于构件间的相对尺寸、运动副的性质以及相互配置方式等。机构的种类繁多。按其组成的各构件间相对运动的不同，可分为平面机构（如平面连杆机构、圆柱齿轮机构等）和空间机构（如空间连杆机构、涡轮涡杆机构等）；按其运动副类别可分为低副机构（如连杆机构等）和高副机构（如凸轮机构等）；按其结构特征可分为连杆机构、齿轮机构、斜面机构、棘轮机构等；按其所转换的运动或力的特征可分为匀速和非匀速转动机构、直线运动机构、换向机构、间歇运动机构等；按其功用可分为安全保险机构、连锁机构、擒纵机构等。

机构分析（analysis of mechanism）对已有机构在结构、运动和动力三方面所作的分析。其目的是掌握机构的组成原理、运动性能和动力性能。

机构学（mechanism）以运动学和动力学为主要理论基础，以数学分析为主要手段，研究各类机构的基本运动规律及运动和动力分析与综合的理论、方法的技术基础学科，是机械学的重要分支学科。其主要内容有：（1）机构的运动分析与综合，动力分析与综合，机构系统（组合机构）的合理组成方法及其判据，对机构精度的动态分析，运动副间隙、摩擦、润滑与冲击所引起的机构运动变化；（2）稳态与非稳态下的动态响应和动态过程；（3）构件弹性变形的运动弹性动力学；（4）视整个机构系统为柔体的多柔体系统动力学和逆动力学分析、综合及控制等。现代智能机械、机器人、生物医学工程的发展，对机构提出了许多新的要求和研究课题，出现了诸如矢量法、张量法、旋量法、方向余弦矩阵法、球面三角法等机构分析的新方法，同时还出现了诸如多自由度系统分析与综合的新理论，逐渐形成了一般机构学、机器人机构学和仿生机构学等分支学科。

机构自由度（degree of freedom of mechanism）描述或确定机构的运动所必需的独立参变量（坐标数）。为使机构的构件间获得确定的相对运动，必须使机构的原动件数等于机构自由度数。

机构综合（synthesis of mechanism）按结构、运动和动力三方面的要求来设计新机构的理论和方法。

机架（stander）在机构中用以支撑运动构件的构件。用作研究运动的参考坐标系，如车床的床身。

机器（machine）工作时同时产生运动和能的转换的构件组合。它能利用或转换机械能来代替或减轻人的劳动。

机械（machinery）一切具有确定的运动系统的机器和机构的总称，如机床、拖拉机等。机械是一种人为的实物构件的组合。机械具有三个特征：（1）假定力加到其各个部分也难以变形；（2）这些物体必须实现相互的、单一的、规定的运动；（3）把施加的能量转变为最有用的形式，或转变为有效的机械功。

机械传动（mechanical drive）利用机械方式传递动力和运动的传动。机械传动在机械工程中应用非常广泛，有多种形式，主要可分为两类：（1）靠构件间的摩擦力传递动力和运动的摩擦传动，包括带传动、绳传动和摩擦轮传动等。摩擦传动容易实现无级变速，能适应轴间距较大的传动场合，过载打滑还能起到缓冲和保护传动装置的作用。但这种传动一般不能用于大功率的场合，也不能保证准确的传动比。（2）靠主动件与从动件啮合或借助中间件啮合传递动力或运动的啮合传动，包括齿轮传动、链传动、螺旋传动和谐波传动等。啮合传动能够用于大功率的场合，传动比准确，但一般要求较高的制造精度和安装精度。

机械动力学（dynamics of machinery）研究机械在运转过程中的受力情况、机械中各构件的质量与机械运动之间的相互关系的学科。是机械原理的主要组成部分和现代机械设计的理论基础。其研究内容包括：（1）在已知外力作用下具有确定惯性参量的机械系统的真实运动规律；（2）分析机械运动过程中各构件之间的相互作用力；（3）研究回转构件和机构平衡的理论和方法；（4）研究机械运转过程中能量的平衡和分配关系，包括机械效率的计算和分析、调速器的理论和设计、飞轮的应用和设计等；（5）机械振动的分析研究；（6）机构分析和机构综合。此外，机械动力学的研究对象已扩展到包括不同特性的动力机和控制调节装置在内的整个机械系统，控制理论已渗入到机械动力学的研究领域。在高速、精密机械设计中，为了保证机械的精确度和稳定性，构件的弹性效应也已成为设计中不容忽视的因素。各种模拟理论和方法以及运动和动力参数的测试方法，日益成为机械动力学研究的重要手段。

机械工程学（mechanical engineering）以有关的自然科学和技术科学为理论基础，结合在生产实践中积累的技术经验，研究和解决在开发设计、制造、安装、运用和修理各种机械中的理论和实际问题的一门应用学科。按其功能可分为动力机械、物料搬运机械、粉碎机械等；按其服务的产业可分为农业机械、矿山机械、纺织机械等；按其工作原理可分为热力机械、流体机械、仿生机械等。机械在其研究、开发、设计、制造、运用等过程中，都要经过几个工作性质不同的阶段。按这些不同阶段，机械工程学又可划分为互相衔接、互相配合的几个分支系统，如机械科研、机械设计、机械制造、机械运用和维修等。这些按不同方面分成的多种分支学科系统互相交叉，互相重叠，从而使之可能分化成上百个分支学科。

机械加工表面质量（machined surface quality）零件在机械加工后表面层的微观几何形状误差和物理力学性能。零件的机械加工质量不仅指机械加工尺寸精度，还包含表面质量。表面质量的含义有两方面内容：表面的几何特征，包含表面粗糙度、表面纹理方向、伤痕等；表面层物理力学性能，包含表面层加工硬化、表面层残余应力、表面层金相组织变化等。机器零件的损坏，在多数情况下是从表面开始的。这是由于表面是零件的边界，常常承受工作负荷引起的最大应力和外界介质的侵蚀。表面是引起应力集中而导致零件损坏的根源。产品的工作性能、可靠性、寿命，在很大程度上取决于主要零件的表面质量。在现代机器中，许多零件是在高速、高压、高温、高负荷下工作的，因而对零件的表面质量提出了更高的要求。

机械加工精度（machining accuracy）零件经过加工后的尺寸、几何形状以及各表面相互位置等参数的实际值与理想值相符合的程度。它们之间的偏离程度则称为加工误差。加工精度在数值上通过加工误差的大小来表示。零件的几何参数包括几何形状、尺寸和相互位置三个方面，故加工精度包括尺寸精度、几何形状精度和相互位置精度。在设计时，这些精度要求以公差来表示。尺寸公差的数值说明这些尺寸的加工精度要求和允许的加工误差大小。几何形状精度和相互位置精度用专门符号规定或在零件图样的技术要求中用文字说明。机械加工误差由多种因素引起，如工艺系统的几何误差，工艺系统受力变形所引起的误差，工艺系统热变形所引起的误差及工件残余应力引起的误差等。

机械强度学（theory of mechanical strength）研究机械结构在各种形式的载荷和环境影响下的应力、应变和由之产生的各种形式失效的机制与规律，以及强度设计的理论与方法的技术基础学科。它的主要研究范围：（1）机械结构的损伤与失效理论；（2）机械结构强度分析的数值计算方法；（3）机械结构应力分析与应力监测技术；（4）机械结构强度设计理论和安全评定准则；（5）改进结构强度的优化设计等。机械结构强度学是发展能源、国防、交通运输等技术装备的重要技术基础。各种大型先进机械设备，如矿山开采设备、发电设备、核动力设备、冶金设备、化工设备以及汽车、机床、船舶等的设计合理性、先进性和运行可靠性等都与之关系密切。

机械原理（theory of mechanisms）研究机械中机构的结构和运动，以及机器的结构、受力、质量和运动的学科。人们一般把机构和机器合称为机械。这一学科的主要组成部分为机构学和机械动力学。

机械载荷（mechanical load）机械设计中通常指施加于机械或结构上的外力。载荷可以从不同的角度进行分类：（1）根据大小、方向和作用点是否随时间变化可以分为静载荷和动载荷。其中静载荷包括不随时间变化的恒载和加载变化缓慢的准静载（如锅炉压力）；动载荷包括短时快速作用的冲击载荷、随时间作周期性变化的周期载荷和非周期变化的随机载荷。（2）根据载荷分布情况可分为集中载荷和分布载荷，其中分布载荷又可分为体载荷、面载荷和线载荷。（3）根据载荷对杆件变形的作用可分为轴向拉伸或压缩载荷、弯曲载荷和扭转载荷等。

机械振动（mechanical vibration）简称为振动，物体（或物体的一部分）在某一中心位置两侧所做的往复运动。其特征是：（1）有一个"中心位置"，称为平衡位置；（2）运动具有往复性，即围绕中心作往复运动。产生机械振动的条件是：每当物体离开平衡位置就会受到回复力的作用和足够小阻力。机械振动的强度由振动频率和振幅决定。机械振动有强迫振动、自由振动等多种类型。机械振动在机械设计与制造中具有重要意义。在多数情况下，机械振动对机械性能或作业具有不良影响，甚至具有破坏性的危害，故需要在设计中考虑如何消除或减小振动的影响。但机械振动也可以构成有益的机械振动机构来完成某些特定功能，如振动分选、振动清理、振动破碎、振动输送、振动切割等。

机械振动学（theory of mechanical vibration）以力学、声学和数学为主要理论基础，以机械振动和噪声为研究对象的新兴技术基础学科。它以机械稳定、安静运转提供设计计算方法为研究目的，深入研究机械动力学，分析设备的动态特性、振动、噪声，研究相关的基础理论及探寻故障诊断方法，探索新的振动和噪声分析与控制方法，发展有关的实验分析技术，研究改善机械设备的力学状态与声学环境等问题。机械振动学对提高机械加工质量，降低机械振动噪声，防止机械故障，延长机械的使用寿命，保护生态环境等具有重要意义。

剪切变形（shearing deformation）当构件受到一对大小相等、方向相反、作用线相距很近的横向力的作用时，在两力作用线之间的截面将发生的相对错动的变形。工程机械中受剪切变形的构件很多，例如用剪板机剪断钢板的情况就是剪切破坏的典型例子。剪断钢板时，上刀刃和下刀刃分别压在钢板的两侧表面上，从而使钢板的上下两侧分别受到大小相等、方向相反的两个力作用。由于两个刀刃互相靠近，所以两个力的作用线相距很近。在这样一对力的作用下，位于两力作用线之间的截面将发生相对错动，最终某一截面被剪断。

接触应力（contact stress）两个物体相互压紧时，在接触区附近产生的应力。接触应力和对应的接触变形具有明显的局部性。接触应力随着离开接触处的距离的增加而迅速减小。因材料在接触处的变形受到各个方向的限制，所以接触应力是三向应力。在齿轮、滚动轴承、凸轮、机车车轮、轧辊等机械零件的强度计算中，接触应力具有重要意义。

晶间腐蚀（intercrystalline corrosion）在特定的腐蚀介质中，沿着金属或合金的晶粒边界或它的邻近区域发生、发展的腐蚀现象。这是一种常见的局部腐蚀，大多数金属和合金都可能呈现晶间腐蚀。这种腐蚀使晶粒间的结合力大大削弱。严重时，可使机械强度完全丧失，例如，产生晶间腐蚀的不锈钢，经轻敲便会破碎。晶间腐蚀不易检查，危害性很大。不锈钢、镍基合金、铝合金、镁合金等都是晶间腐蚀敏感性高的材料。在受热情况下使用或焊接过程中，都会造成晶间腐蚀的发生。以晶间腐蚀为起源，在应力和介质的共同作用下，可使不锈钢、铝合金等诱发晶间应力腐蚀。所以晶间腐蚀有时是应力腐蚀的先导。

K

空间机构（space mechanism）通过（转动副、移动副、圆柱副、球面副和螺旋副等）空间副连接的若干构件，使其各点的运动平面不平行的机构。如空间连杆机构（包括空间四杆、五杆、六杆和七杆机构）、凸轮机构、螺杆机构等。其中，空间连杆机构发展较快，应用较广，已广泛应用于农业、轻工、机器人、仿生机械、摆盘式发动机、假肢和飞机起落架等各类机械中。利用空间连杆机构可将一轴的转动转变为任意轴的转动或任意方向的移动，也可将某方面的移动转变为任意轴的转动，还可以实现刚体的某种空间位移或使连杆上某点轨迹近似于某空间曲线。常用的对空间机构的研究方法有矢量法、张量法、旋量法、方向余弦矩阵法、球面三角法、计算机辅助分析法等。

L

螺旋传动（screw driving）利用内、外螺纹组成螺旋副而实现运动传动和动力要求的机械传动方式。通常是将转动变为直线运动。其特点是结构紧凑。常用于机床、起重机械、锻压设备、测量仪器及其他机械设备中。螺旋传动按其用途分为：传力螺旋传动、传导螺旋传动和调整螺旋传动。传力螺旋传动要求以小的扭矩产生较大的轴向推力，以举起重物或克服很大的轴向载荷，一般为间歇性工作，每次工作时间较短，速度也不高，但轴向力很大，通常需要自锁，不追求高效率，如千斤顶、压力机。传导螺旋传动多在较长时间内连续工作，以低速运动为主，有时速度较高。调整螺旋传动主要用于调整或固定两零件的相对位置，如机床进给机构中的微调螺旋。调整螺旋一般不在工作载荷作用下作旋转运动。按螺纹间摩擦性质的不同，螺旋传动又分为滑动螺旋、滚动螺旋和静压螺旋传动等。

流变学（rheology）从应力、应变、温度和时间等方面来研究物质变形和流动的物理力学。其主要研究内容是各种材料的蠕变和应力松弛的现象、屈服值以及材料的流变模型和本构方程。当作用在材料上的剪应力大于某一数值时，材料将产生部分或完全永久变形。此数值就是材料的屈服值。屈服值标志着材料由完全弹性进入具有流动现象的界限值，故又称为弹性极限、屈服极限或流动极限。在不同物理条件下(如温度、压力、湿度、辐射、电磁场等)，以应力、应变和时间的物理变量来定量描述材料的状态的方程，叫做流变状态方程，或本构方程。

M

马氏体（Martensite）黑色金属材料的一种组织名称。它的三维组织形态通常有片状或者板条状，但是在金相观察中（二维）通常是表现为针状。马氏体的晶体结构为体心四方结构。中高碳钢中加速冷却通常能够获得这种组织。高的强度和硬度是钢中马氏体的主要特征之一。

摩擦学（tribology）研究摩擦与磨损过程中两个相对运动物体表面之间相互作用、变化及其有关的理论与实践的一门学科，是有关摩擦、磨损和润滑科学的总称。是20世纪60年代以后形成和发展起来的多学科交叉边缘学科。其主要研究内容为表面的摩擦、磨损与润滑问题。随着电子计算机和数值计算技术的

发展，经典流体润滑理论已基本成熟，新的课题诸如超层流润滑理论、多相流体和流变润滑理论、弹性流体动力润滑理论、混合润滑理论和边界润滑理论等研究也已取得重大进展。磨损研究已由宏观现象分析转向微观机理研究。它们为机械产品的摩擦学设计提供了理论与技术依据，并指导机械及其系统正确使用，从而降低能源消耗，提高机械设备的工作效能、可靠性和使用寿命。

模具弹簧（die spring）主要用于冲压模、金属压铸模、塑料注塑模以及结构精密的机械设备的弹簧。模具弹簧主要选用50CrVA。它具有安装体积小、弹性好、刚度大、精密度高、制作材料呈矩形、表面分色喷涂（镀）、外表美观等特点。目前标准化产品主要参照日标B5012（较小荷重、轻荷重、中荷重、重荷重、超重荷重)，美国联合标准（轻荷重、中荷重、重荷重、超重荷重)，美国ISO标准（轻荷重、中荷重、重荷重、超重荷重)，德标ISO10243（1S、2S、3S、4S、5S）等。

P

疲劳失效（fatigue）材料、零件、构件在循环应力和应变作用下，在一处或几处产生局部永久累积损伤而出现裂纹后突然完全断裂的过程。受循环载荷或应变作用的材料、零件、构件，通常应根据疲劳强度理论和疲劳试验数据，确定其合理的结构和尺寸，进行疲劳强度设计。

Q

气动机构（pneumatic mechanism）用气动执行元件和连杆、杠杆等常用机构结合构成的机构。如断续输送机构、多级行程机构、阻挡机构、行程扩大机构、扩力机构、绳索机构、离合器及制动器等。气动机构能实现各种平面和空间的直线运动、回转运动和间歇运动。采用气动机构能使机构设计简化，结构轻巧。从最简单的气动虎钳到柔性加工线中的气动机械手，充分展现了气动机构的特点。

气蚀现象（capitation）由于液流中气泡产生和溃灭而导致设备破坏的现象。当液体在某一设备中流动时，如果局部位置流速过高或流体供应不足，将会使该处压力降低。而当该处压力降低到一定值后，将引起微气泡形成。随着压力的进一步降低，这些微气泡体积膨胀并相互聚合，形成大量不连续分布的气泡。当这些气泡被流动的液体带到高压区时，由于气泡被急剧压缩而溃灭而造成局部压力和温度剧烈升高，产

生液压冲击、振动、噪声、液体氧化变质。如果反复受到液压冲击和高温作用，则从液体中游离出来的氧气或其他气体将会侵蚀管壁、元件表面，使其表面材料产生剥落破坏。在泵、液压装置、水轮机、液体搅拌器等设计和使用中应合理考虑液体的流速、流量分布，防止气蚀产生。

气体轴承（gas bearing）用气体作润滑剂的滑动轴承。常用的气体润滑剂为空气，也可用氮气、氩气、氢气、氦气或二氧化碳等。气体轴承可分为动压气体轴承、静压气体轴承、混合式气体轴承。动压气体轴承不需要外界供气。其转子旋转时将周围环境的气体吸入到轴承间隙中，形成支撑气膜。该结构间隙很小，加工精度和环境洁净程度要求高，轴承抗涡动能力强，但承载能力小。静压气体轴承需要外界供气，且供气压力一般要求大于等于0.6MPa。轴承中的气膜是靠外压供气形成。这种轴承对加工精度和环境要求不很高，承载能力大，但抗涡动能力差。混合式的轴承结构具有上述两种轴承结构的优点，加工精度要求介于它们之间。气体轴承可用于纺织机械、电缆机械、仪表机床、陀螺仪、高速离心分离机、牙钻、氢膨胀机等。

气压传动（pneumatic drive）以压缩空气为工作介质、靠气体的压力传递动力或信息的流体传动。它是流体传动方式之一。压缩空气经管道和控制阀传至执行元件，把空气的压力能转换为机械能，从而实现动力传递。气压传动的另一个功能是在自动控制系统中传递信息，一般利用气动逻辑元件或射流元件来实现逻辑运算，组成所需的气动自动控制系统。气压传动的气源由压缩机提供，经汽缸和气动电机转换成机械能，用气动控制阀来调节气流方向、压力和流量。气压传动所用气体压力一般只有0.3～0.8MPa，大多用于小功率传动和恶劣环境中。其发展趋势为：（1）与微电子及传感技术结合形成机电一体化元件及系统；（2）采用新材料及新工艺提高产品性能、寿命，降低成本；（3）借助微机实现控制，提高系统的响应速度、控制精度和能量利用率；（4）采用新的流体介质等。

汽车传动系统（automobile drive system）汽车传递动力的系统。一般由离合器、变速器、万向传动装置、主减速器、差速器和半轴等组成。汽车发动机所发出的动力靠传动系统传递到驱动车轮。传动系统具有减速、变速、倒车、中断动力、轮间差速和轴间差速等功能，与发动机配合工作，能保证汽车在各种工况条件下的正常行驶，并具有良好的动力性和经济性。按能量传递方式的不同，汽车传动系统可分为机械传动、液力传动、液压传动、电传动等。

氢脆（hydrogen brittleness）金属材料受到氢的侵蚀，造成其塑性和强度降低，并因此而导致的开裂或延迟性的脆性破坏的现象。当不锈钢发生严重氢脆时，在轻击下即可产生碎裂。氢脆现象在电镀过程中以及对于输送含有硫化氢的油、气管道中最为常见。金属管道是否会发生氢脆，主要取决于操作温度、氢的分压、作用时间和金属的化学成分。温度越高、氢分压越大，金属的氢脆层就越深，发生氢脆破裂的时间也越短，其中温度是重要因素。在相同的温度和压力条件下，金属的含碳量越高，氢脆的倾向越严重。在介质中加入适当的缓蚀剂，是防止氢脆的有效措施。在金属材料中添加铬、钛、钒等元素，也可以阻止氢脆的产生。

R

柔性机构（flexible mechanism）一种通过弹性变形而产生大量机械运动的易弯曲机构。它无摩擦力，无后座冲力，且易于制造，适用于微观领域。与刚性机构相比，其优点相当明显，并且比那些依赖弯曲能力的机构(如单一支架、隔板)有更广泛的用途。目前柔性机构的研究重点是：（1）全柔性机构理论体系及研究方法；（2）柔性机构的物理实现方法（集成设计与成型加工）；（3）简捷和足够精确的柔性构件大变形运动模型；（4）柔性机构标准结构的优化算法等。

S

生物机构学（biomechanism）研究仿生机械的特殊机构学，是机构学的一个分支学科。其主要研究自然赋予人类及鸟、兽、虫、鱼的特有功能，并以此为基础，制造仿生机械，用等效机构来模拟生物的有关器官，实现其特有功能。例如人工脊椎、人工骨骼、人工关节等均已进入临床应用阶段。仿人行走的双足步行机也已经问世。

受控机构学（science of controlled mechanism）关于尺寸可调节机构、能输入可控单自由度机构及输入可由恒速电机和伺服电机驱动的多自由度机构的机构学。它主要研究可调机构、伺服输入机构、混合输入机构、受控连杆机构的分析、综合以及控制方法、控制系统及其应用。它可满足现代机械装置对精确实现任意给定运动和机构智能化的要求。目前受控机构学的重点是开发结构最简单、但功能优越的受控五杆机构。随着相关技术的进步和新用途、新要求的出现，作为一门新型机构学分支必将得到进一步发展。

伺服机构（servomechanism）机电系统中用于实现自动控制的相关电路与机械机构。在这类机构中，被控量为机械位置或其他物理量对时间的导数。当被控量出现误差时，可立即被伺服机构纠正，保持被控量处于正确的位置或值，保证系统正常运转。最基本的伺服系统包括一个伺服电机和一个伺服驱动器。但使之运转还需要一个上位机构。它们给伺服驱动器信号，以控制电机运转。伺服机构有交流伺服和直流伺服机构等。交流伺服机构是正弦波控制，转矩脉动小。直流伺服机构采用梯形波，系统结构简单。但随着永磁交流伺服驱动技术的发展，交流伺服机构已成为当代高性能伺服系统的主要发展方向。

塑化（plasticization）塑料在注塑机料筒内经过加热、混料等作用以后，由松散的粉状颗粒或粒状的固态转变成熔融状态并具有良好的可塑性的工艺过程。不同品种、不同牌号的塑料，其塑化的温度也不同。过高或过低会造成塑化不良或塑料分解。温度设定过高会造成物料过塑化，其组分中部分分子量较低的成分会分解、挥发；温度过低其组分中各分子间没有完全熔合，组分结构不牢固。而喂料比例太大造成物料受热面积和剪切增大，压力增大，易引起过塑化；喂料比例太小造成物料受热面积和剪切减小，会造成欠塑化。无论是过塑化还是欠塑化都会影响塑件的质量。

塑化压力（plasticization pressure）见背压。

W

微型机构（micromechanism）采用精密加工或半导体加工技术实现微米级运动的机构。随着生物传感技术、微驱动技术、新材料技术的发展，人们实现了机构、驱动器、传感器、控制器一体化的高度集成，创造出新型的机械，建立了一门概念全新的学科，使机械进入了微观领域。目前微型机构研究领域包括：（1）传统机械微型化在生物医学界，若干种微操作仪器已进入实用阶段，完成了细胞植入或显微手术操作；（2）利用半导体技术研制微型机构用多晶硅制成转动关节和移动关节，通过优化组合实现各式各样的微型机构；（3）分子机构探索生物驱动机构原理，启发人们研制新的微型机构；（4）机构选型微型机构在农业、医学、工业、航天和军事等方面有着十分广阔的应用前景。

X

先复位机构（pro-reposition mechanism）在注塑合模前使推出机构复位的机构。在有活动镶块和合模产生干涉的情况下，要考虑设计先复位机构。设计带斜导柱侧抽芯机构注塑模时，在模具结构允许的条件下，应尽量避免在侧型芯的投影范围内设置推杆。如果受模具结构的限制而在侧型芯下一定要设置推杆时，应首先考虑能否使推杆在推出一定距离后仍低于侧型芯的最低面，当这一条件不能满足时，就必须分析产生干涉的临界条件并采取措施使推出机构先复位，然后才允许侧型芯滑块复位，这样才能避免产生干涉现象。先复位机构主要有弹簧式、楔杆三角滑块式、楔杆摆杆式、连杆式等。

谐波齿轮传动（harmonic gear drive）简称谐波传动，依靠柔性零件产生弹性机械波来传递动力和运动的一种新型行星齿轮传动。谐波齿轮传动的关键在于采用了一个可以变形的柔性齿轮（柔轮），齿的啮合随着柔轮的变形进行。其特点是：（1）承载能力高。在谐波传动中，齿与齿的啮合是面接触，加上同时啮合齿数（重叠系数）多达30%，因而单位面积载荷小，承载能力高于其他传动形式。（2）传动比大，传递功率高。一级传动的传动比范围为50～500，二级可达2 500～25 000。（3）零件少、体积小、重量轻。（4）传动效率高、寿命长。（5）传动平稳、无冲击、无噪声，运动精度高。（6）由于柔轮承受较大的交变载荷，因而对柔轮材料的抗疲劳强度、加工和热处理要求较高，制造工艺复杂，综合了许多现代科学技术知识。谐波传动已广泛应用于电子、航天航空、机器人等行业。

行星齿轮传动（planetary gearing transmission）一个或一个以上齿轮的轴线绕另一齿轮的固定轴线回转的齿轮传动。它具有三个基本条件：太阳轮、行星架和行星轮。行星轮既绕自身的轴线回转，又随行星架绕固定轴线回转。太阳轮、行星架和内齿轮都可绕共同的固定轴线回转，并可与其他构件联结承受外加力矩。行星齿轮传动的主要特点是体积小、承载能力大、工作平稳，其输入轴和输出轴可在同一直线上。行星齿轮传动的应用越来越广泛，并可与无级变速器、液力耦合器和液力变矩器等联合使用，使之应用范围进一步扩大。

许用应力（allowable stress）在机械设计中允许零件或构件承受的最大应力值。它是判定零件或构件受载后的工作应力过高或过低的标准，等于在考虑了各种影响因素后，经适当修正的材料失效应力（屈服极限、强度极限、疲劳极限等）除以安全系数所得到的数值，是机械设计中的基本数据。在实际应用中，安全系数由国家工程主管部门根据安全和经济的原则，按材料的强度、载荷、环境情况、加工质量、计算精确度和零件或构件的重要性等加以规定。在室温静载荷下工作的零件或构件的失效，可能是屈服失效或拉伸断裂，所以应同时求得两种情况下的许用应力，并取其较小值。在疲劳强度设计中，一般应使用由安全系数表示的强度进行疲劳强度验算。只要零件或构件中的工作应力不超过许用应力，则该零件或构件在运转中就是安全的，否则就不安全。

Y

压电效应（piezoelectric effect）机械能与电能之间的能量转换现象。在电场作用之下，介电物质中带有不同电性的电荷间会产生相对的位移，从而使物质内存在有双极的现象，称之为极化。但是在某些物质中，除了可以由电场来产生极化以外，还可以由机械作用来产生极化现象，并导致在介电物质的两端表面上出现电性相反的束缚电荷。此电荷的密度与所加的外力成比例。这种由机械能转换为电能的现象称为正压电效应。反之，由电能转换为机械能的现象成为逆压电效应。能产生压电效应的材料基本上有五种：单晶类、薄膜类、高分子类，陶瓷类和复合材料等。

应力集中（stress concentration）受载零件或构件在形状、尺寸急剧变化的局部位置出现的应力增大现象。其重要特征是局部应力高。应力集中可导致零件或构件在较低的平均应力水平下产生断裂失效。在设计中，应考虑降低最高应力集中水平。

应力松弛（stress relaxation）材料在一定温度和约束载荷状态下，总应变（包括弹性应变和塑性应变）保持不变，而应力随时间延长逐渐降低，导致回弹应力逐渐降低的现象。应力松弛可引起紧固件中的预紧力下降，导致连接件的连接随时间延长而出现松动、密封件的密封随时间延长而发生泄漏。松弛过程也会引起超静定结构的内应力随时间重新分布。黏性或黏弹性流体中的应力也将因应力松弛而随时间延长而逐渐降低或消失。

原动件（original link）又称主动件，机构中具有独立运动的构件。用于不同机器中的同一机构，其主动件可能不同。如往复式空气压缩机中的曲轴活塞机构的主动件为曲轴，而在内燃机中其主动件却为活塞。

运动副（kinematic pair）两个有相对运动的构件间的活动连接。面接触的运动副称为低副，点或线接触的运动副称为高副。

Z

执行机构（actuators）又称执行器，自动控制系统中常用的机电一体化装置（器件）。是自动化仪表的三大组成部分（检测装置、调节装置和执行装置）之一。其功能主要是对设备和装置进行自动操作，控制其开关和调节，代替人工作业。执行机构按动力类型可分为气动、液动、电动、电液动等；按运动形式可分为直行程、角行程、回转型（多转式）等。因电动型执行机构比其他几类动力类型具有不可比拟的优势，故电动型发展最快，应用最广。电动型按不同标准又可分为：组合式结构和机电一体化结构；电器控制型、电子控制型和智能控制型；数字型和模拟型；手动接触调试型和红外线遥控调试型等。

执行器（actuators）见执行机构。

智能机构（intelligent mechanism）利用压电晶体、形状记忆合金、超导材料、温敏材料、气敏材料等智能材料构成的，来完成机械装置的某些功能的机构。智能机构的研究和制造是一门涉及机构学和材料学的交叉学科。随着智能材料技术的发展，智能机构已开始受到重视。

珠光体（pearlite）奥氏体发生共析转变所形成的铁素体与渗碳体的共析体。其形态为铁素体薄层和渗碳体薄层交替重叠的层状复相物，也称片状珠光体。用符号 P 表示，含碳量为 $\omega_c = 0.77\%$。其力学性能介于铁素体与渗碳体之间，决定于珠光体片层间距，即一层铁素体与一层渗碳体厚度和平均值。

主动件（driving link）见原动件。

注塑压力（injection pressure）柱塞或螺杆头部轴向移动时其头部对塑料熔体所施加的压力。其作用是克服塑料熔体从料筒流向模具型腔的流动阻力，给予熔体一定的充型速率以便充满模具型腔。注塑压力的大小取决于注塑机的类型、塑料的品种、模具浇注系统的结构、尺寸与表面粗糙度、模具温度、塑件的壁厚及流程的大小等。其影响因素很多，目前难以作出具有定量的结论。在其他条件相同的情况下，柱塞式注塑机作用的注塑压力应比螺杆式注塑机作用的注塑压力大。注塑压力的另一决定因素是塑料与模具浇注系统及型腔之间的摩擦系数和熔融黏度。摩擦系数和熔融黏度越大，注塑压力越高。同一种塑料的摩擦系数和熔融黏度是随料筒温度和模具温度而变动的。此外还与其是否加有润滑剂有关。

自由度（degree of freedom）力学系统的独立坐标的个数。一个力学系统可由一组坐标来描述。比如一个质点在三维空间中的运动，在笛卡儿坐标系中，由 x，y，z 三个坐标来描述；或者在球坐标系中，由 r，θ，ϕ 三个坐标描述。描述系统的坐标可以自由地选取，但独立坐标的个数总是一定的，即系统的自由度是一定的。N 个质点组成的力学系统，由 $3N$ 个坐标来描述。但力学系统中常常存在着各种约束，使得这 $3N$ 个坐标并不都是独立的。对于 N 个质点组成的力学系统，若存在 m 个约束，则系统的自由度为 $S = 3N - m$。

（二）机械设计（Mechanism Design）

B

闭合高度（shut height）模具在最低工作位置时，下模座底面至上模座顶面之间的距离。压力机的闭合高度是指滑块在下止点位置时，滑块下端面至压力机垫板面之间的距离。冲裁模总体结构尺寸必须与所用的压力机相适应，即冲模的平面尺寸应该适应于压力机垫板平面尺寸。冲模总体闭合高度必须与压力机闭合高度相适应。否则就不能保证正常的安装与工作。大多数压力机的连杆长度可以调节，即压力机的闭合高度可以调整。当连杆调至最短时，压力机闭合高度最大，称为最大闭合高度；连杆调至最长时，压力机闭合高度最小，称为最小闭合高度。冲模的闭合高度 H 应介于压力机的最大闭合高度 H_{max}，和最小闭合高度 H_{min} 之间。若无特殊情况，应取上限值，最好取为 $H > H_{min} + (3\sim5)$ mm，以避免因连杆调节过长而损坏连接螺纹。如果冲模的闭合高度大于压力机最大闭合高度，冲模将无法安装。若小于压力机最小闭合高度，可以另附加垫板。

表面粗糙度（surface roughness）加工表面具有的较小间距和微小峰谷的不平度。由于其两波峰或两波谷之间的距离（波距）很小（在1mm以下），用肉眼难以区别，因此它属于微观几何形状误差。表面粗糙度越小，则表面越光滑。表面粗糙度的大小，对机械零件的使用性能影响很大。具体体现在：（1）零件的耐磨性。表面粗糙度越大，磨损就越快。（2）配合性能的稳定性。对间隙配合，表面越粗糙，越易磨损；对过盈配合，装配时微观凸峰被挤平，有效过盈减小，使联结强度降低。（3）零件的疲劳强度。粗糙表面存在较大的波谷，对应力集中很敏感，影响了零件的疲劳强度。（4）零件的抗腐蚀性。粗糙表面易使腐蚀性气体或液体渗入金属内层，造成腐蚀。（5）影响零件的密封性。此外对零件的外观、测量精度也有影响。

表面质量（surface quality）零件在加工后表面层的状况。任何机械加工方法所得到的零件表面，实际上都不是完全理想的表面。它们的微观几何性质和物理性质都与理想表面有所差异。尽管这些差异值只是在很小的尺寸范围内，却严重影响着机械零件的使用性能（耐磨性、配合质量、抗腐蚀性和疲劳强度等），从而影响着产品的使用性能和寿命。零件经机械加工后的表面质量包括：表面粗糙度和已加工表面的加工硬度和残余应力。对于一般零件，主要规定其表面粗糙度的数值范围。对于重要零件，则除了限制其表面粗糙度外，还要控制其表面层的加工硬化程度和深度，以及表面层残余应力的性能和大小。

并行设计（concurrent design，CD）在产品设计一开始，就考虑到产品在整个寿命周期中从概念形成到报废处理的所用因素的设计活动，是面向产品的全生命周期的设计。它包括产品质量、制造成本、进度计划和充分利用企业内的一切资源，最大限度地满足用户的要求。在并行设计中，应及时评价产品设计，尽早发现后续过程中可能存在的问题，及时提出改进信息，保证产品设计、工艺设计、制造的一致性。它能够使现代产品设计具有高度预见性和预防性。具体地说，由于在设计阶段不仅设计出产品，同时也确定了与生产、资源保障有关的计划，充分考虑到产品的制造技术、制造质量、可维修性等问题，使产品能够满足用户要求、具有较高的可靠性和实用性，一次达到设计目的。所以并行设计可缩短产品投放市场的时间，降低产品的成本，提高产品质量，符合市场和用户的需要，增加产品的市场竞争力。

C

参数化设计（parameterization design, PD）将零件或机构的计算机辅助设计模型中的定量信息改变为变量化参数，使其可任意调整，从而使设计模型成为易修改的柔性设计模型的一种计算机辅助设计技术。在这种参数化设计模型中，当赋予变量化参数不同数值时，可得到不同大小和形状的零件或机构模型。利用这种设计模型，通过改变零件的变量化信息参数，可提高零件或机构模型的建立速度，并可通过虚拟运行来检验和验证整个机构或机器结构的可制造性和可装配性以及产品的使用性能、可靠性与可维修性，从而判断设计产品对功能要求的满足程度、产品设计的合理性和经济性，并可及时修改设计方案，提高整个产品的开发效率，缩短产品的开发周期。

侧浇口（side gate）在塑模型腔侧面的分型面上开的进料口。侧浇口截面形状多为矩形狭缝。调整其长度、截面厚度、宽度可以分别调节熔体压力、剪切速率、浇口封闭时间、流动性能。这类浇口加工容易、进料位置选择灵活，适用于中小型塑件的多型腔模具，且对各种塑料的成型适应性强。但是有浇口痕迹存在，会形成熔接痕、缩孔、气孔，且注塑压力损失大、深型腔塑件排气不便等。

产品概念设计（concept design of products）由分析用户需求到生成概念产品的一系列有序的、可组织的、有目标的设计活动。它表现为一个由粗到精、由模糊到清晰、由抽象到具体的、不断进化的创新产品概念构思的过程。概念设计是一种以用户为中心的设计技术，是一个发散思维和创新设计的过程。产品设计过程中的关键环节，是在详细设计之前完成的。概念设计一旦确定，也就完成了产品设计工作的60%~70%。概念设计需要几个基本技能：问题捕捉——对问题的敏锐观察和发现；概念扩展——从一个问题或概念引申出多种相应或相对的信息，如何全面涵盖可能涉及的内容，以及如何关联这些信息之前的交互；数据分析——对不断扩展的概念范围和信息，进行相应整理和过滤，提取最终需要的数据；概念描述——通过图形、文字等表达方式，让别人更容易地理解你想传达的概念。

尺寸链（dimension chain）在零件加工或机器装配过程中，由相互联系的、按一定顺序排列的封闭尺寸组成。其中在装配或加工过程最终被间接保证精度的尺寸称为封闭环，其余尺寸称为组成环。组成环可根据其对封闭环的影响性质分为增环和减环。若其他尺寸不变，那些本身增大而封闭环也增大的尺寸称为增环；那些本身增大而封闭环减小的尺寸则称为减环。尺寸链的主要特征是：一为封闭性，由有关尺寸首尾相接而形成；二为关联性，尺寸链中有一个尺寸精度是由其他精度直接保证的尺寸决定的。尺寸链分类很多。其中，按其用途可分为零件尺寸链、工艺尺寸链、装配尺寸链等。利用尺寸链可以分析确定机器零件的尺寸精度，保证加工精度和装配精度。

D

搭边（scrap）在机械设计中排样时冲裁件之间以及冲裁件与条料侧边之间留下的工艺废料。搭边的主要作用是：（1）补偿定位误差和剪板误差，确保冲出合格零件；（2）增加条料刚度，方便条料送进，提高劳动生产率；（3）避免冲裁时条料边缘的毛刺被拉入模具间隙，从而提高模具寿命。搭边值对冲裁过程及冲裁件质量有很大的影响，因此应合理确定搭边数值。搭边过大，材料利用率低；搭边过小时，搭边的强度和刚度不够，冲裁时容易翘曲或被拉断，不仅会增大冲裁件毛刺，有时甚至单边拉入模具间隙，造成冲裁力不均，损坏模具刃口。正常搭边比无搭边冲裁时的模具寿命高50%以上。

点浇口（point gate）在塑模型腔顶部开设的进料口。由于尺寸很小，前后两端存在较大的压力差，故能有效地增大塑料熔体的剪切速率并产生较大的剪切热，从而导致熔体表面黏度下降、流动性增强，利于填充且残留痕迹小，易取得浇注系统的平衡，利于自动化操作。但是压力损失大，收缩大，塑件易变形，定模需另加一个分型面以便凝料脱模。对聚乙烯、聚丙烯、聚苯乙烯等表面黏度随剪切速率变化的塑料成型有利，不利于成型平薄、易变形、形状复杂的塑件。

动态设计（dynamic design）根据机械产品的动

态特性要求对产品进行结构设计的设计方法。机械系统的动态特性包括三个方面：（1）系统的固有特性；（2）系统的动力响应；（3）系统的动力稳定性。在一定的条件下，系统可能产生自激振动。产生自激振动的系统称为不稳定系统，它会破坏系统的正常工作。设计系统时应避免产生自激振动，保持系统稳定。

F

仿真设计（simulation design）通过建立模拟系统，来研究一个已存在的或设计中的系统的设计方法。仿真是为开发新产品服务的。其关键是建立根据实际系统而抽象出来的数学模型，即仿真模型。仿真可分物理仿真和计算机仿真。物理仿真是指在物理模型基础上进行的仿真。其特点是物理模型和实际系统之间具有相似的物理属性。物理仿真能观测到难以用数学来描述的系统特性，但要花费较大的代价。计算机仿真是指建立系统（或过程）的可以计算的数学模型，并编制仿真程序输入计算机进行仿真实验，掌握实际系统（或过程）在各种内外因素变化下其性能的变化规律。与物理仿真相比，计算机仿真系统通用性强，应用范围广。计算机仿真可以替代许多难以或无法实施的实验；可以解决一般方法难以求解的大型系统问题；可以降低投资风险，节省研发费用；可以避免实际实验可能发生的对生命、财产的危害；可以缩短实验时间。

分型面（parting surface）分开模具取出塑件及浇注系统凝固料的面。分型面选择的原则主要是：（1）使塑件在开模后能够留在动模上；（2）塑件成型后易于脱离模具；（3）浇注系统，特别是浇口能合理的安排；（4）使塑件外观完整、美观；（5）简化模具结构；（6）保证塑件强度，不影响塑件的使用寿命。

复合传动系统（compound drive system）将机械传动与流体传动、电传动相互结合而形成的机—电、机—液一体化的传动系统。例如高性能低速液压电机传动系统，就是行星齿轮传动与液压传动结合的产物；高效无级调速的双流传动系统是将电传动、流体传动与双自由度机械传动相结合的产物。复合传动系统的研究与开发，对提高传动效率、使传动的转矩和转速的调节向无级化、自适应化、微机化和智能化的方向发展，起到推动作用。

G

概率设计法（probability design）应用概率统计理论进行零构件设计的方法，是可靠性设计的主要组成部分。概率设计引进了定量的可靠性指标——可靠度，但它只是可靠性设计的一种方法。概率设计在现代机械设计中的应用是以应力–强度干涉模型为基础，求取机械或机构的可靠度、无限寿命下的概率疲劳设计、有限寿命下的概率疲劳设计、可靠度的置信水平、概率疲劳设计数据等。

公差（allowable error）机械或机器零件的尺寸许可误差。对于机械制造来说，制定公差的目的就是为了确定产品的几何参数，使其变动量在一定的范围之内，以便达到互换或配合的要求。公差是误差的允许值，是由设计确定的。零件的公差可分为尺寸公差、形状公差、位置公差等。公差等级分为IT01、IT0、IT1……IT18共20级，等级依次降低，公差值依次增大。IT表示国际公差。公差等级或公差数值选择的基本原则是：应使机器零件制造成本和使用价值的综合经济效果最好，一般配合尺寸用IT5～IT13，特别精密零件的配合用IT2～IT5，非配合尺寸用IT12～IT18，原材料配合用IT8～IT14。

功能分析设计（function analysis design）通过对一个机械系统或机器所应具备的功能进行分析、分解、评估，建立一种可实现这些功能的最佳设计方案的设计过程。该过程先将机械系统或机器的总体功能分解为若干分功能或功能单元，并列出实现每个功能单元的各种可行方案；再按一定的规则将这些单元方案组合起来，形成不同的总体方案；最后通过评估和筛选，确定一个最佳设计方案。该过程也是设计人员酝酿系统实体设计的过程，往往不是一次完成，而是随着设计工作的逐步深入而不断修改、不断完善的。功能分析是设计中的一个重要手段，只有用功能的观点来观察和认识技术系统才能抓住系统的本质。

H

环形浇口（circular gate）对型腔填充采用圆环形的外侧进料浇口。浇口开设在塑件外侧，具有环形充模时进料均匀、圆周上各处流动速度大致相同、熔体流动状态好、模腔内空气易排出、熔接痕可基本避免等特点。但浇注系统耗料较多，浇口去除困难。主要用来成型圆筒形塑件。

J

机械创新设计（mechanical creation design，MCD）通过设计人员的创新思维，运用创新设计理论和方法，设计出结构优良和高效的新机械的设计活动。它是增强机械产品竞争力的根本途径。机械创新设计的关键就是新颖性，即在理论上要新，在结构上要新，在组合方式上要新。根据机械设计方法，可将机械创新设计分为开发型创新设计、变异型创新设计和反求型创新设计等基本类型。开发型机械创新设计是从产品应有的功能出发，去构思新的技术方案，开发满足消费新需求的机械新产品。此类创新设计通常包括产品规划、原理方案求解、技术设计和施工设计等阶段。变异型创新设计是针对已有产品的缺点或新的工作要求进行的改进设计。它通常针对基型产品的工作原理、机构类型、结构方式、参数大小等进行一定的变换或求异。其目的在于使变异后的产品更适合市场需要。反求型创新设计，是针对已有的先进产品或设计进行逆向思考、分析其关键技术，并在消化、吸收的基础上设计出同类型新产品的过程。根据创新设计的内容与特点，机械创新设计通常包含原理方案创新、机构方案创新、结构方案创新和外观设计创新等。

机械设计（machine design）根据使用要求对机械的工作原理、结构、运动方式、力和能量的传递方式、各个零件的材料和形状尺寸、润滑方法等进行构思、分析和计算并将其转化为具体的描述以作为制造依据的工作过程。机械设计是机械工程的重要组成部分，是决定机械性能的最主要因素。由于各产业对机械的性能要求不同而有许多专业性的机械设计，如纺织机械设计、矿山机械设计、农业机械设计、船舶设计、汽车设计、机床设计、压缩机设计、内燃机设计、汽轮机设计、泵设计等。机械设计大体可分为：（1）新型设计（开发性设计）。应用成熟的科学技术或经过实验证明可行的新技术，设计未曾有过的新型机械。主要包括功能设计和结构设计。（2）继承设计。根据使用经验和技术发展对已有的机械设计更新，以提高性能、降低制造成本或减少运行费用。（3）变型设计。为适应新的需要对已有的机械作部分的修改或增删，从而设计出不同于标准型的变型产品。

机械设计学（mechanical designology）应用机构学、机械振动学、摩擦学、机械强度学等学科的机构分析、动力分析、强度与刚度分析、摩擦学分析等理论与方法，研究机械产品的设计理论、设计方法和设计技术的一门应用性学科。其设计过程一般从形象思维开始，经过逻辑推理和判断以及相应的分析、综合

与决策，产生设计方案。然后再进一步将方案具体化，产生机构模型、结构模型和机械系统模型。最后通过设计计算、工艺设计成为加工图样（或信息）。现代化机械设计的主要特征有：（1）设计过程融合技术、社会、经济诸因素，成为一个系统工程；（2）由经验性和随意性向科学化和模式化发展；（3）强调理论分析与实验分析相结合，强调系统全局功能综合目标，追求使用条件下的最佳功能；（4）突破传统的余量法设计模式，从实际工况出发，引入动力学、摩擦学和可靠性等新概念，用模拟仿真技术发展各种模式的识别及建模技术；（5）采用以数据库为核心、以交互式图形系统为手段、以工程分析计算为主体的一体化计算机辅助设计系统；（6）向高度集成化、智能化和自动化方向发展。

集成化智能设计（integrated intellect design）利用电子计算机模拟人类对知识和信息进行搜集、分析、处理、加工、管理和应用，达到对机械产品进行自动决策和设计目的的现代设计方法。它是将智能工程的方法应用于机械设计，使之高度自动化和智能化，从而为解决复杂机械系统的设计提供的一种设计方法。集成化是指不同学科、不同领域知识的集成；经验和理论知识的集成；各种设计功能的集成，包括建模和仿真、分析与计算、设计和执行等；各个不同专家系统的集成；字符推理系统（专家系统）和数值计算程序库的集成；各种不同形式的信息（符号、数据、图形等）的集成。进行集成化智能设计的关键在于开发有关的软件系统。

加工精度（maching precision）零件加工后，其尺寸、形状、相互位置等参数的实际数值与理想准确数值相符合的程度。零件要做得绝对准确，既没必要，也不可能。因为切削加工总是有误差的，因此只需根据其使用要求，把零件的实际参数限制在一定的误差范围之内即可。零件实际参数值与其理想值相符合的程度越高，即加工误差越小，则加工精度就越高。零件实际参数的最大允许变动量，就称为公差。加工精度包含尺寸精度、形状精度和位置精度。相应的尺寸误差、形状误差、位置误差的最大允许变动量就分别用尺寸公差、形状公差、位置公差来限制。

加工余量（finish allowance）在毛坯加工成零件的过程中切去的金属层厚度。它有表面加工总余量和工序余量之分。工序余量是指某一工序所切除的金属层总厚度，即相邻两工序的工序尺寸之差；加工总余

量（毛坯余量）是指毛坯尺寸与零件图样的设计尺寸之差。加工余量又有双边余量和单边余量之分。对于零件外圆和孔等回转表面，加工余量指双边余量，即以直径方向计算；实际切削的金属层厚度为加工余量的一半。平面的加工余量则是单边余量，它等于实际切削的金属层厚度。合理地确定加工余量，对提高加工质量和降低成本都有十分重要的意义。加工余量过大，不仅增加机械加工的工作量，降低生产率，增加材料、工具和电力的消耗，提高加工成本，而且对某些精加工来说，加工余量太大也会影响加工质量。若加工余量太小，又不能消除工件表面残留的各种缺陷和误差，则会造成废品。

剪切浇口（shcar gate）又称潜伏浇口，分流道位于分型面上，塑料熔体通过型腔侧面斜向注入型腔，进料口不在分型面上的浇口形式。它是由点浇口演变而来的。由于浇口设在隐蔽处，浇口痕迹不影响表面质量及美观效果。

浇口（pouring gate）即进料口，浇注系统中连接分流道与型腔的熔体通道。浇口的设计与位置的选择恰当与否，直接关系到塑料能否被完好地高质量地注塑成型。按浇口截面尺寸大小的结构特点，可分为限制性浇口和非限制性浇口两大类。常用的浇口形式有：直接浇口、侧浇口、扇形浇口、平缝浇口、环形浇口、盘形浇口、轮辐浇口、爪形浇口、点浇口、潜伏浇口和护耳浇口等。

浇注系统（gating system）熔融塑料从注塑机喷嘴进入模具型腔所流经的通道。它分普通浇注系统和热流道浇注系统两种形式。普通浇注系统一般由主流道、分流道、浇口和冷料穴四部分组成。浇注系统的设计是模具设计的一个重要环节，设计合理与否对塑件的性能、尺寸、内外部质量及模具的结构、塑料的利用率等都有较大影响。

K

可靠性设计（reliability design）以保证产品的可靠性为目的而采用的一种设计方法。可靠性是指产品在规定时间和条件下完成规定功能的能力。一般用平均寿命、平均故障间隔时间、成功率等表示。可靠性设计是综合应用可靠性工程学、系统工程学、工程心理学、数理统计、价值分析方法和计算机技术的成果而发展起来的一种设计方法。它以可靠性实验方法、可靠性预测技术、系统可靠性分析技术为基础。可靠性设计包括：防误操作设计、失效安全设计、耐

环境设计、经济性设计等。可靠性设计的一般步骤为：（1）根据工作需要、技术水平、研制时间及成本等要求确定系统的可靠性指标；（2）按系统的功能和结构拟订初步设计方案；（3）从可靠性的角度进行失效形式、影响分析和可靠性预测；（4）进行零件性能指标分配和设计计算，如根据载荷和强度的分布计算可靠度或所需尺寸，根据载荷和寿命的分布计算可靠度与安全寿命，求出可靠度与安全系数间的定量关系等；（5）进行可靠性实验，为完善可靠性设计积累数据。

L

绿色设计（green design）将环境因素和预防污染的措施纳入产品设计之中，将环境性能作为产品的设计目标和出发点，力求使产品对环境的不利影响为最小的设计方法。对工业设计而言，它不仅要求减少物质和能源的消耗，减少有害物质的排放，而且要使产品及零部件能够方便分类回收并再生循环或重新利用。绿色设计的主要内容包括：绿色材料及其选择；产品可回收性设计；产品的可拆卸性设计；绿色包装；绿色产品的成本分析；绿色产品设计数据库等。未来的绿色设计将向全球化、社会化、集成化、并行化、智能化、产业化方向发展。

轮辐浇口（spoke gate）对型腔填充采用轮辐式的内侧进料浇口。轮辐式浇口是在环形浇口的基础上改进而成的。它由原来的圆周进料改为数小段圆弧进料，浇口尺寸同侧浇口，凝料易于去除，用料有所减少。这类浇口在生产中比环形浇口应用广泛。但是易产生多条熔接痕，从而影响塑件强度。多用于底部有大孔的圆筒形或壳形塑件。

M

模块化设计（modular design, MD）将零件合成不同的组件，通过对不同规格组件的排列组合，从而生产不同产品的设计思路。模块化设计所依赖的是模块的组合，即连接或啮合，又称为接口。为保证不同功能模块的组合和相同功能模块的互换，模块应具有可组合性和可互换性两大特征。模块化的设计原则是力求以少数模块组成尽可能多的产品，并在满足要求的基础上使产品精度高、性能稳定、结构简单、成本降低，且模块结构应尽量简单、规范，模块间的连接尽可能简单。模块化设计是机械产品设计的必然趋势。

模拟设计（simulation design）利用计算机进行

仿真的一种现代设计方法。两个不同物理系统的数学模型如果具有相同的形式，这两个系统叫相似系统。相似系统具有相同的动态特性，用相同的数学模型对相似系统进行研究，可以通过一种物理系统去研究另一种物理系统。例如机械系统要改变其结构和参数比较困难，在设计系统时可能要进行多次实验并修改参数甚至结构，才能获得满意的动态性能。此时可在模拟计算机上采用相似的电网络代替所要研究的机械系统进行电模拟的计算与研究，也可以在数字计算机上，采用数字仿真技术进行研究。当得到满意的动态性能后，即可按照电网络的参数来设计所需的机械系统。这种模拟设计方法可缩短设计周期，降低成本。

P

排样（stock layout）冲裁件在条料、带料或板料上的布置方法。同一零件可以采用不同的排样形式。排样方式不同，材料利用程度不同。排样合理就能用同样的材料冲出更多的零件来，降低材料消耗。大批量生产时，在冲裁件的成本中，材料费用一般占60%以上。因此材料的经济利用是一个重要问题，特别是对贵重的有色金属。同时排样要考虑方便生产操作、冲模结构简单、寿命长、车间生产条件和原材料状况等因素。总之，排样是冲裁模设计中的一项重要的工作。排样方案对材料利用率、冲裁件质量、生产率、生产成本和模具结构形式都有重要影响。

盘形浇口（disk gate）对型腔填充采用圆环形的内侧进料浇口。其优点是：（1）进料均匀，分子链及纤维取向趋于一致，从而减小内应力，提高塑件尺寸稳定性；（2）不易产生熔接痕，利于提高塑件机械性能；（3）注射时气体有序地从分型面周边排出，避免气泡、填充不满等现象；（4）易于清除浇口凝料，塑件表面尤明显痕迹。缺点是：盘形浇口与型腔形成密封空间，塑件脱模时内部形成真空，故脱模困难，必须设置进气杆或进气槽等进气通道。适用于通孔较大的圆筒形塑件。

疲劳设计（fatigue design）使机器零件或部件在受到交变载荷作用时，经过一定循环次数而不产生裂纹或突然断裂所进行的寿命预测与设计计算。采用合理的疲劳设计是提高机械产品质量的一个重要方面。现行的疲劳设计主要有无限寿命设计和有限寿命设计。无限寿命设计要求机件的应力小于疲劳极限，即使在无限长的使用期内也不会发生疲劳破坏。有限寿命设计又可分为两种：（1）安全寿命设计：要求机件在预定的使用期内不发生疲劳破坏；（2）损伤容限设计：允许机件出现疲劳裂纹，但应保证到下次检修前仍能安全使用。

平缝浇口（bed joint gate）在塑模型腔侧面的分型面上开的形状为平缝的进料口。它与特别开设的平行分流道相连，适用于薄板或长条状制品的成型。优点是：熔料以较低流速，呈平行状态，平稳均匀地流入型腔，降低了塑件内应力，减少了翘曲变形，对聚乙烯等塑料的变形能有效地控制。缺点是：浇口去除困难。

Q

气力输送（pneumatic transportation）以压缩空气为输送介质，沿管道输送粒度不大或密度较小的物料到达目标位置的物料输送方式。气力输送具有输送速度快、效率高、输送能力大、输送过程干净卫生等特点。但其动力消耗相对较高，且可能使某些物料在输送中产生破碎现象。

潜伏浇口（latency gate）见剪切浇口。

强度设计（intension design）确保机件的材料和结构足以抵抗外加载荷而不致失效的一种理论分析与结构设计方法。所有机械零件在工作过程中都会承受各类力、能载荷以及温度、接触介质的作用，致使机件材料和零件可能发生过量变形、断裂或表面磨损、剥落等现象，从而导致机件失效。强度设计要求分析计算工件在一定使用条件下的应力、应变分布和最大应力位置、应力值。根据材料和构件的特征参数（如弹性极限、屈服极限、强度极限、疲劳极限、蠕变极限等），强度理论，设计零件的结构和尺寸（特别是危险截面结构和尺寸），计算校核安全程度及安全寿命。

R

热流道系统（hot runner system）在注塑成型整个过程中使模具流道内的塑料一直保持在熔融状态的浇注系统。这种成型方法不仅节省原料，降低成本，而且减少工序，可以实现全自动生产。常见的热流道系统有单点热浇口和多点热浇口两种形式。单点热浇口是用单一热浇口套直接把熔融塑料射入型腔。它适用单一腔、单一浇口的塑料模具；多点热浇口是通过热浇道板把熔融料分配到各分热浇口套中再进入到型腔。它适用于单腔多点入料或多腔模具及大型塑件实现低压注射。热流道系统是注塑模浇注系统的重点发展方向。

S

扇形浇口（fan gate）在塑模型腔侧面的分型面上开的其形状为扇形的进料口。当浇口宽度值大于与其相连的分流道直径时，采用扇形浇口。它的特点是塑料熔体流动均匀分配、塑件内应力较小、减少带入空气、避免流纹及定向效应。适用于薄片状塑件、平面面积较大的扁平塑件。

X

协同设计（collaborative design，CD）企业内不同设计部门、不同专业方向，或者同一项目的不同设计单位之间，进行"分解—协调—配合"，完成产品的设计研发工作的设计方法。协同设计由流程、协作和管理三类模块构成。协同设计的目的：（1）建立科学的工作模式；（2）建立统一的语言环境；（3）专业团队协同设计；（4）项目团队协同设计；（5）设计文件资料的统一管理。协同设计实施中应注意的问题：（1）各级领导对协同设计的认识和理解是协同设计成功实施的最重要的保证；（2）明确实施协同设计的目标；（3）制定明确的需求分析和可行的实施方案。随着互联网技术的发展和协同概念的增强，协同设计正逐渐成为计算机辅助设计和其他现代设计技术的助推剂，是提高产品质量、设计速度、设计效率与设计资源利用率，降低成本的有效途径。它符合全球经济一体化趋势的要求。

Y

优化设计（optimal design）从多种设计方案中选出最优方案的设计方法。它以最优化的数学理论为基础，以电子计算机作辅助工具，根据设计所追求的性能目标，建立目标函数，在满足某些约束条件下，寻求最优设计方案。从数学角度来描述，就是求取满足约束条件并能使目标函数（或评价函数）取极值的最优设计参数的设计方法。设计方案由设计参数确定，设计参数常用设计变量表示。实施优化设计的步骤有：（1）建立数学模型；（2）选择最优化算法；（3）程序设计；（4）制定目标要求；（5）计算机自动筛选最优设计方案等。通常采用的最优化算法是逐步逼近法。有线性规划和非线性规划。逐步逼近法又分线性规划和非线性规划两类。凭借电子计算机的高速运算能力进行多次叠代运算，直到求出最优化设计参数。优化设计已在机械、仪表、电子电路等领域中得到广泛应用。

Z

造型设计（molding design）将与产品造型有关的功能、结构、材料、工艺、视觉传递、宜人性、市场关系等方面的信息进行综合，从而获得人—机—环境协调统一、符合时代要求的一种创造性设计，是创造物体形象的一种设计方法。它首先对造型物体提出要求，然后依次进行构思、设计、制作、使用等。造型设计由实用性、科学性、艺术性等要素组成。造型设计与平面设计的区别在于：平面设计主要是在纸面上进行图案的设计；而造型设计涵盖面较广，除平面设计外还包括立体样本设计、文字设计和影像设计等内容。造型设计能起到美化生产环境，满足人们审美要求的作用，因而具有精神和物质两方面的功能。

爪形浇口（unguiform gate）对型腔填充采用爪形的内侧进料浇口。浇口设在型芯头部，型芯可用作分流锥，其头部与主流道有自动定心的作用，从而避免了塑件弯曲变形或同轴度差等成型缺陷。爪形浇口加工较困难，通常用电火花成型。缺点与轮辐式浇口类似。适用于成型内孔较小且同轴度要求较高的细长管状塑件。

直浇口（sprue gate）又称主流道形浇口，注塑压力由主流道直接作用于型腔的进料形式。特点是：流动阻力小，流动路程短补缩时间长，有利于排出深型腔处的气体；塑件和浇注系统在分型面上的投影面积最小，模具结构紧凑，注射机受力均匀。缺点是：容易在进料处产生较大残余应力而导致塑件翘曲变形，浇口截面大，去除浇口困难，去除后会留有较大的浇口痕迹，影响塑件的美观等。适用于大型、厚壁、长深流程型腔的塑件和高黏度塑料（如聚碳酸酯、聚砜等）。

重心驱动（drive at the center of gravity，DCG）使刀具和工具相对运动的机床设备的驱动作用于运动件重心，以提高机床设备性能的设计技术。它是根据机械运动动力学理论发展而成的机床结构设计技术。该技术最大限度地避免因驱动力不作用在运动件重心而造成的扭转运动和由运动件产生的惯性作用，从而降低机床的振动，减小机床构件（例如机床床身、立柱等）发生弯曲和变形，达到从根本上提高切削速度、缩短加工时间、提高加工精度、改善加工质量、延长刀具寿命等目的。DCG是解决机床振动问题、改善加工质量和缩短加工时间的最佳方案。

主流道形浇口（artery melod gate）见直浇口。

（三）机械制造工艺与设备（Machine Technics and Facility）

B

刨削加工（planing machining）在刨床上进行的平面、沟槽的加工方法。刨削可分为粗刨和精刨。常用的有牛头刨床和龙门刨床。牛头刨床主要用于加工中小型零件，龙门刨床则用于加工大型零件或同时加工多个中型零件。刨削加工的精度、表面粗糙度与铣削加工大致相当，但刨削主运动为往复直线运动，只能采用中低速切削。刨削加工范围不如铣削加工广泛，但对于加工窄长平面，刨削的生产率则高于铣削，因此窄平面如机床导轨等的加工多采用刨削。刨削的成本一般比铣削低。

表面淬火（surface hardening）将钢件的表面通过快速加热到临界温度以上，在热量还未来得及传到心部之前就迅速冷却，从而实现表面淬硬而心部不变的热处理工艺。表面淬火一般适用于中碳钢。

铋-锡低熔点合金模（low melting point alloy of bismuth and tin）用铋-锡低熔点合金为材料制作的模具。熔点在150℃以下的合金称为低熔点合金。以铋、锡为主要元素的合金称为铋基合金、锡基合金或铋-锡低熔点合金。铋-锡低熔点合金由于其熔点只有70～150℃，流动性好，可以采用铸造的方法制模，制模周期短，机加工工时少，尤其是形状复杂的拉延模，其优越性更明显。铋-锡低熔点合金模用过之后，可以重熔再铸新模，因而节省了大量的模具材料。低熔点合金由于有冷胀性能，亦可用来做凸模、凹模、导柱、导套等的坚固材料。低熔点合金在冲压工艺中得到广泛应用。

表面覆层技术（surface cladding technology）利用表面工程技术的各种手段，在产品表面制备各种特殊功能覆层的技术。它是通过综合应用物理、化学、金属学、高分子化学、电学、光学、材料学、机械学等多种学科的最新知识与技术，对产品（材料）表面进行处理，赋予其减磨、耐磨、耐蚀、耐（隔）热、抗疲劳、耐辐射以及光、热、磁、电等特殊功能，从而达到提高产品质量、延长使用寿命、改善环境的目的。采用这种技术可以用极少量的材料就能起到大量的、昂贵的整体材料所能起到或难以起到的作用，同时极大地降低了制件的加工制造成本。该技术的主要特点是具有很强的实用性，无论采用哪种方法，哪种材料，都是在工件表面产生一层符合要求的功能材料。这层表面材料与工件相比，厚度薄，数量少，仅占工件整体厚度的几百分之一至几分之一，却承担着工件的主要功能。

表面改性技术（surface modification technology）采用化学、物理的方法改变材料或工件表面的化学成分或组织结构，以提高其性能的处理技术。它包括化学热处理（渗氮、渗碳、渗金属等）、表面涂层（低压等离子喷涂、低压电弧喷涂、激光重熔复合等）、薄膜镀层（物理气相沉积、化学气相沉积等）和非金属涂层技术等。这些用以强化零件或材料表面的技术，赋予零件耐高温、防腐蚀、耐磨损、抗疲劳、防辐射、导电、导磁等各种新的特性，使其在高速、高温、高压、重载、腐蚀介质环境中，可改进工作性能，提高可靠性，延长使用寿命。此种技术具有经济价值和推广价值。

表面工程技术（surface engineering technology）通过改变固体金属表面或非金属表面的形态、化学成分和组织结构，以获得所需要表面性能的工程技术。广义地说是直接与各种表面现象或过程有关的、能为人类造福或被人们利用的技术集成，是一个涉及面极广泛的综合性边缘学科。表面工程技术采用的方法包括：（1）施加各种覆盖层的技术，包括电镀、电刷镀、化学镀、涂装、黏结、堆焊、熔结、热喷涂、塑料粉末涂敷、热浸涂、搪瓷涂敷、陶瓷涂敷、真空蒸镀、溅射镀、离子镀、化学气相沉积、分子束外延制膜、离子束合成薄膜技术等；（2）用机械、物理、化学等方法，改变材料表面的形貌、化学成分、相组成、微观结构、缺陷状态或应力状态；（3）综合运用两种或更多种的表面技术的复合表面处理，如等离子喷涂与激光辐射复合、热喷涂与喷丸复合、化学热处理与电镀复合、激光淬火与化学热处理复合、化学热处理与气相沉积复合等。

表面热处理（surface heat treatment）只加热工件表层，以改变其表层力学性能的金属热处理工艺。其使用的热源须具有高的能量密度，即在单位面积的工件上给予较大的热能，使工件表层或局部能短时或瞬时达到高温。表面热处理的主要方法有火焰淬火和感应加热。常用的热源有氧乙炔或氧丙烷火焰、感应电流、激光和电子束等。

表面涂层（surface coating）一种采用不同的热源，在金属材料或工件表面涂敷一定厚度的特定金属或非金属保护层的表面改性技术。其工艺有火焰喷涂、电弧喷涂、等离子喷涂、爆炸喷涂等。涂层材料有防腐蚀的镍、铝、锌、不锈钢等；有耐磨的钴基、镍基合金及非晶态合金；有作为热障（由气动加热引起的危险障碍）的陶瓷、二氧化锆陶瓷等。该项技术在工业上的应用成效显著，比如隔热型的陶瓷热障涂层，可降低零件基体表面温度、提高发动机涡轮叶片寿命、降低油耗。

表面微机械加工技术（surface micro-machining）在硅表面根据需要可生长多层薄膜，采用选择性腐蚀技术，去除部分不需要的膜层，形成所需形状的工艺。所生长的薄膜为二氧化硅（SiO_2）、多晶硅、氮化硅、磷硅玻璃膜层（PSG）等。去除的部分膜层一般称为"牺牲层"。整个加工过程都是在硅片表面层上进行的。其核心技术是"牺牲层"技术。表面微机械加工技术的优点在于：在制造过程中所使用的材料和工艺与常规集成电路生产有很强的兼容性，就保证了从事经常性生产和研究所需的费用，而不必另外投资；再者，只要在制膜时略加改动，就可以用同样的方法制造出大量不同结构。其最大优势在于把机械结构与电子电路集成一起的能力，从而使微型产品具有更好的性能和更高的稳定性。

薄膜镀层技术（thin film coating technology）采用物理气相沉积、化学气相沉积、物理化学气相沉积等方法，使金属材料或工件表面获得具有各种不同性能的薄膜层的技术。其中物理气相沉积主要包括真空蒸发镀膜、溅射镀膜及离子镀膜等技术；化学气相沉积主要有化学气相渗涂工艺；物理化学气相沉积多用等离子化学气相沉积技术。利用薄膜镀层技术可在高速钢刀具表面沉积 TiC、TiN，以提高其使用寿命。Al_2O_3 及 NiCrAl 等表面镀层可防腐蚀，Au、Ag、石墨、MoS_2 等薄膜可降低表面摩擦系数，TiN、Al、Ag 等薄膜可得到各种颜色光泽的镜面材料。

C

插削加工（slotting）用插刀对工件作垂直相对直线往复运动的切削加工方法。此加工是立式刨削加工，主要用于单件小批量生产中加工零件的内表面，例如孔内键槽、方孔、多边形孔和花键孔等。也可以加工某些不便于铣削或刨削的外表面（平面或成型面）。其中用得最多的是插削各种盘类零件的内键槽。插削是在插床上进行的，工件安装在工件台上，插刀装在滑枕的刀架上。滑枕带动刀具在垂直方向的往复直线运动为主切削运动，工作台带动工件沿垂直于主运动方向的间歇运动为进给运动，圆工件台还可绕垂直轴线回转，实现圆周进给和分度。滑枕导轨座可绕水平轴线在前后小范围内调整角度，以便加工斜面和沟槽。

超高速加工技术（superspeed machining）采用超硬材料刀具磨具和能可靠地实现高速运动的高精度、高自动化、高柔性的制造设备所进行的现代制造加工技术。它可以通过提高切削速度来达到提高材料切除率、加工精度和加工质量的目的。其显著标志是使被加工塑性金属材料在切除过程中的剪切滑移速度达到或超过某一域限值，开始趋向最佳切除条件，使得被加工材料切除所消耗的能量、切削力、工件表面温度、刀具磨具磨损、加工表面质量等明显优于传统切削速度下的指标，而加工效率则大大高于传统切削速度下的加工效率。

超精密加工（ultraprecision machining）又称亚微米加工，机械加工尺寸精度范围在 $0.3\sim0.03\,\mu m$、表面粗糙度 R_a 为 $0.03\sim0.005\,\mu m$ 的先进加工技术。它所达到的高精度是综合应用精密机械、精密测量、精密伺服系统、计算机控制及误差补偿等各种先进技术的结果。它是一项包含内容广泛的系统工程。其加工方法有：（1）超精密切削，如用金刚石刀具进行超精密车削，成功地解决了激光核聚变系统中的非球面反射镜和天体望远镜中大型抛物面不易加工的难题；（2）超精密磨削和研、抛加工，可用于高密度硬磁盘的涂层表面及大规模集成电路基片的加工；（3）超精密特种加工，如用电子束、离子束、激光束等进行大规模集成电路的光刻加工等。

超精密磨削加工（ultraprecision grinding machining）利用细粒度的磨粒和微粉对黑色金属、硬脆材料等进行加工的技术。对于铜、铝及其合金等软金属，用金刚石刀具进行超精密车削是十分有效的；而对于黑色金属、硬脆材料等，用超精密磨削加工是主要的精密加工手段。超精密磨削可分为固结磨料和游离磨料两类加工方式。

超精密切削加工（ultraprecision cutting machining）采用金刚石刀具进行的使零件的加工精度和表面质量达到极高程度的加工工艺。主要用于加工软金属材料，如铜、铝等非铁金属及其合金，以及光学玻璃、大理石和碳素纤维等非金属材料。主要加工对象是精度要求很高的镜面零件。目前超精密切削刀具用的金刚石为大颗粒、无杂质、无缺陷、浅色透明的优质天然单晶金刚石。这种金刚石虽然价格昂贵，但确是理想的、不能代替的超精密切削的刀具材料。超精密切削实际能达到的最小切削厚度与金刚石刀具的锋锐度、使用的超精密机床的性能状态、切削时的环境条件等直接相关。

超声波焊接（ultrasonic welding）在进行超声波振动的同时施加压力使待焊的焊件局部因激烈摩擦产生高温软化焊接在一起的方法。在超声波焊接过程中，没有电流流经焊件，也没有火焰或弧光等热源的作用，它是一种摩擦、扩散、塑性变形综合作用的焊接过程。超声波焊接分点焊和缝焊。特别适合于高熔点、高导热性和难熔金属的焊接，适用于异种材料焊接以及厚薄相差悬殊及多层箔片等特殊结构的焊接。超声波焊接目前主要用于微小薄件焊接（如2μm的金箔）、集成电路引线焊接，也可用来焊接塑料和有机玻璃等。

超声波加工（ultrasonic machining）利用超声波的能量，通过机械装置对工件进行加工的方法。其加工原理是：工具超声波振动，使加工液中悬浮的微小磨粒高速运动冲击工件表面，致使工件表面材料逐步粉碎脱落并随加工液流走。与此同时，工具缓慢向工件送进，最终工件被加工出与工具相同横截面的孔或凹槽。超声波加工适合加工各种不导电的硬、脆材料（如玻璃、陶瓷、宝石、金刚石等），也可加工硬、脆的金属材料（如硬质合金、淬火钢等）。超声波加工能加工出各种形状的内表面或成型面；加工时热效应小，应力小，可制出薄壁、窄缝及低刚度零件；还可比较容易地用软材料制作复杂形状的工具。其缺点是生产效率低。超声波加工主要应用于硬质合金模具的型孔、型腔的加工以及金刚石、半导体、石英、宝石等材料的切割、开槽、雕刻和微细孔加工，还可用于清洗及复合加工等。

超声电火花磨削（ultrasonic electro-spark grinding）将超声加工和电火花加工同时作用于磨削过程的复合加工方法。这种方法仅仅适用于导电材料加工。采用超声电火花磨削时，磨削抗力的变化与其他加工方法大不相同。随着磨削距离增加，普通磨削时，磨削抗力急剧上升，很快使砂轮失效；电火花磨削或超声磨削时，磨削抗力上升的幅度有所降低；而超声电火花磨削加工时，磨削抗力增加极小，砂轮锋利度保持性好，从而发挥出极好的磨削效果。超声电火花磨削适宜于各种导电性陶瓷材料和超硬材料的磨削加工。

超声复合加工（ultrasonic complex machining）以超声加工为主，辅助其他加工方法，应用机械、电力、磁力、流体力学等多种能量进行的综合加工技术。与电火花加工、电解加工等其他加工方法相比，它具有精度高、表面粗糙度低，不受工件材料的电、化学特征限制，工件无热损伤和残余应力等优点。它是加工玻璃、陶瓷、石英、宝石以及半导体等硬脆材料工件的有效方法。它可以提高加工效率，减小工具磨损。

超声切割（ultrasonic cutting）利用超声振动的工具在有磨料的液体介质中或干磨料中，产生磨料的冲击、抛磨、液压冲击及由此产生的气蚀作用来去除材料的加工方法。其特点是：（1）适合切割各种硬脆材料，尤其适合不导电非金属硬脆材料。也可加工淬火钢、硬质合金、不锈钢、钛合金等硬质或耐热导电的金属材料。（2）工件表面的宏观切削力很小，切割应力、切削热更小，不会产生变形及烧伤，表面粗糙度也较低，适于加工薄壁、窄缝、低刚度零件。（3）可用较软的材料做成较复杂的形状，不需要工具和工件作比较复杂的相对运动，便可加工各种复杂的型腔和型面。（4）与金刚石刀具切割相比，具有切片薄、切口窄、精度高、生产率高、经济性好等优点。

超声数控分层仿铣加工（ultrasonic numerical control multilevel milling machining）简称超声仿铣，借鉴快速成型技术中分层制造和利用数控铣削运动的分层加工方法。对于三维曲面的型腔，在采用成型工具进行超声成型加工时，由于工具损耗严重、加工间隙中悬浮磨料不均匀，从而影响复杂型面的加工精度。采用超声旋转加工只能加工圆形孔和简单型腔。超声数控分层仿铣采用简单工具分层加工，由于每层厚度很小，使工具磨损只产生在端面，极大地简化了工艺过程。同时由于工具损耗的补偿是在每一平面层的加工过程中进行的，简化了数控工具补偿的难度，从而能保证加工过程的可控性以及被加工工件的精度。这种技术可以用于加工那些传统成型加工有困难、甚至无法加工的工件，特别是具有三维型腔的零件，为陶瓷等硬脆材料的推广应用提供有力的技术支持，是硬脆材料加工的新发展方向。

超声旋转加工（ultrasonic rotating machining）将超声振动工具的锤击运动和工具旋转运动的磨削作用结合在一起的复合加工技术。超声旋转加工方法按其工艺特征可分为两类：（1）采用离散磨料和固结磨料磨具的超声旋转磨料加工；（2）采用切削工具（如铣刀、钻头、冲头、压头之类工具），或利用超声高频振动特征，与其他机械加工方法相结合的超声旋转加工。超声旋转加工可用于脆性材料（例如玻璃、石英、陶瓷、碳纤维复合材料等）的钻孔、套料、端铣、内外圆磨削及螺纹加工等。

超塑性等温模锻（super-plasticity isothermal forging）将具有超塑性的金属毛坯与模具一起加热并保持在材料的超塑性温度范围内，以蠕变方式使之模锻成型的工艺。钛合金和高温合金等用于超塑性等温模锻的毛坯应具有超细晶粒。这种毛坯可以用合金的超细粉末经热等静压方法制成。超塑性等温模锻因变形抗力小，设备的功率仅为普通模锻的 $1/5\sim1/10$，锻件尺寸精确，组织均匀，适用于制造发动机涡轮盘和压气机盘等零件。

超塑性锻造（superplastic forging）使金属处于超塑性条件下进行塑性变形的锻造技术。超塑性是指某些金属材料在特定的组织结构和工艺条件（温度和应变速率）下，具有极高拉伸延伸率的能力。超塑性状态，一般以拉伸延伸率超过 200% 或超塑性敏感性指数 $m \geqslant 0.3$ 来定义。含 22% 铝的锌铝共析合金在常温下延伸率可达到 2 000%，可实现常温态超塑性锻造。超塑性锻造是一种等温模锻，金属坯料和锻模均加热和保持在使金属具有超塑性的温度。直径为 $0.5\sim5\,\mu m$ 的细微晶粒易显示出超塑性。超塑性锻造时，金属的流动性好，可获得复杂形状锻件，并且它所需要的锻造压力可比普通锻造降低约一个数量级。超塑性锻造已用于制造钛合金和高温合金航空零件等。

超硬膜技术（ultrahard coating technology）以物理或化学方法在工件表面制备硬度大于40GPa的固体薄膜的技术。超硬膜具有优异的抗摩擦磨损性能、高的热导率、低的摩擦系数和热膨胀系数等特点。其类型主要有金刚石薄膜、类金刚石薄膜和立方氮化硼薄膜等。利用超硬膜技术，可以大大提高材料的薄膜硬度、耐磨性、耐热性等性能，从而使刀具、模具、硬盘、光盘、有机光学镜片及其他一些制品具有特殊功能、高的耐磨性和使用寿命。

超硬磨料磨削技术（superhard abrasive grinding technology）用高硬磨料制成磨具进行磨削的加工技术。它可用于对硬度较高的材料进行精加工磨削。磨具由基体、过渡层、工作层构成。工作层中含有高硬度磨料。选择磨具时须考虑磨料、粒度、结合剂、硬度、浓度等诸多因素。所谓浓度是指工作层单位体积中高硬磨料的含量，是磨具的重要特性之一。磨削时磨削深度不能过大，否则会造成磨具过度消耗甚至开裂、脱环、碎裂。同时还应进行冷却，以减少磨具消耗，提高磨削质量。磨具修整用对滚、电火花、电化学腐蚀和研磨等方法。每个磨具应配专用法兰盘并进行校正，使径向跳动不超过 0.03mm；磨具要进行静平衡；树脂结合剂磨具存放不能超过一年，否则树脂会老化；搬运和存放时不能碰撞。

车削加工（turning machining）在由车床、车刀、夹具和工件共同构成的车削工艺系统中完成的对工件的加工。在一般情况下，车削加工是以主轴带动工件做回转运动为主运动，以刀具的直线运动为进给运动。根据所用机床的精度不同，车削加工可以达到的加工精度级别也不相同。应用车削加工方法可以加工各种回转体内外表面，如内外圆柱面、圆锥面、成型回转表面等。采用特殊的装置或技术后，在车床上还可车削非圆零件表面，如凸轮、端面螺纹等。借助于标准或专用夹具，还可完成非回转体零件上的回转体表面的加工。在一般机械制造企业中，车床占机床总数的 20%～35%。因此，车削加工在机械加工方法中占有重要的地位。

成型（molding）利用金属或非金属材料的物理或化学特性，在模具上得到具有一定形状、尺寸和力学性能产品的压力加工方法。在压力下，模具对材料变形加以约束得到所需的零件。比如塑料成型、冲压成型等。制件的成型加工形状与模具的工作型面形状是型面与反型面的关系。成型加工是一种先进的加工方法，与其他加工方法（比如切削）比较有许多优点：（1）它是无屑加工，材料利用率高，一般为70%～

85%；（2）在压力机作用下，能得到形状复杂的零件，而这些零件用其他的方法是不可能或者很难得到的，如薄壳件；（3）制得的零件一般不需要进一步加工，可直接用来装配，并具有一定精度和互换性。

成型冲模（forming die）将金属毛坯或半成品工件按凸、凹模的形状直接复制成型的冲压模具。冲压成型时被加工材料本身仅产生局部塑性变形，如胀形、缩口、扩口、起伏成型、翻边、整型等。

冲裁（blanking）利用冲模使部分材料或工序件与另一部分材料、工序件或废料分离的一种冲压工序。冲裁是切断、落料、冲孔、冲缺、冲槽、切边、切舌、切开等分离工序的总称。切断是将材料沿敞开轮廓分离的一种冲压工序，被分离的材料成为工件或工序件。落料是将材料沿封闭轮廓分离的一种冲压工序，被分离的材料成为工件或工序件，大多数是平面形的。冲孔是将废料沿封闭轮廓从材料或工序件上分离的一种冲压工序，在材料或工序件上获得需要的孔。冲缺是将废料沿敞开轮廓从材料或工序件上分离的一种冲压工序，敞开轮廓形成缺口，其深度不超过宽度。冲槽是将废料沿敞开轮廓从材料或工序件上分离的一种冲压工序，敞开轮廓呈槽形，其深度超过宽度。切边是利用冲模修边成型工序件的边缘，使之具有一定直径、一定高度或一定形状的一种冲压工序。切舌是将材料沿敞开轮廓局部而不是完全分离的一种冲压工序。被局部分离的材料，具有工件所要求的一定位置，不再位于分离前所处的平面上。切开是将材料沿敞开轮廓局部而不是完全分离的一种冲压工序。被切开而分离的材料位于或基本位于分离前所处的平面。

冲裁成型（blanking forming）利用冲模将预先剪切好的金属板条料沿封闭轮廓线分离的加工方法。它包括冲孔、落料等工序，是生产各种形状复杂、精度要求较高、以及需要量较多的中、小平面零件和展开毛料的主要加工方法。在冲孔和落料工序中，板料变形过程和所有模具结构一样，都是由凸模凹模相互冲切完成。两者的区别在于落料是从板料上分离出所需的裁件，而冲孔则是从板料上分离出废料，即冲出孔洞。

冲裁模（blanking die）沿封闭或敞开的轮廓线使板材产生分离的冲压模具。如落料模、冲孔模、切断模、切口模、切边模、剖切模等。

冲击镀（strike plating）又称闪镀，在特定的溶液中以高的电流密度，短时间电沉积出金属薄层，以改善随后沉积镀层与基体间结合力的方法。例如，可用于改善铸铁制品表面镀层的牢固性。镍、铬、锌，以及银、金、钯等贵金属，均可作为冲击镀层的材料。

冲压（punch）靠压力机和模具对板材、带材、管材和型材等施加外力，使之产生塑性变形或分离，从而获得所需形状和尺寸的工件(冲压件)的成型加工方法。冲压的坯料主要是热轧和冷轧的钢板和钢带。在全世界的钢材中，有60%～70%是板材，其中大部分是经过冲压制成成品。汽车的车身、底盘、油箱、散热器片，锅炉的汽包、容器的壳体、电机、电器的铁芯硅钢片等都是冲压加工的。仪器仪表、家用电器、自行车、办公机械、生活器皿等产品中，也有大量冲压件。

冲压模具（press tool）在室温下冷冲压加工中，将材料（金属或非金属）加工成零件（或半成品）的特殊工艺装备。冲压模具是冲压生产必不可少的工艺装备，是技术密集型产品。冲压件的质量、生产效率以及生产成本等，与模具设计和制造有直接关系。模具设计与制造技术水平的高低，在很大程度上决定着产品的质量、效益和新产品的开发能力。冲压模具的形式很多，按其工艺性质分为冲裁模、弯曲模、拉深模和成型模等；按其工序组合程度分为单工序模、复合模和级进模等。

吹塑成型（blow molding）借助于气体压力使闭合在模具中的热熔型坯吹胀而形成中空制品的方法。它是最常用的也是发展较快的一种塑料成型方法。吹塑用的模具只有阴模（凹模），与注塑成型相比，设备造价较低，应力低，适应性较强，成型性能好，可成型具有复杂起伏曲线形状的制品。中空制品的吹塑包括三个主要方法：挤出吹塑、注塑吹塑、拉伸吹塑。吹塑制品的73%用挤出吹塑成型，24%用注塑吹塑成型，1%用其他吹塑成型。吹塑用的塑料包括：聚烯烃、工程塑料与弹性体。吹塑制品的应用涉及汽车、办公设备、家用电器、医疗设备等方面。

吹塑模具（plastics blow mould）用来生产塑料容器类中空制品的成型模具。吹塑模具结构较为简单，所用材料多以碳素钢为主。所对应的设备通常为塑料吹塑成型机。吹塑成型只适用于热塑性塑料制品的生产。

锤上模锻（hammer forging）在模锻锤上进行模锻生产锻件的方法。锤上模锻因其工艺适应性较强，且模锻锤的价格低于其他模锻设备，是应用最广泛的模锻工艺。

磁力研磨（magnetic abrasive finishing）利用磁性磨料在磁场中形成的磁性刷子，对工件表面进行精加工的一种方法。磁力研磨适用于零件表面的光整加工、棱边倒角和去毛刺。既可用于加工外圆表面，也可用于平面或内表面，甚至齿轮表面、螺纹和钻头等复杂表面的研磨抛光。利用磁力研磨方法可去除精密机械零件的毛刺，通常用于液压元件和精密耦合件的去毛刺。其效率高、质量好，是其他工艺方法难以实现的。

磁性磨料精整加工（magnetic abrasive finishing，MAF）利用磁性作用使磁性磨料在磁极N-S之间沿着磁力线有序地聚集成一层弹性磨料刷，并与工件作相对运动，对工件进行研磨抛光的精整加工技术。MAF法不用抛光液，磁性磨料是在铁磁材料中加入粒度为$1\sim10\mu m$的磨料，聚集的磁性磨料刷厚度为$50\sim100\mu m$。磁性磨料的磁性物质采用铁、铁合金和铁的氧化物，而磨料通常用氧化铝（Al_2O_3）、碳化物（TiC、Cr_3C_2、WC、ZrC）和金刚石。磨料的容积比例约为$20\%\sim50\%$。该技术可以加工磁性或非磁性材料的圆柱形工件，如陶瓷轴承滚柱或钢滚柱。由于聚集的磁性磨料刷具有自动成型特征，故当采用不同的磁极形状和设备结构时，可实现对内圆、平面、异形曲面和球面等精整加工。此法具有高的材料去除率。其精加工的效果取决于工件的圆周速度、磁通量密度、工作间隙、工件材料、磁性磨料聚集层的尺寸以及相关的磨粒尺寸和所占的容积比例等。

粗加工（rough machining）一种用大的切削深度，经一次或少数几次走刀，从工件上切去大部分或全部加工余量的加工方法。如粗车、粗刨、粗铣、钻削和锯切等。粗加工效率高但精度较低，一般用作预先加工。

淬火（quenching）将工件加热保温后，在水、油或其他无机盐、有机物水溶液等淬冷介质中快速冷却的工艺。淬火后钢件变硬，但同时变脆。

D

氮碳共渗（nitrocarburizing）又称软氮化，工件表面同时渗入氮和碳，并以渗氮为主的化学热处理工艺。在气体介质中进行的氮碳共渗称气体氮碳共渗；在盐浴中进行的氮碳共渗称液体氮碳共渗。氮碳共渗工艺具有处理温度低、时间短、不受钢种限制及零件畸变小等优点。处理后零件获得优良的耐磨性、耐蚀性、抗黏附性和疲劳强度性能。氮碳共渗是一种应用很广的化学热处理工艺。

刀尖轨迹法（tongue rail）依靠刀尖相对于工件表面的运动轨迹，来获得工件所要求的表面几何形状的加工方法。如车削外圆、刨削平面、磨削外圆、用靠模车削成型面等。刀尖的运动轨迹，取决于机床所提供的切削工具与工件的相对运动。

刀具表面涂层技术（tool surface coating technology）在韧性较好的硬质合金或高速钢刀具基体上，采用化学气相沉积、物理气相沉积等方法，涂覆一层厚$4\sim5\mu m$耐磨性高的难熔金属化合物的表面改性技术。其目的是提高刀具切削性能。化学气相沉积温度为$1\,000\,℃$左右。高速钢刀具涂层采用物理气相沉积法，沉积温度为$500\,℃$左右。涂层既可选用单层，也可采用双层或多层。涂层刀具的特点是：（1）涂层硬度比基体高得多，如在硬质合金基体上，TiC涂层硬度可达$HV2\,500\sim HV4\,200$；（2）涂层有较高的抗氧化和抗黏结性能，且摩擦系数低，故可大大提高刀具耐用度（如涂层高速钢刀具耐用度可提高$2\sim4$倍）和切削速度（如Al_2O_3、TiC涂层刀具切削速度可提高$20\%\sim40\%$）；（3）不会降低刀具基体的强度和韧性。其缺点是锋利性、抗剥落性和抗崩刃性不及未涂层刀具。

等离子弧焊（plasma arc welding）具有压缩效应的钨极气体保护焊。按使用电流的大小可将其分为大电流等离子弧焊和微束等离子弧焊。大电流等离子弧焊焊接电流大于30A，借助小孔效应使焊缝成型，通常用于焊接厚度为$2.5\sim13mm$的材料。微束等离子弧焊的焊接电流在30A以下，可以焊接厚度为$0.02\sim2.5mm$的箔材及薄板。等离子弧焊可用来焊接难熔、易氧化、热敏感性强的材料，如钼（Mo）、钨（W）、铍（Be）、铬（Cr）、钽（Ta）、钛（Ti）及其合金、不锈钢等，也能焊接一般钢材或有色金属。12mm左右厚的工件不开坡口、不留间隙，可实现单面焊双面成型。等离子弧焊电弧稳定、热量集中、热影响区小、焊接变形小，生产率高。主要应用于化工、原子能、电子、精密仪器仪表、火箭、航空和空间技术中。

等离子弧切割（plasma arc cutting）利用等离子弧的热能实现被切割材料熔化的方法。其切割原理是，利用高速、高温和高能的等离子体来迅速加热熔化被切割的材料，并借助内部或外部的高速气(水)流，将熔化的材料排开，直至等离子气流束穿透工件背面而形成切口，从而达到切割的目的。等离子弧的温度极高，可达 10 000～30 000℃，远远超过了所有金属或非金属材料的熔点。其切割的适用范围比氧切割大得多，几乎能切割所有的金属、非金属、多层及复合材料。且其切口窄(中薄板材)，切割面的质量好，切割速度快，切割厚度可达 160mm。由于等离子弧的高温、高速的特点，所以在切割薄板(≤0.5mm)也不会变形。特别是在切割不锈钢、钛合金及有色金属材料领域，选用等离子弧切割不但能达到满意的切割质量，还能获得比原工艺增加数以十倍计的经济效益，因此等离子弧切割已在各行各业得到越来越广泛的应用。

等离子喷涂（plasma spraying）利用等离子焰流，将喷涂材料加热到熔融或高塑性状态，在高速等离子焰流引导下高速撞击基体表面，并沉积在经过粗糙处理的关键表面形成很薄的涂层的技术。等离子焰流温度高达 10 000℃以上时，可喷涂几乎所有固态工程材料，包括各种金属和合金、陶瓷、非金属矿物及复合粉末材料等。等离子焰流速度达到 1 000 m/s 以上，喷出的粉粒速度可达 180～600m/s，得到的涂层致密性和结合强度均比火焰喷涂高。等离子喷涂有大气等离子喷涂、可控气氛等离子喷涂和液体稳定等离子喷涂等方法。

等离子切割（plasma cutting）利用高能量密度、高温、高速等离子射流，瞬间将被切割金属或非金属局部熔化并随即吹除，形成狭窄整齐的切口而完成切割的加工方法。因此其切割效率比氧气切割高 3 倍以上，切割厚度可达 150～200mm，能切割一般氧气所不能切割的不锈钢、高速钢、铝、铜、镍、钛、铸铁及其他难熔金属，也可用于切割花岗岩、碳化硅、耐火砖和混凝土等非金属材料。

等离子体加工（plasma machining）利用高能量的等离子体（电子、离子及部分原子和分子的混合物），对材料进行加工的方法。连续通气（氩、氮、氢或压缩空气）放电的电弧，通过一个喷嘴孔，受到机械压缩效应、电流趋向中心的热缩效应和磁收缩效应的作用，产生高温等离子体流。等离子体流以极高速度喷出，具有很大的动能及冲击力，达到工件表面时，迅速加热和熔化金属并可将被熔金属吹除。按其导电方式可分为三种类型：转移型（工件接电源正极）、非转移型（喷嘴接电源正极）和混合型（电源正极同时接工件与喷嘴）。等离子体具有能量集中、温度高的特点；有很高的导电和导热性；产生的焰流稳定且可调节控制。等离子体加工主要应用于：（1）不锈钢、耐热钢、铜、铝、钛、铸铁及钨、锆、钼等难加工金属和稀有金属的切割，也可切割花岗岩及混凝土等非金属材料；（2）等离子电弧焊接不锈钢及各种合金钢，还可进行合金钢的熔炼；（3）在金属表面堆焊金属或喷涂薄层金属（或非金属）；（4）进行等离子体表面处理，提高材料硬度、耐磨性和强度；（5）进行热处理及等离子弧切削加工等。

等温成型（isothermal forming）将坯料、模具加热到变形温度，并在成型过程中，使坯料和模具温度基本上保持不变的成型方法。常见的等温成型方法有：等温锻造、等温挤压、超塑性等温锻造、超塑性等温挤压等。

等温锻造（isothermal forging）在整个成型过程中坯料温度保持恒定值的锻造工艺。等温锻造充分利用某些金属在等一温度下所具有的高塑性，从而获得特定的组织和性能。等温锻造需要将模具和坯料一起保持恒温，所需费用较高，仅用于特殊的锻造工艺，如超塑成型。

等温模锻（constant temperature die forming）将金属毛坯与模具一起加热到模锻温度，在保持等温状态下使毛坯慢速变形的模锻工艺。它所需的设备功率仅是普通模锻的 1/3～1/10。适用于制造要求严格控制变形温度范围的高温合金零件和钛合金整体叶轮、压气机盘和飞机结构件等。

等温退火（isothermal annealing）应用于钢和某些非铁合金的一种控制冷却的退火方法。钢的等温退火的目的，与重结晶退火基本相同，但工艺操作和所需设备都比较复杂，通常主要应用于过冷奥氏体在珠光体型相变温度区间转变相当缓慢的合金钢。等温退火也可在钢的热加工的不同阶段来应用。例如，若让空冷淬硬性合金钢由高温空冷到室温时，当心部转变为马氏体之时，在已发生了马氏体相变的外层就会出现裂纹；若将该类钢的热钢锭或钢坯在冷却过程中放入 700℃左右的等温炉内，保持等温直到珠光体相变完成后，再出炉空冷，则可免生裂纹。含 β 相稳定化元素较高的钛合金，其 β 相相当稳定，容易被过冷，为了缩短重结晶退火的生产周期并获得更细、更均匀的组织，亦可采用等温退火。

低压成型（low-pressure moulding）以很小的注射压力将封装材料注入模具并快速固化成型（5～50s）的封装工艺方法。采用此种工艺方法可以使加工材料具有绝缘、耐高低温、抗冲击、减振、防潮、防水、防尘、耐油、耐化学腐蚀等功能。低压成型工艺的优势在于：（1）提高终端产品的性能；（2）缩短产品设计开发周期，提高生产效率；（3）节约生产成本。低压成型工艺主要应用于：手机电池、印刷线路板（PCB）、汽车电子产品、汽车线束、防水连接器、传感器、微动开关、天线、电感器等电子产品。低压成型工艺可以适应那些应用于恶劣环境的电子产品的封装保护需要。

低压铸造（low voltage casting）液体金属在较低的压力（0.02～0.06MPa）作用下，自下而上充满铸造型腔，并在压力下凝固而获得铸件的铸造成型方法。低压铸造充型平稳、铸造缺陷少、组织致密、力学性能高，有利于成型加工大型薄壁铸件，材料利用率可达80%～95%。主要用于生产质量要求较高的铝、镁合金铸件，如汽缸体、缸盖、活塞、曲轴箱等。

点焊（spot welding）将待焊的薄板压紧在两柱状电极之间，通电后使接触处温度迅速升高，将两焊件接触处的金属熔化而形成熔核，从而实现连接的一种焊接方法。整个焊缝由若干个焊点组成，每两个焊点之间应有足够的距离，以减少分流的影响。点焊主要用于4mm以下的薄板与薄板的焊接，也可用于圆棒与圆棒（如钢筋网）、圆棒与薄板（如螺母与薄板）的焊接。焊件材料有低碳钢、不锈钢、铜合金、铝合金、镁合金等。

电化学复合加工（electrochemical complex machining）以电化学加工为主，辅助以其他加工方法，应用机械、电力、磁力、流体力学和声波等多种能量进行综合加工的过程。这类复合加工主要有：电化学—机械、电化学—电火花、电化学—电弧、电化学—超声、电化学—磁力、电化学—机械超声等多种组合方式。其中电化学的阳极溶解作用和硬质刀具或磨料的机械作用结合起来形成的复合加工工艺包括电解钻孔、电解铣削、电解磨削、电解珩磨、电解研磨和抛光等。与其他加工方法组合形成的复合加工工艺包括电解电火花加工、电解电弧加工、电解超声加工、磁

场电化学加工以及电解超声磨削等。

电化学机械加工（electrochemical mechanical machining）把电化学阳极溶解作用与机械加工作用结合在一起的复合加工方法。通常分为三类：（1）电解磨削。大部分材料靠电解去除，少量的金属和工件表面氧化物由磨料的机械作用去除。电解磨削可加工高硬度和高韧性金属，比普通磨削效率高，磨削力和磨削热小，砂轮寿命长，但设备略显复杂。常用来磨削硬质合金刀具、挤压模、拉丝模和轧辊等。（2）电解珩磨。一种把电解加工和常规珩磨结合使用的加工方法。比普通珩磨的效率与质量都高。一般用来珩磨小孔、深孔、薄壁筒等零件。（3）电解超精加工。它是普通研磨加工加上电解作用的复合加工方法。它的生产效率高于普通研磨加工，且研磨条损耗少，加工发热量小。它主要用来完成冷轧辊表面、不锈钢容器内壁和太阳能电池基板镜面的加工等。

电化学加工（electrochemical machining）利用电化学反应（或称电化学腐蚀）对金属材料进行加工的方法。与机械加工相比，电化学加工不受材料硬度、韧性的限制，已广泛用于工业生产中。常用的电化学加工有电解加工、电磨削、电化学抛光、电镀、电刻蚀和电解冶炼等。

电化学抛光（electropolishing）直接应用阳极溶解的电化学反应对机械零件进行再加工，以提高其表面光洁度的加工工艺。它比机械抛光效率高，精度高，且不受材料的硬度和韧性的影响，有逐渐取代机械抛光的趋势。电化学抛光的基本原理与电化学加工相同，但电化学抛光的阴极是固定的，极间距离大（1.5～200mm），去除金属量少。电化学抛光时，要控制适当的电流密度。电流密度过小时，金属表面会产生腐蚀现象，且生产效率低；当电流密度过大时，会发生氢氧根离子或含氧的阴离子的放电现象，且有气态氧析出，从而降低电流效率。

电火花表面涂敷（electrospark surface cladding）通过电极材料与金属零件表面的火花放电作用，把导电材料熔渗进金属工件的表面，形成含电极材料的合金化的表面涂敷层的工艺。使工件表面的物理性能、化学性能和力学性能得到改善，而其内部的组织和力学性能不发生变化。除被处理零件表面因电极材料的沉积有规律地胀大外，不存在变形问题。电火花涂敷可有效提高零件表面耐磨性、耐蚀性和高温抗氧化性等。但电火花涂敷会加大表面粗

糙度和影响材料的疲劳性能。电火花涂敷特别适合于模具和大型机械零件的局部处理，是一种简单经济的表面涂敷手段。

电火花超声加工（electrospark ultrasonic machining）在电火花加工时引入超声波，使电极工具端面作超声振动来强化加工过程，促使电腐蚀产物的排除，并使间隙稳定的复合加工技术。工具超声振动可有效地提高电火花放电脉冲的利用率，当不加超声振动时，电火花精加工的放电脉冲利用率仅为3%～5%，而加上超声振动后，电火花精加工的放电脉冲利用率可提高到50%以上。电火花超声加工主要用于加工硬质合金、聚晶金刚石和导电陶瓷等硬脆材料，在加工小孔、深孔、窄缝及异型孔时，可获得较好的工艺效果。

电火花复合加工（electrospark complex machining）以电火花的蚀除作用为主，结合不同的机械运动方式或结合超声等作用形成的加工方法。实际生产中，工具电极相对于工件采用不同的运动方式组合形成不同的加工方法，如电火花铣削、电火花磨削、电火花切断、电火花共轭回转加工、电火花展成加工等；电火花作用与超声作用结合形成电火花超声加工等。

电火花加工（electric discharge machining）以电流热效应熔化而去除金属的加工方法。其原理是把工具电极与另一极的工件浸在电解质溶液（工作液）中，当电极与工件距离很近、同时又在其间施加脉冲电压时，极间电解质被击穿，产生火花放电，并释放极高的热量，使工件表面的金属局部熔化，进而汽化蒸发而被电蚀下来，并被抛入工作液中迅速冷却，凝成微小金属颗粒而随工作液流走。当工具电极有控制地向工件进给时，就形成了不断的火花放电，工件表面金属将不断地被电蚀，最后在工件表面上复制出工具电极的形状，从而达到成型加工的目的。其加工类型有：（1）电火花成型加工；（2）电火花线切割加工；（3）电火花磨削；（4）电火花共轭回转加工。利用电火花加工方法能加工高硬度、高强度金属材料。加工时无切削力，无毛刺及加工刀痕。多用来制作硬脆材料的具有复杂形状的型孔、型腔零件，切割硬脆材料及加工微型孔，也可用来去除折断在工件孔内的钻头或丝锥。

电火花磨削（electrospark grinding）全部靠电火花的能量来实现磨削的加工方法。电火花磨削加工时，工件与电极的运动方式与普通磨削加工时工件

与砂轮的运动方式类似。按成型运动和功用常分为电火花平面磨削、电火花内圆磨削、电火花成型磨削和电火花小孔磨削等。电火花磨削主要用于硬质合金、高温难加工材料和双金属复合材料的加工。与机械磨削相比，电火花磨削可提高生产率1～2倍。

电火花铣削加工（spark milling technique）像数控铣削加工一样，采用高速旋转的杆状电极对工件进行二维或三维轮廓电火花腐蚀的加工技术。它是一种替代传统成型电极加工模具型腔的新技术，不需制造复杂、昂贵的成型电极。

电火花线切割（spark wire cutting technique）用不断移动的电极丝作为工具，使工件按预定的轨迹进行运动，而电火花放电腐蚀切割出所需的复杂零件的加工技术。它只能加工以直线为母线的曲面，而不能加工任意空间的曲面。是一种替代传统加工模具通孔的新技术。

电接触加工（electrocontact machining）利用在液体介质中通过一定强度电流的两电极直接接触产生电腐蚀现象进行加工的方法。其原理是在外力作用下，金属工具电极（负极）和金属工件电极（正极）紧密接触，并使之维持一定速度的相对滑动。由于是非理想接触，其实际接触点接触面积极小，故电流强度非常大，并在正极工件接触点上产生高热，因而极间就形成了正极材料熔化的金属桥，产生极间放电，造成正极材料的蚀除。蚀除下的金属能抑制放电进行，并使其自然中断。金属接触桥在另一接触点形成，构成了极间放电的不断循环，这样无数次循环放电的结果就实现了金属加工的目的。同时，加工过程中，应注入加工液，以便冷却电极和冲走蚀除的微粒。由于工件与工具在加工中处于接触状态，故不需像电火花加工那样为维持一定的极间间隙而必须设计复杂的自动控制系统和电源系统。电接触加工主要用来解决耐高温、高韧性、高硬度等材料的加工问题，以及完成复杂形状零件、成型刀具的加工任务。

电解超声加工（electrolytic ultrasonic machining）把电化学阳极溶解与超声振动磨粒的机械作用结合起来的复合加工方法。工作时，工件接阳极，工具接阴极，电解液中加入一定比例微小磨粒形成悬浮液。加工时，被加工表面在电解液中产生阳极溶解，电解产物阳极钝化膜被超声振动的工具和磨粒刮除。超声振动引起的空化作用（指存在于液体中的微气核空化泡

在声波的作用下振动，当声压达到一定值时发生的生长和崩溃的动力学过程）加速了钝化膜的破坏和含磨粒电解液的循环更新，促使阳极溶解过程的进行，从而提高加工速度和质量。

电解电火花加工（electrolytic electrospark machining）利用电化学腐蚀作用和电火花蚀除作用联合进行的复合加工方法。在加工过程中，电极（工件正极和工具负极）对接低压直流电源，以实现电解加工。同时由脉冲发生器供给脉冲电压，以保证电火花作用。在电解液中，去除金属是阳极电化学溶解和电火花蚀除综合作用的结果。应用电解电火花复合加工金属合金等导电材料时，合理选择工艺参数可使其达到加工效率高、表面质量好、电极损耗小以及加工精度好的工艺效果。由于电解电火花复合加工与通常的电加工一样，不受工件材料强度、硬度等物理机械性能的影响，并可加工传统机械加工方法无法获得的异形孔及复杂形状零件，因此，这一加工方法在非导电超硬及硬脆材料的加工中发挥重要作用。

电解加工（electrochemical machining）利用电化学阳极（工件）溶解来进行加工的一种加工方法。在电解加工时，工件接直流电源正极，工具接负极，两极之间保持较小的间隙（通常为 $0.02\sim0.7$mm），利用电解液泵在间隙中间通以高速（$5\sim50$m/s）流动的电解液，在电压作用下，工件表面的金属就会不断地溶解，溶解的产物被高速流动的电解液带走。工具负极需不断地进给，使正极溶解过程不断进行，直到工具的形状"复映"在工件上，使工件获得所需的形状、尺寸为止。电解加工的特点是：可加工出各种金属材料的复杂型腔或型面，无加工变形和压力，生产率高；但加工精确度较低，难加工出棱角清晰的表面，所需设备较多，要采取防腐措施等。电解加工主要用于成批生产难切削材料零件及有复杂型面、型腔、型孔的零件；也可用于表面抛光、去毛刺、刻印和电解扩孔等。

电解磨削（electrolytic grinding）靠阳极金属电化学腐蚀作用和机械磨削作用相结合进行加工的工艺技术。它比电解加工有更好的加工精度和表面质量，比机械磨削有更高的生产率。与普通机械磨削相比，其特点为：（1）加工范围广，加工效率高；（2）磨削力小，磨削热很少，消耗功率也小，不会产生磨削烧伤、裂纹和毛刺，能获得更高的加工精度和更好的表面质

量；（3）砂轮磨损量小，在磨削硬质合金时金刚石砂轮的损耗速度仅为普通磨削的 $1/10\sim1/5$，可降低加工成本。电解磨削所存在的主要问题是需要增加一些辅助设备（如直流电源、电解液循环过滤系统、防腐措施及防护和抽风吸雾装置等）。电解磨削可用于磨削外圆、内圆、平面及成型表面。

电解抛光（electropolishing）即电抛光，利用金属表面微观凸点在特定电解液中和适当电流密度下首先发生阳极溶解的原理进行抛光的加工方法。电解抛光具有以下优点：（1）可极大地提高表面耐蚀性。（2）抛光面比机械抛光更平滑，反光率更高。所能达到的表面粗糙度与原始表面粗糙度有关，一般可提高两级。（3）不受工件尺寸、形状和材料硬度的限制。对不宜进行机械抛光的硬质材料、软质材料以及薄壁、形状复杂、细小的零件和制品都能加工，例如细长管内壁、容器内外壁、弯头、螺栓、弹簧、螺母、反射镜、不锈钢餐具、装饰品等。（4）无机械力作用，不引起金属的表面变形，抛光表面不会产生变质层，无附加应力，并可去除或减小原有的应力层。对于低硬度合金以及机械抛光难于做到的铝合金、镁合金、铜合金、钛合金、不锈钢等宜采用此法。此外，电解抛光对试样磨光程度要求低、速度快、效率高。但由于电解液通用性差、使用寿命短、具有强腐蚀性，使其应用范围受到限制。

电液加工（electrohydraulic machining）利用水中放电直接把电能转换为机械能，对零件进行加工的方法。电液加工的特点是瞬间功率特别高，冲击压力特别大，但电能转换为机械能的效率低。电液加工可用来破碎岩石、铸件清砂、内外冲击成型和零件的压接等。

电渣焊（electroslag welding）利用电流通过液体熔渣产生的电阻热作为热源，使电极（丝极或板极）与工件熔化形成焊缝的一种熔化焊接方法。由于电渣焊的热源是熔渣的电阻热，所以它具有热量均匀、热容量大、热影响区体积大、加热和冷却速度慢、高温停留时间长等特点。电渣焊接时，热影响区不易产生淬硬组织及热裂纹，这对焊接易淬火钢、铸铁等十分有利。这种焊接方法具有可焊较大厚度工件、生产效率高、焊缝缺陷少等优点。但焊接接头晶粒粗大，焊后需进行正火或高温回火等处理。

电子束表面改性（electron beam surface modification）将高速运动的电子束照射到金属表面以改变

其化学成分或组织结构以提高材料性能的技术。其主要特点为：（1）加热或冷却速度快；（2）与激光处理相比，使用成本低；（3）结构简单；（4）电子束与金属表面耦合性好；（5）电子束是在真空中工作的，可保证表面不被氧化；（6）电子束能量的控制比激光束控制方便，通过灯丝电源和加速电压很容易实现准确控制。

电子束焊接（electron beam welding）利用高能量密度的电子束轰击焊件，使其动能转为热能而进行焊接的熔化焊接工艺。按焊件所处空间的真空度差异，可分为真空电子束焊和非真空电子束焊，其中以真空电子束焊应用较多。高能量密度的电子束束径通常为 $0.25 \sim 0.75$mm，能量密度达 1.5×10^5W/cm^2。真空电子束焊焊透能力强、焊缝深而窄、热影响区很小，基本上不产生焊接变形。它不仅可以单道焊透200mm厚的钢板，还可以焊接其他工艺方法难以焊接的材料，如易氧化金属、高熔点金属或性能（熔点、热传导性、溶解度等）相差很大的异种金属。它广泛应用于航空、航天、原子能等工业中。

电子束加工（electron beam machining）利用高能、集束的电子射线轰击工件产生高热，对材料进行加工的方法。其基本原理是：在真空中将具有很高速度和能量的电子束会聚在被加工工件表面上，电子的能量大部分转化为热能，并使被击中的材料瞬间温度升高，以致熔化、蒸发，从而达到加工的目的。电子束加工的特点是：（1）能加工高熔点和难加工材料，如钼、钨、不锈钢、宝石、玻璃、陶瓷等；（2）由于能极微细地聚焦，加工面积极小，故无宏观应力和变形，是一种精密微细加工方法；（3）无工具损耗问题；（4）加工速度快；（5）由于真空条件，故加工部位无杂质渗入和氧化。但电子束加工设备昂贵，有一定溅射污染。电子束加工广泛应用于高熔点金属及难焊金属的焊接、异型孔和槽的加工、热处理、薄材料的穿孔和切割、高熔点合金和较纯金属的冶炼，也可在低功率下应用其化学效应进行光刻。

电阻焊（resistance weld-ing）利用电流通过焊件的接触面时产生的电阻热对焊件局部迅速加热，使之达到塑性状态或局部熔化状态，通过加压而实现连接的一种压焊方法。按照接头形式不同，电阻焊可分为点焊、缝焊和对焊等。

定型模（shaped mold）将机头中挤出的塑料以既定形状稳定下来，并对其进行精整，得到截面尺寸更为精确、表面更为光亮的塑件的定型装置。从机头中挤出的塑料虽然具备了既定的形状，可是因为塑料温度比较高，由于自重、冷却收缩和离模膨胀等原因产生变形。因此需要使用定型装置将制件的形状进行冷却定型，从而获得能满足要求的正确尺寸、几何形状及表面质量。通常采用冷却、加压或抽真空的方法稳定形状。

锻压（forging）利用外力使坯料（金属）产生塑性变形，获得所需尺寸、形状及性能的毛坯或零件的加工方法，是机械制造中毛坯生产的主要方法之一。锻压包括锻造和冲压两类。

锻造（forging）利用锻压机械对金属坯料施加压力，使其产生塑性变形以获得具有一定机械性能、一定形状和尺寸的锻件的加工方法。金属受外力产生塑性流动后体积不变，而且金属总是向阻力最小的部分流动。生产中常根据这些规律控制工件形状，实现镦粗拔长、扩孔、弯曲、拉深等变形。锻造可以改变金属组织，提高金属性能。铸锭经过热锻压后，原来的铸态疏松、孔隙、微裂等被压实或焊合；原来的枝状结晶被打碎，使晶粒变细，同时改变原来的碳化物偏析和不均匀分布，使组织均匀，从而获得内部密实、均匀、细微、综合性能好、使用可靠的锻件。锻件经热锻变形后，金属是纤维组织；经冷锻变形后，金属晶体呈有序性。锻造按变形温度可分为热锻、温锻和冷锻。锻造用料主要是各种成分的碳素钢和合金钢，其次是铝、镁、钛、铜等及其合金。材料的原始状态有棒料、铸锭、金属粉末和液态金属等。

堆焊（resurfacing welding）以电弧、等离子弧或高能束为热源，将具有耐磨、耐蚀、耐热等性能的金属粉末熔焊在工件表面或边缘的焊接工艺。通过堆焊，可以修复外形不合格的金属零件及产品，或制造双金属零部件。采用堆焊技术可以延长零部件的使用寿命、降低成本、改进产品设计，尤其对合理使用材料，特别是减少贵重金属用量具有重要意义。堆焊作为一种经济有效的表面改性方法，是现代材料加工与制造业不可缺少的工艺手段。实施堆焊的方法有：电弧粉末堆焊、等离子弧堆焊、激光堆焊、电子束堆焊等。以激光堆焊为代表的高能束堆焊技术因其热输入控制准确、涂层厚度大、热畸变小、成分和稀释率可控性好、可获得组织致密和性能优越的堆焊层而成为研究热点，得到迅速发展。

对焊（butt welding）利用电阻热使对接接头的焊件在整个接触面上形成焊接头的一种电阻焊方法。它可分为电阻对焊和闪光对焊两种。电阻对焊适用于形状简单、小断面的金属型材的对接。闪光对焊接头质量高，焊前清理工作要求低，目前应用比电阻对焊广泛。对焊适用于受力要求高的重要对焊件。焊件可以是同种金属，也可以是异种金属；焊件截面可以小至 $0.01 mm^2$（如金属丝），也可以大至 $1 \times 10^5 mm^2$（如金属棒和金属板）。

多向模锻（multi-ram forging）利用可分模具在水压机一次行程的作用下锻出形状复杂、无毛边、无模锻斜度或小模锻斜度锻件的加工工艺。它是一种挤、锻相结合的综合工艺。与普通模锻相比，只需一次加热，就能减少工序和节约能源，提高锻件的性能，适用于制造飞机的起落架、桨毂、导弹的喷管、阀门等零件。

E

二次成型（post forming）以塑料型材为原料而使其通过加热和加压成为所需制品的一种方法。比如：中空塑料件二次成型技术，包括将中空塑料件分割成二或多部分分别成型，各部分组装成一个整体，得到需要的内壁形状。其特征是组装后的塑料件置于另一个模具中进行二次成型，新的塑料包覆于组装件外表组合缝的局部或全部，得到需要的整体塑料件。二次成型后的塑料件外表美观，内表尺寸准确、光滑，密封性好，成型工艺简单。

二氧化碳气体保护焊（CO₂ gas-shielded arc welding）简称CO₂焊，利用CO₂气体作为保护气氛的一种电弧焊方法。CO₂焊有细丝（焊丝直径小于1.6mm）焊和粗丝（焊丝直径大于等于1.6mm）焊两种。它与手工电弧焊、埋弧自动焊等电弧焊方法比较，具有下列优点：（1）生产效率高。由于CO₂焊电流密度大，电弧热量利用率高以及焊后不需清渣，因而比手工电弧焊生产效率高。（2）成本低。CO₂价格便宜，且电能消耗少，可降低成本。（3）焊接变形小。CO₂焊弧热量集中，焊件热影响区较小，因而焊件变形较小。（4）焊接质量好。CO₂焊的焊缝含氢量小，抗裂性好，焊缝力学性能良好。（5）操作简便。焊接时可观察到电弧和熔池，不易焊偏，易于操作。（6）适应能力强。可用于焊接碳钢和低合金钢；可进行全位置焊接，既可用于焊接钢结构，亦可用于修理和堆焊磨损零件。其缺点是

当大电流焊接时，焊缝成型不如埋弧焊，飞溅较多；不能焊接易氧化的有色金属。CO₂焊广泛应用于石油、化工、冶金、造船、汽车制造等行业。

F

反应注塑成型（reaction injection moulding，RIM）一种有化学反应过程的新的注塑成型方法。即将两种或两种以上液态单体或预聚物，按一定比例混合后，立即注塑到闭合模具中，在模具内聚合固化、定型成制品。此法具有设备投资及操作费用低、制件外表美观、耐冲击性好、设计灵活性大等优点。适用于加工聚氨酯、环氧树脂、硅树脂等热固性树脂。目前主要用于生产聚氨酯半硬质塑料（如汽车保险杠、仪表板等）、聚氨酯结构泡沫制品等。为了进一步提高制品的强度和刚度，可在原料中加入各种增强材料，此时称为增强反应注塑成型，产品可作汽车车身外板、发动机罩等。

非金属涂层（nonmetallic coating）将聚乙烯、尼龙、环氧树脂等非金属固体粉末，采用塑料粉末火焰喷涂技术融敷于工件表面所形成的一层致密的塑料薄膜。火焰塑料喷涂是一项新兴的表面改性技术，所获得的塑料薄膜可使金属或材料达到防腐的目的。非金属涂层绝大多数是隔离性涂层，它的主要作用是把金属材料与腐蚀介质隔开，防止钢材因接触腐蚀介质而遭受腐蚀。这类涂层致密、均匀并与金属基体牢固结合，因此在石油和天然气行业的金属防腐与防护中应用广泛。非金属涂层包括搪瓷涂层、硅酸盐水泥涂层、化学转化膜涂层、塑料涂层、橡胶涂层等。

分段多点成形技术（sectional multi-point forming technology）当工件的毛坯轮廓尺寸大于多点成形设备有效成形尺寸时所采用的分段压制的多点成形方法。在分段多点成形中，大尺寸板材一部分一部分地被压制，当板材的一部分被成形后，多点模将会被调形，然后随着板料的进给按次序地成形其他部分。利用分段多点成形技术可以成形大尺寸工件，可以在较小的设备上实现大型板材的加工，充分利用现有设备，节省巨额的新设备开支。

粉末锻造（powder forging）对未经烧结或已经烧结的粉末冶金预成型件施加压力，使其发生塑性变形、并获得所需形状和尺寸锻件的锻造技术。它通常在加热状态和在封闭式锻模内，经过一次加压完成。它是将传统粉末冶金和精密锻造结合起来的一

种新工艺，并兼两者的优点。可以制取密度接近材料理论密度的粉末锻件，克服了普通粉末冶金零件密度低的缺点，使粉末锻件的某些物理和力学性能达到甚至超过普通锻件的水平，同时又保持了普通粉末冶金少屑、无屑工艺的优点。粉末冶金零件内存在许多粉末间空隙，粉末锻造使得粒间空隙减小、密度增加、机械性能提高。低合金钢粉末锻造，可使密度从 $7.65g/cm^3$ 增加到 $7.85g/cm^3$（无孔隙的全密度为 $7.87\ g/cm^3$）。常用的粉末锻造方法有粉末冷锻、锻造烧结、烧结锻造等。粉末锻造在许多领域中得到了应用，特别是在汽车制造业中应用广泛。

粉末冶金（powder metallurgy）将金属粉末（或掺入部分非金属粉末）经过成型和烧结，制成金属材料或机械零件的加工工艺方法。它既可以直接制造符合装配要求的零件，也可以生产一般冶炼方法难以生产的金属材料和制品。在新材料的发展中，可用于制备具有优异的电学、磁学、光学和力学性能的材料和多种类型的复合材料，是一种以低成本和低的资源及能源消耗来生产高性能金属基和陶瓷基复合材料、新型多孔生物材料、多孔分离膜材料等新材料的工艺技术，并可充分利用矿石、炼钢污泥、轧钢铁鳞、废旧金属作原料，有效地进行材料再生和综合利用。粉末冶金广泛应用于机械、冶金、化工、交通、运输以及航空航天等通用或尖端行业。

缝焊（seam welding）将待焊的薄板压紧在圆盘状电极之间，通电后使接触处温度迅速升高，将两焊件接触处的金属熔化而形成熔核，形成组织致密的焊点，从而实现连接的一种焊接方法。焊接时，圆盘状电极压紧焊件并转动，依靠摩擦力带动焊件向前移动，配合断续通电（或连续通电），形成许多连续并彼此重叠的焊点，称为缝焊焊缝。缝焊主要用于有密封要求的薄壁容器（如水箱）和管道的焊接，焊件厚度一般在 2mm 以下，低碳钢可达3mm，焊件材料可以是低碳钢、合金钢、铝及其合金等。

复合表面处理技术（composite surface treatment technology）将两种或两种以上的表面处理工艺用于同一工件，以发挥各种表面处理技术的各自特点，显示其组合使用效果的表面处理技术。通常包括复合热处理技术、表面覆层技术与其他表面处理技术的复合、离子辅助涂敷、离子注入与气相沉积复合表面技术等。

复合成型（composite synthetic）以一种材料为基体，另一种材料为增强体的组合成型技术。复合成型方法按基体材料的不同而相异。树脂基复合材料的成型方法较多，有喷射成型、纤维缠绕成型、模压成型、拉挤成型、热压罐成型、隔膜成型、迁移成型、反应注塑成型、软膜膨胀成型、冲压成型等。金属基复合材料成型方法分为固相成型法和液相成型法。前者是在低于基体熔点温度下，通过施加压力实现成型，包括扩散焊接、粉末冶金、热轧、热拔、热等静压和爆炸焊接等。后者是将基体熔化后，充填到增强体材料中，包括传统铸造、真空吸铸、真空反压铸造、挤压铸造及喷铸等。陶瓷基复合材料的成型方法主要有固相烧结、化学气相浸渗成型、化学气相沉积成型等。

复合镀（composite plating）利用电化学法或化学法使金属离子与均匀悬浮在溶液中的不溶性非金属或其他金属微粒同时沉积在构件表面而获得复合镀层的工艺技术。由于固体微粒的嵌入，使原有镀层性能发生了显著变化，从而扩展了它在不同领域中的应用。一般来说，任何金属镀层都可成为复合镀层的基质材料，常用和研究较多的有镍、铜、铁、锌、银、镍-磷、镍-铁、铜-锡、镍-钨等。用作固体微粒的材料有：金属氧化物、碳化物、硼化物等无机分散剂和尼龙、聚四氟乙烯、聚氯乙烯等有机分散剂，以及铝、铬、银、镍等金属微粒分散剂。复合镀具有操作温度低、投资少、成本低、镀层组成多样化、节省材料等特点。

复合模（gang die）在压力机的一次工作行程中，在模具同一部位同时完成两道及两道以上工序的模具。复合模的设计难点是如何在同一工作位置上合理地布置好几对凸、凹模。它在结构上的主要特征是有一个既是落料凸模又是冲孔凹模的凸凹模。按照复合模工作零件的安装位置不同，分为正装式复合模和倒装式复合模两种。

G

高紧实砂型铸造（high compacted sand casting）通过真空吸砂、气流吹砂、气动压实、液动挤压和气冲等工艺手段，获得高紧实率铸型的铸造方法。铸型的高紧实率是当代造型机的发展方向，高紧实率及其均匀性可提高铸型强度、刚度、硬度和精度，可减少金属液浇注和凝固时型壁的移动，提高工艺的出品率，降低金属消耗，减少缺陷和废品。由于紧实度提高，铸件的精度可提高 2～3 级，适用于大批量铸件的生产。

高精度成型磨削技术（high-precision profile grinding technique）加工成型面工件的具有较高精度的磨削加工技术。其关键是把砂轮修整成相应的形状。工作时工件作直线或圆周运动，用切入磨削法完成加工循环。砂轮成型的方法有：（1）车削法：用单颗金刚石车刀或金刚石片状修整器，把砂轮修整出圆弧、角度、成型面等；（2）滚压法：用金属滚轮修整砂轮；（3）磨削法：用金刚石滚轮修整砂轮。后两种方法可把砂轮修整成凹槽、台阶及螺纹、蜗杆等复杂型面。

高精度研磨技术（high-precision lapping technique）利用附着或嵌压在研具表面上的游离磨粒，借助于研具与工件在一定压力下的相对运动，从工件表面切除微细的一种加工方法。研磨一般在低速、低压下进行，因此切削热小，工件变质层薄，故工件表面粗糙度值很低，而且尺寸精度、几何形状精度和一部分相互位置精度都有提高。研具材料一般比工件软，在研磨过程中，研具也同时受到切削与磨损。研磨可加工各种钢、铸铁、铜、铝、硬质合金等金属，也可加工玻璃、陶瓷及塑料制品。其加工表面的形状可为平面、内外圆柱面、圆锥面、凸凹球面、螺纹、齿轮及其他型面。因此，研磨是广泛应用的精密加工方法之一。按研磨剂的使用条件，可把研磨分成湿研（敷砂研磨）、干研（嵌砂研磨）、半干研（类似湿研）三类。研磨既适用于单件手工生产，也适用于成批机械化生产。

高能焊（high-energy welding）又称高能束流焊接，利用高能量密度的束流作为焊接热源的熔焊方法的总称。它通常包括等离子弧焊、电子束焊和激光焊等。三种焊接方法虽在设备和工艺上有较大差异，但其共同特点是：（1）加热被焊金属均采用直径小、能量密度高的束流，焊接时速度快、穿透力强、加热范围小，因而焊接接头性能高，残余应力和变形小，属高质量焊接方法；（2）能焊的材料范围宽，特别是解决了某些难熔金属和容易氧化、氮化金属的焊接，甚至能焊陶瓷、玻璃、塑料等材料。电子束和激光束能用电磁或光学元件实现聚焦和偏转的精确控制，因此能实现某些封闭或难以接近部位的焊缝。

高能束加工技术（high energy density beam, HEDB）利用高能量密度的束流（激光束、电子束、离子束）作为热源，对材料或构件进行加工的先进特种加工技术。该技术包括焊接、切割、打孔、喷涂、表面改性、刻蚀和精细加工等各类工艺方法，并已扩展到新型材料制备领域。HEDB 利用高能束热源、高能量密度、可精密控制微焦点和高速扫描的技术特性，实现对材料和构件的深穿透、高速加热和高速冷却的全方位加工，具有常规加工方法无可比拟的特点。高能束加工主要包括激光加工、电子束加工、离子束加工。高能束加工方法为实现产品元件的微细加工、精密和超精密加工提供了有利的手段，除应用在焊接、切割、打孔和涂敷加工领域外，还在表面改性、微细加工和新材料制备等技术领域发挥重要作用。

高能束流焊接（high energy beam welding）见高能焊。

高频焊（ratio-frequency welding）利用高频电流集中沿导体表面和沿感抗最小的通路流过的原理，使电流集中加热工件的待焊表面，在达到热塑性状态或局部熔化状态时，对工件加压形成焊接接头的焊接方法。高频焊分高频电阻焊和高频感应焊两种。（1）高频电阻焊：用滚轮或接触子作电极将高频电流导入工件，适用于管子的连续纵缝对焊和螺旋搭接缝焊、及锅炉鳍片管和换热器螺旋翅片的焊接。可焊管子外径达 1200mm，壁厚达 16mm；可焊工字钢腹板厚度为 9.5mm。（2）高频感应焊：用感应线圈加热工件，可焊接外径 9mm 的小直径管和壁厚 1mm 的薄壁管，常用于中小直径钢管和黄铜管的纵缝焊接，也可用于环缝焊接，但功率损耗比高频电阻焊大。高频焊的主要设备包括高频电源、工件成型设备和挤压机械。高频焊质量稳定、生产率高、成本较低、适用于高效率自动生产线。

高速锤锻造（high-speed hammer forging）靠高压气体突然释放的能量驱动上、下锤头高速运动，悬空对击，使金属塑性成型的锻造方法。高速锤是一种以高压气体（通常采用压力为 14MPa 的空气或氮气）作介质，借助于一种触发机构，使高压气体突然膨胀，推动锤头系统和框架系统做高速相对运动，而产生悬空相对打击的锻造设备。高速锤锻造是一种高能率成型方法，主要用于精密模锻和热挤压。高速锤锻造时，打击速度很高，可达 12～25m/s。它既可用于锻造精密、形状复杂、高筋薄壁的锻件（如齿轮、涡轮等），也可用于锻造铝合金、钛合金、不锈钢、合金钢管等难成型、高强度的贵重金属。高速锤可锻出锻模斜度较小或无锻模斜度和无飞边的精密锻件，其精度可达0.02mm，表面粗糙度 R_a 可达 1.6～6.3 μm。

高速磨削技术（high-speed grinding technique）砂轮线速度高于50m/s的磨削加工技术。其特点是：可实现工件大余量切除；与普通磨削相比，可以提高效率1～3倍；可降低加工表面粗糙度值及提高加工精度，减少或避免磨削烧伤和裂纹；砂轮的寿命提高1倍左右。由于高速磨削时的砂轮速度和进给速度比普通磨削高，因此砂轮电机功率要相应提高（一般约提高1.5～3倍）。高速磨削适用于多数牌号的钢材，但对磨削时易产生裂纹的材料、耐热合金则不适用。对于某些材料，如不锈钢，当砂轮线速度高于50m/s时，磨削效率反而下降。高速磨削在发动机行业得到广泛应用。

高速切削加工（high-speed cutting machining）采用超硬材料的刀具，能可靠地实现高速运动，提高材料切除率，并保证加工精度和质量的加工技术。其速度比常规加工速度几乎高出一个数量级，在切削原理上是对传统切削认识的突破。它有以下优越特征：切削力低、热变形小、材料切除率高、精度高、减少工序等。高速切削加工主要应用于汽车工业大批生产、难加工材料、超精密微细切削、复杂曲面加工等不同领域。航空工业是高速切削加工的主要应用行业，飞机制造通常需切削加工长铝合金零件等，直接采用毛坯高速切削加工，可不再采用铆接工艺，从而降低飞机重量。模具制造也是高速切削加工技术的主要受益者，无论是在减少加工准备时间，缩短工艺流程，还是缩短切削加工时间方面都具有极大的优势。

高速铣削（high-speed milling machining）铣削速度在45m/s以上的铣削加工。相对于普通铣削加工，高速铣削采用高的进给速度和小的铣削参数，具有如下优点：（1）高效。高速铣削的主轴转速最高可达100 000r/min。在切削钢时，其切削速度约为400m/min，比传统的铣削加工高5～10倍；在加工模具型腔时与传统的加工方法（传统铣削、电火花成型加工等）相比其效率提高4～5倍。（2）高精度。加工精度一般为10μm，有的精度还要高。（3）高的表面质量。最好的表面粗糙度 R_a <1μm，减少了后续磨削及抛光工作量。（4）可加工高硬材料。可铣削50～54HRC的钢材，最高硬度可达60HRC。采用高速铣削既可提高效率，又可减小表面粗糙度。高速铣削要求机床具有高转速、高刚度、大功率和抗振性好的工艺系统；要求刀具有合理的几何参数和方便的紧固方式，还需考虑安全可靠的断屑方法。高速铣削加工在模具制造中得到广泛应用，并逐步替代部分磨削加工和电加工。

高压成型（high pressure moulding）使用压力大于14kg/cm²，（约大于 1.4×10^6 Pa）的模压或层压方法。目前世界上通用热塑性塑料的产量几乎占塑料总产量的80%，中国也不例外。这些塑料的加工都是物理加工技术，例如挤出、注射、压延等。也就是塑料通过加热－熔融、高压冷却成型的过程而成制品。近年来，成型加工技术发展很快，成型技术的变化主要由单向型向组合型发展。例如，挤－拉－吹、注－拉－吹、挤出－热成型、挤出－复合。由一般向特殊条件的成型加工技术发展，例如高压、高温、高真空、等离子喷涂等。

高压水射流切割（high-pressure water jet cutting）将高压水（水压100～400MPa）经节流小孔（孔径0.15～0.4mm）射向被切割材料，使水压能转变为射流动能（流速可达900m/s），实现对材料切割的技术。在水流内加入磨料（如氧化铝或碳化硅等），可切割不锈钢材料。高压水射流切割加工的特点是切缝小、切速高；加工热被水流冷却，工件不变形；切屑被水带走，不致粉尘飞扬，没有环境污染。但初期一次性投资高。它主要用于切割各种非金属材料和金属材料，如纸板、石棉板、地毯、皮革、复合材料板、钛合金等，还可用于穿孔、金属材料去毛刺以及表面清理等。

共注塑成型（common injection molding）采用具有两个或两个以上注塑单元的注塑机，将不同品种或不同色泽的塑料，同时或先后注入模具内成型的方法。用这种方法能生产多种色彩和多种塑料的复合制品，有代表性的共注塑成型是双色注塑和多色注塑。比如：嵌接式双色塑料餐具，成型过程中首先由一种颜色的塑料注塑甲体，甲体有嵌接榫，再把甲体作为嵌体。二次注塑用不同颜色的塑料乙体，乙体连同甲体成型。成型后的餐具是异色体的甲体和乙体分体组成，在甲体与乙体之间是嵌接榫嵌接相连，成为双色的餐具杯、碗、盆、盘、刀、叉、勺等。双色塑料餐具美观大方、高雅整洁，改进了已有彩绘或衬上彩印纸等餐具的缺陷。

辊锻技术（roll-forging technology）采用轧制工艺使毛坯连续地通过一对反向旋转的模具产生局部变形，从而得到所需形状锻件的锻造工艺。它适用于减小坯料截面的锻造成型加工，如杆件的拔长，板坯的辗片以及沿杆件轴向分配金属体积的变形过程。辊锻变形是一个连续的静压过程，没有冲击和震动。与锤上锻造比较，具有以下特征：（1）所需设备吨位小；（2）生产率高；（3）公害小，劳动条件好；（4）模具制造费用低，且寿命高；（5）材料消耗少，辊锻件尺寸稳定；（6）易于实现机械化与自动化。缺点是辊锻成的锻件形状和尺寸与模具相应部位的形状和尺寸不可能完全一致，往往出现畸形、充填不足等缺陷。因此成型辊锻后，一般需要在压力机上进行整形工序。辊锻工艺按其用途可分为制坯辊锻和成型辊锻两类。

辊轧成型（roll forming）金属板材经过一系列连续的辊子，实现连续的一次次变形，获得预定形状的成型加工技术。比如：使用一组连续机架来把不锈钢轧成复杂形状。辊子的设计顺序是：每个机架的辊型可连续使金属变形，直到获得所需的最终形状。如果部件的形状复杂，最多可用 36 个机架，但形状简单的部件，三四个机架就可以了。采用辊轧成型技术生产大批量的长形件最经济。带钢的宽度范围是 $2.5 \sim 1500$mm，厚度是 $0.25 \sim 3.5$mm。所加工部件的形状从简单的到复杂的、闭合的断面。一般来说，由于辊轧模加工成本和安装成本高，只有产量在 30 000m 以上时采用辊轧成型才经济合理。

滚切法（rotational cutting）又称展成法，加工时切削工具与工件作相对展成运动的加工方法。刀具和工件的中心线相互作纯滚动，两者之间保持确定的速比关系，所获得加工表面就是刀刃在这种运动中的包络面。齿轮加工中的滚齿、插齿、剃齿和磨齿等均属展成法加工。有些切削加工兼有刀尖轨迹法和成型刀具法的特点，如螺纹车削。

滚塑成型（rotational molding）又称旋转成型，把粉状或糊状塑料置于塑模中，通过加热并滚动旋转（绕两个互相垂直的轴）塑模，使模内物料熔融塑化，进而均匀散布到模具表面，经冷却定型得到制品的方法。滚塑成型适用于生产中空制品、汽车车身、大型容器以及儿童玩具等。

H

焊接（welding）通过加热或加压，或两者并用使两种分离的金属形成原子结合的一种永久性连接方法。与铆接比较，焊接具有节省材料、减轻重量、连接质量好、接头的密封性好、可承受高压、简化加工与装配工序、缩短生产周期、易于实现机械化和自动化生产等优点。但它不可拆卸，还会产生焊接变形、裂纹等问题。焊接在现代工业中具有十分重要的作用，广泛应用于机械制造中的毛坯生产和制造各种金属结构件，如高炉炉壳、建筑构架、锅炉与受压容器、汽车车身、桥梁、矿山机械、大型转子轴、缸体等。此外，焊接还可用于零件的修复焊补等。

合金电镀（alloy plating）在同一个电镀槽中，同时沉积含有两种或两种以上金属元素（也包括非金属元素）而获得共沉积镀层的方法。与单金属镀层相比，合金电镀主要有以下特点：（1）能获得单一金属所没有的特殊物理性能，如导磁性、减磨性（自润滑性）、钎焊性；（2）合金镀层结晶更细致，镀层更平整、光亮；（3）可以获得非晶结构镀层；（4）可获得比单金属更耐磨、耐蚀、耐高温、有更高硬度和强度的镀层，但其延展性和韧性通常有所降低；（5）不能在水溶液中单独电镀的钨、钼、钛、钒等金属可与铁族元素（铁、钴、镍）共沉积，形成合金镀层；（6）通过成分设计和工艺控制，能获得比单一金属层具有更丰富色彩的外观，如彩色镀镍、仿金合金等。

珩磨加工（precision grinding processing）利用珩磨工具的相对旋转和直线往复运动对工件表面施加一定压力，切除工件极小余量的一种精密加工技术。珩磨是一种低速磨削，将珩磨油石用黏结剂黏结或用机械方法装夹在特制的珩磨头上，由珩磨机床主轴带动珩磨头作旋转和上下往复运动，通过珩磨头中的进给胀锥使油石胀出，并向孔壁施加一定的压力以作进给运动，实现珩磨加工。珩磨加工广泛应用于汽车、拖拉机和轴承制造业中的大批量生产，也适用于各类机械制造中的批量生产。如珩磨缸套、连杆孔、油泵油嘴与液压阀体孔、轴套、齿轮孔、汽车制动分泵、总泵缸孔等。此项技术可大量应用于各种形状的孔的光整或精加工，以及外圆、球面和内外环形曲面加工。

红冲（hot rushing）又称加热冲裁，将金属材料加热到一定的温度，使其抗剪强度明显降低之后而进行冲裁的方法。该方法使材料加热后产生氧化皮，破坏工件表面质量，不好清除。加之温度的变化使尺寸精度也受影响，故只适用于冲裁厚板或表面质量及精度要求不高的工件，应用比较少。

后成型（post forming）不完全塑化的热固性塑料在模外加热加压下的后定型。固化速率不高的塑料，有时不必将整个固化过程放在模内完成，只要塑件能够完整地脱模即可结束固化，因为延长固化时间会降低生产效率。提前结束固化时间的塑件需用后烘的方法来完成它的固化。通常酚醛压缩塑件的后烘温度范围为90~150℃，时间为几小时至几十小时不等，视塑件的厚薄而定。模内固化时间取决于塑料的种类、塑件的厚度、物料的形状及预热和成型的温度等，一般由30秒至数分钟不等，具体时间由实验方法确定，过长或过短对塑件的性能都会产生不利的影响。

化学镀层技术（chemical plating technology）利用还原剂使镀液中的金属离子还原并沉积在基体表面上的工艺技术。与电镀不同，化学镀过程不需要直流电源和阳极，金属沉积仅在零件表面上进行，电子是通过溶解于溶液中的化学还原剂提供。化学镀可以在金属、半导体和绝缘体材料上直接进行。由于没有电流分布，化学镀可以在复杂零件表面获得厚度均匀、孔隙率低的镀层，并根据镀层的种类不同得到不同的功能性：如可钎焊性、耐磨性、磁性能和耐蚀性等。此外，化学镀还可以用作其他镀层的底镀层、绝缘体表面的底层、扩散阻挡层、防电磁干扰层等。能够进行化学镀的金属有：镍、铜、钴、银、钯、铂等及其合金。

化学机械抛光（chemical-mechanical polishing, CMP）一种化学腐蚀和机械摩擦相结合的组合式抛光技术。它主要用于脆性材料的超精密和表层及亚表层无损伤的加工。CMP是一个复杂的物理化学过程，目前对它的机理比较一致的理解是：根据摩擦化学相关理论，抛光过程中研磨抛光垫上含有大量研磨颗粒的研磨液，使磨粒与硅晶片局部接触点处会产生高温高压，导致一系列复杂的摩擦化学反应，在硅晶片表面形成一层化学腐蚀层（软质层），而软质层硬度比硅晶片基体材料低，故在研磨液中的研磨颗粒的压力作用下，软质层在与抛光垫的相对运动中被机械地磨掉，使硅晶片表面平整光滑。CMP可分为铜离子抛光、铬离子抛光和普遍采用的二氧化硅胶体抛光。该技术源于硅片抛光工艺，是制造大直径晶圆的技术之一。该技术的优点是硅片表面的损伤很小，缺点是材料去除率低、工作压力高。

化学抛光（chemical polishing）金属制件在一定的溶液中进行化学溶解得到光滑的抛光表面的工艺过程。化学抛光有纯化学抛光和热化学抛光两种类型。其原理与电解抛光类似，是化学药剂对试样表面不均匀溶解的结果。在溶解的过程中表层也产生一层氧化膜，但化学抛光对制件凸起部分的溶解速度比电解抛光慢。因此，经化学抛光后的表面较光滑但不十分平整，有波浪起伏。这种方法操作简单，成本低廉，不需要特别的仪器设备，对制件表面的光洁度要求不高。

化学气相沉积（chemical vapor deposition）借助空间气相反应，在基体表面上沉积固态薄膜的工艺技术。其沉积过程是：反应气体到达基体表面被基体表面吸附并在基体表面产生化学反应，生成物从基体表面扩散。所采用的化学反应有多种类型，如热分解、氢还原、金属还原、化学输送反应、等离子体激发反应、氧化反应等。工件加热方式有电阻、高频感应、红外线加热等。主要设备有气体发生、净化、混合、输运装置，以及工件加热、反应室、排气装置等。主要方法有热化学气相沉积、低压化学气相沉积、等离子化学气相沉积、金属有机化合物气相沉积、激光诱导化学气相沉积等。

化学热处理（chemical heat treatment）通过改变工件表层化学成分、组织和性能的金属热处理工艺。其工艺过程是将工件放在含碳、氮或其他合金元素的介质（气体、液体、固体）中加热，保温较长时间，从而使工件表层渗入碳、氮、硼和铬等元素。然后对其进行淬火及回火。化学热处理的主要方法有渗碳、渗氮、渗金属、氮碳共渗等。

回火（temper）为降低钢件的脆性，将淬火后的钢件在高于室温而低于650℃的某一适当温度下进行长时间保温，再进行冷却的处理工艺。

火焰喷涂（oxy-fuel spraying）利用氧-乙炔喷枪，借助高速气流将喷涂的粉末吸入火焰区，加热到熔融或高塑性状态后喷射到粗糙的基体表面形成涂层的技术。火焰喷涂工艺设备简单、成本低、手工操作灵活，可以喷涂各种金属、合金和陶瓷粉末，广泛应用于曲轴、柱塞、轴颈、桥梁、钢结构防护架等。其缺点是喷射速度低、结合强度不高，仅能用于一般场合。

J

机头（handpiece）用来连续挤出特定形状塑料产品的成型模具。是挤出成型的关键部分。它的作用是将挤出机挤出的熔融塑料由螺旋运动变为直线运动，并使熔融塑料进一步塑化，产生必要的成型压力，保证塑件密实，通过机头获得所需要的塑件。机头主要由以下几部分组成：（1）口模；（2）芯棒；（3）过滤网和过滤板；（4）分流器和分流器支架；（5）机头体；（6）温度调节系统；（7）调节螺钉。与机头对应的生产设备是塑料挤出机。通常只适用于热塑性塑料制品的生产，广泛用于管材、棒材、单丝、板材、薄膜、电线电缆包覆层、异型材等的加工。

机械镀（mechanical plating）将活化剂、金属细粉、冲击介质和一定的水混合为浆料，与工件一起放入滚筒中，借助于滚筒转动产生的机械能作用，在活化剂与冲击介质的机械碰撞的共同作用下，在铁基表面逐渐形成镀层的一种新兴表面防护技术。其原理不同于热浸镀或电镀。它在室温下进行，不存在高温冶金反应，也无热镀所形成的树枝状结晶组织和金属化合物，从而避免了高温退火对工件产生的不良影响。在该工艺中，工件表面没有电场的直接作用，故不发生还原反应，从根本上避免了氢脆的产生及危害。锌层、锡层、镉层、铝层和这些金属的混合层，都能通过机械镀获得。机械镀因在室温下进行、能耗小、成本低、工艺简单、配方多样、操作方便、生产效率高、无氢脆现象、环境污染少而越来越受关注，应用前景十分广阔。

机械复合加工（mechanical complex machining）以常规机械加工为主，辅助其他加工方法，应用机械、化学、光学、电力、磁力、流体力学和声波等多种能量进行综合加工的过程。这类复合加工中主要有机械—超声、机械—激光、机械—磁力、机械—化学、机械—超声—电火花、机械—电化学—电火花等多种组合方式，相应形成了电解在线修整磨削、磁力研磨、机械化学研磨和抛光、超声电火花磨削以及电解电火花磨削等复合加工工艺。

机械合金化（mechanical alloying）通过高能球磨使粉末经受反复的变形、冷焊、破碎后，从而达到元素间原子水平合金化的复杂物理化学过程。在球磨初期，反复地挤压变形，经过破碎、焊合、再挤压，形成层状的复合颗粒。复合颗粒在球磨机械力的不断作用下，产生新生原子面，层状结构不断细化。在机械合金化过程中，层状结构的形成标志着元素间合金化的开始，层片间距的减小缩短了固态原子间的扩散路径，使元素间合金化过程加速。机械合金化技术是制备新型高性能材料的重要途径之一。采用机械合金化工艺制备的材料具有均匀细小的显微组织和弥散的强化相，力学性能往往优于传统工艺制备的同类材料。机械合金化也是一种合成细晶合金粉末材料的有效方法。

机械加工（mechanical processing）用加工机械对工件的外形尺寸或性能进行改变的过程。按被加工工件处于的温度状态，可分为冷加工和热加工。一般在常温下加工，并且不引起工件的化学或物相变化，称冷加工。一般在高于常温状态的加工，会引起工件的化学或物相变化，称热加工。冷加工按加工方式的差别可分为切削加工和压力加工。常见热加工有热处理、锻造、铸造和焊接等。

机械抛光（mechanical polishing）在专用的抛光机上，借助于高速旋转的、抹有含极细研磨剂抛光膏的抛光轮和磨面间产生的相对磨削和滚压作用，来消除磨痕，以提高硬质材料构件的表面平整和光亮程度的抛光方法。机械抛光的质量取决于抛光膏中研磨剂粒度的大小，且可根据研磨剂颗粒的大小分为粗抛光和细抛光。当研磨剂粒度小于$1.0\ \mu m$时，抛光面光滑平整，为细抛光。当研磨剂粒度大于$1.0\ \mu m$时，抛光面会有较深划痕，为粗抛光。

机械制造工艺流程（process of mechanical manufacture）在机械产品的生产过程中，从原料到制成成品的各项工序安排的程序。生产过程中合理地安排制造工艺流程，是确保机械产品的制造质量、提高产品的可靠性和使用寿命、缩短产品生产周期、节约生产成本和维修费用等方面的重要环节，对机械产品的生产管理、质量管理、成本管理、售后服务等方面具有重要影响。

机械制造学（machinery manufacturing）研究各种机械的制造系统、制造过程和方法的学科，机械工程科学的一个分支学科。它包括机械制造冷加工学和机械制造热加工学两大部分。机械制造冷加工学研究内容为：（1）机械制造系统及其自动化、集成化与智能化；（2）机械加工和装配工艺的过程和方法；（3）机械冷加工的基础理论（切削机理，机械的性能如精度、刚度、热变形、振动、噪声、可靠性等的测试原理等）。机械制造热加工学研究内容包括：（1）经济、高效地将材料加工成一定形状及尺寸的机械部件；（2）保证并改进材料内部组织、表面性能、化学成分和加工性能；（3）保证机械零部件和结构件的抗疲劳、蠕变、断裂、腐蚀、磨损等性能及提高寿命；（4）加工工艺、加工装备及生产过程自动化。它还可细分为铸、锻、焊、金属材料热处理、无损探测、表面工程等若干分支学科。

激光表面淬火（laser surface hardening）采用高能量密度的激光束照射工件表面并快速移动，使工件表层吸收热量后迅速升温至相变点以上，在光束移开后，因表层与基体间存在巨大的温度梯度，致使表层产生自淬火过程，从而实现表面马氏体相变的表面强化技术。激光表面淬火时，激光束的功率密度达10^4～10^5W/cm^2，冷却速度达10^4～10^6℃/s。目前国内用于激光表面淬火的激光器大多数为多模输出的CO_2激光器。激光表面淬火的特点是：（1）组织细化，硬度提高；（2）热影响区小，工件变形小；（3）自冷淬火，无冷却介质污染；（4）加热指向性好，为局部淬火提供方便。用这种方法处理内燃机缸套内壁，可使耐磨性大幅度提高，获得良好的经济效益。

激光表面改性（laser surface modification）将激光作用在材料或工件表面改变其化学成分或组织结构以提高机器零件或材料性能的技术。激光具有高辐射亮度、高方向性和高单色性三大特点，可实现材料表面的快速加热和冷却。在激光加热过程中，其热影响区的范围很窄，几乎不影响周围基体的组织。若将激光作用在金属表面上，控制合适的工艺参数，可改善其表面性能，如提高金属表面硬度、强度、耐磨性、耐蚀性等多种性能。激光表面改性技术在金属材料中得到大量应用，除表面淬火外，还有激光表面非晶化、合金化和脉冲硬化等。

激光表面熔化（laser glazing skinmelting）将连续的或脉冲的高能量密度激光束快速扫过材料表面，使之产生一层非常薄的熔化层的热处理技术。激光束移过之后，熔化层迅速冷却，使得整个材料表层产生新的金相显微组织，从而改变表面的机械性能。

激光打孔（laser drilling）将激光束用透镜聚焦于工件表面以获得高功率密度的微小光斑，使光斑区域内的材料迅速熔化而形成微孔的过程。孔径在0.01～1mm范围内，小的可达0.001mm。激光打孔技术已成功应用于加工钟表的宝石轴承孔、金刚石拉丝模小孔、涡轮叶片的冷却孔、发动机喷嘴小孔等。

所用激光光源多为红宝石、钕玻璃、钇铝石榴石等固体激光器。其特点：（1）激光打孔是非触接加工，所以无工具磨损；（2）工件不承受机械力，不会变形；（3）可方便地利用聚焦系统实现小孔的精确定位；（4）有利于实现自动控制。

激光电镀（laser electroplating）利用激光照射加速电沉积速度，同时改善镀层质量，提高镀层结合力的激光强化电镀技术。与无激光照射的电镀（普通电镀）相比，激光电镀的金属沉积速度快1000倍之多，镀层的牢固度也提高100～1000倍。激光电镀技术对微型开关、精密仪器零件、微电子器件和大规模集成电路的生产和修补具有重大意义。

激光淀积（laser illuviation）利用激光的热效应使某些难熔的金属或非金属材料，在真空或其他适当条件下，淀积在工件或材料（基底）表面的加工方法。它可用来制作各种光学薄膜、导电薄膜、化合物薄膜和合金薄膜。如果在基底上加盖掩膜，将淀积金属材料有选择地淀积到基底上，即可实现集成电路或其他微型电路各元件之间的连接。

激光雕刻（laser sculpture）用激光束在金属或其他材料上刻出沟槽、文字和图案的加工技术。利用激光雕刻图形，不仅雕刻速度快、省时省力，而且不易出错。尤其是在难以雕刻的金属上，激光雕刻更显示出其他雕刻工艺无法比拟的优势。过去激光雕刻应用于制造电容量较小的间隙电容器、在薄膜电阻上刻出螺旋沟槽以增加阻值等。现在结合仿形技术或用电子计算机控制，增加伺服扫描系统和平场聚焦的振镜系统组成的激光打标机，大量用于制作铭牌和在金属、非金属（如皮带、皮包）上雕刻出复杂图案。它具有加工精度高、刻线窄细、效率高、便于自动控制等优点。

激光堆焊（laser overlaying welding）用激光的高能束热源，将具有所需性能的金属粉末在待堆焊零件表面进行熔敷而形成金属层的堆焊技术。该工艺可实现热输入的准确控制，涂层厚度大，零件的热畸变小，零件表面材料的成分和稀释率可控性好，可获得组织致密、性能优越的堆焊层，可在普通材料上覆盖高性能(耐磨、耐高温、耐蚀等)堆焊层，节省贵金属。基材的加热不受金属蒸气的影响，熔敷金属冷却快，熔敷层的耐磨性成十倍地提高。其能源利用率高，可达30%以上。激光堆焊为无接触加工，无加工惯性，焊接工艺参数一经确定，焊接质量易于保证，可靠性高，并易实现自动化。

激光反应气体切割 (laser reacting gas cutting) 用激光作为预热热源，用氧气等活性气体作为切割气体类似于氧 - 乙炔焰切割的激光切割方法。金属材料被激光迅速加热到熔点以上时，喷射的纯氧或压缩空气一方面与熔融金属作用，产生激烈的氧化反应并放出大量的氧化热，另一方面将熔融的氧化物和熔化物从反应区吹出，在金属中形成切口。由于氧化反应产生了大量的热，所以切割所需要的激光功率只是激光熔化切割的1/2，而切割速度远远大于激光熔化切割和汽化切割。这种激光切割多用于碳钢、钛钢、热处理钢和铝等易氧化金属材料的切割，其切割氧气不仅能给金属助燃，提高切割速度和效率，而且能使切口狭小，热影响区小，提高切割质量和精度。其借助氧的作用还可以切割较厚的工件。目前广泛采用大功率 CO_2 气体激光器切割，可切割钢板、钛板、石英、陶瓷、塑料及木材等，切割金属材料的厚度可达 10mm 左右，切割非金属材料可达几十毫米。

激光焊接 (laser welding) 用激光的热效应对材料进行焊接的焊接方法。焊接装置由激光器、聚焦与观察瞄准系统和工作台组成。常用激光器为5kW以下的 CO_2 激光器以及400W的钇铝石榴石激光器。经聚焦后的激光束，功率密度非常高，可产生使所有金属和非金属熔化的高温，既可实现对高熔点和极易氧化金属的焊接，也可进行同种金属、不同金属、金属与非金属材料之间的焊接；既可焊接微型件（电子器件引线等），也可焊接大型构件；还可通过透明罩对罩内物体进行焊接。它具有作用时间短、焊接精度高、焊接质量高、不受电磁场影响、易实现自动化等优点，具有推广价值。

激光合金化处理 (laser alloying) 在零件表面敷以合金粉末，然后用激光加热熔化，使之在零件表面上形成特殊合金层的化学热处理技术。将碳、氮或其他气体扩散渗入用激光加热的低合金钢零件表面中去，可以改变表层的化学成分。当零件表层的化学成分、组织结构改变后，表层的耐磨性能、耐热性能和耐腐蚀性就会有很大提高。

激光快速原型制造 (laser rapid prototyping manufacturing, RPM) 一种集激光、现代数控技术、计算机辅助设计、计算机辅助制造和新材料于一体，根据计算机辅助设计模型（电子模型）或零件实样扫描所得的三维轮廓数据，利用激光烧结逐层完成实体原型的

先进制造技术。它突破了传统的机械加工方法，不需要工模具，能快速、准确、方便地加工出形状复杂、尺寸精度高的零件。

激光切割 (laser cutting) 利用沿预定切割线路移动的聚焦激光束对材料局部加热进行的一种热切割技术。对硬、脆非金属材料如陶瓷、石英等，激光束使切口材料迅速汽化，称为激光汽化切割；对难熔金属材料如钢板、钛板等，激光束使切口材料迅速熔化，并借助气嘴吹气去除，称之为激光熔化切割。吹氧可提高切割速度，增加切割厚度，吹惰性气体，可使切口光洁平直。由于激光切割的温度超过11 000℃，几乎所有的材料均可用激光切割。又由于它的切缝细窄、尺寸精确、切口光洁、质量优良，故除用于几微米至50mm厚的金属板材切割外，也在木材加工业中用来切割胶合板、刨花板；服装行业用来大量裁剪衣料等。它所用的激光器一般为大功率的连续二氧化碳激光器。

激光切削加工 (laser cutting machining) 利用激光束代替刀具来制造机器零件的特种加工方法。其加工精度与光洁度均已达到一般切削加工的水平。由于它易实现自动化、柔性化、集成化、智能化加工，所以具有很大的发展潜力。正在研究开发的有：（1）将激光器、导光系统、计算机数控、加工机床、机械手等集成为一体的高性能、柔性、复杂加工系统；（2）结构简单、价格低廉、操作方便、生产率高的专用机床以及激光切削加工中心等。

激光热处理 (laser heat treatment) 利用大功率连续波激光器对材料表面进行激光扫描，使金属表层材料产生相变甚至熔化的工艺技术。其内容包括激光表面淬火、激光合金化处理、摩擦表面的激光精微处理等。用于激光热处理的设备，包括产生激光束的激光器、引导光束传输的导光聚焦系统、承载工件并使其运动的激光加工机以及其他辅助装置。激光热处理引起材料表面相变，出现合金层或非晶层，使表面具有耐磨、耐热、耐蚀性能，从而提高寿命。

激光熔化吹气切割 (laser melting gas cutting) 一种在切割过程中使材料发生熔化并被吹除形成切口的激光切割方法。当激光光束射到材料表面时，材料被迅速加热至熔化，并借与光束同轴的喷嘴喷吹惰性气体，如氩、氦、氮等气体，依靠气体压力将液态金属或其他材料从切缝中吹除形成切口。这种切割方法不需要使材料完全汽化，所需的能量只有

汽化切割的1/10，其主要用于一些不易氧化的材料，如纸、布、塑料、橡皮及岩石混凝土等非金属材料切割，也可用于不锈钢及易氧化的钛、铝及其合金等活性金属的切割。

激光束加工（laser-assisted machining）利用能量密度很高的激光束使工件材料熔化、蒸发或汽化而予以去除，从而完成各种加工任务的特种加工方法。激光具有方向性好、单色性好、亮度高的特点，经透镜聚焦后可获得微米量级的光斑。脉冲激光焦点处的功率密度高达$10^8 \sim 10^{10} W/cm^2$，温度高达10 000℃，几乎任何材料都会在瞬间被熔化、汽化。因此，它可以对诸如金刚石、硬质合金、陶瓷、红宝石、玻璃等硬度大、熔点高、易碎易裂的材料进行加工。平均加工精度可达0.01mm，最高加工精度可达0.001mm，表面粗糙度R_a可达$0.4 \sim 0.1 \mu m$。其加工系统一般由激光器（主要为固体激光器和CO_2激光器）、光学系统（包括聚焦的振镜和扫描反射镜）、机械操纵系统（工件夹具及载物台等）、观察对准系统组成。激光加工包括打孔、雕刻、刻印、焊接、切割、修整、表面淬硬、合金化处理、切削加工等内容。它具有适合微细加工、高硬脆高熔点材料加工、不污损工件、无工具损耗、加工速度快、质量好等特点。

激光铣削（laser milling）利用激光逐层地将材料从表面烧蚀掉，形成较深的盲孔或者盲槽，甚至将材料彻底切穿的工艺技术。只要选择合适的激光波长和功率密度，就可以在许多材料，特别是超硬、超脆性材料表面"铣削"出各种异形孔和槽。

激光釉化（laser glazing）一种采用激光技术对材料表面进行改性而形成釉化层的加工工艺。利用功率密度很高的激光束在很短时间内作用于材料表面，使材料表面迅速熔化，然后通过材料基体的激冷作用使表面熔化层形成一层微晶或非晶层，即釉化层。激光釉化现仅用于铸铁、碳素钢、合金钢、高温合金等金属材料。激光釉化后的材料表面，其组成成分较均匀，除出现微晶或非晶外，还可出现新的亚稳相，从而使材料表面具有优异的电磁、化学和机械性能，如高硬度、良好的塑性及耐蚀性和耐磨性等。激光釉化主要用于材料表层防护和获得材料表层特殊冶金组织。

激光蒸发汽化切割（laser evaporation cutting）在切割过程中使材料发生汽化形成切口的激光切割方法。当激光光束射到到金属材料表面时，材料沿高能量密度激光束的轨迹，立即被加热到沸点以上，产生金属蒸气而急剧汽化，并以蒸气的形式由切口喷出逸散，且在蒸气快速喷出的同时形成切口。由于材料的汽化热一般很大，所以汽化切割需要很大的功率和功率密度。激光蒸发汽化切割多用于极薄金属材料的切割，也可用于非金属材料的切割，如切割木材、塑料等材料时，它们在加热中几乎不会熔化就直接汽化切割完毕。

激光直接制造技术（direct laser fabrication, DLF）在对三维计算机辅助设计模型切片分层和截面填充后，借助激光熔敷方法快速制造出致密的近净形金属零件的技术。该技术在航空、航天、造船、模具等重要工业领域内具有极大的应用价值，代表了快速成型与制造技术未来的发展方向。它可应用于：（1）快速模具制造，特别是塑料注射成型用模具的制造；（2）航空、航天等武器装备领域内的高精复杂零件的快速制造和修复；（3）梯度功能材料的设计与制造；（4）超硬、稀有金属材料的零件制造和修复。

挤出成型（extrusion molding）将粒状或粉状塑料加入料斗中，通过加热使熔融呈流状，在挤压系统的作用下而获得截面形状一定的塑料型材的技术。挤出成型的特点是：（1）能连续成型，生产量大，生产率高，成本低；（2）塑件的几何形状简单，截面形状不变，所以模具结构也较简单，制造维修方便，塑件的内部组织均衡紧密、尺寸比较稳定；（3）适应性强，除氟塑料外，几乎所有的热塑性塑料都可以采用挤出成型；（4）所用设备结构简单、操作方便、应用广泛。

挤出吹塑成型（extrusion blow molding）将挤出机挤出的管状型坯截取一段趁热放入模具中，在闭合模具的同时夹紧型坯上下两端，通入压缩空气，使型坯吹胀并贴于型腔表壁成型的方法。其模具结构简单，投资少，操作容易，适合多种塑料的中空吹塑成型。缺点是成型塑件的壁厚不均匀，塑件需要后加工处理以去除飞边和余料。

挤压（extrusion）使金属坯料在挤压模内受压被挤出模孔而成型的加工方法。按照金属坯料受挤压时温度的高低，挤压又可分为冷挤压、热挤压和温挤压三种。冷挤压是在室温下进行的挤压；热挤压温度与锻造温度相同；而温挤压则是将金属加热到100～800℃后进行挤压。挤压常用于生产各种形状复杂、深孔、薄壁、异型断面的零件。

挤压研磨（squeeze grinding）又称磨料流加工，以一定压力迫使磨料与黏弹性高分子介质的混合物（黏性磨料）通过被加工工件表面，利用磨粒刮削作用提高工件表面精度的工艺方法。常用的磨料有氧化铝、碳化硼、碳化硅、金刚石粉等。其特点是：（1）由于黏性磨料是半流动状态，故可加工任何形状工件的表面；（2）几乎适用于任何金属材料，也可用于陶瓷、硬塑料等；（3）在不破坏零件原有形状精度条件下达到较高尺寸精度及较低粗糙度值（可呈镜面）；（4）生产效率高。它主要应用于各种拉丝模、挤压模、冲模、引伸模等复杂型面的光整加工，也可对复杂内、外型面的喷嘴小孔、交叉孔、叶轮、齿轮面等进行抛光、去毛刺，还可以去除激光和电火花加工后产生的硬化层与微观缺陷等。

挤压铸造（squeeze casting）浇入金属型腔中的液态金属，在通过冲头传递的压力作用下，进行充填、成型和凝固结晶，从而获得铸件的铸造方法。该工艺具有如下优点：（1）铸件尺寸精度高且表面粗糙度低；（2）铸件在凝固过程中能得到有效补缩，故铸件无缩孔、缩松及气孔等铸造缺陷，且组织致密，晶粒细化，力学性能可达到同类合金的铸件水平；（3）挤压铸造不必设置浇口系统，能减少液态金属的消耗，提高工艺实收率。目前挤压铸造的主要产品有：摩托车、汽车铝合金轮、铝合金活塞和复合材料活塞、汽车及摩托车制动器、减震器、压力机连杆、摩托车发动机及传动箱铝件、铝炊具、汽车空调压缩机铝件、自行车铝接头、曲柄件、铝合金光学镜架、仪表壳体件、各种铝合金泵体、铜合金轴套以及军品零件。

加热冲裁（heating blanking）见红冲。

加热切削（thermal cutting）在切削或磨削过程中，用热源加热工件的待加工区，以改善材料的切削加工性能，使难加工材料的切削得以顺利进行的复合加工方法。利用加热切削法，不但可减小切削力，提高切削速度，减少刀具磨损，而且还可以降低表面粗糙度，提高加工表面的质量。加热切削的热源种类很多，其中通电加热、焊炬加热、整体加热、火焰和感应局部加热及导电加热等，通称为一般热源。但这些热源都存在加热区过大、热效率低、温控困难、加工质量难以保证等问题，使加热切削不理想，因而难以应用到生产实际中去。目前，加热切削的加热方式主要有用于毛坯预加工的整体加热和用于粗加工的等离子弧感应加热，以及用于半精加工和精加工的导电加

热和激光加热。

溅射镀（sputter coating）用几十电子伏或更高动能的荷能粒子轰击材料表面，使其原子获得足够的能量而产生飞溅，并变为气相再沉积在基体上成膜的工艺技术。这种飞溅出的粒子散射过程称为溅射，被轰击的材料称为靶。溅射镀膜是利用溅射现象来达到制取各种薄膜的目的，即在真空室中利用荷能离子轰击靶表面，把被轰击飞溅出的粒子在基体表面上沉积。溅射镀膜的致密性好，结合强度高，基片温度较低，但成本较高。

铰削加工（ream machining）用铰刀从工件的孔壁上切除微量的金属层，使被加工孔的精度和表面质量得到提高的半精加工和精加工的技术。在铰孔之前，被加工孔一般需经过钻孔或扩孔加工。根据铰刀的结构不同，铰削可以加工圆柱孔、圆锥孔。既可以用手工操作，也可以在车床、钻床、镗床、数控机床等多种机床上进行。铰削加工的加工质量较高，生产效率也比其他精加工方法高，但是其适应性较差，一种铰刀只能用于加工一种尺寸的孔、台阶孔和盲孔。此外，铰削对孔径也有所限制，一般有直径小于80mm。

金属表面转化技术（chemical conversion coating technology on metal surface）采用化学处理液，使金属表面与溶液界面上产生化学或电化学反应，在金属表面形成一层附着力良好、难溶、稳定的化合物薄膜的处理技术。所生成的膜称为化学转化膜。化学转化膜同金属上别的覆盖层（例如金属的电沉积层）不一样，它的生成必须有基底金属的直接参与。这些膜层能保护基体金属不受水和其他腐蚀介质的影响，或提高有机涂膜的附着性和耐老化性，或赋予表面其他性能。例如，金属挤出、深拉延等冷加工时，在金属表面形成磷酸盐膜后可减小拉拔力、减少拉拔次数、延长拉拔模具寿命，改善金属塑性加工性能。几乎所有工业上常用的金属都可以在选定的介质中通过转化处理取得不同应用目的的化学转化膜。常用的表面化学转化方法有氧化、磷化、钝化三种。

金属钝化（passivation of metal）使金属表面状态发生变化，从而具有贵金属的低腐蚀速率等特征的过程。是防止金属腐蚀的方法之一。金属与周围介质自发地进行化学作用而产生的金属钝化，称为化学钝化或自钝化作用。若金属通过电化学阳极极

化引起钝化称为阳极钝化。通常强氧化剂（浓 HNO_3、$KMnO_4$、$K_2Cr_2O_7$、$HClO_3$ 等）可使金属钝化。金属钝化主要理论有：（1）吸附理论。在金属表面上生成氧或含氧离子表面吸附层。（2）成相膜理论。在金属表面上生成致密的覆盖性良好的氧化膜。吸附层或氧化膜的作用都是把金属和溶液隔开，降低金属的腐蚀速率，使金属成为钝态。钝化后的金属将失去原有的某些特性。

金属化学加工（chemical machining of metal）利用化学溶液（如酸、碱或盐的水溶液）与金属产生化学反应，使金属腐蚀成型的加工方法。金属化学加工主要包括：（1）化学洗削。利用经过控制的化学腐蚀来去除不需要的金属而使零件成型的加工方法。化学洗削的优点是可加工难切削金属且不产生应力、裂纹、毛刺等，操作简单。缺点是加工精度不高，腐蚀液对人体有害。主要应用于大面积不易机械加工的薄壁、内表层的金属减薄刻蚀，也可加工型模、型孔及金属表面蚀刻图案、花纹、文字等。（2）光化学加工。利用照相复制与化学腐蚀相结合的一种加工方法。用此种方法对各种复杂微细形状的薄片零件进行加工叫光学冲切；用于制造标牌和面板的叫光学雕刻；用于制造集成电路、大规模集成电路以及刻度盘、光栅等叫光刻。（3）化学表面处理。将工件浸入化学溶液中以改变工件表面状态的方法。包括酸洗、化学抛光和化学去毛刺等。

金属热处理（heat treatment of metal）将金属工件放在一定的介质中加热、保温、冷却，通过改变金属材料表面或内部的组织结构来控制其性能的工艺方法。热处理工艺一般包括加热、保温、冷却三个过程，有时只有加热和冷却两个过程。这些过程互相衔接，不可间断。选择和控制加热温度，是保证热处理质量的主要工艺问题。另外相转变需要一定的时间，故当工件表面达到加热温度后，还须保温一定时间，使工件内外温度一致，使显微组织转变完全。采用高能密度加热和表面热处理时，加热速度极快，一般没有保温时间，而化学热处理的保温时间较长。冷却也是热处理工艺中不可缺少的步骤。冷却时主要是控制冷却速度：退火的冷却速度最慢，正火的冷却速度较快，淬火的冷却速度更快。金属热处理工艺大体分为整体热处理、表面热处理和化学热处理三大类。

金属塑性成型（metal plasticity forming）将具有塑性的金属，在热态或冷态下借助锻锤的冲击力或压

力机的压力，使其产生塑性变形，以获得所需形状、尺寸及力学性能的毛坯或零件的加工方法。各种钢和大多数有色金属及其合金都具有不同程度的塑性，均可在冷态或热态下进行塑性加工成型。按其成型方式不同，可分为轧制、拉丝、挤压、自由锻造、模型锻造、板料冲压及新的塑性加工技术。

金属型铸造（permanent mold casting）依靠重力将熔融金属浇入金属铸型而获得铸件的方法。其特点如下：（1）金属铸型不同于砂型铸型，可一型多铸，一般可浇注几百次到几万次，故亦称为永久型铸造；（2）铸件精度较高，表面质量较好；（3）铸件冷却速度快，晶粒细，故铸件力学性能好。其缺点有：制造成本高、周期长，不适合单件、小批量生产；铸件冷却快，不适合于浇注薄壁铸件，铸件形状不宜太复杂。目前，金属型铸造主要用于中、小型有色合金铸件的大批量生产，如铝活塞、汽缸体、缸盖、油泵壳体、轴瓦、衬套等，有时也用于生产一些铸铁件和铸钢件。

近净成型技术（near-net shape forming technology）在零件成型后，仅需少量加工或不再加工，就可用作机械构件的成型技术。它建立在新材料、新能源、机电一体化、精密模具技术、计算机技术、自动化技术、数值分析和模拟技术等多学科高新技术发展的基础上。它正在改造传统的毛坯成型技术，使其由粗糙成型向优质、高效、高精度、轻量化、低成本的高技术成型发展。它使得成型的机械构件具有精确的外形、高的尺寸精度、形位精度和好的表面粗糙度。它是新工艺、新装备、新材料等各项新技术成果的综合集成表现。

近终形铸造（near net shape casting）使铸件形状和质量（主要指尺寸精度和表面质量）达到或接近产品最终要求的铸造技术。它所要接近的"形"不仅是某个零件的形，而且也是某个组合构件的形。也就是将原先由若干零件组装而成的一个组合构件，改由铸造方法一次成型。为此，铸件结构必然大型化、复杂化、整体化，从而对铸造技术提出了更高的要求。近终形铸造是少余量、无余量铸造的重大发展。其目的在于将制品所需的机械加工和组装工序减至最少，以降低能耗、物耗和工耗，使铸件尽快投放市场，增强企业的竞争力。

精冲技术（fine blanking technology）既具有冲裁工艺特点，又能大幅度提高剪切面质量和尺寸

精度的冲裁方法。冲裁是冲压工艺的分离工序，它具有生产率高、材料利用率高、产品重量轻、制品刚度好、易于实现自动化生产等优点。精冲件尺寸公差等级可达 IT7 或 IT8 级；剪切面表面粗糙度可达 $Ra3.6 \sim 0.2\,\mu m$；剪切表面完好率较高，撕裂较少，所以精冲零件的剪切表面一般不需后续的机械加工。按工艺方法分类，精冲技术可分为负间隙冲裁，小间隙圆角刃口冲裁、同步剪挤冲裁、强力压边精冲、对向凹模精冲、平面压边精冲、往复成型精冲等。精冲工艺已用于以板材为原料的各种齿轮、摩托车主动和从动链轮、空压机阀板的大批量生产中。

精密成型技术（precise forming technology）利用熔化、结晶、塑性变形等物理化学变化过程，按预定的设计要求成型机械零件，使其达到或接近最后要求的形状、尺寸和性能的成型技术。它是现代技术（计算机技术、新材料技术、精密加工与测量技术等）与传统成型技术（铸造、锻压、焊接、切割等）相结合的产物。它不仅可以减少机械加工量、提高材料的利用率、减轻污染，还可使构件材料获得传统方法难以获得的化学成分与组织结构，从而提高产品的质量与性能。精密成型技术是生产高技术、高性能产品的关键技术。它包括：精密铸造（熔模铸造、消失模铸造、压力铸造）、精密锻压（冷锻精密成型、高速锻造、精密冲压）、精密焊接与切割等。这些技术广泛地应用于汽车、农机、家电、仪表等产品关键件的生产，如进（排）气管、转向节、齿轮、连杆及复杂轮廓件（如汽车覆盖件）等的制造。

精密锻压（precision forging）一种在精度高、刚性好的锻压设备上使用精密模具制造无切削余量或少切削余量锻件的工艺技术。精密锻压与普通模锻相比，锻件的模锻斜度小、表面光洁、凹凸圆角半径小、主要尺寸容差（允许的最大偏差和额定指标的比率）小。精密锻压工艺在航空航天工业中用于制造形状复杂、壁薄、要求金属流线分布合理和难切削材料的锻件，例如，整体叶轮、叶片、钛合金和高温合金零件等。采用精密锻压可以节约贵重材料，减少切削工时，可减轻毛坯重量，提高产品性能。航空航天工业中常用的精密锻压方法有精密模锻、等温模锻、超塑性等温模锻和多向模锻等。

精密加工（precision finishing）机械加工尺寸精度范围在 $3 \sim 0.3\,\mu m$，粗糙度 Ra 为 $0.3 \sim 0.03\,\mu m$ 的先进加工技术。应用精密加工技术是提高机电产品性能、质量、工作寿命和可靠性，以及节材、节能的重要途径。如提高汽缸和活塞的加工精度，就可提高汽车发动机的效率，减少油耗；提高滚动轴承的滚动体和滚道的加工精度，就可提高轴承的转速，减少振动和噪声；提高磁盘加工的平面度，从而减少它与磁头间的间隙，就可大大提高磁盘的存储量；提高半导体器件的刻线精度（减少线宽，增加密度）就可提高微电子芯片的集成度等。

精密模锻（accuracy die forming）在压力机上使用精密模具和模座进行模锻的工艺技术。适用于制造中、小尺寸的钛、不锈钢压气机叶片等。型面尺寸精度可控制在 0.13mm 以内，模锻后再经化学铣切、磨削和振动光饰、拉榫头等加工工序即可制成叶片。

精整加工（final finish）在精加工后进行的、为获得更小的表面粗糙度，并稍微提高精度的再次加工。精整加工的加工余量小，如研磨、超精磨削和超精加工等。

聚氨酯橡胶模（polyurethane rubber die）用聚氨酯橡胶为材料制作的模具。聚氨酯橡胶是介于橡胶与塑料之间的弹性体，具有一定的强度、硬度、耐油、耐磨、耐老化与抗撕裂性能，可以用来进行薄料冲裁。其冲裁模是一种半模结构，它以钢制的凸模（或凹模）及一个装在容框内的聚氨酯橡胶模垫为凹模（或凸模）作为冲裁模的模具工作元件。欲使装在容框内的聚氨酯橡胶在冲裁过程中能够使板料分离，必须满足下列条件：（1）保证橡胶模模垫能产生足够的压力，以克服板料的抗冲裁强度，使板料经弹性变形，塑性变形，达到断裂而形成所需冲裁件；（2）模具应具有完善的压料与顶件装置，以防止冲压时坯料侧滑；（3）钢凸模（或凹模）切入橡胶达到一定的深度后，才能保证板料分离；（4）钢凸模（或凹模）须有锋利的刃口；（5）由于每次冲压，钢凸模或凹模都要进入橡胶，故橡胶模垫表面必须具有一定的耐磨与抗撕裂性能。常用的聚氨酯橡胶冲裁模主要有：形状简单的小型零件冲裁模、窄条状的小型薄料零件冲裁模、轮廓形状比较复杂的薄料零件冲裁模、环形薄料零件冲裁模、较厚或较硬零件的橡胶冲裁模等。

均匀化退火（homogenization annealing）又称扩散退火，将铸锭或非铁合金加热到各自的固相线温度以下的某一较高温度，经长时间保温，然后缓慢冷却下来的一种退火方法。均匀化退火是使合金中的元素发生固态扩散，来减轻化学成分不均匀性（偏析），主要是减轻晶粒尺度内的化学成分不均匀性（晶内偏析或称枝晶偏析）。均匀化退火温度较高，是为了加快合金元素扩散，尽可能缩短保温时间。合金钢的均匀化退火温度通常是 $1\,050\sim1\,200\,℃$，非铁合金锭进行均匀化退火的温度一般是"$0.95\times$固相线温度(K)"。均匀化退火因加热温度高，保温时间长，所以热能消耗量大。

K

可重组制造系统（recombine manufacturing system）能适应市场需求的变化，按系统规划的要求，以重排、重复利用、革新组元或子系统的方式，快速调整制造过程、制造功能和制造能力的新型可变制造系统。其目的在于缩短适应产品品种与产量变化的制造系统的规划、设计和建造时间及新产品上市时间，压缩系统建造的投资，降低生产成本，保证质量，合理利用资源，提高企业的市场竞争力。它致力于解决提高生产效率与系统柔性之间的矛盾，充分利用已有的资源，迅速达到规定的产量和质量。它的主要特点是：制造系统的生产管理和控制软件具有高度灵活的重构件；制造装备便于更新组合，具有适应新需求的重用性；生产规模具有敏捷的可调整性。

控制轧制（controlled rolling）在热轧过程中，通过对金属加热、轧制和冷却的合理控制，使范性形变与固态相变过程相结合，以获得良好的晶粒组织，使钢材具有优异综合性能的轧制技术。该技术主要用于含有微量元素的低碳钢种，钢中常含有铌、钒、钛，其总量一般小于 0.1%。控制轧制技术已在生产中取得成效，应用范围不断扩大。除含微量铌、钒、钛的钢外，含锰钢和硅锰钢的控制轧制也取得了成效。把控制轧制的原理应用于各种钢材（如不锈钢、轴承钢等）生产中，改进轧制工艺，可以提高钢材的综合性能。中国蕴藏着丰富的含铌、钒、钛矿物，为应用和发展控制轧制技术提供了良好的资源条件。

快速凝固技术（rapidly solidified metals）让液态金属在 $10\sim10^9\,℃/s$ 的冷却速度下凝固，从而使金属和合金获得超常性能的加工技术。一般凝固过程中的冷却速度约小于 $1\,℃/s$。实现快速凝固主要有两种基本途径：(1) 凝固前实施深冷；(2) 使热量快速传向环境，实现快速冷却凝固。通过快速凝固成型，可实现直接成型各种各样的金属制品（如粉末、鳞片、线材、带材以及最终制品），可以均化和细化合金微观组织，

消除偏析现象，使铸件易于热处理和加工，延长制品使用寿命，甚至制造可锻铸件和可超塑性加工铸件。并且可用于表面处理技术，实现表面硬化、防腐、耐磨等要求。

扩散焊（diffusion bonding）可以连接物理、化学性能差别很大的异种材料的固态连接方法。如陶瓷与金属。并可连接截面形状和尺寸差异大的材料，以及连接经过精密加工的零部件而不影响其原有精度。

扩散退火（diffusion annealing）见均匀化退火。

L

拉拔（drawing）利用金属坯料通过模孔产生塑性变形而获得产品的加工方法。拉拔主要用于生产各种细线材、薄壁管及各种特殊几何形状的型材。

拉深（stretching die）把平直毛料或工序件变为空心件，或者把空心件进一步改变形状和尺寸的一种冲压工序。拉深时空心件主要依靠位于凸模底部以外的材料流入凹模而形成。其工艺主要有：连续拉深、变薄拉深、反拉深、差温拉深、液压拉深等。连续拉深是在条料（卷料）上，用同一副模具（连续拉深模）通过多次拉深逐步形成所需形状和尺寸的一种冲压方法；变薄拉深是把空心工序件进一步改变形状和尺寸，意图性地把侧壁减薄的一种拉深工序；反拉深是把空心工序件内壁外翻的一种拉深工序；差温拉深是利用加热、冷却手段，使待变形部分材料的温度远高于已变形部分材料的温度，从而提高变形程度的一种拉深工序；液压拉深是利用盛在刚性或柔性容器内的液体，代替凸模或凹模以形成空心件的一种拉深工序。

拉削加工（machining of metals）用拉刀加工工件内、外表面的方法。它是一种高效率的加工方法。拉削可以加工各种截面形状的内孔表面及一定形状的外表面。拉削的孔径为 $8\sim125$ mm，孔的深径比一般不超过 5。但拉削不能加工台阶孔和盲孔。由于拉床工作的特点，复杂形状零件的孔（如箱体上的孔）也不宜进行拉削。采用拉削加工方法，可以获得较高的生产率和加工质量。拉刀耐用度高，使用寿命长，但拉刀制造复杂，成本高，而且拉削属于封闭式切削，容屑、排屑和散热均比较困难，需重视对切屑的妥善处理。

冷锻（forge cold）在低于金属再结晶温度的状态下进行的锻造。通常所说的冷锻多专指在常温下的锻造。在常温下冷锻成型的工件，其形状和尺寸精度高，

表面光洁，加工工序少，便于自动化生产。许多冷锻件可以直接用作零件或制品，而不再需要切削加工。但冷锻时，因金属的塑性低，变形时易产生开裂，变形抗力大，需要大吨位的锻压机械。

冷辊式挤塑（cold roll plastic extruding）将挤出薄膜引至冷却辊而使其冷却和改善光泽的制膜方法。挤塑可生产很宽范围的型材，以及包装用管材、薄膜和片材。PETC（新型塑料板材）和PCTA（共聚聚酯塑料原料）可用环氧乙烷和X射线消毒。当用于注塑时，PETG通常在熔融温度250～280℃下加工，模具温度在38～72℃之间。目前应用于仪器盖子、机器护罩、化妆品容器、杠杆装置指针、显示元件和玩具。PCT是环己烷二甲醇与对苯二酸的均聚物，它通常用玻纤填充，在耐高温的电器／电子和汽车中应用。PCTG是PCT的二醇改性共聚酯，具有优良的物理特性、耐化学性和透明度，可与其他塑料共混，如聚碳酸酯，或填充玻纤、云母等，以满足最终产品要求。

冷挤压（cold pressing）在室温下，利用压力机压力使模腔内的金属产生塑性变形，将金属从凹模孔或凸凹模间的缝隙中挤出，从而得到所需工件的加工方法。它有较高的生产效率，节约原材料，能加工复杂断面的制件。制件力学性能可大幅提高，表面质量也较好。冷挤压是高效、省料的无切削加工新工艺之一。在大批量生产中应用冷挤压，效益更为突出。按金属变形流动方向分类，有正挤压、反挤压、复合挤压、径向挤压等不同工艺方法。冷模锻（冷锻）工艺是一种广义的冷挤压，所以一些国家用"冷锻"取代了"冷挤压"这一技术名词。

冷坯法注塑拉伸吹塑成型（cold plastics injection stretching blow molding）将注塑好的型坯加热到合适的温度后再将其置于吹塑模中进行拉伸吹塑的成型方法。在成型过程中，型坯的注塑和塑件的拉伸吹塑成型分别在不同的设备上进行。为了补偿型坯冷却散发的热量，需要进行二次加热。这种方法的主要特点是设备结构相对比较简单。

离心铸造（centrifugal casting）将液态金属浇入旋转的铸模中，使其在离心力的作用下，完成充填和凝固成型的铸造方法。根据铸型旋转轴在空间位置的不同，可分为卧式离心铸造、立式离心铸造及倾斜轴离心铸造。与砂型铸造相比，离心铸造具有以下优点：（1）铸件在离心力场的作用下充型和凝固，致密度较高，气孔、夹渣等缺陷少，综合力学性能较好；（2）在离心力作用下，金属充填能力提高，充型条件改善，简化了套筒、管类铸件的生产工艺；（3）可减少或取消浇注系统，提高工艺出品率。离心铸造的缺点是对某些合金（合金组分不能互熔或凝固初期析出物的密度与金属液基体密度相差较大）易形成密度偏析；生产异形零件有一定局限性。离心铸造广泛应用于铁管、缸套、铜套、双金属套、滚筒等铸件的生产中。

离子镀（ion plating）在真空条件下，利用惰性气体放电，使气体或被蒸发金属离子化，在气体离子或被蒸发物质离子轰击作用的同时，把蒸发物或其他反应物质镀到基件上的技术。其性质属于物理蒸发沉积。它的主要特点是镀层均匀，附着力好，可用于装饰、表面硬化、电子元器件用的金属或化合物镀层、光学用镀层等。离子镀可以延长基件的使用寿命、赋予被镀材料光泽和色彩。

离子镀覆（ion coating）将一定能量的离子束轰击某种材料制成的靶，离子将靶材粒子击出，使其镀覆到靶材附近的工件表面上的工艺技术。离子镀覆所利用的也是溅射效应，但目的不是加工而是镀膜，以改善工件材料表面的性能。镀覆时将镀膜材料置于靶上，一般使靶面与离子束方向成一角度接受离子束的轰击，被镀工件表面与溅射粒子运动方向相垂直。离子镀覆的膜层附着力强，镀层组织致密，可镀材料广泛，各种金属、半导体、高熔点材料和某些合成材料均可镀覆。离子镀覆工艺用于对工件表面镀覆耐磨材料、抗腐蚀材料、耐热材料、润滑材料以及镀覆装饰膜层等。

离子刻蚀（ion etching）通过撞击而从工件上去除某种材料的过程。当离子束轰击工件，入射离子的动能传递到靶原子，传递的能量超过原子间的键合力时，靶原子就从工件表面溅射出来，达到刻蚀的目的。为了避免入射离子与工件材料发生化学反应，必须用惰性元素的离子。氩气的原子序数高，而且价格便宜，所以通常用氩离子进行轰击刻蚀。离子束刻蚀可以加工任何材料，如金属、半导体、橡胶、塑料、陶瓷等。可对精密沟槽和非球面透镜进行加工，或用于集成电路等微电子器件的高精度图形刻蚀，还可进行材料离子致薄、离子抛光和离子清洗等。由于离子刻蚀是在真空中进行的，所以对被加工材料的污染少。此外，被加工表面无应力，并且可以消除普通方法抛光产生的表面应力。

离子束加工（ion beam machining）在真空条件下利用加速聚焦的离子束打到工件表面，靠微观机械撞击进行加工的方法。其通常分为三类：离子刻蚀、离子镀膜和离子注入。

离子注入（ion-implantation）用离子束轰击工件表面，使离子钻入被加工材料表面层，以改变其性能的工艺技术。该技术主要应用在半导体掺杂方面，即把磷或硼等"杂质"注入单晶硅中规定的区域及深度后，可以得到不同导电型的 P 型或 N 型和制造 P-N 结。也可以用来制造一些通常用热扩散难以获得的各种特殊要求的半导体器件。离子注入的优点在于注入元素数量和注入深度可以精确控制，注入元素的选配不受限制，注入元素的数量也不受材料溶解度的限制，注入工件表面元素的均匀性好、纯度高，注入元素不受温度限制。但是，离子注入设备昂贵、成本高、生产率低，而且还要求较高的安全性、可靠性。因此，在使用价值很高的半导体器件方面宜采用离子注入技术。

离子注入表面改性（ion-implantation surface modification）将所需物质的离子在电场中加速后高速轰击工件表面，并使之注入工件表面一定深度从而引起材料的各种物理和化学性能发生变化的真空处理工艺。离子注入将引起材料表层成分和结构发生变化，以及原子环境和电子组态等微观状态的扰动，因而导致了材料的各种物理、化学和力学性能的变化。离子注入表面改性特征为：（1）采用离子注入法可获得不同于平衡结构的特殊物质，是开发新型材料的非常独特的方法；（2）离子注入温度和注入后的温度可以任意控制，且在真空中进行，不发生氧化，不变形，不产生退火软化现象，表面粗糙度一般无变化，可作为最终处理工艺；（3）可控性和重复性好；（4）可获得网层或两层以上性能不同的复合材料，复合层不易脱落，注入层薄，工件尺寸基本不变。

磷化处理（bonderizing）将钢铁制件置入磷酸二氢锌或磷酸锰铁盐为基体的溶液中，在一定的温度下进行化学反应，使其表面生成一层难溶的磷酸盐保护膜的化学处理方法。它所形成的磷化膜为多孔的晶体结构，对增加涂层与基体金属之间的结合能力，防止腐蚀起着良好的作用，因此被广泛地用在涂装行业中，作为涂层的底层。

流动注塑成型（flow injection molding）在普通移动螺杆式注塑机上，塑料经不断塑化并挤入温度适宜的模具型腔内，借助螺杆的推力使模内物料在压力下保持适当时间冷却定型的注塑成型方法。流动注塑成型克服了生产大型制品的设备限制，制件质量可超过注塑机的最大注塑量。其特点是塑化的物件不是贮存在料筒内，而是不断挤入模具中，因此它是挤出和注塑相结合的一种方法。

绿色制造（green manufacturing, GM）综合考虑环境影响和资源效率的现代制造模式。其目的是使得产品生命周期中，对环境的影响（负作用）最小，资源利用效率最高，并使企业经济效益和社会效益协调优化。它涉及产品的制造问题、环境影响问题和资源优化利用问题，是这三部分内容的交叉和集成。绿色制造的内涵包括绿色设计（含绿色材料选择、资源节约、拆卸设计、回收设计、长寿命设计等）、绿色加工（绿色成型、无切削加工、表面处理技术等）、绿色包装和回收（零件修复、材料再生、废弃物无害化处理等）。

M

埋弧自动焊（union melt welding）电弧在颗粒状焊剂层下燃烧，完成焊接过程的自动电弧焊接方法。在埋弧自动焊接时，引弧、维持电弧稳定燃烧、送进焊丝、电弧移动以及焊接结束时填满弧坑等主要动作，完全利用机械自动完成。这种焊接方法与手工电弧焊比较，具有生产效率高、焊缝质量好、节省焊接材料和电能，且焊缝成型美观、焊接变形小和劳动强度低等优点。由于电弧在焊剂层下，不能直接观察熔池和焊缝形状，故对短焊缝、小直径环缝、处于狭窄位置焊缝以及薄板焊缝的应用均受到限制。埋弧焊一般用于厚板的大熔深直焊缝焊接，适合于焊接碳钢、低合金钢、不锈钢、耐热钢以及复合钢板等多种材料，广泛应用于造船、锅炉、化工压力容器、桥梁、起重机械、冶金机械、核工业、海洋工程等行业中。

慢走丝线切割技术（spark erosion wire cutting）以黄铜丝为电极，并使之以 100mm/min 以上的速度作单向移动的电火花线切割加工技术。目前数控慢走丝线切割技术发展水平已相当高，功能相当完善，自动化程度已达到无人看管运行的程度。最大切割速度已达 300mm/min，加工精度可达到 ±1.5 μm，加工表面粗糙度 Ra0.1～0.2 μm。直径 0.03～0.1mm 细丝线切割技术的开发，可实现凹凸模的一次切割完成，并可进行0.04mm的窄槽及半径0.02mm内圆角的切割加工。锥度切割技术已能进行30°以上锥度的精密加工。

模具（mould） 在工业生产中，装在压力机上，通过压力把金属或非金属材料制出所需形状的零件或制品的成型专用工具。用模具加工成型的零部件，具有生产高效、质量好、节约原材料和能源、成本低等一系列优点，已成为当代工业生产的重要手段和工艺发展方向。日常生产、生活中所使用到的各种工具和产品，大到机床的底座、机身外壳，小到一个坯头螺丝、纽扣以及各种家用电器的外壳，无不与模具有着密切的关系。根据各种产品的材质、外观、规格及用途的不同，模具可分为铸造模、锻造模、压铸模、冲压模等非塑胶模具以及塑胶模具。

模具表面处理（model surface treatment） 通过化学、物理方法对模具表面进行处理，以提高模具工作表面的耐磨性、硬度和耐蚀性的热处理工艺。随着产品质量的提高，对模具质量和寿命要求越来越高。除了人们熟悉的镀硬铬、氮化等表面硬化处理方法外，近年来模具表面性能强化技术发展很快，实际应用效果很好。其中，化学气相沉积、物理气相沉积以及盐浴渗金属的方法是几种发展较快、应用最广的表面涂覆硬化处理新技术。它们对提高模具寿命和减少模具昂贵材料的消耗，有着十分重要的意义。

模型锻造（die forging） 简称模锻，将加热后的坯料放入具有一定形状和尺寸的锻模模腔内，施加冲击力或压力，使其在有限制的空间内产生塑性变形，从而获得所需形状的锻件的加工方法。模锻按所用设备不同，可分为锤上模锻、胎模锻、压力机模锻等。模锻与自由锻相比，可锻造出各种形状比较复杂的轴类和盘类锻件。其优点是尺寸精确、加工余量小、生产效率高。但由于受模锻设备吨位的限制，且制造锻模成本高，故只适用于小型锻件的大批量生产。

摩擦焊（friction welding） 利用两焊件相互摩擦所产生的热量，使焊件发生塑性变形而焊接起来的压焊工艺。摩擦焊接头组织致密、质量好，不易产生气孔、夹渣，可焊接同种或异种金属。广泛应用于实心圆形工件、棒料及管子的对接。

磨料流加工（abrasive flow machining） 见挤压研磨。

磨料磨损（abrasive wear） 物体表面与硬质颗粒或硬质凸出物（包括硬金属）相互摩擦引起表面材料损失的现象。磨料磨损机理属于磨料的机械作用。这种机械作用在很大程度上与磨料的性质、形状及尺寸大小、固定的程度以及载荷作用下磨料与被磨材料表面的机械性能有关。磨料磨损是最常见的、危害最为严重的磨损形式。在各类磨损形式中，磨料磨损大约占总消耗的50%。磨料磨损的失效机理大致有四种：以微量切削为主的假说；以疲劳破坏为主的假说；以压痕为主的假说；将断裂作为主要作用的假说。

磨料喷射加工（abrasive jet machining） 使混有磨料粉末的具有一定压力的气体（或水），从小孔喷嘴中高速喷出，利用磨料的冲击力破碎并去除工件材料的加工方法。常用的气体有：空气、氮气和二氧化碳气体。磨料可为氧化钴、碳化硅以及玻璃小珠（表面抛光用）和碳酸氢钠（表面清理用）等。磨料喷射适合脆性材料加工，是少量去除材料的加工方法，可对难以进入的狭窄部位进行加工，很少产生加工热量，成本较低。但不适合加工软材料及弹性材料，不易实现自动化。它主要用于切割非金属脆性材料（玻璃、石英、陶瓷、耐火材料、半导体等）和难以加工的金属材料（钨、钛合金、钢铁合金等），或在其上面开槽、打孔；制作毛玻璃；去除零件表面脏物、氧化层、涂层、镀层以及去除毛刺等。

磨削加工（grinding machining） 用磨料磨具在磨床上进行切削的加工方法。是零件精加工的主要方法之一。它的应用范围很广，不仅能加工一般的材料，如钢、铸铁等，还可加工一般刀具难以加工的材料，如淬火钢、硬质合金、玻璃以及陶瓷等。它的工艺范围也很宽，可磨削内外圆柱面、圆锥面、平面、齿轮齿廓面、螺旋面及各种成型面等，还可刃磨刀具和切断等。随着磨料磨具的不断发展，机床结构和性能的不断改进，以及高速磨削、强力磨削等高效磨削工艺的采用，磨削已逐步扩大到粗加工领域。选用小切削余量的毛坯，以磨代车（或镗、铣、刨），既节省原料，又节省工时，是机械加工的方向之一。

P

排气式注塑成型（exhaust injection molding） 利用排气式注塑机，在塑料塑化时，将塑料中含有的水汽、单体、挥发性物质及空气经排气口抽走的注塑成型方法。由于原料不必预干燥，从而提高生产效率，提高产品质量。特别适用于聚碳酸酯、尼龙、有机玻璃、纤维素等易吸湿材料的成型。

抛光（polishing technique） 把工件表面加工为粗糙度值（R_a）≤ 0.1~0.2 μm的工艺技术。电火花加工中的混粉加工可实现 R_a 为 $0.1 \sim 0.2 \mu m$ 的大面积镜面加工。磨削加工最好的表面粗糙度值可达到 $0.04 \mu m$，实现镜面加工要求。目前国内可抛光至为 $0.05 \mu m$ 的镜面，正在研究开发抛光至 $R_a 0.025 \mu m$ 的设备。抛光加工由于精度高、表面质量好、表面粗糙度值低等特点，在精密模具加工中广泛应用。精密模具制造广泛使用数控成型磨床、数控光学曲线磨床、数控连续轨迹坐标磨床及自动抛光机等先进设备和技术。

泡沫塑料成型（expanded plastic molding）以各种树脂为基料，加入一定量的发泡剂、催化剂、稳定剂等辅助材料，经加热发泡而生成一种轻质、保温、隔热、吸声、隔声、防震的泡沫塑料的加工方法。泡沫塑料成型分为气发泡沫塑料和组合泡沫塑料两种。气发泡沫塑料的成型过程可分成泡沫的气泡核形成、泡沫的气泡核增长和泡沫的稳定固化三个阶段。在泡沫形成过程中，控制泡孔的增长率和稳定泡孔非常关键，可以通过使聚合物母体发生突然固化或使母体变形逐渐降低来完成，以此降低其表面张力，减少气体扩散作用，使泡沫稳定。比如，在发泡过程中，通过对物料的冷却或树脂的交联都能提高塑料熔体的黏度，以达到稳定泡沫的目的。泡沫塑料的种类很多，均以所用树脂命名。如聚苯乙烯泡沫塑料、聚乙烯泡沫塑料、聚氯乙烯泡沫塑料、聚氨酯泡沫塑料、酚醛泡沫塑料、环氧树脂泡沫塑料等。

Q

气电焊（gas-electric welding）又称气体保护电弧焊，利用气体作为保护介质的电弧熔焊方法。与其他焊接方法相比，它具有下列特点：（1）明弧焊接。便于观察、操作简便，有利于实现机械化和自动化。（2）焊接质量好。由于电弧热量集中，热影响区小，焊缝含氢量小，抗裂性能好，不易产生气孔。但不宜在野外或有风的地方施焊，而且焊接设备较复杂。按其种类可分为氩弧焊、氮弧焊、氢原子焊、二氧化碳气体保护焊等。按电极形式可分为熔化极和非熔化极两种。按操作方法可分为手工、半自动和自动气体保护焊三种。

气辅成型技术（gas-aided molding）利用高压气体在塑件内部产生中空截面，利用气体保压代替塑料注塑保压，消除制品缩痕完成注塑成型过程的技术。其工艺过程主要包括塑料熔体注塑、气体注塑、气体保压三个阶段。根据熔体注塑量的不同，又分为短射

和满射两种方式。在短射方式中，气体首先推动熔体充满型腔，然后保压；在满射方式中，气体只起保压作用。其主要特点是：解决制件表面缩痕问题，能够提高制件的表面质量；局部加气道增厚可增加制件的强度和尺寸稳定性，并降低制件内应力，减少翘曲变形；节约原材料可达 $40\% \sim 50\%$；简化制件和模具设计，降低模具加工难度；降低模腔压力，减小锁模力，延长模具寿命；冷却加快，生产周期缩短。气体辅助注塑成型技术在家电、汽车、家具、日常用品等几乎所有塑料制件领域得到广泛应用。

气焊（gas welding）利用可燃气体乙炔（C_2H_2）和氧气（O_2）混合燃烧时所产生的高温火焰使焊件和焊丝局部熔化而填充金属的焊接方法。乙炔燃烧时产生的大量 CO_2 和 CO 气体包围熔池，排开空气，对熔池有保护作用。与电弧焊相比，气焊热源的温度较低，热量分散，加热缓慢，生产率低，工件变形严重，接头质量较低。但气焊火焰容易控制，操作简便，灵活性强，不需要电源，可在野外作业。气焊适于焊接厚度在 3mm 以下的低碳钢薄板、高碳钢、铸铁以及铜、铝等非铁金属及其合金，也可用作焊前预热、焊后缓冷及小型零件热处理的热源。

气体保护电弧焊（gas-shielded arc welding）见气电焊。

气体切割（gas cutting）利用气体火焰的热能，使金属燃烧并放出热量而实现切割的方法。按火焰切割所用气体的不同可分为氧 - 乙炔气体切割、液化石油气切割等。按操作方法不同又可分为手工气割、半自动气割和数控自动气割。

气相沉积技术（gas-phase sedimentation）利用气相之间的反应，在各种材料表面沉积单层或多层薄膜，从而使材料获得所需的各种优异性能的技术。气相沉积技术可分为物理气相沉积和化学气相沉积。物理气相沉积是在真空条件下，利用各种物理方法将镀料汽化成原子、分子或离子，直接沉积在基体表面的方法。它又分为真空蒸镀、溅射镀、离子镀等。化学气相沉积是把含有构成薄膜元素的一种或几种化合物或单质气体供给基体，借助气相作用或在基体表面上的化学反应生成所要求的薄膜。

钎焊（brazing）采用熔点比母材低的金属材料作钎料，将焊件和钎料加热至高于钎料熔点、低于焊件熔点的温度，利用钎料润湿母材，填充接头间隙并与母材相互扩散而实现连接的焊接方法。根据钎料的

熔点不同,钎焊分为硬钎焊与软钎焊两种。钎料熔点高于450℃的钎焊称为硬钎焊,适用于钎焊受力较大、工作温度较高的焊件,如工具、刀具等;钎料熔点低于450℃的钎焊称为软钎焊,适用于钎焊受力不大、工作温度较低的焊件,如各种电子元器件和导线的连接。钎焊在电机、机械、无线电、仪表等部门都得到广泛的应用,特别是在航空、导弹、空间技术中发挥着重要的作用,成为一种不可取代的工艺方法。

钳工(fitter) 采用以手工操作为主的方法进行工件加工、产品装配及零件(或机器)修理的工种。其常用的设备包括钳工工作台、台虎钳、钻床等。其基本操作有划线、锯切、錾削、锉削、钻孔、扩孔、铰孔、攻螺纹、套螺纹、刮削、研磨等,也包括机器的装配、调试、修理、矫正、弯曲、铆接、简单热处理等操作。钳工在机械制造及修理工作中的主要作用有:(1)完成加工前的准备工作,如毛坯表面的清理、工件上划线(单件小批生产时)等;(2)某些精密零件的加工,如制作样板及工具、夹具、量具、模具用的有关零件,刮配、研磨有关表面;(3)产品的组装、调整、试车及设备的维修;(4)零件在装配前的钻孔、铰孔、攻螺纹、套螺纹及装配时对零件的修整等;(5)单件、小批生产中某些普通零件的加工。一些采用机械设备不能加工或不适于用机械加工的零件,也常用钳工来完成。钳工的主要工艺特点是:(1)工具简单,制造、刃磨方便;(2)大部分是手持工具进行操作,加工灵活、方便;(3)能完成机加工不方便或难以完成的工作。缺点是劳动强度大,生产率低,对工人技术水平要求较高。

强力磨削(heavy-duty grinding) 以较大的切深(可达几十毫米)和缓慢的进给速度(一般为0.33~5mm/s)磨削工件的加工方法。这种磨削,砂轮与工件的接触弧长比普通磨削大几倍到十几倍,所以单位时间内参与磨削的磨粒数量增加很多,使生产效率得以提高,充分发挥了机床和砂轮的潜力。此外,由于砂轮与工件锐边接触次数少,进给速度缓慢,因而减少了砂轮与工件的冲击,同时也减少了机床的振动和加工表面的波纹。强力磨削能获得较高而稳定的加工精度,表面粗糙度可达0.4~0.2μm。由于磨削时切削力很大,故应增大砂轮电机功率和砂轮轴的刚性,同时砂轮轴的精度亦需相应提高。

强力切削(heavy cut) 大进给或大切深的切削加工工艺。一般用于车削和磨削。其主要特点是车刀除

主切削刃外,还有一个平行于工件已加工表面的副切削刃同时参与切削,故可把进给量比一般切削提高几倍甚至十几倍。与高速切削比较,强力切削的切削温度较低,刀具寿命较长,切削效率较高。缺点是加工表面较粗糙。强力切削时,径向切削力很大,故不适于加工细长工件。

切削加工(cut processing) 用切削刀具从坯料或工件上切除多余材料,以获得所需几何形状、尺寸精度和表面质量的零件的加工方法。它是靠刀具和工件之间作相对运动来完成的,包括主运动和进给运动。在现代机器制造中,绝大多数的机械零件,特别是尺寸公差和表面粗糙度的数值要求较小的零件,一般都要经过切削加工而得到。切削加工分为钳工和机械加工两部分。机械加工主要方式包括车削、铣削、刨削、拉削、磨削、钻削、镗削和齿轮加工等。

切削陶瓷(ceramic cutting materials) 硬度大于等于HRA94,切削速度比硬质合金高2~5倍的高效切削刀具材料。常用的有氧化铝(Al_2O_3)系列,氮化硅(Si_2N_4)系列和混合陶瓷(Al_2O_3—TiC)三大类。其硬度可达HRA94~HRA96,且耐磨性好,具有很高的热硬性(在1200℃以上仍能进行切削)。此外,它还有很高的化学稳定性,与金属亲和力小,摩擦系数也小,故可获得较低的表面粗糙度值,因此适用于对钢、铸铁材料进行车削、铣削加工,加工高硬材料也特别有效。新一代陶瓷刀片抗弯强度达800~1000MPa,冲击韧性较高。金属陶瓷比冷压纯陶瓷的强度高,可用于加工冷硬铸铁轧辊及淬硬合金轧辊。氧化硅基陶瓷抗冲击性能较好,显微硬度可达HV5000。由于陶瓷刀片难以刃磨和焊接,故常做成可转位刀片使用。

球化退火(spheroidizing annealing) 使珠光体内的片状渗碳体以及先共析渗碳体都变为球粒状,并均匀分布于铁素体基体中(这种组织称为球化珠光体)的只应用于钢的退火方法。具有球化珠光体的中碳钢和高碳钢硬度低、被切削性好、冷形变能力大。对工具钢来说,球化珠光体是淬火前最好的原始组织。

去除应力退火(relief annealing) 将工件缓慢加热到较低温度并保温,使金属内部发生弛豫,然后缓冷去除工件内应力的退火方法。铸、锻、焊件在冷却时由于各部位冷却速度不同而产生内应力,金属及合金在冷变形加工中以及工件在切削加工过程中也产生内应力。若内应力较大而未及时予以去除,常导致工件

变形甚至形成裂纹。去除应力退火并不能将内应力完全去除，而只是部分去除，从而消除它的有害作用。

R

热处理（heat treatment）采用适当的方式对金属材料或工件进行加热、保温和冷却以获得预期组织结构和性能的工艺。热处理的加热方法有燃料燃烧加热法（包括燃煤、燃油与燃气加热等）、电加热法（包括电热元件、工件电阻、工件感应加热等）、高能量密度加热法（包括激光束、电子束加热等）。热处理工艺一般分为三大类：整体热处理、表面热处理和化学热处理。金属或合金工件受热、保温、冷却产生的相变，金属固溶体内溶解度的变化以及渗剂活性原子、离子在其中的扩散，是热处理的核心机理。经热处理后，工件的物理性能、工艺性能等都有较大提高，使用寿命延长。

热锻（forge hot）在金属的再结晶温度以上的状态下进行的锻造方法。提高温度能改善金属的塑性，有利于提高工件的内在质量，使之不易开裂。高温度还能减小金属的变形抗力，降低所需锻压机械的吨位。但是热锻工序多，工件精度差，表面不光洁，锻件容易产生氧化、脱碳和烧损。

热固性塑料注塑成型（injection molding for thermosetting plastics）粒状或团状热固性塑料，在螺杆的作用和一定的温度条件下塑化成黏塑状态，进入一定温度范围的模具内进行交联固化的成型方法。该成型方法除有物理状态变化外，还有化学变化。因此与热塑性塑料注塑成型相比，在成型设备及加工工艺上存在着很大的差别。热固性塑料料筒加热方式为液体介质(如水、油)，料筒温度在95℃以下，塑化温度低，塑化时间短，温度控制要求严格，注塑压力在35~140MPa，注塑量较小，料筒前部余料很少；热塑性塑料料筒加热方式为电加热，料筒温度在150℃以上，塑化温度高，塑化时间长，温度控制不严格，注塑压力在100~200MPa，注塑量较大，料筒前部余料较多等。

热浸镀（hot dip）简称热镀，将被镀金属材料浸于熔点较低的其他液态金属或合金中，使液态金属或合金与被镀金属材料表层的铁基体反应，从而获得金属材料表面镀层的方法。形成的热浸镀层是由化学反应产生的合金金属和镀层金属共同构成的。可用于热镀的低熔点金属有锌、铝、铅、锡及其合金等，而被镀金属材料一般为钢、铸铁及不锈钢等。热浸镀有熔剂法和氢还原法两大类。其中，氢还原法多用于带钢的连续热镀层。在这种镀层处理工艺中带钢不经过氧化炉加热，还原炉中保护气体的氢含量较低，对炉的安全和降低生产成本有利。熔剂法多用于钢丝及钢结构件的镀层。该法是在钢件浸入镀锅之前，先在经过净化的钢件表面涂一层熔剂，在浸镀时，此熔剂层受热分解或挥发，使新鲜的钢表面外露与熔融金属直接接触，发生反应和扩散而形成镀层。

热流道模具（hot runner mold）浇注系统为热流道的注塑模具。其优点是：（1）整个成型过程完全自动化，成型塑件不需要后加工，节省工作时间，提高工作效率；（2）热流道温度与注塑机喷嘴温度相等，避免了原料在浇道内的表面冷凝现象，注塑压力损耗小；（3）重复使用的浇注系统凝料会使塑料性能降解，而热流道系统没有浇注系统凝料；（4）热喷嘴采用标准化、系列化设计，配有各种可供选择的喷嘴头，互换性好。不足之处是：（1）因加装热流道板等，模具整体高度有所增加；（2）热流道最大的毛病就是流道的热量损耗、热辐射难以控制；（3）存在热膨胀现象；（4）热流道系统标准配件价格较高，模具制造成本增加，影响热流道模具的普及。

热喷涂技术（heat spraying technology）采用气体、液体燃料或电弧、等离子弧、激光等作热源，使金属、非金属以及它们的复合材料加热到熔融或半熔融状态，用高速气流使其雾化、喷射、沉积到经过预处理的工件表面的加工方法。如果将喷涂层再加热重熔，则产生冶金结合，这种方法称为热喷涂方法。采用热喷涂技术不仅能使零件表面获得各种不同的性能，如耐磨、耐热、耐腐蚀、抗氧化和润滑等性能，而且在许多材料（金属、合金、陶瓷、水泥、塑料、石膏 木材等）表面上都能进行喷涂。喷涂工艺灵活，喷涂层厚度达0.5~5mm，而且对基体材料的组织和性能的影响很小。热喷涂技术已广泛应用于宇航、国防、机械、冶金、石油、化工、机车和电力等领域。

热坯法注塑拉伸吹塑成型（warm up plastics injection stretching blow molding）在注塑工位注塑一个空心有底的型坯，并将其迅速移到拉伸和吹塑工位，进行拉伸和吹塑成型的加工方法。这种成型方法省去了冷型坯的再加热，节省能源。同时由于型坯的制取和拉伸吹塑在同一台设备上进行，因而占地面积小，易于连续生产，自动化程度高。

热塑性复合材料缠绕成型（fiber rinforced thermoplastics worry molding）用缠绕成型技术生产热塑性复合材料的方法。其工艺原理和缠绕机与热固性玻璃的缠绕成型一样，不同的是热塑性复合材料缠绕制品的增强材料不是玻纤粗纱，而是经过浸胶（热塑性树脂）的预浸纱。因此需要在缠绕机上增加预浸纱预热装置和加热加压辊。缠绕成型时，先将预浸纱加热到软化点，再与芯模的接触点加热，并给加压辊加压，使其熔接成一个整体。

热塑性复合材料焊接层合法（thermoplastics composite welding）用焊接层合技术生产热塑性复合材料的方法。此法系利用热塑性复合材料的可焊性，生产复合材料板材。其过程为：先在工作台上压铺一层预浸料（一般宽500mm），铺第二层浸料时，开动压辊的焊接器，使预浸料进入压辊下，焊接器使上下两层预浸料在几秒钟内同时受热熔化，当机器向前移动时，预浸料在压辊的压力（0.3MPa）作用下黏合成一体。如此重复，可生产任意厚度的板材。

热塑性复合材料挤出成型（fiber rinforced thermoplastics extrusion molding）用塑料挤出技术生产热塑性复合材料的方法。挤出成型是热塑性复合材料制品生产中应用较广的工艺之一。其主要特点是生产过程连续，生产效率高，设备简单等。主要用于生产管、棒、板及异型断面型材等产品。

热塑性复合材料拉挤成型（fiber rinforced thermoplastics draw molding）用拉挤成型技术生产热塑性复合材料的方法。热塑性复合材料的拉挤成型工艺与热固性玻璃钢基本相似。只要把进入模具前的浸胶方法加以改造，生产热固性玻璃钢的设备便可使用。生产热塑性复合材料拉挤产品的增强材料有两种：一种是经过浸胶的预浸纱或预浸带；另一种是未浸胶的纤维或纤维带。

热塑性复合材料连接（fiber rinforced thermoplastics）采用铆接、焊接等技术热塑性复合材料连接的方法。主要有：（1）铆接。用于热塑性复合材料铆接用的铆钉，一般都是用连续纤维增强热塑性塑料制造，最好是用拉挤棒材制造。（2）焊接。热塑性复合材料的焊接处理，是将被连接材料的焊接表面加热到熔化状态，然后搭接加压，使之接成一体。（3）管件对接焊。热塑性复合材料管的对接焊方法有直接对接焊和补强对接焊两种。其优点是工艺简单，可在现场施工，不需对管子进行机械加工，连接强度高，不易

断裂。缺点是成本高，工艺要求严格，要保证尺寸紧密配合。（4）缠绕焊接。用预浸带沿焊缝手工或机械缠绕，同时用火焰喷枪对接触点加热熔融，使之与被连接件粘牢。此法较实用，被连接材料能保留较好的性能，但易出现加热不均的现象。（5）薄板超声波焊接。此法是用超声波对被连接处进行加热焊接，一般能够获得较高的连接强度。

热塑性复合材料注塑成型（fiber rinforced thermoplastics injection molding）用塑料注塑成型技术生产热塑性复合材料的方法。是热塑性复合材料的主要生产方法，其优点是：成型周期短，能耗小，产品精度高，一次可成型形状复杂及带有嵌件的制品，一模能生产几个制品，生产效率高。缺点是不能生产纤维增强复合材料制品和对模具质量要求较高。根据目前的技术发展水平，注塑成型的最大产品为5kg，最小到1g，主要用来生产各种机械零件、建筑制品、家电壳体、电器材料、车辆配件等。

热塑性片状模塑料制品冲压成型（sheet thermoplastic punching）用冲压成型技术生产热塑性片状模塑制品的方法。与热固性片状模塑压制成型不同，它要先将坯料预热，然后再放入模具加压成型。根据坯料加热软化程度和成型时物料在模内的运动情况，冲压成型分为固态冲压成型和流态冲压成型。热塑性片状模塑的成型特点如下：（1）成型周期短，生产效率高。其成型周期不大于1分钟。（2）热塑性片状模塑可长期贮存，废品和边角余料能回收利用。比如：热塑性树脂基复合材料，特别是以玻璃纤维毡与热塑性基体(PP、PA、PET、PBT等)复合而成的玻璃纤维增强热塑性片材(GMT)，是一种高性能复合材料，具有韧度好、强度高、密度小、优良的耐腐蚀性和耐热性、成型性好、保存期长和废料可再生利用等优点，是低能耗、无环境污染的绿色环保材料，其冲压成型制件已被广泛应用于汽车、建筑、化工、包装、电力、运输等领域。

熔模铸造（investment casting）又称失蜡法，用蜡制作所要铸成器物的模子，然后在蜡模上涂以泥浆，制成泥模，再焙烧成陶模进行铸造的方法。中国的熔模铸造（失蜡法）起源于春秋时期。河南淅川下寺2号楚墓出土的春秋时代的铜禁是迄今所知的最早的失蜡法铸件。此铜禁四边及侧面均饰透雕云纹，四周有12个立雕伏兽，体下共有10个立雕状的兽足。春秋中期中国的失蜡法已经比较成熟，战国、秦汉以后

更为流行，尤其是隋唐至明、清期间，铸造青铜器采用的多是此法。熔模铸造（失蜡法）可用于生产形状复杂、尺寸精度及表面光洁度要求很高的铸件，如叶片、喷嘴、阀座等。用这种方法铸出的铜器无垫片的痕迹，用它铸造镂空的器物更佳。中国传统的熔模铸造技术对世界的冶金发展有很大的影响。现代工业的熔模精密铸造，就是从传统的失蜡法发展而来的。

熔丝沉积成型法（fused deposition modeling, FDM）将各种丝材加热熔化进而堆积成型的快速原型制造技术。此种方法使用一个外观很像二维平面绘图仪的装置，只是笔头被一个挤压头代替，通过挤出一束非常细的热熔塑料丝的方法来成型堆积出切片软件所给出的二维切片薄层的方法。同样，制造原型从底层开始，一层一层进行。由于热熔塑料冷却很快，这样形成了一个由二维薄层轮廓堆积并黏结成的立体原型。FDM 工艺无需激光系统，设备简单，运行费用低，尺寸精度高，表面光洁度好，特别适合薄壁零件成型加工。

软氮化（tufftriole）见氮碳共渗。

S

闪镀（lighting plate）见冲击镀。

砂带磨削（abrasive belt grinding）以砂带为磨具对工件进行加工的一种磨削方法。砂带由基体、结合剂和磨粒组成。砂带基体一般有纸基、布基、纸—布混合基几种。纸基砂带的表面平整，加工表面粗糙度低于布基，但其负载能力不及布基。结合剂常用的有动物胶、树脂和两者的混合剂，前者用于干磨，后两种用于湿磨。磨粒一般采用刚玉类或碳化硅类磨料。目前生产的砂带的使用速度小于 35m/s。砂带磨削一般采用水溶性磨削液。砂带磨削的生产效率较高，可比铣削、拉削或砂轮磨削高 4~10 倍；工件表面粗糙度低，一般可达 $Ra0.4~0.2\mu m$，且加工精度高。砂带具有一定的柔性，故能磨削复杂型面，且散热好，不易烧伤工件。但是砂带磨损后不能修复，因而消耗较大。

砂型铸造（sand casting）以砂型作为造型材料，用人工或机械方法在砂箱内制造出型腔及浇注系统的铸造方法。砂型在取出铸件后便已损坏，所以砂型铸造亦称为一次型铸造。其工艺过程主要包括：制造模样和型芯盒；制备型砂和型芯砂；造型、造型芯；砂型和型芯的烘干；合箱；金属的熔炼及浇注；落砂，清理，检验等。

渗氮（nitriding）将工件置于流动的氨气环境中加热、保温，控制氨气分解出的氮气量，并用稀土元素等催渗剂加速活性氮原子渗入工件表面的化学热处理工艺。渗氮可使工件获得高硬度、高耐磨、耐蚀和抗疲劳的表面层。采用辉光离子渗氮工艺，可提高生产率、降低成本，现已在较大范围内推广应用。对于某些精度、畸变量、疲劳强度和耐磨性要求都很高的工件，如主轴、镗杆、汽缸套等，均可采用渗氮工艺处理。

渗金属（diffusion metallizing）工件在含有待渗金属元素的渗剂中加热到适当温度并保温，使这些元素渗入工件表层的化学热处理工艺。其中，包括渗铝、渗铬、渗锌、渗钛、渗钒、渗钨、渗锰、渗锑、渗铍和渗镍等，通常以渗铬、渗铝、渗锌及其共渗为主。通过该工艺处理，可以用廉价钢铁材料代替贵重合金材料，提高在腐蚀、磨损、高温氧化条件下或在大气条件下工作的零件的寿命。该工艺具有设备简单、原料价廉、无污染及操作方便等特点。

渗碳（carburizing）将工件在含碳介质中加热、保温，使碳原子渗入工件表层的化学热处理工艺。渗碳件经淬火和低温回火后有很高的表面硬度。在提高工件表面耐磨性的同时，因内部仍保持较高的韧性，而使工件有较高的疲劳强度和耐冲击性能。该工艺广泛应用于飞机、汽车、机床等重要零件的表面热处理中。由于所用含碳介质的状态不同，渗碳工艺分为固体渗碳（介质为木炭和催渗剂）、液体渗碳（介质为某些熔盐）、气体渗碳（介质为煤油、丙酮等）三种。用微处理机控制可实现在可控气氛条件下的渗碳，并可实现全过程的自动化。

失蜡法（lost wax process）见熔模铸造。

手工电弧焊（manual arc welding）利用电弧作为焊接热源的熔焊方法。焊接前将电焊机的两个输出端分别用电缆线与焊钳和焊件相连接，用焊钳夹牢焊条后，使焊条和焊件瞬时接触，随即提起一定的距离，即可引燃电弧。然后利用电弧高达 6 000℃的高温使母材（焊件）和焊条同时熔化，形成金属熔池。随着母材和焊条的熔化，焊条应向下和向焊接方向同时前移，保证电弧的连续燃烧并同时形成焊缝。焊条上的药皮形成熔渣覆盖熔池表面，对熔池和焊缝起保护作用。手工电弧焊设备简单便宜，操作灵活方便，适应性强。但生产效率低，焊接质量不够稳定，对焊工操作技术要求较高，劳动条件

交差。多用于单件小批生产和修复，一般适用于
2mm以上的常用金属的各种焊接位置的、短的、不规则的焊缝。

水合抛光（hydrate polishing）利用在工件界面上生成水合化学反应的研磨方法。其主要特点是不使用磨粒和加工液，而加工装置又与当前使用的研磨盘或抛光机相似，只是在水蒸气环境中进行加工。因此应极力避免使用能与工件产生固相反应的材料作研具。

塑料电镀（plating on plastics）在塑料制件上电沉积金属镀层的方法。其工艺过程为：塑料工件→去除应力→除油→水洗→粗化→除铬→清洗→敏化→活化→清洗→解胶→水洗→化学镀→清洗→电镀。按电镀的过程可将上述步骤分为化学镀前表面处理、化学镀和电镀三个部分。塑料制品电镀不仅可提高其装饰效果，而且，也能更好发挥塑料本来的特性，并提高制品的导电性能、导热性能及耐磨性能。用品质优良、价格较低的塑料制品代替金属材料，不仅可以降低生产成本，而且可减轻产品重量。因此，在要求电性能好的电子电器领域，塑料电镀制品越来越受欢迎。可电镀的塑料种类很多，如ABS塑料、聚丙烯等。

塑料模具（plastics mould）成型塑料制件的模具。塑料模具是工业生产的重要工艺装备。由于用塑料模具加工成型塑料制件，具有生产高效、质量好、节约原材料和能源、成本低等一系列优点，已成为当代工业生产的重要手段和工艺发展方向。

塑性加工（plastic forming）材料在一定温度下通过锻压机械施加压力，使其发生塑性变形的加工方法。材料发生不可复原的变形，称为塑性变形。塑性加工包括锻造、冲压、轧制、挤压、拉拔等生产工艺。现代塑性加工的发展包括：（1）将不连续的工艺改进为连续工艺，如发展连铸连轧、型材连续轧制、连续冲压等；（2）采用高精度、高效益的无切削成型技术，如精密模锻、冷锻、精冲、等温锻造、超塑成型等；（3）探索新型合金和工程材料的成型技术等。

T

胎模锻（loose tooling forging）介于自由锻和模锻之间，在自由锻锤上使用简单模具（称为胎模）生产锻件的常用锻造方法。胎模锻造生产的锻件，其精度和形状的复杂程度较自由锻造高，加工余量小，生产率较高，而且胎模结构简单，制造方便，无需昂贵的模锻设备，是一种既经济又简便的锻造方法，广泛

应用于小型锻件的中小批量生产中。

镗削加工（boring machining）用镗刀对已有孔进一步加工的精加工方法。它常用来加工机座、箱体、支架等外形复杂的大型零件上的直径较大的孔，特别是有位置精度要求的孔和孔系。镗削加工灵活性大，适应性强，可以用于不同生产类型、不同精度要求的孔加工。但镗削加工操作技术要求高，生产率低。要保证工件的尺寸精度和表面粗糙度，除取决于所用的设备外，也取决于工人的技术水平。

特种加工（nontraditional machining）将电、磁、声、光、化学等能量或其组合施加在工件的被加工部位上，从而实现材料被去除、变形、改变性能或被镀层覆盖等非传统加工方法的统称。其内容包括：化学加工、电化学加工、电化学机械加工、电火花加工、电接触加工、超声波加工、激光束加工、离子束加工、电子束加工、等离子体加工、电液加工、磨料流加工、磨料喷射加工、液体喷射加工及各种复合加工等。它具有如下特点：（1）加工材料范围广，金属、非金属，硬的、脆的、难熔的、耐热的、易氧化的各种材料均能进行特种加工。（2）许多特种加工方法对工件无宏观作用力，因而适合加工薄壁件、弹性件；某些方法则可精确控制能量，适于进行超高精密加工和微细加工；还有一些方法在可控的气氛中进行加工，适于要求无污染的纯净材料加工。（3）某些特种加工方法可以应用于工件表面改性，从而提高工件的使用性能和寿命。特种加工解决了大量普通加工方法难以解决甚至不能解决的问题。

特种铸造（special casting）有别于普通砂型铸造、以金属模取代砂型模，以非重力浇注取代重力浇注的铸造方法。该方法可使铸件尺寸精确、表面光洁、内部致密，铸件可实现少切削或无切削加工。特种铸造方法很多，各有其特点和适用范围，它们从各个不同的侧面来弥补普通砂型铸造的不足。常用的特种铸造有熔模铸造、金属型铸造、压力铸造、离心铸造等。但每一种特种铸造方法都有其自身的特点，应用场合都有一定的局限性，一般仅适用于中、小型铸件的生产，除熔模铸造适用于铸钢件外，大多数特种铸造方法仅局限于有色合金铸件。

体微机械加工（micromachining）对硅衬底的某些部位用腐蚀技术有选择地除去一部分以形成微机械结构的加工技术。常用的主要有湿法腐蚀和干法腐蚀两种类型。湿法腐蚀是应用化学腐蚀的方法对硅片进

行加工的技术，一般用各向同性化学腐蚀、异性化学腐蚀和电化学腐蚀。干法腐蚀是另一种体微机械加工技术，是利用粒子轰击对材料的某些部位进行选择性地腐蚀的方法，即采用等离子体腐蚀、离子束和溅射腐蚀、反应离子束腐蚀等工艺来腐蚀多晶硅膜、氧化硅膜、氮化硅膜以形成微机械结构。目前，随着干法腐蚀技术的发展，已形成以干法为主、干、湿法结合的刻蚀工艺。

通用冲模（universal press tool）通用于某一定材料厚度和冲压件尺寸范围内的冲压模具。一个冲裁件的轮廓线，必须用数个通用冲模，经过数次冲裁加工才能完成。如通用剪切模，可以冲切不同材料厚度的直边；通用矩形槽冲裁模，通过调整活动拼块，可以冲裁不同尺寸、不同厚度的矩形槽以及不同尺寸的落料件等。通常通用冲模只能完成一种冲压工序，如只能冲圆孔或只能冲直角边等。产品的品种越多，更新换代越频繁，通用模具的优越性就越大。

筒体成型（main body forming）采用弯板方法来生产各种用途的筒体或筒体段的金属薄板成型方法。传统的卷板机有三个辊，其中有一对可调辊，可根据钢板厚度进行调整，第三个辊，即弯曲辊，控制成型筒体的直径。还有一种是这种机器的变型，采用的也是三个辊，辊的配置是宝塔形。底辊为传动辊，顶辊是通过顶辊和工件间所产生的摩擦进行旋转的。底辊直径通常为顶辊直径的一半。

退火（annealing）将金属缓慢加热到一定温度，并保持足够时间，然后以适宜速度冷却的金属热处理工艺。其目的是使经过铸造、锻轧、焊接或切削加工的材料或工件软化，改善塑性和韧性，使化学成分均匀化，去除残余应力，或得到预期的物理性能。退火工艺随目的不同而有多种，如重结晶退火、等温退火、均匀化退火、球化退火、去除应力退火、再结晶退火，以及稳定化退火、磁场退火等。

W

弯曲模（flexure mode）使板料毛坯或其他坯料沿着直线（弯曲线）产生弯曲变形，从而获得一定角度和形状工件的冲压模具。

微发泡注塑成型技术（microcellular foaming injection molding technology）以热塑性塑料为基体，通过特殊的加工工艺，使形成的塑料制品中密布从小于一微米到几十微米的封闭微孔的注塑成型技术。微发泡成型过程分三阶段：（1）将超临界流体溶解到热融胶中，形成单相溶体；（2）通过开关式射嘴射入温度和压力较低的模具型腔，使超临界流体在制品中形成大量的气泡核；（3）气泡核逐渐长大，生成微小的孔洞。该技术突破了传统注塑成型的诸多局限，通过在制品中产生高密度分布泡孔，从而减少材料用量，同时提高构件刚性，减轻制件重量。且成型周期短，锁模力低，制件的内应力和翘曲变形小，平直度高，无缩水现象，尺寸稳定，成型窗口大，不易产生表面缺陷，尤其适合壁厚差异较大的制品。

微磨料射流加工技术（micro-abrasive jet manufacture，MAJM）通过由空气（或水）喷射磨料微粒，形成高速气流冲击工件表面而去除工件材料，达到加工目的的加工技术。该技术在加工制作脆性材料微构件、微机电系统、微器件、脆性材料的平面图案、微细孔槽结构、硬脆材料微细加工时，具有高效率、低成本、环境好、灵活性强、易于控制、无应力、无热影响区、切口质量好等优势，在精密零件的光整加工中获得广泛的应用。特别是对复杂的三维微细结构的加工，是有潜力的加工技术。

微型机械加工技术（micro-machining）制作微型机械或装置的微细加工技术。对微电子工业而言就是一种加工尺度从微米到纳米量级的制造微小尺寸元器件或薄膜图形的先进制造技术。微型机械加工技术主要有基于从半导体集成电路微细加工工艺中发展起来的硅平面加工工艺和体加工工艺。并在光刻电铸（LIGA）加工、准LIGA加工、超微细机械加工、微细电火花加工、等离子体加工、激光加工、离子束加工、电子束加工、快速原型制造（RPM）以及键合技术等微细加工工艺方面取得了较大的进展。

温锻（warm forging）在高于常温但又不超过工件材料再结晶温度的状态下进行的锻造。温锻的精度较高，表面较光洁而变形抗力不大。

无损伤机械化学抛光法（scatheless mechanical chemical polishing）在NaOH溶液中加入适量的细金刚石粉和更细微的（纳米级）硅粉，使细微硅粉吸附在单个金刚石微粒上，形成金刚石磨料涂敷在多孔的铸铁磨盘上，对被加工金刚石进行研磨的抛光方法。研磨时，吸附在金刚石微粒上的硅粉一方面可阻止金刚石微粒对被加工金刚石表面的直接冲击，保护金刚石表面不产生深度损伤；另一方面可与被加工金刚石表面发生反应，并通过其微弱的磨削作用将反应层去除。该方法的磨削速度非常低，仅为每分钟一个原子层。

X

吸塑模具（plastics breathing mould）以塑料板、片材为原料成型某些塑料制品的成型模具。吸塑模具因成型时压力较低，所以模具材料多选用铸铝或非金属材料制造。其原理是利用抽真空成型方法或压缩空气成型方法使固定在凹模或凸模上的塑料板、片，在加热软化的情况下变形而贴在模具的型腔上得到所需成型产品。主要用于一些日用品、食品、玩具类包装制品生产方面。

铣削加工（milling machining）应用相切法成型原理，用多刃回转体刀具在铣床上对平面、台阶面、沟槽、成型表面、型腔表面、螺旋表面进行加工的切削加工方法。铣削加工可以对工件进行粗加工和半精加工。铣削加工时，铣刀的旋转是主运动，铣刀或工件沿坐标方向的直线运动或回转运动是进给运动。不同坐标方向运动的配合联动和不同形状刀具相配合，可以实现不同类型表面的加工。

细孔铸造（finehole casting）能获得比常规铸造方法更细更窄的内腔或孔洞的铸造方法。不同的铸造方法和铸造合金可铸出的孔径不同。更小的孔一般不易铸出，而改由其他方法成型（如机械加工、激光或电加工等）。但在某些情况下由于形状复杂或其他原因，这些孔洞用其他方法都无法成型，只好用特殊方法铸造成型。最有代表性的实例就是空心涡轮叶片的气流冷却通道成型技术。该通道的最细最窄的部位仅有1mm左右，形状迂回曲折，只能借助由石英玻璃或其他材料制成的陶瓷型芯铸造成型。待铸件铸成后，再用苛性钾溶液将陶瓷型芯从铸件中溶解脱除。针对不同铸造合金还可采用其他材料和方法制成水溶型芯来形成铸件上的细孔。

消失模铸造（disappearing model casting）用泡沫塑料模样代替普通模样，在造型结束后直接浇入金属液，将泡沫塑料模汽化、燃烧，使金属液取代原先泡沫塑料所占据的空间位置，冷却凝固后形成所需铸件的铸造方法。消失模铸造可分为实型铸造法（又称FM法）和抽真空消失模铸造法（又称EPC法）。前者指泡沫塑料模结合有黏结剂自硬砂铸造的方法；后者指泡沫塑料模采用无黏结剂干砂结合抽真空的铸造方法。消失模铸造法具有铸件尺寸精度高、铸件结构设计灵活、生产工序简化、生产率高、金属利用率

高等优点。

楔横轧技术（wedge rolling technology）在轧件轴线与轧辊轴线平行时，两个带楔形凸棱的轧辊以相同的方向旋转并带动圆形轧件反向旋转，轧件在楔形孔型的作用下，轧制成各种形状的台阶轴的轧制新工艺。楔横轧工艺与一般锻造工艺相比，产品质量好，尺寸形状精度高；材料利用率高；振动小，噪音低，劳动条件好，劳动强度低；易于实现机械化与自动化；模具成本低，比锻造一般低30%，且模具寿命长；设备重量轻，地基浅，投资少。楔横轧技术广泛应用于汽车、拖拉机、摩托车、内燃机等轴类零件毛坯的生产，如汽车变速箱轴、拖拉机变速箱轴、汽车差速器主动伞齿轮坯、羊角预制坯、凸轮轴以及空心的阶梯轴类。

斜刃冲裁（diagonal cutter blanking）将凸模（或凹模）刃口平面做成与其轴线倾斜的斜刃将材料切离的冲裁加工方法。斜刃冲裁相当于把冲裁件整个周边长分成若干小段进行剪切分离，因而能显著降低冲裁力。斜刃口模具虽然能够降低冲裁力，但增加了模具制造，刃口也易磨损，修磨困难，冲件不够平整，不适于冲裁外形复杂的冲件。大型工件的斜刃口冲模一般把斜刃布置成多个波峰的形式。

锌基合金模（zine alloy die）以锌为基体的铜、铝三元素另加微量铁元素组成的四元合金通过铸造方法所制成的模具。用锌基合金可以制造冲裁模、弯曲模、拉延模以及局部成型模。其主要特点是：（1）模具结构简单，对于小型模具可以采用整体结构，大型模具和形状复杂的模具可以采用镶拼结构。（2）冲模制模周期短，制模技术简便。（3）锌基合金来源广、且机械加工性能良好、焊接方便。（4）铸造性能好，气孔少。（5）该合金可以反复重熔再制模。（6）成本低。仅为普通钢模的1/6～1/8；为铋-锡低熔点合金模的1/4～1/5。（7）应用范围广。不但可以进行各种金属板料的成型工艺，而且可用于冲裁工艺。比如压弯4mm厚度以下的低碳钢板，冲裁厚度4mm以下的钢板，模具寿命可达数千次至数万次。（8）对于冲裁能够自动补偿冲裁间隙，使冲裁间隙均匀，故冲裁件剪切断面光亮带大；对于局部成型、弯曲和拉延工艺等，有自润性，可以保护工件表面，进行无损成型。

悬浮抛光（aerosol polishing）旨在进行电子材料无畸变的超精密加工而开发的抛光技术。它是应

用于高密度磁性薄膜及磁性材料加工的唯一途径的研磨方法。悬浮抛光加工具有以下特点：研具平面可采用超精密金刚石切削；有极高的平面度、最光滑的表面和无加工变质层的表面；加工面无污染；生产效率高；操作简单，易于生产管理。

旋压（stretch planishing）将平板或空心坯料固定在旋压机的模具上，在坯料随机床主轴转动的同时，用旋轮或赶棒加压于坯料，使之产生局部塑性变形的加工方法。旋压加工的优点是设备和模具都比较简单（没有专用的旋压机时可用车床代替），除可成型如圆筒形、锥形、抛物面形或其他各种曲线构成的旋转体外，还可加工相当复杂形状的旋转体零件。其缺点是生产率较低，劳动强度较大，比较适用于小批量生产。随着飞机、火箭和导弹的生产需要，在普通旋压的基础上，又发展了变薄旋压（也称强力旋压）。

旋压成型（pressure molding）在毛坯旋转的同时，用工具使毛坯逐渐变形，并成为所需零件形状的机械成型技术。和零件尺寸相比，旋压时的变形区小得多，只用很小的动力就可以加工出很大的零件。过去这种方法主要用于制造空心旋转体零件和不能用拉伸法成型的薄钢板和有色金属零件。现在已可生产大型封头。该方法工具简单，省工时，旋压加工只需要一组比封头小得多的滚轮，便可制造直径相近、壁厚不等的各种封头，不但节省了模具费用、占地面积，也减少了更换工艺装备的时间。而且，金属的变形速度小，无减薄、无增厚、无折皱、无氧化、无烧损等现象，对不锈钢和耐酸钢封头尤其有利。

旋转成型（rotational molding）见滚塑成型。

Y

压力铸造（pressure casting）简称压铸，使液态和半液态金属在高压（一般30～80MPa压力）作用下，高速充填压铸模型腔并快速凝固而获得铸件的铸造方法。压铸主要依靠压铸机进行机械化或半自动化生产，生产效率高，产品质量好，经济效益显著。适于压铸的铸件材料较为有限，主要有锌合金、铝合金、铝镁合金、镁合金、铜合金等。压铸设备和模具投入费用高，生产准备周期长。压力铸造在汽车、仪表、电信器材、医疗器械、日用五金及航空航天等工业领域有广泛的应用。

压塑模具（plastics compaction mould）用于塑料压塑成型的模具。包括压缩成型和压注成型两种结构模具类型。模具结构主要由型腔、加料腔、导向机构、推出部件、加热系统等组成。主要用来成型热固性塑料。压塑模具所用材质与注塑模具基本相同。其所对应的设备是压力成型机。压缩模具也可用来成型某些特殊的热塑性塑料，如难以熔融的热塑性塑料（如聚四氟乙烯）毛坯（冷压成型）、光学性能很高的树脂镜片、轻微发泡的硝酸纤维素汽车方向盘等。

压缩成型（compression molding）将粉状、粒状或纤维状的热固性塑料放入模具加料室中加热、加压使其熔化并充满模腔产生化学交联反应而固化的成型方法。压缩成型可兼用于热固性塑料、热塑性塑料和橡胶材料。其特点是：模具较简单，易成型大型塑件；塑件耐热性好，变形小。缺点是生产周期长，效率低，劳动强度大，难以实现自动化，不易成型复杂塑件。常应用于仪表壳、电闸板、电器开关、插座等。

压缩空气成型（compressed air molding）借助压缩空气的压力，将加热软化的塑料板压入型腔而成型的方法。压缩空气成型与真空成型相似，也包括凹模成型、凸模成型、柱塞加压成型等方法。不同之处在于，压缩空气成型主要依靠压缩空气成型塑件，而真空成型主要依靠抽真空吸附成型塑件。压缩空气成型采用加热板（可固定在上模座上）对模内板材加热，采用型刃切除塑件周边余料。其成型的压力数值取0.3~0.8MPa，必要时也可取到3MPa，所以能够成型厚度较大（1~5mm）的板材，且塑件的精度、表面质量通常也比真空成型好。

压注成型（compression molding）将热固性塑料加入到加热室中熔融，并使塑料熔体在压力作用下，通过模具浇注系统高速挤入型腔固化成型的方法。压注成型按设备不同有三种形式：（1）活板式；（2）罐式；（3）柱塞式。压注成型对塑料的要求是：在未达到固化温度前，塑料应具有较大的流动性，达到固化温度后，又必须具有较快的交联固化速率。能符合这种要求的有酚醛、三聚氰胺甲醛和环氧树脂等。其成型特点是：塑料在模具内的保压硬化时间较短，缩短了成型周期，提高了生产效率；塑料在进入型腔前已经塑化，因此能生产外形复杂、薄壁或壁厚变化大、带有精细嵌件的塑件，但不易成型大型塑件；塑件的密度和强度也得到提高；由于塑料成型前模具完全闭合，分型面的飞边很薄，因而塑件精度容易保证，表面粗糙度也较低。其缺点是：塑料浪费大，塑件有浇口痕迹；模具结构复杂些；工艺条件要求严格，操作难度大。

压铸模锻（compression molding）将金属液低速或高速充进模具型腔内，随着金属液的冷却过程加压锻造，消除毛坯的缩孔缩松缺陷，使毛坯的内部组织达到锻态的破碎晶粒、毛坯的综合机械性能得到提高的成型工艺。该工艺生产出来的毛坯，外表面光洁度可达到 7 级，粗糙度 $Ra1.6\mu m$。除了能生产传统的铸造材料外，它还能用变形合金、锻压合金生产出结构复杂的零件。这些合金包括：硬铝超硬铝合金、锻铝合金，如 LY11、LY12、6061、6063、LYC、LD 等。

亚微米加工（submicron processing）见超精密加工。

氩弧焊（argon arc welding）利用氩气（Ar）作为保护气体的电弧焊方法。氩气是惰性气体，既不与金属起化学反应，也不溶于液态金属。氩弧焊接的突出特点是熔池保护好，焊接接头质量高，焊接变形小。特别适合焊接铝、镁、镍、钛及其合金，也广泛用于低合金钢、不锈钢、低温钢及耐热钢的焊接。氩弧焊可分为钨极氩弧焊、熔化极氩弧焊和脉冲氩弧焊三种。钨极氩弧焊也称非熔化极氩弧焊，它用钨棒作电极，钨棒与工件之间产生电弧，再向弧间送入焊丝进行焊接。熔化极氩弧焊是以焊丝代替钨丝作为电极，由于焊丝载流能力大，故适于焊接较厚焊件。脉冲氩弧焊是人为造成基值电流叠加同极性脉冲电流，以此形式供电的氩弧焊方法。

液态模锻（liquid forging）将一定量的液态金属浇入金属模内，在一定时间内加压，使之充满型腔并在压力下结晶凝固和塑性流动而成型的工艺方法。它是铸造和锻造的组合工艺，兼有二者的优点，工艺简单，成本低，可获得形状复杂、力学性能良好的锻件，是一种很有前途的新工艺。其主要适用于生产批量较大、形状较复杂、壁厚且要求强度高、致密性好的中小型零件，如汽车油泵壳、压力表壳体、衬套、柴油机活塞、摩托车零件等铝合金零件，齿轮、涡轮、高压阀等铜合金零件，法兰、弹头、缸体等碳钢及合金钢件。

Z

再结晶退火（recrystallization annealing）应用于经过冷变形加工的金属及合金的一种退火方法。其目的是使金属内部组织变为细小的等轴晶粒，消除形变硬化，恢复金属或合金的塑性和形变能力（回复和再结晶）。若欲保持金属或合金表面光亮，则可在可控气氛的炉中或真空炉中进行再结晶退火。

轧制（rolling）使金属坯料通过一对回转轧辊的空隙，使之受压产生塑性变形，从而获得所需产品的加工方法。轧制主要用于生产各种金属型材、板材和管材，以及其他（如连杆、钻头、齿轮、轮箍、轴类等）零件。

展成法（generating method）见滚切法。

真空成型（vacuum molding）用辐射加热器将固定在模具上的热塑性塑料板、片材加热至软化温度，用真空泵抽出塑料与模具之间的空气，使其贴在模腔上成型的加工方法。真空成型的设备和模具结构比较简单，制件形状清晰，生产成本低，生产效率高，一般大、薄、深的塑件都能通过此法生产，主要用于一些日用品、食品、玩具类包装制品生产方面。吸塑模具因成型时压力较低，所以模具材料多选用铸铝或非金属。但由于真空成型的压力有限，所以不能成型厚壁塑件。真空成型的不足之处是成型的塑件壁厚不均匀，当模具的凹凸形状变化较大且相距较近及凸模拐角处为锐角时，塑件上容易出现皱折，塑件的周边要进行修正。

真空蒸镀（vacuum evaporation）将工件放入真空室内，并用一定的方法加热使镀膜材料蒸发或升华，飞至工件表面凝聚成膜的一种新工艺。按加热方式及蒸发源分类，真空蒸镀有电阻加热蒸镀、电子束蒸镀、高频加热蒸镀、激光加热蒸镀等。

振动切削（vibration cutting）沿刀具进给方向，附加低频或高频振动的切削加工工艺。它可以提高切削效率。低频振动切削具有很好的断屑效果，可不用断屑装置，使刀刃强度增加，切削时的总功率消耗比带有断屑装置的普通切削降低 40% 左右。高频振动切削也称超声波振动切削，有助于减小刀具与工件之间的摩擦，降低切削温度，减小刀具的黏着磨损，从而提高切削效率和加工表面质量，刀具寿命可提高约 40%。

正火（normalization）将工件加热到适宜的温度后在空气中冷却的工艺。正火的效果与退火相似，只是得到的组织更细，常用于改善低碳材料的切削性能，有时也用于对一些要求不高的零件作为最终热处理。

中空吹塑成型（midheaven blow molding）将处于高弹态（接近于黏流态）的塑料型坯置于模具型腔内，通入压缩空气将其吹胀，使之紧贴于型腔壁上，经冷却定型后得到中空塑件的成型方法。主要用于制造瓶类、桶类、罐类、箱类等中空塑料容器。

逐次冲裁（gradualness cutting）在冲裁加工时，将各段直线、圆弧、圆孔，分别使用切边模、切角模、圆弧冲模、圆孔冲模等，逐次冲裁加工的方法。任何冲裁件，尽管其形状和尺寸各异，但其冲裁轮廓线（冲裁件成品或弯曲件、拉延件的冲裁半成品件）大多是由直线、不同半径的圆弧和圆孔等组成。

逐次冲压（gradualness punch）将逐次冲裁出的半成品件，再用通用弯曲模、拉延模进行加工，得到冲压件的加工方法。逐次冲压加工适用于冲压件质量要求不高、产品更新换代频繁、生产批量小的厂矿企业。

注射成型（injection moulding）又称注塑成型，将粒状或粉状的塑料加入到注射机的料斗受热熔融并使其保持流动状态，通过压力注入闭合的模具冷却定型成为所需塑件的成型方法。注射过程一般包括加料、塑化、充模、保压、倒流、冷却和脱模等步骤。注射成型能一次成型形状复杂、尺寸精确、带有金属或非金属嵌件的塑件。其成型周期短，生产率高，易实现自动化生产。除氟塑料以外，几乎所有的热塑性塑料都可以用注射成型的方法成型，一些流动性好的热固性塑料也可以用注射方法成型。注射成型的缺点是所用的注射设备价格较高，注射模具的结构复杂，生产成本高，不适合单件小批量生产。

注射模具（injection mold）又称注塑模具，用于塑料注塑成型的模具。它是热塑性塑料产品生产中应用最为普遍的一种成型模具。模具材料通常采用塑料模具钢模块，常用的材质主要为碳素结构钢、碳素工具钢、合金工具钢、高速钢等。其结构通常由成型部件、浇注系统、导向部件、推出机构、调温系统、排气系统、支撑部件等部分组成。塑料注塑成型模具对应的加工设备是塑料注塑成型机。从生活日用品到各类复杂的机械、电器、交通工具零件等都是用注塑模具成型的，它是塑料制品生产中应用最广的一种加工方法。

注塑成型（pouring-plastics molding）见注射成型。

注塑吹塑成型（injection blow molding）先用注塑机将塑料在注塑模中注塑成型坯，然后将热的塑料型坯移入中空吹塑模具中进行中空吹塑成型的方法。注塑吹塑成型的优点是塑件壁厚均匀，无飞边，不需后加工。由于注塑的型坯有底面，因此中空塑件的底部没有拼合缝，不仅外观美、强度高，而且生产效率高。但是注塑吹塑成型所用的设备与模具的投资较大，因而多用于小型中空塑件的大批量生产。

注塑拉伸吹塑成型（injection stretching blow molding）将注塑成型的有底型坯置于吹塑模内，先用拉伸杆进行周向拉伸后再通入压缩空气吹胀成型的加工方法。与注塑吹塑成型相比，注塑拉伸吹塑成型在吹塑成型工位增加了拉伸工序，塑件的透明度、抗冲击强度、表面硬度、刚度和气体阻透性能都有很大提高。注塑拉伸吹塑成型可分为热坯法和冷坯法两种方法。

注塑模具（plastics injection mould）见注射模具。

铸造（casting）熔炼金属，制造铸型，并将熔融（或液态）金属浇入铸型，凝固后获得一定形状和性能的铸件的成型方法。铸件通常作为毛坯，经机械加工制成零件。铸造方法一般分为砂型铸造和特种铸造，其中砂型铸造应用最为普遍。铸造具有以下优点：（1）可以生产形状复杂，特别是内腔复杂的铸件；（2）可用各种合金来生产铸件；（3）既可用于单件生产，也可用于批量生产；（4）铸件与零件的形状、尺寸很接近，因而铸件的加工余量小，可以节约金属材料和加工工时；（5）铸件的成本低。缺点是：铸造生产工艺过程复杂，工序多，一些工艺过程难以控制，易出现铸造缺陷、铸件质量不够稳定、废品率较高、铸件力学性能不如同类材料的锻件高等。

自硬砂精确砂型铸造（self-setting precision sand casting）以自硬树脂砂作为造型材料，用人工或机械方法在砂箱内制造出型腔及浇注系统的铸造方法。在通常的铸造生产中，主要采用黏土砂造型，其铸件质量差，生产效率低，劳动强度大，环境污染严重。自硬树脂砂具有高强度、高精度、高溃散性和低的造型造芯劳动强度等特点。

自由锻造（free-forging）利用冲击力使加热的金属坯料在上、下砧块之间产生塑性变形，以获得所需锻件的加工方法。自由锻造分手工自由锻造和机器自由锻造两种。手工自由锻造只能生产小型锻件，效率低。机器自由锻造能生产各种大小的锻件，效率较高，是目前工厂普遍采用的自由锻造方法。自由锻使用通用工具和设备，可锻造各种质量的锻件，小到不足一公斤，大到几百吨。由于自由锻是局部变形，变形抗力小，特别适用于生产大型锻件。但由于自由锻锻件尺寸精度低，形状简单，生产效率低，故只适用于单件小批量生产。

组合冲模（combined stamping die）一种类似于组合夹具或儿童玩的积木的冲压模具。这种模具需要配备许多标准的模板、固定板、定位板、顶料板等元件，根据加工工件的形状和尺寸，临时由模具钳工组装而成。每副组装完毕的组合冲模，只能用于冲压一种工件。当冲压任务完成之后，将模具解体，分成若干的标准模具元件，可以再与其他的模具元件重新组合，成为冲制另一种工件的组合模具。实际应用的组合冲模有两种：（1）在组合夹具元件的基础上，根据冲模的特点和要求，补充一些必要的模具专用零件所组成的冲模，习惯上称之为积木式组合冲模；（2）完全按照冲模的结构特点和要求，设计制造许多标准的冲模元件，组装冲模时需再添加些专用零件（主要是工作都分），称之为配套式组合冲模。

（四）刀具技术（Cutting Tools Technology）

C

超精密加工刀具（ultra-precision machining tool）确保实现超精密加工工艺所采用的刀具。它必须能均匀地去除不大于工件加工精度要求的极薄的金属层。进行超微量切削是其重要特点之一。常用于超精密切削加工的刀具主要为金刚石刀具。使用时，既要正确选择单晶金刚石的晶面，又要使其刃刃钝圆半径尽量小。至20世纪末，刃刃钝圆半径已小到5nm，且成功地实现了纳米级切削厚度的稳定切削。

超硬刀具（ultrahardening cutting tool）用比陶瓷材料更硬的材料制造的刀具。所用的材料主要有：（1）金刚石类。包括天然和人工合成单晶金刚石、聚晶金刚石及其复合片、化学气相沉积（CVD）金刚石三种。（2）立方氮化硼类。包括：聚晶立方氮化硼和CVD立方氮化硼涂层。其中以人造金刚石复合片刀具及立方氮化硼复合片刀具占主导地位，已广泛应用于各个行业的机械加工。如汽车零部件的切削加工，强化木地板的加工等。以车代磨、以铣代磨、硬态加工、高速切削、干式切削等切削加工和先进制造技术的飞速发展，实现了有色金属及耐磨非金属材料的高精度、高效率、高稳定性和高表面光洁度加工。超硬刀具加工已成为切削加工中不可缺少的重要手段。

超硬磨料磨具（ultrahard abrasive tool）由金刚石、类金刚石、立方氮化硼等超硬磨料制成的磨具。因超硬磨料本身具有极高的硬度，故可加工各种高硬度材料，特别是普通磨料所难以加工的材料。如用金刚石磨具可加工硬质合金、陶瓷、玛瑙、光学玻璃、半导体材料、石材、混凝土等非金属材料和有色金属等；用立方氮化硼磨具可加工工具钢、模具钢、不锈钢、耐热合金等，特别是加工高钒高速钢等黑色金属，均可获得满意的加工效果。超硬磨料磨具具有磨损低，使用周期长，磨削比高，其形状和尺寸在使用中变化缓慢，节约工时，提高被加工零件精度、光洁度和表面质量，动力消耗低于切削加工等特点。

车刀（turning tool）完成车削加工所必需的工具。它直接参与从工件上切除余量的车削加工过程。车刀的性能取决于刀具的材料、结构和几何参数。车刀有许多种类，按其用途可分为：外圆车刀、端面车刀、切断刀、螺纹车刀等；按其材料可分为：高速钢车刀、硬质合金车刀、陶瓷车刀、金刚石车刀等；按其结构可分为：整体式、焊接式、机夹式和可转位式车刀等。

成型车刀（formed turning tool）加工回转体成型表面的专用刀具。它的刃形根据被加工零件表面的廓形进行设计。工件的廓形取决于刀刃的形状，不受操作技术水平影响。其中，平体成型车刀只能用来加工外成型表面，重磨次数少。主要用于加工宽度不大，成型表面比较简单的工件。棱体成型车刀也只能用来加工外成型表面，但重磨次数较多。圆体成型车刀可用于内外回转体成型表面的加工，重磨次数最多，制造比较容易，应用较多。

成型刀具法（formed cutter）简称成型法，用与工件的最终表面轮廓相匹配的成型刀具，或成型砂轮等加工出成型面的方法。如成型车削、成型铣削和成型磨削等。由于成型刀具的制造比较困难，因此一般只用于加工小的成型面。

D

刀具（tool）完成金属切削加工的重要工具。它直接参与切削过程，从工件上切除多余的金属层。金属切削刀具分为刀柄和切削两部分。刀柄是指刀具上的夹持部分，切削部分是刀具上直接参加切削工作的部分。因为刀具变化灵活、收效显著，所以它是切削加工中影响生产率、加工质量与成本的重要因素。根据其用途和加工方法不同，刀具分为切刀类、孔加工刀具、拉刀类、铣刀类、螺纹刀具、齿轮刀具、磨具类、组合刀具、自动线刀具、数控机床刀具及特种加工刀具等。在机床的自身技术性能不断提高的情况下，刀具的性能直接决定机床性能的发挥。

J

机夹可转位车刀（pinch turning tool）将预先加工好的有一定形状、一定几何角度的多角形硬质合金刀片，用机械的方法夹紧在特制的刀杆上的车刀。由于刀具的几何角度，是由刀片形状及其在刀杆槽中的安装位置来确定的，故不需要刃磨。在使用中，当一个切削刃磨钝后，只要松开刀片夹紧元件，将刀片转位，改用另一新切削刃，重新夹紧后即可继续切削。待全部刀刃都磨钝后，再装上新刀片继续工作。可转位刀片的型号已经标准化，种类很多，可根据需要选用。可转位车刀强度高、寿命长、刀片利用率高、定位准确、装卡方便，是一种应用广泛的高效切削刀具。

M

麻花钻（twist-drill）一种通过其相对固定轴线的旋转切削并以钻削工件圆孔的工具。因其容屑槽成螺旋状，形似麻花而得名。螺旋槽有两槽、三槽或更多槽，但以两槽最为常见。麻花钻可被夹持在手动、电动的手持式钻孔工具或钻床、铣床、车床乃至加工中心上使用。钻头材料一般为高速工具钢或硬质合金。

S

砂轮（emery cutter）由磨料和结合剂构成的疏松多孔的磨削加工工具。磨粒、结合剂和空隙是构成砂轮的三要素。砂轮的特性由磨料、粒度、结合剂、硬度及组织五个方面的因素决定。磨料是制造砂轮的主要原料，在磨削中担负主要的切削工作。磨料必须具备高硬度、高耐热性、耐磨性和一定的韧性。砂轮的粒度对磨削加工生产率和工件表面质量影响较大，在粗磨时，应选用粗粒度砂轮；精磨时，应选用细粒度砂轮。结合剂的性能决定了砂轮的强度、耐冲击性、耐腐蚀性、耐热性和使用寿命。砂轮的硬度是指在磨削力作用下磨粒脱落的难易程度。砂轮硬度的选择，对磨削质量、磨削效率和砂轮损耗都有很大影响。

Y

硬质合金焊接式车刀（hard alloy welding cutting tool）把一定形状的硬质合金刀片钎焊在刀杆的刀槽内而制成的车刀。其结构简单、制造刃磨方便，刀具材料利用充分，在一般的中小批量生产和修配生产中应用较多。但其切削性能受工人的刃磨技术水平和焊接质量的影响，不适应现代制造技术发展的要求，且刀杆不能重复使用，造成材料浪费。

Z

整体式高速钢车刀（integral high-speed-steel cutting tool）选择一定形状的整体高速钢刀条，并在其一端刃磨出所需切削部分形状的车刀。这种车刀刃磨方便，可以根据需要刃磨成不同用途的车刀，尤其是适宜于刃磨各种刃形的成型车刀，如切槽刀、螺纹车刀等。刀具磨损后可以多次重磨。但其刀杆也为高速钢材料，因此也造成了刀具材料的浪费。一般用于较复杂成型表面的低速精车。

自动化生产刀具（cutting tool of automatic production）适应自动化生产需要的刀具和刀具系统。如数控机床、加工中心、自动生产线上广泛采用的不锈钢或工程塑料制的刀套及刀库等。它们应满足如下要求：（1）能快速更换，即与机床能快速、准确地接合或脱离，并适应机械手或机器人操作；（2）有很好的稳定性和重复定位精度，通常要求在机床上的安装精度小于5μm；（3）有较广的适用范围。已开发的有模块化刀具系统（BTS）。为适应柔性制造系统和计算机集成制造系统的发展，人们已在大力研究开发刀具管理系统，它不仅能显示上万件刀具或辅具中任一件在生产中的周转情况，指导刀具与辅具的组装、刃磨与尺寸检查，还能预报任何一把刀具的切削寿命。

（五）机床技术（Machine Tool Technology）

C

超导电机（superconducting motor）用超导线圈取代常规铜绕组作为它的励磁绕组或电枢绕组的电机。由于其采用超导线圈，绕组提高了载流能力，产生比常规线圈大数倍的磁场而又几乎无焦耳热损耗，因而具有一系列先进的技术经济特性。例如，用于同步发电机可提高电机效率，比常规电机提高 $0.5\% \sim 0.8\%$。超导电机体积小，重量轻，整机重量可比常规电机减轻 $1/3 \sim 1/2$，且电机电抗可减少到 $1/4$，从而提高电机运行稳定性。此外它还可以省铁芯，使电机的电枢绕组对地绝缘水平大大提高。由于气隙磁通密度可比常规电机大 $4 \sim 5$ 倍，单机容量可达百万千伏安以上。超导电机的研究方向主要是超导同步发电机和超导单极电机。超导同步发电机的转子励磁绕组采用超导线圈。超导单极电机是一种没有换向器的低压大电流直流电机，其静止的励磁线圈是超导的，而旋转电枢是常规铜线圈。由于超导单极电机的功率大，重量轻，比功率可达746W/kg以上，因此有广泛应用前景。

超精密加工设备（utra-precision machining equipment）实现超精密加工工艺所采用的设备。常见的有超精密机床、电解加工车床、衍射光栅刻机、电子束刻蚀装备、X射线刻蚀装备、离子束加工设备等。超精密加工设备具有极高的运动精度，对其导轨的直线度和主轴的回转精度以及微量进给和定位精度在 $0.1 \sim 0.01 \mu m$ 量级。例如某型超精密车床，主轴采用高压液体静压轴承，具有刚度大、动态性能好的特点；采用恒温油淋浴系统，可有效地消除加工中的热变形；采用压电晶体误差补偿系统，位移误差可控制在 $0.013 \mu m/m$ 以内。

车床（lathe）为车削加工提供成型运动、辅助运动和切削动力，保证加工过程中工件、夹具与刀具的相对正确位置的工艺装备。传统的机械传动式车床有许多类型。根据结构布局、用途和加工对象的不同，主要可分为卧式车床、落地车床、立式车床和转塔车床。除上述较常见的几类车床外，还有机械式自动与半自动车床、液压仿形车床及多刀半自动车床、数控车床和数据车削中心等。车床尽管类型

很多，结构布局各不相同，但其基本组成大致相同，包括基础件（如床身、立柱、横梁等）、主轴箱、刀架（如方刀架、转塔刀架、回轮刀架等）、进给箱、尾座、溜板箱等部分。

车削加工中心（turning machining center）有一套自动换刀装置，能实现多工序连续加工的机床。机床备有刀库，对一次装夹的工件，能按加工要求预先编制的程序，由控制系统发出数字信息指令，自动选择更换刀具，自动改变车削的切削用量和刀具相对工件的运动轨迹以及其他辅助机能，依次完成多工序的车削加工。它适用于工件形状较复杂、精度要求高、工件品种更换频繁的中小批量的生产。在一台加工中心上能实现原来多台数控机床才能实现的加工功能。

车削夹具（lathe-turning clamp）在车削加工中用来定位并夹紧工件所使用的夹具。其基本组成包括夹具体、定位元件、夹紧装置、辅助装置几部分。前三者是各种夹具所共有的。在车床夹具中，夹具体一般为回转体形状，通过一定的结构与车床主轴定位连接。它根据定位和夹紧方案设计将定位元件和夹紧装置安装在夹具体上。辅助装置包括用于消除偏心力的平衡块和用于高效快速操作的气动、液动和电动操作机构。典型车削夹具包括角铁式夹具、定心夹紧夹具、组合夹具、自动车削夹具等。

冲床（punch）冲压成型的机械设备。冲床既可以是机械传动，也可以是液压传动；但是在深冲时用液压传动，因为液压冲床在冲程全长上都能提供满载压力。绝大多数传统技术可用于不锈钢的冲压成型。但是冲压不锈钢所需的力要比冲压低碳钢所需的力大 60%。

D

带式输送机（belt conveyor）靠摩擦驱动、以连续方式运输物料的机械设备。它由驱动装置、拉紧装置、输送带、中部构架和托辊组成。输送带作为牵引和承载构件借以连续输送散碎物料或成件物品。它可以将物料在一定的输送线上，从最初的供料点到最终的卸料点间形成一种物料的输送流程。除进行纯粹的物料输送外，还可以与工业企业生产流程中的工艺过程相配合，形成有节奏的流水作业运输线。它广泛应

用于各种现代化工业企业、矿山的井下巷道、矿井地面运输系统、露天采矿场、选矿厂、港口物料输送等作业过程中，可进行水平运输或倾斜运输。

单轴自动车床（single-spindle automatic lathe）只有一根主轴，经调整和装料后，能按一定程序自动上下料、自动完成工件的多工序加工循环，并能重复加工一批同样工件的车床。它主要用于对棒料或盘状线材进行加工，适用于大批量生产。

电磁泵（electromagnetic pump）利用磁场和导电流体中电流的相互作用，使流体受电磁力作用而产生压力梯度，从而推动流体运动的一种装置。实用中大多用于泵送液态金属，所以又称液态金属电磁泵。电磁泵按电源形式可分为交流泵和直流泵；按液态金属中电流馈给的方式可分为传导式电磁泵和感应式电磁泵；按结构不同可分为平面泵和圆柱泵。在传导式泵中，电流由外部电源经泵沟两侧的电极直接传导给液态金属；在感应泵中，电流则由交变磁场感应产生。电磁泵没有转动部件，结构简单，密封性好，运转可靠。在化工、印刷行业中用于输送一些有毒的重金属（如汞、铅等）。在原子能动力工业中用于输送化学性质特别活泼的金属（如钠、钾、钠钾合金等）。电磁泵的缺点是效率较低，在冶炼、铸造工业中尚未普遍采用。

锻锤（forging hammer）一种由重锤落下或强迫高速运动产生的动能，对坯料做功，使之塑性变形的机械。锻锤是最常见、历史最悠久的锻压机械。它结构简单，工作灵活，使用面广，易于维修，适用于自由锻和模锻。但其振动较大，较难实现自动化生产。

锻压机械（metal forming machine）在锻压加工中用于金属材料成型和分离的机械设备。锻压机械包括成型用的锻锤、机械压力机、液压机、螺旋压力机和平锻机，以及开卷机、矫正机、剪切机、锻造操作机等。锻压机械主要由各种锻锤、各种压力机和其他辅助机械组成。锻压机械主要用于金属成型，所以又称为金属成型机械。锻压机械是通过对金属施加压力使之成型的，力大是其基本特点，故多为重型设备。设备上多设有安全防护装置，以保障设备和人身安全。

F

仿形机床（copying machine tooi）按照样板来控制刀具或工件的运动轨迹进行加工的半自动机床。工件的外形轮廓与样板非常相似。仿形加工的加工

精度在 ± 0.1 ～ ± 0.03mm 范围内，表面粗糙度为 $R_a5 \sim 1.25 \mu$m。仿形运动有平面仿形和立体仿形之分。仿形装置有直接作用式（如机械仿形）和随动作用式（如液压仿形和电气仿形、光电仿形等）之别。常见的仿形机床有仿形车床（加工带有成形面的轴、套、盘、环类工件）、仿形铣床（加工样板、冲模、锻模、叶片、螺旋桨等工件）和仿形刨床等。

仿形铣床（profiling machine）以一定方式控制铣刀按照模型或样板形状作进给运动而铣出工件的铣床。在模具制造中常用的小型立体仿形铣床的构造与立式铣床相似，一般在立铣头的一侧设有一个仿形头，与工件装在同一工作台上的模型接触，利用电气或液压等方式控制铣刀按照模型的形状进给作仿形铣削。大的立体型仿形铣床的仿形触头铣刀一般水平布置。

G

高速压力机（highspeed press）行程速度高达每分钟300次的冲压设备。高速压力机中的电动机通过飞轮直接驱动曲柄滑块机构，滑块行程次数最高可达每分钟3 000次，为普通压力机的5～10倍。为减小滑块在工作时的惯性和振动，滑块用铝合金制造。高速压力机具有机身刚性好、滑块的导向精度高、滑块抗偏载能力高等特点。在压力机底座与基础之间设置橡胶弹性垫片，用于吸收部分振动，同时还能起到降低噪声、改善工作环境的作用。

工具磨床（tool grinder）专门用于工具制造和工具刃磨的磨床。常用的有万能工具磨床、钻头刃磨床、拉刀刃磨床、工具曲线磨床等。

H

回轮车床（capstan lathe）在回转轴与主轴线平行的多工位回轮刀架上安装多把刀具，并能纵向移动的车床。在工件一次装夹中，可依次用不同刀具完成多种车削工序，适用于成批生产加工尺寸不大且形状较复杂的工件。

J

机床（machine tool）用切削加工的方法将金属毛坯加工成机器零件的工艺装备。机床由传动装置、工作循环机构、辅助机构和控制系统联合在一起，形成统一的工艺综合体。它能提供刀具与工件之间的相对运动，提供加工过程中所需的动力，从而经济地完成一定的机械加工工艺。机床按其加工性质和所用刀具的不同可分为：车床、钻床、镗床、磨床、齿轮加工

机床、螺纹加工机床、铣床、刨床、插床、拉床、特种加工机床、锯床和其他机床；按其通用性程度分为：通用机床（万能机床）、专门化机床、专用机床；按其重量分为：轻型机床、中型机床、重型机床；按其加工精度分为：普通精度级、精密和超精密级机床；按其自动化程度分为：手动、机动、半自动化和自动化机床。

机床附件（machine tool accessories）为扩大机床工艺性能而采用的附属装置。一般包括卡盘、吸盘、弹簧夹头、虎钳、回转工作台、分度头、中心架、跟刀架、顶尖套筒和钻、磨、攻丝夹具等附属装置，也包括机床上下料装置、机械手和工业机器人等机床附加装置。

机床夹具（machine tool jig）在机械加工过程中，用以确定工件相对于刀具和机床的正确位置，并使这个位置在加工过程中不因外力的影响而变动的工艺装备。它是用以使工件定位和夹紧的机床附加装置。在机床加工中，确定工件相对于刀具的正确加工位置，以保证其被加工表面达到所规定的各项技术要求的过程称为定位。在已定好的位置上，将工件固定并可靠地夹住，防止其在加工时因受到切削力、惯性力、离心力、重力及冲击和振动等的影响，发生位移而破坏定位的过程叫夹紧。夹具按其适用工件的范围和特点分为通用夹具、专用夹具、组合夹具和可调夹具；按其适用的机床分为车床夹具、铣床夹具、钻床夹具、镗床夹具及数控机床夹具；按其动力源又分为手动、气动、液压、气液压、电磁、自紧等夹具。

机械压力机（mechanical press）一种用曲柄连杆或肘杆机构、凸轮机构、螺杆机构传动的压力机械。其工作平稳，精度高，操作条件好，生产率高，易于实现机械化、自动化。机械压力机在数量上居各类锻压机械之首。

挤出机（extruder）一种用于挤出成型的设备。它由主机和辅助机组成。其主机是挤塑机，它由挤压系统、传动系统和温度调节系统组成。挤压系统包括螺杆、机筒、料斗和机头。塑料通过挤压系统而塑化成均匀的熔体，并在压力下被连续挤出。传动系统的作用是驱动螺杆，供给螺杆在挤出过程中所需要的力矩和转速。温度调节系统通常用电加热（分为电阻加热和感应加热），加热片装于机身、机脖、机头各部分，由外向内加热，以达到工艺操作所需要的温度。辅助机主要包括放线装置、校直装置、预热装置、冷却装置、牵引装置、切断器、吹干器、印字装置和收线装置等。

加工中心（machining centre）具备刀库并能按程序控制自动更换刀具，对一次装夹的工件进行多部位、多工序加工的数控机床。它是一种自动化程度更高的数控机床。工件经一次装夹后，数控系统可按预先编制的程序依照加工工序自动选择和更换刀具，自动改变机床主轴转速、进给量及刀具相对工件的运动轨迹等，按步骤完成多部位上多工序（如车、铣、钻、镗、铰孔、攻丝）的加工。按主轴布置方式，加工中心可分为立式和卧式两类。刀库有盘式和链式两种。换刀机构常见的为机械手，也有由主轴与刀库直接交换刀具的无臂式换刀装置。加工中心由于一次装夹、工序集中和自动换刀，可提高加工精度，减少工件装夹、测量和机床调整等时间，提高工效。它适用于小批量、多品种、高精度、形状复杂零件的加工。

减速器（retarder）利用齿轮的速度转换，将电机的回转数减速到所需的速度，并得到较大转矩的动力传动机构。其主要作用是在降速的同时提高输出扭矩，同时降低负载的惯量。减速器有斜齿轮减速器（包括平行轴斜齿轮减速器、涡轮减速器、锥齿轮减速器等）、行星齿轮减速器、摆线针轮减速器、涡轮涡杆减速器、行星摩擦式机械无级变速机等。常见的减速器有涡轮涡杆减速器、谐波减速器、行星减速器等。

精冲压力机（fine blanking press）专为完成精冲工艺和精冲复合工艺而设计、制造的专用压力机械。其基本特点是：（1）能同时提供冲裁力、压边力和反压力；（2）冲裁速度可调；（3）滑块行程速度的变化能满足快速闭合、慢速冲裁、快速回程的要求；（4）滑块有很高的导向精度和刚度；（5）封闭高度重复精度高，有精确的封闭高度指示；（6）机身刚性好；（7）有可靠的模具保护装置。按主传动结构分类，精冲压力机可分为机械式和液压式。

L

拉拔机（drawing machine）经过拉拔使金属材料的直径发生改变，以达到某种规格要求的机械设备。通过空拉、游头拉等各种拉拔方式及改变模具，可拉制各种规格直径的棒材和管材。

离心机（centrifuge）利用离心力分离液体与固体颗粒或液体与液体的混合物中各组分的机械设备。离心机有一个绕本身轴线高速旋转的圆筒，称为转鼓。它通常由电动机驱动。悬浮液（或乳浊液）加入转鼓后，被迅速带动与转鼓同速旋转，在离心力的作用下将各组分分离，并分别排出。通常转鼓转速越高，分离效果也越好。按结构和分离要求，离心机可分为过滤离心机、沉降离心机和离心分离机三类。其广泛应用于化工、石油、食品、制药、选矿、煤炭、水处理和船舶等行业。主要用于将悬浮液中的固体颗粒与液体分开，有的沉降离心机还可对固体颗粒按密度或粒度进行分级。

立式车床（vertical lathe）主轴垂直布置，工件装夹在水平面内旋转的工作台上，刀架在横梁或立柱上移动的车床。它适于加工回转直径较大、较重、难于在卧式车床上加工的工件。

龙门铣床（gantry type milling machine）床身两侧有立柱和横梁组成的门式框架的铣床。工作台在床身水平导轨上作纵向进给运动，在立柱和横梁上都装有立铣头。每个立铣头都是独立的部件，由各自的电动机驱动主轴作主运动。横梁可沿立柱上的导轨作垂直位置调整。横梁上的立铣头可沿横梁上水平的导轨作位置调整。有些龙门铣床上的立铣头主轴可以作倾斜调节，以便铣斜面。各铣刀的切深运动，均由立铣头主轴移动来实现。龙门铣床的刚性和精度都很好，可用几把铣刀同时铣削，所以生产率和加工精度都较高，适宜加工大中型或重型工件。

M

模锻水压机（hydraulic die-forging press）以水基液体为介质，对金属坯料进行模锻的液压机。使材料在模具内产生塑性变形并充满型腔，以获得所需形状和尺寸锻件的锻造方法即为模锻。模锻水压机的特点是工作速度低、压力高。它多采用立柱—横梁式刚性框架结构，由泵—蓄能器驱动；通常有4～0个立柱、1～8个工作缸；工作平台面积从十几平方米到几十平方米。大型模锻水压机是航空工业的重要设备，是国家重型装备制造能力的标志性设备之一。

磨床（grinder）利用磨具对工件表面进行磨削加工的机床。大多数的磨床是使用高速旋转的砂轮进行磨削加工，少数使用油石、砂带，如珩磨机、超精加工机床、砂带磨床和抛光机等。磨床能加工硬度较高的材料，如淬硬钢、硬质合金等；也能加工脆性材料，如玻璃、花岗岩。磨床能作高精度和表面粗糙度很小的磨削，也能进行高效率的磨削，如强力磨削等。

凡是车床、钻床、镗床、铣床、齿轮和螺纹加工机床等加工的零件表面，都能够在相应的磨床上进行磨削精加工。它还可以刃磨刀具和进行切断等，工艺范围十分广泛。磨床是各类金属切削机床中品种最多的一类，主要类型有外圆磨床、内圆磨床、平面磨床、无心磨床、工具磨床等。

N

内圆磨床（internal grinder）主要用于磨削工件的内孔的磨床。机床的主参数为最大磨孔直径。内圆磨削可以分普通内圆磨削、无心内圆磨削和砂轮作行星运动的磨削。与外圆磨削相比，内圆磨削所用的砂轮和砂轮轴的直径都较小。要获得所要求的砂轮线速度，必须提高砂轮主轴的转速。因其容易发生振动，容易影响工件的表面质量。此外由于内圆磨削时砂轮与工件的接触面积大，发热量集中，冷却条件差以及工件热变形大，特别是砂轮主轴刚性差，易弯曲变形，所以内圆磨削不如外圆磨削的加工精度高。普通内圆磨床仅适于单件、小批量生产。自动和半自动内圆磨床除工作循环自动进行外，还可在加工中自动测量，大多用于大批量的生产中。

P

平面磨床（surface grinder）主要用于磨削工件平面的磨床。平面磨床的工件一般是夹紧在工作台上，或靠电磁吸力固定在电磁工作台上，然后用砂轮的周边或端面磨削工件平面。用砂轮的周边磨削时，砂轮与工件的接触面积小，磨削力小，排屑及冷却条件好，工件受热变形小，且砂轮磨损均匀，加工精度较高。但砂轮主轴承刚性较差，只能采用较小的磨削用量，生产率较低，故常用于精密和磨削较薄的工件。用砂轮的端面磨削时，砂轮与工件的接触面积大，同时参加磨削的磨粒多，允许采用较大的磨削用量，故生产率高。但在磨削过程中，磨削力大，发热量大，冷却条件差，排屑不畅，造成工件的热变形较大，且砂轮端面沿径向各点的线速度不等，使砂轮磨损不均匀。因此，这种磨削方法的加工精度不高，故多用于粗磨。

S

砂带磨床（abrasive belt grinder）以快速运动的砂带作为磨具的磨床。工件由输送带支撑，效率比其他磨床高数倍，功率消耗仅为其他磨床的几分之一。主要用于加工大尺寸板材、耐热难加工材料和大量生产的平面零件等。

升降台式铣床（column and knee milling machine）工作台安装在垂直升降台上，使工作台可在相互垂直的三个方向上调整位置或完成进给运动的铣床。因其升降台结构刚性较差，工作台上不能安装过重的工件，故该类铣床只适宜于加工中小型工件。这是一类应用较广的铣床。它分为卧式升降台铣床、卧式万能铣床、立式铣床等。卧式升降台铣床具有水平的安装铣刀杆的主轴，可用圆柱铣刀、盘铣刀、成型铣刀和组合铣刀等加工平面、曲面和各种沟槽。卧式万能铣床结构与卧式铣床基本相同，只是在工作台下面增加了回转盘，使工作台可绕回转盘轴线作±45°范围的偏转，改变工作台移动方向，从而可加工斜槽、螺旋槽等。此外，它还可换用立式铣刀、插头等附件，扩大机床的加工范围。立式铣床与卧式铣床的区别是安装铣刀的主轴垂直于工作台面，主要用端铣刀或立铣刀进行铣削。

数控机床（numerical control machine）用数字化的代码作为指令，由数字控制系统进行处理而实现自动控制的机床。该机床能够逻辑地处理具有使用号码，或其他符号编码指令规定的程序。数控机床是新型自动化机床，是高度机电一体化的产品。它较好地解决了形状复杂、高精密、生产批量不大且生产周期短及产品更换频繁的多品种小批量产品的制造问题。它是一种灵活、高效的自动化机床，是计算机辅助设计与制造、群控、柔性制造系统、计算机集成制造系统等柔性加工的最重要的装置。常用的数控机床有数控车床、数控钻床、数控镗床、数控铣床、数控磨床、加工中心等。

伺服电机（servomotor）又称执行电机，伺服系统中控制机械元件运转的发动机。它被用作执行元件，把所收到的电信号转换成电动机轴上的角位移或角速度输出，可准确地控制速度和位置。伺服电机有直流和交流两类。直流伺服电机分为有刷和无刷电机。有刷电机成本低，结构简单，启动转矩大，调速范围宽，控制容易，但需要维护，且会产生电磁干扰，对环境有要求，适用于对成本敏感的普通工业和民用场合。无刷电机体积小，重量轻，出力大，响应快，速度高，惯量小，转动平滑，力矩稳定，易实现智能化，可免维护，可用于各种环境。交流伺服电机也是无刷电机，分为同步和异步电机，但多采用同步电机。其功率范围大，惯量大，转动速度低，适用于低速平稳运行的场合。

T

镗床（boring machine）用镗刀在工件上镗孔的机床。通常镗床上的镗刀旋转为主运动，镗刀或工件的移动为进给运动。它的加工精度和表面质量高于钻床。镗床是大型箱体零件加工的主要设备。其加工特点为：加工过程中工件不动，让刀具移动，将刀具中心对正孔中心，并使刀具转动（主运动）。镗床主要分为三类：（1）卧式镗床，是镗床中应用最广泛的一种；（2）坐标镗床，是高精度机床的一种；（3）金刚镗床。特点是以很小的进给量和很高的切削速度进行加工，因而加工的工件具有较高的尺寸精度（IT6），表面粗糙度可达到0.2μm。

镗铣加工中心（boring-miu work center）带有刀库和自动换刀装置的数控铣床。通过自动换刀，可使工件在一次装夹后，自动连续完成铣削、钻孔、镗孔、铰孔、攻螺纹、切槽等加工。如果加工中心带有自动分度回转台，则还可使工件在一次装夹后自动完成多个平面的多工序加工。因此，加工中心除可加工各种复杂曲面外，特别适用于各种箱体类和板类等复杂零件的加工。与传统的机床比较，采用加工中心在提高加工质量和生产效率，减少加工成本等方面，效果显著。

通用部件（modular unit）严格规定了各相关部件间联系尺寸的标准化部件。它有较好的互换性，便于用户使用和维修。按其功能可分为动力部件、支撑部件、输送部件、控制部件和辅助部件五类。动力部件是为组合机床提供主运动和进给运动的部件，主要有动力箱、切削头和动力滑台；支撑部件是用以安装动力滑台、带有进给机构的切削头或夹具等的部件，有侧底座、中间底座、支架、可调支架、立柱和立柱底座等组成；输送部件是用以输送工件或主轴箱至加工工位的部件，主要有分度回转工作台、环形分度回转工作台、分度鼓轮和往复移动工作台等；控制部件是用以控制机床的自动工作循环的部件，有液压站、电气柜和操纵台等组成；辅助部件有润滑装置、冷却装置和排屑装置等组成。

W

外圆磨床（cylindrical grinding machine）一种能加工各种圆柱形和圆锥形外表面及轴肩端面的磨床。其基本的磨削方法有两种：纵磨法和横磨法。前者在磨削时，工件作圆周进给运动，并随工作台作往复纵向进给；横向进给运动为周期性间歇进给，当每次纵向行程或往复行程结束后，砂轮作一次横向进给，磨削余量经多次进给后被磨去。纵磨削的磨削效率低，但能获得较小的表面粗糙度。横磨法又称切入磨法，磨削时，工件作圆周进给运动，工作台不作纵向进给运动，横向进给运动为连续进给。横磨法的磨削效率高，但磨削力大，磨削温度高，必须供给充足的冷却液。外圆磨床的自动化程度较低，只适用于中小批量单件生产和修配工作。

微机电系统（Micro-electromechanical System，MEMS）集微型机构、微型传感器、微型执行器、信号处理和控制电路以及接口、通信和电源等为一体的微型器件或系统。它是由电子和机械元件组成的集成化微器件系统。采用与集成电路工艺兼容的大批量处理工艺制造，并且尺寸在微米级至毫米级（一般代表尺寸为大于10μm到小于几毫米）。它能够执行复杂、细微的任务。其制造工艺主要有集成电路工艺、微米/纳米制造工艺、小机械工艺和其他特种加工工艺。MEMS的特点是微型化、集成化和多学科交叉。21世纪MEMS将逐步从实验室走向实用化，对工农业、信息、环境、医疗、空间技术、国防和科学发展产生积极影响。

卧式车床（horizontal lathe）主轴水平布置的车床。其主轴车速和进给量调整范围大，主要由人工操作，用于车削圆柱面、圆锥面、端面、螺纹、成型面和切断等。其使用范围广，生产效率低，适于单件小批量生产和修配车间。

无心外圆磨床（centreless grinding machine external）主要用于磨削工件外圆表面的精加工机床。无心外圆磨床进行磨削时，工件不是支撑在顶尖上或夹持在卡盘中，而是直接置于砂轮和导轮之间的托板上，以工件自身外圆为定准基准，其中心略高于砂轮和导轮的中心连线。磨削时，导轮速度比砂轮速度低，由于工件和导轮之间的摩擦较大，所以，工件接近于导轮转速回转。从而在砂轮工件间形成很大的速度差，据此产生磨削作用。无心磨床所磨削的工件，尺寸精度和几何精度都较高，且有很高的生产率。如果配备自动上下料机构，很容易实现单机自动化，适用于大批量生产。

X

铣床（milling machine）用铣刀对工件进行铣削加工的机床。铣床除能铣削平面、沟槽、轮齿、螺纹和花键轴外，还能加工比较复杂的型面，效率较刨床高。铣床种类很多，一般是按其布局形式和适用范围加以区分，主要有升降台铣床、龙门铣床、单柱铣床和单臂铣床、仪表铣床、工具铣床等。其他铣床还有键槽铣床、凸轮铣床、曲轴铣床、轧辊轴颈铣床和方钢锭铣床等。它们都是为加工相应的工件而制造的专用铣床。另外，按控制方式，铣床又可分为仿形铣床、程序控制铣床和数控铣床等。

旋转锻压机（rotated forging machine）将锻造与轧制相结合的锻压机械。在旋转锻压机上，变形过程是由局部变形逐渐扩展而完成，所以，变形抗力小，工作平稳，无振动，易实现自动化生产。辊锻机、成型轧制机、卷板机、多辊矫直机、辗扩机、旋压机等都属于旋转锻压机。

Y

仪表机床（instrument lathe）用于仪器仪表的小型零件加工的专用机床。它具有精度高、体积小、重量轻、结构简单等特点。它多属于台式，可安装在桌面上进行加工。常见的有仪表车床、仪表铣床、仪表磨床、仪表齿轮机床等类型。

Z

执行电机（performing motor）见伺服电机。

直接驱动电机（direct drive motor，DD motor）将高精度、高性能的转子和运动载体直接连接的特殊型交流伺服电机。由于直接驱动电机采用了直接驱动方式，不会因减速机构等各种中间环节而降低伺服定位精度，可将精度直接反映到机器或加工件上，使机器获得更高的精度和响应度。由于高水准的制成工艺保证和高精度的测量反馈，使其具有无背隙、高精度的特点，适合于高精密机械或高精度要求的场合。直接驱动电机可广泛应用于精密测试、精密加工机床、半导体设备、机器人、印刷机械、精密定位设备等。

注塑机（injection machine）一种用于注塑成型的设备。分为柱塞式注塑机和螺杆式注塑机两大类，由注塑系统、锁模系统和塑模三大部分组成。其成型方法可分为：热塑性塑料注塑成型、排气式注塑成型、流动注塑成型、共注塑成型、无流道注塑成型、反应注塑成型、热固性塑料注塑成型等。注塑机具有能一次成型外形复杂、尺寸精确或带有金属嵌件的质地密致的塑料制品，被广泛应用于塑料制品工业。

专门化磨床（specialized grinder）专门磨削某一类零件，如曲轴、凸轮轴、花键轴、导轨、叶片、轴承滚道及齿轮和螺纹等的磨床。除以上几类外，还有珩磨机、研磨机、坐标磨床和钢坯磨床等多种类型。

转塔车床（turret lathe）机床上具有回转轴线与主轴轴线垂直或倾斜的转塔刀架，另外还带有横刀架的车床。刀架上安装多把刀具，在工件一次装夹中，可依次使用不同刀具完成多种车削工序。它适用于成批生产中加工形状较复杂的工件。

组合机床（combined machine tool）以通用部件为基础，配以按工件特定形状和加工工艺设计的专用部件和夹具组成的半自动或自动专用机床。它一般采用多轴、多刀、多工序、多面或多工位同时加工的方式，生产效率比通用机床高几倍至几十倍。由于通用部件已经标准化和系列化，可根据需要灵活配置，能缩短设计和制造周期。组合机床兼有低成本和高效率的优点，在大批量生产中得到广泛应用，并可用以组成自动生产线。组合机床一般用于加工箱体类或特殊形状的零件。组合机床的加工精度较高，铣削平面的表面粗糙度可达 $2.5 \sim 0.63 \mu m$；镗孔精度可达 IT7 或 IT6 级，孔距精度可达 $0.03 \sim 0.02 \mu m$。

钻床（drilling machine）用于工件孔加工的机床。主要用于加工外形复杂、没有对称回转轴线工件上的孔，如箱体、支架、杠杆等零件上的单个孔或孔系。钻床的加工特点是：加工过程中工件固定不动，让刀具移动，将刀具中心对正孔中心，并使刀具作旋转运动（主运动），并沿主轴方向进给，操作可以是手动，也可以是机动。通常钻床可以分为以下三类：(1)台式钻床：钻孔一般在 13mm 以下，最小可加工 0.1mm 的孔。(2)立式钻床：其主轴不能在垂直其轴线的平面内移动，故钻孔时要使钻头与工件孔的中心重合，就必须移动工件。它只适合加工中小型工件。(3)摇臂钻床：适用于加工大型工件和多孔工件，有一个能绕立柱作 $360°$ 回转的摇臂。

（六）仪器仪表技术（Apparatus and Instrument Technology）

B

表面粗糙度测量（measurement of surface roughness）针对工件表面的微观几何形状进行测量的技术。表面粗糙度是衡量工件表面加工质量的重要指标。它影响到机械产品的寿命和可靠度。其测量方法的研究已受到普遍重视。测量方法主要有：（1）比较法，将被测表面与已知粗糙度的样板进行比较以确定其级别的测量方法；（2）光切法，根据光切原理，采用光切显微镜（又称双管显微镜），测量和计算表面粗糙度值的测量方法；（3）干涉法，根据光波干涉原理，采用干涉显微镜测量表面粗糙度的测量方法；（4）针描法，利用触针在被测表面上移动，感受表面的高低不平，并把触针的感受通过机械装置、光学装置或电子装置加以放大，测出表面粗糙度值。其中，采用电子信号放大装置的称为电动轮廓仪，其应用最广。

C

超声波检测（supersonic testing）利用超声波具有的穿透和传播能力，以及能产生反射和折射现象的特征，对物质实施的检测，是无损检测的一种方法。检测设备中的探头兼有发射及接收功能，一般每秒发射 400 次左右，除发射时间外，其余时间为接收。根据缺陷回波到达时刻与发射时刻之间的时间差以及缺陷的回波强度，就可确定出缺陷的位置及其大小。这种检测对平面形缺陷，如裂纹、未焊透等反应灵敏，而对体积形缺陷的反应不如 X 射线。在工业上对金属板材、大锻件、角焊缝等常采用超声波检测，而对重要的焊缝则采用 X 射线和超声波两法并用来检测。

磁粉检测（magnetic particle testing；magnetic powder inspection）利用磁粉在工作表面产生磁阻变化作用，对工件进行检测的方法。它是一种无损检测的方法，多用于检测铁磁性材料或零件表面的缺陷。在操作时，首先对被检工件进行外磁磁化处理，再在其表面上均匀喷洒细微颗粒磁粉（平均粒度为 $5 \sim 10 \mu m$），如果导磁率均匀无变化，工件表面上的磁粉分布均匀，被检工件不存在缺陷。若被检工件表面上存在缺陷，则会产生磁阻变化，使缺陷处产生漏磁场，并形成一个小小的 N-S 磁极，使磁粉在缺陷处形成堆积现象。这种检测的优点是可有效地查出铁磁性材料的表面缺陷，且比其他无损检测方法简单、显示直观、结果可靠。但其缺点是无法测出表面以下的缺陷，而且无法检测有色金属、奥氏体钢、非金属以及非导磁材料等。

磁粉制动器（magnetic powder brake）以磁粉为工作介质，以激磁电流为控制手段，达到控制制动或传递转矩目的的自动控制元件。其输出转矩与激磁电流呈良好的线性关系，与转速或滑差无关，并具有响应速度快、结构简单等优点。它广泛应用于印刷、包装、造纸、纸品加工、纺织、电线、电缆、橡胶、皮革、金属、箔带加工等有关卷取装置的张力自动控制系统中；还可作为模拟加载器使用，与转矩转速传感器及转矩转速功率测量仪配套，组成成套测功装置，而广泛用于电机、内燃机、变速箱等动力及传动机械的功率、效率测量。

D

动态测量（dynamic measurement）在被测工件处于工作运动状态下所进行的测量。这种测量较静态测量难度大，对测量仪器和测量方法的要求较高，需要排除运动状态对测量带来的不利影响。动态测量多采用光、电非接触测量技术。所用器件多为高效、灵敏的半导体激光器、半导体光敏传感器、光纤传感器等。动态测量主要用于生产过程的工况监测和故障诊断。

G

故障诊断（fault diagnosis）一种了解和掌握设备在使用过程中的状态，确定其整体或局部是否正常，早期发现故障及其原因，并能预报故障发展趋势的技术。

J

计量与测试（metrology and measurement）一种以保持量值统一和传递为目的的测量技术。它受计量法规和专门管理机构的制约。计量是将被测的量与作为单位的标准量进行比较，以确定其比值的操作过程。测试是指对某物或某量进行验证或确定其特性的试验或检验过程。中国法定计量单位以国际单位制的基本单位为基准，还包括国际单位制中具有专门名称的导出单位和国家选定的非国际单位制单位。

L

离线检测（offline inspection）使零件或产品脱离制造过程，在距生产线一定距离的检测工作站上进行检测的检测方式。离线检测适合于下列场合：（1）制造的过程能满足设计目标要求的公差范围；（2）高生产率；（3）生产时间短而生产过程输出状况稳定，超差的风险小；（4）在线检测成本相对较高时。离线检测方式的主要缺点是：不能及时发现输出的质量问题，质量检测的反馈信息有时间滞后。

N

纳米测量技术（nanometer measurement technology）尺度为 0.01～100 nm 的测量技术。在纳米技术中，纳米测量技术、纳米加工技术和纳米结构并列为纳米技术的三大研究主题。纳米测量技术可运用传感器技术、探针技术、定位技术、扫描探针显微镜技术等实现纳米尺度的测量。是纳米技术研究的重要组成部分。

S

三坐标测量机（three-dimensional measuring machine）一种能在 X、Y、Z 三个或三个以上坐标方向进行长度测量的通用检测工具。属于高效率的现代精密测量仪器。由导向机构、位移测量元件和读数装置组成。以精密机械为基础，综合应用了电子、计算机、光栅与激光干涉等先进技术。按精度可分为计量型和生产型两类。计量型在计量室在恒温恒湿条件下用于精密测量，分辨率在 0.1～2 μm 之间。生产型在车间用于生产过程中的检测，分辨率在 1～10 μm 之间。三坐标测量机的使用可以节省人力和时间，提高测量精度，还使一些大型工件和复杂型面的测量成为可能，比如透平叶片、凸轮、轿车轮廓形状和尺寸等的测量。

渗透检测（liquid penetration inspection）根据液体对固体具有润湿和毛细渗透能力的物理现象对物体进行检测的方法，属无损探测方法的一种。在操作时，先将被探测的工件浸没在具有高度渗透能力的渗透液中，使渗透液渗入工件表面的缺陷中，然后把多余的渗透液清洗干净，再敷涂一层亲和附着力很强的白色显像剂，将渗入缺陷中的渗透液吸出，白色涂层上便显示出缺陷的形状及其位置的明显图案。渗透检测的优点是设备简单、显示直观、经济实用、原理简明易懂，并可同时显示出各个不同位置的各类缺陷。适宜对大型工件和不规则零件以及现场工件的检查。缺点是难于检测深层缺陷，且操作手续、工序均较繁锁。

数控测量（numerical control survey）用计算机和

数控技术对产品几何量进行的自动化检测。产品结构的复杂，必然导致模具零件形状的复杂。传统的几何检测手段已无法适应模具的生产。现代模具制造已广泛使用三坐标数控测量机进行模具零件的几何量的测量。三坐标数控测量机除了能高精度地测量复杂曲面的数据外，其良好的温度补偿装置、可靠的抗振保护能力、严密的除尘措施以及简便的操作步骤，使现场自动化检测成为可能。

水平仪（sprit level）一种以水平面为基准，利用重力现象测量微小倾角，以确定被测对象的水平度、直线度与平面度的测量仪器。它有水准泡式水平仪和电子水平仪之分。水准泡式水平仪将酒精或乙醚等液体封入圆柱形玻璃管水准泡里，里边留有很小的气泡。当气泡管偏离水平面一个倾角时，气泡移动一个相应的距离。测量时只要读出移动值便可得出倾斜的角度。常用的水平仪有框式水平仪、合相水平仪、电子水平仪等。电子水平仪又分为电容式、电阻式和电感式水平仪。

W

万能工具显微镜（universal microscope）用瞄准显微镜对工件进行精确定位，并进行纵横两个方向长度测量的光学计量仪器。它由显微镜、纵横向工作台及读数系统、纵横导轨、立柱、底座等组成。显微镜放大倍率为 10～50 倍。它可以用于测量长度和角度，也可以检验几何形状复杂的零件。该仪器带有多种附件，运用这些附件可以扩大万能工具显微镜的应用范围。其主要附件有：分度台、分度头，可进行圆周分度测量；光学测孔器，可以进行小孔、盲孔测量；测量刀，可以进行轴切法测量；双像目镜，可进行孔心距测量；轮廓目镜，可进行轮廓的比较测量等。比较先进的工具显微镜的读数系统采用光栅及光电转换数显系统，并用电子计算机进行测量控制和测量数据处理。

无损检测（nondestructive testing）在被检测对象无任何损坏的条件下，对其内部缺陷的性质、大小、形状和位置进行分析和评价的一种检测技术。其检测原理是对被检测对象施加某一物理量后，观察或检测出由于其内部缺陷引起的该物理量的变化，并据此对缺陷进行分析和评价。它是由无损探伤逐步完善和发展起来的一种新技术。它使材料缺陷的检测技术从定性发展到定量，从探伤发展成测伤，不仅能测出缺陷的有无和位置，而且能测出缺陷的类型、尺寸、形状、取向等。所用物理量从常规的声、光、电、热、磁等发展到核辐射、声发射、激光全息、红外、微波、粒子束等。在技术手段上发展了种种成像技术。应用范围从产品质量检查、在线检测，发展到残余应力测定、金属显微组织和晶粒度测定、材料屈服点和硬度测定等。根据无损检测的结果，可以对产品的可靠性和寿命作出评估，对防范突发事故作用明显。

X

虚拟仪器（virtual instrument，VI）利用计算机，加上特殊设计的仪器硬件和专用软件，形成既有普通仪器的基本功能，又有一般仪器所没有的特殊功能的新型仪器。也有专家认为，虚拟仪器是"将传统测量仪器中的公共部分（如电源、操作面板、显示屏幕、通信总线和相关测量功能）集中起来共享，利用计算机及网络技术，通过软件与硬件的结合实现多种物理仪器的共享"。虚拟仪器的优点：（1）于设备利用率高、维护方便、能够获得较高的经济效益。用户可以根据实际生产环境变化的需要，通过对软件的开发，拓展 VI 功能，以适应实际生产的需要。（2）是能够和网络技术结合，能够借助对象链接与嵌入、动态数据交换技术与企业内部网联接；与外界进行数据通信时，将虚拟仪器实时测量的数据输送到英特网，实现远程虚拟测试。

Y

遥测技术（telemetry）对被测对象的参数进行远距离间接测量的技术。由传感器测出被测对象的某些参数并转换成电信号，然后应用多路通信和数据传输技术将这些电信号传到远处遥测终端进行记录、处理和显示。遥测技术发展的显著特点是：遥测设备的集成化、固态化、模块化和计算机化。遥测技术在传输距离、数据容量、测量精度以及设备小型化等方面得到了长足进展，并在许多行业中都有广泛的应用。

圆度仪（roundness measuring equipment）一种测量圆度误差的仪器。它是用半径差法（即回转轴法）进行测量的。测量时零件与精密轴系同心安装。零件转一周其横截面的径向变化由长度传感器测得。可以由记录器描绘被测量的实际轮廓，用同心圆模板确定其误差值。也可以将测得值送入计算机，自动评定和计算出被测零件的圆度误差，并将其结果显示并打印出来。它除了测量圆度外，还可以测量直线度、同轴度等。其应用范围广泛。

（七）流体传动与控制（Fluid Transmission and Control）

T

透平机械（turbomachinery）装有叶片的转子作高速旋转运动，流体（气体或液体）流经叶片之间通道时，叶片与流体之间产生力的相互作用，从而实现能量转化的动力式流体机械。按能量转化方向的不同，透平机械分为原动机和从动机。原动机将流体的能量（热能、势能或动能）转化为机械能，通过主轴带动发电机或其他从动机。原动机有汽轮机、燃气轮机、透平膨胀机、水轮机和风力机等。从动机由电动机或其他原动机拖动，将机械能转换为流体的能量，即提高流体的压力。从动机有通风机、透平压缩机、离心泵和轴流泵等。从动机和原动机在原理和结构上基本相同，只是工作过程相反。透平机械的工质可以是气体，如蒸气、燃气、空气和其他气体或混合气体，也可以是液体，如水、油或其他液体。透平机械主要分为轴流式、径流式和斜流式三种。在轴流式机械中，流体沿轴向流动；径流式机械中，流体主要沿着径向流动；斜流式机械中，流体的流动方向介于轴流式和径流式之间。

Y

液力变扭器（hydraulic torque converter）以液体为工作介质并具变速变矩功能的传动装置。它由泵轮、涡轮和导轮等构件组成。泵轮和涡轮是一对工作组合，泵轮通过液体带动涡轮旋转，而泵轮和涡轮之间的导轮，通过反作用力使泵轮和涡轮之间实现转速差并实现变速变矩功能。多用于汽车自动变速箱的传动。

液力传动（hydraulic transmission）一种借助液体介质实现功率或信号传递、转换、分配及控制的传动形式。它一般靠叶轮与液体之间的流体动力作用将动力机输入的转速、转矩加以转换，经输出轴带动工作机工作。在液力传动的输入、输出轴之间只靠液体为工作介质相互联系，构件之间不直接接触，属于非刚性传动范畴。液力传动的优点是能吸收冲击和振动，过载保护性能好，具有自动根据载荷变化调节转矩、转速的能力，带载荷启动容易，可保证原动机工作稳定。液力传动是一种性能优良，且具有自适应能力的无级变速传动，是传动现代化的发展方向之一。它在冲击大、惯性大的大型机械的传动装置中被广泛应用。典型的液力传动装置有液力耦合器和液力变扭器两种。

液力耦合器（hydraulic couplers）以液体为工作介质的一种非刚性联轴器。它的输出扭矩等于输入扭矩减去摩擦力矩。所以它的输出扭矩小于输入扭矩。其输入轴与输出轴间靠液体联系，工作构件间不存在刚性连接。液力耦合器的特点是：能消除冲击和振动；输出转速低于输入转速，两轴的转速差随载荷的增大而增加；过载保护性能和起动性能好，载荷过大而停转时输入轴仍可转动，不致造成动力机的损坏；当载荷减小时，输出轴转速增加直到接近于输入轴的转速，使传递扭矩趋于零。

液体黏性传动（liquid viscous drive）利用液体的黏性或油膜的剪切力来传递转矩和调节转速的传动形式。常见的液体黏性传动装置具有充油的两相对运动的平板，其间形成的剪切力大小与平板间的间距或油膜厚度成反比，与油的黏度和相对运动速度成正比。只需控制油膜厚度或受剪切油膜工作面积就可简单而方便地控制转矩和转速。这种传动具有无级调节转矩和转速的能力；具有柔性、可防止过载、结构简单、工作可靠、易于生产和实现产品系列化等特点。现已开发出系列新型传动元件，如无级调速液体黏性离合器、转矩无级控制制动器等。这类传动装置在节能降耗方面具有重大意义。

液压泵（hydraulic pump）液压传动系统中用来将机械能转换为液压能的一种能量转换装置。它是液压传动系统的动力元件，为系统提供压力油液。液压传动系统中所用的液压泵，是靠密封的工质容积发生变化而进行的。液压泵属于容积泵，主要有齿轮泵、螺杆泵、叶片泵、轴向柱塞泵和径向柱塞泵等。

液压冲击（hydraulic shock）液压系统中油路突然关闭或换向导致压力急剧升高的现象。造成这种现象的主要原因是液压速度的急剧变化、高速运动工作部件的惯性力和某些液压元件反应动作不够灵敏等。如油管内液体正以某一速度运动时，若瞬间关闭阀门，则油液流速突降至零。此时，油液的动能将转化为压力能，使压力急剧升高，造成液压冲击。高速运动工作部件（如油缸部件）突然换向时，换向阀迅速关闭，缸中油液不再排出，但活塞仍会惯性运动，导致压力急剧上升，造成液压冲击。这类现象可引起系统出现剧烈振动和噪声，并损坏设备，导致严重泄漏和降低液压装置的使用寿命，或使某些元件动作失灵而造成事故。尤其是在高压、大流量系统中，其破坏性更严重。故在设计液压系统时，应采取适当措施来降低液压冲击。

液压传动（hydraulic transmission）利用液体作为工作介质，在密封的回路里，以液体的压力能进行能量传递的传动方式。典型的液压传动装置由液压泵、液压控制阀、执行元件（液压缸、液压电机）等组成。液压传动具有以下优点：（1）液压传动的各种元件可根据需要方便、灵活地来布置；（2）重量轻、体积小、运动惯性小、反应速度快；（3）操纵控制方便，可实现大范围的无级调速（调速范围达 2 000∶1）；（4）可自动实现过载保护；（5）一般采用矿物油为工作介质，相对运动面可自行润滑，使用寿命长；（6）很容易实现直线运动；（7）容易实现机器的自动化。当采用电液联合控制后，不仅可实现更高程度的自动控制过程，而且可以实现遥控。

液压电机（hydraulic motor）一种将液压能转换为机械能的能量转换装置。它可以实现连续地旋转运动。液压电机分为高速和低速两大类。额定转速高于 500 r/min 时属于高速液压电机；额定转速低于该值时，属于低速液压电机。高速液压电机的基本类型有齿轮式、螺杆式、叶片式、轴向柱塞式等。它们的主要特点是：柱塞较高，转动惯量小，便于启动和制动，调节（调速和换向）灵敏度高。高速液压电机的输出扭矩不大，仅几十牛顿·米，故称为高速小扭矩液压电机。低速液压电机的基本类型是径向柱塞式。其主要特点是：排量大，体积大，转速低（可低到每分钟几转，甚至一转），可直接与工作机连接，使传动机构大大简化。通常低速液压电机的输出扭矩较大，可达几千牛顿·米到几万牛顿·米，所以又称为低速大扭矩液压电机。

液压机（hydraulic press）以高压液体传送工作压力的锻压机械。液压机的行程是可变的，能够在任意位置发出最大的工作压力。液压机工作平稳，没有振动，容易达到较大的锻造深度，适合于大锻件的锻造和大规格板料的拉深、打包和压块等工作。液压机主要包括水压机和油压机。某些弯曲、矫正、剪切机械也属于液压机一类。

液压系统（hydraulic system）由动力元件、执行元件、控制元件、辅助元件、工作介质五部分所组成的液压传动或控制系统。该系统分为液压传动装置和液压控制装置两大类。动力元件是指液压系统中把机械能转换成液压能的元件，由泵和泵的其他附件组成。执行元件是指把液压能转换成机械能、带动工作机构做功的元件。它可以是作直线运动的液压缸，或作回转运动的液压电机。控制元件是对液压系统的液体压力、流量、方向进行控制，并通过这些控制来实现对执行元件的运动速度、方向、作用力等控制。通过控制元件的作用，可以实现过载保护、程序控制等功能。控制元件主要指各种液压阀。辅助元件包括油箱、滤油器、油管及管接头、密封圈、压力表、油温计等。工作介质是传递能量的液压油，有各种矿物油、乳化液和合成型液压油等几大类。

（八）机械制造自动化（Machine Manufacture Automatization）

C

冲压机器人（pressing robot）在冷冲压生产中，为压力加工机械提供毛坯和卸下成品的专用工业机器人，是工业机器人的一种。冲压生产的特点是工作频率高而动作简单、重复，因而要求冲压机器人具有比通用型机器人更高的速度和运动平稳性，但运动自由度较小。其控制通常为点位控制，比通用型机器人简单。用于大型闭式压力机的冲压机器人通常采用悬挂方式安装在压力机的横梁上。每台压力机需配用两台机器人，一台上料，一台下料。压力机之间采用输送装置互相连接，组成冲压生产线。用于中小型开式压力机的冲压机器人通常采用落地式，安装在两台压力机之间。每台压力机配用一台机器人，同时完成前一台压力机的下料和后一台压力机的上料。多台压力机和机器人可以组成冲压自动线。

成组技术（group technology）一种合理组织中、小批量生产系统的方法。成组技术所研究的问题是如何改善多品种、小批量生产的组织管理，以获得如同大批量那样高的经济效果。其基本原则是根据零件的结构形状特点、工艺过程和加工方法的相似性，打破多品种界限，对所有产品零件进行系统的分组，将类似的零件合并、汇集成一组，再针对不同零件的特点组织相应的机床并形成不同的加工单元，对其进行加工。经过这样的重新组合可以使不同零件在同一机床上用同一个夹具和同一组刀具，稍加调整就能加工，从而变小批量生产为大批量生产，提高生产效率。成组技术可以利用计算机自动进行零件分类、分组，不仅应用到产品设计标准化、通用化、系列化及工艺规程的编制过程，而且在生产作业计划和生产组织等方面也有较多的应用。

D

电气传动机器人（electrical driving robot）一种用交流或直流伺服电动机驱动，且不需要中间转换机构的机器人。其机械结构简单、响应速度快、控制精度高，是工业生产中常用的机器人传动机构。

锻造机器人（forging robot）在自由锻和模锻生产中，用于抓持毛坯、完成锻造操作的专用型工业机器人，是工业机器人的一种。锻压生产条件恶劣，劳动强度很高，有些重型锻件不能够靠人力抓持。使用锻造机器人的目的是代替人的劳动和完成人力不能胜任的作业。目前广泛应用的锻造机器人是主从操作方式的机器人，即由一个人力驱动的主动机器人和一个由动力驱动的从动机器人组成。操作工用手控制主动机器人各关节的空间位置和运动路径，模仿实际锻造作业的各个动作；从动机器人准确地放大和再现这些动作，从而完成实际的锻造作业。锻造机器人的控制比较简单，可以采用计算机实现。无计算机控制的锻造机器人，常被称为锻造操作机。

G

刚性联结自动线（rigid coupling automatic production line）在工序之间没有储料装置，工件的加工和传送过程有严格的节奏性的自动生产线。在刚性联结自动线中，当某一台设备发生故障而停歇时，会引起全线停工。因此，对刚性联结自动线中各种设备的工作可靠性要求较高。

关节机器人（joint robot）一种由大小两臂和立柱等机构组成，大小臂之间用铰链连接形成肘关节，大臂和立柱连接形成肩关节，运动类似人的手臂，可实现三个方向旋转运动的机器人。它能抓取靠近机座的物件，也能绕过机体和目标间的障碍物去抓取物件，具有较高的运动速度和极好的灵活性，是最通用的机器人。

J

机电一体化（mechanotronics）将机械技术与电子技术、微型计算机技术有机结合的新型工程技术。它包括机电一体化产品和机电一体化生产系统两部分。机电一体化产品是在信号控制下工作的自动装置，小到电子式照相机，大到数控机床等设备。机电一体化生产系统是使用计算机辅助设计，并依照程序通过计算机控制加工设备参数的变化和运行，形成柔性生产线进行自动化加工的系统。机电一体化产品和生产系统的结构，都是由测试传感部分、信息处理及控制单元、机械装置和动力部分等组成。机电一体化产品和生产系统，在大规模集成电路和微型计算机等高新技术支持下，不仅使机械产品的质量、产量和性能提高，并且缩短了新产品的设计、生产周期。

机械手（mechanical hand）一种能模仿人手的某些动作、具有操作功能的机械装置。主要由手部和运动机构组成。根据被抓取物件的重量、形状、材质的区别，手部被设计成夹持型、托持型和吸附型等几种结构形式。根据改变被抓取物件的位置与姿态要求，运动机构有不同自由度之分，常用的具有两三个自由度，能完成升降、伸缩、旋转等动作。机械手有人工操作型和自动控制型。用于原子反应堆操持铀棒的主从式机械手，即是由人工操纵的。用于机械制造如数控机床、自动生产线、加工中心、柔性制造系统上的机械手，则是一种自动化机械装置，它可按固定程序在控制系统指挥下完成抓取、搬运物件、操持工具或更换刀具等工作。各种类型的机械手已在机械制造、冶金、轻工、原子能及危险工作环境等领域得到广泛应用。

机械制造柔性自动化技术（flexible automation technology of mechanical manufacturing）以数控技术为核心，将计算机技术、信息技术与生产技术有机结合在一起的新型制造技术。其应用范围包括产品设计、加工制造和相应的信息与管理系统。柔性自动化技术是当今机械制造业适应市场动态需求，加速产品更新的重要手段。采用柔性自动化技术，能够提高生产效率和产品质量、降低成本、减轻劳动强度、缩短制造周期和交货期。

机械制造自动化（mechanical manufacturing

automation）在无人直接参与的情况下，将原材料加工为机械产品的机械制造过程。整个制造过程从计划、管理、组织、控制到操作，均无人直接参与。它是机械制造领域的高科技。其内容包括：（1）制造系统的理论和方法；（2）柔性制造系统；（3）设计与制造一体化技术；（4）工厂自动化通讯网络、数据库；（5）人工智能技术及自动化中的规范化、标准化等。机械制造自动化经历了四个发展阶段：自动单机或刚性自动线阶段；以数控机床与加工中心为代表的现代机械制造自动化阶段；以柔性制造系统、柔性生产线为代表的新型自动化阶段；以计算机集成系统为代表的包括设计、制造、管理的全程自动化阶段。机械制造自动化将人们从笨重的体力劳动中解放出来，可节省劳动力，提高生产效率，保证产品质量，降低成本，缩短制造周期，加速产品的更新换代。

计算机辅助生产管理（computer aided production management）使用计算机技术对生产系统进行计划、控制、协调与均衡，使之有节奏地进行生产的管理系统。其目的是提高劳动生产率、降低成本、提高产品质量、满足市场的需求。该系统具有如下功能：（1）需求管理；（2）制订生产计划；（3）进行系统分析和辅助决策；（4）对生产车间进行控制；（5）提供信息库。

计算机集成制造（computer integrated manufacturing，CIM）将传统的制造技术与现代信息技术、管理技术、自动化技术、系统工程技术等有机结合形成的生产管理体系。它使企业产品全生命周期各阶段活动中有关的人员组织、经营管理和技术及其信息流、物流和价值流等有机集成并优化运行，以达到产品上市快、高质、低耗、服务好、环境清洁，进而延长产品生命周期，增强企业的生命力，使企业具有市场竞争优势。CIM 中的"制造"是广义制造概念，它包括了产品全生命周期各类活动——市场需求分析、模型设计、详细设计、生产、支持（包括质量控制、销售、采购、服务等）及产品报废、环境处理等的集合。

计算机集成制造系统（computer integrated manufacturing system，CIMS）一种应用于工业生产全过程的综合自动化系统。它包括市场预测、订单处理、采购、仓库和销售管理、生产计划控制、产品设计与制造、人员培训等多个方面。CIMS 是现代制造企业

的一种生产、经营和管理模式。它利用计算机通过信息集成实现现代化的生产制造，以求得企业的总体最佳效益。在 CIMS 中，通信系统是最重要的部分，能在正确的时间内将正确的信息传送到正确的地点，是实现计算机集成制造技术的关键。CIMS 具有通信距离短、实时性强、开放性好、标准化高、网络服务多样化的网络特点。由于各个部分对通信要求的差别很大，针对不同的需求需要采用不同的网络结构。CIMS 一般由六个子系统组成：（1）计算机辅助经营与生产管理系统；（2）计算机辅助产品设计、开发工程系统；（3）自动化加工制造系统；（4）计算机辅助储运系统；（5）企业质量控制系统；（6）数据库与通信系统。

K

可调自动线（tunableness control system）机床组合及工作参数可调节的自动线。为适应多品种生产的需要，提高生产率和灵活性，发展能快速调整的可调自动线是主要发展方向。数字控制机床、工业机器人和电子计算机等技术的发展，以及成组技术的应用，使自动线的灵活性更大，可实现多品种、中小批量生产的自动化。多品种可调自动线降低了自动线生产的经济批量，因而在机械制造业中的应用越来越广泛，并向更高度自动化的柔性制造系统发展。

M

模态分析（modal analysis）利用计算或试验分析获得结构模态参数的过程。它是研究结构动力特性的一种近代方法，是系统辨别方法在工程振动领域中的应用。模态是机械结构的固有振动特性，每一个模态具有特定的固有频率、阻尼比和模态振型。模态分析的最终目标是识别出系统的模态参数，为结构系统的振动特性分析、振动故障诊断和预报以及结构动力学特性的优化设计提供依据。模态分析技术的应用可归结为五个方面：（1）评价现有结构系统的动态特性；（2）在新产品设计中进行结构动态特性的预估和优化设计；（3）诊断及预报结构系统的故障，（4）控制结构的辐射噪声；（5）识别结构系统的载荷等。

Q

气压传动机器人（pneumatic power robot）以压缩空气作为动力源驱动执行机构运动的机器人。它具有动作迅速、结构简单、成本低廉的特点，适于在高

速轻载、高温和粉尘大的环境中作业。

切削加工自动线（machining automatic production line）由工件传送系统和控制系统，将一组切削加工自动机床和辅助设备按照工艺顺序联结起来的自动生产线。切削加工自动线在机械制造业中发展最快、应用最广。主要有：用于加工箱体、壳体、杂类等零件的组合机床自动线；用于加工轴类、盘环类等零件的，由通用、专门化或专用自动机床组成的自动线；旋转体加工自动线；用于加工工序简单、小型零件的转子自动线等。

球坐标机器人（spherical coordinates robot）一种由回转机座、俯仰铰链和伸缩臂组成的、具有两个旋转轴和一个平移轴的机器人。可伸缩摇臂的运动结构与坦克的转塔类似，可实现旋转和俯仰运动。

R

热加工工艺数值模拟（numerical simulation of hot working processing）采用一组代数或微分方程（统称控制方程）来模拟（描述）一个热加工工艺过程或过程的某些方面，通过数值解法求解该方程组以获得对所研究过程的定量认识的现代解析研究方法。其特点是：无需经过实际工艺过程的实验就可获得完整详尽的工艺参数。如果配合某些必要的物理模型实验验证，可在计算机上进行工艺方案和工艺参数的优化选择，不仅能预测某特定工艺所能得到的最终结果，还能显示出工艺过程的变化规律。进行数值模拟，关键在于建立被研究对象的物理模型及控制方程，研究先进的数值解法（如有限差分法、有限单元法等），并备有高速度、大容量的电子计算机。它在热加工工艺学中已应用于研究塑性成型过程、铸型的充填和铸件凝固过程、焊接过程和焊接接头凝固过程、焊接结构应力及应变过程、热处理过程等。

柔性联结自动线（flexibility automatic production line）各工序（或工段）之间设有储料装置，各工序节拍不必严格一致的自动生产线。在柔性联结自动线中，某一台设备短暂停歇时，可以由储料装置在一定时间内起调剂平衡的作用，因而不会影响其他设备正常工作。综合自动线、装配自动线和较长的组合机床自动线常采用柔性联结。

柔性制造单元（flexible manufacturing component, FMC）柔性制造系统集成化、自动化、智能化的基本单元。一般由加工中心配置两个自动交换工件的托板或自动交换工作台组成。一个工作台（或托板）负责加工，另一个装卸工件，彼此轮流配合，形成最简单的物流系统。因此，它既可以独立地承担中小批量各类机械零件的加工任务，又可由多个柔性制造单元组成柔性化程度更高的柔性制造系统。

柔性制造模块（flexible manufactur module, FMM）扩展了自动化功能的数控机床。如刀具库、自动换刀装置、托盘交换器等，FMM相当于功能齐全的加工中心。

柔性制造系统（flexible manufacture system, FMS）由统一的信息控制系统、物料储运系统和一组数字控制加工设备组成，能适应加工对象变换的自动化机械制造系统。它由加工、物流、信息流三个子系统组成。它的工艺基础是成组技术，能按照成组的加工对象确定工艺过程，选择相适应的数控加工设备和工件、工具等物料的储运系统，并由计算机进行控制，故能自动调整并实现一定范围内多种工件的成批高效生产，且及时地改变产品以满足市场需求。该系统兼有加工制造和部分生产管理两种功能。柔性制造系统按机床与搬运系统的相互关系可分为直线型、循环型、网络型和单元型。

柔性装配系统（flexible assembling system）由统一的信息控制系统、物料储运系统和一组由可编程序控制器、数控设备控制的自动装配设备组成的、能适应装配对象变换的机械化自动装配系统。其工艺基础是成组技术。它按照成组的装配对象确定工艺过程，选择相应的可编程序控制器和数控设备以及物料储运系统，并由计算机进行控制，能自动调整并实现一定范围内的多种产品的成批、高效装配，从而满足市场需求。柔性装配系统兼有装配和部分生产管理两种功能。装配自动化的主要目的是：保证产品质量及其稳定性，改善劳动条件，提高劳动生产率，降低生产成本。柔性装配系统一般由三个部分组成：（1）可编程序控制器和数控设备控制的装配设备（包括自动检测和清洗设备）；（2）自动运输系统，将各台装配设备的自动装卸和存储装置相连；（3）控制系统内部各种设备协同动作的过程控制计算机及其相应的软件。柔性装配系统的柔性是指系统对外部和内部环境的变化具有自动作出反应并采取相应措施的能力。

柔性自动线（flexible manufacturing line，FML）由若干台柔性制造单元，按某些生产工艺要求连接起来，适应多品种、中小批量产品生产需要，能快速调整的自动生产线。它采用速度更快、容量更大的计算机控制系统，且具备通信功能；采用自动化程度更高、能保证生产过程连续化的物流系统（如单轨传送带、机械手、机器人）。它比一般的刚性自动生产线具有多用性和灵活性。在机械制造业中，柔性自动线应用越来越广泛。

S

数控机器人（digital control robot）操作人员通过数值、语言等对其进行顺序、条件、位置及其他信息的示教而进行作业的机器人。这类机器人并不由操作人员对其进行手动示教，而是由操作人员向它提供运动程序，让它执行给定的任务。这类机器人属第一代机器人，其控制方式与数控机床一样。数控技术是计算机应用的一个方面，主要是以专用或通用计算机来控制机械设备（如机床），使之实现过程的自动控制及自动化操作，从而生产出合格的产品。设备系统工作所需的信息（例如被加工零件的图样及工艺要求等）顶先变换为数字、语言等形式，在生产准备阶段及过程中陆续输入到设备系统的数控装置或控制计算机中。将数控技术用于机器人的控制，可省去人工导引示教的麻烦，提高作业精度，降低机器人的成本。

数控技术（digital control technique）一种用数字化信息进行自动控制的技术。数控技术首先在机床行业获得广泛的应用，现在已有数控车床、数控铣床、数控磨床、数控加工中心、数控钻床、数控线切割机床等。在其他行业也出现许多数控设备，例如：火焰切割机、弯管机、压力机、检查机、绘图机、冲剪机、电火花加工机等。

数字化制造技术（digital manufacturing technology）将数字化技术用于支持产品全生命周期的制造活动和企业的全局优化运作的技术。数字化技术是以数字电子计算机硬软件、周边设备、协议和网络为基础的信息离散化表述、定量、感知、传递、存储、处理、控制、联网的集成技术。数字化制造技术的发展趋势是制造信息的数字化，实现计算机辅助设计、计算机辅助工艺规划、计算机辅助制造、计算机辅助工程的一体化，使产品向无图纸制造方向发展。通过局域网实现企业内部并行工程，通过互联网建立跨地区的虚拟企业，实现资源共享，优化配置，使制造业向互联网辅助制造方向发展。

T

通用机器人（universal robot）具有独立控制系统，通过改变控制程序能完成多种作业的机器人。其结构复杂，工作范围大，定位精度高，通用性强，适用于不断变换生产品种的柔性制造系统。

X

先进制造技术（advanced manufacturing technology，AMT）以提高综合效益为目标，以信息技术为支柱，使原材料成为产品而采用的一系列高新技术和现代管理技术等先进技术的总称。AMT 强调计算机技术、信息技术和现代管理技术在产品设计、制造和生产组织管理等方面的应用及环境保护。它包括三大主体技术群：工程设计技术群、工程制造技术群、现代管理技术群。在这三大主体技术群之间存在大量的信息交换，组成一个有机的整体。工程设计技术群包含计算机辅助设计、系统设计、可靠性设计、虚拟设计、工业造型设计等先进设计技术。工程制造技术群包含计算机辅助制造、计算机集成制造系统、数控技术、柔性制造系统、快速成型等先进制造技术。现代管理技术群包含管理信息系统、决策支持系统、企业资源规划、经济信息系统、产品数控管理等先进管理技术。

现代焊接技术（modern welding technique）固相和高能焊接等特种焊接技术。它包括电子束焊、等离子焊、摩擦焊、扩散焊、激光焊、真空钎焊等。电子束焊、等离子焊、激光焊等具有很高的能量密度，既可焊接钽、钛、钼、铌等活泼金属，又可焊接难熔的任何金属、非金属材料；因其热变形小，既可焊接微电子器件，又可焊接航空、核工业等的大型构件。摩擦焊具有高的焊接质量、精度和生产效率。真空扩散焊则适合一切金属和非金属如陶瓷与金属、石墨与金属等材料的焊接。采用这种焊接技术，无焊接热影响区、无焊接变形、无氧化，因而适合精密件的焊接。

虚拟制造技术（virtual manufacturing technology）在计算机上模拟产品的制造和装配全过程的技术。它利用仿真与虚拟现实技术，在高性能计算机及高速网络的支持下，采用群组协同工作方式，通过模型来模拟和预估产品功能、性能及可加工性等各方面可能存在的问题，实现产品制造的本质过程（包括产品的设计、工艺规划、加工制造、性能分析、质量检验），并进行过程管理与控制。虚拟制造技术具备下列特征：（1）提供关键的设计和管理决策对生产成本、周期和能力的影响信息，为正确处理产品性能与制造成本、生产进度和风险之间的平衡问题作出正确的决策；（2）提高生产过程的效率，可以按照产品的特点优化生产系统的设计；（3）通过生产计划的仿真，优化资源的利用，缩短生产周期，实现柔性制造和敏捷制造；（4）可以根据用户的要求修改产品设计，及时作出报价和保证交货期。

虚拟轴机床（virtual axis machine tool）将机器人技术和机床技术相结合的一种先进机床。虚拟轴机床突破了传统机床的工作轴线的概念，这类机床由并联杆系构成，其典型结构是通过可以伸缩的六条"腿"连接定平台和动平台，每条"腿"各自单独驱动。控制六条"腿"的长度就可以控制装有主轴头的动平台在空间中的位置和姿态，以满足刀具运动轨迹的要求，实现具有六自由度运动的复杂曲面的加工。由于虚拟轴机床采用闭环并联机构，形成全对称布局，故具有模块化程度高、重量轻、出力大、精度高、速度快和造价低等优点。在机床动平台装备机械手腕、电主轴、激光器或CCD摄像机等末端执行机构，可在一定范围内实现多坐标数控加工、装配与测量等多种功能。特别适合于复杂型腔、三元叶轮、叶片及异性零件复杂三维空间曲面的加工。

Y

液压传动机器人（hydraulic driving robot）采用液压元器件驱动的机器人。它具有负载能力强、传动平稳、结构紧凑、动作灵敏等特点。它适用于重载、低速驱动场合。

圆柱坐标机器人（cylindrical coordinates robot）由立柱和一个安装在立柱上的水平臂组成，其立柱安装在回转机座上，水平臂可以自由伸缩，并可沿立柱上下移动的机器人。该类机器人具有一个旋转轴和两个平移轴。其结构简单，刚性好，但空间利用率低，常用于重物的装卸和搬运。

Z

直角坐标机器人（cartesian coordinate robot）在机械工程中能够实现自动控制、可重复编程、多功能、多自由度、运动自由度间成空间直角关系、多用途的机器人。其特点是：（1）多自由度运动，每个运动自由度之间的空间夹角为直角；（2）自动控制、可重复编程，所有的运动均按程序运行；（3）一般由控制系统、驱动系统、机械系统、操作工具等组成；（4）灵活、多功能，因操作工具的不同而功能不同；（5）高可靠性、高速度、高精度；（6）可用于恶劣

的环境，可长期工作，便于操作维修。它能够搬运物体、操作工具，以完成各种作业。

智能制造（intelligent manufacturing, IM）由制造技术、自动化技术、系统工程与人工智能等学科互相交织而形成的一门综合技术。它利用计算机模拟制造业专家的分析、推理、判断、构思和决策等智能活动，并将这些智能活动与智能机器有机地融合起来，将其贯穿应用于整个制造业的各个子系统，以实现整个制造企业经营运作的高度柔性化和高度集成化，从而取代或延伸制造业专家部分脑力劳动，并对专家智能信息进行搜集、存储、完善、共享、继承和发展。智能制造的研究内容包括智能活动、智能机器以及两者的有机融合技术，其中智能活动是智能制造的核心。智能制造对于提高产品质量、生产效率、市场响应能力和降低成本等具有重要意义。

智能制造系统（intelligent manufacturing system）由智能机器和人类专家共同组成的人机一体化智能系统。它在制造过程中能以一种高度柔性的方式，借助计算机模拟人类专家的智能活动进行分析、推理、判断、构思和决策等，从而取代或者延伸制造环境中人的部分脑力劳动。同时，收集、存贮、完善、共享、集成和发展人类专家的智能。其特征是具有自组织能力、自律能力、自学习和自维护能力以及整个制造环境中的智能继承能力。

专用机器人（special robot）在固定地点以固定程序工作的机器人。其结构简单、工作对象单一、无独立控制系统、造价低廉。附设在加工中心机床上的自动换刀机械手就是专用机器人的一种。

自动控制系统（automatic control system）对组成现代机械的动力机（主要是电动机或电动机群）进行程序控制和调速的自控装置。对电动机进行速度控制（即调速），是控制系统中的重要环节。调速包括：（1）人为地或自动地改变电动机的稳定转速，以满足工作机械的要求；（2）稳定速度，即要求转速不随负载及其他外界因素的变化而变化，保持在所需要的数值上。这就要求随时用传感器监视转速的数值，并在控制环节中与事先输入的规定转速比较后，发出相应的速度调节信号，构成闭环稳速系统。当转速要求只有有限的几级时，可采用有级调速。此种调速方法简单，可用异步电动机变极调速或直流电动机电枢串联多级变阻器调速等，也

可采用机械传动来实现。当要求电动机转速在一定范围内平滑地调节到任何数值时，用无级调速系统。该调速法转速变化均匀、适应性强并容易实现自动化。无级调速可采用异步电动机变频调速或直流电动机变压调速等来实现。

自动生产线（automatic production line）用工件传输系统将若干台数控机床或自动机械按加工工序组合起来，自动完成加工、检验、装配、运输等生产任务的自动化机械制造系统。在自动线上，工人不直接参与操作，其主要任务是对自动线进行管理、监督、调整和维修。自动线中设备的连接方式分刚性连接和柔性连接两种。后者常在综合自动线、装配自动线和较长的组合机床自动线中采用。机械制造业中常见的自动线有：铸造、锻造、冲压、热处理、焊接、切削加工和装配自动线；也有能完成从毛坯制造、零部件加工、装配、检验和包装、运输等工序的综合自动线。自动线适用于互换性强、标准化、大批量的零部件加工以及有稳定市场、技术先进、批量很大的产品的生产。

自动线控制系统（automatic line control system）用于保证自动线内的机床加工、工件传送、故障寻检以及辅助设备按照规定的工作循环和连锁要求正常工作的自控装置。为适应自动线的调试和正常运行的要求，控制系统有三种工作状态：调整、半自动和自动。在调整状态时可手动操作和调整，实现单台设备的各个动作；在半自动状态时可实现单台设备的单循环工作；在自动状态时自动线能连续工作。控制系统有"预停"控制机能。当自动线在正常工作情况下需要停车时，能在完成一个工作循环、各机床的有关运动部件都回到原始位置后才停车。自动线的其他辅助设备是根据工艺需要和自动化程度设置的。如工件自动检验装置、自动换刀装置、自动捧屑系统和集中冷却系统等。为提高自动线的生产率，必须保证自动线的工作可靠性。影响自动线工作可靠性的主要因素是其加工质量的稳定性和设备工作的可靠性。

（九）专用机械工程（Appropriative Mechanical Engineering）

B

半导体加工技术（semiconductor machining）在以硅为主要材料的基片上进行沉积、光刻与腐蚀的工艺技术。它是对半导体的表面和立体的微细加工。半导体加工技术使得微型机电制作系统具有低成本、大批量生产的潜力。

爆炸成型（explosive forming）利用炸药爆炸瞬间产生的巨大能量和冲击力，使金属板材受热产生塑性流动成型为特定形状的技术。除了用于板材成型外，也可以进行金属粉末的烧结爆炸成型，以及使不同金属板材瞬间完成焊接复合成型。爆炸成型可分为有模爆炸成型和无模爆炸成型。因有模爆炸成型模具寿命短，故无模爆炸成型成为更有前途的成型工艺。爆炸成型可简化模具结构、甚至无需模具、可加工各种形状复杂及刚性模难以加工的空心零件。其加工件具有回弹小、精度高、质量好、无焊缝和加工成型速度快、不需要冲压设备等优点。在宇航、军工、化工等方面得到广泛的应用。

爆炸焊（explosive welding）利用炸药的爆炸冲击能使两金属构件的接头产生局部熔化、焊接在一起的工艺技术。也可以利用局部的点状或线状布药的方法进行局部点焊或线焊，即点爆和线爆。采用这种技术可使两种金属间获得点状或线状的连接。此外也可以利用爆轰波的边界性和局部性，在双金属板的局部位置有选择地布药，获得有限面积的局部焊接。爆炸焊所需装置简单、操作方便、成本低廉，适用于野外作业。爆炸焊对工件表面清理要求不太严，而结合强度却比较高，适合于异种金属，如铝、铜、钛、镍、钽、不锈钢与碳钢的焊接，铝与铜的焊接等。爆炸焊已广泛用于导电母线过渡接头、换热器管与管板的焊接和制造大面积复合板等。

爆炸喷涂（explosion spraying）利用爆炸产生的高温、高速气流将粉末喷射到工件表面形成涂层的方法。在爆炸喷涂时，产生的温度可达3300℃，流速可达700～760m/s，爆炸频率达4～8次/秒。其形成的涂层具有高结合强度和高致密度的特点。爆炸喷涂主要用于金属陶瓷、氧化物及特种金属合金。这种方法在航空产品上得到了广泛的应用。

D

电解刻蚀（electrolytic etching）又称电刻蚀，一种应用电化学阳极溶解的原理在金属表面蚀刻出所需的图形或文字的加工工艺。电刻蚀所去除的金属量较少，无需用高速流动的电解液来冲走由工件上溶解出的产物。在加工时，阴极固定不动。电刻蚀有四种加工方法：（1）按要刻的图形或文字，用金属材料加工出凸模作为阴极，被加工的金属工件作为阳极，两者一起放入电解液中。接通电源后，被加工工件的表面就会溶解出与凸模上相同的图形或文字。（2）将导电纸（或金属箔）裁剪或用刀刻出所需加工的图形或文字，然后粘贴在绝缘板材上，并设法将图形中各个不相连的线条用导线在绝缘板背面相连，作为阴极。（3）对于图形复杂的工件，可采用制印刷电路板的技术，即在双面敷铜板的一面形成所需加工的正的图形，并设法将图形中各孤立线条与敷铜板的另一面相连，作为阴极。（4）在待加工的金属表面涂一层感光胶，再将要刻的图形或文字制成负的照相底片覆盖在感光胶上，采用光刻技术将要刻除的部分暴露出来。这时阳极仍是待加工的工件，而阴极可用金属平板制成。

电刻蚀（electrolytic etching）见电解刻蚀。

电子束光刻（electronbeam lithography）利用电子束的化学效应进行加工的方法。用低功率密度的电子束照射工件表面，虽不能引起表面的温升，但入射电子与高分子材料的碰撞，会导致它们的分子链的切断或重新聚合，从而使高分子材料的化学性质和分子量产生变化。这种现象叫电子束的化学效应，也称为电子束曝光。电子束光刻在掩膜版制造业中得到广泛应用。

G

光刻电铸技术（light galvanoplasty，LIGA）由半导体光刻工艺派生出来的采用光刻方法一次生成三维空间微机械构件的方法。它由深层X射线光刻、电铸成型及注塑成型三个工艺组成。在光刻过程中，一张预先制作的模版上的图形被映射到一层光刻掩膜上，掩膜中被光照部分的性质发生变化，经过冲洗被溶解，剩余的掩膜即是待生成的微结构的负体。在电铸成型过程中，从电解液中析出的金属填充到光刻出的空间而形成金属微结构。LIGA技术的主要工艺过程由X光光刻掩膜版的制作、X光深光刻、光刻胶显影、电铸成型、塑模制作、塑模胶模成型等。LIGA

技术具有平面内几何图形的任意性、高深度比、高精度、小粗糙度、原材料的多元性等优点。

光刻加工技术（lithography machining）用照相复印的方法将光刻掩膜上的图形印制在涂有光致抗蚀剂的薄膜或基材表面，然后进行选择性腐蚀，刻蚀出规定的图形的一种加工技术。所用的基材有各种金属、半导体和介质材料。光致抗蚀剂是一类经光照后能发生交联、分解或聚合等光化学反应的高分子溶液。光刻工艺的基本过程通常包括涂胶、曝光、显影、坚膜、腐蚀、去胶等步骤。在制造大规模、超大规模集成电路等场合、需采用计算机辅助设计技术，把集成电路设计和制版结合起来，即进行自动制版。光刻质量与光致抗蚀剂种类、光刻工艺及掩膜版质量直接相关。

光敏液相固化法（stereolithography apparatus，SLA）又称立体光刻，利用立体雕刻原理而形成的快速原型制造技术。其工艺过程为：液槽内盛有液态的光敏树脂，在紫外光照射下产生固化，工作平台位于液面之下。成型作业时，聚焦后的激光束或紫外光光点在液面上按计算机指令由点到线，由线到面逐点扫描，扫描到的地方光敏树脂液被固化，未被扫描的地方仍然是液态树脂。当一个层面扫描完成后，升降台下降一个层片厚度的距离，重新覆盖一层液态光敏树脂，再次进行第二层扫描，新固化的一层牢固地黏结在前一层上，如此重复直至整个三维零件制作完毕。SLA法的工艺特点是：（1）可成型任意复杂形状的零件；（2）成型精度高，可达±0.1mm左右；（3）材料利用率高，性能可靠。SLA法工艺适用于产品外形评估、功能试验、快速制造电极和各种快速经济模具。

K

快速原型制造技术（rapid prototyping and manufacturing，RPM）由计算机辅助设计模型直接驱动的快速制造任意复杂形状三维实体技术的总称。快速原型技术采用离散/堆积成型的原理，其过程是：先由三维计算机辅助设计软件设计出所需零件的计算机三维曲面或实体模型（也称电子模型），然后根据工艺要求，将其按一定厚度进行分层，把原来的三维电子模型变成二维平面信息（截面信息），即离散的过程；再将分层后的数据进行一定的处理，加入加工参数，产生数控代码，在微机控制下，数控系统以平面加工方式有序地连续加工出每个薄层,并使之自动黏结而成型。这就是材料堆积的过程。快速原型制造技术可以制造任意复杂的三维几何实体。其成型设备无需专用夹具或工具,并且在成型过程中不需要人的干预。快速原型制造技术已广泛应用于家电、汽车、航空航天、工业设计等领域。

L

立体光刻(solid laser chisel)见光敏液相固化法。

N

纳米加工(nanotechnology)其工件精度达 $0.03\mu m$ 以上,粗糙度优于 $0.005\mu m$ 以上的加工工艺。

纳米压印技术(nanoimprint lithography process,NIL)利用电子束、聚焦离子束等在模版上制作出 $100\sim10nm$ 以下的工艺图形后,将模版压入一层薄的聚合物薄膜,通过加热或化学的方法将薄膜固化,在聚合物上印制模版图形的纳米结构制作技术。纳米压印技术根据其固化方法的不同,可分为热压印、紫外压印(步进-闪光压印)和微接触印刷。纳米压印具有分辨率高、成本低等优点,可应用于半导体制造(尤其是集成电路)、生物芯片、微机电系统和其他纳米结构的图形复制。

纳米制造技术(nano manufacture)在 $0.1\sim100nm$ 的空间尺度内操纵原子和分子,对材料进行加工,制造出具有特定功能的人工纳米结构与器件的加工技术。纳米制造是在现代物理学、化学和先进工程技术相结合的基础上诞生的,是一门与高技术紧密结合的新型科学技术。它包括纳米级加工和纳米级测量技术,即原子和分子的去除、搬迁和重组,微型、超精密机械和机电系统等。传统的机械加工方法是用车、磨、铣、刨、钻等机床,把材料加工成各种需要的工件,即自上而下,从大到小的加工方法。其加工的过程必然要去掉一些下脚料,造成浪费。而纳米制造技术则是由相反方向进行器件制造的,直接由原子、分子完整地构造器件,因而就不存在材料浪费问题。

R

热压印技术(hot embossing lithography,HEL)在高温高压下进行纳米结构压印的技术。其工艺过程为:压模制备、压印过程、图形转移。即先利用电子束刻印术或其他先进技术制备坚硬的压模;然后在用来绘制纳米图案的基片上旋涂一层聚合物薄膜,将其放入压印机加热,并将压模压在聚合物薄膜上,降低温度使聚合物凝固化,这样就在基片上

的聚合物压印出凸起的图案;最后,进行图形转移,即将基片上的聚合物图案转换成所需材质的图案。这是一种在微纳米尺度快速获得低成本的并行复制结构的方法。它仅需一个模具,即可将完全相同的结构按需要重复复制到大的表面上。与传统的纳米加工方法相比,它具有方法灵活、成本低廉和生物相容等特点,且可以得到高分辨率、高深宽比结构。

S

SPF/DB 组合工艺(superplastic forming/diffusion bonding,SPF/DB)将构件毛坯装入模具后,在一次加热过程中,既完成毛坯的扩散连接又完成超塑成型的新工艺。某些金属或合金在特定的组织结构和工艺条件下,呈现出异常高的塑性且无缩颈的现象称为超塑性。利用材料的这种特殊性能进行构件成型的工艺称超塑成型。扩散连接也称扩散焊,属固态焊接方法。SPF/DB 组合工艺主要用于制造钣金构件,代替常规的铆接、螺接、焊接结构,可改善构件的整体性能。用此工艺制作的构件,重量可减轻 $10\%\sim30\%$、成本可降低 $20\%\sim50\%$。其研究重点是钛合金夹层结构的制造及应用和铝合金(含铝锂合金)的 SPF/DB 组合工艺研究,以满足新一代高性能飞机和航天器的发展需求。

三维印刷成型法(threedimensional printing,3DP)通过喷头用黏结剂将零件的截面"印刷"在材料粉末上面的快速原型制造技术。用黏结剂黏结的零件强度较低,还需后处理。先烧掉黏结剂,然后在高温下渗入金属,使零件致密化,以提高强度。该工艺已被用于制造铸造用的陶瓷壳体和芯件。

W

微成型技术(particulate molding)将激光烧结快速成型技术与纳米技术、激光技术、计算机控制技术结合起来,应用分层制造方法成型三维微结构的加工技术。它是激光快速成型技术在微领域的应用和发展。微成型技术在微机械加工中,一个重要技术指标是分辨率。在快速成型微细加工中,把分辨率区分为扫描分辨率以及成型分辨率。扫描分辨率指扫描机构移动的最小距离;成型分辨率是指成型的最小单位,也称为光固化单元。该技术是 21 世纪科学技术发展的趋向之一,即向微小方向发展,由毫米级、微米级继而涉及纳米级。

微接触印刷工艺(microcontact printing,μCP)在微接触条件下进行纳米压印的工艺。其基本过程

是：先通过光学或电子束光刻得到模版，然后在模版表面涂一层选定的液体，待其聚合成型、固化后从模版中脱离，得到进行微接触印刷所要求的压模；接着，使压模浸墨，然后将浸过墨的压模印刷到镀金衬底上（衬底可用玻璃、硅、聚合物等多种材料）。此方法不但具有快速、廉价、操作灵活的优点，而且不需要洁净的空间和苛刻的条件，也不需要绝对平整的表面。用此工艺可加工生物传感器。

物体分层制造法（laminated object manufacturing，LOM）利用背面带有黏胶的箔材或纸材通过相互黏结成型的快速原型制造技术。LOM 工艺具有成型速度快、成型材料便宜、无相变、无热应力、形状和尺寸精度稳定等优点，但其成型后废料剥离费时。此工艺适用于航空、汽车等行业中体积较大的制件。

X

选择性激光烧结法（selective laser sintering，SLS）采用激光对粉末材料进行选择性烧结，然后由离散点一层层堆集成三维实体的快速原型制造技术。是在一个充满氮气的加工室中作业的一种工艺。其过程是：先将一层很薄的可熔性粉末沉积到成型桶的底板上，该底板可在成型桶内作上下垂直运动。然后按计算机辅助设计数据控制激光束的运动轨迹，对可熔粉末进行扫描融化，并调整激光束强度正好能将层高为 0.125~0.25mm 的粉末烧结成型。当激光束按照给定的路径扫描移动后，就能将所经过区域的粉末进行烧结，从而生成零件原型的一个个截面。在零件原型烧结完成后，可用刷子或压缩空气将未烧结的粉末去除。SLS 工艺的特点是取材广泛，不需要另外的支撑材料。其所用的材料包括石蜡粉、尼龙粉和其他熔点较低的粉末材料。选择性激光烧结法在精密铸造、塑料制件生产以及金属零件和模具的制造中得以广泛应用。

（十）其他（Other Subjects）

B

并行工程（concurrent engineering，CE）对产品及其生产与支持过程进行并行、一体化设计的系统方法。并行工程也可看做是计算机集成制造的第二阶段，即产品开发过程的集成。并行工程的特征为：（1）缩短产品开发时间；（2）减少设计反复及变更的次数；（3）及时解决在设计、开发过程中出现的矛盾与冲突；（4）减少做原型的次数；（5）不同专业密切合作，易于产生新的思想和概念。实行并行工程的关键是对产品开发过程进行建模、分析与设计。并行工程在机械制造业中广泛应用。

C

冲压件（pressing partos）通过冲压处理及预处理而加工制作的零件。冲压制得的零件具有表面质量好、重量轻、成本低的优点。冲压工艺是一种经济的加工方法。在制造业中得到了广泛的运用，在现代汽车、拖拉机、电机、电器、仪器、仪表以及飞机、导弹、枪弹、炮弹和各种军、民用轻工业中已成为主要的生产工艺之一。

D

定向凝固技术（directional solidified materials）在金属液凝固过程中，严格控制热量按单一方向传出，使晶体在金属液中定向生长的工艺方法。该技术主要用于制备单晶和柱状晶铸件、自身共晶复合材料，以及用于生产具有特殊物理性能的功能材料，如磁性材料、导电材料等。

电解冶炼（electrolytic smelting）利用电解原理，对有色和稀有金属进行提炼和精炼的方法。它可分为水溶液电解冶炼和熔盐电解冶炼两种。水溶液电解冶炼在冶金工业中广泛用于提取和精炼铜、锌、铅、镍等金属。例如铜的电解提纯：将粗铜（含铜99%）预先制成厚板作为阳极，纯铜制成薄片作阴极，以硫酸和硫酸铜的混合液作为电解液。通电后，铜从阳极溶解成铜离子向阴极移动，到达阴极后获得电子而在阴极析出纯铜（亦称电解铜）。熔盐电解冶炼用于提取和精炼活泼金属（如钠、镁、钙、铝等）。例如，工业上提取铝：将含氧化铝的矿石进行净化处理，将获得的氧化铝放入熔融的冰晶石中，使其成为熔融状的电解体，以电解法制取金属铝。

多点成型技术（multipoint forming technology）金属板料三维曲面成型的一种柔性加工方法。该技术利用多点成型设备的柔性特点，无需换模就可以进行不同三维曲面件的成型。并且多点成型技术利用计算机辅助设计、辅助制造和辅助测试技术，将柔性制造技术和计算机技术结合为一体，从而实现无模、快速、数字化制造。相对于传统的模具成型方法，多点成型实现了一机多用的构想，既可节省模具设计与制造所需的大量时间和费用，又可降低产品的成本，加速产品的更新换代，适应小批量生产的要求。

F

反求工程（veversal project）将实物转变为与计算机辅助设计模型相关的数字化技术和几何模型重建技术的总称。其应用领域包括：（1）三维实体重构。在没有设计图样或设计图样不完整的情况下，可应用反求工程，加工复制出一个相同的零件。（2）产品定型。在初始设计模型上进行各种性能测试，通过实验建立符合要求的产品模型，最终确定的实验模型将成为设计该零件及反求其制造信息的依据。（3）产品修复。借助反求工程技术，可设计原型零件（如备品）。（4）影视、广告业。借助反求工程技术，可将演员、道具的立体模型输入计算机，用动画软件对其进行三维动画特技处理。反求工程作为仿制现有产品的一种手段，可使产品研发周期缩短。

G

概念产品（concept products）对设计目标进行的第一次结构化的、基本的、粗略的但是全面的构想。它描绘了设计目标的基本方向和主要内容。其中包括：（1）关于产品总体性能、结构、形状、尺寸和系统性特征参数的描述；（2）根据市场需求对产品进行的规划和定位；（3）根据概念设计产品，验证和评估产品对市场需求的满足程度，以便制定企业所期望的商业目标。概念产品不是直接用于生产、营销、服务的终端产品。

工程机械（engineering machinery）用于工程建设的施工机械的总称。工程机械种类繁多，按其用途主要分为：（1）挖掘机械。如单斗挖掘机、多斗挖掘机、滚动挖掘机、铣切挖掘机、隧洞掘进机等。（2）铲土运输机械。如推土机、铲运机、装载机、平地机、运输车、平板车和自卸汽车等。（3）起重机械。如塔式起重机、自行式起重机、桅杆式起重机、抓斗起重机等。（4）压实机械。如轮胎压路机、光面轮压路机、单足式压路机、振动压路机、夯实机、捣固机等。（5）桩工机械。如钻孔机、柴油打桩机、振动打桩机、压桩机等。（6）钢筋混凝土机械。如混凝土搅拌机、混凝土搅拌站、混凝土搅拌楼、混凝土输送泵、混凝土搅拌输送车、混凝土喷射机、混凝土

振动器、钢筋加工机械等。（7）路面机械。如平整机、道碴清筛机等。（8）凿岩机械。如凿岩台车、风动凿岩机、电动凿岩机、内燃凿岩机和潜孔凿岩机等。（9）其他工程机械。如架桥机、风动工具等。广泛用于建筑、水利、电力、道路、矿山、港口和国防等工程领域。

工效学（ergonomics）研究人、机械、环境相互间的合理关系的机械工程分支学科。其目的是保证人们安全、健康、舒适地工作，并取得满意的工作效果。它吸收了自然科学和社会科学的知识内容，是一门涉及面很广的边缘学科。在机械工业中，工效学着重研究如何使设计的机器、工具、成套设备的操作方法和作业环境更适应操作人员的要求。

工艺模拟技术（processing simulation）通过计算机软件模拟进行工艺分析和工艺参数优化的技术。传统的成型技术是建立在经验和实验数据基础上的技术。采用传统成型技术，制定一个新的零件成型工艺，在生产时往往还要进行大量修改调试。计算机和计算技术，特别是非线性问题的计算技术的发展，使成型过程的模拟分析和优化成为可能。国外通过大量工作已经开发出铸造、锻造、覆盖件冲压、模具计算机辅助设计、计算机辅助制造等多项商业软件，有力地推动了成型技术的发展。

H

混杂复合材料（mix composite）由两种或两种以上增强相混杂于一种基体相中而构成的材料。与普通单增强相复合材料比，其冲击强度、疲劳强度和断裂韧性显著提高，并具有特殊的热膨胀性能。混杂复合材料分为层内混杂、层间混杂、夹芯混杂、层内／层间混杂和超混杂复合材料等。

J

精密合金（precision alloy）具有特殊物理性能的合金材料。精密合金通常包括磁性合金、弹性合金、膨胀合金、热双金属、电性合金、贮氢合金、形状记忆合金、磁致伸缩合金等。此外，实际应用中也常把一些新型合金划入精密合金的范畴，如阻尼减振合金、隐身合金、磁记录合金、超导合金、微晶非晶合金等。

夹层复合材料（intercalation compound）由性质不同的表面材料和芯材组合而成的材料。通常面材薄、强度高；芯材质轻、强度低，但具有一定刚度和厚度。夹层复合材料分为实心夹层和蜂窝夹层两种。

L

冷作模具钢（cold die steel）冲压模具所使用的材料。它是应用量大、使用面广、种类最多的模具钢。其主要性能要求有合适的强度、韧性、耐磨性。目前冷作模具钢的发展趋势是在高合金钢 D2（相当于中国 Cr12MoV）性能基础上，分为两大分支：一种是降低含碳量和合金元素量，提高钢中碳化物分布均匀度，突出提高模具的韧性；另一种是以提高耐磨性为主要目的，以适应高速、自动化、大批量生产而开发的粉末高速钢。

M

模糊控制技术（fuzzy control technology）基于模糊数学理论，通过模拟人的近似推理和综合决策过程，使控制算法的可控性、适应性和合理性提高的智能控制技术。模糊控制在工业窑炉、石油、化工等工业过程控制和家用电器的控制中应用成效显著，受到普遍重视。

P

喷射真空泵（ejector vacuum pump）利用文丘里效应的压力降产生的高速射流把气体输送到出口的一种动量传输泵。它分为水喷射真空泵、蒸汽喷射真空泵、汽水串联喷射真空泵、汽水组合喷射真空泵。喷射真空泵以其真空度范围广、可以直接抽吸水蒸气等可凝性气体和带有颗粒状的介质、结构简单、操作方便、无运转部件、维修量小、节能降耗等优点，广泛的应用在化工作业的各工艺中。

R

热塑性复合材料（fiber rinforced thermo plastics）用玻璃纤维、碳纤维、芳纶纤维等增强的各种增强热塑性树脂的总称。由于热塑性树脂和增强材料种类不同，其生产工艺和制成的复合材料性能差别很大。从生产工艺角度分析，热塑性复合材料分为短纤维增强复合材料和连续纤维增强复合材料两大类：（1）短纤维增强复合材料的成型方法主要有注射成型、挤出成型、离心成型；（2）连续纤维增强及长纤维增强复合材料的成型方法主要有预浸料模压成型、片状模塑料冲压成型、片状模塑料真空成型、预浸纱缠绕成型、拉挤成型。热塑性复合材料具有如下特殊性能：（1）密度小、强度高；（2）性能可设计性的自由度大；（3）热性能好；（4）耐化学腐蚀性强；（5）电性能优；（6）废能能回收利用。热塑性复合材料主要用于汽车制造工业、机电工业、化工防腐及建筑工程等方面。

人机工程学（human-machine engineering）研究"人—机—环境"系统中人、机、环境三大要素之间的关系，为解决系统中人的效能、健康问题提供理论与方法的科学。人机工程学研究人的特性和能力以及人受机器、作业和环境条件的限制，同时也研究人的能力和机器潜力的良好配合。人机工程学是人体科学、环境科学不断向工程科学渗透和交叉的产物。在人机系统中，操纵人员被看做是系统中的一个单元。操纵人员通过感觉器官接受来自机器的信息，了解其意义并予以解释或先进行计算，把结果与过去的经验和策略进行比较作出判断、决策，然后由人通过控制器官（手、脚）等去操纵机器。随着机械化、自动化、电子化的高度发展，人的因素在生产中的影响越来越大，人机协调问题也就越来越重要。研究人在生产、操作环境中的工作，研究人与机器、作业和环境条件的协调、配合等问题，能够提高工效和改善人的生存条件。

冗余技术（redundancy technique）通过增加多余的机构以保证机械系统更加可靠、安全工作的技术。冗余的分类方法多种多样。按照在系统中所处的位置，冗余可分为元件级、部件级和系统级；按照冗余的程度可分为 $1:1$ 冗余、$1:2$ 冗余、$1:n$ 冗余等多种。冗余设计的目的是使系统运行不受局部故障的影响，故障部件的维护对整个系统的功能实现没有影响，并可以实现在线维护，使故障部件得到及时的修复。冗余设计会增加系统设计的难度，冗余配置会增加设备的造价和用户的投资，但这种增加的投资换来了可靠性，提高了整套设备的平均无故障时间，缩短了平均故障修复时间。冗余对在重要场合使用的装置是非常必要的，如机器人、航天设备、星球车、海底勘探装置等。

S

伺服控制系统（servo control system）输出量跟随输入量变化而产生相应变化的系统。按其控制方式可以分为开环伺服系统和闭环伺服系统两大类。开环伺服系统主要由驱动电路、执行元件和被控对象三部分组成。驱动电路将输入量转化为驱动执行元件所需的信号，执行元件在信号控制下产生相应的动作，带动被控对象跟随输入量产生相应的变化。闭环伺服系统主要由驱动电路、执行元件、被控对象、检测装置以及比较环节五部分组成。检测元件将被控对象实际状况测出并转换成电信号反馈给比较环节，比较环节将反馈量与输入量比较后发出调节信号，经驱动电路推动执行元件动作，使被控对象产生与输入量相应的变化。伺服系统的驱动元件采用步进电机、直流电动机和交流电动机等。常见检测元件有旋转变压器、感应同步器、光栅、磁栅和编码盘等。比较环节依原理可分为脉冲比较、相位比较和幅值比较等。

Y

压力继电器（pressure switch）利用液体的压力来启闭电气触点的液压电气转换元件。当系统压力达到压力继电器的调定值时，发出电信号，使电气元件（如电磁铁、电机、时间继电器、电磁离合器等）动作，使液压系统的油路卸压与换向，执行元件实现顺序动作，或关闭电动机，使系统停止工作，起到安全保护作用。压力继电器有柱塞式、膜片式、弹簧管式和波纹管式等四种。

遥控技术（telecontrol technology）对远距离的控制对象发送指令以实现某项动作或功能的控制技术。如"嫦娥"一号卫星的三次变轨等，均是遥控技术在航空航天领域的具体应用。遥控技术是在自动控制技术和通信技术基础上发展起来的。一般用无线电信道传输控制信息（指令），也可用光通信线路或有线电通信方法传输控制信息。遥控技术在工业过程控制、家用电器、无线电运动及儿童玩具等领域都有广泛的应用。

永磁电动滚筒（permanent-magnetic motorized pulley）一种在转动的滚筒内采用高性能硬磁材料组成复合磁系，依靠磁力进行筛选、分离、清理铁质的装置。它具有磁场强度高、深度大、结构简单、使用方便、不需维修、常年使用不退磁等特点。可用于水泥、磁选、矿山、钢铁、化工、耐火材料、垃圾处理等行业的选铁。也可与专用皮带输送机等配套使用。常用于：（1）贫铁矿经粗碎或中碎后的粗选，排除围岩废石，提高品位，减轻下一道工序的负荷；（2）用于赤铁矿还原闭路焙烧作业中将未充分还原的生矿选别，返回再烧；（3）在粮食、食品、材料、化工等加工过程中用于除去混杂在物料中的铁杂质；（4）燃煤矿、铸造型砂、耐火材料以及其他行业需要的除铁作业。

Z

增益（gain）一个系统中的力、功率、电信号、声波信号、电磁波信号等物理量的输出值和输入值之比，即物理量的放大程度。相应地，反映载荷与驱动力之比（机械驱动力的放大倍数）时，称为机械增益；反映功率放大倍数时，称为功率增益；反映电压比或电流比时，则称为电压增益或电流增益。由于增益是输入信号的放大倍数，而通过信号放大可以增加作用过程的准确性。所以增益也是控制机械操作或其他操作准确度的参数。增益越大，设备按照控制指令操作越准确。

制造执行系统（manufacturing execution system, MES）位于上层的计划管理系统与底层的工业控制之间的面向车间层的管理信息系统。它为操作人员、管理人员提供计划的执行、跟踪以及所有资源（人、设备、物料、客户需求等）的当前状态。MES可以为企业提供一个快速反应、有弹性、精细化的制造业环境，帮助企业减低成本、按期交货、提高产品的质量和提高服务质量。适用于不同行业（家电、汽车、半导体、通讯、IT、医药），能够对单一的大批量生产和既有多品种小批量生产又有大批量生产的混合型制造企业提供良好的企业信息管理。

转子发动机（rotor engine）采用三角转子旋转运动来控制压缩和排放，与传统的活塞往复式发动机的直线运动迥然不同的发动机。转子发动机由茧形壳体和一个安置在其中的三角形转子组成。缸体内部空间总是被分成三个工作室，转子转动这些工作室也在运动。依次在摆线型缸体内的不同位置完成进气、压缩、作功（燃烧）和排气四个过程。转子发动机具有体积小，重量轻，结构精简，扭矩均匀，运行安静，噪声小，可靠性高和耐久性好等特点。其缺点是：耗油量比较大，功率输出轴位置较高，加工制造难度大，成本高等。主要用作汽车引擎。

自动调节系统（automatic regulating system）在运行过程中使输出量与期望值保持一致的反馈控制系统。反馈控制系统常称为自动调节系统，而用于分析和设计这种系统的经典控制理论常称为调节原理。自动调节系统主要由测量元件、调节器和调节阀所组成。其调节规律有比例调节、积分调节和微分调节。在分析自动调节系统特性时，给定值的形式不同会涉及到不同的分析方法。故按照给定值的形式，自动调节系统可分为定值调节系统、随动调节系统和程序调节系统三类。自动调节系统广泛用于工业生产和国防技术中，例如温度、频率和压力调节系统等。

三、化学工程

(Chemical Engineering)

（一）基础知识（Basic Knowledge）

C

传递过程（transmission process）操作单元或反应装置中进行的动量传递、热量传递和质量传递等过程。动量传递过程包括流体反应物和气体反应物的流动等，如过滤、沉降等；热量传递过程即换热操作，如反应釜的加热和冷却；质量传递属于传质分离过程，包括吸收、蒸馏和萃取等。三种传递过程可以单独存在，也可以两种或三种同时存在。传递过程的研究通常有分子尺度研究、微团尺度研究和设备尺度研究等三种。

F

分子机器（molecular machines）由分子尺度物质构成的能行使某种加工功能的机器，即由多种具有不同功能的元件组成的体系。这些元件可以在能量驱动下进行某种运动，并且它的运转方式是可以被控制和监督的。分子机器无论在理论上、材料上，还是组装技术上，都是现代科学和技术的尖端，依赖于诸如电子学、物理学、化学、生物学、显微技术、表面科学、薄膜科学、材料科学等多种学科的发展水平。

分子器件（molecular devices）延伸到分子水平的各种具有不同功能的元件经组装后用来完成特定复杂功能的组合件。通常是指分子尺寸和纳米尺寸的功能元件。在这个尺度下运行的元件将具有显著的量子效应和统计效应。分子器件的研究最近十几年才得到迅速的发展，例如，有机分子电子器件是利用能完成信息和能量的检测、转换、传输、存储与处理等功能的有机分子材料，在分子水平上设计和制作的具有特定功能的超微型器件。超大规模集成电路的发展已逼近物理极限和工艺极限，突破这种极限的出路之一是发展分子电子器件。利用已经发现的一些有机和无机导电聚合物、生物聚合物、电荷转移盐和有机金属等分子材料的物理、化学性质及电子特性，可研制出用于信息处理的新型元件，如分子导线、分子开关、分子整流器和分子存储器等，从而为制造分子计算机提供物质基础。

H

化工工程动态学（chemical engineering dynamics）通过机理动态建模，研究化工过程动态行为的化工学科分支之一。它是控制系统特别是多变量控制系统分析设计与运动的基础，主要包括机理模型建立的普遍方法、线性化方法和分布参数模型的集总化处理方法；流体流动过程、传热过程、压缩机喘振模型、管壳式换热器、换热网络、板式精馏塔、聚丙烯反应器、乙炔加氢反应器以及催化裂化反应再生系统的动态模型等方面的研究。

化工热力学（chemical engineering thermodynamics）应用热力学定律的基本原理，处理化工过程中物理或化学过程有关能量问题的学科。主要研究内容是：气体、液体（包括溶液）、固体（包括晶体）的各种热力学性质、封闭物系或流动物系在物理或化学变化过程中所需的功和热，相际质量传递，化学反应的平衡条件和影响因素等，可以提供不同化工过程条件下物理和化学的平衡关系，并指出物系的变化趋向。近几年，化工热力学特别注意化工过程中热能的利用和节能问题。

化学工程（chemical engineering）研究化学工业和其他工业生产中所进行的化学过程和物理过程共同规律的一门工程学科。这些工业包括石油炼制、冶金、建筑材料、食品、造纸工业等。它们从石油、煤、天然气、盐、石灰石、其他矿石和粮食、木材、水、空气等基本的原料出发，借助化学过程或物理过程，改变物质的组成、性质和状态，使之成为各种价值较高的产品，如化肥、汽油、润滑油、合成纤维、合成橡胶、塑料、烧碱、纯碱、水泥、玻璃、钢、铁、铝、纸浆等等。例如催化裂化是一个典型的化学过程，但辅有加热、冷却和分离，并且在反应进行过程中，一定伴随有流动、传热和传质。所有这些过程，都可通过化学工程的研究，认识和阐释其规律性，并使之应用于生产过程和装置的开发、设计、操作，以达到优化和提高效率的目的。化学工程包括单元操作、化学反应工程、传递过程、化工热力学、化工系统工程、过程动态学及控制等方面。

化工数学模型（chemical mathematical model）采用数学的方法建立模型，以描述化工装置或化工过程发生的所有物理、化学现象和过程。若模型与实际情况很近似，并且知道表示模型的数学方程的起始条件和边界条件，则只要求解方程式，便可得出化工设备的性能与各个参数的关系。通过数学模型还可以对设备进行放大，使大型设备具有小型设备的类似性能。数学模拟通常在电子计算机上进行。

（二）化工测量技术
（Chemical Engineering Measurement Technique）

B

比值控制系统（ratio control system）实现两个或两个以上参数符合一定比例关系的控制系统。在化工、炼油及其他工业生产过程中，工艺上常需要两种或两种以上的物料保持一定的比例关系，比例一旦失调，将影响生产或造成事故。通常把保持两种或多种物料的流量为一定比例关系的系统，称为流量比值控制系统。在需要保持比值关系的两种物料中，必有一种物料处于主导地位，这种物料称之为主物料。表征这种物料的参数称之为主动量，用Q_1表示。而另一种物料按主物料进行配比，在控制过程中随主物料而变动，因此称为从物料。表征其特性的参数为从动量或副流量，用Q_2表示。比值控制系统就是要实现副流量Q_2与主流量Q_1成一定的比值关系$K= Q_2/Q_1$。比值控制系统可分为开环比值控制系统、单闭环比值控制系统、双闭环比值控制系统、变比值控制系统、串级和比值控制组合的系统等。

C

差压式流量计（differential pressure flowmeter）又称节流式流量计，基于流体流动的节流原理，利用安装于管道中流量检测件产生的压力差，从已知的流体条件和检测件与管道的几何尺寸来计算流量的仪表。通常是由能将被测流量转换成压差信号的节流装置和能将此压差转换成对应的流量值显示出来的差压计以及显示仪表所组成。它是目前生产中测量流量最成熟、应用最广泛的流量计，各工业部门的用量约占流量计全部用量的$1/4 \sim 1/3$。差压式流量计的应用范围广泛，在封闭管道的流量测量中各种对象都有应用，如流体方面包括单相、混相、洁净、脏污、黏性流等；工作状态方面包括常压、高压、真空、常温、高温、低温等；管径方面从毫米级到米级；流动条件方面包括亚音速、音速、脉动流等。

D

电子探针（electron probe）全名为电子探针X射线显微分析仪，一种对试样进行微小区域成分分析的仪器。除氢（H）、氦（He）、锂（Li）、铍（Be）等几个较轻元素外，对其他元素都可以进行定性定量分析。电子探针是利用经过加速或聚焦的极窄的电子束为探针，激发试样中某一微小区域，使其发出特征X射线，测定X射线的波长和强度，即可对该微区的元素作定性或定量分析。将扫描电子显微镜和电子探针结合使用，在显微镜下把观察到的显微组织和元素成分联系起来，可以解决材料显微不均匀性的问题，成为研究亚微观结构的有力工具。

电子探针X射线微量分析（electron probe X-ray microanalysis，EPXMA）又称电子微探针法，用一窄束（直径＜1μm）经过聚焦的电子激发固体试样表面产生的X射线，再用一波长或能量色散能谱仪对X射线加以检测和分析的方法。该法可提供许多关于物质表面物理和化学性质的定性和定量信息。它在冶金和水泥的相研究、合金中颗粒边界的研究、半导体中杂质扩散速率的测定以及多相催化剂活性中心的研究方面都有重要的应用。

电子微探针法（electron microprobe method）见电子探针 X 射线微量分析。

多冲量控制系统（multi-impulse control system）具有多个变量信号，经过一定的运算后，共同控制一台执行器，使某个被控的工艺变量有较高的控制质量的控制系统。冲量即为一种变量。多冲量控制系统在锅炉给水系统控制中应用比较广泛。在锅炉的运行中，根据水位指标，给水控制系统可自动控制锅炉的给水量，使其适应蒸发量的变化，维持水位在允许的范围内，使锅炉运行平稳可靠，并减轻操作人员的繁重劳动。

H

化工自动化（chemical engineering automation）化工、炼油、食品、轻工等化工类型生产过程自动化的简称，在化工设备上配备某些自动化装置，代替操作人员的部分直接劳动，使生产在不同程度上自动进行，用自动装置来管理化工生产的办法。化工自动化一般包括自动检测、自动保护、自动操纵和自动控制等方面的内容。在工业生产中由于采用了自动化仪表和集中控制装置，促进了连续生产过程自动化的发展，提高了劳动生产率，获得了巨大的社会效益和经济效益。

J

积分饱和（integral saturation）一个具有积分作用的控制器处于开环工作状态时，如果偏差输入信号一直存在，则由于积分作用的结果，将使控制器的输出不断增加或不断减小，一直达到输出的极限值为止的现象。产生积分饱和的条件有三个：（1）控制器具有积分作用；（2）控制器处于开环工作状态，其输出没有被送往执行器；（3）控制器的输入偏差信号长期存在。常用的改进方法有：积分分离法、变速积分控制算法、超限削弱积分法、有效偏差法、抗积分饱和法。

节流式流量计（throttling flowmeter）见差压式流量计。

R

热电偶（electric thermo-couple）见热电偶温度计。

热电偶温度计（thermocouple thermometer）以热点效应为基础的测温仪表。它的测量范围很广、结构简单、使用方便、测温准确可靠，便于信号的远传、自动记录和集中控制，因此在化工生产中普遍应用。热电偶温度计由三部分组成：热电偶（感温元件）、测量仪表（动圈仪表或电位差计）、连接热电偶和测量仪表的导线（补偿导线或铜导线）。热电偶是工业上最常用的一种测温元件（感温元件）。它由两种不同材料的导体 A 和 B 焊接而成，焊接的一端插入被测介质中感受到被测温度，成为热电偶的工作端或热端，另一端与导线连接，称为冷端或自由端；导体 A、B 称为热电极。

T

弹性压力计（elasticity pressure gauge）利用各种形式的弹性元件，在被测介质压力的作用下，使弹性元件受压后产生弹性形变的原理而制成的仪表。这种仪表具有结构简单、使用可靠、读数清晰、价格低廉、测量范围宽以及有足够的精度等优点。若增加附加装置，如记录机构、电气变换装置、控制元件等，则可以实现压力的记录、远传、信号报警、自动控制等。弹性压力计可以用来测量几百帕到数千兆帕范围内的压力，是工业上应用最广泛的一种测压仪表。

W

微缩胶片（micro-film）一种采用微缩技术，能汇集书籍或文字出版物内容的微型胶片。通常由聚酯材料制成，分黑白和彩色两种。目前有 16mm 和 35mm 两种型号。要求其有高解像力、高反差、低灰雾、高感亮度等，并要求在温度 21℃、相对湿度 50% 下至少可以保存 500 年。微缩胶片常用于图书馆、档案馆等图书保存机构，有保存时间长、便于查阅、方便分类等优点。

（三）化学分离工程（Chemical Separation Engineering）

B

半干法烟气脱硫技术（flue gas desulfurization by a semidry process technology）采用适量的液体吸附剂且其中水分又能完全蒸发的脱硫技术。主要代表是旋转喷雾干燥法。该法利用喷雾干燥的原理，将吸收剂浆液雾化喷入吸收塔。在吸收塔内吸收剂与烟气中的二氧化硫发生化学反应的同时，吸收烟气中的热量使吸收剂中的水分蒸发干燥，完成脱硫反应后的废渣以干态形式排出。该法包括四个步骤：（1）吸收剂的制备；（2）吸收剂浆液雾化；（3）雾粒与烟气混合，吸收二氧化硫并被干燥；（4）脱硫废渣排出。该法一般用生石灰做吸收剂。生石灰经熟化变成具有良好反应能力的熟石灰，熟石灰浆液经高达 15 000～20 000r/min 的高速旋转雾化器喷射成均匀的雾滴，其雾粒直径可小于 100μm，具有很大的表面积，雾滴一经与烟气接触，便发生强烈的化学反应和热交换，迅速地将大部分水分蒸发，产生含水量很少的固体废渣。与其他烟气脱硫工艺相比，半干法烟气脱硫技术具有设备简单，投资和运行费用低，占地面积小等特点，而且烟气脱硫率达 75%～90%。

C

超临界流体（supercritical fluid）在超临界区域同时具有气液两性的特点，即与气体相当的高渗透能力、低黏度以及与液体相当的密度和对物质优良的溶解力的液体。

超临界流体萃取技术（supercritical fluid extraction, SCFE）利用超临界流体和它对溶质溶解能力随压力和温度改变而在相当宽的范围内变化来实现溶质溶解、分离的技术。一般采用 CO_2 作为萃取剂。利用超临界流体，可从多种液态或固态混合物中萃取待分离的组分。在分离精制挥发性差和热敏性强的天然物质方面，与传统的水蒸气蒸馏和溶剂萃取法相比，超临界流体萃取技术具有处理温度低、时间短、无氧化、安全卫生等特点，在食品、医药等工业中的应用发展十分迅速，主要表现在四大方面：（1）提取风味物质，如香辛料、呈味物质等；（2）某些特定成分的提取或脱除，如从可可豆、大豆、咖啡豆、棕榈籽、向日葵中提取植物油脂，从鱼油和肝油中提取高营养价值和药物价值的不饱和脂肪酸，从油炸食品中脱除脂肪，从乳脂中脱除胆固醇等；（3）提取色素及脱除异味，如提取辣椒色素，从猪肉脂肪中脱除雄烯酮和三甲基吲哚等致臭成分等；（4）灭菌防腐方面的研究。

超滤（ultrafiltration）利用多孔材料的拦截能力，以物理截留的方式去除水中一定大小的杂质颗粒的先进的膜分离技术。在压力驱动下，溶液中水、有机低分子、无机离子等尺寸小的物质可通过纤维壁上的微孔到达膜的另一侧，溶液中菌体、胶体、颗粒物、有机大分子等大尺寸物质则不能透过纤维壁而被截留，从而达到筛分溶液中不同组分的目的。超滤和微滤原理相同，过程均为常温操作，无相态变化，不产生二次污染。但超滤是利用超滤膜的微孔筛分机理，在压力驱动下，将直径为 0.002～0.1μm 之间的颗粒和杂质截留，去除胶体、蛋白质、微生物和大分子有机物。应用于锅炉给水处理、工业废污水处理、饮用水的生产及高纯水制备等。在给水处理中常作为反渗透、离子交换的预处理。微滤是利用微滤膜的筛分机理，在压力驱动下，截留直径在 0.1～1μm 之间的颗粒，如悬浮物、细菌、部分病毒及大尺寸胶体，多用于给水预处理系统。

超声波提取技术（ultrasonic trasonic technology）一种利用超声波的空化作用和次级效应，加速植物有效成分的浸出和提取的一项技术。超声波提取技术具有时间短、收率高、常温下进行等特点，可避免高温、高压对有效成分的破坏，有着广阔的应用前景，但对容器壁的厚薄及容器放置位置要求较高。

萃取精馏（extractive distillation）通过加入萃取剂，能显著地增大原混合物组分间的相对挥发度，以便采用精馏方法加以分离的技术。萃取精馏是近沸点混合物分离的主要方法。在化学工业，特别是石化行业为了达到生产产品的升级，采用萃取精馏技术解决油品脱硫、芳烃工艺改进、裂解汽油中副产品的分离等生产难题。

D

单元操作（unit operation）构成多种化工产品生产的有限的几种基本物理过程，如流体输送、换热(加热和冷却)、蒸馏、吸收、蒸发、萃取、结晶、干燥等。对单元操作的研究，得到具有共性的规律，可以用来指导各类产品的生产和化工设备的设计。在 20 世纪初，对化学工程的认识虽只限于单元操作，但却开拓了一个崭新的领域。单元操作的研究有着重要的理论意义和应用价值。

电泳分离（electrophoretic separation）利用不同蛋白质在一定 pH 值的缓冲溶液中的离解度不同，因而在电场作用下它们的泳动速度有不同的特性，以实现分离的方法。利用电泳分离方法可对蛋白质（包括酶和同工酶）、多肽和氨基酸等具有可电离基团的物质进行分析、分离与纯化制备。电泳分离被广泛应用于基础理论研究、农业科学、医药卫生、工业生产、环境保护、国防科研、法医学和商品检验等许多领域。

F

发酵液直接超滤膜分离技术（direct through filtrating-film separation technology of ferment liquid）在

生物发酵过程中，使发酵液中的细菌、热源、病毒以及胶体蛋白质、大分子有机物等物质分离的技术。它属于分子级的一项膜分离技术。

反渗透（anti-osmosis）见反渗透膜。

反渗透膜（reverse osmosis membrane）利用反渗透原理进行分离的液体分离膜。反渗透是指沿与溶液自然渗透方向相反的方向进行的渗透，即溶剂从高浓度向低浓度溶液进行渗透。反渗透膜上有许多小孔，孔的大小只允许水分子通过，盐类和杂质分子都比孔大而无法通过。反渗透膜的优点是装置结构紧凑、安装简单、操作简便、能耗低，并可在常温下操作，易于工业化生产。20世纪80年代发明的复合膜，由超薄反渗透膜、多孔支撑层、织物增强自叠加而成，透水量极大，除盐率高达99%，是理想的反渗透膜。反渗透膜对分离小分子有机化合物也特别有效，因此在有机化工、酿造工业、三废处理等领域得到了很好的应用，也是目前海水淡化中最有效、最节能的技术。

反渗透膜分离技术（reverse osmosis membrane separation technology）用半透膜隔开不同浓度的溶液时，纯溶剂通过膜向低浓度溶液方面流动的一项分离技术。它是膜分离技术的一个重要组成部分，常用于分离、精制和回收各种工业用水及其他溶液中的特定有效物质及有害物质。该技术可使用传统的吸附剂，如离子交换树脂、活性炭及合成吸附剂等，是现代工业中首选的水处理技术，已广泛应用于医药、电子、化工、食品、海水淡化等诸多行业。优势如下：（1）产品成分和浓度保持稳定；（2）树脂用量可减少50%~90%，洗涤水的用量最高可节约50%~70%，化学药品、洗脱剂的消耗也得到相应减少；（3）减少运行成本和设备投资，同时可去除或者分离具有不同特性的物质，可将复杂的工艺简单化；（4）设备紧凑，易于安装在任何位置，易与旧的生产过程和设备匹配；（5）由于采用多柱系统，可灵活变更生产工艺流程；（6）操作和控制简便。

反应蒸馏（distillation with reaction；reactive distillation）有两种概念：（1）在挥发度接近但化学性质相差较大的两种组分的混合溶液中加入反应剂，使之与其中的一种组分发生反应，生成新的物质，改变挥发度，从而从溶液中将该组分分离出来的技术；（2）把反应与蒸馏相结合，一面蒸馏，一面反应。反应蒸馏的体系有均相反应和非均相反应。常用于酯化、皂化等反应中某些同系物、异构体的分离。

分离工程（separation engineering）研究化工及相关过程中物质的分离和纯化方法的一门工程学科。主要应用于化工、石油化工、医药、食品、材料、冶金、生化等领域，也是天然产物加工应用和环保工程中用于污染物脱除的一个重要环节。许多天然物质都以混合物的形式存在，要从其中获得具有使用价值的产品，必须对混合物进行分离。

分子蒸馏技术（molecular distillation technology）利用不同物质分子运动平均自由程的差别来实现物质分离的技术。普通蒸馏的基本过程是当分子离开液面后所形成的蒸汽分子，会在运动中互相碰撞，一部分进入冷凝器，一部分返回液体内。分子蒸馏法是将液面与冷凝器的冷凝面距离拉近，当分子离开液面后在它们的自由程内就不会互相碰撞，直接到达冷凝面，不再返回液体内。分子蒸馏具有操作温度低、蒸馏压力低、受热时间短和分离程度高等特点，是分离目的产物最温和的蒸馏方法，能大大降低高沸点物料的分离成本，极好地保护热敏性物料的品质，特别适合于浓缩、纯化或分离高分子量、高沸点、高黏度的物质及热敏性物质。分子蒸馏技术已应用于食品、医药、化工等行业，主要用于：（1）天然维生素的提纯；（2）天然色素的提取；（3）不饱和脂肪酸的分离和除臭；（4）天然抗氧化剂的生产；（5）高浓度单甘酯的制备。

G

干法脱硫（desulfurationby dry process）使用固体脱硫剂脱硫的一类方法。其中一种方法采用活性炭、氧化锌、氧化铁等作为脱硫剂，一般用于硫化氢和有机硫含量较低的气体的净化过程；另一种以钴钼或镍钼作为加氢催化剂，先将有机硫化合物转变成硫化氢，然后再用氧化锌作脱硫剂除去硫。

干法烟气脱硫技术（flue gas desulfurization by dry process technology）采用固体粉末或颗粒为吸附剂的脱硫技术。主要有炉内喷钙法和活性炭法。活性炭法是利用活性炭的活性与较大的表面积使烟气中的二氧化硫在活性炭表面上与氧及水蒸气反应生成硫酸而被吸附。吸附过的活性炭经再生，可以获得硫酸，液体二氧化硫，单质硫等产品。该法不仅可以控制二氧化硫的排放，还能回收硫资源，是正在开发的一种发展前景较好的脱硫工艺。

各向同性膜（isotropic membrane）见各向异性膜。

各向异性膜（anisotropic membrane）在不同部位具有不同的化学或物理结构性质，其孔结构随深度而变化的膜。如果膜的化学结构、物理结构在各个方向上是一致的，在所有方向上的孔隙率都相似，则称为各向同性膜。各向异性膜具有高效、通透性好、流量大，且不易被溶质阻塞而导致流速下降等特点。近年来为适应制药和食品工业的需要，非纤维的各向异性膜，例如聚砜膜、聚砜酰胺膜和聚丙烯腈膜等得到了大力发展。

共沸精馏（azeotropic distillation）加入适当有机溶剂作为共沸剂，利用气-液两相的传质和传热在共沸温度下达到分离、提取有机物的化工生产方法。它主要应用于能形成共沸物，因而采用普通的精馏方法很难进行分离的混合溶液体系，例如，对于乙醇—水溶液，因为乙醇同水形成共沸物，在常压下，共沸组成为4.43%的水，95.57%的乙醇，共沸点为78.15℃。即当乙醇—水溶液浓度为95.57%时，溶液的汽液相组成（平衡组成）相等，因此，无法用普通精馏的方法将乙醇溶液再浓缩，即得不到纯度高于95.57%的乙醇。但可根据共沸精馏的原理，选择共沸剂，使之与水和乙醇形成三元共沸物，达到分离目的，得到无水乙醇。

H

荷电镶嵌膜分离技术（charge-mosaic membrane separation technology）由一系列规则排列的阴离子和阳离子交换基团所组成，每一基团为其反离子提供从原料液相到渗透液相的连续通道的分离技术。当电解质通过荷电镶嵌膜时，阴、阳离子分别通过其对应的交换单元。荷电镶嵌膜可同时传递阳离子和阴离子，膜本身对离子的渗透压排斥基本上保持在很低的水平。因此，该膜有利于传递电解质；而不带电的有机物则很难渗透过膜。荷电镶嵌膜因能有效传递电解质而截留低分子量的非电解质这一特征，广泛应用于生化和食品工业有机物脱盐和净化。

化工分离技术（chemical separation technology）泛指在化工生产中将混合物分离或提纯的一种技术。主要分成五类：（1）生成新相以进行分离（如蒸馏、结晶）；（2）加入新相而进行分离（如萃取、吸收）；（3）用隔离物进行分离（如膜分离）；（4）用固体试剂进行分离（如吸附、离子交换）；（5）用外力场和梯度进行分离（如离心萃取分离和电泳等）。其中精馏、萃取、吸收、结晶等仍是当前应用最多的分离技术。自20世纪70年代以后，化工分离技术更加先进，应用也更加广泛。与此同时，化工分离技术与其他科学技术相互交叉渗透产生一些更新的边缘分离技术，如生物分离技术、膜分离技术、环境化学分离技术、纳米分离技术、超临界流体萃取技术等。化工分离技术在医药、材料、冶金、食品、生化、原子能和环保等领域已得到广泛应用。

化学吸附（chemical adsorption）见吸附。

J

简单蒸馏（simple distillation）一种间歇性分批蒸馏过程。蒸馏釜内加入欲分离的混合液后，根据要求将蒸馏釜以不同方式加热，如往夹套或蛇管通蒸气，或直接用火或烟道气加热，生成的蒸气经冷凝器冷凝，用接受器接受不同沸点范围的馏分。蒸馏结束后，从蒸馏釜内排出残液，重新装料进行下一轮蒸馏操作。它可以在常压下，也可在减压下进行操作。由于简单蒸馏所处理的物料的组分具有挥发性，不能将混合物作彻底的分离，因而其应用范围主要集中在以下几个方面：在规模不大的工厂作不精密的分离；处理组分间相对挥发度很大的混合物，如乙醇—水体系在中等浓度时有较大的相对挥发度，可以用简单蒸馏发酵液生产饮用酒；作为回收的手段回收溶剂，如从中药提取液中回收酒精；作为精馏前的预处理，如煤焦油的粗分离等。

金属膜分离技术（metal membrane separation technology）当液体流经过滤膜表面产生膜化，在金属膜与压力的作用下，流体中的液体分离出来，而流体中的颗粒被不同精度的膜分离后随浓度高的流体无间断地分离流出，进入循环系统，并经数次循环浓缩、过滤达到预期分离目标的一项技术。金属膜分离可以在较宽的化学条件、压力和温度范围内运行，具有较优良的机械强度和稳定性，在使用过程中不易破裂。其组件可在高达177℃的温度和6.9×10^6Pa的压力下长期使用。优点为：（1）耐酸碱和有机溶剂、耐高温、抗弯、抗震动、不需加密封（焊接成型）、不易碎、不易被压实、不易老化；（2）可在高温、高压、高黏度、高固含量、高溶解性有机溶剂体系、苛刻的pH值等体系中使用，可反复冲洗，使用寿命长。应用领域：（1）催化剂的回收（高温）；（2）米糖浆中糖泥的过滤（高黏度）；（3）取代陶瓷膜微滤；（4）一些发酵液的过滤。

精馏（rectification）通过控制温度，利用液体混合物中各组分挥发度的不同，进行多次部分汽化，同时又把产生的蒸汽多次部分冷凝，使混合物各组分进行分离的操作过程。组成混合物体系的组分各有其沸点，当加热时各组分都能蒸发汽化。但是，低沸点的组分在较低温度下即可达到沸腾而大量汽化。达到气液平衡时，低沸点组分在汽相中的含量比液相中的大，即低沸点组分已从混合体系中分离开来，如果温度条件控制的恰当，汽相中低沸点组分的纯度可达到99%以上。该过程又叫做分馏过程。因此，可以采用多次分馏的方法把混合物中各组分进行较为彻底的分离，这就是精馏。

M

膜分离（membrane separation）一种利用分离膜的选择作用来获取纯净物质或将不同大小、不同形状和不同特性的物质颗粒或分子进行分离的现代分离技术。分离膜是具有选择性透过性能的薄膜，某些分子（或微粒）可以透过薄膜，而其他的则被阻隔。按照阻留微粒的尺寸大小，液体分离膜技术有反渗透（亚纳米级）、纳滤（纳米级）、超滤（10纳米级）和微滤（微米和亚微米级），以及利用分子（或微粒）其他的特性差别，如荷电性（正、负电）、亲和性（亲油、亲水）、深解性等进行膜分离，此外还有气体分离、渗透蒸发、电渗析、液膜技术、膜萃取、膜催化、膜蒸馏等膜分离过程。目前膜分离技术已广泛应用于纯净水制备、污水处理、牛奶脱脂、果汁浓缩、白酒陈化、啤酒除菌、味精提纯等生产过程中。

N

凝胶萃取（gelatin extraction）利用凝胶的胀缩和具有筛分作用的特性来进行大分子溶液的浓缩和不同分子量物质（组分）分离的方法。凝胶萃取分离具有过程简单、设备费用小、操作条件温和、容易再生、过程能耗低等特点，在生化分离工程和高分子化合物的分离浓缩中具有重要作用。

P

平衡蒸馏（equilibrium distillation）又称闪蒸，一个连续稳定的传质过程。料液连续地进入加热釜，加热至一定温度后，经节流阀减压至预定压强后送入分离器。在分离器中，由于压强突然降低，使得由加热釜进来的过热液体大量蒸发，由易挥发性组分组成的气流沿分离器上升至塔顶冷凝器，全部冷凝成塔顶产品；未气化的液相中难挥发组分浓度增加，沿分离器下降至塔底后引出，成为塔底产品。料液即被分离成塔顶产品和塔底产品，从而达到分离目的。

S

闪蒸（flash）见平衡蒸馏。

渗透（infiltration）当用半透膜隔开纯溶剂和高浓度溶液时，纯溶剂通过膜向高浓度溶液流动的现象。

湿法脱硫（desulfuration by wet process）用作均系多组分溶液脱硫剂脱硫的一类方法。此类方法一般用于净化含硫化氢和其他硫化合物较高的气体。通常采用下列两类方法：（1）化学吸收法：常用的有氨水催化法（以对苯二酚作催化剂）、蒽醌二磺酸钠（ADA）法（以碳酸钠溶液为吸收剂，蒽醌二磺酸钠为催化剂）、改良砷碱法（即C-V法）等；（2）物理吸附法：常用的有低温甲醇法、碳酸丙烯酯法等。

湿法烟气脱硫技术（wet flue gas desulfurization technology）脱硫的吸收剂为液体或浆液的脱硫办法。包括：（1）石灰石-石膏法烟气脱硫技术。以石灰石浆液作为脱硫剂，在吸收塔内对烟气进行喷淋洗涤，使烟气中的二氧化硫反应生成亚硫酸钙，同时向吸收塔的浆液中鼓入空气，强制使亚硫酸钙转化为硫酸钙，脱硫剂的副产品为石膏。（2）氨法烟气脱硫技术。采用氨水作脱硫吸收剂，氨水与烟气在吸收塔中接触混合，烟气中的二氧化硫与氨水反应生成亚硫酸氨，氧化后生成硫酸氨溶液，经结晶、脱水、干燥后即可制得硫酸氨（肥料）。（3）湿法烟气脱硫技术中还有钠法、双碱脱硫法、海水烟气脱硫法和以铜冶炼渣浆料为吸收剂的脱硫法等。

石油天然气脱硫技术（desulfurization of fuel）在催化剂作用下，通过高压加氢反应，氢气与硫作用生成硫化氢，再用吸收法除去的技术。天然气中的硫分大部分为硫化氢，并有少量的有机硫，工业上采用吸收法脱除无机硫和有机硫。

T

陶瓷膜分离技术（separation technology of ceramic membrane）把陶瓷膜应用在分离工艺中的一项技术。陶瓷膜具有耐高温、耐化学腐蚀、机械强度高、抗微生物能力强、渗透量大、可清洗性强、孔径分布窄、分离性能好和使用寿命长等特点，目前已在化工与石油化工、食品、生物和医药等领域得到应用。其优点是：（1）相对于有机膜而言，可以耐受更高的过滤温度，因此适合于高温过程；（2）可以通过高温蒸汽对膜组件进行杀菌，因此适合于除菌过滤过程；（3）过滤孔径一般在 $0.01 \sim 4 \, \mu m$ 之间选择，通常是一个微滤过程；（4）耐强酸、强碱；（5）根据物料的黏度、悬浮物含量可选择不同通道的陶瓷膜进行应用。陶瓷膜分离的缺点是造价较高。应用领域有：（1）茶汁类的澄清过滤；（2）葡萄酒、生啤酒的澄清过滤；（3）牛奶的澄清过滤；（4）果汁澄清。

脱硫（desulfuration；desulfurization）脱除物料中游离硫磺或硫化物的过程。其主要应用在以下几个方面：（1）在合成气（包括合成氨原料气）、煤气等工业中，脱除硫化氢和有机硫化物（如二硫化碳、氧硫化碳、硫醇、硫醚和噻吩等）。在这方面，根据其所用脱硫剂的不同，分为湿法和干法两大类。（2）在黏胶纤维工业中，脱除丝绞在洗涤和干燥后残留的硫磺。其主要借助于硫化钠溶液的作用，使硫磺变为可溶性多硫化钠而除去，并加入少量氢氧化钠和葡萄糖，以加强脱硫效力。（3）在染料工业中，脱除硫化染料中所含的游离硫磺。（4）橡胶工业中，在制造再生胶时使硫化橡胶解聚。

W

微波萃取（microwave extraction）使用微波作为热源，根据不同物质的介电常数不同，吸收微波能的能力不同，使某些组分被选择性地加热，并从萃取体系中分离出来的技术。这是一项微波技术与萃取技术相结合产生的新技术。在萃取过程中微波还可以提高萃取效率。微波萃取的优点是溶剂用量少、快速、设备简单并可同时测多个样品；缺点为被萃取物质必须能吸收微波，萃取容器需要冷却。微波萃取常用于环境分析、化工分析、食品分析、生化分析、药物分析和天然产物分析等。比如从土壤中萃取有机污染物、重金属、农药残留以及从天然产物中萃取生物碱类、有机酸类、多糖类等。

微粒子循环提取技术（corpuscle circulation extraction technology）采用微粒子循环法从物料中提取某种有效成分的技术。它是提取工艺技术领域中一项新的清洁生产技术，比如提取盾叶薯蓣皂素的清洁生产和 CO_2 超临界萃取有机结合的处理。微粒子循环提取彻底解决了传统工艺一直未能解决的从废母液中回收皂素和成品烘干过程中溶剂汽油回收两大难题，同时消除了传统工艺中自然发酵时间长、发酵不彻底、易霉变、皂素收率低、半成品流失严重、废水排放量大等缺点。该技术的特点：（1）采用新型的裂解工艺技术设备；（2）采用新的工艺条件；（3）采用 CO_2 做溶剂在超临界直接萃取皂素；（4）用微生物处理提取皂素后的废渣，做成生物有机肥；（5）建立新型的检测方法；（6）该工艺技术流程合理完整，技术可靠，具有创新性。

微滤（ultrafiltration）见超滤。

物理吸附（physical adsorption）见吸附。

X

吸附（adsorption）一种物质（主要是固体物质）把周围的液体或气体的分子或离子吸着在其表面的现象。分为物理吸附、化学吸附和分子筛吸附。物理吸附的吸附能力小，被吸附的物质很容易脱离，具有可逆性，但吸附过程中不改变被吸附物的结构和性质；化学吸附的吸附能力较大，但发生化学变化，有新物质生成；分子筛只吸附一定体积的分子。吸附作用在催化、脱色、脱臭、防毒等过程中具有实用价值。在化工、环保等领域中得到广泛应用，如用活性炭吸附水中溶解性有机物，以净化废（污）水，提高水质等。

吸附剂（adsorbent）能够将其他物质聚集其表面上的物质。吸附是物质表面的一个重要性质。任何两相都可以形成表面，其中某相或溶解在某相中的溶质，在该表面的密集现象称为吸附。在固体与气体之间、固体与液体之间、液体与气体之间都可以发生吸附现象。聚集于吸附剂表面的物质就成为吸附物。硅胶是应用最为广泛的一种极性吸附剂。其主要优点是化学惰性，且具有较大的吸附量。硅胶的吸附活性取决于含水量，当含水量小于1%时活性最高，大于20%时吸附活性最低，一般采用含水量为10%～20%。此外常用的吸附剂还包括：（1）氧化铝，分为碱性氧化铝、中性氧化铝和酸性氧化铝；（2）活性炭，分为粉末活性炭、颗粒活性炭和锦纶活性炭；（3）聚酰胺，特别适合低分子量化合物的分离，如酚、羧酸、DNP-氨基酸、醌等芳香族化合物等；（4）聚苯乙烯吸附剂；（5）磷酸钙，是一种无机吸附剂，适用于生物活性高分子物质分离，主要用于蛋白质的色谱分离，也适用于较小分子的核酸，如转运RNA的分离。

Y

烟气脱硫技术（flue gas desulfurization）通过与碱性物质发生反应，生成亚硫酸盐或硫酸盐，从而将烟气中的二氧化硫脱除的技术。最常用的碱性物质是石灰石、生石灰和熟石灰，也可以使用氨和海水等其他碱性物质。烟气脱硫分为湿法烟气脱硫技术、干法烟气脱硫技术、半干法烟气脱硫技术三类。

烟气脱硝技术（gas denitrifying technology）根据氧化剂或还原剂具有氧化、还原和吸附的特性，对燃烧产生的烟气进行处理，去除有害气体NOx（即硝基）的技术。烟气脱硝分为干法（还原法）和湿法（氧化法）两种。干法脱硝又可分为氨选择性催化还原法和无催化还原法两种。氨选择性催化还原法是采用氨作为还原剂，将NOx还原成N_2和H_2O。由于氨具有选择性，它只和NOx发生作用，而不与烟气中的氧进行反应，加入催化剂用以提高反应速度。无催化还原法采用氨或尿素为还原剂，其原理与氨选择性催化还原法相同，所不同的是不用催化剂。湿法脱硝的原理是：NO通过氧化剂氧化成NO_2，然后被水或碱性溶液吸收，以实现脱硝。湿法脱硝的方法有臭氧氧化吸收法、气相氧化吸收还原法等。

液膜分离技术（liquid membrane separation technique）一种利用液膜(本身是一层很薄的液体)，可以把两个不同组分的溶液隔开，并且通过渗透现象迁移分离一种或一类物质，达到专一分离目的的新型分离技术。它具有高效、快速的特点。当被隔开的两种溶液是水相时，液膜应是油型（泛指与水不相混溶的有机相）；当被隔开的两个溶液是有机相时，液膜应是水型。液膜分离技术已在废水处理、湿法冶金、石油化工等许多领域内显示出宽广的应用前景。

液相微萃取（liquid phase microextraction, LPME）基于分析物在样品及小体积的有机溶剂（或受体）之间平衡分配的分离过程。液相微萃取技术是自1996年以来，随着环境分析技术的发展而发展起来的一种集采样、萃取和浓缩于一体，有机溶剂量需要非常少，环境友好的新型样品前处理技术。从广义上讲，该技术主要包括以下两个方面：（1）基于悬挂液滴形式的微滴液相微萃取；（2）基于中空纤维的两相模式或三相模式的液-液微萃取或液-液-液微萃取。液相微萃取具有操作简便、快捷、精确、灵敏度高、成本低廉、易与色谱系统联用等优点。

（四）化学反应工程（Chemical Reaction Engineering）

F

反应工程学（science of reaction engineering）以工业反应过程为主要研究对象，以反应技术的开发、反应过程的优化和反应器设计为主要目的的工程学科。它是在化工热力学、反应动力学、传递过程理论以及化工单元操作的基础上发展起来的化学工程的一个分支。其研究内容主要包括：（1）研究化学反应规律，建立反应动力学模型；（2）研究反应器的传递规律，建立反应器传递模型；（3）研究反应器内传递过程对反应结果的影响。其应用遍及化学、石油化学、生物化学、医药、冶金及轻工等许多工业部门。

釜式反应器（tank reactor）低高径比的圆筒形反应器。它适用于实现液相单相反应过程和液液、气液、液固、气液固等多相反应过程，内部常设有搅拌（机械搅拌、气流搅拌等）装置。在高径比较大时，可用多层搅拌浆叶。釜式反应器可分为间歇釜和连续釜两类。反应过程中物料需要加热或冷却时，可在反应器壁处设置夹套，或在器内设置换热面，还可通过外循环进行换热。

G

固定床反应器（fixed-bed reactor）又称填充床反应器，以静止不动的固体物料（包括固体催化剂）作为反应床层，流体通过床层进行反应的装置。是一种多相反应器，包括绝热床反应器、换热式反应器和自热式反应器三种。固体物料通常呈颗粒状（2~15mm），在反应器中堆积成一定厚度的床层，使流体经过床层进行反应。其优点为：（1）反应彻底。流体同固体反应物料（包括催化剂）充分接触，增大了反应面积，提高了反应程度，使反应进行得彻底；（2）结构简单，维修方便，降低投资成本。其缺点是：（1）散热速度慢，反应温度不易控制；（2）不能使用细粒催化剂，否则流体阻力增大；（3）催化剂的再生、更换均不方便。

固定化生物催化剂技术（immobilized biocatalyst techniques）由固定化细胞与固定化酶技术一起组成的一种现代生物催化技术。固定化细胞技术是将具有一定生理功能的生物细胞，例如微生物细胞、植物细胞或动物细胞等，用一定的方法将其固定，作为固体生物催化剂而加以利用的一门技术。固定化酶是用物理、化学方法将酶限定或者定位在特定载体的空间位置上。固定化生物催化剂包括固定化酶、固定化细胞、固定化增殖细胞和固定化原生质，应用范围涉及工业、医学、制药、化学分析、环境保护、能源开发等多种领域。

管式反应器（tubular reactor）用于连续操作的呈管状的反应器。由喷头、三通、主体及底座等部分组成。结构简单紧凑，易于维修。其长度从数米到上千米不等。其结构可以是单管，也可以是双管或者多管并联；可以是空管，也可以是已填充颗粒状催化剂的装料管。管式反应器多用于多相催化反应。其优点是反应效率高，还可进行分段温度控制，常用于转化效率高或有串联反应的场合。

规整结构催化剂（regular structure catalyst）在高分子聚合反应中，能形成立构规整性聚合物（亦称为定向聚合物）所需的催化剂。例如，在丙烯聚合反应中加入齐格勒－纳塔催化剂（由四氯化钛－三乙基铝组成的一种有机金属催化剂），进行配位离子型聚合，单体与催化剂首先形成配位络合物，进而反应生成全同立构（即等规立构）聚丙烯。全同立构聚丙烯结构规整而高度结晶化，熔点高达167℃，耐热性好。规整结构催化剂广泛应用于包装材料、家电、医疗等领域。

H

化学反应工程（chemical reaction engineering）主要研究化学反应过程开发及化学反应器的模拟、优化和设计的一门学科。化学反应工程是化学工程学科的一个分支。化学反应工程的基本内容包括反应动力学和反应器设计与分析两个方面。研究工业规模化学反应器中化学反应过程动力学（称宏观动力学）的方法和基本原理，掌握理想反应器的设计和分析，进一步以宏观动力学和理想反应器为基础，对工业反应装置的结构设计、最优操作条件的确定及控制、模拟放大等进行研究。任何化学反应的进行，同时都伴随着各种物理过程，如能量、动量及质量等传递过程。所以化学反应过程是化学过程和传递过程的综合，即所谓

"三传一反"。研究各种反应器内化学反应和传递过程的作用与规律以及对反应器内各个过程进行综合研究是化学反应过程的任务，其目的是提供新的反应技术，寻找最佳的操作与控制方法以及最佳设计和放大方法，以获得最大的经济效益。

J

聚合反应工程（poly reaction engineering）以高分子聚合物工业中聚合反应过程为主要研究对象，以反应技术的开发、聚合过程的优化和聚合反应器设计为主要目的的一门新兴的工程技术学科。它是化学反应工程的一个重要分支。其主要研究内容是：聚合物产品质量的数学分析方法，反应动力学与相行为，反应器的多态问题，混合与传热，动态控制和优化，工业聚合反应器连续化和新型聚合反应器的研究，聚合物的挥发过程等。

L

绿色化工技术（green chemical technology）旨在利用化学原理从根本上消除传统工业对环境的污染，最终实现化工生产过程中废物"零排放"的技术。绿色化工是科技界与工业界关注的热点，被认为是21世纪的中心科学。绿色化工技术不仅对环境保护有重大意义，而且可以实现经济的最优化，创造出更高附加值、更具市场竞争力的产品。因此，绿色化工是环境管理体系中的一个关键环节和重要组成部分。

M

酶催化反应（enzymic catalytic reaction）以酶为催化剂所进行的化学反应。在此类反应中，酶先和反应物（酶的底物）结合成络合物，通过降低反应的活化能来提高化学反应的速度。酶是生物体内多数反应的一种生物催化剂，除少数核糖核酸（RNA）外几乎都是蛋白质。酶只通过降低活化能加快化学反应的速度，并不改变反应的平衡。酶具有高效性、温和性和专一性的特点，即一种酶只能催化一种或一类反应。

T

填充床反应器（packed bed reactor）见固定床反应器。

W

微波诱导催化反应（microwave-induced catalytic conversion reaction）在微波辐照下选用某种能强烈吸收微波的"敏化剂"来实现某些催化反应。它与通过微波的热效应而使反应加速的情况不同。后者没有催化剂参与，而前者的条件是要有催化剂的存在，且

微波是通过催化剂或其载体发挥其诱导作用的，即消耗掉的微波能用在催化反应的发生上，所以称为微波诱导催化反应。

X

相转移催化反应（phase transfer catalpstic reaction） 在反应中使用相转移催化剂，在适当的反应条件，使实体与底物相遇而发生反应并转移其相区的一种化学反应。相转移催化剂是能将反应实体从一相转移到另一相的催化剂，主要有季铵盐类、聚乙二醇类及冠醚类等。相转移催化反应速度快，反应条件温和，操作简便，副反应少，选择性好，不需要价格昂贵的无水溶剂或非质子溶剂，可以用碱金属氧化物水溶液代替酚盐、烷氧盐、氨基钠及氰化钠等，并且能使采用传统方法难以实现的反应顺利进行。

（五）化工系统工程（Chemical System Engineering）

H

化工系统分析（chemical system analysis） 对于各个子系统及系统结构均已给定的现有化工系统进行分析，建立子系统的数学模型，并按照已知的系统结构进行整个系统的数学模拟，预测在不同条件下系统的特性和行为，借以发现其薄弱环节并改进，以助于现有流程的挖潜改造。

化工系统工程（chemical system engineering） 将系统工程的理论和方法，应用于化工领域的一门新兴的边缘学科，是化学工程学的一个分支。其基本内容是：从系统的整体目标出发，根据系统内部各个组成部分的特性及其相互关系，确定化工系统在规划、设计、控制和管理等方面的最优策略。化工系统工程学研究的对象是化工生产过程中的某个系统，谋求的目标是该系统的整体优化，即合理确定和控制系统各个组成部分输入、输出状态，使得反映系统效益的某种定量函数达到最大值或最小值。化工系统工程学可分为系统分析、系统优化、系统综合等分支学科。

化工系统优化（chemical engineering system optimization） 对于系统结构已知的化工过程进行优化，即确定其最优操作参数的设计方法，是化工系统工程的核心内容之一。化工过程通常由若干单元组成，这些系统按单元间结合的方式可分为串联（多级）系统和复杂系统。在串联系统中，前一个单元的输出是后一个单元的输入。串联系统的例子有多级萃取过程以及级间冷却的多级绝热固定床反应器的操作过程等。例如，为了充分利用某种未全部转化的物料，往往有循环回路；同时由于工艺上的需要，在化工流程中还往往会出现支路及并联回路等，这些都是复杂系统。降低能耗费用、满足环境的限制要求、提高工厂效率、增加效益的一个重要的工程就是优化。优化工厂的设计、企业的管理和设备操作，即实现化工系统的优化。近十年来，随着大系统理论的发展，应用二等级分解法处理复杂化工系统的优化问题受到了人们的重视。

化工系统综合（chemical system synthesis） 按照给定的系统特性，寻求所需要的系统结构及各子系统的性能，并使系统按给定的目标进行最优组合。是化工系统工程中最核心的内容。在设计新建工厂时，系统综合可用于从众多的可行性方案中选择最优的方案。系统综合需要以系统分析作为基础，同时在综合过程中又对系统分析提出新的要求。

（六）化工机械与设备（Chemical Machinery and Equipment）

B

板式换热器（spiral-plate exchanger） 由许多冲压有波纹槽的金属薄板按一定间隔，四周通过垫片密封，并用框架和压紧螺栓重叠压紧而成的间壁式换热器。板片和垫片的四个角孔形成了流体的分配管和汇集管，同时又合理地将冷热流体分开，使其分别在每块板片两侧的流道中流动，通过板片进行热交换。按其结构大体上分为螺旋板式换热器、板壳式换热器和板翅式换热器等多种类型。一般具有换热效率高、物料流阻损失小、结构紧凑、温度控制灵敏、操作弹性大、装拆方便及使用寿命长等特点，可用于加热、冷却、蒸发、冷凝、杀菌消毒、热力回收等场合。

板式塔（tray tower/plate tower）一类用于气－液或液－液系统的分级接触传质设备。由圆筒形塔体和按一定间距水平装置在塔内的若干塔板组成。广泛应用于精馏和吸收，有些类型也用于萃取，还可作为反应器用于气液相反应过程。塔内装有一定数量的塔盘，操作时液体在重力作用下，自上而下依次流过各层塔板，至塔底排出；气体自塔底在压力差推动下，自下而上以鼓泡喷射的形式穿过塔盘上的液层，每块塔板上保持着一定深度的液层，气体通过塔板分散到液层中去，相际密切接触传质，两相的组分浓度沿塔高呈阶梯式变化。

波纹管补偿器（corrugated expansion joint）见膨胀节。

薄膜蒸发器（film evaporator）一种通过不同方法（如旋转、液体喷淋等）使液体分布成均匀薄膜而进行蒸发或蒸馏的设备。由于其传热系数大，蒸发强度高，过流时间短，操作弹性大，非常适宜热敏性物料、高黏度物料及易结晶含颗粒物料的蒸发浓缩、脱气脱溶、蒸馏提纯等，在化工、石化、医药、农药、日化、食品、精细化工等行业得到广泛应用。薄膜蒸发器可分为管式薄膜蒸发器（又分升膜式蒸发器、降膜式蒸发器、升降膜式蒸发器）、刮板式薄膜蒸发器、离心薄膜蒸发器等。

F

沸腾床反应器（fluidized bed reactor）见流化床反应器。

G

固定管板式换热器（fixed plate heat exchanger）由外壳、管板、管束、顶盖（又称封头）等部件构成的一种管壳式换热器。在圆形外壳内，装入平行管束，管束两端用焊接或胀接的方法固定在管板上，两块管板与外管直接焊接，装有进口或出口管的顶盖用螺栓与外壳两端法兰相连。其特点是结构简单，没有壳侧密封连接，相同的壳体内径排管最多，在有折流板的流动中旁路最小，管程可以分成任何管程数。因两个管板由管子互相支撑，故在各种管壳式换热器中它的管板最薄，造价最低，因而得到广泛应用。这种换热器的缺点是壳程清洗困难，有温差应力存在。当冷热两种流体的平均温差较大，或壳体和传热管材料膨胀系数相差较大，热应力超过材料的许可应力时，在壳

体上需设膨胀节。由于膨胀节强度的限制，壳程压力不能太高。这种换热器适用于两种介质温差不大，或温差较大但壳程压力不高及壳程介质清洁，不易结垢的情况。

管壳式换热器（tubular heat exchanger）又称列管式换热器，以封闭在壳体中管束的壁作为传热面的间壁式换热器。常用的有蛇管式、螺旋管式、套管式、热管式和管壳式等。其结构较简单，操作可靠，可用各种结构材料（主要是金属材料）制造，能在高温、高压下使用，是目前应用最广的换热器。由于管内外流体的温度不同，换热器的壳体与管束的温度也不同。如果两者温度相差很大，换热器内将产生很大热应力，导致管子弯曲、断裂，或从管板上拉脱。因此当管束与壳体温度差超过50℃时，需采取适当补偿措施，以消除或减少热应力。根据所采用的补偿措施，管壳式换热器可分为：固定管板式换热器、浮头式换热器、U形管换热器。

H

化工机械（chemical machinery）化工生产中所用机器和设备的总称。化工生产中为了将原料加工成一定规格的成品，往往需要经过原料预处理、化学反应以及反应产物的分离和精制等一系列化工过程。实现这些过程所需的机械即为化工机械，通常分为两大类：（1）化工机器。指主要作用部件为运动的机械，如各种过滤机、破碎机、离心分离机、旋转窑、搅拌机、旋转干燥机以及流体输送机械等。（2）化工设备。指主要作用部件是静止的或者只有很少运动的机械，如各种容器（槽、罐、釜等）、普通窑、塔、反应器、换热器、普通干燥器、蒸发器、反应炉、电解槽、结晶设备、传质设备、吸附设备、流态化设备、普通分离设备以及离子交换设备等。化工产品的质量、产量和成本，在很大程度上取决于化工机械的完善程度。化工机械本身必须能适应化工过程中经常遇到的高温、高压、高真空、超低压、易燃、易爆以及强腐蚀性等特殊条件。近代化学工业对化工机械要求包括：（1）具有连续运转的安全可靠性；（2）在一定操作条件下（如温度、压力等）具有足够的机械强度；（3）具有优良的耐腐蚀性能；（4）密封性好；（5）高效率和低能耗。

换热设备（heat exchange equipment）实现热量传递的设备。它可在两种流体间进行热量交换而实现加热或冷却。一般是用固体间壁（传热面）将不

同温度的流体隔开，也有的使两种流体在容器内直接接触而进行热量交换。在石油、化工、轻工、制药、能源等工业生产中，常常需要把低温流体加热或把高温流体冷却，把液体汽化成蒸气或把蒸气冷凝成液体。这些过程均和热量传递有着密切的关系，均可以通过换热设备来完成。换热过程可分为加热、冷却、蒸发、冷凝、干燥等，其相应的换热设备可分为加热器、冷却器、蒸发器、冷凝器、干燥器及锅炉、再沸器等。根据作用原理可分为间壁式换热器、蓄热式换热器和混合式换热器；根据结构材料可分为金属材料换热器和非金属材料换热器；根据传热面的形状和结构可分为管式换热器和板式换热器。

J

搅拌器（stirrer）利用叶轮或桨叶的转动，使反应物混合均匀，并防止暴沸以及加快反应速度或缩短时间的搅拌设备的核心部件。根据搅拌釜内产生的流型，搅拌器基本上可以分为轴向流和径向流两种。例如推进式叶轮、新型翼型叶轮等属于轴向流搅拌器；各种直叶、弯叶涡轮叶轮属于径向流搅拌器。搅拌器通常自搅拌釜顶部中心垂直插入釜内，有时也采用侧面插入、底部伸入或侧面伸入方式。

精馏塔（rectification tower）工业上进行反复的部分汽化与部分冷凝的精馏过程的关键设备。精馏塔由加热釜供热，使釜中残液部分汽化后蒸气逐板上升，塔中各板上液体处于沸腾状态。顶部冷凝得到的馏出液部分作回流入塔，从塔顶引入后逐板下流，使各板上保持一定液层。上升蒸气和下降液体逆流流动，在每块板上相互接触进行传热和传质。原料液于中部适宜位置处加入精馏塔，其液相部分也逐板向下流入加热釜，气相部分则上升经各板至塔顶。由于塔底部几乎是纯净的难挥发组分，因此塔底部温度最高。而顶部回流液几乎是纯净的易挥发组分，所以塔顶部温度最低。整个塔内的温度由下向上逐渐降低。

酒精回收塔（alcohol recovery tower）乙醇精馏回收装置的主要设备。其主体由塔釜、塔身两部分组成。塔釜内有盘管，内通蒸气。将加热釜中母液加热至适当温度后，利用酒精和水沸点的不同，使酒精和部分水蒸发，混合成蒸气，经塔身慢慢上升。在上升过程中，温度逐渐下降，部分冷凝成液体回流至塔釜，大部分酒精蒸气上升至塔顶，经连通管道进入冷凝器

冷凝成酒精液体，再经冷却器出料。酒精回收塔有多种型号，有板式和填料塔式两种结构。它适用于制药、食品、轻工、化工等行业的稀酒精回收，也适用于甲醇等其他溶剂的蒸馏。

L

列管式换热器（tube still heat exchanger）见管壳式换热器。

流化床反应器（fluidized bed reactor）又称沸腾床反应器，一种利用气体或液体通过颗粒状固体层而使固体颗粒处于悬浮运动状态，并进行气固相反应过程或液固相反应过程的反应器。优点是：（1）可以实现固体物料的连续输入和输出；（2）流体和颗粒的运动使床层具有良好的传热性能，床层内部温度均匀，而且易于控制，特别适用于强放热反应。已在化工、石油、冶金、核工业等部门得到广泛应用。按流化床反应器的应用可分为两类：一类的加工对象主要是固体，如矿石的焙烧，称为固相加工过程；另一类的加工对象主要是流体，如石油催化裂化、酶反应过程等催化反应过程，称为流体相加工过程。

流化床燃烧（fluidized bed combustion）固体燃料颗粒在炉床内经气体流化后进行燃烧的技术。当气流流过一个固体颗粒的床层时，若其流速达到气流阻压等于固体颗粒层的重力时，固体床本身会变得像流体一样，原来高低不平的界面会自动地流出一个水平面来。即固体床的原料已经被流态化了。流化床燃烧即利用了这一现象。由于燃烧中生成的污染环境的气体 NO_x 很少，同时也降低了 SO_x 的排放量，因此流化床燃烧也被称为"洁净的燃烧方式"。

N

浓缩器（concentrator）一种通过加热的方法使稀溶液浓缩的化工设备。它将需要浓缩的溶液置于一个密闭的系统中，按工艺要求加热，使溶剂挥发与溶质分离，并进入回收系统，直至达到要求后停止加热，完成浓缩的一种化工设备。浓缩器可分为单效、双效、三效；还可分为升膜式、降膜式等。浓缩主要有常压浓缩、真空浓缩等方法，常用于药物、淀粉、食品、化工、轻工等液化物料的处理。

P

膨胀节（expansion joint）又称伸缩节或波纹管补偿器，利用波纹管补偿器弹性元件的有效伸缩变形来吸收管线、导管或容器由热胀冷缩等原因而产生的尺

寸变化的一种补偿装置，属于一种补偿元件。可吸收轴向、横向和角向的位移。可用于管道、设备及加热系统，吸收振动、降低噪音等。

S

伸缩节（expansion joint）见膨胀节。

T

填料塔（packed tower）在圆形壳体下部设置一块承重板，其上充填一定高度的填料的塔设备。除塔体外，还包括液体分配器、填料及填料支撑、液体再分配器、除沫器、支座及接管人手孔等。填料塔的形式多种多样，可分为颗粒形、规整形两大类。其中颗粒形有阶梯环、鞍马环形、金属鞍马环、球形等填料；规整形有波纹形填料。波纹形填料又有实体和网体两种。实体的可称为波纹板，由陶瓷、塑料、金属材料制造。操作时液体在塔顶经分布器向下喷淋，并沿填料表面形成往下流动的液膜，最后由塔顶部流出；气体由塔底部承重板下面进入塔筒体，靠压力差通过填料层的空隙，并与填料上的液膜进行动量、质量和热量交换，最后由塔顶部排出。

Y

压力容器（pressure vessel）工业生产中具有特定的工艺功能、内部或外部承受气体或液体压力，并对安全性有较高要求的密封容器。早期主要用于化学工业。与常压容器相比，压力容器满足下列三个条件：（1）最高工作压力 $\geqslant 9.8 \times 10^4$ Pa；（2）容积 $\geqslant 25$ L，且工作压力与容积之积 $\geqslant 245 \times 10^4$ L·Pa；（3）介质为气体、液化气体或最高工作温度高于标准沸点的液体。压力容器通常由筒体、封头、法兰、密封元件、开孔和接管、支座六大部分构成容器本体，并配有安全装置、计量仪表及完成不同生产工艺作用的内件。压力容器的壳体结构有单层式、多层式、绕板式、型槽绕带式、热套式、锻焊式和厚板卷焊式等多种形式。从使用、制造和监检的角度，压力容器有多种分类方法。按承受压力作用于容器内部或外部分为内压容器、外压容器（包括真空容器）；按承受压力的等级分为低压容器、中压容器、高压容器和超高压容器；按盛装介质分为非易燃容器、无毒容器、易燃或有毒容器、剧毒容器；按工艺过程作用分为反应容器、换热容器、分离容器和贮运容器。中国《压力容器安全监察规程》中根据工作压力、介质危害性及其在生产中的作用将压力容器分为一、二、三类，并对每个类别的压力容器在设计、制造过程，以及检验项目、内容和方式做出了不同的规定，实行设计、制造许可证制度。

（七）无机化学工程（Inorganic Chemical Engineering）

B

玻璃深加工制品（glass intensive processing product）玻璃二次加工的制品。利用成型的平板玻璃为基本原料，根据使用要求，采用不同的加工工艺制成的具有特定功能的玻璃产品，主要有以下功能：（1）提高玻璃的强度，增强玻璃的安全性；（2）改变平板玻璃的几何形状；（3）玻璃表面处理；（4）增加隔热隔音功能。玻璃深加工制品用途广泛，如现代建筑中的玻璃幕墙、弧形玻璃窗、汽车挡风玻璃、地铁车厢窗玻璃等。

C

次氯酸钠（sodium hypochlorite）是一种黄色不稳定的固体物质。其分子式为 NaClO。溶于水，水溶液呈碱性，并逐渐分解为氯化钠、氯酸和氧，次氯酸钠是一种强氧化剂。在光的作用下或加热时，它分解特别迅速。次氯酸钠常用于漂白纸张、织物，并用作氧化剂和水的消毒剂等。

D

电解食盐法（brine electrylysis）又称电解法，制造烧碱（化学名为氢氧化钠）和氯气的重要方法。使净制的食盐饱和溶液流入电解槽，当以直流电通过时，即发生电解反应，产生了离子的迁移和放电。溶液中的负离子（Cl^- 或 OH^-）移向阳极而放电，正离子（Na^+ 或 H^+）移向阴极而放电。用一般固体阴极的电极反应结果是：在阳极生成氯气，在阴极生成烧碱溶液和氢气。烧碱溶液经蒸发后可得液体烧碱和固体烧碱。而氢气和氯气可制得盐酸。此法所用的电解槽有水银电解槽、隔膜式电解槽和离子膜电解槽等。

E

二氯异氰脲酸钠（sodium dichloroisoyanurate）又称优氯净，是一种白色颗粒状固体。易溶于水，贮存稳定，无残毒。由于其具有高效、快速的清洁杀菌作用，所以被广泛用作杀菌消毒脱臭剂、去污洗净剂、漂白剂、脱色剂、保鲜剂、羊毛防缩剂、养蚕消毒剂等，还常用于自来水厂、洪水灾区的饮水、游泳池中水的杀菌消毒剂。

F

废渣水泥（slag cement）以粉煤灰、炉渣、粒化高炉矿渣等工业废渣为主要原料制成的新型砌筑水泥。它是经过一定的工艺过程而制成的新型墙体材料。可替代普通硅酸盐水泥，常用于垫层混凝土、各种砌筑和抹面砂浆等。

浮法玻璃（float glass）在通入保护气体（N_2 或 H_2）的锡槽中完成生产的玻璃。浮法玻璃与普通玻璃都属于平板玻璃，但两者的生产工艺、品质不同。浮法玻璃利用海沙、石英砂岩粉、纯碱、白云石等作为原料，按一定比例配置，经熔窑高温熔融，熔融的玻璃液连续流入锡槽中，漂浮在锡液表面上，在锡液面上铺开、摊平，形成上下表面光滑、厚度均匀平整的玻璃带，经冷硬化后脱离金属液，形成透明的平板玻璃。浮法玻璃具有结构紧密、光学变形小、比重大，容易切割，不易破损等特点。

G

工业陶瓷（industrial ceramics）用于各种工业的陶瓷制品。分为化工陶瓷容器、管道、泵机、阀门、耐酸耐温砖、填料、瓷件、机械密封件、蜂窝陶瓷及各种工程陶瓷、功能陶瓷配件、特种耐火材料等十二大门类，两千多个品种，广泛用于化工、石油、电子、造纸、化肥、冶金、食品等三十多个工业行业。

骨瓷（bone china）原料中含有 25% 以上的食草动物骨粉（灰），加上石英混合而成的瓷土共同烧制而成的瓷制品。加入动物骨粉（灰）的目的是增加瓷器的硬度与透光度。骨粉常用牛、羊、猪骨等，以牛骨为佳。骨瓷质地细密，通体呈乳白色，在灯光下呈半透明状，比普通的陶瓷轻，保养简单。

骨水泥（bone cement）见医用水泥。

H

环保玻璃（environmental protection glass）具有节能、隔音、安全防范和防火等新型功能特性的玻璃。如中空玻璃、夹胶玻璃、钢化玻璃、防火玻璃等。中空玻璃最大的优点是节能、隔音；夹胶玻璃的优势是环保和安全防范性能好；钢化玻璃能减少对人体的伤害；防火玻璃能提高建筑物的防火功能。

J

结晶型层状硅酸钠（status of layered sodium silicate）学名层状结晶二硅酸钠，简称层硅。一种新研究开发的第二代无磷洗涤剂的助洗剂，是目前唯一既可全面替代三聚磷酸钠，又可取代 4A 沸石的助洗剂产品。根据组成和结晶形态的不同，结晶型层状硅酸钠分为 α、β、γ、δ 四种，其中 δ 结晶的助洗作用最好。一般作为助洗剂用的层硅，其 δ-结晶组成应大于 80%。结晶型层状硅酸钠溶于水的速度缓慢，但在水中钠离子很快被水中的钙、镁离子置换，生成细小颗粒分散在水中，不易沉淀在被洗织物表面上，且进入排污系统成为水玻璃，对环境无害。其离子交换能力、去污作用及吸水后的流动性等指标均好于一般的硅酸盐。结晶型层状硅酸钠除应用于洗涤剂行业外，还广泛应用于建筑、电镀、造纸、纺织等行业。

L

联合制碱法（Hou's process for soda manufacture）又称侯氏制碱法，将合成氨与氨碱法制碱两工艺联合起来同时生产纯碱和氯化铵的方法。此法是中国著名化学家侯德榜发明的。此法包括两个过程：第一个过程与氨碱法制碱工艺相同。即将氨通入饱和盐水而成氨盐水，再通入二氧化碳，生成碳酸氢钠沉淀，经过滤洗涤和煅烧即得纯碱（化学名为碳酸钠）。滤液是含氯化铵的母液 I。第二个过程是在母液 I 中通入氨、冷冻和加细粉状食盐使氯化铵析出，经过滤、洗涤和干燥即得氯化铵。析出氯化铵后的母液 II 已被食盐饱和，可再通入氨和二氧化碳循环制碱。与氨碱法比较，联合制碱法优点是：（1）氯化铵的利用率达 96% 以上；（2）综合利用了合成氨厂的二氧化碳；（3）节省了蒸氨塔、石灰窑等设备；（4）没有由蒸氨塔出来的难以处理的氯化钙的废料。

氯化铵（ammonium chloride；sal ammoniac）又称卤砂，一种易潮解，溶于水的白色晶体物质，分子式为 NH_4Cl。主要用于金属焊接、电镀、鞣革，以及制造干电池等。在农业上可用作化肥，但对忌氯作物（如烟草、甘薯、马铃薯、甜菜等）不宜使用。在医疗上用作祛痰和辅助利尿药，主要用于感冒初期，并可用以使尿液酸化。

M

马弗炉（muffle furnace）一种温度可升至 1 200°C 的通用加热设备。电阻丝藏于箱体中，箱体壁厚，内有保温材料，可分为箱式炉、管式炉、坩埚炉等。马弗炉是实验室、工矿企业、科研单位作元素分析测定和一般小型钢件淬火、退火、回火等热处理时的常用加热设备，高温马弗炉还可用于金属、陶瓷的烧结、溶解、分析等高温加热。如可用于高温碱融某些难溶金属及矿物质，以及在重量法分析中，将滤纸无焰灰化、灼烧分解有机物、驱赶无机物中可挥发成分等。

木质水泥（wood cement）具有木头质地的水泥。在普通水泥中加入粒径为300μm的聚合物制成，除有普通水泥的特点外，还能像木材一样锯切、钉割和开螺孔，并具有良好的隔音和防火性能。

S

水泥（cement）加水拌和成塑性浆体，能胶结砂石等适当材料并能在空气中和水中硬化的粉状硬性胶凝材料。水泥是一种水硬性胶凝材料，一种细磨的无机材料，由不同组分材料的小颗粒组成，通过水化过程发生凝结和硬化。水泥按主要成分可分为硅酸盐水泥（即国外通称的波特兰水泥）、铝酸盐水泥和硫铝酸盐水泥等；按用途可分为通用水泥（用于一般工业工程）、专用水泥（用于大坝、油井等）和特种水泥（膨胀水泥、低热水泥和彩色水泥等）。

水泥窑外分解工艺技术（kiln calcining technology）在传统的水泥回转窑后部装设悬浮预热器和分解炉的技术。采用这种技术，可使料粉在预热器内与气流接触面积较窑内增加数千倍，换热极快，生料中的碳酸盐组分在分解炉内可完成90%以上的分解，再进入回转窑内进行最后的烧结，进程会大大加快。其生产效率是传统的湿法或干法回转窑的四倍，单位熟料热耗可降低50%左右。窑外分解工艺技术是目前较先进、最有发展前途的水泥生产工艺。

T

弹性水泥（elastic cement）既有水泥类无机材料良好的耐久性，又有橡胶类材料的弹性和变形性能的水泥。它是由有机高分子乳液与改性水泥等多种助剂组成的防水材料，克服了传统材料脆性大的缺点，具有"即时复原"的弹性和优良的耐水性、抗渗透性，常用于工程防水。

陶瓷（ceramics）利用黏土、长石、石英（主要成分均为硅酸盐）等无机非金属矿物为原料的人工制品，即黏土或含有黏土的混合物经筛选、粉碎、配比、成型及煅烧而成的各种制品。随着科学技术的发展，近年来出现了许多新的陶瓷品种，不再使用或者很少使用黏土等传统陶瓷原料，而是采用其他特殊原料，甚至扩大到非硅酸盐和氧化物的范围。因此，陶瓷的概念被重新认定为：是用硅酸盐矿物或某些氧化物等为主要原料，通过特定的化学工艺在高温下制成的具有一定形状的人工制品。陶和瓷的区别在于吸水率不同。吸水率小于0.5%者为瓷，大于10%者为陶，介于两者之间者为半瓷，也称炻器（如水缸、沙锅等）。按用途的不同，陶瓷可分为：（1）日用陶瓷，如餐具、茶具、盆、罐等；（2）艺术陶瓷，如花瓶、雕塑品、陈设品等；（3）工业陶瓷，又分为建筑陶瓷（面砖、浴盆等）、化工陶瓷（耐酸容器、泵、阀等）、化学瓷（蒸发皿、研钵等）、电瓷（绝缘子等）、耐火陶瓷（耐火砖）和特种陶瓷等。

通用水泥（conventional cement）通用于一般工业工程（如建筑工程）的水泥，主要有六大类。（1）硅酸盐水泥。以硅酸钙为主要成分的硅酸盐水泥熟料，添加适量石膏磨细而成。是建筑施工、家庭装修常用的水泥；（2）矿渣硅酸盐水泥。由硅酸盐水泥熟料，混入适量粒化高炉矿渣及石膏磨细而成；（3）火山灰质硅酸盐水泥。由硅酸盐水泥熟料和火山灰质材料及石膏按比例混合磨细而成；（4）粉煤灰硅酸盐水泥。由硅酸盐水泥熟料和粉煤灰，加适量石膏混合后磨细而成；（5）复合硅酸盐水泥。由硅酸盐水泥熟料、两种或两种以上规定的混合材料、适量石膏磨细制成的水硬性胶凝材料，简称复合水泥。

W

微波马弗炉技术（technology of microwave muffle furnace）在马弗炉内用微波能来熔融和灰化样品的技术。在样品容器周围放一些可100%地吸收微波的材料，从而在很短的时间内将温度升高，在两分钟内可达到1 000℃高温。与普通马弗炉相比，用微波马弗炉进行高温下熔融和灰化升温更快，而且耗能较少；操作人员在放入和取出样品时还可避免热辐射。

微波烧结（microwave sintering）利用多模腔微波烧结系统对弛豫铁电陶瓷快速均匀的烧结技术。与常规烧结相比，微波烧结不仅可显著提高致密化速率，而且可细化晶粒，改善材料显微结构，从而大幅度提高材料的击穿场强和断裂强度，并达到与常规烧结相近的介电常数。研究结果表明，弛豫铁电陶瓷微波烧结比其他陶瓷材料更有利于加工显微结构产品和改善性能。

无机化工（inorganic chemical industry）无机化学工业的简称，它是化学工业的一个重要组成部分。主要分为无机酸工业（主要生产硫酸、硝酸、盐酸、磷酸和硼酸等）、氯碱工业（生产烧碱、氯气、氢气和纯碱等）、化肥工业（生产氮肥、磷肥、钾肥和复合肥料等）和无机精细化工（生产各类无机盐、试剂和助剂等）。无机化工的生产原料广泛，甚至许多部门的副产品和废物，都能成为无机化工的原料。无机化工的基本特点：（1）是化学工业中发展较早的部门，为单元操作的形成和发展奠定了基础；（2）主要产品是用途广泛的化工原料；（3）与其他化工产品相比，无机化工产品的种类繁多，数量庞大。无机化工的发展方向是：采用低能耗工艺，提高原料的综合利用，不断开发新产品。

Y

夜光水泥（luminous cement）一种能在夜里发光的水泥。多用于公路上标划车道、人行道线和各种标志等。它可贮存白天的日光能量，到夜晚时闪闪发光，构成"夜光公路"为夜行车辆提供安全保障。

医用水泥（medical cement）又称骨水泥，主要成分最初为磷酸钙，逐步改进为聚甲基丙烯酸甲酯、聚酰胺等，主要用于人工关节置换术的一种化工产品。医用水泥最早在20世纪60年代初研制成功，最初只用于牙科。随着进一步的研究，医用水泥的应用范围不断扩大，现已成功应用于牙医、骨科和整形外科手术等。在用于人工关节置换术时，可将金属、陶瓷或者塑料等材料制成的人工关节与活体骨骼相链接，并保持长时间不松动；在用于治疗骨折和重建骨缺损的骨修复材料时，可经皮下注射到达需修复的部位。

（八）有机化学工程（Organic Chemistry Project）

B

巴基球（buckyball）见富勒烯。

F

富勒烯（fullerene）又称巴基球，一类含有60个碳原子的原子簇（命名为 C_{60}）和含有70个碳原子的原子簇（命名为 C_{70}）等具有笼形结构，因而在物理及化学性质上可看作三维的芳香化合物。富勒烯是于1985年发现的继金刚石和石墨之后碳元素的第三种晶体形态。后经实验证明，C_{60} 的分子结构为球形32面体，由60个碳原子以20个正六边形和12个正五边形连接而成的具有30个碳碳双键（$C=C$）的足球状空心对称分子。所以，富勒烯也被称为足球烯。以后又相继发现了 C_{44}、C_{50}、C_{76}、C_{80}、C_{84}、C_{90}、C_{94}、C_{120}、C_{180}、C_{540} 等纯碳组成的分子，它们均属于富勒烯家族。其中 C_{60} 的丰度约为50%。由于其特殊的结构和性质，C_{60} 等富勒烯类化合物在超导、磁性、光学、催化、材料及生物等方面表现出优异的性能，正在得到日益广泛的应用。

J

基本有机化工（basic organic chemical industry）简称有机化学工业，它以石油、天然气、煤等为原料，生产各种有机原料的工业。基本有机化工所用的直接原料主要有：氢气、一氧化碳、脂肪烃类（甲烷、乙烯、乙炔、丙烯、4个C以上的脂肪烃）、芳香烃类（苯、甲苯、二甲苯、乙苯）等。其产品可按所用原料分类为：（1）合成气系产品；（2）甲烷系产品；（3）乙烯系产品；（4）丙烯系产品；（5）4个C以上脂肪烃系产品；（6）乙炔系产品；（7）芳烃系产品。从每一类原料出发，都可制得一系列产品。按用途的不同可分为：（1）用于生产高分子化工产品的原料，即聚合反应的单体；（2）用于其他有机化学工业，包括精细化工产品的原料；（3）用于溶剂、冷冻剂、防冻剂、气体吸附剂等。基本有机化工是发展各种有机化学产品生产的基础，是现代工业结构中的主要组成部分。

K

抗爆剂（anti-knocking agent；antiknocks）又称抗震剂，为防止或减轻汽油在汽油机内燃烧时发生爆震现象，提高辛烷值与热效率的添加剂。其效果较大且常用的是四乙基铅或甲叔丁醚，一般将其与有机卤化物和油溶性染料配成乙基液使用。每1L汽油中加入1～3mL乙基液可提高辛烷值5～7单位乃至15～20单位。但因铅对空气有污染，四乙基铅已渐被淘汰，甲叔丁醚得到广泛应用，其醚键中的氧还有助于汽油燃烧彻底。

抗爆性（antiknock characteristics）又称抗震性，汽油在汽油机中燃烧时不致发生爆震现象的性能。它用辛烷值表示。产生爆震的因素很多，其中以压缩比最为重要。汽油的辛烷值愈高，抗爆性愈好，在使用时愈能经受较高的压缩比而不致发生爆震现象，同时可以提高汽油机的效率，降低汽油的消耗量。

抗震剂（antidetonator）见抗爆剂。

抗震性（shock resistance）见抗爆性。

W

微波常压合成反应技术（normal microwave forged composed reacting technology）将微波技术应用于常压有机合成反应的技术。选择一个长颈的锥形瓶，在锥形瓶内放置反应的化合物溶剂，再在微波炉上端中间打孔，装上漏能抑制，防止微波漏能；反应容器由微波炉上打孔处与外界的搅拌和滴加装置及冷凝管相连，利用此装置能完成一系列反应的研究。与密闭技术相比，微波常压合成反应技术所采用的装置简单、方便、安全，适用于大多数有机合成反应。

无铅汽油（lead-free gasoline）含铅量在 0.0132g/L 以下的汽油。为了增加汽油燃烧的辛烷值，增加其抗爆性，过去常常加入四乙基铅，而且添加铅化物的同时还要添加二溴乙烯或二氯乙烯作捕捉剂。这两种化合物能分解产生溴和氯，可以与铅反应生成气态化合物，经燃烧成为含铅废气排出发动机外，造成大气中含有粒状的有毒铅化物，污染大气。汽油无铅化是一个重要的减少铅污染的措施。目前生产无铅汽油一般采用加入甲基叔丁基醚代替四乙基铅作为高辛烷值组分，以减少含铅废气的排出。

X

辛烷值（octane number；octane value）衡量汽油在汽缸内燃烧时的抗爆震能力的指标，以数字表示，越高表示抗爆性越好，汽油的质量越高。不同化学结构的烃类，具有不同的抗爆震能力，异辛烷的抗爆性能较好，辛烷值设定为 100；正庚烷的抗爆性最差，辛烷值设定为 0。汽油辛烷值是以异辛烷和正庚烷为标准燃料，用对比法进行测定。

Y

油菜生物柴油（rape biological diesel oil）以油菜籽为主要原料生产的生物柴油。低芥酸菜油的脂肪酸碳链组成与柴油分子的碳数相近，是矿物柴油的理想替代品。在欧盟，各国政府通过免税等优惠政策的扶植，使得以低芥酸菜油为原料制取生物柴油已规模化，成为能源安全战略的重要组成部分。

油脂化学（lipin chemistry）研究有关油脂的结构、组成、性质、合成及其应用的一门学科。油脂是一类天然有机化合物，其主要成分是各种高级脂肪酸的甘油酯。通常把在室温下呈液态的叫油，呈固态或半固态的叫脂肪。动物的脂肪组织和油料植物的籽核是油脂的主要来源。油脂、蛋白质和碳水化合物组成自然界的三大营养成分。脂肪中含高级饱和脂肪酸的甘油酯较多，而油中含高级不饱和脂肪酸甘油酯较多。天然油脂大都是混合甘油酯。人体摄入油脂有四大作用：（1）为人体提供热量；（2）提供人体自身无法合成的必需脂肪酸（亚油酸、亚麻酸等）；（3）供给脂溶性维生素（VitA、VitD、VitE、VitK）；（4）改善食品风味和制作性能（烘焙用油、麻油香味等）。

Z

植物生物柴油（plant biological diesel oil）利用植物生产的柴油。可适用于各种柴油发动机，并在闪点、凝固点、硫含量、一氧化碳排放量、颗粒值等关键技术上均优于国内零号柴油。目前的加工工艺已可使其达到欧洲二号排放标准。

（九）电化学工程（Electro-chemistry Engineering）

B

丙烷燃料电池（propane fuel cell）固体氧化燃料电池系列中的一种。固体氧化燃料电池通常利用燃料与氧气的混合物来工作。丙烷燃料电池结构简单，致密紧凑，有一个氧气、燃料入口和一个排气口。一般的燃料电池利用氢或甲醇工作，而丙烷燃料电池利用丙烷工作。丙烷具有很大的能量密度，因此能以紧凑压缩状态保存，大大增加燃料电池的容量，更适合日常电子仪器供电。

C

超级电池（super battery）含有钛酸钡电介质陶瓷的超级电容器的一种发电装置。它将电荷作为能量存储，能够快速释放和吸收能量。它集中了电池的超级存储能力及超级电容器较高的功率和放电特性，且不含有任何有毒化学品，能取代电化学电池，广泛用于混合动力和电动汽车、电动工具、便携式电子用品以及可再生能源系统等方面。它还具有非爆炸性、无腐蚀性、无危险性的特点。

D

大功率镍氢动力电池（maximum charge and discharge power of nickel-metal hydride battery）由镍、氢组成的一种能循环充放电、寿命长的蓄电池。它的单体电池常规充放电循环寿命超过 3 000 次，模块电池（12V）循环寿命超过 2 600 次，电池整体寿命在 2 000 次以上（国家标准为大于等于 500 次）。其定型产品可用作电动自行车、电动摩托车、电动小轿车、电动公交车、电动越野车、装甲车、潜艇以及电动工具、电动玩具、矿灯、航标灯、高尔夫球场运输车、割草机、伐木机等。其基本工况模拟寿命可达 1.2×10^5km。

导电塑料电池（conductive plastic battery）一种用导电塑料做电极的电池。它的一个电极是金属锂，另一个电极是聚苯胺导电塑料。它的外形是类似硬币大小的圆片，可以多次重复充电，而且使用寿命长。目前，导电塑料电池和用导电塑料制成的塑料电容器已被用在电子计算机和摄、录像机中，以代替较笨重的镍镉蓄电池。由于导电塑料电池是用两种不同材料做电极，经过几次充放电后，在电极表面易形成覆膜，使电池效率降低或失效。经过对导电塑料电池进行改进，将阴极和阳极换成由相同的导电塑料薄膜制作，结果，电池的使用寿命大大提高，充放电次数可达 1 000 次以上。导电塑料电池的体积小，重量轻，可以提供相当于同体积普通铅蓄电池 10 倍的电力，而且每次充电时间也较短。

电镀（electroplating）借电解作用使金属化合物还原为金属，并沉积在金属或非金属制品的表面上，形成符合一定要求的金属镀层，以提高制品表面抗腐蚀性能、装饰性能或改善制品表面机械性能的一项技术。电镀时，通常把待镀制品作为阴极（与直流电源的负极相接），所镀金属或合金的板或棒作为阳极（与直流电源的正极相接），电镀槽中的溶液含有被镀金属的盐类及一些其他物质（缓冲剂、黏合剂及添加剂等）。当接通电源并控制一定条件（包括温度、电流密度及 pH 值等），被镀制品表面上就会逐渐镀上一层

金属或合金。大量金属和非金属制品以及飞机、汽车、轮船的配件都需要经过电镀加工，以提高其使用价值和经济效益。

电化学腐蚀（electrochemical corrosion）金属在电解质溶液中发生电化学作用而引起的损坏。在腐蚀过程中有电流产生。引起电化学腐蚀的介质都能导电，例如酸、碱、盐、土壤、海水等。电化学腐蚀与化学腐蚀的主要区别在于，电化学腐蚀可以分解为两个相互独立而又同时进行的阴极过程和阳极过程，而化学腐蚀没有这个特点。电化学腐蚀比化学腐蚀更为常见和普遍。

电解（electrolysis）将直流电通入装有电解质溶液或熔融电解质的电解槽中，使电解质在两个电极上（或电极旁）发生化学变化，以制备所需产品的过程。电解过程需具备电解质、电解槽、直流电供给系统、分析控制系统和产品分离回收装置。电解工业在国民经济中具有重要作用，许多有色金属、稀有金属的冶炼及许多金属的精炼都是采用电解方法来实现的。电解还用于其他多个方面，比如通过电解食盐水溶液制取氢氧化钠、氢气和氯气；电解水制取氢气和氧气；用电解氧化法制取各种氧化剂；用电解法处理污水，消除环境污染并回收金属材料等。

电渗析（electric infiltration）在直流电场的作用下，利用阴、阳离子交换膜对溶液中阴、阳离子的选择透过性，使溶液中的阴阳离子发生分离的一种理化过程。该技术广泛应用于海水淡化、苦咸水淡化、锅炉及动力设备给水的软化除盐以及电子化工、医药、饮料、食品等工业用水的处理。

电铸（electrotyping）利用金属的电解沉积原理来精确复制某些复杂或特殊形状工件的特种加工方法。它是电镀的特殊应用，即把预先按所需形状制成的原模作为阴极，用电铸材料作为阳极，一同放入与阳极材料相同的金属盐溶液中；通直流电后，在电解作用下，原模表面逐渐沉积出金属电铸层；达到所需的厚度后从溶液中取出，将电铸层与原模分离，便获得与原模形状相对应的金属复制件。电铸设备由电铸槽、直流电源以及电铸溶液的恒温、搅拌、循环和过滤等装置组成。其主要用途包括制作纸币和邮票的印刷版、唱片压模、铅字字模、金属艺术品复制件、反射镜、表面粗糙度样块、微孔滤网、表盘、电火花成型加工用电极、高精度金刚石磨轮基体等。

F

伏打电池（voltaic cell）在两种不同的金属之间以导电的物质隔开，再以导线连接，产生电流的干电池。1800年，意大利物理学家伏打利用铜、锡和食盐水为材料，发明创造出世界上第一个干电池。为了纪念他的功绩，人们把这种电池称为"伏打电池"。后来伏打电池经改进而成为用铜、锌和稀硫酸为材料。伏打电池的发明为以后各种干电池的研发奠定了基础。

H

化学腐蚀（chemical corrosion）金属和环境介质直接发生化学作用而引起破坏的现象。它包括气体腐蚀和在非电解质溶液中的腐蚀两种。引起金属化学腐蚀的介质不导电，在腐蚀过程中没有电流产生。例如金属在高温的空气或氯气中的腐蚀，非电解质对金属的腐蚀等。

J

甲醇燃料电池（carbinol fuel cell）采用纳米工艺技术制成的燃料电池。它以甲醇和水为原料，在催化剂的作用下，甲醇被电解为质子、电子和二氧化碳，质子通过质子膜到达电池的另一极产生电流。甲醇燃料电池的催化剂通常涂在由碳制成的基底上，这是因为碳具有良好的导电性能，能够耐受电池中的酸性环境。甲醇燃料电池可用于汽车、笔记本电脑、手机及其他便携式电子设备。

金属腐蚀（corrosion of metals）金属在与环境的接触下所引起的破坏或变质。例如与大气、海水、淡水、土壤以及生产生活用的原材料和产品等的接触。这些物质和金属发生化学作用或电化学作用引起金属的腐蚀，同时还存在机械力、射线、电流、生物等的作用。金属发生腐蚀的部分，由单质变成化合物，产生生锈、开裂、穿孔、变脆等而受到破坏。金属腐蚀的过程从某种程度上可以看作是冶金的逆过程。

X

新型电池（new type battery）利用纳米技术，开发出的新型锂镍锰氧化物改性电池。新型电池能效高，充放电时间短，价格低，稳定性和安全性能好，可以满足电动混合燃料汽车的动力要求。新型锂镍锰氧化物改性电池，使得百年以来的电池特别是电池能源储备系统发生了很大变化。常规电池的能量来自电池的化学反应，锂镍锰氧化物电池的能源储存系统将能源作为一个电场来储存，其能效比常规的电池大大提高。作为一个工作单元，它充放电速度更快，而且爆发力强。除了能保证电动混合燃料汽车在正常路面上行驶外，还可以提供车辆加速或爬坡用的强大动力。

（十）高聚物工程（High Polymer Engineering）

A

ABS 树脂（acrylonitrile-butadiene-styrene terpolymer，ABS）丙烯腈—丁二烯—苯乙烯的共聚物。丙烯腈组分在ABS中表现的特性是耐热性、耐化学性、刚性、抗拉强度；丁二烯表现的特性是抗冲击强度；苯乙烯表现的特性是加工流动性、光泽性。这三组分的结合，优势互补，使ABS树脂具有优良的综合性能：刚性好、冲击强度高、耐热、耐低温、耐化学药品性、机械强度和电器性能优良，易于加工，加工尺寸稳定性和表面光泽好，容易涂装、着色，还可以进行喷涂金属、电镀、焊接和黏结等二次加工。ABS树脂制成的塑料制品广泛用于各种家用电器外壳、内胆及各种配件，并广泛用于各种工程塑料及电器零配件等。

螯合（sequestration）具有两个或两个以上能提供孤对电子的配位原子与中心离子配位而形成螯合物的化学过程。螯合作用广泛应用于化学化工、环境科学、医药等领域。

螯合物（chelate complex）又称内配合物或内络合物，具有环状结构的配位化合物（或络合物）。通常是由具有两个或两个以上能提供孤对电子的配位原子与中心离子配位而形成。两个配位原子之间一般相隔两个或三个其他原子，以便于中心离子形成稳定的五原子环或六原子环。螯合物可以是不带电荷的中性分子，如二氨基乙酸合铜；也可以是带电荷的离子，如二乙二胺铜离子。由于它形成环状结构，远较简单络合物稳定。例如铜离子与甘氨酸、半胱氨酸等都能生成稳定的二环螯合物。螯合物易溶于有机溶剂，广泛用于金属元素及环境化学中污染物的分离和分析。

B

丙烯酸酯类高分子共聚物（copolymer of acrylate）甲基丙烯酸甲酯、丙烯酸酯等单体的共聚物。为近年来开发的最好的抗冲击改性剂，可使材料的抗冲击强度增大几十倍。它属于核壳结构的冲击改性剂，尤其适用于户外使用的 PVC 塑料制品，如门窗的抗冲击改性。与其他改性剂相比，而丙烯酸酯类高分子共聚物具有加工性能好、表面光洁、耐老化、焊角强度高的特点。

不饱和聚酯树脂（unsaturated polyester resin, UPR）由饱和的或不饱和的二元酸与饱和的或不饱和的二元醇缩聚而成的线型高分子化合物，溶解于单体（通常用苯乙烯）中而形成的黏稠状聚合物溶液。它是一种热固性树脂，当其在热或引发剂的作用下，可固化成为一种高分子网状聚合物。但这种聚合物机械强度低，不能满足使用，而用玻璃纤维增强时却可成为一种机械强度很高的复合材料，俗称"玻璃钢"。

D

导电塑料（conductive plastic）具有导电性的塑料。如在聚乙炔的塑料中添加碘后，聚乙炔便像金属一样能导电。导电塑料一般分为结构型和复合型两大类。与金属相比，具有质轻、防腐蚀、防生锈、容易加工等特点。目前已开发的导电塑料品种有：聚苯胺、聚对亚苯醚。另外，聚苯硫醚、聚吡咯、聚噻吩和聚噻唑等一些高分子聚合物加入掺杂剂后也可成为导电塑料。具有导电性的聚合物叫做有机金属或合成金属。导电塑料已应用于保护用户免受磁辐射的电脑保护屏幕，可除去太阳光的智能窗户等新产品。

低聚物（oligomer）即预聚物。

低密度聚乙烯（low density polyethylene, LDPE）在高压下由乙烯自由基聚合而获得的热塑性塑料。LDPE 综合了一些良好的性能：透明、化学性能稳定、密封能力好，易于成型加工，是当今高分子工业中最广泛使用的材料之一，可以满足大部分热塑性成型加工技术的要求，如薄膜吹制、薄膜铸制、挤压贴胶、电线电缆贴胶、注射成型、吹塑成型等。常规的 LDPE 可用两种方法生产：管式法和釜式法。

涤纶（terylene）学名聚对苯二甲酸乙二醇酯纤维，聚酯纤维的主要品种之一，密度 1.38，熔点约 258℃，具有极高的压缩弹性、抗皱性、耐热性、耐光性、化学稳定性、回弹性、绝缘性和极小的吸湿性，缺点为染色性差。它常用于纯纺或混纺，以制造快干免烫织物（如的确良等）、轮胎帘子布、电绝缘材料、传动带、水龙带、绳索、滤布和人造血管等，还可以制成高收缩性的长丝，可与真丝媲美。

定向聚合（stereospecific polymerization）某些能发生定向聚合的单体，在定向聚合催化剂存在下，进行聚合生成立构规整性聚合物（亦称为定向聚合物）的反应过程。天然橡胶、纤维素、蛋白质和淀粉等均为天然的立构规整性聚合物。立构规整性聚合物的性质与无规聚合物相比有显著差异。通常具有高的结晶性，较高的熔点、硬度和机械性能，可用以制造塑料和合成纤维。例如全同立构型聚丙烯，可制作塑料，也可拉成高强度的纤维，其重量很轻，断裂强度很高，因而得到广泛应用。

F

酚醛树脂（phenolic resin）由酚及其同系物或衍生物与醛类或酮类缩聚而成的一类树脂。因选用催化剂的不同，可分为热固性和热塑性两类。酚醛树脂具有以下主要特征：（1）原料价格便宜，生产工艺简单，成型加工容易。（2）树脂既可混入无机填料或有机填料做成酚醛模压塑料，也可浸渍织物制成层压制品，还可以发泡。（3）制品尺寸稳定。（4）耐热，阻燃，电绝缘性能好，但耐电弧性差。（5）耐酸性强，但不耐碱。酚醛树脂最初主要用作电气工业中的绝缘材料，目前已在建筑、汽车、电子及军事等工业领域广泛应用。

氟涂料（fluorin coating）又称氟碳漆，在涂料中加入有机氟高分子聚合物而制成的涂料。具有耐腐蚀、耐洗刷、自洁性、使用期长达 15～20 年的特点，被称为"涂料王"。主要包括常温固化型氟涂料、烘烤型氟涂料、单组分氟涂料及水性氟涂料等系列产品。水性氟涂料由中国自主研发，填补了国内空白。

G

高分子化工（polymer chemical industry）高分子化学工业的简称，是制备高分子化合物及其复合或共混材料以及成品制造的工业。它包括塑料工业、合成橡胶工业、化学纤维工业以及涂料工业和胶黏剂工业。高分子化工原料来源丰富、制造方便、品种多样且性能较天然产物优越，是发展速度最快的化学工业之一。

高密度聚乙烯（high density polyethylene，HDPE）一种由乙烯共聚生成的结晶度高、非极性的热塑性聚烯烃。原态HDPE的外表呈乳白色，在微薄截面呈一定程度的半透明状。HDPE绝缘介电强度高，常用于制造电线电缆。高分子量高密度聚乙烯树脂多用于制造吹塑薄膜，并能使薄膜超薄，且韧性损失不明显，还用于制造能承受一定压力的各种工业和矿业用管、排水管道、输油临时管、配气管路和生活用水管道。

高吸水性高分子材料（super absorption water-polymer）一种含有强亲水性基团并具有一定交联度的功能性高分子材料。它不溶于水，也不溶于有机溶剂，遇水后能吸收其自身重量几百倍甚至几千倍的水，且吸水速率快，保水能力也非常高。吸水后形成保水能力很强的凝胶，不能用简单的挤压和加压方法脱水，但可以通过烘晒等手段使其失水而重新获得吸水能力，从而达到重复使用的效果。

工程塑料（engineering plastic）能承受机械应力、能在较广的温度范围和较为苛刻的化学及物理环境中使用的作为结构材料的塑料。通常分为通用工程塑料和特种工程塑料两大类。通用工程塑料通常是指已大规模工业化生产的、应用范围较广的五种塑料，即聚酰胺（尼龙，PA）、聚碳酸酯（聚碳，PC）、聚甲醛（POM）、聚酯（主要是PBT）及聚苯醚（PPO）；特种工程塑料是指性能独特，用途相对较窄的一些塑料，如聚苯硫醚、聚酰亚胺、聚砜、聚醚酮、液晶聚合物等，可替代金属作结构材料，被广泛用于电子电气、交通运输、机械设备及日常生活用品等领域。

共聚物（copolymer）由两种或两种以上单体或单体与聚合物间进行聚合而成的聚合物。常分为嵌段共聚物、无规共聚物、有规共聚物、接枝共聚物等。

光学塑料（optical plastic）可用作光学介质材料的塑料。主要用于制造光学基板、透镜、隐形眼镜、有机光导纤维等。已获得应用的光学塑料主要有：（1）聚甲基丙烯酸甲酯。俗称有机玻璃，光学透明性、光学稳定性、抗裂、抗水吸收等性能较好，是应用较多的一种光学塑料。（2）甲基丙烯酸甲酯和苯乙烯共聚物。约含70%聚丙烯酸酯、30%聚苯乙烯，折射率依其组成改变（1.533～1.567），可机加工、抛光、注模，光学稳定性好。（3）聚碳酸酯。在较宽温度范围内（−137～120℃）性能良好，适于户外使用，折射率1.586，抗冲击，耐久性好，但不易机加工和抛光。（4）甲基戊烯聚合物。光学性能类似于丙烯酸类，折射率约1.467，韧性好，不易磨损，耐化学腐蚀，有良好的电性能，但其成型时收缩率较大。（5）尼龙。折射率1.535，抗溶剂和化学试剂腐蚀，强度高，电性能好，缺点是易吸水，二维稳定性差。（6）ADC塑料。具有良好的光学透明性和耐腐蚀性，抗冲击，连续工作温度100℃，短期使用温度150℃，缺点是收缩率高。此外，光学塑料还有聚苯乙烯、苯乙烯丙烯腈共聚物等。

过氯乙烯树脂（perchloroethylene resin）由聚氯乙烯树脂在某种溶剂存在下，经氯气氯化而制得的一种氯化聚氯乙烯树脂。具有优良的溶解特性、良好的电绝缘性、热塑性和成膜性，化学性能极为稳定，耐腐蚀、耐水、不易燃烧，能溶于酮、氯代烃、芳烃、酯及部分醇类。常用来制造过氯乙烯特种油漆、黏合剂、防火涂料、皮革上光剂以及制作塑料玩具等。

H

合成橡胶（synthetic rubber）一种用化学单体通过聚合反应而得到的类似橡胶的聚合物。合成橡胶可分为通用橡胶和特种橡胶两种。通用橡胶用量较大，例如，丁苯橡胶占合成橡胶产量的60%，顺丁橡胶占15%，此外还有异戊橡胶、氯丁橡胶、丁钠橡胶、乙丙橡胶、丁基橡胶等。特种橡胶是在特殊条件下使用的橡胶，具有耐高温、耐低温、耐油、耐化学腐蚀和具有高弹性等。如硅橡胶是以硅氧原子取代主链中的碳原子形成的一种特种橡胶，柔软、光滑，适宜做医用制品，可承受高温消毒而不变形。

环氧树脂（epoxy resin）含有两个或两个以上环氧基团的能交联的一类树脂。其主要用途有：（1）黏合剂：环氧树脂在不同温度条件下对于各种金属、非金属（玻璃、木材、陶瓷、混凝土及布等），以及大多数硬质热塑性塑料、热固性塑料等均具有很高的黏合力；（2）浇铸及灌封：利用环氧树脂具有的电绝缘性、机械性及耐热性，广泛用于浇铸电机中的定子、电机外壳、变压器、互感器，灌封电容器、各种电子电器元件、绝缘设备等；（3）浸渍及涂敷：广泛用于浸渍各种互感器、线圈绝缘体、电容器电流计、电缆、转换开关、电缆接头，以及大量用于浇铸、层压、模具。环氧树脂还可用作涂料，耐腐蚀性能、机械性能、弹性以及光泽都优于酚醛和醇酸基涂料。

J

接枝共聚物（graft copolymer）聚合物主链的某些原子上接有与主链化学结构不同的聚合物链段的侧链的一种共聚物，如接枝氯丁橡胶、SBS接枝共聚物等。

聚氨酯树脂（polyurethane resin）全称为聚氨基甲酸酯树脂，简称聚氨酯。主链链节含有氨基甲酸酯基的聚合物。通常由二元或多元的异氰酸酯和二元或多元醇，经加成聚合反应生成。在聚氨酯分子中，除含有大量氨基甲酸酯键（又称氨酯键）外，还可能含有酯键、醚键、缩二脲键、脲基甲酸酯键等，在大分子链之间还存在氢键。用聚氨酯制作的涂料具有许多优异性能，如特强的耐磨性、优良的附着力、优良的耐化学药品性和耐候性。

聚苯硫醚树脂（polyphenylene sulfide，PPS）又称聚苯撑氧，由对二氯苯和硫化钠缩聚而制得的高分子化合物，是一种半结晶聚合物。其分子结构是由硫原子和苯环交替连接而成，在分子主链上具有苯硫基。PPS树脂具有很高的热稳定性、化学稳定性、高阻燃性、高模量、抗蠕变性以及耐化学品性，添加玻璃纤维和矿物填料能够进行精密成型，制造精度要求较高的部件。聚苯硫醚树脂被广泛应用在各工业领域中，作为高性能绝缘体或各种金属代用品，如电气和电子零件、精密零件、汽车零件、机械零件等。

聚苯醚（polyphenylene oxide，PPO）由苯酚和甲醛反应制成2，6–二甲基酚，再经氧化和缩聚而制得的高分子化合物，属于通用工程塑料的一种。它具有优良的物理机械性能、耐热性和电气绝缘性，吸湿性低，强度高，尺寸稳定性好，在高温下耐蠕变，是所有热塑性工程塑料中最优异的。目前采用掺混PS（聚苯乙烯树脂）或HIPS（抗冲击聚苯乙烯）的方法对PPO树脂进行改性，改性的PPO合金材料玻璃化温度较低，较易加工，无降解，虽然耐热性有所降低，但保留了PPO树脂的大部分有用性能。目前市场上销售的几乎都是合金化产品。PPO合金中掺混树脂的用量通常在30%～70%，PPO树脂的平均含量约为45%。

聚苯乙烯树脂（polystyrene，PS）由苯乙烯单体通过自由基聚合而制成的高分子化合物，一种无色透明的聚烯烃热塑性树脂，属通用合成树脂的一种。聚苯乙烯质地硬而脆，无色透明，可以和多种染料混合呈现不同的颜色。聚苯乙烯树脂的化学稳定性比较差，易被有机溶剂溶解，被强酸强碱腐蚀，不抗油脂，受到紫外光照射后易变色，但电绝缘和热绝缘性能极好，具有高于100℃的玻璃化温度，因此常被用来制作各种需要承受开水温度的容器。日常生活中各种一次性塑料餐具、透明CD盒、计算机、电视机等的外壳、透明的塑料水杯，包装用的泡沫塑料等都是由聚苯乙烯树脂制成的。聚苯乙烯树脂还可以和其他橡胶类型高分子材料共聚生成各种不同力学性能的新产品。

聚丙烯树脂（polypropylene，PP）由丙烯单体经聚合而成的高分子化合物，通用合成树脂的一种。根据其分子结构的不同，有无规则聚丙烯、等规则聚丙烯和间规则聚丙烯三种。随着改性技术和应用领域的拓展，聚苯烯树脂成为合成树脂中发展最快的一种。常用于制造编织袋、打包带、捆扎绳、洗衣机内筒、周转箱等。

聚对苯二甲酸丁二醇酯（polylbutylene terephthalate，PBT）由对苯二甲酸与1，4—丁二醇或对苯二甲酸二甲酯和1，4—丁二醇为原料，经聚合而成的高分子化合物，是通用工程塑料的一种，也是一种热塑性聚酯。它被广泛应用于电子电气、信息、照明、家电、机械等多种行业。PBT对汽油、发动机油的耐受性好，可用于汽车发动机系统。PBT的不足之处是相对密度较高（1.31）、缺口耐冲击敏感度高、高负荷时（18.6kg/cm²）的热变形温度较低（60℃），在热水和酸碱长期浸泡的情况下，会发生酯的水解反应，聚合度下降，强度变差。

聚对苯二甲酸乙二醇酯（polyethylene terephthalate，PET）简称聚酯，由对苯二甲酸与乙二醇进行缩聚反应制得的高分子化合物。它是生产涤纶纤维的原料，具有耐热性和良好的耐磨性，以及一定的强度和优良的不透气性。用它制成的双向拉伸薄膜广泛用于录音带、电影及照相软片等；用它双向拉伸吹塑制成的瓶子，由于透明及二氧化碳不易透过，常用作碳酸饮料的容器。

聚砜（polysulfone，PSF）含有二苯撑砜基团等的高分子化合物，是20世纪60年代中期出现的一种热塑性高强度工程塑料。耐温性好，介电性能优良，在水、湿气或190℃的环境下，仍保持高的介电性能，并耐辐照。由于这些独特的性能，它可以用来制作汽车、飞机等需耐热而有刚性的机械零件，也被用来制作尺寸精密的耐热和电器性能稳定的电气零件。

聚合（polymerization）由小分子化合物（通常被称之为单体）进行反应生成高分子聚合物的过程。若单体聚合生成分子量较低的低聚物，则称为齐聚反应，所得产物称齐聚物。由一种单体的聚合称为均聚合反应，其产物称均聚物。两种或两种以上单体参加的聚合，则称为共聚合反应，其产物称共聚物。按照反应过程中是否析出低分子物，可把聚合反应分为缩聚反应和加聚反应。按反应机理，则把聚合反应分成逐步聚合和链式聚合（也叫连锁聚合）两大类。按照单体和聚合物的结构，又可分为定向聚合（或称立构有规聚合）、异构化聚合、开环聚合和环化聚合等类型的聚合反应。聚合反应是合成高聚物的基础，近几十年来取得了飞速的发展，广泛应用于人类生活、生产、科研等各个领域。

聚甲基丙烯酸甲酯（polymethyl methacrylate，PMMA）又称有机玻璃，具有高透明度、低价格、易于机械加工等优点，是常用玻璃的替代材料。（1）有机玻璃的物理性能。密度：$1.19kg/cm^3$；透光率：99%；冲击强度 $\geqslant 16kg/cm^3$；拉伸强度 $\geqslant 61kg/m^3$；热变形温度 $\geqslant 78℃$；热软化温度 $\geqslant 105℃$。（2）有机玻璃性能特点。透明度优良，有突出的耐老化性；相对密度不到普通玻璃的一半，抗碎裂能力却高出几倍；有良好的绝缘性和机械强度，对酸、碱、盐有较强的耐腐蚀性能；易加工，可进行黏结、锯、刨、钻、刻、磨、丝网印刷、喷砂等手工和机械加工，加热后可弯曲压模成各种压克力制品。（3）有机玻璃适用范围。适用于航空工业零部件、环保设备、光电子设备零部件、通讯设施、交通设施、机械零部件、建筑模型、医疗设施、教学设施、科研设施、实验设施、装饰装潢、工艺品等诸多领域。

聚甲醛树脂（polyoxymethylene resin，POM）甲醛的聚合物，有低分子量和高分子量两种，是通用工程塑料的一种。它是高度结晶的聚合物，具有类似金属的硬度、强度和刚性，在很宽的温度和湿度条件下都具有很好的自润滑性、良好的耐疲劳性、低摩擦系数并富有弹性，对大多数溶剂有较好的抗化学品性。聚甲醛的缺点是相对密度大，不易阻燃，不易印刷。由于结晶度高，因而成型收缩率大。聚甲醛可替代锌、黄铜、铝和钢，制作许多机械部件。

聚氯乙烯树脂（polyvinyl chloride resin，PVC）由氯乙烯经聚合而成的、具有热塑性的高分子化合物，是通用合成树脂的一种。PVC制品主要用于包装薄膜（如各种食品类包装），包装容器、罐、瓶、农用薄膜、电缆料、人造革等。还常用于建筑业和汽车制造业。

聚醚砜（polyether sulfone，PES）一种耐高温、无定形热塑性工程塑料，也是含有硫元素的不加阻燃剂但仍具有很好的阻燃性的工程塑料。PES比其他无定形热塑性塑料具有更好的抗环境应力龟裂性能。其热变形温度可高达204℃，并且具有良好的耐化学品性。通常PES应用在汽车熔断器、膜、电力设备、静电耗散设备、炊具、光反射器等部件上。

聚醚醚酮（polyether-ether-ketone，PEEK）一种线性芳香型半结晶聚合物。具有较高的助燃性，对化学品、高温、高热都有极高的耐受性，而且在燃烧过程中，烟以及有害气体的排放量都极低。能够通过传统的技术如注射成型、挤出和压缩成型等进行加工。与其他聚合物共混或添加玻璃纤维或碳纤维等，可广泛应用于汽车、飞机、医药、电子、化学工业上。

聚醚酰亚胺（polyetherimide，PEI）由4，4′-二氨基二苯醚或间（或不等）苯二胺与2，2′-双[4-（3，4-二羧基苯氧基）苯基]二苯甲烷二酐（4B），经由三步反应而制得的高分子化合物，是一种非晶体型的高性能热塑性树脂。它具有最高的阻燃级别，较低的烟排放量，能够耐受多种化学物质，有较高的强度、模量以及高温抗蠕变性。PEI树脂有非增强级别和增强级别两种，广泛应用于汽车制造、航空航天、电子工业中。

聚偏氟乙烯（polyvinylidene fluoride，PVDF）由三氟乙烯经聚合而成的高分子化合物，是一种阻燃工程塑料。它除了具有阻燃性以外，还具有极强的刚性、抗磨性、抗腐蚀性、化学稳定性以及良好的耐候性。在149℃时，仍能够保持机械性能。PVDF能够制成型材、片材、管材以及膜等，一般用在化学储藏和加工设备、流体处理、半导体设备上。汽车、建筑、电子等领域也经常会用到PVDF材料。

聚三氟氯乙烯（polychlorotrifluoroethylene，PCTFE）由三氟氯乙烯以过氧化物作引发剂经自由基聚合而成的高分子化合物。合成方法有本体聚合、溶液聚合及分散聚合等。聚三氟氯乙烯耐热、耐酸、耐碱和耐有机溶剂（但溶于芳香烃和四氯化碳等卤化物），但不耐熔融苛性碱和元素氟。它溶于芳香烃和四氯化碳。其耐化学药品性能仅次于聚四氟乙烯。

具有优良的化学稳定性、绝缘性和耐候性，可在125～196℃的温度下长期使用，机械强度和硬度优于聚四氟乙烯，制成薄膜则有较好的透明度和较低透气速率。还可用作工程塑料。其拉伸强度为3.096～4.135MPa，常应用于性能要求较高的化工设备、绝缘电缆、无线电器件、电容器和耐热或耐低温的配件等。其分散液用于制造防腐蚀的涂料和薄膜。聚三氟氯乙烯更适合于用作接触强腐蚀介质、高压系统的密封及衬垫材料、观测窗口透明材料，以及电气绝缘材料等，在化工、原子能工业方面用途极广。低分子量的聚三氟氯乙烯具有高密度、优良的黏度—温度特性以及耐化学腐蚀性，可用作高腐蚀性介质的密封液、润滑脂及导航陀螺的平衡液等。

聚四氟乙烯（polytetra fluoroethylene，PTFE）又称塑料王，由四氟乙烯经聚合而成的高分子化合物。有粒状、粉状和分散液三种。固体相对密度为2.1～2.3。成型品具有色泽白、半透明外观、蜡状感觉的特点，耐热性好，最高工作温度250℃，最低工作温度-269℃。若加热至415℃，即缓慢分解。除熔融金属钠和液氟外，它能耐其他一切化学药品，在王水中煮沸也不起变化。其电性能和机械性能也极优良。聚四氟乙烯在航空航天、冷冻、化工、电器、医疗器械等领域都有广泛的应用。

聚乙烯醇塑料薄膜（polyvinyl alcohol plastic film）以低醇解度的聚乙烯醇添加多种助剂，如表面活性剂、增塑剂、防黏剂等为原料，在一定温度、压力下，加工成型所得到的薄膜。聚乙烯醇塑料薄膜的主要性能有：（1）水溶性和降解性。聚乙烯醇塑料薄膜在水中一定时间后，能被水溶解和降解。（2）防静电性。聚乙烯醇薄膜具有良好的防静电性。（3）聚乙烯醇薄膜对水分及氨气具有较强的透过性，但对氧气、氮气、氢气及二氧化碳气体等具有良好的阻隔性。聚乙烯醇塑料薄膜作为一种新颖的绿色包装材料，能保持被包装产品的成分及原有气味。被广泛用于各种产品的包装，例如农药、化肥、颜料、染料、清洁剂、水处理剂、矿物添加剂、洗涤剂、混凝土添加剂、摄影用化学试剂及园艺护理的化学试剂等。

聚乙烯树脂（polyethylene resin，PE）由乙烯聚合而成的高分子化合物，是通用合成树脂的一种。具有优良的耐化学药品性，不吸湿并且有好的防水蒸气性，可用于包装及塑料管材、异型材等，主要消费以薄膜为主（用量占60%以上），如农用地膜、棚膜、包装用膜和保护膜等，其他为管材和吹塑、注塑类容器等。

K

抗冲击聚苯乙烯（high impact polystyrene，HIPS）把聚丁二烯橡胶在聚合反应之前溶于苯乙烯单体而制得的高分子化合物。抗冲击聚苯乙烯突出的特性是易加工、尺寸稳定、抗冲击强度高，并且有较高刚性，可用许多传统的成型方法进行加工，如注塑成型、结构泡沫塑料成型、片材和薄膜挤塑、热成型以及注坯吹塑成型等。主要用于包装和一次性用品、仪器仪表、家用电器、玩具和娱乐用品以及建筑行业。特殊级别的HIPS在许多领域已取代了价高的工程塑料。超高抗冲击强度、耐高温的HIPS甚至已用作汽车内饰部件。

抗菌塑料（antibacterial plastic）具备抑菌和杀菌性能的一类新型塑料。它能保持材料自身的清洁，减少因使用塑料制品而发生的交叉感染。在欧美一些发达国家，人们早已在电话听筒、电脑键盘、公交车的扶手等器具上使用抗菌塑料。未来抗菌塑料将广泛用于大型家电、通讯器材、汽车制造等方面。

L

离子交换树脂（ion exchange resins）带有功能基团的网状结构的一类高分子化合物。它由不溶性的三维空间网状骨架、连接在骨架上的功能基团和功能基团上带有相反电荷的可交换离子三部分构成。离子交换树脂可分为阳离子交换树脂、阴离子交换树脂和两性离子交换树脂。若带有酸性功能基团，能与溶液中的阳离子进行交换，则称为阳离子交换树脂；若带有碱性功能基团，能与阴离子进行交换，则称为阴离子交换树脂。两性树脂是一类在同一树脂中存在着阴、阳两种基团的离子交换树脂，包括强酸-弱碱型、弱酸-强碱型和弱酸-弱碱型三类。

硫化（vulcanization）橡胶、硫磺和促进剂等在一定的温度、压力下，使橡胶大分子链发生交联反应的过程，即塑性橡胶转化为弹性橡胶或硬质橡胶的过程。广义地说，硫化是指胶料经过化学或物理方法处理后，使橡胶大分子通过交联作用从线型转变为网状结构，从而改善其物理机械性能和化学性能的工艺过程。硫化过程可分为硫化诱导、预硫、正硫和过硫（对天然胶来讲是硫化还原）四个阶段。

氯化聚乙烯（chlorinated polyethylene，CPE）利用高密度聚乙烯（HDPE）在水相中进行悬浮氯化制得的粉状物。它随着氯化程度的增加使原来结晶的HDPE逐渐成为非结晶的弹性体。氯化聚乙烯含氯量一般为 25%～45%，具有增韧性、耐寒性、耐候性、耐燃性及耐化学药品性，是占主导地位的抗冲击改性剂，尤其在 PVC 管材和型材生产中，大多使用 CPE，加入量一般为 5%～15%。CPE 还可同其他增韧剂协同使用。

氯化聚乙烯树脂（chcorinated polyethylene resin）以特种聚乙烯采用水相悬浮法，在氯原子作用下，经氯化制得的一种聚合物。其化学性质极为稳定，无毒、不燃，与所有的无机和有机颜料都有良好的相容性，能溶于多种氯代烃、酮、酯等有机溶剂，具有黏度低及良好的耐候性、耐油性和耐化学药品性，在很多领域取代了氯化橡胶，主要用于制造阻燃、耐磨的防腐涂料和高级油墨，还广泛应用于化工设备、油田管道、海洋设施、冶金矿山等行业中。

M

MBS 树脂（MBS resin）甲基丙烯酸甲酯、丁二烯及苯乙烯的共聚物。由于 MBS 树脂与聚氯乙烯树脂（PVC）的折光指数相近（PVC 为 1.25～1.55，MBS 为 1.535），所以它是改性 PVC，也是制取透明制品的最佳材料；又由于它与 PVC 相容性好，且在室温和低温下具有很高的冲击强度，因此被广泛用于硬质PVC 的抗冲击改性中。MBS 还常同其他冲击改性剂，如 EAV、CPE、SBS 等并用。MBS 耐热性不好，耐候性差，不适于在户外长期使用，一般不用做塑料门窗型材生产的抗冲击改性剂。

N

纳米超高分子量聚乙烯塑料（nanoultrahigh molecular weight polyethylene plastic）由超高分子量聚乙烯与纳米黏土粒子复合而成的高分子化合物。超高分子量聚乙烯的耐磨、耐腐蚀、自润滑、抗冲击性能为现有塑料中最好的，但黏度极高，成型加工困难。纳米超高分子量聚乙烯塑料解决了这个难题，用普通挤出成型方法可连续生产管材和异型材。

纳米聚烯烃塑料（nanopolyolefin plastic）用纳米硅酸盐粒子或纳米黏土粒子与聚烯烃树脂混合制成的塑料，或用纳米碳黑粒子与聚乙烯等树脂制备的导电塑料。常与无机纳米抗菌剂粒子制成抗菌塑料，用于电冰箱门把手、门衬、空调器、电话机、热水器、微波炉、电饭锅等制品，具有持久抗菌性。

纳米聚乙烯合金塑料（nanopolyethylene alloy plastic）用聚乙烯纳米合金系列材料生产的塑料制品。纳米聚乙烯合金塑料具有优良的耐磨、耐腐蚀、高强度、无毒性能，易于运输、安装、保养，并具有优良的抗震性能，性能价格比优于铁管、铝管、铝塑管，是理想的各种口径给水管、煤气管道、工业液体输送管道、河湖疏浚排泥管道、粮食以及粉煤灰和矿砂输送管道的制备材料。

耐碱酚醛树脂（alkaline resisting phenolic resin）CN－2 酚醛树脂，是由苯酚、甲醛、羟基封闭剂共同反应得到的一种新型树脂。耐碱酚醛树脂具有良好的物理力学性能、耐腐蚀性能、耐热性。耐热温度可达到 200℃，能耐 42% 的氢氧化钠，彻底解决了酚醛树脂不耐碱的问题；其耐氧化性、介质性能比普通酚醛树脂也有提高，在 30% 硝酸中也不易分解。该树脂固化物的抗拉强度、抗弯强度比普通酚醛树脂提高 20%以上。

内络合物（inner complex）见螯合物。

内配合物（inner complex）见螯合物。

尼龙（nylon；polyamide）聚酰胺树脂。当指聚酰胺（短）纤维时，也称耐纶。主要由二元酸和二元胺或由氨基酸经缩聚而成，通常是白色至淡黄色的不透明固体物。其熔点为 180～280℃，相对密度是 1.05～1.15，不溶于乙醇、丙酮和烃类的普通溶剂，但溶于酚类、硫酸、甲酸、乙酸和某些无机盐溶液，耐油脂、矿物油和水。一般具有韧性、耐磨、自润滑、抗霉性和无毒等特点。聚酰胺树脂或纤维种类很多，命名法是在尼龙名称后加上数字，前面一个数字表示所用二元胺的碳原子数，后一个数字表示所用二元羧酸的碳原子数。例如尼龙－66 就是由己二胺和己二酸缩聚而成的；如果是由单一的内酰胺制成的，就用一个数字表示，例如尼龙－6 就是由己内酰胺缩合而成的。尼龙的种类很多，其中大量生产的是尼龙－6 和尼龙－66。

尼龙－1010（nylon1010；polydecamethylene sebacamide）简称聚酰胺 1010，化学名聚癸二酰癸二胺，中国利用农副产品蓖麻油作原料制取的尼龙品种之一。白色或微黄色固体，吸水性小、耐寒、对光的作用稳定，相对密度 1.04～1.09，熔点 200～210℃，拉伸强度、弯曲强度、冲击强度等较好，是一种热塑性树脂。主要用于制造机械零件、日用器皿等；用石墨或二硫化钼填充可作各种机械的齿轮和滑轮；用玻璃纤维增强的还可以作水泵叶轮机和叶片。

尼龙-1212（nylon 1212）用石油副产品轻蜡，经微生物发酵得到的十二碳二元酸为原料，经过酯化、胺化、中和、聚合等反应合成的尼龙品种。它是中国五大工程塑料中唯一拥有自主知识产权的新型工程塑料，也是世界上长碳链尼龙生产研究的一项突破。长碳链尼龙是一种高分子材料，因吸水率低、尺寸稳定、强度高、韧性好、耐磨减震等优点，可替代金属制品，广泛应用于机械、汽车、军事、航天及日常生活用品领域。

尼龙-6（nylon6；polycaprolactam）学名聚己内酰胺，国外商品名卡普隆（Caprone），一种聚酰胺树脂。其相对密度为1.14，熔点约为210～220℃。是一种拉伸强度、弯曲强度、压缩强度、冲击强度较好的工程塑料，可作精密机器的齿轮、外壳、软管、耐油容器、电缆护套、纺织工业的设备零件，也可用作制合成纤维——涤纶。

尼龙-66（nylon66；polyhexamethylene adipamid）简称聚酰胺-66，学名聚己二酰己二胺，一种热塑性树脂。白色固体，相对密度1.14，熔点213℃，不溶于一般溶剂，仅溶于间甲苯酚等。其拉伸强度、弯曲强度、压缩强度、冲击强度等性能优于尼龙-6。其机械强度和硬度很高，刚性很大，可用作机械附件，如齿轮、润滑轴承等；可代替有色金属材料作机械外壳、汽车发动机叶片等；也可用作制合成聚酰胺纤维，广泛用于制作针织品、纺织品、轮胎帘子布、渔网、绳索和滤布等；也可经过加工制成弹力尼龙，常用于制袜等。

P

PVP生产技术（PVP production technology）乙烯基吡咯烷酮和聚乙烯吡咯烷酮的生产技术。采用加压乙炔法，由吡咯烷酮和乙炔在催化剂作用下，反应生成中间体——乙烯基吡咯烷酮，经分离提纯后，再通过聚合反应得到PVP。PVP具有定型、护发、增加头发光泽和光滑性等作用，是定型发乳、摩丝和喷发胶不可缺少的原料；用在医药中作为黏合赋形剂、增稠剂、增溶剂、分散剂、稳定剂和成膜剂。

泡沫塑料（foam plastic）把发泡剂添加到塑料树脂中，经加工形成的具有发泡性能的塑料。分为硬质、半硬质和软质泡沫塑料三种。硬质泡沫塑料没有柔韧性，压缩硬度很大，只有达到一定应力值后才产生变形，且应力解除后不能恢复原状；软质泡沫塑料富有柔韧性，压缩硬度很小，很容易变形，在应力解除后能恢复原状，残余变形较小；半硬质泡沫塑料的柔韧性和其他性能介于硬质和软质泡沫塑料之间。

Q

嵌段共聚物（block copolymer）镶嵌共聚物和序列聚合物，是由两种或多种单体经镶嵌共聚而成的产物。即两种单体单元在共聚体主链是成段存在的，一般具有特殊的性能。例如由亲水性的和憎水性的聚醚低聚体所构成的嵌段共聚物，既具有亲水性，又具有憎水性，可用作润湿剂和乳化剂。利用嵌段共聚原理，可以改善高结晶性合成纤维的染色性，同时又不致使熔点降低太多。

R

热固性塑料（thermoset plastic）在加工成型中，第一次加热时可以软化流动，但当加热到一定温度后，可产生化学反应而发生不可逆交链固化的塑料。热固性塑料分甲醛交联型和其他交联型两种类型。甲醛交联型塑料包括酚醛塑料、氨基塑料（如脲醛、三聚氰胺甲醛）等，其他交联型塑料包括不饱和聚酯、环氧树脂、邻苯热固性塑料等，其性能优良。主要在隔热、耐磨、绝缘，特别是在高压电等领域使用。

热塑型聚酰亚胺（thermoplastic polyimide）由苯均四酸二酐与芳香二胺作用而成的聚合物或共聚物。是迄今为止，可产品化的聚合物中综合特性最优的特种工程塑料，是电工、电子、信息、军工、核工业、航空航天等高新产业发展的支柱性关键材料之一。中国是继美国、日本之后第三个可以生产这种塑材的国家。

热塑性丁苯橡胶（styrene-butadiene-styrene block copolymer，SBS）苯乙烯、丁二烯、苯乙烯的三元嵌段共聚物。它属于热塑性弹性体，结构可分为星型和线型两种。在SBS中苯乙烯与丁二烯的比例主要为30/70、40/60、28/72、48/52几种。SBS主要用作高密度聚乙烯、聚丙烯、聚苯乙烯的冲击改性剂，改善其低温耐冲击性。SBS耐候性差，不适于做户外长期使用的制品。

热塑性塑料（thermoplastic）具有线型或分枝型结构、遇热软化或熔融而处于可塑性状态、冷却又变坚硬的有机高分子化合物。热塑性塑料又可分为烃类、含极性基的乙烯基类、工程塑料类、纤维素类等多种类型。（1）烃类塑料。属非极性塑料，有结晶性和非结晶性之分，结晶性烃类塑料包括聚乙烯、聚丙烯等，非结晶性烃类塑料包括聚苯乙烯等。（2）含极性基的乙烯基类塑料。除氟塑料外，大多数是非结晶型的透明体，包括聚氯乙烯、聚四氟乙烯、聚醋酸乙烯酯等。乙烯基类单体大多数可以采用游离基型催化剂进行聚合。（3）热塑性工程塑料。主要包括聚甲醛、聚酰胺、聚碳酸酯、ABS、聚苯醚、聚对苯二甲酸乙二酯、聚砜、聚醚砜、聚酰亚胺、聚苯硫醚、聚四氟乙烯及改性聚丙烯等。（4）热塑性纤维素类塑料。主要包括醋酸纤维素、醋酸丁酸纤维素、赛璐珞、玻璃纸等。这类塑料强度、硬度、耐热性、尺寸精度等较低，热膨胀系数较大，力学性能受温度影响较大，蠕变、冷流、耐负荷变形较大等。

S

生态塑料（zoology plastic）一种不依赖于石油资源，而以阳光和二氧化碳为能源和碳源的淀粉和纤维素等可再生资源，通过生物技术转化为聚合物的高科技材料，生态塑料的最大特点是在自然界能较快自行分解。

生物降解塑料（bio-degradable plastic）一种废弃后可被环境微生物完全分解，最终被无机化而成为碳素循环的一个组成部分的高分子材料。其特点是贮存运输方便（只要保持干燥，不需避光），应用范围广（不但可以用于农用地膜、包装袋，而且广泛用于医药领域）。其他种类的降解塑料有光降解塑料、光-生物降解塑料、水降解塑料等。

生物泡沫塑料（bio-degradable foam plastic）由天然的可降解的生物质制成的泡沫塑料。其中70%的成分是由粟米、大豆和蓖麻等多种油料作物提炼而成的，塑料、石油提取物仅占30%。由于它能够在大自然中迅速进行生物降解，因此是取代普通泡沫塑料的佳品。

树脂（resin）受热后有软化或熔融现象，软化时在外力作用下有流动特性，常温下呈固态、半固态、有时也可以是液态的有机聚合物。广义地讲，可以作为塑料制品加工原料的任何聚合物都称为树脂。树脂有天然树脂和合成树脂两大类。天然树脂是指由自然界中动植物分泌物所生成的无定形有机物质，如松香、琥珀、虫胶等。合成树脂是指由简单有机物经化学合成或某些天然产物经化学反应而得到的产物。通用合成树脂有聚乙烯树脂、聚氯乙烯树脂、聚丙烯树脂、聚苯乙烯树脂和ABS树脂五大类。合成树脂的分类方法很多，可按合成反应和主链组成来进行分类：按树脂合成反应分类，分为加聚物和缩聚物。加聚物是指由加成聚合反应制得的聚合物，其链节结构的化学式与单体的分子式相同，如聚乙烯、聚苯乙烯、聚四氟乙烯等。缩聚物是指由缩合聚合反应制得的聚合物，其结构单元的化学式与单体的分子式不同，如酚醛树脂、聚酯树脂、聚酰胺树脂等。按树脂分子主链组成分类可将树脂分为碳链聚合物、杂链聚合物和元素有机聚合物。碳链聚合物是指主链全由碳原子构成的聚合物，如聚乙烯、聚苯乙烯等。杂链聚合物是指主链由碳和氧、氮、硫等两种以上元素的原子所构成的聚合物，如聚甲醛、聚酰胺、聚砜、聚醚等。元素有机聚合物是指主链上不一定含有碳原子，主要由硅、氧、铝、钛、硼、硫、磷等元素的原子构成，如有机硅。

双酚A环氧树脂（bisphenol-A epoxy resin）由双酚A、环氧氯丙烷在碱性条件下缩合，经水洗，脱溶剂精制而成的高分子化合物。它是用途最广、用量最大的环氧树脂品种，特别适合制备云母绝缘材料、环氧玻璃钢绝缘板及增强材料等。由于其黏度适中，作为手糊法玻璃钢防腐衬里材料尤为合适，是大型水泥槽、铁贮缸、槽车等防腐的首选材料，广泛用于化工厂、酒厂、污水处理装置等要求防腐的场合。

双酚F环氧树脂（bisphenol-F epoxy resin）用双酚F与环氧氯丙烷反应制得的树脂。双酚F环氧树脂的特点是黏度非常低，其固化物的性能除热变形温度比双酚A型的稍低之外，其他方面均略高于双酚A型树脂。在防腐蚀领域有良好的应用前景。

双酚型环氧树脂（bisphenol epoxy resin）由双酚、环氧氯丙烷在碱性条件下缩合，经水洗，脱溶剂精制而成的高分子化合物。因环氧树脂的制成品具有良好的物理机械性能、耐化学药品性、电气绝缘性能，故广泛应用于防腐涂料、胶黏剂、玻璃钢、层压板、电子浇铸、灌封、包封等领域。

水基环氧改性纳米聚氨酯（watercraft epoxy modification nanometer polyurethane）利用有机高分子化学和无机材料化学学科相结合的手段，将端羟基环氧树脂、剥离的片层硅酸盐粒子，引入聚氨酯分子的主链，改变现有水基聚氨酯的分子结构而开发出的成膜新材料。具有优良的耐磨性、柔韧性、耐水性、防腐性以及和特殊基材如钢铁、铝合金、塑料等的黏结强度高，附着牢固等特殊性能，同时又克服了现有水基聚氨酯树脂存在的硬度不高、耐水性较差、易黄变和热稳定性不高的缺点。水基环氧改性纳米聚氨酯可直接应用于加工制造业、各种产品的面漆涂层和各种高性能水性胶黏剂以及下游产品金属制品、钢构工程、家具、建筑等的防火、防腐、防锈等各种用途的涂料、涂层；还可广泛应用于纺织、皮革、塑料等行业中。

塑料（plastic）以树脂（或在加工过程中用单体直接聚合）为主要成分，以增塑剂、填充剂、润滑剂、着色剂等添加剂为辅助成分，在热加工过程中能流动成型的材料。主要有以下特性：（1）大多数塑料质轻，化学稳定性好，不会锈蚀；（2）耐冲击性好；（3）具有较好的透明性和耐磨耗性；（4）绝缘性好，导热性低；（5）一般成型性、着色性好，加工成本低；（6）大部分塑料耐热性差，热膨胀率大，易燃烧；（7）尺寸稳定性差，容易变形；（8）多数塑料耐低温性差，低温下变脆；（9）容易老化；（10）某些塑料易溶于溶剂。

塑料王（polytetrafluoroethyle）见聚四氟乙烯。

缩合反应（condensation reaction）两个或多个分子相互作用形成新的分子，同时失去水或其他比较简单的无机或有机分子的一类反应。例如两个分子的乙醇析出一个分子的水而缩合成乙醚。缩合反应可以通过取代、加成、消除等反应途径来完成。大多数缩合反应是在缩合剂的催化作用下进行的。常用的缩合剂是碱、醇钠、无机酸等。例如，在稀碱催化下，两个含α-H的醛酮分子发生缩合，生成β-羟基醛（酮）的反应即为羟醛缩合反应。

缩合物（condensation substance）在缩合反应中除去简单分子如水分子后的所得产物。例如，在稀碱催化下，两个含α-H的醛酮分子发生缩合，生成的β-羟基醛（酮）即为此反应的缩合物。

T

萜烯树脂（polyterpene resins）聚萜烯，淡黄色的黏稠液态或脆性固态热塑性树脂，一般由α-蒎烯、β-蒎烯、萜二烯聚合而成。遇光热不易变色，耐稀酸碱，不溶于醇、酮、酯类，而溶于油、苯、醚类。

W

微波橡胶硫化（microwave rubber vulcanization）一种采用微波使橡胶硫化的新技术。采用微波硫化，胶料直接吸收微波能使内外同时发热，制品整体达到硫化温度的时间很短（约为常规的几十分之一到百分之一），且表里不存在温差梯度，使硫化迅速而均匀。

X

线型低密度聚乙烯（linear low density polyethylene, LLDPE）在有机金属催化剂存在的情况下，使乙烯α-烯烃（如丙烯、丁烯、辛烯等）进行共聚而产生的"第三代聚乙烯"。线型低密度聚乙烯是无毒、无味、无臭的乳白色颗粒，具有强度大、韧性好、刚性大、耐热、耐寒等优点，还具有良好的耐环境应力开裂、耐冲击强度、耐撕裂强度等性能；密度在$0.91\sim0.92\mathrm{g/cm^3}$之间，略轻于水；易燃，离火后继续燃烧，有石油气味，少量黑烟。主要用于制作地膜、食品包装袋、容器衬里、涂层，吹塑中空容器等小型制品。

形状记忆塑料（shape memory plastics）通过热、化学、机械、光、磁、电等外界刺激，触发材料响应，从而改变材料的形状、位置、应变、硬度、频率、抗震、摩擦等动态或静态技术参数，并具有记忆、响应、回复及适应性等特性的塑料。如用形状记忆塑料制成记忆弹簧安装在门窗上，门窗就能随光照强度和温度变化自动开合，调节入室的自然光；安装在淋浴喷头上，就能自动调节出水温度。形状记忆塑料也可以与其他材料结合制成复合材料。其发展已受到普遍重视。

Y

液晶聚合物（liquid crystal polymer, LCP）一种具有突出高强度和高模量性能的半结晶型聚酯树脂。在一定物理条件下，能出现既有液体的流动性又有晶体的物理性能各向异性状态（此状态称为液晶态）。液晶聚合物有溶致性液晶聚合物、热致性液晶聚合物和压致性液晶聚合物三大类。溶致性液晶聚合物的液晶态是在溶液中形成的；热致性液晶聚合物的液晶态是在熔体中或玻璃化温度以上形成的；压致性液晶聚合物的液晶态是在压力下形成的（此类液晶高分子品种极少）的。LCP具有很高的刚性，在高温下仍然具有良好的尺寸稳定性、抗蠕变性和低的热膨胀系数，并具有良好的耐化学品性和很高的电介质强度，产品已应用到各个高技术领域，被誉为超级工程塑料。

乙烯基酯环氧树脂（vinylic epoxy resins）用双酚A型环氧树脂与甲基丙烯酸等加聚反应，再用苯乙烯稀释而制得的环氧树脂。乙烯基酯环氧树脂最高使用温度为100℃，具有优良的力学及耐腐蚀性能，而且黏度低，工艺操作性能好，可用不同成型工艺，制作各种规格的耐腐蚀的玻璃钢制品，如贮罐、管道、卫生洁具、板材等。

乙烯-乙烯醇共聚物高阻隔性树脂（ethyle-vinyl alcohol copolymer）由乙烯和醋酸乙烯单体经共聚合和醇解制备的高分子化合物。它具有高强度、无毒性、抗氧化以及高阻隔气栅性能，常用于制作食品包装膜，有很强的保质保鲜能力。

有机玻璃（organic glass）见聚甲基丙烯酸甲酯。

有机硅树脂（organic silicon resin）高度交联的具有网状结构的聚有机硅氧烷类树脂的总称。通常是用甲基三氯硅烷、二甲基二氯硅烷、苯基三氯硅烷、甲基苯基二氯硅烷等单体，在较低温度和有机溶剂如甲苯存在的情况下，先加水分解，得到酸性水解物，然后经水洗除去酸，于空气中热氧化或在催化剂存在的情况下进行缩聚，形成高度交联的立体网络结构的聚合物。有机硅树脂是一种热固性塑料，具有优异的热氧化稳定性及耐潮、防水、防锈、耐寒、耐臭氧和耐候性能，对绝大多数含水的化学试剂如稀酸的耐腐蚀性能良好，但耐溶剂性能较差。有机硅树脂可用作绝缘漆，如用于高压电机绝缘，还可用作耐热、耐候的防腐涂料，金属保护涂料，建筑工程防水防潮涂料，脱模剂和黏合剂等。在电子、电气和国防工业中，用作半导体封装材料和电子、电器零部件的绝缘材料。

玉米塑料（corn plastic）学名聚乳酸，简称PLA。以经济作物（玉米等）经过现代生物技术生产出的乳酸产物为原料，再经过特殊的聚合反应过程生成的高分子材料。具有完全可降解性，对环境没有危害。玉米塑料的应用十分广阔，包括包装材料、日用塑料制品、纤维、农用地膜、医药、人造骨骼、手术骨钉、手术缝合线、纺织面料、农用地膜、地毯、家用装饰品等在内的多个领域，还可以用于塑料玩具、家用电器的塑料外壳、汽车内饰、塑钢门窗等。

预聚物（prepolymer）又称低聚物，聚合度介于单体与最终聚合物之间的一种分子量较低（1 500以下）的聚合物。它是由少数链节组成的聚合物，如二聚体、三聚体、四聚体，或这些低聚物的混合物。

Z

再生橡胶（reclaimed rubber）又称再生胶，以橡胶制品生产中已硫化的边角废料或废旧橡胶制品为原料退硫塑炼加工而成的、有一定可塑性、能重新使用的橡胶。因材质的不同大体可以分为普通再生胶和特种再生胶两种；按所用废胶不同，再生胶分为外胎类、内胎类、胶鞋类等。再生胶能部分地代替生胶用于橡胶制品，以节约生胶及炭黑，同时有利于改善加工性能及橡胶制品的某些性能。

增强塑料（reinforced plastic）在塑料中添加其他材料以增加强度而形成的一种塑料。它在外形上可分为粒状（如钙塑增强塑料）、纤维状（如玻璃纤维或玻璃布增强塑料）、片状（如云母增强塑料）三种。按材质可分为布基增强塑料（如碎布增强或石棉增强塑料）、无机矿物填充塑料（如石英或云母填充塑料）、纤维增强塑料（如碳纤维增强塑料）三种。

植物聚氨酯塑料（plant-degradable polyurethane plastic）是以稻草、木屑等为原料，经液化后与异氰酸酯反应，合成具有微生物分解性的聚氨酯塑料。它不但具有普通聚氨酯的各种优良性能，而且可在指定时间内进行微生物完全分解，还可通过化学处理高效分解，再用于合成聚氨酯，实现可再生循环，既避免了化学污染，还可作为生产原料减少对自然资源的消耗，是一种国际领先的全新环保材料。可降解植物聚氨酯塑料，以泡沫塑料形式应用于家具、建材、汽车和包装等多个领域。

智能塑料（smart plastic）具有形状记忆功能或自动痊愈功能的塑料。包括形状记忆塑料和自动痊愈功能塑料等。已应用于探险、医学、航天及各个生活领域。

自动痊愈功能塑料（spontaneous recovery function plastics）在塑料加工成型过程中加入预先内注有特殊树脂的超微胶囊，当塑料出现破损时，可使预先埋伏的催化剂激活胶囊中的特殊树脂，使在树脂基质中均匀混合的特殊树脂开始自动软化，变成黏稠液体，注入和填充出现的缝隙或孔洞并逐渐凝固，从而使合成材料长期持续自动修复破损部位的一类塑料。自动痊愈功能塑料无需再按以往的修补方式在破损部位穿孔、打眼、填充、打补丁等，从而延长使用寿命，克服疲劳和磨损产生的老化。自动痊愈功能塑料用于制造坚固耐久的手机线路板、汽车、宇宙飞船等，具有广泛的用途。

阻燃性工程塑料（inflaming retarding engineering plastic）在规定试验条件下，试样被燃烧，在撤去

试验火源后，火焰的蔓延仅在限定范围内，残焰或残灼在限定时间内能自行熄灭的工程塑料。其特性是在火灾情况下有可能被烧坏，但可阻止火势的蔓延，避免造成更大的损失。

阻透性树脂（barrier resin） 对小分子气体如氧、水汽、液体及气味等具有屏蔽功能的高分子化合物。

阻透性树脂主要有乙烯-乙烯醇共聚物、偏氯乙烯共聚物、聚萘二甲酸乙二醇酯、尼龙、聚对苯二甲酸乙二醇酯等。用阻透性树脂生产的阻透性薄膜主要用于方便食品、药品、化妆品、茶叶、香料等包装，使包装物在储存、运输过程中，保香、保味、保质，延长保质期。

（十一）煤化学工程（Coal-chemistry Engineering）

D

低热值煤利用技术（utilization technology of low grade coal） 一种采用循环流化床燃烧低热值煤的技术。低热值煤是指灰分大于40%，低位发热量不大于14 653.8kJ/kg的各种煤、洗煤泥、煤矸石、油页岩、褐煤和无烟煤。常规层燃烧和煤粉燃烧技术不能实现对低热值煤的利用，而利用循环流化床燃烧技术燃烧低热值煤，能生产蒸汽供热和发电。产生的灰渣含碳量低并且活性好，可用来提取稀有金属和作水泥及水泥制品的掺料。含硫高的低热值煤，采用循环流化床燃烧技术时，以石灰石作床料可实现炉内燃烧过程脱硫，不需采用常规燃烧技术所用的炉内喷钙脱硫和昂贵的烟气湿式脱硫技术。低热值煤的循环流化床燃烧技术具有对燃料适应性好、燃烧效率高、污染物排放量少等优点，是一种较为廉价的清洁煤燃烧技术。

M

煤化工（coal chemical industry） 以煤为原料，经化学加工使煤转化为气体、液体和固体燃料以及化学产品的工业。主要包括煤的干馏、焦油加工、电石乙炔化工以及煤的汽化、液化等。煤的化学加工，主要有热加工和催化加工。催化是最早采用的化学加工方法，至今仍沿用不衰。低温干馏和煤的直接液化及间接液化主要生产液体燃料。煤的其他直接化学加工方法主要生产煤蜡、磺化煤、腐植酸及活性炭等。

煤炭汽化技术（coal gasification） 在适宜的条件下将煤炭转化为气体燃料的技术。旨在生产民用、工业用燃料气和合成气，并使煤中的硫分、灰分等在气化过程中或之后得到脱除，使污染物排放得到控制。煤炭汽化技术是重要的能源转化技术，广泛用于化工、冶金、机械、建材、民用燃气等方面。煤炭汽化技术按气化前煤气是否经过开采分为地面气化技术（即将煤放在气化炉内汽化）和地下汽化技术（即让煤直接在地下煤层中汽化）。

煤炭液化（coal liquefaction） 由煤转化为液体燃料或有机烃类液体的一项技术。它分为直接液化和间接液化两种方法。间接液化是将煤首先经过汽化制得合成气（成分为一氧化碳和氢气），合成气再经过催化合成转化为有机烃类。直接液化是将煤直接通过高压加氢获得液化燃料。

煤制油技术（coal oil refining technology） 以煤炭为原料，通过化学加工生产油品和石油化工产品的技术。煤制油技术主要包括间接液化法、加氢直接液化法、热溶催化法等。间接液化法技术较为成熟，几乎不依赖煤种，但投资和运行成本较高。加氢直接液化法是把煤浆直接通过高压加氢获得液体燃料，油收率较高，对煤的质量要求也高，工艺条件苛刻，造价也相对昂贵。热溶催化法采用高效催化剂，使煤炭转化成燃油，提高了热溶的效率，常用的原料是廉价的褐煤，成本大大降低。

（十二）石油化学工程（Petro-chemistry Engineering）

S

石油产品（petroleum products） 以石油（又称原油，是从地下深处开采的棕黑色可燃性黏稠液体，主要是各种烷烃、环烷烃、芳香烃的混合物）为原料，根据不同需要经分馏得到的不同馏分的混合物。主要包括石油燃料（汽油、煤油、柴油等）、石油溶剂与化工原料、润滑剂、石蜡、石油沥青、石油焦等六类产品。生产这些产品的加工过程常被称为石油炼制，简称炼油。

石油化工（petroleum chemical industry）以石油及其伴生气（天然气）为原料生产化学制品的工业。石油化学工业是个新兴的工业，从 20 世纪 20 年代起随石油炼制工业的发展而形成。第二次世界大战后，大量化工原料和产品由原来的以煤及其副产品为原料转移到以石油和天然气为原料，石油化工已成为化学工业的基础工业，在国民经济中占有极为重要的地位。石油化工的原料主要是石油炼制过程中产生的各种石油馏分和炼油厂气以及油田气、天然气等。国际上常用乙烯、塑料、合成纤维、合成橡胶等主要产品的产量来衡量石油化工的发展水平。当代，为提高经济效益，石油化工企业采取的主要措施有：使乙烯生产原料多样化；使烃类裂解装置具有适应多种原料的灵活性；石油化工和炼油的整体化结构更加密切，充分利用各种原料；工艺技术的改进和新催化剂的采用，提高产品回收率，降低原料消耗及能耗；调整产品结构，发展精细化工，开发具有特殊性能、技术密集型新产品、新材料等。石油化工生产环境的污染问题也在逐步解决。

石油化工产品（petrochemicals）以炼油过程提供的原料油和气进一步进行化学加工而获得的新产品。生产石油化工产品的第一步是对原料油和气（如丙烷、汽油、柴油等）进行裂解，生成以乙烯、丙烯、丁二烯、苯、甲苯、二甲苯为代表的基本化工原料；第二步是以基本化工原料生产多种有机化工原料（约 200 种）及合成材料（如塑料、合成纤维、合成橡胶等）。这两步产品的生产属于石油化工的范围。有机化工原料继续加工可制得更多品种的化工产品，它不再属于石油化工的范围。

石油化学（petrochemistry）一门研究石油的组成、分类和性质，以及石油与石油产品的加工、精制和合成过程中的化学问题的学科。石油化学是石油化工的基础，与能源、材料、工农业生产和人类生活有着密切联系，在社会、经济的发展中具有重要作用。

石油炼制（petroleum refining）采用催化裂解等技术将石油加工成汽油、喷气燃料、煤油、柴油、润滑油、润滑脂、石蜡、石油焦、石油沥青、液化石油气等石油产品，并生成少量苯、甲苯、二甲苯等化工原料的工艺过程。它是石油开发中的重要环节。石油炼制过程通常包括预处理、一次加工、二次加工及油品精制，有的也包括生产大量基本有机化工原料（如乙烯、丙烯等）的三次加工。在整个石油炼制过程中，一次加工、二次加工的主要目的是生产燃料油品，三次加工则是生产化工产品。

T

天然气化工（natural gas chemical industry）以天然气为原料生产化学产品的工业，是石油化工的一个重要组成部分。以天然气为原料生产的产品主要有：合成氨、甲醇、甲醛、尿素、醋酸、乙烯、丙烯和丁二烯等。中国天然气化工始于 20 世纪 60 年代，现已初具规模，主要是生产氮肥，其次是甲醇、甲醛、乙炔、二氯甲烷、二硫化碳等。

（十三）精细化学工程（Fine Chemistry Engineering）

B

表面活性剂（surface active agent）一类能够降低液体表面张力，具有表面活性的化合物。表面活性剂溶于液体（特别是水）后，能显著降低溶液的表面张力或界面张力，并能改进溶液的增溶、乳化、分散、渗透、润湿、发泡和洗净等能力。主要用于制作合成洗涤剂、乳化剂、破乳剂、渗透剂、发泡剂、消泡剂、润湿剂、分散剂、浮选剂、柔软剂、抗静电剂、防水剂等助剂。广泛应用于纺织、食品、医药、农药、化妆品、建筑、采矿等工业领域。通常分为离子型和非离子型两类。（1）离子型（溶于水后电离成离子）又可分为阴离子型（如：磺酸盐、羧酸盐等）、阳离子型（如各类胺盐）、两性型（如氨基酸）；（2）非离子型（溶于水不电离）如多元醇、聚氧乙烯等。

F

发光颜料（luminous pigment）能发出荧光或磷光的颜料。荧光颜料须在紫外线激发下才能发光，在黑暗中不能持续；磷光颜料经紫外线或日光激发发光后，在黑暗中能持续若干小时。发光颜料通常由锌、钙、钡或锶的硫化物、少量的助熔剂（如氯化钙）和微量的活化剂（如氯化铜）配成的混合物，经煅烧而成，用于制造发光漆。荧光和磷光的颜色随着活化剂的性质和发光颜料的成分而定。例如在硫化锌荧光颜料中加入硫化镉，可使以银为活化剂的由蓝色转移至红色部分；以铜为活化剂的由绿色转移至红色部分。

防噪声涂料（anti-noise coating）能通过吸收声能或减少振动来达到降低噪声的涂料。分为吸音型和减振型两种。吸音型防噪声涂料是将石棉和岩石棉纤维材料分散到合成树脂乳液里，涂成 10~20mm 的厚膜涂层后，经过膜表面进来的音波，传播到具有纤维材料形成的空隙的涂层里，就失去了能量，从而达到降低噪声的目的；减振型防噪声涂料又称阻尼涂料。在一定条件下，采用防噪声涂料处理，可有效地防止和减轻噪声污染对人的危害。

G

钢筋阻锈剂（anti-corrosion admixture）一种新型混凝土外加剂，旨在改善和提高钢筋的防腐蚀能力，减缓或阻止钢筋腐蚀的化学用品。按作用原理，阻锈剂可划分为阳极型、阴极型和混合型。阳极型主要有铬酸盐、亚硝酸盐和钼酸盐等，与钢铁开始腐蚀产生的氧化亚铁氧化，生成三氧化二铁保护膜，阻止钢铁进一步腐蚀；阴极型主要有锌酸盐、某些磷酸盐以及某些有机化合物，通过吸附或成膜减缓或阻止钢铁腐蚀；混合型是由阳极型、阴极型以及其他多种化学物品搭配而成，比单独使用阳极或阴极型功效好。

光致变色化合物（photochromic compound）受一定波长的光照射后，发生颜色变化，而在另一波长的光或热的作用下，又可逆地恢复到原来的颜色的有机或无机化合物。主要包括二芳基乙烯、偶氮类及相关的杂环化合物。常用于制作各种日用品（变色眼镜）、服装、玩具及装饰品等。

H

合成香料（aroma chemical）通过化学方法人工合成的香料化合物。目前世界上合成香料已达 5 000 多种，常用的有 400 多种。从精油中提取的香料称单离香料，如从丁香油中提取的丁香酚；利用天然成分经化学反应使结构改变后得到的香料称为半合成香料，如利用松节油中的蒎烯制取的松节醇；利用基本化工原料合成的称全合成香料。如乙炔、丙酮为原料合成的芳樟醇。合成香料按结构可分为两类：一种是按官能团分类，分为酮类香料，醇类香料，酯、内酯类香料，醛类香料、烃类香料、醚类香料、氰类香料以及其他香料；另一种是按碳原子骨架分类，分为萜烯类、芳香类、脂肪族类、含氮、含硫、杂环和稠环类以及合成麝香类。合成香料工业已成为精细有机化工的重要组成部分。

J

精细化学品（fine chemical）具有特定的应用性能、合成工艺步骤多、反应复杂、产量小而产值高的化学品，如医药、化学试剂等。精细化学品广泛应用于国民经济各行各业。中国将精细化学品分为农药、染料、涂料、颜料、试剂和高纯物、信息用化学品、食品和饲料添加剂、黏合剂、催化剂和各种助剂、化学药品和日用化学品、高分子聚合物中的功能高分子材料等 11 个类别。

聚合分散介质（polymerization dispersion medium）不溶或仅能微溶单体，能溶解乳化剂和引发剂，并能使溶解的乳化剂分子聚集在一起形成胶束，对自由基聚合反应不起阻聚作用，能保证聚合反应在很宽的温度和压力范围内进行，黏度低，以利于传热和传质的物质。在乳液聚合过程中，应用最多的分散介质是水。

K

抗再沉积剂（anti-redeposition agents）洗涤剂的辅助组分，能阻止积垢产生、提高洗涤效果、防止破坏织物色泽的制剂，通常为有机物。抗再沉积剂既能抗污垢沉积，又能抗无机盐（如碳酸钠、硅酸钠等）沉积，主要有：羧甲基纤维素钠（CMC）、聚羧酸盐和聚乙烯醇等。

可吸收有毒烟雾涂料（absorbed harmful fog dope）一种新开发研制的、在阳光的作用下能够吸收空气中有害毒雾的纳米涂料。这种涂料含有氧化钛和碳酸钙颗粒，以及能吸收毒烟雾的多孔硅酮材料。氧化钛颗粒具有很强的附着力和发光特性，可吸收空气中有害的有机物和无机物分子，并在太阳光紫外线的作用下，破坏有害物质分子结构。可吸收有毒烟雾涂料不但能吸收有毒的氮氧化物，还能吸收汽车尾气中的其他有害成分。

L

绿色涂料（green dope）低公害（或无公害）和低毒（或无毒）涂料的总称。对它有三个方面的要求：一是控制涂料的总有机挥发量。有机挥发物对环境、社会和人类自身构成直接的危害，如甲苯、二甲苯、丁酮、醋酸酯、乙醇等，都在限制之列；二是控制溶剂的毒性。对那些和人体接触或被吸入后可导致疾病的溶剂，如苯、甲醇、乙二醇的醚类化合物等，都严格禁止使用；三是限制有毒溶剂的使用。

氯氰菊酯（cypermethrin；alphacypermethrin）一种广谱性杀虫剂。其化学名称为2，2-二甲基-3-（2，2-二氯乙烯基）环丙烷羧酸-α-氰基-（3-苯氧基）-苄酯。具有触杀、胃毒和超强内吸及阻止繁殖等作用，属中等毒性杀虫剂。它对人、畜、鸟类毒性较低，但对鱼类、蜜蜂、蚕、蚯蚓有剧毒。

M

灭菌涂料（bacterium-killing dope）具有灭杀附着在墙体表面上的各种细菌和霉菌的涂料。它含有抗菌剂，无毒，无味，附着力强，在潮湿环境里不粉化，不发霉变黑。常用于医院、制药车间、饮料车间等公共场合。

木质纤维素生产燃料酒精（xylem cellulose producing fuel alcohol）利用可产纤维素酶的微生物或纤维素酶，将木质纤维素中含有的纤维素和半纤维素水解成可发酵性的糖，再通过酵母发酵生成燃料酒精的技术。常用菌株有热纤梭菌，能分解纤维素，但乙醇即酒精产率较低（50%）；有热硫化氢梭菌，乙醇产率相当高，但不能利用纤维素，如果将两株菌混合发酵，产率可达70%。发酵方法有直接发酵法、间接发酵法、混合菌种发酵法、同时糖化发酵法和非等温同时糖化发酵法以及固定化细胞发酵法等。

N

黏度指数改进剂（viscosity index improver）一种能增加油品黏度和提高油品黏度指数，改善润滑油黏温性能的化学品。大都是高分子化合物。

Q

气雾剂（aerosol）将药物与适宜的抛射剂装于具有特制阀门系统的耐压密闭容器中制成的澄明液体、混悬液或乳浊液，使用时借抛射剂的压力将内容物呈雾粒喷出的制剂。它主要应用于空气清新剂、水基型灭火剂、窗户清洁剂、剃须膏、喷发胶和杀虫剂等需要压力抛射的化工产品中，以及在医疗上用于治疗哮喘、烫伤、耳鼻喉疾病以及祛痰、血管扩张、强心、利尿等。

R

乳化剂（emulsifying agent）既含有易溶于油的亲油基团，又含有易溶于水的亲水基团的有机化合物。在乳化剂的作用下，能降低液体间的界面张力，使互不相溶的液体易于乳化。乳化时，分散相以很小的液珠形式（直径在 $0.1 \sim 100 \mu m$ 之间）均匀地分布在连续相中，乳化剂在这些液珠的表面上形成薄膜或双电层，以阻止它们的相互凝聚，保持乳状液的稳定。乳状液是一个非均相体系。最常见的是以水为连续相，以不溶于水的有机液体为分散相的水包油型乳状液；也有以水为分散相，以不溶于水的有机液体为连续相的油包水乳状液。

T

天然香料（natural perfume）利用纯天然植物或动物为原料，开发、提炼、加工出的各种天然香料物质的总称。目前我国已发现有开发利用价值的香料植物种类有60多科400多种，其中进行批量生产的天然香料品种已达100多种。天然香料以其安全性及合成香料难以替代的嗅感等感官特性受到广大消费者的偏爱。

W

微乳（micro emulsion，ME）水、油、表面活性剂和助表面活性剂按适当的比例混合，自发形成的各向同性、透明、热力学稳定的分散体系。微乳液液滴可以是分散在水中的油溶胀粒子（O/W微乳液，即水包油型微乳液），也可以是分散在油中的水溶胀粒子（W/O微乳液，即油包水型微乳液）或是一种无序的随机结构。微乳液除了具有乳剂的一般特征外，还具有粒径小、透明、稳定等特殊优点。已广泛应用于日用化工、三次采油、酶催化等方面；在药物制剂及临床方面的应用也日益广泛，是一较好的药物释放载体。

无水乙二醇生产新技术（anhydrous glycol production technology）在利用碳酸乙烯酯合成无水乙二醇的工艺中，采用高效且价廉的新型离子液催化剂体系，同时生产出高品质的无水乙二醇和高附加值产品碳酸二甲酯的技术。此项技术降低了现有乙二醇合成工艺中的原料消耗和能耗，而且联产的碳酸二甲酯充分地利用了环氧乙烷生产中产生的二氧化碳，节省了二氧化碳废气排放的环保费用，降低了乙二醇生产中的操作费用，并使碳酸二甲酯的价格大幅度下降，其技术潜力和经济效益十分明显。该项技术还可以利用其他环氧化合物合成多种环碳酸酯，如乙烯基碳酸酯、环己基碳酸酯、苯基碳酸酯等；也可与不同碳数的醇，甚至高碳链的醇，进行酯交换反应，合成二烷基碳酸酯，如用于润滑油、化妆品添加剂的二（异）辛基碳酸酯、用于润滑油的 $C_{13} \sim C_{18}$ 醇的二烷基碳酸酯等一系列精细化学品。

X

香料化学（spicery chemistry）研究天然香料、合成香料和香精的组成、分类和性质，包括各种香料的理化性质、香气特征、天然存在、安全管理、主要用途等，以及天然香料的来源和提取方法与合成香料的合成原理和工艺过程中的化学问题的学科。香料是一种能被嗅觉嗅出香气或味觉尝出香味的物质，是配制香精的原料。香料是精细化学品的重要组成部分，在化妆品、食品和烟酒工业等领域具有重要作用。

消泡剂（antifoaming agent）能降低水、溶液、悬浮液等的表面张力，防止泡沫形成，或使原有泡沫减少或消失的物质。早期使用的消泡剂有煤油、石蜡油等烃油以及磺化油、油酸钠、辛醇等；近来使用较广的消泡剂有有机硅类、聚醚型表面活性剂、脂肪酰胺型表面活性剂等。消泡剂又可分为油基型和水基型，其有效活性组分大体相同。水基型消泡剂的优点在它对其他各种添加剂的影响极微，不会在循环中产生蓄积，避免了树脂障碍的发生，因而成为发展的方向。消泡剂用于发酵、造纸、制胶、印花、配合胶乳、涂料、精制甜菜糖、锅炉水和污水处理等方面。

Y

荧光增白剂（fluorescent whitening agent）一种无色的能在紫外光照射下激发出荧光的有机化合物。能提高物质的白度和光泽。主要用于纺织、造纸、塑料及合成洗涤剂等工业。

有机硅改性苯丙乳液涂料（organosilicon modified styrene acrylate emulsion coating）用有机硅乳液对苯丙乳液进行改性的一种涂料。它可明显提高涂料的耐候性、保光性、弹性和耐久性等。采用接枝共聚反应合成的有机硅改性苯丙乳液兼具有机硅和丙烯酸树脂的优良性能，涂膜弹性好，其断裂伸长率明显高于苯丙乳液涂膜。

有机硅改性丙烯酸树脂涂料（organosilicon modified acrylic resin coating）具有优良的耐候性、保光、保色、不易粉化、光泽好等优点的一种综合性能优良的涂料。有机硅改性丙烯酸树脂有溶剂型和乳液型

两类，其中硅丙乳胶涂料具有优良的耐候性、耐沾污性、耐化学药品性能，是一种环保型绿色涂料，主要用于金属板材的预涂装、机器设备的涂装及建筑物内外墙的耐候装饰与装修，也可用作磨岩石刻防风化材料。

有机硅改性醇酸树脂涂料（organosilicon modified alkyd resin coating）既具有醇酸树脂漆室温固化和涂膜物理、机械性能好的优点，又具有有机硅树脂耐热、耐紫外线老化及耐水性好的一种综合性能优良的涂料。改性方法有：（1）将有机硅树脂直接加到反应达到终点的醇酸树脂反应釜中，通过简单的混合，使醇酸树脂的室外耐候性大大改进；（2）制备反应性的有机硅低聚物，用以和醇酸树脂上的自由羟基进行反应，或将有机硅低聚物作为多元醇与醇酸树脂进行共缩聚。通过化学反应改性的醇酸树脂耐候性更好。

有机硅改性环氧树脂涂料（organosilicon modified epoxy resin coating）用有机硅对环氧树脂进行改性的涂料。它既可降低环氧树脂内应力，又能增加环氧树脂韧性，提高其耐热性。采用环氧树脂与混溶性好的反应性有机硅低聚物缩合，所制得的有机硅改性环氧树脂兼具环氧树脂和有机硅树脂的优点，不仅提高了耐热性，而且具有良好的防腐性。用聚二甲基硅氧烷改性邻甲酚醛环氧树脂，使其内应力大幅度降低，抗开裂指数大为提高。

有机硅改性聚氨酯涂料（organosilicon modified polyurethane coating）用有机硅树脂对聚氨酯进行改性的一种涂料。它可用羟基封端的聚二甲基硅氧烷与醇解蓖麻油对聚氨酯的预聚体进行共混改性而制得。这种涂料的固化速度得到改进，成膜后的附着力、硬度、耐热性也得到提高。广泛用于飞机蒙皮、大型储罐表面、建筑屋面和文物的保护。

有机硅改性树脂涂料（organosilicon modified acrylic resin coating）利用有机硅树脂对有机树脂进行改性而制得的涂料。在涂料工业中，用有机硅树脂改性的有机树脂主要有醇酸树脂、丙烯酸树脂、环氧树脂等。有机硅改性树脂通常兼具两种树脂的优点，可弥补两种树脂在性能上的某些不足，从而提高其性能和拓展应用领域。但它也存在一些问题：一般需高温（150～200℃）固化，固化时间长，大面积施工不方便；对基材的附着力差，耐有机溶剂性差，温度较高时漆膜的机械强度不好，价格较

昂贵等。改性的方法有物理共混和化学改性两种。化学改性主要是在聚硅氧烷链的末端或侧链上引入活性基团，再与其他高分子反应生成嵌段、接枝或互穿网络的共聚物，从而获得新的性能。化学改性的效果一般比物理共混改性好。

有机硅涂料（organic silicon coating）以有机硅聚合物或有机硅改性聚合物为主要成膜物质的涂料。它具有优良的耐热耐寒、耐潮湿和耐气候、电绝缘、耐电晕、耐辐射、耐沾污及耐化学腐蚀等性能。主要有耐热、耐候有机硅防腐涂料、耐搔抓的透明有机硅涂料、脱模和防潮涂料及耐辐射涂料等品种。

Z

珠光颜料（pearlescent pigment）能产生类似珍珠光泽的颜料。它由数种金属氧化物薄层构成，改变金属氧化物薄层，能产生不同的珠光效果。具有耐热、无毒、耐光及良好的分散性，被广泛应用于涂料、汽车及日常用品等领域。

阻燃剂（anti-flammability agent）能够增加塑料、橡胶、纤维、涂料等合成材料以及木材等物质的耐燃性，提高其氧指数，阻止它们着火或抑制火焰传播的助剂。遇火时，阻燃剂能生成大量的不可燃气体或药剂薄膜，从而阻断燃烧，达到防火目的。

（十四）造纸技术（Paper-making Technology）

D

电子纸（electronic paper）即"数字纸"，一种厚度类似普通纸的荧光片状物。中间填充能够感应电荷的微粒（囊），凭借这些微粒的旋转把文字和画面呈现出来。它具备纸的基本形状：匀薄、轻便、表面平滑，而且易于加工成各种书刊等形式，与电子墨配套使用，再通过无线传输技术，能够出现相应的电子文件的"显示板"。电子纸的特征有：（1）可以反复重写。（2）视识状况比较好。可以在表面上进行光感的调整、加工。（3）操作装置便于携带。能够制成类似书、刊、报的形式，与电脑相连后可即时下载各种信息。电子纸的基本材料是聚酯类化合物。它的出现是世界文化发展和科技史上取得的一个新突破，使信息、文化的传播更加方便快捷。

镀铝纸（aluminium-plated paper）一种常见的包装用纸。镀铝纸是在高度真空的条件下加热低熔点的金属铝，使其迅速蒸发、扩散，并沉积到被镀部件的表面上，从而完成薄膜镀层的过程而生产出来的包装纸。其特点是外观光亮平滑，无味无毒，符合卫生要求，有良好的防潮、保香性能，是现代卷烟、食品、礼品等常用的包装用纸。平时人们往往把镀铝纸称为"锡纸"，实际上是误称。

G

干法造纸（dry papermaking）在造纸过程中基本上不用水，以净化空气代替水作为分散、输送纤维的介质，网上成形时脱去的也是空气而不是水的一种造纸方法。是一种造纸的新工艺。干法造纸不仅节约大量的水资源，而且还可以避免环境污染。使用干法造纸工艺所生产出来的纸叫"干法纸"。干法纸与普通纸相比，更柔软、强度更好、无方向性、吸水性高、透气性佳、不掉纸屑、有抗静电效果等。

钢纸（stiff chemical fiber paper）一种（变性）加工纸，又称为硬化纤维纸，俗名钢纸。钢纸既有钢一般的坚硬，又像纸那样轻盈，并富有弹性，耐温差大（$-40\sim100℃$），有优良的电绝缘性和抗油性。钢纸能够承受如刨平、钻孔、切削、锯断、弯曲、研磨等机械加工，应用范围颇为广泛。在机械工业中，用它制作轴瓦、齿轮、砂轮磨盘、荷重垫片、手推车车轮等；在电气工业中，用它制作引信管、避雷器、低压断熔器、仪表零件、电视机配件等；在运输工业中，用它制作汽车或飞机的油箱、引火管、点火系统零件和内燃机的密封垫片等；在纺织工业中，用它制作线轴、棉条筒、夹板筒管等；在采矿工业中用它制作矿山安全帽、电焊防护罩等；在其他方面，用它可制作手提箱、门拉手、帽檐儿、旅游鞋垫等。

过滤纸（filter paper）简称滤纸，一种特殊的过滤介质材料。过滤纸由纤维交织而成，纤维相互交错，彼此间形成许多小孔，对气体或液体的透过性良好，可用来进行分离、净化、浓缩、脱色、除臭、回收等。滤纸的厚度可薄可厚，面积可大可小，形状易于加工，折叠、裁切都很方便，在各行各业中有广泛的用途，有化学分析滤纸、"三清"（清除空气、燃料油、润滑油）滤纸、滤油纸、啤酒滤纸、耐高温过滤纸等不同品种。

J

碱性纸（alkaline paper）pH值大于7.0（通常大于8.5）的纸。碱性纸在制造中使用新型施胶剂，如烷基烯酮二聚物、烷基丁二酸酐等。增加了胶料与纤维之间的结合力，提高了纸张的化学稳定性和老化性。碱性纸的优点是化学稳定性高，保存性良好，白度不易变化，而且可以使用碳酸钙作为纸的填料。

R

热敏纸（thermosensitive paper）一种加工纸，在优质的原纸上涂布一层"热敏涂料"（热敏变色层）而成。热敏纸常用于传真打印，当传真机接收外来的电讯号后激发电子束，使与热敏纸纸面接触的"热头"迅速升温，在某个特定的温度区域内诱导热敏变色层发生化学变化，促成无色染料分子中的内酯环断开，引起电子迁移生成醌型结构，出现发色基团，纸面上即可显示出清晰的文字和图像。热敏纸除了作传真纸，还在医疗、测计系统中作为记录材料，如心电图纸、热工仪器记录纸等，在商业方面，常用来制作商标、签码等。

S

生物漂白（biobleaching）利用微生物或者其分泌的酶处理纸浆，达到脱除木质素或帮助脱除木质素，并改善纸浆的可漂性或提高纸浆白度的过程。生物漂白主要从三个方面进行：（1）微生物（白腐菌）直接作用纸浆进行生物漂白；（2）半纤维素酶参与的纸浆生物漂白；（3）木质素降解的生物漂白。用于生物漂白的酶有半纤维素酶（木聚糖酶和甘露聚糖酶）和木质素降解酶（木质素过氧化物酶、锰过氧化物酶和漆酶）。生物漂白除了提高纸浆的白度和可漂性外，主要目的在于节约化学漂白剂的用量，提高纸浆性能和减轻污染负荷。

生物制浆技术（biopulping technology）利用具有木质素降解能力的微生物（主要是白腐菌类）选择性地分解植物纤维原料中的木质素，使纤维素从木质素的胶黏包裹中分离出来的制浆技术。生物制浆技术分为纯生物制浆、生物-机械制浆、生物-化学制浆等。（1）纯生物制浆。利用降解木质素的酶微生物，在常温和常压条件下使木片中木质素的除去率达到75%～80%，纸浆获得率达60%的制浆法。（2）生物-机械制浆。又分为利用木质素降解菌的生物-机械制浆和利用漆酶的生物-机械制浆。（3）生物-化学制浆。通过生物方法预处理，减少化学药品用量和能量消耗，或者在化学药品用量不变的情况下，降低纸浆的蒸解度，以减少漂白化学品的用量和减轻漂白废水污染负荷的方法。生物制浆可以降低造纸生产的化学药品消耗、降低能源消耗、降低排放废水中的生物耗氧量（BOD）和化学耗氧量（COD），减少对环境的污染。

手工造纸工艺（handmaking paper process）造纸术历代流传的、不用机械或仅用非常简单机械的手工造纸方法。手工造纸的主要原料是麻类、树皮、竹子和稻草。不论采用何种原料，生产工序基本大同小异。主要有：泡料、煮料、洗料、晒白、打料、捞纸、榨干、焙纸。

水写纸（water writing paper）可以用清水在上面写字的纸张。字迹呈黑色，水干后消失，纸张恢复原状，可循环使用，常用于书法、美术练习等。水写纸是由普通纸张喷涂化工原料而成。化工原料主要包括5＃树脂（又称5＃丙烯酸乳液或5＃聚丙烯酸树脂）和羧甲基纤维素等。

酸性纸（acidity paper）在酸性条件下制造而成的纸。为了克服书写时的洇水性，纸张生产过程中采用了松香和"矾土"（硫酸铝）的"施胶"工艺，使纸张显酸性。酸性纸最主要的缺点是耐久性较差，绝大多数保存不超过50年，时间长久，纸面会变黄、发脆，容易破损。一般新闻纸属酸性纸。

T

天鹅绒纸（velvet paper）见植绒纸。

X

新型造纸工艺技术（new papermaking processing technology）采用新型蒸煮、新型漂白、新型涂布等新技术的造纸工艺技术。其特点是能源消耗少、纸浆获得率较高，蒸煮能力大大提高。新型无硫制浆技术也将是未来发展的一个方向。

宣纸（Xuan Paper）产于中国安徽省宣州的手工纸，以泾县出产的最为著名。宣纸比普通纸较薄、较洁白，原料和制作方法与一般纸不同。一般纸的原料是木材或草类，宣纸的主要原料是青檀树枝皮。一般纸的制法是利用造纸机把纸浆平铺在网上形成薄薄的纸页，经过烘干而卷成纸卷；宣纸使用传统方法手工抄成一张张湿纸，贴在烘墙上干燥而成。宣纸具有润墨性强，用于书画艺术时，用浓墨而不亮、实而不死、淡而不灰，能充分体现书画艺术作品的质感、量感和空间感。还具有遇潮遇湿不变形、遇光遇热不褪色等特点，抗虫蛀性强，具有"纸寿千年"之美誉。

Z

再生纸（Regenerated Paper）是利用回收的废纸经过适当的处理之后重新制成的纸张。据统计，每生产 1t 再生纸，可节省纤维原料约 500kg，节省氢氧化钠 150kg，节电 360kW/h，省煤 350kg，省水 120 多吨。再生纸的生产在充分利用资源，保护生态环境等方面的意义重大。

植绒纸（Flocking Paper）又称天鹅绒纸，通过静电场的作用使某些彩色的绒毛纤维带上电荷，将其牢固地植被于纸面，即可制得静电植绒纸。植绒纸具有手感柔和、质感丰富、耐湿擦性、耐持久性等优点。主要用于制作奖品、礼品包装，商场橱窗的装潢布置，宾馆、写字楼、饭店、住宅、歌舞厅、展览中心等建筑物的室内广告、装饰等。

（十五）毛皮与制革工程（Engineering of Fur and Tan）

F

服装革（garment leather）用于制作服装的皮革。多以牛、羊、猪皮为原料，用铬鞣法制作。有正面、绒面两类。人多经过染色。服装革是软型革，要求质地柔软有适度延伸性和防水性，穿着舒适，耐用美观。

服装用皮革分类

分　类	皮　　种
兽皮革	牛、羊、猪、马、鹿
海兽皮革	海猪
鱼皮革	鲨、鲸、海豚
爬虫皮革	蛇、鳞鱼

G

铬鞣制革法（chrome tanning）用铬的化合物鞣制裸皮，使之成为成品革的加工方法。用铬鞣法加工的成品革称为"轻革"。铬鞣法使用的铬盐有：重铬酸盐、铬明矾和碱式硫酸铬等。铬鞣制革过程分为两个阶段，第一个阶段是鞣剂向裸皮渗透，第二个阶段是渗透进裸皮内的鞣质与裸皮的活性基结合，两个过程同时进行。铬鞣革呈青绿色，成革丰满，皮质柔软，弹性好。缺点是：成革略空松，易吸收水分，易打滑，纤维疏松，切口不光滑等。

J

结合制革鞣法（combination tannage）同时采用两种或多种鞣法进行鞣制，即将裸皮在不同的鞣质中逐次鞣制成革的方法，常用的结合鞣法有铬植鞣法。铬植鞣法又分为先铬后植鞣法、先植后铬鞣法、重铬轻植鞣法、重植轻铬鞣法四种。铬植鞣法的成革较重、丰满、坚实，适于苯胺染料染色，易修饰，耐湿、热，不易变形。但过度复鞣，会削弱皮革的强度。

K

抗菌皮革（antibacterial leather）引入一种或几种带抗菌基团的皮革材料。抗菌皮革具有杀菌或者抑制微生物繁殖的功能，减少交叉感染、疾病的传播。

P

皮革鞣剂（tanning agent）能使毛皮（带毛的动物皮）或裸皮（去掉毛的动物皮）发生质变而成为裘皮或皮革（成品革）的物质。在鞣剂的作用下，皮革的收缩温度提高，耐酶、耐各种水解剂作用的能力增强，干燥后不易变形。裸皮与鞣剂反应的过程称为鞣革。皮革鞣剂分为无机的和有机的两大类。

皮革无机鞣剂（inorganic tanning agents）具有鞣革性能的无机盐工业产品，如铬、铝、锆、铁、钛、铈等的碱式盐，以及非金属如磷、硅、硫等的化合物。目前已为制革生产普遍采用的有铬鞣剂、铝鞣剂、锆鞣剂和它们的铬合鞣剂。此外，钛鞣剂、偏磷酸钠、硅酸盐和稀土鞣剂等也有少量应用。铬鞣剂是制造轻革（鞋面革、服装革）的最好的鞣剂。所制皮革具有收缩温度高、弹性好、耐挠曲、耐水洗、坚实耐用等特点。

皮革用化学品（leather chemicals）在将动物皮加工成坚牢、耐用的皮革过程中所需用的化学品。一般分为四大类：鞣剂、加脂剂、涂饰剂和其他添加剂（包括表面活性剂、防腐剂、防霉剂、固色剂、防水防油剂和皮革专用染料等)，其中主要是鞣剂和加脂剂。

皮革有机鞣剂（organic tanning agents）具有鞣革性能的有机物，主要包括植物鞣剂、油鞣剂、醛鞣剂和合成鞣剂等。(1)植物鞣剂。将植物的皮、木材、叶、果实或根茎中的鞣质（单宁）用水浸提，经浓缩、喷雾干燥成粉状，俗称栲胶。(2)油鞣剂。一种是天然的半干性油（如鲸鱼肝油）；另一种是由石油化工生产的烷基磺酰氯。(3)醛鞣剂。一般多为甲醛和戊二醛。(4)合成鞣剂。又称合成单宁。以苯酚、萘等芳烃为原料，先经浓硫酸磺化，再与甲醛进行缩合而成。合成鞣剂由于其分子小、鞣性很差，不能用来单独鞣革，只能作为辅助材料，起到分散植物鞣剂、匀染、漂白的作用，所以被称为辅助性合成鞣剂。

R

人造毛皮（artificial fur）采用机织、针织或胶黏的方式，在织物表面形成长短不一的绒毛，具有接近天然毛皮的外观和服用性能的材料。人造毛皮包括针织人造毛皮、机织人造毛皮和人造卷毛皮。

人造皮革（artificial leather）类似皮革的人造塑料制品。一般是将混有增塑剂的合成树脂，以糊状、分散液状或溶液状涂布于布面，再经加热处理而得。也可将树脂等配料混合加热，再经滚筒压成布衬或无衬的产品，最后可用辊筒进行压平或压花，制成各种颜色和花纹的制品。根据覆盖材料不同，有聚氯乙烯（PVC）人造革、聚氨酯（PU）人造革等；根据覆盖层发泡与否，又分泡沫人造革或普通人造革；按用途又有鞋用或箱包用人造革等。人造皮革具有柔软耐磨，富有弹性等特点，但透气性差，耐寒性差，过冷会变硬、发脆。

绒面革（suede leather）利用机械设备起绒并使表面呈绒状的皮革。利用皮的正面（生长毛或鳞的一面）起绒制成的称为正绒；利用皮的反面（肉面）起绒制成的称为反绒；利用二层皮起绒制成的称为二层绒面。绒面革的透气性和柔软性较好，但防水性和防尘性较差，易脏，不易清洗和保养，常用于制造各种皮鞋，在女鞋和童鞋中用量较多。

T

天然毛皮（natural fur）来源于自然界动物的毛皮。天然毛皮一般由表皮层及其表面密生的针毛、绒毛、粗毛组成，因动物种类不同，组成比例不同，从而决定了毛皮质量的高低、好坏。

天然皮革（natural leather）各种兽皮、鱼皮等真皮，经鞣革过程制成的皮革。服装革和鞋用革多以猪、羊、牛、马、鹿皮革为主要原料，此外鱼类皮革、爬虫类皮革也常用于服装的装饰及箱包的包装等。

Z

再生革（renewable leather）用天然皮革的下脚料、废弃料进行加工，剥离成纤维，然后加入黏合剂和配合剂，经过制浆、成形、干燥等工序而成的皮革。再生革和天然皮革一样，具有吸水性、透气性、质轻，柔软等优点，有弹性、耐磨性，但机械强度和撕裂强度较差。再生革一般分为板型和软质型两类。板型再生革用来制造鞋用膛底、大底、主跟包头、车座以及包件等，软质型再生革多用来制作面层材料。

植鞣制革法（plant tanning）利用植物鞣剂鞣制裸皮成革的一种方法，又称为植物鞣法。成品革称为"重革"，是鞣制底革、轮带革的基本方法。植鞣革呈棕黄色，质地丰满，其特点是：组织紧密、抗水性能强、潮湿后不滑溜、伸缩性小、不易变形、切口光滑；缺点是：抗张力强度小、耐磨性、抗热性和透气性较差、储存过程中较易变质。

制革（leather manufacture）将生皮鞣制成皮革的过程。包括除去毛和非胶原纤维等，使真皮层胶原纤维适度松散、固定和强化，再加以整饰（理）等一系列化学（包括生物化学）、机械处理过程。制革工艺过程通常分为准备、鞣制和整饰（理）三个阶段。制革过程使用最多的设备是转鼓，浸水、浸灰、脱毛、软化、浸酸、鞣制、染色、乳液加油等工序都要在转鼓中完成，通过转鼓的机械作用，促进各种化工材料的均匀渗透，完成制剂对皮的化学作用。

皱纹革（shrink leather）将皮革的粒面加工成美观皱纹的一种皮革。常用的方法有化学起皱、压花和摔纹等。化学起皱法是通过加强碱膨胀、重软化，结合使用收敛性强的鞣剂（如高碱度硫酸锆等）处理，使粒面紧缩起皱，形成比较自然而有立体感的持久皱纹。压花法能做到压出的皱纹均匀一致，但难以持久。现在多采用化学起皱纹法结合摔纹或压花纹后再结合摔纹，效果较好。皱纹革可用于鞋面、皮制球及包件等的制作。

四、电气工程

(Electrical Engineering)

(一)基础知识 (Basic Knowledge)

B

备用容量（reserve capacity）水电站为担负电力系统计划外的负荷而设置的容量。包括事故备用容量和负荷备用容量。事故备用容量是指担负电力系统由于机组事故或线路故障而甩掉的负荷容量。电力系统机组事故，与运行机组合数及其被迫停运率（即事故率，等于机组故障时间除以故障总时间的商值）有关。负荷备用容量，是为适应电力系统频繁的负荷变化，使电力系统的频率稳定在允许值的范围内，以保证供电质量而预留的发电容量。电力系统的负荷备用容量一般为电力系统最大负荷的2%～5%。有时由于机组计划检修导致系统容量不足，需要增加容量。该容量称为检修备用容量。

C

冲击负荷（impact load）运行中的用电设备突然从电力系统短时间取用的大功率。冲击负荷出现的时间很短，但其峰值是其平均值的数倍甚至数十倍，因而会引起电力系统的频率波动、公共供电点的电压陡降、灯光闪烁、电视机图像畸变、图文失真等。有时电压陡降还会影响电网自动装置的正常工作。其中周期性冲击负荷还会造成闪变。引起冲击负荷的常见的用电设备有炼钢电弧炉、电力机车、压延机、电焊机等。冲击负荷出现于炼钢电弧炉熔化期间、电力机车爬坡期间、压延机车坯料送入轧辊期间、电焊机引弧期间等。由于主要产生冲击负荷的用电设备大多用电功率因数较低，因此冲击负荷对无功功率影响尤为严重。消除冲击负荷对电力系统影响的主要措施有：加大电力系统短路容量，采用快速调节的无功补偿装置，对产生冲击负荷的用电设备提高供电电压等级，采取专线供电等。

D

导电材料（conductive material）在电场作用下能传导电流的材料。导电材料可分为良导体、不良导体和超导体三类。在临界温度以上的超导体也属于不良导体，甚至绝缘体。良导体的主要功能是用于传输电能和电信号。要求在传输过程中能量损失尽可能少。以导电性能优劣为序，良导体包括银、铜、铝和金。其中金和银是贵金属，只用于特殊场合。铜的导电性能和机械加工性能都优于铝，但它在自然界的蕴藏量远少于铝，因此在应用中有以铝代铜的趋势。

电磁兼容性（electromagnetic compatibility）一种设备或系统在其所处电磁环境中能够正常工作，且不对处于同一环境中的其他有生命的物体或无生命的物质产生电磁干扰的特性。如果一台电气设备被视为干扰源时，只具可容许的干扰发射；而当它被视作干扰受体时，对干扰只具有可允许的敏感度，则这台设备被认为具有满意的电磁兼容性。

电工材料（electrical material）电工领域中各类材料的总称。根据其电磁特性可分为绝缘材料、半导体材料、导电材料和磁性材料四大类。此外，还包括一些结构材料。

电光源（electric light source）利用电能做功产生可见光的光源。利用电光源照明发光的方法分为电阻发光、电弧发光、气体发光和荧光粉发光四种。电光源的起动方式有：(1) 电压自适应型。这类灯泡，只要给它加上额定电压即可正常工作，如白炽灯、溴钨灯等。(2) 辅助触发型。这类灯泡，供给额定电压，它并不工作，而是需要一个较额定电压高的辅助触发电压进行启动，然后才能工作，如荧光灯、放映氙灯等。这个外加电压叫触发电压（某些场合也称击穿电压）。目前开展研究的内容有：一方面是不断改进现有光源的发光、颜色和电气特性；另一方面是开发更多的新型电光源，以满足工农业生产、交通运输、国防和人民生活的需要。

电力工业（electric power industry）简称电业，用来生产、传输和销售电能的工业部门。电业是能源工业之一，是发展国民经济的基础产业，是现代社会必不可少的公用事业。电业的根本任务是向用户提供充足、可靠、合格、价格合理的电能和优质服务。电力工业生产经营的主体主要包括五个生产环节，即发电、输电、变电、配电和用电。发电设备、输电设备、变电设备、配电设备和用电设备以及调度通信设施等连接起来组合成一个完整的电力系统。

电流源（current source）通过的电流与其端电压无关的有源元件。它是一个两端电路元件，通过其中的电流保持为一恒定值或一个确定的时间函数，而端子间的电压可为任意值，随所接外电路的不同而不同。当电流源的电流为某一恒定值时，称其为直流电流源；当电流源的电流为某一时间的函数时，则按其具体的函数形式而定名，如正弦电流源、方波电流源等。

电路（circuit）由电源、用电器、导线、电键等元件组成的电流路径。用电器包括电阻器、电容器、电感线圈、发电机、电动机、变压器、晶体管等。根据某种要求，用导线把所需的电器件相连即组成电路。电路是电力系统、控制系统、通信系统、计算机硬件等电力系统的主要组成部分，起着电能和电信号的产生、传输、转换、控制、处理和储存等作用。

电路元件（circuit component）一种主要对电路提供整流、开关和放大功能的元件。例如白炽灯、电力电容器、变压器等都是电路元件。除开端组间的电磁特性外，实物的内部有着电磁场的分布特性，还有力学、热学等方面的特性。电路理论中的电路元件和它们的组合则不是实物，只是反映实物的端组间电磁特性的模型。例如电阻器常用来作为白炽灯、绕线变阻器的模型。电容器作为实际电容器的模型。可以用电感器作为电力变压器的模型。

电压源（voltage source）端电压与通过的电流无关的有源元件。它是一个两端电路元件，其端子间的电压保持为一恒定值或一确定的时间函数，而与通过它的电流无关。电流可为任意值，随所接的外电路的不同而不同。当电压源的电压为某一恒定值时，称其为直流电压源；当其为某一时间函数时，则按其具体的函数形式而定名，如正弦电压源、方波电压源等。在实际电源中，如蓄电池、发电机等的伏安特性近似于电压源，但其端电压会随着电流的增加而有所减少。实际电源的电路模型可用一个电压源和一个电阻RS串联来表征。RS称为电源的内阻。

电子器件（electron device）主要由电子在真空、气体或半导体中的运动来实现电传导的器件。利用它可以来完成电子电路中特定的功能，如信号的提取、放大、整形、传输、生产过程的自动检测、自动控制和保护等。电子器件的不断更新换代往往会带来电子电路功能的提高，甚至引起电路功能的巨大变化。电子器件包括半导体器件、真空电子器件和充气电子器件等。

G

工作容量（service capacity）担负电力系统计划内负荷的电站的发电机容量。在水电站的实际运行中，其工作容量随其电量和在系统中的作用不断变化。当水电站调峰运行时，其工作容量在一天内变化很大；汛期为了充分利用水流的能量，水电站宜在电力系统腰荷或基荷工作，其工作容量在一天内变化较小。无调节能力或由于综合利用要求而不担负或减少担负系统调峰任务的水电站，其工作容量，在一天内不变或变化不大。

过电压（over voltage）超过正常运行并对电气设备绝缘设施有危险的电压。电力系统中的事故以绝缘事故为多，其中大部分是由于过电压的绝缘破坏所造成的。过电压的研究，是绝缘配合与合理确定电气设备绝缘水平以及减少绝缘损坏事故的基础。电力系统的过电压按其产生的机理，分为雷电过电压和内部过电压。内部过电压又可分为两种：一种是因操作或故障引起的过渡过程电压升高，称操作过电压；另一种是过渡过程结束后，出现的各种持续时间较长的工频过电压（50Hz的过电压）和谐振过电压（振荡时产生的过电压）。

J

基尔霍夫定律（kerchief's law）表明集总参数电路中有关支路电流之间和有关支路电压之间的约束关系的定律。它包括两条定律。基尔霍夫第一定理又称基尔霍夫电流定律（KCL）。其内容为：对于任一集总参数电路中的任一节点，在任一时刻，通过该节点的所有支路电流的代数和等于零。基尔霍夫第二定律又称基尔霍夫电压定律（KVL）。其内容为：对任一集总参数电路中的任一网孔或回路，在任一时刻，沿着该网孔或该回路的所有支路电压的代数和等于零。

激励（driving）原子或分子在接收外界能量后，从最低能量状态的基态跃迁到较高能量状态的激励态过程。在原子或分子中，各种激励态所具有的能量只能是确定的分立的数值。被激励原子或分子所吸收的能量也具有分立的数值，称之为激励能或激励单位。其单位相应用 eV（电子伏）或 V（伏）表示。激励是由入射的光子、电子、中性原子（或分子）、带电粒子与原子（或分子）之间的相互碰撞造成的。产生激励的碰撞概率用激励截面来表示，单位为 m^2。

K

开路（open circuit）支路中的电流恒为零、支路两端的电压可为任一值的一种特殊工作状态。如断开的导线、处于断开状态的开关、反向工作的理想二极管以及电流为零的电流源等都处于开路状态。在开路时支路两端电压称为开路电压。开路电压可以用高内阻（理论上应为无限大）的电压表来测量。

跨步电位差（step potential difference）在地面上水平距离为0.8m两点间的电位差。电流自接地电极经周围土壤流散时，会在土壤中产生压降并形成一定的地表电位分布。跨步电位差的最大值出现在电极附近的地面上和地网突出边角外侧的地面上。最大跨步电位差 E_{sm} 和相应的电极电位 IR（I 为经电极或地网流散的电流，R 为电极或地网的接地电阻）的比值称为跨步电位差系数，即 $K_s = E_{sm}/IR$。

L

励磁（excitation）线圈通过直流电而产生的磁场。励磁有欠励磁、过励磁和负励磁之分。所谓欠励磁，是线圈通过直流电而产生的较弱磁场；过励磁则是直流电通过线圈时产生的过强磁场；而负励磁是指线圈通过直流电时产生方向相反的磁场。

N

内部过电压（internal over voltage）在电力系统的内部由于故障或开关操作引起回路中电磁能量的转化或传递，从而造成瞬间或持续性的高于额定工作电压，并对电气装置绝缘有危险的电压升高。内部过电压的能量来源于电力系统本身，其幅值大体与额定工作电压成正比。内部过电压的大小通常用其幅值与系统最高运行相电压的幅值之比来表示，称为内部过电压的倍数。它与电力系统的结构、元件的参数、中性

点的运行方式、故障的位置以及具体的操作过程等因素有关，具有一定的统计规律。内部过电压分为操作过电压和暂态过电压两大类。

Q

趋肤效应（skin effect）交变电流通过导体或交变磁通穿过导体时，由于电磁感应引起导体截面上电流、磁通分布不均匀并且愈接近导体表面电流密度、磁感应强度愈大的现象。趋肤效应使电流集中在导线表面处，使得导线的有效截面变小，导线的等效电阻增大。在无线电工程中，常采用多股细导线代替单股粗导线制作高频线圈，以克服其等效电阻的增加。

S

闪变（flickering）由用电负荷急剧波动所引起的电压波动。它是对灯闪的主观感观。可用闪变仪进行测量。单位时间内电压变化的次数或电压变化间隔时间是判断闪变的重要依据。它使白炽灯的光通量输出急剧变动，引起灯光闪烁，给人的视觉造成不适。决定闪变的因素有：（1）供电电压波动的幅值、频率和波形；（2）白炽灯的参数及其标称电压；（3）人对照度波动的敏感性。由于人对照度波动敏感性的不同，因此闪变有一个容许范围。

视在功率（apparent power）电路元件端电压的有效值与电流的有效值的乘积。令 V 和 I 分别为两端元件电压和电流的有效性，S 为视在功率，则用 $S = VI$ 表示在视在功率一定的有效值电压和电流下，电路元件可能获得的平均功率的最大值。工频交流发电机和变压器等电工设备的额定电压，与绕组绝缘、铁芯的截面积及铁损耗有关，而其额定电流值则与绕组导线截面积和铜损耗有关，额定视在功率可以看成该电工设备的最大利用容量和设计极限值。

受控源（controlled source）受电路中另一部分的电流或电压控制的电压源或电流源。它是一种无内阻的电压源（或电流源）。它的电压（或电流）不是独立的，而是某一支路的电压或电流的控制量。根据其控制量是电压还是电流，来确定受控源是电压源还是电流源。受控源分为四种：电压控制电压源、电压控制电流源、电流控制电压源和电流控制电流源。

水能经济学（hydro-energy economy）是研究水能开发、转换、传输和分配中经济分析与评价的理论和方法的新兴科学。其目的在于经济合理地利用水

能。水力发电是现代水能开发的普遍形式，因而水能经济学的主要内容就是分析研究水电站规划、设计和运行管理过程中的费用和效益，以寻求最佳综合经济效益的方案。

T

同时率（simultaneous probability） 同类用电对象在同一时间开机用电的概率。它用于描述同类用电对象可能出现相互叠加用电的程度。根据用电对象的不同，常用的同时率有用电设备同时率、最大负荷同时率等。最大负荷同时率是指电力系统用电最大负荷与电力系统各单位用电最大负荷之和的比值，用以预计电力系统用电最大负荷。由于系统各单位用电特性的差异，出现最大负荷的时间也不一样。因此，电力系统出现的用电最大负荷小于电力系统各单位不同时间出现的最大负荷之和。最大负荷同时率一般小于1。

W

涡流（eddy-current） 当金属块处在变化的磁场中或相对于磁场运动时，其内部产生的感应电流。导体静止而磁场变化或导体在磁场中运动均可引起涡流。在电机、变压器运行时，磁路中由于都有直交变磁场而产生涡流。这种涡流，既导致电能损耗，又使这种损耗以焦耳热的形式耗散，因而导致电气设备温升。涡流引起温升的原理常用于感应加热。由于涡流所产生的热量源于导体内部，所以其浪费最少，加热效率高，被加热物体的氧化损失少。因此感应加热的方法，广泛应用于冶金工业，特别适用于难熔金属或易氧化金属的加工过程。此外，当需要加热的零件被绝热物质包围时，感应加热是一种可行的方法。

无功功率（reactive power） 用于电路内电场与磁场的交换，并用来在电气设备中建立和维持磁场的电功率。它不对外做功，而是转变为其他形式的能量。凡是有电磁线圈的电气设备，要建立磁场，就要消耗无功功率。比如40W的日光灯，除需40多瓦有功功率(镇流器也需消耗一部分有功功率)来发光外，还需80乏左右的无功功率供镇流器的线圈建立交变磁场用。由于它不对外做功，才被称之为"无功"。无功功率的符号用 Q 表示，单位为乏(Var)或千乏(kVar)。无功功率绝不是无用功率，它的用处很大。电动机需要建立和维持旋转磁场，使转子转动，从而带动机械运动，电动机的转子磁场就是

靠从电源取得无功功率建立的。变压器也同样需要无功功率，才能使变压器的一次线圈产生磁场，在二次线圈感应出电压。因此，没有无功功率，电动机就不会转动，变压器也不能变压，交流接触器不会吸合。在正常情况下，用电设备不但要从电源取得有功功率，同时还需要从电源取得无功功率。如果电网中的无功功率供不应求，用电设备就没有足够的无功功率来建立正常的电磁场。那么，这些用电设备就不能维持在额定情况下工作，用电设备的端电压就要下降，从而影响用电设备的正常运行。无功功率对供、用电产生一定的不良影响。其主要表现在：（1）降低发电机有功功率的输出；（2）降低输、变电设备的供电能力；（3）造成线路电压损失增大和电能损耗的增加；（4）造成低功率因数运行和电压下降，使电气设备容量得不到充分发挥。从发电机和高压输电线供给的无功功率，远远满足不了负荷的需要。所以，在电网中要设置一些无功补偿装置来补充无功功率，以保证用户对无功功率的需要，这样用电设备才能在额定电压下工作。这就是电网需要装设无功补偿装置的道理。

Y

用电负荷（electricity load） 用电对象所吸取的电功率。可用功率表、电流表测量。用电对象是指用电的地区、用户以及用户内部的车间、工序、工艺或机台等。不论采用何种方式来表示用电负荷，都是指电网供给用电对象的电功率。用电对象是单台用电设备的，其用电负荷是指输入的电功率；用电对象是一个企业的，其用电负荷则是指其受电装置电网侧输入的电功率。

Z

装机容量（installed capacity） 水电站水轮发电机组铭牌容量的总和。是水电站最重要的特征之一。水电站在运行中，处于工作、备用和检修状态的容量分别称为工作容量、备用容量和检修容量。三者之和称为必需容量。有时，在必需容量之外，加大水电站装机容量，其目的是为在汛期多发季节性电量，替代火电电量，减少系统的燃料消耗，但不能减少电力系统的装机容量。这部分容量称为重复容量。在不同的水文年，不同的季节中，随着水电站运行状态以及电力系统对水电站的要求不同，这些容量是不同的，而且在一定的条件下，它们之间是可以相互转化的。工作容量即水电站为担负电

力系统负荷机时发出的有功功率。水电站日最大工作容量与日平均出力、系统负荷和能否进行日调节有关。丰水期和负荷大时，工作容量大，相应备用容量可小些；枯水期和系统负荷小时，工作容量较小，备用容量可大些。水电站装机容量的大小取决于电力系统的负荷及其特性、水电站的能量指标、水库调节性能、水电站在系统中的地位和作用及其技术经济特性等。

(二)发电工程 (Power-generating Engineering)

C

厂用电电源 (power supply for the plant itself) 向水电站水轮发电机组和主变压器的附属设备、生产辅助设备、厂坝区公用设施以及暖通和照明负荷供电的电源。厂用电的电源应满足电站各种不同运行工况下，在数量、电压、容量等方面能满足厂用电负荷供电可靠的要求。(1)厂用电源的数量，通常根据电站规模及运行方式确定；(2)厂用电源的电压，当厂用电设备负荷相对较集中，全厂厂用电负荷不大，且无高压电动机负荷时，可减少变压器重复容量、损耗以及厂用配电装置数量，有利于厂房布置；(3)厂用电源容量，一般按厂用电负荷特性统计分析后选取；(4)对采用变频起动装置作为发电电动机抽水起动方式的抽水蓄能电站，要考虑变频起动过程中谐波的影响，必要时应采取滤波措施。

D

电力基本建设 (capital construction of electric power) 发电厂、输电线路、变电所等新建、扩建、改建工程的建设的总称。中国电力基本建设可分为火电建设、水电建设、核电建设、新能源发电建设及输变电建设等。

电力勘测设计 (reconnaissance and design of electric power) 电力勘测设计单位及其行业主管部门完成电力基本建设项目之前所做的测量和可行性报告。勘测是设计前对工程的自然条件和社会、经济条件所进行的调研工作。包括对地形、地貌的测量和试验；对自然界环境的观测调查研究；对工程地质、水文地质的勘测和社会、经济条件的调查研究。设计是在基本建设项目实施前，依据批准的项目建议书和可行性研究报告书，在勘测工作的基础上，按技术可行和经济合理的原则，对基本建设工程项目进行全面的规划、构思、设计和研究，提出作为施工依据的图纸和文件的工作。电力工程的勘测和设计工作是相辅相成的，设计为勘测导向，勘测为设计提供科学资料。

电力生产管理 (management electricity generation) 运用运筹学、系统工程学和计算机技术，对电力生产中的问题进行系统的定量分析后作出的最佳规划和最大限度满足用电需求的措施。完整的电力生产，应包含由一次能源的供应、储存到转换为电能(发电)，并经输电、变电、配电(总称供电)送到用户使用(用电)的全过程。管理的目标，是确保电力生产与电网运行遵循安全、优质、经济的原则，向用户提供充足、可靠、合格、价格合理的电能。狭义的电力生产管理，仅包含与电力生产直接有关部门的管理；广义的电力生产管理还包含一些辅助生产部门的管理。目前，中国已初步总结出一套适合本国国情的电力生产管理经验。概括来说，就是以安全生产为基础、经济效益为中心、科技进步为动力、优质服务为宗旨，最大限度地满足用电需求。

电力施工安全管理 (construction safety management of electric power) 运用经济、法律、行政、技术、舆论等手段，行使决策、教育、组织、监察、指挥等各种职能，对人、物、环境等管理对象施加影响和控制，排除不安全的因素，以达到电力安全生产目的的活动。依据"企业负责、行业管理、国家监察、群众监督、劳动者遵章守规"的安全管理体制，以保障人身、机械、设备的安全。安全管理保证体系主要包括：以安全第一责任者为首的行政保证体系，以总工程师为首的技术保证体系，以安全监督管理部门为首的监督管理体系。安全管理保证体系的任务是：建立健全并落实各级人员及各职能部门安全施工职责；抓好干部和工人安全技术培训工作；严禁违章指挥和作业；健全安全监督管理机构；加强班组安全建设，监督检查安全技术措施落实及安全防护措施的齐全合格。

电能质量（electric energy quality）电力系统对用户供电的规范条件。一般用频率、电压、波形和三相电压、电流的不对称度来衡量。在一个理想的交流电力系统中，电能是以一恒定的工业频率（50Hz）和正弦的波形，按规定的电压水平向用户供电。在三相交流电力系统，各相电压和电流应该是幅值相等，相位差120°的对称状态。电力系统中各种发、输、配电设置和用电设备，一般都是按额定工业频率和各种电压等级的额定电压来设计的。在这种电能质量条件下，电气设备的运行性能最佳，效率最高。任何频率和电压对额定值的偏移，都将影响这些设备的运行性能和效率以及由这些设备所生产的产品质量和数量，同时也会缩短各种设备的寿命。因此，各国电力系统为了保证电气设备的正常运行，都规定了相应的频率和电压质量标准。

电源发展规划（development plan of power supply）对电源发展进行系统分析后所制订的长期全面计划。其内容有发电总量安排、电源合理安排和新技术开发利用。

电源建设计划（construction plan of power supply）在电力系统中水电、火电及其他类型发电厂的建设计划。此计划在电力系统中期规划的基础上，在主管部门的指导下编制。在中国它分为五年计划及年度计划。其五年计划，是电力工业发展的纲领性文件，规定了五年的建设规模、新增生产能力及基本建设投资额等。其年度计划是在五年计划框架内的具体实施计划。通过年度计划保证五年计划的完成。其年度计划还应考虑当年资金、物资及劳动力的平衡。电源建设计划的主要内容是：（1）负荷预测；（2）电力电量平衡；（3）确定电源建设规模；（4）制定基本建设项目投资计划及新增生产能力计划；（5）综合平衡。

Г

发电（power-generation）利用电能生产设备将其他形式的能源转变为电能的过程。生产电能的主要方式有：火力发电、水力发电、核能发电、地热发电、风能发电、太阳能发电、潮汐发电、波浪能发电、海洋温差发电、燃料电池发电等。近年来，随着环保意识的不断增强，清洁发电技术发展迅速，整体煤气化联合循环、加热硫化床联合循环发电技术已开始走向商业化。除太阳能发电和燃料电池发电外，电能生产设备都由动力部分和发电部分组成。动力部分将外部的能转换为机械能，发电部分则将动力部分传递过来的机械能经过电磁感应作用转换为电能，再经用电设备将电能转换为其他形式的能。在上述发电方式中，均由交流发电机生产频率为50Hz或60Hz的交流电。而在特定条件下用直流发电机生产的直流电能，多用作控制设备电源、危急备用电源和其他专用电源。

发电系统可靠性（reliability of power-generating system）评估统一并网运行的全部发电机组，按可接受标准及期望数量满足电力系统负荷电力和电量需要能力的度量特性。研究发电系统可靠性的主要目标，是确定电力系统为保证充足的电力供应所需的发电容量。所需的发电容量可分为静态需要容量和运行需要容量两个方面。静态容量是指对整个系统所需容量的长期估计，可考虑为装机容量。它必须满足发电机组计划检修、非计划检修、季节性降低出力以及非预计负荷增长等要求。运行容量则是指对于为满足一定负荷所需实际容量的短期估计。二者的差别除考虑的时间期限不同外，前者待定的基本量是电力系统的合理装机备用；后者需要确定的则是在短时间内，系统所需的运行备用有旋转备用、快速起动机组及互联电力系统的相互支持等。在电力系统规划阶段评价不同的电源发展方案时，必须对上述两方面都要进行核算。在作出决策后，短期容量的需求就成为运行方面关心的问题。

风力发电技术（wind power generation）将风能转换为电能的发电方式。典型的风力发电系统是由风能资源、风力发电机组、控制装置、蓄能装置、备用电源及电能用户组成。风力发电机组是实现由风能到电能转换的关键设备。由于风力大小时刻变化，随机性很大，必须根据风力大小及电能需要量的变化及时通过控制装置来实现对风力发电机组的起动、调速、停机、故障保护以及对电能用户所接负荷的接通调整及断开等。在小容量的风力发电系统中，一般采用由断电器、接能器及传感元件组成的控制装置。在容量较大的风力发电系统中，现在普遍采用微机控制。蓄能装置是为了保证电能用户在无风期间还可以不间断地获得电能而配备的设备。另一方面，当风能急剧增加时，蓄能装置可以吸收多余的风能。为了实现不间断的供电，有的风力发电系统配备了备用电源，如柴油发电机组。

H

核能发电（nuclear generation）将核反应堆中核

裂变或核聚变所释放出的能量转变成电能的发电方式。类似于火力发电，是和平利用核能的最重要方面。只是以核反应堆及蒸气发生器来代替火力发电的锅炉，以核裂变能或核聚变能代替矿物燃料的化学能。

火力发电技术（thermal power generation technology）用煤、油等可燃性气体燃料在锅炉内燃烧，使水变为蒸汽，推动汽轮发电机组发电的一种发电方式及技术。按其发电方式可分为：燃煤汽轮机发电、燃油汽轮机发电、燃气－蒸汽联合循环发电和内燃机发电。目前，中国国内的火力发电厂比较多的是燃煤汽轮机发电。发电厂由锅炉、汽轮机、发电机三大主要设备和相应的辅助设备组成。燃料在锅炉中燃烧，把水变成高温、高压的蒸汽，冲动汽轮机旋转，汽轮机带动发电机发电。发电机发出的电经过升压变压器，把电压升高后送至电网。

J

基本负荷发电厂（base-load power plant）承担电力系统日负荷曲线基本部位负荷的发电厂。基本负荷一般是指日负荷曲线最低负荷以下部分。基本负荷大部分由基本负荷发电厂供应，其余一小部分由夜间低容负荷时不停机的中间负荷发电厂供应。基本负荷发电厂是系统中运行最经济的，除检修或事故停机外，均连续运行，所带负荷变动较小。基本负荷发电厂有：径流小电厂、核电厂、按给定热负荷运行的供热式火电厂、带强制负荷的火电厂、使用劣质煤的火电厂、洪水期各种类型的水电厂等。水电和火电比重不同的电力系统，基本负荷发电厂的选择也不同。

尖峰负荷发电厂（peak-load power plant）承担电力系统日负荷曲线尖峰部位负荷的发电厂。在日负荷曲线上，一般将平均负荷以上部分称为尖峰负荷。电力系统尖峰负荷的特点是功率高而持续时间短。与之相应的尖峰负荷发电厂，则负荷变动大，机组开停频繁，且利用小时低。通常选用以下各类电厂作尖峰负荷发电厂：（1）非径流式常规水电厂；（2）抽水蓄能电厂；（3）起动时间短，跟随负荷变化快的火电厂（具有专门设计带尖峰负荷机组的发电厂）；（4）装有燃气轮机发电机组的电厂。

N

年发电量（annual output of plant）从水电站发电机母线年送出的电量的总和（包括厂用电和输电损失）。作为水电站的特征值指标，一般指多年平均年发电量，即水电站年发电量的数学期望值。年发电量综合地表示水电站的能量效值。水电站的年发量决定于河流的径流特性，以及水电站的利用水头、装机容量、调节性能、机组效率及系统运行特性。当水电站的建设方案确定以后，其年发电量，主要决定于当年的来水分配以及水库运行方式。来水比较均匀或水库调节性能较好的水电站，每年的发电量差别较小，有利于电力系统的运行。年径流变化较大或调节性能较差的水电站，其枯水年与丰水年的发电量相差较大，影响水电站效益的发挥。

S

水电枢纽（hydroelectric hub）以水力发电为主要任务，由壅（挡）水建筑物（坝、闸、河床式厂房等）、泄水建筑物、引水系统及水电站厂房、变压器场、开关站等组成的综合体。在多泥沙河流上，为了减少水库淤泥，防止有害泥沙进入水轮机和淤堵进水口，需设冲沙建筑物。一般在靠近发电站进水口处设有冲沙底孔。在通航、漂木河流上设过坝设施（船闸、升船机、过木道等）。在有洄游鱼类的河流上设过鱼设施。导流建筑物是水电枢纽施工临时建筑物。水电枢纽可以集中水流的发电水头，具有发电、变电、泄洪、蓄水、放水、排沙以及过船、过木、过鱼等功能。根据水资源综合利用的要求，水电枢纽可兼顾防洪、灌溉、城镇和工业供水、航运和其他综合利用要求。以抽水蓄能发电为目的的建筑群也可包括在水电枢纽范围之内。

水电站自动化（automation of hydraulic power station）采用机械、电子设备按预定要求代替人工进行水电站生产作业的系统工程。它自动地对水电站进行控制、监视、调节和管理，以达到提高水电站运行的安全性、经济效益、劳动生产率和供电质量的目的。自动化内容包括单机自动化、公用设备系统自动化、梯级电站自动化和全厂综合自动化。从功能上分，主要系统包括自动控制、安全监视、经济运行、维持电力系统稳定运行和运行管理自动化等。

水力发电技术（hydroelectric generation technology）开发河川或海洋的水能资源，将水能转换为电能的工程技术。采取集中水头和调节径流等措施，把天然水流所蕴有的位能和动能经水轮机转换为机械能，再通过发电机转换为电能，最后经输变电设施将电能送入电力系统或直接供给用户。水力发电有如下多种形式：利用河川径流水能发电的为常规水电；利用海洋潮汐发电的为潮汐发电；利用波浪能发电的为波浪发电；利用电力系统低谷负荷时的剩余电力抽水蓄能、高峰负荷时放水发电的为抽水蓄能发电。

T

太阳能发电技术（solar electrical energy generation）将吸收的太阳辐射热能转换成电能的技术。它有两大类型：（1）利用太阳能直接发电，如用半导体或金属材料的温差发电、真空器件中的热电子和热离子发电以及磁流体发电等。这一类型的特点，是发电装置本身没有活动部件。目前其功能很小，有的还处于试验阶段。（2）用太阳热能热机带动发电机发电。其基本组成与常规发电设备类似，只是热能是从太阳能转换而来。

Z

中间负荷发电厂（intermediate load power plant）承担电力系统日负荷曲线中间部位负荷为主的发电厂。在日负荷曲线上，一般将平均负荷与基本负荷间的部分称作中间负荷。中间负荷（又称腰荷）发电厂所带负荷变动幅度较大。在高峰负荷期间，发电机组的最大出力接近理论出力；低容负荷期间降到技术上允许的最低出力，承担一小部分基本负荷，有的要在低谷负荷时停止发电。中间负荷发电厂一般选用：（1）日调节和周调节水电厂。其电量可在一天之内和一周之内灵活调整，能适应日负荷的变化，除洪水期外可经常承担中间负荷。（2）水电比重较大的电力系统。主要由水电厂承担中间负荷，只是在洪水期为避免弃水才由火电厂承担中间负荷。在此情况下，火电厂带变动负荷所引起的损失，与水电厂少弃水或不弃水所取得的收益相比是值得的。（3）火电为主的电力系统。除水电厂承担一部分中间负荷外，主要由煤耗微增率较高、容量较小、调节性能好和起停灵活的火电厂承担中间负荷。

（三）输配电工程（Power Transmission and Distribution Engineering）

B

变电所（substation）变换电压、交换功率和汇集、分配电能的设施。它是电力网中的线路连接点。在变电所中，不同电压的配电装置有：电力变压器、控制、保护、测量、信号和通信设施以及二次回路电源等。在有些变电所中，由于无功平衡、系统稳定和限制过电压等因素，还装设并联电容器、并联电抗器、静止无功补偿装置、串联电容补偿装置、同步调相机等。

变电所自动化（substation automation）利用计算机对变电所的设备运行状况进行自动监控、测量和管理的系统。变电所自动化系统中微处理机的功能主要有：（1）进行巡回监测和召唤测量；（2）对输入数据进行检验和软件滤波，对脉冲量进行计数，对开关量的状态进行判别，对被测量进行越限判别、功率总和、电能累计等；（3）可彩色显示网络接线图及实时数据、计划负荷和实际负荷、潮流方向以及电压等；（4）进行报表打印；（5）具有汉字人机对话及提示功能，可随机方便地在线修改断路器和隔离开关的状态，修改工程有关系数和限值，可随机打印和显示测量数据与图形画面。

D

低压配电（low-voltage distribution）电力系统向用户或用电设备输送较低额定电压的供电方法。在中国低压配电电压一般是指三相380V和三相四制380/220V的交流电压。设计低压配电系统的原则，是变电所要深入负荷中心，以最短的距离分配低压电能，达到降低损耗、提高电压质量、节约投资、减少维修工作量等。低压配电系统一般由电源低压配电装置、低压线路、用户侧低压配电装置及用电设备组成。采用不同的用电方式向用户或用电设备供电，可满足用户或用电设备对供电的不同要求。

低压线路（low-voltage distribution）额定电压在1kV以下的电力线路。低压线路包括低压架空线路、低压架空绝缘线路、低压电缆线路和室内配电线路。它直接向低压用电设备输送电能，是低压配电系统的重要组成部分。低压线路可以从公用低压配电网接入，通过低压配电室引出，也可以由用户自备的变配电室的低压配电装置引出。由于在一定的容量范围内，采用低压电设备具有安全、经济等优点，因此用户中低压用电设备数量较多，使用频繁，相应低压线路也比较多，分布较广。但低压线路的额定电压比较低，功率损耗和电压损失都比较大。所以它只能用于短距离、小容量的低压配电。

电力电缆（power cable）主要用在地下或水下的输、配电线路中的外包绝缘体的导线。其中有的还包有金属外皮并接地，也有不包金属外皮的，如橡塑电缆。按电压等级和绝缘材料的不同，电力电缆可分为油浸纸绝缘电缆、挤包绝缘电缆和压力电缆三大类。

电气绝缘性能（electrical insulting property）电介质将带电导体互相绝缘并且长期地耐受高电场强度作用的特性。电导率和击穿电场强度是表征电气绝缘性能的两个重要参数。电介质并非理想的绝缘体，在外电场作用下，任何电介质中都有一定的电流通过。一般用电介质的体积电阻率或其倒数即体积电导率来描述。要提高电介质的绝缘性能，就要求其具有高的电阻率。通常绝缘电介质的体积电阻率在 $10^8 \Omega \cdot m$ 以上。

F

非正弦周期电流电路（non-sine cycle current circuit）稳态电流和电压随时间做周期性变化但偏离正弦波形的电路。电力系统中含有非线性元件，因而会产生非正弦电流和电压，使电流和电压的波形偏离正弦形而发生畸变。电力系统谐波对电力系统造成主要危害是：(1) 造成电力电容器和电缆的过负载或过电压而引起损坏；(2) 使电机和电器产生附加损耗和发热，并可能引起振动；(3) 对继电保护、自控装置和计算机等产生干扰和造成误动；(4) 干扰通信和使示波器等图像显示失真。

G

高电压测量（high-voltage measurement）在高电压技术领域内对电压、电流的峰值及其波形的测量。为此需研究测量高电压及大电流的方法和装置、仪器、仪表等技术。对高电压测量的基本要求是安全、可靠和准确。在高电压变电所里，所采用的测量方法可分为直接测量法和间接测量法。所使用的测量仪器，可分为模拟式和数字式两类。现已基本上采用了后者。此外，还采用了光电测量系统进行高电压和大电流的测量。高电压测量的基本内容包括：交流高电压测量、直流高电压测量、冲击高电压测量及冲击大电流测量等。

供电点（power supply center）用户受电装置接入供电网中的位置。对专线用户，接引专线的变电所或发电厂即为该用户的供电点；对一般高压用户，供电的高压线路即为其供电点；对低压用户，接引低压线路的配电变压器即为其供电点。用户要求迁移受电装置或改变供电方式时，有可能引起用户供电点的变更。供电点变更后，为适应用户这种变更的需要，必须重新调整供电能力或投资建设新的供电设施。

供电电源（power supply source）能完成供电功能的装置。供电电源常以频率、电压、相数和功率等参数来表征。在中国，电力系统向用户提供供电电源的频率为交流 50Hz；低压单相制为 220V，三相制为 380V；高压三相三线制为 3kV、6kV、10kV、35kV、66kV、110kV、220kV。用户在申请用电时，可根据自己的用电量、用电重要程度、受电距离以及当地供电条件来选择自己所需的供电电源的参数和数量。当供电企业无法提供用户所需要的供电电源的频率、电压相数时，用户需要自己购置变频或变压、换流等设备予以解决。

供电方式（power supply method）电力供应的方法与形式。供电方式随用户对电力需求的多样性和电力系统供电能力而异。合理的供电方式，对降低供用电工程投资，保证电能质量，提高供电可靠性有着决定性的作用。供电方式要从保证供用电的安全、经济、可靠和便于管理出发，依据国家的技术经济政策，以及用户的用电容量、用电性质、用电时间和电力系统的规划、当地供电条件等因素，经技术经济比较后确定。供电方式包括供电电源的参数（如频率、相数、电压和供电电源的地点、数量与受电装置的位置、容量及其进线方式、主接线及运行方式等），供用电之间的管理关系以及供电的时限等。

H

换流站（converter station）直流输电系统中实现交、直流变换的电力工程设施。换流站一侧连接于交流系统，另一侧连接直流电力电网。它是直流输电系统中最重要的环节。站内装备有换流器、换流变压器、平波电抗器、换流站交流滤波装置、换流站直流滤波装置和直流输电系统控制装置等交、直流变换设备和必要的辅助设备与设施。换流站按其不同的运行方式可分为整流站和逆变站。整流站将交流变换为直流，逆变站将直流变换为交流。同一直流线路两端的换流站所用主要设备的技术规范往往基本相同。当需要改变整流（或逆流）运行方式时，只需改变换流器的触发相位即可实现。因此换流站既可作为整流站运行，又可作为逆变站运行。

J

架空输电线路 (overhead power transmission line) 用绝缘子将裸导线悬空架设在支持杆塔上，以连接电力网、发电厂、变电所，进行输送电力的设施。与电力电缆线路相比，架空输电线路造价比较低，建设速度快，维护方便。除特殊情况外，一般均采用架空输电线路。它由导线、架空地线、绝缘子、紧具、杆塔、基础及接地装置等部分组成。

架空线 (overhead line) 架空敷设的、用以输送电力的导线和用以防雷的架空地线的统称。架空线具有低电阻和高强度的特性，以减少运行时的电能损耗和承受线路上的动态和静态的机械载荷。同时，架空线还具有耐大气腐蚀和耐电化学腐蚀的能力。最常用的架空导线有铝绞线、钢芯铝绞线、铝合金绞线和钢芯铝合金绞线。一般来说，架空输电线路选用强度较高的导线，如钢芯铝绞线、钢芯铝合金绞线等，而配电线路则可选用铝绞线。重冰区或大跨越线路可选用钢芯铝合金绞线。此外，高海拔地区的架空输电线路或变电所中也可选用扩径导线，以减少导线电晕。大容量的架空输配电线路可选用耐热铝合金绞线。一般的电力线路采用单根导线，220kV以上超高压、特高压输电线路，采用2根以上的分裂导线。分裂导线与截面的单根导线相比，具有载流能力大、表面场强小等优点，可减少电量和无线电干扰，并能提高系统的稳定性。

接户线 (use-linking line) 从供电线路上接至供电部门与用户供电设备责任分界点间的一段线路。接户线归供电部门运行维护。由低压架空配电线路供电的用户，供电部门与用户的责任分界点为用户墙外第一支持物。由低压电缆配电线路供电的用户，责任分界点在电缆终端尾线与用户电缆接合处。由高压架空配电线供电的用户，如用电设备为户内装置，责任分界点为用户变电所外穿墙套管；如用户设备为户外设置，责任分界点在用户第一高压设备连接处。由高压电缆配电线路供电的用户，责任分界点在电缆终端尾线与用户第一高压设备连接处。接户线技术要求是：架空接户线应选用绝缘软导线，并按松弛拉力标准敷设。敷设好的接户线的对地高度和安全间距，均应满足当地电力部门的规定。接户线的导线截面应满足负荷最大时的导线的安全载流量要求。

L

两线一地制配电 (double phases and one earthing line distribution system) 在中性点电压接地的三相配电系统中，只用二相导线，第三相（一般取中间一相）在送电端和受电端分别可靠接地，以大地作为第三相导电回路的供电方式。它是三相交流供电系统中的一种特殊的供电方式。与这种以大地作为导电回路的供电方式相似地还有一线一地制配电，即将一相导线与大地组成供电电网。两线一地制供电方式的优点是：节约有色金属消耗量，降低配电网造价，减少线路电能损耗。但由于一相电流利用大地传送，接地相对地电压为零，而非接地相对地电压为线电压，致使三相对地电压不平衡，三相电流也不平衡。在正常进行情况下，两线一地制对临近通信线路产生电磁干扰和静电感应电压，严重影响通信线路的通信质量和人身安全。因此，在通信线路密集的城市或近郊，都不宜采用两线一地制的供电方式。

N

农村配电网 (power distribution network in the countryside) 简称农网，供应县（县级市）范围内的农村、乡镇、县城用电的电力网。其主要负荷是农业用电与郊区用电，也包括乡镇企业用电和商业用电以及居民生活用电。农村配电网的供电地区范围与城市配电网不同，它以地区供电、配电为主，电压等级在110kV及以下，包括大量小型农村变电所以及长线路、多分支、低负荷与用户分散的线路等。中国的农网供电方式与城网的供电方式完全一致。

P

配电网 (power distribution network) 从输电网或地区发电厂接受电能，并通过配电设施按地区逐级分配给各类用户的电力网。配电设施包括配电线路、配电变电所、配电变压器等。

配电网规划 (power distribution network programme) 配电网发展和改造、扩建、新建的总体计划。其目的在于以适当地投资增加配电网的供电能力，适应负荷增长的需要和改善配电网的供电质量。配电网规划包括对原有的配电网的改造和扩建，以及兴建新的配电网两个方面。其具体内容有规划年限、规划编制、经济分析以及规划实施。规划年限，配电网规划年限与城乡地区总体规划的年限一致，一般有近期（5年）、中期（10年）和远期（20年）三个类型。

S

三相电源（three-phase power supply）能同时产生三个频率相同而初相位相异的电源。三相发电机是一种常用的三相电源。若三相电源能同时满足如下两个条件就是对称三相电源即：（1）各相电压的有效值（或振幅）相等；（2）相邻两相的相位互差120°。对称三相电源的三相电压瞬时值之和为零。不能满足上述两个条件的三相电源，即为不对称三相电源。

三相交流输电（three-phase alternating current transmission）以三相交流电来实现电能输送的形式。在电力系统中，是将发电厂发出的三相交流电，通过升压变压器、高压或超高压输电线路和降压变压器，将电能送到消费区。

输电能力（power transmission capacity）见输电容量。

输电容量（power transmission capacity）又称输电能力，在规定的工作条件下输送允许通过的有功容量值。输电线路的输电容量，不仅与线路本身技术条件（如电压等级、线路结构、导线截面、线路长度）有关，还与当时电力系统和线路的工作条件有关。同样技术条件的线路，作为发电厂输出线、作为某两连接点的连接线、作为向某一负荷点供电线或者作为两大电力系统之间的联络线，因其在电力系统不同发展阶段中所处的地位和所起的作用不同，其输电容量亦不相同。因此，在涉及具体输电线路的输出容量时，需要同时说明它在电力系统中所处地位、所起作用以及决定其输出容量的外部技术约束条件。

输电网络（power transmission network）由若干输电线路组成的将许多电源点与供电站连接起来的网络体系。输电网络是按电压等级划分层次，组成网络结构，并通过变电所与配电网络连接，或与另一电压等级输电网络连接。国际上通常将150kV以上的电网称为输电网络，但在发展中国家，132kV甚至60kV电网也被称为输电网络。

输电线路故障（power transmission line break-down）输电线路的组成部件（导线、架空地线、绝缘子、金具、杆塔、基础、接地装置等），由于原有的电气、机械性能受到损坏，或导线与接地体之间的距离小于要求数值，从而造成的不正常运行状态或退出运行状态。输电线路故障分瞬时性故障和永久性故障两类。输电线路发生故障的原因有：（1）雷、风、雨、雾、冰雪、气温变化、洪水冲刷、地震等大自然影响；（2）周围环境特别是环境污秽的影响；（3）鸟类活动的影响；（4）其他物体对输电线路的机械性破坏或对导线的接近、接触；部件材质不良或性能劣化；（5）部件被拆卸伤害、绝缘子劣化、冰害、鸟害共同引起的故障等。对于以上情况，必须采取相应的防范措施。

输配电（power transmission and distribution）输电与配电的总称。它是电力系统中在发电厂与电力用户之间的输送电能与分配电能的组成部分。输电是从发电厂或发电厂群向供电区输送电力的主干渠道或不同电网之间互送电力的联网渠道。配电是在供电区之内将电能输送至用户的分配手段，并直接为用户服务。输电设施包括输电线路、变电所、开关站、换流站等。

X

现代控制理论（modern control theory）建立在状态空间基础上的自动控制理论，是自动控制理念的主要组成部分。它是在20世纪20～30年代诞生、40～50年代成熟的经典控制理论，用于处理单输入单输出控制系统。现代控制理论通过对系统状态变量的描述来进行控制系统的分析和设计。现代控制理论所能处理的控制问题比经典控制理论广泛得多，包括单变量系统和多变量系统、线性系统和非线性系统、定常系统和时变系统、确定系统和非确定系统（包括随机系统和模糊系统）。

箱式变电站（box-type substation）将电力变压器和高、低压配电装置等设备组合在一个或几个箱体内的可吊装运输的配电变电所。箱式变电站成套性强，安装周期短，节省占地。有的箱式变电站使用干式变压器、难燃性电容器和不用油的断路器，以提高其防火性能。箱式变电站在配电网内，既可连接为放射式供电，又可连接环网式供电。箱体造型和颜色还具有美化环境的作用。按照高压配电装置的结构型式，箱式变电站可分为气体绝缘封闭式、空气绝缘开关柜式和开关元件组装式三种类型。目前仅限于生产10kV及以下电压等级的箱式变电站。它属于无人管理站。

近年来，箱式变电站的体积在不断增大，而发热现象随之日益突出。为此，变压器的露天安装和将高低压配电装置装在1～2个箱内的组合式变电站成为发展方向。

Z

直流输电（DC transmission）以直流方式实现电能传输的技术。直流输电与交流输电相互配合，发挥各自的特长，构成现代电力传输系统。在以交流输电为主的电力系统中，直流输电有特殊的作用。除了在采用交流输电有困难的场合而必须采用直流输电外，它还能提高系统的稳定性，改善系统的运行性能，并便于其运行和管理。

(四)电力系统及其自动化（Electric Power System and Its Automation）

D

电力调度自动化系统（automatic system for electric power dispatching）利用计算机、通信等技术和装备实现电力系统调度自动化功能的硬、软件综合系统。它是保证现代电力系统安全、经济运行不可缺少的手段。各级调度对自动化系统有不同的功能要求，一般可分为数据采集与监控系统、能量管理系统和配电自动化系统。

电力负荷预测（electric load forecasting）通过对电力负荷的调查和分析，对其动态和发展趋势，作出的估计和评价。它是根据电力负荷需求所制订规划的依据。电力系统长远发展规划中的负荷预测内容包括总需电量、最大负荷、日负荷特性和分区的负荷分布。其长远规划是为时久远难以进行详尽安排的负荷预测，只能进行宏观的分析和测算，提出未来负荷数值的变化范围和高、中、低不同发展速度的方案。

电力系统（electric power system）将发电、变电、输电、配电、用电等设备和相应的辅助系统，按规定的技术和经济要求组成，将一次能源转换为电能并输送和分配到用户的系统。电力系统还包括：（1）为保证其安全可靠运行的继电保护和安全自动装置；（2）调度自动化和通信等相应的辅助系统。电力系统的根本任务是向用户提供充足、可靠、合格和廉价的电能。

电力系统安全自动装置（automatic safety device of power system）防止电力系统失去稳定性、避免其发生大面积停电事故发生的自动保护装置。电力系统的运行稳定性包括如下三种形式：同步运行稳定、运行频率稳定和运行电压稳定。保持同步运行稳定的必要条件是，在正常运行和发生大干扰后的条件下，电力系统中任一输电回路的传输能力都大于所传输的功率，同时保证所有发电机组都具有衰减转速的变化能力。保持运行频率稳定的必要条件，是电力系统中各发电机组可以提供的综合有功功率出力总是大于全系统综合有功功率负荷要求。保持运行电压稳定的必要条件，是在电力系统中任一负荷枢纽点或负荷集中区域可以提供无功功率补偿能力，总是大于该地区负荷的无功率需求。电力系统失去同步运行稳定的后果，是发生电流、功率及电压的强烈波动，不但使系统供电不能继续，且极易扩大为大面积停电事故。失去运行频率稳定的后果是生产频率崩溃，使受影响的地区停电。

电力系统备用容量（spare capacity of power system）在正常运行情况下，电力系统的发电设备容量除满足系统负荷的需要外，为保持系统在规定频率值内不间断地向用户供电，而预留备用的部分容量。备用容量包括负荷备用容量、事故备用容量和检修备用容量。

电力系统操作过电压（over voltage from power system operating）在电力系统中的由故障和操作导致暂态或瞬态振荡而产生的过渡过程的电压。暂态振荡的全过程围绕着操作后的暂时过电压进行。其振荡幅值的大小决定于操作前的初始电压和操作后的暂时过电压。在忽略回路损耗时，操作过电压幅值＝（暂时过电压－初始电压）＋暂时过电压。即操作过电压的幅值为暂时过电压与初始电压的代数和的2倍。操作过电压幅值与系统最高工作相电压幅值之比成为操作过电压的倍数。

电力系统长远发展规划（long-term power system planning）研究15～30年或更长期的电力系统发展时作出一系列全局性的发展策略。其任务是研究电力系统在规划期内将要出现的战略性决策问题。经过全面、系统、深入的调查研究与分析，提出电力系统在规划期和分阶段的发展目标、方向及战略性原则等。其目的是指导电力系统今后的发展，并为其编制中期发展规划提供依据。

电力系统电压崩溃（voltage collapse in power system）电力系统或电力系统内某一局部，由于无功电源不足，运行电压过低，当达到极限值（保持电压稳定的最低电压值）以下时，产生无功功率缺额增大与电力网电压下降的恶性循环，以致输电线路、发电机由于失去同步、过负荷等原因而跳闸，结果造成大面停电的事故状态。电压崩溃一般为局部性的，但其影响可能波及全系统。正常运行情况下，由于负荷的电压效应以及无功电源备用的作用，当负荷变动时，电力网电压可以随时稳定于某一确定值，系统是稳定的；而当电力网电压低于某一数值后，电源无功功率的减少大于负荷所吸收无功功率减少的数额时，电力网电压将不断地下降，从而出现电压崩溃。

电力系统调度（electric power system dispatching）综合利用电子计算机、远动和远程通信技术，实现电力系统调度管理自动化的系统工程。调度自动化系统是现代电力系统不可缺少的组成部分。它由装在调度中心的主站系统、装在发电厂或变电所的远动终端及远动通道等组成。其主要功能是实时采集电力系统运行参数，不间断地进行监视和控制，帮助电力系统实施有效调度。

电力系统调压（power system voltage regulation）为使电力系统中各电压中枢点运行电压保持在规定允许范围之内所采取的技术措施。在电力系统设计中，一般选择有代表性的发电厂、变电所作为电压中枢点。只要这些点的电压质量符合要求，则其他各点电压质量也能基本满足要求。系统的调压设计，是在无功功率基本平衡及配置合理的基础上进行的，否则应首先进行无功功率补偿。

电力系统分析（power system analysis）用仿真计算或模拟试验的方法，对电力系统的稳态和受到扰动后的暂态行为进行考察，作出评价，进而提出改善系统性能的措施。其目的是实现电力系统的安全和经济运行。对规划、设计的电力系统通过电力系统分析，可选择正确的系统参数，制定合理的电力网结构；对运行中的电力系统，借助电力系统分析，可确定合理的运行方式，进行系统的事故分析和预测，并提出防

止与处理措施。

电力系统恢复状态（power system restoration）电力系统在经历紧急状态后，事故已被抑制的运行状态。此时电力系统中的部分元件（如发电机、线路和负荷）仍被断开，在严重情况下，系统被分解为若干个独立的部分系统。所以，要借助一系列的操作，使电力系统在最短的时间内恢复到正常状态（或警戒状态），尽量减少对社会各方面的不良影响。这些操作包括：恢复和投入发电机的出力，恢复和投入输变电设备，恢复对断开的负荷供电，使系统解列的部分重新并列等。目前，这些操作大部分是人工进行的，也有少数应用自动装置重合被开断的线路或负荷。电压的恢复一般借助自动调节发电机（或调相机）的励磁和变压器的分接头。

电力系统继电保护（electric power system）在电力系统中的电力元件或电力系统本身发生故障并危机安全运行事件时，向运行值班人员及时发出警告信号，或者直接向所控制的断路器发出跳闸命令，以终止这种事件发展的自动化设备。实现这种自动化措施的成套硬件设备，用于保护电力元件的，一般称为继电保护装置；而用于保护电力系统的则称电力系统安全自动装置。继电保护装置是保证电力元件安全运行的基本装备，任何电力元件不得在无继电保护的状态下运行；电力系统安全自动装置则用以快速恢复电力系统的完整性，防止发生和中止已开始发生的足以引起电力系统长期大面积停电的重大系统事故。

电力系统紧急状态（emergency power systems）电力系统在遭受大的干扰而出现异常现象后的运行状态。这时，电力系统偏离正常运行方式，电力供需失去平衡，某些保障系统安全性的约束条件受到破坏，并且由于系统的电压和频率超过或低于允许值，直接影响对负荷的正常供电。这时，如果不能及时而正确地采取一系列紧急控制措施就有可能使系统恢复到警戒状态，以至正常状态。如果不采取措施或者措施不够有效，就会使系统的运行条件进一步恶化，或者使故障扩大和发展，从而有可能使系统失去稳定而解列成几个子系统，并大量切除负荷及发电机组，造成大面积停电甚至导致全系统崩溃。

电力系统经济调度（economic dispatch of power system）在满足安全和电能质量的前提下，合理利用能源和设备，以最低的发电成本或燃料费用来保证对

用户可靠供电的一种调度方法。电力系统经济调度的发展可划分为以下两个阶段：（1）在20世纪60年代以前为经典经济调度；（2）在20世纪60年代以后为现代经济调度。现代经济调度又可分为经济调度模型、短期调度计划、长期运行计划和实时发电控制等四个方面。

电力系统频率（power system frequency）在电力系统中，同步发电机产生的交流正弦基波电压的频率。在稳态条件下，各发电机同步运行，整个电力系统的频率是相等的。它是一个全系统一致的运行参数。电力系统的额定频率为50Hz或60 Hz。中国与欧洲地区采用50Hz，美洲地区多采用60Hz。电力系统的频率，只有在所有发电机的总有功出力与总有功负荷（包括电网的所有损耗）相等时，才能保持不变；而当总有功出力与总负荷发生不平衡时，各发电机组的转速及相应频率就要发生变化。电力系统的负荷是时刻变化的，任何一处负荷的变化都要引起全系统功率的不平衡，导致频率的变化。在电力系统运行时，要及时调节各发电机的出力（通过调节原动机动力元素—汽或水等的输入量），以保持频率的偏移在允许的范围之内。

电力系统频率崩溃（collapse of power system frequency）电力系统被解列后在局部系统出现较大有功功率缺额，频率大幅度下降，影响汽轮发电机组出力降低或跳闸，造成频率进一步下降，系统有功出力进一步减少的恶性循环，使电力系统或局部系统大停电的状况。当电力系统在正常频率下运行时，出现不大的有功功率缺额，运行频率会有少许下降，但因负荷相应减少和系统有功备用容量的作用，将使频率稳定于新的数据值，系统是稳定的。如果有功功率缺额大于系统有功备用容量的数值较多，则运行频率就不能稳定于较高的数值而不断下降，此时如果不能采取紧急措施，迅速及时撤减相应容量的负荷，则系统将走向频率崩溃。

电力系统通信（power system communications）为满足电力系统安全运行、维修和管理的需要而进行的信息传输与交换系统。电力系统采用的通信手段种类很多，包括电力线路载波通信、微波中继通信、移动通信、卫星通信、光纤通信、电缆及租用电路通信等。

电力系统稳定性（power system stability）电力系统在受到扰动后，凭借系统本身固有的能力和控制设备的作用，回复到原始稳态运行的方式，或者达到新的稳态运行方式的能力。一般用于表示发电机组对系统或系统对系统间的同步运行稳定性。电力系统稳定性与扰动的大小、经受扰动的时间、系统的结构与运行方式、电力系统各元件的参数、各种调节和控制装置的性能等多种因素有关。保证电力系统稳定性是电力系统正常运行的必要条件。只有在保证电力系统稳定的前提下，电力系统才能不间断地向各类用户提供合乎质量要求的电能。

电力系统远动技术（remote power system technologies）运用通信、电子和计算机技术采集电力系统实时数据，对电力网和远方发电厂、变电所的运行进行监视与控制的技术手段。它是应用远程通信技术，完成遥信、遥测、遥控和遥调的总称，简称"四遥"。按其数据传输方式，远动分为循环式和问答式两种。被控站将采集到的实时数据按约定的规则循环不断地向控制站传递的方式称为循环式；控制站要获得监视的信息，需要向被控站查询，然后数据才从指定的被控站被送往控制站的方式称为问答式。

电力系统运行过电压（power system with over voltage operation）电力系统在运行中因事故或操作而产生的暂态过高电压。它可能引起某些电气元件的绝缘性能损坏。发生暂态过电压异常现象的原因有：（1）工频电压升高，如运行的发电机突然甩掉大量负荷后，发电机端电压升高，又向长距离空载输电线路充电，会在远端使电压升高。（2）操作过电压，如切合空载输电成功，电缆及补偿电容器组等电容性元件和空载变压器、电抗器、高压电动机等感性元件的过电压。（3）弧光接地过电压，如在单相接地时，流过接地故障点的是电容性电流。所以在电压较高而距离又长的输电线路发生单相弧光接地时，电弧不能自动熄灭。又由于接地电流并不大，往往不能产生稳定性的电弧，于是形成了熄弧与电弧全燃的相互交替的不稳定状态，从而引起电磁能的强烈振荡，产生严重的暂态过电压。（4）电磁谐振时过电压。（5）电机自励过电压。

电力系统运行接线方式（connection made of power operation）电力系统调度部门，根据电力系统安全与经济运行的需要，所安排的电力系统中发电厂、变电所、换流站和输配电线路之间的连接方式。这种方式是在电力系统现有结构的基础上通过倒闸操作而实现的。运行接线方式按结构分类有辐射状、环状和网状。一般多为由这些形式组合而成的复杂环网。按其功能分有如下三种:(1) 正常运行接线方式。电力系统经常使用的,保证安全稳定运行的接线方式。(2) 特殊运行接线方式。电力系统遇有特殊情况时采用的接线方式,如主要设备需要检修、水力开发、水库枯水、变电所改建、电力网改造以及新电压等级刚出现时的过渡阶段等。(3) 事故运行接线方式。电力系统发生事故后,为了减少对用户停电的影响或在某些设备暂停时退出运行的情况下,所采取的临时运行接线方式。

电力系统重大事故处理(major accident in power system) 消除系统事故,调整电力系统运行方式和恢复供电的过程。电力系统值班调度员是处理事故的指挥者,对正确和迅速处理事故负有责任。处理的系统事故一般有:(1) 大电源突然断开后,全系统或受电地区的电力严重不足,频率和电压大幅度下降;(2) 系统稳定性(同步稳定、频率稳定或电压稳定)破坏,可能使系统解列成几个部分,有的电厂全部停电或失去大量负荷;(3) 大量甩负荷引起系统频率和电压异常升高,致使主要设备严重过负荷;(4) 由于设备事故(包括继电保护装置误动)电力系统被解列为若干片。事故处理原则:(1) 尽快限制事故的发展,消除事故的根源并消除对人身和设备安全的威胁;(2) 用一切可能方法保持对用户的正常供电;(3) 尽快对已停电的用户恢复供电,对重要用户尽可能优先供电;(4) 调节电力系统运行方式,使其恢复正常。

电力系统自动化(power system automation) 应用各种具有自动检测、反馈、决策和控制功能的装置,并通过信号、数据传输系统就地或远方对电力系统中的各元件、局部系统或全系统进行自动监视、协调、调节和控制,以保证电力系统的供电质量和安全经济运行的过程。

(五)用电及用电安全 (Electricity and Electrical Safety)

B

变电所防火、防爆(prevention of fire and explosion in substation) 对变电所可能发生火灾、爆炸所采取的措施。变电所中充油电器设备、电缆、建筑物和构筑物均需考虑防火与防爆。主要措施有:(1) 在设备选型上从防火、防爆要求出发,贯彻设备无油化的原则,如选择气体、绝缘金属封闭开关设备、金属封闭开关设备、干式变压器等电气设备;(2) 采用非燃烧体或难燃烧体的建筑材料;(3) 保持所需的防火、防爆距离;(4) 用沙和化学灭火器进行灭火;(5) 设置防火、防爆墙或门,以及蓄油、挡油、排油设施,以防止火蔓延扩大;(6) 考虑发生火灾时人员的安全疏散条件;(7) 设置报警装置,以便能及时发出信号。对重要的变电所需要设置自动灭火系统。

变电所防雷(prevention of thunder in substation) 为保证变电所正常运行而采取的防止雷害的技术安全措施。当雷直接击中变电所的各种设施及电力设备时,就可能对其产生损害。当雷电击中架空输电线路时,就可能有雷电波沿着该线路侵入变电所,进而有可能使变电所中的电力设备受到危害。因此,变电所防雷包括直击雷防护和侵入波防护两个方面。发电厂防雷与变电所防雷有许多共同之处。

变电所污秽闪络(substation dunghill flashover) 变电所中电气设备的瓷件和绝缘子由于表面上的污秽物所引起的绝缘闪络停电事故。变电所周围各种污染源排放出的污秽物沉降在电气设备瓷件和绝缘子的表面上,当它吸收了潮湿空气中的水分后,使外绝缘强度急剧下降,承受不住工作电压而发生绝缘闪络。防止污秽闪络是选择变电所所址、选择电气设备型式和影响变电所安全运行的一个重要因素。造成变电所中电气设备瓷件和绝缘子污秽闪络的污源种类很多,如化工厂、化肥厂、冶金厂、燃煤发电厂等排放的煤烟是主要污染源。在各种气象条件下,雾和毛毛雨是造成污秽闪络的主要原因。

变频调速(FC speed control) 改变交流电动机定子供电电源频率实现调速的技术。交流电动机的极对数一定时,其同步转速与供电电源频率成正比,改变频率就能调节电动机的转速。变频调速是比较合理和理想的一种调速方式。它具有高效率、高精度和可平滑调速的优点,能实现恒转矩和恒功率调速,以扩大调速范围。20 世纪 90 年代以来，调速节能受到重视，不少用电设备，特别是驱动风机和水泵的一些大、中型笼式感应电动机，采用变频调速技术，能获得期望的效果。变频调速系统包括变频电源装置、控制系统及电动机负载。其关键技术是变频器的构成、控制系统的控制方式及电动机的运行方式。

变压器节电技术（transformer dimout technique）降低电力变压器电能损耗的措施与方法。电力变压器是电力系统中实现电能转换与分配的电器设备。电力变压器在进行电能转换过程中，存在电能的损耗。虽然其效率已达98%以上，但由于在电力系统中变压器的拥有量很大，因此，变压器电能损耗的总量十分可观。降低变压器的损耗是节能的重要课题。变压器的节电技术主要分为设计制造和生产运行两方面。设计制造方面的节电技术是利用新型电磁材料、新型生产工艺开发研制出高效节能变压器，用以更新改造低效变压器。在生产运行方面的节电技术则是利用新的技术手段或加强运行管理，使变压器经常保持在高效区运行状态。

变压器运行维护（transformer running attention）电力变压器进行电压变换及能量传输的工作状态以及保持其正常的工作状态或消除已暴露出的缺陷所进行的技术处理。对变压器运行的要求是：安全可靠、高效经济。正常负荷下输出电压保持在规定的范围值内，紧急情况下能按规定的方式超铭牌出力运行。当单台变压器容量不够时，可以采用两台以上并联运行的方式。为实现对变压器运行的要求，有关标准规定了变压器的使用条件、允许温升、超铭牌出力并列运行、运行监视和维护检修事项。

C

重复接地（repeated grounding）中性线和保护线的公共线（PEN 线）或保护线（PE 线）每隔一定距离的接地。重复接地可以降低 PE 线或 PEN 线断线或电气设备短路时，电气设备的对地电压，从而减少触电危险。此外，重复接地还有减小中性点偏移引起的三相电压不平衡的作用。中国国家标准规定，重复接地电阻应小于 10 Ω，国际标准中则推荐等电位接地，即如有其他有效接地体时，保护线应合理地、尽可能地与这些接地体相连接，以形成与地位接近的等电位。

触电急救（electric shock first aid）对发生触电事故者进行的抢救。人体触电后，会遭致严重的病理损害，触电时间越长，危险性越大。当通过人体的电流达 100mA 以上时，可使心脏立即停止跳动和呼吸停止，呈现昏迷不醒的"假死状态"。进行迅速而正确的抢救，可使触电者得救。抢救效果随着抢救时间的拖延而迅速下降。抢救开始距触电时间小于1分钟，复苏效果为 60%；若抢救开始距触电时间大于 12 分钟时复苏的可能很小。发生触电事故后，首先应立即使触电者脱离电源，越早越好。脱离电源是指把触电者接触的带电设备如供电的开关、刀闸或其他断路设备断开，或设法将触电者与带电设备脱离。触电者脱离电源后必须立即就地迅速用心肺复苏法进行抢救，并坚持不断进行。同时及早与医疗部门联系，争取医务人员接替救治。在医务人员未接替救治前，不能放弃现场抢救，更不能根据有没有呼吸或脉搏擅自判定伤员死亡。

D

单母线分段接线（single bus connection by stage）装设分段断路器将单母线接线中的母线分成两段，将变压器和线路分别接到两段母线上的电气主接线。在这种接线方式中，当一段母线上发生故障，母线隔离开关发生故障或断路器拒绝动作时，分段断路器将自动断开故障母线段，或断开连接有拒绝动作断路器的母线段，使无故障母线段能继续运行。此外，还可以在不影响一段母线正常运行的情况下，对另一段母线或其母线隔离开关进行停电检修。单母线分段接线具有与单母线相同的简单、方便和占地少的优点，而且提高了供电的可靠性。除了发生分段断路器故障外，其他设备发生故障时都不会使整个配电装置停电。

单母线接线（single bus connection）由线路、变压器回路和一组母线所组成的电气主接线。单母线接线只采用一组不带分段断路器的母线，每一回路都通过一台断路器和一组母线隔离开关接到这组母线上。这种接线方式的优点是简单清晰，设备较少，操作方便，占地少。但因为所有线路和变压器回路都接在一组母线上，所以当母线、母线隔离开关进行检修或发生故障，或继电保护装置动作，而断路器拒绝动作时，都会使整个配电装置停电，运行可靠性不高。为了提高单母线接线的可靠性，有时在母线中间增设一组分段隔离开关，将母线分成两段。正常运行时，将分段隔离开关合上，线路和变压器分别接到两段母线上。这样，当一段母线或母线隔离开关进行检修或发生故障，或继电保护装置动作而断路器拒绝动作时，整个配电装置虽然停电，但当断开分段隔离开关后，无故障或需检修母线段上线路和变压器即可恢复供电。

单相触电（single-phase electrical shock）在中性点接地电网中，人体接触一根相线（火线）时，电流通过人体、大地和中性点的接地装置形成的闭合回路造成的触电事故。在中性点不接地的电网中，如果线路对地绝缘不良，也会造成单相触电。在触电事故中，大部分属于单相触电。例如在使用电灯、电视机、电风扇、洗衣机等家用电器中，如果不注意使用安全，很容易发生单相触电。

低压电器（low-voltage device）工作在规定的较低电压下电路中的电器设备，如电视机、电冰箱等。国际电工委员会在20世纪70年代所制定的标准规定：交直流电压为1 000V及其以下的电器属低压电器。中国规定：交流电压1 200V，直流电压1 500V及其以下的电器属于低压电器。低压电器分类有：（1）按其应用类别不同分为配电电器和控制电器；（2）按其用途不同分为一般用途的低压电器、牵引低压电器、矿用低压电器等；（3）按其功能分为开关电器和非开关电器；（4）按其有无接触头分为有触头电器和无触头电器。

电力负荷（electric power load）电力设备或动力设备运行时产生、消耗的功率。在维持电力系统频率不变（即50Hz或60Hz）的条件下，每一时刻发电机所发出的功率总是与动力设备所消耗的功率相平衡。否则，电力系统的频率就不能维持恒定，发电机就要加速或减速。电力系统的负荷是随时变动的，因此，电力系统必须调整发电机的出力使之平衡，以保持电力系统频率不变。

电力负荷分类（electric power load cross）对电力设备所产生、消耗的功率按不同要求所进行的区分。一般可根据需要，从物理性能、电能生产、供给和销售过程、用电性质和所属行业、负荷在电力系统中的分布，以及按时间和重要性进行分类。按物理性能可分为有功和无功负荷；按电能生产、供给和销售过程可分为发电负荷、供电负荷和用电负荷。系统的发电负荷是指某一时刻电力系统内各发电厂实际发出电力之总和。发电负荷减去各发电厂厂用电负荷后，就是系统的供电负荷。它代表了由发电厂供给电力网用的电力。供电负荷减去网中线路和变压器中的损耗后，就是系统的用电负荷。过去中国用电负荷按用电性质分为农村用电、工业用电、交通运输用电和市政生活用电。现在一般按行业，分为国民经济用电和城市居民生活用电。按负荷在电力系统中的分布分类，可分为变电所负荷、分组负荷及全系统负荷。按负荷的重要性分类，分为重要负荷和一般负荷。

电力设备绝缘水平（insulation of electric installations）电气设备绝缘耐受电压的能力。在长期运行条件下，电气设备应能耐受工作电压、内部过电压和雷电电压的长时间作用或多次作用而不损坏。为此，事先要对电气设备进行一定的耐压试验。耐压试验的电压类型包括雷电冲击耐受电压、操作冲击耐受电压和工频耐受电压。与雷电冲击耐受电压相对应的有全波冲击绝缘水平和截波冲击绝缘水平。与操作冲击耐受电压相对的有操作冲击绝缘水平。绝缘水平的确定与保护设备的性能和接成方式、绝缘配合原则以及设备使用条件等因素有关。在变电所内装有避雷器限制雷电过电压，故设备的雷电冲击耐受电压根据避雷器的残压决定，称为电气设备的全波冲击绝缘水平，也称基本冲击绝缘水平。电气设备的操作冲击绝缘水平由既定的内部过电压计算倍数决定。330kV及以上的超高压长线路，用专门措施将操作过电压限制到一定的水平。220kV及以下的变电所，电气设备的操作冲击耐受电压用工频耐受电压代替。

电力市场（electric market）电力商品交换关系的总和。它既包括管理机制（即主要采用法律经济手段而非行政命令对电力的运营交易进行管理），又包括执行系统（交易场所、计量系统、通信系统等）。电力市场的基本特征是：公开性、竞争性、网络性。放松管制、有序竞争和信息、网络、电力控制技术的广泛应用，是当代电力市场的两个显著特点。市场主体、市场客体、市场载体、市场价格、市场规则和市场监管是电力市场的六大要素。

电力拖动（electric traction）又称电气传动，以电动机作为原动机拖动机械设备运动的一种拖动方式。利用电力拖动，可以实现电能与机械能之间的转换，并能按照生产工艺要求，方便地控制电动机输出轴的转矩、角加速度、转速、角位移（对于直线电动机则相应为力、加速度、速度、距离）以及被拖动机械或机械组合的多种多样的起动、运行、变速、制动等。电力拖动已广泛应用于工业、农业、商业、军事等部门中的加工、运输、设备制造以及改善环境条件等方面。并在节约能源、改善劳动和环境条件、提高产品的质量和产量、节约原材料等方面发挥着重要的作用。

电力营销（electric market）以满足人们的电力消费需求为目的的基本活动。电力营销承担着直接面向市场和为广大电力消费者服务的功能。在整个电力营销过程中，必须贯彻执行国家有关的能源政策，正确实施国家关于电力供应与使用政策和一系列合理用电的措施，使电能得到充分合理利用；既对不断变化的电力需求和市场环境作出积极的反应，对需求的电力、电量进行有目的引导和控制服务；又向电力消费者提供安全用电知识和技术、优化合理用电方式及降低电费的知识和技能、供电法律知识，提高供电服务质量并为消费者提供紧急服务、信息服务及社会服务等。

电力载波通信（electric power carrier communication）高频载波信号通过高压电力线传送信息的通信方式。高压电力线结构牢固，又有3条以上的良导体，所以用其传送载波信号既经济又可靠。这种方式是电力系统特有的，也早已在世界各国电力部门广泛应用。中国从20世纪40年代起在东北、华北的高压电力系统中开始使用双边带电力线载波机。20世纪50年代初期进口单边带电力线载波机，国内一些部门也小批量自制了双边带电力线载波机，并投入使用。20世纪50年代末期，中国开始制造单边带电力线载波机及其他有关设备，此后其质量不断改进。到20世纪80年代后期，国产设备的运行稳定性、可靠性已达到国际标准。

电流保护（current protection）在电力系统发生故障时电流增大而动作的继电保护。分电流速断保护和过电流保护两类。前者是否动作，由被保护的送电线路或电气设备通过的故障电流确定。后者是否动作，由电流是否大于正常负荷电流和故障的持续时间确定。电流速断保护动作较迅速，但保护范围较小；过电流保护动作迟缓，但保护范围较大。

电气传动（electric traction）见电力拖动。

电气设备防火（electrical equipment fire prevention）防止由电气设备的过热和发生电弧或电火花等引起火灾的措施。电气设备的绝缘材料，大多采用易燃物，如绝缘纸、绝缘油等。在运行中导体通过电流会发热、开关切断电流会产生电弧、电气短路、电火花或接地故障及设备损坏等，其结果都可能将周围的易燃物引燃，导致火灾事故发生。电气火灾的特点是：（1）发生电气火灾后，电气设备可能仍带电，在一定范围内存在着接触电压和跨步电压。灭火时如不注意或未采取适当的安全措施，就会引起人体触电伤亡事故。（2）发生电器火灾后，充油电气设备，如变压器、油断路器、电容器等受热有可能喷油甚至爆炸，造成火灾蔓延并危及灭火人员的安全。

电气照明（electric lighting）电光源产生的光照亮物体及周围环境，使其能够达到一定视觉效果的设施和技术。电气照明是电力事业最早开发的应用领域之一。电气照明具有科学技术与艺术相结合的特点。在科学方面，它吸收了物理学、电工学、电子学、建筑学、生理光学、心理学、人类工效学等基础学科的研究成果；在工程技术方面，它综合应用光源、灯具、电气设备、建筑工程等专业技术和经验；在艺术方面，它遵循美学和色彩科学的各项基本原则。

电压等级（voltage grade）电力系统及电力设备的额定电压级别系列。额定电压系指规定的电力系统及电力设备的正常工作电压，即与电力系统及电力设备某些运行特性有关的标称电压。电力系统中各点的实际运行电压，容许在一定程度上偏离上述额定电压。在这一容许偏离范围内，各种电力设备以及电力系统本身仍能正常地运行。制定电压等级系列是电力工业发展的一项战略性课题，是电工领域一项重要技术决策。某一特定输电工程的电压等级选择主要取决于两个因素，即输电容量和输送距离。根据这两个决定性因素，采用技术经济分析的方法，可确定一合适的目标电压值。如果把这样选择确定的目标电压作为实际采用的输出电压，那么一个国家甚至一个系统将具有许多电压等级。众多的电压等级不仅会增加电力系统调度管理的困难，更重要的是影响大电力系统的形成和发展，无论经济上或技术上都不可取。相邻电压级差太小会造成电力网结构复杂、难以实现"分层分组"经济运行与控制、出现重复电压、网损大等一系列弊端。在国际上，合理简化电压等级系列已形成一个总的趋势。每引入一个新的电压等级，就应全面进行技术经济综合分析比较，全面考虑下列因素：（1）与国家今后15～25年电力发展速度与规模相适应；（2）新的电压等级与现有的电压等级相合；（3）新的电压等级在系统中的作用；（4）新电压等级的可靠性、可行性等。中国国家标准GB156-80《额定电压》规定，电压等级如下：3kV、6kV、35kV、63kV、110kV、220kV、500kV、750kV。

G

高电压工程学（high-voltage technique）研究有关高电压的理论、实验及应用技术的学科。它主要是研究在高电压作用下，电介质的放电和绝缘性能，高电压、大电流的产生及测试方法，过电压的产生机理和防护措施，高压静电场的计算和实测，强电磁环境及其保护，高电压的应用等。高电压技术所涉及的范围主要在几十千伏至几兆伏电压下的一些技术问题。

工作接地（working earthing）在低压配电系统中，为了保证电气设备的正常运行而采取的接地技术。工作接地可以将中性点直接接地，也可以通过消弧间隙接地。工作接地的接地电阻不应超过10Ω。工作接地的作用是降低电气设备相对地间的绝缘要求。当工作接地由配电变压器二次绕组星形接线的中性点直接引出时，则还有固定中性点对地电位和解决单相用电设备的电源的作用，以及当变压器一、二次绕组间发生匝间短路时，可以由监测器装置给出信号或用保护装置进行保护等。

H

换流（inversion）用可控的装置进行电能技术参数变换的物理过程。在其他行业中也称变流或变换。在高压直流输电领域中，换流主要指交直流电能的相互转换。换流方式主要有四种：交流变直流的整流、直流变交流的逆变、改变直流电能技术参数（电压或电流的大小和方向）的直流变换和改变交流电能技术参数（频率、幅值、相位）的交流变换。这四种方式分别简称交—直流变换、直—交流变换、直—直流变换和交—交流变换。

J

接地技术（grounding）电气设备的某些部分用导线（接地线）与埋设在土壤中或水中的金属导体（接地体或接地极）相连接的技术。接地体与接地线总称为接地装置。按其作用的不同分为工作接地、保护接地、防雷接地和防静电接地四种形式。工作接地是指电气设备因为正常工作或排除故障的需要，将电路中的某一点接地，例如110kV及以上的电力系统中将部分变压器的中性点接地。保护接地又称为安全接地。当电气设备的绝缘发生损坏时，其金属外壳或架构可能带电，为了防止人身碰及触电，必须将电气设备的金属外壳或架构接地。防雷接地是为了使雷电流泄入大地而将防雷设备接地，如避雷针、避雷线和避雷器的接地等。防静电接地是为了防止静电危险而设的接地，如运油车、储油罐和输油管道的接地等。

节电效益评估（benefits assessment of saving electricity）在实施节电技术措施项目和投资之前，进行技术上的合理性、可行性和经济效益优劣的综合分析及测算。企业为了进行合理用电而采用的技术措施项目一般需要投入一定的资金，首先应按经济效益评估方法标准进行节电效益评估，以便用比较少的人力、物力和财力，取得较大的效益。节电效益的评估方法分为：（1）净现值与净现值率法；（2）内部收益率法；（3）投资回收期法；（4）投资借款偿还期法。

节约用电技术（economize on electricity technique）节约电能的措施和方法。节约用电技术是节能技术的重要组成部分。它贯穿在机电设备的设计制造、造型匹配、运行管理的过程中，是随着对能源重要性认识的深化而逐步发展起来的一门技术。20世纪70年代初，由于爆发世界性的能源危机，世界多数国家开始了能源政策的研究，能源节约问题被列为重要课题，电能的节约和节能技术的开发普遍得到重视。节约用电技术的发展是从对旧设备的改造开始的，逐步扩大到改革生产工艺和操作方法，进一步发展到设计制造节能设备，同时对设备的经济运行也日益重视。

绝缘配合（insulation coordination）在三相交流电力系统中，综合考虑系统中出现的各种工作电压、过电压限制装置和措施的特性以及绝缘的性能，恰当地选择线路和输配电设备应具有的绝缘水平，并选定相应的实验类型和实验方法。绝缘配合的原则由技术与投资相比较来确定。提高绝缘水平将使线路和设备投资加大。降低绝缘水平则会增大保护设备的投资，也会增大线路和设备的停电事故率和绝缘故障率。输电线路的绝缘配合，主要是根据正常运行条件下的工频电压决定绝缘子链的长度（或绝缘片数），同时根据工频电压、雷电过电压和操作过电压来综合选定导线至接地部分的空间距离。输配电设备的绝缘配合，则主要是根据工频过电压、预期操作过电压倍数和避雷器残压来确定电气设备绝缘水平。

L

漏电电流动作保护器（current protector of leaking electricity）简称漏电保护器或漏电开关，在规定的条件下，当漏电电流达到或超过给定值时能自动断开电路的机械电器或组合电器。它主要被用来对有致命危险的人体触电进行后备保护，作为防止人体触电死亡事故、提高安全用电水平的辅助电路。还可监视电网和设备漏电，减少漏电电能损失及因设备漏电造成的设备损坏，防止火灾事故。漏电保护器的功能是提供间接接触保护。额定漏电动作电流不超过 30mA 的漏电保护器，在其他保护措施失效时，也可作为直接触电的补充保护，但不能作为唯一的直接触电保护。装设漏电保护器后，仍应以预防为主，并同时采取其他各项防止人体触电和电气设备损坏事故的技术措施。

鲁棒控制（robust control）控制系统在其特性或参数摄动时，维持某些性能特性的控制系统。由于工作状况的变动、外部干扰及建模误差，实际工业过程的精确模型很难得到。而系统的各种故障也将导致模型的不确定性。如何设计一个固定的控制器，使具有不确定性的对象满足控制品质，就要利用鲁棒控制。它是一个着重控制算法可靠性研究的控制器设计方法。其设计目标是找到在实际环境中为保证安全，要求控制系统必须满足的最小要求。一旦设计好这个控制器，它的参数不能改变，而且控制性能能够得到保证。鲁棒控制技术适用于如飞机和空间飞行器等以稳定性和可靠性为首要目标的系统中。它可以对该系统的动态特性和不确定因素变化范围作出预估。

N

农村电气化（rural electrification）在农村安全、经济、有效地使用电能，并达到规定的用电普及率的一项系统工程。农村电气化是国家现代化的重要组成部分，因此各国在不同的发展时期制定了相应的标准。农村电气化改善了农村生产条件，提高了农村劳动生产率，促进了农产品加工业和乡村工业的发展，减少了农民用煤和用薪材的数量，有利于改善生态环境，提高了农民的物质文化生活水平。

农村用电（electricity for rural use）农村电能用户按其预定目的而消耗电能的行为。农村用电的发展，对提高农业抗御自然灾害的能力，促进粮食增产，发展乡镇工业，调整产业结构，安排剩余劳动力，改善生产和生活条件，增加农民收入，发挥了重要作用。与城市用电比较，农村用电具有电负荷密度小、用电量小、峰谷差大、用电季节性强、自然功率因数低等特点。19 世纪末一些国家开始使用农电，有些国家农村用电始于20世纪50年代，且多从电力提灌开始。随着农村经济的发展，农村用电项目逐渐增加，农副产品的加工、大田作业、温室温床、冷冻贮藏、养殖业等用电项目逐渐增多。随后，为农产品加工和农业生产服务的工业、小型采矿业及商业等用电相继增加。农村用电的发展，使农村用电量增加，使之占全国总用电量的比例不断提高。

R

人体触电（electrical shock to human body）简称触电，人体直接接触电气设备的带电部分或人体不同部位同时接触不同电位发生的电流通过人体的现象。发生触电时，人体中流过的电流引起人体病理、生理反应，造成伤害，甚至危及生命。人体触及带电体能否造成伤害和造成伤害的程度，主要取决于电流通过人体的效应。电流大小不同，引起人体生理、病理的效应不同。电流对人体的伤害分为热性质、化学性质、辐射性质和生理性质。电流对人体的伤害程度与通过人体电流的大小、通过人体电流的持续时间、通过人体的途径和电流的种类、人体的电阻及人体的健康状况等因素有关。

S

双母线接线（double buses connection）由线路、变压器回路和两组主母线组成的电气主接线。双母线接线的每一回线路和主变压器回路，都通过一台断路器和两组母线隔离开关分别接到两组主母线上，两组主母线之间设置一台母线联络断路器（简称母联断路器）。双母线接线有如下两种运行方式：（1）将两组母线分为工作母线和备用母线。正常运行的线路都连接在工作母线上。当工作母线或线路的母线隔离开关需要检修时，则将全部正常运行线路倒换到备用母线上。当线路断路器需要检修时，可以将该线路倒换到备用母线上，将检修的断路器断接，暂时利用母联断路器代替它。但这种方式较少采用。（2）两组母线都是工作母线，同时运行，电源线路和其他线路可以根据具体情况合理地分别连到两组母线上，形成各回线路固定地与一组母线相连接的方式，以满足母线继电保护的要求，两组母线通过母联断路器并联运行。这种方式采用较多。

T

铁磁谐振电路（ferro-resonance circuit）带铁芯的电感线圈和电容组成的电路。在正弦电源激励和电路参数合适的条件下，铁磁谐振电路可产生对基波、高次谐波或次谐波的谐振现象。电力系统中，如果系统某部分的结构和参数配合不当时，有可能使带铁芯的线圈（如空载变压器、绕组或电压互感器绕组）与线路对地电容形成铁磁谐振，从而产生过电压使电气设备的绝缘受到威胁。

停电（power cut）供电发生中断的现象。供电设施遇有下列事件，都有可能引发停电：（1）超过电力设施设计标准的自然灾害，如地震、大风、洪水、覆冰、大雾等；（2）外力破坏，如车船撞断电杆电线，开山放炮炸断电线、炸坏绝缘子，小动物造成的电气短路；（3）设备质量问题，如变压器、断路器等设计不当或制造不良等造成绝缘性能低劣引起的设备短路；（4）运行维护人员的误操作、误整定、误接线等引起的短路或保护动作；（5）用户内部发生的事故，如因用户继电器保护失灵造成的断路器越级动作，引起的电力系统对其他用户的停电；（6）供电设备正常检修试验以及新用户接入电网等工作必须的断电；（7）窃电或违章用电而施行的中止供电。

X

线损（line loss）电力网中电能的损耗。在电力网中输送、转换、分配电能的元件，如线路、变压器、开关、互感器等是由导线或导线和铁芯组成的。由于导线和铁芯具有事实上的电阻和磁阻，当电能或磁道流经导线或铁芯时，要消耗一部分电能。这部分电能损耗称为线路损失，简称线损。线损率是电力网的一项技术经济指标。线损分为可变损失和固定损失两部分。可变损失是指随输送电能量大小而变动的电能损失，即与负荷大小有关的损耗。它包括：（1）升压、降压变压器的铜损；（2）输电、配电线路以及接户线的损耗；（3）变电所母线、开关、电抗器和互感器绕组等的损耗。固定损失指与负荷大小无关的电能损失，即只要设备接通电源，就有这部分损耗。在电压变化不大时，这部分损失基本上是固定的。它包括：（1）升压、降压变压器的损失；（2）电容器的介质损耗；（3）电能表电压线圈损耗；（4）调相机、电抗器的固定损耗；（5）互感的铁芯损耗；（6）110kV以上电气设备的电晕损耗。线损是电能的浪费，必须采取相应的措施将其降到最低限度。

限电（power limit）在电力供应中有意抑制需求或有计划缩减供应量的做法。电力系统发电装机容量不足，火力发电厂燃料供应短缺，水力发电厂来水偏枯，输变电能力不足或故障等，均会引起电力缺额。当电力供应不足时，为保证国民经济重要部门和社会生活必需的用电，需要对一些次要的用电需求进行限制，才能保障电力系统安全和维持合格的电能质量。通常的限电规定是由政府通过行政命令来发布或经政府批准的。根据缺电引起的原因，限电分为事故限电和计划限电。

消弧线圈（extinction coil）用来补偿中性点不接地系统中由于单相接地故障而产生的线对地容性电流的一种中性点接地的电抗器。消弧线圈的铁芯设有气隙，以保证电感值之线性，线圈设有抽头以调节电感量。消弧线圈的作用是减少单相接地电流，促成接地电弧自熄，即在一定程度上具有自动消除接地电弧的功能。在中性点不接地系统中正确使用消弧线圈，能有效地自动消除大部分单相瞬时接地故障，大幅度减少跳闸率和设备损坏率，可明显提高供电的可靠性。

新型控制技术（new type of controlling technique）超越经典控制理论和现代控制理论范围的一类新型控制技术。20世纪50年代以来，经典控制理论和现代控制理论的发展和应用，在自动控制领域中发挥了巨大作用，取得了令人满意的效果。然而，随着科学技术的进步和工业生产、军事技术的发展，被控对象日益复杂，对控制质量的要求也日益提高。许多被控对象往往具有非线性和不确定性，难以建立精确的数字模型，有些对象甚至无法建模。对于这类系统，用传统的控制理论很难有效处理。为了解决这类系统的控制问题，一类新型的控制技术就逐渐发展起来了。新型控制技术有鲁棒控制、模糊控制、智能控制、神经网络控制等。

Y

用电安全（safety of electric utilization）保证人身和电气设备用电安全，防止用电事故发生的措施。随着国民经济的发展和人民生活水平的提高，电力已成为工农业生产、科研、城市建设、市政交通和人民生活不可缺少的二次能源。在使用电力过程中，不注意安全会造成人身伤亡事故和财产的巨大损失。随着电力事业的发展，用电设备和耗电量的增加，用电安全的重要性日益突出。保证用电安全的基本要素有电器绝缘、安全距离、安全载流量和标志。用电安全技术包括设备安全技术、电业工业技术、电气安全用具、防止人体触电、触电急救、电气防火技术、静电防护技术等。

用电安全管理（safety management for the electric utilization）对用电过程中的电气设备与电工作业行为及环境条件进行监督检查，以预防发生事故而导致停电为目的的活动。由于电力生产、供应与使用的特殊性和电能应用的广泛性，用电安全管理是一项专业性很强、具有社会意义的工作。《中华人民共和国电力法》规定：国家对电力供应和使用，实行安全用电、节约用电、计划用电的管理原则；用户受电装置的设计、施工、安装和运行管理，应符合国家标准或者电力行业标准。用电是借助于电气设备，并按人们的意志进行能量转换，用以实现某一目的的能量消费行为。用电安全主要取决于电气设备的安全可靠水平和使用操作行为的准确性以及抵御恶劣环境的有效程度。电气设备的安全可靠性与设备制造的工艺质量，供用电装置的设计、安装、维护、检修质量以及抵御恶劣环境的能力有关。使用操作行为的准确性与作业者本人安全知识和作业技能水平、作业行为的规范性等因素有关。

用电容量（capacity of electric utilization）预计用户需求可能出现的最大电功率值。其单位为kW。它不仅反映用户用电最大需求量，而且也决定了供电企业要满足用户的需求，必须具备的不小于用电容量的供给能力。因此，用电容量是供电过程中一个非常重要的特征量。用电容量与用电最大需求量是两个概念不同、用途不同、但又相互关联的量，是建立供用电关系过程中常用的量。在用户申请用电时，一般按下列惯例确定其用电容量：对低压供电的用户，按其每台设备的额定容量之和计算；对高压供电用户，按其受电变压器额定容量之和，并加上该用户不经变压器而直接介入电网用电的高压电动机额定容量之和计算。供电企业按用电容量进行供电工程设计、计量方式的确定和继电保护的整定，并按其计算用户应交纳的供电工程贴费，签订供用电合同后，用户正式使用电源。用电容量是供电企业进行负荷管理的依据，对实行两部制电价用户的用电容量与用电最大需量可按规定选择其中一个，作为计算基本电费的依据。

用电申请（application for electric utilization）用户向供电企业提出新装用电或增加用电容量的书面请求。用电申请是用户报装时需办理的第一个程序。用电申请是供用电双方建立供用电关系的第一个步骤，为了双方互相了解，能够安全、经济、合理地供用电，并建立起良好的合作关系，供电企业应在用电营业场所公告办理各项用电业务的工作程序、规章制度和收费标准。用电申请者需向供电企业提供用电工程项目批准的文件及有关的用电资料。其主要内容包括：用户名称、用电地点、电力用途、用电性质、用电设备清单、用电负荷、保安用电设备容量和保安负荷数量、用电规划等。用电容量在100kW以上的用户还应提供用电功率因数的计标和用电无功补偿装置容量。此外，还需提供开户银行和账号等，并按供电企业规定的格式如实填写用电申请书及办理所需手续。

用电需用率（required power of electric utilization）用电对象最大用电负荷与其用电设备总容量之比。需用率表明以用电设备总容量为基准的用电需求程度，用以预计用电对象最大负荷。需用率与用电对象的用电特点有关。不同的用电对象，如车间、企业、行业等，其需用率是不同的。需用率实际上是一个统计量，是根据一批同类用电对象实际用电情况统计得出的该类对象的需用率。应用这个需用率去推断新用电对象的最大负荷，此后根据这个最大负荷去进行工程设计。随着科学技术的进步和用电结构的调整，用电对象对用电的需求规律也在逐渐变化。因此，需用率也会随之变化，间隔一定的时间应对需用率调查修正一次。

Z

照明分类（lighting classification）按照使用照明的性质对照明类别进行划分的方法。以照明设备的安装部位或使用功能而构成的基本制式，称为照明方式。按其照明方式，电气照明的种类繁多，世界各国的归类方法、名词术语不尽相同，不同种类照明的供电方式、电源切换时间和持续工作时间以及照度差异很大。按照照明的作业类别可分为正常照明、应急照明、值班照明、警卫照明和障碍照明等五大类，其中应急照明包含有备用照明、安全照明和疏散照明等。

中性点（neutral point）见中性点接地方式。

中性点接地方式（dead earthed neutral point model）即电力系统中性点和大地之间的连接方式。电力系统中性点是三相电力系统中绕组或线圈采用星形接法的电力设备（如发电机，变压器等）各相的连接对称点和电压平衡点。其对地电位在电力系统正常运行时为零或接近于零。电力系统中性点接地是一种工作接地，其目的是保证电力设备和整个电力系统，在正常及故障状态下，具有适当的运行条件。中性点接地方式的选择是一个涉及电力系统中许多方面的综合性技术课题，对于电力系统设计与运行有着多方面的影响。在选择中性点接地方式时，应该考虑以下几个方面：（1）供电可靠性与故障范围；（2）绝缘水平与绝缘配合；（3）对继电保护的影响；（4）对通信与信号系统的干扰；（5）对系统稳定性的影响。中性点接地方式有不接地（绝缘）经电阻接地、经电抗接地、经消弧线圈接地、直接接地等。以其特性可划分为两大类：（1）有效接地系统，即中性点直接接地或经小阻抗接地。（2）非有效接地系统，即中性点不接地或经消弧线圈接地，以及中性点经高阻抗接地。

（六）电机（Electrical Motor）

B

步进电动机（stepping motor）定子绕组按一定程序励磁时，其转子按一定角位移（或直线位移）做增量运动的一种多相同步电动机。步进电动机能够直接把电脉冲信号转换成直线运动或者旋转运动。它每接到一个数字脉冲信号，就准确地跨进一步，所以又叫做脉冲电动机、数字电动机。步进电动机的转子做成多极的，定子上嵌装有多相控制绕组，由专用电源供给电脉冲。步进电动机可以在较大的范围内，通过改善脉冲频率调速、快速启动、反转和制动。早先的步进电动机是根据定位电磁铁的理论设计的，并尽一切可能去减少绕组之间的互感。将定子的旋转磁通势离散成步进磁通势后，所有的同步电动机都具有步进电动机的性能，从而将步进电动机的性能指标提高到同步电动机的水平。

D

单相感应电动机（single-phase induction motor）又称单相异步电动机，用单相交流供电的感应电动机。单相感应电动机与同容量的三相感应电动机相比，体积较大，起动和运行性能较差。但如果容量不大，如只做成小容量的，功率从几瓦到几千瓦，则所述缺点就不很突出。单相感应电动机由于具有结构简单、成本低廉、运行可靠等优点，因而被广泛应用于家庭、办公室、医院和商店等只有单相交流电源的场所，以及各行各业的小功率驱动设备中。

单相异步电动机（single-phase asynchronous motor）见单相感应电动机。

电动机（electric motor）一种将电能转换为机械能的装置。它能带动机械做旋转、角位移或直线运动。在现代化生产中，多数生产机械都采用电动机作为原动机。电动机的种类和规格多，功率范围大，使用和控制方便，具有自起动、调速和制动等能力。能满足各种运行要求，工作效率高。在工农业生产、交通运输以及日常生活中得到广泛应用。随着电子技术和计算机技术的发展及现代控制理论的应用，控制电机广泛地应用于远动控制系统和运算系统，并在远动控制系统中作执行元件、检测元件、反馈元件、变换元件。

电动机节电技术（electricity saving technology for electric motor）降低或减少电动机损耗或电动机运行中引起的电能损耗的方法与措施。电动机是工农业生产和人民生活中用电最多的一种电气设备。一些国家统计表明，电动机总用电量超过总发电量的一半。因此，电动机的节能降损是一个重要的研究课题。电动机的主要节电途径有，采用节电风扇、用磁性槽楔改造低效电动机、电动机无功补偿、电动机的轻载节电技术、调速节电技术和选用高效电动机等。

电动机起动（motor starting）电动机从静止状态加速到工作转速的整个过程。它包括通电、最初起动和加速过程，必要时还包括与电源同步的过程。最初起动是指电动机从静止到开始转动这一瞬间的状态；加速是指电动机从最初起动直到工作转速的过程。为了安全、可靠、经济地起动电动机，对起动有如下要求：（1）应该有足够大的最初起动转矩，并且电动机的机械特性与负载特性配合恰当，使之有足够大的加速转矩。但由于电动机的电磁转矩与电流有关，所以最大起动转矩受电动机最大允许电流的限制。在交流电动机的技术条件下，对最初起动转矩与额定转矩之比、起动过程的最小转矩与额定转矩之比等指标都有明确规定。（2）起动电流应尽可能小，以免影响电动本身及同一线路上其他电机和电气设备的正常运行。（3）起动过程中的功率损耗应尽可能小。（4）起动设备尽可能简单、可靠、经济，易于操作和维护。

电动机调速（motor speed control）根据被拖动机械的工况需要而对电动机的转速进行控制的技术。由于生产的需要以及从节能、提高自动化水平、延长被拖动机械的使用寿命等出发，人们使用了多种可调速的动力。电动机调速具有调速范围广、控制性能好、频率高，使用维护方便、环境适应性强、不污染环境等优点，因而被广泛应用。电动机调速通常分为直流电动机调速和交流电动机调速两大类。从能量消耗角度看，又可分为低效率和高效率的调速方法两类。直流电动机电枢串电阻调速、转子串电阻交流调速、交流调压调速、电磁转差离合器调速属于低效率调速方法，其调速设备比较简单。直流电动机调压调速及调磁调速交流变极调速、交流串极调速、变频调速属于高效率的调速方法，其所需设备比较复杂。电动机调速由电动机调速系统来实现。其调速系统的好坏要由性能指标来考核、判定。

F

防爆电机（explosion proof motor）其结构上能够防止气体爆炸的电机。防爆电机适用于石油、化工、煤矿等有爆炸危险的场所。具有爆炸性气体或蒸汽与空气的混合物的危险场所。按其危险程度分为三级。爆炸性混合物，按其自燃温度高低分为五组；按其试验最大不传爆间隙的大小又分为四级。各类防爆电机均按适用场所中存在爆炸性混合物的组别与级别进行设计与制造，并在产品上标明。根据电机的安装场所、电压等级以及有无集电环或整流子等条件选取防爆结构。电机的防爆结构有：隔爆型、增安型、正压型和无火花型四种。

G

感应电动机（induction-motor）定子绕组连接至交流电源，依靠电磁感应作用在转子内的感应电流实现机电能量转换的交流电动机。感应电动机运行时的转速与所接电网频率之比不是恒定值，总是略小于同步转速，故又称为异步电动机。按供电电源相数分为三相和单相感应电动机；按转子型式分为笼型感应电动机和绕线转子感应电动机。感应电动机的主要优点是结构简单、制造容易、价格低廉、坚固耐用和运行可靠等。因此在国民经济的各行各业中得到广泛的应用。它的主要缺点是：功率因数较低，必须从电网吸收无功功率；调速特性较差，不能经济地实现范围较广的平滑调速。

J

交流电动机（alternating current motor）依靠交流电源运行的电动机。交流电动机把交流电能转换为机械能。与直流电动机相比，它具有结构简单、价格便宜、维护方便、惯性小、工作可靠等优点。其单机功率、电压和转速都比直流电动机高得多。交流电动机有同步电动机、感应电动机和换向器电动机三大类。同步电动机运行时的转速与所接电源频率之比为恒定值。这一转速就是同步转速。感应电动机运行时的转速低于同步转速。交流电动机又有多相和单相之分。

交流电动机保护（alternation current motor protection）对交流电动机运行中出现的故障和危及安全运行的异常工况所采取的保护措施。交流电动机在起动、制动或正常运行中，其供电电源系统、交流电动机自身及其负载，有可能出现故障或者危及安全的异常工况。此时，交流电动机保护将自动切断电源，或者给出信号由值班人员消除异常工况的根源，以减轻或避免交流电动机及其他设备的损坏和对由同一母线供电的用户的影响。交流电动机所出现的故障和异常工况不同，其保护措施也不相同。

交流电动机制动（alternation current motor brake）将交流电动机电磁转矩的方向改变为与转子转向相反，以实现电动机的停转或限速的方法。制动的目的是使电动机转子尽快地停转或由高速迅速地变为低速或限制位能性负载的下降速度。交流电动机的制动方式和直流电动机的一样，也可分为能耗制动、反接制动和回馈制动三种方式。随着电力电子技术的进步与发展，软起动器（或固态软起动器）正在推广应用。能耗制动可分为感应电动机的能耗制动和同步电动机的能耗制动。反接制动又分为正转反接制动和正接反转制动两种。回馈制动又称再生制动，它用于带位能性负载或惯性作用而超速的感应电动机。

K

控制电机（control motor）在运动控制系统中对位置、速度、加速度、力或转矩进行精确控制过程中作执行元件、检测元件、反馈元件、变换元件、放大元件用的各种电机，以及在运算系统中作运算元件用的各种电机总称。中国称之为控制微电机。微电机的转速指标为 1 000r/min 时，连续额定功率为 750W 及以下或机壳外径不大于 160mm 或轴中心高不大于90mm 的电机。但是，目前控制系统中使用的电机，从功率、质量、体积等方面都早已超出"微"的范围。

控制电机作为传感器、执行器及电源设备广泛地应用于运动控制系统中，以适应旋转、直线、往复、摆动、平面等运动的需要，在军事装备、航空航天设备以及机器人制造中都起着重要的作用。

Q

潜水电机（submersible motor）与潜水泵组成一体潜入水下工作的立式专用三相笼形感应电动机。潜水电机广泛用于排灌和高原山区汲水。电机本身是笼形感应电动机，但为了适应水下工作的条件，对定子绕组及电机结构做了特殊处理，通常采用二极机，并尽可能减小体积及重量。常用结构有水封式、干式、油封式和密封罐式。

S

水轮发电机（water turbogenerator）利用水轮驱动，将机械能转换为电能的交流同步发电机。它通常有发电、调相和进相三种运行方式。发电机运行时可输出有功功率和无功功率；调相运行时，吸收少量有功功率，同时又向系统送出无功功率。水轮发电机组甩负荷时转速上升。为了限制转速上升在一定范围内，要求机组有较大的转动惯量。水电站一般远离负荷中心，通过长距离高压输电线接入电力系统。因此，水轮发电机参数要考虑电力系统静态和动态的稳定性。

T

同步电动机（synchronous motor）运行时的转速与所接电源频率之比为恒定位的交流电动机。电动机运行时，转速恒等于同步电动机的转速。同步电动机在不要求调速的大功率生产机械中用得很多，例如大型空气压缩机、粉碎机、鼓风机、电动-发电机组等。它们的功率达数千瓦。大功率同步电动机与同容量的异步电动机相比，有明显的优点，如功率因数高，可以通过调节励磁电流使它在超前功率因数下运行，有利于改善电网的功率因数。同时大功率低转速的同步电动机体积较小。

同步调相机（synchronous capacitor）一种不带机械负载也不带原动机，专用于向电力网供电或吸收无功功率的同步电机。同步调相机过励磁运行时，相当于并联电容器，为电力网提供无功功率。欠励磁运行时，相当于并联电抗器，吸收电力网的无功功率。同步调相机的工作原理与同步发电机基本相同。其主要优点是：（1）无功出力调节平滑，便于控制母线电压。（2）既能供应无功又能吸收无功，而且调节幅度大，一般可以供应150%或吸收50%的额定容量。必要时还可在负励磁下运行，使吸收无功功率的能力增大。（3）电压稳定性好，在端电压突变时能立即做出反应，以减少电压变动。（4）有较大的短时过负荷能力，能在电网故障电压下跌时，强行励磁支撑电压。（5）单台容量大，足以满足系统需要。其缺点是投资较大、运行维修复杂、损耗大、需冷却水源、起动和响应速度较慢、噪声较大。

Z

直流电动机（direct-current motor）依靠直流电源运行的电动机。直流电动机把直流电能转换为机械能。电池是最早提供直流电能的电源，因此直流电动机于1821年先于任何其他电动机问世。直流电动机的优点有：（1）能够在较大的范围内平滑而经济地调速；（2）起动、制动、过载转矩大；（3）容易控制。直流电动机广泛用于起动、调速性能要求较高的场所，如用于电力机车、地下铁道、城市无轨电车、机床、纺织机、造纸机的驱动。直流电动机的缺点有：由于有换向器，故要消耗较多的有色金属；运行时电刷与换向器的滑动接触，易产生火花并形成磨耗，需要经常维修；制造工艺复杂，费工时。与交流电动机相比，直流电动机造价昂贵，运行可靠性较差，从而使它的应用受到一定的限制。直流电动机分类方法很多。按结构原理分为换向器电动机，无换向器电动机、无刷直流电动机和单极电动机。

直流电动机保护（direct-current motor protection）对直流电动机运行中出现的故障和危及安全运行的异常工况所采取的措施。直流电动机在起动、制动或正常运行中，当其供电电源系统、直流电动机自身或负载出现故障或者危及安全运行的异常工况时，直流电动机保护将自动切断电源或者给出信号，由值班人员消除异常工况的根源，以减轻或避免直流电动机及其他设备的损坏和对由同一直流电源供电的用户的影响。直流电动机保护常用继电器来实现。中小容量低压直流电动机保护，包括过电流保护、过电压保护、零励磁保护。大容量高压或特殊用途直流电动机，除上述三种保护外，还设有接地保护、过载保护、过速保护和快速过电流保护。

直流电动机制动（direct-current motor brake）将直流电动机电磁转矩的方向改变为与转子转向相反，以实现电动机的停转或限速的方法。制动的目的是使直流电动机转子尽快地停转，或由高转速降为低速及限制位能性负载的下降速度。其制动方式分为能耗制动、反接制动和回馈制动。能耗制动，即将直流电动机运行时的功能消耗在外加电阻上，使其转子很快停止运转的方法。反接制动又可分为电枢反接制动和转速反向的反接制动两种。前者应保持励磁

电流不变，改变运行电动机电枢两端外施电压的极性，使电压与电动势同方向，从而改变电枢电流和电磁转矩的方向，使电动机迅速减速直到停转。后者适用于带有位能性负载的他励直流电动机和串励直流电动机。

（七）电器与仪表（Electrical Equipment）

B

保护继电器（protective relay）用于继电保护装置中，能在一个或多个输出回路中产生预定跃变的一种控制器件。当输入参量（光、磁、电、热、声等）达到某一预先设定值（整定值）时，输出量便发生跳跃式变化。保护继电器通常由感受（测量）部件、比较部件和执行部件三个主要部分组成。感受部件将反应的输入量综合后送至比较部件，比较部件将所得的参量与预先设定值相比，并作出判断，由执行部件实现输出量的跃变。按其感受元件所反应的物理量种类分电气的、机械的、温度的、光学的等。反应电气量动作的保护继电器应用最为广泛，种类也最多。它可分为两大类：（1）按反应的输入参量主要是交流量的，如电流、电压、功率等大于（或小于）预定值而动作的继电器，主要用于实现故障判别等功能；（2）按输入参量的有无而动作的逻辑继电器，主要用于构成保护装置的逻辑电路。

避雷器（lighting arrester）一种能释放过电压能量限制过电压幅值的保护设备。使用时将避雷器装在被保护设备附近，与被保护设备并联，在正常情况下避雷器不导通（最多只流过微安级的泄露电流）。当作用在避雷器上的电压达到避雷器的动作电压时，避雷器导通，通过大电流，释放过电压能量，并将过电压限制在一定水平，以保护设备的绝缘。在释放过电压能量后，避雷器会自动恢复到不导通的正常工作状态。避雷器分为阀式避雷器和管式避雷器两大类。阀式避雷器又有间隙和无间隙两种。

变压器差动保护（transducer ammeter）用来对双绕组或三绕组变压器绕组内部及其引出线上发生的各种相间短路故障进行的保护。它同时也可以用来保护变压器单相匝间短路故障。它是变压器的主保护。变压器差动保护的范围是构成变压器差动保护的电流互感器之间的电气设备，以及连接这些设备的导线。由

于差动保护对保护区外故障不会动作，因此，它不需与保护区外相邻元件保护在动作值和动作时限上相互配合，所以在区内发生故障时，可以瞬时动作。

变压器瓦斯保护（transformer gas protection）用瓦斯发生的状况提醒人们对变压器内部故障进行及时排除的措施。轻气体继电器由开口杯、干簧触点等组成，作用于信号。重气体继电器由挡板、弹簧、干簧触点等组成，作用于跳闸。在正常运行时，气体继电器充满油，开口杯浸在油内，处于上浮位置，干簧触点断开。当变压器内部发生故障时，故障点局部发生过热，引起附近的变压器油膨胀，油内溶解的空气被逐出，形成气泡上升，同时油和其他材料在电弧和放电等的作用下电离而产生瓦斯。当故障轻微时，排出的瓦斯气体缓慢上升而进入气体继电器，使油面下降，以开口杯产生的支点为轴逆时针方向转动，使干簧触点接通，发出信号。当变压器内部故障严重时，产生强烈的瓦斯气体，使变压器的内部压力突增，产生很大的油流向油枕方向冲击，因油流冲击挡板，挡板克服弹簧的阻力，带动磁铁向干簧触点方向移动，使干簧触点接通，作用于跳闸。瓦斯保护能反映铁心过热烧伤、油面降低等状态，但差动保护对此无反应。又如变压器绕组产生少数线匝的匝间短路，虽然短路匝内短路电流很大会造成局部绕组严重过热，产生强烈的油流向油枕方向冲击，但表现在相电流上却并不大，因此差动保护没有反应。但瓦斯保护却能灵敏加以反应，这就是差动保护不能代替瓦斯保护的原因。

C

插头（plug）与插座配套使用的元器件。插头用于移动式低压小容量电气设备、仪器和家用电器等引接电源。根据电源极数的不同，插头可分为单相两极式（相线、中性线、地线）、三相四极式（A、B、C三相线极中性线）。按照使用要求的不同，插头可分为插接式插头，即普通插头；分路式插头，用于分路

引出及不同形式插销的转换；不可重接式插头，即将电线与插头焊牢，与绝缘外壳制成不可拆卸的连接插头；引挂式插头，包括插口灯座插头，防水插头等。中国生产的插头，工作电压为50V、250V、500V，最大工作电流三相式不超过25A，单相式不超过15A。为了保证用电安全，除了有绝缘外壳及采用安全电压的用电器具可采用两极插头外，其他有金属外壳及可触及金属部件的电器都应采用有接地线的单相三极式插头。

插座（socket）与插头连接，装在出线盒上供插接用的元器件。插座直接与电源连接，安装在车间、实验室、办公室和居室的固定或移动的电气出线盒上，供各种低压电气设备引取电源。插座分为单相两极式、单相三极式、三相四极式。按其使用条件和安装要求可分为移动式插座、（普通插座）固定装置式插座（包括明装式和暗装式）。按其功能又可分为线路连接插座，供临时延长导线长度；电源分路插座，可同时供2～4只插头引接电源，分路线，供给小型用电设备，有的还附有开关，可分合电路；插销式转换插座，如用于插口灯头上的三通插销插座等。

D

低压断路器（low voltage electric apparatus）自动空气开关，是指在交流电压1 200V、直流电压为1 500V及以下电路中能自动接通、承载和分断正常电路条件下的电流，也能在所规定的非正常电路条件下（如过载、短路、欠电压）自动接通、承载和分断电流的开关电器。一般用途的低压断路器可用于交流电路及直流电路中。有些断路器专为直流电路而设计，因此只能适用于某种电路。低压断路器的主要技术参数有：额定电压、额定电流、额定短路接通能力、额定短路分断能力、脱扣器动作特性等。

电抗器（warblex）一种限制过电流的装置。它是稳定电压、无功补偿和移相等使用的高压电器。按其绕组内有无主铁芯分为：铁芯式电抗器和空芯式电抗器。按其用途不同又可分为有限流电抗器、并联电抗器、中性电抗器、起动电抗器、滤波电抗器、阻压电抗器、平波电抗器和调节用电抗器等。长期以来，额定电压在35kV以下的限流电抗器多制成混凝土柱式结构，并联电抗器则多为带气隙铁芯的油浸式结构。国际上的发展趋势是：额定电压为110kV及其以下的限流电抗器和并联电抗器，采用干式空芯玻璃纤维结构，而超高压并联电抗器，

则采用单相或三相油浸式气隙铁芯式结构。

电力变压器（power transformer）简称变压器，借助于电磁感应作用，将一种交流电压和电流变成频率相同的另一种或几种不同的电压和电流，并且用于电力系统输电、配电和用电的电气设备。它是一种静止的电器，由一个或几个绕组套于铁芯上做成。不同绕组间通过磁链的耦合，使电能得以在不同的电回路中传递，以实现传输和分配电流的目的。电力变压器按用途、相数、绕组数及其结构形式、铁心与绕组的结构、调压方式、绝缘介质、冷却方式等的不同进行分类。（1）按用途不同可分为升压变压器、降压变压器、联络变压器、配电变压器以及用于直流输电的换流变压器等；（2）按相数不同分为单相变压器、三相变压器；（3）按绕组数及其结构形式不同可分为双绕组变压器、三绕组变压器、多绕组变压器、自耦变压器和分裂变压器等；（4）按铁芯与绕组的组合结构不同可分为芯式变压器和壳式变压器；（5）按调压方式不同可分为有载调压变压器、无励磁变压器和无分接变压器。

电能表（electric energy meter）简称电表，将有功功率对时间积分来测量交流电路中有功能量的电表。电能表应用广泛，可用于度量发电厂发出的电能以及各类用户消耗的电能，并作为经济核算和征收电费的依据。电能表分为单相电能表和三相电能表，还有一些特殊用途的电能表，如复费率电能表，最大需量表、无功电能表、直流电能表和标准电能表等。

电气设备验收（acceptance electric accessory）电气设备经有关部门审查方可投入运行的措施。对电气设备的验收有以下几点规定：（1）凡是新建、扩建、大小修和预试的一、二次变电设备，都必须按部颁标准及有关规程和技术标准经过验收合格、手续完备后方能投入运行。（2）设备的安装或检修，在施工过程中需要中间验收时，变电所负责人应指定专人配合进行，对其隐蔽部分，施工单位应做好记录。中间验收项目，应由变电所负责人与施工检修单位共同商定。（3）在大小修、预试、继电保护、仪表检验后，由有关修试人员将有关情况记入记录簿中，并注明是否可以投入运行，无疑问后方可办理完工手续。（4）当验收的设备中个别项目未达验收标准，而系统又急需投入运行时，需经主管局总工程师批准，方可投入运行。

电容器（capacitor）允许交流电流通过，而不允

许直流电流通过的二端电路元件。它在直流下能储存电荷，在正弦电流下能通过超前电压相位近90°的电容性电流。电容器由电介质隔开的两个金属板所构成。电容器最主要的特性参数是标称电容量和额定电压。

断路器（circuit breaker）能承载关合和开断运行线路的正常电流，也能在规定时间内承载、关合及开断规定的异常电流（如短路电流）的开关设备。它是保护和操作电力系统的重要电气装置。断路器的结构很多，型号各异。但基本上均由导电主回路、绝缘支撑件、灭弧室和操动机构几个部分组成。按其灭弧介质和绝缘介质的不同，可分为多油式、少油式、压缩空气式、磁吹式、真空式和六氟化硫式等。按其性质的不同，又可分为：户内式和户外式，能自动重合闸与不能自动重合闸，手动、电磁、气动以及由液压或弹簧操动，能频繁操作与不能频繁操作等形式。按其用途不同，又可分为线路断路器，发电机断路器，联络断路器、控制断路器等。按其相数分为三相式和单相式。

G

隔离开关（disconnector）在线路上基本没有电流时，将电气设备和高压电源隔开或接通的装置。它是高压开关中较为简单的一种。它的用量很大，约为断路器的3~4倍。由于有明显的断开点，比较容易判断电路是否已经切断电源。因此，检修时就常用隔离开关把电源断开，检修好后再接通，以保证人身、工作的安全。有的隔离开关在闸刀打开后能自动接地，以确保检修人员的安全。这种隔离开关称为带接地刀的隔离开关。

J

机械式指示电表测量机构（mechanical indicating ammeter measuring mechanism）利用电磁或静电效应产生力矩，驱使可动部分运动，带动指针或光点在度盘上偏转，以此反映测量值大小的机构。其主要包括磁电系、电磁系、电动系、静电系等测量机构。测量机构包括可动部分与静止部分。驱使可动部分偏转的力矩称为转动力矩 M。为分辨转动力矩的大小，需要一随偏转角 α 而变化的反抗力矩 Ma。反抗力矩一般由游丝或张丝提供。可动部分及其所带动的指针，停留在上述两力矩平衡（即 $M=Ma$）的位置。

检流计（galvanometer）检测微小电流、电压和电量的高灵敏度的磁电系指示电表。用于电桥、电位差计中作为指零仪表，也可用于测量微弱电流、电压及电荷等。它包括普通检流计、冲击检流计、振动检流计和振子等。使用检流计时应注意：（1）按正常工作位置安放，有水准仪的检流计必须先调好水平，然后检查检流计偏转是否良好。使用前须将光点调到零位。（2）按说明书选好外临界电阻，使其工作近于临界状态。（3）测量时，灵敏度应逐步提高。若事先不知检流计电流的大小，应串接一高值保护电阻，以避免烧坏检流计。（4）在搬动检流计时，必须将开关置于"短路"位置上，或将线圈机械止动器锁上。如无短路开关和止动器，可用导线将检流计两接线端子短接。

接触器（contractor）在正常电路条件下（包括电动机起动过程）可以频繁地接通、承载或分断电流，且可以远距离控制的非手动开关电器。其主要控制对象有交流电动机、直流电动机、照明灯、电阻炉等。在自动控制与电力拖动系统中，有时要求电动机连续地进行起动、停止或改变转动方向，因此要求接触器有较高操作频率和较高工作寿命。其分类如下：（1）按被控电路电流性质可分为直流接触器和交流接触器。（2）按级数可分为单极、二极、三极等。直流接触器仅有单极和二极的，交流接触器多为三极。（3）按灭弧介质可分为空气式、油浸式和真空式。（4）按驱动机构可分为电磁式、液压式和气动式。（5）按有无触头可分为有触头和无触头接触器。

K

开关柜（switch cabinet）按照电气主接线的要求，以开关设备为主，将断路器、负荷开关、高压熔断器、隔离开关、互感器、套管、母线等电气元件，按一定顺序成套布置在一个或几个金属柜内的配电装置。柜内以空气、SF_6 气体或复合绝缘作为介质。主要用于配电系统接受和分配电能，并能保护电源和计量用电的设备。开关柜的优点是占地少、结构紧凑、安装使用方便、经济实用、整齐美观、适用工厂批量生产。开关柜具有以下性能：（1）柜体结构有足够的机械强度，能防止事故蔓延扩大；（2）在高压一次侧主回路不停电的情况下，能安全地检修二次侧设备；（3）操作一次侧开关设备时，二次侧继电体保护等元件不会误动；（4）具有机械或电气的闭锁装置。

L

理想变压器（ideal transformer）输入电压和输出电压之比，等于其输出电流和输入电流之比的二端口元件。在任何时刻，理想变压器获得的总功率恒为零。因此，它既不耗能又不储能，而纯粹是一个传输能量和变换信号的元件。理想变压器是从实际变压器中抽象出的理想化模型。它忽略了实际的双绕组铁芯变压器的损耗、漏磁和励磁电流。

励磁调节器（field regulator）通过调整发电机的励磁来调整发电机端电压的装置。在同步发电机的控制系统中，励磁调节器是其中的重要组成部分。当发电机单机运行时，励磁调节器通过调整发电机的励磁电流来调整发电机的端电压。当电力系统中有多台发电机并联运行时，励磁调节器通过调整励磁电流来合理分配并联运行发电机组间的无功功率，从而提高电力系统的静态和动态稳定性。励磁调节器的发展由机械式到电磁式，再发展到今天的数字式。目前，数字式励磁调节器的主导产品是以微型计算机为核心构成的，但其造价高，需要较高技术支持，在一些小型机组上推广有一定难度。

六氟化硫断路器（SF₆ regulator）即以六氟化硫（SF₆）气体兼作绝缘介质的断路器。其单断口电压大大高于其他类型的断路器。在超高压断路器中，SF₆断路器的元件数量最少，可靠性高，开断能力强，检修周期长，无火灾危险。因而很受欢迎，发展迅速。SF₆气体是一种无毒无味、化学性质稳定的气体。但与水分和其他杂质成分混合后，在电弧高温作用下，将会分解形成低氟和金属化合物。其中的某些成分含有剧毒和强烈的腐蚀性。SF₆断路器的密封性至关重要，通常规定年泄露量不超过 1%。

P

配电变压器（distribution transformer）用于配电系统，将高压配电电压的功率变换成低压配电电压的功率，以供各种低压电气设备用电的变压器。配电变压器的容量较小，一般在 2 500kV·A 以下。一次电压也较低，都在 35kV 及以下。配电变压器有的安装在电杆上，有的装在配电所内，有的安装在平台上。一般容量较小的配电变压器的高、低压侧采用熔断器保护，也有在高、低压侧采用断路器保护的。容量大于 1 000kV·A 的，一般采用断路器保护。配电变压器的接线组别、节能特性、分接抽头、防火要求、密封设计等方面应根据运行要求进行合理选择。

Q

起动器（starter）控制电动机起动与停止反转用的、可带有过载保护开关的电器。起动器用于控制低

压直流电动机与交流电动机起动、停止或反转。它可以带有过载继电器或脱扣器以保护电动机的过载，有的同时还带有欠压或其他保护。起动器按其灭弧介质可分为空气式和油浸式；按其操作方式可分为手动操作、电磁操作、电动操作、气动操作等。常见的起动器有电磁起动器、自耦减压起动器、频敏起动器和综合起动器等。

R

熔断器（fuse box）当电流超过规定值并经一定时间后，以它本身产生的热量使一个或几个特殊设计的熔体熔断，以分断电路的一种开关电器。熔断器由熔体、底座等部件组成。其具有体积小，使用方便以及价格低廉等优点。在使用低压配电系统的工矿企业的动力装置、仪器仪表、生活用电线路和电气设备中广泛用作保护器件。熔体是电路中最薄弱的环节。当过负荷电流或短路电流通过并经过一定时间，由于熔体的发热使它的温度升高，当温度上升到其材料的熔点时，熔体熔化并产生强烈电弧。电弧熄灭后电路即被分断，借以保护电路的过负荷或短路。

S

三相重合闸（three-phase reclose）在线路发生任一种类型的短路故障时，在继电保护动作后都同时断开的一种自动重合闸方式。由于其控制回路简单，对断路器不要求分相操作，所以在配置了断路器的各级电压线路上，这种重合闸方式的应用一直最为普遍。根据不同的电力网条件，这种重合闸又可分为一般三相重合闸、检电压重合闸、检同步重合闸、非同步重合闸、检邻线电流重合闸与自同步重合闸等。在大型机组的高压配出线路出口附近，如果三相重合未消除多相故障时，有可能给机组带来严重损害。为此，许多电力系统已经在高压配出线路的电厂侧，采用有限制的三相重合闸，例如检同步的重合闸，延时10秒以后重合闸，或改用单相重合闸，以保障电力系统的安全运行。

少油断路器（oil-minimum breaker）利用变压器油或专用断路器油作为触头间的绝缘和灭弧介质，而对地绝缘采用固体绝缘件的断路器。少油断路器所用的变电器油的作用和灭弧室类与多油断路器基本相同，但用油量比多油断路器少得多。少油断路器灭弧室在小电流下的开断性能较差。为此发展了机械油的灭弧室，使用压油活塞将新鲜油流不断压入正在进行开断动作的触头间隙，提高其介质强度，防止

开断后的复燃与重击穿。少油断路器的突出特点是：(1) 结构简单、易于制造和维修、价格低、使用方便；(2) 与多油断路器相比，少油断路器体积小、重量轻、用油量少。其缺点是燃弧时间长，动作较慢，检修周期短，维修工作量大，受单元断口的电压限制，发展特高压等级有困难等。

T

调压器（voltage regulator）利用改变电磁感应的方法，在一定范围内调节输出电压的电器。调压器用于需要调节电源电压的电器和设备中。按其电流性质分为交流调压器和直流调压器；按其结构分为机电式调压器和静止式调压器。机电式调压器是在调节过程中需用机构来进行传动的调压器。交流机电式调压器又分为接触调压器、感应调压器及移圈调压器。静止式调压器分为磁性调压器和半导体调压器。

W

万用表（multi-meter）测量交直流电压、电流及电参数，如电阻、电容、电感等的多功能多量程电表。万用表主要由测量机构、测量线路和转换开关三部分组成。测量机构用以指示被测量的数值；测量线路用以把各种被测之量转换到适合于测量机构的微小直流电流值；转换开关实现对不同测量线路的选择，以适应各种测量要求。万用表采用磁电系微安表头为测量机构。它的满偏电流一般为 $40\sim200mA$，最小只有几微安。电表满偏电流越小，测量机构灵敏度越高，因此组成电压表时的电表内阻也越高。内阻以 Ω/V 来表示，乘以量值即为总内阻值。此值越大对被测电路的影响也就越大。

稳压器（stabilizer）能稳定电源电压的电器。当电网电压或负荷发生变化时，稳压器能使供给负荷的电源电压近于恒定。在电力系统中，稳压器常被用在对供电电源电压稳定性要求较高的场合。按其输出电压分为直流稳压器和交流稳压器两类。直流稳压器是将交流电或不稳的直流转化为稳定的直流电压输出的电器。直流稳压器主要有线性稳压器和开关稳压器。交流稳压器是将电网的交流电压转化为稳定的交流输出电压的电器。交流稳压器按其工作原理可分为：铁磁谐振式稳压器、稳压变压器、磁放大器或稳压器、数控式稳压器、自耦变压器式稳压器等。

Y

阴极射线示波器（cathode-ray oscilloscope）又称电子示波器，在阴极射线示波管的荧光屏上显示一种或多种瞬时变化电位差曲线的仪器。如欲显示其他瞬时变化的物理量，需要事先转化为电位差。其原理是阴极射线示波器的主要部件为阴极射线示波管。由电子枪形成的电子束受加在偏转板 X1、X2 和 Y1、Y2 上的电位差控制，沿水平和垂直两个方向运动，射在荧光屏上形成一定的轨迹。通常把与时间成正比的电位差加到水平偏转板（X1、X2）上，用以产生扫描线；而将随时间变化的电位差加到垂直偏转板（Y1、Y2）上，这样就可显示出被测电位差随时变化的波形。

用电无功补偿装置（power-driven reactive compensating device）在用电端对用电设备及配电系统消耗的无功功率进行人工补偿的装置。用电无功补尝装置主要用来提高用电功率因数，使发电厂或电网少发无功功率，增加配电系统中各组成部分在允许温升和允许电压下降的供电能力，改善电压质量，减少网络中的电能损耗。在用户端进行就地补偿是降低电网输电损耗的有效方法。常见的无功补偿装置有并联电容补偿、同步补偿器电力电容器成套补偿和静止补偿装置。如并联电容补偿的主要作用是就近向负荷供给无功，以提高用电功率因数，改善电压质量、降低线路损耗。它具有运行简便、经济、可靠等优点。

Z

主令电器（master control electrical apparatus）又称主令开关，用来接通、分断及转换控制电路，并发布控制命令的低压电器。主令电器主要由触头系统、操作机构和定位机构组成。由于它所转换的电路为控制电路，触头的工作电流不大，因此结构尺寸及操作力都比较小。主令电器的种类繁多，例如用于各种机械、电气设备的起动按钮、停止按钮，起重机、刨床中的行程开关、限位开关，电梯控制中常用的接近开关，冶金轧钢及起重等电气设备中常用的主令控制器等。

自耦变压器（autotransformer）至少有两个绕组具有公共部分的变压器。在自耦变压器中自耦连接（有公共部分）的两个绕组之间，除有磁的耦合外，还有电路上的联系。公共线圈为高低绕组所共有。自耦变压器与普通变压器在原理上的不同点是：自耦变压器的二次绕组输出电流除了通过磁感应从一次绕组传递外，其中较大的一部分电流是直接由电源通过电路供给的；而普通变压器的二次电流完全是通过磁感应传递的。

五、纺织科学技术

(Textile Science and Technology)

(一)基础知识 (Basic Knowledge)

C

差别化纤维 (differential fiber) 对常规纤维进行物理的或化学的改性处理，使其性能得到改善或者具有新特征的纤维。常规纤维的改性有几种方法：(1)以纤维截面形态异形化来改善性能；(2)以纤维表面的绒毛化和纤维内的多孔化，改善纤维的染色性和吸湿性；(3)以纤维直径的细且化改善纤维织物的外观和手感；(4)以纤维的混纤技术和复合技术，赋予纤维多种性能；(5)以化学改性、共聚、接枝或交联方法改变纤维的化学结构，赋予纤维难燃、阻燃、抗静电、抗紫外线和易染等性能；(6)以物理和机械方法改变纤维性能，如假捻、吹气、网络等。在生产中，也可能几种方法同时使用，以改善纤维的综合性能，提升纤维的品质和档次，使其同时具备天然纤维的某些优良性能。

D

单纱 (single yarn) 由很多根短纤维经过纺纱工艺过程，使其平行伸直，相互抱合，组成具有一定强力和细度的单根细长的纱线体。

缎纹 (satin) 织物表面浮线较长，组织点少而互不连续，且间距较大而均匀分布的较为复杂的组织。在一个完全组织中，经纬纱线数至少各为五根才能构成一个循环组织。缎纹组织可分为经面缎纹和纬面缎纹两种。经面缎纹织物的正面主要由经纱显示在织物表面，而纬面缎纹织物的正面主要由纬纱显示在织物表面。缎纹组织的正反面有明显区别，正面特别平滑而富有光泽，而反面则比较粗糙、无光。

F

纺纱 (spinning) 把一种或几种短纤维经过一定的加工工序，使其相互抱合，防止滑脱，最终成为具有一定强力和细度的、条干均匀的纱线的工艺过程。根据采用的纤维原料不同，分为棉纺、毛纺、绢纺、化学纤维纺以及各种混纺工程。各种纺纱工程虽各具特点，但基本原理一致，一般都需要经过开松、梳理、牵伸、加捻等四个基本工序：(1)把所采用的纤维原料经过整理、梳松、混合、除杂后，使纤维平行伸直，制成纤维条；(2)将制成的纤维条，经过并合和牵伸，使其达到所需要的细度和均匀度；(3)进行加捻，使纤维成为具有一定强度的纱线；(4)将纺成的纱线进行卷绕成形，便于下道织造工序使用。

纺织品的吸湿性 (absorbency of textiles) 纺织品对人体排汗的吸收功能，是纺织品的重要性能之一。衣着用纺织纤维的吸湿性有一定的要求。如果吸湿性差，不能吸收人体排出的汗液，使人容易产生闷热和潮湿的感觉，穿着很不舒服。一般来讲，天然纤维及化学纤维中的人造纤维吸湿性较好，而合成纤维吸湿性较差，不宜制作贴身穿的内衣、内裤。纺织材料的吸湿性能用"回潮率"来表示。

纺织生态学 (textile ecology) 研究纺织品在生产、消费、废弃整个过程中对人类和自然环境影响的科学。主要研究纺织品与人类及环境的相互关系。包括纺织品消费生态学、纺织品生产生态学和纺织品处理生态学三个部分。1992年，世界上第一部较科学、较完整的生态纺织品标准100 (Oeko-Tex Standard100) 问世，纺织生态学也正式诞生，并成为纺织产业的发展方向。

纺织纤维 (textile fiber) 长度方向至少为宽度方向100倍的细长物体，是组成纱线或纺织品的最基本单元。根据来源不同，可分为天然和化学两大类。自然界中的纤维材料很多，但并非都可用来纺纱织布，需具备下列要求：(1)纤维的长度和细度要适合纺织加工的工艺要求，能相互抱合成纱，而且纤维还要求柔软并具有一定的弹性；（2）纤维必须具有一定的物理机械性能，能承受一定限度的拉伸、扭转、摩擦等强力作用；（3）纤维还要具有一定的化学稳定性，对光、热、酸、碱等有一定的抵御能力。此外，现代纺织工业所需的纺织纤维，根据用途不同，还有不同的要求，如吸湿性、保暖性、可染性、光泽、色泽、耐磨性、耐热性、导电性以及经济性等。

非织造布（nonwovens） 又称无纺布，一种不需要纺纱织布而形成的织物。将纺织短纤维或者长丝进行定向或随机排列，形成纤网结构，然后采用机械、热黏或化学等方法加固而制成的薄片、纤网或絮片。按照成网方式，非织造生产可分为干法成网、湿法成网和聚合物直接成网三种方式；按照纤维网加固方式，又可分为机械加固、化学黏合、热熔黏合和自身黏合四种方式。非织造布突破了传统的纺织原理。它有许多优点，如良好的通气性、过滤性、保温性、吸水性、防水性、伸缩性、不蓬乱，手感柔软、轻盈、有弹性、没有布料的方向性等。与纺织布相比，有生产速度快、工艺流程短、产量高、成本低、产品用途广、原料来源广等优点。非织造布也有一些缺点，如与纺织布相比较，其强力、耐久性、悬垂性比较差，一般不能像其他布料一样清洗。非织造布的主要用途大致可分为：（1）医疗、卫生用：如手术衣、防护服、消毒包布、口罩、尿片、卫生巾、卫生护垫及一次性卫生用布等。（2）家庭装饰用：如贴墙布、台布、床单、床罩等。（3）服装用：如衬里、黏合衬、絮片、定型棉、各种合成革底布等。（4）工业用：如过滤材料、绝缘材料、水泥包装袋、土工布、包覆布等。（5）农业用：如作物保护布、育秧布、灌溉布、保温幕帘等。（6）其他用：如太空服、保温隔音材料、吸油毡、香烟过滤嘴、菜袋等。

复合纤维（compound fiber） 采用两种或两种以上不同组分的纺丝熔体或溶液，分别输入同一个喷丝头，在喷丝头的适当部位相遇后，再从同一个纺丝孔喷出牵伸而形成的纤维。复合纤维根据组分或成分的不同又可分为双组分纤维、三组分纤维和多组分纤维。就双组分复合纤维而言，又可按其不同组分在纤维横截面中的分布情况分为并列型、皮芯型、海岛型和剥离型四类。由于复合纤维是由物理性能不同的两种或两种以上的高聚物复合纺制在同一根纤维中的，因此，这种纤维遇到沸水、蒸汽或干热处理时，

各组成物就会发生不同程度的收缩，使纤维产生三度空间的螺旋状稳定卷曲。复合纤维具有很高的体积蓬松性、弹性和覆盖能力，从而使纤维的毛型感增强。因此，用它所制成的各种纺织品更接近于天然羊毛制品。

G

功能纤维（functional fiber） 给一般纤维附加一些特殊功能，通过改性处理而形成的纤维。功能纤维是由功能高分子材料纺制，也可以由普通高分子材料通过加工、改性，或者添加功能材料纺制而成。功能纤维从不同角度出发有不同的分类方法：按照纤维的性质可分为金属纤维、无机纤维、有机高分子纤维；按照纤维的性能可分为纳米纤维、导电纤维、负离子纤维、防火阻燃纤维、热敏纤维、蓄热条纹纤维、光导纤维、光致变色纤维、抗辐射纤维、抗菌消臭纤维、离子交换纤维、高吸水纤维、抗静电纤维、芳香性纤维等；按纤维的功能和应用领域可分为耐高温纤维、超导纤维、磁性纤维、生物医用纤维等。功能性纤维按用途可分为服用功能纤维、装饰用功能纤维、产业用功能纤维。功能纤维不仅在轻工、化工、纺织、染整、医疗保健、国防科技、航天航空技术中应用广泛，而且在信息科学、生命科学、材料科学、新能源科学以及纳米技术等高新技术领域中也有广泛的应用。

公定回潮率（commercial moisture regain） 合同规定的某商品应该所含的水分与干物净重的百分比。回潮率与含水率不同，含水率是指棉花中所含的水分与湿纤维重量的百分比。公定回潮率的具体计算公式为：

$$回潮率 = \frac{（湿重 - 干重）}{干重} \times 100\%$$

实际工作中，回潮率是用电测器法测定的。

公制支数（metric count） 1g 重的纱线在公定回潮率下所具有的长度的米数，是表示纱线粗细程度的一种指标。如 1g 重的纱长度为 1m，称为 1 支纱。公制支数属于定重制，即重量一定，长度越长，纱线越细，支数越高。中国毛纱、绢丝及毛型化纤纯纺、混纺纱线的粗细，一般用公制支数表示。

股线（folded yarn） 用两根或两根以上的单纱并合加捻在一起所形成的线。用两根单纱并合加捻的叫双股线；用三根单纱并合加捻的叫三股线，依此类推。

H

号数（direct yarn count）在公定回潮率下每1 000m纱的克数。它是表示纱线粗细程度的一种指标。如1 000m长的纱重1g，就叫1号纱。号数属于定长制，即纱的长度一定，纱的重量不同，而得到不同的号数，号数越大，纱就越粗；号数越小，纱就越细。它和支数恰恰相反。公制号数的应用是中国在棉纱细度上的一次改革。公制号数与国际标准委员会推荐的国际通用标准"特克斯（Tex）"是一致的。中国棉纱线和棉型化纤纯纺、混纺纱线的粗细，用号数表示。

合成纤维（synthetic fiber）利用煤、石油、天然气以及农副产品等为原料，由低分子化合物经过化学合成为高分子化合物，再经机械加工而制得的纤维。它与人造纤维的根本区别在于：合成纤维是由简单的低分子化合物（如乙烯、苯酚、乙炔等）为原料，通过人工合成的方法制得的高分子化合物，然后再纺制成纤维，因此称为合成纤维；而人造纤维是直接利用天然的高分子化合物为原料制得的纤维。合成纤维的种类很多，中国统一命名的合成纤维主要有聚酰胺纤维（锦纶6、锦纶66）、聚酯纤维（涤纶）、聚丙烯腈纤维（腈纶、腈氯纶）、聚乙烯醇缩醛纤维（维纶）、聚丙烯纤维（丙纶）、聚乙烯纤维（乙纶）、含氯纤维（氯纶、过氯纶、偏氯纶）和其他合成纤维（聚四氟乙烯纤维、聚氨酯纤维、聚酰亚胺纤维）等。它们广泛应用于服装、装饰和产业三大领域。作为服装用的合成纤维正在向高仿真性方向发展。

化学纤维（chemical fiber）以天然的或人工合成的高分子化合物为原料，经过化学和物理方法加工制得的纤维的总称。根据所用的高分子化合物来源不同，可分为人造纤维和合成纤维两大类。化学纤维是人工制造的纤维，主要是指把高分子化合物的半成品制成一种黏稠的液体（纺丝液），然后将这种液体通过一种特制的喷丝头的小孔，喷纺而凝结成型的纤维。其原料经过相当大的变形过程。因此，一般经过化学处理的天然纤维，不属于化学纤维范畴。化学纤维具有许多超过天然纤维的优异性能，如强度高、密度小、耐磨损、耐腐蚀、不发霉、不产生虫蛀现象等。随着一系列新型化学纤维的制造成功，其应用范围已推广到国防、工业、农业、航空航天、交通运输、医疗卫生、海洋、通讯等领域。

混纺（blend spinning）用两种或两种以上不同品种的短纤维进行混合纺纱的技术。该种纱称为混纺纱，用混纺纱线织成的织物称为混纺织物。混纺的目的是使不同品种的纤维通过混纺发挥各种纤维的优良性能，取长补短、改进性能、降低成本、扩大品种以及达到某些特殊的效果等，使产品能满足不同的需要。根据中国统一规定，凡是混纺品种组分含量比例高者在前，低者在后，用斜线分开。如涤/棉混纺纱，表示涤纶含量比棉高。

J

机织物（woven fabric）由两组相互垂直排列的纱线，在织机上按一定规律交织而成的织物，特定情况下，简称织物。沿机织物纵向排列的纱线，称为经纱；沿横向排列的纱线，称为纬纱。

机织物组织（weave）简称织物组织，机织物中经纬纱线相互交织的规律或形式。在织机上每根经纱上下运动的规律不同，可使经纱与纬纱按照不同的方式彼此交织，在织物表面呈现出循环而有规律的织纹。织物中经纱和纬纱相交处，称为组织点。凡是经纱浮在纬纱上面的组织点，称为经组织点；凡是纬纱浮在经纱上面的组织点，称为纬组织点。经纬组织点的排列位置，可以根据设计要求任意变化，组成各种不同的花纹图案。机织物按照经纬交织方法不同，可分为平纹、斜纹、缎纹、提花以及各种变化组织。其中平纹、斜纹、缎纹是最基本的三原组织。

交织（union fabric）用不同纤维分别纺纱后再混合织造，或者用不同的纱线与长丝混合织造的技术。交织与混纺同样起到"混合"的效果，但是和混纺相比，交织是"粗线条"的混合。交织有不同的形式，可以用不同纤维的单纱并线后交织，也可以采用不同的经纱和纬纱进行交织，以及把不同纤维的纱线，不同色泽的纱线、长丝直接排列在经纱、纬纱上交织，可织出各种条形、格形、嵌线形、夹花型等不同的花纹。织物中嵌入几根"金银丝"可以起到点缀的作用。

经编织物（warp knitted fabric）由一组平行排列的经纱，同时沿着经向弯曲，互相缠绕成线圈而形成的织物。这样的线圈是沿着经向，连续不断地相互套结，所以称为经编。经编织物比纬编织物要紧密一些，纱线之间互相缠绕相扣，所以不会像纬编织物那样出现一针脱圈而产生线圈脱散的现象。因此，经编织物具有不易脱散、起球和勾丝的优点。经编织物是在经编机上织造的。经编织物包括各种经编汗布及各种化纤经编布等，用来制作各种服装和各种装饰织物，如窗帘、桌布等。

M

面料收缩率（fabric shrinkage）面料在加工或整理过程中，其收缩变短（窄）的尺寸与收缩前长（宽）度之比的百分数。其计算公式为：

$$\frac{原长（宽）度 - 收缩后长（宽）度}{原长（宽）度} \times 100\%$$

面料在加工过程中任何阶段的收缩值相对于完全收缩的面料而言，称为潜在收缩率。面料在所有处理过程中增加的潜在收缩率是由拉伸程度而决定的。针织物后整理是为了尽量减小或保持收缩率维持在最低水平。普通收缩率的服装经过反复洗涤和滚筒烘干后，衣长会不断变化，在穿着过程中会逐渐变短。所以高品质产品对服装纵向收缩率有严格要求。以单平面罗纹布为例：坯布为24%，湿处理、漂白后达16%，晾干后达8%，多次家庭水洗或滚筒烘干后收缩率为0。

N

捻度（twist）单位长度内纱线上的捻回数。捻度的表示方法有号数制、英支制和公支制三种。号数制捻度以10cm长度内的捻回数表示；英支制捻度以一英寸长度内的捻回数表示；公支制捻度以1m（或10cm）长度内的捻回数表示。

捻系数（twist multiplier）表示不同粗细纱线加捻程度的数据。纱线上应加捻度的多少，随着纱线细度的不同而改变，纱线越细，加捻越多，纱线越粗，加捻越少。所以对于粗细不同的纱线来讲，捻度是不能直接用来比较它们加捻的程度的。因此，生产中常采用捻系数来表示不同粗细纱线的加捻程度。捻系数也有号数制和支数制两种。

$$号数制捻系数 = 号数制捻数 \times \sqrt{号数}$$

$$支数制捻系数 = \frac{支数制捻数}{\sqrt{支数}}$$

P

漂白（bleaching）使织物达到一定洁白度的工艺过程。是织物炼漂工艺的一个工序。漂白是一种氧化作用，通过氧化剂使天然色素被氧化而破坏，从而使织物呈现白色。通常使用的漂白剂有次氯酸钠、亚氯酸钠、双氧水等。不同品种的织物，对白度的要求也不同。如漂白布直接供应消费者，要求有较好的

白度；另外作染色或印花用的坯布，也需要漂白，染浅色布的白度要比染深色布高，浅色印花布的白度也要求较高。由于漂白是一种强烈的氧化过程，所以漂白布的强度总是低于原色布。

平纹（plain weave）由一根经纱和一根纬纱上下交错组合而成的机织物组织。它是织物组织中最简单的一种。由于经纬纱每隔一根就交织一次，平纹组织的组织点比其他任何组织都多，因此，平纹织物表面平坦，质地紧密坚牢，身骨较硬，弹性较小，正反面形状一样。平纹组织应用较广，如棉织物中的平布、府绸，毛织物中的凡立丁，丝织物中的纺绸等均属于平纹织物。

R

染色（dyeing）使染料与纤维发生物理或化学结合，或用化学方法在纤维上固着颜料，从而使纺织品具有一定坚牢色泽的技术。染料大都是有色的有机化合物。将其溶于水或用其他化学原料制成溶液后染着在纤维上，使纤维材料染成色泽鲜艳而具有一定染色坚牢度的颜色。另一种有色物质叫颜料（也叫涂料），它不溶于水，也不能染着于纤维上，而只能依靠黏合剂的黏合力，机械地附着在织物的表面或内部。这种染色方法近年来被普遍采用，尤其适用涂料印花。染色的方式可以是化纤纺丝原液着色、散纤维染色、纱线染色、毛条染色、布匹染色等不同种类。通过染色工艺，达到美化织物外观、扩大花色品种、提高服用性能、满足消费者需要的目的。

染色牢度（dyeing fastness）简称色牢度，染色织物在使用或加工过程中，经受外部因素（挤压、摩擦、水洗、雨淋、曝晒等）作用下的褪色程度。是指织物染色后，其日晒、皂洗、摩擦等方面状况的总称，是染色织物的一项质量指标。强调对染色织物的染色牢度要求，可以减少其可能产生的危害，避免易褪色产品的染料或颜料可能渗入汗水里，通过皮肤被人体吸收而危害健康。染色牢度包括日晒牢度、皂洗牢度、摩擦牢度和汗渍牢度等。这几个方面的优劣与织物的纤维材料、染料品种、染色方法和工艺条件有密切关系。

人造纤维（regenerated fiber）以天然的高分子化合物为原料，经过化学处理和机械加工而制得的纤维。人造纤维包括人造纤维素纤维、人造蛋白质纤维和其他人造纤维。主要包括如下几大类：（1）人造纤维素纤维又称再生纤维。黏胶纤维就是利用自然界中

存在的含有纤维素的物质，如棉短绒、木材、甘蔗渣、芦苇等的纤维素加工制成的纤维。人造纤维素纤维的主要品种有黏胶纤维、铜氨纤维、醋酯纤维等。(2) 人造蛋白质纤维可分为动物蛋白纤维和植物蛋白纤维。动物蛋白纤维主要有乳酪纤维、鱼蛋白纤维等；植物蛋白纤维主要有大豆纤维、花生纤维、玉米纤维等。(3) 其他人造纤维主要有海藻纤维、甲壳质纤维等。人造纤维有许多接近天然纤维的优异性能，如吸湿透气、穿着舒适、易降解、利于环保等，近年来引起人们的重视，发展较快。

S

纱线细度（fineness of yarn）表示纱线粗细程度的一项指标。纱线细度不同，纺纱时所用原料的规格、质量不同，纱线的用途及纺织品的物理机械性能、手感、风格等也不相同。纱线的细度，可以用直径或截面积来表示。因为纱线表面有毛羽，截面形状不规则且易变形，测量直径或截面积不仅误差大，而且比较麻烦。因此，一般采用与截面积成比例的间接指标——号数（特克斯）、公制支数、英制支数与纤度（旦）来表示。

烧毛（singeing）使织物在火焰上迅速通过或在赤热的金属表面迅速擦过，以除去织物表面的短绒毛，达到织物表面光洁的染整加工工序。棉织物中除了市布、绒布等少数品种外，一般都经过烧毛；毛织物中精纺的纯毛及混纺织物，特别是轻薄品种，都需要烧毛。化纤混纺织物经过烧毛可以减少起球现象，以改善织物的手感和外观。

T

提花（jacquard weave）在织物上织造各种花型图案的工艺技术。它是最为复杂的织物组织。提花可分为小提花和大提花。小提花的特点是花型图案较小，主要以三原组织为基础的变化组织，如平纹变化组织、斜纹变化组织、缎纹变化组织以及两种或两种以上三原组织的变化组织，按不同方式联合而成。在织物外观上形成具有一定几何图形的小花纹效应，如蜂巢组织、绉组织等。小提花织物一般在多臂织机上完成织造。大提花是指极其复杂的花型图案，如人物照片、花鸟、山水风景画等，则要采用专门的提花机构，控制每一根经纱的起落，形成梭口，完成与纬纱的交织。老式提花织机上装有提花龙头，通过纹板上的小孔来控制单根经纱的升降。现在采用的电子提花机构，是由计算机控制经纱的开口，可以织造最

为复杂的花型图案。提花织物主要用于服装、沙发布、窗帘、床罩、被面、毛毯、桌布、餐巾等各种装饰织物。

天然纤维（natural fiber）自然界天然形成的，或通过人工培育长成的纤维的总称。它包括植物纤维、动物纤维和矿物纤维。植物纤维因主要成分是纤维素，所以又称纤维素纤维，主要有棉花、麻类等植物；动物纤维的主要化学成分是蛋白质，所以又称蛋白质纤维，主要有绵羊毛、山羊绒、骆驼绒、兔毛、牦牛绒、桑蚕丝、柞蚕丝等动物毛发和腺分泌物；矿物纤维是无机类纤维，主要有石棉纤维等。

W

纬编织物（weft knitted fabric）由一根（或几根）纱线循序地、连续地沿着纬向弯曲成线圈套结而成的织物（好似人们手工编织毛衣）。这样的线圈是沿着纬向，连续不断地相互套结，所以称为纬编。纬编织物主要是采用台车棉毛机、罗纹针织机、大圆机和各种横机来织造。纬编织物应用较广，主要用来制作内衣裤、羊毛衫、紧身服装、游泳衣、运动衣、手套、袜子、休闲服装等。

无纺布（non-woven fabrics）见非织造布。

X

纤度（fineness）表示纱线或纤维粗细程度的一种指标。用符号“D”表示，国际上把“D”（即旦）称为“旦尼尔”。具体表示方法为：9 000m 长度的纱线或纤维，重多少克，就是多少D。如9 000m 长度的化纤长丝重120g，这种化纤长丝的细度就是120D。长度一定，纱线或纤维越粗，旦数越大。中国目前纤度D（旦）指标主要是表示化学纤维和天然丝的细度。

斜纹（twill weave）在织物表面呈现出组织点连续而成倾斜纹路的织物组织。在一个完全组织内，经纬纱线数至少各为三根才能构成一个循环组织。斜纹组织可用分数形式表示，如每根经纱有两个经组织点和一个纬组织点，就写成 $\frac{2}{1}$（读作二上一下斜纹组织）；如经纬组织点各为两个，就写成 $\frac{2}{2}$（读作二上二下斜纹组织）。斜纹织物的正反面是不相同的。如果正面是纬面斜纹，反面则是经面斜纹，而且纹路的倾斜方向也相反。即使采用经纬各四根组成的二上二下双面斜纹，其织物正反面斜纹线的倾斜方向也是相反的。斜纹组织的交织次数比平纹少，所以单位面积内所能应用的经纬纱线的根数比

较多，织成的织物细密厚实，身骨较柔软，有弹性，光泽比平纹好。棉织物中的卡其、华达呢和毛织物中的华达呢、哔叽等织物均采用斜纹组织。

Y

液晶纺丝（liquid crystal spinning） 将具有各向异性的液晶溶液（或熔体）经干－湿法纺丝、干法纺丝或熔体纺丝纺制纤维的方法。它是 20 世纪 70 年代发展起来的一种新型纺丝工艺，可以获得断裂强度和模量极高的纤维。液晶纺丝的溶液或熔体是液晶，刚性链聚合物大分子呈伸直棒状，有利于获得高取向度的纤维，也有利于大分子在纤维中获得最紧密的堆砌，减少纤维中的缺陷，从而大大提高纤维的力学性能。某些刚性链聚合物在特定条件下能形成液晶，如全对位的芳香族聚酰胺能溶解在浓硫酸中，当聚合物浓度达到临界浓度以上时，聚合物分子在局部区域便沿着同一方向排列而呈一维有序的向列型液晶。这时随着聚合物浓度的增加，溶液的黏度反而下降。但是，随着聚合物浓度的进一步增大，溶液在室温下将冻结成固体，因此，必须相应提高温度以便得到适合于液晶纺丝要求的溶液。根据液晶的这种特性，可用刚性链聚合物配成高浓度的液晶纺丝溶液，从喷丝孔挤出后，经高倍喷头拉伸，大分子及其聚集体易于沿纤维拉伸方向取向，然后采用低温凝固浴，使取向的液晶结构快速固定，由此得到高度取向的高强度高模量的纤维。

印花（printing） 用染料或涂料在织物上形成花纹和图案的技术。印花与染色不同之处在于：染色是将染料均匀地分布在织物上，而得到单一的色泽；而印花可在相同的织物上印有多种颜色的花纹图案。所以可以把印花看成是对织物的局部染色。印花时染料与织物之间发生的染色作用，其原理与染色相似，但方法不同。染色时，把染料配成染液，通过水作媒介染在织物上；印花时，需要得到轮廓清晰的花纹图案，则用浆料作染色介质，把染料配成印花色浆，印于织物上，经过烘燥、蒸化等一系列处理，使染料渗入织物而达到染色的作用。印花的方法有模板、筛网、辊筒、静电植绒、转移、感光等。常用的方法是筛网印花和辊筒印花。最新发展的新型印花技术有数码喷射印花、静电电子印花、光电成像印花、微胶囊印花、辐射能印花等多种印花技术，不仅提高了印花的质量，而且高效、节能、经济、环保。

英制支数（British count） 表示纱线粗细程度的一种指标。一磅重的纱线，有几个 840 码长，就称为几支纱。如一磅重的棉纱，其长度为 21 个 840 码长，就是 21 支纱。英制支数属于定重制，即重量一定（1 磅重），长度越长，纱线越细，支数越高。中国过去在表示棉纱线的细度上采用英制支数，现在改为公制号数。

Z

针织物（knitted fabric） 由一根根纱线弯曲成线圈，再由线圈相互套结而成的一种织物。针织物按生产方法不同，可分为纬编织物和经编织物两大类。它具有下列特点：（1）具有较大的伸缩性。由于针织物在编织中，由线圈套结而成，所以在织物中线圈的排列具有较大的空隙，当受到外力拉伸时，会伸长，当解除外力后，织物便会恢复到原来的状态。针织物的这种伸缩性和弹性，能适应人体各部位的伸展、弯曲的变化，保持衣服的原来形态，穿着贴身。特别是罗纹织物，具有更大的伸缩性，常用在领口、袖口等处，既方便穿脱，又不使织物变形走样。（2）具有较好的柔软性。由于编织针织物时，用的是捻度较小的纱线，再加上编织密度较小，所以针织物质地柔软，接触人体皮肤时，能减少皮肤与织物的摩擦，穿着感到特别舒适。（3）具有良好的吸湿性和透气性。由于织物内线圈与线圈之间有较大空隙，有利于吸收人体汗液，排除汗气，散发热量，所以夏季穿着倍感凉爽。

织物（fabric） 由纤维或者纱线构成的片状、柔性的物体。将纤维、纱线通过梭织、针织、编织、缩呢、针刺、缝编黏合等多种方法固结在一起，赋予织物以一定的机械强力。

织物公定回潮率（commercial moisture regain of textiles） 纺织材料试样中吸着水量占试样干燥重量的百分率。即

$$回潮率 = \frac{织物湿重 - 织物干重}{织物干重} \times 100\%$$

纺织材料的回潮率不同，其重量也不同。为了消除因回潮率不同而引起的重量不同，满足纺织材料贸易和检验的需要，国家对各种纺织材料的回潮率规定了相应标准，称为公定回潮率。它在数值上接近标准温度条件下测得的平衡回潮率。值得注意的是，各国对纺织材料公定回潮率的规定往往根据自己的实际情况而定，所以并不完全一致。纺织材料回潮率的测试通常

采用烘箱法。棉为 105℃±3℃，毛和多数化纤为 105～110℃；丝为 140～145℃。烘燥时间一般为 90min。此外，还可采用电阻湿法来测定。织物公定回潮率：棉纱为 8.5%，棉布为 8%，由 65% 回潮率的涤纶棉和 35% 回潮率的棉纱织成的布匹为 3.06%，而由 50% 回潮率的涤纶和棉纱织成的布匹为 4.2%。

织物缩水率（fabric shrinkage）织物在洗涤或浸水后，其收缩的百分数。即

$$\frac{原织物长（宽）度-洗浸后长（宽）度}{原织物长（宽）度}\times100\%$$

一般来说，缩水率最大的织物是合成纤维及其混纺织物，其次是毛织品，麻织品，棉织品居中。一般家纺的面料都经过了预缩处理，但这不等于不缩水，而是指缩水率控制在国标 3%～4% 以内，这样的商品就可放心购买。

织物整理（finishing）织物加工过程中可以增进织物的外观、改善织物的手感、提高织物的性能以及赋予织物某种特殊功能的工序。根据加工方法不同，织物整理可分为物理整理、化学整理和生物整理。物理整理主要是通过机械方式，使织物的外观、性能得到改进。如通过拉幅、防缩、定型等工序，可使织物的形状稳定；通过拉毛、磨毛等工序，能使织物表面形成一定的绒毛；通过轧光整理，将织物表面压平，从而产生一定的光泽等效果。化学整理是利用某些化学品与纤维产生化学反应，从而改变纤维的物理和化学性能，故有耐久的整理效果。如树脂整理能改变织物的物理机械性能，获得较持久的抗皱、免烫效果；利用抗菌剂整理可使织物具有抗菌、抑菌效果；防水处理可以使织物具有防水效果等。生物整理是近年来发展较快的新技术。如利用纤维素酶处理棉织物，在一定程度上能使棉纤维减量或脱色，可用于牛仔服仿旧整理；羊毛衫的超级防缩机可洗整理，就是羊毛纤维经过蛋白酶的处理，使羊毛表层鳞片尖端突出部分被清除，从而达到防毡缩之效果。

（二）纺织材料（Textile Material）

A

氨纶（polyurethane fiber）学名聚氨酯纤维，商品名斯潘得克斯和莱卡，由柔性的长链段（软链段）和刚性的短链段（硬链段）交替组成的嵌段共聚物纺丝而成的纤维。氨纶最突出的优点是具有像橡皮筋那样的弹性，通常能有 500%～800% 的伸长；弹性回复性十分突出，在伸长 200% 时，回缩率为 97%；在伸长 50% 时，回缩率超过 99%。氨纶断裂强度只有 0.044～0.088N/tex（聚醚型的强度要高于聚酯型），且吸湿率较小，一般为 0.3%～1.2%（复丝吸湿率要比单丝稍高些）。在 90～150℃ 范围内短时间存放，纤维不会受到损伤，安全熨烫温度为 150℃ 以下，150℃ 时纤维发黄，170℃ 时发粘。可以加温干洗与湿洗。染色性能较优，可染成各种颜色，染料对纤维亲和力强，可适应绝大多数品种的染料，并对大多数酸碱、化学试剂、有机溶剂、干洗剂和漂白剂有较好耐性，但氯化物易使纤维变黄与降低强力。长期暴露在日光下，强度也会有所下降。含氨纶的富有弹性的面料，不仅穿着贴身适体，手感与光泽也令人满意。主要用于内衣、紧身衣裤、运动服、连裤袜、芭蕾舞服、体操服、游泳服、滑雪服、登山服、外科用绷带、袜口和袖口等。

B

菠萝纤维（pineapple fiber）从菠萝叶片中提取的纤维，属叶脉纤维。其每根长度约为 80～100mm，直径仅为真丝直径的 1/4。因强力较低，无法满足纺纱的要求。若把纯菠萝纤维放在特殊油液里浸泡，切成 54～60mm 的短纤维，就能捻合成纱线，不需混入其他纤维即可纺织。菠萝纤维经过深加工处理后，其强度比棉花高，外观洁白，柔软爽滑，手感如蚕丝，适宜做衬衫、裙袍、领带以及各种装饰织物等。

C

彩色羊毛（colorful wool）经过改良培育后的绵羊，其身上生长的具有天然色彩的毛发。研究发现，只需给绵羊喂饲不同配方的微量金属元素，就能改变绵羊的毛色，如铁元素可使绵羊毛变成浅红色；铜元素可使绵羊毛变成浅蓝色等。通过不同配方，已培育出浅红色、浅蓝色、金黄色、浅灰色、棕色、橙色等彩色羊毛。这些身长彩色毛的绵羊经过配种繁

殖，还能把遗传基因传递给下一代，从而培育繁殖彩色绵羊。彩色羊毛的出现为纺织工业带来了巨大的变化。因其不需要染色加工，可以减少环境污染。同时，织物也不会受到染料残留的化学物质腐蚀，质地坚实，耐磨耐穿。而且彩色羊毛不怕风吹、日晒、雨淋，不会褪色。

超级吸水纤维（super absorbing fiber）能够吸收比自重大数十倍、数百倍乃至千倍水分的纤维。此类纤维不仅吸水速度快，而且即使施加压力也难将水分挤出，但当外界温度降低时，吸收的水分可自行扩散出来。超级吸水纤维的种类主要有改性纤维素类、聚羧酸类、聚丙烯酯类、改性聚乙烯醇类等。超级吸水纤维在卫生用品领域应用广泛，如在尿布和卫生巾中掺入一定量的超级吸水纤维，可使产品更轻薄而不漏液；高效吸血纱布和绷带改进了原来纱布和绷带的吸水性，可快速吸收体液，不粘伤口。

超细纤维（super fine fiber）单丝细度小于0.44dtex（0.4旦，相当于1g重量的纤维长度达22.5km长）的化学纤维。纺织用化纤的直径一般为10～50μm，棉花的为10～17μm，山羊绒的为15～16μm，绒毛的小于5μm，而超细纤维的直径在5μm以下。超细纤维以热塑性高聚物（常用的是聚酯、聚酰胺、聚丙烯等）为原料，采用复合纺丝法（海岛型和剥离型）和熔（溶）喷法制得，最细可制得0.0001旦的纤维（直径为0.1μm）。超细纤维的直径小，纤维的比表面积明显增大，导致超细纤维本身及制成产品有许多独特的性能：手感柔软而细腻、韧性好、悬垂性能好、光泽柔和、织物可密性好、吸附能力强、具有高清洁能力、保暖性强、高吸水性和吸油性。通常用作仿真丝织物、仿桃皮绒织物、人造麂皮、高吸水材料、吸湿透气织物、洁净布和无尘服装、保温材料、过滤材料、人造血管、人造皮肤、渗透膜等。

D

大豆蛋白纤维（soybean protein fiber）在大豆榨油后的豆粕中提取蛋白质，并通过助剂与羟基高聚物接枝相溶共聚共混，制成一定浓度的蛋白质纺丝溶液，然后利用现代纺丝设备，经湿纺法纺制而成的一种人造纤维。大豆蛋白纤维具有单丝细度细、密度小、强度高、耐酸碱性能好、外观华丽、吸湿导湿性好等特点，被誉为"人造羊绒"。它是一种易降解的纤维，构成大豆蛋白纤维的氨基酸大多含有亲水性基团，穿着时极为舒适，特别适宜做内衣。大豆蛋白纤维具有羊绒般的柔软手感、蚕丝般的柔和光泽、棉花般的吸湿透气以及羊毛般的保暖性能。

F

芳砜纶纤维（sulfoxide fiber）聚磺酰胺纤维、聚芳砜酰胺纤维，全名为聚苯砜对苯二甲酰胺纤维，聚合物大分子主链上含砜基的芳香族聚酰胺纤维。芳砜纶可在250℃的温度下长期使用，在250℃和300℃时的强度保持率分别为70%、50%，即使在350℃的高温下，依然保持38%的强度。芳砜纶在250℃和300℃热空气中处理100小时后的强度保持率分别为90%和80%。芳砜纶在沸水中收缩率为3%；在250℃和300℃热空气中热收缩率为0.5%～1%和2%；纤维在燃烧时不熔融、不收缩或很少收缩，离火焰自熄，极少有阴燃或余燃现象。芳砜纶没有熔点，在400℃以上高温下分解，但不熔融、不收缩或仅呈微小收缩。在常温下，对各种化学物质均能保持良好的稳定性。由于芳砜纶具有突出的耐热性、难燃性、高温尺寸稳定性、阻燃性、电绝缘性、抗辐射性、化学稳定性和染色性能，在军工、电力、冶金、化工、宇航等领域有广泛的应用。

H

海藻纤维（alginate fiber）又称藻朊酸（钙）纤维，以从某些海藻中分离出的海藻酸为原料制成的人造纤维。纤维组分一般是海藻酸的金属盐，如钠盐、钙盐、铍盐、铬盐等。海藻纤维具有耐火性，燃烧时不起明火，但湿强较低。

J

聚苯并咪唑纤维（polybenzimidazole fiber）又称PBI纤维和托基纶，主链中含有苯并咪唑重复单元的芳香族杂环聚合物纤维，全称为聚-2, 2'-间苯撑-5, 5'-双苯并咪唑纤维，PBI纤维的耐高温性、耐炎热性、阻燃性、尺寸稳定性、穿着舒适性和耐化学腐蚀性非常突出。但是PBI纤维的耐光性能较差。聚苯并咪唑纤维主要用于要求纤维阻燃、耐高温和无烟、低毒的领域。它突出的耐热性能使其在特殊应用中，可取代石棉，制作防护服（消防服、防高温工作服、飞行服）和救生用品等。美国曾经用它制作阿波罗号宇宙飞船和空间实验室的宇航密封舱耐热防火材料，和宇航员的航天服和内衣，还可用作宇宙飞船重返地球及喷气飞机减速用的降落伞、减速器和热排出气的储存器、耐高温的过滤材料反渗透膜等。由于PBI纤维在高温下还具有石墨化的倾向，因此可用于制造石墨纤维。

聚对苯撑并双噁唑纤维（Polyphenylene benzo-bisthiazole fiber，PBO）学名为聚对亚苯基-2，6苯并双噁唑，商品名为Zylon。一种高性能有机纤维。是含有杂环芳香族的聚酰胺家族中最有发展前途的一个成员，被称为21世纪超级纤维。纤维的强度、模量、耐热性和难燃性都远远超出现有的有机纤维；其强度和模量超过了碳纤维和钢纤维；其耐热性比

PBI（聚苯并咪唑纤维）高，它在火焰中不燃烧、不收缩且柔软。此外，它还具有优良的抗冲击性、抗蠕变、耐药品、耐切割、耐磨和耐高温等特性；吸湿性只有0.6%，在吸放湿时纤维尺寸稳定性好，自身又很柔软，加工性能好。PBO纤维的各项性能与其他纤维的比较如下表：

PBO与其他高性能纤维的性能比较

纤维品种	断裂强度	模量	断裂伸长率	密度	回潮率	LOI	裂解温度
	N/dtex	GPa	%	g/cm³	%		℃
PBO zylon HM	3.7	280	2.5	1.56	0.6	68	650
PBO zylon AS	3.7	180	3.5	1.54	2	68	650
对位芳族聚酰胺(Kevlar)	1.95	109	2.4	1.45	4.5	29	550
间位芳族聚酰胺Nomex	0.47	17	22	1.38	4.5	29	400
钢纤维	0.35	200	1.4	7.80	0	—	—
碳纤维	2.05	230	1.5	1.76			
高模量聚酯	3.57	110	3.5	0.97	0	16.5	150
聚苯并咪唑（PBI）	0.28	5.6	30	1.40	1.5	41	550

PBO纤维的优异性能决定了它的应用领域十分广阔。长丝可以作为复合材料的增强材料、高温过滤用耐热过滤材料、消防服、各种耐热工作服、防切伤的保护服、运动保护服、人员和设备的防弹服、体育器材、高级扩音器振动板、新型通讯用材料、航空航天用材料等。PBO短切纤维和浆粕可用于摩擦材料和密封垫片用补强纤维、各种树脂和塑料的增强材料、耐热缓冲垫毡等。

M

莫代尔纤维（Modal fiber）用欧洲榉木木浆制得的新型环保型高湿模量、高湿强力的再生纤维素纤维。其浆粕及纤维的生产在对环境无大量污染的情况下进行，所以被称作绿色纤维。它具有比纯棉更好的吸湿性和柔软性，有蚕丝般的光泽。用莫代尔纤维制作的内衣质地柔软、光泽亮丽、垂感好、超强吸湿、穿着光滑舒适。这种材料经多次水洗后仍能保持鲜艳色彩，常用来制作高级服装。莫代尔纤维可与羊毛、羊绒、棉、麻、丝和涤纶等混纺，改善和提高纱线的品质。莫代尔纤维可制作各类内衣、浴巾、床上用品、时装等。

木棉纤维（kapok fiber）一种产于亚热带地区附着于木棉荚果壳体内壁的单细胞果实纤维。木棉纤维具有独特的薄壁大中空结构和质轻拒水吸油的优良特性，相对密度小，浮力大。木棉纤维还具有良好的化学性能，耐酸性和耐碱性良好，常温下稀酸、醋酸等弱酸对其没有影响。木棉纤维主要应用于：（1）中高档服装家纺面料。与棉、黏胶或其他纤维素纤维混纺，可织制光泽和手感良好的服装面料。（2）由于其中空度高，是中高档被褥絮片、枕芯靠垫等的理想填充料。（3）旅游娱乐用品。木棉纤维具有较大浮力，是救生衣的理想材料，与PVC、PE等泡沫塑料填充的救生衣相比，不易老化和破损。（4）隔热和吸声材料。（5）房屋的隔热层和吸声层填料。

N

牛奶纤维（milk fiber）将液态牛奶去水、脱脂并糅合制成酪蛋白浆，再经湿纺新工艺及高科技手段加工而成的一种再生蛋白质纤维。牛奶纤维具有真丝的外观和手感以及良好的导湿性和速干性。由牛奶丝制成的面料，质地轻盈、柔软、滑爽、飘逸、悬垂；穿着透气、导湿、爽身；外观光泽优雅、华贵、色彩艳丽；牛奶丝比棉、丝的强度高，比羊毛防霉、防蛀，故耐穿、耐洗、易贮藏。牛奶纤维pH

值在 6.8 左右，呈微酸性，与皮肤的 pH 值正好保持一致，所以贴身穿着极为舒适，特别适宜做高档内衣、男女 T 恤衫及家居休闲服饰。

O

藕丝纤维（lotus root fiber）利用微生物的发酵作用，从荷花的茎秆中经过河水浸渍、洗晒、脱胶等工艺处理后而制成的纤维。是我国继大豆蛋白纤维、竹纤维后又一种自主开发的新型纤维。经过处理后的藕丝为浅棕色，长度 30～50mm，手感较硬。藕丝纤维不但具有良好的吸湿、排汗、防臭、透气和抗霉杀菌功能，而且含有多种对人体健康有益的微量元素。由于藕丝纤维与棉纤维混纺制成的织物布面粗犷、朴素，与中国独特的手工织物风格相似，是制作衬衫、T 恤衫的理想面料。织物经过雾化处理后，其表面能持久释放出一种独特的自然清香气味。

T

Tencel 纤维（Tencel fiber）又称天丝纤维，学名是 Lyocell。用纯物理法生产的、新型的、环保型的再生纤维素纤维。纤维生产过程无污染，生产成本低，资源可再生，废弃物不产生二次污染。其纺丝方法是把纤维素浆粕与 N-甲替吗啉-N-氧化物（NMMO）直接混合，加入添加剂（如 $CaCl_2$）和抗氧化剂（如 PG）以防止纤维在溶解过程中氧化分解，并调节溶液的黏性和改善纤维的性能。溶液经过滤、脱泡，在 88～125℃下用湿法或干法纺丝，在低温水溶液或水/N-甲替吗啉-N-氧化物（NMMO）体系凝固成型，经拉伸、水洗、去油、干燥和 NMMO 溶剂回收等工序。Tencel 纤维的特性如下：（1）具有较高的干、湿强力和湿干强比，同时具有普通型黏胶纤维所拥有的优良的吸湿性、柔滑的飘逸性和舒适性等特点，干强力为 4.0～4.2cN/dtex，与涤纶相近，湿强力为干强力的 85%，具有良好的水洗尺寸稳定性（缩水率仅为 2%），吸湿性比棉高，穿着舒适。湿伸长率 15%～17%，湿模量 9～10cN/tex。（2）具有较高的溶胀量。（3）独特的微纤化特性，即天丝纤维在湿态中经过机械摩擦，会沿纤维轴向分裂出原纤，通过处理可获得独特桃皮绒风格。（4）可纺性良好，既可纯纺，也可与其他纺织纤维混纺交织。Tencel 纤维可用于高档衬衣、内衣、套装裙子、休闲服等服装产品，也可以用于工业和医用领域，如涂层底布织物、缝纫线、防护服、耐用尿布、医用绷带、工业用布、印花机用毯、非织造布、香烟的高级过滤嘴棒和过滤材料等。

天然彩棉（natural colorful cotton）利用生物工程技术选育出的一种吐絮时棉纤维就具有红、黄、绿、棕、灰、紫等天然色彩的特殊类型棉花。用这种棉花织成的布不需染色，无化学染料毒素，质地柔软而富有弹性，制成的服装经洗涤和风吹日晒不变色，耐穿耐磨，穿着舒适，有利人体健康。因不需要染色，可降低纺织成本，且不污染环境。但目前彩棉的颜色色谱不全，品质难以保障，其天然色素在加工过程中的稳定性和牢度也需进一步提高。

天丝纤维（tencel fiber）见 Tencel 纤维。

土工合成纺织新材料（geosynthetical new textile material）工程建设中应用的土工织物、土工膜、土工复合材料、土工特种材料的总称。包括土工织物土工膜、土工格栅、土工带、土工格室、土工网、土工模袋、土工网垫、土工复合材料、塑料排水带、土工织物膨润土垫等。

V

VECTRAN 聚酯纤维（Vectran）一种高强度的芳香族聚酯纤维。该纤维的强度约为普通聚酯的六倍，与金属纤维的强度相当，具有质轻、高强度、高模量、耐蠕变、尺寸稳定性好、不吸收水分、耐化学腐蚀性等特点，在 200℃的干热和 100℃的湿热条件下其收缩率为零，在超低温下不会结冰。它有长丝、短纤维及湿法非织造布等形式，主要用于产业用纺织品领域。作为增强纤维材料，在光缆、特种电线中起支撑保护作用，可与橡胶复合制造耐高压软管、传送带、耐磨密封件及汽车用橡胶部件。可与树脂复合作为超薄型印刷电路的基板。因为制成的织物耐切割性好，是制作防护服、手套等安全用品的好材料。也可制作优良的耐高温、耐腐蚀工业用过滤布。芳香族聚酯纤维特别适合编织渔网、养殖业围网、船用绳索。具有强度大、不怕潮湿、使用寿命长、轻量化特点。在体育用品领域，可在网球板、头盔、雪橇等器材中，用作增强材料。

X

玄武岩纤维（basalt fiber）以火山喷出的玄武岩为原料，在 1 450～1 500℃的高温下熔融后，通过铂、铑合金拉丝漏板制成的连续纤维。玄武岩纤维具有化学稳定性、物理稳定性、吸波功能及良好的透波功能、无毒性、燃烧无熔滴、烟密度低、无污染。可在 -269～700℃内连续工作，具有高强度、高模量的力学性能。它同时还具有极低的热传导系数，极低的吸湿性，较高的吸音系数，较高的比体积电阻，防辐射，耐酸耐碱，防电磁、高温过滤性佳等优点。以连续玄武岩纤维为增强体可制成各种性能优异的复合材料。广泛用于航天、航空、高速列车、汽车、船舶、国防、军工、安防、建筑工程、防火工程、海洋工程、土木工程、公路工程、桥梁工程、电力工程、石油工程、加固工程等方面。

Y

椰壳纤维（coir fiber）将椰壳在海水中浸蚀或机械加工处理得到的椰子纤维。是椰树果实的副产品。椰壳纤维主要由纤维素、木质素、半纤维素以及果胶物质等组成。椰壳纤维中纤维素含量较高，半纤维素含量很少，力学性能、耐湿性和耐热性较好。它还具有天然无毒、透气滤水、弹性适中、防潮防蛀、支撑均匀、经久耐用等特点。该产品广泛应用于民用床垫、体育用衬垫，汽车、火车、轮船的座靠垫。其纤维手感柔软，条干均匀，吸湿性及膨松性均好于大麻，是理想的纺织原料。由于椰壳纤维具有可降解性，对生态环境不会造成危害，故可用于加工土壤控制的非织造布。此外，椰壳纤维韧性强，还可替代合成纤维，用作复合材料的增强基等。

异形截面纤维（abnormal cross-sectional fiber）使用非圆形纺丝孔纺制的纤维。纤维截面异形化后，可使织物的光泽、硬挺度、弹性、手感、吸湿、蓬松性、抗起毛起球、耐污性等方面得到不同程度的改善。不同的截面形状能赋予纤维不同的性能和风格，如三角形截面给予真丝般的光泽和优良手感，中空三角形截面有调和的色调和身骨，星形截面有柔和的光泽、干燥感、较好的吸水性，U形截面有柔和的光泽、干燥的手感、有身骨，W形截面具有螺旋卷曲、似毛的蓬松性、粗糙感、干爽感，箭形截面有干燥的触感、自然的表面感、滑溜的清凉感，三山形扁平截面有丝绒型的深色感、蓬松而有身骨，多重、多形混纤具有干燥触感、自然的表面感、有身骨，异形截面纤维因具有很多优良特性和风格，故在服装、地毯、非织造布、工业卫生等领域均有广泛应用。

油吸附材料（oil absorbing material）一种用来在海水遭到石油污染时吸附海面油污的毛毡类纺织品。它由合成纤维制成。要求每克材料的吸油量在6g以上，但吸水量在0.1g以下。日常情况下保持性能稳定，吸油后的状态也能长时间保持稳定，容易回收。

玉石纤维（jade fiber）运用萃取和纳米技术，使玉石和其他矿物质材料达到亚纳米级粒径，然后熔入纺丝熔体之中，经纺丝加工而制成的一种凉爽保健型纤维。玉石纤维广泛用于针织、机织等多种织造工艺。它既能和棉、毛、丝、麻及化纤类短纤维混纺，也能纯纺。玉石纤维的主要功能：（1）保健。玉石中含有丰富的对人体有益的矿物质和微量元素，长期贴附在人体的皮肤上，进行释放，能改善血液微循环，促进新陈代谢，消除疲劳。（2）降温。用玉石纤维制成的织物，有较好的凉爽感。特别适合在炎热的夏天或运动时穿着使用。（3）有一定的抗菌作用。

Z

藻朊酸（钙）纤维（alginate fiber）见海藻纤维。

植物生长基质材料（matrix material for planting）一种可以生物降解的土壤毯。它由椰子皮纤维、稻草、麦秆、麻纤维等混合制成。作为育种的需要，可以在普通地面上使用，帮助植被的建立、生长，并能防止害虫和鸟类啄食种子。

中空纤维（hollow fiber）一种由高聚物纺丝溶液经过特殊截面的喷丝孔挤出而成的、在贯穿纤维轴向上有管状空腔的化学纤维。它具有蓬松度好、回弹力高、拉力强等特点。主要用途有两种：（1）作为保暖材料。中空纤维中含有静止的空气，保暖效果好。如制成偏芯的中空纤维，热处理后可获得永久性的卷曲，提高纤维的蓬松感。（2）作为膜分离材料。主要是纤维壁上有很多微孔，通过控制微孔的直径，分离不同尺寸的物质，达到大小分子的分离、起浓缩或净化作用。

竹节纱（slub yarn）在长度方向上出现粗、细节状的纱线。看上去很像竹子的节结，故而得名。竹节纱可分为等节距竹节纱和不等节距竹节纱。其加工方法有后罗拉增速法、包缠法、植入法、热定型法等。用竹节纱织成的织物表面能显示竹节波纹或花朵，既可增加布面外观效应，又能减少贴肤面积，适宜作为夏季服装面料或装饰面料。

竹纤维（bamboo fiber）又称竹子再生纤维素纤维，将竹子加工后获得的纤维，包括竹浆纤维与竹原纤维。竹浆纤维由竹子经粉碎后采用水解、碱处理及多段式的漂白精制而成浆粕，再由不溶性的浆粕予以变性，转变为可溶性黏胶纤维用的竹浆粕，再经过黏胶抽丝制成。将竹子经过粉碎后，再经高温蒸煮，除糖分、除脂肪、消毒、晾干等物理方法制成的竹纤维也被称为原生竹纤维。竹纤维具有良好的韧性和稳定性，且防缩水、防皱褶与抗起球，同时不会造成过敏。

（三）纤维制造技术（Technology of Fiber Making）

B

变色纤维（polychromatic fiber）在受到光、热、水分或辐射等外界刺激后具有可逆性自动改变颜色的纤维。它是一种具有特殊组成或结构的纤维，主要有光敏变色纤维和热敏变色纤维两种。

C

超高强高模聚乙烯纤维（ultra high molecule weight polyethylene fiber，UHMWPF）20世纪90年代初出现的高强高模伸长链聚乙烯纤维。它的相对分子质量在1×10^6万~6×10^6万之间，分子形状为线型伸直链结构，取向度接近100%。与其他材料如碳纤维、玻璃纤维、芳纶、硼纤维、钢纤维、尼龙等相比，其比强度和比模量明显高出许多。在重量相同时，UHMWPF的强度是钢的10~15倍，比芳纶纤维的强度高40%。具有较高的断裂伸长率，材料的断裂比功较大，其断裂比功大于碳纤维、玻璃纤维和芳纶纤维等。UHMWPF具有突出的耐冲击性能，高于聚酯纤维和芳纶，远高于碳纤维。UHMWPF具有很高的勾结和结节强度、较好的柔曲性能、良好的耐疲劳性和耐摩擦性、耐紫外线辐射、耐光学性能、耐化学腐蚀、比能量吸收高、介电常数低、电磁波透射率高、摩擦系数低、抗切割性能优异、不吸湿、电绝缘性能良好等特点。但其成本高、界面结合性差、蠕变高、耐热性能较差。UHMWPF纤维是制作软质防弹服、防刺衣、轻质防弹头盔、雷达罩、运钞车防弹装甲、直升机防弹装甲、舰艇及远洋船舶缆绳、轻质高压容器、航天航空结构件、深海抗风浪网箱、渔网、赛艇、帆船、滑雪橇等的理想材料。

磁性纤维（magnetic fiber）在纤维中加入纳米级磁性微粉，使其含有磁性材料的纤维。它可以制成磁性护膝、护腕、头套、衣服、枕头等保健用品，是传统磁疗织物的替代产品。经临床应用证明，对关节退变疼痛、滑膜炎、挫伤、腱鞘炎、骨关节寒冷感、偏头痛、风湿、高血压等病症具有一定的理疗保健作用。

D

导电纤维（electro-conductive fiber）电阻率小于$10^{-9}\Omega \cdot m$，甚至小到$10^{-11}\Omega \cdot m$的一类纤维。其导电性远高于抗静电纤维，且不受湿度的影响，抗静电效果耐久。导电纤维内部含有可移动的自由电子，不依靠吸湿和离子的转移导电，即使在低湿度条件下也不会改变其导电性能。导电纤维包括本身金属纤维（电阻率为10^{-10}~$10^{-11}\Omega \cdot m$，包括不锈钢、钼、镍等）、碳纤维（电阻率为10^{-1}~$10^{-2}\Omega \cdot m$）和有机导电纤维（电阻率可达10^{-2}~$10^{-11}\Omega \cdot m$）等；普通合成纤维可通过化学电镀法、真空蒸发吸附法、隙缝式机械涂敷法、嵌碳法、渗入法、络合法和吸附法等多种手段涂敷导电物质制成有机导电纤维，也可通过复合纺丝法增加导电芯层制成导电纤维。导电纤维应具备以下特性：（1）有消除静电的能力；（2）具有稳定的物理性质和化学性质；（3）具有较好的抱合性能，容易同一般纺织纤维混纺和交织，不过分影响织物的柔软性和外观。导电纤维被广泛地应用于轮船电磁波的吸收罩、导电工作服、发热覆盖材料、电磁波屏蔽罩、导电过滤材料等。将混有各种导电纤维的制品制成各种防静电工作服、手套、帽、毛巾、窗帘、地毯、缝纫线等，广泛应用于油田、石油运输加工、煤矿、炸药工业、电子工业、感光材料工业等领域。

F

发光纤维（luminescent fiber）利用稀土材料作为发光剂，与涤纶、丙纶或锦纶的聚合物经过特种纺丝工艺制成的具有夜光性蓄光型稀土夜光纤维。用该纤维制成的纺织品在白天与普通纤维完全一样，无放射性，不会使人感到有任何特异之处，在夜间或黑暗状态下可持续发光。该纤维在受光照时捕获激发态电子，在停止光照后进行持续的发光跃迁。只要吸收任何可见光10~30分钟，便能将光能蓄贮于纤维之中，在黑暗状态下可持续发出红、黄、蓝、绿等各种色彩的光，达10小时以上且可无限次循环使用。稀土发光纤维可广泛应用于航空航海、国防工业、建筑装潢、交通运输、夜间作业、日常生活及娱乐、服装等行业。

芳纶纤维（aramid fiber）一种具有长链状聚酰胺基体结构的高性能纤维。在此种纤维中，至少85%的酰胺直接键合在两个芳香环上。它是由酰胺键连接的由芳香族基团组成的合成线型高分子。芳纶纤维大分子上的酰胺被芳香环分隔，而普通的锦纶被脂肪基单元分隔。这种结构使芳纶纤维具有很高的拉伸强度、耐热性、阻燃性、耐干热性、耐冲击性能和良好的韧性。芳纶纤维可直接用于登山绳索、传送带、降落伞、防弹服等；作为聚合物基复合材料的增强材料，可单独或与碳纤维混合使用，主要用于航天飞机、大中型客机、汽车和船舶，替代钢、铝等金属的结构件，其减重效果显著。如用于波音757可减重454kg，用于轿车车身，可减重40%，在船舶中使用时比用玻璃纤维可减重20%～30%。军工上可用于火箭壳体、防弹头盔等。芳纶纤维还可替代石棉纤维用作无石棉摩擦材料的增强纤维。主要缺点是压缩强度低，易原纤化，不耐日光和其他紫外光，不能用普通方法染色等。

防 X 射线纤维（anti-x-ray radiation fiber）对 X 射线具有防护功能的纤维。长期接触 X 射线对人体的性腺、乳腺、红骨髓等都会产生伤害。若超过一定程度还会造成白血病、骨肿瘤等疾病。防 X 射线的材料一般是含铅的玻璃、有机玻璃及橡胶等制品。但这些产品不仅笨重，而且铅氧化物有一定毒性，会对环境产生一定程度的污染。新型的防 X 射线纤维是利用聚丙烯和固体 X 射线屏蔽剂材料复合制成的。纤维的线密度在 2.2dtex 以上，纤维的断裂强度可达 20～30cN/tex，断裂伸长率约为 25%～45%。由防 X 射线纤维制成的具有一定厚度的非织造布对 X 射线的屏蔽率随着 X 射线仪上电压的增加而有所下降，随非织造布平方米重量的增加而有一定程度的上升。非织造布的定重在 600g/m² 时，对中、低能 X 射线的屏蔽率可达到70%以上。可以通过调节织物的厚度或增加它的层数来提高防护服的屏蔽率。

防辐射纤维（anti-radiation fiber）具有防辐射功能的纤维。防辐射纤维有两种类型：一种是纤维本身就耐辐射，称为耐辐射纤维；另一种是复合型防辐射纤维，即通过往纤维中添加其他化合物或元素使之具有耐辐射的性能。由于造成伤害的辐射源是多种多样的，它们产生射线的能级也各不相同，因而抵抗这些射线辐射的材料也不尽相同。已开发成功并已获得应用的防辐射纤维主要有：抗紫外线纤维、防微波辐射纤维、防 X 射线纤维和防中子辐射纤维。

防微波辐射纤维（anti-microwave radiation fiber）对微波具有反射性能的纤维。微波的频率一般在 $3 \times 10^8 \sim 3 \times 10^{12}$Hz。长期受到微波辐射的人的收缩压、心率、血小板和白血球的免疫功能等都会有一定程度的影响，并会引起神经衰弱、眼晶体混浊等症状。金属材料是理想的防微波辐射的材料，但不宜穿着。而利用金属纤维与其他纤维混纺成纱，再织成布就解决了这一难题。所用的金属纤维有三种，即纯无机金属材料制成的纤维（如不锈钢纤维）、表面涂一层塑料的金属纤维、外包金属的镀金属纤维（如镀铝、镀锌、镀铜、镀镍、镀银的聚酯纤维、玻璃纤维等）。制成的防电磁波辐射的织物具有防微波辐射性能好、质轻、柔韧性好等优点。其微波透射量仅为入射量的十万分之一。主要用作微波防护服和微波屏蔽材料等。

防中子辐射纤维（anti-neutron radiation fiber）对中子流具有抗御辐射性能的合成纤维。它在高能辐射下仍能保持较好的机械性能和电气性能，并具有良好的耐高温和阻燃性能。中子虽不带电荷，但具有很强的穿透力。中子在空气和其他物质中，可以传播更远的距离，对人体产生的危害比相同剂量的 X 射线更为严重。由防中子辐射纤维制成的屏蔽物，就可以将快速中子减速和将慢速（热）中子吸收。通常的中子辐射防护服装只能对中、低能中子进行有效防护。将锂和硼的化合物粉末与聚乙烯树脂共聚后，采用熔融皮芯复合纺丝工艺研制的防中子辐射材料，纤维的强度可达 20～30cN/tex，断裂伸长为 21%～32%。由于纤维中锂或硼化合物的含量高达纤维重量的30%，因而具有较好的防护中子辐射效果。它可加工成机织物和非织造布。定重为 430g/m² 的机织物的热中子屏蔽率可达40%，常用于医院放疗室内医生与病人的防护。国内采用硼化合物、重金属化合物与聚丙烯等共混后熔纺制成皮芯型防中子、防 X 射线纤维。纤维中的碳化硼含量可达35%，纤维强度可达 23～27cN/tex，断裂伸长达 20%～40%。可加工成针织物、机织物和非织造布。用在原子能反应堆周围，可使中子辐射防护屏蔽率达到44%以上。

仿蛛丝纤维（mock spider fiber）见生物钢。

G

高感性纤维（high sensible fiber）能满足人们在触觉、视觉、嗅觉、听觉和味觉方面需求的纤维。触感纤维能满足对于人的手和肌肤所产生的材质感、温暖感、柔软感、滑爽感和黏附感，如Coolmax吸湿排汗纤维、超特细异型复合加弹纤维等。视觉纤维能满足人们对于色泽、色调、形态、花纹和材质的视觉要求，如变色纤维、夜光纤维、异型界面闪色纤维等。听觉纤维是为了满足人们听觉需要的纤维，一般特指丝绸要有"丝鸣"效果，如三叶花瓣截面纤维。嗅觉纤维则指纤维能发出人们喜爱的香味的纤维。这些纤维包括菠萝纤维、香蕉叶纤维、牛奶蛋白纤维，它们给人们心理上以绿色环保、无毒无害的感觉。

高收缩纤维（fiber with high shrinking potential）沸水收缩率达到35%～45%的纤维。通常把沸水收缩率在20%左右的纤维称为一般收缩纤维。高收缩纤维不等于高弹性纤维。常见的有高收缩型聚丙烯腈纤维（腈纶）和聚酯纤维（涤纶）两种。制造高收缩聚丙烯腈纤维，常采用如下方法：（1）在高于腈纶玻璃化转变点的温度下，进行多次热拉伸，使纤维中的大分子链舒展，并沿纤维轴向取向，然后骤冷，使纤维的大分子链的形态和张力暂时被固定下来。在松弛状态下对成纱进行湿热处理，大分子链因热运动而收缩，导致纤维在长度方向的显著收缩。（2）增加第二单体内烯酸甲酯的含量，大幅度地提高腈纶的收缩率。（3）采用热塑性的第二单体与丙烯脂共聚，能明显地提高纤维的收缩率。高收缩型聚酯纤维一般是通过对结晶性聚酯的改性而获得。高收缩纤维可以与各种纤维混纺做成各种仿羊绒、仿毛、仿麻、仿真丝等产品，手感柔软、质轻蓬松、富有弹性、滑糯爽、保暖性好。

高吸湿纤维（high hydrophilic fiber）原本具有疏水性的合成纤维，经物理变形和化学改性后，在一定条件下，在水中浸渍和离心脱水后，仍能保持15%以上水分的纤维。为了提高合成纤维的吸水、吸湿性，常采用如下方法：（1）与亲水性单体共聚，使成纤聚合物具有亲水性。（2）用亲水性单体进行接枝共聚；（3）与亲水性化合物共混纺丝；（4）用亲水性物质对纤维表面进行处理，使织物表面形成亲水层；（5）使纤维形成微孔结构；（6）用共聚法、接枝共聚法和制取微孔结构纤维使纤维表面异形化。

高性能纤维（high performance fiber）具有高强度、高模量、耐高温、耐腐蚀、难燃性、突出的尺寸及化学稳定性的纤维。其强度大于17.6cN/dtex，弹性模量在440 cN/dtex以上。如碳纤维、芳香族聚酰胺纤维、芳香族聚酯纤维、超高强超高模量聚乙烯纤维、聚苯并咪唑纤维、聚对苯撑并双噁唑纤维、聚四氟乙烯纤维、碳化硅纤维、氧化铝纤维、硼纤维以及高强度玻璃纤维等。高性能纤维常用于军事装备、宇宙开发、大型航空器材、海洋开发、超高层建筑、医疗及环境保护、体育和休闲业等。其价格昂贵。随着高性能纤维技术的发展，价格会逐渐降低，应用前景更为广泛。

光敏变色纤维（photochromic fiber）在一定波长光的照射下会发生变色，而在另一种波长的光或热的作用下又会发生可逆变化，恢复到原来颜色的纤维。光敏变色纤维主要用于娱乐服装、安全服和装饰品以及防伪制品等。

J

甲壳质纤维（chitopoly fiber）一种具有多活性氨基的生物高分子多糖，结构类似于纤维素。其原料来自于甲壳类动物的外皮或外壳，壳聚糖纤维强度大约在0.97～2.73cN/dtex，湿强为0.35～1.23cN/dtex，伸长率为8%～14%，密度为1.5g/cm³。分子间的微孔结构使纤维具有很好的透气性和保水率，一般保水率在130%以上。该纤维的优点是染色性好、吸湿、保湿、保暖、柔软、能吸附蛋白质，具有止血、镇痛、抗菌、防霉、去臭消炎、促进伤口愈合的功能，在机体中有良好的生物相容性、降解吸收性。该纤维在纺织、印染、造纸、生化、食品、医疗、日用化工、农业和环境保护等方面都得到了广泛应用：（1）医用纤维：手术隔离膜、血液透析膜、缝合线等。（2）人工皮肤：用于烧伤、烫伤。（3）医用超微粉：用于烧伤、烫伤、止血消炎。（4）医用水凝胶：用于烧伤、烫伤、止血消炎、保护创面。（5）药物缓释剂、控释剂。（6）医学生物工程材料：酶固定化、细胞工程。（7）化妆品面膜。（8）保暖服饰材料：保健内衣、内裤等。（9）重金属的回收、放射性废液的去污、水质净化和饮料（果汁、果酒）的除浊澄清等。

金属纤维（metallic fiber）由金属制成的纤维、外涂塑料的金属纤维、外涂金属的塑料纤维和包覆金属的芯线。由于金属熔化时具有很高的温度和很大的表面张力，不能采用普通的挤压方法纺丝，必须采用特殊方法（如粗金属丝经牵伸拉细，或采用真空蒸发方法包覆塑料薄膜、切削法、熔抽法等）制成。金属纤维的主要原料有铁合金、铜合金、镍合金、铝合金、银、锰镍合金等。金属纤维强度高、弹性模量高，具有良好的导电性和热传导性，耐高温、耐弯曲、耐磨损等性能。其应用形式大体分为纺织物制品（抗静电布、高压电屏蔽服、雷达敏感织物）、多孔材料制品（过滤、润滑与密封材料、吸声材料、节能材料、导热材料）和增强复合材料三类。混入少量金属纤维制成的混纺织物，用于防静电、导电、屏蔽等方面，如化工、石油行业的安全作业服、防尘服、外科手术衣等。有些特种合金纤维在航空、航天、原子能、电子及军工部门的高技术领域有着重要用途。

聚苯胺复合导电纤维（polyaniline compound conductive fiber）采用成纤高分子为基体，聚苯胺为导电剂，经纺丝而成的纤维。其导电性能好，在导电材料和抗静电领域用途广泛，在服装行业应用方面可与普通合纤交织，制作抗静电工作服和电磁波屏蔽服，作为孕妇、儿童的防护服。在工业方面可作半导体器件、电磁波屏蔽材料及抗静电材料。

聚对苯二甲酸丙二醇酯纤维（poly-trimethylene terephthalate fiber，PTT）一种兼有涤纶和锦纶性能的新型聚酯纤维。它与PET纤维（聚对苯二甲酸乙二酯）、普通涤纶纤维与PBT（聚对苯二甲酸丁二酯）纤维同属聚酯纤维。它具有特别优异的柔软性和弹性回复性、抗褶皱性和尺寸稳定性、耐候性、易染色性以及良好的屏蔽性能。弹性、染色性优于涤纶，与氨纶相当，且更易加工。其抗褶皱性、耐污性、耐光性均优于锦纶。PTT纤维的拉伸回复性（耐磨性能）与锦纶66相当，与PET（涤纶）一样挺括、干爽。价格又在涤纶和锦纶之间，因此PTT纤维有可能成为21世纪的化纤大品种之一。

聚对苯二甲酸丁二醇酯纤维（poly-butylene terephthalate fiber，PBT）一种具有耐久性、稳定性、柔软性等特性的聚酯纤维。PBT纤维具有聚酯纤维共同特点，但因大分子基本链节的柔性部分较长，其熔点和玻璃化温度较普通聚酯纤维要低，纤维大分子链的柔性和弹性有所提高，染色性较好等。纤维强度为$2.7\sim4.5$cN/dtex，伸长率为$30\%\sim60\%$，密度为1.32g/cm^3。PBT纤维主要特点是：（1）具有良好的耐久性、尺寸稳定性和较好的弹性，且不受湿度影响。（2）手感柔软，吸湿性、耐磨性、卷曲性、拉伸弹性和压缩弹性好；弹性回复率优于涤纶，且不受周围环境温度变化的影响；价格低于氨纶纤维。（3）具有较好的染色性能，可用普通分散染料进行常压染色，而无需载体，染好的纤维色泽鲜艳，色牢度及耐氯性

优良。（4）具有优良的耐化学药品性、耐光性和耐热性。PBT纤维是理想的仿毛、仿羽绒原料，适用于制作游泳衣、连裤袜、训练服、体操服、网球服、舞蹈服、弹力牛仔服、滑雪裤、医用绷带等高弹性纺织品。长丝可经变形加工后使用，而短纤维可与其他纤维进行混纺，也可用于包芯纱制作弹力布。

聚萘二甲酸乙二醇酯纤维（polythylene naphtalate fiber，PEN）由聚对苯二甲酸乙二酯（PET）的苯环置换成萘环而构成的聚酯纤维。由于PEN纤维分子链上的萘环刚性比PET纤维分子链上的萘环大，其力学性能和热性能等方面都比较突出，具有良好的拉伸性能。其化学稳定性、染色性、回弹性、抗污性极好。主要表现在：（1）高模量、高强度、抗拉伸性能好，伸长率可达14%。（2）尺寸稳定性好、不变形，熔点和玻璃化温度较高，热稳定性好；有优良的耐热性能，收缩率低于PET纤维，而耐水解性有所改善。PEN纤维的模量和尺寸稳定性均明显优于PET纤维，尤其是在较高温度状态下，PEN纤维能保持较高的耐热性能。（3）具有较好的阻燃性、耐化学腐蚀性、抗紫外线强度、抗收缩、高模量和抗拉伸等性能。PEN纤维目前主要用于汽车防冲撞充气安全袋、轮胎和传送（传动）带等的骨架材料、PEN纤维增强材料、过滤材料、缆绳、服装和服饰材料。

聚乳酸纤维（polylactic acid biodegradation fiber，PLA）又称玉米纤维，是由玉米淀粉发酵制得的乳酸，经过聚合、熔融纺丝或干法纺丝制成的纤维。它是一种可完全生物降解的合成纤维。其制品废弃后，在土壤或海水中经微生物作用可分解为二氧化碳和水；燃烧时，不会散发毒气，不会造成污染，是一种生态纤维。聚乳酸纤维具有亲水性好、悬垂性、舒适性好和卷曲持久等优点，而且收缩率可以控制。以上这些特性使聚乳酸纤维在纤维和非织造布领域被广泛应用。聚乳酸纤维可以制成圆截面的单丝或复丝、三叶形截面的纤维（可用于织造地毯和毛毡）、卷曲或非卷曲的短纤维、双组分纤维、纺黏非织造布和熔喷非织造布等，聚乳酸纤维在服装、家用及装饰非织造布、双组分纤维、卫生及医用等行业领域有广阔的应用前景。

聚四氟乙烯纤维（poly-tetrafluoroethylene，PTFE）一种耐腐蚀、不黏着、摩擦系数小、使用范围广的氟纶。其密度为2.2g/cm^3，其机械强度约为1.3cN/dtex，伸长率为$13\%\sim15\%$，回潮率只有0.01%。其化学稳

定性超过所有的天然纤维和化学纤维，是迄今为止最耐腐蚀的纤维，除熔融的碱金属外，聚四氟乙烯几乎不受任何化学试剂腐蚀，不受潮，不会燃烧，对氧和紫外线的作用表现稳定，耐候性好。具有不黏着、不吸水的特性。它既能在较高的温度下使用，也能在很低的温度下使用，其使用范围是 $-180 \sim 260 ℃$；其摩擦系数（$0.01 \sim 0.05$）在现有的合成纤维中是最小的，而且可在很高的温度和很宽的荷重范围内保持不变。聚四氟乙烯纤维本身没有任何毒性，但是在 $260 ℃$ 以上使用时，有少量的毒气氟化氢释出，应采取适当的保护措施。聚四氟乙烯纤维还具有良好的电性能和抗辐射性能，可制成增强塑料作为飞机和其他飞行器的结构材料，火箭发射台的屏蔽物，还可作宇航服。工业上适宜制作轴承、轴衬、耐腐蚀和耐高温的密封函、传送带、交通工具、过滤毛毡等。医疗上可用来制作人造血管、人造气管，修补内脏，缝合非吸收组织。聚四氟乙烯纤维可消除在食品加工时造成的污染，确保制品的卫生性，使用温度在 $0 \sim 260 ℃$，是非常安全的。在纺织工业中，聚四氟乙烯纤维还可作各种面料、帐篷、伞面、手提包和鞋的材料等。

聚酰亚胺纤维（polyimide fiber，PI）由均苯四酸二酐和芳香族二胺聚合得到聚酰胺酸预聚体，再通过溶液纺丝而制得的纤维。聚酰亚胺纤维具有良好的机械力学性能，强度高，耐高辐射性强，用高能的 γ 射线照射 8 000 次后，纤维强度和电性能基本不变。聚酰亚胺纤维的耐热性强，不仅耐高温，而且耐低温；电绝缘性好，无毒、阻燃。聚酰亚胺纤维织物可用于宇航、核动力站、可燃气体过滤器、强热源辐射热的绝热屏地毯、高温防火保护服、赛车防燃服、装甲部队的防护服和飞行服等。聚酰亚胺纤维复合材料可广泛地用于高科技行业，如航空电缆、高温绝缘电器、航空火箭发动机喷管、原子能设施中的结构材料、航空发动机的结构材料等。

K

抗静电纤维（anti-static fiber）在纺织加工及其制品的使用过程中，能够降低静电电荷或使之消失的纤维。改进合成纤维静电性的途径主要有三条：（1）用表面活性剂对纤维或织物进行亲水化处理，提高合成纤维的吸湿性能；（2）对成纤高聚物进行共混、共聚合、接枝改性引入亲水性极性基团，或在纤维内部添加抗静电剂，提高吸湿性，制取抗静电纤维；（3）用少量的导电纤维与常规纤维进行混纤、混纺及交织。利用导电纤维泄电或电晕放电作用来达到消除静电荷。抗静电纤维使人们穿着舒适，织物不易起球和玷污，特别适合对抗静电要求高的防尘服、防爆除尘用品、过滤毡、防电磁波辐射材料以及在易爆的环境下穿用的工作服。

抗菌纤维（anti-bacterium fiber）能抑制或杀死细菌，并能防止因细菌分解人体的分泌物而产生的不良气味的纤维。纺织纤维属多孔性材料，通过纤维叠加编织又形成无数孔隙的多层体，因此织物容易吸附菌类和环境中的臭味。制造抗菌纤维一般有如下方法：（1）纤维改性法：将纤维纺成异型截面或者使纤维表面形成微细孔隙，从而提高消臭剂的附着性，或在纤维纺丝液中引入特定的功能基团，将抗菌剂通过化合键或氢键结合成纤维表面。（2）纤维纺丝原液中掺加抗菌剂，与各种合成纤维共混纺织成纤维。（3）用反应性树脂将抗菌剂热固定于纤维表面。（4）使抗菌剂吸附于纤维表面。抗菌纤维常用于内衣、袜子，但对于婴幼儿使用的制品，为确保安全，一般不进行抗菌防臭处理。

抗紫外线纤维（UV fiber）具有抗紫外线破坏能力的纤维或含有抗紫外线添加剂的纤维。如腈纶本身为优良的抗紫外线纤维。对于抗紫外线的能力较差的纤维，防紫外线的方法主要是向聚合物中添加能反射或吸收紫外线的无机微粉，如纳米 TiO_2（粒径为 $2 \sim 100nm$）和纳米 ZnO（粒径为 $10 \sim 40nm$），都具有较强的吸收紫外线能力，对 UVA（生活紫外线）和 UVB（户外紫外线）都有屏蔽作用。滑石、高岭土、碳酸钙等具有反射紫外线能力，但通常使用的是几种组分的复合体。防紫外线纤维制成的服装主要用于制作衬衫、运动服、制服、工作服、袜子、帽子、窗帘以及遮阳伞等，特别适用于夏天野外作业时间长的人员穿用。

L

离子交换纤维（ion exchange fiber）一种由具有离子交换性基团的高分子聚合物制成的纤维。纤维本身带有活动离子，当和溶液接触时，活动离子可与溶液中相同符号的离子进行交换。根据离子交换纤维所拥有的离子交换基团的种类，可分为阳离子交换纤维、阴离子交换纤维和两性离子交换纤维。离子交换纤维具有选择性交换、交换效率高、用量少等特点。可用于净化、分离气体，净化水溶液，冶金行业提取贵重金属，海水提铀，原子能反应堆含放射性循环水及香烟过滤嘴等，超细离子交换纤维还可以衍生出杀菌纤维、导电纤维和抗静电纤维。

罗布麻纤维（apocynum fiber）是夹竹桃科多年生宿根草木植物罗布麻植物的韧皮纤维。其具有吸湿性好和强力高等特点。此外，罗布麻纤维具有丝般光泽，比其他麻纤维细，无刺痒感，具有平肝、清热、降低血压、强心等药理作用。由它制造的内衣，具有穿着舒适、吸湿散热、改善人体微循环等独特的保健功能。

N

耐高温纤维（high temperature resistant fiber）能在200℃以上的温度下可以连续使用几千小时，或者在400℃以上高温条件下短时间使用的纤维，如碳纤维、玄武岩纤维、碳化硅纤维等。

耐火纤维（refractory fiber）一种纤维状轻质耐火材料。它具有质量轻、耐高温、热稳定性好、热导率低、热容小及耐机械振动等优点。已工业化生产和应用的多晶耐火纤维主要有多晶氧化铝纤维（Al_2O_3 80%～99%，SiO_2 1%～20%）、多晶莫来石纤维（Al_2O_3 72%～79%，SiO_2 21%～28%）和多晶氧化锆纤维等。与传统耐火材料相比，耐火纤维的导热系数和比热容分别只有传统耐火材料的1/10和1/15。因此，采用耐火纤维制造的高温炉炉壁散热少，保温性能好，炉墙质量轻，蓄热量少，热惯性小。耐火纤维还是良好的红外辐射材料，具有良好的热辐射能力和红外加热效应，使用耐火纤维制品可有效节约能源，是理想的节能增效材料。耐火纤维柔软、弹性好，也是理想的密封材料。由于具有绝缘、消音、抗氧化、耐油和耐水性能，施工方便，在冶金、建材、石油、化工、船舶、电力、航天等领域应用广泛。

S

生物可降解纤维（bio-degradable fiber）受到自然界的生物（如细菌、真菌、藻类）侵蚀后可以自行完全降解的高聚物纤维。它是由生物可降解聚合物纺制而成的。通常，聚合物首先与其表面增殖的微生物所产生的酶发生作用而产生裂解，或经水催化后水解，大分子链断裂。然后，在酶和水的共同作用下，大分子链进一步瓦解成更小的片断。最后，这些分子量足够低的分子链小段被酶进一步代谢成水和二氧化碳。生物可降解纤维在生产加工和使用过程中不会对环境造成不利影响。生物可降解聚酯纤维主要有天然高分子及其衍生物、微生物合成高分子、化学合成高分子三大类可生物降解聚合物，它们在医疗、农业、园林、家用纺织品及服装织物等领域得到广泛应用。

T

碳纤维（carbon fiber）纤维的化学组成中碳元素占总质量90%以上的纤维。1879年，爱迪生通过纤维素的炭化制取碳纤维作为灯丝。碳纤维的单丝直径为5～7μm，可细至0.5dtex，一般成束使用。一束达1 000根单丝（1K），有的已达24K。生产碳纤维的原材料人造丝（黏胶纤维）、聚丙烯腈（PAN）和沥青经过炭化和石墨化后，可以得到高强度碳纤维、超高强度碳纤维、高模量碳纤维、超高模量碳纤维、高强度高模量碳纤维等。根据原材料、含碳量及石墨化条件，碳纤维的密度在1.6～2.18g/cm³，抗拉强度在2～7GPa之间，模量为100～800GPa。碳纤维导热、导电，可耐达3 000～3 500℃高温（无氧条件）而且强度提高，弹性模量能够保持不变。碳纤维的升华温度高达3 650℃。在-180℃时仍然很柔软，不生锈，耐化学腐蚀性极好，不受王水的侵蚀。能耐温度骤变，热膨胀系数小，轴向膨胀系数为负数，即热缩冷胀。但碳纤维较脆，耐冲击性能差，抗氧化性能差。碳纤维属于聚合物基复合材料，而且适用于金属基复合材料。碳纤维常用于航空航天领域所用先进复合材料中的增强材料、防烧蚀材料和宇宙探测中的精密仪器、高级运动器材、导电材料、高炉发热体、燃料电池的电极、电子管的栅极和扩音材料。

W

温敏纤维（temperature sensitive fiber）某些性能随温度改变而发生可逆变化的纤维。通过在纤维内部引入温敏化合物制成。通常采用添加温致变色显色剂的方法，改善其耐洗涤性及耐光性。

X

吸湿排汗纤维（moisture absorption and sweat conducting fiber）一种利用水珠无法在纤维表面产生稳定的接触角而会流动，达到排水、扩散和挥发效果的聚酯纤维。该纤维十字截面上有四个沟槽，当有水珠滴落上时便迅速吸收，沟槽产生毛细管效应，加速了排水和输水效果。人体的汗液利用纱中纤维上的细小沟槽被迅速地扩散到布面，再利用十字形截面产生的高面积比，将水分快速地挥发到空气中。十字形截面还使纱线具有良好的蓬松性。由于聚酯纤维具有较高的湿屈服模量，在湿润状态时也不会像海绵纤维那样倒伏，所以始终能够保持织物与皮肤间的微气候状态，从而保持人体皮肤的干爽、舒适。

消臭纤维（deodorization fiber）一种能抑制微生物繁殖或杀死细菌的功能性纤维。作为纤维制品的抗菌、防臭剂，主要有芳香族卤化物、有机硅季胺盐、烷基胺类、无机化合物等。可把上述试剂混入成纤原液或熔体中，也可结合纤维的后加工过程进行。它们的抗微生物效果优良，具有持久稳定性，安全性高，一般可用于袜子、内衣裤、运动服装、床上用品、病房纺织品、室内装饰织物、地毯等。用于纺织品的消臭剂，有从天然植物中提炼的消臭成分；利用硫酸亚铁—维生素的络合物反应生成硫化铁；有与氧化酶类似的催化活性铁（III）—酞菁衍生物络合物。把上述试剂在后加工时混入纤维，即加工成消臭织物。主要用于床上用品、毛毯、被褥、地毯、鞋垫、卫生间用品、汽车内装饰用品等。

形状记忆高分子纤维（shape memory polymer fiber）在热成形时（第一次成形时）能记忆外界赋予的形状（初始形状），冷却时可任意变形，并在更低温度下将此形变固定下来（第二次成形），当再次加热时能可逆地恢复原始形状的纤维。它可以通过对高分子材料进行分子组合和改性得到。促使形状记忆纤维完成上述循环的因素有光能、电能和声能等物理因素以及酸碱度、整合反应和相变反应等。如对聚乙烯、聚酯、聚异戊二烯、聚氨酯等高分子材料进行分子组合及分子结构调整，使它们同时具备塑料和橡胶的共性，在常温范围内具有塑料的性质，即硬性、形状稳定恢复性，同时在一定温度（所谓记忆温度）下具有橡胶的特性，主要表现为材料的可变形性和形状恢复性，也就是材料的记忆功能，即"记忆初始态→固定变形→恢复起始态"的循环。

蓄热调温纤维（thermo-regulated fiber）可将太阳能或红外线转变为热能并储存于其中的功能纤维。它一般采用将陶瓷微粉混入腈纶、涤纶或锦纶等制得。根据所用陶瓷微粉种类的不同，其蓄热调温机理有两种：一是将阳光转换为远红外线，相应的纤维称之为阳光纤维；二是低温（接近体温）时辐射远红外线，相应的纤维称之为远红外纤维。

Y

阳光纤维（solar fiber）一种可吸收太阳辐射中的可见光与近红外线，并能反射人体热辐射，具有保温功能的阳光蓄热保温材料。它以添加IV族过渡金属碳化物为主。例如含有碳化锆的纤维材料，可吸收阳光中2μm以下的可见光及近红外线（阳光中波长为0.3～2.0μm的能量占其总能量的95%以上），并进行热交换。同时，几乎100%反射由人体散发的波长约为10μm的热能，达到积极保温的效果。用该纤维制成的服装，内温度比传统服装高2～8℃，即使在湿态下，它也具有良好的吸光蓄热性能。

阳离子改性涤纶长丝（cation modified dacron filament）在聚酯切片中引入带有极性基的间苯二甲酸二甲酯而纺制的一种新型涤纶产品。其外观与普通涤纶长丝无区别，但是由于采用了离子改性，不仅改善了纤维的吸色性能，而且由于降低了结晶度而使染料分子易于渗透，使得纤维容易染色，吸色率提高，吸湿性也有改善。这种纤维既保证阳离子易染，同时又可增加纤维的微孔，提高纤维上染率、透气性和吸湿性，从而进一步适应聚酯纤维的仿真丝化。通过仿真丝化可使织物柔软透气、舒适、抗静电、常温常压可染。通过阳离子改性多功能仿毛制品，可使织物手感柔软、抗静电、抗起毛起球、常温常压与毛共染。

玉米纤维（corn fiber）见聚乳酸纤维。

远红外磁性纤维（far-infrared magnetic fiber）一种既具有远红外功能又具有磁性功能的纤维。纤维中含有粒径小于0.5μm超细陶瓷粉末。它能吸收周围及人体自身辐射能量，高效地发射人体所需的4～14μm波长的远红外线。射线重返人体不仅可以起保温作用，而且可进入皮下深层，激活人体细胞，扩张血管，促进血液流动，改善微血管循环，改善新陈代谢。此外，它对大肠杆菌抑菌率达91%以上，对金黄色葡萄球菌抑菌率达94%以上。目前远红外功能性纤维有涤纶、丙纶长短丝。远红外纤维中使用最多的陶瓷粉是金属氧化物，如氧化铝、氧化镁、氧化锆、二氧化钛和二氧化硅。远红外纤维主要应用于保健纺织品，如远红外涤纶（丙纶）内衣裤、远红外涤纶（丙纶）盖被、远红外涤纶（丙纶）枕芯和护腰、护膝、护肘、绷裤等。

Z

珍珠纤维（pearl fiber）一种体内和外表均匀分布纳米珍珠微粒的黏胶纤维。珍珠具有养颜护肤、清火消毒、嫩白肌肤的功效。其主要成分为碳酸钙，其本身具有防紫外线功能。当其粉碎成纳米状态加入纤维时，功能大大加强。珍珠纤维含有多种氨基酸和微量元素，纤维表面光滑凉爽，有珍珠般光泽。此外，纳米珍珠粉还具有发射红外波的功能，可改善人体微循环，对人体有保健作用。由于纳米珍珠纤维的载体是黏胶纤维，故又具有黏胶纤维的吸湿透气、穿着舒适的特性。

智能纤维（intelligent fiber）具备传感、控制和驱动三个基本要素，能通过自身的感知进行信息处理、发出指令，并执行完成动作，从而实现自检测、自诊断、自监控、自校正、自修复和自适应等多种功能的纤维。其性能及功能可随环境变化而变化。从研究机理上看，智能纤维材料属于功能材料，有两大类：一类是对外界（或内部）的刺激强度（如盈利、应变、热、光、电、磁、化学和辐射等）具有感知的材料，通称感知材料，用它可以做各种传感器；另一类是对外界（或内部）环境条件发生变化做出相应驱动的材料，用它可以做成驱动（或执行）器。智能纤维的应用领域十分广泛，如由光致变色纤维和热致变色纤维制成的变色服装和床罩、灯罩。用智能纤维制作的新型传感元件，在航天航空、建筑等领域具有十分重要的作用。

自愈合纤维（self-remedy fiber，SRF）因遭受外力作用而扯断、擦伤或磨损后，具有自行愈合功能的纤维。由于纤维各个部分分散存在许多内含催化剂和该聚合物单体的微胶囊中，在遭受损伤时，微胶囊同时受到破坏，而单体则在催化剂催化下快速完成聚合反应，使纤维得到愈合。这种纤维织物已应用于航空和航天工业中的燃油箱、复合材料等，具有高度保安功能；若用作服装材料，则具有高度保型能力，在遭受较小破坏时，不必做织补等修复工作。

阻燃纤维（flame retardant fiber）能降低材料在火焰中的可燃性，减缓火焰的蔓延速度，使它在离开火焰后能很快自熄，不再阴燃的纤维。阻燃纤维的LOI（极限氧指数）一般在26以上。常见的阻燃纤维有Nomex（诺梅克斯），Kevlar（凯夫拉），PBI（聚苯并咪唑），PBO（聚对苯撑并双噁唑）。玻璃纤维、石棉纤维是不燃纤维。

（四）纺织技术（Textile Technology）

A

安全气囊织物（air bag fabric）用于汽车安全气囊的织物。平时折叠在驾驶员方向盘中央或乘客前方一个易扯破的小盒里，当汽车发生撞击时，利用空气发生器在 $25\sim30ms$ 将安全气囊展开并吹胀，在驾驶员或乘客前方形成一个安全气垫，顶住人体的胸部和头部，防止乘员受到伤害。安全气囊织物一般采用尼龙纤维制作，工作时用无害的氨气填充。安全气囊织物可分为涂层型和非涂层型。涂层织物透气率低，能精确地控制气体泄漏，但成本较高。非涂层织物由于省去了涂料和涂层工艺，加工工艺简化，成本降低，但透气率较高。

B

包缠纱（wrapping spinning）一种利用空心锭子由长或短纤维组成纱芯，外缠单股或多股长丝而纺制的纱。由于其纱芯纤维无捻，呈平行状，所以也称平行纱。包缠纱属于双组分纱线，其强力、耐磨等品质均比环锭纱好。特别蓬松柔软的全棉毛巾、灯芯绒、天鹅绒、针织物等新产品，由可溶性聚乙烯醇作缠绕丝，以毛、棉或其他纤维为纱芯，所织成的织物经整理后将外包长丝溶解，从而使剩下的无捻纱芯织物格外柔软。

包覆纱（cover-spun yarn）以短纤维为芯，长丝为皮层的皮芯结构。包覆纱的粗细与同号的短纤纱相当，甚至略大，可以用空心锭子纺纱机加工。当粗纱经过牵伸后，在无捻的状况下进入外套长丝筒子的空心锭子。长丝的一端与牵伸后的须条一起进入空心锭子。锭子不转，当长丝筒子转动时，随包覆纱被引出的过程中，长丝就包缠在须条上，形成与纱芯的纤维基本平行的包覆纱。若长丝和短纤维的颜色、粗细发生变化，则包覆纱有很多新颖效果。

包芯纱（core-spun yarn）由两种纤维组成的皮芯结构的纱线。一部分被限制在成纱的轴线上，被称为"芯纱"，一般是长丝；另一部分包覆在纱的外层，称"纱皮"，一般采用短纤维。从纱的截面看，中心和外表层的界限明显。包芯纱可以在环锭纺、摩擦纺、气流纺、涡流纺或特种纺纱设备上进行。由于包芯纱在外观上具有皮层纤维的全部特性，在内在强力上又有芯纱纤维的特点，故在服装服饰上有独特的优越性，常见的有氨纶包芯纱、涤纶包芯纱、缝纫线等。

变色织物（color-changed textile）把显色材料封入微胶囊，并分散于聚氨酯液中再涂于织物表面，而获得的织物。当外部刺激源分别为光、热、电、压力时，则分别称为光致变色、热致变色、电致变色、压致变色材料。光致变色材料主要用于信息通讯领域；热致变色材料主要用于染料、涂料、油墨等领域；电致变色材料主要用于电子、电气领域。用光致变色或热致变色材料涂于纤维或织物上，经感光或感温后即能产生可逆变色。视觉纤维已经商品化，已开发出在 $-40 \sim 85℃$ 范围内，温度每差 $10℃$ 即能瞬时变色的深色型和浅色型的热致变色纤维制品。

C

产业用纺织品（industrial textiles）用于土木建筑、文体、医疗卫生、农林渔牧、交通邮电、航空航海、国防军工等国民经济各产业系统的各类纺织产品的总称。原料原以棉为主，现多采用涤纶、锦纶、丙纶等各种化纤，产品按照用途可以分为 14 大类：（1）农副业用纺织品：如丰收布、遮阳材料、寒冷纱、渔网、育秧布等。（2）工程用纺织品：如各种土工布、堤坝布、路基布、地膜布等。（3）传动和管带类骨架材料：如涂塑水管、消防水带、运输带、轮胎等骨架材料。（4）篷盖布：用于交通、仓库、码头等场所。（5）工业用毡毯：如造纸毛毯、针布毡、各种坐垫毡、过滤毡、吸油毡等。（6）线、带、绳、缆：如导带、吊索、缆绳、工业缝线、绣化线、各种安全带等。（7）人造革、涂层织物底布：用作建材、箱包、帐篷、屋顶材料、服装装饰等。（8）过滤材料：如过滤布、过滤网、过滤袋等。（9）包装用纺织品：用于各类工业产品、食品、邮件等的包装材料。（10）防护服：具有隔热、阻燃、防油、防毒、耐寒、防辐射、防水透湿等特种功能的各种工作服，如屏蔽服、油田服、防化服、登山服、炼钢服、钓鱼服等。（11）文体用纺织品：如网球呢、球类衬里、帆船、篷帆、热空气球、降落伞等。（12）医疗卫生用纺织品：如抗菌布、药纱布、医用胶带、绷带、药膏布、人造血管、人造脏

器等。（13）国防尖端工业用纺织品：用于火箭、宇航、核工业等军事工业的各种高技术、高功能纺织材料。（14）其他。产业用纺织品可以是无纺布、针织、机织或编织品，具有特定的品质和物理机械性能指标要求，因此在生产设备、工艺流程、后整理方法和工艺技术条件等应有相应的措施。

超大牵伸技术（super drawing technology）在直接用熟条纺中，细号纱线的总牵伸倍数在 $100 \sim 280$ 倍之间的牵伸工艺。提高牵伸机构总牵伸倍数的方法有增加牵伸区和提高每个牵伸区的牵伸能力两种。采用超大牵伸技术后，能省略粗纱工序，节约厂房和设备费用，降低生产成本，提高经济效益。

超细纤维止血敷料（styptic swatches of super fine fiber）由吸收能力强、无毒、与伤口亲和良好并有利于伤口愈合的专用的超细功能纤维制成的布料。由于表面积大，吸附能力强，也比较柔软，且由于毛细管效应强，引起血浆蛋白和血小板的吸附、凝聚，达到凝血和止血作用。

车用安全保护带（car safety belt）采用高强涤纶长丝为原料制成、可以保证汽车驾乘人员人身安全的厚型带织物。安全带一般由斜纹与平纹复合织成，宽度 46mm，要求强力达到 $24 \sim 30$kN，伸长约 14%，耐磨性好。

簇绒地毯（tufting carpet）经过簇绒工艺制成的地毯。簇绒工艺类似于缝纫工艺，数百只机针带着纱线穿过轻质的衬背，按照需要的长度形成绒毛或绒圈，将绒纱植入已经制造好的第一层底布上。在后整理中，进行涂胶形成二层底布或附加泡沫背衬材料以保证簇绒地毯尺寸的稳定性。簇绒地毯制造流程短、产量高、生产成本低，主要用于客房、办公室以及汽车内。

D

导湿排汗面料（humid transmitting and perspiring textile）能够迅速将人体散发的汗液排出且没有潮湿感的织物。通常采用丙纶纤维为原料，经细特化和差别化处理后变得细软，在纤维表面形成沟槽、凹坑，使毛细水得以传递，纤维导湿性大增。由于丙纶的疏水性，纤维内不保留水分，可使皮肤接触面保持干燥，抑制细菌的繁殖，保持人体和服装的卫生。若采用特细丙纶为内层，棉纱为外层的双面效应织物——棉盖丙面料，具有优良的导湿排汗功能。其双面色差效及丙纶丝光滑柔软的丝质风格，可用来生产T恤衫、夏季时装等。除棉盖丙面料外，还有

丝盖丙和毛盖丙面料。

电磁波屏蔽织物（screen electromagnetic radiation fabric）具有能完全阻止电磁波穿透能力的织物。电磁波屏蔽织物的制作有三种方法：（1）使用功能性纤维。如不锈钢纤维；也可以在金属纤维的表面涂上一层塑料后制成的纤维；或者是外包金属的镀金属纤维，如镀铜、镀镍、镀铝、镀锌、镀银的聚酯纤维、腈纶纤维等。（2）进行防辐射后整理。使用金属银、镍、铜等喷涂织物，使织物具有电磁波屏蔽性。对织物进行后整理得到的屏蔽织物受外界环境的影响较大，不耐洗涤，手感僵硬。（3）在带有金属丝网夹层中采用金属纤维与普通纤维按一定比例混纺，通过特定的工艺使之充分混合均匀，制成成色一致的金属纤维。混纺纱制成的织物不仅具有较好的电磁波屏蔽性能，而且耐久性良好，织物耐洗涤、耐高温、耐腐蚀、柔软透气、穿着舒适、性能良好。

电脑绣花（computer aided embroidery design）用计算机设计刺绣图案和文字，然后据此自动生成并优化针步，控制电脑刺绣机在织物上绣出花纹的技术。电脑刺绣通过计算机辅助设计功能，将设计者的构思迅速、方便地转化成磁盘、纸带等媒介上的针迹信息，再根据这些针迹信息去控制刺绣机的机械部分完成刺绣工作。

动物纤维纺纱技术（hair spinning technology）对羊绒、兔绒等动物纤维进行纺纱的技术。这些纤维的价格昂贵，又由于纤维短，只适用于生产低支的粗梳毛纺纱。为提高动物纤维制品的档次，适应毛纺面料的轻薄型需要，国内外不少企业都致力于精梳高支纱的纺纱技术研究，有的采用精梳毛纺工艺路线、有的采用棉纺工艺路线和毛、棉结合型工艺路线。但不论哪种工艺，其纺纱工艺技术均不成熟，都需要进一步研究并开发。

多轴向衬线经编骨架织物（multiaxial warp-knitted fabric）几层平直且平行的纱线组，按照不同的倾角被线圈束缚在一起而形成的经编结构。该织物可以在多轴向拉舍尔经编机上生产，由经编线圈将经向、纬向和斜向的三向全幅衬纬纱线束缚在一起形成。斜向衬入纱线的角度在30°～60°可调。根据需求可编织多层，衬入的各向纬纱层可为各类普通原料或高强度、高模量纱线，使纱线的机械潜能得以充分发挥和利用。多轴向经编织物具有在各个方向相同

的抗拉、抗剪切性能，且重量轻、表面平整、耐腐蚀、易涂层，被广泛用于各类过滤、增强等方面及航空、航天等各类高科技材料领域。

E

二步法三维编织（2-step 3D braiding）一种三维编织技术。它与四步法类似，纱线沿织物成型的方向排列，但有两个纱线系统。一个是轴纱，其排列方式决定了所编织的骨架的横截面形状，构成了纱线的主体。轴纱在编织过程中是伸直不动的。另一个纱线系统是编织纱，位于轴纱的周围。在编织过程中，每根编织纱按照一定的规律在轴纱之间运动，即编织纱把轴纱捆绑起来，形成不分层的三维整体结构。由于在编程过程中，纱线在机器上的排列形式仅仅需要两个机器运动步骤之后即达到循环，故称二步法三维编织。由于运动的轴纱在织物中占的比例较少，故运动机构较少，而且不需要打紧机构，便于实现编织的自动化操作。该编织方法可以编织各种复杂的异型或变截面的骨架，如T型、带孔的梁、交叉的骨架等。

F

芳香织物（aroma fabric）利用复合纺丝新工艺制取的具有散发香味的纺织制品。它有清凉、通窍、散郁、醒神等功效，能解除精神紧张，焕发愉快心境，并能留香一年左右。在纤维中加入含有香料的微胶囊，它会随着衣物的磨损而逐渐破裂，释放出香味。随着科技的进步，人们已经可以制出任何一种香味，包括玫瑰香型、新生婴儿的体香、清新的巧克力香等。芳香织物已用于衬衫、领带、太空棉、床单、被褥、填充纤维、枕头、装饰织物等。

防水透湿织物（waterproof and humid fabric）既能防止水分透过，又不妨碍水蒸气、汗气的排出，而保持人体舒适的织物。防水、透湿的原理是利用水蒸气微粒（0.000 4 μm）和雨滴或水珠（10～3 000 μm）大小的极大差距，在织物表面形成孔径小于雨珠、大于蒸汽微粒的多孔结构，即能达到目的。防水透湿的加工方法有：（1）将超细纤维加工成高密度织物；（2）在织物上覆以微孔膜；（3）用透湿、防水性树脂涂层等。

防伪纱线（anti-false yarn）一种用于织物或服装上可以检验其真伪的纱线。防伪纱线用作产品的封边，经检测就可以非常容易地判断产品是否是真品。其防伪原理是将能被有关识别仪器探测到的纤维或长丝，隐藏在纱线特别是多股纱线之中，纱线中的可识

别标记可以是光纤或是其他可携带信息的纤维。将纤维或长丝浸泡在含有光敏材料的溶液中制成防伪标记，然后加入到纱线之中。另外也可在纱线中引进条形码、全息码或磁码进行防伪。如果纱线上带有书写标记，可以通过透镜读出；如果纱线含有光敏纤维，则可以用有关仪器测出；而条形码纤维则需要有条形码解码器；全息纤维需要有激光探测仪器，磁码纤维使用磁性探测仪器。在长丝纱线中，防伪标记最好以芯纱形式加入。

防污网（anti-fouling film）一种充气或充水后，在海面上（下面用重物固定）形成一个坝状并具有阻挡作用的管状织物。当海洋遭受石油污染或者红潮等污染时，挡住污染物，防止其扩散。

防紫外线涤纶面料（UV polyester fabric）以无机物的混合物作为紫外线遮蔽剂，通过熔融纺丝，制成防紫外线涤纶后织成的面料。紫外线遮蔽率在90%以上，有害紫外线透射率仅为棉织物的1/15，普通涤纶织物的1/6。在防紫外线的同时也反射阳光红外线，在同等条件下，比纯涤纶面料的温度要低几摄氏度。此类织物适用于制作衬衫、文化衫、沙滩装和遮阳帽。

仿麂皮织物（suede fabric）布面呈现麂皮效应的一种织物。它具有防水、透气、耐穿、耐洗的特点，手感柔软，酷似麂皮。一般采用静电植绒工艺生产，工艺流程大致是：基布—熨烫—涂黏合剂—植绒—预烘—焙烘—刷毛—打卷—成品。基布可以是机织物、针织物或非织造布，高档的采用超细纤维制成。仿麂皮织物用途广泛，适宜作为外衣等服装面料，也可以作为室内装饰用布或包装礼盒用布等。

仿旧整理（vintage finish）一种采用石磨水洗或纤维素酶洗涤后，使织物产生不均匀的自然褪色而产生返朴归真感的整理方法。目前，常用纤维素酶洗涤，对纤维表层进行可控的"刻蚀"，织物内部纤维的强力不会过度损伤。纤维素酶的使用有利于保护环境，且处理后的织物手感细腻、厚实、柔软、表面光洁、平整、色泽明快、淡雅、耐用性增强。

仿真丝技术（silk simulation technique）用普通或差别化合成纤维经过碱减量、等离子体处理等多种方法来模仿真丝织物风格的技术。通过超细纤维和异收缩纤维的工艺，使涤纶仿真丝织物的手感和风格也和真丝绸相一致。运用等离子技术和激光技术，在疏水性的高感性涤纶纤维表面导入氧离子极性基团，提高

其亲水性、抗静电性、抗污染性和染色性。而更复杂、不均匀的多沟槽纤维、花色纤维、不定型纤维的使用，使涤纶面料在摩擦时能发出和真丝一样的"丝鸣声"。随着涤纶仿真丝技术从"仿真"向"超真"发展，通过纤维表面沟槽，使化纤比天然纤维的吸湿性更好。采用化学的接枝共聚方法，使涤纶纤维本身的吸湿性能提高几百倍，甚至超过了棉和真丝等天然纤维。仿真丝织物不仅具有真丝绸织物的染色，色彩鲜明、色调匀称和深层色感，优雅柔和的光泽、手感等特点，而且克服了真丝绸织物耐光性差、易发黄、易褶皱和产生汗渍水印等缺点。用"超仿真"化纤制作的服装，其售价远远高于真丝绸服装。

纺丝成网（spinning webbing）一种非织造布的成网方法。采用聚合物的熔体为原料，利用化纤纺丝的方法形成长丝，再借助气流或机械的方法纺丝成网，并通过固结工序达到成布的要求。其基本原理和纤网形状与蚕吐丝网类似。其基本工艺流程大体为：切片干燥—挤压熔融—纺丝—冷却拉伸—分丝铺网。纺丝成网方法的工艺流程短、生产效率高，且纤网为长丝结构，其产品比相同单位面积重量的干法和湿法成网非织造布具有更优良的强度、伸长和各向同性等性能。其缺点是产品更换困难。

纺织CAD技术（CAD for textile）利用计算机的计算功能和图形处理能力，辅助进行产品设计与分析的理论和方法。它运行速度快、存储信息量大、运行结果直观。纺织计算机辅助设计（CAD）主要有纱线设计、组织设计、图案设计、机织物设计、针织物设计、染色与印花设计、刺绣设计、编织物设计、地毯设计、非织造布和服装设计等。

纺织CAM系统（textile computer aided manufacturing system）利用纺织CAD系统产生的设计信息，通过机电一体化，电十元器件直接控制制造设备进行纺织生产的系统。CAM是计算机辅助制造英译缩写。通常与纺织CAD系统紧密结合在一起，成为纺织CAD/CAM系统。

纺织ERP（textile ERP）在纺织行业应用的先进的企业管理模式。ERP由美国Garter Group Inc.咨询公司首先提出，其主要宗旨是对企业所拥有的人、财、物、信息、时间和空间等综合资源进行综合平衡和优化管理，从而取得最好的经济效益。其主要技术有计算机辅助设计工艺规划和制造（CAD、CAPP、CAM）、产品数据管理（PDM）、管理信息系统

（MIS）、企业资源规划（ERP）、客房关系管理（CRM）、供应链管理（SCM）等、自动监测、自动控制、信息网络和电子商务等。当前在纺织行业的应用主要在纺织企业管理信息系统、纺织专用CAD系统和纺织生产过程自动化三个方面。棉纺（包括毛纺）、化纤和服装需要适合其管理要求和生产流程的具有行业特点的ERP产品。同时，ERP应能对生产车间自动监测，与自动控制系统相连接，在线采集数据；对外则通过因特网实现更大范围的信息网络、营销网络和电子商务，形成广义的综合信息系统。通过SCM、CRM等实现产业链/供应链管理，可以与ERP等形成配套的企业管理软件。由于纺织ERP的功能不断增强，与计算机集成制造系统（CIMS）功能基本重叠，若纺织生产的各个环节都基于信息技术，纺织产品是这些数字信息的物质体现，则可以称为数字纺织技术。

纺织电子商务平台（textile e-commence platform）按照国际流行的企业电子商务模式，结合纺织行业的特点，以纤维、面料和服装等产品为对象，遵循流程简洁、技术可靠、交易规范的要求而建立的电子商务平台。其功能包括发布销售信息、采购信息、自动撮合、在线询盘与还盘、网上拍卖、反向拍卖（竞价采购）、合作信息发布、贸易助手、市场分析等。它能统一各大类产品（纱线、面料、家纺、服装）属性，运用符合国际惯例的编码体系，方便用户的发布和查询。

纺织工厂生产信息监测系统（monitoring system in textile production）在生产现场对生产过程中的产量、质量等信息进行在线采集和处理的系统。其对象主要为织机、细纱机、络筒机以及实验设备仪器的信息采集和处理等。比如对机台转数、停台监测、断头检测；单班、单日及月产量汇总统计、分类信息查询、报表汇总；生产过程分析、故障统计与排除等。在采集产量数据的同时，也需要采集棉条、络筒、细纱和布的质量数据。其技术关键是：（1）监测系统和传感器件可靠性高，寿命长，抗干扰，价格低；（2）标准的联网通信接口和数据格式，可以形成车间或工厂网络，对上能与ERP系统连接并传送数据。

纺织工序连续化工艺（continuous processing technology）在前后两个纺织工序中，利用自动控制技术自动输送半制品到达指定位置并进行加工的过程。如纺纱中梳、并条自动换筒和输送，粗纱、细纱的自动落纱和输送，粗细纱管剩余粗细纱的在线自动清除，转杯纺纱的自动清洁和接头细络联等。

纺织计算机集成制造系统（computer integrated manufacturing system，CIMS）在信息自动化与制造技术的基础上，通过计算机技术把分散在产品设计和制造过程中各种孤立的自动化子系统有机地集成起来，形成适用于多品种、小批量生产，实现整体效益的集成化和智能化制造系统。在纺织企业中，CIMS体现在将信息技术、自动化技术、现代管理技术和纺织技术结合起来，实现纺织产品设计制造和企业管理信息化、纺织生产过程控制自动化、纺织装备数字化、纺织咨询服务网络化，全面提升纺织企业的核心竞争力。其主要技术包括：先进制造技术、敏捷制造、虚拟制造和并行工程，特点是数字化、精密化、自动化、集成化、网络化、智能化、绿色化、标准化。

纺织技术复合化（compound textile technology）在纺织的各项操作工序中，将几项技术有机融合和提升的一项综合性系统。它不只是几项技术的简单叠加，而是"融合和升华"。纺织技术在纤维加工、纺纱、织造、印染、整理以及非织造布生产过程中都呈现复合化的趋势，在后整理与非织造布生产中尤为突出，如纺纱的清梳联、细络联等。赛络纺纱技术就是在环锭细纱机上直接纺制股线的方法，省去了单纱络筒、并纱及捻线工序。紧密赛络包芯纺设备实现了紧密纺、赛络纺、包芯纱三合一，直接纺制紧密双股包芯纱。此外，还有浆整联合机、复合成网技术、复合多功能整理等。

纺织企业管理信息系统（MIS for textile）利用计算机技术、网络通讯技术、管理决策技术等，为管理者提供辅助管理、辅助决策的系统。采用先进、适用、有效的企业管理信息系统，运用于企业管理的各个环节和层次中，可以改善企业的经营环境，降低经营成本，提高企业的竞争能力；在企业的供应链上可以改善物流、资金流及信息流的通畅程度，使企业面对急剧变化的市场作出准确而快速的反应，能准确有效地满足用户的需求；另外还可以使企业的各种运行数据更加准确、及时、全面、翔实。由于对各种信息进行了进一步加工，使企业领导层的生产、经营决策的依据充分，更具科学性，能更好地把握商机，创造更大的发展空间；它有利于企业管理科学化、制度化、规范化，为企业持续、健康、稳定地发展奠定基础。

纺织生产过程自动化（automation in textile production）光机电一体化技术、网络技术在纺织中的综合应用。其特点是：（1）单机自动化向计算机联网发展，形成完整的纺织数据采集，智能化生产管理的系统；（2）采用各种在线检测装置，保证产品质量；（3）纺织工艺参数由计算机设定、显示，操作管理方便、简单；（4）可编程序控制器的（PLC）广泛应用，提高了控制的可靠性；（5）采用多电机分部传动、变频调速等，简化了机械传动，提高了控制精度。在纺织各工序已实现自动化的有：抓棉机微机控制、清花异物检测与清除、梳棉机棉结在线检测、梳棉机多电机分部传动、粗纱张力在线检测、细纱机断头和锭速差的在线检测、自动络筒机电子清纱、无梭织机多电机分部传动、电子送经、电子卷取、电子选纬、电子储纬、电子多臂、电子提花等。

纺织图案设计系统（textile pattern design system）设计纺织图案的 CAD 系统。它有如下四种方法：（1）徒手绘图。设计系统提供一系列工具，如笔、线型、颜色等，然后通过复制、剪切、粘贴、翻转、放大、缩小等手段，由设计师任意创作。（2）公式生成法。采用某种数学公式或数学规律生成图案。（3）系统提供一些基本几何图形及基本花型，可直接选用或组合选用。（4）输入用户通过扫描或其他途径得到的电子花样图案。

非织造布超声波黏合法（ultrasonic bonding）将受到压力的热熔性纤维通过超声波加热，使其由里向外发生熔融，对非织造布纤维网进行黏合的技术。非织造布采用聚酯、聚酰胺、聚丙烯、聚乙烯、聚氯乙烯、乙烯－醋酸乙烯等各种热塑性聚合物纤维及塑料薄膜为原料，也可以采用掺相与夹层的方式加入一定比例的天然纤维。超声波发生器及电磁机械转换器，将电能转换成频率高达 2 万次的机械振动，通过放大器、超声发生器将振幅放大至 100μm 左右，超声发生器产生的超声波激励被黏合材料内部分子产生高频振动，分子运动加剧乃至熔融。在被钢辊上销钉加压区域，热熔黏合形成点状的黏合区。若销钉按照一定方式排列，可以形成多种图案。纤网原料中必须含有 50% 以上的热熔纤维，才可取得满意的黏合效果。超声波黏合法产品柔软，除了黏合点之外，对非织造布的其他部分纤维不会产生任何影响。黏合强度较好，

不使用任何黏合剂，超声波只在黏合点处产生作用，生产速度高，加热时间短，能耗低，成本低，设备故障少。

非织造布复合技术（fine dye printing technology of pure silk fabric）将两种或两种以上性能各异的非织造布通过化学或物理等方式复合在一起的加工方法。复合非织造布集多种材料的优良性能于一体，通过各种被复合材料性能的互补作用，使产品的综合性能得以加强。非织造布主要有四种复合工艺，即黏合剂复合、热熔复合、火焰复合及涂层复合。

非自由端纺纱（non OE spinning）在纺纱时，纱线的末端与喂入须条保持连续，不产生断裂的纺纱过程。一般经过罗拉牵伸－加捻－卷绕三个工艺过程，即纤维条自喂入端到输出端呈连续状态，加捻器置于喂入端和输出端之间，对须条施以假捻，依靠假捻的退捻力矩，使纱条通过并合或纤维头端包缠而获得真捻，或利用假捻改变纱条截面形态，通过黏合剂黏合成纱，自捻纺纱、喷气纺纱、黏合纺纱就属于这种方法。它与传统的环锭纺相比，纺纱速度高，卷装容量大。

缝编法（stitch bonding）类似缝纫或纱线成圈的方式，用纱线或纤维将纤维网、纱线层或机织底布等材料固结起来，而形成缝编织物的技术。缝编法按工艺类型可分为纤网型、毛圈型和纱线层型三大类，有马利瓦特、马利莫和马利颇尔等缝编工艺。用于非织造布固结的主要是马利瓦特工艺。缝编法具有工艺流程短、产量高、原料适用范围广等特点。与传统技术相比，其人均劳动生产率可以提高 200%，单位生产成本可以降低近 30%，而且能耗较低。由于采用纱线固结纤网，可以加工如玻璃纤维、石棉纤维等用黏合方法难以加工的纤维原料。缝编产品的外观特性非常接近传统的机织物和针织物，而不像其他工艺生产的非织造布那样呈网状结构，强度较高。缝编非织造布适合用来制作服装、毛毯、床罩、窗帘、地毯、汽车内饰、过滤材料、传送带布、人造革底布等。

负离子织物（anion fabric）一种将可以永久释放负离子的超细粉体，植入到纤维中，经加工而成的织物。将诱发负离子的物质粉碎成微米或纳米级后，在纺丝时加入到聚合物中，即可制得产生负离子的纤维。这些诱发负离子物质包括电石气以及一些无机氯化物复合粉体和稀土复合盐。负离子被人体吸收

后有益于健康：(1) 负离子促进细胞内外物质的交换而活化细胞。(2) 净化血液。由于负离子帮助清除代谢废物及其他有毒物质，消除了废物对血液的污染，对血液具有净化作用。(3) 消除疲劳，恢复体力。(4) 调节植物神经功能。(5) 增强机体对疾病的抵抗能力。(6) 镇痛及改善过敏体质。

G

干法成网（dry webbing）将短纤维用梳理成网或气流成网法制成纤维网的非织造布成网技术。类似于纺纱过程中前纺工序，通过纤维准备、开清、混合和梳理等工序，梳理出来的纤网是直接受到固结加工或铺叠成交叉纤网后进行固结加工的。非织造布干法成网的基本工艺过程是：纤维准备－开松－混合－梳理－成网。干法成网的产品称为纤网，是非织造布的半成品，不同的干法成网产品性能不同。干法成网应用范围广、投资小、建厂快、成本低。

高效纺纱工艺（efficient spinning）其全称为"棉纺重定量大牵伸高效工艺"，一种采用前纺重定量、细纱大牵伸，并保证成纱质量水平的稳定和提高纺纱效率的纺纱工艺。从棉卷到粗纱均采用重定量，一般采用机械厂或手册中推荐的上限，使得设备的效能得到充分发挥，生产效率得到大幅提高，使得前纺设备配置减少或开台时间减少。细纱实现大牵伸是前纺采取重定量的前提，而成纱质量水平的稳定和提高是实施高效工艺所必须保证的，不能以牺牲产品质量作为实施新工艺、纺纱提高效率的代价。高效纺纱工艺与传统的纺纱工艺在纺纱理论上有较大的不同，主要有两点：(1) 在后区由简单牵伸变为布置了附加摩擦力界的曲线牵伸，防止了由于后区牵伸过大引起的条干恶化，后区纤维的运动得到了更好的控制，后区的浮游纤维变速点更加集中，更加前移，减少了后区牵伸带来的附加不匀，使得进入前区的须条的结构更加合理，为前区进行大牵伸做了更加充分的准备，最终的效果是成纱质量得到进一步提高。而后区牵伸的增加，就意味细纱牵伸的增加，粗纱定量也可以增加。(2) 通过梳棉高速、大喂入、大输出既提高了生产效率，也能减少纤维损伤。由于重定量喂入，棉层加厚，刺辊与给棉罗拉、给棉板、小漏底的隔距，就必须放大，刺辊对棉层的穿刺和打击力度就减弱，这就减少了纤维的损伤，降低了短绒率。采用重定量喂入后，采取增加锡林速度、增加固定盖板和预分梳板、提高盖板速度等措施，保证纤维的梳理度。高效纺

纱工艺是纺纱工艺技术研究的深化，纺纱设备、器材的技术进步的必然结果；而高效工艺的实施，对设备机构的设计、器材的精度和运动的稳定程度提出了更高的要求。

高性能运动器材（high property sport instrument）以碳纤维、芳纶纤维、陶瓷纤维和玻璃纤维等高性能纤维作为增强材料，以树脂基基体材料复合而成的运动器材。具有重量轻、强度高、模量大、成本高的特点，如撑杆跳高撑杆、棒球球棒、高尔夫球杆、曲棍球球杆、钓鱼竿、网球拍、乒乓球拍、滑雪板、雪橇、自行车、橄榄球、冲浪器材、射箭用具、皮划艇和赛艇等。

光反射织物（reflective fabric）能将光线定向反射回发光光源位置的功能性织物。它由反射层与织物黏结复合而成。反射层是由透明的树脂层表面，定向排列的具有高反射率的直径为 $70\sim800\,\mu m$ 的玻璃或塑料微粒组成的中间层，和真空镀铝的涤纶薄膜内层组成。当光线照射到微粒后经折射后再反射，可产生明亮的光泽效应。若在微粒的间隙涂上极薄的颜色层，可以按照光源的色相来辨别。当将反射材料贴到纺织品上，可以作为交通、港口等工作人员的工作服和标志。

H

荷叶结构织物（lotus-leaf structure fabric）采用超细长丝合成纤维织成的紧密机织物。经过表面整理后，部分长丝断裂形成稠密的绒毛，类似荷叶表面的直径为 $2\,\mu m$ 的突起，故称荷叶结构织物。该织物触感舒适，防水透气，特别适宜作风雨衣。

花式纱线（fancy yarn）通过特殊工艺制造，使之具有不规则的结构、特殊外观与色彩的纱线。其主要特征是纱的截面精细度或捻度不匀，色彩变化，或有花圈、结子和彩点等新颖外观。花式纱具有供装饰用的花式外观，其品种很多，生产方法也有多种。花式纱的结构由芯纱、饰纱、固纱组成。芯纱承受强力，是主干纱；饰纱以捻包缠在芯纱上形成效果；固纱以相反的捻向再包缠在饰纱外周，以固定花纹。

化学黏合法（chemical bonding）利用化学黏合剂的作用使纤维间相互黏结，纤维网得到加固的一种方法。它工艺简单、易于操作、成本低廉，主要用于干法梳理成网、气流成网、湿法成网的非织造布的加工中。随着绿色环保健康黏合剂的出现，该法

仍将保持非织造固结的主导地位。

黄麻精细化加工（fine jute processing）将黄麻工艺纤维变细的过程。目前精细化方法运用最多的是脱胶工艺。常用的脱胶方法有：（1）生物脱胶法，利用微生物的发酵作用或药品的化学处理，使生麻中除纤维以外的大部分物质分解并溶解于水，经敲打洗涤后得到熟麻。（2）化学脱胶法，是采用氢氧化钠、碳酸钠等溶液，对麻进行蒸煮处理，使生麻皮中的部分果胶及其附着物溶解于水溶液而制得熟麻。此法成本较高。（3）生物酶法，在纤维素酶浓度不大时，采用纤维素酶处理黄麻束，改善黄麻纤维的模量、刚度、韧性和抱合力以达到纺织工艺要求。（4）化学与生物结合方法，具有化学方法中脱胶彻底和细菌法生物脱胶法的一种中纤维损伤小的优点，有很好的应用前景。（5）改性法，以金属盐和酸的混合物作为催化剂，赋予黄麻纤维更高的弹性。改性法只能改善黄麻的部分性能，而不能全部解决精细化问题。

J

机织 CAD 系统（woven fabric CAD system）辅助机织物设计的电脑软件系统。它可分为小提花（多臂）织物和大提花织物设计系统。该系统包括纱线CAD模块、组织CAD模块、外观模拟系统模块和自动控制模块；大提花系统还包括图案设计模块、意匠处理模块、纹版处理和自动冲孔模块。当彩色纱线织物组织设计后，可给出纱线、组织、织物结构配置好的布面外观模拟图像，逼真地显示出真实织物的外观效果，甚至能进行织物的三维外观模拟。在小提花系统中，自动控制模块根据纹版图控制电子多臂机构进行织造，而在大提花系统中，控制冲孔机轧制纹版或直接控制电子提花机进行织造。

激光雕刻印花技术（laser engraving printing）激光采用对布匹或服装厚度方向进行完全或部分腐蚀而形成孔洞或纹纹图案的技术。它是将布匹或服装固定在一个框架上，由激光装置控制发射激光的强度，同时按照一定规律移动框架进行的。与电子绣花技术原理类似，激光雕刻印花技术能在织物或服装上形成个性化的图案、图像、标识等，用于服装的装饰图案、商标制作。

计算机辅助纺织工艺规划（CAPP for textile）通过向计算机输入要设计的纺织品的规格和加工工艺信息，由计算机自动形成的产品工艺路线和工序内容等工艺文件。它是重要的生产准备工作之一。计算机辅助纺织工艺过程设计向上与计算机辅助纺织品设计系统相接，向下与计算机辅助纺织品制造系统相连，是设计与制造之间的桥梁。设计信息只能通过工艺过程设计才能生成制造信息，设计只能通过工艺设计才能与制造结合实现信息和功能的集成。

减压防压织物（decompress fabric）一种用经编间隔织物制成，能减少骨骼部位的压力，排除水分以增强皮肤透气功能的织物。在织物中，用具有双层结构的脚跟保护垫取代传统的合成皮革支撑件，制成的轮椅坐垫既舒适，又能长期减压，还能防止热量积聚。手术台盖布比传统的凝胶垫能多减压25%，压力分布面大，能将液体吸入第二层，改善隔热效果，经消毒可循环使用。弹性膝盖矫形件防止热量积聚，保持皮肤舒适。

剑杆引纬（rapier inserting）用往复移动的剑状杆插入或夹持纬纱，将机器外侧固定筒子上的纬纱引入梭口的引纬方法。根据剑杆的软硬程度，有刚性和挠性（伸缩式和盘带式）之分；剑杆的配置有单剑杆引纬和双剑杆引纬之分。对于双剑杆，根据纬纱交接方式又有插入式和夹持式两种。剑杆引纬是将纬纱引入梭口中，引纬运动是约束性的，纬纱始终处于剑头的控制之下，凡棉、毛、丝、麻、玻璃纤维、化学纤维或轻、中、重型织物都可用相应的剑杆织机来织造。剑杆织机还具有轻巧的选纬装置，换纬便当，能方便地进行八色任意换纬，最多可达16色，并且选纬运动对织机速度不产生任何影响。所以，剑杆引纬特别适合于多色纬织造，因而在装饰织物加工、毛织物加工和棉质色织物加工中得到了广泛使用，也适合小批量、多品种生产。

浆纱新技术（new sizing technology）在浆料开发、浆液调制和上浆工艺上采用的新技术。其目的是达到阔幅、大卷装、高速高产、低能耗、高质量、生产过程的高度自动化和集中方便的操纵与控制。浆纱是通过浆液渗透增加纤维之间的抱合力来增加纱线的强力，通过浆膜的被服减少毛羽和与机械之间的摩擦力，来降低纱线织造断头率。新浆料主要是开发变性淀粉，降低成本，减少退浆废液的难度。调浆技术是在浆液调制过程中，由计算机控制每个浆料组分的称量及加入、煮浆时间、温度、搅拌速度、调煮程序。实现全过程自动化，并对浆液的调制质量实行在线监控和调整。新的上浆工艺包括：预湿上浆、溶剂上浆、泡沫上浆、热熔上浆、冷上浆和静电上浆等。

紧密纺纱技术（compact spinning technology）又称集聚环锭纺，一项旨在消除纺纱加捻三角区，从而提高成纱质量的细纱纺纱新技术。由于紧密纺减少了纺纱三角区，使纱线捻度得到良好的传递。在短程纺流程中，纤维之间几乎是平行的，因而纱线结构均匀，毛羽减少，织造中很少产生断头。与环锭纱相比，紧密纺纺出的纱毛羽少（毛羽降低50%以上），棉结少，同样原料的适纺支数也大大拓宽。经络筒后，毛羽较环锭纱低70%以上；纱的强度增加10%，已接近环锭股线的强力，有利于下道工序生产。因此还可取消烧毛工序，减少上浆浆料，也不必上蜡，停台少，提高织机速度和效率。同时还可改善针织、编织物性能，使其抗起毛起球性大幅度改善，表面光滑，色彩鲜艳，染色穿透性好；由短程纺纱线制成的面料对染料渗透性能比常规坏锭纺纱线的好，故可以节约染料，提高织物耐磨性。该技术的原理有二：即气动式和机械式集聚系统。前者是利用负压气流将纤维收缩、聚合，使须条边缘快速向须条中心集聚，最终最大限度地减少纺纱三角区。后者是利用固态物体将纤维收缩、聚合，使须条边缘快速向须条中心集聚以便最大限度地减少纺纱三角区。该装置不仅适用于新机，也适用于老机改造。由于不需外加风机产生负压，使能耗较低，与传统环锭纺性能大致相同。

静电纺纱（electrostatic spinning）属自由端纺纱，一种利用静电场排列、凝聚纤维，用小型加捻管高速回转进行加捻形成纱线的纺纱技术。棉条子喂入后，经过分梳辊的梳理，使其成单纤状态，依靠吸风管的气流作用，将单纤维输入静电场。因纤维本身带有水分，在静电场作用下，产生电离或极化，纤维两端产生与电极极性相反的电荷，使纤维受到伸直、排列、凝集形成自由端纱尾。再利用引纱从加捻器吸入电场与自由端纱尾接触，经加捻器高速回转加捻成纱后，由槽筒卷绕成筒子。静电纺纱产量高、卷装大、工艺流程短。静电纺纱将棉条直接纺成筒子，使原来的粗纱、细纱、络筒三道工序并为一道工序，对棉条质量没有要求，适纺范围广，但对棉条的回潮率要求高。静电纺纱用于纺化纤比较困难，会使之加捻效率低、纱疵较多。

静电纺丝技术（electrospinning technology）通过静电力作为牵引力来制备纳米超细纤维的技术。在静电纺丝工艺过程中，将聚合物熔体或溶液加上几千至几万伏的高压静电，从而在毛细管和接地的接收装置间产生一个强大的电场力。当电场力施加于液体的表面时，将在表面产生电流。相同电荷相斥导致了电场力与液体的表面张力的方向相反。这样，当电场力施加于液体的表面时，将产生一个向外的力。当电场力超过一个临界值后，排斥的电场力将克服液滴的表面张力形成射流。当射流从毛细管末端向接收装置运动的时候，会出现加速现象，导致射流在电场中的拉伸，最终在接收装置上由纳米纤维形成无纺布。这种纳米非织造布可用于屏障和分离膜、医用敷料非织造布、新型的轻质复合材料和智能纤维等。

救命伞（safety umbrella）一种在高层建筑物上紧急逃生的织物，类似降落伞。在火灾、恐怖袭击、地震时可载42～84kg的人体，从35m以上高度开伞降落逃生。

集聚环锭纺（compact and ring spinning）见紧密纺纱技术。

局部编织（partial weave）见休止编织技术。

K

抗静电织物（antistatic fabric）使用嵌织导电纤维法和织物表面整理法得到的具有一定导电能力、消除静电功能的织物。采用嵌织导电纤维（与金属丝共织）的方法可增强织物的抗静电性，而且效果持久，同时还能改善织物的吸湿性和防污性等；织物表面整理法是对合成纤维织物进行抗静电树脂整理，这些抗静电剂覆盖在织物表面，通过吸湿增加纤维的导电性能。

抗菌纺织品（antibacterial textiles）一种能够抑制细菌生长繁殖的织物。抗菌保健织物可采用共混纺丝法和后整理加工法进行生产。共混纺丝法是在聚合阶段、聚合终了或纺丝喷口前以及纺丝原液中将抗菌剂加入纤维中的方法；后整理加工法则是将抗菌剂热固在纤维上，达到抗菌防臭的目的。抗菌后整理法的抗菌性能在洗涤10～30次之后就消失，而共混纺丝法可使抗菌试剂布满整个纤维的截面，既抗菌又耐洗涤。若将抗菌剂与聚丙烯共混纺丝，在250℃的纺丝条件下，热稳定性强，可纺性良好。不同的织物需要不同类型的抗菌剂，如广谱抗菌剂可用于抹布，添加真菌类抗菌剂可用于抗菌袜，添加大肠杆菌类抗菌剂则可用于毛巾等。

快速反应技术（rapid response technology）一种能够迅速根据市场需求，实现纺织品设计与生产的快速反应的机制。由于计算机技术、自动控制技术、网络技术和现代测量技术的应用，织机智能化程度的提高，与半制品自动传送装置和联动控制线路的结合，采用积木式的自动生产流水线，可以实现敏捷制造。由于纺织机械的主要机构模块化和系统设定时间的减少，提高了企业的品种变化能力和相应速度。利用在线检测系统，可以实现远程控制和减少人工检验工序。织物设计和生产采用CAD/CAM技术，能快速了解客户的需求，并预测产品的性能等。

L

拦阻网（arrester net）一种可以保证飞机滑行安全的地面应急装置。它主要由网体、制动器、立网支架和控制系统组成。网体由上下水平主吊带和垂直竖带组成，带子为高强尼龙丝带，要求强度高、伸长小、耐日光、防老化，保证拦阻网有一定的拦阻缓冲能力，以防止飞机在起飞或着陆时，因故障或意外冲出跑道。

缆型纺纱（solo-spinning）为了解决针织面料在外力摩擦的作用下容易起球起毛的纺纱技术。采用此种技术纺出的纱毛羽少，摩擦性能好。由于这种纱线有着类似电缆线那样的结构，故把这种新型的纺纱技术称之为缆型纺。在传统细纱工序中，一般都是由一根粗纱经牵伸成为一根细纱；缆型纺则不同，当经牵伸后的须条出现在细纱机前钳口时，有一个分割轮将其分割成两股以上的纤维束，并在纺纱加捻力的作用下将其送入分割轮的分割槽内；槽内的纤维束在纺纱加捻力的作用下，围绕自身的捻心回转，从而具有一定的捻度。同时，这些带有一定捻度的纤维束又随着纱线的卷绕运动向下移动，各纤维束汇交于一点并围绕整根纱线的捻心做回转运动，最后形成一种具有不同于传统纱线结构的新型缆型纱线。缆型纱线的毛羽将大大减少，且长毛羽几乎为零。由于在结构内增加了纤维的转移，使纤维与纤维之间有着比传统单纱更复杂的结构，抱合更为紧密，从而提高了纱线的耐摩擦性能。与同工艺条件下的传统单纱相比，缆型纺的耐摩擦性能要提高53%～83%，断头率减少50%。缆型纺纺纱支数最高可达90公支。其原料可以是纯毛或毛混纺。此装置纺成的72公支大豆纤维和丝光羊毛混纺针织绒，成衣的抗起球能力达四级，比不加装置的原纱成衣的抗起球能力提高一倍以上。该技

术是解决超细羊毛产量难于满足高支轻薄型毛纺面料需求并降低产品成本的有效措施。

帘子布（cord fabric）一种像帘子一样的用于汽车、飞机橡胶轮胎的骨架材料。其主要功能是承受汽车在行驶过程中受到地面的冲击负荷和本身的压力。

两高一低上浆工艺（two high and one low sizing process）采用高压力、高浓度、低黏度的上浆工艺。"高浓"的量化标准为浆液浓度（含固率）≥上浆率。"高压浆力"以车速100m/min时、后压浆棍压力20～40kN为标准，推出不同速度下的压浆力，最终衡量标准为压出加重率小于等于100%。"低黏"指浆液最低黏度应保证上浆要求，不影响浆料应具有的黏附性及正常开车或慢车时不轻浆。两高一低上浆工艺的主要优点是：（1）提高浆纱质量，达到被覆与渗透的有机结合；（2）节约能源，大量减少浆纱机烘房的用气量；（3）提高浆纱机速度，提高了上浆效率；（4）浆纱结构紧密，提高了浆纱强伸度；（5）增加耐磨，降低毛羽，降低经纱断头；（6）提高织机开口清晰度，提高可织造性和机织效率以及减少PVA（聚乙烯醇浆料）的用量。

M

棉纺自调匀整（spinning autoleveller）自动调整罗拉速度达到控制生条或熟条重线密度量或均匀度的电子控制技术。是用在清梳联、并条工序中，为了避免由于喂入原料的不匀，在清梳联加工过程中，原料的开松程度并不均匀，生条和成纱重量的不匀率只能依靠棉层密度和输出厚度来保证。但由于开松程度的不均匀性和各台梳棉机喂棉箱中落棉的差异，使筒与筒、台与台、班与班之间生条长片段不匀率在配棉成分或开清工艺变化时发生较大波动，从而影响成纱的重量偏差及其不匀率。当梳棉机输出的生条定量或厚度发生较大波动时，利用自调匀整装置可自动改变原料的喂入速度或生条的输出速度，并通过调节牵伸倍数，使输出产品定量或厚度的波动减小，从而获得产品匀整的效果。

灭蚊蝇织物（anti-insect fabric）一种可以吸引并杀死蚊蝇的织物。在纺织材料表面覆盖一层除虫菊和二氧苯醚酯混合物，蚊蝇一旦闻到这种气味，就会自投罗网，15秒钟内就昏迷死亡。可以用这种材料制成蚊帐、睡袋及外衣，供野外工作者和野战部队使用。

摩擦纺纱(friction spinning)属于自由端纺纱,利用尘笼对纤维进行凝聚和加捻的纺纱技术。纤维条输入经分梳辊开松后,将喂入纤维条分解成单根纤维状态,而纤维的凝聚加捻则是通过带抽吸装置的筛网来实现的。筛网为一对同向回转的尘笼(或一只尘笼与一个摩擦辊)。筛网可以是大直径的尘笼,也可以是扁平连续的网状带。纤维沿尘笼轴向输出的同时又被尘笼搓捻成纱条。当纱条从尘笼一端向另一端输出时,纤维就逐渐添加到纱条上,形成纱芯和外层纤维的分层结构,纱芯比较硬实,外层纤维比较松软。摩擦纺纱内纤维的伸直平行度差,排列紊乱,所以摩擦纱的成纱强力远低于环锭纱,单强仅有环锭纱的60%左右,但其条干优于环锭纱,粗节、棉结均少于同种环锭纱。同时,成纱的经向捻度分布由纱芯向外层逐渐减少,结构内紧外松,所以摩擦纱的紧度较小(0.35~0.65g/cm³),表面丰满蓬松,弹性好,伸长度高,手感粗硬,但较粗梳毛纱好,具有较好的耐磨性能。随着尘笼纺纱机构的不断完善,可以纺制出各种花式纱线和多组分纱线等。摩擦纺纱的特数较大,可用于外衣(工作服、工作防护服)、装饰织物和工业纺织品。

N

黏合纺纱(conglutinate weaving)一种无捻纺纱工艺。用条子喂入,条子中混有7.5%的聚乙烯醇黏合纤维,先在干燥状态下进行预牵伸,接着在假捻喷嘴上对条子给湿,并在湿态下进入主牵伸区。从牵伸机构输出的须条由第二假捻喷嘴给以蒸汽处理,使黏合纤维活化,并使须条成为具有一定强力的纱,最后通过烘燥机构定形后,输出并卷绕成筒子。黏合纺纱流程短,成本高。

牛仔布(jean)较粗厚的色织经面斜纹棉布。其经纱颜色深,一般为靛蓝色;纬纱颜色浅,一般为浅灰或煮炼后的本色纱。它始于美国西部,因放牧人员用以制作衣裤而得名。其经纱采用浆染联合一步法染色工艺,采用3/1组织,也有采用变化斜纹、平纹或绉组织牛仔布。坯布经防缩整理,缩水率比一般织物小,质地紧密,厚实,色泽鲜艳,织纹清晰。它适用于制作男女式牛仔裤,牛仔上装,牛仔背心,牛仔裙等。

农业丰收布(agricultural harvest cloth)一种类似于蚊帐的稀薄织物。它主要以合成纤维作为原料,经机织或编织而成。主要是对于光透过程度进行控制。用于改善农作物周围的气候,覆盖在农作物上,可以防寒、防霜、防风、防雪,还可以防止病虫害。该产品耐气候性和耐腐蚀性好。

P

喷气纺纱(air-jet spinning)一种利用喷嘴喷射高压气流对牵伸装置输出的须条施以假捻,并使露在纱条表面的头端自由纤维包缠在纱芯上形成具有一定强力的喷气纱的技术。它属于包缠纺纱和非自由端纺纱。喷气纺适合特细纱(高支纱)的生产,对天然纤维,合成纤维,棉型化纤的纯纺和混纺都能适应,但纺纯棉有难度。喷气纺的最大优点除了省去粗纱、络筒等工序外,且机构简单,没有高速机件,纺纱速度可高达300m/min,是环锭纺的10~15倍、转杯纺的三倍。因此,八台喷气纺就相当于10 000锭环锭纺。纺10tex以下的纱纤时,用电量将低于环锭纺,生产成本将降低30%以上。在吨纱用工、占地面枳、车间含尘量和噪声等指标上也远远优于环锭纺。喷气纱织物的透气性、染色性、撕破强力、厚度和硬挺度等都比环锭纺的好。一些功能纤维(阻燃、远红外、防紫外线等)可以用喷气纺纱来制作包缠纱。但喷气纺设备的价格昂贵。喷气纺的成纱特别适应剑杆等新型织机的织造和万米无结头缝纫线等的生产。

喷气引纬(air-jet inserting)用压缩气流牵引纬纱,并将其带过梭口的引纬方法。喷气引纬以惯性极小的空气作为引纬介质,并且引纬介质单向流动,因此织机车速很高,具有高入纬率的特点(可达2 000m/min以上),实现了高速高产目标。该织机占地面积也小,产品质量好、成本低,纬纱能选择4~6色,品种适用性好,可用于轻薄直至重厚各种类型的织物加工。它特别适宜于细薄织物加工,在生产低特高密单色织物时具有明显的优势。喷气引纬属于消极引纬方式,引纬气流对某些纬纱(如粗重结子线、花式纱等)缺乏足够的控制能力,容易生产引纬疵点。气流引纬对经纱的梭口清晰度也有很严格的要求,在引纬通道上不允许有任何的经纱阻挡,否则会引起纬停关车,影响织机效率。

喷水引纬(water-jet inserting)利用水作为引纬介质,通过喷射水流对纬纱产生摩擦牵引力,使固定筒子上的纬纱引入梭口的引纬方法。喷水织机的水射流集束性好,加之水对纬纱的摩擦牵引力也大,从而使喷水织机的纬纱飞行速度、织机运转速度都居各类织机之首，而且噪声很低。在喷水织机上，织物织成后需在织机上除去绝大部分水，故喷水引纬只适用于合成纤维、玻璃纤维等疏水性纤维和水分对浆纱影响较小的纱线的织造。

片梭引纬（projectile inserting）用片状夹纱器（片梭）将固定在筒子上的纬纱引入梭口的引纬方法。片梭引纬采用积极引纬方式，对纬纱具有良好的控制能力。片梭对纬纱的夹持和释放是在两侧梭箱中于静态的条件下进行的，引纬质量好，纬纱在引入梭口之后，其张力受到精确调节。这些性能都有利于高档产品的加工。由于片梭对纬纱具有良好的夹持能力，因此用于片梭引纬的纱线包括各种天然纤维和化学纤维的纯纺和混纺短纱、天然纤维长丝、化学纤维长丝、玻璃纤维长丝、金属丝以及各种花式纱线。但是，片梭在启动时的加速度很大（$1\,200\text{m/s}^2 \times 9.8\text{m/s}^2$），约为剑杆引纬的 $10\sim20$ 倍。因此，对于经弱捻纱及强度很低的纱线作为纬纱的织物加工来说，片梭引纬显然是不适宜的。片梭引纬通常采用折入边，因此织布是光边。这在无梭织机各类布边中，属于经、纬纱回丝损失最少的一种。

Q

汽刺法（steam punching method）见蒸汽喷网法。

气流纺纱（open-end spinning）见转杯纺纱。

清钢联（blowing-carding unit）见清梳联合。

清梳联合（blowing-carding unit）又称清钢联，将清棉机输出的散棉，直接均匀地输配给多台梳棉机的工艺。清梳联将清花、梳棉两个工序连接成一个工序，取消了清棉成卷过程，省略了落卷、储卷、运卷和换卷等操作，减轻了工人劳动强度，提高了劳动生产率。取消成卷工序还可避免压辊压碎棉层内杂质，消除了退卷黏层以及接头不良等弊病，有利于减少生条含杂粒数和改善均匀度。清梳联是清梳生产技术的发展方向之一，是纺纱技术的一个重要标志，也是实现纺纱过程连续化、自动化、优质高产和降低消耗的重要途径。

R

热黏合法（thermal bonding）一个通过加热、变形、熔融、流动和固化过程达到机械连续生产出热黏合的非织造布的工艺技术。利用黏合材料受热熔融、流动的特性，使其将主体纤维交叉点相互黏连在一起，再经过冷却使熔融聚合物得以固化。黏合材料一般采用热塑性聚合物，如低熔点合成纤维、热塑性聚合物粉末以及聚合物薄膜等。随着热黏合技术在非织造布工业的发展和应用，近年来出现了很多新型的热黏合非织造布专用纤维，如双组分 FF/PE、FF/PET 等。这些纤维在受热时只有低熔点组分发生熔融和流动，而熔点较高的组分仍保持原纤化特性，因此所生产的产品在强度和手感上均有较大改善。新黏合材料的应用促进了热黏合技术水平的提高。热黏合工艺主要包括热熔黏合法、热轧黏合法和超声波黏合法，其中以热熔法和热轧法的应用最为广泛。热熔法在干法成网和湿法成网上应用较多，而热轧法更广泛地用来固结干法成网和聚合物挤压成网的纤网。

人工海草（artificial seaweed）一种用来代替天然海藻，形成人造鱼礁，防止流沙并保护海底电缆通信设备，提高鱼类聚集率的纺织品。一般用亲水性的合成纤维制造，耐海水腐蚀、不易腐烂，能在海面漂浮。

人造草坪织物（man-made grassland fabric）在室外铺放的、用以模拟草坪的一种建筑材料。它是由外形美观、富有弹性、步履舒适、原料采用原液着色的锦纶纤维，或聚偏氯乙烯、聚丙烯等以熔融纺丝法纺得的扁丝，以类似制造地毯的方法生产而成，有机织法、簇绒法、编结法等构成模仿草丛的纤维毛圈，然后为了使毛圈在底布上很好固着，在人工草坪织物的背面往往涂敷合成胶乳。产品的特性要求随用途而异，主要铺设于运动场地、公共场所和住宅庭院。

熔喷非织造布技术（meltblown nonwoven technology）一种应用熔喷成纤工艺生产非织造布的新技术。它改变过去单纯用高温热空气带动熔体从喷孔中喷出的办法，而是当熔体以纤维状态从喷孔中喷出时，经过一骤冷装置用侧吹冷风使之骤冷，使纤维在骤冷的条件下成形。这种纤维有一定的结晶度和定向度，改变了过去熔喷纤维没有强度的弱点。其连续长度大为提高，且纤网的蓬松性、外观和悬垂性也明显改善。

熔融纺纱（melting spinning）一种无捻纺纱工艺。它与黏合纺纱的不同之处在于，黏合纺中的黏合纤维只是暂时起黏合作用，在织物整理时还需除去，而熔融纺则将黏合剂保留在纱线和织物中。一般用高分子聚合物如聚酯、聚酰胺等材料作为黏合剂，用量占纱线总量的 $20\%\sim40\%$。这些材料经熔融后，由喷丝孔喷出，而熔融的单丝在未凝结前，与牵伸装置送出的纤维束结合在一起，经凝聚、假捻、冷却而成纱，并直接绕成筒子。

S

赛络纺（sirospun spinning）一种新型纺纱技术。它将两根粗纱平行引入细纱机牵伸区内，并以平行状态被分别牵伸，从前罗拉夹持点出来后保持一定间距的两根纤维束，由捻度的传递而使单纱须条上带有少量的捻度。这两根须条在结合点汇合后，被进一步加捻成同向捻度的合股纱。与环锭细纱相比，赛络纺纱的优点是：（1）可省去并线、捻线工序，缩短工艺流程，有利于提高生产效率和可纺性能，大大减少纺纱断头率，提高了毛纱制成率，有利于提高细纱机车速，增加产量；（2）扩大了细纱可纺界限，降低了生产成本；（3）能生产异色纱和不同材料的复合纱。同时，由于纤维束从前罗拉夹持点到合并点的间隔中只受到轻度加捻，使纤维束内的单纤维不致因受到扭曲力的较大影响而突出于纱的外表面。赛络纺纱表面纤维排列整齐，毛羽少，外观光洁，手感光滑，有较好的光泽。另外，可通过改变捻系数，改善织物风格，使织物软中有滑濡感、悬垂性、透气性好，富有弹性，还使织物轻薄化。赛络纺纱毛织物多为轻薄、柔软的产品，适用作春夏季男女衬衫、休闲装、夹克等。

赛络菲尔纺（sirofil spinning）又称双组分纺纱，在赛络纺基础上发展起来的又一种新型纺纱技术。它是利用羊毛须条（第一组分）与一根细旦化纤长丝或棉、麻、绢丝等短纤维（第二组分）在细纱机上平行喂入直接纺成复合纱。羊毛粗纱通过常规的牵伸装置从前罗拉输出，长丝则通过张力器、探头、切断器从前罗拉输出，在前罗拉钳口处形成三角区，达到良好的加捻效果和纱线形成。与传统纺纱工艺相比，可省去蒸捻工序，且因长丝的支撑作用和特殊的纱线结构，可大幅度降低对羊毛的细度要求，用中低支羊毛加工高支轻薄产品，原料成本可降低50%以上。该类产品风格独特，面料的弹性、抗皱性、悬垂性、透气性、抗起球性、尺寸稳定性等均优于传统纯毛产品，并通过不同长丝原料的选用组合可使之获得各种花式效应等。

三维编织（3D braiding）编织出的织物厚度至少要超过参加编织的纱线束直径的三倍，而且在厚度方向上纱线或纤维束要相互交织的编织方法。三维编织可分为多种型式，如二步法、四步法和多步法。三维编织工艺能制造出规则形状或异形实心体的多层整体构件，使构件一次编织整体成型，而且结构不分层、层间强度高、综合力学性能好。三维编织在军事、航空、航天等高技术领域越来越多地得到应用。

三维立体织物（3D fabric）在传统织物经、纬两组纱线的基础上，增加了与它们垂直的第三向纱线的织物。第三向纱线的作用是将多层互相垂直的经纬纱线缝合在一起，从而增加了织物的厚度和在厚度方向上的机械性能。

三维异型整体编织技术（3D braiding technology）一种能形成复杂形状的三维纺织预制体的新型编织技术。它有两个比较突出的特点：（1）在用该技术编织的织物中，纤维在三维空间中沿着多个方向分布并相互交织在一起形成不分层的整体结构。因此，由它制成的复合材料制件具有高强度、不分层、基体损伤不易扩展、高抗冲击性能和综合力学性能好以及耐烧蚀、抗高温、热绝缘性能好等独特的优点。（2）可以直接编织出各种形状、不同尺寸的整体异型预制件，例如变壁厚圆管、锥套体、工型梁、T型梁、Ⅱ型梁、盒型梁等。用这些预制件制成的复合材料制件不需再加工，避免了由于加工所造成的纤维损伤。该技术完全适用于编织各种高性能纤维，例如碳纤维、碳化硅纤维、石英纤维、芳纶纤维、玻璃纤维等。其加工成的三维异型整体编织物是先进的多功能复合材料制件和主承力复合材料制件增强体织物，通常用来制作航空、航天、兵器中的结构件、功能件、异型接头、大梁、锥套体、管件等。

三维织造（3D weaving）形成三维机织物的织造方法，有两种方式。第一种是制造多层织物，通过某个系统的纱线与另外一个系统不同层纱线的接结，将若干层织物连接起来形成具有一定厚度的织物。第二种方法是采用正交非织造织物，预先在三个轴向按照一定的顺序放置好隔离棒，通过隔离棒的拖动带动纱线形成立体织物。三维多剑杆织机可制织截面为矩形、T形、I形、U形、Ⅱ形等多种异形实心梁状织物。由于机织物的力学性能高，三维机织物常用于结构性复合材料预制件产品。

三向织物（tri-axial fabric）由两根经纱与一根交叉角为60°的纬纱交织而成的织物。这种织物制织时，第一根经纱以60°角笔直地织入，第二根经纱与第一根经纱相互交叉角仍为60°，朝着与第一根经纱相反的方向笔直织入，而纬纱则与第一、第二根经纱均成60°角而从横向织入。三向织物的抗面内剪切性能比普通的正交机织物高很多，适用于产业用织物。

纱线CAD系统（yarn CAD system）进行纱线设计的CAD系统。其主要功能是进行普通纱线、混色纱线和花式纱线的仿真。它对于纱线的股数、捻度、混纺比、色彩都可以任意调整，甚至可以模拟纱线的毛羽。有的系统还可以进行配棉优化，并且有预测纱线的性能。

纱线断头自动捻接（automatic yarn breakage splicer knotting）机器自动把纱线的断头按单纤维的方式搭接在一起，然后进行加捻而使之牢固地连接在一起的方法。在纱线连接处没有打结疙瘩，但在连接处的一段纱线范围里，单纤维数量的相对增多，结头处直径稍有增加，强力略有下降。纱线断头自动捻接不仅适应于络筒工序，而且也适用于与结头有关的后续工艺中，如并线机、络筒机、加捻机、摇纱机、绞纱机以及机织和针织工艺中。纱线自动捻接的方法有：（1）空气捻接法，采用压缩空气捻接法进行短纤维纱（如棉股线）和其他柔软性差的纱线（如亚麻纱）以及非传统纺纱（如转杯纺等）纺制出的纱线进行捻接。（2）湿捻接法，是用水和压缩空气相结合完成纱线捻接过程的方法。（3）机械捻接，用摩擦盘方法打结。

射流喷网法（hydroentangling）利用机械力的作用使纤维发生缠结而固结成非织造布的方法。它是以高压水流（俗称"水针"）来穿刺纤网。射流喷网的纤网可以是干法成网的纤网，也可以是湿法成网和纺丝成网的纤网。在纤网进入水刺区前，需要进行预湿处理，以使纤网在水刺时能吸收更多的有效能量。纤网进入水刺区后，受到高压水流的激射，使纤维受到强烈冲击而垂直进入纤网中。同时，水流穿过纤网后撞击在输网帘上，又以一定角度反射回来，形成对纤网的反向冲击，使纤维产生向不同方向的位移。这样，就使纤网中的纤维相互缠结和紧密抱合在一起，形成具有一定强度的湿态非织造布。然后将经过水刺的纤网输入烘箱中烘干，就形成了射流喷网非织造布。水刺法生产出的产品具有较高的强度，可以达到机织物的60%以上，且近似于传统纺织品的外观，具有优良的悬垂性和柔软的手感。此外，除特殊用途外，大多数产品不含有化学黏合剂，对纤维损伤小，成布不掉毛，甚至可利用网帘上设定的图案加工出各式花纹的产品。用此法生产的非织造布适合加工诸如手术衣、手术巾、外科衣、纱布和绷带等医疗用品，以及擦布、抛光布、合成革基布和过滤材料等家用和产业用产品。

射流引纬（jet inserting）利用高速的流体（空气流或水流）对纱线表面所产生的摩擦牵引力，将纬纱引过梭口的方法，有喷气引纬和喷水引纬两种方法。射流引纬速度高，但选纬功能差，不适用多色纬织造，常用于单色织物生产。

生物可降解农用纺织品（biodegradable farm textiles）可以逐渐分解到土壤中去，不会形成白色污染的农用非织造布。它在农林和园艺方面应用广泛，如农用地膜、防草膜、防霜膜、果树上的雨披、育秧苗床等，安全可靠。

湿法成网（wet webbing）先将纤维在水中搅拌制成的悬浮浆输送到成网帘上成网，再经过烘干固结而成非织造布的生产方法。其工艺原理和生产流程大体与造纸工艺相同，但所用纤维和黏合方式不同。现代湿法成网生产线工作宽度已达4m，生产速度超过400m/min，最高达到600m/min。湿法非织造布具有生产速度高、成网均匀度好、可利用20mm以下的短纤维，达到良好的纤维杂乱效果，且具大批量生产加工成本低、织物过滤效果好等优点。但该法生产设备一次性投资大，要求水源充足、能耗较大、生产灵活性差、产品的强度、手感等性能也不及干法成网非织造布。目前，湿法成网产品仅占非织造布的12%～15%。

梳并联（combination of carding and drawing）将棉纺工程中两个独立的生产工序——梳棉和并条衔接起来，不仅达到相应的梳理效果和牵伸倍数，同时实现相应的并合效应的一项新工艺技术。这是继清梳联之后，进一步延伸棉纺生产的自动化、连续化、联合化，有效缩减棉纺工程工序流程的一个技术进步。梳并联技术具有以下优势：（1）产品在梳棉—并条工序中连续流水生产，棉条不调向，产品无工艺接头；（2）省去生条周转盛放的容器，杜绝由容器频繁周转使用带来的品质损害；（3）在梳棉和并条工序间省去一道操作工序，从而省去生条的换桶、存放、人工搬运等，节省操作工费，减少人为差错；（4）并条机部分省去机后的条箱阵列以及备用条桶，减少空间占用；（5）可以利用加重生条定量的方法，使梳棉机的产量提高；（6）有利于梳棉机前部张力牵伸的合理减小和生条的输送；（7）生产操作与传统工艺基本等同，便于掌握。

双轴向衬线经编骨架织物（biaxial earp-knitted fabric）一种新型的经编结构。其经纱与纬纱均呈刚直状态，不发生交织，衬线（包括经纱与纬纱）由另外一组纱线所形成的经编线圈结构束缚在一起。由于衬线没有弯曲，伸直程度高，故对于高性能纤维来说，其强度可以充分利用，缺点是剪切强度不足。

双组分纺纱（bi-component spinning）见赛络菲尔纺。

T

弹性不织布（elastic non-wovens）在第一次拉伸后与第四次拉伸到100%变形后，纤维恢复度至少达50%的非织造布。使用均匀分支、密度大于等于0.915g/cm³的线性乙烯聚合物作为原料，用纺黏法或熔喷法生产，常用于即用即弃的卫生产品。

桃皮绒（peach wool）超细纤维织物中的一种新颖的薄型起绒织物，从人造麂皮中脱胎而来。由于不经过聚氨酯湿法处理，所以质地更柔软。又因绒短，使手感更好，外观更细腻、别致高雅，与人造麂皮相比，给消费者一种新奇感。桃皮绒类产品可以作为服装（夹克衫、衣裙等）面料，也可作为包箱、鞋帽、家具装饰的理想材料。

体育用纺织品（sports textiles）广泛应用于田径、体操、球类、野营、攀岩等方面的运动服、体育器材和各种竞技设施应用的纺织材料及其制品。在体育用品中使用的纺织材料种类很多，经历了天然纤维、化学纤维与高性能纤维及其制品几个阶段。运动装不但要求具有动人的外观，同时还应具有隔热性、防水透气性、拒水性、吸湿性、吸汗性、速干性、防紫外线性、抗菌去臭性及拉伸特性等特点。近年来采用纺织复合材料作为体育器材的越来越多，除采用了功能性纤维以外，还采用将机织物、针织物、非织造物通过涂层、黏合、浸渍、薄膜层压、针刺复合等工艺方法制成柔性及刚性复合材料，赋予了纺织品独特的功能和综合性能。体育设施用纺织品包括人工草坪、运动场地土工布、运动场地覆盖材料、降落伞、滑翔伞和热气球等。

天鹅绒针织物（velours knitting）一面由酷似鹅毛的细密直立的纤维或纱形成绒面覆盖的纬编针织物。其绒毛高度为1.5～5cm，手感柔软。它是由毛圈针织物经割圈或由带纱圈的衬垫针织物经割圈而成。其产品由地纱和绒纱组成。地纱一般采用低弹涤纶丝或低弹锦纶丝。地纱的弹性有利于固定绒毛，防止脱落。绒纱一般采用棉纱，涤棉混纺纱或其他短纤维纱。衬垫组织使用的绒纱一般粗于地纱。该产品用于外衣、童装、装饰织物等。

土工织物（geotextile）应用于土木工程中的透水性土工合成材料。按制造方法可分为织造土工织物和非织造（无纺）土工织物。土工布现已同水泥、钢材、木材一起成为"四大建筑材料"。广义上的土工布包括土工工程中可渗透的土工布和不可渗透的土工膜。土工布的用途多种多样，主要用于道路路基的增强，治理铁路翻浆冒泥，应急公路的铺设，解决软土地区的施工，水利岸坡的防护，水库水坝排水沟的反滤层，发电厂灰坝，矿山矿坝，矿井的支柱成形，保护植被，治理水土流失，治理环境污染等。使用土工布，可以起到提高工程质量、缩短施工时间、降低工程造价、延长工程寿命和简化工程维护等作用。

W

网孔救援管道（safety net pipe）一种为便于高层建筑的火灾救援而加上新型滑道装置的网孔状织物。管道由Kevlar（凯芙拉纤维）制成，由金属环握持，能耐400℃的高温。处于滑道内的人员下滑速度最大可达1m/s。该织物还可用于直升机的海上搜救或海上作业等。

维生素T恤（vitamin T-shirt）一种与皮肤接触而产生维生素，并能为人体所吸收的衣服。该面料将含有可以转换为维生素C的维生素原引入到传统的纺织面料中，当维生素原与人体皮肤接触后就会反应生成VitC，一件T恤衫产生的VitC相当于两个柠檬。穿着这种T恤，能通过皮肤直接摄取VitC。

卫生保健织物（health care fabrics）通过采用抗菌纤维或抗菌整理得到的能够起到保健和理疗作用的一些纺织品。卫生保健用织物指抗菌除臭、高吸水、防污织物等，药物保健织物是具有医药功能的织物，通过后整理剂或微胶囊技术将药物附着在服装织物上，在穿着中，通过呼吸或药物渗透皮肤进入人体产生医疗作用；而理疗保健织物则是通过热疗、电疗、磁疗、远红外辐射，对于某些治疗部位产生作用的纺织品，适用于一些血液循环疾病、皮肤病、扭伤和神经官能症等。

涡流纺纱（vortex spinning）利用固定不动的涡流纺纱管，代替高速回转的纺纱杯的新型纺纱技术。利用该技术纺出的纱弯曲纤维较多，染色性、透气性和耐磨性较好，但强度较弱，条干均匀度较差。它多用于起绒织物的原材料。其纱纤多用于绒衣和运动衣等服饰制作。

无舌织针松弛针织技术（slack knitting technology）一种在纬编工艺中加强舌针对纱线控制的针织技术。采用此种技术，由于纱线不再由针舌控制，而受积极导向的钩子控制，从而减小了作用在纱线上的张力，同时纱线不再受针舌的作用而延伸。与传统的针舌翻转相比，该针两部分的上下运动更为可靠，减少了织针的磨损，降低了由织针故障引起的织疵。但由于采用该针将增加一条三角跑道，机构较复杂。

X

细络联合（combination of spinning and winding）在细纱机和络筒机之间增加一个连接系统，把经细纱自动落纱机落下的管纱自动运输到自动络筒机络纱，并把空管运回的工艺过程。其优点是：（1）省去了管纱运输工作，节省了人力和加工成本，避免了因运输而造成管纱、筒纱间的摩擦碰撞而造成的毛羽和损坏，保证了纱线质量和降低油脏污等纱疵；（2）解决了络筒与细纱之间的质量监督反馈问题，可将络筒机上络纱质量的全程监控延伸至细纱机上，并把有缺陷的管纱造成的原因追踪到细纱机的锭子上，从而把质量事故消灭在萌芽状态；（3）在提高生产效率的同时，能满足多品种、小批量的要求，缩短生产周期；（4）整体设计（多机台连接）能节约占地30%左右。

现代化纺纱生产工艺技术（modern spinning technology）研究清梳、并条、粗纱、细纱、络筒等工序中单机的多电机独立传动，控制系统软硬件的开发和应用的工艺技术的总称。其内容主要包括在线检测和控制研究；单机自动化和工序连续化技术（如清梳联、并条机自调匀整系统的稳定性和可靠性）、细纱机与络筒机连接的关键技术；纺纱设备、生产工艺以及质量的集中监控和管理技术。

消臭纺织品（deodorizing textiles）采用抗菌物质来抑制微生物生长以达到防止臭味或者通过氧化法或吸收法消除异味的纺织品。氧化法主要是利用人造氧化酶产生活性氧氧化臭分子，吸收法是用碳素纤维制成的织物来吸收环境中的臭味。消臭织物主要应用于床上用品、餐橱用品等方面。

新合纤面料（new synthetic fabric）一种综合了超细、超高收缩等加工技术，而形成的高科技涤纶面料。属于第五代异形截面及涤纶染整加工的新面料，超越了前四代产品单纯追求仿毛和仿丝的观念，强调服用性能，具有防水、仿麂皮绒、超柔软等风格。

新型纺纱（new spinning technology）将加捻和卷绕分开进行的一项纺纱新技术。它不同于传统环绽纺纱和基本被淘汰的走锭纺纱技术。与传统的环锭纺纱相比，新型纺纱具有以下特点：（1）产量高。新型纺纱采用了新的加捻方式，加捻器转速不再像钢丝圈那样受线速度的限制，而输出速度的提高可使产量成倍的增加。（2）卷装大。由于加捻卷绕分开进行，使卷装不受气圈形态的限制，可以直接卷绕成筒子，从而减少了因络筒次数多而造成的停车时间，使时间利用率得到很大的提高。（3）流程短。新型纺纱普遍采用条子喂入，筒子输出，一般可省去粗纱、络筒两道工序，使工艺流程缩短，劳动生产率提高。（4）改善了生产环境。由于微电子技术的应用，使新型纺纱机的机械化程度远比环锭细纱机高，且飞花少、噪音低，有利于降低工人劳动强度，改善工作环境。新型纺纱分类的方法很多，核心问题是如何使纤维加捻而成为具有一定物理机械性能和外观结构的纱线。实施不同的加捻过程，采用不同的加捻机构，就产生了各种各样的新型纺纱方法。一般分为自由端纺纱和非自由端纺纱两大类。

新型浆料（new sizes）一种能满足上浆生产工艺的无污染或少污染的浆料。目前主要以提高耐磨性、毛羽的贴附性以及提高可织性为主，适合两高一低的上浆工艺，适应于高支高密织物的开发和无梭织机的使用。新型浆料在环境保护上有较高的要求，从原料的生成、浆料的生产、上浆应用、退浆排放液的处理以及纺织品在服用和废弃的全过程中，都应是无害的、对环境无污染的、可自然降解的。新型浆料的开发促进了浆料质量的提高和应用配比的合理性，降低浆料成本，扩大了使用范围，提高了经济效益。

休止编织技术（rest knitting technique）又称局部编织，一种为了在横机上编织出三维立体结构和花式效果，使持有线圈的某些织针暂时停止工作，待需要时再重新进入编织程序的编织技术。该技术可在电脑横机上通过选针实现，手摇横机上则需要对三角结构的改进和特殊设计，才能进行局部编织和持圈收放针。

Y

羊毛细化改性技术（wool modification technology）通过将羊毛纤维预处理、机械拉伸、在湿热条件下化学定形等一系列工艺，将毛条中的羊毛纤维拉细 $3 \sim 4 \mu m$ 的技术。轻薄化是毛织物发展的一个趋势，但超细羊毛供应紧张，价格高。20 世纪 90 年代，澳大利亚联邦工业与科学研究院提出了将平均直径为 $20 \sim 21 \mu m$ 的羊毛用巯基乙酸钠或铵的溶液处理，打开羊毛结构中的二硫键，然后进行拉伸。15tex 的粗羊毛纱经过拉伸处理后，纤维的平均细度可以降至 $17 \mu m$ 左右，即相当于 $10 \sim 11tex$ 支超细羊毛纱，可以用于加工高档超轻薄型面料。在羊毛拉细的同时，羊毛纤维的强力增长 20%，长度增加 40% ~ 50%，具有更好的回弹性。与传统工艺生产的轻薄型面料相比，拉伸羊毛织物呢面光洁，无刺痒感，透气性好，穿着舒适。织物的悬垂性、回弹性都得到提高，不易起毛起球，易于护理保养，而且手感柔软。

一锭多丝技术（technology of one spindle multiple thread）经过设备改造和采用新工艺，在原纺丝机的一个纺丝位（即一个锭子）同时生产两到三股丝线的技术。原机型的一个纺丝位只能生产一股丝（该股丝的单丝数决定于喷丝头孔眼数）即一锭单丝。一锭多丝技术的运用，使原半连续纺丝机生产能力增加多倍，而纺丝机的占地和空间不变。该技术可利用现有条件，用较少的投入迅速扩大生产规模。

医疗用纺织品（surgical textiles）具有医疗用途和功能的纺织品。它分为如下三大类：（1）治疗类。这些材料可用于与皮肤接触或不接触的伤口止血、敷料、绷带、膏药底布等。（2）移植材料。用于人体伤口修补或替换的缝合线、血管移植物、人工关节、人造血管、人造气管、人造食管、人工肾、人造肺等。（3）卫生保健理疗用品。可用作外科手术服、织物、理疗保健织物及揩拭物以及血浆分离、过滤、采集和浓缩装置等。医疗用纺织品必须具有无毒性、无过敏性、无致癌性及与人体相容性。在消毒时不起物理或化学性能的任何变化。常用的天然纤维有棉、丝和再生纤维黏胶人造丝，被广泛地作为非移植材料（伤口敷料、绷带等）和卫生保健用品（床上用品、衣物、尿布、卫生巾、揩拭布等）。化学纤维通常包括聚酯、聚酰胺、聚四氟乙烯（PTFE）、聚丙烯、碳纤维和玻璃纤维，经过处理后能更有效地消灭细菌。如采用接枝技术，在纺成纤维之前，向粒状聚合物加入抗菌剂，促其进入纤维结构，并与活性纤维官能团发生反应，从而获得永久性抗菌性能。非织造医疗用织物具有对细菌和尘埃过滤性高、手术感染率低、消毒灭菌方便、易于与其他材料复合等特点，非织造产品作为即用即弃的医疗用品，不仅使用卫生便利，还能有效地防止细菌感染和医源性交叉感染。

隐身窗帘（stealth curtain）用高透明度、高强度的聚碳酸酯片蒸镀上一层仅几微米厚的铝膜制成的一种新式窗帘，全称"透明反射热线窗帘"。它能把太阳光中的大部分可见光反射掉，使进入室内的可见光减少至 15%。它既能使室内保持清爽，又能看到室外景色，但从室外却很难看到室内情景。

预湿上浆（prewet sizing）在经纱上浆前，先经过热水的浸渍和挤扎，其表面影响浆液黏附和浸透的蜡质、果胶质、脂肪和尘屑被融化和洗涤，使吸浆顺畅，而确保浆膜完整的上浆工艺。通过预湿上浆，纱线中心的水分代替部分浆液，在保证上浆质量的同时，减少了浆液用量，降低上浆成本，也减少印染厂退浆负担和费用，并利于环保。浆纱预湿技术成功之处在于：（1）用轻微的高压上浆值达到很好的上浆效果；（2）纱的表面形成很好的封闭浆膜；（3）纱线经预湿处理后与浆料有较好的黏附性。

远红外保健织物（far-infrared caring fabric）可吸收太阳光等的远红外线并将其转换成热能，再将人体的热量反射而获得保暖效果的织物。远红外线放射性物质在人体体温的作用下，能高效率地放射出波长为 $8 \sim 14 \mu m$ 的远红外线，这一波段的远红外线极易被人体吸收，不仅使皮肤的表层产生热效应，而且还通过分子产生共振作用，使皮肤的深部组织引起自身发热。远红外线放射性物质，主要是陶瓷物质，其中以氧化铬、氧化镁、氧化锆等金属氧化物性能最佳。在使用前，必须将这种远红外陶瓷破碎至粒径为数微米乃至 $1 \mu m$ 以下的微粉。使这种陶瓷微粉与纺织品结合成为远红外织物有两条技术工艺路线：一是在后整理过程中进行，用远红外陶瓷微粉、黏合剂和助剂按一定的比例配制成后整理剂，然后对织物进行涂层和浸轧，使后整理剂均匀地涂布在纤维或织物上，经干燥、热处理，使远红外陶瓷微粉附着于织物的纱线之间以及纱线的纤维之间。二是采用共混纺丝法，把远红外陶瓷微粉均匀地添加到纺丝原液之间。纤维结构可以是普通结构、中空纤维、异形纤维和复合纤维等。但普通纤维的远红外线放射性能、耐洗涤性和服用性稍差。远红外保健织物除可用作保温材料外，还可刺激细胞活性、促进人体的新陈代谢作用，还具有抑菌、防臭、促进血液循环等功能，常用于制作绒衣绒裤、内衣内裤、护颈、护肩、护腹、护膝、袜品、坐垫、被褥、床罩等。

Z

遮阳网（shading network）以聚烯烃树脂为原料，并加入防老化剂和其他助剂，融化后经拉丝编制而成的轻型、高强度、耐老化的新型网状农用塑料覆盖材料。遮阳网的遮光率一般在20%～90%，其颜色多为黑色和银灰色。黑色遮阳网的遮光度较强，适宜酷暑季节对光照强度要求较低的蔬菜覆盖。而银灰色的透光性较好，有避蚜和预防病毒的作用，适用于初夏、早秋季节和对光照强度要求较高的蔬菜覆盖。采用遮阳网可以降低温度，防暴雨冲刷，有利于保湿防旱。

针刺固结法（needle punching）一种利用成千上万枚带有钩刺的钢质刺针，对蓬松的纤维网进行反复穿刺而使纤网得以固结形成非织造布的方式。当刺针刺入纤网时，刺针的钩刺带住一些纤维垂直（或斜向）穿入纤网；当刺针完成穿刺回升时，由于钩刺处于顺向，被钩刺垂直带入的纤维便脱离钩刺而留在纤网中。在刺针的反复作用下，纤维不断被垂直带入纤网，如同无数由纤维束组成的"销钉"钉入纤网。由于纤维间存在的抱合力并由此产生摩擦力作用，纤维相互紧密地缠结和抱合住一起，使纤网致密且不再恢复到原来状态，从而形成了具有一定强度，呈三维结构的非织造布产品。针刺固结法适合加工厚型产品，一般合适的加工范围在$80～2\,000g/m^2$，最大范围可达$60～5\,000g/m^2$。针刺非织造布在地毯、土工布、过滤材料、合成革基布、油毡基布、造纸毛毯等领域得到了广泛的应用。

针织机控制技术（knitting machine control technology）用来提高针织物的结构与花型变换能力、坯布质量、生产效率与自动化程度的自动控制技术。它包括计算机控制电子选针和电子调线、电子控制牵拉和卷取、变频调速等。其特点：（1）对针筒和针盘都可采取电子选针的双面圆纬机，增加了可编织的花型与结构。（2）采用电子选沉降片装置和技术的提花毛圈机，可在织物的一面形成提花毛圈，在另一面形成普通毛圈或平针结构。（3）同时具有电子选针和电子选沉降片装置的提花毛圈机，可以编织满地毛圈、提花毛圈、结构毛圈和花纹地组织，或者是这些组织的组合。（4）集三功位针筒和针盘针电子选针、电子四色调线、电子选针移圈为一体的双面多功能圆纬机，并可在织浮线时自动调节线圈长度。（5）在操作面板上输入的针织机的总路数、编织每横列的路数、每厘米织物长度线圈数和延伸率，自动计算出织物的牵拉速度并完成相应的设定，还能根据输入的每厘米织物长度所需的纱线量，自动控制纱线的喂入。（6）连接到局域网，通过Internet收集生产系统的所有数据，并可借助网络从远程或本地向受控针织机传送织物花型结构的数据，监测针织机的运转。

针织物"织可穿"技术（knit and wear technology）一种针织物在下机之后不需要剪裁、缝纫就可以直接穿着的技术。目前一般在纬编针织机械上进行，将电子选针、移圈技术、快速收放针成型技术、纵横密度变化技术等集成在一台机器上，扩展了可编织结构，集成形与花型变化于一身，具有穿着合体、样式时尚的特点。织可穿技术一次完成一件服装的整体编织，不仅节省了原料，缩短了工序，而且提高了产品档次。如羊毛衫织可穿技术、全电脑无缝内衣加工技术，产品包括羊毛衫、内衣、游泳衣、运动服、户外服装、家居便服、医疗服等。

针织物CAD／CAM系统（knitting CAD/CAM）是用于针织物设计与生产的计算机系统。可分为纬编、经编CAD系统，都包括针织物组织设计、纱线设计、图案设计、外观模拟和控制选针模块。花型可以通过符号、颜色或图符三种方式绘制，同时计算机显示多种基本花型结构库和模拟显示针织物外观，最后通过选针机构控制针织机编织。

蒸汽喷网法（steam bonding）又称汽刺法，类似射流喷网法，在非织布加工中利用高温蒸汽在高压下通过射流板的喷头高速喷出，以极细、极快的蒸汽流喷刺纤网，使纤网中的纤维在受到汽流冲击发生缠结的同时，也受到热作用而发生热黏合，在机械力和热的双重固结作用下形成纤网的固结方法。

织物辅助分析系统（fabric assistant analysis system）自动分析织物密度、色纱排列和织物组织系统。主要有如下功能：（1）织物经纬密度自动检测。自动分割织物扫描后的图像的经纬纱线，并在电脑上显示出来，自动精确地计算出经纬纱线根数和密度。（2）织物色纱排列分析。自动和人机互动的方式分析织物的色纱排列。（3）织物组织识别。通过人机互动的方法识别织物组织，自动生成组织图。织物辅助分析系统能大大降低设计人员的劳动强度，使用起来直观、快捷、精确、高效。

织造工艺计算系统（weaving parameters design system）用于纺织厂织造工艺数据的自动计算，工艺表格的自动生成的 CAD 系统。它可减轻设计人员的计算工作强度，提高准确性和计算速度，可为不同企业量身定做织造工艺计算规格表。其主要功能如下：（1）对总经根数、筘号、用纱量等各种工艺参数的自动计算。（2）工艺数据表格的自动生成和打印。（3）工艺数据文件的存储、修改和读取。

植绒技术（electrocoating technology）把称作纤维短绒的纤维绒毛（2.5～6mm）按照特定的图案黏着到织物表面的过程。该工艺分两个阶段：首先用黏合剂，在织物上印制图案，然后把纤维短绒结合到织物上，纤维短绒只会固定在曾施加过黏合剂的部位。把纤维短绒黏附到织物的方法有机械植绒和静电植绒。在机械植绒中，织物以平幅状通过植绒室时，纤维短绒被筛到织物上。机器搅拌时会使织物振动，纤维短绒被随机置入织物。在静电植绒时，给纤维短绒施加静电，结果粘到织物上时，几乎所有纤维都直立定向排列。比起机械植绒，静电植绒的速度较慢，成本较高，但可产生更均匀、更密实的植绒效果。用于静电植绒可采用各种纤维，其中黏胶纤维和尼纶两种最普遍。大多数情况下，短绒纤维在移植到织物上之前先要染色。植绒织物耐干洗和耐水洗的能力取决于黏合剂的性质。植绒织物可用于服装、装饰和包装等领域。

中空纤维膜（hollow fiber film）一种有分离气体、液体和其他物质功能或作为生物反应器等材料的特种纤维膜。一般根据膜微孔的大小和分离原理分为微滤膜、超滤膜、透析膜、反渗透膜及蒸发渗透膜等。其功能可分离超微粒子、悬浊物、不同分子量等级的大分子和高聚物、菌类、血浆、血清、混合气体、离子、霉类、尿素、尿酸、肌酐和蛋白等。主要采用中空喷丝板、干-湿纺成纤、C 型喷丝板、熔融纺丝法等方法制造。中空纤维膜可用作水处理、苦咸水和海水淡化装置、溶剂或重金属回收装置、人工脏器、混合气体分离装置和蒸发渗透器，并可利用其自支撑特点和分离功能制成各种生物反应器等。例如，PP（聚丙烯）中空纤维膜具有很好的耐酸碱性能。其机械强度高、耐细菌腐蚀，广泛用于矿泉水、饮料配制用水、化妆品用水和电子超纯水的无菌净化，以及酱油、醋、酒类的无菌精制及食用油脱炼，油田作业和人工肺等方面。

转杯纺纱（rotor spinning）又称气流纺纱，最为成熟的自由端纺纱工艺。其基本过程是将棉条喂入一个分离装置，分离成单根纤维，然后被气流输入到纺纱杯中，凝聚于杯内四周的凝棉槽中，当集来的纤维从纺纱杯中往外引出时，即被加捻成纱。转杯纱的结构分纱芯和外包纤维两部分。纱芯结构紧密，近似环锭纱，外包纤维结构松散，无规则地缠绕住纱芯外面。外观上与环锭纱不同。转杯纱比环锭纱条干均匀、伸长大、纱条结构蓬松、吸色性好。但强度不及环锭纱，而耐磨性却比环锭纱高 20%～30%。转杯纺纱常用于中、低支纱，特别适宜纺牛仔布用纱。

自动落纱（automatic doffing）实现粗细纱工序之间的连接工作系统。它包括粗纱和空管的运输轨道、机械手、传感器、信息数据处理、粗纱管处理机、细纱换粗纱机等装置。粗纱自动落纱速度仅仅需要 3～5 分钟，应用该技术可大大减少用工人数，减少粗纱在运输过程中的损失。

自捻纺纱（self-spinning）一种新型纺纱技术。将两根须条同时施加假捻（两端握持、中间加捻），形成两根具有正、反捻交替的单纱，再利用它们的自捻作用，使两根单纱结合成一根具有真捻的双股纱。自捻纺纱纺得的纱支较粗。

自由端纺纱（open-end spinning，OE spinning）在纺纱时，纱线的末端与喂入须条不连续而产生断裂的纺纱过程。需经过分梳牵伸—凝聚成条—加捻—卷绕四个工艺过程。即首先将纤维条分解成单纤维，再使其凝聚于纱条的尾端，使纱条在喂入端与加捻器之间断开，形成自由端，自由端随加捻器回转，使纱条获得捻回。转杯纺纱、涡流纺纱、摩擦纺纱等都属于自由端纺纱。

阻燃纺织品（flame retardant fabric）具有不燃性质或者离开火焰后自行熄灭的织物。一般用三种方法制造：（1）使用阻燃纤维，如Nomex（诺梅克斯）、Kelvar（凯芙拉）、PBI（聚苯并咪唑）、PBO（聚对苯撑并双噁唑）、芳砜纶、石棉等。（2）通过将阻燃剂单体与高聚物共聚或在聚合体中加入阻燃剂，经混溶加工制成共混纤维，再织成阻燃织物。（3）将阻燃剂用喷涂、浸轧或涂层的方法对织物进行处理，当遇到火种时发生物理和化学反应，从而达到阻燃效果。阻燃织物可按纤维品种、产品用途、整理工艺和阻燃耐久性（包括耐洗性、耐光性等）进行分类。一般织物的极限氧指数（LOI）在26以上，才具有阻燃效果。

组合成网技术（combined webbing technology）将纺黏-熔喷-纺黏（SMS）、梳理成网-纺丝成网-梳理成网（CSC）、梳理成网-熔喷-梳理成网（CMC）等成网方法组合在一起的成网工艺。它是非织造布技术革新的主流。干法成网、湿法成网和聚合物挤压成网工艺及其产品都具有各自的优点和特色，但也存在一些弱点和不足。将这些成网方法组合起来应用，就可以取长补短，生产出性能更为优越的产品。

组织CAD系统（weave CAD system）进行机织物组织的设计和完成辅助功能的CAD系统。其功能包括三原组织、变化组织、联合组织、复杂组织的手工和自动设计，组织图自动生成穿综图、纹板图三图互求等功能。

（五）染整技术（Dyeing and Finishing Technology）

B

爆震波染色（wave dyeing）在染色过程中，产生激烈震动，使纺织物纤维表面上的染液形成微气泡，并利用气泡爆裂瞬间所产生的惯性能量进行染色的技术。在染色过程中，既可借助周期性的激烈震动获得小液量、高浓度、高效率、低浴比、低污染的染色，又能使织物分纤、松弛。

C

彩色激光转印（color laser conversion）见静电印花。

层压技术（lamination technology）将织物与织物或织物与其他面状材料叠层组合，以纺织品为基材的压制复合材料的技术。它在涂层技术基础上发展起来的，其层压方式分为干热层压与低温层压。具有以下六个特点：（1）操作人员无需特别技能。（2）损耗低。在任何时间，生产线可停车或重新启动，黏合剂涂层量可预先设定，在整个幅宽内连续保持极好的粘合。（3）整个生产工艺包括加热、冷却、黏合压力和线速度，可自动控制。（4）低温意味着较低的生产成本和更安全的工作环境。（5）生产批量不限。（6）一次可传送一种或多种基质，缩短了生产时间。

超临界CO_2流体染色（super critical CO_2 fluid dyeing）以超临界CO_2流体作为介质的一种染色新工艺。它是一种不用水作介质的无污染染色工艺。即把CO_2置于封闭体系中升温加压，当温度和压力分别超过CO_2的临界温度（31.1℃）和临界压力（7.39MPa）即超过临界点后，CO_2就转变为超临界流体状态。此时的CO_2密度是气体的数百倍，接近于液体，但其黏度又和气体相等，它的扩散系数是气体的1%左右，体积又比液体大数百倍，故染料溶解分散在超临界CO_2流体中的物质易扩散、易渗透。超临界CO_2流体染色主要适用于非离子类的难溶性分散染料，包括涤纶、锦纶、醋酸纤维、丙纶、芳纶、羊毛和棉等。超临界CO_2染色具有以下优点：（1）无废水污染，属于环保型的染整工艺。（2）染色结束后压力降低，CO_2迅速气化，染后不必水洗和烘干，染色过程短。（3）上染速度快、匀染、透染、染色的重现性好。（4）CO_2本身无毒、无味、不燃，来源广泛，价格低廉。CO_2气化后变成超临界流体可回收使用，在整个染色过程中的损耗率仅为2%~5%。（5）染料可重复利用，染色时无需添加任何分散剂、匀染剂、缓冲剂等助剂。（6）适用的纤维品种广。一些难以染色的合成纤维（如丙纶、芳纶等）也可进行正常染色。

D

等离子体加工技术（plasma processing technology）通过用低温等离子体对纤维表面进行刻蚀、交联和化学改性的一种清洁、节能、快速、适用面广的纺织材料改性新技术。它既保持纺织品原有的优点，又赋予其新的特征。等离子体加工技术可提高纤维可纺性，改变纤维表面自由性能和润湿性能，提高纤维增强复合材料的黏结强度，改进纤维染色性能，起抗静电、抗皱等作用，提高羊毛防毡缩性能。等离子体技术还可用于织物的上浆、退浆和麻的脱胶、织物轧光、织物阻燃和卫生等功能性整理。等离子体加工非常干净，能源有效利用率和处理均匀性很高。

低甲醛和无甲醛树脂整理（low formaldehyde and formaldehyde-free resin treatment）在丝、棉等天然纤维制成的织物的防皱整理过程中，不使用或少使用甲醛类整理剂的技术。天然纤维洗后易缩水，易褶皱，可穿性差。通常采用 2D 树脂、三羟甲基三聚氰胺等甲醛类整理剂进行化学整理对其进行改性，此类整理剂防缩防皱性能良好，原料易得，成本低廉。但在贮存、穿着过程中释放甲醛。为了防止污染生态环境，减少对人体的伤害，在整理剂中加入甲醛捕捉剂，改进催化系统，从源头上降低甲醛含量。另外，在整理加工过程中，增加整理后的皂洗和水洗或让整理后织物通过蒸汽处理等，以释放织物上的甲醛，减少织物上的甲醛含量。

低盐染色（low salt dyeing）一种采用对棉织物用胺或季铵盐改性后染色的方法。它减少了盐和水的消耗。传统方法用直接染料、活性染料染纤维素纤维，需要消耗大量的盐和水，而经过此法改性后的棉织物，在酸性条件下带正电，像羊毛或真丝一样，可吸附染料阴离子。织物可以在任何 pH 值条件下染色，阳离子化的棉织物染色时间大大缩小，并获得了 100% 的上浆率。与普通染料相比，盐用量可降低 10g/L，减少了污水中含盐量，可防止因高浓度的硫酸根离子或氯离子而引起的管道腐蚀。但纤维改性技术可能会导致牢度性能变差。

电光（schreinerizing）用电光机使棉织物获得强烈光泽的整理过程。电光机轧压部分主要由一只钢滚筒和一只纤维质软滚筒上下叠置而成。钢质硬滚筒表面刻有平行而密集的斜纹线，并可通电加热。加工时，含有适量水分的棉织物经滚筒热轧，表面上形成细密的平行线纹，能有规则地反射光线，从而产生强烈的光泽。如果结合树脂整理，可使织物光泽耐久，称为"耐久性电光"。

电子测色（electronic color measurement）利用积分球测色仪测量某个物体颜色的三刺激值坐标的过程。包括：（1）颜色测量。测量尺寸为 2～10mm 的各种物体反射光谱，光谱范围在 380～1 000nm，光谱精度 ±1nm。也包括 CRT 和液晶显示器颜色测量。（2）色差分析和多种色差之间的转换。（3）色空间变换。CIE 标准色空间、自然色空间与各种设备空间之间颜色参数变换。（4）提供和模拟多种 CIE 标准照明体和典型光源。（5）染料强度（力分）计算，进行染料质量控制。（6）白度计算（ISO）、颜色深度计算和同色异谱指数计算。（7）色牢度评级。（8）其他基本色度参数的测量与计算，如反射率、K/S、XYZ 和 Lab 值等。

电子配色（electric color matching process）利用计算机进行配色的技术。其工艺分为以下三个步骤：（1）测色系统的校正。（2）染料的定标着色，将基础色样的光谱数据在同一台分光测色系统上输入计算机，连同染料的成分和价格等信息，存入定标着色基础数据库。（3）染料配方的预测。电子配色系统的功能有：（1）库存染料基础数据库的建立与管理。（2）自动计算客户来样的染色配方，按照色差、价格自动排列可供选择，给出配方与标样的预报色差、同色异谱指数、价格等参数。（3）理论配方的智能修正。（4）混纺织物的配色及配方修正。（5）单根纱线或极小样品的近似测量和配色。（6）透明体或溶液的配色和配方修正。（7）染料残液利用和连缸染色。（8）荧光屏颜色模拟仿真。采用计算机配色效率高，交货期短，适用多品种、小批量的生产方式。在保证质量的前提下，选用价格较低的配方，染料成本可以节约 15% 左右。减少试染次数，节约人力、材料、能源等。稳定提高产品质量，减少返工和退货的损失。还可以采用国际通用的标准，有利于进入国际市场。

F

防水与拒水整理（water resistant and water repellent finishing）一种能够防止水滴渗过织物的整理技术。利用低表面能的整理剂，依靠表面层原子或原子团的化学力，使水不能润湿织物，同时使得织物保持良好的透气和透湿性，有助于人体皮肤和服装之间的微气候调节，增加穿着舒适感。拒水整理剂主要为吡啶类、羧甲基类和有机硅类，此外还有金属络合物类。它有浓重的色泽，拒水效果持久。经拒水整理加工的面料，主要用于制作户外装、运动装和休闲装等。

防污整理（soil repellent finishing）一种降低织物被污物的玷污速度及程度，且玷污后容易除污的方法。包括易去污和拒污两种整理手段。有机氟化合物，可以在织物上形成低表面能量的薄膜；同时又抗油、拒水，防止油污和水污透过织物。拒水抗油产品通过抵抗染污的底材及干污黏附，来防止织物底材不被扩展润湿和污染。有机氟化合物可通过胺基、氨基、环氧基等基团改性硅油，赋予织物极好的柔软效果，且对织物性能无任何负面影响。

仿生着色（bionic coloring）模仿自然界中各种动物、植物，甚至无生命物体的着色机理，使纺织品产生颜色效果的技术。它是一种不需化学品，无污染的生色途径。结构生色是通过对光的散射、干涉和衍射作用产生颜色。仿生着色纺织品具有多功能性，不仅有各种各样的颜色，还有抗菌、保湿、抗紫外线和具有光－热、光－电等转换功能。

纺织品生态性能指标（biological criterion of textiles）由于纺织品在生产的全过程中广泛接触化学品，甚至包括有毒物质，因此，对纺织品的生态性能指标的控制极为重要。Oeko－Tex Standard 100是世界上最权威、影响最大的生态纺织品国际认证。其主要内容包括以下几个方面：（1）pH值。人体皮肤表层带微酸性，能抑制多种病菌的繁殖。pH值属于中性（即pH值＝7）或微酸性（pH值略低于7）的纺织品较适宜人体使用。pH值偏高或偏低的纺织品容易破损，也会引发皮肤过敏。（2）甲醛含量。服装或纺织品所含甲醛成分可含于树脂或任何形态物质内，不论是哪种形态，均会危害健康。过量的甲醛会使黏膜和呼吸道严重发炎，甚至可能致癌。（3）可萃取的重金属。包括锑（Sb）、砷（As）、铅（Pb）、镉（Cd）、汞（Hg）、铜（Cu）、铬（Cr）、钴（Co）、镍（Ni）。存在于土壤和空气中的重金属会被植物吸收，蕴藏到天然纤维内。重金属也是部分染料的组成元素，在染色和后整理过程中加入纺织品内。当人体吸入了这些重金属，就会在肝、肾、骨骼、心脏和脑部聚集。如果重金属聚集太多，就会严重损害健康。由于儿童对重金属吸收能力较强，这一点对他们的影响尤为严重。（4）杀虫剂及除草剂。杀虫剂是在种植天然纤维，如棉花时用以杀灭虫害的，也在储藏物品时用于防蛀。杀虫剂和除草剂会被纤维吸收，虽然可以在制造过程中被清除，还可能一直残留在制成品内。根据对人体的毒害程度，杀虫剂和除草剂被分为弱毒性到强毒性若干等级。在多种情况下，这些残留物很容易透过皮肤而被吸入人体。（5）氯化苯酚。它包括五氯苯酚（PCP）和2、3、5、6-四氯苯酚（TeCP）。为防止霉菌造成霉斑，有时会在纺织品、皮革和木制品上直接加上氯化苯酚（如PCP）。PCP和TeCP毒性强烈，被列为致癌物质。它们的化学稳定性也相当高，不容易被分解，因此对人类和环境都有害。（6）有机锡化物。三丁基锡TBT，用于抗菌加工整理。纺织行业一直利用TBT防止汗水导致的纺织品降解，同时去除鞋袜和运动服的汗臭。二丁基锡DBT是另一种用途广泛的有机锡。例如，用来作聚氯乙烯稳定剂的中间物质，或者作电解沉积油漆的催化剂。高浓度的TBT和DBT会产生毒性，能透过皮肤而被人体吸收，吸入过量会使神经系统受损。含氮染料是一组氮苯合成染料的组别，常使用于纺织品。部分含氮染料可在若干情况下分离，产生致癌及致敏的芳香胺。另外，一些分散染料也会引起过敏反应。如果这些染料长时间接触皮肤，就会被人体吸收，对人体产生损害。（7）氯化苯和甲苯 是聚酯染色工艺常用的助剂，有时亦用作防虫剂，属于有害物质，会导致肝脏功能丧失、黏膜及皮肤发炎，也会影响生殖系统健康。

复合功能整理（compound functional finishing）将两种或多种功能赋予一种纺织品，以提高产品的档次和附加值的技术。该技术已在棉、毛、丝、化纤复合及其混纺交织物整理中得到越来越多的应用。例如：防皱免烫／酶洗复合整理、防皱免烫／去污复合整理、防皱免烫／防沾色复合整理，使面料在防皱免烫的基础上又增加了新的功能。具有抗紫外线和抗菌功能的纤维，可作为泳装、登山服和T恤衫面料；具有防水、透湿、抗菌功能的纤维，可用于舒适性内衣；具有抗紫外线、抗红外线和抗菌功能（凉爽、抗菌型）的纤维，可用于高性能的运动服、休闲服等。同时，应用纳米材料对纯棉或棉／化纤混纺织物进行多种功能的复合后整理，也是一个发展趋势。

G

干洗技术（dry-cleaning technology）不使用水作为洗涤介质而使用有机溶剂洗涤衣物的一种方法。它和通常的洗涤有着本质上的差别。干洗技术中最关键的是干洗设备——干洗机。目前，社会上使用的干洗机从档次上分，有分体开式机、整体开式机、普通封闭式干洗机、全封闭式干洗机。其中全封闭式干洗机档次最高，符合绿色和环境保护要求。其他类型的干洗机都存在某些不足，有的在衣物上残留较多干洗溶剂，有的洗净度较低，有的对大气环境造成严重污染。从使用溶剂上看，有四氯乙烯干洗剂和碳氢溶剂（石油）干洗机之分。不论什么样的干洗技术都具有专业要求，从设备、原料、助剂及从业人员都有严格的规定。

高效短流程前处理工艺（efficient short pre-processes）在染整前处理过程中，为了减少长时间汽蒸堆置，尽可能避免不确定因素的产生，缩短工艺流程，提高设备效率而采用的先进的生产工艺。短流程前处理工艺大致分为：轧卷堆、热碱处理和高效水洗等三个相互紧密连接的阶段。第一阶段主要完成对杂质的溶胀及氧化反应（包括漂白）；第二阶段主要完成对氧化产物的化学降解、加速碱水解、皂化反应及棉蜡的乳化、分散、增溶等物理化学反应；第三阶段则通过物理机械作用，将已降解、皂化、碱水解、乳化的杂质通过高效水洗洗净。这三个阶段互相渗透、交叉成为一个整体。由于重视退浆工序并强化热碱处理和高效水洗，使原先最难处理的纯棉厚重、紧密织物采用短流程前处理新工艺也取得了成功。而在染整加工时极易引起卷边、皱条、弹力损伤的含氨纶弹性织物，采用短流程前处理工艺后，也取得了一定成效。

高自动化染色（high automatic dyeing）在染色加工中，从市场需求、原料供应、产品设计、订货交接、技术信息分析，到各道生产加工的连接和管理等方面，都通过各种通讯手段在信息网络上进行的新工艺。其优点是，在自动化设备控制下，生产完全由控制室监控运行，减少了劳动力，提高了加工效率和产品质量。

功能整理（functional finishing）赋予织物某种特殊功能或多种其他功能的整理方法。当前市场要求织物具备：压缩性、回弹性、平滑性、凹凸感、表面滑爽或爽挺性；在运动性功能上，衣料尺寸要有稳定性、伸缩性、合体性、悬垂性、抗静电性；在保健卫生性功能上，要具有保温性、阻燃性、通气性、吸湿性、放湿性、渗透性、吸水性、放水性、抗过敏和抗菌性以及防污、耐热性。从具体的后整理功能技术工艺看，主要通过如下几种方式实现：（1）超柔软加工：如经氨基变性聚硅氧烷整理，使棉织物具有耐久性的柔软风格和回弹性。（2）耐久拒水加工：采用非危险品型的氟系乳液，与交联剂组合使用，使棉织物具有可耐久拒水性。（3）抗菌防臭加工：能抑制转移到纺织品上的微生物的繁殖，断绝恶臭的发生源。如采用二苯基醚系、有机硅季铵盐等无毒抗菌剂，赋予棉织物以清洁感和舒适性。（4）形态稳定加工：浸轧树脂后，经过松弛膨松烘燥，以提高棉针织物的形态稳定性。（5）阻燃加工：在棉纤维内部形成非活性聚合物的Proban分子，一旦触火，就分解为磷和氮，使棉纤维碳化，并形成聚磷酸从而遮蔽空气中的氧，起到防止延燃的作用。（6）紫外线遮蔽加工：采用紫外线吸收剂、超微粒子ZnO或含紫外线吸收剂的树脂，与聚氨酯系交联剂并用，耐洗性非常好。（7）蛋白质改性加工：日本目前正在研制将超微粒化动物纤维质蛋白进行水溶化，对棉等纤维素纤维织物进行涂层加工，使纤维质蛋白渗透到纤维的深处，使织物有适度的保温性、保湿性、渗透性以及柔软手感。

光照漂白技术（light bleaching technology）通过促使棉布中着色物质吸收光线、活性化，使药剂在室温下与着色物起比较稳定的漂白反应，从而达到漂白效果的技术。利用该技术，纤维素纤维不受任何损伤，即可得到漂白。

H

环保型染料（environmental protection dye）对人类及动植物生存环境不会产生污染的染料总称。该类染料具有如下特点：（1）不含有Oeko-Tex标准100（2005年版）所规定的致癌芳香胺。（2）染料本身不具致癌性、过敏性或急性毒性。（3）可萃取的重金属含量在极限量以下。（4）不含环境激素。（5）甲醛含量在极限值以下。（6）不含持续性有机污染物。（7）不会产生环境污染的化学物质。（8）非结构性因素的现用染料采用新技术清洁生产。此外，环保型染料还必须在染色性能（包括色光及鲜艳度、上染率、提升率、匀染性、重现性等）、牢度性能、环境保护等方面达到国家标准。

环境友好纺织品（environmental friendly textiles）对人类和大自然不产生任何负面影响的纺织产品。该产品应满足下列条件：（1）可回收利用。达到ISO14000要求，产品在使用后对环境影响要达到最低程度。（2）在维持纺织品原有功能的前提下，尽可能减少原料耗用量。（3）可以减少排污。大幅度减少水及清洁剂的使用，降低河川污染。(4) 对水土保持有利。(5) 可短期内自然降解。

J

胶片制作系统 (film making system) 一种采用新型的自动化技术制作的筛网、胶片系统。它采用喷印头上装蜡的新型喷印头，在喷射前将喷印头加热，通过电脑控制的数字信息，把液状蜡滴喷到有光敏性涂层的网上，形成一层不受光影响的"薄膜"，获得表面正片的功能，然后在整体光源下曝光、显影和固化。其工艺路线为：扫描—分色—制网版—涂感光胶—直接喷射花样—曝光—显影—固化。在这个工艺中，扫描、分色处理与电子分色系统处理过程相同，网版、涂感光胶、曝光、显影、固化和传统的制网工艺相同，所不同的是，把原先用激光照排机出胶片并将显影后的胶片，拿到曝光机上包网感光的过程，改成了电脑直接控制喷印头处理。喷印头通过计算机将分色处理的数字化花样信息，按花型喷出蜡滴对网版进行"射凿"。若是圆网，则滚筒围绕纵轴回转，喷蜡头沿其运行。

静电印花 (electrostatic printing) 又称彩色激光转印，与喷墨印花相似。它是运用静电复印机或激光打印机的印制原理，通过加热把彩色图像转印到T恤衫等各种各样的承印物上的纺织品数字印花技术。与小批量纺织品生产的喷墨印花技术相比，静电印花速度较高，在相同印花精度下，比喷墨打印机快数十倍，没有印制定量的限制。印花墨粉主要有颜料型（黏着型）和染料型两种。在静电印花中墨粉先从墨盒中靠磁力吸附到硒鼓边的磁辊上，由带静电潜影的硒鼓表面吸附，然后转移到织物上形成花纹，最后经加热固着在纤维上完成印花过程；而彩色激光转印可以应用在任何纤维种类上，即使在深颜色织物上也可以实现图像转印。黏着型墨粉的适应性较好，可用于各种纤维织物或混纺织物，但印花织物色牢度和手感欠佳。目前静电印花尚处于实验阶段。

拒油整理织物 (oil-repellent finishing fabric) 将拒油整理剂与助剂配成溶液后，经过轧烘焙工艺，使纤维的表面张力低于各种油类的表面张力，从而形成油类不能润湿的拒油表面的织物。拒油整理剂一般是含有全氟烷基侧链的聚合物乳液（或溶液），这种全氟烷基在纤维表面定向密集堆砌，形成一个界面很低的表面，而产生拒油作用。拒油整理织物

具有良好的透气性和拒水性，常用做高级雨衣、旅游服的面料。

K

抗静电整理 (anti-electrostatic finishing) 一种在疏水性纤维表面形成导电层，从而消除织物表面产生静电的整理方法。最简单的方法就是使纤维表面亲水化或者离子化，使得纤维与整理剂，如三乙醇胺和甘油等在有水情况下产生电离形成导电层。该法与大气中的湿度有关，湿度过低时效果就不明显。织物的抗静电整理是一种后期加工方法，其效果和持久性都不如纺纱、织造时用导电纤维、纱线混纺或交织。

抗皱整理 (resin finishing) 为了提高纤维素纤维的回弹性，使织物在服用中不易褶皱且易从皱褶中复原，并保持形态稳定性的整理工艺。与通常所讲的树脂整理、不皱、洗可穿、形态安定、形状记忆、免烫、耐久压烫整理等含义基本相同，都是指全棉、T/C（涤棉）织物或服装经过了特定的整理，提高了耐久压烫水平的整理效果，使其洗涤后不皱或保持褶缝的性能。免烫整理剂一般是以 N-羟甲基化合物为主体，有较好的免烫效果，但经处理后，都不可避免地会释放出游离的甲醛残留在服饰上。为此，国际上对织物含游离甲醛残留量的标准越来越严，如中国GB 18401-2001 规定甲醛限量：婴儿服装为 2×10^{-5}，直接接触皮肤的服装为 7.5×10^{-5}，非直接接触皮肤的服装为 3×10^{-4}。而目前市售低甲醛免烫整理剂难以达到这类标准，因此，无甲醛免烫整理剂颇受染整行业青睐。

L

绿色纤维 (green fiber) 在其生产过程中未受任何污染，且使用后可以回收或自然降解的纤维。从生态学角度来说，绿色纤维包括：(1) 纤维在生产或生产过程中未受污染，特别是不受农药、化肥及化纤生产中的一些有毒化工原料的污染；(2) 纤维在生产过程中不会对环境造成污染；(3) 纤维制成品用后可回收或能自然降解，不会对生态环境造成危害；(4) 生产纤维的原料主要来自于再生资源或可利用的废弃物，不会造成生态平衡的失调和掠夺性资源的开发；(5) 纤维及其制成品无毒、安全。

M

磨绒整理织物 (sanded finishing fabric) 利用金刚砂包覆的砂磨辊高速旋转，由砂粒尖端将织物

中纱线表面的纤维勾出，并在织物表面磨出一层短而密的绒毛的织物。磨绒整理与起毛（或拉绒）原理类似，都是使织物表面产生绒毛，但起毛与磨绒不同。起毛一般用金属针布使织物的纬纱起毛，且茸毛疏而长；磨绒能使经纬向同时产生绒毛，绒毛短而密。砂磨辊的砂粒大小、织物与砂磨辊接触面积和压力、织物组织规格及操作等均要密切配合，才能获得良好的效果。磨绒整理要控制织物强力下降幅度，其绒面质量可以标样目测评定。磨绒整理可以增加厚实、柔软和温暖感，改善织物的服用性能。人造麂皮就是由超细合成纤维做成的基材（两层或三层结构）经染色、浸渍聚氨酯溶液、磨绒整理而成。

N

凝胶溶胶整理技术（sol-gel finish）金属化合物经过溶液、溶胶、凝胶而固化，再经热处理而成氧化物或其他化合物固体微粒子后，赋予纺织品某种性能的整理方法。与传统的玻璃熔融法和陶瓷粉末法相比，溶胶－凝胶法制备材料具有很多优点：制品均一性好，化学成分可以有选择地掺杂复合，制品纯度高，可以制成纤维、薄膜等不同形态的制品；烧结温度比传统的固相反应低 $200\sim500℃$ 等。溶胶凝胶按其产生过程，其机制有如下类型：（1）传统胶体型；（2）无机聚合物法；（3）络合物型。凝胶溶胶整理技术在纺织品整理中的主要应用有：（1）改变织物的表面性能；（2）改变织物的光学性能；（3）制备有生物活性的织物；（4）提高羊毛的保水性能；（5）用于羊毛的防缩绒整理；（6）用于染色织物的固色处理；（7）用于纺织品的改性处理。

P

泡沫染整（foam finishing）将染整工作液通过发泡，制成泡沫体系后施加于织物上的一种低给液染整工艺。在泡沫加工过程中，工作液中的部分水被空气替代，替代程度越高，水的消耗越少，节能越多。泡沫加工可以提高生产效率，进行湿法加工，减少废水，降低染料及化学品的泳移。能更有效地利用工作液中的化学品和染料，减少化学品的消耗以及控制染料和化学品在纤维或织物内部的渗透。泡沫染整的诸多优点使织物湿加工总体成本大大降低。目前较成熟的泡沫工艺有泡沫整理、泡沫印花、泡沫染色等。

泡沫印花（foam printing）采用发泡剂和树脂乳液印花后，经烘干和高温焙烘使发泡剂分解，产生大量的气体，使树脂层膨胀，形成三维空间立体花型，并借助于树脂将涂料固着在织物上的一种特殊印花方法。泡沫印花产品比常规印花产品手感柔软、表面给色量高，后处理不需洗涤工序，污染小。生产中，必须保证泡沫密度不发生变化，泡沫大小一致，否则会导致印花色泽深浅不一。泡沫印花可以广泛地应用于纯棉、纯涤纶和涤黏混纺织物，在织物上形成永久的立体图案，能经受一般洗涤和摩擦。

Q

气流喷射染色（air-jet dyeing）一种用气流代替液流输送织物染色的技术。将高压鼓风机产生的高速气流注入喷嘴，同时另一管路向喷嘴注入染液，染液与高速气流在喷嘴中相遇并混合形成雾状微细液滴后喷向织物，既带动织物运行，又使得染液与织物可以在很短的时间内充分接触，以达到均匀染色的目的。由于带动织物运行的是高速气流而不是水，故浴比仅在 $1:4$ 以下，染料及助剂消耗少、环境污染小。气流喷射染色的热交换效率高，常温至90℃，升温速率可达 $8\sim10℃/mm$，大大缩短了升温时间，降低了蒸汽的消耗量。由于气雾和液流具有更好的渗透性，再加上织物在进入喷嘴前后能稳定地移动和打开，帮助消除运行皱痕，匀染性好，可高温排液和连续水洗，缩短染色周期，提高织物的柔软性。气流喷射染色适应范围广，对加工轻薄紧密超细纤维织物特别是磨毛织物的染色尤为适宜。

R

染色CAD/CAM系统（dyeing CAD/CAM system）能够根据样品测量其颜色，得出染色配方，并控制染色设备和工艺进行染色的计算机系统。它由如下模块组成：（1）颜色测量及颜色分析系统，用来测量某种颜色的三刺激值；（2）电脑测配色系统，根据最终所要求产品的三刺激值，给出一系列合适的染料工艺配方；（3）彩色管理系统，实现输入设备到输出设备颜色的真实传递即图像再现，包括扫描图像到打印图像再现、扫描图像到显示器图像再现、显示器图像到打印机图像再现和不同显示器之间的图像的色彩重现；（4）颜色在线测量与控制系统，不仅用于对最终产品的表面颜色进行质量控制，而且在生产过程中通过测量颜色可达到对其他过程参量进行控制。

柔软整理（soften finishing）改善由天然纤维制成的织物柔软程度的整理技术。天然纤维表面的油质、蜡质在煮炼、漂白过程中被去除后，会产生硬板粗糙的感觉，需要增加表面活性剂，使其表面变得平滑柔软。常用的表面活性剂有丝光膏乳液、太古油等。此外，用轧光机和机械预缩机也能得到同样的柔软效应，但不耐洗。

S

砂洗整理织物（sanded washer finished fabric）一种在松式染整设备上进行的特殊起绒整理的织物。用化学和物理相结合的方法，使被加工织物表面均匀起绒。织物绒面细而密，弹性丰富，手感柔和，具有麂皮风格。各种不同原料的织物均可进行砂洗整理，紧密度越高的织物，砂洗后的仿麂皮效果越好。砂洗剂是碱性或中性的化学助剂，它使织物表面的纤维膨胀，增加染整加工时织物与设备之间的摩擦力，使膨胀的纤维磨毛或将微纤维磨断外伸，形成浓密短茸，达到起绒效果。处理后进行树脂整理，可以提高砂洗织物的穿着舒适性和耐洗涤性，改善手感，防止毛茸侧伏，提高褶皱回复性等。砂洗织物是流行的高档服装面料，可用来制作高级时装、夹克衫等。

生态纺织品（eco-textiles）又称绿色纺织品，那些按照国家有关标准要求，其有害物质含量对人体安全不会造成危害的纺织品。其具体内容是指在纤维生产和纺织品制造过程中对环境不造成污染的，在销售、运输和使用过程中对人体健康和周围环境无害，且在最终处置中不会产生有害物质的纤维原料及其制品。凡符合该标准的纺织产品，根据Oeko Tex Standard 100对有害物质的测定，颁发对此纺织品表示信任的生态标志。Oeko Tex Standard 100自1991年诞生以来，每年都要修改一次，而且要求越来越严。

生物酶处理技术（biological enzyme treatment technology）利用生物酶对纺织原料及其制品进行处理的技术。它主要应用于印染前处理和纺织品后整理。生物酶前处理技术主要包括退浆、精炼、漂白；生物酶后整理主要包括棉织物的抛光、柔软、仿旧等整理。该技术还可用在靛蓝牛仔服的酶洗和对棉、黏胶、天丝、麻类及混纺织物的生物整理；蛋白酶还可用于羊毛的柔软、防毡缩整理。经酶处理的织物，可去除纤维表面的绒毛，或者使纤维减量，从而改善织物的外观和手感。其主要优点是整理效果永久，对环境污染低。

湿法涂层（aqueous method coating）将基布经聚氨酯涂层剂涂刮或浸渍后在溶液中凝固成连续的微孔结构，再经磨毛、压花、轧光等工序制成的酷似真皮织物的一种整理技术。经湿法涂层整理的产品具有柔软、透气、无味、防霉等特点，是制作高档服装、商标、鞋帽、箱包、车船装饰的理想材料。

数码印花（digital printing）通过各种数字化手段，经过电脑分色印花系统处理，控制喷印系统将各种专用染料或颜料直接喷印到各种织物或其他介质上，经过处理加工后，在各种纺织面料上获得高精度印花产品的过程。其原理与计算机喷墨打印机基本相同，共有4~6个墨盒，利用一个喷头在布面或转移纸上打印。且不受图案套数（色）、花型大小的局限，图案处理灵活，在节能、环保方面改善明显。工艺流程短，不需要制版和制网，对市场反应迅速，完全适合纺织品的小批量、多花色、快交货、个性化的生产需求。数码印花产品的印制质量和独特的印花风格是当前任何其他印花技术无法比拟的。但目前存在生产成本高，速度低，设备的软硬件水平还无法满足较大批量连续生产的需要，生产过程中对人的操作水平和环境要求较高，印前技术和印后处理工艺对产品最终质量影响较大，手感欠佳，能用的染料品种也有限。

丝光处理技术（mercerizing technology）麻、棉纱线或织物在张紧状态下，在15~25℃时，借助冷而浓的烧碱溶液作用时间25~40s，获得蚕丝般光泽和较高吸附能力的加工过程。麻、棉纤维经丝光处理后，纤维发生剧烈溶胀，直径增大。截面由腰子形变为圆形，长度缩短，天然转曲消失，可得到耐久的近似蚕丝的光泽。同时，丝光也使棉、麻纤维结晶度降低，无定形区比例增大，纤维吸附能力和反应活泼性增大。因此棉、麻纤维经丝光工艺后，产品在光泽、弹性、染色鲜艳度和尺寸稳定性等方面都有明显改进。羊毛也可以经过丝光处理，先经BasolanDC氯化或蛋白酶处理，破坏羊毛表层的鳞片，减少羊毛的顺向与逆向运动时摩擦系数之差异，处理后的羊毛光泽增加，俗称丝光羊毛。

T

涂层技术（coating technology）在织物表面涂一层其他类材料的整理技术。涂层织物由基布和涂层料组成。织物涂层的涂布方式一般分为直接涂布法和间接涂布法两类。直接涂布法是将涂层剂用物理机械方法直接均匀地涂布到织物表面。间接涂布法又称转移涂层，是先将涂层剂用刮刀方法涂布于特制的防粘转移纸（又称离型纸）上，再与织物压合，使涂层物与织物粘接起来，再将转移纸与织物分离。涂层加工设备有很多类型，如浮动刮刀涂布机、刀辊涂布机等。多功能涂层织物具有重量轻、强度高、环境适应性好、阻燃、防水透湿、拒油、防化学腐蚀、耐老化，防红、紫外线等特点，可用于篷盖布、军工产品，也可用于旅游、运输、仓储等方面。

涂层整理织物（coated fabric）在其表面黏合一层高聚物材料（薄膜）后，产生独特功能的织物。涂布的高聚物称为涂层剂（或浆），而黏合的高聚物称为薄膜。涂层整理织物所用的涂层剂，主要有聚氯乙烯、聚丙烯酸酯、聚氨酯、有机硅弹性体、合成橡胶和天然橡胶等，均具有一定黏附力，并能形成连续薄膜。涂层整理织物中代表性品种有仿羽绒织物、防水透湿织物、遮光绝热织物、阻燃和导电织物等。

涂料染色（pigment dyeing）又称颜料染色，通过黏合剂将颜料黏着在织物表面的过程。其最大优点是工艺简单，纤维的适用性好，不论是单一的天然、合成纤维织物，还是各种纤维的混纺织物，只需涂料一次染色，染后不需水洗或只需轻度水洗，因此废水少，并节约能源。其最大缺点是手感差，部分黏合剂对人体有毒。在涂料染色时，首先选用无害的涂料和黏合剂，为改善染色织物的手感和颜色鲜艳度，可以选用特别柔软的黏合剂，或减少黏合剂的用量，合理控制黏合剂在织物上的分布。

涂料印花（pigment printing）一种不采用染料而采用全涂料配成色浆的印花工艺。涂料印花在印制后无需水洗，比传统工艺能缩短工艺流程和生产周期，提高劳动效率，节省水、电、汽、煤等，具有无（少）废水排放，清洁环保等特点。

W

微波染色（microwave printing）利用微波加热并固色的染色技术。当浸轧染料溶液的织物受到微波照射后，由于纤维中的极性分子（如水分子）的偶极子受到微波高频电场的作用，发生反复极化和改变排列方向（如在 2 450MHz 时，在 1 秒内有 24.5 亿次的偶极子旋转运动），在分子间反复发生摩擦而发热，这样可迅速地将吸收电磁波的能量转变为热能；同时，一些染料分子在微波的作用下，亦发生诱导

而升温，从而达到快速上染和固色的目的。因为染色（或印花）织物是在未干时进行固色的，要求织物（色浆）应保持一定的水分。微波染色可采用织物或丝束加工方式，不仅可用于亲水性纤维染色，在加有适当助剂的情况下，还可用于疏水性纤维染色。染料可采用活性染料、直接染料和阳离子染料等，染色后的处理与常规方法相同。微波染色具有加热时间短、避免无意义升温、热效率高、染料易溶解和扩散等优点。

微胶囊染整技术（microcapsule dyeing and finishing technology）将制成直径很小的微胶囊固着到织物上，使其内容物在特定条件下，以控制释放速度达到染整目的的技术。某些物质可用高分子化合物或无机化合物，采用机械或化学方法包覆起来，制成在常态下稳定的固体颗粒（直径 $1 \sim 500\,\mu m$），而该物质原有的性质不变。在外部压力、摩擦、酸碱值、酶、温度、燃烧等条件刺激下，由于微胶囊的破裂或通过微胶囊壁的扩散作用，使被包裹的染化料或整理剂释放出来，而达到预期的染整效果。微胶囊染整节水、节能，属于环保型的染整技术，目前主要应用于以下几个方面：（1）采用微胶囊中含有升华染料进行印花；（2）微胶囊染料的非水系染色法以及在高介电常数液体中的染料微胶囊进行静电染色等；（3）热敏变色染料微胶囊染色和印花；（4）通过香料微胶囊或洗涤剂，赋予织物耐久的香味，卫生性能（包括杀菌、杀真菌、杀昆虫等整理）；（5）采用微胶囊制成的化学药剂以达到阻燃和预报火警的目的；（6）微胶囊在理疗纺织物与生物技术工业中的应用。

微悬浮体染色技术（micro-suspension dyeing technology）使染料分子在染浴中形成极微小的微悬浮体颗粒，通过特种助剂体系的参与就地向纤维内部渗透扩散，在内部固着形成染色的技术。它是中国研究人员自主开发的一种新型染色技术。该工艺上染率可达95%以上，缩短了染色流程，且上染均匀，节省染料并明显减少染色废水处理量，染色时间及能源均减少了1/3，纤维损伤小，提高了生产效率，降低了能耗，符合清洁生产要求。所染纤维手感蓬松柔软、色泽明丽鲜艳，但目前这项技术仅仅限于蛋白质纤维的染色。

无水染色技术（anhydrous dyeing technique）一种不需要水而重复利用非水染色介质进行纺织品染色

的技术。非水介质在染色过程中起着分散和溶解染料与助剂、润湿和溶胀纤维等重要作用。它是环境友好染色的重要工艺，是减少染色废水的一条重要途径。主要有如下几种方法：（1）超临界二氧化碳流体染色。（2）溶剂染色。但有些溶剂，如卤代烃本身就污染环境，未能推广应用。（3）气相或升华染色。在较高温度或真空条件下使染料升华成气相，并吸附和扩散于纤维中，在一定温度下扩散进入到纤维内部并固着上色。

X

吸尘整理（cleaning treatment）增加非织造布对粉尘或尘埃的吸附能力的整理过程。它主要采用抗静电剂、吸湿剂、石蜡乳液等材料等吸尘剂对非织造布进行浸渍处理，既亲油又亲水，增强对粉尘的吸附能力。它主要应用于非织造布过滤材料。经过吸尘整理的非织造过滤材料，对水泥制造工业极有价值，也适用作为公共建筑、旅馆、医院入口处的吸尘垫。当垫子玷污严重时，只需经洗涤处理即可重新使用。

小浴比染色技术（small bath ratio dyeing technology）一种所用水介质的使用量与染料使用量的比值较小的染色工艺。带动织物运行的动力源是气流，水仅仅作为染化料的载体，这就省去驱动织物运行的用水，染色时就可以做到非常小的浴比。由于浴比小，主泵的流量也小；热交换效率高，常温至90℃，升温速率可达8~10℃/mm，大大缩短了升温时间，降低了蒸汽的消耗量。与常规染色不同，气雾染色是将染液以雾化形态喷射到高速循环往复运行下的织物上进行染色。与常规染色相比，它具有非常显著的节能降耗效果和环保效应。染色浴比从1∶50降至1∶8左右，耗水量及污水排放量只是常规的1/5~1/6，染色成本降低20%以上。

Y

颜料染色（pigment dye）见涂料染色。

羊毛可洗整理（wash-and-wear finishing of wool）又称羊毛的防毡化处理，通过对于羊毛表面的鳞片处理，降低其缩绒或毡化能力，使羊毛织物经洗衣机洗涤而不产生变形的一种整理技术。可洗的标准是在规定洗液中按规定洗涤程序，在40℃温度中洗涤180分钟，其面积收缩尺寸小于8%。这是由于改变羊毛纤维表面鳞片的形态，限制了羊毛发生相互纠缠。如采用氯化处理，侵蚀除掉部分羊毛的鳞片结构，再用树脂填充处理，即在于毛纤维表面施敷一层树脂薄膜，将羊毛鳞片空隙填实，表面变得平滑，可减少鳞片之间的摩擦纠缠，防止毡缩。也可以在纤维表面沉积一些聚合物，使纤维彼此分开，或通过树脂官能基团与纤维交联，制止纤维位移产生摩擦。氯化处理会造成羊毛的损伤，造成强力和重量下降，手感粗糙，弹性减弱，色泽泛黄。

液氨整理（liquid ammonia finishing）用液态氨对棉织物进行表面处理，彻底消除纤维中的内应力，以改善面料和服装的功能性，特别是改善棉织物手感的后整理技术。棉织物经液氨处理后，棉的结晶形式由纤维素Ⅰ转变为纤维素Ⅱ，纤维截面变圆，光泽和手感改善显著。液氨整理可以提高纯棉等天然纤维及其混纺产品的穿着服用性能，若结合树脂整理新技术可进一步提高免烫效果。

印花CAD/CAM系统（printing CAD/CAM system）计算机辅助印花设计和制造的系统。它能够进行印花图案设计，并能测量颜色，配方计算，辅助制作印网、并控制印花设备对织物的印制图案。它由如下几个分系统组成：（1）分色（测色）系统。（2）配色系统，计算印花配方或者从颜色库中寻找最相近的颜色配方。（3）花型图案设计系统。（4）胶片、筛网制作和雕刻系统。激光成像后，通过编辑、层的移动与结合操作，生成印花工序所需要的蒙版或者转化为四色印花的色版胶片，或者热蜡制网。（5）自动调浆和糊料准备系统。（6）生产质量控制系统（自动配料、连续监控）。印花CAD/CAM系统的最新发展是数码印花，根据电脑图案在一个像喷墨打印机的数码印花机上直接印花。

印浆回收系统（printing paste recovery system）在保证印花质量的前提下，将任意种类和数量的多余印浆全部回收再利用的技术。该技术可以避免多余印浆浪费，节约成本。印浆回收系统的组成包括计算机硬件、自动处理、清洗贮存器和槽，以及用于数理逻辑和印染所利用控制的软件，与大多数计算机配色系统联合使用，能节约大约30%的印浆消耗和减少同等数量的废液污染，配色间的生产能力得以提高，进料槽和收料缸能够自动清洗，减少了人工操作误差。

印染CAD/CAM系统（dyeing and printing CAD/CAM）包括染色CAD/CAM系统和印花CAD/CAM系统。染色CAD包括计算机测色、计算机配色、计算机颜色传输模块和染液配制系统。而印花CAD系统包括图案设计模块、测配色模块、全自动调浆模块和自动制网模块。印花CAD/CAM系统的最新发展是喷墨数码印花。

Z

真丝织物精细印花技术（fine dye printing technology of pure silk fabric）在真丝制品上的印花技术。真丝织物印花的特点是：花形精细、色彩丰富、套版正确、色泽鲜艳、轮廓清晰、渗透性好。目前，真丝织物精细印花主要用于衣料、头巾、领带、高密真丝防羽绒被等，也成功地用于印制细密的纸币、世界著名油画等名贵艺术品。真丝织物印花工艺分为三种：（1）直接印花。将调制好的色浆直接印在白绸或浅色绸上。（2）拔染印花（雕印）。将织物染上所需的底色，在印花色浆中加入能去底色染料的还原剂，如氯化亚锡等，进行印制，经过蒸化，使底色呈白色称"拔白"，呈另一种颜色的称为"色拔"。通过染料、助剂的选用和工艺研究，使印制的织物黑度乌黑，白度洁白，色泽鲜艳，渗透好。（3）防染印花。在白绸上，刮印上能阻止其他染料上染的助剂，然后用色浆刮印底色。

织物生物抛光处理（biological polishing of fabric）用生物酶去除织物表面的绒毛，达到表面光洁，并使织物达到柔软、蓬松等独特性能的绿色整理技术。生物抛光整理早期应用于纤维素纤维，现在已经扩展到羊毛、再生纤维素纤维Tencel，还可应用于针织制品、毛巾、服装和织物的加工。

织物涂层（fabric coating）对织物进行涂层处理，达到某种性能要求的一项工艺。涂层种类繁多，用途也很广，如防风雨衣、防水尿布、防水台布、淋浴防水帷幔、防雨帐篷、防火耐热服、阻燃墙壁装饰材料、阻燃耐磨地面装饰材料、涂层遮阳布以及电影屏幕、反射落板等。用于织物涂层的材料有很多，常用的有氯乙烯树脂、丙烯酸树脂、聚氨酯树脂、天然橡胶和合成橡胶等热塑性树脂。涂层的方法常用的有刮刀式涂层法（多刮浮刮涂层法、贴滚涂层法和贴滚刮胶涂层法）、罗拉涂层法（包括直接罗拉涂层法、反转罗拉涂层法、凹纹罗拉涂层法、转移罗拉涂层法和浸渍涂层法）、气体刮刀涂层法、棒状涂层法、静电涂层法、喷雾涂层法、真空蒸着法等。

直接涂层（direct coating）将涂层剂以浆状、泡沫状或挤压成片状直接涂敷在织物表面的一种纺织整理新工艺。它可使织物结构固定、外观漂亮、具有防风防水、防黏绒、反光、遮光、阻燃等功能。它主要用于制作雨具、窗帘、劳保服装等，若将带香味的微胶囊或特种陶瓷粉固着于织物上，还可使其长久飘香并具有某种保健功能。

转移印花（transfer printing）经转印纸将染料转移到织物上的印花工艺过程。即选择在150～230℃升华的分散染料，将其与浆料混合制成"色墨"，并按照设计图案要求，将"色墨"印刷到转移纸上。再将印有花纹图案的转移纸与织物密切接触，在一定的温度、压力和时间的条件下，染料从印花纸上转移到织物上，经过扩散进入织物内部而着色。转移印花的方法有升华法、热扩散法、泳移法、熔融法和油墨层剥离法等，其中以升华法转移印花最为成熟。转移印花的印制效果好、工艺简单，印花后不必蒸化或再焙烘，无需水洗，节能、无污水；但需要大量的转移纸，使用后很难再利用，而且印花前纺织品需要经过预处理，增加了一道加工工序。同时，预处理也存在处理剂有毒性危害，耗能、耗水，产生污水等缺点。

自动制网技术（automatic screen-making technology）一种应用计算机自动分色，直接控制机械部件在花网上打出花型的技术。此技术减少制网时间，提高印制精度，可适应多品种、快交货的需求，同时也减少了胶片污染。当前自动制网技术主要有喷墨、喷蜡、激光三类。

阻燃整理织物（flame retardant finish fabric）一种经某些化学品处理后，遇明火不易着火或能延缓燃烧，离火后又能立刻自熄的织物。由于纤维素纤维非常容易燃烧，故此类织物的阻燃整理受到特别重视。棉织物的不耐洗性阻燃整理，可用磷酸酯化，产品手感柔软、阻燃性极好，但织物的断裂强力下降达30%～40%。棉织物的耐洗要求阻燃整理，可用四羟甲基氯化磷（THPC）、四羟甲基氢氧化磷、N-羟甲基二甲基膦酸酯、丙烯酰胺或乙烯基磷酸酯的低聚物等阻燃剂整理。该阻燃整理织物，其耐洗性可达50次以上，阻燃性仍符合标准。羊毛织物本身不易燃烧，且离火能自熄，其阻燃整理是利用铬盐或钛盐与羊毛形成络合物。阻燃织物常常用于公共场所装饰布、老人和儿童服装。

（六）服装技术（Apparel Technology）

C

超洁净工作服（dust-free overall）采用超细聚酯涤纶长纤维与进口有机复合导电纤维制成的用在超洁净车间的工作服。其表面光滑，采用熔边的封边工艺，无纤维脱落，具有洁净、防静电、耐穿，可高温消毒、可反复洗洁等功能。用于电子信息行业的服装，一般同时要求具有防静电功能，要求耐洗次数在 100 次以上。超洁净工作服分连体服和分体服两类。连体服装，可防止微尘从身体各部位逸出，与帽子、靴套配合使用，能满足 1 000 级洁净车间（指 1cm³ 空气内微粒的个数在 1 000 的工作间）的要求，主要在普通电子行业、继电器行业、精密制造业、电路板制造业）。而对于要求更高的 10 级洁净车间，必须采用连帽带鞋型的连体服，与口罩配合使用，用于磁头生产业、芯片制造业、晶圆等对净化等级有极端严格要求的生产区域。超洁净工作服主要用于电子、医药、彩管、半导体、精密机械、塑胶、喷漆、医院、环保等室内穿用。

D

电子服装（electronical clothing）一种具有传递信息功能并可以与计算机进行交流的服装。将超微型计算机、光纤以及金属线织进衣料中，控制计算机或相关部件工作，如播放音乐的衬衫、做笔记以及收发电子邮件的"衣服键盘"。由于这件"衣服"有许多连线露在外面，因此看起来有些古怪，但随着语音识别以及无线技术的成熟，这种计算机服装终将成为人们的"贴身助手"。

Γ

防弹服（bullet-proof vest）使人体躯干免受弹丸或弹片伤害的一种单兵防护军服。其多呈背心状，由防弹层和衣套制成。衣套常用化纤织物制作，起覆盖和保护防弹层的作用；防弹层用金属、玻璃钢、陶瓷、尼龙、凯夫拉、超高分子质量聚乙烯、PBO 等硬质和软质材料单一或复合制作，使弹头、弹片弹开，并具有消释冲击功能，对人体胸、腹部有良好的防护作用。防弹层的厚度和铺层方法要根据不同使用对象，以防护性能与穿着舒适之间的最佳平衡数确定。军人单兵穿着，能显著减少战地死亡率和负伤率。

服装 CAD 系统（garment CAD system）辅助服装设计、生产换机的计算机系统。具有款式设计、结构设计和工艺设计功能，有的系统还有自动量体系统、裁衣系统、样片的二维到三维的转换等功能。款式设计模块通过系统提供的各种工具绘制时装画、款式图、效果图，并提供款式库。可以通过模拟，展现服装"穿着"在人体的效果甚至可以表现出人运动中织物动态形状的展示效果。结构设计模块提供服装样片的设计功能。工艺设计模块包含成本核算、产品进度安排等功能。

服装工序分析系统（garment-making procedure analysis system）为了使服装生产中前后工序之间衔接顺利，避免或减少等待时间，辅助技术人员快速准确地进行服装加工流程工序图设计的分析系统。它包括投料口、工序类型、工序流向、工时的制定及统计等。它能形象清晰地显示工序流程，便于合理安排流水线，减少瓶颈。在该系统中，工序图描述了各工序间的相互关系：其工序编号、工序名、工时分和加工设备以及工序流向、投料口、工序的接合点等。它是安排流水线生产的指导性文件，也是工序产量和质量跟踪的依据。

服装结构 CAD 系统（garment structure CAD system）包括服装打版、描版、放缩码和排料模块的辅助服装结构设计的计算机软件系统。服装打版是用来设计组成服装的每块衣片的形状。采用 CAD 系统避免了手工绘制的反复计算和测量，速度快，准确度高。提供比例式打版、公式打版、原型打版、结构线智能打版、自由打版等多种制版方式和纸样制作工具，能模拟样板省道的对缝，接受各种数字化仪的数据输入或者其他 CAD 系统的设计数据。而描版系统是由数字化仪快速将已有的原型成衣版式送入电脑，并自动建立尺寸，随意修改，建立基础衣片版型。电脑放缩码是根据某个款式服装的基础版型和人体标准数据库，对于不同体型建立一系列的衣片，即对基础衣片的版型进行自动放大或缩小。由于体型与衣片不是呈简单的线性关系，一套复杂的纸样手工放码要将近一天的时间，而电脑放码只需要十几分钟。排料模块是对于若干套衣服的各个组成衣片进行排列，以节约布料。它可分为手工排料与电脑全自动排料两种方式，可以非常方便地对衣片纸样进行移动、调换、旋转、反转。电脑全自动排料系统是根据组成衣片的形状，对于任意板型、任意尺码、任意比例自动地进行快速排料工作，生成排料方案，并精确显示用布率、缩水率和计算原料成本，同时完成面料、里料、衬料等多种面料排版。电脑排料自由度大，准确度高，可瞬间提供不同的排料方案。更新的排料系统不仅可以根据布料的花型要求排料，还可进行布匹疵点处理。

服装款式 CAD 系统（garment style CAD system）使用各种画笔工具来描绘效果图，并把面料扫描替换到衣服上，利用复制、粘贴等工具对图样作出修改，通过曲面工具来建立类似照片的真实效果的 CAD 系统。这样，在制装前，就可以看到其大致的三维效果。为了方便使用，系统中储存大量的模特及部件库以供调用。使用服装款式 CAD 系统，不但可以提高设计效率，还可以节省产品开发的成本。

服装三维设计（3D garment design）用三维图形图像技术设计服装的计算机系统。三维服装 CAD 系统的开发主要包括三大模块：二维衣片到三维衣片的转换、模特着装的静态三维效果显示和模特着装的动态三维效果显示。该系统运用二维技术设计的服装样板，制成三维服装贴附在人体上，用于表现其三维空间内各个体形面的不同穿着效果。它在一定程度上将服装设计从平面设计推向立体设计，避免了服装效果设计的盲目性。通过模拟样板的三维效果显示，无需样衣的修改和缝制，大大缩短了新款式的设计周期，降低了产品的设计成本。

服装生产工程（engineering of garment manufacture）根据服装的不同品种、款式和要求制定出特定的加工手段和生产工序。服装生产工程主要由以下工序和环节组成：（1）样板制作工艺：基础纸样、样衣试制、纸样修正、系列样板制作。（2）生产准备：面、辅料选用，预算，测试，整理。（3）裁剪工艺：分床划样、排料、铺料、剪切、验片、打号等。（4）缝制工艺：是整个加工过程中技术较复杂也较为重要的工序，包括如何确定加工方法，划分工序，组织工序，选择线迹、缝型机器设备和工具等。（5）熨烫塑型工艺：是将成品或半成品通过施加一定的温度、湿度、压力、时间等条件的操作工艺，使织物按

要求改变其经纬密度及衣片外形，进一步改善服装立体外形。它包括湿热加工的物理与化学特性、衣片归缩、拉伸塑形原理和手工机械进行熨烫的加工工艺方法、定形技术要求等内容。（6）成品品质控制：使产品达到计划质量与目标质量相统一的控制措施。（7）后整理、包装、储运。（8）生产技术文件的制定：包括总体计划、商品计划、款式技术说明书、成品规格表、加工工艺流程图、生产流水线工程设计、工艺卡、质量标准、标准系列样板和产品样品等技术资料和文件。

服装自动裁剪系统（automatic cutting system for garment）在电脑排料完成之后，依照工作指令，在服装裁剪平台上，自动计算刀架和刀座的位移、落刀角度和刀具补偿，控制刀具定位而进行高速裁剪的机电一体化设备系统。裁剪系统的切缝窄，精度高，可用于切割任何复杂形状的面料，裁剪衣片的层数可以达10层以上。

H

红外伪装服（infrared camouflage uniforms）通过对普通纺织材料进行红外防伪涂料的涂层加工，采取特殊的服装设计而制造的服装。红外防伪使被伪装物的红外辐射特征与背景一致，减小或消除被伪装物与背景之间的红外辐射差异，破坏伪装物的外形，躲避红外侦视，从而达到伪装。红外侦视是利用伪装物和背景之间红外辐射特征的差异来进行识别的技术。红外伪装服已广泛应用于各国军事领域。

K

抗高温调温服（anti-high temperature costume）一种具有抗热辐射以保证人体在高温环境下工作的服装。PBI、PBO和醛类等材料具有绝缘、绝热的特性，阻燃性好。用此类纤维制成的服装特别适合消防队员和炼钢工人穿用。此外，用智能聚氨酯织物涂层，通过选择设计 PEG 的聚合度和含量，使 PEG 所构成的嵌段的玻璃化转变温度，接近人体感觉舒适的温度范围。由于其透湿气性与温度调节同时发挥协调作用，自动调节温度。着衣人在环境温度多变或人体发热出汗等情况下，都会感到舒适。

L

劳动保护服（working protective clothing）为特殊行业人员工作时提供的保护身体免受伤害的服装。如矿工服、炼钢服、石油工人服、养路工作服等。

M

毛皮服装（fur and leather garment）见裘皮服装。

Q

裘皮服装（fur garment）又称毛皮服装，由天然毛皮或化学纤维仿各种毛皮的织物为材料，经加工、裁制而生产的服饰。如裘皮大衣、兔毛皮条围巾、狐狸领子、毛皮条披肩、裘皮服装、手套等都是毛皮服装。常见的天然皮毛有貂皮、水貂皮、狼皮、狸子皮、旱獭皮、黄狼皮、狐狸皮、豹子皮、狗皮、兔皮、猫皮、羊皮、牛皮、猪皮等。

R

人体三维测量技术（3D body scanning system）一种采用摄像和图形、图像处理技术对人体尺寸进行非接触式快速、准确测量的技术。一般通过两台以上同时移动的并经过校准的摄像机，同时获取人体的几幅不同的图像，利用图形图像处理技术进行一致性分析。根据三角测量原理，测量设计服装所需的人体关键部位的三维坐标值，并存储在计算机数据库中。采用此种技术测量速度快，精度可以达到0.5mm，半分钟之内可以测得一个人身体的关键数据。此外，也有利用激光或红外线进行测量人体坐标的方法。但是该技术对于可能被遮挡的部位如腋下的测量较为困难。

S

SARS防护服（SARS protective suit）对SARS病毒具有可靠的阻隔、防护和杀灭作用的服装。SARS防护服采用纳米微孔膜材料复合技术制造。在聚合树脂中填充纳米无机物及纳米微孔骨架结构的物质（具有杀菌作用的纳米粒子），辅以其他助剂混合后经挤出、双向拉伸或压延，萃取制成纳米微孔膜（其孔径小于 $60\,\mu m$、孔隙率大于60%并且分布均匀，与面料复合后制成的防护服），它具有轻便、透气，可以有效阻隔 $80\sim150\,\mu m$ 的SARS病毒。若辅以其他药剂，便可以杀灭SARS病毒。

T

太阳能服装（solar clothing）一种用能吸收太阳光能量的纤维制成的服装。其特点是在阳光照射下，将吸收的太阳能储存起来，然后再转变成热能，慢慢释放出来。用太阳能吸收纤维面料制成的登山服、睡袋，轻便保暖，特别适合在高寒、干燥、露天工作的环境中使用。海拔越高，光照越强，产生的热量越大，提高了人们的御寒能力。

调温服装（air-conditional clothing）采用相变调温纤维制成的，可调整人体衣服微气候圈而"冬暖夏凉"的服装。在纤维表面涂上一层含有相变材料的微胶囊，在正常体温状态下，该材料固态与液态共存。制成服装后，当气温升高时，相变材料由固态变成液态，吸收热量；当温度下降时，相变材料又从液态变成固态，放出热量，从而减缓人体体表温度的变化，保持舒适感。

Y

隐形服装（invisible clothing）能够让着衣人做到部分隐形的服装。它由"后反射物质"制造而成。衣服外覆盖了一层反光小珠，衣服上还装有数个小型摄像仪。穿上该衣后，衣服的前面会显示摄像仪拍下的背景影像，衣服后面则显示前景影像，这就使穿着者与环境混为一体，达到隐形效果。

Z

智能防护服装（intelligent protective clothing）一种在受到撞击时能够迅速变硬，而减缓撞击力，随后又立刻变软的服装。这种服装面料平时轻而柔韧，但受到撞击时会在 1/1 000 s内变硬，而且撞击力越强，反应越快。这种材料由在高速运动时会彼此钩连的柔韧分子链构成。它可以制作运动员使用的柔韧护膝、比赛服、运动头盔和适应跑步时负荷变化的运动鞋等。

智能作战服（intellective battle suit）一种具有通讯、生化等多种功能的新型作战服。士兵所戴的激光保护头盔是信息中枢，由纳米粒子制成，备有微型电脑显示器、昼夜激光瞄准感应仪、化学及生物呼吸面罩等。它由智能纺织材料制成，能识别并主动地适应周围的环境。由于其特种纤维中植入了微型发光粒子，它还能通过改变颜色与环境交融。作战服具有抗热传感器或者抗电磁探测器的性能，在整个宽带电磁谱上表现出"变色龙式"的伪装性能。这种服装重量轻、体积小，还能抵御子弹和化学生物药剂、寒热气候和火的袭击。这种作战服上还嵌有生化感应仪与超微感应仪，随时监视士兵的身体情况。前者可了解穿着者的心率、血压、体内与体表温度等多种指标；后者则可辨识体表流血部位，并使其周边的军服膨胀收缩，起到止血带的作用。

自洁免洗服装（self-cleaning clothing）一种可以自动进行清洁，并不断地将灰尘摆到一边的服装。其工作原理就像肺中的纤毛通过不断摆动，将满是细菌的黏液推到喉咙和鼻孔中一样。利用尖端的分子纳米技术，将二氧化钛微粒混杂到传统的纺织面料中，在阳光的照射下，面料中的二氧化钛微粒可以起到催化分解面料表面的油脂、污垢、污染物和有害微生物的功能。另一种方法是用一种双亲性的高分子聚乙烯醇为原料，制备具有超疏水性表面的纳米纤维，其疏水基团向外，分子间氢键向内，使得整个体系的表面能降低，并表现出超强的疏水性。应用这种面料制成的衣服、领带具有不沾雨水、油脂、油墨等脏物，从而达到自洁免洗的效果。

（七）纺织机械与设备（Textile Machinery and Equipment）

B

倍捻机（double twisting machine）锭子每转一周可以加上两个捻回的捻线机。该机产量高，可做成大卷装。它采用无钢丝圈的机构，故锭速不受限制，可省一道络筒工序。但其锭子结构复杂、成本高、能耗高。

C

除微尘机（dedusting machine）对经过开松和除杂的纤维，进一步排除掉其中的部分细小杂质、微尘和过短纤维的设备。一般安装在清棉机（或开棉机）和棉箱之间。除微尘机各种机型结构略有区别，一般都由进棉风机、出棉风机、机架、纤维分离器和过滤网板组成。风机的转速一般由变频器控制调节。

D

涤纶短纤后处理联合机（post-processing joint machine for polyester staple fibre）经一系列后加工后，使纤维结构和性能发生显著变化的联合设备。其工艺流程为：集束架→前导丝架→导丝机→浸浴槽→第一牵伸机→第二牵伸机→蒸气加热箱→紧张热定型机→冷却喷淋装置→丝束上油装置→第三牵伸机→叠丝机→三辊牵引机→张力架→蒸气预热箱→卷曲机→铺丝机→松弛热定型机→导丝装置→曳引张力机→切断机→分丝器→打包机→成包输送装置。生产线的产量已从最初的 4×10^3 吨/年发展到目前 5×10^4 吨/年。丝束总纤度达 4.65×10^6 dtex，丝束工艺速度达270m/min，有效工作宽度达480mm。

电脑绣花机（electronic embroidery machine）一种能够自动选色并移动绣框确定操作位置的缝纫机。它可根据图案，由自动控制系统控制绣框的前进和后退位置（精度达到0.5mm），但是绣针位置不变，只是上下移动（抬起或落下），并根据颜色选针。电脑刺绣系统主要由两大模块组成：一部分是刺绣的工艺实现部分即电脑绣花机及其控制系统；另一部分就是花版编辑系统。作为电脑绣花机的辅助系统，它负责提供电脑绣花机控制系统所需的花版信息。电脑绣花机是一种体现多种高新技术的机电产品。它比传统的手工绣花速度高，并能实现手工绣花无法达到的多层次、多功能、统一性和完美性。

电子清纱器（electronic yarn clearer）在络筒工序中检测和切断纱疵的电子机械装置。该装置的传感器能把纱线的粗细变化转换成相应的电信号，并经信号处理，使之控制执行机构把超过设定的粗（细）度和长度的纱疵予以切断，清除对产品质量有影响的纱疵。电子清纱是控制纱线质量的重要手段，常常配置在纱线成型转换设备上。它不仅是纺纱企业产品，同时也是织造企业原料，最后一道质量控制工序和设备，因此对于纺织企业的产品质量和生产效率至关重要。电子清纱器按其结构和工作原理可分为：光电式和电容式两种。它们都由纱线信号检测、信号放大整形、疵点切除参数设置、执行纱线切除动作等部分组成。

多仓混棉机（multiwarehouse cotton blender machine）将开棉机经初步开松的原棉、化纤或混合纤维被逐仓分配至各仓内，进一步去除尘屑和开松的设备。机器由钢板焊接结构的前、中、后机架，一对给棉罗拉，6个打手以及毛刷装置、输棉帘、棉仓、配棉道和一套气动装置组成。棉仓上部隔板为网眼板，用于仓内气流排放。在每个棉仓的中上部装有光电装置，当某一棉仓的储棉量低于光电装置位置时，控制系统会向抓棉机发出要棉信号，开始向这一仓喂棉。配棉道位于机顶，向各棉仓输送原料，当某一棉仓上部的配棉活门开启后，配棉道与该仓形成进棉通道可向此棉仓喂棉。通过棉仓进棉口处的通气孔和压力传感器，检测棉仓压力。随着棉量的增加，棉仓压力会上升，当达到设定压力值后，配棉活门在自动控制系统的指令下关闭。

多梭口织机（multi-shedding loom）全幅经纱沿经纱方向或纬纱方向形成多个梭口，用多个载纬器将多根纬纱依次引入的织机。沿经纱方向形成多个梭口的称经向多梭口织机；沿纬纱方向形成多个梭口的称纬向多梭口织机。因相邻两梭口存在同样的相位差，该织机也称多相机；又因为相邻梭口开成波浪形，又称波形开口织机。由于多梭口织机能同时引入多根纬纱，因而克服了有梭织机和无梭织机每次引入一根纬纱（间歇引纬）的缺点。因此，即使引纬器速度只有4m/s，但引纬率却高达5 000 m /min，仍能够实现低速高产的要求。多相机要求机械动作精确可靠，对纱线质量的要求高。但多相织机的品种适应性比单相织机差，品种、经纬密范围和幅宽也有一定的局限性。

F

纺丝机（spinning machine）利用熔融纺或溶液纺，将化学纤维原料加工成纤维的设备。化学纤维的纺丝方法分为熔融纺和溶液纺两类。溶液纺又分为干法纺和湿法纺两种。因此，纺丝机的形式也各异。但都必须有喷丝头和计量泵。熔融纺的纺丝机如涤纶、丙纶和锦纶等纺丝熔体，经过滤后用计量泵定量压送至喷丝头（板），以保证获得的纤维粗细均匀一致。从喷丝头喷出的熔体在一个甬道中，被冷空气冷却成细丝（纤维）。长丝纺丝机将各个喷丝头喷出的细丝分别绕在筒管上。短丝纺丝机则将许多个喷丝头喷出的细丝集成丝束，使之有次序地堆放在盛丝筒内，或者直接将丝束引走，送去进行后加工。干法纺丝机也是将丝从喷丝头喷入甬道内，在甬道内使溶剂挥发形成纤维。而挥发出来的熔剂再经专门的回收设备，使之冷却成液体再提纯后重复使用。湿法纺丝机则是将喷丝头浸没在凝固浴中，不同的纤维使用的凝固浴成分不同，如湿法腈纶用硫氢酸钠溶液，黏胶纤维用硫酸、硫酸钠和硫酸锌的混合溶液。

服装吊挂系统（hanging garment system）用来完成衣片、半成品或成衣的吊挂传输，方便衣片的缝合和组装，成衣整烫，成衣仓储的一项自动化系统。是在数控机械、机器人、自动化仓库、自动输送等自动化设备和计算机技术项目之上发展起来的生产单元或系统。由电脑自动控制，按照工艺要求自动认址，按照规定的顺序传递衣片到不同的工作台上由操作工操作并将产品运送到下一道工序。服装吊挂系统贯穿应用于整个生产流程，连接每一道工序。每条轨道接口设计成自动接通和分开，不会造成各道工序之间的堵塞。这样就可以提高设备利用率，缩短加工辅助时间，减少半成品占地面积，保证产品质量，克服了传统人工搬运方式费时费力的缺点，提高了生产效率，改善了车间环境。它也适合多品种、小批量的服装生产过程。

G

高速经编机（high-speed warp knitting machine）一种具有机号高、梳栉少、编织速度快的现代经编机。机号高、编织速度快决定了这类设备不宜使用短纤纱，而只能使用化纤长丝。梳栉少意味着这类经编机不能像多梳栉拉舍尔经编机和贾卡提花经编机那样编织花纹复杂的提花类织物。其产品主要是网孔结构、平纹结构和绒面结构三类，适合生产各种网孔、平纹、毛绒类经编产品。

高速卷绕头（high-speed winding head）将经过牵伸或预牵伸的长丝，一根根分别绕在筒管上，形成丝饼的一种装置。是合成纤维长丝纺丝卷绕的最重要部件，也可以说是一台机器，其结构非常复杂。其卷绕速度可达6 000m/min。其作用是将经过牵伸或预牵伸的长丝，每一根分别绕在筒管上形成丝饼。有多个丝饼同时卷绕（俗称头数），最多可达20个。其横动机构有拨叉式和兔子头式，横动宽度随其锭轴长度，因头数不同而不同。换筒有自动和半自动两种。高速卷绕头多以自动换筒为主。

H

烘干机（dryer）将湿的纤维、纱线或织物进行烘干的一组装置。不同的纤维、纱线或织物，其烘干工艺也不同。圆网式烘干机广泛应用于纤维、织物、无纺布的烘干。其主要结构由烘房、圆网、风机、散热器及电机、控制系统组成。工艺原理是圆网内部有一隔板，用于挡住无织物、纤维的圆网圆周表面，不让热风通过，热风只能从有织物纤维的圆周表面通过；圆网的一端和风机相连，借助于风机的作用，经散热器加热过的热风，通过织物和纤维时，将其中的水分气化带走，从而达到烘干的目的。圆网置于烘房之内，以保证热量不散失。烘房实际上就是由金属板和隔热材料围成的隧道。加热空气的热源可以是蒸气、燃烧天然气等。链板式烘干机广泛应用于纤维（包括短纤维和长丝束），甚至聚合物的烘干。由多节烘房、链板、风机、散热器、传动和控制系统组成。每节烘房有一组散热器和一个风机，热风形成从下到上的一个循环通道，纤维均匀地铺在链板上。热风通过纤维时带走其中的一部分水分。根据纤维的产量、含水率，经过热工计算，确定所需的烘房节数，组成一台长长的机器，时间过长还必须再加一台喂给机，使纤维再重新铺一次，以增加烘干效果。

黄化机（xanthating machine）将老成鼓（箱）送来的碱纤维素进行黄化反应的装置。现代使用的黄化机是卧式容器，有两种规格：一种横截面为圆形，一种为鸭蛋形。容器外有夹套，内有螺带式搅拌器。机器为间隙式操作。经过称量的碱纤维分批喂入机器，每批可达 2 500～2 800kg。在搅拌器不断搅拌时加入 CS_2（二硫化碳）和碱纤维素反应生成磺酸酯。反应完成后加入稀 NaOH 溶液，然后放料。为提供黄化所需的热量，由容器外的夹套通入热水，以保证反应所需的条件。搅拌器设定有不同的转速，以供反应不同阶段使用。黄黏机是黏胶原液车间的主要设备，由于黄化过程中容易起火爆炸，所以驱动搅拌器的电机采用高等级的防爆电机，或者把电机置于和黄化机隔开的房间而由传动轴和搅拌器连接。

J

剑杆织机（rapier loom）用往复移动的剑状杆插入或夹持纬纱将机器外侧固定筒子上的纬纱引入梭口的织布机械。根据剑杆的软硬程度，有伸缩式和盘带式两种。剑杆有单、双配置之分。凡棉、毛、丝、麻、玻璃纤维、化学纤维或轻、中、重型织物都可用相应的剑杆织机来织造。

浆染联合机（sizing and dyeing combining machine）将浆纱和染纱两道工序结合在一起的设备。它应用于纺织工业织前准备工程中。它能同时适应有梭及无梭织机的配套需要，满足淀粉浆、化学浆、混合浆等对纯棉、麻及其混合织物、化纤及其混纺等短纤维织物经纱上浆的工艺要求。由于它能满足高密、细支、宽幅各类织物品种的浆纱工艺要求，是成为棉纺织厂开发生产高产值、高效益织物品种的关键设备。

浆纱机（sizing machine）为适应织造需要，给纤维上浆，以增加纤维之间抱合力，从而增加纱线强力，并减少纱线表面毛羽的设备。一般由车头、机架、浆槽、轧辊、许多烘筒组成的烘房组成。有单浆槽浆纱机和双浆槽浆纱机，还有的浆纱机增加了预湿工艺，

在经纱上浆前经热水浸渍和挤轧，以提高上浆质量和节约浆料，并且还可降低印染工序的退浆成本，节约能源，是一种环保新措施。先进的浆纱机还配有在线检测，可以有效地控制上浆率，从而最大限度地节约浆料。

交叉铺网机（cross lapping machine）对无纺布梳理机梳理出的薄型纤网铺叠多层，以生产出高克重的厚型纤网的装置。其结构主要有机架、铺棉输送带、输送小车、小车拖动、后补偿小车、前补偿小车、铺网小车、出网帘、进网帘及气动部件等。为保证铺网导带正常运转，采用反应灵敏、抗干扰性强的光电检测的气动纠偏装置。铺网因需作往复运动，故小车采用重量轻的铝合金材料以减小其运动中的惯量，从而减小换向时的冲击。

紧张热定型机（heatsetting machine）在一定张力下，对纤维加热，使其内部的有序排列稳定下来的设备。经过牵伸后的纤维，其内部的长链分子虽然大部分已沿纤维轴线方向有序排列，但它的这种结构是在外力下形成的，不够稳定。热定型的目的，就是使其内部的这种有序排列稳定下来。紧张热定型机由机架（传动箱体）、辊筒、润滑装置、电机、减速机和绕辊检测装置及门、罩等组成。传动箱体为钢板焊接结构。辊筒亦为焊接结构，设有夹套加热结构，可使用蒸汽对纤维加热。为提高辊筒表面的耐磨性和防滑，在其上镀有梨面铬。

经浆联合机（warping and sizing combining machine）将整经和浆纱两道工序结合在一起的设备。它适用于小批量、多品种的生产要求，尤其适合色织品种的生产工艺特点和技术要求。由于它采用多单元拖动和计算机集中控制，因而其控制精度高，可靠性好，品种适应性强，是织物试样和色织多品种、小批量生产的合适选择。

聚合设备（polymerization equipment）一种为完成聚合反应用的专门装置。化学纤维无论是人造纤维（又称再生纤维）或合成纤维都是由高分子化合物再经加工而制成的。合成纤维要把分子量很低的单体经聚合（加聚或缩聚）后成为分子量很大的成纤高聚物，就需要该装置来完成。由于形成成纤高聚物的单体种类很多，它们聚合时需要的工艺条件也各不相同，因此，不同的成纤高聚物的合成所需的聚合设备也不相同。有合成塔、有聚合釜等各种形式。如聚酯（涤纶）的聚合设备，由五釜、四釜、三

釜流程，发展到新三釜、二釜流程。就聚合釜的结构来讲，也有许多不同的结构。如圆盘釜、鼠笼釜、栅缝降膜塔等。由于工艺条件各不相同，设备的操作条件也不尽相同，有常温的、有高温高压的，还有真空状态的等。

卷曲机（curl machine）将合成纤维变成像天然纤维一样具有三维弯曲状的机械。经过牵伸和定型的合成纤维形状为直线形的，而天然纤维的微观外形为三维空间的弯曲状，其在纺纱时相互间抱合力较强。为了使合成纤维也尽量像天然纤维一样，有三维弯曲状，就要对其进行卷曲加工。卷曲机是用一对高速相对转动的卷曲辊将丝束压送至卷曲箱内。卷曲箱内压板使其形成进口宽，而出口窄（沿垂直方向）的空间，经蒸汽加热过的直纤维在卷曲箱内由于喂入速度很高，形成波状弯曲，出卷曲机后的纤维经过冷却便把这种波状弯曲形状保留下来。为使弯曲形状更稳定，卷曲后的纤维往往还要经过松弛定型。

K

开棉机（opener machine）位于抓棉机与混棉机中间，用于加工各种等级的原棉、化学纤维或混合原料的机械。有单轴流、双轴流及梳针辊筒等型式。纤维借助于风力或凝棉器的抽吸进入开棉机，单轴流开棉机纤维沿导流板围绕开棉辊筒外表面螺旋前进；双轴流开棉机，纤维沿切线方向围绕打手外表面螺旋前进。在前进的过程中对原棉或化纤进行开松、除杂。杂质被尘格分离后落在尘箱内，再由自动吸落棉装置排至滤尘系统。单轴流开棉机由机架、开棉辊筒、尘格装置、排杂装置及进、出棉管、排尘管、吸落棉管、安全保险装置组成。双轴流开棉机由机架、角钉打手、尘格、排杂装置等组成。梳针辊筒式开棉机是一种新的机型，它由机架、喂棉系统、清棉系统、排杂系统、电气控制系统及安全系统组成。清棉系统由梳针辊筒、除尘刀和分梳板组成，对原料进行精细开松、梳理和除杂。

L

老成鼓（箱）（ageing box）使压榨后的碱纤维素中还有未完全反应成熟的纤维素，继续进行反应的一种筒（箱）式设备。老成设备有鼓式和箱式两种。老成鼓是一台卧式圆筒，用几对滚轮支承起来，中部有一齿圈，用链条和减速机连在一起，可以旋转，碱纤从一端喂入，从另一端出料，旋转的速度很低，从进

料到出料时间很长。老成箱则是一台很大的箱式设备，纤维从一端上部喂入，箱体内有两层链板，碱纤维均匀地堆放在链板上，链板缓慢移动，碱纤维素从另一端出料经冷却后送去黄化。

螺杆挤压机（screw extruder）切片纺丝，特别是熔融纺丝的主要设备。聚合物切片经干燥后，在这里被熔融、加压，再用计量泵送至纺丝机的喷丝头。螺杆挤压机由外壳和螺杆组成，外壳有电加热系统，其作用是将切片熔化成液态。螺杆挤压机有单螺杆、双螺杆两种。螺杆直径也随产量的不同，在 $20\sim200$ mm 之间，有多种规格，长径比一般在 25 : 1 左右。外壳的加热区也有 $3\sim7$ 个，挤出熔液的压力可达 $15\sim25$ MPa。所以其传动功率和加热功率都很大。直径 200mm 的螺杆挤压机，传动功率为 220kW，加热功率为 150kW，最大挤出量为 1250kg/h。

M

芒硝结晶装置（mirabilite crystallizing equipment）一种采用降低酸浴的温度，而使多余的硫酸钠结晶出来的设备。生产黏胶纤维，纤维素在凝固浴（酸浴）中被还原时，大量生成硫酸钠。为了保持凝固浴的组成，就要不断地把多余地硫酸钠分离出来。有效的手段就是降低酸浴的温度，也就降低了硫酸钠在酸浴中的溶解度，从而使多余的硫酸钠以晶体形式——芒硝（$Na_2SO_4 \cdot 10H_2O$）结晶出来，再经分离就可保持酸浴的组成。芒硝结晶装置主要由冷却器、结晶器、浴液冷凝器、混合冷凝、增浓器、脱气罐、多台蒸汽喷射泵、水环真空泵、盐浆泵和离心机等多台设备及管线阀门组成。经蒸发浓缩后的酸浴在冷却器中被冷却后，在真空状态下被闪蒸冷却，然后进入结晶器。结晶器分为四级，逐级继续冷却，使芒硝结晶出来，经增浓后送入离心机将芒硝分离出来。为了防腐蚀，设备采用橡胶衬里或优质不锈钢，以延长设备的使用寿命。

N

黏胶短纤维后处理联合机（viscose fiber post-processing joint machine）一种能除去黏胶纤维在纺丝成型过程中所生成的部分硫磺杂质的联合装置。黏胶纤维是一种再生纤维，一般是木纤维和棉短绒经化学反应后制成纺丝原液再纺成丝。由于在纺丝成型过程中，在纤维素得以再生的同时，还生成了部分硫磺等杂质黏附在纤维上。另外，当丝束从凝固浴中引出时，又必然带走一部分由硫酸、硫酸钠、硫酸锌为主要成

分的浴液。所有这些杂质的存在，对黏胶纤维的质量和外观都有不利影响，所以就要用该装置在后处理中除去。

P

喷气织机（air jet loom or pneumatic loom）利用压缩气流牵引纬纱进入梭口进行织布的设备。是无梭织机的一个类型。具有高入纬（2 000m/min）的特点，不仅高速高产，而且占地面积小，产品质量好，成本低。该机可选择4～6色纬纱，用于细薄和重厚多种类型的织物加工。但该机对某些纬纱缺乏足够的控制能力，容易产生引纬疵点。

片梭织机（gripper loom）用片状夹纱器将固定筒子上的纬纱引入梭口的织布机械。它是无梭织机的一种。该织机利用片梭引纬方法，对纬纱具有良好控制能力，引纬质量高，因此用于片梭引纬纱线很广，包括多种天然纤维和化学纤维的混纺和混纺短线纱、天然化学、玻璃纤维、长丝等。但是，片梭织机在启动时的加速度很大（1 200m/s² × 9.8m/s²），约为剑杆织机的10～20倍，对于经弱捻纱或强度很低的纱线作为纬纱的织物来说，片梭织机显然不适合。

Q

牵伸机（drafting machine）将纺丝机集束来的化学纤维，进行牵伸的装置。因纤维中的线型高分子一般由规整排列的和不规整排列的两部分所组成。前者在纤维中能形成结晶区，而后者不能。牵伸的作用就是使组成纤维的高聚物长链分子尽可能多地沿纤维轴向作整齐排列，让不规整排列的长链分子减少。牵伸机由箱体（机架），多个辊子和传动部分、减速电机及控制系统组成。箱体多为钢板焊接结构。牵伸辊有空心和夹套等多种型式，可以提供保持纤维牵伸所需的温度。在生产线上，牵伸机都是成对使用的。一台牵伸机只能提供丝束所需的张力，牵伸是在两个机台之间完成的。纤维的品种、规格和产量的不同，牵伸机的规格（机型）也不相同。

切断机（cutting machine）根据纺织加工需要，将连续不断的化学纤维丝束，切割成规定长度的短段，以适应混纺要求的设备。一般棉型短纤维长度在33～38mm，毛型短纤维长度在76～102mm，而中长型短纤维长度在51～76mm之间。切断机形式很多，大都由张力辊、机架、刀盘、刀片和集棉斗组成。刀盘的旋转速度很高。刀片安装在刀盘的圆周上，经切断的

纤维落入集棉斗。合成纤维由于在切断前已经过后处理，所以切断后直接送往打包机打成棉包，以便运输和储存。而人造纤维如黏胶纤维，在切断之后才进行后处理，所以切断之后便被送到后处理设备。切断机的切断工艺方法有干切和湿切两种。

清棉机（scutcher）对经过初步开松和混合的原棉、棉型化学纤维或两种混合纤维进行精细开松，并继续清除前道工序未清除掉的杂质的机器。清棉机一般为多辊筒式，它由机架、给棉系统、清棉系统和电气控制系统组成。机架一般由钢板焊接而成。给棉系统由输棉帘、压棉罗拉和给棉罗拉组成，其转速由交流变频器进行无级调速。清棉系统由三只直径相同而形式各异的辊筒及其附属的除尘刀、分梳板组成。三只清棉辊筒分别由三台交流异步电机单独驱动。其转速以一定的比例递增，可根据工艺的需要由交频器进行无级调节，以利于纤维的开松和转移。三只清棉辊分别为角钉辊筒、粗锯齿辊筒和细锯齿辊筒，并分别配有除尘刀和分梳板。

全自动电脑调浆系统（automatic computer mixing system）一种大型的机电一体化设备。系统将色彩空间理论和范例推理算法以及数据库技术应用于印染调浆，实现调浆配色的智能化和柔性化，准确控制调制颜色的各项关键数据，对每种颜色的配方进行筛选，然后存储到数据库管理系统，提高染料调浆精确度，使配色精度和印花产品质量大幅稳定提高。系统向上连接数据库服务器，向下连接电气控制部件，具有染料的消耗统计和成本核算功能，可以对配方按订单、面料、颜色处方等指标进行管理，利用存储在服务器数据库中的各种配方，对每种颜色的历史配方进行智能化筛选，从而辅助人工准确、快速地制订工艺和染料配方等方案。系统地把分配系统和高精度电子秤整合起来，配备全自动搅拌机及自动输送带，称量准确，调浆高速，节省了人力。通过上述机电一体化控制，可以省去多次重复调浆、配色、打样等工序，使原料消耗和水消耗大量降低。调浆效率提高15倍以上，具有残浆回用功能。对多配的残浆进行查找和优先使用，避免了原料的浪费，降低了成本和对环境的污染。

R

热牵伸辊（heat drawing roller）一种用于对合成纤维进行牵伸和热定型的装置。它是合成纤维长丝纺丝后卷绕机的重要部件。它是利用热管技术来控

制辊筒的表面温度。其旋转速度很高，可达3 500～4 000m/min。工作温度范围一般在60～250℃之间。为增加辊筒表面的耐磨性，往往在其上镀铬（镜面铬或毛面铬）或喷涂陶瓷。

S

梳棉机（carding machine）将经清棉工序开松过的散纤维进行梳理、除杂、混合并且排除大部分杂质、棉结和部分短绒后集束成均匀的棉条，并有规律地圈放在条筒内，供后道工序使用的机械。梳棉机的结构形式很多，一般都由机架、墙板、锡林、道夫、固定盖板、活动盖板、剥棉装置、锡林罩板、道夫罩板、吸口、风道等组成。现代先进的梳棉机普遍采用多电机、单独传动、变频调速、大触摸液晶显示屏人机对话。工作时，锡林转速可达600r/min，道夫速度可达200r/min。出条速度最高可达400m/min，活动盖板回转方向一般和锡林反向（但也有同向的）。锡林、道夫多为钢板焊接结构，外包覆针布。剥棉装置、清洁装置也多为罗拉形式，外包覆针布，机器运转时内部保持负压状态。当负压低于设定值时，全机将停车，以保证产品质量。

水刺机（spunlace machine）在梳理、铺网后对纤维网进行水刺的机器。它是生产水刺无纺布的主要设备。水刺是利用高压水细流（俗称水针）对纤网喷射，以使纤维互相缠结，是生产无纺布的一种工艺。一般要经过预刺、辊筒水刺和最后平台水刺几个工序。预刺头水压低于3MPa，而水刺头的水压较高，可达14MPa（由高压水泵的供水压力决定）。主要结构由机架、托网架、压网辊、预刺头、水刺头、负压抽吸辊筒、水压检测箱、托网传动、托网纠偏、托网抽吸、气路及罩门等部件组成。其网幅宽度随生产品种和产量而定。

酸浴多级闪蒸装置（acid bath multiple flash evaporator）采用多级装置，靠溶液自身热能蒸发，将纤维素在还原过程中生成的水分除掉的设备。由于黏胶纤维在纺丝时，纤维素还原的过程中碱纤维素和凝固浴中的硫酸反应生成硫酸钠和水，破坏了凝固浴液的要求组成，所以必须把这部分水去掉。最有效的除水手段就是蒸发。过去大都采用单效蒸发装置。其热效率比较低，要消耗1～1.2t水蒸气才能蒸发掉浴液中的1吨水。所以现在大多采用了多级闪蒸装置。只要使用0.28～0.3t蒸汽就可以蒸发掉1t水，多级闪蒸是一次性地把酸浴加热到102～105℃，然后逐级在

各个蒸发室蒸发，一级比一级压力低。温度也逐级降低，靠浴液自身的热能蒸发。多级闪蒸装置有6级和11级，目前多采用11级。它由一系列的酸浴预热器和加热器，包括多个蒸发室在内的蒸发器、混合冷凝器、真空泵、蒸汽喷射泵组成一套完整的装置。由于酸浴的成分是硫酸、硫酸钠、硫酸锌和水组成，所以腐蚀性很强。为了防腐，预热器、加热器和蒸发器都用橡胶衬里，换热管也采用石墨管。多级闪蒸装置的生产能力，有如下多种规格：6t/h、7.5t/h、10t/h、12t/h、15t/h、20t/h。

W

喂棉箱（cotton feeding box）借输棉风机将清棉机处理好的纤维均匀地分配到上棉箱，经进一步开松落入下棉箱，借循环风机的作用，产生均匀的棉筵喂给各台梳棉机的一种装置。它是开清棉联合机的连接设备，置于梳棉机的后部。喂棉箱由机架、配棉道、排尘道、给棉开松打手、上下棉箱、循环风机、静压箱、打手保险、出棉罗拉、安全罩门等部件组成。配棉道前端与输棉风机连接，其上设有压力传感器及压力表。根据管道内部压力大小控制前方机台给棉量，实现连续给棉，以保证储棉量稳定。给棉罗拉用无缝钢管外包金属锯条制成，由减速电机传动，与给棉板一道将上棉箱的纤维握持，喂给开松打手。调整变频器可得到不同的转速，供梳棉机不同产量时选用。开松打手植有4排螺旋状排列的角钉，由于转速较高，纤维得到充分开松。上棉箱顶部前、后各设有一块排气滤网。滤网漏气面积可调节，以调整落棉量。下棉箱中部有气孔与压力传感器连接，根据下棉箱压力来控制给棉罗拉的转速，以得到理想的落棉量。下部设有排气栅栏，实现气、纤分离，并且可以保持棉层横向分布均匀。打手保险装置是一套安全连锁机构，保证确实停车后，才能进行机内清洁。在保险装置机械复位前不能开车，确保操作者安全。

无纺布梳理机（non-woven fabrics carding machine）对经过开松混合后的棉纤维或不同种类的棉型化纤进一步开松、梳理制成非织造布所需棉网的设备。其结构主要由喂入装置、胸锡林装置、主锡林装置、道夫装置、杂乱装置和出网装置控制系统组成。

无梭织机（shuttleless loom）用不同于传统梭子的新型引纬器，或者引纬介质，直接从固定的筒子上

将纬纱引入梭口的织机。其特点是以体积小、重量轻的引纬器或者高速空气流或高速水流引纬，故梭口高度和筘座动程减小，对经纱的磨损减少，使得织机高速运行成为可能。目前广泛使用的是剑杆引纬织机、射流引纬（喷气引纬、喷水引纬）织机和片梭织机。

Y

压榨机（squeeze machine）在黏胶纤维生产中，把浸渍后的碱纤维素从碱液中分离出来的设备。压榨机有多种型式，如网带式、轧辊式等。轧辊又分网眼式和沟槽式。碱纤和碱液混合经过压榨滤去碱液，碱液可再去浸渍浆粕。而经过压榨后的碱纤维经初步粉碎后，送去老成。

异纤清除机（align fiber removal machine）利用在线检测、自动清除混入棉纤维中的异种纤维的设备。其工作原理是棉纤维均匀地通过透明的检测通道（有水平的，也有垂直的），由光电检测机构对其检测，一旦发现异纤，由执行机构如高压气阀将异物吹入杂质箱内。光电检测机构各种机型不同，配置也不相同，有用光源、光电二极管的，也有用高速线性扫描摄像机的，还有用光电，超声波的。

圆形织机（circular loom）一种可以用来制造圆形管状织物的专用织机。其工作原理是：载纬器在一个连续的圆形的梭口中滑行，纬纱被推紧后形成织物。

Z

整经机（warping machine）将筒子纱有序地一层一层卷绕在织轴上的一种织造准备设备。为满足织造工序的需要，将筒子纱有序地一层一层卷绕在织轴（俗称盘头）上，主要由纱架和车头控制系统组成。纱架用于置放筒子纱，并控制纱线张力，使轴上纱线的张力基本一致。整经机有分条整径和分批整径两种机型。分批整经通常用于一种品质或花色经纱进行规定长度大容量卷绕。而分条整经通常用于对已经上浆、可免浆织造、多品种、多花色或小批量的经纱进行的一种整经方法。

自动穿经机（automatic drawing-in machine）一种能自动将经纱按照织造工艺要求穿过停经片、综丝和钢筘筘片的机器。自动穿经机由如下几个部分组成：分纱机构、综丝机构、吸片机构、穿引机构和各种自停机构。分纱机将固定在纱架上的经纱自动分成单根纱，同时综丝机构在完成自动排综、插综、送综后由定位器定位。吸片机构自动吸停经片并送到定位器定位，然后穿引机构驱动穿引钩将经纱按织造工艺设计要求依次穿过停经片、综丝后送到钢筘上方，由旋转式插筘刀自动插入筘中，完成一次穿引，循环往复。机上还配备停经片、综丝、插筘失误自停、过载自停以及空纱自停等装置。自动穿经机有利于降低劳动成本、提高产量并确保正确穿经，以改善纺织工人的劳动条件。

自动分拣异纤装置（automatic defibrillators varies sorting device）一种在轧花、开清过程中有效识别并去除布块、鸡毛、麻丝、油花衣、束状或条状的麻丝和塑料丝等非纤维物质的装置。它可以解决原棉中含有各种有害异纤严重影响纱布品质的问题，而无需组织大量人力进行手拣。目前，棉纺生产中用于在线检测清除异性纤维的装置有三类：带有清除异纤的电子清纱器、棉条检测器及用于开清棉系统的异纤检测清除装置。实用的检测异纤的技术有：光学技术检测、超声波技术检测和数码摄像技术检测。

自动络筒机（automatic winding machine）能够实现纱线退绕、自动清除弱节并接头、重新卷绕到新卷而装上的全自动化的机械。它是计算机技术、传感器技术、变频调速技术及络纱工艺技术相结合的产物。是技术复杂、难度很高的纺织设备。它具备精密卷绕、电子清纱、空气捻接和毛羽控制、空管及满筒自动运输、满筒自动换筒生头、筒子纱自动包装入库等一系列自动化生产处理装置，还具有数据自动显示与记忆、事故跟踪、人机对话、异纤自动检测清除等先进装置，向前可以与细纱机自动对接，向后通过自动化运输系统与自动化仓贮连接。

自动抓棉机（automatic bale plucker）是从棉包顶部抓取棉束，经输棉管道借后方机台凝棉器或风机的抽吸送至下道工序进行加工的机器。它位于纺纱工艺的第一道工序，有圆盘式、往复式等型号，适用于各种等级的原棉或棉型化纤。目前大多使用往复行走式自动抓棉机。它由行走小车、转塔、抓棉臂、打手及压棉罗拉、覆盖带卷绕部件、输棉道和地轨、抓棉臂悬挂装置、转塔旋转装置、打手摆动装置以及电气控制系统组成。

六、食品科学技术

(Food Industry)

（一）基础知识（Basic Knowledge）

B

变性淀粉（modified starch）经加工处理使其分子异构化，改变其原有的化学物理特性的淀粉。原淀粉经过改性，提高了使用性能，扩大了适用范围。变性淀粉的品种、规格已达2000多种。根据处理方式不同，变性淀粉分为四大类：（1）物理变性淀粉：经过物理方法处理的淀粉。如预糊化（α-化）淀粉和γ射线、超高频辐射处理淀粉、机械研磨处理淀粉、湿热处理淀粉等。（2）化学变性淀粉：用各种化学试剂处理得到的变性淀粉。其中有两大类：一类是相对分子量下降的淀粉，如酸解淀粉、氧化淀粉、焙烤糊精等；另一类是相对分子量增加的淀粉，如交联淀粉、酯化淀粉、醚化淀粉、接枝淀粉等。（3）酶法变性（生物改性）淀粉：由各种酶处理的淀粉，如α、β、γ-环状糊精、麦芽糊精、直链淀粉等。（4）复合变性淀粉：采用两种以上处理方法得到的变性淀粉，如氧化交联淀粉、交联酯化淀粉等。采用复合变性得到的变性淀粉具有两种变性淀粉的各自优点。

D

低密度脂蛋白（low-density lipoprotein，LDL）利用超速离心技术分离出的一种低密度血液复合蛋白质。它由多种物质组成，其中甘油三酯约12%、蛋白质（主要为载脂蛋白）约25%、胆固醇酯约35%、游离胆固醇约9%、磷脂约18%、游离脂肪酸约1%、糖类约1%。LDL是动脉粥样硬化的主要致病因素。当LDL升高时，患心脑血管疾病的危险性增加。

淀粉糊化（starch pasting）天然淀粉粒在水中吸水膨胀后，加热至胶束结构全部崩溃，淀粉分子形成单分子，并为水所包围而成为溶胶，最后形成具有黏性的糊状胶体的现象。糊化的淀粉易被酶水解，易于消化。淀粉糊化温度必须达到一定程度。不同淀粉的糊化温度不一样。同一种淀粉，颗粒大小不一样，因而其糊化温度也不一样，颗粒大的先糊化，颗粒小的后糊化。影响淀粉糊化的因素有：（1）淀粉的种类和颗粒大小。（2）食品中的含水量。（3）添加物影响：高浓度糖降低淀粉的糊化程度，脂类物质能与淀粉形成复合物降低糊化程度，提高糊化温度；食盐有时会使糊化温度升高，有时会使糊化温度降低。（4）酸度影响：在pH值4～7的范围内，酸度对糊化的影响不明显，当pH值大于10.0，降低酸度会加速糊化。

淀粉老化（starch retrogradation）经过糊化后的淀粉在室温或低于室温的条件下放置后，溶液变得不透明甚至凝结而沉淀的一种现象。影响淀粉老化的因素有：（1）淀粉的种类：直链淀粉比支链淀粉更易于老化；（2）食品的含水量：在食品的含水量为30%～60%时淀粉易于老化，当水分含量低于10%或者有大量水分存在时，淀粉都不易老化；（3）温度：在2～4℃时淀粉最易老化，温度大于60℃或小于-20℃时都不易发生老化；（4）酸度：偏酸或偏碱条件下淀粉都不易老化。淀粉老化在早期阶段是由直链淀粉引起的，而在较长的时间内，支链淀粉较长的支链也可以相互发生缔合而发生老化。防止淀粉老化的方法：将糊化后的淀粉在80℃以上高温迅速去除水分使食品的水分保持在10%以下或在冷冻条件下脱水。老化性质对食品品质有很大影响，如米饭、面包等在放置期间会变硬。粉条、粉丝的生产则是利用老化性质。所以，控制老化在食品工业中有重要意义。

淀粉糖（starch sugar）利用淀粉为原料经过酶法或酸酶法、酶法等制取的糖。其包括麦芽糖、葡萄糖、果脯糖浆、饴糖等。淀粉糖消费领域广，消费数量大，是淀粉深加工的支柱产品，长期以来被广泛地应用于食品、医药、造纸等诸多行业。伴随着玉米深加工技术的发展以及酶制剂等生物技术的进步和人们消费结构的变化，中国淀粉糖行业取得了显著的发展，朝着多品种、个性化、专一化、规模化发展，产量大幅增加，品种结构日益完善。不同品种的淀粉其特性有所不同，应当根据要求选用。

F

非酶促褐变（non-enzymatic browning）与酶无关的褐变现象。包括美拉德（Maillard）反应、焦糖化褐变和抗坏血酸褐变等几种类型。美拉德反应是还原糖类与氨基化合物，如游离氨基酸、肽、蛋白质、胺等化合物，先进行反应形成糖胺，再经过一系列反应形成类黑精色素；焦糖化反应是指糖类经直接加热所产生的脱水及热分解反应；抗坏血酸是果蔬中主要营养成分之一，因兼具酸性与还原性，故极易氧化分解，可与游离氨基酸反应生成红色素及黄色素。非酶促褐变常伴随着热加工和长时间贮藏而发生，尤其是在奶粉、蛋粉、脱水蔬菜及水果、肉干、鱼、糖浆等食品中经常发生。在一些食品中，适当程度的褐变是有益的，如面包、糕点、咖啡等食品在焙烤过程中生成的焦黄色和由此而产生的香气等。

G

高密度脂蛋白（high density lipoprotein，HDL）利用超速离心技术分离出的一种高密度血液复合蛋白质。HDL 颗粒直径为 9nm，是在肝脏中合成的。新生成的 HDL 含胆固醇、磷脂、蛋白质和甘油三酯很少。它进入血液后，通过卵磷脂胆固醇酰基转移酶作用，其中的胆固醇接受来自卵磷脂的不饱和脂肪酰基而变成胆固醇酯。此时 HDL 含有约 5% 的甘油三酯、50% 的蛋白质（主要为载脂蛋白）、15% 的胆固醇酯、3% 的游离胆固醇、25% 的磷脂、2%～6% 的游离脂肪酸和不到 1% 的糖类。HDL 具有重要功能：一方面可以使血浆中的胆固醇转移到肝脏，部分转化为胆汁酸而排出体外；另一方面，HDL 颗粒小，结构致密，能自由进出动脉壁，可以清除积存于管壁内的胆固醇，且不向组织释放胆固醇，具有组织中胆固醇转移出来的功能，所以它被称为抗动脉粥样硬化的保护因子。

固定化酶（immobilized enzyme）将酶分子结合在特定的支持物上且不影响酶的功能的一类酶。用于固定酶的底物有琼脂糖、丙烯酰胺、藻酸钠等。固定化酶可多次反复使用，有的可达几十、几百次，甚至连续使用几年。固定化酶技术的使用，大大节约了生产成本，很有发展前景。固定化酶技术在食品生产上已有应用，譬如，用于生产 L- 氨基酸、高果糖浆等。

国际食品法典委员会（codex alimentarius commission，CAC）由联合国粮农组织（FAO）和世界卫生组织（WHO）共同建立，以保障消费者的健康和确保食品贸易公平为宗旨的一个制定国际食品标准的政府间组织。自 1961 年第 11 届粮农组织大会和 1963 年第 16 届世界卫生大会分别通过了创建 CAC 的决议以来，已有 173 个成员国和 1 个成员国组织（欧盟）加入该组织，覆盖全球 99% 的人口。CAC 下设秘书处、执行委员会、6 个地区协调委员会、21 个专业委员会（包括 10 个综合主题委员会、11 个商品委员会）和 1 个政府间特别工作组。所有国际食品法典标准都主要在其各下属委员会中讨论和制定，然后经 CAC 大会审议后通过。CAC 标准都是以科学为基础，并在获得所有成员国的一致同意的基础上制定出来的。CAC 成员国参照和遵循这些标准，有效地减少国际食品贸易摩擦，促进贸易的公平和公正。食品法典已成为全球消费者、食品生产和加工者、各国食品管理机构和国际食品贸易重要的基本参照标准。1984 年中华人民共和国正式成为 CAC 成员国，并由农业部和卫生部联合成立中国食品法典协调小组，秘书处设在卫生部，负责中国食品法典国内协调；联络点设在农业部，负责与 CAC 相关的联络工作。1999 年 6 月新的 CAC 协调小组由农业部、卫生部、国家质量技术监督检验检疫总局等 10 家成员单位组成。

K

可溶性固形物（soluble solids）可以溶于水的固形物。通常指水果或果汁中能溶于水的糖、酸、维生素、矿物质等。可溶性固形物含量以百分率表示。

N

黏蛋白（proteoglycan）即蛋白多糖，由蛋白质和粘多糖通过共价键连接而成的大分子化合物。它是由蛋白质分出许多糖链，分支处是和丝氨酸或苏氨酸的羟基以糖苷键所形成的化合物组成的主体，糖含量常超过蛋白质部分。存在于骨、软骨及其他结缔组织中，与保护、粘合等生理功能有关。

黏多糖（mucopolysaccharide）即糖胺聚糖，是含氮的多糖。是构成细胞间结缔组织的主要成分，是组织细胞间的天然粘合剂，也广泛存在于哺乳动物各种细胞内。常含有硫酸、醋酸基团。重要的黏多糖有硫酸皮肤素、硫酸类肝素、硫酸角质素、硫酸软骨素和透明质酸等。这些多糖都是直链杂多糖，由不同的双糖单位重复联接而成。人体和动物的生长、组织修复、抗菌、抗炎、抗过敏、成骨、组织老化、动脉硬化和胶原病等都与黏多糖密切相关。

S

食品商业无菌（food commercial sterilization）食品经过适度杀菌后，不含致病性微生物，也不含在常温下能在其中繁殖的非致病性微生物的状态。

食品味感（food taste）食品可溶性物质溶于唾液或液体食品刺激舌面味蕾产生的感觉。食品味感的好坏，是食品极为重要的指标之一。味感对于消化液的分泌和食欲的刺激至关重要。食品的基本味分为酸、甜、苦、咸四种。味觉神经在舌面的分布并不均匀。舌的两侧边缘是普通酸味的敏感区，舌根对于苦味较敏感，舌尖对于甜味和咸味较敏感。但这些都不是绝对的，在感官评价食品的品质时应通过舌的全面品尝方可决定。味觉与温度有关，一般在 $10\sim40℃$ 之间较敏感，在 $30℃$ 时最敏感。随着温度的降低，各种味觉都会减弱，尤以苦味最为明显，而温度升高又会发生同样的减弱。味道与呈味物质的组合以及人的心理也有微妙的相互关系。味精的鲜味在有食盐时尤其显著。这是咸味对味精的鲜味起增强作用的结果。另外还有与此相反的削减作用。食盐和砂糖以相当的浓度混合，则砂糖的甜味会明显减弱甚至消失。当尝过食盐后，随即饮用无味的水，也会感到有些甜味。这是味的变调现象。另外还有味的相乘作用，例如在味精中加入一些核苷酸时，会使鲜味有所增强。

食品新资源（new resources for food）在中国新研制、新发现、新引进的无食用习惯或仅在个别地区有食用习惯的，符合食品基本要求的物品。以食品新资源生产的食品称新资源食品（包括新资源食品原料及成品）。新资源食品的试生产及正式生产由中华人民共和国卫生部审批。新资源食品在获准正式生产前，必须经过试生产阶段。

塑性脂肪（plastic fat）固液两相比例适当，且不随温度（ $0\sim40℃$ ）变化而发生太大变化的具有塑性的脂肪。是制造人造奶油、起酥油、糖果脂等食品专用油脂的基料油脂，并不是单一的天然油脂。决定油脂塑性的因素有以下几种：（1）固体脂肪指数（SFI）：即在一定温度下脂肪中固体和液体所占份数的比值，可以通过脂肪的熔化曲线来求出。SFI太大或太小，油脂的塑性都比较差，只有固液比适当时，油脂才会有比较好的塑性。（2）脂肪的晶形： β' 晶形的油脂其塑性比 β 晶形的要好。这是因为 β' 晶形中脂分子排列比较松散，存在大量的气泡，而 β 晶形分子排列致密，无气泡存在。（3）熔化温度范围：熔化温度范围越宽，脂肪塑性越好。

X

小麦胚芽（wheat germ）存在于小麦粒底部与麦穗连接处的一种胚状幼芽。它是小麦制粉的副产品，同时也是小麦籽粒的精华。在小麦粒中，胚芽仅占2%，其余为麸皮和胚乳。虽然胚芽的占有率很小，但却含有高浓度的维持生命运动的各种营养成分。小麦胚芽蛋白质，是一种完全蛋白质。小麦胚芽是优良的食品添加剂，在面包、糕点、糖果、饮料等食品中加进胚芽不仅会大大提高其营养价值，而且能改善风味，增加食欲。小麦胚芽油富含天然维生素E、维生素 B_6 、 β - 胡萝卜素等，含有丰富的油酸、亚油酸和亚麻酸等不饱和脂肪酸。小麦胚芽还含有多种微量元素以及谷胱甘肽、廿八碳醇等生理活性物质。经精炼的小麦胚芽油具有防止动脉粥样硬化病变和抗衰老作用，正日益成为健康营养食品。小麦胚芽油可应用于绝大多数化妆品，如口红、唇膏、眼膏、胭脂、防晒霜、面霜、护肤乳液、护发膏等。

Y

玉米胚芽（corn germ）存在于玉米粒底部与玉米穗轴连接处的一种胚状幼芽。上部包围着胚乳。玉米中的脂肪主要分布在胚芽中，含油达 $30\%\sim40\%$ 。整个玉米粒含油平均量只有 $4\%\sim5\%$ 。胚芽含蛋白 $15\%\sim24\%$ ，糖类 $20\%\sim24\%$ ，维生素约7.5%。每百克干胚含维生素 B_1 0.499mg、维生素 B_2 0.428mg、维生素 C_1 5.09mg、钙1.73mg。所含蛋白质多为碱溶性蛋白质。其氨基酸组成中含有较多的谷氨酸和精氨酸。玉米胚芽主要用于制油，也可加工面包、饼干及婴儿食品。

原淀粉（natural starch）不经过任何化学方法处

理、也不改变淀粉内在的物理和化学特性而生产的各类淀粉。原淀粉分为四大类：谷类淀粉、薯类淀粉、豆类淀粉和其他淀粉等。原淀粉可作为各种浆料、添加剂、施胶剂、填充剂、黏胶剂等，也可作为各种变性淀粉、淀粉糖以及淀粉衍生物的原料。

Z

藻类（algae）具有叶绿素，能进行光合作用，能自养生活的无维管束、无胚的叶状体植物。一般生长在水体中。它们的结构非常简单，每个可见的个体都是一个没有根、茎、叶的区别的叶状体。藻类的体形差异很大，如生活在海洋中的硅藻，直径只有 $1\sim2\mu m$；海带属一群很大的海藻。这些褐色海藻可长达4m，而果囊马尾藻则可长达几十米。藻也有不同形状：一些呈简单的线状（直线的或有分支的），另一些是扁平的形状或球形，并有凸凹不平的边缘。藻类主要有九种：蓝藻、裸藻、甲藻、金藻、黄藻、硅藻、绿藻、红藻、褐藻。可利用的海藻主要为褐藻、红藻和绿藻三大类型。藻类作为食品，食用的种类有很多，如海带、裙带菜、紫菜、石花菜等。藻类与医学和农业也有很密切的关系，

如从褐藻中提取的藻胶酸、甘露醇和红藻中提取的琼胶在医学上有广泛应用。藻类还是鱼类食物链的基础，鱼类的天然饵料。藻类以丰富全面的营养、多种显著的生理功能，已成为一种开发保健食品的良好资源。

脂肪同质多晶（fat polymorphism）天然脂肪因结晶类型的不同而使得其熔点相差很大的一种现象。由于脂肪是长链化合物，常会出现几种晶型，因而会有几个熔点。巧克力和人造奶油的感官质量与脂肪的同质多晶现象密切相关。脂肪的同质多晶性质很大程度上受到三酰甘油中脂肪酸的组成及其位置分布的影响。脂肪具有的晶型常见为 α、β'、β 三种形式，三种晶型的密度、稳定性、熔点按 α、β'、β 依次增大。同种脂肪酸组成的甘油酯以 β-2（表示具有两倍链长的 β 变型）最稳定。在甘油1、3位的脂肪酸相同，而2位不同，则以 β-3 最稳定。当甘油的2、3位或1、2位被类似的脂肪酸占据时，则以 β'-3 稳定。一般说来，三酰甘油品种比较接近的脂类倾向于快速转变成稳定的 β 型。相反，三酰甘油品种不均匀的脂类倾向于较慢地转变成稳定性。

（二）食品添加剂和包装技术（Food Additive and Packing Technology）

B

β-胡萝卜素（β-carotene）一种橘黄色脂溶性化合物和高效抗氧化剂。它作为一种食用脂溶性色素，普遍存在于红色、黄色、橙色及深绿色的蔬果中。它是人体必需营养素及维生素A的主要来源，能帮助身体正常发育和成长，预防夜盲症及增强免疫力。

被膜剂（coating agent）用于食品外表涂抹，起保质、保鲜、上光、防止水分蒸发等作用的物质。水果表面涂一层薄膜，可以抑制水分蒸发，防止微生物侵入，并形成气调层，因而可延长水果保鲜时间。有些糖果如巧克力等，表面涂膜后，不仅外观光亮、美观，而且还可以防止粘连，保持质量稳定。常用的被膜剂有蜂蜡、石蜡、紫胶等，此外也还有某些人工合成品，如吗啉脂肪盐等。

C

茶多酚（tea polyphenols）茶叶中多酚类物质的

总称。包括黄烷醇类、花色苷类、黄酮类、黄酮醇类和酚酸类等。其中以黄烷醇类物质（儿茶素）最为重要，约占茶多酚类总量的70%。茶多酚具有多种功能，如清除体内有害自由基、抗老防衰、抗辐射、抑制癌细胞生长、抗菌、杀菌等。

D

大豆异黄酮（soy isoflavones）存在于大豆中的一类抗氧化剂。其主要成分有大豆苷、大豆苷元、染料木苷、染料木素、黄豆黄素、黄豆黄素苷元等。大豆异黄酮具有与雌激素类似的分子结构，可以与女性体内的雌激素竞争性结合雌激素受体，发挥弱雌激素效应，具有双向调节女性体内雌激素水平的作用。同时，大豆异黄酮是一种植物多酚，可以清除人体内多余的自由基，发挥抗氧化作用。在改善女性更年期综合征、骨质疏松、心血管疾病、肿瘤等方面具有一定的功效。

E

儿茶素（catechins）茶多酚的主要成分，萃取自绿茶的一种黄酮类植物活性成分。具有较强的抗氧化能力。对防癌、抗癌、降血脂、抗衰老等有一定功效。

F

番茄红素（lycopene）一种抗氧化能力最强的天然食品成分。其化学结构与类胡萝卜素相似。它可使番茄、西瓜、草莓等果蔬显现出红色，也存在于人体血液中，是一种强效的抗氧化剂。番茄红素对前列腺炎、肿瘤、心脑血管疾病患者均有一定的疗效。

G

果蔬保鲜剂（antistaling agents for fruits and vegetables）可用于果蔬保鲜的物质。它是食品保鲜剂中的一大类。通过浸泡或喷涂的方法在果蔬表面覆盖一层薄膜，可以阻隔 85%～90% 的氧气进入果蔬，抑制果蔬的呼吸和水分蒸发，减少乙烯气体的排放，使果蔬处于休眠状态，延缓了果蔬的代谢和衰老的过程，达到果蔬保鲜的效果。果蔬保鲜剂的主要成分包括：蔗糖脂、甘油酯和纤维素等对人体无害的物质。

K

抗氧化助剂（antioxidant synergist）单独使用时没有抗氧化性，但和抗氧化剂并用时能够起到协同效应而使其抗氧化作用提高的物质。如柠檬酸、酒石酸、磷酸、乙二胺四乙酸等。这些物质能与促进氧化的微量金属离子生成络合物，使金属离子失去促进氧化的作用。羟基酸、磷酸及其衍生物、卵磷脂及其他磷脂质、氨基酸及其衍生物、山梨糖醇及其他糖类、硫代二丙酸等，均可作为抗氧化助剂。抗氧化助剂大多为天然物质，存在于食品本身。利用抗氧化助剂有利于食品保鲜。

P

PE 保鲜膜（polyethylene fresh-keeping film）由聚乙烯材料制成的具有良好机械性能和气密性能的薄膜。PE 保鲜膜不含任何增塑剂。经国家质量技术监督检疫局检测用于食品包装非常安全。有良好的黏性，透明度好，拉伸力强，防雾性能非常好，是理想的食品包装材料。其使用范围包括包装蔬菜、水果、熟食等，也适用于冰箱、微波炉等。

PVC 保鲜膜（PVC fresh-keeping film）聚氯乙烯材质保鲜膜。PVC 保鲜膜中的有害物质易析出，随食物进入人体后，对人体有致癌作用，特别是干扰内分泌，引起妇女乳腺癌、新生儿先天缺陷、男性生殖障碍甚至精神疾病等。美国、日本、韩国等国家早已全面禁止使用 PVC 食品保鲜膜。而聚乙烯（PE）家用保鲜膜则是安全的。

葡萄籽精华（grape seed extract）一种从葡萄籽中提取的含原花青素的生物类黄酮抗氧化剂。与维生素C有良好的协同作用。能有效清除体内的自由基，保护细胞。具有保护心脑血管、预防高血压、抗辐射、抗过敏、抗炎、抗衰老等作用。

S

生物抑菌剂（biological bacteriostats）由微生物代谢产生的抗菌物质。主要是一些有机酸、多肽或前体多肽，相对分子质量小，结构高度紧密。其作用机制主要是在微生物细胞膜上形成微孔，导致其通透性增加和能量产生系统破坏。生物抑菌剂物质很容易进入微生物细胞，能迅速地抑制微生物的生长，甚至导致微生物的死亡。生物抑菌剂在食品中的应用方法主要有：（1）在使用时将生产抑菌物质的微生物直接作为生产菌种或配合菌种加入到食品中；（2）把抗菌基因转入发酵菌株，使其在生产过程中释放出抗菌物质；（3）将抑菌物质直接加入食品中，或共用几种生物抑菌剂；（4）将生物抑菌剂与来自动植物或矿物的天然防腐剂配合使用，利用它们的协同效应增强效果；（5）将其与某些络合剂、化学防腐剂结合使用，以扩展其抑菌谱和降低化学防腐剂的用量。用于食品工业的生物抑菌剂有：乳酸链球菌素（也称为乳酸菌多肽）、双歧杆菌素、溶菌酶、那他霉素、泰乐菌素、聚溶素、霉菌素。

食品包装材料（food packaging materials）已经与食品接触或预期会与食品接触的食品内包装、销售包装、运输包装等包装材料。采用适当材料包装食品，可防止食品受到外界微生物或其他物质的污染，防止或减少食品的氧化和其他不良反应的发生，同时便于运输和流通。常用的食品包装材料主要有：纸、塑料、金属、复合材料（塑/塑、塑/纸、塑/铝箔、铝箔/纸/塑等各种类型的多层复合材料）、玻璃、陶瓷、木材、麻袋、布袋、竹等。其中，纸、塑料、金属、玻璃已成为包装工业中的四大支柱材料。

食品保鲜剂（food antistaling agent）防止生鲜食品脱水、氧化、变色、腐败变质等而在其表面进行喷涂、喷淋、浸泡或涂膜的物质。其作用机制和防腐剂有所不同。食品保鲜剂的种类及其性质：（1）蛋白质类。植物来源的蛋白质包括：玉米醇溶蛋白、小麦谷蛋白、大豆蛋白、花生蛋白和棉籽蛋白等。动物来源的蛋白有角蛋白、胶原蛋白、明胶、酪蛋白和乳清蛋白等。并可分别或复合制成可食性膜用于食品保鲜。（2）脂类化合物。包括：石蜡油、蜂蜡、矿物油、蓖麻油、菜油、花生油、乙酰单甘酯及其乳胶体等，可以单独或与其他成分混合在一起用于食品涂膜保鲜。（3）多糖类。由多糖形成的亲水性膜，有不同的黏性与结合性能，对气体的阻隔性好，但隔水能力差。纤维素中的衍生物，如羧甲基纤维素（CMC）可作为成膜材料。淀粉类（直链淀粉、支链淀粉以及它们的衍生物）可用于制造可食性涂膜。糊精是淀粉的部分水解产物，也可以作为成膜剂、微胶囊等。果胶制成的薄膜由于其亲水性，故水蒸气渗透性高。阿拉伯树胶、海藻中的角叉菜胶、褐藻酸盐、琼脂和海藻酸钠等都是良好的成膜或凝胶材料。（4）甲壳质类。将甲壳素分子中的乙酰基脱除后可制成脱乙酰甲壳质，称为壳聚糖。壳聚糖具有成膜性、人体可吸收性、抗辐射性和抑菌防霉等作用。（5）树脂类。天然树脂来源于树或灌木的细胞中。合成的树脂一般是石油产物。紫胶由紫胶桐酸和紫胶酸组成，与蜡共生，可赋予涂膜食品以明亮的光泽。紫胶在果蔬和糖果中应用广泛。紫胶和其他树脂对气体的阻隔性较好，对水蒸气一般。松脂可用于柑橘类水果的涂膜保鲜剂。此外，在保鲜剂中常常要加入一些其他成分或采取一些措施，以增加保鲜剂的功能。如常用丙三醇、山梨醇增塑剂以及用苯甲酸盐、山梨酸盐作为防腐剂；用单甘酯、蔗糖脂作为乳化剂，用丁基羟基茴香醚（BHA）、二丁基羟基甲苯（BHT）、丙（撑）二醇（PG）作为抗氧化剂以及浸渍无机盐溶液如氯化钙（$CaCl_2$）溶液等。

食品防腐剂（food preservatives）能防止由微生物所引起的腐败变质，以延长食品保存期的食品添加剂。它兼有防止微生物繁殖引起食物中毒的作用，故又称为抗微生物剂。但不包括食盐、糖、醋、香辛料等。因为这些物质在正常情况下对人体无害，通常被当做调味品对待。防腐剂按其作用分为两类：具有杀菌作用的食品添加剂称为杀菌剂；而仅有抑菌作用的称为抑菌剂（又称狭义防腐剂）。但是，二者常因浓度高低、作用时间长短和微生物种类等的不同而不易区分。无论是杀菌剂还是抑菌剂，其作用主要都是抑制微生物酶系统的活性，以及破坏微生物细胞的膜结构。防腐剂按来源和性质也可分成两类：有机化学防腐剂和无机化学防腐剂。前一类主要包括苯甲酸及其盐类、山梨酸及其盐类、对羟基苯甲酸酯类、丙酸盐类、肽类等；后一类主要包括二氧化硫、亚硫酸及其盐类、硝酸盐及亚硝酸盐类等。乳酸链球菌素，或称尼生素，是一种由乳链球菌产生的含 34 个氨基酸的肽类抗菌素。世界各国所用的食品防腐剂约有 30 多种。

食品加工助剂（food processing aide）使食品加工能够顺利进行的各种辅助物质。它们与食品本身无关，如助滤剂、澄清剂、吸附剂、润滑剂、脱膜剂、脱色剂、脱皮剂、提取溶剂、发酵用营养物等。

食品抗氧化剂（food antioxidants）能阻止或推迟食品的氧化变质，提高食品稳定性和延长食品贮存期的食品添加剂。抗氧化剂按其来源可分两类：天然抗氧化剂和人工抗氧化剂。前者一般指从植物组织中提取的具有抗氧化活性的物质。多种植物均含有抗氧化成分，如维生素类、黄酮类、苯酚类、皂苷类、鞣质类、生物碱类等。后者有丁基羟基茴香醚（BHA）和二丁基羟基甲苯（BHT）等。按其溶解性的不同，抗氧化剂又可分为油溶性（如BHA，BHT 等）以及水溶性（如抗坏血酸，异抗坏血酸等）两类。

食品气体置换包装（modified atmosphere packaging in food processing，（MAP））又称真空充气包装，在抽真空后再充入 2～3 种按一定比例混合的惰性气体的包装。其适用范围远远大于真空包装。除包装后需要高温杀菌的食品或为了减少包装体积必须采用真空包装外，其余采用真空包装的食品均可用真空充气包装替代，而许多不宜采用真空包装的食品也可采用真空充气包装。许多食品虽然真空除氧就能达到延长保质期的目的，但又不宜采用真空包装，只需在抽真空后充入氮气（N_2）即可。N_2 是一种惰性气体，化学性能极其稳定，主要起填充作用，使食品包装后抗压、阻气，另有保香作用。真空充氮包装应用广泛，主要用于茶叶、果仁、瓜子仁、肉松、膨化食品、果蔬脆片、奶粉、脱水蔬菜等的包装。

食品添加剂（food additives）为改善食品品质和色、香、味以及为防腐和加工工艺的需要而加入食品中的化学合成物质或者天然物质。而那些为增强营养成分而加入食品的添加剂则称为食品营养强化剂，亦属食品添加剂范畴。食品添加剂具有以下作用：（1）增强食品的保藏性，防止腐败变质，保持或提高食品的营养价值。防腐剂和抗氧化剂可延长食品的保存期，并可防止食物中毒。（2）改善食品的感官特征。食品加工后，有的褪色，有的变色，风味和质地也可能有所改变。如果适当地使用着色剂、香料以及乳化剂、增稠剂等，可保持食品的色、香、味、形态和质地。（3）有利于食品加工操作，适应生产的机械化和连续化。澄清剂、助滤剂、消泡剂、凝固剂等可在此方面发挥较大作用。（4）满足其他特殊要求。如无营养的甜味剂可满足糖尿病患者的特殊要求。食品添加剂按其来源可分为两类：天然食品添加剂和化学合成食品添加剂。按其功能可分为：酸度调节剂、抗结剂、消泡剂、抗氧剂、漂白剂、膨松剂、胶姆糖基础剂、着色剂、护色剂、乳化剂、酶制剂、增味剂、面粉处理剂、被膜剂、水分保持剂、稳定和凝固剂、甜味剂、增稠剂、香料及其他，共22类。作为食品添加剂使用的物质，其最重要的条件是使用的安全性，然后是工艺效果。食品添加剂本身应经过充分的毒理学评价，有严格的质量标准，证明在一定的使用范围内对人体无害。进入人体后，最好能参与人体正常的物质代谢，或经正常解毒过程后排出体外或因不吸收排出体外，不能在人体内因分解或反应形成对人体有害的物质。国际上有关食品添加剂的权威机构是 FAO/WHO（联合国粮农组织/世界卫生组织）。该机构内设食品添加剂专家委员会和食品添加剂标准委员会等。中国到1991年年底共批准许可使用食品添加剂1 044种，其中的食用香料到1990年年底止许可使用534种，暂时许可使用157种。随着食品工业的迅速发展，食品添加剂的种类和用量日益增多，使用范围也日益扩大。它已成为现代食品工业必不可少的组成部分，并逐渐发展成为独立的行业。国内外对两种以上添加剂配制的复合添加剂的研究和使用进展较快。由于人们对食品安全性的日益关注，食品添加剂的发展趋势是使用天然物或人工合成天然相同物。

食品脱氧包装（deoxidization packaging in food processing）在密封的包装容器中，使用能与氧气起化学作用的脱氧剂与之反应的一种新型除氧包装方法。所谓的脱氧剂，是一种游离氧去除剂。其目的是除去包装容器中的游离氧和溶存氧，防止食品由于氧化而发霉、变质，以达到保护内装物目的。是继真空包装和充气包装之后出现的一种包装技术。食品脱氧包装适用于某些对氧气特别敏感的物品。对于这些物品来说，即使有微量氧气也会促使其品质变坏。

食品无菌包装（aseptic packaging in food processing）将被包装食品、包装容器、包装材料及包装辅助材料分别杀菌，并在无菌环境中进行填充封合的一种包装技术。无菌包装的食品一般为液态或半液态流动性食品（饮料、乳品等）。其特点为流动性食品可进行高温短时杀菌（HTST）或超高温短时杀菌（UHT）。通过这种包装技术加工的食品，可以不用防腐剂和无需冷藏来延长食品的保质期。

食品真空包装（vacuum packaging in food processing）将食品装入气密性容器后，在容器封口之前抽真空，使密封后的容器内基本没有空气的一种包装技术。食品真空包装按排气方法不同，分加热排气和抽气密封两种。前者是对装填了食品的包装容器先进行加热，通过空气的热膨胀和食品中水分的蒸发将包装容器中的空气排出，再经密封、冷却后，使包装容器内形成一定的真空度。抽气密封则是在真空包装机上，利用真空泵将包装容器中的空气抽出，在达到一定真空度后，立即密封，使包装容器内形成真空状态。与加热排气法相比，抽气密封法能减少内容物受热时间，更好地保全食品的色、香、味。抽气密封法应用较为广泛，尤其对加热排气传导慢的产品更为适合。在真空包装的食品容器内的真空度通常在600～1 333Pa。真空包装实际上是不能做到完全真空的，也是没有必要的。食品真空包装的特点：（1）排除了包装容器中的部分空气（氧气），能有效地防止食品腐败变质；（2）采用阻隔性（气密性）优良的包装材料及严格的密封技术和要求，能有效防止包装内容物质的交换，既可避免食品减重、失味，又可防止二次污染；（3）真空包装容器内部气体已排除，加速了热量的传导，既可提高热杀菌效率，也避免了加热杀菌时由于气体的膨胀而使包装容器破裂。

T

脱氧剂（deoxidation agent）又称游离氧吸收剂或游离氧驱除剂，用于吸除食品袋中的氧，防止氧化发生的一种食品保鲜剂。脱氧剂不同于作为食品添加剂的抗氧化剂。它不直接加入食品中，而是在密封容器中与食品呈隔离状态。脱氧剂中最常用的有铁系列脱氧剂和亚硫酸盐脱氧剂。其除氧原理是依据一定的化学反应，有适当的氧化反应速度。吸除氧能力随反应级数、时间、温度等条件不同而异。速效脱氧剂在密封的包装容器内适量存在时，大约在1小时内能使游离氧降至1%以下，最终降到0.2%。缓效脱氧剂需12～24小时，最终游离氧也可能降至0.2%以下。

Y

叶黄素（lutein）提取自蔬果中的一种类胡萝卜素。它是一种高效的抗氧化剂，能有效消除自由基的损害，有助于延缓眼睛的老化、退化、病变，减少眼疾的发生率，还可以保护视网膜免受光线的伤害。叶黄素在甘蓝、羽衣甘蓝、菠菜等深绿色蔬菜中含量丰富。另外，南瓜、辣椒、柑橘中含有在人体内可转换为叶黄素的"叶黄素酯"。

预包装食品（prepackaged food）经预先定量包装或装入（灌入）容器中，向消费者直接提供的食品。它包括所有带包装的食品。预包装食品不是食品的种类，是为了与裸装食品加以区别，并强调是定量包装和向消费者直接提供的。非定量包装，如为了防止运输过程中遭受污染，商店称量销售带包装纸的非定量包装小块糖（球）或小块巧克力不属于预包装食品。不向消费者直接销售的，食品企业和餐饮业所使用的原料、辅料，即使具有包装，也不属于预包装食品。

Z

真空充气包装（vacuum package）见食品气体置换包装。

蒸煮袋（Retort Pouch）采用由聚酯、铝箔、聚烯烃等材料复合而成的多层复合薄膜制成的软质包装容器。随着技术水平的提高，新材料的不断出现，商家广泛使用的是由两层、三层复合而成的高温蒸煮袋。以三层复合袋为例，它的内层一般称作封口层，经常采用的是聚丙烯塑料和聚乙烯塑料。这两种塑料都具有价格低、封合性能好的特点。中间层是阻挡层，作用是阻挡氧气、有害微生物的侵入，可以采用铝箔、聚酯塑料、尼龙等材料。外层是加强层，起装饰和保护的作用，可以选用聚酯塑料、尼龙等。商家所用的高温蒸煮袋都是由以上几种薄膜材料组合而成的。

智能包装技术（intelligent packaging technology）能指示食品是否变质的新型包装技术以及延长食品保鲜期的包装技术的统称。有些材料可以吸收包装袋中的氧；有些材料会与食物变质时产生的气体相互作用，改变颜色；有些材料在温度变化时会改变颜色等。如果用这样的材料包装食品，有利于防止食品氧化变质，或为消费者提供更多的食品安全信息。

中国食品添加剂标准化技术委员会（China Technical Committee of Standardization on Food Additives, CTCSFA）负责全国性食品添加剂标准化工作的技术工作组织。其主要任务包括：向国家提出食品添加剂标准化工作方针、政策和技术措施的建议；编制标准化的规划和计划；制定和审查食品添加剂的国家标准；并承担与食品添加剂标准化工作有关的其他事宜。该技术委员会还与FAO/WHO的食品法典委员会建立有技术业务联系，以便使中国的食品添加剂的标准和法规符合国际标准和法规。

（三）食品加工贮藏（Food Processing and Storage Technology）

B

巴氏杀菌奶（pasteurized milk）见冷藏奶。
巴氏消毒法（pasteurization）见食品巴氏消毒。

C

超高温灭菌（ultra-high temperature sterilization, UHTS）物料在连续流动的状态下，通过热交换器加热至135～150℃，并在这一温度下保持一定的时间，从而达到商业无菌化水平。超高温灭菌系统所用的加热介质大都为蒸汽或热水。按物料与热介质接触与否，可分为两大类，即直接加热系统和间接加热系统。

超高温灭菌奶（ultra-high temperature sterilization milk）在135～150℃下对牛奶进行4～15s的瞬间杀菌处理，完全破坏其中可生长的微生物和芽孢，然后迅速冷却至室温条件下的奶产品。高温杀菌过程配合先进的无菌包装技术，能有效保存乳品或饮料的营养和味道。超高温杀菌奶的优点是常温下可保存数月，有助于以较低的成本将高质量的液体食品运送至较远的地方，为消费者提供更多的便利和选择。相对于冷藏奶，该奶的缺点是高温下杀菌会破坏一些营养物质。

超高压杀菌（ultra-high pressure processing，UHP）利用超高压（≥100MPa）处理食品，杀灭食品中微生物的技术方法。超高压杀菌是20世纪80年代末开发的杀菌新技术。研究表明，食品在超高压力（100～1 000MPa）下具有良好的灭菌效果。超高压对微生物的致死作用主要是通过破坏其细胞壁，使蛋白质凝固，抑制酶的活性和DNA等遗传物质的复制等实现的。一般而言，压力越高杀菌效果越好。在相同压力下延长受压时间并不一定能提高灭菌效果。在400～600MPa的压力下，可以杀灭细菌、酵母菌、霉菌。与传统高温热力杀菌方法相比，超高压杀菌技术的先进性在于超高压、常温灭菌。采用此技术对食品饮料处理后，不但具备高效杀菌性，而且能完好保留食品饮料中的营养成分。此法处理的产品口感佳，色泽天然，安全性高，保质期长。它可应用于所有含液体成分的固态或液态食物，如水果、蔬菜、奶制品、鸡蛋、鱼、肉、禽、果汁、酱油、醋、酒类等。

D

单细胞蛋白发酵生产（ferment production of unicellular protein）对富含蛋白质的藻类、酵母、细菌、真菌等微生物进行大规模发酵培养，并从中提炼出蛋白质资源的生产技术。微生物细胞中含有丰富的蛋白质、碳水化合物、脂类、维生素、矿物质，营养价值很高，是应用前景较好的蛋白质新资源之一。与传统动、植物蛋白质生产相比较，发酵技术生产单细胞蛋白不受季节影响和耕地的制约，具有生产效率高等特点。

蛋白饮料（protein beverage）用蛋白质含量较高的植物的果实、种子或核果类、坚果类的果仁为原料制成的一种软饮料。制作过程为：磨制、抽提，去除部分粗渣，再加入糖等配料。它是呈乳白色至淡黄色的乳状液体。成品中蛋白质含量不低于5g/L。植物蛋白饮料主要包括以下几种类别：豆乳类饮料；椰子乳（汁）饮料；杏仁乳（露）饮料；核桃、花生、南瓜子、葵花籽等其他蛋白饮料。

F

发酵酪乳（fermented buttermilk）以奶油制造时产生的副产品——酪乳为原料，经乳酸发酵制成的一种发酵乳。但在大量生产时，是以脱脂乳、脱脂乳粉为原料，经乳酪链球菌、乳酸链球菌、腐橙链球菌之混合菌种发酵剂发酵制得。其制品风味独特，营养丰富。

发酵乳（fermented milk）以乳或乳制品为原料，在特征菌的作用下发酵而成的一大类乳制品。在保质期内，其特征菌需大量存在并能继续存活且有活性。其原料主要包括酸乳、发酵酪乳、酸性奶油、乳酒等。其外观呈均匀细腻的凝块。牛奶被喻为人类的绿色血液，而含有大量有益活性菌的发酵乳更具营养与保健功能，长期食用可增强消化机能、促进食欲、改善消化道菌群、抵抗衰老、延长寿命。酸乳还是乳糖不耐症者理想的乳制品。

方便食品（instant food）食用简便、不需烹调或比普通食品烹调手段简单的一类食品。这类食品可以节省消费者大量的时间，携带和食用方便，在快节奏的现代化社会里显示出极大的优越性。方便食品品种繁多，可分为四大类：（1）主食方便食品：如面包类、面条类、速食米饭、馒头类、饼类、膨化品等。（2）副食品方便食品：如罐头、软罐头、熟食类、速冻类、植物蛋白类、方便豆奶类、脱水类、酱菜类等。（3）主食、副食兼用的方便食品：如马铃薯片、饼干、谷物早餐方便食品等。（4）方便小食品：主要指点心类。

粉末油脂（powder fats）以油脂为基料，通过特殊的加工工艺制成的粉末或细颗粒状的油脂制品。该产品解决了传统油脂在称量、包装、运输、使用、储存上的不便，以及容器及加工机械清洗困难等缺点，为食品工业生产提供了一种取用方便、性质稳定、流动性能好且营养价值高的优质原料。粉末油脂从本质上讲，仍以油脂为主要原料，但一般需辅以蛋白质和淀粉等物质成型。

G

干酪（cheese）又称奶酪，由牛奶经发酵制成的一种营养价值很高的食品。将近11kg奶才能生产出1kg原干酪。干酪是奶的精华，其主要成分是酪蛋白。经过进一步发酵，其中的发酵剂菌种（主要是乳酸菌）和凝乳酶继续发生作用，可形成陈、肽、氨基酸以及风味成分等，所以很容易被人体消化吸收（干酪中的蛋白质在人体内的消化率为96%～98%）。干酪中所含有的必需氨基酸与其他动物性蛋白质相比质优而量多。尽管干酪随种类不同所含的蛋白质、脂肪、水分和盐类的含量也略有不同，但其营养成分总和相当于原料乳中营养成分总和的10倍以上。干酪中的盐类含有大量的钙和磷，这些都是形成骨骼和牙齿的主要成分。

果蔬气调贮藏（fruits and vegetables storage in controlled atmosphere） 在特定的气体环境中的冷藏方法。正常大气中氧含量为20.9%，二氧化碳含量为0.03%。气调贮藏是在低温贮藏的基础上，调节空气中氧、二氧化碳的含量，即改变贮藏环境的气体成分，降低氧的含量至2%～5%，提高二氧化碳的含量到5%左右。这样的贮藏环境能保持果蔬采摘时的新鲜度，减少损失，保鲜期长，无污染。与冷藏相比，气调贮藏保鲜技术更利于果品品质的保持和保鲜。常用的气调方法有四种：塑料薄膜帐气调、硅窗气调、催化燃烧降氧气调和充氮气降氧气调。

果蔬贮藏低温冷害病（chilling injury of fruits and vegetables during storage process） 又称冷害或低温伤害，果蔬在0℃以上的低温中表现出生理代谢不适应的现象。在果蔬贮藏中，若温度低于该品种的贮藏适温，就会发生冷害。如甜椒的贮藏适温为7～8℃，若低于5℃则容易遭受冷害；香蕉贮藏温度不能低于12℃。热带、亚热带或在夏季、初秋成熟的果蔬，对低温适应力差，如遇长期0℃的低温环境，则容易发生冷害；在北方生长或秋冬季节成熟的果蔬，如苹果、大白菜，贮藏适温较低，不易发生冷害。果蔬受冷害后，表面出现斑点、凹陷斑纹、内部变色（褐心），发生干缩，有异味。一些表皮较薄、较柔软的果蔬，则易出现水渍状的斑块。控制措施：（1）变温贮藏。根据不同果蔬品种耐受低温的限度和时间，找出最适宜的贮藏温度以免其受冷害。（2）湿度调节。适当提高贮藏湿度有利于防止冷害的发生。这是由于水分蒸发减弱的缘故。（3）气体控制。环境气体中氧浓度过高或过低都会影响冷害的发生。为避免冷害，氧浓度以7%为宜。同时，一定浓度的二氧化碳对冷害起抑制作用。（4）选育耐低温品种。对果蔬采用逐步降温和提高果蔬成熟度也可降低其对冷害的敏感性。

H

化学酱油（chemical saucer） 以含有食用植物蛋白的脱脂大豆、花生粕、小麦蛋白或玉米蛋白为原料，经盐酸水解、碱中和制成的液体鲜味调味品。无论从色、香、味还是营养价值来讲，化学酱油均不如酿造酱油和配制酱油。

J

减压贮藏（decompression storage） 将果蔬放在密闭容器内，抽出容器内部分空气，使果蔬始终处于恒定的低压、低温和湿润新鲜的气体中的贮藏方法。减压贮藏通过降低果蔬贮藏环境的气体分压，创造了一个低氧气的条件，从而降低果蔬的呼吸强度，抑制乙烯的合成，延缓果蔬的成熟与衰老。减压贮藏是果蔬贮藏、保鲜的一种技术。

酱油（saucer） 用豆、麦、麸皮酿造的液体调味品。酱油分为酿造酱油、配制酱油和化学酱油三类。这三类酱油有本质上的区别，制作方法不同，口味也不同。酱油的成分比较复杂，除食盐的成分外，还有多种氨基酸、糖类、有机酸、色素及香料。以咸味为主，亦有鲜味、香味等。它能增加和改善菜肴的口味，还能增添或改变菜肴的色泽。

K

可可脂（coca butter） 从可可豆中榨取的一种独特的油脂。有强烈的香气，白色或淡黄，微具脆性。热至25℃可变软，熔点约28。含棕榈油约26%、硬脂酸约31%、油酸约39%、亚油酸约2%。酸价为1.45、碘价为35.4、皂化价为197.1。可可脂的最大特征是熔点范围小，与体温接近，入口即溶，不感油腻。可可脂稳定性好，不易酸败，是巧克力和巧克力外衣中最适宜的油脂。

L

冷藏奶（frozen milk） 又称巴氏杀菌奶，将生奶加热到72～85℃，瞬间杀死致病微生物，保留有益菌群的奶制品。冷藏奶的保质期基本上是由原乳的质量决定的。由高质量原料所生产的冷藏奶，不打开包装在5～7℃条件下贮存，保质期为8～10天。冷藏奶的优点是对牛奶营养物质破坏少，充分保持牛奶的鲜度；其缺点是只能低温保存，保存时间一般只有8～10天。

冷杀菌技术（cold sterilization technology） 一种不用热能杀死微生物的新兴杀菌技术。传统的热杀菌法虽然能保证食品在微生物方面的安全，但热能会破坏对热敏感的营养成分，影响食品的品质、色泽和风味。冷杀菌技术虽然起步较晚，但进展很快。冷杀菌技术不仅能保证食品在微生物方面的安全，而且能较好地保持食品的固有营养成分、色泽和新鲜程度。冷杀菌技术已成为国内外食品科学与工程领域的研究热点。冷杀菌技术主要包括超高压杀菌、辐射杀菌、超高压脉冲电场杀菌、脉冲强光杀菌、磁力杀菌、紫外线杀菌和二氧化钛光催化杀菌等技术。

粮食后熟（grain maturation）粮食收获以后，在一段时间内继续发育成熟的过程。新粮在田间收获时并没有完全成熟，在储藏的最初一段时间内，种子的胚发育仍在继续。这时粮食的呼吸作用旺盛，发芽率很低，食用品质较差，并且也不好保管。新粮经过后熟作用后，胚发育完全，呼吸作用也渐渐平稳，品质也得到了改善，并且更便于储藏。成熟过程所需要的时间称为后熟期。在后熟期间，因为生理活动旺盛，呼吸作用较强，容易使粮粒"出汗"，这时如不及时通风降湿降温，就很容易使粮食发热或发霉。不同的粮种，所需要的后熟时间不同。春小麦的后熟一般在半年以上；粳稻28天左右；冬小麦为1～2.5个月；大麦为3～4个月；玉米约半个月；高粱约半个月；籼稻通常被认为无后熟期。

粮食休眠（grain dormancy）具有生活力的粮食籽粒处于不发芽状态的现象。一般成熟籽粒离株后即进入休眠状态。种子休眠受内在或外在因素的限制。一时不能发芽或发芽困难的现象，是植物对外界条件长期形成的一种适应性。种子收获后在适宜发芽条件下由于未通过生理后熟阶段，暂时不能发芽的现象称为生理休眠；由于种子得不到发芽所需的外界条件，暂时不能发芽的现象称为强迫休眠。

粮油精深加工（intensive processing of cereals and oils）主要从环保和经济效益两个角度对粮油进行两次以上的加工。这是相对于粮油的初加工而言的。粮油的初加工是指对粮油一次性的不涉及粮油内在成分改变的加工。初加工一般只是使粮油发生量的变化而不发生质的变化。而粮油的精深加工主要是不断应用高新技术对粮油资源进行综合利用，开发高质量、高附加值、高效益的新产品，从而为提高农业的综合效益，增加粮农收入开辟新的有效途径。因此，粮油深加工是粮食生产链条延伸的最高层次，增值的最大环节。主要包括对蛋白质资源、纤维资源、油脂资源、新营养资源及活性成分的提取和利用。譬如，利用含有纤维素的农业废弃物和加工副产物如秸秆、稻壳等生产生物燃料；从大豆蛋白、玉米蛋白、大米蛋白、小麦蛋白等谷物蛋白中开发出多种具有保健功能的生物活性肽；应用现代生物技术将谷物淀粉改性，转化为抗性淀粉、缓慢消化淀粉、脂肪替代物；将具有生物活性的米糠多糖、燕麦和大麦葡聚糖、小麦戊聚糖、玉米脂多糖等开发成产品。发达国家深加工用粮占粮食总产量的70%以上，中国只有8%。因此，中国粮油精深加工的潜力很大。

留胚米（germ-left rice）即胚芽米，精白米保留米胚的一种大米产品，其留胚率在80%以上。由于米胚中含有维生素E、维生素B_1、维生素B_2等多种维生素和优质蛋白质、脂肪等丰富的营养成分，因此胚芽米的营养价值比普通大米高。普通大米加工，因糙米在碾白去皮过程中，绝大部分的米胚随之脱落，所以基本不留胚。胚芽米的加工要有专门的技术和设备。糙米在碾白去皮前需经化学溶剂或酶预处理，使米皮松散柔软，然后采用立式高速研削式碾米机，使米粒在低压冲击状态下研磨，去掉米皮而保留粘胚。

M

毛油（crude oil）由植物油料经浸出或压榨工序提取出的含有不宜食用的某些杂质的油脂。毛油需经精炼处理才可食用。毛油的主要成分是甘油三脂肪酸酯。此外，毛油中还存在多种其他成分，这些成分统称为杂质。杂质的种类和含量随制油原料的品种、产地、制油方法、贮藏条件的不同而不同。根据杂质在油中的分散状态，可将其归纳为悬浮杂质、水分、胶溶性杂质、油溶性杂质等。

美拉德反应技术（Maillard reaction）糖和氨基酸的加热反应技术。运用该技术，可以使原来不具备香味的食品通过反应变成香味较好的食品。香气的主要成分有吡嗪、噻唑、呋喃、噻吩和吡咯类等。不同种类的单糖和氨基酸在不同的温度、pH值、水活性和不同系统、不同加热方式下可得到不同的产物。该项技术应用广泛。在酱油、豆酱等调味品中褐色色素的形成就是因为美拉德反应产生的；在酱香型白酒生产过程中，美拉德反应所产生的糠醛类、酮醛类、二羰基化合物、吡喃类及吡嗪类化合物，对酱香酒风格的形成起着决定性作用；美拉德反应在食品香精香料、肉类香精香料、烟草香精中应用也相当广泛。

模拟食品（imitation food）采用价格低廉的原料，经过系统加工处理，制成的与天然高档食品在色香、味、形以及营养价值等方面极为相似的食品。例如，人造海蜇皮是以海带生产的褐藻胶为主要原料，添加一定数量的大豆蛋白和其他调味料而制成的一种模拟海味食品。它具有天然海蜇的脆嫩和风味特点，可用于凉拌、炒制等烹调方法。人造蟹肉是以鳕鱼（大头鱼）和蟹肉为主要原料加工而成，营养丰富，口味鲜美。

N

酿造酱油（fermented saucer）以大豆或脱脂大豆、小麦或麸皮等为原料，经微生物天然发酵制成的液体调味品。"生抽"和"老抽"都属于酿造酱油。生抽是以优质的大豆、小麦为原料，经发酵成熟后提取而成，并按提取次数的多少分为特级、一级、二级和三级。氨基酸态氮含量分别≥0.8g/100mL、≥0.7g/100mL、≥0.55g/100mL和0.4g/100mL。氨基酸态氮是表明酿造酱油中大豆蛋白水解率高低的特征性指标，它是指以氨基酸形式存在的氮元素的含量。该指标越高表示蛋白质分解得越好。酱油中的氨基酸含量越高，鲜味越好。生抽用于提鲜。老抽是在生抽中加入焦糖，经特别工艺制成的浓色酱油，适合肉类增色之用。老抽较咸（酱油的含盐量高达18%～20%），用于提色。酿造酱油不仅质优味美，含有多种营养成分，还具有促进消化、提供活性酶、增加铁质、杀灭病菌、防癌、抗癌等保健作用。

P

配制酱油（blended saucer）以酿造酱油为主体，与酸水解植物蛋白调味液、食品添加剂等配制而成的液体调味品。配制酱油和酿造酱油的本质区别，在于酱油产品中是否添加了"酸水解植物蛋白调味液"。酿造酱油是完全不添加酸水解植物蛋白调味液的酱油。其具备两大要件，一是以粮食为原料；二是微生物发酵。至于在酿造酱油中添加了香菇、草菇、海带、香辛料等辅料配兑而成的花色酱油产品，只要不添加酸水解植物蛋白调味液，依然属酿造酱油，仍可执行"酿造酱油标准"。在酱油产品中，添加了酸水解植物蛋白调味液且添加量的比例小于50%（以全氮计），则为配制酱油。配制酱油只要原料符合标准规定，就是安全的、合格的。使用不合格的酸水解植物蛋白调味液，会发生有害物质氯丙醇超标的危险。

膨化食品（puffed food）以含水分较少的谷类、薯类、豆类等作为主要原料，经过加压、加热处理后使原料本身的体积膨胀，内部的组织结构发生变化，再经加工、成型制成的食品。它是20世纪60年代末出现的一种食品。膨化食品大体上可分为以下几类：（1）油炸膨化：如油炸薯片、油炸土豆片等。（2）焙烤膨化：如旺旺雪饼、旺旺仙贝等。（3）挤压膨化：如麦圈、虾条等。（4）压力膨化：如爆米花等。膨化食品组织结构多孔蓬松，口感香脆、酥甜，具有一定的营养价值。但因使用了对人体有害的含铝膨化剂，所以不宜多食。

Q

起酥油（shortening）经精炼的动植物油脂、氢化油或上述油脂的混合物，经急冷、捏合而成的固态油脂，或不经急冷、捏合而成的固态或流动态的油脂产品。起酥油具有可塑性和乳化性等加工性能，一般不宜直接食用，而是用于加工糕点、面包或煎炸食品等，可使制品十分酥脆。起酥油的生产工艺不同，其性状也各异。根据油的来源可分为动物或植物起酥油；部分氢化或全氢化起酥油；乳化或非乳化起酥油。根据用途和功能性可分为面包用、糕点用、糖霜用和煎炸用起酥油。根据物理形态可分为塑性、流体和粉状起酥油（又称"粉末油脂"）。

气流膨化技术（explosion-puffing technology）以空气为加热介质，利用水的瞬时相变及空气压力的变化，使食品原料在瞬间由高温高压变为常温常压状态，原料内的水分突然汽化，并形成疏松多孔的海绵状结构的技术。膨化时发生闪蒸，产生强大的向外膨胀力，食品体积增大至原来的几倍乃至十几倍。气流膨化所需的能量主要由外部加热系统供应，气流膨化的高压是靠密闭容器加热时的水分气化及空气膨胀所产生的。气流膨化所使用的原料基本上是粒状的。其膨化过程较少受原料水分和脂肪的影响。该技术在饲料、果蔬等产品加工方面有较好的应用。

R

人造奶油（margarine）利用动、植物油脂依照天然奶油之特性，通过添加水及其他辅料，经乳化、冷冻捏合或者用植物油进行氢化反应制成的、具有天然奶油特性的可塑性半固体制品。植物油的氢化，实际上是把植物油的不饱和脂肪酸变成饱和或半饱和状态的过程。在此过程中会产生反式脂肪酸。它可以使人体血液中的低密度脂蛋白（LDL）增加，高密度脂蛋白（HDL）减少，易诱发血管硬化，增加心脏病、脑血管意外的危险。因此，应尽量少食用用植物油氢化反应制成的人造奶油。

软罐头（soft tin）用复合塑料薄膜袋作为包装，经密封、高温高压杀菌，并能长期贮藏的袋装食品。它同玻璃瓶、马口铁罐头一样，在常温下保存良好，制品在一年内不会失掉营养价值。其色、香、味、组织形态及营养价值都优于硬罐头，而且包装轻巧，携带方便，开启容易，食用方便，耐贮藏，可供旅游、航行、登山等需要。包装罐头用的复合塑料薄膜袋国内外已大量投入生产，代替了一部分镀锡薄板或涂料铁容器，其发展空间巨大。

软饮料（soft beverages）即清凉饮料、无醇饮料，乙醇含量低于0.5%（质量比）的天然的或人工配制的饮料。所含乙醇是指溶解香精、香料、色素等用的乙醇溶剂或乳酸饮料生产过程中产生的衍生物。软饮料的主要原料是饮用水或矿泉水、果汁、蔬菜汁或植物的根、茎、叶、花和果实的抽提液。有的含甜味剂、酸味剂、香精、香料、食用色素、乳化剂、起泡剂、稳定剂和防腐剂等食品添加剂。其基本化学成分是水、碳水化合物和风味物质等。有些软饮料还含维生素和矿物质。软饮料的品种有很多。按原料和加工工艺可分为果汁及其饮料、蔬菜汁及其饮料、植物蛋白质饮料、植物抽提液饮料、乳酸饮料、矿泉水和固体饮料等八类；若按其性质和饮用对象可以分为特种用途饮料、保健饮料、餐桌饮料和大众饮料四类。世界各国通常采用第一种分类方法。但在一些国家，在分类标准上却有所差别，例如在美国、英国等国家，软饮料不包括果汁和蔬菜汁。

润麦（tempering）调整小麦水分含量的过程。是一种面粉加工术语。小麦入磨前，将经喷雾着水处理的小麦放入润麦仓内静置一定时间，使水分在籽粒内部更均匀地分布，促使发生一系列物理生化变化。润麦目的：（1）根据原料的水分和面粉的水分标准，进行水分调节，以保证产品质量；（2）使小麦表皮湿润，增加麸皮的韧性，保证在研磨过程中麸皮不致过碎及混入面粉，减少粉中的含麸量；（3）使小麦的胚乳结构松散，减低强度，易于研细成粉，从而节省动力消耗；（4）由于小麦的各部分对水分的吸收率和分配不同，从而使皮层与胚乳之间的黏结松动，使麸皮与面粉易于分离，提高出粉率。润麦时间因小麦品种而异。硬质小麦冬季应在24～32小时，其他季节应在20～24小时为宜；软质小麦冬季应在20～30小时，

其他季节应在16～24小时左右。硬质麦的最佳入磨水分为15.0%～17.0%；软质麦的入磨水分为14.0%～15.0%为宜。

S

食品巴氏杀菌（food pasteurization）即低温消毒法，在规定时间内以不太高的温度（一般≤100℃）对食品进行加热杀菌的方法。此法可以达到消毒目的，又不致降低食品的质量。分低温法（60～65℃）消毒15～30分钟，高温法（70～80℃）消毒5～15分钟。有些不耐高温的食品如牛奶、啤酒和葡萄酒等，不能加热到煮沸的温度（100℃），可采用较低的温度（70～80℃）灭菌。这种灭菌法首先由巴斯德发现，故此得名。其基本原理就是利用病原体不耐热的特点，用适当的温度和保温时间处理，将其全部杀灭。巴氏杀菌的最大特点就是较好地保留了食品的营养与天然风味。

食品超高温瞬时杀菌（food ultra-high temperature short time sterilization）加热温度为135～150℃，加热时间为2～8s，对液体食品进行杀菌处理的一种技术。它和巴氏杀菌工艺的最大差别是超高温杀菌可以达到商业无菌，结合无菌包装工艺能够保证在常温下，食品的保质期达到6个月甚至更长时间。超高温杀菌已经成为液态食品的主要杀菌工艺，广泛应用于牛乳、果汁及果汁饮料、豆乳、茶、酒、矿泉水等其他产品的生产。

食品超滤技术（food ultrafiltration technology）过滤粒径介于微滤和反渗透之间，约5～10nm，在0.1～0.5MPa的静压力推动下，截流蛋白质、酶等相对分子质量大于10 000的大分子及胶体，形成浓缩液，达到溶液的净化、分离及浓缩目的的技术。食品超滤技术是食品膜分离技术之一。它已经广泛应用于果蔬汁浓缩、牛奶浓缩、水处理等加工过程中。

食品超微粉碎技术（food ultrafine pulverization technology）利用机械力或流体动力的方法克服固体内部凝聚力使之破碎，从而将粒径在3mm以上的物料颗粒粉碎至10～25μm的操作技术。超微粉碎技术是20世纪80年代发展起来的物料粉碎加工新技术。超微粉碎原理与普通粉碎原理相同，只是细度要求更高。所谓超微粉碎，它是通过机械力和化学效应等作用，使食品物料的物理形态、化学结构发生变化，进而引起物理化学性质的改变。和传统的粉碎技术相比，其主要特点是产品的粒度微小，表面积剧增，物

料的分散性、吸附性、溶解性、化学活性、生物活性等都有很大的改善。物料经过粉碎，表面积增加，引起了自由表面能的增加，更加不稳定。自由能有趋向于最小的倾向，故微粉有重新结聚的倾向，使粉碎过程达到一种动态平衡，即粉碎与结聚同时进行，粉碎便停止在一定阶段，不再向下进行。需要采取措施阻止其结聚，才可使粉碎顺利进行。超微粉碎技术在食品加工方面具有广泛的应用。如：（1）鲜骨加工；（2）农副产品加工；（3）花粉破壁加工；（4）粉茶加工等。

食品低温冷藏链（food cold chain） 食品从生产者到消费者之间流通的所有环节，即从原料采购、生产加工、贮藏、运输到配送、销售直至消费者家中等各个环节都能维持适度的低温状态。这种连续的低温处理好比用低温的链把各个环节连接起来，称为"冷藏链"。采用低温冷藏链技术，有利于延长易腐食品的保质期。主要为处于冻结温度带和冷却温度带的两类食品服务。冻结温度带的食品是指在 -30℃以下温度能快速冻结，并在 -18℃以下贮藏的食品，包括各类冷冻食品及冰淇淋等冷饮品；而保鲜肉禽、果蔬、奶制品等往往需要在 -3～-15℃的低温条件下加工和贮藏，这类食品称为冷却温度带食品。

食品冻藏技术（food freezing technology） 使食品快速冻结并保持在冻结状态下（-18℃以下）进行的贮藏保藏方法。在 -18℃以下，微生物和酶对食品的作用变得很微小了。此时微生物丧失活力而不能繁殖，酶的反应受到严重抑制，食品的化学变化变慢，可以较长时间地贮藏而不会腐败变质。冻藏技术广泛应用于肉类、水产、乳品、禽蛋以及蔬菜、水果等。其冻藏的保藏期较长，且能较好地保存食品本身的色香味、营养素和组织状态。该技术的主要缺陷在于需要一个冷冻链，温度波动大对食品品质影响大。

食品辐照保藏技术（food irradiation technology） 利用射线辐照食品以便于其保存储藏的方法。其目的是抑制发芽、杀虫灭菌、调节熟度、保持和延长食品鲜度，延长货架期和贮存期，从而起到减少损失、保存食品的效果。由于辐射对食品安全、卫生有较高的要求，食品辐射有别于其他工业和医疗辐射，因而常采用"辐照食品"的称谓以示差别。辐照技术广泛应用于食品保藏。辐照保藏技术的优点如下：（1）食品在受射线照射过程中的升温极微，可以忽略不计，在

冷冻状态下也能进行处理，从而可以保持食品原有的新鲜感官特征。（2）适应范围广。在同一射线处理场所可以处理多种体积、形态、类型不同的食品。（3）经安全剂量射线照射的食品中无任何残留，射线也不会与产品产生化学作用。（4）食品可以在包装以后接受照射，对包装无严格要求。因此，辐照保藏既可以防止食品的再污染，又能节约材料。（5）加工效率高，射线的穿透力强，可以均匀深入到物体内部，与加热相比，辐照过程可以精确控制。整个工序可连续作用，易实现自动化。（6）节约能源。与传统的冷藏、热处理和干燥脱水相比，辐照处理可以节约 70%～90% 的能量。

食品高压杀菌（food high-pressure sterilization） 在高于一个大气压的条件下，对食品进行杀菌处理的技术。分为高压蒸汽杀菌、高压水煮杀菌和空气加压蒸汽杀菌。高压杀菌使微生物的形态、结构、生物化学反应、基因机制以及细胞壁膜发生多方面的变化，进而使微生物的生理机能丧失或发生不可逆变化而致死，达到灭菌、长期安全保存的目的。

食品高压水煮杀菌（food high-pressure boil sterilizafion） 利用空气加压下的水作为加热介质且主要用于玻璃瓶和软性材料为容器的低酸性罐头食品所进行的一种杀菌过程。杀菌（包括冷却）时罐头浸没于水中以使传热均匀，并防止由于罐内外压差太大或温度变化过剧而造成的容器破损。杀菌时需保持空气和水的良好循环以使温度均匀。杀菌设备主要是间歇式的。但罐头在杀菌时可保持回转。软罐头杀菌时则需要特殊的托盘（架）放置以利于加热介质的循环。

食品高压蒸汽杀菌（food high-pressure steam sterilizafion） 利用饱和水蒸气作为加热介质对罐头等食品所进行的一种杀菌过程。杀菌时，罐头处于饱和蒸汽中，温度高于100℃。由于杀菌时设备中的空气被排尽，有利于温度保持一致。在较高杀菌温度（罐直径100 mm以上，或罐直径100 mm以下温度高于121.1℃）情况下，冷却时一般采用空气反压冷却。杀菌设备有间歇式和连续式两种，罐头在杀菌设备中有静止的也有回转的。回转式杀菌设备可以缩短杀菌时间。

食品火焰杀菌（food flame sterilization） 利用火焰直接加热食品，在常压下对食品进行高温短时杀菌的技术。杀菌时罐头经预热后在高温火焰（温度

达 1 300℃以上）上滚过，短时间内达到高温，维持一段较短时间后，经水喷淋冷却。罐内食品可不需要汤汁作为对流传热的介质，内容物中固形物含量高。食品火焰杀菌时，罐内压力较高，一般用于小型金属罐。此法的杀菌温度较难控制。

食品空气加压蒸汽杀菌（food steam sterilizafion through air compression）利用蒸汽为加热介质，同时在杀菌设备内加入压缩空气以增加罐外压力从而减小罐内外压差的杀菌过程。主要用于玻璃瓶和软罐头的高温杀菌。杀菌温度在100℃以上。杀菌设备为间歇式。其控制要求严格，否则易造成杀菌时杀菌设备内温度分配不均。

食品冷冻粉碎技术（food freeze smashing technology）一项使食品原料在冻结状态下进行粉碎制成干粉的技术。它是冷冻与粉碎两种技术相结合的产物。冷冻粉碎技术突破了常规粉碎工艺的局限性，利用物料在低温状态下的"低温脆性"，即物料随着温度的降低，其硬度和脆性增加，而塑性及韧性降低。在这种温度下，用一个很小的力就能将其粉碎。采用冷冻粉碎技术，不仅可以使常规粉碎无法处理的物料得以粉碎，而且大大减少了粉碎过程中有效成分的损失。此项技术已在保健食品的生产中得到广泛应用。冷冻粉碎与常温粉碎相比具有以下优点：（1）可以粉碎含脂肪多的肉类、含水分多的蔬菜、软化点低的巧克力及在常温下难以粉碎的食品原料。这些物料在常温粉碎时容易产生黏结、堵塞和性质变化等问题，效果和效率差。（2）可以制成比常温粉粒体流动性更好、黏度分布更理想的产品。（3）不会发生常温粉碎时因发热、氧化等造成的变质现象。（4）粉碎时不会发生气味逸出、粉尘爆炸、产生噪声等现象。（5）利用物质的低温脆性进行粉碎，可做微细的粉碎，颗粒直径小于0.06mm。

食品冷冻干燥技术（food freeze drying technology）将干物料中的水分直接由冰晶体蒸发成水蒸气的干燥过程。食品冷冻干燥是先将待干燥品速冻至−30～−25℃，再在高真空（610Pa，即三相点以下）状态下通过热辐射方式使物体中的水分由固态直接升华为气态，再经−40℃的捕水器捕集气态水，获得干燥制品（简称冻干产品）。市场上常见的真空冻干食品有：冻干方便面、冻干汤料、粉末蔬菜、颗粒蔬菜等。冻干产品是国际上发展十分迅速的食品加工新品种，已有取代普通干制食品成为主流产品

的趋势。其国际贸易价格是普通干制食品的4～5倍。

食品冷冻浓缩技术（food freeze concentration technology）在一定的低温条件下，当溶液中溶质浓度低于共溶浓度时，利用冰与水溶液之间的固液相平衡的原理，溶剂（水分）转化成晶体析出，余下溶液中溶质浓度得到提高的一种浓缩方法。由于水分的排除是在冷冻条件下进行，可以有效避免芳香物质挥发及热不稳定成分的破坏。因此，此种技术适用于热敏液体食品的浓缩。该技术也存在如下缺点：（1）在加工中，细菌和酶的活性得不到抑制，所以制品还必须再经热处理或冷冻保藏；（2）该法受到溶液浓度的限制，浓度过高不宜采用；（3）操作过程中会造成溶质的损失，特别是黏度大的溶液分离比较困难。

食品流态化冻结技术（food fluidization freezing technology）利用高速冷空气把食品物料吹起形成流态化从而将食品快速冻结的技术。设备由冻结隧道和多孔输送带组成。把被冻物料置于不锈钢丝网多孔输送带上，随输送而冻结。被冻物料在输送带上通过冻结隧道时被由下向上的强冷风吹浮形成流态化的单体，从而实现快速冻结。在该设备上装有机械脉冲装置，增强了流态化效果，有利于颗粒状、片状、块状、黏的、软的、易损物料的冻结。蔬菜的冻结时间一般为3～5分钟。由于冻结速度快，冻结后的食品具有质量好、便于包装和消费者食用等优点。

食品膜分离技术（food membrane separating technology）即利用天然或人工合成的高分子薄膜或具有类似功能的材料，以外界能量或化学位差为推动力，对食品中的双组分或多组分的溶质和溶剂（水分）进行分离、分级、提纯和富集的技术。包括微滤、超滤、反渗透膜、蒸馏膜、萃取等技术。

食品欧姆杀菌（Ohmic heating sterilization）利用电极将50Hz或60Hz的低频交流电流通过物体，使所要加热的食品内部产生热量，最终使电能转化为热能而达到杀菌目的的一种技术。可用于酸性和低酸性食品及带颗粒（粒径小于25mm）食品的连续杀菌。欧姆杀菌与传统罐装食品的杀菌相比不需要传热面，热量在固体产品内部产生，适合于处理含大颗粒固体产品和高黏度的物料。该系统操作连续、平稳，易于自动化控制。其维护费用、操作费用低。其缺点主要在于杀菌过程依靠产品的传导性对产品加热，不

能用于脂肪、油、酒精、骨或冰的处理，必须仔细控制产品配方以控制电阻。生产设备的设计必须针对具体产品，必须控制产品流速和温度以保证杀死微生物等。

食品水油混合深层油炸（food water-oil submerged frying）在同一敞口容器中加入油和水，相对密度小的油占据容器上半部，相对密度大的水则占据容器下半部的油炸技术。在水油混合深层油炸设备中，电热管水平地安置在容器的油层中，油炸时食品处在油层中，油水界面处设置水平冷却器以及强制循环风机对水进行冷却，使油水分界的温度控制在55℃以下。炸制食品时产生的食物残渣从高温油层落下，积存于底部温度较低的水层中，同时残渣中所含的油经过水层分离后又返回油层，落入水中的残渣可以随水排出。水油混合式深层油炸使油的氧化程度大为降低，油的重复使用率大大提高，且食品内部的温度一般不会超过100℃，因而水油混合深层油炸对食品营养成分的破坏很少。

食品微波技术（food microwave technology）利用微波能量处理食品所产生的热效应和非热效应，对食品进行干燥、杀菌、加热、蒸煮和膨化加工处理的技术。微波一般是指波长在0.1~1 000mm范围的电磁波。在微波电磁场的作用下，介质中的极性分子从原来的热运动状态转为跟随微波电磁场交变而排列取向。例如，采用的微波频率为2 450MHz，介质中的极性分子就会出现每秒245亿次交变，通过激烈的摩擦而生热。在这一微观过程中，微波能量转化为介质的热能，使介质呈现为宏观上的温度升高。为了不至于对通信等微波设施产生干扰，国际电气与电子工程师协会（IEEE）统一规定用于加热干燥及其他工农业生产和医疗等用途的微波频率为2 450MHz和915 MHz。微波加热的优点是：加热均匀，时间短，热效率高，没有环境温升，便于自动控制及连续生产等，同时还具有杀菌消毒功效等。因而微波技术在食品和医药加工等行业有着广阔的应用前景。微波技术具有加热均匀、速度快、节能高效、易于控制、低温杀菌、安全无害等特点。微波技术是食品加工中的一项新技术，广泛应用于食品的干燥、萃取、膨化、杀菌等方面。

食品微胶囊技术（micro-capsulizing technology）将一种物料包裹在另一种物料之中的技术。被包裹的物料称为心材，而包裹心材的物料称为壁材。从

理论上讲，大多数气体、液体、固体均可以被包裹。为达到不同的包裹效果，可以根据心材的物理性质和胶囊的应用要求来选择壁材。一般而言，通过微胶囊化，可以改变和提高物质外观及其性质。如改善被包裹物质的物理性质（颜色、外观、表观密度、溶解性），可以提高物质的稳定性，使物质免受环境的影响。改善被包裹物质的反应活性、耐久性（延长挥发性物质的储存时间）、压敏性、热敏性和光敏性，可以减少有毒物质对环境造成的不利影响，使药物具有靶向功能，屏蔽气味，降低物质毒性，根据需要持续释放物质进入外界环境，将不相容的化合物隔离等。这些功能使得微胶囊化成为许多工业领域中的一种有效的加工手段。利用该技术不仅使活性组分在制备过程中被保护，而且会在最终被消费者食用的时候，通过添加剂在口腔或胃肠中的扩散或涂层溶解而释放出来。目前微胶囊技术在食品工业的主要应用有：（1）饮料；（2）乳品；（3）糖果；（4）食品添加剂。

食品远红外加热技术（food far-infrared ray heating technology）利用远红外线照射食品，将热量通过辐射传递给食品，同时引起食品内部水分及有机物质分子振动，导致体系温度上升的技术。它对于食品体系的作用分为两个方面：一方面是在远红外线照射时的热辐射作用，通过热辐射作用将热量传给食品，起到对体系加热的作用；另一方面远红外线照射还会引起蛋白质、碳水化合物等物质的分子振动，从而使其性质发生变化。远红外加热具有以下优点：（1）热辐射率高；（2）热损失小；（3）容易进行操作控制；（4）加热速度快；（5）有一定的穿透能力；（6）产品质量好；（7）热吸收率高。另外，远红外线还具有表面加热的性能，可用于烘烤食品、食品杀菌等。远红外烘烤食品不会产生类似膨化造成其内外水分分布不均匀、口感较差的现象，且具有加热时间短、使食品口感好等优点。远红外加热焙烤在国内外应用得相当普遍。常见的远红外加热设备有远红外烤箱和烤炉。其中隧道炉可实现烘烤食品的连续进行。

食品真空浓缩（food vacuum concentration）为了除去食品原料中的部分水分，保持蒸发面上方的压力为真空状态，使食品中的水分从蒸发面上汽化，然后由真空系统抽出的浓缩方法。真空浓缩设备的主体由加热室和蒸发室组成。按加热蒸汽被利用的次

数分为单效、双效和多效浓缩设备。按加热器的结构形式分为盘管式、中央循环管式、升膜式、降膜式、刮板式浓缩设备等多种。真空浓缩可用于果汁、牛乳、蜂蜜等液体食品物料的蒸发浓缩。与常压浓缩相比，真空浓缩的温度低，不会导致食品色泽、风味及质量的下降。

食物辐照抑制发芽（food irradiation for sprout inhibition）利用辐照技术对处于休眠期的某些食物进行处理，破坏细胞的正常代谢，抑制发芽所必需激素的合成反应的技术。辐照技术能延长食物的贮藏期。马铃薯、洋葱、大蒜等蔬菜在收获后有一个休眠期，休眠期过后就会发芽。马铃薯发芽后会产生极强毒性的龙葵素；洋葱一经发芽很快就由鳞茎抽出叶子，把贮存于鳞茎的营养物质转供叶子生长，致使洋葱大量腐烂；大蒜萌芽后就开始散瓣、干瘪。处于休眠期的马铃薯经 γ 射线照射就能有效地抑制它的发芽。辐射处理后的块茎色泽不变，品质很好，少量芽非常纤弱，一触即脱。如果不加处理，马铃薯不仅会大量出芽，而且严重萎缩脱水，失去食用价值。洋葱和大蒜经 γ 射线照射也具有良好的抑制发芽效果。

速冻食品（quick-freezing food）在 -25℃ 以下迅速冻结，然后在 -18℃ 或更低温度条件下进行贮藏运输、长期保存的一种食品。其加工的原料均为新鲜食品，且采用先进的设备和严格的工艺条件。速冻食品可最大限度地保持天然食品原有的新鲜程度、色泽、风味及营养成分。其主要种类有：速冻水饺、速冻汤圆、速冻馒头、速冻馄饨、速冻粽子等。速冻食品是中国 20 世纪 90 年代以来发展最快的食品。但人均消费速冻食品的能力与发达国家相比，尚有很大差距。

T

碳酸饮料（carbonated beverage）俗称汽水，含二氧化碳气体的一种软饮料。其种类很多，大都制成罐装或瓶装。按照中国软饮料的分类标准，碳酸饮料分为果汁型、果味型、可乐型、低热量型和其他型。（1）果汁型：原果汁含量不低于 2.5% 的碳酸饮料，如橘汁汽水、橙汁汽水、菠萝汁汽水或混合果汁汽水等。它不仅可以消暑解渴，还有一定的营养作用。（2）果味型：以果香型食用香精为主要赋香剂，原果汁含量低于 2.5% 的碳酸饮料，如橘子汽水、柠檬汽水等。（3）可乐型：含有焦糖色、可乐香精或

类似可乐果和水果香型的辛香、果香混合香型的碳酸饮料。无色可乐不含焦糖色。（4）低热量型：以甜味剂全部或部分代替糖类的各型碳酸饮料和苏打水，适合老年人、肥胖人饮用。（5）其他型：含有植物抽提物或非果香型的食用香精为赋香剂以及补充人体运动后失去的电解质、能量等的碳酸饮料，如姜汁汽水、运动汽水等。它适合运动后饮用。

W

微波干燥技术（microwave drying technology）利用微波能量处理食品所产生的热效应，对食品进行干燥的技术。微波干燥不同于热风及其他干燥方式，食品吸收微波后内部直接升温，形成较小的正温度梯度，有利于内部水分的扩散，使干燥迅速大大的加快。微波干燥的特点是：（1）加热时间短、干燥速度快。（2）反应灵敏、易控制。（3）热能利用率高，设备占地少，节省能源，有利于环保。（4）利于保持食品营养和风味。微波干燥经常与热风干燥相联合，可以提高干燥过程的效率和经济性。因为热空气可以有效地排除物料表面的自由水分，而微波干燥提供了排除内部水分的有效方法，两者结合就可以发挥各自的优点使干燥成本下降。微波干燥与普通方法联合一般有三种方式：（1）预热。首先用微波能对物料进行预热，然后用普通干燥器进行干燥。（2）增速干燥。当干燥速度进入降速阶段时将微波能加入普通干燥器，此时物料表面是干的，水分都在内部。加入的微波能使物体内部产生热量和蒸汽压，把水分驱至表面并迅速排除。（3）终端干燥。普通干燥器在接近干燥终了时效率最低。在普通干燥器的出口处加一个微波干燥器，可提高普通干燥器的处理量。

微波解冻（microwave thawing）利用微波加热的原理使冷冻食品迅速解冻的方法。其原理是：由于细胞间的水分吸收微波能快（介电系数大），首先升温并融化，然后使细胞内冻结点低的冰晶融化。由于细胞内的溶液浓度比细胞外的溶液浓度高，细胞内外存在着渗透压差，水分便向细胞内扩散和渗透，这样既提高了解冻速度又降低了失水率。而一般的解冻过程是细胞内冻结点较低的冰晶首先融化。另外，微波解冻作用是内外一起进行的，因此速度要比传统的由外向内进行的解冻过程快得多。

微波灭菌（microwave sterilization）利用微波具有的热效应和非热效应双重作用，有效杀灭食物中

细菌的技术。其杀菌机理为：（1）微波热效应杀菌机制。生物细胞是一种凝聚态介质，在微波加热下温度升高，使其空间结构发生变化或破坏，蛋白质变性，失去生物活性，从而使菌体死亡或受到严重干扰而无法繁殖。（2）微波非热效应杀菌机制。微波作用能使微生物在其生命化学过程中所产生的大量电子、离子和其他带电粒子的生物性排列聚合状态及其运动规律性改变。而且微波场感应的离子流，会影响细胞膜附近的电荷分布，导致膜的屏障作用受到损伤，影响 $Na^+ - K^+$ 泵的功能，产生膜功能障碍，从而干扰或破坏细胞的正常新陈代谢功能，导致细菌生长抑制、停止或死亡。另外，细胞中的核糖核酸（RNA）和脱氧核糖核酸（DNA）在微波场力作用下可导致氢键松弛、断裂或重组，诱发基因突变或染色体畸变，从而影响其生物活性的改变、延缓或中断细胞的稳定遗传和增殖。采用微波杀菌具有许多优点：（1）时间短、速度快；（2）温度低，有利于保持原料风味和营养；（3）节约能源；（4）加热均匀，消毒彻底；（5）便于控制，没有常规热力杀菌的热惯性，操作灵活方便；（6）设备简单，节省占地面积；（7）改善劳动条件。微波灭菌在食品工业中应用广泛，如牛奶的微波灭菌，不仅营养成分保持不变，而且经微波作用的脂肪球直径变小，增加了乳香味。

微波食品（microwave food）应用现代加工技术，对食品原料采用科学的配比和组合，预先加工成适合微波炉加热或调制从而便于食用的食品。微波食品可分为三类：（1）经微波灭菌后，可以常温储存的熟制食品。（2）经料调制后冷冻冷藏的制品，食用时只需将食品放入微波炉中解冻和加热，即可食用。（3）风味点心类小食品。与传统加热食品相比，微波加热难以达到油炸和焙烤时所产生的松脆性和褐变。目前，解决这个问题的方法主要有三个：（1）改进加热装置，在微波炉中安装用于烧烤烘焙的电烤炉。（2）改进包装材料，采用薄涂层材料作为微波食品的包装材料，如在聚酯（PET）薄膜上蒸镀适当厚度的铝层、氧化锡涂布玻璃等技术。此类材料在微波场中几秒钟内可达到250℃左右的高温，可作为第二加热源，使食物表面产生焦黄的色泽。（3）直接在食品表面涂覆可食用涂层。这类涂层主要是由水、面粉、面包屑、淀粉、化学膨松剂、蛋清等调料混合组成的面糊体系。该涂层可食用，且成膜性和持水性好，可配合膨松剂产生外脆内软的效果。另外，涂层中所含的色素和褐变剂，可以使食物表面产生诱人的色泽。

Y

油脂精炼（vegetable oil refining）毛油经脱胶、脱酸、脱色、脱臭、脱磷、脱蜡等精制工艺，将不需要的和有害的杂质从油脂中除去，制得符合国家标准的各级食用油、工业用油的技术。

油脂氢化（oil hydrogenation）在镍、铜等催化剂的作用下，将氢加成到甘油三酯的不饱和脂肪酸双键上的反应过程。油脂氢化的目的是：（1）使液体油转变为半固体或塑性脂肪，以制成起酥油、人造奶油等特殊用途油脂的基料油；（2）提高油的氧化稳定性，防止氧化酸败。根据油脂加氢反应程度的不同，氢化分为轻度氢化（选择性氢化）和深度（极度）氢化。氢化的程度一般用油脂的碘价表示。由于碘价和油脂的折射率有很高的相关性，所以工业上多采用折射率测定法来检测油脂氢化的程度。氢化工艺的关键是要注意预防催化剂中毒。催化剂中毒后催化活性会显著降低。因此，必须预先设法除去引起催化剂中毒的物质。值得注意的是，油脂经过氢化会产生大量的反式脂肪酸，食用后会增加患冠心病及血栓的危险性。

油脂脱臭（oil deodorization）在油脂精制过程中将其经脱酸、脱色后残留的带有异味的物质予以去除的工艺过程。纯净的油脂（甘油三脂肪酸酯）无味。但油脂中还含有非油脂的成分，如酮类、醛类、烃类等，使油脂带有人们所不喜欢的气味，统称"臭味"。通过脱臭处理可以消除这些臭味。脱臭的方法有真空蒸汽脱臭法、加氢法、气体吹入法、聚合法和化学法等多种。工业上应用最广泛的是真空蒸汽脱臭法。脱臭工艺完成后，整个油脂精炼过程就完成了。油脂的颜色，由深逐渐变浅，油脂的清澈度逐渐变高。

油脂脱色（oil bleaching）除去油脂中的色素以改善油脂色泽和提高品质的工艺过程。纯粹的油脂液体是无色的。常见油脂的颜色是由于含有各种色素成分所致，如叶绿素、胡萝卜素等。这些色素的存在影响了油脂的外观和油脂的用途，因此，需进行脱色处理。脱色方法有吸附、萃取、氧化加热等多种。工业上应用最广泛的是吸附脱色法。常用的吸附剂有中性土、活性白土、合成硅酸盐、硅土凝胶、活性炭等。经过吸附法脱色的油脂，不但达到了脱色的效果，而且除去了其中的不纯物质，如过氧化物、残留的少量皂角和磷脂。

玉米胚芽油（corn germ oil）简称玉米油，以玉米胚芽为原料经过压榨精制而成的一种油料。其油质清淡纯净，富有光泽，具有淡淡的玉米清香。热稳定性好，加热起泡少，适用高温油炸；熔点低，较低温度下仍为液体，适作冷拌油。富含85%以上的不饱和脂肪酸，主要为亚油酸和油酸，其中亚油酸占55%，油酸占30%。油酸能够降低对人体不利的胆固醇，而亚油酸则是人体所必需的一种脂肪酸，因此常食之对肥胖症、高血脂、高血压、糖尿病及冠心病等患者有益。玉米油富含维生素E等天然抗氧化剂。在常见植物油中其维生素E含量名列前茅，精炼后仍达油重的0.08%～0.12%。

远红外线杀菌（far-infrared sterilization）利用远红外线照射食品以便达到防腐杀菌之目的的一种技术。远红外线是频率高于 3×10^6 MHz 的电磁波。其杀菌机理主要是远红外线的光辐射和产生的高温使菌体迅速脱水干燥而死亡。例如，用远红外线照射刚采摘的高水分新鲜柑橘、苹果等，能降低其水分含量，减少储存过程中因水分大而造成的腐烂现象。采用远红外线辐射加热，还能杀死细菌与微生物，因而可用于各种袋装食品的灭菌处理。远红外线照射到待杀菌的物品上，热量直接由表面渗透到内部，因此远红外线不仅可用于一般的粉状食品和块状食品的杀菌，而且还可以用于坚果类食品如咖啡豆、花生和谷物的杀菌和抑霉以及袋装食品的直接杀菌。

Z

真空冷却（vacuum cooling）将被冷却的产品放在真空冷却室内使之冷却的技术。即先用真空泵抽去空气，造成一个低压环境，使产品内部的水分得以蒸发，由于蒸发吸热，导致产品本身的温度降低的技术。真空冷却可控制食品中微生物的生长，降低果蔬的呼吸强度，有利于食品的贮藏和保鲜，是食品储藏保鲜的高技术。例如：利用真空冷却技术冷却玫瑰、康乃馨、菊花、郁金香、水仙花，在20分钟内温度可以降低到4～5℃。这样不仅对花本身不产生损害，还可以使其有更长的瓶插寿命。

真空油炸技术（vacuum frying technology）在真空状态下对食品进行油炸操作的技术。真空油炸是在负压条件下，食品在食用油中进行油炸脱水干燥，使原料中水分充分蒸发掉的过程。它将油炸和脱水作用有机结合在一起。真空油炸是20世纪60年代末至70年代初发展起来的一种新型食品加工技术。真空油炸有以下特点：（1）温度低，营养成分损失少；（2）减压，水分蒸发快，干燥时间短；（3）较好地保留制品本身的风味；（4）具有膨化作用，产品复水性好；（5）耗油少，油脂劣变速度慢。

蒸谷米（parboiled rice）即半煮米，加工工序与一般大米相同，但在砻谷前增加对净谷浸泡、蒸煮、干燥等水热处理工序的产品。经过水热处理的稻谷，米粒强度增大，工艺品质提高，碎米率减少。同时在水热处理过程中，稻谷皮层的维生素和矿物质等营养成分向米粒内部渗透，使胚乳内的营养成分增加，提高了稻米的营养价值。此外，蒸谷米还有耐贮、米粒胀性好、出饭率高，米饭易消化等优点。因此，全世界每年有相当数量的稻谷加工成蒸谷米。

蒸煮挤压技术（extrusion cooking technology）利用螺杆挤压方式，在高温高压条件下对固体食品原料进行破碎、捏合、混炼、熟化、杀菌、干燥、成型等加工处理的技术。在挤压过程中，食品物料完成高温高压的物理变化和生化反应，并在挤压作用下强制通过一个专门设计的孔口（模具），制得一定形状和组织状态的产品。蒸煮挤压属于高温高压食品加工技术。利用蒸煮挤压技术可以生产膨化小食品、营养米粉、龙虾片等食品。

专用小麦粉（special wheat flour）为满足各种食品不同的用途在面粉中加入适量添加剂，并采用合理的工艺进行搭配生产的专门用途的面粉。实施食品生产许可证管理的小麦粉产品包括所有以小麦为原料加工制作通用小麦粉和专用小麦粉。专用小麦粉在中国起步较晚。专用小麦粉质量有特定的要求。要选用合适的小麦（软麦或硬麦），加入适当的面粉改良剂，并采用合理的工艺流程，使生产的面粉达到一定的物理、化学、谷物生化特性。可以说，"小麦是基础，工艺是关键，改良剂是补充"，三者缺一不可。专用小麦粉包括面包用小麦粉、面条用小麦粉、饺子用小麦粉、馒头用小麦粉、发酵饼干用小麦粉、酥性饼干用小麦粉、蛋糕用小麦粉、糕点用小麦粉等；通用小麦粉包括特制一等小麦粉、特制二等小麦粉、标准粉、普通粉、高筋小麦粉和低筋小麦粉等。

（四）食品营养（Food Nutrition）

B

饱和脂肪酸（saturated fatty acid）即不含有—C=C—双键的脂肪酸。所有的动物油都是饱和脂肪酸。饱和脂肪酸的化学性质较稳定，所构成的脂肪熔点高。不容易被氧化，常温下呈固体状态。

保健食品（health food）具有特定保健功能，适宜于特定人群食用，用以调节机体功能，不以治病为目的的食品。保健食品具有以下特征：（1）必须具备食品的基本特征，应无毒无害，符合应有的营养卫生要求，长期服用不会产生不良反应。（2）必须具有特定的保健功能。这种功能必须是明确的、具体的、有针对性的、经科学验证是肯定的。（3）是针对特定人群设计的，食用范围不同于一般食品。如延缓衰老的保健食品，适用于中老年人。（4）是以调节机体功能为主要目的，而不是以治疗疾病为目的的。

不饱和脂肪酸（unsaturated fatty acid）在其分子中至少含有一个—C=C—双键的脂肪酸。它们分为单不饱和脂肪酸和多不饱和脂肪酸。单不饱和脂肪酸是指只含有一个—C=C—双键的脂肪酸，如：肉豆蔻油酸、棕榈油酸等。多不饱和脂肪酸是指含有两个或两个以上—C=C—双键的脂肪酸，如：亚油酸、亚麻酸、花生四烯酸等。其中，亚油酸和亚麻酸为人体必需脂肪酸，人体不能合成，必须从膳食中获得。不饱和脂肪酸的化学性质不稳定。它在脂肪中含量越高，则脂肪的熔点越高，越容易氧化变质。

D

蛋白质互补作用（protein complementarity）不同食物来源的蛋白质的营养价值与人体需要的氨基酸的种类及含量整体一致时相互间产生的一种互为补充作用。当必需氨基酸的含量与比值接近人体组织蛋白质氨基酸的组成和比值时，其利用率高，营养价值就大。但是，有些蛋白质，因一种或几种必需氨基酸的含量过低或过高，比值与人体组织不接近，则利用率低，生物学价值低。若将几种生物学价值较低的食物蛋白质混合食用，取长补短，则混合后蛋白质的总体生物学价值就能大大提高，使其接近人体需要，提高了其营养价值。这种效果就称蛋白质的互补作用。在实际生活中我们常将多种食物混合食用，不仅可以调整口

感，也符合营养科学的原则。例如，谷类食物蛋白质内赖氨酸含量不足，蛋氨酸含量较高，而豆类食物的蛋白质恰好相反，因而混合食用时两者的不足可以得到补偿。平时五谷杂粮掺和食用，氨基酸的互补作用会使营养组分更为全面，也可提高食品的营养价值。

F

反式脂肪酸（trans fatty acid）至少含有一个反式构型双键的不饱和脂肪酸，即C=C双键上两个碳原子所结合的氢原子分别位于双键的两侧，空间构象呈线形。反式脂肪酸在自然食品中含量很少。人体摄入的反式脂肪酸主要来自含有人造奶油的食品。凡是含有氢化植物油的食品都有可能含有反式脂肪酸，最常见的是烘烤食品（饼干、面包等）、沙拉酱以及炸薯条、炸鸡块、洋葱圈等快餐食品，还有西式糕点、巧克力派、咖啡伴侣、热巧克力等。一般在商品包装上标注的"氢化植物油"、"植物起酥油"、"人造黄油"、"人造奶油"、"植物奶油"、"麦淇淋"、"起酥油"或"植脂末"，都可能含有反式脂肪酸。为了增加含油脂食品的货架期和稳定食品风味，有的厂家采用对植物油加氢的方式，将顺式不饱和脂肪酸转变成室温下更加稳定的固态反式脂肪酸（在不饱和脂肪酸氢化时，可产生8%～70%的反式脂肪酸。当不饱和脂肪酸被反刍动物（如牛）消化时，在动物瘤胃中被细菌部分氢化。牛奶、乳制品、牛肉和羊肉的脂肪中反式脂肪酸约占2%～9%。鸡、猪可以通过饲料吸收使反式脂肪酸进入猪肉和家禽产品中）。反式脂肪酸能升高低密度脂蛋白胆固醇（LDL）水平，降低高密度脂蛋白胆固醇（HDL）水平，增加患冠心病的危险性。反式脂肪酸不仅可导致心血管疾病的概率是饱和脂肪酸的3～5倍，还可损害人的认知功能，诱发肿瘤（乳腺癌等）、哮喘、Ⅱ型糖尿病、过敏等疾病，对胎儿体重、青少年发育也有不利影响。

G

功能食品（functional food）对人体具有增强机体防御功能、调节生理节律、预防疾病和促进康复等有关生理调节功能的食品。根据功能和食用对象的不同功能食品分为：（1）日常功能食品。根据各种不同健康消费群的生理特点和营养需求而设计的、具有增强

身体防御和调节生理节律的功能，以增进健康和各项体能为目的，如抗衰老、抗疲劳、增强机体免疫、加强记忆力等食品。（2）特种功能性食品。主要以健康异常的人为适用对象，如糖尿病患者、肿瘤患者、心脏病患者、肥胖症患者等。以辅助治疗为目的，如抗肿瘤、降血脂、降血糖、减肥等食品。

功能性低聚糖（functional oligosaccharides）即寡糖，是指由3～9个单糖通过糖苷键连接而成的低聚合糖。由于人肠道内没有分解这些低聚糖的酶系统，因此它们不能被消化吸收而直接进入大肠中，优先被双歧杆菌所利用，是双歧杆菌的增殖因子。因而对改善肠道中的菌群结构有益。由于它具有这种独特的生理功效，被称为功能性低聚糖。功能性低聚糖包括低聚异麦芽糖、低聚果糖、低聚半乳糖等。

功能性肽（functional peptide）那些具有特殊生理功能的肽。这些生理功能包括清除自由基、降低血压、提高机体免疫力等。已知的功能性肽很多，如谷胱甘肽、降血压肽、蜂毒肽等。

功能性甜味剂（functional sweeteners）具有特殊生理功能或特殊用途的食品甜味剂，也可理解为可代替蔗糖应用在功能性食品中的甜味剂。功能性甜味剂的作用：一是最基本的，对健康无不良影响的；二是更高层次的，对人体健康起有益的调节或促进的作用。功能性甜味剂分为四大类：（1）功能性单糖，包括结晶果糖、高果糖浆、L-糖等；（2）功能性低聚糖，包括异麦芽糖、异麦芽酮糖、低聚半乳糖、乳酮糖、棉子糖、大豆低聚糖、低聚果糖、低聚乳果糖、低聚木糖等；（3）多元糖醇，包括赤藓糖醇、木糖醇、山梨糖醇、甘露糖醇、麦芽糖醇、异麦芽糖醇、氢化淀粉水解物等；（4）强力甜味剂，包括甜菊苷、甘草甜素、三氯蔗糖、甜味素、纽甜、安赛蜜、罗汉果精等。

功能因子（functional factors）能通过激活酶的活性或其他途径调节人体功能的物质。保健食品之所以具有特定的保健功能，是因为它含有能产生保健作用的功能因子。因此，功能因子是生产保健食品的关键。功能因子的种类主要包括活性多糖、功能性甜味剂、活性肽类、功能型油脂、维生素、矿物质、自由基清除剂等。

H

活性多糖（active polysaccharides）具有生物学功能的多糖。活性多糖主要是天然植物多糖和一些真菌多糖物质。它是从食物中提取的特殊营养成分。它作为基料，经深加工制成食品或添加到食物中生产出保健食品，很多多糖都具有特殊的生理功能，如提高免疫力、抗肿瘤、降血脂、降血糖、抗衰老、抗疲劳等活性。对人类健康长寿起积极的促进作用。在众多活性多糖物质中，最重要的是真菌多糖。在香菇、金针菇、黑木耳、灵芝、茯苓、蘑菇和猴头菇等大型食用菌中的多糖组分，具有提高人体免疫能力和生理效应，有很强的抗癌活性。这类化合物对癌细胞并没有直接的杀伤能力，但能刺激抗体形成，从而提高并调整人体内部积极的防御系统。目前，已开发的真菌活性多糖有香菇多糖、银耳多糖、猴头菇多糖和茯苓多糖等。其产品形式有口服液、发酵液、精粉等。

J

碱性食品（basic foods）食物中含金属K、Na、Ca、Mg等元素较多，经体内代谢，最后产生碱性物质的一类食品。大多数水果、蔬菜、豆类、牛奶、杏仁、栗子、椰子等富含K、Na、Ca、Mg，在体内代谢生成碱性物质。按产生碱性物质的碱性大小排列依次为：海带、黄豆、甘薯、土豆、萝卜、柑橘、西红柿、苹果。

K

抗性淀粉（resistant starch）难降解，在体内消化、吸收和进入血液都较缓慢的一类淀粉。抗性淀粉本身仍然是淀粉，其化学结构不同于纤维，但其性质类似溶解性纤维。抗性淀粉存在于马铃薯、香蕉、玉米、大米等天然食品中。含直链淀粉高的玉米淀粉含抗性淀粉高达60%。抗性淀粉也可通过某些加工方法提高其含量，如将原淀粉加热使其糊化并迅速冷却，或将淀粉制品在冰箱内贮存等。此外，还可通过添加脂肪使淀粉变性以增加抗性淀粉含量。因脂肪可使淀粉分子内部的螺旋结构凝固而趋于稳定，可抵抗酶的侵蚀。抗性淀粉的优越性有以下几点：（1）可抵抗酶的分解，在体内释放葡萄糖缓慢，具有较低的胰岛素反应，可控制血糖平衡，减少饥饿感，因而特别适宜糖尿病患者食用；（2）具有可溶性食用纤维的功能，食后可增加排便量，减少便秘、结肠癌的危险；（3）可减少血胆固醇和甘油三酯的量，食用抗性淀粉后排泄物中胆固醇和甘油三酯的量增加，具有一定的减肥作用。

可耐受最高摄入量（tolerable upper intake level，UL）人体平均每日可以摄入某种营养素的最高量。当摄入量低于UL时，对一般人群中的几乎所有个体都不至于损害健康。当摄入量超过UL时，发生不良反应的危险性会增加。

L

疗效食品（curative effect food）一般用来给住院病人喂食或者用作患有特殊疾病病人的主要膳食来源的食品。就其本质而言，疗效食品是典型适应某些膳食需要的"功能性食品"。疗效食品有许多不同的分类体系。美国食品药品管理局（FDA）将疗效食品按其功能特性分成以下四大类：（1）完全营养型：即可以在没有其他营养渠道的情况下足量提供个体所需的全部蛋白质、脂肪、碳水化合物、维生素以及矿物质等营养素的疗效食品。（2）营养不完全型：能提供单独一种或几种营养组合、不足以维持一个正常、健康个体的全部营养需要的配方食品。营养不完全型疗效食品可以作为正常的食品的补充，也可以和其他组分一起来生产出完全营养型配方食品。它们可以灵活组合以满足不同生病个体的特殊需要。（3）为代谢紊乱者特制的配方食品：是指那些专为某些先天性代谢功能异常的个体所生产的配方食品，例如专门为苯丙酮尿患者、尿素循环异常患者、糖原过多症患者、丙酸尿症患者等设计的食品。（4）口服补液：是指用于对机体中水和电解质的异常缺失进行补充的产品。水和电解质的异常缺失常由胃肠道疾病或其他原因所造成。此类疗效食品配方中的标准成分包括氯化钠、柠檬酸钾、葡萄糖和水。

P

平衡膳食（well-balanced diet）食物中所供给的营养素和身体的消耗保持平衡的一种膳食。这种膳食能保持身体正常生长发育和维持最佳的健康状态。人每天需从食物中摄取蛋白质、糖类、脂肪、无机盐、微量元素、维生素、水和食物纤维等九大类40多种营养素。不管哪一种营养素长期不足或过多，都会妨碍正常的生理功能。平衡膳食既要满足人体对营养素的需要，防止营养缺乏，又要避免营养素摄入过量引起营养过剩所导致的疾病。例如，热能与蛋白质不足，可造成生长发育障碍，而过多又可导致肥胖症；维生素A不足可导致适应能力下降，过多又可致中毒。此外，身体营养素（特别是热能与蛋白质）还与劳动强度、劳动持续时间成正比。一日三餐中，食物品种和数量的分配应与劳动状况相适应。

平均需要量（estimated average requirement，EAR）某一特定性别、年龄及生理状况群体中对某种营养素需要量的平均值。摄入量达到EAR水平时，可以满足群体中半数个体对该营养素的需要，而不能满足另一半个体的需要。EAR是推荐摄入量（RNI）的基础，针对人群EAR用于评估群体中摄入不足的发生率。针对个体可以检查其摄入量不足的可能性。

R

人体必需氨基酸（essential amino acid，EAA）人体生理需要的，但不能在人体内合成，只能由食物供给维持人体生理平衡所需的氨基酸。必需氨基酸有八种，即赖氨酸、色氨酸、苯丙氨酸、亮氨酸、异亮氨酸、苏氨酸、蛋氨酸、缬氨酸。

人体必需脂肪酸（essential fatty acid，EFA）具有一定生理功能，但人体自身又不能合成，必须由食物供给的多不饱和脂肪酸。大部分必需脂肪酸存在于植物油中。必需脂肪酸主要包括两种，一种是$\omega-3$系列的α-亚麻酸；另一种是$\omega-6$系列的亚油酸。这两种必需脂肪酸可在体内分别合成其他不饱和脂肪酸：$\omega-6$系列花生四烯酸（ARA），$\omega-3$系列二十碳五烯酸（EPA）和二十二碳六烯酸（DHA）。

乳酸菌（lactic acid bacteria）发酵糖类主要产物为乳酸的一类无芽孢、革兰氏染色阳性细菌的总称。大多数不运动，只有少数以周毛形式运动。乳酸菌的种类较多，但从形态上分类主要有球状和杆状两大类。如果按照生化分类法，乳酸菌可分为乳杆菌属、链球菌属、明串珠菌属、双歧杆菌属和汁球菌属五个属。其中每个属又有很多菌种，而且某些菌种还包括数个亚种。许多种类在食品工业中得到广泛的应用。其中以乳酸杆菌属最为重要，它们当中的大多数是食品工业上的常用菌种，并且存在于乳制品、发酵植物食品及人的肠道尤其是婴儿肠道中。工业生产乳酸常用高温发酵菌。例如德氏乳酸杆菌在乳酸制造和乳酸钙制造工业上广泛应用。

S

膳食纤维（dietary fiber）食物中不能被人体消化吸收的碳水化合物，如纤维素、半纤维素、果胶、低聚糖、聚合多糖等。膳食纤维可分为两大类：不可溶纤维和可溶纤维。不可溶纤维可增加肠道蠕动，作为排除有毒物质的载体及无能量的填充剂等，用来调节肠道功能，可以防止便秘，保持大肠健康。不可溶纤维常让人们有饱胀的感觉，对节食减肥的人很有用。其主要来源有：全麦谷类食品、坚果、水果和蔬菜。可溶纤维能帮助降低血液中的胆固醇水平，调节血糖水平，从而降低患心脏病的危险。可溶纤维的主要来源有水果、蔬菜、大豆和燕麦。现代研究表明，膳食纤维对人体健康有相当重要的作用，被称之为"第七营养素"。因此日常饮食中要注意添加富含纤维素的食品。

膳食营养素参考摄入量（dietary reference Intakes，DRI）国家营养权威机构发布的本国居民每日平均膳食营养素摄入量的参考值。2001年中国营养学会发布的中国居民膳食营养素参考摄入量（DRI），共包括四项内容：平均需要量（EAR）、推荐摄入量（RNI）、适宜摄入量（AI）和可耐受最高摄入量（UL）。

食品吸收（absorption of food）食物经分解后透过消化道管壁进入血液循环的过程。吸收是个复杂过程，包括物理过程（如过滤、渗透等）和生理过程（主动运输）。消化道不同部位的吸收能力与吸收速度是不同的。这主要取决于各部分消化道的组织结构，以及食物在各部位被消化的程度和停留的时间。口腔及食管一般不吸收任何营养素；胃可以吸收酒精和少量的水分；结肠可以吸收水分及盐类；小肠是吸收的主要部位，能吸收各种营养成分。

食品消化（digestion of food）食品在消化道内被分解成小分子的过程。消化分为机械性消化和化学性消化两种类型。机械性消化是通过牙齿的咀嚼和胃肠的蠕动，将食物磨碎、搅拌并与消化液充分混合；化学性消化主要是通过消化道腺体分泌的消化液完成。消化液中含有各种消化酶，能分别分解蛋白质、脂肪和糖类等物质，使之成为小分子物质。高等动物的消化系统由消化道（口腔、咽、食管、胃、小肠、大肠、直肠和肛管）和消化腺（唾液腺、肝、胰和消化管壁上的小腺体）组成。不同来源的脂肪、糖类和蛋白质的消化率是不同的。

食品营养强化剂（food nutrient supplements）为增强营养成分而加入食品中的天然的或人工合成的食品添加剂。它主要包括：氨基酸、维生素、矿物质及其制品。食品营养强化剂可以弥补某些食品中营养成分存在的缺陷，补充食品加工中损失的营养素，使食品达到人们日常营养的需求。

食物蛋白质（food protein）存在于食物中的一类由一条或多条多肽链组成的生物大分子。每一条多肽链有20至数百个氨基酸残基不等，各种氨基酸残基按一定的顺序排列。营养学上根据食物蛋白质所含氨基酸的种类和数量将食物蛋白质分为如下三类：（1）完全蛋白质：这是一类优质蛋白质。它们所含的必需氨基酸种类齐全，数量充足，比例适当。这一类蛋白质不但可以维持人体健康，还可以促进生长发育。奶、蛋、鱼、肉中的蛋白质都属于完全蛋白质。（2）半完全蛋白质：这类蛋白质所含氨基酸虽然种类齐全，但其中某些氨基酸的数量不能满足人体的需要。它们可以维持生命，但不能促进生长发育。例如，小麦中的麦胶蛋白便是半完全蛋白质。谷类蛋白质中的赖氨酸含量少，属于限制性氨基酸。（3）不完全蛋白质：这类蛋白质不能提供人体所需的全部必需氨基酸，单纯靠它们既不能促进生长发育，也不能维持生命。如肉皮中的胶原蛋白是不完全蛋白质。

适宜摄入量（adequate intake）通过观察或实验获得的健康人群某种营养素的摄入量。主要用作个体的营养素摄入目标，同时用作限制过多摄入的标准。当健康个体摄入量达到AI时，出现营养缺乏的危险性很小；若长期摄入超过AI，则有可能产生不良反应。

酸碱平衡（acid-base balance）健康人体血液的pH值（酸碱度）保持在恒定范围，即pH值为7.35～7.45，达到生理平衡的现象。这是保障人体健康的必要条件。pH值为7时是中性，所以血液是中性偏碱。人的体液，包括血液、细胞内液和细胞外液都必须保持适宜的酸碱度，才能维持正常的生命活动。一般情况下，人体具有自动缓冲系统，能自己处理好酸碱关系。但这种缓冲能力是有限的。在日常生活中，如果各种食品搭配不当，容易引起人体生理上酸碱平衡失调。pH值高于7.45，称为碱中毒；pH值低于7.35，称为酸中毒。如酸性食品摄入量偏多，超过了人体酸碱平衡的调节能力，人体酸碱平衡就会遭到破坏，造成体内酸碱失衡甚至出现酸中毒反应。这就是常说的酸性体质。酸性体质有多种危害。它是产生高血压、糖尿病、心脏血管疾病、高血脂、痛风、癌症等现代"富贵病"的主要根源之一。酸碱失衡还会影响孩子的智商。因此，日常生活中一定注意膳食的合理搭配。

酸性食品（acid foods）食物中含非金属硫（S）、磷（P）、氯（Cl）等元素的总量较高，在体内经代谢最终产生酸性物质，使体液相对呈弱酸性的食品。高蛋白食物一般是成酸食品，因为蛋白质中的含硫氨基酸中的硫在体内氧化之后即成硫酸。常见的酸性食物有：鱼、贝、虾、蛋、禽、谷类和硬果中的花生、核桃、榛子，以及水果中的李、梅。酸性食品的酸性大小依次为：鱼、肉、蛋、糙米、大麦、精米、面粉。

T

推荐摄入量（recommended nutrient intake，RNI）可以满足某一特定群体中绝大多数（97%～98%）个体生理需要的膳食营养素的摄入量。长期摄入 RNI 水平可以维持组织中有适当的储备。RNI 是健康个体的膳食营养素摄入量的目标。个体摄入量低于 RNI 时，并不一定表明该个体未达到适宜营养状态。

W

维生素（vitamin）又称维他命，维持人体生命活动必需的一类有机物质，也是保持人体健康的重要活性物质。维生素在体内的含量很少，但在人体生长、代谢、发育过程中却发挥着重要的作用。除了极少数的以外，维生素是不能在人体内产生和合成的，只能从食物中摄取。维生素分为脂溶性和水溶性两大类。脂溶性维生素包括维生素A、维生素D、维生素E、维生素K 等；水溶性维生素包括维生素 B_1、维生素 B_2、维生素PP、维生素 B_6、维生素 B_{12}、维生素C 等。当膳食中供给维生素不足或缺乏时，会产生相应的维生素缺乏症，如缺乏维生素 A，会出现夜盲症、干眼病和皮肤干燥等疾病，并使儿童生长受阻；缺乏维生素D 易患佝偻病、软骨病；缺乏维生素 B_1 易患脚气病；缺乏维生素 B_2 易患舌炎；缺乏维生素 B_{12} 易患恶性贫血；缺乏维生素C 易出现坏血病；缺乏维生素PP 则有可能患糙皮病。

维他命（vitamins）见维生素。

X

限制性氨基酸（restricted amino acid）食物中所含与人体所需相比偏低的某一种或某几种氨基酸。其中，偏低最多的氨基酸，又称为第一限制性氨基酸。依偏低程度类推，还有第二限制性氨基酸、第三限制性氨基酸等。正是这些限制性氨基酸，使得植物性蛋白质的营养价值降低。一些常见植物蛋白质中的限制性氨基酸主要是赖氨酸、苏氨酸和蛋氨酸。

Y

药食兼用资源（medicinal and edible resources）那些在人们长期的生产、生活实践中，广泛作为食物原料，但同时又具有类似药物的某些特性，对某些疾病起到一定的预防或者治疗作用的农、林、水产资源。药食兼用资源除具有营养功能之外，同时还兼有性能不同的保健作用。这种作用源自其自身所含有的功能性成分（活性成分）。中国卫生部公布的 77 种药食两用中草药名单：乌梢蛇、蝮蛇、酸枣仁、牡蛎、栀子、甘草、代代花、罗汉果、肉桂、决明子、莱菔子、陈皮、砂仁、乌梅、肉豆蔻、白芷、菊花、藿香、沙棘、郁李仁、青果、薤白、薄荷、丁香、高良姜、白果、香橼、红花、紫苏、火麻仁、橘红、茯苓、香薷、八角茴香、刀豆、姜、枣、山药、山楂、小茴香、木瓜、龙眼肉（桂圆）、白扁豆、百合、花椒、芡实、赤小豆、佛手、杏仁、昆布、桃仁、莲子、桑葚、莴苣、淡豆豉、黑芝麻、黑胡椒、蜂蜜、榧子、薏苡仁、枸杞子、麦芽、黄荆子、鲜白茅根、荷叶、桑叶、鸡内金、马齿苋、鲜芦根、蒲公英、益智、淡竹叶、胖大海、金银花、余甘子、葛根和鱼腥草。

益生菌（probiotics）食物中能够改善肠道菌丛平衡，从而对宿主健康发挥有益作用的微生物。主要包括乳酸菌（如双歧菌、乳酸杆菌）、链球菌、肠球菌、拟杆菌中的某些菌株。益生菌一般应符合以下标准：（1）对宿主健康发挥有益作用；（2）是非致病菌且没有毒性作用；（3）在生物学上应当具有活性，即包含大量活菌；（4）可以在宿主肠道内定植及代谢；（5）在贮存和使用过程中保持活性；（6）必须采自于宿主。益生菌对人体健康具有重要意义。其保健功能大致有以下几点：（1）减轻乳糖不耐受症状。酸奶是人体补充益生菌最常见的食品。通过摄入活的酸奶培养物可改善乳糖酶缺乏者对乳糖的消化吸收能力，改善乳糖不耐受功能。（2）抑制病原菌。益生菌对由于使用抗生素治疗而引起腹泻的成年人来说具有缓解作用。（3）提升胃肠道免疫功能。乳酸菌具有在肠道内生存的能力，并可以刺激机体的非特异性免疫功能，提高自然杀伤致病菌的活性，增强肠道 LgA（免疫球蛋白 A）的分泌，改善肠道的屏障功能。某些乳酸杆菌可以同时提高体液免疫和细胞免疫功能。（4）改善消化功能。通过调节肠道 pH 值和结肠菌群，促进胃肠免疫功能，起到改善消化功能的作用。（5）抑制肿瘤发生。可以通过改变结肠菌群预防结肠癌的发生。（6）能降低高血脂人群的血清胆固醇水平。

益生元（prebiotics）是低聚糖的总称，不能被人体酶系统催化分解，但能选择性地促进一种或几种结肠内微生物的活性或生长繁殖，从而对宿主健康发挥有益作用的食品成分或添加剂。益生元是非消化纤维类健康食品成分。这类物质最初被发现的是双歧因子。它到达大肠后可选择性地被大肠内有益菌降解利用，却不被有害菌所利用。益生元包括多种物质，如含氮多糖或寡糖、辅酶、某些氨基酸和维生素，以及半纤维素和果胶。

营养补充剂（nutrition supplements）以补充维生素、矿物质为目的而不以提供能量为目的的产品。其作用是以弥补人类正常膳食中可能摄入不足，同时又是人体所必需的营养素。它含有特定营养素，以预防营养缺乏和降低发生某些慢性退行性疾病的危险性，它不以某种常用食品作为基质，而是多采用片剂、冲剂、胶囊等形式，如鱼肝油、维生素A、维生素D油、多种维生素和矿物质复合片剂、钙制剂、多不饱和脂肪酸等。如果天然的食物能够均衡、全面地提供每天所需的营养素，便没有必要食用营养补充剂。

营养不良（malnutrition）由于营养素的缺少或过多及其代谢障碍造成的机体营养失调的一种现象。其主要表现为营养缺乏和营养过剩。长期缺乏一种或多种营养素可造成营养低下，严重的营养低下并出现各种相应的临床表现或病症，则为营养缺乏病。如地方性甲状腺肿、维生素C缺乏病（坏血病）、贫血、维生素A缺乏症（干眼病）等都属于营养缺乏病。它们分别是由于碘、维生素C、铁、维生素A等摄入不足造成的。营养过剩是指由于营养物质过量摄入超过了机体的生理需要，造成营养物质在体内过多堆积的现象，如肥胖病或其他不良疾病。除母乳外，任何一种天然食物都不能提供人体所需的全部营养素。平衡膳食必须由多种食物组成，才能满足人体各种营养需要，达到合理营养、促进健康的目的。因此，应提倡饮食多样化，避免出现营养不良。

营养干预（nutrition intervention）对人们营养上存在的问题进行相应改进的对策。营养干预工程是指国家职能部门强制性实施的营养健康工程。营养教育和营养干预正日益成为一个全球性话题。2004年，中国卫生部召开专家讨论会，拟订了《中华人民共和国营养管理条例》，主要包括四方面内容：营养调查、营养监测和营养改善；营养食品标签；特殊人群营养保障；营养机构设置和营养技术人员培训。首部《营养法》不久将制定完成。这意味着政府将强制性地进行营养干预，并通过立法加以保证。立法后政府营养干预的主要模式为：包括营养教育的膳食调整；开展政府行为与市场并重的食物强化；以市场为主的营养素补充剂等。高血压、冠心病和肿瘤等非传染性慢性病的生成都与营养状况密切相关。实施营养教育和干预，不仅能预防青少年患上慢性病，还能提高他们的生命质量和智力水平，关系到国家的富强和民族的昌盛，是一个意义极为重大的项目。

营养价值（nutritiive value）食物中所含的人体必需营养素与热能能满足人体营养需要的程度。食物营养价值的高低，取决于食物中所含的营养素的种类、含量、组成比例及消化吸收程度等。不同的食物所含的营养素种类或数量是不相同的，即使同种食物，也可由于种植或饲养条件，以及品系、采取部位及其成熟程度的不同，而使营养价值有很大差别。

营养密度（nutrient density）单位热量食品中所含重要营养素（维生素、矿物质、蛋白质）的浓度。乳制品、瘦肉等营养密度较高，肥肉营养密度较低。肉类中含有比植物来源更优质的蛋白质以及丰富的铁、锌和维生素B。猕猴桃被认为是营养密度最高的水果，其次是木瓜、哈密瓜、草莓及芒果、柠檬与柳橙（印子柑）。

营养水平（nutrition level）营养素摄入量的多少及其平衡程度。通常用膳食调查来确定。营养水平受经济收入的制约。也有人由于爱好或偏食，而是营养素摄入不均匀，造成某种营养素过多或缺乏，最终导致营养水平下降。2004年公布的全国营养调查结果，和1992年相比，3～18岁青少年的身高10年间平均增加了3.3cm，营养不良和贫血的患病率都明显下降。这说明中小学生的营养水平在提高。但调查结果也显示，营养不均衡、食物搭配不合理是人们不得不面临的新问题，其中维生素A、钙以及维生素B_2缺乏较严重，肥胖病人逐年上升。营养水平高低的评价方法通常包括：（1）膳食调查；（2）人体营养水平的生化检验；（3）营养不足和缺乏的临床检查；（4）人体测量与体格检查。

营养素（nutrient）能促进身体生长、发育、活动、繁殖，以及维持各种生理活动的物质。营养素在人体内的功能各不相同。大致可以分为三个方面：（1）供给生命活动所需能量和维持体温；（2）构成和修补身体组织；（3）作为调节物质，如同机器中的润滑油一样，维持身体的各种正常生命活动。目前所知，人体所需营养素至少需要40多种，可分成六大类，即蛋白质、脂肪、碳水化合物、矿物质、维生素和水。膳食纤维也被认为是一类营养素。

油脂模拟品 (oil and fat mimics) 以碳水化合物或蛋白质为基础成分,以水状液体系来模拟被代替的油状液体系的产品。它与油脂替代品完全不同。油脂模拟品主要有两种类型:(1)以蛋白质为基质的油脂模拟品。这种油脂模拟品是以蛋白质(如乳清蛋白、卵清蛋白、大豆蛋白和微粒化蛋白等)为原料,经物理、化学处理所得到的能与水形成柔软细腻凝胶的,以水乳液体系来模拟出油脂润滑柔软、口感细腻的油状液体系。该类产品主要用于冷冻食品、乳制品、人造奶油等。(2)以碳水化合物为基质的油脂模拟品。这种油脂模拟品是以碳水化合物(如木薯淀粉、马铃薯淀粉等)为原料,经物理、化学处理所得到的能与水形成柔软细腻凝胶的,以水乳液体系来模拟出油脂润滑柔软、口感细腻的油状液体系。这种类型油脂模拟品已成功地用于低脂食品,特别是冰淇淋。

油脂替代品 (oil and fat substitutes) 具有类似日常食用油脂的物理和化学性质,可以替代脂肪的一类以脂肪酸为基料的酯化产品。脂肪作为食品的主要成分之一,在提供能量的同时亦存在着对健康的潜在威胁。油脂替代品由于其分子内的酯键能抵抗人体内脂肪酶的催化水解而不易被人体吸收。其能量较低或完全没有能量。同时又具有与脂肪相类似的物理特性,使食品保持了许多脂肪所提供的风味和质构性状,能维持食品体系的亲油性,故不会影响风味物质的分布和释放。它可以替代脂肪而不影响口感,如蔗糖多酯、羧基酯、酯化丙氧基甘油等,可应用于煎炸、焙烤等食品中。

Z

中国居民平衡膳食宝塔 (chinese diet guide pagoda) 根据中国居民膳食指南,结合中国居民的膳食结构特点设计的,把平衡膳食的原则转化成各类食物的重量,用比较直观的宝塔形式表现出来,便于群众理解和在日常生活中实行的参考图。平衡膳食宝塔共分如下五层:谷类食物位居底层,每人每天应吃300~500g;蔬菜和水果占据第二层,每天应分别吃400~500g和100~200g;鱼、禽、肉、蛋等动物性食物位于第三层,每天应吃125~200g(鱼虾类50g,畜、禽肉50~100g,蛋类25~50g);奶类和豆类食物占第四层,每天应吃奶类及奶制品100g和豆类及豆制品50g;第五层塔尖是油脂类,每天不超过25g。

自由基清除剂 (free radical scavenger) 能清除代谢过程产生的过多自由基,可增进人体健康的功能成分。自由基清除剂分为两大类:(1)酶类:例如,超氧化物歧化酶(SOD)、过氧化氢酶(CAT)、谷胱甘肽过氧化物酶(GSH-Px)等。(2)非酶类:例如,维生素E、维生素C、β-胡萝卜素、还原性谷胱甘肽(GSH)、黄酮类等。自由基大多为强氧化剂,通过清除作用,控制自由基的形成,达到防病、抗病的目的。在许多食品中都含有丰富的抗自由基的活性成分。例如,姜、绿茶、银杏果、银杏叶、竹叶、花椰菜、番茄、海带、紫菜、南瓜、茼蒿、芥菜、韭菜花、蕃薯叶、空心菜、芒果、柑橘类、柿子、番石榴、木瓜、奇异果、草莓、柠檬、香蕉、葡萄、核桃、腰果、芝麻等。

(五)食品安全(Food Safety)

B

病原菌 (pathogenic bacteria) 见致病菌。

F

疯牛病 (mad cow disease) 又称牛海绵状脑病,是一类侵袭人类及多种动物中枢神经系统的传染性疾病。其潜伏期长,致死率高。此类疾病患者的中枢神经组织具有对同种甚至异种个体明显的传染性。其感染因子目前认为是一种非常规的病毒——朊病毒。由它引起一种亚急性海绵状脑病。这类病还包括绵羊的搔痒病、人的克-雅氏病(又称早老痴呆症)

以及致死性家庭性失眠症等。其中,人的克-雅氏病是一种罕见的主要发生在50~70岁之间的可传播的脑病,危害极大。人感染克-雅氏病途径主要是食用感染了疯牛病的牛肉及其制品并通过消化道感染。病人先是表现为焦躁不安,最终精神错乱而死亡。疯牛病于1986年在英国流行,至今暴发的国家已经达到近20个。

伏马菌素 (fumonisin) 由串珠镰孢、轮状镰孢、多育镰孢和其他一些镰孢菌种产生的一类真菌毒素。串珠镰孢菌是玉米的一种致病菌,是全世界玉米中分布最广泛的一类真菌。从该菌种的培养物中分离出的伏马菌素对马具有神经毒性，可引起猪的肺水肿，并可诱发大鼠肝癌。国际癌症研究中心于1993年评价了伏马菌毒素的毒性，并将该毒素归类为可能的人类致癌物。伏马菌毒素是一类由不同的多氢醇和丙三羧酸组成的结构类似的双酯类化合物。根据伏马菌毒素的化学结构可将其分为四组：FA1、FA2、FA3、FAK1；FB1、FB2、FB3、FB4；FC1、FC2、FC3、FC4以及FP1、FP2、FP3。其中FB1和FB2是自然界最普遍，且毒性最强的两种毒素。FB1为水溶性霉菌毒素，对热稳定，不易被蒸煮破坏。伏马菌素主要污染玉米及其制品，偶尔在高粱、大米和豌豆中检出。因此，不要用发霉的玉米作粮食和饲料，以减少伏马菌素的感染。

G

肝脏毒素（liver toxicity）残留在动物肝脏中的一些毒素。肝脏是动物最大的解毒器官。动物体内的各种毒素，大多要经过肝脏来处理、排泄、转化、结合，因此，肝脏中往往暗藏着毒素，如痉挛毒、麻痹毒等。肝脏又是重要的免疫器官和"化学加工厂"，它可以产生多种激素、抗体、免疫细胞等，而这些物质往往对某些异体有毒。可引起中毒的有鲅鱼、鲨鱼、鳇鱼、鳕鱼、马鲛鱼等的肝脏，另外狗、狼、狍、猪、熊等的肝脏也有引起中毒的报告。这不是说肝脏就不能吃。动物肝脏是人们常享用的食品，它含有丰富的蛋白质、维生素、微量元素和胆固醇等营养物质，对促进儿童的生长发育，维持成人的身体健康都有一定的益处。此外，食用肝脏还具有防治某些疾病的作用，如角膜干燥症、夜盲症、角膜炎等因缺乏维生素A而导致的眼病。因此，在食用动物肝脏时应注意下面几点：（1）要选择健康肝脏。（2）食前必须彻底消除肝内毒物。一般的方法是反复用水浸泡3～4小时。烹饪时要充分加热，使之彻底熟透，不可半生食用。（3）最好不要吃鱼类肝脏。（4）胆固醇高所引起的疾病患者要少吃或不吃动物肝脏。

H

化学性食物中毒（chemical food poisoning）由于食用了受到有毒有害化学物质污染的食品所引起的中毒现象。化学性食物中毒一般发病急、潜伏期短，多在几分钟至几小时内发病。病情与中毒化学物剂量有明显的关系。临床表现与毒物性质不同而多样化，一般不伴有发热，也没有明显的季节性、地区性的特点，

也无特异的中毒食品。化学性中毒食品主要有四种：（1）被有毒有害的化学物质污染的食品。污染的途径可以是多方面的，如食用绿叶蔬菜造成的有机磷农药中毒；使用有毒化学品的包装盛装猪油引起的有机锡中毒。（2）把有毒害的非食品、食品原料当做食品或食品添加剂。这类化学性食物中毒颇为常见，如用工业乙醇兑制白酒引起甲醇中毒，把砷化物误认为是发酵粉造成砷中毒，把桐油误认为是食用油等。（3）添加非食品级的或伪造的或禁止使用的食品添加剂、营养强化剂的食品，以及超量使用食品添加剂的食品。食品生产经营者在使用食品添加剂时必须遵守"食品添加剂使用卫生标准（GB－2760）"规定的品种、用量和使用范围，否则均属滥用食品添加剂。（4）营养素发生化学变化的食品，如油脂酸败引起的食物中毒。

黄曲霉毒素（aflatoxin）由某些种类的黄曲霉素产生的一类真菌毒素。在自然条件下，黄曲霉毒素主要有黄曲霉毒素 B_1、B_2、G_1 和 G_2。以后又发现这类毒素在动物体内的代谢产物，如黄曲霉毒素 M_1、M_2、GM_1 和 P_1 等。黄曲霉毒素的毒性是已知100余种霉菌毒素中毒性最强的毒物之一。其中尤以黄曲霉毒素 B_1 产量最高、毒性最大、致癌性最强。如果长期食用含有微量黄曲霉毒素的食品，发生肝癌的可能性就会显著增大。黄曲霉毒素耐热性极高，在280℃以下不会失去毒性，一般的烹调方法不能破坏食品中的真菌毒素。黄曲霉毒素很容易污染花生，其次是玉米和大米。如果粮食中水分含量不够低，在储藏中很容易发生黄曲霉毒素的污染。除粮食之外，花生制品、花生油、玉米胚油都可能含有这种毒素。

K

孔雀绿（peacock）见孔雀石绿。

孔雀石绿（malachite green）孔雀绿，是一种带有金属光泽的绿色结晶体。它既是杀真菌剂，又是染料，易溶于水。孔雀石绿的代谢产物在人体内不容易降解，具有高毒素、高残留和致癌、致畸、致突变等不良反应。美国、日本、英国等许多国家都将孔雀石绿列为水产养殖的禁用药物。中国也于2002年5月将孔雀石绿列入《食品动物禁用的兽药及其化合物清单》中，禁止用于所有食用动物。

L

粮食陈化（grain aging）粮食在储藏期间品质由好变坏的过程。从品质上看，新鲜粮食外表光亮，陈化后的粮食外表变得灰暗。在口味上，新鲜粮食有

它特有的香味；粮食陈化后，香味丧失，甚至有一种令人不快的"陈味"，口味变差，严重时甚至不宜食用。成品粮比原粮更易陈化。陈化是粮食本身的性质，是不可避免的，但是陈化的快慢要受到保管条件的影响。为了保持粮食的优良品质，延缓粮食的陈化过程，需要科学地改善粮食的保管条件。粮食在水分低、温度低和缺氧条件下储藏，陈化的发展会延缓；反之粮食水分高、温度高、氧气充足、则陈化加快。

绿色食品（green food）按照特定生产方式生产，经专门机构认定，许可使用绿色食品标志的无污染、安全、优质、营养类食品。绿色食品一般可分为A级和AA级两种。其中，A级标志为绿底白字，AA级标志为白底绿字。A级绿色食品指在生态环境质量符合规定标准的产地，生产过程中允许限量使用限定的化学合成物质，按特定的生产操作规程生产、加工，产品质量及包装经检测、检查符合特定标准，并经专门机构认定，许可使用A级绿色食品标志的产品；AA级绿色食品指在生态环境质量符合规定标准的产地，生产过程中不使用任何有害化学合成物质，按特定的生产操作规程生产、加工，产品质量及包装经检测、检查符合特定标准，并经专门机构认定，许可使用AA级绿色食品标志的产品。大力开发更多的绿色食品，是食品行业今后的发展方向和趋势，也是消费者的强烈要求。

氯丙醇毒素（chloropropanol）由氯丙醇引起的能够使食品遭受污染的一种毒素。氯丙醇是继二噁英之后食品污染领域又一个热点问题。早在20世纪70年代，人们就发现氯丙醇能够使精子减少和活性降低，并抑制雄性激素生成，使生殖能力下降。因此，氯丙醇不仅具有致癌性，而且具有雄性激素干扰物活性。食品中的氯丙醇污染物主要来自酸水解蛋白，特别是存在于以酸水解蛋白为原料的调味品（如鸡精和酱油）中。在一些以酸水解蛋白为原料的保健食品、婴儿食品以及饮用水中都很可能不同程度地含有氯丙醇。

M

霉菌毒素（mycotoxin）霉菌在其污染的食品中所产生的有毒代谢产物。霉菌是一部分真菌的俗称，大约有1/10的霉菌可产生有害的霉菌毒素。有些霉菌毒素可引发急性食物中毒，有些霉菌毒素长期少量地摄入可产生慢性、潜在性的危害，如人们普遍认为的黄曲霉素的致癌作用。一般的加热处理不能破坏霉菌毒素。

每日允许摄入量（acceptable daily intake，ADI）在人的一生中，每天从膳食中摄入一定数量的化学农药或其他受试物质，对人体的健康和下一代不发生各种明显的、值得重视的毒害作用的剂量。ADI以相当人体每千克体重的毫克数表示。

免疫牛奶（immune milk）利用甲肝病毒、乙肝病毒以及幽门螺杆菌等三种以上的疫苗注入奶牛体内，经多种生物工程技术处理后的奶牛生产出的具有免疫力的牛奶。这种牛奶不仅含有牛奶的全部营养成分，而且还含有乙肝、甲肝和幽门螺杆菌的抗体。人们只需口服这种牛奶就可以获得相应的免疫力。

N

牛海绵状脑病（bovine spongiform encephalopathy）见疯牛病。

S

3，4-苯并芘（3，4-benzypyrene）1993年第一次由沥青中分离出来的一种致癌烃。它是由5个苯坏构成的多环芳烃。环境中的3，4-苯并芘主要来源于工业生产和生活中煤炭、石油和天然气燃烧所产生的废气、机动车辆排出的废气及加工橡胶、熏制食品以及纸烟与烟草的烟气等。目前，在已经检查出的400多种主要致癌物中，一半以上是属于多环芳烃一类的化合物。其中，3，4-苯并芘是一种强致癌物。

食品安全（food safety）对供人们饮食的、可维持、改善或者调节人体代谢机能，具有营养性、功能性、多样性的食物类产品在种（养）殖、加工、运输、销售等活动中所采取的一系列符合国家强制标准和要求，使之不存在可能损害或威胁人体健康（导致消费者病亡或危及其本人与后代安全）的有毒有害物质以的控制措施和手段。

食品安全标准体系（food safty standard system）为保障食品安全而制订的一系列标准。中国现行食品相关标准由国家标准、行业标准、地方标准、企业标准四级标准构成。

食品安全法律法规体系（legislation system of food safety）涵盖从农田到餐桌的全过程的食品安全法律、行政法规、地方法规、行政规章、规范性文件等多层次体系。根据有关数据统计，目前中国现行相关食品的法律有13部，法规26个，主要集中在五个部门。中国基本形成了以《食品卫生法》、《产品质量法》、《标准化法》、《进出口商品检验法》等法律为基础，以涉及食品安全要求的大量技术标准、法规、规章为主体，以各省及地方政府关于食品安全的法规、规章为补充的食品安全法规体系。

食品安全监测体系（food safety monitoring system）一个布局合理、结构科学、功能完善、技术先进的食品安全监测网络。食品安全监测体系的建立有助于食品安全监管部门开展食品安全风险分析和安全预警工作，提高对食品安全隐患的监测能力和反应能力，为政府研究和制定食品安全法律法规和政策提供依据。中国至今还没有形成完善、科学、统一、高效的食品安全监测体系。食品安全监测资源分散在多个食品安全监管部门，部门从属性强，资源共享性差，难以有效地为食品产业链各个环节提供高效技术监督服务。与发达国家相比，中国食品安全监测技术力量还明显不足，如缺乏全面的、连续的对食品污染、食源性疾病、食品中的工业原料和添加剂的监测技术和手段，危险性评估知识的普及程度不高等，都严重制约着中国食品安全监测体系的建立和发展。

食品安全监管体系（food safety monitoring and management system）为保证食品安全根据国家有关法律、法规和标准（或合同）而建立的一系列监督管理手段和措施。中国食品安全监管实行环节监管为主，品种监管为辅的监管模式。主要包括专门机构监管、法律法规监管、机构间协同监管、"危险分析与关键控制点"（HACCP）管理技术监管、缺陷食品召回制度等。中国依法履行食品安全监管职责的行政机关约有20个。

食品安全科技支撑体系（food safety supporting system of science and technology）国家为保证食品安全，组织科研机构、高等院校和企业所开展的科学研究及研究成果。目前，中国科技支撑体系建设方面仍落后于国际先进水平，不能适应当前食品安全监管的需要。在美国，食品药品管理局（FDA）有360多种农药的残留检测方法，并拥有食源性疾病与食品污染的监测、溯源和预警等食品安全重要保障体系。中国已开始着手改变这一现状。目前科技部已设立"食品安全关键技术"的重大科技专项，危险性评估工作已经迈出步伐。危险性评估现已纳入世界卫生组织（WHO）和联合国粮农组织（FAO）以及中国食品安全法律法规之中。食源性危害检测技术已经有了一定的基础。"危害分析与关键控制点"等食品安全控制体系已经列入强制性国家标准并开始应用。

食品安全认证认可体系（food safety certification system）为推行食品安全、规范食品市场管理、保证食品质量所采取的一系列有效手段和措施。主要包括无公害农产品生产基地认证、无公害农产品认证、绿色食品认证及有机食品认证等体系。中国国家质检总局开始对28类食品实行强制性市场准入，即QS认证。此外，ISO系列认证和HACCP认证等一些国际通用认证也被采用。

食品安全体系（food safety system）包括法律法规体系、标准体系、认证认可体系、监管体系、监测体系、信息交流体系、应急反应体系、科技支撑体系在内的八个方面的食品安全保障体系。这八个体系涉及食品安全的方方面面，构成了完整的食品安全体系。

食品安全信息交流体系（food safety information communication system）建立在政府公务网体系内，包括食品安全信息管理、发布和沟通的渠道畅通，方便快捷，多层次、多方位的食品安全信息交流平台。目前，中国还没有建立透明、统一、高效的信息交流体系。

食品安全应急反应体系（food safety emergency response system）为应对食品紧急突发事件，国家及各级政府的法规、制度、机构设置、应急措施等。中国食品安全应急处理方面还是一个薄弱环节。食品安全关乎国计民生，一旦发生重大食品安全事件，其应急处理机制不健全，必将对人民群众的财产和生命安全造成重大损失或受到严重威胁。为此，中国政府加快了食品安全应急机制建设，国务院出台了指导原则，食品安全应急处理有了法律保障。

食品保存期（food storage life）在标签规定条件下，食品可以食用的最终期限。超过此期后，食品的感官特性、理化指标、卫生指标都可能不再符合产品标准要求，甚至发霉、变质，就不宜食用和销售了。根据食品标签通用标准规定，在任何情况下，食品的生产日期都不能省略，而保质期、保存期可以任选其一或同时标出。

食品保质期（food durability）在标签规定条件下，从生产之日算起，保证食品质量的日期。在此期间，食品完全适合出售和食用。超过保质期的食品一般可以通过视、味、嗅、触等方法对其进行感官检验，如果食品没有不良气味或异味，无霉状物，无明显的色变，是可以食用的；反之则表明食品已腐败变质，不可食用。几种常见食品的保质期：（1）饼干。镀锡铁罐装的为3个月；塑料袋装的为两个月；

散装为一个月。(2) 罐头类。鱼类、禽类罐头为 24 个月；水果、蔬菜罐头为 15 个月；易拉罐、玻璃瓶装果汁、蔬菜汁饮料为 6 个月。(3) 酒类。11～12 度熟啤酒为 4 个月，普通的为两个月；14 度啤酒为 3 个月；10.5 度熟啤酒为 50 天；葡萄酒、果酒为 6 个月；汽酒为 3 个月；瓶装黄酒暂定为 3 个月；露酒为 6 个月。(4) 麦乳精。镀锡铁罐装的为 12 个月；玻璃瓶装的为 9 个月；塑料袋装的为 3 个月。(5) 奶粉。马口铁罐装的为 12 个月；玻璃瓶装的为 9 个月；500g 塑料袋装的为 4 个月；马口铁罐装甜炼乳为 9 个月；玻璃瓶装甜炼乳为 3 个月。(6) 糖果。第一、四季度生产的为 3 个月；第二、三季度生产的为两个月，梅雨季节生产的为一个月。(7) 饮料。果汁汽水、果味汽水、可乐汽水玻璃瓶装为 3 个月；罐装为 6 个月。(8) 其他。塑料袋装方便面为 3 个月；夹心巧克力为 3 个月；纯巧克力为 6 个月；油炸干果、番茄酱铁罐装、玻璃瓶装为 12 个月；酱油和食醋为 6 个月。

食品标签 (food label) 在食品包装容器上或附于食品包装容器的一切附签、吊牌、文字、图形、符号等说明物。标签的基本内容为：食品名称、配料表、净含量及固形物含量、厂名、批号、日期、标志等。食品标签必须真实，有科学性并规范化。

食品产品合格证 (food product qualification) 由生产厂出示的表明某一食品经检验符合产品标准或有关规定的凭证。是食品、产品质量保证文件的一种形式。

食品厂卫生规范 (hygienic code for food factories) 为保证食品的安全，对食品企业的选址、设计、施工、设施、设备、操作人员、工艺等方面的卫生要求所作的统一规定。它规定了食品企业的食品加工过程、原料采购、运输、贮存、工厂设计与设施的基本卫生要求及管理准则。本规范适用于食品生产经营的企业，并作为制订各类食品企业的专业卫生规范的依据。

食品良好生产规范 (good manufacturing practice) 为保障食品安全而制订的贯穿于食品生产全过程的一系列措施、方法和技术要求，也是一种注重制造过程中产品质量和安全卫生的自主性管理制度。它要求食品生产企业应具有良好的生产设备，合理的生产过程，完善和严格的卫生与质量的检测系统，以确保食品的安全性及其质量符合标准。

食品 QS 认证管理 (food quality safety certification system) 中国对食品企业实行的市场准入制度，基本上等同于生产许可证或质量安全许可证。QS 是食品"质量安全"(Quality Safety) 的英文缩写。带有 QS 标志的产品就表明其已达到国家的批准。所有的食品生产企业必须经过强制性检验合格，且在最小销售单元的食品包装上标注食品生产许可证编号，并加印食品质量安全市场准入标志"QS"后才能出厂销售。没有食品质量安全市场准入标志的，不得出厂销售。自 2004 年 1 月 1 日起，中国首先在大米、食用植物油、小麦粉、酱油和醋五类食品行业中，实行食品质量安全市场准入制度。

食品生产许可证 (food production licence) 为保证食品的质量安全，由国家主管食品生产领域质量监督工作的行政部门制订并实施的一项旨在控制食品生产加工企业生产条件的监控制度。食品生产许可证是工业产品许可证制度的一个组成部分。该制度规定：从事食品生产加工的公民、法人或其他组织，必须具备保证产品质量安全的基本生产条件，按规定程序获得食品生产许可证，方可从事食品生产。没有取得食品生产许可证的企业不得生产食品，任何企业和个人不得销售无证食品。

食品卫生标准 (standard of food hygiene) 为保护人体健康，政府主管部门根据卫生法律法规和有关卫生政策，为控制与消除食品及其生产过程中与食源性疾病相关的各种因素所作出的技术规定。包括安全、营养和保健三个方面。这些规定通过技术研究，按照一定的程序进行审查，由国家主管部门批准，以特定的形式发布。有国家卫生标准、部颁卫生标准、地方卫生标准及生产经营主管部门或企业制定的卫生标准。食品卫生标准一般包括感官指标、理化指标及细菌指标三大内容。食品卫生标准的内容，应根据实际需要，由制定或颁发的部门及时进行修订和审定。

食品卫生合格证 (food hygiene qualification) 由食品卫生监督机构按照食品卫生标准，对食品或食品生产、经营者进行分析，达到标准后签发的凭证。

食品卫生许可证 (food hygiene licence) 是指由食品卫生监督机构，依照食品卫生法，按规定的程序对食品的生产、经营者进行食品卫生全面检查，达到要求后颁发的许可证书。

食品污染 (food contamination) 是指食品中混进了对人体健康有害或有毒的物质的现象。污染食品的物质称为食品污染物。食用受污染的食品会对人体健康造成不同程度的危害。食品污染可分为生物性污染、化学性污染和放射性污染。生物性污染包括微生物、寄生虫及虫卵和昆虫对食品的污染。造成化学性污染的常见污染源有化肥、农药等，如有机磷、有机氯，含汞、砷的农药，氮肥等。放射性污染主要来源是高本底地区的放射性物质和放射性"三废"的排放。防止食品污染可采取以下措施：（1）开展卫生宣传教育；（2）食品生产经营单位要全面贯彻执行食品卫生法律和国家卫生标准；（3）食品卫生监督机构要加强食品卫生监督，把住食品生产、出厂、出售、出口、进口等卫生质量关；（4）加强农药管理；（5）灾区要特别加强食品运输、贮存过程中的管理，防止各种食品意外污染事故的发生。

食品召回制度（food recall system）食品的生产商、进口商、经销商在获悉其生产、进口或经销的食品存在可能危害消费者健康、安全的缺陷时，依法向政府部门报告，及时通知消费者，并从市场和消费者手中收回问题产品，予以更换或赔偿的积极有效的补救措施。食品召回制度是一种国际惯例，许多发达国家对缺陷食品都实行召回制度。实施食品召回制度的目的就是及时收回缺陷食品，避免流入市场的缺陷食品对大众人身安全的损害发生或扩大，维护消费者的利益。

食物安全毒理学评价（toxicological evaluation for food safety）通过动物实验及对人体的观察，阐明某一食物中可能含有的某种化合物的毒性及其对人体的潜在危害，以便对人类食用这一食物的安全性做出评价，并为制订预防性措施和制定卫生标准提供理论依据的一种方法。

食物不耐受（food intolerance）由于机体不能充分地消化食物大分子并由此引发的抵抗性反应。食物不耐受与食物过敏不同，它不涉及免疫系统中的过敏反应，而只是对一些食物的不良反应，如有人对所吃食物产生胀气、打嗝或不愉快反应。常见的食物不耐受有蔗糖酶缺乏症、乳糖酶缺乏症、粥样泻、脂肪泻等。例如，对于酒不耐受者，饮少量酒即可发生皮肤潮红、心率加快、头晕、耳鸣等症状；对咖啡不耐受者，饮少量的咖啡可发生心悸、兴奋、失眠等症状；对牛奶不耐受者，饮入牛奶后就会引起腹胀和腹泻。食物不耐受所表现的症状不像食物过敏那样剧烈，症状比较隐蔽，属于慢性病，通常较难意识到它的存在。许多人都是经过长时间的体验，最

终才明白头痛、周期性偏头痛、疲劳、抑郁等症状均可能与食物不耐受有关。

食物过敏（food hypersensitivty）食物进入人体后，机体对之产生异常免疫反应，导致机体生理功能的紊乱或组织损伤，进而引发一系列临床症状的现象。食物过敏反应具有特异性，各种免疫病生理机制均可涉及。食物过敏反应是临床上最常见和最重要的过敏性疾患之一。发病快、症状明显属于急性病。食物过敏反应的典型症状包括口腔发痒、喉舌肿胀、呼吸困难、哮喘、荨麻疹、呕吐、腹部绞痛、腹泻、血压下降、失去知觉甚至死亡等。

食源性疾病（food born disease）通过摄食而进入人体的病原体，使人体患上的感染性或中毒性疾病。不包括一些与饮食有关的慢性病、代谢病，如糖尿病、肥胖病、高血压等。食源性疾病可有不同的病原和不同的病理及临床表现。这类疾病有一个共同的特征，就是通过进食行为而发病，因而可以通过加强食品卫生监督管理、倡导良好卫生习惯、控制食品污染，提高食品卫生质量等方法来预防此类疾病的发生。食源性疾病按致病原因可以分为细菌性食源性疾病（如致病性大肠杆菌、沙门菌属、变形杆菌等食物中毒）、非细菌性食源性疾病（如有毒动物、植物中毒以及化学性食物中毒）和真菌毒素食源性疾病（如黄曲霉毒素中毒）三类。

兽药残留（residue of veterinary drug）动物产品的任何可食用部分所含兽药的母体化合物或其代谢物，以及与兽药有关的杂质的残留。兽药残留物主要有抗生素类、呋喃药类、磺胺药类、抗秋虫药、激素药类和驱虫药类。造成动物性食品兽药残留超标的主要原因是非法使用违禁药物，滥用抗菌药物和药物添加剂，不遵守休药期的规定。兽药残留对人体的危害：（1）会引起人体急、慢性中毒；（2）过敏反应和变态反应；（3）细菌耐药性；（4）菌群失调；（5）致畸、致癌、致突变作用；（6）激素作用。

瘦肉精（clenbuterol）是一种白色或类似白色的无臭、味苦的结晶体粉末，全名叫盐酸克伦特罗。20世纪90年代初，国外曾将瘦肉精用于饲料添加剂。猪食用后在代谢过程中促进蛋白质合成，加速脂肪的转化和分解，提高了猪肉的瘦肉率。后因人的不良反应而被禁用。不法养猪户为了使猪肉不长肥膘，在饲料中掺入瘦肉精。瘦肉精会残留在猪的内脏中，尤以猪肺、猪肝、猪肾为甚。人长期食用这种含有"瘦肉精"

成分的猪内脏或猪肉，会引起头痛、口吐白沫等症状；人体器官也会慢慢产生病变，会造成代谢紊乱、酮中毒、酸中毒等症状，对高血压和心脏病患者更危险；儿童则会导致性早熟。消费者应从正规渠道购买猪肉，不要买颜色太鲜红的肉。家畜内脏中"瘦肉精"的残留量较高，应尽量少吃。

苏丹红（Sudan Red）一种人工合成的红色染料，为亲脂性偶氮化合物，主要包括Ⅰ、Ⅱ、Ⅲ和Ⅳ四种类型。常作为一种工业染料，被广泛用于溶剂、油、蜡、汽油的增色，以及鞋、地板等增光方面。国际癌症研究机构将苏丹红Ⅰ、Ⅱ、Ⅲ和Ⅳ归为三类致癌物，即动物致癌物。苏丹红诱发动物肿瘤的剂量是人体最大可能摄入量的$10^5 \sim 10^6$倍，因此对人体的致癌可能性极小。实际上，在辣椒粉中苏丹红的检出量通常较低，对人体健康造成危害的可能性很小。偶然摄入含有少量苏丹红的食品，引起的致癌危险性不大，但如果经常摄入含较高剂量苏丹红的食品就会增加致癌的危险性，特别是由于苏丹红的有些代谢产物是人类可能的致癌物。目前，对这些物质尚没有耐受摄入量，应尽可能避免摄入这些物质。在食品中禁用。

W

危害分析关键控制点（hazard analysic critical control point，HACCP）用于对某一特定食品生产过程进行鉴别评价和控制的一种系统方法。HACCP是一个为国际认可的、保证食品免受生物性、化学性及物理性危害的预防体系。它产生于20世纪60年代的美国宇航食品生产企业，已被联合国食品法典委员会采纳并向全球推广。该方法通过预计哪些环节最可能出现问题，或一旦出了问题对人危害较大，来建立防止这些问题出现的有效措施以保证食品的安全，即通过对食品生产及销售的全过程的各个环节进行危害分析，找出关键控制点（CCP），采用有效的预防措施和监控手段，使危害因素降到最小限度，并采取必要的验证措施，使产品达到预期的要求。HACCP不是一个独立存在的体系，它必须建立在食品安全项目的基础上才能使它运行，例如，良好操作规范（GMP）、标准的操作规范（SOP）、卫生标准操作规范（SSOP）等。由于HACCP建立在许多操作规范上，于是形成了一个比较完整的质量保证体系。

微生物毒素（microbial toxin）微生物在食品中产生的有毒代谢产物和内毒素。微生物毒素包括细菌毒素和真菌毒素。细菌毒素种类很多，科学家们正以相当快的速度陆续发现新的毒素。随着生物医学技术的发展，许多毒素的致病性及致病机制会逐步弄清。危害较大的、主要的细菌毒素如下表所示。

主要细菌毒素表

毒素	细菌	致病	机制	症状
肠毒素	霍乱弧菌	霍乱	瓦解正常的细胞调节，刺激肠上皮分泌液体	引起剧烈腹泻
热稳定大肠杆菌肠毒素	大肠杆菌	旅游腹泻	瓦解正常的细胞调节	类似霍乱
破伤风神经毒素	破伤风梭菌	破伤风	裂解神经细胞的蛋白质成分，阻断神经递质	骨骼肌强直收缩（即抽筋）
肉毒神经毒素	肉毒梭菌	肉毒中毒	类似破伤风	肌肉松弛，呼吸麻痹
白喉杆菌细胞毒素	白喉棒杆菌	白喉	抑制蛋白质合成	杀死咽喉细胞，损伤脏器
百日咳毒素	百日咳博德特菌	百日咳	抑制细胞中应答信号传递的蛋白质	破坏细胞调节

目前已知有三百多种结构非常不同的真菌毒素，危害较大的、主要的真菌毒素如下表所示。

主要真菌毒素表

毒素	产毒菌	致病及症状	易携食品
黄曲霉毒素	黄曲霉、寄生曲霉	肝癌，肝硬化，致畸，糙皮病	花生，粮食
麦角生物碱	麦角菌	麦角中毒	黑麦面包
赭曲霉毒素A	赭曲霉、纯绿青霉等	肾病，肠炎	粮食，花生
3-硝基丙酸	深酒色青霉、米曲霉、节菱孢	呕吐，脑部损伤，抽搐	甘蔗
扩展青霉素	棒曲霉、扩展青霉、丝衣霉等	恶心，器官中毒（肝肾、肺等）	水果
镰孢菌毒素a、玉米赤霉烯酮b、单端孢霉烯族化合物（如T2毒素）	禾谷镰刀菌等多种镰刀菌、木素木霉、梨孢镰刀菌、拟枝孢镰刀菌	雌激素亢进，流产，不孕，皮肤黏膜损伤，中毒性白细胞缺少症	粮食
橘青霉素	各种青霉和曲霉	致畸	粮食和腐烂的西红柿
黄绿青霉素	黄绿青霉	肾毒性，脊髓麻痹	大米
杂色曲霉素	构巢曲霉、杂色曲霉等	肝癌	坚果类，粮食

无公害食品（pollution-free food）源于良好的生态环境，按特定的无公害生产技术操作规程生产，且有害有毒物质含量控制在安全允许范围，并经法定职能部门检验认定符合标准的食品、农产品或以此为主要原料加工而成的食品。无公害食品分为AA级和A级两种，其主要区别是在生产过程中，AA级不使用任何农药、化肥和人工合成激素；A级则允许限量使用限定的农药、化肥和合成激素。2001年4月26日由中华人民共和国农业部首先提出《无公害食品行动计划》，并于2002年4月29日发布《无公害农产品管理办法》。

无抗奶（antibiotics free milk）用不含抗生素的原料生产出来的牛奶。"抗"是怕用来治疗病牛所用的各类抗生素，常见的有青霉素、链霉素等。奶牛在每年换季时易患乳腺炎，而且采用机械榨乳也比人工挤奶使奶牛更易患乳腺炎，向牛乳房部位直接注射抗生素，奶牛能尽快恢复健康。经过抗生素治疗的奶牛，在一定时间内产生的牛奶会残存着少量抗生素。这种奶不能作为食用奶原料进行加工生产。如果长期饮用"有抗奶"，会造成人体生理紊乱，对抗生素产生耐药性。有些先天对抗生素过敏的人长期喝"有抗奶"之后，会造成过敏性休克。

X

细菌性食物中毒（bacterial food poisoning） 由于食用被细菌污染的食物而造成的中毒现象。以胃肠道症状为主，常伴有发热症状，其潜伏期相对于化学性的较长。有较明显的季节特点，多发于夏秋季气温和湿度较高的季节，且常常为集体突然暴发，发病率高，病死率低，一般病程短，愈后良好。常见的细菌性食物中毒病原菌有沙门菌属、葡萄球菌、蜡样芽孢杆菌、副溶血性弧菌、肉毒梭菌、致病性大肠菌等。

Y

油脂酸败（rancidify of fat） 油脂在储藏期间受到空气、水分、光照、温度、杂质和某些金属的作用会产生不良气味（俗称"哈喇味"）甚至败坏变质的一种现象。其主要原因是：不饱和脂肪酸的双键被空气中的氧氧化，生成过氧化物，并进一步分解生成了具有刺激性气味的醛、酮、酸等物质。油脂酸败后，色泽变深，透明度降低，酸价增高，沉淀物增多，严重降低了食品卫生的安全性。防止油脂酸败的措施有：（1）毛油精炼：严格控制油中水分（一般水分应低于 0.2%）。（2）防止油脂自动氧化：贮存应注意密封、隔氧和遮光，加工和贮存过程中应避免金属离子污染。（3）应用油脂抗氧化剂，这是防止食用油脂酸败的重要措施。常用的抗氧化剂有丁基羟基茴香醚（BHA）、二丁基羟基甲苯（BHT）和没食子酸丙酯、柠檬酸、磷酸和酚类抗氧化剂，特别是维生素 E 与 BHA、BHT 具有协同抗氧化作用。

有毒动植物中毒（venomous animals and plants poisoning） 食入有毒的动物性和植物性食品引起的食物中毒。多由以下三种情况引起：（1）某些动植物在外形上与可食品相似，但含有天然毒素。如河豚含有导致神经中枢及末梢神经麻痹的河豚毒素等。（2）某些动植物食品由于加工处理不当，没有去除不可食的有毒部分，或未去除其毒素而引起中毒。常见的有猪甲状腺、青鱼胆、四季豆、黄花菜、未煮熟的豆浆等引起的食物中毒。（3）食用了保存不当的食物。如发芽土豆的龙葵素引起的食物中毒。这类食物中毒一般发病快、无发热等感染症状；其中毒食品的性质有较明显的性状特征，通过进食史的调查和食物形态学的鉴定较易查明中毒原因。

有机茶（organic tea） 一种按照有机农业的方法进行生产和加工的茶叶。在其生产过程中，完全不使用任何人工合成的化肥、农药、植物生长调节剂、化学食品添加剂等物质，并符合国际有机农业运动联合会（IFOAM）标准，经有机（天然）食品认证机构颁发证书。有机茶叶是一种没有污染、纯天然的茶叶。有机茶也是中国第一个颁证出口的有机食品。到 2002 年 6 月份，中国共有 158 家企业获得有机茶中心认证，约占全国有机茶认证企业的 80%。另外，还建立有机茶基地近 400 公顷，有机茶的年生产量已经达到 500 余吨（其中以绿茶为主，部分为红茶及乌龙茶等）。

有机食品（organic food） 来自于有机农业生产体系，根据国际有机农业运动联合会（IFOAM）有机农业生产要求相应的标准生产加工的，并通过独立的有机食品认证机构认证的一切农副产品。有机食品生产的基本要求是：（1）生产基地在最近三年内未使用过农药、化肥等，（2）种了或种苗来自于自然界，未经基因工程技术改造过；（3）生产单位需建立长期的土地培肥、植物保护、作物轮作和畜禽养殖计划；（4）生产基地无水土流失及其他环境问题；（5）作物在收获、清洁、干燥、贮存和运输过程中未受化学物质的污染；（6）从常规种植向有机种植转换需要两年以上的转换期（新开垦荒地例外）；（7）有机生产的过程必须有完整的记录档案。有机食品加工的基本要求是：（1）原料必须是获得有机颁证的产品或野生没有污染的天然食品；（2）已获得有机认证的原料在终产品中所占的比例不得少于 95%；（3）只使用天然的调料、色素和香料等辅助原料，不用人工合成的添加剂；（4）有机食品在生产、加工、储存和运输过程中应避免化学物质的污染；（5）加工过程必须有完整的档案记录，包括相应的票据。

有抗食品（antibiotics residue food） 有大量抗生素残留的肉、鱼、蛋、奶等。目前，食品中抗生素残留是全世界范围内存在的问题。有关调查显示，中国畜牧业使用抗生素的数量，已远远超过人使用量的总和，全球每年消耗的抗生素总量中，90% 被用在食用动物身上。滥用抗生素已成为农畜养殖业的"恶性肿瘤"。随着存在大量抗生素残留的肉、鱼、蛋、奶等"有抗食品"进入市场，看不见的危险通过餐桌转移到人体上。长期食用"有抗食品"，即使没有直接大量服用抗生素，人们的耐药性也会不知不觉增强，还可能会引发相关不良反应。一旦动物身上的微生物感染人，后果就更严重。经常食用有抗食品，即使是微量的，也能使人出现荨麻疹或造成过敏性休克。更可怕的是，有抗食品还会使病菌的耐药性越来越强。人一旦患病，所需使用的抗生素剂量就会随之增加，极端的甚至会产生对抗生素的免疫，这就是俗话所说的"无药可治"。

Z

真菌毒素（mycotoxin）真菌中能产生的一种有毒的代谢产物。真菌广泛分布于自然界，数目庞大，估计有十万种之多。在数量庞大的真菌中，有些真菌如黄曲霉、寄生曲霉、镰刀菌、节菱孢等，能产生有毒的代谢产物，即真菌毒素。它能危害人类和动物的健康，使人和动物发生真菌毒素食物中毒。真菌毒素病的特点：（1）无传染性；（2）抗生素治疗及高温消毒对真菌病毒无效；（3）常由某种食物引起而暴发；（4）常有季节性。

致癌物（carcinogen）能诱发哺乳动物的器官组织形成恶性肿瘤的化合物。致癌物大致可以分为化学致癌物、物理致癌物、生物致癌物和食物致癌物。其种类很多，达数百种。（1）化学致癌物包括：多环性碳氢化合物，如煤焦油、沥青、烟草等物质中含有的 3，4-苯并芘，是一种强致癌物质；染料，如偶氮染料、乙苯胺、联苯胺等；亚硝胺类是消化系统的重要致癌物质；霉菌毒素，如黄曲霉毒素等；其他无机物，如砷、铬、镍及其化合物等，以及石棉。（2）物理致癌物或致癌方式有慢性机械刺激、电磁场、放射线、放射性物质、紫外线、烧伤等。（3）生物致癌物包括某些病毒、细菌、寄生虫等。（4）食物致癌物主要有霉变食物、食物添加剂、某些刺激性食物和特殊食物。

致病菌（pathogens）又称病原菌，能引起人类疾病的细菌。如伤寒杆菌能引起伤寒症，结核杆菌能引起结核病等。食品卫生指标规定，在食品中致病菌不得检出。

转基因食品（genetically modified food）利用分子生物学基因工程技术培育出的新动植物品种所生产的食物。世界上第一种基因移植作物是1983年培植成功的一种含有抗生素类抗体的烟草植株。随着基因重组技术的日趋成熟，引发了农业生产上的第二次绿色革命。美国首先成功培育出耐贮存的西红柿、抗病的甜椒等；世界各国也不断地培育出新的转基因作物，全世界已经投入试验生产的转基因作物已超过4 500种，播种面积达到4 000万公顷。中国也培育出了自己的转基因作物：抗虫棉和推迟成熟期耐贮存的西红柿。

转基因食品安全性（safety of genetically modified food）通过人为转基因的动、植物制成的食品的安全性问题。因这些食品来源的动植物对于生物进化、生态环境及人类健康的影响还都是未知数。如果把这种转基因动物或植物不加任何限制地利用，可能会带来安全性问题。无论来自于转基因植物还是转基因动物的食品都有安全性问题。现在国际上对转基因食品的争论很大。美国等国家由于自身的利益对转基因食品持积极态度，而欧洲等一些国家则持反对态度，其争论的焦点主要是引起的贸易争端等问题。

转基因食品安全性评价（safety evaluation of genetically modified food）为了消除由于转基因技术应用于食品而引发的疑虑及不安定因素，保证人类健康和安全，对转基因食品进行严格的科学试验，积累足够的证据，从而作出合理缜密的安全性评价。安全性评价的总原则为：（1）促进而不是限制基因工程的发展，同时保障人类健康和生态环境；（2）考虑到基因、转基因植物种类及环境多样性，应采取个案分析原则；（3）逐步完善的原则；（4）在积累数据和经验的基础上，使监督管理趋向宽松化和简单化。目前，普遍公认的转基因食品安全性评价方法，是经济发展合作组织（OECD）于1993年提出的"实质等同性"原则，即通过生物技术产生的食品及食品成分，是否与目前市场上销售的食品具有实质等同性。"实质等同性"是指利用一个现有的食物或食物成分与新的食物或食物成分相比较，如果实质上是相同的，那么它就可以被认为是安全的。这种检测和评价是一种分析比较的过程。"实质等同性"对转基因食品进行安全评价的过程分为四步：（1）了解每个转基因植株的背景，选择可以比较的植物；（2）实质性比较，进行表型特征和构成成分的比较；（3）得出比较结果及进一步处理；（4）加标签后上市。在标签上对转基因食品可能出现的过敏反应或经加工后可消除有害影响进行说明。

七、环境科学技术

(Environmental Science and Technology)

（一）基础知识（Basic Knowledge）

C

次生环境问题（secondary environmental problem）人为扰乱生态系统后所产生的环境问题。即由于人类的生产和生活引起生态系统破坏和环境污染，反过来又危及人类自身的生存和发展的现象。次生环境问题包括生态环境破坏、环境污染和资源浪费等方面。

D

大气环境学（atmospheric environmental science）研究大气组分（组成大气的气体和气溶胶粒子）的学科。大气科学与环境科学交叉的一门新兴的学科。研究对象、任务包括大气污染的种类、来源、成因、扩散和输送，物理和化学过程，管理和治理等；大气对污染物的稀释、自净、纳污过程和能力，温室效应，臭氧层破坏和酸雨等全球性的大气环境问题；沙尘暴和污染物的远距离输送等空气污染的综合防治和大气环境保护的技术和方法等。主要研究方向为：大气扩散规律（包括城市与区域多源扩散的模式等）；大气扩散的实验室模拟；大气环境影响评价及其方法的规范化、标准化、程序化。其主要领域为大气扩散的数值模拟研究、污染气象观测及参数、事件（风向、风速、大气稳定度、混合层、逆温层、风场、酸雨等）的研究、核电站应急评价系统的开发研究、项目计算机软件的引进、开发及其规范化、标准化的研究等。

地球化学环境疾病（geochemical environment of disease）又称生物地球化学性疾病或地方病，由地球化学环境因素诱发的在居住人群中存在的区域分布特征明显的疾病。在地表，由于一些对人体健康有害的元素在区域的岩石、土壤、水体、空气中自然分布的不均匀性，或因人类活动带来污染组分的叠加，形成

一个区域出现某种或某组元素的过度富集或过度缺失，构成了一个特殊的地球化学环境。长期处在这种环境中，各种生物包括当地居民，都会因摄入某种（某些）元素量过量或不足，导致新陈代谢失调，出现病态反应，形成一种区域性分布的群体性疾病。患病人群没有老少性别之分。常见的地方病有克山病、大骨节病、低氟病、地方性甲状腺肿大、伽师病及局部地区高发的食道癌等。

E

《21 世纪议程》（*Agenda 21*）1992 年联合国环境与发展大会上通过的重要文件之一，是贯彻实施可持续发展战略的人类活动计划。该文件虽然不具有法律约束力，但它反映了环境与发展领域的全球共识和最高级别的政治承诺，提供了全球推进可持续发展的行动准则。《21 世纪议程》涉及人类可持续发展的所有领域，提供了 21 世纪如何使经济、社会与环境协调发展的行动纲领和行动蓝图。提出了 2 500 多条各式各样的行动建议，包括如何减少浪费性消费、消除贫穷、保护大气层、海洋和生物多样性以及促进可持续农业的详细建议。整个文件共计 40 万字，分四个部分：（1）社会和经济方面；（2）保存和管理资源以促进发展；（3）加强各主要群组的作用；（4）实施手段。

F

非生物环境（abiotic environment）见生态系统。

G

《哥本哈根宣言》（*Copenhagen Declaration*）1995 年 3 月联合国社会发展世界首脑会议在哥本哈根召开通过的文件。《宣言》包括如下内容：社会各部门的民主和透明、负责的管理和行政是实现以人为中心的可持续的社会发展不可或缺的基础。社会发展和社会

正义是实现和维持各国国内和国际间和平与安全不可缺少的条件。经济发展、社会发展和环境保护是可持续发展中相互依存、彼此加强的三部分，可持续发展是提高全体人民生活质量的框架。让穷人有能力以可持续方式利用环境资源的公平的社会发展是可持续发展的一个必要基础。社会发展是各国政府和民间社会各部门的中心责任。在经济和社会方面，最富有成效的政策和投资就是那些使人民有权最大限度地发挥能力、掌握资源和创造机会的政策和投资。社会发展要以人民为中心。社会发展的最终目标是改善和提高全体人民的生活质量。

《国际环境法》（*International Environment Law*）调整国际自然环境保护中的国家间相互关系的法律规范的总称。它是各国普遍承认的一般法律原则，是当代国际法中的一个新领域。国际环境法是国际社会经济发展，特别是人类环境问题发展的产物。其渊源主要是国际环境保护条约和国际惯例。国际组织和国际会议通过的一些决议、宣言、宪章、行动计划等，虽然对各国不具有强制性的约束力，但对各国合作保护全球环境仍起着"软法"的作用。国际环境法由大量的多边、双边和区域性国际环境保护公约、条约、议定书、协议等组成，其涉及的方面主要包括国际海洋环境保护和污染防治的公约和条约，保护臭氧层的公约和议定书，防止气候不利变化的公约，保护生物多样性公约，防止危险废物越境转移的公约，防止国际河流污染的公约和条约，防止越境大气污染的公约和条约，防止核污染的国际公约等。国际环境法的基本原则是：为各国所公认且普遍适用于国际环境关系各个领域的对国际环境保护有指导意义、构成国际环境法基础的根本准则。国际环境法把国际社会、经济、海洋、宇宙、卫生等法规中关于保护自然环境方面的内容结成了一个新的整体。按受保护的对象划分，国际环境法可分为保护国际河流和湖泊、国际海域、大气和宇宙空间、海洋生物资源和陆上野生动植物等规范。

H

海洋资源（marine resource）海洋生物、海洋矿产、海洋化学资源及海洋能源等的总称。是人类赖以生存和发展的自然环境的重要组成部分。海洋生物资源是可再生资源，种类繁多，蕴含着地球上80%以上的生物资源，且具有独特的化学结构及多种生理活性物质，在提供人类食物方面具有极其重要的作用。海洋矿产资源包括海底以锰结核为代表的多金属结核及海岸带的重砂矿中的钛、锆等。海洋化学资源包括从海水中提取淡水和各种化学元素（溴、镁、钾等）以及盐等；目前，全球海水淡化日产量约3 500万立方米，可以解决世界1/5的人口供水问题，而且这个巨大的市场还以每年10%的速度膨胀。海洋能源包括储量丰富的海底石油、海洋天然气、海水温差能、盐差能、波浪能、潮汐能、海流量能等，远景发展尚包括海水中铀和重水的能源开发。

环境（environment）影响人类生存和发展的各种天然的和经过人工改造的自然因素的总体，包括大气、水、海洋、土地、矿藏、森林、草原、野生生物、自然遗迹、人文遗迹、自然保护区、风景名胜区、城市和乡村等。任何事物的存在都要占据一定的空间和时间，并必然要和周围的各种事物发生联系。与其周围诸事物间发生各种联系的事物被称为中心事物，而该事物所存在的空间以及位于该空间中诸事物总称为该事物的环境。环境是相对于中心事物而言的。环境科学所研究的环境，是以人类作为中心事物的自然环境。按照环境的范围大小来分类可以把环境分为特定空间环境（如航空、航天和航海的密封舱环境等）、劳动环境（如车间环境等）、生活区环境（如居室环境、院落环境等）、城市环境、区域环境（如流域环境、行政区域环境等）、全球环境和宇宙环境等。

环境承载力（environmental carrying capacity）在一个环境区域的一定时间段内，自然环境对人类的社会活动和经济活动的支撑能力的限度。自然环境给予人类社会的生存和发展提供了物质和空间环境上的支持。但是，其支撑力是有一定限度的。当由于人类的生产和生活活动排入自然环境的污染物超出了某一个环境区间在一定时间里所能容纳的数量时，也就是超出了当地环境的承载力。人类赖以生存和发展的环境是一个具有强大维持其稳态效应能力的系统，它既为人类活动提供空间和载体，又为人类活动提供资源并容纳废弃物。当今存在的种种环境问题，大多是人类活动与环境承载力之间出现冲突的表现。当人类社会经济活动对环境的影响超过了环境所能支持的极限，即外界的"刺激"超过了环境系统维护其动态平衡与抗干扰的能力，也就是人类社会行为对环境的作用力超过了环境承载力。人们用环境承载力作为衡量人类社会经济与环境协调程度的标尺。

环境地学（geoscience of enviroment）以人－地系统为对象，研究其发展、组成及其结构、调节和控制、改造与利用等规律的一门学科，是环境科学的一个分支学科。人－地系统是人类和地球共同构成的系统。因此，环境地学同地理学和地质学在研究对象方面有共同性，但环境地学更关注人类活动对地理环境的影响。其目前较为明确的分支学科有：环境地质学、环境地球化学、污染气象学、环境海洋学和环境土壤学等。

环境毒理学（environmental toxicology）从生物医学角度研究环境污染物及其在环境中的转化产物对人体健康的有害作用及其作用规律，并指出有害影响发生概率的学科。是环境医学的一个组成部分，也是毒理学的一个分支。其主要任务是：（1）研究环境污染物及其在环境中的降解和转化产物对机体造成的损害和作用机理；（2）探索环境污染物对人体健康损害最初出现的生物学变化，找出早期观察指标，以便及早发现并设法排除；（3）定量评定有毒环境污染物对机体的影响，为制定环境卫生标准提供依据。环境毒理学常用的基本研究方法包括环境流行病学方法、环境化学和毒理学研究技术、人体健康危险度及生态风险评价等。环境毒理学主要的分支科学有大气污染毒理学、土壤毒理学、水环境毒理学、职业毒理学、河口生态毒理学、野生生物毒理学等。

环境工程学（environmental engineering）人类在治理环境污染，保护和改善生存环境的过程中形成的一门学科，是环境科学的重要组成部分。环境工程学是制定环境规划并付诸实施的重要手段。狭义上：是对污染物监测、控制和治理的工程。研究内容包括：水体污染防治工程、大气污染防治工程、固体废物的处理和利用工程、噪声与振动控制等。广义上：综合运用环境科学的基础理论和有关的工程技术，控制和改善环境质量。通过利用系统工程方法，在更大的区域内寻求解决环境问题的方案，例如控制全球气候变暖的系统工程等。

环境管理学（science of environmental management）以实现可持续发展战略为根本目标，以研究环境管理的规律、特点、理论和方法为基本内容的学科。它综合运用环境科学和管理科学的理论与方法研究人类－环境系统的管理过程和运动规律，采用各种手段调控人类社会经济活动与环境保护之间的关系，为环境管理提供理论和方法上的指导。环境管理学是公共事业管理专业的基础课，是一门研究环境管理最一般规律的科学。

环境恢复（environmental recovery）环境系统在长期的演变过程中，逐渐形成的一种自我调节的系统。当环境系统受到自然或人类的干扰时，其系统内部进行的物理过程、化学过程、生物过程可以减轻或消除外界的干扰，使环境恢复原有的结构和功能，从而维持和保护系统的稳定性。环境恢复能力是环境系统的重要特点之一，人类应充分合理利用环境恢复力，使环境系统达到良好的自我调节，更好地保护环境。

环境基质（environmental elements）见环境要素。

环境经济学（economics of environment）研究经济发展和环境保护之间相互关系的学科，是经济学和环境科学交叉的学科。环境经济学研究合理调节人与自然之间的物质变换，使社会经济活动符合自然生态平衡和物质循环规律，不仅能取得近期的直接效果，又能取得远期的间接效果。环境经济学主要是一门经济科学，以经济学为理论基础，内容主要有四个方面：环境经济学的基本理论、社会生产力的合理组织、环境保护的经济效果和运用经济手段进行环境管理。

环境科学（environmental science）研究人与环境之间关系的科学。环境科学的研究可以分成两个层次：（1）宏观上，研究人和环境相互作用的规律，由此揭示社会、经济和环境协调发展的基本规律，也就是可持续发展的思路。因此，环境科学发展之后，必然要提出可持续发展问题。（2）微观上，环境科学要研究环境中的物质，尤其是人类活动产生的污染物在环境中的产生、迁移、转变、积累、归宿等过程及其运动规律，为保护环境的实践提供科学基础。环境科学还要研究环境污染综合防治技术和管理措施，寻求环境污染的预防、控制、消除的途径和方法。

环境破坏（environment destroy）由于不合理地开发、利用资源和进行大型工程建设，使自然环境和资源遭到破坏而引起的一系列环境问题。环境破坏主要是指人类在改造自然的过程中，因进行大型工程建设而引起的自然环境、资源和生态系统的质量恶化等环境问题，例如水土流失、沙漠化、地下水枯竭、地面下沉、珍稀物种灭绝、地质结构破坏、地貌景观破坏等。其后果往往需要很长时间才能恢复，有的甚至不可逆转。环境破坏不同于环境污染，环境污染属于环境破坏，环境破坏不一定是环境污染，二者是整体与部分的关系。

环境容量（environmental capacity）某一环境在自然生态结构与正常功能不受损害、人类生存环境质量不下降的前提下所能容纳的污染物的最大负荷量。环境容量分为总容量（即绝对容量）与年容量。前者是某一环境所能容纳某种污染物的最大负荷量，达到绝对容量没有时间限制，即与年限无关。环境绝对容量由环境标准值和环境背景值所决定。年容量是指某一环境在污染物的积累浓度不超过环境标准规定的最大容许值的情况下，每年所能容纳的污染物最大负荷量。年容量的大小，除了与环境标准值和环境背景值有关外，还同环境对污染物的净化能力有关。

环境生态学（environmen ecology）研究污染物质在环境的各个生态系统中的扩散、富集规律以及致害影响等问题的学科。主要内容包括：（1）调查几种重要生态环境（如海洋、农田、河流、草原、森林等）的污染情况、自然资源的受害情况、环境对有害物的容量负荷以及生态系统中的物质循环规律；（2）研究工农业生产过程中排放的废弃物在生物之间的连锁关系以及分解、转移、浓缩的变化规律；（3）研究农林牧害虫的生理生态特性及环境条件对它们生存的影响，为害虫的综合防治提供理论基础。

环境生物学（biology environmental）主要研究生物与受人类干预的环境之间相互作用的规律及其机理的一门学科。它以A.G.坦斯利提出的生态系统概念作为主要的理论基础，因而有人认为环境生物学就是生态学。环境生物学研究的对象是受人类干预的生态系统。这里所说的人类的干预包括两个方面：一是指人类活动对生态系统造成的污染；二是指人类活动对生态系统的影响和破坏，主要是人类对自然资源的不合理利用，如对森林的滥砍滥伐，对草原的过度放牧，不合理的围湖造田和大型水利工程建设等。环境生物学研究的主要内容是环境污染引起的生态效应；生物或生态系统对污染的净化功能；利用生物对环境进行监测、评价的原理和方法以及自然保护等。其目的在于为人类合理地利用自然和自然资源，保护和改善人类的生存环境提供理论基础，促进环境和生物朝有利于人类的方向发展。

环境生物学今后将进一步研究污染对各类生态系统结构和功能的影响，预测和预报污染对生态系统稳定性、群落结构、物质循环和能量交换的影响，为制定最优化环境区划和规划提供依据；进一步研究各个生态系统（如工矿、农田、森林、草原和水生生态系统）内部和相互之间的调节、控制和平衡关系，以及研究由于污染而引起的区域性或全球性变化对生物圈生物资源的影响；进一步加强对有关生物净化和生物降解的基础理论研究。

环境适宜度（environmental applicability）环境状态的一种特性和功能程度。它有广义和狭义两种理解。当把社会、经济、环境作为一个大系统的三个基本环节时，环境适宜度指的是此环境状态是否能适应社会、经济发展的需要，并与它们一起组成一个结构和谐并有着高效生产能力的系统；当把环境看作人类生活条件的背景时，环境适宜度指的是环境状态对人类在生活条件和对优美、舒适、方便等不断增长的需求方面的适应程度。

环境退化（environmental degeneration）由于自然或人为原因引起的环境质量下降与环境结构异常改变，从而使环境朝着不利于人类生活和社会经济发展方向变化的过程。目前，人类活动是造成全球范围内环境退化的主要影响因素，如工农业生产导致的各种污染。环境退化将导致严重的自然灾害。

环境危机（environmental crisis）由人类生产与生活导致的地区性、区域性甚至全球性的环境功能的衰退或破坏，从而严重影响和威胁人类自身的生存和发展的现象。产生的主要原因是：人类的环境意识薄弱，没有深刻认识到人与环境相互依存和相互作用的关系；世界人口增长过快，特别是经济落后国家，因人口压力过度地向环境索取资源，给环境造成巨大压力和破坏；生产过程中没有充分合理利用自然资源，向环境排放大量废弃物质；人类利用科学技术，经常不适当地扩大干预自然的规模和程度，导致局部和全球性的气候异常、森林植被锐减、水土流失、淡水资源枯竭、环境污染严重及环境质量下降等。当人类社会发展到具有高度环境意识和觉悟，并把科学技术用于协调人与环境关系的时候，人类才能克服和消除环境危机。

环境微生物工程（environmental microbiological engineering）运用微生物工程的原理、技术和设备，以保护和净化环境为根本目的的工程技术。它面对整个生态系统，包括对污染物的资源化和建立清洁生产工艺，不以生产有用物质为唯一目标。环境微生物工程中起主体作用的是微生物或其生物制品，应用的范围是目标环境，贯穿其间的是相关技术系统，通过工程技术的实施达到减少污染，造福人类的根本目的。环境微生物工程是环境工程的组成部分，由基础研究和工程实施两部分组成。其中的技术系统必须与微生物的研究、开发和利用相结合，还必然具有环境工程的特征。环境微生物工程经常针对的是各种类型的污染物或污染现场，而不能使用单一固定的培养基配方；环境微生物工程往往以种群发挥主体功能而不仅仅靠单菌株；环境微生物工程面对的往往是污染的生态系统而不仅仅是一个反应器或一群构筑物中的反应处理条件，这些因素均决定了环境微生物工程必然需要多种技术的配合，特别是高新技术的参与。

环境问题 (environmental problem) 由于自然因素或人类的活动，导致全球环境或区域环境出现不利于人类生存及其发展的各种现象。环境问题是目前世界人类面临的几个主要问题之一。当今全球性最紧迫的环境问题，可归纳为六大问题，即人口增长或人口膨胀问题、全球性气候变迁问题、大气污染问题、遗传学方面的变化及有些动植物物种灭绝问题、土地贫瘠化问题和生态平衡失调问题。全球性六大环境问题是根据联合国教科文组织和联合国环境规划署的意见提出来的。在当今社会，从表面上看，环境问题是一个技术问题和经济问题；从深层次考察，它还是一个哲学问题、宗教问题、伦理问题。如果要从根本上解决环境问题，不仅需要技术的更新、经济法律制度的变革和工业文明的转型，更有赖于人们哲学范式的改变、伦理观念上的觉悟。

环境污染 (environmental pollution) 环境的物理、化学和生物等条件的变化，使环境系统的结构与功能产生有害于人类及其他生物的正常生存和发展的现象。产生环境污染的主要原因是人类对资源的不合理使用和浪费。人类在进行大规模的物质生产中，直接或间接地向环境排放超过其自净能力的物质或能量，使环境的质量降低，使生态系统的结构与功能发生变化，对人类以及其他生物的生存与发展造成不利影响。环境污染根据环境的结构单元分为：大气污染、水体污染、土壤污染、生态污染；根据污染物的形态分为：废水污染、废气污染、噪声污染、固体污染；根据污染物的性质分为：化学污染、物理污染、生物污染、放射性污染；根据污染产生的原因分为：生产污染和生活污染，前者又可分为工业污染、农业污染、交通污染等；根据污染物的分布范围又可分为全球性污染、区域性污染和局部性污染等。在环境管理工作中，以环境质量标准为尺度，来评定环境是否发生污染以及受污染的程度。环境污染不仅能引起生物体的急性中毒和慢性危害，对机体的免疫功能产生影响，而且会引起生物体遗传物质的变化，甚至引起全球气候变化等。

环境物理学 (environmental physics) 研究物理环境同人类的相互作用的学科，环境科学的一个分支。其主要研究声、光、热、加速度、振动、电磁场和射线对人类的影响及其评价，以及消除这些影响的技术途径和控制措施。其目的是为人类创造一个适宜的物理环境。根据其研究对象可分为环境声学、环境光学、环境热学、环境电磁学和环境空气动力学等分支学科。

环境效应 (environmental effect) 自然过程或人类活动造成的环境污染或破坏，引起环境系统结构和功能的变化。按起因可分为自然环境效应和人为环境效应。前者是以地能和太阳能为主要动力而引起的环境变化，后者是由人类活动引起的环境变化。按环境变化的性质可以分为环境生物效应、环境化学效应和环境物理效应。环境生物效应是各种环境因素变化而导致生态系统的变异，如中生代恐龙的灭绝、现代公害病等；环境化学效应是在各种环境条件影响下，由物质之间的化学反应所引起的环境变化的后果，如湖泊酸化、光化学烟雾等；环境物理效应则是由物理作用引起的环境变化的后果，如城市热岛效应、温室效应、噪声等。环境效应的机制及其反应过程的研究是环境科学十分重要的领域。

环境要素 (environmental factors) 又称环境基质，构成人类整体环境的各个独立、性质不同，而又服从整体演化规律的基本物质组分。它又分为自然环境要素和社会环境要素。通常讲的环境要素是指自然环境要素，它包括水、大气、岩石、生物、阳光和土壤等。自然环境要素虽然由于人类活动发生巨大的变化，但仍按自然的规律发展着。在自然环境要素中，按其主要的环境组成要素，可再分为大气环境、水环境（如海洋环境、湖泊环境等）、土壤环境、生物环境（如森林环境、草原环境等）、地质环境等。社会环境要素是人类社会在长期的发展中，为了不断提高人类的物质和文化生活而创造出来的。社会环境要素常依人类对环境的利用或环境的功能再进行下一级的分类，分为聚落环境（如院落环境、村落环境、城市环境）、生产环境（如工厂环境、矿山环境、农场环境、林场环境、果园环境等）、交通环境（如机场环境、港口环境）、文化环境（如学校及文化教育区、文物古迹保护区、风景游览区和自然保护区）等。环境要素是组成环境的结构单位，环境的结构单位又组成环境整体或环境系统。环境要素不仅制约各环境要素间相互联系、相互作用的基本关系，而且是认识环境、评价环境、改造环境的基本依据。

环境医学（environment medicine）研究环境与人群健康的关系，特别是研究环境污染对人群健康的有害影响及其预防的一门学科，是环境科学也是预防医学的一个重要组成部分。环境医学的主要研究内容有：环境流行病学、环境毒理学、环境医学检测、环境卫生标准等。

环境异常（environmental abnormality）由于自然环境的某个或多个要素发生变化，破坏了自然生态的相对平衡，使人类及其他生命体受到威胁或被灭绝的现象。通常发生的环境要素的改变，能使生态系统产生不可逆转的变化，即靠自然能力不能使环境恢复原有状态，或达到新的生态平衡。按照发生的范围，环境异常可分为全球环境异常、区域环境异常和局部性环境异常。例如，如今世界范围内温度增高，就是全球异常；中国西南地区酸雨问题严重，就是区域异常；某地或某区发生的废水排放或废气排放，就构成局部异常。环境异常在程度上有别于环境灾害，但是环境异常现象的加剧，可能导致环境灾害的发生。

环境灾害（environmental disaster）因为人类活动的影响超过了自然环境的承载能力，致使自然环境系统的功能和结构部分或全部遭到破坏，从而危及人类的生活环境，并使其部分或全部失去其服务于人的功能，或者给人类生命财产构成严重破坏的自然及社会现象。它包括人为的环境灾害（工业事件与事故），如大气污染、土壤退化、沙漠化及地面沉降等；还包括自然环境灾害，如地震、洪水、滑坡与泥石流、干旱、飓风、火山喷发等。

环境指标（enviromental index）为实现环境目标所规定的并满足具体环境绩效要求的指标。它们直接来自环境目标。一个国家或地区为了其当代和后代人保持良好的生态环境，在制定推进经济、社会发展的决策时，会根据实际情况予以量化。对一个企业来说，其环境指标为：排放污染物全部稳定达到国家或地方规定的排放标准和污染物排放总量控制指标；单位产品综合能耗达到国内同行业领先水平；单位产品水耗达到国内同行业领先水平；单位工业产值主要污染物排放量达到国内同行业领先水平；废物综合利用率达到国内同行业领先水平及建立完善的环境管理体系六项指标。

环境自净能力（self-purification capacity）在一定范围内，环境能够通过自然作用使其中污染物的含量降低的能力。这种能力包括物理的、化学的、生物的或者是综合的。自净能力的大小决定于环境要素的种类及其所具有的状态。水体、大气、土壤和生物等各种环境要素对污染物都具有一定的扩散、稀释、氧化、还原、生物降解等作用，通过这些作用，降低了污染物的浓度，减小甚至消除了污染物的毒性。不过，这种自净能力是有限度的。这个限度就叫环境容量。自净能力的研究是区域环境规划的重要内容，可以为区域经济发展规划的决策提出依据。

I

ISO14000标准（ISO14000 standard）国际标准化组织（ISO）制定的环境管理体系国际标准。ISO14000注重体系的完整性，是一套科学的环境管理软件，强调对法律法规的符合性，但对环境行为不作具体规定，只要求对组织的活动进行全过程控制，广泛适用于各类组织。

ISO14020标准（ISO14020 standard）国际标准化组织颁发的与环境标志有关的一系列环境管理标准。包括目前已颁布的ISO14020《环境标志和声明通用原则》，ISO14021《环境标志和声明自我环境声明（Ⅱ型环境标志）》和ISO14024《环境标志和声明Ⅰ型环境标志原则和准则》，均是为指导环境标志而做的指导性标准。ISO14025/TR《环境标志和声明Ⅲ型环境声明原则和程序》还是一个技术报告，不少国家已经按其技术要求，开展了Ⅲ型环境标志。目前，中国环境标志计划从产品种类的筛选、产品环境准则的制定、认证程序等各个方面都执行ISO14020和ISO14024的要求。并正在按着ISO14021和ISO/TR14025要求开拓Ⅱ、Ⅲ型环境标志。

J

《京都议定书》（*Kyoto Protocol*）全称为《联合国气候变化框架公约的京都议定书》，是联合国气候变化框架公约的补充条款。1997年12月，在日本京都由联合国气候变化框架公约参加国第三次会议制定的。京都议定书规定工业化国家要减少温室气体的排放，减少全球气候变暖和海平面上升的危险，发展中国家没有减排义务。到2010年，相对于1990年的温室气体排放量，全世界总体排放要减少5.2%，包括6种气体，二氧化碳、甲烷、氮氧化物、氟利昂等。到2008～2012年的5年间，欧盟国家应减少8%，美国7%、日本6%、加拿大6%、东欧各国5%～8%。新西兰、俄罗斯和乌克兰则不必削减，可将排放量稳定在1990年水平上，允许爱尔兰、澳大利亚和挪威的排放量分别比1990年增加10%、8%、1%。《京都议定书》需要在占全球温室气体排放量55%的55个国家批准之后，才具有国际法效力。各个国家之间可以互相购买排放指标，也可以以增加森林面积吸收二氧化碳的方式按一定计算方法抵消。经过近8年争拗后，京都议定书最终获得120多个国家的确认履行，并于2005年2月16日起正式生效。中国于1998年5月29日签署了该议定书。

K

可再生资源（*renewable resource*）又称更新自然资源，通过天然作用或人工活动能再生更新，且能为人类反复利用的自然资源，如太阳能、土壤、植物、动物、微生物和各种自然生物群落、森林、草原、水生生物等。可再生资源在现阶段自然界的特定时空条件下，能持续再生更新、繁衍增长，保持或扩大其储量，依靠种源而再生。很多可再生资源的可持续性，受人类活动和利用方式的影响。在科学管理、合理开发、循环利用的情况下，资源可以恢复、更新、再生，甚至不断增长；在开发利用不合理的条件下，其更新过程就会受阻，使蕴藏量不断减少，甚至完全耗竭。例如，水土流失导致土壤肥力下降；过度捕捞使渔业资源枯竭，并且进一步降低鱼群的自然增长率。太阳能目前虽不会由于人类活动方式的影响在数量上有所变化，但如果人类破坏大气臭氧层，则会增加照射地球表面的紫外线量，使之发生质的变化，不利于人类健康。

矿产资源（*mineral resource*）地壳形成后，经过长期地质作用而生成、露于地表或埋藏于地下的具有利用价值的自然资源。矿产资源是人类生活资料与生产资料的主要来源，是人类生存和社会发展的重要物质基础。目前，95%以上的能源、80%以上的工业原料、70%以上的农业生产资料、30%以上的工农业用水均来自矿产资源。

N

南水北调（*south-north diversion of river water*）将长江流域的部分水调往北方缺水地区的水利工程。南水北调工程计划有西、中、东三条线路。西线工程从长江上游干、支流引水到黄河上游，分别在通天河、雅砻江、大渡河上筑坝建库，蓄积来水，采用引水隧洞穿越分水岭巴颜喀拉山入黄河，重点解决青海、甘肃、宁夏、内蒙古、陕西、山西6省（自治区）的缺水问题，年调水量 $1.2 \times 10^{11} \sim 1.8 \times 10^{11} m^3$。中线工程渠首为长江支流汉江上的丹江口水库的陶岔，沿伏牛山和太行山山前平原，跨越江、淮、黄、海四大流域，自流输水到北京、天津、河南、河北等缺水省市，规划年调水量为 $1.0 \times 10^{11} \sim 1.2 \times 10^{11} m^3$。东线工程目的是解决黄淮海平原缺水问题。渠首为长江下游扬州附近的拦水装置，利用京杭大运河的通航能力及平行河道逐级提水北送，经洪泽湖、骆马湖、南四湖和东平湖，在位山附近穿越黄河，经临运河、卫运河、南运河自流到天津，计划引水 $1.0 \times 10^{11} \sim 1.7 \times 10^{11} m^3$。跨流域调水以达到地区间需水量与供水量的平衡，会涉及相关流域水资源的重新分配和引起社会生活条件和生态环境的变化，因此需要全面分析跨流域的水量平衡关系，综合协调各地区间可能产生的矛盾和环境质量问题。

Q

全球环境变化（*global environmental change*）由于自然和人为因素造成的全球性的环境改变。主要包括气候变化(温度变化、降水变化、气候带的迁移等)、大气组成变化（如二氧化碳浓度及其他温室气体含量的变化）、海平面变化，以及由于人口、经济、技术和社会压力引起的土地利用变化等几个方面。全球环境变化包括现代的全球环境变化和过去的全球环境变化（也称古全球环境变化）。

R

人工生态系统（*artifical ecosystem*）以人类活动为生态环境中心，按照人类的理想要求建立的生态系统。如城市生态系统，农业生态系统等。人工生态系统是由自然环境（包括生物和非生物因素）、社会环境（包括政治、经济、法律等）和人类（包括生活和生产活动）三部分组成的网络结构。人类在系统中既是消费者又是主宰者，人类的生产、生活活动必须遵循生态规律和经济规律，才能维持系统的稳定和发展。人工生态系统的特点是：（1）社会性，即受人类社会的强烈干预和影响，（2）易变性，或称不稳定性，即易受各种环境因素的影响，并随人类活动而发生变化，自我调节能力差；（3）开放性，即系统本身不能自给自足，依赖于外系统，并受外部的调控；（4）目的性，即系统运行的目的不是为维持自身的平衡，而是为满足人类的需要。

S

森林资源（forest resource）林地及其所生长的森林有机体的总称。其中以林木资源为主，还包括林下植物、野生动物、土壤微生物等资源。林地包括乔木林地、疏林地、灌木林地、林中空地、采伐迹地、苗圃地和国家规划的宜林地。森林属于可再生的自然资源，又是一种重要的环境资源：可以净化空气，吸烟滞尘，调节气候，美化环境、吸声降噪、防风固沙，保持水土、涵养水分、保护农田等。反映森林资源数量的主要指标是森林面积和森林蓄积量。

生态安全（ecological security）自然生态环境与人类生态意义上的生存和发展风险大小的一种度量。即人的生活、健康、安乐、基本权利、生活保障来源、必要资源、社会秩序和人类适应环境变化的能力等方面不受威胁的状态，包括自然生态安全、经济生态安全和社会生态安全，组成一个复合人工生态安全系统。一般包括生物安全、食品安全、人体安全、生产安全和社会安全。生态安全和国防安全、经济安全一样，是国家安全的重要组成部分，受到世界各国高度重视。

生态承载力（ecology carrying capability）在满足一定的生态环境保护准则和标准下，在一定的社会福利和经济、技术水平条件下，利用当地（和调入）的水资源和流域"社会—经济—生态环境"系统其他资源与环境条件，维系良好生态环境所能够支撑的最大人口数量及社会经济规模。生态承载力决定着一个流域（或区域）经济社会发展的速度和规模。如果在一定社会福利和经济技术水平条件下，流域（或区域）的人口和经济规模超出其生态环境所能承载的范围，将会导致生态环境的恶化和资源的匮竭，严重时会引起经济社会不可持续发展。生态环境承载

力的研究，需要在"社会—经济—生态环境"复合系统中，在可持续发展原则的指导下进行，实现"人与自然"协调发展。生态承载力的计算方法与生态足迹相同，其计算步骤为：（1）汇集各类生态生产性土地的面积；（2）计算各类生态生产性土地的人均生态承载力并加总；（3）扣除12%的生物多样性保护面积，计算区域生态承载力。

生态赤字（environment ecologic deficit）生态环境的支出大于收入的差额数字。如果某个区域的生态足迹大于生态承载力，就出现生态赤字，该区域处于不可持续发展状态；反之则出现生态盈余，可持续发展状态良好。区域的生态赤字或生态盈余，反映区域人口对自然资源的利用状况。目前中国的人均生态足迹为1.3，相当于世界平均水平的65%，人均生态承载力为0.7，相当于世界平均水平的37%。目前中国除西藏和青海，其他均为生态赤字。

生态规划（environment ecologic planning）按照生态学的原理，对某地区的社会、经济、科技与生态环境所进行的全面的综合规划。其目的在于充分有效和科学地利用各种资源条件，促进生态系统的良性循环，使社会经济持续稳定地发展。它要解决的中心问题是人类社会生存和持续稳定的发展。这个问题涉及社会、经济、科技、生态环境、人类心理和行为等各个方面。因此，制定一个好的生态规划，需要诸多方面（领域）的人员共同参与，将多个学科的知识融合在一起。其发展趋势，是走向高度综合化和定量模型化。它所涉及的区域也越来越大，已从一个地区扩大到一个国家，并将发展到全球范围。

生态环境（eco-environment）由一定生态关系构成的系统整体。它由生物群落（动物、植物、微生物）及非生物自然因素组成的各种生态系统所构成。自然生态环境由自然因素形成，并对人类的生存和发展产生深远影响。自然生态环境的破坏，最终会导致人类生活环境的恶化。仅有非生物因素组成的整体，虽然可以称为自然环境，但并不能叫做生态环境。从这个意义上说，生态环境仅是自然环境的一种，二者具有包含关系。

生态经济体系（biological economy system）在经济和环境协调发展思想指导下，按照生态学原理、市场经济理论和系统工程方法，运用现代科学技术，形成生态上和经济上的两个良性循环，实现经济、社会、资源环境协调发展的现代经济体系。生

态经济是寻求一条既不为加速经济发展而牺牲生态环境，也不为单纯保护生态而放弃经济发展的路子。它是以人的行为为主导，以自然环境为依托，以资源流动为命脉，以社会经济体制为调节器，由人类社会的各种因素和自然环境的因素共同构成的系统，是实现经济腾飞与环境保护、物质文明与精神文明、自然生态与人类生态的高度统一和可持续发展的经济系统。其组成要素包括四个方面：（1）人口要素（主体地位）；（2）环境要素；（3）资源要素，包括自然资源、经济资源和社会资源；（4）科技要素。这四个要素的合理配置和组合，最终达到经济社会的可持续发展。生态经济体系一般遵循以下四个原则：（1）生态环境保护与生态环境建设并举的原则；（2）突出地区特色与发挥资源优势的原则；（3）区域联合协作、社会共同参与和投资主体多元化相结合的原则；（4）经济效益、生态效益和社会效益协调统一的原则。

生态平衡（ecological balance）在一定的时期内，生态系统保持的一种动态平衡。在任何一个正常的生态系统中，能量流动和物质循环总是不断地进行着，生态系统达到稳定状态要通过发育和调节。生态平衡、人与自然和谐相处是人类社会可持续发展的基础。一个生态系统的稳定性取决于一系列因素，包括：生态系统自身特点（进化史的长短、物种数目及其相互关系等）、生态系统受到干扰的方法和估计稳定性的指标（抵抗力和恢复力等）。在自然条件下，生态系统总是朝着种类多样化、结构复杂化和功能完善化的方向发展的，直至达到成熟的稳定状态。生态系统之所以能保持动态的平衡，主要是由于内部具有自动调节的能力。人类活动作用于自然生态系统会影响生态系统的稳定性。在人为的有益影响下生态系统可建立新的平衡，达到更合理的结构、更高效的功能和更好的生态效益。但人类活动对生态系统造成不良影响，超过了生态系统的调节能力，生态平衡就会遭到破坏。

生态失调（ecological disturbance）当外界干扰和破坏超过了生态系统自身的调节能力时，其稳定性状态遭到破坏后的一种状态。在这种状态下，生态系统的生物种类和数量发生变化，生物量下降，生产力衰退，营养结构破坏，食物链关系消失，金字塔营养级紊乱，其结构和功能失调，物质循环、能量流动与信息传递受到阻碍，从而引起逆行演替。造成

生态失调的外界干扰有自然的与人为的，如森林生态系统中的自然火灾，毁灭了森林；人对自然资源的不合理开发利用，导致生态系统结构和功能的严重破坏，导致系统的稳定性丧失，全球多处出现森林覆盖面积减少、草原退化、水土流失、水源枯竭、河流干涸、土地沙漠化、盐渍化、野生动植物种类趋于绝灭、环境污染、环境质量恶化、气候异常等现象。生态系统失调主要是人为造成的，应该引起人们的高度警惕。

生态系统（ecosystem）由生物群落及其生存环境共同组成的动态平衡系统。是英国生态学家Tansley于1935年首先提出来的。生物群落由存在于自然界一定范围或区域内并由互相依存的一定种类的动物、植物、微生物组成。生物群落内不同生物种群的生存环境包括非生物环境和生物环境。非生物环境又称无机环境、物理环境，如各种化学物质、气候、地理因素等；生物环境又称有机环境，如不同种群的生物。生物群落同其生存环境之间以及生物群落内不同种群生物之间不断进行着物质交换和能量流动，并处于互相作用和互相影响的动态平衡之中。地球生态系统按类别或地域可分为多种生态系统。例如，按类别可分为海洋生态系统、森林生态系统、湿地生态系统，或者植物生态系统、动物生态系统等；按地域可分为某某地区的生态系统。生态系统是生态学研究的基本单位，也是环境生物学研究的核心问题。

生态系统发育（ecosystem development）又称生态系统演替，生态系统从幼年期到成熟期的发育过程。在这一发育过程中，生态系统重要的结构和功能特征都发生了变化：（1）生态能量特征：幼年期的生态系统生产量高，总生产量与总呼吸量之比大于1（自养演替过程）；成熟期的生态系统两者之比接近于1。（2）食物网特征：幼年期系统的食物链简单，往往成直线状，以牧食食物链为主；到成熟期时食物网结构复杂，大部分能通过腐食食物链，对环境干扰具有较大的抵抗力。（3）营养物质循环上的特征：主要营养物质如氮、磷、钾、钙等的循环，在幼年期为开放性的，到成熟期变为封闭性的。（4）群落结构特征：在演替过程中，物种多样性增加，生化物质多样性增加，分层和空间异性增加，种间竞争激烈，导致生态位分化与物种生活史复杂化。（5）选择压力特征：在幼年期，高生殖潜力物种多；在稳定期，竞争力强的

物种占优势。(6) 稳态、成熟阶段特征：生态系统达到稳定状态，各物种数量、种间相互关系、生物量、物流、能流、信息流都是处于相对稳定状态，并有自我调节、自我修复、自我维持和发展的能力。

生态系统功能 (ecosystem function) 见生态系统结构。

生态系统结构 (structure of ecosystem) 生态系统各组成成分的比例及内在联系。生态系统中包括多种生物群体，有植物、动物和微生物。植物利用光能及无机元素制造有机物；动物摄食植物，而动植物遗体及排泄物，既是微生物的食料，又需要经微生物加工分解，才能再度被植物利用吸收。植物－动物－微生物共同构成了生态系统的基本结构，并通过该结构完成系统中物质循环和能量转化过程，生态系统中的物质循环和能量流动，称为生态系统的功能。结构和功能既互相适应，又存在矛盾，推动着生态系统的变化。一般情况下，结构改变必然影响到功能，功能破坏即导致结构衰退。

生态系统物质循环 (circulation of materials) 又称生物地球化学循环，地球上各种化学元素，从周围的环境到生物体，再从生物体回到周围环境的周期性循环。它可分为三大类型，即水循环、气体型循环和沉积型循环。能量流动和物质循环是生态系统的两个基本过程，它们使生态系统各个营养级之间和各种组成成分之间组成一个完整的功能单位。但是，能量流动和物质循环的性质不同，能量流动经生态系统最终以热的形式消散，能量流动是单方向的。因此生态系统必须不断地从外界获得能量；而物质的流动是循环式的，各种物质都能以可被植物利用的形式重返环境。同时两者又是密切相关不可分割的。

生态系统演替 (ecosystem succession) 见生态系统发育。

生态效益 (ecologic efficiency) 人们在生产中依据生态平衡规律，使自然界的生物系统对人类的生产、生活条件和环境条件所产生的有益影响和有利效果。它关系到人类发展的最根本的长远效益。生态效益的基础是生态平衡和生态系统的良性、高效循环。农业生产中讲求生态效益，就是要使农业生态系统各组成部分的物质与能量输出输入在数量上、结构功能上，经常处于相互适应、相互协调的平衡状态，使农业自然资源得到合理开发、利用和保护，促进农业和农村经济的持续发展。

生态因子 (ecological element) 在所有环境因素中对生物起作用的因素。所有生态因子构成生物的生态环境，生态因子对生物的作用很复杂。它一般有五个作用：综合作用；主导因子作用；直接作用和间接作用；不可替代性和互补作用；阶段性作用。生物对每种生态因子都要求有适宜的量，即有其耐受的上限和下限，过多或不足都可能使生命活动受到抑制，甚至死亡。生物的生存和繁衍依赖于各种生态因子的综合作用，但其中必有一种或几种因子是限制生物生存和繁衍的关键因子。

生态足迹 (ecological footprint) 又称生态占有，生产一定人口所消费的资源及吸纳产生的废弃物所需要的具有生态生产性的地域空间面积。本质上是一种基于社会经济代谢的非货币化的生态系统评估工具。生态生产性地域指具有生态生产能力的土地或水体。人类可以确定自身消费的绝大多数资源、能源及所产生的废弃物数量，能将之折算成生产和消纳这些资源和废弃物的生物生产面积。生物生产面积包括耕地、草地、林地、建筑用地、化石能源土地和水域六类，生态足迹计算的主要步骤是：(1) 把消费项目划分为生物资源消费和能源消费两方面；(2) 计算各种消费项目的人均占有生物生产面积并进行汇总；(3) 计算人均生态足迹和区域总生态足迹。

生物环境 (biotic environment) 见生态系统。

生物降解 (biodegradation) 有机物质通过生物代谢作用而得到分解的现象。生物的降解作用对于环境中大多数有机化合物的分解、净化起重要的作用。生物降解和传统的分解在本质上是一致的，但又有分解作用所没有的新的特征（如共代谢、降解质粒等）。因此，可以认为生物降解是分解作用的扩展和延伸。生物降解是生态系统物质循环过程中重要的一环。生物降解反应包括氧化反应、还原反应、水解反应和聚合反应等。化学物质的结构是决定化合物生物降解性的主要因素，微生物的活性和环境因素也是影响生物降解的重要因素。

生物圈二号 (biosphere Ⅱ) 一个生态实验工程。按照设计思想，地球是生物圈一号，生物圈二号是地球的缩影，人类如果能在这个模拟的地球中生活下去，就不怕地球环境恶化和资源枯竭。该项科学工程采用了全封闭的钢筋与玻璃结构，仅有阳光、电和信息与外界相通。其面积相当于3个足球场大，引入了 3 800 多种生物布置成森林生态系统、草地生态系统、水和沼泽生态系统、农田生态系统和海洋生态系统，还有供研究和生活用的楼房和人造风雨设施。科学家们希望通过人在这个系统中能实现长期自给自足的生活，从而为人类开发太空、建立生存模型、探讨人与生物间关系、保护生态环境、实现可持续发展等提供依据。最后，实验工程得出一个重要的结论：人类最发达的科学技术对地球生物圈大尺度生态过程的模拟和控制能力是非常有限的，用科学技术圈代替生物圈是不可能实现的。

生物群落（biome）生存于一定地区或环境里的生物种群。它包括植物和动物，是生态系统中的结构和功能单位，可指不同大小的生物集群，如陆地上不同类型的森林、草原群落、海洋生物群落等。同一个生物群落内，在植被结构或外貌、环境特征及其动物群落的某些特征上都相似。关于世界生物群落类型的划分至今尚无一致意见，一般按植被类型来划分和命名，如热带雨林、热带季雨林、温带落叶林、亚热带常绿林、北方针叶林、灌丛、热带稀疏草原、温带草原、荒漠、冰原等。

水环境容量（water body capacity）在不影响水的正常用途的情况下，水体所能容纳的污染物的量。水环境容量是制定地方性、专业性水域排放标准的依据之一。环境管理部门利用它确定在固定水域排入污染物的允许量。

水质模型（water quality model）描述水体中水质变化规律的数学表达式。它主要以物质守恒原理为基础，模拟污染物质排入水体以后，水体的水质在物理、化学、生物化学和生态学等方面发生变化的内在规律和相互关系。水质模型能反映污染物排放与水体质量的定量关系，描述环境污染物在水中的运动和迁移转化规律，主要用于水体污染特性、水体纳污容量的研究和水质预测，为水资源保护服务。

水资源（water resource）在当前经济技术条件下，可为人类利用的那一部分水，即具有一定数量和可用的质量，并在某一地点能够长期满足某种用途的水源。人类大量利用的如浅层地下水、湖泊水、土壤水、大气降水及河川水等淡水。水资源不仅限于地面水，也包括空气中的气态、液态和固态水；来自地球深处，由火山和温泉喷发的水汽也在其中。淡水资源是极其重要的，但其数量极为有限。随着科学技术的进步，淡化海水和盐碱等矿化度较高的湖河水以补

充淡水资源，也提上了议事日程。目前，人们对"水资源"有各种理解，如联合国教科文组织和世界气象组织定义为"水资源为可利用或有可能利用的水源，具有足够的数量和可用的质量，并能在某一地点为满足某种用途而可被利用"。

水资源规划（water resource planning）根据经济建设、社会发展和生态环境对水的需求而制定的水资源开发总体方案。它包括开发目的、拟定开发程序和方案实施后的影响及效益评价。规划的原则应为：从大局入手，分清主次，统筹兼顾；综合开发，持续利用；因地制宜，因时制宜。根据不同的规划对象和目的，水资源规划可分为四类：流域及地下水系统水资源规划、地区水资源规划、专项水资源规划及跨流域调水规划。水资源规划的成果，既可作为编制水资源工程建设长期计划的依据，又可作为近期水资源开发利用和水利工程设计的指导。

T

土地资源（land resource）一个由地形、气候、土壤、植被、岩石和水文等因素组成的自然综合体。是人类生产与生活中不可缺少的自然资源，也是人类过去和现在生产劳动的产物。土地资源多根据地形分类和土地利用类型分类：（1）按地形，土地资源可分为高原、山地、丘陵、平原、盆地。这种分类展示了土地利用的自然基础。山地宜发展林牧业，平原、盆地宜发展耕作业。地形对工业、交通、城镇建设也有直接的影响。（2）按土地利用类型，土地资源可分为耕地、林地、草地、工矿交通居民点用地等；宜开垦荒地、宜林荒地、宜牧荒地、沼泽滩涂水域等；暂时难以利用土地包括戈壁、沙漠、高寒山地等。这种分类着眼于土地的开发、利用，着重研究土地利用所带来的社会效益、经济效益和生态环境效益。我国土地资源的特点是"一多三少"，即总量多，人均耕地少，高质量的耕地少，可开发后备资源少。

土壤环境容量（soil loading capacity）又称土壤负载容量，遵循环境质量标准，在既保证农产品质量又不污染环境的前提下，一个土壤单元在一定时限内所能容纳污染物的最大负荷量。不同土壤其环境容量是不同的，同一土壤对不同污染物的容量也不尽相同。

W

《维也纳保护臭氧层公约》（*Vienna Convention for Protection of the Ozone Layer*）现正式定名为"保护臭

氧层维也纳公约"，是关于保护臭氧层的全球性国际公约。根据联合国环境规划署理事会 1984 年 5 月 28 日通过的一项决议，1985 年 3 月 18 日到 22 日在维也纳举行了保护臭氧层全权代表会议。会议于 1985 年 3 月 22 日通过了《维也纳保护臭氧层公约》，并于 1985 年 9 月 22 日生效，中国于 1989 年 9 月 11 日加入。该公约的宗旨是，要保护人类健康和环境免受由臭氧层的变化所引起的不利影响。为此，《公约》规定：各缔约国应采取适当措施，使人类和环境免受足以改变或可能改变臭氧层的人类活动所造成的或可能造成的不利影响；各缔约国应按其能力范围，通过有系统的观察、研究和资料交换，在采取相应的立法和行政措施等方面进行合作。

《我们共同的未来》（*Our Common Future*）联合国环境与发展委员会于 1987 年 4 月发表的报告。该报告分为"共同的问题"、"共同的挑战"和"共同的努力"三大部分。它系统地阐述了人类面临的人口、粮食、物种和遗传资源、能源、工业和人类居住等一系列重大经济、社会和环境问题，提出了可持续发展的概念。这一概念在最概括的意义上得到了广泛的接受和认可，并在 1992 年联合国环境与发展大会上得到共识。

Y

原生环境问题（original environmental problem）又称第一环境问题，自然界的某些变化、变异对生态系统的扰乱，没有人为因素或人为因素很少。原生环境问题带来自然灾害，如火山喷发、地震、洪涝、干旱、台风、海啸、滑坡、泥石流等，以及区域自然环境质量恶劣所引起的地方病等。目前人类对它的抵御能力还很有限。原生环境问题不属于环境科学所解决的问题，而是新兴学科——灾害学的主要研究对象。

Z

中水资源（reclaimed water resource）各种排水经处理后达到规定的水质标准、可在一定范围内重复使用的非饮用水资源。中水的来源包括多种类型：小区杂排水、雨水、污水处理厂出水、工业相对洁净排水等。中水主要用于城市工业冷却、城市河湖补水、城市清洁、冲厕、洗车、道路保洁、道路绿化等。使用中水时应注意事项：（1）由于中水是污水或废水经过处理后进行重复利用的，因此其水

质与自来水有相当大的差别，尤其是它的卫生学指标，因此不能饮用、食用或用作其他与人体有密切接触的用途，如洗衣、洗澡等。（2）虽然中水已经消毒处理，但可能会因为设计或运行不规范等原因而消毒不彻底，所以在用中水进行绿化、保洁等作业时，应尽量避免与中水的直接接触，或在接触时应注意冲洗干净。

资源经济学（resource economics）研究自然资源与社会经济相互关系及其发展变化规律的学科。它是在研究资源合理开发利用和保护过程中逐渐形成的学科。它与污染经济学、生态经济学等学科相互交叉，是介于环境科学、经济科学和技术科学之间的边缘学科，是环境经济学的重要组成部分。其研究的内容：一是有关基础理论，包括自然资源的分类及其在经济发展中的地位和作用；二是自然资源稀缺的经济策略与缓和途径；三是主要自然资源，如能源、水资源、土地资源、森林资源等的合理开发利用和管理及经济政策问题等。

自然资源（natural resource）自然环境中与人类社会发展有关的、能被用来产生使用价值并影响劳动生产率的自然诸要素。它包括有形的土地、水体、动植物、矿产和无形的光、热等资源。自然资源是社会物质财富的源泉，是社会生产过程中不可缺少的物质要素，是人类生存的自然基础。自然资源类型有多种划分方法：（1）按其在地球上存在的层位，可划分为地表资源和地下资源。前者指分布于地球表面及空间的土地、地表水、生物和气候等资源；后者指埋藏在地下的矿产、地热和地下水等资源。（2）按其在人类生产和生活中的用途，可分为劳动资料性自然资源和生活资料性自然资源。前者指作为劳动对象或用于生产的矿藏、树木、土地、水力、风力等资源；后者指作为人们直接生活资料的鱼类、野生动物、天然植物性食物等资源。（3）按其利用限度，可分为可再生资源和非再生资源。前者指可以在一定程度上循环利用且可以更新的水体、气候、生物等资源，亦称为"非耗竭性资源"；后者指储量有限且不可更新的矿产等资源，亦称为"耗竭性资源"。（4）按其数量及质量的稳定程度，可分为恒定资源和亚恒定资源。前者指数量和质量在较长时期内基本稳定的气候等资源；后者指数量和质量经常或不断变化的土地、矿产等资源。

（二）环境保护与可持续发展
（Environmental Protection and Sustainable Development）

C

城市防护带（urban shelter belt）又称城市防护绿带，保护城市或城市居住区不受风沙、烟尘、噪声以及邻近地区工业企业排放的有害物质危害而建立的绿化带。为了保持良好的生态环境，在城市规划和城市建设时，规定在城市外围某些地带营造或保留森林、草地、农田、果园、菜地等，形成环绕城市的绿化防护带，在带内禁止建造任何建筑物、禁止伐树和破坏草地。

F

发展与环境协调论（coordination theory of development and environment）主张人类社会和生态环境应该协调发展，即经济、社会与环境保护之间是相互依赖、相互促进和相互制约关系的观点。协调论认为：人类的主观需求和有目的活动，同环境的客观属性和发展规律之间，不可避免地存在着矛盾。人类必须认识环境，必须遵循环境的发展变化规律从事生产和活动。要解决人类同环境对立的矛盾，一方面有赖于生产力的发展、科学技术的进步，另一方面要大力提高全民的环境意识，实现人与环境的高度的协调。只有这样，才能保证人类的可持续发展与环境的高度统一。其主要观点为：（1）树立可持续发展的观念，即人类当前的行为或目标要与整体的长远利益和命运相一致。（2）人与环境的协调必须是全方位的协调，必须使人类一直处于地球的最大环境容量或承载量之内，必须一直处于最佳的生存环境状态之中。（3）环境保护要求经济发展遵循自然生态规律，同时全民参与意识必须加强。经济的发展促进自然资源的合理利用和不断增值；而保护环境的目的则是保证地球资源能够永续开发利用，并支持所有生物生存的能力，两者的目的是一致的。（4）人与自然、人与人之间能够建立起一种相互补偿的良性关系。达到环境与发展相协调的标志就是经济效益、生态效益与社会效益三者的统一。

G

公民的环境权（citizen's rights for environment）法律赋予公民的在清洁、优美、舒适的环境中生存的权利和有权排除他人破坏这种舒适环境的权利。公民的环境权是一项基本人权，是对生存权、发展权、生命权、健康权的发展和深化。由于环境是人类共享的，因此公民在享有这种权利的同时，也必须履行保护环境的义务。两者的有机结合，就构成了完整的公民的环境权。《中华人民共和国环境保护法》第6条规定："一切单位和个人都有保护环境的权利和义务，并有权对污染和破坏环境的单位和个人进行检举和控告。"

国家环境保护模范城市（national environmental protection model city）经济持续发展，环境质量良好，资源合理利用，生态良性循环，城市优美洁净，基础设施健全，生活舒适便捷的示范城市。国家环保总局1997年提出创建国家环境保护模范城市，从四个方面设置了30项考核指标。

H

红皮书（Red Book）关于危机警示的研究报告，记述珍稀、濒危动植物的官方正式文件或权威性文件。这是世界各国和国际社会采取的重要自然保护措施，目的是引起人们对珍稀、濒危动植物种的注意，重视对其进行保护。1973年，80个国家的代表签署了《关于濒危野生动植物国际贸易协定》（CITES）。到了20世纪90年代中期已经有120多个国家签署了该协定。这些国家同意遵循CITES的原则，这些原则被写进了《红色数据》即所谓的红皮书中。《中国濒危动物红皮书》的鸟类卷论述了中国鸟类濒危物种的分类地位、濒危等级、种群现状、致危因素、现有保护措施、饲养繁殖状况等。本书可供政府官员，从事濒危物种研究的科研工作者，农、林、环保、自然保护区的工作人员，大专院校有关专业师生参考。

环保产业（environmental protection industry）国民经济结构中以防治环境污染，改善生态环境，保护自然资源为主要目的的技术开发、产品生产、商业流通、资源利用、信息服务以及工程设计、施工承包等活动的总称。环保产业是为环境保护提供重要物质基础和技术支撑，同时又有广阔市场前景的新兴产业。

环境保护（environment protection）人类为解决现实的或潜在的环境问题，协调人类与环境的关系，保障经济社会的持续发展而采取的各种行动的总称。采用行政、法律、经济、科学技术和宣传教育等方式，以求合理地利用自然资源，防止和治理环境污染、破坏，保护人体健康，促进社会经济与环境协调持续发展。

环境教育（environmental education）借助于教育手段使人们认识环境，了解环境问题，获得治理环境污染和防止新的环境问题产生的知识和技能，并在人与环境的关系上树立正确的态度，以期通过社会成员的共同努力保护人类环境的系统工程。环境教育是贯彻保护环境这一基本国策的一项基础工程，是中国持续发展能力建设的一个重要内容。环境教育的目的和任务：（1）培养广大人民群众自觉保护环境的道德风尚，提高全民族的环境与发展意识；（2）培养和造就热心环境保护事业，成为改善和创造高质量的生产和生活环境所需的各层次管理和专业人士。

环境友好企业（environmently-friendly company）在清洁生产、污染治理、节能降耗、资源综合利用等方面都达到国家规定的考核指标的企业。中国环保总局 2003 年提出在全国开展创建国家环境友好企业的活动，从企业污染防治、环境管理、产品对环境影响等三个方面设置了 22 项考核指标。

环境友好型社会（environmently-friendly society）以人与自然和谐为目标，以环境承载能力为基础，以遵循自然规律为核心，倡导环境文化和生态文明，追求经济社会环境协调发展的社会体系。它体现了人类发展的现代理念。建设环境友好型社会的核心是正确处理人和自然的关系，通过资源的高效利用、合理配置和有效保护，实现经济社会和生态的可持续发展。环境友好型社会由环境友好型技术、环境友好型产品、环境友好型企业、环境友好型产业、环境友好型学校、环境友好型社区等组成。主要包括：有利于环境的生产和消费方式；无污染或低污染的技术、工艺和产品；对环境和人体健康无不利影响的各种开发建设活动；符合生态条件的生产力布局；少污染与低损耗的产业结构；持续发展的绿色产业；人人关爱环境的社会风尚和文化氛围等。

K

可持续发展（sustainable development）既满足现代人的需求又不损害后代人满足需求的能力的发展方式。其核心是经济发展与保护资源、保护生态环境的协调一致，让人类子孙后代能够享有充分的资源和良好的自然环境。可持续发展是一个长期的战略目标，需要人类世世代代的共同奋斗。

可持续发展实验区（sustainable development experimental zone）1986 年开始，由原国家科委会同原国家体改委和原国家计委等部门共同推动的旨在实现可持续发展的一项地方性综合示范试点。其目的是依靠科技进步、机制创新和制度建设，全面提高实验区的可持续发展能力，探索不同类型地区的经济、社会和资源环境协调发展的机制和模式，为不同类型地区实施可持续发展战略提供示范。可持续发展实验区建设是一项立足当前、兼顾长远的实践探索。实行可持续发展必须坚持经济社会发展和人口、资源、环境相协调，人与自然和谐共处，体现"以人为本"与科学技术是第一生产力为中心，并要根据当地的实际需要，因地制宜、整体协调、量力而行，并适度超前地发展当地的经济、社会、文化建设。

可持续发展战略（sustainable development strategy）是在各个领域内实现可持续发展的行动纲领和行动计划的总称。它要求各方面的发展目标，尤其是社会、经济与生态、环境的目标相协调。1992 年 6 月，联合国环境与发展大会通过的全球的可持续发展战略（即《21 世纪议程》）。1994 年 7 月 4 日，中国的第一个国家级可持续发展战略——《中国 21 世纪人口、环境与发展白皮书》发布。它充分显示出中国对全球可持续发展战略的认可和信心。

可持续发展综合国力（overall national strength of sustainable development）一个国家在可持续发展的理论指导下发展起来的具有可持续性的综合国力。它是一个国家的经济能力、科技创新能力、社会发展能力、政府宏观调控能力、生态系统服务能力等方面的综合体现。

L

绿色 GDP（green gross domestic product）由世界银行推出的国民经济核算体系。即对环境资源进行核算，从中扣除环境成本和对环境资源的保护费用，同时考虑外部影响，包括外部经济性和外部不经济性，依此来衡量扣除自然资源损失后的真正的国民财富。它比较客观真实地反映了包括国内生产总值在内的一系列经济指标，可避免人们对经济形势的盲目乐观，时刻给人们敲响警钟，并促使政府实施可持续发展战略，而不以牺牲环境为代价片面追求 GDP 的高增长。由于绿色 GDP（国内生产总值）核算体系具有更强的综合性、代表性和真实性，几乎整个世界都已经接受了绿色 GDP 的概念。

绿色服务业（environmently-friendly service industry）以现代科学技术为基础，在扩大服务领域、提高服务水平、增加服务品种、改善服务手段等方面都能与现代经济发展相配套的第三产业。如绿色金融、绿色旅游、绿色餐饮、绿色消费服务业，迅速发展的文娱、体育、旅游、保健等行业，从事管理、研究、技术开发、信息咨询、智业服务等新兴的第三产业。绿色服务业还表现在劳动者队伍从大众劳动向精英劳动的转变。中国发展绿色服务业的重点是：（1）投资少、收效快、效益好、就业容量大，与经济发展和人民生活密切相关的行业，主要是商业、物资业、对外贸易业、金融业、保险业务等；（2）与科技进步同步发展的新兴行业，主要是咨询业、信息业和各类技术服务业；（3）城市农村的服务业，主要是为农业产前、产中、产后服务的行业，为提高农民素质和生活质量服务的行业；（4）对国民经济发展具有全局性、先导性影响的基础行业，主要是交通运输业、邮电通信业、科学研究事业等。

绿色工业（environmently-friendly industry）合理地、充分地节约利用包括知识与智力资源在内的各种资源，以实现工业经济活动的物质消耗最小化和污染排放最小化为特征，使工业产品与服务在生产和消费过程中对生态环境和人体健康的损害最小，达到工业经济发展的生态代价和社会成本最低的工业发展模式。中国明确提出绿色工业的概念，就是以"信息化带动工业化，以工业化促进信息化，走出一条科技含量高、经济效益好、资源消耗低、环境污染少、人力资源优势得以充分发挥的新型工业化路子"。使工业生产系统的运行切实转移到良性的生态循环和经济循环的轨道上来，获得最佳的生态、经济、社会三大效益的有机统一。

绿色贡献（green contribution）某一地区当年GDP占同期全国 GDP 的比例，与资源消耗或污染物排放数量占同期全国资源消耗或污染物排放比例的比值。绿色贡献体现了某一地区当年对全国经济贡献率与同期应当消耗资源（或排放污染物）比值的大小。设定一个地区对国家做出多少经济贡献就只能消耗相应份额的资源（或排放相应数量的污染物）为"1"，作为基准值来衡量各地区经济发展绿色程度的大小。若一个地区对国家做出的经济贡献率大于同期消耗资源（或排放污染物）的数量，即绿色贡献值大于"1"，则该地区经济发展绿色化程度较高；而一个地区的经济发展不仅消耗相应份额的资源（或排放相应数量的污染物），而且多消耗了其他地区资源（或占用更多的环境资源），则绿色贡献值小于"1"，表明其经济绿色化程度处于低水平。

绿色家庭（green family）积极参与社区环保活动，带头实施绿色生活方式的家庭。在 2003 年 6 月 5 日世界环境日，中国妇联和环保总局向全国 3 亿 4 千万家庭发出倡议：人人行动起来，营建绿色家庭。绿色家庭的标准为：（1）家庭绿化（室内、阳台绿化），认养小区绿色植物。（2）垃圾分类处理。（3）废电池回收。（4）节水。节水要求：每人每日用水在 $0.36m^3$ 以下。（5）使用无磷洗衣粉。（6）不吃野生动物。（7）至少有一名家庭成员参加社区环保自愿队伍，对违反环保的行为进行劝阻或教育。（8）降低家庭生活娱乐噪声。（9）参加社区举办的讲座等各项活动。（10）以下要求必须做到两条或两条以上：①不使用一次性餐盒和筷子，外出购物、买菜使用购物袋、菜篮；②不使用燃油助动车；③选用绿色产品，坚持绿色消费，使用无氟冰箱、空调和节能电器；④家庭禁烟。

绿色经济（green economy）以生态经济为基础、以知识经济为主导的可持续发展的实现形态和形象体现，是环境保护和社会全面进步的物质载体。绿色经济是经济发展中的一场革命，是可持续发展的代名词，已经成为人类发展的主题。中国绿色经济工程亦可称为中国环保经济工程。

绿色距离（green length）一个地区的环境经济指标（如万元 GDP 能耗强度、水耗强度等）与生态区（省或生态市）目标指标值之间的相对距离。只要一个地区达到生态省或生态市所有指标要求，那么这个地区就可以认为是一个绿色发展地区，对应的绿色距离就是零。绿色距离体现了一个地区与生态省之间的差距，反映了该地区绿色经济发展水平。绿色距离越大，说明该地区与生态省规定的指标差距越大；绿色距离越小，说明该地区与生态省规定的指标差距越小，绿色经济的成分也越高。

绿色社区（green community）有一定数量的符合环保要求的硬件设施、建立了较完善的环境管理体系和公众参与机制的社区。绿色社区的硬件包括绿色建筑、社区绿化、垃圾分类、污水处理、节水、节能和新能源等设施。软件建设包括一个由政府各有关部门和社会各界参与的联席会，一个垃圾分类清运系统，一块有一定面积和较好质量的绿地，一支起先锋骨干作用的绿色志愿者队伍，一块普及环保科学知识的宣传阵地和一定数量的绿色文明家庭。

绿色生产力（green productivity）狭义的是指环保产业的生产力因素及系统；广义的是指无公害、无污染的生产力因素及系统的总称。

绿色生活方式（green life fashion）包含五个"R"的生活方式。即（1）Reduce——节约资源，减少污染；（2）Reevaluate——绿色消费，环保选购；（3）Reuse——重复使用，多次利用；（4）Recycle——垃圾分类，循环回收；（5）Rescue wildlife——救助物种，保护自然。与此同时，还包含着绿色社区标准、绿色社区居民环保公约、绿色环保知识等丰富内容。绿色生活方式要求人们：不利于环境保护的事坚决不做，不利于环境保护的物品坚决不用，不利于环境保护的食品坚决不吃，不利于环境保护的话坚决不说。

绿色文化（green culture）一种人与自然协调发展、和谐共进、能使人类实现可持续发展的文化，是环境意识和环境理念以及由此形成的生态文明观和文明发展观。它以崇尚自然、保护环境、促进资源永续利用为基本特征。绿色文化包括两个层次的内容：（1）环境意识和环境理念。（2）生态文明观和文明发展观。环境意识和环境理念更多地体现在人们的生产、生活的方方面面；而生态文明观和文明发展观则更多地体现在一个国家、一个地区的发展战略上。

绿色学校（green school）在实现其基本教育功能的基础上，以可持续发展思想为指导，在学校全面的日常管理工作中纳入有益于环境的管理措施，并持续不断地改进，充分利用学校内外的一切资源和机会全面提高师生环境素养的学校。它是环境教育运动发展的产物。

绿色制造技术（green manufacturing technology）一种综合考虑环境影响和资源效率的现代制造模式。其目标是使产品从设计、制造、包装、运输、使用到报废处理的整个产品生命周期中，对环境的影响最小，资源效率最高。绿色制造主要涉及资源的优化利用、清洁生产和废弃物的最少化及综合利用。绿色制造技术是可持续发展战略在制造业中的体现，或者说是现代制造业的可持续发展模式。它不仅包括硬件，如污染控制设备、生态监测仪器及清洁生产技术；还包括软件，如具体操作方式和运营方法，以及那些旨在保护环境的工作与活动。从设计、研发、生产、销售的全过程来节约能源，预防污染。绿色技术的经济价值包括三部分：（1）内部价值，指绿色技术开发者或绿色产品生产者获得的价值，如绿色技术转让费、清洁生产设备、环保设备和绿色消费品在市场获得的高占有率等；（2）直接外部价值，指绿色技术使用者和绿色产品消费者获得的效益，如用高炉余热回收装置降低能源消耗，用油污水分离装置清除水污染，使用绿色食品降低人们的发病率等；（3）间接外部价值，指未使用绿色技术（产品）者获得的效益。这是所有社会成员均能获得的社会环境效益（如干净的水，清新的空气），也是绿色技术负载的最高经济价值。

Q

清洁发展机制（clean development mechanism，CDM）根据联合国《京都议定书》建立的一种创新型的国际发展机制，其核心是鼓励发达国家通过与发展中国家开展气候保护合作项目，获得由项目产生的"核准的温室气体减排量"。发达国家通过为发展中国家实施清洁发展机制项目提供额外资金可以获得温室气体减排量，从而降低他们根据《京都议定书》实现其减排承诺的总体成本。同时，实施此类项目的国家（如中国）可以通过吸引额外资金和先进技术促进本国经济发展，提高资源使用效率和减少污染，从而促进国内的可持续发展。

清洁能源行动（clean energy movement）由科技部和国家环保总局联合其他部委，于2001年11月启动，在全国实施的关于清洁能源的行动。其目的是通过试点示范，采取有效的综合整治措施，促进城市清洁能源技术应用水平的提高，带动相关产业的发展，增强试点示范城市自我发展能力，减少由于能源生产及消费所带来的大气污染，改善城市空气质量。清洁能源行动的核心是清洁高效地利用煤炭。主要工作内容为：（1）推进城市能源结构调整，加大清洁能源的使用比例；（2）大力推广应用清洁能源技术（洁净煤技术和可再生能源技术等）；（3）加强洁净煤技术的研究开发及应用示范。清洁能源行动选定10～15个示范城市，力争在5年内，使示范城市的空气质量有明显改善，城市空气质量达到国家环境空气质量二级标准。

清洁生产（clean production）将环境保护策略中的综合预防原则持续应用于生产过程和产品中，以期减少对人类和环境的不良影响的生产方式。其定义包含了两个全过程控制：生产全过程和产品整个生命周期全过程。对生产过程而言，清洁生产包括节约原材料和能源，淘汰有毒有害的原材料，并在全部排放物和废物离开生产过程以前，尽可能减少它们的排放量和毒性。对产品而言，清洁生产旨在减少产品整个生命周期过程中，即从原料的提取到产品的最终处置对人类和环境的不利影响。

清洁生产技术（cleaning production technology）在生产及其产品应用过程中，坚持运用保持环境清洁的战略，以期增加生态效率并降低人类和环境风险的技术。清洁生产技术属于绿色技术，但绿色技术不能等同于清洁生产技术。清洁生产技术只能防止未来的污染，而不能消除已存在的污染。从这个意义上讲，清洁生产技术只是绿色技术的一部分，而不是绿色技术的全部。清洁生产的观念主要强调三个重点：清洁能源、清洁生产过程、清洁产品。清洁生产的途径可以归纳为：改进管理和操作、改进工艺技术、改进产品设计、改进产品包装、选择更清洁的原料、组织内部物料循环。

S

生态博物馆（ecological museum）突破了传统藏品和建筑的概念，坚持文化遗产应原状地、动态地保护和保存在其所属社区和环境中的观念，使文化遗产和人、物、环境保持原有关系的生态总和。是工业文明社会中人类生态意识觉醒的产物，一种"为了将来而保护和理解某种文化整体的全部文化内涵的手段"。某种意义上，社区区域等同于博物馆的建筑面积。在生态博物馆中，人们将不再从博物架上看结果，而是在房前屋后观看过程——文化遗产、自然景观、建筑、可移动实物、传统风俗等一系列文化因素均具有特定的价值和意义。1998年10月31日，中挪两国联手，

中国首座生态博物馆在贵州省西部的六枝特区梭戛苗族聚居区陇戛寨开馆。

生态产业园（zoology industry garden）一个由企业组成的群落。在企业之间通过对能源、水和材料等环境资源的管理与合作来提高环境质量和经济效益。通过这种合作，企业群落寻求达到一种比各企业效益之和更大的集体效益。生态产业园规划是生态产业孵化的一个核心内容，它通过模拟自然系统建立产业系统中"生产者—消费者—分解者"的全过程循环途径，实现物质闭路循环和能量多级利用，达到经济与环境"双赢"的目的。

生态省建设（eco-province construction）在省级行政区域内，运用生态学原理和系统工程的科学方法，实现经济、社会和环境可持续发展的一项系统工程的简称。生态省是个战略性的概念，涉及经济社会发展全局的整体战略和目标，也是诸多发展战略在省级区域的最佳结合点和实施载体。2000年，国务院颁发的《全国生态环境保护纲要》明确提出，大力推进生态省、生态市、生态县和环境优美乡镇的建设。生态省（市、县）建设，是以区域可持续发展为目标，把区域经济发展、社会进步、环境保护三者有机结合起来，总体规划，合理布局，统一推进。被列为生态省（市、县）的地区不仅要加强环境保护与生态建设，提高人们的生态环境意识，保护和改善生态环境，而且要大力培育生态产业，发展生态经济，增强经济实力，提高人民的生活质量。截至2005年底，全国已有海南、吉林、黑龙江、福建、浙江、山东、安徽、江苏、河北、四川等省开展了生态省建设工作。

水土保持（soil and water conservation）防止水土流失，保护、改良和合理利用水土资源，维护和提高土地生产力，以利于充分发挥水土资源的经济效益和社会效益，建立良好生态环境的系统工程。水和土是人类赖以生存的基本物质，是发展农业的基本要素。水土保持工作对开发建设山区、丘陵区和风沙区，整治国土，治理江河，减少水、旱、风等灾害，维护生态平衡等具有重要的作用。

水土流失（soil and water loss）又称土壤侵蚀，在水力、风力、重力等外部应力的作用下土壤表层的侵蚀及水的损失。一般水土损失是同时发生的。土地表层侵蚀指在水力、风力、冻融、重力以及其他地质应力作用下，土壤、土壤母质及其他地面物质损坏、剥蚀、转运和沉积的全部过程。水的损失一般是指植

物截流损失、地面及水面蒸发损失、植物蒸腾损失、深层渗漏损失、坡地径流损失。在中国，水的流失主要指坡地径流损失。造成水土流失既有自然因素，如降水集中，多暴雨、地貌起伏不平、坡陡沟多、土质疏松、植被覆盖度低等，但主导因素是毁林开荒、过度放牧、陡坡顺坡开垦等不合理利用土地、破坏植被等人为因素。水土流失造成土地肥力下降、耕地减少、下游湖泊河道泥沙淤积，从而引起环境质量下降、生态平衡失调。中国水土流失严重，目前水土流失面积已达 $1.5 \times 10^6 km^2$。

Z

珍稀濒危动物保护 (protection of endangered species animals) 国家采用严格的法律制度和具体措施，对现存数量稀少、生存受到严重威胁的特产动物和珍稀动物实施保护的一项工程。中国由于独特的自然条件及演化历史，大部分地区受第四纪冰川时期的影响较小，因此许多古老动物得以保存下来，所以中国的特产动物和珍稀动物很多，如大熊猫、金丝猴、白唇鹿、褐马鸡、黑颈鹤、黄腹角雉、扬子鳄等。珍稀野生动物是指在经济、科学、文化、教育等方面有重要意义，而现存数量稀少的动物。为了保护珍稀濒危野生动物，1988 年 12 月经国务院批准，国家重点保护野生动物 257 种，其中一级保护动物 96 种（大熊猫、金丝猴、朱鹮、扬子鳄等），二级保护动物 161 种（小熊猫、大鲵等）。为了保护好野生动植物资源，中国已加强了对自然景观、自然保护区的保护和管理。

珍稀濒危植物保护 (protection of endangered plant) 国家采用严格的法律制度和措施，对现存数量稀少甚至濒于灭绝的珍稀植物实施保护的一项工程。珍稀植物资源是人类的宝贵财富，给人类提供了直接的经济价值，并具有涵养水源、保持水土、改良土壤、防治污染、调节气候、美化环境等方面的生态效益。同时它们也是自然界野生植物基因库的重要组成部分，是培育植物新品种的重要基础。中国的珍稀植物资源非常丰富，其中有不少是中国特有或世界著名的。为了保护珍稀植物，国务院环境保护委员会于 1984 年 7 月公布了中国第一批包括 354 种珍稀植物的"珍稀濒危保护植物名录"。列为一级保护的是中国特产、稀有、珍贵并受到威胁的 8 个物种：金华茶、银杉、水杉等。列为二级的有 143 种（苏铁、银杏等），三级的有 203 种（冷杉、翠柏等）。为了保护好上述物种，中国制定了相应的法律，加速了自然保护区的建

设，加强对森林和自然景观的保护。同时，对珍稀濒危植物物种还进行了生态、生理、遗传等方面的研究，建立一批野生植物引种保存基地，并积极保护和发展这些珍稀植物资源。

珍稀野生动物七大拯救工程 (seven big-saved projects) 中国有重点、有组织地实施对大熊猫、朱鹮、扬子鳄、海南坡鹿、高鼻羚羊、野马、麋鹿等濒危野生动物的保护工程。大熊猫保护工程：新建和完善总面积 5 380 km² 大熊猫保护区，建立 17 条保护区走廊带，工程涉及四川、陕西、甘肃三省的 34 个县；在 32 个县建设大熊猫栖息地管理站。朱鹮拯救工程：在陕西、北京等地建立 13 处总面积 4 130 km² 的朱鹮保护地及朱鹮的人工饲养繁殖和科学研究。扬子鳄保护和发展工程：从 1983 年开始，在安徽省建立 100 km² 扬子鳄繁殖研究中心，建立 440 km² 的扬子鳄自然保护区。海南坡鹿拯救工程：从 1984 年起，将自然保护区从 400 km² 扩大到 1 366 km²，建立稳定的人工驯养种群。高鼻羚羊拯救工程：从 1988 年开始在甘肃建立了濒危动物中心。野马拯救工程：从 1995 年开始，在新疆吉木萨尔建立野马繁育中心，在甘肃武威建立荒漠动物繁育中心，进行野马的野化试验。麋鹿拯救工程：从 1986 年开始在江苏大丰县建立麋鹿保护区，面积 1 000 km²，进行麋鹿圈养自然繁殖。

《中国 21 世纪议程》 (China's Agenda 21) 中国实施可持续发展战略的行动纲领，是制定国民经济和社会发展中长期计划的指导性文件，同时也是中国政府认真履行 1992 年联合国环境与发展大会的原则立场和实际行动。它表明了中国在解决环境与发展问题上的决心和信心。《中国 21 世纪议程》共 20 章，78 个方案领域，主要内容分为四大部分：(1) 可持续发展总体战略与政策；(2) 社会可持续发展；(3) 经济可持续发展；(4) 资源的合理利用与环境保护。

中国第一次环境保护会议 (The First Conference on Environmental Protection in China) 1973 年 8 月 5 日至 20 日，国务院委托国家计划委员会在北京举行的中国第一次环境保护会议。会议确立了中国环境保护工作方针，制定了环境保护的政策性措施，安排了近期的环境保护工作，向全国发出了消除污染、保护环境的动员令。之后，从中央到各地区、各有关部门，都相继建立起环境保护机构，并制定了各种规章制度，加强了对环境的管理。对某些污染严重的工矿区、城

市和江河进行了初步的治理。从此以后，环境科学研究和环境教育蓬勃发展起来。

中国经济可持续发展战略（sustainable development strategy of China's economy）主要内容为：建立健全社会主义市场经济体制；促进国民经济在提高质量、优化结构、增进效益的基础上有较大的增长率；将环境成本纳入各项经济分析和决策过程，改变过去无偿使用环境并将环境成本转嫁社会的做法；将经济手段同法律和必要的行政手段配合使用，提高处理环境与经济发展问题的综合能力。

中国社会可持续发展战略（sustainable development strategy of China's society）主要内容为：努力实行计划生育、控制人口数量、坚持优生优育、提高人口素质和改善人口结构；建立以按劳分配为主体，效率优先，兼顾公平的收入分配制度，同时引导适度消费；发展社会科学，继承和发扬中华民族优良的思想文化传统，致力于文化的革新；发扬社会主义制度的优越性，不断改善政治和社会环境，保持全社会的安定团结；大力发展教育和文化事业，开展职业技术、职业道德和社会公德教育，提高全民族的思想道德和科学文化水平；发展城镇住宅建设，改善城乡居民居住环境和提高社会综合服务及医疗卫生水平；通过广泛的宣传教育，提高全民族特别是各级领导干部的可持续发展意识和实施能力，增强广大民众积极参与可持续发展的意识。

中国生态可持续发展战略（sustainable development strategy of China's ecology）主要内容为：国家保护整个生命支撑系统和生态系统的完整性，保护生物多样性；解决水土流失和沙漠化等重大问题，保护自然资源，保持资源的可持续供应能力，避免侵害脆弱的生态系统；发展森林和改善城乡生态环境；预防和保护环境免遭破坏和污染，积极治理和恢复已遭破坏和污染的环境；同时积极参与保护全球环境、生态方面的国际合作活动。

重大环境污染事故罪（crime of pollution environment）违反国家规定，向土地、水体、大气排放、倾倒或者处置有放射性的废物、含传染病病原体的废物、有毒物质或者其他危险废物，造成重大环境污染事故，致使公私财产遭受重大损失或者人身伤亡的严重后果的行为。中国在《中华人民共和国环境保护法》中明确规定："违反本法规定，造成重大环境污染事故，导致公私财产重大损失或者人身伤亡的严重后果，对直接责任人员依法追究刑事责任……"后来又在《水污染防止法》、《大气污染防止法》、《固体废物污染环境防治法》和《环境噪声污染防治法》等专项环境法中作了相关规定，并进一步明确对有关责任人员，可以参照《刑法》第115条和第187条的规定追究刑事责任。

自然保护区（nature reserve）依据国家相关法律法规建立的，对有代表性的自然生态系统、珍稀濒危野生动植物物种的天然集中分布区、有特殊意义的自然遗迹等保护对象所在的陆地、陆地水体或者海域，依法划出一定面积予以特殊保护和管理的自然区域。以使这一区域保持自然状况，维持生物的多样性，保证生物资源的持续利用和自然生态的良性循环。在这一区域内人的各种活动要受到不同程度的限制。自然保护区不仅是一个国家的自然综合体的陈列馆，野生动植物的基因库，而且也是维护环境安全的主力军。自然保护区的建设应该被看做是环境保护事业不可或缺的一项基础建设工作，建立一个较为完备的自然保护区体系对一个国家的可持续发展意义重大。

（三）环境管理（Environmental Management）

C

产品噪声发射标准（noise emission standards for products）为了控制工业产品的辐射噪声，减少噪声污染，并促进产品质量的提高，对一些工业产品辐射噪声的声压级、声功率级以及相应的测试方法作出的规定。其依据是：(1)国家权力机关所制定的关于职业卫生标准和环境保护标准，例如，中国劳动卫生标准规定，生产车间的噪声不应高于90dB；(2)目前噪声控制技术和设备可能达到的水平，以及经济上的合理性。

D

地方环境质量标准（local environmental quality standard）由省级人民政府为某特定的区域（如水体、特别功能区）制定的，作为国家环境质量标准的补充标准。分为两种：一是对国家污染物排放标准中未规定的项目规定补充标准；二是对国家污染物排放标准中已规定的项目，规定严于国家级污染物排放标准的标准。地方污染物排放标准需报国务院环境保护行政主管部门备案。地方污染物排放标准是一种"依环境特点决定的"排放标准。"依技术经济可行性为根据的污染物排放标准"常用浓度标准来表示；"依环境特点决定的污染物排放标准"则常用总量限额来表示或者将总量限额转化成浓度来表示。

G

工业污染控制规划（industrial pollution control）又称工业污染综合防治规划，针对工业生产可能造成的污染所制定的防治目标和措施。工业污染物的排放是环境污染的主要原因，也是控制环境污染的首要对象。工业污染控制规划的主要内容是：（1）布局规划。按照组织生产和保护环境的两方面要求，划定不同工业的发展区并确定相应的工业发展规模；（2）技术改造和产品改造规划。推行有利于环境保护的工业生产新技术，规定某些有关的环境指标（如废水循环利用率），淘汰有害于环境的产品等；（3）制定工业污染物排放标准。按不同工业、不同规模、不同类型和不同地区，分别规定不同期限内应达到的工业污染物排放标准。

国家级环境质量标准（national environmental quality standard）国家为保护人群健康和生存环境，对污染物（或有害因素）容许含量（或要求）所作的规定。中国是由国务院环境保护行政主管部门——国家环境保护总局制定并发布。国家环境质量标准体现国家的环境保护政策和要求，是衡量环境是否受到污染的尺度，是环境规划、环境管理和制订污染物排放标准的依据。

国土整治规划（territorial management program）根据国民经济发展的需要，对国土资源的开发、利用、治理和保护，进行的综合性、全面性部署。为制定经济发展的中、长期计划提供科学依据和编制城市总体规划指出应该考虑的原则与方向。国土整治规划的主要内容包括：（1）资源的考察和评价；（2）工业、农业和交通运输业等的合理布局及其地域组合；（3）加强各个经济建设部门之间的横向联系，相互促进，有机结合；（4）人口规划和城乡建设规划；（5）能源、水利、环保工程等基本建设；（6）改造自然、保护与整治环境等。

H

行业污染控制规划（occupational pollutant control planning）对某一行业的单位产品的资源消耗量、能源消耗量、工艺水平、产品结构及更新换代、清洁生产、废物处理率与回收率、废物最终排放等指标的控制规划。行业污染控制规划主要依据国内和国际上同一行业在资源利用、工艺流程及环境影响程度等方面具有共同的特点，制定行业内不同规模企业在环境保护和污染防治上应该达到的水平，并把污染控制规划作为行业发展规划的一部分。将行业污染控制规划与区域污染控制规划结合起来，可以更有效地控制环境污染。

环保基础和方法标准（the base, method and standard of environmental protection）为确定环境质量标准、污染物排放标准以及其他环境保护工作而制定的各种有指导意义的符号、指南、导则以及关于抽样、分析、试验、监测的方法。环保基础标准和环保方法标准是环境纠纷中确认各方所出示的证据是否是合法证据的根据。合法的证据必须与环境质量标准或者污染物排放标准中所列的限额数值具有可比性。而可比性只有当两者建立在同一基础上、同一方法上时才成立。因此，判断争执双方所出示的证据是否是合法证据的办法只能是：检定它们是否是按环保方法标准规定的采样、分析、试验办法得出的，是否是以环保基础标准规定的导则等计算出来的。

环境保护贸易政策（trade policy for environmental protection）为防止污染转嫁和保护本国环境，制定的相关贸易关税和海关检查等政策措施。中国的环境保护贸易政策的具体措施有：对进口产品和引进产品项目实行环境审查；对进出口产品的科学化环境管理；对出口产品实行环境审查；严格控制珍稀物种型产品出口；对环境敏感性产品进出口实行高关税政策；建立和健全产品进出口境检验检疫制度等。

环境保护目标责任制（the system of responsible for retaining enviroment protection objective）从行政法规的层面上正式确立的环境保护工作的地方行政首长负责制。地方行政首长对环境质量负责的制度起源于1985年在河南洛阳召开的城市环境保护会议，会议强调市长要对城市的环境质量负责。1996年的《国务院关于环境保护若干问题的决定》指出："地方各级人民政府对本辖区环境质量负责，实行环境质量行政领导负责制。"即"市和区、县人民政府应当对本辖区的环境质量负责。每届政府应当根据环境保护规划制定环境保护任期目标和年度实施计划，实行环境保护行政首长负责制。"从而形成了层次丰富且相互衔接的环境保护地方行政首长负责制度体系。地方行政首长的区域环境保护义务及相应的责任一般是由环境保护目标责任书（状）、生态保护责任书（状）、环境污染防治责任书（状）等形式来明确的。

环境背景值（environmental background value）见环境本底值。

环境本底值（environmental background value）又称环境背景值，自然环境在未受污染的情况下，各种环境要素中的化学元素和化学物质的基线含量。这是一个相对的概念。对环境本底值的测定和研究是环境科学一项基础工作，为环境变迁的研究，污染物在环境中迁移转化规律的研究，以及环境标准的制定和环境质量评价与预测提供基础。

环境标志（environmental mark）又称生态标志、绿色标志，由政府环境管理部门依据有关的法规、标准，向一些企业颁发的一种张贴在产品上的图形。用以标识该产品从生产到使用以及回收的整个过程都符合规定的环境保护要求，对生态环境无害或危害极小，并易于资源的回收和再生利用。它是一种"证明性商标"。环境标志产品的范围主要是那些对人类和环境有危害，但采取适当措施后就可以减小或消除危害的产品。环境标志产品具有两个共性：首先产品在生产过程中，企业对周围环境排放的污染物必须达到国家或地方有关污染物的排放标准；其次，产品的质量和安全性能必须符合国家质量和安全标准。环境标志产品除上述两个共性外，根据不同产品的特点还制定有一些具体要求，包括三个方面：（1）对全球环境的保护（主要是对大气臭氧层的保护），如氯氟化碳替代产品，主要产品有冰箱和发胶等；（2）对区域环境的保护，如无磷洗涤和可降解餐盒；（3）对人体健康的保护，如水性涂料、节能低排放燃气灶具、低辐射彩电、本色植物纤维纺织品；（4）节能、低噪声，如低噪声洗衣机和节能、低噪声房间空调器等。实施环境标志可以使公众清楚地看出产品在环境保护方面的差异，提高公众的环境保护意识，还可以增强企业在市场上的竞争能力。1993年8月，中国正式确定了环境标志图形。分别是由两种不同树叶图案构成的环境标志：Ⅰ型环境标志、Ⅱ型环境标志和Ⅲ型环境标志。Ⅰ型环境标志是目前三种环境标志中的最高等级。中国环境标志产品认证委员会，是代表国家对产品环境行为进行认证、授予产品环境标志的唯一机构。

环境标准（environmental standard）国家进行环境管理的技术基础和准则。它是中国环境法律体系中一个独立的、特殊的、重要的组成部分。在国家的环境管理中起着重要的作用。环境保护法明确授权国务院环境保护行政主管部门制定国家环境质量标准和污染物排放标准。国家环境目标和规划的制定，环境法律的制定和实施，环境质量的评价和监测，以及环境保护工作的监督检查，都要体现环境标准，或者以环境标准为基础和依据。中国的环境标准由三类两级组成。所谓三类是指环境质量标准、污染物排放标准和方法标准；所谓两级是指国家和地方两级。

环境调查（environmental survey）根据一个地区社会经济发展的总目标，对该地区的环境状况进行自然、经济、人文等方面的普遍调查。环境调查的目的是在调查的基础上深入分析地区环境要素特征、经济结构特征及社会文化特点，探明区域自然与生态环境污染和破坏的程度以及特定区域环境质量变化的规律，从而找出该区域的主要环境问题。环境调查工作是环境质量评价、环境规划管理、环境预测预报等工作的基础，并为这些工作提供广泛而准确的量化资料和科学依据。

环境对策（environmental countermeasure）为了解决现存或潜在的环境问题而采取的行动方案。环境对策的内涵比较广泛，一切有助于达到最终目的的手段，包括环境战略方针、环境政策、环境法规、环境教育和各种具体的技术措施，都可以视为环境对策。而通常意义上的环境对策，总是针对某种具体的环境问题而言，因而其含义也不尽相同。环境对策可分为"硬"对策和"软"对策两种。"硬"对策指具体的技术措施，"软"对策则是指管理性措施。如"区域限批"和"流域限批"就是针对某时某地环境污染趋势严重而采取的一种管理型对策。

环境分析（environmental analysis）研究环境污染物质的组成、结构、状态以及含量等的一门学科，是分析化学的一个分支。环境分析应用多种分析手段和先进技术，以查明污染的来源和成因，对紧迫情况及早提出预报或警告，促进新的流程或更替产品，以改善人类的生存环境。在认识环境，保护环境中起着重要作用。饮用水源保护，农药、化肥和有毒化学品的影响，温室效应，酸雨和臭氧层耗竭等环境问题都依赖于环境分析。

环境风险（environmental venture）见环境风险评价。

环境风险评价（environmental venture evaluation）对有毒化学物质危害人体健康的可能程度进行概率的估计，并提出解决的方案。环境风险是指由人类活动引起的，或由人类活动与自然界的运动过程共同作用造成的，通过环境介质传播的，能对人类社会及其生存发展的基础——环境产生破坏损失乃至毁灭性作用等不利后果的事件的发生概率。环境风险评价则是评估事件的发生概率以及在不同概率下事件后果的严重性，并决定适宜采取的对策。

环境功能区划（environmental function regionalization）对经济和社会发展起特定作用的地域与环境单元，从环境特征或环境承载力与人类活动和谐的角度来规划城市的功能区，以合理布局来协调环境与经济人口的关系。功能区划分的主要目的是为了合理布局，确定具体的环境目标，也为了便于目标的管理和执行。它是环境规划的一项重要基础性工作。比如：近岸海域环境功能区划、环境空气质量功能区划、声环境质量标准适用区划以及地表水环境功能区划等。

环境管理（environmental management）国家环境保护部门通过法律、经济、技术、行政、教育等手段限制危害环境质量的活动，协调生产与环境的关系，达到既发展经济又保护环境的管理活动的总称。包括自然环境管理、自然资源管理、生产和生活环境管理。环境管理是针对次生环境问题而言的一种管理活动，主要解决由于人类活动所造成的各类环境问题。环境管理的核心是对人的管理，是国家管理的重要组成部分。环境管理包括宏观管理和微观管理两部分，宏观环境管理是从综合决策入手，解决发展战略问题，实施主体是国家和地方政府；微观环境管理是从执法监督入手，解决具体的环境污染和生态破坏问题，实施主体是环保部门。两者之间存在着相互补充的关系，其中宏观环境管理高度统一，微观环境管理非常具体。环境管理具有高度的综合性、明显的区域性和广泛性。中国的环境管理主要采取法制建设、计划指导、行政干预、经济奖惩、环境监测和宣传教育等手段。

环境管理制度（environmental management system）围绕环境保护战略及政策的具体制度和措施。中国的环境管理制度主要包括：（1）"三同时"制度；（2）排污收费制度；（3）环境影响评价制度；（4）环境保护目标责任制度；（5）城市环境综合整治定量考核制度；（6）排污许可证制度；（7）污染集中控制；（8）限期治理制度。

环境规划（environmental planning）为使环境与社会经济协调发展，把"社会－经济－环境"作为一个复合生态系统，并依据社会经济发展规律、生态学原理和地学原理，对其发展变化趋势进行控制，而对人类自身活动和环境所做出的时间和空间上的合理安排。它是国民经济与社会发展规划的有机组成部分。环境规划实质上是一种克服人类经济活动和环境保护活动盲目性和主观随意性的科学决策活动。其内涵为：（1）环境规划研究对象是"社会－经济－环境"这一大的复合生态系统，可能指整个国家，也可指一个区域（城市、省区、流域）；（2）环境规划任务在于使系统协调发展，维护系统良性循环，以谋求系统最佳发展；（3）环境规划依据社会经济原理、生态原理、地学原理、系统理论和可持续发展理论，充分体现这一学科的交叉性、边缘性；（4）环境规划主要内容是合理安排人类自身活动和环境；（5）环境规划是在一定条件下的优化，必须符合一定历史时期的技术、经济发展水平和能力。

环境基准（environmental criteria）见环境质量标准。

环境评价（environmental assessment）对一切可能引起环境发生变化的人类社会行为，包括政策、法令在内，从环境保护的角度进行定性和定量的评定。狭义上称为环境质量评价。广义上的环境评价不仅仅是指对环境质量的评价，而且还对环境的结构、状态、质量、功能的现状进行综合分析，对可能发生的变化进行预测，对其与社会经济发展活动的协调性进行定性和定量的评估。它是一种约束人类社会行为，防止环境遭到污染和破坏的技术、行政管理方法。在时间上分为环境现状评价、环境影响评价；按内容可以分为单项评价和综合评价。

环境信息（environmental information）由环境与污染源监测、环境与污染源调研、环境科学研究等活动中所得到的有关环境数据与资料的总称。它是环境管理、控制和统计的依据。它还包括与环境问题有关的水文、气象、地质等方面的数据与资料，以及由上述初始数据与资料经过加工、处理后的二次数据与资料。从环境数据到环境信息的发展，是人类认识环境的一次飞跃。环境信息属于空间信息，其位置的识别是与数据联系在一起的，这是环境信息区别于其他类型信息的最显著的标志。环境信息具有信息源广、信息量大、离散程度高的特点。

环境影响报告书（environment impact statement）环境影响评价程序和内容的书面表现形式之一。它是环境影响评价制度的重要组成部分，也是环境影响评价工作成果的集中体现。按照《中华人民共和国环境保护法》的规定，凡对环境有较大影响的建设和开发项目，都必须编制环境影响报告书。报告书由环境影响评价单位编写，由建设或开发单位提交给环境保护主管部门进行审查，并作为批准或否决建设项目的重要依据，是领导部门对建设项目作出正确决策的主要依据的技术文件之一。在编写时应遵循下述原则：全面、客观、公正、简明扼要地反映环境影响评价的全部工作；文字应简洁、准确；图表要清晰；论点要明确。大型或复杂的项目，应有主报告和分报告或附件。其主要内容包括：编制由来、目的、依据、标准、建设项目概况、建设项目周围地区的环境现状、建设方案实施后对周围地区环境可能产生的影响、建设项目拟采取的环境保护措施及其可行性的技术经济论证意见、结论与建议等。

环境影响评价（environmental impact assessment）事先对规划和建设项目可能造成的环境影响进行分析、预测和评估，提出减轻不良环境影响的对策和措施，并进行跟踪监测的方法与制度。其目的是为了实施可持续发展战略，促进经济、社会和环境的协调发展。其内容是对建设项目提出有针对性的环境保护措施，预防一些可能对环境产生的不良影响；还可以通过对可行性方案的比较和筛选，把某些建设项目的环境影响减小到最低程度。

环境影响评价制度（system of environmental impact assessment）事先对规划和建设项目实施后可能造成的环境影响进行分析、预测和评估，提出预防或者减轻不良环境影响的对策和措施，按照法定程序报批，并进行跟踪监测的法律制度。其目的是为建设项目的合理选址和制定区域经济发展规划提供科学依据，促进经济、社会和环境的协调发展。它是从源头上控制环境污染和生态破坏的法律手段。以固定资产投资方式进行的一切开发建设项目，包括基本建设、技术改造、房地产开发（开发区建设、新区建设、老区改造）、其他工程和设施建设，以及对环境可能造成影响的饮食娱乐服务性行业等，都属于环境影响评价制度的管理范围。

环境预测（environmental predicting）根据人类过去和现在已掌握的信息、资料、经验和规律，运用现代科学技术的手段和方法，对未来的环境状况和环境发展趋势及其主要污染物和污染源的动态变化进行描述和分析，为提出防止环境进一步恶化和改善环境的对策提供依据。其目的是预先推测出实施经济发展达到某个水平时的环境状况，以便在时间和空间上作出具体的安排和部署。环境预测的类型有警告型预测、目标导向预测和规划协调预测。主要内容包括社会经济发展预测、环境容量和资源预测、环境污染预测、社会和经济损失预测、环境治理和投资预测、生态环境预测等。

环境质量（environmental quality）环境素质的好坏。一般是指在一个具体的环境内，环境的总体或环境的某些要素，对人群的生存和繁衍以及社会经济发展的适宜程度，是反映人的具体要求而形成的对环境评定的一种概念。环境质量包括环境综合质量和各种环境要素的质量，如大气环境质量、水环境质量、土壤环境质量、生物环境质量、城市环境质量、生产环境质量、文化环境质量等。人类通过其生产和消费不断地改变着周围环境质量，环境质量的变化又不断地反馈于人，人与环境质量的关系密不可分。

环境质量标准（environmental quality standard）为了保护人民健康、社会物质财富和维持生态平衡而制定的，规定其环境要素中所含有害物质或者因素的最高限额的标准。它是环境保护的目标值，是制定污染物排放标准的依据，是实施污染物排放标准所要达到的目标。制定环境质量标准必须依据环境基准。环境基准，是指当环境中某一有害物质的含量为一定值时，人或者生物长期生活在其中不会发生不良的或者有害的影响。例如，大气中的二氧化硫对人的环境质量基准是年平均值为$0.115mg/m^3$。环境基准是一个客观的定值，是纯自然科学的概念；环境质量标准以环境基准为依据，结合技术、经济、环境条件和社会经济情况等而规定，是环境保护法的组成部分，体现了一定的环境政策和人的意志。环境质量标准是确认某一环境是否已被污染的根据，也就是判断排污者是否应当承担相应的民事责任的根据。

环境质量评价（environmental quality evaluation）依据国家颁布的环境质量标准和评价方法，对一个区域内当前的环境质量的调查、监测与评价。主要内容为：调查区域自然环境与社会环境基本情况；调查与监测污染源及其排放污染物的种类与数量；监测与研究环境中各种污染物的浓度分布及其迁移转化；调查各种污染物对生态系统，特别是对人群健康已经造成的危害；评价污染危害的范围和程度；提出主要污染问题及改善措施。

J

健康风险评价（health risk assessment）见生态风险评价。

L

两控区（two controllable areas）酸雨控制区和二氧化硫污染控制区的简称。《大气污染防治法》规定，根据气象、地形、土壤等自然条件，可以将已经产生、可能产生酸雨的地区或者其他二氧化硫污染严重的地区，划定为酸雨控制区或者二氧化硫污染控制区。一般来说，降雨pH值≤4.5的，可以划定为酸雨控制区；近三年来环境空气二氧化硫年平均浓度超过国家二级标准的，可以划定为二氧化硫污染控制区。

流域限批（drainage area restriction approval）停止审批处于同一流域内除污染防治和循环经济类项目之外的所有项目，直至违规项目彻底整改为止的一项行政措施。针对当前严峻的水污染形势，2007年7月3日起中国环保总局对长江、黄河、淮河、海河四大流域部分水污染严重、环境违法问题突出的6市2县5个工业园区实行停止除污染防治和循环经济类外所有建设项目的审批。"流域限批"与"区域限批"在处理措施上有相同之处。但被"流域限批"的城市、地区或工业园区处于同一流域，带有明显的跨界治理色彩。流域限批是要解决河流跨界的污染治理问题，同一流域必须走统一治理的道路。

P

排污权（pollution discharge right）见排污权交易。

排污权交易（pollution discharge transaction）管理部门制定总排污量上限，按此上限发放排污许可证，排污许可证可以在市场买卖。它是科斯定理在环境问题上最典型的应用，也是当前受到各国关注的环境经济政策之一。排污权的初始发放数量和方法是管理者根据环境保护目标制定的。排污权一旦发放即可按照规则进行自由交换。排污权交易的基本思想是，由环境部门评估某地区的环境容量，然后根据排放总量控制目标将其分解为若干规定的排放量，即排污权。排污权被允许像商品那样在市场上买入和卖出，以此来进行污染物的排放控制。只要污染源之间存在边际治理成本差异，排污权交易就可能使交易双方都受益。排污权交易是在污染物排放总量控制指标确定的条件下，利用市场机制，通过污染者之间交易排污权，实现低成本污染治理的一种途径。

排污收费制度（fee-levying for pollution discharge）中国环境保护主管部门根据"谁污染，谁治理"的原则，实施的排污收费制度。这是中国环境管理的一项基本制度。这项政策要求一切向环境排放污染物的单位和个体经营者，应当依照政府的规定和标准缴纳一定的费用，以使其污染行为造成的外部费用内部化，提高企业治污积极性，促使污染者采取措施控制污染。制度中明确规定，按污染物的种类、数量以污染当量为单位实行总量多因子排污收费。征收的排污费一律上缴财政，纳入财政预算，列入环境保护专项资金进行管理，全部用于污染治理，包括重点污染源防治、区域性污染防治和污染防治新技术、新工艺的开发、示范和应用等。

排污许可证制度（drainage license system）污染物排放总量控制制度的简称。它是以污染物排放总量控制为基础，由环境保护行政主管部门对企业排污的种类、数量、性质、去向、方式等实行审查许可的制度。排污单位在持有排污许可证的情况下方有权排污，同时必须按照许可证规定的范围和要求排污。实施排污许可证制度，有利于落实污染物排放总量控制；有利于提高环境管理水平，增强环境执法透明度，推进环境保护的科学化管理；有利于实施排污权交易，为加快污染治理、降低治理成本创造条件。中国现行环保法律法规已对实施排污许可证制度作出规定。目前，纳入排污许可证制度管理的污染物，主要有化学需氧量、氨氮、氰化物、砷、汞、铅、镉、六价铬等。

Q

强制性产品认证制度（constraint authentication system for product）为保护消费者人身和动植物生命安全，保护环境，保护国家安全，依照法律法规实施的一种产品合格评定制度。它要求产品必须符合国家标准和技术法规。认证制度由于其科学性和公正性，已被世界大多数国家广泛采用。政府利用强制性产品认证制度作为产品市场准入的手段，正在成为国际通行的做法。

区域限批（limited authorization in the region）停止审批相关行政区域境内或所属的除循环经济类项目之外的所有项目，直至违规项目彻底整改为止的一项行政措施。2007年1月10日，国家环保总局首次启动"区域限批"政策来遏制高污染、高耗能产业的迅速扩张趋势。这是中国环保部门成立30多年来采取的最为严厉的行政惩罚手段。如果一个地区的某一个项目违规，将有可能导致该区所有项目都要被暂缓审批；而更重要的是，这种行政手段的重点监管对象从单个项目转向了地方政府。这也就意味着，地方政府在高污染、高耗能产业的违规投资上首次被认定为需要肩负行政"决策后果"。

S

"三同时"制度（3 simultaneousness system）在任何新建或技改建设项目立项的同时，对建设项目中保护环境措施和相关建设内容，要执行同时设计、同时施工，并且在竣工验收后，环保设施同时投入使用的政策，简称"三同时"。"三同时"制度分别明确了建设单位、主管部门和环境保护部门的职责，有利于具体管理和监督执法。

生态风险评价（ecological risk assessment）以化学、生态学、毒理学为理论基础，应用物理学、数学和计算机等科学技术，预测评估由于一种或多种外界因素导致可能发生或正在发生的对生态系统的有害影响的过程。其目的是帮助环境管理部门了解和预测外界生态影响因素和生态后果之间的关系，有利于环境决策的制定。在环境科学研究范围内，风险评价主要针对有害废物而言，包括各种污染物、有毒物质和有害化学品。风险评价可分为生态风险评价和健康风险评价两大类。健康风险评价侧重于人群的健康，而生态风险评价的对象主要是针对生态系统或生态系统中不同生态水平的组成。生态风险评价的四个组成部分为：暴露评价、受体分析、危害评价及风险表征。

水环境保护功能区（district of water environment protection）又称水质功能区，为全面管理水资源、维护和改善水环境的使用功能而专门划定和设计的区域。通常由水域和排污及其控制系统组成。建立水质功能区的目的在于使特定的水污染控制系统在管理上具有可操作性，以便使水环境质量及其影响因素得到有效的监测和科学管理。

水环境规划（water environmental planning）在水环境系统分析的基础上，摸清水量、水质的供需情况，合理确定水体功能，进而对水的开采、供给、使用、处理、排放等各个环节作出的统筹安排和决策。一般认为水环境规划由两部分组成：水质控制规划和水资源利用规划。它们相辅相成，缺一不可，前者以实现水体功能要求为目标，是规划的基础；后者强调水资源的合理利用，以满足国民经济和社会发展的需要为宗旨，是规划的落脚点。水环境规划的主要内容和步骤如下：（1）分析并提出当前水质、水量和水资源保护的问题和根源；（2）确定目标。根据国民经济和社会发展的要求，考虑实际情况，从水量和水质两个方面拟订目标，做好水环境功能分区；（3）拟订措施，如调整经济结构与布局，提高水资源利用率，适宜增加污水处理设施等；（4）综合考虑，提出可供选择的实施方案。在评价、优化的基础上，提出供决策选用的方案。水坏境规划是解决水资源供需矛盾的有效手段。

水污染控制规划（water pollution control planning）又称水系污染防治规划，对水体污染所制定的防治目标和措施。对象可以是江河、湖泊，水库、海湾，范围可以是河段、城市区段、河流、水系和流域等。主要内容有：（1）水质功能区的区划。按照不同的水质使用功能、水文条件、排放方式、水体自净特性，划分水质功能区，设置监控断面，建立功能区内水质管理信息系统等。（2）水质目标和污染物质总量控制指标规划。规定水质目标与污染物的总量控制指标。（3）治理污水规划。提出推荐的水域规划方案，提出分期实施的工程设施和投资概算等。

水污染指标（main water pollution index sign of the environmental protection）评价水体被污染程度的指标。主要有以下10个：（1）生化需氧量（BOD），表示在一定时间内，有氧条件下，好氧微生物氧化分解单位体积水中有机物所消耗的游离氧的数量；（2）化学需氧量（COD），用强氧化剂（如重铬酸钾、高锰酸钾或碘酸钾等），在酸性条件下将有机物氧化为水和二氧化碳，把反应中氧化剂的消耗量换算成氧气量即为化学需氧量。（3）总需氧量（TOD），指有机物完全被氧化的需氧量；（4）总有机碳（TOC），表示污水中有机污染物的总含碳量；（5）悬浮物（SS），以悬浮状态存在于废水中的固形物；（6）有毒物质，指达到一定浓度后，对人体健康、水生生物的生长造成危害的物质，其中氰化物和砷化物及重金属中的汞、镉、铬、铅等是国际上公认的六大毒物；（7）pH值，是反映水的酸碱性强弱的重要指标；（8）大肠菌群数，指单位体积水中所含的大肠菌群的数目；（9）溶解氧（DO），溶解氧量受水温、气压和溶质（如盐分）的影响，随水温升高而减少，与大气中氧分压成比例增加。由于水被污染，有机腐败物质和其他还原性物质的存在，溶解氧就被消耗，所以越干净的水，所含溶解氧越多；水污染越厉害，溶解氧就越少。（10）氨氮，指以氨或铵离子形式存在的化合氨。氨氮是水体中的营养素，可导致水富营养化现象产生，是水体中的主要耗氧污染物，对鱼类及某些水生生物有毒害。

水质功能区（water quality functional area）见水环境保护功能区。

W

危险废物经营许可制度（management licensing system of dangerous waste）要求从事收集、储存、处置危险废物经营活动的单位，必须事前经过申请，取得许可证后方可从事危险废物经营活动的一整套管理措施和方法。有权申请许可证的主体只限于单位。受理许可证申请的机关是县级以上环境保护行政主管部门。危险废物经营许可证的具体管理办法由国务院规定。

污染集中控制制度（centralized pollution control system）在一个特定的范围内，为保护环境所建立的集中治理设施和采用的管理措施，是强化环境管理的一种重要手段。污染集中控制，应以改善流域、区域等控制单元的环境质量为目的，依据污染防治规划，按照废水、废气、固体废物等的性质、种类和所处的地理位置，以集中治理为主，用尽可能小的投入获取尽可能大的环境、经济、社会效益。

污染物排放标准（standards for the discharge of pollutants）为了实现环境质量标准，结合技术经济条件或者环境特点而制定的，规定污染源允许排放的污染物的最高限额。污染物排放标准是确认某排污行为是否合法的根据，它是达到环境质量标准的手段。国家级污染物排放标准，在考虑技术经济可行性和环境特点后，由国家环境保护总局制定。技术可行性，以是否能达到的先进技术为根据；经济可行性，是指企业在采用上述先进技术后能否获利。中国国家级污染物排放标准是以中国现有的"平均先进技术"为依据制定的，就这种意义上说，它并不是确保环境质量标准的最有力的手段，但将随着中国科学技术的发展而不断严格化。

X

限期治理制度（system of undertaking treatment within a prescribed limit of time）政府主管部门为解决某一环境问题或为实现某一环境目标，对于造成污染或其他环境问题的单位，发布污染限期治理的强制性决定或命令，并要求其必须在某一规定的期限内治理好某些污染，或解决某种环境问题。它是一种行政强制措施。这项制度适用于已经对环境造成严重污染的企事业单位，以及建设在风景名胜区、自然保护区和其他需要特殊保护的区域内，其污染物排放量超过标准的工业生产设施或其他设施。中央或者省级人民政府直接管辖的企事业单位的限期治理，由省级人民政府决定；市、县或市、县以下人民政府直接管辖的企事业单位的限期治理，由市、县人民政府决定。被限期治理的单位必须如期完成治理任务，否则将承担相应的法律责任。

Z

战略环境评价（SEA development）对政策、规划或计划及其替代方案可能产生的环境影响进行规范的、系统的综合评价，并将其评价结果应用于负有公共责任的决策中的系统工程。它是针对项目环评的缺陷而提出的。建设项目处于整个决策链（战略—政策—规划—计划—项目）的末端，因此项目环评只能做修补性的努力，即对单个项目的认可或否决，并不能影响最初的决策和布局。

重点污染物排放总量控制制度（total amount control of pollutants）在特定的时期内，综合经济、技术、社会等条件，采取通过向排污源分配水污染物排放量的形式，将一定空间范围内排污源产生的水污染物的数量控制在水环境容许限度内而实行的污染控制方式及其管理规范的总称。这种控制方法是针对水污染物浓度控制存在的缺陷即没有将污染源的控制和削减与当地的水环境目标相联系，区域内各排放单位排放的污水只要达到国家或地方规定的排放标准，就可以合法排放，在污染源密集情况下无法保证水环境质量的控制和改善提出来的。它比浓度控制方法更能满足环境质量的要求，对水污染的综合防治、协调经济与环境的持续发展具有积极、有效的作用。这里讲的"重点污染物"指造成某一水体污染的主要污染物。因各地的排污情况不同，重点污染物的控制也有所不同。

（四）环境监测（Environmental Monitor）

C

常规监测（conventional monitor）见监视性监测。

D

大气降水监测（atmospheric precipitation monitoring）对降雨（雪）过程中，沉降到地球表面沉降物的主要成分和性质进行的监测。主要目的是分析大气污染状况，为提出控制途径提供基础的数据和资料。大气降水监测项目为pH值、电导率、钾离子、钠离子、钙离子、镁离子、硫酸根、氯离子等。

大气生物监测（biological monitoring of the atmosphere）利用植物生态调查，观察指示植物受大气污染的伤害症状和对植物体内污染物含量测定来检测大气污染的方法。指示植物是一种对大气污染物反应灵敏、可靠的植物，可以通过观察指示植物茎叶受伤害的程度来分析大气污染的情况。

E

恶臭排放强度（odor emission rate，OER）描述恶臭污染源污染强度的一种指标，是恶臭污染源给周围清洁空气造成恶臭污染的潜在负荷量。它等于臭气浓度乘以臭气排放量，单位为m³/min（标准状态）。当一个工厂存在有若干个恶臭污染源时，则用总恶臭排放强度（TOER）来表示这些个别恶臭污染源排放恶臭排放强度的总和。OER和TOER是在恶臭污染影响评价中常用的两个指标。

F

放射性监测（radioactivity monitoring）全称为放射性物质的监测，又称辐射监测，对环境中放射性核素放射出的射线强度和放射性污染状况进行测量及对测量结果分析和解释的过程。环境放射性监测应在辐射源的设施边界以外环境中进行。分为工作场所监测、流出物监测、个人监测、应急监测、污染源监测和本底监测（本底调查）等。

G

固定污染源烟气连续监测系统（continuous emissions monitoring systems，CEMS）对固定污染源排放的污染物进行连续地、实时地跟踪监测的系统。由颗粒物监测子系统，气态污染物监测子系统，烟气排放参数测量子系统，数据采集、传输与处理子系统组成。通过采样和非采样形式，测定烟气中的颗粒物浓度、气态污染物浓度。同时测量烟气温度、烟气压力、烟气流量或流速等参数，计算出烟气浓度和排放量；并通过数据、图文传输系统传输到污染源监控系统。

固体废物监测（solid waste monitoring）采用现代毒性鉴别试验与分析测试技术，以危险废物和城市生活垃圾填埋场、焚烧厂等重点处理处置设施的在线自动监测为主导，以重点污染源排放的固体废物的人工采样—实验室常规监测分析为基础的分析过程。包括危险废物的毒性试验鉴别分析、无机污染成分的分析以及有机污染成分的分析。

H

海洋环境监测（marine environmental monitoring）利用卫星和航空遥感系统、船舶、浮标、潜器、海床基、台站等自动监测系统以及采样和分析系统，对海洋环境进行快速大面积的海表面或表层的环境监测。应用海洋传感器技术可以监测大面积的赤潮和溢油及其漂移和发展。航空遥感常用来监测中小尺度和近岸海域的环境。

化学需氧量（chemical oxygen demand，COD）又称化学耗氧量，在一定条件下，用强氧化剂处理水样时所消耗氧化剂的量，以氧的毫克／升（mg/L）来表示。它利用氧化剂（重铬酸钾或高锰酸钾）将废水中的可氧化物质（如有机物、亚硝酸盐、亚铁盐、硫化物等）氧化分解，然后根据残留的氧化剂的量计算出氧的消耗量，以粗略地表示废水中有机物含量，反映水体有机物污染程度。中国规定，工业废水用重铬酸钾来测定，测得的值称为化学需氧量（COD_{Cr}）；环境水质用高锰酸钾来测定，测得的值称高锰酸盐指数（COD_{Mn}）。

环境放射性污染监测网（the environment radioactive contamination monitor net）用分布在不同地方的许多环境放射性物质监测站所组成的网络。中国在20世纪60年代初建立了全国环境放射性污染监测网。三十多年来，各监测站按照统一的监测方案和工作制度开展了不间断的环境放射性监测，完成了国内外核试验和重大核事故对中国造成的放射性污染监测，积累了大量监测资料，基本上掌握了全国范围环境放射性水平和动态变化情况。

环境监测（environmental monitoring）按照预先设计的时间和空间，用可以比较的环境信息和资料收集的方法，对一种或多种环境要素或指标进行间断或连续观察、测定，分析其变化及其对环境影响的过程。它是对环境化学污染物及物理和生物污染因素进行现场的、长期的、连续的监视和测定，并运用现代科学方法，对人类赖以生存的环境质量进行定量的描述，同时尽可能灵敏并及时地收集到环境质量变化的信息和对人体健康有无危害的信息，在分析评价这些资料的基础上尽早对环境现状作出评价的一种体系。根据环境介质的不同，环境监测的任务包括大气监测、水质污染监测、土壤和固体废弃物监测、生物污染监测、生态监测、噪声污染监测和放射性污染监测等；根据任务性质不同，环境监测又分为科研监测、常规监测、事故监测、仲裁监测等。环境监测是进行环境管理和环境科研的基础，是环境科学的重要组成部分。

环境监测程序（environmental monitor procedure）正常开展环境监测的工作次序。按照其先后包括以下内容：（1）现场调查与资料收集。环境污染随时间、空间变化，受气象、季节、地形地貌等因素的影响，应根据监测区域呈现的特点，进行周密的现场调查和资料收集工作，主要调查各种污染源及其排放情况和自然与社会环境特征，包括：地理位置、地形地貌、气象气候、土地利用情况以及社会经济发展状况；（2）确定监测项目。应根据国家规定的环境质量标准，结合本地区主要污染源及其主要排放物的特点来选择，同时还要测定一些气象及水文项目；（3）确定监测点布置及采样时间和方式。采样点布设得是否合理，是能否获得有代表性样品的前提，应予以充分重视；（4）选择和确定环境样品的保存方法；（5）环境样品的分析测试；（6）数据处理与结果上报。由于监测误差存在于环境监测的全过程，只有在可靠的采样和分析测试的基础上，运用数理统计的方法处理数据，才可能得到符合客观要求的数据，处理得出的数据应经仔细复核后才能上报。

环境监测技术（technology of environmental monitor）完成环境监测任务的所有技术手段和方法。包括应用化学、物理、生物等现代科学技术方法，间断地或连续的监测代表环境质量及变化的各种数据的

全过程。按照测试方法区分主要有三种基本方法：化学分析法、仪器分析法和生物技术。化学分析法是以特定的化学反应为基础的分析方法，分重量分析法和容量分析法两类。仪器分析法是以光的吸收、辐射、散射等性质为基础的分析方法，主要有以下几种：光谱法、电化学分析法、色谱分析法等。生物技术是利用植物和动物在污染环境中所产生的各种反映信息来判断环境质量的方法，是一种最直接的方法。包括生物体内污染物含量测定，观察生物在环境中受伤害状况、生物的生理生化反应、生物种类和群落结构变化等。环境监测技术不仅是各种测试技术，还包括布点技术、采样技术、数据技术和综合评价等。

环境监测网络（environmental monitor network）中国按行政管理体系建立的用于环境保护的管理型监测网络。由国家级（一级）网、省级（二级）网和地（州、市）级（三级）网组成。一级网成员为中国环境监测总站、各省（自治区、直辖市）环境监测中心站、国务院各部（委）、局、总公司环境监测中心站；二级网由各省（自治区、直辖市）环境监测中心站、地（州、市）环境监测站、各省厅（局）环境监测站组成；三级网由地（州、市）环境监测站、各县（旗、区）环境监测站、各市有关局、大中型企业环境监测站组成。

环境监测仪器（environmental monitoring instrument）用于进行环境监测任务的仪器设备。主要包括：（1）通用的实验室分析仪器：包括光学类仪器，如可见紫外分光光度计、荧光光度计、原子吸收光度计、等离子体光谱仪、X射线荧光光谱仪和红外光谱仪；电化学类仪器如pH计、电导仪、库仑计、电位滴定仪、离子活度计和各种极谱仪；色谱类的仪器，如离子色谱仪、气相色谱仪、高压液相色谱仪、色谱/质谱联机和液谱/质谱联机等。（2）专用监测仪器：包括空气监测仪器，TSP，PM_{10}，$PM_{2.5}$采样器及其监测仪器（β射线吸收，晶体震荡天平）；气体自动采样器；SO_2，NO，NOx，O_3和CO监测仪；水质监测方面：测汞仪、测油仪、COD_{Cr}测定仪、BOD_5测定仪、DO仪、污水流量计和比例自动采样器等。（3）自动监测系统：空气地面自动监测系统；环境水质自动监测系统；工业污染源在线连续自动监测系统；道路交通噪声自动监测系统等。

环境监测质量保证（environmental monitor quality assurance）环境监测的全面过程管理。包括制订

计划，根据需要和可能确定监测指标及数据的质量要求，规定相应的分析监测系统等。其内容有：采样、样品预处理、储存、运输、实验室供应、仪器设备、器皿的选择和校准，试剂、溶剂和基准物质的选用，统一测量方法，质量控制程序，数据的记录和整理，各类人员的要求和技术培训，实验室的清洁和安全，以及编写有关的文件、指南和手册等。环境监测质量保证可以保证数据质量，使环境监测建立在可靠的基础之上。

环境空气污染监测（environmental air pollution monitoring）间断或连续测定环境空气中污染物的浓度，观察、分析其在环境空气中的来源、分布、数量、动向转化以及其对环境影响的过程，是环境保护的重要工作内容之一，一般分为三类：（1）污染源监测。目的是了解这些污染物所排出的有毒有害物质是否符合现行排放标准，同时还包括对现有净化设备性能的评估，确定排放时失散的材料或产品所造成的经济损失。另外，通过长期观察积累的监测数据也为进一步修订和充实排放标准及制定环境保护法规提供科学依据。（2）空气质量监测。了解和评价环境空气质量状况，并提出警戒限度。通过长期监测，为修订或制定国家卫生标准及其他环境保护法规积累资料，为预测预报创造条件。（3）特定目的监测。为了一个或几个特定的目的所进行的监测，如应急监测等。

环境水质监测（environmental water quality monitoring）根据国家环境保护部门及其他有关部门颁布的水质标准对地表水和地下水的环境质量进行分析测定与评价的分析过程。主要监测指标有75项。其中包括：一般参数如水温和pH值；氧平衡参数如DO值；高锰酸钾指数；化学需氧量（COD）和五日生化需氧量（BOD_5）；重金属参数；非金属参数；富营养化参数；有机污染物参数以及生物参数如粪大肠菌群等。

环境遥感监测（environmental remote sensing）利用航空和航天遥感，通过摄影和扫描两种方法实现的环境监测技术。利用遥感仪器，从高空或远距离处接收地球表面被测物体反射或辐射的电磁波信息，并加工处理成能识别的图像或计算机用的记录磁带，从而显示大气、陆地、海洋等环境状况及其变化的一种技术。可用于大面积同步监测。

环境在线自动监测系统（on-line environmental automatic monitoring）通过对环境监测、无线通信、数据库、计算机网络等现代科技的专业整合，能够对工业污染源、大气环境及地表水质等进行自动化监控及综合信息管理的系统。环境在线自动监测系统在环境监测中的应用可划分为三种类型：空气质量自动监测系统、水质自动监测系统、污染源自动监控系统。前两种主要目的是为政府提供及时、准确的环境质量数据，满足公众对环境变化的知情要求；第三种主要是为环境执法机构提供数据，对企业的排污状况进行跟踪和管理。

J

监视性监测（routine monitoring）又称例行监测、常规监测，按照预先布置好的网点对指定的有关项目进行定期的、长时间的监测。包括对污染源的监督监测和环境质量监测，以确定环境质量及污染源状况，评价控制措施的效果、衡量环境标准实施情况和环境保护工作的进展。它是监测工作中量最大、面最广的工作，是纵向指令性任务，是监测站第一位的工作，其工作质量是环境监测水平的主要标志。

K

空气污染指数（air pollution index，API）将复杂的多种污染物浓度简化成单一的数值形式，直观表征空气质量状况和空气污染的程度。通过它反映和评价空气的质量。空气质量的好坏取决于各种污染物中危害最大的污染物的污染程度。根据环境空气质量标准和各项污染物的生态环境效应及其对人体健康的影响来确定污染指数的分级数值及相应的污染物浓度限值。通过数学计算分别得出各种污染指数，以其中最高者为当时、当地空气污染指数。参见附表1，附表2。

附表1 空气污染指数对应的污染物浓度限值

污染指数	污染物浓度（mg/m³）				
API	SO_2（日均值）	NO_2（日均值）	PM_{10}（日均值）	CO（小时均值）	O_3（小时均值）
50	0.050	0.080	0.050	5	0.120
100	0.150	0.120	0.150	10	0.200
200	0.800	0.280	0.350	60	0.400
300	1.600	0.565	0.420	90	0.800
400	2.100	0.750	0.500	120	1.000
500	2.620	0.940	0.600	150	1.200

注：表1中的"PM_{10}"为可吸入颗粒物。

附表2　空气污染指数范围及相应的空气质量类别

空气污染指数API	空气质量状况	对健康的影响	建议采取的措施
0～50	优	可正常活动	
51～100	良		
101～150	轻微污染	健康人群出现刺激症状	呼吸系统疾病患者应减少体力消耗和户外活动
151～200	轻度污染		
201～250	中度污染	心脏病和肺病患者症状显著加剧	心脏病、肺病患者应在停留在室内
251～300	中度重污染		
>300	重污染	健康人运动耐受力降低	一般人群应避免户外活动

空气质量连续自动监测系统（atmosphere quality continuous automatic monitoring system）对某一定区域空气质量进行实时地、连续地自动监测系统。该系统是由监测仪器、数据通信、计算机组成的网络。由一个中心站、若干个子站和信息传输系统组成。中心站是网络的指挥中心也是信息数据处理中心，任务是管理子站的各种监测工作，收集子站的各种监测数据，并进行数据统计与处理，对突发事故发出警报等。子站配有自动测定各种污染物的仪器仪表、通信系统等。该系统的任务是时刻监测各种污染物、处理结果、储存数据和上报数据。子站的工作特点是连续、自动、常年不断。监测项目：二氧化硫（SO_2）、氮氧化物（NOx）、总悬浮颗粒物（TSP）或可吸入颗粒物（PM_{10}）、一氧化碳（CO）、臭氧（O_3），加上五项气象参数（气温、湿度、大气压、风向、风速）。

L

垃圾卫生填埋场环境监测（waste landfill environmental monitoring）垃圾填埋场周围建立的环境监测系统，包括填埋场排气分析、渗滤液及渗滤液污水监测等。其目的是为了及时掌握垃圾填埋场对周围环境可能产生的影响。

Q

区域环境噪声监测（urban area noise monitoring）在一个城市或确定区域内，采用随机抽样的方法，测量噪声的平均水平并进行评价的工作。一般采用具有积分或自动存储功能的声级计连续监测。采用间隔不得大于0.5s。中国建立了三级环境噪声监测网络体系，即国家级、省级和城市级。

S

生化需氧量（biochemical oxygen demand，BOD）又称生化耗氧量，在有氧条件下，水中的好氧微生物在氧化分解单位体积水中有机物的生物氧化过程中所消耗的氧的量。它是一种用微生物代谢作用时，所消耗的溶解氧量来间接表示水体被有机物污染程度的一个重要指标。以氧的mg/L作为BOD的量度单位。一般有机物在微生物的新陈代谢作用下，其降解过程可分为如下两个阶段：第一阶段是有机物转化为CO_2、NH_3和H_2O的过程；第二阶段则是NH_3进一步在亚硝化菌和硝化菌的作用下，转化为亚硝酸盐和硝酸盐，即所谓硝化过程。污水的生化需氧量一般只指有机物在第一阶段生化反应所需要的氧量。微生物对有机物的降解与温度有关，一般以20℃作为测定的标准温度。在BOD的测定条件（氧充足、不搅动）下，一般有机物20天才能够基本完成在第一阶段的氧化分解过程（完成氧化分解过程的99%）。在实际工作中规定以5日作为测定BOD的标准时间，因而称之为五日生化需氧量，以BOD_5表示。BOD_5约为BOD_{20}的70%左右。BOD值的高低既能反映水体中有机物的污染程度，也能反映有机物的去除和净化效率。其值越高，说明水中有机污染物质越多，污染也就越严重。一般洁净河流的BOD_5不超过$2mg/L$，若高于$10mg/L$，就会散发出恶臭味。

生态监测（ecomonitoring）系统收集地球资源信息和生命支持能力的数据的一种办法。这些数据涉及人类、动物、植物、微生物以及地球本身。通过检测，可获得全球、区域和局部规模的生物地球化学和地球物理环境参数变化的客观信息。这些客观信息是制定环境保护决策的最重要基础。通常可采用下列三种方式中的一种来收集这些数据：（1）地面固定站和流动观察站；（2）空中采用轻型飞机低空摄影；（3）从太空中采用轨道卫星，如地球资源卫星提供资料及视觉图像。

生物监测（biological monitoring）利用生物个体、种群或群落对环境质量及其变化所产生的反应和影响来阐明环境污染的性质、程度和范围，从生物学角度评价环境质量状况的过程。生物监测包括生态学监测和毒理学监测。生物监测的特点是能连续地反映各种污染因素对环境作用的综合效应及变化，而且能说明污染物对生物的繁殖、生长的影响以及污染物的迁移、富集、转化和最后归宿问题。生物监测领域包括水质生物监测、大气生物监测、土壤生物监测和固体废物毒性生物监测。生物监测方法包括生态监测（群落生态和个体生态监测）、生物测试（急性毒性测定、亚急性毒性测定和慢性毒性测定）、生物生理和生化指标测定，以及污染物在生物体内含量的分析等。

室内空气质量监测（indoors atmosphere quality monitoring）对室内的空气质量进行定时观察、测定，并分析其变化及其对环境影响的过程。室内环境可能存在有多种空气污染物。需要利用仪器对室内空气中最受关注的几类空气质量指标进行检测。常用室内空气检测项目包括甲醛、苯、氨气、TVOC及其挥发物、氡共五项。

水污染连续自动监测系统（environmental automatic monitoring，AWMS；the auto of the water environment wiretap system）以监测水质污染综合指标及某些特点项目为基础的水质污染自动监测系统。即在一个水系或一个地区设置若干个装备有连续自动监测仪器的监测站，各监测站的监测项目根据水源的主要用途及监测站的主要任务而定。通常监测的项目有：（1）一般指标：水温、pH值、电导、氧化还原电位、溶解氧、浊度、悬浮物等；（2）水质的污染程度指标：BOD、COD、TOC、TOD、UV吸收等；（3）水质的污染物：金属离子、氰化物、酚、农药等；（4）水质的生物指标：大肠杆菌群数、细菌总数等；（5）水文气象参数：流量、流速、水深、潮级、风向、风速、气温、湿度、日照量、降雨量等。

水质生物监测（biological monitoring of water quality）通过监测水体中生物的存在情况，掌握水生生态恢复的情况来反映水污染防治效果的工作。水生生物群落监测方法包括采样、计数、种类鉴定，目前生物群落监测采用的指标主要有：浮游植物、浮游动物、原生动物、底栖动物、鱼类、水生维管束植物和大肠菌群。水质生物监测的方法主要有：（1）利用指示生物监测；（2）利用水生生物群落监测；（3）水污染的生物测试；（4）生理生化指标测定；（5）测定水生生物体内污染物的含量，判断污染物在生物体内的积累情况；（6）利用微生物来指示水质卫生状况，如检测大肠菌群数或粪大肠菌群数，以判定是否受到粪便的污染。

T

特定目的监测（monitoring with specified purpose）又称应急监测、特例监测，一种为某种特定目的而进行的监测。它包括以下四种类型：（1）污染事故监测：在发生污染事故时及时深入事故地点进行应急监测，确定污染物的种类、扩散方向、速度和污染程度及危害范围，查找污染发生的原因，为控制污染事故提供科学依据。常采用流动监测（车、船等）、简易监测、低空航测、遥感等手段。（2）纠纷仲裁监测：主要针对污染事故纠纷、环境执法过程中所产生的矛盾进行监测，提供公证数据。（3）考核验证监测：包括人员考核、方法验证、新建项目的环境考核评价、排污许可证制度考核监测、"三同时"项目验收监测、污染治理项目竣工时的验收监测。（4）咨询服务监测：为政府部门、科研机构、生产单位所提供的服务性监测；为国家政府部门制订环境保护法规、标准、规划提供基础数据和手段。

土壤环境监测（soil environmental monitoring）采用先进的技术手段和方法，分析土壤污染与粮食污染、地下水污染及对生长于其上及周边的生物，尤其是对人体的危害关系的分析过程。主要目的是反映土壤环境质量现状和变化趋势，为控制土壤污染提供依据。

Y

研究性监测（scientific research monitoring）又称科研监测，针对特定目的的科学研究而进行的监测。是通过监测了解污染机理、弄清污染物的迁移变化规律、研究环境受到污染的程度，例如环境本底的监测及研究、有毒有害物质对从业人员的影响研究、为监测工作本身服务的科研工作的监测（如统一方法和标准分析方法的研究、标准物质研制、预防监测）等。这类研究往往要求多学科合作进行。

应急监测（emergency monitoring）见特定目的监测。

Z

噪声测量仪器（noise measuring instrument）专门用来测量噪声的仪器。包括声级计和频谱分析仪。声级计也称噪声计，它是用来测量噪声的声压计和计权声级的最基本的测量仪器，适用于环境噪声和各种机器（如风机、空压机、内燃机、电动机）噪声的测量，也可用于建筑声学、电声学的测量。频谱分析仪是测量噪声频谱的仪器，它的基本组成大致与声级计相似。但是，在频谱分析仪中，设置了完整的计权网络（滤波器）。借助于滤波器的作用，可以将声频范围内的频率分成不同的频带进行测量。

噪声监测参数（noise monitoring parameter） 噪声监测的内容和量值。包括声功率、声强、和声压：（1）声功率（单位为 W）是指单位时间内，声波通过垂直于传播方向某指定面积的声能量。在噪声监测中，声功率是指声源总声功率。（2）声强（单位为 W/m^2）是指单位时间内，声波通过垂直于传播方向上，单位时间内通过单位面积的声能量。（3）声压（单位为 Pa）是由于声波的存在而引起的压力增值。

浊度仪（turbidimeter） 一种用于测量悬浮于水中（或透明液体）中不溶性颗粒物质含量的测量仪器。其工作原理是用经过这些颗粒时所产生的光的散射或衰减程度来定量表征这些悬浮颗粒物质含量。

（五）污染物和污染源（Pollutant and Source of Pollution）

B

白色污染（white pollution） 废旧农用薄膜、包装用塑料膜、塑料袋和一次性塑料餐具（统称为塑料包装物）等在使用后被抛弃到环境中，难以降解，给景观和生态环境造成的污染。由于废旧塑料包装物大多呈白色，因此被称为"白色污染"。

苯（benzene） 一种最简单的芳烃，分子式 C_6H_6，在常温下是一种无色、油状、具有特殊芳香气味的液体。苯、甲苯和二甲苯等，是有机化学工业的基本原料之一。苯是一种致癌物质。在常温下易燃、易挥发。苯蒸气有毒，人在短时间内吸入高浓度的甲苯或二甲苯，会出现中枢神经麻醉的症状，轻者头晕、恶心、胸闷、乏力，严重的会出现昏迷甚至因呼吸循环衰竭而死亡；慢性中毒能损害造血功能。

C

持久性有机污染物（persistant organic pollutants, POPs） 人类合成的，能持久存在于环境中，并能通过生物食物链（网）累积，对人类健康造成有害影响的化学物质。与常规污染物不同，持久性有机污染物对人类健康和自然环境危害更大。它在自然环境中滞留时间长，极难降解，毒性极强，能导致全球性的传播。被生物体摄入后不易分解，并沿着食物链浓缩放大，对人类和动物危害巨大。很多持久性有机污染物不仅具有致癌、致畸、致突变性，而且还具有内分泌干扰作用。研究表明，持久性有机污染物对人类的影响会持续几代，对人类生存繁衍和可持续发展构成重大威胁。首批列入《关于持久性有机污染物的斯德哥尔摩公约》受控名单的 12 种 POPs 为：（1）有意生产的有机氯杀虫剂，如滴滴涕、氯丹、灭蚁灵、艾氏剂、狄氏剂、异狄氏剂等；（2）有意生产的工业化学品，如六氯苯和多氯联苯；（3）无意排放的工业生产过程或燃烧生产的副产品，如二噁英（多氯二苯并-p-二英）、呋喃（多氯二苯并呋喃）。

臭氧（ozone） 氧的同素异形体，分子式 O_3，在常温下，是一种有特殊臭味的蓝色气体。空气中的臭氧，当发生在高空平流层时，它保护地面上的生物免受太阳强紫外线的照射损害。当臭氧发生在地面上的时候，它本身是一个刺激性的物质，会影响人体健康，还会影响经济作物的生长，缩短电线电缆的寿命，影响文物保存等。地面上的臭氧是氮氧化物和碳氢化合物等一次污染物在紫外光照射下，发生化学反应生成的二次污染物，臭氧是夏季的主要污染物之一。通常把臭氧浓度作为光化学烟雾污染的重要指标之一来实施监测。

D

大气生物污染（atmospheric biological pollution） 大气中因生物因素造成的对生物、人体健康以及人类活动的影响和危害。大气生物污染包括：（1）由许多飘浮在大气中的微生物所造成的大气微生物污染。这些微生物包括对环境抵抗力较强的选球菌、细球菌、枯草芽胞杆菌以及各种霉菌和酵母菌的孢子等。（2）由许多能引起人体变态反应的生物物质造成的大气污染。这些变应物质有花粉、真菌孢子、尘螨、毛虫的毒毛等。（3）某些绿化植物在种子成熟或秋季落叶时，所造成的生物性尘埃对大气的污染。如杨柳生有细毛的种子、梧桐生有绒毛的叶片等。

大气污染（atmospheric pollution） 见大气污染物。

大气污染物（air pollutant） 由于人类活动或自然现象排入大气，并对人和环境产生有害影响的物质。人类的生产、生活活动向空气中排出的各种物质（包括颗粒悬浮物和有害气体，以及由它们转化成的光化学氧化剂、硝酸雾、硫酸雾等）在数量、浓度和持续时间上，都超过了大气环境所容许的限度，并且达到了有害程度，即构成大气污染。

氮氧化物（nitro-oxygen substance）一氧化二氮（N_2O）、一氧化氮（NO）、三氧化二氮（N_2O_3）、二氧化氮（NO_2）、四氧化二氮（N_2O_4）、五氧化二氮（N_2O_5）等的总称。造成大气污染的主要是一氧化氮和二氧化氮。其主要来源是燃煤、汽车尾气和其他工业的石化燃料燃烧及硝酸、氮肥、炸药的工业生产过程。一氧化氮与血液中血红蛋白的亲和力比一氧化碳还强。通过呼吸道及肺进入血液，使其失去输氧能力。二氧化氮具有腐蚀性和生理刺激作用，是形成光化学烟雾、酸雨的主要原因之一。氮氧化物污染不仅会影响人类的健康，还会影响到生物多样性和臭氧水平。

电磁污染（electromagnetic pollution）天然的或人为的各种电磁波的干扰及有害的电磁辐射。天然电磁污染来自某些自然现象，如雷电引起的电磁干扰；火山喷发、地震和太阳黑子活动引起的磁暴。天然电磁污染对短波通信干扰尤为严重。人为电磁污染源包括：脉冲放电，如火花放电；工频交变电磁场，如大功率电机、变压器、输电线附近等；射频电磁辐射，如广播、电视、微波通信等。电磁污染会直接威胁人体健康。

电子废物（electronics discard）废弃的电子电器产品、电子电气设备（以下简称产品或者设备）及其废弃零部件、元器件的总称。包括工业生产活动中产生的报废产品或者设备、报废的半成品和下脚料，产品或者设备维修、翻新、再制造过程产生的报废品，日常生活或者为日常生活提供服务的活动中废弃的产品或者设备，以及法律法规禁止生产或者进口的产品或者设备。

电子类危险废物（dangerous discard of electronics）列入国家危险废物名录或者根据国家规定的危险废物鉴别标准和鉴别方法认定的具有危险特性的电子废物。包括含铅酸电池、镉镍电池、汞开关、阴极射线管和多氯联苯电容器等的产品或者设备等。

多环芳烃（polycyclic aromatic hydrocarbons，PAHs）分子中含有两个以上苯环的碳氢化合物。是一种高致癌的物质。常见的多环芳烃有萘、蒽、菲、芘、苯并[a]芘等。其性质稳定，大多吸附在大气和水中的微小颗粒物上。大气中的多环芳主要来自于各种烟尘和烹调油烟等。烃通过沉降和降水冲洗作用而污染土壤和地面水。食品中的多环芳烃类的致癌物来源于煤烟、油烟、柴草烟等。多环芳烃对环境和人体健康危害很大，对人体的主要危害部位是呼吸道和皮肤。

多氯联苯（polychlorinated biphenyls，PCBs）又称氯化联苯，一系列不同含氯量的苯的同系物的混合物。一种剧毒品，物理化学性质与有机氯农药相似。典型的持久性有机污染物。在自然条件下具有难降解性和生物毒性。其生物毒性表现为：致癌性、生殖毒性、神经毒性和干扰内分泌系统。存在于空气、水、土壤和食物中，构成对环境和人体的危害。

E

二次污染物（secondary pollutant）又称次生污染物，是环境中某些性质不稳定的一次污染物，在自然环境条件的作用下，或与环境中的其他物质发生反应，生成新的、能对环境产生再次污染的污染物。常见的有经过各种转化过程在大气中生成的硫酸雾、硫酸盐、硝酸、硝酸盐、光化学烟雾等；水体、土壤中重金属离子转化的络合物，农药及一些有机物经生物降解、光解、水解及氧化还原后的生成物等。二次污染物的形成机制一般很复杂。它对环境和人体的危害通常比一次污染物严重。

二噁英（dioxins contamination）结构和性质都很相似的，包含众多同类物或异构体的两大类有机化合物，全称分别叫多氯二苯并—对—二噁英（PCDDs）和多氯二苯并呋喃（PCDFs）。其性质稳定，熔点较高，是无色无味的脂溶性物质，主要来自于焚烧物品产生的烟气。二噁英的最大危害是具有不可逆的"三致"毒性，即致畸、致癌、致突变。是目前已经认识的环境荷尔蒙中毒性最大的一种。它可以在环境中持久存在，不断富集，随食物链不断传递、积累放大，很难分解或排出。人类处于食物链的顶端，是此类污染的最后集结地。二噁英只要很小的剂量，就可能对人产生危害，尤其对婴幼儿的损害更明显。二噁英危害的另一个特点是它在表现出明显的症状之前有一个漫长的潜伏过程，可能影响人类的子孙后代。

二氧化硫（sulfur dioxide，SO_2）无色而具有刺激性气味的气体，是大气的主要污染物之一。大气中的二氧化硫大部分来自于煤和石油的燃烧以及石油炼制等。它刺激人的呼吸道，减弱呼吸功能，诱发呼吸道各种炎症，危害植物生长；二氧化硫污染严重时形成酸雨，给生态系统以及农业生产、森林、水产资源等带来严重危害。

F

放射性污染（radioactive pollution）由放射性物质造成的污染。放射性元素的原子核在衰变过程中产生 α、β 和 γ 射线，能杀死生物体的细胞，妨碍正常细胞分裂和再生，引起细胞内遗传信息的突变。造成放射性污染的物质称为辐射源。受放射性污染的人在数年或数十年后，可能出现癌症、白内障、失明、生长迟缓、生育力降低等远期效应，还可能出现胎儿畸形、流产、死产等效应。

放射性污染源（source of radioactive pollution）排放放射性废物的源头。主要包括：采矿、冶炼、核燃料加工中排出的含放射性物质的气体和废水；核反应堆运行中排出的放射性气体以及废水、废物；医学、科研、工农业应用放射性同位素时排出的放射性物质。

酚污染（phenol pollution）由酚对水体、土壤和大气所造成的污染。环境中的酚主要来自于炼焦、炼油、制取煤气、制造酚及其化合物和用酚做原料的工厂排放的含酚废水和废气中等。酚污染大多是低浓度和局部性的。酚的摄入量超过人体的解毒能力时，一部分酚会蓄积在各脏器组织中，造成慢性中毒。酚中毒症状为不同程度的头昏、头痛、心神不安等神经症状，以及食欲不振、吞吐困难、流涎、呕吐和腹泻等慢性消化道疾病。

粉尘（dust）粒径为 $1\sim75\,\mu m$ 的颗粒物。一般由烧煤和工业生产的物质破碎、运转作业产生。粉尘易被吸入人体呼吸系统。被吸入的粒子中稍大的微粒被截留在上呼吸道的黏液层中，被黏液溶解，靠纤毛运动随黏液一道被送至喉头，成为痰被咳出；较小的微粒侵入没有黏液层和纤毛层的肺的深部组织中沉积下来，这部分物质被溶解就会直接侵入血液，有可能造成整个身体系统的中毒。煤烟的粉尘中含有致癌物质苯并[a]芘。

氟化物（fluoride）含氟的无机化合物，常以气态和悬浮颗粒态存在，其中以氟化氢为代表。它主要来源于含氟产品的工业生产过程中，是一类毒性很强的大气污染物。吸入高浓度的氟化物气体，可引起肺水肿和支气管炎。长期吸入低浓度的氟化物气体会引起慢性中毒，会使骨骼中的钙质减少，导致骨质硬化和骨质疏松。

复合污染（combined pollution）多种污染物同时存在，并共同对大气、水体、土壤、生物和人体产生的综合性污染。如大气污染物中的二氧化硫、氮氧化物、碳氢化合物、臭氧、一氧化碳、悬浮颗粒物等可以分别对人体、动植物、材料、建筑物等产生危害，同时这些污染物又以各种化学状态相互作用，造成对环境与生态的综合影响（如光化学烟雾），加重大气污染危害程度。环境污染多数属复合污染。

G

镉污染（cadmium pollution）由重金属镉引起的环境污染。镉是对人体有害的化学元素，被人体摄入后会引起镉中毒，造成对钙、磷的吸收率下降，使体内维生素D的代谢异常，导致骨质疏松或骨质变形，还会导致肝脏及生殖系统发生病变。镉污染主要来源于一些矿区或冶炼工厂排放处理的不达标含镉废水。

铬污染（chromium pollution）由金属铬引起的环境污染。金属铬的化合物进入水体、土壤、人体后，产生累积效应造成环境污染并危害机体健康。铬是一种银白色的金属，主要以铬铁矿的形式存在于自然界中。铬是人体中必需的一种微量元素，能促进人体对胆固醇的分解和排放等。但是，人体摄入过量的铬，会造成铬中毒，给机体造成多种危害，比如引起腹泻、过敏性皮炎，甚至癌症等。

工业污染源（industrial pollution sources）在工业生产过程中，即原料生产、加工过程、燃烧过程、加热和冷却过程、成品整理等过程中产生的污染物质或造成环境污染的源头。除废渣堆放场和工业区降水径流构成的污染外，多数工业污染源属于点污染源。它通过排放废气、废水、废渣（三废）和废热，污染大气、土壤和水体，产生噪声、振动、核辐射危害周围的环境。工业"三废"中所含的污染物种类多、成分杂、数量大、毒性强、浓度高，是主要的工业污染源。

公害病（public nuisance disease）由环境污染引起的地区性疾病。公害病的流行，一般具有长期（十几年或数十年）陆续发病的特征，还可能累及胎儿，危害后代；也可能出现急性暴发型的疾病，使大量人群在短期内发病。

汞污染（mercury contamination）由重金属汞引发的环境污染。食用被汞及其化合物污染的水和食物会造成慢性中毒，使人的性格变得胆小怕羞、孤独、厌烦、消极抑郁、易激怒，有时行为怪僻，自觉口内有金属味，口腔黏膜充血、牙龈红肿、牙齿松动、牙龈或口颊黏膜出现色素沉着（称为汞线），亦可出现"汞毒性震颤"，手指、舌、眼睑震颤最为常见，严重时可蔓延颊肌、上肢、下肢，并出现手指书写震颤。

固体废物（solid waste）在生产建设、日常生活和其他活动中产生的丧失原有利用价值或者虽未丧失利用价值但被抛弃或放弃的固态、半固态和置于容器中的气态的物品、物质以及法律、行政法规规定纳入固体废物管理的物品、物质。主要包括城市固体废物、工矿业固体废物、农业废弃物和危险固体废物。固体废物中的有害成分通过刮风进入大气，经过降雨进入土壤、河流或地下水源，对环境造成污染。国家明确规定下列物品不属于固体废物：（1）放射性废物；（2）不经过储存而在现场直接返回到原生产过程或返回到其产生的过程的物质和物品；（3）任何用于其原始用途的物质和物品；（4）实验室用样品等。

光化学烟雾（photochemical smog）一种毒性较大的浅蓝色烟雾。主要污染源是汽车废气。光化学烟雾的主要成分是臭氧（O_3）占90%、过氧化乙酰硝酸酯（PAN）和氮氧化物（NO_x）。对人的眼睛、咽喉、鼻子等有刺激作用，能引起慢性呼吸系统疾病恶化。

光污染（light pollution）由超量的光辐射造成的环境污染。包括以下三种污染：白亮污染、彩光污染和人工白昼。白亮污染是阳光照射强烈时，建筑物的玻璃幕墙、釉面砖墙、磨光大理石和各种涂料等反射光线的污染。长时间处于白色光亮污染环境中，人的视网膜和虹膜都会受到程度不同的损害，视力急剧下降，白内障的发病率高达45%，还会使人头昏心烦，甚至发生失眠、食欲下降、情绪低落等类似神经衰弱的症状。彩光污染是指舞厅、夜总会安装的黑光灯、旋转灯以及彩色光源造成的彩光污染。黑光灯所产生的紫外线强度大大高于太阳光中的紫外线，且对人体有害影响的持续时间长。彩光污染不仅损害人的生理功能，还会影响人的心理健康。

H

哈龙（Halon）一类称为卤代烷的化学品。商品名称为1211和1301，主要用于灭火药剂。哈龙含有氯和溴，在大气中受到太阳光辐射后，分解出氯、溴的自由基与臭氧结合夺去臭氧分子中的一个氧原子，使臭氧遭到破坏，从而降低臭氧浓度，是破坏臭氧层的元凶之一。

海洋污染（ocean pollution）各种水体污染物直接或间接地进入海洋而对其造成的污染。人们在生产和生活过程中产生的废弃物的绝大部分，最终直接或间接地进入海洋。当这些废物和污水的排放量达到一定的限度，海洋便受到了污染。如海洋油污染、海洋重金属污染、海洋热污染、海洋放射性污染等。受到污染的海域，会损害海洋生物，危害人类健康、妨碍人类的海洋生产活动、降低海水使用质量。

河流污染（river pollution）人类活动排放的污染物直接或间接进入河流，超过河流的自净能力，引起河流水质恶化，生物群落变化，河流的使用价值下降或丧失的现象。在排污量相同的情况下，径流量越大，污染程度越小。河流污染扩散速度快，影响面广。

化学污染物（chemical pollutants）进入环境后使环境的正常组分和性质发生变化，直接或间接危害人类健康和自然环境的化学物质。这些化学物质通常是生产过程中的有用物质，仅在特定环境中，达到一定数量（或浓度），并且在一段时间内对环境、人类和其他生物造成危害，或者具有潜在危害。化学污染物包括化学元素、无机物、有机化合物和烃类、金属有机和准金属有机化合物、含氧有机化合物、有机氯化合物、有机卤化物、有机硫化物、有机磷化合物等九类，约10万种以上。根据其在环境中物理化学性状有无变化可分为：一次污染物和二次污染物。

环境荷尔蒙（environment hormone）见环境激素。

环境激素（environmental hormone）又称环境荷尔蒙、外因性内分泌干扰物质，是通过介入有机体内激素的合成、分泌、体内输送、结合或分解作用，影响有机体的稳定性保持、生殖、发展或者行为的外来物质。它们具有与内分泌激素类似的结构，进入人体或野生动物体内，干扰其内分泌系统和生殖功能系统，影响后代的生存和繁衍；干扰基因传递而导致病患；可在一定时期内发生种属畸形变异。含有环境激素的污染物种类很多，目前，已被列入环境激素的有防止海藻和贻贝附着在船底上的三丁锡、三苯锡以及源于塑料添加剂和洗涤剂的壬酚、垃圾焚烧场排出的剧毒物质二噁英、苯乙烯、多氯联苯、石棉及滴滴涕、氯丹、汞、镉、酞酸酯、有机氯、有机磷杀虫剂、除草剂、杀菌剂、汽车尾气等70多种有害物质，其中有7种最危险的多来自制造人们日常用的涂料、洗涤剂、树脂、增塑剂等。

环境污染负荷（environmental pollution load）人类社会各种生产和生存活动所产生的排入环境的污染物总量。对于一个特定的"环境"而言，由于它所包含的空间大小不同，结构组成不同，功能不同，因而对环境污染负荷的承受能力也不同。

环境污染物扩散因子（environmental pollutions proliferation factor）污染物的扩散动力和载体。如水力迁移、风力迁移、重力迁移和生物迁移等。当污染源存在，并且释放污染物时，未必都形成污染。环境是否污染，要看扩散因子的传递和在一定范围内的积聚量以及持续时间而定。

环境污染指数（environmental pollution index）由各种环境质量参数归纳出来，综合表示环境污染程度和环境质量等级的一个抽象概括数值。环境中的污染物总是以复合状态存在的，往往对环境产生联合作用。采用环境污染指数这一综合指标，既能客观反映当地的环境质量，又能相对比较不同时间和地区环境污染程度和环境质量的优劣，因而在环境质量评价中得到广泛应用。根据环境要素，可以分为水污染指数、土壤污染指数和大气污染指数。

挥发性有机物（votatile organic compound, VOC）可以在空气中挥发的有机化合物的总称。按其化学结构可以分为八类：烷类、芳烃类、烯类、卤烃类、酯类、醛类、酮类和其他。VOC是空气中三种有机污染物（多环芳烃、挥发性有机物和醛类化合物）中影响较为严重的一种。VOC的主要来源：室外主要来自燃料燃烧和交通运输；室内则主要来自燃煤和天然气等燃烧产物，吸烟、采暖和烹调等产生的烟雾以及建筑和装饰材料，家具，家用电器，清洁剂和人体本身的排放等。VOC能引起人体免疫水平失调，影响中枢神经系统功能，出现头痛、嗜睡、无力、胸闷等自觉症状，还可能影响消化系统，出现食欲不振等；严重时可损伤肝脏和造血系统，出现变态反应等。

J

机动车尾气污染（vehicle exhaust pollution）由机动车尾气排放的污染物所造成的环境污染。分为气态污染物和固态污染物。气态污染物主要有：一氧化碳、碳氢化合物和氮氧化物等。固态污染物主要有：碳烟颗粒、铅等。其中对人危害最大的有一氧化碳、碳氢化合物、氮氧化物、铅的化合物、碳的颗粒物和苯并芘等。

继发性污染物（secondary pollutant）见二次污染物。

甲醛污染（formaldehyde pollution）由甲醛造成的污染。甲醛，分子式$HCHO$，别名蚁醛，为无色气体，有辛辣刺鼻气味。易溶于水、醇和醚。甲醛具有很活泼的化学和生物学活性。其40%的水溶液称为"福尔马林"。工业接触甲醛的有：皮革、造纸、塑料、树脂、人造纤维、橡胶、药品、染料、炸药、油漆等行业，也用作生物体防腐剂及物件消毒等。甲醛对人体的影响主要表现为对黏膜和皮肤的刺激作用。主要表现为眼部烧灼感、流泪、结膜炎、眼睑水肿、角膜炎、鼻炎、嗅觉丧失、咽喉炎和支气管炎等。严重者可发生喉部痉挛、声门水肿和肺水肿。长期接触低浓度甲醛蒸气，可发生头痛、软弱无力、消化障碍、视力障碍、心悸和失眠等。

交通运输污染源（the transportation pollution source）交通运输设备和设施造成的环境污染的总和。其对环境的危害主要是交通工具运行中产生的噪声和振动污染，燃料燃烧产生的有害废气排放造成的大气污染，有害废弃物和清洗（清扫）车、船体的扬尘、污水（油轮压舱水）产生的污染，以及运载有毒有害物质泄漏时发生事故，引发的环境污染。它们对城市环境、河流、湖泊、海湾和海域构成威胁（特别是发生事故时）。这类污染源排出的废气是主要的大气污染物之一。

K

可吸入颗粒物（inhalable particulate）又称飘尘，悬浮在空气中、能进入人体的呼吸系统、空气动力学当量直径≤10μm的颗粒物。可吸入颗粒物的浓度以每立方米空气中可吸入颗粒物的毫克数表示。颗粒物的直径越小，进入呼吸道的部位越深。10μm直径的颗粒物通常沉积在上呼吸道，5μm直径的可进入呼吸道的深部，2μm以下的可100%深入到细支气管和肺泡，在肺泡上沉积下来，可引起肺组织的慢性纤维化，使肺泡的机能下降，导致肺心病、心血管病等一系列病变；还是多种污染物的"载体"和"催化剂"，它吸附的物质极为复杂，其中可能含有各种有机化合物、金属化合物、放射性物质、硫酸盐和硝酸盐，从而引发多种疾病；飘尘素D的合成，使肠道吸收钙、磷的机能减退，使钙代谢处于负平衡状态，造成骨骼钙化不全，成为佝偻病的起因，导致小儿软骨病；进入人体呼吸系统后，其中有毒有害物质很快被肺泡吸收，没有经过肝脏的转化就进入血液，对人体健康危害极大。

L

铝污染（aluminium pollution）由金属铝引起的环境污染。铝是地壳中含量最多的金属。现代医学研究证明，铝对动物和人体并不是必需的元素，而是对人体有害的元素。当人体在铝污染环境中大量摄入铝之后，会导致人体内代谢紊乱、骨质脱钙、骨软化或骨萎缩，甚至损伤中枢神经系统功能，引起脑神经元纤维缠结病变，出现脑神经障碍，记忆力减退，思想、语言、行为紊乱，最后完全痴呆。同时，铝吸入人体后还会干扰磷的代谢，从而导致其他病变；还会使一些消化酶的活性降低，使胃液分泌减少，影响消化功能。

M

煤烟污染（soot pollution）由煤燃烧时产生的SO_2、HF、CO、CO_2、NO、NO_2、烃类有机物，碳粒、颗粒物等引起的空气污染。当冬季大气逆温层低而厚时容易发生煤烟型污染，能生成一些致突、致癌性更强的硝基多环芳烃。燃煤排放的SO_2占人为排放总量的70%左右，排放的CO_2约占人为排放总量的40.5%，是区域性、全球性的环境问题。煤烟污染可引起呼吸道疾病。

灭蚁灵（mirex）又称十二氯代八氢-亚甲基-环丁并戊搭烯，白色、无味、结晶体，挥发性很小，为中等毒性的杀虫剂。主要用于控制红蚁，也曾用于控制其他类型的蚂蚁和白蚁等。它是一种持续性强、极为稳定的杀虫剂，其半衰期长达10年。人类受灭蚁灵危害的途径主要是食物，特别是肉类、鱼类及野味。

N

镍污染（nickel pollution）由镍成为环境危害，造成对人或生物代谢机能发生损害的现象。镍是银白色金属，坚硬，能耐酸耐碱，在空气中不易被氧化，镍的主要用途是制造不锈钢、镍钢、镍铬合金、催化剂等。环境中镍的主要污染来源是镍矿的开采和冶炼，合金钢的生产和加工过程，煤、石油燃烧时排放的烟尘，电镀、镀镍的生产过程。镍及其盐

类虽然毒性较低，但作为一种具有生物学作用的元素，镍能激活或抑制一系列的酶，如精氨酸酶，羧化酶等而发生其毒性作用。动物吃了镍盐可引起口腔炎、牙龈炎和急性胃肠炎，并对心肌和肝脏有损害。镍及其化合物对人皮肤黏膜和呼吸道有刺激作用，可引起皮炎和气管炎，甚至引发肺炎。通过动物实验和人群观察已证明：镍具有积蓄作用，在肾、脾、肝中积蓄最多，可诱发鼻咽癌和肺癌。

农业污染源（agricultural pollution sources）在农业生产过程中对环境造成有害影响的农药、化肥、饲料、农用薄膜等各种农业设施。包括：农田排水、肥料、农药、农膜和秸秆等种植业剩余物污染；畜禽养殖业养殖过程中饲料和饲料添加剂的使用，畜禽产生的粪便污染；水产养殖业池塘养殖和网箱养殖生产中饲料和饲料添加剂使用产生的养殖废水污染，以及农民生活过程中产生的生活污染物等。

Q

气溶胶（air medium gum）由分散于气体介质中的固体或液体微粒所形成的溶胶状态。直径小于$0.1\mu m$的烟尘和雾滴其垂直降落速度小于水平运动速度，可以长期悬浮在空气中。粒子越小，危害越大。例如直径大于$5\mu m$的粒子大部分被人的鼻腔和上呼吸道阻留，不容易进入肺部。而小于$5\mu m$的粒子则可以很容易地进入肺部。形成大气污染中的气溶胶的主要来源是工业生产中加工过程，工业锅炉的烟尘和机动车排放的废气；以及由二次污染——光化学烟雾形成。

铅污染（lead pollution）由重金属铅所造成的污染。它是重金属污染中毒性较大的一种。铅对人体全身各器官系统均有损伤作用，最常见的是贫血、铅绞痛和铅中毒性肝炎。在神经系统的症状为植物神经衰弱（如头痛、乏力、烦躁、睡眠不好、记忆力衰退等）和多发性神经炎。长期接触微量铅会导致人体贫血，出现头痛、乏力、腹痛、便秘等症状。铅毒对儿童的影响更甚，当儿童的血铅浓度每100mL达到$60\mu g$时，就会由智力障碍引起行为异常。除炼铅厂排放的铅尘外，铅污染还主要来源于：（1）陶瓷彩釉中的铅；（2）汽车排放废气中的铅；（3）报纸杂志上的铅；（4）食品中的铅；（5）其他方面的铅。

R

热污染（thermal pollution）工农业生产和人类生活中排出的各种废热所导致的环境污染。热污染可以

污染大气和水体。废热排入湖泊河流后，造成水温骤升，导致水中溶解氧锐减，引发鱼类等水生动植物死亡。大气中含热量增加，会改变环境温度，影响局部的、地区的或全球的自然生态平衡，影响到全球气候变化。热污染还会对人体健康构成危害，降低人体的正常免疫功能。造成热污染最根本的原因是能源未能被最有效、最合理地利用。

S

沙尘暴（sand storm）强风将地面大量尘沙吹起后导致空气混浊、水平能见度小于1km的灾害性天气现象。沙尘暴天气是中国西北地区和华北北部地区出现的强灾害性天气。可造成房屋倒塌、交通供电受阻或中断、火灾、人畜伤亡等，污染自然环境，破坏作物生长，给国民经济建设和人民生命财产安全造成严重的损失和极大的危害。沙尘暴形成的原因是多种多样的，既有自然原因，也有人为原因。其中人类不合理垦地，加重了沙尘暴的强度和频度。沙尘暴多发生在每年的4～5月。防治沙尘暴最主要的方法是增加地表植被覆盖，具体为植树种草，固结泥沙。

砷污染（arsenic pollution）砷化物开采、冶炼中对环境造成的污染。砷是最常见的、危害居民健康最严重的污染之一。砷又名砒，是一种广泛分布于自然界的一种金属，不溶解于水，没有毒性，但是砷化物－三氧化二砷是剧毒物。通常说的砷中毒，实际上是三氧化二砷中毒。三氧化二砷，又名砒霜，纯砒霜，色白，无味，易溶于水，人中毒后会出现恶心、呕吐、腹痛、四肢痛性痉挛，最后导致昏迷、抽搐、呼吸麻痹而死亡。环境砷污染引起的慢性中毒病例最多。在含砷化氢为1mg/L的空气中，呼吸5～10min，可发生致命性中毒。近年来还发现，在与含砷物质经常接触的工人中，皮肤癌和肺癌的发病率高于其他行业。砷污染的来源有：（1）砷化物的开采和冶炼；（2）在某些有色金属的开发和冶炼中，常常有砷化物排出；（3）砷化物的广泛利用；（4）煤的燃烧。

生活污染源（living pollution sources）人类在生活和消费活动中产生大量废水、废气和废渣造成的环境污染的总和。生活污染源污染环境途径有三：（1）消耗能源排放废气，引发大气污染；（2）排出生活污水（包括粪便）污染水体；（3）城市生活产生的厨房垃圾、废塑料、废纸、金属、废旧物垃圾等。

室内空气生物污染（the indoor air living creature pollution）由生物造成的室内污染。影响室内空气品质的一个重要因素。室内空气生物污染的来源主要有病人、空调、宠物等。其污染物主要包括细菌、真菌（包括真菌孢子）、花粉、病毒、生物体有机成分等。有一些细菌和病毒是人类呼吸道传染病的病原体，有些真菌（包括真菌孢子）、花粉和生物体有机成分则能够引起人的过敏反应。迄今为止，已知的能引起呼吸道病毒感染的病毒就有200种之多。

室内空气污染（indoor air pollution）室内空气中的物理、化学和生物污染，已经达到对人体身心健康产生直接或者潜在有害影响程度的状况。室内空气污染分别来源于室外和室内。室外来源主要有：（1）室外空气中的各种污染物包括工业废气和汽车尾气通过门窗、孔隙等进入室内；（2）人为带入室内的污染物。室内广义上也可泛指各种建筑物内，如办公楼、会议厅、医院、教室、旅馆、图书馆、展览厅、影剧院、体育馆、健身房、商场、地下铁道、候车室、候机厅等，还包括室内的生产环境。室内来源主要包括日用消费品和化学品的作用、建筑材料和个人活动，如：（1）各种燃料燃烧、烹调油烟及吸烟产生的CO、NO_2、SO_2、悬浮颗粒物等；（2）室内淋浴、加湿空气产生的卤代烃等化学污染物；（3）建筑、装饰材料、家具和家用化学品释放的甲醛和挥发性有机化合物等；（4）家用电器和某些办公设备产生的电磁辐射等物理污染和臭氧等；（5）通过人体呼吸气、汗液、大小便等排出的CO_2、氨类化合物、硫化氢等内源性化学污染物，呼出气中排出的苯、苯乙烯、甲醇、二硫化碳等外源性污染物；通过咳嗽、打喷嚏等喷出的流感病毒、结核杆菌、链球菌等生物污染物等；（6）室内用具床褥、地毯中孳生的尘螨及其产生的生物性污染等。

水体富营养化（water body eutrophication）一种因氮、磷等植物营养物质含量过多，所引起的水质污染现象。水体出现"富营养化"现象时，引起浮游生物大量繁殖，往往使水体呈现蓝色、绿色、红色、棕色、乳白色等。江河湖泊的富营养化称为"水华"，海洋的富营养化称为"赤潮"。湖泊发生严重"水华"时，水面上会漂浮一层蓝、绿色如油漆状的藻类。在发生赤潮的水域里，一些浮游生物暴发性繁殖，使水变成红色。大量繁殖的"红潮生物"密密麻麻地覆盖在水面上，使水的透明度降低，阳光难以穿透水层，阻碍水生植物的光合作用，减少和隔绝了水中溶解氧的来源。而且藻类的呼吸和细菌的繁殖，又加倍地消耗着水中的溶解氧，致使水中溶解氧急剧减少，甚至出现缺氧，使水生生物窒息死亡。"富营养化"虽然是一个自然过程，但人类的活动（如大量生活污水直接排入水体）可能会加速这一过程。

水体污染（water body pollution）人类活动排放的污染物（特别是对生物有毒性的或造成水体水质恶化的物质）进入水域，其含量超过了水体的本底值或自然净化能力，使水和水体的物理、化学性质或生物群落组成发生变化，引起水质下降，降低了水体的使用价值的现象。在环境科学领域，水体不仅是指地面水（河流、湖泊、沼泽、水库）、地下水和海洋，还包括水中的溶解物、悬浮物、水生生物和底泥，都被当作一个完整的水体生态系统。水中的污染物主要是来自生活污水、工矿企业污废水、农田排水中的有机物、化肥和农药、重金属和病原微生物等。水体污染会严重危害人体健康，据世界卫生组织报道，全世界75%左右的疾病与水有关。常见的伤寒、霍乱、胃炎、痢疾和传染性肝炎等疾病的发生与传播都与直接饮用污染水有关。

水污染点源（water pollution point sources）以点状形式排放而使水体造成污染的发生源。一般工业污染源和生活污水源是重要的水污染点源。

水污染面源（water polluter sources）以面积形式分布和排放污染物而造成水体污染的发生源。坡面径流带来的污染物和农田灌溉水是水体污染的重要面源。目前造成湖泊等水体的富营养化，主要是由面源带来的大量氮、磷等所造成的。

酸雨（acid rain）酸性强于正常雨水的降水，即pH值小于5.6的降水。煤炭燃烧排放的二氧化硫和机动车排放的氮氧化物是形成酸雨的主要因素；其次，气象条件和地形条件也是影响酸雨形成的重要因素。酸雨对自然资源、生态系统、材料、森林、湖泊、土壤、地表水、地下水、建筑物、文物古迹、大气能见度、水生生物和公众健康等都有很大危害。

T

铜污染（copper pollution）重金属铜进入环境，其数量或浓度超过一定限度而引起的污染。铜是生命所必需的微量元素之一，正常人体中总含铜量为100~150mg。但摄入过量，会引起腹痛、呕吐，甚至死亡。水中铜含量达0.01mg/L时，对水体自净有

明显的抑制作用；超过3.0mg/L会产生异味；超过15mg/L，就无法饮用。冶炼、金属加工、机器制造、有机合成及其他工业生产的废水中都含有铜。铜在土壤和农作物中累积，会造成农作物生长不良，并会污染粮食子粒。铜对水生生物的毒性也很大。冶炼过程中，铜及其化合物的烟尘随烟道气进入大气，也会对大气造成污染。

土壤污染（soil pollution）人类活动产生的污染物进入土壤并积累到一定程度，引起土壤质量恶化，并造成农作物中某些指标超过国家标准的现象。土壤污染有下列四类：（1）化学污染物。包括无机污染物和有机污染物，如汞，镉，铅，砷等，过量的氮，磷植物营养元素以及氧化物和硫化物，各种化学农药、石油及其裂解产物，以及其他各类有机合成产物等。（2）物理污染物。指来自工厂、矿山的固体废弃物和工业垃圾等。（3）生物污染物。指带有各种病菌的城市垃圾和由卫生设施（包括医院）排出的废水、废物以及厩肥等。（4）放射性污染物。主要存在于核原料开采和大气层核爆炸地区，以锶和铯等在土壤中生存期长的放射性元素为主。土壤污染具有隐蔽性与滞后性、累积性和地域性、难于逆转性和长期性。其主要危害表现在：（1）导致严重的经济损失；（2）导致农产品污染超标，品质下降；（3）导致大气环境的次生污染；（4）导致水体富营养化并成为水体污染的祸患；（5）成为农业生态安全的克星。

W

危险废物（dangerous waste）根据国家有关规定的鉴别标准和鉴别方法认定的具有危险特性的固体废物。从鉴别的角度讲，是指具有易燃、易爆、腐蚀性、急性毒性、浸出毒性、反应性、传染性等一种及一种以上危害特性的废物，包括医疗废物、电子类危险废物等。这些物质排入环境将造成严重危害，是后患无穷的污染源。联合国于1989年3月22日通过了《控制危险废物越境转移及其处置巴塞尔公约》，中国政府于1991年9月4日批准实施。产生危险废物的单位，必须按照国家有关规定制定危险废物管理计划，并向所在地县级以上地方人民政府环境保护行政主管部门申报危险废物的种类、产生量、流向、储存、处置等有关资料。

污染物（pollutants）在特定环境中达到一定的数量或浓度，并且在一定的时间内对环境、人类和其他

生物造成危害的或者具有潜在危害的物质。有的是自然界释放的，有的是人类活动产生的。环境科学研究的主要是人类生产和活动排放的污染物。环境污染物可分三类：（1）化学性污染物，10万种以上，是环境的主要污染物，如各种有害气体、重金属、有机或无机化合物、农药等；（2）物理性污染物：如噪声、振动、电离辐射、电磁辐射等；（4）生物性污染物：如各种病原微生物、寄生虫等。有的污染物进入环境后，通过物理或化学反应或在生物作用下会转变为危害性更大的新污染物，也可能降解成无害物质。环境污染物的毒性取决于其在环境中的浓度和存在形态；不同的污染物同时存在时，会有综合作用，如拮抗作用、协同作用、相加作用，而导致污染物的毒性和危害性降低或增大。

污染源（pollution source）对环境产生不良影响的物质和产生污染物的根源，可分为天然污染源和人为污染源，环境科学着力解决和控制的是后者。人为污染源根据来源的性质分为：工业污染源、农业污染源、交通污染源和生活污染源；根据环境要素分为大气污染源、水体污染源、土壤污染源等；按污染因子的空间与分布形态分为点源污染源、线源污染源、面源污染源和扩散污染源；按污染因子的物理化学性质分为热源污染源、噪声污染源、有机污染源、无机污染源和混合污染源。

污染转嫁（pollution transfer）一定区域内的人类行为（作为或不作为）直接或间接地对该区域外的环境造成污染损害或将自己造成的环境污染的治理责任推与他人而使自己不承担或少承担污染损害治理责任的社会行为。目前，主要是由于发达国家向发展中国家转移污染行业和污染物引发的。例如危险废物的越境转移已成为严重的全球环境问题之一。

Y

扬沙（blowing sand）由于本地或附近尘沙被风吹起而造成的能见度明显下降，天空混浊，一片黄色的现象。易在北方的春季出现。扬沙与沙尘暴都是由于本地或附近尘沙被风吹起而造成的。其共同特点是能见度明显下降，出现时天空混浊，一片黄色；两者大多在冷空气过境或雷雨、飑线影响时出现。所不同的是扬沙天气风较大，能见度在1～10km之间，而沙尘暴风很大，能见度小于1km。

一次污染物（primary pollutants）又称原发性污染物，因人类活动从各种污染源或因自然过程直接向大气、土壤或水域中排放的污染物，其物理和化学性质从排放源到环境均未发生变化的污染物。系相对于二次污染物而言的。常见的一次污染物有排入大气中的可吸入颗粒物如烟尘、火山灰、花粉等，以及气体如二氧化硫、氮氧化物、一氧化碳、二氧化碳；还有排入水体及土壤中的重金属、农药等。一次污染物又可分为反应性污染物和非反应性污染物两类。（1）反应性污染物性质不稳定，在自然环境中常与某些其他物质发生化学反应，或作为催化剂促进其他污染物产生化学反应；（2）非反应性污染物物质较为稳定，不发生化学反应，或反应速度很缓慢。

一氧化碳（carbon monoxide, CO）又称煤气，一种无色、无味、无臭的有毒气体。化学性质较稳定，是大气中主要的污染物质之一。城市大气环境中的一氧化碳主要来源于燃煤和机动车排气，是排放量最大的大气污染物，由含碳物质的不完全燃烧产生。大气中一氧化碳达到一定浓度时，会引起一氧化碳中毒，使心肌梗死患者发病率增高，直至危及重症心脏病人的生命安全。

医疗废物（medical treatment discard）医疗卫生机构在医疗、预防、保健以及其他相关活动中产生的具有直接或间接感染性、毒性及其他危害性的废物。医疗废物里含有大量的病原微生物、化学污染物以及放射性有害物质。在中国，医疗废物被列为一号危险废物。为防止医疗废物造成环境污染，中国采取集中方式处理医疗废物。

有害气体（harmful gas）在空气中的浓度超过正常值，而且持续的时间超过了空气自净所需时间，使空气质量恶化，对人类的生产和生活环境造成危害的气体。如工业废气、畜牧业粪便散发的气体、家庭装修中装修材料散发的气体等多为有害气体。空气中常见的有害化学气体包括二氧化硫、二氧化氮、一氧化碳、臭氧、甲醛、苯类及挥发性有机物等。

有机污染物（organic pollutant）造成环境污染和对生态系统产生有害影响的有机化合物。可分为天然有机污染物和人工合成有机污染物两类。前者主要是由生物体的代谢活动及其他生物化学过程产生的，如萜烯类、黄曲霉素、细辛脑、草蒿脑等。后者是随着现代合成化学工业的兴起而产生的，如合成橡胶、塑料、合成纤维、洗涤剂、涂料、染料、溶剂、农药、药品、食品添加剂等。有机污染物除污染环境外，还会影响人类健康和动植物的正常成长，干扰或破坏生态平衡。

有机污染物降解（organic pollutant degradation）利用物理、化学或生物等途径使有机污染物发生氧化分解进而发生一系列衰减变化的过程。有机污染物的降解程度取决于该污染物的可降解特性（通常以降解速率系数表示）和降解过程所经历的时间。有机污染物的降解表现为：在水中，发生化学或生物化学转化反应，消耗水中的溶解氧而降解，常常表现为自净作用；在大气中，在日照下发生光化学反应而降解；在土壤中，有机污染物被生物降解或发生化学降解。

原发性污染物（primary pollutant）见一次污染物。

Z

噪声污染（noise pollution）环境噪声超过国家规定的排放标准，并干扰他人正常工作、学习、生活的现象。噪声的显著特点是：无污染物存在、不产生能量积累、时间有限、传播不远、振动源停止振动噪声消失、不能集中治理。噪声来源于交通工具、工厂机器设备、建筑施工以及人们的社会活动和家庭生活。日常生活中的噪声污染强度虽然不会致人或动物于死地，却能危害人的健康。噪声对人类的危害是多方面的，其主要表现为对听力的损伤、睡眠干扰和对人体的生理和心理健康的影响。当人在100dB左右噪声环境中工作时会感到刺耳、难受，甚至引起暂时性耳聋。超过140dB的噪声会引起眼球的振动、视觉模糊，呼吸、脉搏、血压都会发生波动，甚至会使全身血管收缩，供血减少，说话能力受到影响。

重金属污染（heavy metal pollution）由重金属造成的环境污染。密度在5以上的金属统称为重金属。环境污染所说的重金属主要是指汞、镉、铅、铬以及类金属砷等生物毒性显著的重金属，以及具有一定毒性的一般重金属如锌、铜、钴、镍、锡等。重金属随废水排出时，即使浓度很小，也可能由于富集作用造成污染。重金属污染有时会造成很大的危害。目前最引起人们注意的是汞、镉、铬等。

总悬浮颗粒物（total suspending particles，TSP）飘浮于空气中的粒径小于100μm的微小固体颗粒和液粒。主要来源于燃料燃烧时产生的烟尘、生产加工过程中产生的粉尘、建筑和交通扬尘、风沙扬尘以及气态污染物经过复杂物理化学反应在空气中生成的相应的盐类颗粒。直径大于10um的尘粒，容易沉降，称为降尘；直径小于10um，长期在空气中飘浮而不易沉降的尘粒称为可吸入颗粒物（或飘尘），其危害最大。在中国甘肃、新疆、陕西、山西的大部分地区，河南、吉林、青海、宁夏、内蒙古、山东、四川、河北、辽宁的部分地区，总悬浮颗粒物污染较为严重。

（六）污染控制与治理（Pollution Control and Treatment）

B

曝气装置（aerator）又称空气扩散装置，向水中鼓入空气的一种装置。可使污水、污泥及空气三者不断混合，目的是使空气中的氧转移到混合的废水中。按曝气方式不同分为鼓风曝气装置和表面机械曝气装置。鼓风曝气装置通常是安装在靠近池底的水下，通过鼓风机送风。可分为小气泡型、中气泡型和射流曝气器等。表面机械曝气装置安装在曝气池水面上下，搅动水面达到充氧和混合的目的。而按传动轴的安装方式，曝气装置分为竖轴式和卧轴式两种。在中国常用的是竖轴式曝气装置。表示曝气装置技术性能的主要指标有：（1）动力效率（Ep），即消耗1kW·h电能向水中转移的氧量；（2）氧利用率（E_A），即转移到水中的氧量占总供氧量的百分比；（3）充氧能力（Ro），即通过表面曝气装置在单位时间内转移到水中的氧量。

C

采油废水处理（produced-water disposal）使采油废水重新达到复用水质要求的技术。其方法有物理法、化学法、物理化学法和生物法。采油废水的杂质根据其存在状态可分为悬浮物、胶体物和溶解物三类。根据排放标准或对回用水不同的水质要求，常用的治理方法分为几个等级，即初级治理、二级治理和三级治理。初级治理属于预处理，用于去除悬浮固体与浮油，同时还可以中和处理酸碱废水的 pH 值。二级治理通常采取生物化学法除掉废水中大量有机污染物，主要方法有：活性污泥法、生物滤池及厌氧处理、氧化塘法等。经二级处理后，废水中大部分悬浮物、BOD 和 COD 已被去除。三级治理又称为深度治理，多采用化学法和物理化学法。其主要有：离子交换、电渗析、超滤、反渗透、活性炭吸附、臭氧氧化等。经三级治理后的水可重复利用。

沉淀池（settling tank） 降低废水在池内的流速，使废水中的固体状物质在其本身重力的作用下下沉，达到与水分离的设备或设施。其往往在处理废水过程中多次使用。常用在给水及废水的处理和生物处理的后处理以及最终处理中。根据沉淀池中水流方向可分为：平流式沉淀池、辐流式沉淀池、竖流式沉淀池和斜板（管）式沉淀池。

沉砂池（sand basin） 见沉淀池。

城市生态公厕（ecological latrine of a city） 建于城市的新型的干式公共厕所。其特点是：节水或免冲水、无臭味、无污染、免清淘，可就地对粪便进行无害化或资源化处理，从而实现安全卫生无害化。目前已经开发应用的生态公厕有打包袋型、泡沫封堵型、干式微生物堆肥型、微生物循环水型和收集净化小便来冲洗大便的智能型等。它将污染物的末端治理改为源头治理，减轻了城市污水处理的压力，节省了城市污水管网的投入。例如：微生物循环水型就是利用生态技术实现粪尿分开收集，形成固体垃圾及灰水自成体系的收集处理系统，整体达到零排放。

除尘技术（dustcleaning technology） 从含尘气体中分离并捕集粉尘、炭粒、雾滴以减少其向大气排放的技术措施。常用的除尘技术包括：（1）过滤除尘技术。是使气流通过多孔滤料将气流中颗粒污染物截留下来，使气体得到净化的技术。主要代表有袋式除尘及颗粒层过滤除尘两种方式。（2）机械力除尘技术。是借助机械力的作用达到除尘目的的方法，相应的除尘装置称为机械式除尘器，主要有重力除尘器、惯性力除尘器和离心力除尘器等。（3）静电除尘技术。是利用高压电场产生的静电力的作用，从气流中分离悬浮粒子的一种方法。按除尘过程中是否用水，又可以分为干式和湿式两大类。湿式除尘技术又称洗涤除尘，是用液体（一般为水）洗涤含尘气流，使尘粒与液膜、液滴或气泡碰撞而被吸附，凝聚变大，尘粒随液体排出，气体得到净化。

D

大气污染防治（air pollution prevention and treatment） 在大气污染防治中的具体措施和方法。主要包括：（1）能源革新。开发利用无污染能源（太阳能、风能、地热水能、电能和蒸汽），或低污染能源（燃气和油类）替代煤；（2）设备和操作的革新。革新除尘设备有助于烟尘量的降低，提高燃烧设备的效率可以降低一氧化碳和碳氢化合物的污染量。控制火焰温度，可以减少氮的氧化和二氧化碳的分解；（3）废气处理。是大气污染防治的最后手段，包括过滤、洗涤、离心分离、静电沉降、声波沉降等方法分离烟气中的粉尘；利用碱性物质吸收或吸附烟气中的二氧化硫，或利用催化剂燃烧烟气，使二氧化硫转化为三氧化硫；利用化学方法去除烟气中的氮氧化物等。

袋式除尘器（filter fabric） 是含尘气流通过过滤材料，将粉尘分离、捕集的一种过滤除尘装置。含尘气体从下部引入圆筒型滤袋，在穿过滤布的空隙时，尘粒因惯性、接触和扩散等作用而被拦截下来。袋式除尘器可清除粒径 $0.1 \mu m$ 以上的尘粒，除尘效率达 99%。气流压力损失 $981 \sim 1\,961Pa$。布袋材料可用天然纤维或合成纤维的纺织品或毡制品；净化高温气体时，可用玻璃纤维作过滤材料。按照从滤布上清灰方法的不同，可分为三种型式：间歇清洁型是暂时停止工作，用敲打或用震荡器清除积灰，也可用压缩空气反向吹洗；周期清洁型是几组袋式除尘器，按顺序每隔一定时间停止一组的工作，然后进行清理；连续清洁型是用不断移动的气环反吹或用脉冲反吹空气方法清除积尘。

地下水污染的修复（remediation of groundwater pollution） 采用物理、化学和生物的方法和技术，去除地下水的污染物，使水体恢复到未受污染前的状况或达到规定的标准。常用的方法有：（1）生物注射法。主要是将加压后的空气注射到污染地下水的下部，以达到补充地下水的溶解氧，加速地下水有机物的挥发和促进生物降解的目的；（2）原位化学与生物修复法。向底层上或蓄水层现场注入阳离子表面活性剂，获得的改性土壤用于阻挡或固定污染物，并结合微生物降解，达到原位修复的目的；（3）生物反应器法，将污染地下水抽提到地面，在地面生物反应器内补充营养物和氧气，对其进行好氧降解。实际修复地下水污染时，根据具体情况，往往需要生物技术和其他技术相互配合，才能达到预期修复效果。

电磁辐射防治（the electromagnetic radiation prevention and treatment）通常是在射频设备或保护对象周围设置电磁屏蔽装置，使保护范围内的电磁辐射强度降至容许范围以内的防治措施，或利用电磁屏蔽装置对人体保护，主要有屏蔽罩、屏蔽室、屏蔽衣、屏蔽头盔和眼罩等。另外，还采取综合性的防治对策，通过合理布局，使电磁污染源远离人口稠密的居民区；提高电磁设备的自动化和遥控程度，以减少工作人员接触高强度电磁辐射的机会等。

多孔吸声材料（porous sound absorbing materials）含有很多互相连通的连续气泡的吸声材料。目前中国的多孔吸声材料主要有无机纤维材料、泡沫塑料、有机纤维材料及吸声建筑材料等。建筑中常使用的各种具有微孔的泡沫吸声砖、泡沫混凝土属于吸声建筑材料，具有保湿、防潮、耐蚀、耐冻、耐高温等优点。吸声材料的流阻、空隙率、结构因子、材料背后的空气层、材料表面的装饰处理及使用条件等都影响多孔材料的吸声性能。

E

二级处理（secondary treatment）污、废水经一级处理后，进一步使用生物、化学、物理的方法去除污、废水中未沉降的悬浮物、呈胶体状和溶解状态的有机物的废水处理过程。二级处理通常以生物法水处理技术为主，如活性污泥法、生物膜法等。经二级处理后废水中 90%～95% 的有机物可以被去除。

二氧化氯水处理技术（chlorine dioxide water treatment technology）利用二氧化氯作为氧化剂，将废水中的某些有机物和还原性的有害污染物氧化为无毒或低毒物质的工艺。二氧化氯（ClO_2）遇水迅速分解，能生成多种强氧化剂如 $HClO_3$、Cl_2、H_2O_2 等，这些氧化物组合在一起，产生多种能力极强的活性基团（即自由基），它们能激发有机环上的不活泼氢，通过脱氢反应生成 R－自由基（RH 代表有机物），成为进一步氧化的诱发剂。自由基还能通过羟基取代反应，将芳烃环上的 $-SO_3H$、$-NO_2$ 等基团取代下来，生成不稳定的羟基取代中间体，从而发生开环裂解，直至完全分解为无机物。

二氧化碳的捕集和储存（carbon dioxide capture and storage，CCS）利用吸附、吸收、低温及膜系统等现已较为成熟的工艺技术将废气中的二氧化碳捕集

下来，并进行长期或永久性的储存。目前正在大力开发的捕集技术主要是针对电站排放的二氧化碳，有三种主要的方法：即燃烧后脱碳、燃烧前脱碳和富氧燃烧技术。对于捕集下来的二氧化碳，当前可行的储存方式有三种：即地下储存、海洋储存，以及森林和陆地生态储存。

F

纺织工业废水处理（treatment of textile mill wastewater）用来处理纺织品生产过程中所产生的各种废水的技术方法。在天然纤维纺织中，浆纱废水中含有淀粉和聚乙烯醇等浆料。在化学纤维纺织中，会产生大量的含酸、碱、油及有机污染物的废水。通常采用物理法、化学法、生物法综合治理。

放射性污染防治（radioactive contamination prevention and treatment）对放射性污染物质防治的相关规定和技术方法。（1）使用中的防护：放射性物质产生的电离辐射超过一定剂量就危害人体健康。用一定厚度的铅板或混凝土等封闭放射性物质，就可以阻隔这种电离辐射。在核电站或使用放射性物质的工业、医疗和科研等部门，只要按照规定操作和管理，就可避免危害。（2）废弃物的处理：放射性物质的废弃物不论是气态的、液态的或固态的都要储放到电离辐射低于一定水平，才准许进入环境。为便于储放，常进行浓缩处理，浓缩的废气和废液还须进行固化处理，以便处置。

废水除磷（phosphorus removal from wastewater）为防止水体富营养化而对废水进行除磷处理的过程。一般有物理化学法和生物除磷法两种。物理化学法主要是在废水中投加沉淀剂，使磷以不溶性的金属磷酸盐或羟基金属磷酸盐沉淀出来。生物法采用厌氧－好氧处理过程，利用活性污泥厌氧释磷和好氧吸磷，最终通过排放富磷的剩余污泥而达到除磷目的。水生植物在生长过程中从水体中吸收氮的同时也吸收磷，因此，也可利用除磷。

废水处理技术（wastewater treatment technology）采用各种方法和措施，将废水中所含有的各种形态的污染物分离出来或将其分解、转化为无害和稳定的物质，使废水得到净化的技术。按其作用原理和去除对象可分为物理法、化学法、生物法。

废水的预处理（pretreatment of wastewater）废水的前处理过程。为了去除废水中在性质上或在颗粒大小上不利于后续处理过程的物质，防止堵塞、污染

等废水处理系统一般都要进行预处理。常用的处理方法有隔栅、筛滤、沉砂池和调节池等。

废水脱氮（nitrogen removal from wastewater）为防止水体富营养化而对废水进行脱氮处理的工艺过程。一般分为物理化学法和生物脱氮法两种。物理化学法脱氮包括折点氯化法、空气气提或蒸汽汽提法、选择性离子交换法。实践中多采用硝化-反硝化作用的生物脱氮法，即先在好氧条件下利用废水中硝化细菌将氮化合物氧化为硝酸盐（硝化阶段），然后在缺氧条件下（溶解氧小于0.5mg/L），利用废水中反硝化细菌将硝酸盐还原成气态氮及其他最终气体产物，释放到大气中（反硝化阶段）。

复合生物处理（composite biological treatment）将好氧法与缺氧法合并或将好氧法与厌氧法合并使用的污、废水处理方法。例如，A/O（缺氧/好氧）生物脱氮法是在活性污泥系统中用厌氧段与好氧段相结合同时进行碳氧化和除氮的工艺；巴氏生物除磷脱氮法是在活性污泥系统中顺序用厌氧、缺氧和好氧步骤完成除磷脱氮的工艺。

G

高浓度有机废水处理（treatment of high concentration organic wastewater）对化学耗氧量大于2 000mg/L以上的高浓度废水进行处理净化的技术方法。根据废水的性质和来源不同，有不同的治理的技术路线。（1）易于生物降解的高浓度有机废水，可采用现代的生物技术生产单细胞蛋白和采用厌氧技术回收能源，并通过蒸发浓缩的方法回收固体；（2）可生物降解的高浓度有机废水，通过适当的预处理和去除废水中有害物质后，可以用现代生物技术进行处理；（3）难以生物降解的和有害的高浓度有机废水，应通过焚烧法或湿式氧化等物理化学方法进行处理，如有必要，还可补充生物处理。

格栅（space grid）由一组平行的金属条制成的框架。将其成60°～70°角斜置于废水流经的渠道断面上，截流水中的块状物质等。是对后续水处理构筑物或废水提升水泵站有保护作用的设备。可以分为粗格栅和细格栅；筛网截流亦属于这一类设备。

隔声（sound insulation）隔声的小空间称为隔声罩。材料的隔声性能可用透声系数来表示。透声系数越小，表示透进去的声能越少，材料的隔声性能越好。材料的隔声性能与隔声体的结构、性质和入射声波的频率有关。

固体废物处理（solid waste treatment）将固体废物转变成适于运输、储存、利用或最终处置的技术。主要包括预处理、物理处理、化学处理、生物处理、热处理及固化处理技术等。

固体废物处置（inertial force precipitator）将固体废物焚烧，或用其他改变固体废物的物理、化学、生物特性的处理方法。其目的为减少固体废物数量、缩小固体废物体积、减少或者消除其危险成分，或者将固体废物最终置于符合环境保护规定要求的填埋场。

惯性力除尘器（inertial dint in addition to dust machine）使含尘气流冲击在挡板或滤层上，气流急转，尘粒即在惯性力作用下与气流分离的除尘设备。有碰撞型和回转型两类。惯性力除尘器适用于捕集粒径10μm以上的尘粒，因易堵塞，对黏结性和纤维性粉尘不适用，其压力损失因结构而异，一般为294～686Pa。除尘效率为50%～70%。

光催化空气净化技术（photocatalytic air purification technology）利用二氧化硅表面很容易被紫外线所激发而产生电子电洞对，经与周围水分子作用产生具有超强氧化能力之氧与氢氧离子，几乎可以分解所有对人体或环境有害的有机物质及部分无机物质，更可破坏细菌的细胞膜，抑制病毒的复制技术。它具有四重空气净化功能。首先，它运用过滤网滤除室内空气中的大颗粒灰尘；其次，通过高压静电除尘，去除花粉、油烟、烟雾等污染物；再次，利用独有的活性氧光催化耦合技术，把臭氧发生装置产生的臭氧带入光催化剂，产生强氧化功能，配合光催化反应达到高效分解有机污染物及消毒、灭菌、除臭的目的；最后，它开启负离子空气清新装置，消除弥漫在空气中带正电的颗粒，并向人体释放"空气维生素"（负离子），让室内充满森林般的空气。

光催化转化法（photocatalysis converting method）利用光催化剂—半导体二氧化钛（TiO₂）具有光生空穴和电子产生很强的氧化和还原能力，将吸附到光催化剂表面的污染物彻底降解为无毒无害的无机小分子化合物的方法。常将光催化剂固定在建材、路面、瓷片、外墙、内墙等基体上，利用太阳光和室内照明光，通过光催化作用使吸附在催化剂表面的污染物发生强的氧化分解，从而减轻环境有害气体污染物。

H

化学沉淀法（chemical precipitation）向废水中投加化学物质，使它和其中某些溶解性物质发生反应，生成难溶性盐沉淀下来的方法。通常用于处理含重金属离子、氰化物等废水（如电镀废水）的处理。根据投加的沉淀剂的不同分为氢氧化物沉淀法、硫化物沉淀法、钡盐沉淀法、铁氧体沉淀法等。

化学处理法（chemical treatment of wastewater）向污、废水中投加某种化学物质，利用化学反应来分离、转化、破坏或回收污、废水中的污染物，并使其转化成无害物质的方法。常用的方法有：混凝法、中和法、氧化还原法、吸附法、电渗析法、汽提法、萃取法等工艺。

环境污染防治工程（environmental pollution control engineering）为防治环境污染所采取的各种工程技术措施。包括解决从污染产生、发展、直到消除的全过程的有关问题和采取的防治措施。如确定和查明污染产生的原因，研究防治污染的原理和方法，设计消除污染的工艺流程，开发无公害能源和新型设备等。主要包括：废水、废气、固体废物、噪声及振动、电磁波辐射及放射性废物等环境污染防治工程，以及"三废"资源化、环境生态建设和恢复工程、环境污染治理工程等。

混凝处理法（coagulation）向废水中投加一定量的混凝剂，使水中的大分子污染物、微小悬浮物和胶体杂质通过脱稳、架桥凝聚等反应过程形成大颗粒的悬浮絮凝体，再经过沉淀或气浮的过程，从水中分离出来的方法。混凝法广泛用于化工、印染、制药、食品等行业的废水处理。

活性污泥法（alkali recovery）利用含有大量微生物絮体——即活性污泥处理废水的方法。在含有溶解性有机污染物的废水中连续鼓入新鲜空气，通过一段时间，在水中即会形成一种生物絮凝体——活性污泥。其上生活着大量的好氧微生物，在与废水中呈悬浮状和胶体状的有机物接触后，能使后者脱稳、凝聚、被吸附在活性污泥的表面。通过活性污泥对水中有机物的絮凝、吸附和分解消化作用，使废水得到净化。活性污泥法按运行方式可分为渐减曝气法、阶段曝气法、分段曝气法、改良型曝气法、接触稳定法、高负荷曝气法、延时曝气法、克劳斯曝气法等。按池型可分为推流式曝气法和完全混合式曝气法。此外，按池深及氧源又有深井曝气法、纯氧曝气法，等等。

活性污泥驯化（activated sludge acclimation）将培养成熟的活性污泥通过某种技术手段使之逐步具有处理特定工业废水的能力的过程。在驯化过程中，使能降解废水中污染物的微生物不断增殖，而不能适应的微生物被逐渐淘汰。其方法是在进水中逐渐增加特定废水的比例或提高其浓度，使其中的微生物逐渐适应新的生活条件，逐步达到对特定废水所要求的负荷和处理效率。

J

碱回收（recovered base from gulp mill wastewater）将碱法制浆造纸生产中产生的黑液，应用浓缩—燃烧—苛化—回用的方法，达到回收碱和循环利用的一种实用技术。是控制碱法制浆造纸生产工艺中水污染的一种方法。完整的工作流程为：黑液提取→蒸发浓缩→焚烧回收→苛化→回用。首先将溶解性固形物从纸浆纤维中分离出来，通过蒸发，使黑液浓缩，然后送入碱炉中焚烧，将木素等可燃物烧掉。这时，剩余无机物的主要成分是碳酸钠和硫化钠。将其熔融后，经过苛化还原成碱。采用碱回收技术可以大大降低黑液的高负荷污染，还可以回收热能、化学能，减少生产成本，增加经济效益。

静电除尘器（precipitators）利用强电场使气体发生电离，气体中的粉尘也带有电荷，并在电场作用下与气体分离的除尘装置。除尘器的电极形式有平板式和管式两种，通常负极称放电极，正极称集尘极（或沉降极）。如管式静电除尘器把220V（或380V）的交流电经过升压整流装置，变为 $3 \times 10^4 \sim 6 \times 10^4$ V 的高压直流电；电源负极连接除尘器中心的电晕线，圆筒壁为集尘极连接电源正极，由导线接地。电晕线和圆筒壁之间形成静电场，电晕线周围空气产生电离，形成大量负离子和电子，向集尘极运动。含尘气体从除尘器进口处进入除尘器，不带电的尘粒和负离子结合，带上负电，运动到集尘极后失去电荷成中性，通过振动等沿集尘极落入灰斗。净化后的气体，从除尘器出口处排出。

L

离心力除尘器（cyclone；dust-collecting cyclone）利用气流在旋涡运动中产生的离心力以清除气流中尘粒的设备。最常用的是旋风除尘器。旋风除尘器工作时气流从上部沿切线方向进入除尘器，在其中作旋转运动，尘粒在离心力的作用下被抛向除尘器圆筒部分的内壁上降落到集尘室。离心力除尘器于1885年开始使用，已发展成多种型式，如气流轴向引入，灰尘出口轴向配置或周边配置。其特点是结构简单，造价低，没有运动部件，压力损失一般为 $392 \sim 1\,471$ Pa，适用于去除大于 5μm 的尘粒。除尘效率为 70%～90%。

离子交换法（ion-exchange treatment）利用离子交换剂中的交换离子同废水中的离子进行交换而除去有害离子的方法。即利用不可溶解的离子化合物（称为离子交换树脂）上的可交换离子或基团与水中其他同性离子进行离子交换反应，类似化学中的置换反应。离子交换树脂根据活性基团的性质可分为阳离子交换树脂和阴离子交换树脂两大类。阳离子交换树脂的活性基团一般是酸性的，用于交换废水中的阳离子，阴离子交换树脂的活性基团是碱性的，用于阴离子交换。离子交换过程是可逆的。当离子交换树脂工作一段时间后，树脂被废水中的离子所饱和，不能继续交换时，可利用树脂交换过程可逆的性质，对树脂进行再生以恢复交换的能力。常用的离子交换剂分为无机离子交换剂（如天然沸石、合成沸石、海绿砂），有机离子交换树脂（如强酸阳离子树脂、弱酸阳离子树脂、强碱阴离子树脂、弱碱阴离子树脂、螯合树脂等）。离子交换法主要应用于回收废水中的重金属离子等，具有处理面广、容量大、可以实现连续化和自动化生产、管理简便等特点。

联合生物处理（combined biological treatment）将若干好氧生物处理过程组合起来，以期获得较佳性能与最经济的废水处理方案。较常用的联合生物处理系统有：活性生物滤池、滴滤池与固体接触法；粗滤池与活性污泥法；滴滤池与活性污泥法。

淋洗污染土壤（flushing contaminated soil）又称泵出处理，一种适用于土壤深层或蓄水层污染的就地除污技术。常用的方法是将处理剂（水、表面活性剂、有机助溶剂、螯合剂等）注入土壤，将吸附固定在土壤颗粒上的污染物解吸下来，并随处理液向土体下部迁移，再通过另一端的抽水井将含污染物的处理液抽出来进行处理。

M

膜生物反应器（membrane bioreactor，MBR）一种由膜过滤取代传统生化处理技术中二次沉淀池和砂滤池的水处理技术。与传统的污水处理生物技术相比，MBR 具有以下主要特点：（1）出水水质好；（2）剩余污泥量少；（3）设备紧凑，占地少。目前开发出来膜生物反应器可以分为三类：（1）膜分离生物反应器；（2）膜曝气生物反应器；（3）萃取膜生物反应器。另外，按膜组件的设置方式可分为分体式和一体式膜生物反应器；按生物反应器是否需氧

可分为好氧和厌氧膜生物反应器。

末端治理（end-administering）在生产过程的末端，对产生的污染物进行开发利用或治理的工艺过程。它在一定程度上减缓了生产活动对环境的污染和破坏趋势，但是也有局限性：首先，处理污染的设施投资大、运行费用高，使企业生产成本上升，经济效益下降；其次，末端治理往往不是彻底治理，而是污染物的转移，如烟气脱硫、除尘形成大量废渣，废水集中处理产生大量污泥等，所以不能根除污染；再次，末端治理未涉及资源的有效利用，不能制止自然资源的浪费。所以，要真正解决污染问题需要实施过程控制，减少污染的产生才是从根本上解决环境问题。

Q

气浮装置（flotation device）采用技术措施，向水中通入空气，让空气以微小气泡的形式散布于水中，并与那些密度接近于水的细微颗粒物附聚在一起，形成浮悬体，上升到水面而与水分离的装置。为促使气、粒黏附常常用混凝剂。

气态污染物控制技术（gaseous pollutants control technology）采用排气通风方法控制空气污染物扩散的技术。根据气态污染物的不同化学性质和物理特性（如含尘气体、有毒有害气体、高温烟气、易燃易爆气体等），采用不同的控制技术和装置。吸收法和吸附法是应用最为广泛的两种方法。此外，还有冷凝法、催化转化法、直接燃烧法、膜分离法以及生物法等。

气态污染物燃烧法（combustion of gaseous pollutants）又称焚化法，用气化燃烧或高温分解的原理，把有害气体转化为无害物质的方法。一般用于处理有机废气，如含有烃类、醇类、酯类以及含氮、硫的有机化合物等有害气体。分为直接燃烧和催化燃烧两种方法。（1）直接燃烧是使有机废气在温度 600～800℃ 下直接燃烧，变成二氧化碳和水。（2）催化燃烧是在催化剂作用下，使有机废气在 200～400℃ 温度下氧化成二氧化碳和水，同时放出燃烧热。

气态污染物吸附法（gaseous pollutants adsorption）利用多孔性固体吸附剂处理气态污染物，使其中的一种或几种组分，在分子引力或化学键力的作用下，被吸附在固体吸附剂表面，从而达到分离目的的方法。常用的固体吸附剂有骨炭、硅胶、矾土、沸石、焦炭和活性炭等，其中应用最为广泛的是活性炭。活性炭对广谱污染物具有吸附功能，除 CO，SO_2，

NOx，H₂S 外，还对苯、甲苯、二甲苯、乙醇、乙醚、煤油、汽油、苯乙烯、氯乙烯等物质都有吸附功能。

气态污染物吸收法（gaseous pollutant absorption）利用气体在液体中溶解度不同的这一现象，分离和净化气体混合物的一种技术。例如从工业废气中去除二氧化硫（SO_2）、氮氧化物（NOx）、硫化氢（H_2S）以及氟化氢（HF）等有害气体。吸收可分为化学吸收和物理吸收两大类。化学吸收，即被吸收的气体组分和吸收液之间产生明显的化学反应的吸收过程。从废气中去除气态污染物多用化学吸收法，例如用碱液吸收烟气中的 SO_2，用水吸收 NOx 等。物理吸收，即被吸收的气体组分溶解于液体的过程，例如用水吸收醇类和酮类物质。常用的吸收液有水、碱液和酸液等。

汽车尾气污染控制（control of automobile exhaust pollution）采用化学或机械手段减少或控制汽车因燃烧汽油、柴油或其他燃料而在尾气中排放的有害物质含量的技术措施。汽车尾气中含有 150～200 种有害物质，如 CO、SO_2、氮氧化物、苯并[α]芘及其他碳氢化物，是大气污染的主要流动污染源。汽车尾气污染控制常用的方法有：改变燃烧和加入适当的燃料添加剂以增加燃料完全燃烧的程度；使用无铅汽油；改进发动机，采用电子喷射技术；增加对尾气后处理（如加装尾气净化催化器等）。结合中国的实际情况证明：在汽油车上，使用电子控制燃油喷射和点火系统，配装氧传感器实现闭环控制发动机工作，同时安装排气三效催化转化器是大幅度降低汽油车排放污染物的有效手段。

R

燃烧前煤脱硫技术（predesulfurization technique）在燃烧前对煤进行加工和转化，达到净化脱硫目的的技术。常用技术有：（1）煤的洗选加工脱硫技术。分为物理法、化学法和微生物法等。物理法：主要指重力选煤，利用煤中有机质和硫铁矿的密度差异而使它们分离。主要方法有淘汰选煤，重介质选煤，风力选煤等。化学法：可分为物理化学法和纯化学法。物理化学法即浮选；化学法又包括碱法脱硫，气体脱硫，热解与氢化脱硫，氧化法脱硫等，脱硫率高，但能耗和费用高，还有化学处理费用问题。微生物法：从细菌浸出金属的基础上研究应用于煤炭工业的一项生物工程新技术，可脱除煤中的有机硫和无机硫。脱硫率高，费用适度。（2）型煤固硫技术：将不同的原料经筛分后按一定比例配煤，粉碎后同经过预处理的黏结剂和固硫剂混合，经机械设备挤压成型及干燥，即可得到具有一定强度和形状的成品工业固硫型煤。燃用型煤可大大降低烟气中二氧化硫、一氧化碳和烟尘浓度，节约煤炭、经济效益和环境效益相当可观。（3）煤的转化脱硫技术。其包括：①煤的气化技术。在一定温度和压力的反应器中将煤转化气体。工艺较简单，脱硫率高，但使用时有煤气输送及安全问题。②煤液混合物技术。将细煤粉与加入适量添加剂的液体混合配成。燃料运输储存方便，可节能工艺简单，费用适度，脱硫率高。③煤的液化技术。直接液化是用物化方法将煤直接液化；间接液化是先气化，后液化。液化法脱硫率高，燃料运输储存方便，但费用高。

燃烧中煤脱硫技术（desulfurization technique）在煤燃烧过程中加入石灰石或白云石作脱硫剂，石灰石或白云石中的碳酸钙、碳酸镁受热分解生成氧化钙、氧化镁，与烟气中二氧化硫反应生成硫酸盐，随灰分排出，以降低硫的方法。主要有流化床燃烧脱硫技术，即把煤和吸附剂加入燃烧室的床层中，从炉底鼓风，使床层悬浮进行流化燃烧，形成湍流混合条件，延长了停留时间，从而提高了燃烧效率。煤中碳燃烧生成二氧化硫，同时石灰石煅烧分解为多孔状氧化钙吸附剂，二氧化硫到达吸附剂表面并反应，从而达到脱硫效果。

热污染防治（heat pollution treatment）消除热污染的防护技术。通常采取三种措施：（1）综合利用废热。充分利用工业的余热，是减少热污染的最主要措施。生产过程中产生的余热种类繁多，都是可以利用的二次能源。中国每年可利用的工业余热相当于 $5.0 \times 10^7 t$ 标煤的发热量。在冶金、发电、化工、建材等行业，可以通过热交换器利用余热来预热空气、干燥产品、生产蒸气、供应热水等。（2）加强隔热保温，防止热损失。如在工业生产中的窑体加强保温、隔热措施，以降低热损失。

S

三级处理（tertiary treatment）又叫深度处理，在污、废水一级、二级处理后，进一步采用生物、物理和化学等方法除去污、废水中的悬浮物、无机盐类和其他污染物质的过程。常用的方法主要有吸附、离子交换、混凝沉淀、氧化等。

三效催化转化器（three way catalytic converter）又称三效催化净化器，一种采用铂（Pt）、钯（Pd）、

铑（Rh）等贵重金属制成的汽车尾气净化装置。在催化反应过程中，汽车排气中的主要有害成分 CO、HC 和 NO_x 被转化成无害的 CO_2、H_2O 和 N_2。

生活污水处理（daily sewage treatment）对生活污水进行净化处理的工艺过程。城镇的生活污水通常采用集中式废水处理——建设大型城市污水处理厂。旧城区和新建区域的初期建设阶段在尚未形成统一的排水系统前，各污染源内需自建分散式废水处理设施——社区的污水处理站。郊区独立别墅、庭院等生活污水需采用小规模的污水处理设施单独进行处理。

生态修复（ecorenovation）利用生态工程学或生态平衡、物质循环的原理和技术方法或手段，对受污染或受破坏、受胁迫环境下的生物（包括生物群体）生存和发展状态的改善、改良或恢复。其中包含对生物生存物理、化学环境的改善和对生物生存"邻里"、食物链环境的改善等。生态修复包含生物修复，两者的共同点或共同目标都是改善或改良生物的生存和发展环境。不同点是，生物修复是生态修复的一部分，例如：生物修复是针对水体污染的修复，生态修复是针对水生生物及其生存环境的整体修复。

生物处理法（biologic treatment of wastewater）利用水中微生物的新陈代谢功能，使污、废水中呈溶解和胶体状态的有机物被降解，并转化成为无害的物质的办法。其处理工艺有活性污泥法、生物膜法、自然生物处理法、厌氧生物处理法等。在自然界中存活着数量巨大的以有机物为营养物质的微生物，它们具有氧化分解有机物并将其转化为无机物的功能。污、废水生物处理法创造一个有利于微生物生长、繁殖的环境，使微生物大量繁殖，氧化、分解有机物。依据微生物类型不同可分为好氧处理法和厌氧处理法两大类。好氧处理法是生物处理的主要方法。根据微生物在水中的生存状态又可分为活性污泥法和生物膜法。

生物滤池（trickling filter）生物膜法中最常用的一种生物反应器。其结构通常是在圆柱形或方形的池内安装生物载体——小块物料或塑料型块（如碎石块、塑料填料），堆放或叠放成滤床，常称滤料。与水处理中的一般滤池不同，生物滤池的滤床暴露在空气中，废水用布水器洒到滤床上，和生长在载体表面上的大量微生物密切接触，污染物进入生物膜，出水中带有剥落的生物膜碎屑，需用沉淀池分离。生物膜所需要的溶解氧直接从空气中或通过水流取得。生物滤池种类繁多。

生物膜法（biofilm）利用微生物群体沿固体表面生长成一定厚度的黏膜层来净化废水的方法。废水连续流经固体填料（又称滤料），在填料上就会生成污泥状的生物膜，生物膜上繁殖着大量的微生物，主要由细菌、真菌和原生动物组成。当污水流经附着有生物膜的载体空隙时，污水中的有机物被生物膜所吸附，并通过扩散进入膜内，进而被微生物降解。对污水曝气，空气中的氧也通过同样的途径传递给微生物，供微生物呼吸，微生物代谢有机物的产物则沿着相反方向从生物膜中排出。生物膜法有多种处理构筑物：如生物滤池、生物转盘、生物接触氧化、生物流化床等。根据构筑物的不同常使用不同的填料。一般采用的有空隙率高、比表面积大的人工合成填料如塑料制成的波纹薄板，蜂窝状片、块、球和管状填料以及取自天然材料的碎石、炉渣、卵石和焦炭，还有拉西环、鲍尔环、瓷环等。

室内空气净化技术（room air purification technology）净化室内空气的各种技术方法。主要有吸附、静电、光催化、负离子、膜分离和低温等离子等，还有臭氧净化和紫外线杀菌等方法。静电法是利用高压静电场形成电晕，在电晕区内有自由电子和离子逸出，这些带电粒子就会在运动中不断地碰撞和吸附到尘埃颗粒上，使尘埃颗粒带电，并在电场里的作用下沉积，空气得到净化。静电技术适用于小环境的空气净化，具有高效除尘和杀菌的作用。负离子技术是利用负离子极易与空气中的微小污染颗粒相吸附，成为带电的大离子而沉降，使空气得到净化，同时也有杀灭细菌的作用。光催化技术是利用纳米 TiO_2 在紫外线照射下，能光解氯代物，醛类，酮类、醇类，芳香族化合物以及其他无机有害气体如 CO，NO_x 等净化空气。光催化的纳米 TiO_2 还具有杀灭微生物的功能，但是，不能除去空气中的颗粒物。室内空气污染来源广，这些治理技术各自有局限性，组合应用才能起到更好的作用。

水体污染防治（water pollution treatment）预防和治理水体污染的技术标准和方法。中国将《地面水环境质量标准》作为控制水体污染的依据。按照标准的要求，不同的水体水质应达到不同的要求主要包括：（1）维持自然状态；（2）符合饮用水原水要求；（3）适于鱼类的生存和繁殖；（4）适于农业灌溉；（5）适于游泳和其他水上文体活动；（6）符合各种工业用水原水的要求；（7）不呈现不洁状态等。水体污染的控制措施，除加强污染源的管理以降低废水量和污染量外，政府制定和颁布法规以控制废水的排放。如制定和颁布了《中华人民共和国水污染防治法》、《污水综合排放标准》以及针对各种行业的《水污染物排放标准》等。要求城镇应建设完善的排水管网系统和废水处理厂，并制定和实施管理制度；工业布局和生产工艺要考虑环境要求；生产废水必须经处理达标后才能排放。

W

危险废物处理（hazardous waste disposal）危险处理废物的相关规定和技术方法。根据《控制危险废物越境转移及其处置巴塞尔公约》要求，缔约国应将危险废物的产生和越境转移减至最少量；实行产生、运输、储存、处理、处置全过程的严格管理；经无害于环境的安全处置后方可排出。欧美国家的标准规定，焚烧危险废物的破坏去除率应达到99.99%。填埋场地除严格控制水文地质条件外，还需采用防渗漏人工垫衬，浸出液要有收集、处理和集排气系统。填埋场地关闭后还要进行长期监测和管理。对液体废物要求采用物理、化学和生物等综合方法处理。世界各国均重视回收、循环利用废物，并用信息交流的方法建立"废物交换"网络，互通有无、物尽其用。

物理处理法（physical treatment of wastewater）利用物理作用，分离和去除污、废水中不溶解的悬浮固体、油膜等污染物质的方法。在处理过程中不改变水的化学性质。应用的工艺有筛滤截留、重力分离（自然沉淀和上浮）、离心分离等。使用的设备和构筑物有格栅、筛网、沉砂池、滤池、微滤机、气浮装置、离心机、旋流分离器等。物理法处理污、废水的设备比较简单、操作方便、分离效果良好、应用广泛。

污泥处理方法（sludge treatment）减少污泥水分含量、降低污泥的容积、使污泥卫生化、稳定化、改善污泥的成分和性质的各种处理方法。污泥处理方法有污泥浓缩、污泥消化、污泥脱水、污泥干燥、污泥焚烧、污泥固化及污泥的最终处置。还可采取热处理、冷冻处理、化学处理、辐射处理、低温杀菌、湿式氧化及堆肥处理等方法。

污泥消化（sludge digest）污泥在微生物代谢作用下，复杂有机物降解为稳定物质，去除臭味，杀死寄生虫卵，污泥体积减小并产生沼气的过程。污泥消化的目的是污泥变得稳定，不易腐化，且易于脱水，利于污泥的资源化，并在消化过程产生沼气，作为能源加以利用。污泥消化分为好氧消化和厌氧消化，它们分别利用需氧微生物和厌氧微生物的代谢作用，使污泥稳定化。

污染土壤修复（remediation of contaminated soil）通过物理、化学或生物方法去除土壤中污染物，使土壤的性质、状况得以恢复的方法。根据土壤条件和污染状况的差异，所采用的修复措施也不同。按实施修复的地点分为：原位修复技术，即在污染的地点就地采取修复措施；异位修复技术，即将污染的土壤挖出处理，然后回填。按污染物处理方式分为：相转移技术，即污染物从土壤转移到空气、水相中；降解转化技术，即将污染物分解或转化为无害的产物。按采取的措施分为：工程措施、生物措施、农业措施等。工程措施是指用物理（机械）、物理化学原理修复污染土壤。常见的方法有：客土、换土、去表土、翻土法、隔离法、清洗法、热处理法和电化学处理法等。生物措施是指利用某些特定的动、植物和微生物，较快地吸走或降解土壤中的污染物质，达到净化土壤的目的。农业措施如增施有机肥、提高土壤环境容量、施用改良剂、减少植物对污染物的吸收、控制土壤水分等。

X

吸附处理法（absorption process）利用多孔性固体（吸附剂）吸附污、废水中某种或几种污染物（吸附质），以回收或除去某些污染物，达到净化水质目的的技术。吸附作用是发生在不同物质界面上的物质传递，是溶剂、溶质和固体吸附剂综合作用的现象。吸附可分为物理吸附，化学吸附和生物吸附等。物理吸附是吸附剂和吸附质之间在分子力作用下产生的，不产生化学变化。化学吸附是吸附剂和吸附质之间由于化学键作用下引起吸附作用的。化学吸附的选择性较强。生物吸附是在生物作用下产生的现象。污、废水处理中常用的吸附剂有：活性炭、磺化煤、活化煤、沸石、硅藻土、焦炭、木屑等。吸附处理法包括三个步骤：污、废水中的污染物被吸附剂吸附，分离吸附剂和废水，再生或更新吸附剂。已用于含酚污、废水、含苯污、废水、洗涤污、废水、造纸污、废水、印染污、废水、给水处理以及污、废水二级处理出水的深度处理等。具有适用范围广、吸附效率高、可以脱附再生、性能稳定、有利于综合利用、操作简便、能耗低的特点。

吸附法脱臭（absorption deodorizing）利用吸附原理去除恶臭气味的方法。可利用的吸附剂有两类，一类是活性炭、活化氧化铝、分子筛和硅胶等，它们对恶臭物质的吸附限于其表面，多为物理吸附；另一类是离子交换树脂和碱性气体吸附剂等。

吸声（sound absorpition）当声波入射到物体表面时，部分声能被物体吸收并转化为其他形式的能量的现象。物体的吸声性能与它的性质、结构和声波的入射角度及声波的频率有关。

吸声砌块（sound absorption block）经过处理后能够提高吸声功能的砌块材料。主要用于音响效果要求较高的建筑物墙面上，多在剧院、音乐厅、礼堂等的内墙面上应用。

吸音砖（acoustical ceramic tile）具有吸音功能的陶瓷砖。属于多孔性陶质制品。其中的气孔能起到吸音作用。吸音砖表面上釉，便于清洗，还有隔热保温作用。使用吸音砖可以使室内音响设备获得适宜的残响效果。

消声（voice elimination）将多孔吸声材料固定在气流通道内壁，或按一定方式固定在管道中，以达到削弱空气动力性噪声目的的方法，消声量一般可达到 $10 \sim 50$ dB，是噪声控制的一种措施。

消声器（muffler）利用消声原理消除或降低空气噪声的传播而允许气流通过的一种器件，是消除空气动力性噪声的主要设备。通常用于气流噪声的控制，如风机噪声、通风管道噪声和排气噪声等高噪声。目前，国内多采用多孔扩散消声器或小孔消声器。多孔扩散消声器是根据气流通过多孔装置扩散后速度降低的原理而制造的一种消声器。小孔消声器是根据移频原理设计制造的一种消声器。

旋流分离器（cyclone separator）又称为离心分离器，使含有悬浮固体或乳化油的污、废水在设备中进行高速旋转，并被分离的装置。由于悬浮固体和废水的质量不同，受到的离心力也不同，质量大的悬浮固体作离心运动，被甩到外侧器壁上；轻者作向心运动，集中于容器中心部分，从而达到固液分离。分为压力式旋流分离器和重力式旋流分离器。

Y

厌氧生物处理法（anaerobic biological treatment）在无氧条件下，利用兼性菌和厌氧菌分解稳定有机物以处理污水的方法。污水中复杂的有机物首先会被水解和产酸细菌分解，生成各种简单的有机物。如有机酸、醇类、CO_2、NH_3、H_2S 等，使污水的 pH 值下降。此后，有机酸和溶解性含氧化合物的分解以及对有机酸的中和，污水的 pH 值又回升。此时甲烷菌开始活动，将第一阶段分解产物继续分解为 CH_4 和 CO_2，使污水净化。厌氧分解不需另加能源，并可回收利用生物质能——沼气，但也存在反应速度慢，反应器容积大的缺点。

氧化还原法（redox）利用氧化还原法把溶解在水中的有毒有害的污染物转化成为无毒无害的新物质的方法。常用的氧化剂有：氧、纯氧、臭氧、氯气、次氯酸钠、二氧化氯、三氯化铁、高锰酸钾、芬顿试剂、高铁酸盐等。使用的还原剂有铁、锌、锡、锰、亚硫酸氢钠、二氧化硫、石灰、焦亚硫酸盐等。

一级处理（primary treatment）对工业废水和生活污水的初步处理。一级处理常采用物理的和化学的方法去除废水中部分或大部分悬浮物和漂浮物，中和废水中的酸和碱。一级处理通常包括格栅、沉砂池、沉淀池等。

Z

造纸工业废水处理（treatment of wastewater from pulp and paper mills）对造纸工业生产中不同工序产生的废水分别进行处理的技术。造纸工业生产主要有制浆和抄纸两个工艺阶段。制浆产生的废水有黑液、漂白、中段废水；抄纸过程中产生的废水叫做白水。黑液处理：广泛采用燃烧法，同时回收氢氧化钠、硫化钠、硫酸钠等。此外还利用制氨肥法、制磷肥法、电渗析法等。抄纸白水有的可以直接送回纸浆稀释槽，有的可以经过沉淀、气浮分离法回收纤维和填料后循环使用。漂白、中段废水处理通常采用物化法加生化法综合治理，达到部分回用和排放标准的要求。

噪声控制技术（noise control）采用降低声源的噪声辐射，控制噪声的传播和接收的工程技术。一般程序是首先进行现场噪声调查，测量现场的噪声级和噪声频谱，然后根据有关的环境标准确定现场的容许噪声级，并根据现场实测的数值和容许的噪声级之差确定降噪量，进而制定技术上可行、经济上合理的控制方案。控制噪声应该根据具体条件在噪声源、传播途径和接收者三个环节采取措施；在具体的噪声控制技术上，可采用吸声、隔声和消声三种措施。

噪声污染防治（miscellaneous sound pollution treatment）噪声污染控制的措施和方法。控制噪声污染的方法常为：（1）不用噪声大的设备，或改革工艺，如改铆接为焊接；或改换机械，如用压桩机替代打桩机。(2)革新机械的构造和材料，如提高部件精度减少碰撞，用非金属材料替代金属材料，传动部件用弹性构件，整机采用隔振机座或隔声罩，排气口设消声器，交通工具外形采用流线形等。(3)正确操作，如正确使用润滑剂，正确使用喇叭等音响设备。(4)建立隔声屏障（如隔声墙、土丘）或在建筑物表面多用吸声、隔声材料，以及城市合理规划等都是有效的措施。

植物修复（phytoremediation）利用植物对受污染的环境进行修复的技术。植物修复是20世纪80年代兴起的生物修复的方法之一。它不仅可以去除环境中的有机物，而且能去除环境中的重金属和放射性核素。植物去除环境中污染物的基本方式为植物吸收、植物转化和植物与微生物的共同降解等。利用植物基因工程技术，培育出高效去除环境中污染物的植物，是植物修复研究的方向之一。

中和处理法（neutralization treatment）用化学手段消除废水中过量的酸或碱，使pH值达到中性左右的方法。中和处理的基本原理是，使酸性废水中的H^+和外加的OH^-或使碱性废水的OH^-和外加的H^+相互作用，生成水和盐，以消除其有害作用。处理含酸废水用碱做中和剂，处理含碱废水以酸为中和剂。酸和碱均指无机酸和无机碱。

重金属废水处理（treatment of wastewater containing heavy metal）利用物理、化学方法对矿冶、机械制造、化工、电子、仪表等工业生产过程中产生的重金属废水进行治理的技术。对于重金属废水的治理，必须采用如下综合措施：(1)使废水中呈溶解状态的重金属转变成不溶的化合物或单质，经沉淀、上浮从废水中去除。主要应用方法有中和沉淀法、硫化物沉淀法、上浮分离法、离子浮选法、电解沉淀法、电解上浮法、隔膜电解法等。(2)将废水中的重金属在不改变化学形态的条件下浓缩和分离，常应用反渗透法、电渗析法、蒸发法、离子交换法等。

重力除尘器（gravity precipitator）利用重力作用使含尘气体通过管道的扩大部分（重力沉降室），流速大大降低，较大尘粒沉降下来的除尘设备。为避免气流旋涡将已沉降尘粒带起，常在沉降室加挡板。通过沉降室的气流速度不得大于3m/s，压力损失一般为98～1 961Pa，能捕集粒径大于50μm的尘粒。重力除尘器有干式和湿式之分，干式除尘效率为40%～60%，湿式除尘效率为60%～80%。重力除尘器适用于含尘气体净化。为提高除尘效率，可降低沉降室高度或设置多层沉降室。

自然生物处理法（natural biologic treatment of wastewater）利用在自然条件下生长、繁殖的微生物（不加人工强化或略加人工强化）处理废水的技术。其特点是：工艺简单、建设与运行费用低，净化功能受自然条件的制约。主要处理技术有稳定塘法和土地处理法。稳定塘法是利用塘水中自然繁育的微生物（好氧菌、兼氧菌和厌氧菌等），在其自身的生命代谢作用下，氧化分解废水中的有机物的一种较简单的生物处理办法。

（七）节能减排与综合利用
(Conservation of Energy and Comprehensive Utilization)

F

废塑料改性（waste plastics modification）通过添加助剂和辅料可改变废旧塑料性能，使其理化性能得到改善的再塑化加工利用的工艺过程。废旧塑料的改性包括用无机填料进行填充改性，加入弹性体进行增韧改性，加入纤维进行增强改性和用不同树脂制成高分子合金等。经改性的废旧塑料某些性能达到甚至超过原来的性能。

G

工业固体废物综合利用率（comprehensive utili-zation rate of industrial solid wastes）统计期内直接利用或加工（提取、转化等）使其成为可以利用的资源、能源的固体废物量在工业固体废物产生总量中所占的比例，是环境统计主要指标之一。综合利用包括用做农业肥料、用于造田、筑路、生产建筑材料等。工业固体废物产生量是指统计期内在生产过程中产生的固体状、半固体状和高浓度液体状废弃物的总量。

固体废物资源化（reclamation of solid waste）从固体废物中回收有用的物质或能源，变"废"为"宝"，化"害"为"利"，加速物质和能量循环的技术方法。目的在于减少资源消耗，加速资源循环，保护环境。资源化包括物质回收、物质转换、能量转换三方面。固体废物具有两重性，它虽然占用大量土地，污染环境，但本身含有多种有用成分，是一种资源。其资源化的途径主要有：回收有用的物质，特别是有价值的金属、生产建筑材料，某些废物处理后作为农肥、回收能源，某些废物经处理后取代工业原料。

L

垃圾焚烧发电（refuse incineration for generating electricity）通过一定装置将生产、生活中产生的可燃性垃圾进行充分焚烧并且使燃烧后产生的大量高温烟气等进入余热锅炉换热再将过热蒸气进入汽轮发电机组进行发电的过程。它是具有减量化、无害化、资源化三大优势的垃圾处理最好的方式。垃圾焚烧发电前期不需要任何处理，焚烧后的残留物也只有原有垃圾的10%～15%。中国已开发了异重循环流化床垃圾焚烧炉及其他多项相关技术。但是垃圾发电所需的烟气处理设备和旋转喷雾器等，国内现在还无法制造。当前，已有深圳、上海、珠海、郑州市等多个城市的数十座垃圾焚烧发电厂建成并投入运行。

零度包装（zero-packaging）又称无废物包装，不产生垃圾的包装。可食性包装是最佳的零度包装，是当前包装行业的热门，将有效解决包装材料与环境保护之间的矛盾。非一次性用品如玻璃或陶瓷容器，用于散装食油、酱油、饮料等，是原始零度包装。

绿色包装（green packaging）对生态环境与人体健康无害、能循环再生利用的包装。这种包装是可以再利用、再循环、可降解的绿色材料。

绿色产品（green product）又称环境意识产品，符合一定的环境保护要求、对生态环境无害或危害极少、资源利用率最高、能源消耗最低的产品。绿色产品的第一个环节是设计，要求产品质量优、环境行为优。第二个环节是生产过程，要求实现无废少废、综合利用和采用清洁生产工艺。第三个环节是产品本身的品质，要比一般产品更体现以人为本、提高舒适度和健康保护及环境保护程度。

绿色电力（green electricity）利用特定的发电设备，如风力发电机、太阳能光伏电池等，将风能、太阳能等转化成电能而产生的电力。发电过程中不产生或很少产生对环境有害的排放物（如一氧化氮、二氧化氮、温室气体二氧化碳、造成酸雨的二

氧化硫等），且不需消耗化石燃料，节省了有限的资源储备。绿色电力包括：风电、太阳能光伏发电、地热发电、生物质能汽化发电、小水电。

Q

氢经济（hydrogen economy）以氢为能源而驱动的经济。它是美国于1970年发生第一次能源危机时所创，主要为描绘未来氢取代石油成为支撑全球经济的主要能源后，整个氢能源生产、配送、储存及使用的市场运作体系。但随后20年间中东形势趋缓、原油价格下跌，石油依旧成为交通运输业的首要选择，因此对于氢经济发展的相关研究渐少。直到20世纪90年代末期气候变化（全球变暖等）问题引起重视以后，氢能与氢经济又再度成为世界各国研究的热点。

清洁燃料汽车（clean fuel automobile）各种低污染代用燃料汽车。如天然气汽车、液化气汽车、甲醇汽车、乙醇汽车、生物燃料汽车、多种灵活燃料汽车、氢燃料汽车、电动汽车、太阳能汽车，等等。其中尤以天然气汽车和液化石油气汽车最成熟。目前中国已有哈尔滨、长春、沈阳、北京、香港等许多地区推广使用天然气汽车和液化气汽车。

S

生物采"金"（biological gold digging）又称微生物采矿，利用某些微生物的特性来采集金属的技术。氧化亚铁硫杆菌就是其中一种。这类细菌可以将硫化矿物分解，最终生成金属的硫酸盐，从而将有用的金属从矿石中提取出来。微生物采矿的方法特别适用于尾矿和贫矿，耗能少且污染小。美国用这种方法得到的铜占其铜产量的10%以上。

W

无废工艺（no waste technology）在生产过程中所采用的不产生或较少产生废弃物及污染的工艺。其目的是节能、降耗、减污。主要是指在原有工艺基础上，适当改变工艺条件，如温度、流量、压力、停留时间、搅拌强度、必要的预处理等，实现过程连续操作、减少因开车、停车造成的不稳定状态；配备自动控制装置，实现过程的优化控制；改变原料配方、采用精料、替代原料、原料的预处理；改善原料的质量管理；换用高效设备，改善设备布局和管线；开发利用最新科学技术成果的全新的工艺，如生化技术、高效催化技术、电化学有机合成、膜分离技术、光化学技术、等离子体化学过程等；不同工艺

的组合，如化工-冶金流程，化工-动力流程，动力-工艺流程等。

无污染装置（non-pollution installations）不产生或仅产生极少量污染物的工艺装置或设备。无污染装置分两大类。一类是在新设计的装置中包含有防治污染的附属装置，如将催化燃烧装置应用于四色胶印机的整体设计中，以消除煤油所产生的污染；将三元催化转化器安装在汽车上，将汽车尾气中的碳氢化物和一氧化碳、氮氧化物转化为二氧化碳、氮气和水，以消除汽车尾气的污染。另一类是对原装置结构和所使用材料加以变革，使之不产生或少产生污染物。如用自控装置调节锅炉的燃烧条件，减少气体污染物（一氧化碳和氧化氮）的生成。正在研制和推广的太阳能集热器、光解水制氢器、燃料电池等，都是无污染的能源装置。

X

循环经济的"3R原则"（3R principle of circular economy）减量化、再利用和再循环三种原则的简称。(1) 减量化原则。要求用较少的原料和能源投入，达到既定的生产目的或消费目的，进而到从生产活动的源头就注意节约资源和减少污染。在生产中，减量化原则常常表现为要求产品小型化和轻型化。此外，还要求产品的包装追求简单朴实而不是豪华浪费，从而达到减少废物排放的目的。(2) 再使用原则。要求制造产品和包装容器能够以初始的形式被反复使用。再使用原则要求抵制当今世界一次性用品的泛滥，生产者应该将制品及其包装当作一种日常生活器具来设计，使其像餐具和背包一样可以被再三使用。再使用原则还要求制造商应该尽量延长产品的使用期，而不是非常快地更新换代。(3) 再循环原则。要求生产出来的物品在完成其使用功能后能重新变成可以利用的资源，而不是不可恢复的垃圾。再循环有两种情况，一种是原级再循环，即废品被循环用来生产同种类型的新产品，例如报纸再生报纸、易拉罐再生易拉罐等；另一种是次级再循环，即将废物资源转化成其他产品的原料。原级再循环在减少原材料消耗上面达到的效率要比次级再循环高得多，是循环经济追求的理想境界。

循环用水系统（water system of circulation）把生产过程中所产生的废水，经过适当处理，回用到原来的生产过程或其他生产过程中重新使用的系统。实现循环用水的水质要满足生产工艺要求，不能影响产品质量和生产工艺要求。工业用水大致可分为冷却用水、生产工艺用水和锅炉用水（生产蒸气）。间接冷却用水不同原料和产品直接接触，只是水温升高，故降温后可循环使用；生产工艺用水，因同产品和原料直接接触，排出的废水的污染物种类繁多，往往要根据要求进行适当处理，按不同工艺对水质的要求，采取不同的水处理技术，再生后循环使用。

Y

余热利用（use of the remained heat）回收利用在生产过程中未被充分利用的余热或废热的工程技术。如许多工厂的冷却水有很高的热能，采用废热锅炉和管道就能回收大量热水再用于生产和生活，这样不仅节约了能源和水，而且避免了环境热污染。现在已有许多余热利用措施，用于建筑物集中供热、热水游泳池、航道除冰、海水淡化、温水养鱼、温水灌溉等。余热综合利用的前景十分广阔。

Z

中水利用（reclaimed water utilization）城市污水经处理设施深度净化处理后的水的再利用技术。污水处理厂经二级处理再进行深化处理后的水和大型建筑物、生活社区的洗浴水、洗菜水等集中经处理后的水统称"中水"。其水质介于自来水（上水）与排入管道内污水（下水）之间，故名为"中水"。中水的利用越来越得到重视。世界上许多发达国家将中水用于厕所冲洗、园林和农田灌溉、道路保洁、洗车、城市喷泉、冷却设备补充用水等。

资源节约型社会（resource-economical society）在生产、流通、消费等领域，通过采取法律、经济和行政等综合性措施，提高资源利用效率，以最少的资源消耗获得最大的经济和社会收益，保障经济社会可持续发展的一种社会发展模式。建设节约型社会的目的在于追求更少资源消耗、更低环境污染、更大经济和社会效益，实现可持续发展。其核心是正确处理人和自然的关系，通过资源的高效利用、合理配置和有效保护，实现经济社会和生态的可持续发展。节约型社会的根本标志是人与自然和谐相处，体现了人类发展的现代理念。

资源再生产业（renewable resource industry）建立废物和废旧资源的处理、处置和再生，从根本上解决废物和废旧资源在全社会的循环利用问题的产业。发展资源再生产业对于中国资源消耗大、需求大的现状尤其具有迫切意义。

八、军事科学技术

(Science and Technology of Military Affair)

(一)基础知识 (Basic Knowledge)

C

C³I技术（Command, Control, Communication and Intelligence technology）运用系统工程的理论和方法，对军事指挥、控制、通信、情报系统进行开发和管理的技术。C³I系统是以现代系统论、控制论和信息论为理论基础建立起来的。它以电磁、光电武器装备为主体，以计算机为核心，以信息感测、识别、传递、处理为手段，将各级指挥员、战斗员连成有机整体，共同遂行作战指挥、控制、通信及侦察任务。它包括互通技术、软件工程技术、高灵敏度雷达技术、信号和图像处理技术、数据汇集技术等。C³I系统利用这些技术不仅能收集处理和传送情报，支援兵力的调动、部署和协同，实施作战指挥，而且能把各种武器连成一体，使其发挥$1+1>2$的最大效能和威力。目前，军事发达国家的C³I系统发展有如下特点：（1）发展具有多手段、高精度、远距离的探测侦察系统；（2）发展具有抗毁、保密、抗干扰的通信系统；（3）发展分布式、智能化的自动数据处理系统；（4）重视系统的互通性和兼容性，提高一体化程度和整体效能。现代C³I系统极大地缩短了监视战场和发现目标-评估和处理信息-下达作战指令和实施打击的这一作战周期的时间，从而使真刀真枪的实战时间越来越短。未来C³I技术将向着提高三军协同作战指挥能力、系统的机动快速反应能力、抗毁生存能力、组网联网能力的方向发展。在继续发展战略C³I的同时，开发外层空间C³I。新一代的C³I系统技术-系统一体化技术包括C³I-EW一体化技术、多传感器一体化技术、人工智能与软件再生一体化技术和集成化系统设计技术。C³I系统的实质是借助电子计算机技术帮助战场指挥员判断情况并进行决策的人机对话系统。

常规战争（conventional war）使用常规武器而非核武器进行的战争。传统的常规战争通常是指部队在地面、水面、水下和空中使用枪炮、坦克、飞机、舰艇、导弹等武器装备进行的战争。第二次世界大战结束后，世界各地爆发了多次常规战争，所使用的基本上都是飞机、火炮、坦克、舰艇、导弹等武器装备。由于常规战争能够以比核战争小的代价获取经济、政治上的利益，达到战争的目的，所以现代战争的主要形式还是常规战争。

超声波武器（ultrasonic weapon）利用高能超声波发生器产生高频声波，造成强大的空气压力使人产生视觉模糊、恶心等生理反应，从而使人员战斗力减弱或完全丧失作战能力的武器。这种武器甚至能使门窗玻璃破碎。

次声波武器（infrasound weapon）一种能发射20Hz以下低频声波即次声波的大功率武器。在空中，它能以1 200km/h的速度传播；在水中，能以6 000km/h的速度传播；对建筑物而言，可穿透1.5m厚的混凝土构件。按照产生次声波的原理不同，次声波武器又分为气爆式、炸弹式、管式、扬声器和频率差拍式次声波武器等。次声波武器的杀伤机理是：次声波与人体及其器官发生共振，从而使人受到伤害。按照杀伤效应，次声波武器主要分为神经型和器官型两种。神经型次声波武器的声波振荡频率与人脑的节律（8～12Hz）相近，可使人脑产生共振而导致神经错乱。器官型次声波武器的声波振荡频率与人体内脏器官的固有频率（4～8Hz）相近，能使人的五脏六腑发生强烈共振，从而导致死亡。

D

等离子体武器（plasma weapon）一种利用安

装在地面的发生器和天线，发出超高频电磁能束或激光束并在大气中聚焦，形成高电离化空气云——等离子团来杀伤敌人的武器。这种等离子团可投射在目标前方和两侧，就相当于给飞行物（导弹、飞机或其他飞行物、流星等）下一个"脚绊子"，使之产生旋转力矩，偏离飞行轨道，并在巨大的超重压差和惯性影响下销毁。整个拦截过程的时间仅需 0.15s。

等离子体隐身技术（plasma stealth technology）利用等离子体来规避探测系统的一种新技术。其原理是利用等离子体发生器、发生片或放射性同位素在飞行器表面形成一层等离子云，控制等离子体的能量、电离度、振荡频率等特征参数，使照射到等离子体云上的雷达波在遇到等离子体的带电离子后，两者发生相互作用，电磁波的一部分能量传给带电粒子，并被带电粒子吸收，而自身能量逐渐衰减。另一部分电磁波受一系列物理作用的影响而绕过等离子体或产生折射改变传播方向，因而返回到雷达接收机的能量很小，使雷达难以探测，以便达到隐身目的。等离子体隐身技术不需要改变飞行器的外形结构便可大幅度降低飞行器的雷达反射面积，使被发现的概率几乎为零。等离子体还能通过改变反射信号的频率，使敌雷达测出错误的飞行器位置和速度数据，以实现隐身的目的。例如弹道导弹可采用等离子体包进行隐身，即在弹头外包一个密封的气包，气包内充满等离子体。还可以在弹道导弹的弹头和飞机关键部位采用等离子体涂料隐身。

地面分辨率（ground resolution）遥感器在良好对比度下可分辨地面目标的最小尺寸。它是评定航天成像侦察系统质量的重要指标之一。地面分辨率越高，所摄照片或图像的清晰度也越高。影响地面分辨率的因素很多，如成像系统质量、成像介质质量、镜头焦距大小、图像处理水平等。降低航天器轨道高度，提高所用胶片质量和加长镜头焦距，都可提高地面分辨率。但过分降低轨道高度，会使航天器的工作寿命缩短；加长镜头焦距又会受到光学系统本身以及航天器体积、重量的限制。

地球物理战（geophysical warfare）见环境战。

电磁脉冲武器（electromagnetic pulse weapon）又称电磁脉冲产生器，利用人工技术产生强电磁脉冲摧毁来袭导弹，或破坏雷达、通信系统和电子设备，或破坏人的脑知觉，使人暂时处于昏迷状态的一种武器。电磁脉冲能使电子元器件受到损坏；可

以与电缆、导线和天线等耦合，把电磁脉冲的能量传递给电子设备，引起电子设备的失效或损坏、电路开关跳闸和触发器翻转；能使根据磁通工作的存储器消磁或失真，破坏元器件或抹去存储的信息和引起关闭、传递假信号。电磁脉冲还可以使飞机和导弹等的金属外壳上产生很大的感生电流。该武器可在特定目标周围空间造成瞬间破坏性电磁环境，是一种新概念武器。电磁脉冲武器由初级能源、能量转换装置、射频脉冲产生器和发射天线等几部分组成。目前，世界上一些国家开发出的具有实战价值的电磁脉冲武器可分为：核电磁脉冲武器、高功率微波炮和超宽频电磁辐射器。电磁脉冲武器对于目标的打击一般可分为硬杀伤、扰乱和干扰三个等级。电磁脉冲武器的使用方式有以下四种：（1）作为飞机的自卫式干扰装置；（2）作为机载武器用于攻击地面上或舰上的通信中心或由雷达控制的防空武器系统；（3）作为要地防空或舰队防空武器使用；（4）作为地面炮兵的弹药，用迫击炮等发射，对付敌方的各种地面电子设备。

F

反隐身技术（anti-stealth technology）使隐身措施的效果降低甚至失效的技术。反雷达隐身是当前重点发展的反隐身技术。其主要技术途径有：（1）改变探测雷达的工作波长，可以使这些隐身措施失效；（2）应用双 / 多基地雷达，可以从侧面探测隐身目标；（3）借助预警飞机、预警卫星、预警无人机乃至高空气球、飞艇等，从隐身措施较弱的部位去探测目标；（4）通过提高雷达脉冲能量和雷达信号处理质量来提高反隐身技术；（5）采用新体制雷达，提高反隐身技术。

防空（air defence）对抗来自航空空间或外层空间的敌飞行器，如各种飞机、战术空地导弹、巡航导弹、弹道导弹和军用航天器等所采取的各种措施和行动的统称。它包含主动防空和被动防空两种含义。主动防空就是用防空兵器抗击或消灭来袭之敌，使其空袭行动不能得逞；被动防空指采取加固、分散、隐蔽等措施，使己方的装备、人员、重要的军事及民用设施免遭敌空袭或在空袭中免遭破坏。按任务划分，主动防空又分为国土防空、野战防空和海上防空。国土防空是保卫国家领土、领空和重要目标安全的防空。其主要任务是：平时监视本国领空，随时准备消灭侵入领空进行侦察、骚扰和政

治破坏活动的敌机和其他航空器；紧急情况下掩护国家转入战时体制，掩护主要军事集团的集结和展开；战时提供空中预警，消灭敌空袭兵器，保卫国家政治经济中心、首脑机关、军事要地、工业基地、交通枢纽和其他重要目标。国土防空的主要作战对象是敌人的轰炸机、战斗轰炸机、对地攻击机、巡航导弹以及弹道导弹等。野战防空是野战部队抗击来自空中威胁所采取的战斗行动和措施的统称。其主要任务是保卫野战部队及战役纵深军事设施免遭敌空袭。主要作战对象是敌武装直升机、对地攻击机和空地战术导弹等。海上防空是海军为抗击敌人空袭，掩护海上和驻泊点的海军兵力及岸上目标免遭空袭而采取的措施和战斗行动。其任务包括对空中敌人进行侦察，消灭来袭的各种飞机及直升机、掠海飞行的反舰导弹等。

非线式作战（non linear operations）综合运用精确打击、机动作战等作战方式，全纵深、全方位地对敌方战争重心实施打击的作战行动。它是美国陆军于20世纪80年代提出的一种作战样式。现代战场范围大、兵力密度小、流动性强，而武器射程远、精度高、杀伤力大，突破了传统的固定战线的限制，也没有明显的前后方的界限；战争可能在陆、海、空、天、电多维战场上同时展开，运用以精确打击武器和机动部队为主的多种作战力量，对敌重心实施全纵深和多方位的综合打击，力争一举击溃或击败敌军。传统的线式作战是交战双方沿一定的战线从前沿到纵深层层打击、依次推进的作战，是与敌方进行"硬碰硬"的消耗战。非线式作战与线式作战相比，主要差异有：（1）在作战部署上强调快速兵力投送和分散隐蔽配置；（2）在作战方式上以机动战为主；（3）在作战手段上突出精确打击与情报保障；（4）在指挥控制上则强调灵活果断、随机应变。非线式作战的立足点是全纵深、全方位作战，使敌方难以首尾相顾；体现的作战思想是避强击弱，打击要害部位，整体瘫痪敌方。

非致命武器（non-fatal weapon）又称失能武器或非杀伤武器，为使人员或装备失能，并使附带破坏最小化而专门设计的武器系统。它不以杀伤人员和毁坏装备、设施为目的，而是针对人员、装备、基础设施的薄弱环节，使其失去作战能力或不能正常发挥作用，从而达到作战目的。从广义上讲，它是涵盖信息战装备、反机动、反人员等各种非杀伤性武器的一种新概念武器群体。非致命武器的主要特征是：非致命性、准确性、打击效果的可控性和可逆性，以及作用范围广、可重复使用。

G

共同科目训练（common subject training）军人均须进行的基础军事科目的训练。其主要内容包括共同条令、军事体育、卫生与防护、军事基本知识等。

国防（national defence）国家为防备和抵抗侵略，制止武装颠覆，保卫国家的主权统一、领土完整和安全而进行的军事及与军事有关的政治、经济、外交、科技、教育等方面的活动。它是国家生存与发展的安全保障。国家的社会制度和国家政策决定国防的性质。

国防费（national defence expenditure）国家用于国防建设和战争的专项经费。它是国家根据世界局势、国家安全战略、军事战略和国家经济实力等因素，划分出的一个特定部分和财政预算支出的项目。按使用年限，其可分为年度费用、近期费用和长期费用；按使用范围，分为直接费用和间接费用。中国的国防费包括人员生活费、活动维持费、装备费等。人员生活费主要用于军官、文职干部、非现役文职人员、士兵和职工的工资、伙食、服装等；活动维持费主要用于部队训练、工程设施建设及维护和日常消耗性支出；装备费主要用于武器装备的科研、试验、采购、维修、运输和贮存等。中国国防费的保障范围，既包括现役部队，又包括民兵、预备役部队，并负担了部分退役军官供养和军人子女教育等方面的社会支出。

国防现代化（modernization of national defence）国防事业达到现代先进水平的过程和目标。它是国家现代化的重要组成部分。其主要包括军事思想、武装力量、国防科技、国防工业、国防设施、国防体制与管理等方面的现代化。

国家战略（national strategy）筹划和指导国家安全与发展的总体方略。它是国家根本利益的集中体现和制定军事战略的基本依据。

H

合同战役（combined campaign）以一个军种或兵种为主并在其统一指挥下，由其他军兵种直接配合进行的战役。它包括军种之间和同一军种内诸兵种之间进行的合同战役。

环境战（environmental war）又称地球物理战，利用人为地改变环境状态所产生的效应达到军事目的的作战。如人为地影响局部地区天气、气候、破坏地貌、地物，改变大气层电磁性质以及破坏臭氧层等，以造成有利于己不利于敌的作战环境，或直接杀伤敌方有生力量。

J

积极防御（active defence）以积极主动的攻势行动对付进攻之敌的防御。通常体现为在战略防御中采取积极的战役、战斗进攻行动，或在战役、战术防御中采取阵前出击、火力反击、反冲击、反突击、反空降、纵深打击等各种攻势行动，以消耗和歼灭敌人，为转入反攻和进攻创造条件。

精确瞄准系统（precise aiming system）那些能极大地消除瞄准误差，可进行快速瞄准的先进瞄准装置。就是平时所说的简易火控系统或射击控制系统。

精确制导武器（precision-guided weapon）一般是指命中概率大于50%或命中精度（圆概率偏差，CEP）小于战斗部毁伤半径的武器。按运载平台可分为机载、舰载、陆基等三种精确制导武器。通常采用导引、控制装置或系统调整受控对象（导弹、制导炸弹和制导炮弹）的运动轨迹，使之完成规定的精确打击和毁伤目标任务。

军事地理信息系统（military geographic information system）运用系统工程和信息科学理论与方法，在计算机及相应软件的支持下，对一定地区的地理信息进行采集、存储、检索、分析、显示和输出的技术系统。它主要应用于军事训练、战场环境分析、军事基地规划、军事行动准备与实施等方面。军事地理信息系统主要由以下子系统构成：（1）多媒体地理数据采集与输入子系统。数据源包括图形（地图）、遥感图像、统计数据、空间定位数据、正文（文档）、声音、照片和视频图像等。（2）多媒体地理数据库子系统。包括空间数据库、专题数据库、文档库、声音库等。（3）分析应用支撑子系统。包括模型库、知识库和符号库。（4）空间分析子系统。主要以地理数据库为基础，从模型库中调用有关的分析和应用模型，解决军事地理空间分析与应用的基本问题，包括专题分析和综合分析等。（5）辅助决策子系统。在地理数据库子系统、分析应用支撑子系统的支持下，辅助决策者作出决策，包括作战模拟、方案评估及方案优选等。（6）地图绘制与输出子系统。在地理数据库、符号库的支持下，直接为用户提供结论性专题地图和专题数据库，包括屏幕地图、电子沙盘、军事专题地图、作战方案标绘和态势图等。作为指挥自动化的配套设备，军事地理信息系统利用多媒体地理数据采集与输入，数据库管理、查询、显示和分析，可了解战场地域结构，为研究战役方向、战场预设、战役部署、兵力集结与调动、防护条件、后勤保障体系等提供依据，为指挥员制定作战计划和作战方案提供所需的战场态势、作战信息及基本的辅助决策手段。

军事技术（military technology）直接运用于军事领域的技术科学和应用技术的统称，是构成军队战斗力的重要因素。它主要指武器装备研制和生产所涉及的科学技术，发挥武器装备效能的操作使用和维修保养技术，以及军事工程和指挥控制技术等。有时也专指操纵使用武器装备的技能，如射击技术、驾驶技术、飞行技术、电子设备操作技术等。

军事实力（military power）有两层意思：一是现实的能够直接用于战争的军事力量，即现有的武装力量员额及军事设施、装备、物资等的数量和质量；二是军队或军队的某一级组织现有的建制单位、人员、武器装备等数量与质量的统称。

军事通信系统（military communication system）军队中由通信装备、设施以及通信人员组成的，用以组织通信联络，保障军队指挥的系统。它是军队指挥系统的组成部分，其作用是把指挥系统诸要素联结成一个有机的整体。现代军事通信系统要完成人与人之间、人与机器之间，以及机器与机器之间的通信。组成军事通信系统的军用通信装备一般有传输设备、交换设备、用户设备、保密设备、供电设备和维护测试设备等。

军事训练（military training）简称训练，军事理论教育和作战技能教练的活动。包括部队训练、院校教育、预备役训练等。部队训练的内容，主要包括共同科目、技术、战术、战役法等；训练的形式和方法，主要包括理论教学、图上作业、实物操练、计算机模拟、实兵演习等。其目的是提高军人的军事素质，提高作战能力，培养部队高度的纪律性和优良的战斗作风。

军事演习（military exercise）简称演习，即在设定情况下进行的作战指挥和行动的演练。它是部队在完成理论学习和基础训练之后实施的近似实战的综合性训练。按规模，分为战术演习、战役演习；按对象，分为首长机关演习和实兵演习；按形式，分为室内演习和野外演习、单方演习和对抗演习、实弹演习和非实弹演习、分段演习和综合演习；按目的，分为示范性演习、研究性演习和考核性演习。

军事侦察（military reconnaissance）简称侦察，为获取军事斗争所需情报而进行的活动。按任务范围，分为战略侦察、战役侦察、战术侦察；按活动空间，分为地面侦察、海上侦察、空中侦察、空间侦察；按军兵种和活动方式也可区分为各种不同的侦察。

军用机器人（military robot）军事上专用的具有类似人体某些器官功能，并能代替人完成某些军事任务的机电一体化自动装置。如排除地雷机器人、海底机器人、核反应堆检修机器人、航天飞机上的发收卫星的机器人等。

L

联合战役（joint campaign）在联合战役指挥机构的统一指挥下，由两个以上军种的战役军团共同实施的战役，或由两个以上军种战役所构成的系列战役。如陆军战役军团、空军战役军团共同实施的联合战役；或由第二炮兵战役、空军战役、海军战役等构成的联合战役。某些小型联合战役也可由两个以上军种的战术兵团共同实施。有时也指两个以上国家或政治集团的军队共同实施的战役。

P

破击战（attacking and destroying operation）见破袭战。

破袭战（destructive combat）又称破击战，游击队或正规部队以破坏或袭击敌后方和纵深区域重要目标为主的作战。破袭的主要目标有交通运输线、输油管线、通信设施、工程设施、重要技术兵器、作战和补给基地等。其目的是给敌人行动、联络、补给等造成困难，消耗或消灭敌人。

Q

枪炮技术（gunnery technology）利用现代技术改造枪炮结构，实现更多功能的综合技术。枪，一般指利用火药燃气能量发射弹头的，口径小于20mm的身管射击武器。在现代战争中，枪械等轻武器仍然承担着消灭敌人30%以上有生目标的使命。火炮是以火药为能源发射弹丸的，口径在20mm以上的身管射击武器。火炮被誉为机械化时代的"战争之神"。枪炮作为军队作战的基本武器装备，很早就确立了自己在战争中的基础地位。第二次世界大战，使火炮以"战争之神"的美称享誉军事舞台。其后，新概念轻武器层出不穷，同时单兵作战系统也向着数字化方向迈进。21世纪的士兵是一个集火力、机动、通信、防护功能为一体的"作战平台"。现代火炮技术包括装备炮瞄雷达、光电跟踪和测距装置、火控计算机等系统。火炮的口径也将实现系列化、标准化和通用化。同时，一种全新的液体发射药火炮将取代目前通行的固体弹药火炮，并将主宰未来的战场。

强声波武器（strong soundwave weapon）能发出足以威慑来犯者或使来犯者失去行动能力的强声波，而不会对人体造成长期危害的武器。它主要用于保护军事基地等重要设施。当有人靠近时，这种声学武器首先发出声音警告来人。如果来人继续靠近，声音就会变得令人胆战心惊。假如来人置之不理还继续靠近，这种声学武器就会使他们丧失行动能力。

窃听（eavesdropping）借助技术器材秘密听、录敌方谈话和声响的侦察活动。它包括有线电窃听、无线电窃听、红外线窃听、微波窃听和激光窃听等。

情报战（intelligence war）敌对双方围绕情报收集与反收集、利用与反利用而开展的斗争。它是信息战的一种重要样式。情报为制定战略方针、政策及指挥员的决策提供重要依据。现代情报战要求情报直接用于作战行动，用于攻击敌方目标和进行毁伤评估。情报在一定程度上决定战争的胜负。

S

杀伤概率（kill probability）表示武器系统在给定射击条件下，射弹(战斗部)杀伤给定生动目标的可能性大小的量。通常用0～1之间的数值表示。杀伤概率的大小取决于武器性能、弹药威力、战斗或射击条件、目标的防护能力等因素。

声学武器（acoustic weapon）利用声学原理制成的武器。声音是由物体的机械振动产生的。这些振动可以通过媒质产生声波，进行传播。声波之所以会伤人甚至杀人，主要是因为一定频率的声波会使人体的某些器官与之产生共振。根据共振原理，人类正在开发与试验声学武器。这种武器不是虚拟的神经性的武器，而是作用于人体的武器。声学武器是新概念武器中发明较晚、发展比较稳健、杀伤机理比较清楚的一种武器。它对人体具有无可置疑的破坏能力。声波对建筑物和武器装备几乎没有破坏作用。但是，使用声学武器会引起道德问题，因为声学武器没有识别能力，对士兵和平民都能造成伤害。

失能武器（incapacitating weapon）见非致命武器。

示假装备（equipment for showing disguise）主要用于模拟人员、武器装备、工程设施等目标的暴露征候，欺骗和迷惑敌人，以转移敌人注意力和吸引其火力的装备。它包括各种假目标、诱饵和角反射器等。

束能武器（bundle-powered weapon）利用激光束、粒子束、微波束、等离子束、声波束的能量，产生高温、电离、辐射、声波等综合效应，并采取束的形式，向一定方向发射，用以摧毁或损伤目标的武器系统。该武器能以陆基、车载、舰载和星载的方式发射。其能量集中，可迅速准确地射向目标。它对精确制导高技术武器有直接的破坏作用，被认为是战术防空、反装甲、光电对抗乃至战略反导、反卫星、反一切航天器的多功能武器。

数字化战场（digitized battlefield）以计算机为核心，以数字通信系统为纽带建立起覆盖整个战场空间的综合信息网络，从而实现信息共享的一种新型战场。它是数字化部队遂行作战任务的战场。计算机信息处理系统和数字化通信网络是构成数字化战场的两大支柱。计算机把各种侦察系统获取的语言、文字、图像等各种类型的战场信息进行数字化处理，转换成数字信号，并通过数字化通信网络传输。数字化通信网络由无线电台、光纤通信系统、卫星通信系统组成，把战场上的各级指挥部、参战部队、保障部队、单件武器装备直至单兵联系起来，充分发挥数字通信快速、准确、容量大的特点，最大限度地实现近实时的战场信息传递、交换和共享，为制定和实施作战计划提供可靠依据，从而全面提高部队的战斗力。

W

威慑（deterrent）国家或政治集团之间，通过显示武力或表示准备使用武力的决心，以期迫使对方不敢采取敌对行动或使行动升级的军事行为。它是军

事斗争的一种方式。构成有效威慑的要素有：（1）实力（如核武器的数量、水平和生存能力）；（2）使用实力的决心；（3）使对手明确无误地了解上述两点。威慑的成功不仅取决于实力和使用实力的决心，而且取决于对手对这两点的认知和评估。如果对手不认知，或者错误评估，或者对手是一个战争狂，威慑就很可能失败。由此可见，威慑作用是上述三要素的乘积，而不是它们的总和。如果有一种因素不存在，威慑就起不到作用。

无源定位系统（passive positioning system）本身不发射电磁波，但可利用接收目标的电磁辐射对目标进行探测、定位的无线电侦察系统。现代军事装备和军事设施大量使用雷达、无线电台等辐射电磁波的设备，使无源定位成为可能。此外，无源定位系统还可以通过接收目标反射的电视信号和调频广播信号对目标进行侦察定位。无源定位系统主要包括侦察探测设备和定位处理设备两部分。侦察探测设备由天线、接收机、参数测量部件和其他辅助部件组成。定位处理设备利用侦察探测设备给出的测量参数，根据系统的定位体制计算出辐射源（目标）的位置。为提高定位精度，常使用多个配置在不同地点的无源定位系统组成无源探测定位网，各系统之间有通信和数据传输设备相连。无源定位系统按定位方式可分为一点定位、动态定位和交叉定位三种。无源定位系统具有隐蔽性好、不易被干扰等优点，适合于平时对敌方进行长期的秘密侦察监视，战时用于侦察敌方的预警机、电子干扰飞机和隐身飞机等目标。

X

线式作战（linear operation）见非线式作战。

新概念武器（new concept weapon）在工作原理、杀伤破坏机理和作战运用方式上与传统武器相比有显著不同的高技术武器群体的总称。新概念武器目前正处于研制或探索发展之中，通常具有较高的作战效能和效费比，能够取得较好的作战效果，并具有以下主要特征：（1）创新性。在设计思想上有显著的突破和创新，是创新思维和高技术相结合的产物。（2）时代性。新概念武器是一个相对的、动态的概念，某一时代的新概念武器日趋成熟并广泛应用后，也就成为传统武器。（3）探索性。新概念武器的高科技含量高，技术难度大，在技术途径、经费投入、研制周期等方面的不确定因素多，因此

探索性强，风险也大。此外，一些新概念弹药、计算机网络攻击手段以及高超声速武器也属于新概念武器的范畴。

信息安全保密通信（information security and confidential communication） 集信息安全和通信保密于一体的通信。军事通信包括话音、数据、图像、传真、文电等通信业务，每一种通信业务都需要加密保护。此外，防止计算机病毒入侵也是信息安全保密的一项基本功能。加密是保护信息安全的可行而有效的手段。密码体制是实现信息安全保密的技术基础。传统的密码体制主要有用于话音加密的序列密码体制和用于计算机数据加密的分组密码体制。它们的共同特点是发信者和接收者必须掌握相同的密钥，而且要绝对保密，经常更换，密钥的产生、存储、分发等工作给军事通信带来了很大麻烦。20世纪70年代中期，美国的两位学者提出了公开密钥密码体制的新思想：每个用户都有一对密钥，一个是公开密钥，用于加密；另一个是秘密密钥，用于解密，由用户保管。它的重要依据是：从公开密钥推断出秘密密钥是十分困难的。未来信息安全保密通信将进一步向多密级、综合化、全自动方向发展。密码技术已处于微电子密码阶段，未来可能进入纳米电子密码阶段。

信息国防（informative national defence） 一个国家安全战略信息的防护。信息国防是一个国家为了保护本国安全和利益，夺取未来战争的胜利所拥有的有关信息战的资源、技术、装备和系统作战的能力。信息国防强调把信息力量建设置于现代国防建设的核心地位，确立信息技术、信息装备、信息系统应用上的优势，以适应打赢信息化战争的需要。它以信息防御和进攻为核心，依靠信息技术发展新型装备和系统，并把这些信息兵器与信息系统综合成一个完整的体系。

信息化战争（information war）以信息化为主导，以高质量的机械化装备为平台，运用信息化技术和手段、信息化理论和战法进行的战争。信息化战争是人类社会进入信息时代的必然产物，是信息时代战争的基本形态。

Y

夜视技术（night vision technology） 应用光电探测和成像器材，将肉眼不可视目标转换成可视影像的信息采集、处理和显示的技术。夜视技术的发展促使传统战法的变革。夜视技术装备的应用与对抗成为夜战的一项主要内容。夜视技术和光电对抗技术成为争夺作战制空权所不可或缺的"矛"和"盾"。

隐身技术（stealth technology） 即低可探测技术，是通过多种途径，设法尽可能减弱自身的特征信号，降低对外来电磁波、光波和红外线反射，达到与它所处的背景难以区分的状态，从而把自己隐蔽起来的一种新技术。任何武器装备，在运动和使用过程中，都会发出热、声、光或电磁波等表明其特征的信号。这样，就使武器装备与它所处的背景形成鲜明对比，容易被敌人发现。隐身技术涉及电子学、材料学、声学、光学等许多技术领域，是第二次世界大战后的重大军事技术突破之一。隐身技术包括雷达隐身、红外隐身、磁隐身、声隐身和可见光隐身等。很多武器装备，都是通过降低雷达截面积和减小自身的红外辐射来实现隐身的。

隐身武器（stealth weapon） 不易被敌方雷达或红外、可见光、声探测等传感器发现和跟踪的装备。现有的和正在发展中的隐身武器有飞机、直升机、巡航导弹、无人机、舰船及坦克等，其中以隐身飞机最为典型。

硬目标侵彻技术（hard target penetration technology） 用高强度、高韧性重金属做侵彻弹体，用高能量、高密度炸药做侵彻战斗部装药的一种技术。用这种材料装填的战斗部能够承受弹丸侵彻硬目标时高冲击载荷的作用。反硬目标引信为可编程引信，它可以在飞行中设定，既能承受碰撞，又能在最佳位置上起爆战斗部。多介质硬目标引信可对16层介质进行计数，并能对78m的总侵彻长度进行计算。

预警技术（early warning technology） 采用红外探测、雷达探测和计算机处理等技术手段，远距离发现来袭的弹道导弹、飞机等目标，并迅速提供报警信息的技术。

预警侦察系统（early warning reconnaissance system） 用于搜集各种军事情报信息，供军事指挥员及时了解战场态势的军事情报信息获取装备和系统的总称。它利用电子、光学、声呐等各种信息获取技术手段，搜索、发现、显示、识别和储存空间、空中、海上、水下及地面等各种战略战役目标信息，为指挥员提供决策依据，为作战人员提供战场态势，并及时向可能被袭击地区发出警报，以便有效应对敌方攻击。预警侦察系统是综合电子信息系统的重要组成部分。它又可分为情报侦察系统和预警探测系统。预警侦察系统由分布在地面、海上、空中、外层空间的各种预警侦察设备和系统，如侦察卫星、预警卫星、预警机、侦察飞机、电子侦察船、雷达、声呐等组成。根据探测器安放地点或所在平台的不同可分为地面、舰载、空载和星载预警侦察系统，也称为"陆基、海基、空基和天基预警侦察"系统。地面预警侦察系统主要由各种地面固定和机动式雷达、电子侦察装备、光电探测装备和声呐系统等组成。空基预警侦察系统主要由各种预警机、气球吊载雷达、预警飞艇、反潜巡逻机、各种类型的侦察机等组成。海基预警侦察系统主要由各种舰载雷达系统、声呐系统、电子侦察设备、水声侦察仪、磁力探测仪、潜望镜等光学观察设备，以及红外、微光、激光、电视等光电侦测设备组成。天基预警侦察系统由星载侦察设备和地面信息接收处理系统组成。

Z

噪声波武器（noise weapon）利用小型爆炸产生的噪声波来麻痹人的听觉和中枢神经，使人昏迷，进而使其行动能力减弱或完全丧失的武器。它可以分为以下两种：（1）专门用来对准敌方指挥部的定向噪声波武器；（2）主要用于对付劫机等恐怖活动的噪声波炸弹。

战略（strategy）筹划和指导战争全局的方略，即根据对国际形势和敌对双方政治、军事、经济、科学技术、地理等诸因素的分析判断，科学预测战争的发生与发展，制定相应的方针、原则和计划，筹划战争准备，指导战争实施所遵循的原则和方法。战略按社会历史时期划分，可分为古代战略、近代战略、现代战略；按作战性质划分，有进攻战略和防御战略；按使用武器的类型划分，有常规战争战略和核战争战略；按军种划分，有陆军战略、海军战略和空军战略；按作战持续时间划分，有速决战略和持久战略等。战略的基本类型是进攻战略和防御战略。战略具有重要的地位和作用，它是国家根本性的军事政策，是军事活动的主要依据，是运用军事力量支持和配合国家进行政治、经济、外交斗争的重要保障。它既指导战时，也指导平时；既指导军事力量的使用，也指导军事力量的建设；既指导准备与实行战争，赢得战争的胜利，也指导

遏制战争，维护和平。战略正确与否，决定战争的胜负，事关国家和民族的荣辱兴衰。

战略目标（strategic target）有两层意思：一是对战争全局有重大影响或对达到战略目的有重要意义的打击或防卫对象，如政治、经济和军事指挥中心、重兵集团、军事基地、重要的生产和工程设施等；二是国家或政治集团确定的一定时期内，在战略上所要达到的目的、标准和水平。

战略情报（strategic intelligence）有关国家安全和战争全局所需的情报。它主要包括：敌方和有关各方的军事思想、战略方针、战争计划、作战原则、战备措施、武装力量体制、军事实力、战争潜力、战略目标、军事部署，以及政治、外交、经济、科技、地理等情况。

指挥控制系统（command and control system）运用以电子计算机为核心的技术装备，进行信息收集、传输、处理，保障对部队和作战兵器指挥与控制的人机系统。指挥自动化系统的发展过程：20世纪50年代，首先出现C^2，即指挥与控制系统；60年代又增加了通信，成为C^3系统；1983年又增加了计算机，成为C^4。自动化当然也离不开情报、监视和侦察等要素，最近又加上了战斗，把上述各要素集成到一起，即是当今流行的C^4KISR系统。

智能武器（intelligent weapon）利用人工智能技术研制的、具有某种智能特征的武器系统。它主要有智能弹药和军用机器人两大类。智能弹药与普通弹药的区别在于：它增加了计算机和图像处理设备，具备了一定的智能功能。美国军队研制的军用机器人可执行一百多项战斗任务，已研制成功或正在研制的机器人有反坦克兵、空中侦察警戒兵、突击扫雷兵、机动运输兵、坦克驾驶兵、图像判读员、自动翻译员、物资抢救员等。

专业技术军官（professional and technical officer）军队中从事专业技术工作的军官。包括从事专业技术教学、专业技术科学研究、工程技术、卫生技术、会计、审计、经济、新闻、出版、图书、翻译、体育、文艺、档案等工作的军官。一般评定有专业技术职称。

作战方案评估（operation scheme evaluation）对作战方案进行的评析和估量。其主要评估作战方案符合作战目的的程度、作战的效益和风险度的大小，以及与战场情况变化相适应的程度等。

（二）军兵种（Services and Arms）

A

"阿姆斯特"计划(AMSTE) "经济上可承受的对地（海）面移动目标打击"计划。由美国防高级研究计划局和美空军研究实验室联合出资、为期3年的研究项目。旨在验证机载武器系统用来探测、跟踪和摧毁地面活动目标的快速、价廉的技术途径。AMSTE是指经济可承受的海上或陆上移动目标交战能力系统。该系统可对运动速度最高为80km/h的地（海）面移动目标进行定位和跟踪，然后用一种成本较低的精确武器进行攻击。AMSTE的目标是要开发并证实一种新的打击能力，即从远处跟踪移动目标并使用精确的武器迅速对其进行打击。AMSTE将打击敌人的移动庇护所，不仅是在其短暂的停顿间隙，而且还包括它被传感器发现的整个过程中，都可以实施精确打击。

B

白光瞄准镜（white light aiming device）又称白光瞄具，通过物镜光轴和分划来赋予武器射角和射向的主要在白天使用的瞄准镜。其种类很多，一般分为开普勒望远瞄准镜、伽利略望远瞄准镜、准直式瞄准镜和其他形式的白光瞄准镜。开普勒望远瞄准镜是最早应用于轻武器的白光瞄准镜，是在开普勒望远系统的基础上，增加一个瞄准标记后组成的。其主要特点是对目标有放大作用，瞄准精度高。伽利略望远瞄准镜是利用伽利略基本原理研制的一种望远式瞄准镜。其主要特点是光学系统结构简单，瞄准镜的径向尺寸小，重量轻。准直式瞄准镜是一种对目标没有放大作用的瞄准镜，其瞄准标记来自准直管，因而称为准直式瞄准镜。

C

超空泡鱼雷（super-cavitation torpedo）又称低阻超高速鱼雷，依据空化理论，即当液体内局部压力降低到一定程度时，在液体内部和固体与液体的交界面上，会形成蒸气或气体的空穴而制成的一种鱼雷。在航行时，在其表面及其附近区域能够形成气体空穴包层，从而降低航行阻力，使航行速度得以大幅度提高。超空泡鱼雷利用其特殊的外形设计，随着动力系统的不断加速，使其表面及附近区域处于空化状态，并辅以适当的人为充气，使鱼雷处于气体包层中，并保持气体包层在鱼雷航行中的稳定性。超空泡鱼雷一般具有多个（或多级）动力推进装置，以满足初始、加速及巡航（超空化）等不同航行阶段的需要。超空泡鱼雷目前仍属于直航鱼雷。其最大优点在于速度快，不受各种水声与电子对抗器材的干扰。随着现代战争的需要和科学技术的发展，超空泡鱼雷将成为鱼雷的一个重要发展方向。

超声速巡航战斗机（supersonic cruise fighter）发动机不开加力燃烧室就能持续作超声速飞行的战斗机。美国空军根据越南战争等大规模远程作战的经验认识到，新一代战斗机的突出战术要求之一是提高持续飞行时间和作战半径。为此，在20世纪80年代，美国空军研制第四代战斗机时提出了超声速巡航的性能要求。普通超声速战斗机在作超声速飞行时，发动机必须开加力燃烧室，超声速飞行时间短，耗油量极大，限制了持续飞行时间和远程作战能力。实现超声速巡航能力必须从气动设计和发动机两方面着手。气动设计方面最重要的是大大降低超声速飞行阻力。目前采取的主要措施有：按面积率设计机身，结构布局优化和精细化设计，细致设计进气道、边条翼的位置。发动机方面主要是提高推重比和增加载油量。F-22采用各种先进技术后，成为第一种能够以超声速巡航飞行的战斗机。超声速巡航是未来战斗机的基本性能指标之一。

D

导航战（navigation war）海上电子对抗作战拓展的领域。它主要是在海上作战环境中，干扰破坏敌方的导航定位系统，使其不能正确接收使用卫星导航系统的信息，为各类作战平台和武器的机动、精确攻击服务，并确保己方和友军的作战平台和制导武器仍能有效利用卫星导航定位系统信息的对抗活动。

登陆作战（landing operation）见两栖战。

低阻超高速鱼雷（low resistance super high speed torpedo）见超空泡鱼雷。

地面侦察系统（ground reconnaissance system）用于在陆地上进行侦察的情报侦察系统。按其装载平台，可分为固定侦察系统和机动侦察系统。按其使命，又可分为战略地面侦察系统和战术地面侦察系统。

前者主要是地面固定侦察系统，配置在地面侦察站；后者多为机动侦察系统，主要配备在汽车或装甲车辆上，如装甲侦察车等，也包括小型便携式或投掷式侦察器材。战略地面侦察系统主要配置在边境和沿海地区，用于长年对特定区域和海面进行情报侦察和综合分析。战术地面侦察系统是地面部队的主要装备之一，跟随部队运动，为作战提供情报保障。

地效应力（air cushion stress）见地效应艇。

地效应艇（air cushion vehicle）利用机翼的地面（水面）效应增大升力以支撑艇重的一种有翼航行器。当航行器在距离地（水）面的高度小于机翼翼展航行时，翼下气流受阻、压力增大而产生升力将航行器托起，升力的大小与速度平方成正比。这种升力称为地效应力，简称"地效"。地效应艇的结构和飞行原理与水上飞机基本相同，但机翼面积较大，只在贴近地（水）面的极低空飞行。地效应艇是介于船和飞机之间的新型水上交通工具。与普通飞机（包括水上飞机）相比，地效应艇具有升力大、有效载重量大、节省燃料和航程远等特点；与气垫船相比，地效应艇的远航性能更为优越，航速更快。

电子干扰机（electronic jammer aircraft）专门用于发射干扰信号和欺骗信号，以扰乱敌方雷达和通信设备的飞机。它装有大功率的电子干扰设备，主要用来对敌方防空体系内的对空情报雷达、地空导弹制导雷达、炮瞄雷达和无线电通信设备等实施电子干扰，掩护航空兵突防。典型的电子干扰机有EA-6B、EF-111A和图-16等。在现代作战飞机如F-15、F-16、幻影-2000、苏-27等飞机上都挂有大功率自卫干扰吊舱。

电子战飞机（electronic warfare airplane）专用于对敌方雷达、电子制导系统和无线电通信设备等实施电子侦察、电子干扰或攻击的飞机的总称。电子战飞机通常装有"软""硬"两种杀伤武器装备。"软"杀伤电子战装备主要由电子战飞机、电子干扰吊舱等构成；"硬"杀伤电子战装备是指用反辐射导弹攻击辐射源。电子战飞机包括电子侦察飞机、电子干扰飞机和反雷达飞机等。通常是用轰炸机、战斗轰炸机、运输机、无人驾驶飞机和直升机等改装而成。改装方式有内装式和悬挂吊舱式两种。

电子侦察机（electronic reconnaissance）通过对电磁信号的侦收、识别、定位、分析和记录，以获取有关情报的飞机。电子侦察机装有电子侦察设备，并通过该设备截获敌方的电磁波，以猎取敌方情报。电子侦察设备通常具有很宽的频带。多数电子侦察飞机还装有光学和红外等其他设备。电子侦察飞机的基本工作程序是：侦察系统收到信号后，测出信号辐射源的方位和信号的技术参数，显示在显示器上，同时加以记录；必要时通过数据传输系统实时地将侦察数据传送给己方的指挥中心或作战部队。电子侦察飞机与地面电子侦察站、电子侦察船相比，具有侦察距离远、机动能力强的优点。典型的电子侦察机有图-95"熊"D、RC-135、RF-4C等。

F

反雷达飞机（anti-radar airplane）主要用于攻击地面防空系统的制导雷达和炮瞄雷达，也可用于攻击对空情报雷达和其他大型地面电子设备，属于"硬"杀伤性武器装备。美国把反雷达飞机称为"野鼬鼠飞机"。它装有告警引导接收系统、反辐射导弹和其他精密制导武器。其基本工作程序是：接收系统收到信号后，识别出辐射源的类型，测出其位置，发射反辐射导弹或其他武器进行攻击。

G

攻击型潜艇（attack submarine）在水下进行作战活动的舰艇。它有常规动力和核动力两种。它主要用于攻击敌大、中型水面舰船和反潜作战，攻击敌陆上重要目标，破坏敌海上运输线，并能执行侦察、布雷、救援和遣送特种人员登陆等任务。配载的武器有巡航导弹、鱼雷、水雷等，有的潜艇还配有防空导弹。

光电潜望镜（optronic periscope）20世纪80年代以后研制的、在传统潜望镜基础上增加多种最新型光电传感器（如彩色电视摄像机、高清晰度黑白电视摄像机、红外摄像机、激光测距仪、电子支援措施系统等）的新一代潜望镜。包括光电攻击潜望镜和光电搜索潜望镜。这种潜望镜一般都设计有保护玻璃加热、瞄准线稳定、自动数据显示和自动控制与操作等功能，使其使用性能得到全面提高。例如，典型的美国90型光电潜望镜由五部分组成：潜望镜本体、电子机柜、遥控操作台、电源箱、旋转驱动放大器。其主要功能有直接目视观察、热像观察、电视、照相、测距（光学、视频和激光）、数据传输、GPS定位等。指挥人员既可对光电潜望镜进行本机操作，也可进行遥控台操作或者通过潜艇作战系统的标准控制台遥控。光电潜望镜和作战系统之间采用数字或模拟数据总线完成对潜望镜工作状态、目标距离、目标方位、瞄准线俯仰等数据和指挥信息的双向交流，从而使之实现了全天候、全自动遥控操作。

光电桅杆（optronic mast）在光电潜望镜基础上发展的用桅杆头部的光电传感器获取信息的一项新技术。桅杆上的传感器获得的信息通过电缆或光缆传到舱内，直接显示在电视屏幕上，使目镜观察成为历史，也使潜望镜产生质的变化。光电桅杆的出现，改变了潜艇控制室必须位于潜望镜下方的局限，使潜艇的设计更加灵活。

H

海军电子信息系统（navy electronic information system）由海军舰载、岸基、空基与天基电子信息系统组成的有机整体系统。包括预警监视系统、信息传输系统、指挥与控制系统以及电子战系统。当海军舰艇以编队形式或是进行多兵种联合作战时，海军电子信息系统的作用就显得更为重要。在现代军事系统中，陆、海、空、天各军种的电子信息系统是高度互通、互连并有一定的互操作性。这种互通、互连、互操作性使各军种的电子信息系统能够实现"无缝"联系，就像一个电子信息系统那样协调、有效地工作，从而使各军种之间能够优势互补，最大限度地发挥整体作战能力。

海上对空作战（maritime ground-to-air combat）舰船编队作战时，对抗敌方空中攻击的作战活动的统称。舰艇编队作战的主要威胁来自空中的炮火攻击，威胁源是敌方的空舰导弹、制导炸弹以及远程发射的反舰巡航导弹。舰艇编队对空作战分为编队海上防空作战和近岸海域与其他军种联合防空作战两类。对空作战强调攻势防空，力争在敌方飞机和导弹尚未形成威胁之前将其摧毁。对空作战的主要任务是：对战区空域实施监视、探测识别；拦截侵入战区的敌方飞机、导弹等飞行武器；指挥引导己方飞机进行作战。舰艇在海上防空作战应在空间卫星和预警监视兵力支援下建立战区空域预警监视体系，形成战斗机远程拦截、中程舰空导弹拦截、近程舰空导弹拦截和舰艇自卫末端防御等多层次对空防御作战体系。

海上战略突袭（marine strategic surprise attack）运用战略突袭兵力从海上对敌方实施出其不意的战略进攻。通常分为海上常规战略突袭和海上战略核突袭两类。前者由海军组织有突袭能力的航空兵、潜艇和水面舰艇兵力协同实施；后者由海军战略导弹潜艇、海军轰炸机等兵力实施。目的是通过战略突袭破坏敌方作战指挥体系，消灭敌方在港内或海上的重兵集团；摧毁敌方沿海战略要地和陆上战略目标，破坏其战争潜力，改变海上战区的战略态势，以夺取海上作战的战略主动权。

海战（naval battle）敌对双方在海洋战场进行的作战。其主要目的是消灭敌方海军兵力，夺取制海权、海上制空权和制电磁权。通常由海军诸兵种协同进行，有时也由海军的某一兵种单独进行。现代战争强调各军兵种的联合作战，其他军种也会参与海战。海战的基本作战类型有海上进攻战和海上防御战；主要作战样式有海上袭击与反袭击战、潜艇战与反潜战、海上封锁与反封锁战、海上破交战与保交战、水雷战等。重要海战的胜负对海洋战区战局的转变、濒海陆战区的态势、海洋争端的解决以至整个战争的进程和结局至关重要。海战随着科学技术的发展和舰船动力、武器装备的更新而不断发展，由使用冷兵器发展到使用火炮、鱼雷、水雷、深水炸弹和导弹武器作战；由水面舰艇部队单一兵种作战发展到有潜艇部队和航空兵诸兵种参加的合同作战，以及陆、海、空、天多军种联合作战。

航空母舰（aircraft carrier）以舰载机为主要武器并作为其海上活动基地的大型水面战斗舰艇。按战斗使命分为攻击航空母舰、反潜航空母舰和多用途航空母舰；按动力类型分为核动力航空母舰、常规动力航空母舰。其满载排水量2×10^4t~9×10^4t，最大航速30~35节。舰上有机库、升降机、飞行甲板、起飞弹射器等特种设施。可携带各类型飞机20~100架。在其他战斗舰艇的护航下，能远海机动作战，袭击海上编队和岸上目标，夺取作战海区的制空权和制海权，支援登陆和抗登陆作战。

核动力潜艇（nulcear power submarine）简称核潜艇，以核反应堆作动力源的大型潜艇。其功率大，航速高，续航力强。可以装备带核弹头的弹道导弹或飞航式导弹。按武器装备，其可以分为鱼雷核潜艇和导弹核潜艇。早期的核潜艇均以鱼雷作为武器。导弹的发展，催生了携带导弹的核潜艇。安装导弹的核潜艇有以近程导弹和鱼雷为主要武器的攻击型核潜艇、以中远程弹道导弹为主要武器的弹道导弹核潜艇两种类型。在战争中，常规潜艇往往容易被发现，而核潜艇则很难被发现，即使被发现，核潜艇的高速度也可以使之摆脱追击。由于核潜艇的续航力大，用不着浮出水面，因而能避免空中袭击。

轰炸机（bomber aircraft）以炸弹、鱼雷、空地导弹等为基本武器，专门用于对地面、水面（下）的目标实施轰炸的飞机。它分为战略轰炸机和战术轰炸机两种。其具有突击力强、载弹量大、航程远等特点，是航空兵实施空中突击的主要兵器，是空军进行战略攻击的威慑力量。

红外干扰弹（infrared jamming decoy）又称红外曳光弹，具有一定红外频谱特征和辐射能量的干扰器材。用以欺骗、诱惑敌方红外侦察和红外制导导弹。红外干扰弹由弹壳、抛射管、活塞、药柱、安全点火装置和端盖等部件构成。普通红外干扰弹的药柱含有镁粉、聚四氟乙烯树脂和黏合剂，燃烧产生 $2\,000 \sim 2\,200K$ 的高温（喷气式飞机的发动机喷口温度为900K）。红外干扰弹的特点是：（1）具有与被保护目标相似的光谱特征。例如，机载红外干扰弹的红外频谱范围通常为 $1 \sim 5\,\mu m$，舰载红外干扰弹的频谱范围为 $3 \sim 5\,\mu m$ 或 $8 \sim 14\,\mu m$，而红外辐射强度至少要比被保护平台的红外辐射强度大一倍以上，才能实施有效干扰。（2）能快速形成高强度红外辐射，且持续一定时间。大多数红外干扰弹能在 $0.25 \sim 0.5s$ 内达到有效辐射强度，机载红外干扰弹的燃烧持续时间应在5s以上，舰载红外干扰弹燃烧持续时间一般是 $40 \sim 60s$，以便舰艇来得及采取对抗措施。（3）应用广泛。

J

机器人武器（robot weapon）一种可用于作战的智能装置。目前已发明的各种规格的机器人武器主要用于侦察和搜寻目标。有如下几种：（1）机器蝇。其重量只有10g，体积与苍蝇相近，主要用于侦察和间谍活动。这种机器蝇上装有微型摄像机、两个小太阳能发动机，靠像刀片一样厚的双翼飞行。在空中的任何地方，甚至光线不充足的地方，都可以使用这种机器蝇。（2）自动进攻器。它长90cm，装有特制的电脑，能分辨数百个目标，无需人的介入就可作出进攻的决定。其特点是靠一个长22cm的小型发动机飞行。这种进攻器成群出动，每群300架，能击落 $1.525 \times 10^4 m$ 高空的常规飞机。（3）兀鹰。这是一种无人驾驶飞机，只需一个人在地面通过监视屏进行遥控。它可以在 $1.037 \times 10^4 m$ 高空飞行，可连续52小时在战场上空盘旋。这种飞机不携带任何武器和导弹，主要任务是对敌占区进行测量和拍摄。（4）猫头鹰。这种小型飞机可放在士兵的背包里，并能在10分钟内将各个部件组装完毕，然后空袭敌方目标。自己一方可以通过手提式电脑观察它的运行情况。

激光制导炸弹（laser guided bomb）利用接收目标反射的激光引导投向目标的制导炸弹。这种制导炸弹头部有激光导引头和控制舱，尾部有稳定尾翼和舵面。投掷激光制导炸弹的飞机有轰炸机、战斗机和攻击机。它们可以从高空投掷，也可以中空或低空投掷。照射目标的激光器通常装在投弹飞机上或装在另外一架飞机上。在炸弹投向目标的整个过程中，飞机要连续用激光照射目标，弹上激光导引头把接收到的激光信号经过光电转换变成电信号，输入到控制组件，通过伺服机构控制舵面偏转，引导炸弹飞向目标，命中精度为 $3 \sim 6m$。激光制导炸弹命中精度较高，有较强的抗电子干扰能力。其主要缺点有：（1）受云、雾、雨、雪和烟尘等影响，不能全天候使用；（2）携带激光器的飞机（投弹飞机或其他飞机）在炸弹命中目标之前不能离开，容易受到敌方防空火力的攻击。

舰艇（naval vessel）装备有武器，主要在海洋进行战斗活动或勤务保障的船只。舰艇的发展使战争的范围和规模不断扩大。第一次世界大战后，海军出现了航空母舰。第二次世界大战期间，航母成为海军的主要舰种。第二次世界大战后，随着现代科技和造船工业的飞速发展，水面舰艇跃升到一个崭新的阶段。20世纪50年代初期，航空母舰开始装备喷气式飞机和机载核武器。20世纪50年代末，舰艇开始装备导弹。20世纪60年代，出现了导弹巡洋舰、导弹驱逐舰、核动力航空母舰、核动力巡洋舰和直升机母舰。20世纪70年代以来，出现了搭载垂直短距起降飞机的航空母舰、通用两栖攻击舰以及导弹、卫星跟踪测量船和海洋监视船等。潜艇的发明是20世纪舰艇技术发展的又一结晶。

舰载电子战系统（naval electronic warfare system）现代海军水面舰艇武器的重要组成部分，由电子侦察、有源干扰和无源干扰三类装备组成。其主要任务是：对敌海军航载、机载和岸上的雷达、通信系统进行侦察，必要时实施干扰；在海战全过程中，对敌舰载、机载和岸基发射导弹的制导系统实施干扰，掩护己方水面舰艇实施海上作战和保护舰艇编队安全。电子侦察装备包括专用电子侦察船和作战舰艇上电子侦察设备。有源干扰装备包括大功率雷达噪声干扰机、通信声干扰机、欺骗式干扰机、自由飞行式或拖曳式有源雷达诱饵等，以干扰压制敌海上预警、引导、炮瞄雷达，对空、对岸、对舰通信设备，以及舰载、机载或岸基反舰导弹的制导系统；扰乱敌单舰或舰队的指挥控制通信与情报系统及武器控制和制导系统。无源干扰装备包括箔条、红外诱饵弹和各种反射体。它们与有源雷达诱饵一样，可部署到离真实舰艇一定距离的地方，形成假目标，以引诱敌雷达和反舰导弹跟踪假目标，达到保护自己的目的。

军用无人机（military unmanned aircraft）简称无人机，用遥控设备或自备程序控制装置操纵的不载人飞机。无人机多数是专门设计的，也有是用有人驾驶飞机或导弹改装的。与有人驾驶飞机相比，其结构简单，重量轻，尺寸小，成本和使用费用低，机动性高，隐蔽性好，并能完成有人驾驶飞机不宜执行的某些任务。随着微电子技术、计算机技术、控制和导航技术及新材料技术的发展，无人机发展迅速，应用范围不断扩大。

K

可见光遥感侦察设备（visible light remote sensing reconnaissance equipment）采用感光胶片或光敏感器件作为感测元件，感测目标及背景反射或自身发出的可见光，并记录光强度空间分布信息的一种光电侦察设备。用于可见光遥感侦察的照相机有三种类型：（1）画幅式照相机，又称分幅式相机。这种照相机照相时光轴指向不变，利用快门的启闭将镜头视野内的目标影像汇聚在感光胶片上，通常可获得具有严格几何关系和较高地面分辨率的图像。（2）全景式照相机，又称周视摄影相机。这种照相机可将侦察平台下方的目标物大范围地拍摄下来，虽然分辨率不及画幅式相机，且图像变形失真，但图像覆盖面宽，常用于搜索、监视，对目标进行"普查"。（3）航线式照相机，又称条带式相机。摄影时光轴指向不变，位于相机焦面处的一条狭缝将通过的胶片实现连续曝光，获得与狭缝宽度相应的地面景物的照片，适用更大范围的"普查"。根据侦察任务需要，不同的侦察平台使用不同功能的相机。低空高速侦察机通常使用航线式和全景式照相机进行侦察。高空侦察机通常使用画幅式或全景式长焦距照相机进行侦察。侦察卫星通常是一星配备多台不同功能的照相机进行航天照相侦察。

空降作战（airborne operation）空降兵或其他部队通过空中机动降落到预定地区实施的作战。空降作战过程一般包括空降作战准备、空降、地面作战等阶段。空降兵是空降作战力量的主体，具有机动速度快、对敌威慑大等其他作战力量不可替代的优势，一直为各国军界所重视。它平时具有重要的战略威慑作用，战时可以完成战略、战役突击任务。空降作战按其性质和规模，可分为战略空降、战役空降、战术空降和特种空降四种。

L

雷达告警设备（radar warning equipment）专门用于截获敌方雷达信号，进行参数测量、信号分选识别，以确定雷达类型、目标属性和威胁程度并及时发出报警信息的雷达对抗侦察设备。通常用在作战飞机、舰艇、战斗车辆等平台上，用以快速发现威胁信号和雷达制导武器的攻击，及时采取干扰、规避等自卫措施。雷达告警设备由天线、接收机、处理器、控制器和显示告警装置组成。按其安装平台类型，雷达告警设备可分为机载雷达告警设备、舰载雷达告警设备和车载雷达告警设备。机载雷达告警设备安装在作战飞机和军用直升机上，用于对敌方炮瞄雷达、地空导弹制导雷达、空空导弹制导雷达和机载火控雷达的报警。舰载雷达告警设备主要用于监视敌方机载及舰载雷达和反舰导弹的目标照射雷达。车载雷达告警设备安装在坦克等战车上，主要用于监视在战场上运动的敌侦察雷达、火控雷达和导弹制导雷达对战车的照射。

两栖战（amphibious warfare）又称登陆作战，海军和陆军及其他兵力联合对敌海岸要地进行渡海进攻作战的统称。两栖战的目的是突破敌方抗登陆防御，歼灭当面之敌，夺取海岸重要地段或岛屿，开辟新的战场，为陆上进攻作战创造条件。

两栖战舰艇（amphibious warfare ship）专门用于登陆作战的舰艇统称。其主要任务是输送登陆兵、登陆工具、战斗车辆、武器装备和物资，指挥登陆作战，并可为两栖作战提供火力支援。两栖战舰船包括两栖攻击舰、两栖作战指挥舰、登陆舰、运输舰等。各种登陆舰船都有其专门功能和登陆专用装备，登陆舰船的船型也较为特殊。

陆基对潜广播通信网（land based broadcasting communication transmitting network to submarine）由多座无线电发射台组成的甚低频岸对潜通信系统。通

常与短波通信同时使用，是对潜通信的主要形式。按多点、纵深、疏散并能相互替代的原则配置，组成通信网，以增加对潜通信的覆盖面。各台均配有大功率发射机，岸上指挥所对潜艇的命令、指示和通报等，均在此网以甚低频和短波同时发出。网内各发射台之间、各发射台与指挥所之间，均有通信线路相连，以便统一指挥、调度和传递对潜电报。潜艇按规定时间在潜望镜深度（水下10~15m处）使用环形天线或在40~80m深度使用拖曳浮标天线接收。

陆战（land warfare）主要在陆上实施的战斗行动。现代陆战是由摩托化步兵、坦克兵、空降兵、导弹兵、炮兵、野战防空兵、陆军航空兵、两栖登陆部队以及支援保障部队共同实施的战斗行动。

O

欧洲战斗机EF2000（euro-fighter EF2000）由英国、德国、意大利和西班牙合作研制的新一代战斗机。1983年，英国、德国和意大利等国为研究下一代战斗机联合提出"试验飞机计划"，用于验证新一代战斗机所需的技术。在此基础上，1984年7月，上述国家达成协议，联合发展一种20世纪90年代使用的先进战斗机，其假想作战对象是米格29和苏27。1986年完成概念研究，1987年12月完成概念细化工作。为降低成本，20世纪90年代初又对方案进行调整，改为EF2000，着眼于21世纪使用。它采用全动式鸭翼、三角翼布局，机翼前缘有可自动调节的缝翼。发动机采用两台，腹部进气道。机载设备采用一体化设计。飞机主要用于空战，也兼顾对地攻击。1994年3月27日，欧洲战斗机"EF2000"首次试飞成功。该机是目前世界上最先进的战斗机之一，具有一定的隐身能力。它在技术和性能上介于第三代与第四代超声速战斗机之间。

P

炮兵侦察系统（artillery detection system）以装备起来的光学、光电和无线电等侦察器材为手段，来探视敌情的侦察系统。它是炮兵执行战斗任务的保障手段之一。其主要任务是及时发现目标并精确决定目标位置。按原理分，地炮侦察器材通常包括光学观测器材（望远镜、潜望镜、方向盘、炮队镜、测距机、侦察经纬仪）、光电器材（红外和激光观察仪、激光测距机）、声测站、雷达（炮位侦察雷达、活动目标侦察雷达）、无线电技术侦察器材，以及空中侦察装备（无人驾驶侦察机、校射侦察机）等。目前，炮兵

侦察分队普遍装备有激光测距机和雷达。先进的炮位侦察雷达都采用相控阵体制三坐标雷达。现代炮兵侦察系统还有先进的空中侦察装备，包括固定翼飞机、直升机和无人机。机上装有航空照相机、雷达、侦察电视、热像仪、红外扫描仪和激光目标指示器，以及自动数传装置等先进侦察设备，既能侦察战场情况，又能为己方炮兵进行校射。现代炮兵拥有的另一种侦察装备是炮兵侦察车。车上通常装有导航仪（全球定位系统）、测角仪器、激光测距机、热像仪、激光夜视眼镜、数字式信息机、多部电台和内部通话装置，有的还装有雷达。发达国家已在发展精度更高、重量和体积更小的炮兵侦察装备，如新型的地面目标侦察雷达的测距精度为10~20m，测角精度为±2°，作用距离为20~30km。

Q

潜水艇（submarine）简称潜艇，一种既能在水面航行，又能在水中一定工作深度范围内潜航，还能进行水中活动和作战的舰艇。其最大特点就是隐身性好，机动能力强，突袭威力大。因此，潜艇在各国海军中占有重要地位。按作战任务，分为战略导弹潜艇和攻击潜艇；按动力形式，分为核动力潜艇和常规动力潜艇；按排水量，分为大型潜艇、中型潜艇、小型潜艇和袖珍潜艇。它主要用于对敌陆上重要目标实施核突击，破坏敌海上交通线，攻击敌大中型水面舰船，进行反潜以及侦察、布雷、救援和遣送特种人员登陆等。

潜艇隐身技术（submarine stealth technology）为了逃避敌方侦察，提高潜艇生存能力的综合技术。潜艇在水下活动，以海水作掩护，侦察飞机、侦察卫星都难以发现它的行踪。但是，潜艇航行时发动机和螺旋桨发出的声音，庞大身躯对声波的反射，使潜艇很容易成为声呐捕捉的目标。不仅如此，而且潜艇的潜望镜必要时对水面进行观察，常规动力潜艇的通气管要不时伸出水面吸进空气，虽是"蛛丝马迹"，也会使敌搜索雷达有可乘之机。何况常规动力潜艇还需定时浮出水面用柴油机推进同时给蓄电池充电（大约占巡逻时间的20%），更无隐蔽可言。潜艇隐身技术的研究重点是：（1）降低噪声技术。（2）在潜艇壳体外粘贴吸音材料，既可吸收自身的噪声，又可吸收敌方主动声呐的声波。（3）涂敷吸波材料。在潜艇指挥台围壳、潜望镜和常规潜艇的通气管涂敷吸波涂层，可减小雷达波的散射面积。如果再增加

主动式电子干扰，可使对方雷达探测距离缩短 9/10。（4）不依赖空气的常规潜艇动力装置的问世，使常规动力潜艇在低航速航行时的水下续航能力从几小时增至几周，潜艇不必为蓄电池充电而经常浮出水面，增强了潜艇的隐蔽性。

潜望镜（periscope）采用反射镜、棱镜、透镜等折转光路，可以从隐蔽位置观察目标的光学仪器。上端镜筒水平轴线与下端目镜中心间的距离称为"潜望高"。步兵、炮兵、坦克潜望镜的潜望高为几十厘米至几米，潜艇潜望镜的潜望高达十几米。

驱逐舰（chaser）以导弹、鱼雷、舰炮为主要武器，具有多种作战能力的水面战斗舰艇。它包括对海型、防空型、反潜型和多用途型等驱逐舰。主要用以攻击敌水面舰船和潜艇，担负己方舰艇编队的防空、反潜以及护航、侦察、巡逻、警戒，支援登陆和抗登陆作战等。

S

深水炸弹（depth bomb）简称深弹，一种能在水下一定的深度或与目标相遇而爆炸的水中炸弹。它主要用于攻击潜艇，也可用来开辟雷区通道或者攻击其他目标。深弹由水面舰艇或飞机投放，也可以由反潜导弹携带。

数字化坦克（digitized tank）能在数字化战场上使用，具有战场态势感知能力并通过战术互联网能与其他作战单位和战场指挥部实现信息共享的坦克。数字化坦克是数字化部队的组成部分，是数字化战场信息网络中的一个节点，一个信息终端。它除了具有一般坦克的火力、机动性和防护力以外，还应具有以下基本功能：（1）精确定位导航。通常是利用安装在坦克上的导航卫星信号接收机和惯性导航系统进行定位。（2）信息传输。随时将目标及自身的定位数据、战斗报告以语音、文字、图形、图像等形式向上级及友邻数字化作战单元（坦克、步兵战车、自行火炮、直升机、保障车辆等）传送，并接收上级的命令和友邻单位传来的信息。（3）信息显示能力。即实时显示自身获得的和外部传来的信息，能显示战场彩色地图和战场敌我态势等。（4）战术任务处理功能。包括进行坐标计算、目标报告、火力呼叫，以及计划行驶路线和提出保障需求等。

水雷战（mine warfare）海上交战双方运用水雷作战和反水雷作战的统称。其主要任务是布设水雷

障碍和扫除敌方布放的水雷。水雷战通常是布放水雷，由舰船碰撞或其经过水雷周围时产生的物理场引爆水雷，炸坏或炸沉舰船以达到封锁海域或航道等作战目的。水雷布设和扫除水雷在战略、战役、战术层次上配合海上封锁反封锁，保护海上交通线和破坏海上交通线、登陆与抗登陆等作战行动的实施。水雷战的成功与否将对海上作战进程产生重大影响。

水雷战舰船（mine warfare ship）用于布设水雷和使用扫雷、猎雷设备搜索、排除水雷或直接依靠舰体本身的各种物理特征信号引爆水雷的多种水雷作战舰艇的统称。它包括布雷舰船、扫雷舰艇、猎雷舰艇和破雷舰等。布雷舰船主要担负各种水雷的布设任务；扫雷舰艇主要用于扫除布设于航道、港湾的水雷，并可以为舰艇编队导航，扫除水雷障碍。扫雷舰艇使用扫雷具扫除或消灭水雷；猎雷舰艇使用舰载探测、摄像和定位系统搜索水雷目标，并使用遥控灭雷具销毁水雷；破雷舰直接依靠舰体碰撞或产生舰船物理场引爆水雷，多用于扫除水压水雷或者在某些紧急的情况下使用。

水面战（water surface warfare）水面战斗舰艇在水面进行作战活动的统称。水面作战主要是运用舰载武器和舰载机对敌水面舰船、潜艇、岸上目标等进行攻击，以及登陆作战中的火力支援等。在现代海上作战中，水面舰艇作战一般都由多艘不同作战功能的舰艇组成机动作战编队实施海上作战活动。

水面战斗舰艇（surface warship）以舰载导弹、鱼雷、舰炮和反潜深弹为主要武器，具有较高航速和较强火力，用于攻击敌水面舰船、潜艇和岸上目标的舰艇。它担负己方舰船编队的防空反潜作战，为航母编队或其他舰船编队护航，保卫己方海上交通线或破坏敌方海上交通线和支援登陆、抗登陆作战等任务。它有巡洋舰、驱逐舰、护卫舰和小型战斗舰艇等几种类型。巡洋舰是一种以导弹攻防作战为主的海上作战平台，具备对空、对舰、反潜和对岸作战等多种功能，是战斗能力很强的大型水面舰艇。驱逐舰是一种具有多种作战功能的中型水面作战舰艇，是大多数国家海军的主力舰种。小型战斗舰艇配载武器较少，作战功能单一，主要用于对敌舰船进行突击。

水声干扰器（underwater acoustic jammer）能够发射大功率、宽频带水下声波，用于压制敌方声呐

或声自导鱼雷的声呐导引头的消耗性水声干扰装置。它主要由大功率噪声发射机、浮力调整器和电源等部分组成，外形为圆柱体，入水后在预定深度呈垂直状态悬浮。电源为海水激活式电池，入水后开始供电。按噪声产生的方式，水声干扰器有爆炸式、机械式和电子式几种。爆炸式水声干扰器利用炸药在水中爆炸产生强冲击波、大量气泡及持久的混响效果进行噪声干扰，其频率分布几乎可覆盖所有声呐的工作频率；机械式水声干扰器通常由电动机带动旋转机械装置产生宽频带噪声，通过干扰器壳体传入水中；电子式水声干扰器由可控电子电路产生噪声信号，通过宽频带水声换能器变成声波传入水中。按所产生声波的频段，分为高频水声干扰器和低频水声干扰器两种。高频水声干扰器能发出十几千赫以上的高频声波，主要用于干扰声自导鱼雷；低频水声干扰器发出的声波频率在几千赫至十几千赫频段，主要干扰敌方搜索或攻击声呐。水声干扰器通常由潜艇携带，根据战术需要投放，以掩护潜艇不被敌方声呐探测到和防止声自导鱼雷的攻击。也可由直升机携带投放，用于干扰敌潜艇声呐和声自导鱼雷对水面舰艇的搜索与跟踪。新型水声干扰器采用数字技术，可编程控制，干扰参数在投放前根据需要临时设定，可分时段发出不同频率的干扰噪声，对多部声呐实施干扰。

水下作战（underwater operation）潜艇在海战场的水下空间进行的作战活动的统称。通常由各类潜艇实施。弹道导弹核潜艇主要担负海基战略核突击，攻击敌方的战略目标。攻击型潜艇通常担负海区封锁和反潜作战等任务，使用潜载巡航导弹和制导鱼雷对敌舰船、濒海的港口基地或其他陆上目标进行攻击。

水翼艇（hydrofoil craft）利用艇体下的水翼在高速航行时产生的水动升力将艇体托出水面航行的高速艇。水翼艇的排水量多在300t以下，航速38～50kn。水翼艇通常装有前后两组水翼。按翼航时水翼是否穿过水面，可分为割划式水翼艇和全浸式水翼艇两种；按前后两组水翼升力大小，又分为飞机式（前翼升力大于60%艇重）、鸭式（后翼升力大于60%艇重）和串列式（前后翼升力相当）三种。水翼艇具有速度快、阻力小、耐波性好、航迹小等优点。但不适合在海面有大量漂浮物或高海况下航行，使用费也较高。民用水翼艇用于内河和沿海运输，军用水翼艇可用作炮艇、导弹艇和猎潜艇。

W

微光夜视侦察设备（low light night vision reconnaissance equipment）可在夜暗条件下对人眼看不到或看不清的目标进行观测的一种光电侦察设备。其工作原理是，将目标反射的少量自然光（天文学称为夜天光，又称微光，如月光、星光和大气辉光等）信号转换成电信号，然后再将电信号放大，激发发光体发出可见光，即将电信号又转换成足以使人眼能看得见的光信号。这种侦察设备本身不带光源，因此比较隐蔽、安全。通常使用的微光夜视侦察设备有微光夜视仪和微光电视等。微光夜视仪是将夜暗目标反射的微弱的夜天光通过物镜进入影像增强管，通过光电转换，使其呈现在荧光屏上，人眼可通过目镜观察和监视夜暗的目标。在有星光和月光的条件下，可观测到800m以上距离的人员和1 500m以上距离的车辆。微光电视是利用目标反射的星光、月光和大气辉光通过光电转换成像进行观察的一种夜视器材，是微光夜视仪像增强技术与电视摄像技术相结合的产物。由摄像机、监视器和控制器三大部分组成，其关键部件是摄像机中的摄像管。通过有线或无线传输可将摄像机与显示器连接起来，自然条件好时作用距离可达十多千米。如果用无线传输，通过天线可将目标图像传送给50km以外的电视接收设备，可避免近敌侦察带来的危险。

无源探测器（passive detcctor）又称被动探测器，利用目标自身辐射的无线电波、红外线、可见光或反射的自然光对目标进行探测的器件。例如，反辐射导弹的导引头就是一种无源探测器。它本身不辐射无线电波，靠接收和跟踪敌方雷达发出的无线电波把弹引向目标。空空导弹的红外导引头也是一种无源探测器。它跟踪敌机发动机喷气的热辐射（红外线）把导弹引向目标。无源探测器由于本身不辐射能量，因而不容易被敌方发现和干扰。它体积小，重量轻，耗电省，但对目标的定位精度不如有源探测器高。无源探测器与有源探测器配合使用，取长补短，可构成探测定位精度高、抗干扰和隐蔽性好的探测系统。常用的无源探测器有无源雷达、红外探测器、音响探测器等。除了用于探测目标和武器制导以外，战斗机上装的雷达告警、红外告警、激光告警等设备，用的都是无源探测技术，当敌机或导弹逼近时发出警报，提醒驾驶员采取规避动作或对抗措施。

武装直升机（armed helicopter）配备机载武器和火控系统，用于空战或对地面、水面和水下目标实施空中攻击的直升机的统称。它包括专门设计制造的各种攻击直升机、战斗直升机，以及加装机载武器和火控系统的其他直升机。武装直升机按作战使命的不同可分为：反坦克武装直升机、反舰武装直升机、反潜武装直升机、火力支援武装直升机和空战武装直升机。

X

线导鱼雷（wire guided torpedo）一种由潜艇、水面舰艇或反潜直升机发射，通过导线传输制导指令导向目标，用于攻击潜艇或水面舰艇的鱼雷。鱼雷航速35～60kn，航程可达46km。连接发射控制系统与鱼雷之间的导线为抗拉力强、抗腐蚀性好的特制导线，直径一般小于1.2mm，芯线直径小于0.4mm，长度比鱼雷的最大航程长数百至数千米。发射鱼雷时，装在发射平台和鱼雷上的放线器同时放线，使导线悬浮在水中又基本不受拉力，以保证平台与鱼雷之间的信息传输通畅。火控系统通过导线控制鱼雷的航向、航速、深度和姿态；鱼雷通过导线向火控系统传回自身的工作状态、运动姿态、位置以及目标的方位、距离和干扰情况等信息，并按照指令向目标航行。线导鱼雷的主要优点是命中精度高、抗干扰性能好。为了进一步提高命中精度，线导鱼雷一般都装有末段声自导系统。鱼雷在接近目标进入声自导作用距离时启动声自导系统，开始自主搜索、跟踪、识别目标直至命中。

巡洋舰（cruiser）见水面战斗舰艇。

Y

夜视瞄准镜（night vision telescopic sights）用于轻武器的夜视瞄准镜，是20世纪70年代以后出现的一种新型装备。它主要有红外夜视瞄准镜、微光夜视瞄准镜和热成像夜视瞄准镜三种类型。红外夜视瞄准镜也称为"主动红外瞄准镜"，是第一代夜视瞄准具，主要用在机枪等轻武器上。主动红外瞄准镜的优点是射手可利用图像来确定目标的位置与形状，主要缺点是发出红外光辐射，易被对方探测发觉。微光夜视瞄准镜是采用像增强技术的瞄准镜。20世纪60年代出现第一代，采用级联式像增强管；20世纪70年代初出现第二代，采用内装式微通道板像增强器，现在已经发展到第三代，采用负电子亲和势光电阴极。热成像夜视瞄准镜是20世纪70年代以后发展起来的一种新型

的夜视器材。它是通过接收目标的热辐射来捕捉目标的。热成像瞄准镜将收集到的目标热辐射图像转换成可见光图像，利用目标与背景的温差来识别目标。

Z

战斗机（fighter aircraft）以航炮、航空火箭、空空导弹等为基本武器，主要用于拦截和摧毁敌方空中目标，夺取制空权的飞机。中国习惯上称之为"歼击机"。目前，战斗机可能歼灭的空中目标种类繁多，其任务和飞行性能(高度、速度、机动性)存在较大差异。这些目标包括轰炸机、攻击机和巡航导弹，以及预警机、护航战斗机、空中优势战斗机、高空侦察机和电子干扰飞机、加油机、运输机、武装直升机和无人机等。战斗机一直是各国空军重点装备的机种，其性能水平和作战方式是在技术发展、使用需求、实战经验和作战观念的共同推动下不断演变的。目前，喷气式战斗机已发展到以美国F−22为代表的第四代飞机。随着航空技术的不断发展，现代战斗机已能执行防空截击、纵深遮断和近距空中支援等多种任务。

战略导弹核潜艇（strategic missile nuclear submarine）以弹道导弹为主要武器，以核动力为主要推进力的潜艇。它是一个国家核打击力量的重要组成部分。它主要运用弹道导弹对敌方陆上战略目标进行核突击。战略导弹核潜艇排水量大，航速高，续航力大，潜水深度深，自持力长，携带远射程弹道导弹数量较多，并有自卫用的鱼雷武器。

侦察机（reconnaissance aircraft）专门从空中搜集信息的飞机。侦察机上所装的设备主要有：航空照相机、图像雷达、摄像仪以及红外、微波等电子光学侦察设备。有的还装有实时情报处理设备和传递装置。按其作战功能，可分为战略侦察机和战术侦察机。

"阵风"战斗机（Rafale fighter）由法国研制的新一代战斗机。1986年7月4日，原型机首次试飞。试验型"阵风"A于1983年3月开始设计，于1986年首次试飞。实用型战斗机"阵风"C比试验型稍小，它于1991年4月首次试飞。该机采用复合后掠三角翼，高位近耦合鸭翼和单垂直尾翼布局，机翼具有可变弯度提高升力的特点。发动机采用两侧下方进气。机载设备先进，采用了电传操纵系统、一体化显示系统和先进的雷达。全机内设系统先进，代表了20世纪90年代的技术水平。从总体性能指标上看，它属于第三代半超声速战斗机。设计时没

有考虑超声速巡航和隐身等第四代战斗机的典型性能指标。

支援保障舰船（support safeguard ship）为海上作战兵力提供海上战斗保障、技术保障和后勤保障舰船的统称。它主要包括军事运输船、补给船、供应船、电子侦察船、电子干扰船、海洋监视船、通信船、测量船、海洋调查船、水声调查船、防险救生船、工程船、布缆船、试验船、训练舰、修理船、破冰船、医院船、拖船和基地勤务船等。这些舰船根据任务需要，分别装有适应专业勤务需要的装置和设备，并装备有自卫武器，一般不直接参与海上作战。

直航鱼雷（straight-running torpedo）没有自导装置，只能按预先设定的航深和航向航行的鱼雷。它可作直线航行，有程序控制装置的直航鱼雷，也可按照设定的航向机动航行。直航鱼雷主要用于攻击水面舰艇。命中率取决于测定目标运动参数的准确度、鱼雷航深和航向控制系统的精确度。第二次世界大战中，直航鱼雷被广泛使用，战后逐渐为自导鱼雷取代。

制海权（mastery of the sea）交战一方依靠海上优势，在一定的时间内对一定海洋区域所取得的控制权。它包含战略制海权、战役制海权和战术制海权三种。在现代战争中，制海权的空间已由海面发展至海面上空和水下多维空间；制海权的夺取和保持需要运用多种兵力和手段。

制空权（mastery of the sky）交战的一方在一定时间内对一定空间的控制权。掌握制空权，可以保障陆、海、空军部队不受敌航空兵或地面对空兵器的严重威胁。夺取制空权主要由航空兵、地面防空兵通过消灭空中和地面的敌机、摧毁和压制敌防空兵器、破坏敌基地设施来完成。

自导鱼雷（homing torpedo）带有制导系统，能自动搜索、跟踪和导向目标的鱼雷。它包括声自导鱼雷和尾流自导鱼雷两种，可由水面舰艇、潜艇或飞机携带发射，用以攻击潜艇和水面舰艇。声自导鱼雷是利用水声技术自动寻找目标的鱼雷。按自导方式分，有被动声自导鱼雷、主动声自导鱼雷和主被动复合声自导鱼雷；按搜索方式分，有单平面自导鱼雷和双平面自导鱼雷。单平面自导鱼雷在水平方向搜索目标，用于攻击水面舰艇；而双平面自导鱼雷能在水平和垂直两个方向搜索目标，主要用于攻击潜艇，也可攻击水面舰艇。尾流自导鱼雷靠跟踪舰艇尾流导向目标，用于攻击水面舰艇。水面舰艇航行时，船体水流和排泄物经螺旋桨的搅动而形成具有声、热等特性的尾流，而且能维持较长时间、延伸较长距离。尾流自导鱼雷的特点是：（1）尾流是舰艇水面运动轨迹的特有标记，可在水面保留几十分钟，长度达数千米，舰艇很容易被尾流自导鱼雷跟踪；（2）舰艇没有探测和干扰尾流自导鱼雷的有效措施，发现了也难以摆脱；（3）由于舰艇尾流的持久性，只要解决鱼雷远航所需的动力装置，就可以实施远距离攻击；（4）尾流自导鱼雷能自主寻找目标。

（三）导弹与航天（Missile and Aerospace）

D

大型飞机红外对抗系统（LAIRCM）一种为加油机和运输机提供防御能力以对付便携式防空导弹威胁的系统。与以前使用曳光来模拟飞机发动机使导弹偏离轨道不同，LAIRCM采用无色、对人眼安全的多波段激光来照射防空导弹的制导寻的器，使寻的器失效。一旦启动，LAIRCM可自动工作，不需要人工参与。

弹道导弹（ballistic missile）在火箭发动机推力作用下按预定程序飞行，发动机关机后按自由抛物体轨迹飞行的导弹。其发动机工作段较短，而发动机关机后的自由抛物体轨迹飞行段长。弹道导弹按其射程可分为洲际弹道导弹（大于8 000km）、远程弹道导弹（5 000~8 000km）、中程弹道导弹（1 000~5 000km）和近程弹道导弹（小于1 000km）；按其发动机类型分，有使用液体推进剂发动机的液体导弹和使用固体推进剂发动机的固体导弹；按其推进级数分，有单级导弹和多级导弹；按其作战任务性质分，有战略导弹和战术、战区导弹。

弹道修正弹（trajectory correctable projectile）在飞行过程中接收外部或弹上部件发出的信息，能对弹丸进行局部弹道修正的炮弹。对于大口径远射程炮弹，弹丸在飞行过程中，由于受风向等因素的影响可能偏离预定弹道，弹道修正就是为克服这些偶然因素的影响，提高命中精度而采取的一项措施。弹道修正弹不同于全程都有引导与控制的导弹，也不同于在弹道末段进行引导与控制的制导炮弹，命中精度不及导弹和制导炮弹，但比普通炮弹要高。

弹用空气喷气发动机(air breathing jet engine for missile) 利用大气中的氧与导弹携带的燃料燃烧所产生的高温燃气经喷管喷出，形成反作用推力的一次性使用的喷气发动机。它与航空喷气发动机相比，结构简单，尺寸小，成本低，工作寿命较短（一般不超过 60 小时）。设计上要求迎面推力大，工作状态稳定，发动机控制系统与导弹控制系统一体化，实现闭环自动控制。使用空气喷气发动机的导弹只需携带燃料，不必携带氧化剂，大大减轻了推进剂的总质量。弹用空气喷气发动机常用作在大气层内飞行的各种有翼导弹的动力装置。按空气引进装置分，其主要类型有：冲压喷气发动机、弹用涡轮喷气发动机和弹用涡轮风扇发动机。

导弹（missile）依靠自身动力推进，能控制其飞行弹道（轨迹），将弹头或战斗部导向并毁伤目标的武器。它通常由弹头或战斗部、控制系统、推进系统和弹体等部分构成。其任务是把炸药弹头或核弹头送到打击目标附近引爆，并摧毁目标。按其飞行轨迹，分为弹道式导弹和飞航式导弹；按其作战任务，分为战略导弹和战役战术导弹；按其射程，分为洲际导弹、远程导弹、中程导弹和近程导弹；按其发射点和目标位置，分为地地导弹、地空导弹、空地导弹、舰舰导弹、舰空导弹、潜地导弹和空空导弹；按其攻击的目标，分为反坦克导弹、反舰导弹、反潜导弹、反卫星导弹、反辐射导弹和反导导弹等。此外，按其发动机推进剂的种类，分为固体导弹、液体导弹和固液导弹；按其发动机装置的级数，分为单级导弹和多级导弹等。导弹摧毁目标的有效载荷是战斗部（或弹头），可为核炸药、常规炸药、化学战剂、生物战剂，或者使用电磁脉冲战斗部。有的导弹则利用高速飞行的动能，采用直接碰撞的方式摧毁目标。导弹是20 世纪 40 年代开始出现的武器。自 20 世纪 50 年代起，导弹得到了大规模的发展，出现了一大批中远程液体弹道导弹及多种战术导弹，并相继装备了部队。20 世纪 70 年代中期以来，导弹进入了全面更新阶段。导弹的使用，使战争的突然性和破坏性增大，规模和范围扩大，进程加快，从而改变了过去常规战争的时空观念，给现代战争的战略战术带来巨大而深远的影响。导弹技术是现代科学技术的高度集成，它的发展既依赖于科学与工业技术的进步，同时又推动科学技术的发展，因而导弹技术水平成为衡量一个国家军事实力的重要标志之一。如今，导弹正向精确制导化、机动化、隐形化、智能化、微电子化的更高层次发展。

导弹武器系统见表 1，导弹分类见表 2。

表1 导弹武器系统

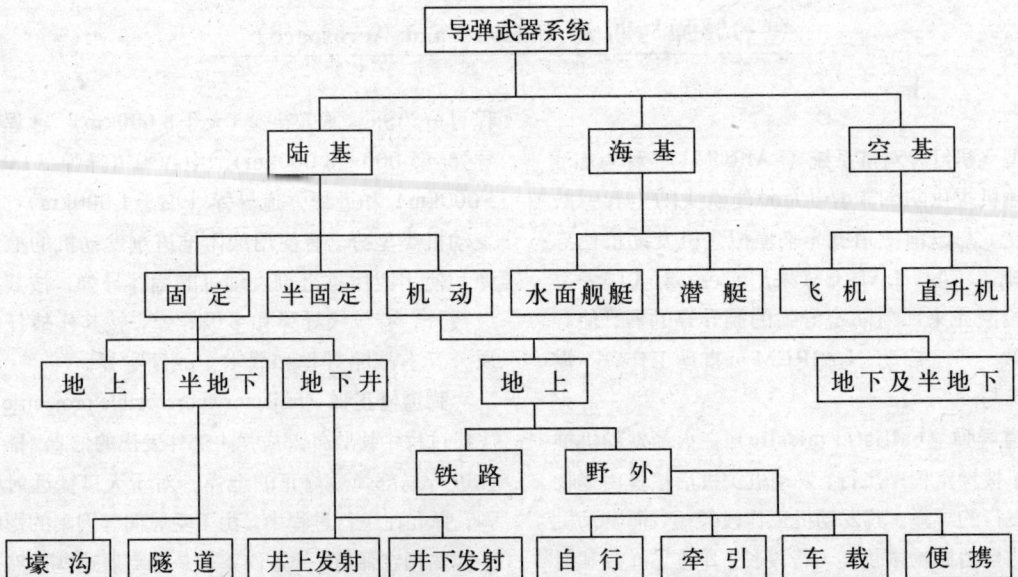

表2 导弹分类表

按发射点和目标位置分	攻击地面目标导弹	地地导弹	地地弹道导弹
			地地巡航导弹
		潜（舰）地导弹	潜地弹道导弹
			潜地巡航导弹
		空地导弹	空地弹道导弹
			空地巡航导弹
		反坦克导弹	
		反辐射导弹	
	攻击空中目标导弹	防空导弹	地空导弹
			舰（潜）空导弹
			空空导弹
		反导弹导弹	高空拦截导弹
			低空拦截导弹
		反卫星导弹	
	攻击水面目标导弹	反舰导弹	岸舰导弹
			舰（潜）舰导弹
			空舰导弹
		反潜导弹	舰潜导弹
			潜潜导弹
			空潜导弹
按射程分	近程导弹（射程＜1 000km）		
	中程导弹（射程 1 000～5 000km）		
	远程导弹（射程 5 000～8 000km）		
	洲际导弹（射程＞8 000km）		
按作战任务分	战略导弹		
	战术导弹		
按飞行方式分	弹道导弹		
	巡航导弹		

《导弹及其技术控制制度》（missile technology control regime，MTCR）以美国为首的西方国家制定的旨在限制各国导弹和导弹技术出口的规章制度。它是在美国倡导下，由美国、加拿大、英国、法国、联邦德国、意大利、日本等七国秘密磋商后于1987年4月16日达成的一项协议。其"准则"规定：控制转让除有人驾驶飞机以外的其他核武器运载工具；限制转让射程在300km以上，有效载荷在500kg以上

的导弹及相关的技术与设备；除特许外，禁止转让"完整的火箭系统"和"完整的分系统"；各类导弹部件等需经成员国发放许可证后方可转让。此后，《导弹及其技术控制制度》作了重新修订，并增加了新的成员国。

地地战术导弹（ground to ground tactical missile）从地面发射，主要用于打击战役战术纵深内地面目标的导弹。战术导弹射程一般在1 000km以内，多

数携带常规弹头。美国和俄罗斯的地地战术导弹可携带小当量的核弹头。导弹与地面指挥控制、探测跟踪、发射系统等构成地地战术导弹武器系统。

电磁炮（electromagnetic gun）见电炮。

电炮（electric gun）利用脉冲能源提供的电能，或利用电能与化学能相结合，使弹丸或其他有效载荷达到的速度或动能大大超过传统发射方式的新原理发射装置。总体上分为两大类：电磁炮和电热炮（化学炮）。电磁炮是利用运动电荷或载流导体在磁场中切割磁力线产生的电磁力（洛仑兹力）来加速弹丸，是完全依赖电能和电磁力加速弹丸的一种超高速发射装置。电热炮是利用放电方法产生的等离子体，在封闭的放电管或炮膛内做功来推动弹丸。

电热炮（electrothermal gun）使用电能代替或辅助化学能作动力发射炮弹的武器。电热炮发射的炮弹速度极高，动能大，射程远，命中精度高，破坏力也大。电热炮是全部或部分利用电能推进弹丸的一种发射装置，分为纯电热炮和电热化学炮两种。纯电热炮发射弹丸的能量全部来自电能。其炮弹的药筒内装压缩的惰性气体，通以高功率脉冲电流使惰性气体电离成为等离子体，等离子体在高温下急剧膨胀，把弹丸发射出去。电热化学炮的炮弹药筒内装轻质发射药，利用高功率脉冲放电在药筒内产生高温高压等离子体射流，高速喷入发射药，加热产生化学反应，生成高温高压燃气，驱动弹丸从炮口高速射出。发射弹丸的能量主要来自发射药的化学能。电热炮可用常规火炮改装，能将重量较大的弹丸加速到 2 200～2 500m/s 的速度。

电子侦察卫星（electronic reconnaissance satellite）装有电子接收装置，可搜集和监测地面无线电设备和雷达辐射的电磁信号的卫星。它将接收到的信息通过天线转发到地面站。研究人员对接收到的信号进行分析，可获得敌方雷达、通信和遥测信号等信息。电子侦察卫星与照相侦察卫星一样，分普查型和详查型，并可运行于多种轨道。运行在 300～1 000km 高度近圆轨道上的卫星周期为 90～105 分钟，天线覆盖面积大，侦察范围广，持续时间较长，经过一个地方上空的时间达 10 分钟以上，主要用于普查。运行在大椭圆轨道上的卫星经过某一地区上空的时间可达 10 小时，可对该地区进行长时间监测，便于详查。而运行在地球静止轨道上的电子侦察卫星，三颗即可覆盖全球，与其他轨道上的电子侦察卫星结合使用，就能构成一个具有普查和详查等多种功能的系统。

定向能武器（directed energy weapon）采用定向能技术，以很小的发射角发射高能量射束毁伤目标的武器。它包括高能激光武器、射频/微波武器和粒子束武器等。将这些武器系统装备在卫星、飞船、航天飞机、空间站等天基平台上，就构成了天基定向能武器系统。目前，较为成熟的只有激光武器。定向能武器对卫星和导弹既可进行软杀伤（如用激光使卫星、导弹的光电探测器暂时致盲），也可造成硬杀伤（如摧毁卫星、导弹的某些关键部件），作战使用灵活性大，既适合于反低轨道卫星，也适合于反高轨道卫星和弹道导弹，并能重复射击。但其缺点是目标容易采取加固对抗措施，杀伤效果不容易判断。地基定向能武器在作战使用时易受气象条件的限制。

动能武器（kinetic energy weapon）利用高速运动，具有巨大动能的弹丸直接摧毁目标的武器。它是正在研制的高技术武器。其杀伤过程不需要战斗部装药，主要分为两大类：（1）高速动能导弹；（2）电炮。前者利用火箭推力，后者利用电磁推力或电能化学能的共同作用。动能武器可用于反坦克或拦截导弹、卫星、载人航天器等目标。

多目标攻击航空火力控制系统（airbone fire control system of multi-target attacking）载机对敌空中单个目标或集群目标同时进行搜索、跟踪、瞄准、攻击计算、控制导弹发射及制导照射等攻击全过程实施控制管理的综合系统。它和具备多目标攻击能力的中、远距空空导弹及发控装置配合，形成机载多目标攻击武器系统。配备该系统的载机可单机作战，也可多机协同作战。多目标攻击航空火力控制系统主要包括：（1）目标探测和跟踪系数；（2）大容量高速实时火控任务计算机；（3）武器管理系统；（4）综合显示系统；（5）战术信息数据传输和处理系统；（6）惯性导航和全球定位组合导航系统、大气数据计算机等。多目标攻击火控系统的关键技术包括：远距多目标探测、跟踪技术，多目标敌我识别和模式识别，多目标攻击决策、威胁判断和火力分配，大系统设计和综合，多传感器管理和数据融合，高性能脉冲多普勒雷达和红外搜索跟踪系统等。

F

反导弹武器（anti-missile weapon）用于拦截

弹道导弹的空间武器系统。包括部署在地基、空基和天基的反导弹武器。根据其杀伤方式，可分为常规破片拦截弹、定向能拦截弹和动能拦截弹。反导弹武器和反卫星武器的工作原理是相同的，其区别主要是作战对象不同。

反辐射导弹（antiradiation missile，ARM）又称反雷达导弹，一种利用敌方雷达辐射的电磁波发现、跟踪并摧毁目标的导弹。它属于电子战装备中的"硬杀伤"武器。反辐射导弹有空地、空空和舰舰等类型。空空型用以攻击预警飞机、战场雷达监视飞机和电子干扰飞机的机载雷达或干扰源。反辐射导弹的发展趋势是：（1）扩展导引头的频率覆盖范围，具有瞬时扩频能力，以对付频率捷变雷达；（2）改进动力装置，加大射程，使导弹能从敌防区外发射；（3）增加主动雷达寻的或红外、电视、激光、惯性等制导方式，构成复合制导，以提高导弹的使用灵活性和制导精度；（4）提高导弹在复杂电磁环境中识别和攻击目标的能力，实现制导系统数字化，以提高反应速度；（5）采用隐身技术，提高导弹生存能力；（6）降低成本。

反舰/反潜导弹武器系统（anti-ship/surface-to-underwater missile armament system）打击水面舰船和潜艇的各类导弹的总称。按其发射平台的不同，反舰导弹可以分为舰舰、潜舰、空舰和岸舰四种，反潜导弹则只有潜潜、舰潜和空潜三种。反舰导弹主要用于打击排水量大至几万吨的航母，小至几十吨的快艇等水面舰船；反潜导弹打击的目标有战略导弹核潜艇，攻击型潜艇和为航母编队护航、巡逻用的潜艇等水下目标。它们是临海国家主要制海和反潜武器。

反舰导弹（anti-vessel missile）用以攻击水面舰船的导弹的统称。它包括舰舰导弹、潜舰导弹、岸舰导弹和空舰导弹。

反雷达导弹（anti-radar missile）见反辐射导弹。

反卫星武器（anti-satellite weapon）用于干扰或破坏在太空运行的卫星的空间武器系统。目前，反卫星武器大体可分三类：（1）导弹武器，包括携带核弹头或常规弹头的反卫星导弹和依靠直接碰撞杀伤卫星的动能拦截弹；（2）定向能武器，包括激光武器、粒子束武器和高功率微波武器；（3）电子对抗武器，用于干扰卫星的通信和数据传输。按照部署方式的不同，反卫星武器又可分为部署在地面上的地基反卫星武器、部署在飞机上的空基反卫星武器

和部署在太空的天基反卫星武器。

防空导弹武器系统（anti-aircraft missile armament system）用来拦截空中目标的导弹武器系统，其中地空导弹武器系统和舰空导弹武器系统是两种最重要的系统，也可把两者统称为防空导弹武器系统。防空导弹可拦截包括攻击机、武装直升机、无人驾驶飞机、巡航导弹、空地导弹、反辐射导弹和战术弹道导弹在内的多种空中目标。防空导弹武器系统可按多种方式进行分类：按其作战用途，可分为国土防空导弹武器系统、野战防空导弹武器系统和舰艇防空导弹武器系统；按其发射位置，可分为地空导弹、舰空导弹和空空导弹武器系统；按其作战空域，可分为远程、中程、近程和短程防空导弹武器系统及全空域、高空远程、中高空中远程、高空、中高空、中低空和低空超低空等防空导弹武器系统两类；按其导弹制导方式，可分为指令制导、驾驶制导、寻的制导和复合制导防空导弹武器系统；按其制导系统所用电磁波的波段，可分为雷达制导、毫米波制导、红外制导、可见光制导、紫外制导和激光制导防空导弹武器系统。

复合制导技术（compound guidance technology）在导弹飞行的各个阶段先后或同时采用两种或两种以上制导方式共同完成制导任务的技术。目前采用的精确制导技术主要有雷达制导、红外制导、电视制导、激光制导、毫米波制导、地形匹配制导、景象匹配制导、卫星制导、复合制导等。任何一种制导方式都有它的优点和缺点，采用复合制导可以发挥各种制导方式的优点，扬长避短，更好地满足作战要求。复合制导技术的优点是：（1）提高制导精度；（2）在满足精度要求的条件下，增大制导系统的作用距离；（3）增强抗干扰能力；（4）提高目标识别能力和可靠性。但是采用复合制导也会相应增加设备和费用，技术难度也较大。常用的组合方式有惯性加主动雷达寻的制导、星光/惯性制导、惯性加地形匹配加景象匹配制导、惯性加GPS加红外成像寻的制导等。例如，美国"战斧"常规对地攻击巡航导弹全程采用惯性导航与GPS定位制导，中途选几个地方进行地形匹配制导以修正惯性导航系统的误差，接近目标时采用数字式景象匹配来制导，进一步修正惯性导航系统的误差。

G

高超声速武器（hypersonic weapon）飞行速度

超过5倍音速的飞机、导弹、炮弹之类的有翼或无翼飞行器。高超声速技术研究在20世纪90年代后取得了重大突破，已从概念和原理探索阶段进入了以飞行器为应用背景的先期技术开发阶段。

高超声速巡航导弹（hypersonic cruise missile）战术飞行速度马赫数可达8，能遂行完成攻击、侦察、监视和搜集情报等任务的巡航导弹。它能对付暴露时间较短的地面和空中目标，以及识别战略目标。美国新的高超声速计划就是把巡航导弹作为突破口，并从"战斧"着手，预定在2015年前研制出马赫数6～8的高超声速巡航导弹。此外，高超声速反弹道导弹和集反导、反飞机与反装甲诸功能于一身的高超声速多用途导弹也正在加紧研制中。

高超声速侦察机（hypersonic reconnaissance aircraft）一种速度马赫数可达5～9，航程远超过以往飞机、装有超燃冲压发动机的有人或无人驾驶侦察机。目前研制处于最后阶段的是无人侦察机，有人侦察机的技术论证也接近完成。其中法国正在研制的HAHV高空高速无人侦察机，速度马赫数达6～8，飞行高度为3×10^4m，隐身能力很强。

高超声速制导炮弹（hypersonic guided projectile）由普通火炮发射，装有固定冲压发动机，飞行速度马赫数可达5～6，采用激光寻的器制导，命中概率为0.9，命中精度为0.3～1m的一种特制炮弹。国外专家称，一旦这种炮弹问世，飞机和坦克的生存能力将面临新的挑战。

高超声速钻地炸弹（hypersonic drill-ground bomb）一种主要用来对付地下深埋掩体的高超声速导弹。它是一种高效能的对地攻击武器。其弹丸最大速度马赫数可达6，可侵彻50m厚的土层和6～15m厚的混凝土。此外，美空军还制造了1 000～1 500kg的小尺寸钻地弹，装备在B-2、B-1或F-117等战略轰炸机及战斗机上。

高功率微波武器（high power microwave weapon）又称射频武器，即利用强微波束的能量来毁伤敌方电子设备和操作人员的武器。它可用于对付飞机、导弹和航天器。根据微波能量的强弱，高功率微波武器既可进行软杀伤，也可进行硬破坏，因此，它也可作为电子战武器。一般由能源、高功率微波发生器、大型天线和其他配套设备组成。微波的辐射频率通常在1～30GHz范围内，输出脉冲功率达吉瓦级。高功率微波武器具有以下特点：（1）可全天候攻击。微波武器不受任何天气情况的影响，可以光速对敌方电子设备进行攻击。（2）可进行不同程度的打击。可在特定的作战等级上进行外科手术式的打击，根据目标性质和作战任务，实施毁伤、中断或使其性能下降等。（3）具有良好的方向性和一定的覆盖范围，可以实施大范围目标的攻击，也可以对付某一个具体目标，即微波的辐射范围可以变化。（4）作战范围广。高技术武器装备普遍使用了电子或光电器件，因此，高功率微波武器可攻击几乎所有的武器装备，尤其是对大量采用电子器件的卫星和导弹，攻击效率会更高。

高能激光武器（high energy laser weapon）利用沿一定方向发射的高能激光束直接攻击并毁伤目标的一种定向能武器。它主要由高能激光器、精确瞄准跟踪系统和光束控制发射系统组成，具有能量集中、快速、精确、灵活、作用距离远、抗干扰、效费比高等特点。其功率在1×10^5W以上，可攻击飞机、导弹和卫星等战略战术目标。

轨道轰炸武器（orbit bombing weapon）平时在环绕地球的轨道上运行，接到作战命令后，借助反推火箭的推力脱离轨道再入大气层攻击地面目标的空间武器。

国家导弹防御（national missile defence）以保卫国家免受来袭导弹攻击为任务的一种反导防御系统。它是国家战略防御体系的重要组成部分。它一般由拦截武器分系统、目标探测分系统和指挥、控制、通信分系统组成。各分系统可依具体情况部署于陆地、海洋、空中及宇宙空间，以拦截和摧毁不同方向、不同类型的来袭导弹。目前，美国是唯一决定建立国家导弹防御系统的国家，旨在"保护美国免遭有限的弹道导弹攻击，包括意外的或未经授权的弹道导弹攻击，或个别国家的有意攻击"。

国土防空系统（national territory air defence system）为保卫国家领土、领空、领海和主要地区及主要目标的安全而设置的防空系统。防空导弹是国土防空系统中一种主要的防空武器。国土防空系统主要由两部分构成：（1）覆盖全国空域的防空C^3I系统，包括各级指挥中心、地面预警雷达网、预警卫星、预警飞机、通信卫星、地面有线和无线通信网、电子计算机以及各种显示设备；（2）拦截武器，包括防空截击机，由远程、中程、近程和高、中、低、空搭配的各种防空导弹武器系统和各种口径的高炮以及电子战系统。

H

海上发射（maritime launching）采用大型海上浮动平台，将航天器送入预定轨道的过程。海上发射可选择最有利于发射的地理位置，以降低技术风险和成本。另外，战略弹道导弹核潜艇也可以发射载有卫星的运载火箭。

海洋监视卫星（sea monitor satellite）主要用于监视海上舰船和潜艇的活动，并侦察舰艇的雷达信号和无线电通信信号的卫星。它能有效地探测和鉴别海上舰船，并准确测其位置、航向和航速。这种监视可由电子侦察型（被动型）和雷达型（主动型）两类卫星成对协同进行。前者能提供舰载电子设备的情报，后者能提供舰船尺寸的情报。海洋监视卫星通常采用倾角63°（临界倾角），高度1 000km左右的近圆轨道。这种轨道近地点和远地点所在的纬度不变，以保证成对卫星之间的距离不变。世界上第一颗海洋监视卫星是苏联发射的"宇宙"198号卫星，这是一颗试验卫星。美国从1968年开始研制海洋监视卫星，比前苏联晚5年。"海洋一1"号卫星是中国第一颗专业海洋监视卫星，主要用于对黄海、东中国海和南中国海进行监视。目前，拥有海洋监视卫星的国家有美国、俄罗斯和日本等。

J

精确制导技术（precision-guided technology）实现精确制导武器制导的共用技术。目前已大量采用的精确制导技术有：有线制导系统、微波雷达制导系统、电视制导系统、红外制导系统和激光制导系统等。精确制导武器的制导方法是通过自动化控制系统和侦察器材实现的。其基本原理是利用目标的各种物理现象，捕捉可提供目标的位置信息和特征，使用探测器和敏感器捕获这些目标信息和特征，将目标与周围背景区分开，从而达到发现和识别目标，并对目标进行精确定位。而后将捕获的目标和有关信息传送给情报处理中心，最后通过电子计算机为作战兵器下达摧毁目标的指令。精确制导这一术语产生于20世纪70年代中期。精确制导技术在战后军事领域广泛应用，主要体现在两类武器上：（1）精确制导武器，主要有战术导弹、制导炸弹、制导炮弹和制导鱼雷等。精确制导技术是精确制导武器系统的关键技术，是世界新技术革命中最成熟的技术之一。（2）战略导弹。这两类

武器对现代战争都产生了巨大的影响，特别是前者，已成为高技术条件下局部战争的主战武器之一，是武器发展史上的一个新的里程碑。

军用航天技术（military space technology）把航天技术应用于军事领域，为军事目的进入天空和开发、利用天空的一门综合性工程技术。是军事技术的一个组成部分。有效地把航天技术中的航天器设计与制造、航天运输系统设计与制造、运载器与航天器试验、航天器发射、火箭制导和控制、航天器轨道控制、航天器姿态控制、航天器返回技术、航天器测控、航天器信息获取技术、航天医学工程等工程技术应用于军事领域，并组成不同的军用航天工程系统，完成特定的军事航天任务，是军用航天技术主要研究和解决的问题。军用航天技术的应用十分广泛。它的发展和应用与军事技术现代化关系十分密切。各种军用卫星的发展，使军事侦察、通信、测绘、导航、定位、预警、检测和气象预报等的能力和水平空前提高，在军事指挥及作战中起着重要的作用。

军用航天器（military spacecraft）用于军事目的的航天器。军用航天器包括军用卫星、载人飞船、航天飞机以及未来的军用空间站、航空航天飞机（简称空天飞机）和空间武器等。最常见的军用航天器是各种军用卫星，如侦察卫星、通信卫星、气象卫星、导航卫星、测地卫星、反卫星卫星和军事技术试验卫星等。迄今世界各国共发射了5 000多个航天器，其中70%用于军事目的。军事航天器的应用，主要包括航天监视、航天支援、航天作战以及航天勤务保障四个方面。航天监视是指充分利用航天器监视范围大、不受国界和地理条件限制、可定期重复监视某个地区、可以较快地获得其他手段难以得到的情报等优势，通过航天器上的各种侦察探测设备对目标进行监视。航天支援是指利用军事航天器，支援地面和空中军事活动以增强军事力量的效能。航天作战是指利用航天器载激光、粒子束、微波束等定向能武器或动能武器，攻击、摧毁对方的航天器及弹道导弹等目标，或者由载人航天器的机械臂、太空机器人或航天员，直接破坏或擒获敌方的军用航天器。航天勤务保障是指在太空利用航天器实施检测、维修。某些民用卫星也可兼有军事用途。航天器的分类见下表。

航天器的分类

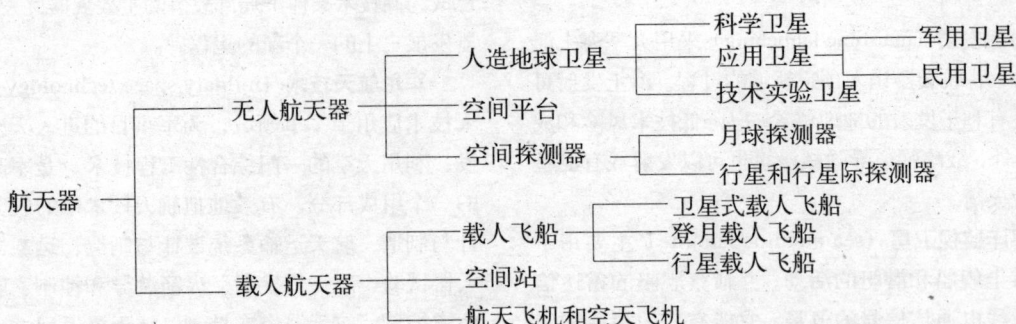

```
航天器 ┬ 无人航天器 ┬ 人造地球卫星 ┬ 科学卫星
       │            │              ├ 应用卫星 ┬ 军用卫星
       │            │              │          └ 民用卫星
       │            │              └ 技术实验卫星
       │            ├ 空间平台
       │            └ 空间探测器 ┬ 月球探测器
       │                         └ 行星和行星际探测器
       └ 载人航天器 ┬ 载人飞船 ┬ 卫星式载人飞船
                    │          ├ 登月载人飞船
                    │          └ 行星载人飞船
                    ├ 空间站
                    └ 航天飞机和空天飞机
```

军用移动通信卫星（military mobile communication satellite）专门用于军事目的的通信卫星。该卫星系统按轨道可分为高、中、低三种类型。高轨道的包括地球静止轨道和大椭圆轨道。地球静止轨道战术卫星通信系统，由于可提供机动终端的服务，因此也属于军用移动通信卫星系统。但真正的全球军用移动卫星通信系统是由中、低轨道卫星群组成的移动通信网。这类系统具有以下特点：（1）具有全球无缝隙覆盖能力，电波覆盖区域不受地形地貌影响，可真正实现全球化和个人化；（2）能满足建立陆、海、空、天立体化全方位通信网的要求；（3）具有优良的通信能力，可实现小型移动终端和手持机通信。

K

空地导弹武器系统（air-to-ground missile armament system）从空中平台发射的，可对敌方地面、水面、地下、水下目标实施攻击的导弹。它是现代战略轰炸机、战斗轰炸机、攻击机、武装直升机和反潜巡逻机等的主要攻击武器。空地导弹与航空炸弹、航空火箭弹等武器相比，具有较高的目标毁伤概率和机动性强、隐蔽性好、能远距离发射、可减少地面防空火力对载机威胁的优点。空地导弹与航空器上的火控系统、发射装置和检查测量设备等，构成了空地导弹武器系统。空地导弹有多种分类方法：通常按作战使命分为战略空地导弹和战术空地导弹；按用途分为通用空地导弹和专用空地导弹；按飞行轨迹分为空地弹道式导弹和空地巡航导弹；按射程分为近程（射程<60km）、中程（射程为 60～200km）和远程（射程>200km）空地导弹。此外，还可按制导方式、发射方式、动力装置类型等进行分类。通用战术空地导弹用途比较广泛，可以执行各种对地攻击任务；专用型一般用来攻击特定的目标，如空地反辐射导弹、空地反坦克导弹等。

空间发射（space launching）由大型载人航天器（包括航天飞机、空间站和未来的空天飞机）发射军用航天器，并将其直接施放到预定的近地轨道，或在施放后再点燃航天器动力装置而进入高轨道系统的一种发射方式。航天飞机运载能力较大，其大型货舱内可容纳一个或多个军用航天器；进入预定轨道后，航天员可直接操纵货舱内的机械臂，把卫星等施放到轨道上。航天飞机发射高轨道航天器（如地球静止卫星），一般是施放卫星和上面级火箭（与卫星相连的那一级火箭）的组合体，然后由上面级火箭使星箭组合体加速，将卫星送入大椭圆转移轨道，再由卫星上的远地点发动机完成变轨和定点。

空间武器（space weapon）部署在太空、陆地、海洋和空中，用于攻击和摧毁太空飞行目标，以及从太空攻击陆地、海洋、空中重要目标的武器。空间武器主要包括反卫星武器、反导弹武器和轨道轰炸武器等。

空空导弹武器系统（air-to-air missile armament system）从空中平台发射，攻击空中目标的导弹的武器系统。空空导弹武器系统包括导弹、机载火控系统、目标照射雷达、发射装置和检查测试设备等。除目标照射雷达一类的专用设备外，大多数的设备通常是与其他机载武器共用的。

空中发射（airborne launching）利用经过改装的大型运输机，把载有卫星的有翼多级空射型运载火箭挂在机翼下，待升至适当高度时施放运载火箭，由其各级发动机依次点火工作，将卫星送入预定轨道的系统。空中发射可使运载火箭首先获得载机速度，能降低航天器的发射成本，是发射小型近地轨道卫星的一条廉价途径。

空中指挥预警飞机（air command and early waning aircraft）见预警机。

L

冷发射（cold launch）又称外推力发射，导弹飞离发射装置之前不点燃导弹发动机的一种发射方式。冷发射的导弹在发射时由弹射装置或其他方式使它加速运动，直至离开发射装置，然后再点燃导弹发动机，使导弹继续加速飞行。作用在导弹底部的弹射推力对导弹的作用时间很短，但推力很大，可使导弹获得很大的加速度。冷发射对减小导弹的质量和尺寸、增大射程具有重要意义，一般用于潜射导弹的水下发射、陆基导弹的冷井发射和带发射筒的机动发射。

粒子束武器（particle beam weapon）以高能强流亚原子束摧毁飞机、导弹和卫星等目标或使之失效的武器。它由粒子源、粒子加速器、聚焦和瞄准设备等组成。其核心是加速器。加速器将粒子源产生的电子、质子或离子加速到接近光速，并用磁场聚焦成密集的束流射向目标，靠束流的高能及电荷迁移效应摧毁目标或使之失效。粒子束武器分带电粒子束和中性粒子束两类。在空间武器中，主要使用中性粒子束武器，因为带电粒子束武器在真空环境下易发散。粒子束武器具有以下显著特点：（1）能量高度集中，穿透力强，脉冲发射率高，可以像动能武器一样破坏目标的内部结构，可以导致目标战斗部中的炸药爆炸，可以引起脉冲电流使电子设备失效。（2）可快速改变发射方向，能对付多个目标。（3）可识别真假目标。中性粒子束可识别真假目标，这在反导和反卫星作战中有非常重要的作用。（4）不受天气和环境的影响。粒子束没有大气畸变，也不受云雾等的影响，使用方便。

Q

全向格斗红外型空空导弹（all-direction dog-fight IR-guided air-to-air missile）用于格斗空战中探测目标的红外辐射、自动导引，并能从目标的各个方向攻击大机动飞行目标的导弹。通常由制导舱、引信舱、战斗部和发动机组成，包括导引、飞行控制、引爆和推进等子系统。它是战斗机必备的主攻武器，也装备强击机、歼击轰炸机、武装直升机等。由于红外型导弹系统配置简单、制导精度高、抗电子干扰能力强、导弹发射后载机可以立即脱离，因此各国装备使用的全向格斗空空导弹都采用红外制导。已经出现和正在研制的第四代全向格斗红外型空空导弹，具有下列新特点：（1）采用红外成像制导技术，以获得更远的全向探测距离和对红外诱饵等人工干扰的对抗能力；（2）采用低阻大过载气动外形设计，以获得更远的射程；（3）采用气动力推力矢量或全程推力矢量控制技术，提高导弹的机动能力，以对付最先进的战斗机；（4）采用弹道末端控制技术，使导弹能瞄准目标要害部位进行攻击；（5）采用新的离轴发射技术，使导弹发射时的离轴角达±80°、角速度100°/s以上，载机不作大的机动就可以发射导弹，甚至可以实现"越肩"发射。除此之外，正在研制的第四代空空导弹，有的采用红外末制导和捷联惯导中制导相结合的复合制导技术，使导弹具有格斗兼拦截的功能。随着弹载计算机技术的发展，多传感器数据融合技术的应用以及目标自动识别技术和多模制导技术的突破，红外型空空导弹正向着多功能、智能化、反导弹、反隐身的方向发展。

S

三位一体战略核力量（triad strategic nuclear force）由携带核武器的陆基洲际弹道导弹、潜射弹道导弹和战略轰炸机三部分构成的战略核力量结构形式。三者相互搭配，取长补短，可增强核威慑的有效性。目前洲际弹道导弹大多数部署在加固的地下井里，其特点是射程远、弹头威力大、命中精度高、反应时间短、指挥控制可靠。但地下井生存能力较差，所以洲际弹道导弹特别适合于实施先发制人的核打击（即"第一次核打击"），攻击敌方洲际弹道导弹地下井、地下指挥控制中心、核武器库等加固的战略目标。潜射弹道导弹都装在核潜艇上。核潜艇可长期在水下活动，机动性、隐蔽性好，因此潜射弹道导弹是生存能力最强的战略导弹。但目前命中精度一般没有陆基洲际弹道导弹高，适合于对敌实施报复性核打击（即"第二次核打击"），攻击对方的政治与经济中心、军事和工业基地、交通枢纽等战略目标。战略轰炸机可装载空地核导弹或核炸弹，适合攻击各种战略目标。

T

弹射发射（ejection launching）通过弹射动力装置和导向装置实现导弹发射的一种方式。它是冷发射的方式之一。弹射地面设备按所使用的工质可分为压缩气体弹射、燃气弹射、燃气-蒸汽弹射、水压弹射和电磁弹射等。弹射式发射的导弹均采用固体火箭发动机。对于小型战术导弹，采用弹射式发射可提高滑离速度和发射精度。另外，由于导弹飞行速度快，弹射式发射还可缩短小型战术导弹的飞行时间，提高导弹的生存能力，同时缩短操作手在阵地上的停留时间。战略导弹采用弹射式发射可以简化发射阵地，改善导弹发射环境，如潜地导弹和地地弹道导弹采用弹射式发射，可解决发动机燃气流的排导问题，也可免去燃气防护设备，消除燃气流引起的巨大冲击振动、噪声和热效应问题。弹射还可增大火箭或导弹的射程，或节省发动机的燃料，减小起飞质量。弹射式发射装置一般都比自力发射装置复杂，现已广泛用于陆基、海基和空基发射的战术和战略导弹。

W

外推力发射（external thrust emission）见冷发射。

微型制导炸弹技术（subminiature homing bomb technology）一项微型灵巧弹药技术。旨在将一种重113.4kg（250磅）的炸弹装入隐形飞机内。这种炸弹与重907.2kg（2 000磅）炸弹具有同等的毁伤力，而飞机的运载负荷却降低了70%～80%。美国研制的微型炸弹的直径为0.152m，长度为1.8m，采用激光雷达寻找目标。该项目所涉及的关键技术是高威力炸药、GPS抗干扰装置以及激光雷达末制导技术。

X

寻的制导（homing guidance）通过弹上的导引头接收目标辐射或反射的能量自动跟踪目标、产生制导指令、控制导弹飞向目标的制导方式。寻的制导分为主动寻的、半主动寻的和被动寻的三种类型。由弹上自带的照射源照射目标，导引头接收目标反射的能量进行制导，称为"主动寻的制导"。利用设在地面、飞机或舰艇上的照射源照射目标，导引头接收目标反射的能量引导导弹飞向目标，称为"半主动寻的制导"。不用照射源，依靠导引头接收目标辐射的能量进行跟踪并引导导弹飞向目标，称为"被动寻的制导"。寻的制导的缺点是作用距离较近，所以通常只用作导弹或鱼雷的末制导，与惯性制导或无线电指令制导等组成复合制导。例如，反舰导弹多数是采用惯性加主动雷达寻的制导。

巡航导弹（cruise missile）一种在大气中飞行且外形类似飞机的导弹。其大部分航迹处于近乎等高恒速巡航飞行状态。巡航导弹通常按其作战使命分为战略和战术两类；按目标种类分为对地、反舰等类别；按其速度分为亚声速、超声速和高超声速三种类别；按其射程分为近程、中程、远程和洲际四种类别；按其发射位置分为陆射、海射和空射三种类别。

Y

预警机（early warning aircraft）又称空中指挥预警飞机，集预警指挥、控制、通信和情报于一体的装置。它是空中活动雷达站和空中指挥中心，是现代战争重要的武器装备，是提高空中预警能力，使军事力量变得强大的最有效途径，具有巨大的战争价值。预警机按其使用可分为战略预警机、战术预警机；按其机种可分为固定翼预警机和旋翼预警机，按其使用条件又可分为舰载预警机和陆基预警机。

预警卫星（early warning satellite）主要用于监视、发现和跟踪敌方战略弹道导弹的发射的卫星。它利用红外探测器探测导弹主动段飞行期间发动机尾焰的红外信号，配合使用电视摄像机及时准确地判明弹道导弹的发射。这类卫星通常部署于地球静止轨道或周期约12小时的大椭圆轨道，一般由多颗卫星组网工作。有些国家的预警卫星还装有X射线探测器、γ射线探测器和中子计数器等，以兼顾探测核爆炸的任务。典型的预警卫星有美国的"国防支援计划"卫星、俄罗斯的"预报"卫星和美国正在研制的"天基红外系统"卫星。

Z

战略激光武器（strategic laser weapon）用于攻击敌方战略弹道导弹或卫星，射程在几百千米到几千千米的激光武器。目前的战略激光武器主要采用化学激光器。攻击弹道导弹的战略激光武器功率需达到百万瓦以上。攻击卫星需要的激光功率因毁伤方式的不同而变化，最高可达百万瓦以上。1983年美国提出"战略防御倡议"时，战略激光武器曾被列为最主要的优先发展项目。目前，战略防御激光武器的发展重点是美空军和弹道导弹防御局共同管理的天基（以卫星作平台）化学激光武器，预计在2012年左右可进行天基平台集成飞行试验，未来有可能进行星座式部署，拥有对战略弹道导弹的全球防御能力。美陆军和空军也在发展地基反卫星激光武器。陆军曾于1997年进行用地基激光照射卫星的试验，取得初步成功。目前美国和俄罗斯已初步具备激光反卫星能力。

战略通信卫星 (strategic communication satellite) 主要用于全球性战略通信的卫星。它使用大型地球站和舰载终端为各级指挥机构提供远距离、高速率、大容量的战略指挥通信服务。战略通信卫星通常定点于地球静止轨道，使用超高频(SHF，3～30GHz)和极高频(EHF，30～300GHz)频段。当然，由于卫星定点在赤道上空，南北两极地区是通信的盲区，77°以上高纬度地区的效果也不理想，还需要靠其他卫星系统来补充。

战区弹道导弹 (theater ballistic missile) 见战术弹道导弹。

战区导弹防御计划 (theater missile defence，TMD) 美国于1993年5月开始制订、用于战区、主要对付战役战术导弹的防御系统研制计划。它主要包括预警探测系统、指挥控制系统、火力打击系统。它由高层防御和低层防御两部分组成。高层防御主要是对来袭导弹的助推段、巡航段和大气层外的再入段实施拦截；低层防御主要是对来袭导弹在大气层内的再入段和末段实施拦截。美国极力推行的TMD，不仅仅是一个单一的反导系统，其实质是军事结盟，因此TMD是一个复杂的网络。它由设在各国(地区)的预警、探测、发射、储运等子系统组成。TMD成员国(地区)之间由此构成"互相依赖、互相制约"的军事体系。在亚洲，美国向日本、韩国甚至中国的台湾当局，发出了加入TMD的正式和非正式"邀请信"，其实质是要在亚洲建立起类似欧洲的以美国为主导的军事安全机制。

战术弹道导弹 (tactic ballistic missile) 用于支援战场作战、压制和消灭敌方战役战术纵深目标的近、中程弹道导弹。射程在1 000～3 500km范围内的通常又称为"战区弹道导弹"。战术弹道导弹通常装有常规弹头，也可装低当量核弹头，一般从机动发射车上垂直或倾斜发射。同火炮和火箭炮相比，它具有射程远、命中精度高、杀伤能力强等优点。战术弹道导弹同火箭炮配合使用，提高了杀伤能力和杀伤范围。战术弹道导弹攻击的主要目标有：指挥所、通信中心、军队集结地、装甲编队、机械化部队、导弹部队、前沿机场、防空阵地、后勤设施(加油库和装弹库)、交通要道(隧路、桥梁)等。对于幅员较小的国家，也用于打击政治经济中心、大城市、交通枢纽等战略目标。战术地地弹道导弹由于操作维护简单，生产购买便宜，特别受到第三世界国家的重视和偏爱。缺乏或失去制空权和制海权的国家，能远距离打击敌方纵深目标的唯一手段，就是使用战术弹道导弹。

战术高能激光武器 (tactical high energy laser weapon) 美国和以色列正在联合研制的战术激光武器系统。它主要由以下三部分组成：(1) 40万瓦级氟化氘化学激光器；(2) 0.7m口径的光束定向器，用于控制激光束瞄准飞行中的目标，并在目标某一固定部位上形成能量密度尽可能高的光斑，以摧毁目标；(3) 指挥、控制、通信与情报 (C^3I) 系统。整个武器系统可装在车辆上或数个集装箱里。车载型一次装料可供激光器射击50次，足以损伤20km远处目标的敏感元件，或直接烧坏、引爆5km远处的目标。在作战中，它可用于防御火箭弹、巡航导弹、反辐射导弹、作战飞机、无人机和直升机等多种目标；既可单独使用，也可与"战区高空区域防御"系统、"爱国者先进能力-3"导弹系统等一起构成多层防御系统。在以火箭弹为目标的激光打靶试验中，该系统曾多次击落俄制多管火箭炮发射的火箭弹。

战术通信卫星 (tactical communication satellite) 是使用小型地球站和机动终端，主要用于为作战部队及时提供低速率的战术性指挥与控制通信服务的卫星，如飞机、舰艇和快速运动的地面部队，以及单兵终端的机动通信卫星。其用户终端为机载、舰载、车载或手提肩背便携式。为适应战场实时、直播的需要，战术通信用户终端应满足小型、机动的要求，能够实现点对点通信。因此，通信天线与转发器的功率要大，抗干扰的能力也要更强。

照相侦察卫星 (photo reconnaissance satellite) 装有可见光相机、电视摄像机或合成孔径雷达等，借助照相机和感光胶片摄取目标的侦察卫星。它是侦察卫星的一种，分返回型和传输型两种。其工作原理是借助红外辐射扫描仪获取目标的热红外图像，或借助侧视雷达获取目标的微波图像。所获取的图像信息记录在胶片或磁记录器上，通过地面回收胶片舱，或用无线电传输方式实时或延时送回地面，再经加工处理和判读，识别出军事目标并确定其位置。

侦察卫星 (reconnaissance satellite) 携带光电设备或无线电接收机等侦察设备，从轨道上对既定目标实施侦察、监视或跟踪，以搜集地面、海洋及空中目标的情报卫星。侦察设备将搜集到的目标辐射、反射或发射的电磁信息，用胶卷、磁带等记录存储下来，然后，或利用返回舱在地面回收，或通过无线电实时或延时传输到地面接收站，或利用中继卫星转发。这些信息随后要经光学设备和电子计算机等加工处理，从中提取有价值的情报。侦察卫星的有效载荷主要有光电遥感器和电子侦察设备。光电遥感器包括可见光相机、电视摄像机、红外相机和多光谱相机等；电子侦察设备包括无线电接收机、侧视雷达和测距雷达等。由于侦察任务的不同，侦察卫星所携带的侦察设备也不同，从而构成了不同类型的侦察卫星。与其他侦察手段相比，侦察卫星具有以下突出优势：（1）轨道高，发现目标快，侦察范围广；（2）可长期、反复地监视全球，也可定期或连续地监视某一地区；（3）可短期内或实时地提供侦察情报，能满足军事情报的时效性要求，传输型侦察卫星利用中继卫星转发信息，可近实时发回目标的信息；（4）不受国界和地理条件的限制。

制天权（space supremacy）交战一方在一定时间内，对一定范围内外层空间的控制权。其目的是夺取宇宙空间优势，保证己方拥有航天行动的自由，剥夺敌方航天行动自由权。争夺制天权是交战双方为达到军事目的，使用空间与反空间武器系统，采取进攻或防御手段，对外层空间战场实施的控制过程。制天权对未来战争全局具有重大的主导作用。一方面，未来的太空军事力量"天军"，将是人类高智能、高技术的结合体，在未来武装力量中占据首要地位；另一方面，太空战场极其广阔深远，它全面包容覆盖传统的陆海空战场，具有"居高临下"的空间优势。"天军"一旦控制了太空战场，就能凭借其高智能、高技术和高空间优势，全面俯瞰陆海空战场。制天权将主导制空权、制海权和制电磁权，直接影响战争的进程与结局。争夺制天权的主要手段，是各种部署在太空以及地面、空中、海上的太空进攻性与防御性武器系统。争夺制天权的主要作战方式有：太空信息战、太空封锁战、太空轨道破击战、太空防卫战和太空对地突击战等。在军事航天技术的推动下，实施制天权作战行动，将是以"天军"为主体，其他军种参加的联合作战。

（四）电子战（Electronic Warfare）

C

超视距雷达（over-the-horizon radar）用于对战略轰炸机、巡航导弹、水面舰艇以及从地面发射的洲际导弹的早期预警的一种雷达。它工作在短波波段，主要用于探测地平线以下区域内的目标。按电磁波传播方式，它分为天波超视距雷达和地波超视距雷达。由于其工作频率很低（2～30MHz），为了获得良好的分辨力和测角精度，超视距雷达采用大型天线阵，发射天线和接收天线阵列各长达数百米至数千米，在方位上电扫描，监视60°的扇形空间。通常采用调频连续波体制或脉冲多普勒体制。超视距雷达探测距离远，预警时间长，是低空防御的一种有效手段。但其设备庞大复杂，测量精度低，分辨力差，易受太阳耀斑、极光和流星余迹的影响，电波通道不稳定。国外已有超视距雷达部署使用。

D

单兵综合装备（integrated individual-soldier equipment）数字化士兵的装备系统。世界第一套单兵综合装备是美国的"陆地勇士"。"陆地勇士"由综合头盔、计算机/无线电控制、软件、武器、防护服和单兵装备6个子系统组成。综合头盔子系统以一个重量很轻的头盔为平台，安装观察、瞄准和通信设备的相关部件，如能进行热成像显示、智能信息显示、位置显示等的显示器及微型对话器（麦克风）、激光窥测仪等。计算机/无线电控制子系统装在一个用两层帆布包装的框架内，有两套无线电通信设备和一套计算机，以及一个全球定位系统接收器。两套通信设备是士兵无线电通信设备和班长无线电通信设备；计算机的配置是比特32M随机存取存储器处理器、340M硬盘和85M光学存储器；定位系统接收器是5个通道的全球定位系统编码接收器。这一系统可以记录和传输屏幕上经压缩的图像，也可以处理激光测距仪和数字罗盘输入的信息，还可以显示由全球定位系统接收器所确定的操作者的位置数据。武器子系统计划采用理想单兵战斗武器系统。防护服子系统有防潮、防生化武器、防核辐射和空调功能。

单兵综合作战系统（integrated individual soldier combat system）集防护、战斗武器和观瞄与通信器材于一体的单兵作战系统。它由多功能头盔、防护装具、战斗武器、通信导航设备、士兵计算机和电池等部分组成。装备该系统的士兵，既是独立的作战单元，又是战场数字化网络中的一个节点。士兵通过该网络实现与上级和同级的实时信息连通，可提高协同作战能力。

弹道导弹预警雷达（ballistic missile early warning radar）用于探测洲际、中程与潜射弹道导弹，并能测定其瞬时位置、速度、发射点、弹着点等弹道参数的一类雷达。雷达多采用相控阵体制，探测距离可达数千千米，并能同时跟踪数百个目标。

敌我识别对抗（identification of friend or foe confrontation）能致自相残杀的一种重要作战手段。它一方面可通过向对方的敌我识别器施放干扰，使对方敌我识别器"视线"模糊，"看"不清敌我；另一方面，可通过向对方的敌我识别器发送相应的模拟应答信号，欺骗对方，以使对方的敌我识别器认敌为"友"，掩护己方的作战平台安全执行有关作战任务。

地形跟随和地形回避雷达（terrain following and avoidance radar）用于探测载机前方地形变化和显示地物，提供控制飞行信息，保障飞机低空突防安全的雷达。地形跟随雷达控制飞机保持在相对于地面某一选定高度上，跟随地形起伏进行机动安全飞行。地形回避雷达用于测量并显示高于安全飞行平面的地物高度参数和分布情况，提供回避信息，使飞机在水平面内绕过障碍物，保障低空、超低空飞行安全。

电磁装甲（electronmagnetic armor）利用电磁力削弱或拦截反坦克弹丸的装甲。它是正在研究中的一种新型坦克装甲，有被动式和主动式两种。被动式电磁装甲由两块金属板构成，当坦克被破甲弹击中时，聚能装药的药型罩融化形成的金属射流使内外两块金属板短路，强电流流过金属射流，改变其磁力学特性导致射流发散，贯穿力大大削弱，从而保护主装甲。主动式电磁装甲由钢板发射器和拦截钢板构成。当探测器探测到来袭的反坦克导弹时，信号传给计算机。当来袭弹接近到一定距离时，计算机接通开关，强电流流过感应线圈，产生强磁力把拦截钢板向来袭弹的路径发射出去，把来袭弹撞毁，或者使它偏离方向。如果来袭的是反坦克导弹，还可将导弹提前引爆。

电子对抗（electronic countermeasure）为削弱、破坏敌方电子设备(系统)的使用效能和保护己方电子设备（系统）正常发挥效能，而采取的各种措施和行动的统称。其基本内容包括电子对抗侦察、电子干扰和电子防御等。按电子设备的类型，分为雷达对抗、无线电通信对抗、光电对抗、水声对抗等。它是现代战争中重要的作战、保障手段。

电子对抗飞机（electronic warfare aircraft）又称电子战飞机，专门用于对敌方雷达、无线电通信设备、武器制导系统等实施电子侦察、电子干扰或火力攻击的军用飞机。通常用轰炸机、战斗机、运输机改装，有装载电子对抗装备的无人机。根据其任务，电子对抗飞机可分为电子侦察飞机、电子干扰飞机、反雷达飞机和综合电子对抗飞机。电子侦察飞机装有多频段、多功能、多用途电子侦察监视设备。平时它飞临敌方边境附近或深入敌领空，获取有关雷达、通信、武器试验等技术和战术情报；战时深入敌方阵地上空，获取敌方雷达、通信电台、武器制导系统等电磁辐射源的技术参数、类型、用途、配属的武器系统和地理位置等信息，为判明敌军兵力部署、武器配备、部队行动提供情报，为实施电子干扰和火力攻击提供目标数据。电子干扰飞机装有大功率雷达干扰机和通信干扰机、无源干扰投放设备和干扰引导侦察设备，同时配备自卫电子对抗设备，主要遂行电子对抗支援干扰，压制敌防空系统，掩护己方攻击机群突防。其干扰方式有远距离支援干扰、近距离支援干扰和随队支援干扰等三种。反雷达飞机载有电子侦察设备和反辐射导弹、集束炸弹等，主要是使用"硬杀伤"武器直接摧毁敌方地面雷达和杀伤人员。综合电子对抗飞机载有比较完善的雷达、通信、光电侦察设备及干扰设备、无源干扰器材和反辐射导弹、集束炸弹等武器，在计算机统一控制下完成多种电子对抗任务，包括雷达侦察、雷达干扰，通信侦察、通信干扰，光电侦察、光电干扰和反辐射攻击等。

电子防御（electronic defence）保障己方作战指挥和武器运用不受敌方电子攻击的一种措施。电子防御包括反电子侦察、抗电子干扰和对反辐射导弹的防护三方面。反电子侦察主要运用电子佯动、电子伪装和舰船隐身技术，使敌方获取虚假情报或不被发现。运用控制电磁波发射方向、发射功率、发射时间、发射频率等方法，减少敌方截收电磁信息的机会。采取无线电静默或雷达关机等措施，使敌方无法获取电子信息情报。抗电子干扰主要是运用新技术、新装备和启用新频段，使敌方原有的干扰手段失效。综合运用多种通信手段和多种体制雷达以达到降低敌方干扰作用。使用兵力、兵器攻击敌方的干扰源。对反辐射导弹的防护，主要是雷达及时关机或用防空兵器摧毁敌方反辐射导弹。

电子干扰（electronic jamming）利用电子干扰装备，在敌方电子设备和系统工作的频谱范围内采取电磁波扰乱的措施。电子干扰是常用的、行之有效的电子对抗措施。其干扰对象是敌方的雷达、无线电通信、无线电导航、无线电遥测、敌我识别、武器制导等设备和系统，也包括各种光电设备。有效的电子干扰会使敌方电子装备不能正常工作，造成通信中断、指挥瘫痪、雷达致盲、武器失控，处于被动挨打的境地；同时能为己方隐蔽行动意图，提高飞机、舰艇等重要武器系统的生存能力，为保证战役战斗的胜利创造有利条件。按电子干扰产生的方法分为有源干扰和无源干扰两类；按电子干扰的作用分为压制性干扰和欺骗性干扰两类。电子干扰在作战中只能使敌方电子设备和系统在短时间内效能降低或无法正常工作，不能破坏这些设备和系统，因此是一种"软杀伤"手段。电子干扰的实施，通常是按统一的电子战计划，同部队战斗行动协调进行。在航空兵突防作战中，一般采用远距支援干扰、近距支援干扰、随行干扰和自卫干扰四种基本战术。水面舰艇、潜艇作战侧重于自卫电子干扰。地面部队作战，则强调合理配置电子干扰群，干扰压制敌方通信指挥系统。电子干扰的效果不仅取决于所采取的干扰样式的技术特性和使用方法，还取决于敌方电子设备和系统所采用的反干扰措施。

电子攻击（electronic attack）主要是用于阻止敌方有效地利用电磁频谱，使敌方不能获取、传输和利用电子信息，以影响、延缓或破坏其指挥决策过程和精确制导武器的运用的一种战术。电子攻击包括进攻性和自卫性两部分。进攻性电子攻击主要是运用电子干扰、反辐射武器和定向能武器，攻击敌方的作战体系，保证己方的精确打击成功；自卫性电子攻击是运用电子干扰、电子欺骗和隐身技术，保护己方作战体系不遭敌方精确制导武器的攻击。它使用的兵力、兵器有电子战飞机、舰载电子干扰设备和反辐射导弹等。实施电子攻击时，一般由电子干扰飞机或舰艇对预定干扰目标实施电子干扰，削弱敌方舰艇对己方制导武器的防御能力，以掩护己方舰艇和飞机的进攻。

在舰艇防御来袭制导武器时，使用舰载电子干扰设备进行自卫干扰，诱骗其偏离目标而使攻击失效，以保护自身安全。

电子欺骗（electronic deceit）利用电子设备和器材发出电磁信号，模拟己方部队的行动和部署，欺骗敌方电子设备，使敌方对己方部署、作战能力和作战企图产生错误判断，从而迷惑和扰乱敌方的军事企图的技术。随着计算机网络、数字通信、电磁频谱、光学仪器、多媒体等高新技术的发展，电子欺骗正以其独有的特点和战略意义，为兵家所重视。电子欺骗的措施很多，有技术性的，也有战术性的；有迷惑性的，也有诱导性的。其主要技术手段有：电子干扰箔条、角反射器、电离气悬体、反雷达干扰烟幕、反雷达金属网、电波衰减型干扰器、结构型雷达电波吸收材料、反雷达伪装网、红外诱饵弹、计算机网络欺骗技术等。而其主要战术方法有四种：模拟欺骗、冒充欺骗、诱导欺骗、网络欺骗。

电子伪装（electronic camouflage）为阻碍敌人电子侦察与监视装备获取己方情报，隐蔽自己和欺骗、迷惑敌人所采取的伪装措施。它与电子侦察是对立的两个方面，其斗争的焦点是目标识别和防止识别（或造成错误识别）。电子伪装的基本原理是：目标总是出现在一定的背景之中，目标与背景之间的差别，是识别目标的基本依据。因此，要设法减小甚至消除目标背景上暴露出的光学和电子学特征，降低或消除目标与背景之间的差别，给敌人造成错误的识别。有效的电子伪装可大大降低敌人电子侦察装备的使用效果和武器的命中率，从而提高被保护武器装备或设施的生存能力。按照要对付的电子侦察手段的种类，电子伪装分为以下几种：（1）无线电伪装；（2）雷达伪装；（3）红外伪装；（4）光学伪装；（5）水声伪装。

电子战（electronic warfare）利用电磁能和定向能以控制电磁频谱攻击敌方的任何军事行动的一种战术。新的电子战定义中包括电子攻击、电子防护和电子支援三部分。电子攻击是利用电磁能或定向能攻击敌方人员、设施或设备，旨在降低、削弱或摧毁敌方的战斗力。电子防护是为保护己方人员、设施和设备免受己方或敌方运用电子战而降低、削弱或摧毁己方战斗力而采取的行动。它包括电子抗干扰、电磁加固、频率协调、信号保密、反隐身等各种防护措施。电子支援是对有意和无意电磁辐射源进行搜索、截获、识别和定位，以达到立即识别威胁的目的而采取的行动。电子支援包括信号情报、战斗告警和战斗测向三部分。

电子侦察（electronic reconnaissance）利用专用的电子侦察装备，对敌方的雷达、无线电通信、导航、遥测遥控设备、武器制导系统、电子干扰设备、敌我识别装置，以及光电设备等发出的无线电信号进行搜索、截获、识别、定位和分析，确定这些设备或系统的类型、用途、工作规律、所在位置及其各种技术参数，进而获取敌军的编成、部署、武器配备及行动意图等军事情报的系统。根据任务和用途的不同，电子侦察通常分为预先侦察和现场侦察两类。电子侦察装备本身不辐射电磁能量，只截获与分析敌方的电磁辐射以获取有价值的信号情报，因此要求电子侦察装备作用距离远、频谱覆盖范围广、获取信息量大并且及时、准确，自身必须隐蔽、保密，战时和平时都能不间断地使用。在现代战场电磁信号密集而复杂的环境中，大多数电子侦察装备都采用计算机技术来实现操作自动化。将不同平台、不同种类、不同功能和用途的电子侦察装备有机组合成电子侦察网，甚至形成全方位、多层次、多渠道和多手段的电子侦察体系，已成为适应未来信息化战争体系对抗需要的一种必然发展趋势。

对海警戒雷达（sea guard radar）用于探测、监视水面舰艇和低空、超低空飞行的目标，与舰艇雷达识别系统相配合判定目标的敌我属性，给火控雷达提供目标指示的专用雷达。

对空情报雷达（ground-to-air information radar）一种用于搜索、监视与识别空中目标，并确定其坐标和运动参数的雷达。它所获取的情报，主要用于发布防空警报，引导歼击机截击敌方航空兵器，为防空武器系统指示目标等。对空情报雷达按用途又可分为警戒雷达、引导雷达和目标指示雷达。

多普勒雷达（Doppler radar）利用多普勒效应测定单一目标径向速度的雷达。它又是一种连续波雷达。它发射固定频率的等幅电磁波，可根据回波信号的多普勒频移，准确测出目标的相对径向速度，但不能测距。它主要用于机载导航，测量飞机的地速和偏流角，或用于导弹或炮弹初速的测量。

F

反辐射武器（anti-radiation weapon）可直接摧毁敌方雷达辐射源的一种进攻性武器。其主要作战对象包括敌方空中、海上和地面的预警雷达、目标指示雷

达、地面控制截击雷达、地—空导弹制导雷达、高炮瞄准雷达、空中截击雷达以及飞机、舰艇等相关的载体和操作人员。根据结构和攻击的形式不同，这类武器可分为反辐射导弹、反辐射无人机和反辐射炸弹三大类。反辐射导弹又可分为空—空、空—地、空—舰和地—空、舰—空、舰—舰等类型。反辐射无人机是利用雷达截面积小和在无人机上安装的无源探测导引头和引信战斗部不易被雷达发现的特点开发的，能在巡航中利用敌方雷达信号并跟踪直至摧毁敌方雷达的一种反辐射武器。反辐射炸弹一般分为无动力型和有动力型两类。无动力型反辐射炸弹在投放时，载机须飞至敌方雷达阵地附近，有较大的危险性，攻击方须具有较大的制空权优势才能使用；有动力型反辐射炸弹与反辐射导弹类似，其特点是控制方式简单，战斗部威力大，但攻击命中精度较低。

G

光电对抗（photoelectronic counter measure）敌对双方在光波段（紫外、可见光、红外波段）范围内，为削弱、破坏或摧毁敌方光电侦察装备和光电制导武器的作战使用效能，并保证己方光电装备及制导武器作战使用效能的正常发挥而采取的战术技术行动。

H

合成孔径雷达（synthetic aperture radar）采用合成孔径天线技术的相干成像雷达。按其信号处理的方式，分为聚焦型、非聚焦型和部分聚焦型雷达等类型。它通常装载在飞机或航天飞行器上，用于空中侦察与地形测绘、资源勘探、环境遥感以及天文研究等。由于雷达是运动的，通过对回波信号的存贮、校正和合成等处理，可使一个运动的小天线等合成有效孔径很大的天线，而获得很高的方位分辨率。高距离分辨率则通过采用脉冲压缩技术来获得。合成孔径雷达采用全相干体制，具有高的频率和相位稳定度，对载机的航向、航速及不规则运动都有较高的要求，并能采取措施进行精确补偿。

J

机载预警雷达（airborne early warning radar）安装在预警飞机上，用于探测、监视空中各高度特别是低空和超低空的飞行目标和海面目标，同时兼有空中指挥引导功能，也可用于空中交通管制和紧急事件空中支援的雷达。

机载自卫电子战系统（airborne self-defence electronic warefare system）为及时向驾驶员发出威胁警

报，以便实施电子干扰，保护自身安全而在飞机上安装的电子战系统。该系统由威胁告警、侦察监视与电子干扰设备组成。其主要任务是：在飞机突入敌目标区上空进行攻击的全过程中，利用雷达、红外、激光报警设备，自动搜索、截获和识别敌地空导弹雷达、炮瞄雷达、目标引导雷达、机载火控雷达、空空导弹雷达或红外制导系统等的电磁辐射信号，用灯光和音响向机组人员发出威胁告警，并自动或人工引导有源或无源电子干扰设备实施有效的压制性干扰或欺骗性干扰，使敌方无法发现目标和实施攻击，达到保护自身安全的目的。机载自卫电子战系统已成为现代作战飞机突防时的一种关键性"软杀伤"自卫武器。它与专用电子干扰飞机、反雷达飞机相结合，构成航空兵夺取空中优势或电磁优势的三大支柱，在现代空中作战中占据十分重要的地位。

计算机病毒对抗（computer virus countermeasure）利用计算机病毒进行信息战的一种崭新的技术手段。计算机病毒所攻击的是 C^3I 系统的核心部件，而且有隐蔽性和传染性。其主要特点是：（1）增加了电子对抗的攻击途径；（2）扩展了电子对抗的作用时间；（3）增加了攻击的突然性；（4）提高了攻击的可靠性。未来战争破坏力最大的已不再是核打击，在电脑已经成为军事指挥、武器控制和国家经济中枢的情况下，计算机病毒打击将更直接、更危险。

计算机病毒武器（computer virus weapon）一类隐蔽在计算机资源中，能自我复制、传染，并破坏计算机正常运行的有害程序，可用作攻击敌方计算机及其网络的一种武器。计算机病毒按其破坏程度可分为两类：（1）良性病毒。它能传染其他程序，但不破坏系统功能。（2）恶性病毒。不但能传染，而且能破坏系统功能，使计算机无法运行，如果计算机联网，将使整个网络瘫痪。计算机病毒如同生物病毒一样，依附于一定的运载平台而存在。其寄生方式主要有寄生于某个主程序周围、依附于计算机操作系统中、侵入应用程序中等三种。

计算机网络战（network warfare）简称网络战，以计算机和计算机网络为主要目标，以先进信息技术为基本手段，在整个网络空间所进行的各类信息攻防作战的总称。它是信息战的主要作战样式。它的"攻"与"防"都是围绕"信息内容"和"信息基础设施"这两个方面来进行的。攻击的手段包括黑客攻击、病毒传播、信道堵塞、节点破坏等。这种作战样式正在发展之中。这种以网络作为对抗平台的无形战争样式必将给传统战争观念、战争时空、战争形态带来巨大的冲击。

经济信息攻击（economic information attack）见经济信息战。

经济信息战（economic information war）用经济信息攻击及封锁等手段破坏敌国经济的信息战。经济信息攻击是指一个国家、组织或个人通过计算机网络系统为破坏别国经济而实施的"信息攻击行动"。经济信息封锁是指切断敌国与外部世界的经济信息联系的行动。其效果取决于敌国对外贸易的依赖程度，越是依赖进出口贸易的国家，其经济受到的损害就越大。实施经济信息封锁的方法是：中断与敌国的电子信息交换；关闭通向敌国的互联网；切断与敌国的有线与无线通信等。

K

空间目标监视系统（space target surveillance system）对空间目标进行探测跟踪、定轨预报、识别编目、侦收分析的情报获取系统。空间目标是指在宇宙空间运行的航天器和空间碎片，重点是别国军用航天器。空间目标监视系统是现代战略防御的基本组成部分之一，是获取空间战略情报的重要手段，也是进一步发展航天技术不可缺少的保障。空间目标监视系统由数据处理指挥中心与若干监测台站（含星载、机载和舰载监测系统）组成。它包括探测系统、信息处理系统、通信系统、时间统一系统四个基本部分。系统中心主要对各监测台站的测量信息进行汇集、处理、分析、存储、发送，提供有关部门使用，并对各台站实施指挥管理，是全系统的中枢。监测台站主要通过探测系统直接获取空间目标的信息，并进行初步处理。探测系统的主体设备类型有连续波监视雷达、脉冲监视雷达、星载或机载红外监视系统、深空望远镜、激光测距仪与激光雷达、无线电侦察系统。信息处理系统由计算机硬件、各种软件、控制显示、分析记录设备等构成，主要对监测信息进行实时和事后处理分析。通信系统保证系统中心与各监测台站之间的通信联络和信息传输。时间统一系统为各设备提供统一的时间标准和频率。

L

雷达对抗（radar countermeasure）利用电子干扰、电子欺骗和反辐射导弹攻击等软、硬杀伤手段，扰乱或阻断敌方雷达对己方目标（飞机、军舰等）的探测和跟踪，同时保障己方雷达正常使用的一种作战行动。雷达对抗与雷达是"矛"与"盾"的关系。它是敌对双方在电磁频谱领域中围绕着军用雷达的有效使用与反使用而进行的一种电磁斗争。

联合战术信息分发系统（joint tactical information distribution system，JTIDS）美军通用的一种保密、抗干扰、大容量数字无线电通信网络，即16号数据链（Link16）。它用于三军联合作战的指挥控制系统中，可产生实时战场敌我态势并传送指挥控制命令，也可用于导航和敌我识别。系统工作频段为960M～1 215MHz，电波沿视线传播，经地空、空空转发，可覆盖方圆上千千米的战场。用户终端分为以下三类：（1）用于指挥控制平台，如预警机、地面防空指挥控制中心和大型舰艇，发射功率从一瓦至几千瓦，数据处理和显示功能强；（2）战术终端，配备在战术飞机和舰艇上，发射功率为200～500W之间；（3）背负式通信设备，供陆军小分队、单兵、车辆和小型舰艇使用。联合战术信息分发系统用在防空预警系统中，可将预警机获得的大量信息实时传输到地面指挥部、空军基地、海军舰艇、作战飞机和防空武器系统，在地面雷达发现目标之前，就能提供关于敌机的距离、方位、高度、航向、航速、机型等数据，使防空部队能提前制订作战方案，指挥飞机起飞和引导拦截，同时使地面防空系统的跟踪制导雷达提前对准目标来袭方向及时截获目标，以便适时发射武器实施拦截。联合战术信息分发系统的特点是：（1）在同频段通信网没有主台和属台之分，网络中任何用户之间都可以通信，互不干扰；（2）保密性好，用户不必呼叫，可以随意接收网络中任一用户的信息，敌方难以判断通信关系；（3）采用扩频跳频技术，抗干扰能力强；（4）通信容量大，一个网可以容纳数以千计的用户，一个地区在同一频道内又可以组成数十个网，网络之间可互通；（5）功能多，是一种集通信、导航、敌我识别于一体的综合信息系统。

S

三坐标雷达（three coordinate radars）能同时测定空中目标的距离、方位和高度（或仰角）三个坐标数据的雷达。通常在方位上采用机械扫描搜索，在仰角上采用多波束、频率扫描和相位扫描等方法测量目标高度，采用计算机处理目标信息，具有较高的数据率测量精度和分辨力，能提供多批目标的多种数据。它主要用于对空警戒、引导、目标指示

和空中交通管制等方面。

T

跳频（frequency-hopping）一种在一定的频率范围内随机跳变无线电发射设备的载波频率的反干扰技术。它可用机械方法，也可用电子方法。

W

网络中心战（network centric warfare）由于战场信息感知系统、指挥决策系统、信息传输系统的网络化、智能化、实时化，使整个海军作战部队及其协同部队和支援系统能够以高速信息网络为中心组织起来，联合完成作战任务，实现战略使命的一种作战方式。

无线电通信对抗（radio communication countermeasure）简称通信对抗，为削弱、破坏敌方无线电通信系统的使用效能和保护己方无线电通信系统使用效能的正常发挥所采取的措施和行动的总称。通信对抗是电子对抗的重要分支。其实质是敌对双方在无线电通信领域内为争夺无线电频谱控制权而展开的斗争。

X

相控阵雷达（phased-array radar）利用电子技术控制阵列天线各辐射单元的馈电相位，使天线波束指向在方位和仰角上快速变化的雷达。是一种相位扫描雷达。相控阵天线通常是由数百甚至上万个辐射单元排列成的平面阵列天线，阵面固定不动，由电子计算机控制移相器，形成多个波束在空间扫描，可以在数微秒内使天线波束指向变换到搜索范围内的任意位置。相控阵雷达目标容量大，数据量大，可同时监视和跟踪数百个目标。一部雷达可具有搜索、识别、跟踪、制导、无源探测等多种功能。对复杂目标环境的适应能力强，反干扰性能好，可靠性高，但设备复杂、造价昂贵，且波束扫描范围有限。一个天线阵的最大扫描范围为90°～120°。当需进行全方位监视时，需配置3～4个天线阵面。相控阵雷达主要应用于战略导弹防御、靶场测量，以及对空监视、地面炮位侦察、火控、制导和飞行管制等方面。

心理战（psychological warfare）敌对双方为争夺民心，瓦解敌方士气，通过广播、电视、传单、计算机网络等信息传媒，制造各种利己而不利敌的信息所进行的斗争。它是一种重要的信息战样式。实施心理战有助于以有限的兵力、最小的伤亡和物质消耗达到预想的军事目的。现在信息心理战的主要目标越来越指向敌方的决策层，迫使其动摇立场，改变决策，或

使其决策失误。另外，采用的技术装备越来越先进。除了利用广播和电视等传媒手段外，还采用了语言模拟技术、虚拟现实技术、激光技术等，因而大大提高了心理战的效果。

信息加密（information encryption）利用密码技术对信息进行的伪装。在密码学中，是用密码体制把明文变换成密文（难以理解的形式）的操作。即使当信息被窃取或被泄漏时，获取者也难以识别，由此达到保证信息安全的目的。加密技术的核心是密码，即按约定法则对信息进行明密变换的手段。

信息鉴别（information authentication）对系统或网络中信息交换的合法性、有效性和交换信息的真实性进行的证实。信息鉴别是防止对信息进行有意修改等主动攻击和干扰的重要手段，是保证信息安全的一项重要措施。目前，信息鉴别一般包括报文鉴别、身份鉴别和数字签名三种类型。

信息欺骗（information deceit）采用各种手段，或提供虚假信息，使敌方怀疑信息的正确性的措施。现代军队的信息获取，主要依赖于各种先进的战场侦察器材和数字化通信网络，而侦察器材无论如何先进，也都只能机械地寻觅或接受被监视对象的外部现象，不可能透过事物的外部现象去发现其内在本质。经常运用的信息欺骗手段有：雷达欺骗、光学欺骗、传感器欺骗、通信欺骗、计算机网络欺骗、新闻媒体欺骗、对精确制导武器的欺骗等。

信息优势（information superiority）能在阻止敌方自由利用信息和信息系统的同时，己方拥有占优势的信息搜集、处理、分发和利用能力的一种状态。一般来说，作战一方占有信息优势，就可以对兵力及火力进行更加有效的指挥控制。

信息战（information war）综合运用信息技术和武器，打击敌人的信息系统的一种战术，特别是侦察和指挥系统，能使敌人情况不明，难以作出决策，或者给以虚假的信息，使之作出错误的决策，处处被动挨打，最后不得不放弃抵抗。与此同时，采取一切措施保护自己的信息系统不受敌人的干扰和破坏，各种功能得以充分发挥。信息战的核心是争夺制信息权。争夺制信息权的斗争，如同以往争夺制空权、制海权一样，成为现代战争各个战场上争夺的焦点。掌握了制信息权，也就掌握了战争的主动权。信息战将改变未来战争的作战样式。信息加火力优先打击敌信息系统的行动，逐渐取代了传统的以火力大量杀伤敌有生力量、攻城略地的战役行动。各种侦察技术手段、电子战装备和精确制导武器将在战争中起主导作用。在信息战防御方面，将更加注重隐身武器、电子伪装、电子欺骗等手段的运用。

Z

制电磁权（electromagnetism dominance）交战一方在一定时空范围内对电磁频谱使用的控制权。按其规模，可分为战略制电磁权、战役制电磁权、战术制电磁权。战略制电磁权，即在战争的全过程或某个战略阶段，在全部战场空间取得的制电磁权；战役制电磁权，即在战役全过程或重要战役阶段，在整个战役战场或主要战役方向取得的制电磁权；战术制电磁权，即在战斗全过程或重要战斗阶段，在局部空间取得的制电磁权。夺取制电磁权的目的是为了确保己方能自由使用电磁频谱，不受对方的电磁威胁；同时，剥夺对方自由使用电磁频谱的权利。在高技术战争中，夺取制电磁权是夺取制天权、制空权、制海权乃至战场主动权的重要条件。

制信息权（information dominance）交战一方在一定的时空范围内对战场信息的控制权。按其控制范围，可分为全面制信息权和局部制信息权；按其作战层次，可分为战略制信息权、战役制信息权和战术制信息权。制信息权的主要表现是战场情况对己方透明，对敌方模糊。其基本目标是控制战场信息空间。其最高目标是控制敌方的认识和信念系统。夺取制信息权的目的，是为了夺取并保持己方使用信息的自由权和主动权；同时，剥夺对方使用信息的自由权和主动权。制信息权是夺取制空权、制海权、制天权的前提条件。在现代战争特别是信息化战中，敌对双方争夺制信息权的行动通常先于其他作战行动，并贯穿作战的始终。在作战过程中夺取和保持制信息权，便为作战的胜利提供了基本保证。

综合电子战系统（integrated electronic warfare system）把单个或多个作战平台上的不同种类、不同型号、不同频段与不同用途的电子战装备及多种作战手段，有机地组合成一个完整的、通用的多功能电子战系统。其特点是：突出系统的综合设计、信息资源的综合利用和电子对抗资源的综合管理与控制，实现多种电子战功能的综合化。综合电子战系统是现代军事斗争中体系对抗的必然产物，是打赢信息化战争最有效的"电子兵器"，在现代战争中具有重要的作用。

（五）核生化（Nuclear Biochemistry）

C

次临界实验（subcritical experiment）实验装置中的核装料（武器级铀或钚）始终被控制在次临界状态，不发生自持链式核反应因而不发生核爆炸的一种实验。进行次临界实验的目的是：（1）评估库存核武器的安全性与可靠性；（2）检验用于模拟核武器性能的计算机程序；（3）在禁止核试验后维持核武器研究机构及核试验基地正常工作，保留一批有经验的核武器设计和试验人才。核装料的临界质量是指在一定条件下实现自持链式核反应所需的最小质量。大于这个质量的称为超临界，小于这个质量的称为次临界。

D

地面核试验（ground nuclear test）包括近地面试验和塔爆试验两种方式在内的一种大气层核试验。近地面核试验时，试验装置被安放在地面的支架上，核装置离地面很近，一般从几十厘米到几米。各种探测器、记录设备和效应试验物一般都布置在相对爆心不同距离和方位的地面、工事或地堡内。试验时，采用远距离控制（有线、无线或两者结合）方法控制引爆核装置，并同步启动各种测量仪器设备。试验后回收测量记录和可回收的效应试验物，进行分析处理后对试验结果作出评价。塔爆核试验是将试验装置放置在专门建造的试验塔顶的工作间内，试验塔高度一般为数十米到上百米。由于试验装置离地面的高度比近地面试验高许多，爆炸时形成的弹坑较小或不形成弹坑，爆心及其下风向地区的放射性污染也比近地面爆炸试验要轻。各种探测器和记录设备的布放与近地面试验一样，但因塔顶上放置试验装置的工作间不可能很大，难以在核装置附近布置较多的探测器，不利于精确测量核装置的反应过程。同样，也可以在爆心周围的较大范围内布放效应试验物和测量仪器，进行杀伤破坏效应的测量和研究。

地下核试验（underground nuclear test）把核装置埋放在地表下面所进行的核试验。按核爆炸装置的不同埋深，地下核试验分成浅层地下核试验和封闭式地下核试验。浅层地下核试验时，核装置上方覆盖的岩层和核装置残骸会喷出地面，形成弹坑，并造成严重的放射性污染。深层地下核试验，一般不会有大量放射性污染物逸出，所以也称"封闭式地下核试验"。多年来，各有核国家一直在探索防止放射性产物泄出的各种措施，已可将封闭式地下试验的放射性泄漏量控制在很低的水平。

毒素武器（toxin weapon）介于传统生物武器与化学武器范畴之间的、利用生物毒素杀伤人员的一类新型武器。美国将其列为生物武器，而俄罗斯列为化学武器，有些资料称之为"生物化学武器"。毒素武器所指的毒素是来源于生物的天然有毒化学物质，包括真菌、陆上动植物及海洋生物产生的有毒化学物质与生物体内具有活性的生物调节剂，大部分是小分子的有机化学物质和肽类化合物。毒素武器的军事使用方式与手段更接近于化学武器。

G

伽马射线炸弹（gamma ray bomb）令某些放射性元素在极短的时间内迅速衰变，从而释放出大量的伽马射线，一种介于核武器和常规武器之间的新型武器。它不会像核炸弹那样造成大量的放射性尘埃，但是所释放的伽马射线的杀伤力比常规炸弹高数千倍。这种新型炸弹威力巨大，能避开国际社会对于核武器的种种限制。

H

核地雷（nuclear mine）在地面或地下爆炸，可直接杀伤敌人，或阻碍、迟缓、迫使敌人改道的一种原子爆破装置。它可埋设在地下建筑物内、桥梁上、隧道内或水坝上，利用定时器或遥控指令引爆。此外，核地雷还可用来破坏敌方机场、指挥所、运输站、通信站、工业基地和油料供应系统等关键设施。它可单个使用，也可以成组或密集使用。核地雷由有一定威力的核装置、起爆系统、保险装置、动作系统和电源组成。根据其质量和大小，可整体或分开包装运输。小威力特种爆破核地雷还可随身携带。

核电磁脉冲弹（nuclear electromagnetic pulse bomb）简称EMP弹，即以增强电磁脉冲效应为主要杀伤破坏因素的具有特殊性能的核武器。可利用其在大气层外爆炸时产生的强电磁脉冲，毁坏敌方的通信系统及电子设备。

核生化防护装备（nuclear biochemical protective equipment）对核生化武器的袭击实施防护的各种装备与器材的总称。它是部队在核生化环境下作战的重要保障装备，用于及时判定敌人使用核生化武器的情况，查明造成危害的范围和程度，进行防护、洗消和预防急救，使人员免受伤害或尽可能减轻伤害。按用途可分为观测、侦察、防护、洗消和预防急救器材等。观测器材用于对敌核生化武器袭击进行观测报警。侦察器材用于发现放射性污染、毒剂、生物战剂和测定空气、地面、水域、人员和武器装备受污染的情况。防护器材用于保护有生力量，避免或减轻核生化武器造成的伤害。各国在研制防护器材时，通常把防核辐射、放射性污染等核效应与防化学毒剂、防生物战剂三者结合起来。洗消器材用于对染有毒剂、放射性污染、生物战剂的人员、服装、装备、地面进行消毒和清除污染。预防急救器材用于预防毒剂、生物战剂、核辐射的伤害，对中毒人员进行急救。为满足未来战争的需要，核生化防护装备正向高效多能、准确可靠、轻便实用、灵敏自动的方向发展，能在更远的距离上，以更快的速度和更高的效率，发现并查明敌方核生化武器的袭击，迅速转入防护状态和确定战斗行动，以保障部队在敌方使用核生化武器条件下的生存能力和作战能力。

核威慑（nuclear deterrence）交战一方以拥有并将使用核武器相威胁，迫使敌方不敢发动战争特别是核战争的战略。它是当代核战略之一。核威慑可分为进攻性核威慑和防御性核威慑两种。进攻性核威慑战略的一个重要特点，是奉行"首先使用核武器"的政策。它们的核武器不仅用来慑止对手的核进攻，而且还用来慑止对手使用常规武器的进攻。此外，核力量除用来保护本国以外，还用来保护其盟国，这种核威慑又称为扩展的威慑。中国实行积极防御的军事战略。核威慑是积极防御的一种手段。中国坚持不首先使用核武器，坚持无条件地不对无核国家和无核区使用或威胁使用核武器，核武器只用于慑止或报复别国的核进攻。因此，中国完全是自卫型的，是对霸权主义威慑的反威慑，同超级大国的核威慑战略有着本质的区别。

核武器（nuclear weapon）利用原子核进行的链式裂变反应或聚变反应瞬间释放巨大能量，产生爆炸作用，并具有大规模杀伤破坏效应的武器。核武器一般是指由核弹头及其投掷发射系统组成的武器系统。主要利用铀-235或钚-239等重原子核的链式裂变反应原理制成的核武器，叫做"裂变武器"，或称"原子弹"。主要利用重氢（氘）、超重氢（氚）等氢原子核的热核聚变反应原理制成的武器，叫做"聚变武器"，也称"热核武器"或"氢弹"。核武器爆炸时释放的能量，比只装化学炸药的常规武器要大得多，比如1kg铀全部裂变释放的能量相当于近20000t TNT炸药的威力；1kg氘气全聚变所放出的能量相当于60000t TNT炸药的威力。

核战略（nuclear strategy）筹划和指导军队核力量发展和运用的方略。核战略从属于军事战略，并受它的制约和指导。核战略的运用对国家政策影响极大，在军事战略中占有重要的地位。研究和解决的问题主要是：（1）核力量建设的方针、原则；（2）核力量运用的基本原则；（3）核战争的可能性，爆发的条件、特点、样式和作战方法；（4）核打击目标的方针及其运用；（5）核力量的指挥与控制；（6）对核战争的心理准备；（7）核军备控制等。

核战争（nuclear war）以核武器为打击手段的战争。核战争是相对于常规战争的一个概念。由于核武器的巨大杀伤破坏力和高精度、远程投递等特点，使核战争具有许多与常规战争不同的特点：（1）破坏性巨大且突然性更大。核武器系统反应迅速、飞行速度快，具有全方位打击能力，数分钟或数十分钟内可到达敌国领土上任何目标，并确保摧毁。核大国把突然袭击作为核战略的重要原则，认为先发制人对核战争的胜负具有关键意义。（2）战争范围大，立体性强。（3）战场变化急剧，战争进程快。（4）电子信息斗争更加激烈。电子设备尤其是电子计算机是核武器系统和指挥控制系统的关键和核心。（5）战争消耗、破坏巨大，对后方依赖增加，保障任务繁重。（6）战争指挥方式要求高，组织指挥复杂困难。核战争的爆发与国际政治、军事形势密切关联，也与其他一些条件有关。一般认为以下四种情况可能爆发核战争：（1）国际形势高度紧张，政治、经济、军事矛盾全面激化，一开始就实施大规模的核突击。（2）常规战争升级为核战争。（3）由政治失误而爆发核战争。如对对方的某些行动做出错误估计而导致核战争。（4）偶然爆发核战争。如指挥系统或核武器系统发生故障或事故，向另一国发射了核导弹而引发。由于核武器具有毁灭性的杀伤力，且越来越多的核大国认为"核战争没有胜利者"，因此制约和制止战争的因素也越来越多。

核钻地弹（ground drilling nuclear bomb）一种能钻入地下一定深度后爆炸的核炸弹。核爆炸的大部分能量耦合在地下产生强烈的地震冲击波和成坑作用，从而破坏敌人的地下加固军事目标。核钻地弹对地下目标的破坏取决于核爆威力、钻地深度、目标周围的地质条件等。核钻地弹依靠动能钻地，钻地深度和弹重、长径比、头部形状、撞击速度、攻击角度等因素有关。核钻地弹穿过岩石或混凝土时，过载高达几千个重力加速度，弹体将承受巨大的冲击力，可能发生破裂。内部的电子设备，特别是核装药很容易损坏。因此，核钻地弹的弹壳非常坚固，呈整体设计，少有焊接缝，而且弹体内有填塞物以减少内部装置震动。此外，内部装置的布放要保证弹的质量中心在一个恰当的位置，才能确保钻地过程中弹道的稳定。

化学失能剂武器（deactivating chemical weapon）能造成人员暂时失去正常的精神、躯体功能，以致丧失战斗力的化学毒剂。化学失能剂种类很多，其中，超级腐蚀剂比氢氟酸的腐蚀性强几百倍，可用来毁坏桥梁、坦克的光学仪器或弹药的点火装置；超级润滑剂喷涂到机场跑道、街道、码头等场所，其表面非常光滑，使摩擦力小到任何物体无法终止运动的程度；聚合剂是超级黏合剂，喷涂到武器发射装置上或各种机械装备上，使运动部件无法活动。对人使用的非致命化学药剂武器——蒙幻药，用后使人的口能说、眼能看，就是身体不能动；镇静剂使人昏睡，无战斗力；防暴剂可控制暴乱。

化学武器（chemical weapon）以毒剂的毒害作用杀伤有生力量的武器。它包括装有毒剂或毒剂前体的化学弹药和航空布洒器等施放器材。

化学洗消设备（chemical decontamination unit）对染有毒剂和放射性物质及生物战剂的人员、武器装备、服装、地面及工事进行消毒和消除沾染所用的设备。它主要包括各种洗消车辆和轻型洗消器材及所使用的各类消毒剂。化学洗消设备按其消毒方法可分为水基消毒和非水消毒；按其结构特点可分为洗消车辆、轻型洗消器材和单兵洗消器材。洗消车辆主要有喷洒车、淋浴车、燃气射流车、多功能洗消装置等，用于对大型兵器、技术装备、人员和道路进行洗消。其特点是高效、快速、作业量大、保障能力强。轻型洗消器材主要有车炮消毒盒、坦克消毒器和便携式洗消器材，用于各种车辆、火炮及工事顶部的消毒。单兵洗消器材包括各种消毒包、消毒盒，供人员及对所携带的武器进行洗消。化学洗消设备的发展趋势是：研究高效、广谱、低腐蚀、无污染的新型洗消剂；研究新的消毒技术，如激光消毒法、生物消毒法。消毒器材将朝着品种多样、性能优良和提高机械化程度等方面发展，重点研究高温、高压、简便、无水洗消技术，发展多功能、模块化、智能化大型洗消装备。除传统的便携式消毒器和车载洗消器外，近年来相继出现了燃气射流空气洗消车、装甲洗消车、气垫消毒缸、热空气消毒帐篷以及类似于吸尘器的消毒装置等一些新式洗消器材。武器装备染毒后的洗消十分复杂，因此，不少国家正加强武器装备的"化学加固"研究，开展武器装备的材料对化学战剂的稳定性研究，以提高装备的抗污染与耐洗消能力，如在武器装备表面喷涂对毒剂稳定的涂料等。

化学侦察器材（chemical reconnaissance equipment）用于发现毒剂、查明毒剂种类、染毒情况并及时报警的技术装备。它包括观察、报警、侦毒、监测和化验等器材。观察器材用于观察化学袭击情况和毒气扩散方向。报警器材用于及时发现化学袭击并报警。侦毒器材用于及时发现并查明毒袭区毒剂种类、空气中毒剂的概略浓度、毒区范围和扩散界，以及标志毒区边界和采样。化验器材用于对各种染毒样品进行分析化验，验证或确定毒剂种类、染毒密度，对未知毒剂作出判断。化学侦察器材的基本结构形式有便携式、固定式和机动式等，分别配备一般分队和专业分队，以便舰艇、飞机、装甲车辆、机场和大型工事使用。化学侦察器材的工作原理因器材类型而异。侦毒、化验主要采用化学方法，通过从空气、水或土壤中采集样品，经分离后与一定的试剂进行化学反应或电化学反应，产生不同的颜色或电流、电压变化，即可测定毒剂的种类和概略浓度。化学观察、检测和报警主要是用物理方法或物理化学方法对毒剂进行检测。化验器材除了应用传统的分析化学方法以外，还采用干法试剂显色、色谱、质谱、红外光谱、核磁共振波谱等新技术。化学侦察器材还广泛使用压电晶体、半导体芯片、场效应晶体管等制作的传感器；利用含磷毒剂对胆碱酯酶的特殊抑制功能和单克隆抗体的特异性反应，制成适用于空气、水等各种样品的高灵敏度侦毒、报警和化验器材。目前，化学侦察器材将向早期报警、小型化、网络化、集成化的方向发展。

幻觉武器（psychedelic weapon）运用全息投影技术，从空间站向云端或战场上的特定空间投射有关影像、标语、口号的一种激光装置。它的作用是从心理上骚扰、恫吓和瓦解敌军，使之恐惧厌战，继而放弃武器逃离战场。另外，动能、智能、超微型、闪电、地震、气象等武器也正在研究中。

J

基因武器（gene weapon）又称DNA武器，运用先进的遗传工程技术，用类似工程设计的办法，按人们的需要通过基因重组，在一些致病细菌或病毒中接入能对抗普通疫苗或药物的基因，或者在一些本来不会致病的微生物体内接入致病基因而制造成的生物武器。基因武器的使用方法简单多样，可以用人工、飞机、导弹或火炮把经过基因重组的细菌、细菌昆虫和带有致病基因的微生物，投入他国的主要河流、城市或交通要道，让病毒自然扩散、繁殖，使人、畜在短时间内患上一种无法治疗的疾病，使其在无形战场上丧失战斗力。由于这种武器不易发现且难防难治，一些科学家对它的忧虑远远超过了当年一些核物理学家对原子弹的忧虑。

军用仿生导航系统（military biomimetic navigation system）利用生物技术手段模拟动物的导航系统来简化军事导航的系统。自然界中的许多动物都具有导航能力。经研究发现，鸟的导航系统只有几毫克，但精确度极高，探测误差小于$0.03\mu W/m^2$。一些国家利用生物技术手段模拟动物的导航系统来简化军事导航系统，以提高精度，缩小体积，减轻重量，降低成本，增强在复杂条件下的导航能力。

军用生物能源（military biological energy）通过生物技术制造出的可替代汽油、柴油供军队使用的能源。主战兵器的机动装备大都以汽油、柴油为燃料，跟踪补给任务重、要求高。生物技术可利用红极毛杆菌和淀粉制成氢，每消耗1g淀粉就可生产出1mL氢。氢和少量燃料混合即可替代汽油、柴油。这样，机动装备只需要带少量的淀粉，就能进行长时间远距离的机动作战。日本、加拿大等国把细菌和真菌引入酵母，酶解纤维生产酒精，或用基因工程方法使大肠杆菌把葡萄糖转化为酒精，代替汽油或柴油，可随时为军队的机动装备提供大量的生物燃料。

K

空中核试验（airborne nuclear test）核装置由飞机、导弹或气球来运载，将试验核装置及其引爆控制系统等安装在专用的航弹壳体内做成核炸弹，由飞机运抵试验场区靶心上空投掷的一种核试验。投下后，弹上的引爆控制系统和遥测系统开始工作，自动测量航弹离地面的高度，在到达预定爆炸高度时给出起爆信号引爆试验装置。空中核试验的爆炸高度一般是根据试验装置威力确定的。其原则是爆炸气浪掀起的尘柱不与爆炸烟云相接，以减少爆心附近地区的放射性污染。当然，其他试验要求（如测量和效应试验等的需要）也是确定爆炸高度的因素。例如，为了研究低空核爆炸的杀伤效应就需要将试验的爆炸高度降低。

L

裂变武器（fission weapon）见原子弹。

P

贫铀弹（depleted uranium bomb）利用贫铀介质作为战斗部毁伤元的弹药所制成的一种爆炸武器。它主要包括贫铀穿甲弹、贫铀破甲弹、贫铀炸弹等。天然铀中铀-235的含量少于0.714%时就称为"贫铀"。早期用于制造贫铀弹的合金是含钛0.75%的铀钛合金，后出现了铀钼、铀钨钼、铀铌、铀钛铌等高性能合金。贫铀合金具有很高的密度($18.3\sim18.9g/cm^3$)、良好的机械性能以及燃点较低等特点，在毁伤目标后，能形成很好的燃烧后效，是穿甲弹弹芯的优选材料，适合作大长径比的脱壳穿甲弹弹芯材料。贫铀穿甲弹具有很好的弹道性能和良好的自锐效应，侵彻威力大，穿甲后，贫铀合金材料迅速氧化燃烧，对装甲内部产生较好的燃烧后效。贫铀合金具有高延展性，用它做破甲弹的药型罩材料，能形成较长的连续射流，抗干扰能力强，并能增大破甲深度。此外，还可用于自锻弹丸和穿爆燃多用途弹等。贫铀属于低放射性物质，对人体和环境具有一定的危害性。1991年海湾战争和1999年科索沃战争中，美军大量使用贫铀弹，对该地区的环境及人员造成了一定程度的伤害。

Q

氢弹（hydrogen bomb）又称热核武器，即利用核裂变装置爆炸的能量引发氘、氚等氢元素原子核的自持聚变反应，瞬时释放出巨大能量，产生杀伤破坏效应的核武器。它通常由引爆用的核裂变装置、热核装料（一般用固态氚化锂）、外壳等构成。氢弹的威力为几百到几千万吨梯恩梯当量。

R

热核武器（thermo-nuclear weapon）见氢弹。

燃烧武器（burning weapon）利用燃烧剂的燃烧效应达到毁伤作用的各种武器的统称。燃烧剂与炸药不同，燃烧要持续一个相当长的时间，在这个时间中，热消散的梯度是可以减慢的，这就增加了点燃易燃物质的可能。热是由辐射、对流或传导而传至目标，由于辐射热很快就消失，对流是大多数燃烧武器所引起火的主要传热形式。又由于传导的方法向下传热比对流方法更有效，某些燃烧剂用金属渣作为燃烧产物，这些金属渣的红热余烬能向下传导使直接与其接触的器材遭到损毁。如果一种物质既是不良导体又是易燃的，那么用热源在接触点上就可以点燃。燃烧武器利用燃烧剂所产生的热，除了点燃易燃物质外，还足以分解许多塑料、熔化玻璃，使轻钢失去韧度，并熔化某些金属。燃烧武器有以下三个必不可少的组成部分：（1）燃烧剂；（2）在目标范围使燃烧剂散布并着火的弹药和装置；（3）将弹药送达目标的发射系统。现代燃烧武器的发射系统主要包括飞机、榴弹炮、火箭炮、迫击炮、火箭发射器、火焰喷射器、榴弹发射器和单兵枪械等。燃烧弹药是装填燃烧剂的弹药的统称。它可用于航空炸弹、炮弹、火箭弹、榴弹、枪榴弹、引榴弹和枪弹等。

S

生化武器（bio-chemical weapon）生物武器和化学武器的总称。化学武器是以毒剂的毒害作用杀伤有生力量的武器。生物武器是以生物战剂使人致病造成伤害的武器。1925 年 6 月，有 45 个国家参加的日内瓦会议，再次通过了《禁止在战争中使用窒息性、毒性或其他气体和细菌作战方法的议定书》。然而，化学武器的发展历史证明，国际公约并没有能够限制这种武器的发展，更没有能限制它在战争中的使用。化学武器成了一种禁而不止的大规模杀伤性武器。生物武器，由于以往主要使用致病性细菌作为战剂，早期它的名字便被称为"细菌武器"。随着科技的发展，生物战剂早已超出了细菌的范畴。目前，国际公认的生物战剂有潜在性生物战剂和标准生物战剂两大类。作为生物战剂至少有 6 类 23 种病原微生物及毒素。这些生物战剂的使用方式也已发展成以气溶胶形式大规模散布。在 21 世纪初期的大规模杀伤性武器中，生物武器的面积效应最大。

生物电子装备（bio-electronic equipment）利用生物技术设计生产的大分子系统。它是更高级的电子材料，能够确保电子装备在各种复杂条件下稳定工作。生物色素等分子结构偶矩极大的生物材料，能高速进行电子信息传递、存储和处理，且不受电磁干扰和核电磁脉冲的影响。用这种电子元件制成的雷达，可在强烈电磁干扰下，全天候、全方位、远距离搜索发现目标与识别敌我。可使同功率、同频率范围的无线电台和干扰机的体积缩小 1/2～1/3，重量减至 1/10。即将问世的蛋白分子计算机将比现有计算机的运算速度和存储能力高出数亿倍，并具有人脑的分析、判断、联想、记忆等功能。生物电子装备将使军队指挥自动化、军事情报的获取、武器的精确制导等发生质的变化。

生物伪装（biological camouflage）仿照生物的行为对目标进行伪装的现象。自然界中的生物都有着自己独特的生存"绝技"，伪装术就是其中之一。生物利用其自身结构及生理特性"隐真示假"，与军事伪装的初衷如出一辙。按照伪装方式的不同，生物伪装大致可分为三类：（1）隐身。生物的隐身可谓是军事隐身伪装的灵感源泉。生物隐身通常以外部自然环境为基准而随机应变，以改变自身的色调，达到保护自己、迷惑天敌或捕食猎物的目的。（2）拟态。拟态在一定程度上就是示假。在动物世界里，最善于拟态伪装的应是竹节虫。当竹节虫趴在植物上时，即能以自身的体形与植物形状相吻合，装扮成被模仿的植物。同时，它还能根据光线、湿度和温度的差异改变体色，让自身完全融入周围的环境中，使鸟类、蜥蜴、蜘蛛等天敌难以发现它们的存在。（3）干扰。乌贼施放烟幕避敌即是生物采用主动干扰方法实施伪装以求生存的典范。

生物武器（biological weapon）利用生物制剂杀伤有生力量和毁坏植物的武器。它包括装有生物黏剂的炮弹、航空炸弹、火箭弹、导弹弹头和航空布洒器等。其主要通过气溶胶和带菌昆虫等方式施放，由呼吸道、消化道、皮肤和黏膜侵入人、畜体内，经一定潜伏期后致其发病以致死亡。此外，它也可大规模毁伤农作物。

生物炸弹（biological bomb）利用生物技术制造的炸弹。其生产过程简单，成本低，燃烧充分，爆炸力强，威力比常规炸药大3~6倍。用生物炸药制成的武器战斗部可使武器的战术、技术性能提高一个数量级。

生物战剂（biological warfare agent）在军事行动中用以杀伤人畜和破坏农作物的致病微生物、毒素和其他生物活性物质的统称。它是生物武器杀伤威力的决定因素。一般有以下特点：（1）致病力极强，很小的剂量即能致病；（2）便于大规模生产，不受季节的限制；（3）在生产、储存、运输和施放中，其致病力保持稳定性；（4）病原体形较小，繁殖（复制）快，适应性强；（5）"工程致病菌"具有更强大杀伤力；（6）使用者有保护自我的有效手段，如预防性疫苗等，但某些毒力强的"工程致病菌"对抗生素或疫苗有抵抗力。现在国际社会对生物战剂禁止生产与应用，但一些国家出于自身需要，仍在加紧研究、生产。有些恐怖分子也利用生物战剂危害人们的生命安全，如近年来发现的炭疽就是其中的一种。

Y

原子弹（atomic bomb）利用铀或钚等易裂变重原子核的链式裂变反应，在瞬时释放巨大能量产生杀伤破坏效应的核武器。按其结构设计，分为枪法原子弹、内爆法原子弹和助爆型原子弹；按其核装料分为铀弹和钚弹。原子弹爆炸是在极短的时间内实现的，其物理过程非常复杂。以内爆法原子弹为例，说明原子弹爆炸的基本过程。引爆控制系统在预定的时间或条件下发出电脉冲，引爆雷管使炸药系统起爆。炸药爆炸产生强冲击波将裂变系统向中心压缩。经过大约几十微秒，裂变系统达到最佳超临界状态时，中子点火系统及时提供足够数量的中子，引发链式裂变反应。在极短的时间内，裂变中子呈指数增长，越来越多的裂

变材料发生裂变反应，放出巨大的能量。随着能量的积聚，温度和压力迅速升高，裂变系统发生膨胀，密度不断下降，最终又成为次临界状态，链式反应熄灭。从中子点火到链式反应熄灭这一裂变放能阶段，只有零点几微秒。原子弹在如此短暂的时间内释放几百吨至几万吨梯恩梯当量的巨大能量，使整个弹体及周围介质都变成了高温高压等离子体放射性气团，在空气或其他介质中强烈爆炸和传播，形成冲击波、光辐射、早期核辐射、放射性污染及电磁脉冲等五种杀伤破坏因素。

Z

战略核武器（strategic nuclear weapon）用于执行战略任务的核武器的总称。一般是由威力较高的核弹和射（航）程较远的投射系统和指挥控制系统组成的武器系统。包括陆基洲际导弹、潜基弹道核导弹、携带核炸弹、近程攻击核导弹、核巡航导弹的战略轰炸机、反弹道核导弹等。

战术核武器（tactical nuclear weapon）用于支援部队作战，打击敌方军事目标的核武器。一般是由威力较低的核弹和射（航）程较短的投射工具和指挥控制系统组成的武器系统。包括近程地地核导弹、战术轰炸机携带的核炸弹、防空核导弹、核深水炸弹、舰舰和航空核导弹、反潜核导弹、核炮弹、核地雷等。

中子弹（neutron bomb）一种以高能中子辐射为主要杀伤因素，冲击波和光辐射效应相对较弱的特殊性能核武器。具有很强的辐射穿透力，能有效地杀伤坦克和地面建筑物中的人员。同时可大幅度减少非直接攻击目标的连带毁伤。

附表：中子弹与裂变弹的杀伤半径比较

中子弹与裂变弹的杀伤半径比较（爆炸高度150m）

	威力	中子辐射对坦克内人员的杀伤半径（m）			冲击波对建筑物的破坏半径（m）
		80Gy	30Gy	6.5Gy	
中子弹	1ktTNT当量	690	914	1 100	550
裂变弹	10ktTNT当量	690	914	1 100	1 220

注：表中Gy指戈瑞（辐射剂量单位；1Gy = 1J/kg）。

九、医药卫生

(Medical Health)

（一）基础知识（Basic Knowledge）

A

埃博拉病毒（Ebola virus）人类迄今发现的致死率最高的病毒之一。主要通过血液和体液传播，潜伏期为两周左右；发病后出现高热、腹泻、肌肉疼痛以及口腔、鼻腔和肛门出血等症状。由这种病毒引发的疾病被称为埃博拉马尔堡病，患者可在24小时内死亡。目前，尚无杀灭埃博拉病毒的有效药物。

埃皮霉素（epothilone）由非洲土壤中的纤维堆囊黏细菌分泌出的一种抗癌物质。该物质具有强烈的杀伤癌细胞的功能，其威力比目前临床广泛使用的抗癌药物高出2 000～4 000倍，并且长期服用不会产生不良反应。但因这种天然物质十分珍稀，无法在临床应用。世界各国将通过化学合成人造埃皮霉素视为攻克癌症的一大途径。目前，对埃皮霉素的研究已获得重大突破，其化学结构已被中国科学院确定并合成出来。近年来，埃皮霉素的合成制备成为世界化学科学中的十大前沿课题之一。

癌症（cancer）又称恶性肿瘤，来源于机体组织细胞异常增生所形成的新生物。病理学中的癌是源于上皮组织的恶性肿瘤。人体器官如有恶性肿瘤生长，则分别按其所长部位称为皮肤癌、胃癌、食管癌、肠癌等。癌多见于40岁以上的中老年人。癌症的发生与遗传、环境等多种因素有关。从转移途径看，癌多经淋巴系统转移。

B

白细胞（white blood cell）旧称白血球，血液中一类一般呈球形的无色有核的血细胞。根据其形态差异可分为颗粒和无颗粒两大类。颗粒白细胞（粒细胞）中含有特殊染色颗粒，用瑞氏染料染色可分辨出三种颗粒白细胞，即嗜中性粒细胞、嗜酸性粒细胞和嗜碱性粒细胞；无颗粒白细胞包括单核细胞和淋巴细胞。

各类白细胞的防御保护作用各不相同。中性粒细胞具有变形运动和吞噬活动的能力，是机体对抗入侵病菌，特别是急性化脓性细菌的最重要的防卫系统。当中性粒细胞数显著减少时，机体发生感染的机会明显增高。嗜酸性粒细胞具有粗大的嗜酸性颗粒，颗粒内含有过氧化物酶和酸性磷酸酶。嗜酸性粒细胞具有趋化性，能吞噬病原体复合物，减轻其对机体的损害，具有对抗组胺等致炎因子的作用。嗜碱性粒细胞中有嗜碱性颗粒，内含组胺、肝素与5-羟色胺等生物活性物质，在抗原－抗体反应时释放出来。单核细胞是血液中最大的血细胞。目前认为它是巨噬细胞的前身，具有明显的变形运动，能吞噬、清除受伤、衰老的细胞及其碎片。单核细胞还参与免疫反应，在吞噬抗原后将所携带的抗原决定簇转交给淋巴细胞，诱导淋巴细胞的特异性免疫反应。单核细胞也是对付细胞内致病细菌和寄生虫的主要细胞防卫系统，还具有识别和杀伤肿瘤细胞的能力。淋巴细胞则是具有特异性免疫功能的细胞。T淋巴细胞主要参与细胞免疫反应，而B淋巴细胞参与体液免疫反应。人体内白细胞的总数和其种类的百分比是相对稳定的。正常人每升血液中的白细胞为$5 \times 10^9 \sim 10 \times 10^9$个。各种白细胞的百分比为：中性粒细胞50%～70%，嗜酸性粒细胞1%～4%，嗜碱性粒细胞0～1%，淋巴细胞20%～40%，单核细胞1%～7%。机体发生炎症或其他疾病时，都可引起白细胞总数及各种白细胞的百分比发生变化。因此，检查白细胞总数及其分类数，是辅助诊断的一种重要方法。

补体（complement）新鲜血清中的一种不耐热的成分。补体是一种有辅助特异性抗体介导的溶菌作用的因子。由于这种因子是抗体实现溶细胞作用的必要补充条件，故称作补体。它并非单一成分，而是存在于人和脊椎动物血清与组织液中一组具有酶活性的蛋白质，称作补体系统，该系统由30余种可溶性蛋白与膜结合蛋白组成。补体广泛参与机体抗微生物防御反应以及免疫调节，也可介导免疫病理的损伤性反应，是体内具有重要生物学意义的效应系统和效应放大系统。

D

大肠菌群（coliforms）与粪便污染有关的具有某些特性的一组革兰氏阴性杆菌群。它是细菌学领域的专用术语，并非细菌学分类命名，不代表某一个或某一属细菌。该菌群细菌可包括大肠埃希氏菌、柠檬酸杆菌、产气克雷伯氏菌和阴沟肠杆菌等。大肠菌群分布较广，多存在于温血动物粪便、人类经常活动的场所以及有粪便污染的地方。粪便中多以典型大肠杆菌为主，而外界环境中则以大肠菌群的其他型别较多。大肠菌群作为粪便污染指示菌，主要是以该菌群的检出情况来表示食品中是否有粪便污染。大肠菌群数的高低，表明了粪便污染的程度，也反映了对人体健康危害性的大小。它是评价食品卫生质量的重要指标之一。

低温生物学（cryobiology）一门研究在0℃以下或接近0℃时的生命现象的学科。其内容与常温时的现象有很多相异之处。以往主要研究植物的冻害、细菌或昆虫的耐寒性。目前，大致有两个比较明确的研究方向：（1）阐明自然状态下生物的耐寒性、耐冻性的机制；（2）研究包括高等动物在内的生物的细胞、组织、器官、整体等的人工冷冻保存方法。

毒理学（toxicology）一门研究化学物质对生物体的毒性反应、严重程度、发生频率和毒性作用机制的学科。它也是对毒性作用进行定性和定量评价的科学。毒理学与药理学密切相关。目前，已发展成为具有一定基础理论和实验手段的独立学科，并逐渐形成了一些新的毒理学分支。目前公认的毒理学定义是，研究外源性化学物质对生物体的危害的科学。毒理学按照其研究目的及所研究的化学物质特性和用途可分为工业毒理学、军事毒理学、环境毒理学、药物毒理学、法医毒理学和放射毒理学等。

F

分子医学（molecule medicine）一门在分子水平上探讨疾病发生、发展规律，并在分子水平上进行疾病诊断与治疗的学科。它是随着分子生物学的飞速发展向医学研究和应用领域的广泛渗透而派生出的一门全新学科。它涵盖了医学分子生物学的主要理论和技术体系。其中的技术体系是开展该领域研究的基本工具和手段，包含了分子生物学技术和细胞生物学相关技术。

H

航海医学（navigation medicine）一门研究在航海条件下各种有关医学问题的学科，即研究人在航海条件下如何保障健康的学科。它是医学科学与航海科学之间的一门边缘学科。主要研究航海条件下航海人员的生理、心理反应，病理变化，疾病发生，流行规律及其治疗措施等。

航空航天医学（aeroastromedicine）一门研究人在大气层和外层空间飞行时，外界环境因素（低压、缺氧、宇宙辐射等）及飞行因素（超重、失重等）对人体生理功能的影响及其防护措施的医学学科。

核酶（ribozyme）是一类具有自我剪切和催化性质的核糖核酸（RNA）分子。人们已成功地设计、合成了核酶，并将其应用于抗病毒、抗肿瘤研究。由于核酶可专一型地切割RNA分子，因而应用核酶技术阻断乙肝病毒复制和基因表达就成为可能。Weizsacker等早在1992年证明了核酶抗乙型肝炎的有效性。Ruzi等成功地构建了能有效切割乙肝病毒前基因组RNA。Welch等设计的发荚核酶克隆于逆转录病毒转入肝细胞后，83%的乙肝病毒复制受到抑制；同时乙肝病毒表面抗原聚合酶和X抗原的表达也相应降低，核酶能特异地切割乙肝病毒前基因组RNA，使其丧失模板活性。

J

基因医学（genetic medicine）研究对基因DNA的缺损、失灵而进行弥补、修正的系列工程学科。它包括理论研究和临床实践两个方面。在理论上，探讨基因的意义、作用、特征和结构及其与各种突变的关系；在临床上，它研究确定DNA的缺损部位和修补方法（包括物理性、化学性、生物性方法，特别是药物的选择）。

基因诊断（gene diagnosis）一种在基因水平上对疾病或人体状态进行诊断的方法。它是在人们对基因的结构与功能，以及对基因表达与调控等生命本质问题的了解日益加深的基础上产生的。其基本原理是，运用现代分子生物学和分子遗传学的技术，检测基因的结构及其表达是否正常。其基本方法是利用DNA

探针与靶基因形成分子杂交的状况作为分析依据而进行的一种直接的诊断方法，它属于病因诊断，具有极高的特异性。此外，由于标记的 DNA 探针能被十分敏感和精确地检测出来，因此，基因扩增技术使得待测标本的目的基因可放大百万倍以上，使其诊断的灵敏度更高。基因诊断可对那些具有组织及分化阶段特异性表达的基因异常进行检测。在感染性疾病的诊断中，不仅可检出正在生长的病原体，也能检出潜伏的病原体，还能方便地检测不易培养的病原体，从而扩大了基因诊断的范围。

基因治疗（gene therapy）利用遗传学的原理，在基因水平上来治疗人类由于基因突变、缺失和异常表达引起疾病的方法。如遗传病、恶性肿瘤等目前都尚缺乏理想的治疗手段，均寄希望于基因治疗。基因治疗主要包括制备正常基因取代遗传缺陷的基因，或者关闭异常表达的基因，或者降低异常基因的表达强度。传统意义上的基因治疗是指将目的基因导入靶细胞以后与宿主细胞内的基因发生重组，成为宿主细胞的一部分，从而可以稳定地遗传下去并达到治疗疾病的目的。由于科技的发展，近年来采用基因工程技术，即使目的基因和宿主细胞内的基因不发生重组，目的基因也能得到暂时的表达。为了与传统意义上的基因治疗相区别，有时又将其称为基因疗法。利用基因治疗在治疗免疫性疾病、黑色素瘤和血友病等方面已有一些成功的例子。目前，基因治疗仍处于探索阶段，特别是近期发现的基因治疗引发肿瘤的问题更引起了人们的关注。而正迅速发展的基因定位整合技术，有望成为一种有效的基因治疗方法。

近亲婚配的有害效应（inbreeding effect on the victims leave）由于近亲婚配携带相同基因的可能性增加，使隐性遗传病纯合子患者频率增加的现象。其具体表现形式是在该类人群中遗传病大量增加。其发生机制是根据已知有亲缘关系个体间的婚配系数和群体中某个隐性致病基因的基因频率，可推断近亲婚配生育隐性纯合子的概率，并据此估计近亲婚配的有害程度。

军事医学（military medicine）运用一般医学原理和技术，研究军队平时和战时特有的卫生保障的科学。即通过卫生勤务的实施，达到维护军人健康的目的。许多国家的军事医学都以一般医学理论为基础，主要研究解决现代战争条件下部队的实际医学问题。

L

冷光（luminescence）只有亮光而不产生热的光。人体冷光信息可用于诊断疾病、观察疗效、判断预后等。正常状态下健康人左右体表的冷光发光强度是对称的，而患不同疾病的人，其左右体表则会出现一个或几个不对称的发光部位，该部位为病理发光信息点。例如，感冒病人在拇指尖上出现改变；高血压病人只在中指尖上；颜面神经麻痹的病人只在食指尖上出现；冠心病患者可同时出现两个发光信息点的改变；脑血管意外的病人有三处发生改变等。这些病理发光信息点的失衡，往往与中医的经络学说、脏腑理论、气血理论等密切相关，与其失衡程度的不同、病情轻重、疗效的优劣，有一定的定量关系。人体除了体表发光之外，其他部位也会发光。例如，血液的发光就可以用来诊断炎症。人体有炎症时，血浆发光增强，在炎症的不同阶段发光的强度也有差别。过去由于发光强度很弱不容易测定，加入二价铁以后，可使发光增强，这时用光电倍增管测定器，就能很容易地测得光谱曲线图。

M

免疫球蛋白（immunoglobulin）具有与抗体相似的抗体活性及化学结构的球蛋白。机体在受到抗原物质刺激后，合成的一种能与抗原发生特异性结合的物质，称为抗体。所有抗体均是免疫球蛋白，但并非所有免疫球蛋白都是抗体。人们利用抗体产生的原理，研究开发出了各种疫苗，即通过接种经过特殊处理过的抗原，刺激机体产生抗体，从而抵御各种病害的侵袭。人们也可以直接注射免疫球蛋白，以提高人体的自身免疫力。

面部"密码"（external password）利用红外线摄影仪和计算机技术的互相配合，简单快捷地分辨出不同人不同面部特征的面部温谱图。俗称面部"密码"。每个人的密码均不相同，它是根据面部血管分布情况检测出面部热量的分布。这种由红外摄影仪所拍摄出的特殊"照片"，宛如一张光彩夺目的"地图"。它将面部根据温度差别分为18个等级，鼻尖是位于中心密集的橘黄色星点，周围小的黄色波峰表示颧骨。这种"照片"是一个人终生不变的"身份证"。现实中，即使是长得一模一样的双胞胎，都不会有完全相同的面部温谱图。因为面部热辐射类型取决于面部的主要血管——静脉血管分支，就如同人的指纹一样，与基因所导致的偶然性有着关联。而其与指纹不同的是，人的面部有着自己隐秘的光彩。由于血液来自身体的内部，所以它的温度比周围表层组织的温度要高一些，因此才会有热量辐射出来，而这种热量在一定的距离外能够被接收到。该技术在军事、公安及医疗事业中有重要的应用价值。

N

NK 细胞（natural killer cell）淋巴细胞中的一类杀伤细胞。它不需经抗原刺激，也不需抗体参与即能杀伤某些靶细胞，因而也被称为"自然杀伤细胞"。它是一类异质性多功能的细胞群体，具有抗肿瘤、抗感染、免疫调节等作用，还参与移植排斥反应、自身免疫病和过敏反应的发生。尤其在机体免疫监视功能中，NK 细胞处于抗肿瘤的第一道防线，而且有较广的抗瘤谱。

纳米医学（nano-medicine）利用纳米设备和纳米器件，在分子水平上对机体生物系统进行全面监测，控制、预防、诊断和治疗疾病，保护人体健康的一门医学分支学科。

男性学（andrology）又称男人学、男科学，是一门研究男性生理特点及其疾病防治的学科。自 1975 年第一届国际男性学学会开始，它就成为一门独立的学科。其研究内容包括男性所特有的解剖、生理、病理以及对病理情况的预防、诊断和处理等。男性学的基础研究，主要为男性生殖人体解剖学、男性生育调节的现状和发展、性激素研究、生殖免疫学、优生学、性别决定与性别分化及其异常、男性青春期研究等。男性避孕法研究，男性不育症、男性性不能症（包括阳痿、早泄等）的诊断和治疗，以及输精管结扎技术及其不良反应的预防等也是男性学的重要的研究内容和研究任务。

P

排斥反应（transplant rejection）在同种异体组织、器官移植时，受者的免疫系统对移植物所产生的排异反应。这是一种十分复杂的免疫学现象，涉及细胞和抗体介导的多种免疫损伤机制，都是针对移植物中的人类主要组织相容性抗原——人类白细胞抗原（HLA）的反应。供者与受者 HLA 的差异程度决定了排异反应的轻或重。除单卵双生外，两个个体具有完全相同的 HLA 系统的组织配型几乎是不存在的，因此选择供者与受者配型尽可能地接近，是异体组织器官移植成功的关键。人类主要组织相容性复合体是目前人类已知的最复杂的基因群——人类白细胞抗原复合体。

皮纹学（dermatoglyphics）一门研究皮肤纹理的学科。它是既古老而又年轻的学科，除了用于侦缉工作外，在医学上也多有用途。在 1957 年，中国就有人用皮纹作为先天愚型的一种诊断标准。中国人与外国人、中国的汉族与少数民族的皮肤纹理也有区别，而纹理与染色体的关系十分密切。皮纹分析可作为遗传性疾病的辅助诊断手段。皮纹学的研究有助于对遗传性疾病的深入探讨；同时，可以揭示皮肤纹理与遗传的关系及其之间的机制，从而可以促进对遗传性疾病的研究。

Q

气象医学（meteorological medicine）又称医疗气象学，一门研究天气及气候对人类健康影响规律的学科。其目的是保护人类免受不良气象条件的影响，并利用有利的气象条件增强体质，防治疾病。气象医学的研究涉及天气学、气象学、气候学、医学（基础医学、预防医学、临床医学）等多门学科知识，是综合性的学科。气象医学的主要研究内容包括：（1）研究气候及气象对正常人体生理过程的影响，包括健康人在不同气象条件下的适应及生活环境的微小气候对人体生理的影响。（2）研究气候及气象因素与人类疾病的关系，并通过分析、观察不同季节气候对多发病的发生频率和不同气候对疾病发展过程的影响，以及疾病在不同气候地区的分布规律；同时，研究气象因素或气候对病原体及病原媒介生物生长、繁殖、传播的影响。（3）研究如何利用若干气象因素和各地不同气候特性增强人体健康和治疗某些疾病。

群体遗传学（genetics group）一门探索群体的遗传基因组成以及引起群体遗传基因组成变化及其规律的学科。既是一门实验科学，又是一门理论科学。群体遗传学研究的问题是：群体的基因频率如何变化；决定因素有哪些；这些因素是怎样作用于群体并导致群体基因频率变化的。任何一个物种的个体都不可能孤立地存在，总是依附于某个群体。群体由一群可以相互交配的个体组成。关于群体的遗传学结构、组成及其相关理论，有些问题是无法仅仅从个体水平的遗传结构来解释的，都属于群体遗传学的研究范畴。群体遗传学需要调查下述事实：（1）群体中携带不同基因个体的婚配形式。个体间的婚配可以是随机婚配、近亲婚配或选型婚配。（2）群体间的混合、迁移或分群对群体遗传结构的影响。(3)突变和遗传重组引起的群体遗传变异速率。(4)自然选择对群体遗传结构变化速率的影响。(5)在有限容量的群体中，基因的遗传漂变对群体遗传结构的影响等。

R

染色体病(chromosome disease) 由于先天性的染色体数目或结构异常而引起的具有一系列临床症状的综合征。一般分为常染色体病和性染色体病两大类。常染色体病的共同临床特征为先天智力低下，生长发育迟缓，伴有五官、四肢、皮肤、内脏等方面的多发畸形。性染色体病的共同临床特征为性征发育不全或多发畸形，或伴有智力较差等。在自然流产胎儿中，有20%~50%是由染色体异常所致；在新生婴儿中，染色体异常的发生率是0.5%~1%。染色体病已成为临床遗传学的主要研究内容之一。

人工肺(artificial lung) 一种用于血气交换、调节血液内氧和二氧化碳含量，取代人肺的装置。以往主要用于心血管手术时的体外循环。随着生物医学工程的发展，植入性人工肺也进入试验阶段。人工肺和血泵配合即构成人工心肺机。

人工皮肤(artificial skin) 应用组织工程技术将体外培养的上皮细胞、合成纤维细胞扩增后，接种于一种具有良好生物相容性的材料上，经体外培养而形成的皮肤。目前，一般用伤员自体皮肤植皮，但对烧伤面积较大、创面感染严重的患者，很难维持所培养皮肤的高生存率。当前正在开发含有抗生素的创伤覆盖材料，如聚亚胺酯膜就是将抗生素与创伤材料复合，可缓慢释放抗菌剂，以提供最大限度发挥机体本身所有的创伤愈合能力的环境。

人工肾(artificial kidney) 又称人造肾脏，一种用于透析治疗的设备。主要用于治疗肾衰竭和尿毒症，其中人工肾透析治疗技术已成为晚期肾功能不全患者延长生命的常规疗法。

人工血管(artificial blood vessel) 一种可修复和代替患病血管的合成材料。在心血管、肿瘤和创伤外科中普遍使用。日本科学家已经研制出以动物血管为原料，经环氧化固定，多方位去抗原，蛋白质修饰改性，耦合肝素，耦合可征集生长因子的特定多肽等国际先进技术制成组织相容性好、无排异原性、能诱导血管再生性修复的新材料，即人工血管。

人工胰脏(artificial pancreas) 一种模拟人体胰脏具有调节血糖的功能，使糖尿病患者血糖保持在接近正常生理水平的装置。它可防止小血管疾病及其他并发症的发生和发展，最大限度地维持患者的劳动能力。

人体微量元素(trace elements of the human body) 在人体中的含量微小（占体重不足0.01%），但有重要生理作用的一些元素。它们包括：铜、铁、锌、钴、锰、镍、锡、硅、硒、钼、碘、氟、钒等14种微量元素。如果某种微量元素供给不足，就会发生相应元素缺乏症；若过量，则可发生中毒。微量元素在体内的主要作用：(1)铁是人体需要量最多的微量元素，27%的铁组成血红蛋白。血红蛋白能将氧送至全身组织。成人每日需铁量为10~18mg，如果供给不足，可发生缺铁性贫血等病症。(2)锌是仅次于铁的需要量较大的微量元素，是酶的激活剂，在核酸代谢和蛋白质合成中发挥重要作用。婴儿每天需锌量为3~5mg，1~10岁儿童每天需锌量为10mg。婴幼儿锌供给不足，影响生长和智力发育，也影响味觉和免疫功能。缺锌是厌食症的主要原因。(3)碘能调节体内热能代谢，是构成甲状腺素的重要成分。婴儿每天需要碘量为0.045~0.15mg。若碘不足会影响小儿发育，引起克汀病或甲状腺肿；反之，则发生碘中毒。(4)铜在人体内含量很少，是组成体内多种金属酶的重要成分，主要功能是促进铁生成血红蛋白。人体缺铜时，可发生贫血、中性粒细胞减少、生长缓慢和情绪不稳等。(5)硒参与体内谷胱甘肽化酶的代谢过程，是人体的肌代谢不可缺少的微量元素。缺硒时容易发生克山病等。各种食品含微量元素的种类和数量不同，为预防微量元素缺乏，应做到均衡饮食。

融合基因治疗肝硬化(hepatocirrhosis treatment of genetic amalgamation) 将白细胞介素-10与人肝再生增强因子这两个功能不同的活性因子分隔并连接在一起，克隆出治疗肝硬化的融合基因并应用于肝硬化临床治疗的技术。这项高科技成果是中国医学科学家发明并在世界上首次成功应用于临床。动物实验研究表明：各实验组大鼠的血清肝功酶学水平显著降低，证明融合基因已经成功阻止了致病因素对肝细胞的继续破坏，并使肝细胞修复再生质量大大提高，大鼠肝纤维化向肝硬化演变的进程明显延缓，肝硬化大鼠的存活率明显提高。

S

"三致"物质(teratogenic, carcinogenic, mutagenic)

具有致突变、致畸变和致癌作用的物质，如有机氯化物、农药等。其中致突变物质是指能引起生物遗传性改变，或改变基因，或改变染色体，从而使其数目和结构发生变化的物质。致畸变物则会引起生育缺陷。目前，已经确认的对人类具有致畸变作用的化学物质有25种。其致畸变作用的机理主要是因突变引起胚胎组织发育过程不协调等。致癌物会导致细胞不受控制地生长。它分为确认致癌物、可疑致癌物和潜在致癌物。目前，已经确定为动物致癌的化学物质达数千种，其中确认对人类有致癌作用的化学物质有几十种。致突变和致癌作用是紧密相连的。所有致癌物质都能产生致突变作用。

生命体征（vital signs）人体生命活动规律的重要指征。常用来判断人体健康的状况、病人的病情轻重和危急程度。主要有心率、脉搏、血压、呼吸、瞳孔和角膜反射等。健康成年人在安静状态下，脉搏为60～100次／分钟（一般为70～80次／分钟）。当出现心功能不全、休克、高热、甲状腺危象，以及阿托品等药物中毒时，心率和脉搏显著加快；当颅内压增高、完全性房室传导阻滞时，脉搏减慢。在一般情况下，心率与脉搏基本一致。正常血压为8.0～10.64kPa/10.64～15.96kPa（指肱动脉压），它是衡量心血管功能的重要指标之一。呼吸次数14～18次／分钟。瞳孔和角膜反射存在。

衰老（senescence，senility，aging）生物体的退化变性过程。这是不可逆的自然规律。衰老包括细胞、组织、器官功能的减退。它可分为生理性衰老和病理性衰老，前者以机体的功能改变，如活力减退，生物效率减低，对环境和应激反应的能力减低等为衡量标准；后者则以机体的退行性变为主，如皮肤发皱、毛发变白、骨质疏松、脏器萎缩等。大多数老年人两者常互相作用，不能截然分开。

水电紊乱（water-electrolyte turbulence）机体细胞内外的水电解质动态平衡发生代谢紊乱的病理生理现象。水和电解质参与体内许多重要的功能和代谢活动，对正常生命活动的维持起着非常重要的作用。体内水和电解质的动态平衡是通过神经体液的调节实现的。临床上常见的水与电解质代谢紊乱有高渗性脱水、低渗性脱水、等渗性脱水、水肿、水中毒、低钾血症和高钾血症。水电解质代谢紊乱在临床上十分常见，许多器官系统的疾病，一些全身性的病理过程，都可以引起或伴有水电解质代谢紊乱；外界环境的

某些变化，某些医原性因素，如药物使用不当，也常可导致水电解质代谢紊乱。如果得不到及时的纠正，水电解质代谢紊乱本身又可使全身各器官系统特别是心血管系统、神经系统的生理功能和机体的物质代谢发生相应的障碍，严重时常可导致死亡。

T

T细胞和B细胞（T cell and B cell）来源于骨髓的多能干细胞之一。多能干细胞中的淋巴样干细胞分化为前T细胞和前B细胞。前T细胞在胸腺内分化成熟为T细胞。它经血流分布至外周免疫器官的胸腺依赖区定居，并可经血流→组织→淋巴→血流周游全身，以发挥免疫调节和细胞免疫功能。前B细胞在哺乳动物的骨髓中或鸟类的腔上囊中分化成熟，两者皆简称为B细胞，它主要发挥体液免疫功能。T、B细胞在免疫应答中起核心作用。

体质学说（body theory）用现代实验手段，来研究不同人群生物学基础体质的学说。体质是人体的质量。它是人的有机体在遗传变异和后天获得性的基础上所表现出来的功能和形态上相对稳定的特征。体质可以反映人体的生命活动、运动能力的水平。20世纪80年代中期以后，开始注意用实验手段来探寻不同体质人群的生物学基础，以其为促进人体健康提供理论依据。

Y

亚健康状态（subhealth）又称潜病状态、第三状态，是介于健康与疾病之间的身体状态。在这种状态下，人的机体虽无明确疾病，却呈现出活力降低、反应能力减退、适应能力下降等异常状态。其通常表现为：情绪低落、心情烦躁、忧郁焦虑、胸闷心悸、失眠健忘、精神不振、疲乏无力、腰背酸痛、易感疾病等。夏季炎热，暑湿较重，加上汗泄过多，人体内耗较大，而且又因贪凉淋雨，或夜卧当风，或恣食生冷，阳气受伤，气机运转无力，更易发生亚健康状态。亚健康状态并非常态，它具有双向转化特点，既可以向第一态——健康转化，又可以向第二态——疾病转化。要摆脱亚健康状态，最主要的是靠积极主动的自我保健。

医学地理学（medical geography）研究人群的健康与地理环境关系的学科，是医学和地理学相互交叉形成的边缘学科。其研究领域包括自然环境、生态环境和地球人文社会环境对人体健康和疾病的影响。它可以为人体健康提供合理的理论和建议。医学地理学

的主要研究内容包括：（1）环境与疾病关系的研究，特别是慢性疾病、心血管病和变态反应性疾病；（2）收集、研究生活在不同自然地理环境和不同地区的人群生理和健康状态的资料；（3）从多方面分析环境因素对人类健康和疾病的影响；（4）建立医学地理学监测系统，为拟订有效的保健计划和防治设施以及新经济区的开发方面提供依据；（5）环境污染所致健康和疾病的环境分析和评价。

遗传病（genetic disease）由遗传因素形成的偏离人类常态甚至是包括精神、内脏，以及整个躯体各方面的变异。尽管人类的遗传性状或遗传病有多种多样，遗传方式也不尽相同，但从基因水平看，根据参与控制遗传病的基因数量，可以概括地将人类遗传病分为两大类：单基因遗传病和多基因遗传病或多因子病。单基因遗传病是指某种疾病的发生主要受一对等位基因控制，且传递方式遵循孟德尔分离规律；多基因遗传病是指某种疾病的发生受两对以上等位基因所控制，其传递方式也遵循孟德尔遗传定律。但多基因遗传病除了决定于遗传因素（基因型）之外，还受环境等多种复杂因素的影响，故又称为多因子病。

Z

灾害医学（disaster medicine）一门研究在客观条件突然灾变而造成人员伤亡、生态破坏的情况下，为受灾病员提供紧急医疗卫生服务的学科。它涉及所有临床医学及预防医学。其主要研究内容为灾害预防医学、治疗学，以及灾后防疫。

造血干细胞（hematopoietic stem cell）尚未发育成熟的始祖细胞。它是所有血细胞和免疫细胞的起源。它不仅可以分化为红细胞、白细胞和血小板，还可跨系统分化为各种组织细胞。因此，它是多功能干细胞，也是人体的储备细胞，医学上称其为"万用细胞"。造血干细胞有两个重要特征：（1）高度的自我更新或自我复制能力；（2）可分化成所有类型

的血细胞。造血干细胞采用不对称的分裂方式，可由一个细胞分裂为两个细胞，其中一个细胞仍然保持干细胞的一切生物特性，从而保持身体内干细胞数量相对稳定，这就是干细胞的自我更新；而另一个细胞则进一步增殖分化为各类血细胞、前体细胞和成熟血细胞，并释放到外周血中，执行各自任务，直至衰老死亡。这一过程是不停地进行着的。

造血干细胞移植（hematopoietic stem cell transplantation）患者在造血或免疫功能极度低下的情况下，移植自体的或同种异体的造血干细胞，从而达到重建造血与免疫功能的一种新的治疗技术。根据造血干细胞的来源，造血干细胞移植可分为：（1）骨髓移植。自体骨髓移植、异基因骨髓移植。（2）外周血干细胞移植。自体外周血干细胞移植、异基因外周干细胞移植。（3）脐血干细胞移植、胚胎干细胞移植、混合干细胞移植。根据选用造血干细胞供者的不同，造血干细胞移植又可分为：（1）同基因造血干细胞移植。供、受者组织相容性抗原基本相同，见于同卵双胎孪生子之间的移植。这种移植是治疗重症再生障碍性贫血的最理想方法，但同基因供者的机会极少且不适合用于遗传性疾病的治疗。（2）异基因造血干细胞移植。供、受者为同一种族，供、受者虽然基因不完全相同，但要求主要组织相容性抗原一致。这种移植适用于治疗各种类型的白血病和造血系统恶性疾病、重症遗传性免疫缺陷病以及各种原因引起的骨髓功能衰竭。通常按供者来源不同又分为同胞兄妹供者和无血缘关系供者的异基因造血干细胞移植。（3）自体造血干细胞移植。预处理超剂量放、化疗前，采集患者自己的一部分造血干细胞，分离并深低温保存。待超剂量放、化疗后再回输给病人，以此重建造血功能。适合于淋巴瘤和实体瘤的患者，经治疗已获完全缓解的急性白血病病人，若无合适的异基因供者，也可考虑自体造血干细胞移植。

（二）临床医学（Clinical Medicine）

A

阿—斯综合征（Adams-Stokes syndrome）又称心源性脑缺血综合征，由于房室传导严重阻滞、心动过缓、心搏血量显著减少，而产生的脑缺血、神志丧失和惊厥等症状。一般均突然发生。昏厥可发生在直立位或卧位，随着心脏停搏即出现意识丧失。若时间稍

长，可出现惊厥。惊厥或昏厥发作后，可不遗留神经症状。心脏停搏前可先有室性心动过速、室性扑动或心室颤动的短暂性发作。

艾滋病（acquired immune deficiency syndrome，AIDS）又称获得性免疫缺陷综合征，由人类免疫缺陷病毒（HIV）感染引起的，以T细胞免疫缺陷为主的

一种混合免疫缺陷病。艾滋病包括迄今罕见的卡波济肉瘤（皮肤多发性出血性肉瘤）、其他恶性肿瘤（如肛门鳞状上皮细胞癌）、条件致病菌性感染（如卡氏肺囊肿所致肺炎，一般只侵袭免疫系统有缺损的人）、隐球菌病和弓形虫病等。艾滋病主要通过输血、不洁性行为等传播，普通接触不传染。艾滋病的临床表现：原因不明的长期发热；颈、腋下、腹股沟的淋巴结肿大；长期腹泻；顽固性干咳、呼吸困难；口腔黏膜霉菌生长；皮肤上新出现可疑的紫褐斑等。目前，治疗艾滋病最成功的方法是同时使用几种不同的药物，即"鸡尾酒疗法"。

安乐死（euthanasia）无痛苦的、幸福的死亡。安乐死一词来源于希腊文，它包括两层含义：（1）无痛苦的死亡，安然去世；（2）无痛致死术，为结束患者的痛苦而采取的致死措施。对安乐死的理解有广义和狭义之分。广义的理解包括一切因为"健康"的原因致死，任其死亡和自杀；狭义的理解则把安乐死局限于对患有不治之症的病人或濒临死亡的病人，不再采取人工的方法延长其死亡过程，为解除剧烈疼痛的折磨不得不采用可能加速死亡的药物。安乐死的目的，对病人本身是为了避免死亡时的痛苦。对于社会来说，一方面是为了尊重病人的权利，给予病人尊严死去的自主权；另一方面也是为了节约有限的卫生资源，用于更需要和更有希望的病人，对病人、家属和社会均有利。但对应否使用安乐死，在中国尚未取得一致的意见。

B

白内障（cataract）眼内晶状体发生浑浊，使视力逐渐下降，以至于失明的一类疾病。引起白内障的原因是多方面的，除外伤性、放射性、先天性、糖尿病性白内障等有比较明确的病因外，还有相当多的白内障没找到明确的病因。临床上白内障可分为老年性白内障、先天性白内障、外伤性白内障、并发性白内障及全身疾病引起的白内障等几种类型。最常见的是老年性白内障。白内障现已成为世界范围内首位致盲眼病。目前，手术摘除浑浊晶状体并植入人工晶体，是唯一有效的治疗方法。人工晶体具有眼镜、角膜接触镜所没有的优点，是白内障手术后视力恢复的最有效方法。人工晶体材料要求质地轻，透明度好，化学性能稳定，无刺激性，无毒性。人工晶体植入全部在显微镜下操作，采用白内障囊外摘除，同时安放后房型人工晶体。近些年来，开始采用比较先进的超声乳化白内障吸出，可折叠人工晶体植入手术，切口更小，无需缝合，愈合快，视力恢复好，已在世界范围内普及。

白塞病（Behcets disease）一种非细菌等微生物感染引起的以血管炎为基本病变的慢性、进行性、复发性多系统损害的疾病。该病以土耳其皮肤科医生白塞的名字命名。本病的血管炎涉及全身不同部位的大中小动脉、静脉，如主动脉、腔静脉、肺动脉、肺静脉、下肢动静脉等，但一般以侵犯小动脉、小静脉及遍布全身的、极微小的微血管为主。血管的炎症可引起血管坏死、破裂或者管腔狭窄、血栓形成，从而进一步造成与病变血管有关的器官或组织的损害。它可以累及皮肤、黏膜、眼、心血管、胃肠、泌尿、关节、神经等许多器官。引起以眼部、口腔、外阴炎症和溃疡为主要表现的疾病，统称为"口、眼、生殖器"三联征。本病在世界许多国家均有出现，东方国家略多，尤其是经丝绸之路的土耳其、伊朗等国较多见。

白血病（leukemia）又称血癌，一种发生于造血组织的恶性疾病。其特点是某一类型的白血病细胞在骨髓或其他造血组织中的肿瘤性增生，可浸润体内各器官、组织，使各个脏器的功能受损，产生相应的症状和体征。临床上常有贫血、发热、感染、出血和肝、脾、淋巴结不同程度的肿大等，骨髓及外周血中可出现幼稚白细胞。

败血症（septicemia）由于细菌进入血循环，并在其中生长繁殖、产生毒素及代谢物等而引起的全身性炎症反应综合征。它包括以下标准：（1）体温>38℃或<36℃；（2）心率>94次/分钟；（3）呼吸>24次/分钟或$PaCO_2$<42.56kPa；（4）白细胞计数>1.2 × 10^{10}/L或<4 × 10^9/L或不成熟细胞>10%。临床上达到上述两条或两条以上者，即符合全身性炎症反应综合征。临床表现为发热、严重毒血症状、皮疹瘀点、肝脾肿大和白细胞数增高等。革兰阳性球菌败血症易发生迁徙病灶；革兰氏阴性杆菌败血症易合并感染性休克或发生弥散性血管内凝血和多器官衰竭。当败血症伴有多发性脓肿时称为"脓毒败血症"。

保健医学（health care medicine）研究促进健康、避免不健康状态发生的一门新兴医学学科。它以健康需要计划、需要投资、需要经营、需要管理、需要提早储备为前提，并在健康评估的基础上，制订出系统的健康干预方案。它包括在生活方式、营养、心理、运动等方面，对实施对象进行健康维护、提供就医绿色通道，专家会诊、就医指导等，从而保障就医的效率和效果，以及尽可能地使人们保持精力旺盛、体格强健、避免亚健康状态发生。

鼻咽癌（nasopharyngeal carcinoma，NPC）发生在鼻咽部的恶性肿瘤。病例见于世界各地，有明显的种族差异，多发于黄种人，在东南亚和中国华南地区相对高发，尤其以广东省更为突出。其发病的一般规律是幼年感染 EB 病毒，20 岁左右发病，高峰在 50 岁前后，男性多于女性，其死亡率占全部恶性肿瘤的 2.81%，居第八位。另外其发病还与环境、饮食和遗传等因素有关。鼻咽癌的远处转移率较高，因此在治疗前应先做详细检查，有无远处转移的证据后才能做出根治性的治疗计划。常见远处转移的部位有骨、肺、肝，而骨转移中又以脊柱、骨盆、四肢为多见。临床上有回缩性鼻涕、单侧性耳鸣、听力减退、耳内闭塞感，不明原因的颈淋巴结肿大、面部麻木、复视、伸舌偏斜、舌肌萎缩、头痛等症状者都应仔细做鼻咽镜和临床检查。

变态反应（allergy）机体对某些抗原（一般是再次接触）的异常免疫应答。主要有四类。它是发生在一些体质容易过敏的人身上的一种病态反应。常见的变态反应性疾病主要有哮喘、过敏性鼻炎、过敏性荨麻疹等。其中哮喘病的患病率最高，全世界患此病者可能超过一亿人，且还有增加的趋势。

病毒性肝炎后肝硬化（hepatitis cirrhosis）由乙型及丙型病毒性肝炎发展成的肝硬化。病毒性肝炎之所以引起肝硬化，其根本原因是肝炎病毒持续复制，肝细胞持续遭破坏，不断新生并不断刺激肝纤维组织增生，以致肝组织结构紊乱，肝脏变硬。饮酒，两种或多种肝炎病毒混合或重叠感染，肝炎病毒基因变异，多易致肝硬化。另外休息不充分，蛋白质摄入不足，治疗不及时、不彻底，在患病期间或恢复期间误用损肝药物，有合并症及某些遗传因素，也可导致肝硬化发生。该病在临床上可分为活动性和静止性两类。活动性肝硬化是指慢性肝炎的临床表现依然存在，特别是谷丙转氨酶升高，黄疸，伴肝脏质地变硬、门静脉高压、食管胃底静脉曲张、腹水、脾脏进行性肿大；静止性肝硬化则指谷丙转氨酶正常，无黄疸，肝脏质地较硬，伴门静脉高压症。

病态窦房结综合征（sick sinus syndrome，SSS）简称病窦综合征，由于窦房结病变导致心脏功能减退，产生多种心律失常的综合表现。在正常情况下，窦房结是正常心脏窦性心律起搏点，60~100 次/分钟的频率发放冲动，通过结间束到房室结然后传到心房、心室肌，完成一次心动周期。一旦窦房结受到损害，必然导致窦房结起搏和窦房传导功能障碍。患者可在不同时间出现一种或多种心律失常。常见的心电图有：（1）持续而显著的窦性心动过缓（50 次/分钟以下）排除药物所致；（2）窦性停搏与窦房传导阻滞；（3）窦房传导阻滞与房室传导阻滞并存；（4）心动过速及心动过缓综合征；（5）房室交界区逸搏心律。病窦综合征患者的临床表现轻重不一，常表现有：发作性的头晕、黑蒙、乏力等，严重者晕厥等。对症状较重的心动过缓患者应装起搏器，而对于快慢综合征者，除装起搏器外，同时还应用抗心律失常药物。

C

超声医学（ultcasonic medicine）研究超声技术在医学方面应用的学科。人耳能听到的声音频率在 20~20 000Hz。频率在 20 000Hz 以上的声音为超声。超声医学包括超声诊断、超声理疗和超声外科三个部分。例如，超声诊断是利用回声原理，经过放大器放大，在荧光屏上显像而进行诊断。现已有 A 超、B 超及彩超等。超声诊断具有无损伤的特点，对软组织有较好的鉴别能力。它能探测许多脏器或肿块的大小、形状、厚度、深度，区别液体、囊性、实质性、含气性等物理特性。

成分输血（blood component transfusion）用物理或化学方法把全血分离制成纯度高、容量小的血液成分（红细胞、白细胞、血小板和血浆蛋白制品等），然后根据病情的需要输给病人的治疗方法。有些病人并不是因为全血的缺乏而需要输血，只是缺乏血液中的某种成分。成分血的浓度和纯度高；疗效好，副作用少；可以一血多用，节省血资源。目前用于临床的主要血液成分有浓缩红细胞、悬浮红细胞、洗涤红细胞、浓缩少白细胞红细胞、悬浮少白细胞红细胞、解冻红细胞、浓缩血小板、新鲜冰冻血浆、冷沉淀凝血因子和少白细胞血小板。

窗口治疗时间（window treatment）在临床上，对缺血性脑血管病的超急性期所发生的脑血栓或脑栓塞，需进行溶栓药物治疗的 6 小时的时间。早期脑梗塞的脑组织尚未发生坏死，脑 CT 表现正常，梗塞的血栓较新鲜，易于溶解，这时的脑组织还处于可逆性损害期，故临床特别强调急性脑梗塞从发病到溶栓治疗结束应控制在6小时之内。因脑组织是耗氧量很高的组织，对缺血缺氧十分敏感，脑组织如能在一定时间范围内重新得到血液供应，便可恢复其生理功能。超过窗口治疗时间溶栓，脑组织往往已发生坏死，造成不可逆性损伤，其溶栓治疗就会失去意义。

磁共振成像（magnetic resonance imaging，MRI）以特有的多轴向切面图像和诸多信息来源，展示人体解剖结构细节和发现微小病灶，对肿瘤和其他疾病的早期诊断，甚至超早期诊断提供证据的技术。以其理想的脉冲序列不仅使扫描时间大为缩短，而且有较高的空间分辨率和信噪比。特别适合老年人、体弱者和危重患者的检查。分辨率最高达18线，可以分辨小至1.0mm的微细结构。其特殊功能不仅有MR透视、MR电影、中切层，还可使心电遥控、磁共振血管造影、磁共振介入放射升级。其低场强和开放式设计不仅可作为创伤患者的抢救设备，而且为MR透视、MR介入放射奠定基础，也使MR手术成为可能。

磁性纳米载体靶向技术（magnetic nanometer carrier target - direction technology）一种对肿瘤组织定向给药的技术。其研究主要在物理化学导向和生物导向两个层次上进行。物理化学导向是利用药物载体的pH敏、热敏、磁性等特点在外部环境的作用下（如外加磁场），对肿瘤组织实行靶向给药，从而减小正常组织的药物暴露，降低不良反应，提高药物的疗效。磁性靶向纳米药物载体主要用于恶性肿瘤、心血管、脑血栓、冠心病、肺气肿等疾病的治疗。生物导向是利用抗体、细胞膜表面受体或特定基因片段的专一性作用，将配位子结合在载体上，与目标细胞表面的抗原性识别器发生特异性结合，使药物能够准确地送到肿瘤细胞中。

猝死（sudden death）自然发生的出乎意料的突然死亡。世界卫生组织规定发病后6小时内死亡为猝死。但大多数学者倾向于发病1小时内，也有人认为24小时之内。各种心脏病都可以导致猝死。但心脏病的猝死一半以上为冠心病所致。所以猝死就成为冠心病的一种类型。其特点是：（1）以隆冬为多发季节，患者年龄不大，在家中或公共场所突然发作，死亡急骤。（2）多数患者生前无症状，死亡出人意料。（3）少数患者有先兆症状，也往往非特异性。如疲劳，情绪改变等，不被本人及医师重视。病理改变有冠状动脉粥样硬化的改变，多数患者冠状动脉内无血栓形成，动脉未完全闭塞。如果心脏骤停的

发生是由于在动脉粥样硬化的基础上发生冠状动脉痉挛或栓塞，导致心肌急性缺血，造成局部电生理紊乱，但梗死未形成，这种情况是可逆转的。如及时心脏复苏抢救，可以挽救患者生命。

D

大肠癌（colorectal carcinoma）一种原发病灶在大肠部位的恶性肿瘤。在经济发达的国家如北美、西欧、北欧等国，大肠癌往往是第一、第二位常见的内脏恶性肿瘤。在中国约居四至六位。大肠癌患者的大肠原发癌较为常见。其中直肠癌占60%～75%，而直肠癌中81%～98%距肛门7cm以下，可经直肠指检发现。其播散途径有直接浸润、种植播散、淋巴道播散、血道转移。大肠癌极少侵及动脉，但侵入静脉十分常见。临床表现：肿瘤出血引起的症状有便血、贫血；肿瘤阻塞引起的症状有腹痛、腹胀、便秘、甚至梗阻；肿瘤继发炎症引起的症状，有排便次数增多等。此外还有其原发灶及转移引起的症状等。

带状疱疹（herpes zoster）又称缠腰火龙、蜘蛛疮，由水痘带状疱疹病毒引起的急性炎症性皮肤病。其主要特点为簇集水疱，沿一侧周围神经作群集带状分布，伴有明显神经痛。初次感染表现为水痘，以后病毒可长期潜伏在脊髓后根神经节，免疫功能减弱可诱发水痘带状疱疹病毒再度活动，生长繁殖，沿周围神经波及皮肤，发生带状疱疹。好发年龄中老年居多。长期服用类固醇皮质激素或免疫抑制剂者多见。好发部位为肋间神经及三叉神经可支配的皮肤区域。自觉疼痛，剧烈难忍。疼痛可发生在皮疹出现前，表现为感觉过敏，轻触即诱发疼痛。疼痛常持续至皮疹完全消退后，有时可持续数月之久。病程一般为半个月左右。带状疱疹患者一般可获得对该病毒的终生免疫。治疗原则：止痛，消炎，保护局部，防止感染。

癫痫（epilepsy）一种由神经元突然异常放电所引起的短暂大脑功能失调的慢性综合征。可分为：（1）原发性癫痫。指通过各种检查，均未能找到引起癫痫原因者，可能与遗传因素有关。（2）隐源性癫痫。目前尚未找到肯定的致痫原因。（3）继发性癫痫。任何局灶性或弥漫性脑部疾病以及某些全身性疾病或系统性疾病均可引起。表现为：（1）全身性强直阵挛性发作，患者突然神智丧失，全身抽搐，大部分属继发性发作；（2）非局限开始的非惊厥性发作或全脑性非惊厥性发作，儿童或少年为多发群体；（3）单纯部分性发作，意识通常保持清醒；（4）复杂部分性发作，

以意识障碍与精神症状为突出表现。

癫痫刀（falling sickness knife）全数字化偶极子定位、三维图像融合长程视频脑电监测系统。它是由128导全数字化视频脑电图、术中全数字化脑电系统及偶极子定位系统、三维图像融合系统等组成的一套完整的癫痫术前、术中定位和术后评估系统。是癫痫外科治疗的有"刀"设备。癫痫刀是目前世界上治疗癫痫病较先进的设备。癫痫刀治疗癫痫病的简要原理是，首先经过癫痫刀一系列检查，并将癫痫灶在脑内定位诊断达到毫米级水平，然后根据癫痫灶在脑内的位置、形态和大小，做一个小手术。术中再用癫痫刀系统检查癫痫灶的位置，待准确无误后，用微创激光手术系统将癫痫灶一次性切除。癫痫灶切除后再用癫痫刀复查癫痫灶并无放电后，表明其病因已彻底消除。因此，用癫痫刀治疗癫痫病可使部分患者达到根除的效果。

电击（electric injury）一定量的电流和电能量（静电）通过人体引起组织不同程度的损伤或器官功能障碍，甚至发生死亡的现象。电击电压包括低压电（低于380V）、高压电（高于1 000V）、超高压电（或雷击，电压10 000V，电流300 000A）三种类型。由于人体可作为导电体，因此接触电流即成为电路中的一部分，高压电和低压电都可以使器官的生物电节律周期发生障碍。如损伤到心脏传导即可出现心室颤动，损伤到中枢神经系统可引起神经阻断，如脑干受伤就会出现呼吸、心跳骤停。电损伤对人体的损害与接触电压的高低、电流的强度、直流电或交流电、频率的高低、通电的时间和接触的部位、电流的方向等有密切的关系。另外电流能量可转化为热量，使受伤局部组织温度升高，引起严重的灼伤，造成局部水肿，压迫血管，导致局部组织缺血和坏死，故电击对人体危害极大。电击的处理应分秒必争，即刻切断电源，就地进行心肺复苏，处理并发症。对局部损伤情况，由外科酌情处理。

电子计算机X射线断层扫描机（X-ray computer to-mography scanner）简称X-CT或CT，利用X射线对人体进行断层扫描后，由探测器收得的模拟信号变成数字信号，经电子计算机计算出每一个像素的衰减系数，再重建图像，从而显示出人体各部位的断层结构的装置。CT的出现，是X射线诊断学上的一次重大突破。CT有单光子CT（简称ECT）、正电子CT（简称PCT）、超声CT（简称U）和微波CT等类型。它用于心脏诊断尚有一定困难，在检查诊断上还应与核医学仪器、超声断层摄影、热像图仪和普通X线机等相互配合。

动态心电图（dynamic electrocardiogram）又称活动心电图，连续不断地记录病人24小时心电变化情况的心电图。动态心电图装置由记录、分析、打印三部分组成。记录装置是一个小型的记录盒，由病人携带，通过电缆与安放在病人胸前的电极相连接。此时，病人可以照常进行各种日常活动。在经过24～26小时以后，将记录盒及电极从身上取下，取出记录盒中的磁带，放在由计算机控制的分析仪器中回放，自动检查出各种心率及心律失常，并打印出各种需要的心电图，供分析研究使用。

多毛症（hirsutism）与其同种族、同年龄的女性相比，其女性特征毛发生长过盛并分布成男性化倾向。主要表现为上唇、下颌、耳前、乳晕、胸部、上腹部、下腹部、上背部等部位，出现粗而长的终毛。发生率占育龄妇女的10%左右。多毛症的发生是体内雄激素过多或毛囊对雄激素的敏感性增加所致。临床上根据是否存在雄性激素的升高，将多毛症分为三种类型：（1）正常雄激素性多毛症，其中特发性多毛症有明显的家族发病倾向；（2）高雄激素性多毛症，由雄激素增多引起的多毛症占本病的75%～85%。女性体内的雄激素主要来源于肾上腺和卵巢，这两个器官多种病变均会导致循环中雄激素的升高。治疗：对医源性多毛症，应停用导致多毛症的药物；对其他疾病引起的多毛症，应积极处理原发病；同时，美容措施也应相伴进行。

E

儿童多动综合征（attention deficit hyperactivity disorder，ADHD）由多种原因引起的儿童轻度脑功能失调综合征。患病率5%～20%，男性明显多于女性，男女之比为3.9∶1，多见于7～10岁的学龄儿童。表现为：（1）活动过多，如从小就表现兴奋、小动作不停，片刻不安静；（2）注意力不集中，如上课东张西望，心不在焉，常迟迟不能完成作业；（3）任性冲动，情绪不稳，脾气暴躁，克制力差；（4）学习困难，读书成绩不佳，言语表达能力差；（5）行为不够端正，如说谎、惹是生非、不讲礼貌等。不能把正常活泼好动的儿童也归于多动综合征。学习困难、读书成绩差的原因有多种多样，多动综合征仅是其中的一种因素。

F

放射病（radiation sickness）由放射线造成的损伤。X射线与原子核蜕变过程中放射出的α、β、γ射线和中子是带有一定能量的带电或不带电粒子或光子，当作用于人体时就会与生物大分子和水分子之间发生能量传递和吸收，引起分子激发和电离、化学键断裂和生成自由基等，而造成组织细胞损伤，产生不同程度的临床症状，甚至造成遗传性危害。

放射治疗（radio therapy）利用放射线治疗机或加速器产生的X射线、电子线、中子束、质子束及其他粒子束等治疗恶性肿瘤的一种方法。目前放射疗法已成为癌症治疗中的最重要手段之一。放射治疗几乎可用于所有的癌症治疗，对许多癌症病人而言，放射治疗是唯一必须用的治疗方法。目前，放射治疗主要有两种形式：（1）体外放射，就是仪器位于人体外，直接把高能量射线照在肿瘤部位。大多数病人在医院接受的都是体外放射。（2）体内放射，将放射源密封植入肿瘤内或靠近肿瘤。有时，当手术切除肿瘤后，把放射源放在切口处，用来杀死残存的癌细胞。另外一种体内放疗是将未密封的放射源通过口服或静脉注入人体内进行治疗。某些病人需接受两种形式的放射治疗。放射治疗最常见的不良反应是疲劳、皮肤变化和食欲不振。其他副作用通常与接受治疗的部位有关，如对头部进行放疗后，会引起脱发。

非典型性肺炎（severe acute respiratory syndrome，SARS）简称"非典"，所有由某种未知的病原体所引起的肺炎。这些病原体，有可能是冠状病毒、肺炎支原体、肺炎衣原体或军团杆菌引起的肺炎症状，也可泛指不是由细菌所引起的肺炎症状。2003年暴发的流行病——严重急性呼吸道综合征（SARS），正是由某种冠状病毒引起的，属于非典之一。已证实SARS病毒是一种类似于感冒病毒的冠状病毒。冠状病毒是单链RNA病毒，在复制过程中很不稳定，容易发生变异，而且这种变异通常发生在病毒基因的关键性位点。对于感冒病毒，通常一个位点的变异就可能使其从温和的病原体变成"杀手"，置人于死地。SARS病毒存在多种变异体，致病的症状凶险难治。一旦发生不明原因的高热、咯血、呼吸困难等症状，应尽快到医院检查治疗。预防非典的办法和措施主要有：室内通风换气，勤晒衣被、经常到户外活动，呼吸新鲜空气，增强体质，保持良好的个人卫生，不要共用毛巾，注意均衡营养，保持充足睡眠，经常参加体育运动，缓减压力，避免吸烟，根据气温变化及时增减衣服，增强自身的抗病能力。

肥胖症（obesity）当人体进食热量多于消耗热量时，多余热量以脂肪的形式储存于人体内，其量超过正常生理需要，而使身体发胖的一种症状。其实质是体内脂肪绝对量的增加。肥胖常用计算标准为体质指数（BMI）：$BMI = 体重（kg）/ 身高^2（m^2）$，据此评估肥胖。中国的诊断标准大致有：24为正常上限，24～28为过重，大于28为肥胖。肥胖可分为单纯性肥胖（又称原发性肥胖）和继发性肥胖两大类，平时所见多属于前者。单纯性肥胖所占比例高达99%，它是一种找不到原因的肥胖，可能与遗传、饮食和运动习惯有关；而继发性肥胖则是由其他健康问题所导致的肥胖，其占肥胖的比例仅为1%，如因下丘脑、垂体、甲状腺、肾上腺和性腺疾病而致。其中，成人以库欣综合征和甲状腺功能低下性肥胖为多见，儿童中以颅咽管瘤所致的下丘脑性肥胖为最多。一般而言，对于一个肥胖者，首先要想到继发性肥胖，只有排除了继发性肥胖之后，才能作出单纯性肥胖的诊断。

肺癌（lung cancer）生长在肺部的恶性肿瘤。肺癌多见于中老年人，虽然肺癌的发病原因还不十分清楚，但吸烟或被动吸烟是致癌最重要的因素。由于香烟内的多种致癌物质作用，长期吸烟者（20支/日×20年）肺癌发生率将增加数倍；而且，长期被动吸烟者的危险性也较无香烟接触者增加35%～53%。其他致癌剂如砷、镉、铀、镭和一些化学物质如铬乙醚，也会增加肺癌的发生。一般说来，所有出现不明原因咳嗽、胸痛、呼吸困难、咯血症状者都应该及时接受检查，特别是对长期吸烟的老年人，更应牢记。最基本的检查包括X线透视或胸片、胸部CT、纤维支气管镜和痰液的检验。

弗洛伊德精神分析学说（Freud psychoanalytic theory）犹太籍精神病医生、精神分析学派创始人弗洛伊德在1895年独创的精神分析或自由联想法。该学说确立了以潜意识为基本内容的精神分析理论。该理论以挖掘患者遗忘了的特别是童年的观念和欲望，达到解除病人被压抑的病态心理，恢复正常人的状态为目的。第一次世界大战期间及战后，弗洛伊德不断修订和发展自己的理论，提出了自恋、生和死的本能及本我、自我、超我的人格三分结构论等重要论点，使精神分析成为了解全人类动机和人格的方法。

G

伽马刀（gamma knife）又称立体定向伽马射线放射治疗系统，一种融合现代计算机技术、立体定向技术和外科技术于一体的治疗设备。它将钴-60（^{60}Co）发出的伽马射线几何聚焦，集中射于病灶，一次性、致死性地摧毁靶点内的组织，而射线经过人体正常组织几乎无伤害，并且剂量锐减。因此其治疗照射范围与正常组织界限非常明显，边缘如刀割一样，人们形象地称之为"伽马刀"。伽马刀分为头部伽马刀和体部伽马刀。头部伽马刀是将多个钴源安装在一个球型头盔内，使之聚焦于颅内的某一点，形成一窄束边缘锐利的伽马射线。治疗时将窄束射线汇聚于病灶，形成局部的高剂量区来摧毁病灶。它主要用于颅内小肿瘤和功能性疾病的治疗。体部伽马刀主要用于治疗全身各种肿瘤。

干燥综合征（sjogren's syndrome，SS）一种累及全身外分泌腺的慢性炎症性的自身免疫病。常侵犯泪腺和唾液腺，表现为眼和口的干燥。但腺体外的系统如呼吸道、消化道、泌尿道、神经、肌肉、关节等亦受损。本病分为原发性和继发性两种。前者指有干燥性角结膜炎和口腔干燥而不伴有其他结缔组织病；而后者则指伴发其他结缔组织病，如类风湿性关节炎等。临床表现：起病多呈隐袭和慢性进行性，口眼干燥可以是本病首发的唯一症状，也可能是系统病变之一。

肝癌（liver cancer）生长在肝部的恶性肿瘤。分原发性和继发性两种。原发性肝癌是原发于肝细胞或肝内胆管上皮细胞的恶性肿瘤；继发性肝癌是由其他脏器的肿瘤经血液、淋巴或直接侵袭到肝脏所致。原发性肝癌为常见恶性肿瘤之一。其病因至今尚未十分确定，多认为与多种因素的综合作用有关：如病毒性肝炎，临床上原发性肝癌患者约三分之一有慢性肝炎史；此外，环境因素如黄曲霉素、寄生虫感染，饮水污染等都是引发肝癌的重要因素。

肝昏迷（hepatic coma）又称肝性脑病，由于肝脏受到严重损害，不能清除血液中的有毒代谢产物，或者门静脉血中的有毒物质绕过肝脏，从侧支循环进入体循环，最后导致中枢神经系统功能障碍而造成的昏迷。肝昏迷是肝脏病的严重合并症，也是导致死亡的重要原因之一。严重肝病都可发生肝昏迷，如急性肝炎、亚急性肝炎、慢性重症肝炎、肝硬化等。

高尿酸血症（hyperuricemia）由于尿酸生成过多和/或尿酸排泄障碍，导致尿酸升高的一种疾病。尿酸是嘌呤代谢的最终产物，当血尿酸>420μmol/L（女性更年期前>350μmol/L）就称为高尿酸血症。高尿酸血症可引起痛风。增高的尿酸可以析出结晶并可在组织内沉积，造成痛风的组织学改变，引起痛风样的关节炎。痛风是痛风肾病的危险因素，然而在临床上，高尿酸血症者仅有一部分临床痛风，大部分的高尿酸血症者并不发展为痛风。因此高尿酸血症和痛风并非完全相同，高尿酸血症的患者只有出现尿酸盐结晶沉积，关节炎和/或肾病、肾结石等情况时才称为痛风。另外高尿酸血症常伴有肥胖、冠心病、高血脂症、糖耐量降低和Ⅱ型糖尿病等代谢综合征。它是引起心脑血管疾病的高危因素，所以要高度重视并早期干预。通过饮食上限制高嘌呤食物，多饮水，禁酒等，可减少尿酸生成过多。必要时可进行药物治疗，如别嘌呤等。

高血压危象（hypertensive crisis）发生在高血压病过程中的一种特殊临床综合征。可发生于缓进型或急进型高血压，亦可见于症状性高血压。它是在高血压的基础上，周围小动脉发生暂时性强烈收缩，导致血压急剧升高的结果。其诱发因素有精神创伤、情绪波动、过度疲劳、寒冷刺激、气候变化和内分泌失调等。常常发生于长期服用降压药物而骤停者，亦可发生于嗜铬细胞瘤突然释放大量儿茶酚胺者。临床上主要表现为血压突然升高，且升高幅度较大，通常高达 21.3～35.9kPa/12.3～16.0kPa（200～270mmHg/120～160mmHg），原有症状加剧，常出现剧烈头痛、头晕、恶心、呕吐、耳鸣、心悸、气急、视力模糊或暂时失明；有时因脑血管痉挛而导致半侧肢体活动失灵；更严重时，还会出现烦躁不安、抽搐、昏迷等。该病若处理不及时，常危及生命。

高压氧疗法（hyperbaric oxygen therapy）将病人置于高压氧舱内吸氧以治疗疾病的方法。其治病原理：高压氧可提高血氧张力、增加血氧含量，使组织内氧含量和储氧量相应增加。血氧弥散及组织内氧的有效弥散距离亦增加，可有效地改善机体缺氧状态，治疗因缺氧所导致的一系列疾病，如一氧化碳中毒、急性脑缺氧等。高压氧对血管有收缩作用，故可减少血管渗出，改善各种水肿，如脑水肿、肺水肿、肢体肿胀、创面渗出等。高压氧对厌氧菌的生长繁殖有明显的抑制作用，故对气性坏疽等厌氧菌感染性疾病有良好疗效。高压氧对进入体内的气泡有压缩作用，故对于减压病、气栓症有特殊效果。此外，高压氧还可与放疗和化疗起协同作用，增强放疗和化疗对恶性肿瘤的疗效。

高脂血症（hyper lipemia）血液中的胆固醇、甘油三酯和低密度脂蛋白过高或高密度脂蛋白过低的一种全脂代谢异常症。血液脂质中胆固醇的含量超过5.9mmol/L，甘油三酯超过1.7mmol/L，低密度脂蛋白超过3.3mmol/L，或者高密度脂蛋白低于1.16mmol/L者，均被认为是患了高脂血症。低密度脂蛋白的主要成分是胆固醇。高密度脂蛋白则是预防高脂血症、动脉硬化和心脑血管疾病的卫士。高血脂症对人体健康有很大危害。它的损害是渐进性和隐匿性的，其直接损害是加速全身的动脉发生粥样硬化。一旦动脉被粥样斑块堵塞，就会引起脑中风、冠心病、心肌梗死等危险疾病的发生。预防高脂血症，首先应从饮食入手。平时可适当多吃一些能降低血脂的食物，少吃肥肉、动物油、蛋黄、糖果以及脑、肝、肾、大肠等动物内脏。能降血脂的食物主要有：香菇、茶叶、红薯、茄子、黄瓜、绿豆、山楂等。另外还要坚持适当的体育锻炼，保持良好的心态。及时治疗和控制高血压和糖尿病，均可控制血脂水平并使其正常。如果控制饮食和增加运动不能使血脂下降，就需借助药物。

更年期综合征（menopausal syndrome）妇女在绝经期或其后，因卵巢功能逐渐衰退或丧失，以致雌激素水平下降所引起的以植物神经功能紊乱、代谢障碍为主的一系列症候群。多发生于45～55岁之间的女性，一般在绝经过渡期月经紊乱时，这些症状已经开始出现，并持续至绝经后的2～3年，亦有少数人到绝经后的5～10年其症状才能减轻或消失。更年期是每个妇女必然要经历的阶段，但每人的症状轻重不等，时间久暂不一，轻者可安然无恙，重者可影响工作和生活，甚至会发展成为更年期疾病。更年期综合征虽表现多样，但其本质却是妇女一生中必然要经历的一个内分泌变化过程。

宫颈癌（cervical cancer）发生于宫颈阴道部或宫颈管内的上皮细胞的恶性肿瘤。占女性生殖系统恶性肿瘤的半数以上，死亡率为妇女恶性肿瘤的首位。宫颈癌的高发年龄一般在50岁左右。病因多认为与早婚、早育、多产、人乳头状瘤病毒感染，以及初次性交年龄过早和性混乱。宫颈癌早期无明显症状，随着病情进展，患者可出现异常阴道流血。此外，约80%的宫颈癌患者有白带增多症状。宫颈癌中最常见的是鳞状上皮细胞癌，其次是腺癌。治疗主要为手术及放射治疗，化疗也是常用的辅助治疗方法，尤其对晚期患者，在手术或放疗前先用化疗可提高疗效。为了提高治疗效果，降低死亡率，适龄妇女及有可疑症状的妇女应及时进行常规或特殊检查，包括防癌涂片、阴道镜检查、各种荧光检查法、宫颈活检及宫颈管刮术、宫颈锥切术等。

佝偻病（rickets）又称软骨病，由缺钙引起的小儿慢性营养缺乏症。它多发生在两岁以下的婴幼儿。该病虽不直接危及生命，但能导致孩子体质虚弱，抵抗力降低，易患感冒、腹泻等病症。其早期表现为：烦躁爱哭、睡眠不安，哺乳和入睡时爱出汗，汗有酸味，并刺激头皮发痒，以致因在枕头上摩擦而出现后头部环状脱发，称为"枕秃"。上述症状多出现在2～3个月的婴儿，如果未及时治疗，就会逐渐出现骨骼症状。4个月到6个月的小儿，颅骨生长快，因钙质沉着少而出现颅骨软化，用手按压时犹如压在乒乓球上的感觉。8～9个月以后，头可呈方形或马鞍状畸形，骨缝加宽，骨边缘发软，囟门较大，至18个月时仍未能闭合。出牙晚且顺序不规律。相继出现"串珠肋"（即在肋骨与肋软骨交界处膨大如珠）和"鸡胸"，也可伴有肋骨下缘外翻，腕部及踝部骨骼膨大，形如手、脚镯。会行走后可出现"X"或"O"形腿。此外，患儿腹部膨大，头发稀疏干枯，动作和智力发育均迟缓。

骨髓移植（bone marrow transplantation）将他人骨髓移植至病人的体内，使其生长繁殖，重建免疫和造血系统的一种治疗方法。骨髓移植分为自体骨髓移植和异体骨髓移植。异体骨髓移植又分为血缘关系骨髓（同胞兄弟姐妹）移植与非血缘关系骨髓移植（志愿捐髓者）移植。自体骨髓移植易复发，在临床上较少采用，目前骨髓移植还是首选异体的骨髓进行移植。骨髓移植已成为许多疾病的唯一治疗方法，除了可以根治白血病以外，还能治疗其他血液病，如再生障碍性贫血、地中海贫血、异常骨髓细胞增生症、遗传性红细胞异常症、血浆细胞异常症等以及淋巴系统恶性肿瘤、遗传性免疫缺陷症、重症放射病等许多不治之症。

骨性关节炎（osteoarthritis）又称骨性关节病、增生性关节炎或退行性关节病，一种本质上非炎性的关节疾病。它多发生于中年及老年人。该病以关节软骨损伤及骨质增生为特点，以负重关节和多动关节发生率高，如脊柱、髋、膝、指间关节。主要临床表现为缓慢发展的关节痛、僵硬、关节肿大伴活动受限。依据有无局部和全身性致病因素，将骨性关节炎分为原发性和继发性两类。通常所指的骨性关节炎属于原发性这一类；继发性关节炎多有局部外伤、手术、长期慢性关节疾患等病史。

骨质疏松症（osteoporosis，OP）骨组织显微结构受损，骨矿成分和骨基质等比例不断减少，骨质变薄，骨小梁数量减少，骨脆性增加和骨折危险度升高的一种全身骨代谢障碍性疾病。骨质疏松症一般分原发性骨质疏松症和继发性骨质疏松症。原发性骨质疏松症又可分为绝经后骨质疏松症和老年性骨质疏松症。老年男性患病率为60.72%，老年女性患病率为90.47%。其临床表现为：（1）疼痛。是原发性骨质疏松症最常见的症状，以腰背痛多见，占疼痛患者中的70%~80%。疼痛沿脊柱向两侧扩散，仰卧或坐位时疼痛减轻，直立时后伸或久立、久坐时疼痛加剧，日间疼痛轻，夜间和清晨醒来时加重，弯腰、肌肉运动、咳嗽、大便用力时加重。一般骨量丢失12%以上时即可出现骨痛。（2）身长缩短、驼背。多在疼痛后出现。脊椎椎体前部几乎多为松质骨组成，而且此部位是身体的支柱，负重量大，尤其第11胸椎、12胸椎及第3腰椎负荷量更大，容易压缩变形，使脊椎前倾，背曲加剧，形成驼背，随着年龄增长，骨质疏松加重，驼背曲度加大，致使膝关节挛拘显著。每人有24节椎体，正常人每一椎体高度约2cm左右，老年人骨质疏松时椎体压缩，每椎体缩短2mm左右，身长平均缩短3~6cm。（3）骨折。这是原发性骨质疏松症最常见和最严重的并发症。（4）呼吸功能下降。胸、腰椎压缩性骨折，脊椎后弯，胸廓畸形，可使肺活量和最大换气量显著减少，患者往往可出现胸闷、气短、呼吸困难等症状。

冠脉支架（coronary stent）通过介入的方法经股动脉穿刺部位将冠状动脉狭窄处扩张后放入一个金属支架支撑狭窄部位，使狭窄的血管壁向外扩张，使冠状动脉血流畅通，心肌缺血状态得以改善的特殊治疗手段。支架置入后，新生的内皮细胞逐渐覆盖于支架表面，使支架最终被完全包埋于血管壁内，支撑血管保持持续开放状态。冠脉支架又分两种：普通支架和药物支架。

冠状动脉搭桥术（coronary artery bypass graft surgery）又称冠状动脉旁路移植，采取移植人体其他部位的一段血管，将阻塞、狭窄的冠状血管上下两端接通，使心脏的供血得到改善的一种治疗冠心病的常规手术。其移植来的血管称为"搭桥物"。冠状动脉搭桥手术对心绞痛的消除率早期为85%~95%，术后5年65%~67%的病人无胸痛，93.4%的病人症状较术前有改善。术后10年的生存率为80%，明显高于使用药物。近年来发明了一种用激光"打孔"的搭桥方法——激光心肌血管重建术，它在不开胸、心脏不停跳的情况下，通过小切口用激光在心肌上打几十个直径为1mm的小孔，使心肌与心腔之间形成直接的供血通道，令血液在梗塞的心肌中重新运行。这种方法用于心绞痛、冠状动脉狭窄、心肌梗死等心脏病的治疗。

光学相干断层成像术（optical coherence tomography，OCT）利用超声光学模拟技术对活体眼组织显微结构非接触式、非侵入性断层成像检查的一种新的光学诊断技术。OCT是超声的光学模拟品，但其轴向分辨力取决于光源的相干特性，可达10μm，且穿透深度几乎不受眼透明屈光介质的限制，可观察眼前节，又能显示眼后节的形态结构。在眼内疾病，尤其是视网膜疾病的诊断、随访观察及治疗效果评价等方面具有良好的应用前景。

过劳（overwork）又称慢性疲劳综合征，因为工作时间过长、劳动强度过重、心理压力过大，导致精疲力竭，甚至引起身体潜在的疾病急速恶化的现象。该病如果长期得不到纠正，就易引发"过劳死"。

H

Horner综合征（Horner syndrome）又称颈交感神经麻痹综合征，由于在交感神经中枢至眼部的通路上受到任何压迫和破坏而引起的一系列症状。包括：（1）瞳孔缩小；（2）眼睑下垂及眼裂狭小；（3）眼球内陷；（4）患侧额部无汗。据受损部位可分为中枢性障碍、节前障碍及节后障碍的损害。

红外线热扫描成像（infrared heat scan imaging）通过感受人体自然放出的红外线，对人体疼痛部位及发病部位显示正常细胞与异常细胞代谢的热辐射差异而成像的仪器。该仪器还可运用自身的分析系统进行处理，以不同色彩显示人体热辐射的变化，实时捕捉信息；对乳腺肿瘤的早期诊断及鉴别诊断、肿瘤的普查、心血管系统疾病的诊断，皮肤过敏性疾病的诊断，人体健康状况综合检查和评估等有独到之处，而且效率高，检查一个部位仅需3~5分钟，全身10~15分钟，适用范围宽，可用于对全身任何部位的诊断、疗效观察等；是继CT、磁共振、彩超等医学影像技术的又一突破。

后循环缺血（posterior circulation ischemia）一种常见的缺血性脑血管病，约占缺血性脑卒中的20%。大脑血液由颈内动脉和椎—基底动脉两大系统供应。如发生在颈内动脉系统的缺血，称为前循环缺血，反之，称为后循环缺血。它与前循环缺血一样，只有短暂性脑缺血发作和脑梗死两种形式。引起其缺血的主要病因是动脉粥样硬化和栓塞，而不是颈椎病。头晕、眩晕是其常见表现，但头晕、眩晕的常见病因却并不是后循环缺血。后循环缺血的诊断和治疗与前循环缺血相似，主要的治疗方法有抗血小板、抗凝和溶栓、血管成形术和支架植入术。但由于后循环梗死病情的多样性和复杂性，加之后循环管径相对较细，使治疗更加困难，预后较差。

呼吸衰竭（respiratory failure）由各种原因引起的肺通气和/或换气功能严重障碍，以至于在静息状态下，不能维持足够的气体交换，导致低氧血症伴或不伴高碳酸血症进而引起的一些病理生理改变和相应的临床表现综合征。其标准为：海平面静息状态呼吸空气的情况下，动脉血氧分压（PaO_2）< 8.0kPa，伴或不伴有动脉血二氧化碳分压（$PaCO_2$）> 6.7kPa，并排除心内解剖分流和原发于心排出量降低等致低氧因素。根据血气分析和病理生理改变可分为Ⅰ型呼衰竭即缺氧性呼吸衰竭，特点是PaO_2 < 8.0kPa，$PaCO_2$降低或正常，主要见于换气功能障碍疾病。Ⅱ型呼吸性衰竭即高碳酸性呼吸衰竭，特点是PaO_2 < 8.0kPa，同时伴有$PaCO_2$ > 6.7kPa，系通气功能障碍所致。临床上常可见到Ⅱ型呼吸性衰竭的患者在吸氧的条件下，血气可出现$PaCO_2$ > 6.7kPa，同时PaO_2 > 8.0kPa，这是医源性所致，应区分。

化疗指数（chemotherapeutic index）衡量化疗药物价值的一项指标。一般可用动物实验LD_{50}/ED_{50}或LD_5/ED_{95}表示（ED_{50}、ED_{95}为感染动物的50%和95%有效量）。此比值越大，表明毒性越小，临床应用价值越高。

化学治疗（chemotherapy）简称化疗，对病原体（微生物、寄生虫、恶性肿瘤细胞）所致疾病的化学性药物治疗的统称。用于化学治疗的药物即化疗药物，如抗微生物药、抗寄生虫药和抗肿瘤药。

J

鸡尾酒疗法（cocktail therapeutics）同时使用3～4种药物，在艾滋病毒繁殖周期的不同环节中，有针对性地抑制或杀灭艾滋病毒，以治愈艾滋病为目的的一种方法。该方法由华裔科学家何大一教授提出。该疗法对艾滋病具有特殊疗效，但也有其局限性。如：对早期艾滋病人相当有效，而对中晚期患者的帮助不大，因为这些病人的免疫系统已被艾滋病毒不可逆性地破坏。此外，此疗法的花费甚高，非一般人所能承受。

基础生命支持（basic life support，BLS）又称初期复苏处理或现场急救，通过向心、脑及全身重要器官供氧，以延长机体耐受临床死亡时间为主要目标的一种措施。BLS包括：心跳及呼吸停止的判定、畅通呼吸道、人工呼吸、建立有效循环和转运等环节，即急救的ABC步骤。也包括识别心脏猝死、心脏病发作、卒中及异物气道阻塞；心肺复苏术和自动体外除颤器进行除颤。

激光角膜切削术（laser cornea cutting method）利用激光切削角膜中央视区盘状前弹力层及前基质层，使角膜前曲率变平，从而使角膜屈光减少的技术。该方法是一种完全新型的屈光矫正手术。

激光手术刀（laser scalpel）一种应用于外科手术治疗的激光器。激光作用于生物机体时，能被吸收转化成热能，几秒钟内温度可高达数百至上千摄氏度，同时可产生很强的光压。这种机械作用与热效应一起，能使激光成为一把锐利的"光刀"，可以用来切除浅表肿瘤等。

急诊医学（emergency medicine）研究急危重症疾病的发生发展规律及其诊治方法的医学，是临床医学领域中的一门学科之一。它由院前急救、医院急诊科、加强医疗病房和急诊医疗体系管理学组成，已形成独立的临床学科。它综合和发展了临床各学科中有关急诊的知识和理论。急诊医疗的水平，标志着一个地区乃至一个国家的发展水平，急诊危重病人救治水平的提高，成为现代医学进步的一个显著标志。急诊病人可以有不同临床学科的疾病。冠心病病人发生车祸后，不仅有外科、骨科和神经外科急症情况，而且还会发生心内科急症。急诊科医师必须打破传统的医学分界，掌握各学科抢救技术与操作手段，具备全面的急诊学科知识。

甲状腺危象（thyroid crisis）甲状腺功能亢进患者病情恶化时出现的一系列表现。主要诱因为：（1）精神刺激；（2）感染；（3）随意停药；（4）手术或放射性同位素碘治疗前，未做好准备工作。此病可危及生命，且病死率极高。早期，患者原有的症状加剧，伴中度发热、体重急剧下降、恶心、呕吐、大汗、腹痛、腹泻甚而谵妄、昏迷。死亡原因多为高热虚脱、心力衰竭、肺水肿及水、电解质代谢紊乱。实验室检查结果和一般甲亢症状相仿，甲状腺碘Ⅲ蛋白（T_3）增高较明显。此外，周围血白细胞增高，尤以中性粒细胞增高明显，肝、肾功能亦出现异常。

假孕（fake pregnancy）又称想象妊娠，当结婚多年而未曾怀孕过的不孕妇女出现闭经时，会感到乳房肿胀、恶心、呕吐、食欲改变等，甚至腹部逐渐出现脂肪堆积而隆起，形似妊娠时增大的子宫，并可自觉有胎动的现象，但经妇产科检查却未发现怀孕。假孕是中枢神经系统——下丘脑功能紊乱而导致闭经的一种典型实例。假孕妇女体内泌乳素和孕激素增高到一定的水平，抑制了排卵，故而出现闭经，以后又由心理问题转换成躯体症状，表现出恶心、呕吐、腹部膨隆、"胎动"等症状，医学心理学上称其为"转换性癔症"。在确诊为假孕以前，必须认真地排除宫内孕和宫外孕的可能，同时还应鉴别盆腔肿瘤或精神病等疾病。然后，耐心细致地进行心理疗法，并适时地给予人工周期治疗，以调整其月经周期，设法使其真正妊娠。

肩手综合征（shoulder-hand-syndrome）多种疾患引起的肩、手疼痛及运动障碍。其临床表现为：病变对侧肢体肩、手指、肘关节疼痛，手指、腕部肿胀、僵硬、多汗，常伴有皮肤颜色和温度改变，关节活动受限。如不及时治疗，病程可迁延3~6个月以上，部分患者出现肌肉萎缩，肌腱挛缩，关节畸形等，则难以恢复。

健康（health）生理、心理及社会适应三方面全部良好的一种状态。它不仅仅是没有疾病或虚弱。全世界一致公认的健康标志有13个方面：生气勃勃，性格开朗充满活力，正常的身高体重，光滑有光泽的头发，坚固并带淡红色的指甲，粉红的舌头，食欲旺盛，正常的体温脉搏和呼吸率，健康的皮肤，正常的大小便，不易得病，明亮的眼睛及粉红的结膜，健康的牙龈与口腔黏膜。

焦虑症（anxiety disorder）又称焦虑性神经症，以广泛和持续性焦虑，或反复发作的惊恐不安为主要特征的神经性障碍。其症状主要有头晕、胸闷、心悸、呼吸急促、口干、尿频、尿急、出汗、震颤等植物神经症状和运动性紧张。患者的焦虑情绪并非由实际威胁或危险所引起，或其紧张不安与恐慌程度与现实处境很不相称。女性患病率明显高于男性。根据临床症状和病理特点，中国的精神疾病分类将焦虑性神经症分为：（1）广泛性焦虑症。以经常或持续的、无明确对象或固定内容的紧张不安，或对现实生活中的某些问题过分担心或烦恼为特征。（2）惊恐发作，或称惊恐障碍。以反复出现强烈的惊恐发作，伴濒死感或失控感，以及严重的植物神经紊乱症状为特点。

角膜接触镜（contact lens）又称隐形眼镜，一种戴在眼球角膜上，用以矫正视力或保护眼睛的镜片。有硬镜和软镜之分。其中，软性接触镜是20世纪60年代初发明并应用的，由于它能吸收大量的水分，又称为亲水接触镜。它的光学透明性、组织稳定性和组织相容性好，又具有亲水性、渗透性、柔软以及不易丢失、试戴期短等优点。

介入治疗（interventional therapy）在医学影像设备的引导下，将特制的导管、导丝等精密器械引入人体内，对病灶进行诊断和局部治疗的技术。介入疗法的多数项目都是在血管内进行的，如冠心病、心律失常、肿瘤、血管瘤、各种出血、脑血管畸形等。其具有微创、有效、并发症低的特点，几乎涉及临床各专科、各系统，成为部分疾病的常规诊治措施。

精神分裂症（schizophrenia）一种以思维、情感、意志、行为互不协调为临床特征的常见的精神病。它分为急性与慢性两种。急性起病时外表与常人无异，但其思维奇特，行为怪异，有时喃喃自语，有时疑神疑鬼，与众人格格不入；慢性精神分裂症则潜隐起病，逐渐与社会、家庭疏远，生活日趋被动、退缩，对切身利益相关之事漠然处之，精神功能的失常逐渐明显。该病多发于青年期，男女发病率相近。早期发现早期治疗，约有70%的患者可以缓解，回归社会，但也有一小部分病人预后较差。精神分裂症病因至今未明，但遗传因素在精神分裂症的发病上占重要地位。该病起病常有一定的诱发因素，如躯体患病时发生精神分裂症，这可能是生理性非特异性应激所致；另外，社会心理应激事件亦可诱发精神分裂症。

颈臂综合征（cervice-brachial syndrome）是以颈椎退行性病变为基础（椎间盘突出、骨质增生等）以及由此引起的颈肩部酸麻、胀痛症状的总称。颈臂综合征的发展是一个很漫长的过程，常和身体素质、职业、生活习惯、寒冷有明显关系，如财务人员、电脑人员、驾驶员、教师等是颈椎病的高发人群。主要症状为：

（1）颈、项、肩的活动受限或疼痛；（2）由颈向肩、臂、手指放射疼痛；（3）颈椎运动受限，颈肌紧张；（4）感觉—运动障碍见于肩—臂—手指，偶见麻痹与肌萎缩；（5）手指的血液循环障碍；（6）偶见头疼、眩晕、恶心、呕吐、耳鸣、听力障碍等。

酒精依赖综合征（alcohol dependence syndrome）慢性酒精中毒者一旦停饮，所产生的一系列戒断症状。酒精依赖综合征有以下特征：（1）不可克制的饮酒冲动；（2）有每日定时饮酒的模式；（3）对饮酒的需要超过其他一切需求；（4）对饮酒耐受性的增高；（5）反复出现戒断症状；（6）只有继续饮酒才可能消除戒断症状；（7）戒断后常可旧瘾重染。

巨人症和肢端肥大症（gigantism and acromegaly）脑垂体分泌生长激素过多，引起组织、骨骼及内脏的增生肥大及内分泌代谢紊乱的疾病。发病在青春期前、骺部未闭合者为巨人症。发病在青春期后、骺部已闭合者为肢端肥大症。多数病人起病在青春期前，至成人后继续发展，形成"肢端肥大性巨人症"。症状：生长发育过度，身高多在2m左右，生长过速可持续到20岁以上。食欲强，肌肉发达，性欲旺；在衰退期，精神不振，乏力，背佝偻，阳痿，迟钝。治疗分为基本治疗和对症治疗两部分，前者针对垂体瘤及增生所引起的功能亢进等。采取下列三种疗法：药物治疗、放射治疗、手术治疗。

K

康复医学（rehabilitation medicine）研究由疾病和损伤所致功能障碍，并使其尽可能恢复正常或接近正常的医学。现代康复医学涉及基础医学与临床各科医学，还涉及物理学、运动学、工程学、心理学、护理学、老年学、社会学与建筑学等。当前，康复医学和预防医学、保健医学、治疗医学并列而成为现代医学中的四大分支。

空气负离子发生器（aeroanion geuevator）根据物质电离的原理，人工制造空气负离子的装置。由于大气中的气体分子电离，尘埃和其他微粒均带电荷，使大气中存在空间电荷，这就是空气离子。其中带正电的为正离子，带负电的为负离子（或称阳、阴离子）。"空气离子化"是新兴的边缘学科——电气候学中的一项新技术。近年来，由于城市人口的大量增加，广泛地使用金属、塑料及空气调节设备等，从而吸收了大量的负离子，造成环境和室内小气候中正离子大量的增加，形成正、负离子严重的不平

衡（通常的正、负离子比为1.2∶1），使人产生头痛、恶心、情绪不安、抑郁、疲乏等不适反应。负离子却可以使人感到镇静、精神舒畅。到海洋、山林等地，人感到气爽神清就是这个原因。空气负离子发生器产生的负离子可作为降毒剂，有改善呼吸功能、增强新陈代谢、促进血液循环、加速烧伤痊愈和调节神经系统等作用，故有人把它称为"空气维生素"。

L

老年性痴呆（Alzheimer's disease）发生于老年期的、进行性智能缺损，并有脑部器质性病变引起的智力功能的持续性障碍。临床表现为：言语、记忆力、视空间功能、情绪或人格和认识功能障碍。痴呆是一种临床综合征。老年性痴呆是后天的智能障碍，并持续数周或数月以上。较常见的有阿尔茨海默病性痴呆和血管性痴呆，其他如外伤、中枢感染、中毒、肿瘤等也可引起痴呆。老年痴呆的表现有：（1）记忆力减退。近期记忆力首先减退，远期记忆力还能保证，但当疾病发展到一定阶段，远期记忆力也会减退。到疾病后期，记忆力基本完全丧失。（2）定向障碍。一是时间定向力障碍，如病人回答不出今天是几月几日；另一个是空间定向力障碍，一般表现为迷路，外出后找不到自己的家。（3）抑郁。比如老想哭，很悲观。（4）坐立不安，情绪很不稳定。（5）出现性格变化。不管性格从好变坏，还是从坏变好，都有问题。

老年医学（geriatric medicine）又称老年病学，研究人类衰老机制、人体功能改变及其原因、老年前期与老年期疾病的特征以及防治等问题的一门学科。其目的是延缓人体衰老过程，探索防治老年病方法，开展老年保健以维护老年人生理和心理上的健康。20世纪80年代，老年医学研究已深入到细胞及分子水平，主要在细胞核方面探寻衰老的主导原因与机制。临床研究围绕老年常见病，将激素受体敏感性问题作为衰老的病理生理学研究的新趋向，同时加强了行为心理与老年人健康关系的实验性研究和比较分析。欧美及日本等一些发达国家已将老年医学的重点转移到影响人类过早衰老的疾病和老年医疗保健的组织方面；老年前期和老年期慢性病（主要是心血管病，恶性肿瘤，糖尿病，痴呆等）研究已成为这些国家的基础医学和临床医学注意的中心；寻求综合措施，并日益重视宣传老年医疗保健和心理卫生知识，也已成为这些国家医疗卫生宣传的重点。

类癌综合征（carcinoid syndrome）因代谢性肠类

癌瘤过量分泌的 5-羟色胺、缓激肽、组胺、前列腺素及多肽激素等作用于血管而引起皮肤潮红、发绀、肠痉挛、腹泻等一系列似心脏病人所出现的症状。病因学和病理生理学：功能性肿瘤周围广泛的内分泌或旁分泌系统产生不同的胺和多肽。类癌综合征通常和产生 5-羟色胺及在回肠内形成内分泌细胞恶性肿瘤有关。肝转移后释放的代谢物质能通过肝静脉直接到体循环。原发肺和卵巢的肿瘤产物可以通过门脉旁路引起类癌综合征。5-羟色胺作用于平滑肌可产生腹泻，结肠炎及吸收不良，组胺和缓激肽通过扩血管作用而引起皮肤潮红。症状和体征：最常见和最早出现的体征是皮肤潮红，典型的是在头部和颈部，常在激动后，摄入食物、热水及酒精后出现，有较强烈的皮肤颜色变化，可从苍白色或红斑到紫色。肠痉挛伴有再发性腹泻为病人的主诉。许多病人发展至右心纤维化，引起肺动脉狭窄和三尖瓣反流。治疗和预后：原发性肺癌可以实行有效的肺切除手术，对肝转移的病人手术仅仅是诊断或缓解症状，5-氟尿嘧啶链脲霉素已被广泛应用，皮肤潮红和某些症状可以通过生长抑素得以缓解。奥曲肽为生长抑素同类的长效药物，可用来控制腹泻和潮红。白细胞干扰素(IFN-α)可暂时缓解症状。腹泻可以通过一些药物得到控制。酚妥拉明可以预防在实验中诱发的皮肤潮红，皮质类固醇可用于治疗由支气管癌引起的严重的皮肤潮红。尽管为转移性疾病，病人常有 10～15 年的存活期。

量子医学（quanta medicine）建立在量子力学、量子生物学、量子药理学和生命信息学基础上的现代医学门类。它将医学从细胞层次推进到了构成人体的基本微粒子——量子层次。量子检测仪可测出只有五个癌细胞的肿物，能及早发现并采用相应的先进方法治疗，可使癌细胞消失在萌芽状态。量子医学发源于德国，其发展是由量子物理学的发展演变而来的。所有生物体及物质均带有极其微弱的磁场，这种磁场是由电子绕核旋转时产生的，通过量子共振检测仪对生物体及物质中的微弱磁场进行捕捉和解析，从而达到诊断治疗疾病的目的。在临床医学上，应用量子共振检测仪对疾病进行诊断与治疗的技术被称为量子医疗技术。由于量子医学能测量出人体超微细领域的状态，因此能为患者提早作出调理的指引。可见，量子医学在预防医学上有着重大突破及贡献。

卤化银光纤 CO₂ 激光手术刀（halogenated silver optical CO₂ laser scalpel）用卤化银多晶光纤制成的一种在关节式导光臂上使用的手术刀。手术刀头由耦合器、光纤连接器、柔性金属管、聚焦透镜座组成。其中柔性金属管依据用途能在 0°～90° 适当弯曲，弯曲半径大于 15mm，长度小于 250mm，输出连续激光功率大于 12W，工作焦距 5mm。光纤手术刀头端面带有气体保护装置，可防止端面污染。具有防污结构的手术刀头整体直径小于 5.6mm，因此适合在人体天然开口部位，如口腔、喉、妇科、肛门及直肠等处使用。

M

脉管炎（cytomegalovirus infection，CI）一种周围血管的慢性闭塞性炎症和继发神经性改变的疾病。其病因尚未明，可能与烟碱中毒和受寒、受湿及精神因素等有关。主要发生于四肢的中小动脉和静脉，以下肢多见。男多于女，比例约为 9：1。按其发展过程，临床上可分为三期：（1）局部缺血期。受寒冷或涉冷水之后，自觉足部麻木、发凉和疼痛，并容易疲劳和有酸胀感。随病情发展，症状逐渐加重，休息时患肢疼痛，抬高时加重，下垂时减轻；抬高时苍白，下垂时呈青紫红色。（2）营养障碍期。患肢时显麻木、怕冷和疼痛，局部缺血症状更加严重，患肢温度明显降低，足背动脉搏动消失，小腿肌肉萎缩。（3）坏死期。由于长期进行性缺血，以致患肢末端发生溃疡和坏死。

慢性疲劳综合征（chronic fatigue syndrome）见过劳。

梅毒（syphilis）由梅毒螺旋体（苍白螺旋体）引起的传染病。病程漫长，早期侵犯生殖器和皮肤，晚期侵犯全身各器官，出现多种症状和体征。梅毒主要通过性行为在人群中相互传播，也可通过母体传染给胎儿，危及下一代。极少数患者是通过接吻、哺乳，以及接触有传染性损害病人的日常用品而被传染。在性传播疾病中，梅毒的患病人数相对较低，但由于其病程长，危害性大，应予重视。

梅尼埃综合征（Meniere's syndrome）具有眩晕、耳聋、耳鸣及有时有患侧耳内闷胀感等症状的疾病。多为单耳发病，其发病原因不明，病人多为青壮年，病程多为数天或周余。此病不经过治疗，症状可缓解，虽可反复发作，发作时间间隔不定，但也有发作一次不再发作者。其临床表征为：（1）眩晕。往往无任何先兆而突然发作的剧烈的旋转性眩晕，常从梦睡中惊醒或于晨起时发作。在发病期间神志清楚。发作时有恶心、呕吐、出冷汗。（2）听力障碍。可因多次反复发作而致全聋。（3）耳鸣为症状发作前的可能先兆。

耳鸣为高音调。

免疫保护治疗（immunity protective therapy）患实体瘤的病人化疗后利用一些细胞因子来抑制造血干细胞的增殖，从而使造血干细胞在化疗期间处于被遏制状态，免遭化疗的细胞毒作用，然后再用集落刺激因子使骨髓的功能恢复加快的治疗方法。常用的细胞因子有两种：（1）巨噬细胞炎症蛋白 1α（MIP－1α）。它能可逆性地特异性抑制造血干细胞的增殖，在化疗后可明显地促进嗜中性粒细胞得以恢复正常，并使白血病祖细胞对干细胞抑制剂有不同的敏感性。（2）β 转化生长因子（TGF－β）。它是 25kDa 的同种二聚体，能可逆性地抑制细胞因子诱导的多种祖细胞的增殖。与 MIP－1α 不同的是，它可用于保护非常早期的干细胞和更为成熟的祖细胞，而使某些不依赖于细胞因子的肿瘤细胞对化疗敏感。

N

内窥镜（endoscope）又称内镜，各种内脏器官医疗用镜的总称。由于其能直接观察病人内脏器官的形态和病变，从而为诊断提供最客观的证据。目前，内镜检查已成为人体内脏器官检查的常规医疗器械，这主要是因为内镜都是依据人体内腔结构设计而成，镜身柔软，可变换屈伸角度，操作正确不会对器官形成损伤。内镜检查除直接观察外，还能对可疑部位进行活检，以进行病理切片，从而确诊病变性质，因而能发现早期甚至癌前病变。这是 B 超、X 线摄片、CT 检查等不能比拟的。现代内镜技术已从单纯检查向检查治疗结合方向迅速发展。内镜治疗的优点在于痛苦少、经济、方便、快捷、高效。

男性更年期综合征（male climacteric syndrome）男性在从成年过渡到老年这一阶段（即医学上所称的"更年期"）由于睾丸功能退化所引起的身体、精神和神经等方面的症状。男性更年期来得较晚，出现的时间很不一致，发病年龄一般在 55～65 岁左右，临床表现轻重不一。轻者甚至无所觉察，重者影响生活及工作，患者感到很痛苦。临床表现：（1）精神症状，主要是性情改变，如情绪低落或精神紧张、神经过敏、喜怒无常等；（2）植物神经功能紊乱，如心悸怔忡、头晕耳鸣、食欲不振、腹脘胀闷、失眠、少寐多梦、记忆力减退等；（3）性功能障碍，常见性欲减退、阳痿、早泄等；（4）体态变化，全身肌肉开始松弛，身体变胖。中医理论认为，男子更年期肾气逐渐衰少，精血日趋不足，而出现肝阴血亏，肾之阴阳失调，是

形成男子更年期的生理基础。

脑死亡（brain death）全脑（包括大脑半球、间脑和脑干各部分）功能的不可恢复性丧失。死亡的实质应当是指机体作为一个在中枢神经系统控制下的整体的功能永久性消失，其标志就是脑死亡。确定脑死亡的主要标准有：（1）自主呼吸停止，并在施行人工呼吸 15 分钟以上、停止人工呼吸 3～5 分钟后仍无自主呼吸；（2）深度昏迷，对各种外界刺激如疼痛等均完全失去反应，亦无任何自主运动；（3）脑干及各种反射（如角膜反射、吞咽反射、光反射）消失；（4）脑生物电活动消失，脑电图波平坦；（5）脑血管造影显示脑血液循环停止。具备上述条件者，并且在排除体温过低和中枢神经系统抑制性药物中毒后，即可宣布为脑死亡。导致脑死亡的直接原因，除脑本身受到的严重破坏外，多由于缺氧和代谢产物（乳酸、CO_2 等）综合损害作用。对脑死亡者，停止一切抢救措施，是符合伦理道德的。现代医学把脑死亡作为唯一的死亡标准，从而使死亡的判断更加科学，也使法学、伦理学对死亡的认识更加合理。这一标准已为许多国家所接受。

P

帕金森病（Parkinson disease，PD）又称震颤麻痹，中、老年人的慢性神经系统变性疾病。它是由于选择性中脑黑质多巴胺能神经元丧失和纹状体多巴胺含量减少，导致锥体外系病变而产生的。以运动减少、肌强直、震颤和姿势调节障碍为主要临床表现。帕金森病的发病率随年龄增高而增高，位居老年神经系统退行性疾病的第二位，60 岁以上人群患病率为 2.0% 以上。中国现有帕金森病患者数百万。男女比例相近或男性略高于女性。老年人帕金森病的病程较短，3～5 年以后症状逐渐加重，甚至出现痴呆。帕金森病可能是在遗传易感性基础上由多种坏境因素（内源性和外源性）综合作用，在老化的影响下而引起的一种复杂性疾病。

Q

气道高反应性（airway hyperresponsiveness，AHR）气道对各种刺激因子出现过强或过早的收缩反应。它是哮喘发生发展的另一个重要因素。目前普遍认为气道炎症是导致 AHR 的重要机制之一。当气道受到变应原或者其他刺激后，由于多种炎症细胞、炎症介质和细胞因子的参与，气道上皮的损害和上皮下神经末梢的裸露等原因而导致 AHR。通常通过气道

反应性测定来判断。AHR 为支气管哮喘患者的共同病理特征，然而出现 AHR 者并非都是支气管哮喘。长期吸烟，接触臭氧，病毒性上呼吸道感染，慢性阻塞性肺病等也可以出现 AHR。AHR 常有家族倾向，常受遗传因素的影响。

气道内超声技术（endobronchial ultrasound，EBUS）将超声探头通过纤支镜进入气道进行探查的技术。普通气道内窥镜可观察气道腔内的变化，对于管壁或邻近组织的结构改变，则需要根据一些间接征象，如黏膜水肿和颜色改变、充血、软骨破坏和受压、气道壁结构是否完整等推测。气道内超声弥补了其他方法对气管—支气管壁、气管—支气管旁和纵隔结构成像模糊的不能，能够对支气管壁和邻近约 4cm 范围内的组织结构（包括纵隔）进行高清晰度成像。

器官移植（organ transplant）又称移植，将健康的器官移植到另一个人体内，使之迅速恢复功能的手术。移植脏器的全部或部分，保留其解剖学的外形轮廓和内部解剖的结构框架，带有主要血供和管道主干。器官移植具有下列特点：（1）移植物从切取时切断血管直到植入接通血管期间，始终保存着活力；（2）在移植术的当时，即吻合了动、静脉，建立了移植物和受者间的血液循环；（3）如为同种异体移植，术后不可避免地会出现排斥反应。因此，器官移植属于活体移植，器官内细胞必须持续保有活力，于移植术后能尽快地实现有效功能。从移植技术来看，器官移植属于吻合移植。

前列腺炎（prostatitis）由前列腺非特异性感染所致的急性或慢性炎症引起的局部和全身症状。它一般分六型：Ⅰ 型为非特异性细菌性前列腺炎，又分急和慢性前列腺炎；Ⅱ 型为特发性非细菌性前列腺炎，又称前列腺病；Ⅲ 型为特异性前列腺炎，如淋菌、梅毒、结核菌、真菌、滴虫等引起的前列腺炎；Ⅳ 型为非特异性肉芽肿性前列腺炎；Ⅴ 型为前列腺痛和前列腺充血；Ⅵ 型为其他如病毒、支原体、衣原体感染引起的前列腺炎。

腔镜外科（endoscopic surgery）根据外科开展微创手术的理论，结合腔镜手术器械而形成的一门外科学科。腔镜外科微创手术是近十余年来迅速发展起来的新技术。它是高科技产品——各种腔镜与外科微创观念的一种完美结合，是传统外科的一场深刻的技术革命。与传统手术不同，腔镜微创手术借助腹腔镜、胸腔镜、泌尿系内腔镜、椎间盘镜等先进的医疗设备，

经过微小的手术切口或人体自然腔道，来进行手术和解除病变。该技术具有以下优点：（1）手术创伤小；（2）病人痛苦少；（3）脏器功能干扰轻；（4）病人恢复快；（5）住院时间短。

强迫症（obsessive compulsive disorder）又称强迫性神经症，以反复出现强迫观念和强迫动作为基本特征的一类神经症性障碍。它是一种神经官能症。强迫症在精神科患者中占 0.1%～0.46%，在一般人口中约占 0.05%。该病多在 30 岁以前发病，男多于女，以脑力劳动者常见。个性强而不均衡型的人易患该病，少数患者具有精神薄弱性格。　强迫症的基本症状：（1）强迫观念。表现为反复而持久的观念、思想、印象或冲动念头，力图摆脱，但为摆脱不了而紧张烦恼、心烦意乱、焦虑不安和出现一些躯体症状。（2）强迫动作，又称强迫行为。即重复出现一些动作，自知不必要而又不能摆脱。　患者可仅有强迫观念或强迫动作，或既有强迫观念又有强迫动作。强迫症状时重、时轻，当患者心情欠佳、傍晚、疲劳或体弱多病时较为严重。女性患者在月经期间，强迫症状可加重；而在患者心情愉快、精力旺盛或工作、学习紧张时，强迫症状可减轻。

抢救黄金时间（prime time）各种危重伤、病意外发生的最初 4 分种。若能在院前急救中把握这"黄金时间"，将极大地改善患者的预后。因为一个人心跳呼吸停止 10 秒以后就会昏迷，4 分种后脑细胞开始死亡，10 分钟后绝大部分脑细胞死亡，之后即使恢复心跳也可能成为植物人。

青光眼（glaucoma）由于眼内压升高而引起视神经损伤、萎缩，进而造成各种视觉障碍和视野缺损的疾病。它是最常见的致盲性疾病之一。青光眼在日本又称为"绿内障"。在眼球角膜和晶状体之间的前房和后房内充盈着一种水样液体，称房水。正常情况下，房水在后房产生，通过瞳孔进入前房，然后经过外引流通道出眼。如果某些因素使房水的这种循环途径受阻（通常受阻部位位于前房外引流通道），致使房水在眼内积聚，引起眼压升高，从而损伤到视神经，引发出一系列眼部症状。

屈光不正（ametropia）当来自 5m 远的平行光线进入眼内却不能像正常情况下聚焦的一种现象。眼睛具有一组透明的组织，可使进入眼内的光线折射，这些组织包括角膜、房水、晶状体和玻璃体，被称为眼的屈光系统。当光线经屈光系统折射后，聚焦在相当

于胶卷的视网膜上形成物像。其中的调焦过程，是通过眼内的睫状肌的收缩与松弛，从而改变晶状体（双凸透镜）的厚度和弯曲度来完成的。其结果是晶状体的屈折力增减，在视网膜上形成的物像清晰，这一过程即为眼的调节功能。当眼睛不能用调节功能时，来自5m远的平行光线经过眼的屈光系统折射后，聚焦在视网膜上，可形成一清晰的物像，这种屈光状态的眼睛称为正视眼。反之则称为非正视眼，亦称屈光不正。屈光不正包括近视、远视和散光。平行光线聚焦在视网膜之前的是近视眼，聚焦在视网膜之后的是远视眼，不能聚焦在同一平面的则是散光眼。

全科医学（family medicine）一门面向社区与家庭，整合临床医学、预防医学、康复医学以及人文社会学科相关内容于一体的综合性医学专业学科。它是一个临床二级学科。其范围涵盖了各种年龄、性别、各个器官系统以及各类疾病。其主旨是强调以人为中心、以家庭为单位、以整体健康的维护与促进为方向的长期负责式照顾，并将个体与群体健康融为一体。全科医学是医学领域的横向发展和对各有关学科知识的整合，是医学偏离人性的回归。

全身炎症反应综合征（systemic inflammatory response syndrome，SIRS）机体对不同严重损伤所产生的全身炎症反应。这些损伤可以是感染性的，也可以是非感染性的，如严重创伤、烧伤、胰腺炎等。SIRS是由于机体的炎症细胞被某种损害因子激活后产生的大量炎症介质，最终导致机体对炎症反应失控而引起的一种临床综合征。出现两种或两种以上的下述表现就可以认为有SIRS存在：（1）体温 > 38℃或 < 36℃；（2）心率 > 90次/分钟；（3）呼吸频率 > 20次/分钟，或$PaCO_2$ < 3.31kPa；（4）血细胞 > 12 000/mm^3，< 40 000/mm^3或幼稚型细胞 > 10%。由于SIRS是发生多脏器功能衰竭（MODS）的基础，SIRS贯穿于始终，MODS是SIRS过程中最严重的阶段，如SIRS进一步发展到MODS阶段，则治疗已晚，死亡率高。目前早期应用血液净化方式（如CRRT）可以有效地控制SIRS的发展。

全自动体外除颤器（automatic external defibrillator）预防心脏由于室性心动过速或心室纤颤可能发生骤停而进行电除颤抢救病人生命的仪器。研究证实，尽早应用基础的心肺复苏，并随后施行电除颤、药物治疗，以及气管插管措施，可有效提高心脏骤停患者的存活率。从院外心脏猝死患者的对照研究表明，在得到早期除颤的患者中有62%存活，而仅行基础生命支持抢救，等待医务人员的患者存活率仅为27%（$P<0.02$）。

R

人格障碍（psychopathic personality）又称病态人格或人格变态，一些人的人格的某些特点过分突出，影响了本人或周围人的生活和谐，因而引起别人的注目或认为必须处理的一种障碍。本人一般不能认识或不肯承认自己有这些缺点。人格障碍因为没有明确的"发病"、"病情波动"和医药治疗方法，所以一般不作为疾病。但又因为某些原来人格正常的精神病或器质性脑病的患者可以出现人格障碍的症状，或某些人格障碍者的表现很像精神病，因此人格障碍成为精神医学的内容之一。该病的诊断对象必须是成人（一般是指18岁以上），少年儿童一般不诊断人格障碍。

乳腺癌（breast cancer）发生于乳房的恶性肿瘤。是主要发生在女性身体上的恶性肿瘤疾病，也是女性主要的恶性肿瘤之一。其发病率居女性恶性肿瘤发病率的首位。乳腺癌发病以40～60岁的女性居多，也波及绝经期前后的妇女。雌激素的活性对乳癌的发生起一定作用，月经过早来潮或绝经期愈晚的妇女患乳癌的概率较高。临床上按乳腺癌发展程度不同将乳腺癌分为四期：（1）第一期，癌肿完全位于乳腺组织内，直径不超过3cm，与皮肤无黏连。无腋窝淋巴结转移。（2）第二期，癌肿不超过5cm，尚能活动，与皮肤有黏连。同侧腋窝有数个散在而能活动的淋巴结。（3）第三期，癌肿直径超过5cm，与皮肤有广泛黏连，而且常形成溃疡或癌肿底部与筋膜、胸肌有黏连。同侧腋窝有一连串融合成块的淋巴结，但尚能活动。胸骨旁淋巴结有转移者亦属第三期改变。（4）第四期，癌肿广泛地扩散至皮肤及与胸肌、胸壁固定。同侧腋窝的淋巴结块已经固定，或呈广泛的淋巴结转移（锁骨上或对侧腋窝）。常有远处转移。

乳腺增生症（mammary gland hyperplasia）由于各种病理、生理因素主要导致乳腺小叶慢性炎性增生的乳腺疾病。它是女性最常见的乳房疾病，其发病率占乳腺疾病的首位。该病是由于乳腺组织导管和乳腺小叶在结构上的退行性病变及进行性结缔组织的生长所致，发病原因主要与内分泌激素失调有关。其症状主要以乳房周期性疼痛为特征，特别是月经前疼痛加剧，行经后疼痛减退或消失。严重者经前经后均呈持续性疼痛，有时疼痛向腋部、肩背部、上肢等处放射。患者往往自述乳房内有肿块，而临床检查时却仅触及增厚的乳腺腺体。有极少数青春期单纯乳腺小叶增生两年左右可自愈，大多数患者则需治疗。由于乳腺增生主要是激素失衡造成的，所以治疗则应从调理内分泌着手。70%～80%的女性都有不同程度的乳腺增生，且多见于25～45岁的女性。少部分乳腺增生症长期迁延不愈，会发生乳腺良性肿瘤或发生恶性病变。为了能及时发现乳腺疾病，专家提倡25岁以上女性一定要每月自查乳房。

S

色盲（color blindness）眼睛不能正常分辨颜色的病理现象。日常最常见的是红色盲和绿色盲。有红色盲的人，眼睛里的视网膜上缺少含有红敏视色素的感红细胞，对红色光线不敏感；有绿色盲的人，视网膜上缺少含有绿敏视色素的感绿细胞，对绿色光线不敏感。这两种色盲，都不能正确分辨红色和绿色，他们所能看到的颜色，只有蓝色和黄色的区别。因缺少含有蓝敏视色素的感蓝细胞而不能正确分辨蓝色和黄色的色盲非常少见。此外，还有一种比较少见的色盲，叫做全色盲。这样的人视网膜上缺少感色细胞，不能分辨任何颜色。他们所看到的世界，就像黑白电视一样，只有白色、灰色和黑色的区别。

社区获得性肺炎（community-acquired pneumonia，CAP）在医院外罹患的感染性肺实质炎症。包括具有明确潜伏期的病原体感染而在入院后的平均潜伏期内发病的肺炎。临床表现：（1）新近出现的咳嗽、咳痰，或者原有呼吸道疾病症状加重并出现浓性痰，伴或不伴有胸痛；（2）发烧；（3）肺实变体征和/或湿性罗音；（4）白细胞大于1×10^{10}/L或小于4×10^9/L伴或不伴核左移；（5）胸部X线检查显示片状、斑片状浸润性阴影或间质性的改变，伴或不伴胸腔积液。以上1～4项中任何一项加第5项，并除外肺结核、肺部肿瘤、肺血管炎、肺栓塞等肺部疾患就可诊断为CAP。常见病原体有肺炎链球菌、流感嗜血杆菌、卡他莫菌和非典型病原体。

神经性厌食症（anorexia nervosa）又称厌食症，是患者自己有意造成体重明显下降至正常生理标准体重以下，并极力维持这种状态的一种心理生理障碍。该病多见于青少年，发病年龄多在13～25岁期间，且主要罹及女性。男性与女性患者之比约为1：9.5。其病因目前尚不明确。该病的发生是多种因素作用的结果。神经性厌食症一旦确诊，就应全力以赴地治疗。否则，拖延时间越长，治疗难度越大。但厌食症能否治愈，还要取决于心理治疗效果。如果不破除对肥胖的恐惧感，以及"越瘦越美"的错误审美观念，是很难治愈的。有部分少女，当严重的营养不良的病态已出现时，她们还在想象着自己正越变越美，丝毫未觉察自己已经面临的生命危险。因而，治疗神经性厌食症首先要纠正其错误认识。

肾透析（kidney dialysis）根据半透膜的膜平衡原理，使用一定浓度的电解质和葡萄糖组成的透析液与血液中积累的代谢产物、水及电解质进行渗透交换，从而达到治疗目的的一种疗法。临床上对肾功能衰竭的病人多采用血液透析（又称人工肾）和腹膜透析两种方法。应用透析后的病人一般病情均可以得到改善，但要丢失一些营养素，其中，氨基酸、无机盐、水溶性维生素丢失较多，因此，病人饮食应及时随治疗进行调配。

肾小管性酸中毒（renal tubular acidosis）先天性或后天性肾小管功能障碍，引起小儿生长发育迟缓，同时多伴有厌食、疲乏、无力、多饮、多尿、烦渴等酸中毒症状的疾病。X线检查可见长骨的骨质疏松和骨骺端改变，肾区钙化影，血液生化示高氯性代谢性酸中毒，血钾偏低，尿液多呈碱性或中性。

肾小球内"三高"症（three-Highs renal glomerulus）肾小球毛细血管的高灌注、高血压、高滤过。该"三高"症可引起肾小球上皮细胞足突融合，系膜细胞和基质显著增生，肾小球肥大，继而硬化。另外使肾小球内皮细胞损伤、通透性增加使尿蛋白增多而损伤肾小管间质等。上述过程不断进行，形成恶性循环，使肾功能恶化，发展到终末期肾病。正确的诊断和有效的治疗对延缓慢性肾衰，保护肾功能具有非常重要的意义。针对早期肾脏患者严格控制血压、减少尿蛋白，避免劳累，控制蛋白饮食等一系列措施可以延缓肾衰竭的发展。

肾移植（kidney transplantation）将供肾者的健康肾脏植入病人（受肾者）体内的肾脏替代疗法。主要适用于肾脏功能不可逆地完全性损害的病人。一般尿毒症病人经3～6个月的透析治疗，全身状况改善，就可进行肾移植术。肾移植成功的关键是供肾者与受肾者组织学相匹配。肾移植的病人需要服抗排异药物，如强的松，环孢素A等。这些药物对机体免疫系统产生抑制作用，使其不对外来的肾脏产生免疫攻击。但是，服用这些抑制免疫的药物，机体对病原体的抵抗力大大降低，感染性疾病发生率增高。因此，术前存有活动性感染，全身状况不良，营养恶化，严重心血管功能不良，严重泌尿系统畸形，高龄病人均不宜行肾移植术。肾移植主要并发症是急、慢性排异反应。急性排异反应发生时，病人可有发热、尿量减少、移植肾区肿痛、血尿、蛋白尿，常需要紧急处理。经强有力的抗排异治疗后，急性排异反应可逆转。由于技术进步，急性排异反应已很少发生，各类原因引起的肾小管坏死的发生率也大大减少了。肾移植成功率已大大提高。

生命（life）蛋白体的存在方式。这是恩格斯在19世纪下半叶对"生命"下的定义。它在一定程度上揭示了生命的物质基础，即具有新陈代谢功能的蛋白体。在活的细胞中除去水分后，约有90%是蛋白质、核酸、糖、脂四类大分子，其中又以蛋白质和核酸最为重要。生物体蛋白质由20种氨基酸组成。它对核酸代谢的催化，新陈代谢的调节控制以及高等动物的记忆、识别功能等起重要的作用。核酸是由碱基、戊糖、磷酸组成。核酸控制蛋白质的合成，决定蛋白质的性质。可以说，蛋白质和核酸两者互相依赖、互相作用，使生命体成为一个统一体。有关"生命"的定义还有：（1）生理学定义。例如，具有进食、代谢、排泄、呼吸、运动、生长、生殖和反应性等功能的系统。但某些细菌却不呼吸。（2）新陈代谢定义。生命系统具有界面，与外界经常交换物质但不改变其自身性质。（3）生物化学定义。生命系统包含储藏遗传信息的核酸和调节代谢的酶蛋白。但是已知某种病毒样生物却无核酸。（4）遗传学定义。通过基因复制、突变和自然选择而进化的系统。（5）热力学定义。生命是个开放系统，它通过能量流动和物质循环而不断增加内部秩序。

食管癌（esophageal cancer）发生在食管上皮组织的恶性肿瘤。全世界每年约有20万人死于食管癌。中国是食管癌的高发区，因食管癌死亡者仅次于胃癌居第二位，发病年龄多在40岁以上，男性多于女性。但近年来40岁以下发病者有增长趋势。食管癌的确切病因不明。多数学者认为，食管癌的发生与亚硝胺慢性刺激、炎症与创伤、遗传因素以及饮水、粮食和蔬菜中的微量元素含量有关。显然，环境和某些致癌物质是重要的致病因素。

食物中毒症（symptom of food poisoning）吃了被致病菌污染，或本身有毒的食物而引起疾病的现象。食物中毒的种类有：（1）细菌性食物中毒，如沙门菌，致病性大肠杆菌等；（2）有毒动植物食物中毒，如河豚毒素等；（3）化学性食物中毒，如重金属、亚硝酸盐及农药中毒等；（4）真菌毒素和霉变食物中毒，如霉变甘蔗等。食物中毒不包括传染、寄生虫病、人畜共患传染病等引起的急性胃肠炎等疾病；那些被有害物质污染的食品，不论是一次大量摄取或经常不断地小量食用所引起的慢性毒害及致癌、致畸、致突变作用等也均不属于食物中毒的范围。

视觉电生理学（visual electrophysiology）一门研究根据检查目的的不同，采取不同的刺激方式并以特定仪器对视功能进行检查分析的学科。其主要目标是对视路疾病进行定位和定量。检测方法包括：（1）视网膜电图。为定量检测视网膜功能的主要方法。根据刺激方式不同包括闪光ERG和图形ERG，分别检测周边视网膜病变和黄斑区病变。（2）视觉诱发电位。为定量检测视皮质电位的方法。（3）眼电图。为定量检测视网膜色素上皮功能的方法。

视疲劳（watching tiredness）又称眼疲劳，由于视觉器官、全身状况与工作环境相互作用产生的一组自觉症状。近距离工作不能持久，容易疲劳，视物模糊，看书复视串行，眼沉目胀，头痛头晕，甚至恶心呕吐，以及其他神经官能症症状，都是视疲劳的表现。

试管婴儿（test tube baby）用腹腔镜从卵巢取出成熟卵子，在无菌条件下使精、卵在试管内结合，并在人造环境下分裂、发育，然后再将胚胎移入母亲的子宫，使其在子宫内发育成长至分娩的婴儿。

输血反应（blood transfusion reaction）任何输血前不能预料或不能用原发病解释的、在输血过程中或输血后受血者发生的不良反应。反复输用全血，易出现输血反应。按发生的时间可分为在输血当时和输血24小时内发生的即发反应和在输血后几天或以后迟发反应。按发生机制可分为：（1）免疫反应，包括发热、过敏、溶血、紫癜等；（2）非免疫性反应，包括细菌污染、输血传播疾病等。

输血医学（blood transfusion medicine）一门研究保证输血配对精准、确保输血安全的学科。到现在为止仍是以同种血相输为原则。关于人工血液很多国家都在积极研究中，类真血替代品已经出现，如美国就研究出了与全血和血浆功能雷同的人造血。输血包括全血输血、成分输血；又分同种异体输血和自体输血。

睡眠呼吸暂停综合征（sleep apnea syndrome, SAS）由各种原因导致的在睡眠状态下反复出现呼吸暂停或低通气，引起低氧血症、高碳酸血症，从而使机体发生一系列病理生理改变的临床症状。其早期特征性表现主要是夜间呼吸暂停、打鼾、白天嗜睡。假若打鼾同时合并呼吸暂停应引起重视。如果多导睡眠监测出现每晚 7 小时睡眠中呼吸暂停时间超过 10 秒以上且反复发作 30 次，或呼吸暂停低通气指数 ≥ 5 次 / 小时，即可诊断该综合征。根据呼吸暂停时胸腹是否运动分为 3 种类型：（1）中枢型，呼吸暂停同时伴有胸腹运动消失；（2）阻塞型，呼吸暂停时胸腹运动仍存在；（3）混合型，两种形式交替出现。睡眠呼吸暂停综合征病情逐渐发展可出现肺动脉高压、肺心病、呼吸衰竭、高血压、心律失常等严重并发症，故应早期评估诊疗。

T

糖尿病酮症酸中毒（diabetic ketoacidosis）当胰岛素依赖型糖尿病人胰岛素治疗中断或剂量不足和非胰岛素依赖型糖尿病人遭受各种应激时，糖尿病代谢紊乱加重，脂肪分解加快，酮体生成增多超过利用而积聚时发生的代谢性酸中毒。若病情严重可发生昏迷，称"糖尿病酮症酸中毒昏迷"。糖尿病酮症酸中毒是糖尿病的严重并发症，在胰岛素应用之前是糖尿病的主要死亡原因，在胰岛素问世后其病死率大大降低，目前仅占糖尿病人病死率的 1%。

替代医学（alternative medicine）各种新的不同于传统西医的医学观念和治疗方法。这些医学，提倡注重饮食、呼吸、情绪、排便和运动在健康中的作用。替代医学讲究个体化，是针对现代医学的标准化。许多药物在使用方面有严格的量的要求。现代医学是根据临床病例运用统计方法得出药物使用标准；而替代医学则根据个人的具体素质给药。前者有利于短时期内培养工作人员，而后者要求从业人员有较高的修养。

退休综合征（retirement syndrome）人们退休（离休）后，生活规律突然改变，精神失去依托，体内调节失常，产生了心理变态而发生的一类疾病。其主要症状有头晕、失眠、抑郁、易激动等，甚至于惶惶不可终日，常与更年期综合征相类似。目前在临床上大都误诊为更年期综合征，并以治疗更年期综合征的方法进行治疗，但疗效不佳。退休综合征，可促使老年性疾病的发生和发展，降低机体的免疫功能，增加感染性疾病和癌症的易感性。退休综合征一般在退休（离休）后一年之内发病。以后随着对退休后生活适应性的增强，发病机会就越来越少。对退休综合征的治疗，除了采用适当的药物治疗外，主要使用精神治疗和心理治疗，如采用心理疗法、生物反馈疗法和气功疗法等。

W

腕管综合征（carpal tunnel syndrome）在正中神经受压情况下的一种症状。患者手桡侧有三个半手指有感觉异常、麻木或刺痛，一般夜间加剧，特别是当手部温度增高时更明显。偶向上放射至臂或肩部。劳动使症状加剧。冷天尚可见患者手指发冷、发绀、手指活动不便、拇指外展肌力差，严重者可见鱼际萎缩、皮肤发亮、指甲增厚。

微创外科（minimally invasive surgery）通过微小创伤或入路，将特殊器械、物理能量或化学药剂送入人体内部，完成对人体内病变、畸形、创伤的灭活、切除、修复或重建等外科手术操作而达到治疗目的的医学科学分支。其特点是对病人的创伤明显少于传统外科手术。微创外科目前最常开展的是内镜技术。该技术具有不开刀、出血少、手术快、恢复迅速、创伤少、痛苦小等诸多优点，已广泛应用在内脏器官疾病的治疗上。此外，物理微创外科，如伽马刀、X 刀、超声聚能刀、微波刀、射频刀、体外震波碎石；化学微创外科如药物注射、导管介入等也已广泛应用。其中体外震波碎石可将肾、输尿管、膀胱结石通过体外震波将其击碎后经尿路随尿排出体外，不用开刀，几乎无创伤。

微流体测试技术（micro-liquid testing technology）是一种利用流体力学原理，通过体液探头或测试棒和诊断测试盒快速完成对致病病原体检测的技术。微流体技术能够让液体在如人头发丝那么细的通道流动。微流体诊断测试能够检测血液、唾液、尿液中是否存在特定的病原体，如艾滋病、SARS 或禽流感病毒等。美国邮政总局已经应用微流体技术安装检测系统。这套系统主要用途是，在几个邮件处理中心检测炭疽病菌。而位于马里兰州的 Akonni Biosystem 公司研发的微流体结核菌检测技术，已经用于微流体 SARS 检测仪的产品开发，且该产品即将投放市场。

围产医学（perinatal medicine）从确诊妊娠起对孕妇和胎儿进行监护、预防和治疗的一门新兴学科。它对降低胎儿、婴儿死亡率，保证母婴健康，提高民族素质有着非常重要的意义。开展围产医学的关键，就是做好孕妇、产妇的管理，即从怀孕早期到产后42天止，对孕妇、产妇进行系统的管理。首先，做好产前咨询门诊，对不宜妊娠的孕妇劝其做人工流产；其次，对妊娠中可能有危险的高危孕妇进行重点监视护理；第三，对高危孕妇一旦确定胎儿已经成熟（不一定足月），便要抓住对母婴都有利的时机，采取"适时的计划分娩"；第四，加强分娩期的监护，尤其对高危孕妇，必须严密地观察产程的进展，加强接产、抢救和重点护理技术，以确保母婴的安全。

围手术期（perioperative）泛指手术前后的一段时期，包括术前准备和术后恢复两个阶段，没有特别明确的时限。它是围绕需要手术的病人展开的术前准备以及术后治疗与康复等各项以安全和维护生命生活质量为主旨的医护工作内容。手术是一种创伤性治疗手段。手术的创伤可以引起机体一系列内分泌和代谢变化，导致体内营养物质消耗增加、营养状况水平下降及免疫功能受损。营养不良是外科住院患者中的普遍现象。营养不良可导致患者对手术的耐受力下降，手术后容易发生感染、切口延迟愈合等并发症，影响预后。由营养不良直接或间接导致死亡的外科住院患者可达30%。所以，在围手术期中加强对病人的营养尤为重要。

伪膜性肠炎（pseudomembranous）主要发生于结肠的覆有伪膜的急性黏膜坏死性炎症。此病常见于应用抗生素治疗之后，故为医源性并发症。本病发病年龄多在50～59岁，起病大多急骤，病情轻者仅有轻度腹泻，重者可呈暴发型，病情进展迅速，严重者可以致死。伪膜性肠炎患者粪中分离出的难辨梭状芽孢杆菌，能产生具细胞毒作用的毒素和肠毒作用的毒素，其中前者是伪膜性肠炎的重要致病因素。毒素可造成局部肠黏膜血管壁通透性增加，致使组织缺血坏死，并刺激黏液分泌，与炎性细胞等形成伪膜。在健康人群的粪便中，难辨梭状芽孢杆菌阳性率5%。广谱抗生素应用之后，特别是林可霉素、氯林可霉素、氨基苄青霉素、羟氨苄青霉素等的应用，抑制了肠道内的正常菌群，使难辨梭状芽孢杆菌得以迅速繁殖并产生毒素而致病。本病还可发生于抗病能力和免疫能力极度低下，或因病情需要而接受抗生素治疗的患者。因机体的内环境发生变化，肠道菌群失调，有利于难辨梭状芽孢杆菌繁殖而致病。

胃癌（gastric cancer）起源于胃上皮的恶性肿瘤。

消化道最常见的恶性肿瘤之一。它可发生于胃的任何部位，半数以上发生于胃窦部，其次在贲门部。胃癌的发病率在不同国家、不同地区差异很大。其病因与下列因素有关：（1）环境因素。包括食物、土壤、水源等，其中最主要的是饮食因素。胃液中亚硝酸盐（如腌制食物）的含量与胃癌的患病率明显相关，而高盐饮食、吸烟、低蛋白饮食、较少进食新鲜的蔬菜、水果，则可能增加患胃癌的危险性。同时有吸烟嗜好的人，其发病率亦明显高于不吸烟者。（2）感染因素。幽门螺杆菌（Hp）感染，已被世界卫生组织列为I类致癌物。调查表明，胃癌发病率与Hp感染呈正相关。（3）遗传因素。其发病率有家族聚集倾向，其家属的发病率高于一般人的2～4倍。（4）癌前疾病。能演变为胃癌之良性胃部疾病，如胃溃疡、慢性萎缩性胃炎、胃息肉、残胃炎等。胃癌晚期可有发热、衰竭、恶病质等症状。上腹部可摸到质硬的肿块，常有压痛。

无线电辐射探测器（radio radiation detector）可以方便地系在胳膊上，直接测量来自电脑及电话的电磁辐射的仪器。它装备有全频道侦测天线，能对无线数字通讯进行覆盖，同样能记录下UMTS网络的信号，并可传输大量的图像数据。该仪器还能够记录电台发射塔及无线网络设备的辐射量。它还能把24小时记录下来的各种电器辐射的数据，通过本身计算机系统，准确地分析计算出一天内人体受到辐射的平均值，进而指导人们采取相应的防护措施。

X

习惯性流产（habitual abortion）连续发生三次或三次以上的自然流产。习惯性流产的妇女，应该积极寻找原因，包括夫妇双方的染色体检查，血型检查。子宫颈口松弛的患者，多为先天性的宫颈功能发育不良造成的。这种妇女妊娠时，随着胎儿逐渐长大，本应关闭的了宫颈口因为承受不住越来越大的胎儿的重量而张开，使胎儿排出，这种情况常常表现为晚期流产。每次怀孕都会旧病复发，是晚期习惯性流产的比较常见的原因之一。为预防流产的发生，患者妇女要尽量卧床休息，或在怀孕的3～4个月时可以做手术把子宫颈扎住。

系统性红斑狼疮（systemic lupus erythemalosus, SLE）一种累及多系统多器官的自身免疫性的炎症性结缔组织病。由于细胞和体液免疫功能障碍，会产生多种自身抗体。发病机理主要是由于免疫复合物形成。确切病因不明。病情呈反复发作与缓解交替过程。本病以青年女性多见。发病与遗传、感染、内分泌因素、环境（如日光和紫外光照射能使 SLE 全身和皮肤症状加重）和药物有关。症状：（1）全身症状，如发热，尤以低热常见，全身不适，乏力，体重减轻等；（2）皮肤和黏膜，约40%患者有面部典型红斑，称为蝶形红斑；（3）约90%以上患者有关节肿痛，且往往是就诊的首发症状；（4）约50%患者有肾脏疾病临床表现；（5）肺和胸膜受累约占50%；（6）神经系统损害约占20%，一旦出现，多提示病情危重；（7）血液系统，依次有贫血、白细胞减少、血小板减少。

先兆流产（threatened abortion）在妊娠不满28周，出现的腹痛、阴道流血、宫颈扩张等症状。妊娠12周内为"早期先兆流产"，其后的称"晚期先兆流产"。其原因与孕妇及胎儿两大方面有关。孕妇方面包括内分泌功能失调，如黄体功能不健、甲状腺功能不足等；孕妇感染性疾病、高热、严重贫血、严重营养不良、放射性、毒性物质接触及生殖道畸形如双子宫、子宫肌瘤等均易导致先兆流产。胎儿方面的因素最突出的是受精卵的染色体出现异常，约占整个流产儿的25%左右。孕四周前的流产中100%是畸形，其中75%为染色体异常；孕12周前的流产中畸形约占12%，其中5.3%是染色体异常。先兆流产的防治原则是：已知流产和染色体异常有极明显的关系，不要强行保胎。所以表现先兆流产症状，最明智的是请医师查清原因，特别是排除是否遗传学上的原因后，由医师决定是否保胎。

显微外科（microsurgery）研究利用光学放大设备和显微外科器材，进行精细手术的学科。从广义来说，显微外科不是某个专科所独有，而是手术学科各有关专业都可采用的一门外科技术，甚至可以从该专业分出专门的手术学。

现代急诊医疗服务体系（a modern system of emergency medical services，EMSS）把院前急救、院内急救和加强监护治疗三部分有机联系起来，更加有效地抢救急危重伤员的系统。即在事故现场或发病之初即对伤病员进行初步急救，然后用配备急救器械的运输工具，把他们安全快速护送到医院急诊室接受进一步抢救和诊断，待其主要生命体征稳定后再转送到监护病房或专科病房。EMSS 系统是目前各国研究最多、发展最快的急诊医学领域之一。从急救通信工具的现代化，以及急救中心和各级医院急诊室的电脑化和网络化，到院前多方位、立体(空中)救护，EMSS 已发展成为非常高效发达的急救医疗系统。

小儿脑瘫（children with cerebral palsy）婴儿在出生前或出生早期由于某些原因造成的非进行性脑损伤所致的综合征。主要表现为：中枢性运动障碍和姿势异常，可伴有智能落后及惊厥发作，行为异常，感觉障碍及其他异常。尽管临床症状可随年龄的增长和脑的发育成熟而变化，但是其中枢神经系统的病变却固定不变。

哮喘（asthma）一种以呼吸困难为表征的慢性支气管疾病。机制：病者的气管因为发炎而肿胀，呼吸道变得狭窄，导致呼吸困难。从发病的原因，哮喘可分为外源性及内源性两类：（1）外源性哮喘。是患者对致敏原产生的过敏反应。致敏原包括尘埃、花粉、动物毛发、衣物纤维等。患者应该认清对自己有影响的致敏原。外源性哮喘的病患者以儿童及青少年占大多数。除致敏原外，情绪激动或者剧烈运动也可能引起发作。（2）内源性哮喘。患者主要是成年人，其中女性居多，发病初期一般没有十分明显的先兆，而且症状往往与伤风感冒等普通疾病类似，有时甚至在皮肤测试中也会呈阴性反应。一般来说，内源性哮喘对药物治疗没有外源性哮喘理想，而且即使经治疗后呼吸道也不易恢复正常。

心肺复苏术（cardiopulmonary resuscitation，CPR）在患者停止呼吸、心跳，心脏失去功能的情况下，借助心外按摩与人工呼吸的合并使用挽救患者生命的救生措施。一般情况下，脑细胞缺氧4～6分钟后就会受损，一旦超过6分钟，就会造成无法复原的脑损伤。如果在呼吸、心跳停止的早期，即刻施行心肺复苏术，及时供氧，则可帮助患者身体恢复循环功能，有效提高生存机会。心肺复苏术在医务界被广泛认为是所有急救技术中最基本的救命技术。

心肌梗死（myocardial infarction）在冠状动脉病变的基础上，其血流中断，使相应的心肌出现严重而持久地急性缺血，最终导致心肌的缺血性坏死征象。发生急性心肌梗死的病人，在临床上常有持久的胸骨后剧烈疼痛、发热、白细胞计数增高、血清心肌酶升高以及心电图反映心肌急性损伤、缺血和坏死的一系列特征性病变，并可出现心律失常、休克或心力衰竭，此属冠心病的严重类型。心肌梗死的原因，多数是冠状动脉粥样硬化斑块或在此基础上血栓形成，造成血管管腔堵塞所致。按照病因、病理、心电图和临床症状等不同，心肌梗死可分为不同的类型，除上述共有的表现外，还各有其特殊性。

心理障碍（psychological barriers）由不良刺激引起的心理异常现象。心理活动中的轻度创伤。例如：遇到挫折后或愤怒攻击，或消沉自卑；遇到两难其全难以抉择时的心理冲突；考试前的过分紧张焦虑等。心理障碍时多伴有情绪的焦虑或抑郁、紧张或恐惧，以及生理功能的改变。心理障碍往往只是暂时的，在一定情景下偶然发生的，是正常心理活动中的局部异常状态。每一个正常人在特定情况下都可能产生不同程度的心理障碍，但其社会功能完好无损，往往不需经过治疗，只要改变不良生活，或事件消除，适当应用心理防御措施就会自然消失。但是，严重而持久的心理障碍，不仅会对人格发展产生影响，也会诱发一些精神疾病。

心源性脑缺血综合征（cardiogenic cerebral ischemia syndrome）见阿—斯氏综合征。

心脏起搏器（heart pacemaker）一种能帮助功能减弱的心脏维持心室功能的医疗装置。它的主要作用是：用一定形式的脉冲电流刺激心肌造成兴奋并在心脏扩布，使心肌发生收缩，维持必要的血流循环功能。对于严重的房室传导阻滞和其他原因造成的心率失常，用药物治疗无效时，可使用起搏器。

心脏骤停（cardia carrest）心脏突然丧失泵血功能，导致循环完全停止的征象。常见原因为各种器质性心脏病、药物中毒与过敏、电解质紊乱、酸碱失衡、手术与麻醉意外，以及电击、溺水、窒息等，其中以冠心病为最多见。其诊断要点：（1）神志丧失。（2）颈动脉、股动脉搏动消失、心音消失。（3）叹息样呼吸，如不能紧急恢复血液循环，很快就呼吸停止。（4）瞳孔散大，对光反射减弱以至消失。（5）心电图表现。心室颤动或扑动约占91%；心电—机械分离有宽而畸形、低振幅的QRS，频率20～30次／分钟，不产生心肌机械性收缩；心室静止，呈无电波的一条直线，或仅见心房波。心室颤动超过4分钟仍未复律，几乎均转为心室静止。心脏骤停常迅速伴有呼吸骤停，因此应心肺复苏同时进行。

血液净化（blood purification）一种利用体外循环的方法，达到清除血液中代谢产物、内源性抗体、异常血浆成分以及蓄积体内的药物或毒物等的目的治疗技术。临床上常用的方法有：血液透析、血液滤过、血液透析滤过、血液灌流、血浆置换、免疫吸附、腹膜透析和结肠透析等。腹膜透析，通过腹膜作为半透膜，经腹膜血管与腹腔内灌入透析液之间弥散、超滤作用达到清除体内代谢产物，亦属血液净化技术。血液透析与腹膜透析是治疗急慢性肾功能衰竭伴容量过量或毒物中毒的最常用和有效的方法。

循证医学（evidence-based medicine）一门在疾病的诊治过程中，将个人的临床专业知识与现有的最好临床研究证据结合起来综合分析，为病人作出最佳医疗决策的学科。在临床医疗实践中，对患者的诊治决策，都应建立在最新的科学依据（证据）基础之上。临床医生的专业技能，应该与现代系统研究所获得的最新成果（证据）有机地结合，用以指导临床实践。循证医学也是提供医学决策证据的研究。该研究不同于产生新知识或明确新问题的基础科学研究，而是终生不断的学习和研究的过程。其核心思想是医疗决策（即患者的处理、治疗指南和医疗政策的制定等）应在现有的最好的临床研究依据（证据）基础上作出，同时也重视结合个人的临床经验。

Y

氩氦刀（argon–helium knife）一种通过精确定位，然后采用超速冷冻、迅速复温的一种治疗系统。它也是一种微创的治疗系统。氩氦刀系统是由4～8个单独控制的热绝缘超导刀、高压常温氩气（冷媒）、高压常温氦气（热媒）等组成。工作时通过氩气迅速在刀尖膨胀释放能量，形成超低温，（大约60秒就可以让局部温度达到-100℃），然后用氦迅速复温。这样反复的降温复温，就可以把刀头周围组织形成一个冰球，从而达到摧毁这个组织的目的。其中肿瘤细胞在这个冰球范围内也得到最大限度的摧毁。

淹溺（drowning）当人淹溺于水或者其他液体中时，液体充塞呼吸道及肺泡或反射性地引起喉痉挛，发生窒息或缺氧而处于临床死亡的状态。由液体阻塞呼吸道及肺泡所致的窒息称为"湿性淹溺"，占淹溺的90%；而由喉痉挛导致的窒息称为"干性淹溺"。根据吸入水的性质分淡水淹溺和海水淹溺。当淹溺者从水中救出后，暂时性的窒息，尚有大动脉搏动者称为"近乎淹溺"。近乎淹溺后数分钟到数日死亡为"继发淹溺"，常因淹溺并发症所致。对于近乎淹溺者，应迅速清除口、鼻中的污物，以保持呼吸道通畅，迅速将患者置于抢救者屈膝的大腿上，头倒悬，轻按患者背部，迫使呼吸道及胃内的水倒出，进行心肺复苏。根据溺水时间的长短，吸入量的多少，吸入水的性质以及器官损伤的情况采取相应的处理，治疗各种并发症，避免出现继发淹溺。

腰椎间盘突出症（lumbar disc herniation）又称髓核突出、腰椎间盘纤维环破裂，纤维环破裂后髓核突出压迫脊神经根而致腰腿痛的一种腰部疾患。该病是因为腰椎间盘各部分，尤其是髓核，有不同程度的退行性改变后，在外界因素的作用下，椎间盘的纤维环发生破裂，髓核组织从破裂之处突出于后方或椎管内，导致相邻的组织，如脊神经根、脊髓等遭受刺激或压迫，从而产生腰部疼痛，一侧下肢或双下肢麻木、疼痛等一系列临床症状。

一氧化碳中毒（carbon monoxide poisoning）一氧化碳与血红蛋白结合，形成碳氧血红蛋白，失去携氧能力，造成组织窒息引起的病理生理反应。大多由于煤炉没有烟囱或烟囱闭塞不通，或因居室无通气设备所致。其临床表现为：开始有头晕、头痛、耳鸣、眼花、四肢无力和全身不适，症状逐渐加重则有恶心、呕吐、胸部紧迫感，继之昏睡、昏迷、呼吸急促、血压下降，以至死亡。症状轻重与碳氧血红蛋白多少有关。治疗措施：迁移病人到空气畅通场所，轻症患者离开有毒场所即可慢慢恢复。供氧非常重要，因为吸入氧浓度越高，血内一氧化碳分离越多，排出越快。故应用高压氧舱是治疗一氧化碳中毒最有效的方法。中毒后36小时再用高压氧舱治疗，则收效不大。及早进高压氧舱，可以减少神经、精神后遗症和降低病死率。

医学伦理学（medical ethics）是伦理学的基本原理在医学领域中的具体应用产生的一门交叉学科。其中医患关系涉及医学伦理学的许多基本问题。其特点是：医学已从医生与病人间一对一的私人关系，发展为以医患关系为核心的社会性事业，因而要考虑双方的收益和负担的分配以及分配是否公正的问题，即公益论。此外，由于生物医学技术的广泛应用，医疗费用的上涨等，现代医学伦理学更多地涉及病人、医务人员与社会价值的交叉或冲突，及由此引起的伦理学难题。例如，古代医学的传统和某些国家规定不许堕胎，但妇女在生育上要求行使自主决定权和世界人口爆炸对节育的社会需要，会产生针锋相对的矛盾。

医学心理学（medical psychics）一门研究心理活动与病理过程如何相互影响的学科，是心理学分支之一。它是在心理学和医学相互结合、共同研究的过程中形成和发展起来的边缘学科。医学心理学兼有心理学和医学的特点，研究和解决人类在健康或患病，以及二者相互转化过程中的一切心理问题，并通过对医疗实际课题的探讨推动心理学基础理论研究。医学心理学强调从整体上认识和掌握人类的健康和疾病问题，主张把人看作是自然机体与社会实体相统一的存在物，是物质运动与精神活动相结合的统一体。

医用电子直线加速器（medical electronic straight accelerator）一种能产生X射线和电子射线的先进技术设备。它产生的高能射线，能以电离辐射的形式作用于细胞，杀伤不同类型的肿瘤细胞，同时具有剂量高、剂量均匀性好，照射时间短且稳定，照射野大小可按临床需要调节，半影小和病人受治疗疗程短、反应轻等特点。其临床操作比钴-60（^{60}Co）治疗机安全，对周围环境污染也比较小，已显现取代钴-60机的趋势。

胰岛素泵（insulin pump）又称胰岛素持续皮下注射泵（CSII）、人工胰岛装置，临床上模拟人体生理胰岛素分泌的一种胰岛素输注设备。其结构有两种形式：（1）环式。包括电动机、电池、注射器、调节器、警报器、连接管及注射针等装置，可将已知胰岛素需要量连续输入人体，并在餐前可手动调节器增加输入剂量以模仿餐后分泌增多、血浆胰岛素升高情况，并有警报器发出信号以示各种需要紧急处理情况，如胰岛素注完、电池耗尽、空针或针头脱落受阻等。此型已从较大装置改为便于携带的微小型装置。（2）闭环式。此种装置复杂，体积大，不易携带与应用，仅在医院内抢救酮症酸中毒时使用。其结构主要由能连续监测血糖的血糖传感器、微电脑和胰岛素注射泵三部分组成。另外，还有胰岛素笔，其作用原理和开环式胰岛素泵相同，但更简单、实用。

胰岛素抵抗（insulin resistance，IR）机体组织细胞对胰岛素作用敏感性和（或）反应性降低的一种病理反应。机体必须以高于正常的血胰岛素释放水平来维持正常的糖耐量，其结果导致继发性的高胰岛素血症。其可引起血管内皮细胞功能障碍，加重动脉粥样硬化，同时可使肾脏水钠重吸收增加，交感神经活性亢进，动脉弹性减弱，导致血压升高。IR对葡萄糖的摄取利用或储存、输出的抑制作用减弱，大量的脂肪溶解和游离脂肪酸增多，使脂肪代谢障碍。再由于IR使血糖进一步升高，引起Ⅱ型糖尿病。故临床上发现在肥胖、血甘油三酯升高、高血压与糖耐量减低同时存在的四联患者中最明显（该四联症，又称为"胰岛素抵抗综合征"），是发生心脑血管疾病的高危因素，应及早干预。目前胰岛素增敏剂：噻唑烷二酮类药物可降低胰岛素抵抗，提高胰岛素作用的敏感性。

乙醇性肝硬化（alcoholic cirrhosis） 长期过度饮酒，使肝细胞反复发生脂肪变性、坏死和再生，最终导致肝纤维化和肝硬化病变。其发生机制有：（1）肝脏损伤。饮酒可导致肝超微结构损伤，肝纤维化和肝硬化。（2）免疫反应紊乱。①乙醇可激活淋巴细胞。②可加强乙型、丙型肝炎病毒的致病性。③加强内毒素的致肝损伤毒性。④患乙醇性肝炎时细胞因子增加，如肿瘤坏死因子（TNF）、白细胞色素（TL）等。这些细胞因子主要来源于淋巴细胞、单核细胞、纤维细胞及胶原增加，导致肝纤维化。TGF-β是目前发现的最重要的导致纤维化的细胞因子。⑤乙醇及代谢产物对免疫调节作用有直接影响，可使免疫标记物改变。（3）胶原代谢紊乱及肝硬化形成。①脂质过氧化促进胶原形成；②乙醇性肝病患者胶原合成关键酶脯氨酸羟化酶被激活；③乙醇可使贮脂细胞变成成纤维细胞，合成层黏蛋白，胶原的mRNA含量增加，合成各种胶原；④酒内含有铁，饮酒导致摄入和吸收增加，肝细胞内铁颗粒沉着，铁质可刺激纤维增生，加重肝硬化。

抑郁症（depression） 一种以情绪低落、思维联想缓慢、兴趣或愉快缺乏、动作减少为主要特征的疾病。是一种危害性极大的疾病。因病情轻重不一，可以表现为：（1）低落、忧郁、苦闷、沮丧、凄凉和自卑；（2）感到生活处处不如意，没兴趣、没希望；（3）不愿与外界的人和事进行沟通，厌世而不能自拔；（4）轻生，有求死感等。抑郁症的病因一方面与易感素质有关，另一方面与某些诱因相联系，诸如丧失亲人、事业失败、婚姻不美满、生意失败等。

易（异）性癖（transsexualism） 又称变换性别癖或性别转换症，从心理上否定自己的性别，认为自己的性别与外生殖器的性别相反，而要求变换生理的性别特征的行为。它是一种心理上的变态，属于性别身份识别障碍。此种变态行为男女都有，男女比例约为3：1。易性癖产生的原因，目前还不十分清楚。在诊断易性癖时，需要与同性恋和异装癖区别开来。同性恋患者在性伙伴的关系中，是从自己的生殖器上得到快乐，没有切除外生殖器的要求；而易性癖患者与性伙伴的关系，一般是追求心理上的满足或身心合一。易性癖虽然也像异装癖一样有穿异性服装、异性打扮的偏好，但这完全是出于心理上的需要，觉得自己就是个他（她）性。因此，在穿着异性服装时并不引起性兴奋；而异装癖患者则在穿着异性服装时，伴有性兴奋，得到性满足的特点。易性癖以心理治疗为主，也可做变性手术。

癔症（hysteria） 又称歇斯底里，一类由精神因素、内心冲突或情感体验、暗示或自我暗示，作用于个体引起的精神障碍。其主要表现有解离症状和转换症状两种。解离是指对过去经历与当今环境和自我身份的认知完全或部分不相符合。转换症状是指生活事件或处境引起情绪反应，转换为躯体症状。表现：（1）突然精神失常，大哭大闹，喜怒无常，多带有表演色彩，意识表现朦胧，有时出现夜游等精神症状；（2）痉挛性发作，或有癫痫样抽搐，偏瘫失语等；（3）可出现咽部有异物感，视觉听觉障碍，皮肤过敏等感觉障碍；（4）植物神经功能紊乱，如神经性呕吐等。

隐形眼镜（contact lenses） 见角膜接触镜。

应激性溃疡（stress ulcer） 又称急性胃黏膜病变、急性出血性胃炎，机体在应激状态下，胃和十二指肠黏膜出现的急性糜烂和溃疡。其形成是由于各种应激因素作用于中枢神经和胃肠道，通过神经、内分泌系统与消化系统相互作用，使胃黏膜发生病变。主要表现为胃黏膜保护因子和攻击因子的平衡失调。

影像医学（shadow medicine） 将X射线技术，以及CT、螺旋CT、核磁共振、PET等影像技术，用于医学诊断和治疗的一门学科。主要技术有影像诊断学、介入放射学以及三维容积成像等。

幼年孤独症（infantile lonely syndrome） 又称儿童自闭症、孤独性障碍，一类以严重孤独、缺乏情感反应、语言发育障碍、刻板重复动作和对环境奇特的反应为特征的精神疾病，是一种严重情绪错乱的疾病。在成因、发展方式和治疗手段上和成年人的孤独症有很大区别。它是一种严重的普遍性婴幼儿发育障碍。以社会相互作用、语言动作和行为交往三方面的异常，及以三岁前起病一直延续到终生为特征。孤独症无种族、社会、宗教之分，与家庭收入、生活方式、教育程度无关。该症多见于男孩，男女比例为2.6：1～5.7：1。

预激综合征（Wolff-Parkinson-White syndrome） 发生于心脏，以预激为特征的一类疾病。预激是一种房室传导的异常现象，冲动经附加通道下传，提早兴奋心室的一部分或全部，引起部分心室肌提前激动。常合并室上性阵发性心动过速发作。预激是一种较少见的心律失常，诊断主要靠心电图。临床表现：单纯预激并无症状，并发室上性心动过速与一般室上性心动过速相似；并发房扑或房颤者，心室率多在200次/分钟左右，除心悸等不适外尚可发生休克、心力衰竭甚至突然死亡。心室率极快如300次/分钟时，听诊心音可仅为心电图上心室率的一半，提示半数心室激动不能产生有效的机械收缩。

原子核医学（nuclear medicine）简称核医学，又称原子医学，应用放射性同位素及其射线来诊断、治疗和研究疾病的一门综合性的边缘学科。核医学是核物理、高能物理、电子学、化学、生物学、基础医学和工程医学相互渗透的产物。现代科学技术的成就为核医学的发展奠定了基础；核医学的进步又为实验医学和临床医学的现代化提供了有力的手段和新的可能。例如，核医学能及时地反映体内生理、生化过程及时提供动态资料，同时还能反映组织器官的整体或局部的功能，提供定量、准确的数据。利用核医学理论，简便、安全、无损伤地诊断疾病，能有效地治疗某些疾病，故核医学又被称为"应用生物化学及应用生理学"。

晕厥（syncope）突然发生的短暂的意识丧失的一种综合征。其特点为突然发作（少数患者有前驱症状），意识丧失时间短（一般1~2分钟，罕有>30分钟），常不能保持原有的姿势而昏倒，在短时间内迅速苏醒和少有后遗症。由于脑组织对血液要求量占心搏量的17%，耗氧量占全身耗氧量的20%，故当脑血流突然中断5~6秒或者收缩压降至8.0kPa（60mmHg）即可以发生晕厥，于低氧血症时更易发生。根据病因分为心源性、血管反射性、血源性、脑源性和药物源性晕厥。多数晕厥（心源性和血管反射性）共同发生机制是脑供血和/或脑供氧不足，少数晕厥是由于脑组织得不到足够的能量（低血糖性晕厥），或者是使脑细胞发生病变和功能异常（如慢性铅中毒）等引起。晕厥大多数预后较好，不必特殊处理。反复发作者，应针对病因采取相应的治疗。

Z

早老性痴呆（early signs of Alzheimer's disease）一种能引起不可逆性精神障碍的脑衰竭性疾病。早老性痴呆的发病原因，目前已有对遗传毒素失控、免疫功能障碍和脑中酶缺乏等多种说法。一些研究提示，早老性痴呆的发生可能是由于机体逐渐失去了一种对遗传毒素的抵抗能力；另一些研究认为，早老性痴呆的发生至少与人体免疫系统中的HLA基因（即人类白细胞抗原基因，由第六对染色体所携带）和免疫球蛋白基因（编码于第14对染色体上）的变异有关。最近，一些科学家的研究又指出，早老性痴呆的出现，与缺乏某些酶而不能调节主要神经介质有关。例如，胆碱乙酰转移酶和乙酰胆碱酯酶等的缺乏，就不能调节乙酰胆碱（主要的神经介质）的产生和再循环，从而导致脑中的某些神经细胞的死亡，造成脑衰竭，发生早老性痴呆。

真性近视和假性近视（true myopia and false myopia）真性近视是由于先天或后天的因素，使眼球前后径（即眼轴）变长，平行光线进入眼内后，在视网膜前形成焦点。假性近视一般是由于长时间近距离用眼，用眼姿势不良，伏在桌上、躺在床上或动荡不稳的车厢里看书；光线过强过弱等使眼睛睫状肌常常处于紧张、疲劳状态，造成视力减退。如经适当休息或用阿托品药水滴眼，使麻痹痉挛的睫状肌放松，视力就可恢复。鉴别真性近视和假性近视，有两种方法：（1）到医院验光。其主要特点是根据各个试镜者的不同状态，测出准确的验光度数。医学验光的内容包括验光的度数、眼位、调节力、双眼单视功能、辐辏集合功能、双眼调节平衡、主视眼的辨别等，最后综合上述情况作出正确判断。（2）通过一个简单的方法来鉴别。在5m远处挂一国际标准视力表，先确定视力，然后戴上300度的老花镜，眺望远方，眼前会慢慢出现云雾状景象，半小时后取下眼镜，再查视力。如视力增强，可认为是假性近视；如视力依旧或反而下降，可按这种方法每天进行一次，连续重复3天，如视力仍无改善，就可以确定为真性近视。

正电子发射人体扫描仪（positron emission tomography，PET）可以准确捕捉癌细胞的正电子发射断层扫描仪，是目前最先进的核医学成像设备。它利用正电子核素标记的放射性药物对生物体内的生理或生化过程进行示踪，通过断层成像的方式无创地获得生物体内的功能信息，进而弥补了一般CT诊断不能达到的缺陷，已被广泛地应用于医疗诊断、药物开发和基础研究中。

脂肪肝（fatty liver）由于各种原因引起的肝细胞内脂肪堆积过多的病变，可分为急性和慢性两种。急性脂肪肝类似于急性、亚急性病毒性肝炎，比较少见。临床症状表现为疲劳、恶心、呕吐和不同程度的黄疸，并可短期内发生肝昏迷和肾衰竭，严重者可在数小时死于并发症。如果及时治疗，病情可在短期内迅速好转。慢性脂肪肝较为常见，起病缓慢、隐匿，病程漫长。早期没有明显的临床症状，一般是在做B超时偶然发现，部分病人可出现食欲减退、恶心、乏力、肝区疼痛、腹胀，以及右上腹胀满和压迫感。由于这些症状没有特异性，与一般的慢性胃炎、胆囊炎相似，因而往往容易被误诊误治。

植物人（vegetable）由于大脑损伤导致长期意识障碍的患者。其临床表现为：对环境毫无反应，虽能吞咽食物、入睡和觉醒，但无黑夜白天之分；不能随意移动肢体，完全失去生活自理能力。与此同时，患者却能保留躯体生存的基本功能，如新陈代谢、生长发育。

质子束手术刀（proton beam scalpel）一种将回旋加速器产生的高速带电质子束，通过磁场线圈压缩和焦聚成直径约2.5~3mm的质子束，用来做手术的装置。用质子束手术刀做手术不需要麻醉，无疼痛感觉；又由于质子束的焦聚点很小，不会破坏健康组织。

重症监护治疗病房（intensive care unit，ICU）为适应危重患者的强化医疗需要，而集中必要的医护人员和设备所形成的医疗组织形式。它包括四个要素：即危重症患者、受过专门训练和富于经验的医疗技术人员、完备的临床病理生理监测和抢救治疗设施以及严格科学的管理。其最终目的是尽可能地排除因人员和设备因素而产生的对治疗的限制，最大限度地体现当代医学的治疗水平，使危重症的预后得以改善。ICU可分为综合ICU或专科ICU。ICU收治对象主要是病情危重，出现一个或数个急性器官功能不全或衰竭并呈进行性发展，经强化治疗后可能好转或痊愈的患者。

侏儒症（dwarfism）又称小矮人、生长激素缺乏症，因生长激素分泌不足而引起的生长迟缓、身材矮小的疾病。其影响因素很多，其中最重要的是脑垂体内分泌腺的影响。脑垂体分泌的激素已知有十几种，其中与身高有关的是生长激素。它可以促使骨骼成长、变粗。垂体性疾病而引起的侏儒症，称为"垂体侏儒"。垂体侏儒的病因有两种，一种是原发性，病因不明，部分属遗传性疾病；一种是继发性，即由于垂体周围组织有各种病变。原发性垂体侏儒多见于男孩，初生时正常，一般三四岁开始发现生长发育落后，随着年龄的增长，孩子越大越显出智力的落后。如果是继发性的，发病年龄可在任何时候。如继发于垂体肿瘤，症状发生于肿瘤初起之时，并可伴有其他肿瘤的表现。垂体侏儒患儿从外观上看，比其实际年龄要小，但其四肢、躯干、头面部的比例都很匀称，身高成比例的缩小，智力发育可不受影响。这种孩子出牙也晚，多数有性腺发育不全，第二性征发育不全或缺乏，往往在青春发育期后仍保持儿童面容，嗓音不变粗，仍保持音调较高的童音。真正的垂体侏儒比较少见。因此，不要把个子矮的孩子都认为是这种病。

自闭症（autism）人由于隔绝了与其他人的交往而产生心理障碍并人为地自我封闭于一个相对固定与狭小的环境中的一种症状。它是广泛性发育障碍最常见的一种形式。自闭症主要有三个特点：缺乏想象力、交流困难、不愿与他人互动。他们当中1/3的患儿会出现发育"退化"——孩子在生长到两岁的时候似乎会发生智力倒退，失去语言和社交能力。成人患者中，约有3/4为男性，每个患者之间的差异极大。他们往往会表现出一系列奇怪行为，包括害怕与人进行身体接触，存在听力和视力问题，反复出现某种奇怪的臆想等。实际上约有3/4的患者还存在着学习困难的情况，他们的管理能力也得不到正常发展，无法为自己未来的行踪进行计划。同时患者亦无法认识到他人对待事物的观点有可能异于自己，因此对人们行为的原则无法理解。由于患者的"中心连贯性"很差，因此总是纠缠于细节。

（三）预防医学与卫生学（Preventive Medicine and Hygienics）

B

布氏杆菌病（brucellosis）由布氏杆菌属细菌所致的人和动物的传染病。布氏杆菌病主要在畜间传播，有时也传染给人，但传染机会极少。该病以羊、牛、猪顺序多发，其他动物也有感染，以患病羊对人的威胁最大。该病经消化道、呼吸道、生殖器官、眼结膜和损伤皮肤均可感染。布氏杆菌易在生殖器官——子宫或睾丸中繁殖，特别偏爱怀孕子宫，致使胚胎绒毛发生坏死，胎儿胎盘与母体胎盘松动，引起胎儿死亡或流产。布氏杆菌病最危险之点是患畜几乎不表现症状，但能通过分泌物和排泄物（乳、精子、阴道分泌物、粪、尿）不断向外排菌，特别是能随流产胎儿、胎衣和羊水排出大量病原菌而成为最危险的传染源。排出的病原菌对外界环境有相当强的抵抗力，因此，生活和生产环境一旦遭病原污染，不论人或畜，在几个月内都有被感染的可能。人感染布氏杆菌后，表现出乏力、全身瘫软、食欲不振、失眠、咳嗽、有白痰等症状，肺部干鸣，多呈波浪热或稽留热，不规则热或不发热，盗汗或大汗，睾丸肿大，一个或多个关节发生无红肿热的疼痛，肌肉酸痛，且应用一般镇痛药不能缓解。由于关节和肌肉疼痛难忍，即使不发热也不能劳动，故该病又被称作"懒汉病"。病灶发生在生殖器官，影响生育，严重者可引起死亡。

C

肠内营养（enteral nutrition）一种经鼻胃管、鼻肠管或胃肠造瘘管滴入体内营养制剂的治疗方法。肠内营养能提供各种必需的营养素以满足患者的代谢需要。胃肠内营养在消化道尚有部分功能时可取得与肠外营养相同的效果，且较符合患者生理状态。同时由于膳食的机械刺激与消化道激素的分泌从而促进胃肠道功能与形态的恢复。

肠外营养（parenteral nutrition）又称全胃肠外营养，患者通过胃肠外的静脉途径连续获得机体所需的全部营养物质的治疗方法。它分为中心静脉营养和周围静脉营养，前者推荐用"全合一"，即将所富全陪营养液体置于特制的营养大袋内混合后输注。幼儿可依赖肠外营养得以生长发育，成人能据此生存并恢复正常的生活。

D

代谢综合征（metabolic syndrome）又称胰岛素抵抗综合征、X综合征，以"六高一脂"为主要表现的一系列代谢异常的疾病。"六高一脂"，即高体重（肥胖）、高血压、高血脂（血脂异常）、高血糖（糖尿病）、高尿酸血症（痛风）、高胰岛素血症（胰岛素抵抗）和脂肪肝。代谢综合征重在预防，一般应以早诊、早治为原则。对于缺乏营养的要补充相对应的营养素。由于酶缺陷以致与维生素辅酶因子亲和力降低，补充相应的维生素可纠正代谢综合征。在临床治疗方面，主要采用青霉素胺促进肝豆状核变性患者铜排除；用别嘌呤醇抑制尿酸生成治疗痛风；用双胍类抑制葡萄糖的吸收等。但对于有遗传因素的代谢病，大多不能彻底根治。

氮平衡（nitrogen balance）健康人体摄入的总氮量（I）和排出的总氮量[尿氮（U）、粪氮（F），皮肤等氮损失（S）]基本相等的状态。正常情况下组织蛋白的分解代谢与合成代谢二者处于动态平衡，这种平衡可用氮平衡（B）表示：$B=I-(U+F+S)$。成年人摄入和排出的氮量大致相等，称为"零氮平衡"；儿童的生长发育期，妇女孕期或疾病恢复时，都含有一部分蛋白质在体内储留，称为"正氮平衡"；衰老，短暂的饥饿或患某些消耗性疾病时，其排出的氮量多于摄入量，称为"负氮平衡"。

毒瘾（drug addiction）因吸食鸦片、海洛因、大麻、可卡因等麻醉药和精神药品而使人形成的癖瘾。本类毒物的镇痛作用，与作用于丘脑、脑室、导水管周围灰质和脊髓胶质区的鸦片受体有关；消除由疼痛产生的情绪变化与边缘系统有关；引起欣快与蓝斑中的鸦片受体结合有关。中枢神经系统内存在有鸦片受体，正常人体内也有吗啡样物质，长期应用本类毒物，因毒物占据了鸦片受体，通过反馈机制，抑制内生性吗啡样物质合成。一旦停用，极易呈现内啡肽缺乏而出现戒断综合征，即成瘾。表现：（1）急性中毒。多由静脉注射所致，一次吸毒大于0.5g以上，就可产生呼吸抑制，严重者死于呼吸麻痹。（2）成瘾性（戒断综合征）。一般人们在吸毒3～4次就可上瘾，若突然停用，即产生戒断综合征。停用3～6小时后，可出现激动不安、呵欠不断、流泪等，24～48小时后，戒断症状达顶峰，如不予处理，多数症状在停止吸毒后7～10天消失。但失眠、软弱无力、肌肉疼痛等症状，可持续数周，在精神上患者持续而周期地极度渴望得到毒品。

F

肺结核（tuberculosis, TB）由结核杆菌（分支杆菌）感染而引发的一种肺部疾病。结核病是一种慢性传染病。人体各个器官都可以患结核病。肺结核占各器官结核病总数的80%～90%。其中痰内排菌者称为"传染性肺结核病"。它主要在病人与健康人之间经空气传播。其他途径如经消化道感染，经胎盘传染胎儿，经伤口感染和上呼吸道直接接种均罕见。生活贫困、居住拥挤、营养不良等是经济落后社会中人群结核病高发的原因。其中婴幼儿、青春后期和成人早期，尤其是该年龄段的女性以及老年人结核病发病率较高；糖尿病、硅沉着病、胃大部分切除后、麻疹、百日咳等常易诱发结核病；免疫抑制状态时尤其易发结核病。各类型肺结核患者的共同表现为：（1）全身症状。发热为最常见的全身性毒性症状，前期多在午后或傍晚开始，次晨降至正常，并伴有倦怠、乏力、夜间盗汗。也可无明显自觉不适。（2）呼吸系统症状。咳嗽咳痰较轻微，或有少量黏液痰，有空洞时痰液增加。约有1/3～1/2的病人在不同病期有咯血，同时伴有气急和不定时的胸部隐痛，当固定部位胸痛时，常是胸膜受累的结果。其预防措施：虽然注射卡介苗不能100%防止感染结核病，但它有减轻患者临床症状的效果，更重要的是，它可预防小儿结核性脑膜炎的出现。

G

高原病（altitude sickness） 高原低氧环境所导致的人体缺氧性疾病。从平原到高原（海拔3 000m以上）的当时或数天内发病即为急性高原病。该病具有发病急、发展快的特点。患者多伴有头痛、头晕、心悸、气急、乏力、恶心、呕吐等低氧性症状。按临床表现特点又可分为三种临床类型：急性高原反应、急性肺水肿和急性高原脑病，后两者可合并存在。而在高原数月至数年以上才发病者为慢性高原病。慢性高原病根据其临床表现特点又分为：慢性低氧性肺动脉高压、慢性高原红细胞增多症、慢性高原心脏病，后两者可合并存在。

公共营养学（commonality nutriology） 一门研究人类如何适应现实社会生活以解决其营养问题的理论、实践和方法的学科。它密切结合生活实际，以社会中某一限定区域内视各种人群作为总体，从宏观上研究解决其合理营养与膳食的一个边缘学科。

谷氨酰胺（glutamine） 又称半必需氨基酸，是一种白色、无臭、微甜、溶于水的斜晶系晶体或结晶性粉末。谷氨酰胺人体条件必需氨基酸。它是人体内含量最高的氨基酸。在人体蛋白质中约占50%。当机体功能正常时，体内可以合成谷氨酰胺。但处于应激条件下，如患严重疾病或消耗过多时，对谷氨酰胺的需要量就增加，此时就可能变为必需氨基酸。它是防止胃肠功能衰竭的最重要营养素之一。

硅肺（silicosis） 见矽肺。

J

脊髓灰质炎（polimomyelitis） 见小儿麻痹症。

计划免疫（planned immunization program） 根据疫情监测和人群免疫状况分析，按照规定的免疫程序，有计划地利用生物制品（如疫苗等）进行人群预防接种，以提高人群免疫水平，达到控制以至最终消灭相应传染病为目的的一种卫生防疫措施。计划免疫是卫生防疫工作的一个重要组成部分。

家族性矮小体型（body familial short stature） 与家族的体格特征有关，身长虽有一定程度不足，但其生长率、骨和牙的发育、性成熟均正常，无任何内分泌功能异常表现的一种体型。

酒精中毒（alcoholism） 因饮酒所致的精神和躯体障碍。慢性酒精中毒常见的精神障碍有以下几种类型：（1）震颤谵妄；（2）Korsakov综合征，临床特征为近记忆和定向障碍；（3）酒精中毒性幻觉症；（4）酒精中毒性偏执状态。

K

克汀病（cretinism） 又称呆小症，以智力残疾为主要特征，并伴有精神综合征或甲状腺机能低下的一种疾病。它是由于胚胎发育期及婴幼儿严重缺碘所致，表现为聋哑、痴呆、矮小等。

狂犬病（rabies） 又称恐水病或疯咬病，由狂犬病病毒所引起的、累及中枢神经的传染病。此病原系动物传染病。人若被带病毒的犬、猫、狐狸、狼等动物咬伤、搔伤或创口接触动物唾液就会感染狂犬病。狂犬病也是人类最早知道的人畜共患病，民间俗称"疯狗病"。至今，人类尚未完全征服狂犬病。狂犬病病毒主要通过损伤皮肤和黏膜入侵，少数由呼吸道吸入感染。狂犬病毒侵入后，沿传入神经到达中枢神经，侵害中枢神经细胞，然后再由中枢沿传出神经侵入各脏器组织，如唾液腺、眼、舌、皮肤、心脏等。狂犬病潜伏期长，由几日到数月，甚至数年不等。伤口越大、越深、越靠近头部中枢神经时则潜伏期越短、发病率越高。咬伤是人和家畜发生狂犬病的主要原因。接触患狂犬病的血、尿、乳、唾液、组织等含毒物或吸入含毒之气溶胶，亦可发生狂犬病。

L

莱姆病（Lyme disease） 一种以莱姆病螺旋体为病原体，通常以蜱（中国一些地方俗称草爬子）为传播媒介，在人和动物中广泛流行的人畜共患病。该病侵犯人体多个器官和系统。早期以慢性游走性红斑为特征，同时出现发热、多汗、疲乏、无力、头痛、颈强直以及肌肉、骨和关节疼痛等症状；后期则出现关节、心脏和神经系统等受损表现。莱姆病在全世界五大洲的三十多个国家都有病例报告。此病在美国是传播最快和最常见的一种疾病。中国人群有莱姆病感染存在，感染率平均为5.33%，13个省、市、自治区有莱姆病散在发生和流行。被蜱叮咬后约有1%左右的人发病。由于动物直接在外界生活，无保护层，与传播媒介蜱接触密切，被感染的机会更多，并且很多动物本身就是莱姆病的宿主，所以动物的感染率和发病率会更高。患了该病如不及时治疗，可使人永久性残疾。早期诊断和治疗是治愈莱姆病的关键。

临床营养学（clinical nutrition）研究食物营养素及其他生物活性物质对人体健康的生理作用及其对疾病的发生、发展与康复的影响的一门学科，是营养学的一门分支学科。它是在人类医学的营养基础知识上，以临床营养作为重点，并根据各种疾病的生化代谢特点，通过营养素的补充，调整患者的生理功能，调节人体的免疫功能，增强抗糖化能力和抗氧化能力，减少组织损伤，促进组织修复，使临床的手术治疗、药物治疗、放射治疗等都能发挥较好的治疗效果，达到及早康复的目的。

临终关怀（hospice care）对临终病人给予生理、心理上最大可能的关注与照顾，以及对病人家庭的慰藉和支持的一整套医护保健措施。它也是一门研究临终病人生理、心理发展规律，为临终病人及家属提供全面照护规律的新兴交叉学科。

流行病学（epidemic medicine）研究人群中疾病与健康状况的分布及其影响因素，以及如何防治疾病与促进健康的策略和措施的一门学科。它也是研究在人群中发生某种疾病例数上升的情况及其原因和如何控制的科学。早期的流行病学研究，是以传染病的发生与流行规律为主，并且形成了较系统的理论。随着多种传染病的流行逐渐被控制、人们生活水平的提高及寿命的延长，慢性病和非传染病对人们健康的危害相对渐趋严重，所以流行病学研究的病种自然会扩大到非传染病。其研究范围已包括了与人类疾病或健康有关的一切问题。

轮状病毒（rotavirus）引起病毒性胃肠炎的一种病毒。普通轮状病毒主要侵犯婴幼儿，以9～12月龄儿发病率最高，发病高峰在秋季，故名婴儿秋季腹泻。而成人轮状病毒腹泻则可引起青壮年胃肠炎的暴发流行。患者与无症状带毒者是主要的传染源。主要通过人传人，经粪—口或口—口传播，成人轮状病毒胃肠炎常呈水型暴发流行。症状：起病急，多先吐后泻，伴轻、中度发热。腹泻每日十到数十次不等，大便多为水样，常伴轻或中度脱水及代谢性中毒。病程

约一周左右。以对症治疗为主，口服或静脉补液以纠正水和电解质紊乱。按世界卫生组织制定的方案口服液为每一立升水中含葡萄糖20g，氯化钠3.5g，碳酸氢钠2.5g，氯化钾1.5g。

M

麻风（leprosy）由麻风杆菌引起的一种慢性传染病。主要侵犯皮肤、黏膜和周围神经，也可侵犯深部组织和器官。麻风很少引起死亡，但如诊治不及时常导致畸残。本病在世界范围内流行甚广，全世界现有麻风病人约一千万人左右，主要分布于亚洲、非洲及拉丁美洲。其病因为：麻风病人是麻风杆菌的天然宿主。麻风杆菌在病人体内分布比较广泛，主要见于皮肤、黏膜、周围神经、淋巴结、肝脾等网状内皮系统的某些细胞内。麻风杆菌主要通过破溃的皮肤和黏膜排出体外，主要传播方式是通过长期密切直接接触或经过飞沫传播，在乳汁、泪液、精液及阴道分泌物中也有麻风杆菌，但菌量很少。症状：麻风杆菌侵入机体后，一般认为潜伏期平均为2～5年，短者数月，长者超过十年。根据临床及检查可分为6型：（1）结核样型麻风，本型病人的免疫力较强，麻风杆菌被局限于皮肤和神经；（2）界限类偏结核样型麻风；（3）中间界限瘤型麻风；（4）界限类麻风；（5）瘤型麻风，本型病人对麻风杆菌缺乏免疫力，麻风杆菌经淋巴、血液散布全身；（6）未定类麻风，本类病人对麻风杆菌的早期表现，是原发的，性质不稳定，可自行消退或向其他类型转变。麻风的预后与其型、类有关，积极治疗麻风病人是控制和消灭麻风的一项重要措施。

猫抓病（cat-scratching disease）由猫传播给人的一种疾病。致病因子为汉赛巴尔通体的立克次氏体。感染的猫甚至可在无病状况下传播疾病。该病易发病于手、前臂、面、颈及下肢等部位，潜伏期3～30天（平均10天）。在猫抓接触局部发生棕红色丘疹或结节，不痒，约经两周左右自然痊愈，不留疤痕。在接触后的2～12周，局部淋巴结肿大、化脓，并伴有发热、倦怠、恶心等症状。但是，多数病例在两三个月内，不用药物也能恢复。对较严重或复发性感染者应就医，或给予药物治疗。

N

黏多糖病（mucopolysaccharidosis）因先天性黏多糖代谢障碍，使体内各组织细胞内贮存过量的黏多糖所致的疾病。初生时正常。从6个月至2岁时开

始出现症状，患儿身材较矮，进行性智力低下，皮肤粗厚，毛发干，眼距宽、鼻梁下陷，舌大，常伴有听力障碍，肝脾肿大，头大且方，手指粗而短。X线检查可见全身骨骼骨化过度，蝶鞍扩大，颅缝闭合过早，肋骨的近端窄而远端宽，形如飘带。患儿尿中黏多糖增加。

P

破伤风（tetanus）由破伤风杆菌所引起的一种急性疾病。该细菌广泛存在于泥土和人畜粪便中，它可通过破损的皮肤和黏膜(如伤口、骨折、烧伤，甚至木刺或锈针刺伤)而侵入人体，并在伤口深部缺氧环境中生长繁殖，产生大量破伤风杆菌毒素而作用于神经系统，引起全身特异性感染。此种破伤风也叫伤后破伤风。另外，尚有一种特殊的破伤风——新生儿破伤风，是由于新生儿断脐所致，俗称"脐风"、"撮口"，因其常在断脐后七日左右发病，故又称"七日风"。破伤风一般在细菌入侵后1～2周开始出现症状(极少数人有短至24小时或长达几个月才出现症状的)。其病程差异很大，严重病例有的在两三天内死亡，有的缓慢发生并不严重。大多在出现症状后3～10天死亡。康复期可能持续很长时间，有时4～6周后仍可观察到运动不灵活及肌肉僵硬的症状。大多数病例预后不良，因进食困难，造成营养不良、衰竭死亡。

Q

禽流感（bird flu）由A型流感病毒引起的一种禽类传染病。受禽流感病毒感染后如表现为轻度的呼吸道症状、消化道症状时死亡率较低；表现为较严重的全身出血性、败血性症状时死亡率较高。这种症状上的不同，主要是由禽流感病毒的毒力所决定的。根据禽流感病毒致病性和毒力的不同，可以将禽流感分为高致病性禽流感、低致病性禽流感和无致病性禽流感。禽流感病毒有不同的类型，由H5和H7类型毒株(以H5N1和H7N7为代表)所引起的疾病称为"高致病性禽流感"(HPAI)。最近国内外由H5N1类型引起的禽流感即为高致病性禽流感，其发病率和死亡率都很高，危害巨大。世界动物卫生组织将高致病性禽流感列为A类传染病，中国将高致病性禽流感列入一类动物疫病病种名录。

R

人体矿物质（human body mineral）人体内无机物的总称。矿物质是构成人体组织的重要材料，是人体不可缺少的营养素。根据它们在体内分布的多少，又可将它们分为常量元素和微量元素。常量元素在体内含量较多，约占矿物质总量的60%～80%，包括钙、磷、镁、钾、钠、氯、硫等；微量元素在体内含量极小，达不到体重的0.01%，如铁、铜、碘、锌、硒等。

乳糖不耐受（lactic acid intolerance）当小肠黏膜乳糖酶缺乏时，食入奶或奶制品中的乳糖便不能在小肠中被分解和吸收，而产生腹痛、腹胀、腹泻、产气增多等症状的现象。

软骨营养不良（cartilage malnutrition）一种因染色体显性遗传因素，影响软骨成骨的一类疾病。主要是长骨干骺端软骨细胞形成障碍，而影响骨的长度，使骨骼变粗而不增长。患儿四肢粗短，但躯干较长，所以上半身的长度大于下半身，垂手不过髋关节；手指粗短，各指平齐；鼻梁低下，头围较大，前额突出；腹突出，腰椎前凸，臀后凸显著；智能正常。长骨的X线检查见长骨短，弯曲度增大，两端膨大。

S

膳食平衡（balanced meal）根据身体需求，完善现有的饮食结构，调整粮食、果蔬、动物性食物的比例，合理搭配蛋白质、维生素、脂肪等几大营养素，调配各种营养素之间的吸收和利用，达到合理营养目的的膳食方式。主要体现在：三餐的间隔要合适，饮食的量也要适当，同时还要讲究饮食卫生。平衡膳食因膳食中食物的品种和数量安排合理，营养素供应质优量足，各种营养素比例适当，所以可促进人体正常生长发育，增强体质及对环境的适应能力，预防各种疾病的发生。现代营养学认为膳食平衡是指四个方面的平衡：即氨基酸间的平衡、生热营养素之间的平衡、各种其他营养素间的平衡以及酸碱平衡。

社会医疗制度（social medical treatment system）组织国家、集体和个人资金，抗御各种风险、促进健康水平的一整套医疗保健服务体制。它是社会保障体系中的一个重要组成部分。它有其相应的实体，包括费用的筹集、分配及管理方式，卫生人员培养及使用、卫生服务的实施等。

社会医学（community medicine）从社会学角度研究医学问题的一门学科。它主要研究社会因素对个体和群体健康、疾病的作用及其规律，制定各种社会措施，保护和增进人们的身心健康和社会活动能力，提高生活质量。社会医学提出健康和社会、经济之间的双向性、同步性作用，社会因素对健康和疾病的决定性作用，医学社会功能的多样性，卫生事业的两重性质(公益性、经济性)等理论。而从生物医学模式转变为生物心理社会医学模式，则是社会医学的灵魂。用社会医学理论指导卫生管理和临床医学实践，给这些学科带来生命力。

生殖健康（procreation health）生育者的生殖过程处于体格上、精神上和社会上完全健康的状态。其内容包括：（1）当妇女希望怀孕时安全有效地怀孕，并将妊娠；（2）在性生活的经历中不患病、不残疾、无恐惧、无痛苦、不因生殖和性活动而死亡；（3）根据他们的愿望孕育健康的子女。

生殖医学（procreation medicine）研究与人类生产后代全过程相关的医学。主要研究领域包括以下方面：辅助生殖技术、生殖相关的临床、遗传、免疫及分子基础研究，避孕技术及药物的研究，不育的遗传学基础研究，卵子冷冻技术、胚胎转移技术与人类胚胎干细胞的研究、性激素等以及与此相关的伦理学和法律的研究。生殖医学的研究对于生物体繁衍、生命的延续、人类的优生优育都有重要意义。

水溶性维生素（water-soluble vitamine）一类易溶于水，在体内没有非功能性的单纯的储存形式的维生素。但当其在机体内饱和后，所摄入的维生素必然会从尿中排出；反之，若组织中的维生素枯竭，所给予的维生素将大量地被组织取用，故从尿中排出就减少，因此可利用负荷试验对水溶性维生素的营养水平进行鉴定。水溶性维生素一般无毒性，如摄入过少，可较快地出现缺乏症状。

T

炭疽（anthrax）一种由炭疽杆菌引起的急性传染病。牛、羊、骆驼、骡等食草动物是其主要传染源。当人直接或间接地接触病畜和染菌的皮、毛、肉等，也会感染炭疽。人感染炭疽，主要是由于职业的关系与病畜或染菌的产品接触所造成的。屠宰、肉类加工和皮毛加工工人可能感染 B 型炭疽，又被称为"工业性炭疽"。炭疽主要分三种：（1）皮肤炭疽。开始表现为类似蚊虫叮咬的小疱，但是一两天之后则呈疱疹状，然后溃破成溃疡，直径通常为 1～3cm，并且中间有黑色的坏死区域，周围也会出现淋巴结肿胀。在没有接受任何治疗的皮肤炭疽患者中，死亡率大约是 20%。如经及时诊治，几乎不会有死亡的情况发生。（2）肺炭疽。主要的症状与感冒类似，出现病症几天后，病人出现严重的呼吸问题和中风。肺炭疽通常可以致人死亡。（3）肠炭疽。主要是由于进食带菌肉类所致，以急性肠道感染为特征。其主要症状为恶心、厌食、呕吐和发热，重者腹痛、吐血并有严重的水样便。肠炭疽导致的死亡病例占患者 25%～60%。为预防该病，在炭疽病相对易发生地区，或动物预防接种水平较低的地区，人们应该尽量避免与牲畜和动物产品接触，也要少吃处理不当或烹饪不够火候的肉类。此外人们也可以接种人类用的炭疽疫苗，这种疫苗抵抗各种炭疽感染的有效性可达到 93%。

唐氏综合征（Down's syndrome）见先天性愚型。

X

矽肺（silicosis）又称硅肺，由于长期吸入大量含游离二氧化硅粉尘所引起的肺组织纤维化为主要特征的全身疾病。它是尘肺中进展最快、最为严重、也最常见、影响面较广的一种职业病。矽肺发病比较缓慢，一般多在接触矽尘 5～10 年才开始发病，有的可长达 15～20 年以上。但在某些接触含硅量高，粉尘浓度大又缺乏有效措施的作业，如干式凿岩工、石英粉碎工中，接尘 1～2 年就有矽肺发生，即所谓"速发性矽肺"。矽尘是一种进行性致病因素，一旦接触一定量矽尘以后，脱离接触矽尘作业时未查出患有矽肺，也可能经过若干年后发现矽肺，习惯上称此种矽肺为"晚发性矽肺"。因此，对调离矽尘作业的工人，还应进行追踪体检。矽肺是一种不可逆的病理组织改变，目前尚无使其消除的办法。因此，对于已诊断为矽肺者，首先应调整粉尘作业，并根据病情采取相应措施。目前，该病以综合治疗为主，减轻病人痛苦，延缓病情进展，延长寿命。此外，还要加强营养，预防感染，坚持锻炼以增强体质，即按具体情况，安排适当的劳动与休息，或在医务人员指导下，进行康复活动。

先天性愚型（Down's syndrome）又称唐氏综合征，是由常染色体异常所引起的疾病。患儿常矮小，伴有特殊面容和智能落后，病儿鼻梁低下，两眼距宽，两眼外眦向外上，口半张，常伸舌口外；手掌纹常通贯，小指短而向内弯曲；有时伴有先天性心脏病。染色体分析可确定诊断。

小儿麻痹症（poliomyelitis）简称儿麻，又称脊髓灰质炎，一种由脊髓灰质炎病毒引起的急性传染病。多见于婴幼儿，85% 在六个月至三岁之间发病，成年人比较少见。病毒经过口腔进入人体，通过血液循环而影响全身，主要损害脊髓前角灰质的运动神经细胞。其表现为肌肉瘫痪，运动功能障碍，而感觉正常。病毒也可以影响脑干、脑膜等神经组织，但智力不会受到影响。

血吸虫病（schistosomiasis）由日本血吸虫寄生于门静脉系统所引起的一种疾病。它是通过皮肤接触含血吸虫尾蚴的疫水而感染的。主要病变是虫卵沉积于肠道或肝脏等组织而引起的虫卵肉芽肿。急性期有发热、肝肿大与压痛、腹泻、便血等表现，血嗜酸性粒细胞显著增多；慢性期以肝脾肿大或慢性腹泻为主要表现；晚期表现主要与肝脏门静脉周围纤维化有关，临床上有巨脾、腹水等。本病的传染源为病人和保虫宿主粪便入水，钉螺存在和接触疫水是本病传播的3个重要环节。人对血吸虫普遍易感，病人以农民，渔民为多。急性和慢性早期病人接受病原治疗后，绝大多数症状消失，可长期保持健康状态，晚期病人有高度顽固性腹水，并发上消化道出血、黄疸、肝性脑病以及并发结肠癌者，预后较差。

Y

医院级别（hospital level）中国依据医院的功能所划分的三种级别。医院级别越高，病人医疗费用越高，但是得到的服务也越好，可信度也就越高。一级医院：是直接向一定人口的社区提供预防、医疗、保健、康复服务的基层医院、卫生院。二级医院：是向多个社区提供综合医疗卫生服务和承担一定教学、科研任务的地区性医院。三级医院：是向几个地区提供高水平专科性医疗卫生服务和执行高等医学教学、科研任务的区域性以上的医院。

预防医学（preventive medicine）对人与自然的各种关系进行研究，进而达到主动遏制疾病发生、增进人体健康的一门学科。其知识范围包括：基本理论知识和卫生检测技术，以及卫生防疫、环境卫生、食品卫生监测、环境与健康等。其内容涉及临床常见疾病的预防、临床流行病学、环境卫生学、食品卫生学、劳动卫生学、儿童少年卫生学和卫生统计学等多个领域。

匀浆膳食（homogenized diet）将一些正常膳食去刺和骨后，用高速捣碎机搅成糊状的膳食。其所含的营养成分与正常膳食相似，但更易于消化吸收。人们可以将其调配成能量充足和各种营养素齐全的平衡膳食。因其渗透压不高，对胃肠无刺激。可避免因长期摄入牛奶、鸡蛋、蔗糖等为主的膳食中较高的动物脂肪和胆固醇所引起的腹胀、腹泻。同时，匀浆中因含有较多的粗纤维，因此可预防便秘。在医院或家庭中均能长期使用，且无副作用。

运动医学（movement medicine）将医学与体育运动相结合，为竞技体育和娱乐运动中的损伤和健康问题提供治疗措施和预防建议的应用性综合学科。主要研究与体育运动有关的医学问题，应用医学知识和技术，关注身体健康和诊断与治疗运动中的损伤。

脂溶性维生素（fat-soluble vitamine）一类不溶于水而能溶于脂肪或有机溶剂的维生素。它在食物中常与脂类共存，在酸败的脂肪中被破坏；它的吸收与肠道中的脂类密切相关；其主要储存于肝脏中；如摄取过多，可引起中毒，如摄入过少，则缓慢地出现缺乏症状。

（四）药学与药理学（Pharmacy and Pharmacology）

A

安慰剂（placebo）由既无药效、又无毒副作用的中性物质构成的外形似药，使受试者或病人相信其中含有某种药物的药丸或制剂。比如，用没有药物活性的物质淀粉等制成与真实药物一样的剂型作为安慰剂。药物的安慰剂效应，是通过服药者对药物的认识、感受，以及服药行为本身，心理和生理的相互作用而产生效果的。其外表形态虽与某种药物一样，但却无药理作用，而是通过影响病人的心理因素起到治疗作用。

B

白细胞介素（interleukin，IL）一组具有介导白细胞间相互作用的细胞因子。它在免疫系统中发挥重要的生理功能。自1979年第一个白细胞介素被命名后，发现和克隆新的白细胞介素一直是国际免疫学研究的热点。1996年发现了白介素IL-18，1999年11月至2000年底，又有5个新的白细胞介素和一些白细胞介素的同源因子被发现。其中，白细胞介素-2已经在某些肿瘤临床治疗方面应用。

冰毒（methamphetamine，MA）即甲基苯丙胺，

小剂量时有短暂的兴奋抗疲劳作用的药物。它是在麻黄素化学结构基础上改造而来，故又有"去氧麻黄素"之称。因其原料外观为纯白结晶体，晶莹剔透，故被吸毒、贩毒者称为"冰"，又由于它的毒性剧烈，人们便称之为"冰毒"。该药丸剂又有"大力丸"之称。又因苯丙胺有译音为"安非他明"或"安非他命"，故甲基苯丙胺也有甲基安非他明之称。此外，甲基苯丙胺药用为片剂，作为毒品用时多为粉末，也有液体与丸剂。

不良反应（adverse reaction）不符合用药目的并为病人带来不适或痛苦反应的总称。

C

催产素（oxytocin）脑垂体后叶分泌的一种多肽类物质。它是一种激素。在下丘脑的视上核合成，合成后沿神经束储存在脑垂体后叶，在一定条件和刺激下释放入血循环。临床上应用最多的为合成催产素。催产素的主要作用为加强子宫收缩。一般小剂量能使子宫肌张力增加、收缩力加强、收缩频率增加，但仍保持节律性，对称性及极性。若剂量加大，可引起张力持续增加，乃至舒张不全导致强直性收缩。由于催产素与加压素（抗利尿激素）的结构极为相似，因此，大剂量（即使为合成的纯制剂）亦可能引起血压升高、脉搏加速及出现水潴留等现象。催产素在产科主要用于产后止血和引产与催产。

处方药（prescription drugs）必须凭执业医师或执业助理医师处方才可调配、购买和使用的药品。处方药不是药品本质的属性，而是管理上的界定，是经过国家药品监督管理部门批准的。处方药大多为：（1）对其活性或副作用还要进一步观察的上市的新药；（2）可产生依赖性的某些药物，例如吗啡类镇痛药及某些催眠安定药物等；（3）药物本身毒性较大，例如抗癌药物等；（4）用于治疗某些疾病所需的特殊药品。

重组组织型纤溶酶原激活剂（recombinant tissue-type plasminogen activator）可激活纤溶酶原成为纤溶酶的一种糖蛋白。当静脉使用时，在循环系统中只有与其纤维蛋白结合后才表现出活性。其与纤维蛋白亲和性很高。当和纤维蛋白结合后，该品被激活，诱导纤溶酶原成为纤溶酶，溶解血块，但对整个凝血系统各组分的系统性作用是轻微的，因而不会出现出血倾向。该品可用于急性心肌梗死的溶栓治疗；用于血流不稳定的急性大面积肺栓塞的溶栓疗法；用于急性缺血性脑卒中的溶栓治疗时，必须在脑梗死症状发生的3小时内进行治疗，且需经影像检查（如CT扫描）除外颅内出血的可能。该品不具抗原性，所以可重复使用。

D

毒性药品（toxic drug）毒性剧烈、治疗剂量与中毒剂量相近，使用不当可致人中毒或死亡的药品。这类药品贮存、使用应严格控制。

毒性作用（toxicity）用药剂量过大或时间过长，有时用药量不大，但是病人存在着某些遗传缺陷，或患有其他疾病，以及对此种药物的敏感性较高，而出现的一些严重症状。如长期大量应用氨基糖苷类抗生素（卡那霉素、庆大霉素等）所引起的听神经损伤——药物中毒性耳聋，就是药物毒性作用的结果。

多药抗药性（multidrug resistance，MDR）肿瘤细胞在对一种药物产生抗药性的同时，又对结构不同、作用机制迥异的另外一些抗肿瘤药物，亦产生交叉抗药性的现象。典型的多药抗药性具有以下特点：（1）MDR往往出现于天然来源的抗肿瘤药物，如长春新碱、秋水仙碱等；（2）MDR细胞中抗肿瘤药物积聚减少；（3）MDR细胞膜上出现一种特殊的蛋白质，名为P-糖蛋白，编码这种蛋白的mdr基因扩增。

E

二十二碳六烯酸（docosa hexacnoic acid，DHA）一种含有6个双键（-C＝C-）的大分子的高度不饱和脂肪酸。深海鱼油中含有高浓度的DHA。在人体中，DHA几乎全部以磷脂的形式存在，且在神经系统和生殖系统中分布较多。它是脑、视网膜等神经细胞膜磷脂的重要组成部分，对人体神经系统的反应性能起特殊的作用，因而可以改善学习能力和记忆能力。DHA在睾丸和精液中的含量非常高。另外，在人乳中也含有少量的DHA，能满足婴幼儿的大脑、视力和生理发育的需要。DHA的缺乏可能影响婴幼儿的智力、视力和正常的生理发育功能。

二十碳五烯酸（eicosapentaenoic acid）又称血管清道夫，一种含有5个双键（-C＝C-）的高度不饱和脂肪酸。它有防止血栓形成的作用，还可以制造某种前列腺素。这种前列腺素能使血管软化并抑制血小板在血管内凝集，进而减少血栓的形成和血管硬化现象的发生。几乎所有海藻中都含有二十碳五烯酸。可食用海藻均属碱性食物。常食此类碱性食物，不仅对人体具有上述益处，还因为它含有抗肿瘤作用的褐藻胶将增强人体的抗癌能力。

F

非处方药（nonprescription drugs）不需凭医师处方即可自行判断、购买和使用的药品。非处方药不是药品本质的属性，而是管理上的界定。它主要用于治疗各种消费者容易自我诊断、自我治疗的常见轻微疾病，如感冒、咳嗽、消化不良、头痛、发热等。非处方药均来自处方药，且多是经过临床较长时间考验，疗效肯定，服用方便，安全性比处方药相对要高的药品。

副作用（side effect）药物在使用过程中除发挥正常作用外又产生的与正常作用不一致的其他作用。因其副作用与治疗作用是同时存在的，所以在治疗过程中难以避免。例如，在用阿托品解除胃肠平滑肌痉挛的同时，又有抑制腮腺分泌的作用，而使病人出现了口干的副作用。药物的副作用常可通过合并用药使其作用降低或消除。近年来，多用"不良反应"一词代替"副作用"。

G

钙通道阻滞剂（calcium channel blocker，CCB）通过组织细胞外的钙离子经电压依赖L形钙通道，进入血管平滑肌细胞内减少兴奋，收缩耦联而降低阻力血管的收缩反应性的一种降压药物。降压作用是其降压特点：（1）起效迅速而强力，降压剂量与疗效成正相关；（2）与其他降压药联合应用，降压作用明显增强；（3）对血糖、血脂代谢无明显影响；（4）长期控制血压的能力和服药的依从性较好；（5）具有抗动脉粥样硬化的作用。临床上分为二氢吡啶类和非二氢吡啶类，根据作用时间长短不同，分长效和短效。该药与其他降压药相比更适用于老年高血压患者，尤其是伴有动脉粥样硬化者；可用于伴有糖尿病，冠心病或外周血管病患者，降压时不受高钠摄入，非甾体抗炎症药物的干扰和影响。其副作用是指短效的二氢吡啶类应用时可出现心率增快、面色潮红、头疼、下肢浮肿等。非二氢吡啶类不宜用于心律衰竭、病态窦房结综合征和心脏传导阻滞的患者。

干扰素（interferon）在机体感染病毒时，宿主细胞通过抗病毒应答反应，而产生的一组结构类似、功能相近的低分子糖蛋白。它是一种细胞因子，是机体细胞受到异种核酸（包括病毒）的入侵时而产生的物质。这种物质，能抑制流感病毒，并且能干扰其他病毒的繁殖与复制，因此，将这种物质称为"干扰素"。它是机体抗病毒感染的防御系统。现在，干扰素作为治疗乙肝、肿瘤等某些疾病的有效药物，已经可以通过基因工程的方法生产。

广谱抗生素（broad-spectrum antibiotics）抗菌谱比较宽，能够拮抗大部分细菌的药物。广谱抗生素主要是用在致病菌尚未明确，但又急需要杀菌的情况。

国家食品药品监督管理局（state food and drug administration）国务院综合监督食品、保健品、化妆品安全管理和主管药品监管的直属机构。其职责范围是负责对药品（包括中药材、中药饮片、中成药、化学原料药及其制剂、抗生素、生化药品、生物制品、诊断药品、放射性药品、麻醉药品、毒性药品、精神药品、医疗器械、卫生材料、医药包装材料等）的研究、生产、流通、使用进行行政监督和技术监督；负责食品、保健品、化妆品安全管理的综合监督；组织协调和依法组织开展对重大事故查处；负责保健品的审批。

过敏反应（allergic reaction）又称特异质反应，机体在再次受同一抗原物质刺激后产生的一种异常或病理性免疫反应。这种反应只发生于对某些药物非常敏感的病人身上，而一般人，即使应用较大剂量也不会发生这种反应，说明过敏反应与剂量无关。能诱发过敏反应的药物起到了致敏原的作用。致敏原可以是药物本身，也可以是药物在体内的代谢产物，或者是药物制剂中的杂质。

H

海洛因（heroin）即二乙酰吗啡，鸦片毒品系列中最纯净的精制品。吸毒者吸食和注射的主要毒品之一。海洛因进入人体后，首先被水解为单乙酰吗啡，然后再进一步水解成吗啡而起作用。因为海洛因的水溶性、脂溶性都比吗啡大，故它在人体内吸收更快，易透过血脑屏障进入中枢神经系统，产生强烈的反应，具有比吗啡更强的抑制作用，其镇痛作用为吗啡的4～8倍。最初的海洛因曾被用作戒除吗啡毒瘾的药物，后来发现它同时具有比吗啡更强的药物依赖性，常用剂量连续使用两周甚至更短即可成瘾，由此产生严重的药物依赖。目前，国际上对毒品的排列顺序是鸦片、海洛因、大麻、可卡因、安非他明、致幻剂等十类，其中海洛因占据第三、第四号，即三号毒品和四号毒品，因此，世界上人们普遍称之为"三号海洛因"、"四号海洛因"。由于这样的习惯叫法，使人们误以为还有一号海洛因、二号海洛因，实际是吗啡或吗啡盐类。

后遗效应（carry-over effect）患者停药后，血浆药物浓度下降至阈浓度（最小有效剂量）以下时，残存的药理效应。

J

计算机控静脉麻醉靶控输注（target-controlled infusion，TCI）以药代－药效动力学理论为依据，利用计算机对药物在体内的运行过程、效应过程进行模拟，并寻找到最合理的用药方案，继而控制药物注射泵，实现血药浓度或效应部位浓度稳定于预期值（靶浓度值），从而控制麻醉深度，并根据临床需要可随时调整给药的系统。靶控输注可以迅速达到并稳定靶浓度，诱导时血流动力学平稳、麻醉深度易于控制、麻醉过程平稳、还可以预测病人苏醒和恢复时间，使用简便、精确、可控性好。但由于药代学模型的误差、个体变异性的影响、输注泵的精确度以及药效的相互作用也会影响靶控输注的麻醉效果。根据靶浓度设定部位，可以分为血浆靶控输注和效应室靶控输注两种模式；而根据调节机制，又可以分为开放环路靶控和闭合环路靶控两种模式。

甲壳素（carapace）是甲壳质和几丁聚糖的俗称。甲壳素是一种天然高分子聚合物，属于氨基多糖，学名为(1.4)-2-乙酰氨基-2-脱氧-β-D-葡萄糖，分子式为 $(C_8H_{13}NO_5)n$，单体之间以 $β(1-4)$ 糖苷键连接，相对分子质量一般在 1.03×10^6 左右，理论含氮量 6.9%。几丁聚糖是自然界中唯一带正电荷的可食性动物纤维。医学科学界将其誉为继糖、蛋白质、脂肪、维生素、矿物质（无机盐）之后，人体必须的第六生命要素。甲壳素是存在于蟹壳等甲壳动物外壳的可食性动物纤维素。由于其独特的分子结构和理化性质及良好的生物相容性、降解性，使它在医药、食品、化妆品、农业、环保，以及酶的固化载体等方面，具有广泛的用途。甲壳素每年生物合成资源可达200亿吨，是地球上仅次于植物纤维的第二大生物资源。甲壳素具有如下功能：（1）降血糖；（2）降血脂；（3）降血压；（4）强化人体免疫、活化淋巴细胞；（5）抑制非正常细胞生长、扩散和转移；（6）提高抗肿瘤药物的疗效；（7）排除放射治疗和抗癌药物细胞毒物质。

精神药品（psychotropic drugs）直接作用于中枢神经系统，使之兴奋或抑制，连续使用能产生依赖性的药品。

K

抗菌谱（antibacterial spectrum）抗菌药抑制或杀灭病原微生物的范围。抗菌范围小的称为"窄谱抗菌药"，如异烟肼仅对结核杆菌有效。对多数细菌甚至包括衣原体、支原体等病原体有效的药物称为"广谱抗菌药"。抗菌谱是抗菌药临床选药的基础。

抗菌药物后效应（postantibiotic effect，PAE）撤药后仍然持续存在的抗微生物效应。它通常以时间（h）表示。并非所有的抗菌药与细菌之间均发生PAE。但当PAE存在时，其时常具药物浓度依赖性。

抗生素（antibiotics）由各种微生物（包括细菌、真菌、放线菌属）产生的、能抑制其他微生物生长，并最终消灭它们的物质。抗生素分为天然的和人工半合成的，前者由微生物合成；后者是对天然抗生素进行结构改造后获得的半合成产品。按其使用范围，又可分为广谱抗生素和窄谱抗生素。

L

链激酶（streptokinase）从β－溶血性链球菌培养液中提纯精制而成的一种高纯度酶。它能使纤维蛋白酶原转变为有活性的纤维蛋白溶酶，临床用于血栓性疾病治疗。它对治疗急性心肌梗死是安全有效的，能大幅度降低死亡率，且未出现脑出血、过敏性休克等不良反应。链激酶是欧洲一些国家主要使用的溶血栓药物之一。自1993年开始，中国国内48家医院合作开始链激酶溶血栓的临床实验研究。

临床试验（clinical trial）对新药所进行的药理及药效试验。临床试验分三期进行：（1）Ⅰ期临床试验。研究人员对新药的耐受程度并通过研究提出新药安全有效的给药方案。（2）Ⅱ期临床试验。新药临床评价最重要的一期，可分两个阶段进行，第一阶段在有对照组的条件下详细考察新药的疗效、适应证和不良反应。疗效判断：一般分痊愈、显效、有效、无效四级。第二阶段是第一阶段试验的延续，目的是在较大范围内对新药进行评价。（3）Ⅲ期临床试验。新药得到卫生部门批准试产后，即应进行第Ⅲ期临床试验，目的是对新药进行社会性考察与评价，重点了解长期使用后出现的不良反应以及继续考察新药的疗效。

临床验证（clinical validate）以考察新药的疗效和毒副反应为目的，与原药品对照组进行的对比验证。在原药品无法解决时，亦可与同疗效的药品进行对比。

临床药理学（clinical pharmacology）一门以人体为对象研究药物与人体之间相互作用规律，为临床安全有效合理地用药和正确评价药物提供理论和方法的一门学科。其基础为基础药理学与临床药物治疗学。

M

麻醉药品（narcotic drugs）连续使用后易产生身体依赖性、能成瘾的药品。例如，临床上常用于止痛的吗啡、杜冷丁（哌替啶）等。

免疫抑制剂（immunosuppressant）对免疫活性过强者有抑制免疫反应作用的药物。在临床上主要用于治疗自身免疫性疾病和防止脏器移植排斥。自身免疫病患者的免疫系统认己为敌而发生反应，有损于组织和脏器，有害健康，这种免疫反应是有害无益的，所以需要抑制它；器官移植后，机体的免疫系统识别出植入物是异物，会发生程度不同的排斥反应，有损于植入器官，有悖于移植疗法的目的，因此也必须用免疫抑制剂来抑制这种排斥反应。另外，当机体处于重症急危状况下，为提高应激能力以渡过难关，需要适当使用糖皮质激素类药物（如氢化可的松、地塞米松等）；部分哮喘病、过敏者、急性心衰发作病人急诊治疗时，也需要糖皮质激素这一免疫抑制剂。免疫抑制剂除上面提到的糖皮质激素类，还有环磷酰胺、甲氨喋呤、硫唑嘌呤、环孢菌素、抗淋巴细胞血清、抗白介素-1及2受体抗体等。所有药物都有一定的不良反应，免疫抑制剂也不例外，每种免疫抑制剂在不良反应方面也是各有不同，而它们共有的一个最大的不良反应是，如果用量过大或患者体质对其特别敏感，会明显抑制正常的、有益的抗感染和抗肿瘤免疫功能。所以，免疫抑制剂是否要使用，如何使用，使用过程中应注意什么，一定要在专科医师指导下进行

N

耐受性（tolerance）机体在连续或多次用药后反应性降低，要恢复到原来的反应必须增加用药剂量的现象。耐受性在停药后可以消失，再次连续用药又可发生。

耐药性（resistance）病原微生物对抗菌药物产生的耐受性，也称抗药性。耐药性是自然界微生物间普遍存在的抗生现象的特殊表现形式。各种微生物在求生存的过程中，一方面产生相应的抗生物质，用以杀灭其他微生物；另一方面要积极抵御其他微生物所产生的抗生物质的侵入。当种类繁多的抗菌药物被用于防治感染性疾病时，各种微生物也势必要加强其防御能力，即形成了抗菌药物参与的微生物抗生现象。若再加上耐药基因的传代、转移、传播、扩散，使耐药微生物越来越多，耐药程度亦不断加强，形成高度和多重耐药性。

R

人粒细胞集落因子（human granulocytecdony stimulating factor）一种能够促进中性粒细胞前体分化、增殖，促进中性粒细胞自骨髓释放入血，并能增强成熟中性粒细胞功能的基因工程药物。临床上用于促进骨髓移植后中性粒细胞计数升高，急性白血病、恶性淋巴瘤及其他恶性肿瘤引起的中性粒细胞减少症等。

S

生物利用度（bioavailability）在血管外经任何途径给予一定剂量的药物后，能进入血液循环内药物的相对分量和速度。

T

他汀类药物（statin medicine）包括阿托伐他汀、辛伐他汀、路伐他汀、普伐他汀在内的一系列降脂类药物。其药理作用是在肝脏竞争性抑制 HMG-COA 还原酶的活性，最终使胆固醇合成减少，LDL-C 降低，同时也降低甘油三酯，使 HDL-C 升高。它是目前被公认为人类有史以来最有效的调脂降压和防治心脑血管疾病的药物。该类药物除了降脂作用外，还具有非降脂作用，即有明显的抗炎、抗血栓和神经保护效果，它能改善血管内皮细胞，通过降低 LDL-C、抗氧化等多种途径，稳定逆转斑块，减少急性心脑血管事件的发生。他汀的副作用主要表现在肝脏毒性、肌肉毒性和出血性卒中等三个方面，在应用时要引起注意。

W

微囊（microcyst）又称超微脂质体，液晶微囊，一种由磷脂、胆固醇构成的双分子膜结构的微型泡囊。微囊具有靶向性、缓释性、细胞亲和性、组织相容性、淋巴定向性、保护基质稳定性的特点。它通过两种方式与细胞发生作用：（1）内吞。即微囊完全被细胞吞噬，特意地将营养直接送达细胞内。（2）融合。即在融合过程中部分内容物进入细胞内，部分内容物被释放在细胞间隙中。

稳态血药浓度（steady plasma-drug concentration）为了使药物达到治疗血药浓度水平，临床用药大都是

多次用药，其间血药浓度可以逐次叠加，直致其维持一定水平或在一定水平的范围内上下波动。

X

效价强度（titer concentration）能引起等效反应的相对浓度或剂量。其值越小，则其强度越大。

血管内皮抑素（endostatin）是一种由184个氨基酸组成的多肽。这种天然蛋白质是胶原蛋白上的相对分子质量为20×10^3的C端片段。它在1997年从血管内皮细胞瘤细胞中被分离出来。发现它对Lewis肺癌等一系列肿瘤有明显的抑制作用。肿瘤增长时必须形成新生血管，癌细胞从其中不断摄取营养物质与氧，掠走代谢产物，从而满足肿瘤细胞生长的需要。血管内皮抑素则抑制血管内皮细胞生成，从而阻断和破坏肿瘤组织中新的血管系统生成，使肿瘤生长减缓或停止。但随着肿瘤组织的增殖，内抑素水平会不断降低（约为正常人的10%），肿瘤周围的新生血管就会迅速扩张。因此，向癌症患者体内补充"外源性"内抑素，提高机体内抑素水平，就可以让肿瘤"活活饿死"，从而治疗恶性肿瘤和有效防止手术后肿瘤扩散转移。由于成年动物和人的正常组织的生长不依赖于新生血管的生成，所以内皮细胞抑制素对正常组织没有不良反应。

Y

药材生产质量管理规范（good administration practice for medicinal materials，GAP）为贯彻《中华人民共和国药品管理法》，规范中药材生产过程，保证中药材质量符合规定，以满足制药企业和医疗保健事业的需要，国家药品监督管理局制定了《中药材生产质量管理规范》（简称中药材GAP）。GAP是从保证中药材质量出发，控制影响药材质量的各种因素，规范药材各生产环节乃至全过程，以达到药材"真实、优质、稳定、可控"的目的。其基本内容包括总则、产地生态环境、种质和繁殖材料、栽培与饲养、采收与产地加工、包装、运输和储藏、质量管理、人员及设备、文件及档案管理、附则等。所谓中药材的生产全过程，以植物药材来说，即从种子经过不同阶段的生长发育到形成商品药材（产地加工或初加工的产物）为止，一般不包括饮片炮制，除非在产地边疆生产中已形成饮片。GAP的研究对象是生活的药用植物、药用动物及其赖以生存的环境（包括各生态因子），也包括人为的干预，它既包括栽培、饲养物种（品种），也包括野生物种。

药品非临床研究质量管理规范（good laboratory practice for medicinal materials，GLP）为提高药品非临床研究（即实验室实验研究阶段）的质量，确保实验资料的真实性、完整性和可靠性，保障人民用药安全，根据《中华人民共和国药品管理法》，国家药品监督管理局制定了《药品非临床研究质量管理规范》（简称GLP）。药品非临床研究是指为评价药品安全性，在实验条件下，用实验系统进行的各种毒性试验。包括单次给药的毒性试验、反复给药的毒性试验、生殖毒性试验、致突变试验、致癌试验、各种刺激性试验、依赖性试验及评价药品安全性有关的其他毒性试验。

药品管理法（pharmaceutical administration law）调整国家药品监督管理机关、药品生产企业、药品经营企业、医疗单位和公民个人在药品管理活动中产生的法律关系的法律。该法明确指出国家卫生行政机关、工商行政管理机关、司法机关和药品生产企业、药品经营企业、医疗单位，以及公民个人必须共同遵守和执行。它是衡量国家药品管理活动中合法与违法的唯一标准，是制定各项具体药品法规的依据。

药品缓释技术（medicine delayed release technology）使药物有效成分随着基质的融化，缓慢而均匀地从基质中释放出来的技术。其药力均衡发挥作用24～36小时。该技术的出现，使药品的服用剂量大大减少。为了维持药品在身体中的浓度和持续时间，原来药剂的使用量最常见的是每次2～3片，每日3～4次，现在可以做到每次1片，每天1～2次。很多药品一个疗程的剂量只需6片。剂量减少，降低了药品成本。

药品经营质量管理规范（good supply practice for pharmaceutical products，GSP）药品经营质量管理的基本准则。它适用于中华人民共和国境内经营药品的专营或者兼营企业。要求药品经营企业在购、储、运、销等环节实行质量管理，建立质量体系，并使之有效运转。GSP内含药品经营管理职责、人员培训、设施和设备、进货与验货、陈列与储存、销售与服务等管理规范。

药品临床试验管理规范（good clinical practice，GCP）为了保证药品临床试验过程规范，结果科学可靠，保护受试者的权益并保障其安全，根据《中华人民共和国药品管理法》，国家药品监督管理局制定了《药品临床试验管理规范》（简称GCP）。GCP是临床试验全过程的标准规定，包括方案设计、组织、实施、监督、稽查、记录、分析总结和报告。其基本要素是：伦理委员会、知情同意书、申办者的职责、监察员的职责、研究者的职责、数据处理、统计分析、资料保存归档、质量保障、附则等。

药品批号（drugs batches）《药品生产质量管理规范》第八十五条的解释为："用于识别'批'的一组数字或字母加数字。"第六十九条对"批"的解释为："在规定的限度内具有同一性质和质量，并在同一连续生产周期中生产出来的一定数量的药品为一批。"

药品生产质量管理规范（good manufacturing practice for pharmaceutical products，GMP）药品生产和质量的基本准则。它适用于药品制剂生产的全过程、原料药生产中影响成品质量的关键工序。GMP的基本内容包括：机构与人员、厂房与设施、设备、物料、卫生、验证、文件、生产管理、质量管理、产品销售与收回、投诉与不良反应报告、自检、附则等。

药品有效期（drugs valid）药品被批准的使用期限。其含义为药品在一定贮存条件下，能够保证质量的期限。药品有效期的表示方法，按年月顺序，一般可用有效期至某年某月，如有效期至2003年6月，说明该药品到2003年7月1日即开始失效。《药品管理法》还规定，在药品的包装盒或说明书上都应标明生产批号、生产日期和有效期。进口药品也必须按上述表示方法用中文写明。

药物半衰期（medicine half-lifetime）一般是指血浆药物的半衰期，即血浆中药物的浓度下降一半所需的时间，以符号T1/2表示。绝大多数药物是按一级动力学规律消除，因此其半衰期有固定的数值，不因血浆浓度高低而改变。某些药物在体内变为活性代谢物，后者的半衰期值可能与其母体不同。

药物代谢动力学（pharmacokinetics）一门研究药物在机体内的吸收、分布、代谢和排泄过程及体内药物浓度随时间变化的规律的学科。

药物分析（drug analysis）运用化学、物理学、生物学以及微生物学的方法和技术，研究化学结构已经明确的合成药物或天然药物及其制剂质量的一门学科。它是分析化学在药学中的应用。它也研究有代表性的中药制剂和生化药物及其制剂的质量控制方法。

药物首过效应（first pass effect）又称首过作用，药物被吸收后未到达全身循环之前即被代谢的现象。它可分为三种：（1）肝首过效应。口服药物后即可发生，如果静脉或舌下给药则可避免。（2）肠道首过效应。（3）肺首过效应。极个别药物，如氯仿等。

药物依赖性（drug dependence）药物与机体相互作用所造成的一种依赖状态。它表现出一种强迫地想连续或定期使用该药的行为和其他反应，以便去感受它的精神效应，或是为了避免由于停药所引起的不舒适。它具体表现为生理依赖性和精神依赖性。生理依赖性是指大多数具有依赖性特征的药物，经过反复使用所造成的一种适应状态。用药者一旦停药，将发生一系列生理功能紊乱，故又称"戒断综合征"。精神依赖性其表现是指使人产生一种对药物欣快感的渴求，这种精神上不能自制的强烈欲望，驱使滥用者周期性或连续地用药。某些药物连续多次服用后，身体逐渐对其产生精神上的依赖和病态的嗜好，此时一旦停药，即会出现主观上的严重不适症状。例如，精神不振、打哈欠、流泪、流涕、出汗、全身酸痛、失眠、呕吐和腹泻等，严重时还会发生休克。所有这些药物戒断症状，在医学上叫做"药物成瘾性"。

Z

窄谱抗生素（narrow antibiotics）专门杀灭某一种或某一类细菌的药物。当已明确致病菌时，需应用此种抗生素进行特异性的杀菌。

《中国药典》（Chinese Pharmacopoeia）国家为保证药品质量、保护人民用药安全有效而制定的法典。它是执行《药品管理法》、监督检验药品质量的技术法规，是药品生产、经营、使用和监督管理所必须遵循的法定依据。《中国药典》收载品种的标准为国家对该药品品种的最基本要求。现行版为2005年版《中国药典》。

中药靶向给药系统（Chinese targeted drug delivery system）一类将传统中药或天然药物经提取分离得到有效部位、单体，并采用不同的载体制成的制剂。它能直接定位于靶区（靶器官、靶组织、靶细胞），使靶区药物浓度高于其他正常组织，从而提高疗效，降低不良反应。靶向给药按载体不同可分为脂质体、微粒、纳米粒、乳剂等；按靶向部位不同可分为肝靶向、肺靶向、脑靶向等制剂。

最大耐受量（maximal tolerance dose，MTD）动物对某药物能够耐受的而不引起动物死亡的最高剂量。

最小杀菌浓度(minimum bactericidal concentration，

MBC）杀死 99.9%（降低三个数量级）供试微生物所需的最低药物浓度。有些药物的 MBC 与药物的最小抑菌浓度非常接近，如氨基糖苷类。有些药物的 MBC 比 MIC 大，如 β 内酰类。如果受试药物对供试微生物的 MBC ≥ 32 倍的 MIC，可判定该微生物对受试药物产生了耐药性。

最小抑菌浓度（minimum inhibitory concentration，MIC）在特定环境下，孵育 24 小时，可抑制某种微生物出现明显增长的最低药物浓度。它用于定量测定体外抗菌活性。

(五)中医学与中药学（Chinese Medicine and Pharmacy）

B

八法（eight therapeutic methods）一种药物治疗分类方法，即汗、吐、下、和、温、清、补、消。东汉时张仲景所著《伤寒杂病论》中介绍了八法的内容。后世确立的各种治法，基本上都是由八法演变而来。

八纲辨证（analysing and differentiating pathological conditions in accordance with the eight principal syndromes）将四诊中获得的感性材料加以综合归纳，找出其共性和个性，整理概括为阴阳、表里、寒热、虚实八个具有普遍性的类型，以判断疾病的属性、部位、轻重和个体的强弱，使治疗有纲可循的中医判断疾病的基本方法。

八益（notification of eight）在房室生活中对人体有益的八种做法。即"一曰治气，二曰致沫，三曰智（知）时，四曰蓄气，五曰和沫，六曰窃气，七曰寺（侍）赢，八曰定倾（倾）。"这里逐一地介绍八益的具体做法：（1）调治精气；（2）致其津液；（3）掌握适宜的交接时机；（4）蓄养精气；（5）调和阴液；（6）聚积精气；（7）保持盈满；（8）防止阳痿。

百合病（baihe disease）以百合为主药治疗的疾病。多继发于急性热病，或中毒、脑部疾患等之后，余邪未尽，阴液亏损，气血失调，经脉失养，心神惑乱。以神情恍惚，行、卧、饮食等皆觉不适为主要表现的脑神疾病。

"病"与"证"（disease and symptoms）"证"是机体在疾病发展过程中某一阶段的病理概括。它以一组相关症状与体征反映该阶段的主要病变，揭示病因、病位、病性和邪正关系。"病"反映疾病发生全过程的本质；"证"反映疾病在某一阶段的本质，受疾病的特殊本质所制约。"证"与"病"有上下层次之别。对将"证"归属于"病"的提法，也有的学者认为是一种观念上的失误。目前，对"病"、"证"的讨论还在深入进行之中。

C

传统中药（traditional Chinese medicine）在中医药理论指导下组方，并以传统工艺（保持传统的治疗疾病的物质基础不变的工艺）制成的药品。处方中药材具有法定标准，其功能主治亦用传统中医术语来表达。

D

道地药材（genuine medicine materials）一定的药用生物品种在特定环境和气候等因素的综合作用下，所形成的产地适宜、品种优良、产量较高、炮制考究、疗效突出、带有地域性特点的药材。它是一个约定俗成的、古代药物标准化的概念。它以固定产地生产、加工和销售来控制药材质量，是古代对药用植物资源疗效的认知和评价。道地药材的药名前多冠以地名，以示其产区。如产自浙江的"浙八味"、产自四川的"川贝"、产自河南的"四大怀药"等，就是著名的道地药材。

E

耳针（auricle-acupuncture）一种施针于耳部的针刺疗法。根据经络学说的理论，耳部和脏腑与机体各部都有一定的联系。耳壳类似一个倒卧的婴儿，耳部各处的压痛点、敏感点反映机体相应部位的病变。耳针采用一寸或半寸的短毫针或掀针，测有关病症的敏感点。进行治疗，一般 5~10 次为一疗程。

F

反克 相侮、倒克，是五行学说术语。属病理变化范围，如正常情况下金可克木，若金气不足，或木气偏亢，木就反过来侮金，出现肺金虚损而肝木亢盛的病症，即所谓"木火刑金"。

反治 又称从治，中医在治疗疾病的过程中，顺从疾病外在表现的假象性质而施治的一种治疗法则。它所采用的方药性质与疾病病候中假象的性质相同。

扶正 使用扶佐正气的药物或其他方法，以增强体质，提高抗病能力，达到战胜疾病、恢复健康目的的方法。适用于正气虚为主的疾病，是《内经》"实则泻之"的运用。临床上根据不同的病情，有益气、养血、滋阴、壮阳等不同的方法。

扶正祛邪 "扶正"，就是扶助人体对疾病的抵抗力和对体内体外环境的适应力；"祛邪"，就是祛除致病因素。扶正祛邪是中医重要的临床治疗原则。中医认为，生病的过程是"正气"与"邪气"斗争的过程。"正气"增长，疾病就向好的方面发展；"邪气"增长，疾病就向坏的方面发展。所以，扶正与祛邪的目的都是为促使"正气"战胜"邪气"，使疾病向好的方面转化。

腹诊（abdominal diagnosis）遵循中医基本理论和方法，以触诊为主，与望、闻、问、切相结合，对以胸腹部为主进行全面诊查的一种直觉诊法。它有着独立的理论体系和方法，具有特殊的诊断价值。其中，手法主要有按（双手按、单手按）、压、摸、拍、弹；亦可总结成按、指压、起按、滑按、持按；还有从观察形态、视脉络、按腹力、听声音、测腹温、试肌肤、探虚里，诊拘急、疼痛、痞硬支满、胀满、动悸等诊腹的。近些年来，对腹诊的研究，已从单纯临证应用进而探索其客观化的检验，如有人提出光电腹诊仪的设想，通过用 X 射线荧光屏探测胃肠中含气量的多寡，以判断腹部胀满的程度，还有的对群体进行了临证调查研究，以探索新的研究途径与方法。

G

关格 大小便都不通的病症。表现为：（1）大便不通为内关，小便不通为外关；（2）小便不通与呕吐不止并欠之病症；（3）指阴阳均偏盛，不能互相营运的严重病理状态。

归经 将药物的作用与脏腑经络的关系结合起来，说明某药物对某些脏腑经络的病变所起的治疗作用。其目的在于突出药物作用的特性，密切联系临床实践。如桔梗、款冬花归入肺经，可治咳嗽气喘的肺经病；天麻、全蝎、羚羊角归入肝经，能治疗手足抽搐的肝经病；黄柏苦寒，归肾、膀胱经，善清肾和膀胱火。一种药物可以归入二经和数经的，说明它的治疗范围较大。

H

回阳救逆 用以救治汗出不止、四肢厥逆、气息微弱、脉微欲绝等阳气将脱的危症的方法。它是诊治温病的一种方法。多用参附汤或四逆汤。

J

经络学说（meridian theory）研究人体各部位之间密切联系的学说。它是中国医学的基础理论之一，是中国劳动人民在长期的临床实践中，特别是在针灸治疗的实践中，逐渐地积累总结、归纳提升而成的系统理论。中国医学把这种内在联系的途径叫做"经络"。粗大的、深部纵行的主要干线，称为"经"，亦称"经脉"；细小的、经的分支、网络于经脉间的，称为"络"，亦称"络脉"；将针刺后反应比较强烈、疗效比较显著的部位，称为"经穴"（亦称穴位或刺激点）。经络包括的范围很广，但其体表与内脏联系的经络，主要的有十二条，称为十二经脉（或称十二经）。十二经脉加上任脉、督脉，合称十四经脉，这是经脉的主体。十二经脉中每一条连接一个脏（或腑），即心、肝、肺、脾、肾、心包六脏和胆、胃、大肠、小肠、膀胱、三焦六腑（左右）各连一条。与心相连的叫心经，与胃相连的叫胃经（其他经类同），分布在上肢的叫手经，分布在下肢的叫足经。连属脏运行于四肢内侧的称为阴经（桡缘的称太阴经，尺缘的称少阴经，中间的称厥阴经）；连属腑运行于四肢外侧的称为阳经（桡缘的称阳明经，尺缘的称太阳经，中间的称少阳经）。脏阴经与腑阳经，相互间有络脉相联系，互为阴阳表里，有着对立统一的关系。

精血不足 中医学中的精亏和血虚。精血不足的结果会导致脏腑功能的减退，引起早衰的病变。

君臣佐使 根据单味中药在方剂中的作用而确认的中药方剂配伍的一种形成。君、臣、佐、使的配合，现一般改称主、辅、佐、引。它是方剂组成的基本原则。君药是针对病因或主证的药物，可用一味到数味；臣药是协助主药发挥作用的药物；佐药是协助主药治疗兼证，或消除主副药不良反应的一类药物；使药是通过经络引导主药直达病所或起调和作用的药物。

L

六腑 即胆、胃、大肠、小肠、膀胱、三焦。它们的特点是中空，具有受纳、消化、转输、排泄的功能。如胃主受纳，小肠司消化，大肠与膀胱主排泄。

六淫 又称六气，风、寒、暑、湿、燥、火六种外感病邪的统称。风、寒、暑、湿、燥、火六种正常的自然界气候，在正常情况下，它们是万物生长的条件，对人体无害。当气候变化异常，六气发生太过或不及，在人体的正气不足，抵抗力下降之时，六气成为致病因素，侵犯人体而发生疾病。

癃闭 因败精阻塞、阴部手术等，引起膀胱气化失司，水道不利的疾病。它是以小便量少、点滴而出，甚至闭塞不通为主要表现的内脏瘅病类疾病。

M

脉诊（pulse diagnosis）中医通过接触人体不同部位的脉搏，以作察脉象变化的诊断方法。诊脉必识脉象，即脉之常象。形成脉象之原理，脉搏是在每一心动周期中，血流从心脏进入动脉造成的压力波，使动脉扩张和回复而产生的搏动所造成的形象。定脉象是从脉搏的速率、节律、强度、位置等组成；又与心排血量、心瓣膜功能、血压之高低、血管内血液之充盈度，以及末稍血管的功能状态等息息相关。中医根据生理与病理之变化间的关系总结出了以浮、沉、迟、数四大脉象，又派生出共二十八脉象和主病。据此和望、闻、问诊相得益彰，再结合八纲辨证等诊法、诊理，准证后配以中药治疗形成了中医之要。但结合现代科学的发展，要客观检查患者的脉象，就要有检查的器械，脉象检测仪就是这种器械。早在20世纪50～60年代，就已经有人设计出了简单的脉象仪，对客观检查做了尝试。但是，由于影响脉象的因素很多，而且对脉象形成和构成脉象的各种条件也未能深入的了解，因而初期的脉象检测仪器还不够理想。

命门之火 生命的原动力、寓于肾阴之中的肾阳。温养五脏六腑，与人的生长、发育、衰老、性机能和生殖机能都密切相关。如命门火旺，可出现肾阳偏亢，性机能偏亢进；如命门衰弱可发生肾阳虚，导致阳痿。

Q

七情 人的喜、怒、忧、思、悲、恐、惊七种情志活动。它是人的精神情志对外界事物的反应。由于这些活动过于强烈、低沉或失调可致情志疾病，七情可成为致病因素，也指药物配伍的七种不同作用，即单行、相须、相使、相畏、相恶、相杀、相反。

七损 房事交合中对人体有害的七种做法。"一曰闭，二曰泄，三曰渴（竭），四曰弗（勿），五曰烦，六曰绝，七曰费。"即：在两性交接时动作粗暴、鲁莽而发生疼痛，导致五脏生病，这是"闭"（内闭）；交合时虚汗淋漓，精气走泄，叫"泄"（外泄）；房事没有节制，纵欲无度，气血耗竭，叫做"竭"；而"弗"是指虽然有强烈的性欲冲动，却因阳痿不举而不能进行；交合时心中烦乱不安，为"烦"；一方无性欲要求而对方强行交合，这时双方特别是对女方的身心健康非常不利，犹如陷入绝境，故而叫做"绝"；当交合时过于急速，既不愉悦情致，于身又没有补益，徒然浪费精力，为"费"。

气 中医上所说的构成人体和维持人体生命活动的最基本物质。气主要通过脏腑组织机能活动来反映人体的生理、病理现象。

气为血帅 气对血的推动、统摄和化生的作用。气为阳是动力，血为阴是基础。气行血亦行，气虚血亦虚，气滞血亦滞，气和血在运行中保持着相互促进、相互依赖的关系。血之所以能在脉中不停地周流，全依赖气的推动，所以说气为血帅。

气虚血瘀 既有气虚之象，同时又兼有血瘀的证候的病理状态。多因久病气虚，运血无力而逐渐形成瘀血内停所致。

气血辨证 以气、血为纲对杂病进行辨证的方法。这是内伤杂病的辨证方法之一。

气血两虚 既有气虚之象，又有血虚之症的证候的病理状态。多由久病不愈、耗伤气血，或先有血虚无以化气所致。

气血双补 以补气药与补血药并用治疗气血俱虚之症的方法。

气阴两虚 又称气阴两伤，某些慢性和消耗性疾病过程中出现的阴液和阳气均受耗伤的现象。它常发生于热性病的过程中，如：（1）患温热病时，由于耗津夺阳而出现大汗、气促、烦渴、舌嫩红或干绛、脉散大或细数有虚脱倾向者；（2）在温病后期及内伤杂病，真阴亏损，元气大伤，神倦形怠、少气懒言、口干舌燥、低热或潮热或五心烦热、自汗、盗汗、舌红苔少、脉虚大者。

气滞血瘀 气滞和血瘀同时存在的病理状态。其病变机理是：一般多先由气的运行不畅，然后引起血液的运行瘀滞，是先有气滞，由气滞而导致血瘀，也可由离经之血等瘀血阻滞，影响气的运行，这就先有瘀血，由瘀血导致气滞，也可因闪挫等损伤而气滞与血瘀同时形成。

清热解毒 使用能清热邪、解热毒的方药，用以治疗温毒、温疫及多种热性病症的治疗方法。如黄连、黄芩、金银花、连翘等，代表方有普济消毒饮、黄连解毒汤等。

清热开窍 又称清心开窍，治疗温热病神志昏迷的方法。此种多以芳香开窍药与清热药同用。适用于温病高热昏迷、胡言乱语、抽搐惊厥等，常用安宫牛黄丸、紫雪丹。

祛邪 祛除体内的邪气，达到邪去正复目的的过程。适用于邪气为主的疾病，是《内经》"实则泻之"的运用。临床上根据不同的病情，而有发表、攻下、清解、消导等不同方法。

R

热极生风 又称热盛风动，温热病的高热期出现壮热、昏迷、筋脉强急、抽搐，甚则角弓反张等症状的疾病。多因邪热炽盛，伤及营血，燔灼肝经，使筋脉失其濡养所致。临床多见高热惊厥、神昏谵语、四肢抽搐、目睛上视、颈项强直、角弓反张等。

S

三部九候 在医学上所采用的寸口诊脉法。出自《难经·十八难》，即分寸口脉为寸、关、尺三部，每部以轻、中、重指力按，分浮、中、沉三候，共为九候，也指古代医学的一种全身脉诊法，现少采用。

三焦 上焦、中焦和下焦的合称。它是中医藏象学说中一个特有的名词。上焦为膈以上的部位，包括心、肺；中焦为膈以下、脐以上的部位，包括脾、胃；下焦为脐以下部位，包括肾、膀胱、大小肠、女子胞等。三焦与心包络相表里。

舌诊（tongue diagnosis）通过舌象了解脏腑的虚实和病邪的性质、轻重与变化来诊断疾病的方法。舌通过经络与内脏相连，因此人体脏腑、气血的虚实，疾病的深浅轻重变化，都有可能客观地反映于舌象。其中舌质的变化主要反映脏腑的虚实和气血的盛衰；而舌苔的变化主要用来判断感受外邪的深浅、轻重以及胃气的盛衰。

舍脉从证 在临床辨证中，当脉证不相符合时，采用以证为准的诊断方法。如平素气虚的人感冒，有头痛、身痛、恶寒、发热等外感症候，但由于风寒外束，气虚不能现浮脉，反而现沉细的脉象，就应当"舍脉从证"，治以辛温解表。

肾虚 肾的精、气、阴、阳不足。肾虚又可分为肾阴虚和肾阳虚。肾阴指的是肾的本质，而肾阳指的是肾的功能。肾阴虚主症是腰膝酸软，五心烦热，并可有眩晕耳鸣、形体消瘦、失眠多梦、颧红潮热、盗汗、咽干。肾阴虚男女身上均存表征：男子阳强易举，遗精早泄；妇女经少、经闭、崩漏、不孕、尿短黄。肾阳虚主症为腰膝酸软，畏寒肢冷。余症为：精神不振、头晕目眩、耳鸣耳聋、阳痿早泄、遗精，精冷不育或宫寒不孕，带下清冷，小便清长，夜间多尿，小便点滴不爽，小便不通，下利清谷。当人发生肾虚时，无论阴虚还是阳虚，都会导致人及肾脏的免疫能力降低，同时肾脏的微循环系统亦会发生阻塞，即肾络会呈现不通。因此，肾虚是肾病发生的病理基础。

升降沉浮 药物作用的趋向。升是上升，降是下降，浮有上行散发的含意，沉有下行泄利的含义。升浮药上行而向外，有升阳、发表、散寒等作用；沉浮的药物都主向下、向内、有降气、平喘、止吐、敛汗、泄下诸作用。药物的趋向性是由药物的性味厚薄决定的。如味辛甘的药物，气温热大多有升浮作用，如麻黄、桂枝、黄芪等；凡气寒凉，味苦酸的药物，大多有沉降作用，如大黄、芒硝等；花叶及质轻的药物大多升浮，如辛夷、荷花、升麻等；子、实及质重的药物，大多沉降，如苏子、枳实、寒水石、磁石等。

十八反十九畏 古人把重要的配伍禁忌药物具体地加以总结，并归纳为"十八反"、"十九畏"。十八反：甘草反甘遂、大戟、海藻、芫花；乌头反贝母、瓜蒌、半夏、白蔹、白芨；藜芦反人参、沙参、丹参、玄参、细辛、芍药。十九畏：硫黄畏朴硝，水银畏砒霜，狼毒畏密陀僧，巴豆畏牵牛，丁香畏郁金，川乌、草乌畏犀角，牙硝畏三棱，官桂畏石脂，人参畏五灵脂。这是古人在实践中逐渐总结出来的，在很大程度上保证了用药的安全性，直到今日一直被大多数中医药工作者当作临床的使用禁忌。但随着对中医药研究水平的日益深入，对该歌诀的内容尚需进一步的观察和研究，以使其更具科学性。

十四经 十二正经和奇经中的任、督二脉的合称。十二经有手太阴肺经、手少阴心经、手厥阴心包经、手阳明大肠经、手少阳三焦经、手太阳小肠经、足阳明胃经、足少阳胆经、足太阳膀胱经、足太阴脾经、足厥阴肝经、足少阴肾经。它们各有自己的连属穴位，针灸时可以循经取穴。

实 中医上所说的邪气亢盛。邪气盛为矛盾主要方面的一种病理反映。主要表现为致病邪气比较亢盛，而机体正气未衰，尚能积极与病邪抗争，故正邪相搏，反映明显，在临床上可以出现一系列病理反应比较剧烈的证候表现。

四诊八纲（four methods of examination and eight principal syndromes）四诊，就是通过望、闻、问、切四种诊断方法向病人作全面的调查，并从其表现出来的症状、体征，以及疾病发展的过程中，搜集辨证资料。八纲，即表里、寒热、虚实、阴阳四对相对立的症型。八纲，可以明确疾病的基本特性，从而为各种疾病指出治疗用药的方向。例如虚症应补，实症该攻，热症用凉药，寒症用热药。但就整个辨证论治来讲，八纲只是在一定程度上概括了疾病的普遍性，所以还必须结合脏腑、病因等方面，才能对疾病作出全面的诊断。四诊八纲是中国传统医学诊断的基本方法。

四诊合参（comprehensive analysis by the four examination methods）一种将临床上通过望、闻、问、切四种诊法得来的资料加以归纳，综合分析而得出诊断结果的方法。

T

痰饮　因人体脏腑功能失调，津液代谢障碍，由津液凝聚而成的病理产物。由多种原因引起，如外邪侵犯肺、脾、肾等脏，使水液敷布，排泄失常，或致三焦水道失畅，影响水液的正常代谢。乃致水湿停聚，酿成痰饮。

天癸　又称元阴，男子二八（十六岁）、女子二七（十四岁）肾气旺盛，始有精液和月经的发育时期。它与肾气盛衰有关。它来源于男女之肾精，受后天水谷精微的滋养而逐渐充盛。

天忌　人生活在自然界中对日月天时应当"避忌"的时间。如年有"年衰"，月有"月空"之类。在治病过程中应注意天气对身体的影响。《素问·八正明神论》中有"以身之虚，而逢天之虚，两虚相感，其气至骨，入则伤五脏，工候救之，弗能伤也，故曰天忌不可不知也"。这是古代医学家根据气候星辰变化影响人体气血变化总结出针刺时的宜忌。如天寒天阴，卫气内沉，不要针刺；月黑无光，人的肌肉减弱，经络空虚，卫气虚弱，不应该针刺；针灸时要避免八方的虚邪贼风的侵袭，以免伤体，针刺难收效。

天然药物（natural medicine）在现代医药理论指导下组方，并以非传统工艺（现代工艺）制成的药品。其功能主治用现代医学术语表达。

天人相应　人和自然界的相应关系，即四时气候变化对机体生理和病理变化的影响。在辨证论治时，将这些因素考虑在内，因时、因地、因人制宜。其核心是人的生存应适应于自然环境，适者存，逆者亡。

同病异治（treat the same disease with different methods）即对相同的病证可根据不同的病机，采用不同的治法。如同患感冒，由于有风寒证和风热证的不同，治疗有辛温解表和辛凉解表之分。

W

外治（external treatment）即非通过口服药物而是通过体表进行治疗疾病的方法。它包括药物、物理、手术、手法、固定法、功能锻炼、针灸、火罐等疗法。

卫气营血辨证　应用于温热病的一种辨证施治方法。是外感温热病的辨证纲领。也是外感温热病证候分类的一种方法。这是清代叶桂在《内经》的理论指导下，总结前人及自己的经验而创立的一种辨证方法。他把温病的产生、发展、演变过程，划分为卫分、气分、营分和血分四个阶段，用来说明温病证候浅深轻重和传变规律。

未病　机体处于尚未发生疾病的时段及其状态，以及疾病在动态变化中可能出现的趋向和未来时段可能表现出的状态。中医"治未病"包括未病先防、既病防变和病后康复三个方面。

五劳　因过度劳倦或生活不规律而引起的五种病证。即"久视伤血，久卧伤气，久坐伤肉，久立伤骨，久行伤筋，是谓五劳"。

五色（five colours）青、赤、黄、白、黑五种颜色。按五行学说，青属木属肝，黄属土属脾，赤属火属心，白属金属肺，黑属水属肾。

五声（five voices）即五音，宫、商、角、徵、羽。它是古代的五音名称，也是中国民族音乐的基本音。它和五行的关系：角为木音，方位应在东方，在时应为春天，在人体应肝；徵为火音，方位应南方，在时应夏天，在人体应心；宫为土音，方位应中央，在时应长夏，在人体应脾；商为金音，方位在西方，在时应秋，在人体应肺；羽为水音，方位应北方，在时应冬天，在人体应肾。联系人的五声为呼、笑、歌、哭、呻，分属五脏为肝主呼、心主笑、脾主歌、肺主哭、肾主呻。

五味　中医把药物归为辛、甘、酸、苦、咸的五种味道。药物以味不同，其作用便不同。辛味药能散能行，有发汗解表，开窍散湿等作用；甘味能补能和能缓，有调和脾胃，补养气血等作用；酸味可收敛固涩，生津止咳；苦味能泻能燥，有泻火燥湿作用；咸味可下，有软坚、散结、润下作用。

五心烦热　两手两足心发热，并自觉心胸烦热的阴虚证常见证候表现。它多由阴虚火旺，火热内郁或病后虚热不清引起，治宜滋阴退热，清热养阴治疗。

五行学说　中医把世界万物归为五类基本物质，即金、木、水、火、土的一种学说。此五类之间又有着千丝万缕的内在和外在的联系，即所谓的相生、相克的关系。用取类比象的方法，以功能属性配之以人体各部分功能的关系，进而推断疾病之产生、变化，诊断用药。行者，行动之意。谓此五者相互生、克、制、化，循环不已。20世纪50年代以来，通过争论，对五行学说的来源及发展研究有所进展。继承整理并挖掘五行学说的内涵，探讨其理论和实用价值，是20世纪50～60年代相关研究的主要方面。到了20世纪80年代，五行学说已作为自然科学的内容加以研究。天文气象五行学说已成为中医气象学的重要内容，贯穿于中医基本理论的各个方面。在大量的从各个角度阐释五行学说的合理性、科学性的同时，也有学者冷静地反思阴阳五行学说对当代中医发展的消极影响，认为中医五行学说虽然有其合理内核，但糟粕成分也显而易见，必须从形式到内容进行改造。

五液（five fluid）五脏所化生的液体，即汗、涕、泪、涎、唾。

五运六气 简称运气，又称运气学说，古代研究气候规律与发病关系的学说。五运指木、火、土、金、水五行的运行；六气指风、热、湿、火、燥、寒六种气象的流转。其演绎方法是指甲、乙、丙、丁、戊、己、庚、辛、壬、癸，十天干以定运，子、丑、寅、卯、辰、巳、午、未、申、酉、戌、亥十二地支以定气。每年的年号都由一个天干和一个地支组成，代表运与气的结合。根据运气相临的逆顺情况，运用阴阳相反相成和五行生克的理论，推测每年气象的特点及气候变化的周期性，进而探讨气对发病因素和人体的影响，概括出六淫发病的一般规律。

五志 喜、怒、思、忧、恐五种情绪的变动。《内经》认为情志和五脏相关，即心志为喜，肝志为怒，脾志为思，肺志为忧，肾志为恐。

五志过极 精神活动过度，造成脏腑气机障碍而产生疾病的现象。

五志化火 喜、怒、忧、思、恐等各种精神活动失调所变生的火证。情志和气的活动息息相关，长期精神活动过度兴奋或抑郁，使气机紊乱，脏腑真阴亏损，出现烦躁、易怒、头晕、失眠、口苦、胁痛或衄血、喘咳等症，都属于火的表现。

X

现代中药（modern medicine）在中医药理论指导下组方，并以传统工艺或非传统工艺制成的药品。药材是传统或非传统药材，其中，非传统药材包括天然药物、有效成分或化学药品。其功能主治用现代医学术语表达。

现代中医学（modern Chinese medicine）把中国传统中医学与相关的现代医学，甚至包括相互交叉的其他边缘科学相互渗透，但以中医学为主导的学科。现代中医学不是讲中医现代化。它主张用中医的方法来研究现代临床数据，而中医现代化主张用现代医学的方法来解释中医传统方法的有效性。这是两种生命哲学，也就是两种研究生命的方法论。也就是说，现代中医学在治疗方式上改变了现代医学靶点式的研究方式，因而和中医现代化具有严格的区别。因此，现代中医学只能是在传统中医的基础上与现代医学相结合，使中国传统医学更好地得到发扬光大。

相克 借五行关系来说明的脏腑之间的制约和排斥关系。如木克土，土克水，水克火，火克金，金克木。

相生 借助五行关系来说明的脏腑之间的互相协调和促进的关系。如木生火，火生土，土生金，金生水，水生木。

相使 两种以上功用不同的药物在相互配合使用时能互相促进疗效的效应。如黄芪配茯苓，能增强补气利水的作用，款冬花配杏仁可增强祛痰止咳效果。

相须 两种功能相同的药物配合使用时能增强疗效的一种现象。如知母加黄柏能加强滋阴降火的作用；龙骨加牡蛎能加强潜阳固涩的作用。

消渴 以口渴多饮、多食而瘦、尿多而甜为主要表现的脾系疾病。因数食肥甘，或情志过极、房事不节、热病之后等，郁热内蕴，气化失常，津液精微不能正常输布而下泄，阴虚燥热。

胸痹 以胸闷及发作性心胸疼痛为主要表现的内脏痹病类疾病。因胸阳不振，阴寒、痰浊留居胸廓，或心气不足，鼓动乏力，使气血痹阻，心失血养所致。

虚 以正气虚弱为矛盾的主要方面的一种病理反应。其主要表现为机体的精、气、血、津液和功能衰弱，脏腑经络的生理功能减退，抗病能力低下，因而机体正气对于致病邪气的斗争，难以出现较剧烈的病理反应，所以临床上可出现一系列虚弱、衰退和不足的证候表现。

悬饮 以胸胁饱满、胀闷，咳唾引痛等为主要表现的胸部痰饮类疾病。肺痨、癌等病变，以及某些全身性疾病，易导致饮邪停积胸腔，阻碍气机升降。

血热 血内有热，使血液运行加速，脉道扩张，或使血液妄行而出血的病理状态。

血虚　血液不足，并由此引起的血的营养和滋润功能减退，以致脏腑百脉、形体器官失养的病理状态。

血瘀（blood stasis）血液运行迟缓，流行不畅，甚则血液瘀结停滞成积的病理状态。

Y

养生（health promotion）又称摄生、道生、保生等，即保养生命之意。通过各种调摄保养，可以增强人的体质，提高正气对外界环境的适应能力、抗病能力，从而减少或避免疾病的发生，能使机体的生命活动处于阴阳协调、体态和谐、身心健康的最佳状态，从而延缓人体衰老的进程。

以毒攻毒（combat poison with poison）使用有毒的药物治疗恶毒病证的方法。这种方法应用较广。如大枫子辛热有毒，用以治疗麻风、疥癣；斑蝥辛寒有毒，用以治肿瘤、瘰疬；轻粉用于治疗梅毒等，都是取以毒攻毒之意。

异病同治（treat the different diseases with the same method）即对不同的病用相同的疗法。由于病和证的不同，在不同的病种中，可以出现同一种证，按照辨证论治的原则，可以用同一种方法治疗。如心脏病性水肿、肾病性水肿、肝脏病性水肿，虽然病不相同，但证可都是阳虚水肿，均可用温阳、化气、利水的方法治疗。

阴虚内热　又称阴虚发热，由于体内阴液亏虚、水不制火所致的发热证。症见两颧红赤，形体消瘦，潮热盗汗，五心烦热，夜热早凉，口燥咽干，舌红少苔，脉细数。

阴阳五行学说　认为世界是物质的，物质世界是在阴阳二气作用的推动下滋生、发展和变化的；并认为木、火、土、金、水五种最基本的物质是构成世界不可缺少的元素的一种学说。这五种物质相互滋生、相互制约，处于不断的运动变化之中。这种学说对后来古代唯物主义哲学有着深远的影响，如古代的天文学、气象学、化学、算学、音乐和医学，都是在阴阳五行学说的影响下发展起来的。

阴阳学说　中医主要用来阐述人体功能盛衰及疾病（正、邪不平衡状态）相互转化矛盾发展的学说。阴阳本身是具有对立统一的两个矛盾着的事物的概念。是中国古代人民观察、认识自然界事物的带有自发的、朴素的、唯物观点的学说，但在中国传统医学里是构成中医理论体系的重要组成部分。《中医辨脉症治》曾指出："阴阳者，天地之道也，万物之纲纪，变化之父母。"阴阳之间存在着相互对立、相互依存、相互转化的辩证关系。阴和阳又处于动态平衡之中。20世纪80年代以后，学术界许多学者从控制论、系统论、信息论的角度来分析阴阳的对立、依存、消长、转化，论证阴阳学说的科学性。以后，应用控制论、系统论、信息论来研究阴阳五行学说的热潮逐渐降温，代之而兴的是以阴阳五行学说来说明医学和易理的关系。"医易同源——太极"，太极图的模式被认为可追溯中医阴阳学说、健康和疾病观的源起。

引火归原　治疗命门虚火上炎的一种方法。肾阳虚病，表现为阴寒盛于下，火不归命门而显虚阳浮上，面色浮红，头晕耳鸣，口舌糜烂，牙齿痛，腰酸腿软，下肢发凉，舌红脉虚等真寒假热的虚寒证。引火归元法可在滋肾药中加用附子、肉桂，以引火下行，使阴阳平调，虚火不升。

引经药　那些不但本身能归某经，并具有引导其他方药归某经作用的药。如：太阳经病，引以羌活、防风；阳明经病引以升麻、葛根、白芷；少阴经病，引以柴胡；太阴经病引以苍术；少阴经病引以独活；厥阴经病，引以细辛、川芎、青皮。还有引向病所的"引导药"，如治咽喉病用桔梗引诸药至咽喉；治上肢病用桑枝，治下肢用牛膝等。

引血归经　认为气摄血，脾统血，脾气不足时，统摄无权，经血妄行的一种中医理论。因此非补气健脾始能恢复统摄之功，否则妄行之血不能归经。在这里，补气健脾就是引血归经的方法。

营血　在人体内的营气行于脉中，因其富含营养而化生为血，营气与血呈现可分而不可离的状态。从生理角度而言，即指血液。

运气学说　又称五运六气，由五运和六气两部分组成的一种学说。五运指木、火、土、金、水，是形成气候变化的地面因素。六气指厥阴风木、少阴君火、少阳相火、太阴湿土、阳明燥金、太阳寒水，是形成气候变化的天空因素。运气学说认为自然界五运六气的变化，与人体五脏六经之气的运动是内外相通应的，可以影响人体五脏六经之气的生理、病理。

Z

脏燥（hysteria）因情志不舒，在天癸将绝之时，阴血亏虚，阴阳失调，气机紊乱，心神不宁所造成的病理状态。以神情抑郁，烦躁不宁，悲伤欲哭等主要表现的脑神经疾病。

藏象学说（viscera-state doctrine）中医把人体的五脏六腑的盛衰变化认为是判别疾病发生、发展、轻重程度，以及治疗情况的转归变化和预后的根本性认识的方法与学说。心、肝、脾、肺、肾为脏；胆、胃、小肠、大肠、膀胱、三焦为腑。

针灸（acupuncture）针与灸是两个不同的概念。针：是用合金钢质的毫针或三棱针刺入人体上选定的穴位，通过补虚泻实的运针技术，达到治愈疾病的目的。灸：是用艾绒做成的艾柱或艾条，在选定穴位上熏炙，借艾火的热力透入肌肤，达到温经散寒、疏通经络、防治疾病的目的。针灸疗法经济、简便、效好，是治疗多发病、常见病简便有效的方法。它是中国劳动人民数千年来同疾病作斗争的实践中，创造出来的一种医疗方法。它的基本理论是经络学说。在其对疾病的认识和诊断方法上，以中医学基础理论为依据，有着一套辨证立法、临证配穴和补虚泻实等针灸专科的理论体系和治疗原则。

正骨八法（eight skills in bone setting）即中医正骨的八种手法：摸、接、端、提、按、摩、推、拿。用于骨伤的治疗。

正治（routine treatment）中医在治疗疾病的过程中，逆疾病的临床表现而治的一种最常用的治疗法则。既采用与疾病证候性质相反的方药进行治疗。

治病求本（disease treating from the root）在治疗疾病时，必须寻求出疾病的本质，并针对其本质进行治疗的思想方法。

中国传统医学（traditional Chinese medicine）利用中医理论和方法研究人体生理、病理以及疾病的诊断和防治的一门科学。它是中国人民在长期同疾病作斗争的过程中所取得的丰富经验的总结。它已有数千年的历史。

中西医结合（combination of the Chinese with the Western medicine）现代医学和传统医学两大体系的结合。由于中西医学是不同历史条件下、不同国度产生和发展的，受到不同国情、不同生产力水平、文化科学发展水平，以及当时哲学思想的影响，故而两大体系既有共性又有各自的特性。将两者结合起来，发挥各自的优势，可达到既源于中西医学又高于中西医学的治病效果。

中药现代化（modernization of traditional Chinese medicine）将传统中医药的优势、特色与现代科学技术相结合，按照国际认可的药品标准规范对中药进行研究、开发、生产、管理，以适应当代社会发展需求的过程。即以中医药理论和经验为基础，借鉴国际通行的医药标准和规范，运用现代科学技术对中药进行研究、开发、生产、经营、使用和监督管理。中药现代化的目的是，将传统中药开发成为具有"三效"（高效、速效、长效）、"三小"（剂量小、毒性小、不良反应小）和"三便"（便于储藏、便于携带、便于服用）的现代中药和天然药物。中药现代化发展的趋势是数字化中药，即在现代计算机技术、网络技术和现代测试技术的支持下，根据中药成分的结构、含量等多项特征进行数字化测试，以期用定量科学的数字化方法，解释重要的传统理论。

中药饮片（herbal medicine）中药材按中医药理论、中药炮制方法，经过加工炮制后可直接用于中医临床的中药。

中医时间医学（Chinese medical time）中医以时辰（包括十二时和十二晨两个内容）作为计时标准，研究疾病发生、发展、转归及治疗与时间顺序之间的关系的学科。从现代生物医学的观点已能窥到中医时间医学与生物钟现象之间有着密切的联系。大量的实验或观察也揭示了脏腑、经络活动的节律。从四时死亡病种来看，肺心病多死于冬季，肝经病多死亡于春季，心经病多死于夏季。诊断方面，对常人脉象的观察，结论是与"人气"一日四时的变化规律相合。时间治疗学方面，中医则讲究"春夏养阳，秋冬养阴"。根据这一原则，有的研究者在"夏至"开始给慢性支气管炎患者服加味右归丸，取得良好的效果。用药的效果的确与时辰或季节有一定的关系。现代时间药理学非常重视体内药物酶的活性节律，因为所有的药物包括中药在内，进入体内后都要受到药酶系的作用，从而影响其药效和不良反应。子午流注针法被认为是最明确的时间治疗学内容。在子午流注针法对心输出量和心排出量的影响实验中，运用肢体血流图为指标，发现按时开穴施刺较随机取穴组能显著使舒张期延长，心率减慢，这说明中医讲究时间用药是有一定科学性的。

中医治则治法（theoretical principles of Chinese treatment）在中医诊治病时，根据治则所用的温法、汗法、清法、下法、和法、补法、消法、吐法等八大法。治则是指中医治疗疾病的要则，包括治病求本、以平为期、调整阴阳、标本兼治、扶正祛邪、三因制宜、正治反治、治未病、同病异治、异病同治、随证治之等内容。近年来，治则理论的主要进展，是提出治疗温病不能拘泥于"卫之后方言气，营之后方言血"、"到气才可清气"的顺应疗法及当先证而治，截断扭转的原则，即重用清热解毒，抑制病原，使病程阻断或缩短，并早用苦寒攻下，迅速排出邪热瘟毒，及时凉血化淤。此理论经验证，证明对中医温病的治疗，可提高疗效，缩短病程。治则的某些提法，现仍存在争议。治法研究在现代一般中医基础理论书中很少提及，但治法却是研究治则的基础和落脚点。因此，在《中国大百科全书·中国传统医学》中，将治则与治法并列。

壮阳 强壮机体阳气的方法。主要是指壮肾阳，一般采用具有补益温肾阳的药物。

十、交通运输工程
(Traffic Engineering)

(一)道路工程（Road Engineering）

B

半刚性基层（semi-rigid base）用无机结合料处理的材料（如水泥土、石灰土、石灰煤渣等）修筑的路面基层。这些混合料能结成板体，使基层在后期具有一定的抗弯曲强度，但较水泥混凝土的刚性差，故称为半刚性基层。半刚性基层是沥青路面结构的主要承重层，因其结构强度较高，荷载分布良好，水稳性可靠以及施工成本低廉，在高速公路及高等级路面建设中得到了广泛应用。半刚性基层组成的沥青路面称为"半刚性基层沥青路面"（简称半刚性路面）。

C

彩色沥青路面（color asphalt pavement）添加颜料的沥青混凝土路面、使用彩色石料的沥青路面和使用石油树脂（脱色沥青）添加颜料的沥青路面等的统称。该路面主要有以下五类：（1）沥青结合料着色；（2）使用彩色集料着色；（3）彩色沥青结合料；（4）无色沥青结合料；（5）表面涂敷着色材料。与普通路面相比，彩色沥青路面可在促进道路交通安全和美化街路空间环境方面发挥重要作用，如划分不同性质的交通区间、警示、缓解疲劳、提高路面亮度、美化街路空间环境等。

厂矿道路（factory and mine road）主要为工厂、矿山、油田、港口、仓库等企业修筑的道路。它分为厂外道路、厂内道路和露天矿山道路三种。厂外道路为厂矿企业与公路、城市道路、车站、港口原料基地、其他厂矿企业等相衔接的对外道路，或本企业分散的厂（场）区、居住区等之间的联络道路及通往本企业外部各辅助设施的道路；厂内道路为厂（场）区、库区、站区、港区等的内部道路；露天矿山道路为矿区范围内采矿场与卸车点之间、厂（场）区之间的道路，或通往附属厂、辅助设施的道路。厂矿道路的等级和主要技术指标的确定应依据厂矿规模、企业类型、道路性质、使用要求（包括道路服务年限、交通量、车型等）和当地地形地质等因素，并考虑到将来的发展，尽量做到沿线厂矿企业共同使用，并兼顾地方交通运输的需要。

城市道路（city road；urban road）通达城市各地区，供城市内交通运输及行人使用，便于居民生活、工作及文化娱乐活动，并与市外道路连接，负担着对外交通的道路。根据其在城市道路系统中的地位和交通功能，主要分为快速路、主干路、次干路和支路，并由这些道路组成城市道路网。为使城市的人流、车流顺利运行，城市道路应具有适当的路幅以容纳繁重的交通；应具有坚固耐久、平整抗滑、少扬尘、少噪声的路面（水泥混凝土路面、沥青混凝土路面）以利于行车和环境卫生；应具有便利的排水设施以便能及时排除雨雪水。还要为地震、火灾提供隔离地带、避难处所和抢救通道；为城市绿化、美化提供场地，配合重要公共建筑物前庭布置；为城市环境需要的光照通风提供空间；为市民散步、休息和体育锻炼提供方便。

城市交通规划（urban traffic planning）在城市总体规划的基础上，根据城市布局和发展方向、城市土地利用模式，对城市交通发展前景进行有效预测、分析、评估，并制订出可行性方案的专项规划。规划一般包括城市综合运输规划、城市交通规划和城市道路系统规划三部分，同时，应包括城市道路近期改造规划和道路交通工程项目建议。具体内容有：开展交通调查和交通流量数据处理，进行交通流量预测分析；确定城市交通发展战略和城市交通运输形式，选择城市轨道交通与公共交通方式；开展城市交通方案评价；规划城市道路交通网络；制订城市道路交通设计标准；确定城市道路断面和交叉口，以及道路附属设施；停车设施；交通管理设施；提出主要交叉口和主干道的红线坐标等。

错台（slab staggering）两板体在水泥混凝土路面的接缝或裂缝处，产生相对竖向位移的一种现象。它主要是由于基层湿软、路基不稳定而引起。错台会降低行车的平稳性和舒适性。采用水硬性结合料稳定的基层以及在接缝内设置传力杆等，可减轻错台现象。

D

道路（road）供各种车辆和行人等通行的工程设施。按其使用性质分为公路、城市道路、厂矿道路、林区道路和乡村道路等。中国道路按服务范围及其在国家道路网中所处的地位和作用主要分为：（1）国道（全国性公路），包括高速公路和主要干线；（2）省道（区域性公路）；（3）县、乡道（地方性公路）；（4）城市道路。

道路工程（road engineering）以道路为对象进行的规划、勘测、设计、施工等技术活动的全过程及其所从事的工程实体。

道路工程学（road engineering）研究道路规划、勘测、设计、施工、养护等的一门应用学科，是土木工程学的一个分支。道路工程学的研究内容主要有道路网规划、路线勘测设计、路基工程、路面工程、道路排水工程、桥涵工程、隧道工程、附属设施工程和养护工程等。

道路网（road network）在一定区域内，由各种道路组成的相互联络、交织成网状分布的道路系统。包括公路网和城市道路网。公路网是指一定区域内根据交通的需要，由各级公路组成的一个四通八达的相互联络、交织成网状分布的公路系统。城市道路网是指城市范围内由不同功能、等级、区位的道路，以一定的密度和适当的形式组成的网状城市道路系统。

顶推法（incremental launching method）在紧靠桥台后面的预制场上逐节制造桥梁上部结构，每一新节段直接连接前一节段，用后张法施加预应力与先前的节段连接，随即向前推出一个节段的一种高度机械化的架设方法。这一方法已被推广使用于预应力混凝土连续梁的建造中。预应力混凝土连续梁顶推法的特点有：（1）施工不需要脚手架，不受桥下水流航运和车流的影响；（2）预制场地固定于桥后台，设备集中，无需大的起重设备和远距离运输；（3）上部构件（梁段）由 15～25m 长的节段组成，各个块件都直接靠在前一段上浇筑；（4）施加预应力既需满足运营阶段，又需要满足施工阶段的要求；（5）在梁端装一轻型导梁，可减少顶推过程中的悬臂弯矩；（6）在桥台或同时在墩上设置顶推的液压千斤顶；（7）当跨度太大时则增设临时支墩。它除用于直线桥外，也可用于具有相同半径的多跨曲线桥。使用这种方法时，梁宜为等截面，建成后的跨高比不宜大于 17，通常在 12～15 之间。其最适宜的横截面是单室箱形或双 J 梁，也有用双室箱梁的。

动力固结（dynamic consolidation）一种重复使用高强度的冲击加固地基的方法。用 8～40t 重锤，用履带式吊车吊高到 5～40m 处，然后自由落下，夯实深度可达 5～15m，反复夯击，使地基得以加固。在动力固结过程中，应作原位测试以验证其效果。在同等深度的粗粒地基中，它需要克服成拱作用，动力固结所需的能量比细粒地基要大。一般情况下，动力固结的影响范围约为 10～20m，其传送的振动频率较低，一般在 5～10Hz 之间。

吊桥（suspension bridge）见悬索桥。

F

反射裂缝（reflection crack）在基层或面层下层的

裂缝或接缝影响下，路表面产生的相对应的裂缝。通常发生在水泥混凝土路面上的沥青铺装层，或产生在收缩裂缝的半刚性基层上的沥青面层，或在补强、重铺路面时，对下面原有裂缝的路面板未作妥善处理，以致影响面层时发生裂缝。反射裂缝是一种典型的路面病害，要做好其预防和治理工作。

反压护道（loading berm）为防止土基失稳而在高填土两侧一定宽度的土基上培土，做成的起反压作用的护道。为了保证其本身的稳定，护道高度采用路堤高的 1/3～1/2 较为合理。填土过高时，可采用多级护道。反压护道施工时，应与路堤一起按全宽同时填筑，切忌先填路堤后填反压护道，以免施工中发生坍滑。

粉体喷射搅拌法（dry jet mixing method）以水泥或石灰等粉体作为加固材料，用压缩空气将粉体加固料以雾状喷入地基中，凭借钻头叶片的旋转，使粉体加固料与原位地基土强制搅拌，并得到充分混合的一种新型的地基处理方法。此方法使地基土和加固料之间发生固结、水化等一系列反应，从而使软黏土硬结，在短期内形成具有整体性强、水稳性好和有足够承载力的桩体。在一般情况下，将用水泥粉体与软土搅拌形成的柱状固结体称为"粉体喷射搅拌桩"，简称"粉喷桩"。

浮运架桥法（bridge erection by floating method）利用潮水涨落，或通过调节船舱内的水量，将船载的整孔主要承重结构置于墩台上的施工方法。使用该方法的要求是：（1）在该结构下面需要有一个适宜的地面；（2）被提升结构下的地面要有一定的承载力；（3）拥有一台支撑在一定基础上的提升设备；（4）该结构应该是平衡的，至少在提升操作期间是平衡的；（5）采用浮运法要有一系列的大型浮运设备。

G

改性乳化沥青（modified emulsified asphalt）添加一定剂量的聚合物胶乳改性剂，并使乳化沥青性质的改变达到预期指标而产生的一种新的乳化沥青。其生产方式有先改性后乳化、改性乳化同时进行和先乳化后改性三种。

刚构桥（rigid frame bridge）梁与墩、台均为刚性联结的桥梁。其总体特点是上下部构件相互连接，且在连接处为刚性节点，因此此上下部为有共同弹性变形的连续体，一同承受包括竖向荷载在内的一切作用力。按结构形式可分为门式刚构桥、斜腿刚构桥、T形刚构桥和连续刚构桥四种。

刚性路面（rigid pavement）面层板体刚度较大且抗弯拉强度较高的路面。一般指水泥混凝土路面，以及用水泥混凝土作基层，上铺沥青（渣油）作磨耗层的路面。在行车荷载作用下，该种路面产生的弯沉变形很小。其扩散荷载能力好，是一种典型的路面结构形式，主要用于机场跑道和高等级路面。该种路面主要包括素混凝土路面、钢筋混凝土路面、连续配筋混凝土路面、预应力混凝土路面、钢纤维混凝土路面和混凝土块料路面等类型。

钢筋混凝土桥（reinforced concrete bridge）以钢筋混凝土作为上部结构主要建筑材料的桥梁。这种桥由耐压的混凝土和抗拉、抗压性能均好的钢筋结合而成，主要用于跨度不大的梁式桥和拱桥。

钢桥（steel bridge）以钢材作为上部结构主要建筑材料的桥梁。其强度高，刚度大，相对于混凝土桥可减小梁高和自重。由于钢材的各向同性、质地均匀及弹性模量大等特点，使桥的工作情况与计算图示假定比较符合。钢桥一般采用工厂制造、工地拼接，施工周期短，加工方便且不受季节影响。但钢桥的耐火性、耐腐蚀性差，需要经常检查、维修，且养护费用高。

拱肋（arch rib）即拱桥主拱圈的骨架。通常由混凝土或钢筋混凝土做成，拱肋的数目和间距以及拱肋的截面形式等，均应按照使用要求、所用材料和经济性等条件综合比较选定。拱肋的截面形式一般有矩形、工字形和箱形等。在安砌拱波的过程中，它承受本身自重、横向联系构件的重量、拱波的重量及相应施工荷载。因此，拱肋的设计除应能满足在吊装阶段的强度和稳定的要求外，还应满足截面在组合过程中各阶段荷载作用下强度的要求。在双曲拱桥中主拱圈的横截面是由数个横向小拱组成，这些小拱为拱波。

拱桥（arch bridge）在竖直平面内以拱作为上部结构主要承重构件的桥梁。拱结构由拱圈（拱肋）及其支座组成。它主要是用砖、石、混凝土等抗压性能良好的材料建造的，大跨度拱桥则用钢筋混凝土或钢材建造，以承受发生的力矩。按拱圈的静力体系可分为无铰拱、双铰拱、三铰拱；按结构形式主要分为板拱、肋拱、双曲拱、箱形拱、桁架拱。拱桥为桥梁基本体系之一，一直是大跨径桥梁的主要形式。它不仅适用于大、中、小跨径的公路桥和铁路桥，而且常用于城市及风景区的桥梁建筑。

H

桁架梁桥 (truss beam bridge) 以桁架作为上部结构主要承重构件的桥梁。近代的桁架梁桥以钢结构最多。一般是由两片主桁架和纵向联结系及横向联结系组成空间结构。钢桁梁桥的杆件由型钢和钢板组成，截面一般有槽形、工字形和箱形，常用铆接或焊接成型。预应力混凝土桁架梁桥，则以预应力混凝土受拉（或拉压）杆件和钢筋混凝土受压杆件组合而成。按主要承重桁架形式，桁架梁桥一般可分为单柱式桁梁桥、双柱式桁梁桥、三角形桁梁桥、斜压腹杆桁梁桥、斜拉腹杆桁梁桥、交叉腹杆桁梁桥、菱形桁梁桥、多腹杆桁梁桥、K 形桁梁桥和空腹桁梁桥；按桁梁的结构体系，桁架梁桥一般可分为简支桁梁桥、悬臂桁梁桥、连续桁梁桥和威氏桁梁桥。

J

简支梁桥 (polystyrene foam) 以一端由固定支座支承，另一端由活动支座支承的梁作为上部结构主要承重构件的梁桥。其主梁以孔为单元，两端设有支座，是静定结构，最大弯矩在跨中央。若遇地基不均匀沉降时，简支梁桥上部结构内力不受影响，若一孔遭破坏，邻孔不受牵连。它可以分片（段）预制，分孔架设和修复。这种桥结构简单，制造运输和架设均比较方便，因此各国多做成标准设计，以便于构件生产工艺工业化、施工机械化，赢得工期，提高质量，并降低造价。它一般适用于中、小跨度，其缺点是邻孔两跨之间有异向转角，影响行车平顺。

净空 (clearance) 又称建筑界限，为保证车辆、行人和船舶等通行的安全，在道路、隧道中或桥梁下一定高度和宽度范围内不允许有任何障碍物的空间界限。由净高和净宽两部分组成。

L

缆索吊装法 (erection with cableway) 不用支架安装桥梁，而是通过缆索系统把预制构件吊装成桥梁的方法。缆索吊装系统一般可以分为四个基本组成部分：主索、工作索、塔架及锚固装置。其中工作索包括起重索、牵引索和扣索等。缆索吊装的工作原理：利用主索承受吊重和作为跑车的运行轨道。主索跑车上的起重装置（包括卷扬机、起重索和滑轮组、吊钩）和牵引装置（包括牵引索和卷扬机）将构件吊起、升降、运输和安装。吊装过程如下：先开动牵引索的卷扬机，将跑车牵引到起吊构件位置上空。挂上构件后，由起重索的卷扬机起吊上升到需要的高度，然后开动牵引索的卷扬机，牵动跑车运行，吊运到安装位置时，停止牵引，开动起重索的卷扬机下降构件，就位安装。

连续梁桥 (continuous beam bridge) 由三个或三个以上支座支承的梁作为上部结构主要承重构件的梁桥。由于支点负弯矩的卸载作用，在较大跨径时，连续梁桥较简支梁桥经济，且桥墩宽度小，节省材料，接缝少，行车平顺。但连续梁为超静定结构，适用于地质良好的桥位处。连续梁桥的施工方法有现场浇筑施工法、悬臂施工法、顶推施工法、逐孔施工法、横移施工法、提升与浮运施工法。

联结层 (binder course) 设在面层与基层间起黏结上、下层作用的层次。通常在面层与基层之间，用沥青混合料组成联结层。通过它可以增加面层与基层之间的共同作用，并把车辆作用在面层的荷载均匀地传给基层。在水泥混凝土基层上加铺沥青砂或密级配细粒沥青混凝土磨耗层时，其层间亦可加铺一层沥青混合料联结层，使上下层有良好的联系。

梁格 (beam grillage) 又称梁排，由一组纵梁（主梁）和一组横梁（副梁）相互交叉形成一种格子式和排筏式的桥面系。它有正交和斜交两种。横梁和纵梁的交叉也有正交和斜交两种。纵横梁之间仅能传递竖向反力的梁格称为"无扭梁格"。除了竖向反力外，还能传递纵横向弯矩的称为"抗扭梁格"。

梁排 (girder) 见梁格。

梁桥 (beam bridge) 以梁作为上部结构主要承重构件的桥梁。按上部结构的使用材料，它一般可分为木梁桥、石梁桥、钢梁桥、钢筋混凝土梁桥、预应力混凝土梁桥，以及用钢筋混凝土桥面板和钢梁构成的结合梁桥等。木梁桥和石梁桥只用于小桥；钢筋混凝土梁桥用于中、小桥；钢梁桥和预应力混凝土梁桥可用于大、中桥。按主要承重结构的形式，它一般可分为实腹梁桥和桁架梁桥两大类。但实腹梁桥构造简单，制造与架设均较方便。这两种梁式桥的受力性质不同，实腹梁桥以用于预应力混凝土梁为主，而桁架梁桥则多用于钢桥。按上部结构的静力体系，梁桥一般可分为简支梁桥、连续梁桥和悬臂梁桥。

梁腋 (haunch) 用于连续梁或板的中间支点处，增加梁（板）的高度，以加强断面承受支点负弯矩的能力的部位。刚构桥在梁与墩台的结合处也常做梁腋，以缓和结合部分的应力集中。

林区道路 (forest road) 建在林区，主要供各种林业运输工具通行的道路。其类型按基本功能可分为：（1）集材道路。由木材采伐点至装车场间所开辟的简易道路，专供集材使用。一般线路较短，无严格标准，占地较多，毁幼树严重。凡属间伐区或地形条件许可，一些国家已多采用架空索道和直升机集材。（2）运材道路。为林区道路的主体，直接承担木材由装车场到贮木场的输送任务。道路构筑的型式与标准有很大差别。（3）营林道路。它是根据造林、育林、护林等工作的需要，从森林经营局、所到各营林点所修筑的正规道路。

路床（roa dbed）根据路面结构层厚度及标高要求，在采取填方或挖方筑成的路基上整理成的路槽。它供路面铺装使用。在结构上，它分为上路床（0~0.3m）及下路床（0.3~0.8m）两层。土质路床又称"土基"。

路幅（roadway）公路路基顶面两路肩外侧边缘之间的部分，即由车行道、分隔带和路肩等组成的道路横断面范围。它有两种布置方式：一种是有分隔带，一种是无分隔带。等级高、交通量大的公路（如高速公路、一级公路）适用于第一种方式，通常是将上、下行车辆分开。常用的路幅布置形式有单幅双车道、双幅多车道、单车道等。

路拱（road hump）为了排除路面的雨、雪水，根据横断面和排水方向的设计，将车行道的横断面形状做成的单向坡面或双向坡面（由路中央向两边倾斜）的部分。其基本形式有抛物线形、抛物线（或圆曲线）接直线形、折线形、倾斜直线形。前两种路拱形式主要用于柔性路面，后两种则主要用于刚性路面。从车行道边缘到路拱拱顶的高度，称为"路拱高度"。车行道的横向平均坡度，称为"路拱坡度"。

路肩（shoulder；verge）位于车行道外缘至路基边缘，具有一定宽度的带状部分。它为保持车行道的功能和临时停车使用而设置，并作为路面的横向支承，保护路面结构的稳定。从结构功能上，又分为硬路肩和土路肩。中国确定路肩宽度的原则为：根据中国的土地状况和路肩的功能，在满足路肩功能最低需要的条件下，应采用较窄的路肩。根据公路等级和设计速度，可查表确定硬路肩和土路肩的一般值与最小值。

路面结构层（pavement structure layer）构成路面的各铺筑层。按其所处的层位和作用可分为面层、基层和垫层。面层直接承受车辆荷载及自然因素的影响，并将荷载传递到基层的路面结构层。基层，又称承重层，是直接铺在路面面层下的结构层次。它的作用是和面层一起支承车轮荷载并把它扩散分布到下面的层次和土基中去。垫层主要是指使路面保持平整而在其下面用细料垫补的层次。基层与土基间的防冻层和隔离层等，也统称为垫层。

路面整平机（pavement leveling machine）又称路面铣刨机，利用装在转子上的坚硬刀具把旧路面局部或全部铣削下来为修补做准备，或者经过铣削后使路面平整，可直接使用的一种新型路面维修机械。铣削下来的旧料可再生利用。其主要用在路面翻修、加铺、消除波浪搓板等作业。目前，路面整平机有在常温下进行的冷铣削整平机和加热后再进行的热铣削整平机两种。

M

磨耗层（wearing course）为延长路面使用年限和改善行车条件，而在路面表层铺筑的薄层。它直接承受轮胎的碾磨、冲击和气候等因素的作用。在沥青路面上的磨耗层常用沥青砂、沥青石屑、石英砂环氧树脂等的混合料（厚度为1~3cm）。要求粒料耐磨耗，黏结力高，成型后表面平整且有一定的粗糙度。在砂石路面上的磨耗层常用砂砾石、石屑等级配材料与黏土拌和铺成，并在其上加铺松散保护层。

Q

企口缝（tongue and groove joint）水泥混凝土路面板中呈企口形的一种接缝。它一般多用于按车道施工的纵缝处。其顶面缝宽不大于1cm，嵌入填缝料，其下部分则可在先浇捣的板侧面涂一层沥青后再浇捣相邻的板。一般侧模均用凸形模板，即先施工的混凝土板侧面呈凹形。企口缝内宜设置拉杆。

桥跨结构（bridge span structure）见上部结构。

R

热拌冷铺法（hot mixing cold laid method）用稠度较低的沥青材料作为沥青混合料的结合料，在加热的情况下拌和，存放一段时间后，以冷料摊铺压实路面的一种施工方法。此法一般用于无条件热铺的地段和冬季日常零星小修保养。但用此法铺筑的路面的物理力学性能较热拌热铺的路面差。

热拌热铺法（hot mixing hot laid method）用沥青材料作为沥青混合料的结合料，在专用设备里加热拌和，并趁热在施工现场摊铺压实路面的一种施工方法。用此法铺筑的路面具有良好的稳定性和耐久性。在条件许可下，大交通量道路的路面应尽量采用此法。

柔性路面（flexible pavement）铺筑在非刚性基层上的各种沥青（渣油）路面及用有机结合料或无机结合料铺成的各种改善土路面与粒料路面的统称。它主要包括用各种基层（水泥混凝土除外）和各种沥青面层、碎（砾）石面层、石块面层组成的路面结构形式。该种路面的整体刚度较小，抗弯拉强度较低，主要靠抗压、抗剪强度来承受车辆荷载作用。在行车荷载作用下，该种路面产生的弯沉变形较大。当路面产生了塑性变形并积累到一定程度时，路面将会出现沉陷、车辙和网裂等破坏现象。为了保证这种路面结构的整体强度和稳定性，路面在最不利季节时的最大弯沉变形应不超过规定的容许值。

乳化沥青（emulsified bitumen）沥青经机械作用分裂为微滴，并分散于含有乳化剂-稳定剂的水中所形成的一种均匀分散的乳状液。它可以冷态施工，并能与潮湿的集料黏附，具有节约燃料、不污染环境、保护工人健康以及节约沥青用量等优点。其按所需的沥青品种分为乳化石油沥青、乳化煤沥青等。

软弱地基（soft ground）由于地震、振动、冲击等因素使地基液化，而导致的对构筑物不利的松散地基。若对其处理不当，会使构筑物受到影响，甚至出现危险情况。其主要存在于三角洲或溺谷等新的冲积层或沼泽地，以及其周围的堆积层及泥炭层。

S

上部结构（superstructure）又称桥跨结构，即桥梁支座以上的部分。对无铰拱和固结框架而言，起拱线或框架主梁底线以上部分为上部结构。包括主梁（主要承重结构）、桥面系和支座等。主梁在桥梁上部结构中，支承各种荷载并将其传递至墩、台的梁。主梁的横截面有三种基本类型、Ⅱ形、T形和箱形。桥面系指上部结构中，直接承受车辆、人群等荷载并将其传递至主要承重构件的桥面构造系统，包括桥面铺装、桥面板、横梁、纵梁、伸缩缝、人行道、安全带等。支座设在桥梁上部结构与下部结构之间，是使上部结构具有一定活动性的传力装置。

上承式桥（deck bridge）桥面系设置在桥跨主要承重结构（桁架、拱肋、主梁等）上面的桥梁。其主要优点为：桥面系构造简单、施工方便、视野开阔；其主要缺点是桥面到梁底的建筑高度较大。

施工缝（construction joint）因施工中断而设置的一种接缝。在浇筑水泥混凝土路面时，如因突然降雨、机械发生故障或其他原因，需间断半小时以上才能继续浇捣时，在衔接处须设置施工缝。在按车道宽度施工时，其纵缝实质上也属于施工缝。施工缝一般要求与缩缝相吻合（即在原设计缩缝的位置上），横向施工缝一般做成平缝形式，并设置传力杆；纵向施工缝一般做成企口形式，并设置拉杆。预制构件和设计上提出抗裂抗渗要求的结构和部位，不得设置施工缝。

矢度（rise-span ratio）见矢跨比。

矢高（rise）即拱桥主拱圈从拱顶到拱脚的高差。一般包括计算矢高和净矢高两种。计算矢高是从拱顶截面形心至相邻两拱脚截面形心之连线的垂直距离，以 f 表示。净矢高是从拱顶截面下缘至相邻两拱脚截面下缘最低点之连线的垂直距离，以 f_0 表示。

矢跨比（rise-span ration）又称矢度，即拱的矢高 f 与跨径 L 之比。它用于表征拱的坦陡程度。它不但影响主拱圈内力，还影响拱桥施工方法的选择，同时影响拱桥与周围景观的协调。矢跨比小于 1/5 的拱称"坦拱"，矢跨比大于或等于 1/5 的拱称"陡拱"。

水泥粉煤灰碎石桩（cement-flyash-gravel pile）由碎石、石屑、沙和粉煤灰掺适量水泥加水拌和，用各种成桩机械在地基中制成的强度等级为 C5-C25 的桩体。制成这种水泥粉煤灰碎石桩的方法，通常是在碎石桩体中添加以水泥为主的胶结材料。添加粉煤灰是为了增加混合材料的和易性，并低强度等级水泥的作用。同时，还可以添加适量的石屑以改善级配，使桩体获得胶结强度，并从散体材料桩转化为具有某些柔性桩特点的高黏结强度桩，从而使得桩、桩间土和褥垫层一起构成复合地基。

缩缝（contraction joint）水泥混凝土路面上供路面板受冷收缩时开裂而设置的接缝。其目的是避免不规则裂缝的产生。无筋混凝土面层的缩缝间距通常为 4~7m，一般都按等距离设置，但也可布置成不等距的。横向缩缝大多与行车方向垂直，也可布置成斜向的，称为"斜缝"。缩缝一般采用假缝形式，缝宽不大于 1cm，成型后缝内要填入填料。对较细的由锯缝机锯成的细缝，也有不用填缝料的。当纵缝做成假缝形式的缩缝时，缝内将设置拉杆。

T

T形刚构桥（T-shaped rigid-frame bridge）主梁为

跨中设铰或挂梁的多跨刚构桥。T 形刚构桥是随着预应力混凝土桥梁悬臂施工法的完善而得到发展的桥型。T 形单元之间可以用挂梁相互衔接，它的上部结构受力情况和悬臂梁桥相似。因此 T 形刚构桥也可归入悬臂梁桥类。T 字形单元间不用挂梁而用剪力铰直接将相邻悬臂互相衔接的桥，称为带铰的 T 形刚构桥。这种桥为超静定结构，在竖向荷载下各单元共同受力，但温度的变化、混凝土收缩徐变、钢筋松弛以及基础不均匀沉降等，会在结构中产生附加内力。

弹簧现象（springing）用含水量过高的黏土或粉土铺的路基在碾压时出现明显的受压下陷、去压回升的现象。路基土壤颗粒过细和过分潮湿，或强度薄弱的路面在行车作用下也会随着路基出现弹簧现象，进而出现路面变形。当出现弹簧现象时，一般可采用开挖边沟及盲沟排水来处理，如新铺筑的土路基，也可用翻松曝晒至含适当水分后，再重新铺平碾压，如工期要求急切，就只好换土。

通航净空（navigable clearance）在满足通航要求时，桥孔范围内所规定的从设计通航水位算起的最小净空要求。它具体分为净跨 B、顶部净宽 b 和净空高度 H 等几个方面。对不同的航道等级与河流类型，其通航要求各不相同。

W

挖方（excavation）在道路工程施工中，对路基的原地面高于设计标高的地段进行的挖掘整平工程。挖方工程的施工有两种要求：（1）挖方边坡的坡度，应按土壤性质、层理特性、挖方深度和水文条件等来确定。如用人工开挖，需留阶梯式踏步；容易塌方的土层，需采用放大边坡坡度或采取挡土结构措施，以保证土坡稳定。（2）在土基面层以下 50～70cm 范围内，如有树根，应予以清除。在超挖部分，须填碎石或其他筑路材料，分层夯实。如仍用土壤回填，须采用易干、透水性好的土壤，分层夯实，以保证基础稳定。

圬工桥（masonry bridge）一种没有钢筋，以石料、砖或水泥混凝土等材料作为主要建筑材料的桥梁。其取材方便，较钢筋混凝土结构节约水泥和钢材，一般不用模板，故可节省木材。另外，具有良好的耐久性，维修养护工作量小，抗冲击能力强，振动小。但圬工桥自重大，强度低，截面尺寸大，砌筑工作繁重，费工费时。

X

下部结构（substructure）桥梁支座以下或无铰拱起拱线和固结框架底线以下的部分。它把上部结构传来的荷载安全地传送到基础上。桥台、桥墩属于下部结构。其中桥台指位于桥梁两端与路基相连接的支承上部结构和承受桥头填土侧压力的构造物；桥墩是多孔桥梁中，处于相邻桥孔之间支承上部结构的构造物。桥墩（台）由墩（台）帽、墩（台）身和基础三部分组成。桥墩（台）可分为重力式桥墩（台）、轻型桥墩（台）两大类。桥墩（台）不仅应具有足够的强度、刚度和稳定性，而且对地基的承载能力、沉降量、地基与基础之间的摩阻力等也应具备一定的要求，以避免在荷载作用下有过大的水平位移、转动或沉降。

下承式桥（through bridge）桥面系设置在桥跨主要承重结构（桁架、拱肋、主梁等）下面的桥梁。它有开式和穿式两种。因其桥面净空必须满足有关规定，所以一般在桥梁建筑高度受到严格控制时考虑使用此类桥。其中桥面净空就是为了保证车辆和行人的安全通过，在桥面以上垂直于行车方向应保留的界限空间，包括桥面净宽和净高。

斜拉桥（cable-stayed bridge）以固定于索塔并锚固于桥面系的斜向拉索作为上部结构主要承重构件的桥梁。它是第二次世界大战后发展的桥型之一，由桥墩、桥台、辅助墩、塔柱、缆索和主梁组成。主梁为缆索多点悬吊，其跨越能力大，内力小，高度低，施工方便，可用钢结构、预应力混凝土结构建造。箱形钢梁与钢筋混凝土桥面板组成的结合梁做主梁，用钢材较少，可减轻重量，噪声小，多用于城市桥，也可做铁路桥、人行桥和管道桥。

悬臂浇筑法（cast-in-cantilever method）在桥墩两侧设置工作平台，平衡地逐段向跨中悬臂浇筑水泥混凝土梁体，并逐段施加预应力的施工方法。其工序为：施工准备、悬浇施工、合龙段施工、边跨施工。该方法主要用于大跨度桥梁的现场施工。

悬臂梁桥（cantilever beam bridge）以一端或两端向外自由悬出的简支梁作为上部结构主要承重构件的梁桥。它分为单悬臂梁和双悬臂梁两种。单悬臂梁是简支梁的一端从支点伸出以支承一孔吊梁的体系；双悬臂梁是简支梁的两端从支点伸出形成两个悬臂体系。由于悬臂的负弯矩使跨中正弯矩减小，因此跨中的建筑高度较小。两个单悬臂梁加吊梁形成三孔体系和双悬臂梁加吊梁可形成多跨体系。

悬臂拼装法（cantilever erection method）将主梁在预制场地分段预制，留好预应力孔道，待下部结构施工完成后，把梁段运到工地拼装，同时张拉所需钢束的桥梁施工方法。整个过程的结构体系为：先是悬臂结构，合龙后形成连续体系。节段桥梁的分段长度可根据结构的受力要求及施工机具灵活划分。悬臂拼装法可以节省大量的支架、型钢和模板，混凝土质量可以得到保证。对城市桥梁而言，不必用挂篮进行张拉钢束等作业，只需简单地移动支架即可。

悬索桥（suspension bridge）又称吊桥，以通过索塔悬挂并锚固于两岸（或桥两端）的缆索（或钢链）作为上部结构主要承重构件的桥梁。它是特大跨径桥梁主要形式之一。跨径在 600m 以上，应优先考虑悬索桥方案。其主要承重结构由缆索、桥塔和锚碇组成。缆索通过两座桥塔顶两端延伸至桥台后锚固。桥面系和加劲梁通过吊杆悬挂在悬索上，具有合理的受力形式。主要承重构件——悬索受拉，无弯曲和疲劳引起的应力折减，可采用高强钢丝制成。它是跨越能力最大的、跨径超过 1000m 的唯一桥式。

Y

压实（compaction）那些通过某种外力作用可使土壤或各种集料、混合料减少空隙或水分，变松散为紧密的施工工艺。它包括碾压、夯实、震动、离心力作用以及机械加压等方法。在实验室可利用压力机使试件压实成型。一般用压实度来表示压实的程度，即土或其他筑路材料压实后的干密度与标准最大干密度之比，以百分率表示。压实度越大越密实。

预应力混凝土桥（prestressed concrete bridge）以预应力混凝土作为上部结构主要建筑材料的桥梁。其主要优点为：（1）可节省钢材，降低桥梁的材料费用；（2）同钢桥相比，养护费用较少，行车噪声小；（3）同钢筋混凝土桥相比，其自重和建筑高度较小，其耐久性则因采用高质量的材料及消除了活载所致裂纹而大为提高。其主要缺点为：（1）自重比钢桥大；（2）施工工艺比钢桥复杂；（3）工期较长。

Z

胀缝（expansion joint）即水泥混凝土路面上供路面板受热后伸胀而设置的缝隙。其目的是为防止板体膨胀受到约束使板内产生过大的压应力。胀缝一般做成平缝形式，缝宽在 2.5cm 左右，缝内设传力杆，以传递荷载给邻板。缝下面的 2/3 部分用预制填缝板填塞，上面的 1/3 部分一般用填缝料填充。胀缝的间距幅度颇大，常见的为 30～90m，也有长达数百米者，视当地条件和经验而定。四季温差较大的地区，在冬季浇筑混凝土或采用膨胀性较大的集料时，间距要适当减短。

中承式桥（half-through bridge）桥面系设置在桥跨主要承重结构（桁架、拱肋、主梁等）中部的桥梁。它多用于大跨径的肋拱桥，在桥梁建筑高度受到严格控制时，考虑使用此类桥。

转体架桥法（bridge erection by swinging method）利用河岸地形预制半孔桥跨结构，在岸墩或桥台上旋转就位于跨中合龙的施工方法。整个转动体系分竖转体系和平转体系。竖转体系由前后各半拱、索塔、扣索、撑架和竖转提升控制系统等组成；平转体系由上转盘、下转盘和牵引系统组成。其施工要点：转体施工主要包括平转磨盘制作及研磨、拱肋拼装、竖转铰安装、竖转平转设施安装、竖转、平转合龙六大主要工序，关键在于竖转施工和平转合龙。竖转施工是指利用塔架作支撑体，通过起吊设备和平横重系统将在地面上已拼装焊接好的拱肋利用竖转铰提升至设计高程；平转施工即利用平转牵引设备牵引上转盘，将台身和拱肋以平转磨盘为中心，绕磨轴水平旋转 180°，使两个半跨拱肋对接合龙焊为整体。

锥坡（conical slope）当桥台布置不能完全挡土或采用埋置式、桩式、柱式桥台时，为了保护桥头路堤土坡的稳定，防止冲刷，而在两侧设置的锥形护坡。其中，顺桥方向的护坡为"溜坡"。横桥方向的坡度应与路堤边坡一致，顺桥向坡度应根据高度、土质情况，结合淹水情况和铺砌与否来决定。跨越水流桥梁的锥坡宜用片石（并设有沙砾填层）或其他材料铺砌。

纵缝（longitudinal joint）水泥混凝土路面上与路中心线相平行的接缝。它的设置主要是为了减少板体因温度变化而产生的翘曲及收缩应力。其间距一般为一次铺筑的宽度。在按车道宽度施工时，其铺筑宽度为 3～3.75m，常采用企口缝形式。现代化的筑路设备，其铺筑宽度可达 15m，但必须在其间加设纵缝。此时的纵缝常采用假缝形式。纵缝宽度不大于 1cm，缝内宜设置拉杆，以防止接缝扩大，并使相邻的混凝土板在横向连成整体。

组合体系桥梁（combined-system bridge）主要承

重构件采用两种独立结构体系组合而成的桥梁,如拱和梁的组合、梁和桁架的组合、悬索和梁的组合等。组合体系可以是静定结构,也可以是超静定结构;可以是无推力结构,也可以是有推力结构。结构构件可以用同一种材料,也可以用不同的材料制成。常用的结构形式有:(1)拱、梁组合体系桥。较为简单的拱、梁组合体系有单跨无推力结构,如系杆拱(即刚性拱和柔性拉杆的组合)、刚梁柔拱刚梁刚拱;较复杂的拱、梁组合体系为多跨布置的无推力或有推力的结构体系。(2)梁、桁架组合体系。桥面荷载直接作用在弦杆上,弦杆如同一个桁架节间长的实

腹梁。(3)索、梁组合体系。如有加劲梁的悬索桥和斜拉桥(如南浦大桥、杨浦大桥)均属此类体系。

最大密实度(maximum density)土及其他需要适当加水才能压实的筑路材料,在一定的夯实能量下,在最佳含水量时所达到的密实度。如果材料的含水量低于或高于这个最佳含水量,都不能将其夯实到最大密实度。材料的最大密实度可用击实法测定,即按照标准的实验方法,将材料从较干燥状态逐渐加水,增加其含水量,绘制材料密实度-含水量关系曲线,曲线中的最高点即为材料的最大密实度,其相应的含水量即为最佳含水量。

(二)公路运输 (Highway Transportation)

D

第三方物流(third-party logistics)生产经营企业为搞好主业,把原来属于自己处理的物流活动,以合同方式委托给专业物流服务企业,同时通过信息系统与物流企业保持密切联系,以达到对物流全程管理、控制的一种物流运作与管理方式。第三方物流是相对"第一方"发货人和"第二方"收货人而言的。第三方物流既不属于第一方,也不属于第二方,而是通过与第一方或第二方的合作来提供其专业化物流服务的。它不拥有商品,不参与商品的买卖,而是为客户提供以合同为约束、以结盟为基础、系列化、个性化、信息化的物流代理服务。最常见的第三方物流服务包括设计物流系统、电子数据交换能力、报表管理、货物集运、选择承运人、货代人、海关代理、信息管理、仓储、咨询、运费支付、运费谈判等。第三方物流的构成一般分为资产基础供应商和非资产基础供应商两类。其中报表管理主要完成各种统计表的设置、统计校验和查看功能。报表管理的业务模块主要包括:绘制表样、发送接收、报表设置、统计校验、报表查看。

定量订货方式(fixed-quantity system,FQS)当库存量下降到预定的最低的库存数量(订货点)时,按规定数量(一般以经济订货批量为标准)进行订货补充的一种库存管理方式。其中经济订货批量是指通过平衡采购进货成本和保管仓储成本核算,以实现总库存成本最低的最佳订货量。

定期订货方式(fixed intervals system,FIS)按预先确定的订货间隔期间进行订货补充的一种库存管理方式。订货间隔时间一般为一个月、10天或一周。利用这种方式,要预测一定期间的消费量,考虑库存量和订货未到的商品数量,然后计算正确的订货量。

F

辅助车道(auxiliary lane)为了停车、变速或其他目的,在车行道旁边加设的,供不允许驶入或准备从出入口驶出进入该道路的车辆(或拖拉机)等行驶的道路。辅助车道有:加速车道、减速车道、转弯车道、停车道和爬坡车道等。

G

高速公路(express way)有四个或四个以上车道,设有中央分隔带,全部立体交叉并全部控制出入的专供汽车高速行驶的公路。目前,欧洲多数国家称之为"汽车公路"或"汽车专用路",如德国、意大利、俄罗斯、英国、法国等;瑞典称之为"快速公路"。美国在早期称之为"超级公路",后分别称之为"快速公路"、"自由公路"、"公园路"等。日本在初期称之为"自动车道",后改称"高速公路"。中国主要称之为"高速公路"、"高速道路"、"高等级公路"(含一级公路和高速公路)、"汽车专用道"、"高速路"等。根据目前实际使用情况和道路交通参与者的习惯,统称之为"高速公路"。

高速公路交通调度(express way traffic control)根据道路的通行状况及交通安全管理的需要,对高速公路的交通运营作出的实时控制。它涉及公安交警、

路政、清障、监控、养护、收费站、服务区等，是一个宏观层面上的概念。而履行具体的交通调度职能，发布交通调度控制指令的，通常是由高速公路经营管理单位的监控部门完成。

高速公路交通分流（traffic diverging for free way）见主线交通控制。

高速公路交通监控（traffic monitoring for free way）利用先进的电子监控系统对高速公路沿途气候环境、道路交通状况等进行实时监视，发现恶劣天气、交通拥堵等可能影响行车安全的情况及时通知相关部门进行处置，并通过交通信息发布系统及时通告驾驶员，引导车辆运行，减少交通事故发生的控制行为的总称。高速公路交通监控工作作为保障高速公路交通安全运行的一种手段，其所要达到的目的是：（1）监视高速公路的实时运营状况，收集、处理各种交通信息并及时上报；（2）为道路使用者提供道路交通信息和事故施救服务等；（3）在恶劣气候条件及紧急情况下，及时采取交通管制措施，确保车辆安全通行；（4）及时发现各种可能影响高速公路行车安全的隐患，采取适当的管制措施，合理地引导交通流到周边替代道路上；（5）减少交通事故发生率和人员伤亡率，提高高速公路安全性能，预防二次事故的发生。

公路（highway）连接城市、乡村和工矿基地之间，主要供汽车行驶并具备一定技术标准和设施的道路。按年平均昼夜汽车交通量及使用情况、性质，它可划分为高速公路、一级公路、二级公路、三级公路、四级公路等五个等级；按行政等级，可分为国家公路、省公路、县公路和乡公路（简称为国、省、乡道）以及专用公路五个等级。一般把国道和省道称为干线，县道和乡道称为支线。

国道（national highway）具有全国性政治、经济意义的主要干线公路。它包括：重要的国际公路国防公路，连接首都与各省、自治区首府、直辖市的公路，连接各大经济中心、港站枢纽、商品生产基地和战略要地的公路。国道中跨省的高速公路由交通部批准的专门机构负责修建、养护和管理。国道以1、2、3开头，以"1"开头的是连接首都和重要城市的国道，以"2"开头的表示南北走向，以"3"开头的表示东西走向。

J

交通标志（traffic marks）用图形符号和文字传递特定信息，用来管理交通、指示行车方向以保证道路

畅通与行车安全的设施。其适用于公路、城市道路以及一切专用公路，具有法令的性质，车辆、行人都必须遵守。交通标志分为主标志和辅助标志两大类。主标志中有警告标志、禁令标志、指示标志和指路标志四种。交通标志的形状、颜色、尺寸、图案种类和设置地点均按现行的《道路交通标志和标线》的规定执行。交通标志应位置适当，内容准确、完整，外观醒目和美观。各种标志的作用为：（1）警告标志是警告车辆、行人注意危险地点的标志；（2）禁令标志是禁止或限制车辆、行人交通行为的标志；（3）指示标志是指示车辆、行人行进的标志；（4）指路标志是传递道路方向、地点、距离信息的标志。辅助标志是附设在主标志之下，起辅助说明作用的标志，分为表示时间、车辆种类、区域、距离、警告、禁令理由等类型。各种标志的颜色、形状的规定：（1）警告标志的颜色为黄底、黑边、黑图案，形状为等边三角形，顶角朝上。（2）禁令标志的颜色为白底、红圈、红杠、黑图案，图案压杠。其中解除禁超车、解除限制速度标志为白底、黑圈、黑杠、黑图案，图案压杠。形状为圆形，让路标志为顶角向下的等边三角形。（3）指示标志的颜色为蓝底、白图案。形状为圆形、长方形和正方形。（4）指路标志的颜色除里程碑、百米桩、公路界牌外，一般道路为蓝底、白图案。

交通岛（traffic island）为控制车辆行驶方向和保障行人安全，在车道之间设置的高出路面的岛状设施。它包括导流岛、中心岛、安全岛等。导流岛是指为把车流导向指定的行进路线而设置的交通岛；中心岛是指设置在平面交叉中央的圆形或椭圆形的交通岛；安全岛是指设置在往返车行道之间，供行人横穿道路临时停留的安全地带。

交通信息发布系统（traffic information circulating system）高速公路交通管理者根据道路的实时通行条件，向道路使用者提供某个区段内的气象、事故、施工等道路行车条件信息，发布交通管制指令的平台。常见的交通信息发布系统一般由固定式指示牌、可变情报板、可变限速标志、无线广播电台、路侧有线广播等构成。它是高速公路交通安全保障体系的重要组成部分，是交通管理者及时向道路使用者发布指令或提供信息、确保行车安全的有效手段。

进口匝道控制（entry ramp control）根据气候条件、车流密度等实际情况合理地控制从匝道进入高速公路的交通量，使其保持较佳的车速、车流密度和行

车间距，以达到一定交通量上最佳组合的一种交通管制方式。这种方式可以将车辆从进口匝道驶入高速公路的过程分解为两个阶段：（1）车辆从匝道进入加速车道；（2）车辆从加速车道汇入主线。进口匝道控制围绕这两个阶段的交通控制来展开。对第一阶段的控制主要是调节驶入主线的交通流量，使得匝道下游的主线流量不超过其通行能力或服务流量，称为"流量控制"；对第二阶段的控制则主要是帮助驶入车辆安全地汇入主线，并尽可能地减少驶入车流对主线车流运行的影响，称为"汇入控制"。

K

快速公路（expressway）用中央分隔带将上下行车辆分开的主要干道。它主要供长距离快速行驶之用。它与高速公路的主要差别是车速限制较低，不全部采用立体交叉，部分控制进入，其他标准基本相同。在城市道路中，快速路与快速路相交必须采用立体交叉，快速路与主干道相交时，宜尽量采用立体交叉；沿线不允许设置吸引人流、车流的大型公共建筑物与出入口；在过路行人特别集中的地点必须设置人行天桥或人行地道。

快速路控制系统（expressway control system）以下端快速路出入口信号灯和车道灯控制，上端连接控制系统软件的快速路的信号控制系统。快速路控制系统辅以相应的交通信息诱导，对快速路交通流实施整体控制和管理，以及对突发事件的管理，能提高快速路的管理和控制水平，为值勤民警提供安全保障。该系统的主要控制功能有时间表控制、车道灯控制、快速路系统的协调控制和外部路网的协调控制。

快速路系统（expressway system）为节约城市长距离机动车出行时间而建设的最高等级的城市道路系统。城市快速路系统适用于快速疏解大城市中各主要功能区间长距离、大流量机动车流或者穿越城市的过境车流。长距离是指机动车出行距离超过5～7 km；大流量是指在高峰小时和同一交通走廊内，长距离单向机动车出行量大于1 000～1 500辆当量小汽车／h。一个城市是否需要快速路，要综合考虑这个城市的规模、形态、布局、机动车发展水平和综合经济实力等因素。确定设置快速路，则要解决好以下四个关键性的技术问题：（1）快速路选线和布局；（2）快速路自身的系统性及整体路网协同性；（3）快速路服务水平和建设标准；（4）快速路的几何设计与交叉口设计。

P

配送运输（demarcating transport）将被订购的货物用汽车或其他运输工具从供应点送至顾客手中的活动。它是一种短距离、小批量、高频率的运输形式。如果单从运输的角度看，它是对干线运输的一种补充和完善，属于末端运输、支线运输。影响配送运输效果的因素很多：（1）动态因素，如车流量变化、道路施工、配送客户的变动、供调动的车辆变动等；（2）静态因素，如配送客户的分布区域、道路交通网络、车辆运行限制等。配送运输的基本作业流程：划分基本配送区域、车辆配载、暂定配送先后顺序、车辆安排、选择最佳的配送线路、确定最后的配送顺序和完成车辆积载。

Q

汽车牌照识别系统（license plate recognition system）以一个特定目标即汽车牌照为对象的专用计算机视觉系统。该系统能从一幅图像中自动提取车牌图像，自动分割字符，进而对字符进行识别。它运用模式识别、人工智能技术，以及对采集到的汽车图像进行分析的方法，能够实时准确地自动识别出车牌的数字、字母及汉字字符，并以计算机可直接运行的数据形式给出识别结果，使得车辆的电脑化监控和管理成为现实。采用计算机视觉技术识别车牌的流程，通常包括车辆图像采集、车牌定位、字符分割、光学字符识别、输出识别结果五个步骤。一个车牌识别系统的基本硬件配置是由摄像机、主控机、采集卡、照明装置组成。软件是由一个具有车牌识别功能的图像分析和处理软件以及一个满足具体应用需求的后台管理软件组成。车牌识别系统有两种触发方式：外设触发、视频触发。车牌识别系统应用的领域主要有：（1）高速公路收费管理系统；（2）高速公路超速自动化监管系统；（3）公路布控采用车牌识别技术，实现对重点车辆的自动识别，快速报警处理；（4）电子警察系统、道路监控系统等。

S

设计车辆（design vehicle）作为道路设计依据的车型。因车辆的尺寸、重量、性能等关系到车行道宽度、弯道加宽、道路纵坡、行车视距、道路净空、路面设计荷载等，故车型的规定对道路的构造具有重要的意义。中国交通部部颁标准《公路工程技术标准》中规定，可作为设计车辆的有小客车、载重汽车和半挂车三种。

省道（provincial highway）即省级干线公路，具有全省政治、经济意义并由省、自治区公路主管部门负责修建、养护和管理的公路干线。省道以满足本省经济发展和居民的需要为主，所以它经过的居民点、车站、码头比国道要多。其编号由各省、自治区公路主管部门负责，且因省而异。

T

TOD 发展模式（technical objective documents (TOD) development mode）国际上一些城市采用以大公共交通引导城市土地开发的发展模式。其主要目的是高水平公共交通设施与土地利用发展的合理布局和协调发展，降低人们出行过程中对小汽车的依赖和使用。其要点是：（1）沿大运量公共交通走廊，尤其是轨道交通线路及站点发展城市新区组团；（2）在站点附近的城市组团土地利用布局中，突出土地利用的混合使用；（3）城市组团的尺度应使用组团内部的出行能够在自行车、步行交通方式的合理范围内；（4）各个组团之间的居民出行活动能够方便地使用公共交通。城市地方政府一旦采用这一发展模式，必须考虑以有效的管理和政策来刺激和引导交通走廊沿线地区的健康发展。通常由地方政府拥有这一地区的发展管理权，给予土地开发者和交通经营者一定的优惠政策，交通经营者可以运用联合开发方式来减低承包运输走廊开发的风险，并可获得建设与营运的应得利润。

通道控制（traffic control）以高速公路为主体，把匝道及附近的平行道路、连接道路、城市干道等整合成一个整体系统，通过系统控制的方法，使整体交通处于最佳状态的一种交通管制方式。

W

物流（logistics）为满足客户的需要，以最低的成本，通过运输、保管、配送等方式，实现原材料、半成品、成品及相关信息由商品的产地到商品的消费地所进行的计划、实施和管理的全过程。它由商品的运输、仓储、包装、搬运装卸、流通加工，以及相关的物流信息等环节构成。物流活动的具体内容包括用户服务、需求预测、定单处理、配送、存货控制、运输、仓库管理、工厂和仓库的布局与选址、搬运装卸、采购、包装和情报信息。物流是以二战中美国军队建立的围绕战争物资供应"后勤"理论为原型的。当时的"后勤"是将战时物资生产、采购、运输、配给等活动作为一个整体进行统一布置，以求

战略物资补给的费用更低、速度更快、服务更好。后来，将"后勤"体系移植到现代经济生活中，才逐步演变为今天的物流。现代物流是以满足消费者的需求为目标，把制造、运输、销售等市场情况统一起来考虑的一种战略措施。现代物流具有以下特点：（1）电子商务与物流的紧密结合；（2）现代物流是物流、信息流、资金流和人才流的统一；（3）电子商务物流是信息化、自动化、网络化、智能化、柔性化的结合。另外，物流设施、商品包装的标准化，以及物流的社会化、共同化也是电子商务下物流模式的新特点。

物流结点（logistics node）物流网络中连接物流线路的结节之处。从发展的角度来看，它不仅执行一般的物流职能，而且越来越多地执行指挥、调度、信息等企业神经中枢的职能，是整个物流网络的灵魂所在。所以，某些场合也称物流结点为物流据点、物流中枢和物流枢纽。

Z

智能运输系统（intelligent transportation system）在较完善的公路设施基础上，将信息技术、数据通信技术、电子传感技术、全球定位技术、地理信息系统技术、计算机处理技术以及系统工程技术等有机地集成，运用于整个地面交通管理体系，从而建立起的一种在大范围内全方位发挥作用的实时、准确、高效、智能的交通运输管理系统。它代表了当前世界上交通运输科技发展的前沿水平。这个系统一般的运作流程为：将采集到的各种道路交通及服务信息经交通管理调度中心集中处理后，传输到公路运输系统的各个用户，出行者可实时选择交通方式和交通路线；交通管理部门可利用它进行交通疏导和事故处理；运输部门可随时掌握车辆的运行情况，进行合理调度，从而使交通基础设施能发挥出最大的效能。

主线交通控制（main route traffic control）又称高速公路交通分流，当高速公路上出现紧急情况，需要控制道路主线上的交通流时，高速公路经营管理单位、交巡警及路政部分通过可变情报板、可变限速标志、发布交通管制信息及采取人工诱导相结合的方式，将主线上的车流转移到周边替换道路上去，以保证高速公路主线交通安全的一种交通控制方式。这种交通控制方式能在短时间内有效控制高速公路主线上的车流，从而达到配合事故处理或预防因恶劣天气造成的交通事故发生的目的。

(三)铁路运输 (Railway Transportation)

B

编组站 (marshalling station) 铁路网上那些集中办理大量货物列车到达、解体、编组出发、直通和其他列车作业,并为此设有比较完善的调车作业的车站。其主要任务和作用可以归纳为:(1)解编各种类型的货物列车;(2)组织和取送本地区的车流;(3)供应列车动力以及整备、检修机车;(4)对车辆进行日常维修和定期检修等。它可分为路网性编组站、区域性编组站、地方性编组站。路网性编组站设置在有三条以上主要铁路干线的交汇点,编组两个以上远程技术直达列车,每昼夜编解车辆6 000辆以上。区域性编组站设置在有三条以上铁路干线的交汇点,主要编组相邻编组站直通列车,每昼夜编解车辆4 000辆以上。地方性编组站设置在有三条以上铁路干、支线的交汇点,或工矿区、港湾区、终端大城市地区附近,主要编组相邻编组站、区段站等之间的直通、区小运转列车,每昼夜编解车辆2 000辆以上。

C

城际轨道交通 (intercity rail transit) 在城市密集地区,供城市之间中短途旅客运输的新型快速轨道交通。其线路主要承担沿线各个城市、主要中心城镇之间的客流,以及城市组团、次中心城镇之间的客流。它与其他交通运输方式共同构筑了现代化综合交通运输体系。其主要特征为:需要公交化的行车组织方式;需要较高的运行速度;需要便捷的换乘条件和经营上的公益性。其发展原则如下:(1)与区域发展战略目标相统一,与区域内总体规划相衔接;(2)结合城市群内不同城市的特点,因地制宜选择合理线网;(3)坚持以人为本,做好与其他交通运输方式的衔接;(4)优化设计,提高土地利用效率和环境保护意识;(5)提高城际轨道交通装备水平。

磁悬浮列车 (maglev train) 一种利用磁极吸引力和排斥力运行的高科技交通工具。其工作原理是:利用电磁力将列车悬浮于轨道之上,由直线电机直接驱动前进。列车的支承、驱动、导向和制动都由电磁力实现,列车与轨道之间在垂向与横向都通过自动控制系统保持一定的间隙,不存在机械接触,即排斥力使列车悬起来,吸引力让列车开动。其优点是:(1)车线界面荷载强度低,降低了材料要求;(2)轨道的磨耗与损坏小;(3)克服了车地黏着力限制;(4)可较好地适应地形,降低工程投资,减少对环境的破坏;(5)列车运行的噪声、振动等环境指标显著低于同等速度水平的其他地面交通工具。在实际应用中,它的速度可分为普速(125km/h以下)、中速(250km/h左右)、高速(500km/h左右)几个档次。

D

道班 (gang) 在公路或铁路一定路段范围内,为进行公路或铁路的日常保养和维护而建立的作业小组。它包括公路道班和铁路道班。公路道班的主要职责是:养护公路、清扫、小规模维修、修剪道旁树、除草、刷路线等;铁路道班的职责是:职守路口、巡视道路,即沿着铁路巡查排除安全隐患等。

地铁 (subway) 即采用大载客量车厢,能适应远期单向高峰小时客流量为3.0万~6.0万人次的轨道交通。它与城市中的其他交通工具相比,除了能避免城市地面的拥挤和充分利用地下空间外,还有很多优点,如运量大、速度快、无污染、能耗少、舒适、安全、运营正点等。它已成为大城市人口稠密地区的主要客运交通方式。

地铁限界 (metro gauge) 保障地铁安全运行、限制车辆断面尺寸、限制沿线设备安装尺寸、确定建筑结构有效尺寸的图形。根据不同的功能要求,分为车辆限界、设备限界、建筑限界。车辆限界是指车辆在直线地段正常运行状态下的最大动态包络线;设备限界是车辆在运行途中一系悬挂或二系悬挂发生故障状态时的动态包络线,是用以限制安装设备不得侵入的一条控制线;建筑限界是在设备限界基础上,考虑了设备和管线安装尺寸后的最小有效断面。它不包括测量误差、施工误差、结构沉降、位移变形等因素。

地铁主控系统 (subway main control system) 将各子系统集成为一个总的地铁交通综合控制、管理、调度的系统。可以集成的子系统主要包括变电所自动化系统、火灾报警系统、机电设备监控系统、屏蔽门系统、防淹门系统、广播系统、闭路电视系统、车载信息系统、车站信息系统、自动售检票系统、信号系统和时钟系统等。

电动列车 (electrical train) 用电能作为牵引动力的列车。与用热能作为牵引动力的列车（如由蒸汽机车或内燃机车牵引的列车）相比，其具有运行速度快、运载能力强、安全可靠等优点。如果采用电动车组（即列车由多个单元组成，每个单元都有动力车，可以独立操纵行驶），电动列车还可以根据客流量的变化调整列车编组数目。其电气设备主要包括受电弓、主断电器、牵引电动机和制动电阻柜等部分。在运行时，其受电弓从受电系统（接触网）获得电能，经过电气设备一系列的转换，使牵引电动机带动车轴和车轮转动，同时还将列车运行的机械能变为电能，进行电阻制动。

电气化铁路 (electric railway) 从外部电源和牵引供电系统获得电能，通过电力机车牵引列车运行的铁路。它包括电力机车、机务设施、牵引供电系统、各种电力装置以及相应的铁路通信、信号等设备。电气化铁路具有运输能力大、行驶速度快、消耗能源少、运营成本低、工作条件好等优点，对运量大的干线铁路和具有陡坡、长大隧道的山区干线铁路实现电气化，在技术上、经济上均有明显的优越性。

动车组 (multiple units) 即由自带动力的列车和拖车所组成的、固定编组的列车。从牵引动力来分，动车组有内燃动车组和电力动车组两种类型。从动力安排方式上分，有动力集中式和动力分散式两种。动力集中式，一般将动车安排在列车两端，中间为拖车。动力分散式则由动车和拖车组成单元，再由若干这样的单元组成列车。动车组与一般旅客列车相比，有以下优点：(1) 速度快、行驶平稳；(2) 行车密度大；(3) 列车容量大；(4) 上下方便，过道宽敞；(5) 采用了真空集便式装置，使粪便能迅速分解细化，减少了对环境的污染。这种列车运用灵活，其中的动车不仅能拉动列车，又能推动列车，且能载客，前后改变方向行驶不需要调头及重新编组。虽然动车组列车节数较一般列车少，但发车密度大，一般行驶于数百公里范围内，能耗小，特别适用于小编组、大密度的客运组织形式。因此，动车组被一些发达国家普遍用于城际旅客运输。

G

高速列车 (high speed train) 最高行车速度每小时达到或超过200km的铁路列车。其优点为：速度高、省燃料、安全可靠、优良的服务等。世界上最早的高速列车为日本的新干线列车，最高时速为210km。目前，开通高速列车的国家有日、法、德、意、英、俄、瑞典等国。其中法国的TGV系列创下运营速度之最，其速度曾达到每小时515km。中国自1999年起，已先后开通有广州—深圳、北京—天津、成都—重庆、上海—杭州等线路上的高速列车。

轨道交通系统 (rail transit system) 包括快速轨道交通和传统式轨道交通在内的城市交通系统。快速轨道交通通常是指以电能为动力，采用轮轨运转方式的快速大运量公共交通。快速轨道交通包括城市铁路、地铁、轻轨、高架与悬挂式单轨等。传统的轨道交通主要指老式有轨电车。城市轨道交通工程可分为工程基本设施和运营设备系统两大部分。工程基本设施包括线路、轨道、路基、桥隧、主变电所、控制中心及车辆基地；运营设备系统包括车辆、供电、通风、空调、通信、信号、给排水、消防、防灾与报警、自动售检票、自动扶梯及其控制管理设施。

H

涵洞 (culvert) 横贯并埋设在路基或河堤中用以输水、排水或作为通道的构筑物。它主要由洞身、基础、端墙和翼墙组成。洞身由若干管节组成，是涵洞的主体。它埋在路基中，具有一定的纵向坡度，以便排水；端墙和翼墙位于入口和出口及两侧，起挡土和导流作用，同时还可以保护路堤边坡不受水流冲刷。其按建筑材料分为砖涵、石涵、混凝土涵、钢筋混凝土涵等；按构造分为拱涵、箱涵、圆涵等。

Q

轻型轨道交通 (light track communication) 简称轻轨，是采用中等载客量车厢，能适应远期单向最大高峰每小时客流量1.5万～3.0万人次的轨道交通。轻轨所铺设钢轨的型号与普通铁路是相同的，只是在它上面运行的列车车辆重量较普通铁路的车辆轻。它是在有轨电车的基础上，为提高运输效率、减少噪声污染、吸取地铁车辆制造和信号等高新技术而发展起来的一种城市中等运量的有轨客运公共交通体系。轻轨有建于地下、地面和高架之分。轻轨与地铁的主要区别在于两者之间的客运能力有所不同。轻轨一般用作中等城市的干线和大城市的支线交通。

区段站 (district station) 设置在机车牵引区段两端的铁路运输的基本生产单位。它是铁路网上相邻牵引区段的分界点，一般由主站房、列车到发场、列车调车场、货场、机务段、车辆段等组成。其主要任务是办理机车的折返作业、区间列车和零摘列车等的解体和编组任务、旅客的乘降以及更换机车乘务组等。区段站对铁路运输生产、机车车辆周转和货物送达有一定的作用。在铁路行业术语上把区段站和编组站总称为技术站。

T

铁路（railway）用机车牵引运货或载客的车厢组成列车，在一定轨距的轨道上行驶的交通运输线路。按照轨距的不同可将其分为：标准轨距铁路（在直线地段，轨距为 1 435mm 的铁路）、宽轨距铁路（在直线地段，轨距大于 1 435mm 的铁路）、窄轨距铁路（在直线地段，轨距小于 1 435mm 的铁路）。

铁路轨道（railway track）位于铁路路基以上的钢轨、轨枕、轨排、连接零件、道床、道碴、道岔和其他附属设备等部分的总称。钢轨是指钢材轧制成一定长度的工字形断面型钢，用以直接支承铁路列车荷载和引导火车车轮行驶；轨枕是指支承钢轨，保持轨距并将列车荷载传布于道床的构件；轨排是指两根钢轨和轨枕用扣件连接成的整体结构件；道床是指支承和固定轨枕，并将其支承的荷载传布于铁路路基面的轨道组成部分。道碴是指作为铁路道床用的土标准级配碎石（或卵石）沙子、矿渣等松散材料；道岔是指将一条铁路轨道分支为两条或两条以上的设备。

铁路枢纽（railway hub）在铁路与铁路交汇处，或铁路与港口、工矿企业的专用铁道或专用线衔接的地点，由车站、联络线以及进出站线路等技术设备构成的铁路运输综合体。其主要任务是组织客流、货流的集散和中转，包括办理各种列车的到发和通过，车辆的改编和交换，旅客的上下和换乘，以及货物的承运、交付和换装等作业。铁路枢纽一般含有以下主要设备：（1）若干专业车站(编组站、客运站、货运站)或一个兼办各类作业的联合车站；（2）车站间的联络线；（3）在铁路枢纽范围内引入车站的进出站线路。常采用的简单的枢纽布置图式有一站式、三角形、顺列式、并列式、十字形等。常采用的较复杂的铁路枢纽的布置图式有环形、半环形图式和混合式图式。

铁路隧道（railway tunnel）在铁路线路上用来克服山岭高程（即海拔高度）障碍，或遇江河、海峡不适宜修建桥梁时，在山岭、江河下修建的构筑物。前者称为"山岭隧道"；后者称为"水底隧道"。按其长度，铁路隧道一般可分为短隧道（500m 以下）、中隧道（500～3 000m）、长隧道（3 000～10 000m）和特长隧道（10 000 m 以上）四种；按其修建位置，分为傍山隧道、越岭隧道、水底隧道和地下隧道；按其隧道内铁路线路数，分为单线、双线和多线隧道等。铁路隧道结构由以下几部分组成：洞身、衬砌、洞门、附属建筑物。铁路隧道可使铁路线路在较低的高程位置穿过山岭，避免开挖大量土石方去修筑深路堑；可使铁路线路在江河水下通过，避免修建大桥时通航高度受限而妨碍大吨位船舶航行，以及发生船只与桥墩相撞事故；避免线路迂回山岭，缩短线路长度，加大线路曲线半径，降低纵向坡度，使列车运行平顺；可增加列车牵引质量和提高行车速度，从而提高运输能力，节省运营费用等。

驼峰（hump）铁路编组站供解体和编组货物列车用的调车线路设备。由于它的纵断面形状似骆驼的峰背，而得名。其线路平面和纵断面，由推送部分、峰顶平台、溜放部分和调车场四部分组成。按货车溜放时所使用的调速工具及其控制方式，驼峰主要分为非机械化驼峰、机械化驼峰、自动化驼峰；按线路的平面布置及其作业特征分为单溜放驼峰和双溜放驼峰。驼峰线路的配套设备有：调车机车、调速工具以及相应的信号和通信设备。解体和编组货物列车时，机车将车列推上峰顶，然后用较低的推送速度（一般为 3 000～5 000m/h），并主要借助重力作用，使摘开车钩的车辆溜下驼峰，到达调车场内指定的线路上，以备编组新的车列。

W

无缝线路轨道（continuous welded rail tracks）用焊接长轨条铺设的轨道。它分为温度应力式与放散温度应力式两种。温度应力式无缝线路轨道一般是指由一根焊接长轨条及其两端连接 2～4 根标准轨，接头采用高强度螺栓连结所铺成的轨道。放散温度应力式无缝线路轨道又分自动放散式和定期放散式两种。自动放散应力式无缝线路在焊接长轨条的两端连接钢轨伸缩调节器，中间扣件的扣紧程度由设计来确定，不设防爬器。定期放散应力式无缝线路的结构形式与温度应力式相同，但缓冲区的钢轨不是标准轨，而是根据年轨温变化幅度大小设计的一组一定长度的短轨，一般用于年轨温差很大的寒冷地区。该技术由于排除了钢轨接头缝隙，因而具有行车平稳、机车车辆与轨道维修费用降低、设备使用寿命延长、适合于高速行车等优点。

Z

智能列车（intelligent train）即利用人工智能技术实现自动运行的列车。随着计算机、自动控制技术的发展，用计算机代替人驾驶列车已成为许多国家关注的问题。只要使计算机系统具有事物识别功能、分析判断功能、控制功能、发现异常情况的感觉功能、警戒功能等，列车就可以实现自动运行，成为智能列车。智能列车无人驾驶，驾驶室里的乘员仅起着监视自动运行效果的作用。列车可以正确地启动、停止，精确地控制速度，及时对紧急情况作出反应。随着智能列车的进一步发展，将实现列车群控，即由计算机控制管理区段内所有列车的运行，最大限度地提高线路通过能力。

钻爆法（mine tunneling method）隧道工程中通过钻眼、爆破、出渣而形成结构空间的一种开挖方法。此方法是目前修建山岭隧道最通行的方法。按开挖分布情况，钻爆法一般可分为全断面、台阶、环行开挖预留核心土、双侧壁导坑、中洞、中隔壁、交叉中隔壁开挖法。

(四)水路运输（Waterway Transportation）

G

港口（port）具有停靠船舶、上下旅客、装卸、储存和驳运货物等服务设施，并明确界限的水域和陆域所构成的场所。港口主要由水域和陆域两部分组成。按所在地自然条件，可分为天然港、人工港；按所在地理位置，可分为海港、河口港、河港；按港口用途，可分为商港、工业港、军用港、渔港、避风港；按层次可分为航运中心港、主枢纽港、地区性枢纽港、地区性重要港口、其他中小港口；按集装箱运输份额，可分为国际集装箱枢纽港、区域性枢纽港、支线港（喂给港）。港口主要有装卸和仓储功能、运输组织管理功能、贸易功能、信息功能、服务功能、生产加工功能、辐射功能和现代物流功能等。现代港口主要有以下几种发展趋势：(1) 大型化趋势；(2) 集装箱化趋势；(3) 深水化趋势；(4) 生产管理的高效高科技化趋势；(5) 信息化网络化趋势；(6) 向物流服务中心转化的趋势；(7) 普遍重视环保的趋势。

港口腹地（port hinterland）港口货物吞吐和旅客集散所及的地区范围。现代化的港口一般具有双向腹地，即面向内陆的陆向腹地和面向海外的海向腹地。港口的陆向腹地是指以某种运输方式与港口相连，为港口提供货源或消化港口进口货物的地域范围；港口的海向腹地是指通过海运船舶与某海港相连接的其他国家或地区。港口的发展建设必须以腹地范围的开拓和腹地经济的发展为后盾。腹地是港口赖以生存和发展的基础；港口是腹地的门户，港口的建设也对腹地经济发展有一定的影响。

港口集疏运系统（port collecting & dispatching system）港口所具备的由海、铁、陆、空、管道多种运输方式构成的安全、快捷、完善的立体交通网络系统。港口规划要特别重视港口集疏运系统，它涉及综合运输系统中的铁路、公路、水运、管道等各系统的自身规划，只有各系统衔接、匹配、协调，港口客货运输才能畅通。从广义上来说，港口业务相关信息也属集疏运范畴。

港口水工建筑物（port hydraulic structure）供港口正常生产作业的临水或水中建筑物。根据各种不同的用途，港口水工建筑物一般可分为防护建筑物、码头建筑物、护岸建筑物三大类。防护建筑物多数用在海港，以防止波浪对港内的冲击，也有的用来防止泥沙、流冰进入港内。因这种建筑物在水域外围的深海中，要经受巨大的波浪和冲击力，该建筑物建造得既稳定又坚固，且规模要大，以便能阻抗深水海浪的作用。码头建筑物是港口的主要水工建筑物，它由主体结构和附属设备两部分组成。护岸建筑建在港口陆域和水域的交接地带（除停靠船舶的码头岸线外），最常见的护岸建筑物有护坡和护墙。

港口吞吐量（port throughput）一年之中经由港口进行装卸的货物总量。吞吐量是确定港口规模的决定性指标。影响港口吞吐量的因素很多，主要包括腹地的经济发展水平、发展目标、经济结构、综合运输交通体系的状况以及周边港口间的竞争等因素。吞吐量预测结果的可靠与否直接关系到港口未来的营运效果。预测量过大，而实际货源不足，将造成基础设施的浪费；预测量过于保守，影响港口建设进度，则会造成货物滞留港内，压船、压港，也会给港口运输造成被动局面。正确地预测未来港口吞吐量，能为水运发展提供可靠依据，是港口规划工作的基础性内容。

H

航道（navigation channel）在水域内供船舶及排、筏安全航行的线路。它是水运的基础设施，可分为天然航道和人工航道（运河）。进出港航道常常是港口规划、设计和维护的最重要内容之一。航道设计包括航道选线、航道尺度（包括宽度、水深及转弯段参数等）以及导助航标志等内容。

航道宽度（navigation channel width）即设计低水位或乘潮水位时，航槽断面设计水深（一般为公告水深，不含备淤深度）处两底边线之间的宽度。航道有效宽度一般由航迹带宽度、船舶间富裕宽度以及船舶与航道底边之间的富裕宽度三部分组成。

J

集装箱运输（container transportation）以集装箱这种大型容器为载体，将货物集合组装成集装单元，以便在现代流通领域内运用大型装卸机械和大型载运车辆进行装卸、搬运作业和完成运输任务，从而更好地实现货物"门到门"运输的一种新型运输方式。其中集装箱的种类，按用途分，有干货集装箱、冷冻集装箱、开盖集装箱、框架集装箱、液体罐式集装箱等；按箱体材料分，有钢制集装箱、铝合金集装箱、玻璃钢集装箱等。集装箱运输有以下特点：（1）具有耐久性，可反复使用；（2）专门为运送商品而设计，可在一种或多种运输方式转运时连续使用，无需中途换装；（3）设有便于装卸和搬运的装置，方便转运；（4）便于货物装满或卸空，（5）为了促进集装箱在国际间的流通，国际标准化组织规定了集装箱统一的外部尺寸、重量、结构、强度等规格。

M

目视航标（visual aids）能使驾驶人员通过直接观测迅速辨明水域、确定船位，以确保安全航行的一种海区航标。它是使用最多最方便的航标。其颜色鲜明，便于白天观测；发光的目视航标可供日夜使用。常见的目视航标有灯塔、立标、灯桩、浮标、灯船和各种导标。灯塔是设置在重要航道附近的塔型发光固定航标，一般有人看守。立标是设置在岸边或浅滩上的固定航标，标身为杆形、柱形或桁架

形。发光的立标称灯桩，发光射程比灯塔近得多。浮标是用锚碇泊水中的航标，用以表示航道、浅滩、碍航物等；发光的称灯浮标。灯船是作为航标使用的专用船舶，装有发光设备，作用与灯塔相同，锚碇于难以建立灯塔之处，一般不能自航。激光导标是目视航标的一种新型航标。

T

通航建筑物（shipping buildings）用于克服集中水位落差、地形障碍（升降）或通过船舶的水工建筑物。按其功能，可分为升降船舶的建筑物和通过船舶的建筑物两类。升降船舶的建筑物又可分为船闸与升船机两种基本类型。此两种类型的通航建筑物在水利枢纽中，用以克服集中于拦河坝的水位差，使船舶从一个水位提升或下降至另一个水位，以使船舶航行过坝。通过船舶的建筑物包括航运隧洞与航运渡槽。当人工运河穿越高山时，为减少大量开挖，需开凿隧洞过船。当人工运河跨越山谷或须架空时，则需建设航运渡槽，以使船舶在架空的渡槽中通过。

W

无线电航标（radio aids）利用无线电波的传播特性，向船舶提供定位导航信息的助航设施。它包括无线电指向标、无线电导航台、雷达应答标、雷达指向标、雷达反射器等。无线电指向标是供船舶测向用的无线电发射台，有全向无线电指向标和定向无线电指向标两种。无线电导航台是船舶无线电定位和导航系统的地面设备。雷达应答标被船用雷达波触发时，能发回编码信号，在船用雷达荧光屏上显示该标方位、距离和识别信息。雷达指向标是一种连续发射无方向信号的雷达信标。雷达应答标和雷达指向标安装于需要与周围物标回波区别开的航标上。雷达反射器为反射能力很强并能向原发射方向反射雷达波的无源工具，安装在灯船或浮标上，可以增大作用的距离。

Y

音响航标（audible aids）能发出规定响声的助航标志。它可在雾、雪等能见度不良的天气中向附近船舶表示存在碍航物或其他危险。它包括雾号、雾笛、雾钟、雾锣、雾哨、雾炮等。

Z

助航标志（navigation mark）简称航标，用以帮助船舶定位、引导船舶航行、表示警告和指示碍

航物的人工标志。航标设置在通航水域及其附近，用以表示航道、锚地、碍航物、浅滩等，或作为定位、转向的标志等。航标也用以传送信号，如表示水深、预告风情、指挥狭窄水道交通等。现代航标主要分为海区航标和内河航标两类。海区航标一般可分为目视航标、音响航标、无线电航标三种。内河航标的分类，各国不尽相同。中国目前分为引导航行标志、指示危险标志、信号标志三类。

(五)航空运输（Air Transportation）

F

飞机签派（airplane dispatch）负责组织、安排、保障航空公司航空器的飞行与运行管理的工作。其主要任务是根据航空公司的运行计划，合理地组织航空器的飞行并进行运行管理，争取保持航班正常状态，提高服务质量和经济效益。飞行签派工作与飞行管制工作是民航运输飞行中航行保障工作的两个部分。飞行管制是对空中交通实施飞行管制与服务；飞行签派则是负责航空公司有关飞行的组织、调配与飞机的放行工作。航空公司的飞行签派机构是航空公司组织和指挥飞行的中心。

飞行执照（flight license）能够合法驾驶飞机飞行的凭证。中国内地将其分为三个类别：（1）航线运输驾驶执照。持有人可以担任客运飞机机长。（2）商用飞行驾驶执照。持有人可以担任小型喷气机机长和客运飞机副驾驶。（3）私人飞行驾驶执照。此种驾照的持有人只能进行不以赢利为目的的飞行。

H

航班（scheduled flight）飞机定期由始发站按规定的航线起飞，经过经停站至终点站或不经经停站直达终点站的运输飞行。根据其运送对象的不同，分为客运航班和货运航班；根据目的地的不同，分为国内航班和国际航班；根据航班执行频率的不同，分为定期航班和不定期航班；根据飞行时间和飞行距离的不同，分为干线航班和支线航班；根据是否经停，分为经停航班和直达航班。中国国际航班的编号是由执行该航班任务的航空公司的二字代码和三个阿拉伯数字组成，其中最后一个数字为奇数者，表示去程航班，最后一个数字为偶数者，表示回程航班。中国国内的航班号由执行航班任务的航空公司二字代码和四个阿拉伯数字组成，其中第一位数字表示执行该航班任务的航空公司或所属管理局，第二位数字表示该航班终点站所属的管理局，第三、四位数字表示班次，即该航班的具体编号。其中第四位数字若为奇数，表示该航班为去程航班；若为偶数，为回程航班。

航班客座利用率（occupation rate of flight guest seats）简称航班客座率或客座率，航空器承运的旅客数量与航空器可提供的座位数之比。它反映航空器座位的利用程度，是航班效益的重要指标。其计算公式是：航班客座率=航班旅客数/航班可提供座位数目×100%，或航班客座率=旅客周转量（万人千米）/最大客千米×100%。在前一个公式中，航班可提供的座位数不等于航空器所安装的座位数，因为有些座位要留给机组使用，或因飞机减载要减少的座位。后一个公式中，最大客千米指航空器可提供的座位数与航空器的飞行距离的乘积。计算某一航段的客座率时，使用第一个公式比较方便；在计算多航段多航班的平均客座率时，应使用第二个公式。

航班载运率（flight carrying rate）航空器执行航班飞行任务时的实际业务载量与可提供的最大业务（商务）载运能力（简称最大业载或最大商载）之比。它是反映飞机载运能力的利用程度，是航班效益的重要指标，也是合理安排航班、调整航班密度的重要依据。其计算公式是：航班载运率=航班实际业载/航班最大业载×100%，或航班载运率=总周转量/最大周转量×100%。航空器可提供的最大业载是由航空器的最大起飞重量、最大着陆重量、基本重量、燃油重量、最大无燃油重量等计算出来的，而航空器的最大起飞重量、最大着陆重量又受到起飞着陆时的气温、气压、跑道长度、净空条件等因素的影响。所以，每次航班，航空器可提供的最大运载量是不同的，应由运输业务部门计算后确定。计算某一航段的载运率时，使用第一个公式比较方便；在计算多航段、多航班平均载运率时，应使用第二个公式。其中，最大周转量是航空器可提供最大业载与飞行距离的乘积。

航空领航（air navigation）确定飞机的位置且根据飞行计划引导飞机从一个地点到达另一个地点的技术。该技术按方法分为推测领航和航空领航定位两类。推测领航是指在地图上从一个已知位置画出飞机飞行的航迹，沿航迹线标出所飞过的距离，确定飞机位置，并推算飞机飞向目的地的航向和预计到达的时间的一种航空领航方法。推测领航必须准确地测量飞机相对地面运动的方向和速度。推测领航随现代技术的发展，出现了多普勒导航系统和惯性导航系统。航空领航定位是指测量各个已知位置的地标或电台的方位或距离，以确定飞机位置线的一种航空领航方法。位置线可以是地球表面上的大圆、小圆、双曲线或其他曲线，两条不平行的位置线的交点即是定位点。航空领航的定位方法有地标定位法、天文定位法和无线电定位法三种。

航空运输总周转量 (total turnover quantity of air transportation) 航空运输企业使用航空器承运的旅客、行李、邮件、货物的数量与它们的运输距离乘积的总和。它是反映航空运输企业生产成果的综合性指标之一。由旅客周转量、行李周转量、邮件周转量、货物周转量构成，计算单位是吨千米。其中，旅客周转量是航空运输企业承运的旅客数量与运输距离的乘积，通常用客千米或人千米表示。但为了计算运输总周转量需将客千米换算成吨千米。

航路 (airway) 是指根据地面导航设施建立的，供飞机作航线飞行时用的，具有一定宽度的空域。该空域以连接各导航设施的直线为中心线，规定有上、下限高度和宽度。民航航路是由民航主管部门批准建立的一条由导航系统划定的空域构成的空中通道。在这个通路上空中交通管理机构要提供必要的空中交通管制和航行情报服务。空中航路的宽度不是固定不变的。按国际民用航空公约规定，当两个全向信标台之间的航段距离在92.6km以内时，航路的基本宽度为航路中心线两侧各47.4km；如果距离在92.6km以上时，根据导航设施提供飞机航迹引导的准确度进行计算，可以扩大航路宽度。

航线 (flight course) 即飞机飞行的路线。飞机的航线不仅确定了飞机飞行的具体方向、起讫点和经停点，而且还根据空中交通管制的需要，规定了航线的宽度和飞行高度，以维护空中交通秩序，保证飞行安全。飞机航线的确定除了安全因素外，还取决于经济效益和社会效益的大小。一般情况下，航线安排以大城市为中心，在大城市之间建立干线航线，同时辅以支线航线，由大城市辐射至周围小城市。航线的种类主要包括国际航线、国内航线和地区航线三大类。

国际航线指飞行的路线连接两个或两个以上国家的航线；国内航线是在一个国家内部的航线，又可以分为干线、支线和地方航线三大类；地区航线指在一国之内，各地区与有特殊地位地区之间的航线。

航行情报服务 (aeronautical information service, AIS) 为所有飞行运行、飞行机组及负责飞行情报服务、空中交通服务的单位提供有关空中航行的安全、正常和效率所必需的情报和资料的服务。

黑匣子 (black box) 航空飞行记录器，是飞机上专用的电子记录设备之一。黑匣子并非黑色，而为橙红色，是因为颜色醒目便于寻找。其外观为长方体，外壳坚实。它里面装有飞行数据记录器和舱声录音器，飞机各机械部位和电子仪器仪表都装有传感器与之相连。它能把飞机停止工作或失事坠毁前半小时的有关技术参数和驾驶舱内的声音记录下来，需要时可把所记录的参数重新放出来，以供飞行实验、事故分析之用。黑匣子具有极强的抗火、耐压、耐冲击振动、耐海水（或煤油）浸泡、抗磁干扰等能力，即便飞机已完全损坏，黑匣子里的记录数据也能完好保存。目前，大多数的客机、军用飞机上安装的黑匣子有两种：飞机数据记录器的黑匣子和飞行员语言记录器的黑匣子。

红眼航班 (red-eyes scheduled flight) 即航空公司的夜间飞行航班。它最初于1959年出现于美国，因为乘客下飞机时多睡眼惺忪，因此得名。在中国，其主要表现为加班的旅游包机，严格来讲是夜航包机，票价仅仅是普通航班票价的一半甚至更低。其优点为利用夜间飞机空闲时间安排飞行，可提高飞机利用率，降低航班成本。

J

机载公共设备的智能管理 (intelligent management of the public aero-equipment) 将飞机机电系统中的设备，包括液压、燃油、刹车、电源、环境控制等公共设备作为一个系统，采用数据总线和多重处理机对其进行统一的智能管理与科学组合的管理方法。它可使整个公共设备系统的管理除完成各自单独的功能外，还具有互相替代、余度、重构与自修复的功能。飞机智能公共设备的管理与控制，将为飞机机电系统提供一种综合控制与监测方法，为飞机提供统一、完整、轻型、高效和多功能的机电系统。

禁航区 (no-fly zone) 又称禁飞区，在某一地区的上空，禁止任何未经特别申请许可的航空器（包括飞机、直升机、热气球等）飞入或飞越的空域。划定禁航区，很大程度上是基于国防建设的需要，禁航区为重要军事基地、重要政府机构、重要建筑（如核电厂、水坝）上空等。另外也有基于飞行安全的理由，禁航区为摩天大楼、火山活动区上空等。对于船只而言，也有类似的禁止航行水域，也称禁航区。

K

空中交通管理系统（air traffic management system）利用技术手段对航空器的飞行空域、流量进行管理，以及对空中飞行活动进行监视和管制，并提供飞行情报和报警服务，以保证飞行安全、经济和有秩序飞行的系统。空中交通管理系统建设的好坏将直接影响飞机的飞行安全、通畅和经济性。空中交通管理系统所依托的技术手段是通信、导航和监视。美国已将空中交通管理列入美国21世纪的重大航空技术研究项目，瞄准以下项目进行开发研究，即：航迹管理和飞机位置预测自动化；数字数据链并自动记录飞机高度、速度、航向等参数；为地面空中交通管制引导飞机航迹直接访问机载飞行管理系统；卫星导航、通信、监视技术；机载通信、导航和飞行管理系统的全面综合；开展飞机尾涡流和间隔标准研究；供关键导航系统使用的实时气象信息分析研究。

空中走廊（air corridor）为航空器进出某地区上空划定的具有一定宽度的通道。它是按国际协定划定或由本国根据情况划定。其目的是限制飞行范围，便于航空管制，维护飞行秩序，保证飞行安全。空中走廊的宽度不得小于8km。一般情况下是在两点连线的两侧设置各有4~5km宽度的空中飞行通道，供航空器在走廊内实施点与点之间的飞行。设置空中走廊的目的是，使航空器严格按照走廊进行飞行，避免航空器进入走廊之外的限制区域。北京、上海、广州、成都、西安、沈阳等大城市都设有空中走廊。飞机去这些大的机场，都不可随意飞越城市上空直接去机场，必须先飞向指定的地点（即走廊口），然后沿着空中走廊再飞向机场降落。

M

民用航空（civil aviation）使用各类航空器从事的除军事性质（包括国防、警察和海关）外所有的航空活动。它由政府部门、民航企业、民航机场组成，分为商业航空和通用航空。商业航空也称航空运输，是指利用航空器进行经营性的客货运输的航空活动。它的经营性表明这是一种商业活动，以盈利为目的，与铁路、公路、水路和管道运输共同构成国家的交通运输系统。商业航空作为民用航空的一个部分划分出去之后，民用航空的其余部分统称为"通用航空"。它包括工业航空、农业航空、航空科研和探险活动、飞行训练、航空体育运动、公务航空和私人航空。

Z

自由航空港（air port）在一个国际机场内，机组、旅客、行李、货物、邮件和供应品，只要他们仍留在一个指定的地区内，就可以下机或卸货，或留在机上，也可以转运，直至被运至该国领土以外的一个地点，而无需缴付任何费用或关税，除特殊情况外，也不需经过任何检查的机场。

十一、土木建筑工程

（Civil Engineering and Architecture）

（一）基础知识（Basic Knowledge）

C

城市（city）一定区域的经济、政治、科学技术与文化教育的中心。是一种有别于乡村的社会组织形式，是人类发展到一定阶段的产物。在人类发展史上，城市的产生，被认为是人类文明的象征。马克思、恩格斯指出："物质劳动和精神劳动的最大一次分工，就是城市和乡村的分离。"列宁指出："城市是经济、政治和人民精神生活的中心，是前进的主要动力。"从城市的起源来看，设有防御墙垣的居民点是"城"的雏形；而"市"是集中做买卖的场所。

筑城守民，设市易货。设防居民点需要有充足的商品交换维持物质供应；发达的市场也需要完备的防卫设施保证。"城"与"市"遵循着不同的功能发展，最终走到空间上的融合，成为非农业人口和非农产品的集聚地。依照1989年颁布的《中华人民共和国城市规划法》，中国的城市是指按国家行政建制设立的直辖市、市和镇。

城市分区规划（urban district planning）在城市总体规划的基础上，对城市土地利用、人口分布和城市公共设施、基础设施配置的规划安排。它为详细规划的编制和规划管理提供依据。城市分区规划的编制年限与城市总体规划相一致，编制的结果由政府批准后方可实施。其内容为：（1）确定分区内土地使用的性质，对居住人口的规模与分布、建筑用地的容量提出控制标准；（2）确定市、区级公共设施的分布与用地规模；（3）确定城市主、次干道的红线位置、断面、主要控制点坐标与标高，以及主要交叉口、广场、停车场的位置和控制范围；（4）确定绿化系统、风景名胜、河湖水面，对外交通设施、供电高压走廊，以及区域性引水（或供水）设施的用地界线；（5）确定文物古迹、文化名城、历史街区和历史地段的保护范围，提出遗产环境与空间形态的保护要求；（6）确定分区内各类工程干管的位置、走向、管径、服务范围，以及主要工程设施的位置和用地范围。分区规划一般适用于大城市、特大城市或特定地区，如开发区规划、大学城规划、科技园区规划等。

城市规模（city scope）人口、经济和科学技术、文化教育等在一定地域的聚集规模的大小。广义讲，是指人口规模、用地、建筑和设施，以及生产力规模和消费力等规模；狭义讲，仅指某一个城市中的人口规模。按照《中华人民共和国城市规划法》的规定，中国城市规模等级分为三级，即大城市、中等城市和小城市。大城市是指市区非农业人口在50万以上的城市；中等城市是指市区非农业人口在20万以上，不足50万的城市；小城市是指市区非农业人口在20万以下的城市。人们往往把市区非农业人口在100万以上的城市称为特大城市。

城市减灾应急（urban disaster-reducing emergency）政府、有关部门、专业救灾抢险队伍在发生重大灾害时，采取的一整套紧急技术措施、管理办法和行动的指导性方案。主要有以下十四项应急对策：（1）本地区灾情预测；（2）紧急救灾指挥系统的机构设置、职能分工和运作方式，与其他部门及官员的联络方式；（3）各类救灾队伍的数量、分析、配置和调用方案；（4）灾害信息网络的设计和启用，灾情监测与快速评估方法；（5）紧急通信系统的启用，各类通信设施在紧急情况下的统筹分工，灾区通信的恢复；（6）交通运输设施及能力恢复，救灾物资的运输方案，紧急情况下的交通工具征用和管制；（7）工程抢险和生命线的抢救与恢复；（8）灾民的抢救、疏散、转移和安置；（9）危险物品的处理和防护；（10）专业及群众性消防队伍的组织协调，消防器材的配置和调用，军队和武警队伍的调动与任务分配；（11）救灾物资的储藏和紧急调用；（12）医疗卫生队伍的调动和任务分配，抢救危重伤病员和防疫工作的组织；（13）紧急治安管制的措施及实施办法，群众治安组织与军民联防组织的运作，重要场所的安全保卫；（14）各单位的救灾活动还应根据本单位的情况，制订更具体的抢救灾预案。

城市建筑物理学（urban construction physics）研究城市建筑中声、光、热的物理现象和运动规律的一门学科，是建筑学的组成部分。其任务在于提高建筑功能质量，创造适宜的生活和工作环境。城市建筑物理学的分支学科有建筑声学、建筑光学、建筑热工学等，是研究人在建筑环境中对声、光、热作用，通过听觉、视觉、触觉和平衡感觉所产生的反应，从而采取技术措施、调整建筑的物理环境设计，使建筑物理达到特定的使用效果。城市建筑物理学是研究环境领域和与城市建设有关的环境，研究各种物理因素对人的作用和对环境的影响。建筑物理学特别重视从建筑观点研究物理功能和建筑艺术的统一。目前，不少国家已建立了系统的声、光、热环境设计与计算的理论和方法，制定了完整和配套的国际标准及国家标准，以保证建筑物具有良好的声、光、热环境。

城市竞争力（city competition power）一个城市经济实力和资源有效利用率的综合反映，是城市的集聚力、吸引力和辐射力的体现。城市竞争力的大小是通过城市之间的横向比较产生的。由经济的发展质量、效率和可持续发展能力所决定。国与国之间、地区与地区之间的竞争，主要表现为城市与城市之间的竞争。因此，城市的竞争力从某种意义上也代表着国家或地区的竞争力。

城市设计（urban design）对城市环境形态所作的各种合理处理和三维空间的艺术安排。它既包含了物质空间的设计，也包含了人类社会生活以及精神文明方面的设计。城市设计包括三个方面：（1）城市设计是建筑学和城市规划之间的桥梁（建筑设计—地段规划—城市设计—城市规划）；（2）城市设计有自己独立的领域；（3）城市设计创造了事物之间相互关系的新价值。这种关系不仅表现在空间上，还表现在时间上；不仅表现在静态上，还表现在动态上。

城市灾害（urban disaster）由于自然或人为的原因，对城市功能和人民生命财产造成损害的事件。可归纳为自然灾害和人为灾害两大类。自然灾害主要是由自然原因引发的灾害；人为灾害除指人为造成的灾害外，还包括通常所说的技术灾害和故意袭击破坏等特殊的人为灾害。一般人为灾害是因为人为疏忽，管理不善，设备设施老化或使用不当等原因引发的。技术灾害通常是由技术性事故造成的。故意袭击破坏是由恐怖分子袭击所引发。当然，灾害的过程往往是很复杂的。有时候一种灾害可由几种灾因引起，或者一种灾因可引起几种不同的灾害。这时，灾害类型的确定就要根据起主导作用的灾因及其表现形式而定。随着人类改造自然能力的增强和活动范围的不断扩展，人与自然界的不协调也日趋严重，使自然灾害和人为灾害交织重叠，互为诱因。

城市重大危险源（urban significant dangerous source）火灾、爆炸、有毒物质的扩散、泄漏、蒸发，也包括建筑物坍塌和地铁事故，及其他意外事件等。城市的重大事故多属人为灾害。控制事故的有效对策是：（1）研究重大事故危险源本身如城市工业事故、重大建设工程质量事故、重大环境公害等；（2）要进行案例分析并制订整改对策，对各种危险性进行事故发生风险排序，首先选择那些最危险的事故预先制定出治理方案；（3）要按《重大事故隐患管理规定》落实城市应急规划、管理责任、治理进度等项工作；（4）学习借鉴发达国家做法，制定城市重大危险源的风险地图分析法，提高科学减灾的可靠性及应急水平。

城市住宅环境（city resident environment）城市住宅区的人为环境和天然环境的有机合成。它是历史成果的集成。城市环境既是生活环境、居住环境，又是生产环境、经济发展环境和建筑环境。不能只追求艺术美化效果，还要重视目前经济力量的承受能力。城市环境（包括建筑环境）美是综合性的，必须体现为整体美、动态美、特色美、充实美。因此，住宅设计研究应包括住宅多样化、系列化、功能化、功能质量、厨房、卫生间、危房改建、节地、住宅经济等。

城市专业规划（professional urban planning）在城市总体规划编制过程中，与其同步编制的某一专门性规划。或是在总体规划编制完成后，在总体规划指导下，编制的某一领域或专业的专项规划。专业规划是为了更深入、更具体、更全面地研究解决规划中的某一专业的专项或专门问题，为城市规划的实施提供更科学、更具体的指导和管理依据。城市专业规划的编制应遵循以下原则：（1）与城市总体规划相一致的原则。即在专业规划中发现的重大问题要及时对总体规划反馈和协调。（2）要符合本行业的产业政策和最新制定并颁布的技术标准，解决在城市总体规划指导下的行业发展的重大问题。（3）与其他专业或专项规划相协调一致的原则，做到与城市发展的其他市场要素相协调相支持，寻求城市发展的合力。（4）对不可再生资源和短缺资源的节约、保护、科学合理利用的原则。当前城市规划中组织专题研究与专业规划的重点是：城市发展战略、城市人口规模、城市用地规模、城市道路与交通规划、环境保护规划、城市住宅建设规划、水资源与污水处理规划、城市历史文化名城保护规划等。

城市综合管理（city synthesis management）城市大系统中的众多子系统及功能要素综合在一起，通过组织机构、法规及信息等手段，从整体的角度，不断提高城市的社会效益、经济效益和环境效益的手段。城市综合管理的四个基本职能是：规划与计划、组织与指挥、控制与协调、统计与监督。要有效实施城市管理，关键在发展城市自动化管理。现代城市综合管理有许多新的特点：（1）管理的事物、内容不断增加；（2）组织管理所涉及的时空域越来越大；（3）管理的范围和影响在不断扩大，管理后果影响日益深远；（4）对管理的实量性、科学性、系统性要求更高；（5）管理信息的数量越来越大，信息内容越来越广，对信息的科学性、准确性的要求越来越高。城市管理将更多地需要现代科技，尤其是计算机管理技术的辅助。

城市总体规划（urban general planning）政府对一定时期内城市性质、发展目标、发展规模、土地利用、空间布局，以及各项建设与发展的综合部署和实施措施。它要结合国民经济计划和长远规划、国土规划、区域规划和省域城镇体系规划，根据当地的自然、历史、现状，综合研究和确定城市的性质、规模和发展战略，统筹安排城市各项建设用地。合理配置城市各项基础设施，指导城市的可持续发展。城市总体规划的内容主要包括城市规划区内的人口及用地规模，确定城市建设用地的空间布局、功能分区，以及市中心、区中心位置；确定城市对外交通系统的布局，以及车站、铁路枢纽、港口、机场等主要交通设施的规模、位置、容量；综合协调并确定城市供水、排水、防洪、供电、通信、燃气、供热、消防、环卫等设施的发展目标和总体布局等。

城镇化（urbanization）又称城市化或都市化，指人类社会从农业社会向工业社会发展变化过程中，随着产业结构的调整，人口分布和人类聚居地结构的变化过程。其具体表现为：人口在一定时期向城镇聚集的同时，城市物质文明和精神文明向周围扩散，促进产业结构向高级阶段不断演化。城镇化过程是一种影响极为深广的社会经济变化过程。它的复杂性，使其几乎成了整个社会所共有的研究对象。人口学、人类学、历史学、地理学、社会学、经济学、政治学、规划学等，都将城镇化作为自己的热门课题。不同学科对城镇化的理解，也有所不同。一般认为，城镇化具有以下几方面的内涵：（1）农村富裕劳动力向城镇非农产业转移；（2）分散的农村人口向各种类型的城镇地域空间聚集；（3）城镇建设促进城镇环境的改善和城镇景观地域的拓展或更新；（4）城市文明和城市生活方式的传播与扩散。

D

地震灾害（earthquake disaster）由地震给人类造成的灾害。地震灾害中国《诗经·小雅》有关于地震灾害的描述："烨烨震电，不宁不令，百川沸腾，山冢崒崩，高岸为谷，深谷为陵。"其后在史书、地方志上均记载了地震引起的地表变化，人工设施破坏及火灾、水灾、环境污染、疾病传染等次生灾害造成的人畜伤亡和社会经济损失。中国自20世纪以来，大约平均每三年发生两次7级以上地震，而两次大地震中几乎就有一次酿成重灾。特别是1966年至1976年期间，发生了多次7级以上大地震，且多发生在东经98度以东的人口稠密地区，造成近30万人死亡。其中唐山地震发生在现代城市地区，一次死亡24万人，造成的损失十分严重。

地质雷达（ground penetrating radar，GPR）一种对地下的或物体内不可见的目标体或界面进行定位的电磁技术。其工作原理如下：高频电磁波以宽频带脉冲形式，通过发射无线波定向送入地下，经存在电性差异的地下地层或目标体反射后返回地面，由接收天线所接收。高频电磁波在介质中传播时，其路径电磁场强度与波形将随所有通过介质的电性特征及几何形态而变化。故通过对时域波形的采集、处理和分析，可确定地下界面或地质体的空间位置及结构。现已广泛应用于工程地质勘察、建筑结构调查、无损检测、水文地质、生态环境调查等众多领域。

F

房地产业（real estate）从事土地的开发、经营、房屋的建设、买卖、租贷、信托、维修、综合服务，以及以房地产为信托进行多种经营的企业群体行业。属第三产业。主要为城市社会经济活动和人们的生活提供载体与空间。可分为房地产开发业、房地产金融业、房地产服务业等。房地产的特性如下：（1）位置固定；（2）开发建造使用周期长；（3）投资数额大，具有保值性和增值性；（4）价格不仅取决于本身投入，还取决于其所处位置和周围环境；（5）受政府规划和政策管制，政府有征用权。房地产开发的原则是：（1）节约、合理利用土地和保护耕地。（2）集体土地必须依法利用，转为国有土地后方可用于房地产开发。（3）房地产开发必须符合土地利用规划和建设用地规划。房地产开发用地的用途和使用，必须符合城市建设用地的布局和安排，以及城市土地的功能分区，以确保城市土地合理利用。（4）房地产开发用地以出让为主要方式。（5）注重环境效益。规划设计要满足自然环境要求，如足够的日照量、通风要求、建筑物的色彩与造型要求。开发居住区要防止噪声干扰和环境污染，重视绿化。（6）土地使用者不得随意改变土地用途；需要改变时，需经县以上规划行政主管部门同意。

G

工程地质学（engineering geology）调查、研究、解决与人类活动及各类工程建筑有关的地质问题的学科。它是为了查明各类工程场区的地质条件，对场区及其有关的各种地质问题进行综合评价，分析、预测在工程建筑作用下，地质条件可能出现的变化和作用，选择最优场地，并提出解决不良地质问题的工程措施。为保证工程的合理设计、顺利施工及正常使用提供可靠的科学依据。工程地质学研究的主要内容有：确定岩土组分、组织结构、物理、化学与力学性质及其对建筑工程稳定性的影响；进行岩土工程地质分类，提出改良岩土的建筑性能的方法；研究由于人类工程活动的影响而破坏的自然环境的平衡，以及自然发生的崩塌、滑坡、泥石流及地震等物理地质作用对工程建筑的危害及其预测、评价和防治措施；研究解决各类工程建筑中的地基稳定性，如边坡、路基、坝基、桥墩、硐室，以及黄土的湿陷、岩石的裂隙的破坏等；制订一套科学的勘察程序、方法和手段，直接为各类工程的设计、施工提供地质依据。研究建筑场区地下水运动规律及其对工程建筑的影响，制订必要的利用和防护方案；研究区域工程地质条件的特征，预报人类工程活动对其影响而产生的变化，作出区域稳定性评价，进行工程地质分区和绘图。随着大规模工程建设的开展，其研究领域日益扩大。除了岩土学和工程动力地质学、专门工程地质学和区域工程地质学外，一些新的分支学科正在逐渐形成。如矿山工程地质学、海洋工程地质学、城市工程地质学及环境工程地质学、工程地震学等。

光亮度（brightness）发光表面在指定方向的发光强度与垂直于指定方向的发光面的面积之比。单位是坎德拉/平方米，即 cd/m^2。对于一个漫散射面，尽管各个方向的光强和光通量不同，但各个方向的亮度都是相等的。电视机的荧光屏就是近似于这样的漫散射面，所以从各个方向上观看图像，都有相同的亮度感。

J

建筑采光（architectural lighting）为根据建筑功能及视觉的要求，采取的在建筑外围护结构（墙、屋顶）上布置各种形式和不同面积的采光口（窗口）等措施。按采光口在建筑物上的不同位置，分为侧窗和天窗两种。建筑采光的主要任务是，根据建筑物的功能及视觉的要求，创造室内适宜的光环境。《建筑采光设计标准》对利用天然采光的居住、公共和工业建筑物的采光系数、采光质量等制定了标准。

建筑构件安全系数（safety factor of building components）工程结构物所有材料的极限应力与所容许的最大工作应力的比值。安全系数的确定需要考虑荷载、材料的力学性能、试验值和设计值与实际值的差别，计算模式和施工质量等各种不定因素。还涉及工程的经济效益及结构破坏可能产生的后果，如生命财产和社会影响等诸因素。它与国家的技术水平和经济政策密切相关。容许应力设计法的安全系数是规定的材料弹性极限（或极限强度、流限）与容许应力之比。破坏强度设计法中的安全系数则是计算的破坏荷载与规定的标准荷载之比。

建筑光学（building optics）研究天然光和人工光在建筑中的合理利用，创造良好的光环境，满足人们工作、生活、审美和保护视力等要求的应用学科。它是建筑物理学的组成部分。建筑光学的研究内容主要有：与建筑有关的光的性质和光的视觉性质、天然采光和人工照明等。在一个相当长的历史阶段，人类利用天然光和火光照明，曾在建筑中创造了不少有效的采光和照明方法。例如中国传统建筑中的南窗北墙的采光方法，古埃及太阳神庙中的高侧窗采光方法等。但天然采光受季节、昼夜、地理位置和气候变化的影响很大。火光照明效果差，烟尘大，且容易引起火灾。自从玻璃的大量生产，特别是19世纪发明白炽电灯以后，才使建筑采光和照明技术的理论和实践进入一个新的阶段，并逐步形成建筑光学。现代建筑光学理论日趋完善，天然光的变化规律逐步为人们所掌握。各类建筑的采光方法和控光设备相继研究成功，各种新型电光源和灯具也在建筑中得到广泛的应用，从而使这一学科在建筑功能和建筑艺术中发挥日益重要的作用。

建筑面积（building area）又称建筑展开面积，指建筑物各层外墙(或外柱)外围以内水平投影面积之和。包括阳台、挑廊、地下室、室外楼梯等。它是表示一个建筑物建筑规模大小的经济指标。包括使用面积、辅助面积和结构面积。其中住宅的使用面积是指住宅中分户门内全部可供使用的净面积的总和，包括卧室、起居室、厅、厨房、卫生间、壁橱、阳台和室内走道、室内楼梯等。建筑面积的计算范围和计算方法应依据国家建设主管部门颁发的《建筑工程建筑面积计算规范》执行。

建筑气象学（architecture meteorology）研究气象对建筑的影响和建筑的气象效应的一门学科。在设计高层建筑时，除须考虑地震因素外，还须考虑风荷载等气象因素的影响。此外，不合理的建筑布局会导致空气污染加重。因此，如何正确使用气象资料，保证建筑设计既安全、经济和实用，又有合理的布局，形成良好的气象效应，是建筑气象学的研究内容。随着现代建筑科学技术的发展，为设计和建造在不同气象条件下的良好的室内小气候环境，无论在城市规划、建筑设计，以至建筑的形式和材料、建筑工艺和施工等方面，都要掌握各地区气候的规律。在全年只有一个盛行风向的地区，工业区常设在盛行风向的下风侧，居住区在其上风侧，以避免工业区向大气排放的有害物对居民区的影响。在季风区，由于冬季和夏季的风向基本上相反，故将工业区布置在最小风频的方位，而把居住区设在最小风频的下风方位，使居住区的空气受污染的程度最小。在建筑规划或设计时，不但要考虑大气候的影响，还要考虑与局部环境条件有关的气候特征的影响。如"城市热岛"、"城市风"等。山区工厂排放的热量，可使近地面层热状况改变，引起逆温强度变弱、逆温中心抬高。逆温时，大气稳定，污染物质很难扩散，在工厂设计时，烟囱有效高度通常应在逆温层之上。

建筑声学（architectural acoustics）研究建筑中声学环境问题的科学。它主要研究室内音质和建筑环境的噪声控制。建筑声学的基本任务是研究室内声波传输的物理条件和声学处理方法，以保证室内具有良好声学条件。它还研究控制建筑物内部和外部一定空间内的噪声干扰和危害。室内声学的研究方法有几何声学方法、统计声学方法和波动声学方法。

建筑史（architectural history）建筑物的历史或对建筑历史的研究。其主要研究内容是建筑风格演变学。即对建筑物的既往或建筑活动的既往进行的调查研究。自从有了人类存在，便开始了对于人造环境不懈的追求。在人类文明历史中，建筑本身对于文明的发展和社会形态的形成有着直接的反映或影响。所以各国之间对于建筑史的分类和描述有着不小的差异。

建筑形象（building shape）建筑物的艺术效果。根据建筑的功能及审美要求，结合地域及环境条件，通过一定的技术、材料条件，遵守某些基本原则，如建筑的比例、尺度、均衡、韵律、对比建筑的体型、外立面、色彩等创造出良好的艺术效果。但好的建筑形象不单纯体现在美观上，它同时还要反映出不同社会、民族、地域及时代的特点。

建筑与气象（construction and meteor）研究建筑与气象关系的学科。进行建筑气候区别，提供各地区的建筑气候特征，促使建筑适应当地气候条件，从而提高建筑质量。它是以气象学、建筑学、建筑环境工程学等为理论基础，研究各地区的气象及气候条件，以便合理利用各地区的气候资源，改善环境质量，发挥建筑功能，保障人们生存安全和生活便利。它不仅为城市规划、环境设计、建筑设计提供了可靠的资料，而且为建筑法规、甚至建筑技术政策的制定提供了重要的依据。此外，本学科在给排水工程、水利工程、铁路工程、邮电工程以及国防建设等方面有着广泛的应用。

旧城改造（transformation of the old city）改造旧城区，改变居住环境，恢复旧城活力提高城市品位的举措。为了恢复旧城活力，发挥应有的作用，必须调整原有的结构模式，补偿物质缺损，调整人口分布，达到振兴经济、改善环境与生活质量的行为。旧城是指城市建成区中某些经济衰退、房屋年久残旧、市政设施落后、居住质量较差的地区。旧城改造不仅仅是一个工程建设问题，它既包括旧城区内的土地利用与调整，又包括旧城区内的各种项目（道路交通、住宅、各种市政设施、商业网点、园林绿化等）的新建、改建和扩建。前者主要指对城市基础设施所进行的一种改造；后者则是指对城市功能所进行的提升。旧城改造的方式一般有三类：（1）全部拆除，重新建设；（2）局部修复、改建与添建，改善环境；（3）做地区的保护规划，保护历史文化遗产。

居住区用地（land for habitation）住宅用地、公建用地、道路用地和公共绿地的总称。住宅用地即住宅建筑基底占地及四周合理间距的用地；公建用地是与居住人口规模相对应配建的、为居民服务和使用的各类设施的用地，以及建筑基底占地及其所属场院、绿地和配建停车场用地等；道路用地为居住区道路、小区路、组团路及非公建配建的居民汽车地面停放场；公共绿地是为满足规定的日照要求，适合于游憩活动设施的、供居民共享的集中绿地，包括居住区公园、小游园和组团绿地及其他块状绿地等。

居住小区（habitation district）被城市道路或自然分界线所围合，并与居住人口规模（10 000～15 000人）相对应，配建有一整套能满足该区居民基本的物质与文化生活所需的公共服务设施的居民生活聚居地。

M

幕墙（curtain wall）建筑物的外维护结构的一种墙体。它不同于一般外墙，具有以下三个特点：（1）建筑物是完整的结构体系，直接承受施加于其上的荷载和作用，并传递到主体结构上；（2）建筑幕墙应包封主体结构，不使主体结构外露；（3）建筑幕墙通常与主体结构采用可动连接，竖向幕墙通常悬挂在主体结构上。当主体结构位移时，幕墙相对于主体结构可以活动。因此，幕墙首先是结构具有承载功能，然后是外装具有美观和建筑功能。幕墙的支撑(横梁、立柱、支撑钢结构等)通常由铝型材和钢材组成，有时也用玻璃。面板可以是玻璃、铝板、钢板或石板混凝土板，但透光部分一定是玻璃板。采光顶有时也会采用聚碳酸酯板。通常按面板材料将建筑幕墙划分为玻璃幕墙、铝合金板幕墙、石材幕墙等。许多工程是多种幕墙混合使用。根据其支撑形式，幕墙可以分为有框幕墙和点支幕墙。有框幕墙多数情况下由面板、横梁和立柱构成；点支幕墙由面板和支撑钢结构组成。

S

室内环境污染（indoor environmental pollution）室内空气中混入有害人体健康的氡、甲醛、苯、氨等挥发性有机物与气体的现象。由于在建筑物装饰装修过程中使用了含有氡、甲醛等有害成分的建筑装饰材料，又没有采取有效的措施，而使室内环境被污染，对人体健康造成不良影响。在装修过程中，由各种建筑材料和装饰装修材料所释放出来的污染物和一些杀虫剂、除臭剂、芳香剂等含有机溶剂的大量使用，以及吸烟和烹饪等过程中产生的大量污染物无法完全排出室外，导致了室内污染物浓度大大高于室外相同的污染物的浓度，甚至高出几倍至几十倍。这些污染物会引起人们头晕、胸闷、发烧、皮肤炎症、肺炎和肺气肿等多种疾病。附表：

污染物名称	活度、浓度限值
氡	$\leqslant 200mg/m^3$
游离甲醛	$\leqslant 0.08mg/m^3$
苯	$\leqslant 0.09mg/m^3$
氨	$\leqslant 0.2mg/m^3$
总挥发性有机化合物	$\leqslant 0.5mg/m^3$

室内声学（room acoustics）研究室内声波的传播规律、声场特性及控制室内音质的学科。属于建筑声学的范畴。室内声学是在研究分析某些房间的室内声学处理中，逐渐完善并建立起来的。现代建筑必须对剧场、电影院、会议室、录音棚、播音室等对声音有特殊要求的房间进行科学的室内声学设计。同一个声源在室外和室内所产生的音响效果不同，这主要是由于封闭的室内空间使声波产生多次反射引起某些频率声波的共振。这些共振的声波使声音在室内的强度和

所含频率成分的分布产生变化，并且极大地影响了声场的建立和衰减过程。研究室内声学特性（音质）主要有几何声学、统计声学和物理声学等方法。几何声学方法类似几何光学法，忽略声的波动性质，利用声线图分析房间的体形和反射面对音质的影响。统计声学方法同样忽略声的波动性质，并假设室内声场是扩散声场，从能量角度研究声传播的平均情况。厅堂音质设计主要是根据统计声学方法所得到的公式。物理声学方法可以描述室内声场的本质，但尚未得到可以实用的简单公式。

T

土木工程（civil engineering）建造各类工程设施的科学技术的统称。是工程学的分支之一。它既指所应用的材料、设备和所进行的勘测、设计、施工、保养维修等技术活动，又指工程建设的对象，即建造在地上、地下、水中等直接或间接地为人类生活、生产、军事、科研服务的工程设施。土木工程是一门范围极广的综合性学科。随着科技的进步和工程实践的发展，土木工程这个学科也已发展成为内涵广泛、门类众多、结构复杂的综合体系。我国将土木工程分为：房屋工程、铁路工程、道路工程、机场工程、桥梁工程、隧道及地下工程、特种工程结构、给排水工程、城市供热供燃气工程、交通工程、环境工程、港口工程、水利工程、土力工程。土木工程是伴随着人类社会的发展而发展起来的，是社会历史发展的见证之一。它所建造的工程设施反映出各个历史时期社会、经济、文化、科学、技术发展和进步的不同面貌。

X

吸声材料（sound absorption material）具有较强的吸收声能、减低噪声的材料。吸声材料按吸声原理分为：（1）靠从表面至内部许多细小的敞开孔道使声波衰减的多孔材料吸收中高频声波。靠共振作用吸声的柔性材料、膜状材料、板状材料和穿孔板，可扩大吸声范围，提高吸声系数。用装饰吸声板贴壁或吊顶，多孔材料和穿孔板或膜状材料组合装于墙面，或采用浮云式悬挂，都可改善室内音质，控制噪声。多孔材料除吸收空气声外，还能减弱固体声和空室气声所引起的振动。将多孔材料填入各种板状材料组成的复合结构内，可提高隔声能力并减轻结构重量。

项目建议书（project proposal）项目主管单位在投资前对拟建项目初步设想的建议性文件。它是基本

建设程序中最初阶段的工作，根据国民经济长远规划和生产力布局的要求，经过调查研究和技术经济比较，说明拟建项目建设的必要性。应包括以下几个方面：（1）建设项目提出的必要性和依据；（2）产品方案、拟建规模和建设地点的初步设想；（3）资源情况、建设条件、协作关系；（4）投资估算和资金筹措设想；（5）项目进度安排；（6）经济效益和社会效益的初步估计。按照项目建设规模，分别经各级计划部门审查、批准后，列入基本建设长期工作计划，并开始进行项目的可行性研究。

星状城市布局结构（starlike urban distribution）城市用地呈主城和若干子城星状散布的形态。其子城不规则地环绕着主城散点式分布，城市的中心位于主城。若干子城是区级中心。城市路网大都为放射状干道，加上各子城独立的道路系统。市政基础设施为分散设置的布局结构。星状城市一般为特大城市中主城加之若干卫星城的形态。随着城市化进程加速，星状城市布局结构往往发展为网络状的城镇布局结构或城市群，如美国的洛杉矶等城市。

Y

园林总体规划（general planning of gardens）用图纸和文件表示出对园林建设项目中的功能内容、建造形式和总体布局方面的设想。其功能包括应取得的生态效益、游憩活动内容，以及要表现的艺术主题等。为了恰当有效地发挥它的功能效益，需要对地形、水体、山石、植物配置、道路、园林建筑进行综合布置。

要重点考虑园林植物、建筑与所处环境的关系、各局部之间的结合方式、形式与内容的协调，以及具体的风格特点等。还应对必要的给排水、能源供应等基础设施确定供应方式和保证措施。规划文件包括规划大纲和说明书。规划大纲应说明任务范围、规模，与城市和附近环境的关系，提出对主要问题的解决途径和方式及采用的技术等级、标准，各单项工程的风格、特点等。说明书应对工作的过程和重要问题作具体解释。园林总体规划是保证工程项目按计划任务正确实施并实现投资效益的综合性、战略性的指导文件，是进行园林设计的依据。

Z

智能化住宅小区（intellectualized residential district）在现代化的城乡住宅小区内，综合采用目前国际上最先进的4C技术（即计算机、自动控制、通信与网络和智能卡），建立一个由小区综合信息服务和物业管理中心、通信接入网和家庭智能化系统组成"三位一体"的小区服务与管理集成系统。其智能化最终体现在小区内独立家庭运用多元信息技术，并达到监控与信息交互的程度（或能力）。智能化住宅小区主要有三个组成部分，即提供多元信息服务和公共物业管理的中心，提供多元信息传输的网络（小区接入网），以及提供家庭安全、自动化和通信的智能化系统。通过该系统，不仅极大地提高了小区居民的生活质量，还进一步促进了小区物业的规范化管理。

（二）工程测量（Engineering Surveying）

C

城市勘察（city reconnaissance）一项以多学科理论为指导、采用多种劳动形式进行工程建设的综合性技术工作。它包括规划选址、可行性研究、设计、施工、运行监测、竣工验收和安全检验，以及环境的监测、保护与治理等，并提供工程地质、水文地质、工程测量和岩土工程成果资料。工程勘察是基本建设中不可缺少的第一个程序，是设计、施工的主要依据。是了解建筑场地工程地质、水文地质、地震地质条件必不可少的步骤。通常要在地面、地质、地貌调查基础上，通过现场钻探、野外测试、室内试验等项工作

后，提供必要的参数及合理的建议。它是一项系统性较强的综合性技术工作。随着现代科技，尤其是电子计算机技术的不断发展，在工程勘察的各环节中，已经改变了过去手工操作的状况，正向半自动化、自动化方向前进。

G

工程测量（engineering surveying）在工程建设规划设计、施工和经营管理阶段所进行的各种测量工作。按工程建设的程序分为：规划设计阶段的控制测量和地形测量；施工阶段的施工测量、设备安装测量和竣工测量；经营管理阶段的变形观测等。按工

程建设对象分为：建筑、水利、铁路、公路、桥梁、隧道、矿山、城市和国防等工程测量。

工程勘察测绘学（geodesy and cartography）研究地理信息获取、处理、描述和应用的学科。其内容包括测定、描述地球的形状、大小、重力场、地表形态以及它们的各种变化、确定自然和人造物体、人工设施的空间位置及属性，制成各种地图和建立有关信息系统。

J

建筑物变形监测（building deformation monitoring）用测量仪器或专用仪器测定建筑物及其地基在建筑物荷载和外力作用下变形状况的工作。在进行变形监测时，一般在建筑物特征部位埋设变形监测标志，在变形影响范围之外设测量基准点，定期测量监测标志相对于基准点的变形量。从历次监测结果的比较中，了解变形随时间而变化的情况。变形监测周期随单位时间内变形量的大小而定。变形量较大，监测周期宜短；变形量减小，建筑物趋向稳定时，监测周期宜相应放长。"变形"是个总体概念，既包括地基沉降、回弹，也包括建筑物的裂缝、倾斜、位移及扭曲等。

S

摄影测量（photogrammetry）利用摄影影像信息测定目标物的形状、大小、性质、空间位置及它们之间相互关系的测量工作。

数字城市（digital city）即城市信息化。其概念源于数字地球。它涉及城市信息化的方方面面。不仅包括信息化基础设施（包括网络、数据库、信息系统、政策法规与保障体系等），还涉及信息化过程中所产生的社会关系和文化伦理观念的变化与调整。数字城市的核心技术是遥感、地理信息系统、全球定位系统、空间决策支持、管理信息系统、虚拟现实以及宽带网络等技术。

数字地面模型（digital terrain models）由一定结构组织在一起的数据组，代表地形特征空间分布的模型。它是地形起伏的数字表达，由对地形表面取样所得到的一组点的坐标数据和一套对地面提供连续的描述的算法组成。简单地说，数字地面模型是按一定结构组织在一起的数据组，它代表着地形特征的空间分布。数字地面模型是建立地形数据库的基本数据，可以用来制作等高线图、坡度图、专题图等多种图解产品。

数字摄影测量（digital photogrammetry）以数字影像为基础，通过计算机分析和处理，获取数字图形和数字影像信息的摄影测量技术。具体地说，它是以立体数字影像为基础，由计算机进行影像处理和影像匹配，自动识别相应像点及坐标，运用解析摄影测量的方法确定所摄物体的三维坐标，并输出数字高程模型和正射数字影像，或图解线划等高线图和带等高线的正射影像图等。

（三）工程设计 （Engineering Design）

C

初步设计（preliminary design）工程设计的控制性设计。设计工作的第一阶段。它以批准的可行性研究报告和设计基础资料为依据，把经过论证的建设方案，用设计文件描绘建设项目的基本蓝图和实施构想，并阐明在指定的地点、时间和投资控制数内，拟建项目建成的技术可行性和经济合理性。为详尽的技术设计和施工图设计奠定基础并提出标准和依据。在两阶段设计中，初步设计通常称为扩大初步设计，简称扩初设计。与初步设计相对应的建设总概算是控制建设投资的根据。其内容与深度，视不同建设项目的性质与特点决定。一般应包括：

（1）设计总说明，阐述项目的规模、生产能力、设计方案的基本依据；产品方案和原材料、能源的解决办法；工艺流程和主要设备的选型与配置；外部协作配合条件，环境保护和抗震防灾措施等；生产组织、劳动定员和各项技术经济指标及建设周期和顺序。（2）建筑总平面图和主要建筑物的建筑结构方案设计图，及有关设计标准的说明。（3）建设总概算文件。初步设计经审查批准，一般不得随意修改和变更。

F

复式住宅（compound apartment）在层高较大的一层楼中增建夹层的一种住宅。每户设有上下两层，但两层合计的层高要低于跃层式住宅，每层高2m左右。复式住宅的下层供起居、炊事、进餐、洗浴用；上层供休息、睡眠和贮藏用。户内设多处入墙式壁柜和楼梯，位于中间的楼板也是上层的地板。复式住宅的优越性体现在：（1）平面利用系数高。通过夹层，可使住宅的使用面积提高50%～70%；（2）户内的隔层将隔断、家具、装饰融为一体，降低了综合造价；（3）上部夹层采用推拉窗及墙身多面窗户，通风采光良好。与一般层高和面积相同的住宅相比，土地利用率可提高40%。因此，复式住宅同时具备了省地、省料、省钱的优点。复式住宅也特别适合于三代、四代同堂的大家庭居住。它既满足了隔代人的相对独立性，又能使家人相互照应。

J

极限状态设计法（limit state design method）当整个结构或结构的一部分超过某一特定状态时，就不能满足设计规定的某一功能要求的特定状态，并按此状态进行设计的方法。此特定状态称为该功能的极限状态，它是针对破坏强度设计法的缺点而改进的工程结构设计法。分为半概率极限状态设计法和概率极限状态设计法。

建筑防排烟设施（smoke control facility of building）在建筑物特定区域内为控制火灾产生的烟气而设置的防排烟设施。它是建筑物防火、保安全的重要内容。防排烟设施分为机械加压送风的防烟设施和可开启外窗的自然排烟设施。建筑防排烟的设计、施工、监督、验收等，均应严格遵照现行国家有关防火规范的规定。主要有《建筑设计防火规范》、《高层民用建筑设计防火规范》、《人民防空工程设计防火规范》、《汽车库、修车库、停车场设计防火规范》等。

建筑工程设计（architecture engineering design）根据工艺作业或使用要求，将不同的作业空间，通过合理的组织，有机地结合起来，形成的一个建、构筑物设计方案。建筑工程设计分为方案设计、初步设计和施工图设计几个阶段。根据不同规模和工程的实际需要，设计阶段可以进行调整。建筑工程设计一般包括各层平面图、各个立面图、剖面图及详图等内容。建筑工程设计的依据包括：工艺作业的要求或业主的功能要求、城市规划的要求、国家、地方及行业的有关规范等。

建筑节能（energy saving of building）在建筑中合理使用和有效利用能源、不断提高能源利用效率的技术。建筑节能的技术途径为：采暖建筑的节能主要依靠减少围护结构的散热，以及提高供热系统的热效率两个方面。前者要求适当控制建筑体形系数，即建筑物外表面积与其所包围的体积的比值。建筑外形尽可能规整，避免不必要的凹凸变化。采用高效保温材料复合，使用多层门窗，用空心砖、加气混凝土等新型墙体材料代替实心黏土砖。加强门窗、外墙、屋顶和地面的保温等。后者要合理提高锅炉的负荷率，改善锅炉运行状况，采用管网水平衡技术，以及加强供热管道保温等。

建筑面积毛密度（gross density of building area）又称容积率，是每公顷居住区用地上拥有的各类建筑物的建筑面积或居住区总建筑面积与居住区用地的比值。

建筑师（architect）以建筑学相关学科的知识及建筑设计的技能为社会服务的专业人员。他们是一个拥有美学及实用方面足够的技能与知识，以至可以构思、设计、安排及监督建筑物的建造者。他们在自己经营的业务中，或在作为专家提供服务时，需要合理地运用这种设计及规划的技能。凡是涉及保障生命、健康及财产安全的建筑物，必须由注册的建筑师设计。在许多国家，建筑师的称号受到法律保护。未按法律规定的程序注册而使用建筑师的称号，或承担按法律规定必须由建筑师进行的建筑实践者，均属犯法行为。注册建筑师可以是政府设计机构的成员，也可以独自经营或合伙经营建筑事务所，也可以是设计公司的主持人或雇员。鉴于建筑师的工作直接影响到国家财产和公众利益，对建筑师实行严格的注册制已成国际惯例。

建筑通风设施（building ventilation facility）建筑物内与室外空气直接流通的窗口、洞口、自然通风道或机械通风装置。建筑设计十分重要的设计原则之一。利用自然通风生活、工作房间的通风开口面积不得小于该房间地板面积的1/20；厨房开口有效面积不小于房间地板面积的1/10，并不得小于$0.6m^2$；厨房上方应安装排除油烟设备，并设排烟道。无自然通风的卫生间、浴室应使用机械通风。

建筑物防雷装置（thunder-preventing device of building）为保证人和建筑物的安全，在建筑物上装设的防雷电设备。防雷装置由接闪器、引下线和接地装置组成。接闪器又称受雷装置，是接受雷电流的金属导体。在建筑物周围或屋面上设置的避雷针、避雷网、避雷带或避雷线都是常见的接闪器。接闪器通常采用圆钢、焊接钢管、扁钢或镀锌钢绞线制成，也有利用建筑物的金属屋面作为接闪器的。为了建筑物的美观，利用屋面混凝土构件内的钢筋做接闪器也是一种常见的方法。引下线又称引流器，是敷设在建筑物墙面或墙内的导线，其作用是把雷电流由接闪器引到接地装置。引下线采用圆钢或扁钢，通常可沿建筑物外墙明敷。对于建筑艺术较高者可暗敷，或利用墙、柱内的钢筋、钢柱作为自然引下线。接地装置是埋在地下的金属导体组和连接导线的总称。它能把接闪器接受的雷电流发散到大地中去。埋于土壤中的垂直接地体采用角钢、钢管或圆钢，并用扁钢或圆钢制成的水平接地体焊连起来，构成人工接地体。水平接地体一般埋深不小于0.5m。接地体应尽量避开建筑物的出入口或人行道。否则，应采取深埋将局部包绝缘物或敷设沥青层的措施。高层建筑混凝土基础由于其埋层较深，土壤中又含有水分，其中的钢筋往往有很好的接地性能，可以作为自然接地体。

结构工程设计（structural engineering design）确定建构筑物结构形成及构件尺寸的设计。它对建筑设计方案进行结构造型设计、力学分析与计算、结构构造分析等，确定建构筑物的结构形式、构件尺寸的设计过程。结构工程设计分为方案设计、初步设计和施工图设计几个阶段。根据不同规模和工程的实际需要，设计阶段可以进行调整。结构工程设计一般包括计算书和图纸等内容。结构工程设计的依据包括：工艺作业的要求、建筑空间要求、国家、地方及行业的有关规范等。

S

设计招标（tender design）建设单位采用竞争方式择优确定设计单位的方法。一般有公开招标和邀请招标两种方式。投标单位应按照设计招标文件的要求参加投标，由评标委员会进行评标，提出综合评标报告，推举候选的中标单位。招标单位可根据评标报告在自己的职权范围内，自主地作出决策，确定中标设计单位。

伸缩缝（contraction joint）又称温度缝，指为避免由温度变化产生的应力使建筑物产生裂缝，而在建筑物基础以上设置的垂直缝隙。通常根据建筑结构的类别、环境与布置情况的不同，将结构分为几个区段。

各区段之间从基础顶面开始，将上部结构完全分开，并留设一定宽度缝隙，以保证当温度变化时，上部结构可以沿水平方向自由伸缩。其做法是：沿建筑物长度方向每隔一定距离预留缝隙，将建筑物从屋顶、墙体、楼层等地面以上构件全部断开，基础因受温度变化影响较小，不必断开。伸缩缝的宽度应满足结构可能发生的最大伸缩变形的要求，一般为20~30mm；缝内应填保温材料。为减轻地基不均匀变形对建筑物的影响，而在建筑物中预先设置的间隙，称沉降缝；为减轻或防止相邻结构单元由地震作用引起的碰撞，而预先设置的间隙，称防震缝；当混凝土施工时，由于技术上或施工组织上的原因，不能一次连续灌注时，而在结构的规定位置留置的搭接面或后浇带，称为施工缝。

施工图审查（checkup of constructional drawing）对施工图设计文件中所涉及的公共利益、公众安全及工程建设强制性标准内容的审查。其目的是为确保建筑工程设计文件的质量符合国家的法律法规，符合国家强制性技术标准和规范，以确保建设工程的质量安全，保证人民的生命财产安全。施工图审查的主要内容有：（1）建筑物的稳定性和安全性；（2）是否符合消防、节能、环保、抗震、卫生、人防等有关强制性标准、规范；（3）施工图是否达到规定的深度要求；（4）是否损害公众利益。

W

网架结构（grid structure）由多根杆件按照一定的网格形式通过节点连结而成的空间结构。具有空间受力、重量轻、刚度大、抗震性能好等优点。可用作体育馆、影剧院、展览厅、候车厅、体育场看台雨篷、飞机库、双向大柱距车间等建筑的屋盖。缺点是交汇于节点上的杆件数量较多，制作安装较平面结构复杂。

Y

硬山式建筑（construction of flush gable roof style）双坡屋顶的两端山墙与屋面封闭相交，将木构架全部封砌在山墙以内的一种建筑。它的特点是山墙面没有伸出的屋檐，山尖显露突出。硬山式建筑根据屋檩的多少，常分为5~9檩等几种构造，但园林建筑多在7檩以下，其中5檩建筑最简单，7檩建筑最为豪华。

跃层式住宅（skip floor building）上、下两层楼面、卧室、起居室、客厅、卫生间、厨房及其他辅助用房，采用户内独用的小楼梯相连接的房屋。是近年来推广的一种新颖住宅建筑形式。跃层式住宅的优点是每户都有较大的采光面，通风较好。户内居住面积和辅助面积较大。布局紧凑，功能明确，相互干扰较小。在高层建筑中，由于每两层才设电梯平台，可缩小电梯公共平台面积，提高空间使用效率。不足之处是户内楼梯要占去一定的使用面积，同时由于两层只有一个出口，发生火灾时，人员不易疏散，消防人员也不易迅速进入。

Z

住宅层高和室内净高（floor height and net height of residence）住宅的层高是指上下两层楼面或楼面与地面之间的垂直距离；室内净高是指楼面或地面至上部楼板底面或吊顶底面之间的垂直距离。普通住宅层高宜为2.80m。卧室、起居室（厅）的室内净高不应低于2.40m，局部净高不应低于2.10m，且其面积不应大于室内使用面积的1/3。利用坡屋顶空间作卧室、起居室（厅）时，其1/2面积的室内净高不应低于2.10m。厨房、卫生间的室内净高不应低于2.20m。厨房、卫生间内排水横管下表面与楼面、地面净距不得低于1.90m，且不得影响门、窗扇开启。

（四）建筑材料（Building Material）

C

彩釉墙地砖（color-glazed tiles for floor and wall）吸水率在0.5%～10%之间的施釉陶瓷砖的总称。该产品为干压法成型，材质为炻瓷质、细炻质和炻质，主要作为外墙砖和地砖使用，特殊场合也可用于内墙铺贴。作为外墙铺贴材料，特别是在寒冷地区，应选用吸水率小的产品。各种图案随意配套。其特点为强度高，耐磨损，经久不裂，性能稳定，釉面色彩丰富。

D

地板玻璃（floor glass）采用三片或三片以上玻璃和防撕裂的PVB胶片制成的夹层玻璃。依据玻璃所承受的载荷稳定性的要求，合成夹层玻璃可以是普通玻璃，也可以是钢化玻璃，或者是表面镀有一层滑膜层的半钢化玻璃。地板玻璃一般用于玻璃地面、玻璃天桥、楼梯踏步和平台等。

丁烯防水卷材（butylene waterproofing roll-roofing）以丁基橡胶为主要原料，以聚乙烯树脂为改性材料，掺和填料及各种助剂经塑炼、混炼、压延而制成的卷材。它保持了丁基橡胶的优点，例如高强度（抗拉强度≥2.0MPa）、良好的气密性、化学稳定性（5%盐酸、15%氢氧化钠浸泡15天，无变化）、耐热性（120℃，5小时不起泡、不发黏）和耐老化性能（13.5kW氙灯光氧化400h无变化）。由于聚乙烯树脂的引入，其低温柔性（－40℃弯曲直径1mm无裂纹）、延伸性（延伸率≥200%）和耐寒性得到了大幅度的提高。由于使用范围大（－45～＋80℃），广泛应用于建筑、石油开采、地质勘探、水利电力和国防等部门。建筑工程中主要用于工业与民用建筑屋面、地下及其他防水工程。

F

防火玻璃（flameproof glass）透明且能阻挡和控制热辐射、烟雾及火焰，防止火灾蔓延的玻璃。其特点是能有效地限制玻璃表面的热传递，并且在受热后变得不透明，从而能使居民在着火时看不见火焰或感觉不到温度升高及热浪，避免了撤离现场时的惊慌。防火玻璃还具有一定的抗热冲击强度，而且在800℃左右仍有保护作用。防火玻璃主要有夹层玻璃、夹丝（网）玻璃、薄涂型防火玻璃和玻璃空心砖等几大种。

复合木地板（composite wood flooring）一种具有多层结构的木地板。它可以克服传统实木地板的缺点和节约优质木材。一般具有两层、三层或五层结构。表层采用优质木种，其纹理清晰、木质坚硬、耐磨；中间层采用价格低廉的软杂木；底层采用旋切的各种木材的单板。各层薄板涂胶后热压后成板材，然后加工成长条或方块拼花地板，开槽铣榫后，精细砂光及油漆而成。一般铺装在弹性吸音材料（发泡材料、地毡）上。吸音性及耐冲击性良好，不弯曲、无开裂、耐磨性好、施工方便，适用于宾馆、商场、展厅、舞厅、会议室及住宅室内铺设。

G

钢化玻璃（tempered glass）将平板玻璃加热到接近软化点温度，在玻璃表面进行均匀的急速冷却，使玻璃表面产生压应力，内部产生张应力，从而提高抗拉强度和热稳定性的玻璃。它是一种预应力玻璃，当经受的外力超过其强度破碎时，碎片似蜂窝状，无锐角具有较好的安全性能。钢化玻璃的主要优点：（1）强度较之普通玻璃提高数倍，抗弯强度是普通玻璃的3～5倍，抗冲击强度是普通玻璃的5～10倍，提高强度的同时提高了安全性；（2）其承载能力增大，改善了易碎性质，即使被破坏也是无锐角的小碎片，极大地降低了对人体的伤害；（3）耐急冷急热性质较之普通玻璃可提高2～3倍，一般可承受150℃以上的温差变化，对防止热炸裂有明显的效果。但是，钢化玻璃也存在一些缺点。首先，有可能自爆。其次，钢化玻璃不宜单独在高层建筑或者天棚、天窗结构中使用，因为一旦玻璃破裂，所产生的"玻璃雨"可能会对下面的人群造成伤害。在这种情况下，一般是做成夹层玻璃或者和夹网玻璃联合使用。再次，钢化玻璃在生产过程中会产生变形，影响了光学性能，这在追求映像效果的幕墙、飞机风挡玻璃等方面应用时受到了限制。另外，钢化玻璃一旦制成就不能再进行任何冷加工处理，因此玻璃的成型、打孔等必须在钢化前完成，即钢化前的尺寸为最终产品尺寸。

钢纤维混凝土（steel fiber reinforced concrete）在普通混凝土中掺配一定数量的短而细的钢纤维所形成的一种新型高强复合材料。由于钢纤维阻止基体混凝土裂缝的产生，不但具有普通混凝土的优良性能，而且具有良好的抗折、抗冲击、抗疲劳以及收缩率小、韧性好、耐磨耗能力强等特性。可使路面厚度减薄50%以上。缩缝间距可增至15～30m，不用设胀缝和纵缝。钢纤维混凝土所用钢纤维的类型有圆直型、熔抽型和剪切型。其长度分为各种不同规格，最佳长径比为40～70。截面直径在0.4～0.7mm范围内，抗拉强度不低于380MPa。在施工时钢纤维在混凝土中的掺入量为1.0%～2.0%（体积比），但最大掺入量不宜超过2.0%。水泥采用425号～525号普通硅酸盐水泥，以保证混合料具有较高的强度和耐磨性能。钢纤维混凝土用的粗骨料最大粒径为钢纤维长度的2/3，不宜大于20mm。细集料采用中粗砂，平均粒径0.35～0.45mm，松装密度为1.37g/cm³，砂率采用45%～50%。

高聚物改性沥青防水卷材（waterproofing of polymer modified membrane）以合成高分子聚合物改性沥青为涂盖层，纤维织物或纤维毡为胎体，粉状、粒状、片状或薄膜材料为覆面材料制成的卷状防水材料。合成高分子改性材料掺入量不低于10%。分为SBS、APP、APAO、APO等多种。以聚酯无纺布或玻璃纤毡为胎基，苯乙烯－丁二烯－苯乙烯(SBS)热塑性弹性体系作为改性剂，表面覆以聚乙烯膜、铝箔膜、砂料、彩砂、页岩等所制成的防水卷材称为SBS改性沥青防水卷材，在北方气温较低的地区使用较广；以聚酯毡或纤毡为胎基，用聚乙烯聚合物(APAO、APO)作改性剂，两面覆以隔离材料所制成的防水卷材称为APP改性沥青防水卷材，在南方气温较高的地区使用较广。其施工方法有热熔粘贴施工和冷粘贴施工。

高性能混凝土（high performance concrete）以耐久性为基本要求，并用常规材料和常规工艺制造的水泥基混凝土。这种混凝土在配合比上的特点，是掺加合格的矿物掺和料和高效减水剂，取用较低的水胶比和较少的水泥用量，并在制作上通过严格的质量控制，使其达到良好的工艺性、均匀性、密实性和体积稳定性。

灌浆水泥（grouting cement）以硅酸盐水泥熟料配以适量的矿渣、粉煤灰等辅助材料经过细磨工艺制成的新品种水泥。普通灌浆水泥颗粒粒径为30～40μm，其中10μm以下的颗粒占50%以上，比表面积≥600m²/kg以上。目前生产的灌浆水泥不仅可以达到化学灌浆的水平，而且力学强度较高，无毒、无污染、耐久性好。目前灌浆水泥主要用于水利工程，用来填充大坝等坝基的裂隙、坝体收缩缝、修补混凝土的裂缝、堵塞蓄水构筑物的渗漏等。

H

混凝土（concrete）由胶凝材料将集料胶结成整体的工程复合材料的统称。通常讲的混凝土是指用水泥作胶凝材料，砂、石作集料，与水按一定比例配合，经搅拌、成型、养护而得的水泥混凝土，也称普通混凝土。它广泛应用于土木工程。自19世纪20年代出现了波特兰水泥后，由于用它配制成的混凝土具有工程所需要的强度和耐久性，而且原料易得，造价能耗较低因而得到广泛应用。20世纪初，有人发表了水灰比等学说，初步奠定了混凝土强度的理论基础。以后，相继出现了轻集料混凝土、加气混凝土及其他混凝土，各种混凝土外加剂也开始使用。20世纪60年代以来，出现了高效减水剂和相应的流态混凝土。高分子材料进入混凝土材料领域，出现了聚合物混凝土。多种纤维被用于分散配筋的纤维混凝土。现代测试技术也越来越多地应用于混凝土材料科学的研究。

J

建筑胶黏剂（building adhesive）在建筑业中使用的各种胶黏剂。包括用于建筑装饰装修施工中各种内外墙体、楼板、地面装饰、吊顶、屋面和地下防水、金属构件和管道的安装，用于建筑结构构件在施工、加固、维修和用于建材产品制造及其他设备的各种胶黏剂及黏接铺装材料等。建筑胶黏剂还可用于道路标志、水坝防漏、军事工程应急维修以及堵漏等许多方面。

金属壁纸（metal wallpaper）用经彩色印刷的铝箔与防水基层纸复合而成的壁纸。具有金碧辉煌、庄重华贵、图案清晰、表面光洁、耐水、耐磨、不起斑、不发霉、不变色等特点。适用于宾馆、酒店、商场等建筑的大堂、门面、墙面、天花板和包柱的装饰。

L

铝箔橡塑改性沥青防水卷材（al-foil surface modified asphalt waterproof membrane）以玻璃纤维、聚氨酯纤维无纺布或黄麻布为胎体，以改性沥青类材料为浸渍涂盖层，以塑料薄膜为底面防粘隔离层，以银白色铝箔作面层制成的防水卷材。该产品对阳光的反射率高（≥70%），能抗老化，延长油毡的使用寿命，并能降低房屋顶层的室内温度。其耐高温且低温性能好，高温（85℃）不流淌，低温（-20℃）不脆裂，而且具有较高的强度（≥2.5MPa），延伸率较大（>50%），弹塑性较好，对基层伸缩或开裂的适应性较强，适宜冷作业施工。该材料可用于建筑屋顶、平台屋顶的防水层或蒸汽隔防层，特别适宜于炎热地区的屋面防水。

铝合金（aluminium alloy）在纯铝中加入某些合金元素制成的合金。如铝—锰合金、铝—铜合金、铝—铜—镁系硬铝合金、铝—锌—镁—铜系超硬铝合金。与纯铝相比，铝合金具有易加工、耐久性强、适用范围广、装饰效果好、花色丰富等优势。铝合金分为防锈铝、硬铝、超硬铝等种类；各种类均有各自的使用范围，并有各自的代号，使用者可根据需求进行选用。铝合金仍然保持了质轻的特点，但机械性能明显提高。铝合金材料的用途广泛：一是作为受力构件；二是作为门、窗、管、盖、壳等材料；三是利用铝合金阳极氧化处理后可以进行着色的特点，制成各种装饰品。铝合金板材、型材表面可以进行防腐、轧花、涂装、印刷等二次加工，制成各种装饰板材、型材。作为装饰材料，不仅成本低，而且使用一种工艺就可以大量加工生产同样的零部件。

N

耐酸水泥（acid proof cement）一种耐酸腐蚀的水泥材料。最早应用的是气硬性的水玻璃耐酸水泥，至今仍广泛应用。同时出现的还有以熔融硫磺为主的硫磺耐酸水泥。随着高分子化工行业的发展，以合成树脂为主要黏接剂的耐酸胶凝材料也得到普及，主要是一些聚合物耐酸水泥。水玻璃耐酸水泥由填料、硬化剂、水玻璃等组成。适用于硫酸、硝酸、盐酸、磷酸、醋酸、氯气及一部分水解后呈酸性的盐和有机酸等腐蚀介质的防腐设备内衬及基础，以及建筑物和构件的耐酸防腐层与胶结层。还可用于耐酸砂浆和耐酸混凝土等。硫磺耐酸水泥是以硫磺为黏接剂，配以拉韧剂、耐酸填料经加热制成。主要用于化工厂黏接耐酸槽的衬砖防腐地面、固定设备基础预埋件等。在电器工业领域中一般用于黏接电磁瓶等。聚合物耐酸水泥主要以合成树脂为黏接剂，加入固化剂、填料、增韧剂，经常温或适当升温养护而成。主要用于结合层、嵌缝及填补材料。

R

乳白玻璃（milk glass）含有高分散晶体的白色半透明玻璃。在玻璃配合料中加入一些低溶解度的乳浊剂，例如氟化物、氯化物、磷酸盐、硫酸盐等。这些物质在高温时可以溶解在玻璃液中，但是在降温过程中就会析出一种或者多种微小结晶颗粒。由于晶粒的折射率与主体玻璃不同，在光漫射作用下使玻璃呈现乳浊。乳浊程度取决于析出晶粒的分散度以及晶粒与主体玻璃之间的折射率差。乳白玻璃主要用于制作化妆品瓶、灯具、温度计和滴定管的乳白釉带及颜色玻璃器皿镶套等。

S

渗水路面砖（seepy road surface brick）一种既具有普通广场砖的风格又具有渗水、保水、防滑性能的新型广场砖。其特点是在砖内形成连贯气孔的结构，砖表面的积水可以通过这些连贯气孔渗透到地下。在坯料中加入烧失量大的物质或发泡剂，在烧成过程中会形成空洞或产生大量气体形成连贯性的气孔。

T

弹性体改性沥青防水卷材（SBS modified asphalt waterproofing roll-roofing）是以聚酯毡和玻

纤毡为胎基，苯乙烯-丁二烯（SBS）热逆性弹性体做改性剂，两面覆以隔离材料所制成的建筑防水卷材。其优点是：高温不流淌，低温不脆裂；耐疲劳、抗老化、韧性强、弹性好、防水性能优异、施工操作简便、环境适应性强、冬季亦可施工；造价低、荷重轻、维修量小且方便，有效防水年限达 8～12 年。广泛应用于屋面、墙体、厕浴间、地下室、冷库、桥梁、隧道、水池、地下管道等工程的防水、防渗、防潮、隔气施工；亦可应用于地下管道的防锈、防腐及各种防潮内包装材料。

Y

有机硅防水剂（silicone waterproof agent）一种主要成分为甲基硅酸钠的小分子水溶性聚合物。该产品易被弱酸分解，形成的甲基硅酸很快聚合成有防水性能的聚甲基硅醚（即防水膜）。无毒、无味、不挥发、不易燃、耐腐蚀性和耐候性良好，可用于混凝土、石灰石、砖瓦、石膏、矿物制品等的防水过程中。有机硅防水剂为无色或淡黄色透明液体。建筑物表面涂刷或喷刷该防水剂，不影响饰面的原有色泽，并能防污染、防风化，提高建筑物饰面的耐久性，还可防止发生冻裂及发花现象。

有机硅防水涂料（silicone waterproof coating）一种以有机硅为主要原料，加入适量助剂配制乳化而成的涂料。该涂料防水抗渗性能优良（不透水性为 0.1MPa 动水压 30min 合格），耐低温（－10℃，2h 弯曲直径 10mm 无裂纹）及抗冻性好，耐热性好（80℃，5h），不起鼓、无脱落，是一种无污染、无刺激性的新型建筑防水涂料。应用于建筑外墙后，会渗入基层一定深度并形成一层透气憎水薄膜，阻挡雨水渗入室内。单组分，冷施工，施工方便，还具有自清洁功能和保色作用。主要用于建筑物墙面防水抗渗，也可用在保温材料上，以降低其吸水率。如与普通水性内外墙涂料内掺或外喷使用，可使普通水性涂料变成彩色防水装饰涂料。

预应力混凝土空心板（prestressed concrete hollow plate）以具有预应力的钢筋为骨架，以水泥为基材而制成的空心结构的混凝土材料。它是一种跨度大、承载力强的混凝土空心板。主要产品包括楼板、屋面板和外墙板。应用于工业建筑、工业性辅助建筑、商场、歌舞厅、办公楼、教学楼、住宅等建筑。此外，SP 板也可作为市政工程的大型沟盖板、桥梁板、行人过街桥板、过河水渠底板等使用。预应力混凝土空心板具有跨度大、承载能力高、抗震性能好、外形尺寸好等特点。广泛应用于工厂、学校、体育馆、影剧院、商场、办公楼等工程，在扩大使用面积、改善使用功能、缩短施工工期、提高资金利用率等方面具有重要的意义。

Z

注浆堵漏王（grouting plugging agent）一种以甲苯二氰酸酯与三羟基水溶性聚醚为主要原料所组成的高分子化合物堵漏剂。它具有无毒、无污染、黏度低、可灌性好、耐腐蚀等优点。在低温下可操作，在一定范围内凝胶时间不受水量的影响，注浆工艺简单、止水快、堵水效果好。凝胶体的优点是抗渗性好，强度及延伸率高、耐腐性及稳定性好，固结体在水中的浸泡液体对人体及动植物无害。可广泛用于土木建筑工程的防水堵漏，大坝基础的注浆和坝体混凝土裂隙的防渗、补强，隧道、矿井、水池及地下工程渗漏部位的注浆堵漏。

装饰混凝土砌块（decorative concrete block）以水泥、粗细集料、色质集料、颜料和水为主要原材料，必要时加入化学和矿物外加剂，按一定的比例计量、配料、搅拌、成型、养护而成的混凝土块材。经过前期预加工或后期处理，使砌块外表面具有类似天然石材的装饰效果。主要品种有劈离砌块、凿毛砌块、条纹砌块、磨光砌块、凹陷砌块、雕塑砌块和露集料砌块等。它广泛应用于建筑、市政、水利、园林、道路等工程。

（五）工程结构 （Engineering Structure）

G

钢筋混凝土结构（reinforced concrete structure）用配有钢筋增强的混凝土制成的结构。由于混凝土的抗拉强度远低于抗压强度，因而素混凝土结构不能用于受有拉应力的梁和板。如果在混凝土梁、板的受拉区内配置钢筋，则混凝土开裂后的拉力即可由钢筋承担，这样就可充分发挥混凝土抗压强度较高和钢筋抗拉强度较高的优势，共同抵抗外力的作用，提高混凝土梁、板的承载能力。钢筋与混凝土两种不同性质的材料能有效地共同工作，是由于混凝土硬化后混凝土与钢筋之间产生了黏结力。它由分子力（胶合力）、摩阻力和机械咬合力三部分组成。其中起决定性作用的是机械咬合力，约占总黏结力的一半以上。将光面钢筋的端部作成弯钩，及将钢筋焊接成钢筋骨架和网片，均可增强钢筋与混凝土之间的黏结力。为保证钢筋与混凝土之间的可靠黏结和防止钢筋被锈蚀，钢筋周围须具有 15～30mm 厚的混凝土保护层。若结构处于有侵蚀性介质的环境，保护层厚度还要加大。

高层建筑（high rise building）超过一定高度和层数的多层建筑。中国自 1982 年起规定超过 10 层的住宅建筑和超过 24m 高的其他民用建筑为高层建筑。1972 年国际高层建筑会议将高层建筑分为如下 4 类：一是 9～16 层（最高 50m），二是 17～25 层（最高 75m），三是 26～40 层（最高 100m），四是 40 层以上（高于 100m）。现代高层建筑兴起于美国，1883 年在芝加哥建起第一幢高 11 层的保险公司大楼，1931 年在纽约建成高 102 层的帝国大厦。第二次世界大战以后，出现了世界范围的高层建筑繁荣时期。美国芝加哥西尔斯大厦。台北 101（TAIPEI 101），原名台北国际金融中心是目前全世界最高的摩天大楼。它位于中国台北市信义区，楼高 508m，地上 101 层，地下 5 层。高层建筑可节约城市用地，缩短公用设施和市政管网的开发周期，从而减少市政投资。

高耸结构（towering tructure）又称塔桥结构，它是高度较大、横断面相对较小的结构。以水平荷载(特别是风荷载)为结构设计的主要依据。根据其结构形式可分为自立式塔式结构和拉线式桅式结构。古代宗教塔是早期的高耸结构。中国历代曾建有砖、石、木材、生铁等材料的各种形式的塔。现在尚存的具有代表性的古塔有：公元 523 年（北魏）建造的河南登封嵩岳寺砖塔，公元 1056 年（辽）建造的山西应县佛宫寺释迦木塔等。

工程结构（engineering structure）以建筑材料制成的各种承重构件相互连接成一定形式的组合体。在房屋、桥梁、铁路、公路、水工、港口等工程的建筑物、构筑物和设施中的工程结构，除满足工程所要求的功能和性能外，还必须在使用期内安全、适用、经济、耐久地承受外加的或内部形成的各种作用。

工程结构抗震加固与修复（strengthening and repairing of engineering structure in seismic region）为了使结构能够达到抗震设防标准而采取的措施。在地震区往往有大量房屋、桥梁、烟囱、水塔等工程结构，由于达不到当地抗震设防的要求而需要进行震前加固。此外，在地震后的城市和乡村，许多结构虽遭到损坏但仍保留下来的，又需要进行震后修复。加固和修复都是为了使结构能够达到当地抗震设防标准，以保护人民生命财产安全。

工程结构设计理论（dcsign theory on engineering structure）研究和处理工程结构的安全性、适用性与经济性的理论及方法。主要解决工程结构产生的各种作用效应与结构材料抗力之间的关系。涉及有关结构上的作用、结构抗力、结构可靠度和结构设计方法及优化设计等方面的问题。

工程结构试验（engineering structure test）用以检测工程结构可靠性的技术工作。对工程结构或构件采用加载或其他方式进行试验，测量结构或构件的内力、变形、转角、支座位移、频率、振幅等，用以核对其设计要求或检验其是否安全可靠，并作为探索结构新领域和发展工程结构理论的手段和基础。

H

海洋工程结构（marine engineering structure）在近海区域设置或建造的工程构筑物。例如：海洋石油钻井、采油、储油及系泊平台，海底输油管线，海洋潮汐和温差电站，海底隧道，海洋观察站，海上导航灯塔，海洋观光站及海上飞机场等。海洋工程是一门新兴的综合性学科，涉及的范围较广。随着海洋的开发和利用，海洋工程种类将越来越多。

混凝土结构（concrete structure）以混凝土为基材制成的结构。这类结构有如下三种类型：素混凝土、钢筋混凝土和预应力混凝土。素混凝土结构是指由无筋或不配置受力钢筋的混凝土制成的结构；钢筋混凝土结构是指由配置受力的普通钢筋、钢筋网或钢筋骨架的混凝土制成的结构；预应力混凝土结构是指由配置受力的预应力钢筋，通过张拉或其他方法建立预加应力的混凝土制成的结构；先张法预应力混凝土结构是指在台座上张拉预应力钢筋后，浇筑混凝土，并通过黏结力传递，而建立预加应力的混凝土结构；后张法预应力混凝土结构是指在混凝土达到规定强度后，通过张拉预应力钢筋，并在结构上锚固，而建立预加应力的混凝土结构；现浇混凝土结构是指在现场支模并整体浇筑而成的混凝土结构；装配式混凝土结构是指由预制混凝土构件或部件通过焊接、螺栓连接等方式装配而成的混凝土结构；装配整体式混凝土结构是指由预制混凝土构件或部件通过钢筋、接件或施加预应力加以连接，并现场浇筑混凝土而形成整件的结构。

K

空间结构（spatial structure）一种具有三维空间形体，且在荷载作用下具有三维受力特性的结构。相对平面结构而言，空间结构具有受力合理、重量轻、造价低以及结构形式多样等优点。空间结构按其形式分为五大类，即薄壳结构（包括折板结构）、网壳结构、网架结构、悬索结构和膜结构；按组成空间结构的基本单元可归纳为五种，即板壳单元、梁单元、杆单元、索单元和膜单元。空间结构所采用的建筑材料有石材、砖、钢筋混凝土、木材、竹材、钢材和膜材等。

M

木结构（timber structure）用木材制成的结构。木材是一种取材容易，加工简便的结构材料。木结构自重较轻，便于运输、装拆，能多次使用，故广泛地用于房屋、桥梁和塔架等建筑中。近代胶合木结构的出现，进一步扩大了木结构的应用范围。虽然木材受拉和受剪呈脆性破坏，其强度受木节、斜纹及裂缝等天然缺陷的影响很大，但在受压和受弯时具有一定的塑性。木材处于潮湿状态时，将受木腐菌侵蚀而腐朽。在空气温度、湿度较高的地区，白蚁、蛀虫、家天牛等对木材危害颇大。木材能着火燃烧，但有一定的耐火性能。因此，木结构应采取防腐、防虫、防火措施，以保证其耐久性。

Q

砌体结构（masonry structure）又称砖石结构，是用砖砌体、石砌体或砌块砌体建造的结构。由于砌体的抗压强度较高而抗拉强度很低，因此，砌体结构构件主要承受轴心或小偏心压力，而很少受拉或受弯。一般民用和工业建筑的墙、柱和基础都可采用砌体结构。在采用钢筋混凝土框架和其他结构的建筑中，常用砖墙做围护结构，如框架结构的填充墙。烟囱、隧道、涵洞、挡土墙、坝、桥和渡槽等，也常采用砖、石或砌块砌体建造。砌体结构的主要优点是：（1）容易就地取材。砖主要用黏土或粉煤灰作原料；石材的原料是天然石，砌块可以用工业废料——矿渣制作，

来源方便，价格低廉。（2）砖、石或砌块砌体具有良好的耐火性和较好的耐久性。（3）砌体砌筑时不需要模板和特殊的施工设备。在寒冷地区，冬季可用冻结法砌筑，不需特殊的保温措施。（4）砖墙和砌块墙体能够隔热和保温，所以既是较好的承重结构，也是较好的围护结构。

墙板结构（wallboard structure）由墙和楼板组成承重体系的房屋结构。墙既作承重构件，又作房间的隔断，是居住建筑中最常用且较经济的结构形式。缺点是室内平面布置的灵活性较差。为克服这一缺点，目前正在向大开间方向发展。墙板结构多用于住宅、公寓，也可用于办公楼、学校等公用建筑。墙板结构的承重墙可用砖、砌块、预制或现浇混凝土做成。楼板用预制钢筋混凝土或预应力混凝土空心板、槽形板和实心板，也可采用预制与现浇叠合式楼板和全现浇式楼板。

S

素混凝土结构（plain concrete structure）以普通混凝土材料制作的结构。主要用于承受压力而不承受拉力的结构，如重力堤坝、支墩、基础、挡土墙、地坪、水泥混凝土路面、飞机场跑道及砌块等。素混凝土结构一般采用200号以下的普通混凝土。设计时应计算混凝土构件正截面强度，对承受局部荷载的部位还要进行局部承压验算。对偏心受压构件不仅考虑弯矩作用，还要以素混凝土构件的高厚比所规定的纵向弯曲系数进行控制；在结构或构件截面尺寸急剧变化处，均应设置构造钢筋，以防开裂。素混凝土结构根据预制或现浇以及是否配置构造钢筋的不同结构类别，及构件处于室内或露天的条件，按规范规定设置伸缩缝，以防止因气候影响而产生裂缝。水工建筑物还应考虑防冻、防渗和防腐蚀。

T

特种工程结构（special engineering structure）有别于一般结构，而具有独特用途的工程结构。它包括高耸结构、海洋工程结构、管道结构和容器结构等。随着科学技术的发展，将会出现越来越多的、具有新用途的特种工程结构。

Y

预应力混凝土构件（prestressed concrete component）预先对受拉区的混凝土施加压力，使其成为拉应力控制在最小范围的构件。为了避免钢筋混凝土结构的裂缝过早出现，充分利用钢筋的高抗拉强度及

混凝土的高抗压强度，可以设法在结构构件承受使用荷载前，预先对受拉区的混凝土施加压力，使它产生预压应力来减小或抵消荷载所引起的混凝土拉应力，从而将结构构件的拉应力控制在较小范围，甚至处于受压状态。或者说借助混凝土较高的抗压能力来弥补其抗拉能力的不足，以推迟混凝土裂缝的出现和开展，从而提高构件的抗裂性能和刚度。可分为先张法预应力构件和后张法预应力构件。

Z

竹结构（bamboo structure）用竹材制成的建筑结构。在中国南方盛产竹材的地方，用竹材建造房屋由来已久。利用竹篾编成竹索做成能跨越 20～30m 的吊桥，称为竹索桥。这种桥梁在中国的应用历史悠久。结构用的毛竹在中国南方各地均能种植。一般 4～6 年即可成材。毛竹中空呈管状，内有横膈，壁厚约为直径的 1/10。竹干有节，节距从根到梢随直径减小而增大。竹材的强度主要由管状纤维支持，一般三根纤维成束，称为维管束。从竹壁内侧的竹黄部分到外侧的竹青部分，维管束逐渐密集。

(六)建筑结构（Construction Structure）

D

地面沉降（earth subsidence）由于地下松散地层固结压缩，导致地壳表面标高降低的一种地质现象。中国出现地面沉降的城市较多。按发生地面沉降的地质环境可分为三种模式：（1）现代冲积平原模式，如中国的几大平原。（2）三角洲平原模式，如长江三角洲。常州、无锡、苏州、嘉兴、萧山的地面沉降均发生在这种地质环境中。（3）断陷盆地模式，又可分为近海式和内陆式两类。近海式指滨海平原，如宁波；而内陆式则为湖冲积平原，如西安市、大同市等。

地震烈度（earthquake intensity）地震对地表及工程建筑物影响的强弱程度。它是在没有仪器记录的情况下，凭地震时人们的感觉或地震发生后工程建筑物的破坏程度、地表的变化状况而定的一种宏观尺度。一次地震发生后，根据建筑物破坏的程度和地表面变化的状况，评定距震中不同地区的地震烈度，绘出等烈度线，作为对该次地震破坏程度的描述。因此，地震烈度主要是说明已经发生的地震影响的程度。一个地区的烈度，不仅与这次地震的释放能量（即震级）、震源深度、距离震中的远近有关，还与地震波传播途径中的工程地质条件和工程建筑物的特性有关。地震的烈度在不同方向有所不同，如在覆盖土层浅的山区衰减快，而覆盖土层厚的平原地区衰减慢。烈度还用于地震区划，表示将来一定期限内可能发生在某一区域内的最大烈度，估计一个建设地区可能发生的地震影响大小。对新建工程来说，工程设计采用的烈度则是一种设计指标，据此进行结构的抗震计算和采取不同的抗震措施。

F

风荷载（wind load）又称风动压力，是指空气流动对工程结构所产生的压力。风荷载与基本风压、地形、地面粗糙度、距离地面高度，及建筑体型等诸因素有关。中国的地理位置和气候条件造成的大风为：夏季东南沿海多台风，内陆多雷暴及雹线大风；冬季北部地区多寒潮大风。其中沿海地区的台风往往是设计工程结构的主要控制荷载。台风造成的风灾事故较多，影响范围也较大。雷暴大风可能引起小范围内的风灾事故。

G

钢桁架（steel truss）用钢材制造的桁架。工业与民用建筑的屋盖结构、吊车梁、桥梁和水工闸门等，常用钢桁架作为主要承重构件。各式塔架，如桅杆塔、电视塔和输电线路塔等，常用三面、四面或多面、平面桁架组成的空间钢桁架。钢桁架常按力学简图、外形和构造特点进行分类：（1）按力学简图分为简支的和连续的、静定的和超静定的、平面的和空间的六种。简支钢桁架应用最广。（2）按外形可分为三角形、梯形、平行弦和多边形四种。屋面坡度较陡的屋架常采用三角形钢桁架，跨度一般在 18～24m；屋面坡度较平缓的屋架常采用梯形钢桁架，跨度一般为 18～36m，应用较广。其他各类钢桁架常采用构造较简单的平行弦钢桁架。多边形钢桁架受力较好但制造较复杂，只在大跨度钢桁架中有时采用。塔架通常采用直线或折线的外形。

钢筋混凝土桁架（reinforced concrete truss）用钢筋混凝土或预应力混凝土材料制成的桁架。钢筋混凝土桁架多用于屋架、塔架，有时也用于栈桥和吊车梁。由于钢筋混凝土桁架的拉杆在使用荷载下常出现裂缝，因而仅用于荷载较轻和跨度不大的桁架。20世纪50年代以后，随着预应力混凝土技术的发展，对跨度较大和荷载较重的桁架，已普遍采用了预应力混凝土桁架，常用的跨度为18m、24m、30m，个别的为60m。

钢筋混凝土梁（reinforced concrete beam）用钢筋混凝土材料制成的梁。钢筋混凝土梁既可做成独立梁，也可与钢筋混凝土板组成整体的梁-板式楼盖，或与钢筋混凝土柱组成整体的单层或多层框架。钢筋混凝土梁形式多种多样，是房屋建筑、桥梁建筑等工程结构中最基本的承重构件，应用范围极广。

钢筋混凝土筒仓（reinforced concrete silo）平面为圆形、方形、矩形、多角形及其他几何外形的贮存散料的钢筋混凝土直立容器。其容纳贮料的部分为仓体。筒仓内贮料计算高度与圆形筒仓内径或矩形筒仓短边之比大于或等于1.5时为钢筋混凝土深仓，小于1.5时为钢筋混凝土浅仓。

钢筋混凝土柱（reinforced concrete column）用钢筋混凝土材料制成的竖向承重物件。是房屋、桥梁、水工等各种工程结构中最基本的承重构件。常用作楼盖的支柱、桥墩、基础柱、塔架和桁架的压杆。按照制造和施工方法分为现浇柱和预制柱。现浇钢筋混凝土柱整体性好，但支模工作量大；预制钢筋混凝土柱施工比较方便，但要保证节点连接质量。

钢梁（steel beam）用钢材制造的建筑工程中的横向构件。厂房中的吊车梁和工作平台梁、多层建筑中的楼面梁、屋顶结构中的檩条等，都可以采用钢梁。钢梁分如下两类：（1）型钢梁。用热轧成型的工字钢或槽钢等制成，檩条等轻型钢还可以采用冷弯成型的Z型钢和槽钢。型钢梁加工简单、造价低廉，但型钢截面尺寸受到一定规格的限制。当荷载和跨度较大，采用型钢截面不能满足强度、刚度或稳定要求时，则采用组合梁。（2）组合梁。由钢板或型钢焊接或铆接而成。由于铆接费工费料，常以焊接为主。常用的焊接组合梁为：由上、下翼缘板和腹板组成的工形截面和箱形截面。后者较费料，且制作工序较繁，但具有较大的抗弯刚度和抗扭刚度，适用于有侧向荷载和抗

扭要求较高或梁高受到限制等情况。

钢柱（steel column）用钢材制造的竖向承重构件。大中型工业厂房、大跨度公共建筑、高层房屋、轻型活动房屋、工作平台、栈桥和支架等的柱，大多采用钢柱。钢柱按其截面形式可分为实腹柱和格构柱。实腹柱具有整体的截面，最常用的是工形截面；格构柱的截面分为两肢或多肢，各肢间用缀条或缀板联系，当荷载较大、柱身较宽时钢材用量较省。

H

荷载标准值（standard value of a load）结构或构件在正常使用条件下，可能出现的最大荷载值。在结构设计时采用的荷载基本代表值，也就是在荷载规范中所列的各项标准荷载。因此它应高于经常出现的荷载值。统计的观点认为，荷载的标准值是在所规定的设计基准期内，其超越概率小于某一规定值的荷载值，也称特征值，是工程设计可以接受的最大值。在某些情况下，一个荷载可以有上限和下限两个标准值。当荷载减小对结构产生更危险的效应时，应取用下限值作为标准值；反之，当荷载增加使结构产生更危险的效应时，则取上限值作为标准值。又如各种活荷载，当有足够的观测资料时，则应按上述标准值确定；当无足够的观测资料时，荷载的标准值可结合设计经验，根据上述的概念协议确定。

恒载（dead load）又称永久荷载，是施加在工程结构上不变的（或其变化与平均值相比可以忽略不计的）荷载。如结构自重、外加永久性的承重、非承重结构构件和建筑装饰构件的重量、土压力等。因为恒载在整个使用期内总是持续地施加在结构上，所以在设计结构时，必须考虑它的长期效应。结构自重，一般根据结构的几何尺寸和材料容重的标准值（也称名义值）确定。

J

基本风压（basic wind pressure）以当地比较空旷平坦地面上离地10m高，统计50年一遇10分钟平均最大风速为标准确定的风压。基本风压的公式为 $W_0 = 1/2\,\rho\,V_0^2$（其中：W——基本风压，ρ——空气密度，V_0——基本风速）。基本风压因地而异，在中国的分布情况是：台湾和海南岛等沿海岛屿、东南沿海是最大风压区，由台风造成；东北、华北、西北的北部是风压次大区，主要与强冷气活动相关联；青藏高原为风压较大区，主要由海拔高度较高所造成。其他内陆地区风压都较小。

建筑物荷载(building lood)结构自重和施加于结构上的外力。例如恒载、楼面活荷载、车辆荷载、雪荷载、风荷载、吊车荷载、屋面积灰荷载、波浪荷载等。实际上，作用和荷载可以作为同义词用，但习惯上把荷载专指直接作用。

结构可靠度(reliability of structual)在规定时间和条件下，工程结构具有的满足预期的安全性、适用性和耐久性等功能的能力。由于影响可靠性的各种因素存在着不定性，如荷载、材料性能等的变异，计算模型的不完善，制作质量的差异等，而且这些影响因素是随机的，因而工程结构完成预定功能的能力只能用概率度量。结构能够完成预定功能的概率，称为可靠概率；结构不能完成预定功能的概率，称为失效概率。工程结构设计的目的，就是力求最佳的经济效益，将失效概率限制在人们实践所能接受的适当程度上。失效概率愈小，可靠度愈大。工程结构的失效标准和各种结构的安全等级划分，各种作用效应和结构抗力的变异性的分析，概率模式和极限状态设计方法的选择，及工程结构材料和构件的质量控制与检验方法等，都是工程结构可靠度分析和计算的依据。

结构耐久性(structural durability)结构及其部件在可能引起材料性能劣化的各种作用下，能够长期维持其应有性能的能力。在结构设计中，结构耐久性，指在预定作用和预期的维修与使用条件下，结构及其部件能在预定的期限内维持其所需的最低性能要求的能力。

结构受力(action on structure)在结构上各种集中力或分布力的集合，或者引起结构外加变形或约束变形的力。前者为直接作用力，后者为间接作用力。这种作用，在一定条件下往往是相互随机依存的。为了简化计算，上述各种作用力在时间上或空间上往往被假定为各自随机独立的，每种作用力对结构作为一个单独的作用力考虑。上述作用力使结构产生压力、拉力、剪力、弯矩、扭矩和线位移、角位移、裂缝等结构效应。结构除由外力引起的变形外，还可以由于某些原因使结构间接地产生约束变形（由于混凝土收缩、钢材焊接、大气温度变化等原因使结构材料发生膨胀或收缩等变化，受到结构的支座或节点的约束而使结构间接地产生的变形）和外加变形（由于基础不均匀沉陷、地震等原因，使结构被强制地产生的变形）。

K

抗震设防分类(classification of anti-earthquake)对各类建筑的抗震级别所作出的设防类别划分。建筑抗震设防类别划分，根据下列因素的综合分析确定：(1)建筑破坏造成的人员伤亡，直接和间接经济损失及社会影响的大小；(2)城市的大小和地位、行业的特点、工矿企业的规模；(3)建筑使用功能失效后，对全局的影响范围大小、抗震救灾影响及恢复的难易程度；(4)建筑各区段的重要性有显著不同时，可按区段划分抗震设防类别；(5)不同行业的相同建筑，当所处地位及地震破坏所产生的后果和影响不同时，其抗震设防类别也不相同。

框架结构(frame structure)由梁柱以刚接或铰接相连而构成的柔授竖向和水平荷载的承重体系。适合大规模工业化施工，工程质量较好。框架结构由梁柱构成，构件截面较小，因此框架结构的承载力和刚度都较低。它的受力特点类似于竖向悬臂剪切梁，楼层越高，水平位移越大，高层框架在纵横两个方向都承受很大的水平力。这时，现浇楼面也作为梁共同工作，装配整体式楼面的作用则不考虑。框架结构的墙体是填充墙，起围护和分隔作用。框架结构的特点是能为建筑提供灵活的使用空间，但抗震性能较差。

T

塔式结构(tower structure)下端固定、上端自由的高耸构筑物。以自重及水平荷载为结构设计的主要依据。按材料分钢塔、钢筋混凝土塔、预应力混凝土塔、木塔和砖石塔。比如钢塔，常做成空间桁架或空间刚架，立面为上小下大的斜线形、曲线形或折线形。横断面形状有三角形、正方形、六边形、八边形或其他多边形。塔的底盘宽度直接影响塔的外观造型、结构刚度、自振周期以及基础受力。当刚度要求较严或地基承载力较差时，应采用较大的底盘宽度。在一般情况下，塔断面的边数越少，耗用钢材也越少。但当塔顶工艺设备有较大的迎风面时，其风荷载以及由此引起的风力矩对塔的结构计算起控制作用，则塔身的边数多少对钢材用量影响不大。塔架腹杆形式有单斜杆式、交叉斜杆式、K式和再分式等。其中交叉斜杆又有刚性和柔性之分，柔性斜杆可预加拉力或不预加拉力。预加拉力斜杆的长细比不受限制，能使结构紧凑、刚度大、耗钢量小，因此采用较多。

筒仓(silo)储存松散固体的立式建筑物。广泛用于工农业生产和储运部门。筒仓可节约仓储用地，有利于实现装卸机械化和自动化，降低劳动强度，提高劳动生产率，减少物料的损耗和粉尘对环境的污染。长期储存粮食和饲料的筒仓有熏蒸灭虫要求，应具有气密性。粮食的粉尘和某些化学品有爆炸危险，应采取防爆措施。物料从仓顶的进料口入仓，一般靠物料的自重从仓底漏斗卸出。煤炭、矿石和水泥等由于其内摩擦角较大，常会起拱，难以自动下落。

Y

预应力板柱结构（prestressed slab-column structurd）用后张法将预制好的板、柱组成为整体预应力混凝土结构。这种结构的柱距较大，楼层无梁、无柱帽。在节点处，依靠穿过柱的预应力钢筋及板和柱间的摩擦力来承受荷载。在地震区或高层建筑中可加设剪力墙。它是一种抗震性能较好的框架结构体系。

（七）工程施工（Construction of Building）

C

沉井基础（open caisson foundation）将上下敞口带刃脚的空心井筒状结构，下沉水中到设计标高处，以井筒作为结构外壳而建筑成的基础。沉井是用混凝土（或钢筋混凝土）等建筑材料制成的井筒结构物。施工时，先就地制作第一节井筒，然后用适当的方法在井筒内挖土，使沉井在自重作用下克服阻力而下沉。随着沉井的下沉，逐步加高井筒，沉到设计标高后，在其下端浇筑混凝土封底。如沉井作为地下结构物使用，则在其上端再接筑上部结构；如只作为建筑物基础使用的沉井，常用素混凝土或砂石填充井筒。

D

地下连续墙（underground diaphragm wall）利用各种挖槽机械，借助于泥浆的护壁作用，在地下挖出窄而深的沟槽，并在其内浇注适当的材料而形成一道具有防渗（水）、挡土和承重功能的连续的地下墙体。经过几十年的发展，地下连续墙技术已经相当成熟。目前地下连续墙的最大开挖深度为140 m，最薄的地下连续墙厚度为20cm。1958年，我国水电部门首先在青岛丹子口水库用此技术修建了水坝防渗墙。到目前为止，全国绝大多数省份都先后应用了此项技术，已建成地下连续墙$1.2 \times 10^6 \sim 1.4 \times 10^6 m^2$。地下连续墙正在取代传统的施工方法，而被用于基础工程的很多方面。在它的初期阶段，基本上都是用作防渗墙或临时挡土墙。通过开发新技术、使用新设备和新材料，现在已经越来越多地用作结构物的一部分或用作主体结构，被用于大型的深基坑工程中。

H

后张法（post-tensioning method）构件或块体制作时，借助锚具将预应力盘锚在构件端部，最后在其预留孔道中灌浆的方法。在放置预应力筋的部位预先留有孔道，待混凝土达到规定强度后，孔道内穿入预应力筋，并用张拉机具夹持预应力筋将其张拉至设计规定的控制应力，然后借助锚具将预应力筋锚固在构件端部，最后进行孔道灌浆。其特点是直接在构件上张拉预应力筋，构件在张拉过程中完成混凝土的弹性压缩。因此不直接影响预应力筋有效预应力值的建立。锚具是预应力构件的一个组成部分，永远留在构件上，不能重复使用。后张法宜用于现场生产大型预应力构件、特种结构和构筑物，亦可作为一种预制构件的拼装手段。

滑模施工（sliding construction）用于外形规则、竖向结构布置上下变化不大的构筑物施工技术。它是混凝土工程和钢筋混凝土工程中机械化程度高、施工速度快、场地占用少、综合效益显著的一种施工方法。对筒仓、烟囱、水塔等比较适用。但对于异型墙体较多的建筑不太适合。滑模装置主要由模板、提升架、围圈三大系统组成。

混凝土灌注桩（cast in place concrete pile）直接在桩位上成孔，然后在孔内安放钢筋笼，浇筑混凝土而成的桩。与预制桩相比，直径和桩长可按设计要求变化自如，桩端能可靠地进入持力层或嵌入岩层，单桩有承载力大、含钢量低等特点，适用于持力层起伏较大以及对噪音、振动和挤土影响有限制的地区。灌注桩与预制桩相比，施工速度较慢。灌注桩按成孔方式可分为：钻孔灌注桩、沉管灌注桩、爆扩灌注桩及人工挖孔桩等。

M

摩擦桩（friction pile）依靠桩侧土摩阻力支撑垂直荷载的桩柱。它主要用于岩层埋置很深的地基。在极限承载力状态下，桩顶荷载由桩侧阻力来承受。桩尖部分承受的荷载很小，一般小于10%。如打在饱和软黏土地基土，在数十米深度内均无坚硬的桩尖持力层。这类桩基的沉降度较大。

S

施工验收规范（construction acceptance norms）对施工过程中的工序进行质量验收，并通过控制分项工程的质量来保证整体工程质量的标准。施工质量验收规范是施工单位必须达到的质量指标，也是建设单位和质量监督机构验收工程质量所必须遵守的规定，同时也是解决施工纠纷仲裁的依据。

X

先张法（pretensioning method）借助于混凝土与预应力筋间的黏结，对混凝土产生预压应力的技术。在浇筑混凝土构件之前，张拉预应力筋，将其临时锚固在台座或钢模上，然后浇筑混凝土构件，待混凝土达到一定强度(一般不低于混凝土强度标准值的75%)，并使预应力筋与混凝土间有足够黏结力时，放松预应力筋，钢筋弹性回缩，借助于混凝土与预应力筋间的黏结，对混凝土产生预压应力。先张法多用于预制构件厂生产定型的中小型构件。先张法生产有台座法、台模法两种。用台座法生产时，预应力筋的张拉、锚固、构件浇筑、养护和预应力筋放松等工序都在台座上进行，预应力筋的张拉力由台座承受。台模法为机组流水、传送带生产方法，此时预应力筋的张拉力由钢台模承受。

现代建筑施工技术（modern architecture construction technology）当今先进建筑施工技术的总称。它主要包括：深基支护技术、高效钢筋和预应力混凝土技术、粗钢筋连接技术、新型模板和脚手架应用技术、新型建筑防水技术、钢结构技术等。建筑施工技术，是按照设计要求，依据技术规范，结合工程条件，选择合理的施工方案和操作工艺，建成满足使用功能的综合效益好的建筑物、构筑物。建筑施工技术的核心，是研究确定分项工程的施工方法。

Z

桩基础（pile foundation）用承台或梁将沉入土中的桩联系起来，以承受上部结构压力的一种常用基础形式。当天然地基土质不良，不能满足建筑物对地基变形和承载力方面的要求时，常常采用桩基础将上部建筑物的荷载传递到深处承载力较大的土（岩）层上，以保证建筑物的稳定和减少其沉降量。同时，当软弱土层较厚时，采用桩基础施工，可省去大量的土方开挖、支撑、排（降）水设施，具有良好的经济效果。因此，桩基础在建筑工程中应用广泛。按桩的传力和作用性质，桩可分为端承桩和摩擦桩两种。端承桩是穿过上部软弱土层而达到下部持力层(岩石、砾石层、砂层或坚硬土层)上的桩，上部结构荷载主要是由桩尖阻力来平衡；摩擦桩是把建筑物的荷载传布在桩四周土中及桩尖下土中的桩，其大部分荷载靠桩四周表面与土的摩擦力来支承。

（八）土木工程机械与设备（Civil Engineering Machinery and Eqnipment）

L

履带式起重机（crawler crane）以履带作为行走机构的起重设备。它由行走机构、回转机构、机身及起重臂等部分组成。行走机构为两条链式履带；回转机构为装在底盘上的转盘，使机身可回转360°。起重臂下端铰接于机身上，随机身回转。顶端设有两套滑轮组(起重及变幅滑轮组)，钢丝绳通过起重臂顶端滑轮组连接到机身内的卷扬机上，起重臂可分节制作并接长。履带式起重机操作灵活，使用方便，有较大的起重能力。在平坦坚实的道路上还可负载行走。更换工作装置后可成为挖土机或打桩机，是一种多功能机械。但履带式起重机行走速度慢，对路面破坏性大，在进行长距离转移时，应用平板拖车或铁路平板车运输。

轮胎式起重机（wheel crane）行走机构为轮胎的起重设备。它在构造上与履带式起重机基本相似。起重机构及机身装在特制的底盘上，能全圆回转。底盘上装有若干根轮轴，配有4~10个或更多个轮胎，并有可伸缩的支腿。起重时，利用支腿增加机身的稳定，并保护轮胎。必要时，支腿下可加垫块，以扩大支承面。轮胎式起重机的特点与汽车式起重机相同。我国常用的轮胎式起重机有 QL3 系列及 QYL 系列等，均可用于一般工业厂房结构安装。

Q

汽车式起重机（truck crane）将起重装置及机身固定在汽车上的一种起重设备。它常用于构件运输、装卸和结构吊装。其特点是转移迅速，对路面损伤小。但吊装时需要使用支腿，不能负载行驶，也不适于在松软或泥泞的场地上工作。中国生产的汽车式起重机有 Q_2 系列、QY 系列等。如 QY－32 型，臂长 32m，最大起重量 32t。起重臂分 4 节，外面一节固定，里面 3 节可以伸缩，可用于一般工业厂房的结构安装。目前，国产汽车式起重机最大起重量已达 65t。引进的大型汽车式起重机有日本的 NK 系列等，如 NK－800 型起重量可达 80t。而德国的 GMT 型最大起重量达 120t，最大起重高度可达 75.6m，能满足重型构件的安装。

T

塔式起重机（tower crane）塔身直立，起重臂安在其顶部，可作 360°回转的起重设备。它具有较大的起重高度、工作幅度和起重能力，工作速度快，生产效率高，机械运转安全可靠。且操作和装拆方便。在多层、高层房屋结构安装中应用最广。塔式起重机按其行走机构、变幅方式、回转机构位置及爬升方式的不同而分成轨道式塔式起重机、爬升式塔式起重机和附着式塔式起重机等。

W

桅杆式起重机（derrick crane）将起重支杆设立于地面上进行起吊构件的起重机械。它制作简单，装拆方便，起重量较大（可达 100t 以上）。受地形限制小，能用于其他起重机械不易安装的地点。但它的灵活性差，服务半径小，移动困难，需要拉设较多的缆风绳。故一般只适用于安装工程量比较集中的地段，或无电源的地方及无大型设备的施工企业。桅杆式起重机按其构造不同，可分为独脚拔杆、人字拔杆、悬臂拔杆和牵缆式拔杆起重机等。

（九）市政工程（Municipal Engineering）

B

冰蓄冷技术（ice refrigeration technology）采用制冷机和冰蓄冷装置，在电网低谷的时段，进行制冰蓄冷作业，待在用冷负荷高峰时，将储存冷量进行释放的成套技术。随着中国经济和电力需求持续快速增长，使一天内用电高峰与低谷差距不断拉大，电网运行的不均匀情况日趋严重。电力供应经常出现高峰时段局部拉闸限电，而低谷时段因电厂与输配电设施负荷率又偏低的情况，极大影响了发电的成本和电网的安全运行。因此，有必要采取措施实现电力负荷的移峰填谷。空调冰蓄冷技术是近年来在国内外兴起的一门实用综合技术。由于它可以对电网的电力起到移峰填谷的作用，有利于整个社会的优化资源配置，同时用户的电费也大幅下降。

C

城市地下空间利用（application of urban underground space）对城市地下空间进行研究开发的技术和措施。它是现代化城市空间向地下延伸的发展方向之一。地下空间开发利用与地上空间开发利用相比有其独特之处。地下空间恒温性、恒湿性、隔热性、遮光性、气密性、隐蔽性、空间性、安全性等诸多方面远远优于地上空间。但是，地下空间一经建成后，对其再度改造与改建的难度相当大，不可能恢复原样，有相当强的不可逆性。另外，地下构筑物的建设成本高，工期长，难于利用太阳光及天然景观，方向性感观较差。所以，对地下空间利用计划应进行多方面论证、认真评估后才能实施。北欧各国如瑞典在地下空间利用方面，除了住宅的地下室及城市设施外，还利用坚固的岩石洞穴建设城市构筑物。其中有地下街道、地铁隧道、公用设施沟、停车场、空调设施及地下的污水处理场。除地下工厂外，还有地下核电站、石油储罐、食品仓库及地下避难所，还有一系列的地下商城。美国将城市地下空间以点、线、面整体网络型组合起来。城市设施除地下街、地下铁道、道路隧洞外，还有半地下式大学；交通设施有道路隧洞、地下停车场等。

城市地下空间形态（conformation of urban underground space）由各种地下空间设施的形状和相互关系所构成的一个与城市形态相协调的地下空间构架系统。是构成城市地下空间所表现的发展变化着的空间形式。城市地下空间形态有点状、线状、网络状、面状等几种基本类型。

城市环境工程（urban environmental project）控制城市污染、美化城市环境的工程设施。主要的城市环境工程有废水污水城市管网系统的建设与改造工程、各种污水处理厂和各种废水处理工程、消烟除尘工程、工业废渣的回收利用工程、城市垃圾、焚烧、卫生填埋、堆肥和倾海工程、区域绿化工程、噪声防治工程、汽车尾气治理工程等。构建城市环境工程的原则是最大限度地减少进入环境的污染物种类和数量，并进行无害化处理。其目的是变废为宝，综合利用，优化环境。

城市基础设施系统（urban infrastructure system）城市赖以存在和发展的物质基础。是城市生产和市民生活不可缺少的基本条件。城市基础设施系统，包括城市市政基础设施系统和社会设施系统。前者包括能源系统、给排水系统、交通运输系统、邮电通信系统、城市防灾系统、城市环境卫生和园林绿化系统；后者则由文化教育设施、医疗卫生设施、商业服务设施、行政管理设施所构成。城市基础设施由城市人民政府负责统一规划并监督规划的实施，而生产、建设和运营则由有关部门分别管理。

城市绿地（urban greenbelt）为改善城市生态，保护环境，供居民户外游憩，美化市容，以栽植树木花草为主的土地。城市绿地有三种含义：（1）广义的绿地。指城市行政管辖区范围内的公共绿地、专用（单位附属）绿地、防护绿地、园林生产绿地、郊区风景名胜区、交通绿地等所构成的绿地系统。（2）狭义的绿地。指小面积的绿化地段，如街头绿地，居住小区绿地等。（3）作为城市规划专门术语，是指在用地平衡表中的绿化用地，是城市建设用地的一个大类，分公共绿地和生产防护用地。

城市燃气（urban gas）天然气、石油液化气、焦炉气、煤制气、油制气、矿井瓦斯气等气体燃料的总称。城市燃气的出现，取代了煤炭、石油等固体液体燃料，成为城市的新能源。城市生活、生产大量采用清洁能源的燃气，不仅可以减少城市的大气污染，改善环境，而且还可节约能源，提高经济效益，提高居民的生活质量。目前，燃气除用于工业生产之外，主要用于城镇居民的炊事及热水供应等方面。

城市生命线系统（city line system）与民生息息相关的交通、通信、供电、供水、供气等系统工程。它由各种建筑物、构筑物、管路等组成。还包括容易引起次生灾害的易燃、易爆、有放射性或有毒的工程设施等。这些设施一旦发生意外，它们所造成的次生灾害就非常严重。生命线系统包括多种多样的结构类型，情况复杂难以统一处理。生命线系统都由若干环节组成，其中任何一个环节被破坏，都可能影响到整个系统的功能。城市生命线系统有的在草坪下，但更多的穿越楼宇、桥梁、地铁等设施。生命线系统中构件的破坏，一方面是由于地面运动和传播波造成的，另一方面它对地基变形、失效十分敏感。关键问题是如何不断增强生命线系统的自我保障能力。

城市水系统（urban water system）城市水的自然循环及水资源的开发利用和保护。从水循环的角度看，城市水系统是水的自然循环与社会循环的耦合系统；从水资源的开发利用和保护行为看，城市水系统是指在一定地域内以城市水源为主体，以水资源开发利用和保护为过程，并与自然环境和社会经济环境密切相关，且随时空而变化的动态系统。也就是城市水资源的开发利用和保护系统。该系统由水源、供水、用水和排水等四个子系统组成。城市水系统规划是对一定时期内城市的水源、供水、用水、排水、污水处理等子系统及其他各项元素的统筹安排、综合布置和实施管理。规划的主要目的是协调各子系统的关系，优化水资源配置，促进水系统工程的良性循环和城市的健康持续发展。规划的主要任务是做好水资源的供需平衡分析，确定水系统的建设规模；搞好水系统的空间分析，制订水系统及其设施的建设、运行和管理方案。

城市污水处理技术（urban wastewater treatment technology）对城市工业废水和城镇居民生活用废水进行无害化处理并达到再利用指标的技术。按其处理程度，可分为一级、二级和三级处理工艺。污水一级处理应用物理方法，如沉淀等，去除污水中不溶解的悬浮固体和漂浮物质。污水二级处理主要是应用生物处理方法，即通过微生物的代谢作用进行物质转化，将污水中的各种复杂的有机物氧化降解为简单的物质。生物处理对污水水质、水温、水中的溶氧量、pH 值等有一定的要求。污水三级处理是应用混凝、过滤、离子交换、反渗透等理化处理方法去除污水中的有机物、磷、氮等污染物，做深度处理。污水一级处理为预处理；二级处理为主体处理，处理后的污水一般能达到排放标准；三级处理为深度处理，出水水质较好，甚至能达到饮用水质标准。但三级处理费用高，除在一些极度缺水的国家和地区，应用较少。污水中的污染物组成非常复杂，常常需要以上几种方法组合，才能达到处理要求。城市污水处理工艺一般根据城市污水的利用或排放去向，并考虑水体的自然净化能力，来确定污水的处理程度及相应的处理工艺。处理后的污水，无论是排放，或者回用于工业、农业，或是回灌补充地下水，都必须符合国家颁发的有关水质标准。

城市无障碍规划系统（city barrier-free planning system）在城市总体规划和设计中，当实现以人为本理念而设置的残疾人可使用的各类建筑及其相关的辅助设施。如在通行线路上铺设盲道及在人行道与横道交接处，设置供残疾人使用机动、手动轮椅所需要的牙坡道；在广场与地下连通的下沉广场处设残疾人坡道，使残疾人能从广场直接到达地下层；在站房、高架候车、地铁大厅及站台层设置残疾人专用电梯，以方便残疾人从地铁，经地下大厅到高架候车厅和各站台的交通流线。

城市园林绿化（city afforestation）在一定地域内，运用工程和艺术手段，通过改造地形、种植树木花草、营造建筑"小品"、布置园路、设置水景等途径构筑而成的自然环境和游憩境域。城市绿化是人们运用栽培植物的手段改善城市生态环境的活动。它包括城市绿地的建设以及对原有植被的保护，但不包括以经营生产为目的的果园、花圃、苗圃等。园林的含义与内容随着社会的发展而不断变化。其类型也是随社会生活的需要不断丰富，由最早的宫苑、庭园发展为城市公园绿地，由公园、游园、广场、道路、单位居住区、绿地组成城市园林绿地系统；由城市园林绿地又延伸到郊外风景名胜区、自然保护区，形成风景园林；由城市、省与国家的各级风景园林绿地形成多层次、多类型的园林绿地系统。其功能是：（1）净化空气；（2）调节气候；（3）杀灭细菌；（4）减弱噪声；（5）防风、防火、防止水土流失；（6）优化环境。

垂直绿化（upright greening）利用攀缘植物绿化墙壁、栏杆、棚架及对陡直的山石等特殊绿化措施。攀缘植物有缠绕类、卷须类、攀附类和吸附类。其攀缘方式各不相同。因此，在不同的场合，应选植适合的种类。栏杆、棚架则应根据拟种植的种类采用不同的结构。攀附类可利用其钩刺或枝权固定在水平的栏杆或墙头上，必要时还需人工引领。欲绿化墙面时还需另设格栅。吸附类则利用其吸盘或气根固定在坚固的墙面或石面上。在房屋外壁进行垂直绿化能降低墙面温度升降的幅度，对室内起降温或保温作用，并可减少噪声的反射，还可减缓墙面本身的风化。但吸附类植物对坚实度差的墙面会造成不同程度的损害。

D

地面辐射供暖（ground radiation heating）用某种方式加热地板，通过地面以辐射和对流的传热方式向室内供热的供暖方式。其中低温热水地板辐射供暖最为常见。它是以温度不高于60℃的低温热水为热媒，通过埋设于地板内的加热管内循环流动把地板加热，均匀地向室内辐射热量。是对房间热微气候进行调节的节能采暖方式。其优点：（1）节能。可有 2~3℃ 的等效热舒适度效应。与传统的供暖方式相比，计算供暖热负荷可降低 5%~10%。（2）舒适、卫生。地板辐射供暖室内地表温度均匀，有舒适感；同时，辐射供热，空气流动性小，尘埃不易散扬，卫生标准高。（3）不占房间使用面积、隔音效果好。

地下管道（underground pipeline）敷设在地下用于输送液体、气体或松散固体的管道。中国古代已采用陶土烧制的地下排水管道。明朝建都北京，大量采用砖和条石砌筑地下排水管道。宽达 1m 左右，高达 2m 左右。现代的地下管道种类繁多，有圆形、椭圆形、半椭圆形、多圆心形、卵形、矩形（单孔、双孔和多孔）、马蹄形等各种断面形式。这些管道多采用钢、铸铁、混凝土、钢筋混凝土、预应力混凝土、砖、石、石棉水泥、陶土、塑料、玻璃钢（增强塑料）等材料建造。

F

分户热计量（respective heat measure）以户（套）为单位，分别计量向其提供热量的一种供暖方式。分户热计量的形式有两种：一种是通过每户安装热能计量表，直接测量每个用户的热能消耗量的直接计量方式，属于测量仪表；另一种是热分配表，属于热费分摊装置，不属于测量仪表，有电子式和蒸发式两种。分户热计量的优点是用户可以对室温进行调节，降低能耗，更合理地分摊供热费用。但是，热能的消费不同于水、电和燃气。热有许多特殊的属性。其中之一，是它本身具有传递性。居民每家每户的取暖热能消费量，与左邻右舍的楼层、朝向及房屋围护结构的热工性能有关。在实施分户热计量之后，这种热传递不可忽视。因此，在按计量收费时，还要按建筑面积收取一定的容量费用或固定费用。

G

供水处理技术（water supply treatment technology）主要以提高供水水质，提高供水安全可靠性和降低制水供水成本为目标的水处理技术。膜技术，如微滤、超滤、纳滤和反渗透等技术，将在给水技术领域得到应用和发展。目前，膜分离技术主要应用于特种供水，如纯水制备、沙漠作业、海水淡化等。预氯化技术、臭氧化预处理技术、活性炭处理技术、生物处理技术也正用于供水处理。其他水处理技术，如高级氧化技术，特种填料、吸附剂、滤料及水处理组件等器材也有应用。

古树名木保护（protection and management of ancient trees）对古树名木予以保护的管理规定和措施。对于列入古树名木的标准，各地不同。一般按一定的树龄划定等级。有些与历史文物密切相关，或在植物分类、引种、育种等方面有特殊意义的树木，则按其历史和科学上的重要程度或知名度划定等级。在中国，古树指树龄在百年以上的大树；名木指树种稀少、名贵或具有历史价值和纪念意义的树木。其中树龄在300年以上和特别珍贵、稀有或具有重要历史价值和纪念意义的古树名木定为一级，其余的为二级。目前，许多国家和城市制定了禁伐古树的有关法律和一些具体规定，并建立了奖惩制度。

H

火灾自动报警系统（auto fire alarming system）又称火灾智能报警系统，指随着计算机技术、控制技术、通信技术而发展起来的新一代火灾报警系统。火灾自动报警系统由触发装置、火灾报警装置、火灾警报装置和联动控制装置等组成。触发装置的作用是探知火灾产生时的烟、温、火焰等信息并传递给火灾报警器的装置。触发装置有自动和手动两种。常见的自动触发装置有感烟探测器、感温探测器、火焰探测器、可燃气体探测器等；手动触发装置如手动报警按钮、消火栓按钮等，是在火灾现场由人员向消防控制室报告发生火灾的装置。火灾报警装置对触发装置探知的烟、温、火焰等信息，进行判断、识别、处理，确认火灾发生后向火灾联动控制装置发出指令。根据建筑物规模的大小，可由一台火灾报警控制器和多台区域显示器组成区域报警系统、集中报警系统和控制中心报警系统。火灾警报装置是设置在现场的声光警报器、警铃、火灾应急广播等的总称。当火灾发生时，这些装置就会发出声光信号，通知人们尽快疏散，为快速灭火争取时空。联动控制装置的作用是在火灾确认后，自动控制分散在建筑物不同部位的消防设备，使其统一、协调、有序地工作。在火灾发生时，联动控制装置对声光警报器、警铃发出指令，发出声光信号，并进行火灾应急广播。同时，切断非消防用电，打开应急照明，疏导火场人员疏散；将消防电梯迫降在一层，以备消防人员使用。开启相关部位的排烟风机，进行排烟和送风；启动消防泵、喷水泵实施灭火。

J

给水系统（water supply system）由取水构筑物、泵站、水处理构筑物、输水、配水管道、调节构筑物组成的工程设施。给水的来源分为地表水源和地下水源。地表水主要来源于江河、湖泊、蓄水库、海洋等；地下水来源于地面以下，分浅层地下水、深层地下水、泉水等。因此，地表水易受自然条件影响，水中悬浮物、杂质含量较多，浊度也高于地下水，同时易受工业废水、生活污水等人为污染。因而地表水色、嗅、味变化较大。水质要进行混凝→沉淀→过滤→消毒及除臭、除味的处理后方可满足使用要求。地下水由于水流经岩层时溶解了各种可溶性矿物质，因而水中含盐量较多，硬度较高。因此，地下水必须要进行除铁、除锰、除氟的水质处理后方可使用。

集中供热（central heating）由一个或者几个集中热源，通过热力管网，供应用户所需要的生产或生活用热的供热方式。集中供热在能源总的利用效率、供暖质量和卫生条件、保护环境、减少污染、防火及安全保障，以及总体投资和长期运行费用等诸多方面，均具有较大优越性。根据大气污染防治法的规定，开展城市集中供热主要包括两方面内容：（1）城市建设应当统筹规划，在燃烧煤炭进行供热的地区，统一解决热源，发展集中供热。（2）在集中供热管网覆盖地区，不得新建燃煤供热锅炉。这一规定，主要是为了最大限度地利用现有的热资源，由集中供热管网统一解决供热问题，防止资源浪费和产生新的污染源。

K

空气源热泵（air resource heat pump）以空气为低位热源，通过输入少量的高品位能源（如电能），实现热能由低温位向高温位转移的装置。该泵以制热为目的，也可同时用来制冷。如热泵型热水器可供生活用热水，热泵空调冬季供暖，夏季制冷等。

L

冷热电联产（combined cooling heating and power，CCHP）在城市公用系统中，通过能源的梯级利用，燃料通过热电联产装置发电后，变为低品位的热能用于采暖、生活取暖等用途的供热系统。这一热量也可驱动吸收式制冷机，用于夏季的空调，从而形成冷热电三联供系统。冷热电联产系统将高品位能源用于发电，发电机组排放的低品位能源（烟气余热、热水余热）用于供热或制冷，实现能源的梯级利用，提高了能源的综合利用率。它通常由发电机组、溴化锂吸收式冷（热）水机组和换热设备等组成。为了协调热、电和冷三种动态负荷，实现最佳的整体系统经济性，系统往往需要设置压缩式制冷机和锅炉，甚至蓄能装置等。冷热电联产系统具备如下优点：（1）节能，（2）环保，（3）安全；（4）平衡能源消费；（5）有利于提高电网和燃气管网的利用率。

绿色照明（green illumination）通过科学的照明设计营造充分体现现代文明的照明方式。采用效率高、寿命长、安全和性能稳定的照明电器产品（电光源、灯用电器附件、灯具、配线器材以及调光控制调和控光器件），改善人们工作、学习、生活的条件和质量，从而创造一个高效、舒适、安全、经济的生活环境。绿色照明是美国国家环保局于20世纪90年代初提出的概念。绿色照明涵盖高效节能、环保、安全、舒适四项指标。绿色照明减少了电厂的排放和污染。光源无眩光、无有害射线，光照清晰、柔和。推广绿色照明的关键在于普及绿色照明灯具，以替代传统的低效照明灯具。

P

排水系统（drainage system）排放污水或废水的系统。排水系统由室内污水管道系统、室外污水管道系统、污水泵站、污水处理构筑物、污水排出口组成。按照排水的来源分为生活污水、工业废水和降水三类。生活污水是指人们在日常生活中用过的水；工业废水是指工业生产中所排出的废水；降水，即大气降水。它包括液态降水（如雨露）和固态降水（雪、冰雹、霜等）。降水比较清洁，一般不需处理，可直接排入水体；而生活污水、工业废水则必须经过处理后才能排入水体，实现再利用。

R

热力站（heating station）连接热力网与热用户的重要中间环节。它的设计和运行工况，直接关系到热力网的运行工况和供热质量。热力站的主要任务是调整和保持热媒参数（压力、温度和流量），使其达到由热力站供热的用热装置安全和经济运行所必需的给定值。热力站的系统和设备取决于热媒的种类和用热装置的性质。热力站内安装有热量表，以及调节供热量和保持用户装置中给定的热媒参数的自动调节装置。有用于一幢建筑物的当地热力站，在大型的工业企业和新建的住宅内广泛采用联片热力站。民用热力站以供热的建筑面积为 $2\sim5$ 万平方米为宜，但现有的已达到几十万平方米。民用热力站的合理规模应通过技术经济比较，同时考虑其他因素来确定。

S

生活垃圾的无害化处理（harmless treatment of daily waste）通过技术处理，使生活垃圾做到资源化、无害化、减量化，从而提高人民的生活环境质量的措施。目前，国内外对生活垃圾无害化处理普遍采用卫生填埋、焚烧、堆肥和综合利用四种方式。（1）卫生填埋。是指对渗透液和填埋气体进行控制的填埋方式。20世纪30年代，美国首次提出"卫生填埋"。开始采用人工防渗层，提高垃圾防渗水平；加强对渗滤液收集和处理，防止渗滤液对地下水和地表水的污染；回收利用填埋气体，保障填埋场安全，减轻大气污染并实现资源回收等。垃圾填埋处理操作设备简单，适用性和灵活性强。（2）垃圾焚烧。垃圾焚烧与填埋处理相比，具有占地小，场地选择容易，处理时间短，减量显著（减重一般达70%，减容一般达90%），无害化较彻底，以及可回收利用焚烧余热等优点。（3）堆肥。是指把生活垃圾中可生物降解的有机物部分进行生物分解，并使之稳定化、无害化的处理方式。（4）再生利用。它包括两部分内容：一部分是直接回收利用，如啤酒瓶等经过清洗后重新使用；另一部分是循环利用，如废纸再生。垃圾的再生利用是垃圾减量和垃圾资源化的最佳途径。废物回收作为一种行之有效的垃圾减量手段，在世界各地得到普遍推行，收到了很好的效果。

生态园林（ecological garden）又称野景园，是有规律的人工生态系统。它以人、社会与自然的和谐为核心，用生态学原理研究植物个体和群落与环境的关系，同时研究植物群落的发展组成特性及其相互作用，扬其共生、避其相克，形成有规律的人工生态系统。它是城市园林绿化的最高层次。20世纪20年代，西方有些生物学家和园艺学家，见到迅猛的都市化趋势很快地吞没了大量的自然景观，于是模仿自然界的植物群落及生存环境，在园林中建造大量野景园。例如，1925年荷兰人蒂济和斯普林格在布罗门代尔建造了一座包括树林、池沼、沼泽地、荒野、沙丘等自然景观园林；1937年詹森和赖特在美国春田城附近建造了草原风格的林肯纪念园；1946年布罗尔斯在阿姆斯特丹附近建了一座林间空地和临水环境的园林；此后在荷兰的布罗克辛根和英国的伦敦也出现了这类园林。生态园林对研究自然生态系统的演变和普及自然知识也有较大的价值。目前，中国不少地区已经或正在营造生态园林。

世界文化遗产（world cultural heritage）在人类发展过程中，所创造并保留下来的、具有普遍价值的物质财富和精神财富的总和。根据《保护世界文化和自然遗产公约》规定，以下内容将被视为文化遗产：（1）文物。从历史、艺术及科学角度看，具有突出的普遍价值的建筑物、雕刻和绘画，具有考古性质的部件或结构、铭文、窟洞以及各种文物组合体。（2）建筑群。从历史、艺术及科学角度看，在建筑形式、统一性或与环境结合方面，具有突出的普遍价值的单独或相关联的建筑群体。（3）遗址。从历史、美学、人种学或人类学角度上看，具

有突出的普遍价值的人造工程或自然与人造联合工程以及考古遗址的地区。根据《公约实施指南》要求，评定世界文化遗产的标准共有六条，但只要符合其中之一就可列入《名录》。（1）代表一种独特的学术成就，一种创造性的天才杰作。（2）在一定的历史时期或某一文化地域内，对其建筑艺术、城镇规划、景观设计方面的发展产生过重大影响。（3）能为一种文化传统、一种尚存或已消失的文明提供唯一或特殊的见证。（4）是建筑学、建筑技术工艺或景观方面的杰出范例，能代表人类历史发展的一个（或几个）重要阶段。（5）是人类传统居住地或对土地使用方面的杰出范例。该范例在社会、经济、文化变动影响下，已濒临不可逆转的破坏。（6）与某些有特殊历史意义的事件或现存的生活方式、思想、信仰以及文学艺术作品有直接关系。此外，评定过程中，还要考虑遗产的保护状况，要具有"真实性"。不仅限于最初的形态，也包括以后的历程中具有历史、艺术价值的更改和补充。截至2007年6月28日，中国已列入《世界遗产名录》的文化遗产有万里长城、北京故宫、敦煌莫高窟、秦始皇陵及兵马俑、周口店北京人遗址、承德避暑山庄及周围庙宇、曲阜孔庙、孔府及孔林、武当山古建筑群、布达拉宫、平遥古城、丽江古城、天坛、颐和园、大足石刻、青城山—都江堰、龙门石窟、明清皇家陵墓、云冈石窟、皖南古村落、高苟丽王城及贵族墓葬、澳门历史城区、苏州古典园林、殷墟和被列入双重遗产的泰山、黄山、庐山、峨眉山及乐山大佛、武夷山等共35处。

水下管道（underwater pipeline）敷设在江、河、湖、海的水下，用来输送液体、气体或松散固体的管道。水下管道不受水深、地形等条件限制，输送效率高、耗能少。大多数埋在水下土层中，因而检查和维修较困难。登陆部分常处于潮差段或波浪破碎区，易受风浪、潮流、冰凌等影响，在规划和设计时要考虑预防措施。

X

现代城市公交系统（public communication system in modern city）城市地面常规交通系统和快速轨道交通系统的统称。轨道交通系统又分为重型轨道交通系统、快速有轨电车和高架独轨铁路。公共交通的重要性在于它可以有效地利用道路空间为广大市民服务。实施公交优先的重要措施有：交

通信号优先放行；设公交车专用道和实施区域性交通限制及上下班错时制度等。

Y

园林功能分区（functional area of garden）综合性公园和其他内容较复杂的大型园林按其不同功能对土地进行的区划。其目的在于合理利用土地与基础设施，便于游赏，避免不同活动相互干扰。一般分为热闹游戏区、安静休息区、水上活动区、儿童游戏区、管理后勤区等。在分区时要照顾到各区的联系，形成全园风格统一协调的效果和道路系统的贯通。功能的分区要与地形的变化相结合，游人相对集中的项目应放在较低平坦的地带，热闹的游戏区应离出入口较近；安静休息区要与其他区适当隔离，并要建造富于层次变化的景观；管理后勤区对内、对外的联系既要方便畅通，又不影响景观。

园林建筑（garden building）建在园林中具有较高观赏价值的小型建筑。这里所指的园林建筑，往往特指亭、廊、榭、花架等小型的景观建筑及游艇码头、小卖部、售票亭等功能简单和具有较高美观要求的建筑，而不包括那些功能较为复杂、体量较大的建筑，如公园中的餐厅、茶室、展览馆等。园林建筑从建筑文化背景和风格上可分为中式、西式、现代等几类；若按建筑的形式则又可分为亭、廊、榭、花架、棚架、装饰构架等。现代的园林建筑最具生命力，几乎不受任何形式的限制，只要材料、技术上可以满足要求，设计者便可最大限度地

发挥想象力，创作出与众不同的建筑形式来。中式或西式的园林建筑修建在相应的园林中。

园林绿化技术标准（technological criterion of garden virescence）园林绿化事业中质与量的统一尺度，以及与之相应的对策和技术措施。其目的在于：（1）规定园林绿化的功能所必需的规模、数量和质量水平；（2）规定为使园林绿化建设、养护达到一定质量所必需创造的条件和工作程序；（3）为保证园林绿地中各种设施的安全，和防止各种可能发生的事故、灾害而规定的必要措施，或必须达到或限制的事项内容和规格；（4）为合理保护、利用风景园林资源而规定的评价方法、保护内容、范围及措施等。园林绿化技术标准的内容一般包括以下六个方面：（1）绿地系统规划；（2）园林设计；（3）园林工程施工；（4）园林养护管理；（5）园林植物生产；（6）风景名胜区等。

Z

自动喷水灭火系统（auto-spouting fire fighting system）在火灾发生时，能自动启动喷头洒水灭火的一种控火、灭火系统。该系统由洒水喷头、报警阀组、水流报警装置、加压泵、高位水箱、管道等组成。自动喷水灭火系统多在人员密集不易疏散、外部增援灭火与救生较困难、火灾危险性较大且可以直接用水灭火的场所内设置。它灭火效率高，水渍少，已经成为国际公认的最为有效的自动扑救室内火灾的消防设施。一些发达国家已在家庭住宅中安装这一系统。

科技管理篇

(Management of Science and Technology)

科技管理是科学技术管理的简称。科技管理作为一门科学，是从20世纪60年代开始发展起来的新兴的综合性学科。科技管理是一个复杂的系统工程，横跨自然科学、社会科学和工程技术等多个领域。本篇重点收录了有关科技管理的基本概念、科技规划与计划、科技创新、科技成果与技术市场、知识产权、科学技术普及、科技人才、科技管理的理论与方法等方面的词条368个，供读者参考。

一、基础知识

(Basic Knowledge)

B

边缘科学（interdisciplinary science）又称交叉科学，是在两个或两个以上不同学科的交叉领域产生的新学科的统称。在现代科学研究中，一项重大研究课题往往涉及多个学科的内容。因此，为解决一个关键技术问题，就必须综合运用多个学科的知识或工具才能达到目的。在这类跨学科的研究过程中，形成了一些新的交叉学科，如天体物理学、射电天文学、生物力学和技术经济学等。

C

传统技术（traditional technology）在近代第一、第二次技术革命中发展起来的，成为现代工业的技术基础的技术。它在工业生产应用中已成为完善的定型化技术，是现代工业生产的基础。其特点是：以能源、交通、土木工程、机械加工、采矿冶金等物质生产技术为主体，以大量消耗能源、原材料、污染环境来换取高产值、大型化的经济效益。广义的传统技术还包括农业技术。传统技术是人类生产与生活的基础，在社会发展中起过重要作用。传统技术不等于落后技术，但要随着新兴技术的发展而改造。在现代社会中，如何用新兴技术去改造传统技术，使之成为节能省料、降低污染而又高效的新型传统工业，是发展中国家技术发展中的重要课题。

D

大科学（big science）具有国家或国际规模的现代尖端科学技术活动。它是高度社会化的产物。大科学并不意味着要产生大量的知识，而是要解决大问题。其主要特点是：（1）人力、物力、财力投入的大规模性；（2）协作的广泛性；（3）科学、技术、生产一体化；（4）科技、经济、社会协调发展；（5）多学科相互渗透、综合、汇流和协作。在中国，由科技部和其他政府部门组织的"863"、"973"等项目，以及目前国家中长期科研规划所衍生的巨型项目，均可归属于"大科学"研究项目。

带头学科（leading science）在一定历史时期内，对其他学科以及整个自然科学的发展都起拖引作用的先导学科。带头学科具有三个特点：（1）更替性。即单一带头学科→一组带头学科→另一更高阶段的单一带头学科→另一组更高阶段的带头学科→……（2）周期的加速性。即单一学科或一组带头学科占主导地位的时间不断缩短。如力学领先200年后，便让位于化学、物理、生物学这一组学科。这一组学科领先了100年，其后的微观物理学领先了50年。接着控制论、原子能科学、宇宙航行学这一组带头学科领先25年。后来的带头学科领先的时间将更短。（3）对其他学科的发展产生巨大影响。

第二次技术革命（the second technological revolution）又称电力技术革命，发生于19世纪70年代。19世纪下半叶热力学取得的成就和麦克斯韦电磁理论的完成是它的主要科学前提。19世纪下半叶，资本主义大机器工业体系对于动力的要求和蒸汽机的固有缺陷（如热效率低、不安全、体积庞大且粗笨以及动力的输送、分配和调节方面的局限性等）之间的矛盾是它的基本推动力。电力技术（包括发电机、电动机、变压器以及电能输送、分配和调节等所用的设备、装置和仪表等）和内燃机技术是这次技术革命的主导技术。前者以1867年德国的西门子发明的自激式直流发电机为标志，后者以1876年奥托发明第一台有实用价值的四冲程往复活塞式内燃机为标志。电能用于照明、动力、交通运输、电解、电镀、电焊等，与以后发展起来的弱电技术（以电子管为基础）一起形成一系列崭新的生产领域。电能在工业领域中的广泛应用也促进了农业机械化，使农业劳动生产率大为提高，农业劳动力开始锐减，城市人口剧增。内燃机的应用促进了汽车及飞机制造业的形成与发展。这次技术革命扩展到化工领域，出现了新的化工产品和工艺流程、设备、方法，特别是合成化工工业的崛起。电话、电报、无线电装置的发明为社会交往与联系提供了现代化手段。第二次技术革命是在自然科学原理的直接引导下爆发的。由此，在主要资本主义国家中一些有见地的企业家、发明家先后建立了工业实验室以研制新技术。

第三次技术革命（the third technological revolution）又称新技术革命，是指 20 世纪 40 年代起，先后出现的以现代科学成就为基础的一群新兴技术如原子能技术、电子计算机技术、激光技术、空间技术、生物技术、新型材料技术、新能源技术和海洋开发技术以及进入 20 世纪 70 年代后，随着微电子学的飞速发展，电子计算机的广泛应用等。在西方，它也被称为新产业革命、信息革命、第三次浪潮等。这次技术革命与过去的技术革命相比，有它明显的特点：如多样性、综合性、科学源性以及向现实生产力转化的迅速性等。这次新技术革命创造了空前强大的生产力，如自动控制化的能力、解放脑力劳动的能力、进入空间的能力、主动创造新物种的能力等。目前这场革命正在迅猛发展。在发达国家，它已经渗透到社会生产、生活、管理的一切领域，对经济增长和社会演变产生深刻的、广泛的影响。它除了与以往的技术革命一样促使社会生产力大幅度提高外，还导致产业结构的重大变化，即传统的第一产业和第二产业的从业人员与产值的百分比下降，第三产业（广义的服务行业）的从业人员与产值急剧上升，劳动力和资本密集型产业的比重下降，智力密集型产业的比重上升，知识与知识分子在经济和社会发展中所起的作用越来越大等。新技术革命的深入发展必将大大缩小城乡差别、工农差别、脑力劳动与体力劳动的差别，使人类社会进展到一个新的阶段。但其实际社会效果仍要受具体的社会条件制约。

第一次技术革命（the first technological revolution）蒸气动力技术革命。它发生在 18 世纪下半叶至 19 世纪 70 年代的英国，以后逐步扩展到其他主要资本主义国家。第一次技术革命是资本主义商品经济发展的必然结果，同时也与牛顿力学的发展有关。它产生的直接动因，是英国纺织部门采用了新的纺织机械，要求提供稳定的和廉价的动力。第一次技术革命的主导技术是蒸汽动力技术。它使主要资本主义国家在近 100 年的时间里相继实现了机械化。自 1784 年苏霍工厂首批生产瓦特发明的双向作用式通用蒸汽机后，这种新型热机陆续取代以往的水力、畜力、风力和人力驱动，成为工厂、矿山、铁路、轮船普遍使用的动力机。而蒸汽机本身在近一个世纪里在功率、热效率、安全性等方面也有重大变化。由于蒸汽机各种零部件需要量大又要求精密，促使机械制造部门也发生了相应的技术变革，即用机器生产机器，发明并制成了一系列工作母机，制造出品种繁多、大到火车头、小至钟表齿轮的机械产品。第一次技术革命在完成了上述过程以后，又扩展到农业、建筑业、采矿和冶炼业等经济领域，也为自然科学研究提供了较以前更强大的实验手段。第一次技术革命使资产阶级继在政治上、思想文化上战胜封建统治之后，又在经济上摧毁了封建社会的基础，把生产组织形式变成工厂制，技术上由手工操作转变为机械化，从而使资本主义制度得到了巩固。

度（degree）一种事物保持其自身稳定性的数量界限，是质和量对立统一的体现。它是反映事物内外统一的哲学范畴。在度中，事物的质和量既相互对立、排斥，又相互依赖、相互规定。所谓质和量相互对立、排斥，是指一方面质要求与之对立的量，并规定量的活动范围和变化的幅度；另一方面，量却在自身的变化中制造着潜在的趋势。所谓质和量在度中的相互依赖、相互规定，是指一方面度是质和量的结合，既不是单纯的量，又不是单纯的质；另一方面，在度中又包含质和量的相互规定。在认识事物的过程中，要真正了解事物，必须把质和量统一起来，也就是掌握它的度。只有了解、掌握了事物的度，才能准确地把握事物，从而为人们的实践活动提供一个正确的准则。这就要求人们在实践活动中要适度行事，既不能坐等事物自身发生质变，也不能不顾量变的积累过程，去盲目追求超前的质变。

F

范畴（category）反映和说明事物内在本质和普遍联系的基本概念，是人的思维动作的基本单位。每门具体科学都有自己特有的一套范畴。这些范畴只在特定的学科领域内具有普遍的意义。哲学范畴则是反映整个世界普遍本质的最基本的概念。

飞跃（leap）事物从量变到质变，从一种质态到另一种质态的转变过程。它是事物发展中渐进过程的中断，是说明和解释事物质变的范畴。这里所讲的"飞跃"，是认识论中的"飞跃"，不同于运动中的"飞跃"。飞跃有两种基本形式：爆发式飞跃和非爆发式飞跃。所谓爆发式飞跃，是指解决对抗性矛盾的质变形式；所谓非爆发式飞跃，是指解决非对抗性矛盾的质变形式。前者是在充分量变的基础上，通过剧烈的外部冲突而完成的；后者的完成，则不需要发生剧烈的外部冲突，而是通过新质要素的逐渐积累和旧质要素的逐渐衰亡而实现的。在包括科学技术在内的一切实际的事物发展过程中，由于情况的复杂和多变，飞跃的形式随事物矛盾性质和条件的变化而变化，同时存在交错进行的情况。

G

概念（concept）反映事物的特有属性的思维形式。它是人们在理性认识阶段的产物，是抽象思维的一种基本形式。它具有间接性和概括性的特点。人的认识发展是由生动直观到抽象思维，由感性认识到理性认识的过程。感觉、知觉和表象属于生动直观与感性认识阶段。人们在感觉、知觉和表象的基础上，经过思维的加工制作，即运用比较、分析、综合、抽象、概括等方法，逐步揭示出对象的特有属性，特别是本质属性，产生认识过程中的飞跃，上升到理性认识，从而形成概念。借助概念这种形式，人们就可以把所认识的事物与其他事物区别开来，并逐步把握该事物的本质。客观事物是不断发展变化的，反映客观事物特有属性的概念也是不断发展变化的。

高技术（high-tech）国内叫高新技术，是指在特定时间里，反映当时科技发展最高水平，能够带来高经济效益，并能够向经济、社会领域广泛渗透的技术。目前，国内外知识界和产业界关于高技术特征的概括和描述，比较普遍认同的主要有以下几个方面：（1）高度创新性；（2）高度战略性；（3）高度增值性；（4）高度渗透性；（5）高度风险性。任何一项开创性构思、设计及其实施都具有不确定性，成败难以预见。同时，高技术研究与发展同产品、企业、市场的关系密切，在激烈的竞争中具有极大的风险性。此外，高技术还有诸如高度的智力性、趋同性、冲击性、时效性、实用性、选择性等特征。由于具有这些特征，高技术不仅已经成为当今世界经济、社会发展的新驱动力，而且日益成为衡量一个国家或地区科技水平和经济实力的重要标志。高技术并非仅指某一单项技术，而是指处于科学、技术和工程前沿的科技群落（或群体），具有跨学科性质。作为一个发展着的概念，高技术在不同阶段所包含的具体技术领域亦不相同。目前，国际上一般公认的高技术领域，主要有信息技术、生物技术、新材料技术、新能源技术、空间技术、海洋技术等。2006

年2月，中国国务院公布的《国家中长期科学和技术发展规划纲要》中，把电子信息、生物、新材料、新能源、航空、航天、海洋等方面的高技术，列为重点开发的科技创新领域。

高技术产品（high-tech product）依靠高技术研究开发成果生产的，具有高技术物化或信息化特性的产品。其中的高技术物化或信息化特性，也叫作产品的高技术含量。产品的高技术含量是区分高技术产品和一般产品的标志。高技术产品按其用途可分为消费类和生产资料类高技术产品。消费类高技术产品，如家用计算机、激光视盘、微波炉、新型建筑材料等。许多高技术产品已经进入家庭，体现了高技术对于改善人们生活、满足人们日益增长的物质文化需求所发挥的巨大作用。生产资料类高技术产品，如工业控制计算机、新型材料等。它作为生产过程中生产工具和劳动对象的重要组成部分，是形成新的生产能力的重要因素。高技术产品是一个动态的概念。由于高技术领域的激烈竞争，使得高技术产品与一般产品相比，其寿命周期（包括投入期、成长期、成熟期、衰退期四个阶段）要短得多。高技术企业要在竞争中不被淘汰，就要在高技术产品的更新换代上投入更多的科技力量，做到在同一时期内能够生产一代，试制一代，开发一代，预研一代，使产品和技术不断创新和发展。

高技术产业（high-tech industry）依靠高技术研究开发成果进行生产和服务的产业。根据高技术产品的类型，可把高技术产业划分为若干领域，每一领域的高技术产业都由生产同一类高技术产品的高技术企业群和管理协调部门按特定方式组成。高技术产业具有以下特点：（1）以高技术研究开发成果为基础。高技术研究开发一般在科研院所和大学进行，也有一些在研究开发力量较强的高技术企业中进行。而把研究成果转化为高技术产品，还需进行高技术创新，把知识循环发展到物质循环。（2）高投入。高技术的研究开发和高技术创新需要大量的资金和科技人员投入。在一些发达国家的高技术产业中，研究、开发和高技术创新费用一般要占销售额的5%～15%，科学家和工程师的数量要占职工总数的40%～60%。（3）高风险。主要来自高技术创新风险和市场竞争风险，特别需要指出的是，高技术的时效性强，高技术产品更新换代快，如果没有把握好时机，往往导致失败。（4）高效益。由于高技术产品的高附加值和对传统产业改造的辐射作用，可带来巨大的经济效益。在一个国家的产业结构中，高技术产业是新的生长点。它对大幅度提高社会生产力、增强军事力量、增强综合国力都起着决定性作用。同时，它对传统产业具有强大的渗透作用和带动作用，能促使传统产业结构优化升级，大幅度提高劳动生产率。因而，发展高技术产业，推进高技术研究与开发，已成为当代国际竞争的核心和制高点。

高技术产业带（high-tech industrial zone）自发或半自发的高技术产业及部分科研机构的大规模集结地。高技术产业带地域宽广，企业数量众多，职工队伍庞大。它集科研、服务、分销机构和居住区为一体，基本具备了城市的功能。世界著名的高技术产业带有美国的"硅谷"和128号公路地区、加拿大的北硅谷、英国剑桥大学附近地区、中国的中关村等。高技术产业带的发展，有以下重要特点：（1）聚集效应。高技术产业带把高技术生产和科研机构聚集在一起，增进了信息的交流和共享，提高了公共设施的利用率，增大了对资本、技术和人才的吸引力。同时，生产同类产品的企业聚集在一起，还能强化竞争意识，增强企业家们的创业精神。（2）孵化效应。高技术产业带均设有一批"工业园"、"研究园"、"孵化器"，能不断扶植大量高技术创新企业，使高技术产业带的研究和生产能力得到进一步加强。（3）分裂效应。高技术产业带的公司分裂，是技术更新、产品换代，生产分工更细、更科学的重要标志。一家母公司常常可以分裂出几家或几十家子公司，母公司的技术和经营经验，通常是随着人才的分流而从公司中分裂出去，并被用以建立新的企业。高技术产业带的形成和发展，是大学、科研机构、地方政府、金融界和原有企业共同努力的结果，也是国家在雄厚的科技、经济基础上进行产业结构转换的自然结果。高技术产业带的形成，是当代高技术产业发展的重要里程碑。这一新型的产业集群已经突破了传统的产业结构和社会结构的束缚，建立了适合于自身成长、发展的基地，并以其强大的吸引力和辐射力，冲击和改变着传统的社会及产业发展模式，带动整个社会经济的发展。

高技术发展战略（high-tech development strategy）国家、地区或企业遵循商品经济和高技术发展的客观规律，适应经营环境的发展变化，对高技术的未来目标、方向、重点、阶段和对策所作的全局谋划。它是一定时期内高技术发展的总体设想和根本对策，是指导高技术发展的纲领性方案。高技术发展战略具有全局性、长期性、系统性、稳定性、适应性等特征。它指导和影响未来一个相当长的时期内不同层次和各部门、各系统的高技术发展，服务于高技术发展的全局，其实施过程按目标的高低分步骤进行。高技术发展战略既要保持稳定性，又不能一成不变，当外部环境发生变化时，必须不失时机地作出战略调整。一般按高技术竞争态势对高技术发展战略进行分类：（1）进攻型高技术发展战略；（2）守势型高技术发展战略；（3）退却型高技术发展战略；（4）模仿型高技术发展战略；（5）机遇型高技术发展战略。此外，按高技术发展阶段划分，可分为创造阶段、开发阶段、改进阶段、应用阶段、普及阶段。每个阶段相应都具有不同的战略侧重点。高技术发展战略的要素，即各种类型和各个层次的高技术发展战略所包含的基本内容主要包括：（1）高技术发展战略思想，（2）高技术发展战略目标；（3）高技术发展战略重点；（4）高技术发展战略阶段；（5）高技术发展战略对策。

高技术企业（high-tech enterprise）应用某一领域的高技术研究成果，进行高技术创新，以生产高技术产品，或提供高技术信息服务为主要活动的新型企业。其特点是：（1）以科技人员为主体，智力密集度高。在一些发达国家的这类企业中，科学家和工程师的数量占职工总数的 40%～60%。（2）高额研究开发和高技术创新费用。一般要占销售额的 5%～15%。（3）在运行机制上，实行以市场为导向，技、工、贸一体化，研究、开发、生产、销售及服务各环节环环紧扣，按矩阵方法进行内部组织管理等。

工程（engineering）将自然科学基本原理及知识体系应用于变自然资源为人类财富的活动中而形成的专门技术学科的总称。工程这个词在不同时期有着不同的含义。进入20世纪以来，在现代科学向技术转化的基础上，产生了一批电子、空间、核能、生物等新型工程。在管理革命和大型科研计划与规划推动下，工程概念逐渐向管理和科研部门推广应用，出现了管理工程、系统工程这一类软硬兼有、以软为主的新型工程。于是，在现代又有以提供决策、计划、方案、方法、工作顺序，以确保大型研究项目圆满完成的软工程和以造物为主的硬工程两大类的划分。这样一来，包括软、硬工程在内的广义工程概念便诞生了。即指人类在改造客观世界实践中，为完成某项特定任务，应用科学知识，对自然物质（能量、信息）或组织协调形式进行某种创新、改造或变换的专业学科或学问的总称。

工程技术（engineering technology）具有确定的设计、制造、生产或修建的具体对象的造物过程、程序和造物手段、方法的总称，也可以说是工程建设物件和以生产技术为主体的技术的合称。作为专业名词的工程技术，同工程一词的差别在于它不是工程科学，而是工程学在工程实践中的应用，是直接创造物质财富的实践技术，包括从技术原理构思、技术设计、研制、生产和建造直到商品化的全过程。它同技术一词的差别，在于它有确定的改造物质世界的对象和目的。工程技术是多种学科知识的应用，涉及设计、验证、实施等各个技术实践环节的专门技术。工程技术的基本特点是：对象的确定性、目的的明确性、过程的程序性、技术手段的多样性和匹配性、科学知识应用的综合性和产出的实用、实效性。因此，可把工程技术理解为依据科学原理，应用多种技术，把自然资源变为确定的人工器物的有序的人与自然之间的物质、能量、信息变换过程。

工程技术要素（elements of engineering technology）工程技术所要创造的物质财富的最基础造物物料和手段。通常把材料、能源、信息、控制、工艺、交通、机器、土建、环保列为工程技术的基础性物质要素。有了上述要素为基础及其相互组合，工程技术的目标和任务才有可能实现。就其广义而言，工程技术要素还应包括工程技术人员、工程技术管理。就工程技术活动的全过程而言，其要素应包括研究、开发、设计、研制、试验、生产或建造、运输、维修、销售等。

工程科学（engineering science）又称工程学，指为工程技术研究提供理论、手段和方法的科学。它是以直接应用为目的的科学。它与特定的工程对象相联系。其各个分支学科所研究的是人类改造自然的特殊规律性。工程科学有更细的专业分工，又以技术科学为基础。其主要特点是：专业化和实践性。它对工程技术的发展具有直接的指导意义。

工业设计（industrial design）以批量和机械化为条件，对工业产品进行预先规划的行为。是一个新兴的、具有文理渗透特征的综合性学科。包括工业产品造型设计、企业形象和视觉传达设计以及环境设计等。产品设计是其主体与核心。现代工业设计是建立在计算机技术、人机工程、价值工程、美学、设计方法学和管理学等学科基础上的。传统的产品设计关注点集中于产品功能的实现和加工生产的高效率低成本等，而工业设计把产品设计作为科技、工业、社会、经济、文化和艺术的整合过程，更关注产品的整个生命周期，从满足人的需求出发进行产品创意、方案构思和试制、加工生产，直到营销、售后服务、产品废弃处理。

古典科学（classical science）古代流传下来在一定时期被认为是正宗或典范的科学。西方科技史常把欧几里得几何学、亚里士多德科学、阿基米德静力学、托勒密天文学、盖仑医学视为古典科学。近代的牛顿力学和电磁学分别被称为古典力学、古典电磁学。古典科学的特性是：数学性、规范性、传统性、经典性和高度发展性。现代科学是数学性和实验性的有机统一。古典科学是现代科学发展的基础。

规律（laws）又称法则，是事物自身所固有的本质的、必然的普遍联系。它是客观的，存在于人类意识之外，既不能创造也不能消灭。任何客观规律都是在一定条件下起作用的。随着作用条件的消失，规律的效用也随之失去。规律失去它的效用，不是人为的，即不是人消灭的，而是自行发生的客观过程。规律隐含在无数现象和过程之中。人类只能在实践的基础上，逐步深入、完善自己对规律的认识。这一过程是从现象到本质、从具体到一般，再达到最普遍规律的过程；是从单纯研究存在规律和思维规律到统一综合思维规律和存在规律的过程。

H

横断科学（transversal science）从客观世界的诸多物质结构及其运动形式中，抽出某一特定的共同方面作为研究对象的科学。新兴的横断科学主要有信息论、控制论、系统论、协同论、突变论、运筹学、耗散结构理论等。其研究对象不只是某一领域或某种物质，而是横向贯穿于客观世界的众多领域，甚至一切领域之中。如信息科学就是把机器系统、人类社会、生命现象和思维等领域里的具体对象及其运动形式，抽象为信息的变换及其流动。它并不反映物质和能量方面的特征，而是描述各种现象和过程的结构和功能特征。

宏观科学（macro science）以宏观世界的物质及其运动形式为研究对象的科学。宏观源于希腊文mskro，意为"大"。宏观物体与宏观现象总称为宏观世界。空间线性尺度大于 10^{-7}cm、质量大于 10^{-7}g的物体称为宏观物体。这包括地球上的生物和大于微观尺度以上的非生物。肉眼能见到的宏观现象，是指一般宏观物体和相应的场在宏观的空间范围内的各种现象，如布朗运动。有时动量很大的微观粒子在大范围内的运动亦称宏观现象，如加速器中粒子的运动。具有星系规模的各种现象称为超宏观或宇观现象。在现代科学体系中，属于宏观科学的学科最多，如宏观经典物理学、生命科学（除研究生命微观结构的科学），化学科学中的一部分也涉及到宏观现象。

J

基础科学（fundamental science）又称基础自然科学，是研究自然界的不同层次的物质结构、特性、存在方式及其运动规律的科学。根据传统科学分类和中国科学界的普遍看法，通常把数学、物理学、化学、生物学、地学、天文学称为基础科学。其研究对象是自然界，以探索和揭示自然界物质的具体结构、演化与运动变化的规律为基本任务。其根本目的是探索未知、创造新知识、为人类认识与改造自然提供依据。它是一切自然科学的基础，也是其他学科知识的基础。随着现代科学技术的发展，基础科学本身的范围也在扩大，不只限于上述的六大类。由上述六类相互交叉形成的各门边缘学科，如物理化学、生物化学等，实际上也起着科学知识的基础性作用。一般地说，作为基础科学，至少必须具有探索性、理论指导性、数学化、科学抽象程度高、预言可检验性等特点。按照其知识结构，可把它分成为经典基础科学、现代基础科学、综合性基础科学、横断学科型基础科学。基础科学本身是无阶级性的，但对它的核心概念与理论的哲学分析，则有不同的哲学派别之分。

基础研究（fundamental research）为了获得关于客观现象和可观察事实基本原理的新知识所进行的实验性或理论性研究工作。它不以任何专门的或具体的应用或使用为目的。根据基础研究的目的和性质。其常见的类型有以下四种：（1）实验性基础研究，又称科研工程型基础研究。如高能加速器的建造与高能物理研究等。（2）综合考察型基础研究。如中国开发大西北的考察等。（3）自选型基础研究。这类研究又称为不定向研究或纯基础研究。（4）定向型基础研究。上述分类只具有相对意义，如大型科研工程，大型工程技术研究，已把基础研究、应用研究、技术开发结合为一体，以科学、技术、生产联合体形式出现，基础研究实质上已成为科学技术一体化研究模式了。

技术（technology）人类为实现社会需要而创造和发展起来的手段、方法和技能的总和。作为社会生产力的总体技术力量，包括工艺技巧、劳动经验、信息知识和实体工具装备，也就是整个社会的技术人才、技术设备和技术资料。随着人类社会的进步和科学的发展，技术的内涵不断得到充实。技术的目的性贯穿于整个技术活动的过程之中。技术的实现需要通过社会协作，得到社会支持，并受到社会多种条件的制约。这诸多的社会因素直接影响着技术的成败和发展进程。

技术报告（technological report）记述研究过程、阐明科研成果、表达科技思想的文字材料。技术报告的专业性强，内容具体，有保密性，一般专供本行业有关专家和主管部门阅读。它的文体结构随报告的内容而异，一般与科学论文大致相同。

技术标准（technical standard）对工农业产品和工程建设的规格、性能、质量、检验方法以及对技术文件上常用的图形、符号等所作的技术规定。中国采用的技术标准分为国际标准、国家标准、省部标准和企业标准四级。技术标准是从事生产和建设的共同标准和依据。它对于保证产品和工程质量，合理利用资源，提高劳动生产效率，维持与调整生产、建设同生态环境协调发展等，都有很重要的作用。技术标准按内容可分为：基础标准、产品标准、工艺标准、工艺装备标准、安全与环境保护标准等。

技术革命（technological revolution）狭义的技术革命是指某一单项技术的革命性突破，如蒸汽机、内燃机、炼钢技术、电力技术、电子计算机技术的出现。它们可分别称为动力技术革命、冶金技术革命等。广义的技术革命是指整个技术体系的革命性变化，并引起社会生产力质的飞跃，如18世纪的蒸汽动力技术革命，19世纪的电力技术革命和当前以微电子技术为中心的新技术革命。一般文献中提到"技术革命"时，大都指广义的技术革命。但根据单项技术革命在整个技术体系中所占的地位，狭义的技术革命也可能导致广义的技术革命，如由电机的发明和改进而引起的电力技术革命。技术革命通常表现为技术体系中主导技术或主导技术群的更迭，后者又以一项或一群新技术的崛起为前提。技术革命的发生是有条件的，即原有技术体系不能满足社会生产和生活的需要，以致阻碍它们的进一步发展。这是发生技术革命的必要前提。而科学是否有能力为新技术革命的诞生提供必要的原理和方法以及现有各门类技术能否保证它们的实施，则为技术革命的发生提供可能。因此，技术革命的动力既源于技术水平与社会生产力之间的矛盾，又源于科学技术自身发展的内在逻辑。

技术教育（technical education）科学理论、工程技术实际知识和技能教育的综合体。理论联系实际的原则是技术教育的特征。学生们既要知道"为什么"，又要懂得"怎样做"。由于技术教育的出现，社会开始涌现出"有文化的劳动者"，使长期以来脑力劳动与体力劳动的对立、科学家和工匠之间传统的隔离状态开始消除。技术教育主要分为专门技术教育、职业技术训练和辅助技术教育三种类型。它们是技术教育体系的不同层次。专门技术教育在高等和中等专业技术院校内进行。其任务是培养国民经济各部门所需的不同专业的工程师、设计师、工艺师和技术员。它是技术教育体系中的主要部分。其普及程度和教学质量直接影响社会生产和经济的发展水平。职业技术训练由职业中学和技工学校完成，使学生毕业后成为有一定科学文化知识和专门技能的劳动者。这类学校曾是近代技术教育的早期形式，在以经验为主要基础的技术发展时期里，起过重要作用。辅助性技术教育一般贯穿于普通中学教学实践中，使学生在步入社会前有起码的技术知识。技术教育发展的主要方向是根据新技术革命的动向和特点调整其结构层次，提高质量，不断注入新内容、新方法，以适应未来社会的需要。近几十年来还兴起对在职工程技术人员的再教育。这是由知识更新周期缩短和新知识领域兴起所导致的结果。

技术进步（technical progress）技术的新的变革、发明、革新及其在生产、管理等社会各方面应用所表现出来的经济、社会、环境、效益提高的效能。技术变革、发明、革新是技术进步的形式。技术进步导致生产各要素的革新，经济、社会、环境效益的提高，则是其内容的体现。因此，技术进步是其形式与内容的有机结合体。衡量技术进步的指标是：（1）代替性指标，即技术代替人的体力和智力的程度；（2）科学性指标，即科学原理在生产中运用的水平；（3）人与环境协调性指标，即技术引起环境正负效应的比度。如果从社会生产效果角度来看，技术进步可划分为劳动节约型、资本节约型和劳动与资本不变型。

技术经济（technical economy）从狭义的角度讲，技术经济是用经济观点来分析和解决技术问题的理论；从广义的角度讲，技术经济是研究技术和经济的关系问题的理论。技术经济问题广泛地存在于国民经济各部门和经济活动的各个环节中。技术和经济总是密不可分地联系在一起的。技术在一定经济条件下产生、发展和起作用，而经济上的需要是技术发展的前提和动力。任何技术活动，总是为了达到一定的经济和社会目的，力求以尽可能少的劳动耗费去获取尽可能多的即最佳的社会经济效果。所谓"最佳的社会经济效果"，是技术与经济最佳结合的结果，是在经济上合算与技术上先进适用、生产上可行、社会上合理等多方面有机统一基础上的经济效果。一个技术方案是否被采用，不仅要考虑技术水平上的先进性，而且必须考虑是否符合本国本地的资源条件和社会经济发展水平。

技术决策（technical decision）为达到最优的技术发展目标，对若干个经过评价的准备行动方案进行判决性选择的过程。正确的技术决策不仅离不开技术预测、技术评估、技术评价等工作，还要运用决策理论和方法。从应用的角度看，技术决策可分为技术战略决策和技术战术决策、单目标决策和多目标决策、单阶段决策和多阶段决策以及确定性决策和风险性决策。

技术科学（technical science）以基础科学的理论为指导，研究同类技术中共同性的理论问题，目的在于揭示同类技术的一般规律的科学。它是指导工程技术研究的理论基础。技术科学的研究都有明确的应用目的，是基础科学转化为直接生产力的桥梁，也是基础科学和应用科学的主要生长点。因此，技术科学在经济发展中占有重要的地位，是现代科学中最活跃、最富有生命力的研究领域。从工程科学技术体系来看，技术科学可分为理论技术科学、基础技术科学和工程科学三个层次。

技术目标（technical objective）技术系统要达到预定的技术目的所必须做到的具体技术指标。技术目的通常采用定性形式，而目标一般要定量描述。如确定飞机制造以民用为目的，其目标则包括飞机的航程、速度、载重量、安全系数、噪声、污染、成本、可维修性、期望寿命等合理数据。目标选择要求全面、准确，以免给技术评价工作带来困难。

技术目的（technical purpose）在技术的自然属性与社会属性相统一的客观要求下，技术主体对所期望的技术客体的预先设定。它常常体现在技术规划中的技术指标和技术要求的制定之中。技术目的是技术活动的指向，是技术发明创造的内在动因。技术目的实现是一个由技术的社会属性与技术的自然属性相耦合与反复调整的过程。因此，它的实现取决于其是否符合技术本身的发展规律性和技术体系各部分之间相关性的要求，具体而言是取决于能否创造出实现技术目的的最佳技术手段和方法。

技术能力（technical capability）一个国家、部门、企业、个体所拥有的技术力量和具有胜任工程技术任务的能力。技术力量是由技术人员、技术装备、技术信息、技术投资和技术教育等因素构成的。这些力量的启动，又体现为技术活动过程中的研究、开发、设计、制造、调试、革新、改造、推广、选择、引进、消化、创新、转移等能力。衡量技术能力的评价指标有：（1）专利登记数；（2）重大技术成果数；（3）技术贸易总额；（4）技术密集型产品总产值；（5）技术密集型产品出口额；（6）制造业增加额。在评价技术能力时，还要考虑其潜在的能力。

技术手段（technical means）人们从事生产活动或非生产活动的各种手段的总和。它是技术实体的表现形式。技术手段即通常所说的技术的"硬件"部分，如工具、机器、仪器、设备等。

技术属性（technical attribute）体现技术本质的特性。从技术哲学观点看，技术是人与自然、社会自然与天然自然的联系中介，因此技术具有自然的和天然的双重属性。技术的自然属性即技术的物质性、关联性以及技术的形成、创新所遵循的自然规律性，技术最终应用后的成果以物质形态出现。技术的社会属性是指技术的社会需要性、经济性、社会条件的制约性以及技术后果的社会效应性。因此，如果一项技术只体现一种属性，那么它就不可能存在下去。

技术体系（system of technology）在一定的技术发展阶段，各门技术在一定的组织和功能水平上相互联系和相互作用的系统。同一技术体系的各项要素，如能源、材料、工艺、信息收集及加工处理，大致处于相同等级且彼此协调，使技术体系在一定时间里得以相对稳定地发展。技术体系的整体性表现在其独特

技术思想和原理，还表现在其组成门类不能脱离体系的总体水平而独立运动。技术体系的有序性表现在两方面：一是横向扩展的结果，使其体系内形成一系列相对独立的技术群；二是每个技术群都有纵向层次构造，形成技术体系、技术群、分支技术群和单元技术的格局。技术体系是一幅动态图景，随着技术总体的发展而变化。近代以来，世界各国的技术体系经历了机械技术体系、电力技术体系、化工技术体系和目前的以信息技术为中心的技术体系等几个阶段。

技术要素（technical element）组成技术或技术系统的基本单元或组分。人们对技术的定义不同，则对技术要素的看法也不同。技术要素包括技术的主体要素和技术的客体要素。其主体要素又可分为主体的经验、技能和科学知识。其客体要素可分为材料、能源、信息、工具（机器、设备、装置）和工艺。人们利用技术的主体要素对客体要素进行加工、处理、控制，才能形成技术产品。技术的客体要素是技术进步的标志，而技术的主体要素在技术发展中起主导作用。

技术引进（import of technology）一个国家、地区或企业在其发展过程中，为了加速其科技进步，更新其产品或技术，或者为了调整、优化其产品（业）结构，在积极开发具有自主知识产权的新技术、新产品的同时，采取引进他人的先进技术、新产品或关键设备，来弥补自己不足的一种办法。大量实践已经证明，积极而又慎重地开展技术引进工作，不仅是推动技术进步、促进技术开发的有效途径，而且是一条花钱少、见效快的捷径。

技术预测（technological forecasting）以技术未来发展为对象，对技术总体发展水平与趋势、专门技术发展趋势以及老技术的更新、淘汰作出概率估计的预言。在新技术的开发与应用前景的预测上，技术预测应包括"定时、定性、定量和概率估计"四个要素。技术预测的具体内容可概括为如下三个方面：（1）预测崭新的发明；（2）预测发明的应用领域；（3）预测新设备、新工艺、新技术、新材料、新能源的出现及其在产业部门的应用前景。目前，世界上技术预测的方法有很多种。若按分类可归纳为类比性预测法、归纳性预测法和演绎性预测法。

技术原理（technology principle）为实现某一技术目的与工程技术实践目标，运用创造性思维与技术

试验，把已有的科学原理与技术加以重新组合，转变为物化的机制、途径、手段、方法的一种规范理论。技术原理主要是技术设备的工作原理。它虽然也要用概念、原则、数学公式、图像来表达，但必须同实际的技术对象、技术过程、技术工艺等直接对应，具有很强的指向性或具体性。技术原理可分为专业基础性技术原理和专业性技术原理，前者如电工原理，后者如电机原理。技术原理是技术创新的内在依据，是新技术的功能及其结构构思的导向器。

技术政策（technology policy）一个国家或地区、部门为实现一定时期的任务和目标而制定的有关技术发展的行动准则和实施措施的规定。其主要内容包括：（1）从技术能力、经济和社会条件的实际出发，根据技术与经济社会协调发展原则，确定发展目标；（2）分析行业生产力现状、技术水平、发展能力和产品结构，确定行业结构；（3）从技术能力、自然条件、经济条件和社会条件出发，在促使国家技术进步的前提下，对技术先进性与经济社会方面的合理程度做出评价；（4）促使技术进步的途径、路线和措施的规定，如加强研究开发，加速科技成果商品化，促进传统技术改造，完善质量保证体系，推行标准化、通用化、系列化，合理利用资源和保护生态环境等。技术政策的制定必须遵循针对性、重点性、时效性、灵活性和稳定性相统一等原则。

交叉学科（interdiscipline）又称跨学科科学，是研究的内容或方法突破一个专门学科的界限，深入到两门学科的交界地带，形成自成一体的较普遍的概念、定律、原理体系的科学。它是包括了边缘学科、综合性学科、横断学科在内的一组学科群。学科交叉的途径、方法是多种多样的，可以由两门学科以上的自然科学交叉而生，如物理化学、生物物理；也可由两门学科以上的社会科学交叉而生，如教育经济学；在现代，更有自然科学与社会科学两大门类之间交叉而生，如科学社会学，技术经济学。国内外的一些科学家预测，21世纪将进入交叉科学的时代。

经典科学（classical science）在科学史上具有划时代标志、成为现代整个科学基础的近代科学。通常把在19世纪末以前发展成熟的物理学称为经典科学，如经典力学、经典电磁学、经典热力学。经典科学的主要特征是权威性，其根本性原理或核心原理的适用范围会随着科学的发展而发生变化，从而使其在整个科学体系中起着奠基性的作用。

K

开发研究（developmental research）利用基础研究、应用研究成果和现有知识为创造新产品、新方法、新技术、新材料所进行的研究。

科技发展预测（scientific development forecast）简称科技预测，是对未来科学技术发展的可能结果、途径、所需资源和组织措施所作的有科学依据的推测。科技预测要着重放在对新的科学发现与技术发明及其价值方面的预测。对于跨学科、跨部门的综合技术的预测也要十分重视。科技预测的主要任务是：（1）预测科技未来发展的总趋势；（2）揭示最有前途的研究与开发课题；（3）预测科技进步的远景与结果，特别是与经济发展的关系。当前，许多国家把科技预测作为科技政策与管理的一项重要内容。

科技发展战略（strategy of scientific development）国家对科学技术未来发展的全局性的筹划与指导，包括科技发展的战略方向、目标、规划与方案等重大问题的研究。战略方向和目标是科技发展战略的中心问题。科技发展战略是国家发展战略的一个重要组成部分。它是为社会经济发展战略服务的，同时又受社会发展战略的制约。但科技发展战略同经济发展战略相比，还要有个超前的原则。中国制定的科技发展战略包括两大部分：一部分是直接面向当前经济建设的，另一部分则是为未来经济建设服务的，属于长远的探索性的科技工作。

科技法（law of science and technology）科学技术法的简称。它是国家对科技活动所产生的各种社会关系进行调整的法律规范，是中国法律体系的一个重要组成部分。其调整对象包括：（1）国家在科学技术管理过程中发生的纵向关系；（2）不同科技部门、不同科技领域之间在研究、开发、协作和管理过程中所发生的横向关系；（3）科技机构内部和科技人员之间发生的权利和义务关系；（4）国际科技合作过程中所发生的关系等。科技法是社会生产力发展到一定水平的产物。它经历了古代的技术规范阶段、近代的科技法（与知识产权相适应）阶段和现代的宏观科技法阶段。

科技管理体制（technology management system）以科研活动为对象，对科学技术事业实行管理而设置的各种行政机构的总称。它属于上层建筑，因国情与社会制度的不同而有所差别。体制设置必须适应科学技术和经济发展的需要。科技管理体制设置原则和要求可概括为：责任制、精简、效率和学术领导。科研体制改革是中国科技事业发展的重要问题。科技体制改革的主要内容是：运行机制、组织结构和人事制度的改革。

科技进步贡献率（contribution ratio of scientific and technological progress）在国内生产总值（GDP）增长额中由于科技进步影响而增长的份额。一般用余值法计算。基本公式为：$a = Y - \alpha K - \beta L$，$Ea = a/Y \times 100\%$。其中，$a$ 为科技进步增长速度；Y 为 GDP 增长速度；K 为资金增长速度；L 为劳动增长速度；α 为资金产出弹性系数；β 为劳动力产出弹性系数；$\alpha + \beta = 1$；Ea 为科技进步贡献率。由于多方面因素的影响，计算结果不尽如人意。因此，国家正逐步淡化此指标。

科技纠纷诉讼制度（lawsuit system of scientific and technological dissension）办理在科技活动中所发生的各种纠纷的诉讼制度。科技纠纷属于民事纠纷，其诉讼适用于民事诉讼程序，包括人民法院受理的技术合同纠纷案件、知识产权纠纷案件、科技损害赔偿纠纷案件、涉外技术合同纠纷案件等。

科技政策（scientific and technological policy）国家为实现一定历史时期的科技任务而规定的基本行动准则，是确定科技事业发展方向，指导整个科技事业的战略和策略原则。制定科技政策的基本原则有：科技政策与国家发展战略相一致；符合科技自身发展规律；科技与社会、经济协调发展等。

科学（science）源于中世纪拉丁文"scientia"，原意为"学问"、"知识"。一般来讲，科学是指人类认识客观世界的知识。但是，并不是任何关于客观世界的知识都是科学。科学是关于现实本质联系的客观真知的动态体系。这些客观真知是由于特殊的社会活动而获得和发展起来的，并且由于其应用而转化为社会的直接实践力量。科学既是历史发展过程的产物，又是推动人类历史进步的巨大动力。科学包括自然科学、社会科学等。

科学创造（scientific creation）人们创造性地解决科学问题的一种特殊活动，其表现形式是科学研究。广义的科学创造包括社会科学的创造和自然科学的创造。前者所处理的是人与社会的关系问题。它通过对社会现象的观察、分析、概括、抽象，获得对社会发展的规律性认识。后者所处理的则是人与自然界的关系问题。它通过人们对自然现象和事物的观察、实验、分析、概括和抽象，发现支配自然界发展变化的规律，并依据这种规律，按照人们的意愿和要求，去发明新的技术、工艺和物质性产品。狭义的科学创造单指自然科学的创造。按照产物的性质它可以分为理论性创造、物质性创造和信息性创造三类。理论性创造如新假说、新理论、新概念等；物质性创造，如新机器、新装置、新器件、新材料等；信息性创造，如新工艺、新方法等。按科学创造产物的新颖性、独特性程度和影响范围的大小，科学创造还可以区分为科学革命、科学突破等。科学革命，即引起整个科学观念发生根本性变化的创造。科学创造是一种复杂的认识活动。它一般具有探索性、独创性、条件的不充分性、结果的不确定性、集体协作下的个体性等基本特征。

科学创造才能（scientific creation ability）从事科学创造活动所应具备的各种能力的综合。一项完整的科学创造活动过程包括许多环节和方面。要顺利地完成它，就要求科学创造者具有以下 14 种能力：（1）洞察能力，即探索问题的敏锐性。它使人们在从事科学创造时能从新的角度提出问题，发现常人未能发现的新矛盾。（2）统摄思维活动的能力，即用明晰而又简洁的要领或符号概括原有知识，并统摄整个思维过程。它能使已有的知识浓缩，也有助于吸收新知识。（3）转移经验能力，即把解决某个问题所取得的成功经验转用到解决其他问题上。这要求创造者寻求和发现不同事物之间的相关性。（4）侧向思维能力，即善于利用"局外"的、似乎无关的信息来发现解决问题的途径的能力。（5）形象思维能力，即运用表象反映和把握现实的思维能力。（6）联想能力，即从甲事物想到乙事物，并能将不同的事物或要领联系起来加以思考的能力。（7）记忆力。（8）思维的灵活性，即能够使思维迅速地从一类对象转移到另一类内容不同的对象的能力。（9）评价能力，即从许多可能的方案和解答中选定其一的能力。（10）联结和反联结的能力。联结能力就是人在知觉时，把感知的对象连贯起来，并把这些新信息同以前的知识和经验结合起来，这是产生新思想的条件和前提；反联结的能力是指有意使知觉和以前的知识相对抗，避免"先存知识"的压力和束缚，把观察到的东西给以符合实际的解释，而不让新感知去适应旧理论或导致虚假发现。（11）产生新思想的能力，即勤于思考和善于思考。（12）预见能力，即根据已有事实和科学理论，通过想象推测未来的能力。（13）运用语言的能力，即正确地运用科学语言简明扼要地表达科学思想和理论的能力。（14）完成能力，即持之以恒地完成已经开创的工作和使独创的思想臻于成熟的能力。上述能力的不同组合构成了创造者们的科学创造才能。

科学的特征（features of science）科学同其他知识形态现象相比所具有的质的规定性。它是区分科学和非科学或伪科学的重要判别标志。在科学学的研究中，一般认为科学的主要特征体现在下述方面：（1）真理性。任何科学之所以被称为科学，就因为它们都具有客观真理性。首先，科学就其来源而言，是以客观存在的事物为研究对象、以客观事实为基本依据和出发点的；其次，科学就其内容而言，是对客观事物本身所具有的本质及其规律性的真实反映。科学的这一特征把它同一切伪科学和宗教神学区别开来。（2）社会实践性。凡科学都必定是人类社会实践的产物，被社会实践检验，并能指导社会实践，服务于社会实践。所有的科学都有坚实的实践基础，它绝不是人类头脑中主观自生的纯粹思维的创造物。科学的这一特征使它与一切主观臆想的东西相区别，并能保持科学的"纯洁性"。（3）理论系统性。任何科学都是以科学的概念、准确的判断和合理的推论所表达的、具有内在逻辑性的系统知识，是人们理性认识的成果。科学虽以经验知识为基础，但不等于经验，因为经验所反映的还仅是事物外部的表现，缺乏对事物本身内在的、本质的把握；科学也不等于经验知识的简单堆砌，而是对经验知识的概括、提炼和上升，是个别中的一般，具体中的抽象。科学的这一特征使它同那些对事物的一知半解或局部、零散、片面的知识相区别。（4）动态发展性。任何科学都是发展着的知识体系。是相对稳定的动态发展的辩证统一。科学要以客观事物为研究对象，客观事物是不断发展变化的；科学来源于社会实践，社会实践的范围和水平也不会停滞不变，因此科学作为人类对客观事物本质及规律性的认识，也必定是一个由浅入深、由一级本质到更深层次本质的认识和把握的过程。科学的这一特征使它同一切僵化的教条相区别。科学的上述特征从根本上来说，是同唯物主义相一致的。只有同时满足上述特征，才能有效地区别科学和非科学。

科学定律（scientific law）在各门具体科学中，对一类事物的各个属性之间或一类现象之间所具有的一般的、确定的联系和关系的表述。它反映着客观事物的规律性。在自然科学中，对于这种一般的、确定的联系和关系的表述，不仅采用文字的形式，更多地采用数学表达式，如$F=ma$等。可见，定律大多是对于各种数量之间的确定关系的表述。所以，也可以说，定律是以确定的各种量的关系来表述的事物的规律性。一个科学定律所具有的普遍性的程度，取决于它所表述的那个规律的普遍性程度。例如，加速度定律（$F=ma$）是力学中的一个基本定律，而对于其他形式的运动则不适用。又如，化学中的定比定律、倍比定律，仅适用于对化学反应前后物质的量的关系的考察。

科学发现（scientific discovery）对客观存在的自然现象、自然事物及其内在规律性关系的察觉、领悟和认识。是科学创造的一种活动方式和结果。按照科学发现的内容，可以分为自然事实的发现和自然规律的发现。前者如物理学中X射线的发现、超导现象的发现等。后者如万有引力定律的发现、质能关系式的发现等。科学发现有时是在明确的理论或假说指导下作出的，如海王星的发现等。这类发现称为预言性发现。此外也有不少发现是在偶然情况下获得的，例如X射线就是由伦琴在研究真空管阴极放电现象时偶然注意到的。这类发现称为偶然性发现。在现代科学发展条件下，由于研究对象已深入到微观领域，因此除了对客观存在的自然事物的直接发现以外，许多自然事物是通过对该事物的某种本质的直接观察而间接发现的，例如某些基本粒子的发现就是如此。由于科学发现所面对的对象是客观存在的自然事物、现象及其规律性的联系，因此其结果具有唯一性。即科学创造者绝不能"随心所欲"地"发现"本不存在的东西。虽然对于同一自然现象和自然规律的研究与观察，会导致几个科学家分别独立地"同时发现"它们，但这仍然是同一个发现，而且发现权也仅属于最早的发现者。

科学分类学（classification of science）又称科学体系学，是在一定社会历史条件下，依据某些原则研究各门科学之间的区别与联系，把它们联成一个整体，并确定每门科学在整个科学系统中的地位以及与其他科学的关系的一门学科，但人们常常不叫科学体系学而叫它为科学分类学。这是为了与人们常说的科学结构学相区分。科学结构学是注重从形式上研究科学体系的结构关系的学问，而科学分类学则是注重从内容上研究各门科学的内在联系以及如何连成整体的学问，二者属性不同。当说到科学体系的时候，人们往往从结构方面考虑问题，而不容易分别二者的不同性质。同时，讲科学分类，尽管分类的原则思想可能不同，对科学所作的分类有所差别，但是任何科学分类都必须在全面概括当代科学内容的基础上产生，同时，又有一定的原则标准，因此，其结构就相对稳定。

科学分类原则（principle of science classification）科学类型的划分要以一定的原则为根据才能进行。在恩格斯之前，对科学知识的分类，一般是以分类者的哲学观点为基础的，有什么样的哲学观点就有什么样的分类体系，谈不上科学界共同接受的科学分类原则。恩格斯根据19世纪后半叶科学发展的成就，提出了科学分类的两个基本原则：客观性原则和发展性原则。所谓客观性原则，就是按照客观世界的物质运动形式的区别和联系进行分类。每一门科学的研究对象都是自然界的某一种或某几种相关的物质客体的运动形式（或者说是对象的特殊的矛盾性）。所谓发展性原则，就是科学排列的次序应该反映客观物质世界的发展阶段的历史顺序和相互关系，而不是不顾这种关系，主观任意地将各门科学孤立地并列出来。客观性原则反映了物质运动的质的特征和空间分布，发展性原则反映了运动形式的发展和时间顺序。

科学概念（scientific concept）科学认识的主体反映，是关于客体之本质特征的思维方式。它是科学抽象的结果，是对科学认识成果的总结和概括，又是科学认识不断发展的必要条件。科学概念在形式上是抽象的、主观的，但在内容上则是具体的、客观的，是抽象和具体的统一。它越是抽象，适用范围就越广，也就越带有普遍性。任何科学概念，总是随着科学实践的不断深入而不断地得到补充、修正，从而获得发展。一门科学发展的历史，就是这门科学的概念产生和发展的历史。

科学革命（scientific revolution）一门学科的核心科学观念、概念、原理的根本性变革或自然科学中出现的划时代的发现而使科学发展处于质变状态。它是科学史上根本性的变动。一门学科的基础概念和基本假设的修正，导致新概念、新理论、新方法的建立，是该学科发展史上的一次革命。在一定时期内发生的导致自然观变革的一系列划时代的发现，则是这个时代自然科学在整体上的革命。从科学史可知，科学革命以带头学科的革命开始，然后向其他学科扩散，使它的理论和方法成为当时其他学科的解释依据和方法

论范例，从而使旧的科学体系结构逐渐被以主导学科为核心的新的科学体系结构所取代，最后在科学共同体取得确认，这场科学革命才趋向完成。科学革命是科学知识的量积累到一定程度和新的实验条件下产生的。它是科学发展的连续性和间断性、量变和质变的辩证统一。

科学共同体（scientific community）由科学观念和科学语言相同的科学工作者所组成的集合体。它是专业科学工作者群体的抽象存在形式。科学共同体的特点是：内部学术交流比较充分、专业观点比较一致、吸收同样的文献、引出相似的教训和使用共同的范式。一组共同约定的符号概括是共同体成员运用逻辑和数学的共同语言。科学的发展依赖于各个共同体之间的竞争和每一个科学团体成员的协同努力。

科学观（scientific view）关于科学，特别是关于自然科学的性质、作用及其产生和发展的规律的基本观点的总和，或者说，科学观就是对自然科学的总看法。科学观与哲学基本观点有着紧密的联系。它一般是哲学观点在自然科学问题上的反映。人类社会存在着唯物主义与唯心主义、辩证法与形而上学两大根本对立的哲学阵营，也存在着与之相应的科学观。唯物主义科学观认为，自然科学的研究对象是客观自然界，自然科学知识是自然规律的反映。唯心主义科学观则认为，自然科学是科学家头脑的自由创造物，并不反映客观自然界，科学知识只是思维自身的逻辑运动的产物，等等。

科学计量学（scientific metrology）运用数学方法对科学的各个方面和整体进行定量化研究，以揭示其发展规律的一门新兴学科。它是科学学的一个重要分支，也是当前科学学研究中的一个十分活跃的领域。科学计量学以科学为研究对象，探讨的领域十分广泛。它不仅研究科学本身的问题，而且研究社会生产、其他上层建筑同科学的关系。其研究内容主要包括以下几个方面：（1）研究科学的可以数量化的标准和可能性；（2）根据已掌握的各种数字资料，从不同的侧面建立各种科学计量模型，揭示科学发展的规律；（3）研究科学数量化的应用范围和局限性。作为科学学的一个重要分支学科，科学计量学的发展时间虽然不长，但其重要影响和深远意义却已经显现出来。科学计量学的研究和分析结论被广泛应用到诸如科学潜力状况的评价、科研状况的发展分析、水平动向的评估和比较、科学发展趋势的预测等许多

方面，已成为科学技术事业宏观政策管理和微观管理的重要依据，提高了对科学技术进行组织管理、协调、决策、预测的科学化水平。

科学技术管理（management of scientific and technological）简称科技管理，是指为了发展科学技术，促进经济建设和国防建设而对科学技术活动采取一系列的政策和措施。其基本职能是对科技活动进行计划、组织、指挥、调整和协调。其对象和主要任务有：(1) 制订科技政策；(2) 确定科研体制和机构的设置；(3) 编制科技发展规划与计划；(4) 确定科研重点和主攻方向；(5) 组织科研协作；(6) 科研经费管理；(7) 提供与管理科研物质条件与情报资料；(8) 组织学术交流与国际合作；(9) 科技人员管理；(10) 科技成果管理。科技管理的原则是：系统规划、统筹兼顾、人尽其才、物尽其用、分工协作、动态调整、综合平衡。其根本依据是科学技术发展规律和经济规律。加强科技管理对加强创新型国家建设，提高科技自主创新能力意义重大。

科学技术组织（organization of scientific and technological）按照科学技术学科的性质、任务而建立的便于进行科学技术活动的社会组织。它包括专门进行科技研究的科技事业单位和各类学会、协会、研究会等科技活动社团。科学技术组织是科技发展到一定阶段的产物。在古代，科研组织常以学派性学校或官办学校的形式出现。在第二次世界大战后，科研组织发生了巨大变化，如出现了"曼哈顿工程"这一类大科学高技术型的研究中心，使得科研组织的规模越来越大，同时国际性科研团体与学会不断增多。现在，科学技术组织是各国进行科技研究、信息交流和国际间科技交流的主阵地和主渠道。科学技术组织的主要特点有：(1) 是创造、交流新知识、新技术的专业化组织；(2) 是推进物质文明与精神文明的组织；(3) 以杰出科学家、发明家为核心的组织；(4) 非赢利的组织；(5) 负有对全民进行科普宣传职责的组织；(6) 对政府的决策提供咨询；(7) 职业科技单位与学会等团体在任务、管理方式等方面差别很大；(8) 科学技术组织与行业组织发生交叉关系。今后，科学技术组织的大科学化、新科学化、国际化将会进一步发展。

科学价值（scientific value）科学能满足人类社会需要的某种性能。它是以科学作为客体，以人类社会作为主体所构成的价值关系。价值是客体属性满足主体某种需要的关系范畴。世界上有各种各样的客体，它们所具有的能满足主体需要的属性也是多种多样的，而主体和它们的需要同样也是十分不同的，因而由不同的客体属性和不同的主体需要所构成的价值关系也必然是多种多样的。科学价值只是各种价值范畴（如经济的、政治的、伦理的、美学的等等）中的一种类型。科学作为反映客观物质世界的本质和规律的知识体系，有着自身所固有的客观属性，我们称它为科学属性。但价值并不单纯是这种科学属性的反映，而是标志这些科学属性对于人类社会有什么积极意义，能满足什么需要的性能。这种性能我们称为科学的价值属性。但科学的价值属性又不是单纯由人类社会当前的和直接的需要决定的，而是以科学属性作为客观基础的科学客体与一定历史时代的人类社会的需要相结合的产物。正因为科学具有价值属性，所以它能成为人们感兴趣的、有目的的追求的对象。

科学价值观（outlook on scientific value）人们在社会实践和科学活动中形成的关于科学价值的总观点、总看法。它本质上是社会中客观存在着的科学价值关系的反映。以整个人类社会为主体，以整个科学为客体建立起来的科学价值关系，是形成各种科学价值观的基础。科学客体是同一的，它对任何人都是一视同仁的；作为主体的人类社会和它对科学的需要也是客观的，不以个人的意志为转移的，因而科学客体的属性和它所反映的规律能够满足人类社会需要的价值关系本身也是客观的、确定的。然而，人们对科学价值的观念却是不同的，对科学价值问题可以有多种多样的观点和看法。这一方面是由于处于不同立场、不同社会阶层地位的人对科学发生不同的关系，因而对科学的需要不同，对科学价值的评价有差异造成的；另一方面则是因为科学价值观作为一种观念系统直接受着自然观、世界观的影响，常常是有什么样的哲学思想也就有什么样的科学价值观念。

科学价值评价（evaluation scientific value）对科学的价值属性进行的评定。评价就是评定价值。当代哲学常把对科学的认识论上真理性问题的评判叫做科学评价，我们用科学价值评价以示二者的区别。科学价值评价是主体的一种意识活动。其表现形式或是对可能价值关系的一种预测；或是对已有价值关系的分析比较和鉴定；或是对价值关系的一种感情心理反应状态。总之，它包括情感、理智、认识、目的和意志在内的一种综合的价值意识活动。科学价值评价包括了对一切科学价值的评价。但是人们在评价时只是对与社会需要相关的四种主要科学价值进行评价，即学术价值、技术价值、经济价值和社会价值。

科学价值实现（realization of scientific value）应用科学成果满足各种需要的实际过程，是使隐含在科学成果中的科学价值属性得以展现出来的过程。科学劳动创造了巨大的使用价值，确立了科学能满足人类各种需要的价值关系。但是，在科研成果完成的时候，除了科学劳动主体的个人精神价值（如兴趣、美感、责任心等）得以实现之外，科学价值的绝大多数还只是潜藏在科学成果之中，还没有得以实现，必须应用科学去实际地满足各种需要，充分发挥科学的作用，使科学的效益和价值实现出来。这是一个应用科学解决实际问题的复杂过程。

科学假说（scientific hypothesis）又称科学假设，是根据已知的科学原理和科学事实，对未知的现象及其规律所作出的一种假定性的说明。它是建立和发展科学理论的一种重要方法。在自然科学研究中，人们为了揭示自然界的发展规律，建立科学理论，往往依据已有的科学原理和科学事实，运用一定的思维形式，先设想是某一种能解释自然现象的理论模式，即科学假说。然后，再通过科学实践来验证其是否正确，从而确定某一理论能否建立。这种理论模式的设想过程往往是很复杂的，大体经历以下三个阶段：（1）提出问题，即发现了原有的理论无法解释的新的科学事实；（2）提出新的理论模式，即依据已有的科学知识和部分事实材料，对新的科学事实作出初步解释；（3）广泛论证，即对初步的理论性解释，用有关理论和尽可能多的科学事实进行广泛论证，使之得到充实并发展为结构较为完整的科学假说。

科学经验（scientific experience）关于事实的直观、感性和表面的反映。科学经验或经验认识是科学认识的初级形式。经验只能认识事物的现象和外在的联系。经验是从科学观察和科学实验中获得的感性认识。科学经验是理论进行加工的对象，但理性认识不是经验的集合，而是对感性经验进行分析综合、抽象概括后形成的反映事物的本质和规律的系统化知识。

科学决策（scientific decision making）领导者依照科学程序，依靠科学专家，运用现代科学方法与技术对有关重大问题的解决方案作出选择和决断。在决策过程中，领导者和专家是相辅相成的两支不可偏废的力量。科学决策包括三个方面：（1）实行科学的决策程序。决策程序分八个步骤：发现问题、确定目标、价值标准、拟定方案、分析评估、方案选优、实验验证、普遍实施。（2）采用科学的决策技术。（3）用科学的思维方法作决断。在现在大科学高技术时代，领导者的经验决策必然要被科学决策来取代。现代科学决策主要依靠咨询机构的专家进行详细的分析计算，并利用决策支持系统来完成。

科学劳动（scientific labor）由一系列彼此联系又相对独立的智力劳动形式（包括科学研究、技术开发、科技教育、科技管理等）构成的生产和再生产科学知识活动的总称。其目的在于创造、传播、应用新概念、新理论、新技术和新方法，并把科学转化为直接生产力。科学劳动作为人类的精神生产活动，是一种既包括实践活动，又包括理论活动在内的复杂的创造性智力劳动。科学劳动是从社会一般生产劳动中分化出来的，随着社会生产力水平的提高和科学技术自身的迅速发展，将成为社会物质与精神财富的主要来源。如果说一般生产劳动是从自然界过渡到人类社会的决定性因素，那么科学劳动将成为人类从必然王国向自由王国发展的重要实践基础。其基本特点是：（1）一切科学劳动都是在原有知识（前人的科学劳动成果）基础上进行的。它所生产和再生产的新知识也必然为后人所继承并成为后人科学劳动的资料。（2）科学劳动是向未知领域进军的事业。科学劳动本身具有明显的探索性和不确定性。（3）科学劳动不是重复性的简单劳动，而是富于创造性的复杂的智力劳动。（4）任何科学劳动总是在具有流动性和机动性的一定社会结构中实现的。

科学劳动类型（type of scientific labor）科学劳动的表现形式和类别。一般来讲，科学劳动可划分为如下四种类型：（1）科学研究。它是科学劳动的核心部分，是科学劳动者运用知识形态和物化的科学劳动资料所进行的探索自然现象和过程本质规律的活动。（2）科技情报与科研服务工作。它们作为科学研究的先决条件和必要保证是科学劳动的重要组成部分。（3）科学技术管理。根据科学技术发展的规律、特点和本国的具体条件，应用科技管理的理论和方法，组织和安排科研工作，追求科学劳动的最佳结构和高效率。（4）科学教育和科学普及。它是传播科学知识、生产或再生产科学能力的社会劳动的两种基本形式。

科学理论（theory of science）由一定的科学概念、原理以及对这些概念、原理的理论论证所构成的、经实践检验而确立的、对客观事物的本质和规律作出系统说明的知识体系。它作为一个系统化的逻辑体系，有其基本的特征和功能。其基本特征主要是：（1）客观真实性，即只有正确反映事物的本质及其规律并经过实践检验的知识体系，才是科学理论。这是其最根本的特征，也是它与科学假说的根本区别。（2）全面性，即科学理论必须做到完全反映客观事物，从事物的全部总和出发，从大量的有关现象出发，抽取事物的本质，并能够说明有关现象。（3）系统性，即科学理论不是各种概念和原理的简单堆砌，也不是各种互不相关的论据和论点的机械组合，而是根据客观现象内在的有机联系形成的一种严格的、完整的知识体系。（4）逻辑性，即一个科学理论必须有适当的表达方式，把它的思想和观点准确地表达出来。它必须具有明确的概念、恰当的判断、正确的推理和严密的逻辑证明。（5）简单性，即一个科学理论应当具有简捷明了的表述，而舍弃那些与被说明的问题无关的论述。从逻辑上说，一个科学理论体系中所包含的假设或公理应当最少。科学理论的上述五个基本特征，不是绝对的，它有一个逐渐趋于完善的发展过程。科学理论的功能主要表现为两个方面：解释功能和预见功能。解释功能是指科学理论应能解释已知的现象；预见功能是指科学理论应能预见到现在尚未观察到、但通过科学实践活动一定能观察到的现象。科学实践是科学理论产生和发现的基础，又是检验科学理论是否正确的标准。科学实践与科学理论的矛盾运动，是科学发展的内在动力。

科学论文（scientific article）在特定的科学领域以严谨的逻辑推理来论证某一创造性科研成果的文字材料。它是记述学术探讨和科研新发现的原始性文献，通常发表在学术刊物上，供本专业的专家学者阅读，以传播科技信息、交流科研成果，并获取优先权。科学论文的文体结构一般应包括：标题、摘要、前言、正文、结论、参考文献和附录等。

科学文献（scientific literature）具有历史和学术价值的科学图书文献资料所记录的物质载体的总称。其内容是重要的科学知识；其记录手段有文字、图像、符号、声频、视频等；其载体有纸张、磁带等。

它是科学知识的重要形式，也是科技情报交流的重要成分之一。科技文献的数量和质量是判断科学或科技发展水平的重要指标之一。科技文献必须标明作者、出版单位和时间。按其内容、性质和加工情况可分为一次文献、二次文献和三次文献。按其编辑出版情况，可分为科技图书、科技期刊、技术报告、重要资料、专利资料、政府出版物。

科学研究（scientific research）人类为了认识、利用和改造自然界，追求科学发现、技术发明和工程创造而进行的探索和创新性智力劳动。一般是指自然科学研究。它包括基础研究、应用研究、开发研究等。通过探索和创新，实现新的发现、发明和创造，是科学研究的最根本特点和要求。科学研究既要充分利用前人和他人的已有成果，重视发挥集体智慧，又要重视个人的独立思考和创造性思维。科学研究还要强调态度的严谨，组织的严密，数据的精确，结果的准确并经过反复验证。科学研究的成果能提供新的自然知识、技术能力和生产工艺，归根到底是创造新的生产力。

科学研究与试验发展（research and development，R&D）为增加知识总量（包括人类、文化和社会方面的知识），以及使用这些知识去创造新的应用而进行的系统的、创新性的活动。包括基础研究、应用研究、试验发展三类活动。研究与试验发展必须同时具备四个条件：（1）具有创造性；（2）具有新颖性；（3）运用科学方法；（4）产生新的知识或创造新的应用。

科学引文索引（science citation index，SCI）一种多学科的科技文献检索工具。由美国科学信息研究所主办。1961年创刊，以布拉德福文献离散律理论和加菲尔德引文分析理论为主要基础，通过论文的被引用频次等的统计，对学术期刊和科研成果进行多方位的评价研究，从而评判一个国家或地区、科研单位、个人的科研产出绩效，来反映其在国际上的学术水平。因此，SCI是目前国际上被公认的最具权威的科技文献检索工具。所谓引文，就是被引用的文献，即原始文章所附的参考文献；引文索引，就是以引文著者的姓名为标目，用来检索该著者被别人引用的文献的数量和内容的一套索引。引文索引为SCI所独创。SCI的收编范围很广，主要收录自然科学的各个学科，包括化学、物理学、生物学、环境科学、医学、药学、工程技术、农业等，侧重基础科学的研究方面。其文献来源涵盖 45 个国家或地区的最具影响力的期刊 5 600 多种，收录的主要是期刊论文和学术论文。

科学预见（scientific prediction）建立在对客观事物的本质和规律的正确认识的基础上，对于尚未认识的事物或尚未观察到的现象及其发展趋势所作出的科学推测。它包括以下三种情况：（1）对尚未发现但确实已经存在的现象的预言；（2）对尚未认识其规律的预言；（3）对将来在一定条件下可能发生某种现象的预言（如预言超导现象的发生）。在自然科学中，科学预见作为一种推理的结论，常常表现为由一种科学假说或科学理论作为前提，并根据某种具体情况，运用演绎推理或类比推理的方法，获得某一个别性结论。因此，结论是否正确，是否符合实际，有待于科学实践的验证。一旦通过人们的科学实践活动，证明了结论的正确性，则科学预见即转化为科学事实，而其前提（即科学理论）的正确性也随之得以确认。由于客观事物发展进程的复杂性和曲折性，科学预见不可能预言事物的一切方面和所有细节。但是，科学预见往往能就事物的基本的方面和基本的发展趋势作出预言。

科学知识体系（scientific knowledge system）由科学事实、科学定律、科学理论或技术原理等知识单元构成的知识体系。其最基本的知识单元是概念。从科学认识角度看，知识单元大体上可分为：经验认识层次的陈述性知识单元，表现形式为实验、观察报告；理论认识层次的知识单元，表现形式为假说、学说；介于二者之间的程序性知识单元，表现形式为定律、原理。科学知识体系的层次结构表现为"原子壳层"模式。其核心是根本性原理，决定着知识体系的本质和未来。其核心原理之外是周边原理。周边原理会发生变化，丰富着核心原理。核心原理发生根本性改变，将导致科学知识体系的更新。科学知识体系就是由核心原理、周边原理及其二者之间的中间环节组成一个有层次、有等级结构的整体。

科学指标（science indicator）衡量科学能力及其水平的绝对值和相对值。绝对指标有：科研人员组成的质与量、重大科研成果的数量、实验装置的水平、科技图书资料的数量与质量、科技情报传送与利用的数量与质量、科学杂志出版级别、学术论文的数量与质量、科研经费投入的多少等。其相对指标有：科研经费与拨款占国民生产总值的百分数、

万人中科研人员所占的比重等。习惯上，也有把被授予诺贝尔奖的人数来衡量一个国家的科学水平，或作为一个重要指标。

科研工程（research engineering）又称大科学工程，是以具有战略意义的高科技研发为目标，按照科学和工程原理而建造的大型科研仪器与装置系统、试验基地及其相应配套的建筑物和附属设施的总称，如高能加速器、原子弹和氢弹、人造地球卫星、核聚变装置、大型天文望远镜、同步辐射源等的建造及其相应设施。它们具有科研与工程的双重特性，是现代科学技术最新成果的集中体现。其主要特性有：技术复杂、时间竞争性强、施工难度大、预制研究工作量大、非标准设备多、不可预见因素多、规模大、投资多、风险大等。它要求用系统工程方法进行组织与管理，在科学前沿研究与军事战略上有重要地位和作用。

客观真理（objective truth）从内容客观性的意义上对真理的称谓，指任何真理都包含着与客观实际相符合的客观内容。辩证唯物主义认识论认为，真理是主体在实践基础上获得的对客观对象的正确反映。这种反映的形式是主观的，而内容却是客观的。因此，任何真理都是客观真理，主观真理是不存在的。否认了客观真理的存在，就意味着否认真理本身的存在。

L

理论（theory）系统化的理性认识，即概念原理的体系。理论是具有全面性、逻辑性和系统性的特点。理论在被确证前，往往以假说的形式存在。它是知识体系的基础。每门科学都有自身的理论体系，而在哲学中却存在着多种观点不同的理论体系。科学理论的发展通常要经过问题、假说、检验和系统化等阶段。人们对一定的问题，根据一定的科学材料和科学原理，提出一定的假说，然后经过实践的验证，便成为科学理论。初步形成的科学理论往往会有许多不完善的地方，这就需要加以系统化。理论系统化的过程标志着理论日趋成熟和完善。成熟的理论对于实践具有指导作用。认识对实践的指导主要体现在理论对于实践的指导上。

量变（quantitative change）事物微小的、不显著的、非根本性的变化，是在度的范围内的延续和渐进。它和质变相对应，是反映事物变化的哲学范畴之一。日常所见的事物的统一、相持、平衡、静止等状态或现象，都是量变过程中呈现的面貌。量变是在度的范

围内发生的，是一种保持事物的稳定性的状态。但是，它同时又是一种向度的边缘不断挺进的趋势，一旦达到并破坏度的边缘及关节点时，便会引起质变。由此可见，量变虽不是质变，却与之紧密相连。质变是原量变的结束，又是新量变的开始。由量变到质变，再到新的量变的相互交替过程，便是质量互变规律的基本内容。

Q

潜科学（latent science）处于孕育阶段尚未确定的科学，或虽已得到证实但尚未得到社会承认的科学。科学史证明，任何科学，在客观上总要经过一个孕育过程，最初总是处于萌芽状态。科学萌芽如何发展成为确证了的和世人公认的常规科学，这是潜科学研究的内容，被称为科学胚胎学。如何排除干扰使科学幼苗健康成长，这是潜科学研究的另一个重要内容，也被称为科学育种学。潜科学与成熟科学相比，具有以下特点：创造性思维十分活跃，同传统理论不同的反常性，具有产生积极的科学成果的潜能，内涵的模糊性与可变性。它对新科学的产生和发展起着重要的作用。

情报检索（information retrieval）属信息收集的范畴，即从众多的文献情报中查找出特定用户在特定时间所需要的情报的过程。情报检索主要有三种类型：（1）文献情报检索。即从一个文献集合中查找出专门文献的活动、方法及程序。其任务是检索出包含所需情报的文献。（2）事实情报检索。即从存贮数据的集合中查找出关于事实的行动、方法及程序。（3）数据情报检索。即从数据的集合中查找出有关专门数据的行动、方法及程序。

情报检索系统（information retrieval system）情报信息服务部门为检索情报而建立的数据库。情报检索系统提供检索服务的方式有两大类：一类是脱机检索。它相当于计算机系统的分批处理工作方式，用户必须提供查询清单，由操作员按作业级别排队输入计算机系统，一次输出查询结果。另一类是联机检索。它相当于计算机系统的分时处理方式。用户进入联机系统后，系统即开辟一个用户缓冲区用来存放某一瞬间的中间结果，通过中间结果的进一步操作获得更好的结果。国际联机检索系统可以配置远程终端和微机服务化终端，成为国际性情报检索网络系统。随着通信技术的发展，新型情报检索系统陆续投入使用，如视频数据检索系统和电视数据检索系统。前者是利用通信线路进行双向信息检索服务，后者是利用广播信号载运数字编码的文字和图形信息为用户提供检索服务。

情报交流（exchange of information）人们借助于共同的符号系统，并通过一定的方式，进行知识的有效传递过程。它是科学技术赖以存在和发展的基本条件之一。情报交流有正式的和非正式的两种基本形式。正式的是指通过科学文献系统和情报工作者所进行的情报传递；非正式的则是指通过科学情报创造者和科学情报使用者个人接触或联系所完成的情报传递。情报交流的具体形式有：（1）科技工作者之间就其所从事的研发工作进行直接对话；（2）科技工作者参观同行的实验室、科技成果展览等；（3）科技工作者之间交换书信、出版刊物等；（4）科技工作者对听众的口头演讲；（5）科学出版物的发行；（6）图书馆的书目工作与科学情报业务相配合的档案业务；（7）科学情报的收集、分析、加工、存贮与检索；（8）科学技术普及与宣传活动等。

区域综合竞争力（regional synthetic competitiveness）在经济全球化条件下，一个地区在一定发展水平基础上，推进经济社会持续增长与发展的能力。区域竞争力的综合性主要体现在三个层面：宏观层面，表现为这个地区政治、经济、文化与社会等各种力量的共同作用；微观层面，表现为对人、财、物、技术、信息、自然等各种要素资源的综合利用；空间层面，表现为区域内各区块高度融合、形成体系、互联互动、协调发展。这三个层面相互交织在一起，在不同的发展阶段和竞争比较中，总有一个层面突出为竞争的侧重点。

S

实验科学（experimental science）把观测和实验作为获取与验证科学知识的基本手段的近代科学。它是在科学实验兴起的条件下形成的。19世纪是实验科学的世纪，伽利略的物理学、哥白尼的天文学、哈维的血液循环理论、波义尔的化学、牛顿的经典力学、吉尔伯特的磁学，是近代实验科学兴起的重要标志。自20世纪以来，出现了以数学和理论思维方法为基本研究手段的理论自然科学。相对于理论自然科学而言，那些实验性较强的科学，如实验物理学、实验生物学等可归类于实验科学之中。

适用技术（appropriate technology）是指一个国家、一个地区或一个企业，为了达到一定目的，可能采用的多种技术中最适合本国、本地区或本企业实际情况，并能达到最好经济效果和社会效果的技术。原则上讲，适用技术，既包括先进技术，也包括中等水平的中间技术和较低水平的改良技术。每个国家都应该从本国国情出发，努力寻找技术与经济发展的最佳结合点，选择适用技术，建立合理的适用技术结构。

W

微观科学（micro science）以微观世界为研究对象的科学。微观源于希腊文 mikros，意为"小"。空间线性尺度小于 10^{-7}cm，质量小于 10^{-7}g 的粒子，称为微观粒子。分子是微观系统的"极大值"，宏观系统中的"极小值"。微观现象一般指微观粒子及其相应的场在其微小的空间范围内的客观现象，如原子中电子绕原子核运动，粒子的相互作用等。微观粒子和微观现象总称微观世界。量子化与波粒二象性是微观科学揭示出的微观世界的基本特征。量子力学、量子化学、量子场论均属微观科学。理论性、数学性、探索性强、推断待检验性是微观科学的重要特色。

X

先进技术（advanced technology）对当代生产的发展起主导作用并居于先进地位的技术。先进技术是一个动态概念。在一定历史时期居于先进地位的技术，随着时间的推移，会被更先进的技术所取代而成为落后的技术，失去它在生产中的主导地位。先进技术又是一个世界性的概念。它是指在当代世界范围内居于先进地位、对生产起主导作用的技术。技术的先进性表现在许多方面，如提高生产效率，提高产品质量和性能，提高工艺的完善程度和加工过程的简便省力程度和生产文明程度等。在技术实践中，必须把技术上的先进性与生产上的可行性、经济上的合理性、社会上的有益性结合起来综合考虑，选择那些既先进又适合本国本地实际情况的技术作为发展和引进的标准。先进技术，既可较快缩小国家之间技术上的差距，又可较大幅度地提高国民经济的经济效益。

现代科研组织（modern scientific research organization）根据科学技术发展的特点，把人力、资金和设备科学地结合在一起，建立的科学研究的最佳结构。现代科研组织结构，可以有效地提高科研工作效率。它的特点主要表现在两个方面：新型的科研组织结构和科研手段、科技信息的公用化。新型科研组织的结构包括：跨学科综合研究组织结构、矩阵式组织结构、弹性组织结构。

小科学（small science）在历史上以传统的增长知识为主要目的、以个人研究或学科交叉影响甚少的小型研究为主要特征的科学。一般来说，小科学是指19世纪以前的自然科学的活动，是科学社会化程度不高的产物。

新兴技术（newly emerging technology）自20世纪40年代以来由一系列重大科学发现所形成和发展起来的新技术群。这个新技术群是由核技术、航天技术、电子计算机技术、生物工程、海洋工程、新能源、新材料、光通信等高新技术组成。它们是现代技术革命即第三次技术革命的结果和标志。上述这些新技术正在或已经形成了相应的新兴产业。

信息社会（information society）又称信息化社会，是指在工业化社会以后，信息起主要作用的社会。在农业社会和工业社会中，物质和能源是主要资源，所从事的是大规模的物质生产。在信息社会中，信息成为比物质和能源更为重要的资源，以开发和利用信息资源为目的的信息经济活动迅速扩大，并逐渐成为国民经济活动的主要内容。

学科（discipline）具有不同层次与等级关系的科学分科。当科学一词用以表示知识系统的不同领域时，则用学科一词来表达含义。学科是整体科学分化的结果。根据科学分类原则，可把作为整体的科学划为一级、二级、三级等垂直式或树状的"科学—学科"的结构。科学的整体性与学科的个别性，是两者含义的区别点。对于某一具体科学而言，既可称学科，也可称科学，如物理学科又可称物理科学。作为科学体系的最基础一级的科学，如自然科学、社会科学一般不能用"学科"来称呼。

Y

应用科学（applied science）综合运用技术科学的理论成果，创造性地解决具体工程、生产中的技术问题，创造新技术、新工艺和新生产模型的科学，如农业工程学、水利工程学、生物医药工程学等。应用科学是自然科学体系中的应用理论和应用方法。它直接作用于生产，针对性强，注重经济效益，它所包括的学科门类最多，社会对其投放的人力、物力、财力也最多。

应用研究（applied research）运用基础研究成果和有关知识，为创造新产品、新方法、新技术、新材料的技术基础所进行的研究。

Z

真理（truth）与客观实际相符合的理论系统，是在实践基础上达到的最高层次上的主客观的统一。真理在形式上是主观的理论判断系统，而其内容却是客观的。真理是全面的和具体的，抽象的真理是不存在的。一切真理都是真实的认识，但并不是一切真实的认识都是真理。真理是反映了客观对象内在的本质和规律的理论系统，而只反映对象外部现象的单一判断如"长城在中国"等，只是不错的真认识，还不能称为真理。真理的内容与客观实际的符合是相对的、近似的，它只有在无限的发展中才能趋近与客观实际的绝对符合。因此，真理是无限发展的。判定认识理论是否为真理，不是以主观感觉而定，而是要靠社会实践来检验。

真理标准（criterion of truth）检验认识是否具有真理性的尺度。不同的真理观具有不同的真理标准。不可知论者否认世界的可知性，从而也否定了真理和真理标准的存在。大多数唯心主义者否认认识内容的客观性，从而也否定真理有客观性的判定标准。他们或者把主体自身的感觉、意见、实效作为真理的标准，或者将所谓客观的精神作为真理标准。辩证唯物主义认识论将社会性的实践作为检验真理的唯一标准。将社会性的实践作为检验真理的标准，是由真理的本性和实践的特点决定的。真理是主观和客观的统一，是认识与对象的符合。实践作为检验真理的标准，是确定性和不确定性的统一。实践的辩证发展最终一定能鉴别出认识是否为真理，这是确定的；但特定条件下的具体实践并不能完全地证实或驳倒某一理论，因为作为检验真理的标准，它又具有不确定性。

知识（knowledge）人类对客观世界（客体）认识的结晶。一般来讲，知识可分为经验知识（感性知识）和理论知识（理性知识）两大类。经验知识是认识的初级形态，理论知识是知识的高级形态。人的知识是在社会实践中获取的。社会实践不仅是知识的来源，而且是检验知识是否正确的标准。知识可以某种语言形式或物化成某种器物而成为人类共同的精神财富。

知识工程（knowledge engineering）以知识的生产、处理与提供为对象，把知识制作成智能软件，并在电子计算机上表示和运用的一门工程技术。它着重研究知识型系统的设计、构造与维护。从知识产业角度看，知识工程包括：教育工程、研究开发、通信媒介、信息工程和信息服务五个方面。信息工程是通过计算机进行信息处理和信息服务，其具体内容包括计算机中心、软件公司和信息服务行业等。教育工程是指用计算机进行教学，即由计算机、电视机和电话组成的新的教育普及与终生教育网。

知识经济（knowledge economy）简单地说，是以知识为基础的经济；更全面地说，是以知识（主要是智力）资源的占有、配置、生产、分配、消费等为最重要因素的经济。知识经济是一种新的经济形态。知识经济这个概念是由联合国的研究机构于1990年首次正式提出的。知识经济的上述定义，是由亚太经济合作组织于1996年作出的。

质变（qualitative change）事物由一种质态向另一种质态的转变，表现为根本性的、显著的突变和飞跃，是渐进过程的中断，是对原有度的超越。它与量变相对应，是反映事物变化性质的哲学范畴之一。事物的变化是否超越既有度的范围，是区别量变和质变的根本标志。质变和量变是辩证统一的，任何质变必须有一定的量变的积累和准备，否则就不会发生质变。事物的质变在整个世界的运动发展中具有重要意义。首先，只有质变才能使新事物代替旧事物，才能真正体现出事物、世界的发展；其次，只有质变才能使量变的成果体现出来，并赋予其新的意义。

智能技术（intellectual technology）那些用于形势预测和行动决策的专门技术。由于社会的发展出现一些新兴学科，如信息论、控制论、决策论、博弈论、功效学、随机过程等。由此还发展出许多专门技术，如线性规划、统计决策方法、随机化方法等，还有风险最小化的决策准则，用来预测根据不同战略形势采用的不同方案可以产生什么后果。这些技术统称为"智能技术"。"智能技术"的应用可以使人们的决策活动规范化，从而实现大众社会的有序化。

准科学（quasi science）处于孕育期的潜科学，是科学演化的最初阶段。"准科学"的概念最早由萨尔顿于1952年提出，用来表示那些不成熟的科学。准科学具有下列特征：（1）概念的不确定性。准科学是科学思想形成之初的朦胧形态的科学，其中既有对客观事实的正确描述，也有研究者们的直觉猜测，还有被后来的实践证明是不符合客观事物发展规律的错误认识。准科学中的概念在发展中不断变化，谬误被淘汰，真知被确认和完善。（2）智力常数较低。由于准科学所形成的概念具有很大的不确定性，因而使相应的科学观察和实验仅停留在最初级阶段，只限于表现和演示，水平较低而易于非本专业的研究者参加这一创造活动。这样有利于打破各种学科的界限，从更广阔的范围内从事准科学研究。(3) 知识熵高 (熵: 热力学中的概念，意指某种状态自发实现的可能性。知识熵是指各种不同的知识及其相互碰撞的状况随机产生的几率)。由于准科学在广阔的研究领域内引起了众多的来自不同专业的研究者，使得准科学领域内思想活跃跳动，思路纵横驰骋，知识熵很高。它为科学创造提供了极好的条件和可能性。

自然科学 (natural science) 研究自然界不同事物的运动、变化和发展规律的科学。同其他科学相比，它具有以下三个主要特点: (1) 自然科学是知识形态的生产力。这个特点，是自然科学的社会本质。(2) 自然科学虽然是一种系统知识和社会意识形态，但它不是上层建筑，本身并没有阶级性。(3) 自然科学具有重复验证性。它所依据的事实和得出的结论，都可以进行重复验证。一般来讲，现代自然科学是由基础科学、技术科学和应用科学三大部分组成的科学总体。这三大部分各有其研究的对象和目的，既是自然科学体系中的不同组成部分，又是三个密切联系的不同层次，因而互相影响，相互促进。

自然科学的门类结构 (system of natural science) 把自然科学的不同学科，按照其在自然科学总体中的不同作用和地位进行分类，并把它们有机地联系起来，建立的自然科学的体系结构。作为自然科学三大门类的基础科学、技术科学和应用科学，又由相应的科学理论和技术手段所组成。如基础科学由基础理论和实验技术组成; 技术科学由技术理论和专业技术组成; 应用科学则由应用理论和应用技术 (工程技术、生产技术等) 所组成。如果只从科学的角度看，科学理论包括基础科学理论、技术科学理论、应用科学理论; 从技术方面看，技术则包括实验技术、专业技术、生产技术。

综合科学 (integrated science) 将多学科的理论与方法综合起来，对某一特定对象进行综合性研究的科学。如空间科学、海洋科学、环境科学、材料科学等。在综合科学中，有些新兴综合学科不仅涉及自然科学的诸多学科，还涉及社会科学的某些领域，甚至还必须采用人文学科的理论和方法进行综合研究。

二、科技发展规划与计划

(Scientific and Technological Development Program)

G

工程技术研究中心 (engineering research center) 依托在行业或技术领域具有较强影响力和研发实力的骨干企业，独立研发机构或高校、科研院所等非贸易实体组建的财务核算具有一定的独立性或具有独立法人地位的研发机构。其主要任务是: (1) 针对行业领域发展中存在的关键技术和共性技术问题，组织攻关，研究解决方案，带动原始创新; (2) 通过积极转化有广泛应用前景的科研成果，组织进行技术集成，关联配套和工程化技术开发，带动企业集成创新、开发成熟配套的新技术、新工艺、新装备和新产品; (3) 积极协助企业引进急需的先进技术，发挥产学研合作优势，开展消化、吸收和再创新活动，自主研发拥有自主知识产权的核心技术和装备。

国际科技合作计划 (International Science and Technology Cooperation Program) 一项以国家科技发展战略为目标，通过政府间科技合作协定框架等多种渠道，组织或参与多边、双边科技合作的计划。主要目的是通过建立有效的政府宏观调控机制，对能够提高国际科技创新能力、促进高新技术产业化进程等具有战略意义的一批国际科技合作项目，给予统筹安排和支持，从而促进国内研究开发和创新，实现有限目标的跨越式发展，提高科技综合实力。

国家"863"计划 (National High-tech Research and Development Program, 863 program) 国家批准实施的以高技术研发为核心内容的科研计划。1986年3月3日，王大珩、王淦昌、杨嘉墀、陈芳允四位科学家写信给中共中央，提出要跟踪世界先进水平，发展中国的高技术的建议。经过科学和技术论证后，中共中央、国务院批准了《高技术研究发展计划纲要》。因该计划在1986年3月提出，故以"863"命名。从这时起，"863"成为中国进入高技术领域的一个划时代的符号。纲要选择了生物技术、航天技术、信息技术、激光技术、自动化技术、能源技术和新材料技术七个高技术领域（1996年增加了海洋技术领域）作为中国高技术研究发展的重点。它是在世界高技术蓬勃发展、国际竞争日趋激烈的关键时期，中国政府组织实施的一项对国家的长远发展具有重要战略意义的国家高技术研究发展计划，在中国科技事业发展中占有重要的位置，肩负着发展高科技、实现产业化的重要历史使命。

国家"973"计划（National Basic Research Program, 973 program）在1997年3月，中国国家科技领导小组决定实施的重大基础性研究计划。这是中国实施"科教兴国"战略，实现2010年以及21世纪中叶经济、科技和社会发展目标，确保科技发展能力不断增强的重大举措。该计划面向中国未来经济建设和科学技术发展的需要，涉及农业、能源、信息、资源与环境、人口与健康、材料六个重点学科领域。

国家火炬计划（National Torch Program）经国务院批准，由原国家科委（现科技部）负责组织实施，旨在促进中国高新技术成果商品化、产业化和国际化的一项指导性开发计划。该计划自1988年8月正式实施，国家给予计划项目承担单位低息贴息科技开发贷款的优惠政策。

国家科技成果重点推广计划（National Technological Achievement Popularization Program）中国一项促进科技成果转化为现实生产力，推动行业技术进步，形成规模效益，为实施"科教兴国"和可持续发展战略，实现两个根本性转变服务的国家重点科技计划。其宗旨是有组织、有计划地将大批先进、成熟、适用的科技成果，以及高新技术成果推向国民经济建设主战场，动员成千上万的科技工作者和全社会的力量，在农村、工矿企业中大范围大面积的推广应用，促进经济增长，提高社会效益，加快产业结构的调整和产业技术水平的提高，特别是传统产业技术水平的提高。为加速科技成果的推广应用，原中国国家科委于1997年6月5日颁发并实施了《国家科技成果重点推广计划管理办法》。

国家科技发展规划（National Program for Scien-tific and Technological Development）在国家大政方针，特别是科技方针的指导下，对科技事业发展的指导思想、方向、目标、主要步骤和重大措施等方面的长期而又分阶段实施的设计蓝图。它是一种战略性的全局部署方案，对实现总体发展战略具有重大意义。

国家科技攻关计划（Key Technological Research and Development Program）在1982年11月30日经五届全国人大五次会议讨论通过的第一个中国国家科技计划。自设立以来，始终坚持面向国民经济建设主战场，重点解决国民经济和社会发展中急需解决的带有战略性、综合性和关键性的技术问题，已取得了显著的社会、经济效益。它与以前瞻性高技术研究为主的"863"计划和以探索科学前沿问题为主的"973"基础研究计划共同构成中国国家科技计划的主体。

国家科技支撑计划（National Scientific and Tech-nological Support Program）由科技部、财政部于2006年7月31日制定并下发的，旨在贯彻落实《国家中长期科学和技术发展规划纲要（2006～2020）》（以下简称《纲要》），主要面向国民经济和社会发展需求，重点解决经济社会发展中的重大科技问题，并在原国家科技攻关计划基础上设立的国家科技计划。国家科技支撑计划主要落实《纲要》的重点领域及其优先主题的任务，以重大公益技术及产业共性技术研究开发与应用示范为重点，结合重大工程建设和重大装备开发，加强集成创新和引进消化吸收再创新，重点解决涉及全局性、跨行业、跨地区的重大技术问题，着力攻克一批关键技术，突破瓶颈制约，提升产业竞争力，为中国经济社会协调发展提供支撑。

国家软科学研究计划（National Soft Science Re-search Program）开展科技发展与改革中战略性、政策性问题研究，科技促进经济增长与社会进步的重大问题研究，以及国民经济与社会发展的前瞻性问题研究，并为决策提供科学依据的一类科研计划。它是中国国家科技计划的重要组成部分。组织实施软科学研究计划的根本目的，在于促进并实现国家和地方决策科学化和管理现代化。

国家星火计划（National Spark Program）经中国政府于1986年批准实施的第一个依靠科学技术促进农村经济发展的计划。它是中国国民经济和科技发展计划的重要组成部分。其宗旨是：把先进适用的技术引向农村，引导亿万农民依靠科技发展农村经济，引导乡镇企业的科技进步，促进农村劳动者整体素质的提高，推动农村经济持续、快速、健康发展。

国家中长期科学和技术发展规划纲要（2006～2020年）（National Plan for Medium and Long-term Scientific and Technological Development）由国务院2006年2月9日发布的新时期指导中国科学和技术发展的纲领性文件。该《纲要》立足中国国情，面向世界，认真落实科学发展观，以增强自主创新能力为主线，以建设创新型国家为奋斗目标，对中国未来15年科学和技术的发展作出了全面规划和部署。《纲要》确定，到2020年，中国全社会研究开发投入占国内生产总值的比重提高到2.5%以上，力争科技进步贡献率达60%以上，对外技术依存度降低到30%以下，本国人发明专利年度授权量和国际科学论文被引用数均进入世界前五位。《纲要》指出，到2020年，中国科技发展的总体目标是：自主创新能力显著增强，科技促进经济社会发展和保障国家安全的能力显著增强，为全面建设小康社会提供强有力的支撑；基础科学和前沿技术研究综合实力显著增强，取得一批在世界具有重大影响的科技成果，进入创新型国家行列，为在本世纪中叶成为世界科技强国奠定基础。《纲要》全文共分如下十个部分：（一）序言；（二）指导方针、发展目标和总体部署；（三）重点领域及其优先主题；（四）重大专项；（五）前沿技术；（六）基础研究；（七）科技体制改革与国家创新体系建设；（八）若干重要改革和措施；（九）科技投入与科技基础条件平台；（十）人才建设。

国家重点实验室（national key laboratory）国家组织高水平基础研究和应用基础研究、聚集和培养优秀科学家、开展学术交流的重要基地，是国家科技创新体系的重要组成部分。国家重点实验室重点发展的三种类型是：多数实验室仍为专业类实验室，少数为多学科交叉集成的国家实验室和以重大科学工程（装置）为依托的国家实验室。国家重点实验室将能够真正代表中国基础研究和应用基础研究的精华力量，部分实验室已成为有一定国际影响和竞争力的国际一流实验室。

K

科技兴贸行动计划（Action Plan of Science and Technology to Boost Trade）由中国商务部和科技部共同组织实施的一项指导性计划。其宗旨是贯彻落实科教兴国战略，发挥科技及产业优势，扩大中国高技术产品出口，促进中国从外贸大国向外贸强国转变，使外贸出口持续、稳定、快速增长。计划目标是在中国优势技术领域培育出一批国际竞争力强、产品附加值高、出口规模较大的高技术出口产品和企业，使中国高技术产品出口额在现有基础上以年递增30%的比例增长。

科研计划（research plan）在科技发展规划的指导下，根据科技事业发展的需要，围绕年度科研任务，就其基本指导思想、重点项目的质量要求、技术指标、经费分配、研制手段配置、科研人员组织及相关保障措施等，经综合平衡后所编制的年度计划。它是组织开展科学研究和技术开发活动的重要形式之一，对科技、经济和社会的发展有着重要的意义。

R

人与生物圈计划（man and biosphere program, MBP）"人和生物圈"的研究计划。它是国际性的生态学综合研究计划。它是由联合国教科文组织于1970年在第16届全体会议上，根据许多成员国的建议制定的。其宗旨是：通过自然科学和社会科学的结合，对生物圈及其不同区域的结构和功能进行系统研究，并预测人类活动引起的生物及其资源的变化，以及这种变化对人类本身的影响，为合理利用和保护生物圈的资源，改善人类同环境的关系提供科学依据。此计划共有14个研究项目。1992年，在斯德哥尔摩召开的联合国人类会议上，通过了此计划。这项计划由30个会员国组成的国际协调理事会督促执行。中国已被选为该会的理事国。

Y

尤里卡计划（Eureka program）欧洲共同体于1985年为联合开发高技术而建立的"欧洲研究协调机构"联合行动计划。这个计划先由法国提出，后由西欧17国外交部长和科技部长讨论通过。此计划基本上是一项民用技术发展计划。其目标是西欧国家共同建立一个独立的科研体系，联合发展高技术，以弥补同美、日的差距。此计划发展的重点是：计算机、机器人、通信网络、生物技术和陶瓷等新材料。其基本特点是：以信息和自动化为核心，突出民用性质，要求短期见效。其多数项目在20世纪90年代初完成，最长期限为10年。整个计划经费为242亿美元，由西欧各国政府和企业界筹集与分摊。计划公布后，西欧各国反应积极，行动迅速，是欧洲共同体联合开发史上的一个壮举。

Z

指导性计划（guidance plan）国家按行政隶属关系下达给计划执行单位的、具有指导和参考作用而没有强制约束力的计划。国家主要通过制定政策、法规，签订经济合同，运用经济杠杆等来保证指导性计划的实现。计划执行单位根据指导性计划的要求，结合市场供求关系的变化和自身条件，可以制定本单位的计划，报计划主管部门备案。由于指导性计划能给执行单位一定的机动权，因而可以使宏观控制和微观搞活结合起来，国家利益和企业利益结合起来，有利于调动企业和职工的积极性。

指令性计划（mandatory plan）国家按行政隶属关系下达计划执行单位，具有行政约束力和强制性，且必须保证实现的计划。其管理对象，主要是有关国家经济全局的重大经济活动和关系国计民生的重要产品。计划执行的单位如因主观原因未完成的，要追究责任；如遇特殊情况，需要修改和调整计划时，应按规定的权限和程序上报，并经审查批准。全民所有制企业执行指令性计划，有权要求在政府有关部门组织下，与需方企业签订合同；也可以根据国家规定，要求与政府指定的单位签订国家订贷合同。不签订合同的企业可以不安排生产。

《中华人民共和国科学技术进步法》（*Law of the People's Republic of China on Science and Technology Progress*）于 1993 年 7 月 2 日由中国全国人大八届常委会第二次会议审议通过并于同年 10 月 1 日起施行。这部科技进步法是指导和推动中国科技进步的基本法律，是推进科技进步的基本准则，也是制定科学技术发展方针、政策和法律法规的基本依据。

三、科技创新

(Science and Technology Innovation)

B

博士后科研工作站（postdoctoral research station）在企业、科研生产型事业单位和特殊的机构内，经批准可以招收和培养博士后研究人员的组织。设立博士后科研工作站的高新技术企业、高新技术开发区、经济技术开发区、留学人员创业园区等单位须具备以下基本条件：（1）具有国家级企业技术中心或健全的研发机构，有高水平的科研人员队伍和高水平的科研项目；（2）具有较强的经济技术实力，重视人才工作，能为博士后研究人员提供较好的科研生活条件。

博士后科研流动站（postdoctoral research mobile station）在高等学校或研究院所的某个一级学科范围内，经批准设立的可以招收博士后研究人员的组织。设立博士后科研流动站的单位应具备以下基本条件：（1）具有授予博士学位的学科、专业和一定数量的博士生导师，并已培养出取得博士学位的人员；（2）具有较强的科研实力和较高的学术水平，承担着高水平的研究项目，科研工作水平处于国内前列；（3）具有必需的科研条件（包括经费），并能为博士后研究人员提供必要的生活条件。

博士后研究人员（postdoctoral research staff）经批准并在中国博士后管理委员会办公室注册，在博士后科研流动站或工作站从事博士后科研工作的人员。其基本特点是：（1）博士后表明的是一种经历。博士是最高学位，不能把博士后看成比博士更高一级的学位，对博士后研究人员不能再授予其他任何名义的学位称号，同时博士后也不是专业技术或行政职务。（2）博士后研究人员主要从事科学研究，而这种科研工作往往具有探索、开拓、创新性质。（3）博士后研究人员是国家正式工作人员，而不再是学生。他们在博士后研究期间要与其他正式职工一样计算工龄，除享受国家规定的优惠待遇外，还享受同本单位正式职工一样的各种待遇。（4）对设站单位来讲，博士后是有期限的工作人员，不列入正式编制，工作期满后必须流动出站，在其获得固定工作岗位前，实际上处于流动状态。

C

创新体系（innovation system）融创新主体、创新环境和创新机制于一体，促进全社会创新资源合理配置和高效利用，促进创新机构之间相互协调和良性互动，体现政府创新意志和战略目标的系统。加快创新体系建设，是迎接新挑战的基础性工作，具有重要和深远意义。经济全球化带动世界经济竞争格局的变化，进而凸显出创新体系建设的重要性。目前，创新体系政策在各国的纷纷采用，是创新战略普遍化的突出表现。创新体系建设可以看作是当代技术与经济突飞猛进的产物。在创新体系的诸多要素中，核心要素包括产业界、大学和研究机构、中介组织和政府。

创新文化 (innovative culture) 有利于开展创新活动的一种氛围，是科技活动中产生的与整体价值准则相关的群众创新精神及其表现形式的总和。园区环境、整体形象和规章制度是创新文化的外在表现形式。创新精神、科学思想、价值导向、伦理道德、爱国主义精神是创新文化建设的核心内容。

创新型国家 (innovation-oriented country) 把科技创新作为基本战略，大幅度提高科技创新能力，形成日益强大的竞争优势的国家。目前，世界上公认的创新型国家有 20 个左右，包括美国、日本、芬兰、韩国等。这些国家的共同特征是：创新综合指数明显高于其他国家，科技进步贡献率在 70% 以上，研发投入占 GDP 的比例一般在 2% 以上，对外技术依存度指标一般在 30% 以下。此外，这些国家所获得的三方专利（美国、欧盟和日本授权的专利）数占世界的绝大多数。目前，中国科技创新能力较弱，处于世界中等水平。在全面建设小康社会步入关键阶段之际，根据特定的国情和需求，中国提出，要把科技进步和创新作为经济社会发展的首要推动力量，把提高自主创新能力作为调整经济结构、转变经济增长方式、提高国家竞争力的中心环节，把建设创新型国家作为面向未来的重大战略。

创意产业 (creative industry) 通俗地说，就是将人们平时常说的"点子"、"主意"或"想法"产业化，并带来就业的产业。英国在 18 世纪率先开始实践文化创意产业。初期，创意并没有被看作产业，或者产业化程度还不高。1986 年，著名经济学家罗默曾撰文指出，新创意会衍生出无穷的新产品、新市场和创造财富的新机会。所以，新创意是推动经济成长的一种原动力。作为一种国家产业政策和战略的创意产业理念的明确提出者，是英国创意产业特别工作小组。1998 年，英国创意产业特别工作小组首次对创意产业进行了如下定义："源于个人创造力与技能及才华、通过知识产权的生成和取用、具有创造财富并增加就业潜力的产业。"但是，在实际的政策运用和政府的产业统计中，由于各个国家和地区的经济社会发展阶段及文化背景不同，对创意产业的内涵与外延界定也存在一定的差异。概括起来大致有三种类型：(1) 以英国和美国为代表的欧美型，其创意产业以文化产业为主体，较多地涵盖精神产品层面；(2) 以日本、韩国为代表的亚太型，其创意产业以文化产业和产业服务为主体，兼顾了精神产品和物质产品两个层面；(3) 以中国为代表的本土型，其创意产业以产业服务为主体，更突出地强调物质产品层面。与以英国为主导的"创意产业"相对应的，是在 1990 年美国国际知识产权联盟（简称 IIPA），利用"版权产业"的概念来计算这一特定产业对美国整体经济的贡献。澳大利亚、加拿大等国也多以"版权产业"来统计该产业对各国经济的贡献。

D

大科学装置 (big science installment) 通过较大规模投入和工程建设来完成，建成后通过长期的稳定运行和持续的科学技术活动，实现重要科学技术目标的大型设施。其科学技术目标必须面向科学技术前沿，为国家经济建设、国家安全和社会发展作出战略性、基础性和前瞻性贡献。大科学装置的分类按照不同的应用目的，可分为公共实验平台、专用研究装置和公益基础设施三种类型。大科学装置的建设和利用与一般的科学仪器及装备有很大的不同，也有别于一般的基本建设项目。其主要特点：(1) 意义重大，影响面广且长远，同时建设规模和耗资大，建设周期长；(2) 技术综合、复杂，需要在建设中研制大量非标设备，具有工程与研制的双重性；(3) 其产出是科学知识和技术成果，而不是直接的经济效益，建成后要通过长时间稳定的运行、不断的发展和持续的科学活动才能实现预定的科学技术目标；(4) 从立项、建设到利用的全过程，都表现出很强的开放性、国际化的特色。

大学科技园 (university science park) 以大学，特别是研究型大学为依托，以转化科技成果、孵化高新技术企业、培养复合型人才为主要任务的科技企业孵化器组织形式，是在新经济迅速兴起的大背景下大学功能的延伸。科技部、教育部于 1999 年开始组织开展国家大学科技园建设试点工作。

F

风险投资（venture capital）又称创业投资，是指通过向尚未成熟的创业型企业提供股权资本，并为其提供管理和经营服务，期望在其发展相对成熟后，通过股权转让收取中长期资本增值收益的投资行为。风险投资的撤出方式有：（1）企业并购。高新技术企业在未上市前，将部分股权或全部股权向其他企业或个人转让。（2）股权回购。企业购回风险投资机构在本企业所持股权。（3）股票市场上市。上海、深圳证券交易所，境外创业板块如美国的纳斯达克市场和香港联合证券交易所设立的创业板块等股票市场也是可利用的风险投资撤出渠道。

风险投资公司（investment company）是以风险投资为主要经营活动的非金融性企业。其主营业务是向高新技术企业及科技型中小企业进行投资，转让由投资所形成的股权，为高新技术企业提供融资咨询，参与被投资企业的经营管理等。

风险投资基金（venture capital fund）专门从事风险投资，以促进科技型中小企业发展的一种投资基金。其主要采取私募方式，向确定的投资者发行基金份额；其募集对象可以是个人、企业、机构投资者、境外投资者等。

G

高技术创新（high-tech innovation）在高技术领域里所开展的技术创新活动。其主要结构性特征为：（1）创新的实质是给商业化的生产系统引入新的产品、工艺、管理方法等，以期得到更多的商业利润；（2）创新的关键是高技术的产业化；（3）创新的承担者（主体）是企业家；（4）创新成功与否，以生产条件、要素、组织三者重新组合之后的生产经营系统是否有利润增长为标志。高技术创新是一种系统性的活动和过程。其系统特征为：（1）以生产条件、生产要素、生产组织作为系统的基本构件；（2）系统的输入是人力、财力、物力和技术资源，输出的可以是知识或物质产品和效益；（3）系统的可测性、可控性、稳定性，随具体创新过程而定；（4）系统运行中未知因素较多，因而创新过程往往呈现较强的随机性，进而使相应的创新投资带有较大的风险性；（5）创新中系统有生有灭。生即创造新的生产经营系统；灭即毁灭陈旧而低效或无效的生产经营系统。高技术创新是一种技术经济活动，相应的经济特征为：（1）风险性。即创新成功的概率往往小于失败的概率。即使是工业发达国家，也有大量技术创新项目在进入市场之前即告夭折。（2）资产性。任何规模的技术创新，往往都需要一定数量的资金投入，用于添置、更新改造设备和设施，购买原材料等。（3）收益性。每一次成功的技术创新，伴随着适量的资金投入，都能取得相应数量的物质、信息和货币收益。

高新技术产业开发区（high-tech industry development zone）简称高新区，是集中规划建设的科学——工业综合体。作为一种科技、经济、社会互动的整体和一种特定的组织方式，具有科技孵化、技术与人才集聚、技术扩散和产业示范功能。主要有科学园、技术城和高技术加工区三种类型，是高新技术成果转化、高新技术产业发展的重要基地。1988年8月，中国国家高新技术产业化发展计划——火炬计划开始实施，创办高新技术产业开发区和高新技术创业服务中心被明确列入火炬计划的重要内容。在火炬计划的推动下，各地纷纷结合当地特点和条件，积极创办高新技术产业开发区。1991年以来，国务院先后共批准建立了一大批国家高新技术产业开发区。建区以来，中国高新技术产业开发区得到了超常规的发展，取得了举世瞩目的成就，探索出一条具有中国特色的发展高新技术产业的道路。

关键技术创新（key technology innovation）在现代高技术系统中，某些决定着整个系统的技术水平和功能的技术的创新。在中国，由于在高技术方面受到一定的国际技术封锁，关键技术创新也包括一些打破国际技术封锁和瓶颈制约的单项技术创新。

硅谷（Silicon Valley）原指美国西海岸加利福尼亚州的圣他克拉克县。现在硅谷已经成为半导体工业基地、微电子工业基地、高技术集中区的代名词。20世纪60年代以来，硅谷地区的半导体集成电路、计算机、军事电子学及系统设备、精密仪表等制造与研究均处于世界先进水平。硅谷迅速发展的原因有：（1）得天独厚的地理条件；（2）有斯坦福大学及其他大学的支持；（3）形成了一个综合性工业生产、研究体系，加工协作方便，科学交流频繁，竞争激烈；（4）投资效率高；（5）有良好的管理传统和方式。硅谷从本质上来讲，是"科学－教育－生产"一体化的基地。20世纪80年代以来，中国的半导体及微电子工业发展迅速，在北京的中关村地区已经形成了类似于硅谷的融生产、销售、研究、服务为一体的高技术集中区。中关村被称为中国的"硅谷"。

国家创新体系（national innovation system）由政府和社会各部门组成的一个推动科技创新的组织和制度网络。它能够有效地推动知识的生产、传播、转移和应用，有效地提升创新能力和创新效率，使科学技术与社会经济融为一体，协调发展。创新体系主要由企业、科研机构和高校以及致力于技术和知识转移的中介机构构成，其中企业是创新体系的主体。其核心是实现国家对提高全社会技术创新能力和效率的有效调控、推动、扶持和激励，以取得竞争优势。在知识经济时代，知识基础成为企业、区域乃至国家提高其核心竞争力的重要平台。因此，国家创新体系既包括提高创新能力与效率，也包括提升全社会的知识基础等重要内容。

国家科技基础条件平台建设纲要（2004～2010年）（Outline of National Facilities and Information Infrastructure for Science and Technology）于2004年7月3日由国务院办公厅转发。纲要指出国家科技基础条件平台建设是充分运用信息、网络等现代技术，对科技基础条件资源进行战略重组和交流优化，以促进全社会科技资源高效配置和综合利用，提高科技创新能力。其基本指导思想是：以全面提高国家科技创新能力和增强国际竞争力为目标，充分运用现代信息技术和利用国际资源，搭建具有公益性、基础性、战略性的科技基础条件平台，有效改善科技创新环境，增强持续发展能力，为科技长远发展与重点突破提供强有力的支撑。其建设原则是：（1）突出共享，制度先行。以资源共享为核心，打破资源分散、封闭和垄断的状况，积极探索新的管理体制和运行机制，加快推进制定和修改有关法律、法规、规章和标准，理顺各种关系。（2）统筹规划，分步实施。强化顶层设计和统一规划。按照不同类型科技基础条件的特点和发展规律，结合东、中、西部地区的发展需求，突出重点，试点先行，分阶段积极稳妥地推进平台建设。（3）综合集成，优化配置。按照整合、共享、完善、提高的要求，有效调控增量资源，激活存量资源，最大限度发挥现有资源的潜能。（4）政府主导，多方共建。中央和地方政府在公共科技资源供给中发挥主导作用的同时，充分调动高等院校、科研院所、中介机构、行业协会、企业等各方面的积极性，参与资源整合与建设。其建设重点是：（1）研究实验基地和大型科学仪器、设备共享平台；（2）自然科技资源共享平台；（3）科学数据共享平台；（4）科技文献共享平台；（5）成果转化公共服务平台；（6）网络科技环境平台。

J

技术创新（technical original innovation）在生产过程中，运用先进的科学技术知识，改造劳动手段、劳动对象、劳动条件、生产工艺及其所制造的产品，以提高社会劳动效率、获取新的经济价值的创造性活动。比如，计算机及其网络技术的研制、开发及应用等。

技术发明（technical invention）运用已有的知识、经验和科学理论，创造出符合人们要求的、具有实际应用价值的人工制品、工艺路线或操作方法的一种活动。它是科学技术创造的一种活动方式和结果。主要指新技术、新产品的创造。中国《专利法》的有关条款规定，发明包括新的生产工艺、机械设备、制造方法、物质合成、无性繁殖植物及新颖设计等。技术发明和科学发现虽然都属于创造，但二者并不完全相同。第一，目的不同。科学发现的目的主要是为了认识自然界，而技术发明的目的主要是为了改造自然界。第二，创造者所处的地位不同。在科学发现活动中，创造者不能创造自然界不存在的东西，而在技术发明活动中，发明者可以充分发挥自己的主观能动性，创造出自然界中原来不存在的东西。第三，结果不同。科学发现的结果具有唯一性，任何发现者不能凭主观改变对象，而技术发明的结果或产品则具有多样性，而且受创造者主观能力的直接影响，对于同一功能要求的技术产品也可以有不同的满足方式。第四，时效性不同。许多科学发现是短时间内难以见效的，而技术发明则见效较快。在科学不发达的过去，多数技术发明都是在生产、生活经验长期积累的基础上实现的。在当代，随着科技的进步，新的意义重大的技术发明更多地依赖于科学理论的指导。

技术改造（technological reformation）在生产部门中采用先进的技术设备和新工艺取代过时的、落后的技术装备和工艺方法的过程。其性质为：是固定资产再生产的重要手段之一，并在企业原有基础上以内涵扩大再生产为特征。其基本手段是：利用企业折旧基金和生产发展基金、国内外技术改造贷款，采用国内外新技术、新工艺、新设备、新材料，并积极进行智力开发以不断提高职工的科学技术水平。其目的是：提高企业素质，促进产品升级换代，提高企业经济、社会、环境效益。技术改造是加速国民经济现代化的基本途径之一。

技术革新（technical innovation）技术发展的一种渐进形式，即在原有技术基础上发生的局部性的技术变革。其宗旨在于使技术和生产的某种要素得到改进，或使这些要素之间的相互关系（如工艺系统、机器体系、生产管理组织）趋于完善。渐进形式的技术革新与飞跃形式的技术革命，是技术发展的相辅相成的两种方式。一方面，技术革新在技术革命之前或技术革命过程中为其准备必要的基础和条件，并使其成果得以完善和扩展；另一方面，技术革命为技术革新开辟了崭新的方向和领域，使它达到新的水平。任何构成技术革命基础的重大技术突破，都要通过一系列原理性发展和局部性改良，即通过一系列技术革新来实现。技术革新的历史与技术本身一样悠久。

K

科技创新孵化体系（technology incubating system）以各种类型的科技企业孵化器为核心，不断建立和完善相应设施与机构，提供包括研发、信息、投融资、贸易、法律、担保、财务、评估、人才资源、国际交流与培训、产权及技术交易等多种创业发展所需要的服务的系统。

科技工业园（technology industrial park）通过已建成的良好的基础设施、优美的环境和提供高质量的服务，吸引技术企业、科研机构，以及其他厂商进入该基础设施附近或其周边地区，进行高技术密集生产的基地。其产出目标是高技术产品和科研成果。目前，世界上的科技工业园主要有以下四种类型（或基本模式）：（1）松散联合型。这类自发形成的松散联合型的科技工业园，一般是某个国家科技工业园初创时所具有的一种独特形式。其优点在于可以节省一大笔建园投资，上马快，政府包袱小。但是这类科技工业园的形成，只有在特定的条件下才能实现，而不是可以随意效法的。其基本条件是：在该地区有强大的技术源和人才源；地处大城市近郊；区域内有较好的交通、信息、金融和商贸等基础服务设施，利用这些设施才能不单独投资建设而又较快地发展；能得到政府的大力支持。（2）创建新区型。这是所有科技工业园中最为规范的一种类型。但是，建设这类科技工业园需要大量的资金投入。（3）旧区拓展型。以原有经济技术区拓展而成的德国斯图加特科技工业园

和由原大学科研区拓展而成的英国剑桥科技工业园，是这类科技工业园的典型代表。（4）孵化器型。在资金较少、园地及基础设施条件差、高新技术创业者力量弱、科研人员队伍还不够壮大时，采用"企业孵化器"模式，因陋就简地创办科技工业园，不失为一种明智和有效的选择。

科技企业孵化器（technology business incubator）专门培育科技型中小企业的机构、场所，是一种新型的社会经济组织。它是一个为初创期的科技型中小企业提供可租用场地、技术咨询、融资、工商注册、法律等方面配套服务的设施；是一个创造成功的、创新型的新企业的综合系统，旨在成功造就一批充满创新活力的企业；对那些尚处于幼小阶段的企业，有组织地、适时地供给其成长期所需要的"营养"条件，以促使其成长起来。科技企业孵化器在20世纪50年代出现以来，其发展状况已经成为衡量一个国家和地区产业发展活力和潜力的重要标志。中国的科技企业孵化器自1987年创办以来，在高新技术创业服务中心的基础上，涌现出了专业孵化器、大学科技创业园、留学人员创业园、软件创业园、国企创业孵化器、国际企业孵化器等多种类型，初步营造了科技创业环境，整合了科技产业化资源，融合了科教与经济发展体系，完善了社会主义市场经济发展体制。

科技型中小企业（scientific and technological SME）由科研人员领办或创办，主要从事高技术、新技术成果的研究与开发、高技术产品的生产和经营、独立核算或相对独立核算的中小型企业。它具有四个特点：（1）知识密集度、资本密集度、研究开发强度高，研究开发支出占销售额的比例一般在 5%～10% 之间，生物技术产业高者可达 50% 以上；（2）高成本、高风险、高收益并存，技术创新活动多集中在产品创新方面；（3）一般聚集在大学、科研院所集中的知识高地，由科研人员直接创办；（4）对政府管制和政府政策变化极为敏感，依赖性较强。

科技型中小企业技术创新基金（innovation fund for scientific and technological SME）为了扶持、促进科技型中小企业技术创新，经国务院批准，于1999年5月21日设立的用于支持科技型中小企业技术创新项目的政府专项基金。创新基金是一种政府引导性资金，通过吸引地方、企业、科技创业投资机构和金融机构对中小企业技术创新的投资，逐步建立起符合社

会主义市场经济客观规律、支持中小企业技术创新的新型投资机制。创新基金不以赢利为目的，其目的在于通过对中小企业技术创新项目的支持，增强其创新能力。

《科学》（Science）由美国著名科学家托马斯·爱迪生于1880年创办的综合性科学周刊杂志。其办刊宗旨是让科学家掌握科学前沿的发展动态，紧跟科技发展趋势。它和英国的《自然》杂志一并称为目前世界上发行量最多、影响最大的权威性杂志。该杂志原由美国科学促进会负责管理，后来为保证刊物的更好发展而独立发行，美国科学促进社会仅对该杂志社实行宏观监督。该刊主要报道科学新闻、科研成果和科学研究的发展趋势。

科学城（science city）以开展科学研究、发展高技术产业为主体，将科研、教学、生产、社会管理、社会服务和居住有机地结合为一体的新型城市或区域。这是促进科技与经济相结合的一种新的社会组织形式。科学城作为科学、教育与工业相结合的一种经济、社会现象，发端于20世纪50年代的斯坦福研究园和苏联的新西伯利亚科学城。前者诞生于1951年，并成为世界第一个科学园区。它为全球最大的电子工业基地硅谷的形成奠定了基础；后者始建于1957年，是世界最早冠以"科学城"名称的科学园区。它是苏联乃至世界最大的综合科研基地之一。科学城以一定领域的基础研究为支撑，从事基础应用研究和高技术开发研究；既进行高技术产品的生产，也为传统工业的技术改造提供技术储备；既培养、输出人才，又引进人才，促进科学城内外的科技交流与协作。一般的科学城大都集中了几十个或上百个科研机构、数所大学、十几家工厂及一批综合性服务机构。根据性质和功能，科学城的发展可以分为两个基本类型：（1）以开展基础研究为主的科学城，如苏联新西伯利亚科学城、日本筑波科学城、德国海德堡基因研究中心等；（2）以发展高技术及其产业为主的科学城，如美国的斯坦福研究园以及硅谷、英国的剑桥科学园、法国的法兰西岛科学城、索菲亚·安蒂波利斯科学城以及中国台湾新竹科学园等。科学城的规划一般由国家、地区、国家与地区联合或者有条件的大学来承担。与之相应，科学城的管理一般也根据各国的特点分别采取由政府机构管理、民间组织管理、专门公司管理、大学管理或者政府、大学、企业共同设立的联合机构管理

等形式。随着高技术及其产业的迅速发展，世界上许多国家和地区都相继把建设科学城作为促进科学与工业结合、增强综合国力和未来国际竞争能力的重要战略措施。

科学园（scientific park）一种以大学为核心，通过校园土地出租等多种方式，吸引众多企业参加的科学与生产相结合的组织形式。科学园主要从事研究开发和中间试验。其主要功能是为园内公司提供生产和生活服务设施，并提供市场经营、企业管理和技术咨询服务，推动企业与大学和研究机构建立密切联系，促进科技成果的转移及物化。由于各个国家、地区的情况和条件各异，各国科学园的名称也不尽相同，有的叫研究园，有的叫工业园，有的叫技术中心。最初，科学园是根据美国斯坦福大学的特曼教授提出的关于"技术专家社区"的设想，于20世纪50年代初率先在美国建立起来的。现在，科学园已遍及世界各国。从创建科学园入手，建设高技术区，发展高技术企业和产品，已成为一种最为盛行的发展科技经济的模式。科学园因其类型差异而采取相应的管理模式：高等院校办的科学园，大多由校方设立的管理委员会自行管理，如英国的剑桥科学园；完全由政府投资兴办的科学园，则大多由政府设立的专门机构管理，如中国台湾的新竹科学园。对于大型科学园，更多的是成立专门基金会进行管理。有些地方把科学园看成是一个企业组织，而采取企业管理方式，如德国的亚琛技术中心由一个私营管理公司负责管理等。科学园一般具有以下特征：以研究、开发新工艺和高技术产品为核心，以荟萃人才、拓展知识、密集技术为手段，借助于最先进的实验仪器和设备，把教育、科研和生产融为一个整体，以推进科技进步，实现社会生产力和经济的高速增长。

L

留学生创业园（business park for overseas students）一种主要面向海外留学人员的科技企业孵化器组织形式。其宗旨是创造局部优越环境，鼓励和吸引高层次的留学人员创办高科技企业，促进高新技术的商品化、产业化、国际化。

N

农业科技园区（agricultural zone of science and technology）在一定区域内，以数量型农业向效益型农业转变为目标，以市场为导向，以先进适用技术为依托改造传统产业，对不同类型地区农业与农村

经济结构调整具有较强示范带动作用的现代农业科技示范区或现代农业科技企业的密集区。农业科技园区是依靠高科技、以农业设施工程为主体、具有多方面功能和综合效益、进行集约化生产和企业化经营的新型农业组织形式。

S

生产力促进中心（productivity promotion center）为社会特别是中小企业提供技术评估、技术引进、技术培训、技术诊断等方面服务的科技中介服务机构。其宗旨是提高企业技术创新能力与生产力水平，实现与国际接轨。它是政府与中小企业联系的纽带与桥梁。

Z

知识产业（knowledge industry）又称为信息产业或知识工业，是进行知识生产与知识服务的产业部门的总称。它包括所有以生产、传递、加工贮存知识和情报（信息）为主要业务并获取利润的个人、集团、机构在内的一切产业部门。知识产业可以分为如下五类：（1）教育；（2）研究发展（研究开发）；（3）知识情报交流，包括出版、广播、报刊、电视和电影等；（4）信息（情报）机构；（5）信息服务。由于当代科学技术革命，特别是信息革命的发生，知识已经或正在转化为现实的社会生产力。知识产业的发展对全面改善劳动者素质、提高劳动生产率、促进经济建设和社会进步越来越具有举足轻重的作用。在知识产业中，今后最有发展前途的将是"教育工业"和"信息工业"。"信息工业"主要指运用计算机技术进行信息处理和信息服务的工业，其中包括计算中心、软件公司和信息咨询服务公司等。"教育工业"则是从事人才生产和知识生产的部门。随着现代化企业本身所要求的终身教育的普及与制度化，以及电脑和人工智能等高技术在教育、科研诸环节中的运用（其中包括教学机、学习机等的诞生），教育工业有可能发展成为大规模的知识工业。目前，知识产业属于第三产业中的一个层次。但鉴于其发展之迅速和地位之重要，国内外有些学者主张把知识产业从第三产业中独立出来，而称为"第四产业"。

中间技术（intermediate technology）那些能适合本国国情、能充分提供就业机会并便于推广和运用的技术。发展中国家对此种技术具有吸收能力，容易推广，比先进技术见效更快。但也有人对中间技术论指出很多缺点，如产品质量差，维修费用高，生产效率低，经济上不合算。适用技术论就是在对中间技术论的批判声中产生的。

主导技术（leading technology）对整个技术体系起主导作用、对其他技术门类的变革有决定性意义的技术。主导技术可以是单项技术，如18世纪工业革命时代的机械技术；也可以是一个技术群，如当今新技术革命中的微电子技术、生物遗传工程技术、新能源技术、新材料技术等。即使是单项性的主导技术，它也是由科学基础相近、技术功能相互补充、技术目的相同的几个分支技术组成的，如电力技术至少由电力生产、输送、分配、电器制造及绝缘和导电材料研制等技术分支构成。主导技术的性质和水平决定整个技术体系的性质和水平，从而在很大程度上规定了社会生产、生活的状态。18世纪下半叶至19世纪下半叶，经济发达国家在工业、农业、交通运输、日常生活以至科学研究、社会交往、办公业务等领域，无不借助于机器技术，从总体上说，那个时代是机械化的时代。当时，连人们的思维方式也打上机械论的烙印。机械技术对于其他技术门类作出的功绩在于机械力代替人力，使人们在很大程度上摆脱了作为生产原动力的境地。

《自然》（Nature）英国于1869年创办的一种周刊杂志。它与美国编辑出版的《科学》杂志一并称为目前世界上最早的和最具权威性的国际科技刊物。其办刊宗旨是"将科学发现的重要结果介绍给公众，使之尽早知道全世界自然科学的每一个分支中取得的所有进展。"该杂志自创刊以来，始终如一地坚持报道和评论全球最重要的突破性科研成果。

自主创新（self innovation）通过研究拥有自主知识产权的独特的核心技术，以及在此基础上实现新产品的价值的过程。自主创新包括原始创新、集成创新和引进技术消化、吸收再创新。所谓原始创新，是指前所未有的重大科学发现、技术发明、原理性主导技术等创新成果。原始性创新意味着在研究开发方面，特别是在基础研究和高技术研究领域取得独有的发现或发明。原始性创新是最根本的自主创新，是最能体现智慧的创新，是一个民族对人类文明进步作出贡献的重要体现。所谓集成创新，是指通过对各种现有技术的有效集成，形成有市场竞争力的产品或者新兴产业。所谓引进技术消化吸收再创新，是指在引进国内外先进技术的基础上，学习、分析、借鉴，进行再创新，形成具有自主知识产权的新技术。引进消化吸收再创新是提高自主创新能力的重要途径。发展中国家通过向发达国家直接引进先进技术，尤其是通过利用外商直接投资方式获得国外先进技术，经过消化吸收实现自主创新，不仅大大缩短了创新时间，而且降低了创新风险。

四、科技成果与技术市场

(Technical Achievement and Technology Market)

G

《国家科学技术奖励条例》(*National Reward Regulations of Science and Technology*)由中国国务院于1999年4月28日批准，并于1999年5月23日发布施行。其宗旨是：奖励在科学技术进步活动中作出突出贡献的公民、组织，调动科学技术工作者的积极性和创造性，加速科学技术事业的发展，提高综合国力。

H

合同（contract）又称协议，是作为平等主体的自然人、法人、其他组织之间设立、变更、终止民事权利义务的约定、合意。合同作为一种民事法律行为，是当事人协商一致的产物，是两个以上的意思表示相一致的协议。只有当事人所作出的意思表示合法，合同才具有法律约束力。依法成立的合同从成立之日起生效，具有法律约束力。合同作为一种法律概念，有广义与狭义之分，这里所说的合同是指受《合同法》调整的合同，具有如下法律特征：（1）合同是两个以上法律地位平等的当事人意思表示一致的协议；（2）合同以产生、变更或终止债权债务关系为目的；（3）合同是一种民事法律行为。合同的法律约束力表现在如下几个方面：（1）自成立起，合同当事人都要接受合同的约束；（2）如果情况发生变化，需要变更或解除合同时，应协商解决，任何一方不得擅自变更或解除合同；（3）除不可抗拒等法律规定的情况以外，当事人不履行合同义务或履行合同义务不符合约定的，应承担违约责任；（4）合同书是一种法律文书，当当事人发生合同纠纷时，合同书就是解决纠纷的根据。依法成立的合同，受法律的保护。

J

技术服务（technical service）拥有技术的一方为另一方解决某一特定技术问题所提供的各种服务，如进行非常规性的计算、设计、测量、分析、安装、调试，以及提供技术信息、改进工艺流程、进行技术诊断等。

技术合同管理（technical contract management）技术合同管理机关依照国家法律，对技术合同的订立、履行、变更和解除进行监管和检查、调解和仲裁以及查处其中违法活动的总称。

技术经纪人（technical agent）在技术市场中，以促进成果转化为目的，为促成他人技术交易而从事中介、经纪或代理等并取得合理佣金的经纪业务的公民、法人或其他经济组织。

技术开发（technical development）由掌握技术的一方或其受另一方的委托，就某种技术项目所进行的研究、设计、试制、应用推广等项活动的经营业务。

技术贸易（technology trade）以技术为商品进行的交易活动。由于技术商品的特殊性，在实际贸易中，技术商品往往同它的载体一起进入技术市场。因此，技术贸易应作广义的理解，即技术贸易是包括实物形态与知识形态两方面商品的交易活动。这里所说的实物形态的技术商品，是指技术上先进的设备，是新技术的载体。目前，国际技术贸易多是这种形式。中国技术贸易以知识形态商品的交易为主要内容。它包括：（1）各种形式的工业产权（专利、商标等）的许可证贸易；（2）非专利技术的交易（专有技术）；（3）技术咨询；（4）技术服务；（5）委托技术开发和合作开发；（6）技术入股或技术、资金入股建立合作企业等。技术贸易与一般商品贸易最大的不同，在于交易双方是一种长期合作关系。它是技术知识和信息的传授、传播过程，只有双方密切合作，技术贸易才能得以实现。

技术培训（technical training）一方为另一方提供某种知识或技能培训的经营活动。职业上岗培训和继续教育工程等一般的成人教育，不能纳入技术市场的经营范围。

技术评估（technology assessment）以社会总体利益最佳化为目标，对某项技术可能带来的社会影响进行定性、定量的分析，从而对其利弊得失作出评价的一种系统管理技术。其重点在于研究技术应用可能产生的长远的、间接的、不可逆转的、出乎常人预料的负效应。技术评估的特点在于它的社会整体性、高度有序性、跨学科性、中立性和批判性。技术评估的程序大体是：（1）资料准备阶段；（2）影响分析阶段；（3）研究对策阶段；（4）综合评价阶段。技术评估的方法有：专家评估法、经济分析法、运筹学评价法和综合评价法。

技术评价（technical evaluation）对技术开发方案或工程项目的技术水平、材料来源、投产运行、推广前景、最低成本及各项技术参数能否达到系统目标等进行评审和选择，以确定最优方案的一项技术管理技术。技术方案优劣可采用"技术价值"作出定量描述。技术价值等于方案中各技术评价项目得分的算术平均值与评分标准的最高分数之比。在评价时，还要重视方案中风险因素的分析和新技术保持先进性的时间的预测。同时，还要涉及经济、社会、人类工程学方面的评价。它同技术评估在范围上、侧重点上有所不同。

技术入股（technology for share holding）一方以技术作为投资，与另一方合作，共同组成经济实体的技术交易形式。

技术商品（technology commodity）一种知识性商品。是科学技术这一特殊生产部门的产品，是智力劳动的产物。作为商品，它也具有使用价值和价值。技术商品的使用价值，表现在它一经物化到生产过程中去，就可以创造经济效益和社会效益。其价值是凝聚在技术成果中的科技人员的智力劳动即活劳动，以及在研制过程中消耗的物化劳动。技术商品要进入技术市场进行流动和交流才能实现其价值。技术商品的主要特征是：（1）载体的非实物性。一般商品都有具体的物品形态，技术商品不是实体物品，而是一种表现于文章、设计、模型、技巧、诀窍之中的可以转化为物品的知识。（2）使用价值的间接性。技术商品要经过"物化"以后，与生产结合才能实现其使用价值。（3）品种、数量的单一性。技术商品要求具有创造性和新颖性，这就决定了它

在一定时间和地域内是独一无二的、专有的。（4）寿命的无形磨损性。技术商品不是有形的"物"，不存在有形磨损。它的寿命（包括自然寿命和商业寿命）只决定于无形磨损。所谓无形磨损，是指技术商品随着时间的推移，丧失了技术的先进性和商品的竞争性，逐渐退出流通与交换领域。

技术商品的使用权（use rights of technology）使用技术商品的权利。在一般情况下，技术商品的使用权和所有权是分离的。技术商品的非持有人只有得到持有人的允许才能获得使用权。在技术转让中，其持有人所转让的是商品的使用权。同一个技术商品可以有一个持有人，但可以同时有多个享受使用权的人。

技术商品的寿命（life cycle of technological commodity）其自然寿命和商业寿命的总称。一般商品的寿命是由有形损耗和无形损耗两个因素决定的。技术商品作为一种知识产品，它没有有形损耗，它的寿命完全取决于无形损耗。技术商品的无形损耗有两种形态：第一种形态是新一代技术商品的出现，使原有技术商品失效；第二种形态是技术商品的传播、推广，使原有技术商品逐渐丧失价值。两种形式的无形损耗，使得技术商品有两种寿命，一是自然寿命，二是商业寿命。所谓自然寿命，就是从这一新技术的诞生到第二代新技术取代它之前这一段时间。新技术一旦出现，原有技术将迅速被淘汰，它的寿命就结束了。这显然是由第一种形态的无形损耗决定的。自然寿命的终结，技术商品的使用价值也随之终结。所谓商业寿命，就是从这一新技术的诞生到全面推广这一段时间。一项技术商品全面推广以后，谁都可以无偿使用，因而它不再是商品了。商业寿命终结以后，技术商品还有使用价值，但没有交换价值了。

技术商品的所有权（ownership of technology）在法律规定的范围内，技术商品持有人对其占有（持有）、使用和处置的权利。占有权（持有权）即对技术商品事实上的支配权。因为技术商品和其他的商品一样是一种财产，因而就应该归某自然人或法人所有。由于技术商品的特殊性，技术商品所有权的归属是一个复杂的问题。从中国目前的实际情况出发，判断技术商品所有权的归属，应以如下两个原则为依据：（1）以法律学依据。在中国专利法、合同法中已作出明确规定的，则以法律为依据。（2）以创造性劳动为依据。技术商品是创造性劳动的产品，因此，应

根据其投入的智力劳动和物化劳动的量，并以智力的创造性劳动为主，来确定技术商品的归属权。

技术商品化（commercialization of technology）技术作为一种商品在市场上进行买卖的过程。技术商品化包含两层意思：一是指技术是商品，二是指具有商品属性的技术要实现商品化。这就是说知识性技术产品也应当并可以在市场上进行买卖。作为商品用于交换的知识性产品，是指那些能够提高生产力的技术发明与研制成果。基础研究性的科学成果，一般不属于商品化的范畴。这是因为，科学成果是人们对自然规律的发现和对客观事物规律的认识，它对造福人类，推动社会、经济、技术进步具有重大的意义。但是，它不能直接应用于工农业生产和生活之中。因此，科学成果既不是商品，也不能商品化。进入技术市场的技术产品，一般应具备下述四个条件才能真正实现商品化：（1）技术的先进性。它是技术商品的技术水平或创新程度的反映；只有先进的技术商品才能在技术市场上具有竞争力。（2）技术的成熟性。指技术商品一旦用于生产和生活，能具有稳定性和可靠性，能达到预期的技术要求和目标。（3）技术的经济性。指技术商品价格能适应于买方的经济支付能力和应用该技术的投资能力，而且能获得可观的经济效益。（4）技术的适用性。指技术商品对买方需求的适应范围和程度。

技术市场（technology market）狭义的技术市场，是指作为商品的技术成果进行交换的场所。广义的技术市场是技术成果的流通领域，是技术成果交换关系的总和。技术市场的交换关系，主要是技术成果的生产者、经营者、消费者之间的关系。技术市场与一般的实物性商品市场不同，有特定的经营方式和经营范围。按照地区划分，技术市场可以分为本埠技术市场、省区技术市场、全国技术市场和国际技术市场等。按照产业可分为工业技术市场、农业技术市场、交通运输技术市场、建筑技术市场。按照技术商品的形态可分为软件市场、硬件市场和综合技术市场等。其作用在于，推动科研和生产的紧密结合，促进科技进步和经济发展。

技术市场预测（technology market fore casting）运用科学的方法和手段，对技术商品、技术服务和技术经营的发展趋势作出分析和判断。广义的技术市场预测是探讨技术市场的基本发展趋势及其社会功能的变化。它是站在全社会的高度，从宏观层次上展开的技术市场预测研究活动。它解决技术市场的方向性、政策性和战略性问题。技术市场预测对技术商品生产者、使用者和经营者都有重要意义：（1）它可以帮助技术商品生产者了解新技术的寿命周期、发展方向，判断新技术的经济潜力和影响，从而确定技术研究开发的战略；（2）它可以帮助企业了解新技术、新产品的发展趋势及其供需关系，作出购买新技术商品或产品更新换代的正确决策；（3）可以帮助技术商品经营者，把握技术市场的发展趋势，制订市场经营战略。技术市场预测应用的技术方法，主要是预测技术。

技术选择（technology option）一个国家或地区根据其发展目标及条件，通过技术评估与比较，对最有利的技术类型、结构进行筛选的过程。在技术选择中，要根据自身的自然资源、人力资源、技术条件、文化传统等因素，按照技术的先进性、经济性、适用性、相关性、可调性等原则，对各类技术进行选择。从整体上看，技术选择实质上是一个国家或地区的科技现代化道路的选择。其根本任务是把各种技术类型加以引进、消化与创新，大力推进国家经济与社会的全面发展。

技术中介（technology agency）为技术商品的供需双方提供中间服务的经营方式。其主要内容是提供信息、组织洽谈，或提供其他的辅助服务。

技术转让（technology transfer）技术成果由一方转让给另一方的经营方式。所转让的技术包括获得专利权的技术、商标以及非专利技术，如专有技术、传统工艺、生物品种、管理方法等。技术的转移并不意味着知识本身与原来的主体相分离，而只是向新的法律主体传授特定的现有技术，赋予其申请专利、实施专利或者使用非专利技术的权利。

技术转移（technology transformation）在国家、地区、行业内部或行业之间以及技术自身系统内输出与输入的活动。联合国曾将其定义为系统知识的转移，是从产生的地方转移到使用的地方。其主要内容包括：技术成果、信息、能力的转让、移植、引进、交流和推广普及。其转移的目的，不是为了展览，而是为了得到应用。同时，转移的技术一般与过去的技术相比，更为新颖，更为先进。现代技术转移的特点是：（1）在意识上，从不自觉转移到有目的地自觉地转移；（2）在速度上，从自然地缓慢转移到人为地加速转移；（3）在流向上，从由东向西单向转移到纵横交错互补型交流转移；（4）在主体成分方面，从个人单一转移到集体团伙之间的转移；（5）在交换代价方面，从无偿的技术交流到有偿的技术转让；（6）在技术类型上，从转移以硬技术为主到软硬技术结合转移并以软技术为主；（7）在转让过程方面，从一次性交易，即现货交易到多次、长期交易；（8）在管理体制方面，从民间的松散型发展为国家干预下的约束性转让。

技术咨询（technology consultation）掌握技术和知识的一方受另一方的委托，提供各种可供选择的决策依据的一种智力服务形式。顾问方利用知识、技术、经验和信息，为委托方的特定技术项目进行分析、论证、评价、预测和调查，提出咨询报告，供委托方决策时参考。技术咨询的内容主要包括：政策咨询、管理咨询、工程咨询等。

K

科技成果管理制度（scientific and technological achievements management system）以创造性智力成果为对象，由科技部和省、自治区、直辖市科技局以及国务院有关部门实行分级管理的一项制度。其目的是为了正确判别科技成果的质量和水平，促进科技成果的完善和科技水平的提高，加速科技成果的推广应用。创造性智力成果应具有新颖性、创造性和实用性。

科技成果鉴定（technical achievements evaluation）由科技行政管理机关聘请同行专家，按照规定的形式和程序，对科技成果进行审查和评价，并作出相应的结论的管理工作。科技成果鉴定工作应当坚持实事求是、科学民主、客观公正、注重质量、讲求实效的原则，保证科技成果鉴定工作的严肃性和科学性。科技成果鉴定是评价科技成果质量和水平的方法之一，国家鼓励科技成果通过市场竞争，以及学术上的百家争鸣等多种方式得到评价和认可。

科技成果奖励（technical achievements reward）各级政府有计划、有组织地对在科学研究和技术开发活动中，作出突出贡献的单位和科技人员，给予精神鼓励和物质奖励的一种行动、一种制度。它是调动广大科技人员的积极性、创造性，推动科技事业发展，促进经济与社会进步的一项重要政策和举措。科技奖励工作，技术性、政策性很强。它不仅涉及多种学科的技（学）术问题，而且涉及国家的科技政策和产业政策问题。中国《国家科学技术奖励条例》规定，设立下列国家科学技术奖：（1）国家最高科学技术奖；（2）国家自然科学奖；（3）国家技术发明奖；（4）国家科学技术进步奖；（5）中华人民共和国国际科学技术合作奖。

科技成果推广（technical achievements popularization）有组织、有计划地将大批先进、成熟、适用的科技成果以及高新技术成果推向国民经济建设主战场，动员成千上万的科技工作者和全社会的力量，在农村、工矿企业中大范围大面积地推广应用，提高经济增长和社会发展的效益，促进产业结构的调整和产业技术水平的提高，特别是传统产业技术水平的提高。

科技成果转化（technical achievements transformation）为提高生产力水平对科学研究和技术开发所产生的具有实用价值的科技成果所进行的后续试验、开发、应用、推广直至形成新产品、新工艺、新材料、发展新产业的过程。

科技奖励法律制度（law of ST reward）依法确立的奖励科学发明、发现、科技进步、合理化建议、技术改进及其他科技成果的制度。其基本特点是：（1）具有明显的阶段性；（2）具有多层次性；（3）物质奖励和精神奖励相结合，以精神奖励为主。

科技统计（scientific and technological statistics）对反映科技活动现象的特征和规律性的数字资料，以及对其搜集、整理、加工和分析，并进行评价和推论的工作。它包括科技活动现象的统计资料和对科技活动在数量关系方面的描述、分析评价和进行推论，以揭示科技活动的特征与规律性。其目的是为科技管理与科技决策提供依据，并为科技活动记载历史性资料，供研究和分析各种科技活动实践，总结经验。科技统计指标由指标名称、计量单位、计算方法三个要素构成。

科技统计指标体系（scientific and technological statistic index system）依据科技管理和管理决策需要而设计的各项科技统计指标的总体。它是采用国际通用的科技活动的"投入、活动、产出与影响"的系统，由描述性指标，到分析评价指标，再到规划决策指标，指标数目逐层减少、功能逐级增强而构成的金字塔形结构。

科学技术保密（scientific and technological knowhow）对在科学技术领域里关系国家安全和利益，并以法定程序确定在一定时间内只限一定范围的人员知道的科学技术项目实施保密的工作。

科学技术档案（science and technology file）在自然科学研究、生产、技术、基本建设等活动中，直接形成的应当归档保存（即对国家和社会有保存价值）的图纸、图表、文字材料、计算材料、照片、影片、录像带等科技文件材料。

科研成果（achievements of scientific research）科学技术的研究课题，通过观察、实验、设计、试制等一系列的研究活动所取得的具有一定学术意义或实用价值的创造性成果。科研成果由于目的和标准的不同，而有不同的分类。具体可分为五大类：（1）为解决某一科学技术问题而取得的具有一定新颖性、先进性和实用性的实用技术成果；（2）在重大科学技术项目研究进程中取得的具有一定新颖性、先进性和独立应用价值或学术意义的阶段性科技成果；（3）消化、吸收引进技术取得的新的科技成果；（4）科技成果应用推广过程中取得的新的科技成果；（5）为阐明自然的现象、特性或规律而取得的具有一定学术意义的科学理论成果。目前使用较为普遍的科研成果分类是联合国教科文组织提出的科研分类及其相应的科研成果分类法。根据科学技术研究的性质区分为基础、应用、开发三类科研类型，相应地把科研成果也分为基础理论研究成果、应用技术研究成果、生产开发研究成果，外加一个科研工程研究成果。这是联合国 1967 年统计手册中所使用的分类方法。由于它能与科研工作相一致，又与科研管理相衔接，便于统计，故而得到广泛采用。但是，在一个部门的科研管理中，人们经常使用更为简便的分类方法，如根据科研成果的性质，把科研区分为理论成果、技术成果、方法成果、推广成果、产品成果及软件成果等。这种分类方法简便易行，特征明显，更便于鉴定和评价。

科研成果生命周期（life cycle of scientific research achievements）开发研究的结果在生产中发挥作用的有效时间。任何科研成果都是一定历史条件下的产物，因此都有它的生命周期。科研成果生命周期是从它在实验室中获得成功后运用于生产实际时开始的。而它的终点则是指它被新的、更先进的科研成果所代替，从而大大降低或取消了它在生产中继续被运用的价值。为了延长科研成果的生命周期，最主要的是要使科研成果本身具有新颖性和独特性，而不至于很快"老化"或过时；同时，要竭力设法缩短获得科研成果的研究周期，成熟之后，立即加以推广、应用，即缩短推广应用的周期。在现代科技发展十分迅速、新技术层出不穷、新产品竞争激烈的情况下，科研成果生命周期的终点一般是难以准确把握的，并且这种周期有日益缩短的趋势。因此，要求科研人员在研究之初就应该对科研课题进行认真遴选和市场调研与预测，而一旦科研成果成熟，就应不失时机地做好推广应用工作，这样才能取得理想的经济效果。

N

农业科技成果转化资金（transformation fund for agricultural scientific achievements）为了贯彻落实《农业科技发展纲要》，加速农业、林业、水利等科技成果转化，提高国家农业技术创新能力，为中国农业和农村经济发展提供强有力的科技支撑，经国务院批准设立的专项资金。此项转化资金的来源为中央财政拨款，由科技部、财政部共同管理。转化资金是一种政府引导性资金，通过吸引地方、企业、科技开发机构和金融机构等渠道的资金投入，支持农业科技成果进入生产的前期性开发，逐步建立起适应社会主义市场经济、符合农业科技发展规律、有效支撑农业科技成果向现实生产力转化的新型农业科技投入保障体系。此项资金支持的重点：（1）动植物新品种（或品系）及良种选育、繁育技术；（2）农副产品贮藏加工及增值技术；（3）集约化、规模化种、养殖技术；（4）农业环境保护、防沙治沙、水土保持技术；（5）农业资源高效利用技术；（6）现代农业装备与技术等。转化资金的支持方式：（1）贷款贴息；（2）无偿资助；（3）资本金注入，采取无偿资助方式给予支持的转化资金，总额一般不超过 200 万元，重大项目不超过 300 万元。

X

许可证贸易（trade license）由贸易双方以签订书面许可证协议（合同）的形式进行的一种技术贸易，是技术贸易的一种重要形式。可以说，许可证贸易主要是专利许可证贸易，是指工业产权许可的一种形式。它是通过签订许可证合同，技术持有方（简称卖方）许可技术使用方（买方）使用其专利技术，并要求买方支付一定数量的使用费。专利许可，只包含专利技术覆盖的内容，但实际上只许可买方使用专利技术往往是不够的。因此，买方常常要求卖方转让或传授专利说明书上未公布的专有技术。专有技术虽没有专利许可问题，但由于专有技术是没有公开的技术诀窍，因此，许可证贸易常常扩大到专有技术的许可，形成专利技术和专有技术的混合许可；而单纯的专利技术许可是比较少的。许可证贸易可分为：普通许可证、独占许可证、独家许可证、分许可证和交叉许可证等。普通许可证是买方在规定的地域内使用合同中指定的专利技术。同时，卖方保留在该地域内使用该技术，以及可再与任何第三方就同一技术签订许可证合同的权利。独占许可证是买方不仅有权在规定的地区内使用有关的专利技术，而且有权排斥包括卖方在内的一切其他人使用该技术，买方还有权向第三方发放分许可证。独家许可证除了不能排斥卖方自己使用专利技术外，其他情况与独占许可证相同。交叉许可证是技术贸易的双方，交换价值相当的技术使用权的一种许可证或互相许可对方利用自己专利技术的许可证。

Z

《中华人民共和国促进科技成果转化法》(*Law of the People's Republic of China on Promoting the Transformation of Scientific and Technological Achievements*) 于 1996 年 5 月 15 日第八届全国人民代表大会常务委员会第十九次会议通过，并于 1996 年 10 月 1 日起开始施行。其基本宗旨是：促进科技成果转化为现实生产力，规范科技成果转化活动，加速科学技术进步，推动经济建设和社会发展。

《中华人民共和国合同法》(*Contract Law of the People's Republic of China*) 于 1999 年 3 月 15 日由第九届全国人民代表大会第二次会议通过，并于 1999 年 10 月 1 日起开始施行。其基本宗旨是：保护合同当事人的合法权益，维护社会经济秩序，促进社会主义现代化建设。

《中华人民共和国农业技术推广法》(*Law of the People's Republic of China on the Popularization of Agricultural Technology*) 于 1993 年 7 月 2 日由第八届全国人民代表大会常务委员会第二次会议通过，并于 1993 年 7 月 2 日公布施行。其基本宗旨是：加强农业技术推广工作，促进农业科技成果和实用技术尽快应用于农业生产，保障农业的发展，实现农业现代化。

五、知识产权

(Intellectual Property)

F

发明权 (right of invention) 发明人对其发明成果所享有的民事权利。发明权有广义和狭义两种含义：广义的是指发明人基于发明创造的成果而产生的一切民事权利；狭义的是指根据《中华人民共和国奖励条例》的规定，发明人将自己的发明成果提交有关部门审查，从而获得荣誉称号和物质奖励的权利。发明权包括人身权和财产权两方面内容：在人身权方面，发明人有权获得发明证书和奖状，人身权不得转让和继承；财产权是指发明人有权领取奖金，奖金分为一、二、三、四等奖，特别重大的可以获得特别奖，由科技部报国务院批准。能够取得发明权的是利用自然规律首创的科学技术新成果，不包括科学发现、科学理论和依赖个人的技能、技巧实现的技术。它必须同时具备以下三个条件：(1) 前人所没有的；(2) 具有先进性；(3) 实践证明是可以应用的。

发现权 (right of discovery) 科学家对特定自然现象的特性、规律提出前所未有的阐明，因而依法取得的权利。发现与发明不同，发明是对现有生产技术具有提高意义的科学技术成就，发现则是对自然界物质及其客观运动规律的新认识，例如对新星球、数学定理、物理理论、地震规律方面新的发现等 这些发现一般不能立即应用于生产实践，但它们扩大了人类的知识领域，其中多数经过进一步的应用研究和开发研究并取得成功后，可以转化为现实生产力，为人类带来福利，因此受到各国法律的保护和奖励。

非职务发明 (non-duty invention) 工作人员在本职工作以外，不是为了执行本单位所分配的任务，且未得到过本单位物质帮助的情况下完成的发明创造；也指工作人员退休、离休或退职一年后所完成的发明创造，或者个体人员做出的发明创造。非职务发明创造，申请专利的权利属于发明人或设计人。

G

工业产权（industrial property）专利权和商标专用权的统称。工业产权和著作权统称为知识产权。工业产权一词最早出现于1791年法国的专利法中。在此以前，英国和法国都称专利权为特权或垄断权。当时法国专利法的起草人德布浮拉认为使用特权或垄断权这样的词，会遭到立法议会和反封建的法国人民的反对，因而提出"工业产权"这个概念。1833年制定的《保护工业产权巴黎公约》也采用了这个词。工业产权一词现已成为国际通用的专门术语。

J

《计算机软件保护条例》（*Regulations on the Protection of Computer Software*）于2001年12月20日经国务院批准发布，并于2002年1月1日起施行。其基本宗旨是：保护计算机软件著作权人的权益，调整计算机软件在开发、传播和使用中发生的利益关系，鼓励计算机软件的开发与应用，促进软件产业和国民经济信息化的发展。

计算机软件著作权（copyright of computer software）对相关计算机程序及有关文档所享有的一种权利。受保护的软件必须由开发者独立开发，即必须具备原创性，同时必须是已固定在某种有形物体上而非存在于开发者的头脑中的。

S

商标（trademark）区别不同企业商品的一种标识。一般由文字、图形或者由文字图形组合而成，并注明在商品、商品包装、招牌、广告上面，具有显著特征的标志。企业商标受国家商标法保护。企业对其注册商标拥有专用权。

Z

知识产权（intellectual property）赋予人们对其精神创造物的权利，通常是在特定期限内赋予创造者就其创造物的使用独占权。广义的知识产权是指工业、科学、文学或艺术领域的知识活动所获得的法律权利。知识产权有两种基本类型：（1）工业产权（包括专利和商标）；（2）版权及与版权有关的权利。知识产权有如下基本特性：（1）地域性。是指知识产权在空间上的效力不是无限的，只在被依法确认的国家或地域内受该地域法律的保护。其他国家对这一权利没有保护的义务。如果需要某一国家或几个国家对其知识产权进行保护，必须按这些国家法律申请，经审查批准后才能受到法律保护。（2）时间性。是指知识产权不是一种永恒的权利，它只能在法定的时间内受到保护；法定期限届满后，这一权利自行消失，该项智力成果即成为全社会的共同财富，任何人均可以无偿使用。（3）专有性。是指权利人的一种由法律赋予的排他的、独占的权利。例如，一项技术方案，甲、乙两人各自独立发现，甲在乙前面向专利授权部门申请专利并获得批准，乙想获得专利就不可能，而且乙想实施这项专利技术就得经甲同意，否则就是侵犯专利权。权利人对这种权利可以自己行使，也可以转让他人行使，并从中取得报酬。

知识产权的国际保护（international protection of intellectual property）国际上为了解决按照一个国家的国内法律取得的专利、商标和版权等知识产权，只在该国领域内受到保护，在其他国家内不能发生法律效力的问题，而签订双边或多边条约，实现对知识产权的国际保护，以促进技术、知识的国际交流。专利、商标等工业产权方面最重要的国际条约是《保护工业产权巴黎公约》。此外，目前还有12个条约或协定已经生效。其中有《商标国际注册马德里协定》、《建立工业品外观设计国际分类洛迦诺协定》、《商标注册条约》、《保护植物新品种国际公约》、《国际承认用于专利程序的微生物保存布达佩斯条约》等。保护版权方面的国际条约有《保护文学艺术作品伯尔尼公约》、《世界版权公约》、《人造卫星播送载有节目信号公约》、《避免对版权提成费双重征税的马德里多边条约》等。上述条约或协定，除《世界版权公约》由联合国教科文组织管理外，其他都由世界知识产权组织管理或参与管理。除国际性的条约与协定外，还有地区性的条约与协定。其中重要的有《欧洲专利公约》、《非洲知识产权组织公约》等。

职务发明（duty invention）发明人或设计人在执行本单位任务或者主要利用本单位的物质技术条件所完成的发明创造。职务发明创造申请专利的权利属于该单位；申请被批准后，其专利权人为该单位。

《中华人民共和国商标法》（*Trademark Law of the People's Republic of China*）于1982年8月23日第五届全国人民代表大会常务委员会第二十四次会议通过，1983年3月1日起生效。其基本宗旨是：加强商标管理，保护商标专用权，促进生产者、经营者保证商品和服务质量，维护商标信誉，以保障消费者和生产者、经营者的权益，促进社会主义市场经济的发展。为更好地实施《商标法》，经国务院批准，于2002年

8月3日发布了《中华人民共和国商标法实施细则》，并于同年9月15日开始施行。

《中华人民共和国知识产权海关保护条例》（*Regulation of the People's Republic of China on the Customs Protection of Intellectual Property*）于1995年7月5日由国务院批准发布，并从1995年10月1日起施行。其基本宗旨是：实施知识产权海关保护，促进对外经济贸易和科技文化交往，维护社会公共利益。本条例适用于与进出境货物有关并受中华人民共和国法律、行政法规保护的知识产权，包括商标专用权、著作权和专利权；对那些侵犯中华人民共和国法律、行政法规保护的知识产权的货物（简称侵权货物），禁止进出口。

《中华人民共和国著作权法》（*Copyright Law of the People's Republic of China*）于1990年9月7日第七届全国人民代表大会常务委员会第十五次会议通过，并于1991年6月1日起施行。其基本宗旨是为保护文学、艺术和科学作品作者的著作权，以及与著作权有关的权益，鼓励有益于社会主义精神文明、物质文明建设的作品的创作和传播，促进社会主义文化和科学事业的发展与繁荣。为了更好地贯彻施行《中华人民共和国著作权法》，国务院于1991年5月24日批准，由国家出版局发布了《中华人民共和国著作权法实施细则》，并于1991年6月1日起施行。

《中华人民共和国专利法》（*Patent Law of the People's Republic of China*）于1984年3月12日第六届全国人民代表大会常务委员会第四次会议通过，并于1985年4月1日起开始施行。后经1992年9月4日和2000年8月25日两次修正。《专利法》的基本宗旨是：保护发明创造专利权，鼓励发明创造，有利于发明创造的推广应用，促进科学技术的发展，适应社会主义现代化建设的需要。为了更好地贯彻《专利法》，经国务院批准于2001年6月15日公布了《中华人民共和国专利法实施细则》。

著作权（copy right）又称版权，它是一种所有权，指个人或法人依法对其文学、科学和艺术作品的独占权利。这些权利，非经本人许可或转让，或法律许可，他人不得行使。为了保护版权，世界上大多数国家都制定了版权法或著作权法。版权保护的对象是具体的文学、科学和艺术作品。这些作品必须具有两个特点：（1）必须是作者的创作，包括翻译与改编，而不是抄袭别人的作品；（2）作品必须以一定的形式固定下来，而使别人能够直接或通过仪器设备间接看到、听到和触到，包括文字形式、口头形式以及其他形式，如绘画、书法、雕塑、电影、摄影、录像、图表等。作者享有的版权包括人身权和财产权。人身权有发表权、署名权、维护作品完整权。财产权是作者准许他人出版、上演、改编、翻译、广播、展览自己的作品而获得金钱和其他物质报酬的权利。作者可以把这些权利部分地或全部地转让给他人。版权保护期限一般为作者有生之年加死后20年至90年，各国立法以规定作者死后50年居多。英国还规定皇家控制的《圣经》权威版以及牛津大学、剑桥大学等一些高等院校的某些传统的教科书等，具有永久性的版权。版权受国家法律保护。如发生剽窃等情况，应视作侵权行为，作者有权向法院提出诉讼，要求归还版权和赔偿损失。

专利（patent）最早出现在英文里。在英文中Patent既有垄断、专有的意思，又有披露、公开的含义。这里所说的专利是指一项发明创造（包括发明、实用新型和外观设计），向主管部门提出专利申请，经审查合格后，授予专利。而习惯上使用的"专利"一词，有时指取得专利权的发明创造，有时指记载专利发明创造内容的专利说明书。在《中华人民共和国专利法》中，发明是指对产品、方法或者其改进所提出的新的技术方案；实用新型是指对产品的形状、构造或者其结合所提出的适于实用的新的技术方案；外观设计是指对产品的形状、图案或者其结合以及色彩与形状、图案的结合所作出的富有美感并适于工业应用的新设计。

专有技术（proprietary technology）又称技术秘密、技术诀窍，是一种秘密的技术知识、经验和技巧的总和。随着技术援助合同的大量涌现而在合同书上频繁使用的用语。它既可以表现为书面资料，如设计图纸资料、设计方案、操作程序指南、数据资料等；也可以表现为技术示范、对工程技术人员的培训和口头传授等。但就专有技术本身来讲，它是寓于这些表现形式中的一种观念和构思。

自主知识产权（independent intellectual property）通俗的说法是指创造者自主研究、开发而形成的知识产权，对其使用、转让和发展可以完全自主地进行处置。

六、科学技术普及

(Popularization of Science and Technology)

G

公民科学素养（citizen's scientific literacy）公民获取和运用科学技术知识的能力。换句话说，公民科学素养是指公民了解必要的科学知识，具备科学精神和科学世界观，以及用科学态度和科学方法判断及处理各种事务的能力。提高公民科学素养，对于提高国家自主创新能力，实现经济与社会全面发展具有十分重要的意义。中国公民的科学素养水平与发达国家相比还有较大差距。公民科学素养低下，已成为制约中国经济发展和社会进步的瓶颈之一。因此，提高中国公民的科学素养水平，是一项紧迫而又艰巨的历史性任务。

K

科普场馆（popular science establishments）以举办科普展览（设置展品、展板）及科普报告、科学讲座和科技培训、影视展播、操作实验等教育活动为主要内容，向公众普及科技知识、传播科学思想和科学方法、弘扬科学精神的科普教育基地。如科技馆、科普馆、科学宫等。科普场馆是重要的科技传播场所之一。利用科普场馆对公众进行科普教育，具有开放性、综合性、直观性和实践性的功能特征。科普场馆集视、听、感受为一体，看得见、听得着，同时还可动手操作与实践。通过在科普场馆里的参观及实验活动，可以使人们学到基本的科技知识和科学原理，启发人们去思考，引起人们对科学的兴趣，引导人们去探索。特别是通过对科学技术发展历程的了解，可以帮助人们对科学方法、科学精神的理解与掌握，从而激发观众，特别是青少年对科学的兴趣和深入探索的欲望。

科学的社会化（socialization of science）现代科学作为人类的特殊实践活动，已形成庞大的社会体制和社会性事业。科学的发展愈来愈依赖整个社会的支持，并受到社会各种因素的影响。现代科学的这种社会化趋势首先体现在科学研究的规模和组织的日益扩大上。在当代，科学研究的组织形式已由近代的个体方式和19世纪下半叶出现的集体研究，发展到国家规模，并从20世纪70年代开始，出现了国际间合作的新局面。科学社会化还表现在科学的社会投入日益增加。在当代，特别是在第二次世界大战以后，鉴于科学技术对整个国民经济和国防事业的重大作用，各国政府都以大量资金用于科技事业。世界上科技水平先进的国家每年的科研投资约占其国民生产总值的2%~4%。不仅如此，参加科学技术活动的人员也比以前大为增加。与此同时，现代各种科研成果的大量涌现，以及日益广泛的相互交流，已成为整个人类用来认识世界和改造世界的巨大社会财富。随着现代科学本身的发展，科学的社会地位及其在社会中所起的作用，越来越引起全社会的普遍关注。在当代，重视和发展科技事业已成为世界各国政府的重大战略决策之一。

科学方法（scientific method）在科学理论的指导下，正确认识客观事物的本质和规律的手段，概括地讲，就是马克思主义的唯物辩证法。因此，我们在认识一个客观事物时，一定要坚持运用这种方法，从事物的实际情况出发，对具体问题进行具体分析，分析其内部的矛盾运动，并要抓住主要矛盾及矛盾的主要方面，找出解决矛盾（问题）的办法。大量实践证明，这是我们认识客观世界的唯一正确的方法。鉴于此，我们就应当大力倡导这种科学的方法，以提高人们认识客观世界的本领，并使之树立正确的世界观。

科学技术普及（popularization of science and technology）简称科普，是指把人类研究开发的科学知识、科学方法，以及融化于其中的科学思想和科学精神，通过多种方法和途径传播到社会的方方面面，使之为公众所理解，用以开发智力，提高素质，培养人才，发展生产力，并使公众有能力参与科技政策的决策活动，促进社会的物质文明和精神文明。因此科普是科技工作的重要组成部分。

科学技术展览（exhibition of science and technology）用图文并茂的展板加典型实物集中展览的形式，展示科学技术的基础知识及其最新成就，宣传科学思想和科学精神的一项活动。由于这种形式是用图片、图表、实物并附简要的文字说明来宣传科技知识及最新成果，易于为广大群众所接受，再加上对场所没有特殊的要求，所以是一种比较简单易行又宣传面广、效果较好的科普教育形式。

科学技术知识（knowledge of science and technology）广义的含义是指人们在社会生产实践和科学实验过程中积累起来的经验结晶，狭义的含义主要是指自然科学方面的知识。但是，在20世纪中叶以后，科学技术迅猛发展，不仅科学研究的规模不断扩大，而且研究内容也在不断地向广度和深度扩展，因而不仅导致一些边缘学科和交叉学科的大量出现和快速发展，而且使自然科学和社会科学（包括人文科学）交叉融合而产生了一门新学科——软科学。所以科技知识，就不仅是数学、物理、化学、天文、地理、生物等所能包括的，其内涵十分丰富，包括了人类至今所掌握的整个科学技术体系。它既包括了自然科学的基础知识，也包括其高新技术；既包括了社会科学的基础知识，也包括了软科学（管理科学，也称决策科学）的基本知识。

科学讲座（science lecture）又称科普讲座，是以进行科普教育为目的，由有关方面的科学技术专家所作的专题报告。举办科学讲座，要根据听众即受教育的对象不同，如青少年、工人、农民、机关工作人员、领导干部等，而聘请不同类型的科技专家。这样，根据听众的不同及其实际需要，选择相应的专家，因材施教，有的放矢，以体现出科学讲座目的明确、针对性强的特点。因此，举办科学讲座是开展科普教育的一种有效形式。

科学教育（scientific education）传授科学技术知识、培养科学技术人才、提高全民族科学文化素养的一项社会活动。它是在近代科学技术发展的基础上产生的，反过来又成为科学技术进一步发展的基础。在科学教育体系中，包括学前教育、小学教育、中学教育与中专教育、大学教育、研究生教育、博士后教育以及科技人员的继续教育等。科学教育是科学知识的传播与科学劳动的再生产和再提高的手段，是科学的社会能力的一个重要组成部分。同时，它也是提高劳动生产率、促进国民经济发展的重要因素。一些发达国家就是从发展科学教育入手，进而实现了科学技术的迅速发展和经济腾飞。因此，近几十年以来，世界各国普遍认为，国际上政治、经济、军事上的竞争，主要表现为科学技术的竞争；而科学技术的竞争归根结底又表现为科学教育的竞争。目前，科学教育已为世界各国所普遍重视。

科学精神（scientific spirit）概括地讲，就是马克思主义唯物主义的精神，这是科学的灵魂。具体地讲，科学精神，就是实事求是，求真务实，开拓创新的理性精神。实事求是则是科学精神的集中体现，是它的精髓。无论是科学知识的积累，还是科学方法和科学思想的发展，都离不开科学精神。科学精神在引导科学工作者的言行和保障科学自身健康发展的同时，还渗透到社会的各个领域，影响着人们的精神世界，从而推动人类社会的发展。科学精神有利于人们科学文化素养和思想道德素质的提高，有助于人们科学的世界观、正确的人生观和价值观的形成，还有利于消除愚昧、野蛮和迷信，从而有利于社会的理性程度的提高，营造务实高效、开拓进取、规范有序的社会氛围。科学精神的基本要素，大体上可以归纳为如下五个方面：（1）实事求是的精神；（2）理性的怀疑精神；（3）务实求真的探索精神；（4）敢于标新立异的创新精神；（5）善于协作的团队精神。

科学思想（scientific thought）人类对自然界（包括人类自身）和人类社会的本质及其运动变化规律的理性认识。马克思主义的认识论告诉我们，科学思想来源于社会实践（包括生产实践、科学实验等）。人们在社会实践的过程中，对自然界和人类社会的本质及其运动变化的规律，积累了丰富的感性认识，并终于使这些感性认识产生了一个飞跃，变成了理性认识。这种理性认识，就是思想。随后，又把这些思想掌到社会实践中去检验，如果获得了成功，则说明这些思想是正确的。这就是科学思想。人们在社会实践中的实践－认识－再实践－再认识的过程，就是科学思想的形成过程。人类的社会实践过程，是一种永远不会完结的过程。因此，人们的思想，科学思想，也永远处在发展的过程中，只是每经过一个过程，就更前进一步，更成熟一步。

Q

全民科学教育水平（scientific education level of the whole nation）一个国家由科学教育事业的发展而

造成的整个民族科学技术人才和生产劳动者的数量、质量和专业结构所表现出来的科学素养。在现代社会中，高度发展的科学技术事业，已成为一个国家或民族赖以生存的重要条件。一个国家要想提高科学技术水平，实现科学技术现代化，就必须提高全民族的科学教育水平。世界上科学技术先进的国家，都是从科学教育入手，来实现科学技术现代化的。

Z

《中华人民共和国科学技术普及法》（*Law of the*

People's Republic of China on Popularization of Science and Technology）于2002年6月29日由中华人民共和国第九届全国人民代表大会常务委员会第二十八次会议通过，并公布施行。其基本宗旨是：实施科教兴国战略和可持续发展战略，加强科学技术普及工作，提高公民的科学文化素质，推动经济发展和社会进步。《中华人民共和国科学技术普及法》的颁布实施，标志着科普工作纳入了法制化的轨道。

七、科技人才

(Scientific and Technological Talent)

G

工程技术人员（engineering technician）具有工程技术能力又担负着工程技术工作的人员。其组成是：有技术职称的人员、大中专理工科毕业生和取得与上述人员同等学力或职称而又从事工程技术工作的其他人员。其主要任务是：改造自然界，解决做什么、怎么做的问题。工程技术人员必须具备的素质是：除具备相应知识与技能外，还要具备创造性思维的能力。

K

科技人才学（theory of scientific and technological talent）以科技人才为研究对象的一门学科。它既是科学学的一个分支，也是人才学的一个分支。科技人才学，兴起于20世纪70年代末，目前还没有一个比较成熟的理论体系。多数学者认为科技人才学应包括以下基本内容：（1）科技人才及其基本特征；（2）科技人才的社会地位和社会作用；（3）科技人才的素质修养；（4）科技人才的成长与培养；（5）科技人才队伍的结构和效能；（6）科技人才的使用与管理；（7）不同国家人才开发的战略与政策的比较研究等。科技人才学的基本特点在于它的综合性和政策性。科技人才学的综合性，是指科技人才学研究既需要综合运用自然科学、社会科学、思维科学和横断科学（系统论、控制论、信息论）的理论知识，又需要综合运用各种研究方法和技术手段。科技人才学的政策性，是指它直接涉及国家对科技人才的培养、使用和管理的制度、方针和政策的制定与改革；直接涉及人事制度和干部政策；直接涉及国家的科技体系和教育体系的改革等。因此，科技人才学是一门政策性和实践性很强的学科。科技人才学的研究方法有以下几种：（1）系统科学方法；（2）概率统计法；（3）追踪调查法；（4）比较试验法；（5）模型法；（6）案例分析法。

科学道德（scientists' moral）科学家、科技工作者应共同遵守和维护的职业道德。科学研究作为人类的一种基本实践活动，包含人与自然、人与社会和人与人之间的复杂关系。研究和正确处理这些关系是影响科学进步的重要因素。科学道德是在一定的自然环境中调节人际关系和人与自然的关系中产生的。当前中国科学道德规范主要内容包括：（1）热爱社会主义祖国，坚持四项基本原则，为社会主义的物质文明和精神文明建设服务；（2）追求和捍卫科学真理，勇于探索，敢于攻坚，不畏艰险，锲而不舍；（3）无私无畏，全心全意为人民造福，牢记科学不是一种自私自利的享乐，有幸致力于科学研究的人，首先应该拿自己的学识为人类服务；（4）严谨治学，实事求是，尊重客观事实，不把他人成果归为己有；（5）谦虚谨慎，团结协作，坚持学术民主，反对门户之见，勇于坚持真理修正错误；（6）维护民族尊严，树立民族自尊、自信、自强精神，并虚心学习国外先进科学成就，既不夜郎自大，也不妄自菲薄。

科学家的社会责任（scientists' social duty）科学家最有效地把科学用于为人类造福的社会责任。

科学家的科学研究活动是人类重要实践活动之一，涉及人同自然、社会和科学家群体的复杂关系。科学和科学的应用不仅改变着人们的物质和精神生活及环境，而且对社会、经济和政治关系也有深刻的影响。科学家的社会责任是科学家应具有的最重要的美德。科学家应当对科学研究的后果自觉地抱有高度的责任感，决不能采取漠不关心的态度。科学家的良心不允许科学技术的滥用。科学家科学活动的自我监督是实现科学家的社会责任的主观保证。对科学活动及其社会后果的道德评价能影响科学研究的目的和发展方向。

科学人才（scientific talent）具有科学创造（发现、发明）才能、从事科学创造活动的人才。科学人才的劳动成果主要是各种知识产品，包括科学论文、科学著作、技术发明设计等。科学人才从事科学创造活动，应具备相应的主观素养：（1）要有一定的理论知识基础，包括基础理论知识和专业理论知识。（2）要具备良好的思维品质，包括思维的独立性、广阔性、全面性、灵敏性、深刻性和辩证性等。这对整理和加工事实资料，使之形成为科学概念、上升为科学理论是必需的。（3）要具有实事求是的科学态度、孜孜不倦的创新欲望和勇于创新的精神。

R

人才（talent）一般认为，具有较高才能的人称为人才。由于研究方法和着眼点不同，在承认人才具有较高才能的前提下，学者们对于人才的定义并不完全相同。常见的有：一是强调人才必须是作出了贡献，推动了历史进步的人；二是用描述的方法下定义，如有人提出，人才是指现实个人在特定专业（行业）的实践和认识活动中，产生和发展了某种较强才能（主要是综合性创造能力），并以有利于促进人类社会进步事业的考核成果，创造成果或影响作为客观标志的系统范畴；三是通过分析人才才能结构内在矛盾运动及其规律形成人才定义，如有人认为，人才是能够自觉适应社会要求、把握德和才最佳结合点的人。有的人主张，在创造单位价值财富时，所花费的劳动时间低于社会必要劳动时间的人，则称为人才。有的人则注重人才内在素质，强调人才内在智力水平必须高，品德也要有相应的水平。

人才分类（classification of talent）根据人才的各种特点对人才类型进行划分。因研究目标和任务不同，研究者对于人才分类的方法也有所不同。常见的

人才分类，可以归纳为如下五种：（1）依人才在成长和发展过程中才能表达的不同阶段划分，可以分为潜人才、实人才、衰人才三种。潜人才，指具有成为人才的必要素质但尚未显露、未受到注意的人；实人才，指才能已经显露、被社会接受和承认、正在实践中得到发挥的人；衰人才，指因各种原因才能趋向衰退的人。（2）依人才的才能素质特点划分，可以分为创造型人才、继承型人才、再现型人才、逻辑型人才、直觉型人才、艺术型人才、特异型人才等。（3）依人才的社会功能，可以分为通才和专才、帅才和将才等。（4）依人才的社会职业划分，可以分为经济人才、军事人才、艺术人才等。（5）依人才在其所从事的专业中所取得成就的大小及其影响程度划分，可以分为开拓型人才、发展型人才、传播型人才、杰出人才、优秀人才等。

人才管理（administration of talent）对具有某些才能、可以作出创造性贡献的人进行科学的组织、开发和利用。在人才管理工作中，一般应该遵循如下几条原则：（1）能级原则，即按人才的不同能力水平安排相应工作，使职能相称。（2）互补原则，即人才水平的高低长短能互相补充，以达到整体优化。互补包括才能互补、知识互补、性格互补、年龄互补等。这条原则，在建设各级领导班子时尤为重要。（3）动态原则，即要把加强人才的合理流动作为人才管理原则之一。通过流动形成人才的优势分布，还可以因事制宜地实行招聘制、任期目标责任制，鼓励人才的合理定向流动。（4）奖惩原则，即通过奖功罚过，促进人才成长。（5）潜力开发原则，要对人才的潜在才能进行投资培育或委以重任使其得到激发和锻炼。

人才环境（environment of talent）人的才能在形成和得以发挥作用，进行创造活动的过程中所涉及的自然和社会条件。对人才环境应从不同角度进行定义。从哲学的精神与物质概念出发，可以把人才坏境分为物质环境与精神环境；从社会角度出发，可以把人才环境分为政治环境、经济环境、道德环境、意识环境、家庭环境、工作环境等。总之，人才环境也就是在人才一生的发展过程中影响其才能的形成和发挥作用的客观环境。政治、经济、科技、教育、文化、社会、心理等因素横贯于家庭、学校、国内、国际各空间层次，交织成为人才的社会环境网。社会环境和自然环境（包括地理条件、气候条件、资源条件等）结合在一起，构成了人才环境的全部内容。社会环境

对于人才才能的形成和发展起决定性作用，自然环境仅具有一定的制约意义。

人才结构（structure of talent）在一定的社会单位内各类人才的比例和组合方式。研究人才结构，是为了寻求人才结构的最佳化途径。人才结构的优势有如下几个主要检验标准：（1）是否有利于系统内外各个因素的协调发展；（2）是否能使系统内各有利因素的积极作用得到充分发挥；（3）是否有利于发挥系统整体功能，取得满意的综合绩效；（4）是否有利于人才的成长。人才结构的内容包括：（1）人才的职业结构，即单位内科研、技术、生产、教育、管理等各类职能人才的比例和组合方式；（2）人才的专业结构，即单位内相关专业人才的比例和组合方式；（3）人才的能级结构，即职责的大小要与能力水平的高低相一致，不同的能级要有合理的比例和组合方式；（4）人才的年龄结构，即老年、中年、青年的比例和组合方式；（5）人才的部门结构，即人才在单位内各部门中分布的比例和组合方式。以上几种结构需要综合统筹，而不能顾此失彼。当发现人才结构不合理时，应及时调整。人才结构的调整应注意以下原则：（1）效能原则。即要以提高人才结构的效能为根本目的。（2）相关原则。即要从整体着眼，注意被调整部分与相关部分之间的关系及其可能产生的后果。（3）互补原则。即要使各因素增强相互补充的作用。（4）精干原则。即要注意机构精简、人员干练，力争能以最小的投入取得最大的效能。（5）动态平衡原则。即要利用信息反馈经常和及时地调整已不能适应需要的人才结构。

人才流动（exchange of talent）人才在社会单位之间的转移现象。人才流动在历史上早已存在。人才流动的方向和规模在不同时代各有不同。一般的流动规律是：（1）人才总是向该时代生产力发展水平较高的地区和部门相对集中；（2）人才总是向社会发展进程中急需的建设部门、科学和技术部门相对集中；（3）人才总是向工作环境条件比较优越的地区和单位相对集中。人才流动有利于调动人才的积极性。人才流动把社会需要与个人发展结合起来，可激励人才充分发挥聪明才智；有利于使社会单位人才结构合理化，使人才群体的智能结构和年龄结构逐步科学化；有利于人才平等竞争，为人才充分发挥才智创造更多的机会；有利于形成尊重知识、尊重人才的社会风尚；有利于培养一代新人。因为人才流动可

以提高人的独立能力，发展健康的个性。因此，我们应当提倡和鼓励人才流动，改革妨碍人才流动的体制和制度。但是人才流动不可以放任自流，要有正确的政策引导和制约，使其沿着合理和健康的轨道运行，防止盲目性。

人才师承效应（effect of talent succeeding to his teacher）通过师徒关系或师生关系（师承关系）影响人才成长的效应。培养人才有各种不同的形式，对人才成长的影响因素也各有不同。其中，师承关系就是重要形式之一。老师的言传身教，使学生、徒弟学到多方面的知识和技能，受到良好方法的训练，吸取成功的经验和失败的教训，增长其才智。老师特别是名家的兴趣爱好、思维品质、创新能力等对学生、徒弟也有重要的影响。常言说："名师出高徒。"研究人才师承效应，有利于揭示人才成长的规律和培养途径。

人才市场（talent market）人事管理部门筹建的为用人单位和各类人才提供及时、高效、全方位服务的场所。在人才市场内开展的主要业务有：国内外人才智力交流、人才开发培训、社会保障、人才信息、人事代理、回国留学人员和国际劳务技术合作等全方位的服务业务。

人才团（talent group）科学技术领域里常见的人才群体现象。人才团大致有以下四种基本类型：（1）学派型，指在某一种学科领域里形成的、具有创见并形成一定特色和传统的学术派别群体；（2）单位型，即以单位的某种特定优势和风格为基础，形成传统，造就人才，且经久不衰；（3）地区型，指在某一地区，由于其有特定的贡献和优势形成了吸引中心，从而出现的人才集团；（4）民族型，即由于民族的某种天然条件、特定的风俗习惯和文化传统所形成的具有某种优势的人才集团。人才集团是人才学特别是科技人才学研究的基本课题之一。研究和把握人才集团的特性、功能和规律，对于人才的培养和科技的发展有着重要意义。

人才外流（brain drain）人才从一个国家流向其他国家的现象。目前，世界上人才外流主要发生在发展中国家。发生人才外流的原因主要有：（1）政治动乱，国家混乱，人心涣散，无法从事科学技术研究工作；（2）知识、人才得不到尊重，对人才没有实施必要的保护措施；（3）由于不重视科研，缺少基本的科研设备和资金，工作条件太差，才能无法发挥；

（4）人才的物质待遇太低，生活中的困难干扰科研工作，才能浪费在为生计而奔波上。解决人才外流的根本措施是：创造安定团结、民主和谐的政治局面，发展经济，实行重视科学技术和人才的政策。

人才学（theory of talent）研究人才、揭示人才成长和发展规律的科学。它运用哲学、科学学、社会学、心理学、创造学、脑科学、教育学、伦理学、行为科学、未来学等众多学科的知识研究人才问题，是一门社会科学与自然科学综合交叉的学科。其研究内容包括：（1）对人才概念的探讨。即关于人才定义、人才本质、人才特征、人才分类的研究等。（2）对人才发展分期及其特点的研究。（3）人才的发现和鉴别。包括人才的社会发现和鉴别以及人才的自我发现和鉴别。（4）人才管理问题研究。包括社会的人才结构、人才选拔方法与制度、人才使用制度和具体方法、人才考核制度与方法、人才流动制度和人才终生培养开发等方面的内容。（5）关于人才预测和人才规划。（6）人才的才能结构研究。（7）人才环境优化问题研究。（8）成才规律的研究。（9）人才学的体系结构。

人才银行（talent bank）储存人才信息、促进和组织人才流动的社会团体。在人才银行里，储存人才的经历、技术水准、科研绩效、科研能力、身体健康状况等信息，为招聘人才单位提供方便。人才银行目前在中国发展得很快。人才银行的主要作用有以下几点：（1）通过有计划地组织人才流动，在一定程度上解决企事业单位的人才需求；（2）通过沟通协商，为在本单位不能用其所学、所长的人介绍新的单位，提高人才的使用价值；（3）开展为解决科技人才各项具体困难的服务工作；（4）开辟人才流动的新渠道，促进人事工作的社会化。

人才引进（talent recruiting and retaining）又称智力引进，是指通过引进国外的科技人才和派员出国（境）培训的形式，来学习国外先进的科学技术和管理经验，解决企业和科研单位在技术和管理中所存在的具体问题，以促进科技进步和经济发展。引进国外智力，是中国实行对外开放政策的重要组成部分，也是加速中国现代化建设的一个重要举措。在新经济时代，全球经济一体化的趋势日益明显，各国之间的科技合作与交流更加频繁。在这种情况下，对于像中国这样一个科学技术还比较落后、经济也不够发达、科技人才相当缺乏的发展中国家来说，在积极开展技术引进工作的同时，大力开展智力引进工作就显得更加迫切，更加重要。

X

学派（schools）科学家在科学活动中以共同的师承学说、科学理想和方法论信条为纽带而结成的稳定的社会集团。学派是在科学研究与交流的过程中，特别是在学术竞争的条件下，在自发的非正式组织的基础上自然形成的科学活动的群体形式。它与其他科学共同体形成的区别点是：（1）它以一位或几位杰出的科学家作为公认的学术领袖而把众多有才华的学者吸引到自己周围；（2）它以独具一格的学术观点和思想方法作为学派的核心信息和理论基础；（3）它有科学上、文化上以至哲学思维方式上的独特传统。这种传统具有巨大的内聚力与明显的排他性。在科学史上，学派这种科学活动的特殊形式之所以获得肯定评价，在于它使科学家有效地组织起来，并通过其内部的协作与论争而产生最佳的集团创造力；它的独特的学术传统和新的研究方向，以及它所造成的"认识论环境"是科学人才层出不穷的重要条件；它作为强有力的学术纽带为实现学术自由、科学创新以及新学科的产生提供了有力的保证。

学衔（academic rank）是在学校、科研机构、企业单位及医务界等学术、技术系统中专业脑力劳动者的职称。在高等学校一般依次分教授、副教授、讲师和助教四级；在美国，还有"助理教授"级，地位在副教授与讲师之间；在英国某些大学则有"高级讲师"级，高于一般讲师低于教授。学衔的授予，主要以学术水平为根据，有些国家还规定一定的学衔须具有一定的学位，如教授、副教授须具有博士学位，讲师须具有硕士学位，助教须具有学士学位。通常认为学衔的设置起源于欧洲中世纪的大学。在中世纪的欧洲，博士和教授几乎为同义词，由于获得博士学位也就获得了在大学里任教的权利，因此，实际授课的大学教师除博士称号外，还常加注教授称号。中国现行专业技术职务聘任制度规定，高等学校教师系列分教授、副教授、讲师、助教四级；研究系列分研究员、副研究员、助理研究员、研究实习员四级；中等专业学校分副教授、讲师、助教三级；卫生系列分主任医师、副主任医师、主治医师、医师。工程系列分高级工程师、工程师、助理工程师、技术员。图书情报、文艺、新闻等学术、技术系统也有相应的学衔或职务名称。

Z

智力（intelligence）一般来说，是建立在一定经验与知识的基础上所发展起来的思维活动能力。它表现为个体获得信息后，能够将其加以理解、记忆、引申、演绎、评判、综合和应用。实际上，至今学术界对智力的含义还没有完全一致的看法，大体上有以下几种表达方式：（1）智力是适应新环境的能力；（2）智力是思维及处理问题的能力；（3）智力是求知和学习的能力；（5）智力是观察能力、记忆能力、思维能力、想象能力和操作能力的总和。

智能互补原则（complementary principle of capacity and intellience）在一个科研集团内，具有不同智能的人可以相互合作，相互补充，取长补短，相辅相成。其主要内容包括：智力水平互补、头脑类型互补、能力专长互补、知识结构互补及年龄互补等。在一个科研集团中，具有不同优势能力的科技工作者相互合作，取长补短，是十分必要的。随着现代科研课题的复杂化、边缘化，所涉及的知识甚至学科越来越多，而由于专业分工的局限，一个人的专业知识十分有限，因而具有不同知识背景的人相互合作是发挥科研集团整体效能的重要条件之一。所以，智能互补原则是建立优化科研团队应遵循的重要原则之一。

专才与通才（professional and generalist）专才是指在某一学科专业领域内，有深厚的理论基础和较高的专业才能的人才。通才是相对于专才而言的，是指具有多学科、多专业的渊博的理论基础，又具有多种才能的人才，即博学多才或博学多能，但每一方面又都不特别突出。专才与通才之分古已有之。但是，如今这种区分不仅更为明显，同时也成为客观需要。现代科学技术的发展，既深入分化，又高度综合。由于各学科专业之间的相互影响和相互渗透，相继产生了大量的边缘学科，导致了现代科学技术发展的整体趋势，加强了各学科专业之间的联系和依赖。因此，为了更好地适应现代科学技术的发展，既需要更多的专才，也需要更多的通才。但是，现代所需要的专才也要适当的通，知识面不能太窄；通才也要适当的专，而不能泛泛和肤浅。

八、科技管理的理论与方法

(Theory and Method of Science and Technology Management)

B

辩证法（dialectics）两种关于发展的基本观点之一。其源于希腊文dialego，意思是进行谈话、展开论战。古希腊哲学家把辩论时能够揭露和克服对方议论中的矛盾以取得胜利的方法叫辩证法。苏格拉底是最早系统运用这种方法的哲学家。后来，辩证法指和形而上学相对立的发展学说。辩证法认为，世界上一切事物都是发展、变化的，没有绝对静止和永恒不变的东西，静止只是相对的，是运动的一种特殊表现形式；事物的运动和发展不仅仅是量的增加或减少，而且也包含着飞跃和质变；事物运动的根源主要不在事物外部，而在于其自身所包含的矛盾性。列宁说："就本来的意义说，辩证法就是研究对象的本质自身中的矛盾。"（《列宁全集》第38卷，第278页）由此可见，辩证法是从对立面的统一去看待一切事物的本质和一切概念的本性的，它由此揭示出了事物运动和发展的规律。

辩证唯物主义（dialectical materialism）马克思和恩格斯在总结无产阶级革命斗争经验、吸收科学发展最新成果的基础上，继承前人的理论成果而创立的哲学体系，是唯物主义和辩证法的有机统一。它的产生意味着以往旧哲学的终结，从而使哲学进入新的发展阶段。"辩证唯物主义"一词是马克思和恩格斯的学生和战友、德国工人哲学家狄慈根（1828～1888年）最先使用的。后来，俄国马克思主义哲学家普列汉诺夫（1856～1918年）和列宁也都使用过"辩证唯物主义"一词。前者在《论"经济因素"》一文中指出："据恩格斯的意见，现代唯物主义正是辩证的唯物主义。"（《普列汉诺夫哲学著作选集》第2卷，三联书店1960年出版，第310～311页）后者则这样说过："马克思一再把自己的世界观叫作辩证唯物主义。"（《列宁选集》第2卷，第10页）按照列宁的观点，辩证唯物主义已经内在地包括了历史唯物主义的基本原则。这是因为，马克思和恩格斯的辩证唯物主义把唯物主义哲学应用到历史领域，应用到社会科学领域，从而克服了旧唯物主义不能唯物主义地解释社会历史的缺陷。辩证唯物主义为自己确定了特有的研究对象，在哲学与科学之间建立了一种新的统一关系。它不再像以往的哲学那样，企图成为囊括所有科学知识在内的包罗万象的知识总汇，也不再像以往的哲学那样脱离科学基础，仅凭主观虚构去为世界建立统一的体系，以便成为"科学的科学"。它仅以外部世界和主观思维的运动和发展的一般规律为研究对象，是关于这种一般规律的科学性理论。它的基本观点是：世界统一于运动着的物质，时间和空间是物质存在的形式，而意识、思维则是物质高度发展的产物，是对客观物质世界的反映；这种反映是以实践为基础的能动的辩证的过程，它依赖于实践，反过来又为实践服务；对立统一规律是宇宙的最根本的规律，事物的运动是由于内部矛盾的对立面又统一又斗争；人类历史是一个自然历史过程，生产力与生产关系的矛盾是这一历史过程中的基本矛盾。

辩证唯物主义认识论（dialectical materialism epistemology）马克思和恩格斯所创立的关于认识发生、发展基本规律的哲学理论。它的基本和首要的观点是实践论，即能动的反映论。它认为，实践是认识的基础，认识是从实践中产生，并随着实践的发展而发展的，认识的目的是指导实践或为实践服务。认识的真理性必须由实践来检验。实践检验真理的过程不是一步完成的，而是经过由认识到实践的多次反复才能完成的。在辩证唯物主义认识论看来，人对外部对象的认识，是在实践基础上，从感性认识能动地飞跃到理性认识，再从理性认识能动地飞跃到实践的过程。由于主客观条件的限制，这一过程往往要反复多次，才能达到对对象的正确掌握，这是就具体对象而言，而就整个客观世界而言，其发展和联系的无限性决定了人们对它的认识也只能是一个无限发展、无限深入的过程。认识过程的反复性和无限性表明，它的发展既不是封闭式的循环，也不是直线式的积累，而是螺旋式的曲折上升运动。

C

成本效益分析法（cost-benefit analysis method）通过分析、比较各个技术方案的成本与效益的关系，选出最佳方案的分析方法。其要点是：把评价技术方案、技术经济效果的指标体系，分为耗费指标和效益指标两大类。成本效益分析评价的基本准则是：（1）在一定费用目标（费用目标应小于或等于方案费用限额）下，求效果目标最大值；（2）在一定效果目标(效果目标应大于或等于方案应得效果的最低限)下，求费用目标最小值；（3）效益与成本之比最大者为最优方案。成本效益分析是现代决策技术、系统工程中常用的基本分析方法。

抽象法（abstract method）人们在获得大量感性材料的基础上，舍弃其现象的、表面的、偶然的和孤立的成分，抽取其本质的、内在的和必然的东西，以揭示事物的本质和规律的思维方法。在科学研究中，对观察和实验所获得的感性材料进行科学的抽象，是更深刻地反映自然本质、形成科学概念和理论的决定性环节。从对事物的完整认识来说，科学抽象法的运用过程，一般分为从感性的具体到抽象的概念规定，再从抽象的概念规定上升到思维中的具体这样两个阶段。抽象法的形式是多样的，自然科学研究中的理想化方法，就是其中具有代表性的一种形式。

D

对比分析法（method of comparative analysis）又称比较法，是借助于一组能从各方面说明方案技术经济效果的指标体系，对实现同一目标的多个不同方案进行计算、分析和对比，以便从中选出最优方案的方法。其基本程序是：（1）选择对比方案；（2）确定技术方案的技术经济指标体系；（3）妥善处理不同方案的可比性；（4）计算、分析和对比指标；（5）综合分析评价。对比分析法是目前应用最广泛的一种技术经济分析评价方法。

对立统一规律（law of the unity of opposites）又称"矛盾规律"，是指事物的对立面的统一和斗争的规律。它是唯物辩证法最根本的规律。其核心范畴是"矛盾"即"对立统一"。列宁说："统一物之分为两个部分以及对它的矛盾着的部分的认识……是辩证法的实质。"（《列宁选集》第2卷，第711页）对立统一规律是自然界、人类社会和主体思维发展的普遍规律。它要求人们在统一中把握对立，在对立中把握统一。首先，只有从统一中把握对立，这种对立关系才是生动的、能够相互否定从而能够自我发展、自我转化的关系；其次，只有从对立中把握统一，这种统一才构成相反而又相成的关系，才能够富于变动性。从统一中去把握对立，从对立中理解统一，将对立和统一内在地、本质地统一起来，这是辩证思维的基本要求。正是在这种意义上，列宁把对立统一规律看作是辩证法的实质或核心。只有掌握了对立统一规律，并自觉地运用它指导自己的思维认识活动，才能真正认识和科学处理现实中的种种矛盾，才能理解运动，把握其本质，才能在思维中反映、表达事物的运动。对立统一规律提供了理解唯物辩证法其他规律及范畴的基本方法和思路。因为，质量互变规律所揭示的量和质、量变和质变的关系实质上就是对立统一的关系，否定之否定规律所揭示的肯定和否定、继承和发展的关系实质上也是对立统一的关系。此外，唯物辩证法所有范畴都体现着自身的对立统一。

F

发展观（view of development）关于事物运动、变化的观点和理论。哲学史上主要存在两种根本对立的发展观，即辩证法的发展观和形而上学的发展观。辩证法在承认世界运动、变化的同时，把运动理解为一般的变化，把变化理解为某种新东西产生的过程，即理解为发展。而把发展理解为旧事物灭亡和新事物产生的过程，理解为量变和质变、连续性和间断性的统一。形而上学的发展观要么不承认世界的运动和变化，要么只将变化、发展理解为单纯的量变或质变。

反馈方法（feedback method）一种以系统活动的某种结果来进一步调节该系统活动的科学方法。反馈是从控制论中概括出来的一个科学概念。其含义是把系统结果（即输出量）的一部分，经变换后再反送到输入端（回授），以便调节系统的再输出的过程。随着系统科学的发展，反馈方法的应用已远远超出了控制论的范围，且被推广到自然、社会和思维等科学中，成了一般的科学方法。由于反馈方法反映了客观事物的作用与反作用、原因与结果、认识与实践、目的与行为的相互作用的辩证关系，所以已成为人们观察处理问题的重要思想与方法之一。

方法论（methodology）关于认识和改造世界的最一般方法的理论。一般方法并不存在于具体方法之外，它也不能在具体方法之外单独加以运用，而只能体现于具体方法中。作为最高层次的哲学方法，是关于如何理解和运用各种具体方法的理论。它表现为如何对待和处理主观意识和客观规律关系的基本原则。方法论与世界观是一致的。一般说来，对世界的根本看法怎样，观察、研究和处理问题的根本方法也就怎样。

分类法（classification method）又称归类法，是根据对象的共同点和差异点，将其区分为不同种类的逻辑方法。分类是以比较为基础的，通过比较，确定对象的共同点和差异点以进行分类。分类的客观依据是客观事物的共性与个性，共性使我们可以将事物进行归类，个性使我们将其相互区分。分类是事物的共性与个性对立统一的反映。对事物的分类，可分为现象分类和本质分类。现象分类是仅从事物的外在联系或外部特征进行的；本质分类则是就事物的内在联系和本质属性的同异而进行的。对事物进行分类应遵循以下规则：（1）必须按照同一个标准进行，以避免出现分类重叠或混乱；（2）必须相应相称，即划分所得的子项与被划分的母项相应；（3）必须按照一定的层次逐级进行，避免出现越级划分的错误。分类法对于整理资料、揭示事物的规律、促进学科的发展都具有重要意义，是科学研究中常用的一种方法。

分析法（analytic method）把整体分解为各个部分、把复杂事物分解为简单要素而逐一加以分别考察和研究的一种思维方法。分析的任务是从事物或现象的总体中，分析出构成该事物或现象的各个部分、各个要素和各种属性，使之清晰地显现在人们面前。客观事物是由多种成分构成的复杂统一体。人们为了从总体上把握其本质，必须首先把统一体的各个部分和各种要素暂时割裂开来，对它们进行单独的研究，把握其结构、性质、特征及其相互联系，最终达到对事物的全面认识。分析不应当是机械的分解，而应当是辩证的分析。分析方法有定性分析法、定量分析法、因果分析法、结构分析法、比较分析法、分类分析法和数学分析法等。

否定之否定规律（law of the negation of negation）事物的发展总是由肯定阶段走向否定阶段，而总的过程往往要经过两次否定，即从肯定到否定，再从否定到否定之否定的一般规律。它是唯物辩证法基本规律之一，它反映了事物发展过程矛盾解决形式的实质。其基本内容是：任何事物的内部都有肯定和否定两方面。肯定是事物保持其存在的方面，而否定则是促使事物发展和转化的方面。两个方面在事物的内部自始至终相互斗争着。否定的方面战胜肯定的方面并取得支配地位，旧事物便会转化为新事物。在否定之否定阶段往往重复出现旧的肯定阶段的某些特征或特性。但这种重复并非简单的重复，而是在更高基础上的重复；更不是单纯的循环往复，而是由低级到高级、由简单到复杂的无限发展过程；不是直线式的前进，而是曲折的、螺旋式的、波浪式的前进上升运动。否定之否定规律与质量互变规律和对立统一规律一样，都是自然界、人类社会和思维发展的普遍规律。否定之否定规律以最一般的形式总括了事物自身矛盾运动过程的全貌，其作用只能在事物发展的全过程中才能表现出来。它表明，事物发展的总的方向是前进的、上升的，但具体道路或过程却又是曲折的、迂回的，从而使整个事物的自我发展过程表现为波浪式前进或螺旋式上升的趋势，蕴含了前进性和曲折性、上升性和回复性的对立统一。理解否定之否定规律的关键是掌握其中的否定概念，即辩证的否定。所谓辩证的否定，是事物的自我否定，是旧质向新质的飞跃。新事物对旧事物的否定，是事物内部的否定因素不断强化最终战胜肯定因素的结果，是对旧事物的质的根本否定，但并不是对旧事物的简单抛弃，而是扬弃，即有保留的抛弃。

G

感性认识（perceptual knowledge）人们的感官与外部对象相互作用所获得的关于对象的各个片面和外部联系的认识，是认识的初级阶段。感性认识是认识的基本形式之一，与理性认识相对应。感性认识包括三种依次发展、相互联系的形式，即感觉、知觉和表象。这三种形式有机联系，并始终依赖于实践。人们只有在实践中，才能使自己的感官与外部客观对象相互作用，从而获得关于事物各种特性的感觉，并在此基础上形成知觉和表象。人的感性认识能力只有在实践中才能不断提高。

工程技术评估（engineering technology assessment）预先对工程技术项目及其与各相关因素的相互影响进行系统的科学分析的一种方法。其目的是分析某项工程技术对人类社会和自然界可能造成的正负两方面的影响，从而使技术开发做到趋利避害，沿着有利于人类社会与自然界的方向发展。其特点是：（1）着重探索技术与人类社会、自然界之间的相互作用，不限于对技术本身的评价；（2）突出技术可能产生的负面影响，以便克服这种影响；（3）它的结论具有预测性，因而是面向未来的。其主要方法有：专家评估法、矩阵法、因素分析法、技术经济分析法、多目标决策法、环境与生态评价法等。

观测法（measurement method）对研究对象进行观察和定量描述的研究方法。在科学研究中，不能满足于对自然现象的定性描述，要力求测出研究对象的种种数量关系。各种物质运动变化形态的质和量是统一的。因此，我们只有尽量从数量关系上去把握它，才能深刻地认识其规律性。这种方法在科学研究中得到了广泛的应用。

观察法（observation method）人们有计划、有目的地对自然状态下客观事物和现象进行系统考察的一种研究方法。它是人类最早使用和最基本的研究方法之一。在科学方法论中，观察法属于获取感性知识和材料的方法。其直接目的在于获得对自然现象及其过程的反映、描述和记录。观察法分为直接观察法和间接观察法。直接观察指用感官直接感知对象；间接观察则指感官通过仪器设备来观测对象。观察法的主要特点是：（1）观察是在自然现象自然发生的条件下进行的；（2）被观察的对象只有在重复出现的情况下才具有科学意义；（3）科学观察要求研究者不仅要具有敏锐的观察力并付出艰辛的劳动，而且要具有一定的理论基础和较强的思维能力。

管理科学（management science）将自然科学和技术科学的最新成果，如系统论、控制论、信息论及一些先进的数学方法、电子计算机技术与通讯技术，应用到管理上而形成的一门新兴学科。其主要内容有：以运用先进数学方法为核心的运筹学、应用系统观念和系统方法形成的系统工程以及电子计算机在管理中的应用。其主要特点是：利用先进有效的科学工具；把定性分析与定量分析结合起来，但更注重定量分析；为管理决策者寻求一个比较满意的解决方案。

归纳演绎法（inductive method and deductive method）归纳与演绎统一起来的方法。从对个别事物的研究中得出关于事物的一般性、规律性的结论，这就是归纳。利用一般性、科学性的结论去研究各种具体事物，这就是演绎。归纳，是从个别到一般；演绎，是从一般到个别。它们不仅是两种相反的思维及推理方法，而且是辩证统一的。归纳要以演绎为补充，因为归纳本身无法解决研究的目的性、方向性问题。演绎也要以归纳为补充，因为演绎的前提有赖于归纳得来。同时，它们在一定条件下又相互转化。没有演绎，归纳的成果就不能扩大和加深；没有归纳，演绎的前提就无从产生。在科研中，没有归纳，观察、实验中得来的经验材料就不能条理化、系统化并上升为理论；没有演绎，理论就不能准确化，不能成为严密的逻辑体系。归纳演绎法是科学研究中广泛使用的一种辩证逻辑法。

规划学（planning）一门研究规划的性质、特点以及制定规划的原理、程序和方法的新兴学科。它是管理学的一个重要分支。规划和计划是既有联系又有区别的两个概念。规划是对较大范围、较大规模的事业或工作的一种较长时间的总方向、大目标、主要步骤和重大措施的设想蓝图；而相对来说，计划则范围较小，时期较短，比较具体。规划是一种战略性全局部署方案，是指导方针和基本政策的战略体现，是为计划提供方向、目标、方针和政策的总体设想；计划则是在规划的指导和规划下作出的具体安排。规划学的研究内容主要有：（1）规划在管理中的地位和作用；（2）规划在制定中应遵循的基本原则；（3）规划制定的程序；（4）规划制定的方法。

H

霍桑实验（Hawthorne experiment）20世纪20～30年代，美国一些研究人员在美国西方电器公司霍桑工厂所进行的一系列实验。实验结果对行为科学的创立和发展产生了极大影响。这一实验最初开始于1924年11月，由一批管理学者和管理人员对工作环境的物质条件（如照明度等）同工人的健康和生产率之间的关系进行实验研究。但实验结果表明，这两者之间并没有因果关系。1927年以后，哈佛大学教授梅奥（G.E.Mayo）和罗特利斯伯格（F.J.Roethlisberger）重新组织实验小组进驻霍桑工厂，着重研究社会因素与生产效率的关系。经过历时五年的深入研究，广泛听取了管理人员和工人的意见，前后进行了继电器装配女工对比实验、访谈实验、电话线圈装配工实验等。经过实验得出了早期行为科学——人际关系论的三点重要结论：（1）职工是"社会人"，职工的士气和生产积极性主要取决于社会因素和心理因素，决定于职工与管理者以及职工之间是否有融洽的关系。物理环境（如照明等）、金钱刺激只有次要意义。（2）在企业中除了正式组织之外还存在着非正式组织，即人们在共同工作或相互交往中形成的非正式团体。在这种团体中，人们由于相互之间的关系而形成共同的感情、价值观等。这种非正式组织同正式组织相互依存，对生产率的提高有很大影响。（3）新的领导能力在于提高职工的满足度，以提高职工的士气，从而更快地提高生产效率。霍桑实验第一次把企业中人际关系问题提

到首要地位，提醒研究者和管理者处理管理问题时要特别注意人际关系因素，这为管理理论的发展和管理工作的深入指出了新的方向，开拓了新的领域。

J

机械唯物主义（mechanical materialism）以纯粹力学观点去解释自然界、人和人的认识论的唯物主义哲学。它是唯物主义哲学的第二发展阶段。它把一切都归结为机械运动，用纯粹力学的观点解释各种现象，甚至把人也看成是机器。17世纪英国的霍布斯、荷兰的斯宾诺莎，以及18世纪法国的拉美特利、狄德罗、爱尔维修、霍尔巴赫等人是这一哲学形式的主要代表人物，而拉美特利则是它的最典型的代表人物。他认为人与动物相比不过是一架更精致、更加复杂的机器。他说：人的身体是一架巨大的、极其精细、极其巧妙的钟表。因此，人的一切活动都是机械运动。

技术经济学（technical economics）一门研究技术和经济之间辩证关系的新学科。它是从经济角度研究在一定社会条件下的再生产过程中即将采用的各种技术措施和技术方案的经济效果的科学。其研究目的是通过对各种技术方案的分析、对比、论证和择优过程，选定符合本国和本地区资源特点和经济条件的技术，使之有效地服务于社会经济建设。技术经济学的研究范围十分广泛。它包括社会再生产过程中生产、交换、分配、消费各个环节的技术经济问题。从宏观方面来看，国民经济中的各个部门，如工业、农业、商业、基本建设、交通运输、邮电、市政建设、建筑业、环境保护、教育卫生、科学研究和国防等，以及生产经营活动的各个阶段：试验研究、勘测考察、规划设计、建设施工和生产运行等一切工作中都带有全局性的技术经济问题。从微观方面来看，它包含新建成或改造某一个企业、机构或工程的技术方案、技术措施的经济效果分析、比较、论证和选用问题。技术经济学的主要研究内容：（1）技术经济学学科本身的建设。即包括研究技术经济的含义，技术经济效果的概念，该学科在国民经济中的地位，它的研究对象、内容、基本理论和方法等一系列问题。（2）技术经济比较原则。即从经济学角度研究国民经济建设中两个以上技术方案在满足需要、消耗费用、价格指标和时间因素四个方面的可比性。（3）技术方案的经济衡量标准。它主要研究在衡量技术方案的先进性时，如何考虑国民经济按比例发展的需要和讲究经济效果。（4）技术经济计算方法。即研究技

术方案经济比较的计算方法，投资、劳动力资源占用量的计算方法，成本和资源占用量的计算方法等。

(5) 技术方案的各种技术经济指标体系。

技术经济指标体系（economic indicator system of technology） 评价一个技术方案的经济效益和经济效率的好坏，要解决一个技术经济问题所采用的各种各样的技术经济指标。技术经济指标有很多种类和层次，形成了不同的技术经济指标体系。(1) 经济指标体系和技术指标体系。(2) 货币指标体系和实物指标体系。(3) 综合指标体系和单项指标体系。综合指标体系能够反映技术方案综合技术经济状况；单项指标体系只能反映某个局部的技术经济状况。(4) 数量指标体系和质量指标体系。反映技术经济各方面数量关系的是数量指标体系；反映内在和外在的本质、特征与功能的指标体系是质量指标体系。(5) 相对数量（单位数量）指标体系和绝对数量（总数量）指标体系。(6) 宏观指标体系和微观指标体系。反映宏观范围的技术经济指标形成宏观指标体系；反映微观范围的技术经济指标形成微观指标体系。(7) 动态指标体系和静态指标体系。考虑时间因素的技术经济指标体系是动态指标体系。不考虑时间因素为静态指标体系。(8) 技术经济评价指标体系。这是由以上七类指标体系组成的，对技术方案进行经济评价所采用的一套科学的指标体系。

技术商品学（science of technical commodity） 以商品经济理论为基础，研究和揭示技术的商品属性及其生产、流通、消费的一般规律，探讨技术商品的价格形成、技术贸易和技术市场的运行机制的一门新兴学科。其研究对象是可以作为商品对待的技术成果。其主要研究内容如下：(1) 技术商品的范围界定和形成的条件；(2) 技术商品的生产、流通和消费的特点及规律；(3) 技术商品的价值、价格和与此相联系的技术贸易和技术市场等。

价值论（axiology） 关于一般价值的哲学理论学说，属于哲学分支学科。其研究内容主要包括价值的本质、构成和评价标准等。价值论作为一门独立的理论学说形成于20世纪初。其促成因素有二：(1) 人们对其他人如何生活的关注日益增强；(2) 人们对存在于社会内部的价值缺乏一致的看法。价值论研究的目的和意义在于，适应社会和科学发展的需要，分析、评判各种文化思潮和其中所蕴含的价值观念，构成一个较为完整的价值体系，作为人们思想和行为的准则。它是帮助人们在价值多元化趋势日益强化的社会环境中树立正确的价值观念，确立正确的价值导向，以便克服价值冲突和价值危机，在更高层次上形成社会共识和理想。价值论所研究的一般价值不是某种主观的想象物，而是从客观的物的价值、劳动的价值及人的价值这些价值的个别形态中抽象和提升出来的。按照日常的习惯，人们往往将物的价值称作效用，将劳动的价值称作效益，将人的价值称作意义，但无论是物的"效用"、劳动的"效益"，还是人生的"意义"，都不过是一般价值的特殊表现而已。

经验科学（empirical science） 凭借观察、实验和生产实践等感性经验方法所取得和积累起来的、尚未上升为系统理论的经验认识层次的科学。其基本特征是：知识的直接现实性、描述性、陈述性、形态学性和实用性。广义而言，即从世界科学通史的角度看时，从古代到近代18世纪为止，除数学和力学有一定理论高度外，其他基本上都是经验科学性质的，其中包括中国古代的实用科学在内。狭义而言，即专从近代发展起来的以经验方法为基础的科学历史来看，其前期阶段（16～18世纪）的科学多数处在经验科学的水平上，与后来的理论科学时期相对应，亦称为经验科学时期。

决策科学化（scientification of decision-making） 尊重市场经济规律，尊重人类社会发展规律和自然规律，在调查研究的基础上，为达到某个特定的目标，借助一定的科学手段和方法，从两个以上的可行方案中选择最优方案，使之能够反映客观实际，符合经济、社会发展要求的决策过程。

决策民主化（democratization of decision-making） 在决策的过程中，广泛听取各方面的意见。即不仅要听取中央各部门的意见，也要听取各地方的意见；不仅要听取党内的意见，也要广泛听取各民主党派和无党派人士的意见；不仅要听取专家学者的意见，也要听取一般老百姓的意见；同时，要在决策实施过程中注意听取各方的反映。总之，要广纳群贤，集思广益，集中群众的智慧，兼顾各方的愿望和要求，使决策充分反映最广大人民群众的根本利益，最大限度地调动各方面的积极性。

决策学（science of decision-making） 一门研究科学决策的理论、原则、程序和方法的新兴综合性学科。它产生于20世纪50年代的美国，关于决策的定义，不同的学者理解不尽一致。从本质上讲，决策是人们在改造世界的过程中，寻求并实现某种最优化预定目标的活动。决策学的研究内容主要包括：（1）研究现代决策的意义和特点；（2）研究现代决策的体制；（3）研究决策的类型；（4）研究决策的程序；（5）研究决策的方法；（6）研究决策中的心理学问题。

K

科技法学（jurisprudence of science and technology）科学技术法律科学的简称，是研究科学技术这一特定领域内法律问题的发生、发展和变化规律的科学。它既可以说是法学的一个分支学科，也可以说是科学学的一个分支学科。科技法学研究的对象是科技法。科技法是科技法学产生的基础。它为科技法学研究提供了丰富的资料。科技法学则是对科技法的理论阐述，是科技法的理论体系。它可能和现行的科技法律持同一观点，也可能持不同观点。科技法学不具备任何强制性，但是科技法学的研究可以指导和促进科技立法工作，有助于完善科技法制，提高科技立法、执法和司法的水平。科技法学研究的内容主要有五个方面：（1）科技法理论；（2）科技法的历史研究；（3）科技法制研究；（4）科技法的比较研究；（5）科技法的预测与展望。

科技管理学（management science of science and technology）按照科学技术自身的特点和规律，运用现代管理科学原理、原则和方法，对科学技术事业和科学技术活动进行组织、领导、协调、规划和管理，以促进科学技术的进步和发挥科学技术的社会效能的一门新兴学科。科技管理学以科学学和管理学作为自己的基础理论，研究科技管理的一般原理、原则和方法，揭示科学管理活动的规律性。它既是科学学的一个主要分支学科，又是管理学的一个特殊门类。在国内，有人也把科技管理学称为"应用科学学"或"科技组织学"。根据目前国内外现有的研究成果和从科技事业活动的全过程来看，可以认为科技管理学的研究内容主要由以下四个方面组成：（1）对科学技术活动的管理；（2）对科研成果向社会推广、应用和转化的管理；（3）对科学技术同经济社会协调发展的管理；（4）科技队伍的建设问题。

科技情报学（information science of science and technology）研究科技情报的特征、结构、功能及其传递和交流规律的一门学科。科技情报不仅是发展科学技术事业本身的需要，也是发展经济、文化、教育、军事等事业的需要。因此，科技情报学具有广泛

的实际意义。目前科技情报学研究的基本内容主要有：（1）科技情报的属性、功能和类型；（2）科技情报交流的方式和类型；（3）科技情报用户及其情报需求的特点和类型；（4）科技情报服务的特点和形式；（5）科技情报系统的构成、类型和功能；（6）科技情报系统的设计与科技情报中心的建立；（7）现代化科技情报技术；（8）现代科技情报工作的发展趋势；（9）科技情报事业的组织和管理等。

科学的创新（creation of science）创造出前所未有的科学成果。创新的具体内容主要有：（1）建立新的理论。这种新理论，可以是对原有理论的重大改革和深化，但更重要的是提出全新的科学观念，形成与原有理论有根本不同的全新理论。（2）发现新现象。这种新现象可以是原有科学研究领域中的新发现，也可以是新开辟的研究领域中的新发现；可以是自然界中本来就存在而从未发现的新现象，也可以是在实验室中人工创造的新现象。（3）创立新的方法。今天人们所运用的研究方法，有许多是以往科学发展中创立的行之有效的方法。但科学发展永无止境。随着科学的不断发展，人们应当也必然会不断创立新的研究方法。（4）发明新技术、新产品、新工艺。这种新发明可以是对原有技术、产品、工艺的革新，也可以是原有的多项技术的综合，更可以是在新理论指导下的全新的技术、产品和工艺。科学的创新是在继承基础上的创新。科学继承和科学创新的矛盾运动和无限地循环上升是科学发展的强大动力。

科学的分化与综合（division and synthesis of science）科学发展中所出现的学科的分支越来越多，而各种学科之间的相互联系越来越密切的这种趋势。既不断分化又不断综合是科学发展的一个历史规律，而既高度分化又高度综合又是当代科学发展的一个重要特点和趋势。自然科学发展中的分化与综合两者是辩证的统一，分化中有综合，综合中有分化，没有分化就没有综合，没有综合就没有分化。例如，由生物学的分化而出现的分子生物学这门分支学科，就是物理学、化学和生物学三者在一定程度上相互综合的产物。自然科学不断分化与不断综合的矛盾运动，是自然科学不断向广度和深度发展的过程。在历史上，古代自然科学以初级的综合知识为主，自然科学知识被包容在自然哲学之中，对自然的认识是笼统的、整体性的，几乎没有对细节的了解；近代前期的自然科学

从统一的自然哲学中逐渐分化出来，由于分门别类地研究自然界的各个领域，各种专门学科相继出现，走向了以分化为主的发展阶段；到了近代后期，学科门类已较为齐全，理论科学逐渐成为主要形式，科学在继续分化的同时，又开始了综合的趋势；现代自然科学，更出现了高度分化和高度综合相结合的发展特点，并且还在日益增强。科学不断分化和不断综合，表明了自然界物质运动的统一性，也表明了人们对自然界的认识在广度和深度上的发展。

科学的宏观结构与微观结构（macro-structure and micro-structure of science）以科学理论为基点，把由科学理论或由科学理论组成的科学学科、科学门类等作为知识单元而构成的科学结构称为宏观科学结构；而把由科学理论以下的知识单元，如科学概念、定律、公理等构成的科学理论结构则称为微观科学结构。这就是说，科学理论以上层次的科学体系都是宏观科学结构。它包括科学的学科结构、科学的门类结构和科学的总体结构三个等级的科学体系；而微观科学结构只是指某种科学理论的内部结构。构成科学理论结构的知识单元是基本概念和反映基本概念之间联系的基本关系以及由它们作为逻辑基础所作出的逻辑推论。正是这三种基本知识单元构成了逻辑严密的科学理论体系。基本概念已经是反映客观事实和现象的最基本的知识单元，所以再往下就不再属于科学结构所研究的问题。

科学的继承（inheritance of science）承接前人研究创造的科学成果。继承的具体内容包括：（1）继承科学思想。科学思想是科学成果中基本的和重要的方面。它表现为具有指导和启发意义的研究方向、研究目的，特别是研究思路等。有价值的科学思想是统帅并贯穿于整个研究活动、决定研究成败的重要因素。（2）继承科学理论。科学理论是科学研究的结晶，是对自然规律的系统说明。不但原有理论的补充、修正和发展要在已有理论的基础上进行，就是新理论的建立也离不开借鉴或批判扬弃原有的理论。（3）继承科学方法。前人创立的科学方法作为一项重要的科学成果，有可能比运用这些方法所创立的科学理论更有价值。很多方法不仅在历史上，而且在现今和以后的科学研究中仍然要使用。（4）继承科学事实资料。科学事实资料是进行理论概括的基础。由于理论概括可以从多种方面、多种角度和多种层次上进行，所以，对于科学事实资料的利用绝不是一次性的，而是可以

随着科学的发展多次使用的。科学史证明，历史上前人所记录的许多科学事实资料，可以在当今的科学研究中发挥作用。科学的继承除包括以上四个主要方面外，其他如科学传统、科学精神、科学道德、科学作风等，也应作为科学遗产而列入科学继承的内容。科学的继承必须采取科学的、批判的态度，坚持古为今用的原则，使之成为科学创新的基础和前提。

科学的经济价值（economic value of science）科学在人类改造自然界以获得物质需求方面的价值。科学知识体系作为客体，它不仅能满足人类主体对精神文化和思维理性方面的需求，而且能够满足人类主体对衣、食、住、行、用等劳动创造物的需求，因而它具有重大的经济价值。我们这里所说的经济价值，不是经济学上的表示凝结在物质产品中的劳动时间的那个概念，而是一个与经济学上的使用价值相当类似的哲学范畴的经济价值概念。其含义泛指主体在改造自然界的实践活动中所创造的、能满足人的物质需要的价值。

科学的理论价值（theoretical value of science）科学客体能够满足人类理论思维需要的价值。科学是具有完整逻辑统一性的理论知识。它本身是人类理性思维的产物，反过来它又对人类理性思维具有如下几种价值：（1）用概念的逻辑关系来反映客观世界和经验的本质与规律，具有逻辑思维价值；（2）用观察、实验、模拟、类比、分析、假设、推论等一系列理性方法研究经验事实材料，具有理论思维价值；（3）有科学的检测与验证理论的手段，具有保证科学理论真理性的价值；（4）科学理论都有与客观事实和经验世界连通的环节，具有现实性的价值；（5）科学理论能够推测未来、预言未知事物，具有预测的价值。总之，科学理论是理性思维的高级形态，对于其他理性思维有着多种多样的价值。

科学的认识价值（cognitive value of science）科学能够满足人类认识需要，对于追求真理的价值。人类认识世界、反映世界的形式是多种多样的，有神话、宗教、艺术、哲学和科学等。科学则是种种认识形式中最典型、最成熟、最高级的一种认识形式。它具有精确性、确定性、逻辑统一性和可验证性等鲜明的特点，因而对人类的各种认识有着典范性的影响作用。关于科学的认识价值，可以简要地概括为如下四种：（1）典范价值。任何认识过程都是主观反映客观、追求客观真理的过程，科学认识可以在实践基础上产

生，又经过实践的验证，可以得到公认的科学真理，因而可以成为其他认识的典范。这是科学的重要认识价值。(2) 基础价值。科学认识常常成为其他认识的基础。科学认识不仅可以成为人们进一步深入认识世界的前提和出发点，而且对各种认识还起着制约作用。如随着科学认识的进展，哲学理论也要改变自己的形式，宗教教义的宣传也不得不进行调整，以便与科学相容。(3) 方法价值。科学认识可以转化为认识的方法，对进一步认识有重大价值。(4) 精神价值。在探求真理、认识世界的过程中形成的科学精神，对于任何认识活动都具有重大价值。科学精神的核心是实事求是，是追求真理、捍卫真理、服从真理、按客观真理办事的态度，这是一切认识活动必经遵循的基本原则，所以，它是科学认识的最重要的价值。

科学的社会功能（social function of science）科学在整个社会中所起的作用及其对社会生活的影响。有时，科学的社会功能特指科学对社会演进所起的变革作用，但实际上这只是科学的社会功能的一个特定方面。从理论上说，科学作为一种在历史上起推动作用的最高意义上的革命力量，对人类社会领域的所有方面，包括物质生产活动、精神文明和社会生活以及人类自身都具有重大影响。具体地说，科学的社会功能主要体现在以下方面：(1) 认识功能；(2) 教育功能；(3) 经济功能；(4) 军事功能；(5) 政治功能。

科学的审美价值（aesthetic value of science）把科学作为客体，能够给予科学主体（科学家和一切懂得科学的人）以美感和引起科学主体对美的追求的一种价值。这是科学的两种互相关联但又互相区别的审美价值。科学的美感价值，主要的表现形式就是当科学活动主体，在艰苦的探索研究当中，一旦发现了大自然的奥秘，除了因获得劳动的成果而感受到欣慰和愉悦之外，还往往因为窥探大自然的秩序、结构的协调对称、运动规律的节奏和韵律、整体的和谐与统一，以及科学理论的逻辑简明和形式的优美，而引起强烈的激情。这时科学的图景与主体的激情交融在一起，使主体得到美的享受，阿基米德在洗澡盆里发现浮力原理时的狂喜奔跑，就是一例。科学的审美价值除了引起科学家的美感外，更重要的，还是自然美与科学美对科学家长期的陶冶，使他们形成了科学美的意识；科学是按照美的规律发展的。这样，科学美成了激发科学创造的动力，科学家按照美的规律去追求世界完美性，去建构科学理论，去实现美的价值。

科学的物质价值（material value of science）科学能够满足人们物质需要的价值。科学作为知识体系之所以能满足人们物质方面的需要，是因为科学既能参与人类的精神活动过程，又能参与人类的物质活动过程。科学在社会的物质生产和物质消费过程中都能发挥自己的功能作用。首先，在人类社会的物质消费和社会生活过程中，没有科学知识的参与就难以取得好的效果。比如说，没有营养知识就不能选择与调配适合生理需要的食物，没有起码的电学知识就不会使用家用电器，没有科学人们就没有电视和汽车。这些人所共知的知识说明，人类需要的自然物质和经济物质，其价值都与科学的参与有关。其次，满足人类社会物质需要的根本过程是物质生产过程。在现代化生产中更是离不开科学的参与。培根的名言"知识就是力量"，强调的就是科学知识的物质力量。科学的物质力量可以通过三个方面表现出来：科学知识化为技术手段，使人"善假于物"；科学武装了人，使人以微力而运转乾坤；科学知识使自然物转化人类需要的资源。总之，科学可以在人体生理的物质维系、生态环境的保护、衣食住行用的消费、社会生产的发展、经济的繁荣等各个方面满足人类的物质需求，体现出它的物质价值。

科学的自然价值（natural value of science）被科学所认识和开发从而使人类得以利用的自然界的潜力。实际上，科学的自然价值就是科学内容本身的价值。人是自然界的产物。从人类诞生之时起，许多自然界的物质就与人类结成了价值关系，成为人类生存和发展所必需的自然条件。如空气、阳光、水分、土地、生态环境等，对人类有着永恒的价值。自然界这些固有的价值，人类会本能地利用它们，往往这还显不出它们的价值属性来。但是，有了科学，人们对这些自然物的价值有了深刻的认识，就能自觉地和更为广泛深入地利用它们。例如，氧气用于急救，天文和气象知识用于航海，利用生物和系统知识自觉保护生态环境等等。还有更多的自然价值是人类科学实践开发创造出来的。例如，石油、野生动植物、原子能、电磁波等，这些自然物在人类未曾认识和开发它们之前，只是一种"自在之物"，谈不上对人类有什么价值。但是，当人们认识了它们的性能，并且知道了如何利用它们来为自己的需要服务时，这些性能就变成了价值属性，而这些自在之物也就变成了"为我之物"了。科学对自然奥秘的不断探索，使越来越多的自然物纳入了科学的视野，与人类的社会需要发生了关系。一般来说，自然界对人类有着无穷的价值。虽然它是一座取之不尽、用之不竭的资源宝库，但是需要科学的不断发展才能得到认识和开发。

科学发展的基本法则（basic law of scientific development）科学活动的两个基本法则，即真理法则和价值法则。它贯穿于科学认识和科学实践过程的始终，并支配科学发展的两个根本性的法则。所谓真理法则，就是整个科学活动以真理为准则而展开，从事科学活动的人以真理为规范来支配自己的思想与行动，追求真理、服从真理、坚持真理、遵循真理办事。这一法则的实质就是必须按照客观世界的本来面貌和自然规律去认识世界和改造世界。这一法则早已被科学界明确认识并以此来指导科学活动了。所谓价值法则就是整个科学活动是围绕着科学价值中心来进行的，即科学活动是在追求价值、注重效益、寻求最佳目标、实现主体目的这样一个法则和规律的支配下进步和发展的。这一法则的实质就是科学创造活动是满足人类社会的进步和发展的价值产物。所以说科学的发展是以价值为中心的，即价值法则是支配科学发展的中心法则。

科学发展的连锁反应（chain reaction of scientific development）在科学发展的过程中，一个学科某一突破性的重大成就，导致其他学科出现一系列成果的现象。例如，20世纪初，量子论的创立突破了经典物理学的传统观念，引发了光量子论及原子结构的量子化轨道理论的提出，进一步引出了微观粒子波粒二象性理论及由此而建立的量子力学体系，又为尔后固体物理学及继之出现的半导体物理学理论提供了基础。后来的半导体技术及集成电路的出现，都与之紧密相关，促成了当代微电子技术的迅猛发展，并为微型计算机的出现提供了技术前提。微机的广泛应用，则是当代信息革命的重要组成部分，在新技术革命中发挥了重要作用。另一方面，量子论的观点及量子力学理论，导致了化学中对物质的化学结构研究的重大进展，诞生了量子化学。之后，量子化学理论引入生物学，出现了量子生物化学，生物大分子的结构之谜和遗传物质 DNA、RNA 的结构之谜逐次被揭开。生物工程继之出现，从而在科学技术进步对人类生活的巨大作用方面展现了一幅新的光辉前景。科学发展的连

锁反应在科学史上不止一次地出现，表明它是科学发展的一个规律。引发连锁反应的最初的科学成就，可以是一种建立在新观点基础上新的科学理论，因而具有普遍适用于其他学科领域的特点；也可以是一种新的技术手段，而具备可普遍应用于其他学科研究的功能。连锁反应具有在各学科间连续引发、往复引发的特点，即引发过程不只是单向的。这种情况不仅表现在学科的理论方面，每一次比较集中的科学发展的连锁反应的发生，往往标志着科学技术发展的一个新时期的到来。研究科学发展的连锁反应的规律，是研究科学技术发展总体规律的一个重要组成部分。

科学发展观（concept of scientific development）中共中央研究确定的在经济、社会发展中要坚持"第一要义是发展，核心是以人为本，基本要求是全面、协调、可持续，根本方法是统筹兼顾"的发展观。这一科学发展观的内涵主要包括以下方面：（1）发展必须是全面的。全面发展就是以经济建设为中心，全面推进经济、政治、文化建设，促进物质文明、政治文明和精神文明的协调发展，实现经济发展和社会全面进步。（2）发展必须是协调的。协调发展就是统筹城乡发展、统筹区域发展、统筹经济社会发展、统筹人与自然和谐发展、统筹国内发展和对外开放，促进生产关系和生产力、上层建筑和经济基础相协调，促进经济、政治、文化建设的各个环节、各个方面相协调。（3）发展必须是可持续的。可持续发展就是要促进人与自然的和谐，实现经济发展和人口、资源、环境相协调，保证资源一代接一代地永续利用，保证人类一代接一代永续发展。要满足人类的需要，也要维护自然界的平衡；要注意人类当前的利益，也要注意人类未来的利益。要改变那些只管建设、不管保护、滥开发、不治理，只顾眼前的增长、缺乏长远的打算，重局部利益、轻整体利益的错误做法，走上生产发展、生活富裕和生态良好的文明发展道路。（4）发展必须坚持以人为本。以人为本是科学发展观的本质与核心。以人为本就是充分发挥人民群众的积极性和创造性，以最广大人民的根本利益为本，努力实现人的全面发展。要从人民群众的根本利益出发谋发展、促发展，不断满足人民群众日益增长的物质文化需要，切实保障人民群众的经济、政治和文化权益，让发展的成果惠及全体人民、惠及子孙后代。要把满足最广大人民的根本利益和实现人的全面发展作为经济社会发展的出发点和落脚点。

科学归纳法（scientific inductive method）根据对某一门类的部分对象的必然属性和因果关系的研究而作出关于该门类的全部对象都具有某种属性的一般结论的推理方法。此方法是以认识某类中部分对象的必然联系和因果关系为基础。如果以某种方式证明某种属性是部分同类对象的必然属性，那么就可断定这一属性也为此类全部对象所具有。只要明确了某种现象产生的原因及其引起该现象的必要条件，我们就可以做出结论，无论何时何地，只要有了这一原因及其作用的必要条件，该现象就必然产生。科学归纳法在科学研究中具有重要意义。它使人们有可能获得关于客观事物本质的认识，获得对研究对象的规律性的认识。

科学技术发展的规律性（regularity of scientific and technological development）科学技术的发展不以人的主观意志为转移的客观规律。而这种规律性的具体内容则表现在各种不同的规律上。因此，科学技术发展的规律性问题，包括着广泛和丰富的内容。它可以归纳为两个主要方面：第一方面，是科学技术内在的矛盾运动规律。例如：（1）科学与技术两者的矛盾运动规律；（2）作为科学发展的基本矛盾——理论与实验的矛盾运动规律；（3）科学技术整体在发展中所出现的分化与综合，以及由此而产生的学科间相互渗透的规律；（4）技术发展的规律，主要表现在不同历史时期，主导技术的更替及其与相关技术的关系和技术结构的变动上。此外，关于科学技术发展中的继承与创新、积累与变革、带头学科的更替、学派之间的论争等，也属于科学技术内在矛盾运动的规律问题。第二方面，是作为社会构成的一个特定方面的科学技术，与社会其他因素的相互矛盾运动规律。例如：社会生产与科学技术发展的相互关系规律；社会制度与科学技术发展的相互关系规律；政治（包括军事）与科学技术发展的相互关系规律；社会意识、哲学思想与科学技术发展相互关系规律；社会整体科学能力与科学技术发展相互关系规律等。

科学经济学（science of economics）从经济角度研究科学问题的一门新兴学科。它是科学学和经济学相互交叉而形成的一门边缘学科，是科学学的一个重要分支，但也可以认为它是一种部门经济学。科学经济学是以科学中的经济问题为对象，研究如何实现和评价科学研究、科研成果、科研成果转化中的经济原则和经济效益，为促进科学与经济

协调发展服务的一门边缘学科。其主要内容有以下几方面：（1）科学自身的经济属性及其特点问题；（2）科学与经济的相互关系以及科学的社会经济效益问题；（3）科学向直接生产力转化的渠道和条件问题；（4）科学经济效益的评价标准和评价指标问题；（5）科研经济效益的计算方法问题；（6）科学的经济管理方法问题。

科学理论的评价与选择（scientific theory evaluation and selection）在特定的领域中，人们对存在着的两种甚至两种以上的理论，进行评判并决定采用更接近科学真理的科学理论的过程。这种评判与抉择有两个标准，即逻辑标准与实践标准，其中后一标准更重要。这就是说，在评价与选择理论时，固然要考虑哪一个具有更多的经验内容，更具有解决问题的能力，哪一个更具有简明性和一致性，但更要考虑到哪一个更能经得起观察和实验等实践的检验，哪一个更全面、更深刻地反映了自然界的本质及规律。

科学实验方法（scientific experiment method）根据科研目的，运用一定的物质手段（仪器、设备等）去干扰、控制或模拟自然事物、自然现象的发展过程，并在特定的观察条件下，探索其客观规律的一种研究方法。科学实验是人类实践活动的一种。它包括实验者、实验对象和实验工具这三个基本要素。实验方法分为如下五种类型：（1）依照实验对象的运动形式不同，有物理学实验、化学实验和生物学实验等；（2）依照实验工具和对象的关系不同，有直接实验和间接实验；（3）依照实验结果是否提供量的信息，有定性实验与定量实验之分；（4）依照研究任务（目的）的不同，可分为探索实验与验证实验；（5）依照实验的逻辑基础，可分为分析实验、综合实验和对照实验等。这种方法的主要特点是：（1）所获得的感性材料更丰富、更精确；（2）使人们能迅速地抓住事物的本质，揭示自然规律；（3）能使人们得到在生产实践和单纯自然观察中所得不到的新知识、新理论；（4）便于进行重复性观察、比较和分析。

科学学（science of science）以科学为研究对象，研究认识科学的性质特点、关系结构、运动规律和社会功能，并在认识的基础上研究促进科学发展的一般原理、原则和方法的学科。作为科学学研究对象的自然科学，是广义的自然科学。它包括基础科学、技术科学和工程科学，而且也涉及与自然科学关系密切的技术及工程问题。科学学的研究包括以下三个主要方

面：（1）关于科学技术研究的研究；（2）关于科学技术研究成果向现实生产力转化的研究；（3）科学技术的发展同经济、社会相互关系的研究。这三方面的综合即社会中的科学技术事业。因此，科学学可理解为是一门以整个科学技术事业为对象，研究科学技术自身以及科学技术同经济、社会相互关系的客观运动规律的科学，研究如何利用这种客观规律以促进科学技术与经济、社会协调发展的应用原理、原则和方法的科学。

可行性研究方法（feasibility study method）又称可行性分析方法，即对提出的项目投资建议或试验研究方案，进行详细调查研究并对其是否可行进行论证的一种方法。这种方法在企业投资、工程项目、研究课题、基本建设等多种问题的决策中被广泛应用。这种方法的主要步骤是：（1）社会（市场）需要情况调查；（2）项目投资估算；（3）项目投入成本估算；（4）经济（社会）效益分析。

课题优选法（optimization method for research topic）选择和确定科研课题的最佳途径和方式。选好科研课题，是科研工作中具有战略意义的一步，是一切创造革新的起点。要选好课题应遵循以下原则：（1）需要性原则。要优先选择国民经济发展中迫切需要解决的关键性课题，也要选择科技本身发展需要解决的课题。（2）可能性原则。即必须考虑到完成本课题是否具备了理论、物质及能力条件。（3）发展性原则。这就是要考虑到该课题是否具备有发展前途，即它对科学、社会、经济的发展能否产生重大影响。（4）先进性原则，即创新性原则。要求该课题一定要实现某种新的突破，即一定要有所创造，或有所发明，或有所发现，从而有所前进。（5）经济合理性原则。即力求以最小的经济代价获得较好的经济效果。（6）发挥优势原则。选定课题一定要有利于发挥自己的长处，以保证课题尽快尽好地完成。

控制论（cybernetics）研究各类系统的调节和控制规律的科学。它是自动控制、通讯技术、计算机科学、数理逻辑、神经生理学、统计力学、行为科学等多种科学技术相互渗透形成的一门横断性学科。它研究生物体和机器以及各种不同基质系统的通讯和控制的过程，探讨它们共同具有的信息交换、反馈调节、自组织、自适应的原理和改善系统行为、使系统稳定运行的机制，从而形成了一套适用于各门科学的概念、模型、原理和方法。整个控制过程就是一个信息流通的过程。控制就是通过信息的传输、变换、加工、处理来实现的。反馈对系统的控制和稳定起着决定性的作用，无论是生物体保持自身的动态平衡（如温度、血压的稳定），或是机器自动保持自身功能的稳定，都是通过反馈机制实现的。反馈是控制论的核心问题。控制论就是研究如何利用控制器，通过信息的变换和反馈作用，使系统能自动按照人们预定的程序运行，最终达到最优目标的学问。控制论是具有方法论意义的科学理论。控制论的理论、观点，可以成为研究各门科学问题的科学方法，这就是撇开各门科学的质的特点，把它们看作是一个控制系统，分析它的信息流程、反馈机制和控制原理，往往能够寻找到使系统达到最佳状态的方法。

L

类比法（analogy）根据两个（两类）不同的对象在一些属性上的相似或相同，在已知其中的一个（一类）对象还具有其他的属性的情况下，而推断出另一个（另一类）对象也具有相似或相同的其他属性结论的一种方法。这种方法既要借助于原有的知识，又要不受其过分束缚。这种方法能够使科学从旧的领域过渡到新的领域。它能够在广阔的范围内把两个不同的对象联系起来，异中求同，同中见异，成为新知识产生的有力杠杆。由于对象间存在着同一性与差异性，差异性限制了类比的结论，而且具有的相同或相似属性与推出的属性之间不一定有必然的联系，因此此法的逻辑根据是不充分的，因而导致类比法的结论有时会带有某种不确定性。

理论科学（science of theory）对经验材料进行概括和总结，并形成一定理论体系的关于自然及其规律的知识系统。在近代自然科学发展的第二阶段（从19世纪中叶开始），各门自然科学相继进入了理论科学的发展时期。标志着这一时期开始的是物理学中能量守恒与转化定律、生物学中达尔文进化论和细胞学说。它们以系统的理论形式阐述了自然界某些领域的运动和发展规律。相对于经验科学而言，理论科学的特点是：（1）其内容已不只是对自然界的经验描述，而是对它的理论解释。它所揭示的是在一定范围内具有普遍性的自然规律。（2）具有较完整的理论体系，从基本概念的建立到一系列科学结论的获得，构成了其内部各部分之间的有机联系。（3）某些结论具有科学预见性，为之后的研究指出了方向。（4）从研究方法看，是分析方法与综合方法、归纳方法与演绎方法的并用，并且提高到从整体上进行综合的水平。自然学科从经验科学到理论科学的发展，使自然观发生了质的变化，即从形而上学的自然观开始向辩证自然观转变。单从一门科学的发展来看，经验科学向理论科学的转变，也是这门科学的质的变化，它表明这门科学已进入成熟时期。

理性认识（rational knowledge）主体借助于抽象思维所把握到的关于外部对象的本质和规律的认识形式，是认识的高级阶段。是人们认识世界的两种基本形式之一，与感性认识相对应。理性认识包括相互联系的三种形式，即概念、判断和推理。理性认识是在感性认识的基础上，经过抽象思维的整合，将丰富的感性材料，加以去粗取精、去伪存真、由此及彼、由表及里的改造制作而产生的认识形式上的飞跃。它与感性认识具有质的不同，具有抽象性、间接性等特点。但是，作为高级认识形式的理性认识并不能脱离感性认识，它与感性认识都是实践的产物并在实践的基础上统一起来。两者相互依存，相互渗透，并相互转化。

历史唯物主义（historical materialism）又称唯物主义历史观，是马克思和恩格斯首创的关于人类社会发展普遍规律的科学。它第一次正确回答或解决了历史观的基本问题，认为在社会历史领域，不是人们的意识决定人们的存在，而是人们的社会存在决定人们的意识。但是人们的意识具有相对独立性，可以对社会历史的发展起重大的反作用。

历史唯心主义（historical idealism）又称唯心主义历史观或唯心史观，是把社会现象及其发展的最终原因归结为精神因素的历史观。它是与历史唯物主义相对立的社会历史观。它认为社会意识决定社会存在，坚持从人们的思想动机和主观意志方面寻找社会历史发展的根本动因，否认社会发展有其自身固有的客观规律，不承认阶级斗争，尤其是不承认阶级斗争对阶级社会发展的巨大的直接推动作用，也否认人民群众是历史的创造者，将群众看成是少数英雄人物的奴仆和工具。

M

模型化方法（model method）用模型来探索或表征客体原型的形态、结构、特性和本质的各种研究方法与描述方法的总称。这种方法就是建立某种程度上能相似地再现一个系统（原型）的系统（模型），并在研究过程中以它代替原型，进而通过对模型的研究

得到原型的有关信息。因此，模型是科学认识的一种特殊形式和工具。这里所谓的"模型"不仅是指物质模型，还有思维中的模型。为了探索未知的"原型"，依据其表现出来的某些特性，在思维中设计一种能在预测中产生相似特性的"模型"，再在实践中区分其真伪或修正错误，使其逐步提高到与现实"原型"极其相似的程度。目前，模型化方法在科学研究和生产实践中已被广泛应用。

P

朴素唯物主义（naive materialism）一种用某种或某几种具体物质形态来解释世界本源的哲学学说。它是唯物主义哲学的最初形态或第一发展阶段。它的基本特征是在某些一定的有形体中、在某些特殊的东西中，寻找具有无限多样性的自然现象的统一。这种有形体或特殊的事物被看作是万物的本原。古希腊哲学家泰勒斯认为水是万物的本源，阿那克西米尼认为气是万物的本源，赫拉克利特认为火是万物的本源，留基伯和德谟克里特则认为"原子"是万物的本源或始基。这些都是朴素唯物主义的典型表现。中国古代的"五行"说也属于朴素唯物主义的理论形式。有时朴素唯物主义也叫自发的唯物主义。

R

人本原理（humanistic principle）一切管理工作均应以调动人的积极性、做好人的工作为根本的管理理念。现代管理的核心和动力是人以及人的积极性。"人本"原理要求每个管理者必须从思想上明确，要做好整个管理工作，要想管好财、物、时间、信息等，都必须紧紧抓住做好人的工作这个根本，使全体工作人员明确工作目标、自己的职责、工作的意义、相互的关系等，使之能主动地、积极地、创造性地完成自己的任务。遵循"人本"原理，就要反对和防止见物不见人、见钱不见人、重技术不重人、靠权力不靠人等错误的认识和做法。违反"人本"原理，就不可能做到科学管理。

认识论（epistemology）源于希腊文"知识"和"学说"两个词的结合，意思是关于知识的学说。概括地说，它是关于人类认识的对象、过程及其规律的哲学理论。在马克思主义哲学中，认识论和世界观、方法论是相互统一的。将认识论与方法论或世界观割裂开来的做法，是旧哲学的行为。马克思主义哲学基础理论中的无论哪一部分内容，都是既属于世界观，又是认识论，也是方法论；无论哪一部分内容，都既

蕴含着关于人类认识的基本看法，当然也指明了认识和改造世界的最一般方法。与世界观及方法论相对应和统一的认识论也称为广义认识论。狭义的认识论则专指关于认识本身的理论。它的研究范围包括：认识的对象和来源，认识的能力和限度，认识的真理性之标准等问题。狭义认识论的根本问题是主观和客观、认识和实践的相互关系问题。马克思主义认识论认为，认识根源于实践，受实践水平所制约，但认识又有其特有的能动作用，规定着人的活动的本质，制约着人的活动的发展。马克思主义以前的唯物主义认识论离开人的社会实践，离开人的历史发展，形而上学地研究认识问题，因而否认认识对实践的依赖关系和认识的辩证发展过程，把认识看作是一种直观的、消极的反映，而唯心主义则否认认识是人脑对客观世界的反映。只有马克思主义认识论从实践的观点出发，把辩证法贯穿于认识论研究，才科学地解决了认识论的根本问题。

软科学（soft science）一门综合运用自然科学、社会科学和哲学的知识和工具，研究科技、经济、社会协调发展的规律，并为决策科学化和管理现代化服务的科学。软科学是科技管理学的理论基础。它对复杂的社会问题（人、自然、社会经济、科学技术之间的相互作用的政策课题和社会问题）进行预测、规划、管理和评价，从整体上探求最优化的解决方案和决策。从某种意义上讲，软科学是研究技巧、信息、组织和领导的知识体系；而相对于软科学的硬科学则是研究物质、设备的技术知识体系。软科学是操纵硬科学的科学。软科学主要包括科学学、管理科学、统计学、预测学、决策科学、技术经济学等学科。

S

社会的科学能力（social scientific ability）一个国家发展科学技术的社会力量。广义地讲，是指所有直接和间接促进科学技术发展的各种力量的总和，包括政治、经济和文化等各方面。狭义地讲，是指直接同发展科学技术有关的具体条件或基本要素。社会科学能力的基本要素有：科学家队伍的集团研究能力；实验技术装备的质量；"图书—信息"系统的效率；科学劳动结构的优化程度；全民族的科学教育水平。

社会科学（social science）关于各种社会现象的本质及其产生和发展规律的知识体系，包括政治学、经济学、军事学、法学、文化学、教育学、文艺学、史学、民族学、宗教学、社会学等。由于社会科学研究的是社会现象的本质和规律，在阶级社会中有着鲜明的阶级性，一般是为一定阶级的利益服务的。占统治地位的阶级总要通过各种方式对它施加强烈的影响。因此，社会科学这类意识形态是一定上层建筑中的重要组成部分。当代科学技术发展给予社会各方面的影响，大大扩展了社会科学的研究范围。社会科学与科学技术间的相互交叉与渗透，形成了许多新的科学，如科学社会学、科学经济学、科学管理学、科学伦理学、科学法学等。

社会科学化（social scientification）科学向社会有机体的全面渗透，并使整个社会日益建立在科学发展基础之上的过程。它是当代社会发展的重要趋势。社会科学化的前提是现代科学的迅猛发展及其对社会影响的日益深化。因此，社会科学化和科学社会化一样，也是现代科学的重要特征。

世界观（world outlook）又称"宇宙观"，是指人们对整个世界，整个宇宙，包括自然界、社会历史和人类思维在内的根本观点、根本看法。人们平常所讲的世界观，内容很广泛，而且不确定，只要是对人的认识和行为具有一定支配作用的重大原则，都可以包括在内，而作为哲学的世界观，是所有这些内容的集中、升华，是在更高层次上关于世界的根本性的观点。人们的世界观总是通过平常观察和处理各种具体事务和具体问题时所持的态度和所采取的方法而表现出来的。从这种意义上说，世界观又是方法论。

思维科学（noetic science）以人类思维领域为对象，研究人有意识的思维发展的历史、思维的形式和方法、思维的特点和规律，以及思维的人工模拟的科学。思维科学的学科体系由它的基础科学、技术科学和应用技术三个部分组成。思维科学的基础科学称为思维学，它研究人的有意识思维的规律，由逻辑思维学、形象思维学、灵感思维学、社会思维学等分支组成；思维科学的技术科学由科学方法论、数理语言学、结构语言学、模式识别等学科组成；思维科学的应用技术，由人工智能、计算机模拟技术、情报资料库技术、计算机软件工程、密码技术等组成。目前，思维科学研究的主要内容是：思维的生理机制；逻辑思维、形象思维、灵感思维、社会思维的具体规律；思维规律在文学创作、科学研究、技术发明、人工智能、知识工程中的应用；思维科学在情报科学、语言科学、信息科学研究中的作用等。

T

统筹法（overall planning method）用网络技术对全部工程任务进行统筹安排、协调计划的一种科学管理方法。它是系统工程中重要的技术方法。统筹法主要包括：关键路线法、计划评审技术、成本计划评审技术、随机计划评审技术及过程决策程序图等。其共同的特征是，应用网络技术画出工作流程图，使人们能够在流程图上总揽全局，明确各种工序和事项之间的技术顺序和逻辑关系，并能据此预先分析和估算可能发生的各种影响工程进度和资源利用率的变化因素，从而为统筹安排、达到工程任务优化的目标提供科学的方法。

统计规律（statistical law）在大量随机现象中存在的概率性。对于统计规律而言，随机现象不能被忽略，某种必然的趋势往往是通过大量的随机现象表现出来的。例如投掷一个质量均匀的硬币，每一次正面与反面的出现都是随机性的，但经过大量重复投掷，正面与反面出现的概率都趋于1/2。这就是非一一对应的统计规律。统计规律不仅在自然界大量随机现象中发生作用，而且也作用于社会领域中的随机现象。

W

唯物辩证法（materialistic dialectics）关于自然界、人类社会和思维发展最一般规律的科学，是正确的世界观和方法论。它是辩证法思想发展的科学形式。有时与辩证唯物主义通用，只是侧重于世界的发展问题。唯物辩证法是在古代辩证法和近代辩证法的基础上建立起来的。古希腊的一些哲学家直观地认识到一切事物都在运动变化之中，猜测到对立面的统一和斗争。赫拉克利特提出："一切皆流，无物常住"的命题，认为"统一物是由两个对立面组成的"；柏拉图在客观唯心主义的基础上，提出了"有"和"无"、"一"和"多"、"同"和"异"等对立统一范畴，认为辩证法就是从低级的、矛盾的理念逐步上升到最高的理念；亚里士多德认为实体是运动变化的，并将运动区分为本质上的运动、数量上的运动、性质上的运动、位置上的运动四个类型。近代德国的康德、费希特、黑格尔等人进一步发展了古希腊的辩证法思想。尤其是黑格尔，从客观唯心主义出发，第一次系统地阐述了观念的辩证法，把自然和社会看作是绝对精神自我运动的发展阶段。他全面提出并讨论了质量互变、对立统一、否定之否定的规律。他反对将辩证

法与相对主义的诡辩论等同起来。马克思和恩格斯总结了自然科学的新成就，批判地继承了古代和近代、尤其是黑格尔辩证法的优秀成果，创立了唯物辩证法。唯物辩证法抛弃了黑格尔辩证法的唯心主义外壳，将辩证法建立在唯物主义的基础上，认为辩证规律是物质世界自己运动、自己发展的规律，主观辩证法或辩证的思维是客观辩证法在人类思维中的反映。唯物辩证法的核心是对立统一规律。

唯物主义（materialism）主张存在第一性、思维第二性，存在是思维的根源，思维、意识是存在的派生物的哲学体系。是哲学的两个基本派别之一。在不同的历史条件下，唯物主义有不同的表现方式，没有抽象的唯物主义。在中国，唯物主义曾在战国时期的荀子、东汉的王充、南朝的范缜、明清之际的王夫之、清代的戴震等人的哲学理论中得以表现。在西方，唯物主义主要经历了三个发展阶段：古希腊罗马的朴素唯物主义；16～18世纪的形而上学唯物主义或机械唯物主义；19世纪以来的辩证唯物主义，即马克思主义哲学。

唯心主义（idealism）主张思维或意识是第一性的，存在或物质是第二性的，思维或意识是存在或物质的根源，存在或物质是思维或意识的派生物的哲学体系。是哲学的两个基本派别之一。唯心主义从其思维萌芽来看，是源于原始人的无知和对自然界的敬畏和神秘感。作为一种哲学体系，它既有社会根源，又有认识论的根源。其社会根源主要是脑力劳动与体力劳动的分离，阶级和剥削的产生；其认识论根源主要在于主观、片面、表面地去看问题，把意识、观念和物质形而上学地割裂开来，无限夸大意识的独立性和能动作用，从而否定意识、观念的物质基础。

X

系统分析法（system analysing way）应用系统科学原理，对已有的系统进行研究、探索、分析，从中找出规律的一种方法。采用此种方法，应采取以下三个步骤：（1）系统的模型化，即采用数学的方法，对所研究的系统进行抽象而构成模型；（2）系统的最优化分析，即根据模型求解得出系统目标的最优解答；（3）系统的综合评价，即从系统的整体观点出发，综合分析其技术水平、经济效益等问题，选出适当而又能实现的优化方案。通过上述三个方面的研究，以及对系统进行定性和定量的分析，能为决策者提供选择的方案。

系统工程（system engineering，SE）一门立足整体，统筹全局，使整体与部分辩证地统一，将分析和综合有机地结合，运用数学方法和电子计算机工具，使系统达到整体最优的方法性学科。它涉及"系统"与"工程"两个侧面。所谓系统，即是由相互作用和相互依赖的若干组成部分结合而成的具有特定功能的有机整体。它具有以下特征：整体性，即系统是由两个以上元素组成的有机整体；相关性，即系统各元素之间相互作用、相互依赖的关系；目的性，即系统要有明确的目标与特定功能；适应性，即系统对环境变化之适应功能；等级结构性，即系统本身又可以分为许多等级层次的子系统。传统概念中的"工程"，是指把科学技术的原理应用于实践，设计与制造出有形产品的过程，可称其为"硬工程"。系统工程学中的"工程"概念，不仅包含"硬件"的设计与制造，还包含与设计和制造"硬件"紧密相关的"软件"，诸如预测、规划、决策、评价等社会经济活动过程，故称它为"软工程"。这就扩充了传统"工程"概念的含义。这两个侧面有机地结合在一起，即为系统工程。系统工程是多学科的高度综合。它的思想和方法来自各个行业与领域，又综合吸收了邻近学科的理论与方法。

系统工程法（system engineering method）一种组织管理系统的规划、研究、设计、制造、试验和使用的科学方法。它以系统为对象，把要组织和管理的事物，用统计、运筹、模拟等方法，经过分析、推理、判断、综合，建立系统模型，进而以最优化的方法，求得系统技术上先进、经济上合理、时间上最省、运转协调最佳的效果。任何大的系统问题，都可以归结为工程问题。在使用系统工程方法思考和解决问题时，一般有以下步骤：（1）摆明问题；（2）选择目标；（3）系统综合；（4）系统分析；（5）系统优化选择；（6）系统发展（决策）；（7）实施选定的方案，并把实施过程中的信息反馈到上面的各个阶段。

系统论（system theory）研究系统的一般模式、结构和规律的学问。它研究各种系统的共同特征，用数学方法定量地描述其功能，寻求并确立适用于一切系统的原理、原则和数学模型，是具有逻辑和数学性质的一门新兴的科学。系统论认为，整体性、关联性、等级结构性、动态平衡性、时序性等是所有系统的共同的基本特征。这些特性既是系统所具有的基本特征，也是系统论的基本思想观点，而且它也是系统方法的基本原则。它表明了系统论不仅是反映客观规律的科学理论，也是科学研究思想方法的理论，具有科学方法论的含义。这正是系统论这门科学的特点。系统论的核心思想是系统的整体观念。任何系统都是一个有机的整体。它不是各个部分的机械组合或简单相加，系统的整体功能是各要素在孤立状态下所没有的新质。系统中各要素不是孤立地存在着，每个要素在系统中都处于一定的位置上，起着特定的作用。要素之间相互关联，构成了一个不可分割的整体。要素是整体中的要素，如果将要素从系统整体中割离出来，它将失去要素的作用。正像人手在人体中是劳动的器官，一旦将手从人体中砍下来，那时它将不再是劳动的器官了一样。系统论的基本思想方法，就是把所研究和处理的对象，当作一个系统，分析系统的结构和功能，研究系统、要素、环境三者的相互关系和变动的规律性，并优化系统的整体功能。所以从系统观点看问题，世界上的任何事物都可以看成是一个系统。系统是普遍存在的。大至浩瀚的宇宙，小至微观的原子，一粒种子、一群蜜蜂、一台机器、一个工厂、一个学会团体等，都是系统，整个世界就是系统的集合。

信息论（information theory）关于信息的本质和传输规律的科学理论，是研究信息的计量、发送、传递、变换、接收和储存的一门新兴学科。狭义信息论是关于通讯技术的理论。它是以数学方法研究通讯技术中关于信息的传输和变换规律的一门科学。广义信息论，则超出了通讯技术的范围来研究信息问题，它以各种系统、各门学科中的信息为对象，广泛地研究信息的本质和特点，以及信息的取得、计量、传输、储存、处理、控制和利用的一般规律。显然，广义信息论包括了狭义信息论的内容，但其研究范围却比通讯领域广泛得多，是狭义信息论在各个领域的应用和推广。因此，它的规律也更一般化，适用于各个领域，所以它是一门横断学科。广义信息论，人们也称它为信息科学。

行为科学（behavioral science）运用心理学、社会学、人类学、经济学、伦理学等多种学科的知识，研究人们行为规律的一门科学。行为科学最早产生于 20 世纪 20 年代末 30 年代初期。当时以美国哈佛大学教授梅奥和罗特利斯伯格为代表的一批研究者，到霍桑工厂进行"霍桑实验"。经过数年的潜心研究，提出了人际关系学说，实际上已经是行为科学的早期研究。1949 年在美国芝加哥大学举行的一次跨学科的会议上，讨论了利用现有科学知识深入探寻人类行为规律的问题，并正式将这门学科定名为"行为科学"。行为科学研究的内容十分广泛，可以概括为如下七个方面：（1）研究影响人的行为的若干心理因素；（2）研究人际关系理论；（3）研究激发动机理论；（4）研究领导行为理论；（5）研究团体行为理论；（6）研究组织发展与变革理论；（7）研究企业文化。行为科学的研究方法主要有以下六种：（1）文献归纳法；（2）自然观察法；（3）调查研究法；（4）实验研究法；（5）比较研究法；（6）案例研究法。

形而上学（metaphysics）一种用孤立、静止、片面、表面的观点去看世界，否认唯物辩证法所主张的事物的发展是由其内部矛盾所引起的学说。它是与辩证法相对立的发展观。其词意最初是亚里士多德论述第一哲学的著作的名称，但不是亚里士多德最先使用的，而是后人在编纂他的全集时给书起的名称。后来，"形而上学"被人们用来统称为研究超形体的最高原理的学问。中世纪到近代前期，主要指哲学中的本体学说，近代后期理性心理学和理性神学也被包括在形而上学中。再后来，黑格尔将之作为与辩证法相对立的否认发展的学说的总称。但对形而上学本质的彻底揭露则是马克思和恩格斯完成的。他们指出，形而上学是与辩证法相对立的世界观和思维方法。其特点是用孤立、静止、片面的观点去看世界，认为一切事物都彼此孤立，永远不变；如果有变化，也只是数量的增减和场所的变更，而这种增减和场所的变更的原因，不在事物的内部而在事物的外部。形而上学的思维方法从根本上说是错误的、违反科学的，但它在人类认识发展的一定阶段上却是不可避免的。在个体认识的发展过程中，形而上学也难以完全避免。因为人们总是先研究相对静止的事物，然后才能研究事物运动的过程。从历史上看，形而上学的思想观点和方法在古代就已存在了。后来，在15世纪后半叶到18世纪的欧洲得到了系统性的强化。当时，科学家们将自然界划分为各个部分，并从外部考察其特性。这对分门别类的科学的建立和知识的积累是必要的。这种方法由英国哲学家培根和洛克从自然科学移植到哲学中，便形成了近代形而上学的思维方法。从本质上说，它属于唯心主义的方法，是和辩证法相对立的。但是，形而上学与辩证法之间并不存在一条不可逾越的鸿沟，而是经常处于转化之中。

形式主义（externalism）夸大形式的作用、片面追求形式而忽视内容的一种形而上学的观点、方式和作风。形式主义割裂内容和形式的有机联系，不顾实际内容而单方面地突出形式。形式主义是和主观主义的思想作风相联系的。它不能够实事求是，一切从实际出发，理论联系实际，而是盲目地追求形式的完美。在实际生活中，它的危害是很大的，必须坚决反对。反对形式主义，实际上就是要确立实事求是的思想路线，按照事物的本来面目去制订计划，采取行动，而不是走向反对一切形式的另一个极端。

Y

预测学（science of forecast）为科学化管理提供决策依据的、提供合乎经济规律和现代科学发展规律的管理思想和规划的科学。"现在—未来—现在"是预测学研究的程序，即从现在出发，考虑到未来，再回到对现在的关注，以便采取各种对策，应付未来的发展和演变，从而正确、有效地选择、控制、改变未来。

Z

战略学（strategics）研究重大的、带全局性的或决定全局的谋划的科学。它起源于军事，后来被扩展到政治、经济、科技、教育等各个领域。现代战略学作为一门综合性的新兴科学受到世界各国的重视，因而在近几十年的时间里得到了迅速发展。战略原是一军事术语，其含义是指对战争全局的筹划和指导。现在，战略一词的含义已大大超出了原有的军事范围，泛指重大的、带全局性的、规律性的或决定全局的谋划。这是由于现代社会活动越来越复杂，规模越来越大，政治、经济、科技、社会生活等各方面，都处于急剧变化之中。面对复杂多变的环境和激烈的竞争，任何一个国家、地区、企事业单位，要发展，要前进，其领导者都必须具备高瞻远瞩的战略头脑，能够透过纷繁多变的现象，洞察事物的本质和发展趋势，及时作出正确的战略决策，并从全局出发给予战略指导，战略研究因而得到迅速发展。现代战略学是一门大学科，它有若干分支。按其内容的不同，可以区分为军事战略学、经济社会发展战略学、科技发展战略学、文化发展战略学等；按照范围的不同，可以区分为国际战略学、国家发展战略学、地区发展战略学、企业战略学等。在战略学的众多分支中，经济社会发展战略学和企业管理战略，是近代战略学研究的两个重要领域。

哲学（philosophy）关于自然界、社会和人类思维及其发展的最一般规律的学问，是理论化、系统化的世界观和方法论。属于社会意识的最高形式。它所追问的都是所处时代带有根本性的重大问题，其中包括思维与存在的关系这一最基本的问题。这是哲学的第一个特点。第二个特点：哲学是一种高度抽象、高度思辨的理论思维形式，它所反映的都是一些事物运动规律最基本的原理、范畴，因而象征着"最高的智慧"。第三个特点：哲学是一种批判的理论，它不仅要批判日常的流行观念、科学的既存原理，而且要对自身进行批判。第四个特点：哲学属于一种意识形态，是经济基础之上的上层建筑的组成部分。哲学在服从认识发展规律的同时，又受到社会关系运动规律的支配。它是经过经济关系的折光而集中表现出来的、人类在一定历史时代所达到的最高知识成果，是时代精神的精华。哲学同其他各种意识形态如科学、道德、艺术、宗教等，既有共同之处，又有相异之点。每一门具体科学都有一种基本理论，即大多数同行科学家在一定时期所遵循的"范式"。在共同范式的引导下，某一领域的科学家共同体可以普遍认同某一科学发现，然而，哲学却从未也不可能形成一个占支配地位，为大多数哲学家所普遍认同的"范式"。哲学总是在各种论点的相互争辩中前进的。没有论点的争辩，就没有哲学史；而哲学史在某种意义上说正是哲学本身。

哲学的基本问题（basic problem of philosophy）哲学各种问题中最为重要的、贯穿在其他一切问题之中并构成其本质内容的核心问题，也是统帅和制约其他一切问题的根本问题。不同哲学派别的根本分歧都来源于对哲学基本问题的不同回答。恩格斯总结全部哲学的历史发展，明确地指出："全部哲学，特别是近代哲学的重大的基本问题，是思维和存在的关系问题。"（《马克思恩格斯选集》第4卷，第219页）思维与存在的关系，从其本质意义上说，也就是主观与客观矛盾的关系。这一关系是根植于人类实践、贯穿于人类认识，表现着人类与外界环境间本质关系的一个基本矛盾。思维与存在关系的内容主要由两个方面构成：一方面是思维对存在的地位问题，即思维与存在、精神与物质何者为本源。另一方面是思维能否认识和把握世界，即我们能不能在关于世界的表象和概念中正确地反现现实？用哲学术语来表达，这个问题叫做思维与存在的同一性问题。哲学基本问题虽然在哲学的所有问题中处于中心地位，但并不能代替其他问题。脱离对其他问题的具体研究，哲学基本问题的研究就只能是一种空洞无物的纯思辨。

政策学（science of policy）综合运用社会科学和自然科学等多门学科的知识，分析和研究政策的制定、执行和评价等整个过程的一门新兴学科。它是从政治学中发展独立出来的一门新兴综合性学科。它是建立在社会科学各学科以及社会科学与自然科学相互交叉的基础之上的。政策学力图通过对政策过程的研究，一方面探讨国家的实际政治发展过程，从政策角度揭示社会政治生活的本质和特点；另一方面寻求政策本身的发展规律，以提高制定和执行政策的效率和效能，更好地发挥政策的作用。自从有了国家就有了政策。特别是在现代社会，政策在政治、经济、科技、文化、教育、外交、军事等社会生活的各个领域都具有极为重要的影响和指导作用。

质量互变规律（law of quality and quality exchange）又称"量变质变规律"，是关于自然界、人类社会和思维发展的普遍规律。它是唯物辩证法的基本规律之一。它反映了事物发展过程中两个基本阶段的内在统一。这一规律的基本内容是：事物、现象由于内部矛盾所导致的发展是量变与质变的统一，是通过量变和质变的不断相互过渡、相互交替而实现的。量变是一种不显著的、不导致事物性质改变的变化，是事物在数量上的增加或减少；而质变则是一种显著的、根本性的变化，是事物由一种质的形态转变为另一种质的形态的变化，它表现为一种突变、飞跃。唯物辩证法认为，任何事物的发展都不是单纯的量变或单纯的质变，而总是由不显著的、非根本的量变的逐渐积累而转化为显著的根本的质变，导致旧质转化为新质，同时又在新质的基础上进行新的量变过程。由量变到质变，再到新的量变，是一个循环往复、永无终止的过程。虽然就某一具体事物的发展而言，量变和质变的交替变化是有限的，但是就整个世界来说却是无限的。量变和质变是辩证的统一。没有一定的量变，就不可能发生质变；同时，量变积累到一定程度必然要发生质变，除非发生人为的干扰。质变又必定要成为新的量变的起点。对于复杂事物的发展过程来说，无论是量变还是质变都不是纯而又纯的，截然分开的。总的量变过程中包含着部分质变；质变过程中有量变的特征。

智囊团（think tank）又称顾问团、思想库或脑库，是由各种不同专业的自然科学家、社会科学家、软科学家所组成的一个特殊的群体。他们运用多学科的知识及其相互交叉、综合所形成的群众智慧，为社会、经济、军事、科技等方面的发展提供决策咨询。在现代科学管理和领导体制中，智囊团已经成为一个重要的组成部分。其主要功能和作用是：（1）对事物的发展进行科学预测，提出战略性建议；（2）对领导预决策进行可行性研究，提出可供选择的方案；（3）对重大决策进行综合性评价，提出决策性意见；（4）对各种信息进行系统分析，把决策实施结果反馈给决策者。智囊团应具有合理的智力结构，拥有独立、自由的咨询研究环境。这是发挥其群体创造性、保证决策建议的客观性和获得最佳咨询效果的重要前提条件。

终身教育（life-long education）又称继续教育。狭义地讲，是指已在学校毕业参加工作后的科技人员，再返回学校学习或进行其他形式的进修。广义地讲，是指对于一个人的整个一生所进行的教育。终身教育的思想产生于 20 世纪 60 年代的欧洲，现在已成为国际上的一种教育思潮。它的直接推动者是联合国教科文组织，其重要的代表人物之一是法国的格朗，在其著作《终身教育引论》中提出了五条基本原理：（1）要防止知识老化，保持教育的连续性；（2）要使教育的计划和方法同各国特殊的、独自的目标相适应；（3）要在教育的一切阶段上，面向不断发生变革的生活，培养活生生的人才；（4）要冲决传统教育所沿袭的观念和制度，采取各种有效的方式和方法进行教育；（5）要采取各种技术的、政治的和行政的措施，动员和争取各行各业都要参与教育。

咨询学（consultation）一门研究咨询活动的性质、功能、程序和方法的新兴学科。它是随着现代咨询业的兴起而发展起来的。其研究的主要内容有：（1）咨询的性质与功能；（2）咨询的特点和要求；（3）咨询活动的分类；（4）咨询的基本程序；（5）咨询的方法；（6）咨询人员的素质与职业道德。

自然辩证法（natural dialectics）研究自然界和自然科学发展的最一般规律的科学，是马克思主义哲学的一个分支学科。其研究内容包括自然观和自然科学及技术中的哲学问题。马克思主义的自然辩证法是在 19 世纪自然科学发展的基础上建立起来的。主要工作是由恩格斯完成的。他从 19 世纪 50 年代开始注意搜集和研究自然科学的成果，并对其进行哲学概括，1870 年起，着手系统研究自然科学的哲学问题，写成了多篇论文和札记。这些论文和札记构成了后来出版的《自然辩证法》一书的主要内容。中国的自然辩证法研究起初主要是围绕恩格斯《自然辩证法》一书所提出的问题而展开的，后来，随着自然科学的突飞猛进和西方科学哲学研究成果的不断引进，中国自然辩证法研究的领域也越来越广，对许多问题的探讨也越来越深入。

附录

（Appendix）

科技奖项（Science and Technology Awards）

（按奖项创办时间排序）

诺贝尔奖（创办于1900年）
主办单位：诺贝尔基金会

该奖是以瑞典著名化学家、硝化甘油炸药发明人阿尔弗雷德·贝恩哈德·诺贝尔（1833～1896年）的部分遗产作为基金设立的。诺贝尔奖包括金质奖章、证书和奖金支票。诺贝尔逝世的前一年（1895年）留下遗嘱，愿将部分遗产（920万美元）作为基金，以其利息分设物理、化学、生理、医学、文学及和平五种奖项，授予世界各国在这些领域里对人类作出重大贡献的学者。1900年6月，瑞典政府批准设置了诺贝尔基金会，并于次年诺贝尔逝世五周年纪念日，即1901年12月10日首次颁发诺贝尔奖。自此以后，除因战时中断外，每年的这一天分别在瑞典首都斯德哥尔摩和挪威首都奥斯陆举行隆重授奖仪式。1968年瑞典中央银行在建行300周年之际，提供资金增设诺贝尔经济奖（全称为"瑞典中央银行纪念阿尔弗雷德·伯恩德·诺贝尔经济科学奖金"，亦称"纪念诺贝尔经济学奖"），并于1969年开始与其他5项奖同时颁发。诺贝尔经济学奖的评选原则是授予在经济科学研究领域作出重大贡献的人士，并优先奖励那些早期作出重大贡献者。1990年诺贝尔的一位重侄孙克劳斯·诺贝尔又提出增设诺贝尔地球奖，授予杰出的环境成就获得者。该奖于1991年6月5日世界环境日之际首次颁发。根据诺贝尔遗嘱，在评选的整个过程中，获奖人不受任何国籍、民族、意识形态和宗教的影响，评选的唯一标准是成就的大小。遵照诺贝尔遗嘱，物理奖和化学奖由瑞典皇家科学院评定，生理和医学奖由瑞典皇家卡罗林医学院评定，文学奖由瑞典文学院评定，和平奖由挪威议会选出，经济奖委托

瑞典皇家科学院评定。每个授奖单位设有一个由5人组成的诺贝尔奖委员会负责评选工作。

南丁格尔奖（创办于1912年）
主办单位：红十字国际委员会

该奖于1912年由红十字国际委员会设立，以纪念英国护理学先驱、妇女护士职业创始人和现代护理教育的奠基人弗洛伦斯·南丁格尔。该奖是国际医学护理界的最高荣誉奖。每两年颁发一次，每次最多颁发50枚奖章，奖给在护理学和护理工作中作出杰出贡献的人士（也包括以身殉职的护士），表彰他们在战时或平时为伤、病、残疾人员忘我服务的献身精神。南丁格尔奖的基金由各国红十字会捐助，评选工作由红十字国际委员会负责。

联合国教科文组织卡林加奖 （创办于1951年）
主办单位：联合国教科文组织

该奖于1951年由印度工业家帕特奈克设立，是一项科普奖。它以公元前2世纪印度皇帝卡林加（又译羯陵伽）的名字命名，用来纪念他反对战争，热心于科学、文化和教育事业的品德。它主要用于奖励那些向大众普及科学知识方面作出突出成绩的人。该奖每年颁发一次，奖品包括1000英镑的奖金、一枚艾伯特·爱因斯坦奖章和一张奖状。

国际气象组织奖（创办于1955年）
主办单位：世界气象组织

该奖于1955年由世界气象组织在第二次世界气象大会上设立，用以奖励气象学领域的杰出研究成果。每年颁发一次，获奖者可得奖金1200美元，此

外还有一枚金质奖章和一张奖状。国际气象组织奖对获奖候选人的国籍、居住地、年龄等都没有任何限制，但不接受自我推荐者，只有世界气象组织成员才有推荐资格。

国际民用航空组织爱德华·沃纳奖（创办于1958年）
主办单位：国际民用航空组织理事会

该奖于1958年由国际民用航空组织理事会设立，是国际民用航空领域最有影响的一项奖项，用来纪念爱德华·沃纳博士。该奖每年颁发一次，授予为实现该组织的宗旨而作出杰出贡献的个人或机构。候选人由各国提名，然后由国际民用航空组织专门委员会评选决定。奖品包括一枚金质奖章和一份证书。

国际奥林匹克数学竞赛（创办于1959年）
主办单位：由参赛国轮流主办

该竞赛于1959年由东欧国家发起并设立，得到联合国教科文组织的资助。其目的是发现、鼓励世界上具有数学天分的青少年，为各国进行科学教育交流创造条件，增进各国师生间的友好关系。由参赛国轮流主办，经费由东道国提供，但旅费由参赛国自理。参赛选手必须是不超过20岁的中学生。每个国家的代表队由2名数学家和6名学生组成。竞赛设一、二、三等奖，获奖者总数不能超过参赛学生的半数。

海涅曼奖（创办于1962年）
主办单位：海涅曼基金会

该奖是德国格丁根科学院颁发、以美国慈善家丹尼·海涅曼的名字命名的一项世界性的科学奖，于1962年由汉诺威的明纳·詹姆斯·海涅曼基金会设立。主要是用来奖励在自然科学领域里取得杰出成就的科学家。海涅曼奖每两年颁发一次，对获奖人的国籍、居住地、年龄等没有任何限制。奖金金额为3万德国马克。

国际验光与光学联合会奖（创办于1963年）
主办单位：国际验光与光学联合会

该奖于1963年由国际验光与光学联合会设立，用于奖励验光与眼科光学领域的杰出人士。候选人由国际验光与光学联合会成员组织提名，获奖者可以是验光师、眼科医生，也可以是其他为促进这一科学发展而作出突出贡献的人士。本奖不定期颁发。授奖时，邀请获奖人就获奖主题发表演讲。

国际摄影测量和遥控学会奥·冯·格鲁贝尔奖（创办于1964年）
主办单位：国际摄影测量和遥控学会

该奖是国际摄影测量和遥控学会为纪念德国测量学家奥·冯·格鲁贝尔所设的奖项之一，于1964年设立，用以表彰在摄影测量及有关领域内所发表的重要论文。

世界卫生组织肖沙基金奖（创办于1966年）
主办单位：世界卫生组织

该奖于1966年由世界卫生组织设立，以纪念肖沙医生。旨在奖励有关对卫生工作作出重大贡献者（但范围只限于肖沙医生为世界卫生组织服务过的地区内）。候选人的提名只限于世界卫生组织成员国的卫生部门和本奖的前获奖者。本奖不定期颁发，一般为一年一次。获奖人可获得一枚铜质奖章和一笔奖金，奖金数额的多少取决于基金会的利息。

世界卫生组织达林基金奖（创办于1966年）
主办单位：世界卫生组织

该奖于1966年由世界卫生组织设立，以著名的疟疾病研究者塞缪尔·泰勒·达林博士的姓氏命名，用于奖励在病理学、病原学、流行病学、治疗学、预防医学或疟疾控制等方面取得的杰出成就。奖品包括1 000瑞士法郎和一枚铜质奖章。不定期颁发。候选人由世界卫生组织成员国、非正式成员国和专家顾问小组成员一起提名。评选标准依据候选人所发表的著作以及10年内所完成的实际工作。

国际奥林匹克物理竞赛（创办于1967年）
主办单位：由参赛国轮流主办

该竞赛于1967年由波兰等三个东欧国家的物理学家倡议发起。该竞赛每年举办一次，轮流在各会员国举办。每个国家可选派5名中学生参赛，参赛者年龄在竞赛当年的6月30日前不得超过20岁。竞赛内容包括力学、热力学及分子物理学、光学及原子物理学、电磁学四个部分。竞赛分理论与实验两部分。按积分成绩，分别授予参赛者金奖、银奖与铜奖。

国际奥林匹克化学竞赛（创办于1968年）
主办单位：由参赛国轮流主办

该竞赛于1968年由波兰、匈牙利、捷克斯洛伐克三个东欧国家发起。举办这一竞赛的目的是强调化学的重要作用，激发学生对化学的兴趣，提高学生的思考与创造能力，在青少年中选拔优秀人才。每个国家的代表团由2名团长和4名学生组成。参赛学生年龄在竞赛当年的6月30日前不得超过20岁。竞赛内容包括无机化学、有机化学、物理化学和1984年起增加的生物化学。竞赛分理论与实验两部分。按总分成绩，授予金质奖章、银质奖章、铜质奖章和奖状。

联合国教科文组织建筑奖（创办于1968年）
主办单位：联合国教科文组织总委员会

该奖是由联合国教科文组织总委员会于1968年设立的。授予在国际建筑师联合会举行的评奖竞赛中的优胜者，用以鼓励城市建筑、城市规划及有关环境问题方面的杰出贡献者。凡联合国教科文组织成员国建筑专业的学生、教师都有申请这一奖励的资格。奖品包括一笔3 000美元的奖金和一张证书，在每三年一次的国际建筑师联合会上颁发。

国际化妆品化学家协会联合会奖及荣誉状（创办于1970年）
主办单位：国际化妆品化学家协会联合会

该奖于1970年由国际化妆品化学家协会联合会设立，用来奖励向该会大会提交的有关化妆品的优秀论文。每两年颁发一次。国际化妆品化学家协会联合会奖是一笔为数1 000瑞士法郎的奖金。国际化妆品化学家协会联合会荣誉状包括1 000瑞士法郎的奖金及一件纪念品。论文应在大会前9个月送交审查，其内容应具有重要的科学价值，并应对化妆品及化妆用具的研制开发具有较大的应用价值。

保罗·盖蒂野生动物保护奖（创办于1974年）
主办单位：世界野生生物基金会

该奖是用已故美国人保罗·盖蒂的捐款于1974年设立的。它是世界野生动物基金会美国分会颁发的一项奖励，又称"诺贝尔保护奖"。该奖每年颁发一次，用以奖励直接或间接地对国际产生巨大影响的野生动物保护方面的杰出成就。这一奖励可授予个人，也可授予机构。评定与颁发工作由基金会负责。奖金数额为5万美元，是目前野生动物领域中奖金数额最大的一项奖励。

联合国粮农组织布尔马奖（创办于1975年）
主办单位：联合国粮农组织

该奖由联合国粮农组织于1975年设立，以联合国粮农组织前总干事阿代克·布尔马的姓氏命名，用来纪念他对粮农事业所作出的贡献，用来鼓励报道与论述世界粮食问题的优秀著作。受奖人主要为新闻记者和作家。他们的论述涉及世界粮食问题的重要方面，并在公众中产生了巨大的影响。奖品包括一笔奖金和一张奖状，每两年颁发一次。

国际热分析联合会杜邦奖（创办于1977年）
主办单位：国际热分析联合会

该奖于1977年由国际热分析联合会设立，授予在热分析科学领域里作出杰出贡献者。每两年或三年颁发一次。该奖包括1 000美元的奖金和一枚奖章。

罗尔夫·内万林纳奖（创办于1981年）
主办单位：国际数学联合会执行委员会

该奖项于1981年由国际数学联合会执行委员会设立，是理论计算机科学成就的国际最高奖。旨在表彰在信息科学、数学方面具有杰出成就的青年数学家。1982年4月，国际数学家联合会接受了赫尔辛基大学的捐赠，并将该奖命名为内万林纳奖，以纪念当时的赫尔辛基大学校长、国际数学家联合会主席罗尔夫·内万林纳。该奖每四年一次，在国际数学家大会上颁发。每次有一位获奖者，可获一枚奖章和一笔奖金。

联合国教科文组织贾夫德·胡塞因青年科学家奖（创办于1984年）
主办单位：联合国教科文组织

该奖基金来源于印度物理学家贾夫德·胡塞因博士的捐赠，由联合国教科文组织负责这一奖励的颁发工作。主要授予在基础研究或应用研究领域有杰出成就的36岁以下的科学家。该奖被认为是国际上表彰青年科学家的最高奖，每两年评选一次，奖金为8 500美元，获奖的论著或专利应该对科学研究的进步具有较大的影响，而且参选项目的主题不能是武器或其他军事设计方面的研究。为了保证评选的公正性，该奖不可授予评奖委员会成员。

第三世界科学院科学奖（创办于1985年）
主办单位：第三世界科学院

该奖是由第三世界科学院于1985年设立的。主要是为了奖励在基础科学方面取得杰出成就的发展中国家的科学家。设有物理、化学、数学、生物学和基础医学五项奖，每年颁发一次。还设有发展中国家青年科学家奖，也是每年授奖一次。评定与颁奖工作由第三世界科学院负责。

国际热分析联合会青年科学奖（创办于1985年）
主办单位：国际热分析联合会

该奖于1985年由国际热分析联合会设立，用以鼓励青年科学家进行热分析方面的研究，每三年颁发一次。凡在这一学科领域中取得重要成就的35岁以下的科学家都有获奖资格。国际热分析联合会设有多项奖励，该奖为其中一项。

国际奥林匹克生物学竞赛（创办于1987年）
主办单位：由参赛国轮流主办

该竞赛是国际中学生生物学大赛，于1987年由苏联、捷克斯洛伐克等国家发起，每年一次。竞赛规定，每个国家的代表团由2名团长和4名学生组成，参赛学生的年龄在竞赛当年的6月30日前不得超过20岁。竞赛试题分理论与实验两部分，参赛者的比赛名次根据总分决定，分金质奖章、银质奖章和铜质奖章三个等级。

凯尼斯·梅数学史杰出贡献奖（创办于1989年）
主办单位：国际数学史学会

该奖是为纪念国际数学史学会创始人和首任主席凯尼斯·梅而设立的。主要是奖励在数学史研究领域作出突出贡献的科学家。每四年颁发一次。

"人工大河"国际水奖（创办于2001年）
主办单位：联合国教科文组织

该奖由利比亚资助，于2001年由联合国教科文组织设立。奖金为20 000美元。计划每两年颁发一次。奖励在地下水开发和地上水使用研究方面有所作为的个人和团体。

中国国家自然科学奖（创办于1979年）
主办单位：国家科学技术奖励委员会

该奖是由国家科学技术奖励委员会于1979年设立的。它是国家设置的五个科学技术奖中的其中一种，是国家在自然科学领域中的最高奖励，授予在数学、物理学、化学、天文学、地球科学、生命科学等基础研究和信息、材料、工程技术等领域的应用基础研究中，阐明自然现象、特征和规律、作出重大科学发现的中国公民。旨在促进中国公民在自然科学领域不断创新。该奖不授予组织。该奖一等奖、二等奖单项授奖人数一般不超过5人，特等奖除外。特等奖项目的具体授奖人数经国家自然科学奖评审委员会评审后，由国家科学技术奖励委员会确定。每年奖励一次。一等奖奖金20万元/项，二等奖奖金10万元/项。每年评审一次，由国务院颁发证书和奖金。

中国国家科学技术进步奖（创办于1984年）
主办单位：国家科学技术奖励委员会

该奖是由国家科学技术奖励委员会于1984年设立的。该奖授予在技术研究、技术开发、技术创新、推广应用先进科学技术成果、促进高新技术产业化，以及完成重大科学技术工程、计划等过程中作出创造性贡献的中国公民和组织。该奖一等奖单项授奖人数不超过15人，授奖单位不超过10个；二等奖单项授奖人数不超过10人，授奖单位不超过7个；特等奖授奖人数和单位数不限。一等奖奖金20万元/项，二等奖奖金10万元/项。对有特殊贡献的项目，经国务院批准可授予特等奖，特等奖100万元/项。每年评审一次，由国务院颁发证书和奖金。

吴健雄物理奖（创办于1986年）
主办单位：中国物理学会

该奖以美籍华人女物理学家吴健雄教授的名字命

名，于1986年由中国香港亿利达工业发展集团有限公司设立，是中国物理学会颁发的一项物理学奖。每两年评选一次，授予在国内取得实验物理优秀成果的中国青年物理学家。该奖的奖金总额为5万元港币，获奖者还可得到一张荣誉证书和一枚金质奖章。该奖的评选工作由中国物理学会吴健雄物理奖评选委员会负责。

中国物理学会奖（创办于1987年）
主办单位：中国物理学会

该奖是1987年由中国物理学会设立、以中国物理学家胡刚复、饶毓泰、叶企孙、吴有训的名字命名的四项物理学奖。旨在鼓励为发展中国物理学事业，而在科学和技术上作出突出贡献的中国物理学工作者。胡刚复物理奖用来奖励实验物理技术领域的优秀成果；饶毓泰物理奖用来奖励光学、声学、原子物理和分子物理学领域的优秀成果；叶企孙物理奖用来奖励凝聚态物理学领域的优秀成果；吴有训物理奖用来奖励在原子核物理领域的优秀成果。中国物理学会奖每两年评选一次。每次评奖不超过两项。每项奖的获奖者不超过3人。每项奖颁发荣誉状一份，奖金若干，授予奖章一枚。

李四光地质科学奖（创办于1989年）
主办单位：李四光地质科学奖委员会

该奖是由地质行业各部门共同发起，于1989年李四光诞辰100周年之际，经国家批准设立的。它是面向全国地质工作者最高层次的地质科学奖，主要奖励长期从事地质工作、热爱祖国、热爱地质事业、为发展地质科学和祖国现代化建设作出突出贡献的地质科技工作者。该奖分别设野外地质工作者奖、地质科技研究者奖、地质教师奖和荣誉奖。每两年评选一次。每次除荣誉奖外，获奖者不多于15人。获奖者一生只能被授予一次，并作为终身荣誉。

周培源国际科技交流基金奖（创办于1990年）
主办单位：中国物理学会　周培源国际科技交流基金会

该奖是由中国物理学会等一些单位于1990年共同创办的，主要授予在国际民间科技交流活动中作出重要贡献的中国科技人员。这项奖励以中国物理学家周培源的名字命名。周培源国际科技交流基金

设大奖、交流奖和鼓励奖，1992年又增设专项国际交流奖。这一奖励的颁奖工作由周培源国际科技交流基金会负责。

中国兵工学会青年科技奖（创办于1990年）
主办单位：中国兵工学会

该奖于1990年由中国兵工学会设立。旨在激励国防工业和兵器行业的青年科技工作者奋发进取，积极投身国防现代化建设伟大事业，培养和造就兵器及其相关行业的青年学术和技术带头人，表彰在兵器及国防系统科研、生产、教学、管理等科技工作中作出突出贡献并具有优良科学道德和学风的优秀青年科技工作者。

华罗庚数学奖（创办于1992年）
主办单位：湖南教育出版社　中国数学学会

该奖由湖南教育出版社捐资，与中国数学学会共同设立。主要授予为中国数学事业的发展作出突出贡献的中国数学家。旨在纪念闻名世界的中国数学家华罗庚对中国数学事业的杰出贡献，促进中国数学的发展。该奖每两年评选一次。获奖人年龄应为50~70岁。

何梁何利基金科学与技术奖（创办于1993年）
主办单位：何梁何利基金信托委员会

该奖是由何梁何利基金信托委员会于1993年设立的。何梁何利基金，是由何善衡基金有限公司、梁铣琚、何添先生、利国伟先生的伟伦有限公司共同捐赠。何梁何利基金设"科学与技术成就奖"和"科学与技术进步奖"两种奖项。前者奖金每位100万港币，奖励长期致力于推进国家科技进步，并取得国际高水平科技成就者；后者奖金每位20万港币，奖励在自然科学领域取得重大发明、发现和科技成果者。

中国分析测试协会科学技术奖（创办于1993年）
主办单位：中国分析测试协会

该奖于1993年由中国分析测试协会设立。该奖每年评选一次。设有一等奖、二等奖、三等奖；必要时，可设特等奖。主要奖励高水平的分析测试

成果。评审工作由中国分析测试协会聘请包括中国科学院、中国工程院院士组成的评委会进行评定。其目的是为鼓励会员单位在分析测试领域的创造性工作，促进分析测试技术水平的提高。

中国青年科技创新奖（创办于 1994 年）

主办单位：团中央、科技部（原国家科委）、全国青联

承办单位：中国青年科技工作者协会

该奖的前身为"中国杰出（优秀）青年科技创业奖"，于 1994 年设立。旨在表彰在技术创新和科技成果产业化方面取得突出成绩的青年典型，培养青年创新精神，提高创新能力，在全社会营造有利于创新的良好氛围，促进大批的青年创新人才脱颖而出，推动科技成果的商品化、产业化，为中国的科技进步和经济发展贡献力量。该奖设杰出奖和优秀奖，其中杰出奖 10 名，优秀奖 90 名。每两年评选一次。

中华人民共和国国际科学技术合作奖（创办于 1994 年）

主办单位：国家科学技术奖励委员会

该奖简称国际科技合作奖，是由国家科学技术奖励委员会于 1994 年设立的。它主要授予对中国科技事业作出重要贡献的外国公民或组织。旨在奖励在与中国科技合作与交流中，为增进中外科技合作与友谊，为中国科学技术事业作出重要贡献的外国科学家、工程技术人员和科技管理人员及组织。该奖每年授奖数额不超过 10 个。每年评审一次，不分等级。获奖者，由国务院颁发证书，不发奖金。

光华工程科技奖（创办于 1996 年）

主办单位：中国工程院光华工程科技奖励办公室

该奖是经国家科技奖励办公室批准，由中国工程院光华工程科技奖励办公室于 1996 年设立的一项社会力量科技奖项。2002 年再次获科部批准，并在原设"光华奖"的基础上增设"成就奖"、"青年奖"。这是中国社会力量设立的中国工程界的最高奖项。旨在对工程科技及管理领域取得突出成绩和重要贡献的中国工程师、科学家给予奖励，激励其从事工程科技研究、发展、应用的积极性和创造

性。该奖由全国政协副主席、两院院士朱光亚先生和中国台湾实业家陈由豪先生、杜俊元先生以及尹衍木梁先生共同捐资，由中国工程院负责评奖的具体工作。该奖每两年评选一次。每次产生一名"光华成就奖"。获得 100 万元人民币的奖金；"光华奖"，每人奖金 15 万元人民币；"青年奖"，每人奖金 10 万元人民币。

中国国家技术发明奖（创办于 1999 年）

主办单位：国家科学技术奖励委员会

该奖是由国家科学技术奖励委员会于 1999 年设立的。它授予有重大技术发明的中国公民。旨在奖励在科学技术进步活动中作出突出贡献的公民，调动科学技术工作者的积极性和创造性，加速科学技术事业的发展，提高综合国力。该奖不授予组织。该奖一等奖、二等奖单项授奖人数一般不超过 6 人，特等奖除外。特等奖项目的具体授奖人数经国家技术发明奖评审委员会评审后，由国家科学技术奖励委员会确定。每年评审一次，由国务院颁发证书和奖金。

中国国家最高科学技术奖（创办于 2000 年）

主办单位：国家科学技术奖励委员会

该奖是由国家科学技术奖励委员会于 2000 年设立的。它主要授予在当代科学技术前沿取得重大突破或者在科学技术发展中有卓越建树的和在科学技术创新、科学技术成果转化和高技术产业化中，创造巨大经济效益或者社会效益的科技工作者。旨在奖励在科技进步活动中作出突出贡献的公民、组织。该奖不分等级，每年授予人数不超过 2 名，并报请国家主席签署并颁发证书和奖金。国务院规定获奖者的奖金额为 500 万元人民币。

长江小小科学家奖励活动（创办于 2000 年）

主办单位：中华人民共和国教育部 李嘉诚基金会

该奖励活动是由李嘉诚基金会出资，中华人民共和国教育部与李嘉诚基金会共同主办，中国科学技术协会承办的。由李嘉诚基金会出资 500 万元人民币，奖励近年来有优秀科技创新和科学发明成果、品学兼优的中国内地及香港、澳门特别行政区的初中、高中（包

括中等师范学校、中等专业学校、职业中学、技工学校）的在校学生及其所在学校。旨在培养青少年的创新精神和创新能力，奖励优秀的青少年科技爱好者，从而推动广大青少年学习科学知识和科学方法，树立科学思想和科学精神，进一步促进青少年科技教育活动蓬勃发展。该奖设一等奖1名，奖励学生个人5万元人民币，奖励其所在学校20万元人民币；二等奖25名；三等奖50名；提名奖100名。

中华环境奖（创办于2000年）
主办单位：中华环境保护基金会

该奖是中华环境保护基金会于2000年创立的。主要授予那些为中国环境事业作出突出贡献者。旨在提高全民族环境意识，促进中国环境保护和可持续发展。每届获奖者不超过5名，每名获奖者奖励50万元人民币。

中华医学科技奖（创办于2001年）
主办单位：中华医学会

该奖是中华医学会于2001年面向全国医药卫生行业设立的科技奖。它是经卫生部、科技部批准的全国首批社会力量设立的26个奖项之一。旨在奖励医学科学技术领域有杰出贡献的个人和集体。该奖内容涉及医药领域里的自然、科学、技术发明、科学进步等。设有一、二、三等奖。每年评奖一次。

中国药学发展奖（创办于2001年）
主办单位：中国科学技术发展基金会　药学发展基金委员会

该奖于2001年由中国国家科学技术奖奖励工作办公室正式批准设立，是全国医药两大领域奖项之一。旨在奖励在推动中国药学事业的发展中作出突出贡献的研究人员。根据药学发展基金章程规定，中国药学发展奖包括特别贡献奖、中药奖、生物技术药品奖、药物化学奖、药理学奖、药剂学奖、药物分析奖、医院药学管理奖和药学企业管理奖。

中国电力科学技术奖（创办于2001年）
主办单位：中国国家电力公司

该奖项是经国家科技奖励主管部门批准，由中国国家电力公司于2001年设立的。旨在奖励在中国电力科学技术进步活动中作出重要贡献的单位和个人，充分发挥广大科学技术人员的积极性和创造性，促进电力科学技术的发展，提高国家电力公司的综合实力。每年奖励一次。设有三个奖励等级（一、二、三等）。每年奖励项目总数不超过100项。

中国机械工业科学技术奖（创办于2001年）
主办单位：中国机械工业联合会　中国机械工程学会

该奖是经国家批准，由中国机械工业联合会和中国机械工程学会于2001年共同设立。旨在更好地贯彻《国家科学技术奖励条例》和组织社会力量支持中国的科学技术事业，进一步调动机械工业广大科技人员的积极性和创造性，促使科技工作更好地与经济建设相结合，加快高新技术和产品的推广，促进机械工业科技进步与振兴。该奖分一、二、三等奖。每年评审一次，对获奖项目颁发奖状、证书，并在评审基础上择优推荐申报国家奖。

中国有色金属工业科学技术奖（创办于2001年）
主办单位：中国有色金属工业协会　中国有色金属学会

该奖是经国家科学技术奖励工作办公室批准，由中国有色金属工业协会和中国有色金属学会于2001年设立的。旨在贯彻国家尊重知识、尊重人才的方针，鼓励自主创新、攀登科学技术高峰，促进科学研究、技术开发与经济社会发展密切结合，促进有色金属工业可持续发展战略的实施。其奖励基金主要由支持和关心中国有色金属工业科学技术事业发展的有色金属行业国内外企事业单位及个人所捐赠。每年评审一次。包括技术发明奖和科学技术进步奖，分一、二、三等奖，每年奖励项目不超过100项。

中国石油和化学工业科学技术奖（创办于2001年）
主办单位：中国石油和化学工业协会

该奖由中国石油和化学工业协会于2001年设立。授予在技术发明、科技进步等方面作出突出贡献的科技工作者和单位。奖励重点为对石油和化工的发展以及科学技术进步有重大促进作用，具有重大经济、社会、环境保护效益的科技成果；自主创新和拥有自主知识产权的科技成果；以企业为主体研究、开发，并对企业提高经济效益和市场竞争力产生重大作用的科技成果。该奖项包括技术发明奖和科技进步奖。科技进步奖奖励范围：研制、开发的新技术和新工艺，应用和推广的先进科学技术成果，完成的重大科学技术工程、计划和项目。技术发明奖奖励范围：运用科学技术知识在产品、工艺、材料及其系统研究中的重大技术发明。

中国少年儿童海尔科技奖（创办于2002年）

主办单位：中国少年先锋队全国委员会　海尔集团　中国少年科学院

该奖又称中国少年儿童诺贝尔奖，于2002年由中国少年先锋队全国工作委员会、海尔集团和中国少年科学院共同设立，每年举办一次。它是中国少年科技奖的最高奖项。该奖共设三个等次：其中创新奖10名，各奖励人民币10 000元；优秀奖20名，各奖励人民币5 000元；希望奖300名，各奖励人民币1 000元。每年总共50万元人民币的大奖将颁发给全国6～16周岁范围内的"儿童发明家"。

中国公路学会科学技术奖（创办于2002年）

主办单位：中国公路学会

该奖是国家科学技术奖励工作办公室按照科学技术部发布的《社会力量设立科学技术奖管理办法》的规定，于2002年批准中国公路学会设立的。它主要授予在公路交通科学技术进步中作出贡献的个人和组织。旨在调动公路交通行业从事科学研究、技术创新与开发人员的积极性，促进公路交通科学事业的发展。该奖设一、二、三等奖，每年奖励一次。

中国航海学会科学技术奖（创办于2002年）

主办单位：中国航海学会

该奖是经中国科学技术奖励工作办公室批准，由中国航海学会于2002年设立。奖励范围和对象：航海领域中对决策和管理提供理论和实践依据与方法的软科学研究；应用于航海领域现代化建设的优秀科学成果、标准化和科技情报研究成果；在航海领域的技术改造，重大工程设计，建设和运输、安全生产中，推广、采用、消化、吸收国内外已有的先进科学技术成果中取得成绩的个人和组织。旨在促进科技成果商品化和产业化，加速中国航海领域可持续发展战略的实施。该奖设一、二、三等奖。每年评定一次。

中国煤炭工业科学技术奖（创办于2002年）

主办单位：中国煤炭学会　中国煤炭工业协会

该奖是由中国煤炭学会和中国煤炭工业协会于2002年联合设立的。本奖主要对煤炭工业技术发明成果，推动煤炭工业技术进步的应用开发成果，以及实现煤炭工业科技成果转化的推广应用成果进行奖励。旨在贯彻《国家科学技术奖励条例》和中国科学技术部《社会力量设立科学技术奖励管理办法》，奖励在煤炭工业科技工作中作出突出贡献的科技人员和单位。该奖设一、二、三等奖。每年奖励一次。

中国发明创业奖（创办于2005年）

主办单位：中国发明协会

该奖由科技部批准，由中国发明协会于2005年设立，是目前中国唯一一个以调动群众发明创造积极性为目的的综合性科技奖项，是首个为发明家设立的国家最高奖项。它主要奖励有重要技术发明和创新以及有自主知识产权而且在产业化应用方面作出重大贡献的发明人。其宗旨是贯彻尊重老幼、尊重知识、尊重人才、尊重创造的方针，不断增强全社会的创造力，动员广大群众关心、支持和参与科技创新。该奖每年奖励50人，其中对某个行业或领域有重要贡献的获奖者被评为特等奖，授予"当代发明家"的称号。

科普活动日（Popular Science Days）

（按活动日时间排序）

1月最后一个星期日　世界防治麻风病日　1954年，世界卫生组织为了广泛宣传麻风知识，消除人们对麻风的误解，改善麻风病人的生活待遇，促进消灭麻风病的伟大事业的发展，决定将每年1月的最后一个星期日定为"世界防治麻风病日"。中国麻风防治协会于1987年11月27日决定，自1988年起国际防治麻风病日也同时作为中国的防治麻风病日。

2月2日　世界湿地日　1996年3月在澳大利亚布里斯班召开了第六届缔约方大会，大会通过了1997~2002年战略计划。1996年10月常委会通过决议，宣布每年2月2日为"世界湿地日"。旨在提高人们保护湿地的意识。利用这一天，政府机构、组织和公民可以采取大大小小的行动来提高公众对湿地价值和效益的认识。

3月3日　中国爱耳日　1998年3月，在中国政协第九届全国委员会第一次会议上，社会福利组的15名委员针对中国耳聋发病率高、数量多、危害大、预防薄弱这一现实，提出了《关于建议确立爱耳日宣传活动》的第2330号提案。这一提案引起了有关部门的高度重视，经中国残疾人联合会、卫生部、教育部、民政部、国家计划生育委员会、国家广播电影电视总局、国家质量技术监督局、国家药品监督管理局、全国妇联、中国老龄协会等10个部门共同商定，确定每年3月3日为"全国爱耳日"。

3月12日　中国植树节　中国的植树节，因时代的演变，先后作了三次修订。孙中山先生是中国近代史上最早意识到森林的重要意义而倡导植树造林的人。在他的倡议下，以每年清明节为植树节，指定地点，选择树种，全国各级政府、机关、学校参加，举行植树节典礼并从事植树活动。北伐后，国民政府行政院农矿部遵照孙中山先生遗训，积极提倡造林，于1930年2月呈准行政院及国民政府，自3月9日至15日一周时间为"造林运动宣传周"，于12日孙中山先生逝世纪念日举行植树式。北方地区因3月初旬寒气未消，还不适宜栽树的原因，特规定除植树式仍于3月12日举行外，造林宣传运动周延至清明节进行。中华人民共和国成立后，1979年2月在中国第五届全国

人民代表大会常务委员会第六次会议上，林业总局提请审议《森林法（试行草案）》和对"决定以每年3月12日为我国植树节"进行说明后，大会予以通过。1981年12月13日，五届全国人大四次会议讨论通过了《关于开展全民义务植树运动的决议》。从此，全民义务植树运动作为一项法律开始在中国实施。次年，中国国务院颁布了《关于开展全民义务植树运动的实施办法》。

3月22日　世界水日　1993年1月18日，第47届联合国大会作出决议，确定每年的3月22日为"世界水日"。旨在推动水资源进行综合性统筹规划和管理，加强水资源保护，解决日益严峻的缺水问题，增强公众对开发和保护水资源的意识。

3月23日　世界气象日　1960年，世界气象组织执行理事会决定把每年的3月23日定为世界性的纪念日，旨在广泛宣传气象工作的重要作用。所以，世界气象日实际上是世界气象组织成立的纪念日。

3月24日　世界防治结核病日　1982年，在世界卫生组织以及国际预防结核病和肺部疾病联盟的共同倡议下，把每年3月24日，即德国科学家罗伯特·科赫于1882年宣布人类发现了结核杆菌的时间，定为"世界防治结核病日"。旨在提醒公众加深对结核病的认识，以便患病后能够得到及时诊断和有效治疗。

4月2日　国际儿童图书日　国际儿童图书评议会决定，从1967年开始，将童话作家安徒生的诞生日——4月2日作为"国际儿童图书日"。实际上，这一活动日是国际少年儿童读物联盟最先发起的，定在每年的4月2日。这一天丹麦儿童文学大师安徒生会在全球无数小朋友的阅读中"重生"。

4月7日　世界卫生日　1946年7月22日，联合国经济与社会理事会在纽约举行了一次国际卫生大会，六十多个国家的代表签署了《世界卫生组织组织法》。《组织法》于1948年4月7日生效。为纪念《组织法》通过日，1948年6月，在日内瓦举行的联合国第一届世界卫生大会上正式成立世界卫生组织，并决定将每年的7月22日作为"世界卫生日"，倡议各国举行各种纪念活动。第二年，第二届世界

卫生大会考虑到每年7月份大部分国家的学校已放暑假，无法参与这一庆祝活动，规定从1950年起将4月7日作为全球性的"世界卫生日"。其宗旨是希望引起世界各国对卫生问题的重视，并动员世界各国人民普遍关心和改善当前的卫生状况，提高人类健康水平。

4月22日 世界地球日 1970年4月22日，美国首次举行了声势浩大的"地球日"活动，这是人类有史以来第一次规模宏大的群众性环境保护运动。1990年4月22日，全世界140多个国家2亿多人同时在各地举行多种多样的环境保护宣传活动。这项活动得到了联合国的首肯，从此"地球日"成为"世界地球日"。世界地球日活动旨在唤起人类爱护地球、保护家园的意识，促进资源开发与环境保护的协调发展。

4月23日 世界读书日 1995年，联合国教科文组织宣布4月23日为"世界读书日"。其目的是向全世界发出"走向阅读社会"的召唤，要求人人读书，使图书成为生活的必需品，让读书成为每个人日常生活中不可或缺的一部分。统计资料表明，自世界读书日宣布以来，至今已有超过100个国家或地区参与此项活动。在每年的4月23日，各国都把读书的宣传活动变成一个热热闹闹的欢乐节庆日子。

4月26日 世界知识产权日 1970年4月26日，《建立世界知识产权组织公约》正式生效。2000年10月，世界知识产权组织第35届成员大会系列会议，讨论了中国和阿尔及利亚于1999年在世界知识产权组织成员国大会上共同提出的关于建立"世界知识产权日"的提案，决定从2001年起将每年的4月26日定为"世界知识产权日"。目的是在世界范围内树立尊重知识、崇尚科学和保护知识产权的意识，营造鼓励知识创新和保护知识产权的法律环境。

5月17日 世界电信日 1969年5月17日，国际电信联盟第24届行政理事会正式通过决议，决定把国际电信联盟的成立日——5月17日定为"世界电信日"。旨在推动全球信息社会的发展，使日益发展的通信技术为全人类造福。并要求各会员国从1969年起，在每年5月17日开展纪念活动。1973年，国际电信联盟再次通过决议，要求各会员国继续开展各种纪念活动，活动方式可以多种多样。为了使纪念活动更有系统性，每年的世界电信日都有一个主题，中国每年也举行各种纪念电信日的活动。

5月18日 国际博物馆日 1977年，国际博物馆协会决定将以后每年的5月18日定为"国际博物馆日"，并为国际博物馆日确定每年的活动主题。旨在促进全球博物馆事业的健康发展，吸引全社会公众对博物馆事业的了解、参与和关注。

5月20日 中国学生营养日 自1990年开始，卫生部和教育部联合确定将每年的5月20日作为"中国学生营养日"。目的是在学生和家长中普及营养知识，倡导合理营养、平衡膳食，预防青少年营养不良和营养过剩。

5月22日 国际生物多样性日 1992年在巴西首都里约热内卢召开的联合国环境与发展大会上，153个国家签署了《生物多样性公约》，并于1993年12月29日生效。缔约国第一次会议于1994年11月在巴哈马召开，会议建议《公约》生效的时间（12月29日）为"国际生物多样性日"，旨在保护全球的生物多样性。1994年12月29日，联合国大会49/119号决议案宣布12月29日为"国际生物多样性日"。2001年5月17日，根据第55届联合国大会第201号决议，国际生物多样性日改为每年5月22日。

5月31日 世界无烟日 1987年11月，联合国世界卫生组织建议将每年的4月7日定为"世界无烟日"，并于1988年开始执行。但因4月7日是世界卫生组织成立的纪念日，每年的这一天，世界卫生组织都要提出一项保健要求的主题。为了不干扰其卫生主题的提出，世界卫生组织决定，从1989年起将每年的5月31日定为"世界无烟日"。其目的在于引起国际社会对烟草危害人类健康的重视。

5月的第三周 中国科技活动周 2001年3月22日，中国国务院决定将每年5月的第三周定为"科技活动周"，在全国开展群众性科学技术活动。其目的是全面实施科教兴国战略，推动全社会科技进步，及时宣传党和国家关于科技工作的方针政策，在全社会弘扬科学发展的精神。

5月第三个星期二 国际牛奶日 1961年5月，国际牛奶业联合会在德国举行了第一个庆祝"牛奶日"活动，并决定将每年5月的第三个星期二为"国际牛奶日"。目的是以多种形式向消费者介绍牛奶生产情况，直接了解消费者对牛奶生产和乳制品加工的要求。"国际牛奶日"活动的一项重要内容是宣传牛奶的营养价值和对人体健康的重要性。

6月5日 世界环境日 1972年，联合国在瑞典斯德哥尔摩召开了有113个国家参加的"联合国人类环境会议"。会议讨论了保护全球环境的行动计划，通过了《人类环境宣言》。会议建议联合国大会将这次会议开幕日（6月5日）定为"世界环境日"。同年10月，联合国大会第27届会议接受了这项建议，要求以后每逢"世界环境日"，世界各国都开展群众性的环境保护宣传纪念活动。其目的在于唤起全世界人民都来注意保护人类赖以生存的环境，自觉参与保护环境的各项活动，同时要求各国政府和联合国成员单位为推进环境保护进程作出贡献。

6月6日 中国爱眼日 1996年，中国卫生部、教委、团中央、中残联等12个部委联合发出通知，将爱眼日活动列为国家节日之一，并重新确定每年的6月6日为"全国爱眼日"。其目的是号召全社会各界人士和各界力量，以各种形式大力宣传眼睛的保健知识，大力开展爱护眼睛的爱眼活动，树立全民爱眼意识。

6月17日 世界防治荒漠化和干旱日 1994年12月19日，联合国大会通过了49/115号决议，宣布6月17日为"世界防治荒漠化日"（世界防治荒漠化和干旱日）。旨在有效提高世界各地公众对执行与自己和后代密切相关的"防治荒漠化公约"重要性的认识，加强国际联合防治荒漠化行动，迎合国际社会对执行公约及其附件的强烈愿望，以及纪念国际社会达成防治荒漠化公约共识的日子。

6月25日 中国土地日 1991年5月24日，国务院第83次常务会议决定，为了深入宣传贯彻《土地管理法》，坚定不移地实行"十分珍惜和合理利用土地，切实保护耕地"的基本国策，确定每年6月25日，即《土地管理法》颁布的纪念日为"全国土地日"。1991年6月25日是第一个"全国土地日"。这标志着中国成为世界上第一个为保护土地而设立专门纪念日的国家。

6月26日 国际禁毒日（国际反毒品日） 1987年6月12日至26日，联合国在维也纳召开了有138个国家的3 000多名代表参加的麻醉品滥用和非法贩运问题部长级会议。会议提出了"爱生命，不吸毒"的口号，与会代表一致同意将每年6月26日定为"国际禁毒日"，以引起世界各国对毒品问题的重视，号召全球人民共同来抵御毒品的危害。同年12月，第42届联合国大会通过决议，决定把每年的6月26日定为"反麻醉品的滥用和非法贩运国际日"（即"国际禁毒日"）。

7月11日 世界人口日 为了引起国际社会对人口问题更深切的关注，联合国人口基金决定从1988年起，把每年的7月11日定为"世界人口日"。其目的在于引起世界各国政府和人民对人口问题的重视。

7月11日 中国航海日 2005年，中国国务院决定自2005年起，每年7月11日为"航海日"，同时也作为"世界海事日"在中国的实施日期。旨在传承从郑和下西洋时开始的中国航海文化与航海文明。

7月18日 世界海洋日 1997年7月，联合国教科文组织通过了将"海洋–人类的共同遗产"作为"国际海洋年"的主题的建议，要求各国以各种形式积极参与国际海洋年的活动，并将7月18日定为"世界海洋日"。其目的在于引起人们对船只安全、海洋环境和国际海事组织的重视。

9月8日 国际扫盲日 1966年，联合国教科文组织第14次大会决定，把每年的9月8日定为"国际扫盲日"。其目的是动员世界各国和有关国际机构同文盲现象作斗争，并希望通过国际扫盲日活动推动扫盲工作的开展，使各国适龄儿童都能上学，在校学生不过早辍学，成年文盲有受教育机会。

9月16日 国际臭氧层保护日 1995年1月23日，联合国大会决定，每年的9月16日为"国际保护臭氧层日"。旨在唤起人们保护臭氧层的意识，并采取协调一致的行动以保护地球环境和人类的健康。

9月20日 中国爱牙日 1989年，中国卫生部、原国家教育委员会等部委联合签署文件，确定每年的9月20日为"全国爱牙日"。其宗旨是通过这一活动，广泛动员社会力量，在群众中进行牙病防治知识的普及教育，树立口腔健康观念和增强自我口腔保健意识，规范口腔保健行为，从而提高全民族的口腔健康水平。

9月的第三周公休日 中国科普日 中国科学技术协会决定，从2005年开始，以后每年9月的第三周公休日举办全国科普日活动。旨在进一步宣传落实《中华人民共和国科学技术普及法》，大力宣传科学发展观，努力提高全民族科学文化素质，以期在全社会营造相信科学、热爱科学、运用科学的良好氛围。

9月最后一个星期日 世界心脏日 世界心脏联盟确定每年9月的最后一个星期日为"世界心脏日"。目的在于提高人们对心血管病及其危险因素（缺乏运动、吸烟等）的认识，同时将其作为预防心血管疾病的手段，以开展控制该病危险因素的宣教活动。

10月8日　中国高血压日　1998年，中国卫生部决定将中国每年的10月8日定为"全国高血压日"。旨在提高广大群众对高血压危害的认识，动员全社会都来参与高血压病预防和控制工作，普及高血压病防治知识。

10月13日　国际标准时间日　1884年10月13日，国际天文学家代表会议决定，以经过格林尼治的经线为本初子午线，作为计算地理经度的点，也是世界标准"时区"的起点。把10月13日定为"国际标准时间日"。格林尼治位于伦敦东南的泰晤士河畔，英国皇家天文台曾经设在这里。第二次世界大战以后，格林尼治虽然已经迁到东南沿海的赫斯特孟骚，但天文台的旧址仍然继续用作零度经线的地点。

10月14日　世界标准日　该日是国际标准化组织于1969年成立的纪念日。目的在于提高人们对国际标准化在世界经济活动中重要性的认识，以促进国际标准化工作适应世界范围内的商业、工业、政府和消费者的需要。

10月16日　世界粮食日　1979年11月，第20届联合国粮农组织大会决定将1981年10月16日确定为首届"世界粮食日"。目的在于提高公众对于世界粮食问题的认识，加强全世界的团结，共同与饥饿、营养不良和贫穷作斗争。

10月24日　世界发展信息日　1972年，联合国大会确定每年的10月24日为"世界发展信息日"。旨在改进传播信息工作，特别是在青年中间，应增进人们对发展问题的认识，从而促进国际合作。

10月第一个星期一　世界建筑日　1985年6月9日，国际建筑师协会决定，将每年的7月1日定为"世界建筑节"。旨在促进建筑事业的共同进步和感谢那些为人类创造了生活空间的人们。1985年联合国全体代表大会决定设立"世界人居日"，即每年10月的第一个星期一。1996年国际建筑师协会代表大会通过决议，"世界建筑日"将与联合国的"世界人居日"同期举行庆祝活动，"世界建筑日"也将时间定为每年10月的第一个星期一。

10月第二个星期三　国际减轻自然灾害日　1989年12月，第44届联合国大会通过了经济与社会理事会关于国际减轻自然灾害十年的报告，决定从1990年至1999年开展"国际减轻自然灾害十年"活动，规定每年10月的第二个星期三为"国际减轻自然灾害日"，以适合"十年"的目标和目的的方式纪念该国际日。"减灾十年"结束后，联合国大会决定继续开展"国际减轻自然灾害日"活动。

10月第二个星期四　世界视觉日　国际狮子会（一个全球性的慈善服务组织）在每年10月第二个星期四的这一天，在全球多个指定国家或地区，通过举行大型的义诊、报告会、教育讲座咨询、展览宣传等多种形式的活动，向人们普及眼保健知识，宣传保护视力的重要性、方法和策略。旨在在全世界各地提高公众对盲症和视力损害的认识，并获得知识和承诺以确保人人享受看得见的权利。

11月9日　中国消防宣传日（消防节）　中国国家公安部于1992年发出通知，决定将每年的11月9日定为"11.9消防宣传日"。旨在以"11.9消防宣传日"为契机，集中在一段时间开展形式多样、内容广泛的消防安全宣传活动，以提高全民消防安全意识，推动消防工作社会化的进程。中国原有的火警电话是"09"，20世纪70年代后期，根据标准化管理的要求，中国火警电话号码统一定为"119"，是汉语"要要救"的谐音。

12月1日　世界艾滋病日　世界卫生组织于1988年1月决定把1988年作为全球防艾滋病年，把每年12月1日作为全世界宣传防治艾滋病的日子，即"世界艾滋病日"（更确切地说是"世界同艾滋病作斗争日"）。旨在号召全世界人民行动起来，共同对抗艾滋病。

基本常数表

圆周率	$\pi = 3.141\ 5927$
自然对数的底	$e = 2.718\ 281\ 8$
真空中光速	$c = 2.997\ 924\ 58 \times 10^8$ 米·秒$^{-1}$
基本电荷	$e = 1.602\ 177\ 33 \times 10^{-19}$ 库
原子质量单位	$u = 1.660\ 540\ 2 \times 10^{-27}$ 千克
法拉第常数	$F = 9.648\ 530\ 9 \times 10^4$ 库·摩$^{-1}$
标准大气压	$P_o = 101\ 325$ 帕
水的三相点温度	$t_o = 273.16$ 开 $= 0.01℃$
绝对零度	$T_o = -273.15℃$

天文数据表

天文一般数据

1 天文单位	$1.495\ 978\ 7 \times 10^{11}$ 米
1 光年	$9.460\ 5 \times 10^{15}$ 米 $= 6.324 \times 10^4$ 天文单位
黄赤交角 (2000 年 1 月 1.5 日)	$23°\ 26'\ 21.448''$
1 恒星日	$0.997\ 269\ 57$ 平太阳日 $= 23$ 时 56 分 04.090 8 秒（平太阳时）
1 恒星月	$27.321\ 662$ 平太阳日 $= 27$ 日 7 时 43 分 11.6 秒（平太阳时）
1 恒星年	$365.256\ 36$ 平太阳日
1 回归年	$365.242\ 20$ 平太阳日

太阳数据

日地平均距离	1 天文单位 $= 1.495\ 978\ 7 \times 10^{11}$ 米
日地最近距离	1.4710×10^{11} 米
日地最远距离	1.5210×10^{11} 米
太阳直径	$1\ 392\ 000$ 公里
太阳表面积	6.087×10^{12} 平方千米
太阳体积	1.414×10^{18} 立方千米
太阳质量	$1.989\ 1 \times 10^{33}$ 克
太阳平均密度	1.41 克·厘米$^{-3}$
太阳表面有效温度	$5\ 770K$
太阳中心温度	$1.5 \times 10^7 K$
太阳年龄	约 5×10^9 年
太阳活动周期的平均长度	11.04 年

地球数据

地球半径：

赤道半径	6 378.140 千米
极半径	6 356.755 千米
平均半径	6 371.004 千米

赤道周长	40 075.04 千米
地球表面积	5.11×10^8 平方千米
陆地面积	1.49×10^8 平方千米（为地球表面积的 29.2%）
海洋面积	3.62×10^8 平方千米（为地球表面积的 70.8%）
地球体积	1.083×10^{12} 立方千米
地球质量	$5.974\,2 \times 10^{27}$ 克
地球平均密度	5.52 克·厘米$^{-3}$
地球年龄	约 4.6×10^9 年

月球数据

月地平均距离	384 401 千米 =0.002 57 天文单位
	=60.268 5 地球赤道半径
近地点平均距离	363 300 千米
远地点平均距离	405 500 千米
月球直径	3 476 千米
月球表面积	0.38×10^8 平方千米
	（约为地球表面积的 1/13）
月球体积	2.200×10^{10} 立方千米
月球质量	7.3483×10^{25} 克
月球平均密度	3.34 克·厘米$^{-3}$

月球表面温度：

最高温度	+127℃
最低温度	−183℃

月球年龄	约 4.6×10^9 年

银河系数据

银河系主体直径	约 80 000 光年
银河系主体厚度	约 3 000～12 000 光年
太阳与银心距离	约 30 000 光年
太阳处银河系自转速度	约 250 千米/秒
太阳处银河系自转周期	约 2.5×10^8 年
银河系年龄	约 10^{10} 年

元素周期表

图例说明：

- 原子序数 → 92 **U** ← 元素符号
- 元素名称 → 铀
- 注 * 的是人造元素
- $5f^36d^17s^2$ ← 外围电子层排布，括号指可能的电子层排布
- 238.0 ← 相对原子质量

周期 \ 族	IA 1	IIA 2	IIIB 3	IVB 4	VB 5	VIB 6	VIIB 7	VIII 8	VIII 9	VIII 10	IB 11	IIB 12	IIIA 13	IVA 14	VA 15	VIA 16	VIIA 17	0 18
1	1 H 氢 $1s^1$ 1.008																	2 He 氦 $1s^2$ 4.003
2	3 Li 锂 $2s^1$ 6.941	4 Be 铍 $2s^2$ 9.012											5 B 硼 $2s^22p^1$ 10.81	6 C 碳 $2s^22p^2$ 12.01	7 N 氮 $2s^22p^3$ 14.01	8 O 氧 $2s^22p^4$ 16.00	9 F 氟 $2s^22p^5$ 19.00	10 Ne 氖 $2s^22p^6$ 20.18
3	11 Na 钠 $3s^1$ 22.99	12 Mg 镁 $3s^2$ 24.31											13 Al 铝 $3s^23p^1$ 26.98	14 Si 硅 $3s^23p^2$ 28.09	15 P 磷 $3s^23p^3$ 30.97	16 S 硫 $3s^23p^4$ 32.06	17 Cl 氯 $3s^23p^5$ 35.45	18 Ar 氩 $3s^23p^6$ 39.95
4	19 K 钾 $4s^1$ 39.10	20 Ca 钙 $4s^2$ 40.08	21 Sc 钪 $3d^14s^2$ 44.96	22 Ti 钛 $3d^24s^2$ 47.87	23 V 钒 $3d^34s^2$ 50.94	24 Cr 铬 $3d^54s^1$ 52.00	25 Mn 锰 $3d^54s^2$ 54.94	26 Fe 铁 $3d^64s^2$ 55.85	27 Co 钴 $3d^74s^2$ 58.93	28 Ni 镍 $3d^84s^2$ 58.69	29 Cu 铜 $3d^{10}4s^1$ 63.55	30 Zn 锌 $3d^{10}4s^2$ 65.41	31 Ga 镓 $4s^24p^1$ 69.72	32 Ge 锗 $4s^24p^2$ 72.64	33 As 砷 $4s^24p^3$ 74.92	34 Se 硒 $4s^24p^4$ 78.96	35 Br 溴 $4s^24p^5$ 79.90	36 Kr 氪 $4s^24p^6$ 83.80
5	37 Rb 铷 $5s^1$ 85.47	38 Sr 锶 $5s^2$ 87.62	39 Y 钇 $4d^15s^2$ 88.91	40 Zr 锆 $4d^25s^2$ 91.22	41 Nb 铌 $4d^45s^1$ 92.91	42 Mo 钼 $4d^55s^1$ 95.94	43 Tc 锝 $4d^55s^2$ [98]	44 Ru 钌 $4d^75s^1$ 101.1	45 Rh 铑 $4d^85s^1$ 102.9	46 Pd 钯 $4d^{10}$ 106.4	47 Ag 银 $4d^{10}5s^1$ 107.9	48 Cd 镉 $4d^{10}5s^2$ 112.4	49 In 铟 $5s^25p^1$ 114.8	50 Sn 锡 $5s^25p^2$ 118.7	51 Sb 锑 $5s^25p^3$ 121.8	52 Te 碲 $5s^25p^4$ 127.6	53 I 碘 $5s^25p^5$ 126.9	54 Xe 氙 $5s^25p^6$ 131.3
6	55 Cs 铯 $6s^1$ 132.9	56 Ba 钡 $6s^2$ 137.3	57~71 La~Lu 镧系	72 Hf 铪 $5d^26s^2$ 178.5	73 Ta 钽 $5d^36s^2$ 180.9	74 W 钨 $5d^46s^2$ 183.8	75 Re 铼 $5d^56s^2$ 186.2	76 Os 锇 $5d^66s^2$ 190.2	77 Ir 铱 $5d^76s^2$ 192.2	78 Pt 铂 $5d^96s^1$ 195.1	79 Au 金 $5d^{10}6s^1$ 197.0	80 Hg 汞 $5d^{10}6s^2$ 200.6	81 Tl 铊 $6s^26p^1$ 204.4	82 Pb 铅 $6s^26p^2$ 207.2	83 Bi 铋 $6s^26p^3$ 209.0	84 Po 钋 $6s^26p^4$ [209]	85 At 砹 $6s^26p^5$ [210]	86 Rn 氡 $6s^26p^6$ [222]
7	87 Fr 钫 $7s^1$ [223]	88 Ra 镭 $7s^2$ [226]	89~103 Ac~Lr 锕系	104 Rf 鑪* $(6d^27s^2)$ [261]	105 Db 𨧀* $(6d^37s^2)$ [262]	106 Sg 𨭎* [266]	107 Bh 𨨏* [264]	108 Hs 𨭆* [277]	109 Mt 䥑* [268]	110 Uun 鐽* [281]	111 Uuu * [272]	112 Uub * [285]						

镧系

57 La 镧 $5d^16s^2$ 138.9	58 Ce 铈 $4f^15d^16s^2$ 140.1	59 Pr 镨 $4f^36s^2$ 140.9	60 Nd 钕 $4f^46s^2$ 144.2	61 Pm 钷 $4f^56s^2$ [145]	62 Sm 钐 $4f^66s^2$ 150.4	63 Eu 铕 $4f^76s^2$ 152.0	64 Gd 钆 $4f^75d^16s^2$ 157.3	65 Tb 铽 $4f^96s^2$ 158.9	66 Dy 镝 $4f^{10}6s^2$ 162.5	67 Ho 钬 $4f^{11}6s^2$ 164.9	68 Er 铒 $4f^{12}6s^2$ 167.3	69 Tm 铥 $4f^{13}6s^2$ 168.9	70 Yb 镱 $4f^{14}6s^2$ 173.0	71 Lu 镥 $4f^{14}5d^16s^2$ 175.0

锕系

89 Ac 锕 $6d^17s^2$ [227]	90 Th 钍 $6d^27s^2$ 232.0	91 Pa 镤 $5f^26d^17s^2$ 231.0	92 U 铀 $5f^36d^17s^2$ 238.0	93 Np 镎 $5f^46d^17s^2$ [237]	94 Pu 钚 $5f^67s^2$ [244]	95 Am 镅* $5f^77s^2$ [243]	96 Cm 锔* $5f^76d^17s^2$ [247]	97 Bk 锫* $5f^97s^2$ [247]	98 Cf 锎* $5f^{10}7s^2$ [251]	99 Es 锿* $5f^{11}7s^2$ [252]	100 Fm 镄* $5f^{12}7s^2$ [257]	101 Md 钔* $(5f^{13}7s^2)$ [258]	102 No 锘* $(5f^{14}7s^2)$ [259]	103 Lr 铹* $(5f^{14}6d^17s^2)$ [262]

0 族电子数（电子层）：

元素	K	L	M	N	O	P
He	2					
Ne	2	8				
Ar	2	8	8			
Kr	2	8	18	8		
Xe	2	8	18	18	8	
Rn	2	8	18	32	18	8

注：相对原子质量录自 2001 年国际原子量表，并全部取 4 位有效数字。

计 量 单 位 表

Ⅰ.中华人民共和国法定计量单位表

表1　国际单位制的基本单位

量的名称	单位名称	单位符号
长度	米	m
质量	千克（公斤）	kg
时间	秒	s
电流	安[培]	A
热力学温度	开[尔文]	K
物质的量	摩[尔]	mol
发光强度	坎[德拉]	cd

表2　国际单位制中包括辅助单位在内的具有专门名称的导出单位

量的名称	单位名称	单位符号	其他表示式例
平面角	弧度	rad	1
立体角	球面度	sr	1
频率	赫[兹]	Hz	s^{-1}
力	牛[顿]	N	$kg \cdot m/s^2$
压力，压强，应力	帕[斯卡]	Pa	N/m^2
能[量]，功，热量	焦[耳]	J	$N \cdot m$
功率，辐[射能]通量	瓦[特]	W	J/s
电荷[量]	库[仑]	C	$A \cdot s$
电压，电动势，电位，（电势）	伏[特]	V	W/A
电容	法[拉]	F	C/V
电阻	欧[姆]	Ω	V／A
电导	西[门子]	S	$Ω^{-1}$
磁通[量]	韦[伯]	Wb	$V \cdot s$
磁通[量]密度，磁感应强度	特[斯拉]	T	Wb/m^2
电感	亨[利]	H	Wb/A
摄氏温度	摄氏度	℃	
光通量	流[明]	lm	$cd \cdot sr$
[光]照度	勒[克斯]	lx	lm/m^2
[放射性]活度	贝可[勒尔]	Bq	s^{-1}
吸收剂量，比授[予]能，比释动能	戈[瑞]	Gy	J/kg
剂量当量	希[沃特]	Sv	J/kg

表3 国家选定的非国际单位制单位

量的名称	单位名称	单位符号	换算关系和说明
时间	分	min	1min=60s
	[小]时	h	1h=60 min=3 600s
	日,(天)	d	1d=24h=86 400s
平面角	[角]秒	″	$1'' =(\pi /648\ 000)$rad
			(π 为圆周率)
	[角]分	′	$1'=60'' =(\pi /10\ 800)$rad
	度	°	$1°=60'=(\pi /180)$rad
旋转速度	转每分	r/min	$1r/min=(1/60)s^{-1}$
长度	海里	n mile	1n mile=1852m
			(只用于航程)
速度	节	kn	1kn=1n mile/h
			=(1852/3600)m/s
			(只用于航行)
质量	吨	t	$1t=10^3$kg
	原子质量单位	u	$1u \approx 1.660\ 540 \times 10^{-27}$kg
体积	升	L,(l)	$1L=1dm^3=10^{-3}m^3$
能	电子伏	eV	$1eV \approx 1.602\ 177 \times 10^{-19}$J
级差	分贝	dB	
线密度	特[克斯]	tex	$1tex=10^{-6}$kg/m
面积	公顷	hm^2	$1\ hm^2=10^4m^2$

表4　用于构成十进倍数和分数单位的词头

所表示的因数	词头名称	词头符号
10^{24}	尧[它]	Y
10^{21}	泽[它]	Z
10^{18}	艾[可萨]	E
10^{15}	拍[它]	P
10^{12}	太[拉]	T
10^{9}	吉[咖]	G
10^{6}	兆	M
10^{3}	千	k
10^{2}	百	h
10^{1}	十	da
10^{-1}	分	d
10^{-2}	厘	c
10^{-3}	毫	m
10^{-6}	微	μ
10^{-9}	纳[诺]	n
10^{-12}	皮[可]	p
10^{-15}	飞[母托]	f
10^{-18}	阿[托]	a
10^{-21}	仄[普托]	z
10^{-24}	幺[科托]	y

Ⅱ.非国际单位制单位与法定计量单位的对照换算表

量	非国际单位制单位		用法定计量单位表示的形式		换算关系
	单位名称	单位符号	单位名称	单位符号	
长度	公尺	M	米	m	1公尺=1米
	公寸		分米	dm	1公寸=1分米=10^{-1}米
	公分		厘米	cm	1公分=1厘米=10^{-2}米
	公厘	m/m,MM	毫米	mm	1公厘=1毫米=10^{-3}米
	公丝				1公丝=10^{-1}毫米
	丝米	dmm			1丝米=10^{-1}毫米
	忽米	cmm			1忽米=10^{-2}毫米
	公微	μ,mμ,μM	微米	μm	1公微=1微米
	毫微米	mμm	纳[诺]米	nm	1毫微米=1纳米=10^{-9}米
面积	平米		平方米	m^2	1平米=1米^2
	公亩	a			1公亩=10^2米^2
	亩				1亩=（10 000/15）米^2
体积，容积	公升		升	L（l）	1公升=1升
	立升		升	L（l）	1立升=1升
	立米，方	cum	立方米	m^3	1立米=1米^3
质量	公吨，米制吨	T	吨	t	1公吨=1吨
		KG,KGS,Kg	千克（公斤）	kg	1KG=1千克
	市担				1市担=50千克
	市斤				1市斤=0.5千克=500克
	市两				1市两=50克
	市钱				1市钱=5克
温度	开氏度	°K	开[尔文]	K	1开氏度=1开
	绝对度	°K			1绝对度=1开
	度	deg	摄氏度，开[尔文]	℃，K	1度=1开=1摄氏度（温差）
	华氏度	°F			1华氏度=0.555 556开
	列氏度	°R			1列氏度=1.25摄氏度
力	千克，公斤	kg	牛[顿]	N	
	千克力，公斤力	kgf			1千克力=9.806 65牛
	吨力	tf			1吨力=9.806 65千牛
	达因	dyn			1达因=10^{-5}牛
能[量]，功，热量	绝对焦耳	J_{abs}	焦[耳]	J	1绝对焦耳=1焦
	国际焦耳	J_{int}			1国际焦耳≈1.000 19焦
	尔格	erg			1尔格=10^{-7}焦
	热化学卡	cal_{th}			1cal_{th}=4.184焦
	升大气压	L·atm			1升大气压=101.325焦
	升工程大气压	L·at			1升工程大气压=98.066 5焦

续 表

量	非国际单位制单位		用法定计量单位表示的形式		换算关系
	单位名称	单位符号	单位名称	单位符号	
压力，压强，应力	标准大气压	atm			1 标准大气压 =101.325 千帕
	工程大气压	at，kgf/cm²			1 工程大气压 =98.066 5 千帕
	毫米水柱	mmH₂O			1 毫米水柱 =9.806 65 帕
	毫米汞柱	mmHg			1 毫米汞柱 ≈ 133.322 帕
动力黏度	泊	P	帕[斯卡]秒	Pa·s	1 泊 =10^{-1} 帕·秒
	厘泊	cP			1 厘泊 =10^{-3} 帕·秒 =1 毫帕·秒
功 率	绝对瓦特	W$_{abs}$	瓦[特]	W	1 绝对瓦特 =1 瓦
	国际瓦特	W$_{int}$			1 国际瓦特 ≈ 1.000 19 瓦
	卡每秒	cal/s			1 卡 / 秒 =4.186 8 瓦
电 流		a，amp	安[培]	A	1amp=1 安
	绝对安培	A$_{abs}$			1 绝对安培 =1 安
	国际安培	A$_{int}$			1 国际安培 ≈ 0.999 85 安
	静安，静电安培	sA			1 静安 ≈ 3.335 64 × 10^{-10} 安
电 压	绝对伏特	V$_{abs}$	伏[特]	V	1 绝对伏特 =1 伏
	国际伏特	V$_{int}$			1 国际伏特 ≈ 1.000 34 伏
	静伏，静电伏特	sV			1 静伏 ≈ 2.997 925 × 10^2 伏
电 阻	绝对欧姆	Ω$_{abs}$	欧[姆]	Ω	1 绝对欧姆 =1 欧
	国际欧姆	Ω$_{int}$			1 国际欧姆 ≈ 1.000 49 欧
	静欧，静电欧姆	sΩ			1 静欧 ≈ 8.987 55 × 10^{11} 欧
电荷[量]	绝对库仑	C$_{abs}$	库[仑]	C	1 绝对库仑 =1 库
	国际库仑	C$_{int}$			1 国际库仑 ≈ 0.999 85 库
	静库，静电库仑	sC			1 静库 ≈ 3.335 64 × 10^{-10} 库
电 容	绝对法拉	F$_{abs}$	法[拉]	F	1 绝对法拉 =1 法
	国际法拉	F$_{int}$			1 国际法拉 ≈ 0.999 51 法
	静法，静电法拉	sF			1 静法 ≈ 1.112 65 × 10^{-12} 法
磁场强度	奥斯特	Oe	安[培]每米	A/m	1 奥斯特 =$\frac{1000}{4\,\text{Ⅱ}}$ 安 / 米
	楞次				1 楞次 =1 安 / 米
[放射性]活度	居里	Ci	贝可[勒尔]	Bq	1 居里 =3.7 × 10^{10} 贝可
物质的量	克原子，克分子，克当量		摩[尔]	mol	
吸收剂量	拉德	red	戈[瑞]	Gy	1 拉德 =10^{-2} 戈
剂量当量	雷姆	rem	希[沃特]	Sv	1 雷姆 =10^{-2} 希
照 射 量	伦琴	R	库[仑]每千克	C/kg	1 伦琴 =2.58 × 10^{-4} 库 / 千克

词目汉语拼音索引

H

科技规划

(Scientific and Technological Plan)

国家中长期科学和技术发展规划纲要（2006—2020年）

中华人民共和国国务院 2006 年 2 月 9 日发布

目 录

（18）畜禽水产健康养殖与疫病防控

（19）农产品精深加工与现代储运

（20）农林生物质综合开发利用

（21）农林生态安全与现代林业

（22）环保型肥料、农药创制和生态农业

（23）多功能农业装备与设施

（24）农业精准作业与信息化

（25）现代奶业

5．制造业

（26）基础件和通用部件

（27）数字化和智能化设计制造

（28）流程工业的绿色化、自动化及装备

（29）可循环钢铁流程工艺与装备

（30）大型海洋工程技术与装备

（31）基础原材料

（32）新一代信息功能材料及器件

（33）军工配套关键材料及工程化

6．交通运输业

（34）交通运输基础设施建设与养护技术及装备

（35）高速轨道交通系统

（36）低能耗与新能源汽车

（37）高效运输技术与装备

（38）智能交通管理系统

（39）交通运输安全与应急保障

7．信息产业及现代服务业

（40）现代服务业信息支撑技术及大型应用软件

（41）下一代网络关键技术与服务

（42）高效能可信计算机

（43）传感器网络及智能信息处理

（44）数字媒体内容平台

（45）高清晰度大屏幕平板显示

（46）面向核心应用的信息安全

8．人口与健康

（47）安全避孕节育与出生缺陷防治

（48）心脑血管病、肿瘤等重大非传染疾病防治

（49）城乡社区常见多发病防治

（50）中医药传承与创新发展

（51）先进医疗设备与生物医用材料

9．城镇化与城市发展

(52) 城镇区域规划与动态监测

(53) 城市功能提升与空间节约利用

(54) 建筑节能与绿色建筑

(55) 城市生态居住环境质量保障

(56) 城市信息平台

10．公共安全

(57) 国家公共安全应急信息平台

(58) 重大生产事故预警与救援

(59) 食品安全与出入境检验检疫

(60) 突发公共事件防范与快速处置

(61) 生物安全保障

(62) 重大自然灾害监测与防御

11．国防

四、重大专项

五、前沿技术

1．生物技术

(1) 靶标发现技术

(2) 动植物品种与药物分子设计技术

(3) 基因操作和蛋白质工程技术

(4) 基于干细胞的人体组织工程技术

(5) 新一代工业生物技术

2．信息技术

(6) 智能感知技术

(7) 自组织网络技术

(8) 虚拟现实技术

3．新材料技术

(9) 智能材料与结构技术

(10) 高温超导技术

(11) 高效能源材料技术

4．先进制造技术

(12) 极端制造技术

(13) 智能服务机器人

(14) 重大产品和重大设施寿命预测技术

5．先进能源技术

(15) 氢能及燃料电池技术

(16) 分布式供能技术

(17) 快中子堆技术

(18) 磁约束核聚变

6．海洋技术

（19）海洋环境立体监测技术

（20）大洋海底多参数快速探测技术

（21）天然气水合物开发技术

（22）深海作业技术

7．激光技术

8．空天技术

六、基础研究

1．学科发展

（1）基础学科

（2）交叉学科和新兴学科

2．科学前沿问题

（1）生命过程的定量研究和系统整合

（2）凝聚态物质与新效应

（3）物质深层次结构和宇宙大尺度物理学规律

（4）核心数学及其在交叉领域的应用

（5）地球系统过程与资源、环境和灾害效应

（6）新物质创造与转化的化学过程

（7）脑科学与认知科学

（8）科学实验与观测方法、技术和设备的创新

3．面向国家重大战略需求的基础研究

（1）人类健康与疾病的生物学基础

（2）农业生物遗传改良和农业可持续发展中的科学问题

（3）人类活动对地球系统的影响机制

（4）全球变化与区域响应

（5）复杂系统、灾变形成及其预测控制

（6）能源可持续发展中的关键科学问题

（7）材料设计与制备的新原理与新方法

（8）极端环境条件下制造的科学基础

（9）航空航天重大力学问题

（10）支撑信息技术发展的科学基础

4．重大科学研究计划

（1）蛋白质研究

（2）量子调控研究

（3）纳米研究

（4）发育与生殖研究

七、科技体制改革与国家创新体系建设

1．支持鼓励企业成为技术创新主体

2．深化科研机构改革，建立现代科研院所制度

3．推进科技管理体制改革

4．全面推进中国特色国家创新体系建设

八、若干重要政策和措施

1．实施激励企业技术创新的财税政策

2．加强对引进技术的消化、吸收和再创新

3．实施促进自主创新的政府采购

4．实施知识产权战略和技术标准战略

5．实施促进创新创业的金融政策

6．加速高新技术产业化和先进适用技术的推广

7．完善军民结合、寓军于民的机制

8．扩大国际和地区科技合作与交流

9．提高全民族科学文化素质，营造有利于科技创新的社会环境

九、科技投入与科技基础条件平台

1．建立多元化、多渠道的科技投入体系

2．调整和优化投入结构，提高科技经费使用效益

3．加强科技基础条件平台建设

4．建立科技基础条件平台的共享机制

十、人才队伍建设

1．加快培养造就一批具有世界前沿水平的高级专家

2．充分发挥教育在创新人才培养中的重要作用

3．支持企业培养和吸引科技人才

4．加大吸引留学和海外高层次人才工作力度

5．构建有利于创新人才成长的文化环境

党的十六大从全面建设小康社会、加快推进社会主义现代化建设的全局出发，要求制定国家科学和技术长远发展规划，国务院据此制定本纲要。

一、序　言

新中国成立特别是改革开放以来，我国社会主义现代化建设取得了举世瞩目的伟大成就。同时，必须清醒地看到，我国正处于并将长期处于社会主义初级阶段。全面建设小康社会，既面临难得的历史机遇，又面临一系列严峻的挑战。经济增长过度依赖能源资源消耗，环境污染严重；经济结构不合理，农业基础薄弱，高技术产业和现代服务业发展滞后；自主创新能力较弱，企业核心竞争力不强，经济效益有待提高。在扩大劳动就业、理顺分配关系、提供健康保障和确保国家安全等方面，有诸多困难和问题亟待解决。从国际上看，我国也将长期面临发达国家在经济、科技等方面占有优势的巨大压力。为了抓住机遇、迎接挑战，我们需要进行多方面的努力，包括统筹全局发展，深化体制改革，健全民主法制，加强社会管理等。与此同时，我们比以往任何时候都更加需要紧紧依靠科技进步和创新，带动生产力质的飞跃，推动经济社会的全面、协调、可持续发展。

科学技术是第一生产力，是先进生产力的集中体现和主要标志。进入21世纪，新科技革命迅猛发展，正孕育着新的重大突破，将深刻地改变经济和社会的面貌。信息科学和技术发展方兴未艾，依然是经济持续增长的主导力量；生命科学和生物技术迅猛发展，将为改善和提高人类生活质量发挥关键作用；能源科学和技术重新升温，为解决世界性的能源与环境问题开辟新的途径；纳米科学和技术新突破接踵而至，将带来深刻的技术革命。基础研究的重大突破，为技术和经济发展展现了新的前景。科学技术应用转化的速度不断加快，造就新的追赶和跨越机会。因此，我们要站在时代的前列，以世界眼光，迎接新科技革命带来的机遇和挑战。纵观全球，许多国家都把强化科技创新作为国家战略，把科技投资作为战略性投资，大幅度增加科技投入，并超前部署和发展前沿技术及战略产业，实施重大科技计划，着力增强国家创新能力和国际竞争力。面对国际新形势，我们必须增强责任感和紧迫感，更加自觉、更加坚定地把科技进步作为经济社会发展的首要推动力量，把提高自主创新能力作为调整经济结构、转变增长方式、提高国家竞争力的中心环节，把建设创新型国家作为面向未来的重大战略选择。

新中国成立50多年来，经过几代人艰苦卓绝的持续奋斗，我国科技事业取得了令人鼓舞的巨大成就。以"两弹一星"、载人航天、杂交水稻、陆相成油理论与应用、高性能计算机等为标志的一大批重大科技成就，极大地增强了我国的综合国力，提高了我国的国际地位，振奋了我们的民族精神。同时，还必须认识到，同发达国家相比，我国科学技术总体水平还有较大差距，主要表现为：关键技术自给率低，发明专利数量少；在一些地区特别是中西部农村，技术水平仍比较落后；科学研究质量不够高，优秀拔尖人才比较匮乏；同时，科技投入不足，体制机制还存在不少弊端。目前，我国虽然是一个经济大国，但还不是一个经济强国，一个根本原因就在于创新能力薄弱。

进入21世纪，我国作为一个发展中大国，加快科学技术发展、缩小与发达国家的差距，还需要较长时期的艰苦努力，同时也有着诸多有利条件。一是我国经济持续快速增长和社会进步，对科技发展提出巨大需求，也为科技发展奠定了坚实基础。二是我国已经建立起比较完备的学科体系，拥有丰富的人才资源，部分重要领域的研究开发能力已跻身世界先进行列，具备科学技术大发展的基础和能力。三是坚持对外开放，日趋活跃的国际科技交流与合作，使我们能分享新科技革命成果。四是坚持社会主义制度，能够把集中力量办大事的政治优势和发挥市场机制有效配置资源的基础性作用结合起来，为科技事业的繁荣发展提供重要的制度保证。五是中华民族拥有5000年的文明史，中华文化博大精深、兼容并蓄，更有利于形成独特的创新文化。只要我们增强民族自信心，贯彻落实科学发展观，深入实施科教兴国战略和人才强国战略，奋起直追、迎头赶上，经过15年乃至更长时间坚韧不拔的艰苦奋斗，就一定能够创造出无愧于时代的辉煌科技成就。

二、指导方针、发展目标和总体部署

1．指导方针

本世纪头20年，是我国经济社会发展的重要战略机遇期，也是科学技术发展的重要战略机遇期。要以邓小平理论、"三个代表"重要思想为指导，贯彻落实科学发展观，全面实施科教兴国战略和人才强国战略，立足国情，以人为本，深化改革，扩大开放，推动我国科技事业的蓬勃发展，为实现全面建设小康社会目标、构建社会主义和谐社会提供强有力的科技支撑。

今后15年，科技工作的指导方针是：自主创新，重点跨越，支撑发展，引领未来。自主创新，就是从增强国家创新能力出发，加强原始创新、集成创新和引进消化吸收再创新。重点跨越，就是坚持有所为、有所不为，选择具有一定基础和优势、关系国计民生和国家安全的关键领域，集中力量、重点突破，实现跨越式发展。支撑发展，就是从现实的紧迫需求出发，着力突破重大关键、共性技术，支撑经济社会的持续协调发展。引领未来，就是着眼长远，超前部署前沿技术和基础研究，创造新的市场需求，培育新兴产业，引领未来经济社会的发展。这一方针是我国半个多世纪科技发展实践经验的概括总结，是面向未来、实现中华民族伟大复兴的重要抉择。

要把提高自主创新能力摆在全部科技工作的突出位置。党和政府历来重视和倡导自主创新。在对外开放条件下推进社会主义现代化建设，必须认真学习和充分借鉴人类一切优秀文明成果。改革开放20多年来，我国引进了大量技术和装备，对提高产业技术水平、促进经济发展起到了重要作用。但是，必须清醒地看到，只引进而不注重技术的消化吸收和再创新，势必削弱自主研究开发的能力，拉大与世界先进水平的差距。事实告诉我们，在关系国民经济命脉和国家安全的关键领域，真正的核心技术是买不来的。我国要在激烈的国际竞争中掌握主动权，就必须提高自主创新能力，在若干重要领域掌握一批核心技术，拥有一批自主知识产权，造就一批具有国际竞争力的企业。总之，必须把提高自主创新能力作为国家战略，贯彻到现代化建设的各个方面，贯彻到各个产业、行业和地区，大幅度提高国家竞争力。

科技人才是提高自主创新能力的关键所在。要把创造良好环境和条件，培养和凝聚各类科技人才特别是优秀拔尖人才，充分调动广大科技人员的积极性和创造性，作为科技工作的首要任务，努力开创人才辈出、人尽其才、才尽其用的良好局面，努力建设一支与经济社会发展和国防建设相适应的规模宏大、结构合理的高素质科技人才队伍，为我国科学技术发展提供充分的人才支撑和智力保证。

2.发展目标

到2020年，我国科学技术发展的总体目标是：自主创新能力显著增强，科技促进经济社会发展和保障国家安全的能力显著增强，为全面建设小康社会提供强有力的支撑；基础科学和前沿技术研究综合实力显著增强，取得一批在世界具有重大影响的科学技术成果，进入创新型国家行列，为在本世纪中叶成为世界科技强国奠定基础。

经过15年的努力，在我国科学技术的若干重要方面实现以下目标：一是掌握一批事关国家竞争力的装备制造业和信息产业核心技术，制造业和信息产业技术水平进入世界先进行列。二是农业科技整体实力进入世界前列，促进农业综合生产能力的提高，有效保障国家食物安全。三是能源开发、节能技术和清洁能源技术取得突破，促进能源结构优化，主要工业产品单位能耗指标达到或接近世界先进水平。四是在重点行业和重点城市建立循环经济的技术发展模式，为建设资源节约型和环境友好型社会提供科技支持。五是重大疾病防治水平显著提高，艾滋病、肝炎等重大疾病得到遏制，新药创制和关键医疗器械研制取得突破，具备产业发展的技术能力。六是国防科技基本满足现代武器装备自主研制和信息化建设的需要，为维护国家安全提供保障。七是涌现出一批具有世界水平的科学家和研究团队，在科学发展的主流方向上取得一批具有重大影响的创新成果，信息、生物、材料和航天等领域的前沿技术达到世界先进水平。八是建成若干世界一流的科研院所和大学以及具有国际竞争力的企业研究开发机构，形成比较完善的中国特色国家创新体系。

到 2020 年，全社会研究开发投入占国内生产总值的比重提高到 2.5% 以上，力争科技进步贡献率达到 60% 以上，对外技术依存度降低到 30% 以下，本国人发明专利年度授权量和国际科学论文被引用数均进入世界前 5 位。

3.总体部署

未来 15 年，我国科学技术发展的总体部署：一是立足于我国国情和需求，确定若干重点领域，突破一批重大关键技术，全面提升科技支撑能力。本纲要确定 11 个国民经济和社会发展的重点领域，并从中选择任务明确、有可能在近期获得技术突破的 68 项优先主题进行重点安排。二是瞄准国家目标，实施若干重大专项，实现跨越式发展，填补空白。本纲要共安排 16 个重大专项。三是应对未来挑战，超前部署前沿技术和基础研究，提高持续创新能力，引领经济社会发展。本纲要重点安排 8 个技术领域的 27 项前沿技术，18 个基础科学问题，并提出实施 4 个重大科学研究计划。四是深化体制改革，完善政策措施，增加科技投入，加强人才队伍建设，推进国家创新体系建设，为我国进入创新型国家行列提供可靠保障。

根据全面建设小康社会的紧迫需求、世界科技发展趋势和我国国力，必须把握科技发展的战略重点。一是把发展能源、水资源和环境保护技术放在优先位置，下决心解决制约经济社会发展的重大瓶颈问题。二是抓住未来若干年内信息技术更新换代和新材料技术迅猛发展的难得机遇，把获取装备制造业和信息产业核心技术的自主知识产权，作为提高我国产业竞争力的突破口。三是把生物技术作为未来高技术产业迎头赶上的重点，加强生物技术在农业、工业、人口与健康等领域的应用。四是加快发展空天和海洋技术。五是加强基础科学和前沿技术研究，特别是交叉学科的研究。

三、重点领域及其优先主题

我国科学和技术的发展，要在统筹安排、整体推进的基础上，对重点领域及其优先主题进行规划和布局，为解决经济社会发展中的紧迫问题提供全面有力支撑。

重点领域，是指在国民经济、社会发展和国防安全中重点发展、亟待科技提供支撑的产业和行业。优先主题，是指在重点领域中急需发展、任务明确、技术基础较好、近期能够突破的技术群。确定优先主题的原则：一是有利于突破瓶颈制约，提高经济持续发展能力。二是有利于掌握关键技术和共性技术，提高产业的核心竞争力。三是有利于解决重大公益性科技问题，提高公共服务能力。四是有利于发展军民两用技术，提高国家安全保障能力。

1. 能源

能源在国民经济中具有特别重要的战略地位。我国目前能源供需矛盾尖锐，结构不合理；能源利用效率低；一次能源消费以煤为主，化石能的大量消费造成严重的环境污染。今后 15 年，满足持续快速增长的能源需求和能源的清洁高效利用，对能源科技发展提出重大挑战。

发展思路：①坚持节能优先，降低能耗。攻克主要耗能领域的节能关键技术，积极发展建筑节能技术，大力提高一次能源利用效率和终端用能效率。②推进能源结构多元化，增加能源供应。在提高油气开发利用及水电技术水平的同时，大力发展核能技术，形成核电系统技术自主开发能力。风能、太阳能、生物质能等可再生能源技术取得突破并实现规模化应用。③促进煤炭的清洁高效利用，降低环境污染。大力发展煤炭清洁、高效、安全开发和利用技术，并力争达到国际先进水平。④加强对能源装备引进技术的消化、吸收和再创新。攻克先进煤电、核电等重大装备制造核心技术。⑤提高能源区域优化配置的技术能力。重点开发安全可靠的先进电力输配技术，实现大容量、远距离、高效率的电力输配。

优先主题：

（1）工业节能

重点研究开发冶金、化工等流程工业和交通运输业等主要高耗能领域的节能技术与装备，机电产品节能技术，高效节能、长寿命的半导体照明产品，能源梯级综合利用技术。

（2）煤的清洁高效开发利用、液化及多联产

重点研究开发煤炭高效开采技术及配套装备，重型燃气轮机，整体煤气化联合循环（IGCC），高参数超超临界机组，超临界大型循环流化床等高效发电技术与装备，大力开发煤液化以及煤气化、煤化工等转化技术，以煤气化为基础的多联产系统技术，燃煤污染物综合控制和利用的技术与装备等。

（3）复杂地质油气资源勘探开发利用

重点开发复杂环境与岩性地层类油气资源勘探技术，大规模低品位油气资源高效开发技术，大幅度提高老油田采收率的技术，深层油气资源勘探开采技术。

（4）可再生能源低成本规模化开发利用

重点研究开发大型风力发电设备，沿海与陆地风电场和西部风能资源密集区建设技术与装备，高性价比太阳光伏电池及利用技术，太阳能热发电技术，太阳能建筑一体化技术，生物质能和地热能等开发利用技术。

（5）超大规模输配电和电网安全保障

重点研究开发大容量远距离直流输电技术和特高压交流输电技术与装备，间歇式电源并网及输配技术，电能质量监测与控制技术，大规模互联电网的安全保障技术，西电东输工程中的重大关键技术，电网调度自动化技术，高效配电和供电管理信息技术和系统。

2．水和矿产资源

水和矿产等资源是经济和社会可持续发展的重要物质基础。我国水和矿产等资源严重紧缺；资源综合利用率低，矿山资源综合利用率、农业灌溉水利用率远低于世界先进水平；资源勘探地质条件复杂，难度不断加大。急需大力加强资源勘探、开发利用技术研究，提高资源利用率。

发展思路：①坚持资源节约优先。重点研究农业高效节水和城市水循环利用技术，发展跨流域调水、雨洪利用和海水淡化等水资源开发技术。②突破复杂地质条件限制，扩大现有资源储量。重点研究地质成矿规律，发展矿山深边部评价与高效勘探技术、青藏高原等复杂条件矿产快速勘查技术，努力发现一批大型后备资源基地，增加资源供给量；开发矿产资源高效开采和综合利用技术，提高水和矿产资源综合利用率。③积极开发利用非传统资源。攻克煤层气和海洋矿产等新型资源开发利用关键技术，提高新型资源利用技术的研究开发能力。⑤加强资源勘探开发装备的创新。积极开发高精度勘探与钻井设备、大型矿山机械、海洋开发平台等技术，使资源勘探开发重大装备达到国际先进水平。

优先主题：

（6）水资源优化配置与综合开发利用

重点研究开发大气水、地表水、土壤水和地下水的转化机制和优化配置技术，污水、雨洪资源化利用技术，人工增雨技术，长江、黄河等重大江河综合治理及南水北调等跨流域重大水利工程治理开发的关键技术等。

（7）综合节水

重点研究开发工业用水循环利用技术和节水型生产工艺；开发灌溉节水、旱作节水与生物节水综合配套技术，重点突破精量灌溉技术、智能化农业用水管理技术及设备；加强生活节水技术及器具开发。

（8）海水淡化

重点研究开发海水预处理技术，核能耦合和电水联产热法、膜法低成本淡化技术及关键材料，浓盐水综合利用技术等；开发可规模化应用的海水淡化热能设备、海水淡化装备和多联体耦合关键设备。

（9）资源勘探增储

重点研究矿产资源成矿规律和预测技术，发展航空地球物理勘查技术，开发三维高分辨率地震、高精度地磁以及地球化学等快速、综合和大深度勘探技术。

（10）矿产资源高效开发利用

重点研究深层和复杂矿体采矿技术及无废开采综合技术，开发高效自动化选冶新工艺和大型装备，发展低品位与复杂难处理资源高效利用技术、矿产资源综合利用技术。

（11）海洋资源高效开发利用

重点研究开发浅海隐蔽油气藏勘探技术和稠油油田提高采收率综合技术，开发海洋生物资源保护和高效利用技术，发展海水直接利用技术和海水化学资源综合利用技术。

（12）综合资源区划

重点研究水土资源与农业生产、生态与环境保护的综合优化配置技术，开展针对我国水土资源区域空间分布匹配的多变量、大区域资源配置优化分析技术，建立不同区域水土资源优化发展的技术预测决策模型。

3．环境

改善生态与环境是事关经济社会可持续发展和人民生活质量提高的重大问题。我国环境污染严重；生态系统退化加剧；污染物无害化处理能力低；全球环境问题已成为国际社会关注的焦点，亟待提高我国参与全球环境变化合作能力。在要求整体环境状况有所好转的前提下实现经济的持续快速增长，对环境科技创新提出重大战略需求。

发展思路：①引导和支撑循环经济发展。大力开发重污染行业清洁生产集成技术，强化废弃物减量化、资源化利用与安全处置，加强发展循环经济的共性技术研究。②实施区域环境综合治理。开展流域水环境和区域大气环境污染的综合治理、典型生态功能退化区综合整治的技术集成与示范，开发饮用水安全保障技术以及生态和环境监测与预警技术，大幅度提高改善环境质量的科技支撑能力。③促进环保产业发展。重点研究适合我国国情的重大环保装备及仪器设备，加大国产环保产品市场占有率，提高环保装备技术水平。④积极参与国际环境合作。加强全球环境公约履约对策与气候变化科学不确定性及其影响研究，开发全球环境变化监测和温室气体减排技术，提升应对环境变化及履约能力。

优先主题：

（13）综合治污与废弃物循环利用

重点开发区域环境质量监测预警技术，突破城市群大气污染控制等关键技术，开发非常规污染物控制技术，废弃物等资源化利用技术，重污染行业清洁生产集成技术，建立发展循环经济的技术示范模式。

（14）生态脆弱区域生态系统功能的恢复重建

重点开发岩溶地区、青藏高原、长江黄河中上游、黄土高原、荒漠及荒漠化地区、农牧交错带和矿产开采区等典型生态脆弱区生态系统的动态监测技术，草原退化与鼠害防治技远术，退化生态系统恢复与重建技术，三峡工程、青藏铁路等重大工程沿线和复杂矿区生态保护及恢复技术，建立不同类型生态系统功能恢复和持续改善的技术支持模式，构建生态系统功能综合评估及技术评价体系。

（15）海洋生态与环境保护

重点开发海洋生态与环境监测技术和设备，加强海洋生态与环境保护技术研究，发展近海海域生态与环境保护、修复及海上突发事件应急处理技术，开发高精度海洋动态环境数值预报技术。

（16）全球环境变化监测与对策

重点研究开发大尺度环境变化准确监测技术，主要行业二氧化碳、甲烷等温室气体的排放控制与处置利用技术，生物固碳技术及固碳工程技术，以及开展气候变化、生物多样性保护、臭氧层保护、持久性有机污染物控制等对策研究。

4．农业

农业是国民经济的基础。我国自然资源的硬约束不断增强，人均耕地、水资源量明显低于世界平均水平；粮食、棉花等主要农产品的需求呈刚性增长，农业增产、农民增收和农产品竞争力增强的压力将长期存在；农业结构不合理、产业化发展水平及农产品附加值低；生态与环境状况依然严峻，严重制约农业的可持续发展；食物安全、生态安全问题突出。我国的基本国情及面临的严峻挑战，决定了必须把科技进步作为解决"三农"问题的一项根本措施，大力提高农业科技水平，加大先进适用技术推广力度，突破资源约束，持续提高农业综合生产能力，加快建设现代农业的步伐。

发展思路：①以高新技术带动常规农业技术升级，持续提高农业综合生产能力。重点开展生物技术应用研究，加强农业技术集成和配套，突破主要农作物育种和高效生产、畜牧水产育种及健康养殖和疫病控制关键技术，发展农业多种经营和复合经营，在确保持续增加产量的同时，提高农产品质量。②延长农业产业链，带动农业产业化水平和农业综合效益的全面提高。重点发展农产品精深加工、产后减损和绿色供应链产业化关键技术，开发农产品加工先进技术装备及安全监测技术，发展以健康食品为主导的农产品加工业和现代流通业，拓展农民增收空间。③综合开发农林生态技术，保障农林生态安全。重点开发环保型肥料、农药创制技术及精准作业技术装备，发展农林剩余物资源化利用技术，以及农业环境综合整治技术，促进农业新兴产业发展，提高农林生态环境质量。④积极发展工厂化农业，提高农业劳动生产率。重点研究农业环境调控、超高产高效栽培等设施农业技术，开发现代多功能复式农业机械，加快农业信息技术集成应用。

优先主题：

（17）种质资源发掘、保存和创新与新品种定向培育

重点研究开发主要农作物、林草、畜禽与水产优良种质资源发掘与构建技术，种质资源分了评价技术，动植物分子育种技术和定向杂交育种技术，规模化制种、繁育技术和种子综合加工技术。

（18）畜禽水产健康养殖与疫病防控

重点研究开发安全优质高效饲料和规模化健康养殖技术及设施，创制高效特异性疫苗、高效安全型兽药及器械，开发动物疫病及动物源性人畜共患病的流行病学预警监测、检疫诊断、免疫防治、区域净化与根除技术，突破近海滩涂、浅海水域养殖和淡水养殖技术，发展远洋渔业和海上贮藏加工技术与设备。

（19）农产品精深加工与现代储运

重点研究开发主要农产品和农林特产资源精深及清洁生态型加工技术与设备，粮油产后减损及绿色储运技术与设施，鲜活农产品保鲜与物流配送及相应的冷链运输系统技术。

（20）农林生物质综合开发利用

重点研究开发高效、低成本、大规模农林生物质的培育、收集与转化关键技术，沼气、固化与液化燃料等生物质能以及生物基新材料和化工产品等生产关键技术，农村垃圾和污水资源化利用技术，开发具有自主知识产权的沼气电站设备、生物基新材料装备等。

（21）农林生态安全与现代林业

重点研究开发农林生态系统构建技术，林草生态系统综合调控技术，森林与草原火灾、农林病虫害特别是外来生物入侵等生态灾害及气象灾害的监测与防治技术，生态型林产经济可持续经营技术，人工草地高效建植技术和优质草生产技术，开发环保型竹木基复合材料技术。

（22）环保型肥料、农药创制和生态农业

重点研究开发环保型肥料、农药创制关键技术，专用复（混）型缓释、控释肥料及施肥技术与相关设备，综合、高效、持久、安全的有害生物综合防治技术，建立有害生物检测预警及防范外来有害生物入侵体系；发展以提高土壤肥力、减少土壤污染、水土流失和退化草场功能恢复为主的生态农业技术。

（23）多功能农业装备与设施

重点研究开发适合我国农业特点的多功能作业关键装备，经济型农林动力机械，定位变量作业智能机械和健康养殖设施技术与装备，保护性耕作机械和技术，温室设施及配套技术装备。

（24）农业精准作业与信息化

重点研究开发动植物生长和生态环境信息数字化采集技术，实时土壤水肥光热探测技术，精准作业和管理技术系统，农村远程数字化、可视化信息服务技术及设备，农林生态系统监测技术及虚拟农业技术。

（25）现代奶业

重点研究开发优质种公牛培育与奶牛胚胎产业化快繁技术，奶牛专用饲料、牧草种植与高效利用、疾病防治及规模化饲养管理技术，开发奶制品深加工技术与设备。

5．制造业

制造业是国民经济的主要支柱。我国是世界制造大国，但还不是制造强国；制造技术基础薄弱，创新能力不强；产品以低端为主；制造过程资源、能源消耗大，污染严重。

发展思路：①提高装备设计、制造和集成能力。以促进企业技术创新为突破口，通过技术攻关，基本实现高档数控机床、工作母机、重大成套技术装备、关键材料与关键零部件的自主设计制造。②积极发展绿色制造。加快相关技术在材料与产品开发设计、加工制造、销售服务及回收利用等产品全生命周期中的应用，形成高效、节能、环保和可循环的新型制造工艺。制造业资源消耗、环境负荷水平进入国际先进行列。③用高新技术改造和提升制造业。大力推进制造业信息化，积极发展基础原材料，大幅度提高产品档次、技术含量和附加值，全面提升制造业整体技术水平。

优先主题：

（26）基础件和通用部件

重点研究开发重大装备所需的关键基础件和通用部件的设计、制造和批量生产的关键技术，开发大型及特殊零部件成形及加工技术、通用部件设计制造技术和高精度检测仪器。

（27）数字化和智能化设计制造

重点研究数字化设计制造集成技术，建立若干行业的产品数字化和智能化设计制造平台。开发面向产品全生命周期的、网络环境下的数字化、智能化创新设计方法及技术，计算机辅助工程分析与工艺设计技术，设计、制造和管理的集成技术。

（28）流程工业的绿色化、自动化及装备

重点研究开发绿色流程制造技术，高效清洁并充分利用资源的工艺、流程和设备，相应的工艺流程放大技术，基于生态工业概念的系统集成和自动化技术，流程工业需要的传感器、智能化检测控制技术、装备和调控系统。开发大型裂解炉技术、大型蒸汽裂解乙烯生产成套技术及装备，大型化肥生产节能工艺流程与装备。

（29）可循环钢铁流程工艺与装备

重点研究开发以熔融还原和资源优化利用为基础，集产品制造、能源转换和社会废弃物再资源化三大功能于一体的新一代可循环钢铁流程，作为循环经济的典型示范。开发二次资源循环利用技术，冶金过程煤气发电和低热值蒸汽梯级利用技术，高效率、低成本洁净钢生产技术，非粘连煤炼焦技术，大型板材连铸机、连轧机组的集成设计、制造和系统耦合技术等。

（30）大型海洋工程技术与装备

（31）基础原材料

重点研究开发满足国民经济基础产业发展需求的高性能复合材料及大型、超大型复合结构部件的制备技术，高性能工程塑料，轻质高强金属和无机非金属结构材料，高纯材料，稀土材料，石油化工、精细化工及催化、分离材料，轻纺材料及应用技术，具有环保和健康功能的绿色材料。

（32）新一代信息功能材料及器件

（33）军工配套关键材料及工程化

6．交通运输业

交通运输是国民经济的命脉。当前，我国主要运输装备及核心技术水平与世界先进水平存在较大差距；运输供给能力不足，综合交通体系建设滞后，各种交通方式缺乏综合协调；交通能源消耗与环境污染问题严峻。全面建设小康社会对交通运输提出更高要求，交通科技面临重大战略需求。

发展思路：①提高飞机、汽车、船舶、轨道交通装备等的自主创新能力。②以提供顺畅、便捷的人性化交通运输服务为核心，加强统筹规划，发展交通系统信息化和智能化技术，安全高速的交通运输技术，提高运网能力和运输效率，实现交通信息共享和各种交通方式的有效衔接，提升交通运营管理的技术水平，发展综合交通运输。③促进交通运输向节能、环保和更加安全的方向发展，交通运输安全保障、资源节约与环境保护等方面的关键技术取得重大突破并得到广泛应用。④围绕国家重大交通基础设施建设，突破建设和养护关键技术，提高建设质量，降低全寿命成本。

优先主题：

（34）交通运输基础设施建设与养护技术及装备

重点研究开发轨道交通、跨海湾通道、离岸深水港、大型航空港、大型桥梁和隧道、综合立体交通枢纽、深海油气管线等高难度交通运输基础设施建设和养护关键技术及装备。

（35）高速轨道交通系统

重点研究开发高速轨道交通控制和调速系统、车辆制造、线路建设和系统集成等关键技术，形成系统成套技术。开展工程化运行试验，掌握运行控制、线路建设和系统集成技术。

（36）低能耗与新能源汽车

重点研究开发混合动力汽车、替代燃料汽车和燃料电池汽车整车设计、集成和制造技术，动力系统集成与控制技术，汽车计算平台技术，高效低排放内燃机、燃料电池发动机、动力蓄电池、驱动电机等关键部件技术，新能源汽车实验测试及基础设施技术等。

（37）高效运输技术与装备

重点研究开发重载列车、大马力机车、特种重型车辆、城市轨道交通、大型高技术船舶、大型远洋渔业船舶以及海洋科考船等，低空多用途通用航空飞行器、高黏原油及多相流管道输送系统等新型运载工具。

（38）智能交通管理系统

重点开发综合交通运输信息平台和信息资源共享技术，现代物流技术，城市交通管理系统、汽车智能技术和新一代空中交通管理系统。

（39）交通运输安全与应急保障

重点开发交通事故预防预警、应急处理技术，开发运输工具主动与被动安全技术，交通运输事故再现技术，交通应急反应系统和快速搜救等技术。

7．信息产业及现代服务业

发展信息产业和现代服务业是推进新型工业化的关键。国民经济与社会信息化和现代服务业的迅猛发展，对信息技术发展提出了更高的要求。

发展思路：①突破制约信息产业发展的核心技术，掌握集成电路及关键元器件、大型软件、高性能计算、宽带无线移动通信、下一代网络等核心技术，提高自主开发能力和整体技术水平。②加强信息技术产品的集成创新，提高设计制造水平，重点解决信息技术产品的可扩展性、易用性和低成本问题，培育新技术和新业务，提高信息产业竞争力。③以应用需求为导向，重视和加强集成创新，开发支撑和带动现代服务业发展的技术和关键产品，促进传统产业的改造和技术升级。④以发展高可信网络为重点，开发网络信息安全技术及相关产品，建立信息安全技术保障体系，具备防范各种信息安全突发事件的技术能力。

优先主题：

（40）现代服务业信息支撑技术及大型应用软件

重点研究开发金融、物流、网络教育、传媒、医疗、旅游、电子政务和电子商务等现代服务业领域发展所需的高可信网络软件平台及大型应用支撑软件、中间件、嵌入式软件、网格计算平台与基础设施，软件系统集成等关键技术，提供整体解决方案。

（41）下一代网络关键技术与服务

重点开发高性能的核心网络设备与传输设备、接入设备，以及在可扩展、安全、移动、服务质量、运营管理等方面的关键技术，建立可信的网络管理体系，开发智能终端和家庭网络等设备和系统，支持多媒体、网络计算等宽带、安全、泛在的多种新业务与应用。

（42）高效能可信计算机

重点开发具有先进概念的计算方法和理论，发展以新概念为基础的、具有每秒千万亿次以上浮点运算能力和高效可信的超级计算机系统、新一代服务器系统，开发新体系结构、海量存储、系统容错等关键技术。

（43）传感器网络及智能信息处理

重点开发多种新型传感器及先进条码自动识别、射频标签、基于多种传感信息的智能化信息处理技术，发展低成本的传感器网络和实时信息处理系统，提供更方便、功能更强大的信息服务平台和环境。

（44）数字媒体内容平台

重点开发面向文化娱乐消费市场和广播电视事业，以视、音频信息服务为主体的数字媒体内容处理关键技术，开发易于交互和交换、具有版权保护功能和便于管理的现代传媒信息综合内容平台。

（45）高清晰度大屏幕平板显示

重点发展高清晰度大屏幕显示产品，开发有机发光显示、场致发射显示、激光显示等各种平板和投影显示技术，建立平板显示材料与器件产业链。

（46）面向核心应用的信息安全

重点研究开发国家基础信息网络和重要信息系统中的安全保障技术，开发复杂大系统下的网络生存、主动实时防护、安全存储、网络病毒防范、恶意攻击防范、网络信任体系与新的密码技术等。

8．人口与健康

稳定低生育水平，提高出生人口素质，有效防治重大疾病，是建设和谐社会的必然要求。控制人口数量，提高人口质量和全民健康水平，迫切需要科技提供强有力支撑。

发展思路：①控制人口出生数量，提高出生人口质量。重点发展生育监测、生殖健康等关键技术，开发系列生殖医药、器械和保健产品，为人口数量控制在 15 亿以内、出生缺陷率低于 3% 提供有效科技保障。②疾病防治重心前移，坚持预防为主、促进健康和防治疾病结合。研究预防和早期诊断关键技术，显著提高重大疾病诊断和防治能力。③加强中医药继承和创新，推进中医药现代化和国际化。以中医药理论传承和发展为基础，通过技术创新与多学科融合，丰富和发展中医药理论，构建适合中医药特点的技术方法和标准规范体系，提高临床疗效，促进中医药产业的健康发展。④研制重大新药和先进医疗设备。攻克新药、大型医疗器械、医用材料和释药系统创制关键技术，加快建立并完善国家医药创制技术平台，推进重大新药和医疗器械的自主创新。

优先主题：

（47）安全避孕节育与出生缺陷防治

重点开发安全、有效避孕节育新技术和产品以及兼顾预防性传播疾病的节育新技术，高效无创出生缺陷早期筛查、检测及诊断技术，遗传疾病生物治疗技术等。

（48）心脑血管病、肿瘤等重大非传染疾病防治

重点研究开发心脑血管病、肿瘤等重大疾病早期预警和诊断、疾病危险因素早期干预等关键技术，研究规范化、个性化和综合治疗关键技术与方案。

（49）城乡社区常见多发病防治

重点研究开发常见病和多发病的监控、预防、诊疗和康复技术，小型诊疗和移动式医疗服务装备，远程诊疗和技术服务系统。

（50）中医药传承与创新发展

重点开展中医基础理论创新及中医经验传承与挖掘，研究中医药诊疗、评价技术与标准，发展现代中药研究开发和生产制造技术，有效保护和合理利用中药资源，加强中医药知识产权保护研究和国际合作平台建设。

（51）先进医疗设备与生物医用材料

重点开发新型治疗和常规诊疗设备，数字化医疗技术、个体化医疗工程技术及设备，研究纳米生物药物释放系统和组织工程等技术，开发人体组织器官替代等新型生物医用材料。

9．城镇化与城市发展

我国已进入快速城镇化时期。实现城镇化和城市协调发展，对科技提出迫切需求。

发展思路：①以城镇区域科学规划为重点，促进城乡合理布局和科学发展。发展现代城镇区域规划关键技术及动态监控技术，实现城镇发展规划与区域经济规划的有机结合、与区域资源环境承载能力的相互协调。②以节能和节水为先导，发展资源节约型城市。突破城市综合节能和新能源合理开发利用技术，开发资源节约型、高耐久性绿色建材，提高城市资源和能源利用效率。③加强信息技术应用，提高城市综合管理水平。开发城市数字一体化管理技术，建立城市高效、多功能、一体化综合管理技术体系。④发展城市生态人居环境和绿色建筑。发展城市污水、垃圾等废弃物无害化处理和资源化利用技术，开发城市居住区和室内环境改善技术，显著提高城市人居环境质量。

优先主题：

（52）城镇区域规划与动态监测

重点研究开发各类区域城镇空间布局规划和系统设计技术，城镇区域基础设施和公共服务设施规划设计、一体化配置与共享技术，城镇区域规划与人口、资源、环境、经济发展互动模拟预测和动态监测等技术。

（53）城市功能提升与空间节约利用

重点研究开发城市综合交通、城市公交优先智能管理、市政基础设施、防灾减灾等综合功能提升技术，城市"热岛"效应形成机制与人工调控技术，土地勘测和资源节约利用技术，城市发展和空间形态变化模拟预测技术，城市地下空间开发利用技术等。

（54）建筑节能与绿色建筑

重点研究开发绿色建筑设计技术，建筑节能技术与设备，可再生能源装置与建筑一体化应用技术，精致建造和绿色建筑施工技术与装备，节能建材与绿色建材，建筑节能技术标准。

（55）城市生态居住环境质量保障

重点研究开发室内污染物监测与净化技术，发展城市环境生态调控技术，城市垃圾资源化利用技术，城市水循环利用技术与设备，城市与城镇群污染防控技术，居住区最小排放集成技术，生态居住区智能化管理技术。

（56）城市信息平台

重点研究开发城市网络化基础信息共享技术，城市基础数据获取与更新技术，城市多元数据整合与挖掘技术，城市多维建模与模拟技术，城市动态监测与应用关键技术，城市网络信息共享标准规范，城市应急和联动服务关键技术。

10．公共安全

公共安全是国家安全和社会稳定的基石。我国公共安全面临严峻挑战，对科技提出重大战略需求。

发展思路：①加强对突发公共事件快速反应和应急处置的技术支持。以信息、智能化技术应用为先导，发展国家公共安全多功能、一体化应急保障技术，形成科学预测、有效防控与高效应急的公共安全技术体系。②提高早期发现与防范能力。重点研究煤矿等生产事故、突发社会安全事件和自然灾害、核安全及生物安全等的监测、预警、预防技术。③增强应急救护综合能力。重点研究煤矿灾害、重大火灾、突发性重大自然灾害、危险化学品泄漏、群体性中毒等应急救援技术。④加快公共安全装备现代化。开发保障生产安全、食品安全、生物安全及社会安全等公共安全重大装备和系列防护产品，促进相关产业快速发展。

优先主题：

（57）国家公共安全应急信息平台

重点研究全方位无障碍危险源探测监测、精确定位和信息获取技术，多尺度动态信息分析处理和优化决策技术，国家一体化公共安全应急决策指挥平台集成技术等，构建国家公共安全早期监测、快速预警与高效处置一体化应急决策指挥平台。

（58）重大生产事故预警与救援

重点研究开发矿井瓦斯、突水、动力性灾害预警与防控技术，开发燃烧、爆炸、毒物泄漏等重大工业事故防控与救援技术及相关设备。

（59）食品安全与出入境检验检疫

重点研究食品安全和出入境检验检疫风险评估、污染物溯源、安全标准制定、有效监测检测等关键技术，开发食物污染防控智能化技术和高通量检验检疫安全监控技术。

（60）突发公共事件防范与快速处置

重点研究开发个体生物特征识别、物证溯源、快速筛查与证实技术以及模拟预测技术，远程定位跟踪、实时监控、隔物辨识与快速处置技术及装备，高层和地下建筑消防技术与设备，爆炸物、毒品等违禁品与核生化恐怖源的远程探测技术与装备，以及现场处置防护技术与装备。

（61）生物安全保障

重点研究快速、灵敏、特异监测与探测技术，化学毒剂在体内代谢产物检测技术，新型高效消毒剂和快速消毒技术，滤毒防护技术，危险传播媒介鉴别与防治技术，生物入侵防控技术，用于应对突发生物事件的疫苗及免疫佐剂、抗毒素与药物等。

（62）重大自然灾害监测与防御

重点研究开发地震、台风、暴雨、洪水、地质灾害等监测、预警和应急处置关键技术，森林火灾、溃坝、决堤险情等重大灾害的监测预警技术以及重大自然灾害综合风险分析评估技术。

11．国防

四、重大专项

历史上，我国以"两弹一星"、载人航天、杂交水稻等为代表的若干重大项目的实施，对整体提升综合国力起到了至关重要的作用。美国、欧洲、日本、韩国等都把围绕国家目标组织实施重大专项计划作为提高国家竞争力的重要措施。

本纲要在重点领域中确定一批优先主题的同时，围绕国家目标，进一步突出重点，筛选出若干重大战略产品、关键共性技术或重大工程作为重大专项，充分发挥社会主义制度集中力量办大事的优势和市场机制的作用，力争取得突破，努力实现以科技发展的局部跃升带动生产力的跨越发展，并填补国家战略空白。确定重大专项的基本原则：一是紧密结合经济社会发展的重大需求，培育能形成具有核心自主知识产权、对企业自主创新能力的提高具有重大推动作用的战略性产业；二是突出对产业竞争力整体提升具有全局性影响、带动性强的关键共性技术；三是解决制约经济社会发展的重大瓶颈问题；四是体现军民结合、寓军于民，对保障国家安全和增强综合国力具有重大战略意义；五是切合我国国情，国力能够承受。根据上述原则，围绕发展高新技术产业、促进传统产业升级、解决国民经济发展瓶颈问题、提高人民健康水平和保障国家安全等方面，确定了一批重大专项。重大专项的实施，根据国家发展需要和实施条件的成熟程度，逐项论证启动。同时，根据国家战略需求和发展形势的变化，对重大专项进行动态调整，分步实施。对于以战略产品为目标的重大专项，要充分发挥企业在研究开发和投入中的主体作用，以重大装备的研究开发作为企业技术创新的切入点，更有效地利用市场机制配置科技资源，国家的引导性投入主要用于关键核心技术的攻关。

重大专项是为了实现国家目标，通过核心技术突破和资源集成，在一定时限内完成的重大战略产品、关键共性技术和重大工程，是我国科技发展的重中之重。《规划纲要》确定了核心电子器件、高端通用芯片及基础软件，极大规模集成电路制造技术及成套工艺，新一代宽带无线移动通信，高档数控机床与基础制造技术，大型油气田及煤层气开发，大型先进压水堆及高温气冷堆核电站，水体污染控制与治理，转基因生物新品种培育，重大新药创制，艾滋病和病毒性肝炎等重大传染病防治，大型飞机，高分辨率对地观测系统，载人航天与探月工程等16个重大专项，涉及信息、生物等战略产业领域，能源资源环境和人民健康等重大紧迫问题，以及军民两用技术和国防技术。

五、前沿技术

前沿技术是指高技术领域中具有前瞻性、先导性和探索性的重大技术，是未来高技术更新换代和新兴产业发展的重要基础，是国家高技术创新能力的综合体现。选择前沿技术的主要原则：一是代表世界高技术前沿的发展方向。二是对国家未来新兴产业的形成和发展具有引领作用。三是有利于产业技术的更新换代，实现跨越发展。四是具备较好的人才队伍和研究开发基础。根据以上原则，要超前部署一批前沿技术，发挥科技引领未来发展的先导作用，提高我国高技术的研究开发能力和产业的国际竞争力。

1．生物技术

生物技术和生命科学将成为 21 世纪引发新科技革命的重要推动力量，基因组学和蛋白质组学研究正在引领生物技术向系统化研究方向发展。基因组序列测定与基因结构分析已转向功能基因组研究以及功能基因的发现和应用；药物及动植物品种的分子定向设计与构建已成为种质和药物研究的重要方向；生物芯片、干细胞和组织工程等前沿技术研究与应用，孕育着诊断、治疗及再生医学的重大突破。必须在功能基因组、蛋白质组、干细胞与治疗性克隆、组织工程、生物催化与转化技术等方面取得关键性突破。

前沿技术：

（1）靶标发现技术

靶标的发现对发展创新药物、生物诊断和生物治疗技术具有重要意义。重点研究生理和病理过程中关键基因功能及其调控网络的规模化识别，突破疾病相关基因的功能识别、表达调控及靶标筛查和确证技术，"从基因到药物"的新药创制技术。

（2）动植物品种与药物分子设计技术

动植物品种与药物分子设计是基于生物大分子三维结构的分子对接、分子模拟以及分子设计技术。重点研究蛋白质与细胞动态过程生物信息分析、整合、模拟技术，动植物品种与药物虚拟设计技术，动植物品种生长与药物代谢工程模拟技术，计算机辅助组合化合物库设计、合成和筛选等技术。

（3）基因操作和蛋白质工程技术

基因操作技术是基因资源利用的关键技术。蛋白质工程是高效利用基因产物的重要途径。重点研究基因的高效表达及其调控技术、染色体结构与定位整合技术、编码蛋白基因的人工设计与改造技术、蛋白质肽链的修饰及改构技术、蛋白质结构解析技术、蛋白质规模化分离纯化技术。

（4）基于干细胞的人体组织工程技术

干细胞技术可在体外培养干细胞，定向诱导分化为各种组织细胞供临床所需，也可在体外构建出人体器官，用于替代与修复性治疗。重点研究治疗性克隆技术，干细胞体外建系和定向诱导技术，人体结构组织体外构建与规模化生产技术，人体多细胞复杂结构组织构建与缺损修复技术和生物制造技术。

（5）新一代工业生物技术

生物催化和生物转化是新一代工业生物技术的主体。重点研究功能菌株大规模筛选技术，生物催化剂定向改造技术，规模化工业生产的生物催化技术系统，清洁转化介质创制技术及工业化成套转化技术。

2．信息技术

信息技术将继续向高性能、低成本、普适计算和智能化等主要方向发展，寻求新的计算与处理方式和物理实现是未来信息技术领域面临的重大挑战。纳米科技、生物技术与认知科学等多学科的交叉融合，将促进基于生物特征的、以图像和自然语言理解为基础的"以人为中心"的信息技术发展，推动多领域的创新。重点研究低成本的自组织网络，个性化的智能机器人和人机交互系统、高柔性免受攻击的数据网络和先进的信息安全系统。

前沿技术：

（6）智能感知技术

重点研究基于生物特征、以自然语言和动态图像的理解为基础的"以人为中心"的智能信息处理和控制技术，中文信息处理；研究生物特征识别、智能交通等相关领域的系统技术。

（7）自组织网络技术

重点研究自组织移动网、自组织计算网、自组织存储网、自组织传感器网等技术，低成本的实时信息处理系统、多传感信息融合技术、个性化人机交互界面技术，以及高柔性免受攻击的数据网络和先进的信息安全系统；研究自组织智能系统和个人智能系统。

（8）虚拟现实技术

重点研究电子学、心理学、控制学、计算机图形学、数据库设计、实时分布系统和多媒体技术等多学科融合的技术，研究医学、娱乐、艺术与教育、军事及工业制造管理等多个相关领域的虚拟现实技术和系统。

3.新材料技术

新材料技术将向材料的结构功能复合化、功能材料智能化、材料与器件集成化、制备和使用过程绿色化发展。突破现代材料设计、评价、表征与先进制备加工技术，在纳米科学研究的基础上发展纳米材料与器件，开发超导材料、智能材料、能源材料等特种功能材料，开发超级结构材料、新一代光电信息材料等新材料。

前沿技术：

（9）智能材料与结构技术

智能材料与智能结构是集传感、控制、驱动（执行）等功能于一体的机敏或智能结构系统。重点研究智能材料制备加工技术，智能结构的设计与制备技术，关键设备装置的监控与失效控制技术等。

（10）高温超导技术

重点研究新型高温超导材料及制备技术，超导电缆、超导电机、高效超导电力器件；研究超导生物医学器件、高温超导滤波器、高温超导无损检测装置和扫描磁显微镜等灵敏探测器件。

（11）高效能源材料技术

重点研究太阳能电池相关材料及其关键技术、燃料电池关键材料技术、高容量储氢材料技术、高效二次电池材料及关键技术、超级电容器关键材料及制备技术，发展高效能量转换与储能材料体系。

4.先进制造技术

先进制造技术将向信息化、极限化和绿色化的方向发展，成为未来制造业赖以生存的基础和可持续发展的关键。重点突破极端制造、系统集成和协同技术、智能制造与应用技术、成套装备与系统的设计验证技术、基于高可靠性的大型复杂系统和装备的系统设计技术。

前沿技术：

（12）极端制造技术

极端制造是指在极端条件或环境下，制造极端尺度（特大或特小尺度）或极高功能的器件和功能系统。重点研究微纳机电系统、微纳制造、超精密制造、巨系统制造和强场制造相关的设计、制造工艺和检测技术。

（13）智能服务机器人

智能服务机器人是在非结构环境下为人类提供必要服务的多种高技术集成的智能化装备。以服务机器人和危险作业机器人应用需求为重点，研究设计方法、制造工艺、智能控制和应用系统集成等共性基础技术。

（14）重大产品和重大设施寿命预测技术

重大产品和重大设施寿命预测技术是提高运行可靠性、安全性、可维护性的关键技术。研究零部件材料的成分设计及成形加工的预测控制和优化技术，基于知识的成形制造过程建模与仿真技术，制造过程在线检测与评估技术，零部件寿命预测技术，重大产品、复杂系统和重大设施的可靠性、安全性和寿命预测技术。

5.先进能源技术

未来能源技术发展的主要方向是经济、高效、清洁利用和新型能源开发。第四代核能系统、先进核燃料循环以及聚变能等技术的开发越来越受到关注；氢作为可从多种途径获取的理想能源载体，将为能源的清洁利用带来新的变革；具有清洁、灵活特征的燃料电池动力和分布式供能系统，将为终端能源利用提供新的重要形式。重点研究规模化的氢能利用和分布式供能系统，先进核能及核燃料循环技术，开发高效、清洁和二氧化碳近零排放的化石能源开发利用技术，低成本、高效率的可再生能源新技术。

前沿技术：

（15）氢能及燃料电池技术

重点研究高效低成本的化石能源和可再生能源制氢技术，经济高效氢储存和输配技术，燃料电池基础关键部件制备和电堆集成技术，燃料电池发电及车用动力系统集成技术，形成氢能和燃料电池技术规范与标准。

（16）分布式供能技术

分布式供能系统是为终端用户提供灵活、节能型的综合能源服务的重要途径。重点突破基于化石能源的微小型燃气轮机及新型热力循环等终端的能源转换技术、储能技术、热电冷系统综合技术，形成基于可再生能源和化石能源互补、微小型燃气轮机与燃料电池混合的分布式终端能源供给系统。

（17）快中子堆技术

快中子堆是由快中子引起原子核裂变链式反应，并可实现核燃料增殖的核反应堆，能够使铀资源得到充分利用，还能处理热堆核电站生产的长寿命放射性废弃物。研究并掌握快堆设计及核心技术，相关核燃料和结构材料技术，突破钠循环等关键技术，建成 65MW 实验快堆，实现临界及并网发电。

（18）磁约束核聚变

以参加国际热核聚变实验反应堆的建设和研究为契机，重点研究大型超导磁体技术、微波加热和驱动技术、中性束注入加热技术、包层技术、氚的大规模实时分离提纯技术、偏滤器技术、数值模拟、等离子体控制和诊断技术、示范堆所需关键材料技术，以及深化高温等离子体物理研究和某些以能源为目标的非托克马克途径的探索研究。

6．海洋技术

重视发展多功能、多参数和作业长期化的海洋综合开发技术，以提高深海作业的综合技术能力。重点研究开发天然气水合物勘探开发技术、大洋金属矿产资源海底集输技术、现场高效提取技术和大型海洋工程技术。

前沿技术：

（19）海洋环境立体监测技术

海洋环境立体监测技术是在空中、岸站、水面、水中对海洋环境要素进行同步监测的技术。重点研究海洋遥感技术、声学探测技术、浮标技术、岸基远程雷达技术，发展海洋信息处理与应用技术。

（20）大洋海底多参数快速探测技术

大洋海底多参数快速探测技术是对海底地球物理、地球化学、生物化学等特征的多参量进行同步探测并实现实时信息传输的技术。重点研究异常环境条件下的传感器技术，传感器自动标定技术，海底信息传输技术等。

（21）天然气水合物开发技术

天然气水合物是蕴藏于海洋深水底和地下的碳氢化合物。重点研究天然气水合物的勘探理论与开发技术，天然气水合物地球物理与地球化学勘探和评价技术，突破天然气水合物钻井技术和安全开采技术。

（22）深海作业技术

深海作业技术是支撑深海海底工程作业和矿产开采的水下技术。重点研究大深度水下运载技术，生命维持系统技术，高比能量动力装置技术，高保真采样和信息远程传输技术，深海作业装备制造技术和深海空间站技术。

7．激光技术

8．空天技术

六、基础研究

基础研究以深刻认识自然现象、揭示自然规律，获取新知识、新原理、新方法和培养高素质创新人才等为基本使命，是高新技术发展的重要源泉，是培育创新人才的摇篮，是建设先进文化的基础，是未来科学和技术发展的内在动力。发展基础研究要坚持服务国家目标与鼓励自由探索相结合，遵循科学发展的规律，重视科学家的探索精神，突出科学的长远价值，稳定支持，超前部署，并根据科学发展的新动向，进行动态调整。本纲要从学科发展、科学前沿问题、面向国家重大战略需求的基础研究、重大科学研究计划四个方面进行部署。

1．学科发展

根据基础研究厚积薄发、探索性强、进展往往难以预测的特点，对基础学科进行全面布局，突出学科交叉、融合与渗透，培育新的学科生长点。通过长期、深厚的学术研究积累，促进原始创新能力的提升，促进多学科协调发展。

（1）基础学科

重视基本理论和学科建设，全面协调地发展数学、物理学、化学、天文学、地球科学、生物学等基础学科。

（2）交叉学科和新兴学科

基础学科之间、基础学科与应用学科、科学与技术、自然科学与人文社会科学的交叉与融合，往往导致重大科学发现和新兴学科的产生，是科学研究中最活跃的部分之一，要给予高度关注和重点部署。

2．科学前沿问题

微观与宇观的统一，还原论与整体论的结合，多学科的相互交叉，数学等基础科学向各领域的渗透，先进技术和手段的运用，是当代科学发展前沿的主要特征，孕育着科学上的重大突破，使人类对客观世界的认识不断地超越和深化。遴选科学前沿问题的原则为：对基础科学发展具有带动作用，具有良好基础，能充分体现我国优势与特色，有利于大幅度提升我国基础科学的国际地位。

（1）生命过程的定量研究和系统整合

主要研究方向：基因语言及调控，功能基因组学，模式生物学，表观遗传学及非编码核糖核酸，生命体结构功能及其调控网络，生命体重构，生物信息学，计算生物学，系统生物学，极端环境中的生命特征，生命起源和演化，系统发育与进化生物学等。

（2）凝聚态物质与新效应

主要研究方向：强关联体系、软凝聚态物质，新量子特性凝聚态物质与新效应，自相似协同生长、巨开放系统和复杂系统问题，玻色—爱因斯坦凝聚，超流超导机制，极端条件下凝聚态物质的结构相变、电子结构和多种原激发过程等。

（3）物质深层次结构和宇宙大尺度物理学规律

主要研究方向：微观和宇观尺度以及高能、高密、超高压、超强磁场等极端状态下的物质结构与物理规律，探索统一所有物理规律的理论，粒子物理学前沿基本问题，暗物质和暗能量的本质，宇宙的起源和演化，黑洞及各种天体和结构的形成及演化，太阳活动对地球环境和灾害的影响及其预报等。

（4）核心数学及其在交叉领域的应用

主要研究方向：核心数学中的重大问题，数学与其他学科相互交叉及在科学研究和实际应用中产生的新的数学问题，如离散问题、随机问题、量子问题以及大量非线性问题中的数学理论和方法等。

（5）地球系统过程与资源、环境和灾害效应

主要研究方向：地球系统各圈层（大气圈、水圈、生物圈、地壳、地幔、地核）的相互作用，地球深部钻探，地球系统中的物理、化学、生物过程及其资源、环境与灾害效应，海陆相成藏理论，地基、海基、空基、天基地球观测与探测系统及地球模拟系统，地球系统科学理论等。

（6）新物质创造与转化的化学过程

主要研究方向：新的特定结构功能分子、凝聚态和聚集态分子功能体系的设计、可控合成、制备和转化，环境友好的新化学体系的建立，不同时空尺度物质形成与转化过程以及在生命过程和生态环境等复杂体系中的化学本质、性能与结构的关系和转化规律等。

（7）脑科学与认知科学

主要研究方向：脑功能的细胞和分子机理，脑重大疾病的发生发展机理，脑发育、可塑性与人类智力的关系，学习记忆和思维等脑高级认知功能的过程及其神经基础，脑信息表达与脑式信息处理系统，人脑与计算机对话等。

（8）科学实验与观测方法、技术和设备的创新

主要研究方向：具有动态、适时、无损、灵敏、高分辨等特征的生命科学检测、成像、分析与操纵方法，物质组成、功能和结构信息获取新分析及表征技术，地球科学与空间科学研究中新观测手段和信息获取新方法等。

3．面向国家重大战略需求的基础研究

以知识为基础的社会对科学发展提出了强烈需求，综合国力的竞争已前移到基础研究，而且愈加激烈。我国作为快速发展中的国家，更要强调基础研究服务于国家目标，通过基础研究解决未来发展中的关键、瓶颈问题。遴选研究方向的原则为：对国家经济社会发展和国家安全具有战略性、全局性和长远性意义；虽暂时还薄弱，但对发展具有关键性作用；能有力带动基础科学和技术科学的结合，引领未来高新技术发展。

（1）人类健康与疾病的生物学基础

重点研究重大疾病发生发展过程及其干预的分子与细胞基础，神经、免疫、内分泌系统在健康与重大疾病发生发展中的作用，病原体传播、变异规律和致病机制，药物在分子、细胞与整体调节水平上的作用机理，环境对生理过程的干扰，中医药学理论体系等。

（2）农业生物遗传改良和农业可持续发展中的科学问题

重点研究重要农业生物基因和功能基因组及相关"组"学，生物多样性与新品种培育的遗传学基础，植物抗逆性及水分养分和光能高效利用机理，农业生物与生态环境的相互作用，农业生物安全与主要病虫害控制原理等。

（3）人类活动对地球系统的影响机制

重点研究资源勘探与开发过程的灾害风险预测，重点流域大规模人类活动的生态影响、适应性和区域生态安全，重要生态系统能量物质循环规律与调控，生物多样性保育模式，土地利用与土地覆被变化，流域、区域需水规律与生态平衡，环境污染形成机理与控制原理，海洋资源可持续利用与海洋生态环境保护等。

（4）全球变化与区域响应

重点研究全球气候变化对中国的影响，大尺度水文循环对全球变化的响应以及全球变化对区域水资源

的影响，人类活动与季风系统的相互作用，海－陆－气相互作用与亚洲季风系统变异及其预测，中国近海－陆地生态系统碳循环过程，青藏高原和极地对全球变化的响应及其气候和环境效应，气候系统模式的建立及其模拟和预测，温室效应的机理，气溶胶形成、演变机制及对气候变化的影响及控制等。

（5）复杂系统、灾变形成及其预测控制

重点研究工程、自然和社会经济复杂系统中微观机理与宏观现象之间的关系，复杂系统中结构形成的机理和演变规律、结构与系统行为的关系，复杂系统运动规律，系统突变及其调控等，研究复杂系统不同尺度行为间的相关性，发展复杂系统的理论与方法等。

（6）能源可持续发展中的关键科学问题

重点研究化石能源高效洁净利用与转化的物理化学基础，高性能热功转换及高效节能储能中的关键科学问题，可再生能源规模化利用原理和新途径，电网安全稳定和经济运行理论，大规模核能基本技术和氢能技术的科学基础等。

（7）材料设计与制备的新原理与新方法

重点研究基础材料改性优化的理化基础、相变和组织控制机制、复合强韧化原理，新材料的物理化学性质，人工结构化和小尺度化、多功能集成化等物理新机制、新效应和新材料设计，材料制备新原理、新工艺以及结构、性能表征新原理，材料服役与环境的相互作用、性能演变、失效机制及寿命预测原理等。

（8）极端环境条件下制造的科学基础

重点研究深层次物质与能量交互作用规律，高密度能量和物质的微尺度输运，微结构形态的精确表达与计量，制造体成形、成性与系统集成的尺度效应和界面科学，复杂制造系统平稳运动的确定性与制造体的唯一性规律等。

（9）航空航天重大力学问题

重点研究高超声速推进系统及超高速碰撞力学问题，多维动力系统及复杂运动控制理论，可压缩湍流理论，高温气体热力学，磁流体及等离子体动力学，微流体与微系统动力学，新材料结构力学等。

（10）支撑信息技术发展的科学基础

重点研究新算法与软件基础理论，虚拟计算环境的机理，海量信息处理及知识挖掘的理论与方法，人机交互理论，网络安全与可信可控的信息安全理论等。

4.重大科学研究计划

根据世界科学发展趋势和我国重大战略需求，选择能引领未来发展，对科学和技术发展有很强带动作用，可促进我国持续创新能力迅速提高，同时具有优秀创新团队的研究方向，重点部署四项重大科学研究计划。这些方向的突破，可显著提升我国的国际竞争力，大力促进可持续发展，实现重点跨越。

（1）蛋白质研究

蛋白质是最主要的生命活动载体和功能执行者。对蛋白质复杂多样的结构功能，相互作用和动态变化的深入研究，将在分子、细胞和生物体等多个层次上全面揭示生命现象的本质，是后基因组时代的主要任务。同时，蛋白质科学研究成果将催生一系列新的生物技术，带动医药、农业和绿色产业的发展，引领未来生物经济。因此，蛋白质科学是目前发达国家激烈争夺的生命科学制高点。

重点研究重要生物体系的转录组学、蛋白质组学、代谢组学、结构生物学、蛋白质生物学功能及其相互作用、蛋白质相关的计算生物学与系统生物学，蛋白质研究的方法学，相关应用基础研究等。

（2）量子调控研究

以微电子为基础的信息技术将达到物理极限，对信息科技发展提出了严峻的挑战，人类必须寻求新出路，而以量子效应为基础的新的信息手段初露端倪，并正在成为发达国家激烈竞争的焦点。量子调控就是探索新的量子现象，发展量子信息学、关联电子学、量子通信、受限小量子体系及人工带隙系统，构建未来信息技术理论基础，具有明显的前瞻性，有可能在20～30年后对人类社会经济发展产生难以估量的影响。

重点研究量子通信的载体和调控原理及方法，量子计算，电荷－自旋－相位－轨道等关联规律以及新的量子调控方法，受限小量子体系的新量子效应，人工带隙材料的宏观量子效应，量子调控表征和测量的新原理和新技术基础等。

（3）纳米研究

物质在纳米尺度下表现出的奇异现象和规律将改变相关理论的现有框架，使人们对物质世界的认识进入到崭新的阶段，孕育着新的技术革命，给材料、信息、绿色制造、生物和医学等领域带来极大的发展空间。纳米科技已成为许多国家提升核心竞争力的战略选择，也是我国有望实现跨越式发展的领域之一。

重点研究纳米材料的可控制备、自组装和功能化，纳米材料的结构、优异特性及其调控机制，纳加工与集成原理，概念性和原理性纳器件，纳电子学，纳米生物学和纳米医学，分子聚集体和生物分子的光、电、磁学性质及信息传递，单分子行为与操纵，分子机器的设计组装与调控，纳米尺度表征与度量学，纳米材料和纳米技术在能源、环境、信息、医药等领域的应用。

（4）发育与生殖研究

动物克隆、干细胞等一系列举世瞩目的成就为生命科学与医学的未来发展带来了重大的机遇。然而这些成果大多还不能直接造福于人类，主要原因是对生殖与发育过程及其机理缺乏系统深入的认识。我国人口增长量大，出生缺陷多，移植器官严重短缺，老龄化高峰即将到来，迫切需要生殖与发育科学理论的突破和技术创新。

重点研究干细胞增殖、分化和调控，生殖细胞发生、成熟与受精，胚胎发育的调控机制，体细胞去分化和动物克隆机理，人体生殖功能的衰退与退行性病变的机制，辅助生殖与干细胞技术的安全和伦理等。

七、科技体制改革与国家创新体系建设

改革开放以来，我国科技体制改革紧紧围绕促进科技与经济结合，以加强科技创新、促进科技成果转化和产业化为目标，以调整结构、转换机制为重点，采取了一系列重大改革措施，取得了重要突破和实质性进展。同时，必须清楚地看到，我国现行科技体制与社会主义市场经济体制以及经济、科技大发展的要求，还存在着诸多不相适应之处。一是企业尚未真正成为技术创新的主体，自主创新能力不强。二是各方面科技力量自成体系、分散重复，整体运行效率不高，社会公益领域科技创新能力尤其薄弱。三是科技宏观管理各自为政，科技资源配置方式、评价制度等不能适应科技发展新形势和政府职能转变的要求。四是激励优秀人才、鼓励创新创业的机制还不完善。这些问题严重制约了国家整体创新能力的提高。

深化科技体制改革的指导思想是：以服务国家目标和调动广大科技人员的积极性和创造性为出发点，以促进全社会科技资源高效配置和综合集成为重点，以建立企业为主体、产学研结合的技术创新体系为突破口，全面推进中国特色国家创新体系建设，大幅度提高国家自主创新能力。

当前和今后一个时期，科技体制改革的重点任务是：

1．支持鼓励企业成为技术创新主体

市场竞争是技术创新的重要动力，技术创新是企业提高竞争力的根本途径。随着改革开放的深入，我国企业在技术创新中发挥着越来越重要的作用。要进一步创造条件、优化环境、深化改革，切实增强企业技术创新的动力和活力。一要发挥经济、科技政策的导向作用，使企业成为研究开发投入的主体。加快完善统一、开放、竞争、有序的市场经济环境，通过财税、金融等政策，引导企业增加研究开发投入，推动

企业特别是大企业建立研究开发机构。依托具有较强研究开发和技术辐射能力的转制科研机构或大企业，集成高等院校、科研院所等相关力量，组建国家工程实验室和行业工程中心。鼓励企业与高等院校、科研院所建立各类技术创新联合组织，增强技术创新能力。二要改革科技计划支持方式，支持企业承担国家研究开发任务。国家科技计划要更多地反映企业重大科技需求，更多地吸纳企业参与。在具有明确市场应用前景的领域，建立企业牵头组织、高等院校和科研院所共同参与实施的有效机制。三要完善技术转移机制，促进企业的技术集成与应用。建立健全知识产权激励机制和知识产权交易制度。大力发展为企业服务的各类科技中介服务机构，促进企业之间、企业与高等院校和科研院所之间的知识流动和技术转移。国家重点实验室、工程（技术研究）中心要向企业扩大开放。四要加快现代企业制度建设，增强企业技术创新的内在动力。把技术创新能力作为国有企业考核的重要指标，把技术要素参与分配作为高新技术企业产权制度改革的重要内容。坚持应用开发类科研机构企业化转制的方向，深化企业化转制科研机构产权制度等方面的改革，形成完善的管理体制和合理、有效的激励机制，使之在高新技术产业化和行业技术创新中发挥骨干作用。五要营造良好创新环境，扶持中小企业的技术创新活动。中小企业特别是科技型中小企业是富有创新活力但承受创新风险能力较弱的企业群体。要为中小企业创造更为有利的政策环境，在市场准入、反不正当竞争等方面，起草和制定有利于中小企业发展的相关法律、政策；积极发展支持中小企业的科技投融资体系和创业风险投资机制；加快科技中介服务机构建设，为中小企业技术创新提供服务。

2．深化科研机构改革，建立现代科研院所制度

从事基础研究、前沿技术研究和社会公益研究的科研机构，是我国科技创新的重要力量。建设一支稳定服务于国家目标、献身科技事业的高水平研究队伍，是发展我国科学技术事业的希望所在。经过多年的结构调整和人才分流等改革，我国已经形成了一批精干的科研机构，国家要给予稳定支持。充分发挥这些科研机构的重要作用，必须以提高创新能力为目标，以健全机制为重点，进一步深化管理体制改革，加快建设"职责明确、评价科学、开放有序、管理规范"的现代科研院所制度。一要按照国家赋予的职责定位加强科研机构建设。要切实改变目前部分科研机构职责定位不清、力量分散、创新能力不强的局面，优化资源配置，集中力量形成优势学科领域和研究基地。社会公益类科研机构要发挥行业技术优势，提高科技创新和服务能力，解决社会发展重大科技问题；基础科学、前沿技术科研机构要发挥学科优势，提高研究水平，取得理论创新和技术突破，解决重大科学技术问题。二要建立稳定支持科研机构创新活动的科技投入机制。学科和队伍建设、重大创新成果是长期持续努力的结果。对从事基础研究、前沿技术研究和社会公益研究的科研机构，国家财政给予相对稳定支持。根据科研机构的不同情况，提高人均事业经费标准，支持需要长期积累的学科建设、基础性工作和队伍建设。三要建立有利于科研机构原始创新的运行机制。自主选题研究对科研机构提高原始创新能力、培养人才队伍非常重要。加强对科研机构开展自主选题研究的支持。完善科研院所长负责制，进一步扩大科研院所在科技经费、人事制度等方面的决策自主权，提高科研机构内部创新活动的协调集成能力。四要建立科研机构整体创新能力评价制度。建立科学合理的综合评价体系，在科研成果质量、人才队伍建设、管理运行机制等方面对科研机构整体创新能力进行综合评价，促进科研机构提高管理水平和创新能力。五要建立科研机构开放合作的有效机制。实行固定人员与流动人员相结合的用人制度。全面实行聘用制和岗位管理，面向全社会公开招聘科研和管理人才。通过建立有效机制，促进科研院所与企业和大学之间多种形式的联合，促进知识流动、人才培养和科技资源共享。

大学是我国培养高层次创新人才的重要基地，是我国基础研究和高技术领域原始创新的主力军之一，是解决国民经济重大科技问题、实现技术转移、成果转化的生力军。加快建设一批高水平大学，特别是一批世界知名的高水平研究型大学，是我国加速科技创新、建设国家创新体系的需要。我国已经形成了一批规模适当、学科综合和人才汇聚的高水平大学，要充分发挥其在科技创新方面的重要作用。积极支持大学

在基础研究、前沿技术研究、社会公益研究等领域的原始创新。鼓励、推动大学与企业和科研院所进行全面合作，加大为国家、区域和行业发展服务的力度。加快大学重点学科和科技创新平台建设。培养和汇聚一批具有国际领先水平的学科带头人，建设一支学风优良、富有创新精神和国际竞争力的高校教师队伍。进一步加快大学内部管理体制的改革步伐。优化大学内部的教育结构和科技组织结构，创新运行机制和管理制度，建立科学合理的综合评价体系，建立有利于提高创新人才培养质量和创新能力，人尽其才、人才辈出的运行机制。积极探索建立具有中国特色的现代大学制度。

3．推进科技管理体制改革

针对当前我国科技宏观管理中存在的突出问题，推进科技管理体制改革，重点是健全国家科技决策机制，努力消除体制机制性障碍，加强部门之间、地方之间、部门与地方之间、军民之间的统筹协调，切实提高整合科技资源、组织重大科技活动的能力。一要建立健全国家科技决策机制。完善国家重大科技决策议事程序，形成规范的咨询和决策机制。强化国家对科技发展的总体部署和宏观管理，加强对重大科技政策制定、重大科技计划实施和科技基础设施建设的统筹。二要建立健全国家科技宏观协调机制。确立科技政策作为国家公共政策的基础地位，按照有利于促进科技创新、增强自主创新能力的目标，形成国家科技政策与经济政策协调互动的政策体系。建立部门之间统筹配置科技资源的协调机制。加快国家科技行政管理部门职能转变，推进依法行政，提高宏观管理能力和服务水平。改进计划管理方式，充分发挥部门、地方在计划管理和项目实施管理中的作用。三要改革科技评审与评估制度。科技项目的评审要体现公正、公平、公开和鼓励创新的原则，为各类人才特别是青年人才的脱颖而出创造条件。重大项目评审要体现国家目标。完善同行专家评审机制，建立评审专家信用制度，建立国际同行专家参与评议的机制，加强对评审过程的监督，扩大评审活动的公开化程度和被评审人的知情范围。对创新性强的小项目、非共识项目以及学科交叉项目给予特别关注和支持，注重对科技人员和团队素质、能力和研究水平的评价，鼓励原始创新。建立国家重大科技计划、知识创新工程、自然科学基金资助计划等实施情况的独立评估制度。四要改革科技成果评价和奖励制度。要根据科技创新活动的不同特点，按照公开公正、科学规范、精简高效的原则，完善科研评价制度和指标体系，改变评价过多过繁的现象，避免急功近利和短期行为。面向市场的应用研究和试验开发等创新活动，以获得自主知识产权及其对产业竞争力的贡献为评价重点；公益科研活动以满足公众需求和产生的社会效益为评价重点；基础研究和前沿科学探索以科学意义和学术价值为评价重点。建立适应不同性质科技工作的人才评价体系。改革国家科技奖励制度，减少奖励数量和奖励层次，突出政府科技奖励的重点，在实行对项目奖励的同时，注重对人才的奖励。鼓励和规范社会力量设奖。

4．全面推进中国特色国家创新体系建设

深化科技体制改革的目标是推进和完善国家创新体系建设。国家创新体系是以政府为主导、充分发挥市场配置资源的基础性作用、各类科技创新主体紧密联系和有效互动的社会系统。现阶段，中国特色国家创新体系建设重点：一是建设以企业为主体、产学研结合的技术创新体系，并将其作为全面推进国家创新体系建设的突破口。只有以企业为主体，才能坚持技术创新的市场导向，有效整合产学研的力量，切实增强国家竞争力。只有产学研结合，才能更有效配置科技资源，激发科研机构的创新活力，并使企业获得持续创新的能力。必须在大幅度提高企业自身技术创新能力的同时，建立科研院所与高等院校积极围绕企业技术创新需求服务、产学研多种形式结合的新机制。二是建设科学研究与高等教育有机结合的知识创新体系。以建立开放、流动、竞争、协作的运行机制为中心，促进科研院所之间、科研院所与高等院校之间的结合和资源集成。加强社会公益科研体系建设。发展研究型大学。努力形成一批高水平的、资源共享的基础科学和前沿技术研究基地。三是建设军民结合、寓军于民的国防科技创新体系。从宏观管理、发展战略和计划、研究开发活动、科技产业化等多个方面，促进军民科技的紧密结合，加强军民两用技术的开发，形成全国优秀科技力量服务国防科技创新、国防科技成果迅速向民用转化的良好格局。四是建设各具特色和优势的区域创新体系。充分结合区域经济和社会发展的特色和优势，统筹规划区域创新体系和创新能力建设。深化地方科技体制改革。促进中央与地方科技力量的有机结合。发挥高等院校、科研院所和国家高新技术产业开发区在区域创新体系中的重要作用，增强科技创新对区域经济社会发展的支撑力度。加强中、西部区域科技发展能力建设。切实加强县（市）等基层科技体系建设。五是建设社会化、网络化的科技中介服务体系。针对科技中介服务行业规模小、功能单一、服务能力薄弱等突出问题，大力培育和发展各类科技中介服务机构。充分发挥高等院校、科研院所和各类社团在科技中介服务中的重要作用。引导科技中介服务机构向专业化、规模化和规范化方向发展。

八、若干重要政策和措施

为确保本纲要各项任务的落实，不仅要解决体制和机制问题，还必须制定和完善更加有效的政策与措施。所有政策和措施都必须有利于增强自主创新能力，有利于激发科技人员的积极性和创造性，有利于充分利用国内外科技资源，有利于科技支撑和引领经济社会的发展。本纲要确定的科技政策和措施，是针对当前主要矛盾和突出问题而制定的，随着形势发展和本纲要实施进展情况，将不断加以丰富和完善。

1．实施激励企业技术创新的财税政策

鼓励企业增加研究开发投入，增强技术创新能力。加快实施消费型增值税，将企业购置的设备已征税款纳入增值税抵扣范围。在进一步落实国家关于促进技术创新、加速科技成果转化以及设备更新等各项税收优惠政策的基础上，积极鼓励和支持企业开发新产品、新工艺和新技术，加大企业研究开发投入的税前扣除等激励政策的力度，实施促进高新技术企业发展的税收优惠政策。结合企业所得税和企业财务制度改革，鼓励企业建立技术研究开发专项资金制度。允许企业加速研究开发仪器设备的折旧。对购买先进科学研究仪器和设备给予必要税收扶持政策。加大对企业设立海外研究开发机构的外汇和融资支持力度，提供对外投资便利和优质服务。

全面贯彻落实《中华人民共和国中小企业促进法》，支持创办各种性质的中小企业，充分发挥中小企业技术创新的活力。鼓励和支持中小企业采取联合出资、共同委托等方式进行合作研究开发，对加快创新成果转化给予政策扶持。制定扶持中小企业技术创新的税收优惠政策。

2．加强对引进技术的消化、吸收和再创新

完善和调整国家产业技术政策，加强对引进技术的消化、吸收和再创新。制定鼓励自主创新、限制盲目重复引进的政策。

通过调整政府投资结构和重点，设立专项资金，用于支持引进技术的消化、吸收和再创新，支持重大技术装备研制和重大产业关键共性技术的研究开发。采取积极政策措施，多渠道增加投入，支持以企业为主体、产学研联合开展引进技术的消化、吸收和再创新。

把国家重大建设工程作为提升自主创新能力的重要载体。通过国家重大建设工程的实施，消化吸收一批先进技术，攻克一批事关国家战略利益的关键技术，研制一批具有自主知识产权的重大装备和关键产品。

3．实施促进自主创新的政府采购

制定《中华人民共和国政府采购法》实施细则，鼓励和保护自主创新。建立政府采购自主创新产品协调机制。对国内企业开发的具有自主知识产权的重要高新技术装备和产品，政府实施首购政策。对企业采购国产高新技术设备提供政策支持。通过政府采购，支持形成技术标准。

4．实施知识产权战略和技术标准战略

保护知识产权，维护权利人利益，不仅是我国完善市场经济体制、促进自主创新的需要，也是树立国际信用、开展国际合作的需要。要进一步完善国家知识产权制度，营造尊重和保护知识产权的法治环境，促进全社会知识产权意识和国家知识产权管理水平的提高，加大知识产权保护力度，依法严厉打击侵犯知识产权的各种行为。同时，要建立对企业并购、技术交易等重大经济活动知识产权特别审查机制，避免自主知识产权流失。防止滥用知识产权而对正常的市场竞争机制造成不正当的限制，阻碍科技创新和科技成果的推广应用。将知识产权管理纳入科技管理全过程，充分利用知识产权制度提高我国科技创新水平。强化科技人员和科技管理人员的知识产权意识，推动企业、科研院所、高等院校重视和加强知识产权管理。充分发挥行业协会在保护知识产权方面的重要作用。建立健全有利于知识产权保护的从业资格制度和社会信用制度。

根据国家战略需求和产业发展要求，以形成自主知识产权为目标，产生一批对经济、社会和科技等发展具有重大意义的发明创造。组织以企业为主体的产学研联合攻关，并在专利申请、标准制定、国际贸易和合作等方面予以支持。

将形成技术标准作为国家科技计划的重要目标。政府主管部门、行业协会等要加强对重要技术标准制定的指导协调，并优先采用。推动技术法规和技术标准体系建设，促使标准制定与科研、开发、设计、制造相结合，保证标准的先进性和效能性。引导产、学、研各方面共同推进国家重要技术标准的研究、制定及优先采用。积极参与国际标准的制定，推动我国技术标准成为国际标准。加强技术性贸易措施体系建设。

5. 实施促进创新创业的金融政策

建立和完善创业风险投资机制，起草和制定促进创业风险投资健康发展的法律法规及相关政策。积极推进创业板市场建设，建立加速科技产业化的多层次资本市场体系。鼓励有条件的高科技企业在国内主板和中小企业板上市。努力为高科技中小企业在海外上市创造便利条件。为高科技创业风险投资企业跨境资金运作创造更加宽松的金融、外汇政策环境。在国家高新技术产业开发区内，开展对未上市高新技术企业股权流通的试点工作。逐步建立技术产权交易市场。探索以政府财政资金为引导，政策性金融、商业性金融资金投入为主的方式，采取积极措施，促进更多资本进入创业风险投资市场。建立全国性的科技创业风险投资行业自律组织。鼓励金融机构对国家重大科技产业化项目、科技成果转化项目等给予优惠的信贷支持，建立健全鼓励中小企业技术创新的知识产权信用担保制度和其他信用担保制度，为中小企业融资创造良好条件。搭建多种形式的科技金融合作平台，政府引导各类金融机构和民间资金参与科技开发。鼓励金融机构改善和加强对高新技术企业，特别是对科技型中小企业的金融服务。鼓励保险公司加大产品和服务创新力度，为科技创新提供全面的风险保障。

6. 加速高新技术产业化和先进适用技术的推广

把推进高新技术产业化作为调整经济结构、转变经济增长方式的一个重点。积极发展对经济增长有突破性重大带动作用的高新技术产业。

优化高新技术产业化环境。继续加强国家高新技术产业开发区等产业化基地建设。制定有利于促进国家高新技术产业开发区发展并带动周边地区发展的政策。构建技术交流与技术交易信息平台，对国家大学科技园、科技企业孵化基地、生产力促进中心、技术转移中心等科技中介服务机构开展的技术开发与服务活动给予政策扶持。

加大对农业技术推广的支持力度。建立面向农村推广先进适用技术的新机制。把农业科技推广成就作为科技奖励的重要内容，建立农业技术推广人员的职业资格认证制度，激励科技人员以多种形式深入农业生产第一线开展技术推广活动。设立农业科技成果转化和推广专项资金，促进农村先进适用技术的推广，支持农村各类人才的技术革新和发明创造。国家对农业科技推广实行分类指导，分类支持，鼓励和支持多种模式的、社会化的农业技术推广组织的发展，建立多元化的农业技术推广体系。

支持面向行业的关键、共性技术的推广应用。制定有效的政策措施，支持产业竞争前技术的研究开发和推广应用，重点加大电子信息、生物、制造业信息化、新材料、环保、节能等关键技术的推广应用，促进传统产业的改造升级。加强技术工程化平台、产业化示范基地和中间试验基地建设。

7．完善军民结合、寓军于民的机制

加强军民结合的统筹和协调。改革军民分离的科技管理体制，建立军民结合的新的科技管理体制。鼓励军口科研机构承担民用科技任务；国防研究开发工作向民口科研机构和企业开放；扩大军品采购向民口科研机构和企业采购的范围。改革相关管理体制和制度，保障非军工科研企事业单位平等参与军事装备科研和生产的竞争。建立军民结合、军民共用的科技基础条件平台。

建立适应国防科研和军民两用科研活动特点的新机制。统筹部署和协调军民基础研究，加强军民高技术研究开发力量的集成，建立军民有效互动的协作机制，实现军用产品与民用产品研制生产的协调，促进军民科技各环节的有机结合。

8．扩大国际和地区科技合作与交流

增强国家自主创新能力，必须充分利用对外开放的有利条件，扩大多种形式的国际和地区科技合作与交流。

鼓励科研院所、高等院校与海外研究开发机构建立联合实验室或研究开发中心。支持在双边、多边科技合作协议框架下，实施国际合作项目。建立内地与港、澳、台的科技合作机制，加强沟通与交流。

支持我国企业"走出去"。扩大高新技术及其产品的出口，鼓励和支持企业在海外设立研究开发机构或产业化基地。

积极主动参与国际大科学工程和国际学术组织。支持我国科学家和科研机构参与或牵头组织国际和区域性大科学工程。建立培训制度，提高我国科学家参与国际学术交流的能力，支持我国科学家在重要国际学术组织中担任领导职务。鼓励跨国公司在华设立研究开发机构。提供优惠条件，在我国设立重要的国际学术组织或办事机构。

9．提高全民族科学文化素质，营造有利于科技创新的社会环境

实施全民科学素质行动计划。以促进人的全面发展为目标，提高全民科学文化素质。在全社会大力弘扬科学精神，宣传科学思想，推广科学方法，普及科学知识。加强农村科普工作，逐步建立提高农民技术和职业技能的培训体系。组织开展多种形式和系统性的校内外科学探索和科学体验活动，加强创新教育，培养青少年创新意识和能力。加强各级干部和公务员的科技培训。

加强国家科普能力建设。合理布局并切实加强科普场馆建设，提高科普场馆运营质量。建立科研院所、大学定期向社会公众开放制度。在科技计划项目实施中加强与公众沟通交流。繁荣科普创作，打造优秀科普品牌。鼓励著名科学家及其他专家学者参与科普创作。制定重大科普作品选题规划，扶持原创性科普作品。在高校设立科技传播专业，加强对科普的基础性理论研究，培养专业化科普人才。

建立科普事业的良性运行机制。加强政府部门、社会团体、大型企业等各方面的优势集成，促进科技界、教育界和大众媒体之间的协作。鼓励经营性科普文化产业发展，放宽民间和海外资金发展科普产业的准入限制，制定优惠政策，形成科普事业的多元化投入机制。推进公益性科普事业体制与机制改革，激发活力，提高服务意识，增强可持续发展能力。

九、科技投入与科技基础条件平台

科技投入和科技基础条件平台，是科技创新的物质基础，是科技持续发展的重要前提和根本保障。今

天的科技投入，就是对未来国家竞争力的投资。改革开放以来，我国科技投入不断增长，但与我国科技事业的大发展和全面建设小康社会的重大需求相比，与发达国家和新兴工业化国家相比，我国科技投入的总量和强度仍显不足，投入结构不尽合理，科技基础条件薄弱。当今发达国家和新兴工业化国家，都把增加科技投入作为提高国家竞争力的战略举措。我国必须审时度势，从增强国家自主创新能力和核心竞争力出发，大幅度增加科技投入，加强科技基础条件平台建设，为完成本纲要提出的各项重大任务提供必要的保障。

1．建立多元化、多渠道的科技投入体系

充分发挥政府在投入中的引导作用，通过财政直接投入、税收优惠等多种财政投入方式，增强政府投入调动全社会科技资源配置的能力。国家财政投入主要用于支持市场机制不能有效解决的基础研究、前沿技术研究、社会公益研究、重大共性关键技术研究等公共科技活动，并引导企业和全社会的科技投入。中央和地方各级政府要按照《中华人民共和国科学技术进步法》的要求，在编制年初预算和预算执行中的超收分配时，都要体现法定增长的要求，保证科技经费的增长幅度明显高于财政经常性收入的增长幅度，逐步提高国家财政性科技投入占国内生产总值的比例。要结合国家财力情况，统筹安排规划实施所需经费，切实保障重大专项的顺利实施。国家继续加强对重大科技基础设施建设的投入，在中央和地方建设投资中作为重点予以支持。在政府增加科技投入的同时，强化企业科技投入主体的地位。总之，通过多方面的努力，使我国全社会研究开发投入占国内生产总值的比例逐年提高，到2010年达到2％，到2020年达到2.5％以上。

2．调整和优化投入结构，提高科技经费使用效益

加强对基础研究、前沿技术研究、社会公益研究以及科技基础条件和科学技术普及的支持。合理安排科研机构（基地）正常运转经费、科研项目经费、科技基础条件经费等的比例，加大对基础研究和社会公益类科研机构的稳定投入力度，将科普经费列入同级财政预算，逐步提高科普投入水平。建立和完善适应科学研究规律和科技工作特点的科技经费管理制度，按照国家预算管理的规定，提高财政资金使用的规范性、安全性和有效性。提高国家科技计划管理的公开性、透明度和公正性，逐步建立财政科技经费的预算绩效评价体系，建立健全相应的评估和监督管理机制。

3．加强科技基础条件平台建设

科技基础条件平台是在信息、网络等技术支撑下，由研究实验基地、大型科学设施和仪器装备、科学数据与信息、自然科技资源等组成，通过有效配置和共享，服务于全社会科技创新的支撑体系。科技基础条件平台建设重点是：

国家研究实验基地。根据国家重大战略需求，在新兴前沿交叉领域和具有我国特色和优势的领域，主要依托国家科研院所和研究型大学，建设若干队伍强、水平高、学科综合交叉的国家实验室和其他科学研究实验基地。加强国家重点实验室建设，不断提高其运行和管理的整体水平。构建国家野外科学观测研究台站网络体系。

大型科学工程和设施。重视科学仪器与设备对科学研究的作用，加强科学仪器设备及检测技术的自主研究开发。建设若干大型科学工程和基础设施，包括在高性能计算、大型空气动力研究试验和极端条件下进行科学实验等方面的大科学工程或大型基础设施。推进大型科学仪器、设备、设施的共享与建设，逐步形成全国性的共享网络。

科学数据与信息平台。充分利用现代信息技术手段，建设基于科技条件资源信息化的数字科技平台，促进科学数据与文献资源的共享，构建网络科研环境，面向全社会提供服务，推动科学研究手段、方式的变革。

自然科技资源服务平台。建立完备的植物、动物种质资源，微生物菌种和人类遗传资源，以及实验材

料，标本、岩矿化石等自然科技资源保护与利用体系。

国家标准、计量和检测技术体系。研究制定高精确度和高稳定性的计量基标准和标准物质体系，以及重点领域的技术标准，完善检测实验室体系、认证认可体系及技术性贸易措施体系。

4．建立科技基础条件平台的共享机制

建立有效的共享制度和机制是科技基础条件平台建设取得成效的关键和前提。根据"整合、共享、完善、提高"的原则，借鉴国外成功经验，制定各类科技资源的标准规范，建立促进科技资源共享的政策法规体系。针对不同类型科技条件资源的特点，采用灵活多样的共享模式，打破当前条块分割、相互封闭、重复分散的格局。

十、人才队伍建设

科技创新，人才为本。人才资源已成为最重要的战略资源。要实施人才强国战略，切实加强科技人才队伍建设，为实施本纲要提供人才保障。

1．加快培养造就一批具有世界前沿水平的高级专家

要依托重大科研和建设项目、重点学科和科研基地以及国际学术交流与合作项目，加大学科带头人的培养力度，积极推进创新团队建设。注重发现和培养一批战略科学家、科技管理专家。对核心技术领域的高级专家要实行特殊政策。进一步破除科学研究中的论资排辈和急功近利现象，抓紧培养造就一批中青年高级专家。改进和完善职称制度、院士制度、政府特殊津贴制度、博士后制度等高层次人才制度，进一步形成培养选拔高级专家的制度体系，使大批优秀拔尖人才得以脱颖而出。

2．充分发挥教育在创新人才培养中的重要作用

加强科技创新与人才培养的有机结合，鼓励科研院所与高等院校合作培养研究型人才。支持研究生参与或承担科研项目，鼓励本科生投入科研工作，在创新实践中培养他们的探索兴趣和科学精神。高等院校要适应国家科技发展战略和市场对创新人才的需求，及时合理地设置一些交叉学科、新兴学科并调整专业结构。加强职业教育、继续教育与培训，培养适应经济社会发展需求的各类实用技术专业人才。要深化中小学教学内容和方法的改革，全面推进素质教育，提高科学文化素养。

3．支持企业培养和吸引科技人才

国家鼓励企业聘用高层次科技人才和培养优秀科技人才，并给予政策支持。鼓励和引导科研院所和高等院校的科技人员进入市场创新创业。允许高等院校和科研院所的科技人员到企业兼职进行技术开发。引导高等院校毕业生到企业就业。鼓励企业与高等院校和科研院所共同培养技术人才。多方式、多渠道培养企业高层次工程技术人才。允许国有高新技术企业对技术骨干和管理骨干实施期权等激励政策，探索建立知识、技术、管理等要素参与分配的具体办法。支持企业吸引和招聘外籍科学家和工程师。

4．加大吸引留学和海外高层次人才工作力度

制定和实施吸引优秀留学人才回国工作和为国服务计划，重点吸引高层次人才和紧缺人才。采取多种方式，建立符合留学人员特点的引才机制。加大对高层次留学人才回国的资助力度。大力加强留学人员创业基地建设。健全留学人才为国服务的政策措施。加大高层次创新人才公开招聘力度。实验室主任、重点科研机构学术带头人以及其他高级科研岗位，逐步实行海内外公开招聘。实行有吸引力的政策措施，吸引海外高层次优秀科技人才和团队来华工作。

5．构建有利于创新人才成长的文化环境

倡导拼搏进取、自觉奉献的爱国精神，求真务实、勇于创新的科学精神，团结协作、淡泊名利的团队

精神。提倡理性怀疑和批判，尊重个性，宽容失败，倡导学术自由和民主，鼓励敢于探索、勇于冒尖，大胆提出新的理论和学说。激发创新思维，活跃学术气氛，努力形成宽松和谐、健康向上的创新文化氛围。加强科研职业道德建设，遏制科学技术研究中的浮躁风气和学术不良风气。

实施国家中长期科学和技术发展规划纲要，涉及面广、时间跨度大、要求很高，要加强组织领导和统筹协调，采取切实有效措施，确保各项任务的落实。一是加强本纲要与"十一五"国民经济和社会发展规划的衔接。为增强纲要的可操作性，当前要将纲要的有关内容按照轻重缓急，做好与"十一五"国民经济和社会发展规划紧密结合，包括优先主题、重大专项、前沿技术、基础研究、基础条件平台建设和科技体制改革等，从中遴选出需要立即起步或在"十一五"期间急需解决的重点任务，抓紧在"十一五"国民经济和社会发展规划中做出具体安排和部署。二是制定若干配套政策。纲要确定的发展目标、重点任务及政策措施，是带有方向性和指导性的，需要制定若干切实可行、操作性强的配套政策。包括：支持企业成为技术创新主体的政策，促进对引进技术消化、吸收和再创新的政策，激励自主创新的政府采购政策，加大科技投入、提高资金使用效益的政策，深化科技体制改革、推进国家创新体系建设的政策，加速高新技术产业化的政策，加强科技人才队伍建设的政策，促进军民结合、寓军于民的政策等。上述政策要责成有关部门牵头、相关部门参加，在充分调查研究的基础上，使科技政策与产业、金融、财税等经济政策相互协调、紧密结合，并抓紧出台实施。三是建立纲要实施的动态调整机制。鉴于世界科学技术发展迅猛，国内经济社会发展不断变化，要在经济社会分析、技术预测和定期评估的基础上，建立纲要实施的动态调整机制。纲要确定的发展目标和重点任务，要根据国内外科技发展的新趋势、新突破和我国经济社会发展的新需求，进行及时的、必要的调整，有的要充实加强，有的要适当调整。四是加强对纲要实施的组织领导。要在党中央、国务院的统一领导下，充分发挥各地方、各部门、各社会团体的积极性和主动性，大力协同，共同推动纲要的组织实施。特别是国家科技管理部门、发展改革部门、财政部门等综合管理部门要紧密配合，切实负起责任，加强具体指导。各省、自治区、直辖市要结合本地实际，贯彻落实纲要。

本纲要的实施，关系全面建设小康社会目标的实现，关系社会主义现代化建设的成功，关系中华民族的伟大复兴。让我们在以胡锦涛同志为总书记的党中央领导下，以邓小平理论和"三个代表"重要思想为指导，坚定信心，奋发图强，为建设创新型国家，实现我国科学和技术发展的宏伟蓝图而奋斗！　（完）

图书在版编目(CIP)数据

现代科学技术知识词林／王济昌主编. —北京：中国科学技术
出版社，2008.1
ISBN 978-7-5046-5138-9

Ⅰ.现… Ⅱ.王… Ⅲ.科学技术－词汇 Ⅳ.N61

中国版本图书馆 CIP 数据核字（2007）第 190003 号

自 2006 年 4 月起本社图书封面均贴有防伪标志，未贴防伪标志的为盗版图书。

责任编辑　张　楠　王　蕾
责任校对　林　华
责任印制　王　沛
装帧设计　开　路
版式设计　王　歌

中国科学技术出版社出版
北京市海淀区中关村南大街 16 号　邮政编码：100081
电话：010-62103210　传真：010-62183872
http://www.kjpbooks.com.cn
科学普及出版社发行部发行
郑州美联印刷有限公司印刷
*
开本：787 毫米×1092 毫米 1/16　印张：71.5　字数：2210 千字
2007 年 12 月第 1 版　2007 年 12 月第 1 次印刷
定价：395.00 元

（凡购买本社的图书，如有缺页、倒页、
脱页者，本社发行部负责调换）